环境工程技术手册

废水污染控制技术手册

Handbook on Wastewater Pollution Control Technology

潘涛　李安峰　杜兵　主编

化学工业出版社
·北京·

本书系统、翔实地介绍了城镇污水和典型工业废水的特点与污染控制方法，国内主导的或具有发展潜力的各种废水处理单元技术，废水污染控制工程建设与运行的程序步骤及其操作方法，具有代表性和指导意义的工程实施案例等内容。

本书内容主要包括四篇：第一篇典型行业废水污染防治技术，介绍了城镇污水、制浆造纸工业废水、化学工业废水、石油工业废水等十二类废水的来源、特点及治理方法与对策；第二篇废水处理单元技术，按物理分离、物化处理、膜分离处理、生物处理、化学除磷与磷回收、污泥处理与处置、生态处理、臭气处理等工艺类别分别介绍了各种废水处理单元技术的功能原理、设备装置和设计计算；第三篇废水处理工程的建设与运行，介绍了废水处理工程从立项、可行性研究到工程设计、建设、调试、验收以及运行管理的各个环节及其实施方法；第四篇废水处理工程实例，介绍了城镇污水处理、工业废水处理、废水的深度处理和回用的典型工程案例。

本书可作为环境科学与环境工程、市政工程等领域的工程技术人员、科研人员和管理人员的工具书，也可供高等学校相关专业师生参考。

图书在版编目（CIP）数据

废水污染控制技术手册/潘涛，李安峰，杜兵主编. —北京：化学工业出版社，2012.10（2024.1重印）
（环境工程技术手册）
ISBN 978-7-122-15291-6

Ⅰ.①废…　Ⅱ.①潘…②李…③杜…　Ⅲ.①废水-环境污染-污染控制-手册　Ⅳ.①X703-62

中国版本图书馆CIP数据核字（2012）第210913号

责任编辑：管德存　刘兴春　左晨燕　　文字编辑：汲永臻
责任校对：宋　玮　　装帧设计：王晓宇

出版发行：化学工业出版社（北京市东城区青年湖南街13号　邮政编码100011）
印　　装：北京建宏印刷有限公司
787mm×1092mm　1/16　印张90　字数2368千字　2024年1月北京第1版第13次印刷

购书咨询：010-64518888　　售后服务：010-64518899
网　　址：http：//www.cip.com.cn
凡购买本书，如有缺损质量问题，本社销售中心负责调换。

定　　价：260.00元　

《环境工程技术手册》

编委会

《废水污染控制技术手册》

编委会

前 言 FOREWORD

近年来我国工业化、城镇化推进速度较快，行业、地域发展不平衡，而资源、环境的协调管理却相对滞后，导致水污染形势仍然非常严峻，水环境问题呈现错综复杂的格局。

当前国内水污染防治所面临的困难和挑战，集中体现在以下几个方面：一是水污染呈现复合型、持久型的特点，无论在发达地区还是欠发达地区，水环境质量的有效提升都面临较大的困难；二是尽管“十一五”以来水污染物减排的力度逐年加大，但是在经济高速增长、城镇化步伐空前加快、人口持续增加的背景下，污染物排放总量仍然居高不下，而且进一步削减的难度越来越大；三是高消耗、高污染的粗放型经济增长模式造成的水资源短缺与水环境污染的双重危机仍然很突出，二者之间互为因果、相互推动的恶性循环在短期内很难破解；四是水污染对人体健康和生态安全形成的威胁日益凸显，水环境安全保障面临极大的挑战，并成为政府和公众共同关注的热点。

在这样的背景下，水污染问题的解决已经不再仅仅依赖一项或数项废水处理技术的突破，而必须寻求废水污染控制行业技术水平的整体提升。编者认为，在同步跟踪国内外技术发展前沿的基础上，定期编写出版内容权威、系统、实用的技术手册，是保障废水污染控制工程的可靠性和先进性，解决设计不合理、建设不规范、运行管理水平不高等问题的必要手段。

早在 1989 年，北京市环境保护科学研究所主持编写的《水污染防治手册》就已经被普遍接受和应用。20 多年来，北京市环境保护科学研究院以及依托的国家城市环境污染控制工程技术研究中心、国家环境保护工业废水污染控制工程技术（北京）中心，基于在废水污染控制领域国内领先的技术水平，以及一大批具有丰富工程经验的专家和技术人员，始终致力于水污染控制技术手册的编写工作，并以此作为引领行业技术发展的主要举措之一。

本书是在斟酌引用 2000 年版《三废处理工程技术手册（废水卷）》、2010 年版《废水处理工程技术手册》部分内容的基础上，针对国内水污染控制的重点行业和领域，对一些国内外主流工艺技术进行重新归纳整理，经充实、完善而编写成稿的。鉴于这一原因，为这本手册的编写做出贡献的人员，可能远非“编委会”名单所能穷尽，在此一并对他们致以诚挚的感谢！

废水污染控制技术的目标其实是非常明确的，就是采用经济、高效的技术手段，将废水中的各类污染物净化去除，以改善水环境质量或实现废水的资源化利用。然而对从业者而言，由于从事的具体工作和关注的技术环节不同，对手册内容的要求也会有差异。污染控制的决策人员可能更关注某种行业废水的治理对策；工程设计人员可能更关心一种或一类处理工艺的技术细节与设计方法；行业管理人员可能更想了解废水处理工程的建设程序和各个步骤的操作方法；工程咨询人员则可能更希望参考借鉴成功实施的工程案例。

尽管编者从多年的从业经验出发，对读者的这些需求感同身受，但是在同一本手册中合理安排上述所有内容仍然是有难度的。在本书中，编者按四条主线来展开内容：一是按废水的行业类型进行分类，结合各行业废水的特点，归纳总结清洁生产和废水处理具体的解决方案；二是按废水处理的单元技术进行分类，逐一介绍主流成熟的单元技术，力求详尽和实用，同时兼顾具有明确发展前景、代表未来发展趋势的潜力技术；三是对废水处理工程按项目建设程序的各个环节进行分类，提供从立项、可行性研究等环节开始至竣工验收、运行维护的全过程操作方法；四是详细介绍具有代表性和示范意义的各类废水处理工程实例，提供具体实用的案例模板。针对这种从多角度、多层次分别阐述废水污染控制技术的内容编排特点，读者在查阅使用时，既可以针对不同篇章内容各取所需，也可以相关篇章对照阅读。

本书的内容庞杂，编写时间有限，难免存在未及修正的疏漏和不当之处，欢迎读者不吝指正。

编者

2012 年 7 月于北京

目录 CONTENTS

第一篇 典型行业废水污染防治技术 001

Chapter 1 第一章 城镇污水 …… 2
第一节 概述 …… 2
第二节 城镇污水的特性 …… 2
一、城镇污水的来源 …… 2
二、城镇污水的水质 …… 3
三、城镇污水的水量 …… 4
第三节 城镇污水处理技术 …… 4
一、技术的历史及现状 …… 4
二、城镇污水处理的主流技术 …… 5
三、技术的发展趋势 …… 20
第四节 城镇污水的回用 …… 22
一、回用现状 …… 22
二、回用技术 …… 23
三、回用原则 …… 25
四、回用途径 …… 26
五、存在的问题及发展方向 …… 26
第五节 城镇污水处理现状及发展趋势 …… 27
一、城镇污水处理的现状 …… 27
二、城镇污水处理存在的问题 …… 29
三、城镇污水处理的发展趋势 …… 30
参考文献 …… 30

Chapter 2 第二章 制浆造纸工业废水 …… 32
第一节 概述 …… 32
一、我国制浆造纸工业的特点与污染现状 …… 32
二、制浆造纸工业的产业政策 …… 34
三、制浆造纸工业的污染防治措施 …… 35
第二节 制浆原料备料 …… 39
第三节 碱法和硫酸盐法制浆 …… 40
一、生产工艺和污染物来源 …… 40

二、清洁生产与污染防治措施 …… 42
第四节 亚硫酸盐法制浆 …… 54
一、生产工艺和污染物来源 …… 54
二、清洁生产与污染防治措施 …… 55
第五节 化学浆漂白 …… 58
一、生产工艺与污染物来源 …… 58
二、清洁生产与污染防治措施 …… 59
第六节 半化学浆、化学机械浆及机械浆 …… 63
一、生产工艺和污染物来源 …… 63
二、清洁生产与污染防治措施 …… 64
第七节 废纸再生 …… 65
一、概述 …… 65
二、生产工艺与污染物来源 …… 66
三、清洁生产与污染控制措施 …… 68
第八节 造纸过程 …… 69
一、生产工艺与污染物来源 …… 69
二、清洁生产与污染控制措施 …… 70
第九节 废水处理与利用 …… 74
一、废水排放标准 …… 74
二、处理工艺及污染物去除效果 …… 74
三、各种处理方法的比较 …… 79
四、废水回用 …… 80
参考文献 …… 80

Chapter 3 第三章 化学工业废水 …… 82
第一节 氮肥工业废水 …… 83
一、生产工艺和废水来源 …… 83
二、清洁生产 …… 84
三、废水处理和利用 …… 89
第二节 磷肥工业废水 …… 95
一、生产工艺和废水来源 …… 95
二、清洁生产 …… 95
三、废水处理和利用 …… 97
第三节 硫酸工业废水 …… 99
一、生产工艺和废水来源 …… 99
二、清洁生产 …… 99
三、废水处理与利用 …… 100
第四节 氯碱工业废水 …… 101
一、生产工艺与废水来源 …… 102

二、清洁生产 …… 102
三、废水处理和利用 …… 105
第五节 有机磷农药废水 …… 107
一、生产工艺和废水来源 …… 107
二、清洁生产 …… 109
三、废水处理和利用 …… 112
第六节 染料工业废水 …… 115
一、生产工艺和废水来源 …… 116
二、清洁生产 …… 116
三、废水处理和利用 …… 120
参考文献 …… 127

Chapter 4 **第四章 石油工业废水** …… 128
第一节 石油开采工业废水 …… 128
一、生产工艺与废水来源 …… 128
二、清洁生产 …… 129
三、废水处理与利用 …… 132
第二节 石油炼制工业废水 …… 139
一、生产工艺与废水来源 …… 139
二、清洁生产 …… 141
三、废水处理与利用 …… 143
第三节 石油化工废水处理 …… 152
一、生产工艺与废水来源 …… 152
二、清洁生产 …… 153
三、废水处理与利用 …… 154
参考文献 …… 159

Chapter 5 **第五章 纺织工业废水** …… 160
第一节 棉纺工业废水 …… 160
一、生产工艺和废水来源 …… 160
二、清洁生产 …… 162
三、废水处理与利用 …… 163
第二节 毛纺工业废水 …… 171
一、生产工艺和废水来源 …… 171
二、清洁生产 …… 173
三、废水处理与利用 …… 176
第三节 麻纺工业废水 …… 179
一、生产工艺和废水来源 …… 179
二、清洁生产 …… 180

三、废水的处理与利用 …… 181
第四节 缫丝工业废水 …… 183
一、生产工艺和废水来源 …… 184
二、清洁生产 …… 184
三、废水处理与利用 …… 184
参考文献 …… 185

Chapter 6 第六章 钢铁工业废水 …… 186
第一节 矿山废水 …… 186
一、生产工艺和废水来源 …… 186
二、清洁生产 …… 187
三、废水处理与利用 …… 188
第二节 烧结厂废水 …… 189
一、生产工艺和废水来源 …… 189
二、清洁生产 …… 190
三、废水处理与利用 …… 191
第三节 炼铁废水 …… 194
一、生产工艺和废水来源 …… 194
二、清洁生产 …… 196
三、废水处理与利用 …… 197
第四节 炼钢废水 …… 202
一、生产工艺和废水来源 …… 202
二、转炉除尘废水 …… 203
三、连铸机废水 …… 208
第五节 轧钢厂废水 …… 210
一、热轧废水 …… 210
二、冷轧废水 …… 213
三、酸洗废液 …… 215
参考文献 …… 218

Chapter 7 第七章 有色金属工业废水 …… 219
第一节 有色金属矿山废水 …… 220
一、生产工艺与废水来源 …… 221
二、清洁生产 …… 222
三、废水处理与利用 …… 223
第二节 有色金属冶炼工业废水 …… 227
一、生产工艺与废水来源 …… 227
二、清洁生产 …… 231

三、废水处理与利用 …… 231
参考文献 …… 237

Chapter 8 第八章 机械加工工业废水 …… 238
第一节 机械加工含油废水 …… 238
一、废水来源及性质 …… 238
二、清洁生产 …… 238
三、废水处理与利用 …… 239
第二节 电镀废水 …… 242
一、电镀废水的来源及性质 …… 242
二、清洁生产 …… 243
三、电镀废水处理 …… 247
四、电镀污泥的处置及回收利用 …… 258
参考文献 …… 261

Chapter 9 第九章 制药工业废水 …… 262
第一节 生物制药废水 …… 263
一、生产工艺和废水来源 …… 264
二、清洁生产 …… 268
三、废水处理与利用 …… 269
第二节 化学制药和其他制药废水 …… 276
一、生产工艺和废水来源 …… 276
二、清洁生产 …… 278
三、废水处理与利用 …… 279
参考文献 …… 282

Chapter 10 第十章 食品加工业废水 …… 283
第一节 肉类加工工业废水 …… 283
一、生产工艺和废水来源 …… 283
二、清洁生产 …… 286
三、废水处理与利用 …… 287
第二节 油脂工业废水 …… 295
一、生产工艺和废水来源 …… 295
二、清洁生产 …… 299
三、废水处理与利用 …… 300
第三节 豆制品废水 …… 309
一、生产工艺和废水来源 …… 310
二、清洁生产 …… 310

三、废水处理与利用 …… 311
参考文献 …… 315

Chapter 11 第十一章 饮料酒及酒精制造业废水 …… 316
第一节 啤酒工业废水 …… 316
一、生产工艺与废水来源 …… 316
二、啤酒行业的综合利用 …… 319
三、清洁生产 …… 326
四、废水处理与利用 …… 328
第二节 白酒工业废水 …… 335
一、生产工艺与废水来源 …… 335
二、白酒行业的综合利用 …… 338
三、清洁生产 …… 341
四、废水处理与利用 …… 342
第三节 酒精工业废水 …… 345
一、生产工艺与废水来源 …… 347
二、清洁生产 …… 348
三、酒精糟的综合利用和处理 …… 353
参考文献 …… 362

Chapter 12 第十二章 制革工业废水 …… 364
第一节 生产工艺及废水来源 …… 364
一、制革工业的发展 …… 364
二、制革污染 …… 365
三、制革污染防治 …… 365
四、制革工艺 …… 366
五、废水来源及特性 …… 366
第二节 清洁生产 …… 369
一、原料皮保藏清洁技术 …… 371
二、脱毛浸灰清洁工艺 …… 371
三、脱灰清洁工艺 …… 372
四、鞣制清洁工艺 …… 373
五、脱脂废水回收 …… 374
六、植鞣清洁工艺 …… 375
七、涂饰过程中的清洁工艺 …… 375
八、制革废渣及其利用 …… 376
九、其他可行的清洁生产方法 …… 376
第三节 废水处理与利用 …… 376

一、预处理 …… 376
二、化学法处理制革废水 …… 377
三、生物法处理制革废水 …… 378
四、工程实例 …… 380
五、制革废水处理设计注意事项 …… 383
参考文献 …… 384

第二篇 废水处理单元技术 385

Chapter 1 第一章 物理分离 …… 386
第一节 筛除 …… 386
一、原理和功能 …… 386
二、设备和装置 …… 386
三、格栅的设计计算 …… 388
第二节 沉砂池 …… 392
一、原理和功能 …… 392
二、设备和装置 …… 392
三、设计计算 …… 395
第三节 沉淀 …… 404
一、原理和功能 …… 404
二、设备和装置 …… 404
三、设计计算 …… 408
第四节 澄清 …… 423
一、原理和功能 …… 423
二、设备和装置 …… 424
三、设计计算 …… 425
第五节 隔油 …… 429
一、原理和功能 …… 429
二、设备和装置 …… 430
三、设计计算 …… 438
第六节 离心分离 …… 440
一、原理和功能 …… 440
二、设备和装置 …… 441
三、设计计算 …… 442
第七节 磁分离 …… 445
一、原理和功能 …… 445
二、装置和设备 …… 446
三、设计计算 …… 447

参考文献 …… 450

Chapter 2 第二章 物化处理 …… 451
第一节 调节均化 …… 451
一、原理和功能 …… 451
二、设备和装置 …… 451
三、设计计算 …… 459
第二节 混凝 …… 465
一、原理和功能 …… 465
二、混凝剂与助凝剂 …… 465
三、设备和装置 …… 468
四、设计计算 …… 471
第三节 气浮 …… 481
一、原理和功能 …… 481
二、设备和装置 …… 481
三、设计计算 …… 486
第四节 过滤 …… 490
一、原理和功能 …… 490
二、设备和装置 …… 490
三、设计计算 …… 498
第五节 吸附 …… 506
一、原理和功能 …… 506
二、设备和装置 …… 510
三、设计与计算 …… 511
四、活性炭的再生 …… 513
参考文献 …… 515

Chapter 3 第三章 膜分离处理 …… 516
第一节 电渗析 …… 516
一、原理和功能 …… 516
二、设备和装置 …… 516
三、设计计算 …… 518
第二节 反渗透和纳滤 …… 525
一、原理和功能 …… 525
二、设备和装置 …… 526
三、设计计算 …… 529
四、膜的清洗 …… 536
第三节 超滤和微滤 …… 541

一、原理和功能 …… 541
二、设备和装置 …… 542
三、设计计算 …… 545
参考文献 …… 549

Chapter 4 第四章 化学处理与消毒 …… 550
第一节 中和及 pH 控制 …… 550
一、原理和功能 …… 550
二、设备和装置 …… 553
三、设计计算 …… 556
第二节 化学沉淀 …… 558
一、原理和功能 …… 558
二、设备和装置 …… 560
三、设计计算 …… 560
第三节 化学氧化与还原 …… 572
一、原理和功能 …… 572
二、设备和装置 …… 578
三、设计计算 …… 581
第四节 电解 …… 582
一、原理和功能 …… 582
二、设备和装置 …… 584
三、设计计算 …… 584
第五节 离子交换 …… 586
一、原理和功能 …… 586
二、设备与装置 …… 590
三、设计计算 …… 593
第六节 消毒 …… 597
一、原理和功能 …… 597
二、设备和装置 …… 600
三、设计计算 …… 603
参考文献 …… 604

Chapter 5 第五章 传统活性污泥法 …… 605
第一节 基本原理 …… 605
一、活性污泥的形态、组成与性能指标 …… 605
二、活性污泥的微生物及其生态学 …… 606
三、活性污泥反应的理论基础与反应动力学 …… 608
四、活性污泥反应的影响因素 …… 612

第二节 主要运行方式 …… 615
一、推流式活性污泥法 …… 616
二、完全混合活性污泥法 …… 616
三、分段曝气活性污泥法 …… 617
四、吸附-再生活性污泥法 …… 617
五、延时曝气活性污泥法 …… 618
六、高负荷活性污泥法 …… 618
七、浅层曝气、深水曝气、深井曝气活性污泥法 …… 619
八、纯氧曝气活性污泥法 …… 620
第三节 曝气装置 …… 621
一、原理和功能 …… 621
二、设备和装置 …… 624
三、曝气系统设计计算 …… 632
第四节 传统活性污泥法设计计算 …… 635
一、曝气池的设计计算 …… 635
二、二次沉淀池的设计计算 …… 636
三、污泥回流系统的计算与设计 …… 638
参考文献 …… 641

Chapter 6 第六章 改良活性污泥法 …… 643
第一节 间歇式活性污泥法（SBR） …… 643
一、原理和功能 …… 643
二、设备和装置 …… 645
三、设计计算 …… 648
四、其他 SBR 变种 …… 667
第二节 氧化沟法 …… 674
一、原理和功能 …… 674
二、设备和装置 …… 686
三、设计计算 …… 692
第三节 AB 法 …… 698
一、原理和功能 …… 698
二、AB 活性污泥法工艺的运行控制 …… 704
三、设计计算 …… 705
第四节 投料活性污泥法 …… 709
一、原理和功能 …… 709
二、设备和装置 …… 715
三、设计计算 …… 720

第五节 膜生物反应器 …… 727
一、原理与功能 …… 727
二、设备与装置 …… 737
三、设计与计算 …… 744
四、膜污染防治 …… 761
参考文献 …… 768

Chapter 7 第七章 生物膜法 …… 770
第一节 生物滤池 …… 770
一、原理和功能 …… 770
二、设备和装置 …… 771
三、设计计算 …… 774
第二节 生物转盘 …… 777
一、原理和功能 …… 777
二、设备和装置 …… 778
三、设计计算 …… 779
第三节 生物接触氧化法 …… 785
一、原理与功能 …… 785
二、设备和装置 …… 789
三、设计计算 …… 795
第四节 生物流化床 …… 800
一、原理和功能 …… 800
二、设备和装置 …… 805
三、设计计算 …… 807
第五节 曝气生物滤池 …… 809
一、原理和功能 …… 809
二、工艺单元和工艺流程 …… 819
三、设计计算 …… 822
四、主要设备与材料 …… 832
第六节 生物活性炭滤池 …… 845
一、原理和功能 …… 845
二、设备和装置 …… 847
三、设计计算 …… 851
参考文献 …… 853

Chapter 8 第八章 厌氧生物处理 …… 855
第一节 原理和功能 …… 855
一、厌氧处理工艺类型 …… 855

二、原理与特点 …… 860
三、工艺控制条件 …… 861
四、厌氧工艺的设计方法 …… 863
五、沼气的收集和利用 …… 864
第二节 设计计算 …… 867
一、预处理设施 …… 867
二、厌氧工艺的设计 …… 869
三、各种类型废水设计参数 …… 870
四、反应器的详细设计 …… 872
第三节 普通消化池和接触工艺 …… 876
一、原理和功能 …… 876
二、设备与装置 …… 880
三、设计计算 …… 881
第四节 厌氧生物滤池和复合床反应器 …… 883
一、原理与功能 …… 883
二、设备与装置 …… 885
三、设计计算 …… 886
第五节 升流式厌氧污泥床反应器 …… 888
一、原理和功能 …… 888
二、设备与装置 …… 890
三、设计计算 …… 892
第六节 厌氧流化床/膨胀床反应器 …… 895
一、原理和功能 …… 895
二、设备和装置 …… 897
三、设计计算 …… 898
第七节 水解反应器 …… 903
一、原理和功能 …… 903
二、设备和装置 …… 909
三、设计计算 …… 909
参考文献 …… 911
Chapter 9 第九章 生物脱氮除磷 …… 913
第一节 生物脱氮 …… 913
一、原理和功能 …… 913
二、设备和装置 …… 933
三、设计计算 …… 935
第二节 生物除磷 …… 942
一、原理和功能 …… 942
二、设备和装置 …… 950
三、设计计算 …… 950

参考文献 …… 963

Chapter 10 第十章 化学除磷与磷回收 …… 964
第一节 废水中的磷和磷酸盐化学 …… 964
一、水体中磷的来源和形态 …… 964
二、磷酸盐化学 …… 965
三、废水中磷的去除工艺比较 …… 967
第二节 化学沉淀法除磷 …… 968
一、基本原理 …… 968
二、加药点和工艺流程 …… 970
三、加药方法和加药量 …… 972
四、除磷效果 …… 973
五、设计计算 …… 976
第三节 结晶法除磷 …… 978
一、基本原理 …… 978
二、结晶除磷反应器 …… 983
第四节 磷的深度去除 …… 988
一、化学除磷分离方法 …… 988
二、深度除磷水质分级 …… 1008
三、深度除磷技术示范 …… 1011
第五节 磷回收 …… 1012
一、磷回收背景 …… 1012
二、磷回收方式 …… 1012
三、磷回收地点 …… 1013
四、富磷污泥磷回收 …… 1013
参考文献 …… 1016

Chapter 11 第十一章 污泥处理与处置 …… 1017
第一节 污泥的性质 …… 1018
一、污泥的特性 …… 1018
二、污泥的性质参数 …… 1019
三、污泥产生量 …… 1021
第二节 污泥浓缩 …… 1022
一、重力浓缩 …… 1022
二、气浮浓缩 …… 1026
三、离心浓缩 …… 1028
第三节 污泥消化 …… 1029
一、好氧消化 …… 1029
二、厌氧消化 …… 1034
第四节 污泥脱水 …… 1039

一、自然干化 …… 1039
二、真空过滤 …… 1042
三、压滤 …… 1043
四、离心脱水 …… 1044
第五节　堆肥 …… 1045
一、堆肥的基本原理 …… 1046
二、设计要点 …… 1048
第六节　石灰稳定 …… 1052
一、原理与作用 …… 1052
二、石灰稳定工艺与系统组成 …… 1052
三、设计要点 …… 1053
第七节　污泥深度脱水 …… 1053
一、污泥水分组成 …… 1054
二、污泥深度脱水技术 …… 1054
第八节　污泥处置及利用 …… 1056
一、污泥土地利用及农用 …… 1056
二、污泥填埋 …… 1058
三、污泥焚烧 …… 1059
四、综合利用 …… 1061
第九节　污泥的应急处置与风险管理 …… 1062
一、应急处置 …… 1062
二、安全风险分析与管理 …… 1063
三、环境风险分析与管理 …… 1064
参考文献 …… 1064

Chapter 12 第十二章　生态处理 …… 1066
第一节　氧化塘 …… 1066
一、氧化塘类型及特点 …… 1066
二、氧化塘中的生物及生态系统 …… 1067
三、氧化塘对污水的净化机理 …… 1072
四、氧化塘的影响因素 …… 1073
五、好氧塘设计 …… 1075
六、兼性塘设计 …… 1076
七、厌氧塘设计 …… 1078
八、曝气塘设计 …… 1080
九、相关问题 …… 1081
第二节　土地处理系统 …… 1083
一、慢速渗滤处理系统 …… 1083
二、快速渗滤处理系统 …… 1090

三、地表漫流处理系统 …… 1095
四、湿地处理系统 …… 1100
第三节 工程应用案例 …… 1107
一、概况 …… 1107
二、土地处理及利用条件 …… 1107
三、工艺参数计算 …… 1108
四、工艺流程 …… 1109
五、结论 …… 1110
参考文献 …… 1112

Chapter 13 第十三章 臭气处理 …… 1113
第一节 臭气来源及污染控制 …… 1113
一、臭气来源 …… 1113
二、臭气污染控制标准及评价方法 …… 1117
三、臭气治理系统的基本设计程序及原则 …… 1124
四、臭气集送系统 …… 1129
五、臭气污染控制 …… 1141
第二节 吸附法除臭 …… 1144
一、原理和功能 …… 1144
二、设备和装置 …… 1147
三、设计计算 …… 1150
第三节 化学洗涤法除臭 …… 1155
一、原理和功能 …… 1155
二、设备和装置 …… 1158
三、设计计算 …… 1163
第四节 生物除臭法 …… 1169
一、原理和功能 …… 1169
二、设备和装置 …… 1175
三、设计计算 …… 1177
第五节 天然植物液除臭 …… 1179
一、原理和功能 …… 1179
二、设备和装置 …… 1183
三、设计计算 …… 1192
第六节 离子法除臭 …… 1193
一、原理和功能 …… 1193
二、设备和装置 …… 1195
第七节 其他除臭方法 …… 1197
一、燃烧除臭法 …… 1197

二、臭氧处理法 …… 1198
三、稀释扩散法 …… 1199
四、高级氧化除臭法 …… 1199
参考文献 …… 1200

第三篇 废水处理工程的建设与运行 1201

Chapter 1 第一章 项目立项及调研论证 …… 1202
第一节 项目立项 …… 1202
一、项目的投资开发程序 …… 1202
二、城镇污水处理工程 …… 1203
三、工业废水处理工程 …… 1203
第二节 项目建议书 …… 1204
一、主要内容 …… 1204
二、审批及后续工作 …… 1204
第三节 水质水量调查 …… 1206
一、城镇污水调查 …… 1206
二、工业废水调查 …… 1207
第四节 场址选择 …… 1208
一、城镇污水处理工程 …… 1208
二、工业废水处理工程 …… 1208
第五节 排放标准 …… 1208
一、国家综合排放标准 …… 1209
二、国家行业排放标准 …… 1209
三、地方排放标准 …… 1209
第六节 环境影响评价 …… 1210
一、评价工作程序 …… 1210
二、评价文件的编制 …… 1210
三、评价文件的报批 …… 1211
参考文献 …… 1211

Chapter 2 第二章 可行性研究报告 …… 1212
第一节 编制依据和范围 …… 1212
一、编制依据 …… 1212
二、编制范围 …… 1213
第二节 工艺方案比较和选择 …… 1213
一、城镇污水处理工程 …… 1214
二、工业废水处理工程 …… 1218

第三节　方案设计 …… 1220
一、设计水质水量 …… 1220
二、工艺流程 …… 1220
三、工艺计算 …… 1220
四、总图运输方案 …… 1221
五、配套工程 …… 1221
第四节　投资估算 …… 1221
一、编制依据 …… 1221
二、建设投资估算 …… 1222
三、建设期利息估算 …… 1224
四、流动资金估算 …… 1224
五、项目总投资估算 …… 1225
第五节　财务分析 …… 1225
一、基础数据和参数的选择 …… 1225
二、财务效益与费用估算 …… 1225
三、财务盈利能力分析 …… 1226
四、偿债和财务生存能力分析 …… 1227
五、不确定性分析 …… 1227
六、财务报表及评价结果 …… 1228
参考文献 …… 1231

Chapter 3 **第三章　工程设计** …… 1232
第一节　设计阶段和内容 …… 1232
第二节　初步设计 …… 1232
一、设计准备 …… 1232
二、设计说明书的编制 …… 1233
三、设计概算 …… 1236
四、主要材料及设备表 …… 1238
五、初步设计图纸 …… 1239
第三节　施工图设计 …… 1239
一、施工图设计说明 …… 1239
二、主要材料及设备表 …… 1241
三、施工图设计图纸 …… 1241
第四节　常用标准和规范 …… 1243
一、工艺设计标准 …… 1243
二、管道工程设计参照标准 …… 1246
三、建筑、结构设计参照标准 …… 1246
四、电气、自控、仪表设计参照标准 …… 1246

参考文献 …… 1247

Chapter 4 第四章 工程建设 …… 1248
第一节 工程招标 …… 1248
一、原则和程序 …… 1248
二、前期工作 …… 1249
三、招投标 …… 1249
四、后期工作 …… 1251
第二节 工程施工 …… 1251
一、废水处理工程施工的特点 …… 1251
二、设计交底 …… 1252
三、施工准备 …… 1253
四、施工组织设计 …… 1254
第三节 常用标准和规范 …… 1256
一、基本法律和规范 …… 1256
二、土方及基础工程参照标准 …… 1256
三、钢筋混凝土工程参照标准 …… 1256
四、建筑工程参照标准 …… 1257
五、管道工程参照标准 …… 1257
六、设备安装工程参照标准 …… 1257
七、电气工程参照标准 …… 1258
参考文献 …… 1258

Chapter 5 第五章 工程调试与验收 …… 1259
第一节 工程验收 …… 1259
一、验收的依据和程序 …… 1259
二、工程验收资料 …… 1260
三、构筑物工程验收 …… 1261
四、管道工程验收 …… 1264
第二节 工程调试及试运行 …… 1267
一、调试准备 …… 1267
二、单机调试 …… 1267
三、单体调试 …… 1269
四、工艺调试及试运行 …… 1270
第三节 环境保护验收 …… 1273
一、验收条件 …… 1274
二、验收程序 …… 1274
参考文献 …… 1275

Chapter 6 第六章 工程的运行管理 …… 1276
第一节 操作规程 …… 1276
第二节 运行管理的一般要求 …… 1276
一、运行管理的目标 …… 1276
二、对人员的要求 …… 1277
三、工艺运行管理 …… 1277
四、设备维护保养 …… 1277
五、安全生产注意事项 …… 1277
第三节 常见单元工艺运行管理要点 …… 1278
一、物理处理 …… 1278
二、物化处理 …… 1279
三、膜处理 …… 1282
四、化学处理 …… 1282
五、生物处理 …… 1283
第四节 监测与监控 …… 1287
一、水质监测 …… 1287
二、工艺监控 …… 1291
参考文献 …… 1298

第四篇 废水处理工程实例 1299

Chapter 1 第一章 城镇污水处理 …… 1300
第一节 城镇污水处理工程实例（一） …… 1300
一、工程概况 …… 1300
二、处理工艺 …… 1300
三、运行情况 …… 1303
第二节 城镇污水处理工程实例（二） …… 1304
一、工程概况 …… 1304
二、处理工艺 …… 1304
三、运行情况 …… 1307
第三节 城镇污水处理工程实例（三） …… 1307
一、工程概况 …… 1307
二、处理工艺 …… 1308
三、运行情况 …… 1311
第四节 医院污水处理工程实例 …… 1312
一、工程概况 …… 1312
二、处理工艺 …… 1312
三、运行情况 …… 1315

第五节　垃圾渗滤液处理工程实例 …… 1316
一、工程概况 …… 1316
二、处理工艺 …… 1316
三、运行情况 …… 1319
参考文献 …… 1319

Chapter 2 第二章　工业废水处理 …… 1320
第一节　制浆造纸废水处理工程实例 …… 1320
一、工程概况 …… 1320
二、处理工艺 …… 1320
三、运行情况 …… 1322
第二节　化工废水处理工程实例 …… 1322
一、工程概况 …… 1322
二、处理工艺 …… 1323
三、运行情况 …… 1326
第三节　石油化工废水处理工程实例 …… 1326
一、工程概况 …… 1326
二、处理工艺 …… 1327
三、运行情况 …… 1329
第四节　印染废水处理工程实例 …… 1330
一、工程概况 …… 1330
二、处理工艺 …… 1330
三、运行情况 …… 1333
第五节　有色金属废水处理工程实例 …… 1334
一、工程概况 …… 1334
二、处理工艺 …… 1334
三、运行情况 …… 1338
第六节　电镀废水处理工程实例 …… 1338
一、工程概况 …… 1338
二、处理工艺 …… 1339
三、运行情况 …… 1341
第七节　生物制药废水处理工程实例 …… 1341
一、工程概况 …… 1341
二、处理工艺 …… 1342
三、运行情况 …… 1345
第八节　化学制药废水处理工程实例 …… 1346
一、工程概况 …… 1346
二、处理工艺 …… 1346

三、运行情况 …… 1348
第九节 肉类加工废水处理工程实例 …… 1348
一、工程概况 …… 1348
二、处理工艺 …… 1349
三、运行情况 …… 1350
第十节 豆制品废水处理工程实例 …… 1350
一、工程概况 …… 1350
二、处理工艺 …… 1351
三、运行情况 …… 1353
第十一节 乳品废水处理工程实例 …… 1354
一、工程概况 …… 1354
二、处理工艺 …… 1354
三、运行情况 …… 1357
第十二节 淀粉废水处理工程实例 …… 1357
一、工程概况 …… 1357
二、处理工艺 …… 1357
三、运行情况 …… 1360
第十三节 制糖废水处理工程实例 …… 1361
一、工程概况 …… 1361
二、处理工艺 …… 1361
三、运行情况 …… 1364
第十四节 酒精废水处理工程实例 …… 1366
一、工程概况 …… 1366
二、处理工艺 …… 1367
三、运行情况 …… 1368
第十五节 啤酒废水处理工程实例 …… 1368
一、工程概况 …… 1368
二、处理工艺 …… 1368
三、运行情况 …… 1369
第十六节 皮革废水处理工程实例 …… 1371
一、工程概况 …… 1371
二、处理工艺 …… 1371
三、运行情况 …… 1373
第十七节 氮肥废水处理工程实例 …… 1374
一、工程概况 …… 1374
二、处理工艺 …… 1374
三、运行情况 …… 1377
第十八节 农药废水处理工程实例 …… 1377

一、工程概况 …… 1377
二、处理工艺 …… 1378
三、运行情况 …… 1379
第十九节　洗涤剂废水处理工程实例 …… 1379
一、工程概况 …… 1379
二、处理工艺 …… 1380
三、运行情况 …… 1381
第二十节　印钞废水处理工程实例 …… 1382
一、工程概况 …… 1382
二、处理工艺 …… 1382
三、运行情况 …… 1384
参考文献 …… 1385

Chapter 3　第三章　废水的深度处理和回用 …… 1386
第一节　城镇污水深度处理回用工程实例（一） …… 1386
一、工程概况 …… 1386
二、处理工艺 …… 1386
三、运行情况 …… 1388
第二节　城镇污水深度处理回用工程实例（二） …… 1388
一、工程概况 …… 1388
二、处理工艺 …… 1389
三、运行情况 …… 1392
第三节　工业废水深度处理回用工程实例（一） …… 1393
一、工程概况 …… 1393
二、处理工艺 …… 1393
三、运行情况 …… 1396
第四节　工业废水深度处理回用工程实例（二） …… 1397
一、工程概况 …… 1397
二、处理工艺 …… 1397
三、运行情况 …… 1399
第五节　建筑中水回用工程实例 …… 1400
一、工程概况 …… 1400
二、处理工艺 …… 1400
三、运行情况 …… 1402
参考文献 …… 1402

索引 …… 1403

第一篇 典型行业废水污染防治技术

Chapter 01

第一章 城镇污水

第一节 概 述

城镇污水指城镇居民生活污水，机关、学校、医院、商业服务机构及各种公共设施排水，以及允许排入城镇污水收集系统的工业废水和初期雨水等，可以分为生活污水、工业废水和雨水三个部分[1]。

2010 年，我国在建城镇污水处理项目 1929 个，而新增污水处理能力约 4900 万立方米/天[2]。

城镇污水具有以下的特点[3]。

1. 水质变化较大

许多城镇主导产业比较单一，具有明显地方特色的区域经济结构，使产生的工业废水水质单一。不仅城镇污水水质随城镇产业结构的不同而有大的变化，即使具有相同产业结构的城镇，其排放的污水水质也相差很大，甚至同一城镇在相同的产业结构但不同的季节、一天中不同的时段其排放的污水水质也有相当大的变化。

2. 水量变化较大

城镇污水处理厂由于纳污面积较小，排水干管比较短，导致污水的日变化系数较大。此外，由于经济发达城镇的外来劳动力多，这些人口具有较强的不稳定性和流动性，从而造成污水量一年内有可能随季节和节假日发生较大的变化，因此，城镇一年内不同时期及一日内的不同时间污水水量都不相同。

3. 收集系统受降雨影响较大

从历史、现今和将来以及国外排水系统的发展情况来看，在已建城镇建立分流制排水系统由于代价高、单位人口的污水收集系统造价高，推行并不见好；仅能在经济发达城镇及新建城镇采用分流制排水系统。因此，城镇污水处理厂的建设和运行将不得不考虑城镇排水系统的现状，研究开发适宜的工艺与装备。

第二节 城镇污水的特性

一、城镇污水的来源

一般城镇下水道系统不仅有住宅、医院、公共场所等处的生活污水排入，而且还有工业废水排入。其组成如下[4]：

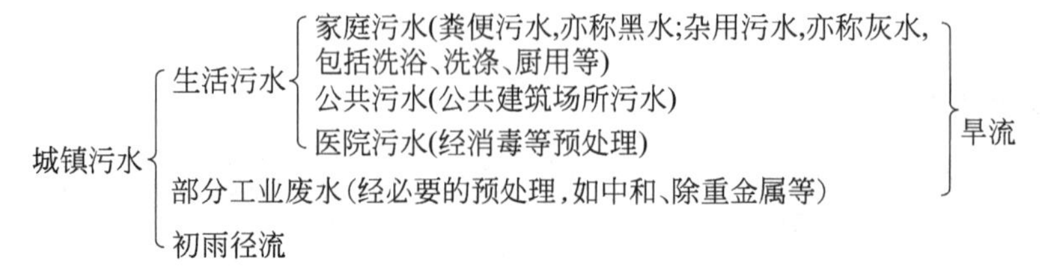

城镇污水中所包括的部分工业废水其组成如下：

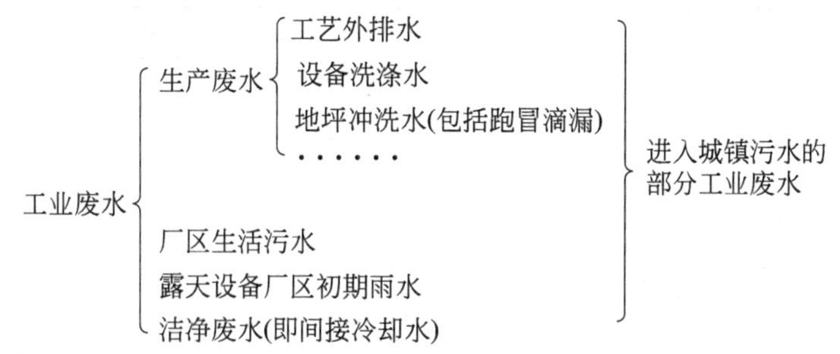

厂区生活污水包括厂区中淋浴间、洗衣房、厨房、厕所等排放的污水。

在设有生产设备的露天厂区中，地面的暴雨径流往往受到严重的工业污染，特别是初期雨水径流，应纳入污水系统，接受处理。

根据节水原则，间接冷却水（清洁废水）应单设系统，经降温后回收利用，或注入地下。当冷却水尚未回收时，可暂时排入雨水管，或直接排入水体，但一般不排入污水系统。

二、城镇污水的水质

城镇污水水质，主要是生活污水的特征，但在不同的下水道系统中，由于不同性质和规模的工业排污，又受到工业废水水质的影响。对于城镇污水，由于工业废水不同而呈现不同的水质特征和污染物浓度，所以城镇污水水质要选择几个有代表性的排污口，定期实测其水质水量，采用加权平均法确定其现状水质浓度，以此为基础，结合其他监测资料并考虑一定余地，确定常规污染物浓度，还应确定营养物浓度、碱度等水质特性。因不同城市产业结构的差异造成城镇污水的水质存在差异，切忌简单类比。

典型生活污水水质，有一定的变化范围，大体可见表 1-1-1[4]。

表 1-1-1　典型生活污水水质

序号	指标	浓度/(mg/L)(已注明单位的除外)		
		高	中	低
1	总固体(TS)	1200	720	350
2	溶解性总固体(TDS)	850	500	250
	其中:非挥发性	525	300	145
	挥发性	325	200	105
3	悬浮物(SS)	350	200	100
	其中:非挥发性	75	55	20
	挥发性	275	145	80
4	可沉降物/(mL/L)	20	10	5
5	生化需氧量(BOD)	400	220	110
	其中:溶解性	200	110	55
	悬浮性	200	110	55
6	总有机碳(TOC)	290	160	80
7	化学需氧量(COD)	1000	400	250
	其中:溶解性	400	150	100
	悬浮性	600	250	150
	可生化降解部分	750	300	200
	溶解性	375	150	100
	悬浮性	375	150	100

续表

序号	项　目	浓度/(mg/L)(已注明单位的除外)		
		高	中	低
8	总氮(TN)	85	40	20
	其中:有机氮	35	15	8
	游离氮	50	25	12
	亚硝酸盐氮	0	0	0
	硝酸盐氮	0	0	0
9	总磷(TP)	15	8	4
	其中:有机磷	5	3	1
	无机磷	10	5	3
10	氯化物(Cl^-)	200	100	60
11	硫酸盐(SO_4^{2-})	50	30	20
12	碱度(以 $CaCO_3$ 计)	200	100	50
13	动植物油	150	100	50
14	总大肠菌/(个/100mL)	$10^8 \sim 10^9$	$10^7 \sim 10^8$	$10^6 \sim 10^7$

三、城镇污水的水量

由城镇污水的来源可知，城镇污水主要由居民生活污水和工业废水组成。城镇生活污水量可按当地中心城市生活污水量的计算模式确定。一般按供排系数计算，也可按人口当量或面积比流量计算。对于工业废水量一般按实测数据计算，或按单位产品排水当量、工艺设备排水量计算[5]。

第三节　城镇污水处理技术

一、技术的历史及现状

我国城镇污水处理工作起步较晚，20 世纪 80 年代初建设的城市污水处理厂大部分采用传统活性污泥法、生物滤池、氧化塘等，这些处理工艺重点是针对有机污染物去除，未考虑脱氮除磷，处理达标后的出水直接排放。

随着排放标准的不断提高和水资源的日趋紧张，处理出水的回用提上日程。处理出水标准提高，相应地对污水处理技术的要求也越来越高，在此期间，各处理技术不断进行了改进。对活性污泥法进行改进，推出了序批式活性污泥法（SBR 法）；对 SBR 法的进出水控制及污泥回流与曝气方式进行改进与控制，推出了循环式活性污泥法（CASS）工艺及间歇式循环延时曝气活性污泥法（ICEAS）工艺；对活性污泥法的曝气方式与池型结构进行改进，推出了氧化沟工艺；对生物滤池的进出水、滤料、曝气方式与池型结构进行改进，推出了曝气生物滤池；为增强脱氮除磷效果，提出了 A/O、A^2/O 工艺等。由于技术的改进和出水标准的提高，处理后的出水可以部分回用于绿化、冲洗地面、冲厕等。

近年来，由于水资源紧张的加剧和水体污染事件的出现，使得人们对于用水安全和污水处理的认识更加深刻，从而推动更严格污水排放标准的提出和更先进、高效污水处理技术的研发。出现了生物、物化强化技术、膜生物反应器技术等，这些处理技术不仅能够去除常规污染物，而且对于某些微量污染物的控制也具有很好的效果，处理后的出水可以实现高端规模化回用。

二、城镇污水处理的主流技术

污水处理分为一级处理、二级处理、深度处理以及污泥处理处置四个方面。下面将针对这四个方面分别论述城镇污水处理的主流技术。

(一) 一级处理技术

污水的一级处理是通过简单的沉淀、过滤或适当的曝气等，以去除污水中的悬浮物及减轻污水的腐化程度的过程。作为二级生物处理的前置处理，一级处理的主要处理对象为可沉淀固体、悬浮固体和一部分有机物。由于一级处理投资少，动力消耗低，不但可处理一部分有机物，而且对后续二级生物处理影响甚大，因此世界各国十分重视一级处理技术的研究。城镇污水一级处理技术主要包括筛分、沉砂、沉淀、强化一级处理等。

1. 筛分

一级处理中筛分主要是指利用格栅去除水中的悬浮物和大块固体物质。污水处理厂一般设置两道格栅。一道设在提升泵房前，栅条间距为 15～30mm；另一道设在沉砂池前，栅条间距为 6～10mm[6]。

格栅分垂直安装和倾斜安装两种。倾斜安装角度为 45°～75°。单台格栅机的工作宽度不得大于 4.0m，超过 4.0m 时可采用多台格栅机。当沟渠宽度大于 10m 时，宜采用移动式格栅，既经济合理，又方便管理。

大型污水处理厂格栅间一般为单独设置，以便于运行管理；中小型污水处理厂一般采取与泵房、沉砂池合建，以节省工程造价。大中型污水处理厂常采用机械格栅，并且通常设置人工除渣的辅助性旁通格栅槽。机械格栅一旦出现故障，旁通格栅能自动分流全部污水。小型污水处理厂一般采用人工捞渣的人工格栅[6]。

我国常用的机械格栅有：链条式格栅、移动式伸缩臂格栅、钢丝绳牵引式格栅、旋转式固液分离机、弧形格栅。

2. 沉砂

在污水的迁移、流动过程中不可避免地要混入泥砂，如果不经去除进入后续的处理单元及设备，将对设备造成磨损、堵塞。所以沉砂的主要作用是去除水中的泥砂。

沉砂主要在沉砂池中完成，沉砂池能去除水中粒径大于 0.2mm、密度大于 $2.65\times10^3kg/m^3$ 的砂粒[7]。沉砂池一般设在污水厂的泵站和沉淀池的前端，用于保护水泵和管道不受磨损。

沉砂池主要分为平流式沉砂池、竖流式沉砂池、旋流式沉砂池和曝气沉砂池。

在城镇污水处理厂中，大多采用平流式沉砂池和竖流式沉砂池。

3. 沉淀

沉淀是利用重力沉降原理来去除污水中悬浮固体的工艺过程，一级处理中的沉淀指建在生物处理设施前的初沉池。

初沉池是一级污水处理的主要构筑物或作为二级污水处理的预处理构筑物，设在生物处理构筑物的前面。处理的对象是悬浮物质（SS），可去除 40%～55%以上，同时可去除部分 BOD（占总 BOD 的 20%～30%，主要是非溶解性 BOD），以改善生物处理构筑物的运行条件，并降低其 BOD 负荷。

初沉池按池内水流方向分为平流式、竖流式和辐流式。平流式沉淀池大、中、小型污水处理厂均适用，竖流式沉淀池适用于小型污水处理厂，辐流式沉淀池适用于大、中型污水处理厂。

4. 水解

水解（酸化）技术的研究工作是从污水的厌氧生物处理试验开始的，厌氧发酵产生沼气的过程可分为水解阶段、酸化阶段、产乙酸阶段和甲烷化阶段。水解技术就是把厌氧过程控制在前两个阶段，主要目的是将污水中的非溶解性有机物转变为溶解性有机物，把大分子物质转化成小分子物质，利于后续处理的进行，提高污染物的去除效率。城镇污水利用水解技术进行一级处理，可以替代传统的沉淀池，由于水解反应迅速，故水解池体积小，与初沉池相比可节省基建费用。

5. 强化一级处理技术

目前强化一级处理技术中研究较多的有化学强化一级处理（即 CEPT 法）、生物强化一级处理以及化学生物联合絮凝强化一级处理等。

化学强化一级处理技术（chemically enhanced primary treatment，CEPT）是通过投加混凝剂使微小的悬浮固体、胶体颗粒脱稳并聚集形成较大的颗粒，从而提高沉淀效率，提高出水水质[8]。CEPT 对 TP、SS、BOD 和重金属等的处理效果较好，耐冲击负荷的能力也较强。系统的基建投资、占地面积小于活性污泥法（包括 A/O、A^2/O 等工艺），而且运行管理灵活简便、处理过程稳定可靠、近期投资环境效益好。在我国应用该项技术的主要问题是药剂价格昂贵、运行费用较高、污泥处理处置的难度较大。

生物强化一级处理是直接利用微生物细菌及其代谢产物作为吸附剂和絮凝剂，通过对污染物质的物理吸附、化学吸附和生物吸附以及吸附架桥、电性中和及沉淀物网捕等作用，把这种较小的颗粒物质和一部分胶体物质转化为生物絮体的组成部分，并通过絮体沉降作用而快速去除[9]。

化学生物联合絮凝强化一级处理是有污泥回流的活性污泥系统和化学絮凝处理系统的组合[10]。通过回流部分剩余污泥、以曝气搅拌代替传统的机械搅拌来强化生物絮凝作用，利用化学絮凝和生物降解的协同作用对污水进行强化一级处理。

强化一级处理技术较一级处理技术污染物去除效果好，同时投资费用又较二级生物处理技术低，适用于城镇污水处理。

(二) 二级处理技术

目前，我国城镇污水常用的二级处理技术有以下几种。

1. 传统活性污泥工艺

活性污泥法又称悬浮生长法，是一种应用最广泛的废水好氧生化处理工艺，其主要由曝气池、二次沉淀池、曝气系统及污泥回流系统等组成。废水经初次沉淀池后与二次沉淀池底部回流的活性污泥同时进入曝气池，通过曝气，活性污泥呈悬浮状态并与废水充分接触。废水中的悬浮固体和胶状物质被活性污泥吸附，而废水中的可溶性有机物被活性污泥中的微生物用作自身繁殖的营养，代谢转化为生物细胞，并氧化成最终产物（主要是 CO_2）。非溶解性有机物需先转化成溶解性有机物，而后才被代谢和利用，废水由此得到净化。净化后废水与活性污泥在二次沉淀池内进行分离，上层出水排放，分离浓缩后的污泥部分返回曝气池，以保证曝气池内保持一定浓度的活性污泥，其余则作为剩余污泥排出系统[7,11]。

此法早在 20 世纪初就开始应用于废水处理，并一直沿用至今。传统活性污泥法主要由曝气池、曝气系统、二次沉淀池、污泥回流系统和剩余污泥排放系统组成，其工艺流程见图 1-1-1[7]。

传统活性污泥工艺具有有机底物浓度沿曝气池池长逐渐降低，需氧速率也沿池长逐渐降低的特点，因此其曝气分布也应该是沿池长逐渐递减的。传统活性污泥系统对废水中可降解

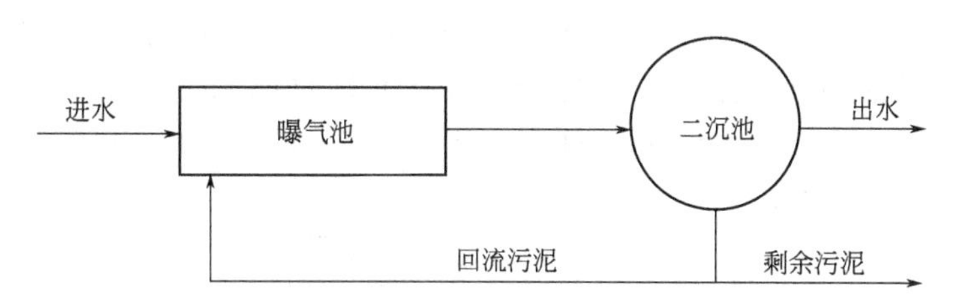

图 1-1-1 传统活性污泥法工艺流程

有机污染物的处理效果较好，在理想情况下，BOD 去除率可达 90%以上。

虽然传统活性污泥工艺已经成功应用了近百年，但这种废水处理系统仍然存在诸多问题，例如：①曝气池容积大，占用土地较多，基建费用高；②对水质、水量变化的抗冲击能力较低，运行效果易受水质、水量变化的影响；③耗氧速率与供氧速率难与沿池长吻合一致，在池前段可能出现耗氧速率高于供氧速率的现象，池后段又可能出现相反的现象。

由于处理单元多，管理复杂，要求具有较强的技术管理水平，加上占地多，建设投资大，只有当污水处理量大到一定规模时，其单位处理量的投资才会较低。一般污水处理量在 $10\times10^4m^3/d$ 以上的污水处理厂采用这种工艺。

2. 序批式活性污泥法

序批式活性污泥工艺（SBR 法）的发展事实上先于连续流活性污泥技术。1893 年 Wardle 处理生活污水所采用的就是这种工艺。尽管间歇式活性污泥法是污水生物处理方法的最初模式，但由于进出水切换复杂，变水位出水、供气系统易堵塞及设备等方面的原因，限制了其最初的应用和发展。直到 20 世纪 70 年代，随着各种新型设备、计算机及自动控制技术的发展和使用，间歇运行操作中的诸多问题已经完全可以解决，因此该工艺的优势逐步得到体现，并使该工艺迅速得到开发和应用[7,11]。SBR 池体如图 1-1-2 所示。

图 1-1-2 SBR 池体

随着人们对 SBR 研究的深入，各种新型的 SBR 工艺不断出现。20 世纪 80 年代初，澳大利亚开发出间歇式循环延时曝气活性污泥法（intermittent cyclic extended activated sludge，ICEAS)，接着建成了世界上第一座 ICEAS 废水处理厂。随后在美国、加拿大、澳大利亚和日本等地得到了推广应用。后来美国的 Goranszy 教授利用活性污泥基质累积-再生理论以及污泥活性和呼吸速率之间的关系，相继开发出了循环式活性污泥法（cyclic activated sludge technology，CAST）和 CASS 工艺（cyclic activated sludge system，CASS)。这个时期，SBR 的研究在与其他工艺的结合上也有了比较大的进步。如 DAT-IAT 工艺、UNITANK 工艺和 AICS 工艺等，其中 DAT-IAT 工艺和 AICS 工艺是我国自行研发设计、具有自主知识产权的工艺技术。

由于 SBR 工艺占地面积小，平面布置紧凑，在城镇污水处理方面，成功应用 SBR 工艺的例子也比较多。例如：某污水处理厂设计规模 $30000m^3/d$，接纳生活污水和酒厂等工业废水。设计进水水质为：SS＝200mg/L；BOD＝200mg/L；COD＝300mg/L；TKN＝40mg/L；TP＝6mg/L。设计出水执行《污水综合排放标准》（GB 8978—1996）一级排放标准要求。其中：SS≤20mg/L；BOD≤20mg/L；COD≤60mg/L；TKN≤15mg/L；TP≤0.5mg/L。工艺流程见图 1-1-3[12]。

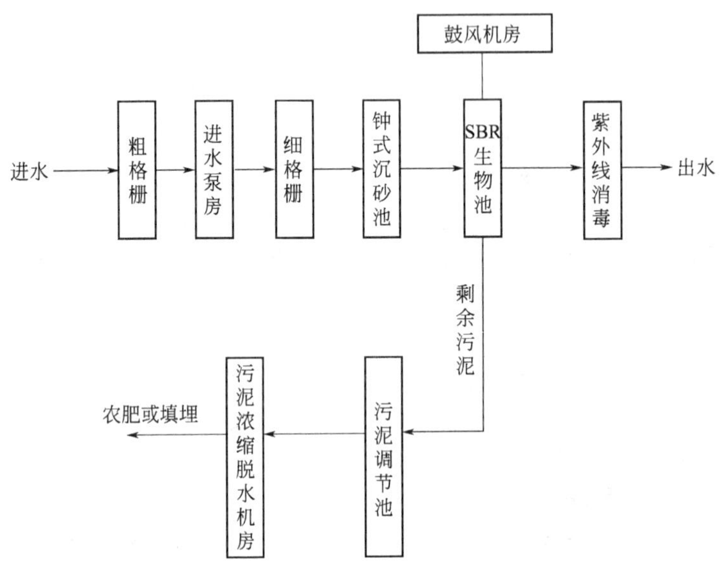

图 1-1-3 某污水处理厂工艺流程

2004 年，该污水处理厂开始正常运转，平均运行数据显示：$SS_{进水}$≤142mg/L，$SS_{出水}$≤10mg/L；$COD_{进水}$≤116mg/L，$COD_{出水}$≤16mg/L；出水指标优于设计出水标准。

3. 氧化沟工艺

氧化沟是一种完全混合并不需要初沉池的延时曝气活性污泥工艺，其结构形式采用环形沟渠，混合液在氧化沟曝气器的推动下作水平流动。氧化沟系统主要有以下种类：交替式多沟式氧化沟、射流曝气氧化沟、表曝系统氧化沟、一体化氧化沟等。氧化沟一般由沟体、曝气设备、进水分配井、出水溢流堰和导流装置等部分组成[7]。

氧化沟工艺适用于大、中、小型生活污水处理厂，也可用于处理某些工业废水，还可适用于去除氮、磷。

对于具有稳定污泥功能的氧化沟，在污泥处理部分，可不设污泥消化池。氧化沟与活性污泥工艺相比的主要优点是废水处理过程与污泥稳定化阶段相结合，并且简化了运行操作。流程中的沉淀池可与氧化沟分建，也可与其合建。

图 1-1-4 采用立式表曝机的卡鲁塞尔氧化沟

如同活性污泥法一样，自从第一座氧化沟问世以来，演变出了许多变型工艺方法和设备。氧化沟根据其构造和运行特征，并根据不同的发明者和专利情况可分为以下几种有代表性的类型。

（1）卡鲁塞尔氧化沟 卡鲁塞尔氧化沟利用立式低速表面曝气器供氧并推动水流前进。开发这种氧化沟的目的是寻求渠道更深的氧化沟以及效率更高、机械性能更好的系统设备。氧化沟渠道变深，占地面积相应减少，弥补了当时氧化沟占地面积大的缺陷。目前为了适应脱氮除磷的要求，又开发了卡鲁塞尔 2000 等类型的氧化沟。见图 1-1-4[7]。

(2) 交替工作式氧化沟 国外采用的形式主要是双沟交替（DE）型，即双沟交替地在好氧和沉淀状态下工作，以免除分离式的二次沉淀池，并可完成废水的硝化与反硝化过程。由于双沟式设备闲置率高（<50%），又开发出三沟交替（T）型氧化沟，见图 1-1-5[7]，提高了设备利用率（58.3%）。

图 1-1-5 三沟交替（T）型氧化沟

(3) 奥贝尔氧化沟 奥贝尔氧化沟由多个同心的沟渠组成，废水从外沟依次流入内沟，见图 1-1-6[7]。各沟的有机物和溶解氧浓度均不相同，因此可实现脱氮除磷的目的。曝气设备采用曝气转盘。这种类型氧化沟在美国应用较多。

图 1-1-6 奥贝尔氧化沟

(4) 一体化氧化沟 一体化氧化沟的氧化沟和二沉池合为一体，省去了污泥回流系统，基建投资相对节省，见图 1-1-7[7]。

(5) 其他类型的氧化沟 包括射流曝气（JAC）系统氧化沟、U 形氧化沟和采用微孔曝气的逆流氧化沟等。

某污水厂采用氧化沟工艺处理污水，设计远期日处理 3×10^4t 污水，首期工程为日处理 1.5×10^4t 污水，主要设备由国外引进。该污水厂工艺流程如图 1-1-8 所示[13]。

正常运行水质见表 1-1-2[13]。

工程总投资 1410 元/m^3（包括部分二期工程费用）；处理 $1.5\times10^4m^3$ 生活污水占地不超过 $6800m^2$（包括道路、绿化等）；处理生活污水电耗为 0.223kW·h/m^3。

图 1-1-7　船形一体化氧化沟

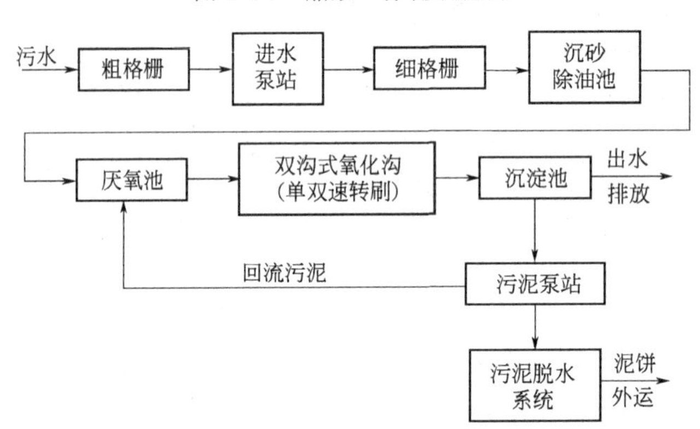

图 1-1-8　某污水处理厂氧化沟污水处理工艺流程

表 1-1-2　某污水厂运行水质　　单位：mg/L

采样时间	采样地点	COD	BOD	NH_4^+-N	TN	TP	SS
00:00	进水口/出水口	121.5/22.1	57.6/5.0	10.6/0.3	34.08/7.03	10.32/0.08	153.7/16.6
06:00	进水口/出水口	88.4/10.3	36.3/4.7	13.0/0.3	40.71/6.32	9.82/0.74	35.4/19.4
12:00	进水口/出水口	209.9/33.1	88.6/8.9	8.2/0.1	10.25/1.99	9.92/0.89	86.3/18.3
18:00	进水口/出水口	95.7/27.6	38.6/7.2	10.7/0.4	14.78/0.58	10.02/0.84	78.9/18.6
设计值	进水口/出水口	/100	100～150/20	20～25/3	20～30/12	3～4/1	200/20
合格率/%	出水	100	100	100	100	100	100

某城镇设计污水量 10000m³/d，采用的工艺是合建式氧化沟工艺，设计进水水质：BOD 为 100～150mg/L；COD 为 200～300mg/L；SS 为 250mg/L；TN 为 25mg/L；TP 为 2～3mg/L。设计出水水质达到《污水综合排放标准》（GB 8978—1996）一级标准。设计污泥负荷为 0.11kgBOD/(kgMLSS·d)，水力停留时间 15h，污泥龄为 25d。工艺流程见图 1-1-9[14]。

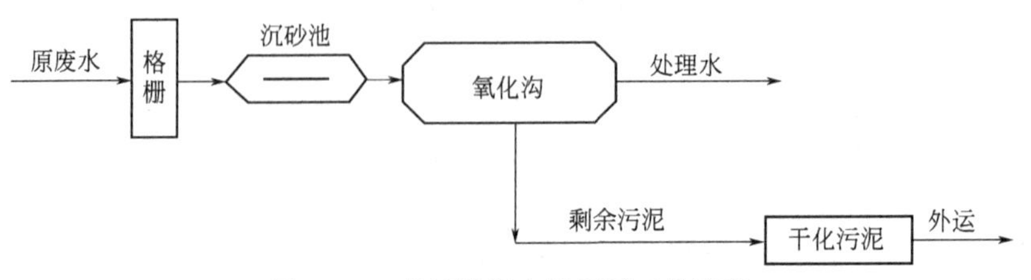

图 1-1-9　某城镇污水处理厂工艺流程

正常运行进、出水水质见表 1-1-3[14]。

表 1-1-3 某城镇污水厂运行水质

项 目	COD/(mg/L)	BOD/(mg/L)	SS/(mg/L)	NH_4^+-N/(mg/L)	TN/(mg/L)	TP/(mg/L)
进水范围	77.9～378	55～153	22～540	13～27.8	18～30.7	2.0～2.5
进水均值	197.4	73.2	123.1	20	23.4	2.3
出水范围	26～46	9.2～20.6	3.0～21.0	0.8～2.3	3.1～12.4	1.1～1.5
出水均值	33.6	15.4	13.1	1.5	6.9	1.3

从表中数据可见，除 TP 外其余各项指标均优于国家一级排放标准，为了稳定达到出水磷酸盐<0.5mg/L 的处理要求，又在二沉池进水口处增加了化学除磷设施，利用碱式氯化铝作为沉淀剂，形成金属磷酸盐沉淀物，将溶解性磷酸盐从液相中除去，去除率达 70%。

4. AB 工艺

AB 工艺是吸附-生物降解工艺的简称，由德国亚琛大学 B. Bohnke 教授发明，它是在常规活性污泥法和两段活性污泥法基础上发展起来的一种新型废水处理工艺。

典型的 AB 工艺流程见图 1-1-10[7]。从图中可以看出，AB 工艺中的 A、B 两段需严格分开，污泥系统各段独立循环，两段串联运行。

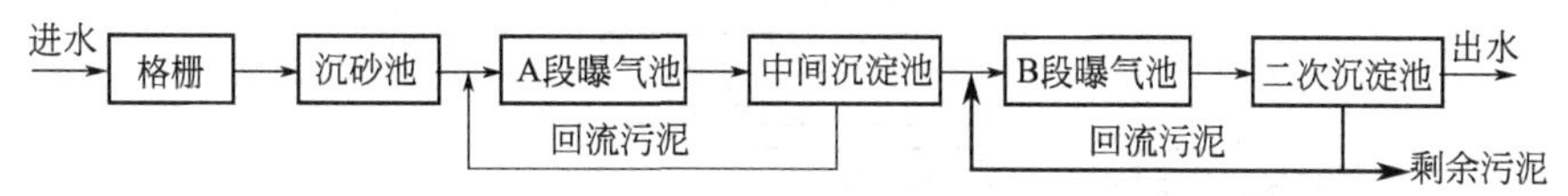

图 1-1-10 AB工艺流程

AB 工艺中的 A 段为高负荷的生物吸附段，通常污泥负荷为 2～6kgBOD/(kgMLSS·d)，为常规活性污泥法的 10～20 倍，污泥龄仅 0.3～0.5d，水力停留时间通常只有约 30～40min。A 段曝气池利用活性污泥的吸附絮凝能力将废水中有机物吸附于活性污泥上，进而将其部分降解，产生的大量生物污泥在随后设置的 A 段沉淀池（或称为中间沉淀池）中进行泥水分离，大部分有机物质以剩余污泥方式排出。A 段系统中的污泥同时具有吸附、絮凝、分解和沉淀等作用，可除去 50%～60%的有机物，且运行能耗较低，约为常规活性污泥法需氧量的 30%。

AB 工艺中的 B 段为低负荷段，污泥负荷通常为 0.15～0.3kgBOD/(kgMLSS·d)，污泥龄 15～20d，水力停留时间一般大于 2h。在该段，经 A 段处理后残留于废水中的有机物将继续被氧化甚至硝化，以保证较好的运行稳定性和较高的废水处理效率，BOD 去除率可达 90%～98%。

上述介绍的是经典的 AB 工艺，在国内外工程中应用较为普遍。但随着环境质量要求的不断提高，经典 AB 工艺已不能满足氮磷去除的要求，因此在此基础上逐渐形成了改进的新工艺，如 AB (BF)、AB (A/O)、AB (A^2/O)、AB (氧化沟)、AB (SBR) 等，其主要目的是进一步提高 B 段对有机物的去除效率，同时达到除磷脱氮的要求。

某污水处理厂采用 AB 活性污泥工艺，设计处理污水量 $3\times10^4 m^3/d$，工程预算 6161 万元，处理后的污水用于荒山的绿化，夏天绿化期间不向外排放。污水来源主要是城镇管网的生活污水，从 11 月份到次年的 3 月份该厂不运行，污水进入下游其他污水处理厂处理。工艺流程见图 1-1-11[15]，设计水质见表 1-1-4[15]。

该污水处理厂 2000 年 5 月开始运行，2006 年 5～10 月对该厂的多种工况水处理效果进行了监测，结果见图 1-1-12～图 1-1-14[15]。数据表明：AB 工艺处理城镇污水，出水 BOD、

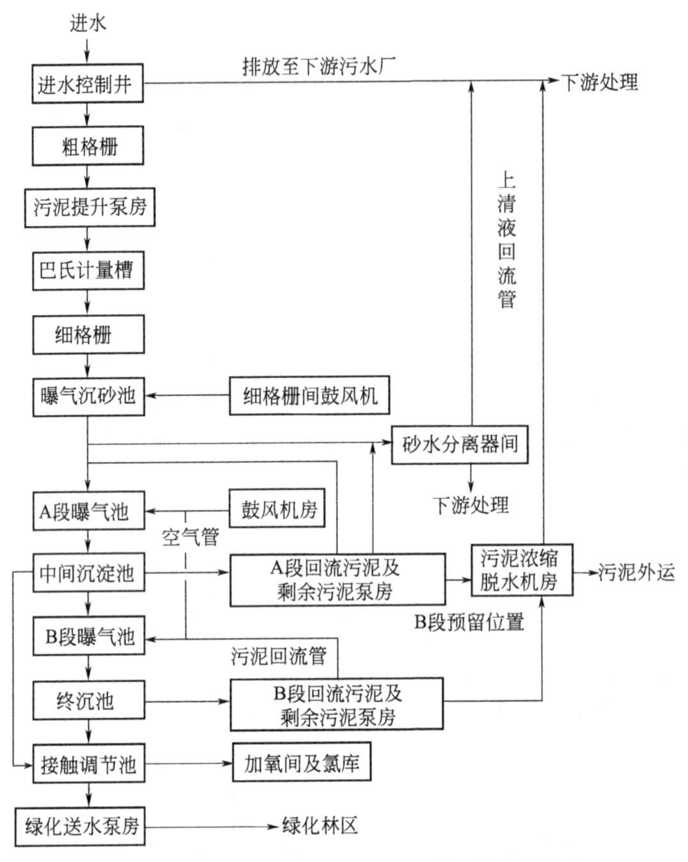

图 1-1-11 某污水处理厂 AB 活性污泥工艺流程

表 1-1-4 某污水处理厂设计水质 单位：mg/L

项目	BOD	COD	SS
进水	≤200	≤400	≤220
出水	≤100	≤200	≤110

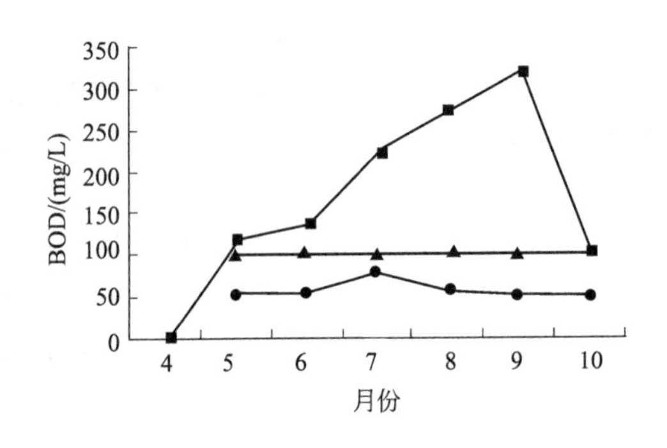

图 1-1-12 2006 年 5～10 月进、出水 BOD 浓度变化曲线

—■—进水；—●—出水；—▲—设计出水

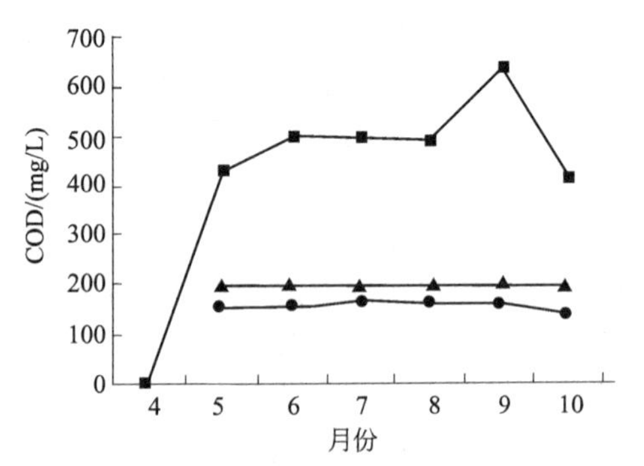

图 1-1-13 2006 年 5～10 月进、出水 COD 浓度变化曲线

—■—进水；—●—出水；—▲—设计出水

COD、SS 都达到了设计排放标准，去除效果均趋于稳定状态，去除率都比较高，特别是 9 月进水的 BOD、COD、SS 值都很高，但经处理后，都达到了出水要求。

5. A^2/O 法

由于水质富营养化问题日益严重，污水氮磷去除的实际需要使二级生物处理技术进入了具有除磷脱氮功能的深度二级（生物）处理阶段。目前脱氮除磷的工艺主要有 A/O、A^2/O、UCT、Phoredox 等。本书主要介绍 A^2/O 工艺。

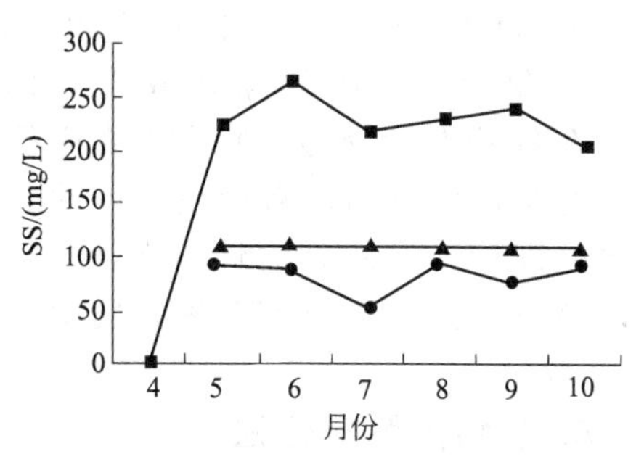

图 1-1-14　2006 年 5～10 月进、出水 SS 浓度变化曲线

—■—进水；—●—出水；—▲—设计出水

A^2/O 是厌氧-缺氧-好氧生物脱氮除磷工艺的简称。它在原来 A/O 工艺基础上，嵌入一个缺氧池，并将好氧池出水的混合液回流到缺氧池中，同时实现磷的摄取和反硝化脱氮过程，组合起来即为 A^2/O 工艺。该工艺系统要达到较好的脱氮效果，其生化反应的有机负荷必须很低；通过排出富磷的剩余污泥达到除磷的目的，好氧池内有机负荷应维持在相对高的水平。所以 A^2/O 工艺需要严格控制溶解氧等条件，其工艺流程见图 1-1-15[7]。

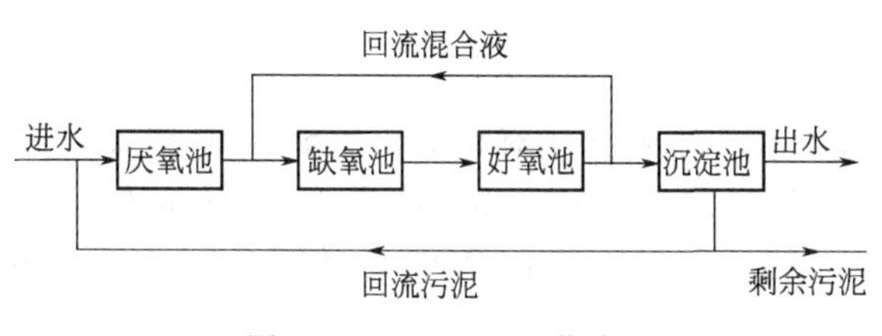

图 1-1-15　A^2/O 工艺流程

该工艺 BOD 去除率与普通活性污泥法基本相同，TP 的去除率可达50%～70%，TN 的去除率为 40%～60%，剩余污泥中的磷含量在 2.5%以上。

某污水厂采用多点进水的 A^2/O 工艺，该厂的污水系统服务面积为 124km²，分两期建设，一期、二期建成投运时间分别是 1998 年和 2007 年。两期工程总设计处理规模 $1.7\times10^5 m^3/d$，实际处理规模 $1.4\times10^5 m^3/d$。设计进水水质各成分的质量浓度分别为：BOD≤400mg/L，COD≤900mg/L，SS≤700mg/L，TN≤78mg/L，NH_4^+-N≤58mg/L，TP≤5mg/L。实际接纳的污水中约有 30%为工业废水，主要为化工、造纸、棉纺、印染废水。用多点进水的 A^2/O 法污水处理具体工艺为：进厂污水经水泵提升后通过细格栅和曝气沉砂池，经过初沉池后，进入 A^2/O 生物反应系统，加氯消毒后排入自然水体，出水执行《城镇污水处理厂污染物排放标准》（GB 18918—2002）中的二级标准。污水处理过程中产生的污泥经机械浓缩进入厌氧消化池，污泥经消化稳定后，通过脱水外运。工艺流程见图 1-1-16[16]。

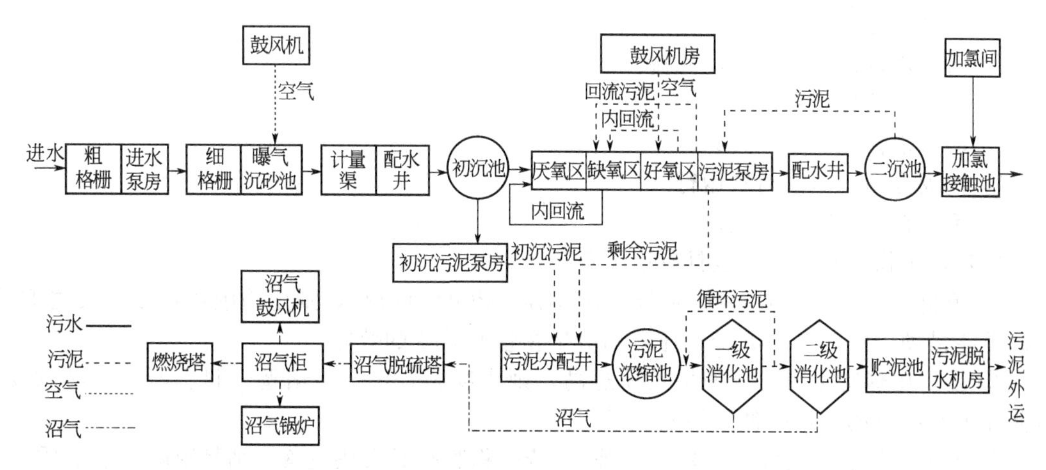

图 1-1-16　某污水厂 A^2/O 法污水处理工艺流程

A^2/O工艺以其抗冲击负荷能力强、处理效果稳定、脱氮除磷效果好的优势，在国内外污水处理厂中被广泛采用。经统计目前国内有超过700个城镇污水处理厂采用的是活性污泥法，其中采用A^2/O工艺的达175家，覆盖全国24个省份。

6. 生物接触氧化法

生物接触氧化法也称淹没式生物滤池，其在反应器内设置填料，经过充氧的废水与长满生物膜的填料相接触，在生物膜的作用下，废水得到净化。其基本构造如图1-1-17[17]所示。

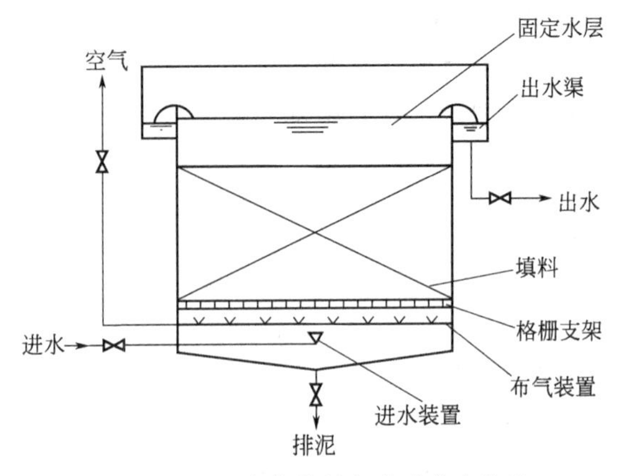

图1-1-17 生物接触氧化池基本构造

生物接触氧化法具有以下优点。

① 体积负荷高，处理时间短，节约占地面积。生物接触氧化法的体积BOD负荷最高可达3～6kg/(m^3·d)，污水在池内停留时间短的只需0.5～1.5h。从表1-1-5[17]可知，接触氧化法与表面曝气法在BOD去除率大致相同的情况下，前者BOD的体积负荷是后者的5倍，而所需处理时间只有后者的1/5。

表1-1-5 接触氧化法与曝气法对比实验数据

项 目	原水	接触氧化法	表面曝气法	项 目	原水	接触氧化法	表面曝气法
进水流量/(L/h)		35.2	16.2	出水BOD/(mg/L)		35	29.1
停留时间/h		1.1	5.2	BOD去除率/%		86	88
BOD负荷/[kg/(m^3·d)]		5.4	1.15	污泥增长指数/(kg污泥/kgBOD去除)		0.27	0.40
进水BOD/(mg/L)	248						

② 生物活性高。国内采用的生物接触氧化池中，绝大多数的曝气管设在填料下，不仅供氧充分，而且对生物膜起到了搅动作用，加速了生物膜的更新，使生物膜活性提高。

③ 微生物浓度高。一般活性污泥法的污泥浓度为2～3g/L；而接触氧化池中微生物浓度可达5～10g/L。

④ 污泥产量低，不需污泥回流。

⑤ 出水水质好而稳定。

⑥ 动力消耗低。

⑦ 挂膜方便，可以间歇运行。

⑧ 不存在污泥膨胀问题。

但是，生物接触氧化法也具有以下不足。

① 填料上生物膜的数量视BOD负荷而异。BOD负荷高，则生物膜数量多，反之亦然。因此不能借助于运转条件的变化任意调节生物量和装置的效能。

② 当采用蜂窝填料时，如果负荷过高，则生物膜较厚，易堵塞填料。所以，必须要有负荷界限和必要的防堵塞冲洗措施。

③ 大量产生后生动物（如轮虫类等）。若生物膜瞬时大块脱落，则易影响出水水质。

④ 组合状的接触填料有时会影响曝气与搅拌。

根据充氧与接触方式的不同，接触氧化池可分为分流式和直流式，如图 1-1-18[17] 和图 1-1-19[17] 所示。

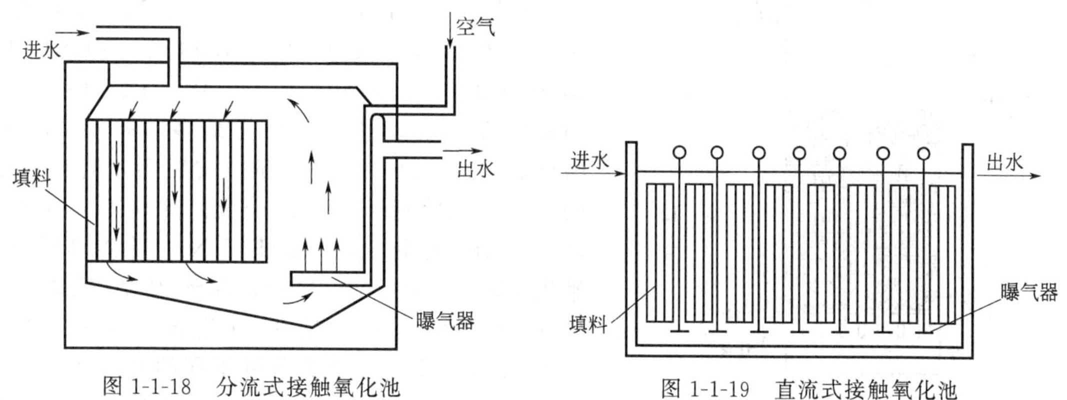

图 1-1-18 分流式接触氧化池　　图 1-1-19 直流式接触氧化池

接触氧化工艺自 20 世纪 80 年代初应用于我国的城市污水厂，至今已有近 30 年的历史，但其推广应用却很缓慢，到目前为止只在几座污水厂应用，见表 1-1-6。

表 1-1-6 接触氧化工艺应用[18]

污水处理厂名称	污水性质	设计规模 /(m^3/d)	工程投资 /万元	处理费用 /(元/m^3)	投产年份
山西某污水厂 1	综合废水	2000	63	0.20	1990
石家庄某污水厂	综合废水	1400	138.4	0.19	1996
北京某污水厂	生活污水	20000	1100	0.32	1993
山西某污水厂 2	城市污水	2000	387	0.46	1986
山西某污水厂 3	城市污水	40000	2884	0.45	1986
太原某污水厂	城市污水	10000	322	0.544	1983
河南某污水厂	城市污水	设计 36000 实际 18000	1792	0.55	1990
内蒙古某污水厂	城市污水	30000(一期 20000)	2557	0.30	2001
河北某污水厂	城市污水	90000(一期 60000)	5957	0.42	完成初设

其原因主要有：①对该工艺的机理研究尚不够深入；②填料问题（包括填料堵塞和使用情况）始终得不到很好的解决。

7. 曝气生物滤池

曝气生物滤池（biological aerated filter，BAF）是一种集过滤、生物吸附、生物氧化于一体的新型水处理技术。它可以维持高的水力负荷和保留高的生物量浓度以减少环境冲击，能促进微生物生长且产泥量少。曝气生物滤池 20 世纪 80 年代产生于欧洲，然后在欧美和日本广为应用，目前全球已有很多污水处理厂采用此种技术。我国在 90 年代初开始对此技术进行试验研究。该工艺因具有占地面积小、投资和运行成本低、管理方便、氧利用效率高、出水水质好、抗冲击负荷能力强等优点而越来越受到人们的关注。

曝气生物滤池的构造与污水三级处理的滤池基本相同，只是滤料不同。曝气生物滤池主体可分为滤池池体、生物填料层、承托层、布水系统、布气系统、反冲洗系统、出水系统七个部分组成。池型结构见图 1-1-20[7]。

曝气生物滤池根据水流方向分为上向流和下向流两种：上向流是由底部进水，气水同

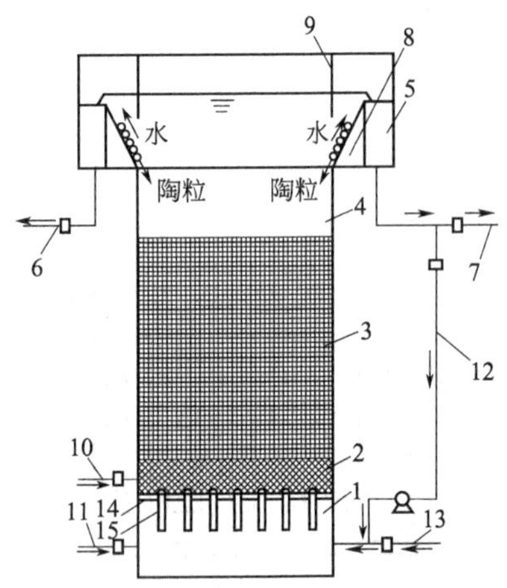

图 1-1-20 曝气生物滤池构造

1—缓冲层配水区；2—承托层；3—生物填料层；4—出水区；5—出水槽；6—反冲洗排水管；7—净化水排出管；8—斜板沉淀区；9—栅型稳流板；10—曝气管；11—反冲洗供气管；12—反冲洗供水管；13—滤池进水管；14—滤料支撑板；15—滤头

向；下向流则是上部进水，气水反向。根据处理效果和控制来说，上向流运用得比较多。而根据进水方式和填料的不同，目前比较成熟的曝气生物滤池工艺形式有 BIOCARBON、BIOFOR、BIOSTYR、BIOSMEDI、BIOPUR、COLOX、DeepBed 等，而其中最有代表性和应用得最多的是 BIOCARBON、BIOFOR、BIOSTYR。按照污水处理的目的，曝气生物滤池又可以分为：除碳工艺（BAF DC）；除碳/硝化工艺（BAF C/N）；除碳/硝化/反硝化工艺（BAF C/N/DN）；除碳/脱氮/除磷工艺（BAF C/DN/P）；反硝化/（除碳、硝化）工艺（BAF DN）。以上工艺是根据不同的处理目的采用单池、双段或多段串联的运行方式以达到处理效果。由于 BAF 的除磷效果较差，一般是在滤池前的混沉池中投加适量的除磷药剂。

某污水厂原采用一级处理工艺，处理尾水深海排放，设计规模为 $10\times10^4 m^3/d$。由于实际污水量（$23\times10^4 m^3/d$）远大于设计处理能力，自 2004 年开始对其进行改造，考虑到该污水厂位于市中心地段，占地受限，故采用 BIOFOR 曝气生物滤池。工艺流程如图 1-1-21 所示[19]。

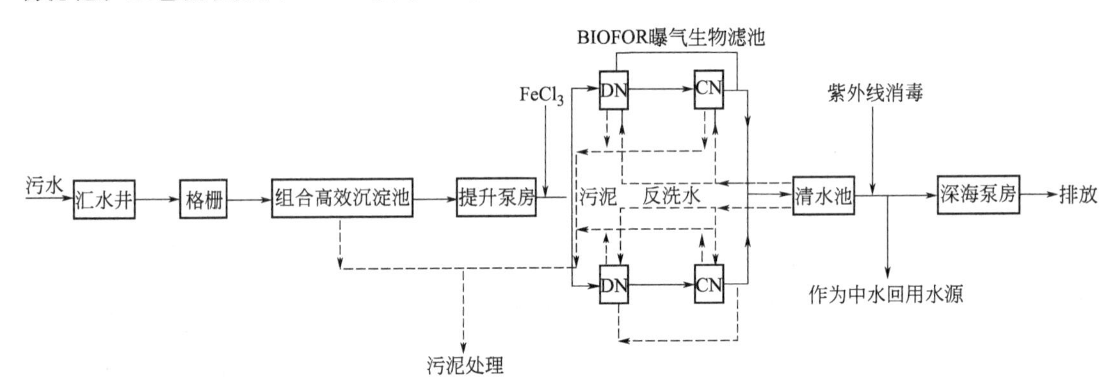

图 1-1-21 某污水厂 BIOFOR 工艺流程

（注：图中虚线部分为反冲洗水和污泥管线）

运行结果见表 1-1-7[19]。

表 1-1-7 某污水厂 BIOFOR 工艺运行结果

项　目	COD	BOD	NH_4^+-N	NO_3^--N	SS	TP
进水/(mg/L)	214.7	89.0	25.9	145	3.95	35.4
出水/(mg/L)	30.1	4.7	3.8	6.2	1.42	22.9
去除率/%	85.98	94.72	85.33	95.72	64.05	35.31

某污水处理厂也采用曝气生物滤池工艺，设计水量 $10000m^3/d$，出水排至海河。设计水质见表 1-1-8[20]。

表 1-1-8 某污水处理厂设计水质 单位：mg/L

指标名称	COD	BOD	SS	NH_4^+-N	TP
设计进水水质	260	180	180	35	3.0
设计出水水质	60	20	20	15	0.5

该污水厂的工艺流程为：

原水→粗格栅→提升泵→细格栅→沉砂池→反应沉淀池→曝气生物滤池→消毒接触池→出水排放

建成运行后，对实际进出水水质进行了分段检测，结果见表 1-1-9[20]。

表 1-1-9 某污水处理厂运行水质 单位：mg/L

项目	原水水质	沉淀出水	BAF 出水	平均去除率/%
COD	194.12	99.82	28.97	85.08
BOD	59.30	43.21	8.19	86.19
SS	117.50	41.52	6.61	94.37
TKN	40.01	35.75	5.92	85.20
NH_4^+-N	35.62	30.36	3.38	90.51
TN	41.75	—	31.24	25.08
TP	3.79	2.15	1.46	61.48

表中的数据表明，BAF 处理系统显示出较好的水质净化效果，除总氮、总磷指标外，其余各项水质指标均达到了《城镇污水处理厂污染物排放标准》(GB 18918—2002) 中的一级 A 排放要求。

2001 年以来，四川省共设计建设了中、小型 BAF 城市污水处理厂 20 余座，日处理规模多为 1.0 万～5.0 万吨，具体设计时在借鉴其他污水处理厂工程经验的基础上针对规模比较小的特点对系统进行了改进，主要改进措施如下。

① 对日处理为 4.0 万吨及以下规模的污水处理厂预处理采用常规沉砂、斜管混凝沉淀池型；对日处理为 5.0 万吨规模的污水处理厂预处理仍采用其他污水厂集沉砂、混凝沉淀于一体的“S3D 池”的池型。

② 考虑到系统冲洗对工作滤池造成的冲击负荷影响，对日处理规模小于 3.0 万吨的污水处理厂，BAF 池全部采用并联运行方式，不再单独设碳池和氮池，对于日处理规模大于 3.0 万吨的污水厂则还是沿用串联运行流程。

经过对系统进行优化改进后，BAF 污水处理系统能够更好地适应中小规模的污水处理，有利于稳定运行并更好地运行管理，同时减小了施工难度，降低了全流程水头损失。

(三) 深度处理技术

污水深度处理的目的一是去除悬浮和有机物质，脱色、除臭，使出水进一步澄清和稳定；二是脱氮除磷、消毒杀菌，消除能够导致水体富营养化的因素和有毒有害物质；三是去除某些无机成分，满足回用的具体要求[21]。因此，污水深度处理的去除对象主要包括有机物、植物性营养盐类、悬浮颗粒物、无机阴阳离子、盐分和病毒细菌六大类污染物质。

去除对象不同，所采用的处理技术也不相同。污水深度处理技术简单地说可以分为三大类，即物理化学法、生物法、膜生物反应器。

1. 物理化学法

物理化学处理法包括过滤、消毒、混凝、吸附、化学氧化法、膜分离技术等。其工艺组合形式主要有：二级出水→砂滤→消毒；二级出水→混凝→沉淀→过滤→消毒；二级出水→混凝→沉淀→过滤→（活性炭吸附）→消毒。根据出水的不同要求，可以采用不同的工艺组合。

过滤主要是利用天然石英砂、无烟煤等滤料的筛滤作用、重力沉降作用和吸附凝聚作用，截留污染物，以去除细小的化学絮凝体，提高悬浮物、浊度、COD 的去除率，为后续处理工艺创造良好的条件。

常用的吸附剂有活性炭、黏土、沸石、活化硅藻土等[22]。活性炭吸附法是最常用的物理处理污水方法，活性炭处理占地少，易于自动控制，对水量、水质、水温变化适应性强，可再生使用，但工艺的基建投资、运行费用及活性炭再生成本是今后研究重点。

化学氧化方法主要是通过投加氧化剂，利用氧化剂的氧化能力，分解破坏水中的污染物质[22]。光化学氧化、臭氧氧化法、Fenton 试剂氧化法、氯化氧化、高锰酸钾氧化都属于化学处理工艺，它们可以增强水的常规处理工艺的效果，大大减轻后续常规工艺处理污染物的负荷，提高整体工艺对污染物的去除率。

2. 生物法

生物处理法的使用装置分为生物接触氧化池、淹没式生物滤池、塔式生物滤池、生物流化床、生物转盘等[22]。某处理厂就采用曝气生物滤池对污水进行深度处理，其工艺流程如图 1-1-22 所示[23]。

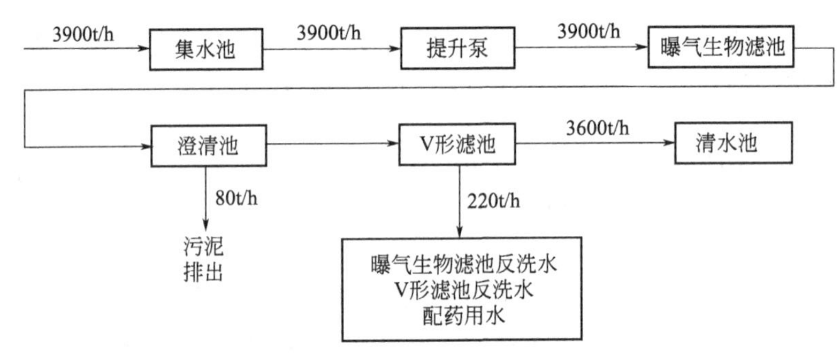

图 1-1-22 某污水厂深度处理流程

该厂采用曝气生物滤池＋V 形滤池的工艺，经过深度处理，去除污水中有害物质的效果非常明显，重金属及细菌清除干净，为发电厂提供了优质的水源。

3. 膜生物反应器

膜生物反应器是将生物降解作用与膜的高效分离技术相结合而成的一种新型高效的污水处理与回用工艺[24]。由于微滤膜分离技术的应用，反应器内的生物种类和数量是其他工艺所无法比拟的，一些在传统生物处理工艺中不能发育起来的微生物在膜生物反应器内都可以壮大起来，从而大大提高生物处理的效果。

（四）污泥处理处置技术

污泥处理处置技术主要有污泥的好氧消化、厌氧消化、组合消化，污泥焚烧，污泥卫生填埋，污泥堆肥，污泥制造建筑材料等。

1. 污泥好氧消化

污泥好氧消化实质上是活性污泥法的继续，其工作原理是污泥中的微生物有机体的内源代谢过程。通过曝气充入氧气，活性污泥中的微生物有机体自身氧化分解，转化为二氧化碳、水和氨气等，使污泥得到稳定。美国、日本和加拿大等发达国家都有不少中小型污水处理厂采用好氧消化处理污泥[25]。其中高温好氧消化技术是在45～65℃的高温下运行，高温操作的最大优势在于它具有相当快的生物降解速度和低细胞产率（产污泥量少），且灭菌的效率较高，使得在去除有机物、稳定污泥的同时能有效地杀灭病原菌，使污泥回用于土地更安全，因而是污泥资源化的一项有效处理途径。该技术适合于小型污水处理厂采用，对于解决我国城镇污水处理厂的污泥处理处置问题也具有重要意义。

2. 污泥厌氧消化

厌氧消化是污泥生物能利用和保护环境最经济合理的选择，其中以中温33～35℃厌氧消化最为普遍[25]。经过厌氧消化，污水中40%～50%的有机物被分解，生污泥转为熟污泥，部分致病菌和寄生虫卵被杀死，消化时产生的沼气也可以利用。厌氧消化可以实现污泥的减量化、稳定化和资源化。国外90%以上的城镇污水处理厂都有污泥消化池。

但是我国一般只在大型污水处理厂（处理量$>1.0\times10^5 m^3/d$）建有污泥厌氧消化处理设施。究其原因是，通常采用的污泥中温厌氧消化工艺存在着反应速率慢、污泥在池内的停留时间过长、池体体积庞大、操作管理复杂、产气中甲烷含量低、输入能量较输出甲烷等气体的能量大等缺点。

3. 污泥组合消化

主要有二元消化工艺和两相厌氧消化工艺两类。二元消化工艺即在第一级采用好氧消化，靠氧化产生的热量使体系温度大于50℃，然后进入第二级中温厌氧消化[25]。如果一级好氧消化采用高温好氧消化技术，在保证分解有机物和杀灭病原菌良好效果的同时还可回收生物能。该工艺将快速酸化过程与较慢的甲烷化过程偶联，分别在两个不同的反应器内进行，提高了整个系统的效率，另外还可利用高温好氧消化产生的热来维持中温厌氧消化的温度，减少相应的能量消耗。

两相厌氧消化工艺，即第一级和第二级分别采用中温和高温两相厌氧工艺组合。中温-高温两相消化系统在产气率、有机物去除率、过程稳定性方面都超过中温单相消化系统。

4. 污泥焚烧

污泥焚烧处理法是最彻底、最大程度的污泥减容方法，它是将污泥置入焚烧炉内，在过量空气加入情况下，进行完全焚烧，使有机物全部炭化，最大限度地减小了污泥体积，使污泥最终处置极为便利[26]。

焚烧法有以下几个突出的优点[27]：①可以大幅度减少污泥的体积和重量，同时焚烧灰可制成有用的产品，如干污泥颗粒可作发电厂燃料的掺合料，燃烧灰可作水泥的添加剂，污泥陶粒等可作建筑材料等；②处理速度快，不需长期堆积和储存；③污泥可就地焚烧，不需长距离运输；④可以回收能量用于发电和供热。

污泥进行焚烧处置主要有两种方法：一种是脱水污泥直接焚烧，该法处置工艺环节少、流程简单、二次污染小，但处理所需的燃料量大、费用较高，同时运输费用也高；另一种是脱水污泥经过干化或半干化处理后焚烧，它使焚烧相对简单，运输费用减少，但是需要污水厂有配套的干化设备，导致干化费用较高。

5. 污泥卫生填埋

污泥的卫生填埋处理开始于20世纪60年代，是一项比较成熟的污泥处置技术。污泥的卫生填埋是在传统填埋的基础上从保护环境角度出发，经过科学选址和必要的场地防护处理，具有严格管理制度的科学的工程操作方法[27]。卫生填埋优点是投资省、实施快、方法简单、处理规模大；缺点是对填埋污泥的土力学性质要求较高，需要大面积的场地和大量的运输费用，地基需作防渗处理以防地下水污染等。填埋目前仍然是我国污泥处置的重要方法之一。但是从长远看，填埋是一种不可循环的最终处置方式，需要大面积的土地，其应用比例将会逐渐减少，应用前景存在局限性[28]。

6. 污泥堆肥

堆肥是一种城镇污水污泥农业利用的常用处理方法。污泥中含有丰富的有机物和 N、P、K 等营养元素及植物所必需的各种微量元素 Ca、Mg、Cu、Zn、Fe 等，能够改善土壤结构，增加土壤肥力，促进作物的生长[26]。实践证明，用污泥作为肥料使用，土壤的持水能力、毛细管孔隙和离子交换能力均可提高 3%～23%，有机质增加 35%～40%，总氮含量增加 70%，团粒增加 25%～60%。此外，污泥还能够改变土壤的生物学性状，使土壤中微生物总量及放线菌所占比例增加，土壤的代谢强度提高。而且堆肥过程中不需要其他能源和人工管理，投资及运行费用低，操作管理方便，适用中小型污水处理厂。

目前世界各国采用的堆肥工艺主要有自然堆肥法、圆柱形的封闭分档堆肥法、滚筒堆肥法、立式多层反应堆肥法以及条形静态通风式抽风堆肥法等[25]。一般欧洲多用封闭堆肥系统，北美多用条形堆肥系统。北欧一些国家也有采用回流腐熟后污泥或将腐熟污泥造成泥丸回流到肥堆中以增加空隙率的工艺。我国近年来北京、无锡、天津等地进行了污泥的高温堆肥试验，北京等地也探索了城市污水厂污泥高温堆肥的技术工艺，一般调理剂、膨胀剂采用马粪、树叶、稻草等。试验结果表明，含水率对堆肥温度影响颇大。

7. 污泥制造建筑材料

污泥可用于制砖、制水泥、制纤维板材、制陶粒等。

(1) 污泥制砖　污泥制砖的方法有两种。一种是用干化污泥直接制砖，另一种是用污泥灰渣制砖。用干化污泥直接制砖时，应对污泥的成分作适当调整，使其成分与制砖黏土的化学成分相当[26]。

(2) 污泥制水泥　日本从 1994 年起就开始了以污泥、垃圾焚烧灰作为原料生产生态水泥的研究。其工艺与普通水泥基本相同；生产水泥的性能与普通水泥相近，只是凝结时间短，在配制混凝土时必须加入缓凝剂。我国近年来也开展了利用污泥生产水泥的研究。污泥具有较高的烧失量，扣除烧失量后，其化学成分与黏土质原料相近，当进行配料计算时，理论上可以替代 30%黏土质原料。

(3) 污泥制生化纤维板　污泥制生化纤维板主要是利用活性污泥中所含粗蛋白（有机物）与球蛋白（酶）能溶解于水及稀酸、稀碱、中性盐的水溶液这一性质，在碱性条件下进行加热、干燥、加压后，发生蛋白质的变性作用，从而制成活性污泥树脂（又称蛋白胶），使之与漂白、脱脂处理的废纤维压制成板材，其品质优于国家三级硬质纤维板的标准[26]。

(4) 污泥制陶粒　污泥制陶粒是具有发展前景的新型建材，污泥制成的陶粒具有轻质、高强、隔热、保温、耐久等特性，节能效果显著，用途广泛[26]。

三、技术的发展趋势

针对我国各地因地区与产业结构差异而导致的城镇污水水质变化较大，以及城镇污水处理工程产业集约化程度低的特点，研究开发具有自主知识产权的适用于不同城镇污水水质的处理新工艺，把新型技术应用到传统的处理工艺上，同时开发出从污水处理到污泥处理全过程的全设备化的成套设备将是未来城镇污水处理技术的发展方向。

城镇污水处理关键技术的发展方向如下所示。

1. 新型微生物技术的研究开发

(1) 微生物的育种技术与工厂化规模培育系统　利用细胞固定化技术，将从活性污泥中分离、筛选出来的优势菌种加以固定，组成一个快速、高效、连续的废水处理系统，使其具有处理效率高、稳定性强、反应易于控制、菌种高纯高效、生物浓度高、产污泥量少、固液分离效果好、丧失活性可恢复、耐负荷冲击、出水稳定、利于工业化生产、启动快、管理方便等优点[3]。

该项技术主要的发展方向包括：针对城镇污水水质特点，包括进行基于生物强化技术的微生物的选育、驯化、培养和复合组合工程菌育种的工艺条件、工艺流程研究；开发工程化育种设备；研究工程菌种的工厂化规模培育系统等。

(2) 微生物固定化载体的研究开发 固定化微生物技术在污水处理中应用广泛，固定化微生物中的载体是工艺中的重要部分，载体的性能直接影响工艺的处理效率。载体作为微生物栖息的场所影响着生物的生长、繁殖和脱落形态及空间结构的整个过程，其特性对生物固体量、氧的利用率、水流条件和废水与微生物的接触情况等起着重要的作用，是影响生物处理效果的重要因素。

生物载体往悬浮型、生物密集型及固定化微生物型方向发展，就要求其性质稳定，有较强的机械强度，比表面积大，孔隙可变不堵塞，生物膜易长易落，有较强的气泡切割能力，易于生物挂膜，特别是厌氧生物挂膜和耐曝气冲击的好氧生物挂膜；此外，还要具有高效、节能、耐用、价廉、使用寿命长、适应各种水处理工艺的特点。

该项技术主要的发展方向包括：研究开发适用于复合组合生物强化技术工艺的生物载体；研究载体的物理、化学、结构等性能对微生物固定化及选育、驯化的影响；优选针对不同城镇污水水质与处理要求的生物载体等[3]。

2. 高效脱氮除磷技术的研究开发

该项技术主要的发展方向包括：一是从经济角度考虑，研究不同营养类型微生物在水处理构筑物中独立生长的新工艺，继续改进传统的 A^2/O 工艺、BICT 工艺等；二是从低耗、高效角度出发，研究不同于传统理论的脱氮除磷工艺，如短程硝化反硝化、厌氧氨氧化、同时硝化及反硝化等新技术及相关工艺[29]。

3. 优化出水水质的深度处理技术的研究开发

基于深度处理技术包括传统的物化法、生物法。所以其研发方向包括：①高效混凝剂、絮凝剂的研发，使其在很小的用量下就达到很好的混凝效果；②高效吸附剂的研发，通过对现有吸附剂如活性炭、硅藻土、沸石等的物理结构进行改变或研发新型吸附剂，使吸附剂的吸附能力大大增强，同时容易再生，降低深度处理的运行成本；③现有深度处理生物技术的改进，通过对其运行参数的调整、工艺设备的改造，提高其对污染物的去除效率；④多种单元技术的优化组合，更有效地利用各种技术的协同效应，研究开发出价格低、能耗低、效率高的新工艺。

4. 节能降耗技术的研究开发

城镇污水厂的节能降耗可以通过缩短工艺流程、提高工艺设备的效率、降低用电设备的能耗等实现。具体包括以下几个方面[30]：①新型节能短程脱氮/反硝化除磷技术的研发及应用；②高氮消化液短程硝化及厌氧氨氧化技术的研发及应用；③新型立体循环一体化氧化沟污水处理技术的研发及应用；④低氧微膨胀节能技术与优化控制；⑤鼓风机自响应节能变频技术的研发及应用；⑥高效稳定厌氧消化工艺与控制研究；⑦以主要指标沿程变化规律控制污水处理厂运行的节能技术的研发及应用；⑧高 SS/BOD 比值城市污水处理系统节能降耗成套工艺技术的研发及应用；⑨建立城镇污水处理厂节能降耗评价体系与运行指南。

5. 污泥资源化和无害化技术的研究开发

由于污泥的产生无法避免，所以如何降低污泥对环境的危害以及使其成为可以利用的资源是城镇污水处理技术的发展方向。具体包括以下几个方面。

(1) 污泥低温制油技术 即在300～500℃、常压（或高压）和缺氧条件下，借助污泥中所含的硅酸铝和重金属（尤其是铜）的催化作用将污泥中的脂类和蛋白质转变成烃类化合物，最终产物为油、炭、非冷凝气体和反应水[27]。

(2) 污泥熔化技术 污泥于焚烧灰熔点温度（通常为1300～1800℃）之上燃烧，不仅可完全分解污泥中的有机物、杀灭病菌，同时所形成的熔渣密度比焚烧灰的高2/3，达到了灰渣大幅度减容的效果。污泥中的重金属因被固定在玻璃态的熔渣中而不具有熔出的活性，所以污泥熔化后的熔渣可用作建材[31]。

(3) 污泥制活性炭技术 污泥中含有较多的碳，具备了制备活性炭的客观条件。制备活性炭的路径是先对污泥炭化，然后活化。所以污泥制活性炭的主要研究问题是最佳炭化、活化条件以及提高质量、降低成本等。

(4) 污泥的湿式氧化技术 湿式空气氧化法（wet air oxidation，WAO）是在高温（125～320℃）和高压（0.5～20MPa）条件下，以空气中的氧气为氧化剂（或臭氧、过氧化氢）在液相中将有机污染物氧化为CO_2和水等无机物或小分子有机物的化学过程[31]。

(5) 污泥的超声波破解技术 超声波法是一种破解污泥的有效方法，同时也可加速污泥水解速度[27]。超声波处理用于污泥脱水设备时，有利于污泥脱水和污泥减量。

第四节 城镇污水的回用

随着我国经济的快速发展和城市化进程的加快，水资源的短缺在城镇尤为突出，因此国家极为重视城镇污水资源化问题。在我国北方，由于用水量大幅度递增，造成水资源的紧缺。在南方，河流污染日益严重，可利用的水资源日趋不足。水资源短缺已经阻碍和制约着国民经济的持续发展，因此，迫切需要寻找一条可靠合理的途径解决这一问题。一方面可以通过增加污水处理量，减少对水体的污染，另一方面可以降低造价，节省成本，将污水经处理后再予以回用。目前世界各国相继开展了污水再生与回用研究，多年的实践已证明，再生后的污水不仅可以用于农业、工业，还可更广泛地作为城镇用水，城镇污水量大且集中，就近可取，基建投资省，处理成本低，是可开发利用的重要水源，因此进行城镇污水回用具有一定的现实意义[32]。

一、回用现状

在国外，污水再生回用于城市生活，主要分为非限制性娱乐用水、限制性娱乐用水、观赏用水、生活杂用水等。国外早在19世纪30年代就已开始对此进行研究。在污水再生回用的兴起和发展过程中，欧美、以色列、日本等都开展了小区污水回用的研究与实践工作，并有不少值得借鉴的经验。

以色列是在中水回用方面最具特色的国家，100%的生活污水和72%的城市污水得到回用，占全国污水处理总量46%的出水直接回用于灌溉。其余33.3%和约20%分别回灌于地下或排入河道，其回用程度之高堪称世界第一。一般回用工程规模为5000～10000m^3/d，最小规模可达27m^3/d。污水回用处理工艺因用户不同而异，有厌氧塘-兼性塘-好氧塘系统、二级生物处理-深度处理系统、二级生物处理-土地快速渗滤、塘系统-化学法-土地快速渗透系统等[33,34]。

美国是世界上开展污水回用最早的国家之一。20世纪60年代初开始大规模建设污水处理厂，随后开始进行污水回用。到1980年美国已有357个城市实现污水回用，再生回用点

536个。污水主要回用于灌溉、景观、工艺、冷却水、锅炉补水、回灌地下和娱乐养鱼等，回用总量达$9.4\times10^9 m^3/a$。其中用于灌溉的达$5.8\times10^9 m^3/a$，占回用总量的60%；回用于工业的达$2.8\times10^9 m^3/a$，占回用总量的30%；其他方面的回用水量不足10%。2000年，加利福尼亚州的污水再生利用量为$8.64\times10^8 m^3$，再生水水量占平水年份全州城市年用水总量的7%左右；再生水用水总量中，农业灌溉约占32%，回灌地下水占27%，绿化灌溉占17%，工业生产占7%，补充地表径流、营造湿地和休闲娱乐水面等景观生态用水约3%，屏蔽海水入侵约1%，其余13%用于城市公共建筑和居民家庭的多种非饮用用途[35]。

日本污水回用技术的开发与应用于20世纪70年代已初具规模，1990年日本已建成1369座中水工程，东京江东区污水回用量达到$1.3\times10^6 m^3/d$，城北区达$2.4\times10^6 m^3/d$，它们中的80%回用于工业用水。濑户内海地区污水回用量已达该地区用淡水总量的2/3，取用新水量仅为淡水用量的1/3，大大缓解了该地区水资源严重短缺的矛盾[36]。

新加坡是严重缺水国家，所使用的一半淡水量需要从马来西亚进口，因此，新加坡十分重视污水回用。新加坡采用"双介质过滤-反渗透"（DMF-RO）工艺对城市三级处理污水进行深度处理，2000年在裕廊岛工业园区投产一套产水规模$3\times10^5 m^3/d$的城市污水深度处理装置，出水主要回用于给水和消防系统[35]。另外以三级处理的城市污水为水源，采用"超滤-紫外光-反渗透"生产"新生水"工艺，投资1700万新元建设一套产水能力$3.3\times10^5 m^3/d$（用于饮用水）的城市污水深度处理装置，该系统所产生的"新生水"大部分进入饮用水源水库作为饮用水，部分作为瓶装饮用水免费发放给参观游人。

与国外相比，我国的城市污水回用技术起步较晚，但近10年发展得比较快，且起点较高。北京、天津、太原、石家庄、西安等缺水城市已经先后建立了一系列污水回用工程（表1-1-10）。但由于资金和技术的原因，我国水资源利用率不高，城市污水回用率偏低。

表1-1-10　国内城市污水回用工程实例[35]

序号	回用工程地点	回用规模/(m^3/d)	回用工艺	回用目标
1	北京某污水厂	30×10^4	消毒、过滤	电厂、厂内
2	天津某污水厂	10×10^4	消毒、过滤	造纸及其他
3	石家庄某污水厂	10×10^4	过滤、消毒	景观河道
4	泰安某污水厂	2×10^4	砂滤、消毒	工业及厂内
5	太原某污水厂	2.4×10^4	过滤、消毒	工业用水
6	西安某污水厂	6×10^4	絮凝、消毒	洗车、绿化
7	大连某污水厂	4×10^4	消毒	市政用水

二、回用技术

污水回用处理技术，是指根据不同的水质特点和回用用途，将达标外排污水进行处理并回用的技术。污水回用技术分为物理法、化学法、物化法和生物法。

1. 物理法回用技术

混凝是指在水中加入某些溶解盐类，使水中细小悬浮物或胶体微粒互相吸附结合而成较大颗粒从水中沉淀下来的过程。混凝可去除或降低悬浮的有机物和无机物、溶解性磷酸盐以及某些重金属，降低水中细菌和病毒含量。

过滤是利用多孔物质（筛板或滤膜等）阻截大的颗粒物质，而使小于孔隙的物质通过的一种最简单、最常用的分离方法。在水处理中是使水通过砂、煤粒或硅藻等多介质的床层以分离水中悬浮物，其主要目的是去除水中呈分散悬浊状的无机质和有机质粒子，也包括各种浮游生物、细菌、滤过性病毒与漂浮油、乳化油等。

离心分离是借助于离心力，使密度不同的物质进行分离的方法。由于离心机等设备可产生相当高的角速度，使离心力远大于重力，于是溶液中的悬浮物便易于沉淀析出，又由于密度不同的物质所受到的离心力不同，从而沉降速度不同，能使密度不同的物质达到分离。污水在旋转中因为悬浮固体和污水所受到的离心力不同，质量大的悬浮固体被甩到污水的外侧进而分离，污水得以净化。

2. 化学法回用技术

氧化还原是指污水中的污染物质通过氧化还原反应，转化为无毒、无害或微毒的新物质，或者转化为容易与水分离的形态，从而得到去除的方法。其中按污染物的类型可具体分为氧化处理法和还原处理法。

电解是在电解槽中，直流电通过电极和电解质，在两者接触的界面上发生电化学反应，以制备所需产品的过程。污水中的污染物在阳极被氧化，在阴极被还原，或者与电极反应产物作用，转化为无害成分被分离除去。

消毒是通过投加消毒剂，依靠消毒剂的特性以及与致病微生物的反应来破坏细胞壁、改变细胞膜的渗透性、改变原生质的胶体特性和抑制酶的活性等来消灭致病微生物，从而达到净化污水的目的。常用的消毒方法有二氧化氯消毒、臭氧消毒、紫外线消毒、次氯酸钠消毒等[37]。

化学沉淀是投加化学药剂，使污水中需要去除的溶解性污染物质转化为难溶物质而析出，从而达到去除污染物的目的的水处理方法。

3. 物理化学法回用技术

气浮是向污水中通入空气，以高度分散的微小气泡作为载体，使污水中的乳化油、微小悬浮颗粒等污染物黏附在气泡上，随气泡一起上浮到水面，通过收集泡沫或浮渣达到分离杂质、净化污水的目的。

吸附指固体表面对气体或液体的吸着现象。固体称为吸附剂，被吸附的物质称为吸附质。根据吸附质与吸附剂表面分子间结合力的性质，可分为物理吸附和化学吸附。目前常用的水处理吸附剂有活性炭和腐殖酸类吸附剂。

超滤是以压力为推动力的膜分离技术之一。利用超滤膜的小孔筛分作用，截留如细菌、蛋白质、颜料、油类等物质，从而达到净化污水的目的。

萃取是依靠污染物在水中和在某种有机溶剂中有不同的溶解度，并且水与该种有机溶剂是不相溶的，进而将污染物从水中分离出来的方法。用这种方法处理污水要考虑萃取剂的选择和温度对萃取过程的影响。

液膜分离是利用液膜将不同组分的溶液分开，通过渗透迁移分离一种或一类物质的方法。这种新兴的高分离、浓缩、提纯和净化水处理技术，具有出水水质好、效率高、占地小的特点，广泛应用于污水处理、冶金、石油化工等许多领域。

4. 生物法回用技术

好氧生物处理是利用好氧生物吸附、氧化分解污水中的有机物，从而达到净化水体的方法。目前常用的有活性污泥法、生物膜法等。

在实际应用中，根据回用标准的不同，还可采用不同的处理技术组合，将各种技术可行、经济合理的处理技术综合集成，使城市污水满足相应的回用水水质要求，达到污水资源化的目的。表 1-1-11[7] 为根据回用途径的不同，对处理技术的选择。

表 1-1-11　回用水用途及对应的处理组合技术

回用用途	重点去除的特征污染物	特征污染物的危害	可采用的深度处理组合工艺
工业循环冷却水	硬度、无机盐;有机物	引起结垢、腐蚀;管道设备中滋长微生物	二级处理出水(→深度生物处理)→混凝沉淀→过滤→部分软化或部分脱盐→消毒→回用
农业灌溉用水	无机盐;重金属等有毒有害物质	引起土壤盐碱化;影响食品安全,带来健康危害	二级处理出水→混凝沉淀或过滤(→部分脱盐)→消毒→回用;二级处理出水→土地处理或生态处理→回用
城市杂用水	持久性有机物;病原微生物	威胁公众健康;传播疾病	二级处理出水→混凝沉淀或过滤→化学氧化剂消毒→回用
城镇绿化用水	无机盐;氨氮;病原微生物	引起土地盐碱化;危害植物;传播疾病	二级处理出水(→深度生物处理)→混凝沉淀(→部分脱盐)→非氯消毒→回用
居民卫生用水	色度、浊度;有机物;病原微生物	影响感官;卫生器具中滋长微生物;传播疾病	二级处理出水(→深度生物处理)→混凝沉淀或过滤→氯消毒→回用
景观环境补水	氮、磷;有毒有害污染物	引起水体富营养化;危害水生生物	二级处理出水→脱氮除磷强化处理→混凝(化学)沉淀或过滤(→膜法过滤)→非氯消毒→回用
地下回灌补给水	总氮、有毒有害污染物	恶化地下水质	二级处理出水(→深度生物处理)→混凝沉淀或过滤→膜处理或高级氧化或活性炭吸附→消毒→回灌

三、回用原则

1. 系统协调原则

城市污水回用涉及水资源开发、城市供水、用户用水、用水成本、节水政策、污水处理、水环境保护等方面（或称为子系统）。污水回用使它们构成了一个矛盾统一体：自然-社会-经济复合生态系统。在这个系统中，各个子系统之间既相互联系又相对独立[38]。

系统协调原则，就是协调理顺各子系统、各要素之间的关系，使它们协同进化趋利避害，通过各子系统的综合作用，化解水资源的开发、利用、保护之间的矛盾，解决水资源对人类社会持续发展的制约问题。

2. 经济有效原则

经济手段的一个基本目的就是要确定水资源的合理价格，以促进水资源的有效利用和合理配置。如果水资源定价合理、正确，那么它就会同其他生产要素一样，在市场上受到同等对待，并因此确保水资源配置的经济有效性。经济有效的重要标志就是使得水资源开发利用的外部性内在化，即价格反映水资源及其服务的“真实”成本。

按照经济有效原则，必须进一步理顺水务（水资源开采、供水、排水、污水处理、回用等）价格，实施“优质优价，谁投资谁受益，多投资多收益”的经济政策，从而激发当事人对污水回用工程的投入。

3. 循序渐进原则

污水回用是一项系统工程，也是一项全新的工作，存在着诸如技术、经济、政策等方面的一系列问题，需要我们遵循“循序渐进”的原则，根据用水的水质要求，逐步提高污水回用率。

4. 适应城镇总体规划原则

从全局出发，正确处理城市境外调水与开发利用污水资源的关系，污水排放与再生利用的关系，以及集中与分散、新建与扩建、近期与远期的关系。经过全面调查论证，确保经过处理的城镇污水得到充分利用。

5. 适应用户需求原则

明确用水对象的水质水量要求；宜进行污水再生利用实验或借鉴已建工程的运行实验，以选择合适的再生处理工艺，确保水质水量安全可靠。

四、回用途径

1. 农田回用

农田回用包括农田灌溉、造林育苗、畜牧养殖、水产养殖，一般需水量大、水质要求不高，因此是污水回用的主要途径之一。农田回用既解决了缺水问题，又能有效利用污水的肥效（氮、磷、有机物等），还可利用土壤-植物的自然净化功能减轻污染。城市污水回用于农灌的典型处理流程为：二级处理出水→过滤→消毒→农业灌溉[37]。再生水用于农田灌溉时，其水质应符合国家现行的《农田灌溉水质标准》(GB 5084—2005）的规定。

2. 工业用水

工业用水包括冷却用水、洗涤用水、锅炉用水、工艺用水、产品用水。在城镇供水中，50%～80%是工业用水，而其中水质要求不太高的冷却用水占到整个工业用水的60%以上[38]，因此污水回用于工业用水有很大的必要性。再生水用于工业冷却水，当无实验数据和成熟实验时，其水质可按国家现行的《污水再生利用工程设计规范》(GB/T 50335—2002）规定的指标控制。

3. 市政用水

市政用水包括城镇绿化用水、冲厕用水、道路清洗用水、车辆冲洗用水、建筑施工用水、消防用水。城市杂用水的水质要求相对较低，因此污水回用处理工艺也相对简单，一般通过混凝沉淀、过滤、消毒操作就可满足水质要求，投资和运行成本都较低。

4. 环境用水

环境用水包括娱乐性景观环境用水、观赏性景观环境用水、湿地环境用水。污水回用于环境用水的关键技术在于对有机物和富营养物质的控制，以免引起水体富营养化，同时对于人直接接触的娱乐用水不应含有毒、有刺激性物质和病原微生物。

5. 地下水回灌

将污水回用于地下水回灌，不仅可以减少、阻止地下水水位的下降，且还可以保护沿海含水层的淡水以及阻止海水的入侵并贮藏地表水以备后用，经过处理的污水采用表面扩散法或者直接注入法被灌入到地下水含水层中。但回灌污水水质必须达到回灌要求，目前主要从病原体、矿物质的总含量、重金属及有机物等方面进行控制。

五、存在的问题及发展方向

1. 污水处理率较低

国内污水处理率偏低是影响污水回用全面启动的直接原因，因为污水必须经过处理后才能进行回用，而低污水处理率使得可直接进行深度处理的污水量较少，从而影响污水回用的资源化；同时，污水回用工程的建设投资比污水处理工程大，导致各地很难给予污水回用足够的重视和经济支持[37]。

2. 自来水价格较低，污水回用缺乏内在动力

国内目前自来水价格使人们认为水是一种最便宜的资源，国内农业用水占总用水量的85%～90%，农业的大量漫灌浪费了大量的水资源；工业的节水意识不够强也造成了水资源的巨大浪费。而现行水价难以发挥市场的杠杆作用，没有反映可持续发展的水价，所以适当提高水价，制定优惠的回用水水价和合理的回用水管理技术措施，鼓励使用回用水，才能使污水回用得以推广。

3. 缺乏统一规划和有力的政策保证

目前国内大部分城镇没有污水回用规划，污水回用的法规也不健全，规划管理部门不能充分认识城镇水资源状况，制定远近期的水资源再生利用规划缺乏系统性。因此，在城镇规划中，应优先考虑污水回用设施的建设，加大政府部门的协调力度，统一安排水资源的使用，争取回用水的用户；另外对实现污水回用的企业，政府应给予政策支持和财政补贴，以鼓励更多的企业进行污水回用。

污水回用技术不仅技术可行，而且经济合理，其资源化利用是缓解城镇缺水、减轻水体污染、改善生态环境、解决水资源问题最有效的途径之一，具有较好的经济效益和社会效益。

第五节　城镇污水处理现状及发展趋势

一、城镇污水处理的现状

2010 年 6 月，国家环境保护部公布了《2009 年全国投运城镇污水处理设施清单》。据统计，截至 2009 年 12 月，全国已投运的城镇污水处理设施共 1916 座，总设计处理能力 $10594\times10^4 m^3/d$，平均日处理水量 $8132\times10^4 m^3/d$，设施平均利用率为 76.8%，与 2004 年相比平均利用率提高了 15%[39]。

1. 城镇污水处理的规划状况

城镇污水处理系统的规划建设是一项重要的基础工作，从目前城镇污水处理的现状分析，重建设、轻规划比较普遍，往往造成污水处理设施的建设不尽合理，如存在管网和处理能力的不配套，设计水量、水质和实际情况不相符，资金不到位，建设周期拉长，运行费用成为当地财政的负担等，其本质上都是不重视规划工作造成的。因此，首先明确规划目标，主要包括水源保护目标、水环境质量控制目标和污水综合利用目标三个方面。根据城市水文、地理、社会、经济和污水汇集状况及发展趋势，在流域总体发展规划的指导下，制订出城镇的区域水质水量管理计划，统一考虑水在工业、农业、城镇、地表、地下的输送和分配以及污水的综合利用并划定水质分区范围（区段和功能），全面规划分区内的水资源开发利用、水系保护和污水的综合治理，合理确定各项水资源和水污染治理设施的位置、规划、数量和功能要求，为污水处理设施的建设提供规划设计依据；应根据水域及接纳水体功能区的要求和水环境容量，体现减污、分流、净化、再用功能的协调发展，综合考虑经济发展、水质目标、污水治理目标、污水产生量、需水用水排水平衡等因素，控制水质和区域水污染防治建设规划，合理确定雨污水收集输送、污水净化和综合利用设施的设置，并根据分汇水区，按系统分期配套建设。

城镇污水处理厂的规划设计，要根据污染物排放总量控制目标、地理地质环境、受纳水体功能与交换能力、污水排放量和污水利用等因素，选择厂址，确定建设规模、处理程度和工艺流程，力求布点合理、位置适当、规模适度。

污水的处理方式应根据本地区的经济发展水平和自然环境条件及地理位置等因素合理选择。城镇污水处理应考虑与污水资源化目标相结合，积极发展污水再生利用和污泥综合利用技术。规划和设计方案的制定必须有环境影响评价和技术经济评价作为依据。

一般而言，城镇污水处理规模宜小不宜大；规划并落实处理出水的回用途径；重视规划区内工业排污，对排入污水收集系统的工业废水的重金属、有毒有害物质含量进行严格的控制；污泥处理宜简单、可行。

2. 污水处理厂运行状况

尽管我国城镇污水处理厂的建设取得了巨大的成就，然而实际运行状况并不理想。图1-1-23[39]和图1-1-24[39]展示了我国各投运时段污水处理厂的平均利用率情况。各投运时段中，污水处理厂的平均利用率均在90%以下，而“八五”至“十一五”的四个投运时段中，污水处理厂的平均利用率呈下降趋势，“十一五”期间投运的污水处理厂的平均利用率为73.2%，目前全国在线污水处理厂的平均利用率为76.8%。

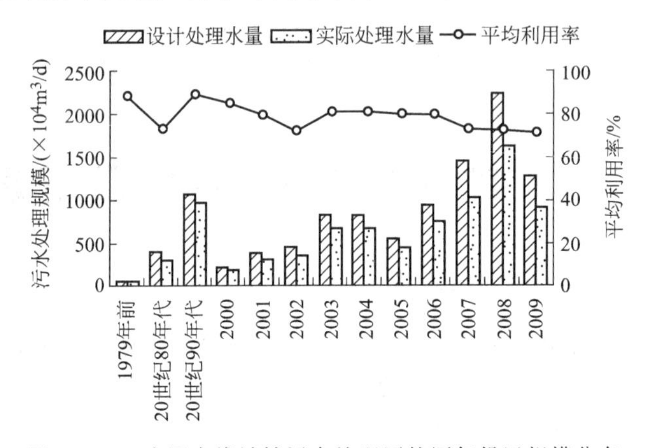

图 1-1-23 全国在线城镇污水处理厂的历年投运规模分布

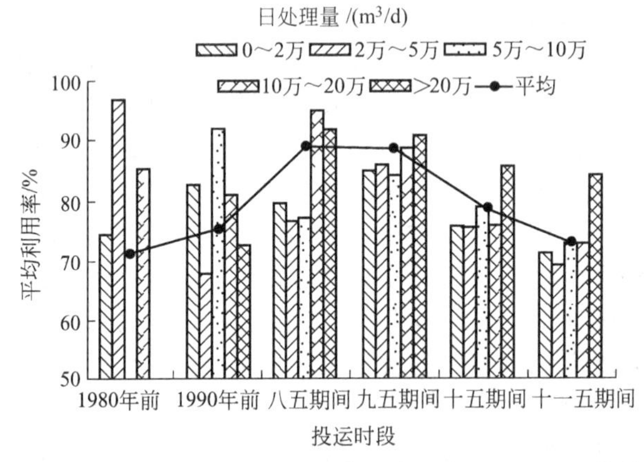

图 1-1-24 各投运时段全国不同规模在线污水处理厂的平均利用率

《建设部关于加强城镇污水处理厂运行监管的意见》（建城［2004］153号）规定：城镇污水处理厂投入运行后的实际处理负荷，在一年内不低于设计能力的60%，三年内不低于设计能力的75%。可见，整体上20世纪80年代至“十五”期间投运的污水处理设施基本可以达到上述要求，但是在早期70年代投运的污水处理设施平均利用率约为71%，“十一五”期间投运的平均利用率为73.2%，均未达到上述要求。近期我国投运的大量污水处理厂并没有满负荷运行，造成了严重的资源浪费，尚未发挥现有污水处理厂的最大效益。其中，污水配套管网、污水处理厂的运营管理等显著滞后于污水处理厂的建设是造成这一现状的主要原因。污水处理厂的规模设计不合理，部分地区盲目追求污水处理厂的规模也是重要原因之一。

在线运行的污水处理厂中，超大型污水处理厂（$20\times10^4 m^3/d$以上）的平均利用率相对最高，为84.8%，而小型污水处理厂（$5\times10^4 m^3/d$以下）仅为70%左右，主要原因在于超大型污水处理厂主要集中于人口密集的大型发达城市，污水处理服务业的发展水平较高，而小型污水处理厂分布广泛，相关基础设施、经营管理、配套政策措施等都不健全。对于不同规模的在线污水处理厂，其平均利用率在各投运时段的分布中，$(2\sim5)\times10^4 m^3/d$规模的污水处理厂呈现出特殊现象，1980年以前的投运时段中，其平均利用率高达96.8%，而“十一五”投运时段中，其平均利用率仅为68.9%，相比下降了近30%。

二、城镇污水处理存在的问题

1. 发展不平衡

截至2010年，我国655个设市城市中有141个还没有投入运行的污水处理厂，这些城市主要分布在东北和中部省份，而东北和中部省份水环境污染比其他地方更加严重[40]；1600多个县城中有72%没有投入运行的污水处理厂，其中至今没有开工建设的县城超过750个，导致县城的污水处理率只有32%，不及城市污水处理率的一半；17000多个建制镇中污水处理设施绝大部分处于空白。为此，必须进一步加大对欠发达地区和中小城镇污水处理和管网建设的督促和支持力度。总体而言，这些小城市和城镇污水排放量较小，但是城镇数量大、基数大，造成了巨大的面源污染，而且水污染、水生态恶化是地区性的，一个地区的水生态一旦被破坏将很难恢复。

2. 项目立项前的调研工作有待科学化、合理化

在一些地方的建设工作中，立项前的可研工作流于形式，对于项目的规模、服务范围、选用工艺等没有根据当地的实际情况确定，出现工程投资费用高、处理负荷率低的情况，造成资源的浪费。中小城镇的污水处理有自身的特点，不应该照搬其他地区的模式，应该借鉴其有用的经验，走经济、高效、易行的模式。

3. 配套管网建设未得到重视，污水管网的覆盖率需进一步提高

污水收集管线的设计是排水工程的基础部分，也是重要部分，直接影响着所在区域污水的收集和处理设施的处理率。但在现实中，这一重要工作没有得到相关职能部门足够的重视。“十一五”期间，城镇污水管网规划设计滞后的问题突显。已建成投产的污水处理设施，大多为雨污合流，管网的建设质量也参差不齐，出现了某些污水处理厂投产了却无法正常运行的情况。配套管网发展的滞后，直接导致污水处理厂进水的COD浓度达不到设计负荷，系统的负荷率、减排率下降，而单位处理的电耗、物料成本却上升，运行成本入不敷出[40]。

4. 污泥处理处置设施建设落后

污泥不经脱水随意外运、乱弃的现象较建设初期已有很大改观，但目前仍存在污泥未经稳定化处理、脱水污泥的含水率达不到混合填埋要求的情况。根源在于污泥处理未得到重视，在一些污水处理厂的投资比重低，已建成的污泥处理处置设施也未正常运作。污泥处理设施的建成率和使用率，将是影响我国城镇污水处理事业发展的一个重要问题。

5. 城镇污水处理厂的运行管理水平不高

目前国内的污水厂主要利用监控软件收集各设备状态信号，没有相应的运行状态切换等，汇总和输出的方式较为简单；操作人员的管理上，没有根据污水处理效率、运行成本对其进行相关的技术、绩效考核，造成污水处理设施运行成本偏高。因此，需要完善污水厂的化验分析设备操作规范，加强水质的监控，提高系统的达标率。

三、城镇污水处理的发展趋势

1. 提高污水排放标准

早在2006年国家环保总局第21号公告就提出，城镇污水处理厂出水排入国家和省确定的重点流域及湖泊、水库等封闭、半封闭水域时，要执行《城镇污水处理厂污染物排放标准》（GB 18918—2002）一级标准的A标准。这就意味着一级A标准在全国范围内的推行，特别是太湖、巢湖、滇池等重点流域的城镇污水处理厂。由此将带来一批城镇污水处理厂的升级改造，目前全国多个污水厂已经开始这项工作，通过对现有污水处理设施的改造以及增加深度处理设施，使污水中的COD、氮磷等指标达到一级标准的A标准。

2. 重视污水厂前期规划

污水厂前期规划对于整个污水厂的建设是至关重要的，到目前为止一直没有引起足够的重视，对于一个污水厂来说，如果没有一个科学合理的前期规划，建成后就会出现水质、水量与设计不符，水处理厂不能正常运转，排水不达标等问题。所以在“十二五”期间，重视污水厂前期规划是亟待解决的问题。

3. 加强污水管网建设，提高污水减排效率

“十二五”规划纲要把城镇污水配套管网建设工作放到了重点位置，要求在“十二五”期间加大相关配套管网的建设力度。同时，各省市根据自身处理设施的特点，找突破口，努力提高本地区的减排效率。在区域划分上，东北、西北地区被划分为重点区域，这些地区和其他各省市的中小城镇、部分重点流域的污水处理设施建设工作，将作为“十二五”期间的重点[1]。

4. 创新管理体制，激发内生动力

政事不分、政企不分、事企不分已经成为制约城镇污水处理厂可持续发展的瓶颈问题，要按照政事分开、政企分开、事企分开的原则，大胆进行水务管理体制改革，大力实行市场化运营，积极转变城市污水处理设施必须由政府投资和国有企事业单位经营的观念，进一步解放思想，鼓励各种投资主体积极参与，充分发挥市场在资源配置中的基础性作用，逐步建立起与社会主义市场经济相适应的城市污水处理投融资和运营管理体制，实现投资主体多元化、运营主体企业化、运行管理市场化。鼓励社会资本特别是专业性公司参与城镇污水处理厂的建设和运营，积极推行城镇污水处理厂特许经营制度，以招、拍、挂等方式确定经营者，并积极探索污水处理厂运营管理新机制，使其真正成为多元化投资、产权清晰、独立核算、自主经营的市场主体。进一步创新城镇污水处理厂的管理机制，鼓励发展以污水、供水为主要内容的公用事业，统一管网建设要求、运行标准、收费标准与监管标准，逐步形成城乡统筹的污水处理新体系，增强污水处理能力，提升人民群众的生活品质[41]。

此外，国家也将在政策和管理层面上解决前期建设工作当中出现的问题。如建立以各地政府部门为主要责任主体的制度；根据各地区特点，建立符合市场运营模式的污水收费制度，维持污水处理设施的有效运作；加大社会资金的引入力度，鼓励更多的社会力量参与到我国的污水处理建设事业当中。

参考文献

[1] 黄予奕. 浅谈我国城镇污水处理事业的现状与发展. 沿海企业与科技，2011，7：31-34.

[2] “十一五”规划目标提前完成城镇污水处理能力翻番. 给排水动态，2010（6）：45.

[3] 徐灏龙，鞠建林，吴斌等. 城市污水处理技术现状及发展趋势分析. 中国水污染防治技术装备论文集，2003，10：

97-101.
[4] 中国市政工程华北设计研究院．给水排水设计手册（第5册）·城镇排水．第2版．北京：中国建筑工业出版社，2001.
[5] 王新国，任伟，张体祥．小城镇污水处理技术的探讨．中国水污染防治技术装备论文集，2003，10：102-109.
[6] 邵林广，游映玖．城市污水一级处理技术分析研究．武汉冶金科技大学学报，1998，21（4）：421-422.
[7] 潘涛，田刚主编．废水处理工程技术手册．北京：化学工业出版社，2010.
[8] 谭浪，谢朝霞，杨云龙．化学强化城市污水一级处理的试验研究．科技情报开发与经济，2004，14（8）：160.
[9] 姚方，姚海雷．生物强化一级处理试验研究．环境科技，2010，23（2）：31.
[10] 黄天寅，夏四清．化学生物絮凝强化一级处理工艺的影响因素研究．中国给水排水，2010，26（7）：19.
[11] 刘东，周先桃，杨世奎．我国城镇污水处理技术评述．西南民族学院学报·自然科学版，2002，28（3）：302-306.
[12] 姜立安，刘天峰，李永忠．适合中小城镇污水处理的SBR工艺——SBR工艺在遵义高桥污水处理厂中的成功应用．天津市土木工程学会第七届年会优秀论文集，2005：58-63.
[13] 汪永红．双沟式氧化沟技术在城市污水处理中的应用．中国给水排水，1998，14（6）：20-22.
[14] 张晓琳．氧化沟污水处理技术及其在工程中的应用．铁道勘测与设计，2004，3：135-137.
[15] 施庞，王世江，贾宏涛．AB法在虹桥处理厂的应用．环境工程，2009，27（6）：12-15.
[16] 山丹，王金生，李云生等．城镇污水处理厂活性污泥法处理工艺总量减排核查要点分析——以某污水处理厂为例．北京师范大学学报·自然科学版，2009，45（3）：290-294.
[17] 北京水环境技术与设备研究中心，北京市环境保护科学研究院，国家城市环境污染控制工程技术研究中心主编．三废处理工程技术手册·废水卷．北京：化学工业出版社，2000.
[18] 赵立军，王怀建，刘俊良．二段生物接触氧化法处理城市污水评析．中国给水排水，2002，18（12）：28-30.
[19] 刘云平，麦继婷，林联泉等．曝气生物滤池理论及应用研究．西南给排水，2010，32（3）：6-8.
[20] 曾中平．曝气生物滤池处理城市污水的工程设计体会．西南给排水，2008，30（6）：7-9.
[21] 许萍，汪慧贞，张雅君等．污水深度处理技术发展趋势．建设科技，2008（19）：51.
[22] 杨宝玉．以一级A标准为目标的城镇污水深度处理技术分析．科技信息，2011，3：802.
[23] 陆进．论污水深度处理技术的发展趋势．北方环境，2011，23（5）：20.
[24] 哈亮．城市污水深度处理技术方案比选．科技情报开发与经济，2011，21（27）：187.
[25] 张思阳，吕春华．城市污水处理厂剩余污泥处理技术研究与进展．辽宁化工，2010，39（5）：488-489.
[26] 王发珍，李天增．城镇污水厂污泥处理技术．建设科技 2009（7）：58.
[27] 朱书景，薛改凤，张垒．污泥处理技术与发展趋势．武钢技术，2010，48（3）：1-3.
[28] 刘军．沈阳城市污水处理厂污泥处理技术研究及应用．环境保护与循环经济，2011：36-37.
[29] 李泽政．污水生物脱氮除磷工艺研究进展．广东化工，2010，12（37）：90.
[30] 南文．我国城市污水处理厂节能降耗技术成果．建设科技，2009（3）：48-49.
[31] 昝元峰，王树众，沈林华等．污泥处理技术的新进展．中国给水排水，2004，20（6）：25-27.
[32] 王佳莹．城市污水回用技术发展探讨．绿色科技，2011，6：40-41.
[33] 马海珍．小区污水回用技术应用初探．中国新技术新产品，2010，3：118.
[34] 吴俊森，李恒军．城市污水处理及再生利用．山东师范大学学报，2005，20（3）：69-71.
[35] 李杰，张弘，韩晶晶等．污水回用技术应用现状与研究进展．重庆科技学院学报·自然科学版，2010，12（5）：111-113.
[36] M Ogoshil. Water Reuse in Japan. Water Science and Technology，2001，3（10）：17-23.
[37] 陈国栋，燕柱，刘超．污水回用技术及资源化应用．河北化工，2011，34（5）：75-77.
[38] 彭清涛，王力．污水回用的原则及途径．环境保护，2001，11：42.
[39] 杨勇，王玉明，王琪等．我国城镇污水处理厂建设及运行现状分析．给水排水，2011，37（8）：35-38.
[40] 仇保兴．我国城镇污水处理发展的状况和面临的挑战．给水排水，2010，36（2）：1-3.
[41] 吴华．城镇污水处理厂生产运行与管理创新探讨．环保科技，2011，5：284.

第二章 制浆造纸工业废水

第一节 概　　述

一、我国制浆造纸工业的特点与污染现状

1. 产量和消量持续增长

到 2010 年为止，全国纸及纸板生产企业有 3700 多家，全国纸及纸板生产量 9270 万吨，较 2009 年 8640 万吨增长 7.29%，成为世界造纸第一生产大国。2010 年全国纸消费量 9173 万吨，较 2009 年 8569 万吨增长 7.05%，人均年消费量为 68kg（13.40 亿人），比 2009 年增长 4kg[1]。表 1-2-1 展示了近年来我国纸张生产和消费量的情况。

表 1-2-1　我国主要机制纸产品生产和消费情况[2]　　单位：万吨

品　种	生产量								消费量							
	2000	2001	2002	2003	2004	2005	2006	2007	2000	2001	2002	2003	2004	2005	2006	2007
总量	3050	3200	3780	4300	4950	5600	6500	7350	3575	3683	4332	4806	5439	5930	6600	7290
1. 新闻纸	145.5	173	185	207	300	319	375	450	165	186	207	241	310	331	344	393
2. 未涂布印刷书写纸	760	670	920	960	1020	1070	1220	1340	858	665	937	973	1045	1079	1211	1332
其中：书刊印刷纸	290	300	420	520	550				280	296	436	534	575			
书写纸	140	140	180	250	280				140	140	180	250	280			
3. 涂布纸	102	130	180	240	300	365	460	510	208	212	276	298	358	359	400	426
其中：铜版纸		110	160	210	250	300	380	420		195	203	227	274	289	332	367
4. 生活用纸	250	270	310	347	384	436	470	520	244	261	297	328	361	409	436	476
5. 包装用纸	420	400	400	480	470	510	520	530	471	466	429	504	496	516	528	537
6. 白纸板	250	300	460	550	670	790	940	1050	384	396	536	645	772	863	972	1062
其中：涂布白纸板	200	250	430	510	630	755	900	1000	286	338	504	603	731	827	931	1012
7. 箱纸板	370	460	600	680	830	980	1150	1360	511	545	725	796	956	1115	1250	1438
8. 瓦楞原纸	550	600	600	670	810	950	1130	1340	669	715	730	802	921	1035	1193	1354
其中：高强瓦楞原纸	160	180	190	230	270				259	295	320	362	381			
9. 特种纸及纸板	60	65	70	80	85	9	110	120	80	85	108	109	114	114	131	136
10. 其他纸及纸板		132	55	86	81	90	125	130		152	90	110	106	109	135	136

2. 国内造纸产业正逐步走向新型工业化发展的道路[3]

日益开放的市场经济，迫使国内造纸工业在 1991 年后，特别在 1994 年以后，大力推进产业结构、产品结构、技术结构、原料结构等多方面的结构调整，并充分利用国内外两种资源、两个市场，大力引进外资和先进生产技术，逐步淘汰落后生产力，将产业发展模式逐步转移到新型工业化发展的轨道，也就是充分利用先进技术、先进管理经验与组织结构，重视提高产品质量档次，节约资源，保护环境，以提高产品在国际市场的竞争能力，提高经济效益和社会效益，为产业走上可持续发展的道路提供保证。

这种发展思路与模式的变化，使国内造纸工业的面貌在近十年来发生了较大变化，主要表现在以下几个方面。

(1) 在技术装备方面，由于外资造纸企业的进入和新扩改建项目大量引进国外大型先进技术装备，使许多1994年前在国外才能见到的技术装备在一些新扩改建项目中得到成功的应用。如完整成套的连续蒸煮化学制浆与化学机械制浆技术装备，车速高达1500～2200m/min、年产量达10万～50万吨的造纸机生产线，各种大型先进废纸处理设备，资源综合利用与污染防治的新型装备等。其中部分设备已能在国内自制。这为国内浆纸企业的技术改造以及建立现代化大型浆纸生产线，改造与淘汰落后生产线奠定了初步技术基础。

(2) 通过新扩改建与企业的兼并重组，企业的平均规模有了较大提高，如1991年国内浆纸企业约9000个，仅生产纸和纸板1479万吨，企业平均生产规模不到2000t。到了2002年，虽然造纸企业数量下降了3500个，但产量却上升到3780万吨，企业平均年产规模上升到1万吨以上。应该说，国内造纸企业的规模发展还只是开始，并正在加速。

(3) 造纸的纤维原料结构有了较大改善，废纸原料得到较充分利用，既支持了纸张产量的迅速提高，也提高了纸张产品的质量档次。造纸纤维原料中的木材短缺，是国内造纸工业发展的瓶颈，1980～2005年国内造纸纤维原材料结构见表1-2-2[2]。

表1-2-2　国内造纸纤维原材料结构　　单位：万吨

类别	1980年		1985年		1990年		1995年		2000年		2005年	
	消费量	比例/%	消费量	比例/%	消费量	比例/%	消费量	比例/%	消费量	比例/%	消费量	比例/%
纸浆总消费量	545	100	856	100	1393	100	2259	100	2791	100	5200	100
1. 木浆	135	24.8	187	21.9	204	14.6	283	12.5	535	19.1	1130	21.7
其中:国产木浆	110	20.2	134	15.7	150	10.7	201	9.2	200	7.1	371	7.1
进口木浆	25	4.6	53	6.2	54	3.9	82	3.3	335	12	759	14.6
2. 非木浆	328	60.2	497	58	797	57.2	1136	50.3	1116	40	1260	24.3
3. 废纸浆	82	15	172	20.1	392	28.2	840	37.2	1140	40.9	2810	54
其中:国产废纸浆	82	15	169	19.7	371	26.7	767	34	843	30.3	1448	27.8
进口废纸浆	—	—	3	0.4	21	1.5	73	3.2	297	10.6	1362	26.2

可见，从1980年至2005年间，国内造纸纤维原料木浆所占比例变化不大，而废纸纤维所占比例由15%上升到54%，非木浆由原来的超过总浆量一半以上，下降到24.3%。这种纤维原料结构的发展变化，加上技术装备与管理水平的提高，大大提高了纸张产品的档次等级。初步估计，国产高档次纸及纸板，如铜版纸、涂布白纸板、白卡纸、彩色胶印新闻纸等增长幅度较大，较好地适应了国内印刷、包装等产业的需求，减缓了进口纸张不断增长的速度。值得注意的是，国内造纸纤维原料对进口的依存度，已由1985年的0.4%上升到2005年的26.2%。这表明纤维原料短缺是国内造纸工业特别值得重视的问题。

3. 中小企业数量上仍占大多数，但生产规模远小于大型企业

按照我国大、中、小型企业划分标准，2010年在3724家造纸生产企业中，大、中型造纸企业421家占11.31%，小型企业3303家占88.69%；在纸及纸板产品主营业务收入中，大中型企业占61.35%，小型企业占38.65%；在利税总额中，大、中型企业占65.54%，小型企业占34.46%；在利润总额中，大、中型企业占67.26%，小型企业占32.74%[1]。中小企业由于规模小，技术、设备落后，是目前造纸工业污染的主要源头，又由于众多小企业分布在人口密集的大小河流，如淮河、海河、辽河、长江流域、黄河流域等地区，所以污

染面积广阔且分散，环境影响非常严重[4]。对于中小企业的改造、污染治理是“十二五”期间重点需要解决的问题。

4. 物耗、能耗高、污染严重

“十五”期间，我国造纸工业的资源消耗有所降低，吨浆、纸及纸板平均综合能耗由1.55t标煤降至1.38t标煤。由于加大了废纸回收利用，吨纸及纸板消耗原生纸浆由平均541kg降至427kg。但是，造纸能耗与GDP的比值仍远高于我国能耗与GDP比值的平均水平，属于高能耗行业。环境污染严重、能耗较高与木材纤维原料短缺是影响我国造纸行业可持续发展的三大主要问题。表1-2-3[2]是我国每年生产纸和纸板的综合能耗情况。

表1-2-3 我国纸和纸板的综合能耗

年份		1985	1995	2000	2001	2002	2003	2004	2005
能耗/万吨标煤		1640	2138	1827	1937	2180	2473	3081	3274
纸及纸板产量/万吨		930.8	2812	3050	3200	3780	4300	4950	5600
单耗/(t标煤/t产品)		1.76	0.76	0.60	0.61	0.58	0.58	0.62	0.58
废纸浆量/万吨	国产	169	767	843	800	1070	1170	1321	1448
	进口	3	73	297	510	550	750	984	1362
木浆量/万吨	进口	53	82	335	490	526	603	732	759

2009年制浆造纸及纸制品产业用水总量为108.44亿吨，废水排放总量为39.26亿吨，占全国工业废水总排放量209.03亿吨的18.78%。排放废水中化学需氧量（COD）为109.7万吨，占全国工业COD总排放量379.2万吨的28.93%。万元工业产值（2009年）化学需氧量（COD）排放强度为25kg，与2008年持平。图1-2-1[1]显示了2002年以来，造纸工业的万元产值化学需氧量排放强度。

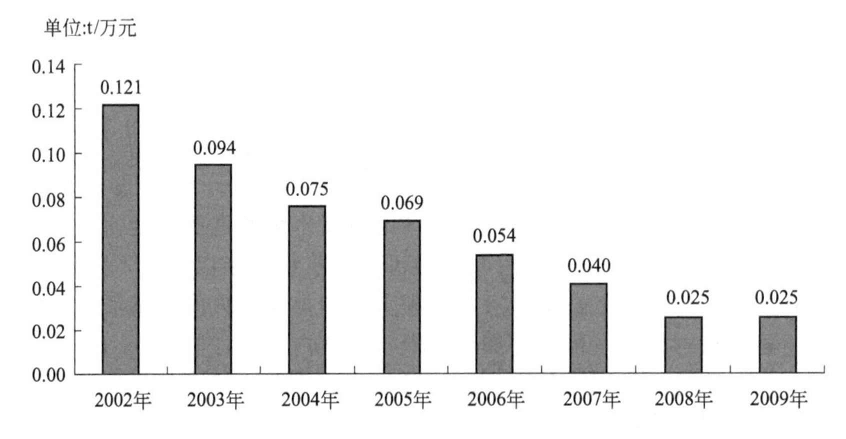

图1-2-1 2002～2009年造纸业万元产值化学需氧量排放强度

由图1-2-1可见，造纸工业的万元产值化学需氧量排放强度呈现逐年降低的趋势，但仍在全国工业COD总排放量中占有较大比例，说明造纸行业仍然属于重污染行业，造纸行业的污染治理工作仍需狠抓不放。

二、制浆造纸工业的产业政策

针对我国制浆造纸工业的严重污染，国家多年来三令五申，要求严格进行控制。早在1984年，颁发国发（84）135号文《国务院关于加强乡镇、街道企业环境管理的规定》，指出："乡镇、街道企业不准从事污染严重的生产项目，如造纸制浆等工业项目，已建成的要进行调整，分别采取关停并转措施"；1986年轻工业部制定了《造纸工业水污染防治规划和实施细则》；1988年国家环委、轻工业部、农业部、财政部颁发了《关于防治造纸行业水污染的规定》[5]；1996年颁发了《国务院关于加强环境保护若干问题的决定》，规定1996年9月31日前取缔5000t以下的小制浆厂，至2000年全国所有工业企业达标排放；国务院针对重点污染地区——淮河流域颁发了国函（96）56号文，要求1997年前实现全流域工业污染达标排放，2000年要实现淮河水体变清。1997年8月中国轻工总会发布了《制浆造纸工业环境保护行业政策、技术政策和污染防治对策》，以调整和优化结构为核心，着力提高增长的质量，使造纸工业从规模小、技术落后、污染严重，逐步向原料和产品结构趋于合理、重点企业向实现大型化和生产现代化、基本控制环境污染的方向发展[6]。

2007年，国家发展改革委员会公布了《造纸产业发展政策》（国家发展改革委员会公告2007年第71号），该政策从政策目标、产业布局、纤维原料、技术与装备、产品结构、组织结构、资源节约、环境保护、行业准入、投资融资、纸品消费等几方面对未来几年造纸产业的发展做了详细的阐述。

《造纸产业发展政策》中指出：造纸产业布局要充分考虑纤维资源、水资源、环境容量、市场需求、交通运输等条件，发挥优势，力求资源配置合理，与环境协调发展。造纸产业发展总体布局应"由北向南"调整，形成合理的产业新布局。造纸原料中要提高木浆比重、扩大废纸回收利用、合理利用非木浆，逐步形成以木纤维、废纸为主，非木纤维为辅的造纸原料结构。对于造纸技术和设备要坚持引进技术和自主研发相结合的原则。跟踪研究国际前沿技术，发展具有自主知识产权的先进适用技术和装备。鼓励发展应用高得率制浆技术、生物技术、低污染制浆技术、中浓技术、无元素氯或全无氯漂白技术、低能耗机械制浆技术、高效废纸脱墨技术等以及相应的装备。优先发展应用低定量、高填料造纸技术，涂布加工技术，中性造纸技术，水封闭循环技术，化学品应用技术以及宽幅、高速造纸技术，高效废水处理和固体废物回收处理技术。淘汰年产3.4万吨及以下化学草浆生产装置、蒸球等制浆生产技术与装备，以及窄幅宽、低车速的高消耗、低水平造纸机。禁止采用石灰法制浆，禁止新上项目采用元素氯漂白工艺（现有企业应逐步淘汰）。禁止进口被淘汰、落后的二手制浆造纸设备。大力推进清洁生产工艺技术，实行清洁生产审核制度。新建制浆造纸项目必须从源头防止和减少污染物产生，消除或减少厂外治理。现有企业要通过技术改造逐步实现清洁生产。要以水污染治理为重点，采用封闭循环用水、白水回用、中段废水处理及回收、废气焚烧回收热能、废渣燃料化处理等"厂内"环境保护技术与手段，加大废水、废气和废渣的综合治理力度。要采用先进成熟废水多级生化处理技术、烟气多电场静电除尘技术、废渣资源化处理技术，减少"三废"的排放。

三、制浆造纸工业的污染防治措施

1. 制浆造纸工业废水中的污染物

制浆造纸工业所用的纤维原料，不论木材或草类原料，利用生产化学浆的主要组分纤维素含量一般都不超过50%，其他组分有木素、半纤维素、无机物、可抽提物、多糖类等。制浆造纸过程排放的主要污染物如下。

（1）悬浮物　造纸工业中所称的悬浮物包括可沉降悬浮物和不沉降悬浮物两种，主要是泥土、泥砂、物料碎屑、纤维和纤维细料（即破碎的纤维碎片和杂细胞）。

（2）易生物降解有机物　在制浆和漂白过程中溶出的原料组分，一般是易于生物降解的，其中包括低分子量的半纤维素、甲醇、醋酸、蚁酸、糖类等。

(3) 难生物降解有机物 制浆造纸厂排水中的难生物降解有机物主要来源于纤维原料中所含的木质素和大分子碳水化合物。表1-2-4[7]是某些制浆厂废水总需氧量TOD与COD和BOD的关系。浆厂难生物降解的物质通常是带色的。

表1-2-4 某些浆厂废水总需氧量(TOD)与COD和BOD的关系

浆 种	TOD/(mg/L)	COD/(mg/L)	$\frac{COD}{TOD}$/%	BOD/(mg/L)	$\frac{BOD}{TOD}$/%
未漂硫酸盐浆(已沉淀)	875	800	92	400	46
未漂硫酸盐浆(已生化)	400	300	75	67	17
漂白硫酸盐浆(已沉淀)	690	680	98	260	38
漂白硫酸盐浆(已生化)	410	290	71	36	9
牛皮箱板(已沉淀)	1400	1300	93	480	34
牛皮箱板(已化学处理)	560	610	109	310	55
牛皮箱板(已化学处理及生化)	180	120	67	14	8
未漂纸板(白水)	630	580	92	230	37
纸(已生化)	180	140	78	32	18

(4) 毒性物质 浆厂排放的污染物中有许多有毒物质,主要有:黑液中含有的松香酸和不饱和脂肪酸;污冷凝液中含有的对鱼类特别有毒的成分如硫化氢、甲基硫、甲硫醚;漂白碱抽提废水中的多种氮化有机化合物,其中剧毒的二噁英已引起广泛注意。主要毒性物质如表1-2-5所列。

表1-2-5 在制浆和漂白过程中生成的主要毒性化合物

过程	毒性化学品
剥皮	树脂酸包括松香酸、脱氢松香酸、异海松酸、长叶松酸、海松酸、柏脂海松酸和新松香酸;不饱和脂肪酸包括油酸、亚油酸和棕榈油酸;双萜烯醇包括海松醇、异海松醇、冷杉醇、12E-冷杉醇和泪杉醇
硫酸盐法制浆	树脂酸包括松香酸、脱氢松香酸、异海松酸、长叶松酸、海松酸、柏脂海松酸和新松香酸;不饱和脂肪酸包括油酸、亚油酸和棕榈油酸
亚硫酸盐法制浆	树脂酸包括松香酸、脱氢松香酸、异海松酸、长叶松酸、海松酸、柏脂海松酸和新松香酸;不饱和脂肪酸包括油酸、亚麻酸、亚油酸和棕榈油酸;保幼冷杉酮类包括保幼冷杉酮、保幼冷杉醇;木素降解产物包括丁子香酚、异西子香酚和3,3-二甲氧基-4-和4酸二羟-芪
机械法制浆	树脂酸包括松香酸、脱氢松香酸、异海松酸、长叶松酸、海松酸、柏脂海松酸和新松香酸;不饱和脂肪酸包括油酸、亚麻酸和棕榈油酸;双萜烯醇包括海松醇、异海松醇、冷杉醇、12E-冷杉醇和泪杉醇;保幼冷杉酮类包括保幼冷杉酮、保幼冷杉醇
漂白和碱处理	氯化树脂酸包括一氯和二氯-脱氢松香酸;不饱和脂肪酸衍生物包括环氧硬脂酸和二氯-硬脂酸,3,4,5-三氯愈疮木酚和3,4,5,6-四氯愈疮木酚也包括在内

(5) 酸碱物质 制浆废水中酸碱物质可明显改变接受水体的pH值,碱法制浆废水pH值为9~12;漂白废水的pH值变化很大,可低于2,又可高于12;而某些酸法浆厂的废水pH值则低至1.2~2.0。

(6) 色度 制浆废水中所含残余木素是高度带色的。

2. 制浆造纸过程污染物的发生量与排放负荷

制浆方法不同、原料不同、制浆得率不同、造纸品种不同及有无化学品回收,则污染物的发生与排放将有很大差异,污染物治理措施也有不同的特点,详见表1-2-6~表1-2-10[7]。

表 1-2-6　主要制浆方法排放的污染物及可能采取的污染治理措施

制浆方法	发生的主要污染物及水平	主要治理措施
碱法：		
石灰法	大量悬浮物，中量 BOD、COD、色度、毒性物质、粉尘	废液不能回收，可以考虑厌氧处理或物化处理，已成功进行过中试及生产试验
烧碱法	悬浮物，大量 BOD、COD、色度、毒性物质、粉尘	废液可以回收，悬浮物可物化处理，毒性物质需生化处理，色度需深度处理
硫酸盐法	悬浮物，大量 BOD、COD、色度、毒性物质、臭气、粉尘	废液可以回收，悬浮物可物化处理，毒性物质需生化处理，色度需深度处理，臭气燃烧
水解硫酸盐法或碱法	悬浮物，大量 BOD、COD、色度、毒性物质、酸液、臭气、粉尘	废液可以回收，悬浮物可物化处理，毒性物质需生化处理，色度需深度处理，臭气燃烧，酸液中和或综合利用
亚硫酸盐法：		
酸性亚硫酸盐法	悬浮物，大量 BOD、COD、色度、毒性物质，粉尘、SO_2	钙盐基不能回收，只能综合利用，可溶性盐基可回收，毒性物质需生化处理，悬浮物物化处理，色度需深度处理
亚硫酸氢盐法	悬浮物，大量 BOD、COD、色度、毒性物质、粉尘、SO_2	钙盐基不能回收，只能综合利用，可溶性盐基可回收，毒性物质需生化处理，悬浮物物化处理，色度需深度处理
亚硫酸氢盐-亚硫酸盐法	悬浮物，大量 BOD、COD、色度、毒性物质、粉尘、SO_2	可溶性盐基可以回收，毒性物质需生化处理，悬浮物物化处理，色度需深度处理
碱性亚硫酸盐法	悬浮物，大量 BOD、COD、色度、毒性物质、粉尘、SO_2	可溶性盐基可以回收，毒性物质需生化处理，悬浮物物化处理，色度需深度处理
化学机械法：		
半化学法(NSSC)	悬浮物，中等 BOD、COD、色度、毒性物质	废液可与硫酸盐法交叉回收，单独生产难于回收
化学机械法(CMP)	悬浮物，少量 BOD、COD、毒性物质	废液不能回收，高要求时毒性物质需生化处理
机械法：		
磨石磨木法(GW)	悬浮物，少量 BOD、COD、毒性物质	悬浮物物化处理，高要求时生化处理
木片磨木法 普通木片磨木浆(RMP)	悬浮物，少量 BOD、COD、毒性物质	悬浮物物化处理，高要求时生化处理
预热木片磨木浆(TMP)	悬浮物，少量 BOD、COD、毒性物质，并略多	悬浮物物化处理，高要求时生化处理

表 1-2-7　不同纸浆和纸的用水量和污染负荷

品种	制浆得率/%	用水量/(m^3/t)	BOD/(kg/t)	SS/(kg/t)
备料(湿法)	—	—	6～8(7)	46～69(58)
本色亚硫酸盐浆(无回收)	65～70(67)	100～230(160)	150～210(180)	18～25(22)
漂白亚硫酸盐浆	35～40(36)	350～500(400)	450～700(600)	72～84(75)
本色硫酸盐浆	40～55(52)	90～120(100)	11～14(12)	13～20(16)
漂白硫酸盐浆	37～53(48)	140～200(150)	31～45(33)	11～25(18)
漂白半化学浆(无回收)	65～80(74)	90～120(100)	130～350(200)	14～30(20)
化学磨木浆	80～90(84)	90～110(100)	120～180(140)	16～23(20)
磨木浆	—	15～45	7～11	18～36
草浆(无回收)	—	—	180～230	182～230
纸浆漂白	—	57～230	5～90	3～16

续表

品种	制浆得率/%	用水量/(m³/t)	BOD/(kg/t)	SS/(kg/t)
废纸脱墨纸浆	—	76～130	40～59	230～360
薄绉纸	—	30～130	7～14	23～46
证券纸、复写纸、印刷纸	—	76～150	7～12	5～7
纸箱纸板	—	8～57	9～18	23～32
瓦楞纸板	—	8～57	12～27	230～320
牛皮纸	—	8～45	2～7	7～11
新闻纸	—	45～60(50)	4～20(12)	2～24(13)
绝缘纸板	—	76～450	68～115	23～46
卷烟纸	—	76～450	9～14	46～360
薄页纸	—	100～200(170)	12～20(16)	30～50(40)

注：括号内为平均值。

表 1-2-8 木材原料不同制浆工艺产生的 BOD（以 1t 风干浆计） 单位：kg

工艺方法		软木	硬木
亚硫酸盐法	低得率(50%)	260～300	不常使用
	中得率(60%)	190～260	不常使用
	高得率(70%)	140～230	不常使用
中性亚硫酸盐半化学浆(NSSC)		150～170	—
亚硫酸盐浆漂白	造纸用浆	20～40	—
	溶解浆	150～200	—
硫酸盐浆		250～400(无碱回收)	320～400(无碱回收)
		25～35(无碱回收)	30～40(无碱回收)
硫酸盐浆漂白		10～15	10～15
磨石磨木浆		15～20	18～22
木片磨木浆		20～25	22～27
预热木片磨木浆		25～30	27～35
化学预热木片磨木浆		35～40	38～45
磨木浆漂白		5～10	—

表 1-2-9 我国碱法及硫酸盐法化学制浆 BOD 污染负荷发生量 单位：kg/t

浆种	BOD	浆种	BOD
本色硫酸盐木浆	286	漂白碱法棉短绒浆	80
漂白硫酸盐稻草浆	233～287	漂白碱法破布浆	78
漂白硫酸盐麦草浆	288		

表 1-2-10 我国不同得率麦草、稻草板纸（半化学）浆污染负荷发生量 单位：kg/t

原　料	麦　　草					
得率/%	78.2	74.8	70.8	72.6	70.2	68.3
COD	415.2	467.0	567.9	503.4	557.5	569.4
BOD	184.2	213.2	228.3	191.8	192.6	210.1
COD/BOD	2.25	2.19	2.49	2.63	2.90	2.91

续表

原　料	稻　　草				
得率/%	73.6	73.6	65.9	63.2	65.0
COD	424.2	406.8	502.3	524.3	524.9
BOD	102.8	109.5	149.2	169.8	148.8
COD/BOD	4.13	3.72	3.37	3.09	3.53

3. 污染防治措施

通过长期的实践与探索，国内外已达成共识：通过厂内防治，发展更清洁的生产技术，以最大限度地在生产过程中减少污染的发生与排放。美国造纸工业的厂内防治措施是：提高黑液提取率及回收利用率；封闭筛浆系统；汽提及回用污冷凝液；建立纸机纤维回收和白水气浮回收系统及减少跑、冒、滴、漏等。瑞典造纸工业更是长期坚持厂内防治的技术路线。

国家环保部组织专家在总结推行几十年造纸行业清洁生产审计试点工作成果的基础上，集中力量，充分发挥审计专家和行业专家的作用，在众多代表企业现状的基础数据上，总结出行业现状，并根据清洁生产发展需要，以不同工艺分别科学地编制了造纸行业清洁生产标准。自 2006 年 11 月以来，连续发布四个有关造纸工业清洁生产的行业标准，分别为：

HJ/T 317—2006，《清洁生产标准　造纸工业（漂白碱法蔗渣浆生产工艺）》，2007 年 2 月 1 日实施；

HJ/T 339—2007，《清洁生产标准　造纸工业（漂白化学烧碱法麦草浆生产工艺）》，2007 年 7 月 1 日实施；

HJ/T 340—2007，《清洁生产标准　造纸工业（硫酸盐化学木浆生产工艺）》，2007 年 7 月 1 日实施；

HJ 468—2009，《清洁生产标准　造纸工业（废纸制浆）》，2009 年 7 月 1 日实施。

第二节　制浆原料备料

制浆原料主要指原木和各种草类纤维。备料过程包括：将原木树皮剥去，切片筛选，以及草类原料的除尘、除杂（如草籽、草叶）、除髓分（如蔗渣和高粱秆的髓）等。备料有干法和湿法两种。

1. 原木备料

机械化剥皮多在剥皮鼓中进行，分为干法和湿法两种。干法备料基本不产生水污染。湿法剥皮可以获得较好质量的原木，但要排出一定数量的废水和污染物。

从剥皮鼓排出的废水经粗筛分离 85%的树皮，剩余 15%颗粒细小的树皮则形成废水中的悬浮物。在开放系统中 $1m^3$ 实积木材耗水量为 5～$30m^3$，悬浮物量为 2～10kg，BOD_7 排放量为 1～6kg。

许多工厂采用造纸车间白水做剥皮用水，可以减少清水用量，但污染依然存在。实行封闭循环是一种较为彻底的办法。为避免污染物在循环系统中的积累，必须对循环水进行一定处理。

2. 草类原料的备料

不同草类纤维原料在制备时各有其特殊性，这里仅介绍禾草类（稻草、麦草）的备料。

我国禾草类备料大多采用图 1-2-2 所示流程[7]。

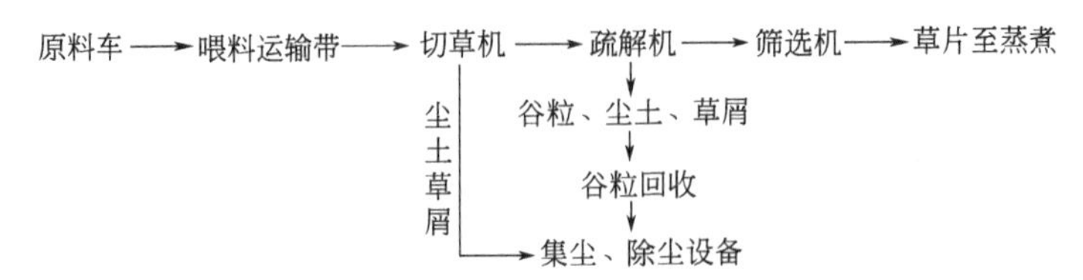

图 1-2-2 草类纤维原料的备料系统

为了解决尘土和草屑飞扬污染大气，不少工厂在集尘和除尘设备中增设了对排风的喷淋设备；有工厂利用废水把所收集的尘土和草屑冲入下水道，这些措施造成了污染的转移。一般草类原料的除尘损失可达 3%～10%，同时草屑中可溶性物质又增加废水中的 BOD 和 COD。因此，对备料工段的喷淋或冲灰排水应进行澄清、净化，分离出来的灰渣应填地处置或在专门设计的草灰锅炉中作燃料；对废水中的 BOD、COD 应进行因地制宜的必要处理。

干湿备料相结合的草类备料流程可以较好地解决工厂大气环境污染，并提高草片质量，减少 SiO_2 进入纸浆黑液。筛选分离的水一部分回用，用水量取决于水回用程度，可在 2～50m^3/t 绝干草片之间。我国已引进新式湿法备料工艺，湿法备料可大大改善工厂大气环境，改善草片质量，减少草片含硅，但废水应进行必要处理。某麦草浆厂采用干-湿备料系统后，草片灰分的变化可如表 1-2-11[5] 所列。由表可见，通过干湿备料，可使草片灰分降低 50% 左右，但草片灰分仍然高达 3.40%，高出木材原料约 10 倍。另外湿备料所用的水，充分除砂后补充清水回用。

表 1-2-11 麦草草片干湿备料前后的灰分变化 单位：%

项目	灰分	SiO_2
处理前	7.13	6.00
处理后	3.40	2.91
降低率	52.3	51.5

第三节 碱法和硫酸盐法制浆

一、生产工艺和污染物来源

碱法和硫酸盐法制浆都是用碱性药剂处理（蒸煮）植物纤维原料，将原料中的木素溶出，尽可能保留纤维素和不同程度地保留半纤维素。碱法（烧碱法）所用化学药剂主要是 NaOH，硫酸盐法主要是 NaOH＋Na_2S。化学制浆的核心是“蒸煮”，即在高温（150～170℃）和高压（0.5～0.7MPa，即 5～7kgf/cm^2）下使原料（木、草片）与蒸煮剂（NaOH，NaOH＋Na_2S）反应而形成浆料。反应后的制浆废液因其色黑而称黑液。黑液中的 BOD 为 250～350kg（以 1t 浆计），占全厂 BOD 负荷的 90%左右。另外，纸浆的漂白也将产生污染，BOD 的产生量不大，仅 10～20kg（以 1t 浆计），但因产生可能有剧毒的有机氯化物而深受关注。制浆造纸工艺过程和可能发生的污染物如图 1-2-3[7] 所示。不同制浆原料的黑液主要成分示于表 1-2-12，黑液的元素组分及热值示于表 1-2-13。

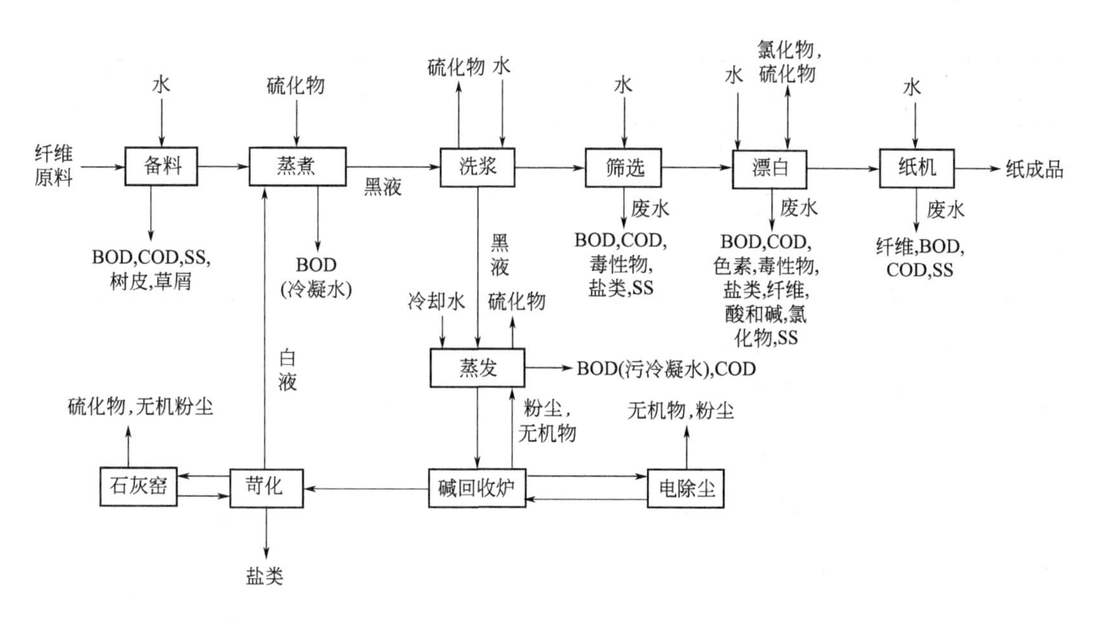

图 1-2-3 硫酸盐浆厂的主要工艺与污染发生点

表 1-2-12 不同制浆原料黑液主要成分 单位：%

成分		原料							
		红松	落叶松	马尾松	蔗渣	荻	苇	稻草	麦草
固形物	有机物	71.49	69.22	70.33	68.36	66.90	69.72	68.70	69.00
	木素	29.20	30.40	26.18	23.40	—	29.60	—	23.90
	挥发酸	5.61	7.95	8.00	11.08	11.61	8.80	15.10	9.40
	无机物	28.51	30.78	29.67	31.64	33.10	30.28	31.30	31.00
	总钠	21.80	23.20	22.80	24.19	—	21.30	—	—
	总硫	2.88	2.51	2.90	2.59	—	2.08	—	—
	总碱	25.60	22.08	25.80	19.20	28.40	25.65	—	28.20
	硫酸钠	1.84	1.03	1.79	1.86	1.56	2.84	—	—
	二氧化硅	0.21	0.58	0.22	2.36	2.38	2.68	4.71	7.43
有机物	木素	41.00	43.90	37.00	34.10	—	42.40	—	31.60
	挥发酸	7.84	11.48	11.35	16.20	—	12.68	17.70	13.30
	其他	51.16	44.62	51.62	49.70	—	45.02	—	52.70
无机物	总碱	89.60	90.60	87.00	60.80	77.40	85.00	—	—
	硫酸钠	3.64	1.89	2.25	3.30	—	5.30	—	—
	二氧化硅	0.75	1.89	0.75	7.44	5.44	8.83	15.00	23.90
	其他	6.01	7.51	10.00	28.46	—	0.87	—	—

注：无机物、总碱、硫酸钠均以氢氧化钠计。除麦草为烧碱法外，其余均为硫酸盐法。

表 1-2-13 黑液的元素组成及热值

原料	灰分(包括 SiO_2)/%	SiO_2/%	碳/%	氢/%	硫/%	氧/%	氮/%	钠/%	热量计测得发热值/(kJ/kg)
蔗渣	44～48	1.2	41.5	4.10	0.4	34.5	0.2	15.8	10.67
	—	2.0	—	—	—	—	—	—	—
竹子	48.0	2.2	31.63	2.78	2.01	15.04	0.28	—	13.98
	43.2	—	—	—	—	—	—	—	13.40

续表

原料	灰分(包括SiO_2)/%	SiO_2/%	碳/%	氢/%	硫/%	氧/%	氮/%	钠/%	热量计测得发热值/(kJ/kg)
西班牙草	—	2.0	—	—	—	—	—	—	—
	35.0	—	—	—	—	—	—	—	15.91
芦苇	—	2.8	—	—	—	—	—	—	—
	41.3	3.4	—	—	—	—	—	17.2	15.15
	39.4	4.7	—	—	—	—	—	—	—
稻草	—	16～30	—	—	—	—	—	—	——
	38.9	11.1	—	—	—	—	—	—	13.31
	42.5	14.8	—	—	—	—	—	—	11.72
稞麦	—	1～3	—	—	—	—	—	—	—
	41.9	1.9	—	—	—	—	—	—	—
	36.6	2.9	32.50	3.80	—	—	—	—	13.40
麦草	—	4～8	—	—	—	—	—	—	—
	54.5	—	—	—	—	—	—	—	10.47
	51.8	4.0	31.8	3.00	3.20	41.40	—	16.0	5.48
松木	44.0	—	41.7	4.30	3.60	—	—	—	17.29
桦木	—	—	37.50	3.60	4.40	28.50	—	26.0	15.32

二、清洁生产与污染防治措施

蒸煮黑液（废液）的回收利用是实现制浆清洁生产的关键。碱法硫酸盐法制浆产量占全国总浆产量的65%以上，每年消耗商品碱100万吨以上，黑液中含有机物总量在千万吨以上。蒸煮黑液的化学品与热能回收，是制浆工艺不可缺少的组成部分，可回收蒸煮用碱的95%～98%，回收的热量不但可满足黑液蒸发用汽和制浆用汽并可大幅度削减污染。因此，化学浆蒸煮黑液的回收利用是其清洁生产的首要环节。由于碱回收系统投资较大，草浆碱回收技术尚不够成熟，因此开发了诸如各种酸析、碱析木素技术及蒸煮黑液的厌氧消化等。下面重点介绍蒸煮黑液的化学品与热能回收及减少污染排放与提高效率的清洁生产技术。图1-2-4[8]是黑液回收的典型工艺流程。

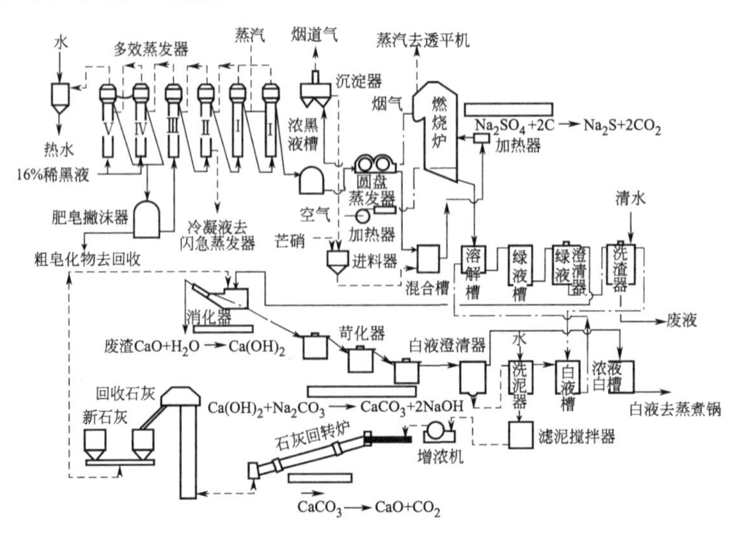

图1-2-4 黑液回收典型工艺流程

（一）高提取率、高浓度、高温度的黑液提取

众所周知，高提取率才可能取得较高的碱回收率或综合利用率，而高浓度、高温度黑液则是提高碱回收过程热效率的重要因素。经多年实践，提取制浆黑液，尤其是草浆黑液，以选用鼓式真空洗浆机为佳，草浆黑液提取率可达80%～85%，而20世纪80年代我国开发的带式洗浆机，虽然号称黑液提取率可达95%以上，但实际上黑液提取浓度低而且波动，因此除了直接用为洗浆设备外，已在碱回收黑液提取中被逐渐淘汰[5]。国内某厂引进的带式洗浆机，在同样测试条件下优于真空洗浆机，参见表1-2-14。

鼓式真空洗浆机是我国目前大、中型木浆和非木浆厂普遍采用的提取与洗浆设备，其工艺流程如图1-2-5所示。规模为75t/d的浆厂，可选用4×70m² 鼓式真空洗浆机一列或4×35m² 两列；规模为100t/d的浆厂，可选4×45m² 两列。表1-2-15[9]是我国部分企业使用大型平面阀鼓式真空洗浆机的性能指标。

表 1-2-14 国内某厂进口带式洗浆机与四段真空洗浆机的效果比较

提取洗浆效果	带式洗浆机	四段真空洗浆机	提取洗浆效果	带式洗浆机	四段真空洗浆机
洗涤效率/%	97.5	80～85	提取量(以1t浆计)/(t/t)	10	7.5
稀释因子	1.0～1.4	2.5～3	浓度(15℃)/°Bé	8.5～10	7.5
洗后残碱(以 Na_2O 计)/(mg/L)	50	120	温度/℃	85	75

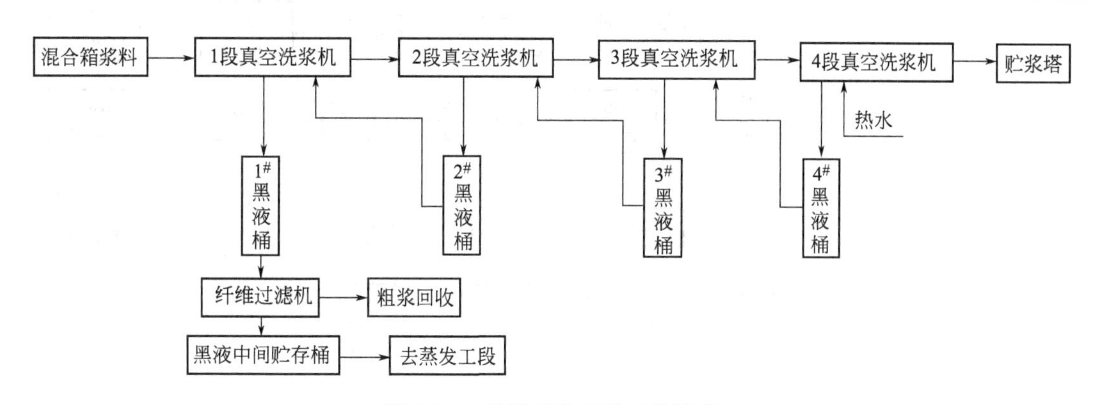

图 1-2-5 黑液提取工段工艺流程

表 1-2-15 部分企业应用大型平面阀鼓式真空洗浆机应用性能指标

使用单位	规格/m²	出浆浓度/%	黑液提取率/%	生产能力/[t/(m²·d)]	洗后残碱/(g/L)
造纸厂1	100	10～11	90	1.6	0.08
造纸厂2	70	10～12	91	1.5～1.8	0.10
造纸厂3	100	10～11	90	1.5～1.6	0.09
造纸厂4	90	10～12	91	1.5～1.6	0.08

注：此指标是以4台串联逆流洗涤，碱法蒸煮麦草浆为例。

黑液提取率是指通过提取设备把从蒸煮过程溶于黑液的固形物提取出来的百分比，如下式[5]：

$$提取率=\frac{送蒸发工段废液中的总固形物(kg/t)}{蒸煮锅产生废液中的总固形物(kg/t)}\times 100\%$$

但目前有时被误解为洗涤效率：

$$洗涤效率=\frac{出洗涤机废液总固形物(kg/t)}{进洗涤机废液总固形物(kg/t)}\times 100\%$$

由于进洗浆机前及出洗浆机后所损失的废液没有计入，使计算的提取率偏高，不符实际。这一误区亟待纠正，目的是引起注意，查找废液损失去向，以切实提高提取率与碱回收率。

（二）黑液的蒸发浓缩

无论是回收化学品或综合利用，废液的有效增浓是必要前提。提取工段送来的黑液含固形物10%～13%，在燃烧之前，还需蒸发到一定的浓度。常规的多效蒸发器可将黑液蒸发到47%～55%；但草浆黑液因含硅多，黏度大，一般只能达到40%左右。

多效蒸发系统包括黑液、蒸汽、冷凝水三条流程。其中蒸汽流程多与各效顺序相同，即新蒸汽进入Ⅰ效汽室，依次顺序向后，最后一效的二次蒸汽进入冷凝系统。黑液有三种给料方式，即顺流、逆流、混流给料。实际生产中，采用混流供液的较多，它兼有顺流和逆流的优点，常用工艺流程如图1-2-6所示。

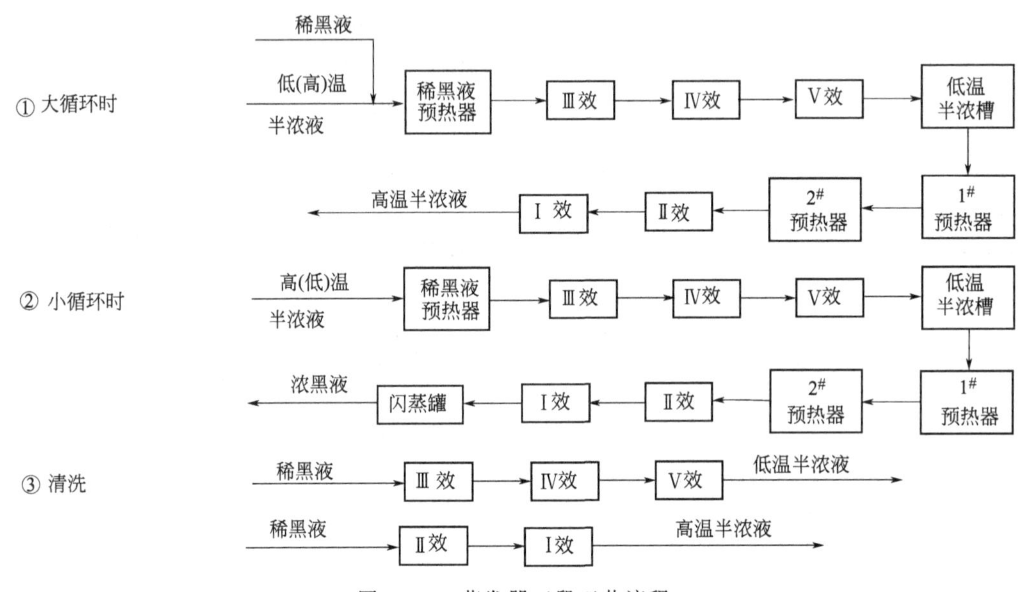

图1-2-6 蒸发器工段工艺流程

冷凝液有净冷凝液和污冷凝液之分，应分别加以收集后回用或去处理系统。

多效蒸发的经济效益决定于1kg新鲜蒸汽能从黑液中蒸发多少水量。一般常采用4～5效，先进大厂有采用6效的。

蒸发器的形式有长管升膜式、短管升膜式和降膜式蒸发器等。对于某些黏度很高、含细小纤维、无机杂质多的草浆黑液，可以采用短管式或降膜式蒸发器，或两者结合。所谓板管结合，是在浓度低的Ⅲ、Ⅳ、Ⅴ效采用管式蒸发器，而在浓度较高的Ⅰ、Ⅱ效采用板式，充分发挥管式投资及运行费低，而板式在高浓度、高黏度情况下也可保持较高传热系数且不易结垢的优势。

各种不同型式的蒸发器的性能与特点可参见表1-2-16。

黑液提取工段提出的稀黑液应符合表1-2-17要求。

蒸发工段送燃烧的浓黑液应符合表1-2-18的要求。

5效蒸发器的蒸发效率：干法备料、蒸球为3～3.3kg/kg（水/汽）；干湿备料、横管连蒸为3.3～3.5kg/kg（水/汽）。

表 1-2-16 各型蒸发器的性能及特点（对草浆黑液）

项目		板式降膜蒸发器	管式降膜蒸发器	长管升膜蒸发器	短管蒸发器
传热及蒸发机理		表面蒸发	表面蒸发	泡核沸腾蒸发	对流传热蒸发
出效黑液浓度/%	干、湿法备料(连蒸)	45～50	45～50	40	40
	干法备料(连蒸)	40～45	40～45	38～40	38～40
结垢速率		慢	慢	快	较慢
除垢方法		水煮，碱煮，高压水	水煮，碱煮，高压水，机械法	水煮，碱煮，高压水，机械法	水煮，碱煮，高压水，机械法
加热元件的可靠性		易损坏	不易损坏	不易损坏	不易损坏
加热元件的维护及更换		不可更换	可更换	可更换	可更换
加热元件材质		不锈钢	不锈钢或碳钢	不锈钢或碳钢	不锈钢或碳钢

表 1-2-17 提取的稀黑液应符合的工艺参数

备料及蒸煮方法	温度/℃	浓度(15℃)/°Bé	含纤维量/(g/m³)	残碱(以 Na_2O 计)/(g/L)
干法备料，蒸球	≥70	>8	<30	8
干、湿法备料，横管连续蒸煮	≥75	>8.5	<30	6

表 1-2-18 浓黑液的工艺参数

备料及蒸煮方法	温度/℃	浓度(15℃)/°Bé	备注
干法备料，蒸球	>90	36～38	自然循环管式蒸发器
		≥40	组合蒸发器
干、湿法备料，横管连续蒸煮	>90	38～40	自然循环管式蒸发器
		≥45	板管结合蒸发器

（三）燃烧

燃烧工段的工艺流程参见图 1-2-7。燃烧工段的核心设备是碱回收炉，目前，由于碱法制浆造纸厂对动力的需求越来越大，为了取得热平衡，碱回收炉不断提高过热蒸汽参数和燃烧黑液浓度，同时为了安全生产和符合环境保护的要求还趋向于发展现代化的单汽包低臭型碱回收炉。

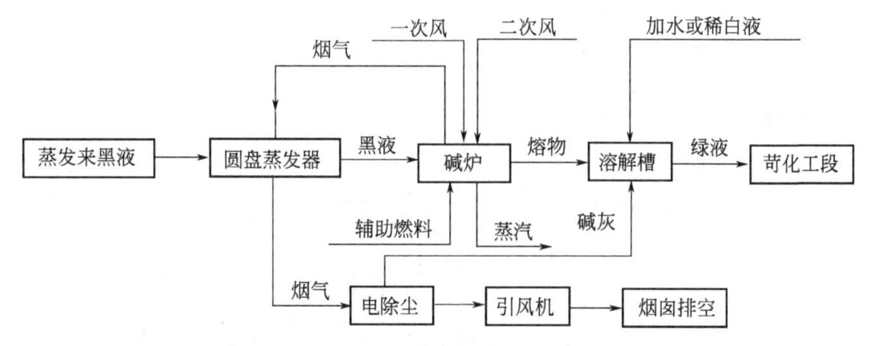

图 1-2-7 燃烧工段工艺流程

目前单汽包低臭型碱回收炉在木浆厂已普遍应用。碱炉正在向大型化、超高压、超高温的方向发展。新建的大型碱回收炉的蒸汽参数可达 8.4MPa、480℃，目前正向 9.3MPa、492℃和 10.3MPa、515℃发展。一台新型的日燃烧固形物为 2200t 的碱回收炉，其过热蒸汽压力 8.4MPa、温度 480℃，当碱回收炉效率为 72%时，过热蒸汽产量可达 350t/h；烟气中的 SO_2 含量不超过 100mg/m³，粉尘含量不超过 33g/m³[9]。进炉黑液浓度也有大幅提高，当黑液浓度从 72%提高到 82%时，可提高锅炉效率 3%，增加背压发电机发电量 3%。

国内某造纸厂从芬兰引进的单汽包低臭型碱回收炉，65%黑液直接进炉燃烧，将来还可以适应 80%浓黑液进炉燃烧，处理能力可达 1100t/d 黑液干固物，并在国内首次采用三列（每列三电场）静电除尘机组。该公司 2003 年碱回收率 93.18%，碱自给率 100%，年回收烧碱量 32629t。

（四）苛化与白泥回收

苛化工艺流程见图 1-2-8。黑液燃烧后，从燃烧炉底部流出的熔融物主要成分是碳酸钠和硫化钠，溶于稀白液后，称为绿液。在苛化工段，往绿液中加消石灰，使碳酸钠转化为氢氧化钠。澄清后的液体称为白液，即蒸煮用的碱液，沉淀出的碳酸钙称为白泥。

苛化过程的反应分两步进行[9]。

第一步为石灰的消化，即生石灰中的 CaO 与绿液中的水反应形成 $Ca(OH)_2$ 乳液并放出热量。其化学反应为：

$$CaO+H_2O \longrightarrow Ca(OH)_2$$

第二步为苛化，即 $Ca(OH)_2$ 与绿液中的 Na_2CO_3 进行苛化反应，生成 NaOH，同时形成 $CaCO_3$ 沉淀，其化学反应为：

$$Ca(OH)_2+Na_2CO_3 \longrightarrow 2NaOH+CaCO_3\downarrow$$

将以上两个反应式合并写成苛化总反应式为：

$$CaO+H_2O+Na_2CO_3 \longrightarrow 2NaOH+CaCO_3\downarrow$$

从上面的反应可以看出，苛化过程中反应物与生成物中均存在着水难溶物质［即 $Ca(OH)_2$ 和 $CaCO_3$］，所以苛化反应是可逆的。在苛化反应过程中，由于 NaOH 浓度增加，Na_2CO_3 浓度逐渐下降，即增加 OH^-，减少 CO_3^{2-}。根据共同离子效应理论，使 $Ca(OH)_2$ 溶解度下降，$CaCO_3$ 溶解度上升。当二者溶解度趋于相等时，苛化反应达到平衡。

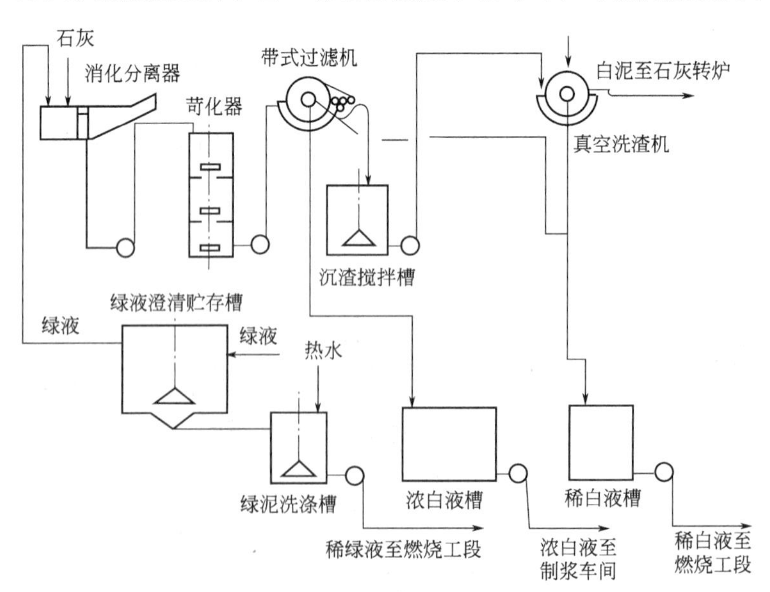

图 1-2-8 连续苛化工艺流程

白泥是碱回收过程中产生的一种危害相对较小的碱性二次污染物，目前全国每年产生白泥 150 万吨，而绝大多数企业对于白泥还是采取外运填埋或直接排放的方式。不仅浪费资源，同时造成环境污染。

白泥主要的处理方法有以下三种。

一是煅烧。在日本及欧美等发达国家，造纸以纯木浆为主，白泥可以采用直接煅烧的方法制备石灰来回收，只是采用的专用燃烧炉构造特殊，造价昂贵且用白泥烧制石灰的成本也明显高于一般石灰石，一般情况下是普通石灰石售价的2～3倍[9]。针对我国以草浆造纸为主的情况，白泥煅烧还存在以下问题：①煅烧成本过高，而且品质不宜保证；②白泥中的硅酸盐具有腐蚀性，在高温煅烧时经常腐蚀石灰窑壁。所以由于成本及技术等原因煅烧法不适合在国内进行推广。

二是制备造纸填料碳酸钙。由于草浆白泥中硅含量较高（一般在10%左右）以及钠碱盐的存在，其回收并不能像纯木浆白泥可以煅烧成石灰返回消化直接回用[10]。苛化白泥的可行处理方法是水洗法。水洗法是将苛化工段排出的白泥经过数道水洗、碳酸化处理及过滤工序除去其中的大部分杂质和残碱制备成可供造纸利用的填料。目前，回收填料碳酸钙粒度的控制和纯度的提高是制约白泥回收的关键。

三是利用白泥代替石灰石生产水泥。但由于白泥水分高，烘干能耗大，使白泥生成水泥亏本。因此，在试验阶段就被迫终止。

(五) 系统工艺参数

碱回收系统工艺参数见表1-2-19。

表1-2-19　碱回收系统工艺参数

指标	数量	备注
提取工段：		
提取稀黑液浓度/%	10	
提取稀黑液温度/℃	65～70	
提取稀黑液量/(m^3/t)	11	以风干粗浆计
蒸发工段：		
出蒸发站黑液浓度/%	44	平均浓度
蒸发热效率/(kg/kg)	3.3	水/汽
平均蒸发强度/[kg/(m^3·h)]	9.5	
蒸发水量/(t/h)	36 47	75t浆/d 100t浆/d
燃烧工段：		
进碱炉黑液浓度/%	48	
进碱炉黑液温度/℃	110	

指标	数量	备注
碱炉日处理固形物量/(t/d)	98 130	75t浆/d 100t浆/d
碱炉产汽量/(t/d)	12 15	75t浆/d 100t浆/d
碱炉产汽压力/MPa	1.27	饱和蒸汽
进除尘器烟气温度/℃	>140	
静电除尘器除尘效率/%	>96	
绿液浓度/(g/L)	100	总碱以Na_2O计
苛化工段：		
苛化温度/℃	95～100	最后一台苛化器
苛化时间/min	>120	
白液浓度/(g/L)	70	以Na_2O计
白泥残碱/%	<1	
白泥干度/%	50	

(六) 主要技术经济指标

碱回收系统主要技术经济指标见表1-2-20[5]。

表1-2-20　碱回收系统主要技术经济指标

序号	指　　标	数量	备注
1	年工作日/(d/a)	340	
2	日工作时数/(h/d)	24	
3	平均有效作业时间/(h/d) 提取	 24	

续表

序号	指标	数量	备注
3	蒸发 燃烧 苛化	22 22 20	
4	日处理黑液固形物/(t/d)	98 130	75t/d 浆 100t/d 浆
5	日回收碱量(以 100%NaOH 计)/(t/d)	17.25 23	75t/d 浆 100t/d 浆
6	黑液提取率/%	85	
7	碱回收率/%	>70	
8	苛化率/%	85	
9	用水量/(m^3/t)①	100	不包括二次蒸汽冷却水
10	用汽量/(t/t)①	6.0	
11	用电量/(kW·h/t)①	650	不包括提取工段
12	石灰消耗量/(t/t)①	1.15	含 CaO>75%
13	重油/(t/t)①	0.06	200 号
14	软水(m^3/t)①	6	

① 以 1t 碱计。

碱回收技术经济指标和效益随设备规模、原料品种、回收效率而异。

(七) 消耗指标（含黑液提取）

碱回收系统的主要消耗指标见表 1-2-21[5]。

表 1-2-21 碱回收系统主要消耗指标（含黑液提取，以 1t 碱计）

序号	名称	规格或质量标准	单位产品消耗定额	备注
1	石灰/(t/t)	含 CaO>75%	1.15	
2	重油/(kg/t)	200 号	60	
3	水/(m^3/t)	澄清水	100	不包括二次蒸汽冷却用水
4	电/(kW·h/t)		740	
5	汽/(t/t)	0.4MPa	6.5	
6	软水/(m^3/t)		5	

(八) 提高清洁生产水平的可能措施

我国部分骨干浆厂的碱回收技术经济指标的实际调查提示，亟待对现有技术进行改进，进一步提高清洁生产水平。

1. 提高黑液提取率，尤其是草浆黑液提取率

国际上黑液提取率可高达 97%～99%，我国碱法木浆的黑液提取率也可达 90%以上，但与国际先进水平相比仍有差距，有待改进。关键是占化学浆主导地位的非木浆，尤其是麦草浆，黑液提取率仅 80%左右，甚至更低，亦即从碱回收的第一道工序就流失掉 20%的碱以及大量有机物，因此亟待改进。草浆黑液提取率低，有草浆黑液硅含量高、黏度大、滤水性能差的原因，也有真空过滤机设计方面的不足。一般都是套用常规源自木浆黑液提取的真空洗浆机，只是放大其过滤面积以适应草浆滤水性能差的特点。由此导致绝大多数草浆真空

洗浆机排水管线过粗，难以形成水腿，被迫加用真空泵，而使用真空泵不但增加电耗，而且导致抽取黑液从气水分离器中流失。

2. 蒸煮同步降硅、降黏，提高草浆碱回收效率

草浆黑液硅含量高、黏度大，是影响其碱回收系列因素的“痼疾”。除硅降黏是行业内外多年来探索追求的目标。目前，草浆降黏技术有两种：一是草浆蒸煮同步降硅、降黏技术；二是黑液热裂解降黏技术。蒸煮同步除硅技术不需投资增加大型新设备，只将少量特定的工业副产品投入蒸煮液中，即可通过蒸煮同步除硅，效果显著[11]。在为期数月的生产试验中，投加除硅剂 2%（对绝干麦草），蒸煮后黑液含硅降低 65%，蒸发浓黑液黏度由 20.11Pa·s（201.1cP）降到 9.03Pa·s（9030cP），降低 50%以上。另外表示燃炉热层膨胀度的体积膨胀系数（VIE）由 1.94mL/g 增至 4.74mL/g，增大 1.44 倍。短期生产试验效果参见表 1-2-22[12]。

表 1-2-22　同步除硅生产试验结果

项目	蒸发效率/(kg 水/kg)	汽蒸发强度/[kg 水/(m²·h)]	燃烧能力/(t 固形物/d)	碱回收率/%①	回收 1t 碱的原材料、能源总消耗/元②
除硅前	2.61	10.719	40.6	35.7	1194.80
除硅过程	3.15	11.465	44.8	39.7	1072.90

① 如按提取后的黑液计算，则回收率分别为 66.39%和 75.55%；

② 包括水、电、汽、石灰和重油消耗。

黑液热裂解主要是在一定温度（170～190℃）下，让黑液中的残碱在一定的时间内和溶解在其中的聚糖及一些木素大分子物质发生反应，并使这些物质降解，从而达到降低黑液黏度的目的。由于麦草浆聚糖含量高、黏度高，所以热处理是改善麦草浆黑液提取性能的一种比较有效的方法。其简要工艺流程如图 1-2-9 所示[9]。

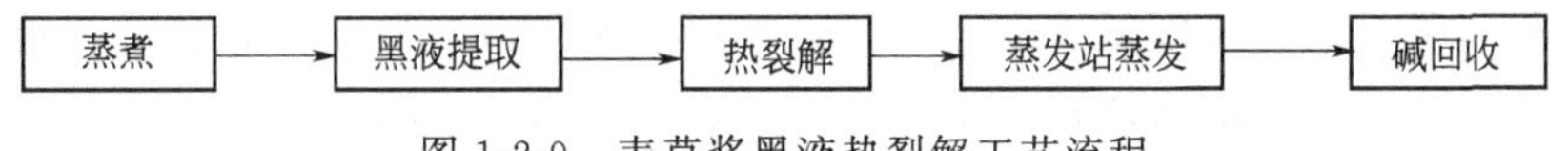

图 1-2-9　麦草浆黑液热裂解工艺流程

图 1-2-10[9] 为碱法草浆黑液热处理前后黏度变化情况，可以看到，草浆在经过热处理后，黏度改善非常明显，这为将黑液浓度蒸发到 65%以上创造了条件。

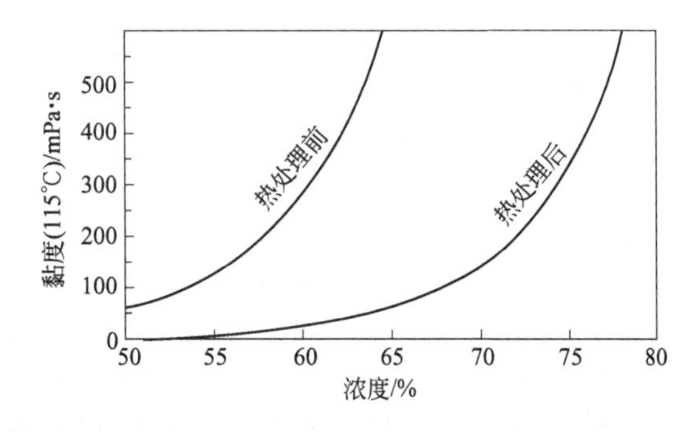

图 1-2-10　麦草浆黑液热裂解前后黏度的变化

3. 推广板式降膜蒸发器，提高蒸发效率

为减少草浆黑液蒸发过程中易结垢的困难，草浆黑液的蒸发设备多采用落后的短管蒸发器。而国内研发的生物板式降膜蒸发器蒸发效率和蒸发强度均比传统蒸发器提高 20%以上，且蒸发元件不易结垢，浓黑液浓度也可由传统管式蒸发的 65%（木浆）提高至 70%，从而明显提高热效率。这一技术不但应在新建草浆碱回收项目中推广，对蒸发能力不足的老碱回收系统，也可通过增加板式蒸发器增浓，形成板管结合的流程。图 1-2-11[9] 为两板三管组合五效蒸发的流程。在浓度较低的Ⅲ～Ⅳ效采用长管升膜蒸发器，而在浓度较高的Ⅰ～Ⅱ效则采用板式降膜蒸发器。黑液流程采用Ⅲ→Ⅳ→Ⅴ→Ⅱ→Ⅰ混流式。

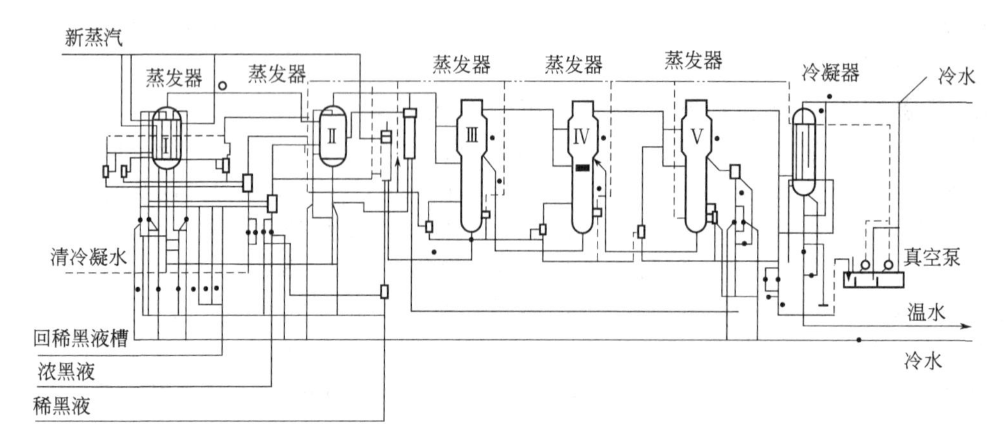

图 1-2-11 两板三管组合五效蒸发站流程

4. 总结经验教训，完善先进的草浆碱回收工艺操作与设备

由于草浆黑液提取率仅可达 80%左右，造成 20%左右的碱流失；然而进入碱回收系统 80%左右的碱，最终回收率也只有 50%左右。某造纸厂通过清洁生产审计对此做出了解释。表 1-2-23 列出该厂在清洁生产审计中对碱回收系统所做碱平衡的数据。由表可见，既使不计黑液提取率，以进入碱回收系统的稀黑液为 100%计，浓白液的回收率仅有 55%左右，即约 45%的碱在系统的各个工序流失。其中稀白液达 10.96%，如能将稀白液充分循环回用，将大大提高碱回收率。此外，电除尘碱灰损失高达 8.76%。据了解，草浆碱回收静电除尘器极易腐蚀而不能运行，这是造成麦草浆碱回收率低的重要原因之一。腐蚀的原因，据推测主要是因为麦草浆黑液入炉浓度过低。由于麦草浆黑液黏度大，经蒸发器后的浓度仅能达到 41%～42%。因此入炉黑液水分含量过高，致使烟气湿度大，再加除尘器漏风，使温度降低。当除尘器漏风而烟气温度低于露点时，就将腐蚀破坏静电除尘器，使之不能运行。因此如何提高入炉麦草浆黑液浓度以减少水分，同时保持烟气进入静电除尘器时的温度在露点以上，至关重要。

表 1-2-23 某造纸厂碱回收过程的碱损失分布数据（以稀黑液含碱 8700kg 计）

项目	损失										
	蒸发	燃烧				绿液	苛化				合计
		电除尘	吹灰	清灰	烟囱		白泥	石灰渣	稀白液	流失	
含碱量/kg	90	762	270	190	53	580	360	300	930	190	3900
损失率/%	1.03	8.76	3.10	2.18	0.609	6.67	4.14	3.45	10.69	2.18	44.83

另外，由表 1-2-23[5] 还可见，绿液含碱达 6.67%，白泥含碱达 4.14%，石灰渣含碱 3.45%，均应分别采用先进工艺与设备，则麦草浆的总碱回收率可以大大提高。国内有关单位针对草浆黑液特点设计制造了不同规模系列的燃烧及前后处理系统，均已成功用于生产。

5. 污冷凝液的处理

黑液在综合利用或送碱回收炉燃烧前，都要通过多效蒸发器浓缩，蒸发浓缩过程中产生的污冷凝水是浆厂污冷凝水的另一来源，是蒸发工序主要水污染源。表 1-2-24[9] 列出了硫酸盐浆厂黑液蒸发污冷凝水的污染物及其浓度。

表 1-2-24　硫酸盐浆厂黑液蒸发污冷凝水的特性与化学组成

污染物	蒸发器混合冷凝水	蒸发器、冷凝器冷凝水	污染物	蒸发器混合冷凝水	蒸发器、冷凝器冷凝水
H_2S/(mg/L)	1～90	1～240	酚类/(mg/L)		3
CH_3SH/(mg/L)	1～30	1～410	愈创木酚/(mg/L)	1～10	
$(CH_3)_2S$/(mg/L)	1～15	1～15	树脂酸/(mg/L)	28～230	
$(CH_3)_2S_2$/(mg/L)	1～50	1～50	BOD_5/(mg/L)	60～1100	450～2500
甲醇/(mg/L)	180～700	180～1200	pH 值	6.0～11.1	6.7～8.2
乙醇/(mg/L)	1～190	1～130	悬浮物/(mg/L)	30～70	
丙醇/(mg/L)	1～15	1～16	色度/(APHA)		280～5500
甲基乙基酮/(mg/L)	1～3	2	钠/(mg/L)	4～20	20～370
萜烯/(mg/L)	0.1～150	0.1～620			

污冷凝水消除污染的措施是将比较干净的污冷凝水分送至本色浆洗涤机和苛化工序做稀释和溶解用水，污染较重的部分用蒸汽或空气吹出并送至石灰窑或单独的燃烧装置中烧掉。图 1-2-12[9]示意了五效黑液蒸发站污冷凝水分流情况。

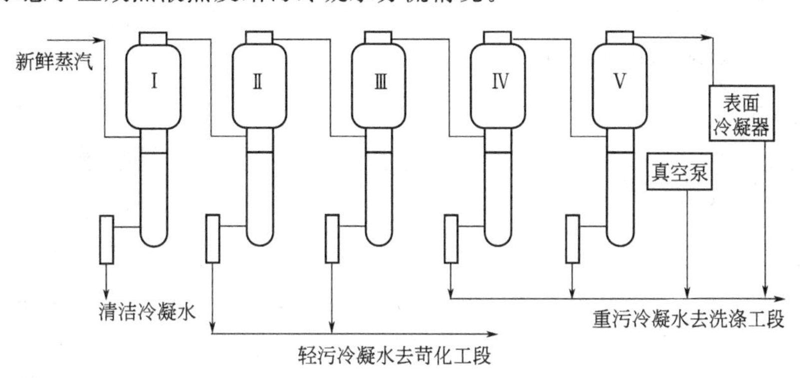

图 1-2-12　五效黑液蒸发站污冷凝水分流示意

不同部位的污冷凝水由于污染程度不同，具有不同的处理方法。表 1-2-25[9]列出了部分污冷凝水的处理方法。

表 1-2-25　各处污冷凝水处理的推荐方法

冷凝水来源	处理方法	冷凝水来源	处理方法
间歇或连续蒸煮放汽	蒸汽汽提	Ⅳ～Ⅴ效冷凝水	空气或蒸汽汽提
间歇蒸煮喷放热污水	空气汽提	一级表面冷凝器冷凝水	空气汽提
Ⅱ～Ⅲ效冷凝水	直接利用	表面冷凝器低温冷凝水和真空泵喷射冷却水	蒸汽汽提
预热器及Ⅰ效冷凝水	回收利用		

我国在试验室条件下对硫酸盐法木浆蒸煮及蒸发冷凝水的分析与蒸汽汽提效果列于表 1-2-26。工厂各部门的污冷凝水量和 BOD 的分布参见表 1-2-27[7]。污冷凝水汽提工艺流程见图 1-2-13[9]。

除汽提法外，也可采用厌氧法处理污冷凝水。日本一家制浆厂建立了厌氧消化罐处理污冷凝水。在进水 COD 浓度 2740mg/L、容积负荷 3kgCOD/(m^3·d) 和水力停留时间不到 2 天的条件下，COD 去除率可达 75.3%。

表 1-2-26 试验室条件下污冷凝水的蒸汽汽提效果

项目	硫化物	挥发酚①	COD	BOD	甲醇	乙醇	丙酮
原水含量/(mg/L)②	33.6	62.0	3282	1310	809	16.5	8.8
汽提后含量/(mg/L)②	0.71	16.3	637	110	0	0	0
去除率/%	97.9	73.7	80.6	91.6	100	100	100

① 提高用汽量，挥发酚去除率可达 94.66%。

② 原水 pH 值为 10.3. 电导率为 295μS/cm；汽提后 pH 值为 10.3～10.5，电导率为 295～330μS/cm。

表 1-2-27 工厂各部门的冷凝水量（以 1t 浆计）和 BOD 的分布

蒸发	系统中 BOD 分配			
	洗浆	5%	冷凝水处理	40%
	苛化	55%		
	冷凝水分送			
	洗浆	3.8t/t	冷凝水处理	0.5t/t
	苛化	3.7t/t		
苛化	系统中 BOD 分配			
	蒸煮器(白液)	40%	地沟	10%
	大气	50%		
蒸煮	在间歇蒸煮器中生成的挥发性 BOD 分配			
	洗涤(和黑液一起)	50%	冷凝水处理	50%
	连续蒸煮器中生成的挥发性 BOD 分配			
	洗涤(和浆一起)	70%	冷凝水处理	30%
	冷凝水处理量			
	间歇蒸煮器	1.2t/t	连续蒸煮器	0.4t/t
洗涤	最后一段喷淋水中 BOD 分配			
	蒸发站	40%	浆(最后排入地沟)	40%
	大气	20%	假定浆中 BOD 的洗涤效率为	98%

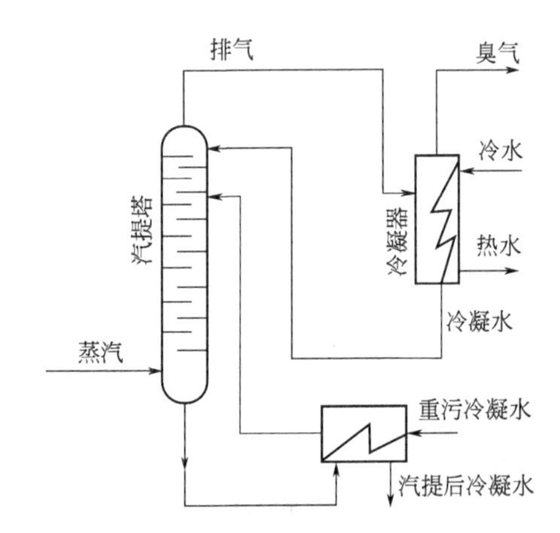

图 1-2-13 污冷凝水汽提工艺流程

由于汽提污冷凝水需要消耗大量动力与蒸汽，汽提设备的投资也比较大，故现在污冷凝水的发展方向有两点：一是改进生产工艺，减轻蒸煮和蒸发产生污冷凝水的污染负荷；二是充分利用蒸发器和表面冷凝器的内部结构进行污冷凝水“自汽提”，尽量减少送往汽提塔的污冷凝水量。

6. 洗涤-筛浆系统用水的封闭循环

开放的筛浆系统 1t 浆耗水量可达 50～100m^3。如洗浆系统也基本是开放的（国内某些中、小型草浆厂即是如此），耗水量还可能加倍。为减少可回收的化学品和有机物的流失，并为进一步净化废水减少投资，对洗涤-筛浆系统用水进行封闭循环十分必要。应注意洗涤-筛浆系统用水封闭将给前后工序（洗涤和漂白）都增加负担，所以在采取封闭措施的同时必须考虑增强洗浆能力。表 1-2-28～表 1-2-30[7] 表示出采取封闭筛浆后的效果、对洗涤的影响（以浆料带入漂白工序的 Na_2SO_4 量表示）以及总的经济效果等。

7. 控制事故排放和跑、冒、滴、漏

为控制各类可避免的排放，应采取如下措施：①建立缓冲槽，收集溢冒；②建立集水井，回收溢冒至缓冲或回收系统；③创造条件在受控制条件下空出主要设备；④建立责任

表 1-2-28 开放与封闭的筛浆系统排放污染比较参数

参数	开放系统	封闭系统	参数	开放系统	封闭系统
排水量①/m^3	50～100	0～8	色度(稀释倍数)	30～50	10～20
$BOD_7$①/kg	10	5	SS①/kg	5～10	0

① 按 1t 浆计。

表 1-2-29 开放与封闭系统带入浆料的黑液固形物（以 Na_2SO_4 计）

本色浆洗涤段数	筛浆用水量/(m^3/t)	筛浆后洗涤段数	带至漂白的 Na_2SO_4/(kg/t)	本色浆洗涤段数	筛浆用水量/(m^3/t)	筛浆后洗涤段数	带至漂白的 Na_2SO_4/(kg/t)
3	60	—	9.5	3	封闭	1	14.0
3	30	—	14.0	3	封闭	2	9.5
4	30	—	9.5	4	封闭	1	9.5

表 1-2-30 采用封闭筛浆系统节约的资金

项目	物料	年金额/美元	项目	物料	年金额/美元
节约	纤维	39000	费用	漂白化学品	85700
	化学品	42000		设备	24500
	有机物	23000		小计②	110200
	水处理	86000	净节约①－②		79800
	小计①	190000			

制，防止阀门、管线渗漏及网面破损等；⑤进行合理的生产调度，避免出现打破生产平衡的局面；⑥建立严格的监督、监测系统。

8. 黑液以及白泥的综合利用可能途径

黑液中的多种有机质，从理论上考虑经进一步加工后可有多种综合利用可能，但尚无成功实例。表 1-2-31 给出碱法/硫酸盐法制浆黑液的各种综合利用可能途径；但未经过生产验证其可行性以前，切勿匆忙上马。

表 1-2-31 黑液综合利用可能途径

产品名称	加工方法	用途
硫酸盐皂	木浆黑液半浓缩后静置，硫酸盐皂即漂浮于液面，1t 浆回收量为 45～135kg	进一步加工制取塔罗油
塔罗油	硫酸盐皂酸化后得油状松香酸及树脂酸，称塔罗油，用蒸馏法精制，可得松香、树脂酸、塔罗油、沥青等	做有机溶剂或其他化工原料
松节油	硫酸盐法木浆蒸煮放汽时，低沸点有机化合物逸出，主要是松节油，其产量在蒸煮杉木时为 1.4～1.5kg/t 浆，松木为 12kg/t 浆	精制做有机溶剂等化工原料
胡敏酸铵	黑液加硫酸在 50～60℃、pH1～2 下，木素沉淀，干燥粉碎后通入氨气，在 pH7 下即得胡敏酸铵	是土壤中腐殖酸的主要成分，可做化肥
二甲亚砜(CH_3SOCH_3)	利用黑液木素的甲氧基，在碱性条件下与硫化物离子反应，生成甲基硫醇离子，然后再分裂甲氧基生成二甲硫醚，再与氧化剂反应即得	优良有机溶剂，用于合成纤维的聚合及纺丝溶剂等
碱木素	在酸性条件下使木素沉淀分离，即得碱木素	进一步加工可代替部分酚醛树脂做黏合剂，以及做水泥减水剂、助磨剂、矿山浮选剂等

木浆大厂碱回收后产生的白泥，传统处理方式均为经灼烧后回收石灰再用，形成良性循环；但草浆由于黑液含硅高，影响白泥回收，多弃去不用，形成一害。已有利用白泥做建筑浆材以及烧制水泥的成功经验，例如国内某些造纸厂利用碱回收白泥以湿法回转窑做制造水泥的原料已有多年历史，尽管略有亏损，但消除了白泥堆置的危害；还有部分造纸厂利用白泥制造轻质碳酸钙，可在本厂用为造纸填料，形成良性循环。

9. 连续苛化工艺

连续苛化新工艺（其工艺流程见图 1-2-8）是在原工艺的基础上改进而成的。主要包括：将三台串联苛化器改为一台分为三室的立式苛化器；将绿液槽与绿液澄清器合并为绿液澄清贮存槽；用带式过滤机代替白液澄清器和白泥洗涤器等。改进之后，过程更简单，另外带式过滤机也较适合处理草浆厂含硅量高、难以澄清的白液。

10. 碱法/硫酸盐蒸煮废液的其他综合利用途径——分离木素

要使可溶性碱木素从黑液中分离出来，简单的方法是用烟道气中的 CO_2，或加盐酸、硫酸中和，使木素脱去钠，再次成为不溶性物质。理论上，CO_2 仅能析出 75%木素，而其余 25%必须用强酸方能沉淀。实际上，用 CO_2 沉淀仅能得到 30%～50%的木素。

用 CO_2 沉淀木素时，净化后烟道气中 CO_2 浓度应大于 8%。在 60℃黑液中通烟道气 3h，终点 pH 值为 9.2（采用孔板塔吸收）；然后黑液在 70～80℃条件下保温 8h，分出上部黑液，沉淀物约为 20%。1L12 °Bé黑液可得 15g 左右的碱木素。

用硫酸或盐酸沉淀木素，40℃、10%固形物的硫酸盐黑液，加 10%的硫酸，调节黑液 pH 值至 4.5；加酸后黑液升温至 60℃，保温 4～5h 或过夜，使木素细粒聚集澄清；用离心机过滤木素，水洗 4 次以上，最后洗涤水 pH 值为 5.0；滤饼经自然日光干燥，即为风干木素成品。1t 浆黑液可制得（267±6.6）kg 风干木素，制木素后黑液 BOD 去除率 20%；制 1kg 风干木素需 1.1kg 硫酸。

我国曾多次进行了碱法/硫酸盐法废液中提取木素的研究，并在不同地点进行了生产性试验或投入生产；但长期的实践表明，酸析后的木素难以彻底分离和脱水，难以有稳定销路，而且分离木素后的废液仍有大量污染物需进一步处理，因此未能有效推广应用。

第四节 亚硫酸盐法制浆

一、生产工艺和污染物来源

20 世纪 50 年代以前，亚硫酸盐法制浆由于制浆得率较高，未漂浆白度较高且易于漂白，曾经是造纸行业的主要制浆工艺之一，但是由于能适用该制浆工艺的纤维原料有限，而且纸浆强度明显低于硫酸盐法浆，因此随着硫酸盐法制浆废液回收系统回收效率的提高，漂白工艺的不断改进，硫酸盐法制浆逐渐占据主导地位。

亚硫酸盐法主要的活性化学试剂是二氧化硫及其相应的盐基组成的酸式盐或正盐的水溶液。最初的亚硫酸盐法制浆，蒸煮中含有大量过剩的 SO_2，常用的盐基是钙、镁等，其起始 pH 值很低，所以人们习惯上把亚硫酸盐法称为“酸式制浆”。另外还有亚钠和亚铵法，蒸煮 pH 值最低也要在 7 以上，一般可达 9，以免腐蚀。理论上讲，从可溶性盐基的蒸煮废液（俗称红液）回收化学品和热能都具有可行性。但钠盐基红液回收过程工艺复杂、腐蚀严重；而铵盐基废液只能回收热能及 SO_2，铵则被分解；只有镁盐基废液回收实现工业化相对较容易。我国有关亚硫酸氢镁法苇浆红液的回收装置早已建成，但因燃炉运行明显亏损而停止运转，只利用了系统的废液提取与蒸发设备，浓缩红液做综合利用产品出售。钙盐基的红液则只能通过利用废液中溶解的有机物制造不同的化学产品，如酒精、酵母、黏合剂、香兰素等加以综合利用，以降低污染物排放。表 1-2-32[9] 列出了亚硫酸盐法红液的 BOD 和 COD 污染负荷。

表 1-2-32　我国亚硫酸盐法红液的 BOD 和 COD 的污染负荷量

纤维原材料	生产方法	纸浆得率/%	BOD/(kg/t 浆)	COD/(kg/t 浆)
白松	酸法	48～49	324	1555
杨木	酸法	50	335	1233
白松	亚硫酸氢镁法	50	190	1378
杨木	亚硫酸氢镁法	54～55	170	1106
桦木	亚硫酸氢镁法	50	271	1220

二、清洁生产与污染防治措施

与硫酸盐法制浆一样，亚硫酸盐法制浆清洁生产与污染防治的首要环节是红液的回收与利用，其可行措施如下。

(一) 回收化学品与热能

红液的化学品与热能回收，原理与硫酸盐法基本相同。提取出来的红液经蒸发浓缩后送入燃烧炉；但燃烧后转化出来的化学品并不像硫酸盐法那样在炉底部转化为熔融物，而是随烟气进入锅炉。把 MgO 从烟气中分离，消化成 $Mg(OH)_2$ 乳液，送吸收塔吸收烟气中的 SO_2，从而制提以 $Mg(HSO_3)_2$ 为主要成分的蒸煮液。

回收亚硫酸钠法及中性亚钠半化学浆法（NSSC）的红液，国际上有熔炼法、热解法、流化床燃烧法等。大多钠盐基亚硫酸红液使用类似硫酸盐法浓黑液的回收锅炉回收制浆化学品，即熔炼法。热解法是利用热解过程回收钠盐基亚硫酸红液，最终产品是 Na_2CO_3 和 SO_2。红液中的钠盐在连续反应中首先转化为碳酸钠，硫化物转化为硫化氢。第二步反应是气体从干粉中分离后燃烧，H_2S 转化为 SO_2。分离后的干粉用水沥滤，干粉中的炭粒经滤出后回送至热解反应器。碳酸钠溶液则用于吸收 SO_2，成为蒸煮液。

流化床燃烧法主要用于控制中性亚钠半化学浆废液的污染。该法可使红液中的有机物最后转化为 CO_2 和水的无硫混合物，而其中的无机物为硫酸钠和碳酸钠的混合物，可供硫酸盐浆厂燃烧黑液再生蒸煮液所需补加的化学药品。

(二) 酸法蒸煮红液的综合利用

如前所述，酸法蒸煮废液也可如碱法/硫酸盐法蒸煮废液那样进行化学品及热能回收；但由于酸法废液腐蚀性强、热值低、化学品价格低廉，因此投资高而效益差。处置这些具有高度污染的废液，主要依靠废液的综合利用，国内国外均如此。酸法废液中含有大量木素磺酸盐及多糖类物质，可以用以加工制造多种产品：利用木素磺酸的分散性、黏结性、螯合性、高分子电解质和酚类等特性制造木素产品，如木素磺酸钙、铁铬木素磺酸、木素磺酸钠、木素磺酸镁等；经过生化处理利用其糖分制造发酵产品，如乙醇、酵母等；利用废液提取化学药品如香草素等。以木浆为例，酸法蒸煮废液中的组分参见表 1-2-33。

表 1-2-33　亚硫酸盐蒸煮废液的组成（对固形物）　　单位：%

组成	阔木材	针叶材	组成	阔木材	针叶材
木素磺酸盐	46	54	糖衍生物①	22	22
己糖	5	14	挥发性有机物②	11	3
戊糖	14	5	无机物	2	2

① 糖磺酸盐、糖醛酸盐等。

② 醋酸盐、甲酸盐、糖醛等。

1. 生产黏合剂等木素综合利用产品

方法1：将废液蒸发至50%左右固形物出售；或进一步喷雾干燥（干度95%）。粉状产品含55%左右木素磺酸盐、30%左右碳水化合物和15%左右无机物。除钙镁盐酸法废液外，钠基废液也可用此法生产综合利用产品。

方法2：废液先经发酵生产酵母（利用废液中糖类和挥发酸类），分离出33%浓度的湿酵母，然后将废液蒸浓、喷雾干燥。所得产品含75%左右木素磺酸盐、5%碳水化合物和20%无机物。

方法3：用超滤法分离低分子有机物和无机盐，将增浓至30%的高分子有机物溶液喷雾干燥，得95%干度的粉末，其成分为85%木素磺酸盐、10%碳水化合物和5%无机物。

2. 生产酵母

制浆废液中均含有糖类和糖尾酸类。针叶木浆废液中含六碳糖较多，阔叶木和草类废液中含五碳糖较多。六碳糖主要是半乳糖、葡萄糖、甘露蜜糖；五碳糖主要有木糖和阿拉伯糖。

六碳糖经发酵可生产酒精和二氧化碳气体；五碳糖可以生产酵母，还可以生产酒精。

碱性废液中糖类已被氧化，不能制酵母，且碱性废液常具有毒性物质。以亚硫酸盐废液制造酵母已有很长历史，在我国石砚、江门等地有工厂采用此法生产。

生产酵母使用丝状菌种或球状菌种。生产车间安置在制浆和蒸发之间。

一个年产65000t浆的亚硫酸法厂，可年产7500t酵母[7]。我国的一套用亚硫酸废液生产酵母的装置，所用酵母菌种是Candida Tropiculus CK-4。年产干酵母粉1300t以上，成本约1200元/t，是药用酵母片的原料，并可用作高级精饲料。

经过增殖酵母，废液中低分子可溶性有机物大都转化为酵母，废液中BOD可降低85%，这种废液仍含有少量营养成分，可稀释用以农灌，有一定肥效。

3. 生产酒精

利用废液中已糖生产酒精，一般面包酵母 *Saccharomy cescerevisiae* Hansen可用作菌种，在石砚、开山屯、广州等地工厂已有实例[7]。我国筛选获得的菌种 *Canadida shchatac* R.，可以利用戊糖、已糖同步发酵生产酒精。

西方国家每年利用造纸废液生产酒精约为100000t，我国每年利用亚硫酸钙木浆废液生产酒精9000t以上。

4. 应用于石油工业

（1）稠油降黏剂　黑液中含有碱、腐殖酸、硅化物及表面活性物质，为其用于稠油的乳化提供了可能。实验证实，黑液中的NaOH含量直接影响乳化的效果，以麦秆、芦苇、棉秆三种原料的黑液作降黏实验，发现pH值为12.4的麦秆黑液正处于产生最低界面张力的pH值范围（11.5～12.5），而且麦秆黑液含有较高的腐殖酸和硅化物，因此稠油乳化效果最佳。

（2）高温调剖剂　在蒸汽采油中，由于地层的不均质，易造成蒸汽驱扫效率降低。为了调整地层的蒸汽注入剖面，可以采用高温调剖剂封堵高渗透层。黑液碱木素上的酚型结构基团能与甲醛反应，生成类似酚醛树脂的产物，依据这一原理可作高温调剖剂。

把黑液直接与甲醛等按一定比例复配，在交结剂作用下，于180～300℃，成胶时间5～70h且可控。高温岩心模拟试验可知，岩心渗透率降低96%以上，蒸汽突破压力4.5MPa，并且具有易泵入，热稳定性好等特点。

（3）双效堵水剂　当黑液pH值低于4时，木素即沉淀析出生成具有很强吸附性的凝胶状物，此沉淀物的封堵作用和黑液易起泡沫所产生的Jamin效应，可改变非均质地层中的渗透规律，起到良好的堵水效果，故称双效堵水剂。

双液法岩心模拟试验表明，堵水率可达98%以上，突破压力大于4.0MPa，碱性条件下可解堵。

5. 生产香兰素

香兰素又名香草素或香草醛，为白色或微黄色晶体，是一种重要的香料原料，广泛用作食物添加剂起增香调香作用。$1m^3$ 红液（相对密度1.05～1.06）可生产3～5kg的香兰素。以红液为原料生产香兰素，是利用其中木素磺酸盐，因此利用生产酒精或酵母的废液生产香兰素更具有综合利用的意义。用红液生产香兰素，工艺过程为：红液预处理→碱性氧化→萃取。首先，将木素磺酸盐在碱性条件下通入空气氧化，再经水解制得反应液。经测试，其中香兰素含量达到5～7.8g/L，再经过丁醇或苯萃取、精制得到成品，其熔点为81～82℃。

（三）亚铵法制浆废液灌溉或做黏合剂

我国亚铵法制浆多为小型草浆厂，废液成分如表1-2-34所列，氮、磷、钾元素齐全，用于灌溉增产效果明显。在山东泰安地区试验结果表明，施用亚铵蒸煮废液的作物比对照组增产30%～60%。但由于尚未克服农灌季节性与制浆生产常年性的矛盾，需要庞大的废液贮存及运输设施，限制了废浆灌溉的应用。但据报道，有的亚铵浆厂结合当地的有利条件，供附近工厂做黏合剂，已有实效。

表1-2-34　亚铵法蒸煮原废液的组分含量表

原废液养分含量	山东某纸厂	河南某纸厂	北京某纸厂	四川某纸厂	四川某研究所
	麦草原废液	棉秆原废液	稻草原废液	蔗渣原废液	龙须草原废液
pH值	6.84～7.02	7.22～8.75	7.2～8.2	—	7.8
残余亚铵/%	1.08～1.49	1.60～2.81	1.02	—	—
固形物/%	14.31～16.41	13.81～13.94	13.91～15.20	13.0	12.66
相对密度(25～33℃)	1.070～1.075	1.053～1.058	1.056～1.072	1.052	1.054
灰分/%	1.18～1.32	1.00～1.28	1.72	0.31	0.44
活性有机碳/%	5.08～5.93	3.46～3.87	4.96	—	—
全氮量/%	1.24～1.55	1.37～1.64	1.25～1.40	1.87	1.35
铵态氮量/%	1.01～1.28	1.08～1.19	1.00～1.14	1.01	0.82
全磷量/(mg/L)	23.7～43.6	87.7～96.7	73.5～81.5	74.0	—
全钾量/%	0.492～0.572	0.384～0.396	0.505～0.581	—	—

（四）亚铵法制浆废液做饲料

利用亚铵制浆废液做饲料已研究多年，以亚铵废液为主要原料，加上科学的生物技术处理，生产出优质高效的牛羊饲料，在某种程度上可替代豆饼和玉米。实验表明，在同一喂养周期内可提高肉的质量和喂养效率10%。

（五）酸法浆厂的污冷凝液处理

酸法浆厂的污冷凝液污染负荷约30kgBOD_7/t浆，主要成分是醋酸，其次是甲醇和糠醛，如表1-2-35所列。

降低酸法厂蒸发污冷凝液污染的措施如下。

1. 蒸发前中和

研究发现，污冷凝液中污染物的发生量与红液的pH值密切相关，当废液pH值达8～9

表 1-2-35 亚硫酸盐法制浆中生成的有机物及相应的 BOD_7 分布（以 1t 浆计）单位：kg

污染物名称	形成总值		相应的 BOD_7 总量		污冷凝液中含量	
	溶解浆	纸浆	溶解浆	纸浆	溶解浆	纸浆
醋酸	45	35	38	29	28	19
甲醇	9	7	11	19	10.5	8.5
糠醛	6	2	6	2	5.5	2
蚁酸	0.9	—	0.04	—	0.01	—
总计	60.9	44	55.04	40	44.01	29.5

时，生成的糠醛还可能分解，pH 值高时醋酸形成盐，挥发性大大降低，因此红液蒸发前中和，是一项便宜而有效的降低蒸发污冷凝液的方法。

中和稀红液增加了红液中无机物含量，降低了红液的热值，并在某些方面改变了红液的性质。为了补偿热值损失，还需要添加一些燃料油，以达到稳定燃烧的条件，也需要改造一些设备，但这都会增加运转费用。

2. 冷凝液的汽提

汽提塔法也可以用于处理硫酸盐浆厂的冷凝液，尤其是当红液生产酒精时，甲醇和糠醛在酒精蒸馏前可完全吹出。

3. 冷凝液的重复利用

蒸煮液制备和红液洗涤都可利用部分冷凝液，蒸煮液制备用 2～3m^3（以 1t 浆计），最后一段红液洗涤用 2m^3（以 1t 浆计）。冷凝液重复用于蒸煮或洗涤时，甲醇和糠醛并未被有效去除，而在循环中累积。大部分甲醇可能会离开循环系统转入大气，造成空气污染。但此类污染危害较小。

第五节 化学浆漂白

一、生产工艺与污染物来源

由于漂白的“对象”主要是残留在浆中的木素以及通过漂白反应产生溶于废水的其他有机化合物，因此漂白废水的污染物发生量较大。一个生产硫酸盐法浆的工厂，在充分进行黑液回收的条件下，漂白污水的 BOD_7 排放量可占全厂所排 BOD_7 的一半以上，参见表 1-2-36[7]。

表 1-2-36 针叶木硫酸盐制浆厂各部排水污染物含量

污染物发生源	BOD_7		色度(稀释倍数)
	kg/t	%	
蒸煮-洗涤-筛选	4	16.0	10
污冷凝水	3	8.0	—
漂白	16	64.0	175
跑、冒、滴、漏	3	12.0	15
合计	26	100	200

传统漂白工艺为 C—E—H，即先在 3%的浆液浓度和 30℃左右的温度下，在氯化塔中

使氯气与本色浆反应（C），部分木素直接变成可溶物，残留在纤维中的部分木素在氯化后的碱处理和氧化漂白中也变得易于降解。氯化反应时间一般在 1h 左右。氯化后的浆料进行洗涤脱水将反应生成的部分木素降解产物分离出去。氯化并洗涤的纸浆进行碱处理（E），可使终漂纸浆有较高的白度。一般可在浓度 6%左右、温度 20～60℃条件下，在降流塔中加碱 0.25%～0.5%（对浆）处理 1h 左右。碱处理后的纸浆经洗涤、脱水后以次氯酸盐漂液（H）进行终漂。亚硫酸盐以及硫酸盐木浆在漂白过程中发生的污染物分别列于表 1-2-37[7]（以 1t 浆计）及表 1-2-39（以 1t 漂浆计）。由表可见，漂白过程发生的污染负荷主要来自漂白的头两段，即 C 段和 E_1 段。表 1-2-38[7]中的有机氯是指与有机物化合的总氯量，以 Cl 表示。

表 1-2-37　漂白亚硫酸盐针叶木浆各段排水的 BOD_7 及色度

漂白段	造纸用浆		人造丝浆	
	BOD_7/(kg/t)	色度(稀释倍数)	BOD_7/(kg/t)	色度(稀释倍数)
C 段	6	25	2	25
E 段	6	45	26	45
H 段	2	5	2	5

表 1-2-38　硫酸盐浆漂白各段排水的污染分布

类别		BOD_7/(kg/t)	COD/(kg/t)	色度(稀释倍数)	有机氯/(kg/t)	类别		BOD_7/(kg/t)	COD/(kg/t)	色度(稀释倍数)	有机氯/(kg/t)
针叶木浆(卡伯值35,漂白程序 CEHDED)	污染负荷 C 段	6	15	20	6	阔叶木浆(卡伯值20,漂白程序 CEHDED)	污染负荷 C 段	4	13	10	25
	E_1 段	5	50	140	3		E_1 段	4	20	50	1
	全程	16	85	175	13		全程	14	60	70	4

二、清洁生产与污染防治措施

(一) 推广低污染漂白技术

尽管国内外制浆造纸工业界出于成本考虑对漂白废水中的有机氯化物的毒性影响做出了种种辩解和反驳，但是舆论压力和环保部门的政策措施仍然迫使漂白硫酸盐浆厂在改进漂白技术上做出很大努力，以期能减少废水中所含的氯化有机物[13]。

从表 1-2-39[9]可见，漂白方法对可吸附有机卤化物（AOX）的排放有很大影响。采用无元素氯（element chlorine free，ECF）漂白和全无氯（total chlorine free，TCF）漂白技术，是杜绝产生含氯废水污染源，使漂白工段实现清洁生产，减少和消灭漂白废水污染的根本道路。

表 1-2-39　漂白方法对白度和 AOX 排放的影响

漂白剂		白度(ISO)/%	AOX/(kg/t 浆)
使用元素氯		90	3～4
ECF	使用 O_2、ClO_2 和 H_2O_2	90	0.25～0.5
TCF	使用 H_2O_2	70～86	<0.10
	使用 H_2O_2 和 O_3	85～90	<0.10

1. 二氧化氯漂白

二氧化氯是无元素氯漂白的基本漂剂。不同于元素氯，它具有很强的氧化能力，是一种高效的漂白剂。在漂白过程中能选择性的氧化木素和色素，而对纤维素没有或很少有损伤。漂后纸浆白度高，返黄少，浆的强度好。

早在20世纪50年代，国际上即将二氧化氯引入实际生产。尽管二氧化氯的使用成本要高于氯气，但由于二氧化氯漂白可改进纸浆白度和强度并减少纸的返黄，而且可提高漂浆得率，因此逐步推广开来。尤其是当有机氯化物在漂白过程产生并被排放的现象被确认后，形成所谓无元素氯漂白工艺（ECF），即以100%的二氧化氯取代氯气和次氯酸盐漂剂，可显著减少毒性物质二噁英的产生。据报道，以二氧化氯取代部分氯气时，先加入二氧化氯会更加有效地脱除木素而减少毒性物质二呋喃（TCDF）的产生。二氧化氯漂白流程见图1-2-14[14]。

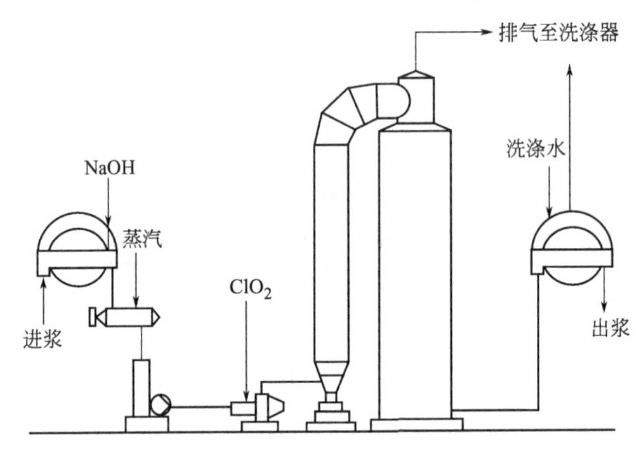

图1-2-14 二氧化氯漂白流程

2. 氧气漂白

氧气漂白是纸浆在碱性条件下，以镁盐做保护剂，在适当的浆浓度与压力等条件下用氧气脱除木素进行漂白的方法。它可从蒸煮后的纸浆中除去1/3～1/2左右的残留木素。同时十分重要的特点是氧漂废液可以送入碱回收系统，从而减少了随后漂白排放废液中近50%的有机负荷，尤其是COD负荷。尽管氧气漂白段的建设投资较高，但一个氧漂段可取代两个常规漂白段，从而可克服其建设费用高的缺点，同时还可减少漂白排放废液的处理费用。

氧脱木素的工艺流程分为高浓度氧脱木素和中浓度氧脱木素。图1-2-15[8]和图1-2-16[14]分别为高浓度氧脱木素和中浓度氧脱木素的生产流程。与高浓度氧脱木素相比，中浓度氧脱木素投资较少，浆料的处理比较容易，设备腐蚀少，浆料没有在氧气中燃烧的危险。

3. 过氧化氢漂白

过氧化氢在脱木素、提高白度和改善白度稳定度方面都有明显效果。过氧化氢与木素的反应主要是与木素侧链上的羰基和双键反应，使其氧化、改变结构或使侧链破碎。在ClO_2被广泛用于漂白纸浆之后，ClO_2与H_2O_2的配合使用得到一定的发展。H_2O_2漂白前一段用ClO_2代替次氯酸盐可减少浆料的降解作用，有较好的脱木素作用和漂白效果。图1-2-17[14]为H_2O_2单段漂白流程。

某厂已安装了两台国产EOP型碱性H_2O_2及O_2发生器，发生器能力550kgH_2O_2/(d·台)。建设费约205万元，用以对原来的CEH漂白改为CEPH漂白，对提高浆料质量及减

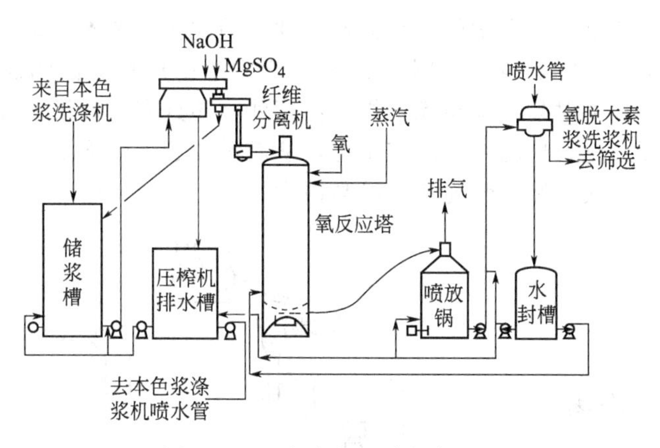

图 1-2-15　高浓度氧脱木素流程

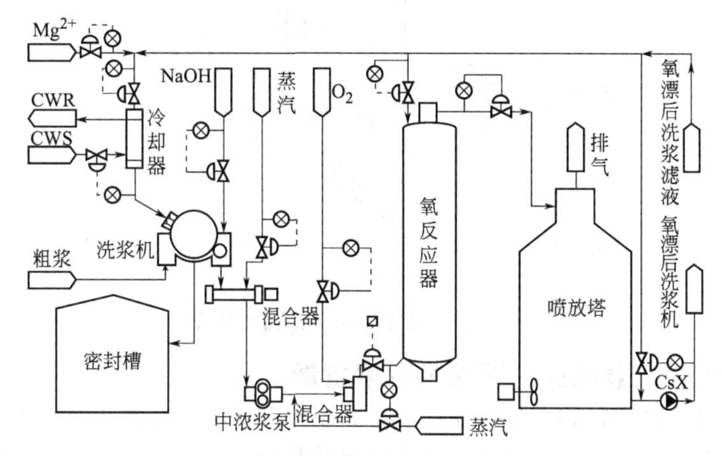

图 1-2-16　中浓度氧脱木素流程

CWR—冷却水供水管；CWS—冷却水回水管

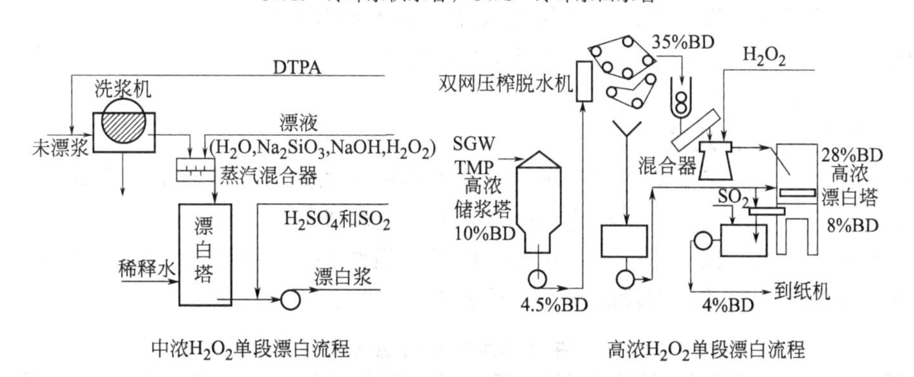

图 1-2-17　H_2O_2 单段漂白流程

少污染的排放效果明显。在 E 段投加 2% NaOH 条件下，添加 0.8% H_2O_2 形成 Ep 型，可使 H 型的有效氯投加量由 5.22%降到 1.35%，白度由 77.4%提高至 81.3%，漂白浆的强度损失明显减少，而漂白废水污染物排放浓度 COD 由 1998mg/L 降至 1488mg/L，氯化物由 1016mg/L 降至 673mg/L，说明污染物的排放也明显减少。

4. 臭氧漂白

臭氧作为非氯漂白剂的一种，是应环保要求而发展起来的，在适当条件下也能提高纸浆强度。但由于臭氧对纤维素与木素的氧化无选择性，因此在破坏木素结构的同时，也使纸浆黏度下降，但对成纸强度影响较小。图 1-2-18[14] 为中浓度臭氧漂白的流程。臭氧漂白对机械浆更为有利，在常温下对某些浆料除了提高白度外，还具有对纤维表面改性的作用，促进了纤维的润胀和细纤维化，提高纤维的亲水性，从而增加了纸张强度。一般用臭氧漂白多采用与其他漂剂组合的方式，使纸浆能达到较高白度。

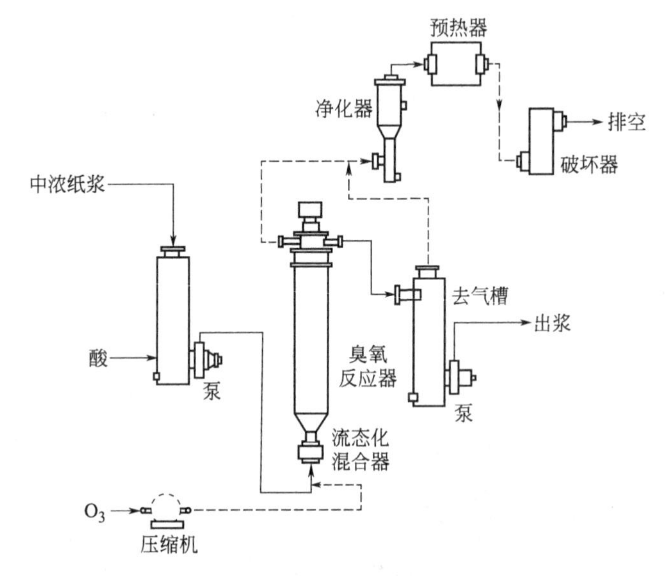

图 1-2-18 中浓度臭氧漂白的流程

(二) 采用延时蒸煮减少未漂浆的木素含量

为了进一步减少漂白过程毒性物质的发生，现已开始考虑从源头减少进入漂白工序的木素含量。采用延时蒸煮工艺，即在常规蒸煮曲线的基础上，适当延长在最高蒸煮温度下的保温时间，最终由于浆中木素含量少而减少了氯化木素类物质的生成与排放。据报道，在采取延时蒸煮的条件下再经氧气漂白，可使进入漂白的木素含量减少 40%～50%。但是控制不当则可能导致浆中的碳水化合物（半纤维素）的降解，从而降低浆的得率。对此须根据企业的具体情况加以分析。

(三) 漂白废水的处理

漂白废水中含有的氯化木素等有机物是难以用传统的好氧法生化处理的废水。据报道，已经过中试或生产规模试验的物理化学处理并取得显著成效的方法有以下两种。

(1) 离子交换法 Billerud-Uddcholms 离子交换法是一种离子交换和吸附相结合的方法，可以处理氯化段和碱处理段的废水。见表 1-2-40[7]。

表 1-2-40 用离子交换法处理 E_1 段和 C 段废水的效果

项 目	降低率/%		项 目	降低率/%	
	E_1 段污水	C 段污水		E_1 段污水	C 段污水
色度	90	65	有机物	50～60	65
BOD_7	20～50	0	氧化物	10	10
COD	60～70	50			

E_1 段废水吸附剂是酚醛型弱阴离子树脂，吸附最佳 pH 值是 3～4。树脂饱和时，用碱液洗提，洗提液送去烧掉。洗提后树脂可用酸再生，或用 C 段废水再生。

(2) 石灰法处理 E_1 段废水 瑞典 Skutskar 硫酸盐浆厂进行了这种方法的生产规模试验，E_1 段废水的设计能力为处理 $10m^3/t$。制浆原料是桦木，漂白浆产量为 300t/d。处理效果见表 1-2-41[7]。

表 1-2-41 石灰法处理桦木硫酸盐浆漂白废水的效果

E_1 段污水负荷	$5m^3$(1t 白泥)	E_1 段污水负荷	$5m^3$(1t 白泥)
色度降低率	90%	有机氯降低率	75%
COD 降低率	60%	无机氯降低率	0%
BOD_7 降低率	20%		

从白泥过滤机来的白泥与 E_1 段污水在泥浆槽中混合，然后经一台过滤机脱水。脱水后已吸着有机物的白泥在石灰窑中燃烧，石灰再用于苛化。泥浆槽中需补充约 50%的石灰。

石灰法的关键是需要有足够量的石灰。

(四) 漂白废水的循环回用

一般可采用以下 4 种封闭方法。

方法 1：酸性和碱性洗涤水分别回用，氯化段不封闭。

方法 2：酸性和碱性洗涤水分别回用，氯化段封闭（即将氯化段洗涤水回用作为氯化前的稀释水）。

方法 3：完全逆流洗，氯化段不封闭。

方法 4：完全逆流洗，封闭氯化段。

表 1-2-42 是采用 CEHDED 六段漂白和 CEHD 四段漂白按上述四种方法封闭后所排废水量的比较。

从表 1-2-42[7] 可以看出封闭氯化段（方法 2 和方法 4）能获得更好的效果。但这时在氯化段的洗浆机上会产生泡沫，带来了降低生产能力和严重腐蚀问题。另外，封闭程度高对浆的质量有影响，化学药品的用量也增加，如从不封闭到全封闭，当洗浆效率为 95%，CE 段后的卡伯值保持 6.5 不变时，氢氧化钠用量将增加 15kg（以 1t 绝干浆计）。

表 1-2-42 四种封闭方法排出的污水量（以 1t 风干漂白浆计） 单位：m^3

漂白程序	不同封闭方法的排水量			
	1	2	3	4
CEHDED	38	20	31	13
CEHD	37	19	30	12

第六节 半化学浆、化学机械浆及机械浆

一、生产工艺和污染物来源

一般常规化学浆的得率在 45%～55%之间。为了节约原料，在适当的应用条件下可采用少用或不用化学药品，加大机械处理力度（打浆或磨浆）的工艺，制造半化学浆、化学机械浆或机械浆。半化学浆一般采用常规的蒸煮药剂，但减少了用量并使用较温和的蒸煮条件，粗浆得率可在 65%～80%之间。化学机械浆一般是在机械磨浆的过程中或之前施加少量木素脱除剂，以有助于磨浆过程纤维的分离，有时还施加碱性或中性 H_2O_2 进行漂白以改

进成浆白度，得率一般为80%～90%。机械浆依靠磨石磨木机或盘磨机在一定温度下将原料分离成纤维，得率可达93%～98%。

化学机械浆（化机浆）及半化浆生产中，由于添加了化学药品，将导致蒸煮得率的降低。化学机械浆/半化浆的得率与BOD、COD的相关性呈直线关系。

机械浆的漂白多采用保护木素的漂白法，即以改变着色物质的功能基团性质而不大量破坏有机物的方法为主，因此溶出的污染物较少，但仍有一定的污染。采用的漂白剂主要为连二亚硫酸盐或过氧化氢。

有的工厂用磨石磨木机生产白杨木浆，在磨浆过程中添加少量碱性亚钠，可提高纸浆强度、改善质量，但相应增加了污染负荷。经测定，喷碱性亚钠后木浆的BOD产生量（以1t浆计）达67.4kg、COD达99kg。

二、清洁生产与污染防治措施

1. 用水系统封闭循环

生产机械浆和化学机械浆的制浆厂，可以采取制浆车间和造纸车间联合用水封闭循环系统，循环水中增多的溶解物质将会影响浆的质量，因此封闭程度要根据生产实际需要限定，并可考虑少量增加漂白剂等措施。

因为磨木浆尤其是热磨木浆的水温较高，封闭循环后可能导致循环水温的增高。特别是需要漂白处理时（最佳漂白温度为60℃），循环水应设间接冷却系统。

2. 化机浆的化学处理废液与化浆蒸煮废液交叉回收

化机浆/半化浆的蒸煮废液由于所用药品少，难以单独进行化学品与热能回收。对于大型硫酸盐浆厂，小型化机浆的废液可纳入其化学品回收系统进行交叉回收，但半化浆的规模要受到限制。

3. 化机浆/半化浆废液的厌氧消化

化机浆/半化浆废液中的污染物浓度远低于化学浆废液，因此难以进行化学品及热能回收。但是如直接以好氧法进行处理，不但投资大而且运行费高。因此早在20世纪70年代，国际上即致力于研究开发利用厌氧法处理此类废水的可行性并获得满意结果。表1-2-43为工厂规模厌氧反应器的设计参数，其COD、BOD去除率分别为50.4%和75%。

表1-2-43 工厂规模厌氧反应器（UASB）设计参数

参 数	数 值	参 数	数 值
废水流量/(m^3/d)	6300	需磷量/(kg/d)	65
进水COD/(kg/d)	127000	需氢氧化钠量/(kg/d)	1600
进水BOD/(kg/d)	50000	沼气产量/(m^3/d)	20000
反应器容机负荷/[kgCOD/(m^3·d)]	10	出水COD/(kg/d)	63000
需氮量/(kg/d)	320	出水BOD/(kg/d)	12500

利用稻草加石灰蒸煮生产半化浆，主要用以生产黄板纸及瓦楞纸芯。1995年我国石灰法半化浆产量达160余万吨，占全国自制浆总产量的14%以上。其蒸煮条件大体为：

石灰用量　10%左右（对原料）；

蒸煮时间　3～4h；

蒸煮最高压力　0.4～0.5MPa（4～5kgf/cm^2）；

成浆得率　60%～65%。

石灰草浆的废液是不可能回收的，但污染又相当严重，其污染物发生量（以 1t 浆计）约为：

BOD	150～250kg；	COD	400～700kg；
SS	60～100kg；	pH 值	9～11。

某纸板厂在小试的基础上进行了 $34m^3$ UASB（上流式厌氧污泥床）反应器加半软性填料的中试。加半软性填料的目的是进一步提高厌氧消化效果，称 UASFB 反应器。如表 1-2-44[15] 所列，石灰草浆废液进行预酸化效果明显，加入适量厌氧污泥则效果尤为显著。

表 1-2-44 石灰草浆废液预酸化效果

时间/h	试样 A				试样 B			
	pH 值	COD /(mg/L)	COD 去除率/%	挥发酸 /(mg/L)	pH 值	COD /(mg/L)	COD 去除率/%	挥发酸 /(mg/L)
0	8.4	22464		752.52	8.9	22464		752.52
4	6,3	21600	3.85	1106.4	7.4	22320	0.64	748.97
6	6.3	15300	31.80	1134.0	7.0	17244	23.25	884.91
16	6.0	14724	34.46	1363.4	6.5	16740	25.48	923.47
24	5.8	15784	29.73		6.1	17326	22.88	—

注：试样 A 为 4.5L 废液＋0.5L 污泥；试样 B 为 5.0L 废液不加污泥。

利用石灰草浆废液本身温度较高的条件，在 30℃温度下预酸化 24h，COD 可去除 30%左右，SS 也由 6000～10000mg/L 降至 2000～3000mg/L，去除率达 60%～70%，可减轻 SS 对厌氧反应器的干扰。

污泥浓度为 MLSS 60.69g/L，MLVSS 27.96g/L，MLVSS/MLSS=0.46。

该厂经长期运行检测，厌氧消化效果可归纳如下：

进水 COD 浓度 10000mg/L；水力停留时间 1.8d；反应器容积负荷 5.5kgCOD/(m^3·d)；COD 去除率 70%；沼气产气率 $0.45m^3$/kgCOD（去除）；甲烷含量（体积分数）60%。

第七节 废纸再生

一、概述

废纸回用、再生新的纸或纸板，能节约资源并减少污染。按生产 1t 纸或纸板平均大约需要 $3m^3$ 木材或 2t 非木材原料计，则每生产 100 万吨再生纸或纸板相当于节约木材约 300 万立方米或非木材原料 200 万吨。另外，废纸再生过程所发生的污染明显低于化学浆，甚至低于化学机械浆。世界部分国家废纸及纸板回用量见表 1-2-45[2]。

表 1-2-45 2006 年世界主要国家的废纸回用情况

国家	回收量/万吨	回收率/%	利用率/%	国家	回收量/万吨	回收率/%	利用率/%
美国	4699.7	51.9	37.5	意大利	600	51.3	55.7
日本	2306	73.1	61.2	加拿大	482	67.7	31.9
德国	1555	74.5	67.3	印度尼西亚	275	49.0	62.8
英国	802	64.9	74.4	墨西哥	261	39.0	85.7
韩国	746	86.3	81.0	印度	121	15.9	42.3
法国	695	63.7	60.0	中国	2262.5	34.3	65.0

目前我国对废纸的利用和处理技术已初见成效。到20世纪80年代，废纸的回收率已达25%左右，少数厂家亦能生产脱墨浆[16]。进入20世纪90年代后，一些大中型造纸企业先后从国外引进包括生产线在内的脱墨设备和技术，并对废纸脱墨剂和废纸脱墨设备进行了针对性改进和创新，使我国废纸利用处理技术和设备装配水平得以全面发展。表1-2-46[2]是近几年我国废纸回收情况。由表中数据可见，我国目前的废纸浆所占比重有所提高，但较大比例仍依靠进口废纸，一旦世界废纸价格暴涨或世界发生突发事件从而影响废纸的正常运输时，对中国造纸工业所产生的后果将十分严重。因此，废纸资源的回收利用，应引起我国政府及造纸企业的高度重视，从而加大废纸资源的开发利用。

表1-2-46 我国废纸回用情况

年份	纸和纸板产量/万吨	纸和纸板消费量/万吨	废纸回收量/万吨	废纸回收率/%	废纸浆用量/万吨	废纸浆利用率/%	废纸进口量/万吨
1995	2400	2650	825	31.1	810	33.8	90.1
2001	3200	3683	995	27.0	1310	44.0	624
2002	3780	4415	1331	30.2	1620	47.0	687
2003	4300	4806	1470	30.6	1920	49.1	938
2004	4950	5439	1651	30.4	2305	51.7	1230
2005	5600	5930	1809	31.5	2810	54.0	1703
2006	6500	6600	2263	34.3	3380	56.0	1962
2007	7350	7290	2765	37.9	4017	59.0	2256

二、生产工艺与污染物来源

废纸回收利用有两类加工方法，即机械处理法和化学机械处理法。机械法大部分不用化学药品，回收所得浆料用于生产包装用纸，如牛皮衬纸、纸板、瓦楞纸板芯等。所用废纸原料主要是不含机械浆的废纸，如瓦楞纸板箱、纸盒、旧书和账本等，但有时也使用含有机械浆的废纸，如新闻纸、杂志纸等。化学机械处理法即废纸脱墨工艺，常用原料为新闻纸、印刷纸和书写纸等。它们又可分为两大类：含墨木浆25%或以下的纸和含墨木浆大于25%（可达90%）的纸。为了便于废纸及纸板的分离成浆，尤其是分离各种彩印纸的油墨，常在机械处理或化学机械处理之前增加废纸蒸煮处理工艺。由于废纸种类以及再生的品种不同，废纸的加工工艺也各不相同，分别介绍如下。

1. 废纸蒸煮工艺

原始的废纸再生工艺，多采用蒸煮的方式，在加药、加温条件下离解废纸，工艺与操作都比较简单；但能耗大，制浆得率低而且污染相对较重。由于节能和环保的要求，国际上逐步以水力碎浆机取代了蒸煮。尽管水力碎浆机的功能也日益改进，但有时仍不能满意地处理着色废纸。因此采用蒸煮工艺处理着色废纸仍在应用。蒸煮工艺又可分为高温与低温两种。

（1）高温蒸煮　用于处理胶版纸、着色卡纸、铜版纸（画报、彩色广告、彩色商标）等。处理条件：

Na_2SO_3　1%～3%或 NaOH 3%；　Na_2CO_3　0.2%～0.43%；

液比　1∶1.5；　脱墨压力　0.3～0.4MPa；

脱墨时间　5～7h。

该工艺的优点是：对彩色油墨的脱除效果好，可提高着色废纸的配浆率；适应较多种类废纸；煮后浆料白度较高；纸浆柔软、疏松；耗电较少。缺点是：纸浆强度下降；排放污染负荷增加；纸浆得率下降；劳动强度较大；耗汽多。

（2）低温蒸煮　其蒸煮温度仅为高温法的一半左右，或采用热分散器进行处理。处理条件：

NaOH	0.5%；	Na_2CO_3	1.0%～2.03%；
蒸煮温度	70～100℃；	蒸煮处理时间	3h。

低温法处理胶印彩色废纸与高温法相比有以下改善：纸浆白度可达70%以上；排污负荷大大下降；纸浆得率提高4%～5%；耗汽减少。

国际上有用NaOH、Na_2CO_3和“超级发光剂”（Super light为商品名，特殊蒸煮剂），以低温法处理彩色印刷纸。由于超级发光剂除有脱色和漂白作用外，还可大幅度降低脱墨时的pH值，因此减少了排水的污染负荷，污水容易处理。

2. 机械处理工艺

废纸经破碎离解后，通过除渣器除去杂物即可送去造纸，用水量较少，水污染较轻。但如需要，也可增加上述蒸煮工艺，以充分离解废纸。

3. 脱墨处理工艺

首先用化学方法添加脱墨助剂，将废纸上的油墨溶解成松散的油墨粒子从而与纤维分离，再用洗涤法或气浮法将油墨粒子从浆中除去。

（1）洗涤脱墨工艺　脱墨在间歇式水力碎浆机中进行，同时加入必要的脱墨剂，再经高浓除渣器、压力筛进行除渣和筛选，然后进入两台串联的斜筛洗涤机进行洗涤、脱除油墨后，进漂白塔。此外，还有一种简化的流程，整个脱墨过程都在水力碎浆机中进行。

（2）浮选脱墨工艺　浮选脱墨工艺是利用采矿业浮选选矿的原理，即根据纸纤维、填料和油墨粒子等组分的可润湿性差异及利用颗粒不同的表面性能，憎水性的油墨粒子吸附在空气泡上，浮到浆面上除去，而亲水性的纸纤维则会留在水中（通常浓度在0.8%～1.3%），从而达到分离的目的。

在图1-2-19所示浮选脱墨工艺流程中的一次、二次浮选槽中进行脱墨。经净化后的废纸浆浓度稀释至0.8%～1.2%送入浮选机中并在浆中加入少量发泡剂。送入浮选机的空气使浆料产生气泡，而发泡剂又使泡沫凝聚不散，油墨和颜料粒子都吸附在泡沫上，浮集于浆料表层。不断刮去浮集的泡沫即可达到脱墨作用，浮选机浆料pH值应保持在9～9.2。

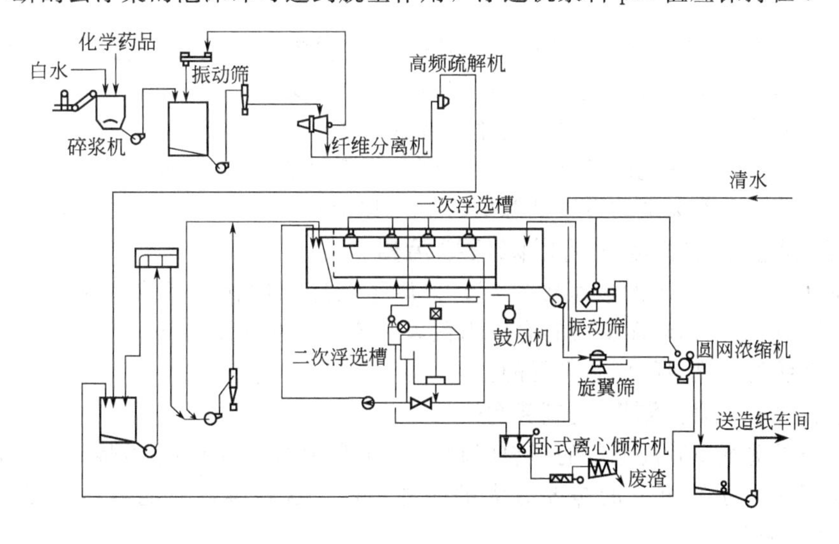

图1-2-19　浮选法脱墨流程

（3）脱墨剂　脱墨剂在脱墨过程中的作用至关重要。目前脱墨剂多达数百种，大体可分为碱性脱墨剂、酸类脱墨剂、胶质脱墨剂、油类脱墨剂、皂类脱墨剂等。在脱墨剂中还可添加脱墨助剂，以提高脱墨效果。

4. 水力碎浆机

废纸再生的主要设备是水力碎浆机，不论采用何种脱墨工艺，水力碎浆机都是必不可少的。该机类型甚多，卧式、立式、间歇、连续等型均有，根据生产实际加以选择。

5. 污染物发生量

废纸再生的污染物发生量远低于原料制浆，尤其是不进行高温蒸煮处理的废纸浆，污染负荷显著降低。相比之下，洗涤脱墨工艺的清水用量大，而且污染物发生量较大，参见表1-2-47[17]（瑞典资料）及表1-2-48（国内局部监测数据）。

表 1-2-47 不同处理方法的清水用量与 BOD_7、COD、TDS 排放量（瑞典资料）

二次纤维处理方法	清水用量/(m^3/t)	BOD_7/(kg/t)		COD/(kg/t)		TDS/(kg/t)
		总量	溶解性量	总量	溶解性量	
机械处理	10	15	15	40	40	
气浮脱墨	10	40	25	140	55	100
洗涤脱墨	90	50	30	190	65	100

表 1-2-48 脱墨废水排污量测定数据（国内局部监测数据）

测定项目 \ 废纸种类	国外书刊杂志	国外报纸	国内报纸
废水总排放量/(m^3/t)	261	113	113
SS/(mg/L)	938	772	619
SS/(kg/t 浆)	247.6①	87.2	73.3
BOD/(mg/L)	230.50	227.17	220.50
BOD/(kg/t)	60.9	25.7	21.9

① 国外书刊类废纸的 SS 中有 50%左右为填料。

三、清洁生产与污染控制措施

1. 加强废纸回收的分类与管理，提高回收质量与效率并减少污染排放

科学合理地对废纸进行分类回收，不仅对废纸的收集、处理有直接影响，而且可达到分级处理、物尽其用的目的，从而提高效益、减少污染。美国将废纸分为三大类：纸浆代用品（指白纸及其切边）；可净化废纸（指脱除印刷油墨后可成浆）；普通废纸（如混合废纸、报纸、瓦楞原纸等，此类废纸约占废纸总量的70%以上）。

2. 废纸再生系统适度封闭以降低排污量

德国某年产约30000t的废纸加工厂，采取了彻底封闭循环用水措施，达到了“零排放”，为了消除因封闭循环而造成的有机物积累而建立了在线滴滤器。在该技术的启发下进行废纸加工系统的适度封闭应是可行的。

3. “跑、冒、滴、漏”控制系统

这个系统是造纸车间溢流物的理想回收处，包括回收经常的和事故性的排放物以及回送它们到碎浆机去。系统重要的是要有大的缓冲容器，这些容器应能容纳包括纸机造成的“跑、冒、滴、漏”。

4. 脱墨墨泥的回收与处理

近代设计的废纸脱墨方法，如是逆流多段洗，则墨泥就用浮选法浓缩；如是墨泥浓缩浮

选法，都是完全封闭式的。这种系统会逐渐积累溶解性有机物和无机物，因而会把溶解性物质带到纸机系统去。这将降低纸的质量和堵塞铜网、毛布。堵塞物就是二次纤维中的污染物质如胶黏体和树脂，所以必须要将溶解的或悬浮的杂质从系统中除去。除去方法可用澄清器将回用白水净化，同时增加洗涤能力或增设压榨机。

采用浮选法脱墨泥系统，用水量较少，即回用水量较多。为了得到较清净的二次纤维，最后浆的洗涤或压榨步骤不能省去。墨泥用离心机或夹带式压榨过滤机浓缩（过滤常需添加絮凝剂）。

5. 废渣处理系统

所有从预除渣、筛选和除渣机排出的废渣需要浓缩以减少带走的水分。可以使用振动筛、压榨机或重力浓缩器来浓缩废渣。回收来的水可收集和送往“跑、冒、滴、漏”控制系统。大多数固体废渣用以填坑。另一方法是废渣压榨到达较大的干度烧掉，但这方法比填坑费用贵得多。

第八节　造纸过程

一、生产工艺与污染物来源

造纸车间是制浆造纸生产线的最终工序，制好的浆料（包括废纸浆、商品浆）在此抄造成纸或纸板。

各种浆料在投入造纸机之前，要经打浆以提高其强度，还要根据所抄纸或纸板的性能要求，配加一定量的辅助化学品，如胶料、填料乃至涂料（涂布纸或纸板）。必要时再加少量化学助剂，如增强剂、助留剂（提高填料及细小纤维的保留率）、消泡剂以及防腐剂（防止系统中出现腐浆）等。各种助剂排放的影响需具体分析。

造纸排放废水主要为白水，所含物质主要包括溶解物（DS）、胶体物（CS）和悬浮物。悬浮物主要是纤维，溶解物和胶体物主要来自造纸过程中添加的各种有机或无机添加剂。有机物包括淀粉、杀菌剂等，无机物包括各种阳离子和阴离子，即各种填料或涂料，如钛白粉、硫酸铝、滑石粉、瓷土等。影响造纸白水数量、组成与特性的因素包括：①浆料种类和特性；②化学添加物的种类和用量；③纸机类型、结构与车速；④纸机网部特性、吸水箱数量与性能；⑤白水回收水平和整体技术设备水平。这些因素造成了各类纸机和企业规模产排污情况有所不同，具体见表 1-2-49～表 1-2-53[9]。

表 1-2-49　不同规模包装企业产排污数据对比

企业规模	废水量/(m^3/t)	COD 产生量/(kg/t)	COD 排放量(物理＋好氧生物处理)/(kg/t)
大型企业	14～30	13～25	1.05～1.95
中型企业	20～37	15～35	1.42～3.42
小型企业	25～55	15～50	2.27～7.23

表 1-2-50　不同规模瓦楞纸板企业产排污数据对比

企业规模	废水量/(m^3/t)	COD 产生量/(kg/t)	COD 排放量(化学＋生物处理)/(kg/t)
大型企业	18～40	11～22	1.65～3.23
中型企业	22～64	15～35	2.04～4.6
小型企业	40～100	30～66	2.70～5.50

表 1-2-51 不同规模箱板纸企业产排污数据对比

企业规模	废水量/(m^3/t)	COD产生量/(kg/t)	COD排放量(物理+好氧生物处理)/(kg/t)
大型企业	14～30	12～30	1.11～2.71
中型企业	22～40	15～38	1.91～3.65
小型企业	35～50	20～46	2.97～4.54

表 1-2-52 不同规模印刷书写纸（非涂布）企业产排污数据对比

企业规模	废水量/(m^3/t)	COD产生量/(kg/t)	COD排放量(物理+好氧生物处理)/(kg/t)
大型企业	18～30	11～32	1.5～1.8
中型企业	22～64	20～50	2.0～3.0
小型企业	20～100	20～66	2.0～6.0

表 1-2-53 不同规模卫生纸企业产排污数据对比

企业规模	废水量/(m^3/t)	COD产生量/(kg/t)	COD排放量(物理+好氧生物处理)/(kg/t)
大型企业	26～45	7～21	1.37～3.12
中型企业	30～60	15～50	0.63～2.16
小型企业	50～130	30～86	3.7～10.1

二、清洁生产与污染控制措施

1. 白水循环回用

由上述介绍可知，造纸车间对比制浆乃至漂白车间，污染物排放量不是很大，关键在于高耗水量及高SS，尤其是纤维的流失。因此造纸白水的循环与封闭一直是不断追求与开发的技术。造纸白水循环封闭率的提高，也将带来一些不利因素，如投资与运行费增高；白水中含有更多细小颗粒和有机物会降低纸机脱水速率和生产效率；增加腐浆的产生而影响产品质量等。

实现白水封闭循环的措施可归纳如下：①减少由浆厂带来的含有溶解物的水量；②减少抄浆系统中清水用量，具体做法是浓白水循环再用，白水再用于不需清水之处，净化后的白水再用于需要清水之处；③多余白水采取措施回收纤维；④清浊分离，未沾污水如冷却水直接排放或利用，不与白水混合；⑤减少事故性排放。

白水系统封闭时，白水中溶解物和悬浮物的含量随封闭程度的提高而增多，它们之间的关系并非直接关系。从经济角度考虑，应选择适宜的封闭程度。白水回用可能引起的操作问题及不同纸品种对工艺用水水质要求，列于表 1-2-54 和表 1-2-55[7]。

表 1-2-54 工艺用水的标准（最大实行限度） 单位：mg/L

参数	高级纸张	含墨木浆的纸张	硫酸盐浆纸张	
			漂白的	未漂的
混浊度(以 SiO_2 表示)	10	50	40	100
色度(以铂单位表示)	5	30	25	100
总硬度(以 $CaCO_3$ 表示)	100	200	100	200
钙硬度(以 $CaCO_3$ 表示)	50	—	—	—

续表

参数	高级纸张	含墨木浆的纸张	硫酸盐浆纸张	
			漂白的	未漂的
碱度(以甲基橙作指示剂)(以 $CaCO_3$ 表示)	75	150	75	150
铁(以 Fe 表示)	0.1	0.3	0.2	1.0
锰(以 Mn 表示)	0.05	0.1	0.1	0.5
残余氯(以 ClO_2 表示)	2.0	—	—	—
可溶性二氧化硅(以 SiO_2 表示)	20	50	50	100
总溶解固体物	200	500	300	500
游离二氧化碳(以 CO_2 表示)	10	10	10	10
氯化物(以 Cl^- 表示)	—	75	—	—

表 1-2-55　在制造纸和纸板时白水回用可能遇到的问题

溶解固体物的累积	悬浮固体物的累积	热能的累积	溶解固体物的累积	悬浮固体物的累积	热能的累积
黏质物	脏物	温度	颜色	毛毯寿命	
泡沫	浸蚀	施胶问题	pH 值控制	脱水速率降低	
树脂	细小纤维	纸机车间温度	沉淀	喷水管堵塞	
腐蚀	毛毯堵塞	真空泵能力下降	结垢		
施胶问题	造纸网堵塞		气味		
产品上的斑点	造纸网寿命		保留		

2. 白水中纤维与悬浮物的回收

目前，去除白水中悬浮物的技术主要包括圆盘过滤机、气浮式白水回收装置、斜板沉降处理系统。调查表明，使用圆盘过滤机和气浮式回收装置的企业越来越多，而使用沉降方法的较少。

(1) 圆盘过滤机　圆盘过滤机的原理如图 1-2-20[9] 所示，运转时，槽体内的各扇形片在转动中处于不同的工作状态，主轴带动过滤盘转动，当一个扇形片浸入液面下时进入自然过滤区，槽体中的浆料在液位差作用下吸附到滤网上，形成一个纤维垫层，在这一区域，一小部分纤维与滤液一起穿过滤网，形成浓白水；主轴继续转动进入真空过滤区，这时扇形片上的纤维垫层已经达到一定的厚度，过滤介质不仅仅是滤网还包括已形成的纤维垫层，在真空抽吸作用下，穿过扇形片的固形物大大降低，形成澄清水区；在扇形片出液面前后，真空作用并未消失，滤网上的浆层继续脱水，滤饼干度增高，此时滤液澄清度进一步提高，形成超清白水；扇形片继续转动，真空作用消失，进入大气，完成剥浆洗网，使滤网网面清洁，恢复过滤能力，扇形片完成一周期的工作循环。圆盘过滤机的特点是：占地面积

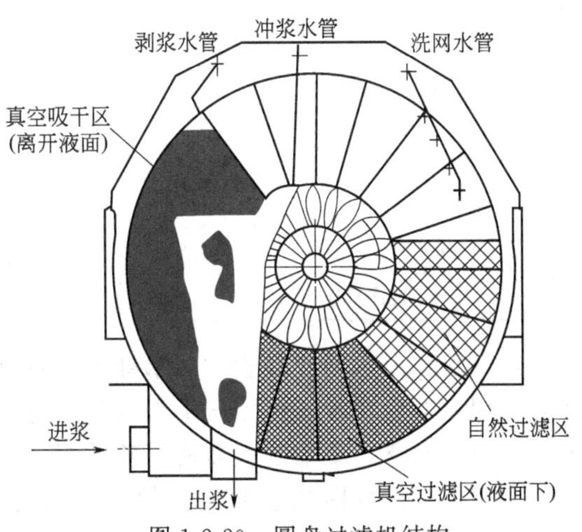

图 1-2-20　圆盘过滤机结构

较小、处理量大、操作简单、网易清洗、处理后的白水含固量低、自动化程度高。特别是能回收澄清度高的超清滤液，符合现代化纸机喷淋用水的高要求。国内圆盘过滤机的使用情况参见表 1-2-56[9]。

表 1-2-56 国内不同纸种企业圆盘过滤机规格性能

生产纸种	铜版原纸	文化用纸	胶版纸、书写纸	牛皮卡纸	新闻纸
浆料配比	进门木浆 HP、SP	稻麦草浆	漂白麦草浆+进口木浆	AOCC	马尾松 TWP+BKP
处理白水能力/[m^3/(h·台)]	468	433	130～170	540	612
原白水浓度/%	0.02	0.06	0.126		0.024
加入预挂浆浓度/%	0.56	0.3～0.5	0.35～0.45	0.15	
预挂浆浆种	80% HP 20% SP	粗渣浆		80% AOCC 20% VBKP	
预挂浆用量/(t/d)	48	31.2	22	104	
滤后浊白水/%	0.03	0.095	0.04		0.04
清白水/%	0.005	0.008	0.006	0.005	0.009
超清白水/%		0.02		0.003	
过滤面积/m^2	250	160	100	216	308
圆盘直径/m	4.5	3.5	3.66	5.2	5.2
圆盘数量/个	8	10	8	7	12
每盘扇片数/片		18	24		24
滤网规格/目	120	100	80		50
主轴电机功率/kW		7.5	7.5	11	20
主轴转速/(r/min)	0.3～1.3	0.35～1.2	0.2～2	0.2～1.5	0.2～2
洗网水压电机/(MPa/kW)		/1.5	0.5～0.7/1.1	0.7/1.5	0.7/
剥浆水压/MPa			0.5～0.7	0.7	0.7
出浆螺旋电机功率/kW		7.5		11	
水腿高度/m		9	8	7	7
水腿管径(两根)/mm			180/250		280/330
投产时间	1996	2004	1999	2000	1999
处理白水能力 $m^3/(m^2 \cdot h)$	1.87		1.3～1.7	2.5	1.95
处理白水能力 $m^3/(m^2 \cdot d)$	45		31～40.8	60	46.8

(2) 气浮式白水回收装置　白水纤维回收机的原理是空气在加压下溶解于白水中，同时添加凝集剂，然后在常压或减压下引入除气池，溶解的空气成为小气泡，纤维或填料附着在气泡上，向上漂浮。凝集剂大多使用硫酸铝。

此类型白水纤维回收装置比其他回收设施运行费高，但固形物回收率可达 90%以上，足以弥补运行费高的缺点。

20 世纪 80 年代以后，气浮法广泛用于各种配比的纸料和白水回收，由于气浮法表面负荷高于沉淀池，水泥分离时间短，因而减小了占地面积和构筑物造价，获得的泥渣含固率高，可达 4%～10%，除渣方便，劳动强度低。

超效浅层气浮是我国目前应用比较广泛的技术，也是世界上比较先进的气浮技术。这种技术的特点是气浮池很浅，一般水位在600mm左右；大大缩短了气浮时间，气浮时间3～5min；其效率比射流气浮提高5倍以上，且布气均匀。对于每吨纸而言，可以回收50～100t水循环使用。对于文化用纸生产企业，根据废水中污染物含量的高低不同，回用1t水至少可节约0.1元以上。

广州某纸厂采用CQJ型浅层气浮设备，在单独采用聚合氯化铝絮凝效果不理想的情况下，又加入了阴离子絮凝剂聚丙烯酰胺，细小纤维的絮凝情况得到了很好的改善，其最佳工艺参数为：单台白水处理量100～150m^3/h；溶气管压缩空气量0.6～0.8m^3/min；行走架速度3～4r/min；聚合氯化铝用量（kg）=处理白水量（m^3）×0.015%；聚丙烯酰胺用量（kg）=处理白水量（m^3）×0.0004%；白水SS＜1500mg/L时，出口清液SS＜60mg/L[9]。

3. 降低浆耗以节约资源、减少污染

据调查，同种主要品种纸张的浆耗可见表1-2-57。

表1-2-57　主要品种纸张的浆耗

纸张品种		凸版纸	胶版纸	有光纸	书写纸	卷烟纸
浆耗(以1t纸计)/kg	先进水平	880	800	830	840	890
	较先进水平	900～950	810～850	880～940	900～950	900
	一般水平	1000左右	900左右	980～1040	1000左右	950左右
	消耗较高	1100以上	1000左右	1050以上	1080以上	1000以上

可以看到，同一种产品的单位产品浆耗差距是很大的。造成这些差距除了与某些工艺条件（如填料用量）有关外，很重要的是与纤维的流失情况有关，纤维流失量越大，浆耗就越高。因此，在生产过程中，有必要进行浆水平衡测定和计算，分析纤维流失的情况和原因，并采取必要的措施（如加强白水的回收和利用，以致造纸用水的封闭循环），降低浆耗。

4. 加强管理、革新技术、大力节约用水

在制浆造纸过程中节约用水，就意味着节约原材料资源，减少损失浪费。表1-2-58[9]给出我国一些纸厂生产不同品种纸张的取水量。表中数据代表了我国不同纸和纸浆水耗的先进水平，与国外先进纸厂水耗10～20m^3/t纸（甚至低于10m^3/t纸）的水平相差不大，但非木浆纸综合水耗110m^3/t浆相比就有明显差距。而这类企业主要是一些规模小、装备落后的草浆造纸厂，这些企业总数大、产能低，严重影响着我国造纸行业的水资源利用率，这些企业的整合、改造和升级有巨大的节水潜力。

表1-2-58　部分造纸企业实际取水量情况

企业名称	生产能力/(万吨/年)	产品品种	取水量/(m^3/t纸)
广西某厂	10	漂白化学木浆	60
山东某厂	4.5	漂白化学麦草浆	110
福建某厂1	5.0	机械木浆	19
福建某厂2	18	新闻纸	10～12
上海某厂	14	脱墨废纸浆	10～12
江苏某厂	70	铜版纸	18～20

续表

企业名称	生产能力/(万吨/年)	产品品种	取水量/(m^3/t 纸)
宁波某厂	48	白纸板	15.7
无锡某厂	16	箱板纸	20
苏州某厂	12	生活用纸	9.0
山东某厂	1.7	胶版印刷纸	50～60
天津某厂	4.0	高强瓦楞纸	4.7
福建某厂	20	非脱墨废纸浆	9.0

5. 科学地使用化学助剂，提高产品质量，降低消耗，减少污染

技术的进步使各种化学助剂，例如增强剂、助留剂（提高纤维、胶料、填料的保留率）、助滤剂、除硅剂等已列入造纸工业用料，应予以高度重视，努力研究、开发与应用，以进一步实现造纸工业更清洁的生产。但同时应注意避免化学助剂可能产生的危害，不使用具有毒性的助剂。

第九节 废水处理与利用

一、废水排放标准

为保护环境，防止污染，促进制浆造纸工业生产工艺和污染治理技术的进步，我国于1983年首次发布了《制浆造纸工业水污染物排放标准》(GB 3544—83)；随着制浆造纸工艺的改进和环保要求的不断提高，本标准于1992年、1999年、2001年、2008年分别进行了修订。

2008年8月1日公布并于2009年5月1日开始执行的标准（GB 3544—2008）的主要修订原则是：以吨产品负荷为控制基点，以碱回收＋二级生化，并辅以适当的物化处理为技术依托，确定造纸工业吨产品最高允许污染物排放量（吨产品负荷）和日均最高水污染物排放量由浓度到总量控制转化。

二、处理工艺及污染物去除效果

目前国内外制浆造纸工业废水的处理流程通常为：首先经过物理或物理化学的方法去除大部分悬浮物及一部分有机物，主要技术有机械澄清、重力沉淀、混凝沉淀、气浮、筛滤等；然后采用生物法去除废水中的大部分可生物降解的有机物，常用技术有活性污泥法、氧化沟法、生物转盘等好氧生物技术以及厌氧接触法、厌氧流化床等厌氧生物技术，对于高浓度有机废水，可以采用厌氧与好氧结合的技术；最后根据不同的排放和回用要求，采用混凝沉淀、膜分离、高级氧化等技术对二级处理出水进行三级处理（深度处理）。

（一）一级处理

1. 机械澄清法

机械澄清设备中常设有缓慢的搅拌器，搅拌速度不大于0.15m/s，在澄清器内的停留时间为20～30min。不同纸种废水在澄清过程中TSS的去除率如表1-2-59所列，BOD_7的去除率如表1-2-60所列。

表 1-2-59　不同纸种废水在澄清过程中 TSS 去除率

纸种	TSS 去除率/%	纸种	TSS 去除率/%	纸种	TSS 去除率/%
脱墨纸	67	废纸板	86	包装纸	92
漂白硫酸盐浆	82	绝缘纸板	88	新闻纸	90
贴面纸板	85	卫生纸	89	特殊纸板	96

表 1-2-60　澄清法后 BOD_7 去除率

浆种	BOD_7 去除率/%	浆种	BOD_7 去除率/%
化学浆	10～20	没有残留明矾的纸	20～30
机械浆	20～30	有残留明矾的纸	20～50
机械浆和纸	20～50		

2. 沉淀法

(1) 沉淀塘　沉淀塘是最简单的处理设备。通常使用两个窄长的土塘，其长宽比为 5～10，塘深 3～5m，停留时间 6～12h。两个塘轮流运行，塘的大小应与除污泥设备相配。压实的污泥较易清理。

硫酸盐浆厂的污泥脱水性能较好，因为其主要成分是白泥和长纤维。新闻纸和高级纸的污泥则很难处理。

沉淀塘无需将粗大杂物预先除去，操作简单。

(2) 沉淀池

① 圆形沉淀池。辐流式或竖流式，沉淀池深度为 4～5m。耙式机构以 2～3r/h 的速度将污泥耙到底部中央排污井以便排走。圆形沉淀池的表面负荷为 0.6～1.0$m^3/(m^2 \cdot h)$。

② 矩形池。矩形沉淀池表面负荷 0.6～1.0$m^3/(m^2 \cdot h)$。水深 4～5m，宽 6～20m，长度可达 100m。搜集污泥有很多方式，固定的刮泥系统不停地将泥刮向进水口底部的污泥坑中。

制浆造纸厂一般不用斜板沉淀池，因为斜板沉淀池的总容积污泥槽相对较小，而制浆造纸厂常有排放大量纤维的事故。

3. 气浮法

气浮是设法在水中产生大量的微气泡，以形成水、气及颗粒物质的三相混合体，在界面张力、上升浮力和静水压力差等多种力的共同作用下，促使微气泡黏附在被去除的小颗粒上后，因黏合体密度小于水而上浮到水面，从而使水中颗粒物被分离去除。

气浮具有负荷大、占地面积小等优点，但能耗相对较大。目前在制浆造纸工业中应用较多的主要在纸机白水处理工段。纸机白水中含有大量的纤维、松香胶状物等，对于此类污水，气浮法具有较好的去除效果。

采用气浮法处理制浆造纸废水，一般需加一定量絮凝剂并调节 pH 值到合适的范围。运行条件是：回流比 30%～100%；溶气压力 0.3～0.5MPa；表面负荷 3～10$m^3/(m^2 \cdot h)$；停留时间 15～30min。

4. 混凝法

制浆造纸工业污水中通常含有大量的胶体，因此混凝法对此类废水具有较好的处理效果，广泛应用于预处理和深度处理过程中。常用的混凝剂有聚合铝、聚合铁、聚丙烯酰胺类有机高聚物等。它们通过对废水中的胶体物质的去除，降低水的浊度、色度和 COD 等。混凝去除效率见表 1-2-61[7]，此外混凝有良好的脱色效果。

表 1-2-61 混凝处理的去除效率

废水来源	SS 排放量/(kg/t)	BOD_7 去除率/%	COD 去除率/%
预处理	1～3	30～40	50～70
未漂白机械浆	1～3	20～40	40～50
漂白机械浆	1～3	20～40	40～50
未漂白硫酸盐浆	1～3	20～40	30～40
漂白硫酸盐浆	1～3	20～40	30～50
未漂白亚硫酸盐浆	1～3	20～40	30～40
漂白亚硫酸盐浆	1～3	20～40	30～50
中性亚硫酸半化学浆	1～3	20～40	30～40
纸	1～3	20～40	30～50
废纸	1～3	20～50	30～60

(二) 二级处理

1. 活性污泥法

活性污泥法有许多改良方法，常规活性污泥法标准设计参数为：停留时间 6～10h；污泥浓度 2.5～4.0gMLSS/L；污泥负荷 0.2～0.3kgBOD/(kgMLVSS·d)；容积负荷 0.5～1.2kgBOD/ (m^3·d)；BOD 去除率 85%～90%。

活性污泥法处理制浆造纸废水通常需要补充营养物质，按 BOD：N：P=100：5：1 的比例补给。

2. 卡鲁赛尔氧化沟法

卡鲁塞尔氧化沟工艺作为一种成熟的二级生物处理技术，以其优良的出水水质、稳定可靠的运行性能、良好的性价比以及维护简单方便等特点在制浆造纸废水处理领域得到了广泛的应用，为多数使用者认可和接受。

国内某蔗渣纸浆厂采用卡鲁赛尔氧化沟法处理制浆废水。进水水质见表 1-2-62[18]，氧化沟工艺参数见表 1-2-63[18]。

表 1-2-62 氧化沟进水水质

项目	平均流量/(m^3/d)	污染物含量/(mg/L)			水温/℃	pH 值
		BOD	COD	SS		
预处理前	≤25000	≤485	≤1245	≤430	35～41	6～8.5
卡鲁塞尔氧化沟前	≤25000	≤437	≤1050	≤190	30～35	6～8.5

表 1-2-63 氧化沟设计参数

数量/座	1
有效容积/m^3	19250
水力停留时间/h	18.5(平均流量 25000m^3/d 时)
水深/m	4.5
卡鲁塞尔氧化沟系统设计水温/℃	30～35
最大需氧量(SOR)/(kgO_2/h)	1446(水温 35℃时)

续表

AB段尺寸	52.7m×26.4m
卡鲁塞尔氧化沟沟道宽度/m	9.0
沟道数/个	4
总宽度/m	37.5
总长度/m	约86
设计MLSS浓度/(g/L)	4.5
设计剩余污泥产量(DS)/(kg/d)	6370(水温35℃时)
设计污泥龄/d	9(水温35℃时)

3. 稳定塘

(1) 兼性塘　兼性塘深度为1～1.25m，可沉污染物沉淀于塘的底部，进一步分解。设计参数：深度1～2.5m；BOD负荷2～10g/(m^2·d)；停留时间7～50d；藻类浓度10～60mg/L。

(2) 厌氧塘　设计参数为：深度2.5～5.0m；BOD负荷30～45g/m^3·d；停留时间5～50d；藻类浓度50～80mg/L。

(3) 曝气塘　曝气塘主要用于处理可溶性有机物质。曝气塘的标准设计参数见表1-2-64[7]。

表1-2-64　曝气塘标准设计参数

废水温度/℃	25	充氧量/[kg/(kW·h)]	1.6
停留时间/d	5～10	最低能量需要/(kW/m^3)	2
BOD负荷/[g/(m^3·d)]	40～60	产生污泥量(MLVSS)/(kgSS/kgBOD去除)	0.3
水深/m	4	沉降区：表面负荷/(m/h)	0.25
BOD∶N∶P	100∶1.5∶0.3	水深/m	4
氧气消耗/(g/gBOD去除)	1.0	BOD去除率/%	60～85

硫酸盐浆液废水往往含营养盐极少，如补以营养盐至BOD∶N∶P＝100∶10∶0.2，则曝气塘效率可望显著提高。

4. 生物转盘

造纸工业废水用生物转盘处理设计参数见表1-2-65。

表1-2-65　生物转盘污水处理有关的数据

来源	进水水质	水量/(m^3/d)	进水BOD/(mg/L)	出水BOD/(mg/L)	BOD去除率/%	原盘尺寸(直径×长度)/m	转盘表面/m^2	氧化池尺寸(长×宽×深)/m	实耗电/kW	BOD负荷/[g/(m^2·d)]	水力负荷/[L/(m^2·d)]	圆盘转速/(r/min)	停留时间/h
日本制造厂	脱墨旧纸，纸浆废水	4500～5500	700～800	400～450	40～50	ϕ3.6×7.5	9.85×8	7.7×4×2	35	50	60	1.7	1.7～2.0
国内某纸厂	箱板纸洗选废水	2400～3600	275	31～43	88.7～84.4	ϕ3×6	10.0×4	ϕ3.36×6.21(直径×深)	43.5	19.5～27.8	80～120	2.0	—
建议数据					70～85					20～80	60～100	1.7～2.0	

5. 生物滤池

用石块和塑料作滤料的生物滤池，BOD 去除率为 50%～80%，设计参数见表 1-2-66。

表 1-2-66 以石块和塑料作滤料的生物滤池设计参数

项 目	石块	塑料
容机负荷/[kgBOD/(m^3·d)]	0.2～1.0	1～5
水力负荷/[m^3/(m^2·h)]	1.2～1.5	3～4
高度/m	2～3	3～5
污泥产量/(kg/去除 kgBOD)	0.3	0.4

6. 厌氧-好氧系统

此法可用于处理生产新闻纸、打字纸、皱纹纸、硬板纸、瓦楞纸等的造纸废水，以及中性亚硫酸盐半化学纸浆 NSSC、热机械浆和化学热机械浆等的纸浆废水。

制浆造纸废水处理中常用的厌氧反应器一般有三种：厌氧塘、UASB 反应器（上流式厌氧污泥床）和 Anamet（厌氧接触反应器）。应用 UASB 反应器的废水处理厂操作参数见表 1-2-67；应用 Anamet 系统的操作参数列于表 1-2-68。

表 1-2-67 造纸纸浆工业中生产型 UASB 厌氧-好氧废水处理厂

废水厂	反应器体积/m^3	进水 BOD/(mg/L)	进水 COD/(mg/L)	温度/℃	容积负荷/[kgCOD/(m^3·d)]	HRT/h	COD 去除率①/%
荷兰废水厂 1	70	3150	6300	35	9	17.0	70
荷兰废水厂 2	1000	2250	4500	35～40	20	5.5	75
荷兰废水厂 3	700	600	1200	2～25	5	5.8	60
荷兰废水厂 4	2200	550	1100	29	6	4.4	70
英国某废水厂	1600	1440	2880	35	9	7.7	75
奥地利某废水厂	1500	1200	2500	35～40	10	6.0	65
法国某废水厂	1000	1700	3550	30～35	8.5	10	70
原西德某废水厂	150	7500	15000	25～30	15	24.0	80
加拿大废水厂 1	8000	8000	20000	35	19	25	50
加拿大废水厂 2	3000	6000	16000	35	20	26.0	50
加拿大废水厂 3	6850	2600	7000	35	18	9	45
意大利某废水厂	1900	1250	2500	35	8.5	7	70
澳大利亚某废水厂	95	1500	3000	27	7	10	75
芬兰某废水厂	6000	1409②	—	—	11	7	80③

① 去除率仅是厌氧处理的；

② 为 BOD_7 的去除率；

③ BOD_7 值。

表 1-2-68 造纸行业中应用的 Anamet 废水厂

公 司	废 水 类 型	BOD 负荷/(t/d)	BOD 去除率/%
瑞典某公司 1	亚硫酸盐凝缩液	11.3	73
西班牙某公司	黑液	50	90
瑞典某公司 2	亚硫酸盐凝缩液	55	92
瑞典某公司 3	化学热力机械纸浆	14	94
原联邦德国某公司	亚硫酸盐凝缩液	14	99.5
土耳其某公司	黑液	17	98
美国某公司	亚硫酸盐凝缩液	56	75

7. 厌氧法处理制浆废液

(1) 草浆黑液厌氧发酵　草浆黑液中的有机物（以 COD 计），只有一部分可以被生物降解，而另一部分在常规条件下难以生物降解，而且这部分数量相当大。

采用厌氧发酵法处理草浆黑液的实验室实验表明，通过厌氧发酵除去黑液中溶解性 BOD，继以酸析去除难降解的木质素等剩余 COD，实验中控制反应器进水 COD 5000～10000mg/L，pH 值为 8～9，反应器温度 35～37℃。结果显示：在容积负荷 2.5～4.0kg $COD_{Cr}/(m^3 \cdot d)$，HRT 48～72h，酸析 pH 值为 3～3.5 的情况下，可取得去除 COD≥77%，去除 BOD>80%，去除色度≥90% 的效果；去除 1kgCOD 污泥产率 0.21～0.26kgMLVSS，产气量 0.326m^3（甲烷含量 68.8%），经济效益不如碱回收法。

(2) 石灰草浆废液（黄液）厌氧发酵　由于蒸煮用碱量少，这类废液（又称黄液）固形物浓度低，黏度高，不能用传统的燃烧法减轻废液有机物的污染。

目前认为比较经济的处理黄液方法是厌氧发酵法。

废液进入 200m^3 调节池预酸化，每天两次定量间歇泵入发酵罐发酵（52～54℃高温发酵）；发酵罐有效容积 500m^3，每天可处理 64m^3 废液（相当于 7t/d）；COD 和 SS 去除率分别为 84.5%和 82.9%，平均负荷 6.6kgCOD/$(m^3 \cdot d)$，1m^3 废液平均产气量 10.2m^3。

(三) 三级处理

1. 膜分离法

膜技术一般指以压力为推动力，特定膜材料为过滤介质的液相分离技术。具有无相变、能耗低、设备简单、操作过程易控制等明显优点。

超滤技术处理漂白废水，特别是碱处理段（E 段）废水，通过截留分子量为 6000～8000 道尔顿的超滤膜，出水 COD、AOX、色度去除都可达到满意效果，基本满足部分工段回用要求。日本某厂采用超滤技术处理硫酸盐木浆漂白 E 段废液，处理废水量为 4000m^3/d，COD 去除率达 78.7%，色度去除率达 93.7%，总固形物去除率达 35.5%，渗透液作为洗涤水回用，浓缩液则送至碱回收系统。

2. 高级氧化技术

作为一种新兴的水处理技术，近 20 年来，高级氧化技术因其具有彻底的氧化性、无二次污染、停留时间短、易于实现自动化操作等优势，得到迅速的发展。高级氧化技术即利用催化剂、高温高压、紫外光、超声波、强氧化化学药剂等技术，产生具有强氧化性的·OH 等基团来降解废水中的有机物的一种方法。该技术主要包括催化湿式空气氧化法、光催化氧化法、超临界水氧化法、超声波氧化法、化学氧化法等，其中化学氧化法又包括电化学催化氧化法、Fenton 试剂氧化法、臭氧氧化法等。这些技术对于造纸废水的处理都具有较好的效果，并进行了一定的实验，但由于处理成本偏高，目前还未进入实际应用阶段。

三、各种处理方法的比较

各种处理方法的比较列于表 1-2-69[7]、表 1-2-70。

表 1-2-69　各种二级处理方法之间的比较

参　数	稳定塘	曝气塘	生物滤池	活性污泥
所需占地面积	很大	大	大	小
负荷范围/[kg/$(m^3 \cdot d)$]	0.005～0.01	0.04～0.2	2～5	1～4
BOD 去除率/%	50～80	50～90	40～75	70～95

续表

参　数	稳定塘	曝气塘	生物滤池	活性污泥
均衡需要	无	无	小	大
均衡能力	很大	很大	小	小
抵抗冲击负荷能力	很高	很高	高	有限
抵抗流量变化能力	很高	高	高	略高
抵抗负荷变化能力	很高	很高	高	略高
抵抗废水性质变化能力	很高	高	高	小
pH 值范围	广泛	广泛	小	小
对停机期间的抵抗能力	好	好	略好	小
对低温空气的灵敏度	很高	略高	略小	小
营养盐需要量	小	小	略小	高
污泥产量	很小	小	略大	大
污泥沉降性	差	差	好	好
维修量	很小	小	小	大
可操纵性	小	小	小	大
需要能量	小	高	略高	高
投资安装费	低—高	低	略高	高
操作费	很低	略高	略高	高

表 1-2-70　厌氧-好氧系统与好氧系统处理效果的比较

废水类型	处理系统	进水浓度/(mg/L)		好氧去除率/%		厌氧去除率/%		总去除率/%		备　注
		BOD_7	COD	BOD_7	COD	BOD_7	COD	BOD_7	COD	
漂白牛皮纸浆废水	单级活泥	370	860	35	24	—	—	35	24	
	两级活泥	70	860	89	46	—	—	92	59	
	厌氧-好氧	2900	4900	>90	80～85	70～85	50～70	>90	80～85	
热力机械纸浆废水	厌氧-好氧	2900	4300	65～85	40～55	70～85	60～70	90～95	80～85	
	好氧Ⅰ	2900	4300	40～60	35～50	—	—	40～60	35～50	未加营养物
	好氧Ⅱ	2900	4300	90～95	80～85	—	—	90～95	80～85	投加营养物

四、废水回用

废水回用一定要把握分质回用的原则。针对不同的回用部位和不同的水质要求来选择最经济合理的处理工艺。分质回用，做到优质优用、低质低用，是降低回用成本、推广废水回用技术的关键[19]。制浆造纸废水经过处理后，可以分别回用到制浆造纸的各个工段，如备料工段、制浆工段、筛选浆渣等。根据各个工段对水质的不同要求，控制废水处理水质，做到经济合理，保证最大的经济效益。

参 考 文 献

[1] 中国造纸协会. 中国造纸工业 2010 年度报告，2011.
[2] 中国轻工信息中心. 中国造纸年鉴（2000～2011).
[3] 余贻骥. 从现代造纸工业特点展望国内纸业的发展. 纸和造纸，2004，6：11-16.

[4] 潘蓓蕾. 积极行动起来，为造纸工业防治污染做出贡献. 中国造纸，1994，4：3-5.
[5] 张珂，俞正千主编. 麦草浆碱回收技术指南. 北京：中国轻工业出版社，1999.
[6] 轻工总会. 制浆造纸工业环境保护行业政策、技术政策和污染防治对策. 中国环保产业，1997，5.
[7] 张珂等编. 造纸工业污染防治技术与环境管理. 北京：中国轻工业出版社，1998.
[8] 杨淑惠，刘秋娟. 造纸工业清洁生产、环境保护、循环利用. 北京：化学工业出版社，2007.
[9] 汪苹，宋云. 造纸工业节能减排技术指南. 北京：化学工业出版社，2010.
[10] 刘秉钺. 制浆造纸污染控制. 北京：中国轻工业出版社，2008.
[11] 汪苹，张珂，王新棣. 蒸煮同步除硅工艺生产试验及麦草浆碱回收. 纸和造纸，1997，5：66-67.
[12] 胡杰，汪萍，张珂. 麦草浆黑液碱回收现状及有关问题的探讨. 中国造纸，1997，3：51-55.
[13] 张珂. 漂白废液毒性的新观点及探讨. 纸和造纸，1996，2：4-5.
[14] 谢来苏，詹怀宇. 制浆原理与工程. 北京：中国轻工业出版社，2001.
[15] 张珂，周思毅主编. 造纸工业蒸煮废液的综合利用与污染防治技术. 北京：中国轻工业出版社，1992.
[16] 李书红. 我国废纸再生利用现状及对策. 河南农业，2008，6：33.
[17] 国家环保局科技标准司编．小造纸厂污染防治技术指南. 北京：中国环境科学出版社，1997.
[18] 陈学春，吕斌，曹红涛. 卡鲁塞尔氧化沟工艺在蔗渣制浆造纸废水处理中的应用. 中国造纸，2011，30（8）：48.
[19] 张义华，张华东. 制浆造纸废水回用运行实践. 中国造纸，2011，30（7）：47.

第三章 化学工业废水

化学工业是国民经济发展的支柱产业之一。石油化工、煤化工、生物化工、精细化工、医药化工等生产领域与人类的衣、食、住、行及文化需要等各方面都有着紧密联系，化学工业的发展速度与水平直接关系和制约着农业、轻工、纺织、冶金、建材、国防等工业部门的发展。化学工业是一个多行业、多品种的工业部门，包括化学矿山、基本化工原料、化学肥料（含氮肥、磷肥、钾肥及复合肥料）、无机盐、氯碱（含烧碱及聚氯乙烯等氯气产品）、农药、染料、有机原料、合成材料、助剂、添加剂、化学试剂、涂料及无机颜料、橡胶加工、感光材料等多个行业。

化工废水是化工产品生产过程中排放出来的废水的总称（含工艺废水、冷却水、废气洗涤水），按污染物种类，一般可分为三大类：第一类为含有机物的废水，主要来自基本有机原料、合成材料（含合成塑料、合成橡胶、合成纤维）及农药、染料等行业排出的废水；第二类为含无机物的废水，如无机盐、氮肥、磷肥、钾肥、硫酸、硝酸及纯碱等行业排出的废水；第三类为既含有机物又含无机物的废水，如氯碱、感光材料、涂料及颜料等行业排出的废水。如按废水中所含主要污染物分，则主要有含氰废水、含酚废水、含硫废水、含氨废水、含铬废水、含砷废水、含有机磷化物废水、含有机氯化合物废水及含有机氟化物废水等。化学工业主要废水及其主要来源见表 1-3-1[1]。

表 1-3-1　化学工业主要废水和废水主要来源

废水名称	废水主要来源	废水名称	废水主要来源
含汞废水	氯碱厂、无机盐厂	含氟化物废水	氟塑料厂、有机氟化工厂、磷肥厂
含氰废水	合成氨厂、有机玻璃厂、丙烯腈厂	含有机磷农药废水	农药厂
含酚废水	有机合成厂、酚醛树脂厂、合成材料厂、农药厂	含苯胺废水	染料厂、有机原料厂
含氨废水	氮肥厂	含有机氧化合物废水	有机原料厂、试剂厂、溶剂厂、合成材料厂
含炭黑废水	合成氨厂、炭黑厂、橡胶加工厂		
含硫废水	硫酸厂、有机原料厂、合成材料厂、染料厂	含有机氮化合物废水	有机原料厂、合成材料厂、染料厂
		含硝基苯废水	染料厂、有机材料厂、农药厂
含铬废水	铬盐厂、无机颜料厂、催化剂厂	含油废水	涂料厂、有机原料厂
含磷废水	黄磷厂、磷肥厂、农药厂	含酸废水	制酸厂、染料厂、农药厂、钛白粉厂
含重金属废水	无机盐厂、颜料厂、染料厂		
含砷废水	硫酸厂、磷肥厂、焦化厂	含碱废水	纯碱厂、烧碱厂
含有机氯化物废水	环氧氯丙烷厂、环氧树脂厂、农药厂、氯丁橡胶厂	含盐废水	氯碱厂、农药厂、染料厂

化工废水具有如下特点。

1. 排放量大

化工生产需进行化学反应，化学反应要在一定的温度、压力及催化剂等条件下进行。因此，化工产品在生产过程中工艺用水和冷却水用量很大。加之化工企业目前大多数为中小企业，生产工艺落后、设备陈旧，清污难以分流，故水循环利用及回收利用率低，因此排放量大。在国家环保总局1996年发布的全国3000家重点污染企业和全国300家严重污染企业中，化工企业各占1/4；工业废水按行业分，在3000家重点污染企业中，化工行业企业总数排名第一；按等标污染负荷计算的前10名排放废水大户中，化工行业就占了6家[2]。

2. 水质复杂且污染物含量高

化工废水的水量和水质因原料路线、生产工艺方法及生产规模不同而有很大差异。

化工废水污染物的含量高。1997年对化工企业污染物排放量统计表明，主要污染物氰化物、挥发酚和砷均占工业废水污染物总排放量的20%～30%。我国生产1t合成氨流失氨氮约13kg，而发达国家仅为0.11kg。

3. 废水中的污染物毒性大

化工废水中许多污染物都具有毒性，例如重金属汞、铅、铬、镉等对人体危害很大。化学工业排出的有机废水中含有的氰、酚、氟化合物及有机氯、有机磷、蒽醌、萘系及硝基化合物等，均为致毒、致癌、致突变的物质，危害人类健康和生态环境。

从以上化工废水的特点可看出化工废水的复杂性及其给治理带来的难度。

第一节　氮肥工业废水

我国是人口大国，也是农业大国。农业增产离不开化肥，化肥对农业增产所起的作用约占40%，因此，化肥生产在国民经济发展中始终处于十分重要的地位。我国化肥工业经过新中国成立以来的建设，特别是改革开放以来的迅猛发展，现已具备相当规模；氮肥产量已为世界之冠，2009年全国氮肥产量为4553.36万吨。

一、生产工艺和废水来源

氮肥工业的原料路线，采用了煤、焦为主（占64%～67%），油气并存的路线，天然气占19%～20%。不同的原料路线有不同的生产工艺，相同的原料路线也有不同的生产工艺，生产工艺不同，废水的来源也不同。现将合成氨及氮肥主要产品的生产工艺和废水来源分述如下。

1. 合成氨生产工艺与废水来源[3]

（1）以煤焦造气生产合成氨工艺废水主要来自三个部分：①气化工序产生的造气含氰废水；②脱硫工序产生的脱硫废水；③铜洗工序产生的含氨废水。

（2）以油造气生产合成氨工业废水，主要来自除炭工序产生的炭黑废水及含氰废水，脱硫工序产生的含硫废水，以及在脱除有机硫过程中产生的低压变换冷凝液及甲烷化冷凝液，即含氨废水。

（3）以气制合成氨工艺废水，主要是脱硫工序产生的含硫废水及铜洗工序产生的含氨废水，以及在脱除有机硫过程中产生的冷凝液，即含氨废水。

由于生产采用不同原料路线和不同生产工艺，其排放废水的水质和水量也各异，见表1-3-2[1]。

表1-3-2　煤、焦、油造气废水排放量及组成

废水类型	吨氨排水量/t	水温/℃	pH值	悬浮物/(mg/L)	氰化物（CN^-计）/(mg/L)	挥发酚/(mg/L)	硫化物/(mg/L)	COD/(mg/L)	氨氮/(mg/L)	油/(mg/L)	炭黑/(mg/L)
煤、焦造气废水	30～70	50～60	7～8	50～500	10～30①	0.01～0.5	0.01～30	23～360②	40～470	—	—

续表

废水类型	吨氨排水量/t	水温/℃	pH值	悬浮物/(mg/L)	氰化物(CN⁻计)/(mg/L)	挥发酚/(mg/L)	硫化物/(mg/L)	COD/(mg/L)	氨氮/(mg/L)	油/(mg/L)	炭黑/(mg/L)
油气化造气废水	3～8	70～90	6.6～9.4	—	17～110	0.01～1	30～140	24～370	46～674	约10②	约30③

① 氰化物，碳化煤球为原料，10mg/L左右；

② 如造气废水闭路循环COD、氨氮为上限，如直排为下限；

③ 此数据为油气化炭黑水经处理后的数据，如未经处理，其炭黑含量为炉油量的3%。

另外，合成氨生产规模不同，所排放废水的水质、水量也不同，见表1-3-3[1]。

表1-3-3 合成氨不同生产规模与水质、水量的关系

规模/(万吨/年)	吨氨废水排放量/t	废水组成/(mg/L)				
		悬浮物	氰化物	挥发酚	硫化物	氨氮
大型厂≥30	15	46.94	0.05	0.025	0.048	168
中型厂≥4.5	218	142.8	0.94	0.08	0.65	113
小型厂<4.5	300	212.6	0.94	0.20	1.74	58

2. 氮肥主要产品的生产工艺和废水来源

碳酸铵生产中的废水是尾气洗涤塔产生的含氨废水，每吨氨排放的氨量为68.2kg，生成1.7%的稀氮水4t左右；尿素生产中的废水主要是蒸馏和蒸发工序产生的解吸液和冷凝液，即含氨废水，中型尿素厂每吨尿素约排放尿素解吸液0.4t，其中含氨7000mg/L，尿素8000mg/L；硝酸铵生产中的废水主要是真空蒸发工序产生的含氨废水，每吨硝酸铵排放0.3～0.6t的蒸馏冷凝液，其中含氨900～1000mg/L。

归纳起来，氮肥工业废水按其性质，可分为煤造气含氰废水、油造气炭黑废水、含硫废水和含氨（氨氮）废水，其中以造气废水和含氨废水对水环境影响最大。

二、清洁生产

1. 合成氨“两水”闭路循环技术

“两水”闭路循环技术，即合成氨生产冷却水循环及造气废水闭路循环技术，是原化工部在总结山东潍坊地区小氮肥厂经验的基础上提出来的一项技术。该技术针对合成氨企业循环冷却水系统状况及水质条件，以几十种水处理药剂（TS系列水处理剂）组成最佳配方，用于循环冷却水。通过物理和化学作用，减少换热设备的结垢、腐蚀，抑制水中的细菌、藻类及各种微生物的滋生，从而维持换热设备的良好传热状态，延长设备使用寿命，保证循环冷却水系统长期稳定运行，并取得节水、节能、减少排污、保护环境的作用。其工艺流程如图1-3-1所示。

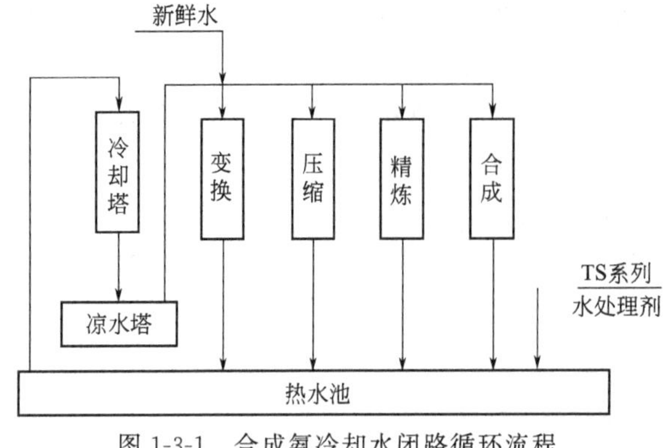

图1-3-1 合成氨冷却水闭路循环流程

氮肥厂的造气废水通过沉降、吹脱、焚烧等处理工艺，除去悬浮物、氰化物、硫化物和酚类等有害物质后，实现闭路循环，基本上达到零排放，工艺流程如图1-3-2所示。

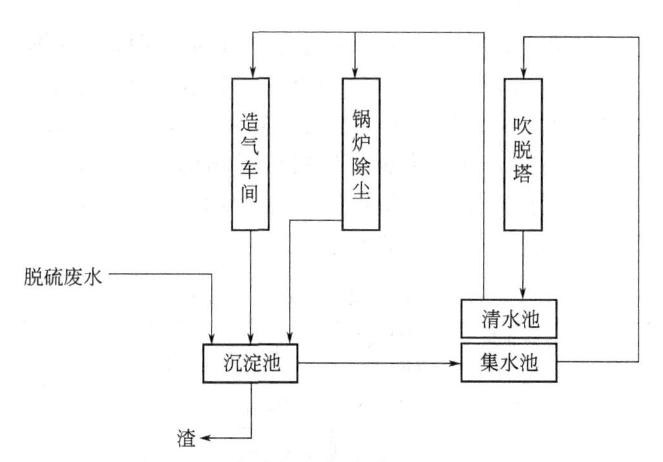

图 1-3-2　合成氨造气废水闭路循环流程

主要技术指标：

处理量	20000t/a 氨循环量；
粉煤灰去除率	100%；
硫化物去除率	100%；
氰化物去除率	99.97%；
粉尘去除率	99.98%；
碳钢腐蚀率	<0.125mm/a；
年污垢热阻	<0.0005m^2·h·℃/kcal（1cal=4.1868J）；
节水率	95%。

推广应用范围：该技术适用于大、中、小型氮肥厂的造气废水治理，以及不同行业的循环水、冷却水处理。

2. 废氨水回收制碳酸氢铵

某化肥厂（10 万吨氨/年）对稀氨水进行了回收。在合成氨生产过程中，铜洗工序排出稀氨水，经提浓后含氨氮浓度 18%～20%，送入碳化副塔中吸收碳化尾气中的 CO_2，再由副塔泵送入清洗塔，用以溶解清洗塔的结疤，清洗塔出来的清洗液送入碳化塔，吸收由压缩机送来的加压 CO_2 气体（来自合成氨生产过程的脱碳二段的废 CO_2），生成碳酸氢铵结晶，经离心分离制得产品，母液循环使用，其工艺流程如图 1-3-3 所示。

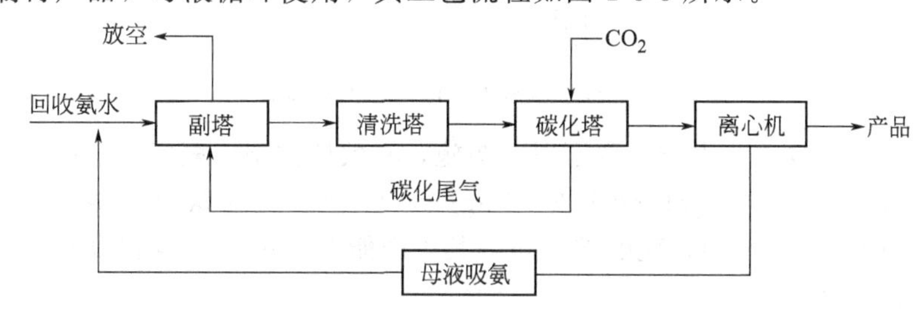

图 1-3-3　废氨水生产碳酸氢铵流程

主要技术指标：

日处理量 48t 稀氨水，年消除废氨水排放 14400t，年生产碳酸氢铵 12000t。

该技术适用于中型合成氨厂。

3. 氨氮废水的防治

为有效防治氨氮废水的污染，首先必须从工艺改革入手，大力推行清洁生产，将污染物消除在工艺过程中。某化学工业集团公司对该公司测得的氨氮废水各排放源的排放数据表明（见表 1-3-4）：净化车间、尿素车间、煤气洗涤装置、蒸氨装置及合成工段为氨氮废水的主要来源。其中净化车间（排出的氨氮废水水量大，氨氮含量高）所排出的氨氮量占总排放量的 74.3%；尿素车间所排的氨氮废水为碳铵解吸后排出的稀氨水，这部分废水量最大，占废水处理量的 55.7%，氨氮排放量占总氨氮排放量的 20.4%，二者相加即占到 94.7%。蒸氨装置排出的氨氮废水为浓度大于 14%的氨水。

表 1-3-4 氨氮废水排放情况

排放源	废水量/(t/d)	氨氮含量/(mg/L)	氨氮排放量/(kg/h)	排放源	废水量/(t/d)	氨氮含量/(mg/L)	氨氮排放量/(kg/h)
净化车间	864	106.3	91.9	蒸氨装置	55	13.1	0.7
尿素车间	3375	7.5	25.2	合成工段	962	0.4	0.4
煤气洗涤装置	24	230.8	5.5	总排放口	6064	20.4	123.7

为了解决这个最大的污染源，该公司改革工艺，推行清洁生产。

（1）在净化工段的中温变换炉后增加了一个低温变换炉，改革后变换气中 CO 含量由原来的 3.5%下降到 1.5%，精炼工段所产生的铜洗再生气由 $1000m^3/h$ 降至 $400\sim500m^3/h$，从而相应减少了铜洗稀氨水量。为了进一步减少铜洗稀氨水污染，该公司建立了一套以该厂稀氨水和稀硫酸为原料生产硫酸铵的生产装置，规模为 1000t/a，有效地做到了回用，变废为宝。

（2）尿素车间排出的氨氮废水为碳铵液解吸后排出的稀氨水，该公司对碳铵液解吸装置进行了技术改造，加高了解吸塔，改变了解吸塔的塔板结构，还增加了一个碳铵液贮槽，使解吸系统的处理能力由原来的 $2\sim3m^3/h$ 提高到 $10m^3/h$，从而解决了稀氨水外排问题。

（3）对 14%以上的稀氨水，该公司建成了一套稀氨水精馏装置，年回收液氨 3000t，杜绝了废水外排。其工艺流程如图 1-3-4 所示。

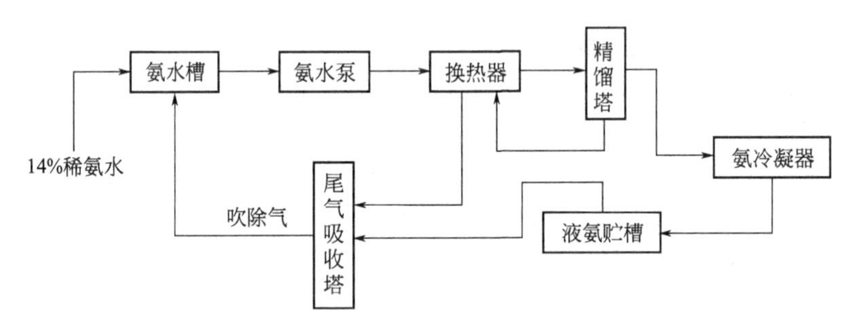

图 1-3-4 稀氨水蒸馏回收液氨流程

环境效益和经济效益：由于采取了以上措施，有效地控制了氨氮废水的污染，使总排放口废水中氨氮含量由 52.9mg/L 降至 20.4mg/L，1t 合成氨的氨氮排放量由 42.1kg 降至 12.9kg。每年可回收氨 1300t，硫酸铵 620t，其生产能力由 60000t/a 提高到 80000t/a，经济效益和环境效益显著。

以上技术适用于同类性质的中型合成氨厂。

4. 碳化法回收合成氨生产中的稀氨水制碳化母液

某氮肥厂（12.5 万吨合成氨/年）每生产 1t 合成氨，精炼铜洗工段排放 1.2t 含氨稀氨水，氨浓度为 1.5%～3.0%。在 135～145℃、0.3MPa 条件下，解吸提浓，再通过 CO_2 控制碳化度，使其生成主要含碳酸铵的碳化母液供本公司催化剂车间使用。也可直接提浓制成 15%氨水做进一步氨回收。处理流程如图 1-3-5[1] 所示。

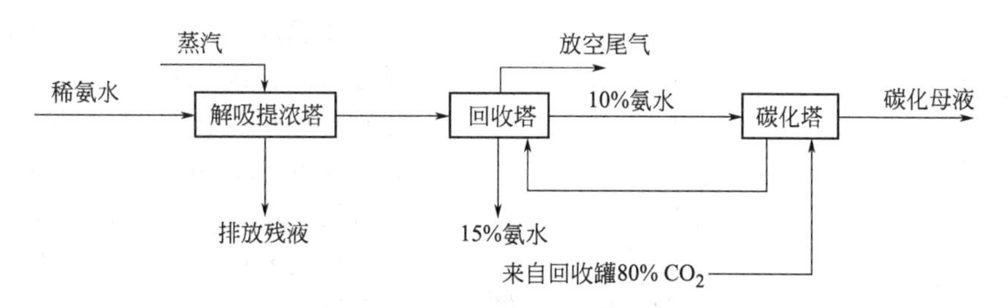

图 1-3-5 解吸碳化法回收稀氨水流程

主要技术指标如下。

处理能力：350t/d 稀氨水。

主要消耗（以 1t 碳化母液计）：CO_2（80%）143m^3，电 18kW·h，蒸汽（低压）0.5t。

环境效益：减少向水体排放氨 2360t/a。

该技术适用于合成氨厂。

5. 合成氨-碳酸氢铵生产稀氨水逐级提浓回收工艺

某氮肥厂是以天然气为原料生产合成氨-碳酸氢铵的小化肥厂，合成氨生产规模为 1 万吨/年。该厂研究开发了“一点加入，逐级提浓”的回收稀氨水工艺。传统的方法是多点加入软水，这样排放点多，排放的稀氨水浓度低，一般均在 2%～3%以下，无法回收利用。把传统的多点加入软水改为一点集中加入，即碳化塔一处加入软水，从该塔段分流出 1%～5%不同浓度的稀氨水，分别经脱硫及精炼再生气等工序进行第二次增浓，增浓后氨水浓度达 7%～8%，供气相氨含量最高的合成氨放空气、氨贮槽池放气等回收点作吸收剂，在 0.8～1.2MPa 的压力下，进行再增浓，最后氨浓度可达 10%以上，这种浓度的氨水可以全部返回碳化吸氨系统，生产流程中不再有过剩的氨水排放。处理工艺流程如图 1-3-6 所示。

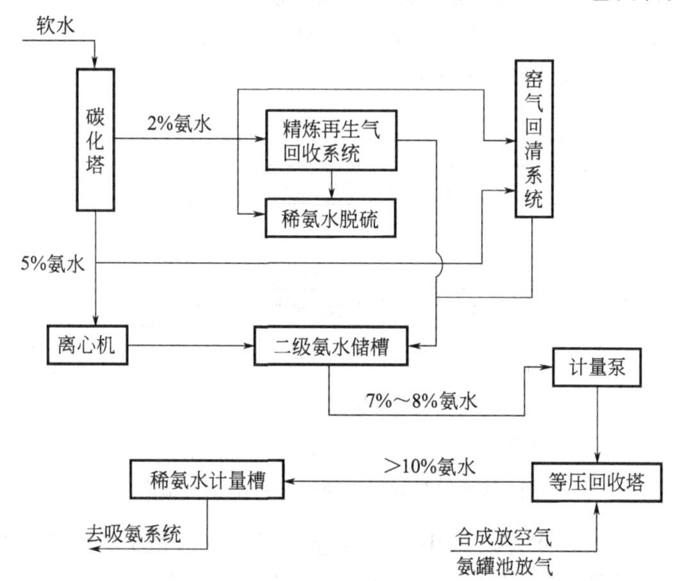

图 1-3-6 合成氨-碳酸氢铵生产“一点加入，逐级提浓”工艺流程

主要技术指标（以 1t 氮计）：

处理量	77t/d 稀氨水；	天然气	92m^3/t；
电耗	91kW·h/t；	软水	2.5m^3/t；
综合能耗	25.8kJ/t。		

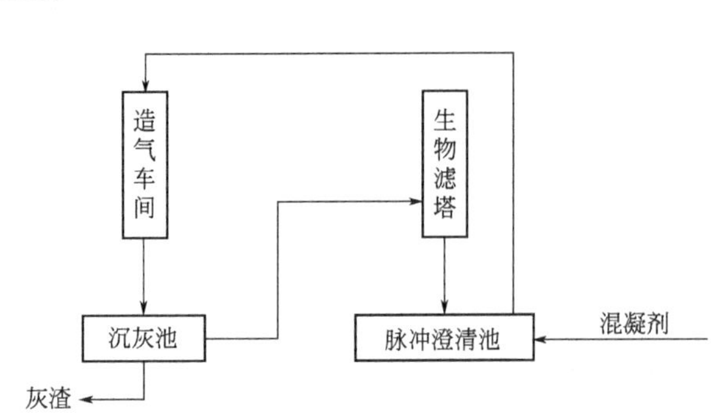

图 1-3-7 造气含氰废水处理流程

环境效益：此工艺实现了稀氨水全部返回制碳铵，彻底消除过剩稀氨水的排放，每年减少稀氨水排放 2.5 万吨，节约软水 2.5 万吨。此工艺回收点多、流程长，增设一个中心回收氨岗位。六条自动调节回路，严格操作，才能确保生产稳定。

6. 合成氨造气含氰废水的处理回用

某化工厂（12 万吨合成氨/年）的造气含氰废水的处理回用工艺为：含氰废水经沉灰池除去煤灰和悬浮物，在生物滤塔的空塔段降温，生物段进行生物降解，使废水中的氰化物、硫化物、酚降解成无毒的无机盐，处理后的废水循环使用。在生物滤塔及澄清池有少部分挥发物逸入大气。处理的工艺流程见图 1-3-7。

主要技术指标：

处理量	36000t/d 废水；	酚去除率	＞99%；
氰化物去除率	98%；	硫化物去除率	93%～99%。
电耗	0.23kW·h/m^3；		

环境效益：处理后的废水大都回收循环使用，每年可减少向水体排放氰化物 93.5t。有少量二次污染（大气）。

该技术适用于小型氮肥厂。

7. 重（轻）油萃取造气炭黑废水返烧回收制气

某氮肥厂为 6 万吨/年碱氨生产厂，该厂对油造气炭黑废水采用萃取、返烧制气的技术，消除了污染。其工艺流程如图 1-3-8 所示。

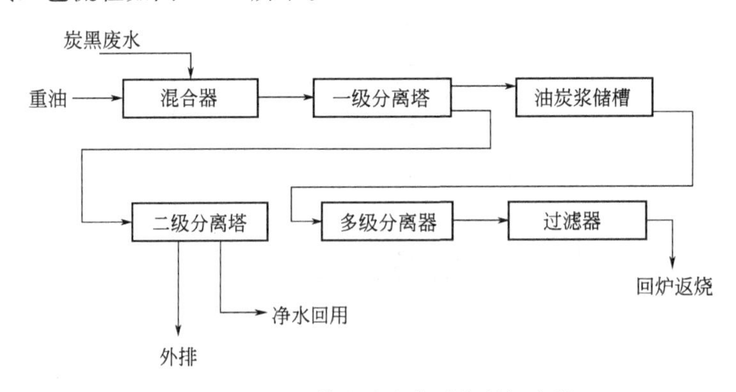

图 1-3-8 重油萃取油炭浆返烧制气流程

因炭黑的亲油性大于亲水性，采用重油或轻油可以将水相中的炭黑萃取到油相，含炭黑的油炭浆与水的密度不同，在设备中自然分层，实现与净化水的分离。油炭浆回炉返烧气化，净水回收利用。

油炭浆含有水分，回炉制气时，根据油炭浆水分的变化，调节蒸汽用量控制炉温。在高温条件下，炭黑充分氧化燃烧，转化率可达 100%。

主要技术指标：

处理量 600m^3/d；

电耗　　　　　4.26kW·h/m^3；
净化水含炭黑　<50mg/L（处理前 10～20g/L）；
油炭浆含油　　<30mg/L；
油炭浆含水　　≤20%。

环境效益：消除了炭黑废水污染，节约软水 9.7 万吨/年。按油炭浆回炉量 40%～60%计算，可节约重油 73t/a，长期连续循环返烧可能给裂化炉带来重金属积累和腐蚀，尚待进一步解决。

该技术适用于中小型油造气氮肥厂。

8. 尿素解吸液高压水解法回收技术

某化工厂（48 万吨尿素/年）从意大利引进了尿素解吸废液的处理技术，该工艺技术为：尿素生产系统的闪蒸及蒸发冷凝液含氨 5.5%、尿素 1.8%、CO_2 2%，经蒸馏塔预热器预热后，进入蒸馏塔上部，使给料中大部分 NH_3 和 CO_2 被塔下部的气体气提出去之后，含 NH_3 0.5%、尿素 1.8%、CO_2 0.1%的液体经水解给料泵打入水解预热器，再进水解器，经 3.74MPa、360℃的蒸汽加热，尿素几乎全部分解成 NH_3 和 CO_2。水解后的料液再进蒸馏塔下部，再次被塔底通入的蒸汽汽提掉 NH_3 和 CO_2，处理后的溶液含 NH_3 1～3mg/L、尿素 1～2mg/L，进入冷却器，再回锅炉给水，实现了尿素解吸液的闭路循环。含较多 NH_3 和 CO_2 的气体在蒸馏塔和冷凝器中冷凝，获得碳酸氢铵溶液，部分作回流用，大部分回收，惰性气体排空。处理的工艺流程见图 1-3-9。

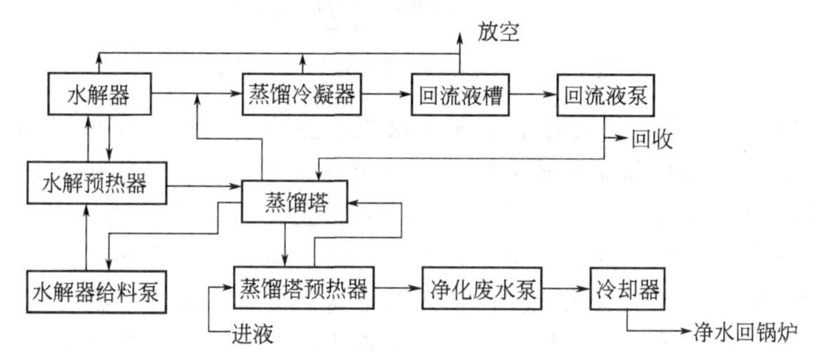

图 1-3-9　尿素解吸液高压水解流程

主要技术指标：

处理水量　　30 万吨/年；　　　　　　　氨氮处理率　　99.99%；
废水氨含量　从 55000mg/L 降至<5mg/L；　尿素含量　　从 18000mg/L 降至<5mg/L。
电耗　　　　4.71kW·h/t；

环境效益：每年从 21.6 万吨尿素解析废液中回收氨 150t、尿素 2200t，合计尿素 2457t，相当于减少该厂氨氮排放总量的 50%。消除了氨氮污染，净水全部作锅炉给水，减少软水用量，实现了尿素解析液的闭路循环。

该技术适用于大型氮肥厂尿素解吸废液的处理。

三、废水处理和利用

(一) 处理方法

1. 造气污水治理方法

主要可分为：沉淀-冷却法、沉淀-冷却-生化法、空气催化氧化法以及回收法等。

(1) 沉淀-冷却法　该法处理造气污水具有流程简单、操作方便、易管理、投资省、运行费用低等优点。但当氰化物、酚等含量超过一定数值时会造成二次污染。

其污水处理工艺流程为：造气污水流经截留池，将悬浮物中的大量粗颗粒去除，然后流入平流式初沉池，进行初次沉淀处理。沉淀后的水经集水槽流入吸水池，由半地下式泵房的污水泵抽送到澄清池（或斜板沉淀池），同时加入混凝剂，去除大量的悬浮物和其他杂质。出水流入热水池，用热水泵送入冷却塔（逆流式或横流式），冷却后的清水用泵送回岗位循环使用。当污水中的氰化物含量≥25mg/L时，冷却塔尾气需要进行处理。可采用带生物吸收降解段的横流式冷却塔，对逆流式尾气进行吸收。含氰化物的吸脱废气经过喷淋洗涤及生物降解，减少氰化物的二次污染（也可将吹脱出的气体经气水分离器去除水分后，送至吹风气燃烧炉焚烧）。初沉池和澄清池或斜板沉淀池的污泥送入污泥浓缩池进行浓缩处理，经浓缩后的污泥可运出烧砖。其工艺流程见图1-3-10[4]。

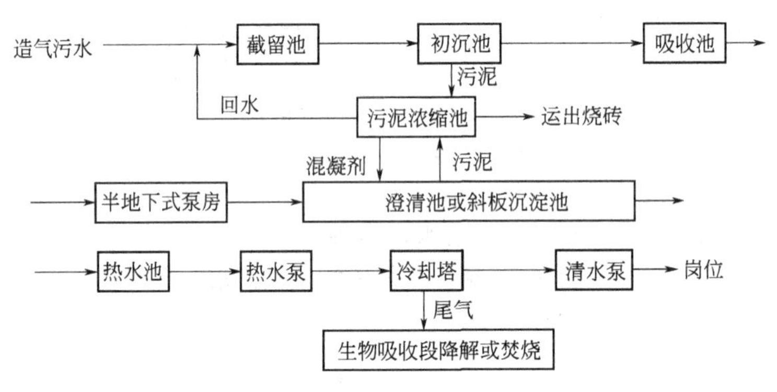

图1-3-10 沉淀-冷却法处理工艺流程

（2）沉淀-冷却-生化法 我国对于造气含氰废水生物法处理，主要采用塔式生物滤池。这种方法占地面积小，冷却和脱氰效果好，但只能有效地去除游离氰和简单的氰化物，对络合氰化物的去除率低，并存在二次污染。沉淀-冷却-生化法处理造气污水，其工艺流程为：造气污水经截留池将悬浮物中的大量粗颗粒去除，然后流入平流式初沉池，进行初次沉淀处理，沉淀后的水经集水槽流入吸水池。由污水泵抽送到冷却型塔式生物滤池的支管，同时通过喷头均匀地分布在蜂窝填料上。污水与蜂窝填料中的生物膜进行充分的接触，由于微生物的作用，使有机物和有害物质得到降解。同时由于轴流风机的作用，使其水温下降，经过生物处理的污水流入集水池，由钟罩式脉冲发生器流入脉冲澄清池，同时加入混凝剂。此时蜂窝填料内老化的生物膜脱落后，随污水流入脉冲澄清池，由脉冲澄清池底部的悬浮污泥截留脱落的生物膜和悬浮物，使水得到澄清，清水流入清水池后由清水泵送岗位闭路循环使用。初沉池和脉冲澄清池排出的污泥送入污泥浓缩池进行浓缩处理。其工艺流程见图1-3-11[4]。

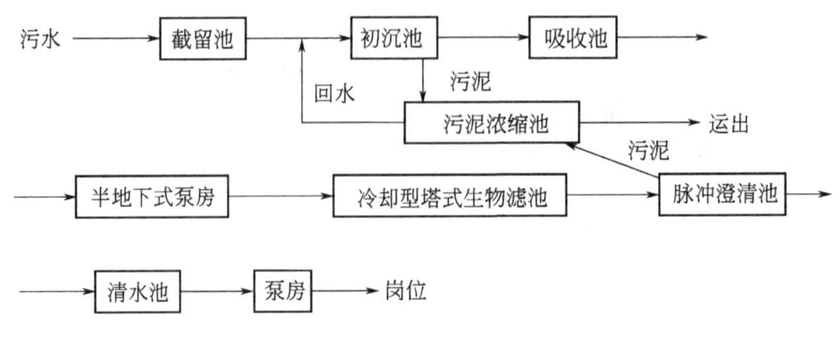

图1-3-11 沉淀-冷却-生物法处理工艺流程

（3）空气催化氧化法 其原理是在催化剂和药剂的作用下，利用空气中的氧，把造气废

水的氰化物氧化成 CO_2 和 N_2。流程为：造气污水进入截留池去除大的悬浮颗粒后，流入氧化池，在氧化池中加入催化剂与药剂，利用空气中的氧把氰化物氧化为 CO_2 和 N_2，最后污水经沉淀后回用或外排。其工艺流程见图 1-3-12[4]。

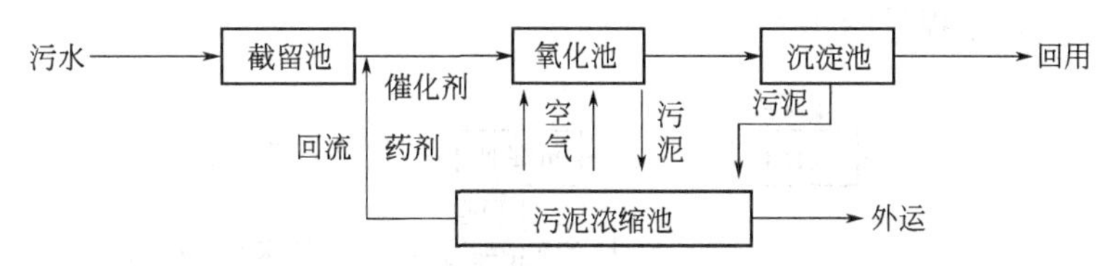

图 1-3-12 空气催化氧化处理工艺流程

(4) 回收法 主要是将造气污水沉淀去除悬浮物后，往污水中加入少量的辅助剂，然后在一定的温度压力下（脱除设备），将氰自污水中提出，然后用相应的化学物质固定，生产成副产品回收，水经过冷却后回用。

2. 废水中石油类的处理

氮肥废水中石油类污染物，主要来自用油工艺排油、动机械部分漏油、清洗机械的废油、固体燃料热加工过程产生的煤焦油。这些混溶在废水中的油类污染物质，一般有浮油、分散油、乳化油和溶解油。其中浮油占废水中总含油量的 75%左右，其次是分散油和乳化油，而浮油和分散油的分离是氮肥含油废水处理的关键。对其处理可利用油水相对密度差，由隔油井或建除油池进行处理。

对于动机械部分漏油和清洗机械进入水中的废油，可用隔油井除油。对于用油工艺排油和固体燃料热加工过程中产生的煤焦油，用除油池进行处理。除油池可建成平流式或斜板式，并可在池的出水一侧的水面上安装撇油机进行机械撇油。

3. 稀氨水的回收处理

氮肥企业稀氨水如没有很好的回收利用，必将对水体造成污染，既浪费资源又污染环境。采用稀氨水处理回用技术，将有回收价值的稀氨水（固定氨的需加药，使之成游离氨）从顶部进入解吸塔，喷淋而下，经填料与上升的蒸汽逆流相遇，此时稀氨水中的游离氨进入蒸汽，饱含氨气的蒸汽从解吸塔顶部逸出后，进入吸收塔，经吸收后制成产品氨水或氨气回综合回收塔。其工艺流程见图 1-3-13[4]。

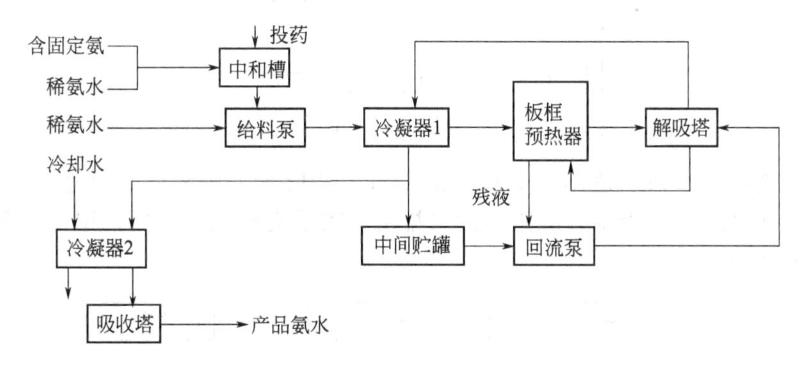

图 1-3-13 稀氨水处理回用系统流程

4. NH_4^+-N 废水处理方法

对于 NH_4^+-N 废水，国内目前主要采用生化法（A/O 工艺）、汽提（吹脱）＋生化法、离子交换法、化学沉淀＋生化法、折点加氯法、液膜分离法等进行处理。氮肥企业选择处理方法时，主要考虑处理工艺线路、运行费用、工程投资、运行的可靠性、操作管理方便、易维修等因素。

（1）生化法（A/O工艺） 生物硝化-反硝化处理NH_4^+-N废水，是现阶段较为经济有效的方法。其工艺技术较为成熟，目前主要应用于城市污水处理。对于氮肥企业生化法应考虑碳源问题。其工艺流程见图1-3-14[4]。

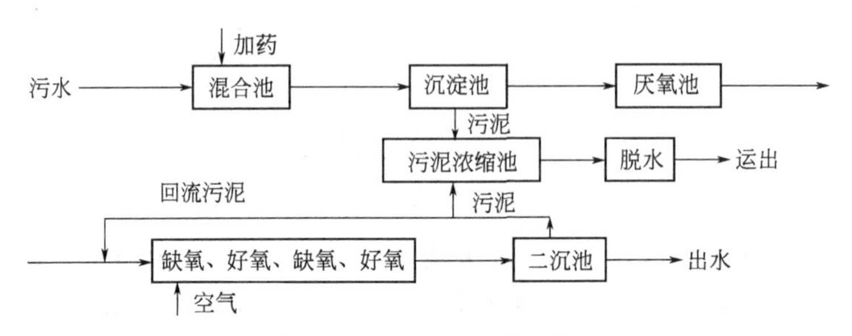

图1-3-14 A/O工艺流程

（2）汽提（吹脱）+生化法 该处理工艺采用物理化学法去除高浓度NH_4^+-N，然后用生化法处理。对于高浓度NH_4^+-N废水采用汽提是一种比较经济的有效方法，可回收氨。

汽提（吹脱）法是将废水的pH值调至11～13，然后通过气液接触将废水中的游离氨吹脱至大气中。吹脱有二次污染问题，对排出的污染物的最大地面浓度及最大浓度点距排气筒的距离应按相应国家标准中指定的公式进行计算。当计算的结果确定氨的排放浓度超标时，需对吹脱尾气进行处理，通常是采用酸喷淋吸收，经吹脱后的污水进入生化池。目前国内应用美国某公司生产的专用于治理NH_4^+-N废水的菌种，它在好氧条件下，快速、有效地将NH_4^+-N硝化，从而使废水中的NH_4^+-N浓度达到排放要求。其工艺流程见图1-3-15[4]。

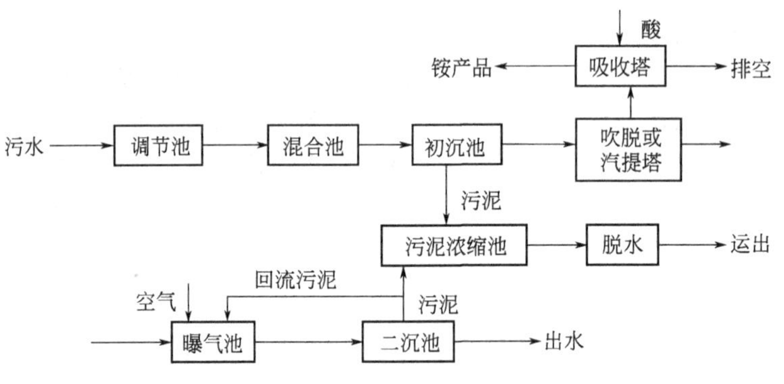

图1-3-15 汽提（吹脱）+生化法工艺流程

（3）离子交换法 该法适用于低浓度的NH_4^+-N废水，脱除效率可达90%～96%。采用特殊离子交换剂过滤层吸附，吸附后污水排出，离子交换剂饱和后，用钠盐解脱，其工艺流程见图1-3-16[4]。

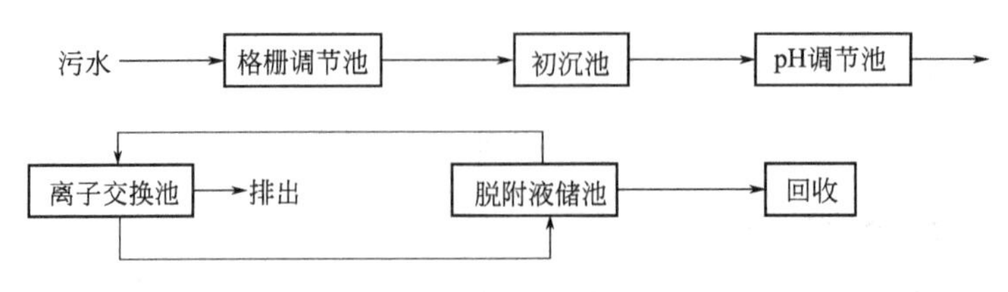

图1-3-16 离子交换法工艺流程

（4）化学沉淀+生物法 该法可以处理各种浓度的NH_4^+-N废水，尤其适用于处理高浓度氨氮废水。在废水中投加 MgO 和 H_3PO_4，使之和氨氮生成难溶复盐 $MgNH_4PO_4 \cdot 6H_2O$ (MAP) 结晶沉淀，使 MAP 从废水中分离，其产物可用于复合肥料（最好用废 H_3PO_4，减少处理成本）。废水经化学沉淀法大幅度去除氨氮后，再经生物法处理，其工艺流程见图 1-3-17[4]。

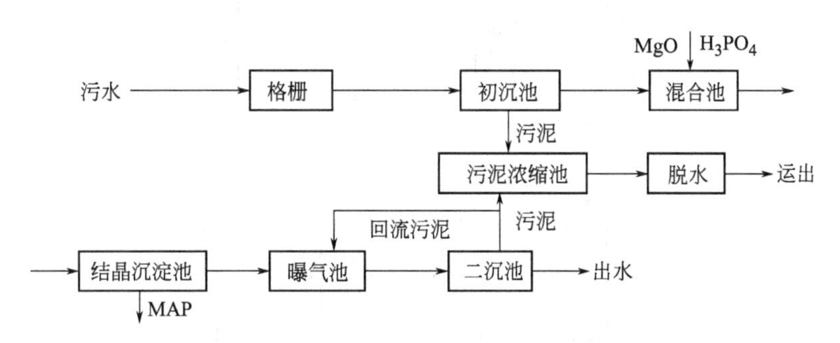

图 1-3-17 化学沉淀+生物法处理工艺流程

(5) 折点加氯法 该法可通过正确控制加氯量和对流量的均化作用，使废水中 NH_4^+-N 得到去除，并具有消毒作用，该法由于加氯量大，一般将其作为深度处理采用。

(6) 液膜处理法 该法采用高效选择性透过膜，废水中的 NH_4^+-N 选择性透过膜与膜外侧的强酸反应，生成铵盐（可作化肥）。

膜式氨氮脱除设备由中空纤维萃取柱和萃取剂循环装置组成，萃取柱中中空纤维膜内走待处理液，膜外走萃取液，待处理液体经过循环，其中的氨氮进入萃取液中。液膜处理 NH_4^+-N 废水的工艺流程见图 1-3-18[4]。

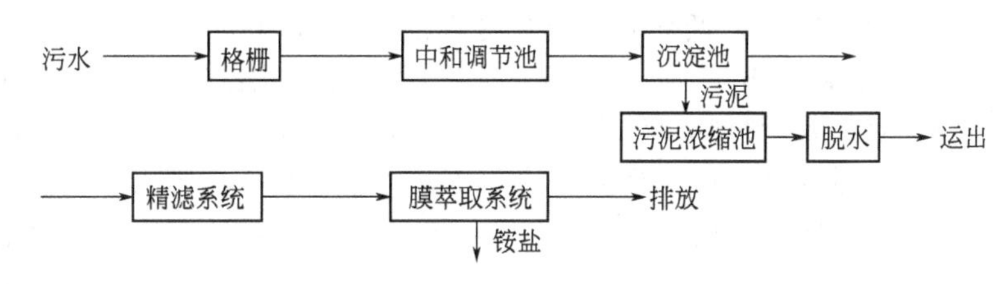

图 1-3-18 液膜处理法的工艺流程

(二) 废水处理实例

1. 重油直接洗涤炭黑循环气化法处理炭黑废水

某化肥厂采用重油直接洗涤炭黑循环气化法技术处理炭黑废水。

在气化炉高温下，重油、氧、蒸汽氧化燃烧并裂化生成合成氨原料气（水煤气）。其中碳转化率 95%～97%，未转化的即生成炭黑。炭黑的亲油性优于亲水性。利用原料重油直接洗涤高温裂化气，把大部分炭黑洗除，其余少量炭黑再利用亲水性进行水洗，使夹带在水中的油雾滴和炭黑形成的油炭团经水洗去除。原料油捕集炭黑后经加压回气化炉制气，油炭团作燃料返回锅炉。处理工艺流程如图 1-3-19[1] 所示。

主要技术指标：

处理量　　360t 炭黑废水/d；

处理后原料气中炭黑含量与用水洗涤相同，炭黑含量均$<10\times10^{-6}$；

处理后原料气中烃含量　　$<5\times10^{-6}$；

碳总利用率　　>99%；

电耗　　0.8kW·h/m^3。

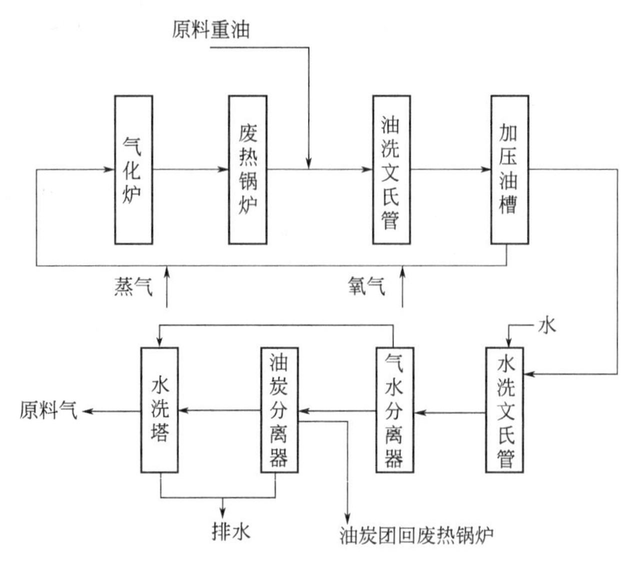

图 1-3-19 直接洗涤炭黑循环气化法流程

环境效益：使用重油直接洗涤炭黑，既保证原料气净化又消除了炭黑废水排放。一次重油气化的碳转化率是 95%，循环气化则达到 98%，若包括作燃料的油炭团，则碳总利用率达 99%以上。

该技术适用于以重油为原料的合成氨厂。

2. 中压汽提-离子交换法处理合成氨工艺冷凝液

某化工厂在合成氨生产中，低变和甲烷化冷凝液含有氨 800～1000mg/L，甲醇 1000～2000mg/L，CO_2 和其他有机物 1500～2000mg/L。把这种工艺冷凝液减压后引入汽提塔塔顶，向下喷淋，与塔底引入的过热蒸汽在塔内进行汽提，冷凝液中的易挥发介质从塔顶随蒸汽一道排入大气，汽提后的冷凝液经降温、除杂质，再进入装有阴阳离子交换树脂的混床进行交换，除去阴阳离子，净化后的水作锅炉给水。由于常压汽提法存在大气污染，改用中压汽提，汽提塔顶出口的气体全部进一段炉，这样就避免了大气的污染，又可节约大量的热能。处理流程如图 1-3-20[1] 所示。

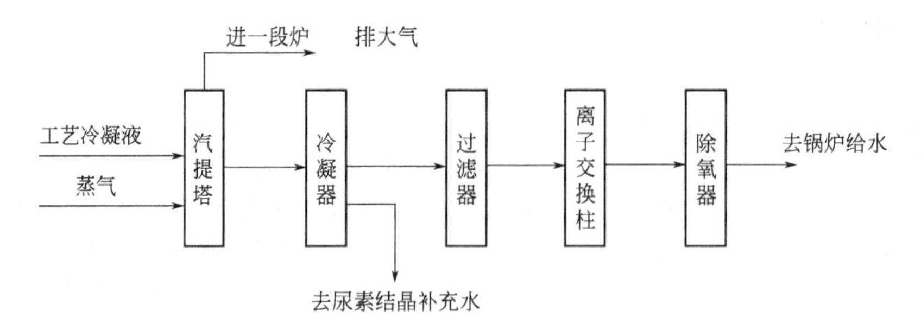

图 1-3-20 中压汽提-离子交换处理工艺冷凝液流程

主要技术指标：

处理量　　　1200m^3/d 冷凝液；

处理后水质　达到高中压锅炉水质要求；

电耗　　　　0.76kW·h/t。

环境效益：消除了汽提塔顶排放气体（含氨、CO_2、甲醇、甲胺等）的污染。塔顶气体全部进入一段炉，使吨氨的能耗降低 0.54×10^6kJ，每年可回收精制水 32 万吨。

该技术适用于大型合成氨厂。

第二节　磷肥工业废水

我国磷肥工业起步较晚但发展较快，1996 年磷肥产量为 575 万吨，到 2009 年全国磷肥产量为 1385.7 万吨（以 P_2O_5 计），其中高浓度磷复肥 1061.5 万吨（以 P_2O_5 计），占总量的 76.6%，磷酸二铵（DAP）实物产量 1044.4 万吨，磷酸一铵（MAP）实物产量 835.2 万吨。我国磷肥生产的产品品种主要有普通过磷酸钙（普钙）、钙镁磷肥、重过磷酸钙、磷铵等。截至 2009 年 11 月，全国共有磷复肥企业 1553 家，其中磷肥企业 371 家，复肥企业 1182 家，从业人员 25 万人。磷肥生产废水中主要污染物为氟化物，如果氟化物排入水体中，人畜饮用超标含氟化物的水后，氟积存于人畜机体中，会造成骨骼、神经系统的疾病危害；农灌这种水后，氟积累于农作物中，对人畜也会产生氟害。

一、生产工艺和废水来源

磷肥生产排出的大量废水主要来自钙镁磷肥生产过程中产生的水淬水，排放量为生产 1t 磷肥排出 20～30t 废水。普钙、重钙、磷铵等磷肥生产过程中主要排出含氟废气。

我国钙镁磷肥生产是以高炉法为主，其生产工艺是：将磷矿石、镁矿石、焦炭等在锅炉内经 1400～1500℃高温焙烧后即生成钙镁磷肥的半成品，再经净化和烘干处理，粉碎后而得成品。高炉法钙镁磷肥生产废水主要为高炉熔料水淬过程产生的水淬水和炉气净化吸收水，每吨磷肥耗水淬水 20～40t，含 F^- 70～200mg/L、P_2O_5 100～300mg/L，pH 值为 2.0～2.6。

我国目前钙镁磷肥废水采用闭路循环法处理。废水经沉降回收半成品后返回生产系统循环利用，虽水温有所升高，氟含量有一定的积累，但对产品质量、产量、生产和操作过程都未发现不良影响，而且可大量节约新鲜用水，从原来用水 100 多万吨下降到 2 万吨多，水重复利用率约 80%以上，并能做到不排污。

磷酸为生产钙镁磷肥的原料，在磷酸生产中排出的废水主要来自尾气吸收塔和空气冷凝器，经冲洗滤布及地坪后产生的废水，在黄磷生产中还排出黄磷生产的废水。

二、清洁生产

1. 钙镁磷肥水淬水闭路循环技术

某磷肥厂（80 万吨钙镁磷肥/年）采用闭路循环技术处理水淬水。其工艺流程如图 1-3-21 所示。每生产 1t 钙镁磷肥要产生 20～40t 水淬废水，废水中主要含氟、磷、悬浮物，直接排放既污染环境又浪费水资源。废水经沉淀回收其中的半成品后，进入循环池再返回生产系统供水淬熔料，实现了水淬废水的循环使用。一次使用的水淬水中含氟 10mg/L 左右，循环使用后，含氟浓度升高，但可保持平衡在 100mg/L 左右，对产品质量、产量及操作均未发现有不良影响。

主要技术指标：处理量 280 万吨废水/年。

环境效益：每年少排放 280 万吨废水，减少取水 360 万吨，回收半成品 5000t/a。

江苏某磷肥厂（5 万吨/年）也采用此技术，该厂水淬水经闭路循环处理后，达到无废水排放，水重复利用率 100%，废水处理前后比较见表 1-3-5[1]。

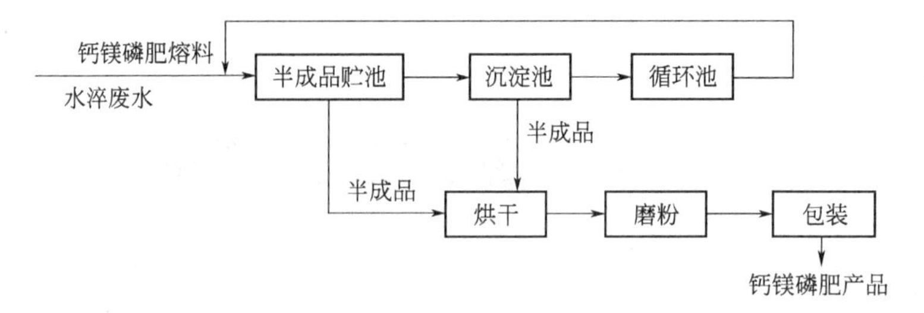

图 1-3-21 钙镁磷肥水淬水全封闭循环流程

表 1-3-5 废水处理前后比较表

项目	废水排放量/($\times10^4$t/a)	水重复利用率/%	氟排放量/(t/a)	新鲜水用量/($\times10^4$t/a)
治理前	100.9	0	10.39	102.96
治理后	无	100	无	1.06

该技术适用于高炉法钙镁磷肥水淬水的利用。

2. 磷酸废水闭路循环技术

某设计院开发应用了此技术，其生产工艺流程为：磷酸生产的废水主要来自尾气吸收塔和大气冷凝器，经冲洗滤布及地坪后，含较多悬浮物、F^-及P_2O_5，酸性较高。国内大都采用一级石灰中和法将废水中的F^-降至50mg/L左右，再与全厂其他废水混合排放（否则无法达标）。新开发的废水封闭循环法则把这部分废水经旋流分离器分离去除大部分悬浮物，溢流液含固量由2%～10%降至0.3%～2%左右，加入絮凝剂（聚丙烯酰胺），再经重力分离，使清液含固量降至<210mg/L，然后与氟吸收塔废水混合后送去冲洗过滤机滤布和地坪，分离出含固量为30%左右的稠浆，经增稠并加热后，再送入盘式过滤机过滤。正常运行时，整个磷酸装置无废水排放。此技术推广后，我国磷酸生产的排污将达到世界先进水平。处理工艺流程如图 1-3-22 所示。

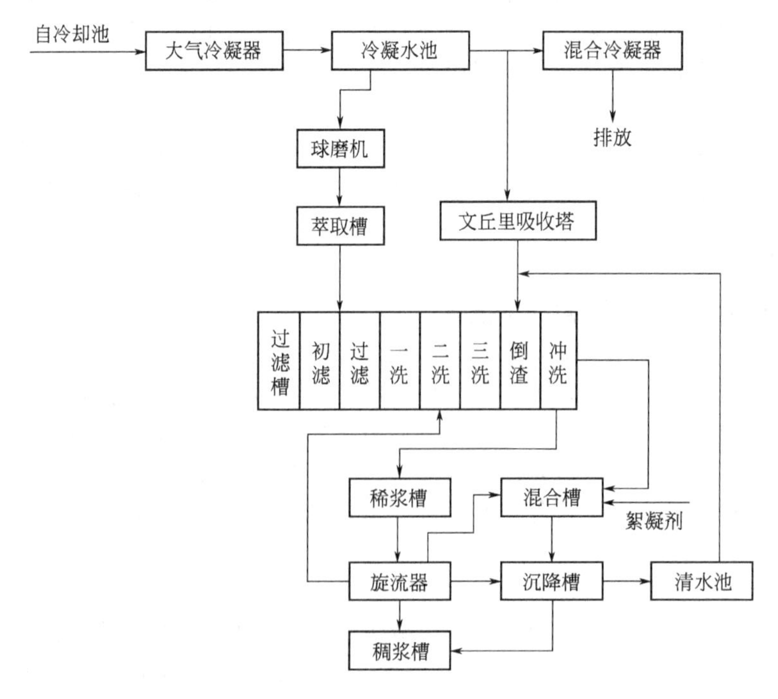

图 1-3-22 磷酸装置废水封闭循环流程

环境效益：消除了磷酸工业最大的水污染源。该技术取消了循环水，新鲜水的用量也大大减少，一般新鲜水用量 $40m^3/h$（一般老法新鲜水用量 $32\sim121m^3/h$，循环水 $160\sim450m^3/h$），节约了能源和水资源，基本消除了含 P_2O_5 和 F^- 废水的排放。

该技术已推广应用于多套磷铵生产装置，取得显著效果。该技术适用于中小型磷肥厂磷酸装置含氟废水治理。

3. 磷酸生产废水、废气综合控制清洁生产工艺

为减少磷酸生产中污染物的排放，应尽量在生产过程中削减污染物的产生量。一直以来磷肥生产行业大力推广磷酸生产废水、废气综合控制清洁工艺。工艺的主要特点是由反应及蒸发系统排放的含氟气体经多级串连洗涤，使尾气中氟的去除率>99%，与此同时，洗涤水中的氟硅酸逐级提浓，最终浓度达 18%，用作生产冰晶石原料。

处理工艺流程如图 1-3-23 所示。

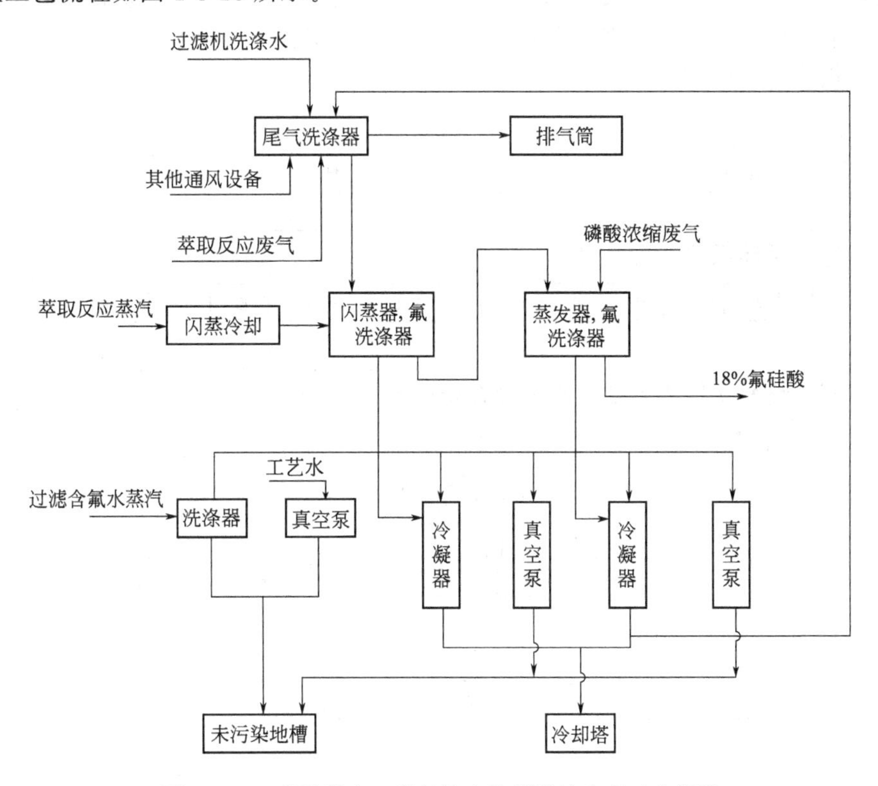

图 1-3-23 磷酸废水、废气综合控制清洁生产工艺流程

主要技术指标：

处理量 60000t/a（P_2O_5 的相应废水、废气）；

生产工艺排放废气含尘 $<100mg/m^3$；

生产工艺排放废气含氟 $<10g/t$（P_2O_5）。

环境效益：在正常生产情况下无废水排放，回收 18%的氟硅酸水溶液用于生产冰晶石或其他氟产品。

该技术适用于大型磷酸生产装置。

三、废水处理和利用

黄磷为生产磷酸的重要原料，某磷肥厂有设计规模 3000t/a 的黄磷生产装置。电炉法制

元素磷的生产过程中，废水主要来自：①冷凝塔喷淋水和精制锅漂洗水汇合成高浓度的含磷废水；②电极水封密封的低浓度含磷废水；③水淬炉渣的含氟废水。废水排放量为2600t/d，废水组成见表 1-3-6[1]。

表 1-3-6 废水水质组成

项目	元素磷/(mg/L)	氰化物/(mg/L)	氟化物/(mg/L)
高浓度含磷废水	47.05～260.0	21.30～21.40	52.0～61.20
低浓度含磷废水	0.20～1.84	0.012～0.032	0.50～1.20
含氟废水	0.05～0.17	0.011～0.012	31.0

该厂采用分路循环-电解法将绝大部分废水进行循环使用，平衡后多余废水进行沉淀、氧化、过滤、中和、电解。石灰中和主要去除氟，通过电解产生次氯酸钠将废水中的元素磷、氰化物氧化后除去。根据废水来源和组成不同，建成以下三个废水循环系统[1]。

(1) 电极水封水循环系统（低浓度含磷废水）

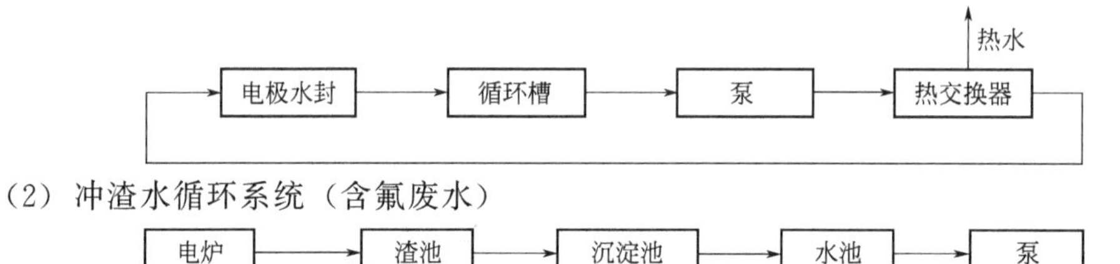

(2) 冲渣水循环系统（含氟废水）

(3) 冷凝塔喷淋水循环系统（高浓度含磷废水），见图 1-3-24。

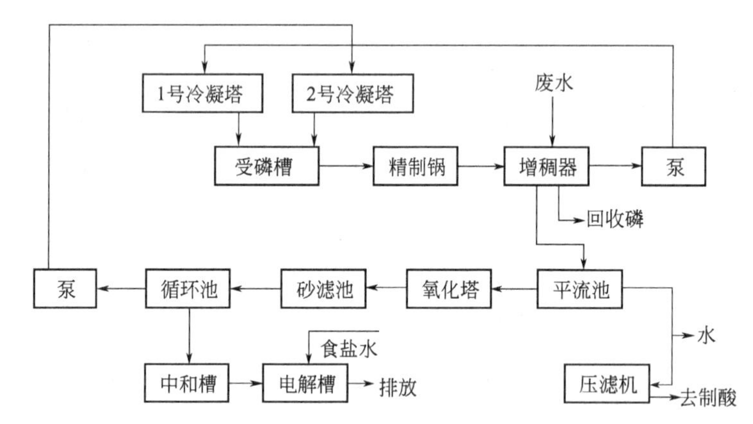

图 1-3-24 高浓度含磷废水循环工艺流程

废水进入增稠器，经初沉后用泵送回冷凝塔喷淋，多余废水进入平流池，经氧化塔鼓入空气氧化，进入无阀砂滤池经泵返回冷凝塔喷淋，平衡后多余废水经中和、电解排放。平流池中贫磷泥经板框压滤机脱水后送往制酸部分掺烧。工艺控制条件：

平流池停留时间	20h；	氧化塔气液比（体积比）	100；
电解反应 pH 值	8～10；	电解用电流	50A；

板框压滤机压力 $(5\sim6)\times10^5$Pa。

主要技术指标：

处理水量 720（电解 120）m^3/d； 电耗 2kW·h/m^3。

环境效益：废水经处理后，其中电极水封水、冲渣水实现闭路循环。高浓度含磷废水的喷淋水和精制漂洗水尚有少量排放，排放量由原来的2600t/d下降到120t/d，废水中磷悬浮物浓度已达到排放标准。

平流池中形成的贫磷泥得到处理回收，解决了黄磷废水处理中的一大难题。

该技术适用于黄磷生产废水的处理。

第三节　硫酸工业废水

硫酸是化学工业的基本原料，是生产普钙、磷酸的主要原料。磷酸又是重钙、磷铵等磷肥的主要原料。在我国，硫酸生产大都与磷肥相配套。在普钙生产中一般硫酸用量为理论量的95%～105%。硫酸除主要用于磷肥生产外，还用于冶金、有色金属冶炼、石油化工、国防军工、农药、医药等部门。改革开放以来，为了适应农业发展的需要，高浓度磷肥生产快速增长，使我国硫酸工业得到很大的发展。2009年全国硫酸产量5937万吨，其中，硫黄制酸占总量的45.7%，冶炼烟气制酸占总量30.5%，矿制酸占23.8%。

我国硫酸生产原料以硫铁矿为主，其他原料如冶炼烟气、硫黄、磷石膏等所占比例很小[5]。硫酸废水中主要污染物为氟和砷的化合物。砷具有积累性中毒作用，对人类而言，三价砷的毒性远大于五价砷的毒性，亚砷酸的毒性比砷酸盐的毒性大60倍。砷为致癌物，可引起皮肤癌。本节只就硫铁矿制酸废水做介绍。

一、生产工艺和废水来源

硫酸生产是将硫铁矿经熔烧生成二氧化硫气体后，经多道净化工序和催化吸收而制成硫酸。硫酸生产中的废水主要来自二氧化硫气体的净化工序。我国硫酸生产大多采用水洗净化工艺，用水净化气体中对催化吸收有害的氟、砷及矿尘等有害物质。该工艺废水排放量大，污染严重。有少数硫酸生产工艺采用“酸洗净化”工艺，即用稀酸代替水进行气体净化。经多次净化循环使用后的稀酸也需进行治理，生产1t硫酸排出废水5～15t。废水中主要污染物为F^- 20～200mg/L、As 2～120mg/L。由于我国硫铁矿普遍含硫品位低（90%以上均属含硫小于30%的中、低品位矿），致使硫酸排出的废水含氟、砷等有毒污染物多，难于治理而严重污染环境。表1-3-7[5]是我国部分硫酸厂废水水质。

表1-3-7　我国部分硫酸厂废水水质

厂　名	砷/(mg/L)	氟/(mg/L)	总酸度/(g/L)	厂　名	砷/(mg/L)	氟/(mg/L)	总酸度/(g/L)
南京某厂	3～18	15～78	3～8	四川某化工厂	2～4	～60	6～10
上海某硫酸厂	5～13	10～30	2～5	昆明某厂	0.1～7.0	2.5～4	—
上海某化工厂	2.5～5	60～75	2～3	辽宁某厂	0.1～7.0	2.5～4	—
苏州某硫酸厂	0.5～5	2.5～7.2	1.7～10	株洲某厂	47～138	60～220	2～4
杭州某硫酸厂	1.4	—	3～9	湖南某厂	11～130	24～160	4～5

二、清洁生产

为了减少硫酸废水大量排放带来的严重污染，“八五”以来新建的大、中型硫酸厂及部分老厂技术改造，都相继以“酸洗净化”清洁生产工艺取代“水洗净化”工艺。在“酸洗净化”生产过程中，为确保气体净化指标，要求循环酸中砷、氟杂质含量需控制在一定的范围。“酸洗净化”生产过程中，1t硫酸产生废酸30～50L。现将某硫酸厂（20万吨硫酸/年）采用酸洗净化闭路循环工艺流程介绍如下。

酸洗流程是用循环的稀硫酸洗涤炉气，这样可大量节约用水，回收炉气中的SO_3副产稀硫酸，减少硫酸废水排放。由沸腾炉导出的800～900℃炉气（含$SO_2$11%～13%、$SO_3$0.17%～0.28%）经中压废热锅炉回收热量后进入旋风除尘器和电除尘器，除去矿尘，进入一洗塔，用25%～30%的稀硫酸循环洗涤，洗涤其中的SO_3，再进入二洗塔，用2%～5%稀硫酸洗涤过程副产物，产品为30%左右的稀硫酸，排出酸泥。处理的工艺流程如图1-3-25所示。

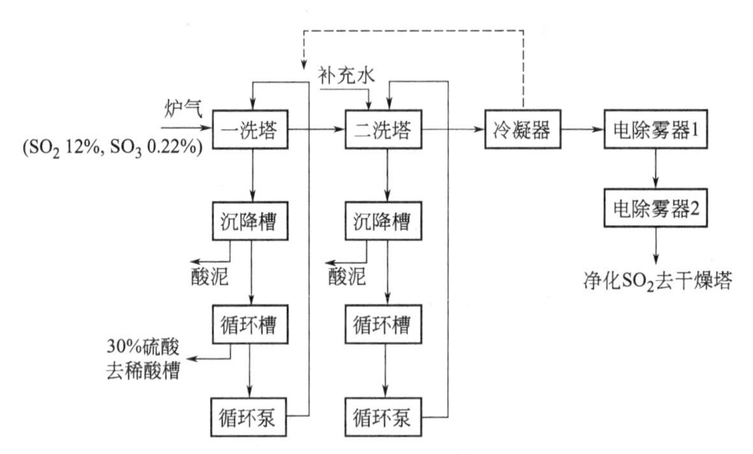

图1-3-25 封闭酸洗净化回收硫酸工艺流程

主要技术指标：处理量为8.5t/d（30%稀硫酸）。

环境效益：SO_2炉气净化改用酸洗封闭循环，炉气中的SO_3被酸吸收，产生的稀硫酸全部回收利用，可回收硫酸（折100%）462t。废水排放量减至水洗流程的1/200，生产1t硫酸的矿耗下降10kg，电耗下降2kW·h。但是酸泥的处理有待解决。

该技术适用于大、中、小型硫酸厂。

三、废水处理与利用

由于我国硫铁矿品位低、杂质多，硫酸生产过程排出的废水不仅含有硫酸、亚硫酸及大量矿尘，而且随原料矿的不同，含有害杂质的组分也各异。现将已有的几种处理方法介绍如下。

1. 中和法

采用电石渣对硫酸废水进行中和处理，废水经处理、澄清过滤后排放。该法主要去除废水中砷、氟及重金属浓度低的废水。如原料矿中杂质含量较高，该法处理后的废水中砷的浓度难于达到排放要求。

2. 石灰-铁盐法

采用石灰乳、硫酸亚铁等絮凝剂处理硫酸废水，处理后砷浓度从80～160mg/L下降达到排放标准；氟从80～200mg/L降至接近排放标准。但处理后产生的污泥量大，难于处理。

3. 中和-絮凝-氧化法

采用电石渣进行中和，使砷、氟、重金属及硫化物等沉淀，在絮凝剂的作用下，使之与废水中的硫铁矿渣一起去除，再氧化除去硫化物后排放。经处理后，废水中各项有害物质含量都大幅度下降，砷、氟、铅、镉及硫化物均可达到排放标准。

现将某硫酸厂年产14万吨硫酸生产装置采用的中和-絮凝-氧化法处理硫酸废水介绍如下。

该厂利用保险粉生产中排出的碱性废水240t（pH 13～14，S^{2-} 2000mg/L以上，COD

1000mg/L以上)，与硫酸废水（排放量为2600t/d）进行中和，中和时将pH值控制稍高些，就可使As、F、重金属、电石泥及硫化物生成沉淀，在絮凝剂作用下，使之与废水中的硫铁矿渣同时去除。在上述反应过程中有强还原性物质存在，致使硫化物在中和-絮凝后难以达到排放标准，为此还需加入一种RS除硫剂，通过氧化作用才能使废水达标排放。其处理工艺流程如图1-3-26所示。

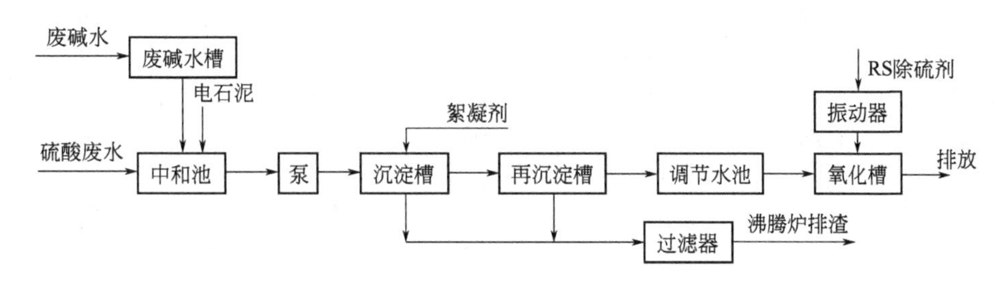

图1-3-26 中和-絮凝-氧化法处理废水流程图

废水在中和池进行中和后，用泵送至沉降槽，同时加入絮凝剂，经搅拌、沉降后，溢流至再沉降槽，由调节水池稳定流出，通过振动器加入RS除硫剂，在氧化槽中氧化，除去硫化物后达标排放。

主要技术指标：

处理量 $3840m^3/d$； 电耗 $0.63kW \cdot h/m^3$。

环境效益：废水经上述方法处理后，硫化物、砷、氟、镉、铅等主要有毒物质均达到国家工业废水排放标准，但COD稍差。

该技术适用于有硫酸及保险粉生产的工厂或地区使用，能达到“以废治废”的效果。

RS除硫剂适用于一般的硫化物废水处理，亦可用于含强还原介质废水中硫化物的处理。

第四节 氯碱工业废水

氯碱工业是基本化学原料工业的重要组成部分，其产品烧碱（氢氧化钠）、氯气及氯产品（含聚氯乙烯、盐酸等）广泛用于造纸、制皂、印染、制革、纺织、医药、染料、有机合成等行业，对国民经济各个部门的发展起着重要的作用。改革开放以来，我国氯碱工业发展很快，2010年全国烧碱产能达3021万吨。其中，离子膜法装置产能2547万吨，占总产能的84.3%，隔膜法装置产能474万吨，占总产能的15.7%[6]。与2009年相比，隔膜法烧碱产能在总产能的比重下降了11个百分点，到“十二五”末，隔膜法将达到100%淘汰，污染小的离子膜法将作为烧碱生产的主导工艺。

聚氯乙烯（PVC）是烧碱生产氯产品的主要产品。从2000年开始，我国的聚氯乙烯产业迅速崛起，我国已成为全球第一的聚氯乙烯生产大国。表1-3-8[7]为近年我国PVC树脂的生产与消费情况。2010年，全国聚氯乙烯产量已达2042.7万吨。聚氯乙烯生产方法有两种，即电石乙炔法和乙烯氧氯化法。2003年之前国内PVC行业处于电石法和乙烯法平稳发展，乙烯法占优势的局面。此后由于国际原油价格持续上涨，使得电石法PVC在生产成本上占据明显优势，从而引发了产能上爆发式增长。电石法生产PVC在2003年约占市场总量的55%，到2009年其市场份额已接近80%。目前电石法生产PVC项目仍在不断上马，2010年产能又增加了200万吨左右。

表 1-3-8 2001 年以来我国 PVC 树脂的生产与消费表 单位：kt

时间	产能	产量	进口量	出口量	表观消费量
2001 年	4137	2877	1916	19.9	4773
2002 年	4528	3389	1700	17.0	5072
2003 年	4908	4007	1759	230.0	5743
2004 年	6590	5032	1612	170.0	6627
2005 年	9340	6492	1551	119.0	7924
2006 年	10585	8238	1452	499.0	9191
2007 年	14480	9717	1304	753.0	10268
2008 年	15810	8817	1127	646.0	9297
2009 年	17310	9155	1630	236.0	10549

一、生产工艺与废水来源

烧碱生产原料为原盐，其生产工艺包括化盐、盐水精制、电解和烧碱蒸发四个部分。隔膜法生产烧碱过程中产生的含石棉废水来自电解槽洗槽水等，其排放量及组成见表 1-3-9。

表 1-3-9 石棉废水排放量及组成[1]

吨碱排放量/(m^3/t)	pH 值	悬浮物(石棉)/(mg/L)
0.005～0.2	>12	215～996

石棉是一种致癌物质，长期与之接触会引起肺癌、胃肠道癌、皮肤癌等。

聚氯乙烯的生产绝大多数企业采用的是电石乙炔法，只有少数有乙烯原料的大厂采用乙烯氧氯化法。在电石乙炔法生产聚氯乙烯的过程中产生的含汞废水主要来自合成气水洗塔、配置催化剂和置换废催化剂时真空泵用水等排出的废水。在电石乙炔生产过程中来自乙炔发生工序排出的电石废水及渣液。含汞废水和电石废水排放量及组成见表 1-3-10 及表 1-3-11。

表 1-3-10 聚氯乙烯含汞废水排放量及组成[1]

吨产品排放量	汞	氯化氢
20t/t	10mg/L	3%

表 1-3-11 电石废水排放量及组成[1]

吨产品排放量/(m^3/t)	乙炔/(mg/L)	硫化物/(mg/L)	COD/(mg/L)	$Ca(OH)_2$/(mg/L)
9～30	76.3～296.8	400～500	50～130	800～1700

电石渣浆为每耗 1t 电石排放 6～10t 渣浆（液），其中含固量为 11.5%～20%。除上述废水外，氯碱工业生产中尚有含酸废水、含氯废水、含氯乙烯废水、含碱废水等。

汞和氯乙烯均是毒性大的污染物，在人体内的潜伏期长，一般不易为人们重视。氯乙烯是致癌物质，会使人患肝、血管内瘤等癌症，已引起世界各国的重视。电石废水及渣液排入水体会使水体变颜色，影响水生生物的生长，且电石渣液臭味难闻。

二、清洁生产

(一) 离子膜法制烧碱技术

离子膜法电解制烧碱技术是当今世界各国氯碱工业大力发展的清洁生产技术。该法与隔膜法比较，碱浓度由12%提高到30%以上，节省蒸发能耗，平均每吨碱综合能耗可降低约30%，折合电约为1000kW·h，且具有产品质量纯度高、无污染等优点。20世纪80年代以来我国引进了离子膜法制烧碱的装置和技术，目前我国已基本具备离子膜法制烧碱出口成套技术的能力，无论从工艺技术上还是从产品质量上均已达到国际先进水平。GL离子膜电解槽已获国家专利权。

两种制碱法的产品（折合含NaOH100%计）能耗比较见表1-3-12。

表1-3-12 产品能耗（以1t产品计）

项目	离子膜法		隔膜法	
	单耗	折标煤	单耗	折标煤
能耗	2485kW·h	1.0039t	2610kW·h	1.0544t
蒸汽/t	2.6	0.3354	5.5	0.7095
水/t	40	0.0034	60	0.0052
合计/t		1.3427		1.7691

某公司继第1期10万吨/年离子膜法烧碱投产顺利后，又上马第2期20万吨/年离子膜法烧碱装置。2009年3月，氯碱线所有设备管道安装完毕，工程转入单机试车、试压和系统吹扫清洗工作。2009年6月21日一次投料送电成功，各项工艺参数控制在指标之内。

第2期20万吨/年离子膜法烧碱装置分为4个工序：一次盐水、二次盐水、电解、真空脱氯，全部采用DCS（分布式控制系统，国内自控行业称集散控制系统）控制，自动化程度非常高。表1-3-13[8]为电解槽的运行数据。

表1-3-13 电解槽运行数据

项　　目	控制范围	考核结果	取样部位
烧碱日产量/t	600	576.78	
电流密度/(kA/m^2)	4.88	4.88	
直流电耗/(kW·h/t)	≤2160	2120	
电流效率/%	≥96	96.13	
淡盐水质量浓度/(g/L)	200～220	211.5	阳极液出口总管
淡盐水中ClO^-质量浓度/(g/L)	≤3	0.47	阳极液出口总管
淡盐水pH值	2.5±0.3	2.7	阳极液出口总管
阳极液进口酸浓度/(mol/L)	<0.15	0.047	阳极液进口总管
阳极液出口酸浓度/(mmol/L)	0.2～0.5	0.25	阳极液出口总管
碱质量分数/%	32.0～32.5	32.125	阴极液出口总管
碱中含盐质量分数/%	<0.004	0.0013	阴极液出口总管
Cl_2含量/%	>98.0	99.0	氯气出口总管
H_2在Cl_2中的含量/%	≤0.4	0.07	氯气出口总管
O_2在Cl_2中的含量/%	<0.5	0.07	氯气出口总管
H_2含量/%	>99.8	99.9	氢气出口总管

(二)利用废烧碱液制取液体纯碱

国内某化工厂利用清洗烧碱槽车产生的废碱液（含NaOH 5～100g/L，NaCl 80～100g/L）吸收来自电石车间的石灰窑气（含$CO_2$30%以下），生成含量为10%的液体碳酸钠，供氯碱车间盐水工段精制盐水用。以废治废，回收利用，不仅杜绝了废碱液对环境的污染，减少 CO_2 气体的排放，而且有效地解决了该厂对纯碱（碳酸钠）的急需，节约了生产上需用的纯碱。其工艺流程如图 1-3-27[1] 所示。

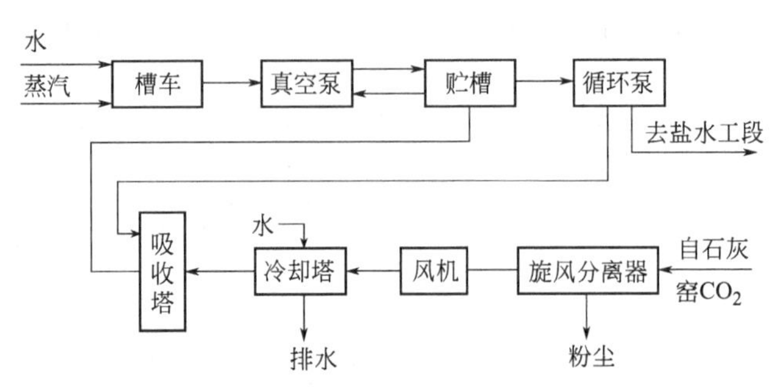

图 1-3-27 废烧碱液制液体纯碱工艺流程

主要技术指标：

处理量 4500t/a； 耗电（以每吨废碱液计） 0.125kW·h。

环境效益：回收烧碱 300～400t/a，食盐 500～700t/a，每年少排放废碱液 4000t 左右，少排空 CO_2 5200 万立方米，减少了对环境的污染。

该技术适用于烧碱工厂废碱液的回收。

(三) 盐酸生产闭路循环工艺

某化工厂采用闭路循环工艺技术用于盐酸生产。原工艺是将喷射泵下吸收氯化氢尾气后的酸性废水直接排放，造成耗水量大，酸性废水污染严重。采用闭路循环工艺，将吸收氯化氢尾气后的喷射下水（酸性废水）集中在酸性槽中，用循环泵使其大部分作为喷射泵水循环用，小部分作为二级降膜吸收用水，其补充水量与用作吸收的水量相当，从而保持了工艺用水的平衡。氯化氢和水都在闭路系统内循环，无有毒有害物质排入环境。其处理工艺流程如图 1-3-28 所示。

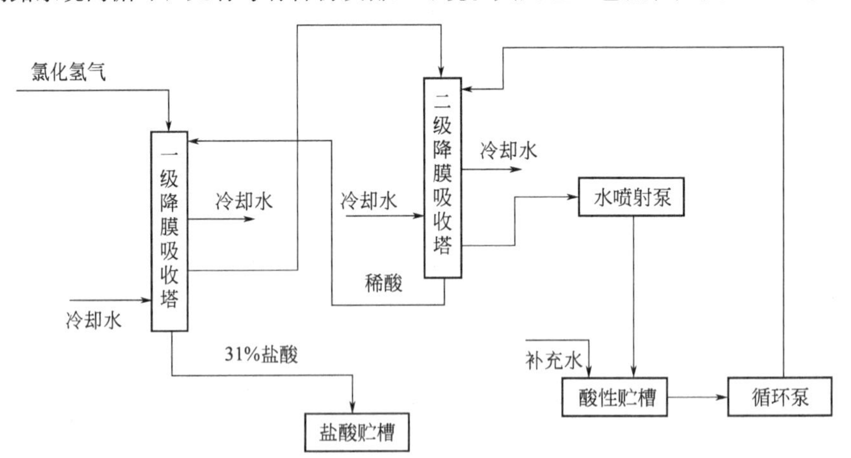

图 1-3-28 盐酸生产闭路循环工艺流程

主要技术指标：

处理量 19.8 万吨酸性废水/年；

消耗（以 1t 浓度 31% 盐酸计）

氯耗 301.5kg（比原工艺降低 13.5kg）；

氢耗 8.9kg（比原工艺降低 1.1kg）；

喷射泵用水量 0.69t。

环境效益：按 50t/d 浓度 31%盐酸计，采用此工艺可减少酸性废水排放 19.8 万吨/年，同时还可利用合成炉反应热生产热水，节约蒸汽 3767t/a。

该技术适用于降膜吸收法生产盐酸。

(四) 聚氯乙烯浆料汽提回收氯乙烯

某化工厂在悬浮法生产聚氯乙烯过程中，有部分氯乙烯未进行反应，经初步回收后尚有10%左右的氯乙烯吸附在聚氯乙烯树脂上或溶解在聚氯乙烯浆料中。采用穿流式无溢流管大孔径筛板塔进行真空汽提，聚氯乙烯浆料和蒸汽在塔内进行逆流流动。氯乙烯挥发点低，在真空条件下，可在几分钟内从料浆中分离出来，经冷凝分离后，再回用于生产中。浆料经汽提后，氯乙烯含量由 10000mg/L 降至 30mg/L，同时聚氯乙烯制品中残留的氯乙烯也由300～1000mg/L 降至 0.2～0.6mg/L。其处理工艺流程如图 1-3-29 所示。

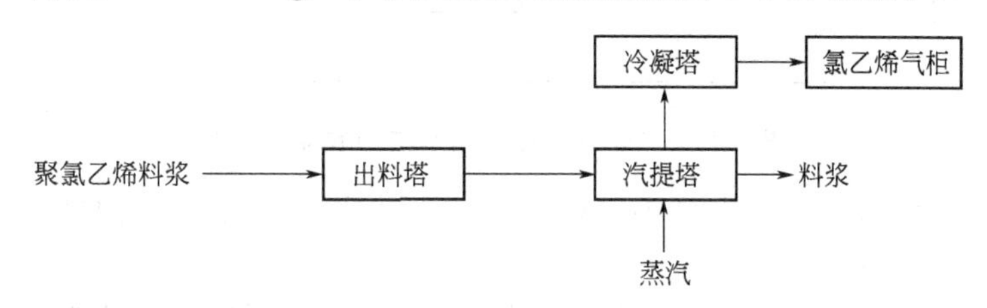

图 1-3-29 聚氯乙烯料浆汽提工艺流程

主要技术指标：

处理量 1.2t/d 氯乙烯；

消耗（以 1tPVC 计）

消泡剂 0.2kg； 蒸汽 7t；

工业水 0.4t； 电 5.7kW·h。

经济效益和环境效益：经处理后，聚氯乙烯加工作业环境中氯乙烯浓度由 600～1490mg/m³ 降至 5.4～28mg/m³，远低于卫生标准。产品残留氯乙烯 0.2～0.6mg/L，回收氯乙烯 650t/a。

该技术适用于聚氯乙烯生产厂。

(五) 聚氯乙烯生产闭路循环水洗回收盐酸

某电化厂采用闭路循环水洗回收盐酸技术。在该厂电石乙炔法生产聚氯乙烯过程中，为使乙炔气转化安全，要求氯化氢过量 4%～6%，转化后的合成气在进入下一工序前，需采用水吸收除去多余的氯化氢，生成含 HCl 2%～4%的废盐酸液，直接排入地沟。为了解决这一问题，防止污染，该厂采用闭路水洗技术把稀废盐酸液收集在贮槽中，用酸泵打入洗涤塔，与逆流的合成气接触，气体中未反应的氯化氢被稀酸吸收。为降低温度，吸收液从塔底流入石墨冷却器，冷却后的酸液送回贮槽，通过多次循环，直到盐酸浓度达到 22%～24%作为工艺用酸出售。其处理工艺流程如图 1-3-30 所示。

主要技术指标：处理量为 6000t/a 聚氯乙烯的合成气。

环境效益：解决了盐酸的排放污染，回收工业用盐酸 600t/a。由于用水量降低 80%，因此，由排放带走的氯乙烯单体大大减少，降低了物料损失和对大气的污染。该技术适用于乙炔法生产聚氯乙烯生产中盐酸的回收。

三、废水处理和利用

(一) 活性炭吸附法处理氯乙烯合成气水洗含汞废水

某化工厂聚氯乙烯设计规模为 6000t/a。废水主要来自清除氯乙烯合成气中的氯化氢。

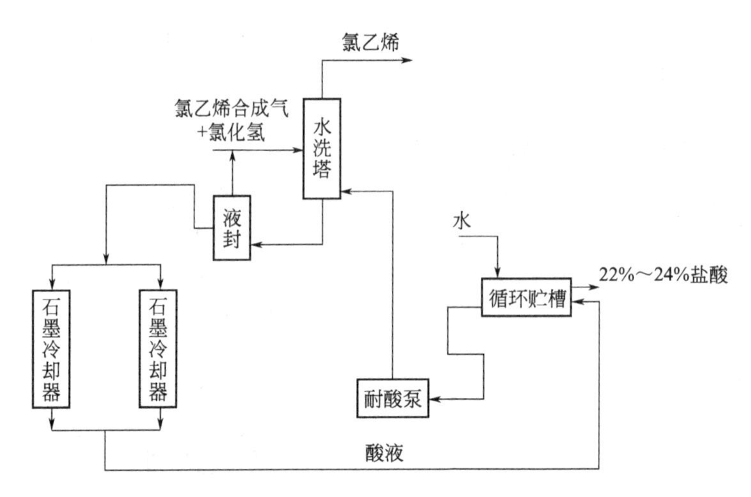

图 1-3-30 聚氯乙烯闭路水洗回收盐酸流程

由水洗塔排出的含汞废水排放量为 240～300t/d，废水水质为：pH1～3，COD 300～1000mg/L，Hg 4～14mg/L。

在氯乙烯合成气中的汞及水洗排水中的汞均能被活性炭吸附，经两级处理后废水含汞达到工业废水排放标准后排放，其处理工艺流程如图 1-3-31[1]所示。

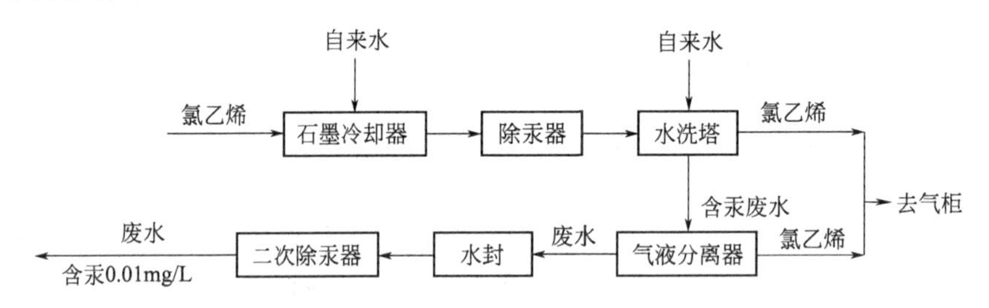

图 1-3-31 含汞废水处理工艺流程

合成气经石墨冷却器降温后进入气相除汞器，除汞后的氯乙烯气进入水洗塔洗去过量氯化氢，其中未除干净的汞亦混溶于水中变成含汞废水，此水再经一级活性炭除汞处理后合格排放。

主要工艺控制条件：

合成转化温度<180℃；氯乙烯出石墨冷却器温度 60℃。

主要技术指标：

处理水量 240～300m³/d。

环境效益：氯乙烯合成气经气相除汞，再经液相除汞后的废水含汞量符合国家工业废水排放标准。废水治理效果如表 1-3-14[1]所列。

表 1-3-14 废水治理效果

项 目		废水含汞浓度/(mg/L)	合格率/%
处理前		4～14	0
处理后	一级除汞	0.02～0.14	平均 75 左右
	二级除汞	0.012	100

该技术适用于合成氯乙烯除汞及回收盐酸除汞。

(二) 电石渣浆上清液的处理利用

某化工厂聚氯乙烯设计规模为6000t/a。废水主要来自：①乙炔发生器排出的电石渣浆；②冷却塔排出的废水；③水环压缩机排水；④废次氯酸钠；⑤废碱液；⑥冲洗地面及地沟废水。废水排放量600t/d。上清液水质组成：pH13～14，COD＞100mg/L，S^{2-}＞150mg/L，悬浮物500～2000mg/L，C_2H_2＞30mg/L。

处理工艺：在乙炔生产过程中，由于电石不纯，含有硫化钙、磷化钙等主要杂质，产生乙炔时，生成硫化氢、磷化氢等杂质，这些杂质混入乙炔气中对生产有害，因此必须用次氯酸钠溶液将其脱除。在乙炔发生器中，生成的磷化氢大部分混入乙炔气中，而生成的硫化氢则立即溶解于电石渣浆液中。电石渣浆液经沉淀、澄清、冷却后，将流出的上清液收集，然后送回乙炔发生器使用。其处理工艺流程如图1-3-32[1]所示。

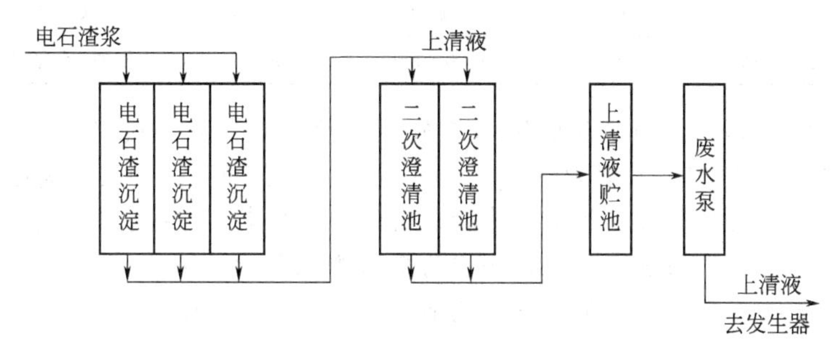

图1-3-32 电石渣浆上清液处理工艺流程

工艺控制条件：

上清液温度＜40℃；悬浮物＜2000mg/L。

主要技术指标：

回收水量 300t/d； 电耗 0.6kW·h/m^3。

环境效益：每日回收上清液约300多吨，用于发生乙炔气，减少了电石渣浆与上清液对环境的污染。

该技术适用于湿法发生乙炔所产生的电石渣浆上清液的处理。

第五节 有机磷农药废水

农药工业是化学工业的主要行业之一。改革开放以来农药生产得到持续发展，2010年全国农药总产量达到234.2万吨，其中杀虫剂占31.9%，杀菌剂占7.1%，除草剂占45%，其余为植物生长调节剂[9,10]。目前，我国可生产200多种杀虫剂、杀菌剂、除草剂和植物生长调节剂。

近20年来，我国农药产品在结构上发生了较大变化，有机磷农药等高效低残毒农药有较大幅度的增长。目前，我国农药产品中有机磷农药占80%以上，其主要产品有乐果、氧乐果、敌百虫、敌敌畏、马拉硫磷、磷胺等。由于农药生产品种繁多，生产工艺复杂，工艺水平和操作条件都较落后，致使产品收率低，副产物多，"三废"排放量大，加之农药废水中含有难被生物降解的有机物，因此给农药废水的治理带来很大的困难。

一、生产工艺和废水来源

有机磷农药生产工艺一般是将化工原料经一步或两步合成反应，再经分离精制，水洗涤去除反应副产物而制得成品。农药生产废水主要来自合成反应生成水、产品精制洗涤水以及设备和车间地面冲洗水等。

农药废水排放量及组成随生产规模和工艺控制条件而不同。主要有机磷农药废水排放量及组成见表 1-3-15[1]。

表 1-3-15 主要有机磷农药废水排放量及组成

产品及废水名称	吨产品排放量/t	废水组成/(mg/L)		
		COD	总有机磷	其他污染物
敌百虫合成废水	27.8	25000～230000		
敌敌畏合成废水	4～5	40000～50000	4000～5000	NaCl 50000,敌百虫 10000
乐果母液洗涤水	3	1174	5.5	甲醇 1377
硫磷酯废水	1.6	1390	44	NH_4Cl 16.67%,粗酯 5.93%
马拉硫磷酯化及合成洗涤水	3～4	5000～95000	15000～50000	甲醇、乙醇等

这些废水的特点是：①吨产品的废水排放量不算大，一般每吨产品产生废水 3～24t，但有毒物浓度高，COD 浓度一般为 5000～80000mg/L，有的高达十几万毫克/升；②组成复杂、毒性大，废水中含有各种农药中间体磷、硫化物和盐类，有些农药有杀菌作用，能抑制微生物代谢作用，使生物系统紊乱，有些农药是芳香族化合物和卤代芳烃有机磷、硫化物，不仅有毒且难于生物降解；③由于生产工艺不稳定，技术和操作水平低，管理不善，水质水量不稳定。

对于几种主要有机磷农药的生产工艺及废水来源介绍如下[11]。

1. 乐果

乐果合成原料：硫代磷酸酯、一甲胺和三氯乙烯。

乐果合成工艺：氯乙酰甲胺法、后胺解法。

废水来源：主要来自硫化物工序的洗锅水、洗涤水、氯乙酸甲酯废水和合成废水及冲洗设备水。

2. 氧乐果

氧乐果合成工艺：异氰酸酯法、先胺解法、后胺解法。

废水来源：主要包括铵盐制备产生的废水，粗、精酯制备产生的废水以及洗罐、冲洗地面水、制备氧乐果排出的废水，回收氯仿的冷凝水。

3. 马拉硫磷

马拉硫磷合成原料：五硫化二磷、对苯二酚、丁烯、二酸二乙酯。

马拉硫磷合成工艺：酯化合成法。

废水来源：主要为酯化反应碳酸钠中和后产生的废水、成品碱水水洗产生的废水及整个工艺过程中的冷凝水、车间冲洗地面水、冲洗反应罐废水。

4. 敌敌畏

敌敌畏合成原料：亚磷酸三甲酯、三氯乙醛。

敌敌畏合成工艺：亚磷酸三甲酯法（直接法）、敌百虫水解法。

废水来源：主要为三甲酯工序废水、生产敌敌畏工序废水、洗罐和冲洗地面水。

5. 敌百虫

敌百虫合成原料：三氯化磷、甲醇、三氯乙醛。

敌百虫合成工艺：二步法、一步法。

废水来源：反应回流时的冷凝水、回收甲醇和其他低沸物的回流水、水吸收部分尾气洗涤后的吸收水。

二、清洁生产

（一）氧乐果生产新工艺

氧乐果是一种杀虫谱广、内吸性强、杀虫活性高、抗性小的农药。由于缺乏有效的中间控制方法和手段，产品收率不高成为氧乐果生产中的主要问题。在生产中，其总收率在40%以上、有经济效益的仅占1/3；总收率在35%～40%的约占1/2；总收率在35%以下，不能正常生产的约占1/6；有很多企业因收率低而亏本停产。为改变氧乐果生产工艺落后、产品收率低、质量差、污染严重的状况，国内某公司利用现代分析手段和独创的动态研究方法，对氧乐果的生产过程及本质进行了深入细致的研究，对某企业的生产工艺、设备、分析检测、回收利用、自动控制等进行了全面的优化和改进，并研制了高新催化剂，开发了氧乐果生产新工艺。

该新工艺具有显著提高质量、降低消耗的作用，将氧乐果总收率提高到60%左右，原油含量由68%左右提高到80%左右，并且大幅度降低了生产成本，使四种主要原料消耗降低1000kg/t（折合100%原油）以上。同时废水中的COD和总磷也分别降低1/4和1/2以上，大大减少了废弃物的排放，降低了三废处理费用。

该新工艺投资少、见效快，目前已被全国多家氧乐果生产企业采用，创造了近亿元的新增经济效益。

该技术适用于氧乐果生产厂技术改造。

（二）乐果中间体硫磷酯生产废水的回用

某农药厂对乐果生产的中间体硫磷酯生产废水采用沉淀-蒸发-结晶法进行回收利用。其工艺流程如图1-3-33[1]所示。

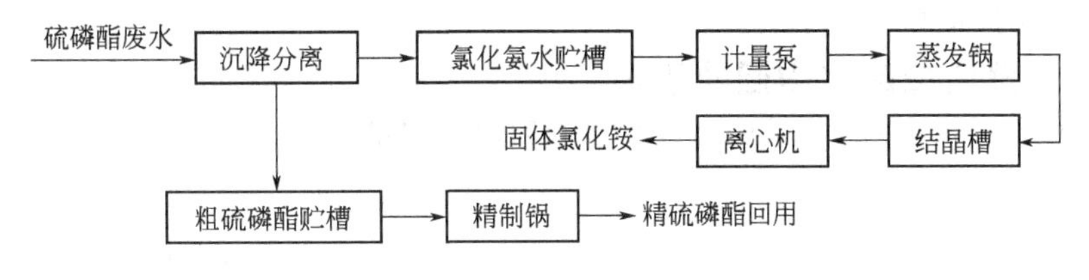

图1-3-33　硫磷酯废水回收利用流程

硫磷酯生产废水主要包括粗硫磷酯水洗分离排出的废水和精硫磷酯水洗分离排出的废水。利用废水中所含物质的浓度和水溶性上的差异，采用沉降分层法分离出废水中的粗硫磷酯，经精制再回用。上层水相经减压蒸发、浓缩，结晶出固体氯化铵作肥料。

主要技术指标：

处理量　558t粗硫磷脂/a；　　电耗　0.7kW·h/m^3。

环境效益：乐果中间体硫磷酯废水经上述工艺回收处理后，不仅避免直接排放带来的污染，每年还可以从废水中回收粗硫磷761t，固体氯化铵肥料500t，液体氯化铵2000t。

该技术适用于乐果硫磷酯废水及同类产品废水的回收利用。

（三）乐果原油生产废水的回收利用

某农药厂采用萃取-蒸馏法处理乐果原油生产废水加以回收利用。其处理工艺流程如图1-3-34所示。

生产乐果原油的过程中，由乐果合成锅分离出的母液以及离心分离时的洗涤水含乐果2.5%左右。利用乐果原油水溶性小、密度大、易溶于有机溶剂等特性，采用三氯乙烯为萃

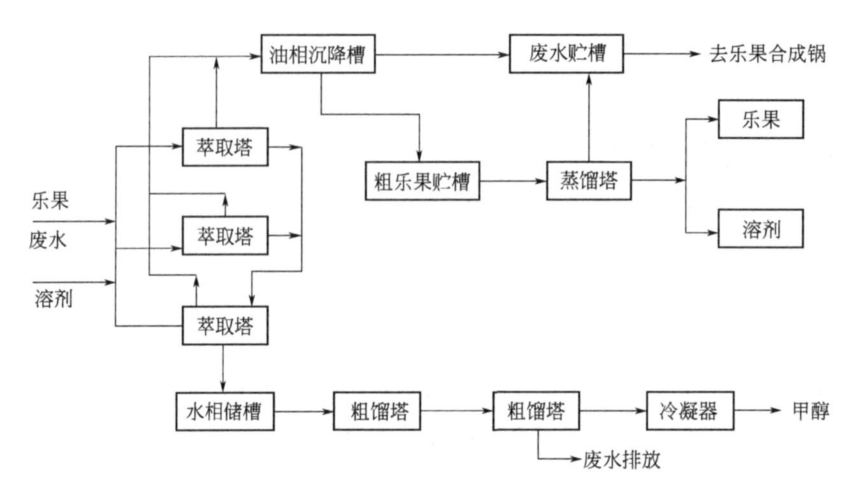

图 1-3-34 乐果废水处理工艺流程

取剂串级萃取回收废水中60%以上的粗乐果，回收的粗乐果进行分馏，得到乐果原油和三氯乙烯溶剂，余水送乐果合成套用。萃取粗乐果后的废水进行蒸馏，冷凝回收甲醇后排放。

主要技术指标：

处理量 6000t/a 废水（20t/a 乐果原油）；

甲醇回收率 ≥60%，甲醇纯度 ≥95%；

乐果回收率 ≥57.5%，含量≥70%；

电耗 2.6kW·h/m^3。

环境效益：经上述处理后，废水中有用物质得到回收利用。每年回收粗乐果240t，甲醇150t，提高乐果收率1.5%左右。但废水中尚有一定量的一甲胺未回收。

该技术适用于乐果生产厂。

（四）从乐果合成废水中回收乐果

由某研究所研究开发的从乐果合成废水中回收乐果的技术，其处理工艺流程如图1-3-35所示。

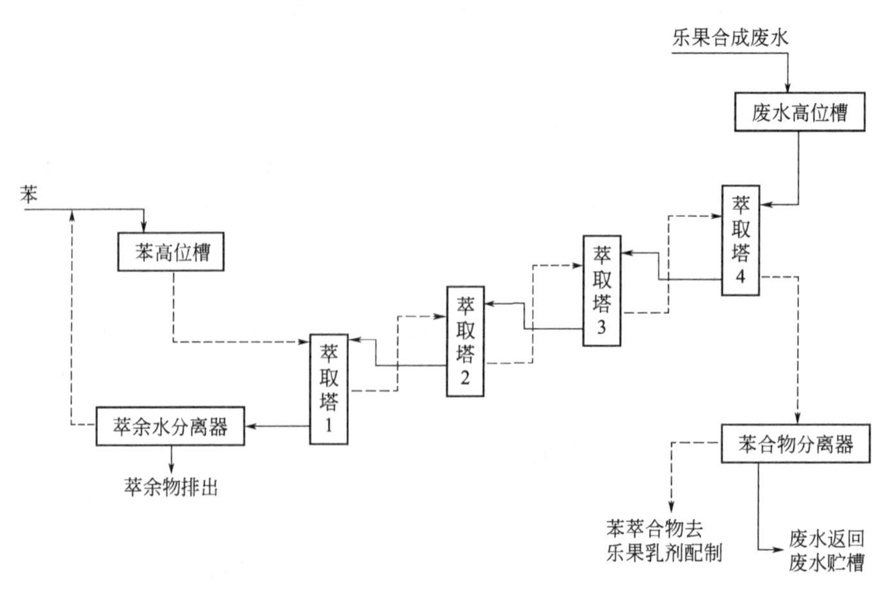

图 1-3-35 乐果合成废水萃取回收乐果工艺流程

每生产 1t 乐果原油要排出 0.75t 废水，废水中含乐果 2.0%～2.5%。选择苯为萃取剂萃取废水中的乐果，得到含有乐果的苯萃合物，可以直接用于配制乐果乳剂，此法较用三氯乙烯作萃取剂简单，并节省投资。采用中分式萃取塔四塔对流萃取，苯先进入第 1 萃取塔，并依次进入 2、3、4 塔，与对流而下的废水进行四次混合与分离，完成萃取过程。之后携带乐果的苯萃合物在分出水后用以配制乐果乳剂。分离出的废水返回到废水储槽，重新进入回收系统。萃取后水相乐果的含量降至 0.2%左右，作为废水排放（或进行废水处理）。

主要技术指标：

处理量　　1920t 废水/a，38.4t 乐果/a；　　吨产品电耗　　67.13kW·h。

环境效益：此技术有效地回收了乐果合成废水中的乐果，减轻了对环境的污染，回收乐果 38.4t/a。但萃取塔转动部件易损坏，较难维修。

该技术适用于乐果生产厂。

（五）甲胺磷生产废水回收甲醇

某农药厂采用蒸馏-冷凝法回收甲胺磷生产废水中的甲醇，其处理工艺流程如图 1-3-36 所示。

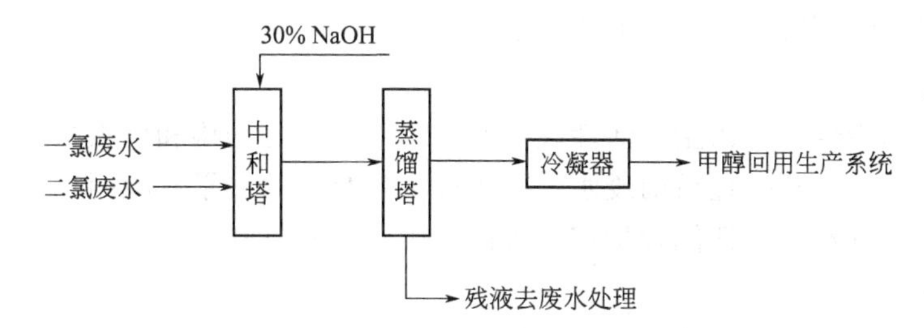

图 1-3-36　甲胺磷生产废水回收甲醇工艺流程

甲胺磷生产中，合成一氯化物和二氯化物中间体时，产生含甲醇废水，经加碱调 pH 值后进蒸馏塔蒸馏，甲醇从气相挥发出，经冷凝，则得甲醇，可回用于生产，残液去废水处理装置。

主要技术指标：

处理量　　4.2 万吨废水/年。

环境效益：减少对水环境的污染，回收甲醇 1.04 万吨/年。降低生产成本和原料消耗。

（六）利用三唑磷和水胺硫磷生产废液制水杨酸

某农药厂利用两种生产废液制成水杨酸。

农药三唑磷生产的环合工序反应后有过量的甲酸和硫酸，经一次性工艺回收后排出含甲酸和硫酸的废母液。水胺硫磷车间水杨酸异丙酯经碱洗回收精酯后，洗液中含水杨酸钠。利用上述两种废液反应制成水杨酸，经离心、干燥制得成品。离心后的母液中还含有少量酸，用回收甲醇后的蒸馏残液（含碱性）中和后，清液排放，固体废物回收。处理的工艺流程如图 1-3-37 所示。

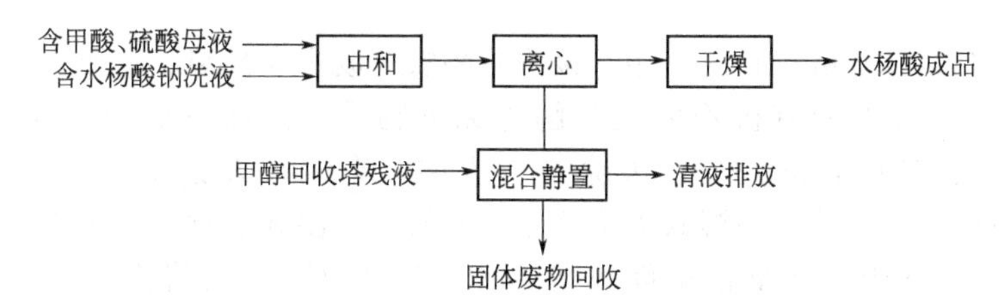

图 1-3-37　利用三唑磷和水胺硫磷生产废水制水杨酸流程

主要技术指标：

处理量　　739t/a 废母液（200t/a 水杨酸）；

消耗（以每吨产品计）

电　　1060kW·h；　　水　　30t。

环境效益：两种废液经利用后，可减少排放甲酸 47.8t/a，硫酸 63t/a。

该技术适用于同类产品的废液回收利用。

三、废水处理和利用

有机磷农药废水组成复杂，排放量较大，污染物浓度高，废水治理难度大。目前国内除了大多采用清洁生产和资源综合利用技术，改革工艺和回收利用其“三废”资源外，一般采用生化法处理。现已有多座生化处理装置在运行，采用的工艺有活性污泥法、表面加速曝气法、鼓风曝气、接触氧化等。因有机磷农药废水含有毒物浓度高，且含有一定量的难于生物降解的物质，因此，还必须有适当的预处理技术，以有效提高生化处理的效果。

(一) 有机磷农药废水的预处理技术

常见的有机磷农药废水预处理方法如下。

1. 吸附法

吸附剂可采用活性炭或树脂。活性炭主要是利用其多孔结构和巨大的比表面吸附有机磷农药废水中的有机物，其处理后的废水可降至被生物氧化的水平。吸附剂也可采用树脂，其特点是效果好、处理量大、性能较稳定，可回收废水中有机物。

2. 水解法

水解法可分为碱性水解和酸性水解两种。

(1) 碱性水解　有机磷农药在大多数情况下可发生水解反应，在水解过程中，P—O (S) 键或 (S)O—X 键破裂，生成无毒或低毒的产物，水解速率很大程度上取决于 pH 值的高低。常用的碱是 NaOH 或石灰乳。如采用石灰乳时，废水 pH 值维持在 11 左右，常温常压下搅拌 6h，水解后 COD 去除 50%左右，有机磷去除 80%以上，但该法会产生较大的臭味。

(2) 酸性水解-沉磷法　在酸性条件下，使废水中硫代磷酸酯水解成二烷基磷酸，再进一步水解成正磷酸和硫化氢，之后在碱性条件下从水中逸出的硫化氢与石灰乳中和，生成硫氢酸钙，正磷酸与石灰乳中和生成磷酸钙。

利用该法后加萃取处理甲基对硫磷废水，pH 值为 4，酸性水解，然后碱性条件下沉磷，之后用 N-503-煤油萃取回收废水中的对硝基酚钠，废水经处理后 COD 可去除 30%～35%，有机磷去除 45%～55%，酚去除 95%以上。

3. 溶剂萃取法

用 N503、7301 树脂等萃取剂处理磷胺中间体亚磷酸三甲酯，除草剂二甲四氯含酚废水及乐果洗涤废水中粗乐果，可有效回收废水中酚、乐果等有用物质。

4. 湿式氧化法

废水 COD 超过 50000mg/L 时采用，该法是将农药废水在高温、高压条件下，不断通入空气（或氧气），使有毒的有机物氧化分解为无毒物质。温度一般为 230～240℃，压力 6.5～7.5MPa，反应时间 1h，COD 去除 50%左右，有机磷去除 90%以上，有机硫去除 80%以上。目前湿式氧化法正向湿式催化氧化方向发展。湿式氧化后，废水可生化性显著提高，如处理甲基对硫磷、杀螟松中间体等废水，BOD/COD 比值由 0.18～0.23 提高到 0.65～0.70。

(二) 生物法处理有机磷农药废水

1. 活性污泥法

有机磷废水经大量水稀释或预处理后可进行生化处理，在微生物作用下可使农药废水中有机物分解转化成无毒的 CO_2、H_2SO_4、H_3PO_4 以及微生物生长的基质和能量。目前常用的方法是活性污泥法。

一般控制进水 COD 为 1000～1500mg/L，有机磷 40～120mg/L，生化出水 COD 为 100～250mg/L，有机磷低于 30mg/L，BOD 平均去除率为 90%，酚去除率 99%。由于生化降解后的最终产物呈酸性，pH 值下降，故常需在生化处理前将废水 pH 值调至 9～11。预处理后的废水经调节送入生物处理构筑物，生物处理的出水排放天然水体或经深度处理后回用。虽然采用了预处理方法，但进水仍需大量水稀释，所以处理装置庞大、负荷低、投资和运行费较高。因此研究高效、低能耗的生物处理技术越来越受到重视。

2. 其他生物处理方法

(1) 生物滤池　国外生物滤池已广泛应用于农药废水处理，我国某农药厂利用塔式生物滤池与表曝相结合处理 1605 喹硫磷、稻瘟净等农药废水，COD 去除率达 85%。

(2) 深井曝气法　是活性污泥法的改进，其特点是氧传递速率高，氧利用率达 90%，污泥产率低，抗冲击负荷能力强，占地少，能耗低，但管道易腐蚀，维修管理不便，施工费用较高。

(3) SBR 活性污泥法　用 SBR 法处理乐果生产废水，进水 COD 在 3000mg/L 左右，BOD 为 1600mg/L，有机磷为 114mg/L；出水 COD≤220mg/L，BOD≤6mg/L，有机磷≤10mg/L。

(4) 生物活性炭　用生物活性炭法处理乐果、敌敌畏混合废水，进水 COD 为 2000～2500mg/L 时，出水 COD 为 100～200mg/L。

(三) 有机磷农药废水处理实例

1. 从甲胺磷胺化废水中回收精胺

甲胺磷是农药的主要品种之一，胺化废水主要含胺化物（*O*,*O*-二甲基硫逐磷酰胺）2%～4%，NH_4Cl 8%～9%，游离氨 2%～4%。污染物浓度高、毒性大。采用三步处理方法，即先回收废水中的胺化物，再回收氯化铵，并去除有机物，剩余的废水再进行生化处理。胺化废水和选定的萃取剂（二氯乙烷）在萃取塔中经反复多次的混合与分离过程，废水中胺化物进入萃取剂相，萃余液排入下一工序。萃取液经脱溶后得到精胺，萃取剂回收胺化物后的萃取液中含有 25%左右的氯化铵，还有 20%左右游离氨和具有还原性物质的有机物。用氯化氢废气中和游离氨使之生成 NH_4Cl，再蒸发结晶，分离出固体 NH_4Cl。废气经无害化处理后排放，冷凝液进行生化处理后排放。处理的工艺流程如图 1-3-38 所示。

主要技术指标（指回收胺化物试生产）：

处理量　　2000t 胺化废水/a，40t 精胺化物/a；

废水中胺化物回收率　　>90%；

萃余液中胺化物　　<0.2%；

消耗（以 1t 精胺计）

胺化废水	45t；	蒸汽	5t；
萃取剂蒸气	90kg；	电	670kW·h。

经济效益和环境效益：从胺化废水中回收的精胺能满足甲胺磷生产的质量要求，回收成

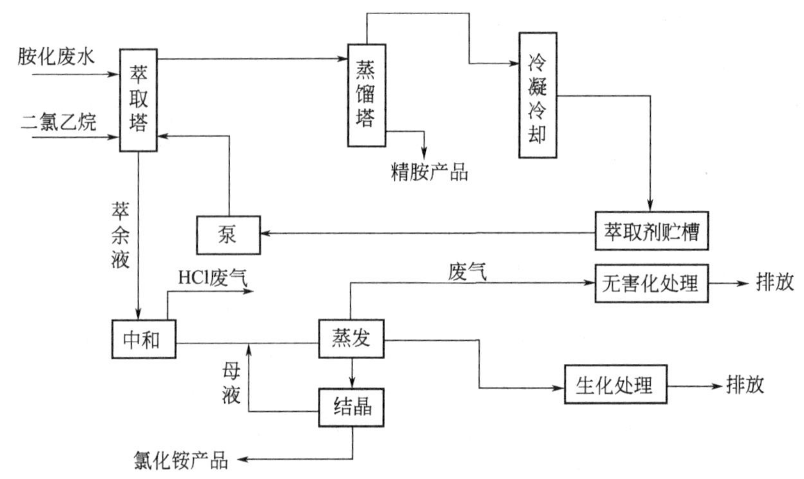

图 1-3-38 甲胺磷胺化废水回收处理工艺流程

本远低于企业的生产成本。经回收胺化物后，废水中有机磷浓度降低 5.0g/L，COD 降低 40g/L，基本解决了直接排放胺化废水带来的污染。整套装置可处理胺化废水 7500t/a，可减少排放有机磷 37.5t/a、COD 300t/a。废水中尚须排放二氯乙烷 5t/a。

该技术适用于甲胺磷生产废水回用。

2. 活性污泥法处理有机磷农药废水

某农药厂建有设计规模为 2400t/a（100%原油）的对硫磷和设计规模为 2000t/a（80%原油）的甲拌磷生产装置，废水主要来源如下。

（1）在对硫磷生产中，中间体二氯化物水洗水和一氯化物水洗水经过回收酒精后产生的一部分废水，以及对硫磷合成水洗产生的一部分废水，另一部分为冲洗地面水。

（2）在生产甲拌磷过程中，产生乙硫醇中间体时有一部分废水排出，以及合成甲拌磷原油时产生一部分废水。

废水组成：生产对硫磷、甲拌磷所产生的废水与厂内其他有机磷农药废水混合。

废水水质：pH7～8，COD 8000～12000mg/L。

废水排放量：对硫磷（1605）为 193t/d；甲拌磷（3911）为 288t/d。

废水处理工艺流程如图 1-3-39[1] 所示

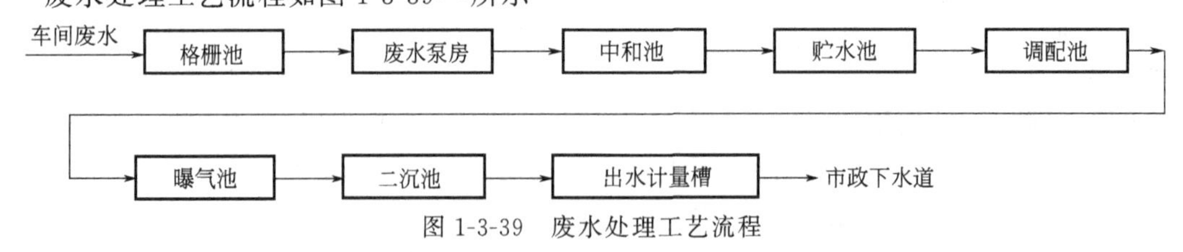

图 1-3-39 废水处理工艺流程

废水经清污分流后，比较浓的废水经过格栅池用泵打入中和池（用 Na_2CO_3 水溶液调节 pH 值为 9～10）溢流至废水贮存池，再用泵打入调配池，加营养液及稀释水使废水 COD 调至 2000～2500mg/L，进入曝气池，温度 18～35℃，溶解氧 2～4mg/L，水力停留时间 9～12h，回流比 1∶3，处理后出水在二沉池经沉淀 1.5h 后经出水计量槽，再排入市政下水道。

主要技术指标：

处理量 800m^3/d 废水；　　电负荷 1.06kW·h/kg（COD）。

环境效益：有机磷农药废水经生化处理后达到了无毒化，各项水质指标基本达到了地方排放标准。

该技术适用于有机磷农药废水治理。

3. 酸解-沉磷-萃取-生化法处理甲基1605合成废水

某化工厂建有50%甲基1605（甲基对硫磷）乳油、设计规模为5000t/a的生产装置。废水主要来自：①正常开车中水洗锅和过滤器排出的含酚废水；②打浆场地冲洗的废水；③开、停车或事故产生的高浓度含酚废水。

废水排放量：45～50t/d。

废水组成如下：

pH值	7～8；	有机磷	2000～2500mg/L；
COD	30000～50000mg/L；	对硝基酚钠	2000～3000mg/L。

处理工艺流程如图1-3-40[1]所示。

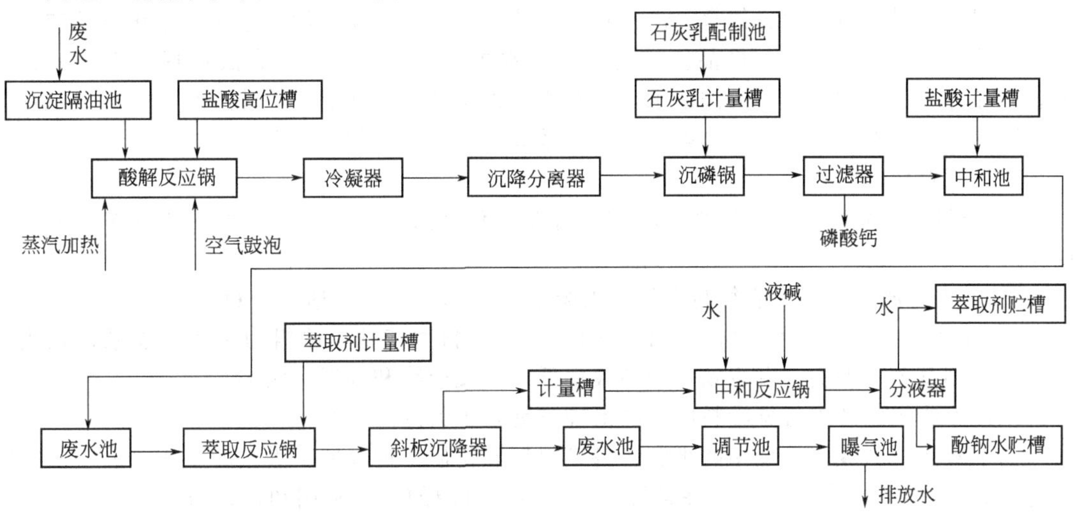

图1-3-40 甲基1605合成废水处理工艺流程

废水经酸解破坏有机磷内S═P双键，使部分有机磷成为无机酸（PO_4^{3-}），并与引入的Ca^{2+}生成难溶于水的磷酸钙沉淀。

废水中的对硝基酚与萃取剂充分混合，由于萃取剂对“对酚”的溶解度大，经静置分离后，有机相与适量的碱中和，使原来溶解于萃取剂中的对硝基酚钠分离出来，得到对硝基酚钠水溶液，从而使萃取剂再生回用。

废水经萃取后，对硝基酚钠被回收利用。废水再经稀释后，用表面加速曝气池进行二级处理，废水达到排放标准后排放。

主要技术指标：

处理量	$45m^3/d$（浓）；	电耗	$2.16kW\cdot h/m^3$。

环境效益：废水经上述方法处理后能分解有毒物，化害为利，综合利用不产生二次污染。沉磷后副产的磷酸钙可作为化肥使用，肥效与其他磷肥相近，无二次污染。出水水质达到国家工业废水排放标准。

该技术适用于甲基1605合成废水及其他类似的生产废水的治理。

第六节 染料工业废水

染料工业包括染料（含有机颜料）、纺织染整助剂和中间体生产。主要染料种类有分散染料、还原染料、直接染料、活性染料及阳离子染料等。2009年产量71.9万吨。其中产量最高的三类染料是分散染料34.8万吨，活性染料19.6万吨，硫化染料9.7万吨，其他类染料合计7.8万吨[12]。纺织染整助剂200多个品种，相应配套的中间体200多个品种。

染料生产品种多、批量小、工艺复杂、生产技术落后、操作水平低，加之生产管理不善，致使产品收率低、副产物多、“三废”排放量大。在染料生产中有60%的无机原料和10%～30%的有机原料转移到废水之中。

染料废水中含有大量的卤代物、硝基物、氨基物、苯胺及酚类等有毒物质，有些物质又是难于生物降解的；还有氯化物、硫化物、硫酸钠等无机盐类；COD一般在3000～10000mg/L，有的高达数万毫克/升。废水颜色深，色度达到千倍甚至数万倍。

一、生产工艺和废水来源

染料一般是通过氯化、偶合、乙基化、硝化、缩合、氧化还原、重氮化等化学反应合成制得，再经分离精制而得到产品。染料生产废水主要来自染料生产合成过程中生产的废母液，产品分离、精制过程中的洗涤水，以及生产设备及车间地面的冲洗废水等。染料工业废水中不易治理的有含硫废水、含盐废水、萘系废水及色度高的废水等。

染料工业废水的特点：

① 染料生产品种多、批量小，水质水量变化范围大，染料生产多为间歇操作，废水间断排放；

② 废水排放量大，一般每吨产品排出废水5～18t，有的高达42～60t；

③ 废水组成复杂，污染物浓度高、颜色深，染料生产基本原料为苯系、萘系、蒽醌系及苯胺、硝基苯、酚类等有毒物，产品收率低，未反应物和副反应物多。

从以上废水的特点可见染料废水的治理难度是很大的。

为了解决染料废水治理中的难题，各染料厂和科研单位开展了大量的工作，取得了一定的进展。20世纪90年代以来，注重开展“三废”资源的综合利用和推行清洁生产工作，对改善和防治染料废水对环境的污染起到了积极的作用。

二、清洁生产

(一) 硝基氯苯优化分离及节能新技术

我国目前硝基氯苯的生产工艺都是采用双塔或多塔、双结晶的分离流程，即粗产品经过几个板式塔、两套结晶器才能得到邻（对）位硝基氯苯产品。该流程复杂、能耗高、操作烦琐、污染严重。某研究院利用实验室数据和化工流程模拟软件进行优化设计，对老工艺进行了改革，只用一个高效填料塔和一套结晶器就取得好的效果，塔底直接生产出纯度达99.5%以上的邻硝基氯苯。塔顶对硝基氯苯浓度提高到90%以上。

在硝基氯苯的生产过程中还有间位硝基氯苯母液作为废液排放，对环境造成严重污染。为了回收宝贵的间位硝基氯苯和提高邻位和对位硝基氯苯的产量，某研究院与浙江某化工厂协作开发成功硝基氯苯优化分离新技术，并采用该研究院创新研制的特种标准SW网孔波纹填料，回收间位硝基氯苯，使间位硝基氯苯产品浓度达到99%左右。不但填补了我国浓间硝基氯苯产品的空白，而且使三废排放量大幅减少。

该技术的特点如下。

(1) 简化了流程，减少了设备。采用单塔分离，只需一台再沸器和一台冷凝器，更新了老流程多次再沸和多次冷凝，使能耗降低41.5%。尤其邻位硝基氯苯浓度一次到位，无需结晶。塔顶对位硝基氯苯浓度提高，改变了老流程邻位、对位硝基氯苯需多次结晶的情况，因而大大减少了设备，简化和方便了操作。

(2) 由于采用高效波纹填料和性能优良的可调节水平液体收集分布器，大幅度增加了塔的理论板数，降低了回流比，进一步降低了能耗。

(3) 新流程波纹填料塔塔压力 6.7kPa（50mmHg），整塔压降 6.7kPa（50mmHg），塔釜温度只有 174℃左右。而老流程塔顶操作压力一般为 2.7kPa（20mmHg），整塔压降 20kPa（150mmHg）左右，塔釜温度 190℃左右。由于新塔塔顶压力的升高，不仅增加了塔的生产能力，而且降低了对密封性能的要求和真空泵的耗气量。塔釜温度的降低使再沸器加热蒸汽由过去的 2.0MPa 降到 1.3MPa，进一步降低了能耗，并减少了焦油的生成、物料的分解和脱氯及对设备的腐蚀。

(4) 根据模拟计算和优化所得到的真空塔内气相动能因子大小的分布情况，设计了上大下小的变径塔，节约投资，并回收了间位硝基苯母液，化害为利，增加了经济效益。

经济和环境效益：该技术在浙江某化工厂 1.8 万吨/年规模的硝基氯苯生产装置上应用，投资 1300 万元，形成生产能力，每年新增产值 1.25 亿元，年新增利税 3836 万元。与老流程相比，每年节约蒸汽合 375 万元，节约电费 90 万元，回收间位硝基氯苯母液增加效益 756 万元，同时减少三废排放 965t，取得十分显著的经济效益和环境效益。

该优化分离新技术可广泛用于染料、农药、制药、石油化工等行业。

(二) 苯胺气相催化加氢新工艺

某染料厂用硝基苯气相催化加氢新工艺代替铁粉还原法制苯胺的老工艺，彻底消除了铁泥的严重污染。

苯胺生产老工艺采用铁粉还原法，间歇操作，15000t/a 苯胺要排放 20 万吨/年的苯胺废水和铁泥残渣（残渣占 40%），其中还含 200～400mg/L 的苯胺和微量硝基苯、苯、邻苯二胺等杂质，严重污染环境。采用硝基苯气相催化加氢法制苯胺，反应在气-固流化床中连续进行，彻底消除了产生铁泥的来源，三废排放量为老法的 1/20。其工艺流程如图 1-3-41 所示。

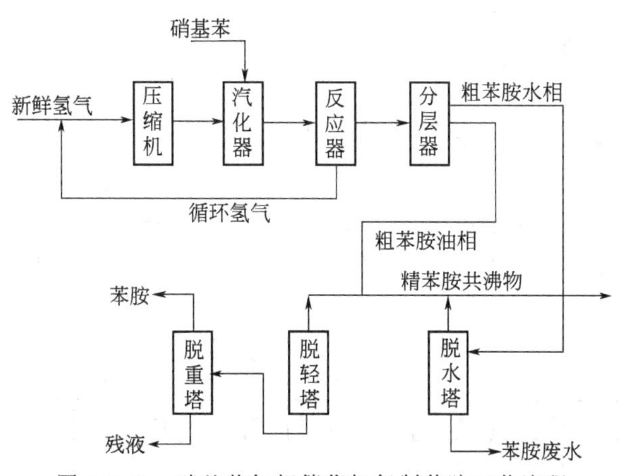

图 1-3-41 硝基苯气相催化加氢制苯胺工艺流程

主要技术指标：

生产能力　　2.0 万吨苯胺/年；

消耗（以 1t 苯胺计）

氢气	933m^3（标态）；	水	143t；
硝基苯	1347kg；	电	228kW·h；
催化剂	0.3kg；	蒸汽	3.48t。

环境效益：苯胺生产吨产品排放的废水由老工艺的6～7t降至0.4～0.5t，残液10kg，消除了铁泥排放。但与国外先进技术相比，能耗仍偏高。

(三) 对硝基氯苯邻磺酸生产新工艺

某染料厂染料中间体对硝基氯苯邻磺酸的生产，一直沿用老工艺，即采用20%的发烟硫酸作磺化剂，每生产1t苯系磺化物要产生3～4t、51%的废硫酸，其中含对硝基氯苯邻磺酸6kg/m^3，还含微量的硝基氯苯。用硫酸作磺化剂，磺化反应会产生水，磺化剂被稀释，而磺化剂降到一定的浓度就不能进行磺化反应。所以无论用硫酸或发烟硫酸作磺化剂产生酸是必然的。采用三氧化硫（气相或液相）作磺化剂，磺化反应不生成水，从根本上解决了产生废硫酸的问题，硫的有效利用率大幅提高，简化了流程和操作。向磺化锅中加入适量100%硫酸作稀释剂，加入计量的对硝基氯苯，在一定的温度下，通入计量的SO_3，保持一定的反应时间，之后把料压入溶解锅，用水溶解。调节磺酸含量在420～430g/L，降温压入过滤器，过滤掉磺化过程生成的砜，滤液即为对硝基氯苯邻磺酸溶液。反应的工艺流程如图1-3-42所示。

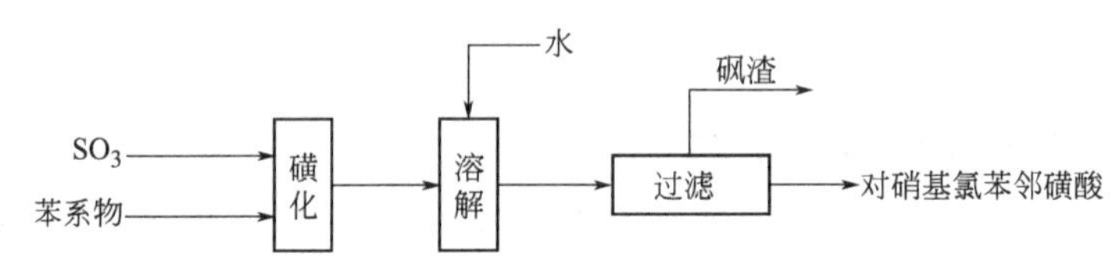

图1-3-42 SO_3磺化制对硝基氯苯邻磺酸工艺流程

主要技术指标：

处理量　　3000t/a对硝基氯苯邻磺酸；

磺化率　　由旧工艺的95.13%提高到99.40%。

环境效益：以生产蓝色盐VB 2000t/a计，可消除原工艺排放的废硫酸（51%）7000t/a。可提高产品收率2%，节省硫酸3500t/a。原工艺每次排料损失磺酸126kg。新工艺要排砜渣10kg，有待进一步解决。

该技术适用于苯系衍生物的磺化。

(四) 从碱化嫩黄O废水中回收染料和食盐水

某染料厂在生产碱性嫩黄O染料中排出的碱性嫩黄染料废水含NaCl 11%，还含少量染料。采用双效薄膜蒸发器把含盐量由11%浓缩到盐析工序所需用的22%，废水中的盐重新得到利用。而在蒸浓之前配置设备使废水净化并回收废水中的染料。处理的工艺流程如图1-3-43所示。

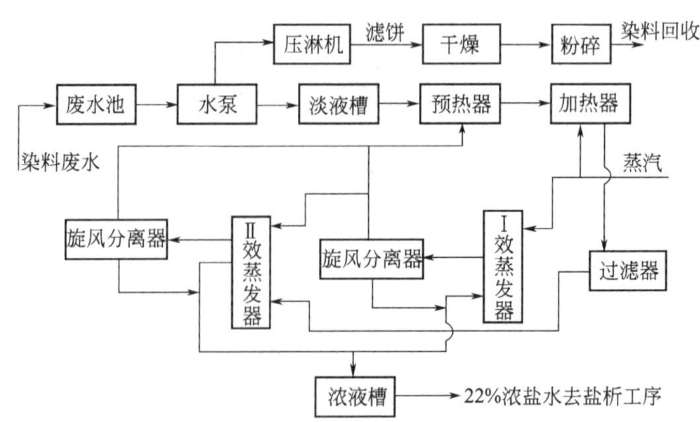

图1-3-43 碱化嫩黄O废水综合利用工艺流程

主要技术指标：

处理量　　90m^3/d 废水；　　汽耗　　0.15t/m^3；

电耗　　4.3kW·h/m^3。

环境效益：生产中排放的含盐废水经处理后变成生产所需的高浓度盐水，每年可减少盐耗 1200t。每天回收染料 0.011t。消除 30000t/a 含盐染料废水对环境的污染。该技术适用于同类废水的利用。

(五) 利用双倍硫化青氧化滤液回收大苏打

某染料化工厂回收利用双倍硫化青氧化滤液生产大苏打。

生产双倍硫化青染料中，排出氧化滤液，排放量为 3.2t/t（产品）。其中主要成分为大苏打（$Na_2S_2O_3 \cdot 5H_2O$）19%～12%，氯化钠 4%，染料 0.1%～0.2%。氧化滤液经沉淀除去其中的染料，然后进行浓缩，加活性炭脱色，加热蒸发至一定浓度后过滤，除去无机盐等杂质，滤液经二次浓缩和过滤，再经结晶离心分离则得成品大苏打，母液则返回浓缩锅。处理的工艺流程如图 1-3-44 所示。

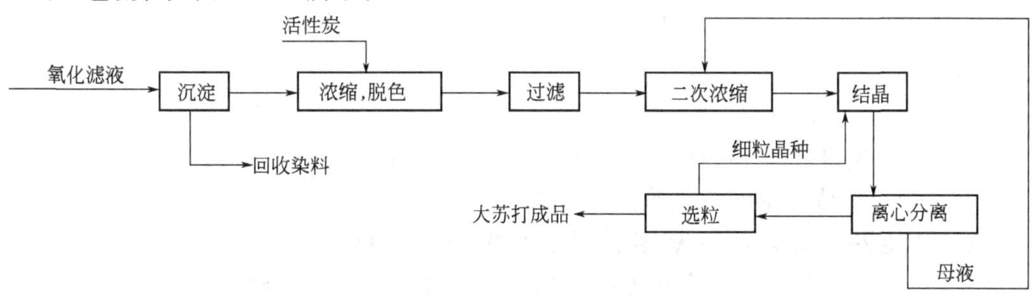

图 1-3-44　从双倍硫化青氧化滤液中回收大苏打工艺流程

主要技术指标：

处理量　　20t/d 废液；

消耗（以 1t 废液计）

电　　60kW·h，　　蒸汽　　1t，　　水　　4.4t。

环境效益：该装置年处理氧化滤液 16000t，大大减轻了对环境的污染。回收大苏打 1200t/a，回收染料 20t/a。但此技术蒸汽耗量较大，应选用高效设备。

(六) 从染料生产的硫酸废液中回收染料和硫酸

某染料厂在生产染料还原绿 FFB 的过程中，用硫酸精制染料时产生废酸液，其中含硫酸 80%，含杂染料 15.8%。将废酸液稀释至酸浓度为 35%～40%，用压滤机压滤，滤饼经水洗、吹风卸料得半成品，再经商品化加工干燥得染料成品（此染料可用于棉纤维或混纺织物的染色），滤液为纯净的稀硫酸可再用于生产。处理的工艺流程如图 1-3-45 所示。

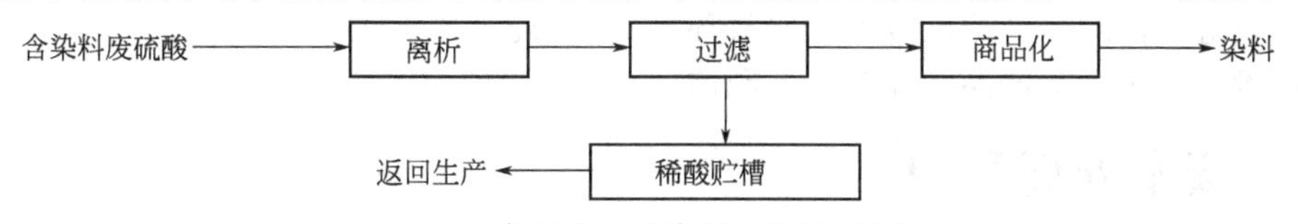

图 1-3-45　废酸液回收染料和稀酸工艺流程

主要技术指标：

处理量　　3.7t/a 废液。

环境效益：利用废酸液回收还原绿 FFB 副产染料效果明显，回收商品染料 30t/a 废硫酸也得到重新利用。

该技术适用于类似的废酸液利用。

(七) 从分散蓝 2BLN 母液中回收 2，4-二硝基苯酚

某染料厂分散蓝 2BLN 染料生产中排出的水解母液含有 2,4-二硝基酚钠 40～50g/L，还含有氢氧化钠及有机物。生产过程还排放二硝母液，主要含 20%～30%的硫酸。利用水解母液中的 2,4-二硝基酚钠与二硝母液中的硫酸进行酸化反应，生成不溶于水的 2,4-二硝基苯酚，经脱水分离即得 2,4-二硝基苯酚产品，可用于制中性染料中间体 2-氨基-4-硝苯酚。处理的工艺流程如图 1-3-46 所示。

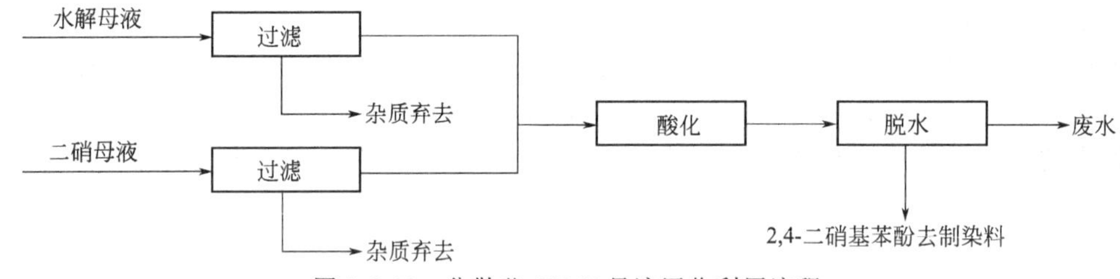

图 1-3-46 分散蓝 2BLN 母液回收利用流程

主要技术指标：

处理量 5400t/a 废母液； 电耗 10kW·h/t。

环境效益：废母液经回收酚后，其浓度由 40～50g/L 降至 8～10g/L，每年回收 2,4-二硝基苯酚 150t（干品）。同时减少废酸外排 600t/a。

(八) 利用对（邻）氨基苯甲醚还原废水制大苏打

某染料厂在对（邻）氨基苯甲醚生产过程中，加硫化碱还原并经减压蒸馏后产生的残液中含有大量的 Na_2S、Na_2SO_3 和 Na_2SO_4 等硫化物。采用加硫黄吸硫及氧化使 Na_2SO_3 和 Na_2S 转化成 $Na_2S_2O_3$ 即大苏打加以回收。处理的工艺流程如图 1-3-47 所示。

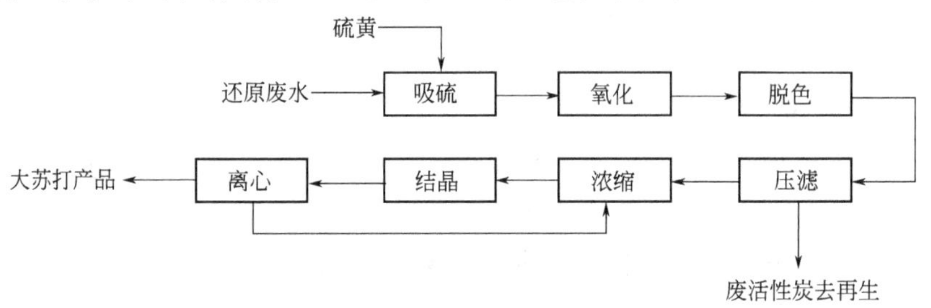

图 1-3-47 对（邻）氨基苯甲醚还原废水制大苏打流程

主要技术指标：

处理量 1000t/a 大苏打。

环境效益：消除了高浓度含硫废水对环境的污染。

该技术适用于同类产品含硫废水的利用。

三、废水处理和利用

目前，国内外对于染料废水的处理方法主要有物理化学法、生物法、化学法以及一些优化组合工艺等[13]。

(一) 物理化学法

物理化学法是采用物理化学作用对废水进行处理的各种方法的统称，主要包括吸附法、萃取法和膜分离法等。

（1）吸附法　吸附法是利用多孔性固体相物质吸着分离水中污染物的水处理过程。吸着分离水中污染物的固体物质称做吸附剂。常见吸附剂有活性炭、活化煤、焦炭、煤渣、树脂、木屑、离子交换树脂、硅藻土、粉煤灰等。在对染料废水的处理中，使染料废水通过由颗粒状物质（即吸附剂）组成的滤床，染料废水中的染料以及助剂等污染物被吸附在吸附剂表面而被去除。活性炭比表面积大，对于相对分子质量不超过 400 的染料分子的脱色效果明显。活性炭可通过加热等方式再生，但是再生难度大，运行费用高，且活性炭容易随废水流失，在废水处理过程中需要不断补充。可见，吸附效果很大程度上取决于吸附剂的结构性质以及污染物的结构性质。吸附法比较适合于低浓度染料废水的深度处理，主要优点是投资小，占地面积小，方法简便易行，吸附法还能够去除废水中难生物降解的污染物。

（2）萃取法　该法是利用溶质在互不相溶的溶剂里溶解度的不同，用一种溶剂把溶质从另一溶剂所组成的溶液里提取出来的操作方法。在水处理中主要是利用了有机物在水中和在有机溶剂中的溶解度差异，再将萃取剂与污染物分离，萃取剂可以循环利用，所得的污染物也可以经过进一步处理后回收利用。但是萃取法比较适于小水量废水的处理，且成分复杂的难处理染料废水，对萃取剂的要求也很高，费用也会随之大增。因此萃取法仅适用于少数几种有机废水的处理。由于萃取剂总会在水中有一定的溶解度，难免会有少量的萃取剂流失，使处理后的水质难以达到排放标准。

（3）膜分离法　膜分离技术应用于染料废水，主要是通过对废水中污染物的分离、浓缩、回收从而达到废水处理的目的。在对染料废水的处理中，应用比较多的是超滤和反渗透。采用一体式反渗透装置对染料废水进行研究，在 15MPa 的操作压力下，出水电导率、COD 质量浓度、色度等指标分别为 23μS/cm、10.8mg/L、7（稀释倍数），均符合国家一级排放标准。膜分离技术不需要投加化学试剂，且在处理过程中不产生新的化学物质，避免二次污染，过程简单操作方便，可从废水中回收染料，循环利用。但是膜分离技术存在的最大缺点就是膜通量会随着处理进程延长而下降，更换频率较快，且膜清洗需要一定成本，膜的材质如抗酸碱性、抗腐蚀性等，也会很大程度上影响处理效果。

（二）生物法

传统的生物处理法如好氧法、厌氧法，单纯的用于染料废水处理已经很难达到排放标准，需要依据染料废水性质先进行可生化预处理。因此，生物强化技术和一些优化组合工艺更受青睐。

生物强化技术主要是通过改善系统的外部的环境因素，以提高对难生物降解的有机物的生物降解能力。生物强化技术主要有 3 个途径。

（1）针对所要去除的污染物，投加具有有效降解能力的微生物，微生物必须是专门培养的优势菌种。如白腐真菌处理染料废水主要是通过其所分泌的降解酶系统，将染料分子降解脱色。细菌能够使偶氮化合物的分子发生断裂，产生芳香胺化合物，进一步生成脂肪烃和脂肪酸类化合物，最后被氧化分解为二氧化碳和水。此法可以改善活性污泥处理效果，但是优势菌种的新环境适应性和再生性以及讨论比较多的微生物变异造成二次污染等问题都有待解决。

（2）投加营养物和基质类似物，增加碳源和能源物质，改善系统运行能力，基质类物质可以作为诱导物提高酶活性，但是对投加的物质的限制条件较多，难以选出适合物质。

（3）利用基因工程，投加遗传工程菌酶，专门性强，目前已有大批研究者开展相关工作，但是还需进一步研究降解效果能否达到预期目标。

优化组合工艺是将一般的生物法进行优化组合，延长水力停留时间和增加泥龄，提高微生物有效浓度，增加污染物与微生物的接触时间。如添加粉末活性炭活性污泥工艺，使污泥泥龄增长，污染物与微生物的接触时间加长，提高了有机物去除效率，同时有机物既被微生物氧化处理，还被活性炭吸附。目前生物法对于染料废水的处理主要有优化组合工艺如厌氧-好氧工艺，生物强化技术如生物絮凝、生物固化、高效菌种等。

(三) 化学法

化学法是通过使用化学药剂或是一些化学手段，对废水进行处理的一种方法。对于染料废水处理的化学方法主要有化学混凝法、化学氧化法、湿式催化氧化法、光催化氧化法、内电解法等。

化学混凝法是在染料废水中加入混凝剂，使污染物形成胶粒，通过混凝沉淀或气浮，从而去除废水中的污染物。混凝沉淀法是实际应用中最广泛的。混凝法能同时去除染料污染物和其他的大分子悬浮污染物。对废水的处理效果主要取决于混凝剂的结构性质。目前使用的混凝剂主要有无机混凝剂和有机高分子混凝剂。无机混凝剂主要以铝盐和铁盐为主，对以胶体或悬浮态存在于废水中的染料有较好的混凝效果，但是对于水溶性染料中分子量较小的，混凝效果则比较差。无机高分子聚合物是一种高效且低腐蚀的无机混凝剂，主要有聚合氯化铝、聚合氯化铁、聚合氯化铝铁等。其中以聚铁的混凝剂具有很好的沉降性能，絮体大，但是聚铁类具有氧化性，腐蚀设备，处理后的水带有一定的色度。有机高分子混凝剂分子量大，溶入水中后分散为巨大数量的线性分子，对水中的胶体悬浮粒子的吸附架桥能力强。有机高分子混凝剂性质稳定，生长快，残渣少，对 pH 值要求较宽，其中最有代表性的就是聚丙烯酰胺。混凝法操作简便，处理成本低，适应性强，处理效果好，且各种新型混凝剂的开发一直都是相关领域的研究热点。

化学氧化法主要是利用氧化剂，如 H_2O_2、$KMnO_4$、臭氧、氯等，将染料的发色基团（主要是染料分子结构）破坏，从而达到脱色的目的。臭氧氧化法具有反应完全、速度快、氧化能力强、无二次污染等优点，具有很好的应用前景，但是制备臭氧电能消耗大，且臭氧与系统接触效率低，使得臭氧氧化在染料废水治理中的应用受到限制。氯在处理废水时会生成含氯的有机化合物导致二次污染。

由于现代染料工业的发展使含有高浓度难生化降解的有机染料废水日益增多，传统的化学氧化法以及氧化剂，很难氧化废水中的有机物，无法达到废水排放标准。因此，随着研究的深入，高级氧化技术（AOPs）应运而生，且在实际使用中已经获得很显著的效果。AOPs 能够运用光辐射、电、声、催化剂，或者是与氧化剂结合，在反应中产生具有极强的氧化性的羟基自由基，直接将难降解有机物降解为 CO_2 和 H_2O，接近完全矿化。AOPs 中应用较多的主要是湿式空气氧化法和光催化氧化法。

湿式空气氧化法是在高温（125～320℃）、高压（0.5～20MPa）条件下通入空气，使废水中的有机物直接氧化。苏宏等用炭黑吸附-湿式氧化处理染料废水，在最适条件下，COD 去除率达 87%，色度去除率达 99%，但是湿式氧化法的条件比较苛刻，其应用发展受到了限制。

光催化氧化法在废水治理领域的应用开始于 20 世纪 80 年代后期。光催化氧化法常用 H_2O_2 或半导体（如 TiO_2，ZnS，WO_3，SnO_2 等）作催化剂，在紫外线高能辐射下发生氧化反应。光催化氧化法在常温常压下即可进行，氧化能力强，速度快，对染料废水的脱色率高，但是投资和能耗也很高，且对高浓度废水透光度较小，影响了光催化效果。

电化学氧化法是目前国内外研究者研究比较多的高级氧化技术之一。Kennedy 采用可溶性的电极材料处理印染废水，电化学反应器中 Fe^{2+} 的质量浓度为 200～500mg/L，色度去除率 90%～98%，COD 去除率为 50%～70%。此法对于印染废水的脱色效果很好，但是电极消耗大，电能利用率低。

（四）染料废水处理实例

1. 炭化法处理酸性染料含盐废水

某染料厂采用炭化法处理含盐废水，取得良好效果。解决了染料含盐废水治理这一难题。

活性染料、酸性染料、直接染料等染料的生产过程中产生大量的含盐废水。1t 产品产生 12～15t 含盐废水，主要含苯系、萘系、蒽醌系的硝基氨基、磺酸基、羟基化合物等有机物，无机盐含量高达 10%以上。炭化法主要依据大多数有机物被加热到 400℃以上时，发生热分解而炭化，形成黑色颗粒游离碳，游离碳不溶于水，借以从含无机盐的溶液中分离出来，并回收作燃料。无机盐则回收利用。含盐废水先进入蒸发器蒸发结晶，得到深棕色的污盐，污盐分批送入炭化炉，在炉内受 550℃烟气加热，污盐中的有机物炭化，随后在精制器内加水溶解，炭化污盐中的氯化钠被水溶解，游离碳则悬浮在溶液内，经过滤分离滤渣即炭渣作为燃料返回燃烧炉，滤液为氯化钠溶液，经蒸发结晶，得到工业盐返回染料生产系统使用。处理的工艺流程如图 1-3-48[14] 所示。

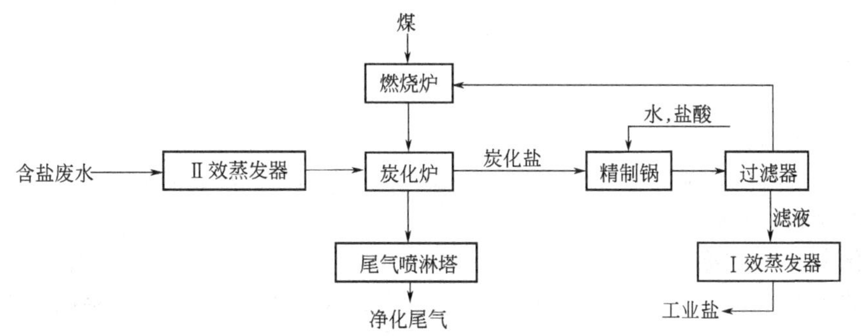

图 1-3-48　酸性染料含盐废水处理工艺流程

主要技术指标：

处理量　$60m^3/d$ 废水；　　电耗　$24kW \cdot h/m^3$；　　煤耗　$0.041t/m^3$。

环境效益：经炭化法处理后排水中的各项指标均达到国家排放标准，二次蒸汽冷凝出水检不出有机物存在，可以认为本工艺无有毒物质排放。每年处理含盐废水 1.8 万立方米，回收工业盐 1116t，回收盐质量符合一级要求。该技术适用于酸性染料及其他含盐废水的治理。

2. 含硫废水综合利用处理技术

某染料厂采用综合利用技术处理染料含硫废水的难题。在染料中间体芳香族氨基类化合物的生产中，我国大部分还采用硫化钠作还原剂，生产中要排出大量的还原性废水（国外采用加氢还原，无此问题）。废水中 Na_2S 浓度高达 10～70g/L，还含有 $Na_2S_2O_3$、有机物等。一般含硫废水按含 Na_2S 的浓度不同，分级进行治理和综合利用。氨基苯甲醚含硫废水 Na_2S 含量最高，经蒸发后得到含 Na_2S 20%～25%、Na_2SO_3 40%～50%、$Na_2S_2O_3$ 15%以下的褐色块状亚硫酸钠混合物，可用作造纸制浆原料。低浓度的含硫废水采用空气氧化 Na_2S 使之氧化成 $Na_2S_2O_3$，剩余的 Na_2S 加 $FeSO_4$（废硫酸中含 $FeSO_4$ 30～50g/L）氧化生成 FeS 沉淀，过滤后送硫酸车间焙烧生产 SO_2。含有 $Na_2S_2O_3$ 的母液加 H_2SO_4（废硫酸中含 $FeSO_4$ 30～50g/L）氧化生成 FeS 沉淀，过滤后送硫酸车间焙烧生产 SO_2。含有 $Na_2S_2O_3$ 的母液加 H_2SO_4 酸化，产生 SO_2 和 S 沉淀。SO_2 经氨水吸收生成亚硫酸铵溶液，送硫酸车间制取 100% SO_2。S 沉淀过滤后送硫酸车间焙烧制 SO_2。处理的工艺流程如图 1-3-49 所示。

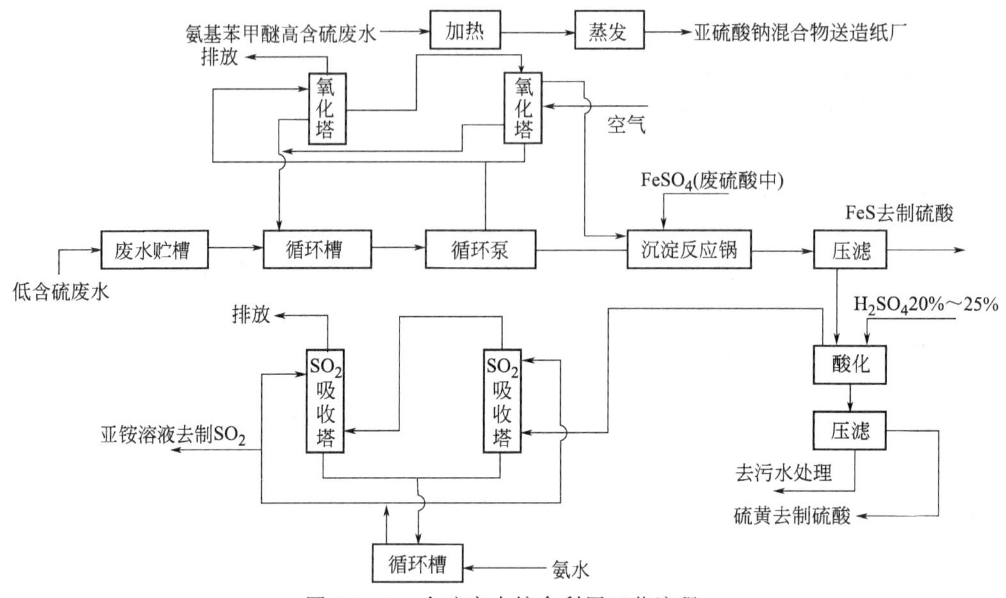

图 1-3-49 含硫废水综合利用工艺流程

主要技术指标：

处理量 低浓度含硫废水 $2.9\times10^4 m^3/a$，氨基苯甲醚废水 $3900m^3/a$；

低浓度含硫废水处理后

硫氧化率 80%， 硫去除率 100%， COD 去除率 70%。

环境效益：解决了 30 多年含硫废水直排所造成的严重污染。每年减少排放 NaOH 250t，$Na_2S_2O_3$ 1000t，氨基化合物 2000t。治理后排放的废水含硫浓度<1mg/L。回收亚硫酸钠混合物 3000t/a，含硫废渣回收到制硫酸车间焙烧制 SO_2，得到合理利用。

该技术适用于同类含硫废水的治理。

3. 还原咔叽 2G 氯化母液的处理

某染料厂利用还原咔叽 2G 氯化母液回收造纸助剂（低氯蒽醌 CA）及废酸。还原咔叽 2G 染料生产中，酸析压滤后产生氯化母液，吨产品产生量为 $1.5m^3$，其主要组成为低氯蒽醌 3.6%、废硫酸 93%。利用加水冷却后，低氯蒽醌的溶解度下降而全部析出。经过滤，用冷水洗涤至中性，干燥则得造纸助剂 CA。滤液为 60%的废硫酸，可供出售。洗涤液用石灰调至中性，排放。处理的工艺流程如图 1-3-50 所示。

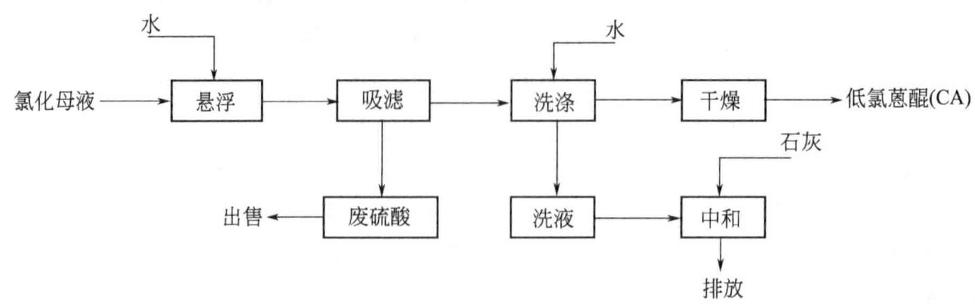

图 1-3-50 氯化母液回收处理流程

主要技术指标：

处理量 5.4t/d 废液；

消耗（以 1t 低氯蒽醌计）

电　1500kW・h，　蒸汽　30t。　水　1000t。

环境效益：采用本技术处理后，洗液中无有机物，减少了环境污染。助剂CA低氯蒽醌使用后，可减少烧碱及硫化钠的用量，使造纸“三废”排放量减少。

该技术适用于氯化法生产还原咔叽氧化母液的处理。

4. 分散深蓝HGL偶合母液的处理

某染料厂利用分散深蓝HGL偶合母液制取醋酸钠。

分散深蓝HGL染料的生产过程中，偶合工序产生的母液中含有醋酸与硫酸，含量均为5%左右。每吨染料产生的母液量为5t。偶合母液经蒸发，蒸出的稀醋酸用40%的NaOH中和，生成醋酸钠，经脱色、浓缩、结晶、干燥得到含有三个结晶水的醋酸钠。处理的工艺流程如图1-3-51所示。

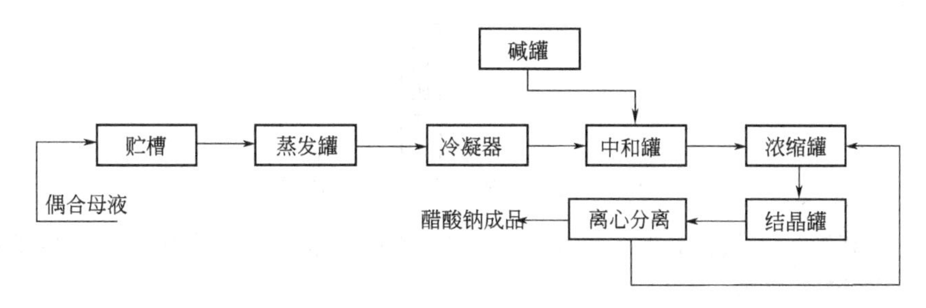

图1-3-51　偶合母液回收醋酸钠工艺流程

主要技术指标：

处理量　1000t/a偶合母液；　蒸汽消耗　40t/t（醋酸钠）。

环境效益：每生产1t醋酸钠可少向环境排放0.42t COD，每年少向环境排放42t COD，生产醋酸钠100t/a（58%）。但蒸汽消耗过高。

该技术适用于含醋酸液，特别是高浓度醋酸废液的回收利用。

5. 电解-气浮-砂滤法处理染料废水

某染化厂采用电解-气浮-砂滤法处理碱性品绿、酸性湖蓝A、酸性媒介漂兰等十多个品种的染料废水。通过电解对污染物起氧化还原作用。电解过程产生的氯气和次氯酸对染料废水有较强的脱色作用，在混凝剂聚合氯化铝的作用下进行混凝。通过气浮将固液分离后，经砂滤过滤。其工艺流程如图1-3-52[1]所示。

染料废水通过管道流入收水池，用泵送至均化池混合均化，再用泵送至电解装置进行电解。电解后废水引入气浮池，加碱调整pH值，同时滴加混凝剂聚合氯化铝加以絮凝。通过加压气浮进行固液分离。清液流入砂滤池进行过滤除去悬浮物。净化后的废水与生活污水混合排放。

主要技术指标：

处理量　$500m^3/d$废水；　电耗　$1.6kW \cdot h/m^3$。

环境效益：通过电解-气浮-砂滤综合治理后，废水的pH值、COD、Pb^{2+}、Mn^{2+}等指标均达到国家排放标准。但色度略高，可将其用于锅炉水膜防尘用水，以除去色度并可达到节约用水的效果。

该技术适用于中小型染料厂酸性、酸性媒介、碱性染料废水的治理。

6. 流化床焚烧法处理染料含盐废水

某染化厂在生产活性染料中从过滤器排出含盐染料废水，含固量（无机物、有机物）10%～15%，COD 10000mg/L。采用焚烧法处理，废水中的有机物（苯、萘、蒽的衍生物）

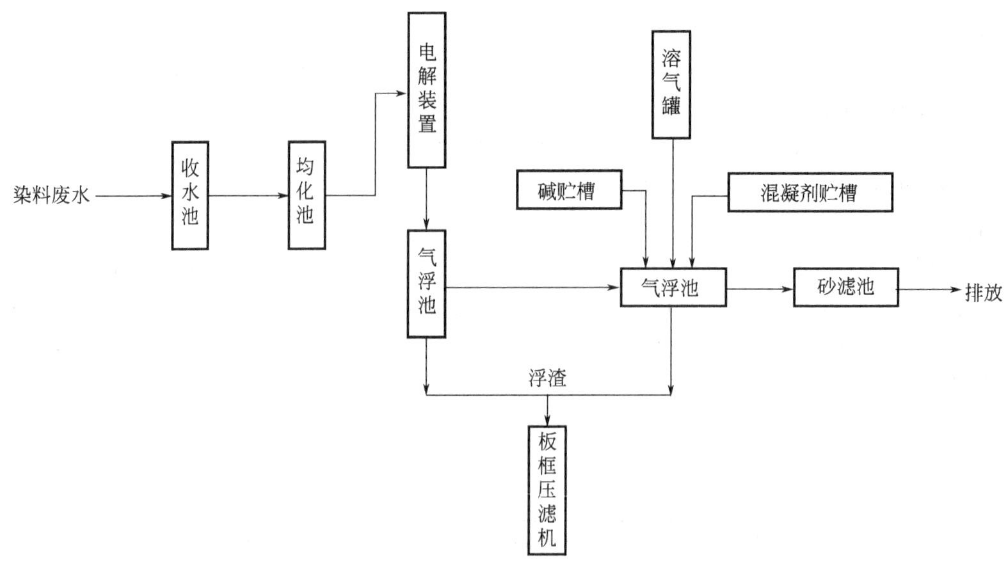

图 1-3-52 染料废水处理工艺流程

在 440～460℃高温下被氧化分解，其中芳环物凝聚成的缩合多环芳香烃为黑色海绵状炭化物，此废渣可作燃料回收利用。

含盐染料废水流化焚烧工艺流程如图 1-3-53[15]所示。

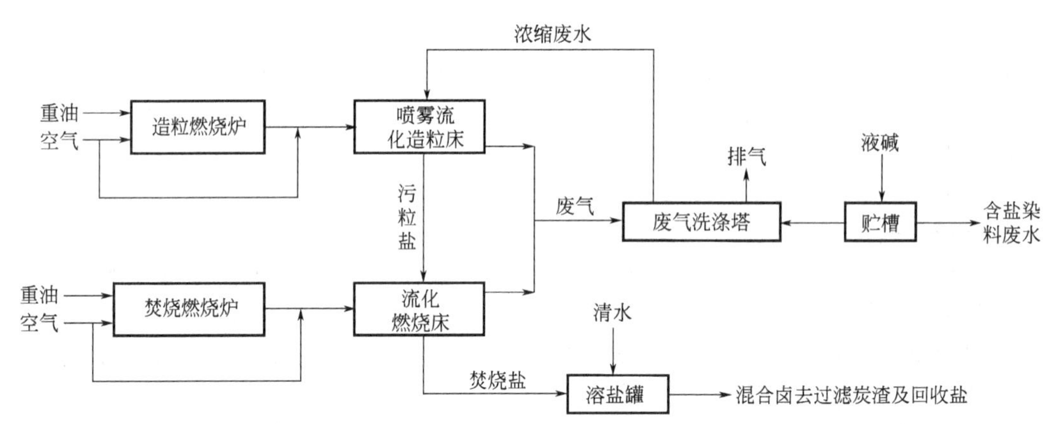

图 1-3-53 含盐染料废水流化焚烧工艺流程

废水先在废水贮槽内用液碱调节 pH 值，进入废气洗涤塔循环浓缩，再送入喷雾流化造粒床制成干燥的污粒盐，随后送入流化床焚烧炉高温炭化，此焚烧盐在溶盐罐中制成混合卤，经过滤析出炭渣，清卤再蒸发结晶，回收盐。喷雾流化造粒及流化造粒产生的废气送入废气洗涤塔由碱性废水洗涤，经除尘吸收后的净化气体排入大气。喷雾流化造粒及流化焚烧所需的高温空气由造粒燃烧炉和焚烧燃烧炉提供。

主要技术指标：

处理量 80t/d； 电耗 45kW·h/t。

环境效益：焚烧法对处理高浓度、高色度的含盐染料废水特别有效。废水通过焚烧后转化为气体和废渣。焚烧废气利用废水洗涤，不但能净化气体，并能回收余热。废气经净化洗涤后达标排放。废渣可与煤混合作燃料用。每天可回收精盐 5t。彻底消除了染料含盐废水的污染。

该技术适用于含盐、高浓度、高色度的有机废水（如染料、造纸、脂肪酸等废水）的焚烧处理。

参考文献

[1] 张淑群等著．化学工业废水治理．北京：中国环境科学出版社，1992.
[2] 王心芳．在第九次全国化工环保工作会议上的讲话．化工环保，1996，(6)：326-328.
[3] 李建平．化肥厂氨氮废水的治理．化工环保，1995，(6)：376-378.
[4] 蒲钟声．中小氮肥废水治理方法的研究与应用．福建化工，2000，1：45-50.
[5] 化学工业部环境保护设计技术中心站组织编写．化工环境保护设计手册．北京：化学工业出版社，1996.
[6] 崔宁宁．烧碱行业：2011年在优化中加速发展．化工管理，2011，6：32.
[7] 王晶．聚氯乙烯行业的现状及发展趋势．齐鲁石油化工，2011，39 (1)：77.
[8] 黄华涛，贾永丽，游金岚．20万吨/年离子膜法烧碱装置运行小结．氯碱工业，2001，47 (6)：16-17.
[9] 罗海章．“十二五”开局之年农药行业的机遇和挑战．中国农药，2011：13.
[10] 孙叔宝．开拓创新共克时艰，引导农药行业可持续发展．中国农药，2011：3.
[11] 张曦乔，刘晓坤．有机磷农药废水的产生及处理．环境科学与管理，2007，32 (1)：97-99.
[12] 田利明．2009年中国染料工业经济运行分析．精细与专用化学品，2010，18 (4)：13.
[13] 陈婵维，付忠田，于洪蕾等．染料废水处理技术进展．环境保护与循环经济，2010：37-40.
[14] 化学工业部．化学工业综合利用成果汇编，1997.
[15] 化工清洁生产中心．化学工业资源综合利用技术，1999.

第四章 石油工业废水

第一节 石油开采工业废水

一、生产工艺与废水来源

(一) 采油废水

1. 来源

我国大部分油田都是采用注水的方式开发的，每生产1t原油约需注水2～3t，特别是到了油田生产后期，原油含水可高达90%以上[1]。图1-4-1示出油田开发期间原油含水率的变化趋势。

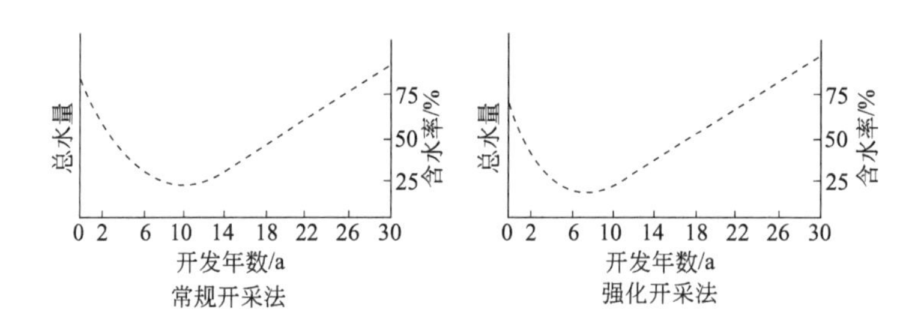

图1-4-1 油田开发期间原油含水率变化曲线[2]

采油废水随原油进入原油集输系统的脱水转油站进行脱水、脱盐处理，这些被“脱出来”的废水进入废水处理站，形成油田特有的含油废水，又称“采出水”或“产出水”。

2. 特点[1]

(1) 含油量高 一般采油废水含原油1000～2000mg/L，有些含油达5000mg/L。采油废水中含有浮油、分散油、乳化油和溶解油，其中90%左右的油类以粒径>100μm的浮油和10～100μm的分散油形式存在，另外10%主要是0.1～10μm的乳化油，粒径<0.1μm的溶解油含量很低。

(2) 含悬浮固体颗粒 颗粒粒径一般为1～100μm，主要包括黏土颗粒、粉砂和细砂等。

(3) 含盐量高 采油废水无机盐含量一般从几千到十几万毫克/升，根据油田、区块不同区别较大。

(4) 含细菌 采油废水中主要含腐生菌和硫酸盐还原菌。

(5) 水温高和pH值高 采油废水还具有高水温（40～80℃）和高pH值的特点。

表1-4-1[2]列出油田采出水中的主要杂质组分和性质。

表 1-4-1 油田废水中的主要杂质组分和性质

主要组分	Ca^{2+}、Mg^{2+}、Fe^{3+}、Ba^{2+}、Cl^{-}、CO_3^{2-}、HCO_3^{-}、SO_4^{2-}
废水性质	pH 值：7.5～8.5 矿化度：2000～5000mg/L，高的可达数万毫克/升 温度：40～60℃ 溶解氧：含量低 铁：含量低 相对密度：>1.0 细菌：主要是腐生菌和硫酸盐还原菌 含油：浮油、100μm 以下的分散油和乳化油 其他杂质：破乳剂

(二) 钻井废水

1. 来源[2]

在钻井过程中，由于起下钻作业时泥浆的流失、泥浆循环系统的渗漏、冲洗地面设备及钻井工具上的泥浆和油污而形成的废水，称为钻井废水。

钻井工程常用的泥浆是黏土、水、处理剂按一定比例配制而成的。其中处理剂通过黏土水解而起作用，使泥浆性能大幅度提高，以保证钻井速度，提高井眼的质量。浅层钻井时多采用低固相、无固相泥浆，有害物质较少，污染程度较低。钻井深度越深，对泥浆要求越高，加入的化学处理剂品种和数量增多，甚至还需混入一定比例的原油或废油，其污染程度增大，因而经污染产生的钻井废水可以看作是泥浆高倍稀释的产物。

2. 特点

由于钻井废水和钻井泥浆的使用有密切的关系，因此不同的油气田、不同的钻探区、不同的井深，在钻井过程中所产生的废水性质也不尽相同。一般来说，浅层清水钻井时，钻井废水中仅含油量超标；使用 PAM 泥浆时，废水中的悬浮物、酚、铬、油超标；使用普通泥浆，含油量超标，悬浮物、酚、铬个别超标；钻探深井时，油、酚、铬、悬浮物超标率增大。因此可以得知，钻井废水中的主要有害物质为悬浮物、油、铬和酚。

(三) 洗井废水

1. 来源

注水井是向油层注水的专用井。为防止注入水中的悬浮固体物堵塞地层，在注水管端头装有配水器滤网，经过一段时间的运行，由于滤网截留的悬浮固体增加，致使管路压力逐渐增高，注入的水量也相应降低。当达不到计划注水量时，注水井就要进行反冲洗，以清除滤网上沉积的固体和生物膜，从而产生了洗井废水。

2. 特点[3]

洗井废水一般具有以下 4 个特点：①色度高，通常洗井废水呈黑褐色；②悬浮物浓度高；③pH 值高，洗井废水一般呈碱性；④洗井废水中含有六价铬和油。

(四) 采气废水

采气废水是指伴随采气带出的地层水或气田水，采气废水主要含有凝析油、盐分、固体悬浮物、硫化氢及一些添加剂（有机物）。其中采气废水中的 Cl^{-} 含量可达几万毫克/升，此外还含有硫及锂、钾、溴、锌、镉、砷等元素[4]。

二、清洁生产

对一般工业而言，废水治理的原则首先是回收其中的资源及能源，提高物料利用率，减少污染量。

石油废水回用率最高的是油田废水。回用的主要方式为利用处理后的废水作为回注水，经过治理的油田废水具有矿化度和黏度均较高、含有表面活性剂、水温高、渗透性好等特性，据统计，若以这种废水回注油层，原油的采收率要比注淡水时提高5%～8%，同时还可减少废水的排放，达到了节约资源，减少污染的目的。

(一) 回注水的水质要求[2]

对于回注到地层的废水，要符合以下几项基本要求。

1. 化学组分稳定

经过处理的用于回注的水在贮存和输送过程中不应该由于化学反应而生成固体悬浮物。多数油层废水由于含有大量碳酸氢根（HCO_3^-）和以碳酸氢盐形式存在的亚铁盐$Fe(HCO_3)_2$，使得化学稳定性变得较差。若这类废水与空气中的氧接触，将会发生如下反应：

$$4Fe(HCO_3)_2+O_2+2H_2O \longrightarrow 4Fe(OH)_3\downarrow+8CO_2\uparrow \tag{1-4-1}$$

反应后生成的氢氧化铁沉淀物会使回注废水的渗透率降低。因此，保证废水的化学稳定是十分必要的。

2. 高洗油能力

回注到产油层的废水必须具有一定的洗油能力，以便使注水时的采收率不低于储量的60%。经处理后的采油废水中含有表面活性剂，表面活性剂少量存在时即能被吸附到液-气、液-液、液-固界面上，并能显著降低该界面的表面张力，在回注过程中，含有表面活性剂的水在与原油相接触的界面上表面张力降低，并能相当有效地润湿产油层的岩石，即在毛细管力和附着力的作用下，水能将岩石缝隙的原油较充分地冲刷出来。由于水中表面活性剂大部分吸附在岩石表面，因此，当采用边内注水时，水中表面活性剂的含量不宜太多，含量过多，毛细管表面的活性剂浓度就要增大，采收率也随之降低。因此可以看出，油层废水和回注废水中所含的表面活性剂对提高产油层的采收率有很大影响。

3. 保证注水井的吸收能力

为了使注水井保持一定的吸收能力，就必须严格控制回注水中机械杂质和油的含量。制定回注水的机械杂质含量的标准时，既要考虑产油层的地质物理特点（主要是渗透率和孔隙度），也要注意到注水井在油田分布的特点（即外边注水井或边内注水井）。此外，注水压力以及回注水与岩石的相容性也是影响注水井吸收能力的因素。

4. 腐蚀性低

据统计，各油田每年都因注水系统的管道和设备腐蚀而蒙受巨大损失。这种损失不仅包括由于金属腐蚀导致的损失，而且还包括由于注水含腐蚀物质使得注水井吸收能力下降所遭受的损失。这种废水的腐蚀作用可分为以下几个方面。

(1) 废水中二氧化碳能加速腐蚀　二氧化碳的腐蚀性在于它降低了水的pH值并破坏了金属的保护膜，而且二氧化碳的腐蚀活性会随着水温的升高而增强。

(2) 废水中硫化氢的腐蚀作用　水中硫酸盐（$CaSO_4$）能和原油中的烃反应还原成硫化氢，其反应如下：

$$CaSO_4+CH_4 \longrightarrow CaCO_3\downarrow+H_2S+H_2O \tag{1-4-2}$$

$$7CaSO_4+C_9H_{20} \longrightarrow 7CaCO_3\downarrow+7H_2S+3H_2O+2CO_2\uparrow \tag{1-4-3}$$

硫化氢与金属铁反应生成硫化铁，使金属保护膜失去了原有的作用，随着水温升高，腐蚀速度会急剧加快。

(3) 废水中的生物腐蚀作用　金属还会遭受生物腐蚀，这种腐蚀是由硫酸盐还原菌造成

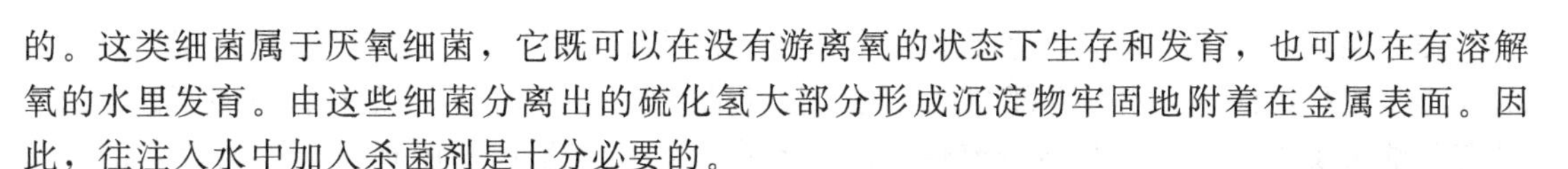

的。这类细菌属于厌氧细菌，它既可以在没有游离氧的状态下生存和发育，也可以在有溶解氧的水里发育。由这些细菌分离出的硫化氢大部分形成沉淀物牢固地附着在金属表面。因此，往注入水中加入杀菌剂是十分必要的。

（4）废水中溶解氧的腐蚀作用　氧在电化学腐蚀中起去极化作用，还会加剧硫化氢形成的腐蚀。溶解氧的存在同时会使 Fe^{2+} 转化为 Fe^{3+}，亦不利于回注。此外，溶解氧还能加快好氧细菌的繁殖速度，使生物腐蚀加剧。

5. 用于废水净化和治理的费用最少

各油田要根据各自产油层的具体情况制定注水水质标准。虽然注入岩层的废水净化强度越高，注水井的吸收能力越好，但净化水不一定对每个地区都适用。对于渗透率较高的产油层，没有必要建造复杂而昂贵的净化设施。因此，要在保证回注水质量的前提下，尽量减少废水治理费用。

（二）注水水质标准

油田污水水质复杂，含有许多有害成分，注水采油时，一般使用河水、海水、江湖水或浅井水与净化废水混注。混注水中含有不同程度的机械杂质及一定量的石油，其中油类大多数是以细微的乳化油粒的形式存在于水中。注水中如含有油，特别是乳化油，可能与硫化铁等固体粒子结合在一起形成乳化块而堵塞地层。因此，在注水之前，必须对注入水进行处理，使之减少或避免油层堵塞和油层污染。另外，油田污水由于矿化度高，又溶解了不同程度的硫化氢、二氧化碳等酸性气体及溶解氧，会对注水系统产生腐蚀。

为了保证注水效果，对注入水应有严格的水质要求，其参照水质标准为《碎屑岩油藏注水水质推荐指标及分析方法》（SY/T 5329－94）[5]，其推荐水质主要控制指标见表 1-4-2。

表 1-4-2　推荐水质主要控制指标

注入层平均空气渗透率/μm^2		<0.10			0.1～0.6			>0.6		
标准分级		A1	A2	A3	B1	B2	B3	C1	C2	C3
控制指标	悬浮固体含量/(mg/L)	<1.0	<2.0	<3.0	<3.0	<4.0	<5.0	<5.0	<7.0	<10.0
	悬浮物颗粒直径中值/μm	<1.0	<1.5	<2.0	<2.0	<2.5	<3.0	<3.0	<3.5	<4.0
	含油量/(mg/L)	<5.0	<6.0	<8.0	<8.0	<10.0	<15.0	<15.0	<20	<30
	平均腐蚀率/(mm/a)	<0.076								
	点腐蚀	A1、B1、C1 级：试片各面都无点腐蚀； A2、B2、C2 级：试片有轻微点蚀； A3、B3、C3 级：试片有明显点蚀								
	SRB 菌/(个/mL)	0	<10	<25	0	<10	<25	0	<10	<25
	铁细菌/(个/mL)	$n\times10^2$			$n\times10^3$			$n\times10^4$		
	腐生菌/(个/mL)	$n\times10^2$			$n\times10^3$			$n\times10^4$		

注：1. $1<n<10$；

2. 清水水质指标中去掉含油量。

（三）废水回注方式[2]

1. 按废水与清水混合与否分类

按照废水与清水混合与否，将回注方式分为单注和混注。

（1）单注　单注即是净化废水不与其他水混合，单独注入地层。该方式的优点是水质较稳定，基本上无细菌结膜现象，结垢轻微，回注系统运行正常。缺点是来水量与回注水量不易平衡，废水不能保证全部回注，常常需要外排，易造成环境污染。

（2）混注 混注是指将净化废水与其他水（地下水或地面水）混合后注入地层。该方式的优点是流程灵活，废水可全部利用，对腐蚀性的废水还可减少对设备和管道的腐蚀。缺点是有些油田废水与清水具有不兼容性，因此易产生结垢和细菌结膜现象，影响设备的正常运行。

2. 按废水与清水混合位置分类

按照废水与清水混合位置，将混注方式分为泵后混合、泵前吸水管内混合以及泵前清水罐内混合等数种。

（1）泵后混合 由于这种方式是采用净化废水与清水在水泵后混合，因此在注水站内不会造成结膜、结垢现象。但采用这种方式时，废水不能全部回注。

（2）泵前吸水管内混合 采用这种方式时，虽然结膜程度很轻，但易造成注水泵内结垢。

（3）泵前清水罐内混合 采用这种方式时，虽然注水泵的结垢现象轻微，但是结膜现象严重，其结果会使注水泵过滤器发生堵塞。

除了以上介绍的几种方式之外，有的油田还在废水进入废水处理站时将废水与清水混合，以减小污染物浓度、降低废水的腐蚀性。有的油田还在废水未经脱水处理前就将清水与废水混合，这样有助于原油脱盐与稠油输送。

综上所述，废水回注方式各有利弊。单注固然效果好，但废水不能全部回注；混注虽然可以解决废水回注问题，但易带来其他困难影响回注。从目前各油田的实际情况看，绝大多数回注站采用的是混注方式。

三、废水处理与利用

（一）普通油田采油废水处理

普通油田是指所处地域的地下水或地表水性质属于普通水范畴的油田。一般油田废水以含油废水为主，因此废水处理的主要目标是除油。

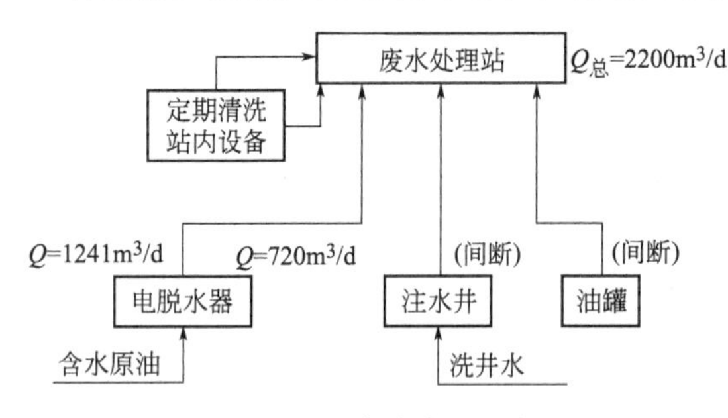

图 1-4-2 废水来源示意

如废水处理到回注水质标准，一般分为以下两种情况：对于含油浓度较高的废水，多采用三段法的治理方式；对于含油浓度较低的废水，应用二段法即可达到回注要求。如废水需达到排放标准时，除必不可少的物理化学方法（混凝、沉淀、过滤等）外，一般需要增加生物处理作为二级处理。

1. 沉淀过滤法[2]

某油田废水处理站设计处理能力为 2500m³/d，实际处理能力为 2200m³/d。

（1）废水来源、水质、水量 如图 1-4-2[2] 所示，从图中可以看出，进入废水处理站进行治理的油田废水主要有 4 个来源：

① 含水原油被开采出来后进入脱水转油站进行脱水脱盐治理后分离出来的废水；

② 对注水井定期进行反冲洗时清洗出的洗井水；

③ 定期对贮油罐进行清洗后产生的清洗水；

④ 对废水处理站内的压力滤罐进行反冲洗后产生的反冲洗水。

进水水质监测结果见表 1-4-3[2]。

表 1-4-3 进水水质监测结果

指 标	结果	指 标	结果	指 标	结果
pH 值	6.7	Mg^{2+}/(mg/L)	30	Fe^{3+}/(mg/L)	5.0
水温/℃	45	Cl^-/(mg/L)	28360	总矿化度/(mg/L)	49000
密度/(g/cm^3)	1.03	SO_4^{2-}/(mg/L)	1200	含油量/(mg/L)	小于 1000
($K^+ + Na^+$)/(mg/L)	18600	HCO_3^-/(mg/L)	412	悬浮物/(mg/L)	300
Ca^{2+}/(mg/L)	426	总铁/(mg/L)	8.5		

(2) 废水处理工艺　普通油田废水主要采用混凝、沉淀、过滤等方法进行处理，其工艺流程见图 1-4-3[2]。

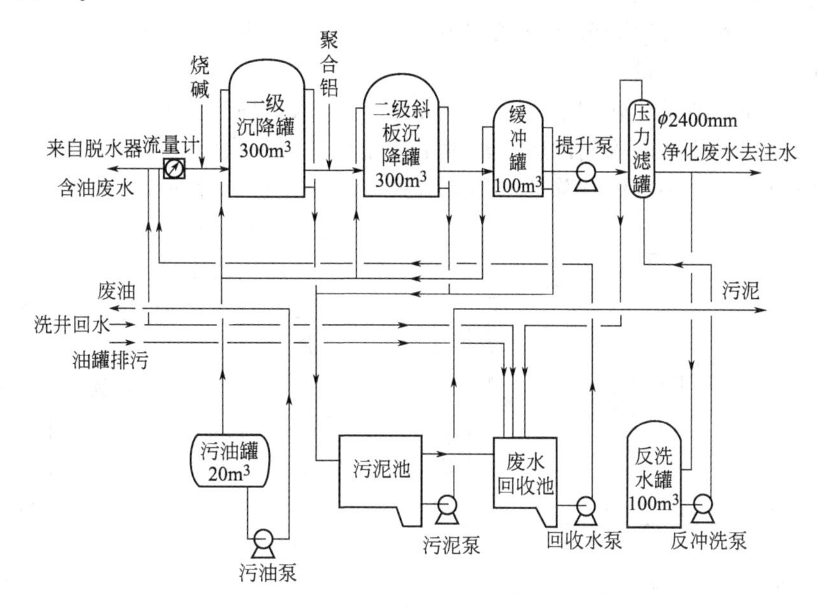

图 1-4-3　含油废水处理工艺流程

由于含油废水偏酸性，所以需加入 NaOH 调节其 pH 值，然后进入一级沉降罐（又称一级除油罐），在不加混凝剂的条件下，利用油水密度差，使油水得到初步分离。在此过程中，大颗粒泥沙和一些悬浮颗粒也逐渐脱离混合体，沉到罐底。经过一级沉降罐治理后的出水，其含油颗粒粒径和悬浮颗粒粒径趋于细小，已无法自然分离。因此，一级沉降罐的出水在进入二级沉降罐之前需加入聚合铝混凝剂，加药后废水进入二级沉降罐反应室进行充分混合，使分散的悬浮微粒和细小的油珠逐渐聚合成较大颗粒，然后再分别通过二级斜板沉降罐和石英砂压力滤罐进行深度沉降和过滤，最终使废水达到适宜的注水标准。

经过一级沉降罐、二级斜板沉降罐和缓冲罐分离出的浮油将定期放入污油罐，经污油泵提升进入油气集输系统。而沉降罐和缓冲罐产生的溢流物、放空水、污泥则排入污泥池，经沉淀后，上部废水重新进入废水回收池，沉淀在池底的污泥定期清挖或外输。压力滤罐也要定期反冲洗，反冲洗废水排入废水回收池待处理。间断排放的洗井废水和油罐冲洗水也进入废水回收站。回收池中的废水通常用恒定流量的回收水泵输入废水治理系统进行处理。

主要设计参数如表 1-4-4[2] 所列。

表 1-4-4 主要构筑物的设计参数

名 称	设 计 参 数		实际运转参数	
	流 速	停留时间	流 速	停留时间
一级沉降罐	0.64mm/s	2h	0.36mm/s	3.6h
二级斜板沉降罐	0.56mm/s	1.45h	0.31mm/s	2.6h
压力滤罐	6～8m/h		4～5m/h	

2. 沉降-粗粒化-沉降-压滤法[2]

根据油田废水排放的不同情况，也可在一级沉降后采用粗粒化处理工艺，粗粒化装置的填料有平板式、管式及蜂窝式等，也可用一些粒状及纤维状物质作为粗粒化介质，如蛇纹石、陶瓷、炭粒、人工合成高分子材料以及金属网等。经粗粒化后的废水再进入二级沉降池，进一步降低水中含油量。

某油田废水处理站设计处理能力为 8000m^3/d，废水处理工艺如下。

(1) 废水治理工艺　所采用的废水治理工艺流程是：一次沉降除油→粗粒化→二次斜板沉降除油→压力过滤。一次沉降除油选用辐流式沉降罐，它对含油废水起预处理作用，可以去除浮油及较大粒径的机械杂质。

(2) 废水治理设备　这套治理流程的关键设备是辐流式沉降罐和其他治理设备，分述如下。

① 辐流式沉降罐。从图 1-4-4[2] 所示的辐流式沉降罐的结构中可以看出，脱水站脱出的含油废水靠余压由管道输入水管，经整流孔板进入配水罩，配水罩侧壁有双层孔口，废水呈辐射状均匀地喷入罐内沉降区，水平地沿径向流至罐壁。在流动过程中，流速逐渐减慢，油珠上浮，机械杂质颗粒下沉。水流绕过挡板溢过出水三角堰流入集水槽。上浮的浮油通过出油三角堰流入集油槽。下沉的污泥沉积罐底，通过穿孔排泥管定期排放。集水槽和集油槽由隔板相互隔开，两槽中均设有仪表，以显示液位并控制废水泵及污油泵的操作状态。

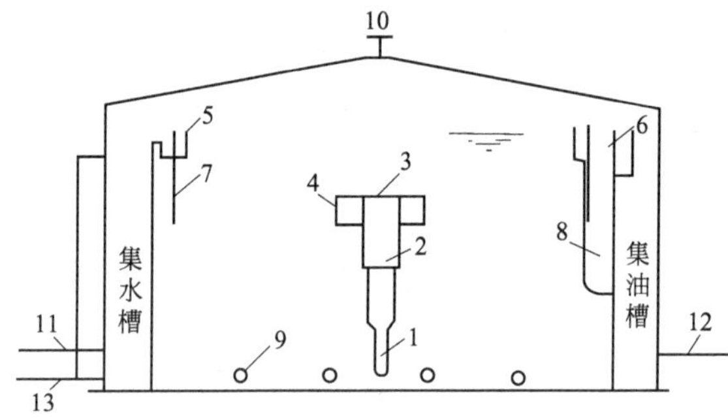

图 1-4-4　辐流式沉降罐示意

1—进水管；2—整流孔板；3—配水罩；4—配水孔；5—出油三角堰；6—出水三角堰；7—挡板；8—集油管；9—穿孔排泥管；10—通气罩；11—出水管；12—出油管；13—溢流放空管

辐流式沉降罐实际上是在辐流式沉淀池的基础上改装的。辐流式沉淀池是给排水工程中常用的预处理构筑物，对泥、水两相分离效果良好。但是含油废水与给水工程中的原水或排水工程中的废水性质不同，它要求水、油、泥三相分离，因此照搬辐流式沉淀池不加改进是不能利用的。为此在辐流式沉淀池配水罩的上部增设了浮油分离区，同时在周边增设了挡板，以使油水分隔。该罐和油田废水治理中常用的立式除油罐相比有如下特点。

a. 采用多级孔口压力外流及三角堰口溢流，使罐内整个工作面配水均匀，防止短流。

b. 利用废水及污油的密度差自动收油，结构简单，运行可靠，适应性强，并使油污的含水率大幅度减少。同时利用出水堰及出油堰的高差控制污油层的厚度不小于 300mm，确保密闭隔氧，见图 1-4-5[2]。

如图 1-4-5 所示，挡板的两侧实际上相当于连通器的两端，其关系如下式[2]：

$$\gamma_1 h_1 = \gamma_2 h_2 \tag{1-4-4}$$

$$h_1=h_2+\Delta h \qquad (1\text{-}4\text{-}5)$$

$$\Delta h=h_1(1-\gamma_1/\gamma_2) \qquad (1\text{-}4\text{-}6)$$

式中，h_1 为污油油层厚度，m；γ_1 为污油密度，kg/m^3；h_2 为废水层厚度，m；γ_2 为废水密度，kg/m^3；Δh 为污油污水液面差，m。

在一定情况下，γ_1、γ_2 是固定的，可以看作是常数，因此只要确定 Δh 即可保持污油层的厚度 h_1。反之，污油层的厚度 h_1 达不到出油三角堰的高度，就不会发生溢流，这样，就彻底杜绝了废水混入污油。

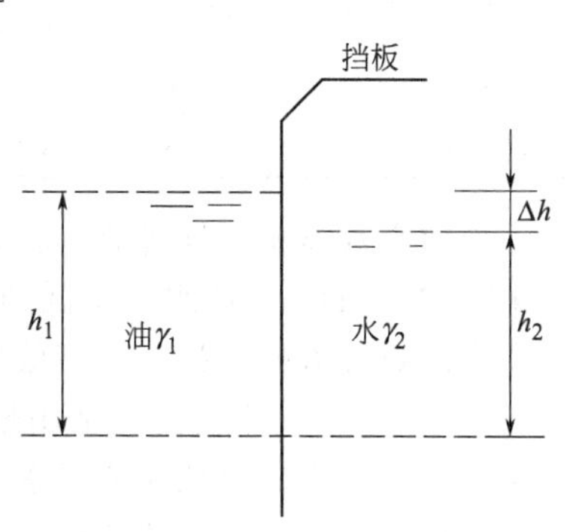

图 1-4-5　挡板两侧水位示意

c. 水力工作情况良好。如前所述，废水经配水罩孔呈辐射状均匀喷出后，分别呈向上、水平、向下状态，互不干扰。同时，由于废水从罐中央向罐壁的流速由大到小，这样就有效地减缓了因沉降或浮升速度不同而造成的同相颗粒沉降或浮升。

d. 罐底部配有穿孔排泥管，可定期排除罐底沉积的污泥。

② 其他处理设备。经辐流式沉降罐的废水进入粗粒化装置，该装置采用罐式结构，粗粒化材料为蛇纹石，使游离状的小油珠变为大油珠，随之加快了油水分离速度。粗粒化罐采用穿孔板配水，水流自下而上，为防止水流沿罐壁走短路，设有阻流圈，并配备蒸汽管网，以防止停运时污油凝结。该罐的设计表面负荷为 $30m^3/(m^2 \cdot d)$ 时，单罐处理能力为 $5000m^3/d$。从粗粒化罐排出的废水进入二级斜板沉降罐进一步除油，最后废水通过压力滤罐，完成了废水治理的全部过程。

(3) 处理效果　这套治理设备日处理量平均 $8000m^3$，治理后的水质全部达到当时执行的部颁标准（见表 1-4-5），废水全部回注于地层，从而结束了多年的废水外排状况，并取得较好的经济效益及社会效益。

表 1-4-5　改造前后处理水质对照表[2]

项目	部颁指标	改造后 数据	改造前原数据	项目	部颁指标	改造后 数据	改造前原数据
悬浮物/(mg/L)	5	<5	30	腐蚀率/(mm/a)	0.07～0.125	0.033～0.1	0.16
总铁/(mg/L)	0.5	0.1	0.1	滤膜因数	15	20～25	6
含油/(mg/L)	80	3.4	100	污油含水/(mg/L)		<30	>870
溶解氧/(mg/L)	0.5	0.01～0.02	0.05				

注：目前执行的采油水回注标准为 SY/T 5329—94。

运行资料表明，在整个废水治理系统中，辐流式沉降罐起到了重要的作用。该罐的体积为 $500m^3$，外径 12m，高 6m，两座辐流式沉降罐并联工作，除油率高达 87%以上，而且随废水含油率的升高而升高，当废水含油 20000mg/L 以上时，除油率可达 99%以上，基本上去除了浮油，达到了设计要求，确保了后续设备如粗粒化罐、二次斜板沉降罐及压力过滤罐的正常运行。

3. 生物方法

一般仅通过物理化学方法不能实现采油废水的达标排放，需要结合生物方法，去除废水中较低浓度的油类和 COD 等。

例如某油田采油废水经原有处理工艺絮凝→气浮→澄清→过滤的物理化学处理后，不能达到国家要求的污水综合排放标准（GB 8978—1996）二级标准，出水水质及排放标准如表 1-4-6 所示[6]。

表 1-4-6 出水水质及排放标准

项目	水温/℃	pH 值	COD /(mg/L)	ρ(石油类) /(mg/L)	ρ(氯化物) /(mg/L)	ρ(挥发酚) /(mg/L)	ρ(硫化物) /(mg/L)	矿化度 /(mg/L)	总硬度/(mg/L)
出水	60	13.2	230	23.4	4583	0.301	2.83	9822	50
排放标准	—	6～9	150	10	—	0.5	1.0	—	—

为使废水能够达标排放，将对以上工艺进行改造，主要任务去除出水中多余的石油类、硫化物和 COD，并使水温降低到 30℃，能够外排到地表水Ⅴ类功能区。本项目采用的主要工艺为高效混凝处理技术、高效冷却工艺、吸油除油技术和生物滤池生化处理，工艺流程如图 1-4-6 所示。其中混凝剂采用聚铁化合物，可在去除 COD 的同时，与溶解性硫化物形成硫化铁沉淀，有效降低硫离子含量；废水经冷却塔降温后，不但有利于生物滤池微生物的生长，并且降低了溶解油的溶解度，有效降低了油类和 COD 浓度。

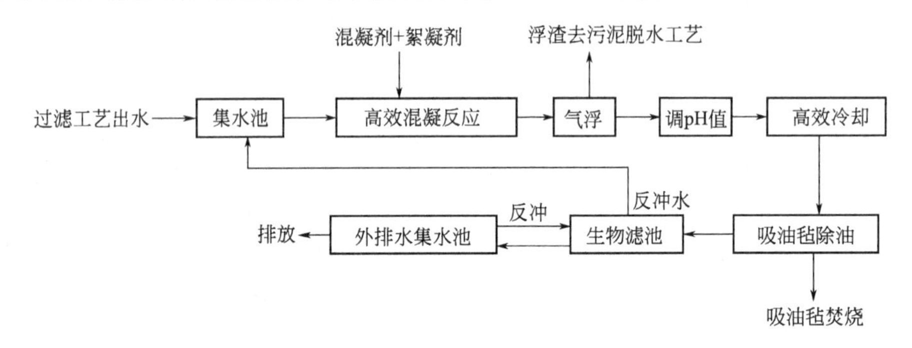

图 1-4-6 工艺流程

该工艺各单元的处理结果如表 1-4-7 所列，实际运行中，当生物滤池工艺前的处理水质达到二级排放标准时，则可以不经生物滤池直接排放，当前面工艺不能达标时则通过生物滤池进行深度处理，该工艺主要考虑废水中油类、总盐、氯离子含量都很高，微生物的生长繁殖会受到抑制，因此单纯的生物方法难度大，可行性差，所以采用物理化学方法和生物处理方法相结合，达到了较好的处理效果。

表 1-4-7 各单元处理结果

处理单元		COD/(mg/L)	ρ(石油类)/(mg/L)	ρ(硫化物)/(mg/L)	pH 值	水温/℃
集水池	进水	230	23.4	2.83	13.2	60
	出水	220	23.4	2.83	13.2	58
	去除率/%	4.3	—	—	—	—
气浮装置	出水	180	17	1.0	11	55
	去除率/%	18.2	27.4	64.7	—	—
pH 值调节、集水池	出水	170	17	1.0	9	53
	去除率/%	5.6	—	—	—	—
冷却塔	出水	170	17	1.0	8～9	30
	去除率/%	—	—	—	—	—
除油塔	出水	150	10	1.0	8～9	28
	去除率/%	11.8	41.2	—	—	—
生物滤池	出水	130	8	0.8	7～8	26
	去除率/%	13.3	20	20	—	—
总去除率/%		43.5	65.8	71.7	—	—

（二）高矿化度油田采油废水处理[2]

在高矿化度水源的地区，油田废水造成的危害突出表现在对设备的严重腐蚀上。油田废水中含有多种杂质和气体，其中氧是三种主要溶解气体（氧、二氧化碳和硫化氢）内最有害的一种，在浓度非常低的情况下（<1mg/L），它也能引起严重腐蚀。氧在电化学腐蚀中起去极化作用，能消耗阴极表面的电子而使电化学腐蚀加快。由于氧的去极化作用，还会使溶解的硫化氢加剧对设备的腐蚀。对于高矿化度废水，由于溶解氧的存在，腐蚀速度加快，这是因为高矿化度水中有足够的氯离子，它干扰破坏 $Fe(OH)_3$ 保护膜的形成。由于溶解氧的存在还使 Fe^{2+} 转化为 Fe^{3+}，亦不利于回注。其次，油田废水中氯离子含量很高，氯化物一般极易溶解，氯离子体积小、活性大，穿透金属表面保护膜的能力极强。此外，溶解氧与溶于水中的硫化氢、二氧化碳还会产生协同作用，使废水腐蚀速度加剧。硫化氢亦有明显的点蚀作用。因此，对于这类油田，废水治理的关键是尽可能地减小废水造成的腐蚀。

对于高矿化度油田废水，其净化工艺与普通油田废水相同，从转油站脱水站来的废水首先进入一次除油罐。经自然除油的废水与净化剂及絮凝剂反应后进入二次除油罐（混凝除油罐），出水经压力过滤罐过滤后进入回注站。但必须设置废水处理回用的水源稳定塘，同时应投加各种稳定剂。各种水质稳定剂品种及用量必须通过试验决定。油田常用的稳定剂为吸附型有机胺类缓蚀剂、有机磷酸盐类防垢剂、有机杀菌剂等。杀菌剂应选用两种以上交替使用，以免产生抗药性。

要根据化学药剂的性能和水质的需要选择适当的加药部位，以发挥药剂的效能。药剂投加量应随水质、水量变化进行调整。

此外，天然气密闭系统也是治理高矿化度废水必不可少的系统。油田常用天然气作为填充隔离气体，以隔绝空气（也有采用氮气的）。天然气密闭系统既要达到隔氧效果好、调压质量高的目的，更要保证安全可靠。天然气密闭系统的调压方式，可以用低压气柜调节；当天然气源充足时，也可采用自力式调压阀作补气调压，以电动隔膜压力调节器（需防爆）作排气调压。

（三）石油钻井废水处理

通常，钻井废水中的悬浮微粒与黏土的组合体多带负电荷，由于双电层作用，钻井废水具有一定的稳定性，不易将各种组分分离。因此，对于钻井废水主要采用化学混凝法进行处理。

1. 治理工艺[2]

钻井废水的处理工艺流程见图 1-4-7。

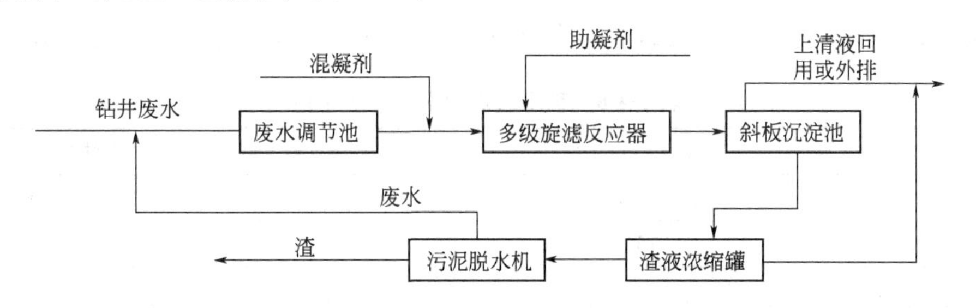

图 1-4-7　钻井废水治理工艺流程

钻井废水首先进入废水调节池调整废水的 pH 值，使之保持在 7.5～8 之间，调整后的废水进入多级旋流反应器中，与混凝剂发生反应。经过电中和的脱稳作用，逐渐形成絮凝体。在反应中要根据情况适量加入助凝剂，以促进较大颗粒矾花的形成。多级旋流反应器的废水治理量以 6～8m^3/h 为宜。经多级旋流反应器治理的废水进入斜板沉淀池进一步沉淀，在池中如发现沉渣上移至斜板区时，要立即停机，用调整废水 pH 值和添加混凝剂的办法使其恢复正常。经斜板沉淀池治理后的上清液，基本上已达到废水外排标准，可以外排，亦可以进入集水槽作工业用水。从斜板沉淀池下部排出的渣液进入渣液浓缩罐，经一段时间的浓缩，其上清液进入斜板沉淀池的外排系统或回用系统；浓缩液则进入污泥脱水器，形成含水量约 80%的半干渣，其主要成分是岩石微粒和黏土，可成形堆放。

2. 治理设施[2]

钻井废水处理设施可采用多级旋流反应器和斜板沉淀池。

(1) 多级旋流反应器 从图 1-4-8(a) 所示的旋流反应器的俯视图中可以看出，废水沿切线方向进入一级反应器，并在反应器内发生旋转，由于油水密度不同，因此在旋转时将油分逐渐分离。在反应过程中加入混凝剂，使废水中的悬浮物与黏土逐渐分离。加入助凝剂可使反应完全，形成油悬浮物-水-污泥三相。经过四级旋流反应后，钻井废水中的悬浮物已大部分去除。图 1-4-8(b) 为多级旋流反应器示意。

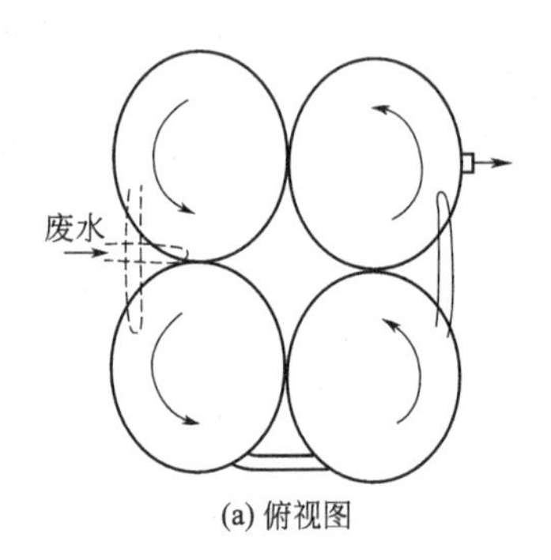

(a) 俯视图

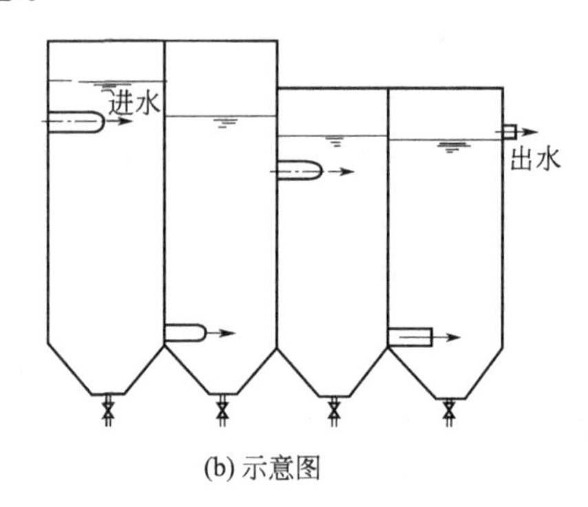

(b) 示意图

图 1-4-8 多级旋流反应器

(2) 斜板沉淀池 从多级旋流反应器流出的废水进入斜板沉淀池后，依照“浅池原理”，逐渐分离成油悬浮物-水-污泥三相，使废水治理进一步彻底化。

(四) 采气废水处理

采气废水可直接导致采气产量降低或不稳，因此，采气废水的处置成为气田发展面临的关键问题之一。早期采用的采气废水回注地层的方法由于地理条件（地层空间、渗透性、汲水指数等）及井口压力等条件限制和浅层回注对地下水的污染问题，逐渐被处理排放的技术路线所取代。

某采气厂的采气废水水质如表 1-4-8[7] 所列，气矿采气废水量 Q 为 2～5m^3/d。

表 1-4-8 某采气厂的采气废水水质

项目	COD/(mg/L)	SS/(mg/L)	石油类/(mg/L)
进水	2100～3000	600～900	500～800
出水	150	30	10

由于原水水质的可生化性较差，无法直接进行生化处理，并且对预处理要求较高，因此采用电絮凝法进行预处理，可去除部分油类、悬浮物和 COD，然后再进行生化处理，二级生化处理采用 SBR 法。工艺流程如图 1-4-9[7] 所示。

项目运行后出水水质结果如表 1-4-9[7] 所列，油类、悬浮物及 COD 的去除率均达到 90%以上，达到 GB 8978—1996 中二级排放标准。

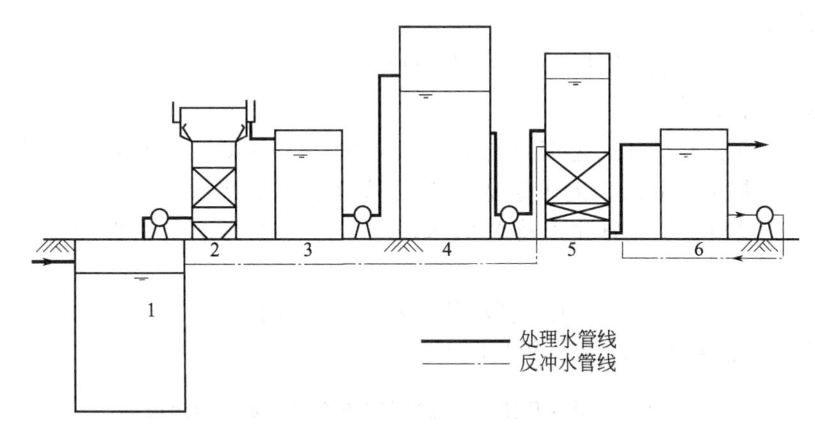

图 1-4-9　某采气厂的采气废水处理工艺流程

1—调节池；2—电絮凝池；3—贮水池；4—SBR 池；5—滤池；6—反冲水池

表 1-4-9　处理效果

项　　目	进水	出水	标准要求	去除率/%
COD/(mg/L)	2460	128	150	95.16
SS/(mg/L)	790	22	30	97.22
油类/(mg/L)	560	8	10	98.57

第二节　石油炼制工业废水

一、生产工艺与废水来源[8～10]

(一) 用水及排水系统

1. 炼油工业用水

原油加工生产过程中需要大量的工业用水，如制得成品或半成品进行高温加热时所需的冷却水；作为生产过程中主要动力蒸汽的耗水以及电脱盐用水、产品水洗水、配制化学药剂用水、工艺注水、清洗槽车用水、机泵冷却水等工艺用水。当不回收冷凝水、不回用污水、不循环使用冷却水时，一个生产装置比较齐全的炼油厂的用水量为加工原油量的 30～50 倍。近几年由于采用新的生产工艺、节约工业用水及采取循环用水，使新鲜水用量大大降低。目前，一般每加工 1t 原油新鲜水用量在 0.3～3.5m^3。国外一些新建炼油厂加工 1t 原油新鲜水用量在 1.0m^3 以下。

2. 排水系统

炼油厂的工业用水量大，生产用水点分散，废水的来源、特性和废水量与原油加工工艺过程、原油的类型、使用的设备、水重复利用程度以及维护管理水平等因素有关。根据废水的来源可将炼油废水分为以下几种类型。

(1) 工艺废水　工艺废水是生产装置产生的废水，主要来自炼油装置的塔、罐、油水分离器的排水，是主要的污染源，占总排水中 COD 负荷的 50%左右。

(2) 含油废水　含油废水主要来自炼油装置的机泵冷却水，原油及重质油中间罐排水，地面冲洗水，塔、冷凝器的排水以及装置区域的含油雨水等。

(3) 假定净水　假定净水主要来自锅炉排污水、纯水制造装置的再生废液、循环冷却水场凉水塔的排污水。

(4) 生活污水 生活污水来自车间、办公楼、食堂、宿舍等。

(二) 废水的性质

在上述四种污水中，以工艺废水与含油废水的污染程度最为严重，是炼油厂的主要废水，其具有废水排放量大、废水组成复杂的特点，废水水质随加工原油的性质和工艺过程的不同而变化很大，正常生产排放的水质与开、停工初期及检修期排放的废水水质差别很大。

现将炼油厂主要工艺过程产生的废水和主要污染物列于表 1-4-10[9]。炼油厂几个生产装置排出的工艺废水的水质特性示于表 1-4-11[9]。

表 1-4-10 炼油厂主要工艺过程产生的废水和主要污染物

工艺过程名称	废水来源和主要污染物
常减压蒸馏	常压蒸馏装置排水：来自汽提、蒸馏的冷凝器，主要含有 H_2S 和 NH_3（大多以 NH_4SH 形式存在），还有少量的酚，呈碱性 减压蒸馏装置排水：来自减压蒸馏的汽提、蒸馏冷凝器，蒸汽喷射器的蒸汽冷凝排水，加热炉盘管稀释蒸汽；主要含 H_2S、酚、油，水呈乳浊状
催化裂化(或热裂化)	在催化裂化反应塔中，汽提法将油和催化剂分离时排出蒸汽冷凝水，水中主要含有氨、硫化物及酚类化合物 在催化裂化或热裂化的分馏塔顶回流罐产生酸性冷凝水，含 NH_4SH、酚类和氰化物
铂重整	用铂作催化剂，使油品的分子结构重新调整，提高汽油的辛烷值和生产芳烃类产品，其废水量较小，主要含油和硫化物
加氢精制	在催化剂的作用下，向油品中加氢，脱除油品中的硫、氨等不纯物；废水主要含有高浓度 H_2S、NH_3(或 NH_4SH)和酚
丙烷脱沥青	利用丙烷作溶剂，去除减压渣油中的沥青等胶质，生产高黏滞性的润滑油和裂化原料油；废水中含少量油、硫化物和氨
延迟焦化	使油品在加热炉中短时间达到焦化温度，在焦化塔中进行焦化反应，使重油、渣油和沥青加热裂解得到轻质油；废水来自冷凝器，主要含油、硫化氢、氨和酚等
酮苯脱蜡	用酮-苯作溶剂将重馏分油和脱沥青的重油中的蜡脱除，降低油品的凝固点，废水主要含油和酮等
叠合装置	从上述一些装置得到的副产品液化气，在催化剂的作用下进行叠合反应，生成高辛烷值汽油，其他组分和产品；废水主要含油和硫化物
电脱盐脱水	原油脱盐一般在采油点进行，但有时在炼油厂进行原油加工前，还要进一步进行脱水脱盐；该装置排出的废水含有盐分、油酚及硫化物等，由于有油存在，水多呈乳浊状
其他	油品贮罐的清洗排水，主要含油及有机物

表 1-4-11 炼油厂工艺废水的水质特性

污染成分	排出地点			
	常压蒸馏塔顶冷凝水	减压蒸馏塔顶冷凝水	加氢脱硫装置排水	催化裂化装置排水
pH 值	6～8	6～7	7～8	8～10
氯化物/(mg/L)	5～25	—	—	—
NH_4^+/(mg/L)	5～100	—	2000～3000	50～8000
硫化物/(mg/L)	5～25	10～100	10000～50000	50～1000
油/(mg/L)	2～12	50～1000	5～150	1～10

一般情况下，新鲜水用量越多，排出的废水量也越多。目前，国外炼油厂废水的排放量（以1t油计）约为1.0m^3/t。一些新建炼厂和一些老厂采用了多种措施，使废水排放量进一步降到0.3～0.5m^3/t。

二、清洁生产

目前国内外炼油厂对水污染防治一般采取以下措施[9]：①改革生产工艺，压缩排污量；②对生产废水进行清污分流；③在生产车间进行废水的预处理；④建污水处理装置，使废水处理达到排放标准；⑤进行深度处理，实现废水回用。

由于每个炼油厂的具体情况不同，因此所采取的水污染防治措施也不同。

（一）改革生产工艺、压缩排污量

在炼油厂生产工艺中，尽量采用不污染和少污染的工艺过程和设备，压缩污染源，减少排污量，是控制水污染的积极有效措施。

1. 采用污染少的炼油工艺

国外炼油厂在二次加工装置中，加氢精制所占的比例迅速增加。采用加氢精制可降低废水的排放量和污染程度，免除了高浓度含硫、含酚废碱液和碱渣等难处理的问题。

国外有些炼油厂已采用管壳式表面冷凝器代替大气冷凝器，真空泵代替蒸汽喷射泵，消除了大气冷凝器排水。

有的炼油厂采用重沸器代替直接蒸汽进行汽提，减少污水的排放量，也有研究用天然气或干气代替汽提蒸汽。

2. 综合利用，回收有用物质

国外新建炼油厂中大部分都有硫黄回收装置，回收气体中的硫化氢用来制取硫黄。

炼油二次加工装置分馏塔顶的冷凝水（通称酸性水）中含有较高浓度的硫化氢、氨和酚等污染物。目前许多厂都有酸性水汽提装置回收氨，将汽提出的硫化氢与其他装置排出的硫化氢气体一并送到硫黄回收装置。

有的厂对高浓度含酚废水采用静电萃取方法回收酚。有的炼油厂从直馏产品碱洗废液中回收环烷酸，从废碱液中回收硫氢化钠和硫化钠，从酸渣中回收硫酸。

3. 降低新鲜水用量，压缩污水排放量

国外新建炼油厂大量采用空气冷却取代水冷却，大大节约了新鲜水用量。不少采用直流水冷却的老厂，逐渐改用循环水系统。有的厂广泛采取重复利用和净化废水回用的方式。

除上述经常性的污染源外，还要特别注意防治那些复杂的冲击性污染源，要在设计和建造设施时有所考虑。

（二）生产废水清污分流

清污分流的目的是保证不同污染物容易处理并便于回收，同时能提高最终处理效果，减少处置费用。在对炼油厂的污染源进行调查研究、改革生产工艺以及压缩排污量的基础上，制定出废水清污分流的方案，以便对不同的废水采取不同的方法进行治理。在制订清污分流方案时要注意有利于治理、便于管理和经济技术上的合理性。

国外新建炼油厂的排水系统多采用分流制，一些老厂也将合流制的排水系统改造为分流制。一般分为四个系统：不含油废水（含盐废水）、含油废水、工艺废水及生活污水。现将废水系统的划分列于表1-4-12[9]。

表 1-4-12 炼油厂废水系统的划分

废水类型	废水来源	收集系统	处理方法
不含油废水(含盐废水)	(1)不含油雨水 (2)直流冷却水 (3)蒸汽透平冷凝水 (4)空调冷却水 (5)锅炉排污 (6)屋顶排水 (7)离子交换再生水 (8)水软化器排水 (9)直流冷却水(用于C_5或较轻组分)	不含油废水管道	专用隔油池
含油废水	(1)直流冷却水(用于C_6或更重组分) (2)冷却塔排污(用于C_6或更重组分) (3)自流的含油雨水 (4)可收集的含油雨水	含油冷却水管道	专用隔油池
工艺废水	(1)压舱水 (2)脱盐水 (3)油罐脱水 (4)汽提冷凝水 (5)泵填料冷却水 (6)洗涤水	工艺废水管道	API隔油池
生活污水	(1)全厂更衣室排水 (2)卫生间排水 (3)浴室排水	生活污水管道	炼油厂废水处理厂 城市污水处理厂

(三) 废水的预处理 (车间内)[9]

对从炼油厂生产工艺中排出的高浓度含硫、含酚、含氨废水和废碱渣等，从技术经济角度出发，首先在生产车间进行预处理，这样既可以降低废水处理厂的污染负荷，又可回收废水中有用的物质。

1. 含油废水

含油废水是炼油厂中水量最多的一种废水，主要含油、悬浮物及其他有机污染物。废水中的油以浮油、乳化油及溶解油（或分散油）等几种状态存在。浮油一般采用重力分离法；乳化油用混凝、浮选、聚结（粗粒化）、过滤等方法去除；溶解油用吸附及生化法去除。

2. 含硫废水

在含硫废水中主要含有硫化物、氨、油、挥发酚等物质。对一个炼油能力 2.5×10^6t/a 的炼油厂，其含硫废水量约 60m^3/h，表 1-4-13[9] 中列出某炼油厂含硫废水的主要来源和特性。

表 1-4-13 含硫废水的主要来源和特性

来源	特性					
	水温/℃	油含量/(mg/L)	硫化物/(mg/L)	挥发酚/(mg/L)	氰化物/(mg/L)	氨氮/(mg/L)
常压塔顶分离水	42	180.75	28.97	31.92	1.51	105.87
初压塔顶油水分离	29.3	14.40	4.59	20.88	1.00	218.60
催化分馏塔顶分离水	29.6	37.67	1190.4	527.5	4.20	868.93
液态烃切换水	25	32.42	8563.2	24.0	5.93	4043.56

从表1-4-13可知，由于含硫废水污染程度高，对废水处理构筑物的正常运转影响很大，而且还会对大气及环境造成污染，所以，国内外均首先在生产装置附近对含硫废水进行预处理，或在废水处理厂首先对高浓度含硫废水进行单独处理，然后再与其他废水混合进入废水处理厂。其处理方法主要有汽提法、空气氧化法、催化法等。国外新建炼油厂多数采用双塔蒸汽汽提法，从催化分馏塔冷凝水中回收硫化氢和氨。

3. 含酚废水

炼油厂含酚废水主要来源于炼油厂加工装置，如常减压蒸馏、热裂化、减黏、焦化以及催化裂化等装置和分馏塔塔顶油水分离器，废水中含酚量较高，主要是单元酚。一般对高浓度含酚废水采取在生产装置附近进行预处理，再与低浓度含酚废水一并送到废水处理厂进行生化处理。常用的预处理方法有烟道气或蒸汽汽提、溶剂萃取法等。

4. 废碱液

一些炼油厂对含硫、含碱废液通常与含硫废水一起进行空气氧化处理，对于含酚高的废碱液则用烟道气和硫酸进行中和处理。有的炼油厂用废碱液吸收气体中的硫化氢，回收硫氢化钠或硫化钠。有的采用焚烧法回收废碱液中的碳酸钠。有时也可考虑将高酸碱废液在生产装置附近预中和处理，既可节省动力和药剂，又可防止管道腐蚀。

5. 高度乳化废水

炼油厂废水中含有环烷酸或其他乳化剂，加工含硫原油时尤为突出。如能在生产装置附近首先进行破乳化预处理，将提高废水处理的效果。

6. 废水预处理和水回用相结合

炼油厂的有些废水经预处理后，就地回用作为生产用水，如氧化沥青成型废水的处理回用、焦化装置熄焦水的回用、洗槽废水自身循环使用等。既可节约新鲜水，又可减少废水处理厂的负荷。

7. 其他废水

对炼油厂各生产车间排出的高浓度废水，从经济技术合理角度出发，根据具体情况首先进行预处理。如含铬废水预处理等。

三、废水处理与利用

(一) 炼油废水的处理方法[9]

1. 物理化学处理方法

（1）重力法　重力法除油是既经济又有效的除油措施，用以去除粒径较大的浮油和部分分散油。重力除油可采用隔油池和油水分离装置，例如波纹板式（CPI）油水分离器可以完全去除粒径大于60μm的油粒，去除91%粒径20～40μm的油粒，20μm以下的去除率为63%。

由于上述除油设施和设备对乳化油的分离效果不好，因此只能作为炼油废水的预处理使用。

（2）过滤法　常用的滤料有石英砂、无烟煤、多孔性陶瓷粉渣等。针对油脂吸附的滤料有特制纤维、玻璃纤维、锯木屑、塑胶颗粒等。

（3）气浮法　气浮法主要用于去除炼油废水中的乳化油。将全部或者部分废水加压，经瞬间减压后形成30～120μm的气泡，气泡附着在悬浮粒子或者油粒表面上与之一同上浮而达到去除效果。同时可加入混凝剂（一般加入铝盐、铁盐和高分子聚合物等）提高去除效果。

（4）混凝沉淀法　处理废水中利用自然沉淀法难以沉淀除去的细小悬浮物及胶体颗粒，

可以用来降低废水的浊度以及去除部分重金属和放射性物质。一般采用气浮法和过滤法联用。例如，为了更好地提高气浮处理效果，在回流加压溶气气浮工艺中向废水中投入某种絮凝剂，使水中难沉淀的胶体状悬浮颗粒或乳化污染物质失稳，从而使得污染物能够更容易下沉或上浮而被去除。炼油废水所添加的化学药剂主要为 $Al_2(SO_4)_3$、$AlCl_3$、$Fe_2(SO_4)_3$、$FeCl_3$，也可使用高分子絮凝剂。

(5) 电解法　电解法指在电解槽中通入直流电，让废水通过电解槽，使废水中的电解质的阴离子移向阳极，并在阳极失去电子而被氧化，阳离子移向阴极，并在阴极得到电子而被还原。利用这种反应使污染成分生成不溶于水的沉淀物，或生成气体从水中逸出，使废水得到净化。在较佳试验条件下，炼油装置废水中的 COD 的去除率可达 50%以上。另外此法对硫化物和色度等也有很好的去除效果。如选择以食盐为添加剂，则可进一步提高污水的处理速度和效率。

(6) 臭氧氧化法和活性炭吸附法　臭氧氧化法可以去除难生化去除的大分子污染物，对处理油类、酚类、氰以及色度有显著效果，一般作为三级处理的流程，出水效果好，但投资及运行费用比较高。活性炭吸附法在炼油废水经过隔油、气浮及砂滤后，再以活性炭吸附，对于污染物的去除有良好的效果。臭氧氧化法还可以和活性炭法相结合，既可以降低成本，同时又提高活性炭的寿命。

2. 生物处理方法[9]

(1) 缺氧-好氧生物处理（A/O 法）　A/O 法是将缺氧过程与好氧过程结合起来的一种废水处理方法，它除了可去除废水中的有机污染物外，还可同时去除氨氮，因此得到了广泛应用。该方法对 NH_4^+-N 的去除率在 90%以上，COD 去除率 80%以上，而且系统的抗冲击能力强，出水稳定。

(2) 生物膜法（曝气生物滤池）　主要依靠反应器内填料上生物膜中所附微生物的氧化分解、填料及生物膜的吸附阻留和沿水流方向形成的食物链分级捕食以及生物膜内部微环境和厌氧段的反硝化作用等来运行的。曝气生物滤池具有生物密度高、有机负荷高、除污能力强、耐冲击能力强、占地面积小和基建费用低等特点。在处理炼油厂生产废水的应用中，对废水中的石油类、COD 和 NH_4^+-N 都有较高的去除率，对 NH_4^+-N 的去除有利于污水回用。缺点是对进水的 SS 要求较高，需要采用对 SS 有较高处理效果的预处理工艺。

(3) 水解酸化-好氧生物处理工艺　炼油废水属高浓度有机废水，可生化性差，且炼油过程复杂，常使出水水质不稳定。水解酸化工艺作为炼油废水预处理工艺，可以比较明显地提高废水的可生化性，为后续的好氧处理工艺提供可靠的保证。

(4) 生物转盘法　当圆盘浸没于污水中时，污水中的有机物被盘片上的生物膜吸附，当圆盘离开污水时，盘片表面形成薄薄一层水膜。水膜从空气中吸收氧气，同时生物膜分解被吸附的有机物。这样，圆盘每转动一圈，即进行一次吸附—吸氧—氧化分解过程，圆盘不断转动，污水得到净化，同时盘片上的生物膜不断生长和增厚。老化的生物膜靠圆盘旋转时产生的剪切力脱落下来，生物膜得到更新。生物转盘法处理 BOD、油脂、酚和硫化物的平均去除率分别可达到 70%、70%、95%和 75%。

(二) 废水处理流程

1. 水质、水量均衡[9]

由于炼油生产装置的检修、操作事故，以及维护管理不善的产品泄漏等，对炼油厂废水处理装置造成各种形式的冲击负荷。因此，废水在进入处理装置前，要调节水质、水量，以保证处理装置的正常运转。

目前调节的方法有两种：一种是各股废水分别设缓冲池；另一种是在进废水处理厂前设

调节池。对上述炼油厂常发生的冲击负荷，除暴雨流量冲击要设计调节池（国外一般按10年最大暴雨停留24h设计）外，其他冲击负荷，主要应从改进设备、加强维护管理、杜绝不正常的排放及泄漏等方面着手，而调节池（罐）只能对短时间的冲击进行调节。调节装置可根据废水的特性，以及当地可利用的土地面积、材料和施工条件等选择其型式。一般调节池设在废水处理厂其他构筑物之前，但由于长期使用后池底有积泥和厌氧细菌繁殖等现象发生，导致产生臭气而影响环境，为了克服这个缺点，有的炼油厂将调节池放在隔油池之后，以保证生化处理构筑物的正常运转。有时也可利用天然地形作为调节池。

在设计调节池时，应设有搅拌设备，如机械搅拌、空气搅拌、回流板等，以保证水质、水量的混合均匀。

2. 工艺流程举例

目前国内外对炼油废水多采用生物二级处理流程，一般包括隔油、气浮、生物处理方法。采用这种流程可以满足现行的排放标准（GB 8978—2002），但由于有些地区对排放废水中的有毒物质（如酚、油等）要求较高，因此，一些炼油厂增加了废水深度处理工艺，使出水进一步达到地面水或回用水标准。图1-4-10[9]为活性污泥法为主的炼油废水处理工艺。

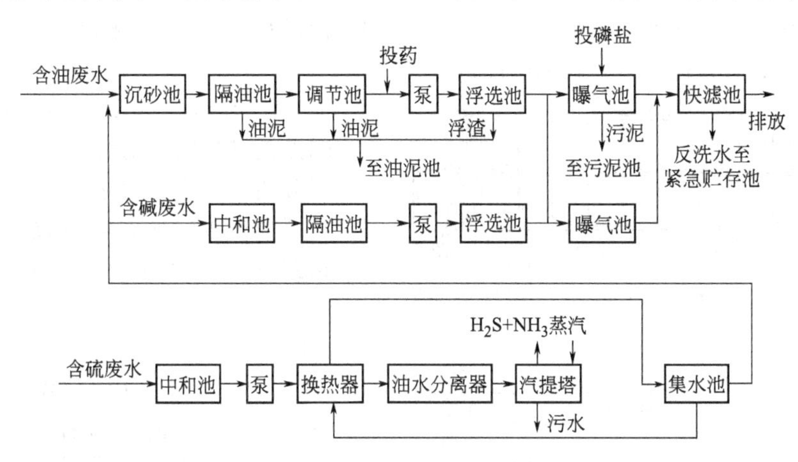

图1-4-10　活性污泥法为主的炼油废水处理工艺

部分炼油厂在气浮段采用两级气浮工艺或是生物处理段采用两级生物处理工艺，从而得到更好的出水效果。图1-4-11[10]为隔油-双级气浮-ABR-推流曝气-BAF处理工艺。

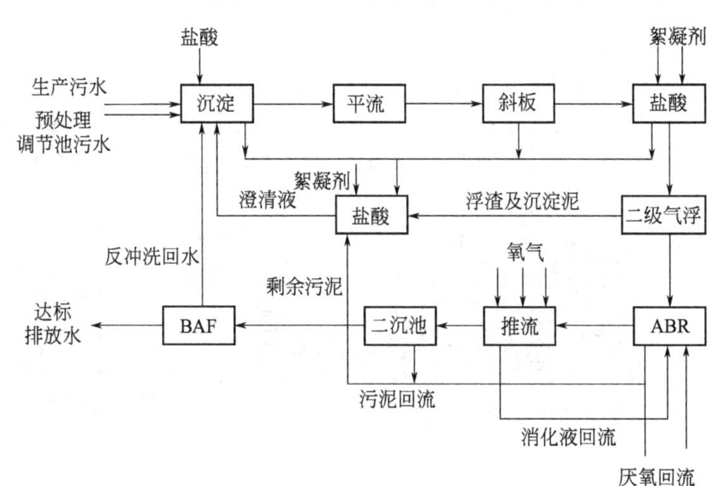

图1-4-11　隔油-双级气浮-ABR-推流曝气-BAF处理工艺

以活性炭吸附法作为三级处理的生物-活性炭法处理流程，可能在已采用生物处理流程的炼油厂有更广泛的应用，从而达到对炼油厂排放水质日趋严格的要求。但由于这种流程的投资及运转费用较高，因此，国外比较重视向活性污泥曝气池中投加粉状炭的方法，被认为是一种比较经济有效的三级处理流程。

我国一些炼油厂由于地处缺水地区，排放的废水不但要达到排放标准，而且要达到地面水标准，有的还要考虑水的回用，因此可采用生物-活性炭三级处理流程。

臭氧氧化工艺[11]可以去除难生化去除的大分子污染物，对处理油类、酚类、氰以及色度有显著效果，作为三级处理的流程，出水效果好，但投资及运行费用比较高，目前通过优化设计臭氧发生器和臭氧氧化塔结构，提高臭氧的产率和氧化效率，为臭氧氧化工艺处理炼油废水开拓了前景。臭氧氧化工艺还可以和活性炭工艺相结合，既可以降低成本，同时又提高活性炭的寿命。

(三) 炼油废水处理技术及主要构筑物

1. 一级、二级处理方法[9]

(1) 隔油池 隔油指将含油废水进行油水分离。重力分离法是较常用的一种方法，即利用水和油的密度不同使油与水分离，常用的构筑物称为隔油池。近年来，为了提高隔油池的除油效率，隔油池的构造也有较大的改进。

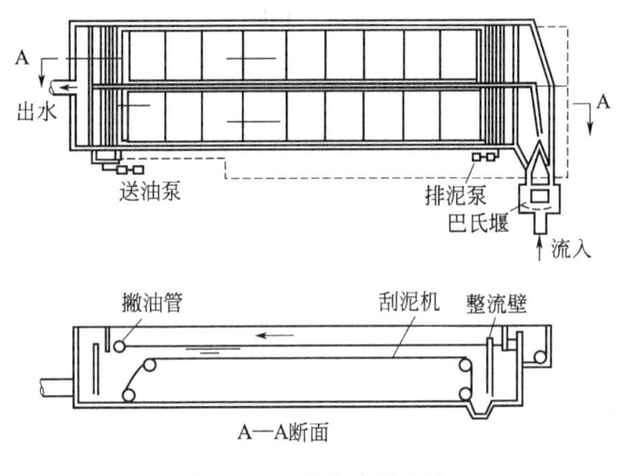

图 1-4-12 平流式隔油池

① 平流式（API）隔油池。平流式隔油池结构简单、适应性强、操作方便，可分离去除直径大于 150μm 的油滴。但池子的长度较长，需要较大的容积方能达到较好的除油效果，一般出水含油量在 30mg/L 以下。其结构示意见图 1-4-12[9]。

② 斜板式（PPI）隔油池。斜板式隔油池是在平流式隔油池基础上改进的一种池型，也称为平行板式隔油池。在池中与水流方向呈直角放置有一定倾角的平行板数块，板间距一般为 10cm 左右。当含油废水通过时，由于油滴上浮碰到平行板，细小的油滴就在板下凝聚成比较大的油膜。因在池内设置了数层平行板，油滴的上升距离缩短，池子长度可为平流式（API）隔油池的几分之一，除油效果也显著提高。一般可以分离直径 60μm 以上的油滴。当进水含油为 1000mg/L 时，出水可达 10mg/L 左右。目前国内新建的隔油池普遍为平行板式隔油池，出水含油量一般可小于 40mg/L，停留时间仅为平流式隔油池的 1/4，其结构见图 1-4-13[9]。

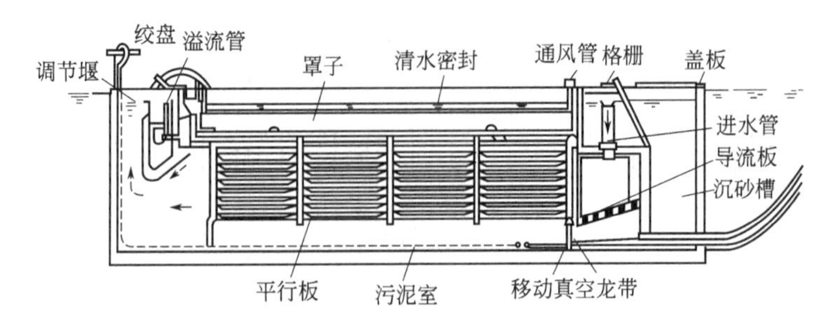

图 1-4-13 平行板式隔油池

其他池型均在此基础上进行改型，例如波纹板式（CPI）隔油池，将斜板隔油池中的平行板改为波纹板，波纹板以相对水流的方向呈45°倾角放置，板间距20～40mm。波纹板式隔油池的特点在于：波纹板与水的接触面积较平板大，水的层流条件好；波纹板比平板凝聚油滴的效果好；单位面积的处理能力显著提高，除油效率高。

（2）浮选　重力分离只能分离废水中颗粒较大的浮油，对油粒直径微小的浮油或呈乳化状态的乳化油，多采用浮选法去除。这种方法是将空气通入废水中形成微小气泡，使油滴附着在微小气泡上，由于油滴视密度变小，加速了油滴上升速度，提高了油水分离效果。含油废水经隔油池进行油水分离后，水中仍含有一定量带负电荷的乳化油。因此，含油废水用浮选法除油时，要投加混凝剂，利用化学混凝和破乳的作用，达到去除废水中微细浮油或乳化油的目的。

向废水通入空气的方式一般采用加压（0.2～0.3MPa）溶解、减压释放的加压溶气浮选法。这种方法产生的气泡小，除油效果好。加压浮选法又可分为全流加压、部分流加压、部分回流加压三种流程。

采用加压溶气浮选法除油，进水含油量不应大于200mg/L，去除率可达75%～90%。

加压溶气浮选法所用混凝剂，以前主要是硫酸铝，为了提高除油效果，减少药剂用量和浮渣生成量，并且使浮渣容易分离，近年来发展了低投加量、高效能的有机高分子凝聚剂聚丙烯酰胺，以及碱式氯化铝、三氯化铁等无机混凝剂。

（3）凝聚浮上法（粗粒化法）[9,12]　近年来，凝聚浮上除油不仅用作含油废水的预处理，而且用于去除乳化油和较小的浮油，代替浮选池，可以减小处理装置的体积，除油效率高。

国内某石油厂采用FY-201粗粒化剂，空塔流速10m/h，床层高3m，出水悬浮物及油的含量均低于二级浮选池的出水，出水中含油量<30mg/L。试验流程见图1-4-14[9]。

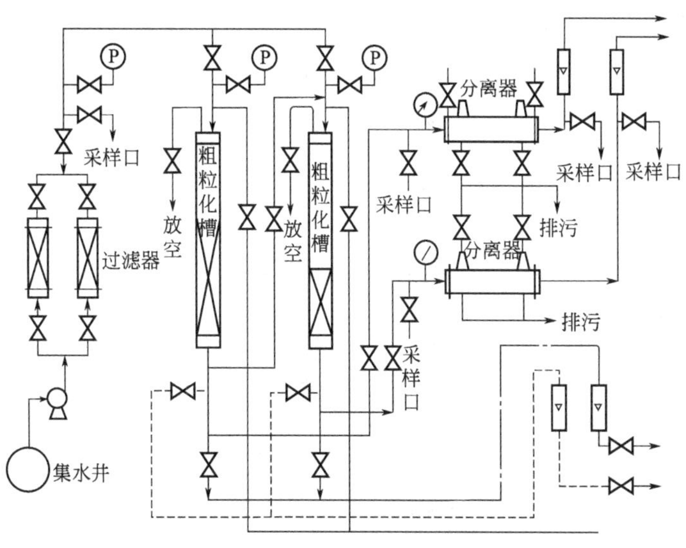

图1-4-14　粗粒化中型试验流程示意

（4）空气氧化法[9,12]　空气氧化法是处理炼油厂含硫废水的一种方法，分为一段空气氧化法、一段催化空气氧化法和两段催化空气氧化法等。

① 一段空气氧化法。一段空气氧化法是较老的处理含硫废水的一种方法。含硫废水中的硫化铵和硫氢化铵可用空气中的氧氧化成硫酸盐或硫代硫酸盐。其反应如下：

$$2S^{2-}+2O_2+H_2O \longrightarrow S_2O_3^{2-}+2OH^- \qquad (1\text{-}4\text{-}7)$$

$$2SH^- + 2O_2 \longrightarrow S_2O_3^{2-} + H_2O \quad (1\text{-}4\text{-}8)$$

理论上，氧化1kg硫化物生成硫代硫酸盐需要1kg氧，相当于4.33kg空气。由于其中一部分硫代硫酸盐会进一步氧化成硫酸盐，因此空气用量还要增加。此外，在空气氧化反应过程中需要通入蒸汽，目的是为了升温，加快反应速度。由于上述反应为放热反应，理论反应热为900kJ/mol，这些反应热可用来加热废水和空气。含硫废水空气氧化流程见图1-4-15[9]。表1-4-14[9]为各种装置排出的废水和废碱液氧化为硫代硫酸钠的操作和设计数据。

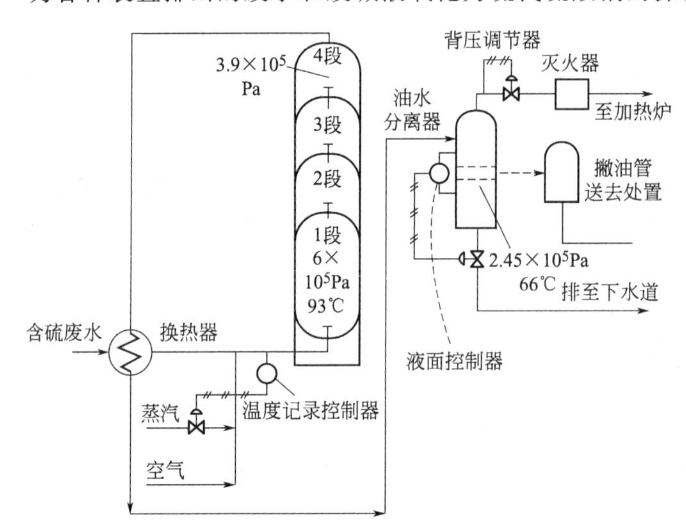

图1-4-15 含硫废水空气氧化流程

表1-4-14 各种装置的操作和设计数据

水源	装置名称		
	裂化	原油蒸馏装置	C_3～C_4处理装置
硫化物浓度/(mg/L)	7000	700	50000
进料流量/(L/min)	334	68	34
氧化的硫化物/(t/d)	3.5	0.07	2.7
阳离子型	NH_4^+	NH_4^+ 和 Na^+	Na^+
温度/℃	93	65.6	121
压力(顶部)/(×10^5Pa)	4	0.7	2.5
空气流量/(m^3/h)	1008	33.6	588
空气流量(理论)/%	210	130	150
氧化塔高/m	10.5	17.2	17.2
氧化塔直径/m	1.8	0.9	1.05
氧化塔内件	14层栅板塔盘	9m拉西环	30层泡帽塔盘
塔板间距/m	0.45	—	0.45

② 一段催化空气氧化法。采用一段空气氧化法处理炼油厂含硫废水，可使废水中硫化物大部分氧化成为硫代硫酸盐。在氧化塔内充填铜和铁族的金属催化剂（如氯化铜、氯化亚铁、氯化铁等），pH调到微碱性（7～9），温度在100℃以上，表压保持（0～3.4）×10^5Pa（0～3.4atm）。水与充足的空气接触，保持过剩的游离氧量，使硫化物直接氧化成硫酸盐。催化剂浓度以30～100mg/L为宜。

③ 两段催化空气氧化法（直接转化法）。这是一种从炼油厂含硫废水制硫的方法。含硫废水通过装有催化剂的第一段空气氧化后，废水中含有的硫化钠氧化生成硫酸钠和硫代硫酸钠，废水中的硫化铵氧化成硫酸铵。然后废水进入第二段催化空气氧化塔生成元素硫和氨；不含硫化物和元素硫的水通过分馏塔放出氨，从塔顶逸出，净化的水从塔底排出。部分氨水循环以回收废水中的 H_2S。回收的氨可以是无水的，或者为氨水溶液。二段氧化后的净水中仍可能含有一些硫代硫酸盐，可在一个反应器中用原废水中过剩的硫化铵，使所有硫代硫酸铵热分解为元素硫和氨。过剩的硫化铵和放出的氨，用蒸馏法从水中除去，然后循环返回氧化塔。

（5）蒸汽汽提法[9,12]　炼油厂含硫冷凝水（酸性水）中，H_2S 含量可达 10000mg/L，水中 NH_3 对 H_2S 物质的量比为 1～2，pH 值为 7.8～9.3。目前，国内外不少炼油厂采用汽提法脱除酸性水中的 H_2S 和 NH_3，采用的汽提介质有蒸汽、烟道气或燃料气。在汽提前，为了固定 NH_3 有时要加酸（H_2SO_4 或 HCl）处理，生成硫酸铵［$(NH_4)_2SO_4$］或氯化铵（NH_4Cl），可使 H_2S 的汽提率在较低的温度（38℃）下达到 90%以上。采用不同汽提介质的汽提法的比较见表 1-4-15[9]。

表 1-4-15　不同类型汽提法的比较

汽提介质	塔总进料量①/(m^3/m^3)	塔底温度/℃	去除率/%	
			H_2S	NH_3
蒸汽汽提法			69～95③	
不加酸	59.8～239	96～100		110～132
加酸	29.9～44.8	97～100		110～121
烟道气汽提法				
用蒸汽②	95	88～98	77～90	113
不用蒸汽	89	99	8	60
燃料气汽提法	56.1	98	0	21～37.8

① 塔总进料量包括回流量。

② 90%（体积）的蒸汽，10%的烟道气。

③ 不包括较低值，范围在 86～95。

含硫废水中除含有 H_2S 和 NH_3 外，还含有酚类、氰化物和氯化铵等，在汽提时，可除去某些酚类化合物，其去除程度与塔内温度、分压以及酚类的相对挥发性有关。一般采用蒸汽汽提无回流时酚的去除率可达 35%。

对汽提的 H_2S 要进行回收制取硫黄。汽提法有常压单塔、加压单塔、加压单塔开侧线、高低压双塔、加压双塔（先提 H_2S 或先提 NH_3）等几种类型。

双塔汽提工艺处理含硫、含氨废水，既可脱硫又可回收氨。

（6）生物氧化法[9,12]　采用的生物氧化法有活性污泥法、生物转盘法、生物滤池、氧化塘等。其中以活性污泥法采用得较为普遍。

炼油厂生物氧化处理构筑物的进水特性，根据其预处理、一级处理方法不同而有差异。由于生物氧化法是利用微生物和细菌的作用处理废水，因此，对进水水质要求较严格。表 1-4-16[9] 为炼油厂生物处理构筑物进水特性。处理效果见表 1-4-17[9]。从表 1-4-17 可知，炼油厂废水经隔油、浮选、生物曝气处理后，出水一般可以达到国家排放标准（油 10mg/L、硫 1mg/L、酚 0.5mg/L）。

表 1-4-16 炼油厂生物处理构筑物进水特性

进水水质	平均值范围	进水水质	平均值范围
氯化物/(mg/L)	200～960	油/(mg/L)	23～130
BOD/(mg/L)	97～280	磷酸盐/(mg/L)	20～97
COD/(mg/L)	140～640	酚类化合物/(mg/L)	7.6～61
悬浮固体/(mg/L)	80～450	pH 值	7.1～9.5
碱度/(mg/LCaCO$_3$)	72～210	硫化物/(mg/L)	1.3～38
温度/℃	21～37.8	铬/(mg/L)	0.3～0.7
氨氮/(mg/L)	56～120		

表 1-4-17 国内几个炼油厂生物氧化处理效果 单位：mg/L

厂名	A厂				B厂				C厂				D厂			
项目	油	硫	酚	COD	油	硫	酚	COD	油	硫	酚	COD	油	硫	酚	COD
进水	6	1.5	0.292	53	27.38	2.67	5.53	162	21.1	2.2	6.93	—	84	4.4	2.8	85.3
	38	20.9	22.6	100												
出水	3	0.01	0.012	20	14.7	0.23	1.15	114	3.24	0.009	0.026	—	7.7	0.41	0.2	23.4
	7	0.04	0.10	100												

2. 深度处理方法[9]

目前国内外炼油废水深度处理采用的方法有活性炭吸附法、臭氧氧化法以及过滤法等。

(1) 活性炭吸附法 由于活性炭对水溶性微量有机物具有良好的吸附特性，二级处理后的炼油废水经粒状活性炭吸附后，废水中残留的溶解性有机物进一步去除，出水中酚、油、BOD 等含量达到或接近地面水标准，其他指标也有不同程度的改善。失效的饱和活性炭可以通过再生，达到重复使用的目的。

目前国内外用于炼油废水深废处理的活性炭，多为蒸汽活化法制得的煤质炭，如我国某化工厂生产的 8# 炭。其主要性能见表 1-4-18[9]。

表 1-4-18 国内外用于废水处理的几种活性炭的主要性能

主要性能	活性炭型号		
	Filtrasorb-400(美国)	X-7000(日本)	太原新华 8# 炭(中国)
比表面积(N_2BET)/(m^2/g)	1020	1110	930
总孔容积/(mg/L)	0.81	0.94	0.81
容重/(g/L)	480	430～460	5 左右
强度/%①	87	94	>80
水分/%		4	8～10
碘吸附值/(mg/g)	1060	1010	800～850
亚甲蓝吸附值/(mg/L)②	200	200	
ABS 吸附值/(mg/g)②	45	45	
颗粒尺寸	12～40 目无定形炭	ϕ1.41mm 球形炭	ϕ1.2mm×3mm 柱状炭

① Filtrasorb-400 与 X-7000 采用日本工业标准方法 (JIS)。

② 采用日本水道协会标准方法 (JWWA) 测定。

深度处理炼油废水采用的活性炭吸附装置的床型有固定床、移动床和流化床等。过去多采用固定床吸附池和吸附塔，近几年处理规模较大的炼油厂采用移动床吸附塔的逐渐增多。国内某厂处理流程实例见图 1-4-16[9]。

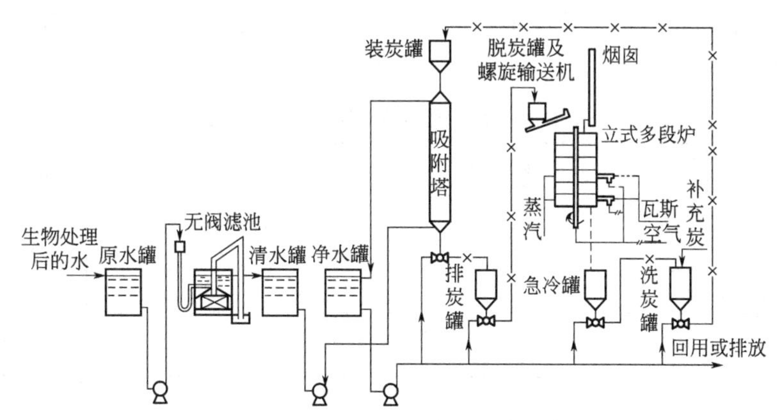

图 1-4-16 活性炭吸附法深度处理炼油废水流程

(2) 臭氧氧化法[9] 臭氧氧化法作为三级处理，臭氧投加量 35～40mg/L，臭氧浓度 10mg/L 左右。臭氧在接触塔中与废水逆流接触，接触时间 15～30min，水柱高 5.0m，当接触塔进水水质达到排放标准时，出水达到或接近地面水标准。处理 $1m^3$ 废水耗电 0.8～1.0kW·h，处理流程见图 1-4-17。

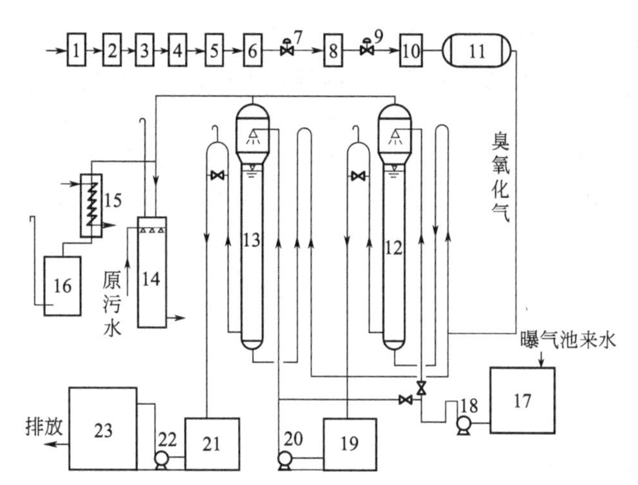

图 1-4-17 臭氧氧化法处理炼油厂二级处理出水的中型试验装置流程

1—空压机；2—后冷却器；3—冷凝器；4—稳压罐；5、6—变压吸附装置；7—减压阀；8—净化空气罐；9—减压阀；10—冷凝器；11—臭氧发生器；12—一级臭氧氧化接触塔；13—二级臭氧氧化接触塔；14—尾气喷淋吸收罐；15—加热器；16—活性炭吸附罐；17—无阀滤池；18、20、22—加压泵；19、21—氧化塔出水贮罐；23—净化水罐

(3) 过滤法[9,12] 一般炼油厂将过滤作为去除生物二级处理出水中的残留胶体和悬浮物的重要手段，放在生化处理之后，可看成深度处理技术，也可看成是活性炭或臭氧等深度处理技术的预处理。近年来，由于开发了多层滤料高速过滤和在滤池进水投加高分子混凝剂作为助滤剂，提高了过滤速度（最高可达 30m/h）和去除效果。在炼油废水物化处理流程中，将过滤作为二级处理代替浮选池，去除废水中的油和悬浮物，其去除率可达 60%～70%。投加助滤剂后，去除率可提高到 90%以上。

对于普通重力式滤池，池进水悬浮物在10mg/L以上时，去除率在30%～40%，一般情况下可达60%～70%。过滤装置过去较多采用天然石英砂作为单层滤料，目前采用天然石英砂和无烟煤作为双层滤料的过滤装置逐渐增多。采用石英砂、无烟煤和磁铁矿作为混合滤料的滤池，不仅过滤一般工业废水，也用来过滤炼油废水。表1-4-19[9]为几个炼油厂采用不同滤料的滤层结构。

表1-4-19 不同滤料的滤层结构及处理效果

炼油厂名称	滤层结构类型	滤料粒径/mm			滤层厚度/mm			滤速/(m/h)	去除率/%
		上层	中层	下层	上层	中层	下层		
甲炼油厂	单层滤料	3～5			700			5	悬浮物30
乙炼油厂	双层滤料	无烟煤1～2		砂0.5～1.2	400		200	8	油80
丙炼油厂	混合滤料	无烟煤1.5～2.5	砂1.0～2.0	磁铁矿0.5～0.7	540	270	90	<10	浊度75～85

第三节 石油化工废水处理

一、生产工艺与废水来源

1. 废水来源

石油化工是以石油、天然气等为原料，加工成各种化工产品的工业。石油化工厂的污染源分布在各生产装置、原油罐区、供排水车间等，大型石化企业每天排水量均达到几万立方米。而且废水有机物含量高，根据国内石化企业生产废水的实测，COD约为600～1200mg/L，BOD为200～1000mg/L[9]。废水中还含有多种重金属，如某厂在生产过程中使用催化剂达45种，其中金属及其金属化合物达36种之多。主要生产工艺与废水来源列于表1-4-20[12]。

表1-4-20 石油化工主要生产工艺与废水来源

生产过程	污染来源	污染物质
烯烃生产和加工		
原油处理	原油洗涤	无机盐、油、水溶性烃类
	初馏	氨、酸、硫化氢、烃类、焦油
热裂解(包括蒸馏和净化)	裂解气及碱处理	硫化氢、硫醇、溶解性烃类化合物、聚合物、废碱、重油和焦油
催化裂解	催化剂再生	废催化剂、烃类化合物、一氧化碳、氮氧化物
脱硫		硫化氢、硫醇
卤素加成	分离器	废碱液
卤素取代	氯化氢吸收	氯、氯化氢、废碱液、烃类、有机氯化物
	洗涤塔	油类
	脱氯化氢	稀盐水
聚乙烯生产	催化剂	铬、镍、钴、钼
环氧乙烷乙二醇生产	生产废液	氯化钙、废石灰乳、烃类聚合物、环氧乙烷、乙二醇、有机氯化物
丙烯腈生产	生产废液、废水	氰化氢、未反应原料
聚苯乙烯生产		
乙烯烃化		焦油、盐酸苛性钠
乙苯脱氢	催化剂	废催化剂(铁、镁、钾、钠、铬、锌)
	喷淋塔凝液	芳烃(苯乙烯、乙苯、甲苯)、焦油
苯乙烯精馏	釜液	重焦油
聚合	催化剂	废酸催化剂(磷酸)、三氯化铝

续表

生产过程	污染来源	污 染 物 质
烃类生产及加工		
硝化		醛类、酮类、酸类、醇类、烯烃、二氧化氮
异构化	生产废液	烃类、脂肪酸、芳香烃及其衍生物、焦油
羰化	废釜液	可溶性烃、醛类
炭黑生产	冷却、骤冷	炭黑
从烃类化合物制醛	生产废液	丙酮、甲醇、乙醛、甲醛、高级醇、有机酸
醇、酸、酮	蒸馏	烃类聚合物、烃类氯化物、甘油、氯化钠
芳烃生产及加工		
催化重整	冷凝液	催化剂(铂、钼)、芳烃、硫化氢、氨
芳烃回收	水萃取液	芳烃
	溶剂提纯	溶剂、二氧化硫、二甘醇
硝化		硫酸、硝酸、芳烃
磺化	废碱液	废碱
氧化制酸和酸酐	釜底残液	酸酐、芳烃、沥青
氧化制苯酚丙酮	倾析器	甲酸、烃类
丙烯腈、己二酸生产	生产废液	有机和无机氰化物
尼龙 66 生产	生产废料	己二酸、丁二酸、戊二酸、环己烷、己二酸、己二腈、丙酮、甲乙酮、环己烷氧化物
碳四馏分加工		
丁烷丁烯脱氢	骤冷水	焦油、烃类
丁烯萃取和净化	溶剂及碱洗	丙酮、油、碳四烃、苛性钠、硫酸
异丁烯萃取和净化		废酸、碱、碳四烃
丁二烯吸收		溶剂、油、碳四烃
丁二烯萃取蒸馏		溶剂、碳四烃
丁苯橡胶	生产废料	油、轻质烃、低分子聚合物
共聚橡胶	生产废料	丁二烯、苯乙烯胶浆、淤泥
公用工程		
	锅炉排液	总溶解固体、磷酸、磷酸盐
	冷却系统排液	硫酸盐、铬酸盐
	水处理	氯化钙、氯化镁、硫酸盐、碳酸盐

2. 废水特点[1,12]

随着经济的高速发展，石油化工生产产生的污染对环境、人类健康的威胁与日俱增，这些污染物以有机物为主，且大多结构复杂、有毒有害并且难以生物降解，因此石油化工废水是比较难处理的一类工业废水。石油化工废水具有以下特点。

① 水质成分复杂且副产物多，反应原料多为溶剂类物质或环状结构化合物等。

② 废水中污染物浓度很高，这主要由于原料反应不完全和原料、产物、溶剂等进入废水中。

③ 有毒有害物质多，例如卤族化合物、硝基化合物、硫化物、部分表面活性剂或分散剂等，这些物质对微生物有毒害作用，抑制影响生物处理过程。

④ BOD/COD 值低，即生物难降解物质多，可生化性差。

⑤ 废水色度高。

二、清洁生产[13]

石油化工行业工艺过程复杂，产品种类多，所用化工原料也相对较多。从生产过程中看，溶解、萃取、洗涤、精馏、吸收、干燥等作业都离不开水，会产生不同种类的工艺废水，而其中很大部分都是生产原料。对石油化工废水治理的原则首先是回收资源和能源，开展清洁生产，减少排污量，提高物料利用率。

1. 减少废水排放量，提高废水的回用率

和其他工业相类似，石油化工工业对废水治理的原则首先是加强物料利用率，减少污染量。为此需从改革工艺着手，采用少用和不用水技术，增加循环水浓缩倍数，强化水质稳定措施。实践证明，浓缩倍数如果从现有的1.5倍增加到2倍，循环水中的排污量可减少50%。

石油化工厂含硫废水汽提后回注电脱盐工艺段，代替脱盐用水；焦化或氧化沥青装置实现了装置内用水的闭路是减少废水排放量、实现清洁生产的有效技术。

2. 加强预处理，在污染源处减少污染物的流失量

石油化工废水，在其污染源处，污染物的浓度高低不同，所含物质各异，尤其是有些污染源含有乳化剂和酸碱性，如不注意预处理，将使废水处理厂无法正常运行。

针对这些问题，近年来发展了许多具有特殊污染源治理的预处理技术，如酸性和碱性废水中和后排放、炭黑废水的预处理、含甲醇废水汽提等。

3. 加强生产管理，进行综合防治

在石油化工工业中，遇有不正常操作、开停工、事故、暴雨、检修等意外情况，都会有水质、水量的波动，所以应加强对生产操作的严格管理，消灭跑、冒、滴、漏。同时废水治理流程中应有水量水质均衡设施，这样才能保证废水处理厂的正常运行。这种调节、缓冲措施既可提高流程的适应性，又能保证废水处理合格率，有时是不可缺少的部分。

三、废水处理与利用

石油化工废水基本上是有机废水，同厂废水可集中处理。个别装置的含油或含催化剂的废水，应予就地回收或分离，然后与其他废水一起处理。

1. 精对苯二甲酸（PTA）生产废水处理[14]

PTA是生产涤纶纤维的主要原料，PTA生产过程中排出的工业废水是一种比较难处理的有机化工废水。下面以某厂典型精对苯二甲酸废水为例介绍PTA废水的处理工艺。

(1) PTA废水的水质特性　PTA废水主要来自PTA生产装置和乙醛、醋酸生产装置，其主要成分如表1-4-21所列。

表 1-4-21　PTA 废水主要成分

有机物种类	质量分数/%		有机物种类	质量分数/%	
	PTA生产装置	乙醛、醋酸生产装置		PTA生产装置	乙醛、醋酸生产装置
对二甲苯	0.007		4-CBA(对苯醛羧酸)	0.03	
苯甲酸	0.007		醋酸甲酯	0.125	0.09
甲基苯甲酸	0.076		醋酸	0.1～0.2	0.12
邻苯二甲酸	0.003		乙醛		0.1
对苯二甲酸	0.251				

由于PTA生产装置本身的原因，废水水质、水量变化很大，国外生产经验表明，即使经5天容量的调节后，废水COD浓度的变化仍为±50%。经对国内某厂PTA生产废水的

测定也显示出同样的特点：pH4～11，COD 1300～17800mg/L，对苯二甲酸（TA）40～2750mg/L。

（2）废水处理工艺

① 工艺流程

PTA污水→TA沉降→酸沉→调节→集水→厌氧→好氧→排水

醋酸、乙醛污水→酸沉↑（进入调节）

② 主要设施（设备）

调节池 6500m^3×4；事故池 6000m^3；酸化沉淀池 920m^3；

TA浓缩池 300m^3×4；厌氧池 460m^3×20；厌氧沉淀池 525m^3×4；

一级曝气池 2500m^3×2；二级曝气池 2000m^3×2；曝气沉淀池 350m^3×2；

污泥浓缩池 250m^3×2；TA脱水设备 快开式水平叶片过滤机；

污泥脱水设备 自动板框压滤机；水封罐、TA沉降罐。

（3）运行状况

① 监测结果

a. 进水。水量320t/h，COD 6000～7000mg/L，TA 2000mg/L，pH3～5。

b. 厌氧出水。COD 1000～2000mg/L。

c. 好氧出水。COD 200～300mg/L。

② 说明。后期该厂由于PTA生产装置从45万吨/年改造为60万吨/年的规模，污水处理也相应从处理规模350t/h扩容至500t/h，处理工艺为“O-A-O”。

2. 氯丁橡胶生产废水处理[12]

每生产1t氯丁橡胶要产生140～300m^3废水。废水含有大量有机物和多种有毒物质，呈棕褐色（有时为乳白色），有刺激性气体逸出。

（1）废水水质与水量 某氯丁橡胶厂废水的水质如表1-4-22所列。该厂年产5200t橡胶，工程设计废水量为8000m^3/d。另外还有用作预处理的碱性废水和作为营养源的生活污水1700m^3/d，设计总水量为9700m^3/d。

表1-4-22 某氯丁橡胶厂废水水质

水质参数	含量/(mg/L)		水质参数	含量/(mg/L)	
	变化范围	一般情况下的浓度		变化范围	一般情况下的浓度
COD	150～645	329	二乙烯醛乙炔	4.1～31	20.5
BOD	104～480	279	Cu^{2+}	0.25～5	1.81
氯丁二烯	3.5～74.5	19.8	氯化物	160～640	446
乙醛	89～193	149	氨氮	1.1～14.8	7.88
二甲苯	1.03～200	21.6			

（2）工艺流程与处理构筑物 工艺流程如图1-4-18所示。

调节池平面为矩形，池容积按6h平均废水量为2000m^3设计，共分二座以便轮换清理沉渣。池内壁用耐蚀砖衬砌。

混合反应池为中和废水中的酸性物质，在反应池前投加碱性废水与本厂乙炔发生站的电石渣。采用空气搅拌，中和时间为15min。设计水量按最大流量与碱性废水之和为480m^3/h计算，池容积为120m^3，池内壁用耐蚀砖衬砌。

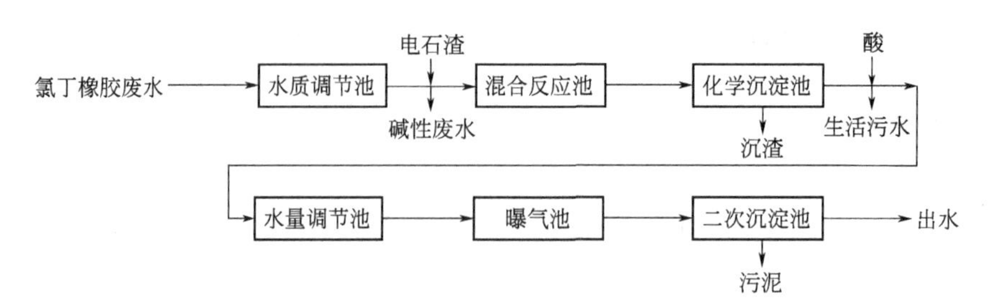

图 1-4-18 某氯丁橡胶厂生产废水的处理流程示意

化学沉淀池采用斜底平流式，沉淀时间为 2h。

调节池除接纳废水外，还把生活污水接入池内，池容积可接受 1h 的平均流量。

曝气池。采用分建式鼓风曝气池，其特点是可选用完全混合曝气法，也可改换为推流式曝气池（如分段进水曝气法、吸附再生曝气法）。现以完全混合曝气法与分段进水曝气法为主进行运转工艺设计。曝气池的主要设计参数为：

① 连续 8h 的最大平均流量为 $450m^3/h$；

② 设计采用的进水 BOD 为 350mg/L，曝气时间为 8h；

③ 曝气池实际容积为 $3780m^3$；

④ 曝气池污泥浓度取 3g/L；

⑤ 容积负荷：$9700\times350\times10^{-3}/3780=0.9$ [$kgBOD_5/(m^3\cdot d)$]；

⑥ 污泥负荷：$9700\times350\times10^{-3}/(780\times3)=0.3$ [$kgBOD_5/(kgMLSS\cdot d)$]；

⑦ 二次沉淀池为竖流式沉淀池，上升流速为 0.35mm/s，沉淀时间 1.5h，采用 6 座 8m×8m 方形池，排泥斗的斜面与水平面呈 50°。

曝气池的主要运转参数见表 1-4-23。

表 1-4-23 曝气池主要运转参数

参 数	数 据	参 数	数 据
BOD 污泥负荷	0.18kg/(kgMLSS·d)	废水量	$340m^3/h$
BOD 容积负荷	$0.72kg/(m^3\cdot d)$	空气用量	$85m^3$(去除 1kgBOD)
COD 污泥负荷	0.27kg/(kgMLSS·d)	空气利用率	4.2%
COD 容积负荷	$1.07kg/(m^3\cdot d)$	污泥指数	50～60
曝气时间	10～11h	水温	22～26℃
污泥浓度	4.0g/L		

氯丁橡胶废水处理效果示于表 1-4-24，有毒物质的去除情况示于表 1-4-25。

表 1-4-24 氯丁橡胶废水的处理效果

项 目	化学预处理			生物处理		
	进水/(mg/L)	出水/(mg/L)	去除率/%	进水/(mg/L)	出水/(mg/L)	去除率/%
COD	680.2	473.3	30	473.3	125.8	73.2
BOD	435.4	347.4	20	374.8	19.5	94.4

表 1-4-25 有毒物质的去除效果

项目	原废水/(mg/L)	化学预处理		生物处理		总效率/%
		出水/(mg/L)	去除率/%	出水/(mg/L)	去除率/%	
乙烯基乙炔	6.40	4.57	29	0.043	99.0	99.3
乙醛	141.90	112.50	21	0.437	99.6	99.7

续表

项目	原废水/(mg/L)	化学预处理		生物处理		总效率/%
		出水/(mg/L)	去除率/%	出水/(mg/L)	去除率/%	
氯丁二烯	3.20	1.57	50	0.061	96.1	98.1
二乙烯基乙炔	5.73	2.48	57	0.470	81.0	91.7
二甲基苯	28.81	2.64	90	1.640	40.0	94.3
铜(Cu^{2+})	0.97	0.15	85	—	—	—
pH 值	6.80	9.30	—	6.4	—	—

3. 石油化工综合废水的处理[12]

(1) 合流集中处理　某石油化工总厂处理全厂生产废水、生活污水和附属居民区的生活污水。其中总厂下属各分厂都有自己的废水处理厂，处理出水均进入总厂废水处理厂。

① 废水水量与水质。废水水量为 $8.4\times10^4m^3/d$（其中腈纶厂排出废水 $2.4\times10^4m^3/d$，其他各厂排出经一级处理的废水 $6\times10^4m^3/d$）。

对废水进水和出水的水质要求见表 1-4-26。

表 1-4-26　某石化总厂废水水质要求

水质参数	进水/(mg/L)	出水/(mg/L)	水质参数	进水/(mg/L)	出水/(mg/L)
pH 值*	6～9	6～9	丙烯腈	<5	<1
水温/℃	<35	<35	乙腈	<20	<1
BOD*	<350	<60	甲醛	<100	<1
COD*	<500	<100	乙醛	<30	<0.5
油类	<10	<2	氯乙醛	<20	—
硫化物	<10	<0.5	巴豆醛	<30	—
挥发酚	<50	<0.5	SS	<300	—
氰化物*	<1	<0.2			

注：有 * 者为主要控制指标。

② 工艺流程及主要设备。废水处理厂流程见图 1-4-19。

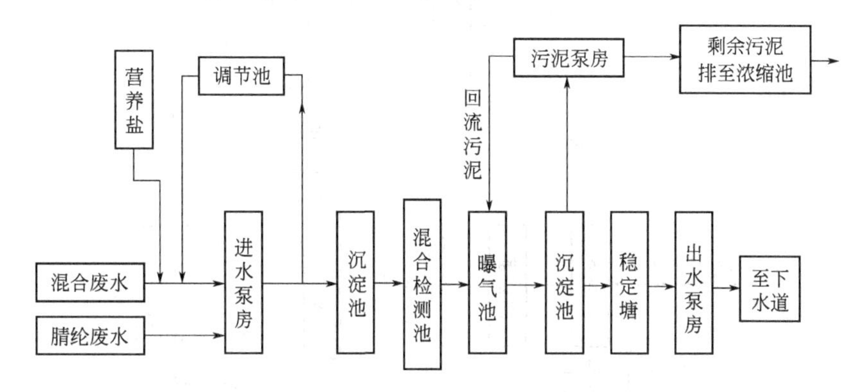

图 1-4-19　某石油化工总厂废水处理厂流程

进水泵房由 13 台 8PWL 型立式离心污水泵组成，每台流量为 $500m^3/h$，扬程 13m，允许吸入高度 6.5m，轴功率 29kW。13 台中 8 台运行，5 台备用。

沉淀池采用平流式，分三格，流速为 0.3m/s，停留时间为 30s。

混合检测池有效容积为 $1301m^3$，停留时间为 30min。

调节池有效容积为 $5880m^3$，停留时间为 2h。

曝气池共有两组，每组两个方形完全混合式曝气池。两个为表面曝气，另两个为鼓风曝气或纯氧曝气。曝气机为泵型叶轮。充氧 74～111kg/h，共 24 台。

每个曝气池容积为 $5625m^3$，长：宽：深＝6：1：0.31，总容积为 $22500m^3$，停留时间为 9h，污泥负荷为 0.4kgBOD_5/(kgMLSS·d)，容积负荷为 1.2kgBOD_5/(m^3·d)，氧耗为 1.15kg/kg BOD_5，BOD：N：P＝100：5：1（添加磷酸氢二钠调节），污泥浓度为 3g/L。

二沉池共有 4 个，其中 1 个为周边进出水二沉池，3 个为辐射式二沉池。水力停留时间为 1.7h。沉淀池直径为 28m，周边水深 4.1m，带周边传动刮泥机。

二次沉淀池出水进入稳定塘，停留时间为 2.35d，总有效容积为 $197400m^3$。曝气塘尺寸为 146m×367m×3m。设置 ϕ1200mm 伞棒形浮筒曝气机 10 台。静止塘尺寸为 145m×361m×2m。

该厂采用集中处理方式，通过生活污水等较低浓度废水稀释腈纶废水，进入统一处理设备处理排放。该方式的优点是仅需要一套工艺设备，运行管理简便；缺点是进水量大，构筑物及设备容积大，占地面积较大。

(2) 废水分流处理 某石油化纤总厂的废水处理厂采用国外引进的一套废水处理装置，处理废水量 $1150m^3/h$。该总厂排水系统采用分流制，有 5 个排水系统。

① 基本清洁废水：用明沟或管道直接排放水体。

② 酸、碱废水：用耐酸管道集中至总厂废水厂。

③ 无油生产废水：送总厂废水处理厂集中处理。

④ 含油生产废水：送总厂废水处理厂集中处理。

⑤ 生活污水。

对于水量少但 COD、油含量高的工艺废水进行焚烧处理。总厂废水处理厂流程见图 1-4-20。

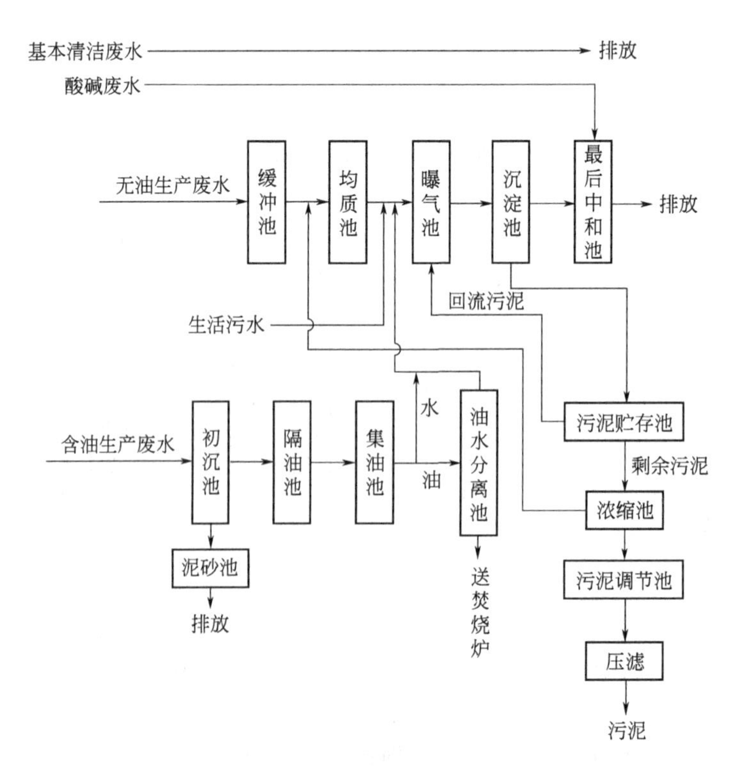

图 1-4-20 某石油化纤总厂废水处理厂流程

对于水资源的短缺的地区，工业用水的循环利用是节约水资源的重要的手段。采用废水深度处理达到回用水标准是缺水地区较好的选择。膜分离技术、臭氧氧化技术、活性炭过滤技术等在石油化工废水深度处理回用中应用广泛。

参考文献

[1] 中商情报网公司. 2009—2012年中国工业废水处理行业市场调研及发展预测报告，2009.
[2] 国家环境保护局. 石油石化工业废水治理. 北京：中国环境科学出版社，1992.
[3] 陆柱，郑士忠等. 油田水处理技术. 北京：石油工业出版社，1988.
[4] 朱权云. 气田废水处理及基本看法. 石油与天然气化工，1990.
[5]《碎屑岩油藏注水水质推荐指标及分析方法》(SY/T 5329—94). 北京：石油工业出版社，1996.
[6] 代学民，王争等. 油田采油废水处理工艺改造. 水处理技术，2009.
[7] 冯历，李杰，杨生辉. 电絮凝-SBR工艺处理采气废水. 环境科学与管理，2008.
[8] 王晓云，车向然. 炼油废水水质特性及其治理技术. 水科学与工程技术，2008.
[9] 北京市环境保护科学研究所. 水污染防治手册. 上海：上海科学技术出版社，1989.
[10] 范荣桂，郝方. 炼油废水的处理方法及工艺特征. 中国科技论文在线，2010.
[11] 李亮，阮晓磊等. 臭氧催化氧化处理炼油废水反渗透浓水的研究. 工业水处理，2011.
[12] 张自杰. 环境工程手册. 北京：高等教育出版社，1996.
[13] 北京市环境保护科学研究院. 三废处理工程技术手册. 北京：化学工业出版社，2000.
[14] 李刚，申立贤等. 精对苯二甲酸生产废水处理技术研究. 北京：废水处理工程技术论文集，1998.

第五章 纺织工业废水

纺织工业是我国国民经济的传统支柱产业和重要的民生产业，也是我国在国际竞争中优势明显的产业。纺织工业在繁荣市场、扩大出口、吸纳就业、增加农民收入、促进城镇化发展等方面发挥着重要作用[1]，但是同时纺织工业废水量大，是重污染行业之一。纺织工业废水中的污染物主要是棉毛等纺织纤维上的污物、盐类、油类和脂类，以及加工过程中投加的各种浆料、染料、表面活性剂、助剂、酸、碱等。

目前我国的纺织工业废水的工艺方法主要采用物理法、化学法以及生物法，与发达国家相比，处理工艺无较大差异，但技术深度、自动化程度、设备质量等方面水平较低。因此，我国的纺织废水处理水平有待提高[1]。

由于纺织行业原材料及加工工艺的不同，废水水质特征及处理工艺也相应各有不同，因此处理纺织废水时必须通过产品种类、废水水质等分析以及技术经济比较选择最优化处理方案，以达到纺织行业的减污减排目标。

第一节　棉纺工业废水

一、生产工艺和废水来源

（一）生产工艺

棉纺织产品主要是由棉花或棉花与化学纤维混合后经过纺纱、染色（或印花）、整理等工序生产出的产品，有纯棉（白坯布、漂白布、染色布、印花布）产品和棉混纺织产品（白坯布、漂白布、染色布、印花布）。棉混纺织产品中化学纤维所占比例较大（一般均超过棉花的数量）。

棉及棉混纺织产品可分为薄型织物（普通白布及染色布）及厚型织物（绒布、灯芯绒布）两种。根据织造方式的不同，棉及棉混纺织产品可分为机织产品（由经纱和纬纱相互交错而织成的产品）和针织产品（由针将纱线钩成线圈，再将线圈相互串套而成的织物产品），除了染色前处理过程略有不同之外，其染色及印花工艺基本相同。

棉纺织生产工艺分为织布工艺流程和染整工艺流程。织布工艺流程如图 1-5-1[2] 所示，染整工艺流程如图 1-5-2[2] 所示。

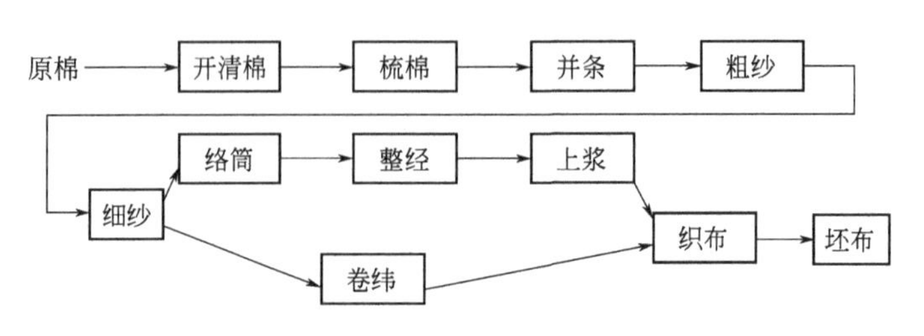

图 1-5-1　织布工艺流程

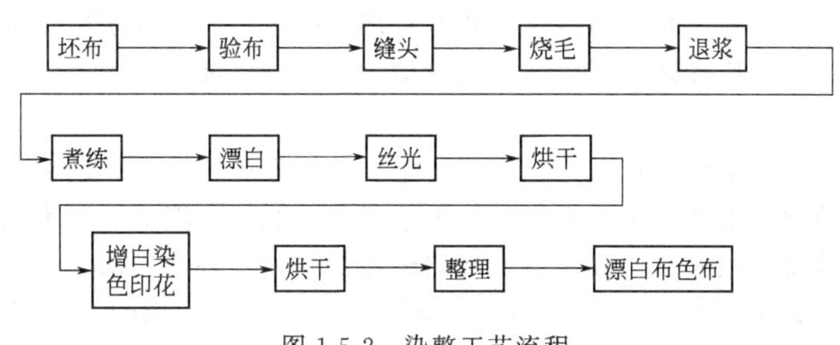

图 1-5-2　染整工艺流程

(二) 废水来源[3]

棉纺织工业废水主要来自染整工段，其中包括退浆、煮练、漂白、丝光、染色、印花和整理等，织布工段废水排放较少。

1. 退浆废水[4]

棉织物上的浆料和纤维本身的部分杂质在漂染前必须去除。退浆废水一般占废水总量的15%左右，污染物约占总量的1/2。退浆废水是碱性的有机废水，含有各种浆料分解物、纤维屑、酸和酶等污染物，废水呈淡黄色。退浆废水的污染程度和性质视浆料的种类而异。过去多用天然淀粉浆料，淀粉浆料的BOD/COD值为0.3～0.5；目前我国使用较多的化学浆料（如聚乙烯醇PVA）的BOD/COD值为0.1左右；近年来为节能减排、降低污染，纺织行业尝试利用改性淀粉和聚丙烯酸酯等生化性较好的浆料取代化学浆料，改性淀粉的可生化降解性非常好，BOD/COD值为0.5～0.8。PVA浆料与改性淀粉浆料的比较见表1-5-1[4]。

表 1-5-1　PVA 浆料与改性淀粉浆料的比较

浆料	BOD/(mg/L)	COD/(mg/L)	BOD/COD
PVA浆	1000.3	15237.38	0.066
改性淀粉	473	584.19	0.81

2. 煮练废水[4]

为保证漂白和染整的加工质量，要将纤维中的棉蜡、油脂、果胶类含氮化合物等杂质去除。煮练工艺一般用烧碱、肥皂、表面活性剂等的水溶剂，在120℃、pH值为10～13的条件下对棉纤维进行煮练。煮练废水量大，呈强碱性，含碱浓度约0.3%，废水呈深褐色，BOD和COD均高达每升数千毫克。

3. 漂白废水[1]

漂白工艺一般采用次氯酸钠（氯漂）、过氧化氢（氧漂）、亚氯酸钠（亚漂）等氧化剂去除纤维表面和内部的有色杂质，使织物漂白。其中双氧水在漂白废水中几乎完全分解，而次氯酸钠和亚氯酸钠等含氯漂白剂的大部分氯又在漂白过程中被分解，总体来说，虽然废水量大，但污染程度小，BOD和COD均较低，其中亚漂过程中亚氯酸钠在酸性条件下生成具有毒性、腐蚀性的二氧化氯是污染控制的主要目标。

4. 丝光废水[4]

丝光处理是将织物在氢氧化钠浓碱液内浸透，目的是提高纤维的张力强度，增加纤维的表面光泽，降低织物的潜在收缩率，同时增加与染料的亲和力。丝光废水含氢氧化钠3%～5%，一般通过多效蒸发蒸浓回收后，先供丝光应用，再用于调配煮练液、废碱液和用于退浆。所以丝光废水实际上很少排出，它在工艺上被多次重复使用，虽经碱回收，但碱性仍很强，BOD较低（但仍高于生活污水），其污染程度根据加工漂白布或本色布而异。加工漂白布时，织物先经漂练后再丝光，污染程度较低；加工本色布时，退浆后直接丝光，致使原来进入煮练废水的纤维杂质转到丝光废水，相应增加了污染程度。

5. 染色废水[2]

染色废水的特点是水质变化大，色度高，主要的污染源是染料和助剂。不同纤维原料需用不同的染料、助剂和染色方法，加上染料上色率的高低、染液的浓度不同、染色设备和规模不同，废水水质变化很大。一般染色废水的碱性都很强，特别当采用硫化染料和还原染料时，pH 值高达 10 以上。染料本身的 BOD 均较低，COD 很高。染色废水中的许多物质不易被生物分解，生物处理对印染废水的 COD 去除率仅 60%～70%，脱色率也仅 50%左右。

6. 印花废水

印花废水污染物主要来自调色、印花滚筒、印花筛网的冲洗水，以及后处理的皂洗、水洗、洗印花衬布的废水。印花废水的污染程度很高，此外活性染料应用大量尿素，使印花废水的氨氮含量升高。

7. 整理废水

整理废水除纤维屑之外，尚含有多种树脂、甲醛、表面活性剂等，但废水量较少。

国内几个代表性印染厂的废水水质列于表 1-5-2[2]。

表 1-5-3[2] 为国内不同规模棉纺印染厂的用水量。

表 1-5-4[2] 为国外纺织印染厂单位产品废水量。

表 1-5-2 印染厂的废水水质

印染厂类别	pH 值	色度（稀释倍数）	COD/(mg/L)	BOD/(mg/L)	硫化物/(mg/L)	总固体/(mg/L)	悬浮物/(mg/L)
染料全能厂	9～10	300～400	600～800	150～200	0.7～1.0	900～1200	100～120
卡其染色厂	10～11	400～450	600	150	20～30	1800～2000	150～200
人棉印染厂	6.5～8	500	1200	300	2～3	2500	500
灯芯绒染整厂	9～10	500～600	500～600	200～300	4～6	1800～2000	150
织袜厂	8～9	150～200	500～600	120～150	4～6	1200	60～80

表 1-5-3 国内不同规模棉纺印染厂用水量

规模/万锭	全年用棉量/t	年棉纺产量/t	年棉布产量/10^4m	用水量/(m^3/d)	备 注
1.5	1010	900	720	1500	废水占用水量的 80%～90%
2.5	2900	2589	1685	2588	
4.0	5000	4550	2100	3050	

表 1-5-4 国外纺织印染厂单位产品废水量

1t 纺织品用水量/m^3	废水量		备 注
	m^3(1t 纺织品)	m^3(1t 匹织物)	
100～200	80～180 其中：染整废水 50～117 废碱液 15～34 淀粉浆料废水 13～29	0.4～0.9 0.065～0.145 0.075～0.17 0.26～0.585	每匹织布平均按 5kg 计

二、清洁生产

纺织印染行业排污量大，同时在推进清洁生产方面也存在很大空间，可以通过引进新技

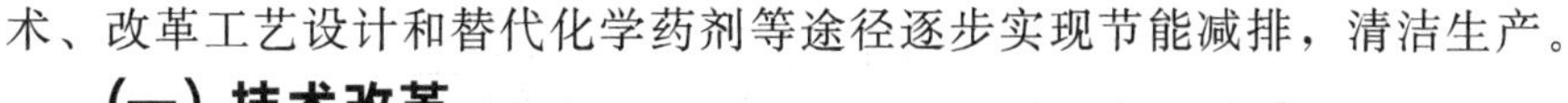

术、改革工艺设计和替代化学药剂等途径逐步实现节能减排，清洁生产。

（一）技术改革

工业和信息化部在2010年3月14日印发的《纺织染整行业清洁生产技术推行方案》[5]中提出推行三大清洁生产技术。

1. 染整高效前处理工艺

主要内容是机织物退染-浴法新工艺、冷轧堆印染技术、生物酶染整加工技术、短流程煮漂工艺、纯棉针织物平幅连续煮漂工艺。

2. 少水印染加工技术

主要内容是小浴比染色、染化料自动配送系统、数码喷墨印花系统、涂料染色技术、泡沫整理技术。

3. 印染在线检测与控制系统

主要内容是丝光浓碱浓度在线检测及控制装置、淡碱浓度在线检测控制装置、织物含潮率在线检测及控制装置、气氛湿度在线检测及控制装置、pH值在线检测控制装置、织物门幅在线检测及控制装置、布面非接触测温装置、双氧水在线检测控制装置、非接触织物含水率在线检测装置、智能化在线检测与生产过程智能信息化管控系统。

（二）原料替代

用可生化性好的染料替代生化性较差的染料，如变性淀粉替代PVA。

染色单元选择控制泡沫的表面活性剂。

（三）能源管理及废物回用

能源管理包括能量回收、控制蒸汽质量和均匀度、防止蒸汽过量等。

废物回用即是在生产及处理环节循环利用产生的废物或是置于它用。例如碱液回收利用，丝光工序的淡碱液可用作循环冲洗，还可用于调配煮练液，煮练废碱液又可用于退浆，达到多次重复使用。并可根据碱液量的大小，采用适当手段回收碱。再如染料回收，士林染料及硫化染料可分别酸化后通过沉淀过滤法回收，还原染料和分散染料可用超过滤法回收。废水经过回收染料后，可减少色度85%，减少硫化物90%[1]。

三、废水处理与利用

根据棉纺印染废水的水质特点，废水处理的主要对象是碱度、不易生物降解或生物降解速度极为缓慢的有机质、染料色素以及有毒物质等。国内棉及棉纺织物染色废水多采用以好氧处理为主的处理工艺。纯棉织物染色废水采用生物处理效果较好，棉混纺织物染色废水及纯化纤织物染色废水的处理效果较差。针织产品因无退浆废水，其废水的生物处理效果比同种机织产品废水处理效果好。棉纺工业废水经生物处理后一般达不到排放标准，通常在生物处理装置后还串联不同形式的物理化学处理装置做进一步处理。

对于棉混纺织物及纯化纤织物废水，可在好氧生物处理装置前增加水解酸化装置，使难生物降解的有机物水解为较易生物降解的物质，改善废水的可生物降解性，提高全流程的去除效率。典型的纯棉织物及棉混纺织物染色废水处理流程如图1-5-3[3]、图1-5-4[3]所示。

上述流程中，生化处理工艺可采用各种类型。采用活性污泥法时，废水停留时间多为3h以上。生物膜法多采用两段生物接触氧化法，废水停留时间为2.5～4h。水解酸化池废水停留时间为5～8h或更长一些。调节池废水停留时间宜在8h以上。

生物处理单元的COD去除率为60%左右，BOD去除率为80%～90%，色度为50%左右。后续化学处理单元（混凝沉淀或气浮）的去除率，COD为50%～60%，BOD为50%

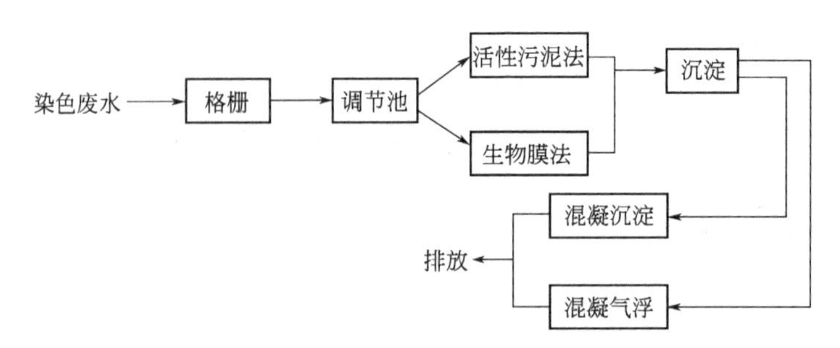

图 1-5-3 纯棉织物染色废水处理流程

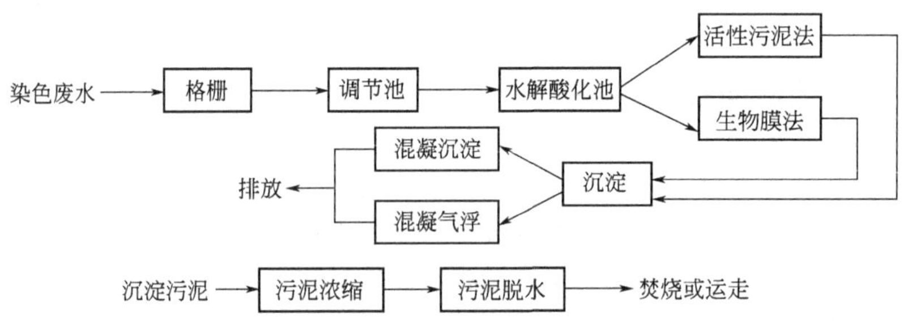

图 1-5-4 棉混纺织物染色废水处理流程

左右，色度为 60%～90%[3]。混凝剂多采用聚合铝。投药量需要经过试验确定。印染废水生化处理装置主要设计数据见表 1-5-5。

表 1-5-5 印染废水生化处理装置主要设计数据[3]

构筑物名称	BOD_5 污泥负荷/[$kgBOD_5$/(kgMLSS·d)]	容积负荷/[$kgBOD_5$/(m^3·d)]	停留时间/h	供氧量/(kgO_2/$kgBOD_5$)	有机物去除率/%		色度去除率/%	活性污泥浓度/(g/L)
					BOD	COD		
延时曝气池	0.05～0.1	<0.2	16～30	>2.0	90		70～75	1～2
生物接触氧化池	0.3～0.5	2.5	1.5～3	1.5～2.0	80～90	60～70	40～70	3～5
加速曝气池	0.3～0.5		3～5	1.5～2.0	80～90		40～60	3～5
生物转量		1.6～6.4	1～2		80～90	60～70	50	
表面曝气(表曝)	0.2～0.5	1.2～2.4	3～5		90～95	60～80	30～60	
生物流化床		4.5	0.6～0.8		80	50		

印染行业染色废水 COD、BOD、色度等污染物通过生化处理达标排放是有可能的。综合各种技术条件，生物流化床、接触氧化是应优先选用的，可以根据各个工厂的具体条件选用处理方案。一般认为：当废水量较小时（小于 500m^3/d）时，选用接触氧化-混凝沉淀；废水量较大（大于 500m^3/d）时为节省占地面积，建议选用生物流化床-混凝沉淀[3]。

棉纺印染废水的处理，总体处理流程除采用前述的几种典型流程之外，对具体排放对象的水质特点还应采取一些专项治理技术，如碱度、色度以及某些有毒物质的去除。

(一) 碱度的去除

印染废水的 pH 值往往高达 11 以上[2]，如直接用酸中和，费用很大。如能利用排出废水本身酸、碱度的不均匀性，设置调节池，保证一定的匀质时间，以达到一定要求的 pH 值是常用的方法。图 1-5-5[2] 为某印染厂废水 pH 值变化，可以看出利用调节池能够起到平抑 pH 峰值的作用。

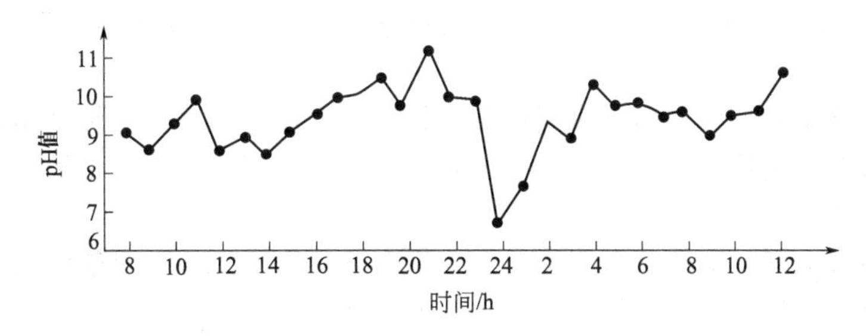

图 1-5-5　某印染厂 pH 值变化

还有许多印染厂采用烟道废气中和碱性废水。用烟道气处理碱性废水既降低废水的 pH 值，又消除烟道气中尘粒、SO_2、CO_2 对大气的污染。烟道气处理碱性废水时，一般 pH 值能从 11～12 降到 8～9[2]。表 1-5-6[2] 为烟道气中和碱性废水主要技术参数。经烟道气中和后，废水中的硫化物、耗氧量和色度等都有所增加，需要作进一步处理。

表 1-5-6　烟道气中和碱性废水主要参数

厂别	除尘器有效高度(H)/m	除尘器直径(D)/m	塔径比(H/D)	废水量/(m^3/h)	烟气量/(m^3/h)	水气比(水/气)	气体上升流速/(m/s)
甲印染厂	15.15	1.4	3.7	30	38700	1∶1280	7.1
乙印染厂	12.92	3.62	3.55	104	24000～40000	1∶(240～400)	0.69～1.09

厂别	处理效果								
	尾气量/(m^3/h)	烟气成分			废水总碱度/(mg/L)	经烟气中和后废水成分			中和去除的碱度/(mg/L)
		CO_2/%(体积分数)	SO_2/(mg/L)	H_2S/(mg/L)		CO_2/%/(m^3/L)	SO_2/(mg/L)	H_2S/(mg/L)	
甲印染厂	42500	2.95	35.5	334	708.2	0.00103	40	260	480
乙印染厂	—	—	—	—	—	—	—	—	—

(二) 色度的去除

棉纺印染工艺中大量使用染料。一般来说，棉纺印染厂所使用的染料种类比较多，而且染色加工过程中 10%～20%[3] 的染料进入废水中，使得印染废水色度很深、成分复杂。对各种染料性质的了解有助于选择处理方式。

各种染料如下所述。

(1) 直接染料　直接染料大多数是芳香族化合物的磺酸钠盐，大多属于偶氮染料，为亲水性染料。芳香族化合物的 BOD/COD 值为 0.53～0.84[3]。活性污泥对直接染料具有较高的吸附作用，亲水性染料的脱色效果好，脱色速度快。

(2) 还原染料　还原染料是疏水性染料。还原染料主要有蒽醌型和硫靛型两种结构。还原染料脱色速度慢，但活性硅藻土对其有较好的脱色效果（硫酸铝不能使蒽醌染料废水脱色）。还原染料的碱性很强，pH>10[3]。

(3) 纳夫妥染料　为疏水性染料，活性硅藻土对这种染料有较好的脱色效果。

(4) 硫化染料　为疏水性染料。硫化染料含有硫化合物，生物处理对其废水中硫化物的允许浓度是 10～15mg/L[3]。对于硫化染料占比例较大的废水，可采取预曝气、预沉淀（或投加混凝剂）等方法先除去部分硫化物并使还原性物质预先氧化掉。活性硅藻土对硫化染料有较好的脱色效果。

(5) 活性染料　为亲水性染料。活性染料虽为亲水性染料，但活性污泥对其吸附作用很小，硅藻土对它的脱色效果亦差。

（6）酸性染料　为亲水性染料。酸性染料溶解度大，导致活性污泥对它的吸附作用很低。

（7）酸性媒染染料　具有酸性染料的基本结构，含磺酸基等水溶性基团，对羊毛有亲和力，同时还含有能和金属原子络合的羟基团，羟基团和金属媒染剂（常用的有重铬酸钠和重铬酸钾，俗称红矾钠和红矾钾）生成色淀增强染色牢度。

（8）金属络合染料　活性炭吸附法对金属络合染料废水无效。臭氧法不能用于处理含铬染料废水，否则反而生成六价铬离子，增加水的毒性。

（9）分散染料　分散染料是一种不含水溶性磺酸基团的疏水性较强的非离子性染料。分散性染料废水采用混凝法效果较好。活性污泥对它有一定的吸附作用，但不宜采用单独臭氧法。

常用的去除色度的方法如下。

1. 活性炭吸附法

活性炭吸附法是目前去除染色废水色度的重要方法之一。活性炭对染料是有选择地进行吸附的，同时活性炭能吸附废水中可溶性有机物质而降低废水的 BOD 和 COD，但对于较高浓度废水则必须结合其他方法一并使用。

活性炭对阳离子染料、直接染料、酸性染料、活性染料等水溶性染料的废水具有良好的吸附性能；但对于硫化染料、还原染料等不溶性染料的废水，由于这些染料的溶解度低，吸附时间需要很长，活性炭对它们几乎完全不能吸附或吸附得很少。图 1-5-6[2] 为活性炭对上述染料的吸附曲线。

用作吸附剂的活性炭有粉状、软质粒状、颗粒状等。软质粒状活性炭硬度差，液体通过时易粉碎，一般采用颗粒状活性炭较好。生物活性炭（BAC）法是利用加入的微生物所分泌的外酶渗入到炭的微孔结构，使活性炭所吸附的有机物不断分解成二氧化碳、水或合成新的细胞，最后渗出炭的结构而被去除，可大大延长活性炭的再生周期。图 1-5-7[2] 为生物活性炭装置。

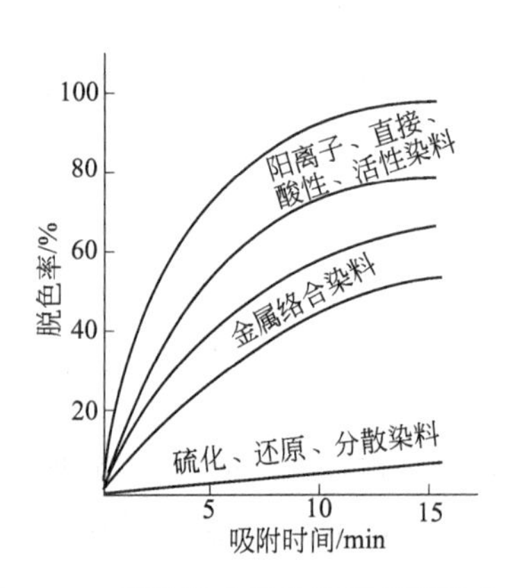

图 1-5-6　活性炭对某些染料的吸附曲线

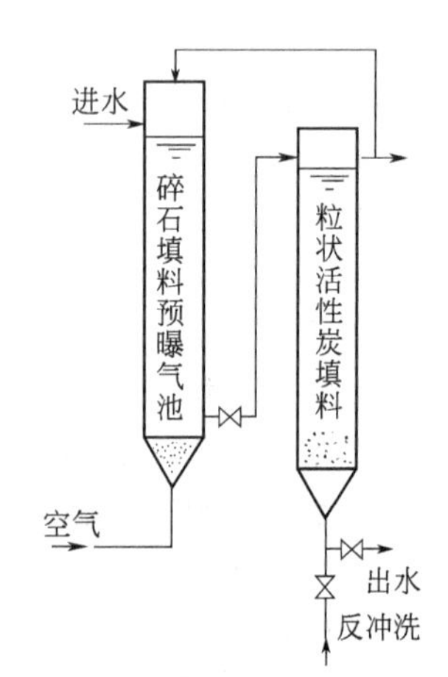

图 1-5-7　生物活性炭装置

国内应用生物活性炭法对经表曝处理后的染色废水的主要运行参数见表 1-5-7[2]。

表 1-5-7　生物活性炭（BAC）法处理染色废水运行参数

项目	参数	项目	参数	项目	参数
活性炭型	8 号净水炭	流量率/(m/h)	8	水头损失/cm	30
预曝气时间/min	28	炭床深度(分二级)/m	每级 1.5	反冲强度/(m/h)	40
接触时间/min	49	溶解氧/(mg/L)	二级出水 0.5	反冲时间/min	10

国内用于染色废水脱色处理的炭柱设计数据一般为：炭柱直径 2～3m；炭层高 3m；总停留时间为 30min 左右；气水比为 4∶1[2]。

2. 混凝法

混凝法是向废水中投加化学混凝剂、助凝剂，由于吸附、微粒间的电荷中和（染料废水通常带有负电荷，金属氢氧化物混凝剂带正电荷）和扩散离子层的压缩等产生的凝聚，形成较粗微粒凝聚，通过沉淀、浮选、过滤方法将它们除掉。混凝法同样可使印染废水达到脱色目的。

适用于印染废水处理的混凝剂列于表 1-5-8[2]。

表 1-5-8　适于印染废水处理的混凝剂

名称	特点	最佳 pH 值适用条件
硫酸铝[$Al_2(SO_4)_3 \cdot 18H_2O$]	适用范围广，价廉，水解时的生成物是体积庞大的氢氧化铝凝聚物，凝聚速度快	pH 值适用范围不大，最佳 pH 值为 5.5～7.5，处理低浊低温废水时，需添加少量活性硅酸助凝剂
硫酸铁[$Fe_2(SO_4)_3$]	价廉，生成氢氧化铁的凝聚物，质重，沉降较快，脱色性能好	适应的 pH 值为 5～11，更适应高 pH 值
硫酸亚铁[$FeSO_4 \cdot 7H_2O$]	需要一定的碱，与碱反应生成氢氧化亚铁，溶解度大，在 pH<9.5 时，二价铁要氧化成硫酸铁；为了氧化亚铁需要溶解氧（0.03mgO_2/mg$FeSO_4 \cdot 7H_2O$）	适应 pH 值为 4～11，最佳 pH 值为 8.5～11
三氯化铁＋硫酸铁[$FeCl_3$＋$Fe_2(SO_4)_3$]	生成的凝聚物结实，不易破坏，沉淀性能好；难溶于碱，对脱色有效	适应的 pH 值范围较大
铝酸钠[$Na_2Al_2O_4$]	可作为脱色凝聚剂，与硫酸铝合用时，凝聚作用迅速	适应 pH 值范围小，6.0～8.5
熟石灰[$Ca(OH)_2$]	调节 pH 值用，对除色、除油都有效果	

混凝法的缺点是投药量较大，沉渣较多，对于某些染料，例如活性染料等，混凝沉淀较困难，投药量有时高达 1000mg/L[3] 以上。

无机混凝剂（明矾、石灰、硫酸亚铁、三氯化铁等）几乎不能或完全不能去除水溶性染料中分子量小的和不容易形成胶体状的染料，如酸性染料、活性染料、金属络合染料及一部分直接染料。

当絮凝物质轻浮，不容易沉降时，可加少量助凝剂，使其生成良好的絮凝物，提高净化效果。表 1-5-9[2] 为适用印染废水处理的助凝剂。

表 1-5-9　适于印染废水处理的助凝剂

类别	按电荷分类	名　　称	特　　点
有机助凝剂	阴离子型	藻朊酸钠聚合物、丙烯酸的共聚物及其盐类、马来酸共聚物	对带有正电荷的重金属氧化物的凝聚沉降有效，对蛋白质的凝聚有效，在强碱和高温条件下效力并不降低
	阳离子型	聚乙烯胺、聚丙烯胺、聚乙烯吡啶、聚丙烯酰胺、聚氧化乙烯	对悬浮状的有机胶体有效，对水溶性有机物的凝聚有效，能促进絮凝物的浮升或沉降，也能促进污泥的脱水和过滤
	弱阴离子型	丙烯酰胺和丙烯酸钠共聚物，聚丙烯酰胺的加水分解物	聚丙烯酰胺高分子助凝剂应用最广
无机助凝剂	阴离子	活性硅胶	改善絮凝体结构，是无机助凝剂中的代表
	阳离子	聚合氯化铝、聚合硫酸铝	聚合氯化铝在目前使用比较广泛

近几年，国内在染色废水处理方面采用碱式氯化铝（PAC）的逐渐增多，它在除色除油方面都有效果。由于碱式氯化铝为碱式盐，相应的氯离子含量较其他混凝剂少，pH值较高。表1-5-10[2]为各种混凝剂1%浓度液体的pH值。

表1-5-10 各种混凝剂1%浓度液体的pH值

混凝剂种类	硫酸铝	硫酸亚铁	三氯化铁	碱式氯化铝
pH值	3.8	3.9	1.8	5.0

棉纺染色废水的性质是由所含染料的性质决定的。分散、冰染染料废水用碱式氯化铝（PAC）絮凝，处理效果较好。而阳离子型染料废水，由于PAC所形成的胶团不能很好地起到压缩双电层的作用，所以COD和色度的去除率较低。如果改用聚丙烯酰胺等非离子型或阴离子型混凝剂，混凝效果就会明显提高。几种混凝剂对印染废水的处理效果见表1-5-11[4]。

表1-5-11 几种混凝剂对印染废水的处理效果

废水类别	混凝剂	用量/(mg/L)	去除率/%	
			BOD	色度
硫化染料、靛蓝混合废水	硫酸亚铁	584	41.5	91.0
	石灰	584		
	明矾	3712		99.4
	氧化铜	2455	42.5	85.0
树脂整理废水	硫酸亚铁	419	50	80
	石灰	419		
煮练废水	硫酸亚铁	14468		98
	明矾	8351		99
煮练、丝光、染色混合废水	硫酸亚铁	419	18.9	
	氧化铜	998	99.5	60
	明矾	1666	60.9	82.5
染色、树脂整理废水	硫酸亚铁	584	42.2	80
	石灰	584	52.5	80
	明矾	1666	56.9	90

应该注意到染色废水往往含有多种类型染料，物化处理时常常采用几种混凝剂复合使用。几种混凝剂同时投加能取得更好的处理效果，这主要是因为每种混凝剂都各有其化学基团，可以在水体中发挥各自的优势起到架桥作用，使絮体增大，有更好的处理效果。

3. 活性硅藻土吸附法[2,3]

活性硅藻土在印染废水中既有混凝作用，又有吸附作用，起到良好的脱色效果。通常，活化硅藻土对亲水性染料脱色效果不一，对疏水性染料脱色效果较好。当废水中表面活性剂和均染剂较多时，效果将显著下降。

活化1t硅藻土约需0.5t硫酸，故耗酸量较大。日本对浓度为200mg/L的染料液投加500mg/L的活化硅藻土，包括对分散、酸性、纳夫妥、士林、硫化等染料，脱色率均达到90%以上。

4. 加压气浮法[2]

加压气浮法应用于染色废水的处理具有较好的脱色效果。加压浮选所加压力在 (3～5)×10^5Pa 时，空气溶解度约为 4%～8%。某棉布印染厂用压力气浮法处理染色废水（处理量 44m^3/h），压力罐采用动态型的填充喷洒式（泵后加气），罐高与罐径之比为 3.3，气浮池停留时间为 30min，上升流速为 4mm/s，气浮池投加 400～600mg/L 硫酸铝凝聚剂，气浮池出水经滤池过滤。其处理效果见表 1-5-12[2]。

表 1-5-12 压力气浮法处理棉布印染水的处理效果

项目	原水	出水	去除率/%
pH 值	10.1～12.1	5.8～7.3	
COD/(mg/L)	320～1320	109～276	66～87
硫化物/(mg/L)	8～96	0～24	63～100
色度/光度值	0.9～1.9	0～0.05	92～100

该气浮池由气浮和过滤两部分组成。浮渣含水率为 98.2%～99.3%，经 3d 浓缩后降为 89.6%～91.8%，再经压滤机脱水，泥饼含水率为 74.1%～85.4%。图 1-5-8[2] 为该厂加压气浮法流程。

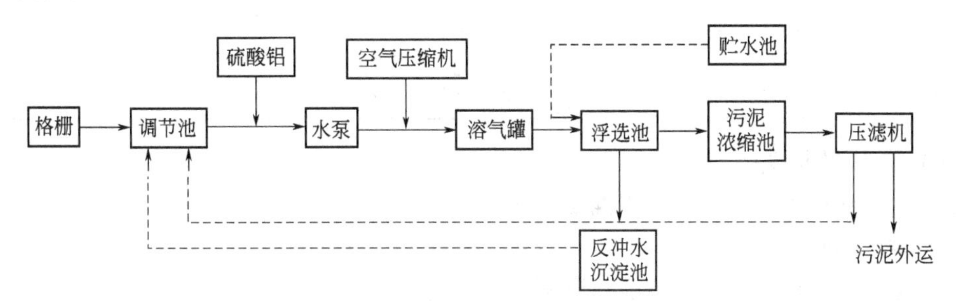

图 1-5-8 加压气浮法流程

5. 臭氧法

臭氧法处理染色废水流程一般有 3 种情况：①活性炭与臭氧联合法，适用于含泥量极少的废水；②混凝与臭氧联合法，适用于含泥量多、颜色深的废水；③活性污泥与臭氧联合法，适用于原水 BOD 高或要求处理后 BOD 较低的废水。臭氧法处理流程见图 1-5-9[2]。

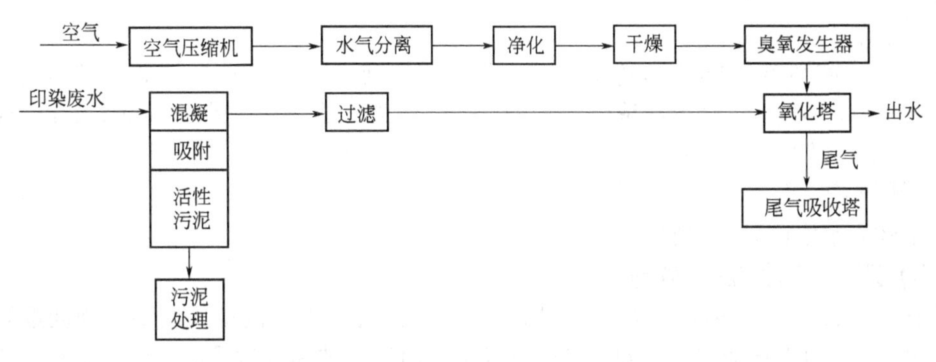

图 1-5-9 混凝（吸附或活性污泥）——臭氧法处理流程

印染厂用生化-臭氧法处理染色废水，色度去除率可达 90%以上，效果较好，但耗电量大，处理 1m^3 废水约需电 1kW·h，设备费用高[2]。

国外认为，臭氧对直接、酸性、碱性、活性等亲水性染料脱色速度快，效果好；对于还原、纳夫妥、氧化、硫化、分散性染料等疏水性染料，则脱色效果较差，臭氧用量大；对于含铬染料废水，反而生成六价铬离子，毒性更强。表 1-5-13[2] 为国外对各种染料用臭氧法脱色的情况。

表 1-5-13 臭氧法处理各种染料废水的脱色效果

项目		酸性染料		碱性染料	直接染料	分散性	染料	阴离子染料
通臭氧时间/min		4	8	4	4	4	8	4
臭氧接加量/(mg/L)		121	242	121	121	121	242	121
臭氧/染料		1.21	2.42	1.21	1.21	1.21	2042	1.21
pH 值	进水	7.9	7.9	7.4	7.5	7	7.5	7.9
	出水	7.5	7.3	7.0	7.3	7.4	7.2	7.3
出水颜色		蓝紫	淡蓝	淡黄	淡黄	红	淡红	无
颜色改变时间/min				2	1.5			3
臭氧/染料				0.91	0.46			0.91
脱色率/%		70	90	99	99.5	65	88	100
COD/(mg/L)	进水	102	102	32	14	159	159	40
	出水	48	28	12	4	111	110	28
COD 去除率/%		53	73	63	72	30	31	30

(三) 染料的回收

染色废水中染料的回收多采用混凝沉淀法，也有采用超滤膜法。

1. 混凝沉淀法

染色残液存入贮水池，加硫酸和混凝剂，经搅拌、反应后进行沉淀，沉渣经过滤成浆状回收。

士林染料的回收可经酸化后（pH=5）变成隐色酸，呈胶体微粒悬浮于残液中。用动物胶使隐色酸遇胶质后沉淀，或投加明矾加速沉淀，沉淀物经过滤成色浆回收。

硫化染料价廉，从经济角度一般不值得回收，但从废水处理和减轻污染角度看有回收价值。硫化碱性还原物被酸化后，pH 值在 4～5，染料即可从溶液中析出，将酸化后的硫化残液进行沉淀，沉淀物经过滤即可回收。

2. 超滤法

某厂采用醋酸纤维半透膜超滤法回收染料，滤液 pH 值为 6.5～7，过滤压力为 4×10^5Pa，滤速 3～4m/h。经超滤浓缩后的染液，其浓度相当于分散染料 6000mg/L，还原染料 20000mg/L 以上，色度去除率达 92%[2]。

3. 蒸发法

用于丝光废水的碱液回收。

(四) PVA 的回收及处理[2]

在化学浆料 PVA（聚乙烯醇）用量急剧增加后，含 PVA 的退浆废水处理问题日益突出，因为 PVA 的生物降解性很差。国内有采用投加硫酸钠和硼砂等的化学沉淀法回收退浆废水的 PVA。对于 PVA 浓度为 10g/L 左右的废液，投加硫酸钠 12g/L，硼砂 1g/L，PVA 的回收率可达到 80%以上。凝结法的不足之处是凝结剂消耗量大，设备耗电亦较多，残液中的凝结剂使 PVA 容易结皮。日本采用细菌培养法，负荷为 0.1kgCOD/(kgMLSS · d)，经一个月左右时间的低负荷驯化，可逐渐将 PVA 分解。

国外对纺织工业废水中染料、助剂的回收利用进行了不少研究工作。美国采用超滤法从退浆废水中回收 PVA，取得良好的经济效益。美国某纺织印染厂采用四种型式的反渗透设备处理染色废水以供回用，清水回用率达 75%～90%，废水电导率降低 75%～90%，色度去除率达 86%～99%，平均可节省染料 16%。浓缩液回用到棉布的染色，质量良好。表 1-5-14[2] 为运行效果。

表 1-5-14　反渗透处理染色废水试验运行效果

项　目	型式和材质			
	内管束型醋酸纤维	中心纤维型聚酰胺	螺旋卷筒型醋酸纤维	外包管束
试验时间/h	1059	187	804	944
预过滤设备	25μm 滤罐	1～25μm 滤罐	25μm 滤罐	250μm 滤罐
pH 值	5.6～7.0	6.2～8.3	5.8～7.0	6.6～8.5
温度/℃	12.8～32.3	11～32.3	15～25.5	20～40
压力/($\times10^5$Pa)	21～31.5	24.5	28	24.5～73.5
总固体去除率/%	95	95	96	90
色度去除率/%	99	99	99	98
电导率降低/%	92	94	95	85
COD 去除率/%	96	92	94	95

第二节　毛纺工业废水

一、生产工艺和废水来源

(一) 生产工艺[2]

毛纺工业产生的废水主要来自洗毛生产工艺。

洗毛生产工艺是利用机械化学作用从原毛中去除羊毛脂、羊汗、泥砂、杂质和大部分矿物性物质。洗毛生产工艺流程见图 1-5-10。

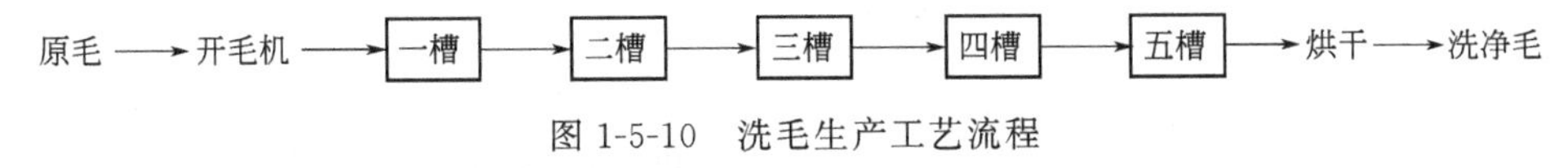

图 1-5-10　洗毛生产工艺流程

洗毛生产工艺首先将经人工分选后的羊毛喂入开毛机，利用机械开松作用将羊毛束中的杂质、砂土等去除，并使原毛松散后喂入洗毛一槽，打土开毛机除杂率一般为 40%～50%[2]。

国内洗毛机多数为耙式，主槽为五个，各带一个辅槽。洗毛槽水温为 40～50℃。洗毛一槽为浸洗槽，主要对原毛进行浸润，用清水进行洗涤。一般一槽除杂率可达 60%～70%（对净毛）。当羊汗从毛干上溶下时，黏附着的砂土杂质及一部分油脂被一起剥离。洗毛二、三槽加入洗剂和助洗剂，主要是通过洗剂的作用，降低水的表面张力，并渗入到羊毛脂污垢层中，在温度与机械的作用下，将羊毛脂污垢层破坏，在洗水中形成稳定的水包油型羊毛脂乳化液。洗毛过程还要追加助洗剂，助洗剂为电解质，如 NaCl、Na_2SO_4、Na_2CO_3 等。根据加入化学药品的种类，洗毛法可分为中性洗毛、合成洗剂加纯碱洗毛、皂碱洗毛、铵碱洗毛和酸性洗毛。四、五槽为漂洗槽，采用清水进行漂洗，以去除羊毛上残留的洗剂和污染物。洗毛生产线的最后一道工序是经烘干机烘干后得到洗净毛。

(二) 洗毛废水水质、水量

1. 废水水质[6]

洗毛废水是洗毛生产工艺排出的高浓度有机废水，是目前世界上较难治理的废水之一，主要成分是羊毛脂、羊汗、泥土、羊粪等。其含杂量的多少与羊毛品种、产地自然环境等因素有关。优质细毛总含杂质中一般羊毛脂约为10%～40%，羊汗为2%～20%，砂土5%～40%，植物0.5%～6%，原毛洗净率为30%～70%。其中羊汗的主要成分为：碳酸钾75%～85%，硫酸钾、氯化钾、硫酸钠、不溶性物质和有机物约为3%～5%。从以上分析数据可以看到，洗毛废水中羊毛脂、羊汗和泥砂为洗毛废水中主要污染物，而羊毛脂是组成废水中COD和BOD的主要成分。羊毛脂在水中呈乳化状态，洗毛废水外表常呈棕色或浅棕色，表面覆盖一层含各种有机物、细小悬浮物以及各种溶解性有机物的含脂浮渣。其水质与羊毛品种、洗毛工艺耗水量等因素有关。表1-5-15为洗毛废水水质，表1-5-16为各种羊毛（原毛）及洗毛废水中羊毛脂的含量。

表 1-5-15 洗毛废水水质

项目 废水来源	BOD/(g/L)	COD/(g/L)	含脂量/(g/L)	悬浮物/(g/L)	pH值	ABS/(mg/L)
第一洗槽①	2～8	5～20	1～5	沉淀前6～10 沉淀后2～4	8	4～40
第二、三洗槽②	15～30	30～50	10～25	2～4	9～11	100～500
第四、五洗槽③	0.15～0.3	0.4～0.6	少量	少量	8	24～44
五个洗槽混合水	2～7	5～15	1.0～3	2～4	—	15～40

① 第一洗槽为原毛经热水洗涤后溢流及其周期排放水，含大量泥砂杂质及少部分油脂。

② 第二、三洗槽为在投加洗剂洗毛后的周期排放废水，含脂量高，污染程度很高。

③ 第四、五洗槽为漂洗水，污染程度较低。

表 1-5-16 各种羊毛（原毛）及洗毛废水中含脂情况

原毛品种	含脂率/%		原毛品种	含脂率/%	
	原毛	洗毛废水（二、三槽洗水）		原毛	洗毛废水（二、三槽洗水）
澳毛 70支	17～20	2.5～3	新疆改良二级	12	1.38
60支、64支/70支	15～18	2～2.6	内蒙古改良一级	8.9	0.92
64支	12～16	1.8～2.3	东北改良一级	3.6～4.3	1.00
48～54支	7～9	0.8～1.5	国产土种毛	3～7	0.3～0.8
国产改良毛	7～14	1.3～1.7	山东秋毛	2.21	0.3～0.33

2. 废水水量

洗毛废水量随洗毛机型号、羊毛品种及洗毛工艺有所不同。一般来讲，目前国内洗毛设备和加工水平，每加工1t国产原毛，平均耗水量需要15～35t。每一台国产洗毛机，加工原毛能力为8～12t/d[1]，以每天洗原毛10t计，则每台洗毛机排出的废水量为150～350t/d[1]。

国内常规洗毛工艺用水状况为：第一槽不断补水，溢流排放，同时一个班周期排放一次；二、三槽由于添加洗剂和助洗剂，基本为闭路，一般1～3个班周期排放一次；四、五槽不断补充新鲜水，并溢流排放，1～2班次全部排放一次。

某些进口的带废水处理设施的洗毛机，耗水量比国内耗水量低，一般洗1t原毛耗水量为7～10t[1]，减少了最终洗毛废水处理规模，但终端排放废水的污染物各项指标也很高。

二、清洁生产[6]

洗毛废水的最大特点就是羊毛脂含量高，因此洗毛废水中羊毛脂的回收利用是实现清洁生产的关键。羊毛脂又称羊毛蜡，它的化学成分为脂肪酸和高级一元醇化合而成的脂，由于其形态很像软脂，俗称羊毛脂。羊毛脂是医药、化工、制革、机械防腐和化妆品的重要原料，具有较高的经济价值。由于羊毛脂是组成洗毛废水COD和BOD的最重要的污染物，因而从废水中尽可能地提取羊毛脂，不仅可以由于羊毛脂的回收带来很高的经济效益，更重要的是大大削减了排放废水的COD负荷。正因为如此，国内外洗毛废水的处理，绝大多数是以提取羊毛脂为前提。

羊毛脂回收方法主要有离心分离法、超滤-离心法、酸裂解法、化学萃取法等，其中化学萃取法包括固液萃取（混凝沉淀-浓缩-脱水-萃取）、液液萃取（离心萃取、超滤浓缩-萃取）。酸裂解法采用酸化-分层-加热加压工艺得到羊毛脂，该法可从洗水中回收油脂量的50%，回收1t油脂需用浓硫酸765～1530kg。在上述方法中，离心法是国内外广泛采用的油脂回收法，且技术最为成熟。超滤-离心法是近十年发展起来的新工艺，与单一离心法相比较，可大幅度提高羊毛脂回收率。因此本书主要介绍离心法和超滤-离心法。

（一）离心分离法回收羊毛脂

离心分离法回收羊毛脂工艺流程主要分沉淀、过滤、加热、粗分，最终得到粗羊毛脂，其工艺流程见表1-5-17[6]。

表1-5-17 离心分离法回收羊毛脂工艺流程

工序	工艺	备注
过滤	把洗毛废水用泵提升至沉淀池，毛发过滤器设在泵前	去除毛纤维和悬浮物
沉淀	用泵将洗毛二、三槽水或根据洗毛工艺不同将一、二、三槽洗毛废水提升至沉淀池或沉淀槽，沉淀时间为1～2h	溶于水中的羊毛脂为总脂含量的80%左右；沉淀池停留时间1～2h，可将水中>20μm的中粗颗粒基本去除；如果沉淀时间超过5h，污水中部分羊毛脂会随固体物质沉入泥砂中被损失，影响羊毛脂得率，水发臭
加热	沉淀后洗毛废水需预热后才能进入离心分离机，预热方法可采用热交换器或加热槽，或直接通入少量蒸汽，温度为65℃以上	加温使油脂呈游离状，悬浮于乳化液中，有利于分离；但温度不宜太高，一般65℃左右即可。温度过高，一方面浪费热能，另一方面油脂品质受到影响
离心分离（羊毛脂粗分机）	加热后污水进入第一道离心机，高速离心力作用使不同密度的油、水和泥渣分三层析出 油相——油从上层管道流出，得到粗羊毛脂半成品，进入中间油脂槽 重水相——提油后的洗毛废水从中层管道流出 溢水相——泥杂从下层管道流出	型号：De Laval FVK4R 转速：5800～6200r/min 型号：DPM-30 转速：6425r/min 离心机重水相出水仍然含有<1%的羊毛脂
预热	经过粗分的羊毛脂半成品汇集入中间油脂槽，加热至95℃	油脂槽采用套管式或夹套式间接加热

续表

工　序	工　　艺	备　　注
热水槽预热	10倍于油脂槽体积的热水加热至95～100℃，最好用软水	热水槽可用直接或间接加热方式
离心分离(精分机)	预热至95℃的羊毛脂半成品和加热至95～100℃的热水以1∶10左右比例进入精分机；粗羊毛脂从油相流出，水从水相流出；泥渣根据精分机型号不同	

采用此工艺得到羊毛粗脂，其羊毛脂回收率随洗毛废水中羊毛脂的含量不同而异。如洗国产细支毛或澳毛时，洗水中羊毛脂浓度较高，则羊毛脂回收率可以达到30%～40%；如果洗水中羊毛脂浓度为1%左右时，羊毛脂回收率仅为15%～20%。

(二) 超滤-离心法回收羊毛脂及水回用

我国国产羊毛多数含杂质高，含油相对较低。在洗国产羊毛工艺中，随着洗槽中泥砂及杂质含量的不断增加，使洗槽中羊毛脂还未能累积到离心提油机所要求的浓度范围就必须为保证洗毛质量而排放，因而羊毛脂收率很低。同时，由于离心机提取羊毛脂下限为1%，因此，其离心机的重水相仍然含有低于1%的羊毛脂无法回收。超滤-离心工艺则是采用超过滤工艺，将废水中羊毛脂用超过滤膜法将其浓缩至原浓度的4～5倍左右，从而使洗毛废水中过去回收率很低，甚至无法回收的羊毛脂得以回收，同时，超过滤出水可回用于洗毛工艺。

1. 超过滤分离原理

在洗毛废水中，羊毛脂在洗剂及其助洗剂的作用下，以比较稳定的水包油型乳化液滴存在于洗毛废水中。超过滤的分离原理是在对料液施加一定压力后，在压力驱动下，无机盐、小分子有机物及其水分子透过超过滤膜，羊毛脂乳化液滴则被膜所截留、浓缩。

2. 超滤-离心工艺流程及其主要设计参数

超滤-离心法回收羊毛脂工艺流程见图1-5-11[6]，由四个系统组成：除砂系统、超过滤系统、循环提油系统和水回用系统。现分述如下。

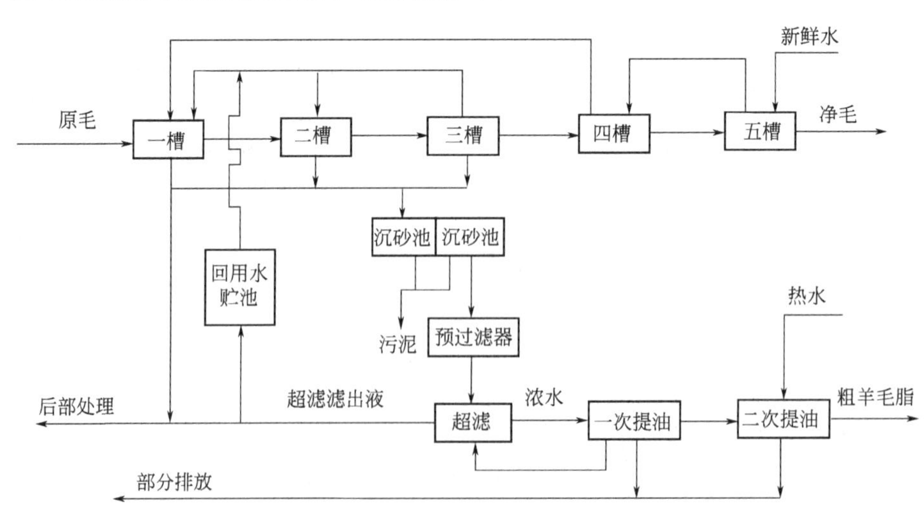

图1-5-11　超滤-离心法回收羊毛脂工艺流程

(1) 除砂系统　除砂系统是指将洗毛废水二、三槽（如一槽加药则为一～三槽）周期排放水经纤维过滤器由泵提升至立式沉淀槽，经自然沉降2h，可去除废水中大部分20μm以上中粗颗粒泥砂。经硬渣分离机进一步除去细颗粒泥砂。沉淀槽污泥斗污泥排放周期据洗毛品种和排泥量不同1～2天排放一次，排放污泥含水率70%左右。

（2）超过滤系统[7～9]

① 超过滤膜、组件及其组件配置。超过滤膜采用聚苯砜对苯二甲酰胺（PSA）膜材料，截留相对分子质量为67000。超过滤组件采用套管式超过滤器，材质为A3碳钢。组件采用UF-48或UF-72型，膜面积分别为$4m^2$/台和$6m^2$/台。组件配置方式采用一级三段或一级二段循环工艺。

② 超过滤系统设计参数。超过滤系统设计参数主要包括运行压力、膜表面流速、运行温度、浓缩倍数。超过滤系统设计运行压力为进口<0.36MPa，出口>0.12MPa。在膜表面流速3m/s左右，羊毛脂浓度<50g/L范围内，该体系临界压力值为0.36MPa，实际工艺设计操作压力值要低于体系极限压力值（临界压力值）。

超过滤系统设计运行温度为45～50℃，羊毛脂熔点为37～42℃。高于42℃，废水黏度大大降低，降低了膜界面层厚度，减少膜面阻力，使膜水通量增加。

超过滤膜表面设计流速为3m/s。超滤系统浓缩倍数依原水羊毛脂浓度不同为3～5倍，一般控制浓缩液羊毛脂浓度为40g/L左右。

③ 超滤系统膜面积的确定及其泵配置。在膜表面流速、运行压力及其运行温度、最高浓度等参数确定之后，可以得到膜的平均水通量。根据设计处理水量，按下式计算所需超滤装置所需膜面积：

$$S=\frac{Q}{F}\times 1000 \tag{1-5-1}$$

式中，S为膜面积，m^2；Q为设计处理水量，m^3/h；F为单位膜面积产水量，$L/(m^2 \cdot h)$。

在确定所需膜面积后，可根据膜面积选用$4m^2$或$6m^2$的组件。一般来讲，膜的平均水通量选用$35\sim40L/(m^2 \cdot h)$。

泵的配置根据工艺压力和膜表面流速来确定。由于洗毛废水极限压力值为0.36MPa，因而，泵的扬程一般<35m为宜。泵的流量按下式计算：

$$Q_{总}=nvS_{截}\times 3600 \tag{1-5-2}$$

式中，$Q_{总}$为泵流量，m^3/h；n为膜组件并连个数；v为膜表面流速，取3m/s；$S_{截}$为单元膜组件膜面通过废水截面积，m^2。

（3）循环提油系统　循环提油系统设备及工艺参照表1-5-17。与离心法回收羊毛脂工艺流程所不同的特点为：超滤-离心工艺进入离心系统羊毛脂浓度高于单一离心分离系统，一般羊毛脂浓度为40g/L左右，一次提油效率为40%左右。由于超滤-离心工艺采用循环提油，即离心机一次提油后的重水相返回浓缩液贮槽，随循环提油过程进行，废水中羊毛脂浓度逐渐降低，当提油效率<15%时，终止提油[6]。

（4）水回用系统　超过滤系统对洗毛废水中的油脂截留率>94%，COD截留率>85%，SS截留率>99%，对TS截留率为40%～80%[6]。可以部分排放至后处理工艺，部分回用于洗毛一～三槽。由于超滤滤出液中含一定量洗剂、碳酸钾（羊汗成分）和碱，洗毛时可节约部分辅料和水。同时，由于超滤液有一定温度，可节约部分蒸汽。

（三）气浮法去除羊毛脂

气浮法[1]去除的基本原理是油脂被气泡附着后浮力增大，上浮速度加快。单独使用气浮法分离效果不够理想，仅能去除30%～45%的羊毛脂和悬浮物，所以通常同时投加无机混凝剂和高分子混凝剂，以提高浮选效果。

(四) 萃取法去除羊毛脂

萃取法[1]是利用分配定律原理，有机溶剂作为萃取剂萃取废水中的羊毛脂。萃取法一般不单独使用，常采用的方法有化学沉淀萃取法、酸裂萃取法、离心萃取同步法。但萃取法投资较大，溶剂损耗大。

三、废水处理与利用

20 世纪 70～80 年代，欧洲一些产羊毛的国家对洗毛废水治理做了许多研究工作。其共同的目标是重点改革洗毛工艺，最大限度地减少排放量，并使废水通过化学、物理处理后进一步回用。国外的这些工作，为国内洗毛废水治理工作提供了很好的启示。

(一) 处理排放工艺

洗毛废水经投加化学凝絮剂处理后，与染整废水和生活污水混合，使洗毛废水被稀释一定倍数后进行生物处理，一般处理效果较好，但化学药剂投量极大，处理费用昂贵，污泥处理量大。某毛纺厂洗毛废水处理采用上述工艺。图 1-5-12[4]为该法洗毛废水工艺流程示意。

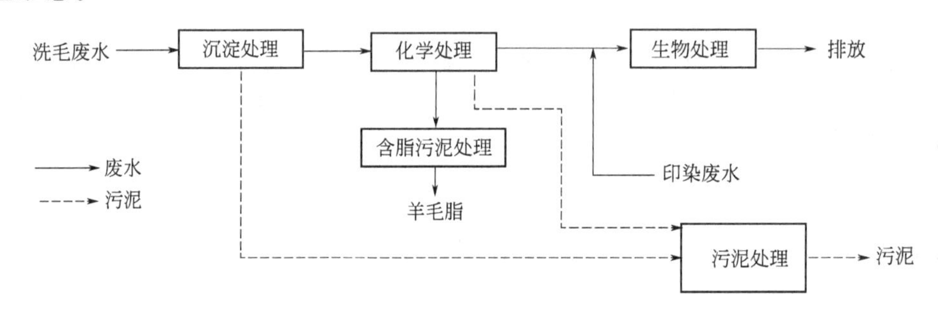

图 1-5-12 洗毛废水全处理流程示意

内蒙古某羊绒衫厂废水处理项目[4]采用把经过沉淀的洗毛废水和染色废水以一定比例混合后进行预曝气→加压浮选→活性污泥法→混凝沉淀→排放工艺。设计水量为 $700m^3/d$，主要处理下属的三个厂的废水，即绒毛厂排出的洗毛废水（包括洗绵羊毛、山羊绒、驼绒废水），毛纺厂排出的染色和洗呢废水及羊绒衬厂排出的染色和缩绒废水。废水的排放量为：洗毛废水 $100\sim160m^3/d$，洗羊绒废水 $146\sim165m^3/d$，染色废水 $125\sim262m^3/d$。混合废水的 BOD 为 1500～2000mg/L，COD_{Mn}为 686～1000mg/L，SS 为 1000～1300mg/L。

废水处理厂的全部废水槽均设于地下，废水处理构筑物建在室内，废水浓度高，工艺流程长，处理构筑物占地面积为 $732.35m^2$，该厂废水处理工艺及主要设备、构筑物的设计参数如下。

1. 废水处理工艺流程

废水处理工艺流程见图 1-5-13。

废水处理工艺流程为预曝气→加压浮选→活性污泥法→混凝沉淀→排放。

废水经废水中间槽及不锈钢楔形滤网进入废水贮槽，并对废水进行预曝气，采用罗茨鼓风机，风机风量为 $7m^3/min$。

废水贮槽出水用泵提升至加压气浮装置，加压气浮装置由凝聚反应槽、气浮分离槽、加压溶气罐和加药系统组成。加压水采用清洁水，水量为原废水的 30%，废水在气浮槽中停留时间 23min，表面负荷为 $98m^3/(m^2 \cdot d)$，水压为 0.3～0.5MPa（$3\sim5kgf/cm^2$），加压水罐出水用 1000mL 量筒测定，放满水后气泡散完的时间为 5～6min。凝聚剂投加量为：当进水 COD_{Mn}为 1000mg/L 时，硫酸铝投加 800mg/L，消石灰 400mg/L，高分子凝聚剂 4mg/L。

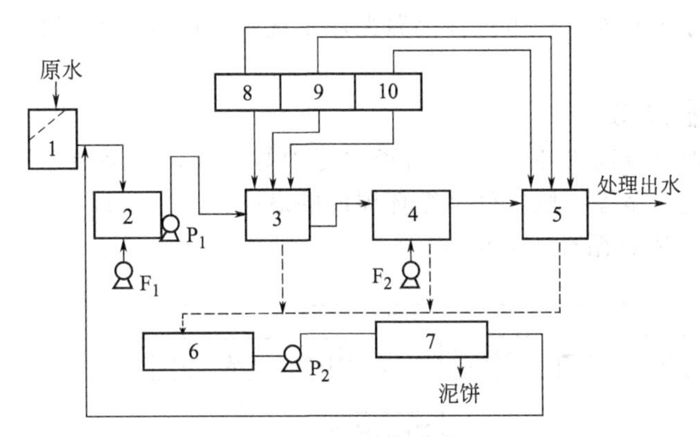

图 1-5-13 某羊绒衫厂废水处理流程

1—楔形筛滤装置；2—原水贮槽；3—凝聚加压浮上装置；4—活性污泥处理装置；5—凝聚沉淀装置；6—污泥贮槽；7—压滤式脱水机；8—消石灰贮槽；9—硫酸铝贮槽；10—高分子凝聚剂贮槽；P_1—原水提升泵；P_2—污泥提升泵；F_1—原水鼓风机；F_2—曝气池鼓风机

加压气浮装置出水进入生化处理系统，该系统主要由废水中间槽、废水中和计量槽、曝气槽（1）、曝气槽（2）、沉淀槽、营养剂贮槽和污泥收集机组成。活性污泥法的污泥负荷为 0.1kgBOD/（kgMLSS·d），容积负荷 0.4kgBOD/（m^3·d），污泥浓度为 3.5～4g/L，污泥回流比 100%，曝气时间（包括污泥回流量）14h，1kgBOD 供氧 1.6kg，1kgBOD 产污泥 0.3kg，曝气方式采用曝气机充氧，散气管曝气，散气管部分的曝气时间为总曝气时间的 10%～20%。沉淀槽的停留时间为 2.3h，面积负荷为 15m^3/(m^2·d)，溢流负荷为 27m^3/(m·d)。

生化处理出水进入凝聚沉淀装置，凝聚沉淀装置由凝聚反应槽、凝聚沉淀槽、污泥收集机和处理水中和槽组成。凝聚沉淀槽沉淀时间为 1.6h，面积负荷 24m^3/(m^2·d)，溢流负荷 34m^3/(m·d)。该工艺设置污泥处理装置。

2. 工艺流程特点

① 采用固定倾斜式楔形不锈钢丝滤筛去除羊毛、纤维等杂质。

② 气浮加压水采用清洁水，以控制进入气浮分离槽的羊毛脂含量为 2100mg/L 以下，保证生化处理的废水含油量不超过 30mg/L。

③ 采用加压气浮作前处理，不仅去除了废水中的油分、悬浮物，又起了脱色作用。

④ 活性污泥处理采用“水中机械曝气器”，即机械搅拌加鼓风散气联合的办法。氧的利用率可达 20%～30%。

3. 运转情况

各处理构筑物的出水水质见表 1-5-18。

表 1-5-18 处理水质

项目	洗毛染色混合水/(mg/L)	凝聚加压气浮			活性污泥法		凝聚沉淀	
		进水/(mg/L)	出水/(mg/L)	去除率/%	出水/(mg/L)	去除率/%	出水/(mg/L)	去除率/%
BOD	2000	2000	800	60	30	96.25	15	50
COD_{Mn}	1000	1000	350	65	50	85.71	45	10
COD					125		113	9.6
SS	1000	1000	100	90	50	50	30	40

废水除处理后达标排放外，还可选择闭路循环水洗法，可以达到节水、节能同时处理高浓度洗毛废水的目的。

(二) 闭路循环水洗法[6]

国内利用机械物理法分离洗毛废水中油脂和泥砂等杂质，洗毛废水重复回到洗毛工艺中，并进一步采用蒸发浓缩等手段，处理循环周期的最终排放水，以达到封闭循环。图 1-5-14 为某毛条厂洗毛废水闭路循环工艺流程。

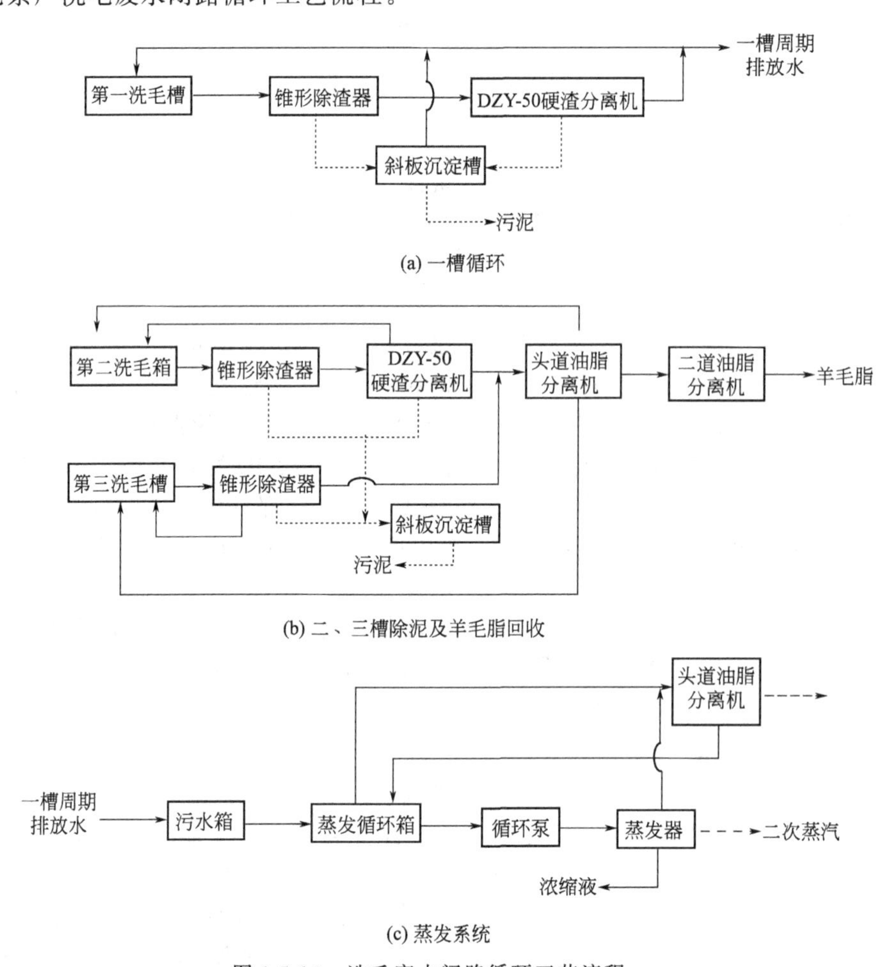

图 1-5-14 洗毛废水闭路循环工艺流程

—— 废水 ······ 污泥 - - - 蒸汽

图 1-5-14(a) 为一槽除砂系统。该系统是在洗毛一槽主槽和边槽底部各铺设多孔吸泥管，使不断下沉的泥砂由泵连续抽出，并提升至锥形除渣器。锥形除渣器设置两个，连接方式为串连，主要去除洗水中粗颗粒泥砂。锥形除渣器上部净化洗水进入硬渣分离机，其主要任务是进一步去除锥形除渣器不能去除的较细泥砂。分离机处理能力与锥形除渣器配套，为 $5m^3/h$，分离机除砂效率＞60%。分离机上部出水返回洗毛一槽。除渣器尾浆和离心机排渣由一只 $1m^3$ 的斜板沉淀槽承接，经沉淀泥水分离。水由溢流口溢流回洗槽，泥砂则沉入底部积泥仓排出。

图 1-5-14(b) 为二、三槽除砂及羊毛脂回收系统。洗毛槽原毛经第一洗毛槽浸润后毛块松开，大部分土杂已落其中，故进入第二洗毛槽的较少。第二洗毛槽槽配置一支锥形除渣器、一组离心机及一只斜板沉淀槽，其工艺流程同一槽循环系统大致一样，不同之处是离心

机出水进入提油系统提取油脂后回槽循环。第三洗毛槽由于泥砂含量较少，用一支锥形除渣器可以满足除泥要求。

羊毛脂回收系统设置板式热交换器二台，一台加热，一台冷却；油脂分离机二台，一用一备；油脂收集箱（可加热）一台；二道精分机一台。二、三槽洗水经除泥处理后，净化洗水进入调节水箱，经板式换热器加热后供头道油脂分离机提取羊毛脂，再经集油箱加热供二道油脂分离机进一步精分脱水即成粗羊毛脂。提取后羊毛脂的洗水仍回到洗毛槽洗毛。

图 1-5-14(c) 为蒸发系统流程。洗毛废水周期排放水从一槽排出，经除泥后进入蒸发系统污水箱。蒸发系统主要设置为污水箱、循环箱、循环泵和蒸发器。蒸发系统采用强制循环，即不断将废水由循环箱打入蒸发器再回到循环箱，系统的二次蒸汽引入洗毛槽。在蒸发器至循环箱回流管路上加装一根截流管，将蒸浓液引至新增的一台 DPM-30 提油分离机提油，可提高蒸发器效率和增收羊毛脂。蒸发器浓缩液排放。

闭路循环系统特点。

① 闭路循环处理洗毛废水的过程是对洗毛废水进行净化—洗毛—再净化—再用于洗毛的过程，与洗毛生产同步进行。

② 闭路循环系统将含有大量泥砂、油脂的洗槽洗水，连续不断地打入系统的除泥部分和油脂提取部分除泥和提油，净化液回槽循环洗毛。洗毛过程中不断增加的羊毛脂、泥砂随着循环过程的不断进行被不断去除，并且保持洗液中油脂及泥砂浓度相对稳定，从而减少了废水排放量。

③ 该系统洗水及所含有助洗作用的物质得以充分利用，因而可节约水、汽及洗剂。该系统吨原毛耗水量可降至 5t 左右，耗汽及辅料均可节约 50%左右。

存在问题：国内洗毛厂洗毛废水实行闭路循环运转的很少，主要原因是某些处理设备的技术可靠性存在一定问题，全工艺操作管理系统的仪表自动化程度低，从而使洗槽内废水、汽、泥、渣得不到平衡而闭不起来，从系统中排出。同时蒸发系统由于残液浓度较高，蒸发效率较低，耗汽量较高。

虽然多数闭路循环系统没有闭路运行，但有一些厂在洗毛废水处理中实现了部分循环处理工艺。即利用高效除泥设备，将洗水除泥后进入头道离心机回收羊毛脂，离心机重水相返回洗槽继续循环洗毛。该法利用循环水洗工艺从废水中尽可能回收羊毛脂，降低了废水的含脂量，并降低了吨原毛耗水量。

第三节　麻纺工业废水

中国麻类纤维纺织加工工业按照纤维和工艺技术特点主要分为苎麻纺织、亚麻纺织等，麻中除了含有纤维素外还含有半纤维素、果胶物质、木质素等非纤维素成分。这些非纤维素成分统称为胶质，去除麻中的胶质物质即可获得可纺性纤维，这一过程称为脱胶。麻纤维中非纤维素成分一般为纤维重的 25%～35%[1]，因此脱胶废水中污染物含量较高，麻纺织废水主要为脱胶废水。不同品种的麻由于纤维中含胶质不同，其脱胶具体方法也不相同，本节具体介绍苎麻脱胶废水和亚麻脱胶废水的处理。

一、生产工艺和废水来源

(一) 苎麻脱胶

1. 脱胶工艺及废水来源

我国苎麻脱胶以化学脱胶为主，其工艺流程及废水生产环节如图 1-5-15[1] 所列。

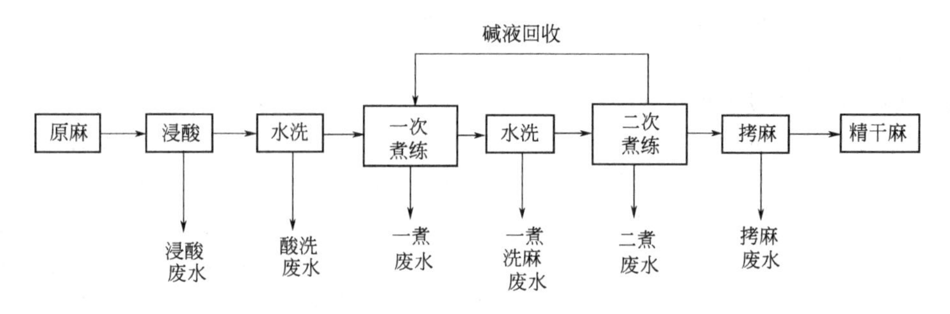

图 1-5-15 典型苎麻化学脱胶工艺及废水来源

2. 废水水质

苎麻化学脱胶废水污染物主要指标如表 1-5-19[1] 所列。

表 1-5-19 苎麻化学脱胶废水污染物主要指标

主要指标 / 废水名称	pH 值	COD/(mg/L)	BOD/(mg/L)	SS/(mg/L)
浸酸废水	2～3	1200～2000	500～800	>500
酸洗废水	3～5	350～500	140～200	>500
一煮废水	≥12	15000～20000	5000～6000	15000～20000
一煮洗水	>12	1800～2500	700～1000	>500
二煮废水	>11	700～900	300～400	>500
拷麻废水	7～9	250～300	50～100	<500

(二) 亚麻脱胶

1. 脱胶工艺

由于亚麻的茎秆较细，韧皮较薄，为保证亚麻纤维的长度，要先经过一个不完全脱胶过程，这个过程称为亚麻原茎脱胶。亚麻脱胶的主要方法有生物法、化学法和物理化学法。其中生物法是全球亚麻纺织广泛采用的方法，生物法主要是通过微生物分解麻中胶质，最终达到脱胶目的。沤麻常分为雨露沤麻和水沤麻，在我国主要采用温水沤麻，亚麻沤麻的基本工艺[1] 如下：

亚麻原茎→选茎→绑束→浸渍→干燥→碎茎→打麻→打成麻

2. 废水来源及水质

亚麻沤麻废水主要来自温水浸泡厌氧发酵亚麻原茎工段，废水中主要污染物为木质素及其降解中间产物、半纤维素及其降解中间产物、单宁、果胶、树脂酸等，亚麻沤麻废水的污染物主要指标见表 1-5-20[1]。

表 1-5-20 亚麻沤麻废水污染物主要指标

项目	浓度值	平均值
COD/(mg/L)	4100～10800	7712
BOD/(mg/L)	2000～6000	3247
SS/(mg/L)	600	—

二、清洁生产

(一) 苎麻脱胶工艺

目前我国主要采用的化学脱胶法消耗较大量的化工原料及能源，并产生污染较严重的废水，因此从清洁生产角度出发，苎麻脱胶行业是有较大改进空间的行业。

几年来全国多家科研机构及高校致力于开发研制生物脱胶技术，并有多家麻纺织生产单位参与了生物脱胶及生物化学脱胶技术的试验工作，生物脱胶技术不仅能够节省大量化工原料和能源，而且产生可生化较好的脱胶废水，同时使最终麻织物产品质量提高，既做到了减少污染，同时又能够节约成本，提高产品质量，但苎麻生物脱胶技术新、难度高，目前仍需进一步完善才可大量应用于生产环节。

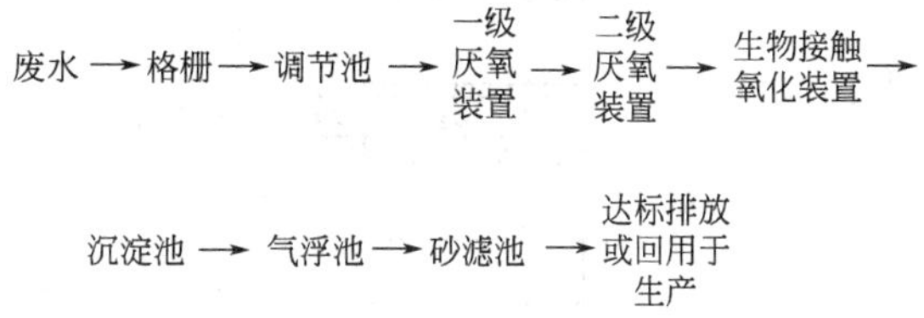

废水 → 格栅 → 调节池 → 一级厌氧装置 → 二级厌氧装置 → 生物接触氧化装置 →

沉淀池 → 气浮池 → 砂滤池 → 达标排放或回用于生产

图 1-5-16　亚麻脱胶废水处理回用工艺

(二) 亚麻脱胶工艺

亚麻脱胶工艺中用水量较大，废水污染物浓度较高，是造成环境污染的重要来源，为达到清洁生产目的，废水回用是重要途径。经图 1-5-16[10]所示工艺处理后废水达到工艺用水要求，处理后的上清液返回沤麻工段，废水回用率达到 50%～70%[10]。

三、废水的处理与利用

(一) 苎麻脱胶废水处理

苎麻脱胶废水处理方法主要为物理化学处理法及生物处理法两大类。

1. 物理化学处理法

物理化学法[4]一般作为生物处理法的预处理阶段，例如为中和煮练废水的强碱性，通常采用进酸废水和洗酸废水与煮练废水进行混合，如废酸液水量不足时，还需加入其他酸液直至中和到生物处理阶段适宜的 pH 值条件。除此之外，电絮凝、混凝、气浮及吸附等方法近年来也被逐渐利用。

2. 生物处理法

(1) 好氧生物处理法[1]　在处理苎麻脱胶废水方面生物膜法与传统活性污泥法相比有较大优势，我国几乎所有大、中型苎麻纺织企业都采用好氧生物膜法来处理脱胶废水，最早使用的好氧反应器是生物转盘。当进水 COD 浓度在 1000mg/L 左右，BOD 在 350mg/L 左右时，采用 BOD 负荷 0.01～0.02kg/(m^3·d)，水力负荷 30～40L/(m^2·d) 时，经两级或三级生物转盘串联运行，BOD 去除率达 80%～85%，生物转盘具有处理水量大、运行稳定、耐冲击负荷、运行费用低等优点，但建设费用较高、维护管理复杂，尤其 COD 去除率只有 50%～60%，COD 常常达不到排放要求，因此逐渐被接触氧化法取代。

生物氧化塘作为苎麻脱胶废水的深度处理工艺能够取得较好效果，出水 COD 能够达到 20mg/L 以下，但是由于占地面积大，在推广中受到限制。

(2) 厌氧生物处理法[1]　厌氧生物处理法适用于高浓度有机废水，可作为好氧生物处理的预处理，降低好氧生物处理的压力，且在节能及回用资源方面优于好氧生物法。

升流式厌氧污泥床 (UASB) 是目前应用最广泛的厌氧处理方法，COD 去除率在 60% 左右，优点在于处理能力大，处理效果较好且投资费用较少。

由普通消化池发展而来的厌氧接触法设有污泥回流系统，一定程度提高了设备的有机负荷和处理效率，一般 COD 去除率能达到 45%左右。

为达到较好的处理效果，物理化学处理法和生物处理法也常组合应用[11]。如图 1-5-17[11]所示，为一种物化与生物法组合工艺流程。

生化部分的厌氧段采用水解酸化-上流式厌氧生物滤池工艺，好氧段采用接触氧化法-生

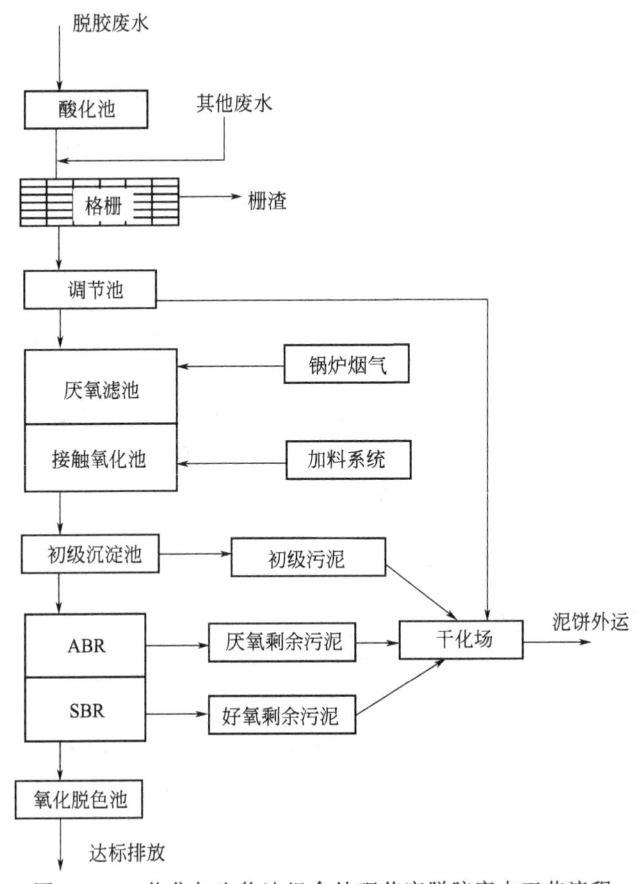

图 1-5-17 物化与生物法组合处理苎麻脱胶废水工艺流程

物膜好氧处理工艺[1]；物化部分是常规的絮凝沉淀和氧化脱色处理工艺。同时利用企业锅炉烟气对苎麻脱胶废水进行中和处理，以废治废；用硫酸亚铁、聚合硫酸铁或聚合氯化铝为絮凝脱色剂，去除大量的非溶解性污染物；利用 ABR 厌氧技术分解难降解有机物，去除大分子有机污染物提高废水可生化性，再运用 SBR 好氧技术去除废水中的有机物，确保处理后的废水达标排放。污泥经污泥浓缩池浓缩后送压滤机压干后外运处置。该工艺进水、出水水质指标见表 1-5-21[1]。

表 1-5-21 进水、出水水质指标

指 标	废水水质	出水水质	指 标	废水水质	出水水质
COD/(mg/L)	8000～12000	209	BOD_5/(mg/L)	1000～1500	22.3
色度(稀释倍数)	1000～1500	20	pH 值	12～14	7.5
SS/(mg/L)	600～800	29			

(二) 亚麻脱胶废水的处理

亚麻脱胶废水的处理工艺通常采用好氧生物处理工艺和厌氧生物处理工艺结合的形式，得到了较好的处理效果，成为未来发展的主要方向。以下介绍三种最常用的处理工艺及其优缺点。

1. 升流式厌氧污泥床 (UASB)-接触氧化工艺

工艺流程如图 1-5-18[1]所示。

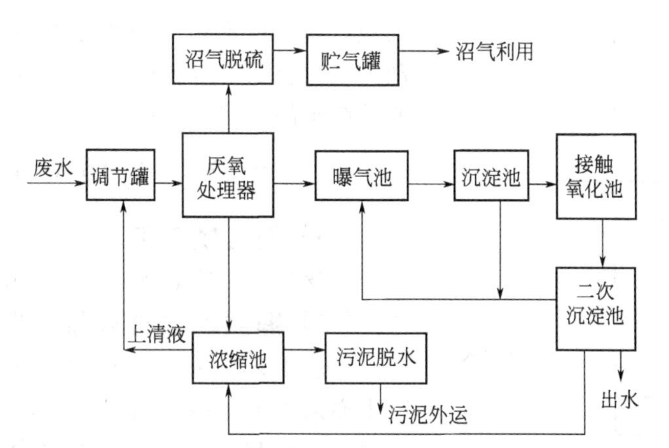

图 1-5-18　亚麻脱胶废水 UASB-接触氧化处理工艺

优点：采用该法处理沤麻废水，其 COD 去除率可达到 95%～97%，BOD 去除率能达到 96%～99%，单宁木质素去除率达到 75%～86%，处理水质较好。

缺点：接触氧化池的填料容易堵塞，布水、曝气不易均匀，局部可能出现死角；厌氧反应器可能出现短流现象，影响出水效果，进水中的悬浮物如果比普通消化池高会对污泥颗粒化不利。

2. 水解酸化-气浮-SBR 处理工艺

优点：采用该工艺能使水解酸化池在正常运行的条件下 COD 去除率可达 25%以上，再经气浮及 SBR 处理，COD 去除率可达 85%，出水水质达标，运行成本较低。该工艺启动快、培养驯化和调试时间短，正式运行后也很稳定，耐冲击负荷[1]。

缺点：该工艺在 SBR 处理阶段容易出现污泥的高黏性膨胀问题，在实际操作过程中往往会因充水时间或曝气方式选择的不适当或操作不当而使基质的积累过量，致使发生污泥的高黏性膨胀。运行时应注意每个运行周期内污泥的 SVI 变化趋势，及时调整运行方式以确保良好的处理效果。

3. 两级厌氧-好氧处理工艺

两级厌氧-好氧处理工艺的工艺流程如图 1-5-19[1]所示。

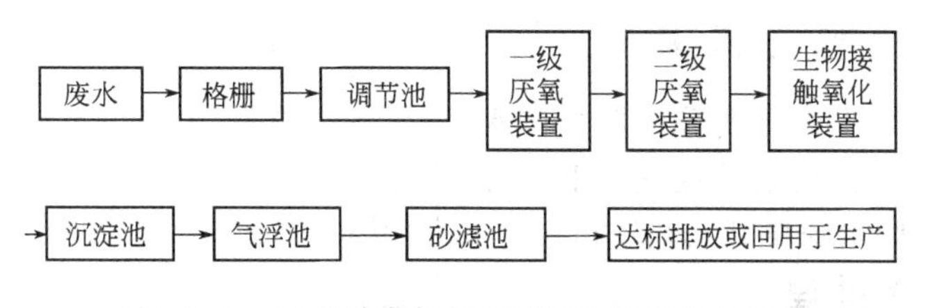

图 1-5-19　亚麻脱胶废水两级厌氧-好氧处理工艺

优点：该工艺在厌氧阶段 COD、BOD 和色度的去除率分别为 80%、85%和 85%左右；好氧阶段 COD、BOD 和色度的去除率分别为 90%、95%和 40%左右。COD、BOD 和色度的总去除率均在 95%以上[1]。

缺点：污泥的固液分离较难，厌氧装置的颗粒污泥培养较难，系统启动时间较长。

第四节　缫丝工业废水

我国生丝产品在国际市场占主导和垄断地位[1]，但缫丝工业产生的废水治理状况不容

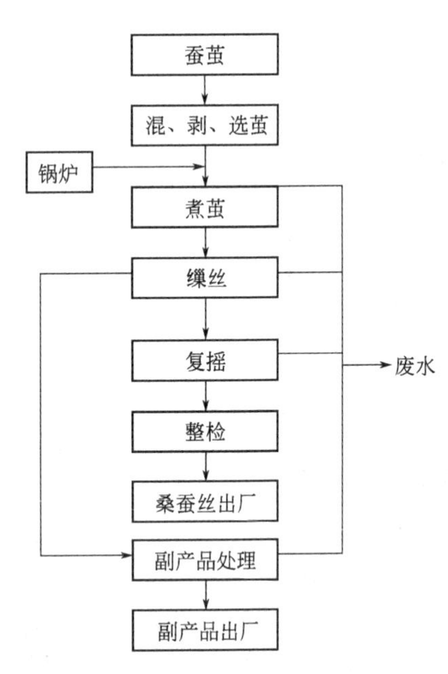

图 1-5-20 缫丝生产工艺

乐观，缫丝厂产污环节主要为制丝生产和副产品处理，多数企业只对副产品产生污水进行处理，因此，缫丝废水的治理比较艰巨。

一、生产工艺和废水来源

(一) 缫丝生产工艺

缫丝生产工艺如图 1-5-20[1] 所示。

(二) 缫丝废水的来源与水质特征

缫丝工艺主要为生丝的生产及副产品的生产，废水亦来源于这两个阶段，缫丝生产 90%用水消耗在这两个过程中，废水中主要含有丝胶蛋白质、色素以及脂肪酸等有机物，两种废水混合后，污水 COD 浓度为 1500～3000mg/L，BOD 为 600～1200mg/L，pH 值为7.5～9.5[1]。废水虽然浓度较高，但可生化性较好。

二、清洁生产

我国缫丝废水处理的技术及水平存在南北差异，其中主要原因是北方干旱，年降雨量少，水源供应保障偏紧，企业用水成本高。因此多数缫丝生产企业，建造了制丝生产污水深度净化循环利用工程。例如在山东省，较大的缫丝企业多数建造了制丝生产污水深度净化循环利用工程，实现了制丝生产用水循环使用，达到污水零排放或微排放，节水、节能、环保效果十分显著。

下面介绍一下缫丝废水的净化循环利用技术。

净化循环利用技术的工艺原理是使用好氧微生物在一定的压力下对污染物进行降解，通过微生物的同化作用和异化作用，将有机污染物分解为水及二氧化碳，从而使废水得到净化。工艺流程如图 1-5-21[1] 所示。

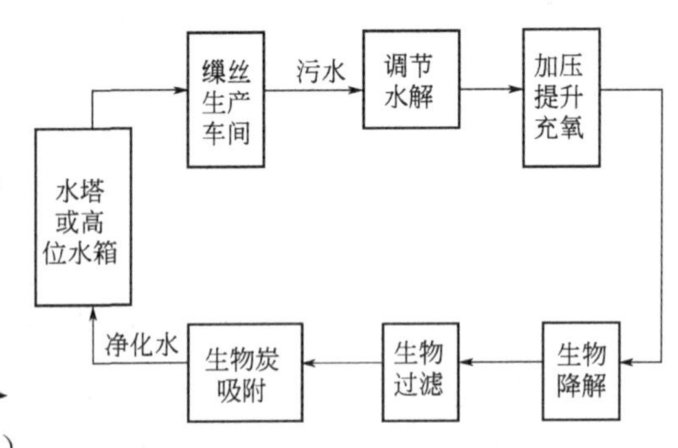

图 1-5-21 缫丝废水净化循环工艺

三、废水处理与利用

缫丝废水的处理工艺主要分为制丝废水的处理和高浓度副产品废水的处理，下面分别介绍处理这两种废水的典型工艺流程。

1. 制丝废水的处理

典型工艺流程[1]如下所示：

制丝废水→格栅→集水池→水解酸化调节池→接触氧化池→沉淀池→过滤池→回用（或排放）

首先，各车间排出的废水经过粗格栅去除粒径较大的杂质后进入集水池，通过集水池水泵提升至水解酸化调节池池顶设置的斜网过滤装置，从而去除细小的茧丝纤维、尘屑等，然后自流进入水解酸化调节池，在水解酸化调节池中设置填料，厌氧微生物在填料中挂膜，使填料层形成良好的微生物滤床。制丝废水经过填料层，通过生物降解、生物絮凝、吸附、过滤等作用使有机物迅速水解、酸化和断链为分子量较小链长较短的中间产物，BOD/

COD值增加，可生化性提高，从而更有利于难降解有机物的去除。采用此方案，制丝废水在厌氧水解酸化调节池中的停留时间约为9h。

经由水解酸化调节池处理后的出水，进入接触氧化池。制丝废水中经过水解酸化后的多数有机物，在接触氧化池中很容易被好氧微生物彻底氧化分解成水和二氧化碳等物质，其中一部分有机物还会被好氧微生物作为营养源吸收，从而达到有效去除有机物的目的。在接触氧化池中设置的填料为好氧微生物提供大面积的充分活动范围，使微生物增长速率更快。并且，在氧化池的填料层中，絮凝、吸附、过滤等作用同时发生，提高了处理污染物的效率。

经接触氧化池处理后的出水进入沉淀池。由于经过好氧生物处理后的废水具有较好的生物絮凝性，在沉淀池经重力作用即可进行泥水分离，上清液排入过滤池，底部的污泥需定期排至污泥池，并通过污泥回流泵回流至接触氧化池或水解酸化调节池。这样不但为接触氧化池及水解酸化调节池提供了微生物及微生物所需的营养物，污泥自身也起到了消化作用，有效减少有机污泥的排放，减少污泥造成的固体废物污染。

2. 高浓度副产品废水的处理

高浓度副产品废水的处理与制丝废水处理工艺相近，其工艺流程[1]如下：

副产品废水→格栅→集水池→调节池→厌氧池→接触氧化池→沉淀池→排放

该工艺与上述工艺的区别在于：

① 废水调节池中不设置填料，主要起到充分混合以调节水质、水量的作用，同时发生部分水解酸化作用，但水解酸化不彻底；

② 该工艺设有厌氧池，通过布水器及布水管以及采用脉冲等手段使废水在厌氧池中分布均匀，并使底部的污泥得到活跃。废水在厌氧池中继续厌氧水解酸化作用，厌氧池内设有填料，为厌氧微生物提供大面积的活动范围，提高反应速率。

参考文献

[1] 中商情报网公司．2009—2012年中国工业废水处理行业市场调研及发展预测报告，2009.
[2] 北京市环境保护科学研究所编著．水污染防治手册．上海：上海科学技术出版社，1989.
[3] 北京市环境保护科学研究院．三废处理工程技术手册．北京：化学工业出版社，2000.
[4] 沈光范编著．纺织工业废水处理．北京：中国环境科学出版社，1991.
[5] 工业和信息化部．纺织染整行业清洁生产技术推行方案．2010年3月．
[6] 上海市毛麻纺织工业公司编．毛纺织染整手册．北京：纺织工业出版社，1983.
[7] 刘双进．污水处理新技术——反渗透和超过滤．北京：海洋出版社，1985.
[8] G. R. Groves. Desalination，1983，47：305-312.
[9] G. Green and G Belfort. Desalination，1980，35：129-145.
[10] 朱淑琴，高斌，张扬．亚麻脱胶废水循环使用的研究．黑龙江环境通报，2003（2).
[11] 吴江，王立华，张晓光．物化与生物组合工艺在苎麻脱胶废水处理工程中的应用．中国农学通报，2009（15)：277-280.

第六章
钢铁工业废水

现代钢铁工业的生产过程包括采选、烧结、炼铁、炼钢（连铸）、轧钢等生产工艺。自19世纪50年代开始用转炉炼钢以来，钢铁产品迅猛增长，钢材产品也与日俱增，以满足现代工业发展的需求。我国1987年的钢产量为5000万吨[1]，1997年突破1亿吨[1]，至2007年钢产量达到近5亿吨[2]，是20年前的10倍。目前我国已成为世界产钢大国，钢铁工业用水量很大，每炼1t钢补新水4～30m^3[2]，国家钢铁产业发展政策中明确钢铁行业节水目标为2020年降到吨钢平均耗新水6t以下[2]。钢铁工业废水主要来源于生产工艺过程用水、设备与产品冷却水、烟气洗涤和场地冲洗等，但70%的废水还是源于冷却用水。间接冷却水在使用过程中仅受热污染，经冷却后即可回用；直接冷却水因与产品物料等直接接触，含有污染物质，需经处理后方可回用或串级使用。钢铁工业废水的水质，因生产工艺和生产方式不同而有很大差异。有的即使采用同一种工艺，水质也有很大变化。特别是我国的钢铁工业是在老底子上发展起来的，老企业的落后工艺和设备致使污染严重，水的循环利用率很低，而近年来发展和建设的现代钢铁企业，水的循环利用率在90%以上，有的企业甚至做到废水“零排放”，两者相差悬殊，极不平衡。从20世纪80年代开始，全行业开展节能降耗，优化工艺结构，淘汰平炉炼钢，以发展连铸作为结构优化的中心环节，取得了巨大进步[2]。

1997年，我国钢铁工业废水排放总量为27.4亿立方米，占全国工业废水排放总量的14%，2008年，钢铁工业废水占全国工业废水排放总量的8.53%[2]。废水中主要含有酸、碱、酚、氰化物、石油类及重金属等有害物质，这些废水如果不达标外排，造成的危害很大，因此必须进行治理。治理的原则是：首先压缩用水量，积极研究采用不排污或少排污的工艺；同时要重复利用，实施清浊分流，一水多用，提高循环率并尽量回收有用物质和余热。钢铁工业把生产过程排出的废水及其污染物作为有用资源加以回收利用，并实行高度循环或闭路循环（包括水和污染物的循环），其实质是模拟自然生态的无废料生产过程，是最优化过程。因此，高度循环和闭路循环用水技术，必须成为控制钢铁企业水污染的最佳技术。我国钢铁工业废水治理在20世纪90年代取得较大发展，从治理“排污口”向控制“工艺全过程”转移，并把废水及其主要污染物作为资源予以回收，实现循环利用。

第一节　矿山废水

一、生产工艺和废水来源

（一）采矿工艺

常见采矿工艺流程[2]如下：

钻孔→爆破→运输→排土场/选矿厂

采矿活动中产生各种污染物质，污染大气、水体及土壤。采矿过程中具体产污环节如图1-6-1所示。

在诸多的矿山环境问题中，酸性废水的矿山环境污染和破坏较为严重，因此本节着重介绍酸性矿山废水的处理。

(二) 废水来源及废水水质

硫化矿床在氧气和水的作用下，其中的硫、铁等元素会生成硫酸和金属硫酸盐，溶解于水而成为矿山酸性废水。其化学反应式[3]为：

$$2FeS_2 + 2H_2O + 7O_2 \longrightarrow 2FeSO_4 + 2H_2SO_4 \quad (1\text{-}6\text{-}1)$$

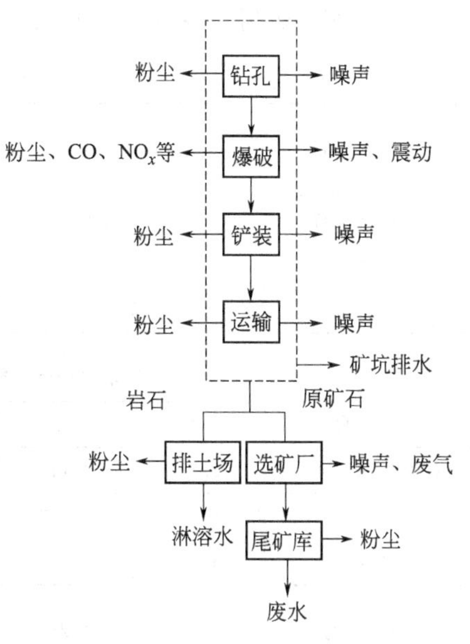

图 1-6-1　采矿过程中的污染物排放[2]

硫化矿山酸性废水的水量与水质和矿床的形成及埋藏条件、矿物的组成、矿山开采方法、水文地质和气象条件等因素有关。矿山酸性废水是呈硫酸型的废水，一般 pH 值为1.0～6.0[3]，同时废水中多含有铜、锌、铁、锰等金属离子。

矿山废水的特点[4~7]是水量、水质变化大，废水呈酸性，并且含有大量金属离子，如果不处理就直接排放，会造成严重的污染。酸性废水对矿山企业的水泵、配件、管材、坑道设备产生强烈的腐蚀作用，影响矿山企业的正常生产；酸性废水排入河流、湖泊等水体后，使水体的 pH 值发生变化，抑制或阻止了细菌及微生物的生长，妨碍水体的自净，危害鱼类和其他水生植物，下渗的酸性废水对周边地下水也会造成污染；酸性废水进入农田，会破坏土壤结构，使农作物产量减少，残留的金属离子不能被微生物降解，若富集于农作物体内，可通过食物链进入人体危害人体健康。

二、清洁生产

由于矿山酸性废水的 pH 值在 1.0～6.0 之间[4]，没有达到可回收利用的浓度，一般采用中和法治理排放，而废水中金属可以回收利用，不但减少了重金属对环境的污染，同时实现了矿山废水的资源化。

例如利用活化硫精矿吸附等技术回收矿山酸性废水中的锌、铁和锰。具体回收工艺如图 1-6-2[4]所列。

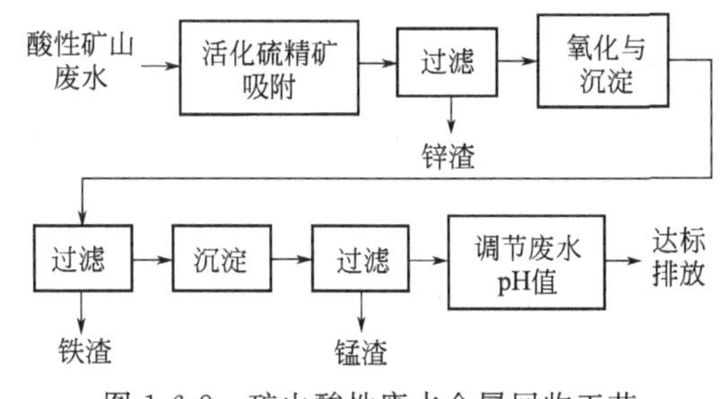

图 1-6-2　矿山酸性废水金属回收工艺

矿山酸性废水的水质如表 1-6-1[4]所列。

表 1-6-1　矿山酸性废水的水质

pH 值	ρ/(mg/L)			
	Fe^{3+}	Fe^{2+}	Mn	Zn
1.0	158	2742	315	150

其中活化精硫矿主要吸附锌离子，pH 值维持在 2 左右；氧化沉淀工段主要去除铁离子，同时去除部分锰离子，该段 pH 值维持在 8 左右可获得较好的去除率，调节 pH 值可通过投加 NaOH 等碱类实现；二级沉淀的方法是投加 NaOH 形成沉淀，以去除过量的锰离子，该段初始 pH 值维持在 11 左右。最后废水通过调节 pH 至中性后排放。经处理后的水

质如表 1-6-2[4]所列。各沉渣中的化学组分如表 1-6-3[4]所列。

表 1-6-2 处理后出水水质

项目	pH 值	ρ/(mg/L)		
		Mn	Zn	TFe
吸附除锌	4.20	353.04	1.33	5466.84
除铁	6.92	290.55	0	97.96
沉锰	10.26	1.15	0	0

表 1-6-3 锌渣、锰渣、铁渣的化学组分 单位：%

项目	O	Si	Zn	Fe	Mn	S	Al
硫精矿除锌渣	12.700	3.110	0.300	39.230	0.0423	42.330	0.705
铁渣	32.600	0.122	0.025	52.730	0.8580	5.564	0.704
锰渣	34.900	0.102	0.006	18.540	34.4700	4.585	0.050

酸性矿山废水经机械活化硫精矿吸附除锌，氧化沉淀回收铁及氢氧化钠沉淀除锰后，锌、铁和锰的去除率分别为 100%、100%和 99.63%。硫精矿中锌含量由 0.115%提高到 0.3%，铁渣中铁含量为 52.73%，锰渣中锰含量为 34.47%。铁渣主要物相为 Fe_3O_4 和 α-FeOOH，锰渣主要物相为 Mn_3O_4、Fe_2O_3 和 Mn_2O_3[4]。

三、废水处理与利用

矿山酸性废水的处理，我国通常采用石灰中和法。由于废水的水质、水量波动较大，要合理确定矿山废水的处理规模，并使被处理水的水质波动不要过大，往往需要设调节水池和调节水库，先把水收集起来，再进行处理。

石灰中和处理工艺流程示于图 1-6-3[6]。酸性废水经调节池，至混合反应 1～2min，中和沉淀 1～2h 后出水，另外污泥经过滤脱水后干渣集中处置[6]。用石灰中和矿山酸性废水的水质变化见表 1-6-4[3]。

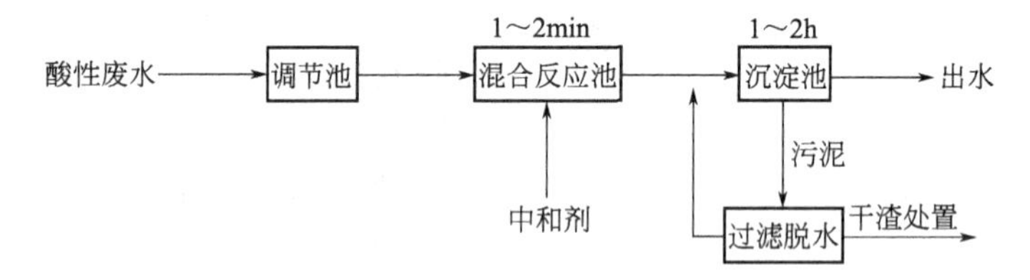

图 1-6-3 一次投药中和流程

表 1-6-4 用石灰中和酸性废水的水质变化

项目	原水质	处理后	说明
外观	黄浊	澄清、无色	石灰投量过高，可适当降低，控制 pH 值为 8～9
pH 值	2～3	9～12	
砷/(mg/L)	1.6	0.003～0.2	
氟/(mg/L)	10	0.8～1.0	
总铁/(mg/L)	926	0.03～0.22	
石灰投量/(g/L)	5～6		

鉴于 $Fe(OH)_3$ 在沉淀和脱水性能方面远比 $Fe(OH)_2$ 好，为使处理构筑物和设备能力减

小，从而采取曝气或用一氧化氮催化氧化，然后以石灰中和，可提高沉淀效果和出水水质。

矿山酸性废水的处理离不开中和法，常用的中和剂是石灰石和石灰，因为其他中和剂价格高不宜采用，因此处理后水中的 Ca^{2+} 往往含量很高或者是饱和的，再利用时应特别注意水质稳定问题，否则引起管道和设备的阻塞，给生产带来更大损失。

除石灰中和法外，近年来人工湿地法[5]、吸附法、生物法[7]等新技术也用来处理矿山酸性废水，但总体规模较小，尚未被大范围应用。

第二节　烧结厂废水

一、生产工艺和废水来源

(一) 生产工艺

烧结的生产过程是把矿粉、燃料和熔剂按一定比例配料、混匀，然后在高温下点火燃烧，利用其中燃料燃烧时所产生的高温，使混合料局部熔化，将散料颗粒黏结成块状烧结矿，作为炼铁原料，在燃烧过程中，同时去除硫、砷、锌、铅等有害杂质。烧结矿经冷却、破碎、筛分而成 5～50mm 粒状料送入高炉冶炼[1]。工艺流程示于图 1-6-4[1]。

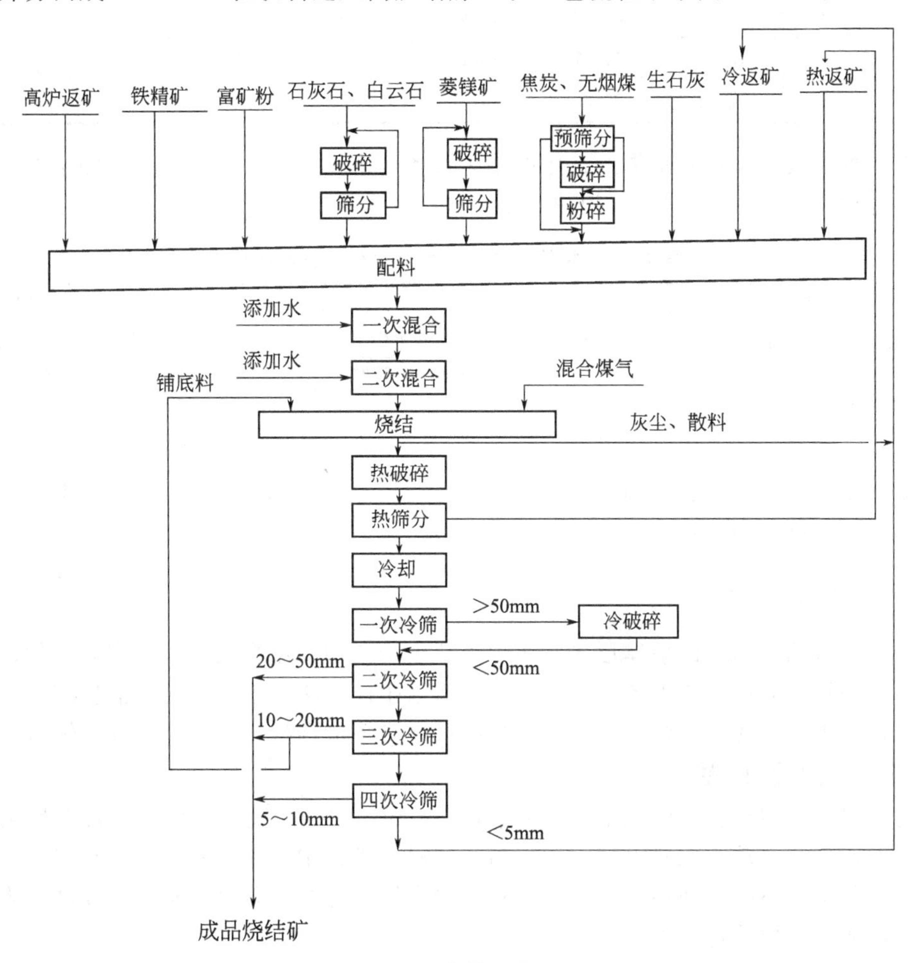

图 1-6-4　烧结工艺流程

（注：图中为冷烧结矿工艺流程，当生产热烧结矿时应取消冷却与冷筛部分）

(二) 废水的来源及水质、水量

烧结厂废水主要来自湿式除尘排水、冲洗地坪水和设备冷却排水[1]。

湿式除尘排水含有大量的悬浮物，需经处理后方可串级使用或循环使用，如果排放，必须处理到满足排放标准；冲洗地坪水为间断性排水，悬浮物含量高，且含大颗粒物料，经净化后可以循环使用；设备冷却水，水质并未受到污物的污染，仅为水温升高（称热污染），经冷却处理后，一般都能回收重复利用。

所以，烧结厂的废水污染主要是指含高悬浮物的废水，如不经处理直接外排则会有较大危害，且浪费水资源和大量可回收的有用物质。

烧结厂废水沉渣中含有40%～50%的铁、14%～40%的焦粉、石灰等物质[1]。表1-6-5[1]是某烧结厂除尘废水沉渣中的化学成分。烧结厂废水悬浮物含量达10000mg/L，但各厂不尽相同，在很大程度上与各厂工艺原料的组成有直接关系。

烧结厂废水经沉淀浓缩后污泥含铁量较高，有较好的回收价值。

表 1-6-5 某烧结厂除尘废水化学成分

水样	成分/%							
	总Fe	FeO	Fe_2O_3	SiO_2	CaO	MgO	S	C
1	50.12	13.75	56.40	11.40	6.69	2.54	0.115	5.5
2	51.23	15.20	56.37	13.23	4.69	2.10	0.108	5.42
平均	50.68	14.48	56.39	12.32	5.69	2.32	0.112	5.46

烧结厂除尘废水水量要根据所选用的除尘设备而定，而冲洗地坪水可按洒水龙头的实际工作数目求得排水量，表1-6-6[1]为冲洗地坪水量技术数据。

表 1-6-6 烧结厂冲洗地坪排水量及技术数据

项目	数量	项目		数量
每个冲洗龙头用水量/(m^3/h)	3.6～4.5	所需工作压力/MPa		0.2～0.3
每个冲洗龙头排水量/(m^3/h)	3.6～4.5	每次冲洗时间/min		20～30
冲洗龙头间距/m	15～20	每班冲洗次数/次	一般	1～2
同时作用系数	0.3～0.4		高温	3～4

有关烧结厂的设备冷却水的排水量，可视为与用水量相同，循环利用中的主要技术问题是水质稳定，这里不做论述。

二、清洁生产[2]

目前，我国的烧结厂的整体形势已实现了从土烧结构到小型机烧，再到大型化、现代化烧结的巨大跨越，并逐步踏上了可持续发展的清洁生产之路。但是烧结清洁生产发展极不平衡，污染控制等方面还有许多工作要做，烧结厂在实现清洁生产方面的一些具体做法如下。

1. 更新工艺及设备

首先提倡更大型更新型的烧结机，例如在360m^2、400m^2型烧结机中设备大型化，工艺现代化、专业化、自动化水平得到大大提高。同时在工程中应用铺底料、厚料层、小球烧结等技术，在各工艺系统中使用电除尘器及布袋除尘器，这些工艺设备水平的提高，为优质烧结矿的生产能耗降低奠定了基础。

2. 污染控制

（1）粉尘 通过对烟尘实施全过程控制，对尘源进行密闭，回收粉尘进行综合利用；同

时原料场洒水抑尘；采用电除尘器与布袋除尘器等高效除尘，气力输灰等设施同样可以提高清洁生产水平。

（2）废水 烧结厂产生的废水，一般不含有有毒有害的污染物，通过冷却、沉淀就可循环使用或串级利用。对烧结厂废水强化处理，即能节约用水，又可回收有用物质，其经济效益十分可观。只要选择适合的处理工艺，生产废水可达到或接近零排放。

3. 生产操作及设备维护

为实现优质高产、降低能耗的目的，仅有先进的工艺设备是不够的，生产操作水平、设备维护能力亦是关键因素。因此在生产设施向大型化转变的过程中，烧结厂必须提高工作人员操作技术和维护设备的水平。

三、废水处理与利用

烧结厂废水处理主要目标是去除悬浮物，换言之就是对除尘、冲洗废水的治理。这类废水治理的主要技术难点在于污泥脱水。烧结厂废水经沉淀后污泥含铁品位很高，沉淀较快，但由于有一定黏性，故使脱水困难。在20世纪70年代以前，用人工或机械挖泥，露天堆放脱水晒干，通过返矿皮带，送入混料机，劳动强度大，环境污染严重。70年代后，采用浓泥斗，沉泥从斗下部罐体底端排泥，通过返矿皮带，送入混料机，由于泥浆浓度难于控制，给混料带来一定困难。生产工艺要求沉泥含水率达到12%以下方符合混料要求，然而近几年采用压滤机进行污泥脱水，也只能使脱水后污泥含水率达到18%～20%，因此，污泥脱水是烧结废水治理的关键技术，只要解决好这一环节，烧结废水的回用和污泥综合利用就得以实施，并可取得可观的经济效益。

我国烧结厂工艺设备先进程度差距很大，废水处理的工艺也多种并存。国内比较常用的废水处理工艺有以下五种：平流式沉淀池分散处理工艺、集中浓缩浓泥斗处理工艺、集中浓缩拉链机处理工艺、集中浓缩真空过滤机（或压滤机）处理工艺、集中浓缩综合处理工艺。

1. 平流式沉淀池分散处理工艺

平流式沉淀池[2]分散处理工艺是一种简单的、相对古老的处理工艺，我国钢铁生产企业在20世纪80年代、90年代运用比较广泛，技术的运用也比较成熟，但其资源的消耗量比较大，生产成本比较高。许多大型企业已经不再使用，目前在一些中小型烧结厂或大型烧结厂作为辅助生产工艺还在使用，但在原生产工艺的基础上在某些环节运用了新式的机械设备，如在清泥时运用链式刮泥机或机械抓斗起重机等。

2. 集中浓缩浓泥斗处理工艺

此种工艺是目前中小型烧结厂中常见的工艺。烧结厂废水先进入浓缩池，经浓缩沉淀后的底部沉泥经砂泵扬送到浓泥斗进行处理，浓泥斗是架设在返矿皮带口的构筑物，如图1-6-5[1]所示。污泥在浓泥斗中一般以静置3～6d[1]为宜，时间过长，会使污泥压实，造成排泥困难；时间过短，会使污泥含水率过高。排泥是由螺旋推进排泥机完成的。浓泥斗的构造原理如图1-6-6[3]所示。

浓缩池中清水区上升流速u_1的确定，与一般竖流沉淀池相同，根据沉淀污泥最小颗粒沉降速度u_0确定为$u_0 \geqslant u_1$。最小沉降颗粒粒径的选择，取决于澄清溢流水中的允许的溢流粒度，而允许的溢流粒度与污泥颗粒组成有关。计算时，应先假定最小沉降颗粒粒度，按该粒径在颗粒组成中所占的百分数计算出澄清水的悬浮物含量，校核是否符合设计要求。表1-6-7[3]列举了湿式除尘废水悬浮物粒度。

集中浓缩浓泥斗处理工艺是处理烧结厂废水行之有效的方式，目前我国中小型厂多采

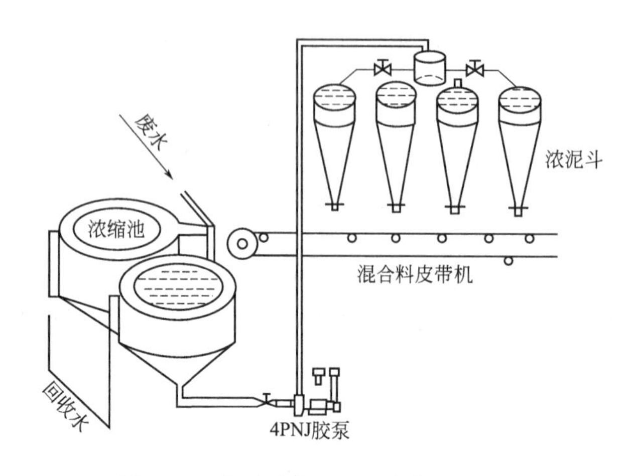

图 1-6-5 集中浓缩污泥斗废水处理示意

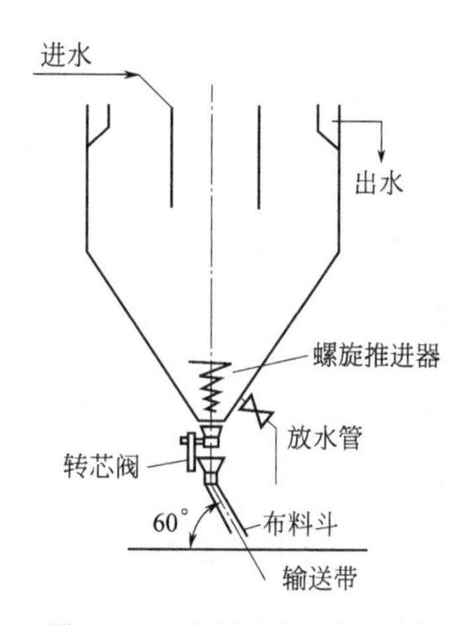

图 1-6-6 浓泥斗的构造原理

表 1-6-7 湿式除尘废水悬浮物粒度

水样	悬浮物浓度/(g/L)	粒度/%				
		0～10μm	10～19μm	19～37μm	37～62μm	>62μm
1	—	1.87	3.37	21.90	60.44	12.42
2	8.6～9.5	2.88	9.86	23.20	53.30	10.76

用，不仅改善了排水水质，而且还回收了有用物质；但对大型烧结厂不太适用，应选择其他工艺。

3. 集中浓缩拉链机处理工艺

此法的特点是处理后的水质可达循环用水的水质要求，通过污泥拉链机保证了排泥的连续性。图 1-6-7[1] 为集中浓缩拉链机处理工艺的示意。

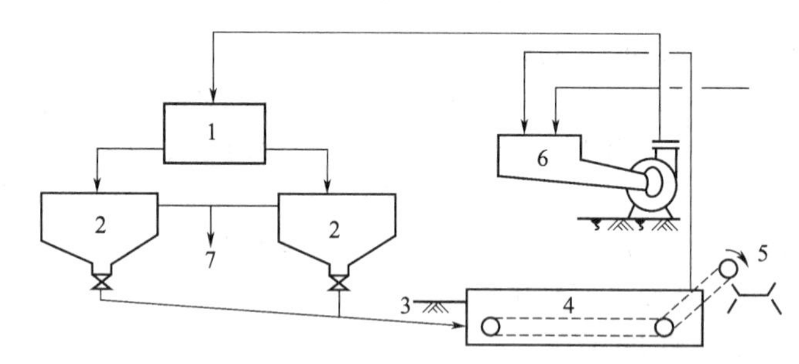

图 1-6-7 集中浓缩拉链机处理的工艺流程

1—矿浆分配箱；2—浓缩池；3—浓缩底流排水；4—污泥拉链机；5—返矿皮带机；6—矿浆仓；7—生产循环水（或排放）

浓缩池的溢流水供循环使用。浓缩后的底部污泥排入拉链机，在拉链机中再沉淀，沉淀的污泥由拉链传送到返矿皮带上，送往混合配料。其含水率可以达到 20%～30%[1]，拉链机的溢流水再返回到浓缩池中。

4. 集中浓缩真空过滤机（或压滤机）处理工艺

该法的前部分集中浓缩处理与前述基本相同，而后部分污泥处理则采用真空过滤机（或压滤机），如图 1-6-8[1] 所示。

运行实践证明，由于烧结厂的污泥颗粒细而黏，渗透性差，致使真空过滤机效率低，其污泥脱水后含水仍在 30%～40%[1]，影响污泥的运输和利用，因此不宜直接送往混合或配

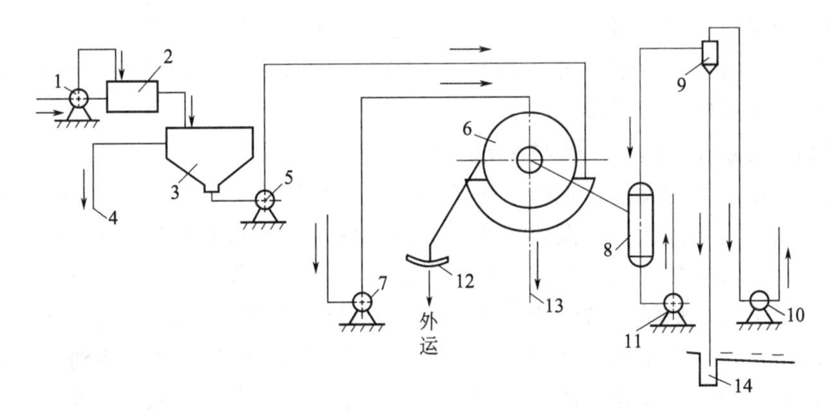

图 1-6-8　集中浓缩真空过滤机处理流程

1—污水泵；2—矿浆分配箱；3—浓缩池；4—循环水（或外排水）；5—泥浆泵；6—真空过滤机（外滤式）；7—空压机；8—滤液罐；9—气水分离器；10—真空泵；11—滤液泵；12—皮带机；13—回浓缩池；14—水封槽

料，可在精矿仓库堆放，自然脱水后再与精矿混合。也有采用真空过滤机后加转筒干燥机的工艺，但因能耗和处理费用偏高，难以推广。

近年来通过工业试验，带式压滤机在烧结厂污泥脱水方面有良好效果，为设计提供了新的选择。

5. 集中浓缩综合处理工艺

集中浓缩综合处理是烧结厂废水处理的较先进的工艺。它的特点就是按水质不同，分别采取措施，以达到最有效的重复利用，减少废水外排。如图 1-6-9[1] 所示。

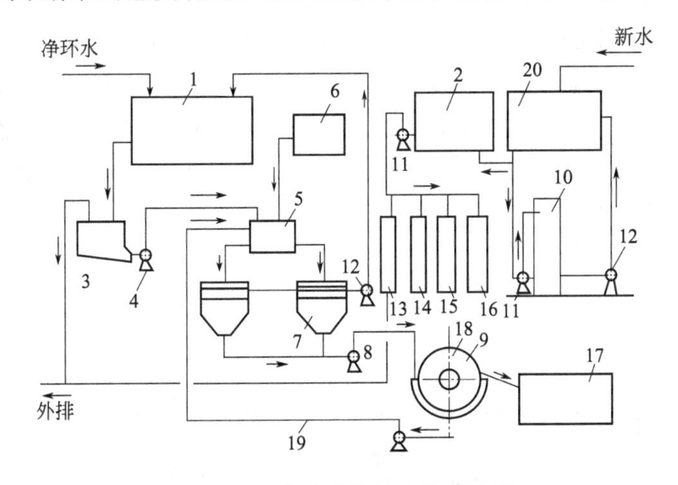

图 1-6-9　集中浓缩综合处理流程

1—除尘及冲洗用水；2—设备冷却用水；3—矿浆仓；4—污水泵；5—矿浆分配箱（调节池）；6—絮凝剂投药设施；7—浓缩池；8—泥浆泵；9—真空过滤机；10—冷却设施；11—水泵；12—循环水泵；13—除尘用水（部分）；14——次混合用水；15—二次混合用水；16—配料室用水；17—污泥综合利用；18—压缩空气管；19—回浓缩池；20—空气淋浴冷却用水

从图 1-6-9 中看出，烧结厂的设备低温冷却水用过之后，水质变化不大，仅有温升，经冷却后即可循环使用，以新水补充其蒸发等损失。对于一些温升大并部分被污染的设备冷却水，如点火器、隔热板、箱式水幕等，可不经冷却直接供给一、二次混合室和配料室以及除尘与冲洗地坪用水，做到串级用水。此外，除尘及冲洗地坪用水经加絮凝剂后，进入浓缩池进行沉淀处理，澄清水悬浮物含量可保证在200mg/L以下[1]，满足循环利用的水质要求，剩余部分可供其他车间用水或排放。

6. 烧结厂废水处理技术及发展趋势

随着钢铁工业技术的发展，烧结工艺趋向于带式烧结机大型化。而对于大型厂的除尘设备多采用电除尘器，从而代替了湿式除尘，烧结厂的主要废水便得到根本的解决。从我国的实际情况来看，湿式除尘设备还要在较长时期和较大范围内采用，所以，还是要研究废水处理的新方法、新工艺。烧结厂含尘废水处理的难点是泥浆的脱水技术，烧结生产工艺要求加入混合配料的污泥含水率不大于12%[1]，这是当前污泥脱水工艺难以达到的，由于烘干加热等措施能耗高、经济性较差，故在过滤、压滤工艺中，必须强化效果，比如选择适用的絮凝剂，提高脱水效果，或制成球团，直接用于冶炼。

国外在烧结废水处理中都投加絮凝剂，以便提高出水水质，我国亦逐步推广使用各种类型的絮凝剂。但无论使用何种絮凝剂，都应事先经过实验，以确定优选药剂及其最佳投药量。

第三节 炼铁废水

一、生产工艺和废水来源

(一) 炼铁工艺

炼铁工艺是将原料（矿石和熔剂）及燃料（焦炭）送入高炉，通入热风，使原料在高温下熔炼成铁水，同时产生炉渣和高炉煤气。每炼1t铁要产生1700～2000m^3（标态）高炉煤气，其热值为3000～3500kJ/m^3，温度在250～300℃，显热平均约为400kJ/m^3，高压高炉炉顶煤气的压力为$(1.5\sim2.0)\times10^5$Pa[2]。高炉煤气必须经除尘设施净化后方可作为燃料使用。炼铁产生的高炉渣，经水淬后成水渣，用于生产水泥等制品，是很好的建筑材料。炼铁厂包含有高炉、热风炉、高炉煤气洗涤设施、鼓风机、铸铁机、冲渣池等，以及与之配套的辅助设施，炼铁生产工艺见图1-6-10[8]。

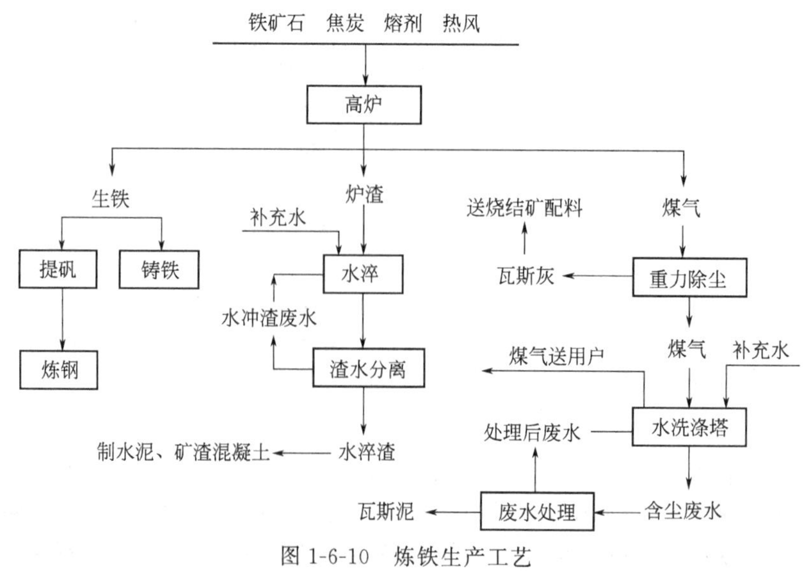

图1-6-10 炼铁生产工艺

(二) 废水来源及水质、水量

1. 废水来源

高炉和热风炉的冷却、高炉煤气的洗涤、炉渣水淬和水力输送是主要的用水装置，此外还有一些用水量较小或间断用水的地方。以用水的作用来看，炼铁厂的用水可分为：设备间接冷却水；设备及产品的直接冷却水；生产工艺过程用水及其他杂用水。随之而产生的废水也就是间接冷却废水、设备或产品的直接冷却废水及生产工艺过程中的废水。炼铁厂生产工艺过程中产生的废水主要是高炉煤气洗涤水和冲渣废水。

2. 废水水量和水质

不同类型高炉单位炉容用水量指标如表 1-6-8[1] 所列。

表 1-6-8 不同类型高炉单位炉容用水量指标

类别	$1m^3$ 高炉容积的平均用水量/(m^3/h)
小型高炉	2.0～3.5
中型高炉	1.6～2.7
大型高炉	1.4～1.8

注：1. 高炉容积系指有效容积，高炉容积＜$100m^3$ 者为小型高炉，＞$620m^3$ 者为大型高炉，介于两者之间的为中型高炉。

2. 单位炉容用水指标中，已包括了热风炉和润湿煤气灰、洒水等零星用水。

3. 这些数据是由大量的实测数据整理得来的，可供工程设计时参考。

高炉冷却水量可按单位炉容的用水量指标计算或按不同炉容的定额确定，但都是笼统的指标，设计时应按用水点分别确定水量，综合确定总用水量。

高炉煤气洗涤水是炼铁厂的主要废水，其特点是水量大，悬浮物含量高，含有酚、氰等有害物质，危害大，所以它是炼铁厂具有代表性的废水。一般高炉煤气洗涤水是按每清洗 $1000m^3$ (标态)[1]煤气的用水指标来确定的，不同洗涤系统的用水量列于表 1-6-9[1]。

表 1-6-9 高炉煤气洗涤用水指标

设备名称	洗涤塔	冷却塔	溢流文氏洗涤器		文氏洗涤器	电除尘器	减压阀
			串联	塔前			
$1000m^3$(标)煤气用水量/m^3	4～4.5	3.5～4	4	1.5～2.0	0.5～1.0	0.14	0.26

炉渣粒化分为冲渣和泡渣两种情况。冲渣用水量约为每吨渣 $10m^3$，泡渣的用水量约为每吨渣 $1.5m^3$，水质特点是水温较高，含有细小的悬浮物。

炼铁厂废水的水质与供水水质、用水条件、排水条件有关。一般的水质情况如表 1-6-10[1] 所列。

表 1-6-10 炼铁厂各系统废水的水质

序号	项目	指标	序号	项目	指标
1	设备间接冷却水		3	煤气洗涤废水	
	温度/℃	40～50		温度/℃	约 60
	悬浮物含量/(mg/L)	20～100		悬浮物含量/(mg/L)	1000～3000
2	直接冷却水		4	冲渣废水	
	温度/℃	约 40		温度/℃	约 90
	悬浮物含量/(mg/L)	30～200		悬浮物含量/(mg/L)	约 200

二、清洁生产

炼铁是钢铁工业的主要工艺过程，其生产用水量约占钢铁企业总用水量的1/4[3]，相应的排水量也占较大份额，处理和利用好炼铁废水对于节约水资源、保护水环境具有重大意义。主要技术有：悬浮物的去除、温度的控制、水质稳定、沉渣的脱水与利用、重复用水五方面内容。

1. 悬浮物的去除

炼铁厂废水的污染，以悬浮物污染为主要特征，高炉煤气洗涤水悬浮物含量达1000～3000mg/L，经沉淀后出水悬浮物含量应小于150mg/L，方能满足循环利用的要求。沉降速度应按0.25～0.35mm/s设计，相应的沉淀池单位面积负荷为0.9～1.25$m^3/(m^2 \cdot h)$。[3]鉴于混凝药剂近年来得到广泛应用，高炉煤气洗涤水大多采用聚丙烯酰胺絮凝剂或聚丙烯酰胺与铁盐并用，都取得良好效果，沉降速度可达3mm/s以上，单位面积水力负荷大大提高，相应的沉淀池出水悬浮物含量可控制小于100mg/L[3]。炼铁厂多采用辐流式沉淀池，有利于排泥。不管采用什么型式的沉淀池，都应有加药设施，投资较少，可达到事半功倍的效果，并保证循环利用的实施。

2. 温度的控制

用水后水温升高，通称热污染，循环用水而不排放，热污染不构成对环境的破坏。但为了保证循环，针对不同系统的不同要求，应采取冷却措施。炼铁厂的几种废水都产生温升，由于生产工艺不同，有的系统可不设冷却设备，如冲渣水。水温的高低，对混凝沉淀效果以及结垢与腐蚀的程度均有影响。设备间接冷却水系统应设冷却塔，而直接冷却水或工艺过程冷却系统，则应视具体情况而定。

3. 水质稳定

水的稳定性是指在输送水过程中，其本身的化学成分是否起变化，是否引起腐蚀或结垢的现象。既不结垢也不腐蚀的水称为稳定水。所谓不结垢不腐蚀是相对而言，实际上水对管道和设备都有结垢和腐蚀问题，可控制在允许范围之内，即称水质是稳定的。20世纪70年代以前，我国炼铁厂的废水，由于没有解决水质稳定问题，尽管有沉淀和降温设施，但几乎都不能正常运转，循环率很低，甚至直排，大量的水资源被浪费掉。水处理技术的发展，特别是近年来水质稳定药剂的开发，对水质稳定的控制已有了成熟的技术。设备间接冷却循环水是不与污染物直接接触，称为净循环水，其水质稳定控制已有成熟的理论和成套技术；对于直接与污染物接触的水，循环利用，称为浊循环水，如高炉煤气洗涤水，它的水质稳定技术更复杂，多采用复合的水质稳定技术，有针对性地解决。炼铁厂的净循环水和浊循环水都属结垢型为主的循环水类型，它的水质稳定实际上是解决溶解盐（碳酸钙）的平衡问题[3]。如下列化学方程式[6]：

$$CaCO_3 + CO_2 + H_2O \rightleftharpoons Ca(HCO_3)_2 \tag{1-6-2}$$

当反应达到平衡时，水中溶解的$CaCO_3$、CO_2和Ca（HCO_3）$_2$的量保持不变，水处于稳定状态。当水中HCO_3^-超过平衡的需要量时，反应向左边进行，水中出现$CaCO_3$沉积，产生结垢。一般常用极限碳酸盐硬度来控制$CaCO_3$的结垢，极限碳酸盐硬度是指循环冷却水所允许的最大碳酸盐硬度值，超过这个数值，就产生结垢。控制碳酸盐结垢的方法如下。

（1）酸化法[1,6] 酸化法是采用在水中投加硫酸或者盐酸，利用$CaSO_4$、$CaCl_2$的溶解度远远大于$CaCO_3$的原理，防止结垢。

$$Ca(HCO_3)_2 + H_2SO_4 \longrightarrow CaSO_4 + 2CO_2 + 2H_2O \tag{1-6-3}$$

$$Ca(HCO_3)_2+2HCl \longrightarrow CaCl_2+2CO_2+2H_2O \tag{1-6-4}$$

向水中投加二氧化碳也属于酸化法。

$$CaCO_3+CO_2+H_2O \longrightarrow Ca(HCO_3)_2 \tag{1-6-5}$$

二氧化碳的来源可以利用烟道气，其中二氧化碳含量不低于40%，采用前应加以除尘净化。

（2）石灰软化法[6]　在水中投入石灰乳，利用石灰的脱硬作用，去除暂时硬度，使水软化。

$$CaO+H_2O \longrightarrow Ca(OH)_2 \tag{1-6-6}$$

$$Ca(HCO_3)_2+Ca(OH)_2 \longrightarrow 2CaCO_3\downarrow+2H_2O \tag{1-6-7}$$

石灰的投加量可以采用理论计算求出，而实际工作中多用试验方法确定。要特别注意的是，在用石灰软化时，为使细小的$CaCO_3$颗粒长大，同时要加絮凝剂（如$FeCl_3$）。

（3）药剂缓垢法[6]　加药稳定水质的机理是在水中投加有机磷类、聚羧酸型阻垢剂，利用它们的分散作用、晶格畸变效应等优异性能，控制晶体的成长，使水质得到稳定。最常用的水质稳定剂有聚磷酸钠、NTMP（氮基膦酸盐）、EDP（乙醇二膦酸盐）和聚马来酸酐等。随着研究和应用的不断深入，复合配方有针对性的应用，药剂之间可有增效作用，大大减小投药量，所以在确定某循环系统的水质稳定药时，应做好模拟试验。随着化学工业的发展，各种高效水质稳定剂被开发出来，所以在循环水系统中，药剂法控制水质稳定将有更广阔前景。

4. 沉渣的脱水与利用

炼铁厂的沉渣主要是高炉煤气洗涤水沉渣和高炉渣，都是用之为宝、弃之为害的沉渣。高炉水淬渣用于生产水泥，已是供不应求的形势，技术也十分成熟。高炉煤气洗涤沉渣的主要成分是铁的氧化物和焦炭粉，将这些沉渣加以利用，经济效益十分可观，同时也减轻了对环境的污染。由于沉渣粒度较细，小于200目的颗粒占70%左右，脱水比较困难。常用真空过滤机脱水，泥饼含水率20%左右，然后将泥饼送烧结，作为烧结矿的掺合料加以利用。在含有ZnO较高的厂，高炉煤气洗涤沉渣还应采取脱锌措施，一般要求回收污泥的锌含量小于1%[3]。

5. 重复用水

应该指出，悬浮物的去除、温度的控制、水质稳定和沉渣的脱水与利用是保证循环用水必不可少的关键技术，一环扣一环，哪一环解决不好，循环用水都是空谈。它们之间又不是孤立的，互相联系，互相影响，所以要坚持全面处理，形成良性循环。炼铁厂的用水量大，用水水质要求有明显差别，十分有利于串级用水，保证各类水循环中浓缩倍数不必太高，有定量“排污”到下一道用水系统中，全厂就可以达到无废水排放的水平，炼铁厂废水治理一般流程见图1-6-11[1]。

三、废水处理与利用

（一）高炉煤气洗涤水

1. 高炉煤气洗涤工艺及废水性质

从高炉引出的煤气称荒煤气，先经过重力除尘，然后进入洗涤设备。煤气的洗涤和冷却是通过在洗涤塔和文氏管中水、气对流接触而实现的。由于水与煤气直接接触，煤气中的细小固体杂质进入水中，水温随之升高，一些矿物质和煤气中的酚、氰等有害物质也被部分地溶入水中，形成了高炉煤气洗涤水。一般每洗涤$1000m^3$（标态）煤气，需用水$4\sim6m^3$。有代表性的洗涤工艺有洗涤塔、文氏管并联洗涤工艺（见图1-6-12[1]）和双文氏管串级洗涤工艺（见图1-6-13[1]）。

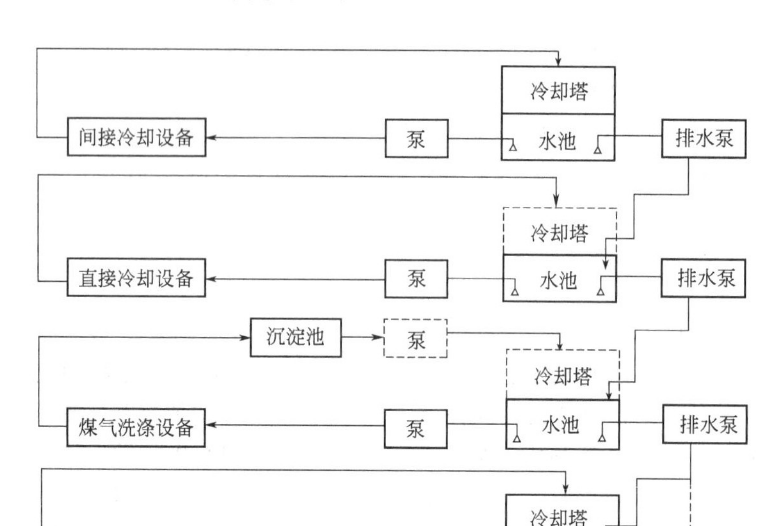

图 1-6-11　炼铁厂废水治理一般流程

（注：图中虚线部分表示经技术经济比较后才可增设的内容）

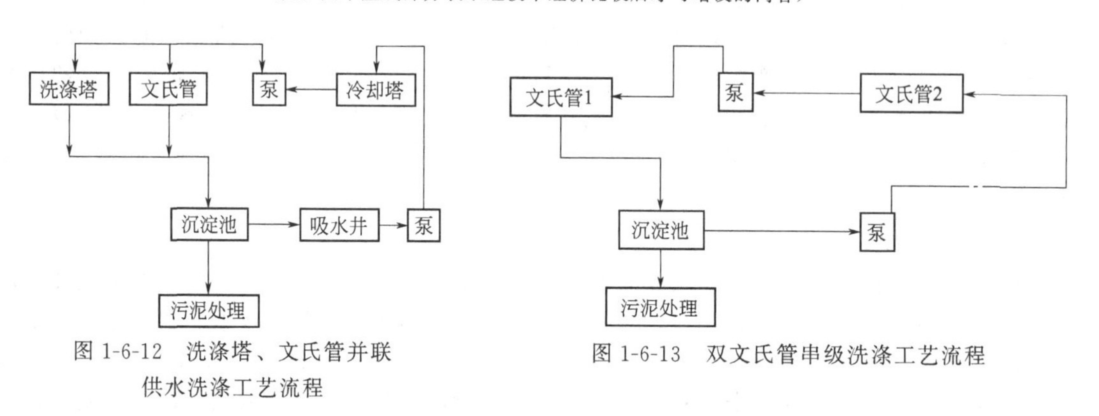

图 1-6-12　洗涤塔、文氏管并联供水洗涤工艺流程

图 1-6-13　双文氏管串级洗涤工艺流程

高炉煤气洗涤水的水质变化较大，不同的高炉或即便同一座高炉，在不同的工况下（高炉炉料成分、炉顶煤气压力、洗涤水温度等）所产生的废水都不相同。高炉煤气洗涤水一般物理化学成分见表 1-6-11[1]。

2. 废水处理工艺流程

高炉煤气洗涤水处理工艺主要包括沉淀（或混凝沉淀）、水质稳定、降温（有炉顶发电设施的可不降温）、污泥处理四部分。沉淀去除悬浮物可采用自然沉淀或混凝沉淀，沉淀中辐流式沉淀池应用较多，同时可选择在沉淀池上加斜板以及采用高梯度磁过滤器等[9]。降温构筑物通常采用机力通风冷却塔，玻璃钢结构，硬塑料薄型花纹板填料，其淋水密度可以达到 $30m^3/(m^2 \cdot h)$ 以上[3]。污泥脱水设备可针对颗粒级配情况进行选择，宜采用真空过滤或压滤机，泥饼含水率最好控制在 15%左右[3]，否则瓦斯泥回用会有一定困难。高炉煤气洗涤水处理工艺流程多样化，主要体现在水质稳定采用什么样的技术。水质稳定技术主要包括酸化法、软化法、磁化法、渣滤法、投药法等以及各种基本方法的组合应用[9]。国内常采用的工艺有如下几种。

表 1-6-11 高炉煤气洗涤废水的物理化学成分

分析项目	高压操作		常压操作	
	沉淀前	沉淀后	沉淀前	沉淀后
水温/℃	43	38	53	47.8
pH 值	7.5	7.9	7.9	8.0
总碱度/(mmol/L)	—	3.84	—	—
总硬度(德国度)	19.18	19.04	—	19.32
暂时硬度(德国度)①	21.42	20.44	13.87	13.71
钙/(mg/L)	98	98	14.42	13.64
耗氧量/(mg/L)	10.72	7.04	—	25.50
硫酸根/(mg/L)	144	204	232.4	234
氯根/(mg/L)	161	155	108.6	103.8
二氧化碳/(mg/L)	25.3	—	—	38.1
铁/(mg/L)	0.067	0.067	0.201	0.08
酚/(mg/L)	2.4	2.0	0.382	0.12
氰化物/(mg/L)	0.25	0.23	0.847	0.989
全固体/(mg/L)	706	682	—	—
溶固体/(mg/L)	—	—	911.4	910.2
悬浮物/(mg/L)	915.8	70.8	3448	83.4
油/(mg/L)	—	—	—	13.65
氨氮/(mg/L)	7.0	8.0		

① 暂时硬度即碳酸盐硬度。

(1) 石灰软化-碳化法工艺 洗涤煤气后的污水经辐射式沉淀池加药混凝沉淀后，出水的 80%送往降温设备（冷却塔），其余 20%的出水泵往加速澄清池进行软化，软化水和冷却水混合流入加烟井，进行碳化处理，然后泵送回煤气洗涤设备循环使用。从沉淀池底部排出泥浆，送至浓缩池进行二次浓缩，然后送真空过滤机脱水。浓缩池溢流水回沉淀池，或直接去吸水井供循环使用。瓦斯泥送入贮泥仓，供烧结作原料。工艺流程见图 1-6-14[1]。

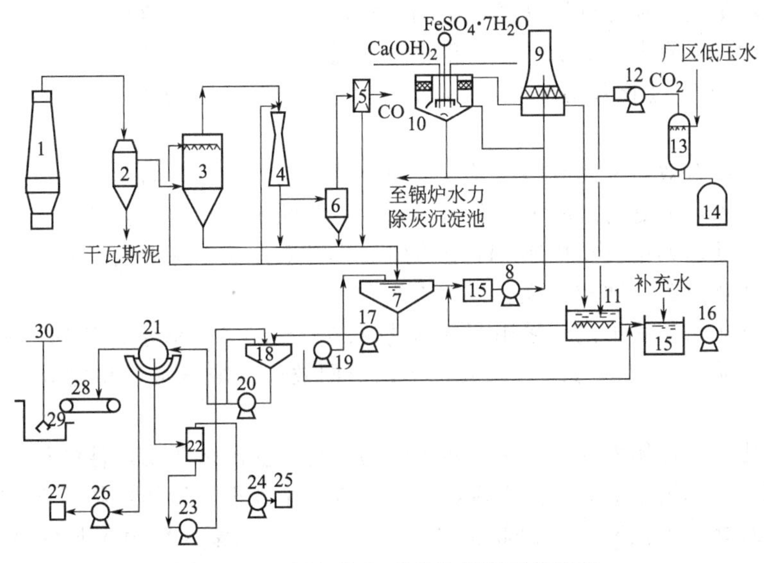

图 1-6-14 石灰软化-碳化法循环系统流程

1—高炉；2—干式除尘器；3—洗涤塔；4—文氏管；5—蝶阀组；6—脱水器；7—ϕ30m 辐射沉淀池；8—上塔泵；9—冷却塔；10—机械加速澄清池；11—加烟井；12—抽烟机；13—泡沫塔；14—烟道；15—吸水井；16—供水泵；17—泥浆泵；18—ϕ12m 浓缩池；19—提升泵；20，23—砂泵；21—真空过滤机；22—滤液缸；24—真空泵；25,27—循环水箱；26—压缩机；28—皮带机；29—贮泥仓；30—天车抓斗石灰-碳化法因劳动强度大，设备不易维护，现场环境差，指标控制难度大，因此在实际应用中效果并不理想。

(2) 投加药剂法工艺 洗涤煤气后的废水经沉淀池进行混凝沉淀，在沉淀池出口的管道上投加阻垢剂，阻止碳酸钙结垢，同时防止氧化铁、二氧化硅、氢氧化锌等结合生成水垢，在使用药剂时应调节 pH 值。为了保证水质在一定的浓缩倍数下循环，定期向系统外排污，不断补充新水，使水质保持稳定。其工艺流程见图 1-6-15[1]。

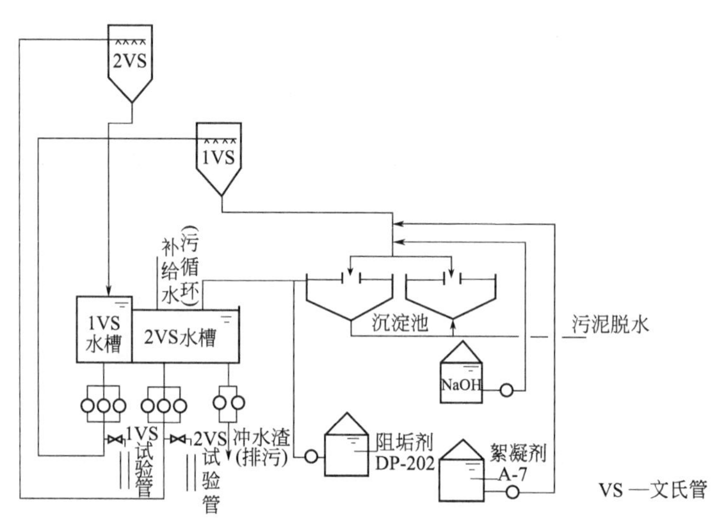

图 1-6-15 投加药剂法循环系统流程

采用投加药剂法时，要求系统悬浮物含量较低，一般不超过 100mg/L[1]，有利于保持循环水系统中阻垢剂的有效浓度。同时还要尽可能地降低系统水温，保证阻垢分散效果。投加药剂法水处理成本较高，但阻垢效果较好，缓解了高炉煤气洗涤水系统结垢严重的问题。

(3) 酸化法工艺 从煤气洗涤塔排出的废水，经辐流式沉淀池自然沉淀（或混凝沉淀），上层清水送至冷却塔降温，然后由塔下集水池输送到循环系统，在输送管道上设置加酸口，废酸池内的废硫酸通过胶管适量均匀地加入水中。沉泥经脱水后，送烧结利用。见图 1-6-16[1]。

这种方法可以有效地控制碳酸盐硬度，阻止结垢，而且工艺简单，运行费用低，对酸的质量没有严格要求，但是对加酸的设备和管道等的腐蚀比较严重，且排污量大，设备维护困难。此外，加酸处理如用自动控制 pH 值的加酸装置来控制结垢是可行的，非自动控制 pH 值操作时，要注意设备腐蚀和安全。

(4) 石灰软化药剂法工艺 采用石灰软化（20%～30%的清水）和加药阻垢联合处理。由于选用不同水质稳定剂进行组合配方，达到协同效应，增强水质稳定效果，其流程见图 1-6-17[1]。

除以上方法外，近年来为达到进一步去除污染物、提高水质稳定性的目的，可在常规方法之后采用深度处理技术对高炉煤气洗涤水进行进一步处理，例如生物活性炭处理工艺。

生物活性炭处理工艺[8]主要是将活性炭作为微生物聚集、繁殖生长的良好载体，在适当的温度及营养条件下，发挥活性炭的物理吸附和微生物降解作用。当废水充氧条件较好时，废水中的污染物被活性炭吸附，被吸附的有机物又为维持炭粒表面及孔隙中微生物的生命活动提供了营养物质，好氧微生物在活性炭表面及孔隙中繁殖生长，逐渐形成生物膜。由于活性炭上的生物膜对吸附的污染物有持续的生物降解作用，使活性炭得到生物再生。生

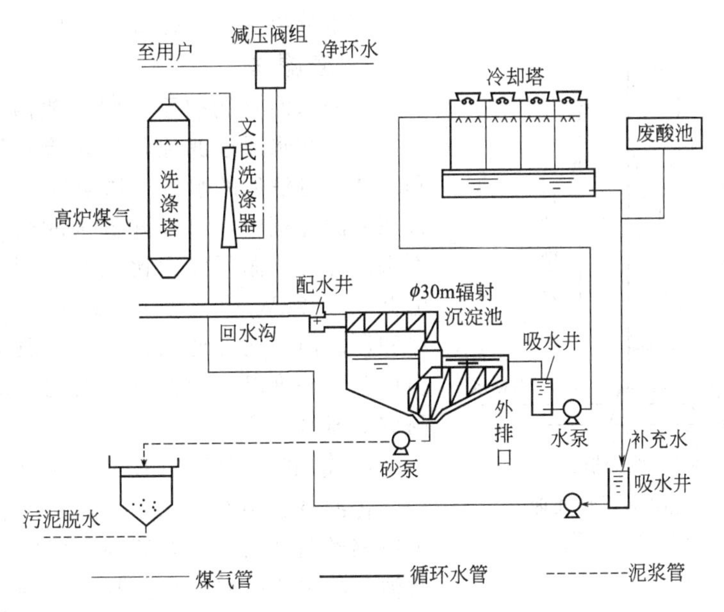

图 1-6-16　酸化法循环系统工艺流程

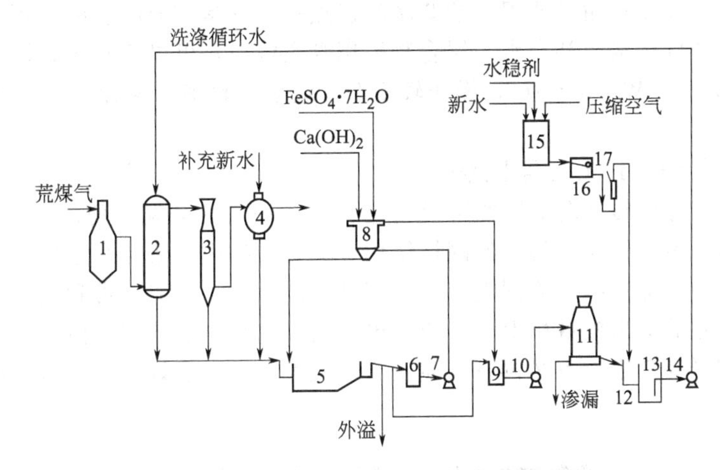

图 1-6-17　石灰软化-药剂法循环系统工艺流程

1—重力除尘器；2—洗涤塔；3—文氏管；4—电除尘器；5—平流沉淀池；6，9，13—吸水井；7，10，14—水泵；8—机械加速澄清池；11—冷却塔；12—加药井；15—配药箱；16—恒位水箱；17—转子流量计

物活性炭处理高炉煤气洗涤水流程如图 1-6-18[8]所示。

采用生物活性炭处理工艺[8]，可降低炼铁废水中的浊度、铁和锰等污染物，效果较好，循环回用水水质得到了稳定和提高。同时经过富含铁、锰废水的长时间过滤，活性炭填料表面形成的包括铁、锰氧化细菌在内的生物膜，对高炉炼铁工业废水中的浊度、铁、锰有较好的去除效果。该工艺设备简单，占地面积小，运行、管理和操控方便，在高炉炼铁工业废水深度处理回用中有较好的应用发展前景。但要实现大规模工业化的应用，还需经过进一步的技术经济的可行性研究。

(二) 高炉冲渣废水处理

高炉渣水淬方式分为渣池水淬和炉前水淬两种，高炉冲渣废水一般指炉前水淬所产生的废水。因为循环水质要求低，所以经渣水分离后即可循环，温度高一些不影响冲渣，因而，在冲渣水系统中，可以设计成只有补充水而无排污的循环系统。

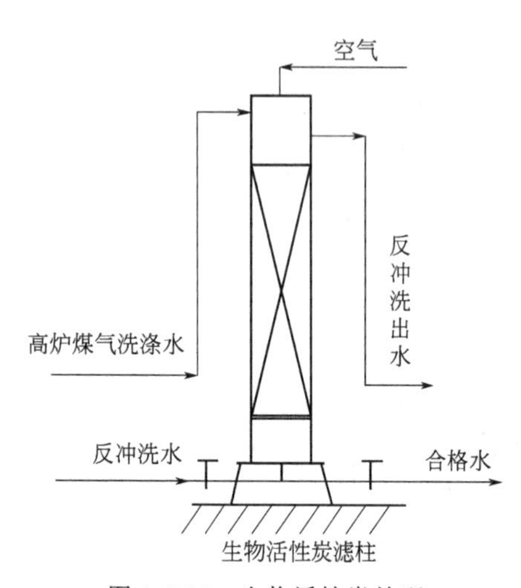

图 1-6-18 生物活性炭处理高炉煤气洗涤水流程

渣水分离的方法有以下几种。

1. 渣滤法[1,8]

将渣水混合物引至一组滤池内，由渣本身作滤料，使渣和水通过滤池将渣截流在池内，并使水得到过滤。过滤后的水悬浮物含量很少（<10mg/L），且在渣滤过程中，可以降低水的暂时硬度，滤料也不必反冲洗，循环使用比较好实现，并且过滤法耗电低（7～9kW·h/t渣），设备简易，所产热水还可以利用。但滤池占地面积大，一般都要几个滤池轮换作业，并难以自动控制，因此渣滤法只适用于小高炉的渣水分离。

2. 槽式脱水法（RASA拉萨法）[1,8]

将冲渣水用泵打入一个槽内，槽底、槽壁均用不锈钢丝网拦挡，犹如滤池，但脱水面积远远大于滤池，故占地面积较少。脱水后的水渣由槽下部的阀门及管道控制排出，装车外运；脱水槽出水夹带浮渣，一并进入沉淀池，沉淀下的渣再返回脱水槽，溢流水经冷却循环使用。拉萨法的优点是系统是完全闭合的，不排污，且用高炉煤气洗涤循环水的排污水作补充水，混合物采用管道输送，可灵活布置，操作环境好。缺点是耗电量高（13～15kW·h/t渣），操作较复杂，渣泵和输渣管寿命短，浮渣用沉淀处理效果差。

3. 转鼓脱水法（INBA印巴法）[1]

将冲渣水引至一个转动着的圆筒形设备内，通过均匀的分配，使渣水混合物进入转鼓，由于转鼓的外筒是由不锈钢丝编织的网格结构，进入转鼓内的渣和水很快得到分离。水通过渣和网，从转鼓的下部流出；渣则随转鼓一道做圆周运动。当渣被带到圆周的上部时，依靠自重落至转鼓中心的输出皮带机上，将渣运出，实现水与渣的分离。由于所有的渣均在转鼓内被分离，没有浮渣产生，不必再设沉淀设施，极大地提高了效率，这是一种较先进的渣水分离设备。

第四节 炼钢废水

一、生产工艺和废水来源

炼钢是将生铁中含量较高的碳、硅、磷、锰等元素去除或降低到允许值之内的工艺过程。炼钢方法一般为转炉炼钢，并以纯氧顶吹转炉炼钢为主。电炉多炼一些特殊钢，而平炉炼钢是一种老工艺，实际上已被淘汰。转炉生产出来的钢水经过精炼炉精炼以后，需要将钢水铸造成不同类型、不同规格的钢坯，连铸工段就是将精炼后的钢水连续铸造成钢坯的生产工序。由于连铸工艺的实施，连铸机广泛的使用是钢铁工业的一次重大工艺改革，所以炼钢厂包括了连铸这一部分工艺过程[2]。

炼钢废水主要分为三类[1]。

(1) 设备间接冷却水　这种废水的水温较高，水质不受到污染，采取冷却降温后可循环使用，不外排。但是必须控制好水质稳定，否则会对设备产生腐蚀或结垢阻塞现象。

(2) 设备和产品的直接冷却废水　主要特征是含有大量的氧化铁皮、石灰粉和少量润滑油脂，经处理后方可循环利用或外排。

(3) 生产工艺过程废水 生产工艺过程废水实际上就是指转炉除尘废水。

炼钢废水的水量，由于其车间组成、炼钢工艺、给水条件的不同而有所差异。一般废水量用补水量来推算。转炉、连铸工段具体用水量可参考表 1-6-12[10]。

表 1-6-12 某炼钢厂转炉、连铸工段用水量

生产用水系统	名称	循环水量/(t/h)	用水点处水压/MPa	补水量/(t/h)
转炉	氧枪冷却水	140	1.0～1.2	
	中低压净环水	250	0.3～0.6	
	其他净环用水(含除尘风机设备冷却水)	200	0.2～0.4	
	空调机冷却水	50	0.3～0.4	
	浊环水	750	0.4～0.6	40
	软水	100		20
连铸	结晶器用水	780	0.8～1.0	40
	设备用水	330	0.2～0.6	20
	二冷浊环水	480	0～1.2	60

二、转炉除尘废水

炼钢过程是一个铁水中碳和其他元素氧化的过程。铁水中的碳与氧发生反应，生成CO，随炉气一道从炉口冒出。回收这部分炉气，作为工厂能源的一个组成部分，这种炉气叫转炉煤气。这种处理过程，称为回收法，或叫未燃法。如果炉口处没有封密，从而大量空气通过烟道口随炉气一道进入烟道，在烟道内，空气中的氧气与炽热的 CO 发生燃烧反应，使 CO 大部分变成 CO_2，同时放出热量，这种方法称为燃烧法。这两种不同的炉气处理方法，给除尘废水带来不同的影响。含尘烟气一般均采用两级文丘里洗涤器进行除尘和降温。洗涤水使用过后，通过脱水器排出，即为转炉除尘废水。烟气净化废水水质与烟气净化方式有关，并随吹炼时间而急剧变化。采用未燃法，除尘废水中的悬浮物以 FeO 为主，废水呈黑灰色，悬浮物的颗粒较大，废水的 pH 值大于 7，甚至可达到 10 以上。采用燃烧法，由于烟道内 CO 与 O_2 的燃烧反应，使 FeO 进一步氧化成 Fe_2O_3，且其颗粒较小，废水呈红色，一般 pH 值都在 7 以下，属酸性。有的燃烧法废水亦呈碱性，那是因为混入大量石灰粉尘所致[1]。

燃烧法与未燃法废水的特性列于表 1-6-13[1]。

(一) 废水处理技术

如上所述，要解决转炉除尘废水的污染，一是悬浮物的去除，二是水质稳定问题，三是污泥的脱水与回收。

1. 悬浮物的去除[1]

纯氧顶吹转炉除尘废水中的悬浮物杂质均为无机化合物，采用自然沉淀的物理方法，虽然能使出水悬浮物含量达到 150～200mg/L 的水平，但循环利用效果不佳，必须采用强化沉淀的措施。一般在辐流式沉淀池或立式沉淀池前加混凝药剂，或先通过磁凝聚器经磁化后进入沉淀池。最理想的方法应使除尘废水进入水力旋流器，利用重力分离的原理，将大颗粒(大于 60μm) 的悬浮颗粒去掉，以减轻沉淀池的负荷。废水中投加 1mg/L 的聚丙烯酰胺，即可使出水悬浮物含量达到 100mg/L 以下，效果非常显著，可以保证正常的循环利用。由

表 1-6-13 转炉除尘废水的特性

取样时间/min	冶炼情况	颜色	水温/℃	pH值	悬浮物/(mg/L)	总含盐/(mg/L)	电导率/(μS/cm)	SO_4^{2-}/(mg/L)	Cl^-/(mg/L)	OH^-/(mmol/L)	CO_3^{2-}/(mmol/L)	HCO_3^-/(mmol/L)	总碱度/(mmol/L)	总硬度/(mmol/L)	暂时硬度/(mmol/L)	永久硬度/(mmol/L)	负硬度*/(mmol/L)	Ca^{2+}/(mg/L)	Mg^{2+}/(mg/L)
0	吹炼开始	红黑	62	8.85	1754	9527	—	53.70	188.2	0	2.97	29.54	17.73	1.21	1.21	0	16.52	—	—
		灰红	31	10.33	1300	265	1112	37.20	44.7	2.65	0.76	0	2.08	2.18	0.76	1.43	0	3.87	0.48
2		较黑	63	8.8	1967	9868	—	86.9	185.7	0	3.30	29.65	18.12	1.37	1.37	0	16.75	—	—
		红	31	12.25	19270	250	1200	75.40	47.1	27.0	0.90	0	14.4	21.55	0.90	20.2	0	33.4	9.7
4	加头批料	较黑	63	9.50	2037	10064	—	53.7	191.0	0	1.1	33.93	18.06	1.47	1.47	0	16.59	—	—
	降罩	黑	43	6.79	11450	400	700	67	47.1	0	0	4.82	2.41	2.66	2.41	0.25	0	4.36	0.97
6		较黑	63	8.90	1644	9760		45.8	188.2	0	1.59	32.83	18.01	1.37	1.37	0	16.64	—	—
		黑	42	12.10	22370	390	720	26	48.1	24	1.14	0	13.2	13.1	1.14	11.92	0	26.1	0
8		较黑	64	8.70	1532	9760		79.9	180.4	0	1.54	32.72	17.90	1.39	1.39	0	16.51	—	—
	升罩	黑	42	12.31	16520	1500	116	37.2	55.5	21.1	0.85	0	11.4	11.5	0.85	10.7	0	23	0
10	加 CaF_2	棕	64	8.70	1293	9212		56.9	183.9	0	2.44	31.18	18.01	1.24	1.24	0	16.77	—	—
	停 O_2	灰	42	9.27	9410	320	910	37.2	45.5	1.94	0.95	0	1.90	1.45	0.95	0.51	0	2.42	0.48
12	提枪	红	63	8.80	755	9812		25.3	185.7	0	1.43	33.16	18.01	1.27	1.27	0	16.74	—	—
	取样	灰红	24	8.50	810	250	1200	44.7	44.2	0	0	3.04	1.52	4.44	1.52	0.42	0	3.15	0.72
14	出钢	红	62	9.00	457	9714		45.8	188.9	0	0.9	33.05	17.51	1.16	1.16	0	16.35	—	—
	停吹，掉渣	黑	30	9.76	3800	340	820	89.4	43.9	0	0	4.07	2.05	2.18	2.05	0.13	0	4.32	0.25
16		红	58	9.10	356	9720		66.2	185.7	0	2.09	31.73	17.95	1.21	1.21	0	16.74	—	—
	开吹	棕	27	9.35	2130	240	1270	89.4	44.7	0.95	0.95	0	1.40	4.35	0.95	3.41	0	4.84	3.87
18																		—	—
	停吹		15	8.10	2050	220	1180	37.2	44.7	0	0	2.46	1.23	2.18	1.23	0.95	0	2.42	1.94

注：表中各栏线上为燃烧法，线下为未燃法。

* 水中总硬度小于总碱度时，二者之差称为负硬度。

于转炉除尘废水中悬浮物的主要成分是铁皮，采用磁凝聚器处理含铁磁质微粒十分有效，氧化铁微粒在流经磁场时产生磁感应，离开时具有剩磁，微粒在沉淀池中互相碰撞吸引凝聚成较大的絮体从而加速沉淀，并能改善污泥的脱水性能。

2. 水质稳定问题

由于炼钢过程中必须投加石灰，在吹氧时部分石灰粉尘还未与钢液接触就被吹出炉外，随烟气一道进入除尘系统，因此，除尘废水中 Ca^{2+} 含量相当多，它与溶入水中的 CO_2 反应，致使除尘废水的暂时硬度较高，水质失去稳定。当前国内所采用的水质稳定措施主要有如下几种。

（1）投加水质稳定剂[6]　采用沉淀池后投入水质稳定剂（或称分散剂）的方法，在螯合、分散的作用下，能较成功地防垢、除垢。

（2）投加碳酸钠[6]　投加碳酸钠（Na_2CO_3）也是一种可行的水质稳定方法。Na_2CO_3 和石灰［$Ca(OH)_2$］反应，形成 $CaCO_3$ 沉淀：

$$CaO+H_2O \longrightarrow Ca(OH)_2 \tag{1-6-8}$$

$$Na_2CO_3+Ca(OH)_2 \longrightarrow CaCO_3\downarrow+2NaOH \tag{1-6-9}$$

而生成的 NaOH 与水中 CO_2 作用又生成 Na_2CO_3，从而在循环反应的过程中，使 Na_2CO_3 得到再生，在运行中由于排污和渗漏所致，仅补充一些 Na_2CO_3 保持平衡。该法在国内一些厂的应用中有很好的效果。

（3）利用高炉煤气洗涤水与转炉除尘废水混合处理，也是保持水质稳定的一种有效方法[1]。由于高炉煤气洗涤水含有大量的 HCO_3^-，而转炉除尘废水含有较多的 OH^-，使两者结合，发生如下反应：

$$Ca(OH)_2+Ca(HCO_3)_2 \longrightarrow 2CaCO_3\downarrow+2H_2O \tag{1-6-10}$$

生成的碳酸钙正好在沉淀池中除去，这是以废治废、综合利用的典型实例。在运转过程中如果 OH^- 与 HCO_3^- 量不平衡，适当在沉淀池后加些阻垢剂做保证。

（4）药磁处理[11]　磁化处理可以将废水中部分铁磁性细小颗粒悬浮物磁化后形成较大磁聚体，从而增大了颗粒粒径，加速沉降速度，提高沉淀效果。加药处理是向废水中投加高分子絮凝剂，可以使非磁性氧化物得到凝聚。采用药磁处理可以使废水中铁磁性氧化物和非磁性氧化物质产生絮凝或聚集作用，促使两种不同性质的悬浮物同时去除，这也是消除泥垢的较佳途径。

（5）控制石灰粉尘进入除尘废水　转炉烟气除尘废水中的 OH^- 主要取决于冶炼工艺中投加石灰的量。投入炉内石灰含粉尘越多，废水中碱度就越高，形成水垢就越严重。为减少进入除尘废水中的石灰粉尘量，要缩短运输线路，减少运转次数，避免块状石灰石运输过程中的粉化。这样既改善了除尘废水水质，又能提高造渣效果，减少石灰用量。

总之，水质稳定的方法是根据生产工艺和水质条件，因地制宜地处理，选取最有效、最经济的方法。

3. 污泥的脱水与回收

转炉除尘废水，经混凝沉淀后可实现循环使用，但沉积在池底的污泥必须予以恰当处理。转炉除尘废水污泥含铁达 70％[1]，有很高的利用价值。处理此种污泥与处理高炉煤气洗涤水的瓦斯泥一样，国内一般采用真空过滤脱水的方法，脱水性能比较差，脱水后的泥饼很难被直接利用，制成球团可直接用于炼钢，如图 1-6-19[12] 所示。制作球团可选用以下工艺。

（1）碳化球团[12]　含水 25％～30％的污泥，掺入 20％左右石灰粉，加以搅拌，石灰粉吸收污泥水分而消化，同时产生热量。搅拌后的污泥压制成生球，然后装入碳化罐，并通入

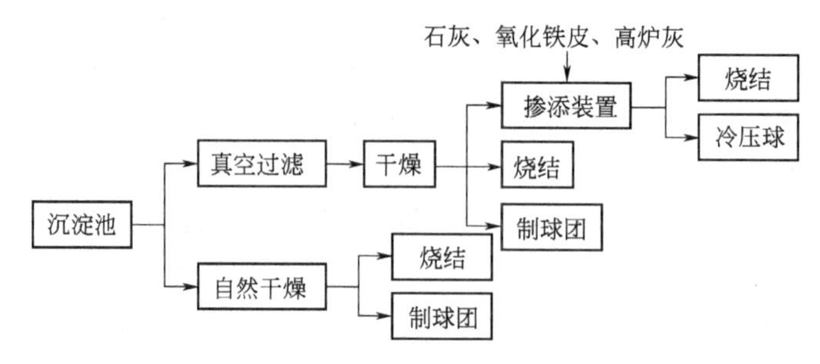

图 1-6-19 污泥的处理与利用途径

CO_2气，对生球进行碳化，使消石灰和 CO_2 作用生成碳酸钙固结球。碳化球团可作炼钢的冷却剂。

（2）制球焙烧[12] 向含水 50%～60%的污泥中加入石灰粉，用搅拌机搅拌 1min 后装入消化桶消化后，加以研磨，同时按比例掺入精矿粉，然后压制成球，用竖窑焙烧 40～50min，即成熟球，可供炼钢使用。工艺流程示于图 1-6-20。

（3）高压成型烘干造球[12] 污泥与石灰粉混合消化，与轧钢的氧化铁皮混合，然后用 70～100MPa 的压力机压制成球，再以 200℃的温度烘干，即可用于炼钢。其工艺流程示于图 1-6-21。

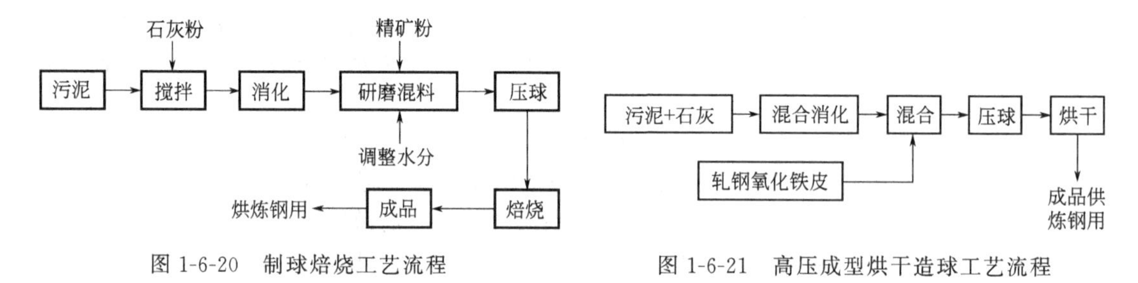

图 1-6-20 制球焙烧工艺流程　　图 1-6-21 高压成型烘干造球工艺流程

（二）废水处理工艺

1. 混凝沉淀-水稳药剂处理工艺

从一级文氏管排出的除尘废水经明渠流入粗粒分离槽，在粗粒分离槽中将含量约为 15%的、粒径大于 60μm 的粗颗粒杂质通过分离机予以分离，被分离的沉渣送烧结厂回收利用；剩下含细颗粒的废水流入沉淀池，加入絮凝剂进行混凝沉淀处理，沉淀池出水由循环水泵送二级文氏管使用。二级文氏管的排水经水泵加压，再送一级文氏管串联使用，在循环水泵的出水管内注入防垢剂（水质稳定剂），以防止设备、管道结垢。加药量视水质情况由试验确定。工艺流程如图 1-6-22[1]所示。沉淀池下部沉泥经脱水后送往烧结厂小球团车间造球回收利用[1]。

2. 药磁混凝沉淀-永磁除垢处理工艺

转炉除尘废水经明渠进入水力旋流器进行粗细颗粒分离，粗铁泥经二次浓缩后，送烧结厂利用。旋流器上部溢流水经永磁场处理后进入污水分配池与聚丙烯酰胺溶液混合，随后分流到立式（斜管）沉淀池澄清，其出水经冷却塔降温后流入集水池，清水通过磁除垢装置后加压循环使用。立式沉淀池泥浆用泥浆泵提升至浓缩池，污泥浓缩后进真空过滤机脱水，污泥含水率达 40%～50%[1]，送烧结利用。工艺流程见图 1-6-23[1]。

3. 磁凝聚沉淀-水稳药剂处理工艺

转炉除尘废水经磁凝聚器磁化后，流入沉淀池，沉淀池出水中投加 Na_2CO_3 解决水质稳

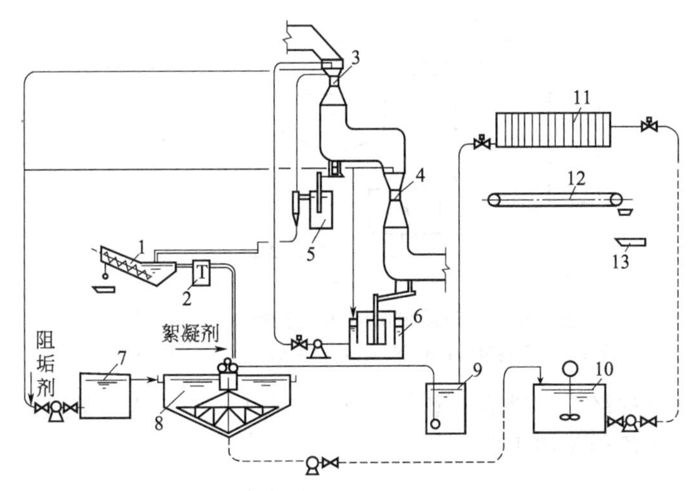

图 1-6-22　混凝沉淀-水稳药剂处理工艺流程

1—粗颗粒分离槽及分离机；2—分配槽；3—一级文氏管；4—二级文氏管；
5—一级文氏管排水水封槽及排水斗；6—二级文氏管排水水封槽；
7—澄清水吸水池；8—浓缩池；9—滤液槽；10—原液槽；
11—压力式过滤脱水机；12—皮带运输机；13—料罐

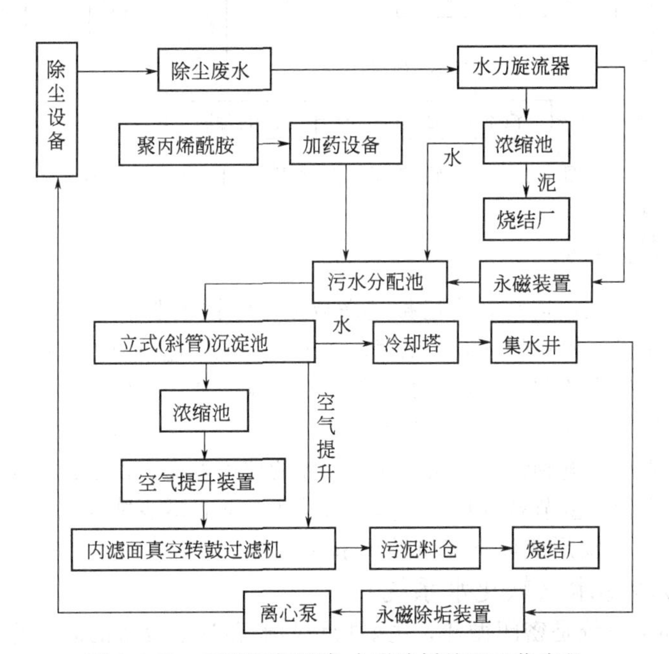

图 1-6-23　药磁混凝沉淀-永磁除垢处理工艺流程

定问题，沉淀池沉泥送过滤机脱水（厢式压滤机已在转炉除尘废水处理工艺流程中应用，一般可使泥饼含水率为 25%～30%[1]，优于真空过滤机）。工艺流程见图 1-6-24[1]。

4. 降硬-絮凝沉淀-水稳药剂处理工艺[13]

为延缓循环水在喉口、喷嘴等部位结垢，在高架流槽投加主要由碱土金属盐和高分子有机物组成的降硬剂（5～15mg/L），随后废水先在粗颗粒分离机内去除粒径大于 60μm 的粗颗粒，然后进入分配槽流向斜板沉淀池，在沉淀池入口处投加有机阴离子高分子絮凝剂 PAM（0.4～0.8mg/L），在池内形成悬浮物和成垢物的共同絮凝，为避免水中剩余的钙离子和悬浮物仍会在喉口等关键部位沉积，在浊环冷水池投加由高分子化合物等组成的阻垢分

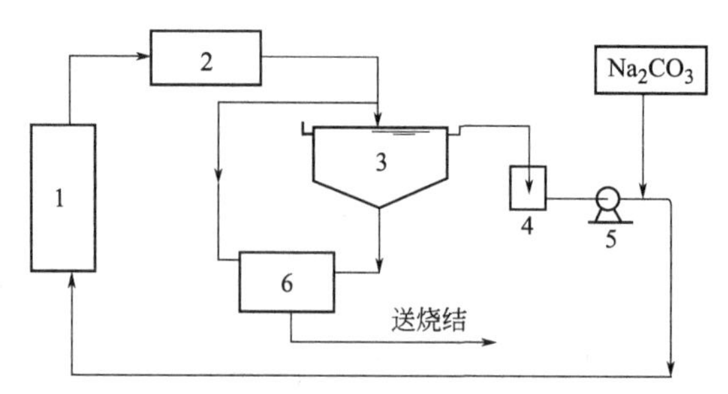

图 1-6-24 磁凝聚沉淀-水稳药剂处理工艺流程

1—洗涤器；2—磁凝聚器；3—沉淀池；4—集水槽；5—循环泵；6—过滤机

散剂，在阻垢分散剂的络合、增溶、螯合、分散作用下，缓解水中的钙离子和悬浮物的沉积趋势。具体处理工艺流程见图 1-6-25[13]。

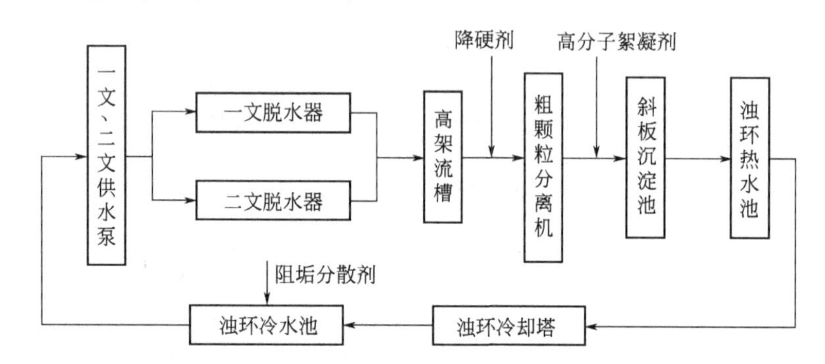

图 1-6-25 降硬-絮凝沉淀-水稳药剂处理工艺流程

三、连铸机废水

随着钢铁生产的发展，连铸技术已被越来越多的钢铁企业采用，我国的连铸比大幅度上升。连铸工艺省去了模铸和初轧开坯的工序，钢水直接流入连铸机的结晶器，使液态金属急剧冷却，从结晶器尾部拉出的钢坯进入二次冷却区，二次冷却区由辊道和喷水冷却设备构成。在连铸过程中，供水起着重要作用，为了提高钢坯的质量，对连铸机用水水质的要求越来越高，水的冷却效果好坏直接影响到钢坯的质量和结晶器的使用寿命。由于连铸工艺的实施，简化了加工钢材的过程，不但大量节省基建投资和运行费用，而且减少能耗，提高成材率。

连铸生产中废水主要形成以下三组循环系统。

1. 设备间接冷却水（软化水系统）

此类冷却循环水系统是密闭循环，主要指结晶器和其他设备的间接冷却水。由于水质要求高，一般用软化水，必须处理好水质稳定问题。采用脱硬后的软水，伴随着低硬水腐蚀速度加快，防蚀成为主要矛盾。采用投药方法控制水质稳定应考虑定量强制性排污，以防止盐类物质的富集。由于各部位对水压和流速的不同要求，应注意分别供水。软化水系统示意如图 1-6-26[3] 所示。

2. 设备和产品的直接冷却水

主要是指二次冷却区产生的废水（又称二冷浊环水），大量的喷嘴向拉辊牵引的钢坯喷水，进一步使钢坯冷却固化，此水受热污染并带有氧化铁皮和油脂。二次冷却区的吨钢耗水量一般为 0.5～0.8m^3[10]。含氧化铁皮、油和其他杂质，以及水温较高，这是二次冷却水的特点，其水质参数如表 1-6-14[10] 所示。

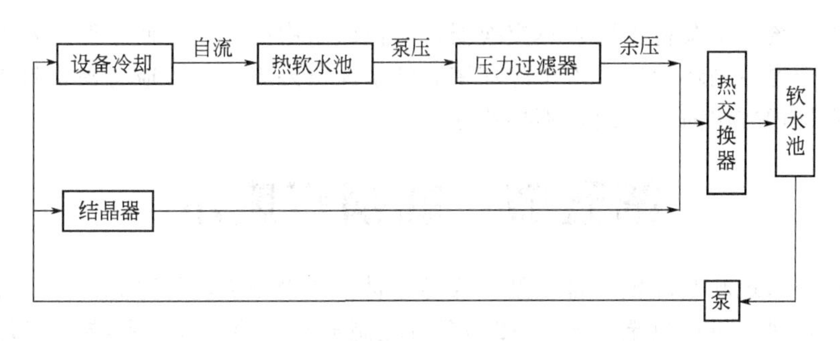

图 1-6-26　软化水系统示意图

表 1-6-14　二次冷却水水质参数

pH 值	电导率/(μS/cm)	浊度/(mg/L)	总硬度/(mg/L)	总碱度/(mg/L)
7～9	200～300	5～20	90～120	70～100

处理方法一般采用固-液分离（沉淀）、液-液分离（除油）、过滤、冷却、水质稳定等措施，以达到循环利用的目的。图 1-6-27[3]表示了连铸二次冷却水的常规流程。

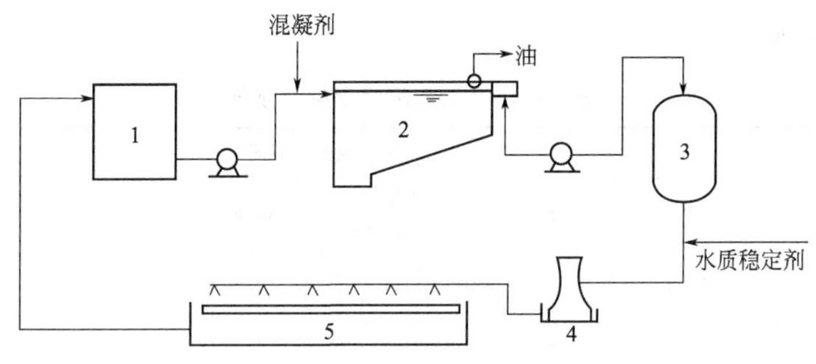

图 1-6-27　连铸直接冷却废水处理流程

1—铁皮坑；2—沉淀除油池；3—过滤器；4—冷却塔；5—喷淋

废水经一次铁皮坑，将大颗粒（50μm 以上）的氧化铁皮清除掉，用泵将水送入沉淀池，在此一方面进一步除去水中微细颗粒的氧化铁皮，另一方面利用除油器将油除去。为了保证沉淀池出水悬浮物含量低一些，以保证冷却喷嘴不致阻塞，所以一般投药，采取混凝沉淀的方式（试验表明，用石灰、25mg/L 的活化氧化钙和 1mg/L 的聚丙烯酰胺进行混凝处理，可使净化效率提高 10%～20%），同时也减轻快滤池负荷[3]。

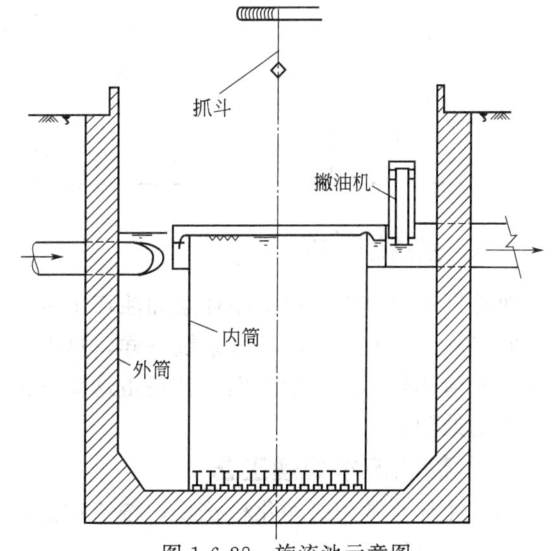

图 1-6-28　旋流池示意图

采用重力式水力旋流池代替一次铁皮坑是新的工艺流程。旋流池处理后出水悬浮物含量小于 100mg/L，油小于 30mg/L；通过压力过滤器（双层滤料）后，水的悬浮物含量小于 10mg/L，悬浮物粒度 10μm 以下，油小于 5mg/L，经冷却后循环使用[1]。旋流池见图 1-6-28。

3. 净循环水系统

此系统是用于冷却软水的，水源一般

来自工业给水系统，由泵将水送入热交换器，交换软水中的热量，而净循环水系统的热量由冷却塔降温，降温后循环使用。由于冷却塔和储水池与外界接触，应考虑水量损失和风沙污染。水质稳定处理方法前已介绍，不再赘述。

第五节 轧钢厂废水

钢锭或钢坯通过轧制成板、管、型、线等钢材。轧钢分热轧和冷轧两类。热轧一般是将钢锭或钢坯在均热炉里加热至 1150～1250℃后轧制成材；冷轧通常是指不经加热，在常温下轧制。生产各种热轧、冷轧产品过程中需要大量水冷却、冲洗钢材和设备，从而也产生废水和废液。轧钢厂所产生的废水的水量和水质与轧机种类、工艺方式、生产能力及操作水平等因素有关。我国轧机和生产工艺十分复杂，水平相差比较悬殊，用水及废水量差别较大[1]。国外采用的轧钢废水量指标及废水成分见表 1-6-15[1]。

热轧废水的特点是含有大量的氧化铁皮和油，温度较高，且水量大。经沉淀、机械除油、过滤、冷却等物理方法处理后，可循环利用，通称轧钢厂的浊环系统。冷轧废水种类繁多，以含油（包括乳化液）、含酸、含碱和含铬（重金属离子）为主，要分流处理并注意有效成分的利用和回收[1]。

表 1-6-15 轧钢废水指标及水质

产品品种		废水量/(m^3/t)	废水成分及性质				备注
			pH值	悬浮物/(mg/L)	油/(mg/L)	其他	
热轧钢坯		5～10	7.0～8.0	1500～4000 30～270	5～20		铁皮坑出水
热轧带钢	粗轧	25～45	6.8～8.0	1000～1500	25	40～50℃	
	精轧		7.0	200～500	15	40～50℃	
	冷却		7.0	<50	10	40～50℃	
冷轧带钢	酸洗	1～2	2.0～4.0	20～80	—	总 Fe 50～200mg/L	盐酸再生及废气清洗
	冷轧	0.2～0.7	7.0～8.0	80～600	1000～8000		冷轧、平整、剪切
	电解清洗	2～4	10.0～13.0	100～500	70～150		
	电镀锌	2～3	10.0～13.0	100～500	70～150		碱油废水
	电镀锡	5	2.0～4.0 2.0～7.0	20～80 10～20	<5	Cr^{6+} 40～800mg/L	酸洗废水 含铬钝化废水

一、热轧废水

热轧厂的给排水，包括净环水和浊环水两个系统。净环水主要用于空气冷却器、油冷却器的间接冷却，与一般循环水系统一样，这里不再赘述。含氧化铁皮和油的浊循环水是主体废水，所谓热轧厂废水的处理，就是指这部分废水。主要技术问题是：固液分离、油水分离和沉渣的处理。

（一）热轧废水处理工艺

热轧浊环水常用的净化构筑物，按治理深度的不同有不同的组合，但总的都要保证循环使用条件。常用流程如下。

1. 一次沉淀工艺

流程如图 1-6-29[1]所示。仅仅用一个旋流沉淀池来完成净化水质，既去除氧化铁皮，又有除油效果。旋流沉淀池设计负荷一般采用 25～30$m^3/(m^2 \cdot h)$，废水在沉淀池的停留时间可采用 6～10min[1]。与平流沉淀池相比，占地面积小，运行管理方便，构造示于图 1-6-30[3]。

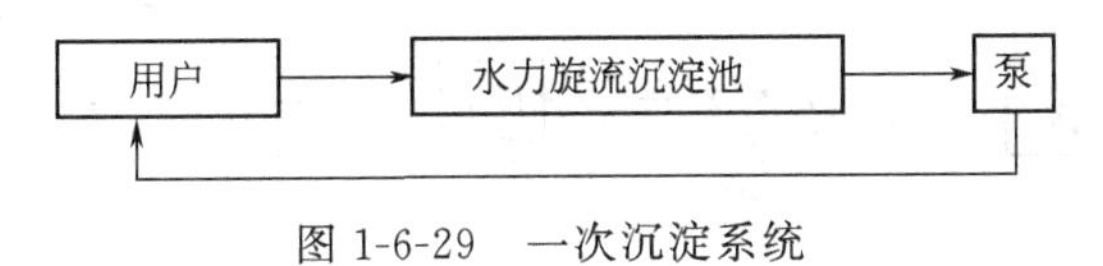

图 1-6-29 一次沉淀系统

2. 二次沉淀工艺

流程如图 1-6-31[3]所示。系统中根据生产对水温的要求，可设冷却塔，保证用水的水温。

3. 沉淀-混凝沉淀-冷却工艺[3]

流程如图 1-6-32 所示。这是较完整的工艺流程，用加药混凝沉淀，进一步净化，使循环水悬浮物含量可小于 50mg/L。

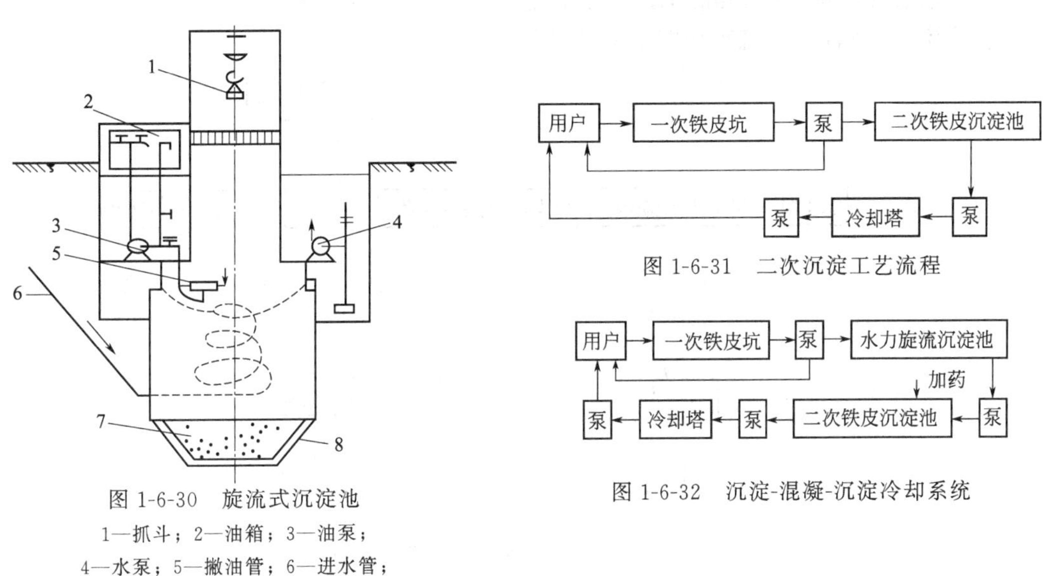

图 1-6-30 旋流式沉淀池

1—抓斗；2—油箱；3—油泵；4—水泵；5—撇油管；6—进水管；7—渣坑；8—护底钢板

图 1-6-31 二次沉淀工艺流程

图 1-6-32 沉淀-混凝-沉淀冷却系统

4. 沉淀-过滤-冷却工艺[14]

该工艺为目前国内轧钢厂采用较多的典型工艺，流程如图 1-6-33[14]所示。为了提高循环水质，热轧废水经一级旋流池沉淀，二级平流池（或斜板/斜管）沉淀池沉淀处理后，再经过过滤器（压力过滤、高速过滤、电磁分离过滤、稀土磁盘过滤等）净化，通过冷却塔降温，最后进入吸水池，同时投加阻垢剂、缓蚀剂等水质稳定剂提高水质稳定效果。

由于冷却过程中浊环水带出大量的氧化铁皮和油类，通过沉淀池、过滤工艺可以去除大多数的较大颗粒，但经多次循环使用后，水中不易沉降的细小颗粒和油质的不断积累易致使油垢大量沉积在冷却器中，影响正常生产，因此越来越多的轧钢企业在处理浊环水中增加除油设施。

5. 沉淀-混凝-气浮工艺[15]

因某些轧钢厂选择用沥青作轧机轧辊的润滑剂，从而冷却水中含有大量的沥青渣颗粒。沥青呈暗褐色至黑色，是可溶于苯或二硫化碳等溶剂的固体或半固体有机物质，沥青渣悬浮在水中给收集和处理带来了较大困难，该工艺的特点是采用物理化学法处理并收集不同粒径

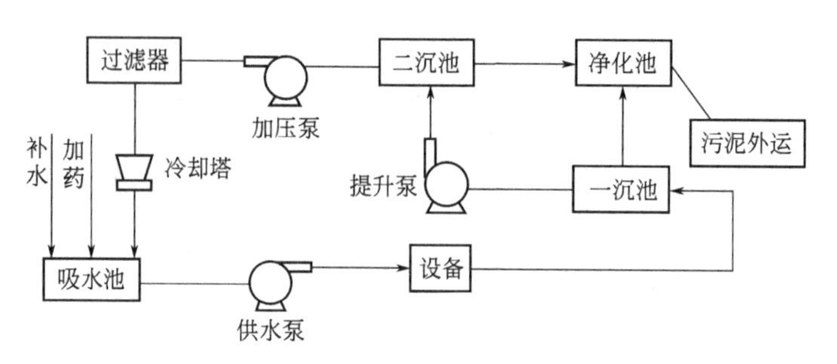

图 1-6-33 沉淀-过滤-冷却工艺流程

的沥青渣。

在集水池中放置渣斗收集粒径在 80～200mm 的沥青渣，用格栅机从集水池中捞起粒径在 20～80mm 的沥青渣，再用潜水泵将废水抽入筛网机，筛分出粒径在 2～20mm 的沥青渣，从筛网机出来的废水进入竖流沉淀池，去除粒径较小的悬浮物，同时废水加入混凝剂（PAC）和絮凝剂（PAM）后进行加压溶气气浮，进一步去除其中的 COD 和石油类物质。处理后出水悬浮物浓度＜20mg/L，含油量在 0.02mg/L 左右。

沉淀-混凝-气浮工艺流程如图 1-6-34 所示。

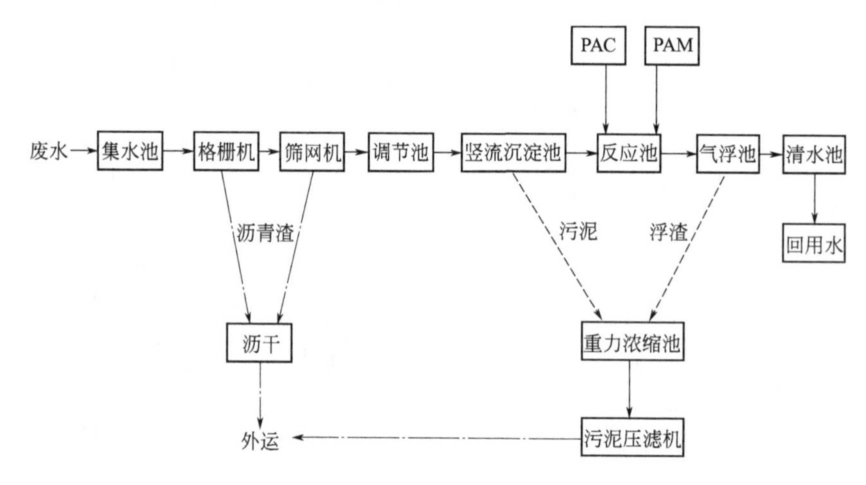

图 1-6-34 沉淀-混凝-气浮工艺流程

6. 沉淀-过滤-除油-冷却工艺[16]

该工艺的特点在于二沉池的末端设置除油器（图 1-6-35 所示为高分子吸附除油器，还可设置化学除油器等），出水悬浮物含量＜10mg/L，含油量在 2～5mg/L，该方法可以有效减少设备结垢、堵塞问题，减少实际运行中的维修量。

7. 除油-混凝沉淀-气浮工艺[1]

含油废水用管道或槽车排入含油废水调节槽，静止分离出油和污泥。浮油排入浮油槽，待废油再生后利用。去除浮油和污泥的含油废水经混凝沉淀和加压气浮，水得到净化后循环使用，气浮池中上浮的油渣排入泥渣贮槽，脱水后成含油泥饼。除油-混凝沉淀-气浮工艺流程如图 1-6-36 所示。废油再生方法为加热分离法，其工艺流程见图 1-6-37。

轧钢厂的含油泥饼经焚烧处理，灰渣冷却后送烧结厂或原料场回收利用。

（二）沉泥处理[1]

沉淀于铁皮坑和一次旋流沉淀池的氧化铁皮颗粒较大，一般用抓斗取出后，通过自然脱水就可利用。从二次沉淀池和过滤器分离的细颗粒氧化铁皮，采取絮凝浓缩后，经真空滤机

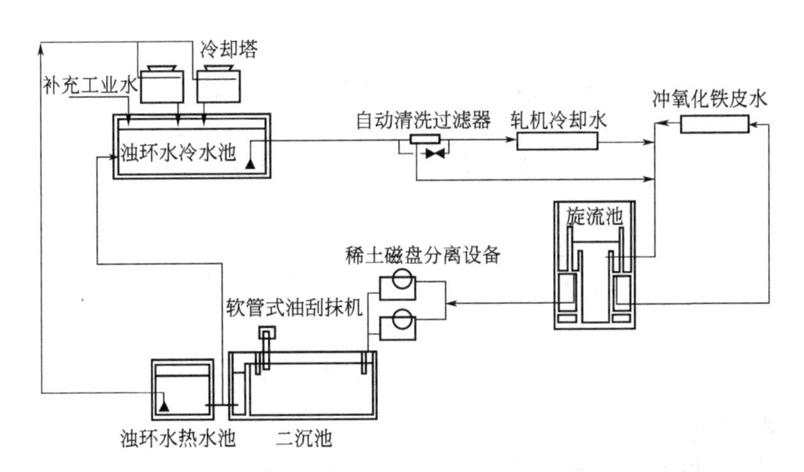

图 1-6-35　沉淀-过滤-除油-冷却工艺流程

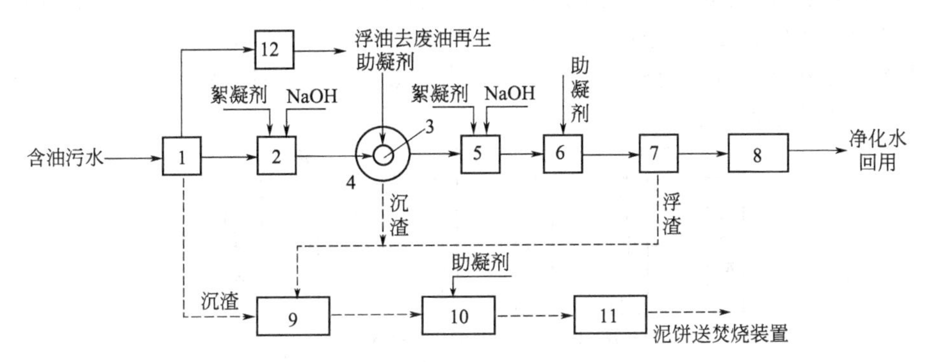

图 1-6-36　除油-混凝沉淀-气浮工艺流程

1—调节槽；2—一次反应槽；3—一次凝聚槽；4—沉淀池；5—二次反应槽；6—二次凝聚槽；7—气浮池；8—净化水池；9—泥渣贮槽；10—泥渣混凝槽；11—离心脱水机；12—浮油贮槽

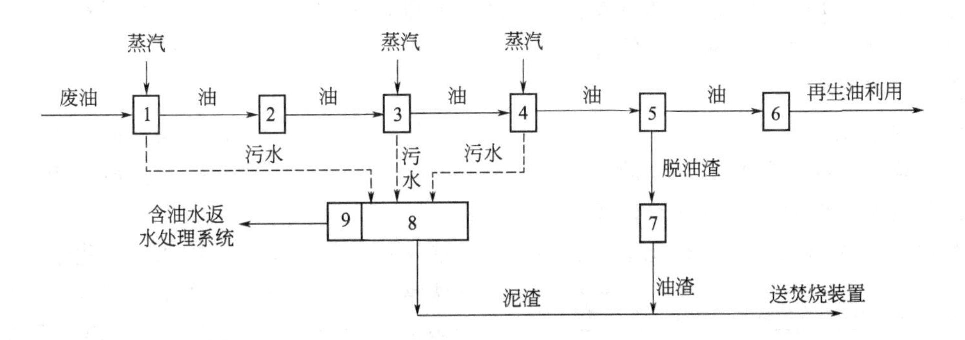

图 1-6-37　废油再生工艺流程

1—废油接收槽；2—调节槽；3—一次加热槽；4—二次加热槽；5—压滤机；6—分离油槽；7—脱油渣接收槽；8—泥渣接收槽；9—分离水槽

脱水、滤饼脱油后回用，见图 1-6-38。

二、冷轧废水

冷轧钢材必须清除原料表面的氧化铁皮，采用酸洗清除氧化铁皮，随之产生废酸液和酸洗漂洗水。还有一种废水就是冷却轧辊的含乳化液废水。除此以外，轧镀锌带钢产生含铬废水和碱性废水。

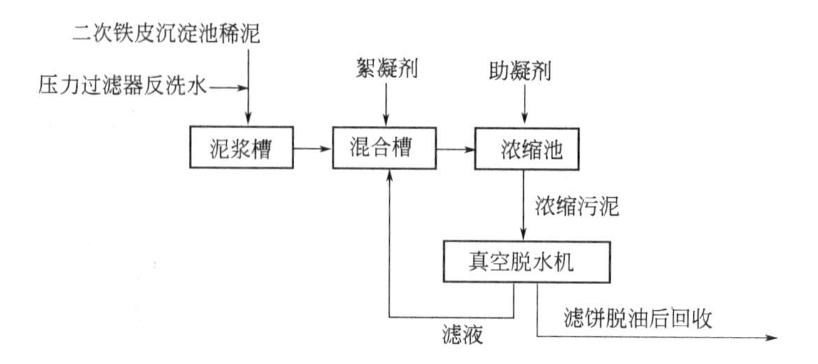

图 1-6-38 细颗粒铁皮及污泥处理系统

1. 中和处理

轧钢厂的酸性废水一般采用投药中和法和过滤中和法。常用的中和剂为石灰、石灰石、白云石等。投药中和的处理设备主要由药剂配制设备和处理构筑物两部分组成，流程见图 1-6-3。

由于轧钢废水中存在大量的二价铁离子，中和产生的 $Fe(OH)_2$ 溶解度较高，沉淀不彻底，采用曝气方式使二价铁变成三价铁沉淀，出水效果好，而且沉泥也较易脱水，工艺流程如图 1-6-39[6] 的流程所示。

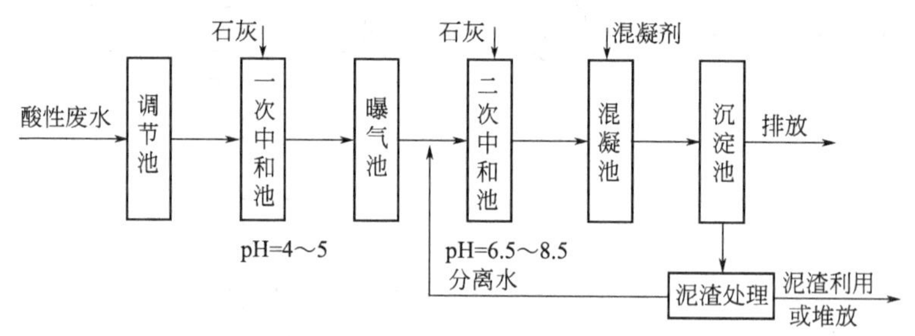

图 1-6-39 二次中和流程

过滤中和就是使酸性废水通过碱性固体滤料层进行中和。滤料层一般采用石灰石和白云石。过滤中和只适用于水量较小的轧钢厂。

2. 乳化液废水处理

轧钢含油及乳化液废水中，有少量的浮油、浮渣和油泥。利用贮油槽除调节水量、保持废水成分均匀、减少处理构筑物的容量外，还有利于以上成分的静置分离。所以槽内应有刮油及刮泥设施，同时还应设加热设备。

乳化液废水的处理方法有化学法、物理法、加热法、机械法和生物法，以化学法和膜分离法常见。化学法处理时，一般对废水加热，用破乳剂破乳后，使油、水分离。化学破乳关键在于选好破乳剂。冷轧乳化液废水的膜分离处理主要有超滤和反渗透两种，超滤法的运行费用较低，正在推广使用。生物法一般在化学法、膜分离法之后。

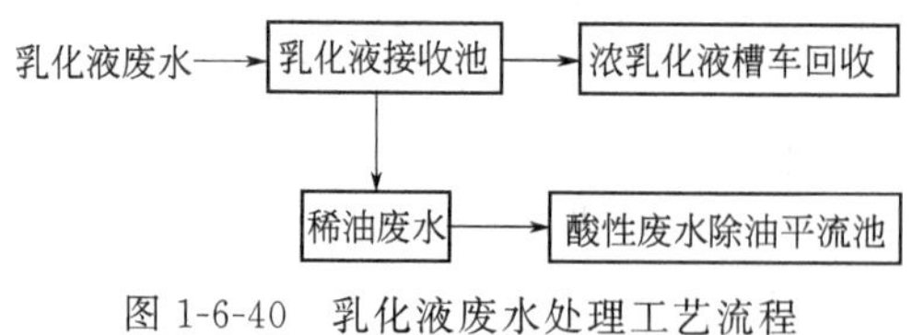

图 1-6-40 乳化液废水处理工艺流程

乳化液废水处理工艺流程如图 1-6-40[17] 所示。

3. 含铬废水处理

含铬废水需要先经过除铬的预处理，然后再进行常规处理（可与其他冷轧废水一同处理）。工艺流程如图 1-6-41 所示。

含铬废水首先进入调节池，停留时间 8h。然后废水依次进入一、二级铬还原池，停留

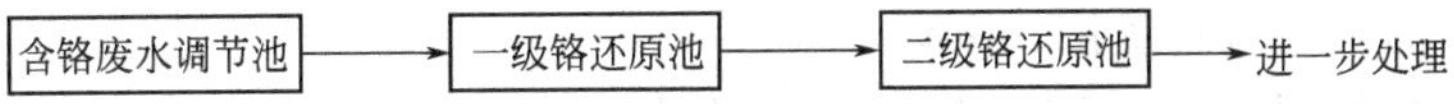

含铬废水调节池 → 一级铬还原池 → 二级铬还原池 → 进一步处理

图 1-6-41 含铬废水预处理工艺流程[18]

时间均为 45min，池中设有搅拌器，同时在出水管上安装 pH 和 ORP（ORP 是间接反映水中六价铬的指标）检测器。将 pH 控制在 2.5，以提供铬还原反应的最佳 pH 条件，ORP 设定值为 250mV，投加 $NaHSO_3$ 还原 Cr（Ⅵ）为 Cr（Ⅲ）和 Cr。出水的总铬含量<0.5mg/L，Cr（Ⅵ）含量<0.1mg/L[18]。

4. 碱性废水处理

碱性废水主要由热镀锌机组线产生，一般分为强碱废水和弱碱废水，处理工艺流程如图 1-6-42[17] 所示。

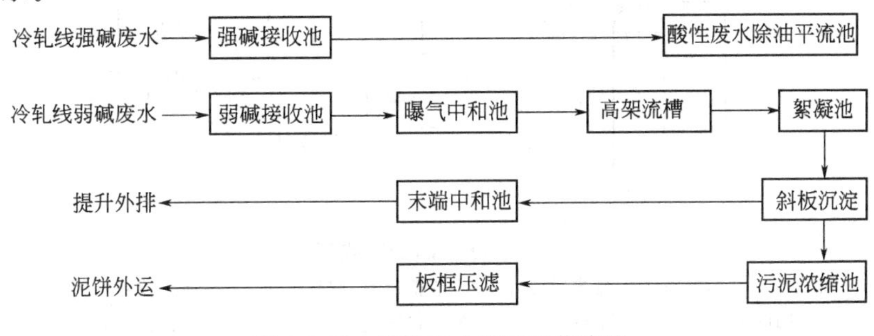

图 1-6-42 碱性废水处理工艺流程

三、酸洗废液

轧钢酸洗车间在酸洗钢材过程中，酸洗液的浓度逐渐下降，以致不能再用而需要排出废酸、更换新酸。这种不能继续使用的酸液叫做酸洗废液。用硫酸酸洗产生硫酸废液，含有游离硫酸和硫酸亚铁；用盐酸酸洗产生含盐酸的氯化亚铁废液；在酸洗不锈钢时，用硝酸-氢氟酸混合酸液，废液除含游离酸外，还含有铁、镍、钴、铬等金属盐类。所有的废酸液均含有用物质，应予以回收利用。

（一）硫酸酸洗废液的回收[6]

用硫酸酸洗钢材的废液，一般含有硫酸 5%～13%，含硫酸亚铁 17%～23%。这种酸洗废液回收方法较多，下面介绍比较常用的方法。

1. 真空浓缩冷冻结晶法（减压蒸发冷冻结晶法）

由于硫酸亚铁在硫酸溶液中的溶解度随硫酸浓度的升高而下降，因此要使尽量多的过饱和的硫酸亚铁结晶析出，就需要提高硫酸的浓度。本法就是在真空状态下通过加热和蒸发除去废酸中的部分水分，来提高硫酸和硫酸亚铁的浓度，然后再经冷冻降温到 0～10℃，使硫酸亚铁结晶，再经固液分离，便得到再生酸和 $FeSO_4 \cdot 7H_2O$ 副产品。前者可返回酸洗工艺使用，后者可外售作为净水混凝剂和化工原料。

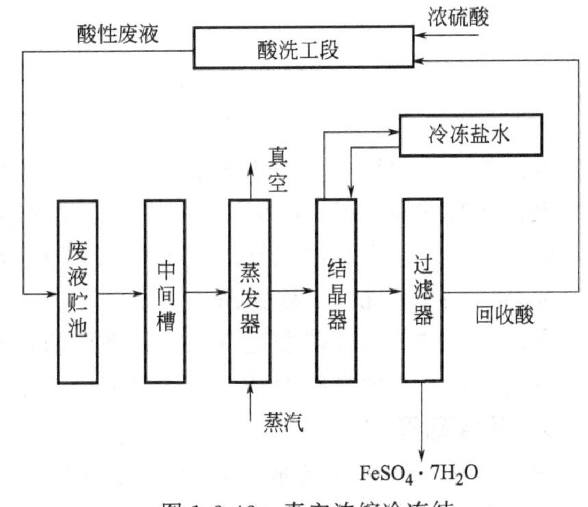

图 1-6-43 真空浓缩冷冻结晶法回收硫酸流程

真空浓缩冷冻结晶工艺流程见图 1-6-43。

2. 加酸冷冻结晶法（无蒸发冷冻结晶法）

加酸冷冻结晶法与真空浓缩冷冻结晶法基本相同，唯一区别是，后者通过真空蒸发来提高废酸浓度，而前者则采用加浓硫酸来提高酸浓度。工艺流程见图 1-6-44。

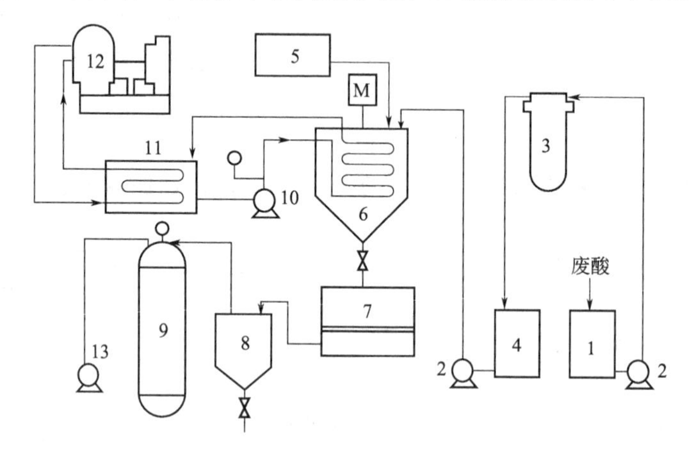

图 1-6-44 加酸冷冻结晶法回收硫酸工艺流程

1—废酸槽；2—酸泵；3—过滤器；4—过滤酸槽；5—浓硫酸槽；6—结晶器；7—抽滤槽；8—回收酸槽；9—缓冲罐；10—盐水泵；11—盐水箱；12—冷冻机；13—真空泵

此法比真空浓缩冷冻结晶法工艺简单、投资较少、不需要加热。

3. 加铁屑生产硫酸亚铁法

将铁屑加入废酸中，铁屑与其中的游离酸反应生成硫酸亚铁，工艺流程见图 1-6-45。

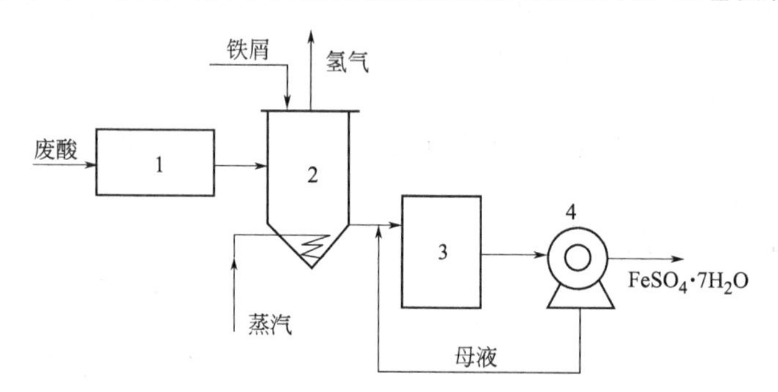

图 1-6-45 铁屑生产硫酸亚铁法流程

1—贮酸池；2—反应浓缩池；3—结晶器；4—离心分离机

本法工艺流程简单，投资较少，废酸量较少的场合使用较多。缺点是工作环境较差，最后残液仍含有酸性（pH 值为 1.5～2.0），并含有一定量的 $FeSO_4$，仍需中和处理后才能排放。此外，因反应中放出氢气，故采用此法时需注意防火，并应将反应气体排出室外。

4. 自然结晶-扩散渗析法

利用自然结晶回收硫酸亚铁，用扩散渗析回收硫酸。渗析器由阴离子交换膜和硬聚乙烯隔板所组成，其扩散液补加新酸后即可回用于钢材酸洗。

5. 聚合硫酸铁

聚合硫酸铁法是使硫酸酸洗废液经过催化氧化聚合反应，从而得到一种高分子絮凝剂——聚合硫酸铁，这种絮凝剂有良好的混凝沉淀性能，其澄清效果比硫酸亚铁、三氯化铁、碱式氯化铝要好，所以此法推广应用广泛。

(二) 盐酸酸洗废液的回收[6]

盐酸酸洗钢材所产生的废液，一般含游离盐酸 30～40g/L，氯化亚铁 100～140g/L，可用下述方法处理利用。

1. 喷雾燃烧法

它是将盐酸通过喷雾燃烧变成气态，使氯化亚铁分解成为 HCl 和 Fe_2O_3：

$$2FeCl_2 + 2H_2O + \frac{1}{2}O_2 \longrightarrow Fe_2O_3 + 4HCl \tag{1-6-11}$$

然后用水吸收氯化氢气体，从而得到再生盐酸。工艺流程见图 1-6-46。回收的氧化铁粒度为 40～200μm，可作为硬磁、软磁或颜料用。

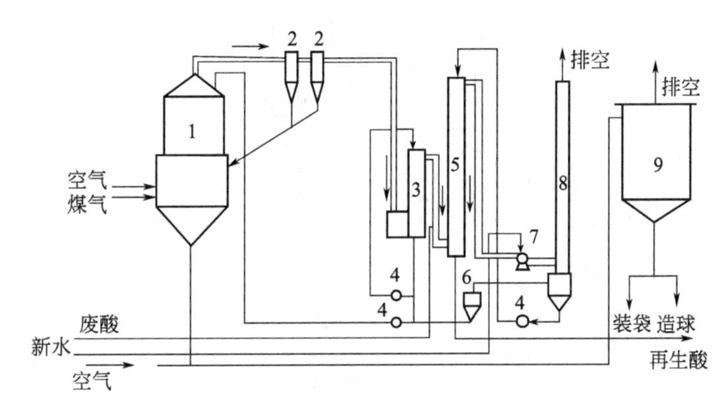

图 1-6-46 喷雾燃烧法回收盐酸流程

1—反应炉；2—旋风除尘器；3—预浓缩器；4—泵；5—吸收塔；6—水箱；7—风机；8—排气烟囱；9—氧化铁贮仓

2. 真空蒸发法

真空蒸发法是利用真空蒸发装置，在低温下使游离盐酸变为气相，而后采用冷凝可回收得到酸，氯化亚铁则结晶析出，其工艺流程见图1-6-47。

在蒸发器中加入硫酸与 $FeCl_2$ 起置换反应，取得更好的回收效果。

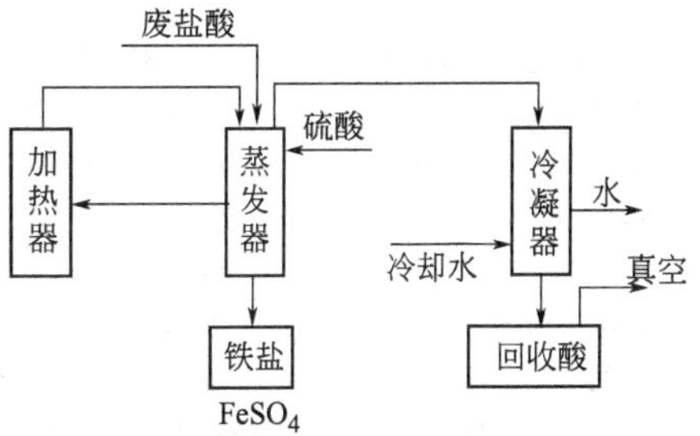

图 1-6-47 真空蒸发法回收盐酸工艺流程

(三) 硝酸-氢氟酸的回收

酸洗不锈钢材是用硝酸-氢氟酸的混合酸，采用减压蒸发法回收这种混酸液。

减压蒸发法回收硝酸-氢氟酸的工作原理是利用硫酸的沸点远远大于硝酸和氢氟酸的特点，向废酸中投加硫酸并在负压条件下加热蒸发，则硫酸与废酸中的金属盐类发生复分解反应，使其中的金属盐转化为硫酸盐；H^+ 与 F^- 和 NO_3^- 结合生成 HNO_3 和 HF，它们同废酸中的游离酸均变成气相，经冷凝即得到再生的混合酸。化学反应式如下：

$$2Fe(NO_3)_3 + 3H_2SO_4 \xrightarrow{\triangle} Fe_2(SO_4)_3 + 6HNO_3\uparrow \tag{1-6-12}$$

$$Ni(NO_3)_2 + H_2SO_4 \xrightarrow{\triangle} NiSO_4 + 2HNO_3\uparrow \tag{1-6-13}$$

$$NiF_2 + H_2SO_4 \xrightarrow{\triangle} NiSO_4 + 2HF\uparrow \tag{1-6-14}$$

$$2CrF_3 + 3H_2SO_4 \xrightarrow{\triangle} Cr_2(SO_4)_3 + 6HF\uparrow \tag{1-6-15}$$

$$2Cr(NO_3)_3+3H_2SO_4 \xrightarrow{\triangle} Cr_2(SO_4)_3+6HNO_3\uparrow \quad (1\text{-}6\text{-}16)$$

减压蒸发法有一次蒸发和二次蒸发两种。二次蒸发是先将废酸经第一次减压蒸发浓缩后再加硫酸进行第二次蒸发。它用于回收高浓度的硝、氟混酸。采用这种方法，贮存和运输方便，但流程较复杂，设备较多，投资较大。一次蒸发流程简单，但回收酸浓度较低，且要求进酸浓度比较稳定。图 1-6-48 给出了一次减压蒸发法回收硝酸-氢氟酸工艺流程。

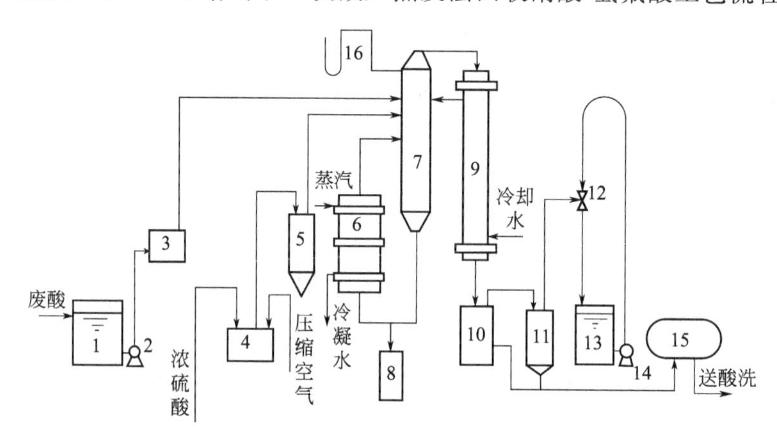

图 1-6-48 减压蒸发法回收硝酸-氢氟酸工艺流程

1—废酸槽；2—酸泵；3—废酸计量罐；4—浓硫酸贮罐；5—浓硫酸计量罐；6—加热器；7—蒸发器；8—残液贮罐；9—冷凝器；10—再生酸接收罐；11—真空槽；12—喷射器；13—循环水池；14—水泵；15—再生酸罐；16—测压管

此法的蒸发温度为 60～65℃，真空度为 88～93kPa，硝酸-氢氟酸的回收率约 90%。

参考文献

[1] 国家环境保护局. 钢铁工业废水治理. 北京：中国环境科学出版社，1992.
[2] 中商情报网公司. 2009—2012 年中国工业废水处理行业市场调研及发展预测报告，2009.
[3] 中国金属学会冶金环保学会. 冶金工业废水综合治理研讨会文集，1992.
[4] 郑雅杰，彭映林等. 酸性矿山废水中锌铁锰的分离及回收. 中南大学学报，2011，42 (7)：1858-1864.
[5] 周本军. 人工湿地在酸性矿山废水中的应用. 江西化工，2009 (3).
[6] 崔志，何为庆编著. 工业废水处理. 第 2 版. 北京：冶金工业出版社，1999.
[7] 马尧，张占学. 矿山废水的危害及其治理中的微生物作用. 科技情报开发与经济，2006，16 (10)：166-167.
[8] 卢宇飞，何艳明. 提高高炉炼铁工业循环废水水质的初步研究. 昆明冶金高等专科学校学报，2010 (3)：69-71.
[9] 周文. 高炉煤气洗涤水处理技术. 给水排水，2003，29 (7)：47-49.
[10] 方震宇. 转炉-连铸水处理技术的实践. 连铸，2006 (1).
[11] 边广义. 转炉除尘废水处理技术探讨. 包钢科技，2001 (1).
[12] 北京市环境保护科学研究院. 三废处理工程技术手册. 北京：化学工业出版社，2000.
[13] 刘桂秀. 炼钢转炉除尘系统废水回用处理技术改造. 工业用水与废水，2009，40 (5)：48-50.
[14] 李坤. 轧钢废水处理技术的现状分析. 南方金属，2008 (161)：17-19.
[15] 周克江. 气浮法在热轧废水处理中的应用. 工业水处理，2005 (6).
[16] 周久权，马驰. 热轧厂浊环水处理系统的改造. 浙江冶金，2003 (2).
[17] 方辉. 冷轧废水处理和运行控制. 冶金动力，2008 (5)：72-74.
[18] 任翱. 还原/混凝/过滤处理冷轧含酸含铬废水. 中国给水排水，2008，24 (20).

第七章 有色金属工业废水

在已知的107种元素中，有色金属占一半以上，达64种之多。其中铜、铝、铅、锌、镍、锡、锑、汞、镁、钛是最常用的10种有色金属。有色金属工业产品种类多，涉及范围广，除上述提及的64种元素外，尚包括硫、碲、硒、砷、硅五种非金属元素，还包括以这些金属为主要成分的合金及各种压力加工型材，以及在生产这些金属过程中产出的或综合回收的化合物制品。据统计[1]，2007年我国有色金属企业共生产10种有色金属2360.52万吨，比2006年增加443.51万吨，其中矿产金属量为2174.85万吨，比2006年增加407.47万吨，占10种有色金属产量的92.1%。在10种有色金属产量中，铝、锌、铜和铅的产量合计为2252.71万吨，占95.4%，而矿产金属产量中的铝、锌、铜和铅的产量合计为2067.05万吨，占矿产金属产量的95.0%，占10种有色金属产量的87.6%。表1-7-1[1]列出了2007年我国最常用的10种有色金属的产量。

表1-7-1　2007年我国10种有色金属产量一览表

序号	名称	产量/万吨	同比增长率/%	序号	名称	产量/万吨	同比增长率/%
1	电解铝	1255.86	34.3	6	锑	15.29	1.8
2	锌	371.42	17.8	7	锡	15.13	9.6
	其中矿产锌	366.08	16.7	8	镍	11.58	7.5
3	铜	349.69	16.6	9	海绵钛	3.05	129.6
	其中矿产铜	237.24	12.3	10	汞	298.1	15.1
4	铅	275.74	0.8		10种有色金属产量合计	2360.52	23.1
	其中矿产铅	207.87	−2.9		其中矿产金属产量合计	2174.85	23.1
5	镁	62.73	19.7				

在有色金属工业从采矿、选矿到冶炼，以至成品加工的整个生产过程中，几乎所有工序都要用水，都有废水排放。根据废水来源、产品和加工对象不同，可分为采矿废水、选矿废水、冶炼废水、加工废水。冶炼废水又可分为重有色金属冶炼废水、轻有色金属冶炼废水、稀有色金属冶炼废水。按废水中所含污染物主要成分，有色金属冶炼废水也可分为酸性废水、碱性废水、重金属废水、含氰废水、含氟废水、含油类废水和含放射性废水等。有色金属工业废水造成的污染主要有无机固体悬浮物污染、有机耗氧物质污染、重金属污染、石油类污染、醇污染、碱污染、热污染等[2]。表1-7-2列出了我国铜、铅、锌、铝、镍五种有色金属的主要污染物。

表1-7-2　我国五种有色金属主要工业污染物一览表[3]

行业	产品	污染物种类		
		废水	废气	固体废物
铜	铜精矿	Cu、Pb、Zn、Cd、As		废石、尾矿
	粗铜	Cu、Pb、Zn、Cd	SO_2、烟尘	
铅、锌	粗铅	Pb、Cd、Zn	SO_2、烟尘	冶炼渣
	粗锌	Pb、Cd、Zn	SO_2、烟尘	

续表

行业	产品	污染物种类		
		废水	废气	固体废物
铝	氧化铝	碱量、SS、油类	尘	赤泥
	电解铝	HF	粉尘、HF、沥青烟	
镍	镍	Ni、Cu、Co、Pb、As、Cd	SO_2、烟尘	废渣

据中国环境统计公报2001[4]，全国有色金属工业废水的年排污量超6亿吨（其中铜、铅、锌、铝、镍五种有色金属排放废水占80%以上）[5]，有色金属工业废水与黑色金属冶炼及加工废水相比，虽然水量不大，但其污染不可等闲视之。由于有色金属种类繁多，矿石原料品位贫富有别，冶金工艺技术先进落后并存，生产规模大小不同，所以生产单位产品的排污指标及排水水质的差别是很大的。有色金属工业是对水环境造成污染最严重的行业之一，因此对有色金属工业废水的治理工作是十分重要的。

治理有色金属工业废水的基本原则是：开展多种形式的清洁生产，减少排污量；提高水的重复利用率；强化末端治理技术。

我国有色金属工业废水治理起步于20世纪70年代初，目前已有了较大的发展，主要表现在以下三个方面。

① 中和法、离子交换法、萃取法、吸附法、浮选法、曝气法等多种废水治理方法在工程实践中已得到广泛应用，并取得了有效的治理效果，如酸性废水、含氰废水、含放射性废水等的治理都有多个成功应用的实例。

② 废水治理从单项治理发展到全面规划综合治理，从废水中回收有价值金属也初见成效。

③ 工业用水复用率逐年提高，目前各有色金属企业工业用水复用率可达78%～96%[5]。

在有色金属工业废水处理方面，尚有如下不足：有色金属工业废水的处理装置能力不够，尚有20%左右的废水未经处理直接外排[5]；另外，又有部分经过处理的有色金属工业废水不能达到排放或回用要求。因此，今后应开发新型的有色金属工业废水处理技术，强化废水处理设施的运行管理水平，以实现系统的末端治理达标排放。与此同时，在提高管理水平、增强节水意识方面的作用也不容忽视。

本章重点阐述有色金属矿山废水治理与冶炼废水治理两部分内容。

第一节 有色金属矿山废水

矿山开采包括采矿、选矿两项工艺。在矿山开采过程中，会产生大量的矿山废水，其中包括矿坑水、废石场淋滤水、选矿废水以及尾矿池废水等。此外，废弃矿井排水亦是矿山废水的一种。据不完全统计，全国矿山废水每年的总排放量约为2.98亿吨，占全国废水总排量的1.61%[5]。

采矿工业中最主要和影响最大的液体废物，来源于矿山酸性废水。无论什么类型矿山，只要赋存在透水岩层并穿越地下水位或水体，或只要有地表水流入矿坑，且在矿体或围岩中有硫化物（特别是黄铁矿）存在，都会产生矿山酸性废水。

选矿工业遇到的主要液体处理问题，就是从尾矿池排出的废水。该排出水中含有一些悬浮固体，有时候还会有低浓度的氰化物和其他溶解离子。氰化物是由各种不同矿物进行浮选和沉淀时所用药剂带来的。选矿厂排出的废水量很大，约占矿山废水总量的1/3。

矿山废水由于排放量大，持续性强，而且其中含有大量的重金属离子、酸、碱、悬浮物和各种选矿药剂，甚至含有放射性物质等，对环境的污染十分严重。控制矿山废水污染的基本途径有：①改革工艺，消除或减少污染物的产生；②实现循环用水和串级用水；③净化废水并回用。

一、生产工艺与废水来源

1. 采矿工艺与废水来源

采矿工艺是矿物资源工业的首道工艺，包括露天开采工艺及坑内矿山采掘工艺两种方法。虽然我国近年来引进了国外的先进采矿技术装备，但矿山建设和采矿生产仍然是有色金属工艺的一个薄弱环节。目前，我国有色金属的冶炼能力大于开采能力30%以上。

采矿废水按其来源可以分为矿坑水、废石堆场排水和废弃矿井排水，其中矿坑水可分为地下水、采矿工艺废水和地表进水。采矿废水按治理工艺可分为两类：一是采矿工艺废水；二是矿山酸性废水。采矿工艺废水主要是设备冷却水和凿岩除尘等废水，设备冷却水基本无污染，冷却后可以回用于生产。凿岩除尘等废水主要污染物是悬浮物，经沉淀后可回用。而矿山酸性废水是采矿废水中主要的治理对象。

矿山酸性废水主要产生于废石堆场和矿坑。废石堆场的酸性废水水质受废石成分、废石堆的几何形状、降雨强度和历时长短、气温、微生物等因素的影响；矿坑酸性废水的水质、水量因坑道地理位置、标高、围岩结构、开采作业方法、降水量等不同而不同。矿山酸性废水具有如下特点：①含多种金属离子，pH值多在2.5～4.5；②废水量大，水流时间长；③排水点分散，水质及水量波动大。

矿山酸性废水生成原理[2,6]如下。

矿山废水通常是因氧（空气中的氧）、水和硫化物发生化学反应生成的，微生物也可能发挥一定的作用：

$$2MeS_2+2H_2O+7O_2 \longrightarrow 2MeSO_4+2H_2SO_4 \tag{1-7-1}$$

$$4MeSO_2+2H_2SO_4+5O_2 \longrightarrow 2Me_2(SO_4)_3+2H_2O \tag{1-7-2}$$

$$Me_2(SO_4)_3+6H_2O \longrightarrow 2Me(OH)_3\downarrow+3H_2SO_4 \tag{1-7-3}$$

矿山酸性废水能使矿石、废石和尾矿中的重金属溶出而转移到水中，造成水体的重金属污染。矿山酸性废水可能含有各种各样的离子，其中可能包括Al^{3+}、Mn^{2+}、Zn^{2+}、Cd^{2+}、Pb^{2+}等。此外，这些废水中还含有悬浮物和矿物油等有机物[7]。表1-7-3是某矿山酸性废水的水质指标。

表1-7-3　某矿山酸性废水的水质指标[8]

项目	平均值	最小值	最大值	排放标准	项目	平均值	最小值	最大值	排放标准
pH值	2.87	2	3	6～9	Cr/(mg/L)	0.21	0.11	0.29	0.5
Cu/(mg/L)	5.52	2.3	9.07	1.0	SS/(mg/L)	32.3	14.5	50	200
Pb/(mg/L)	2.18	0.39	6.58	1.0	SO_4^{2-}/(mg/L)	43.40	2050	5250	
Zn/(mg/L)	84.15	27.95	147	4.0	Fe^{2+}/(mg/L)	93	33	240	
Cd/(mg/L)	0.74	0.38	1.05	0.1	Fe^{3+}/(mg/L)	679.2	328.5	1280	
As/(mg/L)	0.73	0.2	2.65	0.5					

2. 选矿工艺及废水来源

选矿是矿物资源工业的第二道工艺，通过选矿可以将有价金属含量低、多金属共生的矿石中的有价金属富集起来，并彼此分开，加工成相应的精矿，以利于后序的冶炼工艺的高效率及金属产品的高质量。选矿生产包括洗矿、破碎和选矿三道工序。常用的选矿方法有重选法、磁选法和浮选法。

选矿废水包括四部分：洗矿废水、破碎系统废水、选矿废水和冲洗废水。表 1-7-4[8] 列出了选矿工业各工段废水的特点。

表 1-7-4 选矿工业各工段废水的特点一览表

选矿工段		废水特点
洗矿废水		含有大量泥沙矿石颗粒，当 pH 值＜7 时，还含有金属离子
破碎系统废水		主要含有矿石颗粒，可回收
选矿废水	重选和磁选	主要含有悬浮物，澄清后基本可全部回用
	浮选	主要来源于尾矿，也有来源于精矿浓密溢流水及精矿滤液，该废水主要含有浮选药剂
冲洗废水		包括药剂制备车间和选矿车间的地面、设备冲洗水，含有浮选药剂和少量矿物颗粒

选矿废水的特点：①水量大，约占整个矿山废水量的 85%[5] 左右；②废水中的 SS 主要是泥沙和尾矿粉，含量高达每升几千至几万毫克，悬浮物粒度极细，呈细分散的胶态，不易自然沉降；③污染物种类多，危害大。

选矿废水中含有各种选矿药剂（如氢化物、黑药、黄药、煤油、硫化钠等）、一定量的金属离子及氟、砷等污染物，若不经处理排入水体，危害很大。有色金属选矿过程中，浮选法用水 4～7m^3/t，重选用水 20～26m^3/t，浮选-磁选联合工艺用水 23m^3/t，重选-浮选联合工艺用水 20～30m^3/t，除循环使用的水外，绝大部分使用后的水伴随尾矿以尾矿浆的形式从选矿厂流出[9]。选矿废水中含有大量泥沙和尾矿粉，可使整条河流变色。

表 1-7-5[8] 是某矿山选矿废水的水质指标。

表 1-7-5 某矿山选矿废水的水质指标 单位：mg/L（pH 值除外）

项 目	浓 度	项 目	浓 度	项 目	浓 度
pH 值	2	Pb	0.0184～0.813	Cd	0.028～0.004
SS	105.6～5396.00	Zn	0.008～0.858	As	0.0014～0.096
Cu	0.167～28.60	Cr(Ⅵ)	0～0.0098	CN^-	0.0004～0.096
S	0.003～1.239				

二、清洁生产

1. 采矿工艺与清洁生产

采矿工业应注重工艺革新，提倡清洁生产，以减少污水量的产生，并减少污染物的排放量。具体措施如下。

（1）更新设备，加强管理，减少整个采矿系统的排污量。

① 采用疏干地下水的作业，就可减少井下酸性废水的排放量[2]。

② 做好废石堆场的管理工作[10]：对已废弃的废石堆积地进行密封（喷洒沥青、泥土覆盖、植被），以隔绝气和雨水的冲刷。对正在使用的废石堆积地，要合理安排，尽可能将堆满的部分（不使用部分）进行密封；对正在用的场地，则可以在其周围修设渠道、排水孔或分层喷洒沥青及其他价廉的覆盖层。

③ 对废弃矿井也要做好管理工作，应截断地下径流及地表水渗滤，避免废弃矿井长时间污染附近水域。

（2）开展系统内有价金属的回收工作，这既可以减少污染物的排放量，同时又降低了废水的污染程度。

对矿山含铜酸性废水，采用石灰中和沉淀法和石灰调 pH-铁屑置换-石灰沉淀法分别进行试验，经铁屑置换后，废水中大部分的铜以海绵铜的形式回收，回收率可达 95%以上。采用反渗透工艺，对浓缩液用硫化沉淀处理，铜回收率可达 74%[10]。

（3）加强整个系统各个污水排放口的监测工作，做到分质供水，一水多用，提高系统水的复用率和循环率；同时也可以利用废弃矿井等作为矿山废水的处理场所，达到因地制宜、以废治废的目的[2]。

2. 选矿工艺与清洁生产[2]

选矿工业在清洁生产方面，应做到以下几个方面。

①尽量采用无毒或低毒选矿药剂替代剧毒药剂（如含氰的选矿剂等），避免产生含毒性的难治理废水。

②采用回水选矿技术，使选矿系统形成密闭循环体系，达到零排放。

③加强内部管理，做到分质供水，一水多用，提高系统水的复用率和循环率。

如某铜矿，将铜硫混合浮选、混合精矿进行铜硫分选的选矿工艺改进为优先选铜、选铜尾矿选硫的工艺，并根据选矿工艺过程各工段废水水质的差异进行废水回用，保障了在缺水期生产的顺利进行，同时又降低了中和剂石灰的用量（约降低 22%）。其具体措施为：利用铜精矿和硫精矿浓密机回水中重金属离子含量少、pH 值高的特点，在生产中单独将部分浓密机溢流水用作铜粗选作业，以补充石灰用作浮选作业中矿浆 pH 值调整剂。当浓密机溢流水添加量为磨矿机补加水总用水量的 15%～20%时，既节约了石灰用量及新鲜水的用量，而且对铜硫选矿指标毫无影响[8]。

3. 采选工艺与清洁生产

有许多有色金属矿山往往是采选并举，这时应充分利用采选废水水质的差异进行清污分流，回水利用，达到消除污染、综合治理、保护环境的目的。

如某采选并举铜矿采选废水的综合治理，其具体措施为：清污分流，硫精矿溢流水返回利用；在硫精矿溢流水分流后，矿区混合废水由矿口外排水、生活废水、自然水组成，将这部分废水截流沉淀后用于选矿生产。该措施省能耗，节约新鲜水，回水利用率达 65%[2]。

三、废水处理与利用

矿山废水水质水量变化十分复杂，但其处理方法与其他大多数低浓度有机工业废水相比，并无不同。矿山废水处理或防治方法所遵循的基本原则[2]如下：①直接在水源出处防止矿山废水的生成；②封存污染水，采用有效的处理方法，实现系统循环使用，形成封闭循环系统；③改进主体工艺，实行清洁生产；④清浊分流，分别治理；⑤具体到某一治理项目时，针对其水质、水量，采用最佳方法。

（一）矿山酸性废水处理工艺

目前，我国有色矿山酸性废水的处理方法有中和法、反渗透法、硫化法、金属置换法、萃取法、吸附法、浮选法、生物法等，其中中和法因其工艺成熟、效果好、费用低而成为最常用的处理方法。通常酸性废水的处理工艺采用上述方法联合的工艺。

1. 处理方法

（1）石灰中和法[2,7,8]　生石灰、熟石灰、石灰石是中和法中较多采用的中和剂，此外，苏打（Na_2CO_3）及苛性碱（NaOH）等钠基盐也可作为中和剂，但后者因为费用高而较少采用。中和的目的是要去除矿山酸性废水的酸度和溶解性组分。中和法一般与将 Me^{2+} 转化成 Me^{3+} 的曝气氧化过程结合使用，以更高效地去除金属离子。

中和法的优点是操作简便，便于实现连续运行，运行费用低。缺点是生成大量沉淀物，络合离子难以去除。

(2) 硫化物沉淀法[2,8] 硫化物沉淀法是向含金属离子的废水中投加硫化钠或硫化氢等硫化剂，使金属离子与硫离子反应，生成难溶的金属硫化物，再予以分离除去的方法。采用硫化物沉淀法处理含重金属离子的废水，有利于回收品位较高的金属硫化物。大多数重金属硫化物的溶度积都很小，因此用硫化法处理重金属废水的去除率高。根据金属硫化物溶度积的大小，其沉淀析出的顺序为；Hg^{2+}、Ag^{+}、As^{3+}、Bi^{3+}、Cu^{2+}、Pb^{2+}、Cd^{2+}、Zn^{2+}、Co^{2+}、Ni^{2+}、Fe^{2+}、Mn^{2+}，位置越靠前的金属硫化物，其溶解度越小，处理也越容易。由于各种金属硫化物的溶度积相差悬殊（例如硫化汞为 4.0×10^{-53}，而硫化铁为 6.3×10^{-13}），所以通过硫化物沉淀法把溶液中不同金属离子分步沉淀，所得泥渣中金属品位高，便于回收利用。

(3) 金属置换法[2,7,8] 采用金属置换（还原）法可回收废水中的金属。原则上说，只要比待去除金属更活泼的金属都可作置换剂；而在实际上，还要考虑置换剂的来源、价格、二次污染、后续处理等一系列问题。铁屑（粉）是最常用的置换剂。该方法的缺点是试剂费用较高。

(4) 萃取法[2,8] 萃取法是利用溶质在水中和有机溶剂（萃取剂）中溶解度的不同，使废水中的溶质转入萃取剂中，然后使萃取剂与废水分层分离。选用的萃取剂应具有良好的选择性、一定的化学稳定性、与水的密度差大且不互溶、易于回收和再生、不产生二次污染等特点。针对金属废水种类繁多、性质各异这一特点，已经研究了多种金属离子的高选择性萃取剂。采用萃取法处理金属矿山废水，便于回收废水中的有用金属，因而在处理金属矿山废水中得到了应用。

(5) 离子交换法[2,8] 利用固体离子交换剂与溶液中有关离子间相应量的离子互换反应，可使废水中离子污染物分离出来。离子交换是在装填有离子交换剂的交换柱中进行的。

离子交换剂是决定交换处理效果的一个重要因素。离子交换剂分为无机的和有机的两大类。无机的离子交换剂有天然沸石、合成沸石、磺化煤等。沸石在处理重金属废水和放射性废水中得到了应用。有机的离子交换剂通常指人工合成的离子交换树脂。按可交换离子的种类，离子交换树脂可分为阳离子交换树脂和阴离子交换树脂。

离子交换法处理废水的基本过程是交换和再生两步。交换饱和后的离子交换树脂，可用酸、碱、盐等化学药剂（再生剂）进行洗脱再生，离子交换树脂恢复其交换能力后，可重新使用，而污染物则浓集于洗脱液中，便于进一步回收处理。离子交换法处理废水的费用虽然较高，但由于处理后出水水质好，可回用于生产，且易于回收废水中的有用物质，因而在处理重金属废水、稀有金属废水和贵金属废水中均有应用。

(6) 生物法[8,9] 生物法之一是利用硫酸盐还原菌（SRB）将矿山酸性废水中的硫酸盐还原为硫化氢，并利用某些微生物将硫化氢氧化为单质硫。微生物法处理矿山酸性废水费用低，实用性强，无二次污染，还可以回收单质硫，产生的硫化物可与重金属结合为金属硫化物沉淀而使废水中的重金属离子得以去除。

生物法中的人工湿地法是利用基质、微生物、植物复合生态系统的物理、化学和生物的三重协调作用，通过过滤、吸附、共沉、离子交换、植物吸收和微生物分解来实现对污水的高效净化。该法具有出水水质稳定，对水中 N、P 等营养物质去除能力强，基建和运行费用低，维护管理方便，耐冲击能力强等优点。

(7) 吸附法[7,8]　针对重金属的特性，主要采用褐煤、矿物材料、活性炭和泥炭地等吸附材料和基质。

① 褐煤吸附。褐煤、冶金焦炭、硬木锯屑及其他似纤维素材料都可用作金属的良好吸附剂，而未精选的褐煤效果最好，能吸附自身重量15%的铜或镍，36%的银和46%的铅，还成功地吸附锌和钙通过酸解吸可以从煤中回收金属，通过与石灰中和，煤可再使用。

② 泥炭地吸附。酸性水经泥炭地，由于阳离子交换和亚铁离子氧化作用，其酸度和亚铁离子含量显著降低。

2. 处理工艺举例

(1) 石灰石-石灰乳二段中和工艺　如某金矿利用石灰石-石灰乳二段中和工艺处理含重金属离子的矿山酸性废水。该矿山酸性废水的特点是：pH 值低，重金属离子、硫酸根离子含量高。其处理工艺流程如图 1-7-1[8] 所示，处理水质如表 1-7-6[8] 所示。

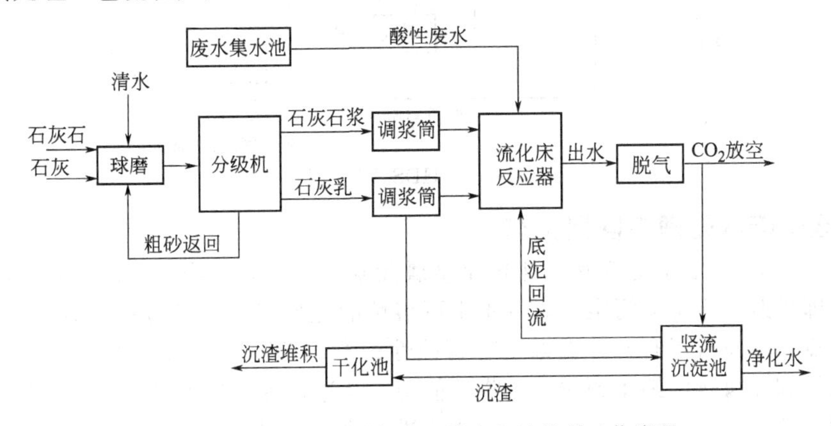

图 1-7-1　石灰石-石灰乳二段中和法处理工艺流程

表 1-7-6　石灰石-石灰乳二段中和法处理酸性废水水质表

项目＼取样点	原废水	石灰乳中和法（一段中和法）	二段中和法		国家排放标准
			石灰石中和出水	石灰乳调节出水	
pH 值	2.34	7.55	6.00	7.62	6～9
Cu^{2+}/(mg/L)	2.30	0.025	0.050	0.033	1.0
Pb^{2+}/(mg/L)	0.625	0.075	0.125	0.050	1.0
Cd^{2+}/(mg/L)	37.75	0.208	25.0	1.25	4.0
Pb^{2+}/(mg/L)	0.75	0.010	0.063	0.013	0.1
Fe^{2+}/(mg/L)	115.50	0.45	11.75	0.40	—
Fe^{3+}/(mg/L)	434.50	0.10	6.50	1.00	—
Ca^{2+}/(mg/L)	121.06	766.72	1341.76	810.10	—
SO_4^{2-}/(mg/L)	2436.49	2078.28	2307.69	未检出	—
SS/(mg/L)	14.5	未检出	106.40	未检出	200

主要技术指标：①处理水量 470～6400m^3/d，年平均 2100m^3/d；②沉渣含水率≤60%；③石灰石消耗量 3kg/m^3（废水）；④石灰消耗量 0.33kg/m^3（废水）。

该工程由一段中和法改建而成。一段中和法的缺点是：生石灰给料不均匀、pH 值难以控制、受潮石灰给料困难、中和渣难沉淀等。二段中和法以石灰石为主要中和剂，辅之以石灰乳作调节剂，其各项技术指标均优于一段中和法。

(2) HDS工艺 HDS工艺（high density sludge process）[9]是在石灰中和工艺基础上的一种高效底泥循环回流技术，其基本原理是将废水酸碱中和形成的部分底泥进行循环，与中和药剂石灰充分混合后再进入酸碱反应池内。返回的目的是使底泥中包裹的没有反应完全的石灰达到充分利用，以降低石灰用量，同时，循环絮凝后的回流底泥在与石灰混合的过程中作为硫酸钙晶种，为新生成硫酸钙和氢氧化物等沉淀物提供生长场所和载体，进一步增大絮体颗粒，进而提高底泥浓度和处理量。某铜矿采用该工艺，底泥浓度达到18%以上，处理后水质pH值7～8，SS含量<65mg/L，COD<85mg/L，达到国家二级排放标准（GB 8978—1996）。其工艺流程见图1-7-2[9]。

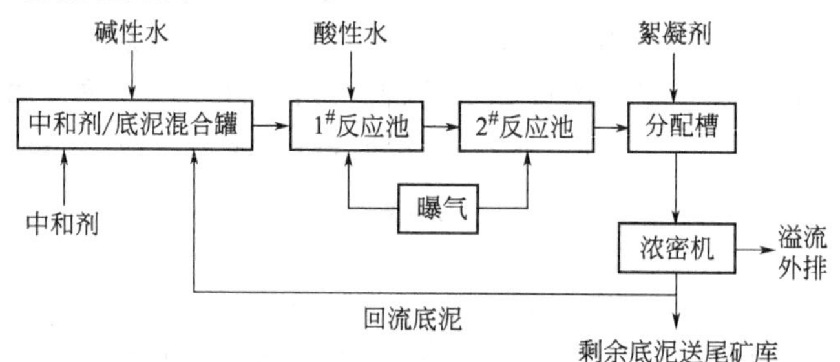

图1-7-2 HDS工艺流程

(二) 选矿废水处理与回用工艺

从表1-7-5可以看出，选矿废水中的重金属元素大都以固态物存在，只要采取物理净化沉降的方法即可避免重金属污染，而废水中可溶性的选矿药剂是多数选矿废水的主要危害。这危害有四点：本身有毒有害；无毒但有腐蚀性；本身无毒但增加水体BOD；矿浆中含有大量的有机物和无机物的细小颗粒，沉降性能差。从选矿废水处理方法来讲，最有效的措施是尾矿水返回使用，减少废水总量；其次才是进行净化处理。

1. 处理工艺

处理选矿废水的方法有氧化、沉降、离子交换、活性炭吸附、浮选、生化、电渗析等，其中氧化法和沉降法是普遍采用的方法。有时单独使用，有时也采用联合流程。

(1) 自然沉降法 即将废水打入尾矿坝（或尾矿池、尾砂场）中，充分利用尾矿坝面积大的自然条件，使废水中悬浮物自然沉降，并使易分解的物质自然氧化降解。这种方法简单易行，目前国内外仍在普遍采用。

(2) 中和沉淀法和混凝沉淀法 向尾矿水中投加石灰，可使水玻璃生成硅酸钙沉淀，此沉淀与悬浮固体共沉淀而使废水得到净化。有时，为改善沉淀效果，可加入适量无机混凝剂（如硫酸亚铁）或高分子絮凝剂，亦可加酸使硅酸钠转化为具有絮凝作用的硅酸，从而改善沉降效果。采用中和沉淀法和混凝沉淀法处理尾矿水，具有水质适应性强、药剂来源广、操作管理方便、成本低等优点，目前已被广泛使用。

混凝-斜管沉淀法工艺流程如图1-7-3[11]所示。

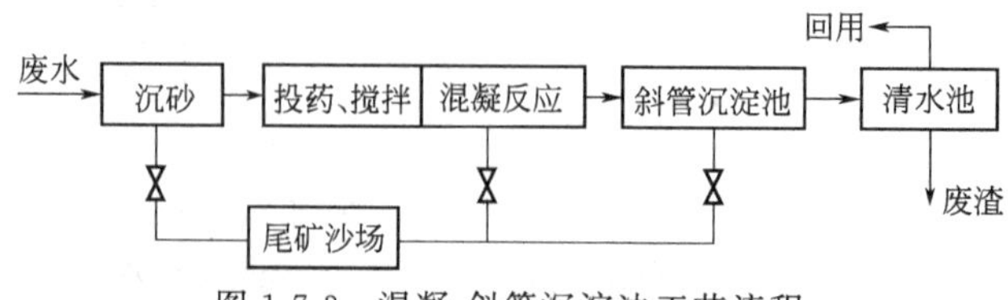

图1-7-3 混凝-斜管沉淀法工艺流程

(3) 氧化法[12] 选用次氯酸钠、氯气、液氯、漂白粉等药剂与水反应，生成活性氯，因活性氯能迅速破坏有机物并使硫化物中的硫进一步氧化，达到除COD、硫化物和氰化物的目的。

2. 回用工艺

（1）浓缩池回水工艺　在选矿厂内或选矿厂附近修建浓缩池回水设施进行尾矿脱水，尾矿砂沉在浓缩池底，澄清水溢流出浓缩池，并送回选矿厂回用。浓缩池的回水率一般可达40%～70%，浓缩池底矿浆浓度可达到60%～65%[13]。

（2）尾矿库回水工艺　尾矿库回水就是把剩余的这部分澄清水回收，供选矿厂使用。将尾矿废水入尾矿库以后，尾矿矿浆中所含水分一部分残留在沉积尾矿的空隙中，一部分聚集在尾矿库内自然澄清、降解有毒有害物质，另一部分在库内蒸发[13]。

第二节　有色金属冶炼工业废水

有色金属冶炼企业是耗水量大、废水排放量大，废水中污染物种类多、数量大，对水环境污染最严重的行业之一。有色冶金废水对环境的污染有如下特点：①水排放量大；②污染源分散、复杂；③污染物种类繁多；④污染物毒性大。

有色金属冶炼废水污染物浓度如表1-7-7[3]所示。

表1-7-7　有色金属冶炼废水污染物浓度　　单位：mg/L

类别	汞	镉	六价铬	铅	砷	挥发酚	氰化物	COD	石油类	悬浮物	硫化物
最大	0.26	12.63	23.81	230.77	7.71	79.34	77.93	4720.28	80.00	5324.68	486.29
平均	0.08	0.83	1.16	4.37	0.81	4.34	4.63	139.23	5.25	199.99	16.58

我国有色金属冶炼废水的排放具备以下特征[5]：

（1）有色金属冶炼废水中重金属浓度较高，水处理工艺比较复杂。

（2）有色金属冶炼废水的水重复利用率、回用率及零排放率高于工业废水的平均水平，但低于钢铁冶炼和轧钢废水。

（3）我国有色金属冶炼废水整体处理水平较高，但不同规模的企业存在处理水平差异，小型企业和乡镇企业的数量较多，且处理水平较低。

（4）同时由于地域不同，废水的水质、水量及废水处理水平不同亦存在较大差异。

一、生产工艺与废水来源[2]

有色金属通常分为重有色金属、轻有色金属、稀有色金属三大类。重有色金属包括铜、铅、锌、镍、钴、锡、锑、汞等，轻有色金属主要指铝、镁，而稀有色金属则是因其在自然界含量很少而命名的，如锂、铷等。

有色冶金废水的来源为设备冷却水、冲渣水、烟气净化系统排出的废水及湿法冶金过程排放或泄漏的废水。其中冷却水基本未受污染，冲渣水仅轻度污染，而烟气净化废水和湿法冶金过程排出的废水污染较严重，是重点治理对象。

1. 重有色金属冶炼生产工艺与废水来源

典型的重有色金属如Cu、Pb、Zn等的矿石均包括硫化矿和氧化矿两种，但一般以硫化矿分布最广。铜矿石80%[2]来自硫化矿，冶炼以火法生产为主，炉型有白银炉、反射炉、电炉或鼓风炉以及近年来发展的闪速炉，其主要工艺流程见图1-7-4[2]。

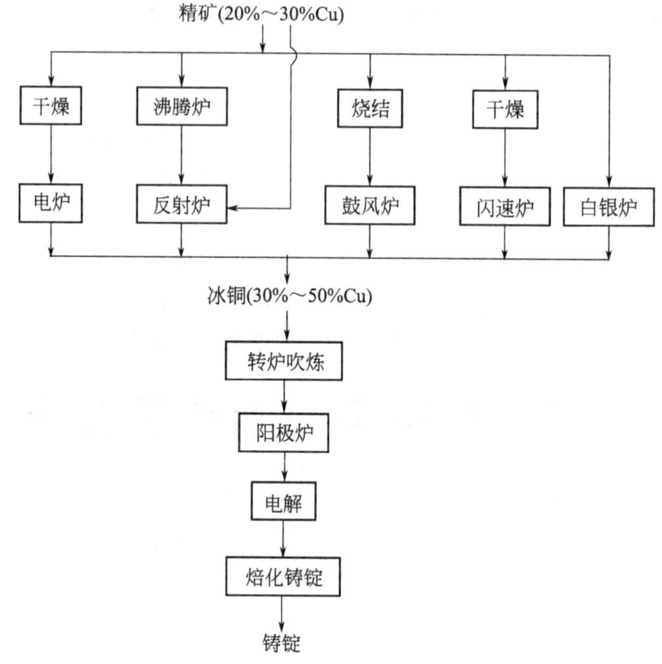

图 1-7-4 铜冶炼主要工艺流程

目前世界上生产的粗铅 90%[2] 采用焙烧还原熔炼。基本工艺流程是铅精矿烧结焙烧，鼓风炉熔炼得粗铅，再经火法精炼和电解精炼得电铅。锌的冶炼方法有火法、湿法两种，湿法炼锌的产量约占总产量的 75%～85%[2]。表 1-7-8[3] 列出了我国几种铜、铅、锌冶炼工艺用水量。

表 1-7-8 重金属冶炼废水用量情况一览表

行业	炉型	产量/(t/a)	用水量①/(m^3/t)	行业	炉型	产量/(t/a)	用水量①/(m^3/t)
铜冶炼	白银炉	34090	100.0	铅冶炼	烧结鼓风炉	73493	41.50
	鼓风炉	40050	221.0			55904	107.6
					密闭鼓风炉	26102	20.14
		10198	209.8			10510	80.81
				锌冶炼	湿法炼锌	110098	41.50
	电炉	70301	13.98		竖罐炼锌	11372	128.0
	反射炉	54003	123.69		密闭鼓风炉	55005	20.14
	闪速炉	80090	611.0			22493	80.81

① 铜冶炼以 1t 粗铜计，铅、锌冶炼以 1t 产品计。

重有色金属冶金包括火法、湿法两种。火法冶金废水包括冷却水、冲渣水、烟气净化废水、车间清洗排水四种；湿法冶金废水包括烟气净化废水和湿法冶炼废水两种。

重有色金属冶炼企业的废水主要包括以下几种[2,8]。

(1) 炉窑设备冷却水　它是冷却冶炼炉窑等设备而产生的，排放量大，约占总量的 40%。

(2) 烟气净化废水　它是对冶炼、制酸等烟气进行洗涤所产生的，排放量大，含有酸、碱及大量重金属离子和非金属化合物。

(3) 水淬渣水（冲渣水）　它是对火法冶炼中产生的熔融态炉渣进行水淬冷却时产生

的，其中含有炉渣微粒及少量重金属离子等。

(4) 冲洗废水　它是对设备、地板、滤料等进行冲洗所产生的废水，还包括湿法冶炼过程中因泄漏而产生的废液，此类废水含重金属和酸。

重有色金属冶炼废水中的污染物主要是各种重金属离子，其水质组成复杂、污染严重。据统计，其废水中需处理的废水量占总废水量的31%。表1-7-9[3]列出了几种炉型重有色金属冶炼废水的水质指标。

表1-7-9　几种炉型重有色金属冶炼废水的水质

冶金方法(炉型)	废水类别	废水主要成分/(mg/L)
反射炉(白银-冶、炼铜)	熔炼、精炼等废水	Cu102.4、Pb5.7、Zn252.35、Cd195.7、Hg0.004、As490.2、F1400、B640、Fe2233、Na2833、$H_2SO_4$153.8
电炉(以某厂为例)	熔炼铜废水	Cu41.03、Pb13.6、Zn78.7、Cd6.56、As76.86
鼓风炉(某铜铅冶炼厂)	铜鼓风炉熔炼废水	Cu2～3、As0.6～0.7
	铅鼓风炉熔炼废水	Pb20～130、Zn110～120
闪速炉(某铜冶炼厂)	烟气制酸废水	$H_2SO_4$150、Cu0.9、As8.4、Zn0.6、Fe1.9、F1.5(g/L)
电解精炼(某电铜冶炼厂)	含铜酸性废水	pH2～5、Cu30～300

2. 轻有色金属冶炼生产工艺与废水来源

铝、镁是最常见也是最具代表性的两种轻金属。铝、镁的生产工艺流程分别见图1-7-5[14]、图1-7-6[14]。

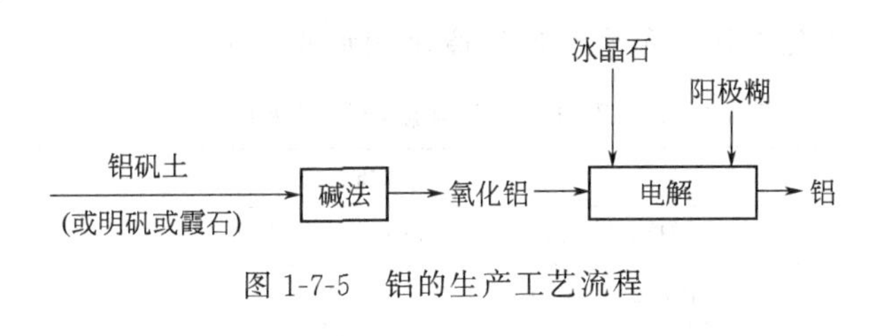

图1-7-5　铝的生产工艺流程

图1-7-6　镁的生产工艺流程(氯化电解法)

我国主要用铝矾土为生产原料采用碱法来生产氧化铝。废水来源于各类设备的冷却水、石灰炉排气的洗涤水及地面等的清洗水等。废水中含有碳酸钠、NaOH、铝酸钠、氢氧化铝及含有氧化铝的粉尘、物料等，危害农业、渔业和环境[2]。

电解法生产金属铝的主要原料是氧化铝，电解过程中产生大量的含有氟化氢和其他物料烟尘的烟气，而电解过程本身并不使用水也不产生废水。电解铝厂废水主要包括来源于硅整流所、铝锭铸造、阳极车间等工段的设备冷却水和产品冷却洗涤水，湿法烟气净化废水。电解铝厂的废水主要是由电解槽烟气湿法净化产生的，其废水量、废水成分和湿法净化设备及流程有关，吨铝废水量一般在1.5～15m^3之间，废水中主要污染物为氟化物。如某铝厂有22台40kA电解槽，每槽排烟量1000m^3/h，相当300000m^3/t(铝)，烟气在洗涤塔内用清水喷淋洗涤，循环使用，洗涤液最终含氟100～250mg/L，同时还含有沥青悬浮物等杂质成分。若采用干法净化含氟烟气，废水量将大大减少[2]。

铝冶炼工业废水的特点见表1-7-10[3]。

表 1-7-10 铝冶炼工业废水特点一览表

生产方法	废 水 特 点	废 水 量
碱法生产氧化铝	废水中含有碳酸钠、NaOH、铝酸钠、氢氧化铝及含有氧化铝的粉尘、物料等，危害农业、渔业和环境	量大、碱度高
电解铝生产	包括含氟的烟气净化废水、设备冷却水和产品冷却洗涤水、阳极车间废水等	含氟的烟气净化废水、阳极车间废水需处理；冷却水可以做到循环利用

我国目前主要以菱镁矿为原料，采用氯化电解法生产镁。氯在氯化工序中作为原料参与生成氯化镁，在氯化镁电解生成镁的工序中氯气从阳极析出，并进一步参加氯化反应。在利用菱镁矿生产镁锭的过程中氯是被循环利用的。镁冶炼废水中能对环境造成危害的成分主要是盐酸、次氯酸、氯盐和少量游离氯。镁冶炼工业废水的特点见表 1-7-11[3]。

表 1-7-11 镁冶炼工业废水的特点一览表

废水类别	来 源	废水特点
间接冷却水	镁厂的整流所、空压站及其他设备间接冷却水	未受污染，仅温度升高
尾气洗涤水	氯化炉尾气	呈酸性(盐酸)、含有氯盐
洗涤水	排气烟道和风机洗涤水	
氯气导管冲洗废水	氯气导管	
电解阴极气体洗涤水	电解阴极气体经石灰乳喷淋洗涤而得	排出的废水含有大量氯盐
镁锭酸洗镀膜废水	镁锭酸洗镀膜车间	量少，但含有重铬酸钾、硝酸、氯化铵等

表 1-7-12[3] 列出了几种轻有色金属冶炼废水的水质指标。

表 1-7-12 几种轻有色金属冶炼废水特点一览表

废水来源	水质特点/(mg/L)
碳化法生产氧化铝	pH 值 9.8，总碱度(以 Na_2O 计)249，SS 383，氟化物 1.24，COD11.3，油 8.37
电解铝生产废水	HF106.3，粉尘 572.1，焦油 86.1
氯化电解法	pH 值 1.5，总酸度(HCl)1200，SS 8.4，Cl^- 1138，Cl_2 1.59，Cr^{6+} 0.01，$FeCl_3$ 39.1，$SiCl_4$ 110，$CaCl_2$ 0.33，$MgCl_2$ 0.76

3. 稀有色金属冶炼工艺及废水来源

稀有金属和贵金属由于种类多（约 50 多种）[2]，原料复杂，金属及化合物的性质各异，再加上现代工业技术对这些金属产品的要求各不相同，故其冶金方法也相应较多，废水来源和污染物种类也较为复杂，这里只作概略叙述。

在稀有金属的提取和分离提纯过程中，常使用各种化学药剂，这些药剂就有可能以“三废”形式污染环境。例如钽、铌精矿的氢氟酸分解过程中，加入氢氟酸、硫酸，排出水中也就会有过量的氢氟酸。稀土金属生产，用强碱或浓硫酸处理精矿，排放的酸或碱废液都将污染环境。含氰废水主要是在用氰化法提取黄金时产生的。该废水排放量较大，含氰化物、铜等有害物质的浓度较高。如某金矿每天排放废水 100～2000m^3，废水中含氰化物（以氰化钠计）1600～2000mg/L、含铜 300～700mg/L、硫氰根 600～1000mg/L[2]。此外，某些有色金属矿中伴有放射性元素时，提取该金属所排放的废水中就会含有放射性物质。

稀有金属冶炼废水主要来源[2]为：生产工艺排放废水；除尘洗涤水；地面冲洗水、洗衣房排水及淋浴水。废水特点：废水量较少，有害物质含量高；稀有金属废水往往含有毒性，但某些物质的致毒浓度限制尚未明确，仍需进一步研究；不同品种的稀有金属冶炼废水，均有其特殊性质。如放射性稀有金属、稀土金属冶炼厂废水含放射性，铍冶炼厂废水含铍等。

二、清洁生产

有色金属冶炼企业是“三废”污染排放量极大的工业企业，以水环境而论的清洁生产应采用以下措施。

1. 调整产业结构[15]

在产业内部或产业之间，把传统经济的单向产业链条“资源-产品-废物”转变为“资源-产品-再生资源”的循环产业链条，将上游生产的副产品或废物作为下游生产的原料，形成产业内、行业间的产业链。例如某铝业集团通过延长产业链，实现资源合理配置：一方面向上游延伸，实现了煤-电-铝一体化；另一方面向下游产品延伸，积极发展铝合金及铝大板锭产品，减少铝的损失，提高了资源利用效率。

2. 革新生产工艺[2]

采用新工艺、新技术，可以从根本上消除或减少废水排放，减少生产废水的总量，也即降低单位产品的排污量并最终降低总排污量。以铅锌生产为例，国外某年产量39.47万吨的铅锌冶炼厂其每小时的废水量为$270m^3$，我国某冶炼厂年产量只有其41%，但每小时的废水量却达$1155m^3$，是前者的4.3倍。可见，我国有色冶金企业在降低用水总量及单位产品的耗水量方面尚有很大的潜力，通过企业内部生产工艺革新及提高废水的循环率和复用率等措施，是可以改善目前的现状的。

3. 提高水的复用率[2]

提高水的复用率是防止和根治工业企业污染的另一主要措施。为提高废水的循环率和复用率，在企业内部必须做到：严格监测，清污分流，通过局部处理及串级供水两项措施尽量减少新鲜水的使用量。在废水处理之前，一般是首先进行清污分流，把未被污染或污染甚微的清水和有害杂质含量较高的污水彻底分开。清水直接返回生产使用，污水也可预先在车间或工序稍加净化（即局部处理），净化水如能满足生产要求（其中所含有害杂质能达到工艺要求和不影响产品质量），即返回工序使用。也可以将水质要求较高的工序或设备排水作为水质较低的工序或设备的给水，即串级供水。

国外发达国家冶金企业水的复用率都较高。如日本铅锌冶炼废水的平均复用率达96%以上，个别企业已实现工业用水复用率100%。我国有色金属冶炼废水的平均复用率在85%左右，有待进一步提高[5]。

4. 加强管理[15]

实践表明，工业生产中有相当一部分污染是由于生产过程管理不善造成的，只要改进操作，改善管理，便可获得明显的削减废水和减少污染的效果。主要方法是：加强生产设备管理维护，避免泄漏，使人为的污染排放减至最小；企业内部加强生产用水的管理，避免交叉污染，以确保清污分流，从而提高废水的循环率和复用率。

无论是发展新的生产工艺，还是提高废水的循环率和复用率，在一个冶金工业企业中总存在着废水处理问题。这就要求建立废水处理设施，对工业生产所排放的废水进行强化治理，以保障整个系统废水的达标排放或循环使用。在对废水进行处理的同时，可以回收有价金属及其他有用的产品，从而减少污染物的排放总量。为此，开发适宜的高效污水处理技术是十分重要的。

三、废水处理与利用

有色金属冶炼废水水量大、水质复杂，目前的主要处理方法以物理、化学方法为主，针对不同水质水量特征，采用最佳方法。

(一) 重有色金属冶炼废水处理工艺

1. 处理方法[16]

重有色金属冶炼废水的处理，常采用石灰中和法、硫化物沉淀法、吸附法、离子交换法、氧化还原法、铁氧体法、膜分离法及生化法等。这些方法可根据水质和水量单独或组合使用。以下介绍其中的几种方法。

(1) 中和法[2,17] 这种方法是向含重有色金属离子的废水中投加中和剂（石灰、石灰石、碳酸钠等），金属离子与氢氧根反应，生成难溶的金属氢氧化物沉淀，再加以分离除去。利用石灰或石灰石作为中和剂在实际应用中最为普遍。沉淀工艺有分步沉淀和一次沉淀两种方式。分步沉淀就是分段投加石灰乳，利用不同金属氢氧化物在不同 pH 值下沉淀析出的特性，依次沉淀回收各种金属氢氧化物。一次沉淀就是一次投加石灰乳，达到较高的 pH 值，使废水中的各种金属离子同时以氢氧化物沉淀析出。石灰中和法处理重有色金属废水具有去除污染物范围广（不仅可沉淀去除重有色金属，而且可沉淀去除砷、氟、磷等），处理效果好，操作管理方便，处理费用低廉等优点。但是，此法的泥渣含水率高、量大、脱水困难。

(2) 硫化物沉淀法（亦称硫化法）[2] 向含金属离子的废水中投加硫化钠或硫化氢等硫化剂，使金属离子与硫离子反应，生成难溶的金属硫化物，再予以分离除去。硫化物沉淀法的优点：通过硫化物沉淀法把溶液中不同金属离子分步沉淀，所得泥渣中金属品位高，便于回收利用；此外，硫化法还具有适应 pH 值范围大的优点，甚至可在酸性条件下把许多重金属离子和砷沉淀去除。但硫化钠价格高，处理过程中产生的硫化氢气体易造成二次污染，处理后的水中硫离子含量超过排放标准，还需作进一步处理；另外，生成的细小金属硫化物粒子不易沉降。这些都限制了硫化法的应用。

(3) 铁氧体法[2] 往废水中添加亚铁盐（如硫酸亚铁），再加入氢氧化钠溶液，调整 pH 值至 9～10，加热至 60～70℃，并吹入空气，进行氧化，即可形成铁氧体晶体并使其他金属离子进入铁氧体晶格中。由于铁氧体晶体密度较大，又具有磁性，因此无论采用沉降过滤法、气浮分离法还是采用磁力分离器，都能获得较好的分离效果。铁氧体法可以除去铜、锌、镍、钴、砷、银、锡、铅、锰、铬、铁等多种金属离子，出水符合排放标准，可直接外排。铁氧体沉渣经脱水、烘干后，可回收利用（如制作耐蚀瓷器等）或暂时堆存。

(4) 还原法 还原法既是投加还原药剂，可将废水中金属离子还原为金属单质而析出，从而使废水净化，金属得以回收。常用的还原剂有铁屑、铜屑、锌粒和硼氢化钠、醛类、联胺等。采用金属屑作还原剂，常以过滤方式处理废水；采用金属粉或硼氢化钠等作还原剂，则通过混合反应处理废水。

例如含铜废水的处理可采用铁屑过滤法，铜离子被还原成为金属铜，沉积于铁屑表面而加以回收。又如，含汞废水的处理，可采用钢、铁等金属还原法，将含汞废水通过金属屑滤床或与金属粉混合反应，置换出金属汞而与水分离，此法对汞的去除率可达 90%以上。为了加快置换反应速度，常将金属破碎成 2～4mm 的碎屑，除去表面油污和锈蚀层并适当加温（加温太高，会有汞蒸气逸出）。为了减少金属屑与氢离子反应的无价值消耗，用铁屑还原时，pH 值应控制在 6～9，而用铜屑还原时 pH 值在 1～10 之间均可。

(5) 电解法[2,18,19] 电解法是利用金属的电化学性质，在直流电的作用下，重金属化合物在阳极解离成金属离子，在阴极还原成金属，从而除去废水中的重金属离子和回收有用金属。电解法的优点是处理重金属废水时运行可靠、操作简单、劳动条件好等；缺点是只适合处理高浓度的重金属废水，对金属离子浓度较低的废水处理时电耗大、投资成本高。为了克服电解法对废水浓度上的限制，可以将电解法与其他方法联合使用，如离子交换-电解、吸附-电解、络合超滤-电解、絮凝-电解法（电絮凝法）等。

除此之外，还可采用吸附法、离子交换法、膜分离法、生化法等进行处理。当处理水要求作为生产用水回用而常规处理工艺无法实现时，还可采用电渗析、反渗透等深度处理方法进一步净化水质，回收有用金属。

2. 处理工艺举例

（1）某生产 Cu、Pb、Zn 为主的大型有色金属冶炼厂[20]的冶炼废水采用投加混凝剂的两段石灰中和法工艺，同时建立了净化水回用工程，在经过处理后的工业废水中添加水质稳定剂后回用。

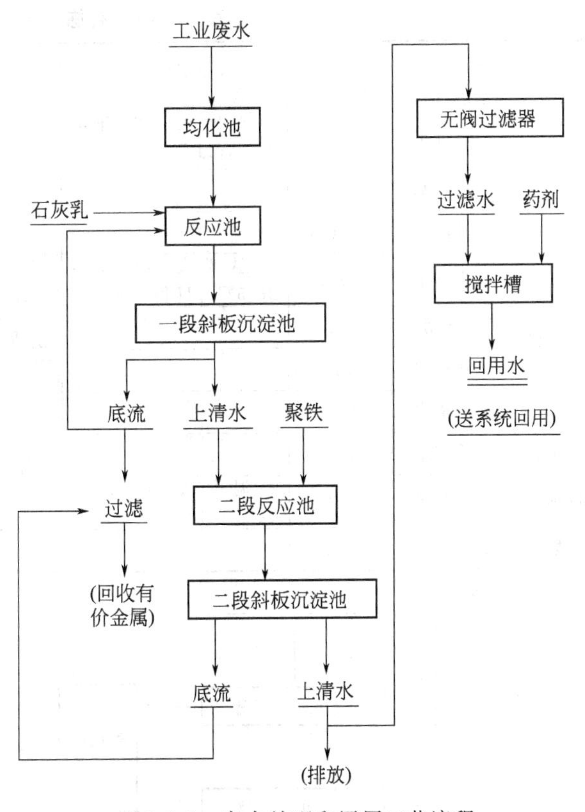

图 1-7-7　废水处理和回用工艺流程

首先废水中含有的重金属离子 Cu^{2+}、Pb^{2+}、Cd^{2+}、Zn^{2+} 等与石灰乳中的 OH^- 中和，产生氢氧化物沉淀，经斜板沉淀池分离后，沉淀物经过滤干燥处理后送挥发窑回收有价金属，上清水投加聚合硫酸铁后经二段斜板沉淀池分离后，上清水一部分外排，另一部分经过过滤后，投加水质稳定剂，再送冶炼系统回用。具体工艺流程如图 1-7-7 所示。

其中石灰一段中和法适宜处理 Zn＜300mg/L、Pb＜20mg/L、Cd＜15mg/L 的冶炼废水，不适宜处理高锌、高镉、高铅的废水，通过投加混凝剂的二段中和法可以进一步提高石灰中和法的耐负荷冲击能力，提高出水水质，一段和二段出水水质如表 1-7-13 所示。

表 1-7-13　一段与二段出水水质　　单位：mg/L

项　目	Cu	Pb	Cd	Zn	As
一段出水水质	0.23	0.95	0.095	4.90	0.10
二段出水水质	0.21	0.74	0.05	1.20	0.05

（2）某铅冶炼厂[2]由于设备陈旧，工艺落后，污染严重。因此需要进行改造，在对废水水质进行调查的基础上，将水质清污分流，分而治之。污水的水质水量调查详情如表 1-7-14所示。以下是具体改造措施。

① 鼓风炉、烟化炉冲渣水实行闭路循环。对鼓风炉、烟化炉冲渣水实行闭路循环，一改以往新水冲渣、冲渣水沉淀后外排的做法。其工艺流程如图 1-7-8 所示，具体措施为：建立集中水池，将冲渣水进行初步沉淀，冷却后溢流进入第二集水池进行沉淀。之后再进入循环冷却水池进行自然沉淀，冷却后再回用于冲渣。这一措施年节约新水 135.42 万吨，减少排污量 135.42 万吨。

表 1-7-14 冶炼厂水量水质调查表

用水项目		用水量/(t/d)	水质特点
鼓风炉	冷却水	1728	温度从 24℃升至29℃,pH 值 7.8
	铸锭水	120	
	冲渣水	3181.6	
烟化炉	冷却水	3962	温度从 24℃升至36.5℃,pH 值 7.6
	工艺用水	192	
	铸锭水	180	
	冲渣水	3080	
阳极板	冷却水	264	
反射炉	冷却水	744	温度从 24℃升至42℃,pH 值 7.7
反射炉泡沫除尘水		31.2	

用水项目			用水量/(t/d)
镉电解废水等			85.5
$ZnSO_4$ 车间用水			220.8
铅电解废水等			120
锅炉			192
化验检修等			360
生活			2959
统计	工业	冷却水	6434
		冲渣水	6261.6
		工艺用水	1348.4
		其他	417
	生活		2959

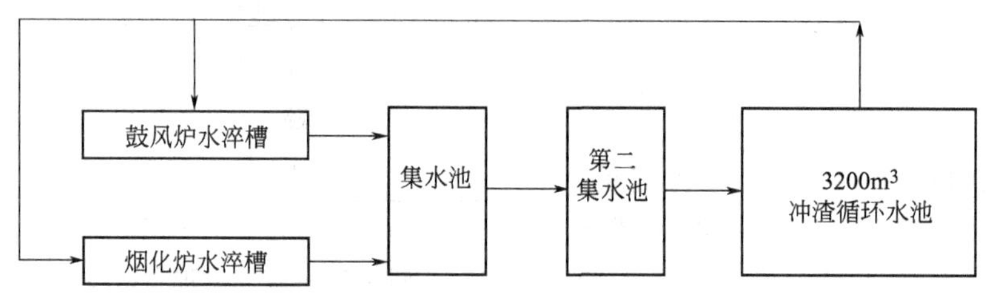

图 1-7-8 冲渣水治理工艺流程

② 冶炼炉冷却水实现闭路循环。一般来讲，有色冶炼冷却水占总用水量的 60%～90%。该厂冶炼炉冷却水占工业用水量的 44.5%。鼓风炉、烟化炉和反射炉等冶炼炉冷却水的水质在进入炉套前后变化很小，可保证循环水水质的稳定性（见表 1-7-14）。具体操作时是将三个炉子的冷却水混合，混合水水温比进水平均高约 15℃，集中冷却后再进行分炉循环利用。冷却设施采用了玻璃钢逆流机械通风冷却塔。其处理工艺流程见图 1-7-9。三个冶炼炉的冷却水年复用量为 143.76 万吨，年节约新水 143.76 万吨，即年少排污水 143.76 万吨。

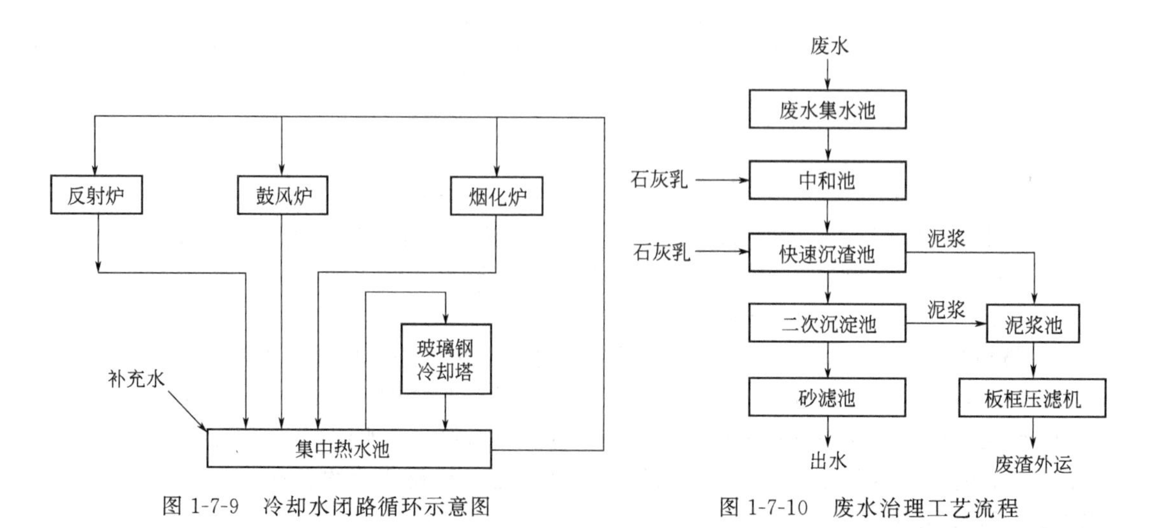

图 1-7-9 冷却水闭路循环示意图

图 1-7-10 废水治理工艺流程

③ 湿法铅渣等废水实现闭路循环。湿法铅渣废水经稍为沉淀后实现闭路循环，铅渣送铅冶炼系统回收铅。另外，对镉电解水等也实现了闭路循环。

④ 混合废水的综合治理。通过上述闭路循环的实施，该厂的废水年复用率为78.26%。对其余的废水进行收集并进行混合处理。处理工艺采用石灰中和法，其工艺流程见图1-7-10，处理水质见表1-7-15。

表 1-7-15　废水综合治理水质参数

废水名称	水质成分/(mg/L)									
	SS	Pb	Zn	Cu	Cd	As	Hg	COD	F	pH值
废水站进水	182	16.48	16.64	0.221	1.83	0.375	0.029	3.513	1.368	7.5
废水站出水	17	0.164	0.181	0.028	0.087	0.013	0.0007	1.293	—	7.8
去除率/%	90.5	99	98.8	87.3	95.2	96.5	97.6	63.2	—	—

(3) 某有色金属集团采用“焙烧-浸出-电积”的常规湿法炼锌工艺[18]，废水主要来自制酸装置及浸出、电解、挥发窑等。废水处理系统原采用传统的化学中和法工艺，通过投加化学药剂进行中和反应，使废水中的重金属污染物沉淀后除去。由于化学中和法操作复杂且存在许多不可控制的因素，废水处理效果一直不够理想，尤其是镉、锌难以达标排放。因此该集团增加了电絮凝法深度处理工艺。工艺流程如图1-7-11所示。

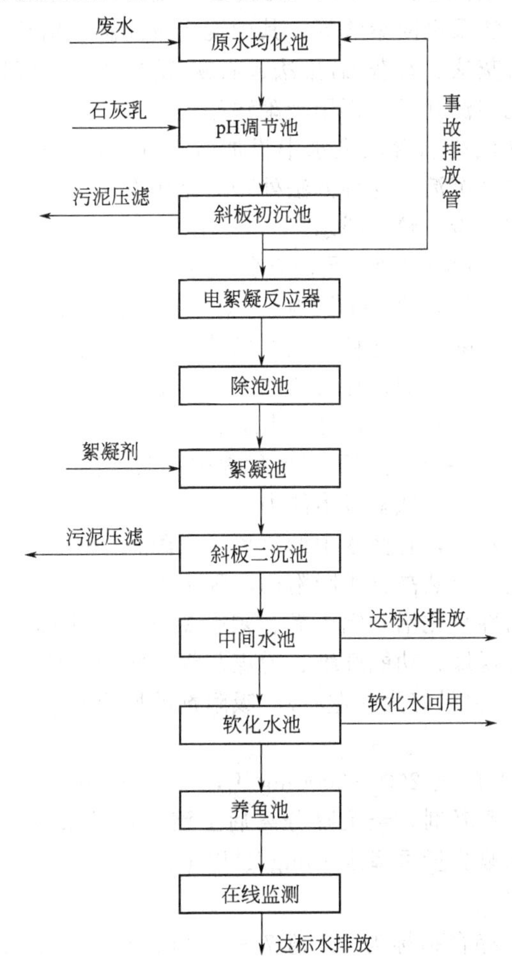

图 1-7-11　锌冶炼废水电絮凝法深度处理工艺流程

该工艺主要运行参数如下：

① pH调节池出水pH值控制在8.5～9.0，废水电导率≤3500μS/cm，水力停留时间为43.7min；

② 初沉池沉淀时间为24min，表面负荷为2.15$m^3/(m^2 \cdot h)$；

③ 电絮凝反应器总停留时间64min；

④ 除泡池水力停留时间为29.2min；

⑤ 絮凝池水力停留时间为14.6min，聚丙烯酰胺（PAM）投加量为20mg/L，药剂质量分数为10%；

⑥ 二沉池沉淀时间为14.6min，表面负荷为2.15$m^3/(m^2 \cdot h)$。

通过该工艺处理后出水Pb、Cd、Zn、As含量达到《污水综合排放标准》（GB 8978—1996）一级标准。Pb、Cd、Zn、As日平均脱除效率最高可达97.50%、99.98%、99.99%、91.91%。

（二）轻有色金属冶炼废水处理工艺

1. 处理方法

铝冶炼废水的治理途径有两条：一是从含氟废气的吸收液中回收冰晶石；二是对没有回收价值的浓度较低的含氟废水进行处理，除去其中的氟。

含氟废水处理方法[17]有沉淀法（化学沉淀法和混凝沉淀法）、吸附法、气浮法、过滤法、离子交换法、电渗析法及电凝聚法等，其中混凝沉淀法应用较为普遍。按使用药剂的不同，混凝沉淀法可分为石灰法、石灰-铝盐法、石灰-镁盐法等。吸附法一般用于深度处理，即先把含氟废水用混凝沉淀法处理，再用吸附法作进一步处理。

（1）石灰法[2] 石灰法是向含氟废水中投加石灰乳，把pH值调整至10～12，使钙离子与氟离子反应生成氟化钙沉淀。这种方法处理后水中含氟量可达10～30mg/L，其操作管理较为简单，但泥渣沉淀缓慢，较难脱水。

（2）石灰-铝盐法[2] 石灰-铝盐法是向含氟废水中投加石灰乳把pH值调整至10～12，然后投加硫酸铝或聚合氯化铝，使pH值为6～8，生成氢氧化铝絮凝体吸附水中氟化钙结晶及氟离子，经沉降而分离除去。这种方法可将出水含氟量降至5mg/L以下。此法操作便利，沉降速度快，除氟效果好。如果加石灰的同时，加入磷酸盐，则与水中氟离子生成溶解度极小的磷灰石沉淀［$Ca_2(PO_4)_3F$］，可使出水含氟量降至2mg/L左右。

（3）吸附法[21] 吸附法主要是使氟与吸附剂中的其他离子或基团交换而被吸附在吸附剂上除去，吸附剂则可通过再生恢复吸附能力。

吸附剂是一种多孔性物质，它使水中的氟离子吸附在固体表面，以达到除氟的目的。氟吸附剂可分为无机吸附剂、天然高分子吸附剂、稀土吸附剂等。

无机吸附剂主要有活性氧化铝、铝土矿、聚合铝盐、分子筛、活性氧化镁、活性炭等。天然高分子吸附剂主要有褐煤、功能纤维、粉煤灰等。吸附法处理含氟废水的影响因素主要为pH值（不宜太高，pH值最好为5左右）、吸附剂的性质和吸附温度（因吸附过程是放热反应，温度高对吸附不利）。

例如某铝冶炼厂废水含氟200～3000mg/L，加入4000～6000mg/L消石灰，然后加1.0～1.5mg/L的高分子絮凝剂，经沉降分离后上清液用硫酸调整pH值至7～8，即可排放。采用此法处理，出水氟含量可降至15mg/L以下。

2. 处理工艺举例[21]

电解铝厂生产废水的综合指标为pH值7～8，氟化物15～20mg/L，悬浮物<150mg/L，COD 30～50mg/L，挥发酚0.2～0.3mg/L，石油类10～15mg/L，氨氮10mg/L。

20 世纪 80 年代及 90 年代初电解铝厂工业废水的处理工艺多数采用单一混凝沉淀法。这种方法对去除悬浮物较好，对去除氟化物亦有一定作用，但整个出水水质满足不了回用要求。因此需要对原有工艺进行改造。

例如在混凝沉淀池后增加气浮池，气浮工艺在石油工业废水处理中已较成熟，可以进一步去除悬浮物、氟化物及油类污染物，再经过滤、吸附进一步处理，其中吸附剂采用活性炭，活性炭对于过滤塔出水中残留的有机物进一步去除，即可满足生产回用要求。具体工艺流程如图 1-7-12 所示。

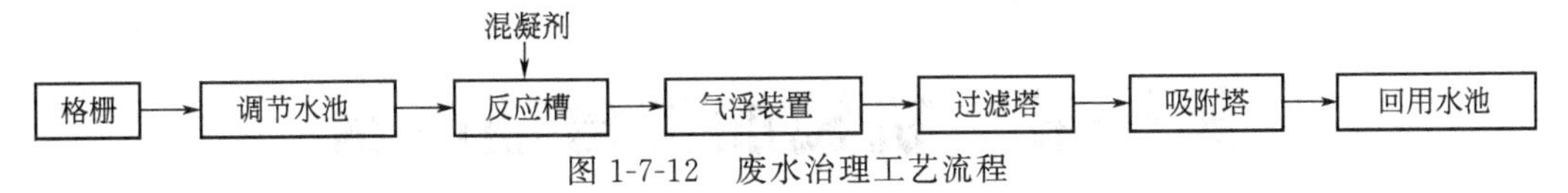

图 1-7-12　废水治理工艺流程

废水出水水质目标是达到《污水综合排放标准》(GB 8978—1996) 一级排放标准，并且满足生产回用需求：pH 值 6～9，氟化物≤10mg/L，悬浮物≤30mg/L，COD≤30mg/L，挥发酚-石油类≤5mg/L，氨氮≤5mg/L。

(三) 稀有金属冶炼废水处理工艺

稀有金属和贵金属冶金废水的治理原则和方法，与重金属冶炼废水有许多相似之处，这里不再赘述。但是，稀有金属和贵金属种类繁多，原料复杂，不同生产过程产生的废水具有不同的性质，因而处理和回收工艺更要注意针对废水的特点，因地制宜。

有色金属废水处理与防治方法应遵循使整个企业排污量最小化的原则，即主体工艺实行清洁生产，供水系统应层层分级，排水系统宜清污分流；另外企业内部应加强水质水量监测，做好水量平衡工作。具体到某一治理项目时，针对水质水量的特性，采用最佳方法。

参 考 文 献

[1] 彭如清. 2007 年 10 种有色金属产量逾 2360 万吨. 中国钼业，2008 (3).
[2] 丁淑云等. 有色金属工业废水处理，北京：中国环境科学出版社，1991.
[3] 北京矿冶研究总院环保研究室. 对有色金属工业主要产品产污和排污系数的研究. 北京：矿冶研究总院，1994.
[4] 国家环境保护总局规划与财务司，中国环境监测总站. 中国环境统计公报 2001，2002.
[5] 於方，过孝民，张强. 中国有色金属工业废水污染特征分析. 有色金属，2003 (3).
[6] R. E. 威廉斯. 采矿、选矿、冶金工业废物的产生和处理. 北京：冶金工业出版社，1985.
[7] 杨晓松，吴义千，宋文涛. 有色金属矿山酸性废水处理技术及其比较优化. 湖南有色金属，2005，21 (5)：24-26.
[8] 中国矿业协会选矿委员会等. 第三届矿冶环保学术会议论文集，1992.
[9] 梁刚. 有色金属矿山废水的危害及治理技术. 金属矿山，2009 (12)：158-161.
[10] 杨高英. 有色金属矿山废水管理研究. 中国矿业，2010，19 (12)：39-41.
[11] 罗仙平，谢明辉. 金属矿山选矿废水净化与资源化利用现状与研究发展方向. 中国矿业，2006，15 (10)：51-56.
[12] 喻平，梅占峰. 桐柏银矿选矿废水处理的研究与应用. 湖南有色金属，2010 (5).
[13] 郈阳，杨耀，王永平，银晓瑞. 浅析有色金属浮选尾矿排放工艺与选矿生产用水重复利用率的关系. 内蒙古气象，2010 (3)：20-22.
[14] 北京市环境保护科学研究院. 三废处理工程技术手册. 北京：化学工业出版社，2000.
[15] 杨利均. 浅析有色金属行业中的清洁生产. 四川有色金属，2006 (1).
[16] 李雅婕. 浅议铅锌冶炼废水处理技术. 市政技术，2011 (5).
[17] 陈后兴，罗仙平，刘立良. 含氟废水处理研究进展. 四川有色金属，2006 (1).
[18] 陈寒秋. 电絮凝技术在锌冶炼废水处理中的应用. 硫酸工业，2010 (3)：25-28.
[19] 卢宇飞，何艳明. 有色湿法冶金工艺废水的最佳节能治理技术研究. 云南冶金，2010，39 (1)：78-81.
[20] 李瑛. 重金属工业废水处理与回用的理论与实践. 湖南有色金属，2003 (2).
[21] 李永升. 电解铝厂生产废水的处理及回收利用. 贵州工业大学学报，2003，32 (5)：20-23.

第八章
机械加工工业废水

第一节 机械加工含油废水

一、废水来源及性质

1. 废水来源[1,2]

(1) 机械加工过程中的润滑、冷却、传动等系统产生的含油废水，主要含润滑用机油、冷却和传动用的乳化油等。

(2) 机械零件加工前清洗过程中产生的含油废水，主要含油污、机油、汽油等。

(3) 拖拉机、柴油机、汽车等产品在试车时，由于滴漏等引起的含油废水，主要含柴油、汽油等。

(4) 油料加工车间、净油站、刷桶车间等排出的含油废水。

(5) 机械加工车间冲刷地面、设备等排出的含油废水，这部分废水是机械工厂中含油废水的主要来源。

2. 废水性质

废水中的油类一般以以下三种形式存在：浮油，其油珠粒径一般在 100μm 以上，经短时间的静置即可浮到水面上；分散油，其油珠粒径一般为 10～100μm，经长时间静置澄清也不易完全浮上表面；乳化油，其油珠粒径为 1～10μm，这种含油废水中一般含有石油、磺酸钠、油酸皂等表面活性剂，处理时必须经过破乳。其中表面活性剂具有减小液体表面张力的能力，其非极性端吸附在油粒内，极性端伸向水内，极性端在水中电离，导致油界面被包围一层负电荷，由此产生双电层现象，阻碍油粒相互黏聚[3]。

废水中的油层阻碍氧气融入水中，从而致使水中溶解氧下降，排入地表水中致使生物死亡甚至产生恶臭，严重影响环境[3]。

一般机械工厂总排放口废水中的含油浓度为 5～50mg/L，平均浓度为 20mg/L；COD 浓度为 80～300mg/L，平均为 140mg/L。

二、清洁生产[4]

为了减少或避免生产过程中对环境造成的污染，在机械加工过程中可以使用无油或少油冷却液和润滑液，以有机高分子的液体来代替，现在有多种牌号的市售无油或少油的冷却切削液。

传统的防锈是往工件上涂抹或浸渍机油，这种方法应当废除，应以有机高分子液体来代替或用化学法，在金属表面上形成氧化膜，保护金属表面不被锈蚀。

必不可少的使用含石油类液体的工艺过程中，应尽量少用油，杜绝“跑、冒、滴、漏”现象，开展油品回收，从管理上减少石油类对环境的污染。

三、废水处理与利用

(一) 初级处理技术

重力法[5]是既经济又有效的除油措施，因此是目前最常用的初级除油方法，用以去除粒径较大的浮油和部分分散油。重力法常用的构筑物有以下几种。

1. 小型隔油池[1,6]

小型隔油池见图 1-8-1。

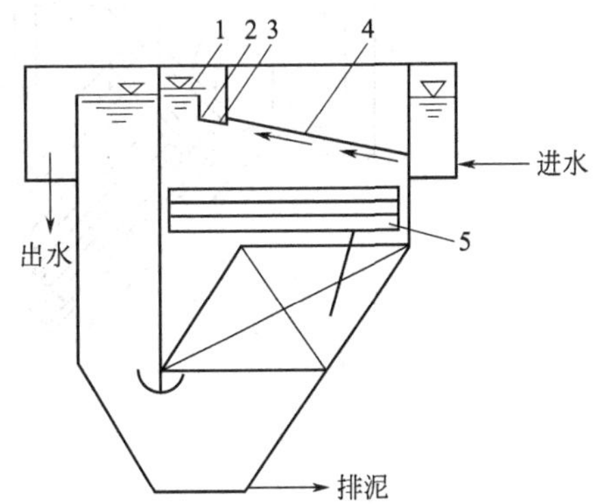

图 1-8-1 小型隔油池示意

1—集油口；2—可调节的胶皮及铁板；3—贮油槽；4—密封受压盖板；5—蒸汽管

小型隔油池可采用如下技术条件和参数：①废水在池内流速，一般对于石油类如柴油、机油等，采用 2～10mm/s；②废水在池内停留时间一般为 0.5～1.0h；③沉淀物清除周期为 5～10d。

池内还应考虑浮油的回收装置，如集油器等。因此，除按上述参数计算出隔油池的有效容积外，还需考虑油回收装置的安装容积。池内油泥一般定期由人工清理，当油泥量大时，可采用污泥泵抽吸送至油泥脱水装置进行脱水后，再进行焚烧处理。

2. 平流式隔油池[1,6]

平流式隔油池见图 1-8-2。

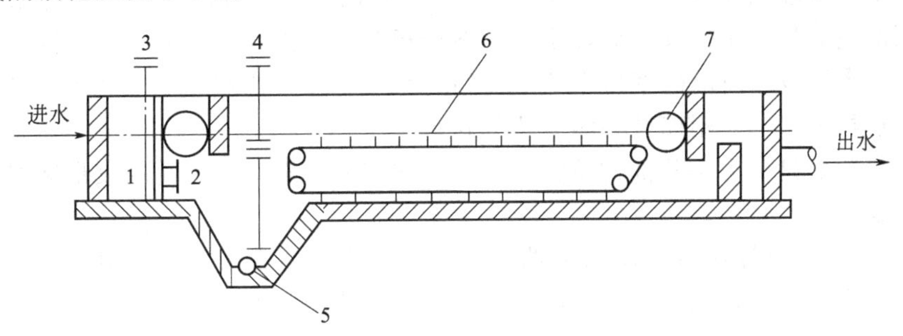

图 1-8-2 平流式隔油池示意

1—配水槽；2—进水孔；3—进水间；4—排渣阀；5—排渣管；6—刮油刮泥机；7—集油管

平流式隔油池可采用如下技术条件和参数：

① 上浮油珠的最小设计粒径，一般采用 60～90μm；

② 设计水平流速一般采用 2～5mm/s，最大不得超过 10mm/s；

③ 废水在隔油池内停留时间，一般采用 0.5～1.0h；

④ 隔油池内的浮油收集和沉渣排除，一般多采用链带式刮油刮泥机，在链带上每隔 3～4m 安装一块刮板，刮板移动速度一般采用 0.01～0.05m/s；

⑤ 集油管一般采用直径为 200～300mm 的钢管，在管顶开缝成 60°的圆心角，集油管安装要水平，并使管子能绕轴向转动；

⑥ 采用机械刮泥时，隔油池池底坡度采用 0.01～0.02，坡向污泥斗，污泥斗侧面倾角不小于 45°，排泥管及排泥阀直径一般不小于 200mm，污泥斗容积按 8h 污泥量计算，污泥含水率为 95%～97%。

平流式隔油池能全部分离 150μm 以上粒径的油珠，对于 60～90μm 粒径的粗分散油珠分离率可达 64%左右，总的除油率有时可达 60%～80%。

3. 斜板隔油池[1,6]

斜板隔油池如图 1-8-3 所示，其主要构件是由多层波纹板（或平板）组成的斜置板组。

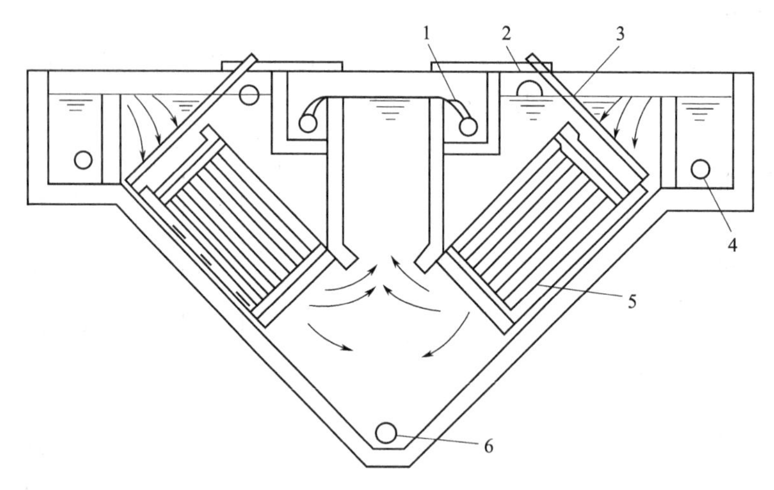

图 1-8-3 斜板隔油池示意

1—出水管；2—集油管；3—格栅；4—进水管；5—斜板；6—排泥管

斜板隔油池能分离 60μm 以上粒径的浮油和粗分散油油珠，对于 30～60μm 粒径的油珠其分离率也达 80%左右。其除油能力比平流式隔油池提高 6～15 倍，而废水在池内停留时间仅为一般平流式隔油池的 1/2～1/4，因此，它具有容积小、占地少和效率较高的优点。

斜板隔油池的技术条件和参数如下：①斜板板距一般为 20～40mm；②斜板组倾角一般为 45°～60°；③斜板表面负荷率可采用 $0.72m^3/(m^2 \cdot h)$；④斜板材料应采用疏油性能好、表面光滑、机械强度高、耐腐蚀和耐老化的材料。

浮油收集装置是重力法除油构筑物的重要组成部分，现对各种浮油收集装置的原理和有关参数简介如下。

① 旋转盘式除油装置的圆盘用亲油材料制成，其下半部浸在废水中，当圆盘旋转时，设在圆盘上的刮板把圆盘从水中带出的浮油刮到集油槽中，达到收集浮油的目的。

② 带式除油机与皮带运输机结构类似，其收集浮油原理与旋转盘式除油装置类似，也是利用刮板把黏附在撇油带上的浮油刮到集油槽中，达到收集浮油的目的。该装置的除油效率除与撇油带的材料有关外，还与撇油带的线速度有关，其最佳线速度应控制在 0.07～0.7m/s 之间。

(二) 二级处理技术

二级处理技术主要针对废水中较难处理的乳化油及部分残留分散油，含乳化油废水要经过物理、化学方法破乳后再进行油水分离。二级处理的常用方法有以下几种。

1. 絮凝法[5]

絮凝法是处理含油废水的一种常用方法，这种方法通过加入适宜的絮凝剂从而在废水中形成高分子絮状物，经过吸附、架桥、中和等作用破乳从而去除水中的油类。常用的无机絮凝剂为铝盐和铁盐，如碱式氯化铝、硫酸铝、三氯化铁和硫酸亚铁等。近年来新型絮凝剂主要为无机高分子凝聚剂和复合絮凝剂。无机高分子絮凝剂主要是铝盐和铁盐的聚合体系，如聚合氯化铝（PAC）、聚硫酸铁（PFS）、聚硅氯化铝（PASC）、聚硅硫酸铝（FASS）及聚硅酸铁（PFSS）等。有机高分子凝聚剂的研究发展很快，但絮凝法在含油废水处理方面的应用，仍然主要作为其他方法的辅助方法。

2. 盐析法[3,7]

盐析法是通过向还有乳化油的废水中投加 $CaCl_2$，而达到含油废水破乳的目的，该方法具有操作简单、投资较少的优点。Ca^{2+} 对油珠阳离子起排斥作用，压缩双电层，电荷中和，使其达到电中性，油粒相互接近更易形成黏聚；同时，盐与废水中的表面活性剂反应，置换之中的金属，使表面活性剂不再溶于水，从而提高破乳效果。

含乳化油的废水适宜的破乳条件为：pH 值为 5～6，温度为 40～45℃，当 $CaCl_2$ 浓度为 8g/L，反应时间为 10min 时，对浊度的去除率为 91%，对 COD 的去除率为 30%。

3. 酸化[3,5]

收集来的含油废水排入调节池中，含油废水在调节池中混合均匀后用泵打入酸化池，池内设置有 pH 自动控制器，自动控制加药阀的开关，投入适量的硫酸溶液，在酸化池搅拌机搅拌下，使废水始终维持在 pH=2～3 范围内。酸化完毕后的废水进入油水分离池中，在池中停留 20min，达到油水分离的目的，油经过自流流入集油容器中，出水进入中和池调节 pH 值。

4. 气浮法[3,5]

气浮工艺是将空气通入到含油废水中，气泡从水中析出的过程中，油类等污染物粘连在气泡上，因其密度远小于水而浮出水面。气浮前采取破乳的措施常选择投加混凝剂，破坏乳化油的稳定性，形成絮凝体，吸附油珠和悬浮物共同上浮；也有在气浮法中加入含羟基团的羟基乙基纤维、聚乙烯甲基醚等油水分离剂破乳脱稳的方法。目前使用的气浮法包括加压气浮法、变压气浮法、叶轮气浮法和扩散板气浮法等。其中加压气浮工艺是通过加压泵将加有混凝剂的含油废水打入加压溶气罐中，与鼓风机鼓入的压缩空气混合后上浮。

气浮法工艺流程见图 1-8-4。气浮法处理的技术和参数如下：①混凝剂投加量，如果无确定的参数可按 50mg/L 估算；②混合反应时间为 1～2min；③废水在气浮池内停留时间为 20～30min；④溶气水回流比为 25%～30%；⑤溶气水在溶气罐内停留时间为 2～3min，溶气压力为 250～300kPa；⑥油类物质去除率可达 95%以上，COD 去除率可达 60%～80%。

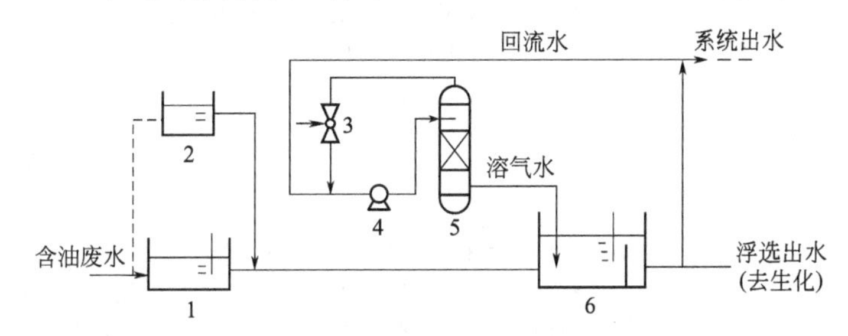

图 1-8-4 气浮法工艺流程

1—隔油池；2—絮凝剂贮槽；3—喷射器；4—水泵；5—溶气罐；6—气浮池

5. 过滤、吸附[1,3,5]

当废水需回用或排放标准较严时，气浮工艺之后还需经过滤或活性炭吸附处理。

经气浮方法处理的废水一般采用压力过滤，滤料一般采用 1～2mm 粒径的石英砂，滤层厚度为 750～1000mm，滤速 20m/h 左右，过滤定期冲洗，反冲洗强度 6～8L/(m^2·s)，反冲洗时间 15～20min。反冲洗水返回调节池进行再次处理。

采用活性炭吸附过滤时，其工作吸附容量可按 50mg（COD）左右考虑，饱和吸附容量在 350mg（COD）左右，吸附滤速为 1～15m/h，接触时间为 1～3h。

除上述方法外，处理含油废水还可采用生物法、电化学法、磁化法、膜分离法等[5]。

第二节 电镀废水

一、电镀废水的来源及性质[8]

1. 废水来源

电镀废水的来源一般为：①镀件清洗水；②废电镀液；③其他废水，包括冲刷车间地面、刷洗极板的冲洗水，通风设备冷凝水，以及由于镀槽渗漏或操作管理不当造成的“跑、冒、滴、漏”现象的各种槽液和排水；④设备冷却水，冷却水在使用过程中除温度升高以外，未受到污染。

2. 废水性质

电镀废水的水质、水量与电镀生产的工艺条件、生产负荷、操作管理与用水方式等因素有关。电镀废水的水质复杂，成分不易控制，其中含有的铬、镉、镍、铜、锌、金、银等重金属离子和氰化物等毒性较大，有些属于致癌、致畸、致突变的剧毒物质。另一方面，废水中许多成分又是宝贵的工业原料。因此，对于电镀废水必须认真进行回收处理。

根据调查资料，电镀废水种类、来源和主要污染物的水平列于表 1-8-1[9]。

表 1-8-1 电镀废水的种类、来源和污染水平

序号	废水种类	废水来源	废水中的主要污染物水平	处理系统设置
1	含氰废水	镀锌、镀铜、镀镉、镀金、镀银、镀合金等氰化镀槽	氰的络合金属离子、游离氰、氢氧化钠、碳酸钠等盐类，以及部分添加剂、光亮剂等；一般废水中氰浓度在 50mg/L 以下，pH 值为 8～11	一般分质单独成为一个含氰废水系统进行废水处理；金、银等贵重金属预先回收
2	含铬废水	镀铬、钝化、化学镀铬、阳极化处理等	六价铬、三价铬、铜、铁等金属离子和硫酸等；钝化、阳极化处理等废水还含有被钝化的金属离子和盐酸、硝酸以及部分添加剂、光亮剂等；一般废水中含六价铬浓度在 200mg/L 以下，pH 值为 4～6	一般分质单独成为一个含铬废水系统进行废水处理；处理后水能循环使用，并能回收部分铬酸；废水量不大时，也可进入电镀混合废水系统进行处理
3	含镍废水	镀镍	硫酸镍、氯化镍、硼酸、硫酸钠等盐类，以及部分添加剂、光亮剂等；一般废水中含镍浓度在 100mg/L 以下，pH 值在 6 左右	一般分质单独成为一个含镍废水系统进行处理；处理后水能循环使用，并能回收部分硫酸镍或氯化镍
4	含铜废水	酸性镀铜	硫酸铜、硫酸和部分光亮剂；一般废水含铜浓度在 100mg/L 以下，pH 值为 2～3	一般排入电镀混合废水系统处理；但也可分质单独成为一个含铜废水系统进行处理；处理后水能循环使用，并能回收部分硫酸铜或焦磷酸铜等
		焦磷酸镀铜	焦磷酸铜、焦磷酸钾、柠檬酸钾等以及部分添加剂、光亮剂等；一般废水含铜浓度在 50mg/L 以下，pH 值在 7 左右	
5	含锌废水	碱性锌酸	氧化锌、氢氧化钠和部分添加剂、光亮剂等；一般废水含锌浓度在 50mg/L 以下，pH 值在 9 以上	一般排入电镀混合废水系统处理；但络盐镀锌废水，一般先单独处理，破除络合锌后，再排入电镀混合废水系统进行处理；也可分质单独成为一个含锌废水系统进行处理；处理后水回用，并回收部分锌盐
		钾盐镀锌	氯化锌、氯化钾、硼酸和部分光亮剂等；一般废水含锌浓度在 100mg/L 以下，pH 值在 6 左右	
		硫酸锌镀锌	硫酸锌、硫脲和部分光亮剂等；一般废水含锌浓度在 100mg/L 以下，pH 值为 6～8	
		铵盐镀锌	氯化锌、氧化锌、锌的络合物等和部分添加剂、光亮剂等；一般废水含锌浓度在 100mg/L 以下，pH 值为 6～9	

续表

序号	废水种类	废水来源	废水中的主要污染物水平	处理系统设置
6	磷化废水	磷化处理	磷酸盐、硝酸盐、亚硝酸钠、锌盐等；一般废水含磷浓度在100mg/L以下，pH值为7左右	一般分质单独处理后排入电镀混合废水系统再进行处理，或直接排入电镀混合废水系统处理
7	酸、碱废水	镀前处理中的去油、腐蚀和浸酸、出光等中间工艺，以及冲洗地面等的废水	硫酸、盐酸、硝酸等各种酸类和氢氧化钠、碳酸钠等各种碱类，以及各种盐类、表面活性剂、洗涤剂等，同时还含有铁、铜、铝等金属离子及油类、氧化铁皮、砂土等杂质；一般酸碱废水混合后偏酸性	一般排入电镀混合废水系统处理，或分质单独成为酸、碱系统废水进行中和处理
8	电镀混合废水	除含氰废水系统外，将电镀车间排出废水混在一起的废水；除各种分质系统废水，将电镀车间排出废水混在一起的废水	其成分根据电镀混合废水所包括的镀种而定	一般电镀混合废水系统处理后水能回用50%以上

二、清洁生产

2008年8月1日，由环境保护部、国家质量检疫局发布的《电镀污染物排放标准》规定了对企业有毒污染总铬、六价铬、总镍、总镉、总银、总铅汞相应的排放标准，并把废水监测的位置由企业总排放口改为生产设施排放口。标准还规定了单位面积镀层废水排放量上限。该标准的颁布对清洁生产的发展起到了很大的推动作用。在电镀生产中，电镀液配制和电镀过程中，必须选用环境友好型原材料，加强电镀液的管理，尽量采用集中过滤和循环使用。全部生产流程做到少排放或零排放，对必须排放的废水、废气、废渣采用高效能、低费用的净化处理设备，并设法再生利用[10]。

1. 表面活性剂在除油、酸洗、钝化工艺中的应用[4,9]

在除油工艺中，采用在酸液中加入“OP”非离子型表面活性剂的方法，它具有低泡、无毒等特点。

根据理论与实践，研制了新的除油、酸洗、钝化“三合一”酸洗液配方。新酸洗液配方中，大部分为硫酸，然后加入少量的硝酸及盐酸，这三种酸都能与铜的氧化物发生反应。为了提高溶液的氧化性，加入适量的过硫酸铵作为强氧化剂，再加入微量“OP”表面活性剂，最后加入一定量的水。

除油、酸洗、钝化“三合一”酸洗液配方已成功地应用于国内部分企业。

2. 铜及其合金表面处理基本无污染新工艺[4,9]

该工艺是以双氧水为主要成分的化学抛光液代替传统的以硝酸为主要成分的酸洗液，对金属进行表面处理。以双氧水为氧化剂与铜及其合金表面反应生成氧化物，用稀硫酸溶解去除氧化膜，铜及其合金表面具有鲜艳的色泽，并采用新型水性防铜变色剂作为缓解剂替代铬酸钝化工艺，在铜及其合金表面形成一络合物保护膜来抑制自然氧化，达到防变色目的，从而彻底消除了氮氧化物及含铬废水的排放，并不产生新的污染源。该工艺Cr(Ⅵ)的消减率为100%，Cu^{2+}消减率为98%。

3. 利用常压蒸发技术，水循环利用，实现无排放电镀工艺[4,8]

常压蒸发是一种回收浸洗液中化学物质的简单而有效的方法。可以减少废水排放量乃至做到零排放，达到降低废水处理费用的目的。

(1) 常压蒸发器的结构与工作原理[11] 常压蒸发器的结构见图1-8-5，热的液体经0.735kW的泵打到蒸发器内，经一系列喷嘴以24L/min的速度喷向大面积固定床，快速流过固定床的空气带走一部分水分，其余液体靠重力流到蒸发器底部，返回供液槽，在湿气离开蒸发器时用多孔挡板将湿空气与水珠分开，让湿空气流出而水珠回到供液器，流出的干净的含湿空气可以重新使用。

(2) 常压蒸发的实施[11] 常压蒸发器与逆流漂洗系统的联合使用是一个成功的组合。工艺流程见图1-8-6。

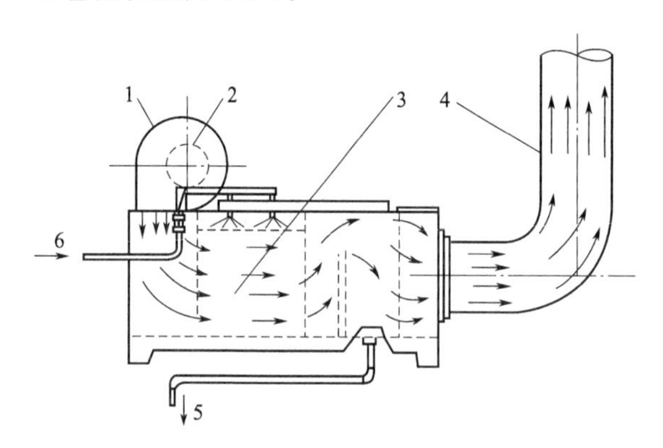

图1-8-5 常压蒸发器工作原理

1—风机；2—干空气入口；3—填料床；4—湿空气出口；5—返回镀槽；6—镀液入口

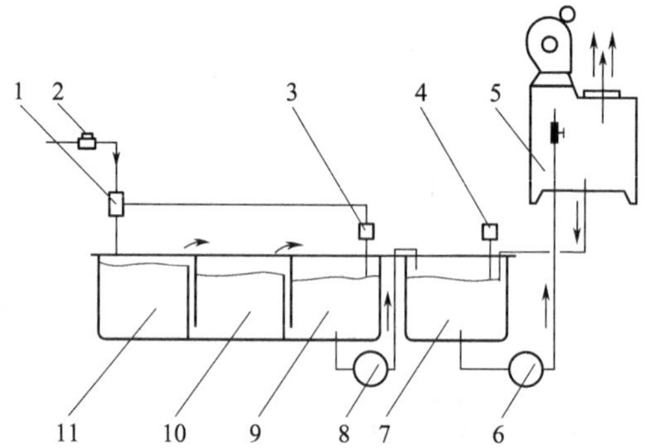

图1-8-6 电镀线上常压蒸发与逆流漂洗联合工艺流程

1—电磁阀；2—进水阀；3—水位阀1；4—水位阀2；5—常压蒸发器；6—泵2；7—电镀槽；8—泵1；9—第一水洗槽；10—第二水洗槽；11—第三水洗槽

4. 滚光工艺代替单纯的酸洗工艺

镀件要求在入槽前达到无油、无锈、无厚的氧化膜和无脏物覆盖。化学法可达到清洁表面的目的，但如果表面氧化物、油垢或锈蚀严重，酸洗时需用大量的酸。对一般不带螺纹、不是精密的钢铁零件，应尽可能采用滚筒滚光法。滚筒滚光可用浓度较低的酸或碱，借机械摩擦可将钢铁件的油垢和铁锈等除去，并可使零件表面光滑，有助于提高电镀的电流效率和提高镀层的附着力。

封闭式的滚筒还可添加钉屑、石子等磨料。滚筒壁多孔，半浸入溶液处理槽可放碱液和表面活性剂，最好用常温金属清洗剂。酸洗处理槽用稀盐酸或稀硫酸。这种前处理装置的优点是处理槽不需要每个滚筒倒掉。如配以过滤、油水分离等装置，则处理液可反复使用，这样就可避免将较浓的酸或碱液倒掉，从而减少处理量。

5. 超声波清洗新工艺

利用超声波在液体中产生强烈空化效应与综合处理液共同作用，在同一处理液内同时完成除油、除锈、去氧化膜及磷化综合处理。该工艺摆脱了传统的盐酸、硫酸处理工艺，采用弱酸处理，现场无酸雾污染，处理液使用寿命长，排放量少；对于清洁度要求高的精密机械零件，采用水基清洁剂取代三氯乙烯、氟里昂、汽油等污染性强的有机溶剂；对复杂零件的边角、空腔内壁难以净化的问题，在空化效应的作用下均能清除干净。

6. 采用无毒、低毒电镀工艺

氰化物在电镀中是非常强的螯合剂，被广泛用在碱性镀液中螯合铜、锌等金属离子。从技术层面讲，含氰废水的处理并不是难题，但氰化物剧毒，一旦不慎流入社会或环境则危害极大。

早在20世纪70年代，我国就开展无氰电镀工艺的研究试验，经过30多年的应用和总结再提高，废液无氰碱性镀锌和酸性镀锌的工艺已经成熟，镀层厚度达20μm基本无脆性，而且深镀能力和分散能力已基本与氰化镀锌水平相当，经过海水浸泡实验和盐雾实验证明抗腐蚀性也没有问题，各项指标都能达到质量指标。但值得注意的是，新的无氰电镀工艺可能含其他有毒物质而造成新的污染，如无氰电镀工艺中含硫脲、EDTA等强螯合剂，其对环境的污染比氰化物还难治理，因此新工艺的开发要本着既无氰又无其他毒害物品的原则[12]。

除此之外，以镀合金层代镀镉层，以预镀银等工艺代镀银前的汞剂化工艺等，消除汞、镉等的污染。

7. 降低镀液和处理液的浓度

镀锌层的低铬钝化工艺开始于20世纪70年代初，含铬浓度由250g/L降低到目前的0.5～5g/L，即比老工艺低50～500倍。据测算，全国电镀行业采用低铬钝化工艺，每年可少用约3000t铬酐。

由于近年来技术的发展，研制了不少品牌的适应低温、低浓度、低电耗镀铬新一代添加剂——稀土添加剂。这些添加剂由于含有吸氧剂、导电剂、活化剂、重金属杂质隐蔽剂、高效催化剂，使稀土添加剂有优异的电化学性能，以及电流效率高、铬酸浓度低、电耗小、工艺范围宽等显著特点。

8. 逆流清洗法[13]

连续式逆流清洗法宜用于镀件清洗间隔时间较短或连续电镀自动生产线。

清洗水流向与镀件运行方向相反，并应控制末级清洗槽废水浓度不得超过允许浓度。连续逆流清洗法的小时清洗水量可按式(1-8-1)计算，并应以小时电镀镀件面积的产量进行复核，其镀件单位面积的清洗用水量应小于$50L/m^2$。

$$q=d_t^n\sqrt{\frac{C_0}{C_nS_1}} \tag{1-8-1}$$

式中，q为小时清洗水量，L/h；d_t为单位时间镀液带出量，L/h；n为清洗槽级数；C_0为电镀槽镀液中金属离子含量，mg/L；C_n为末级清洗槽中金属离子含量，mg/L；S_1为浓度修正系数（系指每级清洗槽的理论计算浓度与实测浓度的比值），参考值见表1-8-2。

间歇式逆流清洗法宜用于电镀自动生产线和手工生产。

表1-8-2 浓度修正系数（S_1）

清洗槽级数	1	2	3	4	5
浓度修正系数(S_1)	0.9～0.95	0.7～0.8	0.5～0.6	0.3～0.4	0.1～0.2

一般清洗槽的数目为3～6个，运行周期取一个班（即8h）的整数倍数。根据电镀生产工艺和工作量的实际条件，即可求得清洗槽的数目（n）和清洗周期（T）。

间歇逆流清洗法每清洗周期换水量可按式(1-8-2)计算，并应以每周期的电镀件面积产量进行复核，其镀件单位面积清洗水用量为$30L/m^2$左右。

$$Q=\frac{d_tT}{X} \tag{1-8-2}$$

$$X=\sqrt[n]{\frac{C_nn!\ S_2}{C_0}} \tag{1-8-3}$$

式中，Q为每清洗周期换水量，L；X为镀件带出量与换水量之比；T为清洗周期，h；$n!$为清洗槽级数阶乘；S_2为浓度修正系数，参考值见表1-8-3。

表 1-8-3 浓度修正系数（S_2）

清洗槽级数	1	2	3	4	5
浓度修正系数(S_2)	0.9～0.95	0.7～0.8	0.5～0.6	0.3～0.4	0.2～0.25

间歇逆流喷淋清洗是在间歇逆流清洗的基础上，配备新型逆流自动喷淋装置，该装置借助自控元件与挂具的上升、下降同步，使镀件依次通过各个清洗槽时，达到定时、定量反喷淋清洗，并直接向镀槽补充回收的清洗液。工艺流程见图 1-8-7[8]。反喷淋的液量小于或等于镀液的损耗量，并尽量使镀槽液面保持平衡。间歇逆流自动喷淋装置的结构和工作状况见图 1-8-8[8]。

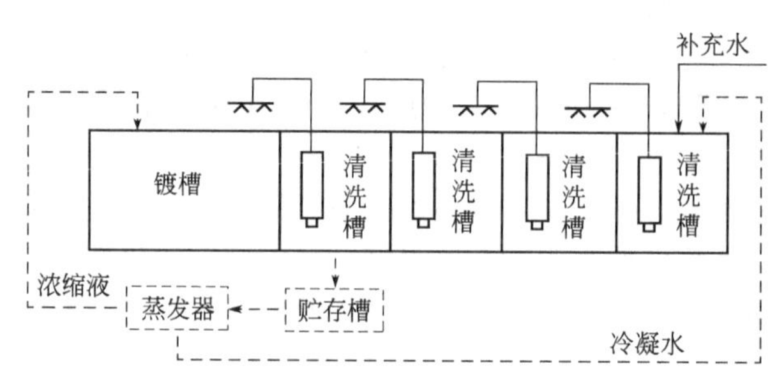

图 1-8-7 间歇逆流喷淋清洗工艺流程

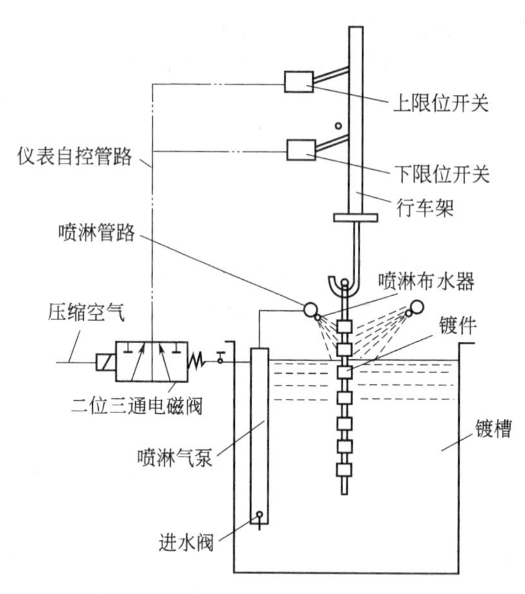

图 1-8-8 间歇逆流自动喷淋装置的结构和工作状况

喷淋水量可按下式确定：

$$Q=\frac{W}{n} \tag{1-8-4}$$

式中，Q 为喷淋一次的水量，L/次；W 为镀液损耗量，L/班；n 为喷淋次数（即镀件出槽次数），次/班。

当喷淋水量（即补充清洗水的量）满足时，喷淋水可全部返回镀槽补充镀液消耗。当 $Q>W/n$ 时，需设贮存槽，借助蒸发浓缩装置来达到液量的平衡。

9. 吹气、喷雾、浸洗组合清洗法

吹气、喷雾、浸洗组合清洗设备组装见图 1-8-9[8]。

① 喷嘴孔径为 1.5mm，喷嘴间距为 70mm，两排喷嘴之间距离 140～180mm；

② 单个喷嘴出水量为 30mL/min，以导水管的粗细来控制；

③ 空气压力为 4.9×10^5Pa（5kgf/cm^2）；

④ 镀件喷洗时升降速度为 10 次/min，降时快，升时要慢；

⑤ 喷雾时间对一般镀件为 30～40s，对复杂镀件为 60s，吹气时间为 20～30s；

⑥ 喷雾耗水量对一般镀件为 20mL/dm^2，对复杂镀件为 40mL/dm^2；

⑦ 清洗效率可达 99%以上，镀液带出量的回收率可达 99%，清洗水可全部返回镀槽，补充镀液损耗，不外排废水。

此种清洗方法适用于镀件较小、生产量少的手工操作电镀生产线。国内已将吹气、喷雾、浸洗组合清洗装置研制成功，有成套产品出售。

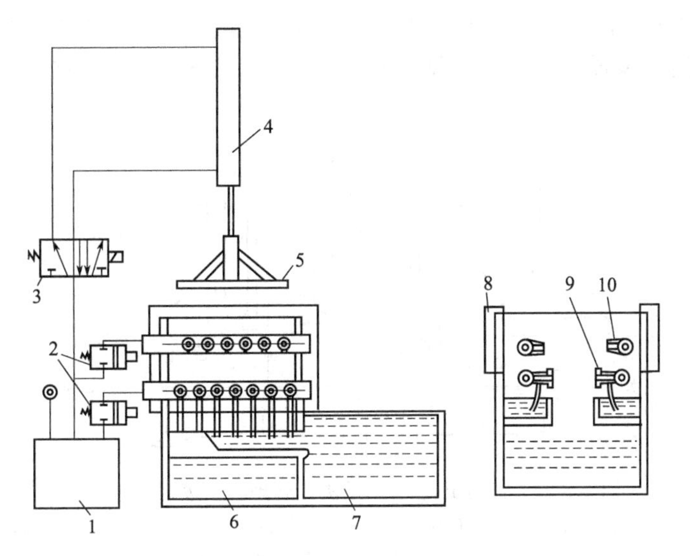

图 1-8-9　吹气、喷雾、浸洗组合清洗设备

1—贮气罐；2—电磁阀；3—气动伺服电机；4—气缸；5—升降杆；6—回收槽；7—尾量槽；8—通风管道；9—喷雾嘴；10—喷气嘴

除上述方法外，近年来新型塑胶直接电镀工艺、电渗析化学沉积镍工艺、耐蚀镀层非六价铬后处理工艺、高速电镀硬铬工艺等新工艺不断涌现，为电镀行业的清洁生产提供了更广阔平台。

三、电镀废水处理

(一) 含铬废水处理

1. 化学还原法

化学还原法[14~16]是利用硫酸亚铁、亚硫酸盐、铁屑、焦亚硫酸钠、水合肼等还原剂在酸性条件下将废水中 Cr（Ⅵ）还原成 Cr（Ⅲ），再通过加碱调整 pH 值，使 Cr（Ⅲ）形成 $Cr(OH)_3$，沉淀除去。通常还原形成三价铬后，可与其他重金属离子一起沉淀。

化学还原法的优点是原理简单、操作方便、抗水量水质冲击负荷能力强且投资运行费用低，缺点是产生的固体废物量大，金属不易回收利用。

化学还原法应采用自动控制，以确保处理后的水质达到排放标准。投药方式采用湿投，

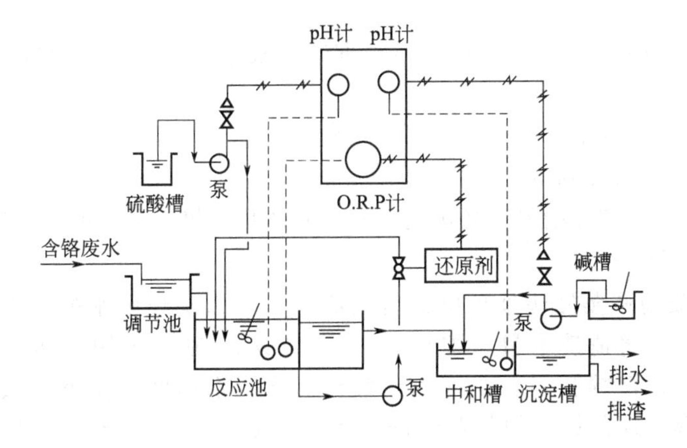

图 1-8-10　化学还原（沉淀法）处理含铬废水工艺流程

药剂配制浓度为5%～10%[8]。反应池只需一个，其容积略大于完全反应所需时间的排水量，池内应设有搅拌装置。工艺流程见图1-8-10[8]、图1-8-11[8]，工艺参数见表1-8-4[8]。

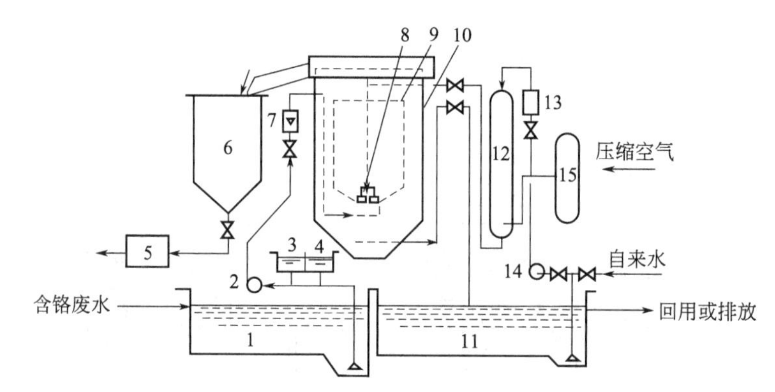

图1-8-11 化学还原（气浮法）处理含铬废水工艺流程

1—集水池；2—泵；3—$FeSO_4$投药箱；4—NaOH投药箱；5—污泥脱水机；6—污泥槽；7—流量计；8—释放器；9—气浮罩；10—气浮池；11—清水池；12—溶气罐；13—流量计；14—溶气水泵；15—空气罐

表1-8-4 化学还原法处理含铬废水工艺参数

药剂名称	投药比(质量比)		调pH值		反应时间/min		沉淀时间/h	出水水质	
	理论值	使用值	酸化	碱化	还原反应	碱化反应		Cr^{6+}/(mg/L)	Cr^{3+}/(mg/L)
$NaHSO_3$	Cr^{6+} : $NaHSO_3$ = 1 : 3.16	1 : (4～8)	2～3	8～9	10～15	5～15	1～1.5	<0.5	<1.0
$FeSO_4 \cdot 7H_2O$	Cr^{6+} : $NaHSO_3$ =1 : 16	1 : (25～32)	<3	8～9	15～30	5～15	1～1.5	<0.5	<1.0
$N_2H_4 \cdot H_2O$	Cr^{6+} : $N_2H_4 \cdot H_2O$ =1 : 0.72	1 : 1.5	2～3	8～9	10～15	5～15	1～1.5	<0.5	<1.0
SO_2	Cr^{6+} : SO_2 = 1 : 1.85	1 : 2	2	8～9	15～30	15～30	1～1.5	<0.5	<1.0
		1 : (2.6～3)	3～4						
		1 : 6	6						

以气浮槽代替沉淀槽，不仅设备体积小，占地少，能连续生产，而且处理后的出水水质好。

① 溶气压力[8] $(2.5～5)\times10^5$ Pa，可根据溶气水温的高低和污泥量的多少在此范围内调整。

② 溶气时间[8]>3min。

③ 微气泡直径[8]<100μm。

溶气罐、释放器、气浮槽等设备国内已有配套产品出售，可以根据生产条件进行选用。

2. 薄膜蒸发法[8]

逆流清洗-钛质薄膜蒸发法处理电镀含铬废水，可以实现废水的闭路循环系统。通过改进镀件清洗方法，将清洗水量压缩至100～300L/h，则可采用常压薄膜蒸发器进行浓缩，使浓缩液量≤镀液损耗量，全部返回镀槽。冷凝水返回清洗槽，实现闭路循环，不排废水。其中薄膜蒸发器是一种蒸发器的类型，特点是物料液体沿加热管壁呈膜状流动而进行传热和蒸发，优点是传热效率高，蒸发速度快，物料停留时间短。其工艺流程见

图 1-8-12。

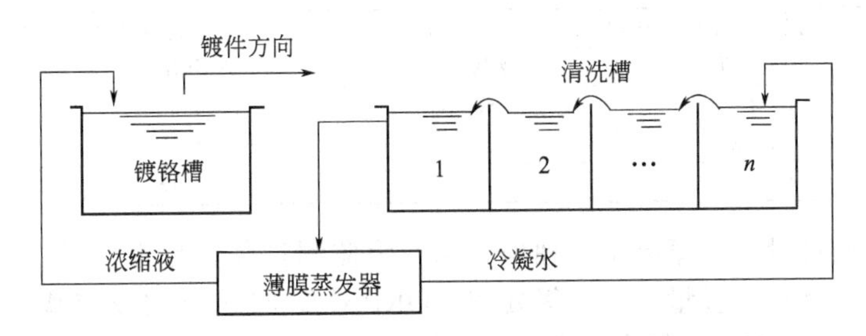

图 1-8-12 逆流清洗-薄膜蒸发法处理含铬废水工艺流程

钛质薄膜蒸发器国内已有定型产品出售，其工艺参数如下：

进水含铬	Cr^{6+} >1g/L；
蒸汽压力	(1～2)×10^5Pa；
耗汽量	1.2kg/L；
耗冷却水量	20L/L；
浓缩倍数	10～20；
去除率(以 Cr^{6+} 计)	99.9%；
蒸发强度	100L/(m^2·h)。

为避免长期运行后循环系统中阳离子杂质的积累，一般可设有小型阳离子交换柱，定期净化回收液，以去除 Fe^{3+}、Zn^{2+}、Cr^{3+}、Ni^{2+} 等阳离子杂质。

3．电解法[8,15]

电解法处理含铬废水在我国已经有二十多年的历史，工艺比较成熟。电解法处理含铬废水原理是：铁板阳极在电解过程中溶解成亚铁离子，在酸性条件下亚铁离子将 Cr^{6+} 还原成 Cr^{3+}，同时阴极上析出氢气，使废水 pH 值逐渐升高。此时 Cr^{3+}、Fe^{3+} 都以氢氧化物沉析出。电解法的优点是：去除率较高、沉淀的重金属可回收利用且减少污泥的生成量；缺点是极板损耗大、pH 偏低时 $Cr(OH)_3$ 会溶解。

4．膜分离法[15]

膜分离法是以选择性透过膜为分离介质，当膜两侧存在压力差、浓度差、电位差时，原料中有害组分选择性透过膜，以达到分离、除去有害组分的目的。目前，较为成熟的工艺有电渗析和反渗透。含 Cr^{6+} 废水适宜用电渗析处理，目前国内已有成套设备，反渗透法已广泛用于镀铬漂洗废水处理。采用反渗透法处理电镀废水，处理水可以回用，实现闭路循环。

除上述方法外，处理电镀含铬废水还可采用吸附法、离子交换法、生物法（生物絮凝、生物吸附、植物修复）等方法[15]。

(二) 含氰废水处理

1．碱性氯化法[8,17]

碱性氯化法是目前比较成熟且采用较多的处理方法，该法是指废水在碱性条件下，采用氯系氧化剂将氰化物破坏而除去。处理过程分为两级：一级处理是将氰氧化为氰酸盐，对氰破坏不彻底；二级处理是将氰酸盐进一步氧化分解成二氧化碳和水。

(1) 工艺参数

① pH 值。一级处理时，pH 值>10；二级处理时，pH 值 7.0～9.5。

② 投药量。处理氰化物的投药比见表 1-8-5。

表 1-8-5 处理氰化物的投药比

名称	局部氧化反应达到 CNO^-(质量比)		完全氧化反应达到 CO_2 和 N_2(质量比)	
	理论值	实际值	理论值	实际值
CN : Cl_2	1 : 2.73	1 : (3~4)	1 : 6.83	1 : (7~8)
CN : HClO	1 : 2		1 : 5	
CN : NaClO	1 : 2.85		1 : 7.15	

投药量不足或过量对含氰废水处理均不利。为监测投药量是否恰当，可采用 ORP 氧化还原电位仪自动控制氯的投量。对一级处理，ORP 达到 300mV 时反应基本完成；对二级处理，ORP 需达到 650mV。一般当水中余 Cl^- 量为 2~5mg/L 时，可认为氰已基本破坏。

(2) 反应时间 对一级处理，pH 值≥11.5 时，反应时间 t=1min；pH 值=10~11 时，t=10~15min。

对二级处理，pH 值 = 7 时，t = 10min；pH 值 = 9 ~ 9.5 时，t = 30min。一般选用 15min。

(3) 温度的影响 一级处理时，第一步反应生成剧毒的 CNCl，第二步反应 CNCl 在碱性介质中水解生成低毒的 CNO^-。CNCl 水解速度受温度影响较大，温度越高，水解速度越快。

为防止处理后出水中有残留的 CNCl，在温度较低时，需适当延长反应时间或提高废水的 pH 值。

(4) 工艺流程 间歇处理流程见图 1-8-13，连续处理流程见图 1-8-14，完全氧化处理流程见图 1-8-15，兰西法处理流程见图 1-8-16。

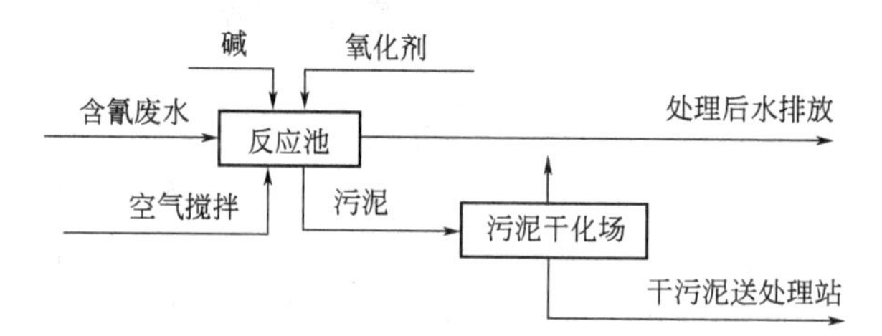

图 1-8-13 含氰废水间歇处理工艺流程

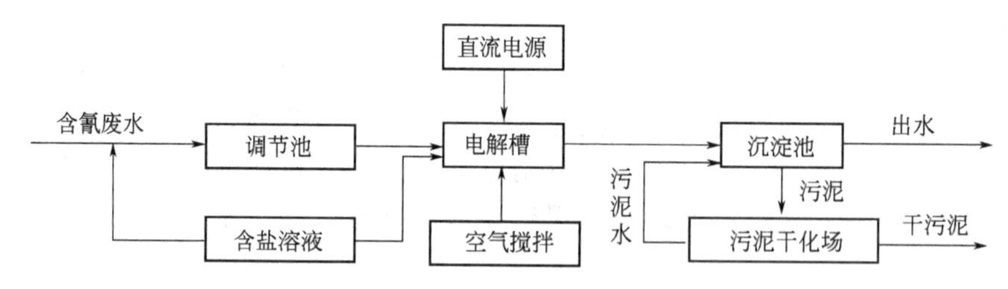

图 1-8-14 含氰废水连续处理工艺流程

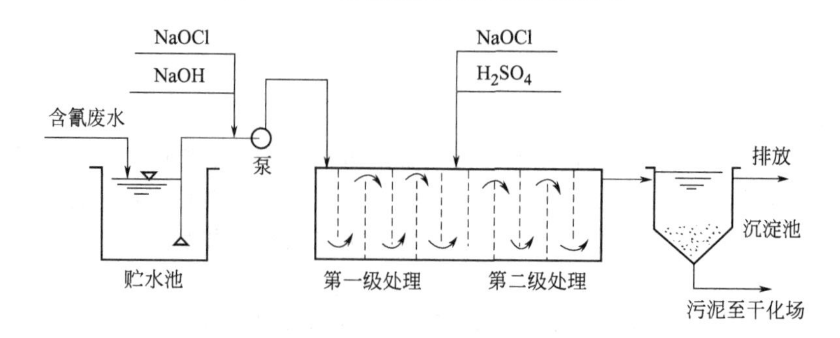

图 1-8-15 含氰废水完全氧化处理工艺流程

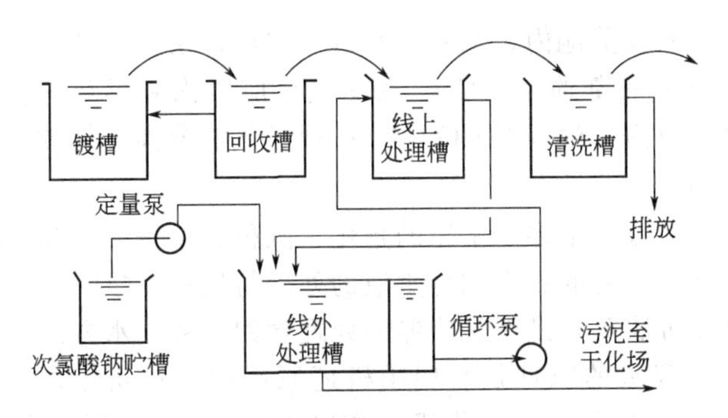

图 1-8-16　兰西法处理含氰废水工艺流程

碱性氯化法处理含氰废水的效果见表 1-8-6[9]。

表 1-8-6　碱性氯化法处理含氰废水的效果

循环次数	水样	硫酸镁/(g/L)	硫酸镍/(g/L)	硫酸钠/(g/L)	硼酸/(g/L)	氯化钠/(g/L)	回收率/%	
							硫酸镁	硫酸镍
1	进水	0.52	1.15	0.46	0.19	0.12	97.8	97.3
	浓水	0.87	1.90	0.48	0.22	0.20		
	淡水	0.011	0.030					
2	进水	0.87	1.90	0.48	0.22	0.20	95.6	93.1
	浓水	1.76	3.79	1.12	0.24	0.39		
	淡水	0.038	0.13					
3	进水	1.76	3.79	1.12	0.24	0.39	97.3	95.8
	浓水	2.77	6.06	1.20	0.25	0.86		
	淡水	0.047	0.16					
4	进水	2.77	6.06	1.20	0.25	0.86	97.8	96.7
	浓水	4.02	8.96	1.79	0.27	0.97		
	淡水	0.061	0.200					
操作条件	工作压力		进水温度	进水流量	浓水流量	淡水流量		
	392×10⁴Pa		16℃	752L/h	450L/h	300L/h		

2. 臭氧法

臭氧在水溶液中可释放出原子氧参加反应，表现出很强的氧化性，能彻底氧化游离状态的氰化物。

反应原理[17]如下：

$$O_3 + CN^- \longrightarrow CNO^- + O_2 \qquad (1\text{-}8\text{-}5)$$

$$CNO^- + O_3 + H_2O \longrightarrow HCO_3^- + N_2 + O_2 \qquad (1\text{-}8\text{-}6)$$

其中铜离子对氰离子和氰酸根离子的氧化分解有催化作用，添加硫酸铜能促进氰的分解反应。臭氧法处理含氰废水的优点有：只需臭氧发生设备，无需药剂购置和运输；工艺简单、方便；处理废液中不产生有害物质，无二次污染。缺点是：单独使用臭氧不能使络合状态存在的氰化物彻底氧化，臭氧发生器产生臭氧耗电量较大，处理成本高，设备维修较困难[17]。

臭氧法处理含氰废水的工艺流程如图 1-8-17[18]所示。

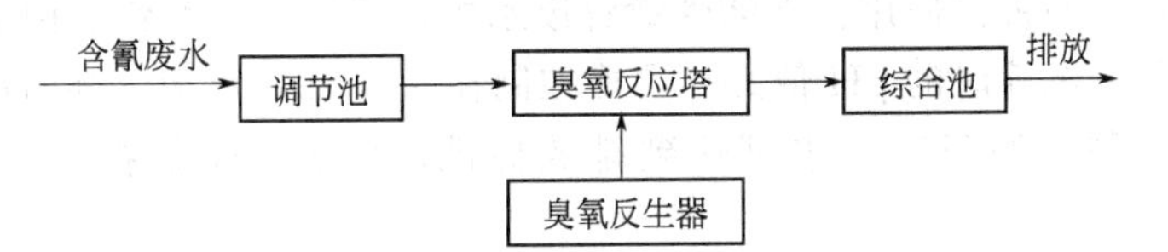

图 1-8-17　臭氧法处理含氰废水工艺流程

其中含氰废水先流入调节池内，水质、水量稳定后，泵入臭氧反应塔顶部，臭氧发生器产生的臭氧从臭氧反应塔底部通入，CN^- 在臭氧反应塔内和臭氧充分接触后被催化氧化，处理后的废水排入综合池内，生成的 CO_2 和 N_2 通过气液分离器排放[18]。

(三) 含铜废水处理

传统治理含铜废水的方法很多，常用的是化学沉积、离子交换及吸附等。这些方法共同的缺点是存在二次污染，污泥的脱水和再生液的处理与处置是技术上的研究难题。目前电化学方法（电解法、电渗析法等）是较为成熟的处理含铜电镀废水方法之一[19]。

电解法[8]处理含铜废水的原理是利用阴极还原反应使铜析出，并从废水中分离出来，从而使废水得到净化。阳极可用过氧化铅（含铅 1%～2%），阴极用不锈钢板，极距 1～4mm，槽温 48～65℃，电流密度 0.4～1.6A/dm²。硫酸酸洗的含铜废水 Cu^{2+} 浓度为 70g/L，处理后含 Cu^{2+} 为 20g/L，可继续作酸洗使用。电流效率 70%～90%，回收 1kg 铜消耗电力 0.9～4.5kW·h。电解法处理含铜废水，适用于含 Cu^{2+} >3g/L，否则，电流效率迅速降低。电解法回收处理镀铜清洗水时，电解槽可装在第一清洗槽旁边，将槽内浓度较高的清洗水引入电解槽进行电解，阴极析出铜定期回收，经电解除铜后的水返回第一清洗槽，以降低清洗水含铜浓度。

电解后尾液还可选用电渗析处理，浓缩液可以再进行电解回收，淡水可回用或达标排放。

通过电化学法处理含铜废水，铜的回收和水资源的循环利用得以实现，从清洁生产和经济角度，均具有较大的意义。

(四) 含锌废水处理

1. 化学法

(1) 工艺流程 化学法处理含锌废水的工艺流程见图 1-8-18[8]。

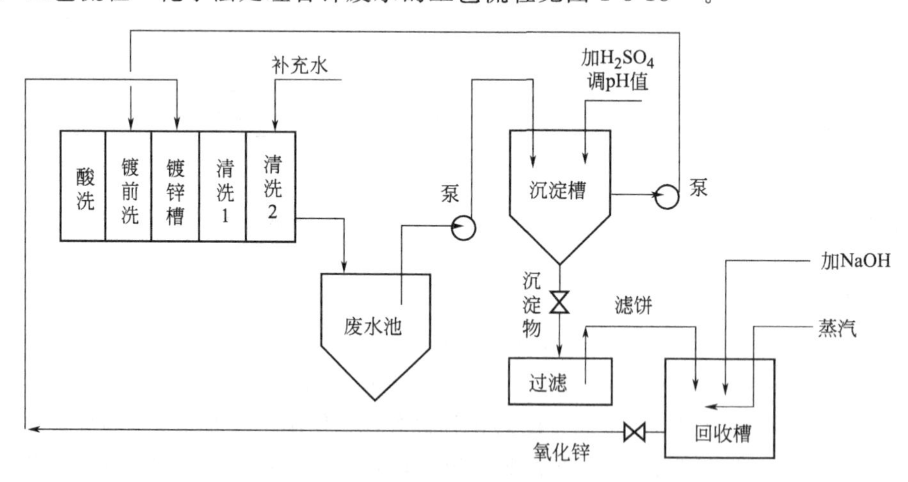

图 1-8-18 化学法处理含锌废水工艺流程

在碱性镀锌废水中可用酸调 pH 值至 8.5～9[8]，氢氧化锌很快沉淀下来，沉淀物加碱溶解，回收氧化锌返回镀槽使用。在酸性镀锌废水中，可回收硫酸锌返回镀槽应用。

(2) 工艺条件 沉淀时的 pH 值必须严格控制在 8.5～9，反应沉淀时间为 20min[8]。废水含锌浓度不受限制，处理后出水可达到排放标准。但若 pH 值控制不严，则出水可能超标。

为提高回收氧化锌的纯度，减少钙、镁等杂质的含量，清洗水应采用蒸馏水。

2. 膜分离法

膜分离法是一个高效、环保的分离技术，具有出水水质稳定性好、可连续化操作、灵活性强等优势，近几年，在电镀含锌废水的处理回用方面得到了推广使用。

以下是一种采用微滤（MF)-纳滤（NF)-反渗透（RO）联合处理电镀漂洗含锌废水的工艺，工艺流程如图 1-8-19[20] 所示。

其中浓缩液的 Zn^{2+} 含量达到镀液的回用要求，而淡水池出水可回用于镀件清洗工序。

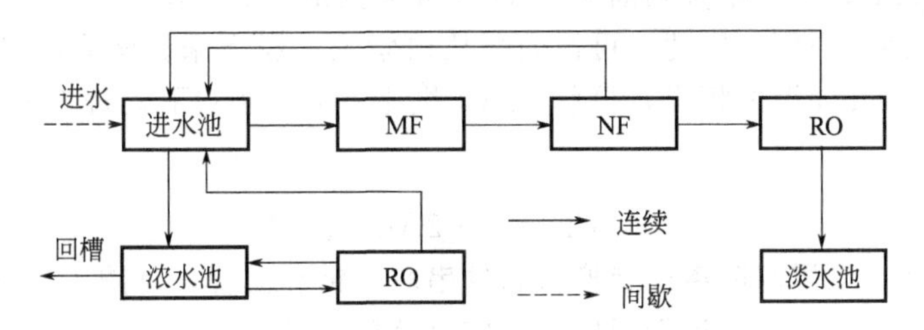

图 1-8-19　微滤(MF)-纳滤(NF)-反渗透(RO)联合工艺流程

(五) 含镍废水处理

反渗透法处理镀镍废水在技术上具有可靠性和明显的经济效益，我国也在 1977 年采用了这种处理方法，使镀镍废水实现了闭路循环系统[8]。处理工艺流程如图 1-8-20[8] 所示。

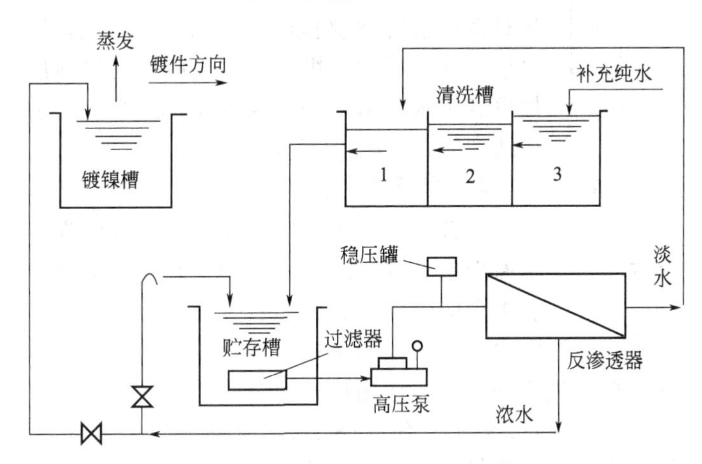

图 1-8-20　反渗透法处理镀镍废水工艺流程

除反渗透法之外，铁氧体法、化学沉淀法、混凝法、膜分离法等方法也常应用与含镍废水的处理。

(六) 含金废水处理

目前电镀行业中，用于镀金首饰、镀金物件等的含氰镀金液采用纯金溶解于氰化钾等溶液之中，生成氰化亚金钾等化合物，经过电镀之后，就产生了含氰镀金废液，此种废液中的含金量为 0.1g/L 左右[21]，具有很高的回收价值。

1. 离子交换法[8]

(1) 工作原理　在氰化镀金（包括微氰、低氰和高氰）废水中，金是以 $KAu(CN)_2$ 的络合阴离子形式存在，可以采用阴离子交换树脂进行处理。工作原理如下：

$$RCl+KAu(CN)_2 \rightleftharpoons RAu(CN)_2+KCl \qquad (1\text{-}8\text{-}7)$$

由于 $Au(CN)_2^-$ 络合阴离子的交换势较高，采用丙酮-盐酸水溶液再生可以获得满意的结果，洗脱率可达 95%以上。其反应式如下：

$$RAu(CN)_2 + 2HCl \rightleftharpoons RCl + AuCl + 2HCN \tag{1-8-8}$$

$$(H_3C)_2C{=}O + HCN \longrightarrow (H_3C)_2C(OH)CN \tag{1-8-9}$$

洗脱过程中 $Au(CN)_2^-$ 络合阴离子被 HCl 破坏变成 AuCl 和 HCN，HCN 被丙酮破坏，AuCl 不溶于水而溶于丙酮，因此，可被丙酮从树脂上洗脱下来。洗脱液经水浴加热简单蒸馏回收丙酮后，AuCl 即沉淀析出，再将 AuCl 烘干并在 500℃下灼烧 2～3h，AuCl 即按下式转变成黄金：

$$2AuCl \xrightarrow{500℃} 2Au + Cl_2\uparrow \tag{1-8-10}$$

（2）工艺流程　采用双阴离子交换树脂柱串联全饱和流程，见图 1-8-21。处理后出水不进行回用，经破氰处理后排放。

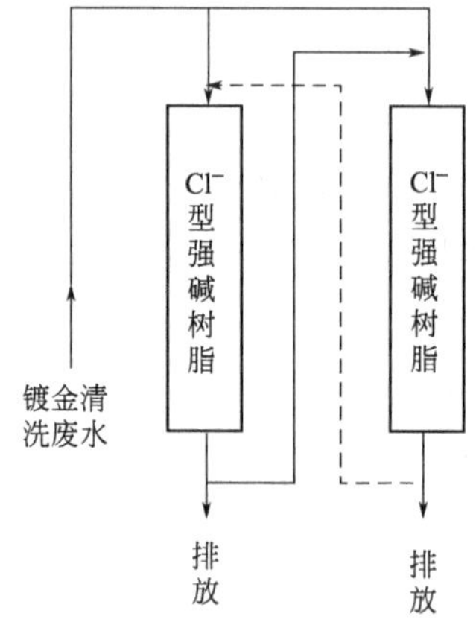

图 1-8-21　离子交换法处理镀金废水工艺流程

（3）工艺参数　饱和工作交换容量：凝胶型强碱性阴离子交换树脂 717 对金的交换量为 170～190g/L，711 为 160～180g/L。交换流速：采用≤20L/(L・h)。交换终点：进出水含金浓度基本相等。

（4）回收黄金的提纯　为提高回收黄金的纯度，可用浓硝酸对黄金进行煮沸提纯，每次煮 1h，然后用去离子水洗至出水呈中性，过滤、烘干、灼烧后可获得纯度为 99.5%的黄金。如再经王水溶解，用维生素 C 或 SO_2 等还原剂提纯，则可获得纯度为 99.9%的黄金。

2. 锌置换法[21]

锌置换法由于其工艺简单而在世界范围内广泛应用，其化学原理是电镀废水中金属金，比进行置换所使用的金属（锌）有更大的惰性。和大多数金属相比，金是惰性的，但它是以氰化络合物的形态存在于碱性溶液中，这就限制了选择某些能用来进行置换的金属的可能性。目前只有锌是唯一用于粗金生产的金属，使用锌置换沉淀金的最简单反应可表示为：

$$2Au(CN)_2^- + Zn \longrightarrow 2Au + Zn(CN)_4^{2-} \tag{1-8-11}$$

锌加入量为溶液中金质量的两倍，以保证金的完全沉淀，并防止已沉出的金重新被氰化物溶解；置换时加入醋酸铅作催化剂。如果溶液中存在氧化剂，会影响金的回收率，故应预先加入还原剂，或者延长加热时间，以减弱溶液的氧化性。此法可获得纯度为 95%的产品金，回收率达 99%。锌置换法处理含金废水的工艺流程如图 1-8-22 所示。

（七）含银废水处理

1. 槽边电解法[8]

将含银废水引入电解槽中，通过电解在阴极沉积回收金属银。电压为 10V，电流密度为 0.3～0.5A/dm²，电流效率可达 30%～75%。阳极采用石墨，阴极采用不锈钢板，回收的银经过一段时间后可以从阴极上撕落，纯度达 99%。这种电解槽设在镀银槽后面的回收槽旁，回收液引入电解槽进行电解回收银，电解后的出水返回回收槽。循环进行电解，可以回收带出液中 95%以上的银。回收槽后面的清洗采用逆流清洗。为提高清洗水水质，最后一级清洗槽的清洗水可以采用离子交换处理，工艺流程见图 1-8-23。采用槽边电解离子交换法组合处理镀银废水，可以实现废水的闭路循环。

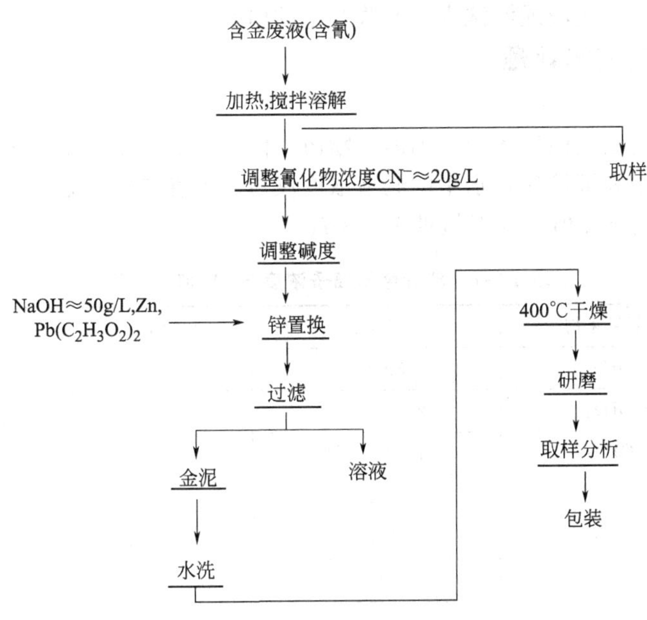

图 1-8-22 锌置换法处理电镀含金废水工艺流程

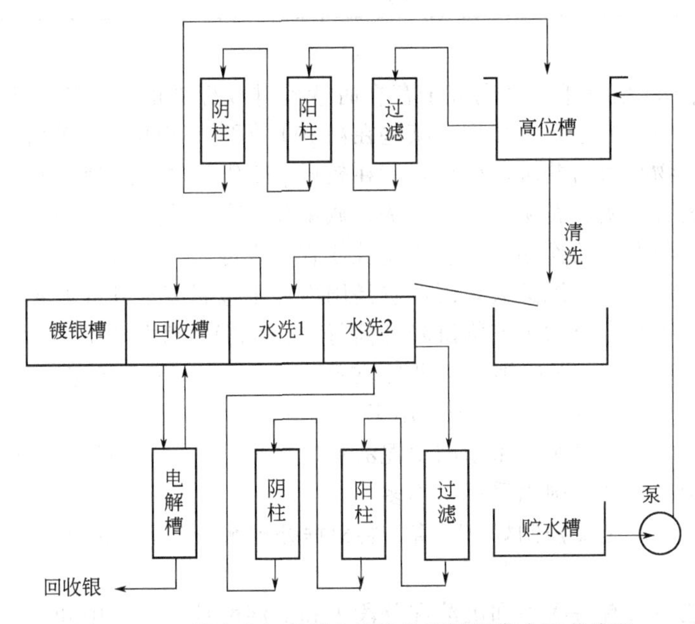

图 1-8-23 槽边电解离子交换法处理镀银废水工艺流程

2. 旋流电解法[8]

用旋流电解法破氰提银，是使银氰废液沿切线方向以旋流状态通过特制电解装置，该装置由不锈钢（1Cr18Ni9Ti）阳极内外筒组成，外筒为阳极，直径 148mm，高 280mm；内筒为阴极，直径 138mm，高 275mm。阴阳极间距控制在 5～10mm。

旋流电解提取白银工艺最佳参数：槽电压 2.2～1.8V；电流密度 0.6～0.17A/dm^2；电流效率 70%～80%；旋流量 400～600L/h；银离子的起始浓度 0.5～5g/L；银回收率90%～97%；银的纯度>99.9%。

在表面处理车间有很多情况下使用的是无氰镀银溶液，而胶片定影过程中使用的均是无氰溶液，处理这部分老化液或漂洗水、回收其中的白银，也可以用旋流电解法。

（八）电镀混合废水处理

1. 中和沉淀法[1]

传统的中和沉淀法是向废水中投加碱性物质，使重金属离子转变为金属氢氧化物沉淀除去。重金属离子经中和沉淀后，水中的剩余浓度仅与pH值有关。据此可以求得某种金属离子处理到排放标准的pH值，参考值见表1-8-7。

表1-8-7 部分金属离子浓度与pH值的关系

金属离子	金属氢氧化物	溶度积	排放标准/(mg/L)	达标pH值
Cd^{3+}	$Cd(OH)_3$	2.5×10^{-14}	0.1	10.2
Co^{2+}	$Co(OH)_2$	2.0×10^{-15}	1.0	8.5
Cr^{3+}	$Cr(OH)_3$	1.0×10^{-30}	0.5①	5.7
Cu^{2+}	$Cu(OH)_2$	5.6×10^{-20}	1.0	6.8
Pb^{2+}	$Pb(OH)_2$	2×10^{-16}	1.0	8.9
Zn^{2+}	$Zn(OH)_2$	5×10^{-17}	5.0	7.9
Mn^{2+}	$Mn(OH)_2$	4×10^{-14}	10.0①	9.2
Ni^{2+}	$Ni(OH)_2$	2×10^{-16}	0.1	9.0

① 为参考数值。

表1-8-7中的pH值是单一金属离子存在时达到排放标准的pH值。当废水中含有多种金属离子时，由于中和产生共沉作用，某些在高pH值下沉淀的重金属离子被在低pH值下生成的金属氢氧化物吸附而共沉，因而也能在较低pH值条件下达到最低浓度。

常用的中和剂有石灰、石灰石、电石渣、碳酸钠、氢氧化钠等。其中以石灰应用最广，它可同时起到中和与混凝的作用，其价格比较便宜，来源广，处理效果较好，几乎可以使除汞以外的所有重金属离子共沉除去，因此它是国内外重金属废水处理的主要中和剂。石灰石价格最便宜，具有中和生成的沉淀物沉降性能好、污泥脱水性好等优点。但其中和能力弱，pH值不易提高到6以上，不适用于某些需在高pH值条件下才能完成沉淀的重金属离子（如镉）的去除，只能作为前段中和剂，用于去除铁、铝等离子。

在某些情况下，如水量小、希望减少泥渣量时，也可考虑采用氢氧化钠或碳酸钠作中和剂，但是它们的价格较高，国内采用得不多。

采用中和法的关键是要控制好pH值。要根据处理水质和需要除去的重金属种类，选择中和沉淀工艺。

中和沉淀工艺一般有一次中和沉淀和分段中和沉淀两种。一次中和沉淀法是指一次投加碱剂提高pH值，使各种金属离子共同沉淀。一次中和法工艺流程简单，操作方便，但沉淀物含有多种金属，不利于金属回收。分段中和法是根据不同金属氢氧化物在不同pH值下沉淀的特性，分段投加碱剂，控制不同的pH值，使各种重金属分别沉淀。此法工艺较复杂，pH值控制要求较严，但有利于分别回收不同金属。通过自动控制pH值的设备分段控制pH值，用户可以根据各自的废水情况参考选用。

采用将部分石灰中和沉渣返回反应池的碱渣回流法，可比采用传统石灰中和法节约石灰用量10%～30%，中和渣体积可减小，脱水性能也可以得到改善。

2. 预处理-混凝沉淀法[22～24]

某企业电镀综合废水可分为含氰废水、含铬废水和酸碱废水三部分。根据废水水质及处理要求，采用预处理-混凝沉淀法，处理工艺见图 1-8-24。含氰、含铬废水分别进行预处理，预处理工艺见图 1-8-25、图 1-8-26。预处理后的含铬、含氰废水排入废水综合池中与酸碱废水混合，将混合废水泵至碱化反应池调节 pH 值至 9.5 后，流至絮凝池进行絮凝反应（投加絮凝剂为 PAC、PAM），反应完成后排至综合沉淀池，出水经中和池调节 pH 值至 7～9 后排放。沉淀污泥送入压滤机浓缩后，泥饼外运，滤液返回废水综合池[22]。

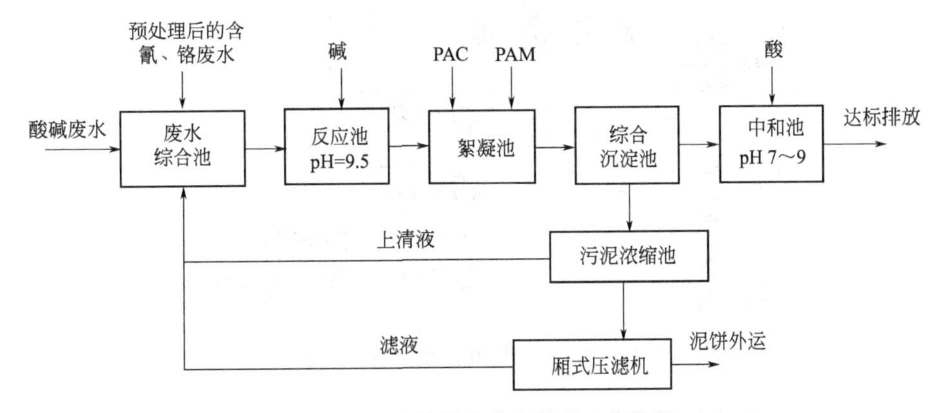

图 1-8-24 电镀混合废水处理工艺流程

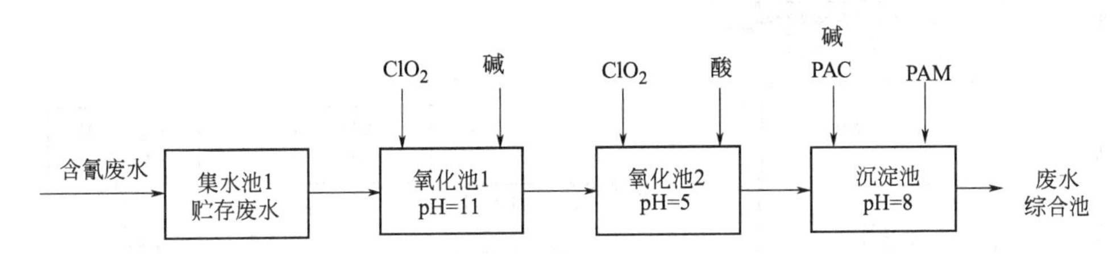

图 1-8-25 含氰废水预处理工艺流程

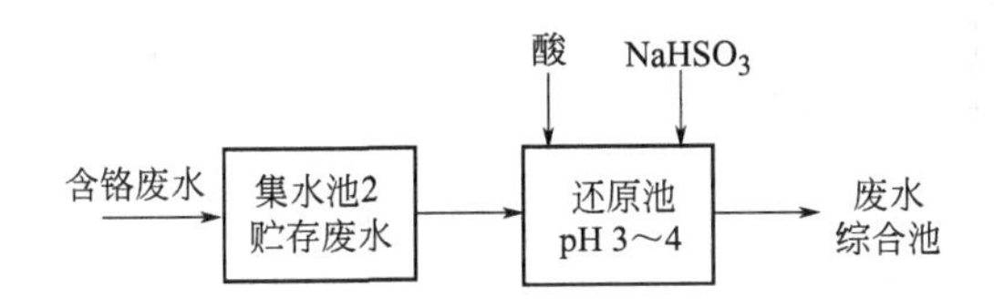

图 1-8-26 含铬废水预处理工艺流程

3. 化学处理闭路循环法[25,26]

（1）氧化-还原-中和沉淀处理 混合电镀废水可在一个装置内完成六价铬还原为三价铬、酸碱中和、重金属氢氧化物沉淀、清水回用或排放、污泥过滤干化，或氰氧化、酸碱中和、重金属氢氧化物沉淀、清水排放或回用、污泥过滤干化。

技术指标：Cr^{6+} 去除率 99.99%；Zn^{2+} 去除率 99.9%；CN^- 去除率 99.0%。

该方法用于处理电镀混合废水，可以一次去除氰、铬、酸、碱及其他重金属离子，适合于大、中、小电镀企业和电镀车间。

（2）电镀混合废水一步净化器[25,26] 根据氧化-还原-中和高效絮凝沉淀处理电镀混合废水的原理，废水一步净化工艺流程见图 1-8-27。一步净化器结构见图 1-8-28[25]。

4. 三床离子交换法[8]

对于含有 Cu、Cd、Fe、Ni、Zn 等金属离子和 CN^- 的混合废水（不含 Cr^{6+}），可采用三床离子交换树脂法处理。工艺流程见图 1-8-29。

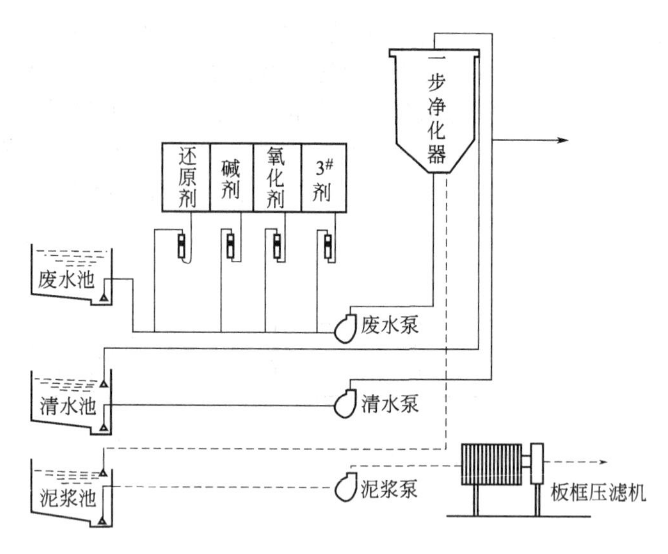

图 1-8-27 一步净化废水处理标准流程

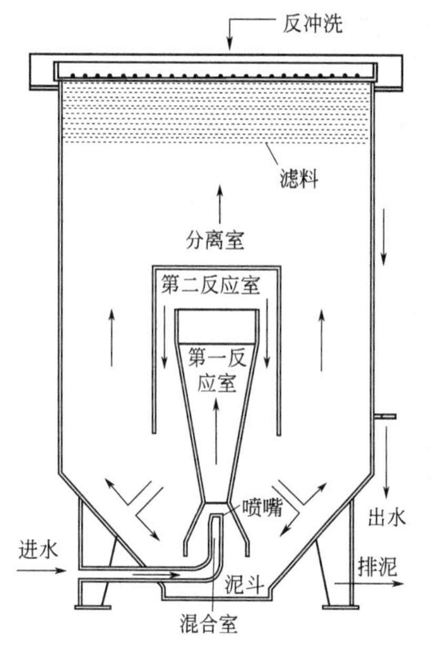

图 1-8-28 一步净化器结构

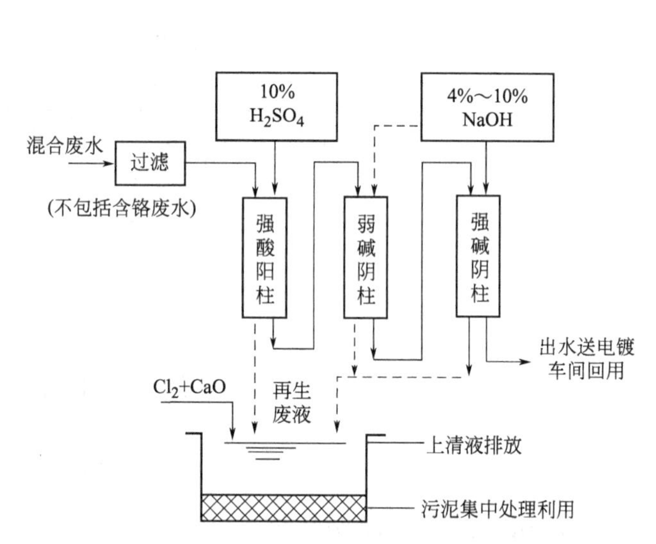

图 1-8-29 三床离子交换树脂法处理混合废水

废水通过强酸阳离子交换树脂柱吸附各种金属离子，用酸再生。通过弱碱阴离子交换树脂柱吸附各种络合阴离子，用碱再生。再通过强碱阴离子交换树脂柱吸附游离氰根和其他阴离子，用碱再生。阳离子交换树脂柱与阴离子交换树脂柱的洗脱液进行中和，再用氯氧化氰化物，用石灰沉淀重金属。再生洗脱液处理后排放；经离子交换法处理后的出水回电镀车间作清洗水回用。此种处理方法要求混合废水中不包括含铬废水。若混合废水中不含氰化物，则可省掉弱碱阴离子交换树脂柱，三床法即可改为两床法，即强酸阳离子交换树脂柱和强碱阴离子交换树脂柱。

四、电镀污泥的处置及回收利用

电镀污泥是电镀废水处理过程中产生的排放物，其中含有大量含 Cu、Ni、Zn、Cr、Fe

等重金属，成分十分复杂。在我国《国家危险废物名录》所列出的 47 类危险废物中，电镀污泥占了其中的 7 大类，是一种典型的危险废物[24]。

(一) 电镀污泥的安全处置

1. 电镀污泥管理[1,8]

电镀废水处理所产生的污泥不得随废水稀释排放，也不得混合在生活垃圾或其他工业固体废物中外排，必须对电镀污泥按有害工业废物进行管理。

2. 污泥集中处理[1,8]

沉淀后的污泥含水率一般在 94%～98%之间，这样的污泥不便于运输，又可能溢洒造成二次污染，一般需要进行污泥的浓缩和脱水。

(1) 污泥浓缩　浓缩方法可分为重力浓缩法和气浮浓缩法。

重力浓缩法是靠污泥固体本身的重力自然压缩其体积。它是将污泥放在浓缩池内停留较长时间后，排出澄清水，使污泥体积减小。

(2) 污泥脱水　污泥脱水一般分为机械脱水和自然脱水两大类。已有自动板框压滤机和带式压滤机的定型产品。离心机种类也很多，如转筒式离心机、卧式螺旋卸料离心机、立式离心机等。应用较普遍的是转筒式离心机。

经机械脱水或自然脱水的污泥，就较易于收集和运输，到处理中心进行处理处置。在某些场合，例如进行综合利用时，往往还需要经过加热干燥，进一步降低其含水率。干燥通常利用蒸汽加热法来蒸发其水分，常用的干燥设备有回转圆筒式干燥机等。

3. 污泥的安全处置技术

(1) 固化/稳定化技术[23,24]　固化/稳定化技术主要是向电镀污泥中加入固化剂以固化污染源。通过投加常见的固化剂如水泥、石灰、沥青、玻璃、水玻璃等，与污泥加以混合进行固化，使污泥内的有害物质封闭在固化体内不被浸出，从而达到防止污染的目的。水泥是最为常见的固化剂之一，通过加入水泥使之与污泥混合，在室温下即可有效地将电镀污泥中的有害重金属离子化学固化。此外，石灰也是一种常用的固化剂，但这种方法费用较高（包括固化剂费用和加工费用）。

(2) 热处理技术[23,24]　电镀污泥的热处理技术是一个深度氧化和熔融的过程，通过热处理可以使电镀污泥中某些剧毒成分毒性降低，从而达到安全处置的目的。热处理技术最主要的是焚烧法，焚烧可以大幅度减少电镀污泥的体积，降低污泥对环境的危害，但这种方法能耗较高，对焚烧设备和条件也有一定要求。

(二) 电镀污泥处理利用技术

1. NH_3-$(NH_4)_2CO_3$ 体系浸取-催化铬水解新工艺[26]

电镀污泥的常规氨浸处理，氨浸液中含铬可达 0.5～1g/L。这将使进入液相的 Cr-Ni-Zn 的分离十分困难。本工艺采用 NH_3-$(NH_4)_2CO_3$ 体系密闭浸取-催化铬水解工艺处理含 Cu、Ni、Zn、Cr、Fe 的多组分电镀污泥或 Ni-Co-Cr-Fe 电加工污泥，在一个步骤获得满意的主金属提取和 Cr-Fe 从体系中分离的效果。该工艺过程采用氨浸-蒸氨-吸收多釜轮环作业系统，简化了操作，大大减少了蒸汽消耗，提高吸收效率。该工艺过程适于集中处理电镀污泥厂，流程见图 1-8-30。

2. 含铬污泥的处理与利用

(1) 制取铬鞣剂-$Cr(OH)SO_4$[8]　含铬废水处理中产生的 $Cr(OH)_3$ 污泥可以制成铬鞣剂。其反应如下：

$$Cr(OH)_3 + H_2SO_4 \longrightarrow Cr(OH)SO_4 + 2H_2O \quad (1\text{-}8\text{-}12)$$

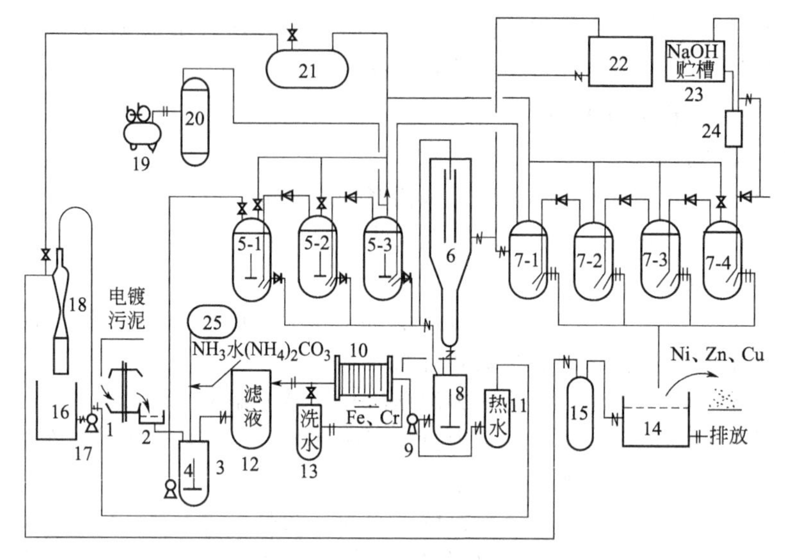

图 1-8-30 催化氨浸-蒸氨-吸收工艺流程

1—球磨制浆机；2—筛分盘；3—配浆槽；4—液下泵；5—吸收-氨浸釜；6—热沉降槽；7—蒸馏釜；8—稀释槽；9—高压泥浆泵；10—板框压滤机；11—热水槽；12—滤液受槽；13—洗水受槽；14—真空抽滤槽；15—隔离罐；16—循环水槽；17—循环泵；18—水力喷射泵；19—空气压缩机；20—空气贮罐；21—排空罐；22—高位贮槽；23—苛化液配置槽；24—苛化注液罐；25—氨水贮槽

铬鞣剂的制造需要严格的反应条件，必须严加控制。主要工艺参数如下：

硫酸投加量按 Cr^{3+} ：H_2SO_4 =(1∶1)～(1∶5)，搅拌均匀；

反应温度为 90～100℃，保持 0.5h；

控制 Cr_2O_3 含量为 90～100g/L，盐基度 30%～40%；

pH 值 3～3.5，铬鞣剂制成后，陈化 10～15d。

采用这种工艺，对污泥的纯度要求较高，污泥中除 Cr $(OH)_3$ 外，应避免含有其他金属离子，否则只能用于低档皮种。

(2) 制取中温变换催化剂（中变催化剂）[8] 含铬废水处理中产生的含铬、含铁的污泥[即 $Cr(OH)_3$、$Fe(OH)_3$]，可以用来制作中温变换催化剂。

国产 B-104 型中温变换催化剂的化学成分与含铬废水处理产生的含铬、含铁污泥成分对比见表 1-8-8。

表 1-8-8 B-104 型中温变换催化剂的化学成分与污泥成分对照 单位：%

类型	名称				
	Cr_2O_3	Fe_2SO_3	MgO	K_2O	CaO
B-104 型	5.3～6.8	50～60	17～20	0.5～1.0	<10
含铬、铁污泥	7	53～63			

表 1-8-8 中所列污泥成分表明，电镀含铬废水处理所产生的污泥，其 Cr_2O_3 和 Fe_2O_3 所占百分比符合 B-104 型中温变换催化剂原料的化学成分，只需补充 1%K_2O、20%MgO，即可满足 B-104 型中温变换催化剂生产的要求。污泥经洗涤、过滤，再与助催化剂 KOH、MgO 混碾均匀，经 120℃烘干，加石墨 10%压片，再经 350℃焙烧，即可制成中温变换催化剂。这种利用含铬含铁污泥制成的催化剂，CO 的转化率和机械强度等技术指标均满足国家规定的产品要求。

参考文献

[1]　崔志，何为庆编著．工业废水处理．第2版．北京：冶金工业出版社，1999.
[2]　袁惠民．化工环保．1998，18（3）：146-149.
[3]　曲永杰，张秋玲．乳化液含油废水处理技术．环境保护与循环经济，2008（3）.
[4]　汪应洛，刘旭．清洁生产．北京：机械工业出版社，1998.
[5]　孙莉英，杨昌柱．含油废水处理技术进展．华中科技大学学报，2002（3）.
[6]　机械工程手册电机工程手册编辑委员会．机械工程手册·专用机械．北京：机械工业出版社，1997.
[7]　田禹，范丽娜．盐析法处理高浓含油乳化液及其反应机制．中国给水排水，2004（4）.
[8]　北京市环境保护科学研究所．水污染防治手册．上海：上海科技出版社，1989.
[9]　机械工业环境保护实用手册编写组．机械工业环境保护实用手册．北京：机械工业出版社，1993.
[10]　王洪奎．推行清洁生产促进电镀企业创新发展．电镀与精饰，2009（6）.
[11]　魏子栋．电镀与精饰．1998，20（4）：31-33.
[12]　邢文长．中国电镀与清洁生产前沿技术．电镀与精饰，2006，28（4）：32-37.
[13]　电镀废水设计规范（GBJ 136—90）.
[14]　袁诗璞．浅谈化学法处理含六价铬电镀废水．电镀与环保，2011，31（2）：40-41.
[15]　牟秀波，李双波．电镀含铬废水治理技术的现状及展望．科技经济市场，2010（10）：6-8.
[16]　刘俊．化学法处理含铬含锌废水．电镀与精饰．1998，20（5）：37.
[17]　杨珣，周青龄．电镀含氰废水处理实用工艺技术现状及展望．能源研究与管理，2011（1）：17-20，52.
[18]　颜海波，孙兴富．臭氧技术处理电镀含氰废水的应用．中国科技信息，2005（21）.
[19]　刘艳艳，彭昌盛，王震宇．电解电渗析联合处理含铜废水．电镀与精饰，2009，31（4）：34-39.
[20]　茆亮凯，张林生等．电镀含锌废水的纳滤-反渗透处理回用研究．水处理技术，2011，37（3）：105-107，111.
[21]　刘书敏．电沉积法从含金废液中回收金的试验研究．广州：广东工业大学，2008.
[22]　杨志泉，刘国林，周少奇．电镀废水处理工程应用．工业水处理，2010，30（7）.
[23]　张学洪，王敦球等．电镀污泥处理技术进展．桂林工学院学报，2004（4）.
[24]　陈永松，周少奇．电镀污泥处理技术的研究进展．化工环保，2007，27（2）：144-148.
[25]　刘新斌．用一步净化器处理电镀废水．环境工程，2007（3）.
[26]　北京市环境保护科学研究院．三废处理工程技术手册．北京：化学工业出版社，2000.

第九章 制药工业废水

近年来，随着我国制药行业的迅猛发展，尤其是原料药产业的发展，环境保护的压力日益加重。制药行业已被列入国家环保规划重点治理的12个行业之一，到2010年，制药工业的COD排放量已居所有行业排放量的前7位[1]。进入21世纪后，欧美发达国家将污染较为严重的原料药生产向中国、印度等发展中国家转移，加重了污染的同时，也为环保技术的发展带来了机遇。国内的前沿技术并不缺乏，关键是缺乏能大规模工业化应用，且经济可行的技术。原料药生产合成工艺路线长并且原料的利用率低，能耗大。生产原料大部分转化为三废，原料能源的消耗可高达制造成本的70%以上[2]，所以原料药生产既污染环境又浪费资源。

制药工业属于精细化工，可细分为发酵类制药工业、化学合成类制药工业、提取类制药工业、中药制药工业、生物工程类制药工业以及混装制剂类制药工业。不同种类的药物采用的原料种类和数量各不相同，一般生产一种药物往往要经过几步甚至十几步反应，使用原材料数种甚至十余种。此外，不同药物的生产工艺及合成路线区别较大，尤其在制药的后一阶段，即提纯和精制的过程中，采用的工艺方法不同。为了提高药物的药性及对疾病的针对性，在医药的生产过程中往往需要将生物、物理和化学等诸多工艺进行综合，如用生物发酵法生产的药物（抗生素等），需经后期的化学合成来提高其有效性，因此制药产生的废水量大，组成成分复杂，污染危害大。制药废水的主要特征为：废水中有机污染物种类多、COD和BOD值高、含盐量高和NH_4^+-N浓度高、色度深且具有一定生物抑制性等特征，相对于其他有机废水来说，处理难度较大。

医药产品按生产工艺过程可分为生物制药和化学制药。所谓生物制药是指通过微生物的生命活动，将粮食等有机原料进行发酵、过滤、提炼的制药过程；而化学制药，则是采用化学方法使有机物质或无机物质发生化学反应生成其他物质的制药过程。这两种制药在其生产过程中存在着一定的联系，其中有些化学制药的原料为生物发酵制药的粗产品，也就是说，先进行发酵生产出初步产品，然后再将不同的粗产品进行化学合成，生产化学制药；同样，对于生物制药，在发酵、粗产品生成及提纯的过程中有时也采用很多化学方法进行化学反应合成，生产出成品。因此，对于制药分类也有不同的看法。

药物生产过程中不同药物品种和生产工艺产生的废水水质和水量也存在着较大差异。一般情况下，制药工业废水按医药产品特点和水质特点可分为四大类。

（1）合成药物生产废水　该类废水的水质、水量变化大，大多含难生物降解物和微生物生长抑制剂。

（2）生物法制药废水　生物法制药废水（一般指抗生素和部分维生素）根据其生产特点可分为提取废水、洗涤废水、维生素C生产废水和其他废水，其中提取废水的有机物浓度和抑菌物质最高，为该类废水的主要污染源，属较难处理废水。

（3）中成药生产废水　中成药废水一般为轻度污染废水，主要来自药材的清洗和浸泡工序，以及机械的清洗水以及炮制工段的其他废水，COD大约在200mg/L。但是如果在炮制工段需要加入特殊辅料如酒、醋、蜜等的中药饮片，其废水的COD浓度一般较高，可达到

1000mg/L 以上[3]。

（4）各类制剂生产过程中的洗涤水及冲洗水　制剂生产废水一般污染程度不大，主要包括原料洗涤水、原药煎汁残液和地面冲洗水。

对于制药工业废水的治理，应落实清洁生产，通过改进设计、使用清洁的能源和原料、采用先进的工艺技术与设备、改善管理，从源头削减污染，提高资源利用效率，减少或者避免污染物的产生和排放，以减轻或者消除对人类健康和环境的危害。此外应加强物料回收和综合利用，如发酵菌体的回收利用、提取用溶剂的回收、工艺用重金属的回收等。对制药废水中的高浓度有机废水，可考虑制取饲料酵母，采取综合利用技术，既可创造效益，又可降低 50%左右的 COD，如生产金霉素等抗生素的废水即可采用此法。对此类高浓度废水（发酵提取废水和维生素 C 废水），国外有些生产厂家采用蒸发浓缩技术（类似酒精行业的 DDGS 生产工艺），既可解决污染问题，也有较好的经济效益。

第一节　生物制药废水

生物制药是指利用生物体或生物过程生产药物，主要包括通过菌种发酵的方法生成的抗生素或抗菌素。抗生素是微生物、植物、动物在其生命活动过程中产生（或利用化学、生物或生化方法所衍生）的化合物，是具有能在低浓度下选择性地抑制或杀灭特种微生物或肿瘤细胞能力的化学物质，是人类控制感染性疾病、保障身体健康及防治动植物病害的重要药物。目前用于临床医学或其他用途的抗生素类药物主要有 β-内酰胺类、四环类、氨基糖苷类、大环内酯类、多肽类、其他类 6 个种类，数百个品种。抗生素的生产以微生物发酵法进行生物合成为主，少数也可用化学合成方法生产。此外，还可将生物合成法制得的抗生素用化学、生物或生化方法进行分子结构改造而制成各种衍生物，称为半合成抗生素。

抗生素生产的开端是在第二次世界大战期间，英美科学家在早年 Fleming 发现青霉素的基础上，采用玉米浆作为培养基的氮源，建立深层发酵技术开始的。我国抗生素的研究从 20 世纪 20 年代初开始，主要集中在青霉素的发酵、提炼和检定，而生产则始于 20 世纪 50 年代初。近年来，逐渐采用电脑控制发酵以及基因工程技术，来提高发酵效果。但是，目前在抗生素的筛选和生产、菌种选育等方面仍存在着许多技术难点，出现原料利用率低、提炼纯度低、废水中残留抗生素含量高等诸多问题，造成严重的环境污染和不必要的浪费。抗生素的工业化生产是现代生物制药工业化的开端，生物制药的研究内容按生物工程学科范围可分为以下四类：①发酵工程制药；②基因工程制药；③细胞工程制药；④酶工程制药。

生物药物既可按照其来源分类，又可按照其生产方式、生理功能及临床用途等分类。由于生物药物化学结构多样，功能广泛，因此任何一种分类方法都会有一些不完美之处。按化学性质可分为氨基酸类、有机酸和丙酮类、维生素、酶及辅酶类、脂类、多肽和蛋白质类、核酸类及其衍生物、多糖。生物制药具有以下特点：①成分复杂，大多是复杂的蛋白质混合物；②不稳定，易变性，易失活；③易被微生物污染、破坏；④生产条件的变化对产品的质量影响较大；⑤用量少，价值高。

表 1-9-1[3]为部分抗生素在“十一五”末期的年产量。

在众多的医药产品中，抗生素是目前国内外研究较多的生物制药，其生产废水也占医药废水的大部分。本章以生物制药废水的处理作为重点，同时对化学合成制药废水、中成药废水以及制剂废水的水质及水量及其处理分别作简单介绍。

表 1-9-1 部分抗生素在"十一五"末期的年产量

类别	代表性药物	年产量/t	类别	代表性药物	年产量/t
β-内酰胺类	青霉素G钾	529.074	四环类	四环素	1093.411
	青霉素G钠	3702.248		盐酸四环素	2700.218
	青霉素V	317.058		土霉素	15935.514
				金霉素	642.120

一、生产工艺和废水来源

(一) 生产工艺

抗生素的生产原料主要为粮食产品，在生产过程中，原料消耗大，只有少部分转化为产品和供微生物生命活动，大部分仍留在废水中。废水的来源主要集中在结晶母液中。抗生素的生产方法主要有：①生物发酵法，如生产青霉素、链霉素、麦迪霉素、洁霉素、土霉素、四环素、庆大霉素、螺旋霉素、维生素C等；②化学合成法，如生产氯霉素等；③半化学合成法，如强力霉素是由土霉素经过化学合成等方法制成的。抗生素的生产过程包括微生物发酵、过滤、萃取结晶、化学方法提取、精制等。此外，为提高药效，还将发酵法制得的抗生素用化学、生物或生化方法进行分子结构改造而制成各种衍生物，即半合成抗生素，其生产过程的后加工工艺中还包括有机合成的单元操作，可能排出其他废水，如氨苄青霉素就是半合成青霉素的一种。而那些虽在低浓度下有效，但只能用化学方法合成的化疗药物，如抗真菌的克霉唑等，则不属于抗生素范围。抗生素的生产主要经过下列步骤：菌种培养→发酵液过滤→从滤液中提炼抗菌素物质并精制→产品的干燥与包装。

抗生素发酵工段、提取、精制工段工艺流程及排污点如图 1-9-1，图 1-9-2[3]所示。

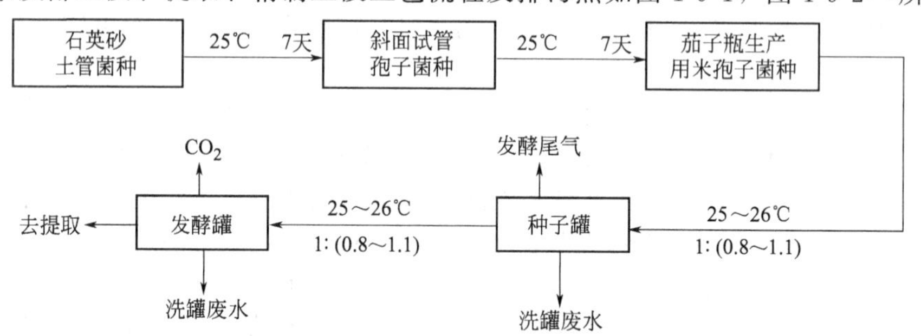

图 1-9-1 抗生素发酵工段工艺流程及排污点

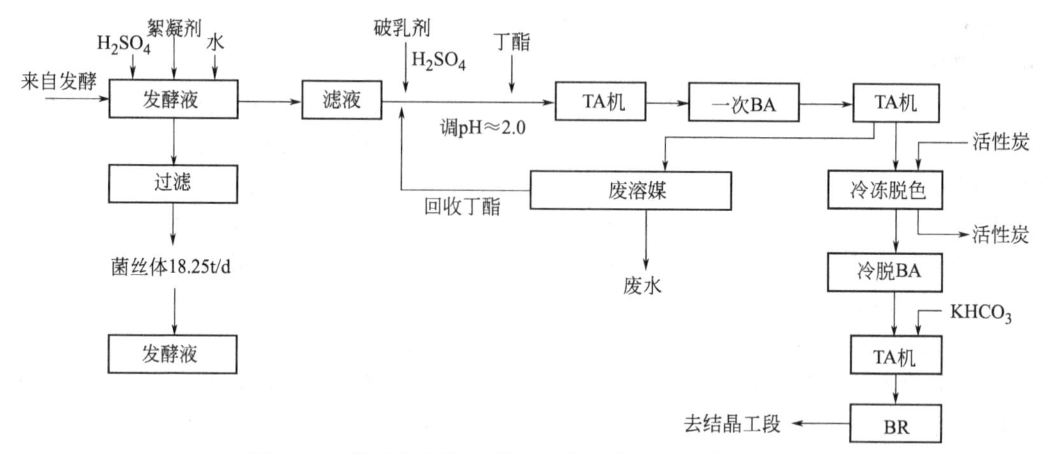

图 1-9-2 抗生素提取、精制工段工艺流程及排污节点

下面对传统青霉素、土霉素、庆大霉素以及采用土霉素初产品合成的强力霉素的生产工艺作简单介绍[4,5]。

1. 青霉素的生产

青霉素和头孢菌素是β-内酰胺类抗生素的主要代表。生产过程如下。

(1) 种子制备　以甘油、葡萄糖和蛋白胨组成培养基进行孢子培养，生产时每吨培养基以不少于200亿个孢子的接种量，接到以葡萄糖、乳糖和玉米浆等为培养基的一级种子罐内，于(27±1)℃通气搅拌培养40h左右。一级种子培养好后，按10%接种量移种到以葡萄糖、玉米浆等为培养基的二级繁殖罐内，于(25±1)℃通气搅拌培养10～14h，便可作为发酵罐的种子。

(2) 发酵生产　发酵以淀粉水解糖或葡萄糖为碳源，以花生饼粉、骨质粉、尿素、硝酸铵、棉子饼粉、玉米浆等为氮源，无机盐类包括硫、磷、钙、镁、钾等盐类。青霉素发酵以苯乙酸和苯乙酰胺作为发酵液的前体，温度先后为26℃和24℃，通气搅拌培养。发酵过程中的前期60h内维持pH值为6.8～7.2，以后稳定在6.7左右。

(3) 青霉素的提取和精制　从发酵液中提取青霉素，多采用溶媒萃取法，经过几次反复萃取，就能达到提纯和浓缩的目的；另外，也可用离子交换或沉淀法。由于青霉素的性质不稳定，整个提取和精制过程应在低温下快速进行，注意清洗，并保持在稳定的pH值范围内。

2. 土霉素的生产

土霉素生产是典型的生物过程，是龟裂链丝菌经发酵提炼而成的，生产过程分三步：①种子培养；②发酵，将各种培养基及种子放入反应器中，经170～190h充氧、搅拌充分反应；③提取，发酵后的物质加入硫酸酸化，并加黄血盐、硫酸锌絮凝去除蛋白质后，经过滤、吸附结晶、离心分离、干燥、包装即成成品。

土霉素生产过程产生的废水主要由结晶母液、过滤冲洗水及其他废水组成。

3. 庆大霉素的生产

庆大霉素是一种碱性水溶性抗生素，发酵液浓度通常是1500μg/mL。它是由绛红小单孢菌和棘孢小单孢菌发酵生成的一种氨基糖类广谱抗生素，生产上采用离子交换法进行分离提取，长期以来，发酵单位较低。发酵后的物质再经二步加工制成成品：①加盐酸酸化后中和，再加入树脂吸附；②树脂解吸，解吸液净化后蒸发、脱色、过滤、干燥、包装成成品。

该类药品的生产废水主要是吸附后筛分过程的筛下液。

4. 强力霉素的生产

强力霉素即脱氧土霉素，以土霉素为原料制成，属半合成抗生素，其生产过程分四步：①氯代过程，先生成氯代土霉素；②脱水，将氯代物放入氟化氢中去除氢和氧的脱水物质，再加入对甲苯磺酸生成对甲苯磺酸盐；③对甲苯磺酸盐加入氢氧化物及磺基水杨酸盐，再与盐酸乙醇反应生成半成品；④半成品经净化、脱色、过滤、结晶、干燥、包装即为成品。

强力霉素生产过程产生的废水主要有两部分：一是氯代过程中的原料即氯代乙酰苯胺生产过程中产生的废水；二是各岗位甲醇、乙醇回收产生的废醪。

表1-9-2[5]为部分抗生素的提炼和干燥方法。

(二) 废水来源

生物法制药的废水可分为提取废水、洗涤废水和其他废水。废水中污染物的主要成分是发酵残余的营养物，如糖类、蛋白质、脂肪和无机盐类(Ca^{2+}、Mg^{2+}、K^{+}、Na^{+}、SO_4^{2-}、HPO_4^{2-}、Cl^{-}、$C_2O_4^{2-}$等)，其中包括酸、碱、有机溶剂和化工原料等。以7ACA

表 1-9-2 部分抗生素的提炼和干燥方法

抗生素品种	提炼方法	干燥方法
金霉素盐酸盐	溶媒提炼法、沉淀加溶媒精制	气流干燥、真空干燥
链霉素、庆大霉素等	离子交换法	喷雾干燥
四环素盐酸盐	四环素碱加尿素成复盐、加溶媒精制法	真空干燥
土霉素盐酸盐	沉淀加溶媒精制法	气流干燥
红霉素	溶媒提炼法、大孔树脂加溶媒精制	真空干燥
其他大环内酯类抗生素	溶媒提炼法	真空干燥

头孢噻吩的生产为例，其生产流程主要由发酵、提炼、裂解与缩合四个步骤组成，在每个步骤中又包括若干个单元操作。其生产工艺流程与废水产生情况见图 1-9-3[6]。

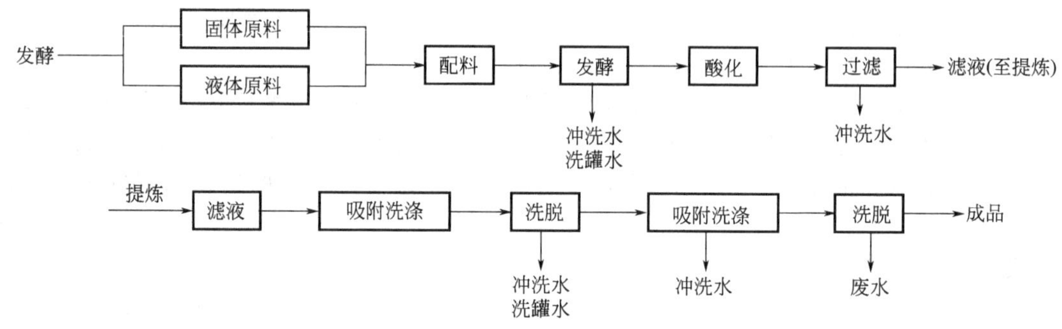

图 1-9-3 7ACA 头孢噻吩的生产工艺

(1) 提取废水 提取废水是经提取有用物质后的发酵残液，所以有时也叫发酵废水。含大量未被利用的有机组分及其分解产物，为该类废水的主要污染源。该废水中如果不含有最终成品，BOD 一般在 4000～13000mg/L 之间。当发酵过程不正常，发酵罐体内出现染菌现象时，会导致整个发酵过程的失败，因此为保证下一步的正常生产，必须将废发酵液与染菌丝体一起排到废水中，从而增大废水中有机物及抗生素类药物的浓度，使废水中 COD、BOD 值出现波动高峰，一般废水的 BOD 可高达（2～3）$\times 10^4$mg/L。另外，在发酵过程中由于工艺需要采用一些化工原料，废水中也含有一定的酸、碱和有机溶剂等。

(2) 洗涤废水 洗涤废水来源于发酵罐的清洗、分离机的清洗及其他清洗工段和地面清洗等，水质一般与提取废水（发酵残液）相似，但浓度低，一般 COD 为 500～2500mg/L，BOD 为 200～1500mg/L。

(3) 其他废水 生物制药厂大多有冷却水排放。一般污染段浓度不大，可直接排放，但最好回用。有些药厂还有酸、碱废水，经简单中和可达标排放。

在生物制药废水中，维生素 C 生产废水有机污染也十分严重，综合废水的 COD 含量可达 80000～100000mg/L，含甲醇、乙醇、甲酸、蛋白质、古龙酸、磷酸盐等物质，废水偏酸性。

(三) 水质特征

从抗生素制药的生产原料及工艺特点中可以看出，该类废水具有如下特点：污染物浓度高，悬浮物含量高，含有难降解物质和有抑菌作用的抗生素，硫酸盐浓度高，碳氮营养比例失调（氮源过剩），废水带有较重的颜色和气味，易产生泡沫等。

(1) COD 浓度高（5000～80000mg/L） COD 是抗生素废水污染物的主要来源。其中主要为发酵残余基质及营养物、溶媒提取过程的萃余液、经溶媒回收后排出的蒸馏釜残液、离子交换过程排出的吸附废液、水中不溶性抗生素的发酵滤液，以及染菌倒罐废液等。这些成分在废水中浓度较高，如青霉素 COD 为 15000～80000mg/L、土霉素 COD 为 8000～35000mg/L。因此直接用好氧生物法处理有较大的困难。

(2) 废水中 SS 浓度高（500～25000mg/L） 废水中 SS 主要为发酵的残余培养基质和发酵产生的微生物丝菌体。如庆大霉素 SS 为 8000mg/L 左右，青霉素为 5000～23000mg/L，这对厌氧 UASB 工艺的处理极为不利。

(3) 存在难生物降解物质和有抑菌作用的抗生素等毒性物质 由于发酵中抗生素得率较低，仅为 0.1%～3%，且分离提取率仅 60%～70%，因此大部分废水中残留抗生素含量均较高，一般条件下四环素残余浓度为 100～1000mg/L，而实际结晶母液中四环素含量高达 1500mg/L，土霉素为 500～1000mg/L。废水中青霉素、四环素、链霉素浓度低于 100mg/L 时不会影响好氧生物处理，而且可被生物降解，但当浓度大于 100mg/L 时会抑制好氧污泥活性，降低处理效果。

(4) 硫酸盐浓度高 如链霉素废水中硫酸盐含量为 3000mg/L 左右，最高可达 5500mg/L；土霉素为 2000mg/L 左右，庆大霉素为 4000mg/L。

(5) 水质成分复杂 中间代谢产物、表面活性剂（破乳剂、消沫剂等）和提取分离中残留的高浓度酸、碱、有机溶剂等化工原料含量高。该类成分易引起 pH 值的波动以及色度高和气味重等不利因素，影响厌氧反应器中甲烷菌正常的活性。

(6) C/N 比失调 为了满足发酵微生物在发酵过程中次级代谢过程的需求，一般控制生产发酵的 C、N 比为 4∶1 左右，这样废发酵液中的 BOD/N 一般在 1～4 之间，与废水处理中微生物的营养要求相差甚远，严重影响微生物的生长与代谢，不利于提高废水生物处理的负荷和效率。

表 1-9-3[3] 为国内部分生物制药企业在“十一五”末期的生产用水、排水情况。

表 1-9-3 部分生物制药企业在“十一五”末期的生产用水、排水情况

企业名称(代号)	产品名称	年生产天数/天	年产量/(t/a)	单位产品用水量/(t/t)	单位产品排水量/(t/t)
1	青霉素工业盐	350	4972	435	370
	6-APA	350	595	404	344
	青 V 钾	350	291	1088	925
	土霉素	350	700	246	208
	去甲基金霉素	350	90	1746	1480
2	青霉素	330	1100	2109	1890
	7-ACA	330	100	3480	3600
	6-APA	330	160	420	390
3	青钾盐	300	2250	1000	800
	大观霉素	300	18	31500	25200
	泰乐菌素	300	188	3300	2640
	氨苄钠	300	152	600	480
4	硫酸黏菌素	365	300	1047	840
	麦迪霉素	365	100	1190	952
5	头孢菌素 C	330	1000	437	371
	青霉素	330	1000	729	619

续表

企业名称(代号)	产品名称	年生产天数/天	年产量/(t/a)	单位产品用水量/(t/t)	单位产品排水量/(t/t)
6	土霉素	300	7000	237	210
7	土霉素	330	1300	1433	246
8	链霉素	365	1150	2100	1904
9	青霉素	330	1250	1373	1000
10	卡那霉素	330	300	1900	1826
11	盐酸四环素	360	1000	750	610
12	林可霉素	300	238	1409	1127
	庆大霉素	300	65	7792	6233
	维生素 B_{12}	300	700	298000	238000
13	维生素 C	330	20000	216.4	188.4
14	维生素 C	330	20000	370	330
15	维生素 C	330	15000	161.3	142.1
16	维生素 B_{12}	330	5.5	123600	117420
17	谷氨酸	300	100000	54	8.26
18	谷氨酸	330	60000	60	8.28
19	激素中间体	330	500	927	840

二、清洁生产

从抗生素制药废水的水质特点可以看出，该种废水的生物处理具有一定的难度。因此，在对该类废水进行处理时，应考虑将整个生产过程尽可能实现清洁生产，使废水处理前的水质得到改善，这样既可减少污染，又可降低污水处理的费用。

事实上，发酵工业废水中的物质大都是原料的组分，综合利用原料资源、提高原料转化率始终是清洁生产技术的一个重要方向，因此需要对原料成分进行分析，并建立组分在生产过程中的物料平衡，掌握它们的流向，以实现对原料的“吃光榨尽”；同时生产用水也要合理节约，一水多用，采用合理的净水技术。例如，抗生素生产过程中需要消耗大量的水，每吨抗生素平均耗水量在万吨以上，但90%以上是冷却用水，而真正在生产工艺中不可避免的污染废水仅占5%左右，因此可以采取回收冷却水等措施，实现水资源的重复利用。此外，生物制药清洁生产的内容还包括：工艺改进、新药研制和菌种改造。主要措施有：加强原料的预处理，提高发酵效率，减少生产用水，降低发酵过程中可能出现的染菌等工艺问题；逐渐采用无废少废的设备，淘汰低效多废的设备；利用基因工程原理及技术进行菌种改造。

在废水生物处理前，主要的任务是微生物制药用菌的选育、发酵以及产品的分离和纯化工艺等，研究用于各类药物发酵的微生物来源和改造、微生物药物的生物合成和调控机制、发酵工艺与主要参数的确定、药物发酵工程的优化控制、质量控制等。

目前，生物制药中的新技术已得到了广泛的应用，主要包括大规模筛选的采用与创新，高效分离纯化系统的采用，这些都使得制药厂排放污水的水质得到改善，大大提高了微生物发酵技术和效率，使该类制药废水的可处理性得到提高。另外，应充分考虑生产过程中废水的回收和再利用，既可以回收废水中存在的抗生素等有用物质，提高原料的利用效率，又可以减少废水排放量，改善排放废水水质，具有较为可观的综合利用价值，能产生较好的环境、经济和社会效益。我国在这方面做了大量的研究，取得了一定成绩。例如某药厂生产扑尔敏，工艺中用氯化亚铜为催化剂，产生含铜2%、氨6.5%～7.5%的铜氨废水。该厂将此废水与工业用碱按1∶（0.2～0.3）的比例反应，回收氧化铜后再排放。某制药厂从庆大霉素工艺废水中回收提取菌丝蛋白；从土霉素提炼废水中回收土霉素钙盐；从土霉素染菌发酵液中回收制取高蛋白饲料添加剂；从生产中间体氯代土霉素母液中蒸馏回收甲醇；从安乃近废水母液中蒸馏回收甲醇、乙醇；从淀粉废水中回收玉米浆、玉米油、蛋白粉。又如某药厂生产四环素，对其中一股草酸废水投加硫酸钙，反应得到草酸钙，再经酸化回收草酸。

以青霉素生产废水为例，其发酵废水在中和并分离戊基醋酸盐后，废水水质有了很大的提高。如表1-9-4[6]所示。

表1-9-4　预处理前后的青霉素发酵废水水质　　单位：mg/L

参数	预处理前含量	预处理后含量	参数	预处理前含量	预处理后含量
BOD	13500	4190	总碳水化合物	240	213
总固体	28030	26800	氨氮	1200	91
挥发性固体	11000	10800	亚硝酸氮	350	28
还原性碳水化合物（按葡萄糖计）	650	416	硝酸氮	105	1.9

某制药公司采用UASB作为生物制药高浓度废水的预处理系统，达到了预期的效果。该制药公司的生物制药废水主要为提取后的发酵液和洗罐废液，废水中含有大量生物菌体和其他一些杂质，悬浮物含量很高。进水COD浓度为18000mg/L，BOD为14000mg/L，SS为1500mg/L。该废水是一种可生化性较好的废水，BOD/COD达0.7以上。该公司在生产实践中采用UASB方法，可将原水中的COD浓度从18000mg/L降到5000mg/L，满足企业已有污水处理系统的进水要求[7]。

三、废水处理与利用

(一) 处理工艺

在各类工业废水中，制药工业废水由于其特点常居难治理之列。并且，微生物药物是复杂多样的；可以以微生物菌体为药品、以微生物酶为药品、以菌体的代谢产物或代谢产物的衍生物作为药品以及利用微生物酶特异性催化作用的微生物转化获得药物等，包括微生物菌体、蛋白质、多肽、氨基酸、抗生素、维生素、酶与辅酶激素及生物制品等。由该类药品的生产性质可知这类制药废水处理的难度。

对于不同的制药废水选择适当的工艺组合可以满足排放标准要求，根据以往的废水处理经验，制药废水处理的基本工艺流程见图1-9-4[6]。

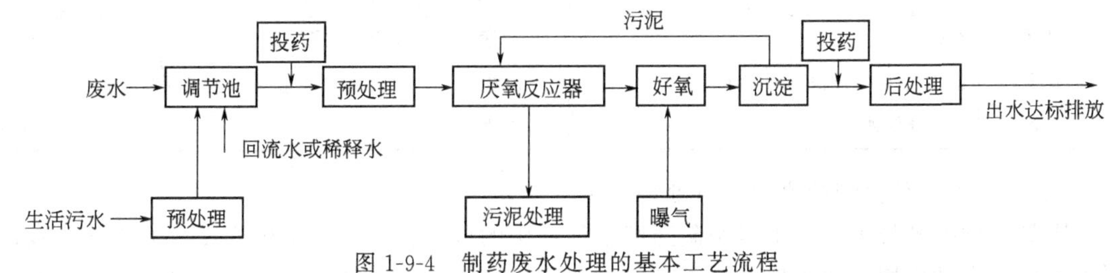

图1-9-4　制药废水处理的基本工艺流程

我国部分生物制药企业工业废水治理现状见表1-9-5[3]。

表 1-9-5 我国部分制药企业废水处理情况

企业名称（代号）	处理工程投资/万元	设计处理能力/(m^3/d)	吨废水投资/元	实际处理/(m^3/d)	运行费/(元/m^3)	废水处理工艺
1	7715	22000	3507	15000	5.6	水解酸化—气浮—好氧(CASS)
2	6147	11000	5588	9152	4～5（无折旧）	水解酸化—SBR—生物接触氧化
3	5000	18000	2778	18000	3.4	厌氧—好氧(CASS)
4	7000	30000	2333	12000	3～5	二级水解酸化—二级复合生物氧化
5	2200	3000	7333	2000	8.1	催化氧化—厌氧生化—CASS
6	10000	12000	8333	7500	7～8	絮凝沉淀—好氧(SBR)
7	3000	6000	5000	3000	3～5	絮凝沉淀—水解酸化—好氧(CASS)
8	178	300	5933	179	2～3	厌氧(UASB)—气浮—生物接触氧化
9	1450	6000	2417	6000	4～5	厌氧—生物接触氧化
10	880	1500	5867	1200	8～9	絮凝—兼氧—好氧—人工湿地
11	162	300	5400	300	5～6	厌氧—好氧—生物接触氧化
12	900.3	3000	3001	2200	2.05	一级气浮—HO—接触氧化—二级气浮-流化床
13	1016	6000	1693	3500	3～5	厌氧(UASB)—好氧(SBR)

与一般工业废水相似，抗生素工业废水也采用物化法和生物法进行处理。物化法包括化学混凝、强氧化剂氧化、阳极射线辐射、反渗透、焚烧、电解、萃取和离子交换等，主要用于废水中可利用组分的回收、废污泥的焚烧等；生物法包括好氧法和厌氧法，制药废水的好氧处理主要包括 SBR、氧化沟、深井曝气及接触氧化法等。欧洲、美国、日本早在 20 世纪 40 年代就开始利用生化法处理青霉素废水，因受当时处理技术的限制，到 20 世纪 70 年代处理制药废水几乎全部采用好氧处理技术。抗生素废水属高浓度有机废水，仅采用常规的好氧生物处理难以对 COD 达 10000mg/L 以上的废水产生良好的效果。因此，需要用大量的清水或生活污水对抗生素废水进行稀释，消耗较大的动力，资金投入也较大。目前，国内外处理高浓度有机废水主要是以厌氧法为主，用于抗生素废水处理的厌氧工艺包括：上流式厌氧污泥床（UASB）、厌氧复合床（UFB）、一体式厌氧污泥床、厌氧折流板反应器（ABR）等。目前发达国家多采用较稳妥但费用较高的混合稀释好氧处理工艺。

表 1-9-6[8] 为制药废水中常用的絮凝剂。

表 1-9-6 制药废水中常用的絮凝剂

制药工业废水	常用絮凝剂	制药工业废水	常用絮凝剂
吡喹酮	聚铝	麦迪霉素	聚合硫酸铁
红霉素	锌盐	维生素 B6	聚合硫酸铁
洁霉素	氯化铁、硫酸亚铁、聚合硫酸铁	利福平	聚合硫酸铁、阴离子型聚丙烯酰胺
土霉素	聚合硫酸铁	叶酸	镐剂

表 1-9-7[6] 为部分制药废水厌氧处理情况。

厌氧生物处理技术在抗生素类制药废水处理中的成功应用，对抗生素废水的生物处理起到了积极的推动作用，大大地降低了在废水处理方面的工艺及技术难度。一般国内外对制药废水的终端治理采用生物处理技术或物化加生物联合处理技术。制药废水总体上看污染物以

表 1-9-7 部分制药废水厌氧处理情况

序号	种类	进水 COD/(mg/L)	有机负荷/[kgCOD/(m³·d)]	COD 去除率/%
1	卡拉霉素及味精废水	5000	10～13	80～90
2	庆大、螺旋霉素及柠檬酸	23450	11.75	90～93.5
3	维生素 C	100000	11.2	96
4	抗生素提取废水	40000～60000	3	90
5	链霉素废水	7600～13000	20～26	75～85
6	青霉素等抗生素废水	4000	3～5	75～85

有机物为主，虽含有难降解有机物和抑制微生物生长的物质，但一般经适当的预处理和菌种驯化，用生物法处理可得到良好的处理效果。

表 1-9-8[9] 为生物制药废水采用厌氧和好氧生化治理优缺点对比。

表 1-9-8 厌氧和好氧生化治理优缺点对比

项目	厌氧	好氧
COD 负载	5～30kgCOD/(m³·d)	1～1kgCOD/(m³·d)
能耗	不通空气，产沼气	通空气用电，每千克 COD 耗 1kW 电
污泥产生量	5%	30%～50%
占地	小	多
进水 COD	高浓度不稀释	低浓度，须用水稀释
前处理	除去抑制因子	一般不需要

(二) 主要工艺参数

早在 20 世纪 40 年代，伴随抗生素的大规模生产，人们就已经开始对抗生素生产废水的处理进行研究。美国、日本等生物技术发达国家于 20 世纪五六十年代试验和建设的处理设施，几乎全部是采用好氧生物处理技术。1949 年 Henkelekien 报道青霉素生产废水的厌氧处理研究结果，对 pH 值、负荷、搅拌效果等因素的影响做了具体研究，BOD 去除率为 81%。1952 年赫威芝等进行的青霉素、链霉素废水厌氧生物处理试验，容积负荷达到 1.2kgBOD/(m³·d)。20 世纪六七十年代后，人们对抗生素生产废水的处理研究更加深入细致。1974 年 Jennett Denn 发表了厌氧滤池处理低浓度制药废水的研究成果。荷兰某药厂采用单级厌氧颗粒污泥膨胀床（EGSB）工艺处理抗生素废水、酵母和食品生产混合废水，处理负荷高达 3.5kgCOD/(m³·d)，COD 去除率为 60%。国内某制药厂在 20 世纪 80 年代采用两相厌氧流化床工艺，对高浓度含硫酸盐青霉素生产废水的处理获得了成功。

表 1-9-9[10] 为抗生素工业废水厌氧生物处理工艺及运行参数。

表 1-9-9 抗生素工业废水厌氧生物处理工艺及运行参数

厌氧工艺	废水类型	处理规模/(m³·d)	COD 进水/(mg/L)	COD 去除率/%	HRT/h	COD 容积负荷/[kg/(m³·d)]	备注
普通厌氧消化	四环、卡那霉素	100	30000	90	—	3	—
升流式厌氧污泥床	庆大霉素	小试	17344～22920	85.6	—	2.5	35
厌氧流化床	青霉素	100	25000	80	—	5	中温
厌氧折流板反应器	金霉素	450	12000	76	60	5.625	中温
厌氧复合床	乙酰螺旋霉素	2500	8100	85	39	5	中温、两相厌氧

(三) 处理效果

部分制药废水处理效果见表 1-9-10[11]。

表 1-9-10 部分制药废水处理效果

序号	种类	规模/(m^3/d)	处理工艺	进水 COD/(mg/L)	出水 COD/(mg/L)	去除率/%
1	洁霉丁醇提取废水	200	水解—厌氧—好氧—混凝—吸附	21575	83.5	99.6
2	洁霉素综合废水	现场实验	筛网—调节—水解—沉淀—二级好氧—混凝沉淀	3200～4600	51～59	98.7
3	利福平、氧氟沙星、环丙沙星	450	筛网—调节—气浮—缺氧—好氧—沉淀—气浮—过滤	15000～32000	80～230	99.3
4	发酵生产抗生素	小试	SBR	900～3300	150～300	91
5	螺旋霉素	中试	调节—气浮—厌氧—好氧—沉淀—过滤	14000	150	99
6	青霉素、土霉素、麦迪霉素、庆大霉素	中试	好氧—沉淀—过滤	4000～10000	110～200	98
7	某中成药废水	400	调节—水解—好氧—沉淀	263～1934	58～98	95
8	某合成药厂(扑热息痛及血黄药)	1000	调节—气浮—厌氧—好氧—沉淀	4000～8000	180～300	96.2
9	某原料药及中间体药厂	1500	调节—隔油—AB 法	1600	120	92.5
10	某中药厂	190	调节—接触氧化塔—接触氧化池—沉淀	1800	180	90
11	西米(雷尼)替丁、半胱酯(含多环、杂环)	小试	SBR—絮凝沉淀	960～1200	150	87.5

(四) 关于抗生素类制药废水的几个关键问题

一般认为厌氧消化对毒物的敏感性大于好氧处理，这也是大都采用好氧法进行废水处理的一个原因。但是在多数情况下，厌氧和好氧法往往结合应用才能达到较好的处理效果，经厌氧处理后的废水，出水残留 COD、BOD 浓度仍然较高，色度也较高，且带有臭味，而与好氧法组合应用则可以在一定程度上克服这些缺陷。

厌氧微生物能进行好氧微生物所不能进行的解毒反应。例如厌氧脱卤作用。卤化芳香族化合物在厌氧环境下也能被有效地降解，在好氧情况下卤化的芳香族化合物趋向于聚合。由于大多数抗生素结晶母液是代谢产物，其中不仅含有复杂的苯环结构，而且还存在着大量中间代谢产物，它们各有不同的抑菌范围。因此，可以在厌氧环境下利用厌氧微生物的生命活动打破芳香环及较大的苯环结构，使其变成小分子，并破坏其抑菌作用，提高其废水的生物处理能力。

从理论上看，反应过程的厌氧消化要比好氧处理更为敏感，因为好氧处理所涉及的微生物及其代谢都是平行的。而在厌氧消化器中，对于该系统的碳源，绝对需要各高度特异化的微生物类群。另一方面，好氧系统具有众多非特异性的微生物类群，如果环境条件改变，相应的微生物群体也可能出现微妙的变化。但是从厌氧三阶段理论看，主要产生抑制的部位是第三阶段——甲烷产生阶段，而第一阶段——水解阶段，在其水解过程中，水解菌的适应能力极强，能耐很高的毒物浓度。例如 DeDaere 等证明厌氧细菌能适应高浓度的 NaCl 和 NH_3，Eaid 等证实它们还能适应高浓度的 H_2S。可见，应该充分利用第一阶段水解菌，使抗生素及其代谢中间物得以降解，使最后阶段的产甲烷过程的毒物影响得以缓解。因此，充分利用第一阶段水解作用，可以破坏和降解毒物的抑菌能力，对后序处理是极为有利的。

(五) 生物制药废水处理工程实例

1. 实例 1[12]

某制药厂采用厌氧 UASB-好氧活性污泥法处理抗生素类制药废水。

(1) 水质、水量数据 总设计处理规模为 $Q=7500m^3/d$。

(2) 各车间排放水质、水量 各车间排放水质、水量如表 1-9-11 所示。

表 1-9-11 各车间排放水质、水量

项目	水量/(m^3/d)	COD/(mg/L)	BOD/(mg/L)	SS/(mg/L)
庆大霉素+土霉素废水	1000	20000	11000	8400
低浓度废水	4000	3500	1500	2100
冷却水	2500	<100	<25	<20

(3) 设计原则 环境保护和资源回收并举，以达到控制污染、节省投资的目的。废水处理中首先进行固液分离，分离蛋白质和菌丝体，然后再采用厌氧处理工艺，并辅以其他的处理方法，处理后达标排放。

(4) 工艺流程选择 从所排废水的水质来看，属于可生化性好、高浓度的有机废水，采用厌氧 UASB+传统的好氧活性污泥法。

根据清污分流的原则，先将高浓度的废水进行单独厌氧处理，低浓度废水进行另一系列的厌氧处理（参数不同），然后用冷却水进行混合，进行统一的好氧处理。这样的工艺可充分发挥厌氧处理的优势，同时又可节省投资的运行费用。

(5) 工艺流程说明 处理工艺流程：高浓度废水→格栅→集水池→调节池→水解酸化池→UASB 反应器（37℃）。废水在进入 UASB 反应器前将 pH 值调整至 7.0～7.5。经厌氧处理后，采用高效好氧流化床进行进一步处理，最后同低浓度处理的出水进行混合，并合入冷却水共同进行好氧活性污泥的最终处理，出水可达到《污水综合排放标准》（GB 8978—1996）中二级标准。

(6) 工艺处理效果 效果见表 1-9-12～表 1-9-14。

表 1-9-12 高浓度污水处理工艺效果汇总表

项目名称	酸化水解池			厌氧 UASB		好氧气提反应器	
	进水/(mg/L)	出水/(mg/L)	去除率/%	出水/(mg/L)	去除率/%	出水/(mg/L)	去除率/%
COD	20000	12000	40	3000	75	1200	60
BOD	11000	7700	30	770	90	270	65
SS	8400	1260	85	370	70	259	30

表 1-9-13 低浓度污水处理工艺效果

项目名称	厌氧 UASB		
	进水/(mg/L)	出水/(mg/L)	去除率/%
COD	3500	1050	70
BOD	1500	300	80
SS	2100	630	70

(7) 污泥处理工艺 从沉淀池、调节池、UASB 反应器和酸化池排出的污泥经浓缩后进脱水机脱水，脱水后的干污泥用皮带输送机送入堆泥场，定期运走作农肥。

(8) 构筑物及设备 构筑物及设备见表 1-9-15～表 1-9-17。

表 1-9-14 混合污水处理效果

项目名称	好氧活性污泥法		
	进水/(mg/L)	出水/(mg/L)	去除率/%
COD	720	210	70
BOD	200	40	80
SS	370	92	75

表 1-9-15 高浓度污水处理工艺

名称	单位	数量	HRT/h	说明
调节池	座	1	12	有效容积 500m^3
酸化池	座	2	8	有效容积 340m^3
UASB	座	2	72	有效容积 3000m^3;容积负荷 5kgCOD_{Cr}/(m^3 · d)
好氧流化床	座			有效容积 375m^3;容积负荷 10kgCOD_{Cr}/(m^3 · d)
沉淀池	座			4m×2.5m×4.2m(高);上升流速 0.15m/s
风机	台			总风量 5.11m^3/min

表 1-9-16 低浓度污水处理工艺

名称	单位	数量	HRT/h	说明
调节池	座	1	8	有效容积 1330m^3
UASB	座	2	18	有效容积 3000m^3;容积负荷 5kgCOD_{Cr}/(m^3 · d)
好氧流化床	座			有效容积 375m^3;容积负荷 10kgCOD_{Cr}/(m^3 · d)
沉淀池	座			4m×2.5m×4.2m(高);上升流速 0.15m/s
风机	台			总风量 5.11m^3/min

表 1-9-17 混合后的污水处理工艺（活性污泥法）

名称	单位	数量	说明
曝气池	座	2	有效容积 4500m^3;MLSS3.0g/L;进水负荷 0.4kgCOD_{Cr}/(kgMLSS · d)
中微孔曝气头	个	3340	曝气头服务面积 0.3m^2/个
沉淀池	座	2	高 2.5m,S260m^2;表面负荷 1.2m^3/(m^2 · h)
风机	台	3	D80-1.5 型的离心式风机;总风量 137.2m^3/min(气水比 26 : 1)
浓缩池	座	1	$D\times H$=6m×6m;HRT24h

注：1. 由于制药废水属于难降解的污水，因此曝气池采用较低的负荷。

2. 污泥浓缩前含水率 98%，浓缩后含水率 94%。

3. 2.0m 带压机两台，脱水后含水率 70%～80%（71.65m^3/d)。

4. 沼气储柜每日产沼气总量 7367m^3，暂时考虑直接燃烧，故设一座 300m^3 的储柜。

（9）污泥脱水机房 采用带式脱水机，对浓缩后的污泥脱水。脱水机脱水能力为 300～500kg/(m · h)，脱水后污泥含水率 70%～80%（71.65m^3/d)，在厂内晾晒，可作农肥或饲料外运。带式压滤机工作时间 8h。污泥脱水需投加絮凝剂，采用阳离子聚丙烯酰胺，投加量为干污泥量的 0.3%，折合成 3%的聚丙烯酰胺为 1400kg/d。

2. 实例 2[13]

国家环保部颁布的《制药工业水污染物排放标准》于 2008 年 8 月 1 日正式实施，新标准中的主要指标均严于美国标准，例如发酵类企业的 COD、BOD 和总氰化物排放，与最严格的欧盟标准相接近。新标准的实施导致许多已建企业污水不能达标排放，需要对原有污水处理设施进行改造。下例为某制药公司为应对新国标对原有处理设施进行改造的实例。该公司主要生产发酵类药物。

(1) 废水水质、水量　见表 1-9-18。

表 1-9-18　废水水质、水量

废水	水量/(m^3/d)	COD/(mg/L)	BOD/(mg/L)	SS/(mg/L)	色度/倍	pH	温度/℃
高浓度废水	400	18000	7200	1800	230	9～11	80～90
低浓度废水	1600	2000	1000	550	70	5～6	25～30

(2) 原处理工艺与改造后的工艺　原处理工艺流程见图 1-9-5。

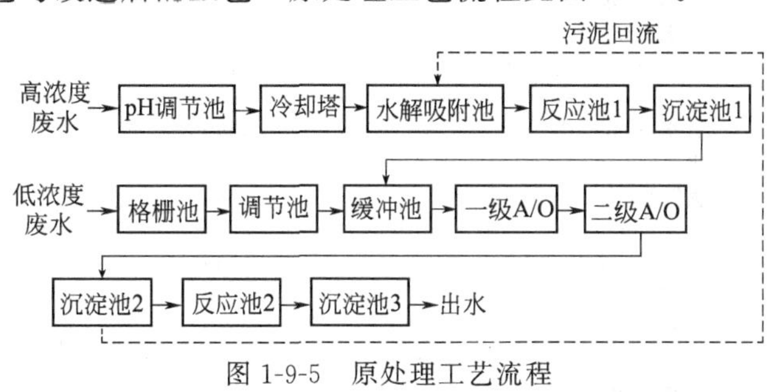

图 1-9-5　原处理工艺流程

图 1-9-6 为改造后的工艺流程。

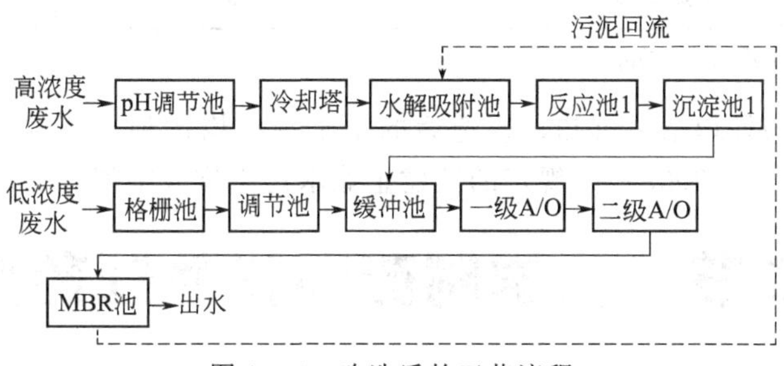

图 1-9-6　改造后的工艺流程

新工艺改造的核心技术为 MBR（膜生物反应器）技术，运行中好氧池采用膜生物反应器，取代二沉池，提高了处理效率，减少了占地面积。工程采用 SMM-1520 型 PVDF 膜，膜面积共 6700m^2。膜生物反应器（MBR）的主要特点是将活性污泥法和膜分离技术有机结合，并以膜组件代替传统生物处理工艺中的二沉池，在膜组件的高效截留作用下使泥水彻底分离；由于 MBR 中的高浓度活性污泥和污泥中特效菌的作用，提高了生化反应速率。曝气采用穿孔管和微孔曝气盘复合曝气的方式、运行稳定、节省能耗。

(3) 主要构筑物及参数

① 缓冲池。低浓度废水和经过水解吸附的高浓度废水在缓冲池中充分混合后进生化处理池。缓冲池尺寸为 1.5m×2.5m×3.0m；2 格；总容积 22.5m^3。

② A/O 池。一级 A/O 中兼氧池尺寸为 20.4m × 4.5m × 5.5m，2 格；总容积 1009.8m^3；有效容积 918m^3；HRT11.0h。好氧池尺寸为 20.4m×4.4m×5.5m，4 格；总容积 1974.7m^3，有效容积 1795.2m^3；HRT 21.6h。

二级 A/O 中兼氧池尺寸为 20.4m×4.5m×5.5m 的 2 格+7.5m×3.4m×5.5m 的 1 格；

总容积 1150.05m^3；有效容积 1041.3m^3；HRT12.5h。好氧池尺寸为 20.4m×4.4m×5.5m 的 4 格＋3.3m×3.4m×5.5m 的 1 格；总容积 2036.4m^3；有效容积 1851.3m^3；HRT22.3h。

③ MBR 池。采用 SMM-1520 型 PVDF 膜，膜面积共 6700m^2。

(4) 改造后的出水情况 改造后的出水情况见表 1-9-19。

表 1-9-19 改造后的出水情况

处理单元		COD	BOD
水解吸附池	进水/(mg/L)	18000	7200
	出水/(mg/L)	12650	5240
	去除率/%	30	26
沉淀池 1	进水/(mg/L)	12650	5240
	出水/(mg/L)	11380	4820
	去除率/%	10	8
一级 A/O	进水/(mg/L)	3880	1770
	出水/(mg/L)	1630	795
	去除率/%	58	55
二级 A/O	进水/(mg/L)	1630	796
	出水/(mg/L)	730	410
	去除率/%	55	48
MBR 池	进水/(mg/L)	730	410
	出水/(mg/L)	<120	<40
	去除率/%	83.6	90.2

注：MBR 池出水 SS 质量浓度<5mg/L。

由表 1-9-19 中的处理结果可知，改造后的出水水质均达到了《发酵类制药工业水污染排放标准》(GB 21903—2008) 中规定的新建企业水污染排放限值。

第二节 化学制药和其他制药废水

制药工业废水主要来自于原料药的生产。除生物制药生产废水外，化学制药等其他类制药废水也是造成环境污染的主要污染源，因此，对各种制药废水的排放都应做好处理，减轻对自然水体的污染。

一、生产工艺和废水来源

(一) 化学合成制药

1. 生产工艺和废水来源

化学制药主要是采用化学方法，使有机物质或无机物质发生化学反应生成所需的合成制药。这类生产废水中含有种类繁多的有机物、金属及废酸废碱等。生产过程本身大量使用各种化学原料，但由于多步反应，原料利用率低，大部分随废水排放，对环境造成相当恶劣的影响。

绝大多数化学合成药的生产采用间歇法，化学合成药物大致分为三类：①全化学合成药物，大多数化学合成药是用基本化工原料和化工产品经各种不同的化学反应制得的，如磺胺药、各种解热镇痛药；②半合成药物，部分化学合成药是以具有一定基本结构的天然产物作为中间体进行化学加工制得的，如甾体激素类、半合成抗生素、维生素 A、维生素 E 等；③化学合成结合微生物（酶催化）合成药物，此法可使许多药品的生产过程更为经济合理，例如维生素 C、甾体激素和氨基酸等的合成[14]。

下面对部分化学合成制药的生产工艺和废水来源作简要介绍。

（1）新诺明（SMZ）　以草酸二乙酯和丙酮为主体，经多步反应而制成。废水含丙酮、甲醇、水合肼、氯磺酸、胺及反应中间体。

（2）抗菌素增效剂（TMP）　以单宁酸为原料，经过多步反应制成。试验所取四股废水中的有机污染物见表 1-9-20[6]。

表 1-9-20　抗菌素增效剂生产过程中排出四股废水中的有机污染物

生产原料	甲基硫酸钠	氯化钠	水和肼	氨	甲醇	甲氧丙腈
排放量①/t	2.338	0.316	0.314	1.142	3.186	0.664
生产原料	硝酸钠	醋酸钠	乙醇	乙酸铵	氢氧化钠	其他
排放量①/t	1.117	0.071	0.664	0.621	0.685	3.101

① 按生产 1t TMP 计。

（3）对氨基水杨酸（PAS-Na）　以硝基苯为原料经磺化、还原、烃化等多步反应后制得。废水中含 15 种原料及中间反应体。主要污染物为硝基苯、硫酸、盐酸、亚硫酸钠、硫化钠、高锰酸钾、硫脲和铁粉等。废水中污染物以硝基苯为主。

2. 废水特点

化学合成药物品种多，生产过程多样，生产废水的水质、水量变化范围很大。废水中主要为有机污染物，还有悬浮物、氨氮、油类与各种重金属以及难生物降解物和微生物生长抑制剂。例如，以乙苯为原料生产氯霉素，需经下列 8 个单元过程：硝化、氧化、溴化成盐、水解、乙酰化、缩合、还原与二氯乙酰化，整个合成过程产生 30 多股废水；某生产磺胺类药物和维生素等原料药的药厂，产原料药 2000t/a，废水排放量 6000m^3/d，含 COD 为 1000～1500mg/L，BOD 为 300～500mg/L；某生产扑热息痛、血黄药的药厂，排废水 800～1000m^3/d，含 COD 为 4000～8000mg/L，BOD 为 1300～3500mg/L。在制药工业生产排放的废水中，化学合成药生产废水是目前污染最严重，同时也是最难处理的一类。

（二）中成药

1. 生产工艺

中成药的生产采用间歇投料，成批流转的方式。在生产过程中，一批投料量的多少一般由关键设备的处理能力决定。其生产过程是以天然动植物为主要原料，采用的主要工艺如图 1-9-7[3] 所示。

→ 水洗 → 浸汲浓缩 → 提取 → 精制 → 成品检验与包装

图 1-9-7　中成药生产工艺

2. 废水来源及特点

（1）设备清洗水　每个工序完成一批次处理后，需要对本工序的设备进行一次清洗工作，清洗废水一般浓度较高。

（2）下脚料废液清洗水　在口服液生产中，醇沉过程中产生一定量的下脚料，水量不多，浓度极高，是重要污染源。

（3）提取工段废水　这部分废水主要来自各个设备的清洗和地面冲洗，由于提取、分离、浓缩的环节和设备多，因而废水较多，浓度高，是重要污染源。

（4）辅助工段的清洗水及生活污水 这部分废水包括成品工序中产生的废水以及安瓿的清洗水。

中成药生产的核心工艺是有效成分的提取、分离和浓缩。根据溶剂的不同提取分为水提和溶剂提取，其中溶剂提取以醇提为主。

图 1-9-8[3] 为水提生产工艺流程及废水来源。

图 1-9-9[3] 为醇提生产工艺流程及废水来源。

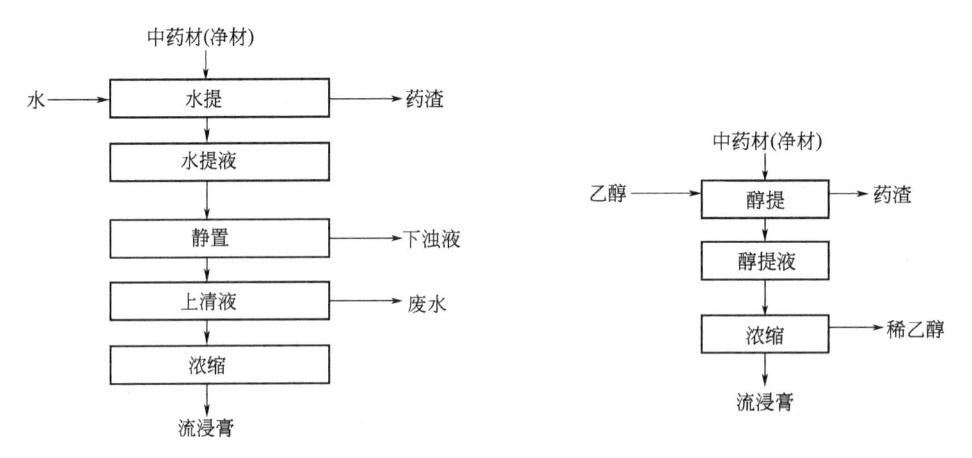

图 1-9-8 水提生产流程及废水来源　　图 1-9-9 醇提生产工艺流程及废水来源

对于不同中成药产品的生产都有其特殊的废水产生工段，但大多包含洗药、煮提与制剂、洗瓶等工段。中成药废水中主要含有各种天然有机污染物，其主要成分为糖类、有机酸、苷类、蒽醌、木质素、生物碱、单宁、鞣质、蛋白质、淀粉及它们的水解产物等。废水中 SS 高，泥沙和药渣量高，还有大量的漂浮物，且色度高，在 500 倍左右。中成药废水的水质波动很大，其 COD 含量最高可达 6000mg/L，BOD 最高可达 2500mg/L。表 1-9-21[6,15] 为两个中药厂的废水水质情况。

表 1-9-21 中成药厂废水的水质情况

厂别	COD/(mg/L)	BOD/(mg/L)	SS/(mg/L)	氨氮/(mg/L)	总磷/(mg/L)	pH 值	色度(稀释倍数)
甲中成药厂	1700	800	100	2	1	5～7	1000
乙中成药厂	2000	800	500	—	—	5～6	—

(三) 各类制剂废水

制剂分为固体制剂、注射剂、软膏剂和栓剂等。制剂生产过程中产生的废水主要包括生产过程中各工段的冷却水、制剂冲洗水、净化水等工艺泄漏废水，同时还有相当一部分为用于卫生清洁的地面冲洗废水。一般污染程度不大，经简单处理可达标排放。但有些也含一定量的表面活性剂和消毒剂，处理时应予以重视。

二、清洁生产

化学制药废水的清洁生产与生物制药废水基本相似，主要也是从物料的回收和综合利用方面着手，采用新技术和先进生产设备，降低生产过程中不必要的浪费。同时，对工艺用水进行净化，以再生、复用，建立无废水排放的闭路用水循环系统。加强管理，将节能、降耗、减能的目标分解到各个层次和岗位。

三、废水处理与利用

传统好氧生物处理装置的进水 COD 浓度一般在 2000mg/L 以下，若废水浓度高，直接采用好氧方法处理，所需稀释程度很高。所以，与生物制药废水相类似，该几类废水也需采用适合处理高浓度废水的厌氧方法进行预处理，其后串联好氧处理工艺，形成厌氧-好氧串联处理工艺系统。

（一）化学合成制药废水处理

（1）预处理　预处理的目的是为了降低后续生物处理的难度，排除生物毒性物质的干扰以及降低废水处理的浓度。目前化学合成制药采用的预处理包括物化法和生物法。物化法常采用混凝法、膜分离法、电解法、微电解法以及 Fenton 氧化技术。目前化学制药废水生物法预处理工艺主要采用水解酸化，其原理是在废水处理中，利用水解酸化来提高废水的可生化性，也为废水的后期处理创造良好的条件。

（2）生物处理　生物处理包括厌氧和好氧处理两大类。目前常用的厌氧法主要有上流式厌氧污泥床（UASB）、厌氧复合床（UBF）、厌氧折流板反应器（ABR）等。好氧法主要包括生物接触氧化法、AB 法、SBR 法、MBR（膜生物反应器）法等。

（二）中成药废水处理

中成药制药过程中排水量大，COD 较高，且具有稳定的胶体体系。所以，在处理过程中，首先要分离废水中的有机物，以减少后续处理的负荷。一般采用混凝、电凝聚、破乳和气浮等方法。由于中成药制药废水的可生化性较好，采用各类生化处理方法都容易取得较好的有机物去除效果。

图 1-9-10[3] 为中成药废水处理基本工艺流程。

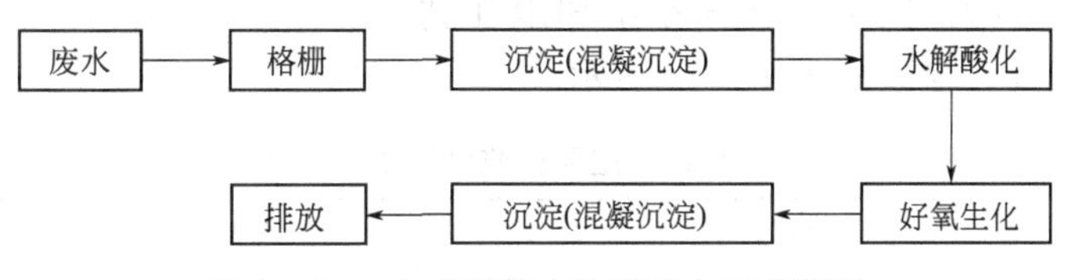

图 1-9-10　中成药废水处理基本工艺流程

（三）制剂废水处理

制剂废水各种处理工艺如表 1-9-22[3] 所示。

表 1-9-22　制剂废水的各种处理工艺比较

处理工艺		适用条件
物化法	简单沉淀物化法 高效气浮物化法	
好氧生物法	活性污泥法	中低浓度有机废水，且抑制物质的浓度不能太高；进水必须稳定
	生物接触氧化法	可生化性较好的制药废水（BOD_5/COD>1/3）
	水解酸化＋生物接触氧化法	难生物降解的制药废水（BOD_5/COD<1/3）
	SBR 法	适合处理小水量，间歇排放的制药废水

（四）工程实例

1. 实例 1

某药厂采用内循环厌氧反应器-序批式活性污泥法（IC-SBR）处理维生素制药废水。

（1）废水来源及水质　该维生素制药厂以玉米为主要原料，经过发酵加工生产维生素类制药产品，产量为165000t/a，其生产废水来源主要为VC-Na和维生素C的生产过程中排放出的提取和合成母液等高浓度废水以及生产过程中的洗涤、浸泡和冲洗废水，每天排放量为1200m^3。废水水质为：COD为10000mg/L，BOD为3600mg/L，SS为108mg/L，pH为3～4。

（2）工艺流程 工艺流程如图1-9-11所示。

整个工程包括预处理部分、厌氧部分、好氧部分、污泥处理系统和沼气利用系统。

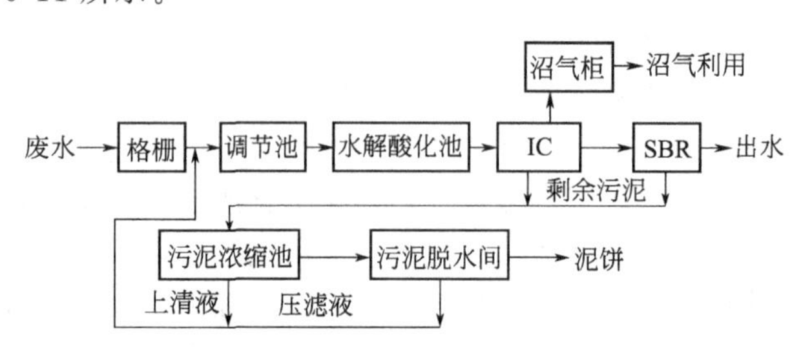

图1-9-11 工艺流程

（3）主要构筑物及设计参数

① 预处理系统。该工艺的预处理系统由格栅、调节池和水解酸化池组成。高浓度的有机废水经过格栅后会初步截留较大的悬浮物及漂浮物，然后进入调节池调节水质，包括调整原水COD浓度及温度，以满足后续厌氧反应要求，然后进入水解酸化池，在水解酸化菌的作用下将废水中大分子有机物转化为小分子有机物，使污染物得到一定量的去除，并提高了废水的可生化性。

② 厌氧系统。厌氧系统的核心为IC反应器，它是由上下两个厌氧反应室相叠加构成的，这样的结构不仅强化了处理效果，而且能有效地防止污泥流失，有机物在这里被去除了大部分，从而减轻后续构筑物负荷。此外，IC反应器凭借大的高度直径比、小的占地面积等特点，适合于厂区面积小的企业。

③ 好氧系统。该工艺中好氧系统采用SBR工艺。

主要构筑物及设计参数如表1-9-23所示。

表1-9-23 主要构筑物及设计参数

构筑物	设计参数	规格	数量
调节池	HRT18h	8m×3m×4m	1座
水解酸化池	HRT12h	20m×25m×7.5m	1座
IC	COD容积负荷为5kg/(m^3·d)	ϕ10m×20m	2座
SBR	COD容积负荷为1kg/(m^3·d)	50m×25m×7m	1座
污泥浓缩池	HRT12h	8m×7m×10m	1座
污泥脱水间	BAJ12450-U型板框压滤机	20m×12m×8m	1座
沼气柜	300m^3	ϕ8m	1座

（4）处理效果 该污水处理设施运行后，出水水质稳定（如表1-9-24所示）。

表1-9-24 污水处理效果

处理单元		SS	COD	BOD
水解酸化	进水/(mg/L)	108	10000	3600
	出水/(mg/L)	108	8300	2592
	去除率/%	0	17	28
IC	进水/(mg/L)	108	8300	2592
	出水/(mg/L)	54	747	207
	去除率/%	50	91	92

续表

处 理 单 元		SS	COD	BOD
SBR	进水/(mg/L)	54	747	207
	出水/(mg/L)	22	80	25
	去除率/%	60	89	88
排放标准	水质/(mg/L)	70	100	30

(5) 经济分析 该废水处理工程年运行费用为138万元（2009年），处理成本为2.4元/m^3。在厌氧处理环节，日产生沼气4531.8m^3，沼气按0.5元/m^3计算，每年可获得68万元的经济效益，则每年的实际运行费用为70万元，处理成本为1.21元/m^3。

2. 实例2

某小型中成药生产厂家采用水解酸化-SBR工艺处理其产生的废水。

(1) 废水来源及水质 该厂的原料为中草药提取原浆，产品类型有中药颗粒冲剂、片剂、中药水丸、口服液等。

其生产工艺为：药材—浸泡—洗药—蒸煮—提取—蒸发浓缩—离心过滤—出渣—干燥—成品。

生产废水主要产生于洗药、蒸煮、离心过滤工段以及设备清洗、地面冲洗等。废水中的污染物主要为从药材中煎出的各种成分，其中含有糖类、木质素、纤维素、蛋白质、生物碱、鞣质、色素等，还含有悬浮性颗粒如中药渣等。

污水处理厂设计处理规模为200m^3/d，根据当地环保部门要求其排水水质需达到《中药类制药工业水污染物排放标准》(GB 21906—2008)限值，进水水质及排放标准见表1-9-25。

表1-9-25 进水水质及排放标准

项 目	COD/(mg/L)	BOD/(mg/L)	SS/(mg/L)	pH	色度(稀释倍数)
进水水质	500	200	200	6～9	200
排放标准	100	20	50	6～9	50

(2) 工艺流程 工艺流程如图1-9-12所示。

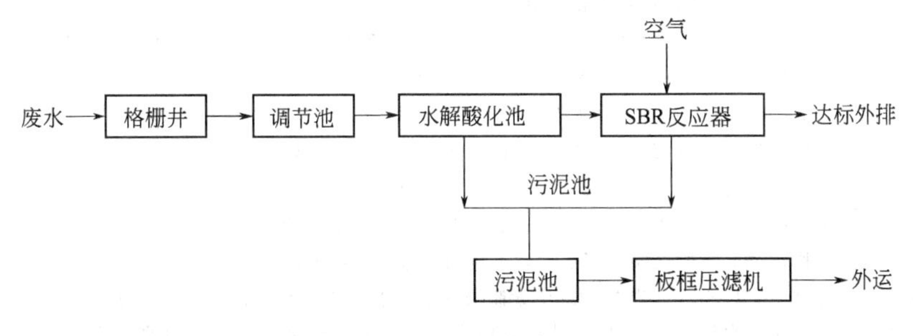

图1-9-12 工艺流程

(3) 主要构筑物及设计参数 主要构筑物及设计参数如表1-9-26所示。

表1-9-26 主要构筑物及设计参数

序号	名称	数量	容积/m^3	水力停留时间/h	价格/万元
1	调节池	1	200	24	8.00
2	水解酸化池	1	100	12	5.00
3	SBR反应器	1	300	12	12.00
4	污泥池		150		6.00

主要设备及参数见表1-9-27。

表1-9-27 主要设备及设计参数

序号	名称	数量	参数	备注	价格/万元
1	提升泵	2	$Q=15m^3/h$	1用1备	0.60
2	机械格栅	1	GS-500	不锈钢	3.50
3	潜水曝气机	3	$200m^3$	$P=1.5kW$	3.00
4	滗水器	1	BS-100	不锈钢	3.00
5	板框压滤机	1	$40m^2$		4.00

(4) 处理效果 处理结果见表1-9-28。

表1-9-28 废水设施处理效果

项 目	COD/(mg/L)	BOD/(mg/L)	SS/(mg/L)	pH	色度(稀释倍数)
进水	460	180	190	6～9	150
出水	80	12	25	6～9	10
排放标准	100	20	50	6～9	50

(5) 经济分析 该污水处理站于2010年建设投入运行，总投资60余万元，废水处理费用为0.82元/m^3。

参考文献

[1] 郭薇．制药业：化学需氧量、氨氮排放量大，污染物成分复杂，如何面对减排大考？中国环境报，2011-01-06 (1).
[2] 黄丁毅．制药企业应对环保新标准的探讨．中国药事，2010，24 (3)：230-234.
[3] 中商情报网公司．2009～2012年中国工业废水处理行业调研及发展预测报告．深圳：中商情报网公司，2011.
[4] 毛忠贵．生物工业下游技术．北京：中国轻工业出版社，1999.
[5] 李艳．发酵工业概论．北京：中国轻工业出版社，1999.
[6] 张自杰主编．环境工程手册．北京：高等教育出版社，1996.
[7] 王海昕，肖月华，徐传进．生物制药废水预处理试验研究．齐鲁药事，2005，24 (8)：500-501.
[8] 于振国．制药废水特性及其处理方法的研究进展．广东化工，2010，37 (6)：230-232.
[9] 胡思贤，许江涛，刘国华．抗生素生产废水处理技术．生态环境，2008 (10)：68-69.
[10] 黄胜炎．医药工业废水处理现状与发展．医药工程设计，2005，26 (3)：41-50.
[11] 钱易，郝吉明．环境科学与工程进展．北京：清华大学出版社，1998.
[12] 隋军．制药废水治理技术．中国水污染防治技术装备论文集．北京，1998，4.
[13] 黄万抚，周荣忠，廖志民．发酵类制药废水处理工程的改造．工业水处理，2010，30 (3)：82-83.
[14] 牛娜，买文宁，沈晓华．IC-SBR工艺处理维生素制药废水．水处理技术，2010，36 (8)：133-135.
[15] 金卫兵，王磊，任玲娟．水解酸化-SBR工艺处理中小型企业中药废水．河南机电高等专科学校学报，2011，19 (3)：33-34.

第十章 食品加工业废水

第一节 肉类加工工业废水

近年来随着人民生活水平的提高，肉制品需求不断增加，肉类加工工业发展迅猛。我国肉类年总产量从改革开放时的 1790 万吨增长到 2010 年的 7925 万吨。自 1990 年以来，我国肉类总产量一直居世界首位。到 2008 年全国国有及规模以上肉类屠宰及肉类加工企业工业资产总额达到 1813.7 亿元，销售总收入达到 4242.3 亿元。目前，全国已有肉类加工企业 3700 余家，从业人员 50 万以上[1,2]。

肉类加工工业是食品工业中主要排污大户，废水排放量较大，其水质又具有一定的特性，我国对于肉类加工工业废水的排放单独制定了国家排放标准：《肉类加工工业水污染物排放标准》(GB 13457—92)，即肉类加工工业废水的排放，必须符合 GB 13457—92 的规定。

一、生产工艺和废水来源

(一) 生产工艺

为了适应市场的需求，肉类加工工业已由简单的屠宰场进入精加工与深度加工工业生产阶段，其加工范围包括以下几个方面。

(1) 屠宰　屠宰牛、马、猪、羊、禽类及兔。

(2) 制罐　各种肉类的制罐工业、软包装。

(3) 炼油　动物油的熔炼、精炼、包装。

(4) 肉制品　熟肉、腌腊、香肠、灌肠、熏烤。

(5) 副产品　内脏整理，肠衣、鬃毛加工。

(6) 制剂　生物制药与制剂，包括原料采集、初加工、半成品、成药。

(7) 分割肉　肉禽分割与各种类型的包装。

(8) 综合利用　血制品、动物性饲料。

(9) 其他　包括屠宰加工牲畜、禽类的宰前饲养。

其生产工艺如图 1-10-1[3] 所示。对某一肉类加工企业而言，只包含其中一部分工艺。

(二) 废水来源、水质水量

1. 来源

肉类加工工业废水主要来自：宰前饲养场排放的畜粪冲洗水；屠宰车间排放的含血污和畜粪的地面冲洗水；烫毛时排放的含大量猪毛的高温水；剖解车间排放的含肠胃内容物的废水；炼油车间排放的油脂废水等。此外，还有来自冷冻机房的冷却水和来自车间卫生设备、锅炉、办公楼等排放的生活污水。

2. 水质特点

肉类加工废水含有大量的血污、毛皮、碎肉、内脏杂物、未消化的食物以及粪便等污染

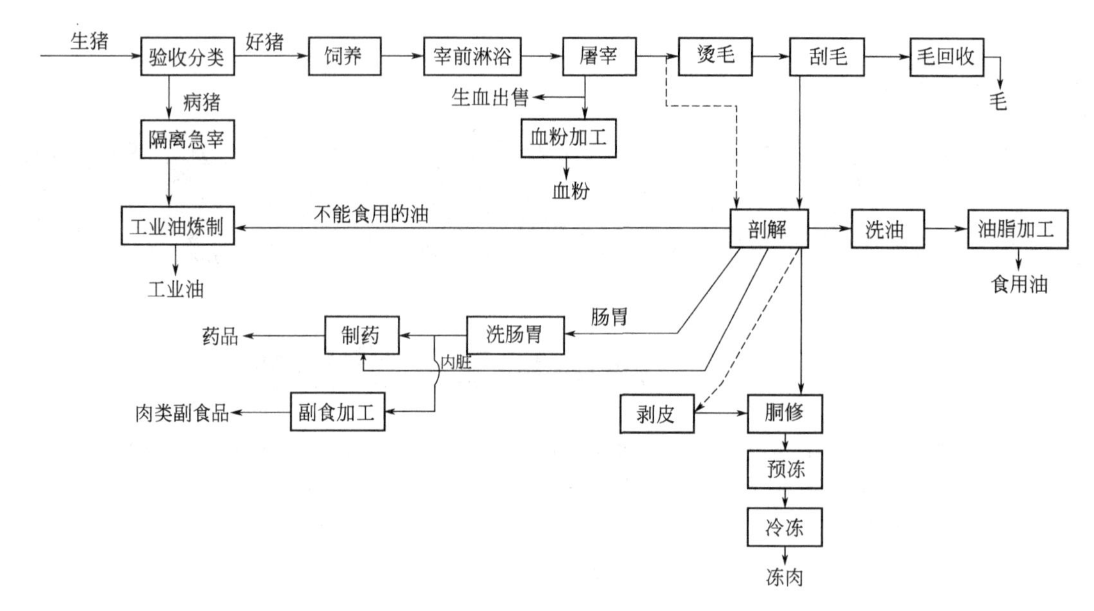

图 1-10-1 肉类加工生产工艺流程图

物，悬浮物浓度很高，水呈红褐色并有明显的腥臭味，是一种典型的有机废水。该废水包含下列 5 种污染物：①半漂浮在废水中的固体物质，如血块碎肉、大小肠的片段、猪毛、皮屑、胃内容物和粪便等；②悬浮在废水中的油脂、蛋白质、胶体物质等；③溶解于废水中的尿液、消化液等；④冲洗猪身体表时夹带的灰尘和泥土；⑤可能存在的致病菌以及大肠菌群和杂菌等[4]。此废水一般不含重金属及有毒化学物质。表 1-10-1[3] 列出了国内某肉联厂及禽蛋厂废水全分析的情况。

表 1-10-1 肉类加工废水水质全分析表

项 目	肉联厂(A)	肉联厂(B)	禽蛋厂	项 目	肉联厂(A)	肉联厂(B)	禽蛋厂
氯化物/(mg/L)	327.5	92.0	94.0	总氮/(mg/L)	163.52	76.16	
挥发酚/(mg/L)	0.0497	0.0589	0.0140	氨氮/(mg/L)	56.16	17.81	
氰化物/(mg/L)	未检出	0.0139	0.0096	硝酸盐氮/(mg/L)	1.36	0.50	
氟化物/(mg/L)	0.53	0.53	0.45	亚硝酸盐氮/(mg/L)	0.04	0.53	
硫化物/(mg/L)	0.664	0.166	1.124	动植物油/(mg/L)	73	183	67
总铜/(mg/L)	0.49	0.27	0.12	总磷/(mg/L)	35.5	7.0	9.3
总锌/(mg/L)	0.53	0.56	0.70	含盐量/(mg/L)	1587	668	509
总铅/(mg/L)	0.03	0.08	0.043	BOD_5/(mg/L)	939.0	381.0	325.7
总镉/(mg/L)	0.0013	0.0010	0.0015	COD_{Cr}/(mg/L)	1523.2	1140.0	600.0
总铬/(mg/L)	0.04	0.03	0.07	总固体/(mg/L)	2357	1293	826
总汞/(mg/L)	0.0007	0.0150	0.0008	悬浮物/(mg/L)	618	522	294
总铁/(mg/L)	5.13	7.9	15.28	pH 值	7.5	6.9	6.7
总锰/(mg/L)	0.33	0.31	0.18	色度(稀释倍数)	128	64	32
总砷/(mg/L)	0.005	0.005	0.005				

肉类加工废水的污染负荷一般随加工深度的增加而增加，同时，与其他工业污染相似，一般小厂比大厂的污染负荷要高。不同的肉类加工联合企业，由于生产和加工工艺的不同，

废水水质不尽相同，即使是同一企业，不同加工阶段的废水水质也有很大差异。表1-10-2[3]所示为国内某肉类屠宰加工企业各车间排放废水的水质情况，表1-10-3[5~10]列举了国内一些肉类加工企业废水水质情况。我国大型肉类联合加工企业生产废水水质统计结果如表1-10-4[11]所示。禽类加工企业生产废水水质统计结果如表1-10-5[11]所示。表1-10-6[12]、表1-10-7[12]分别列举了国外肉类加工废水的水质情况。

表1-10-2　国内某肉类屠宰加工企业各车间废水水质

废水来源	pH值	BOD /(mg/L)	COD /(mg/L)	SS /(mg/L)	有机氮 /(mg/L)	蛋白质 /(mg/L)	氨氮 /(mg/L)	总固体 /(mg/L)
饲养车间	8.0	736～770	1432	934～1017	237	137～157	850	5010～6206
屠宰车间	7.5	458～521	1054	70～905	137～157	97～117	160	5968～5990
畜产品厂	7.2	583～604	1120	1178～1234	237～317	97～117	200	5330～5533
牛羊车间	7.2	334～375	824	1403～1625	93～125	61	75	5362～6796
总出水口	6.8	177～206	562	1164～1201	117	117	46～66	5030～6306

表1-10-3　部分肉类加工企业废水水质

厂名(代号)	pH值	COD /(mg/L)	BOD /(mg/L)	SS/(mg/L)	动植物油 /(mg/L)
1		900～1100	350～500	500～600	60～80
2	6.8～7.4	2800～4200	1350～2310	570～2340	
3		2500	1300	660	138
4	6～9	2000	1000	1000	
5	6.8～7.4	800～2020	300～950	250～580	30～40
6	6～9	600	300	1000	60

表1-10-4　国内大型肉类联合加工企业生产废水水质

项　目	数据个数	平均值	最大值	最小值
BOD/(mg/L)	1345	625.47	2160	53.1
COD/(mg/L)	1406	1151.25	4829.5	45
SS/(mg/L)	1094	515.87	5898	10
pH值	352	6.84	9.25	4.3
动植物油/(mg/L)	267	277.32	2224	8
氨氮/(mg/L)	212	25.64	750	2.8
大肠菌群/(个/L)	71	3.83×10^5	4.5×10^3	9.2×10^3

表1-10-5　国内部分禽类加工企业废水水质

项　目	数据个数	平均值	项　目	数据个数	平均值
BOD/(mg/L)	396	170.89	氨氮/(mg/L)	12	8.26
COD/(mg/L)	159	494.97	pH值	19	6.77
SS/(mg/L)	346	242.55	大肠菌群/(个/L)	4	2.26×10^6

表1-10-6　美国肉类加工废水水质

企业类别	BOD/(mg/L)	SS/(mg/L)	油脂/(mg/L)
屠宰场	650～2200	930～3000	200～1000
肉类加工厂	200～800	200～800	100～300
肉类联合加工厂	400～3000	230～3000	200～1000

表 1-10-7 国外禽类联合加工厂废水水质

BOD/(mg/L)	COD/(mg/L)	SS/(mg/L)	总氮(mg/L)	pH 值
150～2400	200～3200	100～1500	15～300	6.5～9.0

3. 排水量

肉类加工废水的最大特点是废水排放量变化较大，其主要体现在以下几方面：①肉类加工一般具有明显的季节性，即有所谓淡、旺季，有些厂在淡季时甚至停产，所以肉类加工废水的排放量在一年之中变化是很大的；②肉类加工生产一般是非连续性的，每日只有一班或两班生产，所以废水量在一日之中变化也较大，在时变化系数上，一般可达 2.0[13]；③由于生产工艺、加工对象、生产管理水平等的差异，也造成其废水排放量差异较大。

根据加工对象和加工范围，肉类加工工业一般分为畜类屠宰加工、禽类屠宰加工、肉制品加工三大类。其排水量分述如下。

(1) 畜类屠宰加工的排水量　畜类屠宰加工的排水量一般以折合为屠宰加工每头畜类的排水量计（各种牲畜之间的换算关系在后面介绍）。由于地方条件、工厂设备、生产过程中的卫生要求、管理水平等的不同，其变化范围很大。据统计，屠宰每头猪的排水量为 0.3～0.7m^3，屠宰每头牛的排水量为 1.0～1.5m^3，屠宰每头羊的排水量为 0.2～0.5m^3，且单位排水量与屠宰量之间成不规则的反比。

(2) 禽类屠宰加工的排水量　一般较正规的禽类加工企业日屠宰能力为每班（1～3）万只活禽，屠宰每只禽的排水量在 10～30L 之间，差别较大。屠宰每只鸡的排水量为 10～15L，屠宰每只鸭的排水量为 20～30L，屠宰每只鹅的排水量为 20～30L。屠宰量越大，单位排水量越小；产量不足，单位排水量越大。

(3) 肉制品加工的排水量　肉制品加工废水主要来自胴体的解冻与清洗、器皿与地面的冲洗，因此，其废水排放量与生产设备、操作方式的关系较密切。当采用冷水池浸泡胴体解冻工艺时，1t 原料冻肉排水量可高达 15m^3 以上；当采用空气解冻时，排水量仅为 2～3m^3。因此，为了节约用水，减少废水排放量，势必要淘汰落后工艺，改变操作方式。

(4) 单位换算　目前对于肉类加工工业排水量的统计，有以 m^3/头计，也有以 m^3/t 计。其之间的换算关系如下：1t 活畜质（重）量＝13 头猪；1 头猪＝1 头小牛＝1 头羊；2.5 头猪＝1 头牛＝1 匹马；1t 白条肉＝20 头猪；1t 活禽质（重）量＝700 只农家鸡＝500 只肉鸡＝600 只白鸭＝400 只填鸭。

二、清洁生产

肉类加工工业清洁生产技术的研究与应用主要体现在以下几个方面。

(一) 改革工艺

通过工艺改革，控制厂内用水量，节约资源，减少污染物的排放。例如，某肉联厂通过再生水的生产与利用，每日生产再生水 500～1000m^3，再用它来代替自来水用做冲洗水，这样每年可节水 125000～250000m^3[4]。

改革工艺具体措施有：①肉类制品加工，采用空气解冻工艺，代替传统的冷水池浸泡解冻工艺，生产 1t 原料冻肉排水量可从 15m^3 下降至 2～3m^3；②禽类加工，传统的脱羽毛工艺一般采用机械脱毛和人工拔小毛的方式，羽毛流失较大，不仅浪费了宝贵的羽毛原料，而且增加了废水中的悬浮物，采用蜡脱羽毛新工艺，有利于回收羽毛，减少流失，还可以节约用水。

(二) 有价物质回收

通过对有价物质进行回收，可以最大限度地降低废水中污染物负荷，同时可提高经济效益。因此，对有价物质进行回收是肉类加工工业清洁生产的主要内容。

首先应健全与强化生产加工过程中对血液、油脂、肠胃内容物、毛羽等的收集与回收措施，最大限度地防止这些有价物质流失于生产加工过程中。现有的回收技术，可保证有价物质的回收率达到以下水平：油脂回收率＞75%；血液回收率＞78%；毛羽回收率＞90%；肠胃内容物回收率，畜类屠宰加工＞60%，禽类屠宰加工＞50%。

其次，对于不可避免流失于生产废水中的有利用价值的物质，应采取有效的处理工艺予以回收。如对于废水中油脂的回收，可采用隔油池。最为普遍有效且动力消耗最小的方法是斜板隔油池，它的脱油率可达 90%。平流式隔油池的脱油率为 70%左右，气浮法的脱油率平均为 63.8%。

对于其他有价物质的回收，目前较常用的方法是通过气浮法回收废水中的蛋白质，用作动物饲料。

(三) 最大限度地降低废水排放量

通过采取一水多用、处理水回用等措施，最大限度地降低废水排放量。

肉类加工工业常与冷库共建或毗连在一起，制冷的冷却水数量大，应循环使用。另外，肉类加工工业的工艺用水大部分为冲洗水，经过肉类加工废水二级生物处理后，再经深度处理与消毒，可回用作冲洗水。某禽蛋批发部[3]利用二级生物处理（活性污泥法、浅层曝气）的出水，经混凝、过滤、漂白粉消毒后回用作冲洗水，处理水量为 1000m^3/d，回用率 70%～80%，处理后水质情况如表 1-10-8 所示。

表 1-10-8 处理效果

项　目	二级生化出水	混凝过滤消毒后水质	项　目	二级生化出水	混凝过滤消毒后水质
BOD/(mg/L)	5～20	3	细菌总数/(个/L)		(1～2)×10^2
COD/(mg/L)	40～60	10～20	大肠杆菌/(个/L)		3～6
SS/(mg/L)	40～80	10～20	余氯/(mg/L)		0.4～0.6
pH 值	7.2	7			

(四) 肉类加工行业清洁生产技术推行方案

工业与信息化部节能与综合利用司在 2010 年 2 月发布的肉类加工行业清洁生产技术推行方案中推出了一系列关于肉类加工的清洁生产措施。包括：适用于畜禽屠宰企业的风送系统技术、畜禽骨深加工新技术、肉类产品冷冻及冷藏设备节能降耗技术；适用于肉制品加工企业的节水型冻肉解冻机、新型节能塑封包装技术与设备、肉类产品冷冻及冷藏设备节能降耗技术；适用于生猪屠宰企业的猪血制蛋白粉新技术、现代化生猪屠宰成套设备。这些清洁生产新技术的推广可以有效降低能耗和节约水资源，并且可以减少污染物的排放量。

三、废水处理与利用

肉类加工废水属于易生物降解的高悬浮物有机废水，废水水质、水量变化范围较大。目前对该类废水的治理，均采用以生物法为主的处理工艺，包括好氧、厌氧、兼氧等处理系统。但无论采用什么生物处理工艺，都必须充分重视预处理工艺，应设置捞毛机、格栅、隔油池、调节池或沉淀池等，以尽量降低进入生物处理构筑物的悬浮物和油脂含量，确保处理设施的正常运行。

目前国内对肉类加工废水的处理，常采用如下工艺。

(一) 活性污泥工艺

活性污泥法是目前我国肉类加工废水处理中应用最普遍且最成熟的方法。其曝气方式可采用浅层曝气、射流曝气、延时曝气、氧化沟等。

1. 浅层曝气工艺

(1) 主要工艺参数 浅层曝气主要基于液体曝气吸氧作用原理，气泡形成时，氧的转移速度增大，液体吸氧速度增加，减少曝气装置淹深，降低风压，提高处理效果。我国肉类加工废水处理中所采用的活性污泥工艺，以浅层曝气工艺为主。一般设计布气管设置深度0.8m；水深3～3.5m，多为3m；池宽（单廊道）2.5～3m，多为3m；污泥负荷0.4kg BOD/(kgMLSS·d)；MLSS 3～4g/L；容积负荷1.2～1.6kgBOD/(m^3·d)；水力停留时间(HRT) 7～12h；供气量210m^3/kgBOD；回流比100%；BOD的去除率达92%以上[12]。

(2) 处理效果及经济指标 某禽蛋批发部对其产生的废水采用浅层曝气活性污泥工艺进行处理，其处理流程如图1-10-2所示，处理效果如表1-10-9所示[3]。

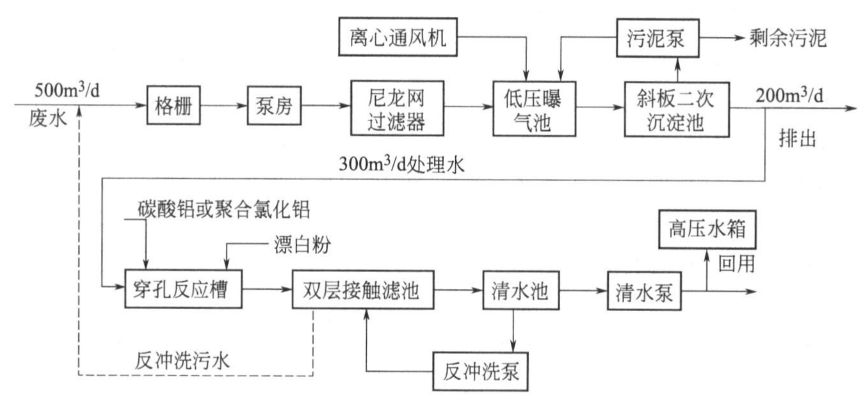

图1-10-2 浅层曝气工艺处理流程

表1-10-9 浅层曝气活性污泥工艺处理效果

项目	原废水	生物处理出水	深度处理出水	项目	原废水	生物处理出水	深度处理出水
BOD/(mg/L)	150～250	5～20	5	pH值	7.2	7.2	7
COD/(mg/L)	450～600	40～60	10～20	细菌总数/(个/L)	2.37×10^5		100～200
SS/(mg/L)	350～500	40～80	10～20	大肠菌/(个/L)			3～6
浊度/(mg/L)	100～200	5～8	3～4	余氯/(mg/L)			0.4～0.6

该污水处理厂处理能力为500m^3/d，其中回用水量为300m^3/d，占地160m^2；电耗0.35kW·h/m^3（废水）；药剂量为：1kg$Al_2(SO_4)_3$/100m^3水，1.25kg漂白粉/100m^3水。

2. 射流曝气工艺

射流过程提高了活性污泥代谢有机物的速率，同时也提高了氧的利用率，加快了吸附饱和活性污泥的活性恢复，促进了有机物的去除。射流曝气工艺用于肉类加工废水处理，一般采用的工艺参数为：曝气时间1h；污泥负荷1.62kgBOD/（kgMLSS·d)；MLSS 5g/L；容积负荷8.1kgBOD/(m^3·d)；射流压力1kg，水气比0.5～1.0；BOD去除率95%以上[3]。

3. 延时曝气工艺

国内现用于处理肉类加工废水的延时曝气主要为卡鲁塞尔曝气工艺。延时曝气的特征是所用负荷低，曝气时间长，微生物生长处于内源代谢阶段，污泥量减少。其工艺参数为：设计负荷 0.1～0.2kgBOD/(kgMLSS·d)；MLSS 2.4g/L；容积负荷 0.48kgBOD/(m^3·d)；水力停留时间（HRT）55h；BOD 去除率 98%；总 N 去除率 90%左右[12]。

4. 氧化沟工艺[3]

(1) 主要工艺参数　氧化沟工艺实质上也属于延时曝气工艺，只是在曝气池的结构形式上与一般延时曝气池不同，它采用沟形曝气池。某肉联厂采用氧化沟处理其废水，其设计参数为：水力停留时间（HRT）3.6d；BOD 容积负荷 0.40kg/(m^3·d)；MLSS 浓度 1425mg/L，DO 0.8mg/L。

(2) 处理效果及经济指标　该肉联厂采用氧化沟处理肉类加工废水的效果如表 1-10-10 所示。

表 1-10-10　氧化沟工艺处理肉类加工废水效果　　单位：mg/L

项　目	COD	BOD	SS	氨氮	动植物油
进水	1200	500～600	300	25～30	25
出水	50	15～25	60	6～10	2.5
去除率/%	95	97	80	70	90

5. 水力循环喷射曝气工艺

此工艺是射流后无固体边界的约束，使得废水、污泥、空气可以自由剪切、混合，从而使供氧充足、活性污泥维持在悬浮状态。技术指标：污泥负荷 0.3kgBOD/(kgMLSS·d)，MLSS 为 3g/L；容积负荷 0.9kgBOD/(m^3·d)；水力停留时间（HRT）17h，15～20 倍进水量；污泥回流比 60%；BOD 去除率 97%[14]。

(二) SBR 工艺

SBR 是序批式活性污泥法的简称，是一种按间歇曝气方式来运行的一种改良的活性污泥法，其主要特征是在运行上的有序和间歇操作，SBR 反应池集均化、初沉、生物降解、二沉等功能于一池，无污泥回流系统，因此具有工艺简单、占地面积小、抗冲击负荷强、集厌氧和好氧的微生物于一体等优点，并且适用于肉类加工企业多为一班生产、水质和水量波动大的特点。

1. 工艺流程

SBR 工艺处理肉类加工废水的工艺流程如图 1-10-3[15] 所示。

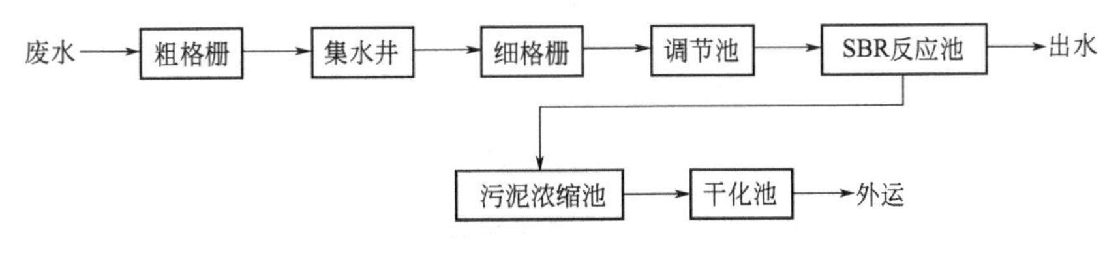

图 1-10-3　SBR 工艺处理肉类加工废水工艺流程

2. 主要工艺参数

SBR 反应池的运行一般包含五个阶段，即进水、曝气、沉淀、排水（排泥）及闲置阶段，称为一个工作周期。SBR 工艺处理肉类加工废水，一般采用限制曝气方式，进水时间 0.5～1.0h；曝气时间 6.0～7.5h；沉淀时间 1.0h；排水时间 1.0h；闲置时间 1.5h。

3. 处理效果及经济指标

SBR 工艺处理肉类加工废水明显优于传统活性污泥法，COD 和 BOD 的去除率分别为>90%和>95%，而活性污泥法的 COD 和 BOD 的去除率分别为>80%和 90%～95%。SBR

法与传统活性污泥法相比，可节省用地30%～40%，运行费用可降低10%～20%。应用SBR工艺处理肉类加工废水的几个实例介绍如下。

(1) SBR工艺　某肉联厂污水处理工程采用SBR工艺，处理水量为1162m^3/d，处理效果如表1-10-11所示[15]。

表1-10-11　SBR工艺处理效果　单位：mg/L

项　目	COD	BOD	SS	NH_4^+-N
进水	1270	550	354	25.6
出水	52	12	39	11.4
去除率/%	95.9	97.8	89.0	55.5

(2) 射流曝气SBR工艺　某屠宰场污水处理工程的处理能力为1500m^3/d，采用射流曝气SBR工艺。占地1000m^2，耗电量为1.2kW·h/m^3，处理效果如表1-10-12所示[16]。

表1-10-12　射流曝气SBR工艺处理效果　单位：mg/L

项　目	COD	BOD	SS	NH_4^+-N
进水	1410	680	321	58.4
出水	101	24.8	123	4.89
去除率/%	92.8	96.3	61.6	91.6

(3) 水解酸化-SBR工艺　某肉联厂采用水解酸化-SBR工艺处理其产生的废水，处理流程如图1-10-4所示，主要构筑物及设计参数如表1-10-13所示。其处理能力为3000m^3/d，占地1100m^2（包括道路和绿化用地），折合占地指标为0.44m^2/(m^3·d)。其处理效果如表1-10-14所示[17]。

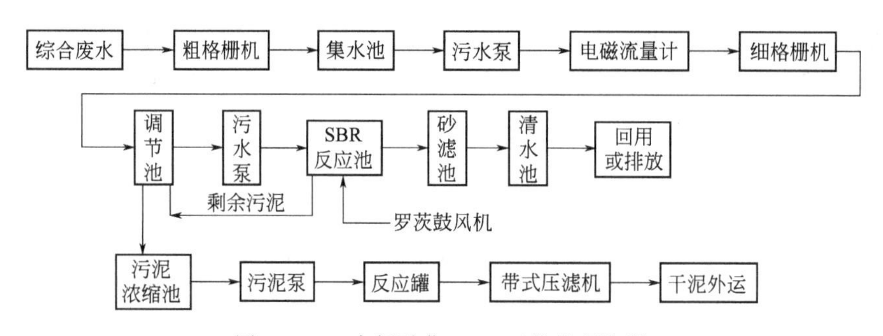

图1-10-4　水解酸化-SBR工艺处理流程

表1-10-13　主要构筑物及设计参数

构筑物名称	数量	有效容积/m^3	设计参数
集水池	1	50	HRT=10min
水解、预曝水解池	1	1625	HRT=18h
SBR反应池	3	1000	N_e=0.1kg BOD_5/(kg MLSS·d)
砂滤池	1	—	表面负荷：10m^3/(m^2·h)
回用水池	1	500	
污泥浓缩池	1	40	

表 1-10-14　水解酸化-SBR 工艺处理效果

水　　样	pH 值	COD /(mg/L)	BOD /(mg/L)	SS /(mg/L)	氨氮 /(mg/L)	总大肠菌 /(个/L)
处理前(1997 年 10 月 9 日)	6.76	780	478	148	54.8	160000
处理后(平均)	6.82	50.1	13.6	50	3.02	450
处理前(1998 年 1 月 9 日)	9.26	1380	868	394	43.1	—
处理后(平均)	7.43	77.2	25.1	31	3.60	—
DB 4437—90 新扩改建一级标准	6～9	≤80	≤30	≤70	≤10	≤3000

（4）ABR-SBR 工艺　某食品公司采用 ABR-SBR 工艺处理其生产废水，该公司年杀猪 150 万头，同时还进行较大规模的高低温肉食品加工，排放废水 $3000m^3/d$，出水水质要求达到《肉类加工业水污染物排放标准》(GB 13457—92) 一级标准。进水水质及出水指标见表 1-10-15[18]。

表 1-10-15　进水水质及出水指标

污染物	COD/(mg/L)	BOD/(mg/L)	SS/(mg/L)	pH	色度/倍	NH_4^+-N/(mg/L)
进水	600～1800	200～800	>800	6～8	>100	20～50
排放标准	≤80	≤30	≤60	6～9	≤50	≤15

其污水处理设施基本工艺流程为：格栅→ABR→初沉池→SBR。主要设计参数：ABR 的水力停留时间（HRT）为 6h，SBR 的曝气时间为 8h，厌氧搅拌 1h，后段曝气 1.5h，沉淀 1h，出水 0.5h，DO 浓度为 2mg/L，MLSS 浓度为 3000mg/L。最终出水 COD 浓度为 63.3mg/L，几乎无 NH_4^+-N。

（5）水解酸化＋DAT-IAT 工艺[19,20]　DAT-IAT 工艺是继 ICEAS（间隙式循环延时曝气活性污泥法）工艺、CASS（周期循环活性污泥法）工艺、CAST（循环式活性污泥法）工艺、IDEA（间隙排水延时曝气）工艺、IDAL（间隙排水曝气塘）工艺等各种 SBR 变形工艺后，不断完善发展的一种新工艺。DAT 是连续进水和连续曝气的高负荷活性污泥法。IAT 是以连续进水＋间歇曝气和排水的低负荷活性污泥法。

某屠宰厂日排水 $1800m^3/d$，污水来源为屠宰、淋洗、副食品加工以及洗油等。污水具有水量大、水质不均匀、浓度高、杂质多等特点。对于该污水的处理，该厂先采用格栅-筛网进行预处理，然后采用水解酸化＋DAT-IAT 的组合工艺进行生化处理。该工艺共设 DAT 池 2 座，容积负荷 $1.5kgBOD/(m^3 \cdot d)$，用于快速吸附和去除水中的可溶性有机物，采用连续进水、连续曝气、连续出水的方式。IAT 池 2 座，容积负荷 $0.3kgBOD/(m^3 \cdot d)$，用于彻底去除水中的溶解性有机物和氨氮，采用连续进水、间歇排放的方式，运行以 8h 为一周期，其中 6h 曝气、1h 沉淀、1h 排水及静置。

工艺流程如图 1-10-5 所示。

该工程于 2005 年运行，出水水质、处理水量均达到设计要求，满足《肉类加工业水污染物排放标准》(GB 13457—92) 中的一级排放标准。该工程总投资 415 万元，污水处理系统的运行成本为 0.384 元/t 废水。深度处理后的污水可做中水回用，节省了水资源。

(三) 厌氧（兼氧）-好氧处理工艺

1. 水解酸化-生物吸附再生工艺[21]

（1）工艺流程　水解酸化-生物吸附再生工艺的流程如图 1-10-6 所示。

（2）主要工艺参数　该工艺的主要构筑物为水解酸化池和再生吸附池。其主要设计参数

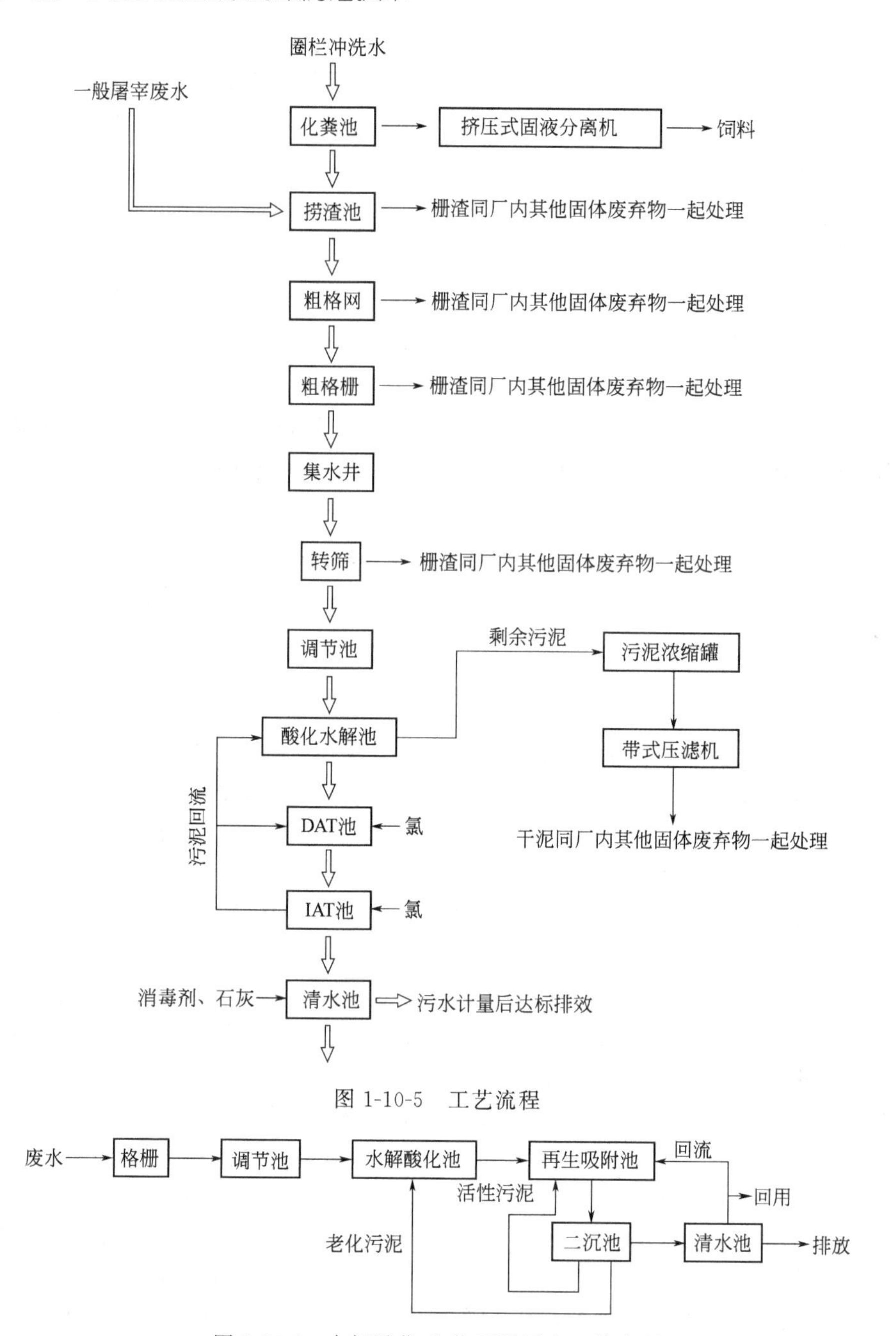

图 1-10-5 工艺流程

图 1-10-6 水解酸化-生物吸附再生工艺流程

为：水解酸化池，水力停留时间（HRT）7.5h；再生吸附池，水力停留时间（HRT）4.5h；吸附：再生=(1：2)～(1：3)。

(3) 处理效果与经济指标　某肉类联合加工厂采用水解酸化-生物吸附再生工艺处理其产生的废水，处理效果如表 1-10-16 所示。该工程的处理水量为 950m^3/d，总占地 480m^2，电耗 0.72$kW \cdot h/m^3$ 废水。

2. 常温 UASB-射流曝气串联工艺

常温 UASB-射流曝气串联工艺与常规好氧活性污泥法比较，具有处理效率高、节能、经济、污泥消化好、无二次污染等优点。其工艺流程示意图见图 1-10-7[22]。

表 1-10-16 水解酸化

项 目	COD	BOD	SS	NH_4^+-N	动植物油
进水/(mg/L)	1384	694	709.3	41.6	15.8
调节池出水/(mg/L)	803	389	336.3	48.1	5.1
水解酸化出水/(mg/L)	332	74.2	179.9	41.9	1.8
排放口/(mg/L)	98.6	35.0	74.8	6.05	0.6
总去除率/%	92.9	95.0	89.5	85.5	96.2

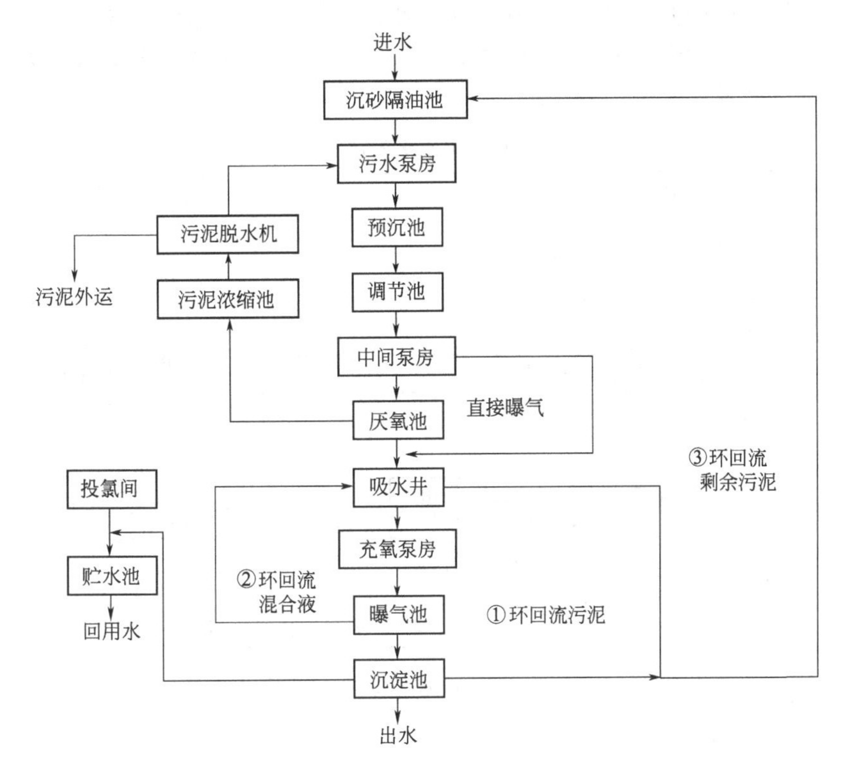

图 1-10-7 常温 UASB-射流曝气串联工艺流程示意

该工艺的主要技术指标及运行条件如下。

(1) 技术指标 包括：①处理水量 500～3000t/d；②容积负荷 6～8kgCOD/(m^3·d)；③COD 去除率>90%；④BOD 去除率>90%；⑤SS 去除率>90%；⑥能耗以 1t 污水计<0.5kW·h；⑦沼气产量（甲烷含量 80%）以 1t 污水计 0.25～0.3m^3；⑧回用水量以 1t 污水计 0.2t。

(2) 条件要求 包括：①进水浓度<3kgCOD/t；②废水温度>10℃。

3. 厌氧-接触氧化工艺[23]

该工艺的工艺流程见图 1-10-8。

某肉联厂废水治理工程，处理水量为 10m^3/h，采用该工艺，占地面积 50m^3，COD 去除率为 93.5%，BOD 去除率为 94%。处理出水满足《肉类加工业水污染物排放标准》(GB 13457—92) 标准。

该工艺具有投资省、运转费用低、处理效果好等特点。

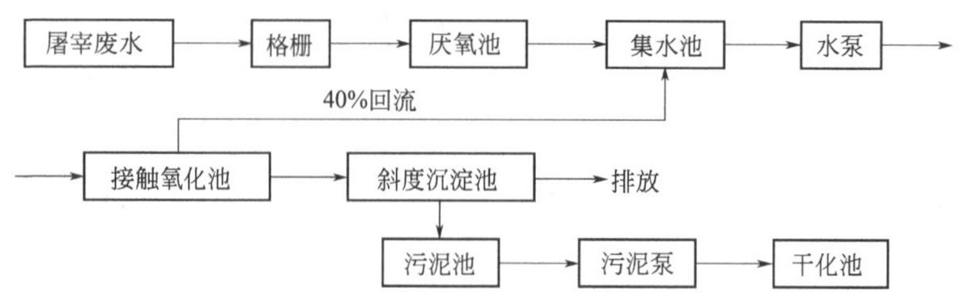

图 1-10-8 厌氧-接触氧化工艺

4. ABR-二级生物接触氧化-过滤工艺[5]

某肉联厂生产工艺包括屠宰、冷藏、熟食加工。主要产品包括热鲜肉、冷却分割肉及小包装产品、熟食制品。该厂污水处理设施采用 ABR-二级生物接触氧化-过滤工艺。进水水质见表 1-10-17，工艺流程见图 1-10-9。

表 1-10-17 进水水质及排放标准

项 目	COD/(mg/L)	BOD/(mg/L)	SS/(mg/L)	pH 值
设计进水水质	2000	1000	1000	6～9
排放标准	50	15	30	6.5～8.5

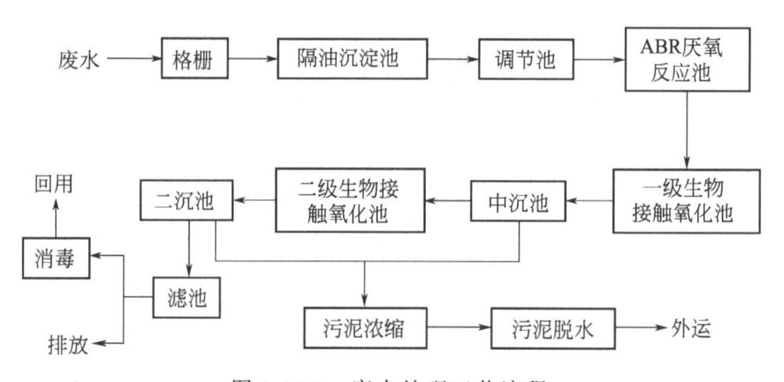

图 1-10-9 废水处理工艺流程

出水效果见表 1-10-18。

表 1-10-18 ABR-二级生物接触氧化-过滤工艺出水效果 单位：mg/L

项 目		COD	SS	BOD
1	进水	2100	1050	1090
	处理出水	42.3	25.0	10.8
2	进水	1965	920	826
	处理出水	39.3	24.2	9.3
3	进水	1829	868	782
	处理出水	35.6	26.4	8.2

该废水处理工程总投资为 500 万元。电费为 0.39 元/m^3，药剂费为 0.10 元/m^3；污泥处置费用为 0.55 元/m^3，不计折旧及维修费用，则运行费用为 1.10 元/m^3（2008 年）。

该工艺抗冲击负荷的能力强，处理效果好，运行中没有出现污泥膨胀的现象，并且，该工艺还具有总投资、占地面积、运行成本和能耗都低于常规方法的特点，操作管理简单可靠。

总之，肉类加工废水处理流程的选择，应该因地制宜，充分考虑和重视肉类加工企业的规模、投资、运行管理水平等方面的因素。在规模较大、管理水平较高的企业，可采用厌氧-好氧或好氧处理工艺，在有空地、荒沟或鱼塘等情况下可采用易于管理的处理构筑物，以降低造价，节省运行费用。但无论采用什么工艺，都必须充分重视前处理工艺，以尽量降低进入生物处理构筑物的悬浮物和油脂含量，确保处理构筑物的正常运行。

第二节　油脂工业废水

随着我国整体工业水平的提升，油脂工业也得到了很大的发展，到 2008 年，世界油脂工业单厂生产能力 6000t/d 的 12 家企业中，我国就占了 6 家[24]。我国已经成为世界食用油的生产与消费大国。同时伴随人民生活水平的提高，近年来人们在对于食用油的需要量加大的同时，对质量也有了更高的要求。以北京为例，为了满足要求，北京市油脂行业从 20 世纪 80 年代末到 90 年代初，共建了多个精炼油厂。随着精炼油市场的扩大，随之而产生的废水也对环境造成越来越大的影响。

油脂工业生产排放的废水，通常指食用油提炼和加工过程中所产生的废水。食用油可分为动物性油和植物性油两种。动物油提炼于动物组织中。而植物油的来源较广，其原料除了大豆、花生、芝麻、棉籽、菜籽、米糠、葵花子等大宗油料外，还有品种繁多的木本油料、热带油料及野生油料等，日常人们使用的食用油主要为植物油和以其为原料的植物精炼油。如何在发展食用油精炼的同时，及时处理所排放的废水，是目前油脂行业一个重要的环保课题。

一、生产工艺和废水来源

(一) 生产工艺

油脂工业生产工艺包括：①原料进厂堆放、贮存；②油料的预处理，包括清洗、剥壳去皮、破碎、软化、轧胚、蒸炒等；③提取油脂（毛油），采用方法包括压榨法、水剂法、溶剂浸出法等，同时产生饼粕；④毛油的精炼加工，同时包括副产品（如油籽皮壳、磷脂、棉酚、油脚等）的综合利用。

1. 传统工艺简介

(1) 预处理工段　原料脱皮后，经原料仓工作塔由刮板输送至清理筛进行筛分，碎料等被清理筛分离后送碎料仓进行后处理，好料则经输送机送至烘干机经热风烘干并冷却后送破碎机进行破碎，经破碎至（1/4）～（1/6）后送另一清理筛进行分离。筛上物进入吸风分离机分离去皮，筛下物与分离出来的精料送至软化锅进行软化，软化后的精料送液压轧胚机轧胚，轧好的料胚送浸出车间。

从清理筛、提升机和吸风分离机吸出的皮、碎仁粉、轻杂和灰尘分别进入旋风分离器进行分离，分离出的原料送蛋白工段，碎仁粉与碎料并在一起送入碎料仓，再回到前述破碎机重新使用。含尘气体再经脉冲布袋滤尘器进一步除尘后排入大气。

加工中的饼粕常相当于原料加工量的一半，有些可食用，有的作动物饲料或肥料。有的饼粕（蓖麻籽和油桐果）中含有对动物有毒的物质，只能作肥料。大豆粕可在胶合板黏结剂及合成纤维的制造中用来增加蛋白质的量；棉粕脱壳后的短绒是很好的纤维原料，可用于炸药、塑料工业；棉壳是多种化工产品的原料；从棉籽粕中所提取的棉酚可作医药和化工的原料；花生种皮是医药原料；米糠饼粕可提取谷维素、植酸钙、肌醇、植物生长素等多种医药、化工产品。总之，在植物油原料的下脚料中可提取多种有用的物质。

(2) 浸出工段　来自预处理车间的原料胚进入浸出器与溶剂在50～55℃条件下浸出混合油。浸出后湿粕含30%溶剂，将湿粕经密封刮板输送机送至脱溶烤粕机进行脱溶烘干，使粕中溶剂基本蒸出后即得产品豆粕。混合油则进入第一蒸发器、第二蒸发器和汽提塔进行提浓并使混合油中溶剂进一步被蒸出，使毛油中残溶含量降至300mg/L以下，然后将毛油送精炼工段进行精制。

来自脱溶烤粕机、第一蒸发器、第二蒸发器和汽提塔的溶剂蒸气均各自进入所配置的冷凝器进行冷凝，被冷凝的溶剂进入周转箱循环使用。由汽提冷凝器出来的溶剂水进入分水箱，经分水后，溶剂进入周转箱，废水经蒸煮后排出车间。如果排出的废水含溶剂量很低，可不经蒸煮直接排放，未冷凝气经尾气回收装置回收溶剂后循环使用。

植物油料经压榨、浸出或水代法得到的油脂称毛油，它是由植物体内的糖类衍变成的脂肪酸和甘油缩合成的一类化合物，毛油的提取工艺流程见图1-10-10[25]。由于受原料生长、贮存和加工条件的影响，毛油中含有数量不等的非甘油酯杂质，这些杂质使油的颜色深暗，造成泡沫、烟或加热时产生沉淀物。因此，毛油需通过精炼来去除各种有害的杂质，以提高油脂的质量，扩大油脂的用途并利于长期贮存。

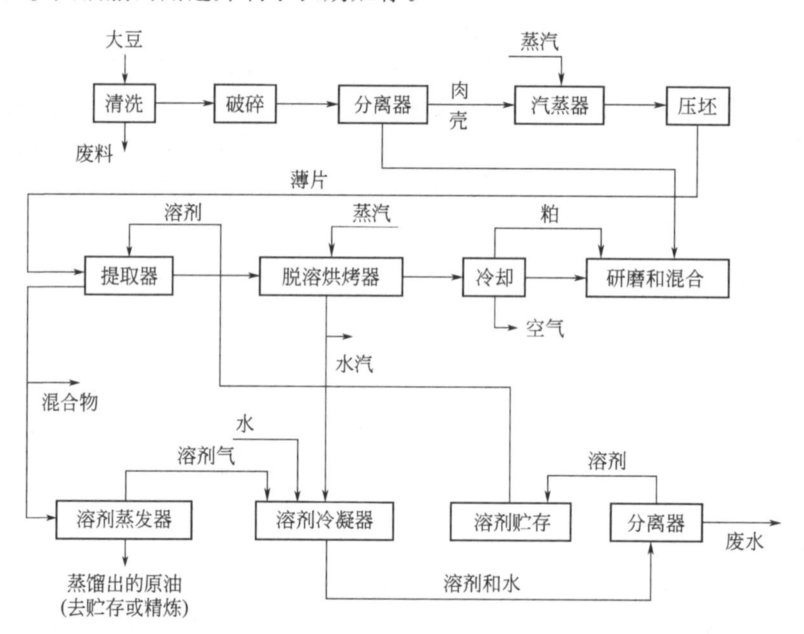

图1-10-10　提取豆油的工艺流程

(3) 精炼工段　由浸出车间来的毛油预热后进入水化器与热水充分搅拌进行水化作用，然后经离心机进行分离，分离出来的粗磷脂经预热注入磷脂浓缩机进行浓缩，即得副产品磷脂，蒸出水经冷凝后排放。

水化油经预热后进行酸化处理，再入混合机进行碱炼，然后经离心机分离皂脚，皂脚经撇油后排放。分离出来的油再经两次洗涤、干燥脱水后，即得碱炼油。两次水洗的废水经回收油后排放。

将碱炼油与白土混合后进脱色器进行脱水、脱色。经冷却过滤后的脱色油进入脱臭器，直接用蒸汽进行脱臭，将油中游离脂肪酸等臭味物质脱除，再经冷却即得精炼油产品。

油脂精炼的工艺可分为化学精炼和物理精炼两种，根据不同的要求和目的采用不同的精炼工艺。

化学精炼和物理精炼工艺基本包括初净、脱胶、脱酸、脱色、加氢、脱臭、脱蜡、分馏等工序。化学精炼工艺是最常用的精炼方法，是利用酸碱中和原理，用碱来中和油脂中的游离脂肪酸。所生成的托皂可吸附部分其他杂质，然后通过离心机与油进行分离。

物理精炼也叫蒸馏脱酸法，是利用真空、水蒸气蒸馏达到脱酸目的的一种精炼工艺。根据不同的原料、不同的要求还可采取不同的工序。由于毛油的质量有一定的差异，同时为了获取不同量的副产品，因而可采用物理精炼和化学精炼两种方法。不同的精炼工艺，其设备也不相同。通常优质毛油可采用物理精炼，否则必须使用化学精炼。物理精炼和化学精炼工艺流程见图 1-10-11 和图 1-10-12[26]。

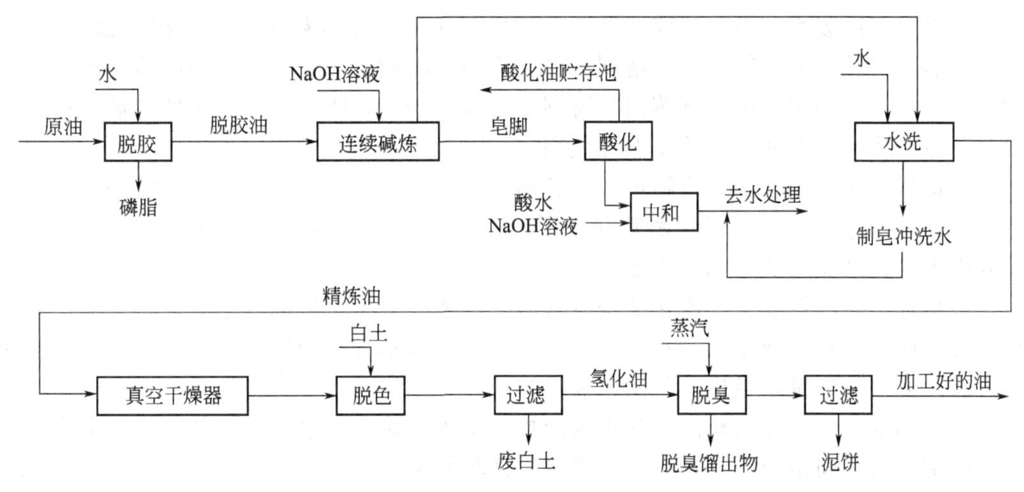

图 1-10-11 食用油化学精炼工艺流程

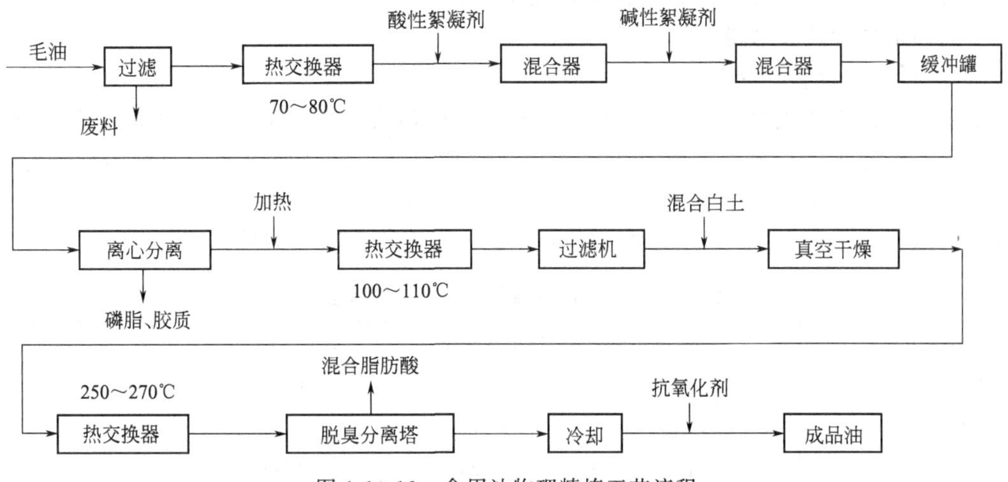

图 1-10-12 食用油物理精炼工艺流程

2. 微生物发酵制备油脂

通过微生物发酵的方法生产油脂是一项新兴的产油脂工艺，此项研究在国外起步较早，德国科学家早在第一次世界大战之前就做过相关的研究。1986 年由日本和英国首先推出了生物油脂保健食品。我国也在 20 世纪八九十年代开始相关的研究[26]。

微生物产油脂是指：产脂微生物在一定适宜的环境条件下，利用烃类化合物、碳水化合物以及普通油脂作为碳源，在菌体内产生大量油脂的过程。基本工艺流程：筛选菌种→原料→灭菌→菌体培养→菌体收集→预处理→油脂提取→精炼→成品油脂。

微生物产油过程与以动植物作为原料制备油脂的过程本质上是类似的。它的优点在于：

①微生物油脂是一种可无限再生的资源；②可以缓解人口增长对油脂的需求；③它与动植物产油脂不同，可以不受天气、原料和季节的影响，实现连续生产；④微生物油脂的含量高，生产周期缩短，成本也较低；⑤可以利用工业（特别是食品工业）的废水废气、废料来培养产脂微生物产油脂，利于废物的再利用和环境保护，符合可持续发展的思想[27]。

(二) 废水来源、水量和水质及特点

1. 废水来源

油脂生产过程的废水主要来自浸出、精炼等工段。

(1) 浸出工段废水　原料经溶剂浸出毛油后，在毛油和饼粕中均含有相当数量的溶剂，为除去毛油和饼粕中的溶剂，降低溶剂单耗，提高产品质量，工艺中采用脱溶烤粕机、蒸发器和汽提塔将毛油和饼粕中溶剂蒸出，溶剂蒸气经冷凝后，将冷凝器出来的溶剂水送入分水箱，经分离水后，溶剂回收至系统循环使用。

(2) 精炼车间水化废水　由精炼工段分离出来的粗磷脂含有大量水分，需经浓缩机进行脱水，得到的浓缩蒸出水再经冷凝后排出废水。另外离心机需用水进行冲洗，产生冲洗废水。其中主要污染物为磷脂和植物油。

(3) 精炼车间碱炼废水　水化油经碱炼后，用离心机将碱炼油和皂脚进行分离，并用水进行冲洗，冲洗废水间断排放。水化油分离皂脚后需用水进行两次洗涤，再用离心机将油水进行分离。分离出的废水经进一步回收油后排放。

(4) 冷却水排水　浸出车间冷却水为间接冷却水，该冷却水不与物料接触，水质未被污染，因此统一回到间接冷却水系统，经降温后循环使用。

精炼车间冷却水为直接冷却水，冷却水回到直接冷却水系统经降温后循环使用，考虑到水中污染物的积累，将有一定量水排出，通常冷却水循环利用率为70%。另外，精炼工段还将车间的地面冲洗废水排出。

2. 水质、水量及特点

由于物理精炼和化学精炼工艺不同，因此产生的污染负荷也不相同。物理精炼是利用同温条件下的蒸气压进行分离，具有工艺简单、原辅料省、经济效果好、避免中性油化的特点，产生的废水污染较轻。与物理精炼相比，化学精炼工艺产生废水污染严重，但其副产品的经济价值较高。表1-10-19[28]为两种精炼工艺的污染物排放量的情况。

表 1-10-19　物理精炼和化学精炼排污量比较

精炼方式	吨油排水量/(m^3/t)	COD/(kg/t)	BOD/(kg/t)	油/(kg/t)
物理精炼	0.48	0.85	0.41	—
化学精炼	0.72	4.17	1.36	—
物理精炼(事故)	0.11	25～30	17～20	6～7
化学精炼(事故)	0.32	61～81	30～40	15～20

食用油的提取和精炼工业中废水主要来源于清洗工序，而清洗水的污染物量随压榨或精炼工艺的操作而变化。生产工艺中的冷却水一般经冷却塔处理后回用。表1-10-20和表1-10-21分别列出了化学精炼和物理精炼过程中的废水情况，从表中可看出食用油脂工业废水水质的变化范围较大，特别是化学精炼，与一般的工业生产污水相比，含油量高，有机物含量更高，其排放的混合污水一般含油量在200～2000mg/L，COD在2000～7000mg/L。其中排出高浓度污水主要有分水器污水、蒸水缸污水、碱炼污水、脱臭污水等，其中以碱炼污水浓度最高，一般COD可达10000～30000mg/L[28]。

表 1-10-20 化学精炼油脂污水水质

污染源＼项目	COD/(mg/L)	BOD/(mg/L)	总固体/(mg/L)	油/(mg/L)	S^{2-}/(mg/L)	pH 值
分水器污水	5000～5500	3500～4000	4500～5000	20～50	3～3.5	7.0
蒸水缸污水	6500～7000	5500～6000	20000	200～250	2.5～3.0	6.0
碱炼污水	10000～30000	4500～5000	5000～6000	7000～20000	0.1～0.2	9.0
脱臭污水	2700～3000	1000～2000	220～250	30～50	0.02～0.03	6.0
生活污水	270～350	150～200	400～500	50～150	—	7.0
混合后浓度	2000～7000	1100～3500	3000～3500	1500～5000	0.5～1.0	6.5

表 1-10-21 物理精炼车间生产排放废水水质情况 单位：mg/L

生产废水排放口	COD（平均）	BOD（平均）	油（平均）	生产废水排放口	COD（平均）	BOD（平均）	油（平均）
脱胶离心机排放水	4000	2400	1300	地面清洗水	500	270	150
车间内循环排放水	1400	700	440	其他生产排放水	1000	650	300
外循环水箱溢流水	2400	1100	900	总排放口	700	450	180
热水罐外泄水	＜30	＜10	＜5				

表 1-10-22 为北京市部分油脂公司的排水水质。

表 1-10-22 北京市部分油脂公司的排水水质

企业名称	COD/(mg/L)	BOD/(mg/L)	SS/(mg/L)	油脂/(mg/L)	pH 值	水量/(m^3/h)
北京某植物油厂①	5000～14000	2500～6700	3300～4000	2000～3000	6～8	500
北京某棕榈油脂厂①	1387～17870	780～10000	362～1686	154～14500	4～6	350
北京某油脂厂②	700～10000	300～6000	300～1000	250～5000	6～7	240
北京某制油有限公司①	2500～15000	1000～6000	350～800	300～3500	6～9	500

① 为化学精炼工艺；

② 为物理精炼工艺。

表 1-10-19～表 1-10-22 表明，油脂废水是一种含油量高的高浓度有机废水，其污水中的油脂成分既有乳化油、溶解性油，又含有磷脂、皂脚。同时，污水中的悬浮物也较高。油脂废水的另一特点是有毒物质少，可生化性好，且水中营养配比适中。作为中小型油脂厂，其污水的一项主要特性是水量、水质波动都很大，其变化幅度在 1～3 倍左右。但是该种污水的可生化系数较高（一般＞0.5），因此，在处理工艺设计合理的条件下，该种废水达标排放应没有问题。

二、清洁生产

油脂加工生产中，各工段均有污水排放，其中以浸出车间、精炼车间的排污量负荷最大，而 60%～70%的污染物为精炼车间产生[28]。在浸出车间，由于采用有机溶剂，因此控制溶剂的泄漏，保证其回收使用率是极其重要的；而精炼车间中的污水含油量较大，通过油脂回收也是控制污染物排放的重要手段。

（一）炼油车间的综合控制

在油脂生产过程所排放的污水中，炼油车间的污水通常占厂区总污水量的 15%～20%，而有机物排放量占厂区总排放量的 60%～70%。炼油车间的污水排放浓度通常取决于炼油过程中的副产品即磷脂和皂脚的分离效率，若分离效率不高，其出水的有机物浓度相当高（COD 可达 20000～30000mg/L，油达 8000～15000mg/L[28]），若生产工艺中酸油、皂脚都不回收，脱胶离心机、碱炼离心机、水洗离心机的浓污水直接排放，则排污量很大（见表1-10-21）。而磷脂和皂脚是有很高经济价值的生产原料，通过适当的工艺手段，将磷脂和皂脚以及酸油进行回收，不仅可以获得一定的经济效益，同时还可大大降低污水的排放浓度，降低污水处理的造价，减少污水处理的技术难度。因此在工艺过程中必须实行全程的清洁生产，废水排放前必须进行磷脂、皂脚、酸油的回收，这不仅可以降低污水处理的负荷，还可回收有价值的酸油。

（二）清洁生产的具体措施

油脂废水的主要排污点在炼油车间，因此炼油车间的清洁生产工作是降低污水排污负荷的关键，根据一般的油脂加工生产工艺，炼油车间的降低排污途径可分为五个方面。

1. 提高设备的分离效率

提高设备的运行效率，特别是离心分离机的分离效率是保证油脂尽可能少地排入污水的关键。通常离心机效率在 85%～95%时，其排放的污水 COD 浓度可在 10000～15000mg/L；而其效率低于 80%时，炼油车间排放的 COD 浓度可达 20000～30000mg/L，油含量达 8000～15000mg/L。

2. 加强油脂回收

对炼油车间排放污水进行油脂回收预处理是降低污染物排放负荷的重要措施。通常在炼油车间增加一座酸化中和隔油池，含有高浓度皂脚及酸油的污水通过加酸将 pH 值调至 2～3 时，可使其乳化的油脂改变物理性质而易于浮出水面，进而可通过隔油或气浮去除水中的油脂，通过加酸碱中和处理，其出水的 COD 可降至 2000～4000mg/L，油可降至 500～1000mg/L[28]。

3. 生产水循环使用

生产水循环使用能极大地降低生产成本和污染物排放负荷。我国油脂工业每加工 1t 大豆消耗的水量为 0.8～3.0t（循环用），相应的排水在 0.05～0.3t 之间，如果不循环使用，吨豆加工的耗水量则可高达 10～35t，其排水量也成倍增加。

4. 加强环保工艺的应用

通过运用新的技术手段在生产工艺中，可以有效地降低油脂加工过程中的能耗和废弃物。例如：用新型浸出溶剂异己烷、正戊烷、液态烃（丁烷）和异丙醇等代替传统的溶剂己烷。己烷作为一种挥发性有机物，不仅可破坏臭氧层，并且对工人的身体健康存在安全隐患。目前，异丙醇浸出技术已经趋于成熟[29]。

5. 完善生产管理

加强车间的操作管理，在生产过程中尽量减少跑冒滴漏所带来的污染。

三、废水处理与利用

（一）国内外油脂废水处理工艺的发展

对于含油工业污水的处理技术，国内外研究机构一直在不懈地进行深入研究与探讨，归纳起来其技术路线即是在去除水中大量油类的同时，兼顾去除有机物、悬浮物、皂类、酸碱、硫化物、氨氮等。所以其处理手段大体为以物理方法分离、以化学方法去除、以生物法降解。20 世纪 70 年代，用气浮法去除水中悬浮态乳化油脂已被各国广泛使用，同时结合生物法，可使水中含油量下降至 10～20mg/L，有机物达到允许排放的水平。食用油加工的季节性很强，一年中工厂生产的最长时间为四个月。

英国采用厌氧接触工艺处理食用油废水，在生产期废水平均 BOD 浓度为 30000mg/L，经厌氧处理，BOD 去除率达 99%，出水直接排入水体。由于厌氧处理的成功，英国已建议食用油工业废水全部采用厌氧处理。日本采用溶气浮选处理油脂工厂的含油废水，还研究出用电絮凝法处理乳化油废水。进入 20 世纪 90 年代，人们又开始使用生物絮凝剂处理含油水，用超声波分离乳化液，用亲油材料吸附油。近几年来，较为流行的还有膜渗透，滤膜被制成板式、管式、中空纤维式。美国还研究出动力膜，将渗透膜做在多孔材料上，应用于水处理中。处理含油废水往往是多种方法组合使用。美国、英国、日本等国目前普遍使用的方法有重力分离、离心分离、溶剂抽提、气浮、生化、化学、透析法等。

从国外普遍使用的处理工艺分析，可以看出其大致研究方向为：国外发达国家主要致力于二级、三级处理，而我国则偏向于初级和二级处理，对三级处理很少采用，仅仅是在特殊情况下作为补充措施。所以我们常常选择的工艺是充分利用环境的净化作用，以节省深度处理费用。目前我国对于含油水处理的研究水平已与国外发达国家一致，所缺少的是对于中小型油脂厂水处理工艺的完善。

(二) 废水处理的基本工艺流程

食用油生产和精炼车间的废水经中和后是可以生物降解的。一般先回收油，然后经过处理排入城市下水道系统或水体。对于含油脂废水，常采用的工艺为隔油去除悬浮物油，继之气浮去除乳化态油，最后生化去除溶解态油和绝大部分有机物。经过这几步处理的污水通常可达到排放标准。图 1-10-13[30] 为油脂废水处理的常规流程，表 1-10-23[30] 为油脂工业废水处理通常采用的处理工艺及处理效果。

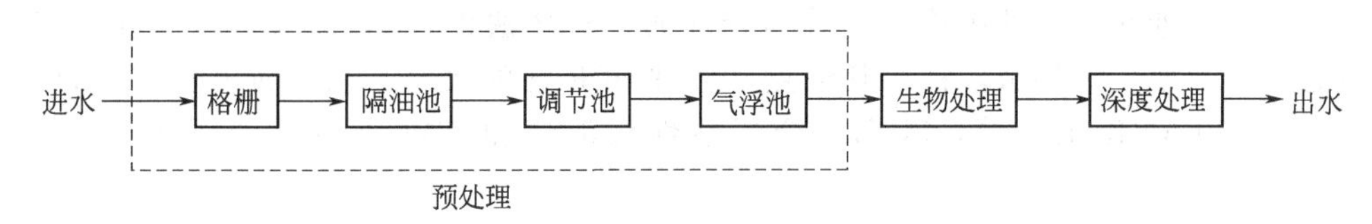

图 1-10-13　油脂废水处理的常规流程

表 1-10-23　食用油提取和精炼工业的废水处理工艺及处理效果

处理工序	废水浓度降低累计的百分数/%[括号内为废水浓度/(mg/L)]			
	BOD	COD	SS	油脂
pH 值调节及隔油	21～28(850)	25～30(1500)	20～30(550)	25～60(820)
溶气气浮	60～75(350)	50～60(700)	70～80(150)	85～90(80)
生物处理	65～70(100)	60～70(250)	20～30(80)	20～30(50)
深度处理(活性炭、砂滤或生物炭等)	40～50(60)	40～50(120)	20～30(50)	10～20(35)
总工艺	90～75(60)	90～95(120)	92～95(50)	85～95(50)
加工中和皂脚和磷脂	在分离酸化的皂脚和磷脂过程中产生含有可回收的蜡状固体，从而可大大降低水中的有机物浓度			

1. 一级处理

在常规处理流程中，预处理部分通常由格栅、隔油池、调节池和气浮池组成，这一部分的主要目的是去除水中的油脂。由于污水中的油脂基本是皂脚和磷脂混杂的酸油，溶解性较差，特别是当水温较低时，油脂呈半固态，直接采用气浮进行处理效果较差，所以此时在隔油池采用必要的措施是除油的有效方法。如在水中加破乳剂或通过 pH 值的调节改变污水油的溶解性，使之便于隔油去除。

2. 二级处理

生化处理工段是保证污水处理达标排放的关键，生化处理工艺目前可采用厌氧和好氧或两种工艺串联使用。由于油脂加工工艺和原料的不同，造成预处理后进水有机物浓度相差较大，一般在化学精炼工艺中排放的污水，采用厌氧处理结合好氧处理的工艺，而在以物理精炼为主的工艺中，污水处理直接采用好氧处理。

厌氧处理工艺目前采用较多的是上流式厌氧污泥床（UASB）、厌氧滤床和厌氧复合床等，一般采用中温消化方式。虽然厌氧在处理高浓度有机废水方面具有较大的优势，但是它同时也存在一定的缺点，如运行启动时间较长，操作管理需要较高的管理水平，特别是对于规模较小的工业污水处理工程更是如此，另外由于工程小，其产生的沼气量少，无法利用，处置较为困难，因此在油脂污水处理中，采用厌氧工艺还应作周全的考虑。

在油脂废水处理中，好氧工艺是必须采用的工艺，根据废水特点，目前采用的好氧工艺主要有传统活性污泥法、接触氧化法、SBR 工艺以及高效的好氧工艺，如好氧气提流化床等。传统活性污泥法工艺成熟，运转方便，管理经验成熟，通常出水效果较好，投资较少，但该工艺在处理工业废水时，抗冲击能力较差，特别是容易发生污泥膨胀，使系统运行不稳定，并且污泥量多，流程长，造价较高，因此在规模不大的工业废水工程中，传统活性污泥法应用较少；接触氧化法是工业废水中采用较多的好氧处理工艺，特别是在规模较小的工业污水处理中应用较多，原因是该工艺克服了传统活性污泥法的缺点，具有抗冲击能力强、负荷高、运行稳定、出水水质好等特点，但该工艺由于需要放置一定量的填料，因此工程投资较大；SBR 工艺是活性污泥法的变型，具有自动化程度高、抗冲击能力强、不产生污泥膨胀等特点，由于 SBR 工艺省去了沉淀和污泥回流的部分，从而大大降低了处理污水的成本，因此在小型的工业污水处理中应用是较为合理的。SBR 法也有其缺点，比如不适应高浓度废水和连续流废水。近年来，针对其缺点，各种 SBR 法的改进工艺不断出现，例如双向流 SBR 法，UNITANK 工艺等，其都结合了活性污泥法和 SBR 法的优点，达到了较好的效果。

目前，研究人员从油脂降解的特点出发开发出了一些新型处理方法，例如：脂肪酶水解＋UASB 工艺、固定化法和微生物菌剂处理工艺等，这些工艺改善固液传质条件，为微生物创造良好环境，促进微生物生长，有利于提高处理效率[31]。

3. 深度处理

通过厌氧和好氧处理后的油脂污水，通常可以达到排放要求，但在排放标准要求较严格的地区，污水还应进行进一步的深度处理。深度处理通常采用的工艺主要以物化为主，即砂过滤、生物活性炭以及稳定塘、土地处理等。砂过滤系统通常对去除污水中的悬浮物较为有效，而对去除污水中的溶解性有机物作用不大，因此，正常时需投加一定的絮凝剂来提高污水的有机物去除率，通常 COD 的去除率在 20%～30%。生物活性炭处理系统，主要是利用活性炭的吸附作用将水中的有机物吸附在其表面上，然后通过曝气将活性炭表面的微生物和有机物分解氧化。砂滤工艺对处理含悬浮物较高的污水较为有利，但反冲洗次数较多，对水中的溶解性有机物去除较差，而生物炭由于利用了曝气方式，基本相当于随时进行再生处理，因此在进水有机物浓度不高的条件下，生物炭一般不易发生堵塞，因此使用周期较长，是较为合理的工艺，但生物炭的工艺投资较砂滤高。氧化塘工艺和土地处理工艺作为深度处理工艺，虽然投资小、运行管理方便，但占地较大，因此，采用后处理工艺应根据具体的排放水质要求和实际条件进行确定。

本处理工艺可根据不同处理出水水质的要求，进行组合使用。如何根据每个油脂厂自身废水的水质、水量的特点及出水水质要求，选择经济合理的组合工艺进行处理，是个值得探讨、研究的课题。因为精炼油的生产所产生的废水属高、中浓度有机废水，治理该类废水有一定的技术难度，因此很有必要对油脂生产工艺和排污特点进行详细的研究，提出合理的处理工艺流程，从而在发展精炼油生产的同时，有效地治理污染。

(三) 基本工艺的设计参数

1. 预处理工艺

该段工艺主要包括隔油池、调节池和气浮池。

（1）隔油池　通常设在污水处理系统的最前段，通过自然隔阻的方式将污水中的漂浮油脂去除。该种隔油池的水力停留时间（HRT）0.5～1.0h，采用砖砌结构或设备形式均可。由于个别车间，特别是炼油车间排放的污水含油量较高，且经一般隔油无法有效去除，需通过加不同的药剂调节使其溶出，因此需在此车间单独设立加药隔油池，该隔油池的水力停留时间（HRT）2.5～3h。

（2）调节池　调节水量、均衡水质，可与隔油池合建在一起，通常水力停留时间（HRT）8～12h。

（3）气浮池　采用加压溶气气浮系统，一般是以设备化形式为主，通常水力停留时间（HRT）0.5～1.0h，一般不需加药混凝。

2. 生化处理工艺

（1）传统活性污泥法　一般采用推流式或完全混合式，污泥负荷为 0.1～0.3kgBOD/(kgMLVSS·d)，水力停留时间（HRT）为 18～36h，COD 去除率大于 85%。采用活性污泥法，一般前面需加预处理设施，以便降低进水的有机负荷，保证活性污泥的正常运行，预处理设施主要采用厌氧或高效好氧的处理工艺。

（2）接触氧化法　采用加装各种填料的方式构成接触氧化工艺，在油脂废水处理中，采用的容积负荷为 1.5～2.0kgCOD/(m^3·d)，水力停留时间（HRT）为 18～24h，COD 去除率大于 85%。

（3）SBR 工艺　设计的工艺参数可参照活性污泥工艺，但需根据 SBR 工艺进行适当的修正。

（4）高效好氧反应器　通常可采用气提反应器代替厌氧处理装置，作为传统好氧系统的预处理系统，其后续的好氧处理系统可大大降低处理规模，气提设计负荷为 15～20kgCOD/(m^3·d)，水力停留时间（HRT）为 1.5～2.0h。通常采用钢制的设备形式。COD 去除率为 50%～70%。后续的好氧系统其水力停留时间（HRT）可缩短为 12～20h。

（5）厌氧、好氧处理系统　采用厌氧作为预处理生化处理单元时，其好氧处理系统可减轻负荷，因此可降低好氧的处理规模。其厌氧的设计参数为：容积负荷为 5～8kgCOD/(m^3·d)，水力停留时间（HRT）为 8～12h，COD 去除率大于 70%。后续的好氧系统其 HRT 可缩短为 12～18h。

3. 深度处理工艺

（1）生物活性炭工艺　通常进水 COD 浓度控制在 150mg/L 以下，SS<50mg/L，水力停留时间（HRT）为 1.5～2.0h，气水比为 2∶1，COD 去除率为 70%～80%。

（2）生物过滤工艺　通常进水 COD 浓度控制在 250mg/L 以下，水力停留时间（HRT）为 1.5～2.0h，气水比为（3～4）∶1，COD 去除率为 50%～70%。

（3）混凝过滤工艺　通常进水 COD 浓度控制在 150mg/L 以下，SS<100mg/L，水力停留时间（HRT）为 1.5～2.0h，COD 去除率为 30%～60%。

(四) 油脂废水处理后的污水回用

油脂生产中，除生活和生产工艺中要求采用饮用水以上的标准外，其他用水的水质采用处理后的污水均可满足要求，其中以生产中的循环冷却水和绿化杂用水量为主，经处理后的污水特别是进行深度处理后的污水，可作为循环冷却水的补充用水，也可作为厂区的绿化、生活杂用水水源。

(五) 油脂污水处理工程实例

采用以上的处理工艺流程，基本可以解决油脂污水的处理达标排放问题。以下结合三个油脂废水处理工程实例，详细分析油脂废水处理的工艺过程。

1. 实例 1[32]

(1) 污水来源 精炼车间的脱胶、碱炼、水洗等工艺排污；车间地面冲洗；冷却溢流水和厂区的生活污水等。生产原料主要为大豆、花生。

(2) 工程设计要求 设计的进出水水量、水质要求见表 1-10-24。

表 1-10-24 油脂废水处理工程实例的设计要求

水量/(m^3/d)	设计进水水质/(mg/L)				设计出水水质/(mg/L)			
	COD	BOD	SS	油脂	COD	BOD	SS	油脂
500	1500	1800	500	400	60	20	50	20

(3) 处理工艺流程及说明 工艺流程见图 1-10-14。

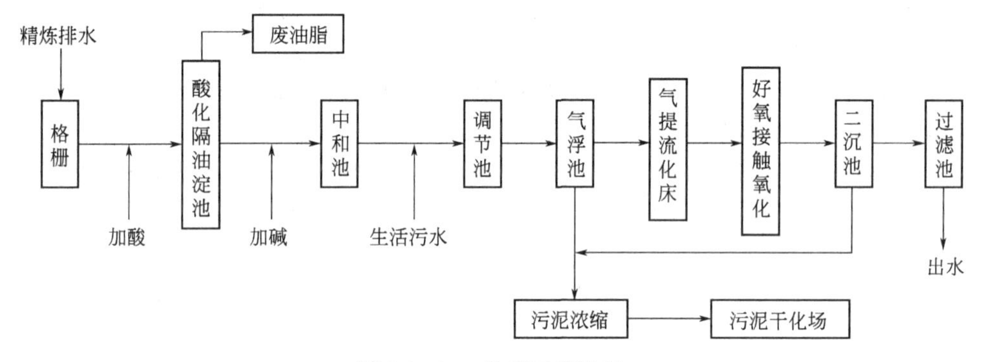

图 1-10-14 处理工艺流程

精炼车间的高浓度污水（含油量较高）经格栅进入酸化隔油池，经酸化处理后可回收大量的油脂，即可减轻后续处理工艺的有机负荷，同时还可回收有价值的油脂。污水经过酸化隔油池去除表层浮油后进入调节池，由于炼油工艺中排水具有间断性和随机性，因此设计调节池调节量为 6h。调节池出水基本上能保持流量和水质的恒定。调节出水经污水管进入气浮池，主要去除污水中的乳化油脂，油去除率可达 80%，COD 去除率可达 30%左右。气浮池出水通过泵打入气提生物反应器，污水在该反应器中的总水力停留时间为 1.0h 左右。采用罗茨鼓风机和利用微孔曝气器并辅以进水射流曝气，以提供充足的溶解氧并形成良好的水力内循环条件。该反应器设计 COD 去除率为 40%～50%，BOD 去除率可达 50%～70%。气提反应器出水自流进入生物接触氧化池，其设计容积负荷为 1.0kgCOD/(m^3·d)，水力停留时间（HRT）为 12h，出水 COD<80mg/L，BOD<30mg/L。然后污水自流进入沉淀池，经过沉淀后自流进入生物炭池，在该池中停留时间为 0.5h，出水 COD<60mg/L，BOD<20mg/L。出水完全达到了回用的要求，可作为循环冷却水和杂用水。

(4) 主要构筑物和设备

① 酸化隔油池、调节池。由植物炼油厂排放的废水含有较多的浮油，同时水质、水量

变化较大，精炼车间的污水需进行酸化除油，同时设置较大的调节池，以均衡废水的水质、水量，使后处理设施能稳定连续工作。

② 气浮池。气浮池的停留时间为 40min。

③ 气提生物反应器。气提生物反应器是一种高效新型污水处理装置，适宜于处理高、中浓度的有机废水。气提生物反应器的停留时间为 1.0h，选用成套设备直径为 1.8m，高为 6.0m，气水比为 7∶1。

④ 生物接触氧化池。生物接触氧化池的设计负荷采用 1.0kgBOD/(m^3·d)，水力停留时间仅有 12h，气水比为 10∶1。

⑤ 生物炭池。本工艺采用生物活性炭，即在活性炭池底部曝气，给活性炭池中废水提供一定量的溶解氧，允许有一定量的微生物生长。污水进入生物活性炭池后，有机物一部分被活性炭吸附、截留，同时又被微生物降解，这样既强化了处理效果，又延长了活性炭的使用寿命（可达 2～3 年），是低浓度污水理想的后处理工艺。

（5）处理效果　运行效果见表 1-10-25。

表 1-10-25　污水处理运行效果（COD 指标）

时间	预处理			气提反应器			好氧接触池		
	进水/(mg/L)	出水/(mg/L)	去除率/%	进水/(mg/L)	出水/(mg/L)	去除率/%	进水/(mg/L)	出水/(mg/L)	去除率/%
1994～1996 年	3500 (1500～8000)	2500 (450～4500)	28	2500 (450～4500)	750 (210～1350)	70	750 (210～1350)	225 (45～340)	70
1997 年 5 月	1500 (1200～6500)	320 (180～560)	78.6	320 (180～560)	130 (75～200)	59	130 (75～200)	25 (18～45)	80
1997 年 7～8 月	3500 (1400～7500)	350 (210～500)	90	350 (210～500)	140 (85～180)	60	140 (85～180)	35 (21～48)	75

注：1. 进水水量 Q=350～500m^3/d，括号内数据为变化范围。

2. 进水水质为未进行油脂酸化回收处理，进水为 COD_{Cr}浓度为 1500～8000mg/L，以上处理过程活性炭池和氧化塘均未启用。

（6）设计特点及经验教训　油脂废水属于含油、可生化性较好的中高浓度污水，因此采用物化和生化相结合的工艺是合理的。由于传统的高浓度污水需采用厌氧工艺作为好氧的前处理，该工艺虽然有较多的优点，但对于规模较小的工业污水，操作管理均会产生较多的问题，而该工艺设计中采用高效的好氧气提反应器作为好氧前处理工艺，既达到了厌氧工艺的负荷及效率，同时也解决了操作管理复杂等方面的问题。

精炼车间废水的油脂含量很高，在污水运行初期由于没有设置回收系统，造成进水浓度大大超过设计负荷，从而影响了出水水质，在采用了酸化回收系统之后，不仅降低了进水负荷，确保达标排放，同时也回收皂脚、油脂等有价值物质而产生了可观的经济效益。因此设计油脂回收的预处理系统是保障污水处理系统稳定运行的关键。

2. 实例 2[32]

（1）污水来源　精炼车间的脱胶、碱炼、水洗等工艺排污；车间地面冲洗；冷却溢流水和厂区的生活污水等。生产原料主要为棕榈油。

（2）工程设计要求　设计的水量水质要求见表 1-10-26。

表 1-10-26　例 2 废水处理的设计要求　　单位：mg/L

水量/(m^3/d)	设计进水水质				设计出水水质			
	COD	BOD	SS	油脂	COD	BOD	SS	油脂
350	10000	6000	1000	6000	150	100	160	50

(3) 处理工艺流程及说明 工艺流程见图 1-10-15。

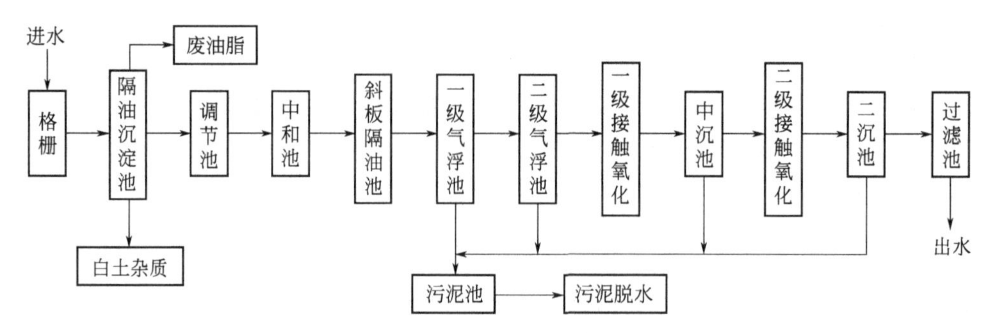

图 1-10-15 处理工艺流程

精炼车间的高浓度污水（含油量较高）与其他污水混合后经格栅进入隔油沉淀池，污水经过沉淀隔油池去除表层浮油后进入调节池，在此加药中和后进入斜板隔油池，在此大量的浮油被去除，由于污水中仍含有较高浓度的乳化油，因此污水再进行两级气浮，经过物化处理的污水进入一级生化接触氧化池，经沉淀后，污水经过二级接触氧化池处理，沉淀后进入过滤池，最终出水排放。

调节池调节量为 8h。调节池出水基本上能保持流量和水质的恒定。调节出水经污水管进入两级气浮，油去除率可达 95%，COD 去除率可达 90%左右。两级生物接触氧化池，一级设计容积负荷为 3.0kgCOD/(m^3 · d)，水力停留时间（HRT）为 8h，二级设计容积负荷为 1.5kgCOD/(m^3 · d)，水力停留时间（HRT）为 8h，出水经过滤后，COD<100mg/L，BOD<30mg/L，油脂<1mg/L，完全达到了回用的要求，出水可以回用，作为循环冷却水和杂用水。

(4) 主要构筑物

① 隔油池、沉淀池、调节池。由植物炼油厂排放的废水含有较多的浮油，同时水质、水量变化较大，精炼车间的污水需进行酸化除油，同时设置较大的调节池，以均衡废水的水质、水量，使后处理设施能稳定连续工作。调节池水力停留时间（HRT）8h。

② 气浮池。采用两级气浮池，气浮池的停留时间为 1h。

③ 两级生物接触氧化池。一级生物接触氧化池设计负荷采用 3.0kgBOD/(m^3 · d)，水力停留时间（HRT）8h，气水比为 18∶1；二级生物接触氧化池的设计负荷采用 1.5kgBOD/(m^3 · d)，水力停留时间（HRT）8h，气水比为 12∶1。

④ 过滤池。接触氧化出水经沉淀分离后，有机物含量已很低，为了保障出水达标，采用过滤去除水中的悬浮物和部分有机物，滤速为 10m^3/(m^2 · h)。

(5) 处理效果 运行结果见表 1-10-27。

表 1-10-27 例 2 污水处理工艺运行效果汇总表

项目名称	隔油、气浮及酸化调节池			二级好氧接触氧化池及过滤		
	进水	出水	去除率/%	进水	出水	去除率/%
COD/(mg/L)	6640	643	90.3	643	90	86
BOD/(mg/L)	—	402	—	402	17	95.7
SS/(mg/L)	830	43	95.2	43	<5	87.5
油脂/(mg/L)	4261	24.1	99.4	24.1	<0.4	98.3

(6) 设计特点及经验教训 本例采用了强化预处理工艺，有机物及油脂去除较好，后续

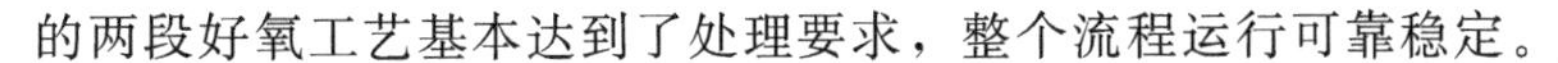

的两段好氧工艺基本达到了处理要求，整个流程运行可靠稳定。

但由于炼油车间的出水没有采用中和油脂回收，因此使预处理工艺流程过长，同时增加了运行成本，也使得后续的好氧工艺采用了两级接触氧化，因此增大了投资和运行费用。因此设计油脂回收的预处理系统是保障污水处理系统稳定运行的关键。

3. 工程实例的综合比较

(1) 处理技术特点

① 预处理技术。从运行结果看，预处理工段（隔油池、气浮池等）非常重要，它可以有效地去除废水中的油脂。一般情况下原水中85%～90%的有机物或95%以上的油脂被去除，从而保证了后续处理工艺的功能。因为当水中含油量超过1000mg/L时，往往是悬浮态油较多，漂浮于水面或以小颗粒油滴悬浮在水中。此时直接采用气浮效果较差，需采用加酸溶解隔油的方法去除，此过程在实例1的预处理中得到了很好的应用，经此处理后水中的含油量降至100～500mg/L，油大多以乳浊态存在，采用气浮效果十分理想，因此工程中一般采用先加酸除油，再加碱中和调节，再气浮的方法进行预处理，实践证明效果较好。

② 生物处理技术。油脂污水处理工程所采用的生物处理工艺主要有气提反应器、接触氧化等，各有特点。

好氧气提反应器：实例1污水处理工艺中在预处理设施后采用了气提反应器，该反应器是一种高效新型好氧污水处理装置，适宜于处理高、中浓度的有机废水。它与传统的生物处理设施相比，具有如下几个特点：a. 生物量高；b. 生物载体沉降速度快，不需设置专门的沉淀池；c. 耐受冲击负荷能力强，处理效率高。

普通接触氧化：本污水处理工艺的好氧段采用了接触氧化池，因为在处理各种污水的好氧工艺中，接触氧化应用较为广泛，特别是在工业废水的处理中更为普遍，因此经过该段的好氧处理，最终出水可稳定地达到排放标准；在进水浓度较低的情况下，采用传统的活性污泥曝气池处理工艺也是一种经济实惠的选择。

③ 深度处理技术。深度处理主要是在出水水质要求较高时采用的后处理技术，一般采用砂过滤或生物活性炭处理系统，实例1采用了生物活性炭，但没有投入使用，说明在实际工程中可考虑不设此段工艺。

(2) 工程实例的综合比较　两个工程实例虽然表面看污水处理工程均达到设计要求，且达标排放，但是实例1的工艺流程较为简单，若工艺流程复杂，虽然提高了工艺运行安全性，但投资增大，运行成本相应也会提高。在解决了关键的预处理工段以后，合理简化或适当采用高效的好氧（或厌氧）处理工艺，是降低投资造价、减少运行费用的关键所在。

4. 深度处理与回用实例[33]

某生产大豆色拉油的食品公司采用预处理-复合厌氧-生物接触氧化工艺处理其产生的废水，出水达到了《污水综合排放标准》(GB 8978—1996) 中的一级标准要求，但该公司为了实现生态工业示范园区建设的总体目标，拟将废水进行深度处理后补充回用到循环冷却水中，以节约新鲜水源，使废水资源化。

该公司通过技术对比，决定采用混凝沉淀-臭氧-活性炭工艺对废水进行深度处理。工程设计处理能力为450m^3/d。

(1) 废水水质水量　该公司每年生产大豆色拉油5×10^6t，每日排放废水410～450m^3，其COD浓度为32000～42000mg/L、BOD浓度为12000～16000mg/L、SS为3500～9500mg/L，污染物浓度较高。

(2) 深度处理工艺　深度处理工艺流程如图1-10-16所示。

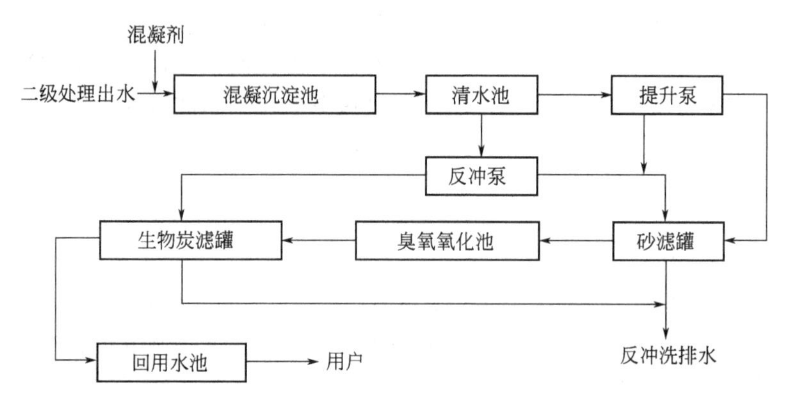

图 1-10-16 深度处理工艺流程

经由二级生化处理系统处理后的废水，直接流入静态管道混合器与投加的混凝剂充分混合，然后在混凝沉淀池内反应沉淀，去除废水中呈胶体和微小悬浮颗粒状态的有机和无机污染物后进入清水池。废水进一步提升，通过砂滤罐去除在混凝沉淀池内未能沉淀的微小絮凝体。接着，废水进入臭氧氧化池，在这里，一部分简单的有机物及其他还原性物质被臭氧所氧化，从而降低了后续生物炭滤罐的有机负荷。同时，臭氧氧化能使废水中残余的难以生物降解的有机物断链、开环，形成短链的小分子物质，从而转化成可生物降解的有机物，提高其可生化性。然后，废水进入生物炭滤罐，由于臭氧氧化后生成的氧气能在处理水中起到充氧作用，使生物炭滤罐中有充足的溶解氧用于生物氧化作用。因此，活性炭能够迅速地吸附废水中的溶解性有机物，在炭床中形成生物膜。生物炭滤罐出水流入回用水池贮存回用。

(3) 主要构筑物及设备

① 混凝沉淀池。混凝沉淀池为钢混结构，共设 2 座，并联运行，水力表面负荷为 $2.0m^3/(m^2 \cdot h)$ 用穿孔墙整流布水，集水槽出水。池内设置 D32mm 蜂窝斜管，以提高沉淀效率。采用重力排泥，根据情况每日排泥 1～2 次。

② 臭氧氧化池。臭氧氧化池为钢混结构，设 1 座，臭氧通过设在氧化池底部的刚玉微孔扩散器分散成微小气泡后进入废水中，臭氧投加量控制在 4mg/L 左右，接触时间为 45min。该臭氧氧化池为多格串联式（见图 1-10-17），这样的设计可以提高 O_3 的溶解效率。

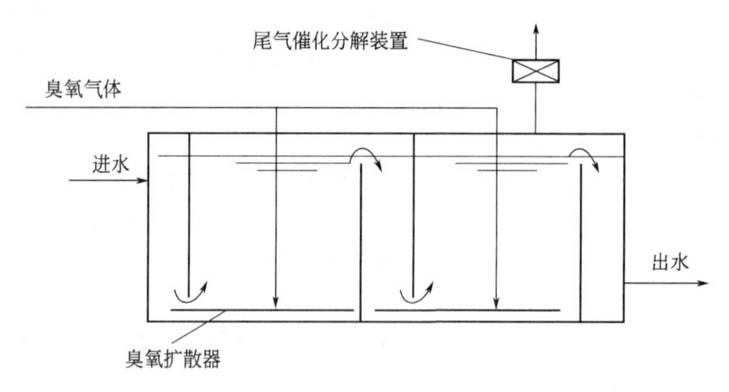

图 1-10-17 多格串联式臭氧氧化池

③ 回用水贮池。回用水贮池设于室外地下，钢混结构，有效容积为 $94m^3$，池顶浇筑混凝土盖板，并覆土保温和绿化。

主要设备见表 1-10-28。

表 1-10-28　废水深度处理系统主要设备

名称	规格型号	工艺参数	数量	备注
提升泵	WQ2130-205	H 为 15m； Q 为 20m^3/h	2 台	1 用 1 备
反冲洗泵	WQ2210-417	H 为 20m； Q 为 110m^3/h	1 台	
制氧机	TC-4	4m^3/h	1 套	
臭氧发生器	XL-100	Q 为 100g/h	2 台	1 用 1 备
臭氧扩散器	HWB-215	服务面积为 0.25m^2/只	24 只	
砂滤罐	非标	滤速 10.0m/h； 滤料高度 1.4m	2 座	
生物活性炭罐	非标	滤速 8.5m/h； 滤料高度 1.2m	2 座	

(4) 处理效果　废水经深度处理后，达到了工业循环冷却水水质标准要求（见表 1-10-29)，可以作为循环冷却水补充水使用。

表 1-10-29　废水深度处理系统的运行结果

项　　目	进水	出水	回用水水质要求
pH	7.92～8.76	7.4～7.8	7.0～9.0
COD/(mg/L)	61.0～85.7	9.6～22.4	≤50
SS/(mg/L)	26.0～52.0	3.6～7.42	≤10
浊度/NTU		<3	≤5
溶解性固体/(mg/L)		864.2	≤1000
油类/(mg/L)	1.55～5.19	0.62～1.59	<5

(5) 经济分析　该废水深度处理系统每天产水量约为 400m^3。日耗电量 152.6kW；每天消耗混凝剂约 15kg；由原污水处理站运行操作人员管理，制水成本为 0.36 元/m^3（2006 年，其中电费 0.21 元/m^3，药剂费 0.11 元/m^3，检修维护费 0.04 元/m^3）。废水回用后可节约用水和排水费 3.57 元/m^3，减去运行成本，每年（按 300d 计）可创造经济效益 37.32 万元，16 个月即可收回工程投资。

第三节　豆制品废水

豆制品主要分为两大类，一类是发酵性豆制品，另一类是非发酵性豆制品。发酵性豆制品是指以大豆为原料，经微生物发酵而制成的豆制品，如酱油、豆腐乳、豆豉、豆瓣等。而非发酵性豆制品则指利用大豆和其他杂豆为原料，经一定的工艺方法制成的豆制品，例如豆腐、豆浆、豆奶等。近几年，豆制品行业发展迅猛，改变了一直以来的作坊式的生产方式，发展起来了一批豆制品生产加工的大企业。截至 2010 年，全国豆制品加工企业 2000 余家，日加工能力 500t/d 的企业 117 家，世界范围内年加工能力达 180 万吨的 12 家企业中，我国就占了 6 家。每家销售额达数 10 亿元。

豆制品生产过程中产生的废水属于高浓度废水，水量小且比较分散，企业大多分布在城乡结合部，使得污水不易纳入城市管网，增大了处理的困难。

一、生产工艺和废水来源

(一) 生产工艺

豆制品的生产工艺按照豆制品的分类可以分为发酵性豆制品的生产工艺和非发酵性豆制品的生产工艺。

发酵类豆制品生产工艺，以豆腐乳为例，工艺流程为：初选→水洗→浸泡→磨浆→煮浆→点卤→压滤→豆腐→切块发酵→成品。其中由水洗到压滤均产生废水[34]。

非发酵类豆制品生产工艺，以豆腐为例，流程为：初选→水洗→浸泡→磨浆→煮浆→点卤→压滤→成品。其中由水洗到压滤均产生废水[34]。

(二) 废水来源

豆制品废水是一种高浓度的有机废水，其中含有大量的蛋白质、脂肪、淀粉等有机物，COD 值和 BOD 值较高，总氮和氨氮也较高。例如在豆腐生产过程中，废水的主要来源为水洗、浸泡和压滤工段，还包括部分冲洗水。泡豆水和黄浆水（压榨过程中流出）总量是大豆重的 5.5～7 倍。其中黄浆水的排放量是大豆投料量的 4～5 倍，即每天加工 100kg 大豆约产 0.4t 废水。豆腐生产清洁（清洗）用水的量是大豆重的 10～20 倍，即每天生产 100kg 的大豆产生 1～2t 废水[35]。

某厂豆腐生产过程中的废水水质、水量见表 1-10-30[36]。

表 1-10-30 某厂豆腐生产过程中的废水水质、水量

项目	水质	项目	水质
COD/(mg/L)	8000～20000	TN/(mg/L)	200～400
pH 值	5.0～7.0	TP/(mg/L)	15～40
SS/(mg/L)	500～1200	钾/(mg/L)	300～500
BOD/(mg/L)	500～12000		

注：黄泔水 COD 在 $(2\sim3)\times10^4$mg/L，浸豆水 COD 在 4000～8000mg/L，洗涤、冲洗水 COD 在 500～1500mg/L；黄豆水量在 3～4L/kg。

表 1-10-31[37] 为某豆制品厂废水水质与水量。

表 1-10-31 废水水质水量

项目	水量/(m^3/d)	COD/(mg/L)	BOD/(mg/L)	SS/(mg/L)	NH_4^+-N/(mg/L)
黄浆废水	30	30000	20000	5000	100
其他废水	78	6000	4000	1500	40
清洗废水	140	1000	600	500	20
生活污水	30	300	200	350	25
排放标准		100	30	15	15

二、清洁生产

对于豆制品生产加工来说，要加强新工艺的研发，减少生产过程中产生的废水量。同时要加强废水中有用物质的回收，一方面可以节约资源，降低生产成本，另一方面又可以减少对环境的污染。

豆制品废水中含有多种蛋白质、淀粉和脂肪。在加工过程中排出的黄浆水中，固体含量

在 1% 以上，其中蛋白质含量约占 0.3%，脂肪含量约占 0.08%，还原糖含量约占 0.15%[38]。除此之外，废水中还含有大豆异黄酮、大豆皂苷等多种功能性成分，目前我国大多数企业将黄浆水直接排放，这样既浪费资源又污染环境，不利于清洁生产和增加大豆加工附加值。豆制品废水中还含有氧化型酵母菌生产所需要的碳、氮、磷及微量金属元素。酵母菌在氧气充足的情况下可将糖类全部分解为二氧化碳和水，同时产生大量含蛋白质的菌丝体，它可回收作为饲料蛋白。利用厌氧法处理豆制品废水时，每去除 1kgCOD，便可以获得 0.6～0.8m^3 沼气，沼气经处理后可用作发电或燃气。

三、废水处理与利用

豆制品废水是一种有机物含量较高的废水，BOD/COD 之比高达 0.55～0.65，C、N、P 之比为 100：4.7：0.2。pH 较低，废水中基本不含有毒有害的物质。因此，豆制品废水适宜采用生物法进行处理。

(一) 基本处理工艺

国外从 20 世纪 60 年代开始研究豆制品废水的处理，并且应用于工程实践中，我国也于 70 年代开始大量研究并应用于实践。豆制品废水的处理可以分为厌氧生物处理法、好氧生物处理法、厌氧-好氧相结合的处理工艺三种方法。其中厌氧生物工艺的研究与应用最多。但是经厌氧处理后的出水需要辅以好氧处理，才能满足排放标准。

厌氧处理工艺主要包括：AB（厌氧滤床）工艺、UASB（上流式厌氧污泥床）工艺、AFR（厌氧流化床）工艺、ABR（厌氧折流板反应器）工艺、两相厌氧处理工艺等。好氧处理工艺主要包括 AB 法、传统活性污泥法、SBR（序批式活性污泥法）、MBR（膜生物反应器）法等。

1. AF（厌氧生物滤池）

AF 是由美国 Standford 大学的 Young 和 Mc. Carty 于 1967 年在生物滤池的基础上开发出来的一种早期高效厌氧生物反应器。污水从池底进入从池顶排出。实践证明，采用软性、半软性材质的填料，不易堵塞，生物膜均匀，处理效果要好于软性材料。为了防止堵塞和短流现象的发生，体现 AF 的优势，要定期对填充床反应器放水。此外，悬浮固体高的污水不适宜采用此法。

表 1-10-32[39] 为 AF 处理豆制品废水的效果。

表 1-10-32　AF 处理豆制品废水的效果

规模	HRT /h	温度 /℃	COD 容积负荷 /[g/(L·d)]	COD/(mg/L)			产气率 /[m^3/(m^3·d)]	COD 去除产气率 /(L/g)	CH_4 含量 /%
				进水	出水	去除率/%			
小试	16.5	35±1	14.5	9987	1767	82.3	—	0.31	63.4
中试	43.2	30～32	11.1	20320	4395	78.4	5.11	0.35	60.0

2. UASB（上流式厌氧污泥床）

UASB 是目前研究最多的一种工艺，它是由荷兰的 Lettinga 教授于 1977 年开发的，反应器大体上分为 3 个部分，包括消化区、过渡区、沉淀区。污水自下而上的通过反应器，在反应器的底部，首先通过一个高浓度、高活性的污泥层，浓度可达 60～80g/L。在这里，大部分有机物被转化为 CH_4 和 CO_2。在污泥层之上是一个污泥悬浮层，它是由于产生的气体的搅动以及气泡黏附污泥而形成的。反应器内可以培养出大量的厌氧颗粒污泥，从而使反应器内的负荷很大。其容积负荷可高达 10～20kgCOD/(m^3·d)。UASB 对于有机物的去除率高，抗冲击负荷的能力强，污泥沉降性能好，水力停留时间短，UASB 内设三相分离器而省去了沉淀池，不需搅拌和填料，结构简单。用于处理豆制品废水时启动过程快，运行稳定。生产性规模运行时，在水力停留时间（HRT）2d，温度30～32℃条件下，容积负荷可达5.5～7.5kg/(m^3·d)，COD的总去除率达97.5%[39]。

3. AFB（厌氧流化床）

厌氧流化床床体内填充细小的固体颗粒填料，如石英砂、无烟煤、活性炭、沸石等。填料粒径一般为0.2～1mm。膨胀率一般为20%～70%。由于其拥有较高的有机物容积负荷（27.1g/L），因此耐冲击负荷的能力强，处理效果好。此外AFB还具有水力停留时间短，运行稳定，不易堵塞等优点，不足之处是能耗相对较大。

AFB工艺的设计参数为：流化床膨胀率30%，发酵温度35℃；流化时间10h/d；反应器和滤床容积负荷分别为10.0kg/(m^3·d)及21.0kg/(m^3·d)，COD去除率≥90%，BOD去除率≥95.0%，产气率0.50L/gCOD（去除）；沼气中CH_4含量≥65.0%[36]。

4. ABR（折流板反应器）

ABR类似于几个串联的UASB，是由Mc.Carty和Bachmann等于1982年提出的，它是由多隔室组成的高效新型反应器，它的主要特点有：①水力条件优良，ABR反应器的流态介于推流与完全混合之间；②对生物固体的截留能力强；③负荷高，处理能力强，去除率80%以上。在生产实践中，运用ABR工艺的COD去除率和产气效果良好，COD去除率达80%以上，系统的容积产气率最高为10.2m^3/(m^3·d)[40]。

5. 两相厌氧发酵工艺

两相厌氧法是一种新型的厌氧生物处理工艺，它把产酸和产甲烷分别放到两个独立的反应器内进行，并且将两个反应器串联起来，形成两相厌氧发酵系统，以创造各自最佳的环境条件。

两相厌氧发酵工艺处理豆制品废水的实际运行表明，废水在产酸器的水力停留时间（HRT）为3h时，大部分有机物被降解成中间产物，VFA从300mg/L上升到2000～3000mg/L，出水进入产甲烷反应器，不同产甲烷反应器的处理效果不同[39]。

(二) 工程实例

1. 实例1[41]

某豆制品厂主要生产新型速冻腐竹、腐乳、腊八豆、豆豆鲜等大豆系列产品。其污水一部分来源于豆制品加工过程中产生的高浓度废水，另一部分来自于大豆的浸泡、洗涤以及生活污水。

其水质及其需达到的排放标准见表1-10-33。

表1-10-33 废水水质及排放标准

项　目	废水水质	排放标准	项　目	废水水质	排放标准
pH	4.5～6.5	6～9	NH_4^+-N/(mg/L)	25～40	15
COD/(mg/L)	1500～3000	100	TP/(mg/L)	4～10	0.5
BOD/(mg/L)	850～2000	20	SS/(mg/L)	200～800	70

该废水中，主要的污染物有高浓度的碳水化合物、蛋白质、脂肪以及少量的食用油和食品添加剂等。该废水中BOD/COD高达0.6～0.7，且有毒有害物质很少，除了pH较低外，适合污水处理所需微生物生长。

废水处理工艺流程见图1-10-18。

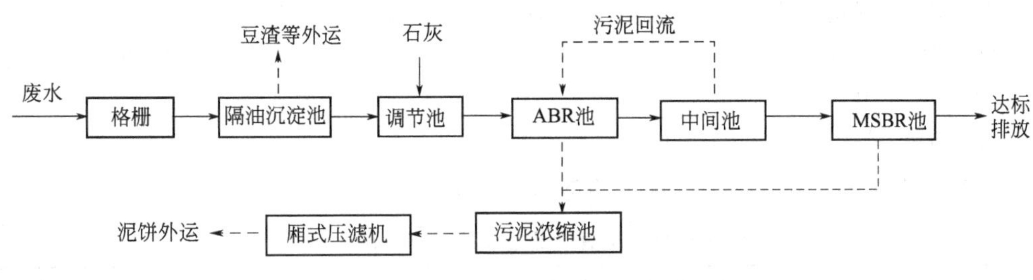

图 1-10-18 废水处理工艺

主要构筑物参数如下。

(1) 隔油沉淀池 钢筋混凝土结构，尺寸 5m×2.2m×4.5m，有效水深 3.5m，有效容积 38.5m^3。

(2) 调节池 钢筋混凝土结构，有效水深 3.5m，尺寸 3.5m×5m×4.5m，有效容积 61m^3，水力停留时间（HRT）6.7h。

(3) ABR 池 钢筋混凝土结构，尺寸 8m×5.5m×6.5m，有效水深 5m，有效容积 220m^3，水力停留时间（HRT）24h，容积负荷 2.1kgCOD/(m^3·d)。池内布置有 50m^3 的弹性填料。ABR 末端为中间池，中间池内采用穿孔管鼓风曝气，曝气强度 9m^3/m^2。在这里可吹脱部分氨氮和其他可挥发小分子有机物质，中间池与调节池曝气共用 1 台罗茨鼓风机。中间池内还设置污泥回流泵，将在中间池沉淀的厌氧污泥用污泥泵回流至 ABR 进水口，以补充 ABR 的污泥浓度，并控制废水的碱度平衡，减少系统对碱度的需求量，从而降低运行费用。另一方面回流水还可降低 ABR 进水的 COD，并增大进水流量，改善 ABR 内的水力状况。

(4) MSBR 池 MSBR 池为改良型 SBR，实质是由 A/O 工艺与 SBR 系统串联而成，具有生物除磷脱氮和连续进水、出水的功能，与传统的 SBR 有着本质的区别。MSBR 池与 ABR 共池壁，钢筋混凝土结构，尺寸 6.5m×8m×5.5m，有效水深 4.9m，有效容积 255.8m^3，水力停留时间（HRT）26h。MSBR 池为矩形，分为 4 个主要部分：1 个主曝气格、两个交替序批处理格和 1 个进水兼氧格。主曝气格在整个运行周期中保持连续曝气，而两个序批处理格以 6h 为一个周期分别交替作为排水池和澄清池。MSBR 池运行方式为连续进、排水。由于采用恒水位运行，避免了传统 SBR 变水位操作水头损失大、水池容积利用率低的缺点。曝气采用 1 台罗茨鼓风机，气水比为 25∶1。MSBR 池排水由两个电动蝶阀控制，序批处理格沉淀的污泥按周期由池内的污泥泵抽至 MSBR 池进水兼氧格与进水混合。同时污泥泵抽泥管也可由阀门控制，定期将剩余污泥输送至污泥浓缩池。

(5) 清水池 钢筋混凝土结构，尺寸 6.2m×5m×3.5m，有效水深 2.6m，有效容积 33.8m^3。

废水处理效果如表 1-10-34 所示。

表 1-10-34 废水处理效果

项目	pH	COD /(mg/L)	BOD /(mg/L)	NH_4^+-N /(mg/L)	TP /(mg/L)	SS /(mg/L)
进水	5.1	2800	1380	26	5	600
隔油沉淀池	4.6	2630		28	4.8	185
调节池	6.5	2460		25	2.3	206
ABR 池	7.6	480		23	1.5	95
MSBB 池	7.5	65	15	5	0.4	50
去除率/%		97.6	98.9	80.7	92.0	91.6
排放标准	7	100	20	15	0.5	70

工程投资42万元，处理水量220m^3/d，总装机容量为26.20kW。运行费用为0.91元/m^3，其中药剂费为0.05元/m^3（精石灰10kg/d，按0.8元/kg计），电费为0.74元/m^3，人工费为0.12元/m^3（2007年）。

2. 实例2[42]

某豆制品加工厂产量10t/d，其废水水质、水量见表1-10-35。

表1-10-35 某豆制品加工厂废水水质、水量

项目	高浓度废水	低浓度废水	项目	高浓度废水	低浓度废水
水量/(m^3/d)	80	250	SS/(mg/L)	12000	550
COD/(mg/L)	24000	400	pH	5	6
BOD/(mg/L)	10800	180	温度/℃	50	常温

该豆制品废水经处理后要求接入城市管网，该废水处理采用水解酸化-厌氧消化处理工艺，工艺流程见图1-10-19。废水在水解酸化池的水力停留时间（HRT）为12h，经过此段，污水中的难降解、大颗粒的有机物水解成易降解的简单有机物，大大地降低了废水中的SS含量。厌氧发酵采用复合式上流厌氧污泥床工艺，中温发酵，水力停留时间（HRT）84h，容积负荷4.4kgCOD/(m^3·d)，COD的去除率在95%以上，产生的沼气量达510m^3/d。厌氧消化罐回流量的增加可以大大减少对厌氧的冲击负荷，不必为调节pH而多支出药品的费用，可以使运行处于低成本状态，并且增加了沼气出售的收入（该工程产沼气为510m^3/d，若按1.2元/m^3计，则收入为612元/d）。

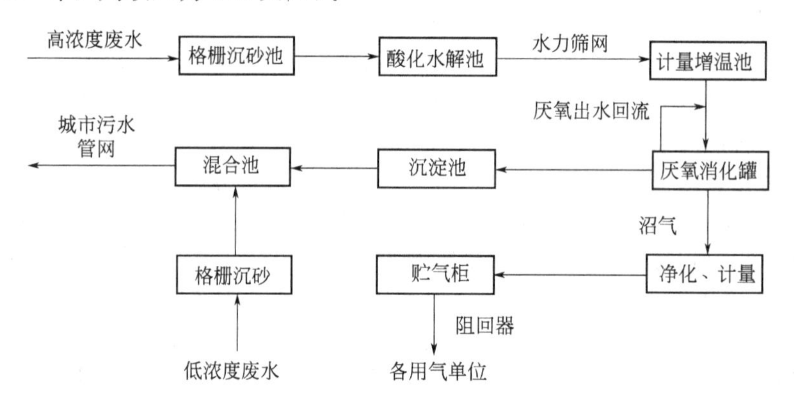

图1-10-19 豆制品废水处理流程图

处理效果如表1-10-36所示。

表1-10-36 处理效果

项目	高浓度废水	格栅沉砂池	酸化水解池	厌氧消化罐	沉淀池	混合池
处理水量/(m^3/d)	80	80	80	80	80	330
滞留时间/h		1	12	84	6	6
pH值	5.0	5.0	5.5	7.2	7.2	6.5
SS/(mg/L)	12000	11000	7200	430	350	501
去除率/%		8.3	34.5	94	18.6	
COD/(mg/L)	24000	23000	16500	690	650	460
去除率/%		4.2	28.3	95.8	4.4	

续表

项目	高浓度废水	格栅沉砂池	酸化水解池	厌氧消化罐	沉淀池	混合池
BOD/(mg/L)	10800	10500	8500	260	260	200
去除率/%		2.8	19	97.5		
温度/℃	50	30	28	38	常温	常温
沼气/(m^3/d)				510		

参考文献

[1] 2008年我国肉类工业发展报告. www. zhongsou. net/news/7783014. html.
[2] 周映霞. 我国肉类加工的现状与研究. 肉类研究, 2009, 2: 3-6.
[3] 吴卫国. 肉联屠宰废水处理技术. 北京: 中国环境科学出版社, 1991.
[4] 叶祝年, 周振智, 陈家森. 肉类加工废水的净化、消毒和利用的研究. 肉品卫生, 2000 (11): 6-10, 18-20.
[5] 刘艳娟, 朱百泉, 王守伟. 屠宰废水处理的工程实践. 中国给水排水, 2011, 27 (8): 77-79.
[6] 蒋绍阶, 张显忠, 张智等. 沉淀-SBR组合工艺处理肉类加工废水工程实践. 给水排水, 2006, 32 (9): 52-54.
[7] 刘艳娟, 朱百泉. 肉类加工废水处理工程实践. 河北化工, 2010, 33 (10): 50-54.
[8] 郑强, 李进. 肉类加工废水处理工艺研究. 肉类工业, 2006, 10: 42-44.
[9] 郭海燕, 张秀红, 曲媛媛. 肉类加工废水处理站工程设计. 给水排水, 2005, 31 (6): 57-59.
[10] 李红亮. 水解酸化-两级EGSB-生物接触氧化工艺处理肉类加工废水. 工业用水与废水, 2009, 40 (3): 81-83.
[11] 北京市环境保护科学研究所编. 水污染防治手册. 上海: 上海科学技术出版社, 1989.
[12] 张自杰等. 环境工程手册·水污染防治卷. 北京: 高等教育出版社, 1996.
[13] 何强等. 屠宰废水治理技术评价. 重庆环境科学, 1995, 17 (3): 41-44.
[14] 于颂明, 王宝贞. 活性污泥法处理肉类加工废水技术及改良研究. 北方环境, 2002, 1: 60-62.
[15] 北京市环境保护科学研究院编. 三废处理工程技术手册: 北京, 化学工业出版社, 2000.
[16] 何滢滢等. 射流曝气SBR技术在屠宰废水治理中的应用. 环境工程, 1998, 16 (3): 21-23.
[17] 卓奋等. 水解酸化-序批式活性污泥法在处理屠宰废水工程中的应用. 环境工程, 1998, 16 (5): 7-9.
[18] 朱杰, 付永胜. 肉类加工废水生物脱氮工艺的工程应用. 环境工程, 2006, 24 (4): 76-78.
[19] 杨爽, 张雁秋. DAT-IAT工艺及其发展. 贵州环保科技, 2005, 11 (4): 38-43.
[20] 胡津利, 高延林. 屠宰废水处理分析探讨. 中小企业管理与科技, 2011, 7: 215.
[21] 许闽明等. 水解酸化-生物吸附再生工艺处理肉类加工废水的应用. 环境工程, 1998, 16 (3): 11-12.
[22] 国家环境保护局编. 国家环境保护最佳实用技术汇编. 北京: 中国环境科学出版社, 1995.
[23] 国家环境保护局编. 国家环境保护最佳实用技术汇编. 北京: 中国环境科学出版社, 1996.
[24] 刘大川. 我国油脂工业发展现状. 农业机械, 2010, 19: 34-36.
[25] 贝雷. 油脂化学与工艺学. 北京: 轻工业出版社, 1989.
[26] 墨玉欣, 刘宏娟, 张建安等. 微生物发酵制备油脂的研究. 可再生能源, 2006, 6: 24-28.
[27] 马艳玲. 微生物油脂及其生产工艺的研究进展. 生物加工过程, 2006, 4 (4): 7-11.
[28] 农业部乡镇企业局. 食用植物油工业生产与污染防治. 北京: 中国环境科学出版社, 1991.
[29] 金青哲. 大豆油脂加工的技术创新. 大豆科技, 2010, 6: 16-19.
[30] Koziorowski B, J. Kuckarski著. 工业废水处理. 李远义译. 北京: 中国建筑工业出版社, 1975.
[31] 刘国防, 梁志伟, 杨尚源等. 油脂废水生物处理研究进展. 应用生态学报, 2011, 22 (8): 2219-2226.
[32] 国家环境保护局编. 水污染防治及城市污水资源化技术. 北京: 科学出版社, 1993.
[33] 王有志, 谷峡, 郭春明等. 油脂工业废水深度处理与回用工程实践. 工业水处理, 2006, 26 (12): 84-86.
[34] 张建华. 浅谈豆制品生产废水处理工艺. 中国环境管理, 2007, 6: 29-32.
[35] 陈梅兰, 李长安, 莫丹阳. 豆制品废水的综合治理技术. 浙江化工, 2003, 34 (11): 19-21.
[36] 郑晓英, 操家顺, 王惠民等. 豆制品生产废水处理技术. 环境污染与防治, 2001, 23 (4): 190-194.
[37] 毛燕芳, 赵英武, 张耀家等. 厌氧接触-好氧MBR工艺处理豆制品废水. 给水排水, 2008, 34 (12): 69-71.
[38] 唐鑫, 陈卓然, 黄薪安等. 豆制品生产中黄浆水的综合应用. 试验研究, 2010, 6: 67-70.
[39] 陈洪斌, 高廷耀, 唐贤春. 豆制品废水生物处理的研究与应用进展. 中国沼气, 2000, 18 (3): 13-16.
[40] 李燕, 宋俊梅, 曲静然. 豆制品废水的处理及综合利用. 食品工业科技, 2002, 7: 70-72.
[41] 李林, 李小明. 豆制品废水处理工程. 给水排水, 2008, 34 (9): 64-66.
[42] 黄武. 高浓度豆制品废水处理的工艺选择和设计. 中国给水排水, 2001, 7: 33-35.

第十一章 饮料酒及酒精制造业废水

第一节 啤酒工业废水

一、生产工艺与废水来源

啤酒作为最古老的酒精饮料，是目前世界上继水和茶之后，消耗量排名第三的饮料。对于中国来说，啤酒属于外来酒种，于19世纪末20世纪初传入中国。啤酒由于具有酒花的清香与爽口的苦味，备受消费者的喜爱，是世界产量与消费量最大的酒种。随着人民生活水平的不断提高，我国的啤酒工业发展突飞猛进，啤酒产量较过去有了大幅度提高，从1988年到2010年的22年间，我国啤酒产量由$643\times10^4m^3$上升到$4483\times10^4m^3$，并且从2002年开始，我国已经跃居世界头号啤酒生产大国，到2010年为止连续9年保持产量世界第一，并且啤酒产量在高基数上继续快速增长[1]。2008年全国人均啤酒消费量29公升，达到世界平均水平[2]。2009年我国啤酒行业实现销售收入1262亿元，同比增加9.85%，发展势头良好[3]。

啤酒行业属于耗水量较大的行业，不同的企业之间由于生产工艺及原料的差异耗水量相差较大，目前我国大型啤酒企业生产$1m^3$啤酒的耗水量为$6\sim8m^3$，普通企业耗水量要多一些，最高消耗超过$15m^3$[4]。采用先进节水技术的企业耗水量明显低于普通企业，例如：国内某啤酒集团的吨酒耗水量已经降到$4.9m^3$，达到了国内外同行业先进水平，创造了良好的经济效益和社会效益[5]。以生产1t啤酒产生$10m^3$废水计算，则啤酒工业排放的废水量每年达$4\times10^8m^3$以上，且废水排放量还在随着啤酒工业的发展逐年增加。啤酒废水通常是由可生物降解的有机物及一定浓度的悬浮颗粒固体（SS）组成，有机成分主要包括糖、可溶性淀粉、乙醇、挥发性脂肪酸等，BOD/COD比值为0.6～0.7。其中COD、BOD质量浓度高达数千毫克每升，SS也达到数百毫克每升，另外还含有大量的N、P无机盐，但废水无毒[6]。近年来在国内外，UASB法、传统活性污泥法、SBR法、接触氧化等工艺已广泛地应用于啤酒废水的处理。特别是UASB法的应用极为广泛，日本的朝日啤酒公司在1999年以前，更新了所有日本国内工厂的废水处理设备，全部采用UASB+活性污泥工艺[7]。啤酒废水仅采用厌氧工艺时出水水质一般不能达到要求，还需要结合好氧法进行后续处理。

1. 生产工艺

制造啤酒的主要原料是大麦和大米，辅之以啤酒花和鲜酵母。啤酒生产的基本工艺分为制麦、糖化、发酵、后处理四大工序（生产工艺如图1-11-1所示），现代化的啤酒厂一般已经不再设立麦芽车间，因此制麦部分也将逐步从啤酒生产工艺流程中剥离[8]。啤酒生产的过程是先将大麦制成麦芽（制麦工艺流程见图1-11-2[9]）。将麦芽粉碎并与糊化的大米用温水混合进行糖化，在进行糖化操作时常用大米、大麦、蔗糖和玉米中的一种来代替部分麦芽，我国一般用大米作为辅料，而欧美国家则普遍使用玉米。糖化结束后立即过滤，除去麦

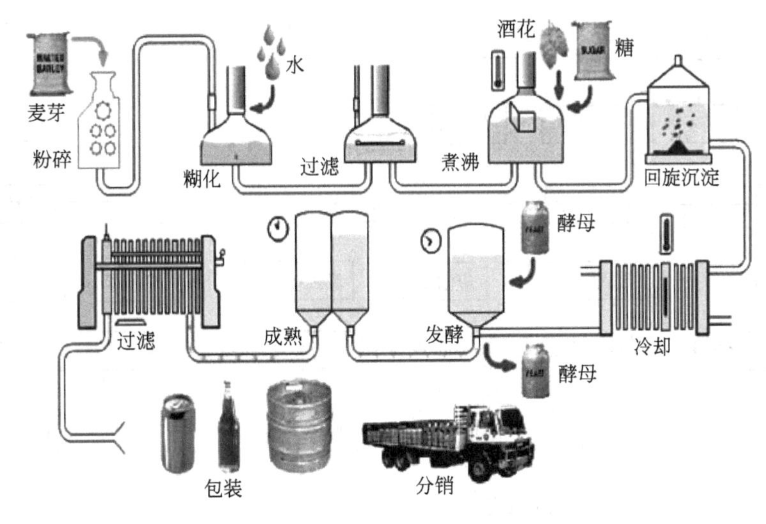

图 1-11-1　啤酒生产工艺流程

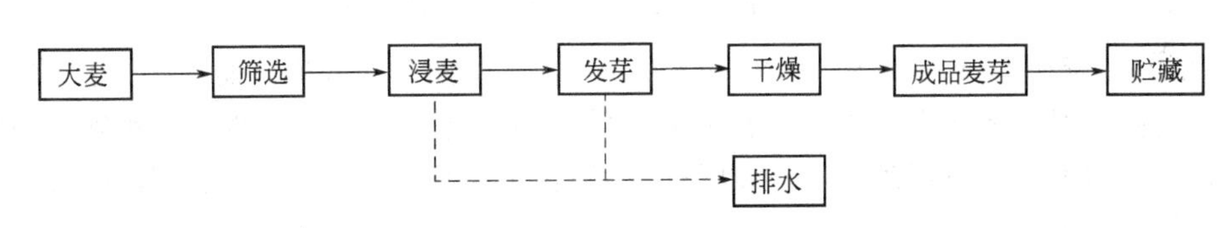

图 1-11-2　制麦工艺过程

糟，麦汁经煮沸定型后除去酒花糟，然后冷却与澄清，澄清的麦汁冷却至 6.5～8.0℃，接种酵母，进行发酵，发酵分主发酵（亦称前发酵）和后发酵（即贮酒），主发酵是将糖转化成乙醇和二氧化碳；后发酵是将主酵嫩酒送至后酵罐，长期低温贮藏，以完成残糖的最后发酵，澄清啤酒，促进成熟。经过后发酵的成熟酒，需经过滤或分离去除残余酵母和蛋白质，过滤后的成品酒，若作为鲜（生）啤酒出售，可直接装桶（散装）就地销售；外运的或出口的啤酒，必须经巴氏杀菌，以保证其生物稳定性，杀菌后的啤酒称熟啤酒；如果不用巴氏杀菌，而是经过超滤等方法进行无菌过滤处理后的啤酒为纯生啤酒。

2. 废水来源

从图 1-11-3[10] 可见，啤酒厂废水主要来源有：麦芽生产过程的洗麦水、浸麦水、发芽降温喷雾水、麦槽水、洗涤水、凝固物洗涤水；糖化过程的糖化、过滤洗涤水；发酵过程的发酵罐洗涤、过滤洗涤水；灌装过程的洗瓶、灭菌及破瓶啤酒废水；冷却水和成品车间洗涤水以及来自办公楼、食堂、单身宿舍和浴室的生活污水。总体上说啤酒生产过程所排放的废水由两部分组成，一是高浓度有机废水，主要来自浸麦、糖化和发酵工序，废水量占总量的 25%～35%；二是低浓度有机废水，为制麦车间和灌装车间的浸麦水、冲洗水和洗涤水，废水量占总量的 65%～75%[10]。

3. 废水的特点

啤酒生产废水的主要特点为：无毒、有害、中等浓度有机废水，可生化性好，排污点多，且多为间歇式排放，因此水质波动性很大。啤酒生产过程用水量很大，特别是酿造、灌装工序过程，由于大量使用新鲜水，相应的产生大量废水。由于啤酒的生产工序较多，不同啤酒厂生产过程中吨酒耗水量和水质相差较大。国外先进的啤酒厂吨酒耗水量为 4～5m^3，最高的不超过 6m^3，这里面包括了最终产品用水（1.1～1.2m^3），工艺用水（含水处理，酸、碱稀释，物料输送等，0.8～1.2m^3），清洗用水（含 CIP 清洗、包装物清洗等，

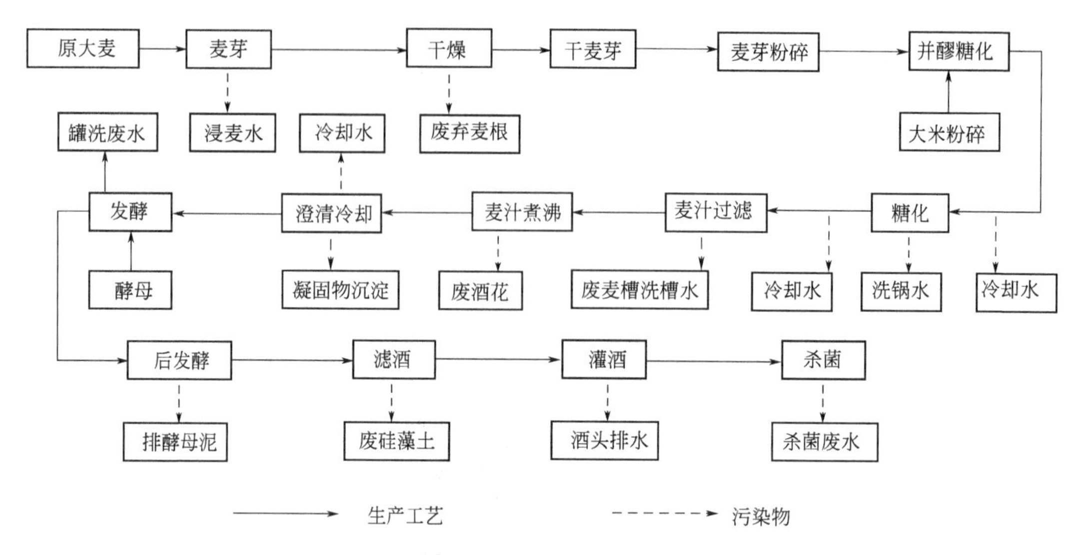

图 1-11-3 啤酒工艺生产过程及相关排水情况

1.5～1.8m³)，锅炉与冷却用水（0.3～0.5m³）等[4]。随着我国环境保护工作的深入开展，很多啤酒企业开展了清洁生产工作，在节能减排方面取得了显著的成绩。一些领先的啤酒企业吨啤酒耗水指标可以下降到 5.5m³ 以下，已经接近国际先进水平，但与国外先进企业相比仍有一定的差距。

酿造啤酒消耗的大量水除一部分转入产品，绝大部分作为工业废水排入环境，啤酒工业废水可分为以下几类（参见图 1-11-3）。

（1）清洁废水　冷冻机、麦汁和发酵冷却水等，这类废水基本上未受污染。

（2）清洗废水　如大麦浸渍废水、大麦发芽降温喷雾水、清洗生产装置废水、漂洗酵母水、洗瓶机初期洗涤水、酒罐消毒废液、巴氏杀菌喷淋水和地面冲洗水等，这类废水受到不同程度的有机污染。

（3）冲渣废水　如麦糟液、冷热凝固物、酒花糟、剩余酵母、酒泥、滤酒渣和残碱性洗涤液等，这类废水中含有大量的悬浮性固体有机物。工段中将产生麦汁冷却水、装置洗涤水、麦糟、热凝固物和酒花糟。装置洗涤水主要是糖化锅洗涤水、过滤槽和沉淀槽洗涤水，此外，糖化过程还要排出酒花糟、热凝固物等大量悬浮固体。

（4）装酒废水　在灌装酒时，机器的跑冒滴漏时有发生，还经常出现冒酒现象，使得废水中掺入大量残酒。另外喷淋时由于用热水喷淋，啤酒升温引起瓶内压力上升，“炸瓶”现象也时有发生，因此大量啤酒洒散在喷淋水中。循环喷淋水为防止生物污染而加入防腐剂，因此被更换下来的废喷淋水含防腐剂成分。

（5）洗瓶废水　清洗瓶子时先用碱性洗涤剂浸泡，然后用压力水初洗和终洗。瓶子清洗水中含有残余碱性洗涤剂、纸浆、染料、浆糊、残酒和泥沙等。碱性洗涤剂定期更换，更换时若直接排入下水道可使啤酒废水呈碱性。因此废碱性洗涤剂应先进入调节、沉淀装置进行单独处理。所以可以考虑将洗瓶废水的排出液经处理后储存起来，用来调节废水的 pH 值（啤酒废水平时呈弱酸性），这可以节省污水处理的药剂用量。

表 1-11-1[11] 为某啤酒厂的设计进出水水质、水量。

4. 单位排水量

目前我国啤酒的吨耗水量为 6～8m³，最高消耗超过 15m³。啤酒生产的废水排放量，厂与厂之间差距很大，多数车间的废水为间歇性排放，对于同一个厂不同时间的排水量也有较

表 1-11-1　某啤酒厂的设计进出水水质、水量

项目	水量/(m^3/d)	pH	COD/(mg/L)	BOD/(mg/L)	温度/℃	SS/(mg/L)	NH_4^+-N/(mg/L)	磷酸盐/(mg/L)
废水	1000	5～12	3000～4000	1200～1800	20～30	700～1000	30～35	10～15
排放标准		6～9	≤80	≤20	20～25	≤70	≤15	≤3

大差异，这是由于季节不同生产量不同所造成的。根据季节废水流量可能会有波动，一般夏季生产量大于冬季，水量也因此变化，甚至每周也有水量的变化。有的工厂啤酒生产每周七天日夜进行，但装瓶工序在周末停止两天，因此到周一时，废水排放出现峰值。间隙排放方式的啤酒废水的水质逐时变化范围也较大，最大值为平均值的近两倍。

5. 废水水质

从麦芽制备开始，直到成品酒出厂，每一道工序都有酒损产生。酒损率与生产厂家设备的先进性、完好性和管理水平有关。酒损率越高，造成的环境污染越严重。先进酒厂的酒损率约在6%～8%，一般水平啤酒厂的酒损率在10%～12%。与废水排放量一样，废水的水质在不同季节也有一定的差别，尤其是处于高峰流量时的啤酒废水，其有机物含量也处于高峰。按全国平均水平，每制成品酒 1m^3，排出 COD 污染物约 25kg，BOD 污染物 15kg，悬浮性固体约 15kg。在麦芽制备段，每制成品酒 1m^3，产生 COD 污染物 2kg，BOD 污染物约 1kg。在糖化工序阶段，每制成品酒 1m^3，产生 COD 污染物 7.24kg，BOD 污染物 3.77kg。在发酵工序，每制成品酒 1m^3，产生 COD 污染物 8.3kg，BOD 污染物 5kg。在成品酒工段，每制成品酒 1m^3，产生 COD 污染物 7.5kg，BOD 污染物 4kg[10]。

表 1-11-2[12] 为某啤酒厂各车间排出的废水水质。

表 1-11-2　某啤酒厂各车间排出的废水水质

车间名称	COD/(mg/L)	BOD/(mg/L)	SS/(mg/L)	pH	排放量/(m^3/d)
麦芽	600	400	120	6～7	
糖化	36400	26700	1940	6～7	
发酵	3400	2760	320	6～7	
灌装	1500	390	60	6～7	
酵母	9200	6500	240	5～6	
总排放口	2200	1200	800	6.5	5000

国内啤酒厂废水 BOD/COD 的值在 0.6～0.7 左右，说明这种废水具有较高的生物可降解性。

二、啤酒行业的综合利用

啤酒生产的主要原料是大麦、酒花、大米，但并不是利用这些原料的全部，而只是利用其中的淀粉，大部分蛋白质留在麦糟及凝固物中。同时，啤酒生产还排出废酵母、废酒花、废啤酒、二氧化碳等副产品。

这些副产物有两个特点：一是含有许多营养成分，如蛋白质、脂肪、纤维、碳水化合物等，且无毒，适合于生产饲料和食品；二是含水分高，因而贮存运输不方便。因此，加强对于这些副产物的回收，不仅可以变废为宝，节约成本，而且减少了对环境的污染。啤酒生产副产品的来源与数量可见表 1-11-3[9]。

表 1-11-3 啤酒厂副产品的数量（吨啤酒）和来源

副产品	数量/(kg/t)	含水率/%	干固物/(kg/t)	来源区段
谷物粉尘	0.4	5.0	0.38	谷料的粉碎与输送
麦糟	200～300	80～85	40～45	麦汁过滤
淡麦麦汁	45	97	1.34	糖化与过滤
最后洗出液	12	97	0.37	麦汁过滤
废酒花	5	80	1.00	酒花分离
热凝固物	3～3.5	80	1.00	麦汁澄清
冷凝固物			0.06～0.14	麦汁冷却
主发酵酵母	3.5～5.5	80	0.76～1.10	发酵
后发酵酵母	2.0～3.3	85	0.3～0.5	贮酒
剩余啤酒	12			发酵与贮酒
废硅藻土	7～10	80	1.5～2.0	啤酒过滤
二氧化碳	20～22			发酵
溢出啤酒				过滤与灌装
稀碱液				洗瓶

（一）啤酒废酵母

1. 啤酒酵母的产生和成分

啤酒废酵母是指发酵后，不能再被用来作发酵菌种的高代废弃酵母，传统啤酒工艺中，啤酒酵母约为啤酒产量的 0.1%～0.2%（干基）；而露天发酵大罐，由于选择的酵母菌种不同，啤酒酵母约为啤酒产量的 0.2%～0.3%（干基）。另外，啤酒厂大量污水中，废啤酒酵母的 BOD 约为 130000mg/L，占啤酒污染源的 33.2%，所以对啤酒废酵母的利用也可减少对环境的损害，有巨大的社会效益[13]。

实际上，啤酒酵母中含有丰富的蛋白质（约占啤酒干酵母的 50%，见表 1-11-4），而蛋白质由各种氨基酸组成，如丙氨酸、苯丙氨酸、蛋氨酸、苏氨酸、结氨酸、脯氨酸、组氨酸、赖氨酸、天门冬氨酸及谷氨酸等（详见表 1-11-5），这些氨基酸绝大部分是人和家禽所必需的氨基酸。啤酒酵母中所含的人体必需的 8 种氨基酸含量，已接近理想蛋白质的水平（见表 1-11-6）。此外，啤酒废酵母中还含有丰富的维生素 B_1、B_2、B_6、B_{12}，麦角甾醇，烟碱酸、叶酸、泛酸、肌醇等生理活性物质。因此，啤酒酵母作为人类食品和家禽饲料添加剂都具有很高的营养价值（详见表 1-11-7～表 1-11-9）。在日本，啤酒废酵母得到了充分的利用，利用情况为：制药 17%～18%；食品 20%；强化饲料 12%～13%；混合饲料 50%[13]。

表 1-11-4 啤酒酵母中的主要成分

酵母粉主要成分/%		酵母粉主要成分/%		酵母粉主要成分/%	
粗蛋白	47.3	钙	0.52	铅	合格
脂肪	0.52	磷	1.62	砷	合格
粗纤维	0.29	盐分	0.49		
灰分	6.96	水分	9.0		

表 1-11-5　啤酒酵母氨基酸组成　　单位：%

名称＼成分	干物质	粗蛋白	赖氨酸	色氨酸	蛋氨酸	脯氨酸	苏氨酸	异亮氨酸	组氨酸	天门冬氨酸	亮氨酸	精氨酸	苯丙氨酸	谷氨酸
酵母粉	93.0	45.0	3.4	0.8	1.0	0.5	2.5	2.2	1.3	2.4	3.2	2.2	1.9	1.7

表 1-11-6　啤酒酵母蛋白质与理想蛋白质氨基酸组成比较　　单位：mg

氨基酸	Val	Leu	Ile	Thr	Lys	Trp	Met	Phe
理想蛋白质	270	306	270	180	270	60	270	180
啤酒酵母蛋白质	338	425	350	325	400	75	213	260

注：1. 理想蛋白质是指联合国粮农组织（FAO）推荐的理想氨基酸组成值。
2. 单位指蛋白质中每克氮相应含各种氨基酸的量。

表 1-11-7　啤酒干酵母中维生素含量

维生素	含量	维生素	含量
硫胺素(V_{B1})	12.9mg/100g	嘌呤	0.59%
核黄素	3.25mg/100g	菸酸	41.7mg/100g
维生素 B_6	2.73mg/100g	叶酸	0.90mg/100g
麦角甾醇	126.00mg/100g	泛酸	1.89mg/100g
肌醇	391.00mg/100g	生物素	92.9mg/100g

表 1-11-8　啤酒干酵母中矿物成分

矿物质	含量	矿物质	含量
铁	7.18mg/100g	磷	1.83%
钙	38.3mg/100g	锌	36.0mg/kg
钠	387mg/100g	锰	9.09mg/kg
钾	2.02%	钴	0.70mg/kg
镁	245mg/100g	硒	0.86mg/kg
硫	0.39%	铬	1.1mg/kg
铜	14.7mg/100g		

啤酒废酵母的用途如表 1-11-9[13] 所示。

表 1-11-9　废酵母的利用状况

利用项目	内　　容
饲料工业	酵母干粉，直接出售作饲料 对虾、河蟹、貉等特殊饲料配制 与制麦、下脚料、麦粒、麦根、麦硅藻等制成颗粒饲料
食品工业	啤酒酵母水解生产特鲜酱油 啤酒酵母作面包强化剂 生产天然调味品 焙熟调味生产人造可可粉 果汁饮料及甜品 食品色素 酵母蛋白营养粉 制取甘露糖蛋白
制药工业	水解法生产生物制药用的酵母浸膏 轧制酵母片(食母生) 生产谷胱甘肽、细胞色素 C 等生物制品 制取核酸、核苷酸、核苷等生物药物 制取药物果糖二磷酸钠

我国对啤酒废酵母的研究和利用起步较晚，但发展速度较快。过去，酵母泥除了一部分留作下一批啤酒发酵接种之用外，大部分作为剩余的啤酒酵母而废弃。目前，国内关于啤酒废酵母研究和利用技术比较成熟、经济效益比较显著的方法，大致有以下几个方面：提取 RNA、辅酶 A、B 族维生素等，制取酵母浸膏、蛋白营养粉、核苷酸类及氨基酸调味料等。

2. 啤酒废酵母生产饲料酵母

（1）工艺流程 啤酒废酵母→贮存→成浆→泵送→干燥→粉碎→产品→装袋。

（2）主要设备 酵母泥采用单滚筒的烘缸进行干燥，干燥后的酵母成片状，含水率在 9%以下，色质淡黄，酵母香味浓郁。为便于包装出售，可增加一台（或两台）粮食粉碎机将其粉碎成粉。酵母干燥主要由烘缸、左与右支架、传动系统刮刀装置、预热装置、料槽、螺旋输送器及汽路系统构成。

3. 啤酒废酵母生产酵母浸膏及酵母精粉

酵母浸膏是利用酵母菌体的内源酶，将菌体的大分子物质水解成小分子而溶解所得的物质，其可以用于生物培养、食品调味剂、高级营养品等。

其生产工艺流程为：洗涤啤酒废酵母→离心分离自溶得到酵母浸出物→清液真空浓缩→成品酵母浸膏[14]。

酵母精粉是利用酵母浸膏通过进一步喷雾干燥而制成，现较多以添加剂的形式应用于西式火腿、香肠等肉类食品中，可以改善肉类食品中蛋白和脂肪的黏性及保水性能，增加肉食品的香味。

4. 啤酒废酵母生产胞壁多糖

酵母细胞壁由 85%～90%的碳水化合物及 10%～15%的蛋白质组成。在这 85%～90%的碳水化合物中，约 50%的碳水化合物主要为葡聚糖和甘露聚糖，此外，酵母细胞壁中还含有大量的甘露糖蛋白。葡聚糖和甘露聚糖不能被人体的消化道所吸收，可以作为膳食纤维发挥作用，并能增强免疫力。

其生产工艺流程如图 1-11-4[14]所示。

酵母溶解→冻融→超声波碎碎→碱溶→中和→沉淀→洗涤→烘干

图 1-11-4 啤酒废酵母生产胞壁多糖工艺流程

5. 啤酒废酵母制取果糖二磷酸钠

果糖二磷酸钠（FDP）是人体代谢中的一种活性生化物质，它的分子结构中有两个高能磷酸键，已作为国家新药用于临床。工业酶法生产 FDP 是利用啤酒废酵母中的活性酶，用糖类和磷酸盐进行生物合成生产 FDP。FDP 工业化生产的主要过程是：首先用生理盐水洗涤从啤酒露天发酵罐排放出来经压滤的鲜啤酒废酵母泥数次，除去残留啤酒的杂质，然后用化学方法进行细胞破壁，使啤酒酵母中的活性酶释放出来，破壁的啤酒酵母与反应液混合，反应液中的糖类和磷酸盐在活性酶的作用下，依据一定的反应条件，发生生物合成反应生成 FDP。反应液经压滤，除去啤酒酵母菌体，并调节等电点，除去杂蛋白，澄清的反应液经过离子交换树脂，进行纯化分离，得到 FDP 的稀液，稀液经过真空浓缩，得到 FDP 的浓液，再经过活性炭脱色，再用酒精洗涤、结晶、烘干，即可得到 FDP 的白色结晶体。它进一步纯化可制得 FDP 粉剂或水剂药物[13]。

6. 啤酒废酵母制取核酸、核苷酸类药物

啤酒酵母中含有丰富的核糖核酸（RNA），它主要包含在细胞质内，含量达 4.5%～8.3%。提取核酸首先要破细胞壁，一般常用的是稀碱法、浓缩法、溶菌酶或蛋白酶法进行

破壁，在核酸释放出来后，经除杂质、纯化、干燥得到成品核酸，将其进一步降解，可以得到核苷酸，目前常用的是酶降解法或碱降解法。酶法降解主要生成5-核苷酸，核酸降解率在70%左右，生产较稳定可靠。碱法降解核酸生成2,3-核苷酸，降解率可达90%。核苷酸脱去磷酸根即成核苷。核苷可由核苷酸或核酸降解制取。目前工业上常采用酵母自溶或加酶降解的方法，其产品实际上是酵母自溶产物和核苷的混合体，核苷含量在5%以上。核酸和核苷类药物具有扩张末端血管、增加血红蛋白的浓度、增加红细胞数、白细胞数、减轻浮肿和抗病毒等作用[14]。

7. 啤酒废酵母生产干燥啤酒酵母

日本札幌啤酒公司利用废酵母制成干燥啤酒酵母食品[15]。干燥啤酒酵母是用啤酒脱苦味洗净工艺中剩余下来的酵母制成的，其中含有丰富的蛋白质、维生素、氨基酸、食物纤维和矿物质等。

(二) 啤酒废酵母泥

1. 概述

利用啤酒酵母泥制取超鲜调味剂的技术，可以为啤酒酵母泥的综合利用开辟一条新途径。该技术是以啤酒厂的副产物废酵母泥为主原料，既解决了啤酒厂的排污问题，减少了排污费用，同时又合理地解决了啤酒废酵母泥的综合治理问题。突出优点是：由于原料的改变，使之投资少；工艺过程的缩短，减少了生产周期，降低了劳动强度；设备简单，操作方便，技术可靠，这些都有利于产品质量的提高。应用传统工艺使用豆粕酿造酱油，只含有十几种氨基酸；而该技术由于原料的改变，研制出来酱油可含有三十多种氨基酸和维生素，其中赖氨酸是酱油的主要成分。鸟苷酸号称“强力味精”，其鲜度是普通味精的6倍以上，使新酱油味道更鲜美，具有浓郁的肉香味。故普通酱油的综合营养指标很难与新产品相比。而传统工艺中发霉大豆所产生的黄曲霉难以完全消除，加之漫长的酿造周期、敞开式的作业，都制约了其取得良好的卫生指标。

2. 基本原理

该技术采用生物技术，结合物理方法，使酵母菌细胞破壁，将酵母菌中含有的蛋白质、核酸水解转化为氨基酸和呈味核苷酸，然后提取水解产物，制成富含多种氨基酸和呈味核苷酸、B族维生素等物质的调味品酱油和醋。

3. 工艺流程

工艺流程为：酵母泥→洗涤→水解反应→一次灭菌→半成品→二次灭菌→成品→化验指标→包装→检验→入库。

4. 主要技术关键

① 准确掌握酵母菌细胞破壁技术；②严格控制蛋白质、核酸水解转化条件；③灭菌与调配技术。

(三) 麦糟

麦糟是啤酒厂产量最大的副产物，它是以大麦为原料，经发酵提取籽实中可溶性碳水化合物后的残渣。因麦汁过滤、输送工艺不同，其产糟量、回收量亦不同。每生产1m^3啤酒大约产生0.25t的麦糟，我国麦糟年产量已达1×10^7t，并且还在不断增加。湿麦糟含有多种营养成分，如丰富的蛋白质、氨基酸及微量元素（见表1-11-10[16]）。目前多用于养殖方面，例如加工成干饲料，在其他方面也有所利用。不少啤酒厂是将湿麦糟直接出售给用户，这样投资少，处理费用低，但这不如对其进行深加工生产颗粒饲料的经济效益高。

表 1-11-10 啤酒麦糟的成分

项目＼名称	颗粒饲料营养成分要求	湿酒糟成分分析	烘干后的酒糟成分分析
粗蛋白/%	≥29	5	27.5
粗脂肪/%	≥29	2	8.9
粗纤维/%	≤16	3	4.5
水分/%	≤12	85	9.5
灰分/%		0.5	2.8
备注	以饲料干物质计	直接排放的湿酒糟	烘干后制粒前的干糟粉

麦糟生产干啤酒糟饲料的工艺流程见图 1-11-5[17]。从麦汁过滤槽或压滤机分离出来的麦糟（含水分 80%～85%）用螺旋压滤机或袋式压滤机滤去 10%左右水分，然后送入管式蒸汽干燥机或盘式蒸汽干燥机干燥至含水分 10%，再经粉碎、造粒，制成颗粒干燥麦糟。其蛋白质含量高达 22%～29%，有丰富的氨基酸和残糖，是饲料工业理想的蛋白质资源。表 1-11-11[17] 所示为啤酒糟饲料干粉与其他常用饲料工业原料的养分比较。从中可见，啤酒糟饲料干粉作为一种饲料原料其综合营养价值在小麦麸、米糠饼之上。啤酒糟干粉在国际饲料行业应用较为广泛，已大量用于畜牧、家畜、水产等养殖业的全价饲料中，饲养效果较为理想，它可使动物的生长速度加快，并且可以改善动物体内尿素的利用率，防止瘤胃不全角化、肝脓疡及消化障碍。

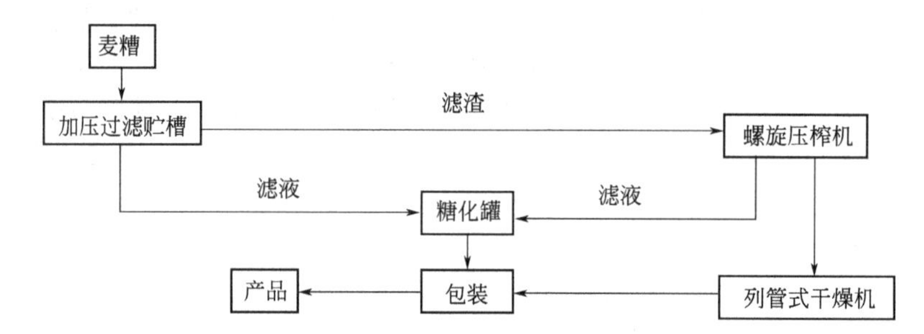

图 1-11-5 麦糟生产干啤酒糟饲料工艺流程

表 1-11-11 啤酒糟干粉与其他常用饲料工业原料的养分比较

物料名称＼成分/%	水分	粗蛋白	粗纤维	粗脂肪	灰分	无氮浸出物
啤酒糟	8	25.2	16.1	6.9	3.8	40.0
玉米	11.6	8.6	2.0	3.5	1.4	72.9
小麦麸	11.4	14.4	9.2	3.7	5.1	56.2
豆饼	9.4	43.0	5.7	5.4	5.9	30.6
米糠饼	9.3	15.2	8.9	7.3	10.0	49.3
大麦	11.2	10.8	4.7	2.0	3.2	68.1

(四) 回收二氧化碳

啤酒发酵属厌氧发酵，生产 1t 啤酒约产生 20kg 二氧化碳，啤酒厂理应回收继续用于本厂生产或向外销售（制造碳酸饮料等）。

二氧化碳回收工艺为：发酵罐 CO_2→泡沫捕集器→水洗器除去可溶性杂质→球形集气罐→无油二级压缩机［0.2～2MPa（2～20kgf/cm²），表压］→活性炭过滤器脱臭→脱水器→液化器→液体 CO_2 贮罐（纯度可达99.95%以上）→蒸发器→用于本厂啤酒生产或装瓶并销售。

（五）回收浮麦

浮麦是一种固体有机物，它由淀粉和纤维素组成。在废水生物处理中属于难降解的污染物，在废水进入处理设施前，需对其进行回收等预处理，以减小对后续处理设施的影响。从洗麦槽中随浸麦洗麦水漂出的浮麦量占精选麦质量的1.5%～2.0%，可通过过滤机截留，经干燥后可作为饲料销售。采用浮麦回收措施后，可使混合废水中的悬浮物质减少26.3%[7]。

（六）从冷热凝固物中回收麦汁和凝固蛋白质

麦汁在冷却后会泵送回沉淀槽进行澄清冷却，这时就会形成蘑菇状沉淀（冷热凝固物），其含有一定量麦汁（COD约为13000mg/L）和凝固蛋白质（其蛋白含量达40%～50%），可用板框压滤机进行压滤回收。冷热凝固物可作奶牛饲料，提高产奶率；也可经脱苦处理后，用作食品添加剂替代可可脂；还可返回糖化后的麦汁过滤[7]。

（七）回收利用煮沸锅的蒸汽废热

啤酒生产过程中产生的热蒸汽有不良气味，直接排放不仅污染大气，而且损失了热量。热蒸汽消耗主要来源于糖化过程中的麦汁煮沸。麦汁煮沸时须从麦汁中蒸发出6%～12%的水蒸气。

一般二次蒸汽的回收设备和低压煮沸相配套。煮沸锅密闭，控制蒸汽排出阀门，使煮沸锅内压力达0.05MPa，这时排出的二次蒸汽温度可达180℃。利用煮沸锅二次蒸汽的方法很多，最常用的方法是换热回收就地利用。当麦汁充分煮沸后，达到102℃，产生的二次蒸汽将排气筒中的空气顶出，关闭排气筒挡板，使蒸汽通过风机导入回收系统。在回收系统中，蒸汽先经过列管式一次换热器，将体积为麦汁量1.5倍的80℃水加热到95℃，蒸汽在列管间隙冷凝；98～100℃的蒸汽冷凝水再进入列管式二次换热器，将冷水加热到85℃，可供CIP（cleaning in place）洗涤和糖化洗槽，排出30℃的冷凝水；一次换热器出口的95℃热水再在一个薄板换热器中将过滤流出的70℃麦汁和洗槽水预热到92℃进煮沸锅，在换热器中95℃热水降到80℃，再和二次蒸汽换热[18]。

（八）回收沼气

目前，啤酒生产企业污水处理产生的沼气一般采用简单的直接燃烧的排空方法，不仅大量的热能未被利用，而且燃烧还产生了大量的二氧化硫等污染物，污染了环境，因此啤酒企业如何充分利用这些沼气，不仅是提高企业经济效益的需要，也是节能减排发展循环经济的需要，更是企业实现社会责任的需要。图1-11-6[19]为沼气回收工艺流程。

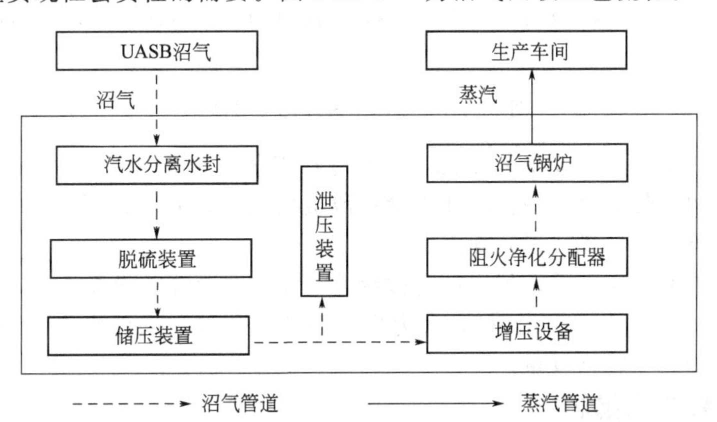

图1-11-6　沼气回收工艺流程图

三、清洁生产

近 20 年来，一方面我国啤酒行业发展迅猛，另一方面其所引发的环境污染却不容忽视。国内大部分啤酒企业规模小，管理较差，酒损高，排污较重。为了改变现状，当务之急是需要把清洁生产引入啤酒生产行业，将污染预防战略持续地应用于生产全过程，而不是仅加强对啤酒污水的“末端治理”，应把“末端治理”变为“源头预防”，提高资源利用率，最大限度地减少污染物的排放量，真正实现经济效益和环境效益的统一。为促进啤酒行业实现减排目标，为啤酒工业企业开展清洁生产提供技术支持和导向，我国环境保护部颁布了《清洁生产标准 啤酒制造业》（HJ/T 183—2006）。

（一）麦汁一段冷却与节能

啤酒糖化生产的麦汁，经煮沸、沉淀分离热凝固物后，麦汁温度在 96～98℃，需经热交换冷却至工艺要求7～8℃的温度。传统啤酒生产工艺即采用两段冷却：前一段采用自来水冷却，将麦汁从 98℃冷却至 35～40℃；后一段采用冷冻水溶液冷却，把麦汁冷却至7～8℃。

麦汁两段冷却存在下列问题：①冷冻机负荷重、电耗高。啤酒厂用电量 50%消耗在冷冻车间，而麦汁冷却又占其中的一半以上。麦汁经第一段水冷后在 35～40℃，再由第二段（冷冻机）冷却，造成冷冻机负荷过重。②第一段热交换的冷水，吸热后出口水温偏低（55～60℃），集中在热水罐内还要通入蒸汽加热至 78～80℃，方能供洗槽使用。热麦汁的热能没有充分回收，还要支付热能，很不合理。③水耗量大。第一段冷却面积小，需用麦汁量2～2.5 倍的水进行冷却，而糖化用水只需麦汁量的 1.2 倍即可，多余的水排入地沟，造成水资源浪费。④用酒精水溶液作载冷剂，酒精消耗大。5 万吨/年的啤酒厂，年耗酒精 40～50t。

麦汁一段冷却技术，国际上出现于 20 世纪 80 年代中期，技术已趋于成熟。麦汁一段冷却节能流程如图 1-11-7[9]所示。其原理如下：①工艺要求热麦汁冷却至 7～8℃，只要有足够量的低于上述温度的冷却介质，就能通过工程实现这一过程。按热传递机理，参与热交换的两种介质，只要它们之间存在一定的温度差，就能进行热传递，无须用－8℃酒精水溶液与热麦汁交换。当然，温差太小，要求传热面积很大，不经济。经实践，冰水温度控制在 3～4℃为宜。此状态即与水的冰点有了一段距离，投资也较经济。②冷冻机的制冷工作对象不是冷却麦汁，而是冷却当地的自来水。采用两段冷却工艺，冷冻机要负担将 40℃热麦汁冷却至 8℃的能量；采用一段冷却工艺，冷冻机仅负担将当地自来水从 20℃左右冷却至 4℃的能量。

自来水（常温）→氨蒸发器→冰水（3～4℃）→冰水贮罐→薄板热交换器→80℃ 热水

└→7℃ 麦汁

图 1-11-7 麦汁一段冷却节能流程

两段冷却工艺与一段冷却工艺相比，一段冷却工艺可节能 40%。一段冷却工艺用水作载冷剂，可以大幅度降低全厂酒精的耗用量；薄板换热器得到合理设计，冷却水用量降低；经热交换后的水温提高，煤（汽）耗降低。

新建、扩建啤酒厂还可采用低层糖化楼设计，高浓度发酵后稀释工艺，改糖化麦糟加水稀释后泵送或自流出糟为“干出糟”，大力推广酶法液化等，从而大力提高原材料利用率、能源利用率，减少污染物排放量。

（二）节水和减污措施

啤酒行业的废水主要来自冲洗水、洗涤水。据调查，各生产企业耗水量相差较大。为减少啤酒生产排放废水可从三个方面着手：一是降低生产用水，直接降低排放量；二是降低废水排放负荷，特别是要做到清污分流，减轻处理负荷，并且有效地控制洗糟水，回收利用冷热凝固物和酵母、麦糟，加强管理，降低酒损等。通过这些措施均可降低污染负荷；三是合理利用，变废为宝。

除冷却水循环使用外，力所能及的是对浸渍大麦和洗瓶工序实行逆流用水，这些措施的实施可使吨酒耗水量明显下降。

1. 采用逆流用水浸渍工艺

浸渍工艺是用水量比较大的工序之一，每制 $1m^3$ 啤酒，消耗的水量约占总用水量的20.0%。从整个浸渍工序而言，集中排放浸麦废水有4次，废水污染物浓度一次比一次低，因此在浸渍过程中可考虑采用逆流浸渍的用水方法，即增添一个蓄水池，贮存浸断3和浸断4排出的浸麦洗麦废水，作为浸渍下一批时浸断1和浸断2的浸麦洗麦用水。浸断3和浸断4的废水在进入蓄水池前，可用过滤装置去除浮麦。为了防止该水在蓄水池内发生腐败现象，可在蓄水池内安装曝气管，必要时鼓入适量空气。采用逆流浸渍工序，每制 $1m^3$ 啤酒可节约用水 $1.6\sim3.0m^3$。

2. 洗瓶机终洗水的再利用

洗瓶机终洗水基本上未受污染，经回收后不用任何处理就可直接用于洗瓶机初洗或冲洗地面。实现洗瓶机终洗水的再利用，可使吨酒耗水量减少 $2m^3$。

加强管理减少污染是环境保护的有效方法之一。在啤酒生产过程中，包装工段的废碱性洗涤液和残漏酒液是两个主要污染源，但在管理中稍加注意即可解决。

3. 废碱性洗涤液的单独处理

洗瓶工序中使用碱性洗涤液，使用一定时间后需要更换。

废碱性洗涤液中含有大量的游离 NaOH、洗涤剂、纸浆、染料和无机杂质。当其集中排放时，废水的pH值在11以上，废水的COD值也随之上升，并持续数小时之久，无疑这对生物处理装置中的微生物将是毁灭性的打击，因此废碱性洗涤液不允许直接排入排污沟中，应考虑单独处置。

4. 残漏酒液

灌装工序每天外排的污染物主要是来自罐瓶机的酒液漏损和包装线上的碎瓶剩酒。漏损1L啤酒，可造成约0.13kg的COD污染物，或0.09kgBOD污染物，随手扔掉一个碎瓶残酒，就相当于一个人一天的排污量。因此减少啤酒的漏损和把碎瓶残酒收集起来单独处理是减少污染物的关键，收集的散酒设法利用或设法单独处理。

(三) 大麦代替部分麦芽生产啤酒技术

麦芽本身是由大麦制成的，因此它们有许多相同的成分，例如：①大麦蛋白质与麦芽蛋白质基本性质相同，蛋白质分解工艺条件相同；②大麦与麦芽具有相同的谷皮，皆可形成良好的滤层；③大麦淀粉与麦芽淀粉基本性质相同。不同点在于它们的酶系不同，大麦酶系较之于麦芽酶系有一些缺陷，不过在糖化时添加适量 α-淀粉酶、蛋白酶是可弥补的。

用大麦代替部分麦芽生产啤酒，可以减少麦芽消耗量，从而减少耗水量和COD的排放量，如以吨酒粮耗190kg计，则其中麦芽消耗为123kg，采用大麦代替部分麦芽生产工艺后，麦芽消耗为76kg，与传统工艺相比减少麦芽用量47kg。麦芽生产经济指标为吨麦芽耗水4.73t，吨麦芽产COD为5049kg。所以得出结论：采用大麦代替部分麦芽生产啤酒工艺较之于传统工艺，万吨啤酒可减少耗水2223t，COD负荷2580kg，污水排出量也相应减少[20]。并且，减少了制麦这道工序，也相应地降低了能耗与资金投入。

(四) 麦芽粉碎

麦芽粉碎分三种：干法粉碎、增湿粉碎和湿法粉碎。增湿粉碎是将麦芽在粉碎之前用水或蒸汽进行增湿处理，使麦皮水分提高，增加其柔韧性，粉碎时达到破而不碎的目的。主要分为水喷雾增湿、蒸汽增湿两种方法。其过程是将麦芽在粉碎前用30～50℃的温水浸泡15～30min，使麦芽的含水量提高到30%左右，同时其体积由于吸水而膨胀35%～40%[18]。

与干法粉碎相比，增湿粉碎和湿法粉碎的优点如下。

(1) 增湿粉碎和湿法粉碎可提高过滤效率。与干法粉碎相比，增湿粉碎和湿法粉碎的麦芽壳保持得比较完整，滤层比较疏松，使过滤效率提高。增湿粉碎可提高约20%的过滤效率，湿法粉碎的过滤效率可提高50%以上。

(2) 对于溶解性较差的麦芽，增湿粉碎和湿法粉碎的浸出率比干法粉碎高。

(3) 增湿粉碎和湿法粉碎可以直接使用新鲜麦芽，而干法粉碎必须将麦芽存放一段时间使其回潮。

(4) 增湿粉碎减少了粉尘飞扬，湿法粉碎则可彻底解决麦芽粉碎中的粉尘污染问题。

(五) 发酵过程微机控制

发酵工序直接决定着啤酒的口味与质量，是啤酒生产中最重要的环节之一。早期的发酵是大罐发酵，其通过温度、压力等检测仪表结合手动操作来实现冷媒调节、罐压控制等目的，缺点在于普遍存在着控制精度低、劳动强度高、管理能力差等缺点。近年来，各种自动化新技术被应用到啤酒的生产过程中，这不仅提高了劳动生产率以及生产管理水平，还提高了啤酒的口味与质量。啤酒发酵是一种多阶段、连续的工艺过程，而每一阶段的工艺对罐温、罐压的要求都不同。由于在发酵周期的各个不同阶段，发酵温度直接决定酵母的活动能力、生长繁殖的快慢。因此，严格控制发酵工艺各阶段的温度就成了保证啤酒质量的关键。发酵过程中产生大量的热，必须用冷媒液来吸收才能维持工艺设定的温度值。啤酒发酵工艺过程除了要控制罐温在特定阶段符合设定的工艺曲线外，还要控制罐内气体使其有效排放，以使罐内压力符合工艺要求。

(六) “一罐法” 工艺

“一罐法”是指将传统生产方法的前发酵和后发酵两个生产工序在同一设备内完成。其优点是：①不需要保温厂房，节约投资；②便于实现自动化；③生产上灵活机动；④改善了劳动条件；⑤利于副产品回收；⑥卫生条件好[21]。

四、废水处理与利用

随着污水处理技术的提升，国内外啤酒废水处理技术有了迅速的发展。目前，常采用以生化为主，生化与物化相结合的处理工艺。主要采用的生化处理方法有三种，包括：直接采用好氧处理工艺；水解酸化再加上后续处理工艺；采用UASB反应器进行厌氧处理再进行后续好氧处理。随着厌氧生物处理技术的发展，许多新型厌氧反应器被开发出来，并与好氧工艺进行优化组合，大大提高了出水水质，降低了处理费用。

(一) 好氧处理工艺

啤酒废水处理的好氧处理技术主要包括：活性污泥法、高负荷生物过滤法和接触氧化法等。近年来，SBR和氧化沟处理工艺也得到了很大程度的应用。

1. 接触氧化工艺

20世纪80年代初接触氧化法和活性污泥法相比有一定的优势，所以在啤酒废水的处理上得到了广泛的应用。由于啤酒废水进水COD浓度高，所以一般采用二级接触氧化工艺。

图 1-11-8 为北京市环境保护科学研究院在北京某啤酒厂的典型两级接触氧化工艺流程。

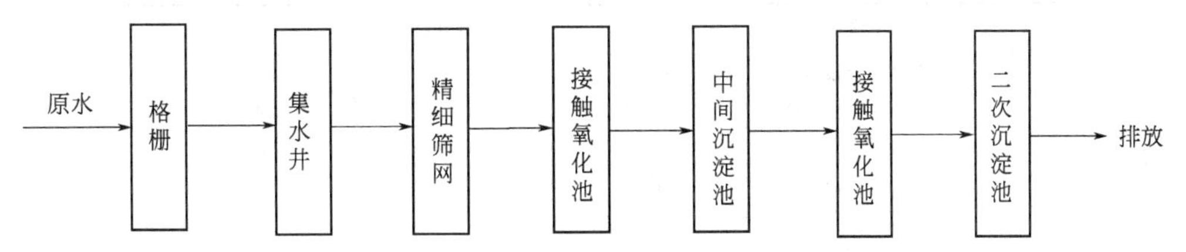

图 1-11-8 两级接触氧化工艺流程

(1) 日处理废水 2000m^3/d，高峰流量 200m^3/h。

(2) 进水水质：COD 为 1000mg/L；BOD 为 600mg/L；SS 为 600mg/L。

(3) 出水水质：COD≤60mg/L；BOD≤10mg/L；SS≤30mg/L。

采用接触氧化工艺代替传统的活性污泥法，可以防止高糖含量废水易引起污泥膨胀的现象，并且不用投配 N、P 营养。用生物接触氧化法，可以选择的负荷范围是 1.0～1.5kgBOD/(m^3·d)；用鼓风曝气，每去除 1kgBOD 约需空气 80m^3。

2. SBR（序批式活性污泥法）工艺

啤酒废水量大，且废水中有机物浓度的变化范围大，SBR 工艺由于其自身的优点，适合处理啤酒废水。

图 1-11-9[6] 为 SBR 工艺处理啤酒废水的工艺流程。

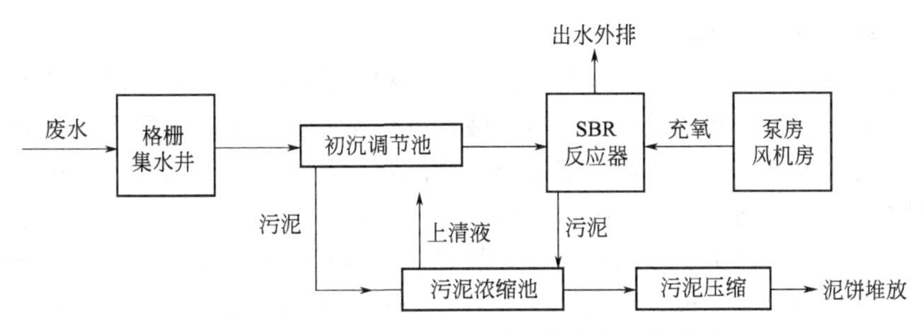

图 1-11-9 SBR 工艺处理啤酒废水的工艺流程

传统的 SBR 工艺不能连续进水，而经过 SBR 不断演变发展来的 DAT-IAT 工艺则实现了连续进水，图 1-11-10[22] 为采用 DAT-IAT 反应器处理啤酒废水的流程。

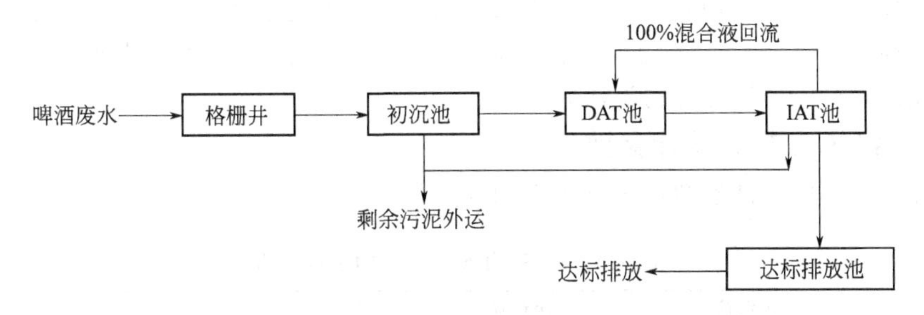

图 1-11-10 采用 DAT-IAT 反应器处理啤酒废水的流程

某啤酒厂在生产旺季，废水排放总量约为 3672m^3/d，其中 2892m^3/d 为生产废水（主要为糖化、发酵、灌装工序排水），另外生活及其他污水约 780m^3/d，废水中的主要污染物质为 SS、COD、BOD，需通过污水处理装置进行处理，达标后排放，最终排入地表水。该啤酒厂采用 DAT-IAT 处理啤酒废水，污染物的去除效率如表 1-11-12 所示[22]。

表 1-11-12 污染物的去除效率

项目	区分	COD	BOD	SS	pH
预沉池	进水/(mg/L)	2290	1266	305	6~9
	出水/(mg/L)	1832	1012.8	244	—
	去除率/%	20	20	20	—
DAT-IAT反应器	出水/(mg/L)	98.9	19.0	69.5	6~9
	去除率/%	94.6	98.1	71	
	总的去除率/%	95.7	98.5	77.2	

各部分的投资如表 1-11-13 所示。

表 1-11-13 各部分投资

序号	项目内容	投资估算/万元
一	设备	108.00
二	土建	218.2
三	其他	60.0
合计		386.2

经济分析：污水处理站占地面积约 $2500m^2$；工程主体概算总投资为 386.2 万元；吨水投资成本 965.5 元。运行费用：预计每吨废水处理成本为 0.59 元人民币。

3. 氧化沟活性污泥法

(1) 类型 氧化沟是 20 世纪 50 年代由荷兰工程师发明的一种新型活性污泥法，其曝气池呈封闭的沟渠形，污水和活性污泥的混合液在其中不断循环流动，因此被称为“氧化沟”，又称“环行曝气池”。自 1954 年荷兰建成第一座间歇运行的氧化沟以来，氧化沟在欧洲、北美、南非及澳大利亚得到了迅速的推广应用。如同活性污泥法一样，自从第一座氧化沟问世以来，演变出了许多变形工艺方法和设备。氧化沟根据其构造和运行特征，并根据不同发明者和专利情况可分为以下几种有代表性的类型：①卡鲁塞尔氧化沟；②三沟式氧化沟（或二沟式氧化沟）；③Orbal 型氧化沟；④一体化氧化沟。

(2) 特点 氧化沟污水处理技术已被公认为一种较成功的活性污泥法工艺，与传统的活性污泥系统相比，它在技术、经济等方面具有一系列独特的优点：①工艺流程简单，构筑物少，运行管理方便；②处理效果稳定，出水水质好；③基建费用低，运行费用低；④污泥产量少，污泥性质稳定；⑤能承受水量、水质冲击负荷，对高浓度工业废水有很大的稀释能力；⑥占地面积少于传统活性污泥法处理厂。

4. 各种好氧工艺的设计参数

采用各种工艺的设计参数可参见表 1-11-14[23]。

表 1-11-14 采用各种工艺的设计参数

处理方法	容积负荷/[kgBOD/(m^2·d)]	污泥负荷/[kgBOD/(kgSS·d)]	污泥浓度/(mg/L)	需氧量/[kgO_2/kgBOD]	产泥量/(kg/kg)	BOD_5 去除率/%
生物接触氧化	4~6	—	—	—	0.4~0.6	90~95
生物接触氧化①	1.5~2	—	—	—	0.3~0.5	95
活性污泥法	0.3~1.0	0.2~0.4	2	0.8~1.1	0.2~0.4	90~95
氧化沟工艺	0.1~0.2	0.05~0.15	2~6	1.5~2.0	0.2~0.4	95~98
SBR 反应器	0.5~1.0	0.1~0.3	2~3	1.0~1.5	0.3~0.6	95

① 为两级接触氧化工艺。

(二) 水解-好氧处理

1. 水解-好氧处理工艺特点

随着厌氧技术的发展，厌氧处理从只能处理高浓度的污水发展到可以处理中低浓度的污水，如啤酒、屠宰甚至生活污水。特别是对于低浓度污水，北京市环境保护科学研究院开发了水解-好氧生物处理技术。水解反应器利用厌氧反应中的水解酸化阶段，而放弃了停留时间长的甲烷发酵阶段。水解反应器对有机物的去除率，特别是对悬浮物的去除率显著高于具有相同停留时间的初沉池。由于水解反应器可使啤酒废水中的大分子难降解有机物被转变为小分子易降解的有机物，出水的可生化性能得到改善，这使得好氧处理单元的停留时间小于传统的工艺。与此同时，悬浮固体物质（包括进水悬浮物和后续好氧处理中的剩余污泥）被水解为可溶性物质，使污泥得到处理。事实上水解池是一种以水解产酸菌为主的厌氧上流式污泥床，水解反应工艺是一种预处理工艺，其后面可以采用各种好氧工艺。在各种工程中，分别采用活性污泥法、接触氧化法、氧化沟和序批法（SBR）。因此，水解-好氧生物处理工艺是具有自己特点的一种新型处理工艺。

2. 水解-好氧处理的应用条件

20 世纪 80 年代末，原轻工业部北京设计规划研究院与北京市保护环境科学研究院一起采用北京市保护环境科学研究院开发的厌氧水解-好氧技术应用于啤酒废水处理。啤酒废水中大量的污染物是溶解性的糖类、乙醇等。这些物质是容易生物降解的，一般并不需要水解酸化。但由于啤酒废水的悬浮性有机物成分较高，而水解池又具有有效地截留去除悬浮性颗粒物质的特点，将其应用于啤酒废水的处理可去除相当一部分的有机物，从实验结果看水解池最高 COD 去除率可以达到 50%，当废水中包含制麦废水（浓度较低）时去除率也在 30%～40%。因此，水解和好氧处理相结合，确实要比完全好氧处理经济一些。水解-好氧工艺的典型工艺流程见图 1-11-11。

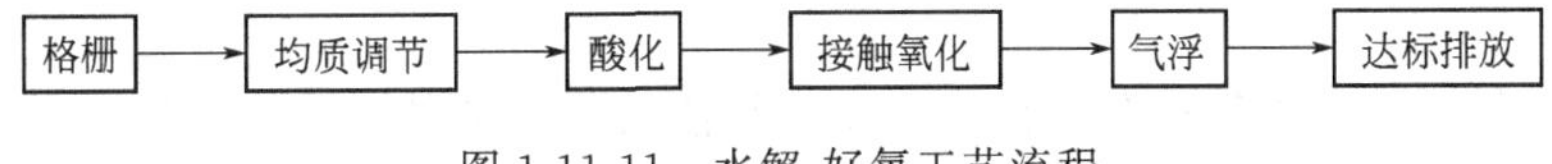

图 1-11-11　水解-好氧工艺流程

该工艺主要特点是由于水解池较高的去除率（30%～50%），所以将完全好氧工艺中二级接触氧化工艺简化为一级接触氧化，并且能耗大幅度降低，从实际运行结果看出水 COD 浓度也有所改善。

3. 水解-好氧处理的设计参数

由于采用水解处理啤酒废水出水水质一般不能满足排放标准，所以一般将水解处理作为预处理工序，用以去除部分有机物和提高废水的可生化性，后处理工艺可以采用不同的好氧处理工艺，例如活性污泥法、接触氧化和 SBR 工艺等。有关的设计参数如下。

(1) 水解池的设计参数　包括：①以细格栅和沉砂池作为预处理设备；②平均水力停留时间（HRT）2.5～3.0h；③最大上升流速（v_{max}）2.5m/h（持续时间不小于 3.0h）；④反应器深度 H=4.0～6.0m；⑤布水管密度 1～2m^2/孔；⑥出水三角堰负荷：1.5～3.0L/(s·m)；⑦污泥床的高度在水面之下 1.0～1.5m；⑧污泥排放口在污泥层的中上部，即在水面下 2.0～2.5m；⑨在污泥龄大于 15 天时，污泥水解率为所去除 SS 的 25%～50%。设计污泥系统需按冬季最不利情况考虑。

(2) 活性污泥后处理　水解的好氧后处理可采用各种处理工艺，其中水解反应将啤酒废水中大分子难降解有机物转变为小分子易降解的有机物，出水的可生化性能得到改善，这使得好氧处理单元的停留时间小于传统的工艺。所以在传统好氧工艺的设计参数上可以取上限值。例如，对于传统活性污泥工艺的池容、曝气量和回流污泥比等均可按传统的活性污泥工艺设计。水解反应器对悬浮物的去除率很高，可去除80%以上的进水悬浮物，并且在水解细菌的作用下，可将悬浮物中的50%水解成溶解性物质。因此，总的污泥产量比传统工艺流程低30%～50%，从有机物降解角度讲，水解池排泥是稳定污泥。所以好氧产生的剩余污泥可以排入水解池消化处理。水解污泥的污泥脱水性能较好，可以直接脱水。这样可以简化工艺流程，实现了污水、污泥一次处理。

4. 实例分析[24]

某啤酒厂生产瓶装啤酒、易拉罐啤酒、桶装纯生啤酒、鲜啤酒等十几种产品，年生产能力达16万吨。该厂采用水解酸化-生物接触氧化法处理啤酒废水，工艺流程为：啤酒废水→过滤机→调节池→水解池→接触氧化池→集水池→曝气生物滤池→达标排放。

水解酸化池能长期稳定有效地运行，污水经水解酸化后的COD由1100～1200mg/L降至350mg/L，处理效果如表1-11-15所示。

表1-11-15 水解-好氧工艺废水处理效果

项　　目	COD/(mg/L)	BOD/(mg/L)	SS/(mg/L)	pH
原水水质	1200	1000	460	7.5
废水处理后水质	≤80	≤30	≤50	7.5
污水排放一级标准	100	30	60	6.9

(三) 厌氧-好氧联合处理技术

1. 厌氧处理技术

单纯地采用好氧法处理啤酒废水，运行管理费用高，占地面积大，产生噪声大，除此之外还有设备庞大，冬季保温困难等一系列缺点。因此，将厌氧处理与好氧处理相结合才是合理的选择。

厌氧处理技术是一种有效去除有机污染物并使其矿化的技术，它将有机化合物转变为甲烷和二氧化碳。厌氧技术发展到今天，其早期的一些缺点已经不存在。目前，在啤酒废水处理中，应用最广的厌氧反应器是UASB、EGSB和IC反应器，其中UASB的应用最为广泛。

2. UASB反应器

近年来由于高效厌氧反应器的发展，厌氧处理工艺已经可以应用于常温低浓度啤酒废水处理。在国外许多啤酒厂采用了厌氧处理工艺，其反应器规模由数百立方米到数千立方米不等，其中以UASB反应器的应用最为广泛，其属于第二代厌氧处理工艺，主要依靠进水的上升流速和所产沼气的联合搅拌实现污水与厌氧污泥的混合。

从上面的介绍可以看出，啤酒废水的处理与其他废水处理一样是从好氧处理发展到水解-好氧联合处理，然后进一步发展为厌氧（UASB）-好氧处理。表1-11-16[25]为厌氧-好氧联合工艺反应器设计和运行参数及与好氧工艺池容的对比。

表1-11-16 厌氧-好氧联合工艺反应器设计和运行参数及与好氧工艺池容的对比

项　　目	老的好氧工艺	新厌氧-好氧工艺	单纯好氧工艺
调节池/m^3	1500	1500	6497.90
好氧池/m^3	3000	3000	3×3000
厌氧池/m^3		3000	
沉淀池直径/m	D=20	D=20	2×D20
能耗/(kW·h/m^3)		0.836	1.45
污泥产量		较少	

图 1-11-12[25] 为 Biotim 公司在越南某啤酒厂采用 UASB 工艺的流程。啤酒废水水质水量如下：

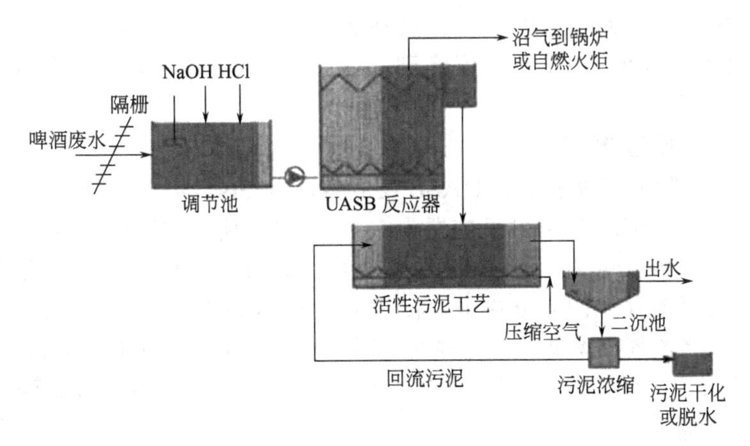

图 1-11-12　厌氧（UASB 反应器）-好氧联合处理工艺

项目	最小	设计
流量/(m^3/d)	1700	5300
COD/(mg/L)	1300	2200
BOD/(mg/L)	830	1400

去除效果：

COD 去除率	93%
甲烷产量/m^3	4300(75%的甲烷)

投资分析：

厌氧+(老好氧)	
土建费用/USD	250000
管道费用/USD	60000
设备安装/USD	950000
仅为好氧附加费用	
土建费用/USD	6000
设备安装/USD	200000
总计/USD	206000

某啤酒有限公司采用 UASB-SBR 工艺进行废水处理，设计处理水量为 6500m^3/d，厌氧 HRT 为 7.0h，反应器有效容积为 1870m^3。在进水水量、COD 浓度和水温均随生产和季节变化的情况下，UASB 出水的 COD 浓度始终稳定在 200～500mg/L[26]。

3. IC 厌氧反应器

IC 厌氧反应器实质上是两个 UASB 反应器的叠加，分为第一反应室和第二反应室，第一反应室对废水进行粗处理，第二反应室对废水进行精处理。IC 属于第三代高效厌氧反应器，它是通过沼气的提升来实现内循环作用，使得反应器有很高的生物量和很长的污泥龄，并且升流速度也很大，颗粒污泥能完全达到流化状态，生化反应速率高。

应用 IC 技术处理啤酒废水，具有处理负荷高、占地面积小、出水水质好等优点。IC 反应器处理啤酒废水的容积负荷可达 15～30kgCOD/(m^3·d)，高于 UASB 处理啤酒废水的容积负荷［一般仅为4～7kgCOD/(m^3·d)］，HRT仅为2～4.2h，COD去除率在75%以上。

某啤酒有限公司采用容积为200m^3的IC反应器＋封闭式空气提升反应器相结合工艺，处理6000m^3/d的啤酒废水，进水COD浓度在2000～2800mg/L，IC反应器COD的去除率在80%以上，整个系统出水COD浓度降到50mg/L，达到国家的啤酒行业废水排放标准(GB 19821—2005)[27]。

4. EGSB厌氧反应器

EGSB反应器实际上是改进了的UASB反应器，EGSB反应器的特点是颗粒污泥床采用高的上升流速（6～12m/h，UASB反应器为1～2m/h），使反应器运行在膨胀状态。同时也可以采用较高的反应器（可为UASB的两倍以上）或采用出水回流以获得高的搅拌强度，从而保持了进水与污泥颗粒的充分接触，促进有机物的快速降解。同时EGSB特别适于低温和低浓度污水，当沼气产率低、混合强度低时，较高的进水动能和颗粒污泥床的膨胀高度将获得比UASB反应器好的运行结果，在EGSB装置中，污泥浓度可提高到20～40kg/m^3。

(四) 工程实例[28]

某啤酒公司采用EGSB＋接触氧化工艺处理其废水。

1. 废水水质、水量

该啤酒公司废水量随着啤酒的产量而上下波动，啤酒销售旺季时废水量可达4000m^3/d以上，淡季时则仅有2000m^3/d左右。且每日的废水量也有波动，表现为白天大晚间小，一般白天水量为晚间水量的1.5～2倍。除此之外，进水水质也有较大的波动，其原因是多数车间的废水为间歇性排放，而各车间废水水质差别较大。总体上说，该废水属于中等浓度有机废水，其温度高、可生化性良好、氨氮和磷偏高、pH值较高且易酸化。

废水处理后出水水质要求达到《啤酒工业污染物排放标准》(GB 19821—2005)的排放标准，设计进、出水废水水质见表1-11-17。

表1-11-17 设计进、出水废水水质

项目	COD/(mg/L)	BOD/(mg/L)	SS/(mg/L)	NH_4^+-N/(mg/L)	TP/(mg/L)	pH
进水	2000～3500	1000～1700	800～1000	25～45	10～20	5～13
出水	80	20	70	15	3	6～9

2. 工艺选择

结合其啤酒废水的特点，该啤酒公司采用EGSB＋接触氧化工艺。工艺流程图如图1-11-13所示。

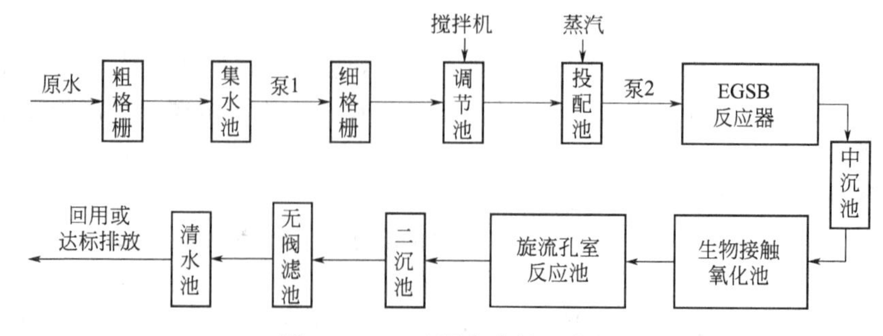

图1-11-13 啤酒废水处理流程

3. 主要构筑物及设备

(1) EGSB反应器 台数2；直径9.3m，高15m。每台厌氧反应器设三相分离器一套，材质为碳钢防腐，罐体为碳钢防腐，做外保温。布水器、中心柱及出水管为不锈钢材质。

每台反应器上还设沼气缓冲罐、水储、阻火器各1个，安全水储1个，取样管7个。

每套反应器上部、下部共两点各设1个温度变送器，对反应器内污水温度进行微机监视并上传至PLC。

在反应器进水口安装电磁流量计，监测进水流量，并上传至PLC。

沼气出口总管安装沼气流量计，监测EGSB反应器产生的沼气量。沼气总管设有两个电磁阀，分别与沼气回收利用管道与火炬管道连接。当沼气需回收时，打开相应电磁阀，先输送至沼气柜，再进入锅炉回收利用。

(2) 生物接触氧化池　座数2；平面尺寸20m×8.4m；高5.5m；有效容积$V=840m^3$；HRT=10h；单元格8个；单格尺寸5m×4.2m。

4. 出水水质

该废水处理系统经过3个月的调试，运行稳定，COD去除率逐步提高，出水水质如表1-11-18所示。

表1-11-18　出水水质情况

项　目	COD/(mg/L)	BOD/(mg/L)	SS/(mg/L)	NH_4^+-N/(mg/L)	TP/(mg/L)	pH
出水水质	50～70	10～15	30～50	6～9	1.5～2.5	7.5～8.5
排放标准	80	20	70	15	3	6～9

由表1-11-18可以得出结论，本工程采用EGSB+生物接触氧化工艺对啤酒废水进行处理，处理后污水水质明显优于《啤酒工业污染物排放标准》(GB 19821—2005) 的排放标准。

第二节　白酒工业废水

白酒是以粮谷为主要原料，以大曲、小曲或麸曲及酒母等为糖化发酵剂，经蒸煮、糖化、发酵、蒸馏而制成的蒸馏酒。白酒是我国特有的一种酒，它的酿造已有几千年的历史。白酒的主要成分是乙醇和水（占总量的98%～99%），而溶于其中的酸、酯、醇、醛等种类众多的微量有机化合物（占总量的1%～2%）作为白酒的呈香呈味物质，决定着白酒的风格（又称典型性，指酒的香气与口味协调平衡，具有独特的香味）和质量。

白酒品种繁多、产量大，占饮料酒50%以上。随着人民生活水平的提高，社会生产力的不断发展，白酒的需求量不断增大，产量也随之逐年增加。2010年，白酒行业规模以上企业1607家，行业资产总额2259亿元，生产白酒960万吨，工业总产值2793.3亿元，实现利润351亿元。2011年前3季度，全国白酒产量714.05万吨，同比增长29.2%，完成销售收入2483.55亿元，同比增长39.02%。

白酒行业是耗粮、耗能大户，白酒生产过程中排出大量有机废水，如直接排放，将对环境造成污染。因此，白酒行业要充分利用资源，变废为宝，切实贯彻好循环经济与可持续发展的思想。

一、生产工艺与废水来源

(一) 生产工艺

1. 酿酒工艺

凡含有淀粉和糖类的物质都可作为原料酿制白酒，但不同的原料酿制出的白酒风味各不相同。粮食类的高粱、玉米、大麦；薯类的甘薯、木薯；含糖原料甘蔗及甜菜的渣、废糖蜜等均可制酒。此外，高粱糠、米糠、麸皮、淘米水、淀粉渣、甜菜头尾等，均可作为代用原料。野生植物，如橡子、菊芋、杜梨、金樱子等，也可作为代用原料。

我国白酒生产大多数以高粱、小麦、玉米等作为原辅料，经过四道基本工序酿制而成，即原料的预处理、糖化发酵、蒸馏出酒、装瓶。白酒的生产工艺有固态发酵法、半固态发酵法和液态发酵法。我国传统的白酒酿造工艺为固态发酵法，在发酵时需添加一些辅料，以调整淀粉浓度，保持酒醅的松软度，保持浆水。常用的辅料有稻壳、谷糠、玉米芯、高粱壳、花生皮等。

酿酒工艺流程见图 1-11-14。

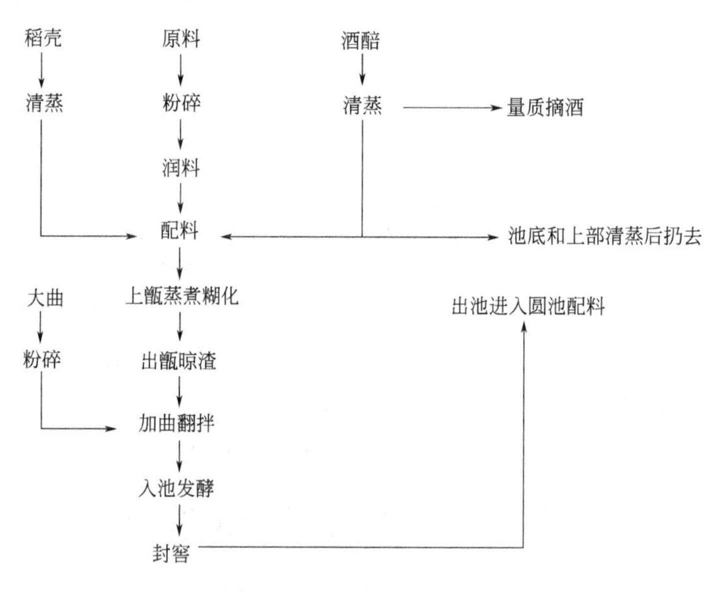

图 1-11-14 酿酒工艺流程

酿酒具体的工艺步骤如下。

(1) 原料粉碎 目的在于便于蒸煮，使淀粉充分被利用。

(2) 配料 将新料、酒糟、辅料及水配合在一起，为糖化和发酵打基础。

(3) 蒸煮糊化 利用蒸煮使淀粉糊化，有利于淀粉酶的作用，同时还可以杀死杂菌。

(4) 冷却 蒸熟的原料，用扬渣或晾渣的方法，使料迅速冷却，使之达到微生物适宜生长的温度，若气温在 5～10℃时，品温应降至 30～32℃，若气温在 10～15℃时，品温应降至 25～28℃，夏季要降至品温不再下降为止。

(5) 拌醅 固态发酵麸曲白酒，是采用边糖化边发酵的双边发酵工艺，扬渣之后，同时加入曲子和酒母。

(6) 入窖发酵 入窖时醅料温度应在 18～20℃（夏季不超过 26℃），入窖的醅料既不能压紧，也不能过松，一般掌握在每立方米容积内装醅料 630～640kg 为宜。装好后，在醅料上盖上一层糠，用窖泥密封，再加上一层糠。

(7) 蒸酒 发酵成熟的醅料称为香醅，它含有极复杂的成分。通过蒸酒把醅中的酒精、水、高级醇、酸类等有效成分蒸发为蒸汽，再经冷却即可得到白酒。蒸馏时应尽量把酒精、芳香物质、醇甜物质等提取出来，并利用掐头去尾的方法尽量除去杂质。

2. 白酒新工艺的应用与发展[29]

(1) 生物技术的应用 一系列生物技术的应用使得白酒的优质品率得到很大的提高。生物技术在白酒酿造中的应用包括白酒微生物从功能菌的研究出发，进一步发展向微生物群落的研究；从酵母生香，认识细菌生香；从窖泥中分离丁酸菌、己酸菌；从曲药和糟醅中分离红曲酯化菌、丙酸菌等的强化应用。

(2) 酶催化工程的应用　酶凭借其高效性和改善环境等优势（与化学催化剂相比）在食品、医药和精细化工等领域得到了广泛应用。在酿酒工业中被广泛应用的酶，主要是糖化酶、液化淀粉酶、纤维素酶、蛋白酶、脂肪酶、酯化酶等，它们具有酶活力强、用量少、使用方便等优点。通过脂肪酶等复合酶的处理，可缩短蒸煮糊化过程耗用的时间，在发酵前期加速糖化发酵，后期促进酯化合成。

(3) 物理化学的创新　物理化学的创新是指在白酒的贮存、过滤等过程中利用分子运动论、胶体理论等一系列物理化学理论对白酒质量进行提高改进的技术措施。陈化，就是酒体分子间发生布朗运动，产生丁达尔现象的一个过程。

(4) 美拉德反应　美拉德反应是白酒增香新工艺。美拉德反应分为生物酶催化与非酶催化，其中大曲中的嗜热芽孢杆菌代谢的酸性生物酶、枯草芽孢杆菌分泌的胞外酸性蛋白酶，都是很好的催化剂。非酶催化剂，包括金属离子、维生素等。

美拉德反应对白酒的影响是能产生香气，是一个集缩合、分解、脱羧、脱氨、脱氢等一系列反应的交叉反应。美拉德反应产物不仅是酒体香和味的微量物质，同时也是其他香味物质的前驱物质。

此外，白酒的新工艺还包括低度白酒技术的创新以及在酿造设备及控制上的创新等，后者的主要内容有：白酒生产机械化、酿造过程数字化控制与管理、白酒勾调过程数字化管理系统等。这些技术革新使得白酒的质量与品质得到进一步的提高，也促进了白酒口味的多元化发展。

(二) 废水来源及水质、水量

1. 废水来源

白酒废水是指从白酒生产到贮存陈化过程中所产生的工业废水，废水主要来自以下几个方面：酿造车间的冷却水、蒸馏操作工具的冲洗水、蒸馏锅底水、蒸馏工段地面冲洗水以及发酵池渗沥水、地下酒库渗漏水、发酵池盲沟水、灌装车间酒瓶清洗水、“下沙”和“糙沙”工艺工程中原料冲洗、浸泡排放水等。

2. 水质、水量

白酒废水按污染程度可分为两部分，包括高浓度有机废水和低浓度有机废水两部分，其中高浓度废水包括：蒸馏底锅水，白酒糟废液，发酵池渗沥水，地下酒库渗漏水，蒸馏工段冲洗水，制曲废水及粮食浸泡水等，其主要成分为水、低碳醇（乙醇、戊醇、丁醇等）、脂肪酸、氨基酸等。这些废水的特征是COD、BOD、SS值高，其COD高达100000mg/L左右，BOD高达44000mg/L，且成分复杂，pH为酸性，排放方式都是间歇性排放，但这部分废水量很小，占废水总量不到5%，而低浓度废水包括冷却水、洗瓶水、场地冲洗水等，这部分水是可以回收利用的，其污染物浓度远远低于国家排放标准，可直接排放，一般高低浓度废水分开排放。据统计，每生产1t65%的白酒，约耗水60t，产生废水48t，耗水、排污量都很大[30,31]。

表1-11-19[32]为地下酒库渗水主要成分。

白酒废水水质、水量见表1-11-20[7]。

表1-11-21[7]为白酒几种废水中的主要成分。

表1-11-22[7]为“下沙”和“糙沙”工艺废水水质、水量。

表 1-11-19 地下酒库渗水主要成分

pH 值	COD/(mg/L)	BOD/(mg/L)	TN/(mg/L)	TP/(mg/L)	SS/(mg/L)	排放量/(m^3/d)
5.7	69000	31000	153.9	0.3	—	5～8
6.0	56000	—	123.2	—	374	—

表 1-11-20 白酒废水水质、水量

水质与水量 废水类别	pH 值	COD /(mg/L)	BOD /(mg/L)	TN /(mg/L)	TP /(mg/L)	SS /(mg/L)	占废水总排量比率/%
冷却水	7.3～7.9	11.6～24.4					71
蒸馏锅底水	3.7～3.8	11400～100000	5800～66000	32.5～1020	31.4～664	1350～31000	1.6
发酵池盲沟水	4.8～4.0	43000～130000	21000～67000	932	703	188～5900	很小
蒸馏工段地面冲洗水	4.5～5.8	4100～17000	160～8100	276～853	158～597	2470～6300	2.4
蒸馏操作工具清洗水		污染很小					10

表 1-11-21 白酒几种废水中的主要成分

废水类别	主　要　成　分
蒸馏锅底水	水、乙醇、戊醇、丙醇、丁醇、脂肪酸、氨基酸
发酵池盲沟水	水、乙醇、戊醇、丙醇、丁醇、脂肪酸、氨基酸、酯、醛
酒库渗漏水	水、乙醇、酯、脂肪羧酸、丙醇、甲醇、醛

表 1-11-22 “下沙”和“糙沙”工艺废水水质、水量

水质与水量 废水类别	水温/℃	水色	pH 值	COD /(mg/L)	BOD /(mg/L)	排放量 /(m^3/d)
高粱冲洗水	40	红褐浑	4.8	1780		40
高粱浸泡水	33	红	3.7	7190	2700	60
蒸煮锅底水	80	灰黑浑	6.5	7800	2660	4

二、白酒行业的综合利用

白酒行业的综合利用就是要对在白酒酿造生产过程中所产生的副产物进行回收加工再利用。一方面可以降低成本，增加产品附加值，从而提高白酒企业的效益，另一方面又可以减少对环境的污染，起到一举两得的效果。

随着白酒工业的发展，白酒产量逐年增多，随之而产生的副产物（白酒糟）的量也越来越多，白酒糟为固体，是发酵、蒸馏白酒后剩余的渣子，除含有酵母菌及未利用的粮食外，还含有大量稻壳。如今，每年产生的白酒糟已接近 3000 万吨。由于其呈酸性，极易霉变，如果不及时处理，会对环境造成严重的污染，而酒糟本身由于发酵不完全等各种原因，仍有一定的营养价值和可利用之处。对白酒糟的利用已经成为白酒行业的工作重点，对白酒糟的综合利用程度的高低直接关系到企业的利益与发展。

白酒糟的营养价值很高，表 1-11-23[33] 为白酒糟与部分粮食的有效成分对比。

表 1-11-23　白酒糟与部分粮食的有效成分对比　单位：%

项目	酒糟	小麦	玉米	大麦	高粱
水分	13	12.1	13.5	12.6	13.5
粗蛋白	10～16	12.6	9.0	11.1	9.5
粗纤维	18～24	2.4	2.0	4.2	2.0
粗脂肪	3.83	2.0	4.0	2.1	3.1
钙	0.21	0.09	0.03	0.09	0.07
磷	0.38	0.32	0.28	0.41	0.27

白酒糟的营养成分见表 1-11-24[33]。

表 1-11-24　白酒糟的营养成分　单位：%

常规营养成分		氨基酸含量					
项目	含量	名称	含量	名称	含量	名称	含量
水分	7～10	谷氨酸	2.09	蛋氨酸	0.170	酪氨酸	0.332
粗淀粉	10～13	丙氨酸	0.948	天门冬氨酸	0.884	苯丙氨酸	0.705
粗蛋白	14.3～21.8	苏氨酸	0.441	异亮氨酸	0.588	赖氨酸	0.100
天氮浸出物	41.7～45.8	丝氨酸	0.518	甘氨酸	0.496	组氨酸	0.328
粗脂肪	4.2～6.9	色氨酸	1.530	亮氨酸	1.252	精氨酸	0.494
粗纤维	16.8～21.2	胱氨酸	0.754			脯氨酸	0.961
灰分	3.9～15.1	缬氨酸	0.636				

白酒糟的综合利用途径包括：生产饲料、生产化工产品、培养食用菌、酿醋和生产农肥等。

(一) 利用白酒糟生产饲料

长期以来，对白酒糟的利用主要是将其直接用作农村饲料，这对于农村饲养业的发展和生物链的良性循环起到了促进作用。但是，随着饲养业的发展，鲜白酒糟已经不能满足科学化的喂养要求，而且，鲜白酒糟的含水率在60%以上，贮存十分困难，易发生霉变。如果不对其加以利用，任意堆放，会对环境造成严重的污染。

白酒糟的营养成分十分的丰富（如表 1-11-24 所示），粗蛋白、钙的含量明显高于其他几种粮食，此外，干糟中还含有多种氨基酸、维生素、矿物质以及菌体自溶产生的各种生物活性物质，这些都是一般谷物所缺少的。但是，占白酒糟含量 40%～50%的稻壳却制约着白酒糟生产饲料的经济价值。稻壳是一种发酵填充物，主要含有粗纤维、木质素，它的存在使得白酒糟不宜直接用作饲料喂养畜禽，如果直接喂养，不仅影响动物的消化系统，而且严重的还会引起疾病导致死亡。所以要用白酒糟加工生产饲料，就必须将其中的稻壳分离，分离后得到的饲料效果不低于等量的粮食饲料。通常每生产 1t 白酒可产 3t 酒糟，经研究分析一个年产万吨的白酒厂，酒糟全部利用，一年可生产饲料 7700t（仅采用干燥技术）[32]，所节约的粮食相当于酿酒耗用粮食的 30%。所以用白酒糟生产饲料，不仅节约了粮食，而且还有利于白酒工业、饲料工业、养殖业的产业一体化。白酒糟制饲料，主要可分为三大类：一是制青贮饲料；二是将鲜糟干燥制成粉状或粒状饲料；三是对白酒糟进行深层处理生产菌体蛋白饲料[34]。

1. 制青贮饲料

在白酒糟中加入辅料（秕谷或碾碎粗料）按 3∶1 的比例混合。让乳酸菌在厌氧条件下大量繁殖，使其中的淀粉和可溶性糖变为乳酸，当乳酸浓度增加到一定程度后，就会抑制霉菌和腐败菌的生长，这样含水量高的酒糟的营养成分就得以保存，并且使残留的乙醇挥发掉，从而使酒糟保存时间达 6～7 个月。

一般的贮存方法是，将白酒糟置于窖中 2～3 天，待上面渗出液体时将清液除去，再加鲜酒糟。如此反复，最后一次留有一定量的清液，以隔绝空气，然后盖好板，并用塑料布封好，当饲喂前用石灰水中和酸即可。

2. 分离稻壳烘干制取饲料

前面已经提到了稻壳的存在对于白酒糟制饲料的影响，所以必须将稻壳与酒糟分离，常用的方法是直接烘干，再分离稻壳，然后粉碎制成饲料。

先干燥酒糟再加工制取饲料，主要生产的饲料有两类，一类是不分离稻壳的酒糟干粉，可用做牛用混合饲料；另一类是分离稻壳的酒糟蛋白粉，可用做猪用混合饲料。

3. 生产高蛋白多酶菌体饲料

利用白酒糟制取高蛋白多酶菌体饲料，用液态法的酒糟检测结果比用固态法的酒糟略好。结果显示，液态法的蛋白质比固态法提高了 3.61%，粗纤维降低了 1%，氨基酸总量均为 60%以上。从各项氨基酸比较结果来看，各有高低。加之白酒糟含水率 60%，用固态法发酵一般不用再额外加水，因而综合分析固态法制取高蛋白多酶菌体饲料方法较简单，成本较低。其固态法的工艺流程见图 1-11-15[32]。固态法与液态法的检测指标见表 1-11-25[32]。

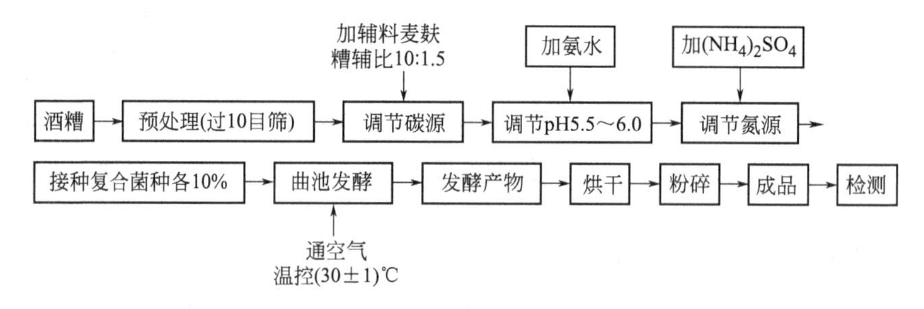

图 1-11-15 固态法制取高蛋白多酶菌体饲料主要流程

表 1-11-25 固态和液态发酵酒糟制高蛋白多酶菌体饲料与原酒糟粉的主要成分指标比较

项目	固态发酵酒糟				液态发酵酒糟		
	粗蛋白/%	粗纤维/%	粗脂肪/%	粗灰粉/%	pH 值	粗蛋白/%	粗纤维/%
原糟料(过 10 目筛)	22.4	17.6	10.26	9.85	3.5	23.75	15.21
酒糟多酶菌体蛋白饲料	34.01	13.69	5.37	10.03	6.7	41.20	10.90
增长值	11.6	−3.31	−4.89	0.18		17.45	−4.31

(二) 利用酒糟生产化工产品

1. 提取复合氨基酸及微量元素

白酒糟中具有丰富的氨基酸和微量元素，把它们从酒糟中提取出来，是酒糟综合利用的一个途径，并可用其作为食品、药品、化妆品添加剂。此外，由于酒糟中谷氨酸含量较高，约占 1/4 左右，因此用其加工作食品添加剂可以增加食品味道的鲜美程度。并且，提取的复合氨基酸精品中，还含有大量的钙、锌、锰、铁、铜、镉和锡等微量元素，其中特别是钙、铁与氨基酸混合，利于人体肠道吸收。在医学上，利用酒糟制取的复合氨基酸中支链氨基酸与芳香族氨基酸的分子比值远远大于正常人的 2.6～3.5 的比值，因此，其更适合于肝脏、肾脏疾病的治疗。利用酒糟提取复合氨基酸及微量元素的具体方法是，用工业 H_2SO_4 水解酒糟蛋白质，再用石灰乳中和除酸，提取复合氨基酸及微量元素。氨基酸的生成率为18.00%～23.00%，精品氨基酸种类17种，其中包括7种人体必需氨基酸及多种微量元素。不过，其缺点是氨基酸提取后，剩余的残渣及废液仍将严重地污染环境[34]。

2. 提取菲汀（植酸和植酸钙镁）

菲汀是肌醇六磷酸（即植酸）与金属钙、镁等离子形成的复盐，其广泛存在于植物的种子中，如麦麸、稻米糠、蔬菜等。菲汀的用途十分广泛，主要应用于食品、医药化工、日用化工以及其他行业。菲汀是一种紧缺的医药化工原料，可以促进人体的新陈代谢、恢复人体内磷的平衡、改进细胞的营养作用，是一种滋补强壮剂。菲汀在工业上主要用于生产肌醇，而肌醇需求量与日俱增，目前国际市场上每吨高达3.5万元，且呈上升趋势。近年来国内肌醇产量的90%用于出口，供不应求，这也带动了菲汀价格上涨。

菲汀又是一种抗营养物质，如果给畜类、禽类（反刍动物除外）喂的酒糟饲料中含有菲汀，就会降低钙、镁、锌等元素的生理效应并影响发育，因此提取了菲汀后的酒糟加工成的饲料具有更高营养价值。由此可见，从酒糟中提取菲汀后可获得更高的经济效益和更好的环境效益，这将为酒糟资源化开辟另一条有效的途径。

从酒糟中提取菲汀的工艺流程见图1-11-16[32]。

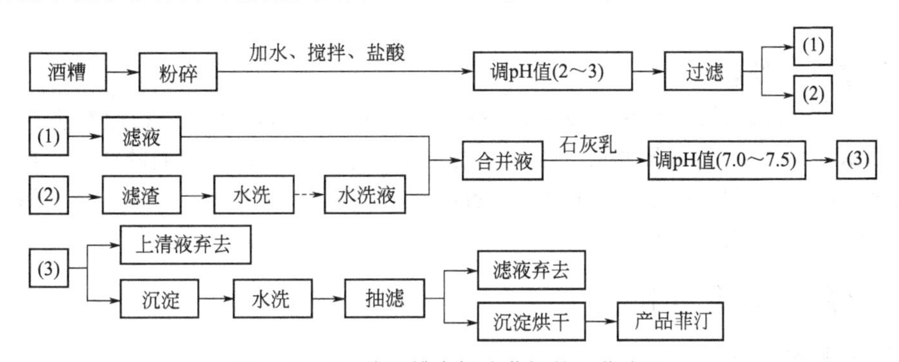

图1-11-16 从酒糟中提取菲汀的工艺流程

3. 制取甘油

甘油是在白酒生产中，以淀粉为原料发酵酿酒的后期产物，但其含量很少，一般为每吨酒糟中含甘油1.3kg左右，直接提取如此少量的甘油是不经济的，但酒糟中含有10%左右在酿酒过程中没有完全利用的淀粉，可将其通过再发酵，制取甘油产品。

以酒糟为原料制取甘油，尚待深入的研究，可以继续培养优良菌种，改进工艺，一旦技术条件更加成熟，且市场需求量增大时，即可用于生产。

除了前面介绍的白酒糟综合利用途径外，其还可以用来生产农肥，很多实验表明酒糟在制造优质农肥的领域有着广阔的应用前景，并能带来较好的社会效益和环境效益；利用酒糟可栽培多种食用菌例如平菇、金针菇、香菇、凤尾菇、黄背木耳、黑木耳、猴头菌等；一般白酒糟中含有一定量的粗淀粉、粗蛋白、糖和有机酸，因此，酒糟还可以酿醋。

三、清洁生产

1. 废水的回收利用

一个中型酒厂每天用水量大约在100多立方米，一年用水量就在36000m^3以上。而全国2万多个酒厂，一年用水量就会达到$7.2\times10^8 m^3$。在所消耗的如此巨大的水量中真正能够利用的水只占50%～60%，其余40%被全部浪费掉[35]。例如，在一些酒厂中由于生产工艺落后，生产设备简陋，传统的生产方式造成在生产中大量的洗米水、洗瓶水、蒸馏冷却水、蒸锅水、煮粮水都作为废水排放掉，不仅造成了环境的污染，也极大地浪费了水、电资源。

白酒企业废水回收包括以下几个方面的内容。

（1）冷却水的回收应用　调查结果表明，冷却水是在白酒生产中浪费最多的水。生产过程的冷却水并没有被严重污染，只是水温较高，可达60～70℃，但大多数生产企业却将这些水直接排放掉，并用新的自来水或地下水作为冷却水来替代。酒厂生产过程中有50%～60%的冷却水被浪费掉。某研究院研究生产的"蒸馏冷却机"可以针对各类冷却水、高温水进行快速循环冷却，重复使用。冷却工作环境可在－15～45℃，温度控制范围在5～40℃，循环流量为2～10t/h。此设备的节水率在98%以上[36]。1t水按3元计算，一年可节约水费4万多元。除去冷却机用电量成本1万元，还可节约3万余元。全国平均按2万个酒厂计算，一年平均节约6亿元以上。

（2）洗瓶水的回收应用　洗瓶水也是白酒企业耗用水量的重要部分，占总耗用水量的1/3，洗瓶后的水只含有泥沙、颗粒、细菌等，回收利用这部分水为节能减排、节约用水、减少排放污染起到重要作用。

（3）企业生活污水的回收应用　企业生活污水也不容忽视，应该对其进行回收加以利用。

2. 调整产品结构

由于淀粉与酒精的转化比率为2∶1，所以，酒精度越高，所需淀粉原料就越多，降低酒精度数是减少用粮的最有效方法。因此，要坚持高浓度酒向低浓度酒的转变。同时，传统固态法生产白酒原料利用率低，生产60度的白酒出酒率仅为20%～40%，而利用液态法生产同样度数的白酒，出酒率在50%～55%，可以节约用粮25%～35%。

四、废水处理与利用

（一）面临的问题

近年来白酒行业发展日益壮大的背后却隐藏着日趋严重的环境问题。尽管我国对于白酒废水的治理已有十余年的时间，但总体情况并不理想。还存在着一些关键的问题没有解决。一方面，白酒行业整体治污比例较低，许多小型乡镇酒厂废水根本没有经过处理就直接排放。另一方面，规模相对大的企业又受困于废水处理设施高的一次性投入，基本上是十几万乃至上千万元人民币。并且，工艺复杂，调试时间长，管理要求高，处理成本高。此外，许多酒厂因为废水处理工艺没有达到排放标准，还需要不断改造甚至重建，有的因为好氧段能耗高而工程建好却不愿坚持运行。不可否认，白酒行业要继续发展就必须解决好污染的问题。

（二）处理工艺

白酒废水属于易降解有机废水。通常的处理方法有物理法、化学法和生物法。而处理过程通常分为三部分：预处理、二级处理和深度处理。表1-11-26[31]为几种生化处理技术的比较。

1. 预处理方法

白酒废水通常含有较多悬浮物质，并且废水pH值小。因此，要对白酒废水进行预处理，以达到减轻后续处理负荷和为后续处理创造稳定条件的目的。常用的预处理方法包括：过滤法、重力沉淀法、气浮法、离心法、中和法、厌氧降解法等。对于白酒废水中较多的悬

表 1-11-26　白酒废水生化处理技术的比较

处理技术	优　点	缺　点
好氧法	不产生臭味的物质，处理时间短，处理效率高，工艺简单投资省	人为充氧实现好氧环境，牺牲能源，运行费用相对昂贵
厌氧法	高负荷高效率，低能耗投资省，回收能源	多有臭味，高浓度废水处理出水仍然达不到排放标准，运行控制要求高
厌氧-好氧法	厌氧阶段大幅度去除水中悬浮物或有机物，提高废水的可生化性，为好氧段创造稳定的进水条件，并使其污泥有效地减少，设备容积缩小，中等投资	需要根据实际合理选择工艺进行优化组合，建造与操作比单纯好氧或纯粹厌氧复杂，有时运行条件控制复杂，管理难
微生物菌剂	处理系统启动快，效果好	高效优势菌种筛选难度大，技术不是很成熟

浮物质，首先需进行固液分离，通常采用离心或气浮分离装置、初沉池、格栅。白酒废水的低 pH 值，不利于微生物的生长，会抑制甲烷菌生长，所以需设置调节池或水解酸化池，利用兼性水解菌对有机物进行初级分解，达到调节水质、水量的目的。

对于酿酒厌氧处理消化液，曾有人[36]采用预曝气-化学混凝沉淀工艺对其进行预处理。当消化液 COD 为 4500～6000mg/L，预曝气时间为 6h，混凝剂 $FeCl_3$ 添加量为 100mg/L 时，该预处理法对于消化液的 COD 和 SS 去除率分别为 24.3%和 75.4%，出水水质对后续好氧处理有利。

2. 二级处理方法

二级处理方法包括厌氧生物法和好氧生物法，单独采用厌氧或好氧法都不能得到较好的出水，需要将厌氧和好氧法结合起来，才能达到预期的目的。

厌氧处理法主要包括：UASB（上流式厌氧污泥床）、EGSB（厌氧膨胀颗粒污泥床）、UBF（上流式厌氧复合床）、IC（厌氧高效内循环）和 AFB（厌氧流化床）等。经过厌氧生物处理后废水的 COD、BOD 可大幅度降低，但在一般条件下，其对于除去磷酸盐和氨的效果有限，需要将好氧法作为厌氧法的后处理工艺，常用的好氧处理工艺有：SBR（序批式活性污泥）法、CASS（循环活性污泥）、氧化沟法、生物接触氧化法和膜生物反应器等。

3. 深度处理方法

白酒废水由于具有色度，所以在二级处理后要对其进行后处理，以去除色度。由于蛋白黑素的存在，酒糟废液在经厌氧处理后，废水呈黑褐色，此外，“下沙”、“糙沙”工艺中，高粱冲洗水和浸泡水呈红褐色。白酒废水深度处理方包括：吸附法、膜过滤法、催化氧化法、混凝沉淀法等。吸附法常用活性炭、粉煤灰等为吸附剂。

表 1-11-27[30]为目前我国部分白酒企业的废水处理工艺。

表 1-11-27　我国部分白酒企业的废水处理工艺

企业名称（代号）	废水处理工艺	企业名称（代号）	废水处理工艺
1	两级 USAB→UBF→SBR	7	复合厌氧反应器→化学混凝
2	两级 EGSB→生物接触氧化法	8	水解酸化→UASB→SBB→水生生物进化
3	UASB→生物接触氧化法→中空纤维膜过滤	9	两级 UASB→絮凝沉淀→两级好氧滤池
4	AFB→CASS	10	水解酸化→生物接触氧化→气浮
5	UASB→SBB	11	水解酸化→低负荷活性污泥
6	两级 UASB→CASS→生物滤池	12	UASB→生物接触氧化法→活性污泥法

(三) 工程实例[37]

某白酒厂采用UASB-SBR-陶粒过滤组合工艺处理白酒废水。

1. 废水水质、水量

该酒厂以高粱为主要原料，地窖发酵生产白酒，产量为24000m^3/a。酿酒工艺过程中产生的高浓度有机污水分别为高粱浸泡水、甑脚水、窖底水、地面冲洗水，污水排放量为1200m^3/d。废水具体水质见表1-11-28。排放标准执行《污水综合排放标准》(GB 8978—1996) 二级标准。

表1-11-28 污水水质及出水水质要求

项目	COD/(mg/L)	BOD/(mg/L)	SS/(mg/L)	pH	色度(稀释倍数)	水温/℃
高粱浸泡水	10000	1482	534	5.48	200	20～35
甑脚水	42453	27673	8101	3.54	400	100
窖底水	172831	70074	19466	4.26	800	20
地面冲洗水	11132	1229	2243	5.67	180	20
设计水质	15000	9500	720	5	350	20～35
出水标准	≤150	≤30	≤150	6～9	≤80	≤40

2. 工艺选择

根据白酒废水浓度高、色度高的特点，该厂采用厌氧、好氧、脱色组合工艺来处理其白酒废水。厌氧阶段采用上流式厌氧污泥床UASB；好氧阶段采用序批式活性污泥法SBR；脱色采用陶粒过滤，陶粒滤料的优点是质轻、表面积大、有足够的机械强度、水头损失小、吸附力强、价格较活性炭便宜，适宜于脱色等处理。

车间高浓度废水由厂区污水管道收集后，经粗、细格栅去除污水中的漂浮物和大的悬浮物，通过调节池调节水量水质，然后进入水解酸化池进行预处理。为改善UASB的进水条件，水解酸化池出水进入平流式沉淀池进行沉淀，污水沉淀后进入UASB，去除大部分有机物，出水至SBR反应池，在其中将有机物彻底降解，最后进入陶粒滤池，降低色度。污水处理工艺如图1-11-17所示。

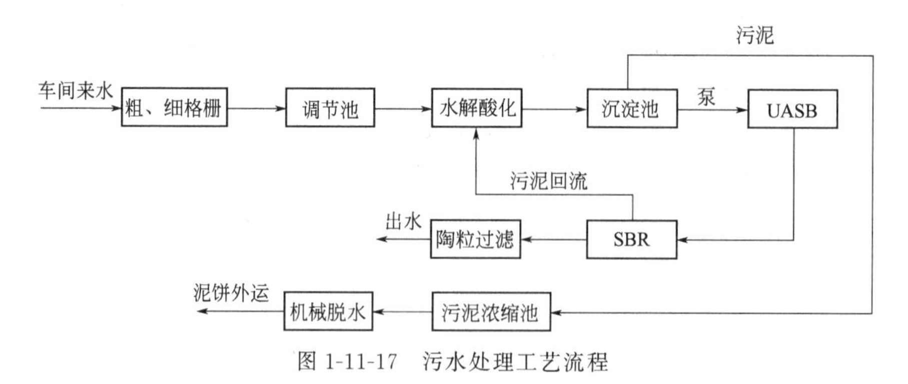

图1-11-17 污水处理工艺流程

3. 主要构筑物技术参数

(1) 调节池 调节池内设穿孔曝气管，气水体积比为4∶1，以防止污泥在池内沉淀。停留时间HRT=8.1h，调节池总尺寸为16m×10m×3m，有效水深为2.5m。共分两格，采用钢筋混凝土结构。污水自流至水解酸化池。

(2) 水解酸化池、沉淀池 水解酸化池起预处理的作用，可减轻后续UASB的负荷。

在产酸菌的作用下，将难降解的大分子有机物转化为易降解的小分子有机物。停留时间(HRT) 为 4h，总尺寸为 16m×7m×2.5m，有效水深为 2m，共分两格，采用钢筋混凝土结构。为防止悬浮物沉淀，设 4 台水下搅拌机，型号为 SJ-50。水解酸化池出水自流至平流式沉淀池，平流式沉淀池共分 2 格，每格沉淀池尺寸为 8m×2m×2.8m，沉淀池出水由 2 台潜水泵 100QW65-15-5.5 提升至 UASB 反应池。

(3) UASB 反应池　UASB 反应池共分为 4 格，尺寸相同，并联运行，总尺寸为 15m×15m×6m，有效容积为 1282.5m^3，COD 的容积负荷为 14kg/(m^3·d)，UASB 反应池采用钢筋混凝土结构，内置生物填料 2m 高。进水采用均匀布水系统，出水设置钢结构三相分离器，三相分离器为设备厂家专利技术设备。

(4) SBR 反应池　SBR 反应池共分为两格，尺寸相同，并联运行，每格日运行 3 个周期，每格 SBR 有效容积为 540m^3。SBR 反应池总尺寸为 15m×8m×4.5m。采用钢筋混凝土结构。BOD 污泥负荷为 0.30kg/（kgVSS·d)，SVI 值为 100mL/g 左右，沉降后污泥高度为 2.5m。SBR 反应池运行周期为 10h，其中进水 4h，曝气 4h，沉淀 0.5h，排水和闲置 1.5h，进水一半后开始曝气，进水结束、曝气开始及排水结束由池内水位控制，曝气结束、排水开始由时间控制。充氧采用穿孔管鼓风曝气，排水采用机械式滗水器，进水由两个电动蝶阀切换控制。

(5) 陶粒过滤　滤池共设两格，交替使用。每格平面尺寸为 3.5m×2.5m，有效过滤面积为 7.5m^2，滤速为 8m/h，过滤周期为 8h。滤料为陶粒，粒径为 4～8mm，滤层厚度 0.8m，承托层 0.45m，滤料层上水深为 1.75m，滤池总高为 3.3m。采用管式大阻力配水系统，反冲洗强度为 14L/(m^2 · s)，冲洗时间为 6min，选用两台反冲洗水泵，型号为 200QW400-10-22，交替使用。

4. 出水水质

该废水处理后的水质均达到排放标准，如表 1-11-29 所示。

表 1-11-29　出水水质

项　　目	COD/(mg/L)	BOD/(mg/L)	SS/(mg/L)	pH	色度(稀释倍数)
调节池	14705	9264.5	308	6	350
UASB 出水	1347	823.6	287	5.85	301
SBR 出水	122	42.3	60	7.01	152
陶瓷滤池出水	109	24.8	50	7.01	71
总去除率/%	99.2	99.7	93.1		79.7
排放标准	≤150	≤30	≤150	6～9	≤80

第三节　酒精工业废水

酒精工业是国民经济重要的基础原料产业。酒精广泛应用于化学工业、食品工业、日用化工、医药卫生等领域，它是酒基、浸提剂、洗涤剂、溶剂、表面活性剂的重要原料。

新中国成立前，我国酒精工业发展缓慢，只有辽宁、吉林、黑龙江、四川以及沿海等地 30 多家发酵法酒精生产厂。新中国成立后，随着国民经济的不断发展，特别是液态法生产白酒的推广，酒精工业有了很快的发展。目前，我国年酒精产量在世界上居第三位，仅次于巴西和美国。

“十一五”期间，在国家转变发展方式、发展循环经济、开展节能减排工作的大环境下，酒精行业虽受金融危机、出口大幅萎缩等不利因素的影响，但依靠技术进步、结构调整和体制改革等措施，实现了稳定、快速增长，产品质量大幅提高，各项经济指标全面提升，行业规模及结构也有了较大改变。到目前为止，全国酒精生产规模以上企业共 199 家，其中国有性质企业 6 家，股份制及私营企业 182 家，外资背景企业 11 家。2010 年，酒精行业实现产量 890.8 万吨，工业总产值 547.69 亿元，实现工业销售产值 529.645 亿元[38]。

按企业规模经济效益（包括综合利用经济效益）和废水治理工艺科学性等特点，酒精行业划分为以下三种规模：①大型企业，年生产酒精 3 万吨以上，采用玉米、薯干、木薯为原料，发挥规模、技术、综合利用等优势。酒精、综合利用等产品较为畅销，且废糟水经生产 DDG（玉米酒精糟滤渣蛋白饲料）、DDGS（玉米酒精糟全糟蛋白饲料）或厌氧-好氧工艺处理基本上能达标排放。②中型企业，年生产酒精 1 万～3 万吨，能发挥原料、技术优势，已经建立或正在筹建综合利用与废水处理设施。③小型企业，年生产酒精 1 万吨以下，基本上采用附近地区原料，酒精产品部分自用。由于这部分生产企业的规模很不符合国家规定（原国家计委、轻工总会明文规定，酒精企业生产与综合利用最小经济规模应为年产 3 万吨以上），因此是重点整治对象。2006 年为了解决近京地区供水污染问题，河北省在污染减排上采取大量措施，对污染严重的、年产 3 万吨以下的酒精生产企业进行关停处理[39]。我国在“十一五”期间，大力推进酒精行业淘汰落后产能工作，累计淘汰落后产能 160 万吨，改善了行业结构，提升了酒精行业的整体竞争能力[39]。

酒精行业存在如下主要问题。

(1) 酒精生产严重过剩，产需不平衡。由于全国粮食、甘蔗，大幅度增产，酒精工业有充足的原料，再加上酒精的高税收，已成为地方财政的重要来源，一些地区在自身能力之上盲目扩产和新建酒精生产项目，使酒精产量增长速度大大高于国民经济整体增长速度，实际市场需求量不足酒精总产量的一半。酒精的盲目建设给国家、企业带来了十分严重的后果。

(2) 酒精生产市场萎缩，竞争激烈。由于以酒精作为原料价格高，因此化工行业用酒精作为原料的比重连年下降。加上合成酒精，糖酒精的低价冲击，使本来就形势严峻的酒精市场竞争更加激烈，企业开工率低，处于频繁开停，维持生产的状态，企业效益大幅度下滑。

(3) 由于历史的原因，我国的酒精厂家分布分散，遍及全国，隶属十多个部门，规模大小参差不齐，行业管理混乱，特别是酶剂工业和酵母工业的发展，促进了中小工业酒精厂的兴起，然而它却是一个资源（粮食、燃料、电力、水）消耗大的行业。

(4) 酒精生产企业在节能、自动化、综合利用和废渣废水治理等方面与先进国家尚有很大差距，节能减排任重道远。酒精行业是我国环境排放有机污染物最高、污染环境严重的一个行业，酒精糟的污染是食品与发酵工业最严重的污染源之一。由于投资、生产规模、技术、管理等原因，大部分企业的综合利用率较低，采用清洁生产工艺及废水治理措施不到位。世界平均水平单位酒精能耗 300～400kg 标煤，我国是 800kg。从另一个角度说，差距也是潜力。在强调建设资源节约型、环境友好型社会的今天，不能很好地解决节能降耗问题的企业肯定会遭到淘汰。

(5) 酒精行业应向规模型、集团化综合型、多种产品等方向发展或开发新的原料资源，从而增强企业综合竞争实力。

为促进酿酒工业发展和推进酿酒工业污染防治，原中国轻工总会发布了“酿酒工业环境保护行业政策、技术政策和污染防治对策”、“轻工业资源综合利用技术政策”。新技术成果不断涌现，其中：耐高温淀粉酶，中温蒸煮技术，高温酵母菌种及技术，连续发酵，高效差压蒸馏，以及玉米酒精 DDGS 成套设备国产化技术已经在全行业普遍应用[40]。

1. 企业规模、原料

(1) 企业规模：酒精生产和综合利用的最小经济规模为3万吨/年；

(2) 酒精生产原料结构由以薯类为主逐步调整为以玉米为主，实现有经济效益的综合利用和废水达标排放；

(3) 提倡糖蜜酒精集中加工处理和综合利用；

(4) 严格控制扩大酒精生产能力的基建、技改项目。

2. 技术政策

(1) 限制和淘汰的技术　包括：①淀粉原料高温蒸煮糊化技术；②低浓度酒精发酵技术；③常压蒸馏技术和装置。

(2) 宜推广应用的综合利用、治理污染的技术　包括：①以玉米为原料的酒精糟生产优质蛋白饲料（DDGS）技术；②薯类酒精糟厌氧发酵制沼气，消化液再经好氧处理技术；③糖蜜酒精糟采用大罐通风发酵生产单细胞蛋白饲料技术。

(3) 资源综合利用技术政策

① 发酵工业应采用淀粉质原料，特别是采用玉米为原料，应首先经前分离副产品后再生产淀粉和淀粉糖。

② 酒精行业应采用耐高温α-淀粉酶和糖化酶的双酶法新工艺；应用高温、浓醪酒精发酵工艺，淘汰低温、低浓发酵技术；应用固定化连续发酵以及差压蒸馏节能技术与装置。

③ 糖蜜酒精糟生产颗粒有机肥或复合肥；糖蜜生产甘油、蔗渣与糖蜜原料生产纤维性饲料。

酒精工业严重污染环境，但长期以来整个行业的综合利用和污染治理进展迟缓。从技术角度深究其原因，主要是尚未抓住酒精工业污染全过程控制，即将原料、生产工艺与设备、综合利用与废水处理作为一个整体考虑。

从发达国家工业污染防治的经验来分析，这些国家强调生产全过程的节能、降耗、减污。在制定行业污染物排放标准时，根据行业的排污、生产工艺和设备、生产规模以及不同时期特性，提出与排放标准相匹配的实用技术，使环境管理与工业污染源控制技术结合起来。

一、生产工艺与废水来源

(一) 生产工艺

我国酒精生产的原料比例为：淀粉质原料（玉米、薯干、木薯）占75%，废糖蜜原料占20%，合成酒精占5%[41]。由此可知，我国生产酒精的主要原料是淀粉质，而淀粉质原料中主要是薯干、玉米，这是不同于世界酒精生产的特点。世界范围内，废糖蜜、玉米是酒精生产的重要原料。

酒精生产分为发酵法和化学合成法两种。发酵法是将淀粉质、糖质原料，在微生物作用下经发酵生产酒精。该法根据原料不同可分为以下三种。

1. 淀粉质原料发酵生产酒精

这是我国生产酒精的主要方法。该法是以玉米、薯干、木薯等含有淀粉的农副产品为主要原料，经蒸煮、糖化工艺将淀粉转化成糖，并进一步发酵生产酒精。其生产工艺流程见图1-11-18[41]。

2. 糖蜜原料发酵生产酒精

该法是以制糖生产工艺排出的废糖蜜为原料，经稀释并添加营养盐，在微生物作用下再

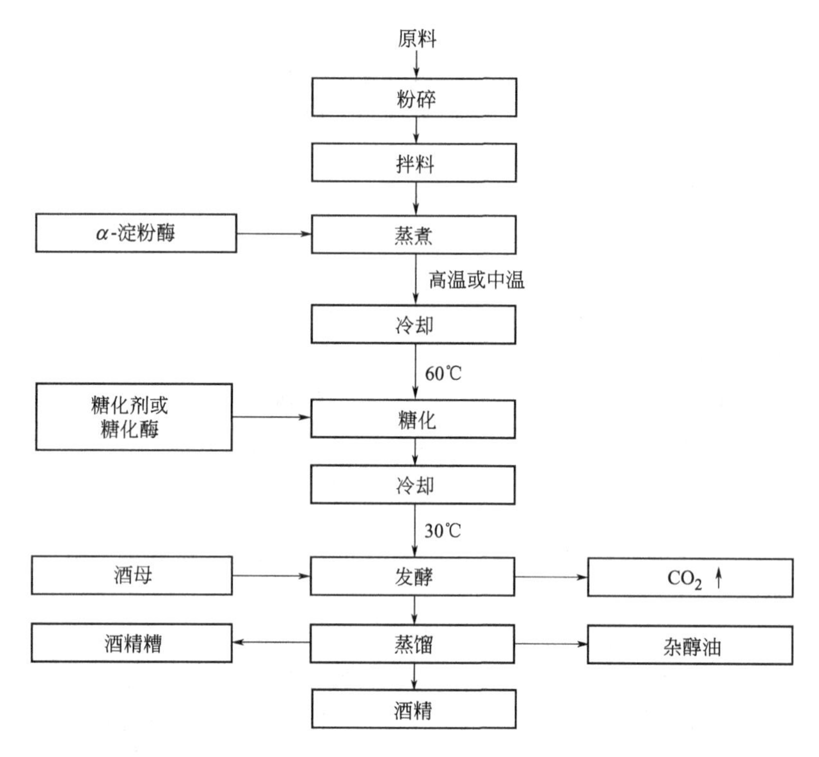

图 1-11-18 淀粉原料发酵法生产酒精工艺流程

进一步发酵生产酒精。其生产工艺包括稀糖液制备、酒母培养、发酵、蒸馏等。

3. 亚硫酸盐纸浆废液发酵生产酒精

该法是以裂解石油废气为原料，经化学合成生产酒精。

除了传统的工艺方法外，目前，国内已经有公司采用玉米秸秆等农业废弃物为原料，生产生物质酒精。该方法的优点在于生产全程无污水、无废气、无废物，实现了“零排放”，并且，生产过程产生的残渣还是优质的造纸原料。该工艺技术的核心是 LBA 预处理工艺、自主选育的纤维素酶产生菌和残渣综合利用技术。每吨玉米秸秆可制造 100kg 酒精，同时产生 300kg 包装箱纸浆[42]。

(二) 废水来源

酒精工业的污染以水的污染最为严重。生产过程的废水主要来自蒸馏发酵成熟醪后排出的酒精糟，生产设备的洗涤水、冲洗水，以及蒸煮、糖化、发酵、蒸馏工艺的冷却水等。

酒精生产工艺基本不排放废渣和废气，排放的废气、废渣主要来自锅炉房。酒精生产污染物的来源与排放可见图 1-11-19[40]。由图中可见，酒精生产的废水主要来自蒸馏发酵成熟醪时粗馏塔底部排放的蒸馏残留物——酒精糟（即高浓度有机废水），以及生产过程中的洗涤水（中浓度有机废水）和冷却水。

用淀粉发酵法生产酒精，1t 酒精约排放 12～14m^3 糟液。固形物含量为 5%～6%，pH 3.5～4.5，COD 50000～60000mg/L，BOD 30000～40000mg/L[43]，直接排放，不仅浪费了有机物资源，而且严重污染环境。

二、清洁生产

为降低废水处理的投资、能耗、运行费用，酒精行业已将原料、生产工艺、综合利用、废水治理等作为一个整体综合考虑（即清洁生产），并已成功地研究与开发了一些新工艺、

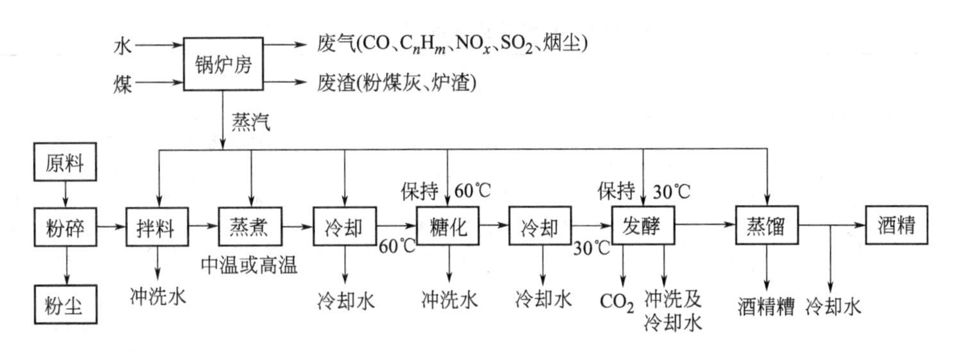

图 1-11-19　酒精生产污染物的来源与排放

新技术、新设备等。

现分别介绍以玉米、薯干为原料生产酒精的清洁生产工艺流程（见图 1-11-20、图 1-11-21）。图中所示的每一工艺均是酒精清洁生产工艺与设备，其概况可见表 1-11-30。由表 1-11-30 可见，酒精工业的清洁生产应包括原料的综合利用、酒精生产工艺与设备、节能降

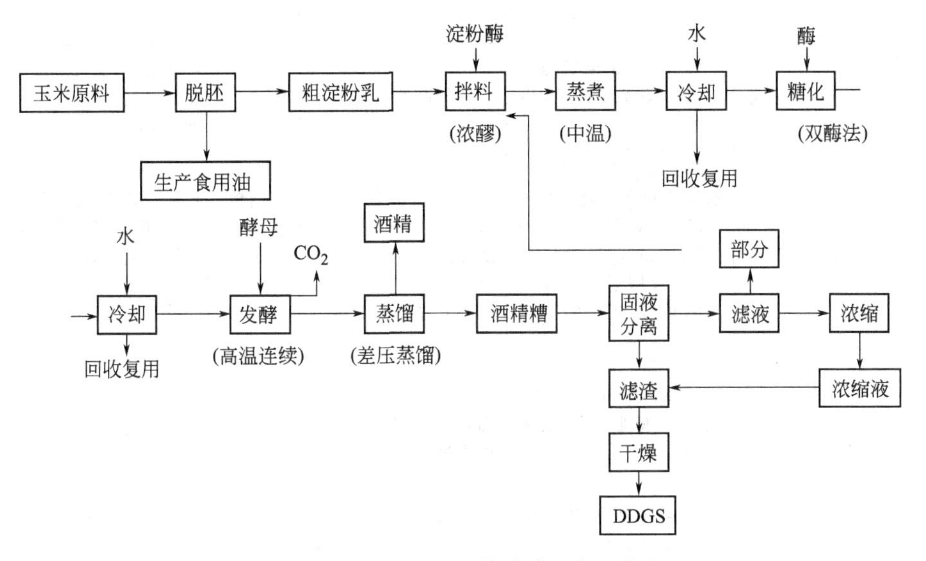

图 1-11-20　玉米原料酒精清洁生产工艺流程

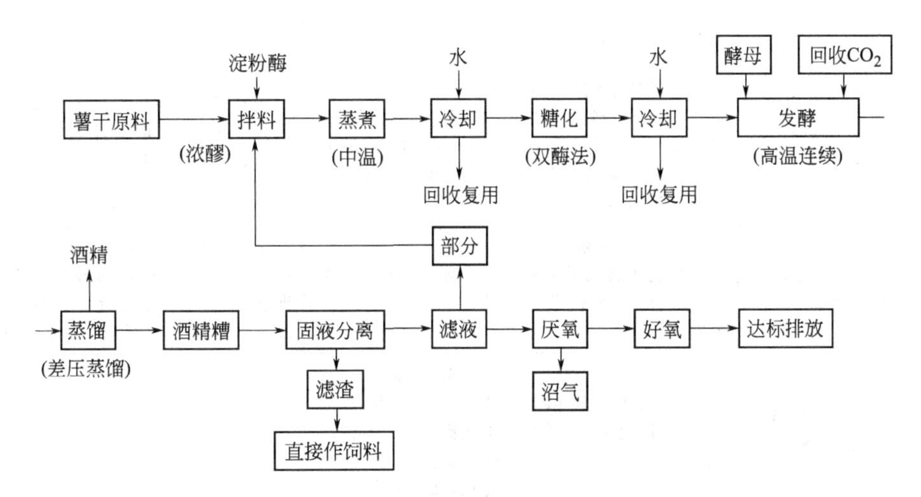

图 1-11-21　薯干原料酒精清洁生产工艺流程

表 1-11-30 酒精工业的清洁生产途径简介

清洁生产途径名称	名称	主要内容	节能降耗与减污	投资与效益分析
原辅料及能源	玉米干脱胚生产玉米渣后再生产酒精	玉米原料先分离出胚芽并提取食用油；用粗淀粉生产酒精；酒精糟综合利用	提高玉米原料利用率和发酵质量，减少废渣排出量，玉米酒精糟综合利用价值高	年产1万吨玉米酒精厂，投资250万元(包括土建、设备等)即可筹建年产380t玉米油生产车间(干法)，年盈利可达250万元，该工艺提高酒精生产能力20%(即增产0.2万吨)，避免了发酵过程中油层污染
	冷却水、余馏水利用	将酒精生产所有冷却水统一考虑予以回收利用	节能、节水、降低污染负荷与排放量	年产万吨酒精厂如能采用较先进热交换设备，实行闭路，多次循环，则每年可节水40万吨，盈利20万元；增产酒精0.3万吨，盈利50万元，循环用水可作为洗瓶用水
	降低蒸汽耗量	将蒸汽灭菌改为碱洗灭菌，将蒸馏预热器并联改为串联，提高预热温度		年产万吨酒精厂改蒸汽杀菌为碱洗灭菌，改蒸馏预热器并联为串联，每年可节约费用130万元
	低压锅炉发电	在原2～3台低压蒸汽锅炉按背压汽轮发电机发电	有较高经济效益	年产万吨酒精厂，投资200万元筹建背压式汽轮发电机组，可节支70%左右，全年创经济效益160万元
技术工艺	中温蒸煮工艺	传统蒸煮工艺是将淀粉质原料在高温(130～150℃)、高压[0.4MPa(4kgf/cm²)]下进行蒸煮；现采用耐高温α-淀粉酶可在95～97℃下蒸煮	生产1t酒精节煤、节电15%，出酒率有所提高；不增加设备；可增加投料量15%；酒精糟过滤性能提高	酒精厂无需投资，即可进行中温蒸煮工艺：年产1万吨酒精厂，可节煤1500t，价值30万元；与高温蒸煮工艺相比，节约冷却水30万吨，价值15万元；减少糖化酶用量1t，价值15万元
	双酶法糖化工艺	酶法糖化工艺简单，无需一套生产精化曲车间	节能20%左右，提高产品得率1%，酒精糟过滤性能提高	酒精厂无需投资，即可进行双酶法糖化工艺；年产1万吨酒精厂，采用高温α-淀粉酶和高转化率糖化酶，可增加产值50万元
	高温、连续、浓醪发酵工艺	采用高温、高浓度酒精发酵技术和固定化酵母连续发酵技术，拌料水比可达1∶2.5左右，发酵温度达37℃	节能节水15%左右，节约设备投资或提高发酵设备利用率40%以上；减少废水产生	年产万吨酒精厂投资80万元，筹建高温连续、浓醪工艺生产线；该工艺能节电、节水、节煤，每年能节约支出60万元左右，同时，减少废水25%，削减COD总负荷25%
设备	差压蒸馏工艺与设备	常压酒精蒸馏产品质量不太稳定，吨酒精耗汽4.5～5t，耗冷却水40～50t，差压蒸馏工艺即能节能节水	吨酒精蒸馏耗汽为2.50t左右，吨酒精只需冷却水10t	年产万吨酒精厂150万元，筹建差压蒸馏生产线，每年节省蒸汽40%，节水40%，节约支出100万元左右，大大降低冷却水的排放
	DDGS生产工艺与设备	玉米酒精糟生产DDGS能达到无污染排放，且有较高的经济效益	有环境、经济、社会效益	年产万吨玉米酒精厂总投资1500万元(包括土建、设备等)筹建DDGS生产线，即能生产0.8万吨蛋白饲料，年节标准0.1万吨，全年盈利400万元左右
过程控制	采用计算机控制系统(DCS)	DCS系统对酒精生产全过程进行控制与操作	充分发挥工艺、设备的潜在能力，稳定工艺操作、减轻强度，提高蒸馏效率，降低能耗，强化生产管理	节约大量操作人员

续表

清洁生产途径名称	名称	主要内容	节能降耗与减污	投资与效益分析
废弃物	二氧化碳回收利用	将发酵工艺排出的 CO_2 回收利用，不但消除环境污染，而且可将 CO_2 用于饮料、焊接等	提高原料利用率 20%，CO_2 排放量降低 80%，减少工艺废气排放	年产万吨酒精厂投资 80 万元筹建 CO_2 回收生产线，即可回收 CO_2 2000t，盈利 150 万元
	酒精糟滤液回用生产	酒精糟滤液送拌料继续发酵生产酒精，减少其排放量和处理量	节约拌料水 50% 以上	年产万吨酒精厂投资 100 万元左右筹建酒精糟滤液回用生产工艺，即可将酒精糟滤液 50% 以上回用拌料，滤渣直接出售作饲料，每年盈利 50 万元，并减少污染排放 70% 左右
	酒精糟厌氧-好氧工艺综合利用与治理	酒精糟采用厌氧发酵生产沼气、厌氧消化液用好氧进一步治理达标排放	酒精糟在综合利用基础上达标排放	年产万吨酒精厂总投资约 500 万元，其中设备投资 300 万元，基建投资 200 万元，总装机容量约 150kW；全年生产沼气收入，节水、减少排物费支出等可节支 45 万元左右
管理	严格车间现场管理	杜绝水、电、汽跑冒滴漏	节水、节电、节汽、节油等	经调查，年产万吨酒精厂严格车间管理，可节汽、节水、节原材料，价格可达 9 万元
	设备定期保养制度化	提高设备完好率、运转率	降低运转费用	经调查，年产万吨酒精厂设备定期维修保养制度化，可降低运行费用 7 万元
员工	职工岗位技术培训，严格工艺操作规程	规范现场操作，增强职工责任心，避免事故	避免不必要的经济损失	经调查，年产万吨酒精厂严格工艺操作规程，可避免大小事故的发生

耗、生产过程的控制、综合利用与废水处理、生产组织与管理等。当然，它的主要发展方向是节能与酒精糟的综合治理。目前，已有相当部分酒精厂采用低能耗的双酶法液化、糖化工艺和高温活性干酵母连续发酵工艺，同时，发酵成熟醪的差压蒸馏工艺与设备和玉米酒精糟生产 DDGS 工艺与设备已经在全行业得到普遍应用。所有这些，将使生产 1t 酒精的总能耗从 700～1000kg（尚未包括生产蛋白饲料）标煤下降到 600～700kg 标煤（包括生产蛋白饲料），同时达到酒精生产无污染物排放[40,41]。

图 1-11-22[43] 为酒精酿造清洁生产、节能降耗、资源循环利用流程。

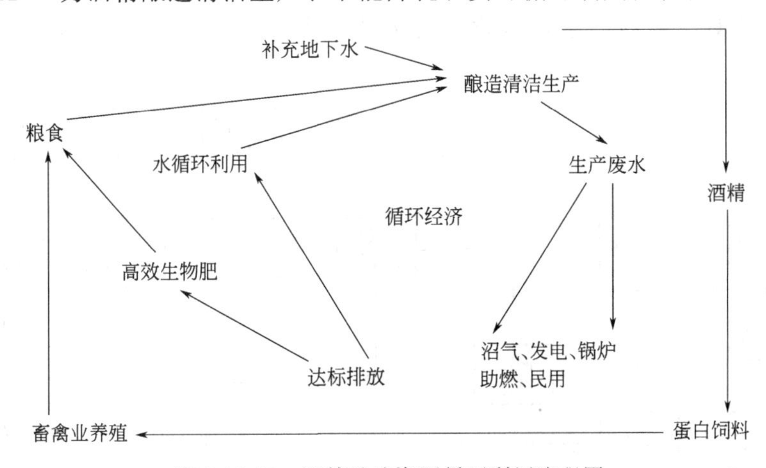

图 1-11-22 酒精酿造资源循环利用流程图

下面介绍几种酒精生产节能技术[44]。

1. 高效节能发酵工艺技术创新

某公司调整了破碎工艺，控制破碎颗粒直径在1.5～1.8mm，拌料加水比1∶(2.5～2.8)，拌料温度70～75℃，使蒸煮阶段降低了蒸汽消耗，达到了浓醪发酵工艺的要求，但较高的水温容易使粉浆结团。为解决这一矛盾，添加了一种耐高温的α-淀粉酶，使原料中的淀粉吸水膨胀或使部分糖液在耐高温α-淀粉酶的作用下，迅速水解为糊精、低聚糖等，这样既避免了粉浆结团，又达到了降低蒸煮压力和温度的目的。

在高浓度的酒精发酵混合物中，分离组分所需的能耗较少，在酒精生产过程中，发酵成熟醪酒精含量从8.5%提高到10%～11%，吨酒精生产可节约蒸汽350kg、电23kW·h。并且，减少废液排放，降低废水处理费用。吨酒精可节省工艺用水1.0～1.3m^3，减少酒糟排放量1.3～1.7t。

2. 冷却水循环使用与节水技术创新

酒精生产是一个耗水量大的行业，其中又以冷却水耗量最大。

水在酒精生产中不仅仅是一种重要的原料，也是调节生产工艺条件和辅助生产的一种重要物质。根据酒精生产中各种工艺设备对冷却水温度要求的差异，可以采用冷却水梯级利用，在循环水池内加除藻剂、缓蚀阻垢剂，可提高冷却水的循环倍数。

改造建立循环冷却水系统和恒压供水系统，使水降温后循环回用，冷却水通过接触传热和蒸发传热效应进行散热、冷却。将水池中温度较低的冷却水，经恒压供水系统送到换热器冷凝，冷却器使用冷却水温升高后的冷却水再流经冷却塔，通过水与空气对流接触进行冷却降温，然后循环利用。在循环冷却过程中，不断有少量水分因蒸发、风吹、排污渗漏而散失，因此，循环冷却水系统需补充少量的水。

某公司通过采用此项改造技术节水效果明显，现已收到了很好的节水效益，节水量4500m^3/d以上，年可节水148多万吨。对地下水抽提量减少65%左右，对水资源的保护起到了重要作用。

3. 余热回收工艺

该工艺的具体过程是：酒精成熟醪经粗塔蒸馏后，从塔底排出。110℃时，酒精糟液进入余热回收一级真空罐，经气液分离后，酒精糟液再进入二级真空罐，再经气液分离后，酒精糟液从110℃降至80℃，进入污水处理车间。

110℃酒精糟液进入一、二级真空罐经气液分离后，余热蒸汽进入一、二级真空泵，经负压提取真空罐内的余热蒸汽，进入粗塔利用，吨酒精节约蒸汽0.5t，工艺流程图见1-11-23。

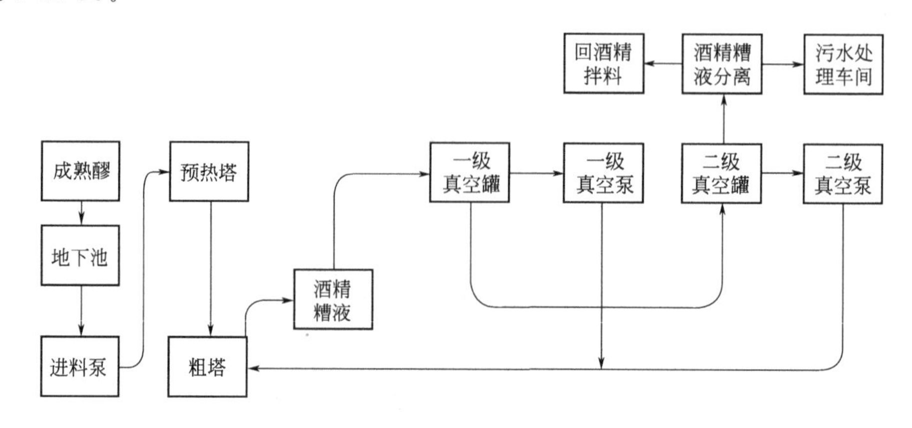

图1-11-23 余热回收工艺流程

三、酒精糟的综合利用和处理

酒精糟虽然无毒，但污染负荷高，并呈酸性，因此排入江河和地下水系将严重破坏生态平衡。为消除酒精糟对周围环境的严重污染，国内外进行了大量的研究、设计与有关工作。结合我国具体国情，酒精糟的综合利用和处理是以酒精生产使用的原料划分的，现分别介绍如下。

(一) 玉米酒精糟的综合利用与处理

美国、西欧等经济发达国家均将玉米酒精糟采用浓缩干燥工艺。该工艺是将酒精糟进行固液分离后的滤液浓缩，然后与滤渣混合后干燥，生产 DDGS 即商品蛋白饲料，工艺流程可见图 1-11-24[41]。DDGS 的蛋白含量可达 27%～30%，营养价值可与大豆相当，便于存放和运输，是十分畅销的精饲料，尤为重要的是较彻底地消除了酒精糟的严重污染。

美国某酒精厂（年生产 18 万吨酒精），每年约联产 18 万吨 DDGS（生产 1t 酒精到底能联产多少吨 DDGS，应根据生产 1t 酒精到底排放多少吨酒精糟和酒精糟总固形物含量进行计算）。英国苏格兰地区采用玉米原料的大型威士忌酒厂年生产 4.5 万吨酒精，亦联产约 4.5 万吨 DDGS。由此可见，采用全干燥工艺综合利用与治理玉米酒精糟在经济发达国家早已实现生产工业化。

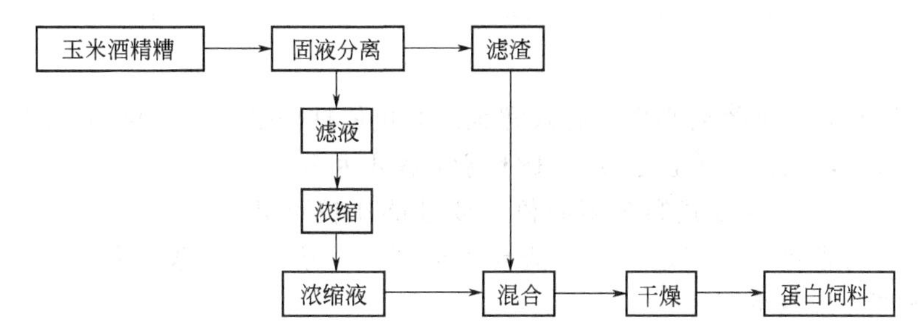

图 1-11-24　玉米酒精糟生产蛋白饲料工艺流程

我国工业基础薄弱，加上能源较贵，因此，利用玉米酒精糟生产 DDGS，目前是在引进生产线基础上不断地消化吸收。

玉米酒精糟生产全价干酒糟工艺流程可参阅图 1-11-25[41]。这里简单介绍一下工艺与设备有关情况。

1. 固液分离

酒精厂酒精糟排放量大，悬浮物含量高，且粒度不均、黏度大、温度高、酸度高，因此对固液分离设备有较高的要求。目前主要采用以下几种。

（1）沉淀池　沉淀池依据的是酒精糟悬浮物在重力下自然沉降的原理。目前，不少小型酒精厂仍采用这种工艺。该工艺只需在地上挖数个方形浅池，将酒精糟排入池内，自然沉降数个小时，滤渣含水 90%左右，即可卖给附近农民作为饲料。这种方法的投资与运行成本低，但是处理效率低，分离效果差。

（2）板框压滤机　板框压滤机依据的是过滤的原理。该机分离效果好，滤饼含水率为 65%～75%，滤液含悬浮物 0.5%～0.8%。同时，该机不受酒精糟含沙石的影响；但是不能连续分离，效率低，工人劳动强度大，占地面积大。

（3）真空回转过滤机　真空回转过滤机依据的是真空过滤的原理。该机操作稳定，不受酒精糟含沙石影响，分离效果好（滤渣含水量为 70%）。但是附属设备多，对高温酒精糟连续过滤，将失去真空作用。由于该设备耗电高，占地面积大，设备维护工作量大，因此正逐

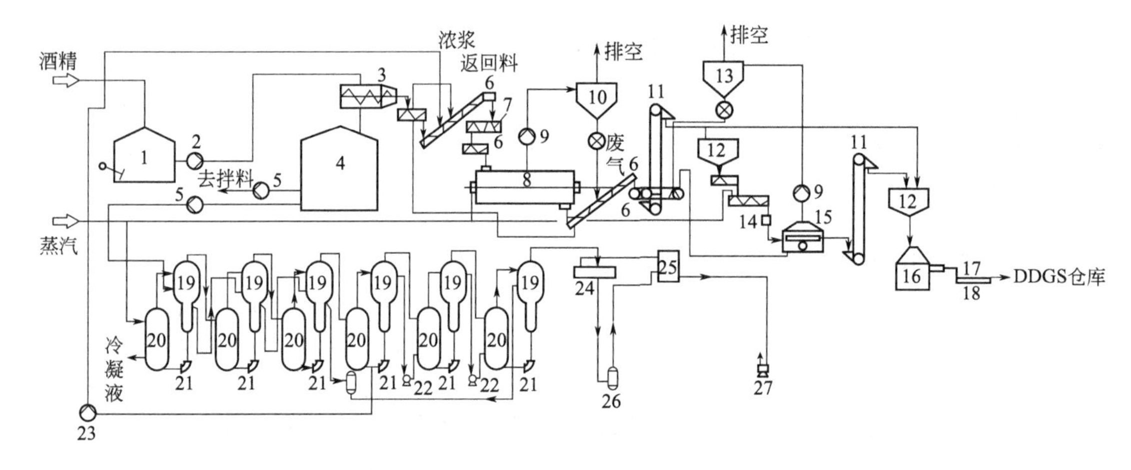

图 1-11-25 玉米酒精糟生产全价干酒糟工艺流程

1—酒糟贮罐；2—曲杆泵；3—分离机；4—糟液贮罐；5—离心泵；6—螺旋输送机；7—搅拌机；8—干燥机；9—风机；10—旋风除尘器；11—斗式提升机；12—料斗；13—除尘器；14—造粒机；15—储分冷却机；16—包装机；17—缝口机；18—输送机；19—汽液分离器；20—蒸发罐；21—循环泵；22—离心泵；23—提升泵；24—卧式冷凝器；25—立式冷凝器；26—真空泵；27—真空泵

渐被淘汰。

(4) 卧式螺旋卸料沉降离心机 卧式螺旋离心机依据的是离心分离的原理。该设备占地面积小，能耐高温，操作简单且连续，其分离效率可达 80%～85%，每分离 1m³ 酒精糟耗电 2～3kW·h。部分型号卧式螺旋离心机主要性能比较可见表 1-11-31[41]。酒精糟固液分离质量直接影响到能耗和生产运行。滤渣含水分高，可致使干燥设备耗用蒸汽量高和易结垢，使 DDGS 产品质量下降。

表 1-11-31 部分卧式螺旋离心机主要性能比较

企业、公司名称	型号	处理量/m³	滤渣含水/%	电机功率/kW	自重/t
德国福朱利	25L	20	80	45	6.2
英国夏普公司	P-3400	20	75	37.5	1.4
法国 GV INARD	P4LP30HC	16～25	60～67	45	3.0
日本寿公司	S3-3	20	84	55	7.8
苏州化工设备二厂	LW-3809	9	80	18	2.2
浙江宁波解放军 4819 工厂	LWD430	16～18	75	18.5	2.5
浙江青田特种设备厂	LWB(SNF)	8～15	75	15	2.3
上海化工机械厂	LW450X1610-N			37	2.6
无锡市分离机械厂	LWB400	8～10	75	15	2.5

卧式螺旋离心机自动化程度高，生产能力大，但由于该设备是高速运转的机件，螺杆易被酒精糟沙石磨损，从而影响分离效率，因此需对原料或酒精糟进行严格除杂。如将原料进行预处理去砂石，还可将酒精糟进行沉降分离砂石后再用泵送卧式螺旋离心机分离。

2. 浓缩

蒸发浓缩设备在固液分离-浓缩-干燥工艺生产全价干酒糟的全套装置中，投资最大，能耗最高。因此，选择投资小、运行费用低的蒸发浓缩设备，是整个工艺的关键。

为节约能耗，降低运行费用，提高经济效益，降低浓缩温度以减少蛋白质、脂肪等DDGS营养成分损失，玉米酒精糟滤液可采用真空蒸发。一般可采用以下蒸发器。

（1）强制循环蒸发器　其工作方式是用机械泵来增强换热表面上的料液的流动过程。即采用强制流动的方法，提高液体的循环速度，以获得较高的传热系数。这种蒸发器特别适用于处理黏度大、易结垢、易结晶的料液。因此，该蒸发器在DDGS生产中蒸发浓缩酒精糟滤液是合适的。

（2）升膜式蒸发器　膜式蒸发器的一种，其特点是料液仅通过加热一次，不作循环。料液由蒸发器底部进入加热管，受热沸腾后迅速汽化，在加热管中央出现蒸汽柱，蒸汽密度急剧变小，蒸汽在管内高速上升，料液则被上升的蒸汽所带动，沿管壁组成膜状迅速上升，并继续蒸发，汽液在顶部分离器内分离，浓缩液由分离器底部排出，二次蒸汽由分离器顶部逸出。

（3）降膜式蒸发器　其构造基本上与升膜式相同，主要区别是降膜蒸发器中料液由顶部经液体分布装置均匀地进入加热管内，在重力作用下，料液沿管内壁成膜状下降，进行蒸发，在底部进入汽液分离器，浓缩液由分离器底部排出，二次蒸汽由分离器顶部逸出。

膜式蒸发器（包括升膜式及降膜式）由于料液在加热管壁上呈薄膜形式，蒸发速度快，传热效率高，对处理热敏性物料及黏度较大、容易产生泡沫的物料均适宜，因此现已成为国内外广泛应用的先进蒸发设备。

（4）闪蒸蒸发器　一种特殊的强制循环蒸发器，在闪蒸蒸发器中，蒸汽通过孔板或阀门时，其压力急剧降低，因而产生节流现象，使料液中水分闪急蒸发而快速进入分离器。在降压闪蒸过程中产生的二次蒸汽，使料液得到较高效能的浓缩。在DDGS生产中，闪蒸蒸发器用于料液的最终蒸发。

在DDGS生产中，蒸发浓缩酒精糟滤液时需要蒸发大量的水分，为了节省能耗，应采用多效蒸发。多效蒸发器中各效（除最后一效外）的二次蒸汽都作为下一效蒸发器的加热蒸汽，这就提高了生蒸汽的利用率，即蒸发同样数量的水（W），采用多效时所需要的生蒸汽量（D）将远较单效时为小。根据经验，蒸发1kg水所需要的生蒸汽（D/W）见表1-11-32[41]。

表1-11-32　蒸发1kg水所需要生蒸汽（D/W）

效数	单效	双效	三效	四效	五效
D/W	1.1	0.57	0.40	0.30	0.27

由于多效蒸发可节省生蒸汽用量，所以，在蒸发大量的水时，应采用多效蒸发。在酒精糟滤液的蒸发上，有的采用双效、三效、四效，有的采用六效蒸发。

多效蒸发的加料，可分为4种，即并流法、逆流法、错流法和平流法。每一种加料方法各有其优缺点。

① 并流法。溶液的流向与蒸汽相同，其主要优点有：a. 由第一效顺次流至末效，因后一效蒸发室的压力较前一效低，各效之间不需用泵输送；b. 前一效溶液沸点较后一效高，因此，当溶液自前一效进入后一效内，即成过热状态而立即自行蒸发，产生更多的二次蒸汽，可使下一效蒸发更多的溶液。主要缺点是：后一效的溶液浓度较前一效的大，而温度又低，黏度增加很大，总传热系数就小得多，使整个蒸发系统的生产能力降低。

② 逆流法。物料的流向与蒸汽相反。主要优点是溶液浓度愈大时蒸发的温度亦愈高，各效溶液均不致出现黏度太大的情况，因而总传热系数不致过小。缺点是除进末效的溶液外，各效之间均需用泵输送，又各效进料温度（末效除外）都较前一效沸点低，故与并流法

比较，所发生的二次蒸汽量减少。

③ 错流法。此法的特点是在各效间兼用并流和逆流加料法。如三效蒸发设备中，溶液的流向可为 3→1→2 或 2→3→1。六效蒸发设备中，溶液的流向可为 1→2→3→6→5→4 等方法。故此法采取了以上两方法的优点，而避其缺点。在操作上较复杂，但采用自动控制或电脑操作，完全可以弥补。

④ 平流法。此法系按各效分别进料并分别出料的方式进行。该法不适合酒精糟滤液的浓缩。

玉米酒精糟滤液一般采用六效真空蒸发的混料加料流程（见图 1-11-26）[41]。

该蒸发系统加热：生蒸汽→1→2→3→4→5→6。

料液的流向是：料液→1→2→3→6→5→4→浓浆。

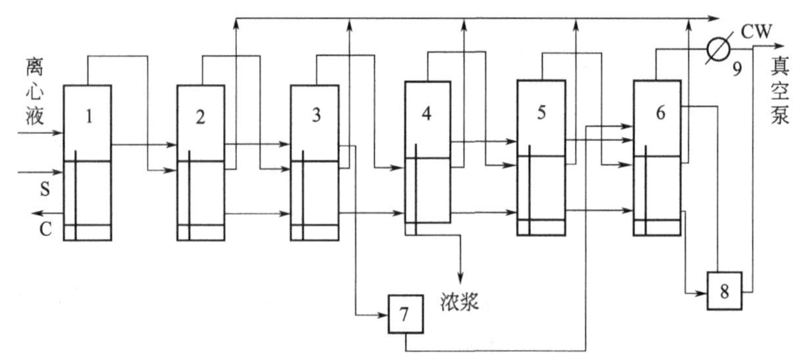

图 1-11-26 六效真空蒸发的混料加料流程

1～6—六效蒸发器；7—闪蒸罐；8—冷凝液贮罐；9—冷凝器；S—生蒸汽；C—蒸汽冷液；CW—冷却水

该蒸发系统每小时可处理酒精糟滤液 10～12t，每蒸发 1kg 水消耗蒸汽为 0.22kg，在第四效或第五效出浓浆。由于浓浆在蒸发器内易结垢，第四或第五效每 7 天左右要交替清洗一次。整个蒸发系统在 15～20 天左右要进行全面清洗。清洗液有 NaOH 溶液、HNO_3 溶液。

3. 干燥

用于 DDGS 生产的干燥设备有两种。一种是 20 世纪 70 年代发展起来的转盘式干燥器（即平板接触式干燥机），其外形可见图 1-11-27[41]。该机特点是对干燥的浓缩液不要求控制水分，有 85%加热面与干燥物料接触，蒸汽耗量低，每蒸发 1t 水分耗汽 1.1～1.3t（滚筒干燥机为 1.7～2t），干燥物料产生的废蒸汽可再次利用，且干燥物料不结块，产品无需粉碎。另一种是管束式干燥器（列管式干燥器），该机能适应较黏物料的干燥，并要求进料水

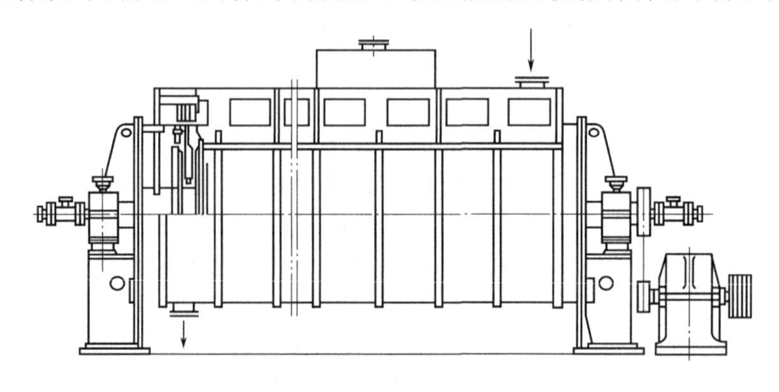

图 1-11-27 PCD 平板接触式干燥机

分控制在35%以下，因此，需将干燥的DDGS与湿物料混合后送干燥。管束式干燥器还易结垢。

玉米酒精糟生产DDGS，既能较彻底地消除污染，使废水达标排放，又能获得高质量的蛋白饲料，一举两得。但是，DDGS生产设备的投资大（特别是引进设备），能耗高（1tDDGS耗电200kW·h，耗蒸汽2.7t，耗水250t），技术要求高，因此该技术适用于大型企业。

（二）薯干酒精糟的处理与综合利用

薯干是我国酒精生产的主要原料之一。薯干酒精糟的主要性质、成分及含量可见表1-11-33。薯干酒精糟蛋白含量较玉米酒精糟低得多，加上黏度大，因而给综合利用与治理带来较大的困难。但随着水处理技术的不断发展，目前，国内酒精废水的处理技术已经逐步成熟，一般采用厌氧（厌氧消化、UASB工艺、厌氧接触工艺）和好氧方法（SBR工艺、接触氧化工艺）处理，运行稳定，基本均能实现污水达标排放[45]。

表1-11-33　薯干酒精糟主要性质、成分及含量　　单位：mg/L

性质、成分	含量	性质、成分	含量	性质、成分	含量
相对密度(25℃)	1.0227	总固形物	51972	P	244.1
精度(20℃)	4.0	悬浮物	21492	K_2O	1700
pH值	4.2	灰分	6604	粗纤维素	5284
酸度/(mmol/L)	63.4	有机物	45368	半纤维素	6345
挥发酸	843.2	可溶性固形物	32152	COD	52060
还原糖	2150	N	1246.9	BOD	23300
总糖	6800				

注：由河南某酒精厂提供。

1. 厌氧-好氧工艺

（1）厌氧-好氧基本原理　厌氧法是在没有游离氧的情况下，以厌氧微生物为主对高浓度有机物进行降解的一种无毒化处理。在厌氧生物处理过程中，复杂的有机化合物被降解转化为简单、稳定的化合物，同时释放出能量。其中大部分能量以甲烷形式出现，这是一种可被利用的可燃气体。厌氧过程中，仅少量有机物被转化，合成为新的细胞组成部分，故厌氧法相对好氧法来讲，污泥增长率少得多。厌氧发酵过程可按温度分为低温（5～15℃）、中温（30～35℃）、高温（50～55℃）。温度高低决定发酵过程的快慢，对沼气产量也有影响。该法对高浓度有机废水较为合适。

好氧法是以废水中有机污染物作为培养基，在有氧的条件下对各种微生物群体进行混合连续培养，形成活性污泥，然后利用活性污泥在废水中的凝聚、吸附、氧化、分解和沉淀等作用过程，去除废水中的有机污染物，使废水得到净化。

（2）厌氧-好氧法处理酒精糟工艺流程　厌氧-好氧法处理薯干酒精糟工艺流程可见图1-11-28[40]。

（3）应用[46]　某酒精厂采用玉米和薯干渣为原料生产酒精，废水排放量约为500m^3/d。其中，以薯干渣为原料的酒精糟液经固液分离后COD为12000～16000mg/L，SS为8000～15000mg/L，pH4.0～4.5；以玉米为原料的酒精糟液经固液分离后COD为30000mg/L左右，SS为3000～8000mg/L，pH3.6～4.0。

该厂选用厌氧＋好氧工艺来处理固液分离后的酒精糟液。对于厌氧工艺，该厂采用

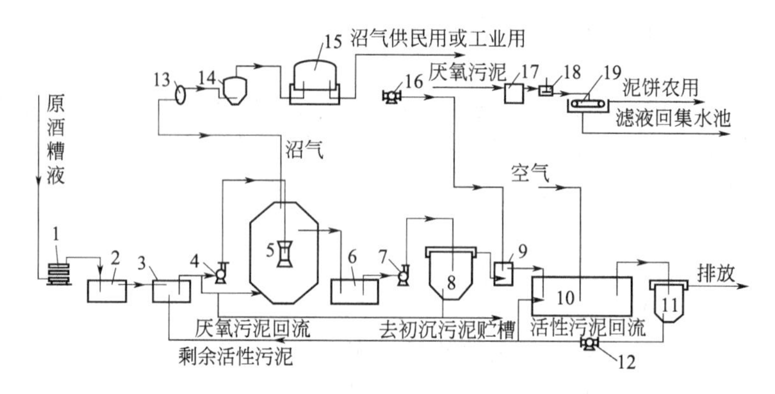

图 1-11-28 厌氧-好氧工艺处理薯干酒精糟工艺流程

1—换热器；2—沉砂池；3—调节池；4—输送泵；5—厌氧罐；6—集水配水池；7—输送泵；8—初沉槽；9—预曝器；10—曝气池；11—二沉池；12—泵；13—气液分离器；14—脱硫罐；15—气柜；16—鼓风机；17—初沉污泥贮槽；18—絮凝反应器；19—污泥脱水机

IC 反应器，IC 反应器具有处理效率和有机负荷高、出水水质好等特点，且对高浓度悬浮物具有较好的适应性。但是经厌氧处理后的酒精废液出水可生化性较差，进一步好氧处理的难度较大。因此，本项目中好氧工艺采用了高效节能的 CASS 技术，它在该厂原有好氧生物转盘的基础上，经过改造建成 CASS 系统。

废水处理工艺流程见图 1-11-29。

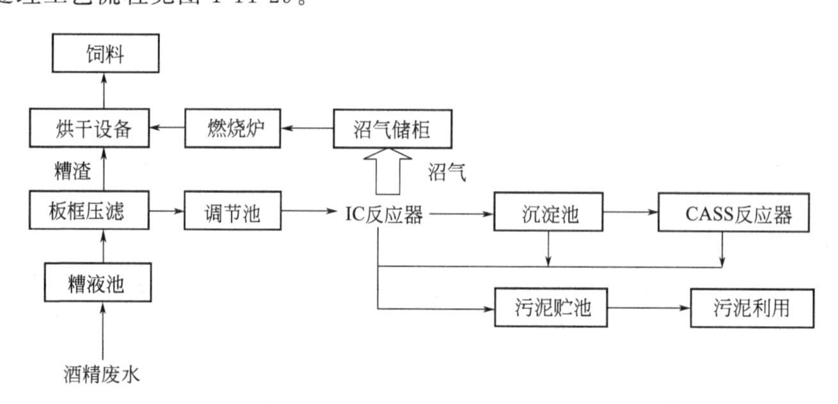

图 1-11-29 酒精废水处理工艺流程

各主要构筑物设计参数如下。

① IC 反应器：2 座，为圆柱形钢结构；反应器高 22m，有效高度 18m，直径 7m，单体反应器容积为 692m^3。

② CASS 工艺：在该厂原有的好氧生物转盘的基础上改建成两池式 CASS 系统，单池容积为 288m^3，总容积 576m^3，有效容积 530m^3。

③ 沼气储柜：1 个，容积 300m^3。

CASS 工艺运行效果见表 1-11-34。

表 1-11-34 CASS 工艺运行效果

项　目	指　标	项　目	指　标
进水 COD/(mg/L)	1400～1800	出水 pH	7.0～7.8
出水 COD/(mg/L)	<300	污泥负荷/[kgCOD/(kgMLSS・d)]	0.32～0.42
出水 SS/(mg/L)	100～150	COD 去除率/%	78～83

IC+CASS 工艺是酒精废水处理的一条高效低耗、行之有效的技术路线。酒精废水经过固液分离后采用本工艺处理，进水 COD 在 12000～30000mg/L，出水 COD 在 300mg/L 以下，总 COD 去除率在 97%以上。

国内某大型酒精集团于 1987 年采用厌氧发酵生产沼气，建造两个 5000m^3 的发酵罐，一个 10000m^3 的贮气柜，以及其他配套工程，日生产沼气 30000m^3。经厌氧发酵后的消化液 pH 值可由 4.3 提高到 7.5，悬浮物去除率为 90%，生物需氧量、化学耗氧量去除率可达 85%左右。从 2009 年开始，该集团实施民用沼气工程，投产后能为 60 万户居民提供生活用气[47]。

2. 固液分离、部分厌氧与好氧处理

薯干酒精糟厌氧-好氧法处理，其投资大、好氧工艺能耗高、运行费用大。为此，可采用薯干酒精糟固液分离，滤液部分回用生产、部分厌氧与好氧处理，滤渣直接作饲料工艺，该工艺投资比厌氧-好氧法低，运行费用小，经济效益高。

酒精糟滤液能回用生产（继续用于拌料发酵生产酒精）的基本原理是：①滤液回用发酵生产酒精不是全封闭的，影响回用的因素不断被带出酒精生产系统，如酒精糟固液分离的滤渣可带走 80%左右的悬浮物和 35%左右的可溶性固形物，蒸馏酒精时排出的不凝性气体和醛酒（工业酒精）也带走了大部分有机杂质；②经固液分离后的滤液因损耗和挥发，如全部返回拌料亦只占拌料水的 70%～80%，还需要添加一定的深井水，这使得其得到稀释，利于抑制发酵。当然，如果固液分离效果很好，滤液的悬浮物含量低于 0.1%，则滤液可全部回用生产。酒精糟固液分离-滤液回用生产、厌氧与好氧工艺流程可见图 1-11-30[40]。该工艺首先采用卧式螺旋离心分离机或其他固液分离机械将酒精糟进行固液分离，得到的滤渣（含水分 75%～80%）即是猪饲料；得到的滤液采取一定措施，如控制滤液所占拌料水比例（即回用比）、酸度，防止杂菌感染（酒精糟车间需保持清洁卫生等），即可返回拌料继续发酵生产酒精。应着重指出的是，酒精糟固液分离效果愈好滤液回用比例愈高。部分滤液厌氧-好氧工艺处理可参阅前面章节。

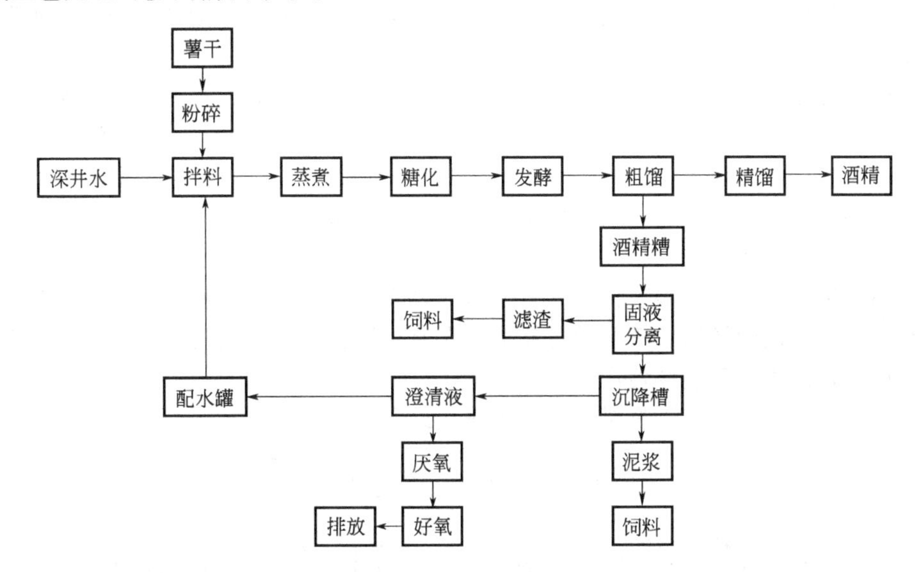

图 1-11-30　酒精糟滤液回用生产工艺流程

酒精糟滤液回用生产工艺的特点是投资低，设备简单，可节水、节煤，而且出售滤渣饲料尚能盈利。纵观玉米、薯干酒精糟的综合利用和废水治理技术，目前已经成熟，并且设备

是可靠的。

(三) 糖蜜酒精糟的处理与综合利用

糖蜜酒精糟的主要成分含量见表 1-11-35[41]，目前，一般采用以下综合利用-处理方法。

表 1-11-35 糖蜜酒精糟主要成分含量 单位:%（pH 值除外）

厂名	pH 值	总固形物/%	残糟	灰分	有机物	TN	P_2O_5	K_2O	N_2O	CaO	MgO
断桥糖厂	3.8～4.5	11.92	—	—	—	0.17～0.29	0.023～0.032	0.41～0.58	—	0.23	0.21
广丰糖厂	5.0	11.93	3.15	2.02	8.78	0.26	0.018	0.77	0.03	0.3	0.1
市头甘化厂	4.5	11.18	3.88	2.55	7.30	0.37	0.017	1.36	—	0.2	0.36
平沙糖厂	4.5～5.0	12.88	6.06	3.17	6.82	0.31	0.027	2.43	0.23	0.25	0.32
中山糖厂	4.5～5.0	10.20	2.98	1.73	7.22	0.32	0.045	0.83	0.05	0.28	0.23
顺德北落糖厂	4.5～5.0	9.87	1.78	4.46	8.09	0.24	0.025	0.40	0.02	0.20	0.22
华侨糖厂	4.5～5.0	9.12	2.68	—	6.44	0.31	0.011	0.74	—	0.55	0.35

1. 农灌法

农灌法是将制糖废水和糖蜜酒精糟混合后进行农灌。这是一种极为普遍的方法，澳大利亚、巴西等国在这方面已有一套科学的管理方法，根据不同的土壤成分，制订不同农作物生长期的单位面积施放量[48]。将废液作为肥料，再被甘蔗等农作物吸收利用，这就形成了一个良性自然循环过程，符合生态平衡要求。由分析得知，糖蜜酒精糟除含有植物生长所必需的氮、磷、钾三要素外，还含有多种微量元素。酒精糟的适宜施用量和稀释量应视土壤的类型而定，如果不加区别地把酒精糟施于肥沃土壤和盐碱性土壤，则会适得其反，造成土壤的盐碱化。

农灌法的优点是投资少、操作简单，但只适用于酒精产量低、附近农田多而又缺水肥的酒精厂。我国广西、广东、云南的一些农场所属甘蔗糖厂选择这一治理途径，已使作物获得不同程度的增产。

甜菜糖厂都在北方地区，可采取冬贮夏灌的方法，但是冬天贮存需租借大池（如水库）。

农灌法的缺点是需大量的废液贮存池，一般规模的糖厂需两个 7000m^3 的贮存池，而且不能随意的施用，必须视土壤的类型而定，否则会由于养分单一，破坏土壤的结构，引起土壤板结和营养元素失衡。另外，对于酒精产量高、附近农田少的厂家，农灌法不适宜[48]。

2. 生产有机复合肥料法[49]

糖蜜酒精废液含有氮、磷、钾等多种元素，是农作物的良好肥料。碳酸法甘蔗糖厂的滤泥混入粉煤灰、浓缩酒精糟、蔗髓等可制成复合有机肥料。广西贡县用此有机复合肥料进行甘蔗种植试验，使用几年连续增产。

糖蜜酒精糟浓缩干燥生产有机肥料工艺流程见图 1-11-31[41]。

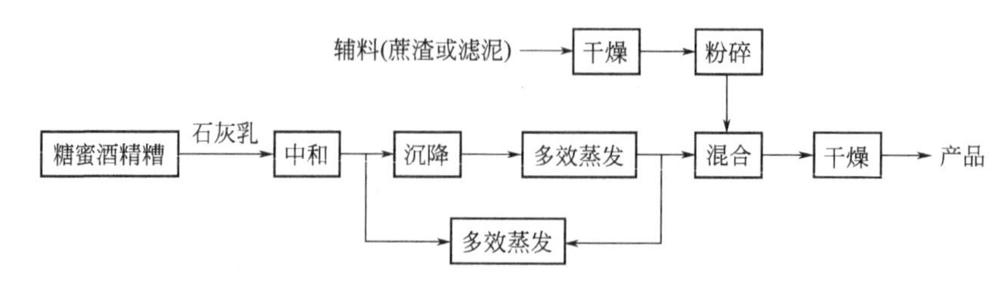

图 1-11-31 糖蜜酒精糟浓缩干燥生产有机肥料工艺流程

由蒸馏塔底来的糖蜜酒精糟用石灰中和，并经沉降或分离得清液，再经多效蒸发浓缩至75%～85%。将浓缩液与辅料混合均匀后干燥得产品。该工艺流程中，多效蒸发是糖蜜酒精糟浓缩的关键设备。可采用外加热自然循环管外沸腾式蒸发器，该蒸发器由加热室、沸腾室、循环管和分离室组成，适用于蒸发浓缩易结垢、黏度较大的物料，能将物料浓缩至相对密度1.4以上，浓缩液糖度可达75～85°Bx。应指出的是，浓缩浆液是难以干燥的物料，需将它掺入辅料（蔗渣或滤泥）后再进行干燥，设备可选用空心桨叶干燥机，该设备热效率高达80%～90%。

3. 浓缩燃烧回收能源等

目前酒精废液浓缩后燃烧的治理途径有两种形式，一是使用专用燃烧炉燃烧，回收热能和钾灰。二是酒精废液经浓缩后，喷入糖厂锅炉燃烧，回收热能。该技术是目前处理废液的众多办法中，较为有效和彻底的方法之一。广西某糖厂采用此种技术，基本上达到了零排放。值得注意的是要经常停机清理炉焦，避免引起炉膛结焦，否则会给正常生产带来不小的麻烦[48]。

将酒精糟利用多效蒸发器进行浓缩，从蒸发器中抽取计气再偿还利用。浓缩液有广泛的用途，如作配合饲料、肥料，也可用于生产混凝土减水剂，还可用于糖厂锅炉燃烧。其工艺流程见图1-11-32[41]。

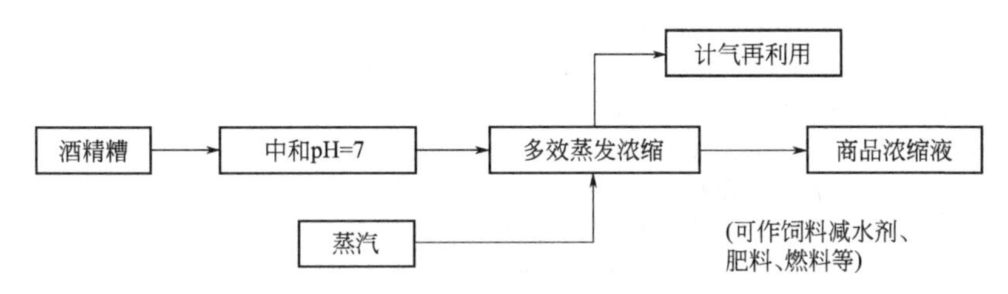

图1-11-32　酒精糟蒸发浓缩液的综合利用

另外，可将浓缩液混入蔗渣（约1/4左右），送螺旋桨式干燥机干燥，生产有机复合肥料或饲料，这样的经济效益较高。

4. 厌氧法

糖蜜酒精糟的厌氧法处理基本原理与工艺流程同薯干酒精糟，这里不再赘述，只补充如表1-11-36[41]所示有关数据。不过值得注意的是当糖蜜酒精废水有机物浓度高同时富含SO_4^{2-}时，用传统的厌氧生物工艺进行处理，由于高浓度硫酸盐的存在，会导致硫酸盐还原菌与产甲烷菌竞争基质（乙酸、H_2），同时，生成的硫化物对产甲烷菌产生毒性，使产气率降低[41]。

表1-11-36　厌氧法处理糖蜜酒精糟有关数据

厂名	负荷率/[kgCOD/(m³·d)]	酒精糟(BOD)/(mg/L)	去除率(BOD)/(mg/L)	产气率/[m³/(m³·d)]	甲烷含量/%	排放停留时间/d	发酵温度/℃	处理工艺	规模/m³	完成时间/%
酒精厂1	5～7	3000～33000	80～90	3.0	50～60	1.0	33～54	厌氧罐	1000～1500	1970
酒精厂2	13	34060 COD_{Cr}	81.1 (COD_{Cr})	4.1	42.6	2.5	32	UASB[4] AF	130	1984

5. 饲料酵母法

糖蜜酒精糟含有大量的酵母，100kg酒精糟一次分离可回收3～6kg干酵母，两次分离可回收10kg干酵母。分离后的两次废液中还含有糖类、有机酸，应作进一步综合利用与处理。

当然，也可以用热带假丝酵母菌的生物化学作用，将酒精糟的耗氧有机物转化为单细胞蛋白，生产饲料酵母（其中包括酒精糟原有的酵母）。利用糖蜜酒精糟生产饲料酵母，既能获得蛋白质，又能部分（降低化学耗氧量60%～70%）消除酒精糟对周围环境的严重污染。

参考文献

[1] 张玉娥，贲永. 中国啤酒行业SCP分析. 经济研究导，2011，15：185-186.
[2] 杜绿君. 中国啤酒工业发展及啤酒花需求分析. 中国农垦，2010，1：61-63.
[3] 中国酿酒工业协会啤酒分会. 2009年中国酿酒工业协会啤酒分会工作报告. 啤酒科技，2010，4：1-8.
[4] 徐斌. 啤酒工业的能源节约与回收. 啤酒科技，2005，9：8-16.
[5] 北京燕京啤酒股份有限公司. 狠抓中高费方案实施，把清洁生产工作做到实处. 啤酒科技. 2009，10：15-16.
[6] 金蓓，李琳，李冰. 啤酒工业废水处理的研究概况. 食品科学，2007，28（10）：569-573.
[7] 王凯军，秦人伟. 发酵工业废水处理：北京，化学工业出版社，2000.
[8] www. elecfans. com/article/89/91/2009/2009033040382. html.
[9] 北京市环境保护科学研究院编. 三废处理工程技术手册：北京，化学工业出版社，2000.
[10] 沈淞涛，杨顺生，方发龙，陈亚. 啤酒工业废水的来源与水质特点. 工业安全与环保，2003，29（12）：3-5.
[11] 韩洪军，贾银川，马文成. 外循环厌氧-好氧工艺处理啤酒废水工程设计. 中国给水排水，2008，24（12）：34-36.
[12] 汪波. 循环式活性污泥法（CASS）处理啤酒废水工艺. 中国环保产业，2003，11：28-30.
[13] 廖鲜艳，顾国贤，李崎，李永仙. 啤酒废酵母的研究利用. 酿酒科技，2000，2：3-7.
[14] 陈珊. 啤酒发酵主要副产物的应用. 农产品加工-学刊，2011，2：95-101.
[15] 高路. 小议啤酒副产物综合利用. 酿酒，2001，28，5：50-51.
[16] 吕建良，吕安东. 啤酒副产品的深加工利用. 山东食品发酵，2005，4：46-48.
[17] 徐皓. 啤酒糟饲料化加工技术的研究. 渔业现代化，1998，5：20-23.
[18] 孙晓峰，李晓. 啤酒工业清洁生产技术需求探析. 中国环保产业，2010，2：49-51.
[19] 宋建华. 废水处理产生的沼气回收技术应用与实践. 上海节能，2011，4：25-28.
[20] 陈春梅. 清洁生产在啤酒行业中的应用进展. 河南化工，2010，27（7）：3-5.
[21] 张弛. 关于啤酒生产企业清洁生产主要途径的探讨. 赤峰学院学报，2008，24（5）. 95-97.
[22] 张丹旭，王明印，董延波. 合理选择啤酒废水污染治理方案. 环境科学与管理，2010，35（9）：59-62.
[23] 张自杰等. 环境工程手册. 水污染防治卷. 北京：高等教育出版社，1993.
[24] 赵喆，李孝坤，凡基正. 水解酸化-生物接触氧化法处理啤酒废水. 中小企业管理与科技，2011，3：250.
[25] 王凯军编著. 低浓度污水厌氧-水解处理工艺. 北京：中国环境科学出版社，1992.
[26] 董娟. 厌氧技术在啤酒废水处理中的应用. 江西食品工业，2010，1：38-40.
[27] 郭延平，曲艳辉. IC+CIRCOX处理啤酒废水效果研究. 化学工程师，2009，8：32-35.
[28] 丁振宇，黎忠，刘贺. EGSB+生物接触氧化工艺处理啤酒废水. 安全与环境工程，2011，18：18-20.
[29] 杜明松. 论白酒新工艺与新工艺白酒. 酿酒科技，2008，7：65-68.
[30] 周建丁，周健. 白酒工业废水处理现状及展望. 四川理工学院学报，2008，21（6）：74-77.
[31] 张欣. 我国白酒废水治理技术研究进展. 酿酒，2008，35（6）：12-15.
[32] 李政一. 白酒糟综合利用研究. 北京工商大学学报，2003，21（1）：9-13.
[33] 王肇颖，肖敏. 白酒酒糟的综合利用及其发展前景. 酿酒科技，2004，1：64-67.
[34] 蒋莹，黄美英. 从酒糟中提取复合氨基酸及微量元素. 食品工业科学，1991，6：14-16.
[35] 沈祖志. 白酒企业废水及其回收利用. 酿酒科技，2010，9：116-117.
[36] 杨健，周小波. 酒精废水消化液预处理试验研究. 四川环境，2006，25（1）：1-3.
[37] 李学平. UASB-SBR-陶粒过滤工艺处理白酒污水. 工业用水与废水，2000，31（6）：39-41.
[38] 苗榕. “十一五”酒精行业实现稳定快速增长. 华夏酒报，2011-5-4.
[39] 尚宝铎. 河北将关停3万吨以下酒精厂. 华夏酒报，2007-6-28.
[40] 章志昌，吴佩琮主编. 酒精工业手册. 北京：中国轻工业出版社，1989.
[41] 华南工学院等主编. 酒精与白酒工艺学. 北京：中国轻工业出版社，1983.
[42] 王芬兰. 1吨玉米秸秆造出100公斤酒精. 华夏酒报，2007-11-28.

[43] 张庆龙．酒精酿造清洁生产资源循环利用技术探索．酿酒，2009，36（6）：74-77.
[44] 吕超雷．浅谈酒精生产节能技术．华夏酒报，2008-10-27.
[45] 聂英斌，王楠，曹静．酒精废水深度处理和回用工程探．中国酿造，2008，22：68-70.
[46] 许英杰．IC+CASS工艺在酒精废水处理中的应用．酿酒科技，2009，4：135-137.
[47] 民生建设．南阳市人民政府公报，2011，8：28-29.
[48] 蔡春林，覃文庆，邱冠周，徐本军．甘蔗糖蜜酒精废水治理及展望．农业环境科学学报，2006（25）：831-834.
[49] 刘文剑，刘扬林，刘淑云，蒋新元．糖蜜废水处理与资源化研究进展．中国资源综合利用，2009，27（7）：39-41.

第十二章 制革工业废水

第一节 生产工艺及废水来源

一、制革工业的发展

制革业有着5000多年的历史，它随着人类社会进步，不断发展壮大。近200年来，皮革化工产品随着制革工业和化学工业以及其他高新技术的发展得到了深入而广泛的研究，使皮化产业迅速地发展起来。制革原料也从天然的皮化材料发展到合成有机高分子材料。几千种皮革化学品广泛应用于制革工序的全过程，从而提高皮革制品附加值，使皮革的应用领域更加广泛[1]。

新中国成立后，我国制革工业经历了基础阶段、快速发展阶段和结构调整阶段。

1949～1978年为基础阶段。这一阶段是我国皮革工业体系建设时期，制革企业分布在全国各地，尤其是大中城市。国家实行计划经济，自我完善，保障供给，这一时期消费水平低，皮革产量低，1978年皮革产量2659万张（折牛皮），废水量3000万吨。当时整个工业水平都较低，废水排放量小，环境自净化能力较强，制革企业废水基本直接排放[2]。

1978～1997年为快速发展阶段。这一阶段国家由计划经济走向市场经济，改革开放，引进外资。全国具有皮业历史和资源优势的地区纷纷上马制革企业，形成了具有一定规模的制革地区。全国国营、外资、集体、私营制革企业并存。1995年不完全统计制革企业2300多家，皮革产量逐年变化，见表1-12-1。皮革行业成为轻工行业第一创汇大户，1996年达到85亿美元[2]。

表1-12-1 皮革产量（1988～1997年）

年度	1988	1989	1990	1991	1992	1993	1994	1995	1996	1997
产量/万张	5203	5214	5256	5707	5824	6382	8530	9623	9441	10014

1997年至今为调整优化结构阶段，这一阶段的发展目标是使皮革工业从数量主导型过渡到质量、品种、出口效益主导型，由粗放型向集约型转变，并且在制革行业中大力推行清洁生产，使水污染得到控制，促进制革行业实行可持续发展。同时，这一阶段皮革产量和产值继续快速发展，仅2010年前6个月制革工业总产值就达3255亿元[3]。2011年1～8月，全国规模以上制革行业轻革产量$4.4\times10^9m^2$，同比增长10.4%。目前，我国原料皮资源、皮革产品产量和出口均名列世界前茅，已成为世界公认的皮革生产大国。包含制革工业在内的皮革行业不仅是轻工行业中的支柱产业，而且是出口创汇型产业，出口值连续多年名列轻工各行业之首，出口创汇仅次于石油化工行业。

随着皮革产量的增加，制革工业排放的污染量也在不断增加，制革污染问题日益突出。

二、制革污染

在制革生产过程中，只有20%的原料皮转化成革，其余80%转变为废物或副产品，如图1-12-1[4]所示。如果衬里革不算副产品，则原料皮的31.5%转变成革。

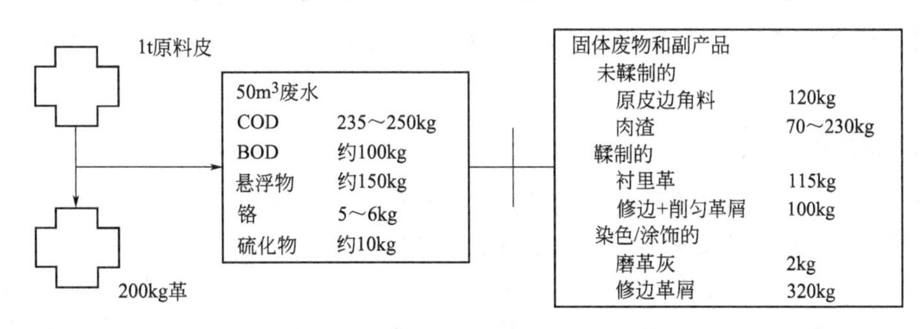

图1-12-1　1t原料皮在制革过程中产生的废水和固体废物及副产品

在制革过程中使用了大量的化工材料，如酸、碱、盐、硫化钠、石灰、表面活性剂、铬鞣剂、加脂剂、染料及一些有机助剂等，这些化工原料一部分被吸收利用，另一部分则进入废水中造成污染。

到20世纪末，我国制革行业每年排放废水7000多万立方米，其中含COD 15万吨；BOD 8万吨，SS 12万吨，铬3500t，硫5000t。如果以每人生活废水排放量210L/d计，则我国制革工业废水排放量相当于91.3万人口废水排放量；而就负荷而言，我国制革行业引起的废水污染相当于994.4万人口总量的污染[4]。

"十一五"期间我国制革工业年排放废水$1.65\times10^9m^3$左右[5]，在轻工行业仅次于造纸和食品酿造业。在一些制革企业集中的地区，如河南、河北、浙江等地的地表水和地下水已遭受严重污染，能否有效地解决制革工业的污染问题，已成为关系到我国制革工业能否继续生存、健康稳定发展的主要问题。

目前，我国皮革行业的污染治理技术和国外基本处在同一水平上，但由于很多发达国家将制革业向发展中国家转移，使我国成为皮革行业污染的受纳者。同时，由于我国制革企业存在规模小、分布广的特点，难以进行集中处理从而进一步加大了污水处理达标排放的难度。

三、制革污染防治

1. 以预防为主把污染消灭在源头

制革污染防治首先从源头抓起，把污染消灭在生产过程之中。采用清洁生产，使用清洁工艺。如脱毛采用酶脱毛；使用Na_2S替代材料，不用或少用Na_2S，消除硫的污染；鞣制采用高铬鞣剂；废液循环使用等。

2. 改变传统的经营方式，统一管理，加强社会分工合作

将分散的制革企业集中，形成制革工业区域，污染物统一排放，统一治理，无论从经济上还是技术上都是较优的方案。如我国的河北辛集及蠡县、温州的水头等都采用了这种模式。把湿操作企业集中，干操作企业独立经营，实行社会化分工。

3. 采用先进的制革废水治理技术

就目前的制革技术，最终都会有废水排放，都要经过处理才能排放，否则就会对环境造

成污染。制革废水治理技术随着环保技术和设备的发展而发展，目前采用的技术有混凝沉淀、气浮、传统活性污泥、SBR、生物膜、氧化沟、厌氧等。一些新的技术如低温厌氧技术、膜技术、电解技术等在研究推广阶段。

4. 综合利用

制革废水经处理后可回用于制革生产的准备工段，回用量可达50%～60%。其中脱毛废水可回收蛋白质、碱、Na_2S；脱脂废水可回收油脂；污泥经处理可作为农肥、建材等。

四、制革工艺

制革生产可分为湿操作和干操作两部分。湿操作包括准备工段和鞣制工段；干操作也就是整饰工段。制革废水主要来自湿操作准备工段和鞣制工段。

准备工段包括浸水、去肉、脱脂、浸灰脱毛、膨胀。在这一过程中生皮在水、碱溶液中接受处理，其目的是把原料皮恢复成鲜皮状态并去除皮上的杂质，再去掉毛、表皮、脂肪、纤维间质，并将胶原纤维素适当分散，为鞣制创造合适的条件状态。

鞣制工段包括脱灰、软化、浸酸、鞣制、水洗、中和、染色、加脂等。鞣制是制革的关键性操作，鞣剂与皮质的结合，使蛋白质变性，从而使皮变成了革，具有了革的性质，如收缩温度高、耐腐蚀、耐微生物作用等。

整饰工段包括皮革的干燥、整理和涂饰，目的是使皮革定型，提高成革的使用性能和使用价值，增进成革的美观程度。

猪皮、牛皮和羊皮是制造服装革、鞋面革、箱包革、手套革和装饰革的原料。制革工艺与原料皮的种类及成品革的品种有关。各种制革工艺典型的生产工艺流程如下[6]。

(1) 猪皮面革　原料皮→去肉→浸水→脱脂→水洗→脱毛→膨胀→水洗→片皮→水洗→脱灰→水洗→软化→水洗→浸酸→铬鞣→静置→削匀→水洗→复鞣→水洗→中和→水洗→染色加脂→静置→整饰→成品。

(2) 黄牛软鞋面革　原料皮→组批→修边→称量→水洗→浸水→冲皮→去肉→称量→浸灰→去肉→剥臀部→水洗→脱灰→水洗预温→软化→水洗→浸酸→鞣制→挤水→剖层→削匀→漂洗→复鞣→水洗→中和→水洗→染色加脂→水洗→静置→整饰→成品。

(3) 羊皮服装革　原料皮→组批→浸水→去油肉→涂灰脱毛→水洗→浸碱→水洗→去肉→脱灰→软化→水洗→脱脂→浸酸鞣制→挤水削匀→水洗→再脱脂→复鞣→水洗→染色→水洗→加脂→水洗→晾干→整饰→成品。

五、废水来源及特性

(一) 废水来源

制革废水主要来自湿操作各工序，根据制革工艺可以分为五股废水。

(1) 浸水（回软）脱脂及其洗水　特点：呈碱性，油脂含量高，含有易产生泡沫的洗剂。

(2) 脱毛脱灰及洗水　特点：废水呈碱性，硫化钠、石灰、蛋白质含量高。

(3) 浸酸、铬鞣及洗水　特点：废液呈酸性，含有铬。

(4) 染色加脂及洗水　特点：废水呈酸性，含染料，色度高。

(5) 冲洗、饱和滴漏、轻度污染水　制革各工序产生的制革废水及其成分见表1-12-2[4]。

表 1-12-2 各生产工序产生的废水及其成分

序号	工序	加入辅料	作用	废水成分
1	浸水	渗透剂、防腐剂	使皮恢复鲜皮状态	血、水渗性蛋白、盐、渗透剂
2	脱脂	脱脂剂、表面活性剂	去除皮表面及内部油脂	表面活性剂、蛋白质、盐
3	脱毛浸灰	石灰膏、硫化钠	去掉表皮及毛，并松散胶原纤维皮膨胀	硫化钠、石灰、硫氢化钠、蛋白质、毛、油脂
4	水洗	—	洗掉表面的灰	硫化钠、石灰、硫氢化钠、蛋白质、毛、油脂
5	片皮	—	分层	皮块
6	灰皮洗水	—	洗掉表面灰	皮块
7	脱皮	铵盐、无机酸	脱去皮肉外部灰，中和裸皮	铵盐、钙盐、蛋白质
8	软化及洗水	酶及助剂	皮身软化，降低皮温	酶及蛋白质
9	浸酸	NaCl、无机酸、有机酸	对鞣皮酸化	酸、食盐
10	鞣制	铬粉及助剂、碳酸氢钠	使胶原稳定	铬盐、硫酸钠、碳酸钠
11	水洗	—	—	铬盐、硫酸钠、碳酸钠
12	中和水洗	醋酸钠、碳酸氢钠	中和酸性皮	中性盐
13	染色加脂	染料、有机酸、加脂剂及助剂	上色，并使革柔软丰满	染料、油脂、有机酸及助剂
14	水洗	—	—	染料、油脂、有机酸及助剂

(二) 制革废水特性

1. 制革废水量

制革废水排放量与制革耗水量是对等的。在无法精确测量废水排放量时，常用耗水量代替。根据传统制革经验，加工一张牛皮耗水量为 $1m^3$；加工一张猪皮耗水量为 $0.3 \sim 0.5m^3$；加工一张山羊皮耗水量为 $0.2m^3$。这是制革工作者多年总结出的大约值，作为粗算制革耗水量。

1997 年对全国有代表性的制革企业进行统计，我国制革企业实际耗水量见表 1-12-3[7]。

表 1-12-3 制革企业耗水量（以 1t 原料皮计） 单位：m^3

耗水量	猪 皮	牛 皮	羊 皮
范 围	30～60	40～130	110～740
平均值	43	76.3	324

制革各工序排放废水量可以根据具体的工艺参数来计算：

$$工序排放废水量 = 皮重 \times 液比 + 洗水量$$

如果采用流水洗，则洗水量＝流量×时间；如果采用闷水洗，则洗水量＝皮重×液比×次数。

制革废水发生量和制革工艺有很大关系。如制革工艺利用流水洗比采用闷水洗耗水量多 2～3 倍。

制革废水是从每个工序转鼓中倾倒出来的，因此排放是不连续、不均匀的，其有很强的瞬时性，水质差别也很大。图 1-12-2[8] 是一猪皮制革厂全天废水排放曲线。

一个制革厂产量固定、工艺固定，流量变化曲线基本不变。但不同的制革厂具有不同的流量变化。

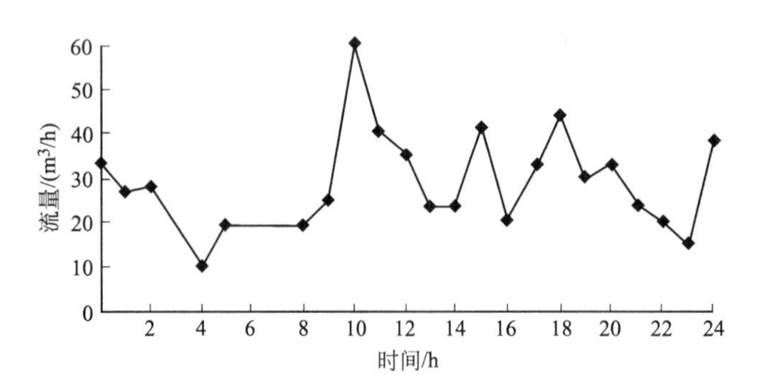

图 1-12-2 制革厂 24h 废水排放曲线

2. 制革废水污染负荷

制革过程中，原料皮的大部分蛋白质、油脂被废弃掉，进入废渣和废水中，造成废水中COD、BOD较高，成为制革废水主要有机污染源，表1-12-4[8]是猪皮转化为成品、废渣、废水中物质的比例。

表 1-12-4 盐湿猪皮转化为成品废渣废水各物质比例 单位：%

种 类	质 量	蛋白质	油 脂
成品	22.5	24.6	3
废渣	25.8	29.9	14
废水	51.7	45.5	83

从表1-12-4中可以看出原料皮51.7%的物质都进入到了废水中。制革废水的污染物浓度及各工序分布见表1-12-5[9]、表1-12-6[10]。由于原料皮不同，产品不同，表1-12-6中数据为大约值。

表 1-12-5 制革废水污染物浓度

pH 值	8～10	Cr^{3+}/(mg/L)	80～100
色度(稀释倍数)	800～4000	S^{2-}/(mg/L)	50～100
COD/(mg/L)	3000～4000	BOD/(mg/L)	1500～2000
SS/(mg/L)	2000～4000	Cl^-/(mg/L)	2000～3000

表 1-12-6 制革废水排放污染负荷工序分布 单位：mg/L

工 序	COD	SS	S^{2-}	Cr^{3+}	Cl^-
浸水、脱脂	31.4	41.0	0.7		38.1
脱毛、水洗	38.4	30.9	93.4	—	—
铬鞣、水洗	4.4	10.9	—	99	20.5
其他	25.8	17.2	5.9	1	41.4

制革各工序排放的废水水质差别很大，表1-12-7[8]、表1-12-8[10]是对制革各工序排放废水水质分析结果。

表 1-12-7 猪皮制革各工序排放废水水质分析结果

序号	工序	pH 值	COD/(mg/L)	SS/(mg/L)	S^{2-}/(mg/L)	Cr^{3+}/(mg/L)
1	浸水	6.08	22994	8100	3	
2	脱脂	10.10	53702	25743	22	

续表

序号	工序	pH 值	COD/(mg/L)	SS/(mg/L)	S^{2-}/(mg/L)	Cr^{3+}/(mg/L)
3	水洗	10	10240	—		
4	脱毛	10.9	41714	16179	2870	
5	水洗	10.2	17930	4045	85	
6	片皮	8.3	2633	249	29	
7	灰皮水洗	10.4	3724	551	69	
8	脱碱	9.4	2561	1066	10.9	
9	软化、水洗	7.73	7191	1384	3.1	
10	浸酸	2.5	1876	2649	—	
11	铬鞣	3.6	4374	4995	—	3520
12	复鞣	4.0	2751	1528	—	1420
13	水洗	4.2	1402	1970	—	376
14	中和	7.6	247	1530	—	1.5
15	染色加脂	5.8	6273	1054	—	—

表 1-12-8 牛皮制革各工序排放废水水质分析结果

序号	工序	pH 值	COD/(mg/L)	SS/(mg/L)	S^{2-}/(mg/L)	Cr^{3+}/(mg/L)
1	浸水	6.5	6973	1070	1.8	
2	脱毛	12	18943.5	12300	524	
3	片皮水洗	10.5	448	150	10	
4	脱灰	8.0	2444	222	1.1	
5	软化、水洗	8.3	1728	260	—	
6	浸酸、铬鞣	4.0	12670	10300	—	1389
7	中和、水洗	6.8	581	10	—	5
8	染色加脂	6.8	2480	215	3.8	10.0

3. 制革废水特性

(1) 制革废水是一种高浓度有机废水，具有一定的特殊性。

(2) 制革废水具有颜色，主要是由染料和鞣剂造成的。

(3) 制革废水具有臭味，主要是由加入的硫化钠和蛋白质分解引起的。

(4) 制革废水具有一定的毒性，主要是硫化物及 Cr^{3+}。硫化物在酸性条件下（$pH<7$）全部转化为 H_2S 气体。人吸入硫化氢气体会引起头晕、胸闷，甚至死亡。水体中硫化物含量大于 1.0mg/L[10] 就能引起淡水鱼的死亡。含硫的制革废水灌溉农田，会使植物根系变黑，抑制植物的生长。

Cr^{3+} 对动物和植物都有影响。当废水中 Cr^{3+} 含量为 17mg/L，即对污泥活性有影响；土壤中 Cr^{3+} 含量高于 50mg/L 时，对小麦生长有抑制作用，200mg/L 时有严重影响；对水稻 20mg/L 时即有影响，200mg/L 时水稻不能生长[10]。

第二节 清洁生产

制革清洁生产就是在皮的加工过程中通过革新工艺以避免产生污染物，节约使用化学品和能源，加强废物、废水的回收和循环使用，减少对人和环境的危害。采用清洁工艺技术是清洁生产的关键。表 1-12-9[4]是制革生产中采用的清洁工艺与传统工艺的对比。

表 1-12-9 制革厂清洁生产与传统工艺比较

工艺阶段	传统工艺	污染源	清洁工艺	污染减少情况
原皮保藏	盐腌防腐	浸水中的盐	原皮冷冻	废水中无盐
脱毛	毁毛脱毛(加入石灰、Na_2S)	高 COD、BOD、SS、石灰、硫化物	毛回收工艺	废水中无硫
			少硫脱毛	废水中硫减少
			无石灰脱毛	废水中无石灰
脱灰	氨盐脱灰	废水或大气中的氨	无氨脱灰	废水或大气中无氨
脱脂	溶剂脱脂	大气中溶剂、废水中溶剂	乳液脱脂	废水及大气中无溶剂
鞣制	铬鞣	废水或固体废物、Cr^{3+}	提高铬的吸收	废水中的铬减少
			铬回收/循环	废水中的铬减少
			取代铬(部分或全部)	废水中铬减少或无铬
			白湿/干预鞣	固体废物减少或无铬
涂饰	溶剂基顶涂	易挥发有机物(VOC)	水基或无溶剂顶涂	减少或没有 VOC

清洁生产是要引起研发者、生产者、消费者，也就是全社会对于工业产品生产及使用全过程对环境影响的关注。使污染物产生量、流失量和治理量达到最小，实现资源充分利用，是一种积极、主动的态度。而相比之下，末端治理仅仅把环境责任放在环保研究、管理等人员身上，仅仅把注意力集中在对生产过程中已经产生的污染物的处理上，对于企业来说只有靠环保部门来处理这一问题，所以总是处于一种被动的、消极的地位。表 1-12-10[11]为清洁生产与末端治理的比较。

表 1-12-10 清洁生产与末端治理的比较

比较项目	清洁生产系统	末端治理(不含综合利用)
思考方法	污染物消除在生产过程中	污染物产生后再处理
产生时代	20 世纪 80 年代末期	20 世纪 70～80 年代
控制过程	生产全过程控制，产品生命周期全过程控制	污染物达标排放控制
控制效果	比较稳定	受产污量影响处理效果
产污量	明显减少	间接可推动减少
排污量	减少	减少
资源利用率	增加	无显著变化
资源耗用	减少	增加(治理污染消耗)
产品产量	增加	无显著变化
产品成本	降低	增加(治理污染费用)
经济效益	增加	减少(用于治理污染)
治理污染费用	减少	随排放标准严格，费用增加
污染转移	无	有可能
目标对象	全社会	企业及周围环境

制革清洁生产技术主要包括原料皮保藏清洁技术、脱毛浸灰清洁工艺、脱灰清洁工艺、

鞣制清洁工艺、脱脂废水回收、植鞣清洁工艺等，现分别介绍如下。

一、原料皮保藏清洁技术[12]

传统的是采用（食）盐腌法保藏生皮，在原皮浸水和水洗过程中，盐进入废水中，影响废水的生物处理和利用，可采用的清洁工艺如下。

1. 使用鲜皮投产

来自屠宰场的鲜皮在几小时内进行加工处理，如超过几小时，鲜皮就要采用冷藏保存，在低于4℃的温度下原皮可保存三周。

2. 使用防腐剂保藏

使用无毒或低毒的防腐剂替代盐，如氰硫基甲硫基苯并噻唑（TCMTB）、异噻唑生成物等。

3. 去除部分盐

在投产前采用手工或机械转鼓振动的方法，去除原皮上的未溶盐，可回收30%的盐，减少食盐的污染。

二、脱毛浸灰清洁工艺[12～14]

目的：消除或减少硫、石灰和有机物的污染，并节约原材料。

(一) 酶脱毛工艺

我国酶脱毛工艺比较成熟，20世纪70年代就广泛应用，特别是在南方，举例如下。

1. 工艺

工艺为：原料皮（猪皮）→机械去肉→脱脂→水洗→再脱脂→拔毛滚酶→臀部涂酶→机械理毛水洗→碱膨胀→常规。

2. 脱毛用料

滚酶：1398蛋白酶0.25%～0.35%，常温，无浴，转动60min，加木屑0.5%，转15min出鼓。

涂酶：1398蛋白酶0.35%～0.55%，胰酶0～0.3%，铵盐0.5%，糖0.6%～1.0%，水适量，在臀部肉面刷涂。

猪皮毛对毛，肉面对肉面堆垛，在室温25℃条件下，堆置48h左右。

碱膨胀：30%的NaOH 2.5%～7.0%，水300%。

此工艺彻底解决了硫化钠和石灰的污染，COD、SS可减少30%～50%。但由于酶脱毛工艺要求控制条件严格、管理精心、劳动强度增大，很多厂家不能长期坚持使用。

(二) 使用替代材料

使用硫醇、硫酸二甲胺、二氧化氯等替代硫化钠，也同样能达到脱毛的目的。通过使用助剂（如酶制剂）减少硫化钠用量的少硫工艺在很多制革厂有应用，可减少30%硫化钠的用量。

(三) 涂毛浸灰脱毛

工艺：浸水→去肉→称量→NaHS（60%）浸渍→水洗→护毛（次氯酸盐）→浸石灰脱毛→常规浸灰碱。

在浸灰碱之前，先把毛完整脱掉，除去毛，可回收90%以上的毛。该工艺可使废水中COD减少15%～20%，总氮减少20%～30%。

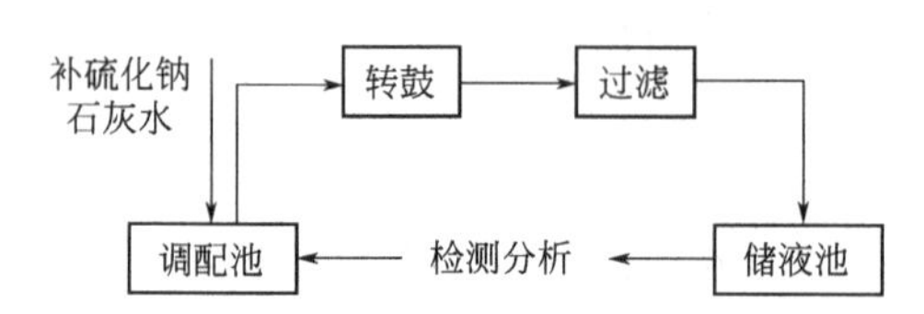

图 1-12-3 脱毛浸灰液循环使用示意图

(四) 浸灰液直接循环

在脱毛浸灰工序过程中，把排放的浸灰废液收集起来，经简单处理、检测分析、调节后再回用于批皮的浸灰脱毛，如图 1-12-3 所示。

随着循环次数增加，废水中蛋白质会逐渐积累，但不会无限积累。由于废液回收率只有 75%，补充 25%水，当循环到一定次数（3 次以上），循环液进入相对稳定状态，补充的物质也相对恒定，分析检测次数减少，图 1-12-4 是循环废液蛋白质含量变化实验曲线。

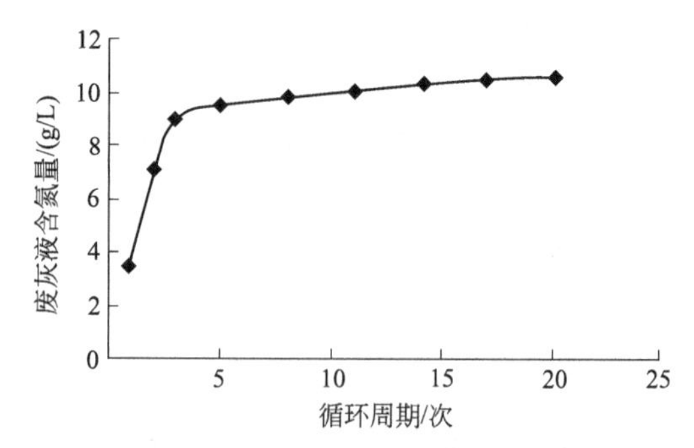

图 1-12-4 脱毛循环废液中蛋白质含量变化曲线

当废液循环到一定程度时，体系处于不稳定状态，需要排放部分浸灰液以保持体系平衡。当生产间断时，应采用密闭储存，温度高时要考虑防腐。生产试验证明，用循环浸灰液和用新浸灰液处理过的皮无明显差别，皮革质量相同。通过采用浸灰液循环工艺可以节约硫化钠 40%以上，石灰 50%以上，水 60%，减少废水中 30%～40%COD，35%的氮。

(五) 含硫废水的处理

传统脱毛工艺采用灰碱法，使用 Na_2S 进行脱毛，废液含有大量的具有一定毒性的硫化物，如不进行处理，将影响综合废水的生化处理。在酸性条件下有 H_2S 释放，硫化物进入污泥中，影响污泥的利用，造成二次污染。因此通常将脱毛废水单独处理。

1. 催化氧化法

目前普遍采用的方法是催化氧化法，其工艺流程为：

脱毛废液→粗滤→集液池→反 应 池→综合废水

（反应池进料：空气、$MnSO_4$）

空气中的氧和硫化物发生如下反应：

$$2S^{2-}+2O_2+H_2O \longrightarrow S_2O_3^{2-}+2OH^-$$

$$2HS^-+2O_2 \longrightarrow S_2O_3^{2-}+H_2O$$

$$S_2O_3^{2-}+2O_2+2OH^- \longrightarrow 2SO_4^{2-}+H_2O$$

反应时间 5～8h；需氧量（以 $1kgS^{2-}$ 计）1.5kg；$MnSO_4$ 用量（以 $1kgS^{2-}$ 计）40g；供氧采用鼓风曝气或射流曝气；硫化物去除率 90%以上。

2. 酸化法

向脱毛废液中加入适量的酸，废液中的 Na_2S 和酸反应生成 H_2S。收集 H_2S，经 NaOH 液吸收生成 Na_2S 回用。同时，废液中的蛋白质经酸化后分离、回收和利用，废水排入综合废水。

酸化法处理脱毛废液比较彻底，又可回收 Na_2S 和蛋白质，但对回收设备要求严格，投资较大，操作相对复杂。

三、脱灰清洁工艺

脱灰清洁工艺的目的是削除氮的污染。传统工艺利用铵盐脱灰，产生氮的污染，占废水总氮 40%。清洁工艺使用 CO_2 脱灰。把 CO_2 按一定流量用泵打入转鼓和石灰反应，生成碳酸氢钙，溶于水中，达到脱灰的目的。采用 CO_2 脱灰和常规传统工艺比较具有如下特点：①减少废液中 90%的氮，50%的 BOD；②易操作，只需调节阀门流量，易实现自动控制；③脱灰皮清洁、粒面细致；④成品革的理化指标无差别。

除了采用 CO_2 脱灰，也可以采用酸类物质，如硼酸、甲酸、醋酸、柠檬酸、乳酸等，同样可以达到脱灰的目的。但这些物质无缓冲作用，在加入转鼓时会引起局部酸肿、粒面粗糙等，影响皮革质量，因此需要严格的操作控制。

四、鞣制清洁工艺[12,15~17]

鞣制清洁工艺的目的是消除或减少废水的铬含量，减少废水中盐含量，节约化工材料。

（一）浸酸液循环使用

把浸酸和鞣制分开在不同溶液中进行，浸酸液可循环使用，NaCl 用量可减少 80%，酸用量可节约 25%。操作流程：浸酸→排放废酸液→过滤→收集→测 pH 值、Cl^- 含量→调配→浸酸。

（二）无铬或少铬鞣法

使用铝、锆、钛、植物鞣剂、有机合成鞣剂进行鞣制，如植-铝结合鞣、锆-铝结合鞣、锆-铝-植结合鞣、钛-醛结合鞣等。

少铬鞣工艺，使用铬与其他无机鞣剂、有机鞣剂或拷胶配合经对裸皮进行鞣制，这样部分铬被替代，铬用量减少，如铬-锆-铝-多金属铬鞣、铬-稀土结合鞣法等。

虽然上述方法是可行的，但考虑成革质量、成本、操作、控制条件及通用性等因素，这些方法目前仍不能完全取代传统铬鞣工艺。

（三）高吸收铬鞣法

传统铬鞣工艺，铬的吸收利用率只有 60%～70%，其余流入废液中，不仅造成了铬原料浪费，而且还造成铬污染。

高铬吸收法是在鞣制时加入一种或多种能促进铬与胶原纤维结合的助剂，从而提高铬的吸收，降低废液中的铬。目前市场上有单独的铬鞣助剂，如铬能净 PCPA，这种助剂在制革厂应用，铬吸收率提高到 95%以上，铬鞣剂用量减少，废液中铬含量降低到 0.2g/L 以下。另一种是助剂和鞣剂结合在一起的蒙囿型高吸收铬鞣剂，如市场上的 KRC、KMRC、Baychrhrom C 等都是这类，能将废液中铬含量降低到 0.3g/L 以下。

（四）废铬液循环利用

常规铬鞣工艺废液排放量一般为皮重的 1.5 倍，废液中铬含量一般在 2.5～6.0g/L。使用较成熟和普遍的铬回收工艺是沉淀法，其工艺见图 1-12-5。

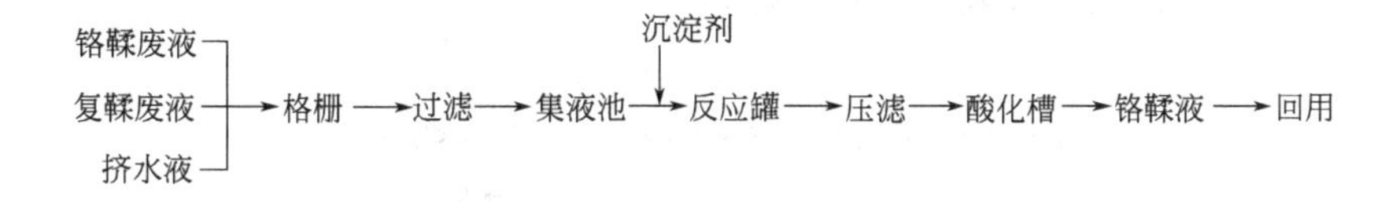

图 1-12-5 沉淀法回收铬工艺流程示意

废铬液加入 NaOH 后产生 $Cr(OH)_3$ 沉淀，沉淀物颗粒细小，沉降速度慢，10h 沉淀体积仅为 50%。用 MgO 做沉淀剂可将沉降时间缩短至 3～4h，沉淀物体积仅为 8%，可以不用压滤直接酸化回用，但 MgO 价格比较高。采用沉淀法回收铬，铬回收率为 99.9%，消除铬污染，节约鞣剂 30%以上。

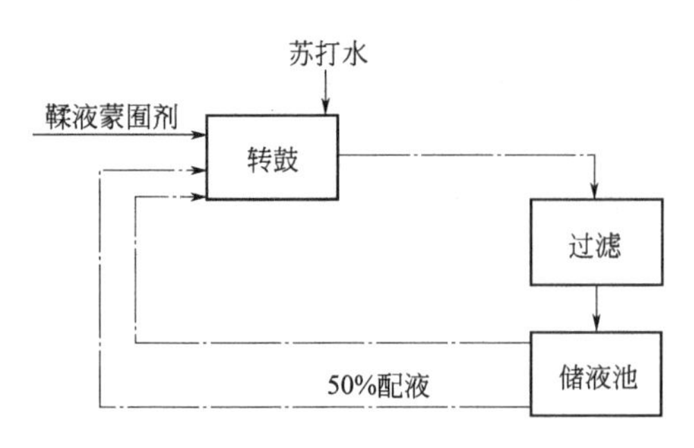

图 1-12-6 铬鞣液循环示意图

(五) 废铬液直接循环使用

把鞣制废液回收、过滤，测其铬含量和体积，在反应调节罐中添加铬鞣剂和蒙囿剂，并调节 pH 值、溶液量和初鞣液相同，用于下批鞣制。根据制革工艺的不同也可以不用反应罐，直接在转鼓中进行，如图 1-12-6 所示。

苏打用量和蒙囿剂用量要以添加的铬鞣剂为计算基础。

当鞣制在浸酸液中进行时，回收的废铬液首先要进行酸化、浸酸，实践证明酸渗透快，不受铬的影响。酸化时每次加入的酸量应和第一次循环加入的酸量相同。循环液中的氯化钠和反应生成的硫酸钠已能保证胶原不发生酸肿，因此，盐就可不用补加了。实践证明，用循环废铬液鞣制的革和常规方法鞣制的革，其质量没有不利影响，反而有所提高。铬鞣液直接循环利用，不但没有铬废液排放，而且节约了化工原料，平均节约 40% 铬鞣剂，盐、碱、蒙囿剂、酸、水都有节约，具有一定的经济效益。

图 1-12-7[18] 为铬鞣废液回收-处理-再利用循环方法的技术要点。

软化裸皮 → 浸酸 → 铬鞣 → 铬鞣废液；铬鞣剂制备 → 铬鞣；铬离子捕集剂 → 铬鞣废液；铬鞣废液 → 中性盐水 → 浸酸；铬鞣废液 → 大分子铬 → 铬鞣剂制备

图 1-12-7 铬鞣废液的回收-处理-再利用的循环方法技术要点

五、脱脂废水回收[4]

(一) 脱脂废水水质

猪、羊皮的油脂含量较高，在制革过程中常采用皂化、乳化进行脱脂，脱脂排放的废水量约为 20L/张猪皮，脱脂水水质见表 1-12-11。

表 1-12-11 猪皮脱脂废水水质

pH 值	COD/(mg/L)	油脂/(mg/L)	色泽
12	28373	7800	乳黄色

(二) 回收脂肪酸工艺

回收油脂一般采用酸化破乳法，其流程如下：

脱脂废水 → 过滤 → 集液槽 → 分离器（加 H_2SO_4）→ 粗脂肪酸；分离器 → 废水

脱脂废水 COD 的去除和油脂的回收与 pH 值有很大关系，一般取 pH 值为 4，见图 1-12-8。温度对 COD 去除率和油脂的回收也有影响，见图 1-12-9。

温度为 60℃ 时，COD 去除 94.2%，油脂回收 96.2%，从经济角度考虑，温度不宜取高。

分离方法采用间歇静置法，静置分离时间大于 3h。

分离方法采用连续气浮法，反应时间 30min 以上，分离时间 15min 以上。

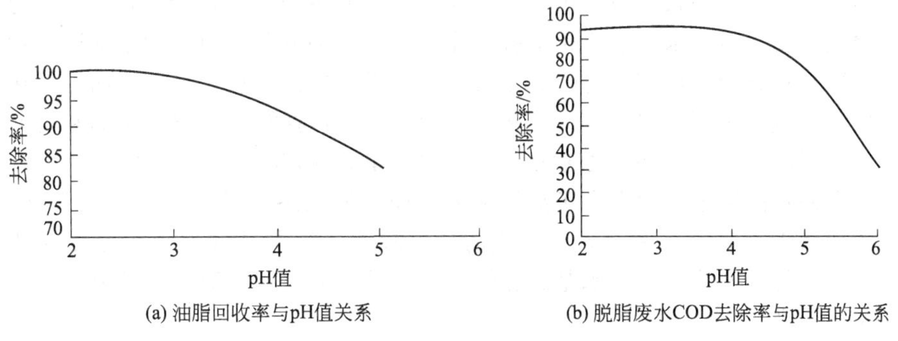

(a) 油脂回收率与pH值关系　　(b) 脱脂废水COD去除率与pH值的关系

图 1-12-8　脱脂废水 COD 的去除和油脂的回收与 pH 值的关系

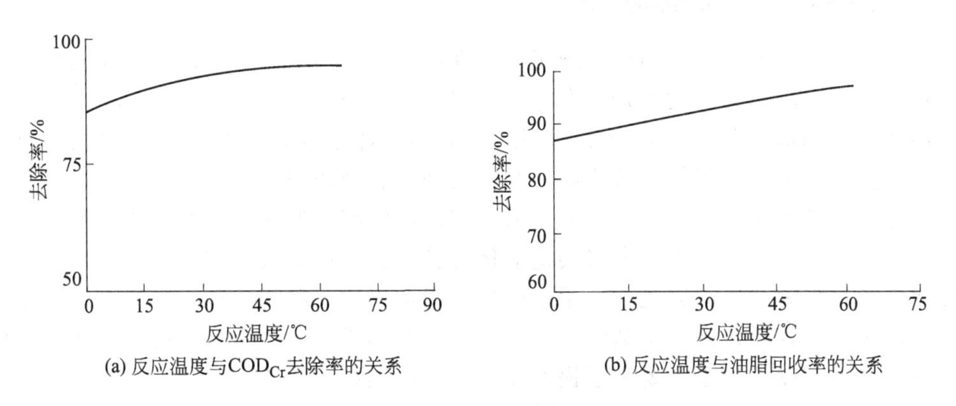

(a) 反应温度与COD_{Cr}去除率的关系　　(b) 反应温度与油脂回收率的关系

图 1-12-9　温度对 COD 去除率和油脂回收的影响

(三) 处理效果

处理效果见表 1-12-12。回收的粗泥含脂肪酸可用做饲料或精化后生产纯脂肪酸。经计算其经济效益完全能够抵消成本，甚至可获利。

表 1-12-12　常温下连续气浮法处理脱脂废水效果

项　　目	pH 值	COD/(mg/L)	TN/(mg/L)	油脂/(mg/L)
处理前	12	31522.8	822.5	4850
处理后	4	4926.7	677.4	666.7
处理效率		84.4%	17.6%	86.6%

六、植鞣清洁工艺

生产底革和工业用革采用鼓内干鞣或循环池内鞣制。

干鞣：在转鼓内加入足够量的粉末浸膏拷胶，液沫系数为 0.2～0.3。鞣制结束时基本没有废液排放。

池内鞣制：拷胶鞣液在池内循环使用，不排放，皮在鞣制之前先采用聚磷酸盐在 30～35℃下处理[12]。

七、涂饰过程中的清洁工艺[19]

涂饰过程也是至关重要的，通过涂饰可以增加成革的品种和使用价值，以提高利润。涂饰过程中的重要工序有磨革、扫灰、喷涂等。磨革会产生大量固体灰尘，其中含有大量的有毒复杂化学成分，其会在很大范围内飞扬，对空气造成污染。尽管诸多企业采用的大型磨革机安装了除尘设备，但有部分粉尘仍会被操作工吸入，部分飞入附近的生活区。对于该工序的清洁化处理，一方面可以安装进口大型带有除尘设备的磨革机，另一方面可以在生产有关品种时采用湿革或半湿革的湿磨操作。涂饰过程中主要包括挥发在空气中的有机溶剂，常用的有机溶剂如醋酸丁酯、丙酮、乙基乙二醇、异丙醇、*N*,*N*-二甲基甲酰胺、丙烯酸及丙烯酸酯类等，它们在涂饰过程中有利于涂饰剂的成膜，但最终挥发在空气中，造成大气污染。交联剂虽然用量小，但对环境及人体造成的危害较大，容易过敏，更甚者会引起呼吸道疾病。因此利用新的合成技术合成水基的涂饰材料，可以消除有机溶剂和游离甲醛，减少涂饰过程中的大气污染。

八、制革废渣及其利用

制革工业是高投入、低产出的传统工业。在制革生产过程中，伴随着大量污水的，还有大量的废渣。其中皮革废渣约占原料的30%～40%。在传统的制革工业中，1t盐湿皮仅能制造出约200kg的成品革，却要产生600kg以上的固体废物。这些固体废物包括原皮修边角料、片灰皮渣、削匀皮屑等不含铬胶原和蓝皮削匀、修边时所产生的含铬胶原蛋白的废弃物。我国每年约产生140多万吨的皮革废渣，如果不能将这些废渣进行合理的处理，一方面将会严重地污染环境，另一方面也将会造成优良胶原蛋白质的极大浪费[20]。

目前制革过程中产生的废毛主要用于制造非织造织物、鞋用毛毡、人造毛皮或用于加工成肥料、动物蛋白饲料、提取氨基酸、固体材料、化妆品、发泡剂、脱色剂、织物整理剂、人造蛋白纤维等。皮下肉膜主要用于提取皮胶和生产饲料。在制革准备阶段脱毛、灰皮剖层后，所得的小块裸皮和剖层皮可用于制革、提取皮胶、生产食用胶原、人造肠衣的透明皮板，而生皮边角料及皮渣则可用于生产明胶。铬革屑可用于生产表面活性剂，制作皮革化工材料，其中包括复鞣剂或填充剂、铬鞣剂、涂饰剂、加脂剂，也可用于制浆造纸，合成树脂和复合材料，制造宠物饲料，生产皮肥，作富铬酵母等。

九、其他可行的清洁生产方法[21]

(1) 通过试验解决转鼓设备的利用问题，避免设备空转，以此达到设备的最大利用效率。此方案的实施可节水、节电、节蒸汽，具有可观的经济效益。

(2) 优化助剂的使用，用高质量、无毒无害或低毒低害的助剂替换毒性大、高污染的助剂。

(3) 解决二层鞣制环节的铬粉用量，若二层鞣制环节铬粉用量过多，造成能源浪费，化料成本和污水处理成本增加，在实际操作中可将铬粉用量调整到一个最佳的范围内。

第三节 废水处理与利用

制革综合废水包括制革厂区（区域）内排放的所有废水，但主要是制革生产排放的废水，其污染物含量高、成分复杂，水量、水质前已述及。

制革废水的处理主要为物化法和生化法。生化法有活性污泥法、生物膜法、氧化沟法、厌氧法等，无论哪种方法，其预处理和前处理都是必要的，这是由制革废水的特性所决定的。

一、预处理

工艺：综合废水→格栅→初沉池→调节池。

（一）格栅

去除皮渣、毛及大颗粒物。一般设置粗细两道。当废水处理系统距离车间排放口较远时，宜分别在排放口和处理系统前各设一组。工艺参数为：粗格栅间距16～25mm；过流速度0.3～0.8m/s；细格栅间距5～10mm；倾角60°。细格栅可选用机械格栅。

（二）预沉淀池

去除泥、砂及易沉物，以防在后续处理单元发生沉淀积累。工艺条件：停留时间20～60min；有效水深1.0～2.0m；一般平流式流速0.1～0.2m/s；池底坡度大于0.05；排泥周期不大于24h；排泥管直径不小于200mm。

（三）调节池

调节制革废水水质、水量，保障废水处理系统稳定、连续运行。调节池通常兼有预曝气或沉淀的功能，称为调节曝气池或调节沉淀池。

1. 调节曝气池

在调节池内鼓风、曝气，可以充分搅动混合废水，促进废水絮凝，补充废水溶解氧，防止厌氧产生臭气，氧化某些还原剂如S^{2-}等，具有预曝气作用，可以将部分具有絮凝作用、混凝作用的混凝污泥或生物污泥引入。

调节池容积应根据制革厂的生产情况实测排水量和排放时间推算确定。

二班生产：停留时间8～10h，空气量3～5m^3/(m^2·h)。

三班生产：停留时间8～12h。

2. 调节沉淀池

对废水水质、水量调节的同时沉淀絮凝物，一般为平流式，宜设两座并分别设置刮泥设备。工艺参数：

停留时间12～16h；　底池坡度不小于0.02；

水平流速3.0mm/s；　排泥周期小于24h；

有效水深2.0～3.0m；　刮泥机速度0.2～0.8m/min。

二、化学法处理制革废水

化学法包括中和、混凝、沉淀和气浮法，适合中小制革厂。

（一）中和法

制革综合废水呈碱性，无论采取何种处理方法，一般都需采用中和的方法使废水达到后续处理所需的pH范围。中和法一般分为酸性废水与碱性废水互相中和法、药剂中和法、过滤中和法。其中以HCl和NaOH为中和剂的药剂中和法最为常用，因为其操作方便，高效且易控制。

（二）混凝

向废水中投加混凝剂，使废水中不能自然沉降的胶体颗粒凝聚，通过沉降或浮上达到和水分离的目的。混凝经过快速混合和反应两个阶段。

1. 快速混合

在短时间内使混凝剂与废水均匀混合。

(1) 水泵混合　泵前加药。

(2) 机械搅拌混合　周边速度为1.5m/s以上；停留时间<1.0min。

(3) 隔板式混合　流速>1.5m/s；隔板间距为0.6～1.0m；混合池级数为3～4级。

2. 混凝反应

生长阶段，颗粒不断接触、碰撞、增长。

反应时间 15～30min；GT 值 10^4～10^5。

反应设备一般采用隔板反应、机械搅拌反应或涡流反应，混凝剂一般使用聚铝或聚铁，加入量为 0.04%～0.1%。

(三) 沉淀池

1. 平流斜板（管）沉淀池

工艺参数：表面负荷 2～5m^3/(m^2·h)；斜板间距 80～100mm；斜板长 1.0m；斜板上部水深0.8～1.0m；斜板倾角 60°；斜板下部缓冲层 0.8～1.0m。

2. 辐流式沉淀池

一般水量较大时采用辐流式沉淀池，多用于二沉池。主要工艺参数：

表面负荷 1.0～2.0m^3/(m^2·h)；停留时间 1.5h；一般采用机械刮泥。

(四) 气浮法

混凝反应后，采用气浮法将凝聚颗粒浮上与水分离，一般采用回流加压气浮法。

主要工艺参数：接触上升流速 10～15mm/s；接触时间 1.5～3.5min；气浮分离时间 20～50min；上升流速 1.5～3.0mm/s；有效水深 2～2.5m；溶气罐压力 0.2～0.4MPa；回流比 20%～50%；上升流速 1.5～3.0mm/s。

物化法处理制革废水，综合效率一般对 COD 去除率为 70%～85%；对 BOD 去除率为 50%～80%；对 SS 去除率为 85%～95%；对总 Cr 去除率为＞98%；对 S^{2-} 去除率为＞95%。物化法处理制革废水，水质难达到国家标准，因此需做进一步处理。

三、生物法处理制革废水[22,23]

制革废水主要污染成分为有机物，废水 BOD 与 COD 的比值在 0.4～0.6 之间，具有较好的可生化性，适合生物处理。

(一) 活性污泥法

活性污泥法处理制革废水是比较传统和成熟的方法，一般为推流式或完全混合式。其处理效率：COD 为 70%～80%，BOD 为 85%～96%。

主要工艺参数：污泥负荷 0.3～0.6kgBOD/(kgMLSS·d)；污泥浓度 2.5～5.0g/L；停留时间 5.0～12.0h。

1. 间歇式活性污泥法（SBR）

SBR 是活性污泥法的一种。废水在同一反应池内按时间顺序实现进水、曝气、沉淀、排水、闲置五个阶段。和传统活性污泥法相比，SBR 构筑物简单，不设二沉池，无污泥回流，操作灵活，曝气时间及曝气量可调，易管理，不易产生污泥膨胀；SBR 是完全混合式曝气，具有调节水质、水量的作用，因此可适当减少调节池的容积。SBR 工艺对中小型制革企业的废水处理十分适用，其最大的特点是灵活，可以间歇运行。近年来，SBR 法处理制革废水逐渐被应用和推广。

主要工艺参数：容积负荷 0.4～1.5kgBOD/(m^3·d)，一般取较低值以便调节；运行周期 9～15h，可根据实际情况调节；曝气时间 5.0～12h。

2. 生物膜法

生物膜法处理制革废水一般采用接触氧化法。这种方法负荷高，无污泥回流，产泥量比活性污泥少。氧化池内需安装填料，费用增加。

主要工艺参数：容积负荷 2～4kgBOD/(m^3·d)；停留时间 4～10h；填料高度 2.0～3.0m，采用悬浮填料，不少于池容的 50%。

3. 氧化沟法

氧化沟与其他生物处理工艺相比所具有的优点是：①工艺流程简单，构筑物少，运行管理方便；②曝气设备和构造形式多样化、运行灵活；③处理效果稳定、出水水质好，并可以实现脱氮；④基建投资省、运行费用低；⑤能承受水量水质冲击负荷，对高浓度工业废水有很大的稀释能力[24]。正是基于以上的这些特点，氧化沟生物处理工艺成为到目前为止国内制革废水处理中应用最为广泛的工艺。

主要工艺参数：污泥负荷 0.05～0.10kgBOD/(kgMLSS·d)；污泥浓度 2.0～5.0g/L；循环流速 0.3～0.5m/s；有效水深 2.0～4.5m。

氧化沟工艺 COD 去除率可达到 85%以上，硫化物的去除率达到 95%以上。此外，它的另一特点是采用高效表面机械曝气机，可以在不中断运行的情况下，在平台上对设备直接进行维修，不需要像鼓风曝气那样曝气池排空才能维修。

好氧生物法处理制革废水效率为：COD 为 70%～90%；BOD 为 85%～96%；氧化沟的效率较高一点。

(二) 厌氧法

厌氧法处理制革废水还未有广泛应用实例，但这方面的研究已有报道。2003 年中国农业部与荷兰应用科学研究院合作，尝试利用高效的厌氧反应器处理高浓度、富含毒性物质的制革废水，并在中国河南鞋城制革厂采用 UASB 与硫回收工艺建立了试验示范工程，初步结果表明，采用高效的厌氧处理技术可以有效地降低皮革废水中的 COD，可以实现部分废物的资源化利用并产生能源——沼气。但是，由于没有经过基础的、系统的研究，缺乏相关的理论依据和支持，面对成分复杂，污染负荷高、富含毒性物质的制革废水，启动过程出现了各种各样的问题，造成启动过程一次次的停滞，也留下了许多值得深入研究的课题[25]。

厌氧水解酸化作为好氧生物处理的预处理，可缩短水力停留时间，提高处理效率。一般水力停留时间 4～8h。

上流式厌氧污泥床（UASB）处理制革废水，有机物经酸化，最终分解为甲烷和二氧化碳。停留时间 8～12h，有机物去除率 COD 为 60%左右，可将污泥引入一并处理，减少污泥量。

厌氧法处理制革废水，无动力消耗，可省去预处理沉淀池，产泥量少，但培菌时间长，受 S^{2-} 和 Cr^{3+} 含量的影响，同时也受温度影响。

表 1-12-13　为制革废水各种生物处理工艺之间的比较。

表 1-12-13　制革废水各种生物处理工艺的比较

序号	工　艺	特　点	技　术　参　数
1	氧化沟	处理效果稳定，操作管理简单，运行成本较低，技术实用性强，运行负荷低，存在泡沫问题，适合大型制革厂	对有机物去除率 BOD 在 95%以上，COD 在 85%以上，硫化物去除率在 95%以上，SS 为 75%左右，石油类 99%以上。污泥负荷 0.05～0.10kgBOD/(kgMLSS·d)，水力停留时间 24～28h，污泥龄 20～30d，水流速 0.3m/s
2	SBR	间歇运行，灵活，流程短，操作管理简便，适合中、小型制革厂	COD 与 SS 可去除 80%以上，S^{2-} 去除 96.7%以上，污泥负荷 0.1～0.15kgBOD/(kgMLSS·d)，污泥浓度 3～4g/L，水深 4～6m

续表

序号	工艺	特点	技术参数
3	生物接触氧化法	具有较强的耐冲击负荷能力，空气用量少，体积负荷高，处理时间短，污泥生成量少，无污泥膨胀，易维护管理，如设计不当，容易产生堵塞，成本高，适合中、小型制革厂	COD，SS，Cr^{3+}，S^{2-}去除率为85%～99.8%以上，容积负荷2～4kgBOD/(m^3·d)，曝气量0.15～0.3m^3空气/(min·m^3池容)
4	射流曝气法	结构简单，氧的利用率高，污泥不易膨胀，适合中、小型制革厂	COD去除率达90%以上，曝气时间2～4h，喷射流量0.039m^3/s
5	SBBR	去除效率高，出水水质好，污泥产量少，小试处理效率在90%以上	水温20℃；回流率100L/h；污泥产率0.03kgTSS/kgCOD
6	双层生物滤池	是新开发的一种生物处理技术，它省去生物处理过程中必不可少的二次沉淀池，该法结构简单，高负荷运行	去除率SS 95%，BOD 98%，COD 90%，Cr^{3+} 96%以上，硫化物96%以上
7	流化床	容积负荷大，耐冲击但处理效率不高，能耗大，适合小型制革厂	COD与BOD去除率达80%以上，容积负荷10kgTSS/kgCOD
8	UASB	高负荷，但去除率低，且出水的硫化物浓度高	废水COD、BOD、SS去除率都在80%以上，上升流速0.6～1.2m/h

表1-12-14[24]为国内部分制革废水处理成功的应用实例。

表1-12-14 国内部分制革废水处理成功的应用实例

应用实例	处理工艺	技术参数
某皮革有限公司	气浮＋氧化沟	处理规模2500t/d，串联气浮
某制革厂	混凝沉淀＋接触氧化	处理规模480t/d，停留时间7.5h，BOD容积负荷1kg/(m^3·d)，气水比25∶1
某外资皮革企业	混凝沉淀＋接触氧化	处理规模400t/d，同级接触氧化，总停留时间8h，气水比12∶1
某制革工业区	混凝沉淀＋接触氧化	处理规模3500t/d，两段接触氧化，总停留时间16.5h
某制革厂	混凝沉淀＋接触氧化＋综合过滤	处理规模500t/d，混凝剂PAC，碱沉淀剂NaOH，接触时间3h，容积负荷为0.21m^3/(m^3·h)，化学纤维过滤
某制革工业区	混凝沉淀＋水解酸化＋CAST工艺	处理规模6000t/d，混凝剂$FeSO_4$，PAC，碱沉淀剂NaOH，水解酸化10h，CAST工艺污泥负荷0.1～0.15kgBOD/(kgMLSS·d)，运行周期6h，曝气4h，HRT 28h
某制革服装公司	酸化吸收、碱沉淀、电化反应器预处理＋接触氧化＋接触过滤	处理规模900t/d，碱沉淀剂MgO，接触氧化4h
某制革企业	气浮＋接触氧化＋SBR	处理规模3010t/d，接触氧化3.9h，SBR停留时间30.7h，SBR容积负荷1.647kg/(m^3·d)
某皮革公司	内电解＋斜管沉淀	处理规模100～120t/d，内电解塔有效尺寸1.2m×3.5m，内置铁、炭填料

四、工程实例

1. 实例1[4]

某猪皮制革厂，采用酶脱毛工艺，综合废水采用物化法处理。

工艺流程：制革废水→格栅→沉渣池→调节沉淀池→混凝反应池→斜板沉降池→气浮池→喷淋滤池→出水。

主要工艺参数：格栅为人工格栅；沉渣池停留时间0.5h；调节沉淀池停留时间16h，排泥周期8h；混凝反应池泵前加药，涡流反应，反应时间13min；斜板沉淀池表面负荷2.8$m^3/(m^2 \cdot h)$；气浮池气浮接触时间2.5min，分离时间22min，溶气回流40%，压力0.3MPa。

处理效果见表1-12-15。

表1-12-15　物化法处理制革废水效果

项　目	pH值	COD/(mg/L)	BOD/(mg/L)	SS/(mg/L)	总Cr/(mg/L)	S^{2-}/(mg/L)
进水	7.7	2649.3	1153.7	940.3	52.7	3.2
出水	6.7	291	182	21.7	0.31	0
效率/%		89.0	84.2	99.7	99.4	100

从表1-12-16中可见，出水水质达不到现行国家一级标准，需做进一步处理。

2. 实例2[4]

某制革区综合废水，采用活性污泥法处理。

工艺流程：综合废水→格栅→沉砂池→预曝气→调节沉淀池→曝气池→二沉池。

主要工艺参数：沉砂池停留时间40min；预曝气池停留时间60min；调节沉淀池停留时间8.0h；曝气池污泥负荷0.42kgBOD/(kgMLSS·d)，污泥浓度4.0g/L；辐流式二沉池表面负荷1.9$m^3/(m^2 \cdot h)$。

处理效果见表1-12-16。

表1-12-16　活性污泥法处理制革废水效果

项　目	COD/(mg/L)	BOD/(mg/L)	SS/(mg/L)	S^{2-}/(mg/L)	Cr^{3+}/(mg/L)	pH值
进水	1865	874	1096	29	18	8.6
出水	293	58	152	0.8	0.1	7.8
效率/%	85.3	94	87	97	89	

该工艺出水达不到现有国家一级标准，需做进一步调整处理。

3. 实例3[25]

某皮革公司主要生产山羊蓝湿革、牛蓝湿革、山羊鞋面革等半成品和成品革制品。由于企业规模的不断扩大，废水排放量大增，原有废水处理设施已经不能满足生产发展要求。因此，2009年企业决定新建一套废水处理设施，废水工程设计处理能力为1000m^3/d，废水经处理后，要求出水达到《污水综合排放标准》(GB 8978—1996) 中的一级标准。

(1) 处理工艺　废水水质和排放标准见表1-12-17。

表1-12-17　废水水质及排放标准

项目	COD/(mg/L)	BOD/(mg/L)	SS/(mg/L)	总Cr/(mg/L)	S^{2-}/(mg/L)	pH
原水水质	3000～4000	1500～2000	2000～4000	60～100	50～100	8～10
排放标准	100	30	70	1.5	1.0	6～9

由于企业原有废水处理设施对铬鞣废水已经单独处理（见图1-12-10)，并对铬泥做到了回收利用，出水铬离子浓度在2mg/L左右，因此新建工程保留原含铬废水的单元，处理目标为含硫废水、脱铬废水以及其他车间废水。

废水处理工艺流程如图1-12-11所示。

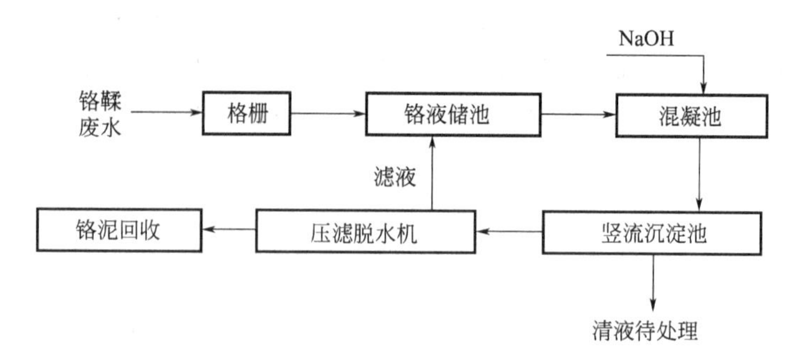

图 1-12-10 原铬鞣废水处理流程

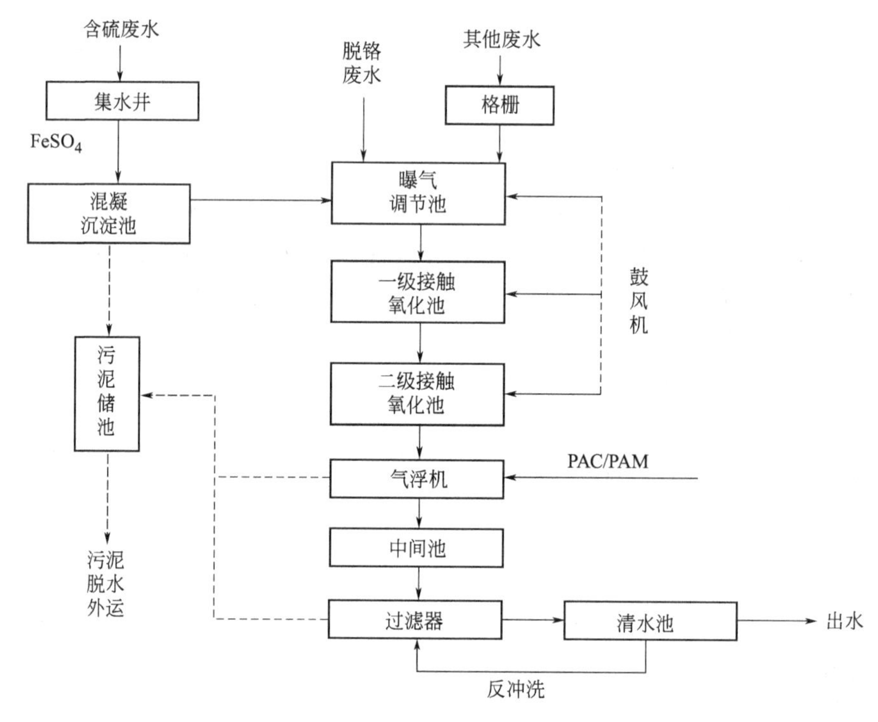

图 1-12-11 废水处理工艺流程

收集后的含硫废水经过投加 $FeSO_4$ 混凝，S^{2-} 与 Fe^{2+} 结合生成的 FeS 沉淀通过竖流式沉淀池固液分离，竖流沉淀池出水会同脱铬废水及其他废水进入曝气调节池，调节池水质调节均匀后，用污水泵提升至两级生物接触氧化池。生物接触氧化池内装半软性填料，采用旋混式曝气头曝气，生物接触氧化池出水通过加药混合器加入聚合氯化铝（PAC）和聚丙烯酰胺（PAM），充分反应后进入气浮机，在气浮机内大量絮体被气泡黏附带至水面后经刮渣机刮除。气浮机出水进入中间池，池内设增压泵，池水由泵打入最后一道处理设备——石英砂过滤器，气浮出水经过滤后出水流入清水池后排放。清水池内设潜水泵，适时对石英砂过滤器进行反冲，反冲洗水、气浮机泥渣、混凝沉淀池污泥排入污泥储池。

（2）主要处理单元设计与运行参数

① 曝气调节池。三股废水水质水量不断变化，通过设置调节池以达到均质、均量的目的，保证生化处理的稳定性。有效容积 $V=750m^3$；池体尺寸 15m×10m×5m；池体为钢筋混凝土结构，池内设潜污泵 80QW60-13-4（2 台，1 用 1 备）；调节池采用穿孔曝气管曝气［曝气量 $3\sim5m^3/(m^2 \cdot h)$］，可以减轻后续处理工段的负荷，并且防止悬浮物大量沉淀于池

底，曝气调节池的水力停留时间（HRT）为16h。

② 生物接触氧化。好氧处理采用生物接触氧化，生物接触氧化工艺具有生物量大，有机负荷高、出水水质好、耐冲击负荷等优点。废水中80%的BOD都是在氧化池中去除的。生物接触氧化池内的生物固体浓度（5～10g/L）高于活性污泥法和生物滤池，具有较高的容积负荷；另外接触氧化工艺无污泥膨胀问题，运行管理较活性污泥法简单，对水量水质的波动有较强的适应能力。接触氧化池为整体推流式，两级串联，一级接触氧化池设计水力停留时间（HRT）13h，池体尺寸12m×10m×5m，分2格，二级接触氧化池停留时间（HRT）6.5h，池体尺寸12m×5m×5m。有效水深为4.5m；半软性填料542m^3，填料架底部位置距离池底1m，距液面0.5m；池体为钢筋混凝土结构；池底设旋混曝气装置720套，采用旋混式曝气头进行曝气，气水比20∶1，控制池内溶解氧为2～4mg/L，曝气头间距0.5m；罗茨风机SLW150型（3台，2用1备）Q=15.95m^3/min，功率N=22kW。

主要机械设备见表1-12-18。

表1-12-18　主要机械设备

设备名称	规格型号	数量	功率/kW	备注
机械格栅	SZL型	2台	0.75	
潜污泵	80QW60-13-4	4台	4	
罗茨风机	SLW150	3套	22	两用一备
曝气头	XH230	720个		
气浮机	THAF-50	1台	4	附加药装置
加药装置	JY-Ⅱ	3套	0.75	
电气控制	非标	1套		
过滤器	非标	4套		附潜污泵
潜污泵	50QW15-15-2.2	4台	2.2	
反冲洗泵	80QW45-15-5.5	2台	5.5	
污泥脱水机	WDY-Ⅱ-1500	1台	1.1	附泥浆泵
泥浆泵	G60-1	2台	5.5	

（3）出水指标分析　出水指标如表1-12-19所示。

表1-12-19　出水检测结果

日期	COD/(mg/L)	BOD/(mg/L)	SS/(mg/L)	总Cr/(mg/L)	S^{2-}/(mg/L)	pH值
2009.5.24	91	24	42	1.1	0.7	7
2009.5.25	89	23	50	1.2	0.8	7
2009.5.26	90	23	45	1.2	0.7	7

如表1-12-20所示，出水指标均达到国家《污水综合排放标准》（GB 8978—1996）中的一级排放标准。

（4）经济指标分析　设备总装机容量121.7kW，实际运行功率75.3kW，脱硫$FeSO_4$的投加量200mg/L，气浮机运行聚合氯化铝（PAC）投加量150mg/L，聚丙烯酰胺（PAM）投加量1mg/L，NaOH投加量50mg/L。电费及药剂均按当时市价计算，处理每吨废水的直接运行费用仅1.41元，低于行业平均水平。

五、制革废水处理设计注意事项

（1）制革废水处理设计要和制革生产工艺相结合，分流治理和综合处理相结合，把污染消灭在发生初期，以降低综合废水处理造价和运行成本。考虑排放废水的系统平衡，充分利用废水自身的特点，如酸碱平衡及自身絮凝等。

（2）当制革采用表面活性剂脱脂时，预曝气和曝气池会有大量泡沫产生，应改变工艺或采取消泡措施。

（3）废水从车间排放口到处理系统，宜采用明沟，使水疏通。距离远时，中间应设沉井。

（4）制革废水处理系统应能灵活运行，以适应生产淡旺季的变化。必要时留有生产发展的余地。

参考文献

[1] 朱岩．着力打造皮化产业，引领皮革行业可持续发展．西部皮革，2011，33（14）：11-13.
[2] 徐永．中国皮革工业“二次创业”发展战略（中国皮革工业协会扩大会文件汇编）．1997.
[3] 王泽锋，王春，王谦谦．制革废水治理工艺的研究进展．辽宁化工，2011，40（4）：357-359.
[4] 北京市环境保护科学研究院编．三废处理工程技术手册：北京，化学工业出版社，2000.
[5] 刘鹏杰．决策者声音——为皮革行业可持续发展献计献策．中国皮革，2007，1：61-62.
[6] 成都科技大学，西北轻工学院合著．制革化学及工艺学．北京：轻工业出版社，1996.
[7] 丁绍兰等．中国制革污水、污泥处理的现状分析．中国皮革，1998，18，5.
[8] 中国皮革研究所．猪皮污染工艺废水综合治理（“七五”重点科技攻关项目）．中国皮革，1991，20（4）：5-6.
[9] 马莉，张新申．制革工业综合废水生物处理的研究进展．皮革科学与工程，2006，16（2）：65-71.
[10] 米·阿洛奥等著．制革工业与污染．储家瑞等译．北京：轻工业出版社，1985.
[11] 彭必雨，侯爱军．皮革制造中的环境和生态问题及制革清洁生产技术．西部皮革，2009，31（1）：36-43.
[12] M. Alog 编著．王永昌译．无污染制革工艺推广应用前景和问题．中国皮革．1998，32（8）：18-21.
[13] 于义．保护环境，猪皮酶法脱毛工艺应用再振雄威．第四届亚洲国际皮革科学技术论文集．1998．233.
[14] 丁绍兰等．常规毁毛法浸灰脱毛废液循环使用的研究．中国皮革．1997，14（4）：14-19.
[15] 王军等．制革厂铬鞣废液直接循环利用及生产实用技术研究．中国皮革．1997，20（4）：20-21.
[16] 刘必惦，谢时伟．制革厂的清洁生产技术——废铬鞣液再生利用．境污染与防治．1996，29（2）：24-26.
[17] 段镇基等．防铬污染助鞣剂及其应用工艺研究．中国皮革．1993，22（4）：23.
[18] 于开起，程宝箴．清洁化制革技术的新视角．西部皮革，2009，31（3）：19-25.
[19] 王全杰，王延青，胡斌．制革工业清洁化生产的研究进展．皮革科学与工程，2009，19（5）：45-48.
[20] 覃伟，李国英．环保胶粘剂研究进展及制革废渣资源化利用展望．皮革与化工，2011，28（4）：21-25.
[21] 魏善明，王成斌，蔡杰．清洁生产在制革工业中的应用．现代农业科技，2009（17）：272-273.
[22] 丁绍兰，秦宁．皮革废水治理技术研究进展．西部皮革，2009，31（19）：25-29.
[23] 余梅，马兴元，韦良焕．制革综合废水生物处理的关键工艺与设备开发进展．西部皮革，2010，32（9）：29-34.
[24] 吴彩霞．制革废水污染防治措施及其有效性分析．中国环保产业，2006，7：34-37.
[25] 闫东峰，孙根行，郭留元．皮革废水处理工程设计．中国皮革，2011，40（5）：4-6.

第二篇

Chapter 02

废水处理单元技术

第一章 物理分离

第一节　筛　　除

一、原理和功能

当颗粒直径比流体流动通道尺寸大时会发生筛分。废水的筛分多指利用栅条构成的格栅和筛网截阻废水中的大块悬浮固体、漂浮物、纤维和固体颗粒物质，以避免堵塞后续管道和设备，保证后续处理工序正常有效运行[1]。

二、设备和装置

(一) 格栅

按格栅形状，可分为平面格栅和曲面格栅；按栅条间隙，可分为粗格栅（50～100mm)、中格栅（10～40mm）和细格栅（3～10mm)；按栅渣清除方式，可分为人工清除格栅、机械清除格栅和水力清除格栅[2]。

人工清除格栅见图 2-1-1。机械清除格栅见图 2-1-2～图 2-1-5。

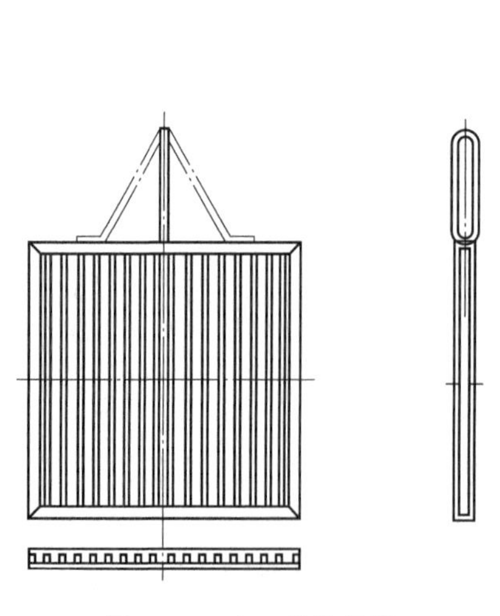

图 2-1-1　人工清除格栅

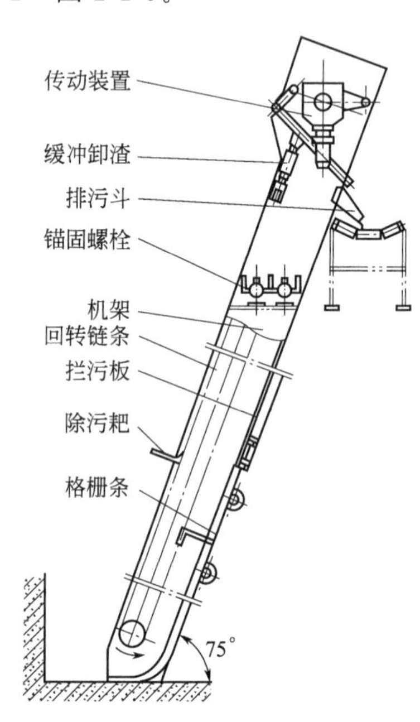

图 2-1-2　链条式格栅除污机

常用的机械格栅设备如下。

(1) 链条式格栅除污机　见图 2-1-2。其工作原理是经传动装置带动格栅除污机上的两

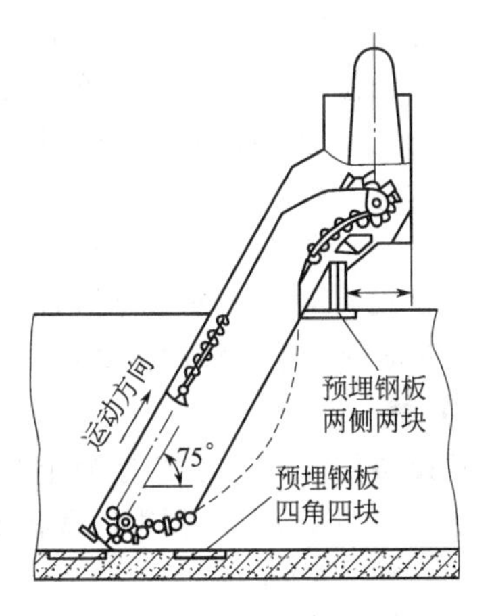

图 2-1-3　循环齿耙除污机

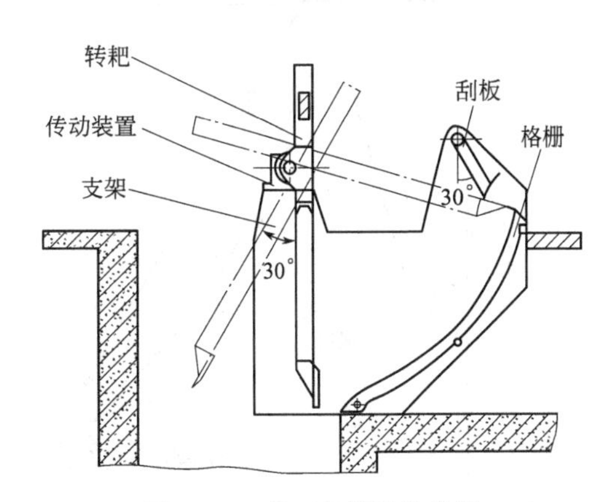

图 2-1-4　曲面机械清除格栅

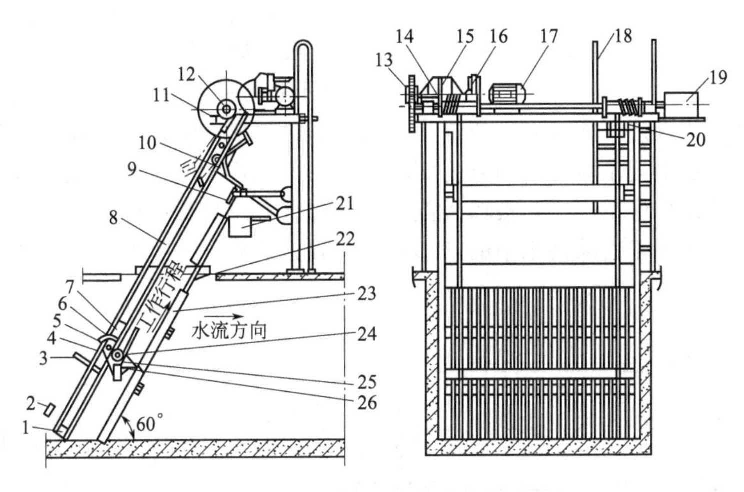

图 2-1-5　钢丝绳牵引滑块式格栅除污机

1—滑块行程限位螺栓；2—除污耙自锁机构开锁撞块；3—除污耙自锁栓；4—耙臂；
5—销轴；6—除污耙摆动限位板；7—滑块；8—滑块导轨；9—刮板；10—抬耙导轨；
11—底座；12—卷筒轴；13—开式齿轮；14—卷筒；15—减速机；16—制动器；
17—电动机；18—扶梯；19—限位器；20—松绳开关；21、22—上、下溜板；
23—格栅；24—抬耙滚子；25—钢丝绳；26—耙齿板

条回转链条循环转动，固定在链条上的除污耙在随链条循环转动的过程中将格栅条上截留的栅渣提升上来以后，由缓冲卸渣装置将除污耙上的栅渣刮下掉入排污斗排出。链条式格栅除污机适用于深度较浅的中小型污水处理厂。

(2) 循环齿耙除污机　见图 2-1-3。该格栅的特点是无格栅条，格栅由许多小齿耙相互连接组成一个巨大的旋转面。其工作原理是经传动装置带动这个由小齿耙构成的旋转面循环转动，在小齿耙循环转动的过程中将截留的栅渣带出水面至格栅顶部。栅渣通过旋转面的运行轨迹变化完成卸渣的过程。循环齿耙除污机属细格栅，格栅间隙可做到 0.5～15mm，此类格栅适用于中小型污水处理厂。

(3) 转臂式弧形格栅　见图 2-1-4。其工作原理是传动装置带动转耙旋转，将弧形格栅上截留的栅渣刮起，并用刮板把转耙上的栅渣去掉。转臂式弧形格栅是一种适用于小型污水处理厂的浅渠槽拦污设备。

(4) 钢丝绳牵引式格栅除污机　见图 2-1-5。其工作原理是传动装置带动两根钢丝绳牵引

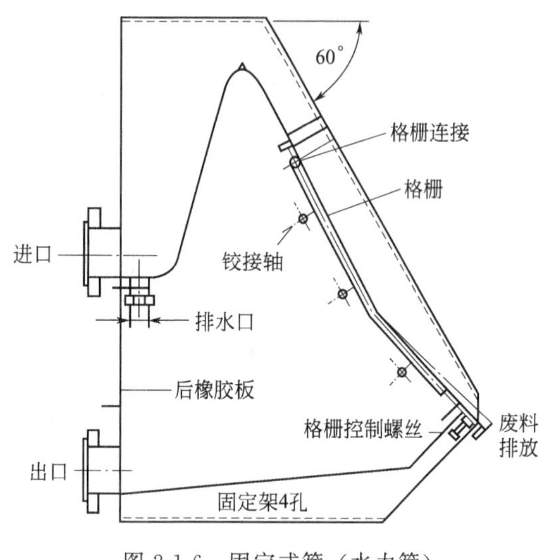

图 2-1-6 固定式筛（水力筛）

除渣耙，耙和滑块沿槽钢制的导轨移动，靠自重下移到低位后，耙的自锁栓碰开自锁撞块，除渣耙向下摆动，耙齿插入格栅间隙，然后由钢丝绳牵引向上移动，清除栅渣。除渣耙上移到一定位置后，抬耙导轨逐渐抬起，同时刮板自动将耙上的栅渣刮到栅渣槽中。此类格栅亦适用于中小型污水处理厂。

(二) 筛（网）

筛网设备按孔眼大小可分为粗筛网和细筛网；按工作方式可分为固定筛和旋转筛。见图 2-1-6 和图 2-1-7。

常用的筛网设备如下。

（1）固定式筛网又名水力筛，见图 2-1-6。水力筛由曲面栅条及框架构成，筛面自上而下形成一个倾角逐渐减小的曲面。栅条水平放置，栅条截面为楔形。栅条间距范围为0.25～5mm。其工作原理是污水由格栅的后部进口进入栅条上部，然后沿栅条宽度向栅条前面溢流。污水在经过栅条表面时，水通过栅条间隙，流入栅条下部，从出口流出。污物被栅条截留，并在水力冲刷及自身重力的作用下沿筛面滑下落入渣槽。水力筛适用于去除污水中的细小纤维和固体颗粒，常用于小型污水处理厂中。

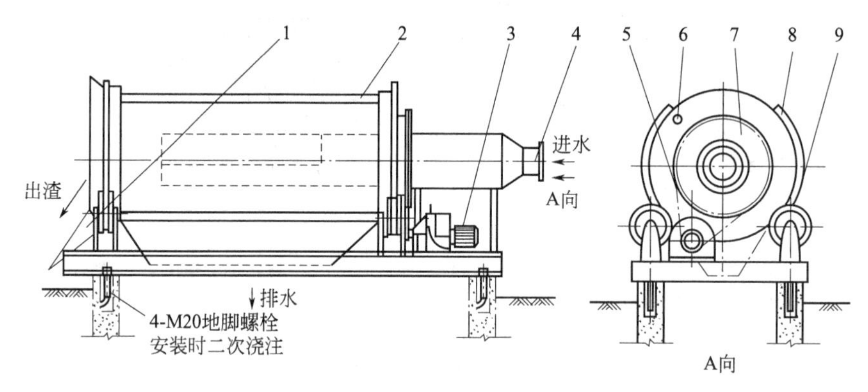

图 2-1-7 旋转筛过滤机

1—出渣导槽；2—过滤部分；3—驱动装置；4—进水管口；5—链条；6—清洗管；7—链轮；8—防垢罩；9—导轮

（2）旋转筒筛见图 2-1-7。其工作原理是污水经入口缓慢流入转筒内，污水由转筒下部筛网经过滤后排出，污物被截留在筛网内壁上，并随转筒旋转至水面以上。经刮渣设备刮渣及冲洗水冲洗后，被截留的污物掉在转筒中心处的收集槽内，再经出渣导槽排出。旋转筒筛适用于废水中含有大量纤维杂物的工业废水，如纺织、屠宰、皮革加工和印染等工业生产排出的废水。

三、格栅的设计计算

(一) 格栅设计一般规定

1. 栅隙

（1）水泵前格栅栅条间隙应根据水泵要求确定。

（2）废水处理系统前格栅栅条间隙，应符合下列要求：最大间隙40mm，其中人工清除25～40mm，机械清除16～25mm。废水处理厂亦可设置粗、细两道格栅，粗格栅栅条间隙50～100mm。

（3）大型废水处理厂可设置粗、中、细三道格栅。

（4）如泵前格栅间隙不大于25mm，废水处理系统前可不再设置格栅。

2. 栅渣

（1）栅渣量与多种因素有关，在无当地运行资料时，可以采用以下资料。

格栅间隙16～25mm：0.10～0.05$m^3/10^3m^3$（栅渣/废水）。

格栅间隙30～50mm：0.03～0.01$m^3/10^3m^3$（栅渣/废水）。

（2）栅渣的含水率一般为80%，容重约为960kg/m^3。

（3）在大型废水处理厂或泵站前的大型格栅（每日栅渣量大于0.2m^3），一般应采用机械清渣。

3. 其他参数

（1）过栅流速一般采用0.6～1.0m/s。

（2）格栅前渠道内水流速度一般采用0.4～0.9m/s。

（3）格栅倾角一般采用45°～75°，小角度较省力，但占地面积大。

（4）通过格栅的水头损失与过栅流速相关，一般采用0.08～0.15m。

4. 格栅设置

（1）格栅有效过水面积按流速0.6～1.0m/s计算，但总宽度不应小于进水管渠宽度的1.2倍，与筛网串联使用时取1.8倍。格栅倾角45°，筛网倾角45°。单台格栅的工作宽度不超过4m，超过应设多台机械格栅。机械格栅不宜少于2台，如为1台时，应设人工清除格栅备用。

（2）格栅间需设置工作平台，台面应高出栅前最高水位0.5m。工作台上应设有安全和冲洗设施。

（3）格栅间工作平台两侧过道宽度不应小于0.7m。工作台正面过道宽度：人工清除时不应小于1.2m；机械清除时不应小于1.5m。

（4）机械格栅的动力装置一般宜设在室内，或采取其他保护设备的措施。

（5）设置格栅装置的构筑物，必须考虑设有良好的通风设施。

（6）大中型格栅间内应安装吊运设备，以进行设备的检修和栅渣的日常清除。

（二）格栅的设计计算

1. 平面格栅设计计算

（1）栅槽宽度 B

$$B=S(n-1)+bn \tag{2-1-1}$$

$$n=\frac{Q_{max}\sqrt{\sin\alpha}}{bhv}$$

式中，S为栅条宽度，m；n为栅条间隙数，个；b为栅条间隙，m；Q_{max}为最大设计流量，m^3/s；α为格栅倾角，(°)；h为栅前水深，m，不能高于来水管（渠）水深；v为过栅流速，m/s。

（2）过栅水头损失 h_1

$$h_1=h_0k \tag{2-1-2}$$

$$h_0=\xi\frac{v^2}{2g}\sin\alpha$$

式中，h_0 为计算水头损失，m；k 为系数，格栅堵塞时水头损失增大倍数，一般采用 3；ξ 为阻力系数，与栅条断面形状有关，按表 2-1-1 阻力系数 ξ 计算公式计算；g 为重力加速度，m/s^2。

（3）栅后槽总高 H，m

$$H=h+h_1+h_2 \tag{2-1-3}$$

式中，h_2 为栅前渠道超高，m，一般采用 0.3。

（4）栅槽总长 L，m

$$L=l_1+l_2+1.0+0.5+\frac{H_1}{\tan\alpha_1} \tag{2-1-4}$$

$$l_1=\frac{B-B_1}{2\tan\alpha_1}$$

$$l_2=\frac{l_1}{2}$$

$$H_1=h+h_2$$

式中，l_1 为进水渠道渐宽部分的长度，m；l_2 为栅槽与出水渠道连接处的渐窄部分长度；H_1 为栅前渠道深，m；B_1 为进水渠宽，m；α_1 为进水渠道渐宽部分的展开角度，(°)，一般可采用 20。

（5）每日栅渣量 W，m^3/d

$$W=\frac{86400Q_{max}W_1}{1000K_z} \tag{2-1-5}$$

式中，W_1 为栅渣量，m^3 栅渣/10^3m^3 废水，格栅间隙为 16～25mm 时，$W_1=0.10\sim0.05$；格栅间隙为 30～50mm 时，$W_1=0.03\sim0.01$；K_z 为废水流量总变化系数。

表 2-1-1 阻力系数 ξ 计算公式[3]

栅条断面形状	公式	说明	
锐边矩形	$\xi=\beta\left(\frac{S}{b}\right)^{\frac{4}{3}}$ (2-1-6)	形状系数	$\beta=2.42$
迎水面为半圆形的矩形			$\beta=1.83$
圆形			$\beta=1.79$
梯形			$\beta=2.00$
两头半圆的矩形			$\beta=1.67$
正方形	$\xi=\left(\frac{b+S}{\varepsilon b}-1\right)^2$ (2-1-7)	ε 为收缩系数，一般采用 0.64	

【例 2-1-1】 已知某城市污水处理厂的最大设计废水量 $Q_{max}=0.2m^3/s$，总变化系数 $K_z=1.50$，求格栅各部分尺寸。

解： 格栅计算尺寸见图 2-1-8。

设栅前水深 $h=0.4$m，过栅流速 $v=0.9$m/s，栅条间隙宽度 $b=0.021$m，格栅倾角 $\alpha=60°$，栅条宽度 $S=0.01$m，进水渠宽 $B_1=0.65$m，进水渠渐宽部分展开角 $\alpha_1=20°$（进水渠道内的流速为 0.77m/s），栅条断面为锐边矩形断面，栅前渠道超高 $h_2=0.3$m，在格栅间隙 21mm 的情况下，设栅渣量为每 $1000m^3$ 废水产 $0.07m^3$。

① 栅条间隙数 n

$$n=\frac{Q_{max}\sqrt{\sin\alpha}}{bhv}=\frac{0.2\sqrt{\sin60°}}{0.021\times0.4\times0.9}=24.62\approx25\ (\text{个})$$

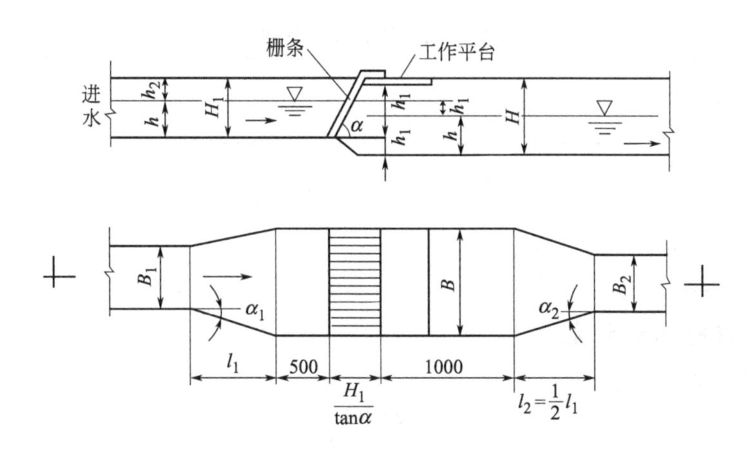

图 2-1-8 格栅计算尺寸（单位：mm）

② 栅槽宽度 B

$$B=S(n-1)+bn=0.01\times(25-1)+0.021\times25=0.765\ (\text{m})$$

③ 进水渠道渐宽部分的长 l_1

$$l_1=\frac{B-B_1}{2\tan\alpha_1}=\frac{0.765-0.65}{2\tan20^\circ}\approx0.158\ (\text{m})$$

④ 栅槽与出水渠道连接处的渐窄部分长度 l_2

$$l_2=\frac{l_1}{2}=\frac{0.158}{2}=0.079\ (\text{m})$$

⑤ 过栅水头损失 h_1

$$h_1=k\beta\left(\frac{S}{b}\right)^{\frac{4}{3}}\frac{v^2}{2g}\sin\alpha=3\times2.42\times\left(\frac{0.01}{0.021}\right)^{\frac{4}{3}}\times\frac{0.9^2}{19.6}\sin60^\circ=0.097\ (\text{m})$$

⑥ 栅后槽总高 H

$$H=h+h_1+h_2=0.4+0.097+0.3\approx0.8\ (\text{m})$$

⑦ 栅槽总长 L

$$L=l_1+l_2+1.0+0.5+\frac{H_1}{\tan\alpha}=0.158+0.079+1.0+0.5+\frac{0.4+0.3}{\tan60^\circ}=2.14\ (\text{m})$$

⑧ 每日栅渣量 W

$$W=\frac{86400Q_{\max}W_1}{1000K_z}=\frac{86400\times0.2\times0.07}{1000\times1.50}=0.8\ (\text{m}^2)>0.2\ (\text{m}^2)$$

宜采用机械清渣。

2. 回转式格栅设计计算

（1）栅槽宽度 B　回转式格栅的栅槽宽度是根据设备的过流能力来确定的，一般选用时最大设计流量应为厂家标注过流能力的 80%左右。

（2）过栅水头损失 h_1，m

$$h_1=Ckv^2 \tag{2-1-8}$$

$$v=\frac{Q_{\max}}{B_1h}$$

式中，C 为格栅设置倾角系数，s^2/m，取值参考表 2-1-2；k 为过栅水流系数，与格栅间隙和形状有关，取值参见表 2-1-3；$Q_{\max}$ 为最大设计流量，m^3/s；v 为过栅流速，m/s；B_1 为格栅净宽，m；h 为栅前水深，m。

表 2-1-2 格栅倾角系数

格栅倾角	45°	60°	75°	90°
C值	1.0	1.118	1.235	1.354

表 2-1-3 过栅水流系数

栅条间隙/mm	1	3	6	10	15	30
k值	0.91～1.17	0.40～0.55	0.32～0.41	0.50～0.60	0.31	0.29

3. 阶梯式格栅设计计算

（1）栅槽宽度 B

$$B=\frac{278Q_{\max}}{v(h-60)\left(\frac{b}{b+S}\right)+10} \tag{2-1-9}$$

式中，$Q_{\max}$为最大设计流量，m^3/h；v 为过栅流速，m/s；h 为栅前水深，m，不得高于来水管（渠）水深；b 为栅条间距，m（细格栅一般为 4～10mm，中格栅一般为 15～25mm，粗格栅一般大于 40mm）；S 为栅条宽度，m。

（2）过栅水头损失 Δh　阶梯式格栅过栅水头损失 Δh 与栅条间距 b 和过栅流速 v 有关，当 $b=1$～6mm、$v=0.8$～1.5m/s 时，$\Delta h=0.05$～0.20m。

第二节 沉 砂 池

一、原理和功能[1]

废水在迁移、流动和汇集过程中不可避免会混入泥砂。废水中的砂如果不预先沉降分离去除，就会影响后续处理设备的运行。泥砂最主要的危害是磨损水泵、堵塞管网，干扰甚至破坏后续处理过程。

沉砂池主要用于去除废水中粒径大于 0.2mm，密度大于 $2.65\times10^3 kg/m^3$ 的砂粒，以保护管道、阀门等设施免受磨损和阻塞。其工作原理是以重力分离为基础，故应将沉砂池的进水流速控制在只能使密度大的无机颗粒下沉，而有机悬浮颗粒则随废水流过。

沉砂池一般设在废水处理厂前端、泵站和沉淀池前，作用为保护水泵和管道免受磨损，保证后续工艺的正常运行，缩小污泥处理构筑物容积，提高污泥有机组分的含率，提高污泥作为肥料的价值等。

二、设备和装置

沉砂池的类型，按池内水流方向的不同，可以分为平流式沉砂池、竖流式沉砂池、曝气沉砂池、涡流沉砂池。

1. 平流式沉砂池

平流式沉砂池是常用池型，平面为长方形，废水在池内沿水平方向流动。平流式沉砂池由入流渠、出流渠、闸板、水流部分及砂斗组成，如图 2-1-9 所示。沉渣的排除方式有机械排砂和重力排砂。

2. 竖流式沉砂池

竖流式沉砂池平面通常是圆形，竖向呈柱状，底部砂斗为圆锥体。沉渣的排除方式为重力排砂，如图 2-1-10 所示。

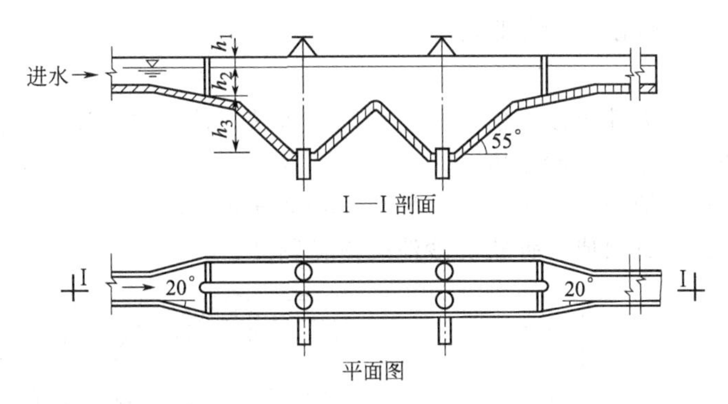

图 2-1-9　平流式沉砂池

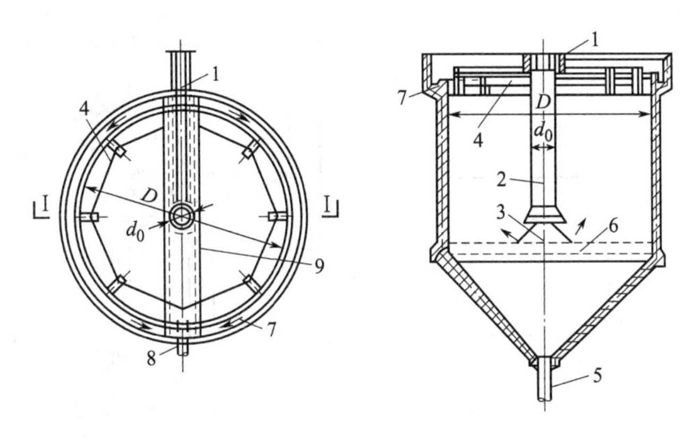

图 2-1-10　竖流式沉砂池工艺简图

1—进水槽；2—中心管；3—反射板；4—挡板；5—排砂管；6—缓冲层；7—集水槽；8—出水管；9—过桥

3. 曝气沉砂池

普通平流沉砂池的缺点是沉砂中约含有 15％的有机物，沉砂的后续处理难度加大。采用曝气沉砂池可以解决这一问题，使沉砂中的有机物含量低于 10％。曝气沉砂池通过调节曝气量控制废水的旋流速度，除砂效率稳定，受进水流量变化影响小，对废水有预曝气作用，如图 2-1-11 所示。

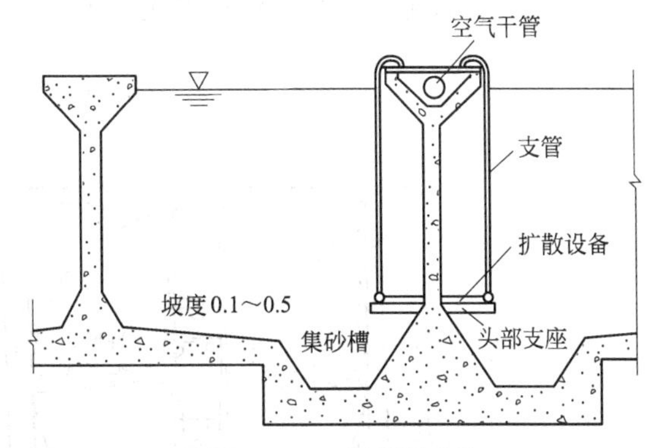

图 2-1-11　曝气沉砂池

4. 涡流沉砂池

涡流沉砂池利用水力涡流，使泥砂和有机物分开，达到除砂的目的。废水沿切线方向进入圆形沉砂池，进入渠道末端设一跌水堰，使可能沉积于渠道底部的砂粒滑入沉砂池；池内还设有挡板，使水流及砂粒进入沉砂池时向池底流的同时加强附壁效应。在沉砂池中可设置调速的桨板，使池内的水流保持涡流。通过桨板、挡板和进水水流组合，在沉砂池内产生螺旋状环流（见图 2-1-12），在重力的作用下，使砂粒沉下，并移向中心。由于水流断面不断减小，水流速度不断加快，最后沉砂落入砂斗；较轻的有机物在沉砂池的中部与砂粒分离。池内环流在池壁处向下，在池中则向上，加上桨板的作用，有机物在池中心向上升，随出水流入后续工艺。

5. 钟式沉砂池

钟式沉砂池是圆形涡流沉砂池的一种，是利用机械力控制水流流态和流速，加速砂粒的沉淀并使有机物随水带走的沉砂装置。

沉砂池由流入口、流出口、沉砂区、砂斗、带变速箱的电动机、传动齿轮、压缩空气输送管、砂提升管和排砂管组成。钟式沉砂池构造见图 2-1-13。

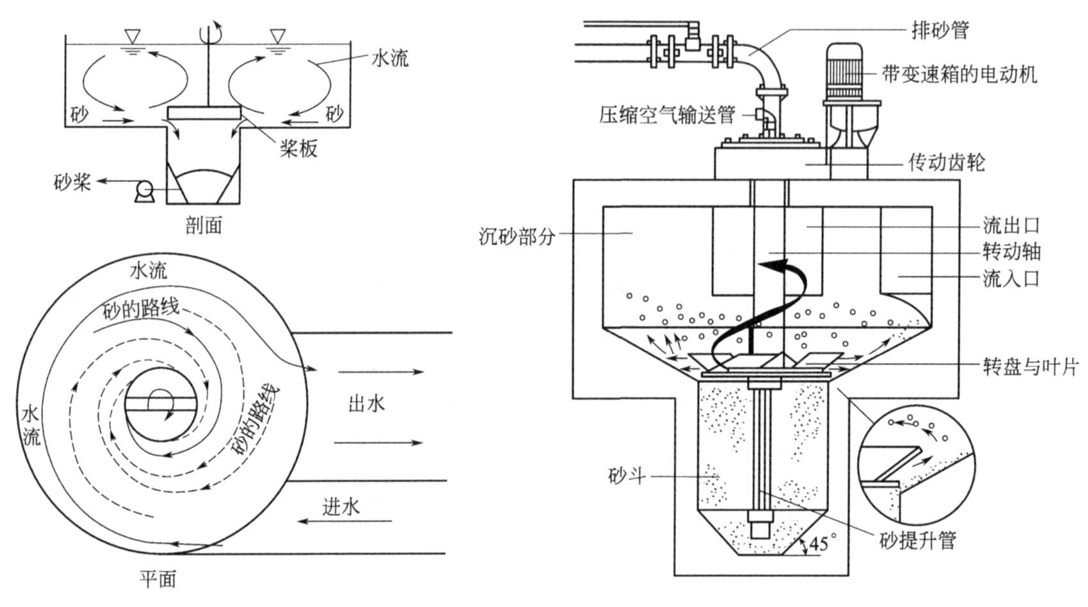

图 2-1-12 涡流沉砂池水砂流线

图 2-1-13 钟式沉砂池

6. 多尔沉砂池

多尔沉砂池属线形沉砂池，除砂机理类似于平流式沉砂池。

多尔沉砂池由废水进水口和整流器、沉砂池、出水溢流堰、刮砂机、排砂坑、洗砂机、有机物回流机和回流管以及排砂机组成。工艺构造见图 2-1-14。

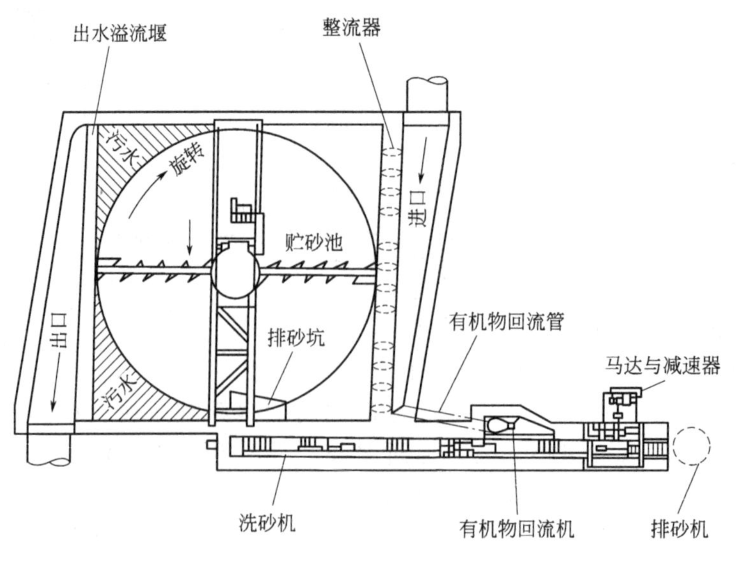

图 2-1-14 多尔沉砂池

三、设计计算[1]

(一) 沉砂池设计一般规定

1. 池型选择

对于一座理想的沉砂池，最好在去除所有的无机砂粒的同时，将砂粒表面附着的所有有机组分分离出来，以利于砂粒的最终处置。因此，在进行沉砂池设计时主要需考虑两方面问题：①如何通过合理的水力设计，使得尽可能多的砂粒得以沉降并以可靠、便捷的方式排出池外；②采用何种有效的方式，尽可能多地分离附着在砂粒上的有机物，将其送回到废水中。

平流式沉砂池采用分散性颗粒的沉淀理论设计，只有当废水在沉砂池中的运行时间等于或大于设计的砂粒沉降时间，才能够实现砂粒的截留。由于实际运行中进水的水量及含砂量的情况是不断变化的，甚至变化幅度很大。因此当进水波动较大时，平流式沉砂池的去除效果很难保证。平流式沉砂池本身不具备分离砂粒上有机物的能力，对于排出的砂粒必须进行专门的砂洗。

曝气沉砂池的特点是通过曝气形成水的旋流产生洗砂作用，以提高除砂效率及有机物分离效率。有研究表明，当处理小于 0.6mm 的砂粒时，曝气沉砂池有着明显的优越性。对 0.2～0.4mm 的砂粒，平流式沉砂池仅能截留 34%，而曝气沉砂池则有 66%的截留效率，两者相差将近一倍。但对于大于 0.6mm 的砂粒，情况恰恰相反，平流式沉砂池的除砂效率要远大于曝气沉砂池。这种差异恰恰说明进水砂粒中的不同粒径级配对于不同沉砂池除砂效率的影响。只要旋流速度保持在 0.25～0.35m/s 范围内，即可获得良好的除砂效果。尽管水平流速因进水流量的波动差别很大，但只要上升流速保持不变，其旋流速度可维持在合适的范围之内。曝气沉砂池的这一特点，使得其具有良好的耐冲击性，对于流量波动较大的废水厂较为适用。

旋流沉砂池的特点是节省占地及土建费用、降低能耗、改善运行条件。但由于目前国内采用的旋流沉砂池多为国外产品，往往价格过高，其在土建造价上的节省通常会被抵消。

2. 设计流量

设计流量应按分期建设考虑：

(1) 当废水为自流进入时，应按每期的最大设计流量计算；

(2) 当废水为提升进入时，应按每期工作水泵的最大组合流量计算；

(3) 在合流制处理系统中，应按降雨时的设计流量计算。

3. 除砂粒径

沉砂池按去除相对密度 2.65、粒径 0.2mm 以上的砂粒设计。

4. 沉砂量与砂斗设计

(1) 城市污水的沉砂量可按 $15\sim30m^3/10^6m^3$（砂量/废水量）计算，其含水率为 60%，容重为 $1500kg/m^3$，合流制污水的沉砂量应根据实际情况确定；

(2) 砂斗容积应按照不大于 2d 的沉砂量计算，斗壁与水平面的倾角不应小于 55°。

5. 除砂方式

(1) 除砂一般宜采用机械方法，并设置贮砂池或晒砂场。排砂管直径不应小于 200mm。

(2) 当采用重力排砂时，沉砂池和贮砂池应尽量靠近，以缩短排砂管的长度，并设排砂闸门于管的首端，使排砂管畅通和易于维护管理。

6. 沉砂池设置

（1）城市污水处理厂一般应设置沉砂池。

（2）沉砂池个数或分格数不应少于 2 个，并宜按并联设计。当废水量较少时，可考虑 1 格工作，1 格备用。

（3）沉砂池的超高不宜小于 0.3m。

（二）设计计算

1. 平流式沉砂池设计

（1）设计参数

① 废水在池内的最大流速为 0.3m/s，最小流速为 0.15m/s；

② 最大流量时，废水在池内的停留时间不小于 30s，一般采用 30～60s；

③ 有效水深应不大于 1.2m，一般采用 0.25～1.0m，每格池宽不宜小于 0.6m；

④ 进水端应采取消能和整流措施；

⑤ 池底坡度一般为 0.01～0.02，当设置除砂设备时，可根据除砂设备的要求设计池底形状。

（2）计算公式　在无砂粒沉降资料时，可按以下公式计算。

① 池长 L，m

$$L=vt \tag{2-1-10}$$

式中，v 为最大设计流量时的流速，m/s；t 为最大设计流量时的流行时间，s。

② 水流断面面积 A，m^2

$$A=\frac{Q_{max}}{v} \tag{2-1-11}$$

式中，Q_{max}为最大设计流量，m^3/s。

③ 池总宽 B，m

$$B=\frac{A}{h_2} \tag{2-1-12}$$

式中，h_2 为设计有效水深，m。

④ 沉砂室所需容积 V，m^3

$$V=\frac{86400Q_{max}Xt'}{K_z\times10^6} \tag{2-1-13}$$

式中，X 为城市污水沉砂量，$m^3/10^6m^3$（污水），一般采用 30；t'为两次清除沉砂的间隔时间，d；K_z 为生活污水流量总变化系数，1.2～2.3。

⑤ 池总高 H，m

$$H=h_1+h_2+h_3 \tag{2-1-14}$$

式中，h_1 为超高，m，一般采用 0.3～0.5；h_3 为沉砂室高度，m。

⑥ 最小流速校核 v_{min}，m/s

$$v_{min}=\frac{Q_{min}}{n_i\omega_{min}} \tag{2-1-15}$$

式中，Q_{min}为最小流量，m^3/s；n_i 为最小流量时工作的沉砂池数目，个；ω_{min}为最小流量时沉砂池中的水流断面面积，m^2。

【例 2-1-2】 已知某城市污水处理厂的最大设计流量 $Q_{max}=0.2m^3/s$，最小设计流量为 $0.1m^3/s$，总变化系数 $K_z=1.50$，求沉砂池各部分尺寸。

解： ① 长度 L。设 $v=0.25m/s$，$t=30s$。

$$L=vt=0.25\times 30=7.5\ (\mathrm{m})$$

② 水流断面积 A。

$$A=\frac{Q_{max}}{v}=\frac{0.2}{0.25}=0.8\ (\mathrm{m}^2)$$

③ 池总宽度 B。设 $n=2$ 格，每格宽 $b=0.6\mathrm{m}$。

$$B=nb=2\times 0.6=1.2\ (\mathrm{m})$$

④ 有效水深 h_2。

$$h_2=\frac{A}{B}=\frac{0.8}{1.2}=0.67\ (\mathrm{m})$$

⑤ 沉砂斗所需容积 V。设 $t'=2\mathrm{d}$

$$V=\frac{86400Q_{max}Xt'}{K_z\times 10^6}=\frac{86400\times 0.2\times 30\times 2}{1.5\times 10^6}=0.69\ (\mathrm{m}^3)$$

⑥ 每个沉砂斗容积 V_0。设每一分格有 2 个沉砂斗。

$$V_0=\frac{0.69}{2\times 2}=0.17(\mathrm{m}^3)$$

⑦ 沉砂斗各部分尺寸。设斗底宽 $a_1=0.5\mathrm{m}$，斗壁与水平面的倾角为 55°，$h_3'=0.35\mathrm{m}$。沉砂斗上口宽：

$$a=\frac{2h_3'}{\tan 55^\circ}+a_1=\frac{2\times 0.35}{\tan 55^\circ}+0.5=1.0\ (\mathrm{m})$$

沉砂斗容积 V_0

$$V_0=\frac{h_3'}{6}(2a^2+2aa_1+2a_1^2)=\frac{0.35}{6}(2\times 1^2+2\times 1\times 0.5+2\times 0.5^2)=0.2\ (\mathrm{m}^3)\ (\approx 0.17\mathrm{m}^3)$$

⑧ 沉砂室高度 h_3。采用重力排砂，设池底坡度为 0.06，坡向砂斗。

$$h_3=h_3'+0.06l_2=0.35+0.06\times 2.65=0.51\ (\mathrm{m})$$

⑨ 池总高度 H

设超高 $h_1=0.3\mathrm{m}$

$$H=h_1+h_2+h_3=0.3+0.67+0.51=1.48\ (\mathrm{m})$$

⑩ 验算最小流速 v_{min}

在最小流量时，只用一格工作（$n_1=1$）

$$v_{min}=\frac{Q_{min}}{n_1\omega_{min}}=\frac{0.1}{1\times 0.6\times 0.67}=0.25(\mathrm{m/s})>0.15(\mathrm{m/s})$$

当有砂粒沉降资料时，可按以下公式计算。

① 水面面积 A，m^2

$$A=\frac{Q_{max}}{u}\times 1000 \tag{2-1-16}$$

$$u=\sqrt{u_0^2-\omega^2} \tag{2-1-17}$$

$$\omega=0.05v \tag{2-1-18}$$

② 过水断面面积 A'，m^2

$$A'=\frac{Q_{max}}{v}\times 1000 \tag{2-1-19}$$

③ 池总宽 B，m

$$B=\frac{A'}{h_2} \tag{2-1-20}$$

④ 设计有效水深 h_2，m

$$h_2=\frac{uL}{v} \tag{2-1-21}$$

⑤ 池长 L，m

$$L=\frac{A}{B} \tag{2-1-22}$$

⑥ 单个沉砂池宽 b，m

$$b=\frac{B}{n} \tag{2-1-23}$$

式中，Q_{max}为最大设计流量，m^3/s；u 为砂粒平均沉降速度，mm/s；ω 为水流垂直分速度，mm/s；u_0 为水温 15℃时砂粒在静水压力下的沉降速度，mm/s，可按表 2-1-4“u_0值”选用；v 为水平流速，m/s；n 为沉砂池数目，个。

表 2-1-4　u_0 值

砂粒径/mm	0.20	0.25	0.30	0.35	0.40	0.50
u_0/(mm/s)	18.7	24.2	29.7	35.1	40.7	51.6

【例 2-1-3】 已知某城市污水处理厂的最大设计流量 $Q_{max}=0.2m^3/s$，最小设计流量为 $0.1m^3/s$，总变化系数 $K_z=1.50$（见图 2-1-9），求沉砂池各部分尺寸。

解：在沉砂池中去除砂粒的最小粒径采用 0.2mm，其 $u_0=18.7mm/s$。

水流垂直分速度：设 $v=0.25m/s$，$\omega=0.05v=0.05\times250=12.5mm/s$。

① 砂粒平均沉降速度 u

$$u=\sqrt{u_0^2-\omega^2}=\sqrt{18.7^2-12.5^2}=13.9\ (mm/s)$$

② 水面面积 A

$$A=\frac{Q_{max}}{u}\times1000=\frac{0.2}{13.9}\times1000=14.4\ (m^2)$$

③ 水流断面积 A'

$$A'=\frac{Q_{max}}{v}=\frac{0.2}{0.25}=0.8\ (m^2)$$

④ 池总宽度 B

设 $n=2$ 格，每格宽 $b=0.6m$。

$$B=nb=2\times0.6=1.2(m)$$

⑤ 长度 L

$$L=\frac{A}{B}=\frac{14.4}{1.2}=12(m)$$

⑥ 有效水深 h_2

$$h_2=\frac{uL}{v}=\frac{A'}{B}=\frac{0.8}{1.2}=0.67\ (m)$$

⑦ 最大设计流量时的流行时间 t

$$t=\frac{h_2}{u}=\frac{0.67}{0.0139}=48\ (s)>30\ (s)$$

沉砂室计算同上例。

2. 竖流式沉砂池设计

（1）设计参数

① 废水在池内的最大流速为 0.1m/s，最小流速为 0.02m/s；

② 最大流量时，废水在池内的停留时间不小于 20s，一般为 30～60s；

③ 进水中心管最大流速为 0.3m/s。

(2) 计算公式　竖流式沉砂池的计算公式如下。

① 中心管直径 d，m

$$d=\sqrt{\frac{4Q_{max}}{\pi v_1}} \tag{2-1-24}$$

式中，Q_{max}为最大设计流量，m^3/s；v_1 为废水在中心管内流速，m/s。

② 池子直径 D，m

$$D=\sqrt{\frac{4Q_{max}(v_1+v_2)}{\pi v_1 v_2}} \tag{2-1-25}$$

式中，v_2 为池内水流上升速度，m/s。

③ 水流部分高度 h_2，m

$$h_2=v_2 t \tag{2-1-26}$$

式中，t 为最大流量时的流行时间，s。

④ 沉砂部分所需容积 V，m^3

$$V=\frac{86400Q_{max}Xt'}{K_z\times 10^6} \tag{2-1-27}$$

式中，X 为城市污水沉砂量，$m^3/10^6m^3$ 污水，一般采用 $30m^3/10^6m^3$ 污水；t'为两次清除沉砂的间隔时间，d；K_z 为生活污水流量总变化系数。

⑤ 沉砂部分高度 h_4，m

$$h_4=(R-r)\tan\alpha \tag{2-1-28}$$

式中，R 为池子半径，m；r 为圆截锥部分下底半径，m；α 为截锥部分倾角，(°)，不小于 55°。

⑥ 圆截锥部分实际容积 V_1，m^3

$$V_1=\frac{\pi h_4}{3}(R^2+Rr+r^2) \tag{2-1-29}$$

式中，h_4 为沉砂池锥底部分高度，m。

⑦ 池总高度 H，m

$$H=h_1+h_2+h_3+h_4 \tag{2-1-30}$$

式中，h_1 为超高，m；h_3 为中心管底至沉砂砂面的距离，m，一般采用 0.25m。

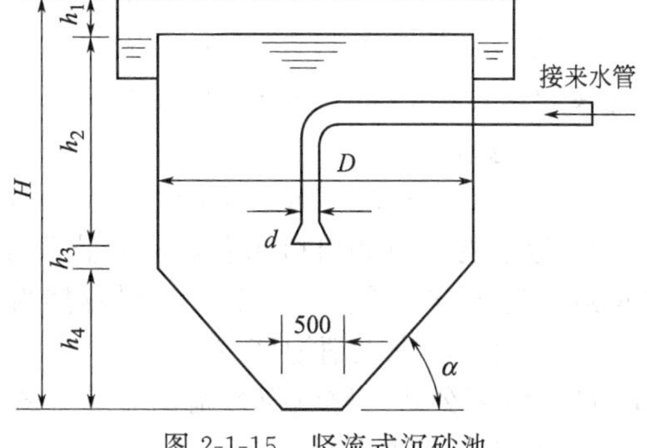

图 2-1-15　竖流式沉砂池

【例 2-1-4】 已知某城市污水处理厂的最大设计流量为 $Q_{max}=0.2m^3/s$，竖流沉砂池中心管流速 $v_1=0.3m/s$，池内水流上升速度 $v_2=0.05m/s$，最大设计流量时的流行时间 $t=20s$，总变化系数 $K_z=1.50$，沉砂每两日清除一次，求沉砂池各部分尺寸。

解： 见图 2-1-15。

① 中心管直径 d

设 $n=2$，每格最大设计流量：

$$q_{max}=\frac{Q_{max}}{n}=\frac{0.2}{2}=0.1\ (m^3/s)$$

$$d=\sqrt{\frac{4q_{max}}{\pi v_1}}=\sqrt{\frac{4\times 0.1}{\pi\times 0.3}}=0.65\ (m)$$

② 池子直径 D

$$D=\sqrt{\frac{4q_{max}(v_1+v_2)}{\pi v_1 v_2}}=\sqrt{\frac{4\times 0.1\times(0.3+0.05)}{\pi\times 0.3\times 0.05}}=1.72\ (m)$$

③ 水流部分高度 h_2

$$h_2=v_2 t=0.05\times 20=1\ (m)$$

④ 沉砂部分所需容积 V

$$V=\frac{86400Q_{max}XT}{K_z\times 10^6}=\frac{86400\times 0.2\times 30\times 2}{1.50\times 10^6}=0.69\ (m^3)$$

式中，X 为城市污水的沉砂量，一般采用 $30m^3/10^6m^3$（污水）；T 为排砂时间间隔，d；K_z 为生活污水流量的变化系数。

⑤ 每个沉砂斗容积 V_0

$$V_0=\frac{0.69}{2}=0.35\ (m^3)$$

⑥ 沉砂部分高度 h_4

设沉砂池底锥直径为 0.5m，设 α 为 55°。

$$h_4=(R-r)\tan\alpha=(0.86-0.25)\tan 55°=0.87\ (m)$$

⑦ 圆锥部分实际容积 V_1

$$V_1=\frac{\pi h_4}{3}(R^2+Rr+r^2)=\frac{\pi\times 0.87}{3}(0.86^2+0.86\times 0.25+0.25^2)=0.92\ (m^3)>0.35\ (m^3)$$

⑧ 池总高度 H

$$H=h_1+h_2+h_3+h_4=0.3+1+0.25+0.87=2.42(m)$$

⑨ 排砂方法：采用重力排砂或水射器排砂。

3. 曝气沉砂池设计

（1）设计参数

① 流速。旋流速度范围一般为 0.25～0.3m/s；水平流速范围 0.06～0.12m/s。

② 停留时间。最大流量时停留时间为 1～3min；要求预曝气功能时停留时间为 10～30min。

③ 尺寸。池子有效水深 2～3m，宽深比一般采用 1～2；池子长宽比可达 5，当池长比池宽大很多时，应考虑设置横向挡板。

④ 曝气。废水的曝气量为 $0.2m^3$（空气）$/m^3$（废水）；空气扩散装置设在池的一侧，距池底约 0.6～0.9m，进气管应设置调节气量的阀门。

⑤ 注意事项

a. 池子的形状应尽可能不产生偏流或死角，在集砂槽附近可安装纵向挡板。

b. 池子的进口和出口布置，应防止发生短路，进水方向应与池中旋流方向一致，出水方向应与进水方向垂直，并宜考虑设置挡板。

c. 池内应考虑设消泡装置。

（2）计算公式　曝气沉砂池的计算公式如下。

① 池子总有效容积 V，m^3

$$V=Q_{max}t\times 60 \tag{2-1-31}$$

式中，Q_{max} 为最大设计流量，m^3/s；t 为最大设计流量时的流行时间，min。

② 水流断面积 A，m^2

$$A=\frac{Q_{max}}{v_1} \tag{2-1-32}$$

式中，v_1 为最大设计流量时的水平流速，m/s，一般采用 0.06～0.12m/s。

③ 池总宽度 B，m

$$B=\frac{A}{h_2} \tag{2-1-33}$$

式中，h_2 为设计有效水深，m。

④ 池长 L，m

$$L=\frac{V}{A} \tag{2-1-34}$$

⑤ 每小时所需空气量 q，m^3/h

$$q=\alpha Q_{max}\times 3600 \tag{2-1-35}$$

式中，α 为 $1m^3$ 污水所需空气量，m^3/m^3，一般采用 $0.2m^3/m^3$。

【例 2-1-5】 已知某城市污水处理厂的最大设计流量为 $0.8m^3/s$，求曝气沉砂池的各部分尺寸。

解： 曝气沉砂池构造见图 2-1-11。

① 池子总有效容积 V

设 $t=2min$。

$$V=Q_{max}t\times 60=0.8\times 2\times 60=96\ (m^3)$$

② 水流断面积 A

设 $v_1=0.1m/s$。

$$A=\frac{Q_{max}}{v_1}=\frac{0.8}{0.1}=8\ (m^2)$$

③ 池总宽度 B

设 $h_2=2m$。

$$B=\frac{A}{h_2}=\frac{8}{2}=4\ (m)$$

④ 每格池子宽度 b

设 $n=2$ 格。

$$b=\frac{B}{n}=\frac{4}{2}=2\ (m)$$

⑤ 池长 L

$$L=\frac{V}{A}=\frac{96}{8}=12\ (m)$$

⑥ 每小时所需空气量 q

设 $\alpha=0.2m^3/m^3$。

$$q=\alpha Q_{max}\times 3600=0.2\times 0.8\times 3600=576\ (m^3/h)$$

⑦ 沉砂室计算同平流式沉砂池

4. 涡流沉砂池设计

(1) 设计参数

① 沉砂池表面水力负荷约 $200m^3/(m^2\cdot h)$，水力停留时间约为 20～30s。

② 最大流量时，停留时间不小于 20s，一般采用 30～60s。

③ 进水管最大流速为 0.3m/s。

④ 进水渠道直段长度应为渠宽的 7 倍，并且不小于 4.5m，以创造平稳的进水条件。

⑤ 进水渠道流速：在最大流量的 40%～80%情况下为 0.6～0.9m/s，在最小流量时大于 0.15m/s，但最大流量时不大于 1.2m/s。

⑥ 渠道应设在沉砂池上部以防扰动砂子，出水渠道与进水渠道的夹角大于 270°，以最大限度地延长水流在沉砂池内的停留时间，达到有效除砂的目的。

a. 出水渠道宽度为进水渠道的 2 倍，出水渠道的直线长度要相当于进水渠道的宽度。

b. 沉砂池前应设格栅，下游应设堰板或巴氏流量槽，以保持沉砂池内所需的水位。

（2）计算公式 涡流沉砂池计算公式如下。

① 进水管直径 d，m

$$d=\sqrt{\frac{4Q_{\max}}{\pi v_1}} \tag{2-1-36}$$

式中，v_1 为废水在中心管内流速，m/s；$Q_{\max}$为最大设计流量，m^3/s。

② 沉砂池直径 D，m

$$D=\sqrt{\frac{4Q_{\max}(v_1+v_2)}{\pi v_1 v_2}} \tag{2-1-37}$$

式中，v_2 为池内水流上升速度，m/s。

③ 水流部分高度 h_2，m

$$h_2=v_2 t \tag{2-1-38}$$

式中，t 为最大流量时的流行时间，s。

④ 沉砂部分所需容积 V，m^3

$$V=\frac{86400Q_{\max}Xt'}{K_z\times 10^6} \tag{2-1-39}$$

式中，X 为城市污水沉砂量，$m^3/10^6m^3$（废水），一般采用 $30m^3/10^6m^3$（废水）；t'为两次清除沉砂的间隔时间，d；K_z 为生活污水流量总变化系数。

⑤ 圆截锥部分实际容积 V_1，m^3

$$V_1=\frac{\pi h_4}{3}(R^2+Rr+r^2) \tag{2-1-40}$$

式中，R 为池子半径，m；r 为圆截锥部分下底半径，m；h_4 为沉砂池锥底部分高度，m。

⑥ 池总高度 H，m

$$H=h_1+h_2+h_3+h_4 \tag{2-1-41}$$

式中，h_1 为超高，m；h_3 为中心管底至沉砂砂面的距离，m，一般采用 0.25m。

5. 钟式沉砂池设计

钟式沉砂池的尺寸见图 2-1-16。

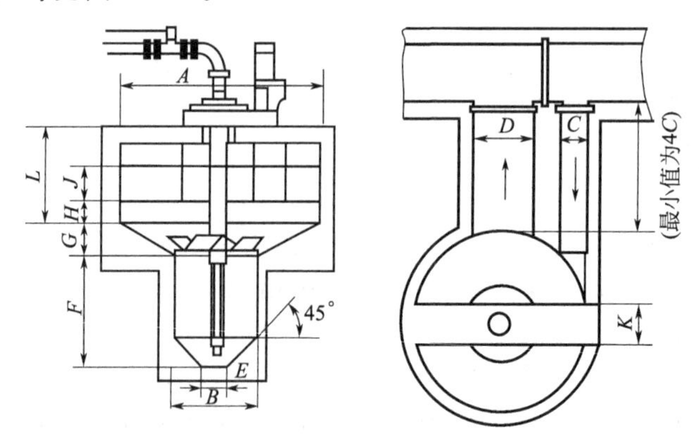

图 2-1-16 钟式沉砂池各部分尺寸

钟式沉砂池尺寸见表 2-1-5。

表 2-1-5　钟式沉砂池尺寸　　　单位：m

流量/(L/s)	A	B	C	D	E	F	G	H	J	K	L
50	1.83	1.0	0.305	0.610	0.30	1.40	0.30	0.30	0.20	0.80	1.10
110	2.13	1.0	0.380	0.760	0.30	1.40	0.30	0.30	0.30	0.80	1.10
180	2.43	1.0	0.450	0.900	0.30	1.35	0.40	0.30	0.40	0.80	1.15
310	3.05	1.0	0.610	1.200	0.30	1.55	0.45	0.30	0.45	0.80	1.35
530	3.65	1.5	0.750	1.50	0.40	1.70	0.60	0.51	0.58	0.80	1.45
880	4.87	1.5	1.00	2.00	0.40	2.20	1.00	0.51	0.60	0.80	1.85
1320	5.48	1.5	1.10	2.20	0.40	2.20	1.00	0.61	0.63	0.80	1.85
1750	5.80	1.5	1.20	2.40	0.40	2.40	1.30	0.75	0.70	0.80	1.95
2200	6.10	1.5	1.20	2.40	0.40	2.40	1.30	0.89	0.75	0.80	1.95

6. 多尔沉砂池设计

(1) 沉砂池的面积可查图 2-1-17

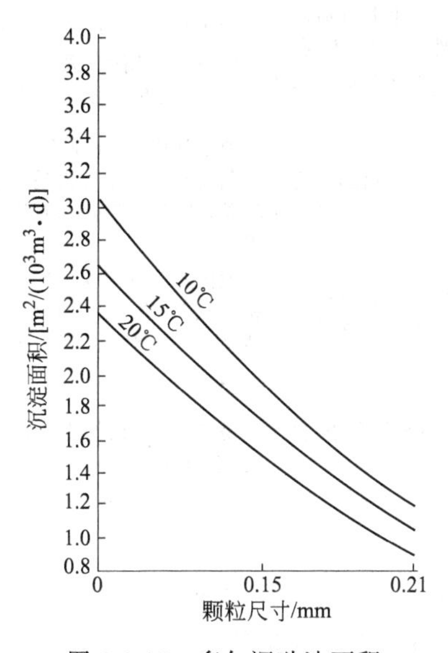

图 2-1-17　多尔沉砂池面积

(2) 沉砂池最大设计流速　最大设计流速为 0.3m/s。

(3) 主要设计参数　多尔沉砂池设计参数见表 2-1-6。

表 2-1-6　多尔沉砂池设计参数

沉砂池直径/m		3.0	6.0	9.0	12.0
最大流量/(m^3/s)	要求去除砂粒直径为 0.15mm	0.17	0.70	1.58	2.80
	要求去除砂粒直径为 0.21mm	0.11	0.45	1.02	1.81
沉砂池深度/m		1.1	1.2	1.4	1.5
最大设计流量时的水深/m		0.5	0.6	0.9	1.1
洗砂机宽度/m		0.4	0.4	0.7	0.7
洗砂机斜面长度/m		8.0	9.0	10.0	12.0

第三节 沉 淀

一、原理和功能

沉淀是利用重力沉降原理来去除废水中悬浮固体的工艺过程，处理设施是沉淀池。沉淀池主要用于去除悬浮于废水中的可以沉淀的固体悬浮物，在生物处理前的沉淀池主要用于去除无机颗粒和部分有机物，在生物处理后的沉淀池主要用于去除微生物体。

二、设备和装置

沉淀池在废水处理中广泛使用。它的型式很多，按池内水流方向可分为平流式、竖流式和辐流式三种，这三种沉淀池的比较见表 2-1-7，此外还有斜板（管）沉淀池，按照其在工艺中所处的位置可以分为初次沉淀池和二次沉淀池。

表 2-1-7 不同沉淀池优缺点比较[3]

名称	优点	缺点	适用情况
平流式沉淀池	沉淀效果好；对冲击负荷和温度变化适应性强；施工方便；平面布置紧凑，排泥设备已趋定型	配水不易均匀；采用机械排泥时设备易腐蚀；采用多斗排泥时，排泥不易均匀，工作量大	适用于地下水位较高，地质条件较差的地区，大、中、小型废水处理厂均可使用
竖流式沉淀池	占地面积小；排泥方便，运行管理简单	池子深度大，施工困难；对冲击负荷和温度变化的适应能力较差；池径不宜过大，否则布水不均	竖流式沉淀池主要适用于小型废水处理厂
辐流式沉淀池	沉淀池个数较少，比较经济，便于管理；机械排泥设备已定型，排泥较方便	池内水流不稳定，沉淀效果相对较差；排泥设备比较复杂；池体较大，对施工质量要求较高	适用于地下水位较高的地区以及大中型废水处理厂
斜板(管)沉淀池	沉淀效果好；占地面积小；排泥方便	易堵塞，不宜作为二次沉淀池，造价高	常用于废水处理厂的扩容改建，或在用地特别受限的废水处理厂中应用

(一) 平流式沉淀池

废水从平流式沉淀池一端流入，水平方向流过池子，从池的另一端流出。在池的进口底部处设贮泥斗，池底其他部位有坡度，倾向贮泥斗。平流式沉淀池平面呈矩形，一般有进水装置、出水装置、沉淀区、缓冲区、污泥区及排泥装置等组成。排泥方式有机械排泥和多斗排泥两种，机械排泥多采用链板式刮泥机（图 2-1-18）和桁车式刮泥机（图 2-1-19）。

链板式刮泥机适用于平流沉淀池、隔油池的排泥、除渣除油。分为单、双列链条牵引式两种，多采用双列链式牵引形式。设备的牵引链上，每隔约 2m 装有刮板，通过链节结成环状，设备的驱动轴、从动轴等通过链轮驱动，与池底设置的导轨接触并缓慢移动，将池底污泥刮至池端污泥槽中，实现清除池内污泥的功能。

链板式刮泥机的特点：刮板移动速度可根据不同工艺要求（不产生污泥上浮或紊流）调节；由于链条、刮板的循环动作，使刮泥保持连续，故排泥效率较高；需要时，全塑料链板式刮泥机刮板可将池面的浮渣、浮油撇除。

桁车式刮泥机安装在矩形平流式沉淀池上。优点：①在工作进程中，浸没于水中的只有刮泥板及浮渣刮板，而在返程中全机都提出水面，给维修带来方便；②由于刮泥与刮渣都是单项运动，污泥在池底停留时间少，刮泥机的工作效率高。

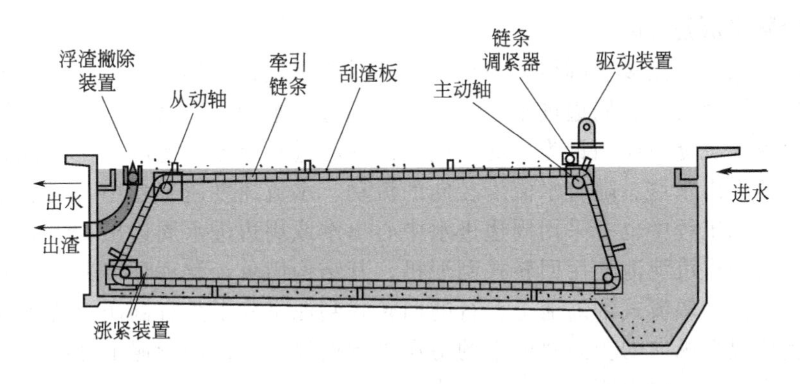

图 2-1-18 链板式刮泥机

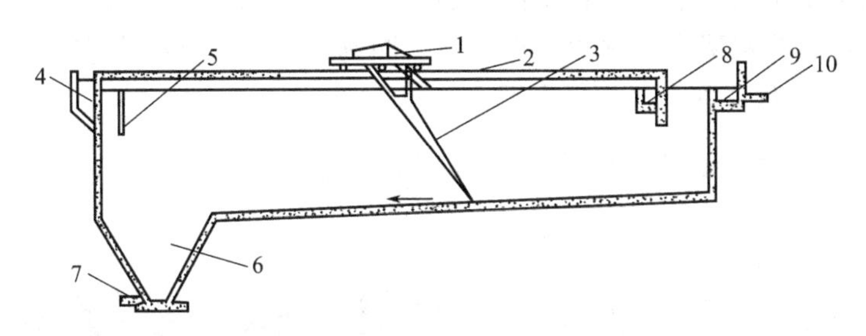

图 2-1-19 桁车式刮泥机

1—刮泥行车；2—刮渣板；3—刮泥板；4—进水槽；5—挡流墙；6—泥斗；7—排泥管；8—浮渣槽；9—出水槽；10—出水管

缺点：运动复杂，因此故障率相对高些。

(二) 竖流式沉淀池

竖流式沉淀池一般为圆形或方形，由中心进水管、出水装置、沉淀区、污泥区及排泥装置组成。沉淀区呈柱状，污泥斗呈截头倒锥体。图 2-1-20 为竖流式沉淀池构造简图。水由设在池中心的进水管自上而下进入池内，管下设伞形挡板使废水在池中均匀分布后沿整个过水断面缓慢上升，悬浮物沉降进入池底锥形沉泥斗中，澄清水从池四周沿周边溢流堰流出。堰前设挡板及浮渣槽以截留浮渣保证出水水质。池的一边靠池壁设排泥管，通过静水压将泥定期排出。

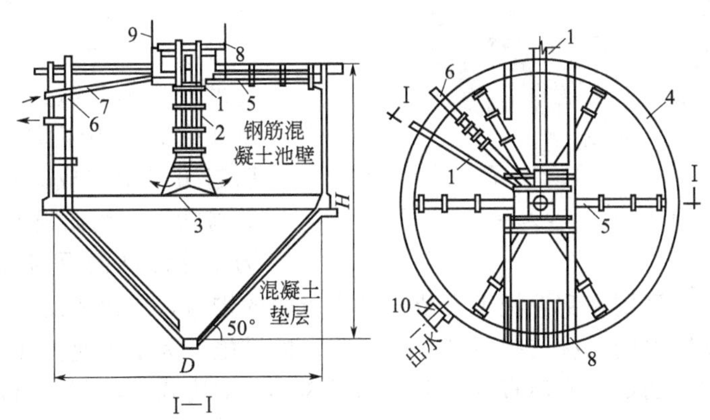

图 2-1-20 设有辐射式支渠的竖流式沉淀池构造

1—进水槽；2—中心管；3—反射板；4—集水槽；5—积水支架；6—排泥管；7—浮渣管；8—木盖板；9—挡板；10—闸板

(三) 辐流式沉淀池

辐流式沉淀池的池型多呈圆形，小型池子有时亦采用正方形或多角形。按进出水的方式可分为中心进水周边出水、周边进水中心出水和周边进水周边出水三种形式。其中，中心进水周边出水辐流式沉淀池应用最为广泛。废水经中心进水口流入池内，在挡板的作用下，平稳均匀地流向周边出水堰。随着水流沿径向的流动，水流速度越来越小，利于悬浮颗粒的沉淀。近几年在实际工程中也有采用周边进水中心出水或周边进水周边出水辐流式沉淀池。

圆形辐流式初次沉淀池使用回转式刮泥机，其结构简单，管理环节少，故障率低，有的二沉池也有应用。在辐流式浓缩池上运行的回转式刮泥机除了具有刮泥及防止污泥板结的作用之外，还利用很多纵向的栅条对池中的污泥进行搅拌，用以进行泥水分离。回转式刮泥机分为全跨式、半跨式、中心驱动式、周边驱动式。

回转式刮泥机桥架的一端与中心立柱上的旋转支座相接，另一端安装驱动装置和滚轮，桥架做回转运动，在其桥架下布置刮泥板，转一圈刮泥一次。这种形式称为半跨式，适于直径 30m 以下的中小型沉淀池。见图 2-1-21。

图 2-1-21 半跨式

具有横跨沉淀池直径的回转刮泥机工作桥，旋转桁架为对称的双臂式，刮泥板对称布置，这种形式称为全跨式。适于直径 30m 以上的沉淀池。刮泥机运转一周需 30～100min。见图 2-1-22。

图 2-1-22 全跨式

中心驱动式回转刮泥机的桥架是固定的，驱动装置安装在中心，电机通过减速机使悬架转动。悬架的转动速度非常慢，减速比大，主轴的转矩也非常大。为了防止因刮板阻力太大引起超扭矩造成破坏，联轴器上都安装剪断销。刮泥板安装在悬架的下部，为了保证刮泥板与池底的距离并增加悬架的支承力，可以采用在刮泥板下安装尼龙支承轮的措施，双边式刮泥机还可以采取在中心立柱与两侧悬架臂之间对称安装拉杆（可调节）的措施。为了不使主轴转矩过大，单边式中心驱动回转刮泥机的最大回转直径一般不超过 30m，双边式中心驱动回转刮泥机的最大回转直径可以超过 40m。

周边驱动式回转刮泥机的桥架围绕中心轴转动，驱动装置安装在桥架的两端，这种刮泥机的刮板与桥架通过支架固定在一起，随桥架绕中心转动，完成刮泥任务，由于周边传动使刮泥机受力状况改善，其最大回转直径可达 60m。

周边驱动式回转刮泥机需要在池边的环形轨道上行驶，如果行走轮是钢轮，则需要设置环形钢轨；如果行走轮是胶轮，则需要一圈水平严整的环形池边。周边驱动式回转刮泥机的控制柜和驱动电机都安装在转动的桥架之上，与外界动力电缆与信号电缆的连接要靠集电环；集电环装在桥架的中心，动力电缆通过沉淀池下的预埋管从中心支座通向集电环箱，再由集电环箱引向控制柜。

(四) 斜板（管）沉淀池的构造

斜板（管）沉淀池是根据“浅层沉淀”理论，在沉淀池沉淀区放置与水平面成一定倾角（通常为 60°）的斜板或蜂窝斜管组件，以提高沉淀效率的一种高效沉淀池。在沉降区域设置许多密集的斜管或斜板，使水中悬浮杂质在斜板或斜管中进行沉淀，水沿斜板或斜管上升流动，分离出的泥渣在重力作用下沿着斜板（管）向下滑至池底，再集中排出。这种池子可以提高沉淀效率 50%～60%，在同一面积上可提高处理能力 3～5 倍。按水流与污泥的相对运动方向，斜板（管）沉淀池可分为异向流、同向流和侧向流 3 种。由于沉淀区设有斜板或斜管组件，因此，斜板（管）沉淀池的排泥只能依靠静水压力排出。见图 2-1-23。

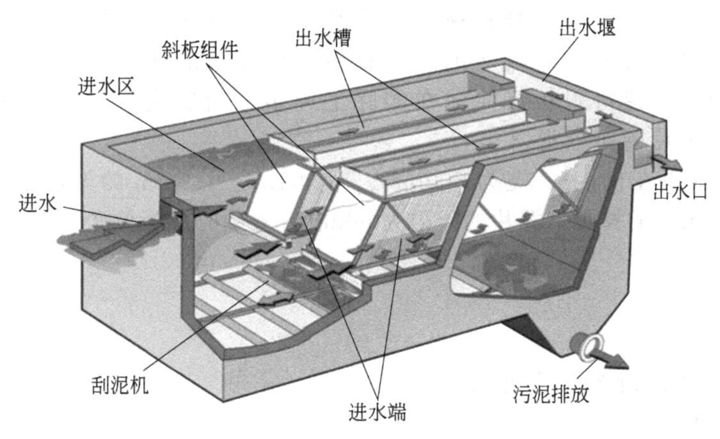

图 2-1-23 斜板（管）沉淀池原理

斜板（管）沉淀池优点是：①利用了层流原理，提高了沉淀池的处理能力；②缩短了颗粒沉降距离，从而缩短了沉淀时间；③增加了沉淀池的沉淀面积，从而提高了处理效率。

此类沉淀池需要斜管或斜板填料。

目前常用的斜管多为六角蜂窝斜管，材料多为乙（丙）共聚级塑料、玻璃钢（FRP）、聚氯乙烯（PVC）、聚乙烯（PE）、聚丙烯（PP）等。见图 2-1-24。

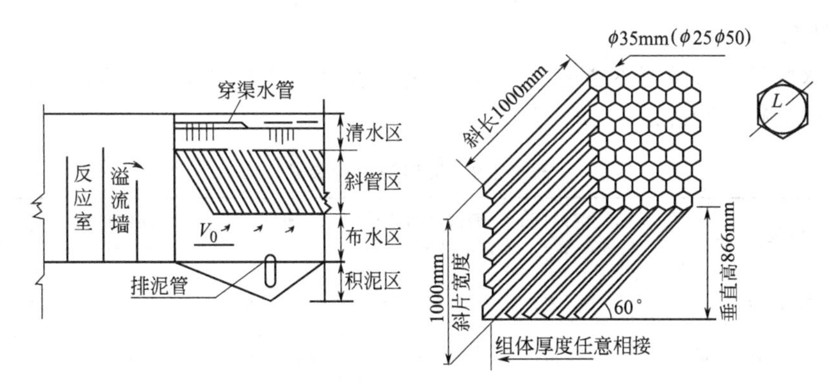

图 2-1-24 斜管填料

图 2-1-25 正弦波形板

斜板断面可为平行板，亦可为正弦波形板，材料与斜管类似，见图 2-1-25。

（五）迷宫式斜板沉淀池

迷宫式斜板沉淀池又称侧向流翼片斜板沉淀池，它是在常规沉淀池的理论基础上改进发展的一种新型、高效沉淀工艺，在沉淀效率上，它是平流式沉淀池的 40～50 倍，是普通斜板沉淀池的 5 倍，是斜管沉淀池的 2～3 倍，在停留时间上是斜板沉淀池停留时间的 1/30～1/10。迷宫斜板沉淀池和一般斜板沉淀池的差别是所用的斜板在垂直方向装有翼片，其特点就是在斜板和翼片之间形成了许多个相对独立的小沉淀区，改善了沉淀条件。当水流在池内流动时，主流层流区水中的悬浮颗粒在重力的作用下逐渐下沉，其水流状态和悬浮颗粒运动状态与斜板沉淀池内的情况一样。旋涡区内水中的悬浮颗粒被带入翼片之间的环流区，每经过一个翼片就可以截留一部分悬浮颗粒。进入环流区的悬浮颗粒，在环流的作用下，呈螺旋形运动并沿翼片槽下沉到池底。迷宫斜板沉淀池在实际工程多采用侧流式，即水流为水平方向流动，悬浮颗粒沿翼片槽向下滑落。

翼片斜板一般是在长 1m、宽为 600mm、厚为 1.0～1.5mm 的聚氯乙烯平板上，安装 10～15 块高为 60mm 的翼片，翼片的间距为 60mm。安装时斜板倾角为 60°，斜板间距一般为 80～90mm。

三、设计计算

（一）沉淀池设计的一般原则

1. 设计流量

沉淀池的设计流量应按分期建设考虑。

当废水为自流进入时，设计流量为每期的最大设计流量，当废水为提升进入时，设计流量为每期工作泵的最大组合流量；在合流制处理系统中，应按降水时的设计流量计算，沉淀时间不宜小于 30min。

2. 池（格）数

沉淀池的个数或分格数不应少于 2 个，并宜按并联系列设计。

3. 设计参数

城市污水的设计参数可参考表 2-1-8；工业废水由于差别较大，沉淀池的设计参数应根据试验结果或运行经验确定。

表 2-1-8 沉淀池设计参数

沉淀池类型		沉淀时间/h	表面水力负荷/[$m^3/(m^2 \cdot h)$]	污泥含水率/%	固体负荷/[$kg/(m^2 \cdot d)$]	堰口负荷/[$L/(s \cdot m)$]
初次沉淀池		1.0～2.5	1.2～2.0	95～97		≤2.9
二次沉淀池	活性污泥法后	2.0～5.0	0.6～1.0	99.2～99.6	≤150	≤1.7
	生物膜法后	1.5～4.0	1.0～1.5	96～98	≤150	≤1.7

4. 有效水深、超高及缓冲层

沉淀池的有效水深宜采用 2～4m，辐流式沉淀池指池边水深；超高至少采用 0.3m；缓冲层一般采用 0.3～0.5m。

5. 初次沉淀池

应设置撇渣设施。

6. 沉淀池的入口和出口

均应采取整流措施。

7. 污泥区容积及泥斗构造

初次沉淀池的污泥区容积宜按不大于 2d 的污泥量计算，采用机械排泥时，可按 4h 污泥量计算，二次初沉池的污泥区容积宜按不大于 2h 的污泥量计算；污泥斗斜壁与水平的夹角，方斗宜为 60°，圆斗宜为 55°。

8. 污泥排放

采用机械排泥时可连续排泥或间歇排泥，不用机械排泥时，应每日排泥。对于多斗排泥的沉淀池，每个泥斗均应设单独的闸阀和排泥管。采用静水压力排泥时，静水压力分别为：初次沉淀池不小于 1.5m，活性污泥后的二次沉淀池不小于 0.9m，生物膜后的二次沉淀池不小于 1.2m。排泥管直径不应小于 200mm。

9. 出水布置

为减轻堰的负荷，或为改善水质，可采用多槽沿程出水布置。

10. 阀门

当每组沉淀池有两个池以上时，为使每个池的入流量相同，应在入流口设置调节阀门，以调整流量。

(二) 平流式沉淀池的设计与计算

1. 平流式沉淀池设计参数

(1) 池子长宽比不小于 4，以 4～5 为宜；池子长深比不小于 8，以 8～12 为宜；采用机械排泥时池子宽度根据排泥设备确定。

(2) 池底坡度：采用机械刮泥时，不小于 0.005，一般为 0.01～0.02。

(3) 按表面负荷计算时，应对水平流速进行校核。最大水平流速：初次沉淀池为 7mm/s；二次沉淀池为 5mm/s。

(4) 为了保证进水在沉淀区内均匀分布，进水口应采取整流措施，一般有穿孔墙、挡流板，底孔等，如图 2-1-26 所示。

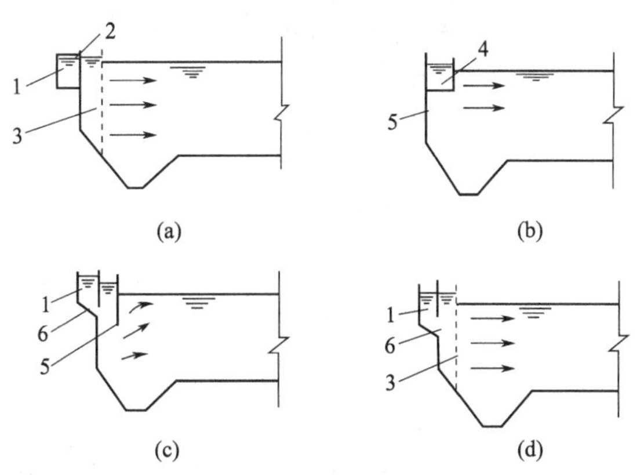

图 2-1-26 平流式沉淀池入口整流措施

1—进水槽；2—溢流堰；3—有孔整流墙；4—底孔；5—挡流板；6—淹没孔

(5) 为保证出水均匀并保证池内水位，出水通常采用溢流堰式集水槽，集水槽的形式见图 2-1-27。溢流堰多采用锯齿形三角堰，出水水面宜位于齿高的 1/2 处，见图 2-1-28。堰板高度应可以上下调整。

(6) 进出水口处应设挡板，进口处一般为 0.5～1.0m，出口一般为 0.25～0.5m。挡板高出池内水面 0.1～0.15m。进口挡板水位淹没深度视沉淀池深度而定，不小于 0.25m，一

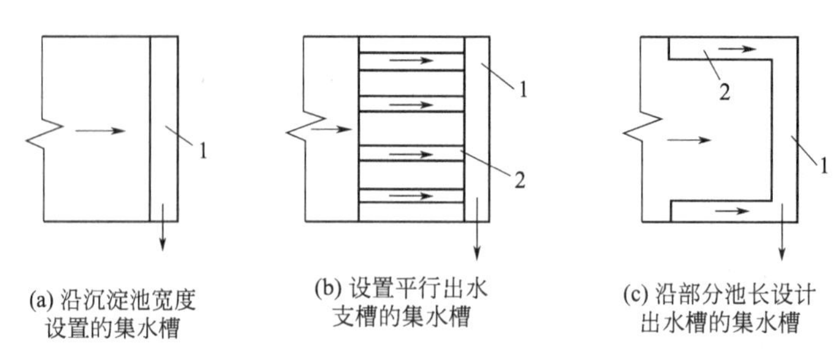

图 2-1-27 平流式沉淀池的集水槽形式

1—集水槽；2—集水支渠

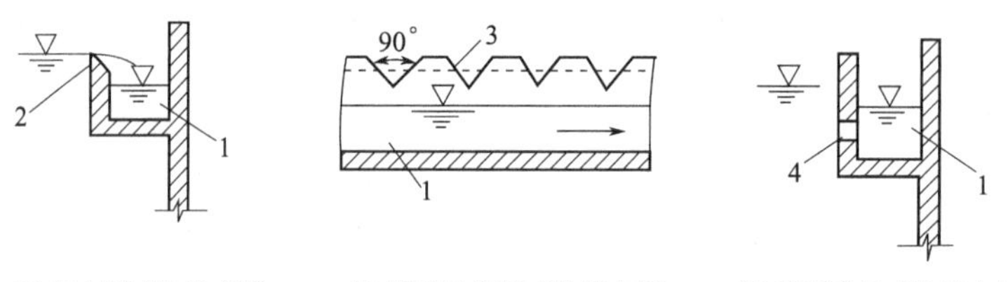

图 2-1-28 平流式沉淀池的出水堰形式

1—集水槽；2—自由槽；3—锯齿三角堰；4—淹没孔口

般为 0.5～1.0m；出口挡板的淹没深度一般为 0.3～0.4m。

（7）在出水堰前应设置收集与排除浮渣的设施，一般采用可转动的排渣管或浮渣槽。当采用机械排泥时，可一并考虑。见图 2-1-29 和图 2-1-30。

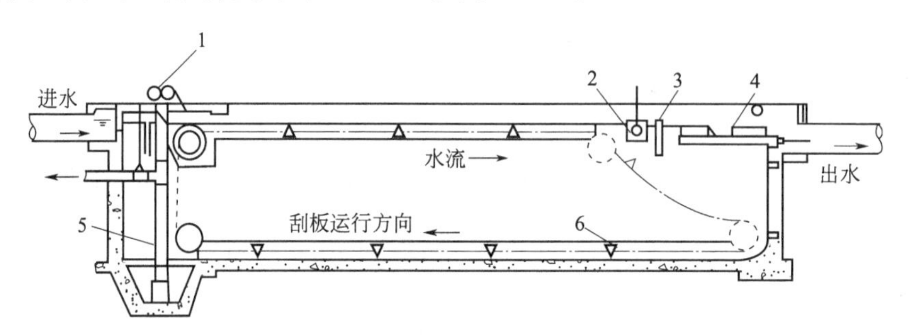

图 2-1-29 设有链带式刮泥机的平流式沉淀池

1—集液器驱动；2—浮渣槽；3—挡板；4—可调节的出水堰；5—排泥管；6—刮板

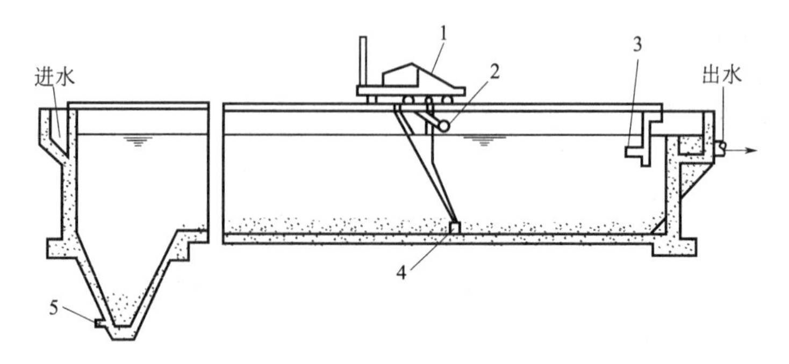

图 2-1-30 设有行车式刮泥机的平流式沉淀池

1—驱动装置；2—刮渣板；3—浮渣槽；4—刮泥板；5—排泥管

（8）当沉淀池采用多斗排泥时，污泥斗平面呈正方形或近似正方形的矩形，排数一般不宜多于两排。见图 2-1-31。

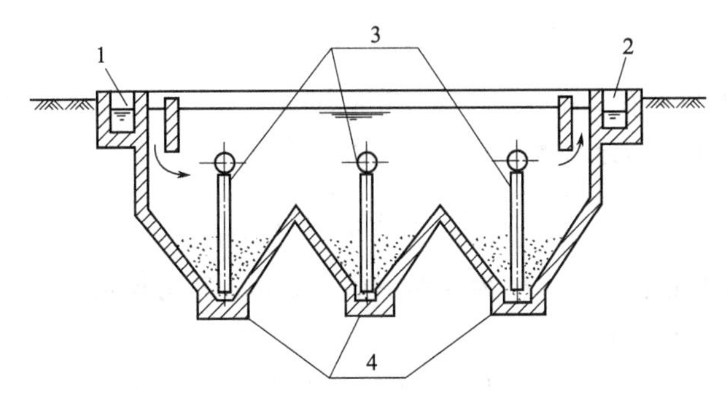

图 2-1-31　多斗式平流式沉淀池

1—进水槽；2—出水堰；3—排泥管；4—污泥斗

2. 平流式沉淀池计算公式

（1）池子总表面积 A，m^2

$$A=\frac{Q_{max}}{q'} \tag{2-1-42}$$

式中，Q_{max} 为池最大设计流量，m^3/h；q' 为表面水力负荷，$m^3/(m^2 \cdot h)$。

（2）沉淀部分的有效水深 h_2，m

$$h_2=q't \tag{2-1-43}$$

式中，t 为沉淀时间，h；h_2 为多采用 2～4m。

（3）沉淀部分有效容积 V'，m^3

$$V'=Q_{max}t \text{ 或 } V'=Ah_2 \tag{2-1-44}$$

（4）池长 L，m

$$L=3.6vt \tag{2-1-45}$$

式中，v 为最大设计流量时的水平流速，mm/s。

（5）池子总宽度 B，m

$$B=\frac{A}{L} \tag{2-1-46}$$

（6）池子个数（分格数）n

$$n=\frac{B}{b} \tag{2-1-47}$$

式中，b 为每个池子（分格）宽度，m。

（7）污泥部分所需容积 V，m^3

$$V=\frac{SNt'}{1000} \tag{2-1-48}$$

式中，S 为每人每日污泥量，一般采用 0.3～0.8L/(人·d)；N 为设计人口，人；t' 为两次清除污泥的间隔时间，d。

如已知废水悬浮物浓度与去除率，污泥量可按下式计算：

$$V=\frac{Q_{max}(C_0-C_1)t'\times 24\times 100}{\gamma(100-\rho_0)} \tag{2-1-49}$$

式中，C_0、C_1 为进水与沉淀出水的悬浮物浓度，kg/m^3；ρ_0 为污泥含水率，%；γ 为污泥容重，一般取 $1000kg/m^3$。

(8) 污泥斗容积 V_1，m^3

$$V_1=\frac{1}{3}h_4''(A_1+A_2+\sqrt{A_1A_2}) \tag{2-1-50}$$

式中，A_1 为斗上口面积，m^2；A_2 为斗下口面积，m^2；h_4''为泥斗高度，m。

(9) 污泥斗以上梯形部分污泥容积 V_2，m^3

$$V_2=\frac{l_1+l_2}{2}h_4'b \tag{2-1-51}$$

式中，l_1 为梯形上底长，m；l_2 为梯形下底长，m；h_4'为梯形高度，m。

(10) 池子总高度 H，m

$$H=h_1+h_2+h_3+h_4 \tag{2-1-52}$$

式中，h_1 为沉淀池的超高，m；h_3 为缓冲层的高度，m；h_4 为污泥部分高度，m。

【例 2-1-6】 已知某城市污水处理厂的最大设计流量 $Q_{max}=2200m^3/h$，设计人口数 330000 人，采用链带式刮泥机，求平流式沉淀池的各部分尺寸。

解： 平流式沉淀池计算草图见图 2-1-32。

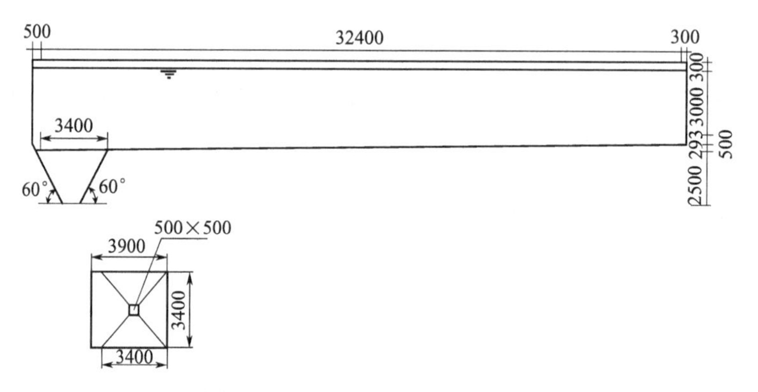

图 2-1-32 平流式沉淀池计算草图

① 池子总表面积。设表面水力负荷 $q'=2m^3/(m^2\cdot h)$，池子总表面积：

$$A=\frac{Q_{max}}{q'}=\frac{2200}{2}=1100\ (m^2)$$

② 沉淀部分的有效水深。设沉淀时间 $t=1.5h$，有效水深：

$$h_2=q't=2\times1.5=3.0\ (m)$$

③ 沉淀部分有效容积

$$V'=Q_{max}t=2200\times1.5=3300\ (m^3)$$

④ 池长。设最大设计流量时的水平流速 $v=6mm/s$，沉淀池的长度：

$$L=3.6vt=3.6\times6\times1.5=32.4\ (m)$$

长深比

$$\frac{L}{h_2}=\frac{32.4}{3}=10.8>8$$

长深比满足要求。

⑤ 池子总宽度

$$B=\frac{A}{L}=\frac{1100}{32.4}=33.95\ (m)\approx34\ (m)$$

⑥ 池子个数（或分格数）。设 10 个池子，每个池子宽：

$$b=\frac{B}{n}=\frac{34}{10}=3.4\ (\mathrm{m})$$

长宽比

$$\frac{L}{b}=\frac{32.4}{3.4}=9.53>4.0$$

长宽比满足要求。

⑦ 污泥部分所需容积。设 $t'=4\mathrm{h}$（机械排泥），$S=0.5\mathrm{L}/(人\cdot\mathrm{d})$，污泥部分所需容积：

$$V=\frac{SNt'}{1000}=\frac{0.5\times330000\times(4/24)}{1000}=27.5\ (\mathrm{m^3})$$

每个池子污泥部分所需容积：

$$V'=\frac{27.5}{10}=2.75\ (\mathrm{m^3})$$

⑧ 污泥斗容积，见图 2-1-32。

$$h''_4=\frac{3.4-0.5}{2}\tan60°=2.5\ (\mathrm{m})$$

$$\begin{aligned}V_1&=\frac{1}{3}h''_4(A_1+A_2+\sqrt{A_1A_2})\\&=\frac{1}{3}\times2.5\times(0.5^2+3.4^2+0.5\times3.4)\\&=11.26\ (\mathrm{m^3})\end{aligned}$$

⑨ 污泥斗以上梯形部分污泥容积。设池底坡度为 0.01，梯形部分高度：

$$h'_4=(32.4+0.3-3.4)\times0.01=0.293\ (\mathrm{m})$$

$$l_1=32.4+0.5+0.3=33.2\ (\mathrm{m})$$

$$l_2=3.4\ (\mathrm{m})$$

污泥斗以上部分污泥容积：

$$V_2=\frac{l_1+l_2}{2}h'_4b=\frac{33.2+3.4}{2}\times0.293\times3.4=16.74\ (\mathrm{m^3})$$

污泥斗和梯形部分污泥容积：

$$V_1+V_2=11.26+16.74=28.0\ (\mathrm{m^3})>2.75\ (\mathrm{m^3})$$

⑩ 池子总高度。设缓冲层高度 $h_3=0.5\mathrm{m}$，超高 $h_1=0.3\mathrm{m}$。

$$H=h_1+h_2+h_3+h_4=h_1+h_2+h_3+(h'_4+h''_4)=6.6\ (\mathrm{m})$$

（三）竖流式沉淀池的设计与计算

1. 竖流式沉淀池设计参数

（1）为了使水流在沉淀池内分布均匀，池子直径（或正方形的一边）与有效水深之比值不大于 3，池子直径不大于 8m，一般采用 4～7m，最大有达 10m。

（2）中心筒内流速不大于 30mm/s。

（3）中心管下口应设有喇叭口和反射板，反射板及中心管各部分尺寸关系见图 2-1-33。

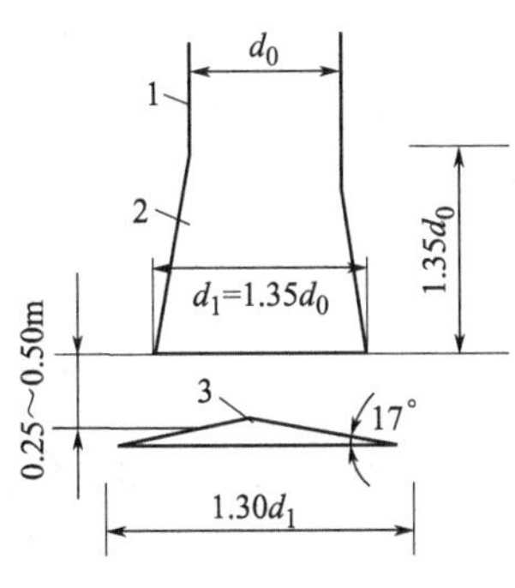

图 2-1-33 中心筒和反射板尺寸

1—中心管；2—喇叭口；3—反射板

反射板板底距泥面至少 0.30m；喇叭口直径及高度为中心管直径的 1.35 倍；反射板直径为喇叭口直径的 1.30 倍，反射板表面与水平面的倾角为 17°；中心管下端与反射板表面之间的缝隙高在 0.25～0.50m 范围内时，缝隙中废水流速，在初次沉淀池中不大于20mm/s，在二次沉淀池中不大于15mm/s。

(4) 当池子直径（或正方形一边）小于7m时，澄清废水沿周边流出；当池子直径大于等于7m时，应增设辐射集水支渠。

(5) 排泥管下端距池底不大于0.2m，管上端高出水面0.4m以上。

(6) 浮渣挡板距集水槽0.25～0.5m，高出水面0.1～0.15m，淹没深度为0.3～0.4m。

2. 竖流式沉淀池计算公式

(1) 中心管面积 A，m^2

$$A=\frac{Q'_{max}}{v_0} \tag{2-1-53}$$

式中，v_0 为中心管内流速，m/s；Q'_{max} 为每池最大设计流量，m^3/s。

(2) 中心管直径 d，m

$$d=\sqrt{\frac{4A}{\pi}} \tag{2-1-54}$$

(3) 中心管喇叭口与反射板之间的间隙高度 h_3，m

$$h_3=\frac{Q'_{max}}{v_1 d_1 \pi} \tag{2-1-55}$$

式中，v_1 为废水由中心管喇叭口与反射板之间的间隙流出的速度，m/s；d_1 为喇叭口的直径，m。

(4) 沉淀部分有效面积 A'，m^2

$$A'=\frac{Q'_{max}}{v} \tag{2-1-56}$$

式中，v 为废水在沉淀区上升的流速，m/s。

(5) 沉淀池直径 D，m

$$D=\sqrt{\frac{4(A+A')}{\pi}} \tag{2-1-57}$$

(6) 沉淀部分有效水深 h_A，m

$$h_A=3600vt \tag{2-1-58}$$

式中，t 为沉淀时间，h。

(7) 沉淀部分所需容积 V，m^3

$$V=\frac{SNt'}{1000} \tag{2-1-59}$$

式中，V 为沉污泥部分所需容积，m^3；S 为每人每日污泥量，一般采用0.3～0.8L/(人·d)；N 为设计人口，人；t' 为两次清除污泥的间隔时间，d。

如已知污泥悬浮物浓度与去除率污泥量可按下式计算：

$$V=\frac{Q'_{max}(C_0-C_1)t'\times 86400\times 100}{\gamma(100-\rho_0)} \tag{2-1-60}$$

式中，C_0、C_1 分别为进水与沉淀出水的悬浮物浓度，kg/m^3；ρ_0 为污泥含水率，%；γ 为污泥容重，一般取1000kg/m^3。

(8) 圆截锥部分容积 V_2，m^3

$$V_2=\frac{\pi h_5}{3}(R^2+Rr+r^2) \tag{2-1-61}$$

式中，V_2 为圆截锥部分容积，m^3；R 为圆截锥上部半径，m；r 为圆截锥下部半径，

m；h_5 为污泥室圆截锥部分的高度，m。

（9）池子总高度 H，m

$$H=h_1+h_2+h_3+h_4+h_5 \tag{2-1-62}$$

式中，H 为沉淀池的总高，m；h_1 为沉淀池的超高，m，一般取 0.3m；h_2 为中心管淹没深，m；h_3 为中心管喇叭口与反射板之间的间隙高度，m；h_4 为缓冲层的高度，m，一般取0.3～0.5m；h_5 为污泥室圆截锥部分的高度，m。

【例 2-1-7】 已知某城市设计人口 $N=60000$ 人，设计最大废水量 $Q_{max}=0.13m^3/s$。计算竖流式沉淀池的设计参数。

解：设中心筒内流速 $v_0=0.03m/s$，采用池数 $n=4$。

① 中心管面积

$$Q'_{max}=\frac{Q_{max}}{n}=\frac{0.13}{4}=0.0325\ (m^3/s)$$

$$A=\frac{Q'_{max}}{v_0}=\frac{0.0325}{0.03}=1.08\ (m^2)$$

② 中心管直径

$$d=\sqrt{\frac{4A}{\pi}}=\sqrt{\frac{4\times1.08}{\pi}}=1.17\ (m)$$

③ 中心管喇叭口与反射板之间的间隙高度。设废水由中心管喇叭口与反射板之间的间隙流出的速度 $v_1=0.02m/s$，则中心管喇叭口与反射板之间的间隙高度：

$$d_1=1.35d=1.35\times1.17=1.58\ (m)$$

$$h_3=\frac{Q'_{max}}{v_1d_1\pi}=\frac{0.0325}{0.02\times1.58\times\pi}=0.33\ (m)$$

④ 沉淀部分有效断面积。设表面负荷 $q'=2.52m^3/(m^2\cdot h)$，则上升流速：

$$v=2.52m/h=0.0007m/s$$

$$A'=\frac{Q'_{max}}{v}=\frac{0.0325}{0.007}=46.43\ (m^2)$$

⑤ 沉淀池直径

$$D=\sqrt{\frac{4(A+A')}{\pi}}=\sqrt{\frac{4(46.43+1.08)}{\pi}}=7.8\ (m)<8\ (m)$$

⑥ 沉淀部分有效水深。设沉淀时间 $t=1.5h$，有效水深：

$$h_2=3600vt=3600\times0.0007\times1.5=3.78\ (m)$$

径深比 $D/h_2=7.8/3.78=2.06<3$（符合要求）

⑦ 污泥部分所需容积。设每人每日污泥量 $S=0.5L/(人\cdot d)$，两次清除污泥的时间间隔 $t'=2d$，污泥部分所需容积：

$$V=\frac{SNt'}{1000}=\frac{0.5\times60000\times2}{1000}=60\ (m^2)$$

每个沉淀池的污泥体积：

$$V_1=\frac{V}{n}=\frac{60}{4}=15\ (m^3)$$

⑧ 圆截锥部分容积。设圆截锥部分半径 $r=0.2m$，圆截锥侧壁倾角 55°，则圆截锥部分的高度：

$$h_5=(R-r)\tan\alpha=\left(\frac{7.8}{2}-0.2\right)\tan55°=5.28\ (m)$$

圆截锥部分容积：

$$V_2=\frac{\pi h_5}{3}(R^2+Rr+r^2)=\frac{3.13\times5.28}{3}(3.9^2+3.9\times0.2+0.2^2)=88.63\ (\mathrm{m^3})>15\ (\mathrm{m^3})$$

⑨ 池子总高度。设沉淀池超高 $h_1=0.3\mathrm{m}$，缓冲层高度 $h_4=0.3\mathrm{m}$，则池子总高度：

$$H=h_1+h_2+h_3+h_4+h_5=0.3+3.78+0.33+0.3+5.28=9.99\ (\mathrm{m})$$

(四) 辐流式沉淀池的设计与计算

1. 辐流式沉淀池的设计参数

(1) 池子直径（或正方形边长）与有效水深的比值，一般采用 6～12；池径不宜小于 16m。

(2) 池底坡度一般采用 0.05～0.1。

(3) 进出水的布水方式

① 中心进水周边出水，见图 2-1-34。

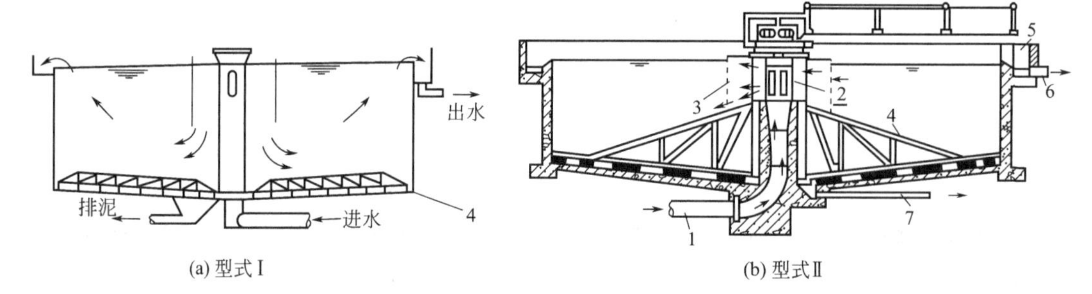

(a) 型式Ⅰ　(b) 型式Ⅱ

图 2-1-34 中心进水的辐射式沉淀池

1—进水管；2—中心管；3—穿孔挡板；4—刮泥机；5—出水槽；6—出水管；7—排泥管

② 周边进水中心出水，见图 2-1-35。

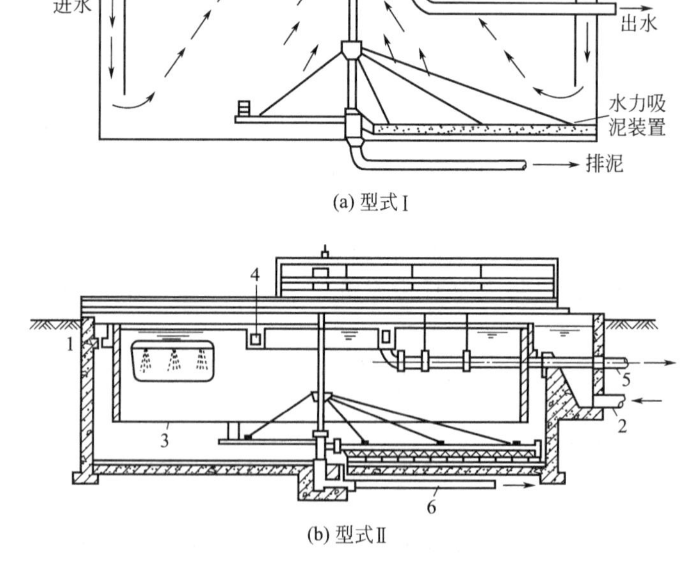

(a) 型式Ⅰ

(b) 型式Ⅱ

图 2-1-35 周边进水中心出水的辐流式沉淀池

1—进水槽；2—进水管；3—挡板；4—出水槽；5—出水管；6—排泥管

③ 周边进水周边出水，见图 2-1-36。

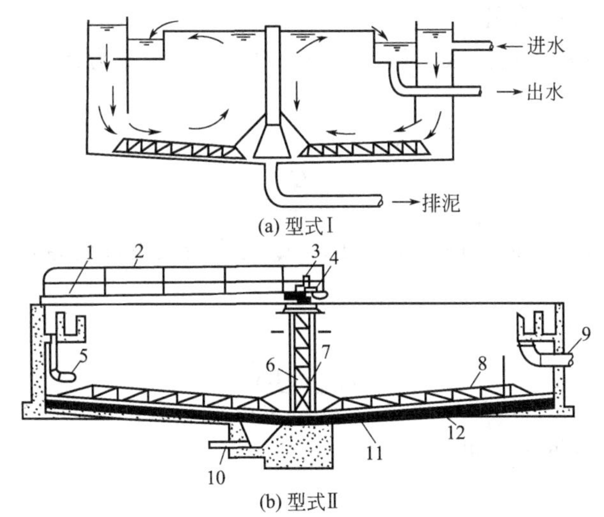

图 2-1-36　周边进水周边出水的辐射式沉淀池

1—过桥；2—栏杆；3—传动装置；4—转盘；5—进水下降管；6—中心支架；7—传动器罩；8—桁架式耙架；9—出水管；10—排泥管；11—刮泥板；12—可调节的橡皮刮板

(4) 中心进水口的周围应设置整流板，整流板上的开孔面积为过水断面（池子半径 1/2 处的水流断面）面积的 6%～20%。

(5) 出水堰前应设浮渣挡板，被拦截的浮渣用刮渣板收集，并通过排渣管排除。

(6) 一般采用机械刮泥，当池子直径小于 20m 时，一般采用中心传动的刮泥机，当池子直径大于 20m 时，一般采用周边传动的刮泥机。对于二次沉淀池，也可以采用刮吸泥机。刮泥机旋转速度一般为 1～3r/h，外周刮泥板的线速度不超过 3m/min，一般采用 1.5m/min。见图 2-1-37。

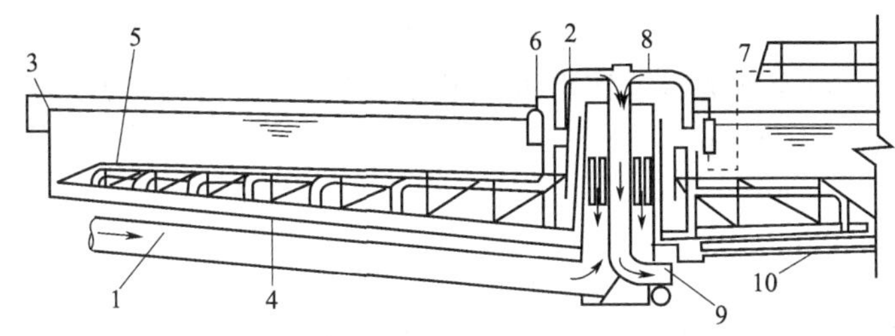

图 2-1-37　带有中央驱动装置的吸泥型辐射沉淀池

1—进水管；2—挡板；3—堰板；4—刮板；5—吸泥管；6—冲洗管的空气升液器；7—压缩空气入口；8—排泥虹吸管；9—污泥出口；10—放空管

(7) 池子直径较小（小于 20m）时，也可采用多斗排泥，如图 2-1-38 所示。

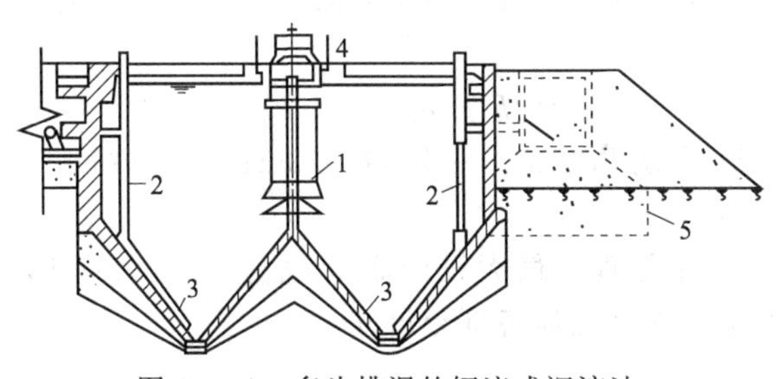

图 2-1-38　多斗排泥的辐流式沉淀池

1—中心管；2—污泥管；3—污泥斗；4—栏杆；5—砂垫

2. 辐流式沉淀池计算公式

（1）中心进水辐流式沉淀池取半径1/2处的水流断面积作为计算断面，设计计算公式如下所示。

① 每座沉淀池沉淀部分表面积 A，m^2

$$A=\frac{Q_{max}}{nq'} \tag{2-1-63}$$

式中，q'为表面水力负荷，$m^3/(m^2 \cdot h)$；Q_{max}为最大设计流量，m^3/h；n为沉淀池座数，个。

② 池子平面尺寸 D，m

$$D=\sqrt{\frac{4A}{\pi}} \tag{2-1-64}$$

③ 沉淀部分有效水深 h_2，m

$$h_2=q't \tag{2-1-65}$$

式中，t为沉淀时间，h。

④ 沉淀部分有效容积 V'，m^3

$$V'=\frac{Q_{max}}{n}t \text{ 或 } V'=Ah_2 \tag{2-1-66}$$

⑤ 污泥部分所需容积 V，m^3

$$V=\frac{SNt'}{1000n} \tag{2-1-67}$$

式中，S为每人每日污泥量，一般采用0.3～0.8L/(人・d)；N为设计人口，人；t'为两次清除污泥的间隔时间，d。

如已知污泥悬浮物浓度与去除率污泥量可按下式计算：

$$V=\frac{Q_{max}(C_0-C_1)t'\times 24\times 100}{\gamma(100-\rho_0)n} \tag{2-1-68}$$

式中，C_0、C_1分别为进水与沉淀出水的悬浮物浓度，kg/m^3；ρ_0为污泥含水率，%；γ为污泥容重，一般取$1000kg/m^3$。

⑥ 污泥斗容积 V_1，m^3

$$V_1=\frac{\pi h_5}{3}(r_1^2+r_1r_2+r_2^2) \tag{2-1-69}$$

式中，r_1为污泥斗上部半径，m；r_2为污泥斗下部半径，m；h_5为污泥斗高度，m。

⑦ 污泥斗以上圆锥体部分污泥容积 V_2，m^3

$$V_2=\frac{\pi h_4}{3}(R^2+Rr_1+r_1^2) \tag{2-1-70}$$

式中，R为泥污池半径，m；r_1为污泥斗上部半径，m；h_4为圆锥体高度，m。

⑧ 池子总高度 H，m

$$H=h_1+h_2+h_3+h_4+h_5 \tag{2-1-71}$$

式中，h_1为沉淀池的超高，m，一般取0.3m；h_3为缓冲层的高度，m，一般取0.3～0.5m。

【例 2-1-8】 某城市污水处理厂最大设计流量$Q_{max}=2000m^3/h$，设计人口数$N=28$万人，采用机械刮泥，求辐流式沉淀池各部分尺寸。

解： 计算示意图见图2-1-39。

① 沉淀部分水面面积：设表面负荷$q'=2m^3/(m^2 \cdot h)$，$n=2$个。

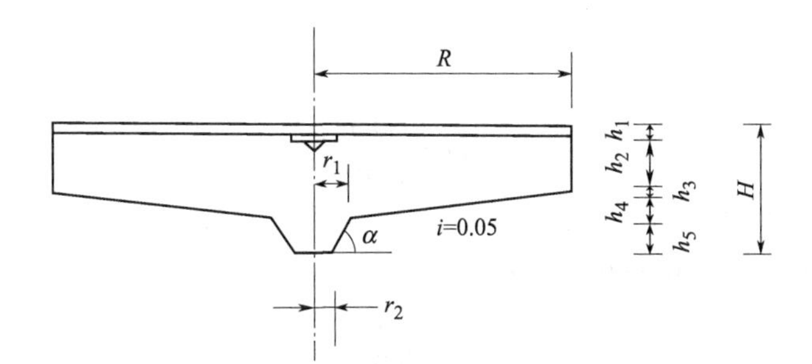

图 2-1-39　辐射式沉淀池计算示意

$$A=\frac{Q_{max}}{nq'}=\frac{2000}{2\times2}=500\ (m^2)$$

② 池子直径

$$D=\sqrt{\frac{4A}{\pi}}=\sqrt{\frac{4\times500}{\pi}}=25.23\ (m)，取 D=26m。$$

③ 沉淀部分有效水深：设 $t=2.0h$，

$$h_2=q't=2\times2=4\ (m)$$

④ 沉淀部分有效容积

$$V'=\frac{Q_{max}}{n}t=\frac{2000}{2}\times2=2000(m^3)$$

污泥部分所需的容积：设 $S=0.5L/(人\cdot d)$，$t'=4h$，

$$V=\frac{SNt'}{1000n}=\frac{0.5\times280000\times4}{1000\times2\times24}=11.7\ (m^3)$$

污泥斗容积：设 $r_1=1.5m$，$r_2=0.5m$，$\alpha=60°$，则

$$h_5=(r_1-r_2)\tan\alpha=(1.5-0.5)\tan60°=1.73\ (m)$$

$$V_1=\frac{\pi h_5}{3}(r_1^2+r_1r_2+r_2^2)=\frac{3.14\times1.73}{3}(1.5^2+1.5\times0.5+0.5^2)=5.88\ (m^3)$$

⑤ 污泥斗以上圆锥体部分污泥容积：设池底径向坡度为 0.05，则

$$h_4=(R-r_1)\times0.05=(13-1.5)\times0.05=0.58\ (m)$$

$$V_2=\frac{\pi h_4}{3}(R^2+Rr_1+r_1^2)=\frac{3.14\times0.58}{3}(13^2+13\times1.5+1.5^2)=116.4(m^3)$$

⑥ 污泥斗总容积

$$V_1+V_2=5.88+116.4=122.28m^3>11.7m^3$$

⑦ 污泥池总高度：设 $h_1=0.3m$，$h_3=0.5m$，

$$H=h_1+h_2+h_3+h_4+h_5=0.3+4+0.5+0.58+1.73=7.11\ (m)$$

⑧ 沉淀池池边高度

$$H'=h_1+h_2+h_3=0.3+4+0.5=4.8\ (m)$$

⑨ 径深比：$D/h_2=26/4=6.5$

径深比符合要求。

(2) 周边进水辐流沉淀池计算如下。

① 沉淀部分水面面积 A，m^2

$$A=\frac{Q_{max}}{nq'} \tag{2-1-72}$$

式中，q'为表面水力负荷，$m^3/(m^2\cdot h)$；Q_{max}为最大设计流量，m^3/h；n 为沉淀池座

数，座。

② 池子直径 D，m

$$D=\sqrt{\frac{4A}{\pi}} \tag{2-1-73}$$

式中，D 为池沉淀池直径，m。

③ 校核堰口负荷 q_1'，$m^3/(m^2 \cdot h)$

$$q_1'=\frac{Q_0}{3.6\pi D} \tag{2-1-74}$$

式中，Q_0 为单池设计流量，m^3/h，$Q_0=Q_{max}/n$。

④ 校核固体负荷 q_2'，$kg/(m^2 \cdot d)$

$$q_2'=\frac{(1+R)Q_0N_w\times 24}{A} \tag{2-1-75}$$

式中，N_w 为混合液悬浮物浓度，kg/m^3；R 为污泥回流比。

⑤ 澄清区高度 h_2'，m

$$h_2'=\frac{Q_0t}{A} \tag{2-1-76}$$

式中，t 为清澄沉淀时间，h。

⑥ 污泥区高度 h_2''，m

$$h_2''=\frac{(1+R)Q_0N_wt'}{0.5(N_w+C_u)A} \tag{2-1-77}$$

式中，t'为污泥停留时间，h；C_u 为底泥浓度，kg/m^3。

⑦ 池边水深 h_2，m

$$h_2=h_2'+h_2''+0.3 \tag{2-1-78}$$

式中，0.3 为池边缓冲层高度，m。

⑧ 沉淀池总高度 H，m

$$H=h_1+h_2+h_3+h_4 \tag{2-1-79}$$

式中，h_1 为池子超高，m；h_3 为池中心与池边落差，m；h_4 为污泥斗高度，m。

【例 2-1-9】 某城市污水处理厂设计流量 $Q_{max}=3000m^3/h$，曝气池混合液悬浮浓度 $N_w=3.5kg/m^3$，回流污泥浓度 $C_u=7.5kg/m^3$，污泥回流比 $R=0.7$，求周边进水二次沉淀池的各部分尺寸。

解： 计算示意图见图 2-1-40。

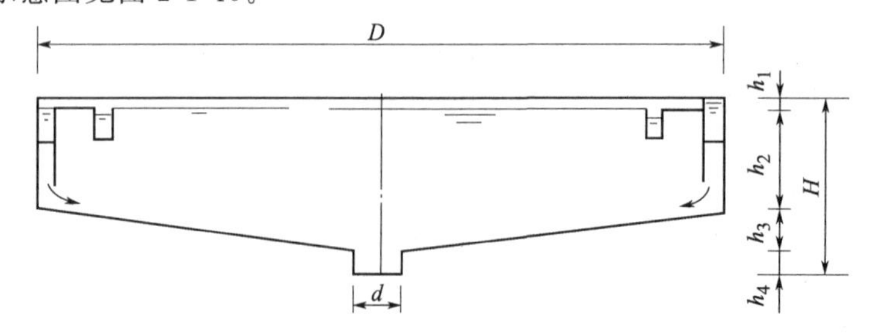

图 2-1-40 周边进水二次沉淀池计算示意

① 沉淀部分水面面积：设池数 $n=2$ 个，表面负荷 $q'=1m^3/(m^2 \cdot h)$，

$$A=\frac{Q_{max}}{nq'}=\frac{3000}{2\times 1}=1500(m^2)$$

② 池子直径

$$D=\sqrt{\frac{4A}{\pi}}=\sqrt{\frac{4\times1500}{3.14}}=43.7(\mathrm{m})$$

取 $D=44\mathrm{m}$

③ 实际水面面积

$$A'=\frac{\pi D^2}{4}=\frac{3.14\times44^2}{4}=1520(\mathrm{m}^2)$$

④ 实际表面负荷

$$q'=\frac{Q_{\max}}{nA'}=\frac{3000}{2\times1520}=0.99\ [\mathrm{m}^3/(\mathrm{m}^2\cdot\mathrm{h})]$$

⑤ 单池设计流量

$$Q_0=\frac{Q_{\max}}{n}=\frac{3000}{2}=1500(\mathrm{m}^3/\mathrm{h})$$

⑥ 校核堰口负荷

$$q_1'=\frac{Q_0}{3.6\pi D}=\frac{1500}{2\times3.6\times3.14\times44}$$
$$=1.51\ [\mathrm{L}/(\mathrm{s}\cdot\mathrm{m})]<1.7\ [\mathrm{L}/(\mathrm{s}\cdot\mathrm{m})]$$

$$q_2'=\frac{(1+R)Q_0N_{\mathrm{w}}\times24}{A'}=\frac{(1+0.7)\times1500\times3.5\times24}{1520}$$
$$=142.8[\mathrm{kg}/(\mathrm{m}^2\cdot\mathrm{d})]<150[\mathrm{kg}/(\mathrm{m}^2\cdot\mathrm{d})]$$

符合要求。

⑦ 澄清区高度：设 $t=1.5\mathrm{h}$，

$$h_2'=\frac{Q_0t}{A'}=\frac{1500\times1.5}{1520}=1.5\ (\mathrm{m})$$

⑧ 污泥区高度：设 $t'=1.5\mathrm{h}$，

$$h_2''=\frac{(1+R)Q_0N_{\mathrm{w}}t'}{0.5(N_{\mathrm{w}}+C_{\mathrm{u}})A}=\frac{(1+0.7)\times1500\times3.5\times1.5}{0.5\times(3.5+7.5)\times1520}=1.62\ (\mathrm{m})$$

⑨ 池边深度

$$h_2=h_2'+h_2''+0.3=1.5+1.62+0.3=3.42\ (\mathrm{m})，取\ h_2=3.5\ (\mathrm{m})$$

⑩ 沉淀池高度：设池底坡度为 0.05，污泥斗直径 $d=3\mathrm{m}$，池中心与池边落差 $h_3=0.05\times\frac{D-d}{2}=0.05\times\frac{44-3}{2}=1.0\mathrm{m}$，超高 $h_1=0.5\mathrm{m}$，污泥斗高度 $h_4=1.0\mathrm{m}$。

$$H=h_1+h_2+h_3+h_4=0.5+3.5+1.0+1.0=6.0\ (\mathrm{m})$$

(五) 斜板（管）沉淀池的设计与计算

1. 斜板（管）沉淀池设计参数

(1) 升流式异向流斜板（管）沉淀池的设计表面负荷，一般可比普通沉淀池的设计表面负荷提高 1 倍左右。对于二次沉淀池，应以固体负荷（一般在平均水力负荷及平均混合液浓度时）不大于 $190\mathrm{kg}/(\mathrm{m}^2\cdot\mathrm{d})$ 核算。

(2) 斜板垂直净距一般采用 80～100mm，斜管孔径一般采用 50～80mm。

(3) 斜板（管）斜长一般采用 1.0～1.2m；斜板（管）区底部缓冲层高度一般采用 0.5～1.0m；斜板（管）上部水深一般采用 0.5～1m。

(4) 斜板（管）倾角一般采用 60°。

(5) 进水方式一般采用穿孔墙整流布水，出水方式一般采用多槽出水，在池面上增设几条平行的出水堰和集水槽，以改善出水水质，加大出水量。

(6) 在池壁与斜板的间隙处应装设阻流板，以防止水流短路。斜板上缘宜向池子进水端倾斜安装。

(7) 斜板（管）沉淀池一般采用重力排泥。每日排泥次数至少1～2次，或连续排泥。

(8) 池内停留时间：初次沉淀池不超过30min，二次沉淀池不超过60min。

(9) 斜板（管）应设斜板（管）冲洗措施。

2. 斜板（管）沉淀池计算公式

(1) 池子表面积 A，m^2

$$A=\frac{Q_{max}}{0.91nq'} \tag{2-1-80}$$

式中，q'为表面水力负荷，$m^3/(m^2 \cdot h)$；Q_{max}为最大设计流量，m^3/h；0.91为斜板区面积利用系数；n为池数，个。

(2) 池子平面尺寸 D，m

圆形池直径
$$D=\sqrt{\frac{4A}{\pi}} \tag{2-1-81}$$

方形池长
$$L=\sqrt{A} \tag{2-1-82}$$

式中，L为方形池长，m。

(3) 池内停留时间 t，min

$$t=\frac{60(h_2+h_3)}{q'} \tag{2-1-83}$$

式中，h_2为斜板（管）区上部水深，m；h_3为斜板（管）高度，m。

(4) 污泥部分所需容积 V，m^3

$$V=\frac{SNt'}{1000n} \tag{2-1-84}$$

式中，S为每人每日污泥量，一般采用0.3～0.8L/(人·d)；N为设计人口，人；n为沉淀池座数；t'为两次清除污泥的间隔时间，d。

如已知污泥悬浮物浓度与去除率污泥量可按下式计算：

$$V=\frac{Q_{max}(C_0-C_1)t'\times 24\times 100}{\gamma(100-\rho_0)n} \tag{2-1-85}$$

式中，C_0、C_1分别为进水与沉淀出水的悬浮物浓度，kg/m^3；ρ_0为污泥含水率，%；γ为污泥容重，一般取$1000kg/m^3$。

(5) 污泥斗容积 V_1，m^3

圆锥体
$$V_1=\frac{\pi h_5}{3}(R^2+Rr+r^2) \tag{2-1-86}$$

式中，R为圆截锥上部半径，m；r为圆截锥下部半径，m；h_5为圆截锥部分的高度，m。

方锥体
$$V_1=\frac{h_5}{3}(a^2+aa_1+a_1^2) \tag{2-1-87}$$

式中，a为污泥斗上部边长，m；a_1为污泥斗下部边长，m；h_5为污泥斗高度，m。

(6) 池子总高度 H，m

$$H=h_1+h_2+h_3+h_4+h_5 \tag{2-1-88}$$

式中，h_1为沉淀池的超高，m，一般取0.3m；h_3为中心管喇叭口与反射板之间的间隙高度，m；h_4为缓冲层的高度，m，一般取0.6～1.2m。

【例 2-1-10】 某城市污水处理厂的最大设计流量 $Q_{max}=960m^3/h$，初次沉淀池采用升流式异向流斜管沉淀池，斜管斜长为 1m，斜管倾角为 60°，设计表面水 x 负荷 $q'=4m^3/(m^2\cdot h)$，进水悬浮物浓度 $C_1=300mg/L$，出水悬浮物浓度 $C_2=140mg/L$，污泥含水率平均为 97%，求斜管沉淀池各部分尺寸。

解：计算示意图见图 2-1-41。

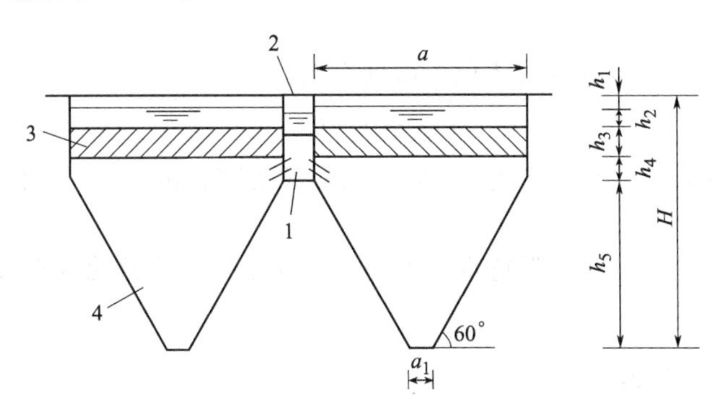

图 2-1-41 斜管沉淀池计算示意

1—进水槽；2—出水槽；3—斜管；4—污泥斗

① 池子水面面积：设 $n=4$ 个，

$$A=\frac{Q_{max}}{0.91nq'}=\frac{960}{0.91\times4\times4}=66(m^2)$$

② 池子边长：设池子为方形池，则

$$L=\sqrt{A}=\sqrt{66}=8.12m,取 L=8.5m$$

③ 池内停留时间：设 $h_2=0.7m$，$h_3=1\times\sin60°=0.866m$

$$t=\frac{(h_2+h_3)\times60}{q'}=\frac{(0.7+0.866)\times60}{4}=23.5\ (min)$$

④ 污泥部分所需容积：设 $t'=2d$

$$V=\frac{Q_{max}(C_0-C_1)t'\times24\times100}{\gamma(100-\rho_0)n}=\frac{960(0.3-0.14)\times2\times24\times100}{1000\times(100-97)\times4}=61.44\ (m^3)$$

⑤ 污泥斗容积：设污泥斗下部边长 $a_1=0.8m$

$$h_5=\left(\frac{a}{2}-\frac{a_1}{2}\right)\tan60°=\left(\frac{8.5}{2}-\frac{0.8}{2}\right)\tan60°=6.67\ (m)$$

$$V_1=\frac{h_5}{3}(a^2+aa_1+a_1^2)=\frac{6.67}{3}(8.5^2+8.5\times0.8+0.8^2)=177.2\ (m^3)>61.44\ (m^3)$$

⑥ 沉淀池总高度：设 $h_1=0.3m$，$h_4=0.744m$

$$H=h_1+h_2+h_3+h_4+h_5=0.3+0.7+0.886+0.744+6.67=9.3\ (m)$$

3. 迷宫斜板沉淀池设计与计算

迷宫斜板沉淀池的设计计算与普通斜板（管）沉淀池设计计算的方法基本一致，只是表面水力负荷的取值不同，同时应控制主流区的流速。迷宫斜板沉淀池的表面水力负荷一般为 $10\sim15m^3/(m^2\cdot h)$，主流区的流速一般为 20～30mm/s。

第四节 澄 清

一、原理和功能

澄清池是一种将絮凝反应过程与澄清分离过程综合于一体的构筑物。

在澄清池中，沉泥被提升起来并使之处于均匀分布的悬浮状态，在池中形成高浓度的稳定活性泥渣层，该层悬浮物浓度约在3～10g/L[4]。原水在澄清池中由下向上流动，泥渣层由于重力作用可在上升水流中处于动态平衡状态。当原水通过活性污泥层时，利用接触絮凝原理，原水中的悬浮物便被活性污泥渣层阻留下来，使水获得澄清。清水在澄清池上部被收集。

泥渣悬浮层上升流速与泥渣的体积、浓度有关：

$$u'=u(1-C_V)^m \tag{2-1-89}$$

式中，u'为泥渣悬浮层上升流速；u为分散颗粒沉降速度；C_V为体积浓度；m为系数，无机粒子$m=3$，絮凝颗粒$m=4$。

因此，正确选用上升流速，保持良好的泥渣悬浮层，是澄清池取得较好处理效果的基本条件。

二、设备和装置

澄清池的工作效率取决于泥渣悬浮层的活性与稳定性。泥渣悬浮层是在澄清池中加入较多的混凝剂，并适当降低负荷，经过一定时间运行后，逐级形成的。为使泥渣悬浮层始终保持絮凝活性，必须让泥渣层处于新陈代谢的状态，即一方面形成新的活性泥渣，另一方面排除老化了的泥渣。

澄清池基本上可分为泥渣悬浮型澄清池、泥渣循环型澄清池两类。

(一) 泥渣悬浮澄清池

1. 悬浮澄清池

图2-1-42为悬浮澄清池流程图。原水由池底进入，靠向上的流速使絮凝体悬浮。因絮凝作用悬浮层逐渐膨胀，当超过一定高度时，则通过排泥窗口自动排入泥渣浓缩室，压实后定期排出池外。进水量或水温发生变化时，会使悬浮层工作不稳定，现已很少采用。

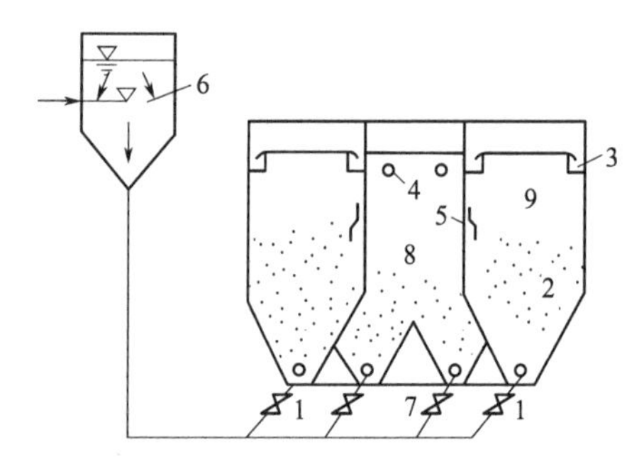

图2-1-42 悬浮澄清池流程

1—穿孔配水管；2—泥渣悬浮层；3—穿孔集水槽；4—强制出水管；5—排泥窗口；6—气水分离器；7—穿孔排泥管；8—浓缩室；9—澄清室

2. 脉冲澄清池

图2-1-43为脉冲澄清池。通过配水竖井向池内脉冲式间歇进水。在脉冲作用下，池内悬浮层一直周期地处于膨胀和压缩状态，进行一上一下的运动。这种脉冲作用使悬浮层的工作稳定，端面上的浓度分布均匀，并加强颗粒的接触碰撞，改善混合絮凝的条件，从而提高了净水效果。

(二) 泥渣循环澄清池

1. 机械搅拌澄清池

机械搅拌澄清池是将混合、絮凝反应及沉淀工艺综合在一个池内，见图2-1-44。池中心有一个转动叶轮，将原水和加入药剂同澄清区沉降下来的回流泥浆混合，促进较大絮体的形成。泥浆回流量为进水量的3～5倍，可通过调节叶轮开启度来控制。为保持池内悬浮物浓度稳定，要排除多余的污泥，所以在池内设有1～3个泥渣浓缩斗。当池径较大或进水含砂量较高时，需装设机械刮泥机。该池的优点是：效率较高且比较稳定；对原水水质（如浊度、温度）和处理水量的变化适应性较强；操作运行比较方便；应用较广泛。

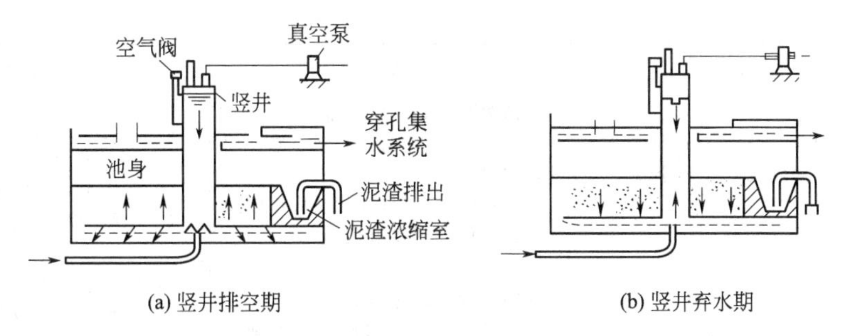

图 2-1-43 脉冲澄清池

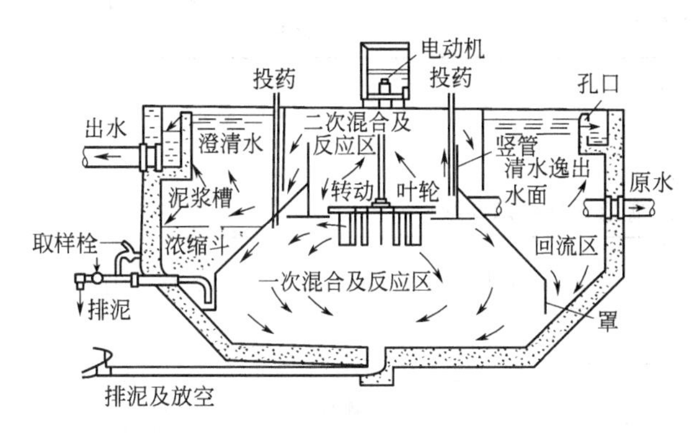

图 2-1-44 机械搅拌澄清池

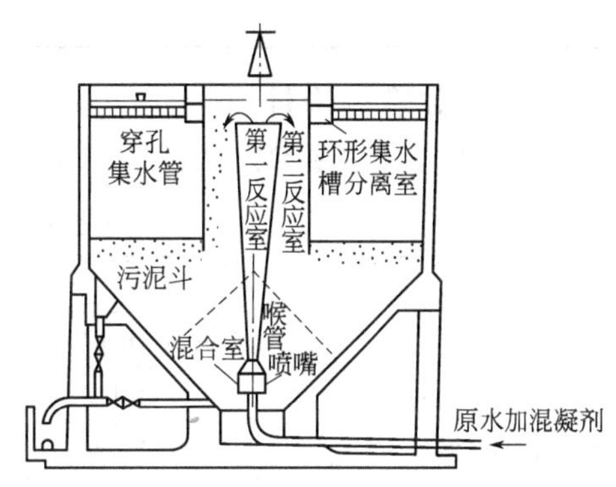

图 2-1-45 水力循环澄清池

2. 水力循环澄清池

图 2-1-45 为水力循环澄清池。原水由底部进入池内，经喷嘴喷出。喷嘴上面为混合室、喉管和第一反应室。喷嘴和混合室组成一个射流器，喷嘴高速水流把池子锥形底部含有大量絮凝体的水吸进混合室内和进水掺合后，经第一反应室喇叭口溢流出来，进入第二反应室中。吸进去的流量称为回流，一般为进口流量的 2～4 倍。第一反应室和第二反应室构成了一个悬浮物区，第二反应室出水进入分离室，相当于进水量的清水向上流向出口，剩余流量则向下流动，经喷嘴吸入与进水混合，再重复上述水流过程。该池优点是：无须机械搅拌设备，运行管理较方便；锥底角度大，排泥效果好。缺点是：反应时间较短，造成运行上不够稳定，不能适用于大水量。

三、设计计算

(一) 澄清池池型选择

见表 2-1-9。

表 2-1-9 各种澄清池的优缺点及适用条件[4]

类型	优点	缺点	适用条件
机械搅拌澄清池	(1)单位面积产水量大,处理效率高 (2)处理效果较稳定,适应性强	(1)需机械搅拌设备 (2)维修较麻烦	(1)进水悬浮物含量一般＜1g/L,短时间内允许 3.0～5.0g/L (2)适用于大、中型水厂
水力循环澄清池	(1)无机械搅拌设备 (2)构筑物较简单	(1)投药量较大 (2)消耗大的水头 (3)对水质、水温变化适应性差	(1)进水悬浮物含量＜1g/L,短时间允许 2g/L (2)适用于中、小型水厂

续表

类型	优点	缺点	适用条件
脉冲澄清池	(1)混合充分,布水较均匀 (2)池深较浅,便于平流式沉淀池改造	(1)需要一套真空设备 (2)虹吸式水头损失较大,脉冲周期较难控制 (3)对水质、水量变化适应性较差 (4)操作管理要求较高	(1)进水悬浮物的含量一般小于1g/L,短时间允许3g/L (2)适用于大、中、小型水厂 (3)一般为圆形池子
悬浮澄清池(无穿孔底板)	(1)构造较简单 (2)能处理高浊度水(双层式加悬浮层底部开孔)	(1)需设气水分离器 (2)对水量、水温较敏感,处理效果不够稳定 (3)双层式池深较大	(1)进水悬浮物含量<3g/L,宜用单池;进水悬浮物含量3~10g/L,宜用双池 (2)流量变化一般每小时≤10%,水温变化≤1℃

(二)澄清池设计

澄清池设计主要参数见表2-1-10。

表2-1-10 澄清池设计技术参数

类型		清水区		悬浮层高度/m	总停留时间/h
		上升流速/(mm/s)	高度/m		
机械搅拌澄清池		0.8~1.1	1.5~2.0	—	1.2~1.5
水力循环澄清池		0.7~1.0	2.0~3.0	3~4(导流桶)	1.0~1.5
脉冲澄清池		0.7~1.0	1.5~2.0	1.5~2.0	1.0~1.3
悬浮澄清池	单层	0.7~1.0	2.0~2.5	2.0~2.5	0.33~0.5(悬浮层) 0.4~0.8(清水区)
	双层	0.6~0.9	2.0~2.5	2.0~2.5	—

(三)机械搅拌澄清池计算应考虑的数据

澄清池中各部分是相互牵制、相互影响的,计算往往不能一次完成,需在设计过程中作相应调整。

1. 原水进水管、配水槽

进水管流速一般在1m/s左右,进水管接入环形配水槽后向两侧环流配水,配水槽断面设计流量按1/2计算。配水槽和缝隙的流速均采用0.4m/s左右。

2. 反应室

水在池中总停留时间一般为1.2~1.5h。第一、第二反应室停留时间一般控制在20~30min。第二反应室计算流量为出水量的3~5倍(考虑回流)。第一反应室、第二反应室(包括导流室)和分离室的容积比一般控制在2∶1∶7。第二反应室和导流室的流速一般为40~60mm/s。

3. 分离室

上升流速一般采用0.8~1.1mm/s。当处理低温、低浊水时可采用0.7~0.9mm/s。

4. 集水槽

集水方式可选用淹没孔集水槽或三角堰集水槽。孔径为20~30mm,过孔流速为0.6m/s,集水槽中流速为0.4~0.6m/s,出水管流速为1.0m/s左右。

穿孔集水槽设计流量应考虑超载系数β=1.2~1.5。

5. 泥渣浓缩室

根据澄清池的大小,可设泥渣浓缩斗1~3个,泥渣斗容积约为澄清池容积的1%~

4%，小型池可只用底部排泥。进水悬浮物含量>1g/L 或池径≥24m 时，应设机械排泥装置。搅拌一般采用叶轮搅拌。叶轮提升流量为进水量的 3～5 倍。叶轮直径一般为第二反应室内径的 0.7～0.8 倍。叶轮外缘线速度为 0.5～1.5m/s。

【例 2-1-11】 某水厂供水量为 800m^3/h，进水悬浮物含量<1000mg/L，出水悬浮物含量<10mg/L，决定采用机械搅拌澄清池，计算尺寸。

解：（1）流量计算　水厂本身用水量占供水量的 5%，采用两座池，每池设计流量 Q=800/2×1.05=420（m^3/h）或 0.1167m^3/s。

各部分设计流量见图 2-1-46。

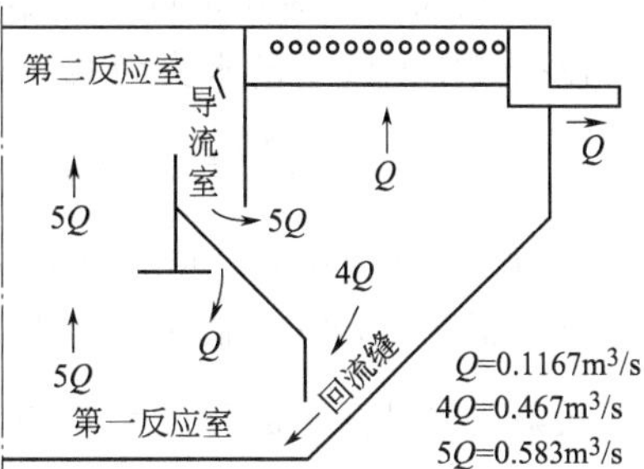

图 2-1-46　机械搅拌澄清池各部设计流量

（2）澄清池面积

① 第二反应室面积。该室为圆筒形，根据 Q'=5Q=0.583m^3/s，流速 v=50mm/s，算得面积为 11.7m^2，直径为 3.86m。考虑导流板所占体积及反应室壁厚，取第二反应室内径为 3.9m，外径为 4.0m。设第二反应室停留时间为 8min，按回流泥渣量 5Q 计，算得容积为 28m^3 和高度为 H_1=2.39m。

② 导流室。流量为 Q'=5Q=0.583m^3/s，流速采用 50mm/s，算得面积为 11.7m^2，内径为 5.56m，外径为 5.66m。水流从第二反应室出口溢入导流室，算得周长为 12.56m，取溢流速度为 0.05m/s，得反应室壁顶以上水深为 0.93m。

③ 分离室。上升流速采用 1.1mm/s，按流量 Q=0.1167m^3/s，得环形面积 106m^2。澄清池总面积为（第二反应室、导流室、分离室之和）129.4m^2，内径为 12.8m。

（3）澄清池高度　见图 2-1-47。

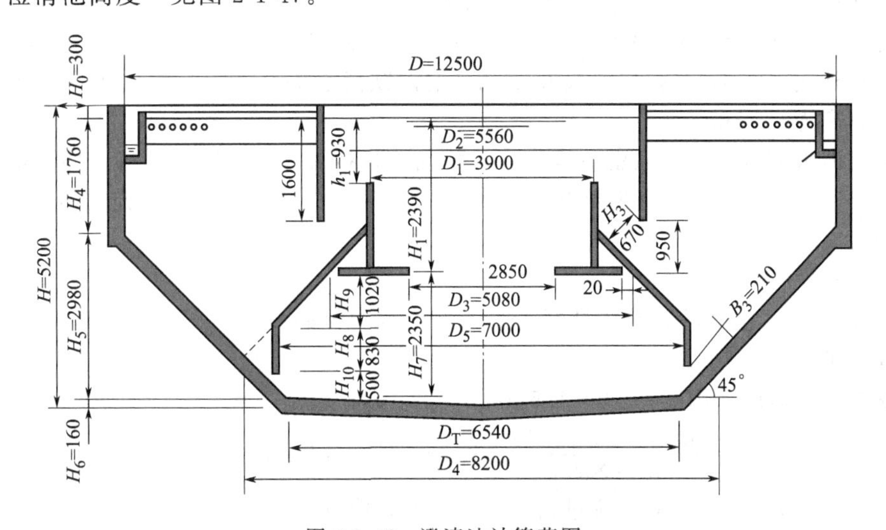

图 2-1-47　澄清池计算草图

澄清池停留时间采取 1h，算得有效容积为 420m^3。考虑池结构所占体积 15m^3，则池总容积为 435m^3。筒体部分体积（筒形高取 H_4=1.76m）为 $V_1=\frac{\pi}{4}D^2H_4=216$（$m^3$），锥体部分体积 V_2=435−216=219（m^3）。斜壁角度为 45°，根据截头圆柱体公式：$V_2=(R^2+Rr+r^2)\frac{\pi H_5}{3}$，将 R=6.25m、V_2=219m^3、$r=R-H_5$ 代入得 H_5=2.98m。池底直径D_1=

$12.5-2H_5\tan45°=6.54$（m），池底坡度为5%，算得增加池深为0.16m。超高取0.3m。澄清池总高为5.2m。

（4）第一反应室根据以上计算结果，按比例绘制澄清池的断面图。取伞形板坡度为45°，使伞形板下侧的圆筒直径较池底直径稍大，以便泥渣回流时能从斜壁滑下到第一反应室。

（5）穿孔集水槽

① 孔口布置。采用池臂环形集水槽和8条辐射式集水槽，后者两侧开孔，前者一侧开孔。设孔口中心线上的水头为0.05m，所需孔口总面积：

$$\sum f=\frac{\beta Q}{\mu\sqrt{2gh}}=\frac{1.2\times0.1167}{0.62\sqrt{2\times9.81\times0.05}}=0.228\ (\text{m}^2)$$

选用直径为25mm，单孔面积为4.91cm²，孔口总数$n=2280/4.91=464$。假设环形集水槽所占宽度0.38m，辐射槽所占宽度0.32m。

$$\text{八条辐射槽开孔部分长度}=2\times8\times\left(\frac{12.5-5.66}{2}-0.38\right)=48.64\ (\text{m})$$

环形槽开孔部分长度$=\pi(12.5-2\times0.38)-8\times0.38=34.31$（m）

穿孔集水槽总长度$=48.64+34.31=82.95$（m）

孔口间距$=82.95/464=0.179$（m）

② 集水槽断面尺寸。集水槽沿程流量逐渐增大，按槽的出口处最大流量计算断面尺寸。

$$\text{每条辐射集水槽的开孔数}=\frac{48.64}{8\times0.179}=34$$

$$\text{孔口流速}\ v=\frac{\beta Q}{\sum f}=\frac{1.2\times0.1167}{0.228}=0.61\ (\text{m})$$

每槽计算流量$q=0.61\times4.91\times10^{-4}\times34=0.0102$（m³/s）

辐射槽的宽度$B=0.9\times0.0102^{0.4}=0.14$（m），为施工方便取槽宽$B=0.2$m。

考虑槽外超高0.1m，孔口水头0.05m，槽内跌落水头0.08m，槽内水深0.15m，则穿孔集水槽总高为0.38m。

环形槽内水流从两个方向汇流至出口，槽内流量按$Q_2=0.07\text{m}^3/\text{s}$计。环形槽宽度$B=0.9\times0.07^{0.4}=0.31$（m）。环形槽起端水深$H_0=B=0.31$m，辐射槽水流入环形槽应为自由跌水，跌落高度0.08m，则环形槽高度$H=0.31+0.08+0.38=0.77$（m）。

（6）搅拌设备

① 提升叶轮。据经验，叶轮外径为第二反应池内径的0.7倍。$d=0.7D_1=0.7\times3.9=2.73$（m），取$d=2.8$m。

叶轮外缘线速度采用$v=0.5\sim1.5$m/s，

$$\text{叶轮转速}\ n=\frac{60v}{\pi d}=\frac{60\times(0.5\sim1.5)}{3.14\times2.8}=3.4\sim10.3\ (\text{r/min})$$

设提升水头为0.1m，提升流量为0.584m³/s，取$n=10$r/min，

比转速$n_3=\frac{3.65n\sqrt{Q'}}{H^{0.75}}=\frac{3.65\times10\times\sqrt{0.584}}{0.1^{0.75}}=157$，当$n_5=157$时，$d/d_0=2$，因此叶轮内径$d_0=1.4$m。

叶轮有八片桨板，径向辐射式布置见图2-1-48，桨板应对称布置并便于拆装。

② 搅拌桨。搅拌桨长度取第一反应室高度的1/3，即$1/3\times2.22\text{m}=0.74$m，桨板宽度取0.2m。

桨板总面积$=8\times0.2\times0.74=1.18$（m²），

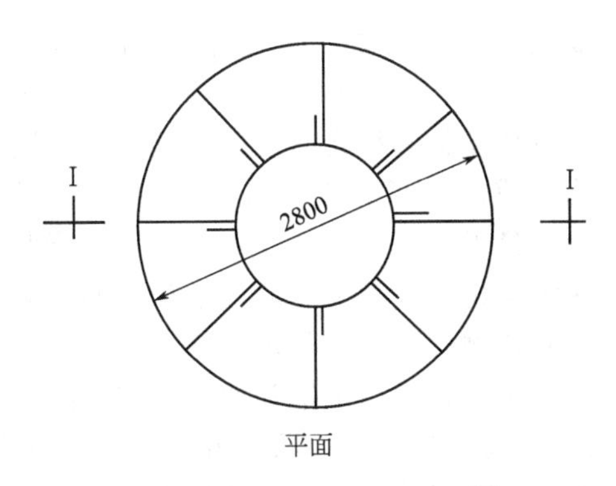

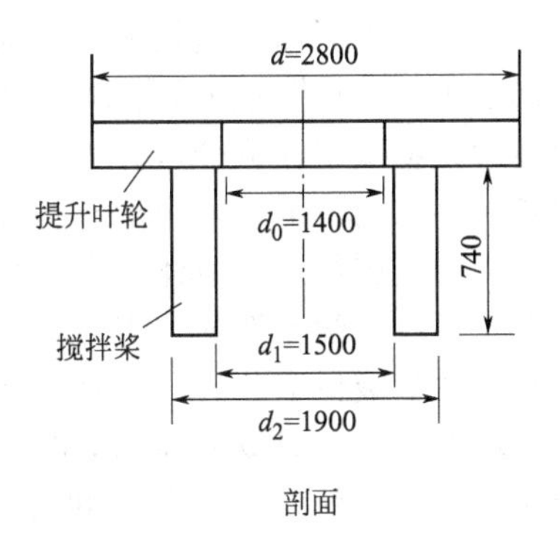

图 2-1-48 搅拌设备

第一反应室平均纵剖面面积$=1/2(D_3+D_5)H_9+D_5H_8+12(D_6+D_T)H_{10}+12D_TH_6=15.8$ (m^2),

桨板总面积占第一反应室截面积的$\frac{1.18}{15.8}\times100\%=7.41\%$(要求 5%～10%)。桨板外缘线速度采用 1.0m/s，则桨板外缘直径 $d_2=60\times13.14\times10=1.9$ (m)。

桨板内缘直径 $d_1=1.9-0.2\times2=1.5$ (m)。

③ 电动机功率。电动机功率按叶轮提升功率（N_1）和桨板搅动功率（N_2）确定。

$$N_1=\frac{\gamma Q'H}{102\ \eta_1}$$

式中，γ 为水的容重，1000kg/m³；Q' 为提升流量，按 5Q 计；η_1 为叶轮效率（取 0.5）；H 为提升水头，按经验公式计算，$H=\left(\frac{nd}{87}\right)^2$。

经计算得：$H=0.104$m，$N_1=1.30$kW。

$$N_2=\frac{mkl\omega^3}{4}(r_2^4-r_1^4)/(102\ \eta_2)=\frac{c_D7}{2g}\times\frac{ml\omega^3}{4}(r_2^4-r_1^4)/(102\ \eta_2)$$

式中，c_D 为阻力系数（1.10）；l 为桨板长；ω 为旋转角速度，$\omega=2\pi n/60=1.05$rad/s；m 为桨板数，8；g 为重力加速度；r_2 为桨板外缘旋转半径，$r_2=d_2/2=0.95$m；r_1 为桨板内缘旋转半径，$r_1=d_1/2=0.75$m。

经计算得：$N_2=54.5/102\ \eta_2$。

设桨板机械功率η_2 为 0.75，则桨板搅拌功率 $N_2=\frac{54.5}{102\times0.75}=0.71$ (kW)。传动功率 η'按 60%计，则电动机功率 $N=\frac{N_1+N_2}{\eta'}=\frac{1.3+0.71}{0.6}=3.36$ (kW)。

第五节 隔　　油

一、原理和功能

含油废水主要来源于石油、石油化工、钢铁、焦化、煤气发生站、机械加工等工业企业。肉类加工、牛奶加工、洗衣房、汽车修理车间等废水中都有很高的油、油脂含量。在一般的生活污水中，油脂占总有机质的 10%，每人每天产生的油脂可按 0.015kg 估算。

含油废水的含油量及其特征，随工业种类不同而异，同一种工业也因生产工艺流程、设备和操作条件等不同而相差较大。废水中所含油类，除重焦油的相对密度可达 1.1 以上外，其余的都小于 1。本节重点介绍含油相对密度小于 1 的废水的处理。

油类污染物按组成成分可分为两种：第一种包括动物和植物的脂肪，它是由不同链长的脂肪酸和甘油（丙三醇）之间形成的甘油三酸酯组成的。脂肪酸可以是饱和的或不饱和的。物理性质，即是固体还是液体，主要是由脂肪酸的分子量决定。在这种情况下，脂肪与油之间的区别主要是纯学术性的，因为两者作为水的污染物，其意义本质上是相同的。第二种是原油或矿物油的液体部分。原油是烃类化合物的混合物，即全部是由直链或支链以及不同复杂程度的环形结构所组成的碳和氢的化合物。烃类化合物可以是饱和的或不饱和的。当石油用蒸馏法分馏时，就产生众所周知的汽油、煤油、电机油、苯、石蜡和纯净的矿物油等产品。这些分馏成分中没有一种可作食用或可利用作为高级植物和动物的养料。事实上，它们在许多情况下是有毒的。它们有遮盖细胞和组织的倾向，于是就妨碍了细胞吸收养料和排泄副产品的正常渗透性，但它们可被很多微生物所氧化[5]。

废水中的油类按其存在形式可分为浮油、分散油、乳化油和溶解油四类。

(1) 浮油这种油珠粒径较大，一般大于 100μm，易浮于水面，形成油膜或油层；

(2) 分散油油珠粒径一般为 10～100μm，以微小油珠悬浮于水中，不稳定，静置一定时间后往往形成浮油；

(3) 乳化油油珠粒径小于 10μm，一般为 0.1～2μm，往往因水中含有表面活性剂使油珠成为稳定的乳化液；

(4) 溶解油油珠粒径比乳化油还小，有的可小到几纳米，是溶于水的油微粒。

油类对环境的污染主要表现在对生态系统及自然环境（土壤、水体）的严重影响。流到水体中的浮油，形成油膜后会阻碍大气复氧，断绝水体氧的来源；而乳化油和溶解油，由于需氧微生物的作用，在分解过程中消耗水中溶解氧（生成 CO_2 和 H_2O），使水体形成缺氧状态，水体中二氧化碳浓度增高，使水体 pH 值降低到正常范围以下，以致鱼类和水生生物不能生存；含油废水流到土壤，由于土层对油污的吸附和过滤作用，也会在土壤中形成油膜，使空气难以透入，阻碍土壤微生物的增殖，破坏土层团粒结构；含油废水排入城市排水管道，对排水设备和城市污水处理厂都会造成影响，流入到生物处理构筑物混合污水的含油浓度，通常不能大于 30～50mg/L，否则将影响活性污泥和生物膜的正常代谢过程。

二、设备和装置

废水中的油类存在形式不同，处理程度不同，采用的处理方法和装置也不同。除油设备可分为油水分离设备、撇油器、污油脱水设备。常用的油水分离设备包括隔油池、除油罐、混凝除油罐、粗粒化除油罐、聚结斜板除油罐、格雷维尔除油器、气浮除油装置等。

(一) 油水分离设备

1. 隔油池

隔油池为自然上浮的油水分离装置，其类型较多，常用的有平流式隔油池、平行板式隔油池、倾斜板式隔油池、小型隔油池等。

(1) 平流板式隔油池　图 2-1-49 所示为传统的平流式隔油池，在我国使用较为广泛。废水从池的一端流入池内，从另一端流出。在隔油池中，由于流速降低，相对密度小于 1.0 而粒径较大的油珠上浮到水面上，相对密度大于 1.0 的杂质沉于池底。在出水一侧的水面上设集油管。集油管一般用直径为 200～300mm 的钢管制成，沿其长度在管壁的一侧开有切口，集油管可以绕轴线转动，平时切口在水面上，当水面浮油达到一定厚度时，转动集油管，使切口浸入水面油层之下，油进入管内，再流到池外。

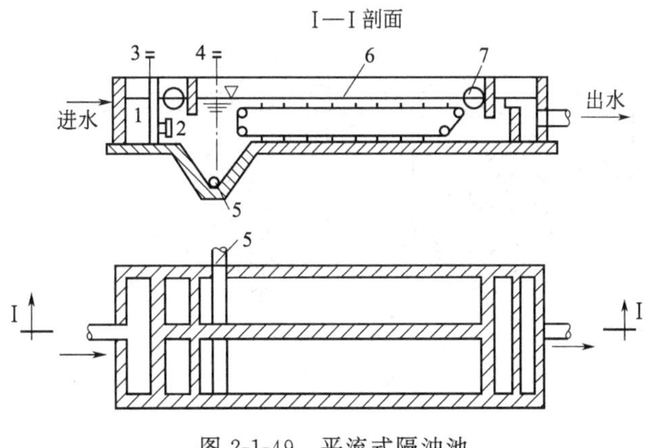

图 2-1-49 平流式隔油池

1—配水槽；2—进水孔；3—进水间；4—排渣阀；
5—排渣管；6—刮油刮泥机；7—集油管

大型隔油池还设置由钢丝绳或链条牵引的刮油刮泥设备。刮油刮泥机在池面上的刮板移动速度，取与池中水流速度相等，以减少对水流的影响。刮集到池前部污泥斗中的沉渣，通过排泥管适时排出。排泥管直径一般为 200mm。池底应有坡向污泥斗的 0.01～0.02 的坡度，污泥斗倾角为 45°。隔油池表面用盖板覆盖，以防火、防雨和保温。寒冷地区还应在池内设置加温管。由于刮泥机跨度规格的限制，隔油池每个格间的宽度一般为 6.0m、4.5m、3.0m、2.5m 和 2.0m。采用人工清除浮油时，每个格间的宽度不宜超过 3.0m。

这种隔油池的优点是：构造简单，便于运行管理，除油效果稳定。缺点是：池体大，占地面积多。

根据国内外的运行资料，这种隔油池可能去除的最小油珠粒径一般为 100～150μm。此时油珠的最大上浮速度不高于 0.9mm/s。

某炼油厂废水处理站使用这种类型的隔油池，停留时间为 90～120min，原废水中的含油量为 400～1000mg/L，出水在 150mg/L 以下，除油效果达 70%以上。

（2）平行板式隔油池　其构造如图 2-1-50 所示，它是平流式隔油池的改良型。在平流式隔油池内沿水流方向安装数量较多的倾斜平板，这不仅增加了有效分离面积，也提高了整流效果。

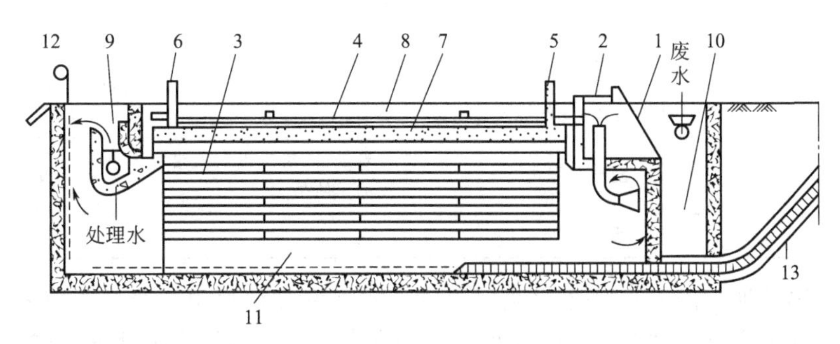

图 2-1-50 平行板式隔油池

1—格栅；2—浮渣箱；3—平行板；4—盖子；5—通气孔；6—通气孔及溢油管；7—油层；
8—净水；9—净水溢流管；10—沉砂室；11—泥渣室；12—卷扬机；13—吸泥软管

（3）倾斜板式隔油池　其构造如图 2-1-51 所示，它是平行板式隔油池的改良型。这种装置采用波纹形斜板，板间距 20～50mm，倾斜角为 45°。废水沿板面向下流动，从出水堰

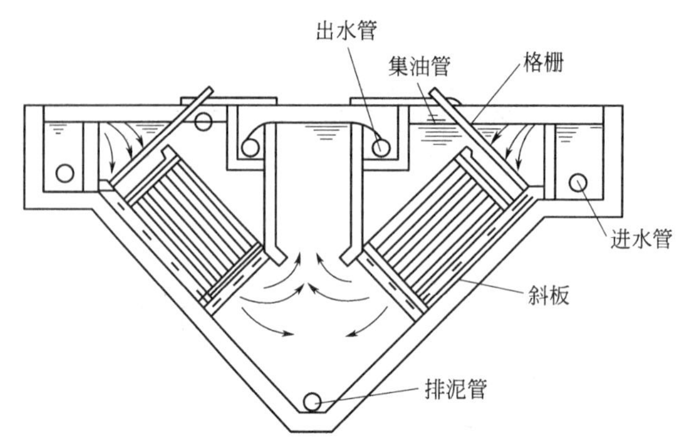

图 2-1-51 倾斜板式隔油池

排出。水中油珠沿板的下表面向上流动，然后用集油管汇集排出。水中悬浮物沉到斜板上表面，滑下落入池底部经排泥管排出。实践表明，这种隔油池的油水分离效率较高，停留时间短，一般不大于 30min，占地面积小。目前我国一些新建含油废水处理站多采用这种形式的隔油池。波纹斜板由聚酯玻璃钢制成。

上述 3 种隔油池的性能比较，见表 2-1-11。

表 2-1-11 平流板式、平行板式、倾斜板式隔油池特性比较

项　目	平流板式	平行板式	倾斜板式
除油效率/%	60～70	70～80	70～80
占地面积(处理量相同时,相对大小)	1	1/2	1/3～1/4
可能除去的最小油滴粒径/μm	100～150	60	60
最小油滴的浮上速度/(mm/s)	0.9	0.2	0.2
分离油的去除方式	刮板及集油管集油	利用压差自动流入管内	集油管集油
泥渣除去方式	刮泥机将泥渣集中到泥渣斗	用移动式的吸泥软管或刮泥设备排除	重力排泥
平行板的清洗	没有	定期清洗	定期清洗
防火防臭措施	浮油与大气相通,有着火危险,臭气散发	表面为清水,不易着火,臭气也不多	有着火危险,臭气比较少
附属设备	刮油刮泥机	卷扬机、清洗设备及装平行板用的单轨吊车	没有
基建费	低	高	较低

(4) 小型隔油池　用于处理小水量的含油废水，有多种池型，图 2-1-52 和图 2-1-53 为常见的两种。前者用于公共食堂、汽车库及其他含有少量油脂的废水处理。这种形式已有标准图 (S217-8-6)。池内水流流速一般为 0.002～0.01m/s，食用油废水一般不大于 0.005m/s，停留时间为 0.5～1.0min。废油和沉淀物定期以人工清除。后者用于处理含汽油、柴油、煤油等废水。废水经隔油后，再经焦炭过滤器进一步除油。池内设有浮子撇油器排除废油，浮子撇油器如图 2-1-54 所示。池内水平流速为 0.002～0.01m/s，停留时间为 2～10min，排油周期一般为 5～7d。

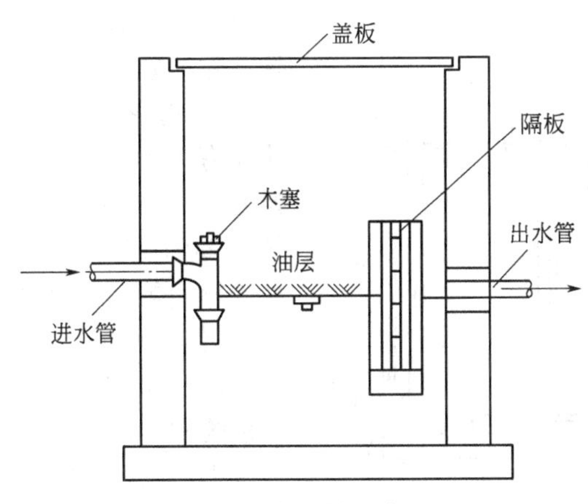

图 2-1-52 小型隔油池（一）

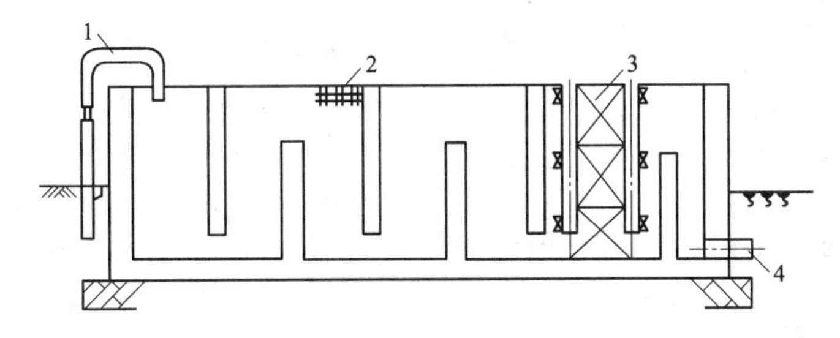

图 2-1-53 小型隔油池（二）

1—进水管；2—浮子撇油器；3—焦炭过滤器；4—排水管

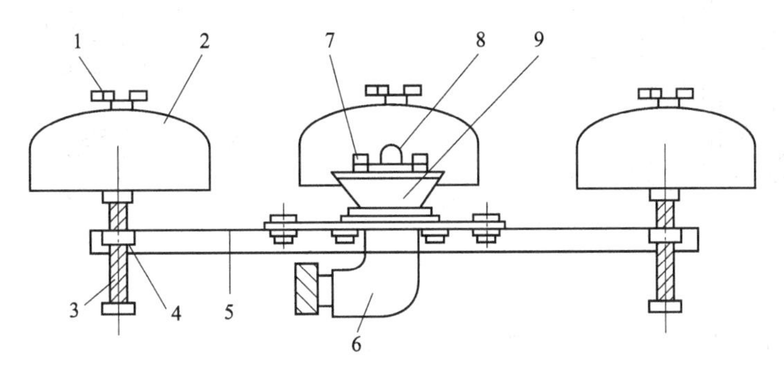

图 2-1-54 浮子撇油器

1—调整装置；2—浮子；3—调节螺栓；4—管座；5—浮子臂；6—排油管；7—盖；8—柄；9—吸油口

2. 除油罐

除油罐为油田废水处理的主要除油装置。它可除去浮油和分散油，其构造如图 2-1-55 所示。含油废水通过进水管配水室的配水支管和配水头流入除油罐内，在罐内废水自上而下缓慢流动，靠油水的密度差进行油水分离，分离出的废油浮至水面，然后流入集油槽，经过出油管流出。废水则经集水头、集水干管、中心柱管和出水总管流出罐外。

为防止油层温度过低发生凝固现象，在油层部位及集油槽内均设有加热盘管，热源可用蒸汽或热水，见图 2-1-56。在罐内还设有 U 形溢流管，防止废水溢罐。为防止发生虹吸作用，在 U 形管顶和中心柱上部开个小孔。

(1) 配水和集水系统　为配水和集水均匀，常用以下两种方式。

① 穿孔管式　它是根据罐体的大小设若干条配水管和集水管。这种方式，孔眼易堵塞，

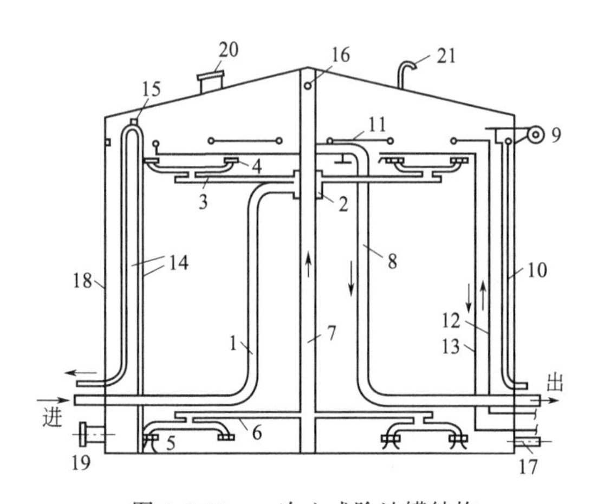

图 2-1-55 一次立式除油罐结构

1—进水管；2—配水室；3—配水管；4—配水头；5—集水头；6—集水管；7—中心柱管；8—出水管；9—集油槽；10—出油管；11—盘管；12—蒸汽管；13—回水管；14—溢流管；15—通气管；16—通气孔；17—排污；18—罐体；19—人孔；20—透光孔；21—通气孔

造成短流，使废水在罐中的停留时间缩短，降低除油效果。

② 梅花点式 将配水或集水的喇叭口设计成梅花形。配水喇叭口朝上，集水喇叭口朝下，集水管与配水管错开布置，夹角呈45°。这种方式（见图 2-1-57）不仅配水或集水比较均匀，而且不易堵塞，目前在油田广泛采用。

（2）出水方式 为控制出水的水质，出水系统常采用以下两种出水方式。

① 管式。如图 2-1-55 所示。为控制液面，出水经中心柱向上，至一定高度后，由出水管引至下部排出。按这种方式出水，出水管内水面至集油槽上沿的距离按下式计算：

$$h=(1-\gamma_0/\gamma_w)h_1+\Delta h \quad (2\text{-}1\text{-}90)$$

式中，h 为出水管内水面至集油槽上沿的距离，m；γ_0 为污油的相对密度；γ_w 为水的相对密度；h_1 为油层厚度，m，一般取 1～1.5m；Δh 为出水管系统水头损失，m。

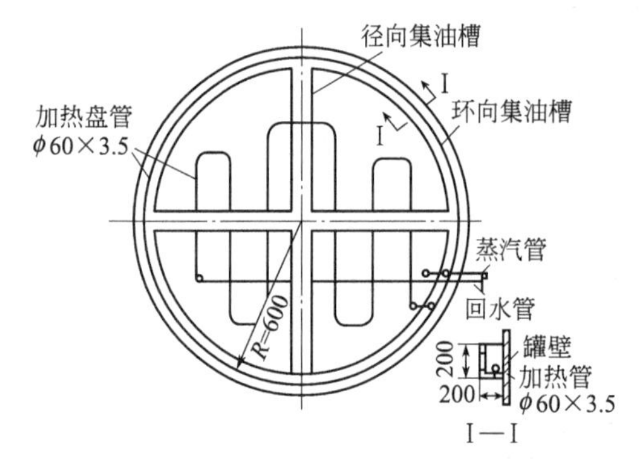

图 2-1-56 集油槽和加热盘管

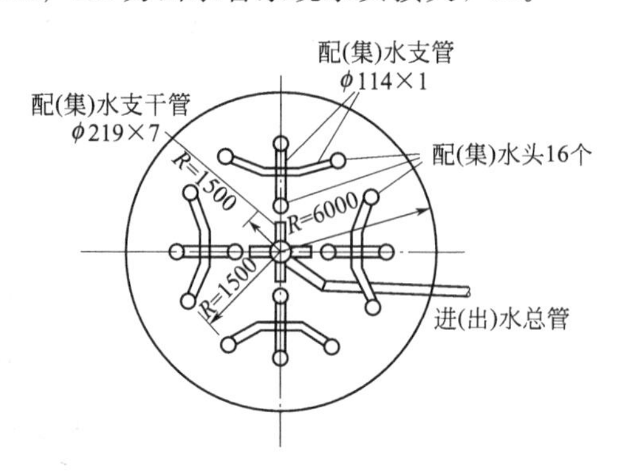

图 2-1-57 梅花点式（集）水系统

② 槽式。如图 2-1-58 所示。出水水位可根据现场情况用可调堰进行调节，从而保证了油层的高度，目前各油田广泛采用。

除油罐内可加斜板或斜管，来提高分离效率，图 2-1-59 为斜板除油罐的示意图。罐容积 5000m^3 的除油罐，加斜板后，日处理废水量由原来的 20000m^3 提高到 40000m^3。

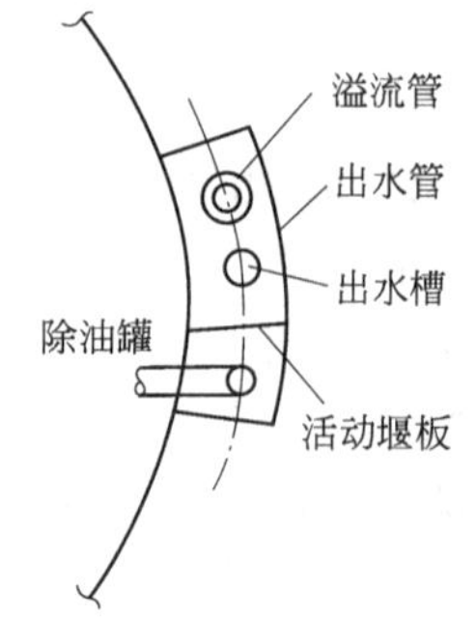

图 2-1-58 槽式出水方式示意

3. 混凝除油罐

混凝除油罐亦称二次除油罐（见图 2-1-60）。它的结构和立式除油罐基本相同，不同的是罐中增加了一个反应筒，其主要作用是使废水与混凝剂在反应筒内进行充分反应，发挥混凝剂的混凝作用。

从图 2-1-59 可以看出，废水加入混凝剂（硫酸亚铁或氯化亚铁等）后，在管道内进行混合，然后经进水管以切线方向进入反应筒。在反应筒内废水旋流上升并发生反应之后，废水经上部配水管和喇叭口进入油水分离区。废水在分离区自上而下缓慢流动，在该流动过程中，反应生成的氢氧

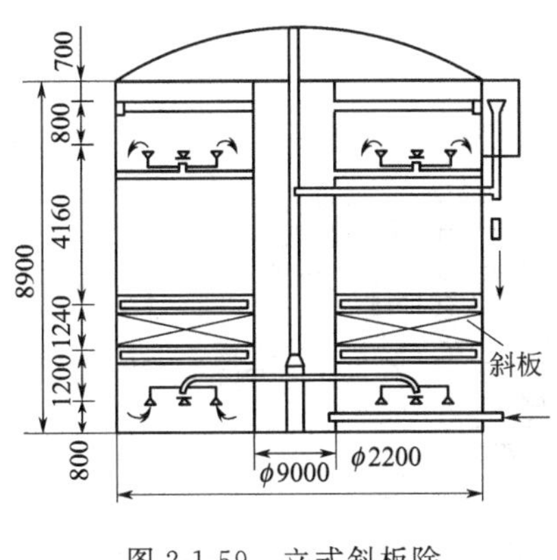

图 2-1-59 立式斜板除油罐示意

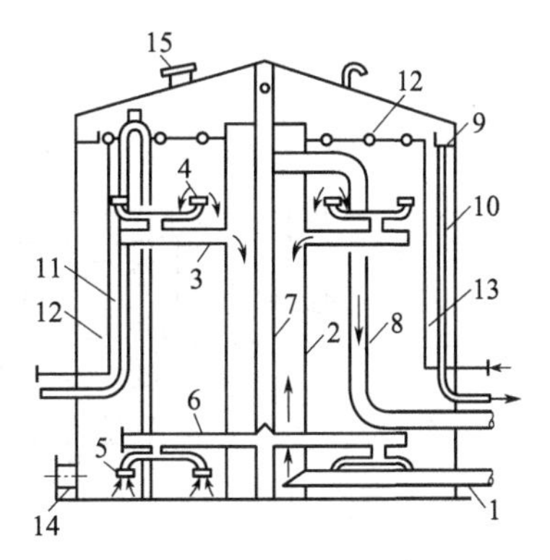

图 2-1-60 二次除油罐结构

1—进水管；2—反应筒；3—配水管；4—配水头；5—集水头；6—集水管；7—中心管；8—出水管；9—集油槽；10—出油管；11—溢流管；12—回水管；13—蒸汽管；14—人孔；15—透光孔

化亚铁和矾花，吸附废水中的乳化油和杂质，利用重力分离的原理使油珠片状物浮至水面，达到除油的目的。

该除油罐的主要设计参数是：反应时间一般 8～10min；停留时间一般 3～4h。

通常，一座 2000m³ 的混凝除油罐可处理 10000t/d 的废水。

4. 粗粒化除油罐

粗粒化除油罐用以去除废水中的细小油珠和乳化油（见图 2-1-61）。经前期治理后的废水进入粗粒化除油罐，由于粗粒化材料具有亲油疏水的特性，废水通过粗粒化材料时，细小油粒即附着在粗粒化材料的表面。随着废水不断地通过粗粒化材料，细小油粒便会聚附成较大的油珠，在浮力和水流的冲击下，增大的油珠脱离粗粒化材料而上浮，最后经出油管排水。

对于一个 300mm 厚的粗粒化材料层，其材料粒径的分布如表 2-1-12 所示。

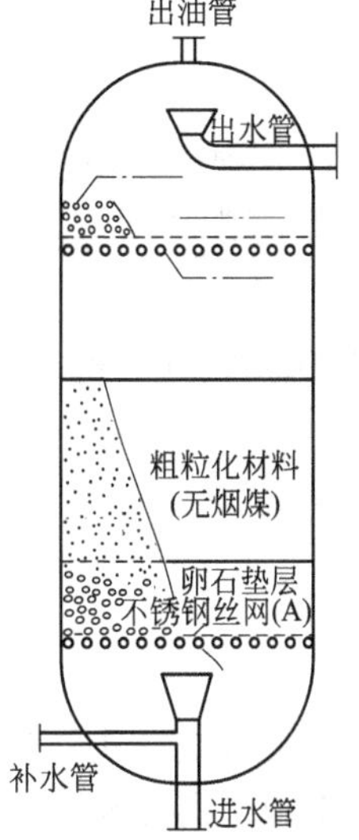

图 2-1-61 粗粒化罐结构

5. 聚结斜板除油罐

图 2-1-62 是前苏联东方石油设计院设计的聚结斜板除油罐。它利用粗粒化材料和斜板的双重除油作用进行废水治理。聚结区由 $d=7\sim12$mm、$\delta=0.6$m 的粗粒化材料（蛇纹石或聚乙烯塑料）填充，负荷为 25～80m/h。斜板区间距为 25～30mm。废水在罐中总停留时间 1h，当进水含油为 120～1400mg/L 时，出水含油量可降至 5～10mg/L。

表 2-1-12 粗粒化材料粒径分布

层 次	粗粒化材料粒径/mm	垫层厚度/mm
1	4～8	100
2	9～16	100
3	17～32	100

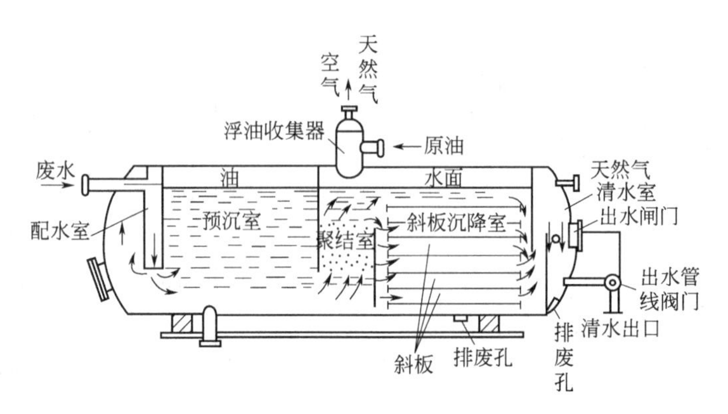

图 2-1-62 聚结斜板除油罐示意

6. 格雷维尔除油器

图 2-1-63 是美国格雷维尔除油器，它在美国加利福尼亚油田中使用。在进水 pH 值为 8.3、含油量为 46～4600mg/L 时，可通过除油器中的亲油性粗粒化材料同时除去废水中的油和悬浮物，当粗粒化材料层堵塞时可用水反冲洗。废水经治理后，出水的含油量降到 5mg/L 以下，而废水在除油器中的停留时间仅为 30～40min。表 2-1-13 示出了格雷维尔除油器的治理效果。

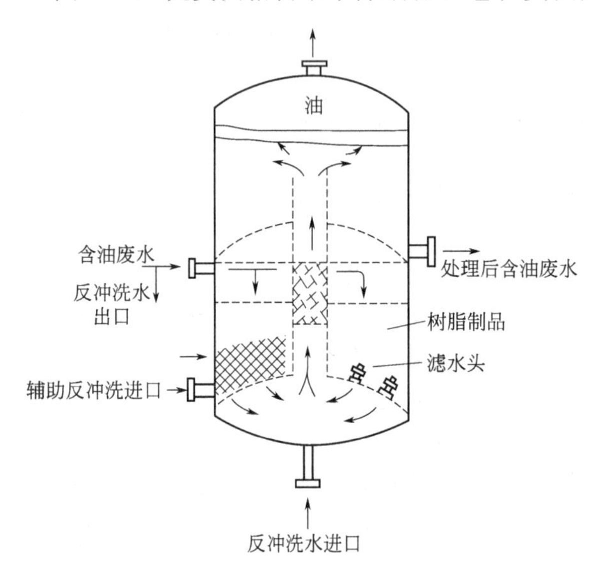

图 2-1-63 格雷维尔除油器示意

以上两种油田废水治理设备都是压力式的，废水可以靠剩余压力直接进入注水罐或经压力式过滤罐进入注水罐。污油不用依靠提升泵而直接进入原油集输系统，省去了污油罐和污油泵，从而使废水治理流程大为简化。

7. 气浮除油

气浮是一种去除油（脂）的常用方法。废水或一部分沉淀池出水用压缩空气加压到 0.34～4.8MPa（3.4～4.8atm），使溶气达到饱和。当此被压缩过的气液混合物被置于正常大气压下的气浮设备中时，微小的气泡即从溶液中释放出来。油珠即可在这些小气泡作用下上浮，结果使这些物质附着在或包裹在絮状物中。气-固混合物上升到池表面，即被撇出。澄清的液体从气浮池的底部流出，其中一部分要循环流回至加压室。

表 2-1-13 格雷维尔除油器除油效果

进水平均含油量/(mg/L)		46.3	69	116	360	620	800	1100	2800
出水	平均含油量/(mg/L)	1.3	2.7	3.4	2.5	1.5	4.8	3.5	4.4
	平均去除率/%	97.2	96.1	97.1	99.3	99.8	99.4	99.7	99.8

气浮处理前可先投加混凝剂，然后再与压缩气体混合。混凝剂一般为硫酸铝或聚电解质。投加絮凝剂后形成的絮体的上升速度为 3.3～10.2mm/min，数值取决于絮体大小及组成。表 2-1-14 是一些文献中的数据。

表 2-1-14　含油废水的气浮处理效果

废　水	混凝剂/(mg/L)	油浓度/(mg/L)		
		进水	出水	去除率/%
炼油	0 100 硫酸铝 130 硫酸铝 0	125 100 580 170	35 10 68 52	72 90 88 70
油仓镇重水	100 硫酸铝+1 聚合物	133	15	89
油漆制造	150 硫酸铝+1 聚合物	1900	0	100
飞机制造	30 硫酸铝+10 活性炭	250～700	20～50	>90
肉类包装		3830 4360	270 170	93 96

(二) 撇油器

撇油器有以下几种：①可转动的开槽管式撇油器，用于除油量较大、水位变化不大的场合，这种撇油器的主要优点是设备简单、造价低、基本无需养护，缺点是撇除的油含水率较高；②旋转滚筒式撇油器；③刮板式刮除器；④浮动泵式撇油器等。

(三) 污油脱水设备

除油池内的撇油装置，将浮油收集到集油坑内，一般含油率为40%～50%。为提高污油的浓度，便于回收利用，可用带式除油机或脱水罐进一步进行油水分离。

1. 带式除油机

按安装方式有立式、卧式和倾斜式三种。

(1) 立式胶带除油机的构造，如图 2-1-64(a) 所示。

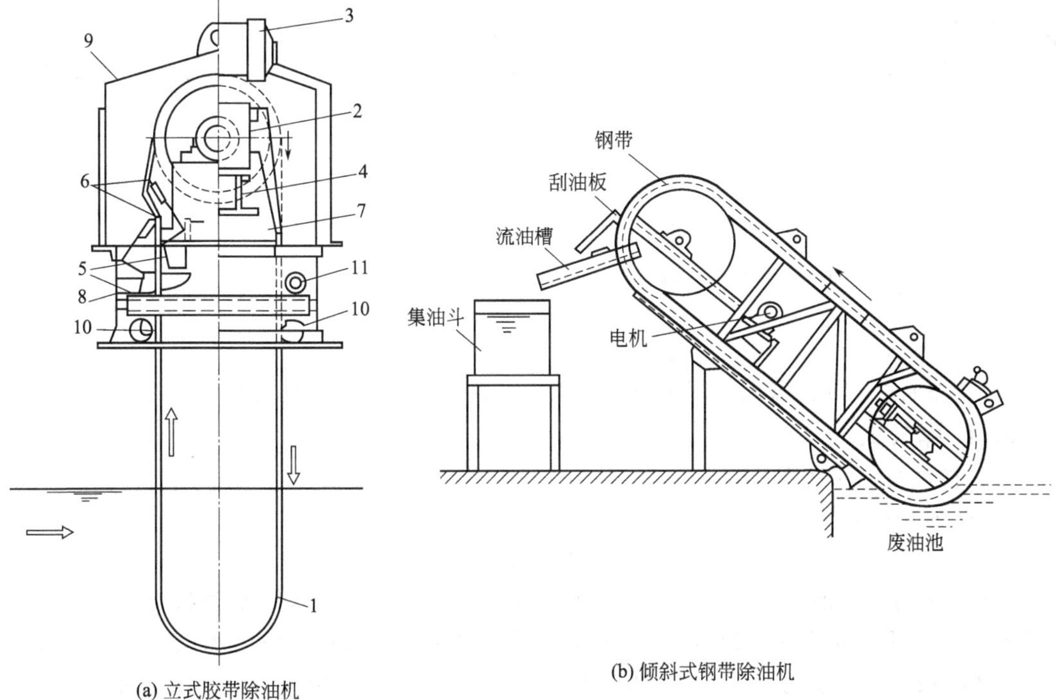

(a) 立式胶带除油机

(b) 倾斜式钢带除油机

图 2-1-64　带式除油机

1—吸油带；2—减速机；3—电机；4—滑轮；5—槽；6—刮板；7—支架；8—下部壳；9—罩；10—导向轮；11—油出口

这类除油机用类似氯丁橡胶制造胶带，其除油原理是：因胶带材料具有疏水亲油性质，胶带运转时，将浮油带出水面后，经内、外刮板将油刮入集油槽内。污油浓度高，则除油率高，出口污油含油率为60%～80%。

(2) 倾斜式钢带除油机的构造，如图2-1-64(b)所示。该机浸入污油深度为100mm，最大倾角为40°。

2. 脱水罐

有卧式和立式两种，常用立式罐。罐底设蒸汽盘管加热废水进行脱水，加热温度以70～80℃为宜。温度加热到80～90℃以上时，油的氧化速度加快，易使油变质。含油率为40%～50%的污油，经数日脱水后，污油含油率可达90%以上。

三、设计计算

(一) 平流式隔油池设计

图2-1-49所示为传统的平流式隔油池，在我国使用较为广泛。废水从池的一端流入池内，从另一端流出。在隔油池中，由于流速较低，相对密度小于水且粒径较大的油珠上浮到水面上，相对密度大于水的杂质则沉于池底。隔油池在出水侧水面上设有集油管，大型隔油池内一般还需设置由钢丝绳或链条牵引的刮油刮渣（泥）设备。

平流式隔油池的优点是：构造简单、便于运行管理、除油效果稳定；缺点是：池体大、占地面积大。

平流式隔油池的构造如图2-1-49所示。

1. 设计参数

(1) 速度 刮油刮泥机的刮板移动速度一般取池中水流速度。

(2) 尺寸

① 池深1.5～2.0m，超高0.4m，单格的长宽比不小于4，工作水深与每格宽度之比不小于0.4。

② 排泥管直径一般为200mm。

③ 池底采用0.01～0.02的坡度污泥斗，污泥斗倾角45°。

④ 隔油池每个格间的宽度一般选用6.0m、4.5m、3.0m、2.5m和2.0m。

⑤ 采用人工清油时，格间宽度不宜超过3.0m。

(3) 设置

① 平流隔油池一般不少于2个；

② 隔油池表面覆盖盖板，用于防火、防雨、保温，寒冷地区还应增设加温管。

2. 计算公式

(1) 按油粒上浮速度计算

① 隔油池表面面积A，m^2

$$A=\alpha Q/u \tag{2-1-91}$$

式中，α为对隔油池表面积的修正系数，与池容积利用率和水流紊动状况有关，α和水平流速v与上浮速度u的比值(v/u)有关，具体见表2-1-15；Q为废水设计流量，m^3/h；u为油珠的设计上浮速度，m/h，最大不超过3.0m/h，也可按照修正的斯托克斯公式计算。

② 上浮速度u，m/h

$$u=\frac{\beta g}{18\mu\varphi}(\rho_w-\rho_0)d^2$$

$$\beta=\frac{4\times10^4+0.8S^2}{4\times10^4+S^2} \qquad (2\text{-}1\text{-}92)$$

式中，u 为静止水中，直径为 d（cm）的油珠的上浮速度，m/h；ρ_w、ρ_0 为水、油珠的密度，g/cm³；μ 为水的绝对黏滞系数，Pa·s；β 为考虑颗粒碰撞的阻力系数；φ 为油珠非圆形时的修正系数，一般取 1.0；S 为悬浮物浓度系数；g 为重力加速度，cm/s²。

③ 隔油池过水断面积 A_c，m²

$$A_c=\frac{Q}{v} \qquad (2\text{-}1\text{-}93)$$

式中，v 为废水在隔油池中的水平流速，m/h，一般取 $v\leqslant15u$，但不宜大于54m/h（一般取 7.2～18m/h）。

隔油池每个格间的有效水深 h 和池宽 b 比值宜取为 0.3～0.4。有效水深一般为 1.5～2.0m。

④ 隔油池长度 L，m

$$L=\alpha(v/u)h \qquad (2\text{-}1\text{-}94)$$

隔油池每个格间的长宽比（L/b），不宜小于 4.0。

表 2-1-15 α 值与速度比（v/u）的关系

v/u	20	15	10	6	3
α	1.74	1.64	1.44	1.37	1.28

（2）按废水的停留时间计算

① 除油池的总容积 V，m³

$$V=Qt \qquad (2\text{-}1\text{-}95)$$

式中，Q 为隔油池设计流量，m³/h；t 为废水在隔油池内的设计停留时间，h，一般采用 1.5～2.0。

② 过水断面面积 A_c，m²

$$n=A_c/bh \qquad (2\text{-}1\text{-}96)$$

式中，b 为隔油池每个格间的宽度，m；h 为隔油池工作水深，m，按规定 n 不得少于 2。

③ 隔油池格间数 n

$$A_c=Q/bh \qquad (2\text{-}1\text{-}97)$$

④ 隔油池有效长度 L，m

$$L=3.6vt \qquad (2\text{-}1\text{-}98)$$

式中，v 为废水在隔油池中的水平流速，m/h。

⑤ 隔油池建筑高度 H，m

$$H=h+h' \qquad (2\text{-}1\text{-}99)$$

式中，h'为池水面以上的池壁超高，m，一般不小于 0.4m。

(二) 斜板式隔油池设计

1. 构造

斜板式隔油池的构造如图 2-1-51 所示。

池内设有波纹斜管，处理水沿斜板向下，油珠沿斜板上浮，经集油管排出。水中的悬浮物沉降于斜板，并沿斜板下滑，落入池底，经排泥管排出。斜板式隔油池油水分离效率高，可去除 80%以上的油珠。

2. 设计

斜板式隔油池计算公式如下，表面水力负荷一般为 0.6～0.8m³/(m²·h)，水力停留时间不大于 30min，斜板式隔油池的斜板垂直净距一般采用 40mm，斜板（管）倾角一般采用 45°。

① 池子水面面积 A，m^2

$$A=\frac{Q}{nq'\times 0.91} \tag{2-1-100}$$

式中，Q 为平均流量，m^3/h；n 为池数，个；q'为表面水力负荷，$m^3/(m^2 \cdot h)$；0.91 为斜板区面积系数。

② 池内停留时间 t，min

$$t=\frac{60(h_2+h_3)}{q'} \tag{2-1-101}$$

式中，h_2 为斜板（管）区上部水深，m，一般采用 0.5～1；h_3 为斜板（管）高度，m，一般为 0.866～1。

③ 污泥部分所需容积 V，m^3

$$V=\frac{Q(C_0-C_1)\times 24\times 100t'}{\gamma(100-\rho_0)n} \tag{2-1-102}$$

式中，C_0 为进水悬浮物浓度，t/m^3；C_1 为出水悬浮物浓度，t/m^3；t'为污泥斗贮泥周期，d；γ 为污泥密度，t/m^3，其值约为 1；ρ_0 为污泥含水率，%。

④ 污泥斗容积 V_1，m^3

圆锥体
$$V_1=\frac{\pi h_5}{3}(R^2+Rr_1+r_1^2) \tag{2-1-103}$$

方锥体
$$V_1=\frac{\pi h_5}{3}(a^2+aa_1+a_1^2) \tag{2-1-104}$$

式中，h_5 为污泥斗高度，m；R 为污泥斗上部半径，m；r_1 为污泥斗下部半径，m；a 为污泥斗上部边长，m；a_1 为污泥斗下部边长，m。

⑤ 池总高度 H，m

$$H=h_1+h_2+h_3+h_4+h_5 \tag{2-1-105}$$

式中，h_1 为超高，m；h_4 为斜板（管）区底部缓冲层高度，m，一般采用 0.6～1.2m。

第六节 离心分离

一、原理和功能

离心分离是借助于离心力，使密度不同的物质进行分离的方法。由于离心机等设备可产生相当高的角速度，使离心力远大于重力，于是溶液中的悬浮物便易于沉淀析出[1]。

含悬浮物的废水在高速旋转时，由于悬浮颗粒和废水的质量不同，所受到的离心力大小不同，质量大的被甩到外圈，质量小的则留在内圈，通过不同的出口将它们分别引导出来，利用此原理就可分离废水中悬浮颗粒，使废水得以净化。在离心力场内，废水悬浮颗粒所受的离心力如下式：

$$C=(m-m_0)\frac{v^2}{r}$$

$$v=2\pi r\frac{n}{60} \tag{2-1-106}$$

式中，C 为离心力，N；m、m_0 分别为颗粒，废水的质量，kg；v 为废水旋转地圆周线速度，m/s；r 为旋转半径，m；n 为转速，r/min。

在重力场中，水中悬浮颗粒所受的重力（N）为：

$$p=(m-m_0)g \tag{2-1-107}$$

完成离心分离的常用设备是离心分离器或离心机。其分离性能常以分离因数表示。它是液体中颗粒在离心场（旋转容器中的液体）的分离速度同它们在重力场（静止容器中的液体）的分离速度之比，也就是颗粒沉速或浮速作比较的一个系数，其值可用下式计算：

$$\alpha=\frac{C}{P}\approx\frac{rn^2}{900} \tag{2-1-108}$$

式中，α 为分离因数。

当 $r=0.1$m、$n=500$r/min 时，$\alpha=28$，可以看出其离心力大大超过了重力。转速增加，α 值提高更快。因此在高速旋转产生的离心场中，废水中悬浮物分离效率将大为提高。

二、设备和装置

(一) 旋流分离器

1. 压力旋流分离器

压力式水力旋流分离器的上部呈圆筒形，下部为截头圆锥体，如图 2-1-65 所示。含悬浮物的废水在水泵和其他外加压力的作用下，以切线方向进入旋流器后发生高速旋转，在离心力作用下，固体颗粒物被抛向器壁，并随旋流下降到锥形底部出口。澄清后的废水或含有较细微粒的废水，则形成螺旋上升的内层旋流，由上端中央溢流管排出。

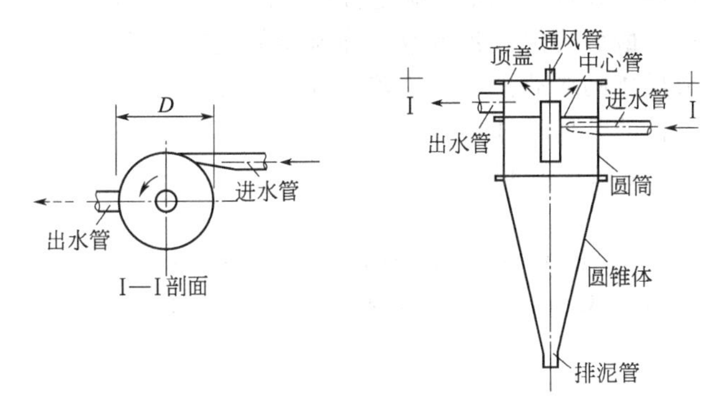

图 2-1-65 压力式水力旋流分离器

2. 重力式旋流分离器

重力式旋流分离器如图 2-1-66 所示，水流在重力式水力旋流分离器内的旋转靠进出口水位差压力。废水从切线方向进入器内，造成旋流，在离心力和重力作用下，悬浮颗粒甩向器壁并向器底水池集中，使水得到净化。废水中若有油等可浮在水表面上，用油泵收集。

(二) 离心机

离心机是依靠一个可以随转动轴旋转的圆筒（又称转鼓），在外借传动设备驱动下产生高速旋转，由于其中不同密度的组分产生不同的离心力，从而达到分离的目的。在废水处理领域，离心机常用于污泥脱水和分离回收废水中的有用物质，例如从洗羊毛废水中回收羊毛脂等。

图 2-1-67 为离心机的构造原理图。工作时将欲分离的液体注入转鼓中（间歇式），或流入转鼓中（连续式），转鼓绕轴高速旋转，即产生分离作用。

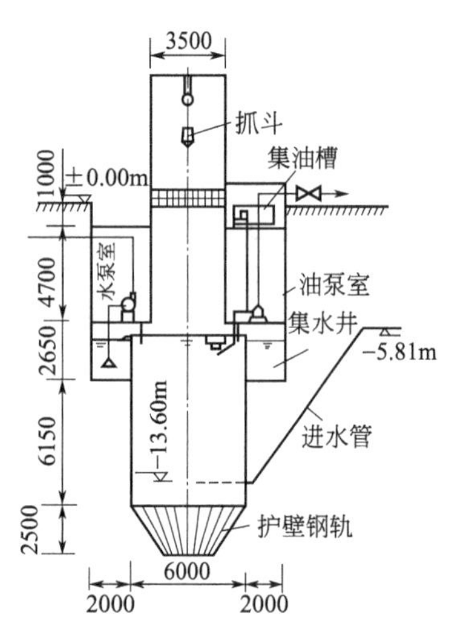

图 2-1-66 重力式旋流分离器

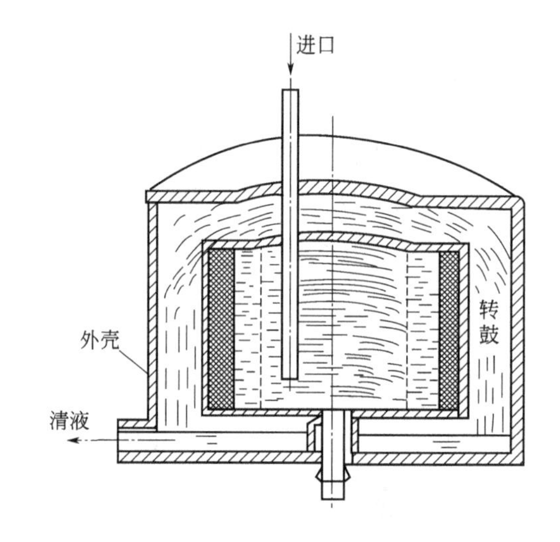

图 2-1-67 离心机的构造原理

三、设计计算

(一) 旋流分离器

1. 压力旋流分离器设计计算

(1) 压力旋流分离器的设计 通常先确定分离器的几何尺寸，然后求出该设备的处理水量及分离颗粒极限粒径，最后确定设备台数。旋流器的直径一般在 500mm 左右，这是由于离心速度与旋转半径成反比的缘故。若流量较大时可以几个并联工作。

(2) 压力旋流分离器的几何尺寸

圆筒高度 H_0：1.70D，D 为圆筒直径；

器身锥角 θ：10°～15°；

进水管直径 d_1：(0.25～0.4)D，一般管中流速 1～2m/s；

进水收缩部分的出口宜做成矩形，其顶水平，其底倾斜 3°～5°，出口流速一般在 6～10m/s 之间；

中心管直径 d_0：(0.25～0.35)D；

出水管直径 d_2：(0.25～0.5)D。

(3) 处理水量

$$Q=KDd_0\sqrt{\Delta pg} \tag{2-1-109}$$

式中，Q 为处理水量，L/min；K 为流量系数，$K=5.5d_1/D$；Δp 为进、出口压差，Pa，一般取 0.1～0.2Pa；g 为重力加速度，cm/s^2；D 为分离器上部圆筒直径，cm；d_0 为中心管直径，cm。

2. 重力式旋流分离器设计计算

重力式旋流器的表面负荷，一般约为 25～30m^3/(m^2·h)；

进水管流速：1.0～1.5m/s；

废水在池内停留时间：15～20min；

池内有效深度：$H_0=1.2D$，进水口到渣斗上缘应有 0.8～1.0m 保护高度，以免冲起沉渣；

池内水头损失 ΔH 可按下式计算：

$$\Delta H=1.1\left(\sum\zeta\frac{v^2}{2g}+li\right)+\alpha\frac{v^2}{2g} \qquad (2\text{-}1\text{-}110)$$

式中，ΔH 为进水管的全部水头损失，m；$\sum\zeta$ 为总局部阻力系数和；v 为进水管喷口处流速，m/s；l 为进水管长度，m；i 为进水管单位长度沿程损失；α 为阻力系数，一般采用 4.5。

（二）离心机

污泥离心脱水设计与计算的主要数据是离心机的水力负荷（即单位时间处理的污泥体积，m^3/h）和固体负荷（即单位时间处理的固体物质量，kg/h）。现行采用的设计方法有三种：经验设计法、实验室离心机实验法和按比例模拟试验法。一般认为采用最后一种方法较好。

1. 经验设计法

可采用类似污泥进行离心脱水的实际运行参数（包括水力负荷及固体负荷），作为设计依据。

2. 实验室离心机实验法

实验室离心机一般具有 4 只 10mL 的离心管，工作时绕垂直的中心轴旋转。污泥在离心管中产生的离心力可达 9.8×1500N。离心机实验目的是要使离心管产生的离心力及停留时间与原型离心机相等，从而通过试验得到原型离心机的生产能力和泥饼的输送能力，以满足设计要求。

首先测定污泥干固体浓度，再用化学调节调节好原污泥，分装在 4 支离心管中，放入离心机。用与原型离心机相等的各种离心力与停留时间进行离心分离实验，测定分离液中悬浮物浓度，测定泥饼干固体浓度，用下式计算固体回收率：

$$R=\frac{c_0-c_f}{c_0}\times\frac{\rho}{100}\times100 \qquad (2\text{-}1\text{-}111)$$

式中，R 为固体回收率，%；c_0 为污泥干固体浓度，g/L；c_f 为分离液中悬浮物浓度，g/L；ρ 为用与原型离心机相同的离心力，但停留时间是定值 60s 下测定的不可插入量，%。

用实验室离心机试验结果的原始资料作图，以表示离心力、离心时间与固体回收率关系及离心力与不可插入量关系，如图 2-1-68 所示。

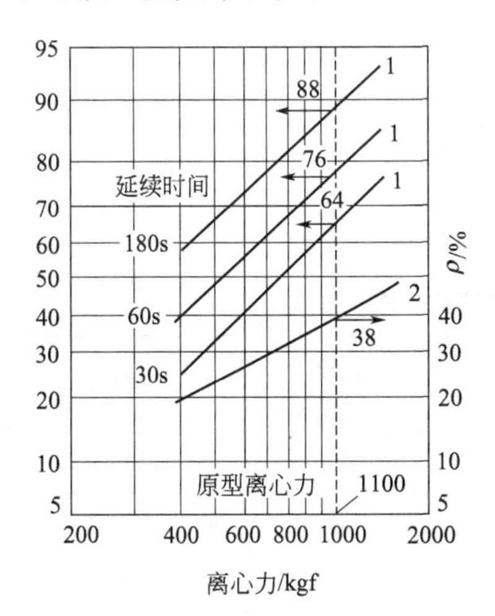

(a) 离心力、离心时间与固体回收率关系　　(b) 离心力与不可插入量关系

图 2-1-68　实验室离心机试验结果原始资料

（注：1kgf=9.8N）

试验中离心力可用离心机转速控制：

$$C=\frac{\omega_b^2}{g}\times\frac{r_1+r_2}{2}\times P \tag{2-1-112}$$

式中，C 为离心力，N；ω_b 为转筒旋转角速度，1/s；P 为重力，N；r_1，r_2 为离心机旋转到污泥顶面和离心管底面的半径，m；g 为重力加速度，m/s^2。

上式可以预示原型离心机的性能，精确度在10%以内。这种方法的缺点在于满足离心力要求的离心时间上不大容易精确掌握。

3. 按比例模拟试验法

应用几何模拟理论，将原型离心机按比例模拟成模型离心机进行试验，并将模型离心机的机械因素及试验所得的工艺因素按比例放大成原型离心机。模拟理论有两个：一个是根据离心机所能承担的水力负荷进行模拟，称为Σ理论；另一个是根据离心机所能承担的固体负荷进行模拟，称为β理论。

① Σ理论模型机与原型机的关系

$$\Sigma=\frac{\omega^2}{g\ln\frac{r_2}{r_1}} \tag{2-1-113}$$

$$Q=\Sigma vV \tag{2-1-114}$$

$$\frac{Q_1}{Q_2}=\frac{\Sigma_1}{\Sigma_2} \tag{2-1-115}$$

式中，Σ_1 和Σ_2 分别为模型机和原型机的Σ，按（2-1-113）计算；Q_1 和 Q_2 分别为模型机和原型机的最佳投配速率，m^3/h；v 为污泥颗粒沉降速度，m/s；V 为液相层体积，m^3；ω 为旋转角速度，1/s；r_1 和 r_2 分别为离心机旋转轴到污泥顶面和离心机底面的半径，m。

② β理论模型机与原型机的关系

$$\beta=\Delta\omega s n_\pi DZ \tag{2-1-116}$$

$$\frac{Q_{s1}}{\beta_1}=\frac{Q_{s2}}{\beta_2} \tag{2-1-117}$$

式中，β_1 和 β_2 分别为模型机和原型机的β值，按式(2-1-116）计算；Q_{s1}和 Q_{s2}分别为模型机和原型机的最佳投配速率，m^3/h；$\Delta\omega$ 为转筒和输送管间的转速差，1/s；s 为螺旋输送器的螺距，cm；n_π 为输送器导程数；D 为转筒直径，cm；Z 为液相层厚度，cm。

按两种理论模拟计算的结果，如果都与实际相近似，此时，水力负荷与固体负荷都达到了极限值，离心机发挥出最大效用。

离心机脱水一般效果列举于表 2-1-16 中。

表 2-1-16 离心机脱水一般效果 单位:%

污泥种类	原污泥干固体浓度	分离液悬浮物浓度	泥饼干固体浓度	固体回收率	预处理
初次沉淀污泥	3.83	0.49	35.0	88.0	不需要
初次沉淀与活性污泥混合	3.61	0.06	20.0	98.2	化学调节
	4.6	0.25	41.3	95.5	热处理
初次沉淀与腐殖质污泥混合	9.57	0.05	22.9	99.2	化学调节
	4.8	0.08	58.2	98.4	热处理

续表

污泥种类	原污泥干固体浓度	分离液悬浮物浓度	泥饼干固体浓度	固体回收率	预处理
初次污泥经消化	8.8	1.44	30.0	88.0	不需要
初次沉淀与活性污泥经消化	3.5	0.30	20.0	93.0	化学调节
初次沉淀与腐殖质污泥经消化	2.79	0.44	22.0	86.0	化学调节
	8.5	1.15	37.9	89.0	化学调节
活性污泥	2.19	0.55	19.6	74.2	化学调节
	8.2	0.84	38.8	92.0	热处理

第七节　磁　分　离

一、原理和功能

一切宏观的物体，在某种程度上都具有磁性，但按其在外磁场作用下的特性，可分为三类：

(1) 铁磁性物质，这类物质在外磁场作用下能迅速达到磁饱和，磁化率大于零并和外磁场强度成复杂的函数关系，离开外磁场后有剩磁；

(2) 顺磁性物质，磁化率大于零，但磁化强度小于铁磁性物质，在外磁场作用下，表现出较弱的磁性，磁化强度和外磁场强度呈线性关系，只有在温度低于4K时，才可能出现磁饱和现象；

(3) 反磁性物质，磁化率小于零，在外磁场作用下，逆磁场磁化，使磁场减弱。各种物质磁性差异正是磁分离技术的基础。物质磁性强弱可由磁化率表示，某些物质的磁化率列于表2-1-17。

表2-1-17　一些物质的磁化率

物质名称	温度/℃	磁化率($\times10^{-6}$)	物质名称	温度/℃	磁化率($\times10^{-6}$)
Al	常温	+16.5	PbO	常温	-42.0
Al_2O_3	常温	-37.0	Mg	常温	+13.1
$Al_2(SO_4)_3$	常温	-93.0	$Mg(OH)_2$	288	-22.1
Cr	273	-180	MgO	常温	-1.2
Cr_2O_3	300	+1960	Mn	293	+529.0
$Cr_2(SO_4)_3$	293	+11800	MnO	293	+4350
Co	—	铁磁性	Mn_2O_3	293	+14100
Co_2O_3	常温	+4900	$MnSO_4$	293	+13660
Cu	296	-5.46	Mo	293	+89.0
CuO	289.6	+238.9	Mo_2O_3	常温	-42.0
$CuSO_4\cdot H_2O$	293	+1520	MoO_3	289	+41.0
Fe	—	铁磁性	Ni	—	铁磁性
$FeCO_3$	293	+11300	NiO	293	+660.0
FeO	293	+7200	$Ni(OH)_2$	常温	+4500
Fe_2O_3	1033	+3586	Ti	293	+153.0
$FeSO_4\cdot 7H_2O$	293	+11200	Ti_2O_3	293	+125.6
Pb	289	-23.0			

水中颗粒状物质在磁场里要受磁力、重力、惯性力、黏滞力以及颗粒间相互作用力的作用。磁分离技术就是有效地利用磁力，克服与其抗衡的重力、惯性力、黏滞力（磁过滤、磁盘）或利用磁力和重力使颗粒凝聚后沉降分离（磁凝聚）。

磁分离按装置原理可分为磁凝聚分离、磁盘分离和高梯度磁分离三种；按产生磁场的方法可分为永磁磁分离和电磁磁分离（包括超导电磁磁分离）；按工作方式可分为连续式磁分离和间断式磁分离；按颗粒物去除方式可分为磁凝聚沉降分离和磁力吸着分离。

二、装置和设备

（一）磁凝聚法

磁凝聚是促使固液分离的一种手段，是提高沉淀池或磁盘工作效率的一种预处理方法。

当介质的物性一定时，废水中悬浮颗粒的沉降速度与颗粒直径的平方成正比。所以，增大颗粒直径可以提高沉淀效率。

利用磁盘吸引磁性颗粒，颗粒越大受到的磁力越大，越容易被去除。当颗粒在水中以50cm/s的速度运动时，磁盘吸引直径1mm的粒子需0.03N/g的磁力，吸引直径0.4mm的粒子需0.1N/g的磁力。

磁凝聚就是使废水通过磁场，水中磁性颗粒物被磁化，形成如同具有南北极的磁体。由于磁场梯度为零，因此它受大小相等、方向相反的力的作用，合力为零，颗粒不被磁体捕集。颗粒之间相互吸引，聚集成大颗粒，当废水通过磁场后，由于磁性颗粒有一定的矫顽力，因此能继续产生凝聚作用。

磁凝聚装置由磁体和磁路构成。磁体可以是永磁铁或电磁线圈。

（二）磁盘法

磁盘法是借助磁盘的磁力将废水中的磁性悬浮颗粒吸着在缓慢转动的磁盘上，随着磁盘的转动，将泥渣带出水面，经刮泥板除去，盘面又进入水中，重新吸着水中的颗粒。

磁盘吸着水中颗粒的条件是：①颗粒磁性物质或以磁性物质为核心的凝聚体，进入磁盘磁场即被磁化，或进入磁盘磁场之前先经过预磁化；②磁盘磁场有一定磁力梯度。

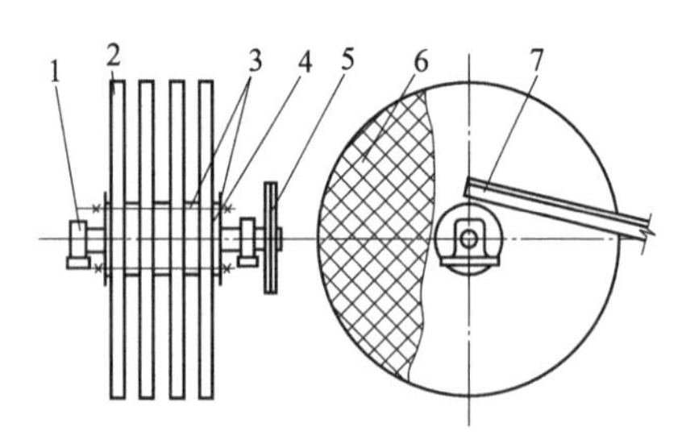

图 2-1-69 磁盘构造示意
1—轴承座；2—磁盘；3—铝挡圈；4—盘位固定螺钉；5—皮带轮；6—锶铁涂氧体永久磁体；7—刮泥板

作用在磁性颗粒上的力除磁力外，还有粒子在水中运动时受到运动方向上的阻力。

为了提高处理效果，应提高磁场强度、磁力梯度和颗粒粒径。磁盘设计时，当磁场强度和磁力梯度确定后，只有依靠增加颗粒的直径来提高去除效率。因此，磁盘经常和磁凝聚或药剂絮凝联合使用。废水在进入磁盘前先投加絮凝剂或预磁化，或者二者同时使用。同时使用时，应先加絮凝剂，再预磁化，预磁时间0.5～1s，预磁磁场强度0.05～0.1T（500～1000Gs）。

磁盘的构造见图2-1-69。

（三）高梯度磁过滤法

磁过滤是靠磁场和磁偶极间的相互作用。磁偶极本身会使磁场内的磁力线发生取向，当与磁力线不平行时，磁偶极就受到转矩的作用，如果磁场存在梯度，偶极的一端会比另一端处于更强的磁场中并受到较大的力，其大小和磁偶极距及磁场梯度成正比。

磁场中磁通变化越大，也就是磁力线密度变化越大，梯度也就越高。高梯度磁过滤分离就是在均匀磁场内，装填表面曲率半径极小的磁性介质，靠近其表面就产生局部性的疏密磁力线，从而构成高梯度磁场。因此，产生高梯度磁场不仅需要高的磁场强度，而且要有适当的磁性介质。可用作介质的材料有不锈钢毛及软铁制的齿板、铁球、铁钉、多孔板等。

对介质的要求是：①可以产生高的磁力梯度；②可提供大量的颗粒捕集点；③孔隙率大，阻力小，废水方便通过。不锈钢毛一般可使孔隙率达到95%；④矫顽力小，剩磁强度低，退磁快，在除去外磁场后介质上的颗粒易于冲洗下来；⑤具有一定的机械强度和耐腐蚀性，冲洗后不应产生妨碍正常工作的形变，如折断、压实等。

高梯度磁分离器是一个空心线圈，内部装一个圆筒状容器，容器中装有填充介质用以封闭磁路，在线圈外有作为磁路的轭铁，轭铁用厚软铁板制成，以减少直流磁场产生的涡流。为使圆筒容器内部形成均匀磁场固定填充介质，在介质上下两端设置磁片。高梯度磁分离器的构造如图2-1-70所示。

(四) 超导磁分离装置

超导体在某一临界温度下，具有完全的导电性，也就是电阻为零，没有热损耗，因此可以用大电流从而得到很高的磁场强度，如用超导可获得磁场强度为2T的电磁体。此外，超导体还可以获得很高的磁力梯度。高磁力梯度除用钢毛等磁性介质获得外，还可以利用电流分布不同得到。

线表面的磁场与电流密度成正比，与表面的距离成反比，超导体可以在表层达到极高的电流密度，从而在其附近形成高梯度磁场。同时使用不锈钢毛，就可以产生极高的磁力梯度。

超导磁过滤器的构造如图2-1-71所示。

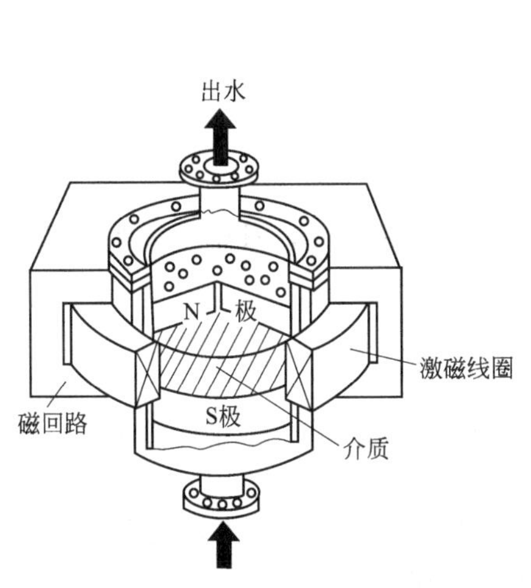

图2-1-70 高梯度磁分离器构造

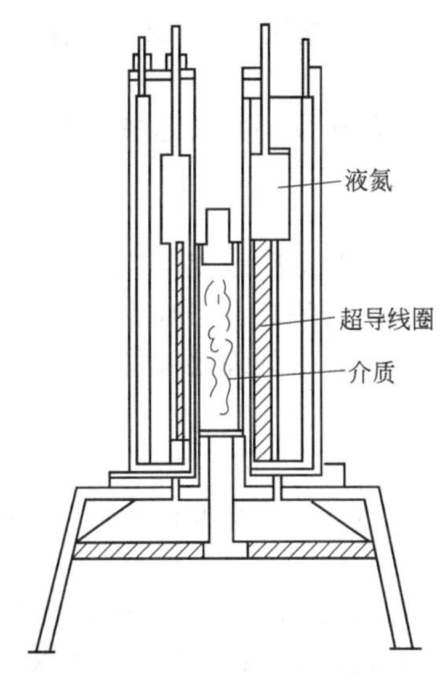

图2-1-71 超导磁过滤器构造

水从下方进入装有介质的滤筒，滤速180m/h，磁体由液氮制冷系统冷却。

特点：①可获得很高的磁场强度和磁力梯度；②电磁体不发热，电耗少，运行费用低，可制成连续工作的磁过滤器。

三、设计计算

(一) 装置设计

1. 磁凝聚法

处理钢铁行业废水时，磁场强度可用0.06～0.15T（600～1500Gs），最佳范围为0.08～0.10T（800～1000Gs）。磁场强度与剩余悬浮物的关系见图2-1-72。

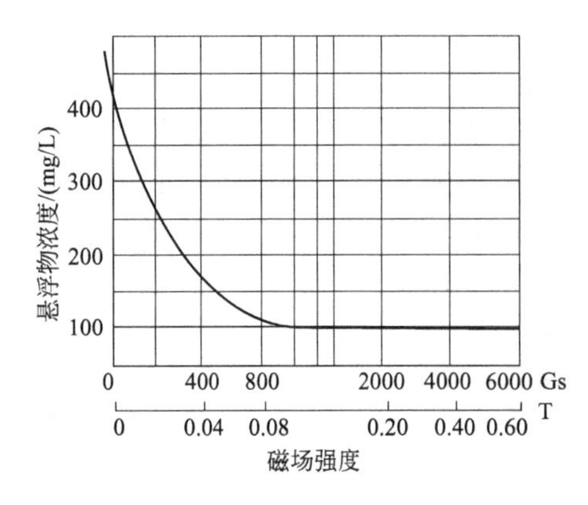

图 2-1-72 磁场强度与剩余悬浮物关系

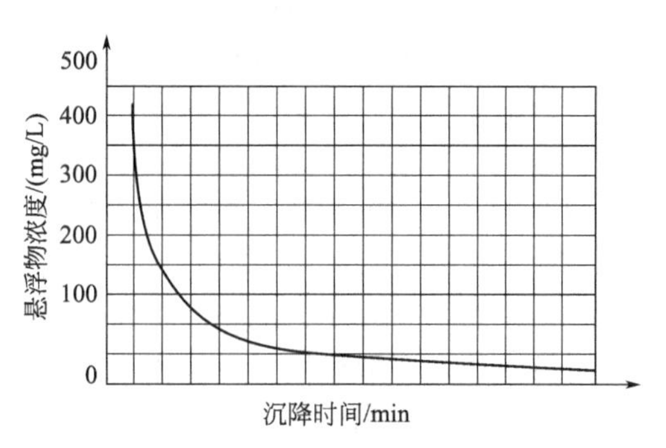

图 2-1-73 停留时间与剩余悬浮物关系

磁凝聚装置每一侧的磁块同极性排列，一侧为 N 极，另一侧为 S 极，构成均匀的磁场。为了防止磁体表面大面积积污，堵塞通路，废水通过磁场的速度应大于 1m/s。废水在磁场中的停留时间仅需 1s。停留时间与剩余悬浮物关系见图 2-1-73。

电磁凝聚装置是用导线缠绕成线圈，通直流电产生磁场。空心线圈所需匝数为：

$$N=\frac{200H\sqrt{L^2+4R^2}}{\pi I} \tag{2-1-118}$$

式中，I 为电流，A；R 为线圈半径，cm；L 为线圈长度，cm；H 为所需磁场强度，A/m。

当线圈转子中心有铁芯或填充导磁性物质时：

$$N=\frac{2BL}{\mu I\times 10^4} \tag{2-1-119}$$

式中，B 为磁感强度，T；μ 为磁感铁芯磁导率，H/m。

磁凝聚法的特点：①减少化学絮凝剂的投加；②使用永磁铁时，只需一次性投资，无功耗，用电量低；③处理效果稳定，操作简便。

2. 磁盘法

磁盘设计要求如下。

(1) 磁盘盘面、水槽、转轴，需用铝、不锈钢、铜、硬塑料等非导磁材料制作，防止磁力线短路。

(2) 磁盘内磁块的 N 极和 S 极交错排列，保证较高的磁力梯度。磁块间可密排，当直径较大，如大于 1.5m 左右时，磁块间可保持 5～20mm 间距。

(3) 磁盘表面磁场强度应在 0.05～0.15T 之间，低于 0.05T 效果差，高于 0.15T 较难制作，且盘面吸着的泥难以刮净。

(4) 磁盘每两片间的间距取决于磁力作用深度。磁盘表面的磁场强度为 0.065T 时，作用深度为 25mm；0.095T 时，为 35～40mm；0.1～0.115T 时，为 40～50mm。因此，磁盘表面磁场强度为 0.05～0.08T 时，盘间距为 50mm；0.08～0.1T 时为 60～70mm；0.11～0.15T 时，为 70～80mm。设计时可用实验确定。

(5) 磁盘转速约为 0.5～2r/min，转速过快，泥的含水率增加，处理效率降低。

磁盘法的特点如下。

(1) 效率高、净化时间短。处理钢铁废水，废水在磁盘工作区仅需停留 2～5s，通过全部流程仅需约 2min，净化效率达到了 94%～99.5%。

(2) 占地面积小，污泥含水率低，易脱水。

3. 高梯度磁过滤法

高梯度磁分离器设计注意事项。

(1) 磁场强度 所需磁场强度根据废水中悬浮物的磁性确定。钢铁废水约为 0.3T，铸造厂废水约为 0.1T。处理弱磁性物质，磁场强度至少达到 0.5T 以上，如果投加磁性种子，则要求达到 0.3T 左右。

(2) 介质 按梯度大、吸附面积大、捕集点多、阻力小、剩磁低的要求，以钢毛最好。钢毛直径为 10～100μm。表 2-1-18 为几种钢毛的组成。

表 2-1-18 几种钢毛的组成（质量分数） 单位：%

组分		铬	锰	硅	碳	硫	钴	镍	钼	铜	铁
种类	1	9～20	0.01～1.0	0.01～3	0.01～0.04	0.15～1.0	0.02～1.0	—	—	—	其余
	2	16.8	0.55	0.46	0.075	0.015	—	—	—	—	其余
	3	29.10	0.64	0.29	0.28	—	—	<0.10	<0.05	0.11	其余

(3) 介质的悬浮物 (SS) 负荷 分离器随着工作时间的增长，磁性颗粒会逐渐聚积在介质内，堵塞水流通道，减少捕集点，使分离效率下降。分离效果降到允许的下限值时，捕集颗粒的总量（干燥时的质量）和介质的体积比称为介质的 SS 负荷 Q：

$$Q=\frac{\text{捕集的悬浮物总量(g)}}{\text{介质体积(cm}^3\text{)}} \tag{2-1-120}$$

当颗粒为强磁性物质时，Q 为 5～7g/cm³；颗粒为顺磁体时，Q 为 1～1.2g/cm³。

(4) 滤速 一般可采用 100～500m/h。

(5) 电源 采用硅整流直流电源，电源功率由所需的磁场强度决定。

(二) 设计计算

高梯度磁过滤法计算步骤如下。

(1) 根据悬浮物的比磁化率，选定滤速。处理强磁性颗粒可选用较高滤速，如500m/h；对顺磁性颗粒，应选用较低滤速，如 100m/h。

(2) 根据处理水量和滤速选定过滤器筒体内径。介质空隙率按 95%计。

(3) 根据废水中悬浮物浓度、处理水量和介质体积核算介质负荷。如果负荷高于适宜值，应当适当增加过滤器直径或长度，以便增加介质体积。

(4) 根据预定要达到的磁场强度，确定可选用的导线。磁场强度小于 0.2T 时，一般可用实心扁铜线，强迫风冷；大于 0.2T 时，宜用空心铜导线，水冷却。然后根据技术经济条件，初步确定可供选用的电源，并对电源容量和导线规格进行选择。如方形外包双玻璃丝空心铜导线电流，密度为 5A/mm²。当自然通风冷却时，电流密度不大于 1.5A/mm²。确定电源容量的同时可选定导线截面。

(5) 线圈匝数可采用下式计算

$$N=\frac{B\sqrt{4r^2+L^2}}{10\mu_0 I} \tag{2-1-121}$$

式中，N 为线圈的匝数；I 为电流强度，A；r 为线圈半径，cm；L 为线圈长度，cm；μ_0 为磁介质磁导率，H/m；B 为线圈内中心所要求的磁感应强度，T。

$$B=\mu_0 H \tag{2-1-122}$$

式中，H 为磁场强度，A/m。

(6) N 决定后，根据所需的绕线高度及导线半径，算出每层线圈数、层数及线圈外径。

参考文献

[1] 北京水环境技术与设备研究中心等. 三废处理工程技术手册（废水卷）. 北京：化学工业出版社，2000.

[2] 上海市政工程设计研究院. 给水排水设计手册（第5册）. 北京：中国建筑工业出版社，2004.

[3] 张自杰. 环境工程手册·水污染防治卷. 北京：高等教育出版社，1996.

[4] 唐受印，戴友芝等. 水处理工程师手册. 北京：化学工业出版社，2000.

[5] 国家环境保护局编. 石油石化工业废水治理. 北京：中国环境科学出版社，1992.

第二章
物化处理

第一节　调节均化

一、原理和功能

无论是工业废水还是生活污水，水质和水量在24h之内都有波动变化。这种变化对废水处理设备，尤其是生物处理设备正常发挥其净化功能是不利的，甚至会造成破坏。同样，对于物化处理设备，水量和水质的波动越大，过程参数越难以控制，处理效果越不稳定；反之，波动越小，效果就越稳定。因此，应在废水处理系统之前，设置均化调节池，用以进行水量的调节和水质的均化，以保证废水处理的正常进行。此外，酸性或碱性废水可以在调节池内中和，短期排出的高温废水也可通过调节池平衡水温[1]。

调节池设置是否合理，对后续处理设施的处理能力、基建投资、运转费用等都有较大的影响[2]。

废水处理设施中调节作用的目的是：

(1) 提高对有机物负荷的缓冲能力，防止生物处理系统负荷的急剧变化；

(2) 控制 pH 值，以减小中和作用中的化学品的用量；

(3) 减小对物理化学处理系统的流量波动，使化学品添加速率适合加料设备的定额；

(4) 防止高浓度有毒物质进入生物处理系统；

(5) 当工厂停产时，仍能对生物处理系统继续输入废水；

(6) 控制向市政系统的废水排放，以缓解废水负荷分布的变化。

调节是尽量减小废水处理厂进水水量和水质波动的过程。调节池也称均化池。调节池的形式和容量，随废水排放的类型、特征和后续废水处理系统对调节、均和要求的不同而异。

二、设备和装置

调节池分为均量池和均质池。均量池主要起均化水量作用，也称为水量均化池；均质池主要起均化水质作用，也称为水质均化池。

(一) 均量池

常用的均量池实际是一座变水位的贮水池，来水为重力流，出水用泵抽。池中最高水位不高于来水管的设计水位，一般水深 2m 左右，最低水位为死水位，见图 2-2-1。

旁通贮留方式见图 2-2-2，是图 2-2-1 的一种变化形式。贮留池移到泵后的旁通线上，泵房主泵按平均流量配置，多余的水量用辅助泵抽入贮留池，在来水量低于平均流量时再回流入泵房集水井。这种方式适用于工厂两班生产而废水处理厂 24h 运行的情况。优点是贮留池不受来水管高程限制，一般为半地上式，施工维护和排渣均较方便；缺点是贮留池水量需两次抽升，增加了能耗。

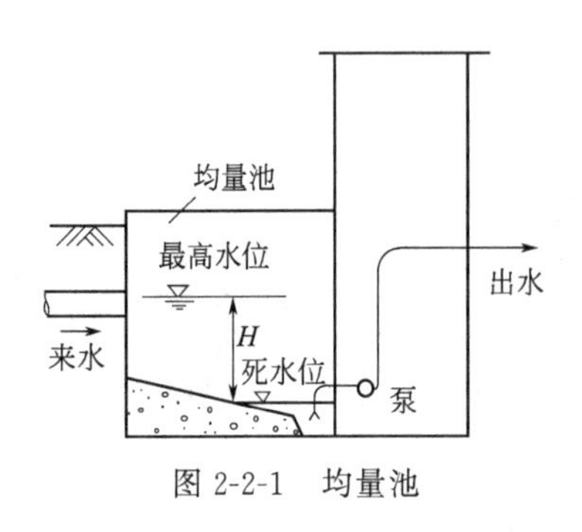

图 2-2-1 均量池

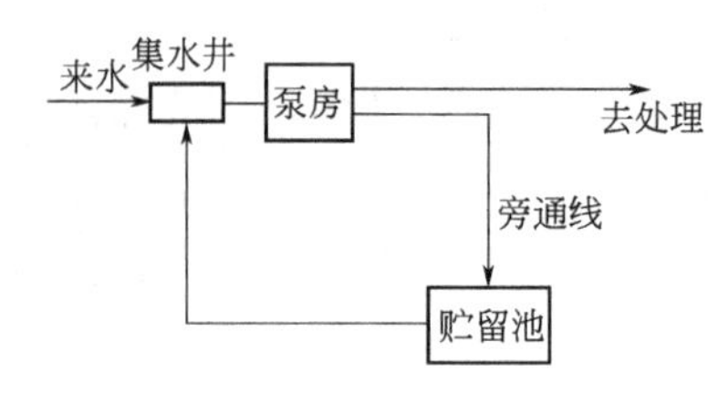

图 2-2-2 旁通贮留方式

(二) 均质池

异程式均质池是最常见的一种均质池，为常水位，重力流。均质池中水流每一质点的流程由短到长，都不相同（沉淀池每一质点的流程都相同），再结合进出水槽的配合布置，使前后时程的水得以相互混合，取得随机均质的效果。均质池设在泵前、泵后均可，应当注意，这种池只能均质，不能均量。

由于均质的机理有很大的随机性，故均质池的设计关键在于从构造上使周期内先后到达的废水有机会充分混合。常用的池型有以下几种。

1. 同心圆平面布置方式（见图 2-2-3）

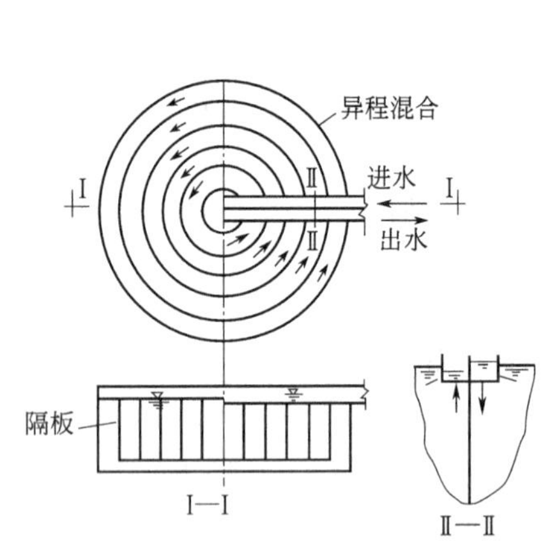

图 2-2-3 同心圆平面布置均质池

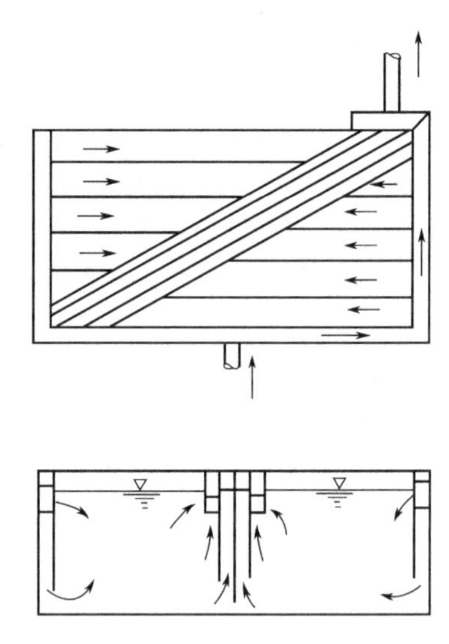
图 2-2-4 矩形平面布置均质池

2. 矩形平面布置方式

见图 2-2-4。

3. 方形平面布置方式（见图 2-2-5）

以上三种均质池均有大量隔板，在水质清时，能够保证均质作用，但是当废水含杂质多时，有维护问题，因此隔板底距池底宜保持一定距离。根据试验及实践，在正方形及其他形式较小规模均质池中，取消隔板，仍有明显均质效果。当废水含杂质较多时，宜在均质池前设置沉淀池，以保证均质池的运行。

4. 结合沉淀池的沿程进水方式

均质沉淀结合式（见图 2-2-6）是将沉淀池与均质池相结合的方法。在这种池中，均质作用主要靠池沿的沿程进水，使同时进池的废水转变为前后出水，达到与不同时序的废水混合的目的。与一般沉淀池相同的是池中也设泥斗及刮泥机。根据运行实测结果看（见图 2-2-7 和图 2-2-8），均质的效果也相当好。

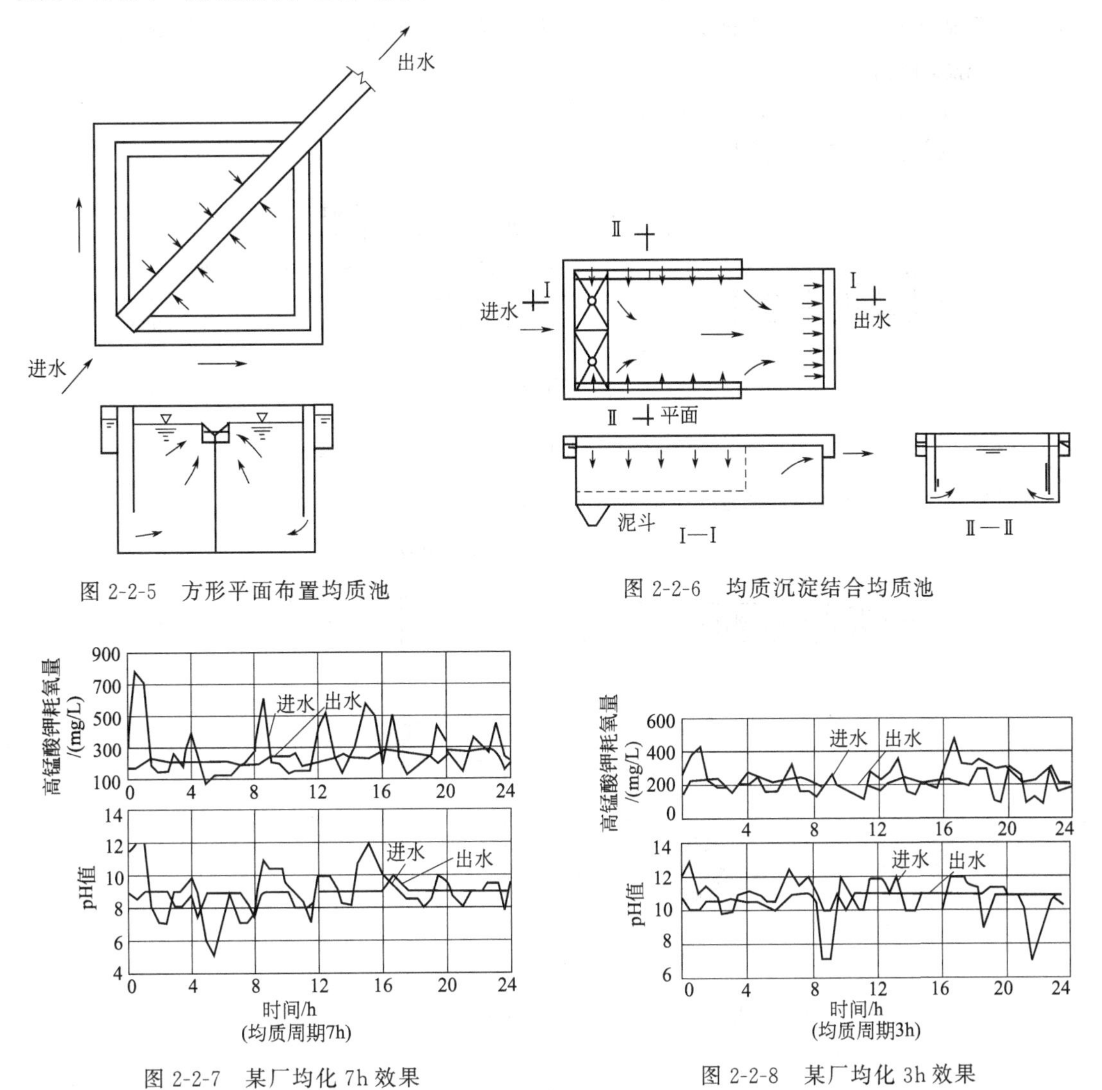

图 2-2-5 方形平面布置均质池

图 2-2-6 均质沉淀结合均质池

图 2-2-7 某厂均化 7h 效果

图 2-2-8 某厂均化 3h 效果

5. 回流式

将均质池部分出水，用适当的低扬程提升机械提升［图 2-2-9(a)］，或用池后泵抽部分压力水［当泵的能力较大，有富余能力时，见图 2-2-9(b)］回流至均质池进水端，重新沿程分配进水，可使均质效果提高。

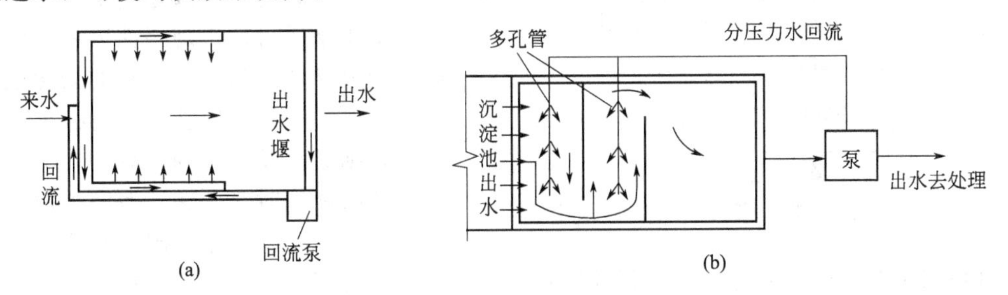

图 2-2-9 回流式均质池

(三) 均化池(均量、均质)

均化池既能均量又能均质，在池中设置搅拌装置，出水泵的流量用仪表控制。池前须设置格栅、沉砂池以及(或)磨碎机，以去除砂砾及杂质。池后可接二级或三级处理。

1. 一般均化池

根据池在流程线上的位置，一般可分为两类。

(1) 线内设置 池设在流程线内，见图 2-2-10。

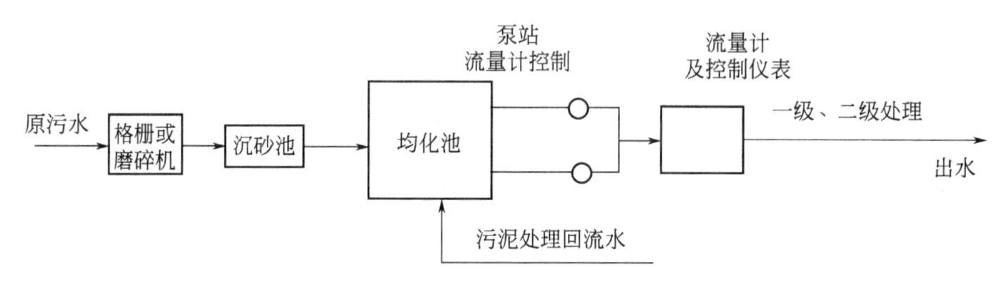

图 2-2-10 线内设置均化池

(2) 线外设置 池设在旁通线上，见图 2-2-11。

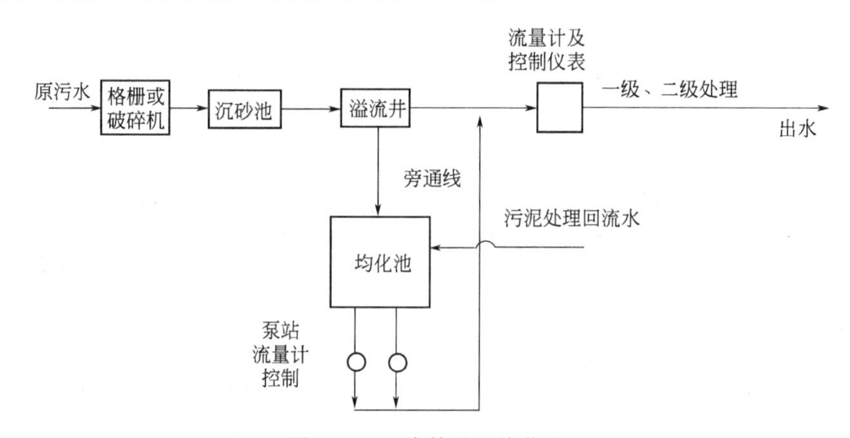

图 2-2-11 线外设置均化池

线内设置的均量、均质效果最好，线外设置使泵抽水量大为减少，但均质效果降低。

2. 其他类型均化池

(1) 间歇式均化池(均量、均质) 当水量规模较小时，可以设间歇贮水、间歇运行的均化池，池中设搅拌装置。池可分为两格或三格，交替使用。池的总容量可根据具体情况，按 1～2 个周期设置。

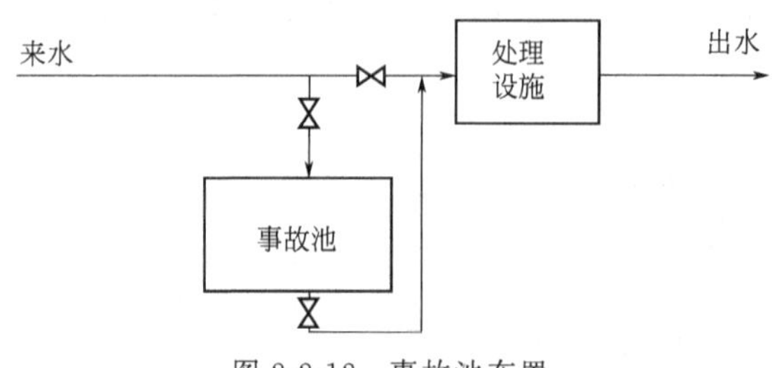

图 2-2-12 事故池布置

这种做法最简单，效果也最可靠。

(2) 事故池 事故池用来贮留事故出水，防止水质可能出现恶性事故对废水厂运行造成破坏，是一种变相的均化池，见图 2-2-12。事故池的进水阀门必须自动控制，否则无法及时处理事故。

事故池平时必须保证泄空，由于处于终端，容积必须足够，国内有达万吨水量者，但是利用率极低。因此，为了保证应付恶性事故，首先必须从上游层层把关，对可能发生事故的污染源一一采取措施，必要时可在工段、车间设分散的事故池。只有在上游采取了充分的措施以后仍有必要在终端作最后的把关时，才考虑设置这种终端事故池。

(四) 调节池的混合类型

通过混合与曝气，防止可沉降的固体物质在池中沉降下来和出现厌氧情况。同时，还有预曝气的作用，可以氧化废水中的还原性物质，吹脱去除可挥发性物质，而 BOD 可因空气气提而减少，减轻曝气池负荷，同时还能改进初沉效果。

常用的混合方式有以下几种。

1. 水泵强制循环

在调节池底设穿孔管，穿孔管与水泵压水管相连，用压力水进行搅拌，不需要在均化池内安装特殊的机械设备，简单易行，混合也比较完全，但动力消耗较大，如图 2-2-13 所示。

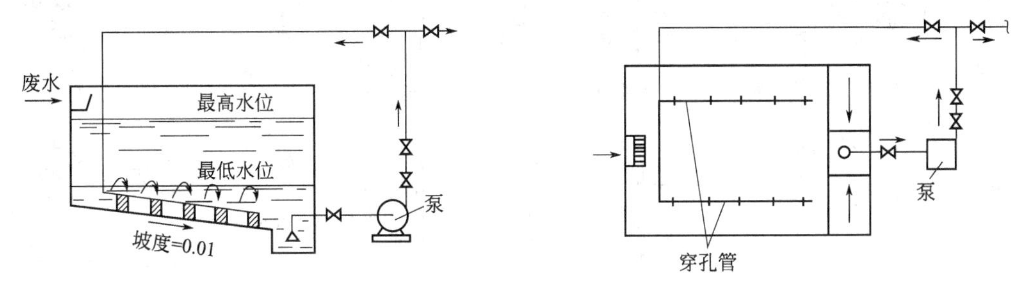

图 2-2-13 水泵强制循环搅拌

2. 空气搅拌

空气搅拌是在池底设穿孔管，穿孔管与鼓风机空气管相连，用压缩空气进行搅拌。在均化池中，如采用穿孔管曝气时可取 $2\sim3m^3/(h\cdot m^2)$ 或 $5\sim6m^3/(h\cdot m^2)$，当进水悬浮物含量约 200mg/L 时，保持悬浮状态所需动力在 $4\sim8W/m^3$。为使废水保持好氧状态，所需空气量取 $0.6\sim0.9m^3/(h\cdot m^2)$。

3. 机械搅拌

机械搅拌是在池内安装机械搅拌设备。

典型的机械搅拌装置有以下几部分。

① 搅拌器。包括旋转的轴和装在轴上的叶轮。

② 辅助部件和附件。包括密封装置、减速箱、搅拌电机、支架、挡板和导流筒等。

搅拌器是实现搅拌操作的主要部件，其主要的组成部分是叶轮，它随旋转轴运动将机械能施加给液体，并促使液体运动。

搅拌器有多种形式：按流体流动形态，可分为轴向流搅拌器、径向流搅拌器、混合流搅拌器；按搅拌器叶片结构，可分为平叶、折叶、螺旋面叶；按搅拌用途，可分为低黏流体用搅拌器、高黏流体用搅拌器；按安装形式，可分为顶进式、侧入式以及潜水搅拌器。

桨叶的不同，可使流体呈现不同的流态，搅拌器流型分类见图 2-2-14。

推进式搅拌器是轴流型的代表，平直叶圆盘涡轮搅拌器是径向流型的代表，而斜叶涡轮搅拌器是混合流型的代表。

常用搅拌器如下。

(1) 桨式搅拌器（见图 2-2-15） 由桨叶、键、轴环、竖轴组成。桨叶一般用扁钢或不锈钢或有色金属制造。桨式搅拌器的转速较低，一般为 20～80r/min。桨式搅拌器直径取反应釜内径 D_i 的 1/3～2/3，桨叶不宜过长，当反应釜直径很大时采用两个或多个桨叶。桨式搅拌器适用于流动性大、黏度小的液体物料，也适用于纤维状和结晶状的溶解液，物料层很深时可在轴上装置数排桨叶。

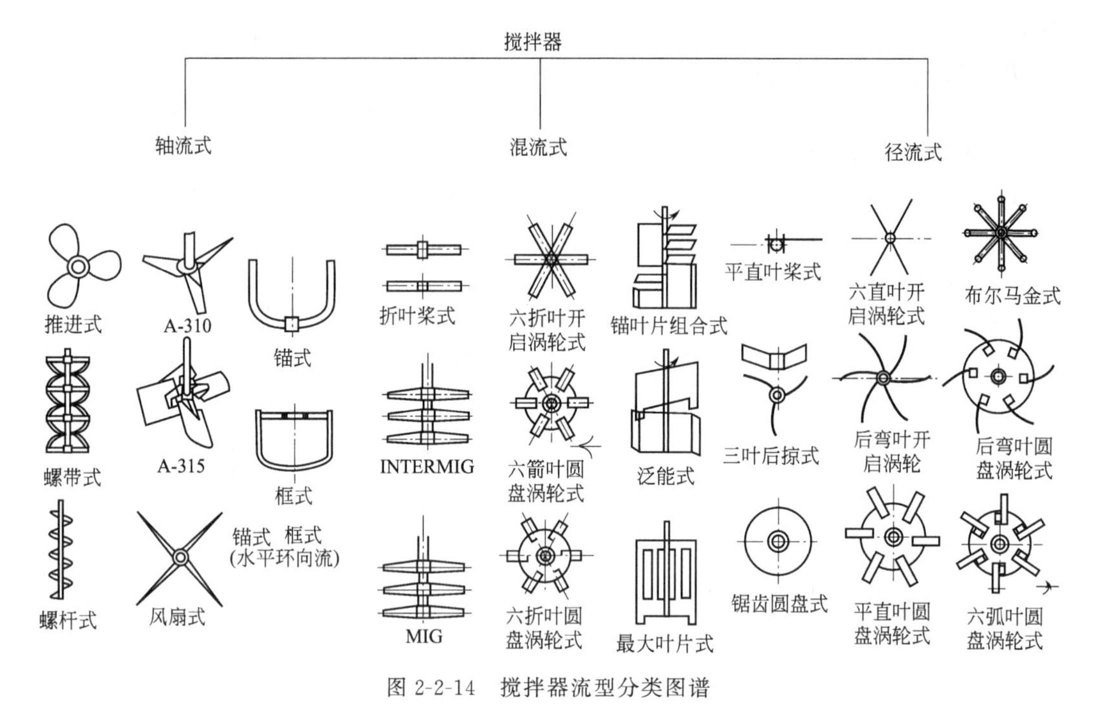

图 2-2-14 搅拌器流型分类图谱

图 2-2-15 桨式搅拌器

图 2-2-16 涡轮式搅拌器

（2）涡轮式搅拌器（见图 2-2-16） 涡轮式搅拌器分为圆盘涡轮搅拌器和开启涡轮搅拌器；按照叶轮又可分为平直叶和弯曲叶。涡轮搅拌器速度较大，300～600r/min。涡轮搅拌器的主要优点是当能量消耗不大时，搅拌效率较高，搅拌产生很强的径向流。因此它适用于乳浊液、悬浮液等。

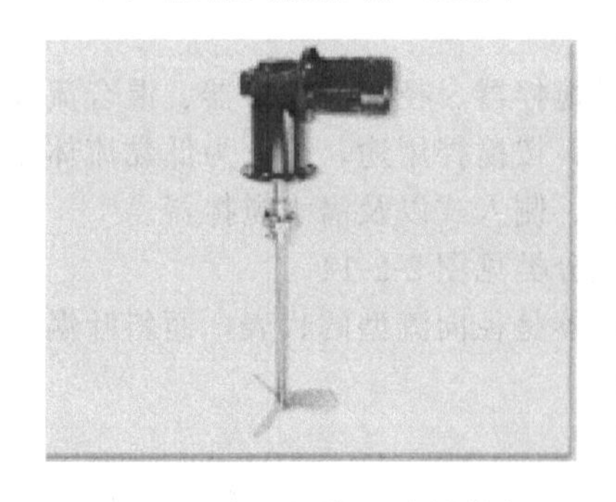

图 2-2-17 三页推进式搅拌器

（3）推进式搅拌器（见图 2-2-17） 推进式搅拌器，搅拌时能使物料在反应釜内循环流动，所起作用以容积循环为主，剪切作用较小，上下翻腾效果良好。当需要有更大的流速时，反应釜内设有导流筒。

推进式搅拌器直径约取反应釜内径 D_i 的 1/4～1/3，300～600r/min，搅拌器的材料常用铸铁和铸钢。

（4）框式和锚式搅拌器（见图 2-2-18） 框式搅拌器可视为桨式搅拌器的变形，其结构比较坚固，搅动物料量大。如果这类搅拌器底部形状和反应釜下封头形状相似时，通常称为锚式搅拌器。框式搅拌器直径较大，一般取反应器内径的 2/3～9/10，50～70r/min。框式搅拌器与釜壁间隙较小，有利于传热过程的进行，快速旋转时，搅拌器叶片所带动的液体把静止层从反应釜壁上带下来；慢速旋转时，有刮板的搅拌器能产生良好的热传导。这类搅拌器常用于传热、晶析操作和高黏度液体、高浓度淤浆和沉降性淤浆的搅拌。

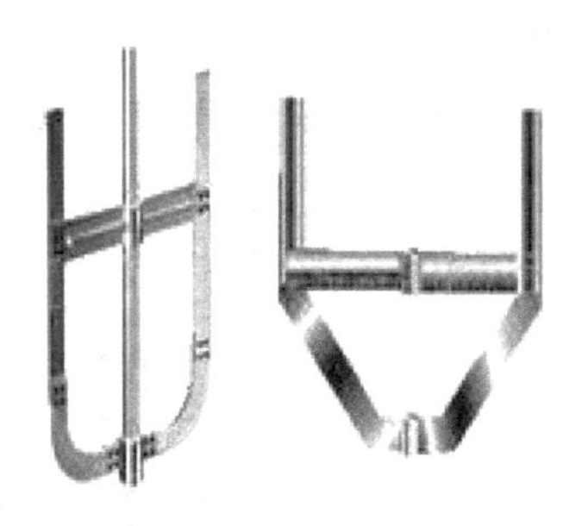

图 2-2-18　框式和锚式搅拌器

(5) 螺带式搅拌器（见图 2-2-19）和螺杆式搅拌器（见图 2-2-20）　螺带式搅拌器，常用扁钢按螺旋形绕成，直径较大，常做成几条紧贴釜内壁，与釜壁的间隙很小，所以搅拌时能不断地将粘于釜壁的沉积物刮下来。螺带的高度通常取罐底至液面的高度。螺带式搅拌器和螺杆式搅拌器的转速都较低，通常不超过 50r/min，产生以上下循环流为主的流动，主要用于高黏度液体的搅拌。

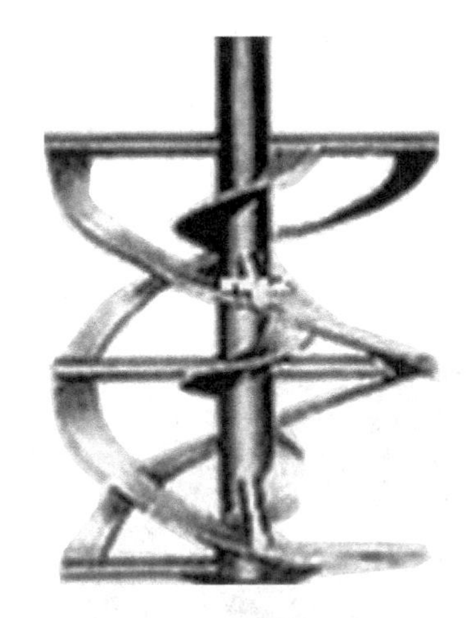

图 2-2-19　螺带式搅拌器

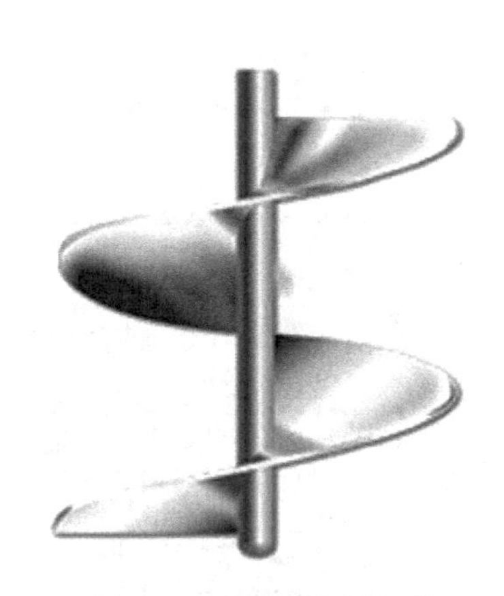

图 2-2-20　螺杆式搅拌器

(6) 潜水搅拌器（见图 2-2-21）　潜水搅拌器分为混合搅拌和低速推流两大系列。

图 2-2-21　潜水搅拌器

混合系列搅拌机，适用于污水处理厂和工业流程中搅拌含有悬浮物的污水、污泥混合液、工业过程液体等，创建水流，加强搅拌功能，防止污泥沉淀及产生死角，沟内流速不低于 0.1m/s。

低速推流系列搅拌机，适用于工业和城市污水处理厂，曝气池污水推流其产生低切向流的强力水流，可用于循环及硝化、脱氮和除磷阶段创建水流等。

推流式和混合区别如下。

推流式叶轮直径一般叶径在 1100～2500mm，转速 22～115r/min，推程远，目的是推进水流。

混合系列叶轮直径小，一般叶径在 260～620mm，转速 480～980r/min，目的是混合搅拌。

搅拌器的安装位置：常用搅拌器的安装位置一般是垂直安装在搅拌器容器的中心，但在无挡板的情况下会使被搅拌的液体出现旋涡。采用下列安装位置（见图 2-2-22）则可避免旋涡的出现并能强化搅拌混合效果。

搅拌器的安装方式一般有顶入式（见图 2-2-23）和侧入式（见图 2-2-24）两种。

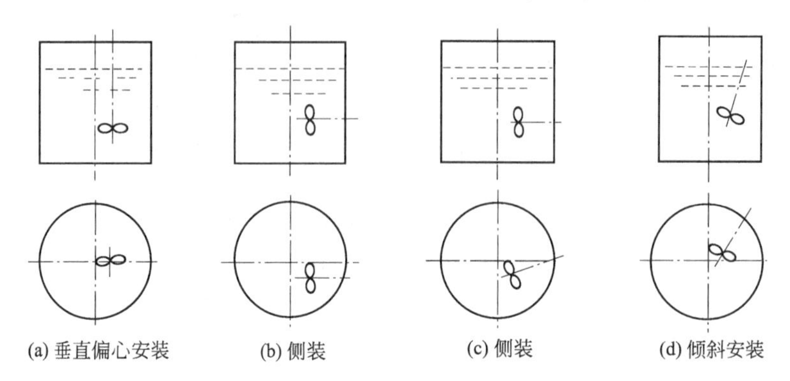

图 2-2-22 搅拌器在搅拌容器内的安装方式

图 2-2-23 顶入式搅拌器安装

图 2-2-24 侧入式搅拌器安装

此外，还可安装于水面下（见图 2-2-25）、池底（见图 2-2-26）或使用潜水搅拌器，以导杆或支架安装于池内（见图 2-2-27）。

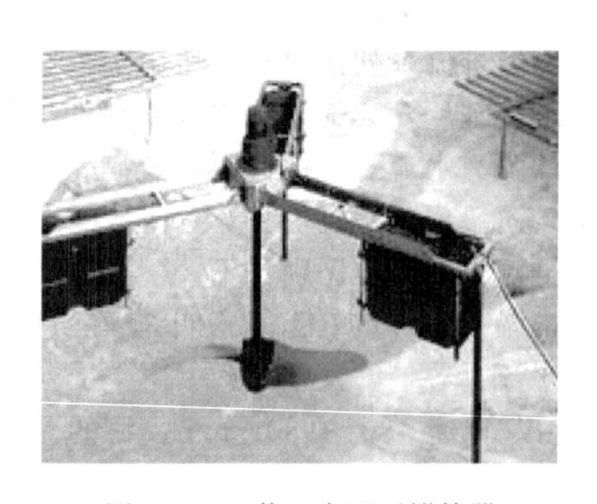

图 2-2-25 装于水面下搅拌器

图 2-2-26 装于池底搅拌器

搅拌器潜水泵的安装见图 2-2-28。

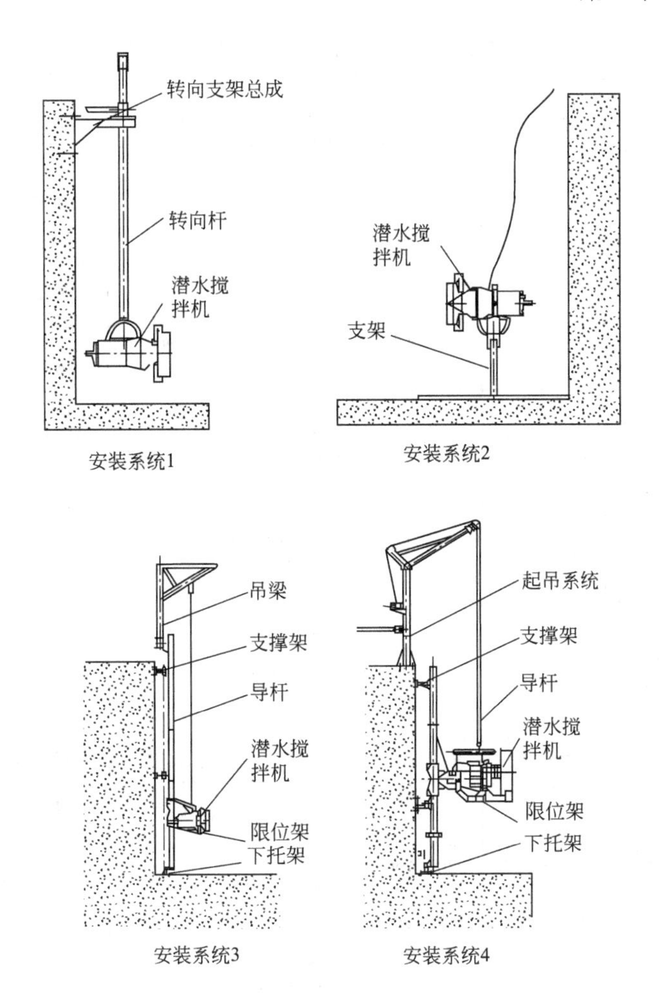

图 2-2-27 潜水泵安装

搅拌器的形式、特性和适用范围见表 2-2-1。

搅拌器的选择参见表 2-2-2。

4. 穿孔导流槽引水

空气搅拌和机械搅拌的效果良好，能够防止水中悬浮物的沉积，且兼有预曝气及脱硫的效能。但是，这两种混合方式的管路和设备常年浸于水中，易遭腐蚀，且有使挥发性污染物质逸散到空气中的不良后果。此外，运行费用也较高。

采用穿孔导流槽引水方式进行均化，虽然能够排除上述缺点，但均化效果不够稳定，而且构筑物结构复杂，特别是池底的排泥设备，目前还缺乏效果良好的构造形式。

上述四种方式各有利弊，空气搅拌方式由于简单易行，效果良好，是工程上常用的混合方式。

三、设计计算

调节池的尺寸和容积，主要是根据废水浓度变化范围及要求的均和程度决定。当废水浓度无周期性地变化时，则要按最不利情况即浓度和流量在高峰时的区间计算。采用的调节时间越长，废水越均匀。调节池的设计计算内容，主要是确定调节池的容积。

表 2-2-1 搅拌器的形式、特性和适用范围

搅拌器名称	搅拌器简图	D_j/D_i	转速/(r/min)	液体黏度/(mPa·s)	搅拌性能指向	搅拌目的(过程)	搅拌强度(P/V)/(kW/m³)
锯齿叶片涡轮式		0.25～0.35	500～3000	低～高 Max. 50000	H 剪切型	(液-液) 乳化,强分散	7～20
固定叶片和涡轮叶片式		0.25～0.35	300～1000	低～中 Max. 1000		(液-固) 粉碎分散,快速溶解 (液-气)	5～10
直叶径流圆盘涡流式		0.25～0.50	50～300	低～高 Max. 30000		(液-液) 均化,分散,反应 (液-固) 分散,溶解	0.5～3 0.5～2
斜桨轴流涡轮式		0.25～0.50	50～300	低～高 Max. 30000		(液-气) 分散,反应	1～3
小直径桨式		0.35～0.50	100～300	低～中 Max. 5000		(液-液) 均化,混合,传热,防止分离	0.3～1
推进式		0.20～0.35	200～400	低～中 Max. 3000	Q 排液型	(液-固) 均化,防止沉降 (液-气)	0.2～1
大直径桨式		0.50～0.70	20～100	低～高 Max. 50000		(液-液) 均化,混合,防止分离	0.1～0.5
锚式		0.70～0.95	10～50	低～高 Max. 200000		(液-固) 均化,结晶,防止沉降 (液-气)	0.1～0.5

注：D_i—搅拌容器内径；D_j—搅拌器叶轮直径。

表 2-2-2 搅拌器的适用条件

搅拌器型式	流动状态			搅拌目的									搅拌容器容积/m³	转速范围/(r/min)	最高黏度/Pa·s
	对流循环	湍流扩散	剪切流	低黏度混合	高黏度液混合传热反应	分散	溶解	固体悬浮	气体吸收	结晶	传热	液相反应			
涡轮式	◆	◆	◆	◆	◆	◆	◆	◆	◆	◆	◆	◆	1～100	10～300	50
浆式	◆	◆	◆	◆	◆		◆	◆		◆	◆	◆	1～200	10～300	50
推进式	◆	◆		◆		◆	◆	◆		◆	◆	◆	1～1000	10～500	2
折叶开启涡轮式	◆	◆		◆		◆	◆	◆			◆	◆	1～1000	10～300	50
布鲁马金式	◆	◆	◆	◆	◆		◆				◆	◆	1～100	10～300	50
锚式	◆				◆		◆						1～100	1～100	100
螺杆式	◆				◆		◆						1～50	0.5～50	100
螺带式	◆				◆		◆						1～50	0.5～50	100

注：有◆者为可用，空白者不详或不可用。

(一) 均量池设计计算

均量池容积 W_T，m^3

$$W_T = \sum_{i=0}^{T} q_i t_i \tag{2-2-1}$$

式中，q_i 为在 t 时段内废水的平均流量，m^3/h；t_i 为时段，h。

在周期 T 内废水平均流量 $Q(m^3/h)$ 为

$$Q = \frac{W_T}{T} = \frac{\sum_{i=0}^{T} q_i t_i}{T} \tag{2-2-2}$$

【例 2-2-1】 某工厂的废水在生产周期 T 内的废水流量变化曲线如图 2-2-28 所示。曲线下在一个周期内所围的面积，等于废水总量。

解： 根据废水水量变化曲线，绘制废水流量累积曲线（图 2-2-29）。流量累积曲线与 T（本例题为 24h）的交点 A 读数为 $1464m^3$，连 OA 直线，其斜率为 $61m^3/h$。假设一台泵工作，该线为泵抽水量的累积水量。

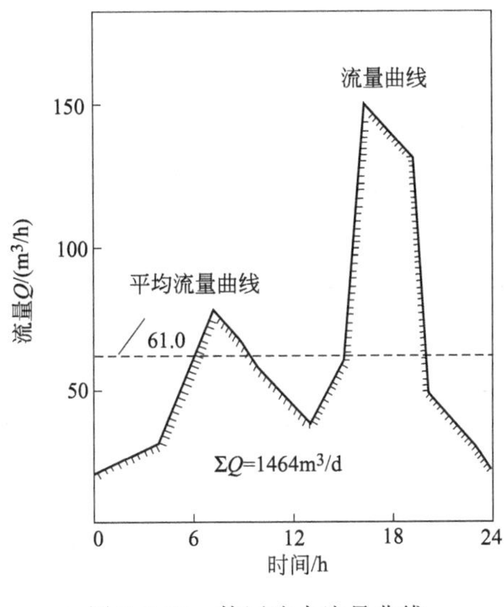

图 2-2-28 某厂池水流量曲线

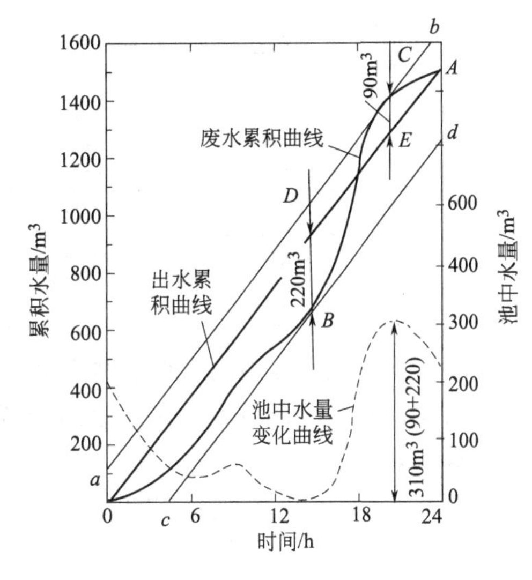

图 2-2-29 某厂废水流量累积曲线

对废水量累积曲线，作平行 OA 的两根切线 ab、cd，切点为 B 和 C，通过 B 和 C 作平行于纵坐标的直线 BD 和 CE，此二直线与出水累积曲线分别相交于 D 和 E 点。分别按纵坐标计算出线段 BD 及 CE 的水量为 $220m^3$ 及 $90m^3$，使其相加即可得到所需调节池的容积为 $310m^3$。图中虚线为调节池内水量变化曲线。

以上做法在理论上是合理的，但是由于在实际中往往得不出规律性很强的流量变化曲线，故设计中选用的贮水池容积还应当根据实际情况留有余地。对于含固体杂质多的废水，还存在沉渣等维护问题。如在池中加搅拌设施（机械或曝气），也能起一定均质作用，但因贮水量一般只占总水量的 10%～20%，故均质作用不大。此外，这种做法受自流来水管高程限制，深度往往很深，有时在地下水位以下，建筑容积很大，使其采用受到一定限制。

(二) 均质池设计计算

1. 容积

$$W'_T = \sum_{i=1}^{t_i} \frac{q_i}{2} \tag{2-2-3}$$

考虑到废水在池内流动可能出现短路等因素，一般引入 $\eta=0.7$ 的容积加大系数，则上式应为：

$$W'_T=\sum_{i=1}^{t_i}\frac{q_i}{2\eta} \tag{2-2-4}$$

【例 2-2-2】 已知某化工厂的酸性废水的平均日流量为 $1000m^3/d$，废水流量及盐酸浓度见表 2-2-3，求 6h 的平均浓度和调节池的容积。

表 2-2-3 某化工厂酸性废水浓度与流量的变化

时间/h	流量/(m^3/h)	浓度/(mg/L)	时间/h	流量/(m^3/h)	浓度/(mg/L)
0～1	50	3000	12～13	37	5700
1～2	29	2700	13～14	68	4700
2～3	40	3800	14～15	40	3000
3～4	53	4400	15～16	64	3500
4～5	58	2300	16～17	40	5300
5～6	36	1800	17～18	40	4200
6～7	38	2800	18～19	25	2600
7～8	31	3900	19～20	25	4400
8～9	48	2400	20～21	33	4000
9～10	38	3100	21～22	36	2900
10～11	40	4200	22～23	40	3700
11～12	45	3800	23～24	50	3100

解： ① 将表 2-2-3 中的数据绘制成水质和水量变化曲线图（图 2-2-30）。

② 从图 2-2-30 可以看出，废水流量和浓度较高的进水段为 12～18h 时段。此 6h 废水的平均浓度为：

$$c=\frac{c_1q_1+c_2q_2+\cdots+c_nq_n}{q_1+q_2+\cdots+q_n}$$
$$=\frac{5700\times37+4700\times68+3000\times40+3500\times64+5300\times40+4200\times40}{37+68+40+64+40+40}$$
$$=4341\ (mg/L)$$

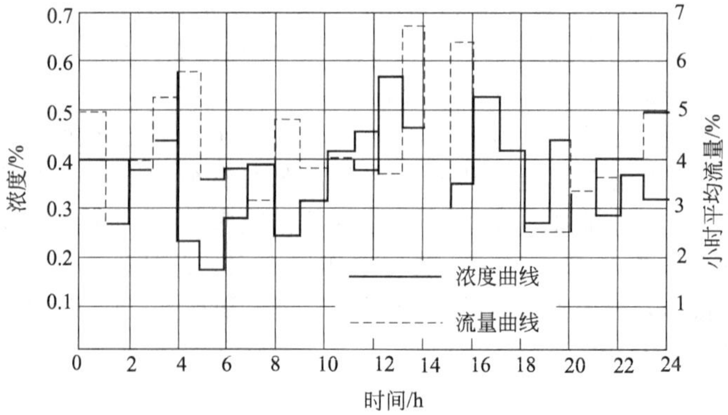

图 2-2-30 某化工厂酸性废水浓度和流量变化曲线

③ 容积。选用矩形平面对角线出水调节池，其容积为：

$$W_T=\frac{\sum_{i=1}^{t_i}q}{2\eta}=\frac{289}{2\times0.7}=206\ (m^3)$$

④ 尺寸有效水深取 1.5m，池面积为 $137m^2$，池宽取 6m，池长为 23m。纵向隔板间距采用 1.5m，将池宽分为 4 格。沿调节池长度方向设 3 个污泥斗，沿宽度方向设 2 个污泥斗，污泥斗坡取 45°，如图 2-2-31 所示。

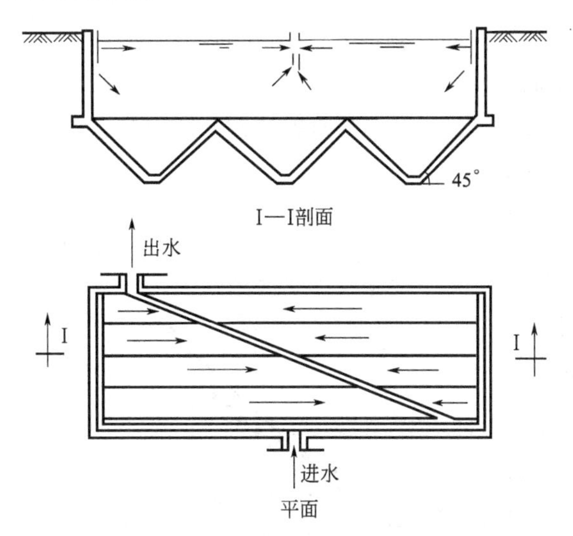

图 2-2-31　矩形平面对角线出水调节池

在计算调节池容积时，应使池出水的污染物浓度不会引起后续处理设施出水超过其最大允许污染物浓度。例如，若活性污泥池出水的最大 BOD_5 是 50mg/L，则由此可计算调节池的最大出水 BOD_5 值，并以此为根据来计算调节池的体积。

2. 停留时间

若废水流量接近恒定，废水的组成又符合正常的统计分布

$$t=\frac{\Delta t(S_i^2)}{2(S_e^2)} \tag{2-2-5}$$

式中，Δt 为样品混合的时间间隔，h；t 为停留时间，h；S_i^2 为入水浓度的方差（标准差的平方）；S_e^2 为在某一概率值（如 99%）时出水浓度的方差。

若处理中使用完全混合池，例如活性污泥池或曝气塘，则该混合池的体积可以作为调节池的一部分。如果一个完全混合曝气池停留时间为 8h，而调节作用总的所需停留时间 16h，则在调节池中的停留时间仅需 8h。

【例 2-2-3】 废水流量为 $0.22m^3/s$ 或 $19000m^3/d$，其水质特征见图 2-2-32。数据每 4h 收集一次。平均 BOD 值为 690mg/L，最大 BOD 值为 1185mg/L。

在设计活性污泥系统中发现，调节池的出水 BOD 不能超过 896mg/L，以使活性污泥系统出水满足平均 BOD 值为 15mg/L、最大为 25mg/L 的排放标准要求。

解： ① 计算出水水质的均值、标准差与方差。这些参数可以用图解法得到，见图 2-2-32。

② 从该图中找到 50% 的数值

$$50\%数值\approx\bar{x}\approx690\ (mg/L)$$

③ 根据图 2-2-32，计算标准差 S_i，其数值为发生在 15.9%（50.0% − 34.1%）和 84.1%（50.0% + 34.1%）概率数值差的一半。

$$S_i=\frac{84.1\%概率-15.9\%概率}{2}=(990-380)/2=305\ (mg/L)$$

④ 计算出水的标准差 S_e

$\bar{x}=690mg/L$，$x_{max}=896mg/L$，若置信度为 95%，从正态分布概率表可知 $z=1.65$，则

$$S_e=\frac{x_{max}-\bar{x}}{z}=(896-690)/1.65=125\ (mg/L)$$

⑤ 计算出水方差

$$S_e^2=(125)^2=15625\ (mg^2/L^2)$$

⑥ 计算必要停留时间

$$t=\Delta t S_i^2/2S_e^2=4\times(93025)/(2\times15625)=11.9\ (h)\approx0.5\ (d)$$

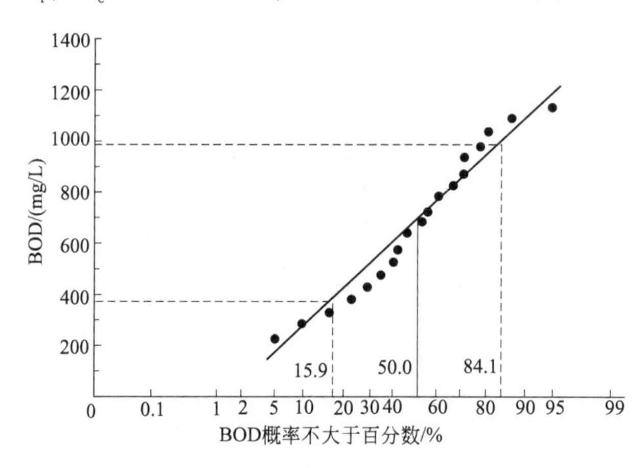

图 2-2-32 BOD 统计分布

3. 调节池其他参数

当废水流量与强度均做随机变化时，调节池参数的确定（Patterson 和 Menez 提出了一种方法）如下。

池内物料平衡为：

$$c_iQt+c_0V=c_2Qt+c_2V \tag{2-2-6}$$

式中，c_i 为在采样时间间隔 t 内进入调节池的废水浓度，mg/L；t 为采样时间间隔，即 1h；Q 为在采样时间间隔内废水平均流量，m^3/h；V 为调节池体积，m^3；c_0 为在采样时间间隔初调节池的废水浓度，mg/L；c_2 为在采样时间间隔末尾离开调节池的废水浓度，mg/L。

由于时间间隔可以假定为大致划分的，因而可以认为在一个时间间隔内调节池出水浓度大致不变。

上述方程可以重写成以下形式，以计算每个时间间隔后出水的浓度：

$$c_2=(c_it+c_0V/Q)/(t+V/Q) \tag{2-2-7}$$

对于一系列调节池体积 V，可以算得一系列出水浓度。相对于某一调节池入水强度和流量，可以得到一个峰值因素 PF。对于设计来说，进水的 PF 为最大浓度与最小浓度的比值，出水的 PF 为最大浓度与平均浓度的比值。调节池的设计过程见下面例题。

【例 2-2-4】 某工厂 8h 循环生产过程的部分数据见表 2-2-4。每个时间间隔表示 1h 采样周期。调节池出水浓度为停留时间分别在 8h（左侧）及 4h（右侧）时的浓度，详见表 2-2-4。

解： ① 若停留时间为 8h，则调节池体积为：

$$V=4.63m^3/min\times60min/h\times8h=2.23\times10^3\ (m^3)$$

表 2-2-4 工厂生产过程中的部分数据

时间/h	流量/(m^3/min)	进水浓度/(mg/L)	出水浓度/(mg/L)	
			V_r=1.0	V_r=0.5
1	6.05	245	187	198
2	0.76	64	185	193
3	3.78	54	173	169
4	4.54	167	172	169
5	6.05	329	194	208
6	7.56	48	169	162
7	4.54	55	157	141
8	3.78	395	179	181
平均值	4.63	178	178	178
PF	10.0	8.2	1.09	1.17

② V_r=调节池容积/日废水总体积。

第一个时间间隔结束时出水浓度为：

$$c_2=(c_i t+c_0 V/Q)/(t+V/Q)=187\ (\text{mg/L})$$

③ 调节池进水的 PF 为：

$$PF=395/48=8.2$$

④ 8h 停留时间的出水的 PF 为：

$$PF=194/178=1.09$$

若废水的流量与强度均需调节，则可采取类似的方法计算，但调节池的体积是一个变量。

第二节 混 凝

一、原理和功能

混凝就是向水体投加一些药剂（分为凝聚剂、絮凝剂和助凝剂），通过凝聚剂水解产物压缩胶体颗粒的扩散层，达到胶粒脱稳而相互聚结；或者通过凝聚剂的水解和缩聚反应形成的高聚物的强烈吸附架桥作用，使胶粒被吸附黏结。在废水处理中混凝沉淀是最常用的方法之一[2]。

混凝沉淀处理过程包括凝聚和絮凝两个阶段。在凝聚阶段水中的胶体双电层被压缩失去稳定而形成较小的微粒；在絮凝阶段这些微粒互相凝聚（或由于高分子物质的吸附架桥作用相助）形成大颗粒絮凝体，这些絮凝体在一定的沉淀条件下可以从水中分离去除。

混凝技术与其他技术比较，其优点是设备简单，易于启动和掌握操作维护，便于间歇式操作，处理效果良好。其缺点是运行费用较高，产污泥量较大。

二、混凝剂与助凝剂

(一) 常用的无机盐类混凝剂

常用的无机盐类混凝剂见表 2-2-5。

表 2-2-5 常用的无机盐类混凝剂

名称	分子式	一般介绍
精制硫酸铝	$Al_2(SO_4)_3 \cdot 18H_2O$	(1)含无水硫酸铝 50%～52% (2)适用于水温为 20～40℃ (3)当 pH=4～7 时,主要去除水中有机物 pH=5.7～7.8 时,主要去除水中悬浮物 pH=6.4～7.8 时,处理浊度高、色度低(小于 30 度)的水 (4)湿式投加时一般先溶解成 10%～20%的溶液
工业硫酸铝	$Al_2(SO_4)_3 \cdot 18H_2O$	(1)制造工艺较简单 (2)无水硫酸铝含量各地产品不同,设计时一般可采用 20%～25% (3)价格比精制硫酸铝便宜 (4)用于废水处理时,投加量一般为 50～200mg/L (5)其他同精制硫酸铝
明矾	$Al_2(SO_4)_3 \cdot K_2SO_4 \cdot 24H_2O$	(1)同精制硫酸铝(2)、(3) (2)现已大部被硫酸铝所代替
硫酸亚铁(绿矾)	$FeSO_4 \cdot 7H_2O$	(1)腐蚀性较高 (2)矾花形成较快,较稳定,沉淀时间短 (3)适用于碱度高,浊度高,pH=8.1～9.6 的水,不论在冬季或夏季使用都很稳定,混凝作用良好,当 pH 值较低时(<8.0),常使用氯来氧化,使二价铁氧化成三价铁,也可以用同时投加石灰的方法解决
三氯化铁	$FeCl_3 \cdot 6H_2O$	(1)对金属(尤其对铁器)腐蚀性大,对混凝土亦腐蚀,对塑料管也会因发热而引起变形 (2)不受温度影响,矾花结得大,沉淀速度快,效果较好 (3)易溶解,易混合,渣滓少 (4)适用最佳 pH 值为 6.0～8.4
聚合氯化铝	$[Al_n(OH)_mCl_{3n-m}]$ (通式) 简写 PAC	(1)净化效率高,耗药量少,过滤性能好,对各种工业废水适应性较广 (2)温度适应性高,pH 值适用范围宽(可在 pH=5～9 的范围内),因而可不投加碱剂 (3)使用时操作方便,腐蚀性小,劳动条件好 (4)设备简单,操作方便,成本较三氯化铁低 (5)是无机高分子化合物

(二) 常用的有机合成高分子混凝剂及天然絮凝剂

常用的有机合成高分子混凝剂（又称絮凝剂）及天然絮凝剂见表 2-2-6。

表 2-2-6 常用有机合成高分子混凝剂及天然絮凝剂

名称	分子式或代号	一般介绍
聚丙烯酰胺	$\left[-CH_2-CH(CONH_2)- \right]_n$ 代号 PAM	(1)目前被认为是最有效的高分子絮凝剂之一,在废水处理中常被用作助凝剂,与铝盐或铁盐配合使用 (2)与常用混凝剂配合使用时,应按一定的顺序先后投加,以发挥两种药剂的最大效果 (3)聚丙烯酰胺固体产品不易溶解,宜在有机械搅拌的溶解槽内配制成 0.1%～0.2%的溶液再进行投加,稀释后的溶液保存期不宜超过 1～2 周 (4)聚丙烯酰胺有极微弱的毒性,用于生活饮用水净化时,应注意控制投加量 (5)是合成有机高分子絮凝剂,为非离子型;通过水解构成阴离子型,也可通过引入基团制成阳离子型;目前市场上已有阳离子型聚丙烯酰胺产品出售
脱絮凝色剂	代号 脱色Ⅰ号	(1)属于聚胺类高度阳离子化的有机高分子混凝剂,液体产品固含量 70%,无色或浅黄色透明黏稠液体 (2)贮存温度 5～45℃,使用 pH7～9,按(1∶50)～(1∶100)稀释后投加,投加量一般为 20～100mg/L,也可与其他混凝剂配合使用 (3)对于印染厂、染料厂、油墨厂等工业废水处理具有其他混凝剂不能达到的脱色效果

续表

名称	分子式或代号	一般介绍
天然植物改性高分子絮凝剂	FN-A 絮凝剂	(1)由 691 化学改性制得,取材于野生植物,制备方便,成本较低 (2)宜溶于水,适用水质范围广,沉降速度快,处理水澄清度好 (3)性能稳定,不易降解变质 (4)安全无毒
天然絮凝剂	F691	刨花木、白胶粉
	F703	绒稿(灌木类、皮、根、叶亦可)

(三) 常用的助凝剂

常用的助凝剂见表 2-2-7。

表 2-2-7 常用的助凝剂

名称	分子式	一般介绍
氯	Cl_2	(1)当处理高色度水及用作破坏水中有机物或去除臭味时,可在投混凝剂前投氯,以减少混凝剂用量 (2)用硫酸亚铁作混凝剂时,为使二价铁氧化成三价铁可在水中投氯
生石灰	CaO	(1)用于原水碱度不足 (2)用于去除水中的 CO_2,调整 pH 值 (3)对于印染废水等有一定的脱色作用
活化硅酸、活化水玻璃、泡花碱	$Na_2O \cdot SiO_2 \cdot yH_2O$	(1)适用于硫酸亚铁与铝盐混凝剂,可缩短混凝沉淀时间,节省混凝剂用量 (2)原水浑浊度低、悬浮物含量少及水温较低(约在 14℃以下)时使用,效果更为显著 (3)可调高滤池滤速,必须注意加注点 (4)要有适宜的酸化度和活化时间

(四) 影响混凝效果的因素与混凝剂的选择

1. 影响混凝效果的主要因素

影响混凝效果的因素比较复杂，其中主要由水质本身的复杂变化引起，其次还要受到混凝过程中水力条件等因素的影响。

(1) 水质　工业废水中的污染物成分及含量随行业、工厂的不同而千变万化，而且通常情况下同一废水中往往含有多种污染物。废水中的污染物在化学组成、带电性能、亲水性能、吸附性能等方面都可能不同，因此某一种混凝剂对不同废水的混凝效果可能相差很大。另外有机物对于水中的憎水胶体具有保护作用，因此对于高浓度有机废水采用混凝沉淀方法处理效果往往不好。有些废水中含有表面活性剂或活性染料一类污染物质，通常使用的混凝剂对它们的去除效果也大多不理想。

(2) pH 值　pH 值也是影响混凝的一个主要因素。在不同的 pH 值条件下，铝盐与铁盐的水解产物形态不一样，产生的混凝效果也会不同。由于混凝剂水解反应过程中不断产生 H^+，因此要保持水解反应充分进行，水中必须有碱去中和 H^+，如碱不足，水的 pH 值将下降，水解反应不充分，对混凝过程不利。

(3) 水温　水温对混凝效果也有影响，无机盐混凝剂的水解反应是吸热反应，水温低时不利于混凝剂水解。水的黏度也与水温有关，水温低时水的黏度大，致使水分子的布朗运动减弱，不利于水中污染物质胶粒的脱稳和聚集，因而絮凝体形成不易。

（4）水力学条件及混凝反应的时间　把一定的混凝剂投加到废水中后，首先要使混凝剂迅速、均匀地扩散到水中。混凝剂充分溶解后，所产生的胶体与水中原有的胶体及悬浮物接触后，会形成许许多多微小的矾花，这个过程又称为混合。混合过程要求水流产生激烈的湍流，在较快的时间内使药剂与水充分混合，混合时间一般要求几十秒至2min。混合作用一般靠水力或机械方法来完成。

在完成混合后，水中胶体等微小颗粒已经产生初步凝聚现象，生成了细小的矾花，其尺寸可达5μm以上，但还不能达到靠重力可以下沉的尺寸（通常需要0.6～1.0mm以上）。因此还要靠絮凝过程使矾花逐渐长大。在絮凝阶段，要求水流有适当的紊流程度，为细小矾花提供相互碰撞接触和互相吸附的机会，并且随着矾花的长大这种紊流应该逐渐减弱下来。

反应时间（T）一般控制在10～30min。

反应中平均速度梯度（G）一般取30～60s^{-1}，并应控制GT值在10^4～10^5范围内。

2. 混凝剂的选择

针对处理某种特定的废水选择适应的混凝剂时，通常会综合以下几方面的考虑来确定。

（1）处理效果好，对希望去除的污染物有较高的去除率，能满足设计要求。为了达到这一目标，有时需要两种或多种混凝剂及助凝剂同时配合使用。

（2）混凝剂及助凝剂的价格应适当便宜，需要的投加量应当适中，以防止由于价格昂贵造成处理运行费用过高。

（3）混凝剂的来源应当可靠，产品性能比较稳定，并应宜于储存和方便投加。

（4）所有的混凝剂都不应对处理出水产生二次污染。当处理出水有回用要求时，要适当考虑出水中混凝剂的残余量或造成的轻微色度等影响（例如采用铁盐作混凝剂时）。

结合以上因素的考虑，通常采用实际废水水样由实验室烧杯试验，对宜于采用的混凝剂及投加量来进行初步筛选确定。在有条件的情况下，一般还应对初步确定的结果进行扩大的动态连续试验，以求取得可靠的设计数据。

三、设备和装置

（一）溶解搅拌装置

搅拌可采用水力、机械或压缩空气等方式，见表2-2-8，具体由用药量大小及药剂性质决定，一般用药量大时用机械搅拌和空气压缩，用药量小时用水力搅拌。

表2-2-8　各种搅拌方法

搅拌方法	适用条件	一般规定
水力搅拌	中小水厂，易溶解的药剂。可利用出水压力来节省电机等设备	溶药池容积一般约等于3倍药剂量，压力水水压约为0.2MPa
机械搅拌	各种不同药剂和各种规模水厂	搅拌叶轮可用电机或水轮带动，可根据需求安装带有转速调节的装置
压缩空气搅拌	较大水厂与各种药剂	不宜用作较长时间的石灰乳液连续搅拌

（二）投药设备

投药设备包括投加和计量两个部分。

1. 投加方式

根据溶液池液面高低，有重力投加和压力投加两种方式，见表2-2-9。

表 2-2-9　投加方式比较

投加方式		作用原理	特　点	适用情况
重力投加		建造高位溶液池，利用重力作用将药液投入水内	操作较简单，投加安全可靠；必须建造高位溶液池，增加加药间层高	1. 中、小型水厂 2. 考虑到输液管线的沿程水头损失，输液管线不宜过长
压力投加	加药泵	泵在药液池内直接吸取药液，加入压力管内	可以定量投加，不受压力管压力所限 价格较贵，泵易引起堵塞，养护较麻烦	适用于大、中型水厂
	水射器	利用高压水在水射器喷嘴处形成的负压将药液吸入并将药液射入压力水管 水射器可同时用作混合设备使用	设备简单，使用方便，不受溶液池高程所限 效率较低，如溶液浓度不当，可能引起堵塞	适用于各种规模水厂

2. 计量设备

计量设备多种多样，应根据具体情况选用。目前常用的计量设备有转子流量计、电磁流量计、苗嘴等。

(三) 混合设备

以往用于给水处理中的混合设备和装置有许多种，按照混合方式可分为管式混合、混合池混合、水泵混合、机械混合几大类。在废水处理工程中，比较常用的混合设备列于表 2-2-10 中。

表 2-2-10　废水处理中常用的混合装置

名称	优缺点	适用条件
固定混合器（又称静态混合器，见图 2-2-33）	(1)制作简单，有定型产品 (2)不占地，易于安装 (3)混合效果好 (4)水头损失较大	中、小型处理工程（水量$<1000m^3/d$）
涡流混合池（槽）（见图 2-2-34）	(1)混合效果较好 (2)对于小水量时，可以同时完成混合与反应两个过程，在水量较大时，单独作为混合装置使用 (3)易于设备化 (4)水头损失较小	大、中型处理工程（水量 2000～3000m^3/d）；作为混合与反应装置使用时，适用水量$<1500m^3/d$
机械搅拌混合池（槽）（见图 2-2-35）	(1)混合效果较好 (2)可以设备化，也可以用混凝土浇筑 (3)水头损失小 (4)有一定的动力消耗，需定期维修保养	适用于各种规模
穿孔板混合	(1)宜于与混凝沉淀池结合设计 (2)混凝效果一般 (3)有一定的水头损失 (4)常与其他混合装置（如固定混合器）配合使用	大、中型处理工程（水量 1000～30000m^3/d）
折板式混合	(1)宜于与混凝沉淀池结合设计 (2)混凝效果一般 (3)有一定的水头损失 (4)常与其他混合装置（如固定混合器）配合使用	大、中型处理工程（水量 1000～30000m^3/d）
水射器混合（见图 2-2-36）	(1)制作简单，有定型产品 (2)不占地，易于安装 (3)混合效果好 (4)有一定的水头损失，使用效率低 (5)可同时作为投药装置使用	小型处理工程（水量$<500m^3/d$）

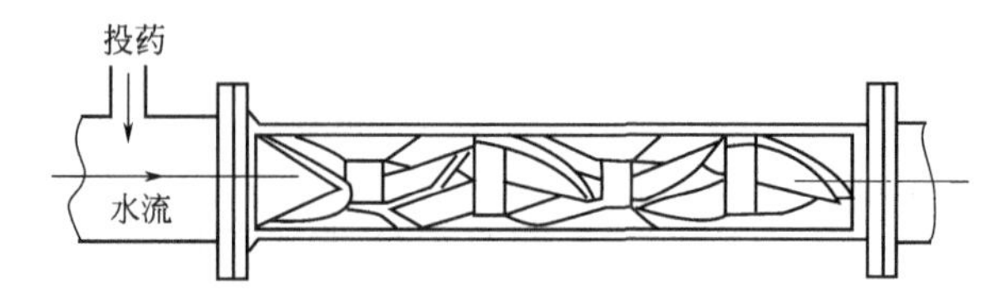

图 2-2-33 静态混合器

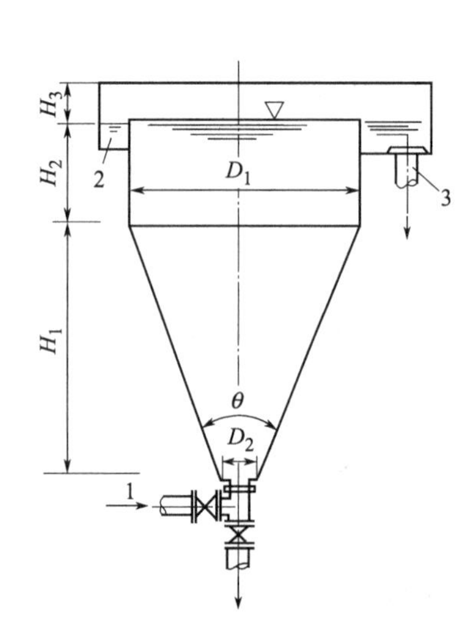

图 2-2-34 涡流混合池

1—进水管；2—出水渠道；3—出水管

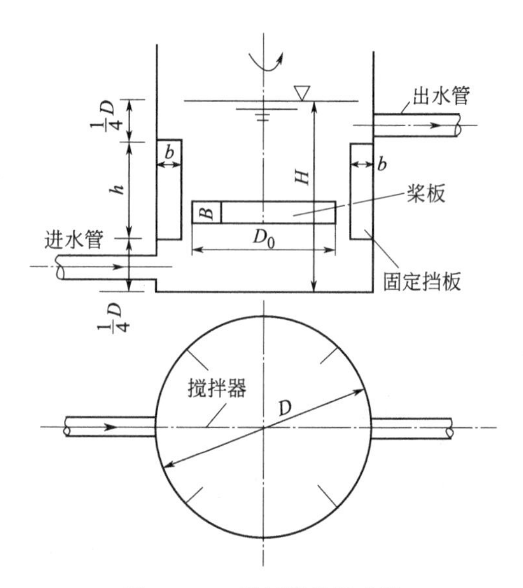

图 2-2-35 机械搅拌混合池

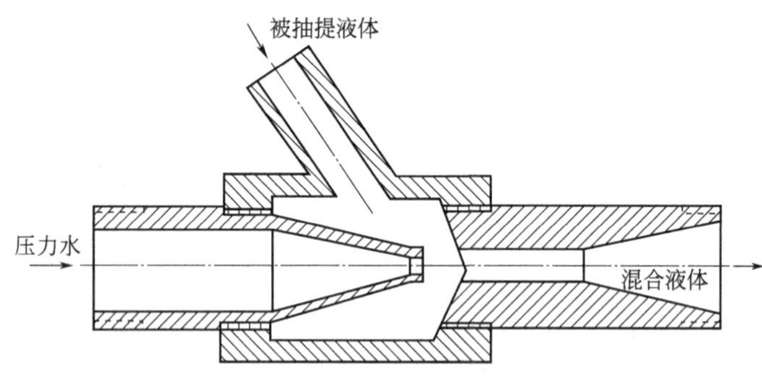

图 2-2-36 水射器

(四) 反应设备与装置

废水处理中常用的反应设备形式如表 2-2-11 所列。

表 2-2-11 废水处理中常用的反应设备形式

名 称	优缺点	适用条件
隔板式反应池(见图 2-2-37)	(1)反应效果好 (2)管理维护简单 (3)常采用钢筋混凝土建造	水量变化不大的各种规模
旋流式反应池(见图 2-2-38)	(1)反应效果一般 (2)水头损失较小 (3)制作简单,宜于管理	中、小型处理工程(水量 200～3000m³/d)

续表

名 称	优缺点	适用条件
涡流式反应池(槽)	(1)反应时间短,容积小 (2)反应效果一般 (3)易于设备化 (4)对于小水量工程,可省去混合装置	中、小型处理工程(水量200～3000m^3/d)

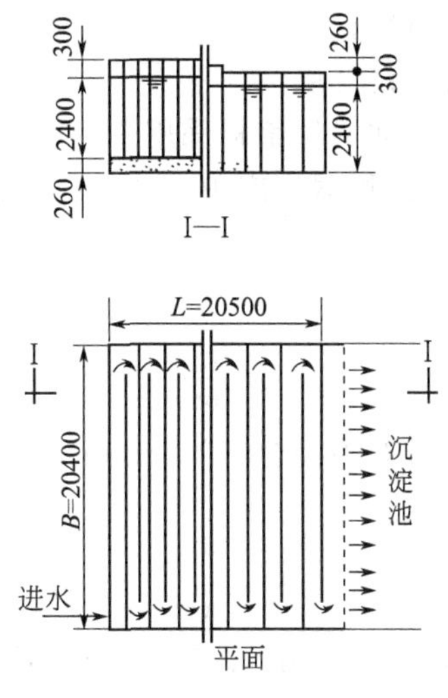

图 2-2-37 往复式隔板式絮凝池

四、设计计算

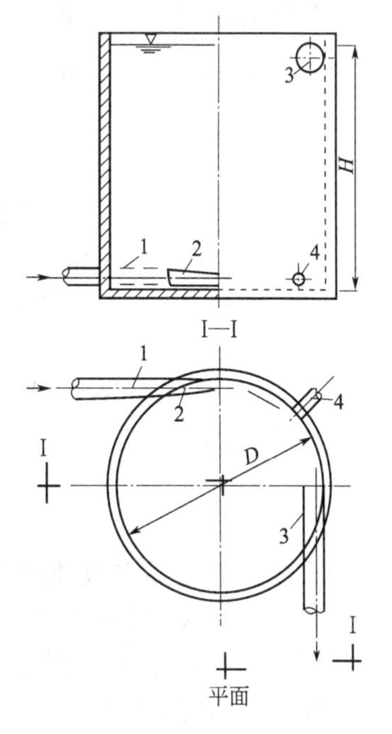

图 2-2-38 旋流式絮凝池

1—进水管；2—喷嘴；

3—出水管；4—排泥管

(一) 溶药池的容积计算

溶药池的容积（w，m^3）可按下式计算：

$$w=24\times100aQ/(1000\times1000bn)=aQ/(417bn)$$

式中，a 为混凝剂最大用量，mg/L；Q 为处理水量，m^3/h；b 为药液浓度，按药剂固体质量分数计算，一般取10%～20%；n 为每天配制溶液次数，一般取2～6次。

(二) 混合池的设计计算

1. 涡流式混合池设计要点（参考图 2-2-34）

（1）适合于中、小型水处理工程。

（2）进水口处上升流速一般取1～1.5m/s；圆锥部分其中心角θ可取30°～45°；上口圆柱部分流速取25mm/s。

（3）总的停留时间应≤2min，一般取1～1.5min。

2. 折板式混合池设计要点

（1）一般设计成有三块以上隔板的窄长形水槽，两道隔板间的距离为槽宽的2倍。

（2）最后一道隔板后的槽中水深不应小于0.4～0.5m，该处槽中流速按0.6m/s设计。

（3）缝隙处的流速按1m/s设计，每道缝隙处的水头损失约为0.13m，一般总水头损失在0.4m左右。

(4) 为避免进入空气，缝隙应设在淹没水深 0.1～0.15m 以下。

3. 机械搅拌混合池设计计算（参考图 2-2-35）

(1) 为加强混合效果，除池内设有快速旋转桨板外，还可在周壁上加设固定挡板四块，每块宽度 b 采用 (1/12～1/10) D（D 为混合池直径），其上、下缘离静止液面和池底皆为 D。

(2) 混合池内一般设带两叶的平板搅拌器，搅拌器离池底 0.5～0.75D_0（D_0 为搅拌器直径）。当 H（有效高度）：$D \leqslant 1.2$ 时，搅拌器设 1 层；

当 H：$D > 1.3$ 时，搅拌器可设两层；

如 H：D 的比例很大，则可多设几层。

每层间距 (1.0～1.5) D_0，相邻两层桨板采用 90°交叉安装。

(3) 搅拌器直径 $D_0 \approx 0.5D$；搅拌器宽度 $B=(0.1 \sim 0.25)D$。

计算公式及设计数据如下[3]。

① 混合池容积 V，m^3

$$V=\frac{QT}{60n} \tag{2-2-8}$$

式中，Q 为设计流量，m^3/h；T 为混合时间，min，可采用 1min；n 为池数，个。

② 垂直轴转速 n_0，S^{-1}

$$n_0=\frac{60v}{\pi D_0} \tag{2-2-9}$$

式中，v 为桨板外援线速度，1.5～3m/s；D_0 为搅拌器直径，m。

③ 轴功率

需要轴功率 N_1，kW
$$N_1=\frac{\mu VG^2}{102} \tag{2-2-10}$$

计算轴功率 N_2，kW

$$N_2=C\frac{\gamma\omega^3 ZeBR_0^4}{408g} \tag{2-2-11}$$

式中，μ 为水的动力黏度，$kg \cdot s/m^2$；G 为设计速度梯度，500～1000s^{-1}；C 为阻力系数，0.2～0.5；γ 为水的容重，1000kg/m^3；g 为重力加速度，9.81m/s^2；ω 为旋转的角度，rad/s，$\omega=2v/D_0$；Z 为搅拌器叶数，个；e 为搅拌器层数，层；B 为搅拌器宽度，m；R_0 为搅拌器半径，m。

④ 电动机功率 N_3，kW

调整使 $N_1 \approx N_2$

$$N_3=\frac{N_2}{\sum \eta_n}$$

式中，$\sum \eta_n$ 为传动机械效率，一般取 0.85。

如 N_1 与 N_2 相差甚大，则需要改用推进式搅拌器。

【例 2-2-5】 已知流量 200m^3/h，设计桨式混合池。

解： ① 混合时间

$$T=1\text{min}$$

② 混合池流量

$$Q=200m^3/h=3.33m^3/min$$

③ 混合池有效容积

$$W=QT=3.33\times 1=3.33\ (m^3)$$

混合池直径 $D=1.3$m。混合池水深

$$H=\frac{4W}{\pi D^2}=\frac{4\times 3.33}{3.14\times 1.3^2}=2.5\ (\mathrm{m})$$

混合池壁设四块固定挡板，每块宽度 $1/10D=0.13$m，其上下缘离静止液面和池底皆为0.3m，挡板长为2.5m−0.6m=1.9m。

混合池超高0.5m，混合池全高为2.5m+0.5m=3.0m。

④ 搅拌器外缘线速度 $v=3$m/s。搅拌器直径

$$D_0\approx 1/2D,\ D_0=0.7\mathrm{m}$$

搅拌器距池底高度采用0.45m，搅拌器叶数 $Z=2$，搅拌器宽度 $B=0.136$m，搅拌器层数 $e=3$，搅拌器层间距采用0.85m。搅拌器转速

$$n_0=\frac{60v}{\pi D_0}=\frac{60\times 3}{3.14\times 0.7}=81.85\approx 82\ (\mathrm{r/min})$$

搅拌器旋转角速度

$$\omega=\frac{2v}{D_0}=\frac{2\times 3}{0.7}=8.57\ (\mathrm{r/s})$$

计算轴功率

$$N_2=\frac{C\gamma\omega^3 ZeBR_0^4}{408g}=0.5\times 1000\times 8.57^3\times 2\times 3\times 0.136\times 0.35^4/(408\times 9.81)=0.96\ (\mathrm{kW})$$

需要轴功率

$$N_1=\frac{\mu WG^2}{102}\times\frac{116.5\times 10^{-6}\times 3.33\times 500^2}{102}=0.95\ (\mathrm{kW})$$

$N_1\approx N_2$，满足要求。

电动机功率

$$N_3=\frac{N_2}{\sum\eta_n}=\frac{0.96}{0.85}=1.13\ (\mathrm{kW})$$

(三) 反应池设计计算

1. 折流式反应池

设计要点如下。

① 池数一般不少于2个，反应时间为20～30min，色度高、难于沉淀的细颗粒较多时宜采用高值。

② 池内流速应按变速设计，进口流速一般为0.5～0.6m/s，出口流速一般为0.2～0.3m/s。通常靠调整隔板的间距以达到改变流速的要求。

③ 隔板间净距应大于0.5m，小型池子当采用活动隔板时可适当减小。进水管口应设挡水措施，避免水流直冲隔板。

④ 絮凝池超高一般采用0.3m。

⑤ 隔板转弯处的过水断面面积，应为廊道断面面积的1.2～1.5倍。

⑥ 池底坡向排泥口的坡度，一般为2%～3%，排泥管直径不应小于100mm。

⑦ 反应效果亦可用速度梯度 G 和反应时间 T 来控制，当水中悬浮固体含量较低、平均 G 值较小或处理要求较高时，可适当延长反应时间，以提高 GT 值，改善反应效果。

计算公式及设计数据如下。

(1) 总容积 V，$\mathrm{m^3}$

$$V=\frac{QT}{60} \tag{2-2-12}$$

式中，Q 为设计水量，m^3/h；T 为反应时间，min。

(2) 每池平面面积 A，m^2

$$A=\frac{V}{nH_1}+A_0 \tag{2-2-13}$$

式中，H_1 为平均水深，m；n 为池数，个；A_0 为每池隔板所占面积，m^2。

(3) 池子长度 L，m

$$L=\frac{A}{B} \tag{2-2-14}$$

式中，B 为池子宽度，一般采用与沉淀池等宽，m。

(4) 隔板间距 a_n，m

$$a_n=\frac{Q}{3600nv_nh_n} \tag{2-2-15}$$

式中，v_n 为该段廊道内流速，m/s；h_n 为各段水头损失，m。

(5) 各段水头损失 h_n，m

$$h_n=\zeta S_n\frac{v_0^2}{2g}+\frac{v_n^2}{C_n^2R_n}I_n \tag{2-2-16}$$

式中，v_0 为该段隔板转弯处的平均流速，m/s；S_n 为该段廊道内水流转弯次数；R_n 为廊道断面的水力半径，m；C_n 为流速系数，根据 R_n 及池底、池壁的粗糙系数等因素确定；ζ 为隔板转弯处的局部阻力系数，往复隔板为 3.0，回转隔板为 1.0；I_n 为该段廊道的长度之和，m。

(6) 总水头损失 h，m

$$h=\sum h_n \tag{2-2-17}$$

按各廊道内的不同流速，分成数段分别进行计算后求和。

(7) 平均速度梯度 G（一般在 $10^4\sim10^5$ 范围），S^{-1}

$$G=\sqrt{\frac{\rho h}{60\mu T}} \tag{2-2-18}$$

式中，ρ 为水的容重，$1000kg/m^3$；μ 为水的动力黏度，$kg\cdot s/m^2$，见表 2-2-12。

表 2-2-12 水的动力黏度

水温(t)/℃	μ/($kg\cdot s/m^2$)	水温(t)/℃	μ/($kg\cdot s/m^2$)	水温(t)/℃	μ/($kg\cdot s/m^2$)
0	1.814×10^{-4}	10	1.335×10^{-4}	20	1.029×10^{-4}
5	1.549×10^{-4}	15	1.162×10^{-4}	30	0.825×10^{-4}

【例 2-2-6】 往复式隔板反应池计算。

已知条件：设计水量（包括自耗水量）$Q=120000m^3/d=5000m^3/h$。

采用数据：廊道内流速采用 6 挡，$v_1=0.5m/s$，$v_2=0.4m/s$，$v_3=0.35m/s$，$v_4=0.3m/s$，$v_5=0.25m/s$，$v_6=0.2m/s$；反应时间 $T=20min$；池内平均水深 $H_1=2.4m$；超高 $H_2=0.3m$，池数 $n=2$。

解：

① 计算总容积

$$V=\frac{QT}{60}=\frac{5000\times20}{60}=1667\ (m^3)$$

② 分为二池，每池净平面面积

$$A'=\frac{V}{nH_1}=\frac{1667}{2\times 2.4}=348\ (\mathrm{m}^2)$$

③ 池子宽度约按沉淀池宽采用 20.4m。

池子长度（隔板间净距之和）

$$L'=\frac{A'}{B}=\frac{348}{20.4}=17.1\ (\mathrm{m})$$

④ 隔板间距按廊道内流速不同分成 6 挡

$$a_1=\frac{Q}{3600nv_1H_1}=\frac{5000}{3600\times 2\times 0.5\times 2.4}=0.58\ (\mathrm{m})$$

取 0.6m，则实际流速 $v_1'=0.482\mathrm{m/s}$。

$$a_2=\frac{Q}{3600nv_2H_1}=\frac{5000}{3600\times 2\times 0.4\times 2.4}=0.72\ (\mathrm{m})$$

取 $a_2=0.7\mathrm{m}$，则实际流速 $v_2'=0.413\mathrm{m/s}$，按上法计算得

$a_3=0.8\mathrm{m}$，$v_3'=0.362\mathrm{m/s}$

$a_4=1.0\mathrm{m}$，$v_4'=0.29\mathrm{m/s}$

$a_5=1.15\mathrm{m}$，$v_5'=0.25\mathrm{m/s}$

$a_6=1.45\mathrm{m}$，$v_6'=0.20\mathrm{m/s}$

每一种间隔采取 3 条，则廊道总数为 18 条，水流转弯次数为 17 次。则池子长度（隔板间净距之和）：

$$L'=3(a_1+a_2+a_3+a_4+a_5+a_6)=3(0.6+0.7+0.8+1.0+1.15+1.45)=17.1\ (\mathrm{m})$$

⑤ 水头损失按廊道内的不同流速分成 6 段进行计算（这里只计算第一段）。

水力半径

$$R_1=\frac{a_1H_1}{a_1+2H_1}=\frac{0.6\times 2.4}{0.6+2\times 2.4}=0.27\ (\mathrm{m})$$

反应池采用钢筋混凝土及砖组合结构，外用水泥砂浆抹面，粗糙系数 $n=0.013$。

流速系数 $C_n=\frac{1}{n}R_n^{y_1}$，则

$$\begin{aligned}y_1&=2.5\sqrt{n}-0.13-0.75\sqrt{R_1}(\sqrt{n}+0.10)\\&=2.5\sqrt{0.013}-0.13-0.75\sqrt{0.27}(\sqrt{0.013}+0.10)=0.072\end{aligned}$$

故

$$C_1=\frac{1}{n}R_1^{y_1}=\frac{0.27^{0.072}}{0.013}=70$$

前 5 段内水流转弯次数均为 3，则前 5 段各段廊道长度为：

$$I_n=3B=3\times 20.4=61.2\ (\mathrm{m})$$

反应池第一段的水头损失：

$$h_1=\frac{\zeta S_n v_0^2}{2g}+\frac{v_1'^2}{C_1^2R_1}I_1=3\times 3\ \frac{0.402^2}{2\times 9.81}+\frac{0.482^2}{70^2\times 0.27}\times 61.2=0.074\ (\mathrm{m})$$

同理求出 h_2、h_3、h_4、h_5、h_6。

GT 值计算（$t=20$℃）：

$$G=\sqrt{\rho h/(60\mu T)}=\sqrt{1000\times 0.26/(60\times 1.029\times 10^{-4}\times 20)}=46\mathrm{s}^{-1}$$

$GT=46\times 20\times 60=55200$（在 $10^4\sim 10^5$ 范围内）。

2. 旋流式反应池

旋流式絮凝池为圆筒形池子，水流由喷嘴在池底（或上部）沿切线方向射入池内，一边

旋转一边上升（或下降），流速逐渐减小。该种池构造简单，容积小，便于布置，常与竖流式沉淀池配合使用。

设计要点：

① 池数一般不少于 2 个；

② 反应时间采用 8～15min；

③ 池内水深与直径的比 $H':D=10:9$；

④ 喷嘴出口流速一般为 2～3m/s，池出口流速多采用 0.3～0.4m/s；

⑤ 池内水头损失（不包括喷嘴和出口处）一般为 0.1～0.2m；

⑥ 喷嘴设置在池底，水流沿切线方向进入，设计时应考虑能改变喷嘴方向的可能。

旋流式絮凝池的计算公式与设计数据如下。

(1) 总容积 V，m^3

$$V=\frac{QT}{60} \tag{2-2-19}$$

式中，Q 为设计水量，m^3/h；T 为反应时间，min。

(2) 池子直径 D（根据 $H'=10D/9$ 推导），m

$$D=\sqrt[3]{\frac{3.6V}{n\pi}} \tag{2-2-20}$$

式中，n 为池数，个。

(3) 喷嘴直径 d，m

$$d=\sqrt{\frac{4Q}{3600nv\pi}} \tag{2-2-21}$$

式中，v 为喷嘴出口流速，m/s，一般采用 2～3m/s。

(4) 水头损失 h，m

$$h=h_1+h_2+h_3$$

$$h_1=\frac{v^2}{u^2 2g}\approx 0.06v^2$$

$$h_3=\zeta\frac{v^2}{2g} \tag{2-2-22}$$

式中，h_1 为喷嘴水头损失，m；h_2 为池内水头损失，m，一般为 0.1～0.2m；h_3 为出口处水头损失，m；u 为流量系数，采用 0.9；ζ 为出口处局部阻力系数，采用 0.5。

(5) 平均速度梯度 G，S^{-1}

$$G=\sqrt{\frac{\rho h}{60\mu T}} \tag{2-2-23}$$

式中，ρ 为水的容重，1000kg/m^3；μ 为水的动力黏度，kg·s/m^2，见表 2-2-12。

【例 2-2-7】 旋流式絮凝池的计算。

已知条件：设计水量 $Q=2080m^3/h$，絮凝时间 $T=10min$，反应池个数 $n=2$。

解： 设计计算

① 总容积 V

$$V=\frac{QT}{60}=\frac{2080\times 10}{60}=347\ (m^3)$$

② 池子直径 D

采用池内水深与直径之比为 $H:D=10:9$，则：

$$D=\sqrt[3]{\frac{3.6V}{n\pi}}=\sqrt[3]{\frac{3.6\times 347}{2\times 3.14}}=5.84\ (\mathrm{m})$$

③ 池子高度 H

池内水深

$$H'=\frac{10}{9}D=\frac{10}{9}\times 5.84=6.5\ (\mathrm{m})$$

保护高度采用 $\Delta H=0.3\mathrm{m}$，则：

$$H=H'+\Delta H=6.5+0.3=6.8\ (\mathrm{m})$$

④ 进水管喷嘴直径 d

喷嘴流速采取 $v=3\mathrm{m/s}$，则：

$$d=\sqrt{\frac{4Q}{3600n\pi v}}=\sqrt{\frac{4\times 2080}{3600\times 2\times 3.14\times 3}}=0.35\ (\mathrm{m})\ =350\ (\mathrm{mm})$$

⑤ 出水口直径 D_0

出口流速采用 $v_0=0.4\mathrm{m/s}$，则：

$$D_0=\sqrt{\frac{4Q}{3600n\pi v_0}}=\sqrt{\frac{4\times 2080}{3600\times 2\times 3.14\times 0.4}}=0.96\ (\mathrm{m})\ =960\ (\mathrm{mm})$$

⑥ 水头损失 h

喷嘴水头损失 h_1

$$h_1=\frac{v^2}{u^2 2g}\approx 0.06v^2=0.06\times 3^2=0.54\ (\mathrm{m})$$

池内水头损失 h_2

$$h_2=0.2\mathrm{m}$$

出口处水头损失 h_3

$$h_3=\zeta\frac{v_0^2}{2g}=0.5\times\frac{0.4^2}{2\times 9.81}=0.004\ (\mathrm{m})$$

所以 $h=h_1+h_2+h_3=0.54+0.2+0.004=0.744$ (m)

⑦ GT 值　水温 20℃时，水的动力黏滞系数 $\mu=1.029\times 10^{-4}\mathrm{kg\cdot s/m^2}$，速度梯度为：

$$G=\sqrt{\frac{\rho h}{60\mu T}}=\sqrt{\frac{1000\times 0.744}{60\times 1.029\times 10^{-4}\times 10}}=110\ (\mathrm{s^{-1}})$$

$$GT=110\times 10\times 60=66000\text{（在 }1\times 10^4\sim 1\times 10^5\text{ 范围内）}$$

3. 涡流式絮凝池（槽）

涡流式絮凝池的平面形状一般为圆形（也可用方形或矩形），其下部为锥体，上部为柱体，如图 2-2-39 所示。水从底部进入向上扩散流动时，流速逐渐减小，形成涡流，这种水流状态很适合绒粒的生长。另外，由于池子上部已聚集了较大的絮凝体，当水流自下而上流动通过它们时，那些尚未被吸附的细小颗粒就易被吸附，从而起到接触凝聚的作用。故涡流式絮凝池絮凝效果好，水流停留时间短，容积小、便于布置，这些都是隔板絮凝池所无法比拟的。涡流式絮凝池常与竖流式沉淀池配合使用。

设计要点：

① 池数一般不少于 2 个；

② 反应时间采用 6～10min；

③ 进水管流速采用 0.8～1.0m/s，底部入口处流速采用 0.7m/s，上部圆柱部分的上升

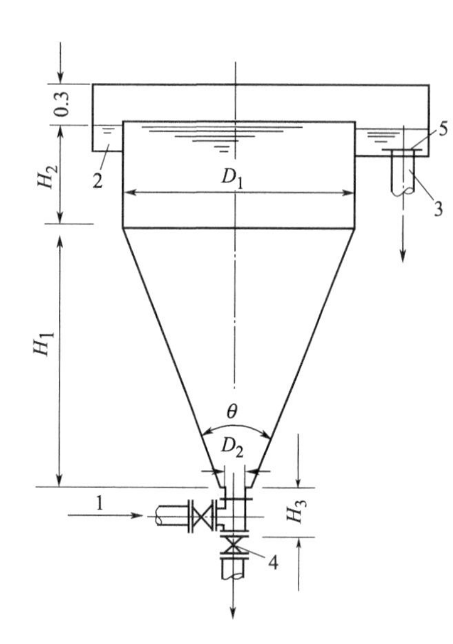

图 2-2-39 涡流式絮凝池

1—进水管；2—圆周集水槽；3—出水管；4—放水阀；5—栅条

流速采用 4～5mm/s，底部锥角采用 30°～45°；

④ 超高采用 0.3m；

⑤ 出水可用圆周集水槽、淹没式漏斗或淹没式穿孔管，出水流速不超过 0.2m/s，出水孔眼中流速也不超过 0.2m/s；

⑥ 池中每米工作高度的水头损失（从进水口至出水口）为 0.02～0.05m；

⑦ 圆柱部分高度可按其直径的一半计算。

计算公式与数据如下[3]。

（1）圆柱部分面积 A_1，m^2

$$A_1=\frac{Q}{3.6nv_1} \tag{2-2-24}$$

式中，v_1 为上部圆柱部分上升流速，mm/s；Q 为设计水量，m^3/h；n 为池数，个。

（2）圆柱部分直径 D_1，m

$$D_1=\sqrt{\frac{4A_1}{\pi}} \tag{2-2-25}$$

（3）圆锥底部面积 A_2，m^2

$$A_2=\frac{Q}{3600nv_2} \tag{2-2-26}$$

式中，v_2 为底部入口处流速，m/s。

（4）圆锥底部直径 D_2，m

$$D_2=\sqrt{\frac{4A_2}{\pi}} \tag{2-2-27}$$

（5）圆柱部分高度 H_2，m

$$H_2=\frac{D_1}{2} \tag{2-2-28}$$

（6）圆锥部分高度 H_1，m

$$H_1=\frac{D_1-D_2}{2}\cot\frac{\theta}{2} \tag{2-2-29}$$

式中，θ 为底部锥角，(°)。

（7）每池容积 V/m^3

$$V=\frac{\pi}{4}D_1^2H_2+\frac{\pi}{12}(D_1^2+D_1D_2+D_2^2)H_1+\frac{\pi}{4}D_2^2H_3 \tag{2-2-30}$$

式中，H_3 为池底部立管高度，m。

（8）反应时间 T，min

$$T=\frac{60V}{q} \tag{2-2-31}$$

式中，q 为每池设计水量，m^3/h。

（9）水头损失 h，m

$$h=h_0(H_1+H_2+H_3)+\zeta\frac{v^2}{2g} \tag{2-2-32}$$

式中，h_0 为每米工作高度的水头损失，m；ζ 为进口局部阻力系数；v 为进口处流速，

m/s。

（10）平均速度梯度 G，s^{-1}

$$G=\sqrt{\frac{\rho h}{60\mu T}} \tag{2-2-33}$$

式中，ρ 为水的容重，1000kg/m³；μ 为水的动力黏度，kg·s/m²，见表 2-2-12。

4. 机械絮凝池（见图 2-2-40）

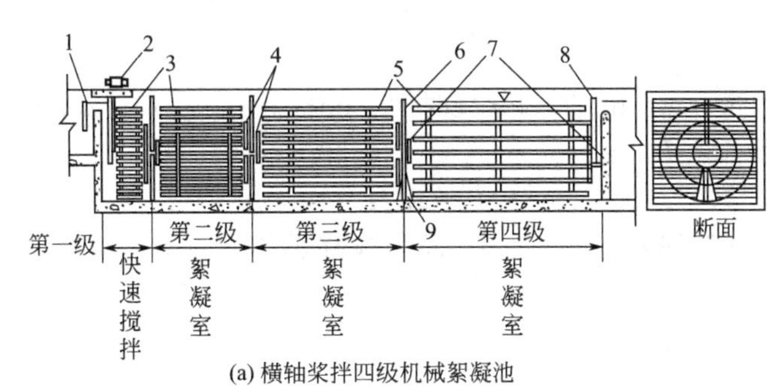

(a) 横轴桨拌四级机械絮凝池

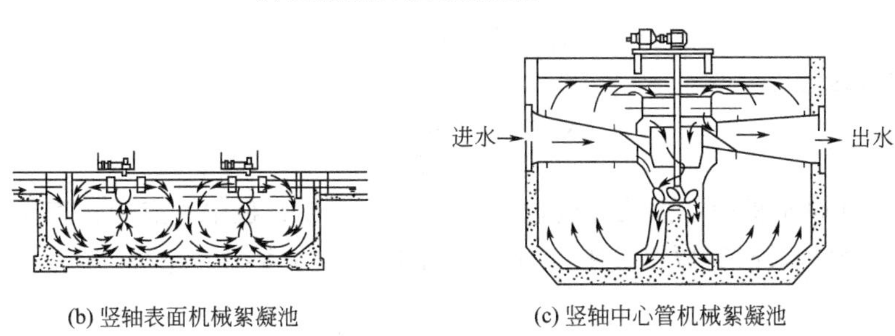

(b) 竖轴表面机械絮凝池　　(c) 竖轴中心管机械絮凝池

图 2-2-40　机械式絮凝池

1—进水口；2—电机；3，5—桨板；4—圆形挡板；6—挡板；7，8—出水口；9—混凝土轴座

机械絮凝的主要优点是可以适应水量变化和水头损失小，如配上无级变速传动装置，则更易于使絮凝达到最佳状态，国外应用比较普遍。但由于机械絮凝池需要机械装置，加工较困难，维修量大，国内目前采用较少。

根据搅拌轴的安放位置，可以分为水平式和垂直轴式。

机械絮凝池的设计要点：

① 絮凝时间采用 10～15min；

② 絮凝池一般不少于 2 个，池内一般设 3～4 排搅拌器，各排之间可用隔墙或穿孔墙分隔，以免短流；同一搅拌器两相邻叶轮应相互垂直设置；

③ 叶轮桨板中心处的线速度，从第一排的 0.4～0.5m/s，逐渐减小到最后一排的 0.2m/s；

④ 水平式搅拌轴应设于池中水深 1/2 处，每个搅拌叶轮的桨板数目一般为 4～6 块，桨板长度不大于叶轮直径的 75%，叶轮直径应比絮凝池水深小 0.3m，叶轮边缘与池子侧壁间距不大于 0.2m；

⑤ 垂直式搅拌轴设于池中间，上桨板顶端在水面下 0.3m 处，下桨板底端距池底 0.3～0.5m，桨板外缘离池壁不大于 0.25m；

⑥ 每排搅拌叶轮上的桨板总面积为水流截面积的 10%～20%，不宜超过 25%，每块桨板的宽度为桨板长的 1/15～1/10，一般采用 10～30cm；

⑦ 为了适应水量、水质和药剂品种的变化，宜采用无级变速的传动装置；

⑧ 絮凝池深度应根据处理工艺流程要求确定，一般为3～4m；

⑨ 全部搅拌轴及叶花等机械设备，均应考虑防腐；

⑩ 水平轴式的轴承与轴架宜设于池外（水位以上），以避免池中泥砂进入导致严重磨损或折断。

设计公式及数据如下[3]。

（1）每池容积 V，m^3

$$V=\frac{QT}{60n} \tag{2-2-34}$$

式中，Q 为设计水量，m^3/h；T 为絮凝时间，min，一般为15～20min；n 为池数，个。

（2）水平轴式池子长度 L，m

$$L=aZH \tag{2-2-35}$$

式中，a 为系数，一般采用1.0～1.5；Z 为搅拌轴排数（3～4排），个；H 为平均水深，m。

（3）水平轴式池子宽度 B，m

$$B=\frac{V}{LH} \tag{2-2-36}$$

（4）搅拌器转数 n_0

$$n_0=\frac{60v}{\pi D_0} \tag{2-2-37}$$

式中，v 为叶轮桨板中心点线速度，m/s；D_0 为叶轮桨板中心点旋转直径，m。

（5）每个叶轮旋转时克服水的阻力所消耗的功率 N_0，kW

$$N_0=\frac{ykl\omega^3}{408}(r_2^4-r_1^4)$$

$$\omega=0.1n_0 \tag{2-2-38}$$

$$k=\frac{\varphi\rho}{2g}$$

式中，ρ为水的密度，1000kg/m^3；y 为每个叶轮上的桨板数目，个；l 为桨板长度，m；r_1 为叶轮半径与桨板宽度之差，m；r_2 为叶轮半径，m；ω 为叶轮旋转的角速度，r/s；k 为系数；φ 为阻力系数，根据桨板宽度与长度之比（b/l）确定，见表2-2-13。

表2-2-13 阻力系数 φ

$\frac{b}{l}$	小于1	1～2	2.5～4	4.5～10	10.5～18	大于18
φ	1.10	1.15	1.19	1.29	1.40	2.00

（6）转动每个叶轮时所需电动机功率 N，kW

$$N=\frac{N_0}{\eta_1\eta_2} \tag{2-2-39}$$

式中，η_1 为搅拌器机械总效率，采用0.75；η_2 为传动效率，采用0.6～0.95。

注：水平轴如为水平穿壁则还需要另加0.735kW作为消耗于填料层和轴承的损失。

（四）投药量

混凝剂的投加量不仅取决于药剂的种类，而且还与生化系统的设计条件、污水水质以及后续固液分离方式密切相关。在有条件时，应根据实验来确定合理的投药量；当没有实验条件时，可参考以下指标估算：

① 用于澄清和进一步去除悬浮固体及有机物质，且二级生化处理系统的泥龄大于 20d 时，可按给水处理投药量的 2～4 倍考虑。一般来讲泥龄越长，投药量越小。当二级处理流程是采用的高负荷、短泥龄生化处理系统时，则必须通过实验确定投药量。

② 用于后置除磷流程时可根据不同药剂的参考经验投药量考虑（详见本篇第十章）。

③ 投加铝盐或铁盐与生化处理系统合并处理时，可按 1mol 磷投加 1.5mol 的铝盐（铁盐）来考虑。

第三节 气　浮

一、原理和功能[2]

气浮是向水中通入或设法产生大量的微细气泡，形成水、气、颗粒三相混合体，使气泡附着在悬浮颗粒上，因黏合体密度小于水而上浮到水面，实现水和悬浮物分离，从而在回收废水中的有用物质的同时又净化了废水。气浮可用于不适合沉淀的场合，以分离密度接近于水和难以沉淀的悬浮物，例如油脂、纤维、藻类等，也用来去除可溶性杂质，如表面活性物质。该法广泛应用于炼油、人造纤维、造纸、制革、化工、电镀、制药、钢铁等行业的废水处理，也用于生物处理后分离活性污泥。

悬浮物表面有亲水和憎水之分。憎水性颗粒表面容易附着气泡，因而可使用气浮。亲水性颗粒用适当的化学药品处理后可以转为憎水性。水处理中的气浮法常用混凝剂使胶体颗粒结为絮体，絮体具有网络结构，容易截留气泡，从而提高气浮效率。水中如有表面活性剂（如洗涤剂）可形成泡沫，也有附着悬浮颗粒一起上升的作用。

气浮法有可连续操作、应用范围广、基建投资和运行费用小、设备简单、对分离杂质有选择性、分离速度较沉降法快、残渣含水量较低、杂质去除率高、可以回收有用物质等优点。气浮过程中，达到废水充氧的同时，表面活性物质、易氧化物质、细菌和微生物的浓度也随之降低。

气浮池平面通常为长方形，平底。出水管位置略高于池底。水面设刮泥机和集泥槽。因为附有气泡的颗粒上浮速度很快，所以气浮池容积较小，停留时间仅十多分钟。

二、设备和装置[4]

(一) 溶气释放器

目前国内最常用的溶气释放器，是获得国家发明奖的 TS 型溶气释放器及其改良型 TJ 型溶气释放器和 TV 型专利溶气释放器。

1. 主要特点

(1) 完全释气在 0.15MPa 以上，即能释放溶气量的 99%左右。

(2) 能在较低压力下工作，在 0.2MPa 以上时，即能取得良好的净水效果，减少电耗。

(3) 释出的微细气泡平均直径为 20～40μm，气泡密集，附着性能良好。

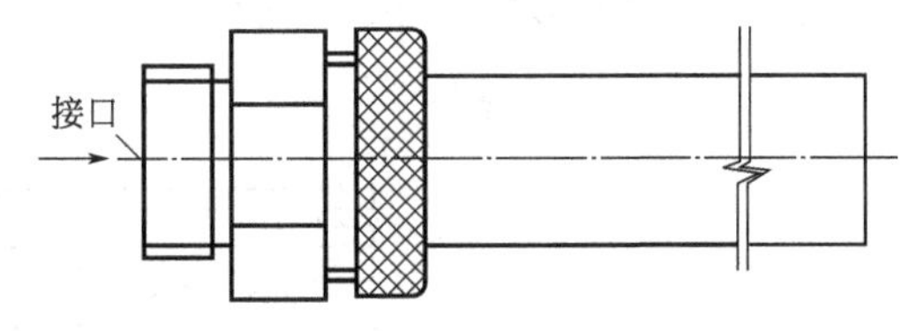

图 2-2-41 TS 型溶气释放器外形

2. TS 型溶气释放器

TS 型溶气释放器共有五种型号，其外形示于图 2-2-41。它们在不同压力下的流量和作用范围见表 2-2-14。

表 2-2-14 TS 型溶气释放器性能

型号	溶气水支管接口直径/mm	不同压力下的流量/(m^3/h)					作用直径/cm
		0.1MPa	0.2MPa	0.3MPa	0.4MPa	0.5MPa	
TS-Ⅰ	15	0.25	0.32	0.38	0.42	0.45	25
TS-Ⅱ	20	0.52	0.70	0.83	0.93	1.00	35
TS-Ⅲ	20	1.01	1.30	1.59	1.77	1.91	50
TS-Ⅳ	25	1.68	2.13	2.52	2.75	3.10	60
TS-Ⅴ	25	2.34	3.47	4.00	4.50	4.92	70

3. TJ 型溶气释放器

TJ 型溶气释放器是根据 TS 型溶气释放器的原理，为了扩大单个释放器出流量及作用范围，以及克服 TS 型释放器较易被水中杂质所堵塞的缺点而设计的。其外形如图 2-2-42 所示。

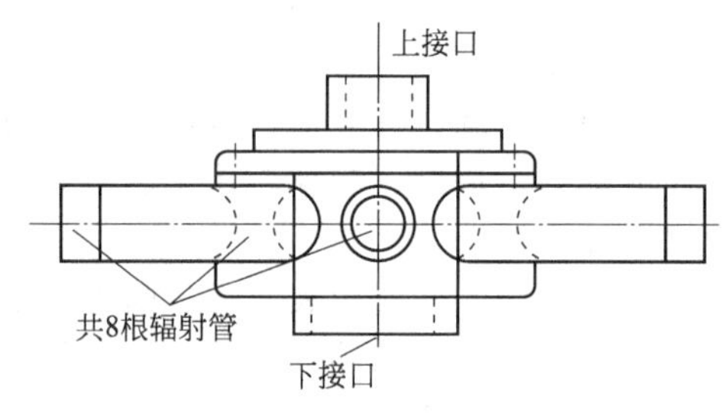

图 2-2-42 TJ 型溶气释放器外形

该释放器在堵塞时，可以从上接口抽真空，提起器内的舌簧，以清除杂质。

TJ 型溶气释放器共有五种型号，它们在不同溶气压力下的流量及作用范围见表 2-2-15。

表 2-2-15 TJ 型溶气释放器性能

型号	规格	溶气水支管接口直径/mm	抽真空管接口直径/mm	不同压力下的流量/(m^3/h)								作用直径/cm
				0.15MPa	0.2MPa	0.25MPa	0.3MPa	0.35MPa	0.4MPa	0.45MPa	0.5MPa	
TS-Ⅰ	8×(15)	25	15	0.98	1.08	1.18	1.28	1.38	1.47	1.57	1.67	50
TS-Ⅱ	8×(15)	25	15	2.10	2.37	2.59	2.81	2.97	3.14	3.29	3.45	70
TS-Ⅲ	8×(25)	50	15	4.03	4.61	5.15	5.60	5.98	6.31	6.74	7.01	90
TS-Ⅳ	8×(32)	65	15	5.67	6.27	6.88	7.50	8.09	8.69	9.29	9.89	100
TS-Ⅴ	8×(40)	65	15	7.41	8.70	9.47	10.55	11.11	11.75	—	—	110

4. TV 型匀分布溶气释放器

这种释放器是为了克服上面两种释放器布水不均匀及需要用水射器才能使舌簧提起等缺点而设计的。其外形如图 2-2-43 所示。

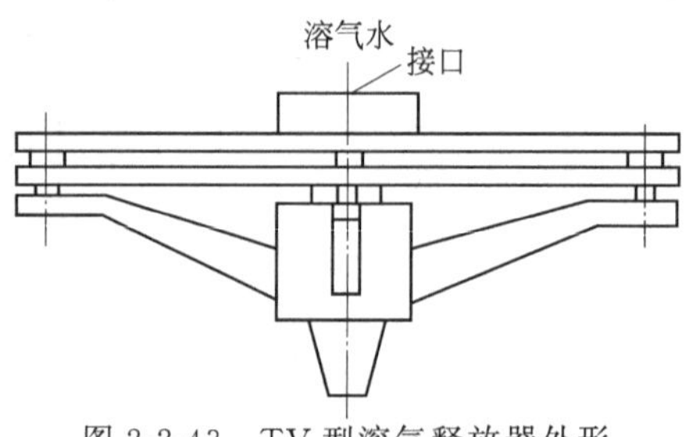

图 2-2-43 TV 型溶气释放器外形

当该释放器堵塞时，接通压缩空气即可使下盘下移，增大水流通道而使堵塞物排出；另外，为了防止释放器在废水中的腐蚀，采用了不锈钢材质。该释放器已获国家专利，专利号：86206538。

TV 型溶气释放器目前有三种型号，其不同溶气压力下的流量及作用范围见表 2-2-16。

表 2-2-16　TV 型溶气释放器性能

型号	规格	溶气水支管接口直径/mm	不同压力下的流量/(m^3/h)								作用直径/cm
			0.15MPa	0.2MPa	0.25MPa	0.3MPa	0.35MPa	0.4MPa	0.45MPa	0.5MPa	
TS-Ⅰ	ϕ25	25	0.95	1.04	1.13	1.22	1.31	1.4	1.48	1.51	40
TS-Ⅱ	ϕ20	25	2.00	2.16	2.32	2.48	2.64	2.8	2.96	3.18	60
TS-Ⅲ	ϕ25	40	4.08	4.45	4.81	5.18	5.54	5.91	6.18	6.64	80

注：以上三种释放器均由上海同济大学水处理技术开发中心附属工厂生产。

(二) 压力溶气罐

压力溶气罐有多种形式，推荐采用能耗低、溶气效率高的空压机供气的喷淋式填料罐。其构造形式示于图 2-2-44。

特点如下：

(1) 该种压力溶气罐用普通钢板卷焊而成。但因属压力容器范畴，故其设计、制作需按一类压力容器要求考虑。

(2) 该种压力溶气罐的溶气效率与不加填料的容器罐相比，约高 30%。在水温 20～30℃范围内，释气量约为理论饱和溶气量的 90%～99%。

(3) 可应用的填料种类很多，如瓷质拉西环、塑料斜交错淋水板、不锈钢圈填料、塑料阶梯环等。由于阶梯环具有较高的溶气效率，故可优先考虑。不同直径的溶气罐，需配置不同尺寸的填料，其填料的充填高度一般取 1m 左右即可。当溶气罐直径超过 500mm 时，考虑到布水均匀性，可适当增加填料高度。

(4) 由于布气方式、气流流向变化等因素对填料罐溶气效率几乎无影响，因此，进气的位置及形式一般无需多加考虑。

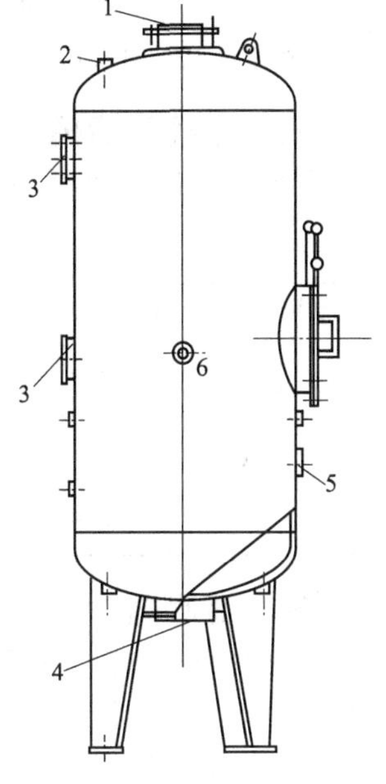

图 2-2-44　喷淋式填料塔

1—进水管；2—进气管；3—观察窗(进出料孔)；4—出水管；5—液位传感器；6—放气管

(5) 为自动控制罐内最佳液位，采用了浮球液位传感器，当液位达到了浮球传感器下限时，即指令关闭进气管上的电磁阀；反之，当液位达到上限时，指令开启电磁阀。

(6) 溶气水的过流密度（溶气水流量与罐的截面积之比），有一个优化的范围。根据同济大学试验结果所推荐的 TR 型压力溶气罐的型号、流量的适用范围及各项主要参数列于表 2-2-17。

表 2-2-17　压力溶气罐的主要参数

型号	罐直径/mm	流量适用范围/(m^3/h)	压力适用范围/MPa	进水管管径/mm	出水管管径/mm	罐总高(包括支脚)/mm
TR-2	200	3～6	0.2～0.5	40	50	2550
TR-3	300	7～12	0.2～0.5	70	80	2580
TR-4	400	13～19	0.2～0.5	80	100	2680

续表

型号	罐直径/mm	流量适用范围/(m^3/h)	压力适用范围/MPa	进水管管径/mm	出水管管径/mm	罐总高(包括支脚)/mm
TR-5	500	20～30	0.2～0.5	100	125	3000
TR-6	600	31～42	0.2～0.5	125	150	3000
TR-7	700	43～58	0.2～0.5	125	150	3180
TR-8	800	59～75	0.2～0.5	150	200	3280
TR-9	900	76～95	0.2～0.5	200	250	3330
TR-10	1000	96～118	0.2～0.5	200	250	3380
TR-12	1200	119～150	0.2～0.5	250	300	3510
TR-14	1400	151～200	0.2～0.5	250	300	3610
TR-16	1600	201～300	0.2～0.5	300	350	3780

注：该系列产品由上海同济大学水处理技术开发中心附属工厂生产。

(三) 空气压缩机

表 2-2-18 所列举的是目前溶气气浮法常用的空气压缩机的型号和性能。

表 2-2-18 常用空气压缩机性能

型号	气量/(m^3/min)	最大压力/MPa	电动机功率/kW	配套适用气浮池范围/(m^3/d)
Z-0.036/7	0.036	0.7	0.37	<5000
Z-0.08/7	0.08	0.7	0.75	<10000
Z-0.12/7	0.12	0.7	1.1	<15000
Z-0.36/7	0.36	0.7	3	<40000

(四) 刮渣机

如果大量浮渣得不到及时的清除，或者刮渣时对渣层的扰动过剧、刮渣时液位及刮渣程序控制不当、刮渣机运行速度与浮渣的黏滞性不协调等，都将影响气浮净水的效果。

目前，对矩形气浮池均采用桥式刮渣机，如图 2-2-45 所示。

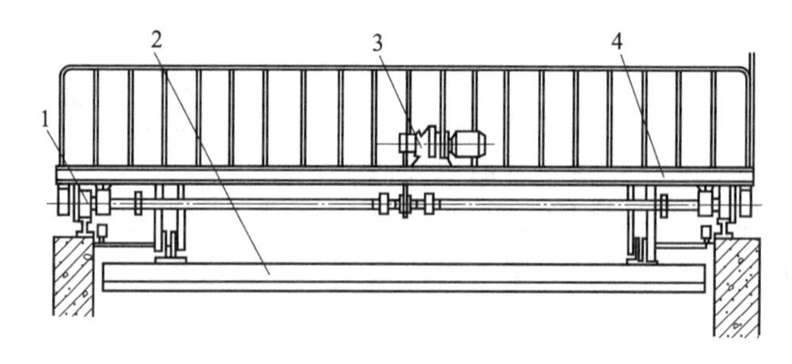

图 2-2-45 桥式刮渣机

1—行走轮；2—刮板；3—驱动机构；4—桁架

这种类型的刮渣机适用范围一般在跨度 10m 以下，出渣槽的位置可设置在池的一端或两端。

对圆形气浮池，大多采用行星式刮渣机，如图 2-2-46 所示。其适用范围在直径 2～20m，出渣槽位置可在圆池径向的任何部位。

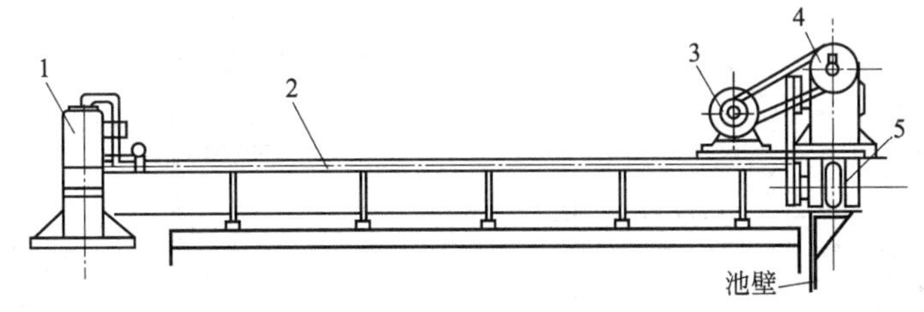

图 2-2-46　行星式刮渣机

1—中心管轴；2—行星臂；3—电机；4—传动部分；5—行走轮

此外，还有一些用于特殊情况的刮渣机，如小型链条式刮渣机等。

表 2-2-19 及表 2-2-20 为同济大学水处理技术开发中心附属工厂生产的 TQ 型桥式刮渣机和 TX 型行星式刮渣机的规格及主要技术参数。

表 2-2-19　TQ 型桥式刮渣机规格及主要技术参数

刮渣机型号	气浮池净宽/m	轨道中心距/m	驱动减速器型号	电机功率/kW	电机转速/(r/min)	行走速度/(m/min)	轨道型号
TQ-1	2～2.5	2.23～2.73	SJWD 减速器附带电机	0.75	—	—	—
TQ-2	2.5～3	2.73～3.23		0.75	1000	5.36	8kg/m
TQ-3	3～4	3.23～4.23		0.75	—	—	—
TQ-4	4～5	4.23～5.23		1.1	—	—	—
TQ-5	5～6	5.23～6.23		1.1	1500	4.8	11kg/m
TQ-6	6～7	6.23～7.23		1.1	—	—	—
TQ-7	7～8	7.23～8.23		1.5	—	—	—
TQ-8	8～9	8.23～9.23		1.5	—	—	—

表 2-2-20　TX 型行星式刮渣机规格及主要技术参数

型号	池体直径 D/m	轨道中心圆直径/m	电机型号	电机功率/kW	电机转速/(r/min)	行走速度/(m/min)
JX-1	2～4	D+0.1	AO-5624	0.12	1440	—
JX-2	4～6	D+0.16	AO-6314	0.18	1440	4～5
JX-3	6～8	D+0.2	AO-6324	0.25	1440	—

(五) 气浮池

气浮池的布置形式较多，根据待处理水的水质特点、处理要求及各种具体条件，目前已经建成了许多种形式的气浮池，其中有平流与竖流、方形与圆形等布置，同时也出现了气浮与反应、气浮与沉淀、气浮与过滤等工艺一体化的组合形式。

1. 平流式气浮池

这是目前气浮净水工艺中用得最多的一种，采用反应池与气浮池合建的形式，见图 2-2-47。

废水进入反应池（可用机械搅拌、折板、孔室旋流等形式）完成反应后，将水流导向底部，以便从下部进入气浮接触室，延长絮体与气泡的接触时间，池面浮渣刮入集渣槽，清水由底部集水管集取。

这种形式的优点是池身浅、造价低、构造简单、管理方便；缺点是与后续处理构筑物在高程上配合较困难、分离部分的容积利用率不高等。

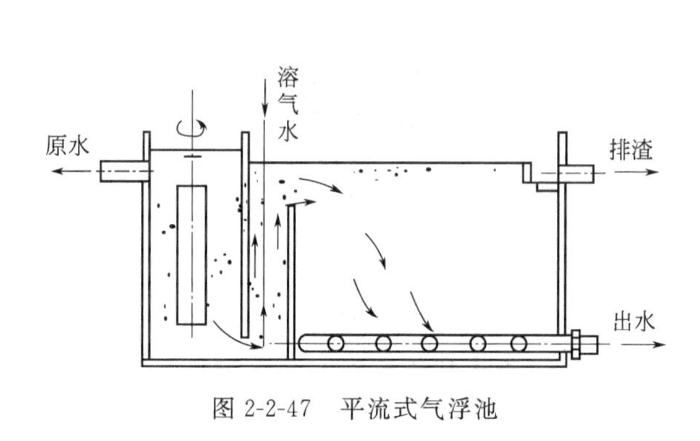

图 2-2-47 平流式气浮池

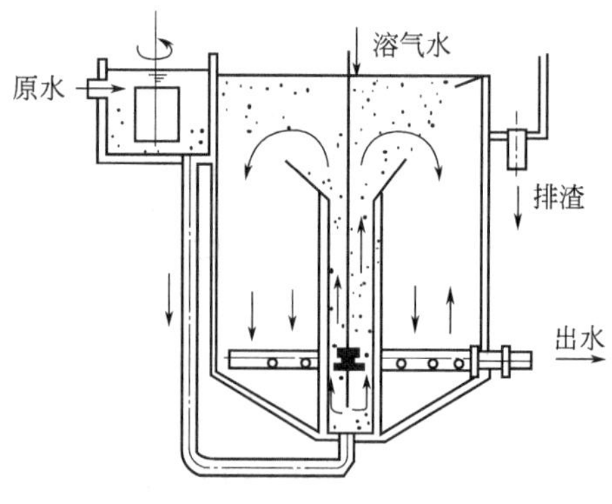

图 2-2-48 竖流式气浮池

2. 竖流式气浮池

这是另一种常用的形式，见图 2-2-48。其优点是接触室在池中央，水流向四周扩散，水力条件比平流式单侧出流要好，便于与后续构筑物配合；缺点是与反应池较难衔接，容积利用率低。

3. 综合式气浮池

综合式气浮池可分为三种：气浮、反应一体式；气浮、沉淀一体式；气浮、过滤一体式。

由上可见，气浮池的工艺形式是多样化的，实际应用时需根据原废水水质、水温、建造条件（如地形、用地面积、投资、建材来源）及管理水平等方面综合考虑。

三、设计计算

(一) 设计参数

(1) 研究水质条件，确定是否适合采用气浮。

(2) 在条件允许的情况下，应对废水进行小型或模拟试验，并根据试验结果确定溶气压力和回流比（溶气水量/待处理水量）。通常溶气压力采用 0.2～0.4MPa，回流比取 5%～25%。

(3) 根据试验时选定的混凝剂及其投加量和完成絮凝的时间及难易程度，确定反应形式及反应时间，一般比沉淀反应时间短，约 5～10min。

(4) 气浮池的池型应根据多方因素考虑。反应池宜与气浮池合建。为避免打碎絮体，应注意水流的衔接。进入气浮池接触室的流速宜控制在 0.1m/s 以下。

(5) 接触室必须为气泡和絮凝体提供良好的接触条件，接触室宽度应利于安装和检修。水流上升速度一般取 10～20mm/s，水流在室内的停留时间不宜小于 60s。

(6) 接触室内的溶气释放器需根据确定的回流量、溶气压力及各种释放器的作用范围选定。

(7) 气浮分离室需根据带气絮体上浮分离的难易程度选择水流流速，一般取 1.5～3.0mm/s，即分离室的表面负荷率取 5.4～10.8$m^3/(m^2 \cdot h)$。

(8) 气浮池的有效水深一般取 2.0～2.5m，池中水流停留时间一般为 10～20min。

(9) 气浮池的长宽比无严格要求，一般以单格宽度不超过 10m，池长不超过 15m 为宜。

(10) 气浮池排渣，一般采用刮渣机定期排除。集渣槽可设置在池的一端、两端或径向。刮渣机的行车速度宜控制在 5m/min 以内。

(11) 气浮池集水应力求均匀，一般采用穿孔集水管，集水管的最大流速宜控制在

0.5m/s 以内。

(12) 压力溶气罐一般采用阶梯环为填料，填料层高度通常取 1～1.5m。这时罐直径一般根据过水截面负荷率 100～200$m^3/(m^2 \cdot h)$ 选取，罐高为 2.5～3m。

(二) 设计步骤

1. 进行实验室和现场试验

废水种类繁多，即使是同类型废水，水质变化也很大，很难提出确切参数，因此可靠的办法是通过实验室和现场小型试验取得的主要参数作为设计依据。

2. 确定设计方案

在进行现场勘察和综合分析各种资料的基础上，确定主体设计方案。设计方案大致内容如下：

(1) 溶气方式采用全溶气式还是部分回流式；

(2) 气浮池池型采用平流式还是竖流式，取圆形、方形还是矩形；

(3) 气浮池之前是否需要预处理构筑物？之后是否需要后续处理构筑物？它们的形式如何？连接方式如何？

(4) 浮渣处理、处置途径；

(5) 工艺流程及平面布置的分析和确定。

3. 设计计算

溶气气浮计算公式如下。

(1) 气浮所需空气量 Q_g，L/h

$$Q_g = \varphi Q R a_c \times 1000 \tag{2-2-40}$$

式中，Q 为气浮池设计水量，m^3/h；R 为试验条件下的回流比，%；a_c 为试验条件下的释放量，L/m^3；φ 为水温校正系数，取 1.1～3.3（主要考虑水的黏滞度影响，试验时水温与冬季水温相差大者取高值）。

(2) 加压溶气水量 Q_p，L/h

$$Q_p = \frac{Q_g}{736 \eta p K_T} \tag{2-2-41}$$

式中，η 为溶气效率，对装阶梯环填料的溶气罐按表 2-2-21 查得；p 为选定的溶气压力，MPa；K_T 为溶解度系数，可根据表 2-2-22 查得。

(3) 接触室的表面积 A_c，m^2

$$A_c = \frac{Q + Q_p}{v_c} \tag{2-2-42}$$

式中，v_c 为选定接触室中水流的上升流速，m/h。

接触室的容积一般应按停留时间大于 60s 进行校核，接触室的平面尺寸如长宽比等数据的确定，应考虑施工的方便和释放器的布置等因素。

(4) 分离室的表面积 A_s，m^2

$$A_s = \frac{Q + Q_p}{v_s} \tag{2-2-43}$$

式中，v_s 为气浮分离速度，m/h。

对矩形分离室，长宽比一般取 (1～2)∶1。

(5) 气浮池净容积 V，m^3

$$V = (A_c + A_s) H \tag{2-2-44}$$

式中，H 为池有效水深，m。

同时以池内停留时间 T 进行校核，一般要求 T 为 10～20min。

(6) 溶气罐直径 D_d，m

$$D_d=\sqrt{\frac{4\times Q_p\times 1000}{\pi I}} \tag{2-2-45}$$

式中，I 为过流密度，$m^3/(m^2\cdot h)$，一般对于空罐选用 1000～2000，对填料罐选用 2500～5000。

(7) 溶气罐高 H'，m

$$H'=2h_1+h_2+h_3+h_4 \tag{2-2-46}$$

式中，h_1 为罐顶、底封头高度（根据罐直径确定），m；h_2 为布水区高度，m，一般取 0.2～0.3m；h_3 为贮水区高度，m，一般取 1.0m；h_4 为填料区高度，m，当采用阶梯环时，可取 1.0～1.3。

(8) 空压机额定气量 Q'_g，m^3/min

$$Q'_g=\varphi'\times\frac{Q_g}{60\times 1000} \tag{2-2-47}$$

式中，φ'为安全系数，一般取 1.2～1.5。

表 2-2-21 阶梯环填料罐（层高 1m）的水温、压力与溶气效率间关系表

水温/℃	5			10			15		
溶气压力/MPa	0.2	0.3	0.4～0.5	0.2	0.3	0.4～0.5	0.2	0.3	0.4～0.5
溶气效率/%	76	83	80	77	84	81	80	86	83
水温/℃	20			25			30		
溶气压力/MPa	0.2	0.3	0.4～0.5	0.2	0.3	0.4～0.5	0.2	0.3	0.4～0.5
溶气效率/%	85	90	90	88	92	92	93	98	98

表 2-2-22 不同温度下的 K_T 值

温度/℃	0	10	20	30	40
K_T	3.77×10^{-2}	2.95×10^{-2}	2.43×10^{-2}	2.06×10^{-2}	1.79×10^{-2}

【例 2-2-8】 某厂电镀车间酸性废水中重金属离子含量为 Cr^{6+} 14.4mg/L，Cr^{3+} 5.7mg/L，TFe 10.5mg/L，Cu 16.0mg/L。现决定采用的处理工艺是：先向废水中投加硫酸亚铁和氢氧化钠生成金属氢氧化物絮凝体，然后用气浮法分离絮渣。根据小型试验结果，经气浮处理后，出水各种重金属离子含量均达到了国家排放标准。浮渣含水率在 96%左右。

试验时溶气压力罐采用 0.3～0.35MPa 压力，溶气水量占 25%～30%。

解： 设计原则：因可占用的面积有限，且考虑利用原有的废水调节池，故处理设备应尽量紧凑，并尽可能竖向发展。因此，拟采用立式反应气浮池，并将气浮设备置于调节池上，加药设备放在气浮操作平台上。由于出水中含盐量较高，影响溶气效果，故采用镀件冲洗水作为溶气水。

设计数据：处理废水量 Q 为 $20m^3/h$，分离室停留时间为 10min，反应时间 t 为 6min，溶气水量占处理水量的比值 R 为 30%，接触室上升流速 v_c 为 10mm/s，溶气压力为 0.3MPa，气浮分离速度 v_s 为 2.0mm/s，填料罐过流密度 I 为 $3000m^3/(m^2\cdot d)$。

设计计算如下。

① 反应-气浮池。采用旋流式圆台形反应池及立式气浮池。反应-气浮池计算草图见图 2-2-49。

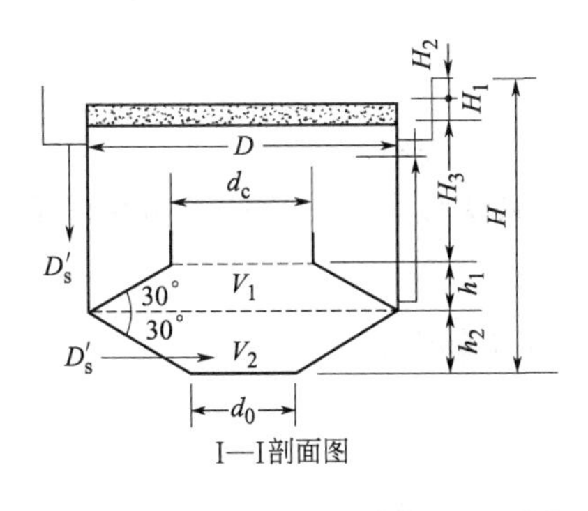

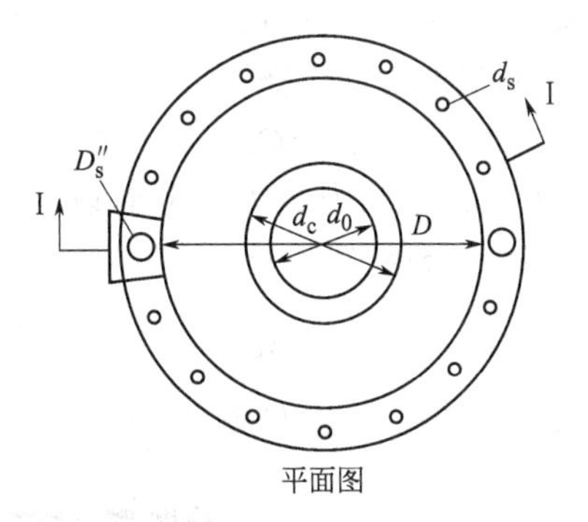

图 2-2-49 反应-气浮池计算草图

气浮池接触室直径 d_c：

已确定接触室上升流速 $v_c=10\text{mm/s}$，则接触室表面积为

$$A_c=\frac{Q+Q_p}{v_c}=\frac{Q(1+R)}{v_c}=\frac{20\times(1+0.30)}{3600\times10\times10^{-3}}=0.72\ (\text{m}^2)$$

$$d_c=\sqrt{\frac{4A_c}{\pi}}=\sqrt{\frac{4\times0.72}{3.14}}=0.96\ (\text{m})(\text{取 }1.0\text{m})$$

气浮池直径 D：

选定分离速度 $v_s=2.0\text{mm/s}$，则分离室表面积为

$$A_s=\frac{Q+Q_p}{v_s}=\frac{Q(1+R)}{v_s}=\frac{20\times(1+0.30)}{3600\times2\times10^{-3}}=3.61\ (\text{m}^2)$$

$$D=\sqrt{\frac{4(A_c+A_s)}{\pi}}=\sqrt{\frac{4\times(0.72+3.61)}{\pi}}=2.35(\text{m})\ (\text{取 }2.40\text{m})$$

气浮池有效水深 H：

已定分离池停留时间 $t_s=10\text{min}$，则

$$H=v_st_s=2.0\times10^{-3}\times10\times60=1.20\ (\text{m})$$

气浮池容积 V：

$$V=(A_c+A_s)H=(0.72+3.61)\times1.20=5.20\ (\text{m}^3)$$

集水系统采用 14 根均匀分布的支管，每根支管中流量 Q'：

$$Q'=\frac{Q(1+R)}{14}=\frac{20\times(1+0.30)}{14}=1.86\ (\text{m}^3/\text{h})=0.000516\ (\text{m}^3/\text{s})$$

查有关的管渠水力计算表得支管直径 d_g 为 25mm。管中流速为 $v'=0.95\text{m/s}$，支管内水头损失为

$$h_{支}=\left(\varepsilon_{进}+\lambda\frac{L}{d_g}+\varepsilon_{弯}+\varepsilon_{出}\right)\frac{v'^2}{2g}=\left(0.5+0.02\ \frac{1.80}{0.025}+0.3+1.0\right)\frac{0.95^2}{2g}=0.15\ (\text{m})$$

出水总管直径 D_g 取 125mm，管中流速为 0.54m/s。总管上端装水位调节器。

反应池进水管靠近池底（切向），其直径 D_g'取 80mm，管中流速为 1.12m/s。

气浮池排渣管直径 D_g''取 150mm。

② 溶气释放器。根据溶气压力 0.3MPa、溶气水量 $6\text{m}^3/\text{h}$ 及接触室直径 1.0m 选用释放器，释放器安置在距离接触室底约 5cm 处的中心。

③ 压力溶气罐。按过流密度 $I=3000\text{m}^3/(\text{m}^2\cdot\text{d})$ 计算溶气罐直径 D_d：

$$D_d=\sqrt{\frac{4\times Q_p}{\pi I}}=\sqrt{\frac{4\times6\times24}{3.14\times3000}}=0.25\ (\text{m})$$

选用标准直径 $D_d=300mm$ 压力溶气罐一只。

④ 空压机气浮所需用释气量 Q_g：

$$Q_g=QRa_c\varphi=20\times30\%\times53\times1.2=381.6\ (L/h)$$

式中，R、a_c 值均为 20℃试验时取得。因试验温度与生产中最低水温相差不大，故 φ' 取 1.4。所需空压机额定气量

$$Q_g'=\varphi'\times\frac{Q_g}{60\times1000}=0.009\ (m^3/min)$$

⑤ 刮渣机选用行星式刮渣机一台。

第四节 过 滤

一、原理和功能[2]

过滤是一种将悬浮在液体中的固体颗粒分离出来的工艺。其基本原理是在压力差的作用下，悬浮液中的液体透过可渗性介质（过滤介质），固体颗粒为介质所截留，从而实现液体和固体的分离。

实现过滤需具备以下两个条件：一是具有实现分离过程所必需的设备；二是过滤介质两侧要保持一定的压力差。

常用的过滤方法可分为重力过滤、真空过滤、加压过滤和离心过滤几种。

从本质上看，过滤是多相流体通过多孔介质的流动过程。

(1) 流体通过多孔介质的流动属于极慢流动，即渗流流动。

(2) 悬浮液中的固体颗粒是连续不断地沉积在介质内部孔隙中或介质表面上的，因而在过滤过程中过滤阻力不断增加。

过滤在废水处理中应用广泛。废水处理时，过滤用于去除二级处理出水中的生物絮绒体或深度处理过程中经化学凝聚后生成的固体悬浮物等。此外有些小规模废水处理厂用砂滤池作为消化污泥的脱水方法，大型废水处理厂则用回转真空过滤机等进行污泥脱水。

过滤除去悬浮粒子的机理较为复杂，包括吸附、絮凝、沉降和粗滤等。其中包含物理过程和化学过程。其中，悬浮粒子在滤料颗粒表面的吸附是滤料的重要性能之一，吸附与滤池和悬浮物的物理性质有关，还与滤料粒子尺寸、悬浮物粒子尺寸、附着性能与抗剪强度有关。吸附作用还受悬浮粒子、滤料粒子和水的化学性能影响，如电化学作用和范德华作用力。

在过滤初期，滤料洁净，选择性地吸附悬浮粒子，但随着过程的继续，已附着一些悬浮粒子的滤料颗粒的选择性吸附能力就大大降低。

在过滤过程中，滞留在滤层内的沉淀物颗粒的附着力必须与水力剪力保持平衡，否则就会被水流带入滤层内部，甚至带出滤层。随着沉积物增厚，滤料上层会被堵塞，若提高流速，则滤层的截留能力就大大降低。滤层中洁净层厚度逐渐无法保证出水水质，从而结束过滤周期。对于沉积物很厚的滤池，如果突然提高滤速，水与沉积颗粒之间的平衡就会遭到破坏，一部分颗粒就会剥落并随水流走，故设计中应避免滤速突变。

二、设备和装置[1]

用于水处理的滤池的种类很多，它们的构造和工艺过程有很大差别。尽管普通快滤池不能直接用于污水过滤，但是可用于污水过滤的各类快滤池都是在普通快滤池的基础上加以改

进而发展起来的。

(一) 普通快滤池

1. 工作原理

(1) 工艺流程　图 2-2-50 为普通快滤池的透视图。滤池本身包括滤料层、承托层、配水系统、集水渠和洗砂排水槽五个部分。快滤池管廊内有原水进水、清水出水、冲洗排水等主要管道和与其相配的控制闸阀。

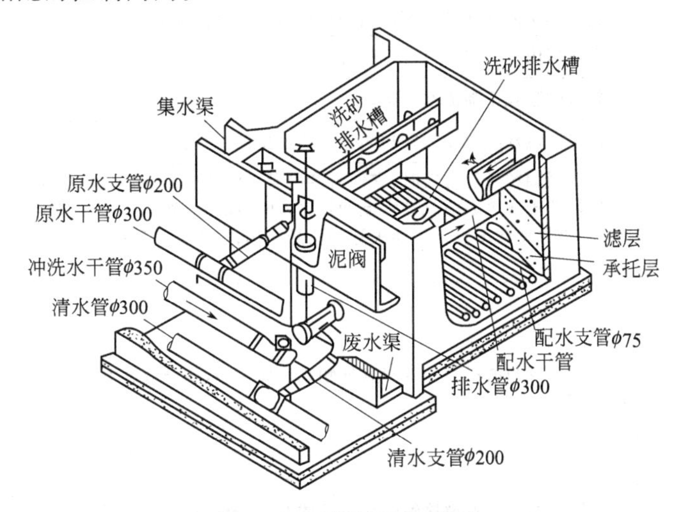

图 2-2-50　快滤池透视图

快滤池的运行过程主要是过滤和冲洗两个过程的交替循环。过滤是生产清水过程，待过滤进水经来水干管和洗砂排水槽流入滤池，经滤料层过滤截留水中悬浮物质，清水则经配水系统收集，由清水干管流出滤池。在过滤中，由于滤层不断截污，滤层孔隙逐渐减小，水流阻力不断增大，当滤层的水头损失达到最大允许值时，或当过滤出水水质接近超标时，应停止滤池运行，进行反冲洗。一般滤池一个工作周期应大于 8～12h。滤池运行周期如图 2-2-51 所示。

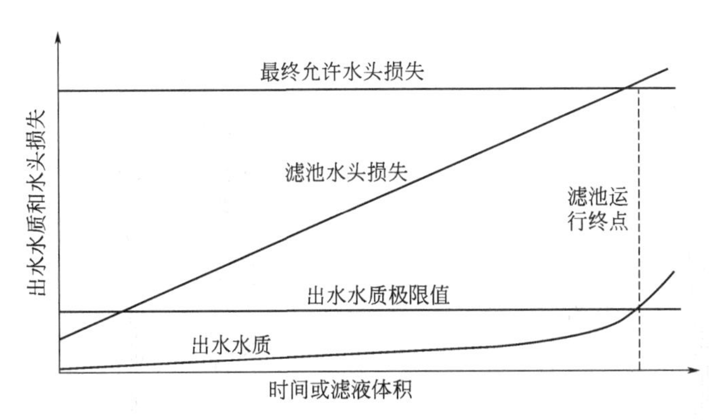

图 2-2-51　滤池运行周期

滤池反冲洗时，水流逆向通过滤料层，使滤层膨胀、悬浮，借水流剪切力和颗粒碰撞摩擦力清洗滤料层并将滤层内污物排出。反冲洗水一般由冲洗水箱或冲洗水泵供给，经滤池配水系统进入滤池底部反冲洗；冲洗废水由洗砂排水槽、废水渠和排污管排出。

(2) 颗粒去除机理　水中悬浮颗粒的过滤去除机理列于表 2-2-23 中。隔滤主要是去除大颗粒悬浮物；而细小颗粒的去除，如给水过滤，必须经过两个阶段：①传输阶段，借水流将细小颗粒传输到滤料表面；②附着阶段，在一种或几种过滤作用下，将颗粒截留在滤层中。

表 2-2-23 过滤去除水中悬浮物的机理

机 理	概 述
1. 过滤 机械过滤 偶然接触过滤	 粒径大于滤料孔隙的颗粒被滤料滤去 粒径小于滤料孔隙的颗粒由于偶然接触而被滤池截获
2. 沉淀	在滤床内部，颗粒可以沉淀在滤料上
3. 碰撞	较重的颗粒不随流水线运动
4. 截获	许多沿流水线运动的颗粒与滤料表面接触时被去除
5. 黏附	当絮凝颗粒通过滤料时，它们就会附着在滤料表面；因为水流的冲击力，有些颗粒在尚未牢固地附着于滤料之前就被水流冲走，并冲入滤床深处；当滤床逐渐堵塞后，表面剪切力就开始增大，以致使滤床再也不能去除任何悬浮物；一些悬浮颗粒可能穿透滤床，使滤池出水浊度突然升高
6. 化学吸附 键吸附 化学的相互作用 7. 物理吸附 静电吸附 动电吸附 范德华力吸附	颗粒一旦与滤料表面或与其他颗粒表面接触，该颗粒可由于其中一种或两种机理起作用而被俘获
8. 絮凝	大颗粒与较小颗粒接触时可将其捕获，并形成更大的颗粒，这些更大的颗粒将由于上述一种或几种机理起作用（机理 1～5）而被去除
9. 生物繁殖	生物在滤池内繁殖可使滤料孔隙减少，但在上述去除悬浮物的各种机理中，无论具备哪种机理（机理 1～5）都会提高颗粒的去除效率

图 2-2-52 为单层滤料滤床以过滤作用机理为主，去除杂质浓度比沿滤床深度变化曲线。图 2-2-53 为双层滤料滤床深层截污的情况。

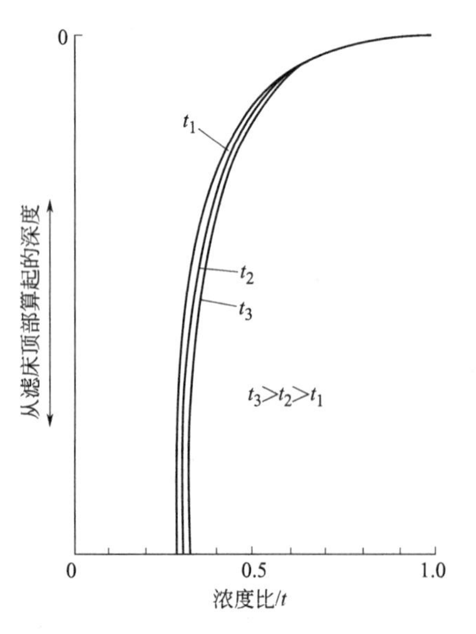

图 2-2-52 以过滤作用为主要颗粒去除机理，粒状滤料滤池浓度比曲线

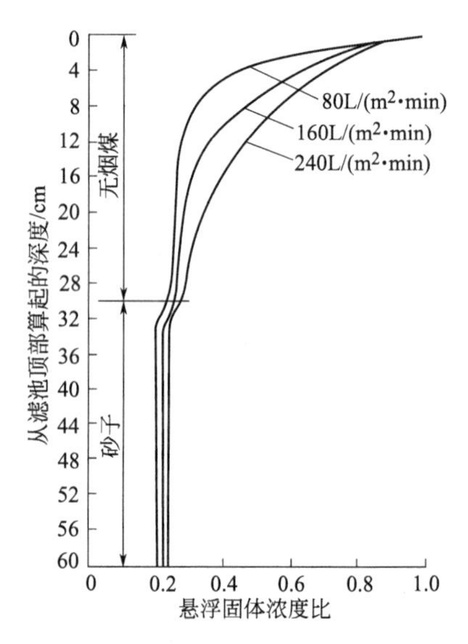

图 2-2-53 双层滤料滤池的平均悬浮固体浓度比与滤床深度的关系

悬浮物在滤池中去除过程的数学表达式是以连续性方程和去除率方程为基础的。

对于沿水流方向，厚度为 dx 滤层的悬浮物的物料平衡，可用以下连续性方程表示：

$$-v\frac{\mathrm{d}c}{\mathrm{d}x}=\frac{\mathrm{d}q}{\mathrm{d}t} \tag{2-2-48}$$

式中，v 为滤率，L/(cm^2 · min)；$\frac{\mathrm{d}c}{\mathrm{d}x}$ 为水中悬浮物浓度随滤床深度的变化率，mg/(L · cm)；$\frac{\mathrm{d}q}{\mathrm{d}t}$为滤层中截留悬浮物流量随时间的变化率，mg/(cm^3 · min)。

悬浮物去除率方程的表达式如下：

$$\frac{\mathrm{d}c}{\mathrm{d}x}=\left[\frac{1}{(1+ax)^n}\right]\gamma_0 c \tag{2-2-49}$$

式中，c 为水中悬浮物浓度，mg/L；x 为水在滤层中流动的距离，cm；γ_0 为起始去除率；a 为试验常数。

上式右侧第一项又称为阻力系数。当指数 $n=0$ 时，括号项等于 1，此时方程式为一对数去除率曲线。当指数 $n=1$ 时，去除率曲线在表层迅速减小。指数 n 与进水特性、颗粒粒径分布有关，因此，对于特定性质的废水过滤处理，应通过实验研究得出去除率曲线，求出各种常数、指数关系。

(3) 过滤水头损失 清洁滤料滤床过滤净水水头损失可采用表 2-2-24 中任一公式进行计算。

截污滤床水头损失按下式计算：

$$H_{\mathrm{t}}=h+\sum_{i=1}^{\mathrm{n}}(h_i)_t \tag{2-2-50}$$

式中，H_{t} 为截污滤床水头损失，m；h 为清洁滤床水头损失，m，按以下公式计算；$(h_i)_t$ 为滤池内第 i 层滤料在时间 t 时的水头损失，m。

计算净水通过粒状滤料水头损失的公式如下。

① Carmen-Kozeny 公式

$$h=\frac{f}{\phi}\times\frac{1-\alpha}{\alpha^3}\times\frac{L}{d}\times\frac{v^2}{g}$$

$$f=150\frac{1-\alpha}{Re}+1.75$$

$$Re=\frac{\mathrm{d}\nu\rho}{\mu}$$

② Fair-Hatch 公式

$$h=kvS^2\frac{(1-\alpha)^2}{\alpha^3}\times\frac{L}{d^2}\times\frac{v}{g}$$

③ Rose 公式

$$h=\frac{1.067}{\phi}C_{\mathrm{d}}\times\frac{1}{\alpha^3}\times\frac{L}{d}\times\frac{v^2}{g}$$

$$C_{\mathrm{d}}=\frac{21}{Re}-\frac{3}{\sqrt{Re}}-0.3$$

④ Hazen 公式

$$h=\frac{1}{C}\times\frac{60}{T+10}\times\frac{1}{d_{10}^2}v$$

式中，C 为密实度系数，600～1200；C_{d} 为阻力系数；d 为粒径，m；d_{10} 为滤料有效粒径，mm；f 为摩阻系数；g 为重力加速度，9.8m/s^2；h 为水头损失，m；k 为过滤常数，

按筛孔考虑时 $k=5$，按筛出滤料粒径考虑时 $k=6$；L 为滤层深度，m；Re 为雷诺数；S 为滤料形状系数，界于 6.0～7.7 之间；T 为水温，℉$\left[x(℉)=\frac{5}{9}-(x-32)(℃)\right]$；$v$ 为滤速，m/s；α 为孔隙率；μ 为黏度，$N \cdot s/m^2$；ν 为运动黏度，m^2/s；ρ为水的密度，kg/m^3；ϕ 为滤料形状系数，通常为 1。

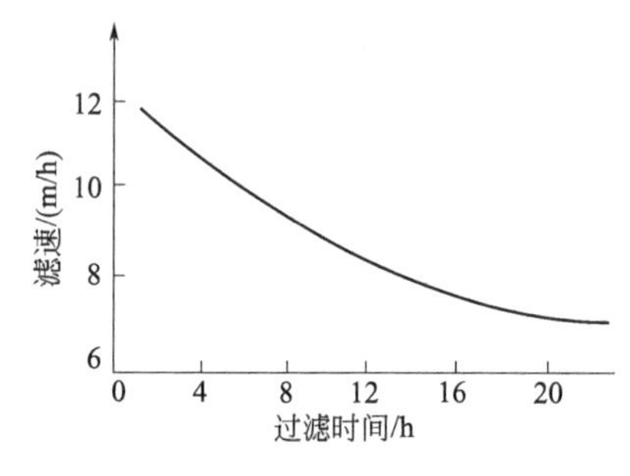

图 2-2-54 快滤池变速过滤过程示意

（4）变速过滤滤池 在清洗前后，滤层的孔隙状态截然不同。反冲洗以后，水流经清洁滤料的阻力很小，流速可以提高，进水会直接落到滤池表面的某一部分上而迅速流过。为了防止这种现象发生，需将滤池水阀门关小，但这样做又会使滤池中水位上升过快。给水处理中常设置滤速调节器来控制滤速的变化。由于滤速调节器的构造较复杂，近年来在水处理中多采用变滤速过滤，以发挥更高的产生能力。

快滤池采用变速过滤时，其变速过程如图 2-2-54 所示。

2. 装置

（1）滤床种类 用于给水和废水过滤的快滤池，按所用滤床层数分为单层滤料、双层滤料和三层滤料滤池。如图 2-2-55 所示。

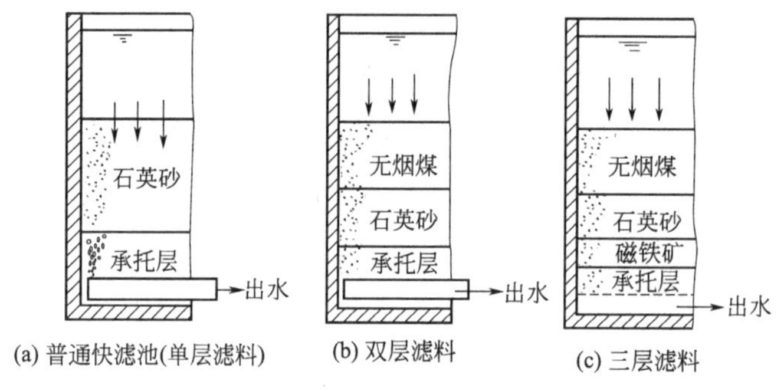

图 2-2-55 快滤池不同类型

① 单层滤料滤池。一般单层滤料普通快滤池适用于给水；在废水处理中，仅适用于一些清洁的工业废水处理。经验表明，当用于废水二级处理出水时，由于滤料粒径过细，在短时间内在砂层表面发生堵塞。因此适用于废水二级处理出水的单层滤料滤床采用另外两种形式：一种是单层粗砂深层滤床滤池，特别是用于生物膜硝化和脱氮系统，滤床滤料粒径通常为 1.0～2.0mm（最大使用到 6mm），滤床厚 1.0～3.0m，滤速达 3.7～37m/h，并尽可能采用均匀滤料，由于所用粒径较粗，因此，即使废水所含颗粒较大，当负荷很大时也能取得较好过滤效果；另一种是采用单层滤料不分层滤床，如图 2-2-56 所示。

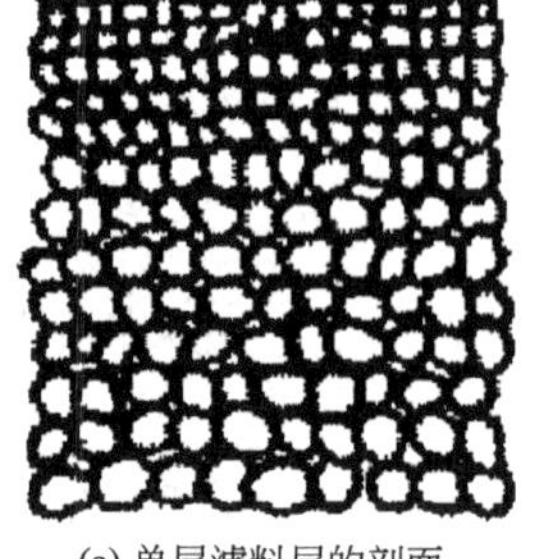

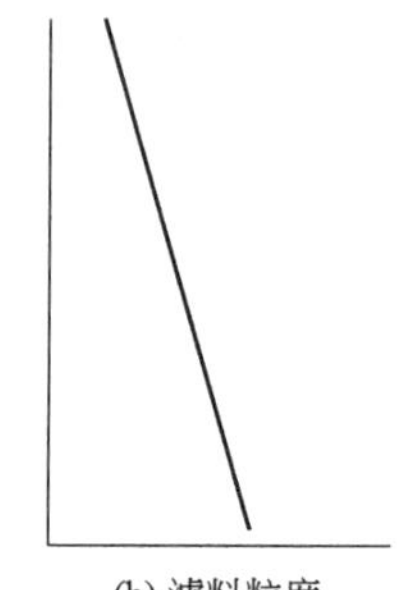

图 2-2-56 单层滤料不分层滤床断面

粒径大小不同的单一滤料均匀混合组成滤床与气水反冲洗联合使用。气水反冲洗时只发生膨胀，约为 10%，不使其发生水力筛分分层现象，因此，滤床整个深度上孔隙大小分布均匀，有利于增大下部滤床去除悬浮杂质的能力。不分层滤床的有效粒径与双层滤料滤池上层滤料粒径大致相同，通常为1～2mm左右，并保持池深与粒径比在800～1000。

② 双层滤料滤池。组成双层滤料滤床的种类如下：无烟煤和石英砂；陶粒和石英砂；纤维球和石英砂；活性炭和石英砂；树脂和石英砂；树脂和无烟煤等。以无烟煤和石英砂组成的双层滤料滤池使用最为广泛。双层滤料滤池属于反粒度过滤，截留杂质能力强，杂质穿透深，产水能力大，适于在给水和废水过滤处理中使用。

新型普通双层滤料滤池，一种是均匀-非均匀双层滤料滤池，将普通双层滤池上层级配滤料改装均匀粗滤料，即可进一步提高双层滤池的生产能力和截污能力。上层均匀滤料可以采用均匀陶粒，也可以采用均匀煤粒、塑料372b、ABS颗粒。均匀-非均匀双层滤池的厚度与普通双层滤料相同。表2-2-24为三种不同均匀滤料的物理性能。图2-2-57为均匀-非均匀滤料滤池与普通双层滤料滤池截污量曲线对比情况。

表2-2-24　均匀滤料物理性能

项　　目	372b	ABS	均匀陶粒
颗粒尺寸	L=2～2.5mm 直径1.5mm	立方体 边长2.5mm	K_{80}=1.17
相对密度	1.18±0.02	1.05～1.08	1.52
松散容重/(t/m³)	0.709	0.569	
孔隙率	0.40	0.46	0.54
临界沉速/(cm/s)	5.56	3.22	8.58
形状系数	0.77	0.81	0.80

注：K_{80}表示滤料粒径级配。$K_{80}=d_{80}/d_{10}$（d_{80}、d_{10}分别为通过滤料重量80%、10%的筛孔孔径。）

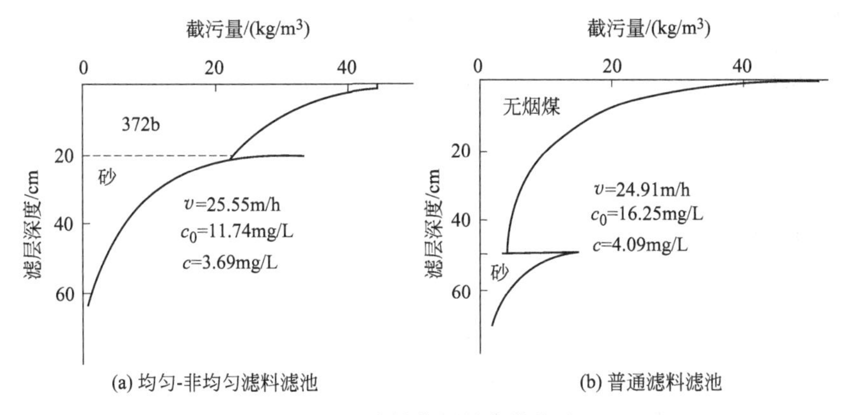

图2-2-57　滤层截污量曲线的对比

v—滤速，m/h；c_0—进水浓度，mg/L；c—出水浓度，mg/L

另一种是双层均匀滤料滤池，上层采用1.0～2.0mm的均匀陶粒或均匀煤粒；下层采用0.7～0.9mm石英砂粒。滤床厚度与普通双层滤池相同或稍厚一些，床深与粒径比大于800～1000。均匀双层滤料滤池也属于反粒度过滤，可提高截留杂质能力1.5倍左右。

③ 三层滤料滤池。三层滤料滤池最普遍的形式是上层为无烟煤（相对密度为1.5～1.6），中层为石英砂（相对密度为2.6～2.7），下层为磁铁矿（相对密度4.7）或石榴石（相对密度为4.0～4.2）。这种借密度差组成的三层滤料滤池更能使水由粗滤层流向细滤层呈反粒度过滤，使整个滤层都能发挥截留杂质作用，减少过滤阻力，保持很长的过滤时间。研究表明，所拟去除絮凝体数量、性质对三层滤料滤池工作有明显影响。对于去除各种类型凝絮的不同滤料设计说明如表2-2-25所列，双层及多层滤料滤池的设计参数见表2-2-26。

表 2-2-25 去除各种类型凝絮的不同滤料设计说明

应用类型	石榴石		石英砂		煤粒	
	尺寸	层厚/mm	尺寸	层厚/mm	尺寸	层厚/mm
易碎的凝絮,很高负荷	−40+80	200	−20+40	300	−10+20	550
凝絮很强,中等负荷	−20+40	75	−10+20	300	−10+16	375
易碎的凝絮,中等负荷	−40+80	75	−20+40	225	−10+20	200

注：尺寸−40+80为通过美国筛号40号，而被80号筛截留。

表 2-2-26 双层及多层滤料滤池的设计参数

特征	数值	
	范围	典型值
双层滤料		
无烟煤		
深度/mm	300～600	450
有效粒径/mm	0.8～2.0	1.2
不均匀系数	1.3～1.8	1.6
砂		
深度/mm	150～300	300
有效粒径/mm	0.4～0.8	0.55
不均匀系数	1.2～1.6	1.5
滤速/[L/(m^2·min)]	80～400	200
三层滤料		
无烟煤(三层滤料滤池的顶层)		
深度/mm	200～500	400
有效粒径/mm	1.0～2.0	1.4
不均匀系数	1.4～1.8	1.6
砂		
深度/mm	200～400	250
有效粒径/mm	0.4～0.8	0.5
不均匀系数	1.3～1.8	1.6
石榴石或钛铁矿粒		
深度/mm	50～150	100
有效粒径/mm	0.2～0.6	0.3
不均匀系数	1.5～1.8	1.6
滤速/[L/(m^2·min)]	80～400	200

(2) 承托层 承托层的作用：一是防止过滤时滤料从配水系统中流失；二是在反冲洗时起一定的均匀布水作用。承托层一般采用天然砾石，其组成见表 2-2-27。

表 2-2-27 大阻力配水系统承托层

层次		粒径/mm	厚度/mm
上↓下	1	2～4	100
	2	4～8	100
	3	8～16	100
	4	16～32	100

(二) 其他普通类型滤池

其他普通类型滤池及主要特点列于表 2-2-28。

表 2-2-28 普通类型滤池

名 称	特 点
虹吸滤池	可节约大型闸门和专业冲洗设备,操作方便,易于实现自动化,但结构复杂
移动冲洗罩滤池	自动连续运行,不需要冲洗塔或水泵,造价低、能耗低
上向流滤池	过滤效率较高,可用过滤水反冲洗,滤速较低
压力滤池	不需清水泵站,运行管理较方便,可以移动位置;但耗钢材多,滤料装卸不便
慢滤池	出水浊度可接近于零,能去除细菌、病毒、臭味,可作为小型给水厂和废水处理厂出水精制
移动床连续流滤池	允许进水悬浮物含量大,仅适用于小型处理厂

(三) 滤布滤池(转盘滤池)

滤布滤池(图 2-2-58)是目前世界上先进的过滤器之一,目前在全世界已经有 700 个污水厂采用该项技术。微滤布过滤系统与砂滤相比,在技术和经济指标方面都有很多优势。技术上:处理效果好并且水质水量稳定;运行维护简单方便。经济上:设备闲置率低,总装机功率低;设备简单紧凑,附属设备少,整个过滤系统的投资低并且占地小,处理效果好,出水水质高。

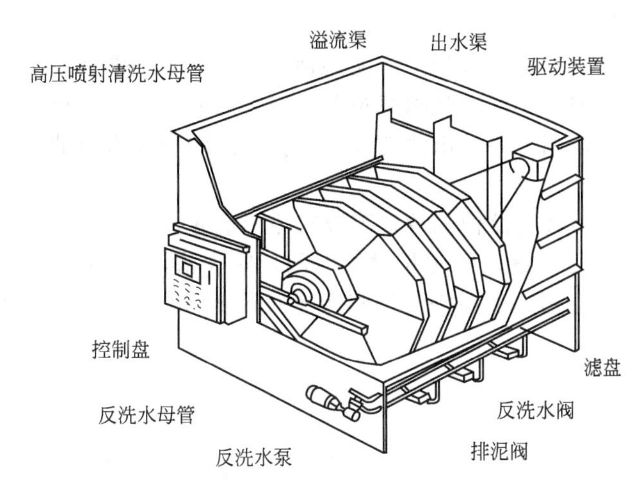

图 2-2-58 滤布滤池

滤布滤池主要用于冷却循环水处理、废水的深度处理后回用。作为冷却水、循环水过滤后回用:进水水质 SS≤30mg/L 以下,出水水质 SS≤10mg/L。用于污水的深度处理,设置于常规活性污泥法、延时曝气法、SBR 系统、氧化沟系统、滴滤池系统、氧化塘系统之后,可用于以下领域:①去除总悬浮固体;②结合投加药剂可去除磷;③可去除重金属等。滤布转盘过滤器用于过滤活性污泥终沉池出水,设计水质:进水 SS≤30mg/L,出水 SS≤10mg/L,实际运行出水更优质。

1. 结构

纤维转盘滤池主要由箱体、滤盘、清洗机构、排泥机构、中心管、驱动机构、电气控制、泵、阀机构组成。

(1) 箱体 碳钢焊接,内部用进口防腐涂料,外部用防腐漆处理,箱体结构紧凑,质量轻,占地面积小。副箱可调节水位落差的大小。

(2) 滤盘 每个滤盘由 6 个独立的分片组成,上面覆盖以滤布及衬底。

(3) 清洗机构 由清洗吸口、管道、清洗吸口支架部件等组成。用于滤布的清洗。

(4) 排泥机构　由排泥吸口、管道、排泥吸口支架部件等组成。用于清理滤池底部的污泥。

(5) 中心管　中水经处理后通过中空管流入副箱，中空管既可输送中水又可带动滤盘旋转。

(6) 驱动机构　由减速机、链轮、链条等组成，用来带动中心管和滤盘转动。

(7) 电气系统　由电控箱、PLC、触摸屏、液位监测等电控元件组成，用于控制反洗、排泥过程，使其运行自动化，并可调整反洗间隔时间、排泥间隔时间。

(8) 泵、阀机构　由离心泵、管道、电动球阀组成，用于清洗和排泥。

2. 运行方式

纤维转盘滤池的运行状态包括：静态过滤过程、负压清洗过程、排泥过程。

(1) 静态过滤过程　污水靠重力流入滤池，滤池中设有挡板消能设施。污水通过滤布过滤，过滤液通过中空管收集，重力流通过溢流槽排出滤池。整个过程为连续。

(2) 负压清洗过程　过滤时部分污泥吸附于滤布外侧，逐渐形成污泥层。随着滤布上污泥的积聚，滤布过滤阻力增加，滤池水位逐渐升高。通过测压监测装置检测池内的水位高度。当该水位达到清洗设定值（高水位）时，PLC 即可启动反抽吸泵，开始清洗过程。清洗时，滤池可连续过滤。

过滤期间，滤盘处于静态，有利于污泥的池底沉积。清洗期间，滤盘以 1r/min 的速度旋转。抽吸泵负压抽吸滤布表面，吸除滤布上积聚的污泥颗粒，滤盘内的水被同时抽吸，水自里向外对滤布起清洗作用，并排出清洗过的水。抽洗面积仅占全滤盘面积的 1%。清洗过程为间歇。

(3) 排泥过程　纤维转盘滤池的滤盘下设有斗形池底，有利于池底污泥的收集。污泥池底沉积减少了滤布上的污泥量，可延长过滤时间，减少清洗的用水量。经过一设定的时间段，PLC 启动排泥泵，通过池底排泥管路将污泥回流至污水预处理构筑物。

三、设计计算

(一) 普通快滤池设计

一般不直接用于废水过滤，但废水过滤的各类快滤池都是在普通快滤池的基础上发展出来的。

1. 设计参数

粗砂快滤池用于处理废水时流速采用 3.7～37m/h；双层滤料滤池的滤速采用 4.8～24m/h；三层滤料滤池的滤速一般可与双层滤料相同。

2. 计算公式

(1) 滤池面积 A，m^2

$$A=\frac{Q}{vt}$$

$$t=t_w-t_0-t_1 \tag{2-2-51}$$

式中，Q 为设计日废水量，m^3/d；v 为滤速，m/h；t 为滤池的实际工作时间，h/d；t_w 为滤池工作时间，h；t_0 为滤池停运后的停留时间，h/d；t_1 为滤池反冲洗时间，h/d。

(2) 滤池个数 n

$$n=\frac{A}{A_0} \tag{2-2-52}$$

式中，A_0 为单个滤池面积，m^2，$A_0\leqslant 30m^2$ 时，长宽比为 1∶1，$A_0>30m^2$ 时，长宽

比为(1.25∶1)～(1.5∶1)。当采用旋转式表面冲洗措施时，长宽比为1∶1、2∶1或3∶1。

【例 2-2-9】 设计日处理废水量为2500m^{3}的双层滤料滤池

解：设计废水量：$Q=1.05\times2500\text{m}^3/\text{d}=2625\text{m}^3/\text{d}$，其中考虑了5%的水厂自用水量(包括反冲洗用水)。

设计依据：滤速5m/h，冲洗强度$q=13\sim16\text{L}/(\text{s}\cdot\text{m}^2)$，冲洗时间3min。

设计计算如下。

① 滤池面积及尺寸。滤池工作时间为24h/d，每天冲洗3min，停留20min，滤池每天实际工作时间为：

$$t=t_w-t_0-t_1=24-\frac{20}{60}-\frac{3}{60}=23.62\ (\text{h/d})$$

则

$$A=\frac{Q}{vT}=\frac{2625}{5\times23.62}=22.227\ (\text{m}^2)$$

采用滤池数两个，每个滤池面积为：

$$A_0=\frac{A}{n}=\frac{22.227}{2}=11.114\ (\text{m}^2)$$

设计滤池长宽比$L/B=1$，滤池尺寸为$L=B=\sqrt{11.114}=3.33$ (m)

校核强制滤速：

$$v'=\frac{nv}{n-1}=\frac{2\times5}{1}=10\ (\text{m/h})$$

② 滤池总高。承托层高度h_1采用0.45m；滤料层高度，无烟煤层为450mm，砂层为300mm，总高度$h_2=750$mm；滤料上水深h_3采用1.5m；超高h_4采用0.3m；滤板高度h_5采用0.12m。滤池总高为：

$$H=h_1+h_2+h_3+h_4+h_5=3.12\ (\text{m})$$

③ 滤池反冲洗水头损失。管式大阻力配水系统水头损失为：

$$h_2'=\left(\frac{q}{10a\mu}\right)^2\frac{1}{2g}=\left(\frac{1.4}{10\times0.25\%\times0.68}\right)^2\times\frac{1}{2\times9.81}=3.5(\text{m})$$

设计支管直径$d=75$mm，b（壁厚）$=5$mm，孔眼$d'=9$mm，孔口流量系数$\mu=0.68$，配水系统开孔比$a=0.25\%$，$q=14\text{L}/(\text{s}\cdot\text{m}^2)$，代入上式得$h_2'=3.5$m。

经砾石支承层水头损失计算如下（式中h_1为层厚）：

$$h_3'=0.022h_1q=0.022\times0.45\times14=0.14\ (\text{m})$$

滤料层水头损失为：

$$h_4'=2\text{m}$$

反冲洗水泵扬程H'=滤池高度+清水池深度+管道、滤层水头损失：

$$H'=3.12+3+(3.5+0.14+2.0)=11.76\ (\text{m})$$

根据冲洗流量和扬程选择反冲洗水泵。

(二) 无阀滤池设计

1. 进水系统

当滤池采用双格组合时，为使配水均匀，要求进水分配箱两堰口标高、厚度及粗糙度尽可能相同。堰口标高可按下式确定：

堰口标高=虹吸辅助管管口标高+进水及虹吸上升管内各项水头损失之和+保证堰上自由出流的高度（10～15cm）

为防止虹吸管工作时因进水中带入空气而可能产生提前破坏虹吸现象，宜采用下列措施。

(1) 在滤池即将冲洗前，进水分配箱应保持有一定水深，一般考虑箱底与滤池冲洗水箱相平。

(2) 进水管内流速一般采用 0.5～0.7m/s。

(3) 为安全起见，进水管 U 形存水弯的底部中心标高可放在排水井井底标高处。

2. 计算公式

(1) 滤池的净面积 A，m^2

$$A=(1+a)\frac{Q}{v} \tag{2-2-53}$$

式中，a 为考虑反冲洗水量增加的百分数，%，一般采用 5%；Q 为设计水量，m^3/h；v 为滤速，m/h。

(2) 冲洗水箱高度 H，m

$$H=\frac{60Aqt}{1000A'}$$

$$A'=A+A_1 \tag{2-2-54}$$

式中，q 为反冲洗强度，$L/(s \cdot m^2)$；t 为冲洗历时，min；A'为冲洗水箱净面积，m^2；A_1 为连通渠及斜边壁厚面积，m^2。

(三) 移动冲洗罩滤池设计

(1) 滤池面积 A，m^2

$$A=1.05\frac{Q}{v} \tag{2-2-55}$$

式中，Q 为净水产量，m^3/h；v 为平均流速，m/h。

(2) 每一滤格净面积 A_0，m^2

$$A_0=\frac{A}{n} \tag{2-2-56}$$

(3) 分格数 n

$$n<\frac{60t'}{t+t''} \tag{2-2-57}$$

式中，t'为滤池总过滤周期，h；t 为各滤格冲洗时间，min；t''为罩体移动和两滤格间运行时间，min。

(4) 每一滤格反冲洗流量 Q'

$$Q'=A_0q \tag{2-2-58}$$

式中，q 为反冲洗强度，$L/(s \cdot m^2)$。

出水虹吸管流速一般采用 0.9～1.3m/s；反冲洗虹吸管流速一般采用 0.7～1.0m/s。

冲洗泵一般可选用农业灌溉水泵、油浸式潜水泵或轴流泵等。

出水虹吸管罐顶高程是影响滤池稳定的一个控制因素。高程应控制在液面到液面以下 10cm 范围内。

滤池一般配有自动控制系统。

(四) 上向流滤池设计

1. 滤速

过滤时，当滤料在水中的重力大于水流动力时滤床是稳定的。在滤速超过某一数值时，滤层就会出现膨胀或流化现象，这时的水流速度称为初始流化速度。清洁滤层的初始流化速度可用下式计算（$Re<10$ 时）：

$$v_{f}=\frac{(\rho_{s}-\rho)gd^{2}}{1980\mu\alpha^{2}}\times\frac{m_{0}}{1-m_{0}} \tag{2-2-59}$$

式中，v_f 为清洁滤层初始流化速度，cm/s；ρ_s、ρ 分别为滤料、废水的密度，g/cm^3；d 为滤料的粒径，cm；g 为重力加速度，cm/s^2；μ 为废水的动力黏度，$10^{-1}Pa\cdot s$；m_0 为清洁滤层孔隙率；α 为滤料的形状系数。

上向流滤池的设计滤速 $v<v_f$。

2. 上向流滤池的滤料级配

上部石英砂层粒径采用 1～2mm，厚度 1.0～1.5m 左右；中部砂层粒径采用 2～3mm，厚度 300mm；下部粗砂粒径采用 10～16mm，厚度 250mm。

上部设遏制格栅时，格栅开孔面积按 75%计算。

（五）多层滤料滤池

常用的有双层滤料滤池和三层滤料滤池，如图 2-2-59 所示。滤料层的滤料密度由上至下依次变大，滤料粒径依次变小。如双层滤池上层为无烟煤（相对密度 1.4～1.6）、下层为石英砂（相对密度 2.6），三层滤池上、中、下三层滤料分别选用无烟煤、石英砂、磁铁矿石（相对密度 4.7～4.8）。上层较轻质的滤料粒径可选择大一些，以增加上层滤料的孔隙率，可截留较多的污物，下层的孔隙率较小，可进一步截留污物，则污物可穿透滤池的深处，能较好地发挥整个滤层的过滤作用，水头损失也增加得较慢。

根据滤料层界面处允许混层与否分为混层滤池和非混层滤池。经验表明，当无烟煤滤料的最小粒径与石英砂最大粒径之比为 3～4 时，无明显混层现象。不混层时，双层滤料和三层滤料滤池进水悬浮的最大允许浓度分别为 100mg/L 和 200mg/L。

无烟煤粒径要求在其滤层高度内将 75%～90%的悬浮物去除。例如，要求滤池悬浮物的去除率为 90%时，则悬浮物的 60%～80%应由煤层去除，其余的由砂层去除。多层滤料的粒径和厚度见表 2-2-29。

表 2-2-29　多层滤池滤料粒径和厚度

层数	滤料名称	粒径/mm	厚度/cm
双层滤料	无烟煤	1.0～1.1	50.8～76.2
	石英砂	0.45～0.60	25.4～30.5
三层滤料	无烟煤	1.0～1.1	45.7～61.0
	石英砂	0.45～0.55	20.4～30.5
	磁铁矿石	0.25～0.5	7

（六）滤池的反冲洗设计

1. 反冲洗作用

各类过滤池的滤料必须定期进行清洗，这主要是因为：

（1）在过滤过程中，原水中的悬浮物被滤料表面吸附并不断地在滤层中积累，由于滤层孔隙逐渐被污染物堵塞，过滤水头损失不断增加，当达到某一限度时，滤料需进行清洗，使滤池恢复工作性能，继续工作；

（2）过滤时由于水头损失增加，水流对吸附在滤料表面的污物的剪切力变大，其中有些颗粒在水流的冲击下移到下层滤料中去，最终会使水中的悬浮物含量不断上升，水质变差，到一定程度时需要清洗滤料，以便恢复滤料层的纳污能力；

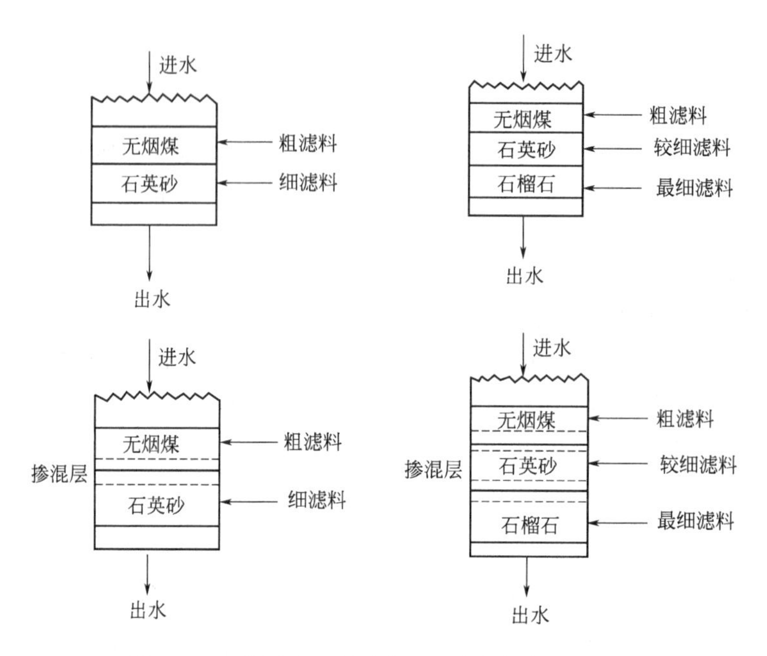

图 2-2-59 混层和不混层的双层滤料与多层滤料池

(3) 废水中的悬浮物含有大量有机物，长期滞留在滤层中会发生厌氧腐败现象，需定期清洗滤料。

何时进行清洗可根据原水的水质特点和出水水质要求，采用限定水头损失、出水水质或过滤时间等标准来决定。清洗滤池主要是依靠和重力流过滤水流方向相反的高速水流完成的，一般称为反冲洗。

2. 反冲洗的方法

经验表明，凝聚良好的地表水用单层砂滤池过滤，反冲洗强度、滤层膨胀率、清洗效果之间的关系是明确的。但是用于废水处理的滤池清洗困难，由于水质的差别和一些特殊类型滤池的出现，给水过滤中应用的反冲洗规定不能简单地套用到废水过滤上来。

滤池清洗效果由含污滤层和清洗条件两方面决定。废水中悬浮物在滤料层中的截留状态、絮凝程度和附着力的大小，与废水特性和滤池类型有关。清洗条件主要包括：不同清洗方式时的膨胀率、反冲洗强度、反冲洗时间和反冲洗水头等。

在颗粒滤料滤床中常见的冲洗方法有以下几种。

(1) 用水进行反冲洗 把滤料冲成悬浮状态后，由滤料间高速水流所产生的剪切力把悬浮物冲下来，并由反冲洗水带走。

(2) 用水反冲洗辅助以表面冲洗 表面冲洗水是在滤层上面，冲洗水由喷嘴喷出，砂粒得到很好的搅动，悬浮物更易于脱落，同时也可以节省冲洗水量。表面冲洗周期可在水的反冲洗周期前 1min 或 2min 开始，两个周期持续约 2min。

(3) 用水反冲洗辅助以空气擦洗 通常在水的反冲洗周期开始以前，通入压缩空气约 3min 或 4min，把滤料搅动起来，同时用反冲洗水把悬浮物冲走，这样可以节省冲洗水量。

(4) 用气-水联合冲洗 这种冲洗方式多用在单层滤料滤床。水与气的反冲洗流速列于表 2-2-30。在气-水联合冲洗结束时，可用滤床到达流化状态时的反冲洗水的流速冲洗约 2～3min，即可去除遗留在滤床中的气泡。

表 2-2-30 用于单层砂及无烟煤滤料滤池的气及水反冲洗流速

滤料	滤料性质		反冲洗流速/[$m^3/(m^2 \cdot min)$]	
	有效粒径/mm	不均匀系数	水	气
砂	1.00	1.40	0.41	13.1
	1.49	1.40	0.61	19.7
	2.19	1.30	0.81	26.2
无烟煤	1.10	1.73	0.28	6.6
	1.34	1.49	0.41	13.1
	2.00	1.53	0.61	19.7

用前三种方法需要使滤池流化，不同类型滤床流化时所需的反冲洗水的流速列于表 2-2-31；第四种方法则不需要使滤床流化，反冲洗流速随滤料粒径、形状、密度及反冲洗水的温度而变化。

表 2-2-31 不同类型滤床流化所需的反冲洗水流速

滤床类型	滤料粒径	使滤床流化的最小反冲洗流速	
		$m^3/(m^2 \cdot min)$	m/h
单层滤料(砂)	2mm	1.8～2.0	108～120
双层滤料(无烟煤及砂)		0.8～1.2	48～72
三层滤料(无烟煤、砂及石榴石或钛铁矿粒)		0.8～1.2	48～72

3. 冲洗水供给

供给冲洗水的方式有两种：冲洗水泵和冲洗水塔。前者投资省，但操作较麻烦，在冲洗的短时间内耗电量大，往往会使厂区内供电网负荷陡然骤增；后者造价较高，但操作简单，允许在较长时间内向水塔输水，专用水泵小，耗电较均匀。如有地形或条件可利用时，建造冲洗水塔较好。

(1) 水塔

① 水塔容积，m^3

$$V=\frac{1.5Atq\times 60}{1000}=0.09Atq \tag{2-2-60}$$

式中，A 为滤池面积，m^2；t 为冲洗历时，min；q 为冲洗强度，$L/(s \cdot m^2)$。

水塔中的水深不宜超过 3m，以免冲洗初期和末期的冲洗强度相差过大。水塔应在冲洗间隙时间内充满。水塔容积按单个滤池冲洗水量的 1.5 倍计算。

② 水塔底高出滤池排水槽顶距离 H_0，m

$$H_0=h_1+h_2+h_3+h_4+h_5 \tag{2-2-61}$$

式中，h_1 为从水塔至滤池的管道中总水头损失，m；h_2 为滤池配水系统水头损失，m；h_3 为承托层水头损失，m；h_4 为滤料层水头损失，m；h_5 为备用水头，一般取 1.5～2.0m。

③ 滤池配水系统水头损失，m

$$h_2=\left(\frac{q}{10\alpha\beta}\right)^2\times\frac{1}{2g} \tag{2-2-62}$$

式中，q 为反冲洗强度，$L/(s \cdot m^2)$；α 为孔眼流量系数（一般为 0.65～0.7）；β 为孔眼总面积与滤池面积比（采用 0.2%～0.25%）；g 为重力加速度，9.81m/s^2。

④ 承托层水头损失，m

$$h_3=0.022qh' \tag{2-2-63}$$

式中，h'为承托层厚度，m。

⑤ 滤料层水头损失 h_4，m

$$h_4=(\gamma_s-1)(1-m_0)l_0 \tag{2-2-64}$$

式中，γ_s 为滤料相对密度；m_0 为滤料膨胀前空隙率；l_0 为滤料膨胀前厚度，m。

（2）水泵 水泵流量按冲洗强度和滤池面积计算。水泵扬程 H 为：

$$H=h_0+h_1+h_2+h_3+h_4+h_5 \tag{2-2-65}$$

式中，h_0 为排水槽顶与清水池最低水位之差，m；h_1 为从清水池至滤池的冲洗管道中总水头损失，m；h_2、h_3、h_4、h_5 分别参照式(2-2-61)。

4. 冲洗工艺参数

（1）冲洗强度 砂滤层的冲洗强度可根据冲洗所用的水量，以及冲洗时间和滤池面积来计算，其关系为：

$$\text{冲洗强度 } q=\frac{\text{冲洗水量}}{\text{滤池面积}\times\text{冲洗时间}} \tag{2-2-66}$$

当用水塔冲洗时，可根据水塔的水位标尺算出冲洗所用的水量；当用水泵冲洗时，测定冲洗强度的方法和测滤速时一样，就是测定滤池内冲洗水的上升速度，再换算成冲洗强度。但应在水位低于冲洗水槽口时测定。

（2）滤层膨胀率 开始反冲洗后，滤料层失去稳定而逐渐流化，滤料层界面不断上升。滤池中滤料层增加的百分率成为膨胀率，膨胀率可由下式表示：

$$e=\frac{L-L_0}{L_0}\times100\% \tag{2-2-67}$$

式中，e 为膨胀率，%；L 为反冲洗时流化滤层厚度，cm；L_0 为过滤时稳定滤层厚度，cm。

反冲洗时，为了保证滤料颗粒有足够的间隙使污物迅速随水排出滤池，滤层膨胀率应大一些。但膨胀率过大时，单位体积中滤料的颗粒数变少，颗粒碰撞和摩擦的机会减少，所以对清洗不利。设计时根据最佳反冲洗速度下的膨胀率来控制反冲洗较为方便。一般情况下，单层石英砂滤料滤池的膨胀率为 20%～30%，上向流滤池为 30%左右，双层滤料滤池为40%～50%。

（3）冲洗历时 滤池反冲洗必须经历足够的冲洗时间。若冲洗时间不足，滤料得不到足够的水流剪切和碰撞摩擦时间，则清洗不干净。一般普通快滤池冲洗历时不少于 5～7min，普通双层滤料滤池不少于 6～8min。

5. 清洗

辅助清洗的目的是为了改善滤料清洗效果。辅助清洗有表面冲洗、空气和机械翻洗等方法。

（1）表面冲洗

① 表面冲洗的作用。滤池的表面滤料颗粒细小，反冲时相互碰撞机会少，动量小，所以不易清洗干净，黏附的砂粒易结成小泥球。当反冲洗后滤层重新级配时，泥球就随之长大而不断向深处移动。表面冲洗的作用就是破坏滤料结球，使滤料清洗更加洁净。清洗前后滤料含泥量变化见表 2-2-32。

表 2-2-32 清洗前后滤料含泥量

清洗方式	单独用水冲洗	空气辅助冲洗	表面辅助冲洗
清洗前含污量/(mg/L)	33.7	9.0	11.3
重复清洗次数	5	3	2
清洗后含污量/(mg/L)	15.3	1.9	2.9

② 表面清洗设备。表面清洗设备主要有两种：固定喷嘴表面冲洗器和悬臂式旋转冲洗器。冲洗器置于滤层之上，压力为（24.5～39.2）$\times10^4$Pa的水流由喷嘴喷出，砂粒受到喷射水流的剧烈搅动，使表面附着的悬浮物脱落，随冲洗水排出。

固定冲洗器的结构简单，但清洗效果不好。旋转冲洗器距滤层表面为50mm，转速为5r/min，冲洗强度为0.5～0.8L/(s・m^2)。喷嘴处水流速可达30m/s，能射入滤层100mm。喷嘴与水平面倾角为24°，孔嘴相距200mm。

为了使深层滤料也能清洗得更为洁净，也可以在滤层表面下设冲洗器。采用表面冲洗或表面和表面下联合冲洗时，应与反冲洗同时进行。

（2）空气辅助清洗

① 冲洗作用和种类。废水滤池滤料的粒度往往粗一些，所以反冲洗强度一般比较大。为了降低反冲洗强度，改善清洗效果，可以采用空气辅助清洗。空气辅助清洗因方式不同，其清洗效果也不相同。根据滤料的污染情况，可以选择以下空气清洗方法。

先用空气冲洗，后用水反冲洗。首先将滤池水位降至滤层表面上约100mm处，通入空气数分钟，然后用水反冲洗。该法适用于表面污染严重而内层污染轻的滤池。

空气和水同时反冲洗。从静止滤层下部送入空气，在砂层内合并成的大气泡一面反复分散一面上升，由于气泡直径较小，滤料受到的扰动较轻。另一方面，滤层反冲洗时呈悬浮状态，气泡直径较大，清洗效果较好。

脉动冲洗是“气-水”联合反冲洗的进一步改进。在用低流量水反冲洗的同时，间歇地送入空气，反复数次后再进行正常反冲洗。该法适用于负荷较大、表面和内层均污染较重的滤池。

② 空气辅助清洗的配水系统。当空气流量较低时，可利用砾石层布水、布气进行反冲洗。为了防止承托层中较少的砾石发生移动，可以在细砾石层上再放置一层较粗的砾石，形成底部粗、中间细、顶部又粗的级配承托层。另一种方法是在砾石层上布置布气管。为了能在整个滤池上均匀布气，可使布气孔小些（一般为2～3mm），较为密集地分布。

对于“气-水”反冲洗的小阻力系统，可采用滤头布水与布气。例如：滤头下带有一段直径为190mm的短管，短管穿过底板直插入水中，在紧接底板下缘处的管上开一个直径为3mm的小孔来排气。

③ 冲洗水排除

a. 集水渠和洗砂排水槽。洗砂排水槽的断面形状如图2-2-60所示。

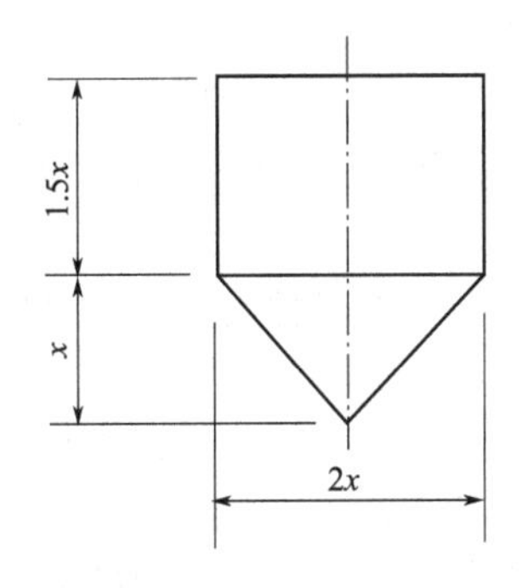

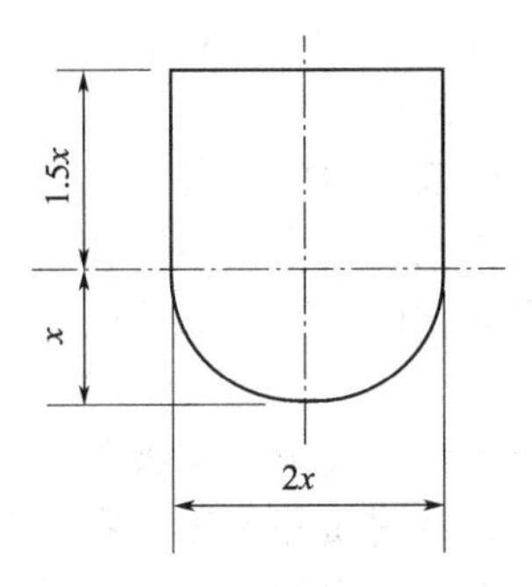

图2-2-60　洗砂排水槽断面

排水槽的上口是水平的；槽底可以是水平的，也可以有一定坡度。通常使始端深度是末端深度的一半。洗砂排水槽的排水流量 Q 为：

$$Q=qab \tag{2-2-68}$$

式中，q 为反冲洗强度，L/(s·m²)；a 为两槽间的中心距，m，一般为 1.5～2.2m；b 为槽长度，m，一般不大于 6m。

设槽顶宽度为 $2x$，则槽底为三角形断面时的末端尺寸：

$$x=\frac{1}{2}\sqrt{\frac{qab}{1000v}} \tag{2-2-69}$$

式中，v 为水平流速，m/s，一般采用 0.6m/s。

槽底为半圆形断面时的末端尺寸：

$$x=\sqrt{\frac{qab}{4570v}} \tag{2-2-70}$$

槽顶距砂面高度 H_e（m）为：

$$H_e=\varepsilon_m L_0+2.5x+\delta+0.075 \tag{2-2-71}$$

式中，ε_m 为滤层最大膨胀率，%；L_0 为滤层厚度，m；δ 为槽底厚度，m。

b. 集水渠。每个洗砂排水槽将同样流量的冲洗水汇于集水渠内，洗砂槽底在集水渠始端水面上高度不小于 0.05～0.2m。矩形断面集水渠内始端的水深 H_q 可按下式计算：

$$H_q=1.73\sqrt[3]{\frac{q_x^2}{gB^2}} \tag{2-2-72}$$

式中，q_x 为滤池总冲洗水的流量，m³/s；B 为集水渠宽度，m；g 为重力加速度，9.81m/s²。

第五节 吸 附

一、原理和功能

(一) 原理

吸附法在废水处理中主要用于脱除水中的微量污染物，包括脱色、除臭、去除重金属、去除溶解性有机物、去除放射性物质等。在处理流程中，吸附法可作为离子交换、膜分离等方法的预处理，去除有机物、胶体物及余氯等；也可以作为二级处理后的深度处理手段，以满足再生水水质要求[2]。

吸附过程可有效吸附浓度很低的物质，具有出水水质好、运行稳定等优点，并且吸附剂可重复使用。但吸附法对进水预处理要求较高，设备运转费用较高。

吸附是一种物质附着在另一种物质表面上的过程，具有多孔性质的固体物质与气体或液体接触时，气体或液体中的一种或几种组分会吸附到固体表面上。具有吸附功能的固体物质称为吸附剂，气相或液相中被吸附物质称为吸附质。

吸附剂对吸附质的吸附，根据吸附力的不同，可以分为三种类型：物理吸附、化学吸附和交换吸附。

(1) 物理吸附　指吸附质与吸附剂之间由于分子间力（范德华力）而产生的吸附。其特点是没有选择性，吸附质并不固定在吸附剂表面的特定位置上，而能在界面一定范围内自由移动，因而其吸附的牢固程度不如化学吸附。物理吸附主要发生在低温状态下，过程放热较小，一般小于 42kJ/mol，可以形成单分子层吸附或多分子层吸附。影响物理吸附的主要因素是吸附剂的比表面积和细孔分布[3]。

(2) 化学吸附　指吸附质与吸附剂发生化学反应，形成牢固的化学键和表面络合物，吸附质不能在表面自由移动。化学吸附时放热量较大，与化学反应的反应热相近，约 84～

420kJ/mol。化学吸附有选择性，即一种吸附剂只对某种或特定几种物质有吸附作用，一般为单分子层吸附。化学吸附通常需要一定的活化能，在低温时吸附速度较小。这种吸附与吸附剂的表面化学性质和吸附质的化学性质有密切的关系[3]。

(3) 交换吸附　指吸附质的离子由于静电引力作用聚集在吸附剂表面的带电点上，并置换出原先固定在这些带电点上的离子。通常离子交换属于此范围（离子交换见相关章节）。影响交换吸附的重要因素是离子电荷数和水合半径的大小[3]。

在实际的吸附过程中，上述几类吸附往往同时存在。例如某些物质分子在物理吸附后，其化学键被拉长，甚至拉长到改变这个分子的化学性质。物理吸附和化学吸附在一定条件下也是可以互相转化的。同一物质，可能在较低温度下进行物理吸附，而在较高温度下进行化学吸附。

(二) 吸附容量与吸附等温式

吸附过程中，固、液两相经过充分的接触后，达到吸附与脱附的动态平衡。达到平衡时，单位吸附剂所吸附的吸附质的量称为平衡吸附量，即吸附容量，常用 q_e（mg/g）表示。对一定的吸附体系，平衡吸附量是吸附质浓度和温度的函数。为了确定吸附剂对某种物质的吸附能力，需进行等温吸附试验。

在一定温度下经过一定的吸附时间达到平衡，吸附质的浓度为 c_e，则吸附剂的吸附容量为：

$$q_e=\frac{x}{M}=\frac{V(c_0-c_e)}{M} \tag{2-2-73}$$

式中，x 为吸附平衡后，被吸附的吸附质的量，mg；V 为水样体积，L；c_0、c_e 分别为吸附质的初始浓度和平衡浓度，mg/L；M 为吸附剂量，g。

显然，平衡吸附量越大，单位吸附剂处理的水量越大，吸附周期越长，运转费用越低。

改变投加的吸附剂的量，每一个等温吸附试验可以获得一组平衡的 c_e、q_e 值，将平衡吸附量 q_e 与相应的平衡浓度 c_e 作图，可以得到吸附等温线。

描述吸附等温线的数学表达式称为吸附等温式。在水处理中常用的有 Langmuir 等温式和 Freundlich 等温式。

1. Langmuir 等温式

Langmuir 假设吸附剂表面均一，各处的吸附能相同；吸附是单分子层的，当吸附剂表面被吸附质饱和时，其吸附量达到最大值；在吸附剂表面上的各个吸附点间没有吸附质转移运动；达动态平衡状态时，吸附和脱附速度相等。

Langmuir 等温式的表达式为：

$$q_e=\frac{abc_e}{1+bc_e} \tag{2-2-74}$$

式中，a 为与最大吸附量有关的常数；b 为与吸附能有关的常数。

为计算方便，式(2-2-74) 可以变换为下面两种线性表达式：

$$\frac{1}{q_e}=\frac{1}{ab}\times\frac{1}{c_e}+\frac{1}{a} \tag{2-2-75}$$

$$\frac{c_e}{q_e}=\frac{1}{a}c_e+\frac{1}{ab} \tag{2-2-76}$$

根据吸附实验数据，按上式作图得一条直线（见图 2-2-61），可求得 a、b 值。式(2-2-75) 适用于 c_e 值小于 1 的情况，而式（2-2-76）则适用于 c_e 值较大的情况。

由式(2-2-74) 可见，当吸附量很少，即当 $bc_e\ll 1$ 时，$q_e=abc_e$ 即 q_e 与 c_e 成正比，吸附

等温线近似于一条直线。

当吸附量很大，即当 $bc_e \gg 1$ 时，$q_e = a$，即平衡吸附量接近于定值，吸附等温线趋于水平。

2. Freundlich 等温式

Freundlich 等温式是一个经验公式，它与实验数据吻合较好，在水处理中应用很普遍。Freundlich 等温式的表达式为：

$$q_e = Kc_e^{1/n} \tag{2-2-77}$$

式中，K 为吸附系数；n 为常数，通常大于 1。

将式(2-2-77) 两边取对数，得

$$\lg q_e = \lg K + \frac{1}{n}\lg c_e \tag{2-2-78}$$

根据实验数据 $\lg q_e$ 对 $\lg c_e$ 在对数坐标系中作图得一条直线（见图 2-2-62），其斜率等于 $1/n$，截距等于 $\lg K$。一般认为，$1/n$ 值介于 0.1～0.5，易于吸附，$1/n$ 大于 2 时难以吸附。

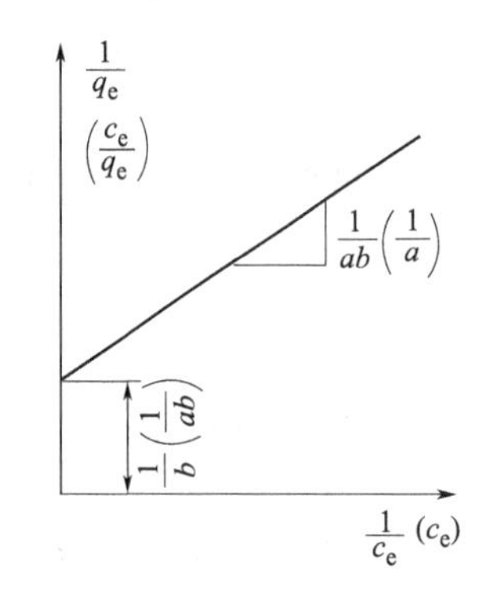

图 2-2-61 Langmuir 吸附等温线

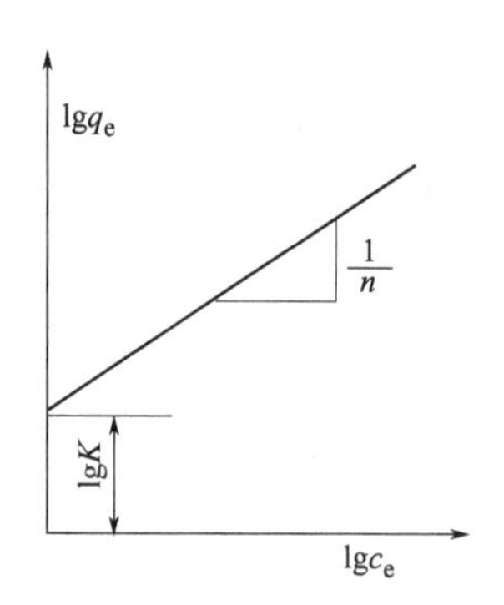

图 2-2-62 Freundlich 吸附等温线

(三) 影响吸附的因素

影响吸附有多方面的因素，如吸附剂结构、吸附质性质、吸附过程的操作条件等。

1. 吸附剂的结构

吸附剂的比表面积、孔结构和表面化学性质都对吸附有影响。吸附剂的比表面积越大，则吸附能力越强。当然，对于一定的吸附质，增大比表面积效果是有限的。对于大分子吸附质，比表面积过大吸附效果反而不好，微孔提供的表面积起不到作用。吸附剂内孔的大小和分布对吸附性能影响很大，孔径太大，比表面积小，吸附能力差；孔径太小，则不利于吸附质扩散，并对直径较大的分子起屏蔽作用。吸附剂在制造过程中会形成一定量的不均匀表面氧化物。一般把表面氧化物分成酸性和碱性两大类。酸性氧化物对碱金属氢氧化物有很好的吸附作用，碱性氧化物吸附酸性物质。

2. 吸附质的性质

对于一定的吸附剂，吸附质性质不同，吸附效果也不一样。通常有机物在水中的溶解度随着链长的增长而减小，而活性炭的吸附容量随着有机物在水中溶解度减少而增加。实际过程中往往多种吸附质同时存在，它们之间会发生相互影响，比如相互竞争、相互促进或互不干扰。

3. 操作条件

吸附是放热过程，低温有利于吸附，高温有利于脱附。

溶液的 pH 值对吸附也有影响。活性炭从水中吸附有机物的效果，一般随着溶液 pH 值的增加而降低。另外，pH 值对吸附质在水中存在的状态（分子、离子、络合物等）及溶解度有时也有影响，从而对吸附效果也有影响。

在吸附操作中，应保证吸附剂与吸附质有足够的接触时间，使吸附接近平衡。接触时间短，吸附未达到平衡，吸附量小；接触时间过长，设备的体积会很庞大。一般接触时间为0.5～1.0h。

(四) 吸附剂

吸附剂的种类很多，常用的有活性炭和腐殖酸类吸附剂。

1. 活性炭

活性炭是水处理中应用较多的一种吸附剂。活性炭的种类很多，在废水处理中常用的是粉状活性炭和粒状活性炭。粉状活性炭吸附能力强，制备容易，价格较低，但再生困难，一般不能重复使用。粒状活性炭价格较贵，但再生后可重复使用，并且使用时的劳动条件较好，操作管理方便。因此在水处理中多采用粒状活性炭。活性炭吸附方式及特点见表 2-2-33。

表 2-2-33 活性炭吸附方式及特点

方式	要点	活性炭形状	优缺点
接触吸附	(1)根据污染情况做短期投加或做应急措施 (2)干(或湿)粉末直接投入混凝沉淀或澄清前的原水中,依靠水泵、管道或接触装置进行充分接触吸附 (3)接触吸附后依靠澄清、过滤去除之;也可在澄清后投加,但增加滤池负荷	粉末	(1)可利用原有设备 (2)适用于建造粒状炭吸附装置有困难的场合 (3)基建及设备投资较少,不增加建筑面积 (4)粉末炭对污染负荷变动的适应性差,吸附能力未被充分利用,污泥处理困难,作业环境恶劣 (5)大多采用一次使用后废弃,一般不考虑再生,所以处理费用较贵 (6)控制不佳时粉末炭有穿透滤池现象
固定床	(1)在需要长期做深度处理的情况下使用 (2)通常在过滤后以粒状活性炭填充的吸附塔或滤床过滤吸附 (3)透水方式:升流式或降流式;压力式或重力式	粒状	(1)运转稳定,管理方便,出水水质良好 (2)活性炭再生后可循环使用 3～7 年 (3)活性炭在固定床中吸附效率较低 (4)需定期投炭,整池排炭 (5)基建,设备投资较高,并占一定土地面积
移动床	(1)长期运行的深度处理装置 (2)水在加压状态下,由底部升流式通过炭层过滤吸附池,冲洗废水及滤过水均由上面流出 (3)新活性炭由上部间歇或连续投加,失效炭借重力由底部间歇或连续排出 (4)直径较大的吸附塔进出水系统采用井筒式筛网,上部由集水管连接收集出水,防炭粒流失;下部由布水管连接,均匀进水 (5)可以填充床或膨胀床两种方式运行	粒状	(1)运转稳定、管理方便、出水水质良好 (2)底部排出的失效炭可达到完全饱和,最大限度利用了炭的吸附容量 (3)间歇式连续投炭、排炭,减少再生设备容量 (4)基建及设备投资较高 (5)建筑面积较小 (6)井筒式筛网破裂时将产生跑炭
流动床	(1)长期运行的深度净化装置 (2)水由底部升流式通过炭床,炭由上部向下移动 (3)水流与流化状态的活性炭在逆流状态接触吸附 (4)可采用一级或多级床层	粒状	(1)炭床不需冲洗 (2)最大限度利用了炭的吸附容量 (3)间歇式连续投炭、排炭,减少再生设备容量 (4)占地面积较小 (5)要求炭粒均匀,否则易引起粒度分级

2. 腐殖酸类吸附剂

用作吸附剂的腐殖酸类物质主要有天然的富含腐殖酸的风化煤、泥煤、褐煤等，它们可

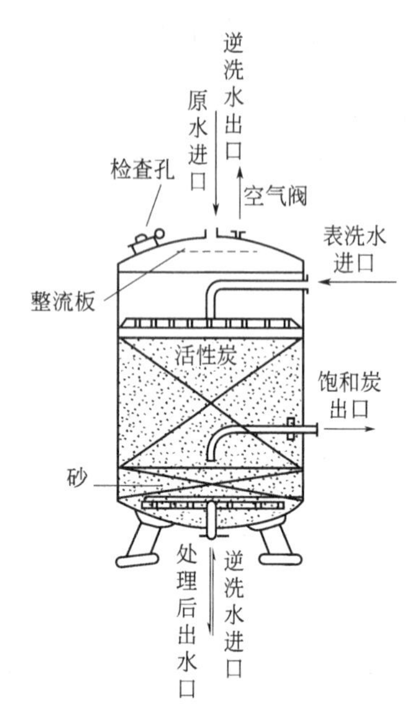

图 2-2-63 固定床吸附塔构造示意

以直接使用或经简单处理后使用；将富含腐殖酸的物质用适当的黏合剂制备成的腐殖酸系树脂。

腐殖酸类物质能吸附工业废水中的许多金属离子，如汞、铬、锌、镉、铅、铜等。腐殖酸类物质在吸附重金属离子后，可以用 H_2SO_4、HCl、NaCl 等进行解吸。目前，这方面的应用还处于试验、研究阶段，还存在吸附容量不高、适用的 pH 值范围较窄、机械强度低等问题，需要进一步研究和解决。

二、设备和装置

(一) 固定床

固定床是水处理工艺中最常用的一种方式。固定床根据水流方向又分为升流式和降流式两种形式。降流式固定床的出水水质较好，但经过吸附层的水头损失较大，特别是处理含悬浮物较高的废水时，为了防止悬浮物堵塞吸附层，需定期进行反冲洗。有时需要在吸附层上部设反冲洗设备。固定床吸附塔构造如图 2-2-63 所示。

在升流式固定床中，当发现水头损失增大时，可适当提高水流流速，使填充层稍有膨胀（上下层不能互相混合）就可以达到自清的目的。这种方式由于层内水头损失增加较慢，所以运行时间较长，但对废水入口处（底层）吸附层的冲洗难于降流式。另外由于流量变动或操作一时失误就会使吸附剂流失。

固定床根据处理水量、原水的水质和处理要求可分为单床式、多床串联式和多床并联式三种。如图 2-2-64 所示。

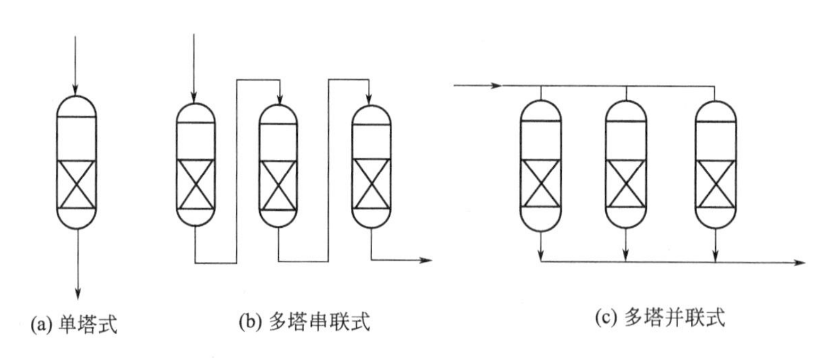

图 2-2-64 固定床吸附操作示意

废水处理采用的固定床吸附设备的大小和操作条件，根据实际设备的运行资料建议采用下列数据：

塔径	1～3.5m；	填充层高度	3～10m；
填充层与塔高比	(1∶1)～(4∶1)；	吸附剂粒径	0.5～2mm(活性炭)；
接触时间	10～50min；		
容积速度	$2m^3/(h \cdot m^3)$以下(固定床)；		
	$5m^3/(h \cdot m^3)$以下(移动床)；		
线速度	2～10m/h(固定床)；		
	10～30m/h(移动床)。		

容积速度 v_S 即单位容积吸附剂在单位时间内通过处理水的容积数；线速度 v_L 即单位时间内水通过吸附层的线速度，又称空塔速度。

(二) 移动床

移动床的运行操作方式如图 2-2-65 所示。原水从吸附塔底部流入和活性炭进行逆流接触，处理后的水从塔顶流出。再生后的活性炭从塔顶加入，接近吸附饱和的炭从塔底间歇地排出。

这种方式较固定床式能够充分利用吸附剂的吸附容量，水头损失小。由于采用升流式，废水从塔底流入，从塔顶流出，被截留的悬浮物随饱和的吸附剂间歇地从塔底排出，所以不需要反冲洗设备。但这种操作方式要求塔内吸附剂上下层不能互相混合，操作管理要求严格。移动床吸附塔构造如图 2-2-65 所示。

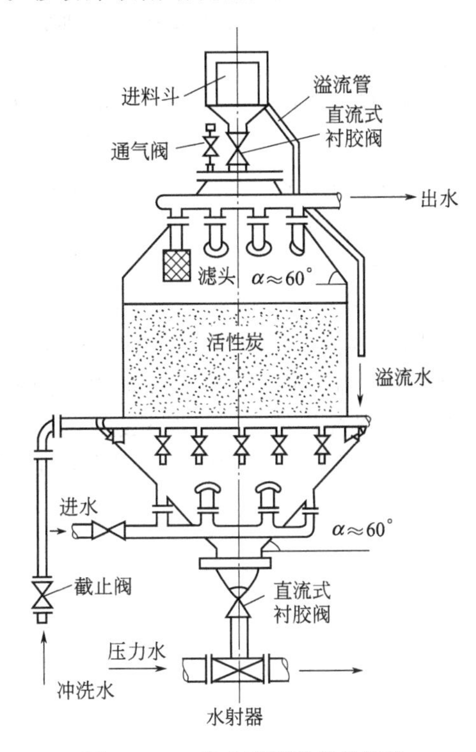

图 2-2-65 移动床吸附塔的构造

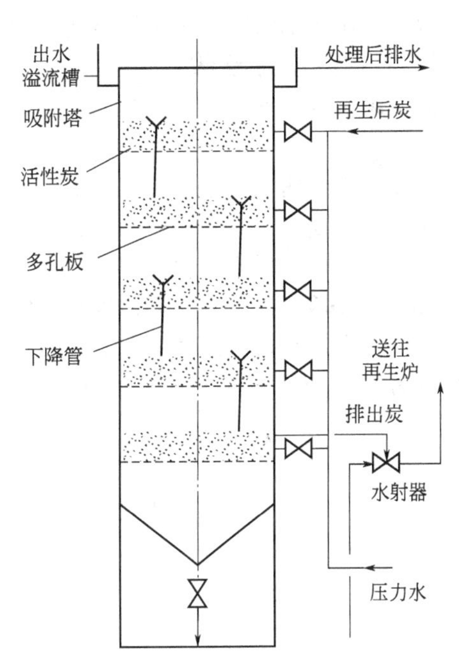

图 2-2-66 多层流化床吸附塔构造

(三) 流化床

流化床不同于固定床和移动床的地方是由下往上的水使吸附剂颗粒相互之间有相对运动，一般可以通过整个床层进行循环，起不到过滤作用，因此适用于处理悬浮物含量较高的水（见图 2-2-66）。

三、设计与计算

(一) 设计要点

(1) 活性炭处理属于深度处理工艺，通常只在废水经过其他常规的工艺处理之后，出水的个别水质指标仍不能满足排放要求时才考虑采用。

(2) 确定选用活性炭工艺之前，应取前段处理工艺的出水或水质接近的水样进行炭柱试验，并对不同品牌规格的活性炭进行筛选，然后通过试验得出主要的设计参数，例如水的滤速、出水水质、饱和周期、反冲洗最短周期等。

(3) 活性炭工艺进水一般应先经过过滤处理，以防止由于悬浮物较多造成炭层表面堵塞。同时进水有机物浓度不应过高，避免造成活性炭过快饱和，这样才能保证合理的再生周期和运行成本。当进水 COD 浓度超过 50～80mg/L 时，一般应该考虑采用生物活性炭工艺进行处理。

(4) 对于中水处理或某些超标污染物浓度经常变化的处理工艺，对活性炭处理单元应设跨越或旁通管路，当前段工艺来水在一段时间内不超标时，则可以及时停用活性炭单元，这样可以节省活性炭床的吸附容量，有效地延长再生或更换周期。

(5) 采用固定床应根据活性炭再生或更换周期情况，考虑设计备用的池或炭塔。移动床在必要时也应考虑备用。

(6) 由于活性炭与普通钢材接触将产生严重的电化学腐蚀，所以设计活性炭处理装置设备时应首先考虑钢筋混凝土结构或不锈钢、塑料等材料。如选用普通碳钢制作时，则装置内面必须采用环氧树脂衬里，且衬里厚度应大于 1.5mm。

(7) 使用粉末炭时，必须考虑防火防爆，所配用的所有电器设备也必须符合防爆要求。

(二) 主要设计参数

固定床炭层厚度	1.5～6m；	过滤线速度 升流式	9～25m/h；
		降流式	7～12m/h；
反冲洗水线速度	28～32m/h；	反冲洗时间	3～8min；
反冲洗周期	8～72h；	反冲洗膨胀率	30%～50%；
水在炭层停留时间	10～30min；	粉末炭处理炭水接触时间	20～30min。

【例 2-2-10】 图 2-2-67 为活性炭固定床吸附工业废水中有机物的动态试验所得出的穿透曲线，进水中总有机碳浓度 $c_0=100$mg/L，出水的总有机碳容许浓度 $c_a=20$mg/L。活性炭的容重为 401g/L，吸附柱中炭的体积为 1L。试计算当到达穿透点及吸附终点时的活性炭吸附量。

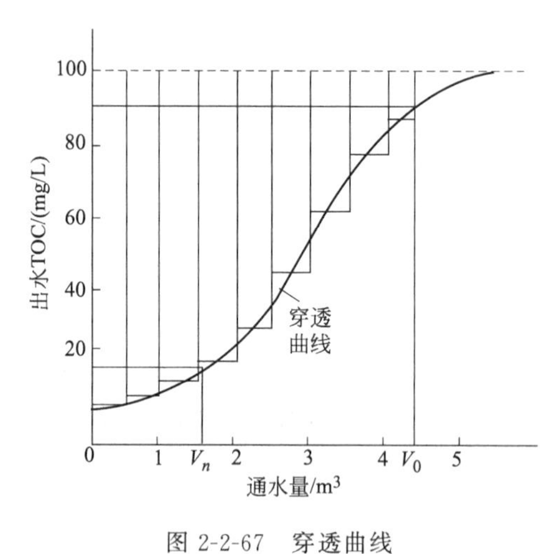

图 2-2-67 穿透曲线

解： 在吸附柱中被炭吸附的总有机碳质量$=v(c_0-c_e)$。由于 c_e 值不是常数，所以总有机碳的去除量应由积分求得。

由图 2-2-67 设 $c_b=90\%c_0$，当处理水量为 4500L/h，吸附能力即告耗竭。根据图 2-2-67 的图解积分，去除的总有机碳为：

$$500[(100-10)+(100-13)+(100-16)+(100-21.5)+(100-32)+(100-46.5)+(100-63.6)+(100-76.5)+(100-88)]=266.5\ (\mathrm{g})$$

到达吸附终点时的活性炭吸附量$=266.5/401=0.66$ (g/g)

到达穿透点时的活性炭吸附量＝130.5/401＝0.33（g/g）

如采用多柱串联装置，使第一柱内的活性炭达到饱和后才停止第一柱的运行，则通水倍数为 $4.3m^3/0.401kg=10.7m^3/kg$。要达到上述通水倍数，应采用 4300/1500＝3，即三柱串联装置，再加上一个备用柱，供再生失效炭时投入使用。

活性炭所需的接触时间、使用周期及吸附带长度等均可由试验求得。

在多柱串联的吸附操作中，为了使活性炭充分饱和，既能保证最后一柱出水水质不超过穿透点，又能保证有足够的再生活性炭的时间，一般采用 4～5 根吸附柱串联试验来绘制穿透曲线，如图 2-2-68 所示。活性炭填充层总高度采用 4～10m，在每柱出口设取样口，每隔一定时间测定出水浓度。如最后一柱的出水水质达不到要求，应适当增加吸附柱的个数。当达到稳定状态时，各柱的吸附量相等。图 2-2-68 中第 1 条和第 2 条曲线所包围的面积 A 为第 2 个吸附柱的吸附总量（kg），第 2 条和第 3 条曲线包围的面积 B 为第 3 个吸附柱的吸附总量（kg）。当 $A=B$ 时，吸附操作便达到稳定状态。这时每个吸附柱的通水量 $V=A/c_0$。从多柱串联试验曲线可确定合理的串联级数（考虑到必需的再生活性炭的时间）和其他所需参数。

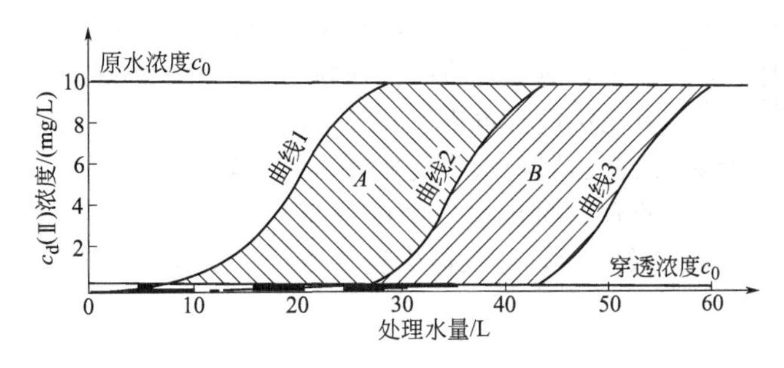

图 2-2-68　多柱串联吸附试验

四、活性炭的再生

吸附饱和后的活性炭，经过再生可以恢复其吸附能力然后重复使用。在再生过程中，吸附剂本身结构不发生变化或极少发生变化，只是用某种方法将被吸附的物质从活性炭的细孔中除去，以使活性炭恢复活性，并能够循环使用。这样可以大大减少水处理中活性炭的成本费用。

活性炭的再生主要有以下几种方法。

（一）加热再生法

加热再生法分低温和高温两种方法。前者适用于吸附气体炭的再生，后者适用于水处理粒状炭的再生。高温加热在再生过程分五步进行。

（1）脱水使活性炭和输送液体进行分离。

（2）干燥加温到 100～150℃，将吸附在活性炭细孔中的水分蒸发出来，同时部分低沸点的有机物也能够挥发出来。

（3）炭化加热到 300～700℃，高沸点的有机物由于热分解，一部分成为低沸点的有机物进行挥发，另一部分被炭化留在活性炭的细孔中。

（4）活化将炭化阶段留在活性炭细孔中的残留炭，用活化气体（如水蒸气、二氧化碳及氧）进行气化，达到重新造孔的目的，活化温度一般为 700～1000℃，炭化的物质与活化气体的反应如下：

$$2C+O_2 \longrightarrow 2CO_2$$

$$C+H_2O \longrightarrow CO+H_2$$
$$C+CO_2 \longrightarrow 2CO$$

(5) 冷却活化后的活性炭用水急剧冷却，防止氧化。

上述干燥、炭化和活化三步在一个直接燃烧立式多段再生炉中进行。图 2-2-69 所示的是目前采用最广泛的一种。再生炉体为钢壳内衬耐火材料，内部分隔成 4～9 段炉床，中心轴转动时带动把柄使活性炭自上段向下段移动。该再生炉为六段，第一、第二段用于干燥，第三、第四段用于炭化，第五、第六段为活化。

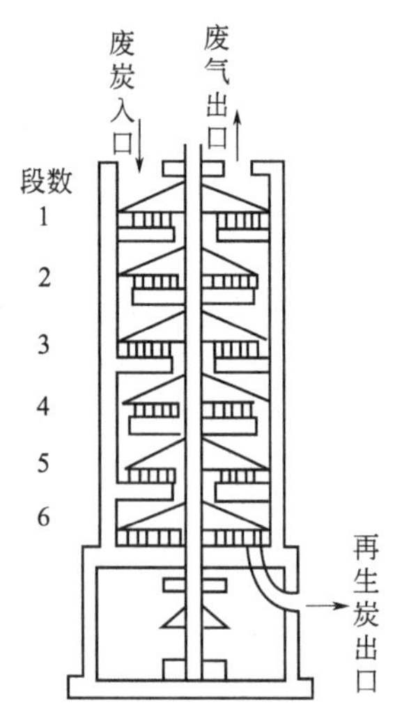

图 2-2-69 立式多段再生炉

从再生炉排出的废气中含有甲烷、乙烷、乙烯、焦油蒸气、二氧化硫、二氧化碳、一氧化碳、氢以及过剩的氧等。为了防止废气污染大气，可将排出的废气先送入燃烧器燃烧后，再进入水洗塔除去粉尘和有臭味物质。

(二) 化学氧化再生法

活性炭的化学氧化法再生又分为下列几种方法。

(1) 湿式氧化法在某些处理工程中，为了提高曝气池的处理能力，向曝气池内投加粉状炭，吸附饱和后的粉状炭可采用湿式氧化法进行再生。其工艺流程如图 2-2-70 所示。饱和炭用高压泵经换热器和水蒸气加热后送入氧化反应塔。在塔内被活性炭吸附的有机物与空气中的氧反应，进行氧化分解，使活性炭得到再生。再生后的炭经热交换器冷却后，送入再生炭储槽。在反应器底积集的无机物（灰分）定期排出。

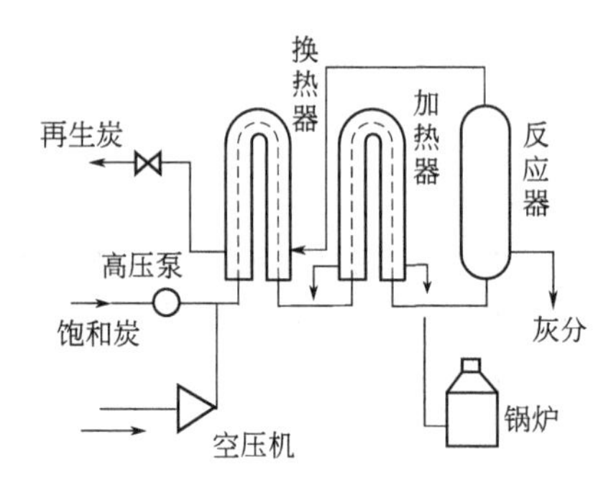

图 2-2-70 湿式氧化再生流程

(2) 电解氧化法将炭作为阳极进行水的电解，在活性炭表面产生的氧气把吸附质氧化分解。

(3) 臭氧氧化法利用强氧化剂臭氧，将吸附在活性炭上的有机物加以分解。由于经济指标等方面原因，此法实际应用不多。

(三) 溶剂再生法

用溶剂将被活性炭吸附的物质解吸下来。常用的溶剂有酸、碱及苯、丙酮、甲醇等。此方法在制药等行业常有应用，有时还可以进一步由再生液中回收有用物质。

(四) 生物法再生活性炭

利用微生物的作用，将被活性炭吸附的有机物加以氧化分解。在再生周期较长、处理水量不大的情况下，可以将炭粒内的活性炭一次性卸出，然后放置在固定的容器内进行生物再生，待一段时间后活性炭内吸附的有机物基本上被氧化分解，炭的吸附性能基本恢复时即可重新使用。另外也可以在活性炭吸附处理过程中，同时向炭床鼓入空气，以供炭粒上生长的微生物生长繁殖和分解有机物的需要。这样整个炭床就处在不断地由水中吸附有机物，同时又在不断氧化分解这些有机物的动平衡中。因此炭的饱和周期将成倍地延长，甚至在有的工程实例中一批炭可以连续使用5年以上。这也就是近年来使用越来越多的生物活性炭处理新工艺。

活性炭再生后，炭本身及炭的吸附量都不可避免地会有损失。对加热再生法，再生一次损耗炭约5%～10%，微孔减少，过渡孔增加，比表面积和碘值均有所降低。对于主要利用微孔的吸附操作，再生次数对吸附有较重要的影响，因而做吸附试验时应采用再生后的活性炭，才能得到可靠的试验结果。对于主要利用过渡孔的吸附操作，则再生次数对吸附性能的影响不大。

(五) 电加热再生法

目前可供使用的电加热再生方法主要有直流电加热再生及微波再生。

1. 直流电加热再生

将直流电直接通入饱和炭中，由于活性炭本身的电阻和炭粒之间的接触电阻，将使电能变成热能，造成活性炭温度上升。随着活性炭的温度升高，其电阻值会逐渐变小，电耗也随之降低，当达到活化温度时通入蒸汽完成活化。

这种再生炉操作管理方便，炭的再生损耗量小，再生质量好。但当炭粒被油等不良导体包住或聚集较多无机盐时，需要先用水或酸洗净才能再生。国内某有色金属公司采用直流电加热再生炉处理再生生活饮用水处理中饱和的活性炭，多年来运转效果良好，炭再生损耗率为2%～3.6%，再生耗电0.22kW·h/kg，干燥耗电1.55kW·h/kg。

2. 微波再生炉

微波再生是利用活性炭能够很好地吸收微波，达到自身快速升温，来实现活性炭加热和再生的一种方法。这种方法具有操作使用方便、设备体积小、再生效率高、炭损耗量小等优点，特别适合于中、小型活性炭处理装置的再生使用。目前国内已有每天处理能力几十千克的微波再生炉产品投入市场。

参 考 文 献

[1] 北京水环境技术与设备研究中心等．三废处理工程技术手册（废水卷）．北京：化学工业出版社，2000.
[2] 潘涛，田刚等．废水处理工程技术手册．北京：化学工业出版社，2010.
[3] 唐受印，戴友芝等．水处理工程师手册．北京：化学工业出版社，2000.
[4] 张自杰．环境工程手册·水污染防治卷．北京：高等教育出版社，1996.

第三章 膜分离处理

第一节　电　渗　析

一、原理和功能

电渗析是膜分离技术的一种，它是在直流电场作用下，以电位差为推动力，利用离子交换膜的选择透过性，把电解质从溶液中分离出来，从而实现溶液的淡化、浓缩、精制或纯化的目的。这项技术首先用于苦咸水淡化，而后逐渐扩大到海水淡化及制取饮用水和工业纯水的给水处理中，并且在重金属废水、放射性废水等工业废水处理中也开始得到应用[1]。电渗析的适用范围见表 2-3-1[2]。

表 2-3-1　电渗析适用范围

用途	除盐范围			成品水的直流耗电量/(kW·h/m^3)	说　明
	项目	起始	终止		
海水淡化	含盐量/(mg/L)	35000	500	15～17	规模较小时(如 500m^3/d 以下)，建设时间短，投资少，方便易行
苦咸水淡化	含盐量/(mg/L)	5000	500	1～5	淡化到饮用水，比较经济
水的除氟	含氟量/(mg/L)	10	1	1～5	在咸水除盐过程中，同时去除氟化物
淡水除盐	含盐量/(mg/L)	500	5	<1	将饮用水除盐到相当于蒸馏水的初级纯水，比较经济
水的软化	硬度(以 $CaCO_3$ 计)/(mg/L)	500	<15	<1	在除盐过程中同时去除硬度；除盐水优于相同硬度的软化水
纯水制取	电阻率/(MΩ·cm)	0.1	>5	1～2	采用树脂电渗析工艺，或采用电渗析-混合床离子交换工艺
废水的回收与利用	含盐量/(mg/L)	5000	500	1～5	废水除盐，回收有用物质和除盐水

二、设备和装置

(一) 电渗析器组装形式

电渗析器的组装形式用“级”和“段”来表示，一对电极之间称为一级，水流同向的若干并联隔板称为一段，见图 2-3-1。一台电渗析器常有几百个“膜对”，一个膜对包括阳膜、阴膜、隔板甲和隔板乙各一张。在膜对总数确定的条件下，增加级数可以降低电渗析的电压，增加段数可以增加除盐的流程。为了提高水的除盐率，可以采用多级多段的组装方式。电渗析器组装形式一般有一级一段、二级二段、三级三段、四级四段等。

(二) 常用除盐方式

电渗析的除盐方式随其目的不同而异，一般可分为直流式、循环式和部分循环式三种。

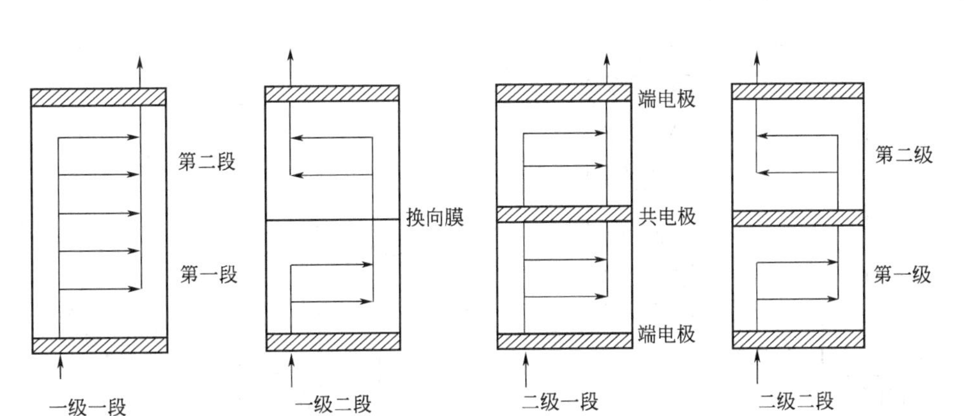

图 2-3-1 电渗析器组装方式

1. 直流式

原水经多台单级或多台多级串联的电渗析器后，一次脱盐达到给定的脱盐要求，直接排出成品水。该方式具有连续出水、管道布置简单等优点，缺点是操作弹性小，对原水含盐量发生变化时适应性较差。该流程是国内常用流程之一，常采用给定电压操作，根据进水、产水量及产品水水质等要求，可采用单系列多台串联或多系列并联的流程，适用于中、大型脱盐场地（见图 2-3-2）。

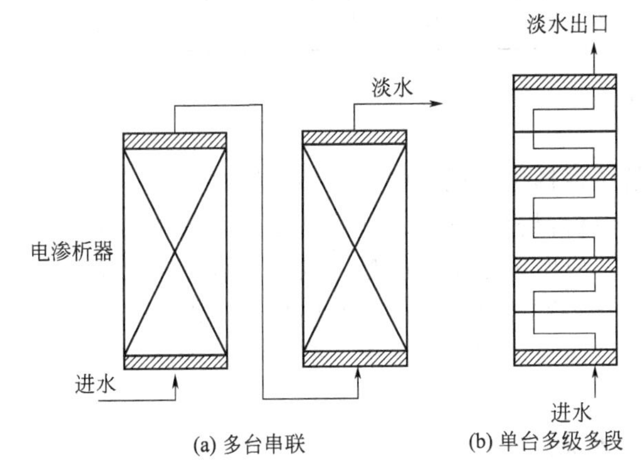

(a) 多台串联　(b) 单台多级多段

图 2-3-2 直流式电渗析除盐方式

2. 循环式

如图 2-3-3 所示，将一定量的原水注入淡水循环槽内，经电渗析器多次反复除盐，当循环除盐到给定的成品水水质指标后，输送至成品水槽。该方式适用于脱盐难度大，并要求成品水水质稳定的小型脱盐水站。该流程适应性较强，既可用于高含盐量水的脱盐，也适用于低含盐量水的脱盐，特别适用于给水水质经常变化的场合，能始终提供合格的成品水。例如流动式野外淡化车、船用脱盐装置等多采用此流程。其次小批量工业产品料液的浓缩、提纯、分离和精制也常用此方式。但需要较多的辅助设备，动力消耗较大，且只能间歇供水。

3. 部分循环式

部分循环式是直流式和循环式相结合的一种方式（见图 2-3-4）。一方面，使溶液在混合水池内循环，另一方面，补充原水使水池内水量保持稳定。在这种方式下，混合水池内流速不受产水量的影响。该方式的优点是膜可保持稳定状态，而装置可以适应任何进料情况，当然需要再循环系统，因此设备和动力消耗都会增加。

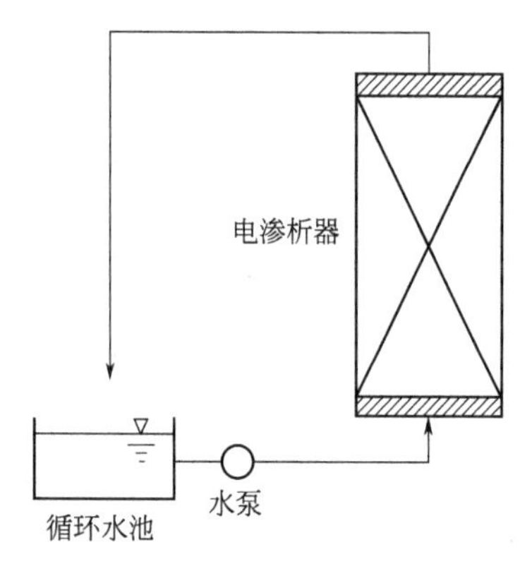

图 2-3-3 循环式电渗析除盐方式

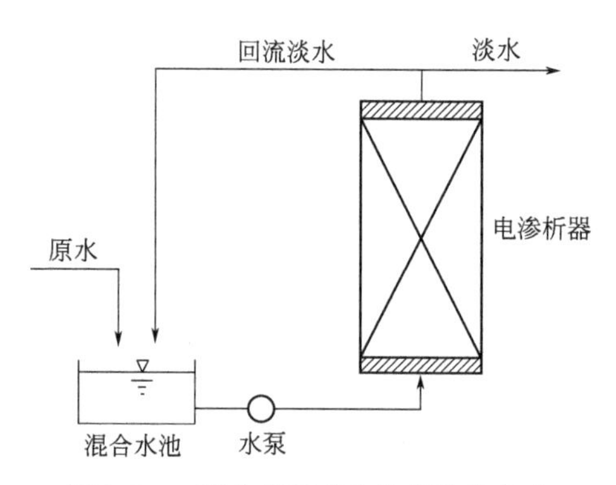

图 2-3-4 部分循环式电渗析除盐方式

电渗析三种不同除盐方式的特点比较见表 2-3-2。

表 2-3-2 不同除盐方式特点

除盐方式	工作方式	淡水质量随时间的变化	对原水含盐量变化的适应性	电流效率	适合的产水量规模	附属设备	对电渗析器的要求
直流式	连续	不变	一般	高	大流量	最少	高
循环式	批量	由低到高	强	低	中小流量	较多	低
部分循环式	连续	不变	强	高	大流量	较多	高

三、设计计算

电渗析工艺设计就是根据用户提出的脱盐率、淡水产量等主要技术经济指标，选择合适的电渗析器，再根据电渗析器相关参数，计算电渗析工艺相关参数。

电渗析工艺设计前，应明确原水含盐量、淡水含盐量、淡水产量这 3 个主要技术指标。

在电渗析工艺设计和参数计算时，由于水中离子的组分、水温、膜的性能、隔板形式等都会影响其计算结果，因而目前还没有形成一套通用的计算方法，实际设计中往往采用理论与经验相结合的方法。

(一) 电渗析进水水质要求

水中所含的悬浮物、有机物、微生物、铁和锰等重金属杂质以及形成的胶体物质，会造成离子交换膜的污染，降低离子交换膜的选择透过性，还会使隔板布水槽堵塞，电渗析本体阻力增大，流量降低，除盐效率下降，因此原水进入电渗析之前，必须经过适当的预处理，去除原水中胶体物质，达到电渗析进水标准。

根据国家行业标准《电渗析技术脱盐方法》（HY/T 034.4—1994）规定，电渗析器的进水水质应符合表 2-3-3 所列的要求。

表 2-3-3 电渗析器进水水质要求

项目	指标值	项目	指标值
水温/℃	5～40	浊度/(mg/L)	1.5～2.0mm 隔板：＜3 0.5～0.9mm 隔板：＜0.3
高锰酸盐指数/(mg/L)	＜3		
铁/(mg/L)	＜0.3	游离氯/(mg/L)	＜0.2
锰/(mg/L)	＜0.1	污染指数	＜10

(二) 电渗析器选择

目前，国内制造的电渗析器大多能够满足使用需要，一般可直接选购产品，而不必设计电渗析器本体。

国产标准电渗析器分三大类型。DSA 型为网状隔板，隔板厚度为 0.9mm；DSB 型为网状隔板，隔板厚度为 0.5mm；DSC 型为冲格式隔板，隔板厚度为 1.0mm，由两个厚度为 0.5mm 的冲格薄片组成。上述国产标准电渗析器的规格与性能见表 2-3-4～表 2-3-6[1]。

表 2-3-4　DSA 型电渗析器规格和性能

规格 性能	DSA Ⅰ			DSA Ⅱ			
	1×1/250	2×2/500	3×3/750	1×1/200	2×2/400	3×3/600	4×4/800
隔板尺寸/mm	800×1600×0.9			400×1600×0.9			
离子交换膜	异相阳、阴离子交换膜			异相阳、阴离子交换膜			
电极材料	钛涂钌(石墨、不锈钢)			钛涂钌(石墨、不锈钢)			
组装膜对数/对	250	500	750	200	400	600	800
组装形式	一级 一段	二级 二段 (2 台)	三级 三段 (3 台)	一级 一段	二级 二段 (2 台)	三级 三段 (3 台)	四级 四段 (4 台)
产水量/(m^3/h)	35	35	35	13.2	13.2	13.2	13.2
脱盐率/%	≥50	≥70	≥80	≥50	≥75	87.5	93.75
工作压力/kPa	<50	<120	<180	<50	<75	<150	<200
外形尺寸/mm	2550×1370 ×1100				2300×1010 ×520		
安装形式	立式	立式	立式	立式	立式	立式	立式
本体质量/t	2	2×2	2×3	1	1×2	1×3	1×4
标准图号	91S430(一)			91S430(二)			

注：表中电渗析脱盐率和产水量的数据是指在 2000mg/L NaCl 溶液中，25℃下测定的数据。

表 2-3-5　DSB 型电渗析器规格和性能

规格 性能	DSB Ⅱ		DSB Ⅳ			
	1×1/200	2×2/300	1×1/200	2×2/300	2×4/300	2×6/300
隔板尺寸/mm	400×1600×0.5		400×800×0.5			
离子交换膜	异相阳、阴离子交换膜		异相阳、阴离子交换膜			
电极材料	不锈钢(石墨、钛涂钌)		不锈钢(石墨、钛涂钌)			
组装膜对数/对	200	300	200	300	300	300
组装形式	一级一段	二级二段	一级一段	二级二段	二级四段	三级六段
产水量/(m^3/h)	8.0	6.0	8.0	6.0	3.0	1.5～2.0
脱盐率/%	≥75	≥85	≥50	≥70～75	≥80～85	90～95
工作压力/kPa	<100	<250	<50	<100	<200	<250
外形尺寸/mm	600×1800× 800	600×1800× 800	600×1000× 800	600×1000× 1000	600×1000× 1000	600×1000× 1000
安装形式	立式	立式	立式	立式	立式	立式
本体质量/t	0.56	0.63	0.28	0.35	0.35	0.38
标准图号	91S430(三)		91S430(四)			

注：表中电渗析脱盐率和产水量的数据是指在 2000mg/L NaCl 溶液中，25℃下测定的数据。

表 2-3-6 DSC 型电渗析器规格和性能

性能 \ 规格	DSC Ⅰ			DSC Ⅳ		
	1×1/100	2×2/300	4×4/300	1×1/100	2×2/200	3×3/240
隔板尺寸/mm	800×1600×1.0			400×800×1.0		
离子交换膜	异相阳、阴离子交换膜			异相阳、阴离子交换膜		
电极材料	石墨(钛涂钌、不锈钢)			石墨(钛涂钌、不锈钢)		
组装膜对数/对	100	300	300	100	200	240
组装形式	一级一段	二级二段	四级四段	一级一段	二级二段	三级三段
产水量/(m^3/h)	25～28	30～40	18～22	1.8～2.0	1.5～2.0	1.4～1.8
脱盐率/%	28～32	45～55	75～80	50～55	70～80	85～90
工作压力/kPa	80	120	200	120	160	200
外形尺寸/mm	940×960×2150	1550×960×2150	1600×960×2150	900×620×900	960×620×1210	960×620×1350
安装形式	立式	立式	立式	卧式	卧式	卧式
本体质量/t	1.1	2.3	2.5	0.2	0.3	0.4
标准图号	91S430(五)			91S430(六)		

注：1. 不锈钢电极只允许用在极水中氯离子浓度不高于 100mg/L 的情况下。
2. 表中电渗析脱盐率和产水量的数据是指在 2000mg/L NaCl 溶液中，25℃下测定的数据。

在选择电渗析器时，除电渗析的脱盐率和产水量满足设计要求外，还必须要考虑膜和电极的材质。

离子交换膜是电渗析器的关键部件，各种膜的性能均有所不同。根据国家环境保护行业标准《环境保护产品技术要求电渗析装置》(HJ/T 334—2006)，电渗析阴、阳离子交换膜的主要技术指标应满足表 2-3-7 的要求。

表 2-3-7 电渗析阴、阳离子交换膜技术指标

项 目	阳膜		阴膜	
	均相膜	异相膜	均相膜	异相膜
含水率/%	25～40	35～50	22～40	30～45
交换容量(干)/(mol/kg)	≥1.8	≥2.0	≥1.5	≥1.8
膜面电阻率/Ω·cm	≤6	≤12	≤10	≤13
选择透过率/%	≥90	≥92	≥85	≥90

电极的材料有石墨、不锈钢、钛涂钌等，应根据原水水质，结合电极强度、耐腐蚀性等因素，选择合适的电极。不同材料电极的特点见表 2-3-8。

表 2-3-8 不同材料电极特点

电极材料	适用条件	制造	耐腐蚀性	强度	价格	污染
石墨	Cl^- 含量高，SO_4^{2-} 含量低的水	容易	可以	较脆	低	无
不锈钢	Cl^- 浓度小于 100mg/L 的水	很容易	较好	好	较低	无
钛涂钌	广泛	较复杂	较好	较好	较高	无
二氧化铅	只适合于做阳极	较复杂	较好	较脆	较低	稍有

(三) 极限电流密度

电渗析运行工艺设计时，电流密度有一个极限值，超过此值，就会出现电渗析的极化现

象，影响电渗析器正常工作。因此，电渗析设计时必须要掌握最大允许电流值。

极限电流密度公式是在极化临界条件下建立的，其计算公式如下：

$$i_{\lim}=Kv^{m}C \tag{2-3-1}$$

$$v=\frac{Q_{d}\times 10^{6}}{3600ndB} \tag{2-3-2}$$

$$C=\frac{C_{in}-C_{out}}{2.3\lg\frac{C_{in}}{C_{out}}} \tag{2-3-3}$$

式中，$i_{\lim}$为极限电流密度，mA/cm²；K为电渗析的水力特性系数；m为流速指数，一般为0.5～0.8；v为淡水隔板中水流的计算线速度，cm/s；Q_d为淡水产量，m³/h；n为每段膜对数；d为淡水室隔板的厚度，cm；B为隔板流水道宽度，cm；C为淡水隔板中水的平均含盐量，mmol/L；C_{in}为淡水室进水含盐量，mmol/L；C_{out}为淡水室出水含盐量，mmol/L。

极限电流密度公式可以改写成线性形式，具体见下式：

$$\lg\frac{i_{\lim}}{C}=m\lg v+\lg K \tag{2-3-4}$$

工程中常用电压电流法测定电渗析器的极限电流密度。进入电渗析器的水温、含盐量、组分应保持恒定，浓水、淡水、极水的流量要稳定。测定时，调节流量计到设定的某一流速所对应的流量处，稳定此流量条件下，逐次调整电压，待电流稳定后，记录下每次的电压、电流值。然后改变流速，在另一流速条件下，再逐次调整电压，待电流稳定后，记录下每次的电压、电流值。

以电压为纵坐标，电流为横坐标，画U-I曲线，如图2-3-5所示。电压-电流极化曲线由三部分组成：OA段为直线，$ABCD$段为曲线，称为“极化过渡区”，C点称为“标准极化点”，DE段为近似曲线，A点和D点的切线相交于P点，C点所对应的电流即为极限电流$I_{\lim}$。

就每个流速拐点处，测定进水含盐量、出水含盐量，采用公式(2-3-3)计算淡水隔板中水的平均含盐量。以$\lg(i_{\lim}/C)$为纵坐标，以$\lg v$为横坐标，采用图解法确定系数K和m的数值，由此可以获得电渗析器的极限电流密度计算公式，见图2-3-6。

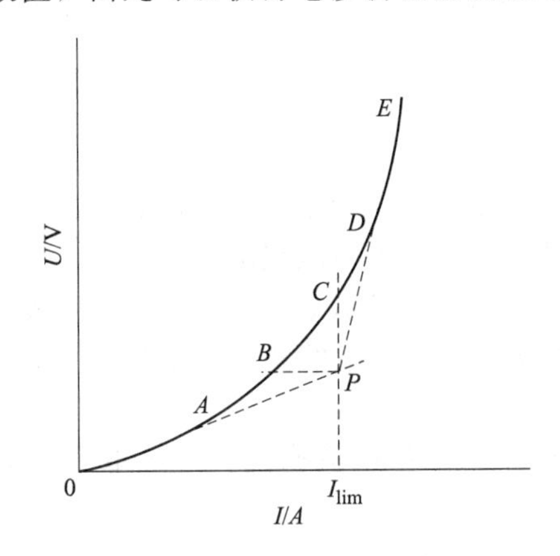

图2-3-5　U-I曲线图

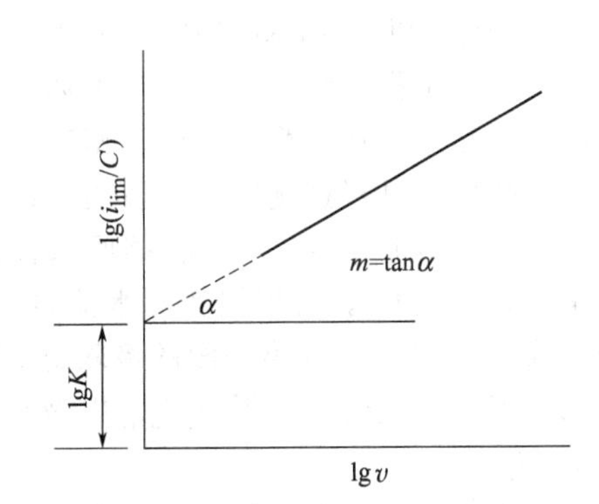

图2-3-6　极限电流密度图解

(四) 实际工作电流

理论上说，电渗析在极限电流状态运行时才是最经济的，但事实上，电渗析在工作时，除了考虑防止极化这一故障外，还有其他一些故障因子，如溶解性有机物、无机物、微生物等膜面的污染、结垢、堵塞现象。因此，为了使电渗析器长期稳定运行，在选择工作电流密度时，应当留有一定的富裕，应结合原水含盐量、离子组分、流速、温度等因素进行选择设计，一般的原则为：

$$i=(70\%\sim90\%)i_{lim} \tag{2-3-5}$$

式中，i 为工作电流密度，mA/cm^2；i_{lim} 为极限电流密度，mA/cm^2。

如果原水中含盐量、硬度、有机物含量高时，取 i_{lim} 的低值，反之则取高值。

在确定了工作电流密度后，按下式计算工作电流：

$$I=iS\times10^{-3} \tag{2-3-6}$$

式中，I 为工作电流，A；i 为工作电流密度，mA/cm^2；S 为单张膜的有效通电面积，cm^2。

为简化设计，在有经验数据的情况下，也可用经验法确定工作电流。例如，对于厚度为 0.9mm 网式隔板，采用国产聚乙烯膜，隔板流速为 5～8cm/s 时，可采用以下经验公式确定工作电流密度：

$$i=BC_{in} \tag{2-3-7}$$

式中，i 为工作电流密度，mA/cm^2；C_{in} 为每段进口处的淡水含盐量，g/L；B 为经验系数，对于天然水来说，可按表 2-3-9 取值。

表 2-3-9 经验系数 *B* 的取值

每段进口处的淡水含盐量/(g/L)	0～1	1～10
经验系数 B	2	1.8

(五) 实际运行参数计算与校核

在选定了电渗析器和得出了极限电流密度计算公式后，需要根据电渗析级数、段数、膜对数、淡水产量等基本设计参数，对电渗析各段的工作电流、进出口浓度、膜堆电压、电耗等各项实际运行参数进行计算和校核。

下面以二级二段为例进行说明。

1. 实际水流线速度

根据电渗析系统淡水产量、每段膜对数、淡水室隔板厚度、隔板流水道宽度，采用公式(2-3-2) 计算电渗析的实际水流线速度。

2. 各段工作电流和进出水浓度

第一段：工作电流与进出水浓度如下。

(1) 脱盐率　在计算极限电流密度时，需要知道淡水室进出口的平均浓度，因此需要假定一个脱盐率，可根据选定电渗析器一级一段的脱盐率 ε 计算极限电流密度。

(2) 极限电流密度 i_{lim1}　根据原水含盐量、脱盐率 ε 以及公式(2-3-3) 计算第一段的淡水室平均含盐量 C_1。再根据实际水流线速度 v 和系数 K、第一段的淡水室平均含盐量 C_1，采用公式(2-3-1)，计算第一段的极限电流密度 i_{lim1}。

(3) 工作电流密度　根据 i_{lim1} 以及公式(2-3-5) 计算工作电流密度，一般取 85%，即 $i_1=0.85i_{lim1}$。

(4) 工作电流　根据公式(2-3-6) 计算第一段的工作电流 I_1。

(5) 实际脱盐量　根据以下公式计算第一段的实际脱盐量

$$\Delta C=\frac{n\times N\times\eta\times i}{Q_d\times26.8} \tag{2-3-8}$$

式中，ΔC 为脱盐量，mg/L；n 为膜对数；N 为原水平均当量数；η为电流效率，一般取 90%；Q_d 为淡水产量，m^3/h。

（6）出口水浓度　$C_{out1}=C_{in}-\Delta C_1$

第二段：参考第一段的计算方式，计算第二段的工作电流、出水浓度。但需注意，第二段的进水浓度应为第一段的出水浓度。

3. 电压

电压计算公式如下：

$$U=U_j+U_m \tag{2-3-9}$$

式中，U 为一级的总电压降，V；U_j 为极区电压降，约 15～20V；U_m 为膜对电压降，V。

$$U_m=K_{mo}K_s d_i(\rho_d+\rho_n)n\times10^{-3} \tag{2-3-10}$$

式中，n 为各段膜对数；K_{mo}、K_s 为膜电阻系数，一般由厂方提供；d_i 为电流，mA；ρ_d 为淡水平均电阻率，Ω·cm；ρ_n 为浓水平均电阻率，Ω·cm。

含盐量与水电阻率的换算，当水温为 20℃时，可近似按下式计算：

$$\rho_s=\frac{13300}{C_N} \tag{2-3-11}$$

式中，ρ_s 为水的电阻率，Ω·cm；C_N 为水中含盐量，mmol/L。

含盐量与电阻率的关系如图 2-3-7 所示。

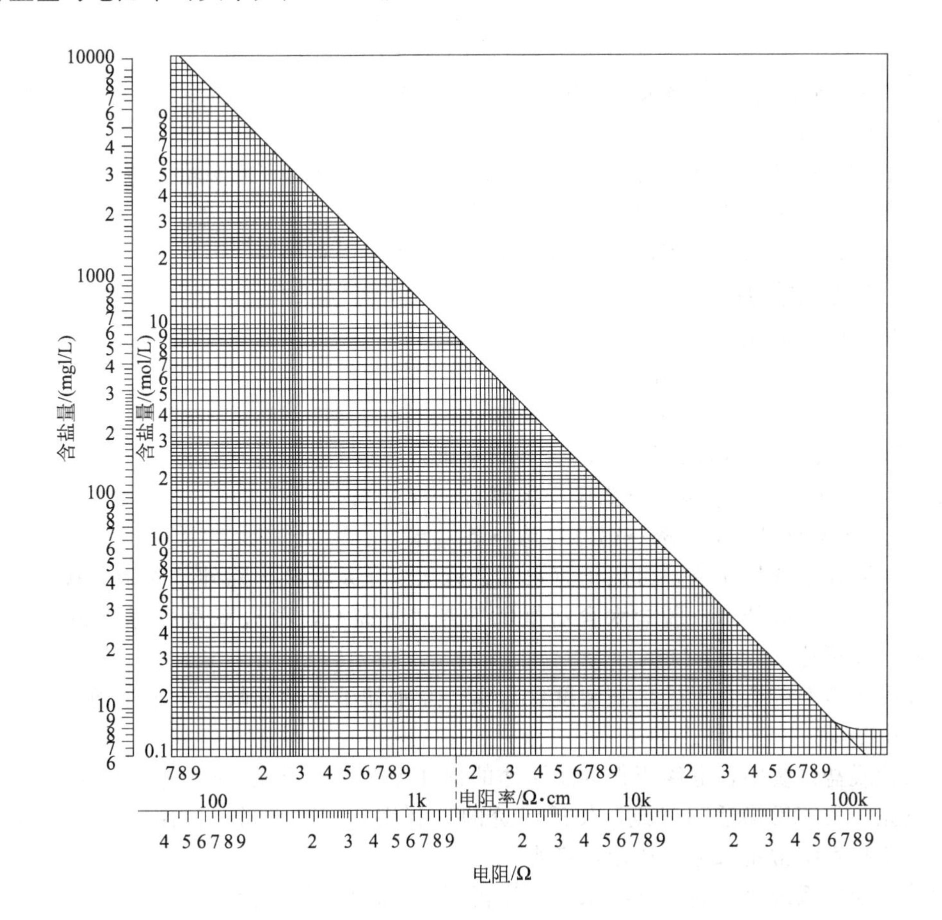

图 2-3-7　含盐量与电阻率的关系

在膜对电压的计算中，K_{mo}、K_s 等经验参数的选取对计算结果影响较大，如选取不当，误差较大。在极限电流条件下运行时，膜对电压经验数值可按表 2-3-10 选用。

表 2-3-10 膜对电压经验数据

用途	进水含盐量范围/(mg/L)	不同厚度隔板的膜对电压/V	
		0.5～1.0mm	1.0～2.0mm
苦咸水淡化	2000～4000	0.3～0.6	0.6～1.2
	500～2000	0.4～0.8	0.8～1.6
水的深度脱盐	100～500	0.6～1.2	1.0～2.0

4. 电渗析器本体直流电耗

极区电耗：每段的极区电压一般考虑为 20V，则

$$W_{极}=20\times(i_1+i_2) \tag{2-3-12}$$

膜堆电耗

$$W_{堆}=U_{m1}\times i_1+U_{m2}\times i_2 \tag{2-3-13}$$

电渗析器本体直流电耗 $$W_{本体}=W_{极}+W_{堆} \tag{2-3-14}$$

单位产水量直流电耗 $$W_{单}=W_{堆}/Q_d \tag{2-3-15}$$

5. 总水压降

$$\Delta p=a\times v^b\times 0.1 \tag{2-3-16}$$

$$\sum\Delta p=\sum a\times v^b\times 0.1 \tag{2-3-17}$$

式中，$\sum\Delta p$ 为总水头损失，MPa；Δp 为各段水头损失，MPa；a，b 为与设备构造、加工等有关的系数。

根据上述设计计算，列出各段的实际工艺参数，包括每段的膜对数、流量、流速、入口压力、工作电流、进水浓度、出水浓度。再根据最后一段的出水浓度，查看是否满足设计要求，若不满足设计要求，则需调整工作电流等参数重新进行核算。

(六) 脱盐系统组合

电渗析的除盐系统主要有以下几种：

① 原水→预处理→电渗析→除盐水；

② 原水→预处理→软化→电渗析→除盐水；

③ 原水→预处理→电渗析→反渗透→除盐水；

④ 原水→预处理→电渗析→离子交换混合→除盐水；

⑤ 原水→预处理→反渗透→树脂电渗→除盐水。

第①种脱盐系统最简单，可用于海水和苦咸水淡化及除氟、除砷、除硝酸盐。当原水为自来水时，可制取脱盐水，脱盐水含盐量低于普通蒸馏水，脱盐率最高可达 99%，脱盐水的电阻率最高可达 0.5MΩ・cm。

第②种脱盐系统适合于处理高硬度含盐水。原水如不经预先软化，由于硬度高，容易在电渗析器中结垢。

第③种脱盐系统中，电渗析作为反渗透的预处理。由于预先去除了大部分的硬度和含盐量，可以充分发挥反渗透的优点，使反渗透的水利用率、产水量、使用寿命都有很大的提高。这种脱盐系统常用来生产饮用纯净水。

第④种脱盐系统用于制取高纯水。电渗析可以代替离子交换复床，预先将原水的含盐量降低 80%～95%，剩余的少量盐分再由离子交换混合床去除。由于取消了复床，可以减少

酸、碱的消耗及再生废液的产生。电渗析-混合床离子交换制取高纯水系统应用广泛。

第⑤种除盐系统采用树脂电渗析工艺制取高纯度水。树脂电渗析亦可称为填充床电渗析，在国外还称为电除离子（electro deionization，简称 EDI）或连续除离子（continuous deionization，简称 CDI）。

第二节　反渗透和纳滤

一、原理和功能

液体分离膜一般可以分为反渗透、纳滤、超滤、微滤四种，其膜的孔径大小不同，滤除的粒子也就有区别。图 2-3-8 是压力驱动膜过程示意。

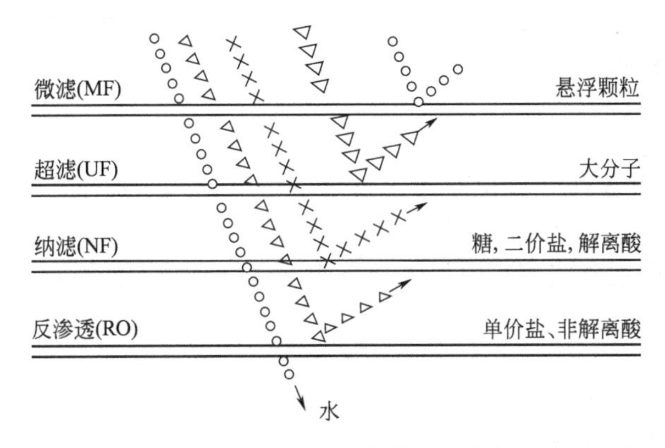

图 2-3-8　压力驱动膜过程示意

反渗透（reverse osmosis，简称 RO）半透膜具有选择透过性，能够允许溶剂通过而阻留溶质。反渗透过程正是利用了半透膜的这一特性，以膜两侧的压差为推动力，克服溶剂的渗透压，使溶剂透过而截留溶质从而实现浓液和清液的分离。其过程参见示意图 2-3-9。该过程无相变，一般不需要加热，工艺简便，能耗低，不污染环境[3]。

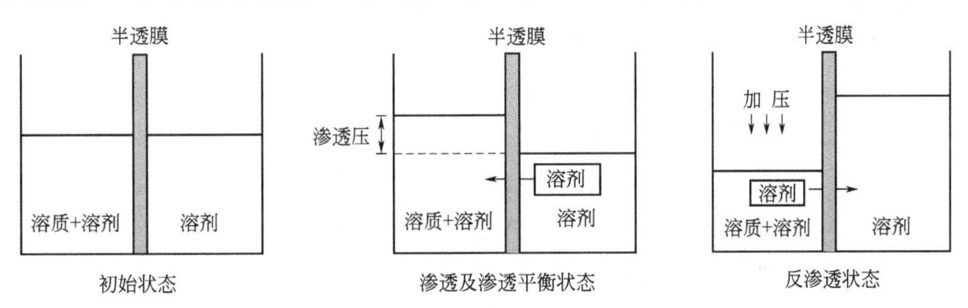

图 2-3-9　反渗透原理示意

纳滤（nanofiltration，简称 NF）是一种介于反渗透和超滤之间的压力驱动膜分离过程，纳滤膜的孔径范围在几个纳米左右。与其他压力驱动型膜分离过程相比，纳滤出现较晚。纳滤膜大多从反渗透膜衍化而来，如 CA、CTA 膜、芳族聚酰胺复合膜和磺化聚醚砜膜等。但与反渗透相比，其操作压力更低，因此纳滤又被称作“低压反渗透”或“疏松反渗透”。

纳滤分离作为一项新型的膜分离技术，技术原理近似机械筛分。但是纳滤膜本体带有电荷性，它在很低压力下仍具有较高脱盐性能，能截留分子量为数百的分子并可脱除无机盐。

二、设备和装置

(一) 反渗透膜性能参数

反渗透膜是实现反渗透过程的关键，因此要求反渗透膜具有较好的分离透过性和物化稳定性。反渗透膜的物化稳定性主要是指膜的允许使用最高温度、压力、适用的pH值范围和膜的耐氯、耐氧化及耐有机溶剂性等。反渗透的分离透过性主要是通过溶质分离率、溶剂透过流速以及流量衰减系数来表示。

反渗透膜溶质分离率以下式表示：

$$R=\left(1-\frac{C_p}{C_f}\right)\times 100\% \tag{2-3-18}$$

式中，R 为溶质分离率，%；C_p 为透过液浓度，mg/L；C_f为主体溶液浓度，mg/L。

溶剂透过速度又称水通量，以下式表示。

$$J_w=\frac{V}{At} \tag{2-3-19}$$

式中，J_w 为单位膜面积在单位时间内透过的溶剂量或水通量，L/(m^2·d)；A 为反渗透膜的有效膜面积，m^2；t 为运行时间，d；V 为透过液容积，L。

膜在运行中，因膜被压实而水通量衰减。表示这一衰减的指标称为压实斜率，其计算公式如下：

$$m=\frac{\lg J_w-\lg J_1}{\lg t} \tag{2-3-20}$$

式中，m 为膜压实斜率或衰减系数；J_1 为膜运行 1h 后的水通量，mL/(cm^2·h)；J_w 为膜运行 t 小时后的水通量，mL/(cm^2·h)；t 为运行时间，h。

(二) 反渗透膜种类

1. 高压海水淡化反渗透膜

用于高压海水脱盐的反渗透膜主要有以下几类：中空纤维膜，主要有醋酸纤维素和芳香聚酰胺中空纤维膜；卷式复合膜，包括交链芳香聚酰胺复合膜、交链聚醚复合膜及其聚醚酰胺类（PA-30 型）、聚醚脲（RC-100 型）复合膜等。高压反渗透膜的性能示于图 2-3-10[4]。

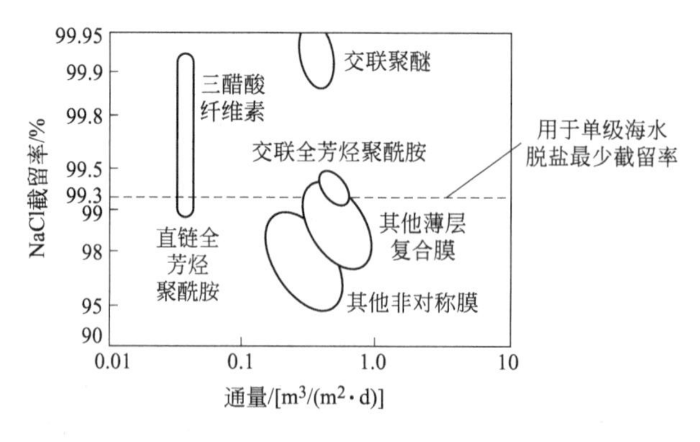

图 2-3-10 高压反渗透膜

2. 低压反渗透复合膜

目前，工业上大规模使用的低压反渗透复合膜主要有 CPA 系列、FT30 及 UTC-70 芳香聚酰胺复合膜、ACM 系列低压复合膜、NTR-739HF 聚乙烯醇复合膜等。低压反渗透复合膜的主要特征是可在 1.4～2.0MPa 的操作压力下运行，并且获得很高的脱盐率和水通量，允许供水的 pH 值范围较宽，主要用于苦咸水脱盐。与高压反渗透膜相比，所需设备费和操作费较少，对某些有机和无机溶质有较高的选择分离能力。

3. 超低压反渗透膜

超低压反渗透膜包括纳滤膜和超低压高截率反渗透膜。

(三) 反渗透膜组件

反渗透膜组件是由膜、支撑物或连接物、水流通道和容器等按一定技术要求制成的组合构件，它是将膜付诸于实际应用的最小单元。根据膜的几何形状，反渗透膜组件主要有 4 种基本形式：板框式、管式、卷式和中空纤维式。

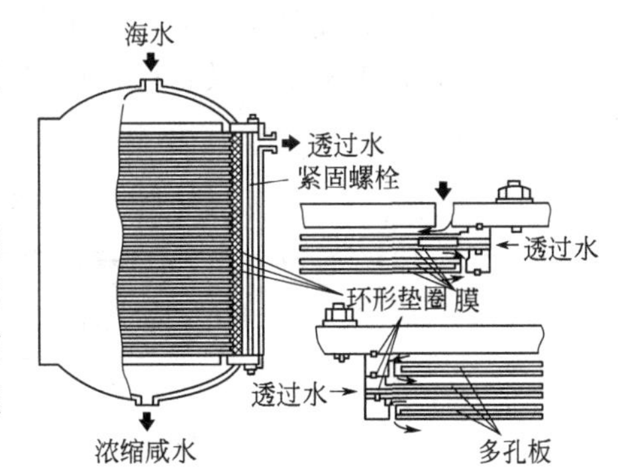

图 2-3-11　板框式反渗透膜组件

1. 板框式膜组件

板框式膜组件是由承压板、微孔支撑板和反渗透膜组成。在每一块微孔支撑板的两侧是反渗透膜，通过承压板把膜与膜组装成重叠的形式，并由一根长螺栓固定 O 形圈密封，其结构如图 2-3-11 所示。

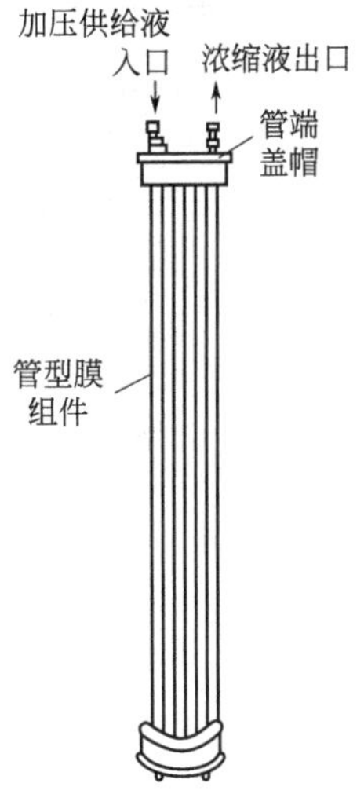

2. 管式膜组件

管式膜组件分内压管式和外压管式，主要由管状膜及多孔耐压支撑管组成。外压管式组件是直接将膜涂刮在多孔支撑管的外壁，再将数根膜组装后置于一承压容器内。内压管式膜组件是将反渗透膜置于多孔耐压支撑管的内壁，原水在管内承压流动，淡水透过半透膜由多孔支撑管管壁流出后收集。如图 2-3-12 所示。

加压供给液入口　浓缩液出口
管端盖帽
管型膜组件

图 2-3-12　管式膜组件

3. 卷式膜组件

卷式膜组件填充密度高，设计简单。其构造如图 2-3-13 所示，在两层膜之间衬有一透水垫层，把两层半透膜的三个面用黏合剂密封，组成卷式膜的一个膜叶。数个膜叶重叠，膜叶与膜叶之间衬有作为原水流动通道的网状隔层。数个膜叶与网状隔层在中心管上形成螺旋卷筒，称为膜蕊。一个或几个膜蕊串联放入承压容器中，并由两端封头封住，即为卷式组件。普通卷式组件是从组件顶端进水，原水流动方向与中心管平行。而渗透物在多孔支撑层中按螺旋形式流进收集管。

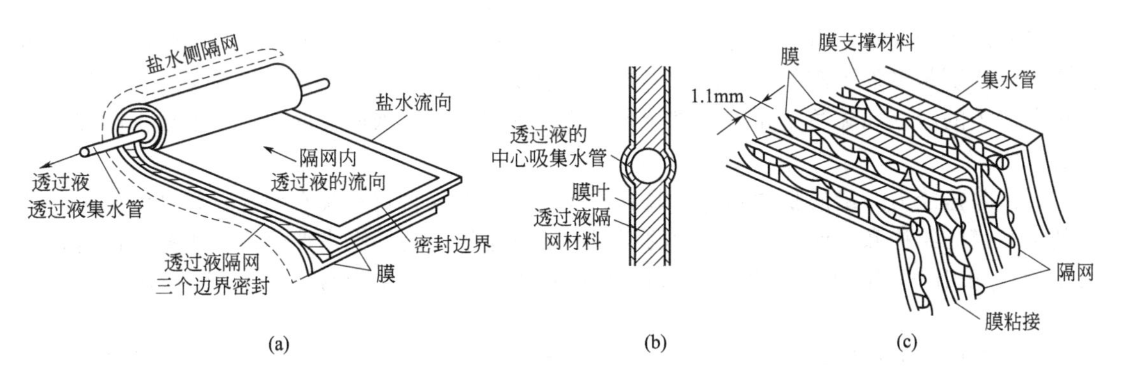

图 2-3-13　卷式反渗透膜组件

4. 中空纤维膜

中空纤维膜组件通常是先将细如发丝的中空纤维（膜）沿着中心分配管外侧，纵向平行或呈螺旋状缠绕两种方式，排列在中心分配管的周围而成纤维芯；再将其两端固定在环氧树脂浇铸的管板上，使纤维芯的一端密封，另一端切割成开口而成中空纤维元件；然后将其装入耐压壳体，加上端板等其他配件而成组件。通常的中空纤维膜组件内只装一个元件。如图2-3-14所示。

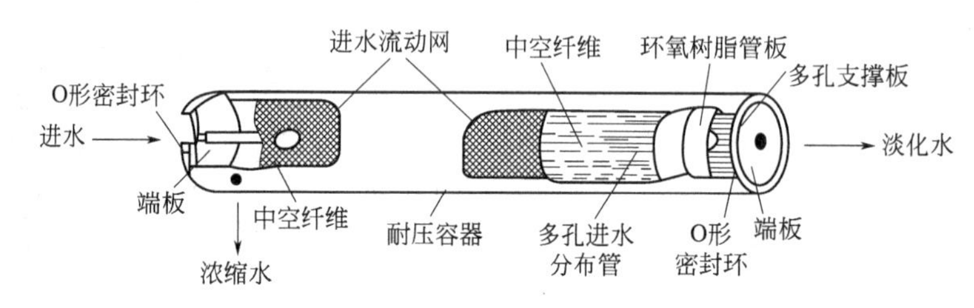

图 2-3-14 中空纤维反渗透膜组件

以上四种膜组件的比较见表 2-3-11。

表 2-3-11 四种膜组件比较

比较项目＼组件类型	板式	管式	卷式	中空纤维式
结构	非常复杂	简单	复杂	复杂
膜装填密度/(m^2/m^3)	160～500	33～330	650～1600	16000～30000
支撑体结构	复杂	简单	简单	不需要
通道长度/m	0.2～1.0	3.0	0.5～2.0	0.3～2.0
水流形态	层流	湍流	湍流	层流
抗污染能力	强	很强	较强	很弱
膜清洗难易	容易	内压式容易，外压式难	难	难
对进水水质要求	较低	低	较高	高
水流阻力	中等	较低	中等	较高
换膜难易	尚可	较容易	易	易
换膜成本	中	低	较高	较高
对进水浊度要求	较低	低	较高	高

（四）纳滤膜

纳滤膜是一种允许溶剂分子或某些低分子量溶质或低价离子透过的功能性的半透膜。

无论从膜材料来看还是从化学性质来看，纳滤膜与反渗透膜非常相似。纳滤膜最大的特点如下。

(1) 离子选择性　由于有的纳滤膜带有电荷（多为负电荷），通过静电作用，可阻碍多价离子（特别是多价阳离子）的透过。就多数纳滤膜而言，一价阴离子的盐可以通过膜，但多价阴离子的盐（如硫酸盐和碳酸盐等）的截留率则很高。因此盐的渗透性主要由阴离子的价态决定。

(2) 除盐能力　纳滤膜的膜材料既有芳香族聚酰胺复合材料又有无机材料，因此不同种类的纳滤膜的结构和表面性质有很大的不同，很难用统一的标准来评价膜的优劣和性能，但大多数膜可用 NaCl 的截留率来作为性能指标之一，一般纳滤膜的截留率在 10%～90% 之间。

(3) 截留率的浓度相关性　进料溶液中的离子浓度越高，膜微孔中的浓度也越高，因此最终在透过液中的浓度也越高，即膜的截留率随浓度的增加而下降。

纳滤膜组件与反渗透类同，其结构形式可参照反渗透膜组件。

三、设计计算

反渗透工艺设计包括预处理工艺、膜装置设计、膜污染的后处理工艺。纳滤可参照反渗透工艺设计。

（一）预处理工艺

反渗透系统有效的预处理是为了保证反渗透系统的运行效率与使用寿命，反渗透预处理工艺主要包括以下主要内容。

1. 确定反渗透系统进水水质指标

确定反渗透系统进水水质综合指标采用污染指数（sludge density index，简称 SDI），用有效直径 42.7mm，平均孔径 0.45μm 的微孔滤膜，在 0.21MPa 的压力下，测定最初 500mL 的进料液的过滤时间（t_1）。在加压 15min 后，再次测定 500mL 进料液的滤过时间（t_2）。按下式计算 SDI 值：

$$\mathrm{SDI}=(1-t_1/t_2)\times 100/15 \tag{2-3-21}$$

不同膜组件对进水的 SDI 值要求不同。中空纤维组件一般要求 SDI 值为 3 左右；卷式组件 SDI 值为 5 左右；管式组件 SDI 值为 15 左右。

2. 水垢析出的判断

当原水中所含的难溶盐类在反渗透系统被浓缩至超过其溶解度极限时，开始在膜面沉淀并产生水垢。主要难溶盐有硫酸钙、碳酸钙与硅，其他如硫酸钡、硫酸锶、氧化钙也可能产生水垢。为避免由于浓缩而引起难溶盐类在膜面的沉积，必须对反渗透系统产生各类水垢的浓度限制通过计算加以判断。下面分别介绍碳酸钙水垢和硫酸钙水垢的计算判定。

（1）碳酸钙水垢析出判定　反渗透膜对 CO_2 的透过率几乎是 100%，这将导致膜的浓水侧 pH 值升高，同时由于在浓缩过程中 Ca^{2+} 浓度增加到一定程度时会导致膜面 $CaCO_3$ 的析出和沉积。反渗透进水经浓缩后是否会在膜面生成 $CaCO_3$ 沉淀，一般用朗格利尔（Langlier）饱和指数法判断。朗格利尔指数是指水中实测的 pH 值减去同一种水的碳酸钙饱和平衡时的 pH 值之差。

$$I_L=\mathrm{pH_O}-\mathrm{pH_S} \tag{2-3-22}$$

式中，I_L 为朗格利尔指数（饱和指数）；$\mathrm{pH_O}$ 为水的实测 pH 值；$\mathrm{pH_S}$ 为水在碳酸钙饱和平衡时的 pH 值。

当 $I_L>0$ 时，碳酸钙便会析出。

$\mathrm{pH_S}$ 可依据下式公式计算：

$$\mathrm{pH_S}=\mathrm{p}K_2-\mathrm{p}K_S+\mathrm{p}'[Ca^{2+}]+\mathrm{p}'[碱度] \tag{2-3-23}$$

式中，$\mathrm{p}K_2$ 为碳酸钙第二离解常数的负

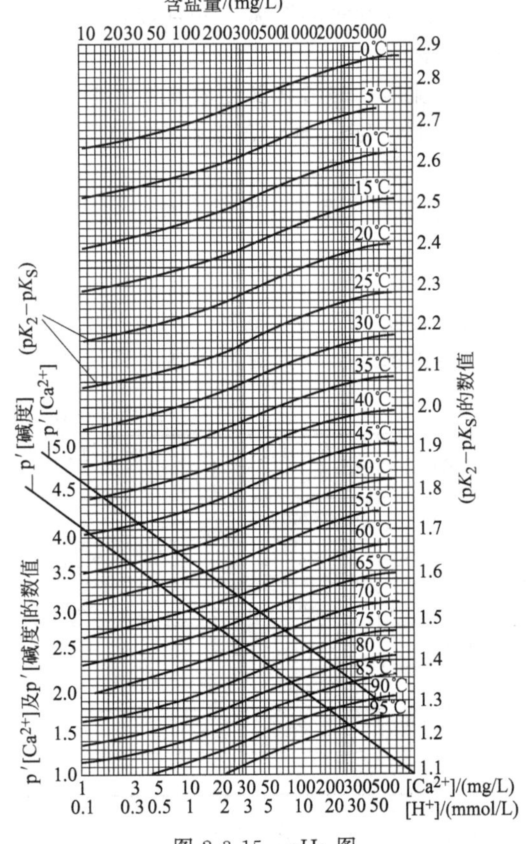

图 2-3-15　$\mathrm{pH_S}$ 图

对数；pK_S 为碳酸钙溶度积的负对数；$p'[Ca^{2+}]$为水中钙离子含量（g/L）的负对数；p'[碱度]为水的碱度值（mmol/L）的负对数。

式(2-3-23) 可写成 $pH_S=(pK_2-pK_S)-\lg[Ca^{2+}]-\lg[碱度]$

式中，pK_2-pK_S 反映了含盐量和温度对 pH 值的影响。以上公式使用起来较麻烦，为简便起见，上式绘成图（pH_S 图）进行查算（见图 2-3-15）。

以下举例来计算 I_L 值并判断。

【例 2-3-1】 已知条件：水温 25℃，进水钙离子含量 $Ca^{2+}_{(f)}=63.4mg/L$，碱度 $HCO^-_{3(f)}=2.14[H^+]mmol/L$，含盐量 $TDS_{(f)}=3500mg/L$，水回收率 75%，pH=7.0。

解： ① 根据水回收率 Y 推算出浓缩倍数 CF 为 4。

② 根据浓缩倍数计算出浓水中有关离子浓度：

浓水中 $Ca^{2+}_{(m)}=CF\times Ca^{2+}_{(f)}=253.6$（mg/L）

浓水中 $HCO^-_{3(m)}=CF\times HCO^-_{3(f)}=8.56[H^+]$（mmol/L）

浓水中 $TDS_{(m)}=CF\times TDS_{(f)}=14000$（mg/L）

③ 根据上述 $Ca^{2+}_{(m)}$、$HCO^-_{3(m)}$、$TDS_{(m)}$ 和水温值查 pH_S 计算图得

$$p'[Ca^{2+}]=2.24;p'[碱度]=2.12;(pK_2-pK_S)=2.28$$

$$pH_S=(pK_2-pK_S)-\lg[Ca^{2+}]-\lg[碱度]=6.64$$

④ 根据水中的 pH 和 pH_S 推算出朗格利尔饱和指数 I_L 并进行判断

$$I_L=pH-pH_S=7.0-6.64=0.36$$

$I_L>0$，可以判断有 $CaCO_3$ 析出的可能性。

(2) 硫酸钙水垢析出的判定　如果反渗透浓水中硫酸钙浓度超过该温度下的溶解度，会在表面产生硫酸钙的结垢，并且难以去除。因而，进水中硫酸钙是限制反渗透装置水回收率的重要指标。

水中硫酸钙的溶解度随着离子强度的增加而增加，因此可以通过比较浓缩液中 $CaSO_4$ 的离子积 IP_C 与 $CaSO_4$ 在浓缩液离子强度下的溶度积 K_{sp}来判定 $CaSO_4$ 水垢能否产生。

计算步骤如下：

① 根据进水水质计算供水离子强度 I_f

$$I_f=\frac{1}{2}\sum(m_iZ_i^2) \tag{2-3-24}$$

式中，m_i 为 i 离子的物质的量浓度，mol/L；Z_i为 i 种离子价数。

根据供水分析计算的离子强度见表 2-3-12。

表 2-3-12　离子强度计算值

离子名称	质量浓度 /(mg/L)	物质的量浓度 /(mmol/L)	m_i	Z_i^2	$m_iZ_i^2$
Ca^{2+}	200	5.0	0.005	4	0.02
Mg^{2+}	61	2.51	0.00251	4	0.01
Na^+	388	16.9	0.0169	1	0.0169
HCO_3^-	244	4.0	0.004	1	0.004
SO_4^{2-}	480	5.0	0.005	4	0.02
Cl^-	635	17.9	0.0179	1	0.0179
					$\sum(m_iZ_i^2)=0.0888$

则 $I_f=\frac{1}{2}\times0.0888=0.0444$

② 计算浓缩液离子强度 I_c。若水回收率为 75%（Y=0.75）

$$I_c = I_f \times \frac{1}{(1-Y)} = 0.0444 \times 4 = 0.178$$

③ 计算浓缩液中 $CaSO_4$ 的离子积 IP_C

$$IP_C = \left(Ca^{2+}_{(f)} \times \frac{1}{1-Y} \right) \left(SO^{2-}_{4(f)} \times \frac{1}{1-Y} \right) \tag{2-3-25}$$

式中，$Ca^{2+}_{(f)}$ 为供水中 Ca^{2+} 的物质的量浓度，mol/L；$SO^{2-}_{4(f)}$ 为供水中 SO_4^{2-} 的物质的量浓度，mol/L。

按计算值中数值计算

$$IP_C = (0.005 \times 4) \times (0.005 \times 4) = 4 \times 10^{-4}$$

④ 查离子强度和硫酸钙溶度积关系图（图 2-3-16）得：$K_{sp} = 4.4 \times 10^{-4}$

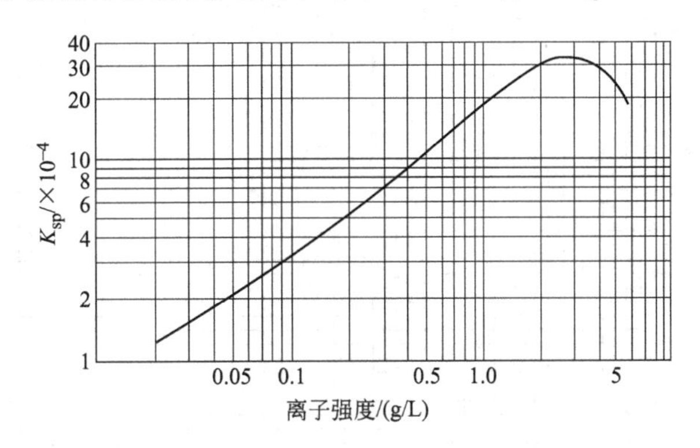

图 2-3-16　离子强度和硫酸钙溶度积关系

⑤ 比较 $CaSO_4$ 的 IP_C 与硫酸钙在浓缩液离子强度 I_C 下的溶度积 K_{sp}，如 $IP_C \geqslant K_{sp}$，水垢会产生，需调整操作参数。对于一个安全的设计，如果 $IP_C > 0.8K_{sp}$ 就需调整操作条件。

计算出浓缩液中 $CaSO_4$ 的离子积与其在浓酸液离子强度 I_C 下的溶度积分别为：K_{SP} = 4.4×10^{-4}，$IP_C = 4 \times 10^{-4}$。

由于 $IP_C = 0.9K_{sp}$，因此有可能产生 $CaSO_4$ 结垢，需要调整操作参数或对原水进行预处理。一般可采用降低系统水回收率或者对原水进行预处理。

当 $CaSO_4$ 的 $IP_C > 0.8K_{sp}$时，可降低系统回收率以避免 $CaSO_4$ 水垢的产生。首先，降低水回收率可按上述步骤重复试算，直至得到 $IP_C \leqslant 0.8K_{sp}$时的水回收率。但如果最高允许的水回收率低于预期或工艺要求，可在预处理工艺中采用离子交换软化或石灰软化去除部分或全部 Ca^{2+}，也可加入水垢抑制剂。如使用六偏磷酸钠为水垢抑制剂时，可使系统在 $IP_C \leqslant 1.5K_{sp}$条件下运行。

上述计算方法同样适宜 CaF_2、$BaSO_4$ 和 $SrSO_4$ 水垢析出的判断。通过比较浓缩液中 CaF_2、$BaSO_4$ 和 $SrSO_4$ 的离子积 IP_C 与它们在浓缩液离子强度 I_C 下的溶度积 K_{sp}来确定。一般而言，若 $IP_C < 0.8K_{sp}$则无结垢倾向。

3. 水垢控制法及其计算

（1）加酸法　大多数地下水及地表水都含饱和碳酸钙，其溶解度随 pH 值而异。因此，添加酸可使 $CaCO_3$ 保持溶解状态。工艺设计上用朗格利尔指数控制，即保证系统浓缩液朗格利尔指数为负值。加酸法、调节 pH 值举例计算如下。

【例 2-3-2】 已知条件：pH=7.0，水温 25℃，进水 $HCO^{-}_{3(f)}$=130.4mg/L，Y=75%，

浓水 $Ca^{2+}_{(m)}=253.6mg/L$，浓水 $TDS_{(m)}=14000mg/L$，pH 计算图查得 $p'[Ca^{2+}]=2.24$，$pK_2-pK_S=2.28$，甲酸调节 pH=5.5（pH 调节设定值）。

解： ① 根据 $pH=6.35+\lg\frac{[HCO_3^-]}{[CO_2]}$

则 $[CO_2]=\frac{[HCO_3^-]}{10^{pH-6.35}}=\frac{130.4/61}{10^{7-6.35}}=0.479mmol/L=21.1mg/L$

② 根据水中 HCO_3^- 碱度、CO_2 和 pH 值的关系，查全碱度 CO_2 和 pH 值的关系图（图 2-3-17）求出 R 比值，然后再计算出调整 pH 值后的进水的 $HCO^-_{3(f)}$。

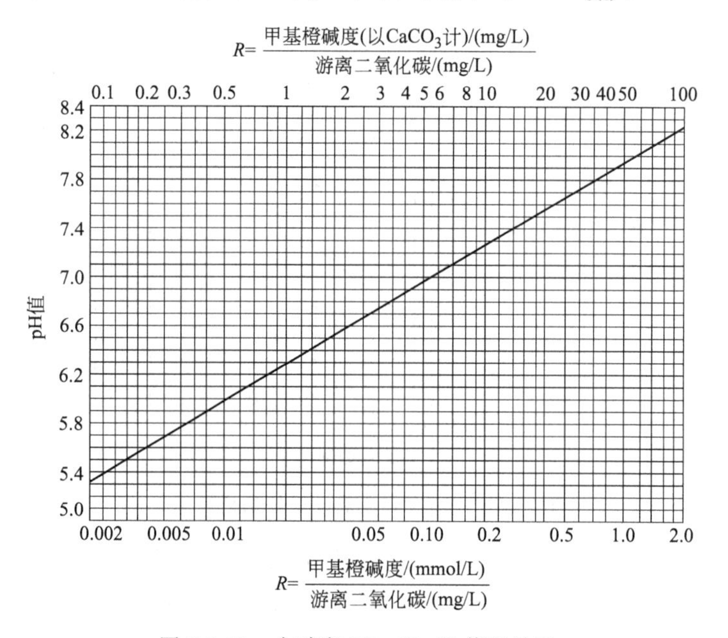

图 2-3-17 全碱度 CO_2 和 pH 值的关系

在 pH=5.5 时，查图得 $R=0.0033$。

根据 $R=HCO^-_{3(f)}/$游离 CO_2，则

$$0.0033=\frac{HCO^-_{3(f)}/61}{21.1+\frac{44}{61}(130.4-HCO^-_{3(f)})}$$

$$HCO^-_{3(f)}=20.2\ (mg/L)$$

③ 根据加酸调整 pH 值后进水中重碳酸根 $HCO^-_{3(f)}$ 浓度和反渗透浓缩倍率，计算浓水中重碳酸根 $HCO^-_{3(m)}$ 浓度。

$$HCO^-_{3(m)}=HCO^-_{3(f)}\times CF=20.2\times4=80.8\ (mg/L)=1.32\ (mmol/L)$$

④ 根据 $HCO^-_{3(m)}$ 查 pH_S 图得 $p'[碱度]=2.90$。

⑤ 根据浓水 $HCO^-_{3(m)}$ 值以及 CO_2 值，求得调整原水 pH 值到 5.5 后浓水的 pH 值：

$$pH_{(m)}=6.35+\frac{1.32}{\left[21.1+\frac{44}{61}(130.4-20.2)\right]/44}=6.11$$

⑥ 根据浓水的 $pH_{(m)}$ 值和 pH_S 值推算出饱和指数，并进行判断：

$$I_L=pH_{(m)}-pH_S=6.11-(2.9+2.24+2.28)=-1.31$$

因此，经预处理加酸将给水 pH 值调至 5.5 后，I_L 值<0，所以可以判断经 pH 值调整后不会发生碳酸钙结垢。

(2) 除加酸法外，添加阻垢剂或缓蚀剂、强酸阳离子交换树脂软化法和弱酸阳离子树脂脱碱法都可用来控制水垢。

4. 胶体污染控制

胶体污染可严重影响反渗透元件性能。胶体污染主要是指原水中含有细菌、黏土、胶状硅和铁的腐蚀产物等。胶体污染一个重要的控制指标是 SDI，不同膜组件要求进水有不同的 SDI 值，中空纤维组件一般要求 SDI 值为 3 左右，卷式组件 SDI 值为 5 左右。胶体污染一般采用以下方法进行预处理。

(1) 滤料过滤　双层滤料过滤可去除悬浮物与胶体颗粒。当水流过此种颗粒床时，悬浮固体会附着在过滤颗粒的表面，滤出液的品质取决于悬浮固体大小、表面电荷、几何形状以及水质和操作参数。一个设计及操作良好的过滤，通常可达 SDI<5 的标准。最常用的过滤媒介为砂和无烟煤。

(2) 氧化过滤　水中还原态的 Fe^{2+} 极易转化为 Fe^{3+}，继而产生不溶性氢氧化物的胶体。当以地下水为水源，含铁量较高时可采用曝气法，使水中 Fe^{2+} 氧化为 Fe^{3+}，由于氧化生成氧化铁在水中溶解度极小，进一步用天然锰砂滤池过滤除去氧化铁沉淀。

(3) 混凝沉淀　如原水悬浮物及 SDI 均较高，可采用混凝、沉淀过滤预处理后作为反渗透进水。

(4) 保安过滤器　进入反渗透装置前的最后一道过滤为保安过滤器，过滤精度为 5μm。

(5) 微滤、超滤　由微滤或超滤处理过的水可除去所有悬浮物，设计良好及操作维护得当的微滤及超滤系统 SDI 值可小于 1。

5. 生物污染控制

反渗透膜的生物污染可严重影响反渗透系统的性能，最终导致膜的机械性损伤及流量下降，甚至在渗透液侧污染产品出水，由于生物膜很难去除，因此生物污染的预防是以前处理为主要手段。一般采用加氯以保证水中游离氯含量为 0.5～1mg/L，同时通常必须在进反渗透系统前采用活性炭吸附法将游离氯除去，以保证膜不被氧化。

6. 有机物污染控制

分子量大、疏水性带正电有机物极易被吸附于膜表面，当进水 TOC 超过 3mg/L 时，需考虑前处理。当供水中油含量大于 0.1mg/L 时，也必须在进入反渗透系统前去除。可根据原水水质采用混凝过滤、超滤、活性炭吸附等方法。

表 2-3-13 给出了反渗透系统进水指标。原水可能是自来水、地下水、三级废水或其他水源，但一般反渗透系统都有一个贮水槽。在系统设计时要考虑避免二次污染，防止沙土、灰尘等机械杂质污染和发酵、水藻等生物污染的发生。

表 2-3-13　反渗透进水指标

原水水源		反渗透产水	地下水	地表水	深井海水	表面海水	三级废水
进水水质指标	推荐最大 SDI(15min)	1	2	4	3	4	4
	浊度/NTU	0.1	0.2	0.4	0.3	0.4	0.4
	TOC/(mg/L)	1	3	5	3	3	10
	BOD/(mg/L)(粗略估算＝TOC×2.6)	3	8	13	8	8	26
	COD/(mg/L)(粗略估算＝TOC×3.6)	4	11	18	11	11	36

续表

原水水源	反渗透产水	地下水	地表水	深井海水	表面海水	三级废水
系统平均通量(GFD/LHM)	23/39.1	18/30.6	12/20.4	10/17	8.5/14.45	10/17
前端膜元件通量(GFD/LHM)	30/51	27/45.9	18/30.6	24/40.8	20/34	15/25.5
通量衰减/%	5	7	7	7	7	15
透盐率增加/%	5	10	10	10	10	10
Beta 值(单只膜元件)	1.40	1.20	1.20	1.20	1.20	1.20
进水流量[GPM/(m^3/h)](单只压力容器最大值)4″	16/3.6	16/3.6	16/3.6	16/3.6	16/3.6	16/3.6
进水流量(GPM/m^3)(单只压力容器最大值)8″	75/17.0	75/17.0	75/17.0	75/17.0	75/17.0	75/17.0
浓水流量[GPM/(m^3/h)](单只压力容器最大值)4″	2/0.5	3/0.7	3/0.7	3/0.7	3/0.7	3/0.7
浓水流量[GPM/(m^3/h)](单只压力容器最大值)8″	8/1.8	12/2.7	12/2.7	12/2.7	12/2.7	12/2.7
压力损失(psi/bar)(单只压力容器)	40/2.72	35/2.38	35/2.38	35/2.38	40/2.72	40/2.72
压力损失(psi/bar)(单只膜元件)	10/0.68	10/0.68	10/0.68	10/0.68	10/0.68	10/0.68
水温/℉ /℃	33～113 0.1～45	33～113 0.1～45	33～113 0.1～45	33～113 0.1～45	33～113 0.1～45	33～113 0.1～45

注：GFD 和 LHM 均为表面通量的单位。GFD＝加仑/（平方英尺・天），LHM＝L/(m^2・h)。GPM 为流量单位。GPM＝加仑/分钟。

(二) 反渗透系统设计

1. 工艺参数

(1) 透水性

$$Q_P = K(\Delta p - \Delta \pi) \tag{2-3-26}$$

式中，Q_P 为膜透水率，$cm^3/(cm^2 \cdot s)$；K 为膜纯水透过系数，$cm^3/(cm^2 \cdot s \cdot MPa)$；$\Delta p$ 为膜两侧压力差，MPa；$\Delta \pi$ 为膜两侧溶液渗透压力差，MPa。

(2) 回收率

$$Y = \frac{Q_p}{Q_f} \times 100\% = \frac{Q_p}{Q_p + Q_m} \times 100\% \tag{2-3-27}$$

式中，Q_f、Q_m、Q_p 分别为进水、浓水和淡水流量，m^3/h；Y 为回收率，%。

(3) 浓缩倍数

$$CF = \frac{Q_f}{Q_m} = \frac{1}{1-Y} \tag{2-3-28}$$

式中，CF 为浓缩倍数。

(4) 盐分透过率

中空纤维式：
$$SP = \frac{C_p}{C_f} \times 100\% \tag{2-3-29}$$

卷式：
$$SP = \frac{C_p}{(C_f + C_m)/2} \times 100\% \tag{2-3-30}$$

式中，C_f、C_m、C_p 分别为进水、浓水和淡水含盐量；SP 为盐分透过率，%。

(5) 脱盐率

$$R = 1 - SP \tag{2-3-31}$$

式中，R 为脱盐率，%。

2. 反渗透处理工艺[4]

根据不同的处理对象，可以有各种处理工艺，常用的反渗透工艺系统如下。

（1）单段系统　在反渗透系统中，一级一段式流程是最简单的流程。它具有较低的回收率和较高的系统脱盐率。单段系统用于当系统回收率需要低于50%时。一级一段式系统流程如图2-3-18所示。

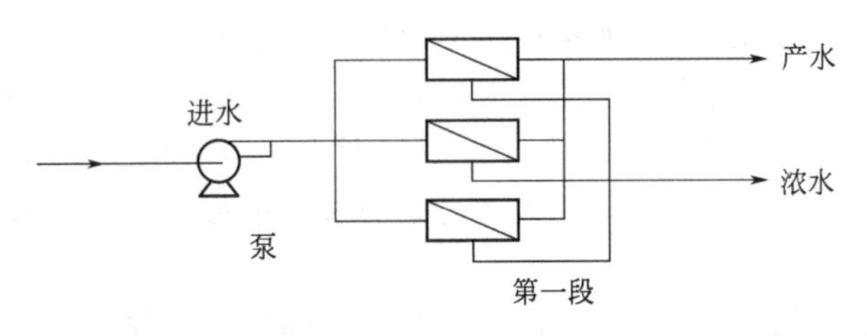

图2-3-18　单段系统

（2）多段系统　为了获得较高的水回收率，可采用一级多段式反渗透系统，如图2-3-19所示。第一段的浓水作为第二段的进水，然后将两段的渗透出水混合作为出水，必要时可增加一段，即把第二段的浓水作为第三段的进水，第三段的渗透出水与前两段出水汇合成产水。通常苦咸水的淡化和低盐度水的净化采用这种流程。

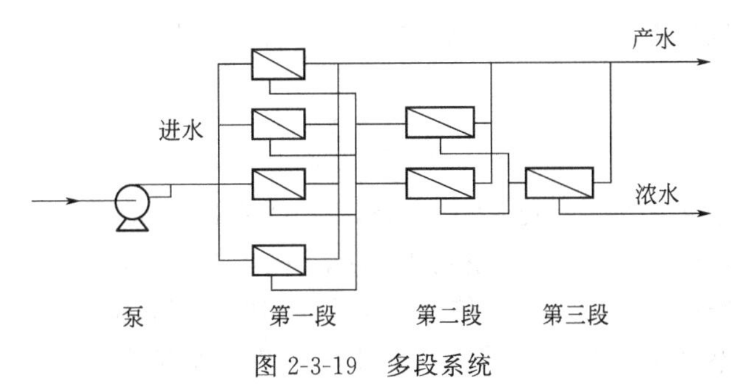

图2-3-19　多段系统

（3）多级系统　多级式流程通常采用二级，第一级反渗透出水作为第二级的进水，第二级的浓水浓度通常低于第一级进水，把第二级浓水返回第一级高压泵前，从而提高系统回收率和产水水质。根据用户最终水质要求，第一级渗透水可部分也可全部经过第二级处理。流程如图2-3-20所示。

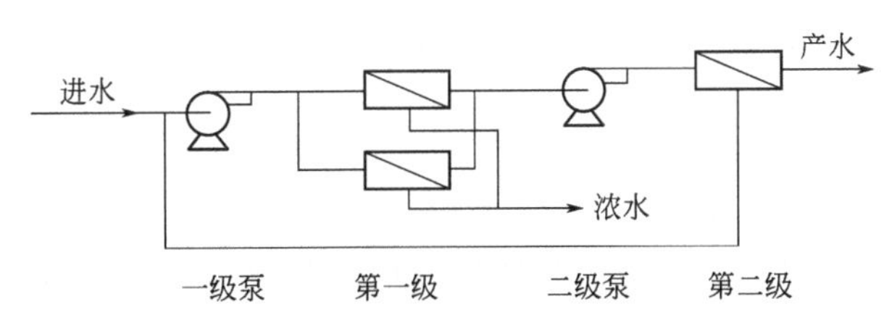

图2-3-20　多级系统

3. 反渗透系统设计一般步骤

（1）落实设计依据　原水水质和原水类型，产水的具体水质指标。在拿到原水水质资料时一定要确认水源的类型，水质可能的波动范围，取水方式及受到二次污染的可能性。在地表水处理和海水淡化工程中，取水方式也是整个系统设计中最为关键的。在废水回用处理工程中，需要反复落实排放水的水质要求，在必要时需同时改造废水处理系统以保证反渗透工艺的可行性。

（2）确定预处理工艺及其效果　主要是确认预处理后出水水质指标。本节中提到的反渗透给水或系统进水均指经过预处理后的废水。

(3) 膜元件选型　根据原水的含盐量，进水水质的情况和产水水质的要求，选择适当的膜元件。可根据所选厂家的产品介绍进行选择。

(4) 确定膜通量和系统回收率　根据进水水质和处理要求的不同，确定反渗透膜元件单位面积的产水通量和回收率。产水通量可以参照所选厂家的设计导则。回收率的设定要考虑原水中含有的难溶解性盐的析出极限值（朗格利尔饱和指数）、给水水质的种类和产水水质。通常，单位面积产水量 J 和回收率 R 设计过高，发生膜污染的可能性增加，进而导致产水量下降，膜系统清洗频率升高，系统正常运行维护费用增加。故设计时，尽量考虑增大设计产水通量和回收率。

(5) 排列和级数　反渗透装置的生产商对膜组件的最大回收率做出了规定，设计者在设计过程中应严格遵守。

反渗透的设计计算是膜组件数量选择和膜组件合理排列组合的依据。膜组件数量决定了反渗透系统的透水量，其排列组合则决定了反渗透系统的回收率。

为了使反渗透装置达到设计回收率，同时又保持水在装置内的每一个组件中处于大致相同的流动状态，须将装置内的组件分为多段锥形排列。

设计产水通量 J(GFD) 和产水量 Q_p(GPD) 值后，所需理论膜元件数量 N_e 按方程(2-3-32) 计算。

$$N_e = \frac{Q_p}{fJA} \tag{2-3-32}$$

式中，N_e 为理论膜元件数；Q_p 为产水量，GPD（加仑/天）；J 为单位面积产水通量，GFD [加仑/(平方英尺·天)]；A 为膜元件面积，ft^2 (1ft=304.8mm)；f 为污染指数。

通常反渗透系统排列方式以 2∶1 的近似比例排列的方式较多。

【例 2-3-3】 产水水量 600000GPD，设计单位面积产水量 14GFD，膜元件面积 $400ft^2$，污染指数为 0.75。

解： 按公式(2-3-32) 计算理论膜元件数量

(1) 理论膜元件数量

$$N_e = \frac{600000}{0.75 \times 14 \times 400} = 143\text{（件）}$$

(2) 压力容器数量　按标准 6 芯装膜壳计算，压力容器数量为：

$$n = \frac{143}{6} = 24$$

各段压力容器的数的确定：

反渗透系统以 2∶1 方式排列时，24/(2+1) =8，膜元件以 (16×6∶8×6) 的方式排列。

反渗透系统以 4∶2∶1 方式排列时，24/(4+2+1) =3.42，膜元件以 (13.7×6∶6.85×6∶3.43×6) 的方式排列。

实际系统的压力容器以整数出现，四舍五入后，系统为 (14×6∶7×6∶3×6) 方式排列。

四、膜的清洗

(一) 膜污染特征

当膜系统（或装置）出现以下症状时，需要进行清洗：

① 在正常给水压力下，产水量较正常值下降 10%～15%；

② 为维持正常的产水量，经温度校正后的给水压力增加 10%～15%；

③ 产水水质降低 10%～15%，透盐率增加 10%～15%；

④ 给水压力增加 10%～15%；

⑤ 系统各段之间压差明显增加。

表 2-3-14 列出了常见的膜污染种类及污染特征。

表 2-3-14 膜的污染种类及特征

污染种类	可能发生之处	压降	给水压力	盐透过率
金属氧化物(Fe、Mn、Cu、Ni、Zn)	一段,最前端膜元件	迅速增加	迅速增加	迅速增加
胶体(有机和无机混合物)	一段,最前端膜元件	逐渐增加	逐渐增加	轻度增加
矿物垢(Ca、Mg、Ba、Sr)	末段,最末端膜元件	适度增加	轻度增加	一般增加
聚合硅沉积物	末段,最末端膜元件	一般增加	增加	一般增加
生物污染	任何位置,通常前端膜元件	明显增加	明显增加	一般增加
有机物污染(难溶 NOM)	所有段	逐渐增加	增加	降低
阻垢剂污染	二段最严重	一般增加	增加	一般增加
氧化损坏(Cl_2、O_3、$KMnO_4$)	一段最严重	一般增加	降低	增加
水解损坏(超出 pH 值范围)	所有段	一般降低	降低	增加
磨蚀损坏(炭粉)	一段最严重	一般降低	降低	增加
O 形圈渗漏(内连接管或适配器)	无规则,通常在给水适配器处	一般降低	一般降低	增加
胶圈渗漏(产水背压造成)	一段最严重	一般降低	一般降低	增加
胶圈渗漏(清洗或冲洗时关闭产水阀造成)	最末端元件	增加(污染初期和压差升高)		增加

(二) 膜清洗的方法

膜清洗是膜法分离工艺的重要环节，主要分为化学清洗、物理清洗两大类。膜常用清洗方法见表 2-3-15。

表 2-3-15 膜的清洗方法

物理清洗法	等压清洗法	即关闭超滤水阀门,打开浓缩水出口阀门,靠增大流速冲洗膜表面,该法对去除膜表面上大量松软的杂质有效
	高纯水清洗法	由于水的纯度增高,溶解能力加强。清洗时可先利用超滤水冲去膜面上松散的污垢,然后利用纯水循环清洗
	反向清洗法	即清洗水从膜的超滤口进入并透过膜,冲向浓缩口一边,采用反向冲洗法可以有效地去除覆盖层,但反冲洗时应特别注意,防止超压,避免把膜冲破或者破坏密封粘接面
化学清洗法	酸溶液清洗	常用溶液有盐酸、柠檬酸、草酸等,调配溶液的 pH=2～3,利用循环清洗或者浸泡 0.5～1h 后循环清洗,对无机杂质去除效果较好
	碱溶液清洗	常用的碱主要有 NaOH,调配溶液的 pH=10～12 左右,利用水循环操作清洗或浸泡 0.5～1h 后水循环清洗,可有效去除杂质及油脂
	氧化性清洗剂	利用 1%～3% H_2O_2、500～1000mg/L NaClO 等水溶液清洗超滤膜,可以去除污垢,杀灭细菌。H_2O_2 和 NaClO 是常用的杀菌剂
	加酶洗涤剂	如 0.5%～1.5% 胃蛋白酶、胰蛋白酶等,对去除蛋白质、多糖、油脂类污染物质有效

注：化学清洗时即利用化学药品与膜面杂质进行化学反应来达到清洗膜的目的。选择化学药品的原则：

(1) 不能与膜及组件的其他材质发生任何化学反应；

(2) 选用的药品避免二次污染。

(三) 膜清洗的操作程序

一般情况下，膜连续工作时典型的操作程序为产水、反洗、正洗三个过程的排列组合，这些过程的选用及组合根据水质、操作条件的不同来确定选择，这些操作过程由于切换相对频繁，为了确保安全及长期稳定运行，一般都采用自动模式。

（1）正洗　此操作通过使膜产生切向加速度来冲刷膜污染的沉积物，以增加反洗的效果，使透量完全恢复。

（2）反洗　水流方向与产水方向相反，此操作是中空纤维膜组件特有的操作方式，可以有效地减少污染。一般反洗程序分为上反洗和下反洗两个过程，为避免在产水侧对膜产生污染和杂质对膜孔堵塞，一般采用超滤产水作为反洗水。选择反洗水时要考虑到不要给后续的操作带来影响。

（3）化学加强反洗　水流与反洗一样，但化学加强反洗根据污染情况确定反洗时间，可以比较长，一般为1～20min，化学强化反洗频率也根据需要不同，一般杀菌为每天数次，而清除污染的化学加强反洗频率则为一天一次或数天一次，一般可根据TMP的增长情况（比如TMP从0.02Pa升到0.04Pa）判断是否进行化学加强反洗，化学加强反洗的化学药剂及其浓度也是根据不同的水源及污染情况选配，其目的是为了防止细菌的生长和污染物的过快累积，一般化学加强反洗分为碱洗和酸洗两个过程，碱洗及酸洗的溶液见表2-3-15。化学加强碱洗与化学加强酸洗一般不在一个化学加强反洗过程内分别进行，而是根据水质情况选择进行一次到几次酸（碱）洗，或者只进行化学加强碱洗或酸洗。

表2-3-16是对图2-3-21的操作过程以及持续时间的说明。

表2-3-16　操作过程

序号	过程	模式	流向	时间
1	产水	错流操作	A至B、C	15～90min
		死过滤	A至C	
2	反洗	反洗1	C至A	20～60s
		反洗2	C(D)至B	
3	正洗		A至B	10～20s
4	化学加强反洗		C、B至A	1～20min
5	化学清洗		A至B、C	一般大于60min

图2-3-21为操作过程进水示意。

（四）膜的化学清洗与水冲洗

清洗时将清洗溶液以低压大流量在膜的高压侧循环，此时膜元件仍装在压力容器内而且需要专门的清洗装置来完成该工作。

清洗膜元件的一般步骤如下：

用泵将干净、无游离氯的反渗透产品水从清洗箱（或相应水源）打入压力容器中并排放几分钟；用干净的产品水在清洗箱中配制清洗液；将清洗液在压力容器中循环1h或预先设定的时间；清洗完成以后，排净清洗箱并进行冲洗，然后向清洗箱中充满干净的产品水以备下一步冲洗；用泵将干净、无游离氯的产品水从清洗箱（或相应水源）打入压力容器中并排放几分钟；在冲洗反渗透系统后，在产品水排放阀打开状态下运行反渗透系统，直到产品水清洁、无泡沫或无清洗剂（通常15～30min）。

（五）清洗液的选择

上面已经提到了一些常用的清洗液，选择适宜的化学清洗药剂及合理的清洗方案涉及许多因素。首先要与设备制造商、膜元件厂商或特用化学药剂及服务人员取得联系。确定主要的污染物，选择合适的化学清洗药剂。有时针对某种特殊的污染物或污染状况，要使用膜药剂制造商的专用化学清洗药剂，并且在应用时，要遵循药剂供应商提供的产品性能及使用说明。有的时候可针对具体情况，从膜装置取出已发生污染的单支膜元件进行测试和清洗试验，以确定合适的化学药剂和清洗方案。

为达到最佳的清洗效果，有时会使用一些不同的化学清洗药剂进行组合清洗。

典型的程序是先在低 pH 值范围的情况下进行清洗，去除矿物质垢污染物，然后再进行高 pH 值清洗，去除有机物。有些清洗溶液中加入了洗涤剂以帮助去除严重的生物和有机碎片垢物，同时，可用其他药剂如 EDTA 螯合物来辅助去除胶体、有机物、微生物及硫酸盐垢。

需要慎重考虑的是如果选择了不适当的化学清洗方法和药剂，污染情况会更加恶化。

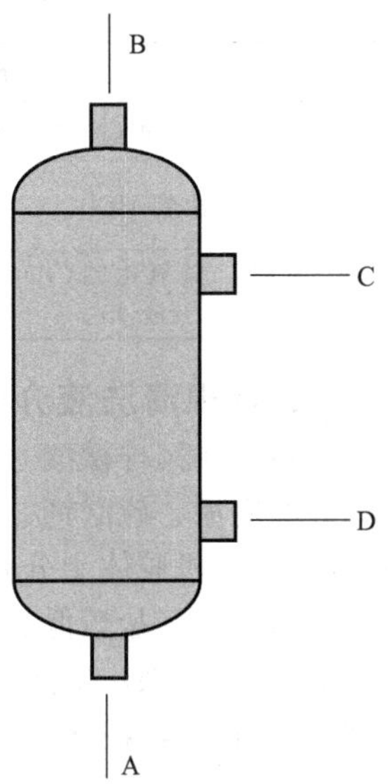

B
C
D
A

图 2-3-21 操作过程进水示意

（六）化学清洗药剂的选择及使用准则

① 选用的专用化学药剂，采用组合式方法完成清洗工作，包括适宜的清洗 pH 值、温度及接触时间等参数，这将会有利于增强清洗效果。

② 在推荐的最佳温度下进行清洗，以求达到最好的清洗效率和延长膜元件寿命的效果。

③ 以最少的化学药剂接触次数进行清洗，对延续膜寿命有益。

④ 谨慎地由低至高调节 pH 值范围，可延长膜元件的使用寿命。pH 值范围为 2～12（勿超出）。

⑤ 典型的、最有效的清洗方法是从低 pH 值至高 pH 值溶液进行清洗。对油污染膜元件的清洗不能从低 pH 值开始，因为油在低 pH 值时会固化。

⑥ 清洗和冲洗流向应保持相同的方向。

⑦ 当清洗多段反渗透装置时，最有效的清洗方法为分段清洗，这样可控制最佳清洗流速和清洗液浓度，避免前段的污染物进入下游膜元件。

⑧ 用较高 pH 值水冲洗洗涤剂可减少泡沫的产生。

⑨ 如果系统已发生生物污染，需考虑在清洗之后增加化学杀菌清洗。杀菌清洗后立即进行，也可在运行期间定期进行（如一星期一次）连续加入一定的剂量。必须确认所使用的杀菌剂与膜元件相容，不会带来任何对人的健康有害的风险，并能有效地控制生物活性，且成本低。

⑩ 为保证安全，溶解化学药品时，切记要慢慢地将化学药剂加入充足的水中并同时进行搅拌。

从安全方面考虑，不能将酸与苛性（腐蚀性）物质混合。在使用下一种清洗溶液之前，从反渗透系统中彻底冲洗干净滞留的前一种化学清洗溶液。

（七）清洗液的使用

表 2-3-17 提供的清洗溶液是将一定重量（或体积）的化学药品加入到 100 加仑（379L）的清水中（膜产品水或不含游离氯的水）。溶液是按所用化学药品和水量的比例配制的。溶剂是膜产品水或去离子水，无游离氯和硬度。清洗液进入膜元件之前，要求彻底混合均匀，并按照目标值调 pH 值且按目标温度值稳定温度。常规的清洗方法基于化学清洗溶液循环清洗 1h 和一种任选的化学药剂浸泡 1h 的操作而设定的。

表 2-3-17 常规清洗液配方（以 100 加仑，即 379L 为基准）

清洗液	主要组分	药剂量	清洗液 pH 值	最高清洗液温度
1	柠檬酸(100%粉末)	7.7kg	用氨水调节 pH 值至 3.0～4.0	40℃
2	盐酸(HCl)	1.8L	缓慢加入盐酸调节 pH 值至 2.5,调高 pH 值用氢氧化钠	35℃
3	氢氧化钠(100%粉末)或(50%液体)	0.38kg	缓慢加入氢氧化钠调节 pH 值至 11.5,调低 pH 值时用盐酸	30℃

1. 常规清洗液介绍

(1) 2.0%柠檬酸（$C_6H_8O_7$）的低 pH 值（pH 值为 3～4）清洗液。对于去除无机盐垢（如碳酸钙垢、硫酸钙、硫酸钡、硫酸锶垢等）、金属氧化物/氢氧化物（铁、锰、铜、镍、铝等）及无机胶体十分有效。

(2) 0.5%盐酸低 pH 值清洗液（pH 值为 2.5），主要用于去除无机盐垢（如碳酸钙垢、硫酸钙、硫酸钡、硫酸锶垢等），金属氧化物/氢氧化物（铁、锰、铜、镍、铝等），以及无机胶体。这种清洗液比溶液（1）要强烈些，因为盐酸（HCl）是强酸。

(3) 0.1%氢氧化钠高 pH 值清洗液（pH 值为 11.5），用于去除聚合硅垢。这一洗液是一种较为强烈的碱性清洗液。

反渗透膜元件可置于压力容器中，在高流速的情况下，用循环的清洁水（反渗透产品水或不含游离氯的洁净水）流过膜元件的方式进行清洗。反渗透的清洗程序完全取决于具体情况，必要时更换用于循环的清洁水。

2. 反渗透膜元件的常规清洗程序

(1) 在 60psi（0.41MPa）或更低压力条件下进行低压冲洗，即从清洗罐（或相当的水源）向压力容器中泵入清洁水然后排放掉，运行几分钟。冲洗水必须是洁净的、去除硬度、不含过渡金属和余氯的反渗透产品水或去离子水。

(2) 在清洗罐中配制特定的清洗溶液。配制用水必须是去膜清洗、不含过渡金属和余氯的反渗透产品水或去离子水。温度和 pH 值应调到膜清洗所要求的值。

(3) 启动清洗泵将清洗液泵入膜组件内，循环清洗约 1h。清洗液返回至反渗透清洗罐之前，将最初的回流液排放掉，以免系统内滞留的水对清洗溶液造成稀释。在最初的 5min 内，慢慢地将流速调节到最大设计流速的 1/3。这可以减少由污物的大量沉积而造成的潜在污堵。在第二个 5min 内，增加流速至最大设计流速的 2/3，然后，再增加流速至设计的最大流速值。如果需要，当 pH 值的变化大于 1，就要重新调回到原数值。

(4) 根据需要，可交替采用循环清洗和浸泡程序。浸泡时间建议选择 1～8h。要谨慎地保持合适的温度和 pH 值。

(5) 化学清洗结束之后，要用清洁水（去除硬度、不含金属离子如铁和氯的反渗透产品水或去离子水）进行低压冲洗，从清洗装置/部件中去除化学药剂的残留部分，排放并冲洗清洗罐，然后再用清洁水完全注满清洗罐以做冲洗之用。从清洗罐中泵入冲洗压力容器排放。如果需要，可进行第二次清洗。

(6) 一旦反渗透系统已用贮水罐中的清洁水完全冲洗后，就可用预处理给水进行最终的持续低压冲洗。给水压力应低于 60psi（0.41MPa），最终冲洗持续进行直至冲洗水干净，且不含任何泡沫和清洗剂残余物。通常这需要 15～60min。操作人员可用干净的烧瓶取样，摇匀，监测排放口处冲洗水中洗涤剂和泡沫的残留情况。洗液的去除情况可用测试电导的方法进行，如冲洗排放出水电导在给水电导的 10%～20%，可认为冲洗已接近终点；pH 计也可用于测定，来比较冲洗水至排放出水与给水的 pH 值是否接近。

（7）一旦所有级段已清洗干净，且化学药剂也已冲洗掉，反渗透可重新开始运行，但初始的产品水要进行排放并监测，直至反渗透产水可满足工艺要求（电导、pH 值等）。为得到稳定的反渗透产水水质，这一段恢复时间有时需要从几小时到几天，尤其是在经过高 pH 值清洗后。

第三节　超滤和微滤

一、原理和功能

超滤主要是在压力推动下进行的筛孔分离过程，其基本原理如图 2-3-22 所示[5]。

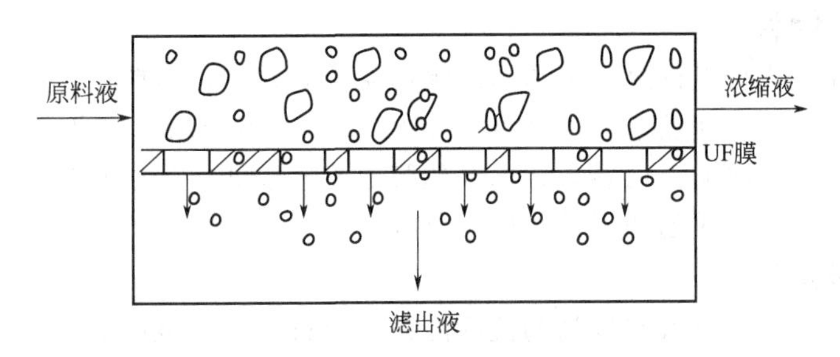

图 2-3-22　超滤原理示意

超滤膜对溶质的分离过程主要有：

① 在膜表面及微孔内吸附（一次吸附）；

② 在孔中停留而被去除（阻塞）；

③ 在膜面的机械截留（筛分）。

通常超滤法所分离的组分直径为 0.005～10μm，一般相对分子质量在 500 以上的大分子和胶体物质可以被截留，采用的渗透压较小，一般为 0.1～0.5MPa。超滤膜去除的物质主要为：水中的微粒、胶体、细菌、热源和各种大分子有机物；小分子有机物、无机离子则几乎不能截留。如图 2-3-23 所示。

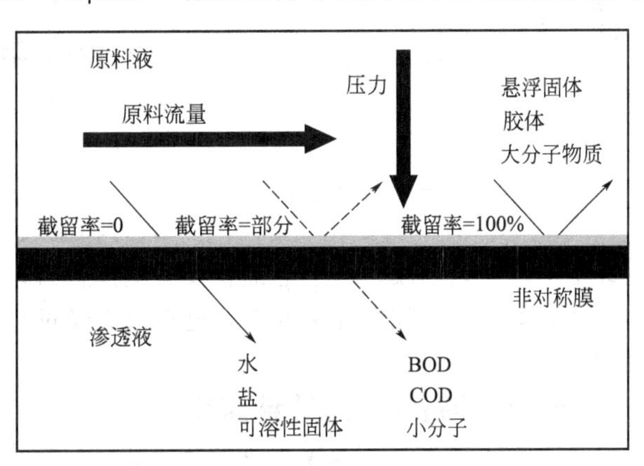

图 2-3-23　膜去除物质示意

超滤的分离特征如下：①分离过程不发生相变，能耗较少；②分离过程在常温下进行，适合用于热敏性物质的分离、浓缩和纯化；③采用低压泵提供的动力为推动力即可满足要求，设备工艺流程简单，易于操作、维护和管理。

微滤（MF）是一种以压力为推动力，以膜的截留作用为基础的高精密度过滤技术。在外界压力作用下，它可以阻止水中的悬浮物、微粒和细菌等大于膜孔径的杂质透过，以达到水质净化的目的。

微滤主要有以下特征：微滤膜的孔径大小较为均匀，过滤精度高；孔隙率高，过滤速度快。微孔滤膜的孔隙率可达到 70%～80%，同时膜很薄，流道短，对流体的阻力较小，过滤速度很快；以静压差为推动力，利用膜对被分离组分的“筛分”作用将膜孔能截留的组分截留，不能截留的则透过膜。微滤过滤的微粒粒径在0.01～10μm，它可以截留水中的悬浮物、微粒、纤维和细菌等大于膜孔径的杂质，以达到水质净化的目的。

二、设备和装置

超滤和微滤膜组件按结构形式可分为板框式、螺旋式、管式、中空纤维式、毛细管式等。

（一）板框式组件

板框式组件是最早研究和应用的膜组件形式之一，它最先应用在大规模超滤和反渗透系统，其设计源于常规的过滤概念。板框组件可拆卸进行膜清洗，单位膜面积装填密度高，投资费用较高，运行费用较低。

（二）螺旋式组件

螺旋式（又称卷式）组件最初也是为反渗透系统开发的，目前广泛应用于超滤和气体分离过程，其投资及运转费用都较低，但由于超滤除部分用于水质净化外，多数应用于高分子、胶体等物质的分离浓缩，而卷式结构导致膜面流速较低，难以有效控制浓差极化且膜面易受污染，从而限制了卷式超滤组件的应用范围。

（三）管式膜组件

管式膜组件系统对进料液有较强的抗污能力，通过调节膜表面流速能有效地控制浓差极化，膜被污染后宜采用海绵球或其他物理化学清洗，在超滤系统中使用较为普遍。其缺点是投资及运行费用都较高，膜装填密度小。最初的管式膜组件，每个套管内只能填充单根直径2～3cm的膜管，近年来研发的管式膜组件可以在每个套管内填充5～7根直径在0.5～1.0cm的膜管。图2-3-24给出了几种常见的管式超滤膜组件[5]。

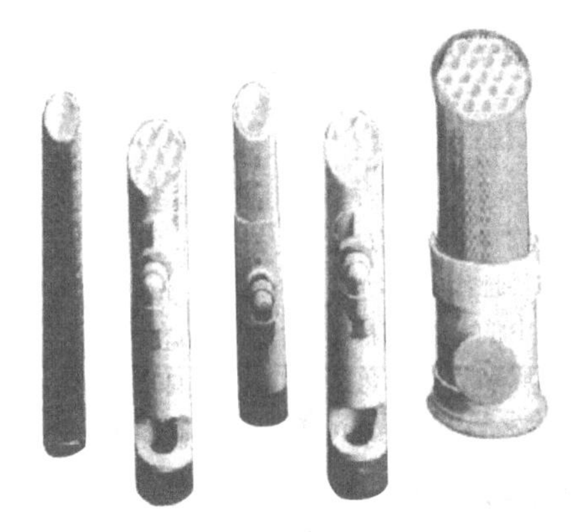

图2-3-24 管式超滤膜组件

（四）毛细管膜组件

毛细管式膜组件由直径0.5～2.5mm的毛细管膜组成，制作时将数根毛细管超滤膜平行置于耐压容器中，两端用环氧树脂灌封。料液在膜组件中的流动方式为轴流式。毛细管组件分为内压和外压两种，膜采用纤维纺丝工艺制成，由于毛细管没有支撑材料，因而投资费用低，便于进行反冲洗，但操作压力有限。该类膜组件密度大，进料液需经过有效的预处理。毛细管超滤装置目前在国内应用较为广泛。

（五）几种超滤膜组件特点比较

表2-3-18是四种超滤膜组件的特点比较。在实际应用中要根据处理对象加以选择。

表2-3-18 几种超滤膜组件特点比较

组件类型	膜比表面积/(m^2/m^3)	投资费用	运行费用	流速控制	就地清洗情况
管式	25～50	高	高	好	好
板式	400～600	高	低	中等	差
卷式	800～1000	最低	低	差	差
毛细管式	600～1200	低	低	好	中等

表 2-3-19 列举了几种材料的超滤膜主要技术指标。

表 2-3-19　超滤膜主要技术指标

项目＼膜品种	聚砜(PS)			聚丙烯腈(PAN)	聚偏氟乙烯(PVDF)
截留相对分子质量	6000	20000	67000	50000	100000
结构形式及过滤方式	中空纤维　外压		中空纤维及毛细管　内压		
纤维内/外径/mm	0.20/0.40		0.8～1.0/1.2～1.5		
最高使用温度/℃	45				50
pH 值范围	2～13			2～10	2～13

(六) 超滤膜的操作模式

超滤膜过滤方式主要分为错流过滤和死端过滤。

错流过滤指进水平行膜表面流动，透水垂直于进水流动方向透过膜，被截流物质富集于剩余水中，沿进水流动方向排出组件，返回进水箱，与原水合并循环返回超滤系统。循环水量越大，错流切速越高，膜表面截留物质覆盖层越薄，膜的污堵越轻。错流过滤可以增大膜表面的液体流速，使膜表面凝胶层厚度降低，从而可以有效降低膜的污染，一般用在原水水质条件较差的情况下。

死端过滤，又称全流过滤，指原水以垂直于膜表面的方向透过膜流动，水中的污染物被截留而沉积于膜表面。

全流过滤和错流过滤的示意见图 2-3-25。

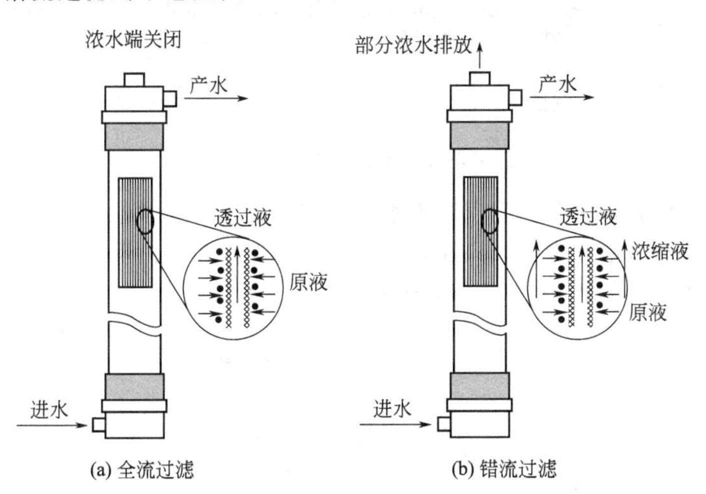

(a) 全流过滤　(b) 错流过滤

图 2-3-25　全流及错流过滤

错流过滤的回流比一般在 10%～100%之间，也可选择更高的回流比，但必须考虑液体在膜丝内的流速以及在膜丝方向上的压降，防止膜表面的污染不均匀。使用错流过滤可以降低膜的污染，但由于需要更大的水输送量，因此相对死端过滤需要更大的能耗。

一般错流过滤产生的浓水都是回到原水箱或到预处理的入口，再经过预处理后重新进入超滤系统，也有为了提高膜丝表面水流速度而添加循环泵的方式。图 2-3-26 是一种错流过滤工艺流程示意。

微错流过滤，其特点为浓水回流比的范围一般在 1%～10%。这部分浓水全部排放而不是回流。这种工艺的特点介于错流过滤和死端过滤之间，兼顾了污染和能耗的因素，缺点是降低了水的回收率。其工艺流程如图 2-3-27 所示。

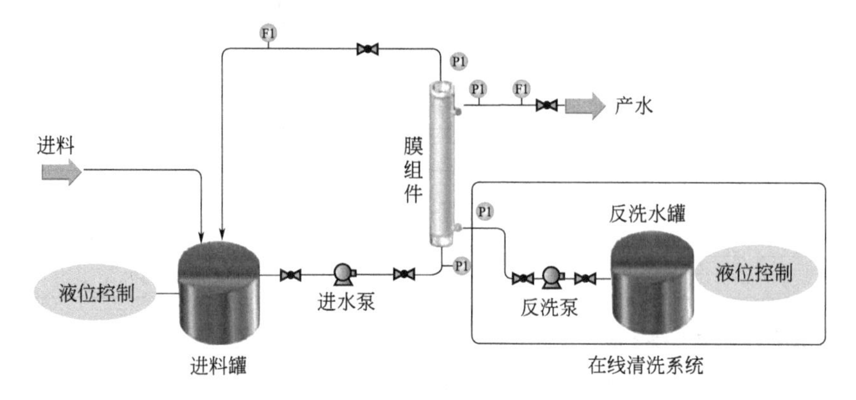

图 2-3-26 错流工艺流程示意

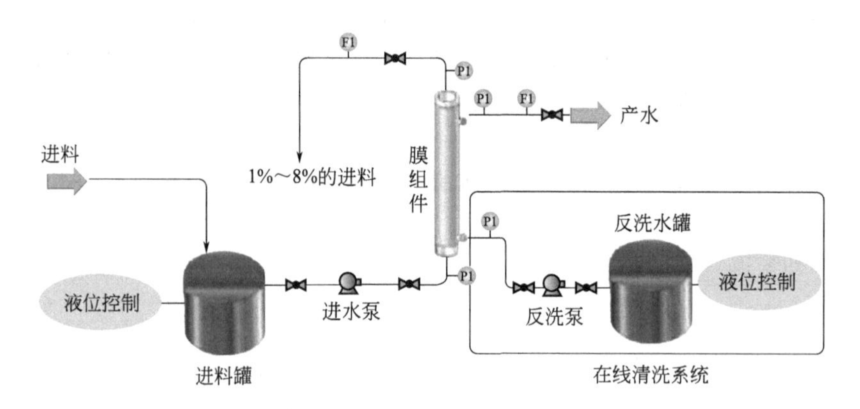

图 2-3-27 微错流工艺流程示意

死端过滤的操作方式主要适用于原水水质较好的情况（通常指其浊度小于 10NTU），其膜上的截留物不能通过浓水带出，只能采用周期性反洗操作，由反洗水带出。这种操作方式因省去循环泵而使能耗降低。图 2-3-28 为其工艺流程示意。

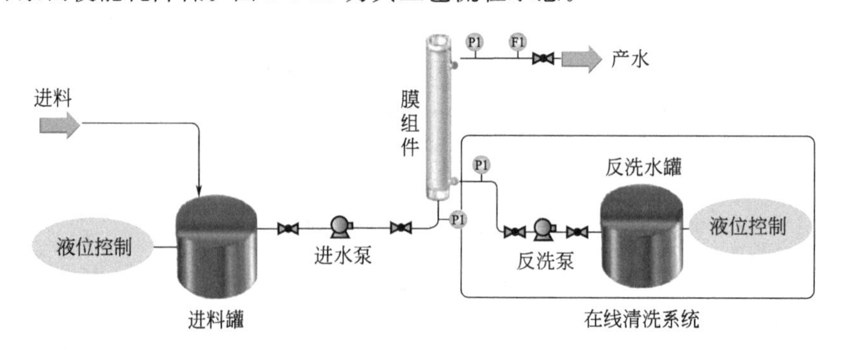

图 2-3-28 死端过滤工艺流程示意

错流过滤和死端过滤的能耗比较见图 2-3-29。

当处理废水水质相同时，在确保相同使用效能和寿命的条件下，相比死端过滤，错流过滤可以选择更高的膜通量，即错流过滤比死端过滤所需要的膜面积少，可以节省一次性投资费用，但错流过滤的运行费用略高，且回流比不同，运行费用存在差异。

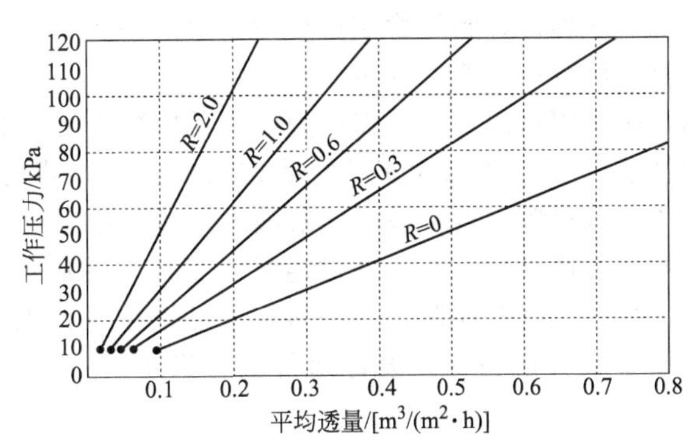

图 2-3-29　错流和死端过滤的能耗比较

R=回流量/产水量

三、设计计算

超滤工艺的设计主要包括进料液预处理、膜装置设计和膜污染的后处理。

(一) 预处理工艺

超滤预处理工艺是为满足超滤膜及其膜组件的技术要求，通过相应水处理方法对初始废水进行水质调节。预处理的目的是控制膜污染和膜的机械损伤。一般来讲，超滤的预处理工艺不像反渗透预处理工艺那样复杂、严格。常用的预处理方法主要有过滤、化学絮凝、pH值调节、消毒、活性炭吸附。

上述预处理方法的具体工艺可参考相关章节。

(二) 超滤装置设计

超滤技术在废水处理领域中的应用对象主要是石油、化工、机械加工、纺织、食品加工及城市污水等各类废水。这些废水共同的特点是COD、BOD值高，污染严重，且各类废水的污染物种类、浓度和物理化学性质有较大差异，因此，要在小试和中试的基础上取得膜处理过程的设计参数后进行设计，目前没有统一的标准。

超滤装置设计时，首先应根据所处理废水的化学及物理性能、处理规模和对产品质量的要求，选择满足工艺需求的超滤膜及其组件类型；其次通过小试或中试，确定超滤膜的设计水通量，设计需要的膜面积和组件数，确定膜组件的排列和操作流程。

1. 超滤膜及其膜组件选择

(1) 超滤膜选择　超滤膜的合理选材和选型，主要依据所处理废水的最高温度、pH值、分离物质分子量范围等水体特征。选用的超滤膜在截留分子量、允许使用的最高温度、pH值范围、膜的水通量、膜的化学稳定性及其膜的耐污染等性能等方面，必须满足设计目标的要求。

(2) 组件选择　膜组件有管式、平板式、卷式和毛细管式等多种结构形式，应根据所处理废水的特点进行选择。高污染的废水为避免浓差极化可考虑选用流动状态好、对堵塞不敏感和易于清洗的组件，例如管式或板框式。但同时要考虑其组件造价、膜更换费和运行费。近年来，毛细管式组件和卷式组件的改进提高了其抗污染的能力，在一些领域正在取代造价较高的平板式和管式组件。

2. 超滤膜水通量的设计

超滤膜的水通量直接决定了装置的设计总膜面积、装置规模及投资额。影响超滤膜水通量的主要因素有操作压力、料液浓度、膜表面流速、料液温度、膜清洗周期。上述参数的优化组合是保证超滤系统产水通量、装置稳定运行的重要条件。对每一种废水，膜过水通量与上述参数的关系需通过小试或放大实验确定。

（1）压力的影响　超滤膜水通量与操作压力的关系取决于溶液的性质，而溶液的性质又决定了膜和边界层的性质。当溶液的性质符合渗透压模型时，膜的水通量与压力成正比关系。当处理介质为高浓度有机废水或废液时，溶液的透过量用凝胶极化模型表示，膜透过通量与压力无关，此时的透过通量称为临界透过通量，相对应的压力称为临界压力。设计时，针对实际处理对象，进行小试，并绘制设计进料和浓缩液浓度范围内运行压力与临界压力。超滤设计运行压力应低于临界压力值，设计运行压力确定后，可确定相应条件下的超滤水通量。

（2）料液浓度　料液浓度高低对超滤装置水通量的大小存在一定影响。一般情况下，随着超滤过程的进行，渗透液不断排出系统，浓缩液一侧浓度不断提高，溶液黏度增加，膜的产水量不断降低。

通过试验，可绘制在一定温度和压力下，膜的水通量随料液浓度增加的变化曲线，由该曲线可取得两个参数：一是在工艺要求的进料浓度范围内膜的水通量和平均水通量；二是超滤过程中该料液的极限浓度，也就是最高允许浓度。同时，分析试验过程中膜的透过液水质，计算出对所分离物质的分离率。

（3）膜表面流速　膜的水通量随膜表面流速的提高而增加。提高膜表面流速，可以防止和改善膜表面浓差极化，增加膜的产水量，提高设备的处理能力。但提高膜表面流速会导致进料泵的能耗加大，增加了运行费用。膜表面设计流速必须在所选用膜组件类型允许的流速范围内。通过试验，绘制在一定浓度和压力下不同膜表面流速与膜产水量的关系曲线，对提高膜表面流速增加的水通量和能耗进行技术经济比较，最终确定工艺采用的膜表面流速。

（4）料液温度　温度的高低是影响超滤水通量的另一个重要因素，一般情况下，在膜组件允许的温度范围内，其水通量随温度的升高而增加。通过试验，绘制膜水通量与温度的变化关系曲线。运行温度的制定主要取决于两点：一是所处理料液性质所能允许的合理的温度范围；二是通过试验绘制曲线，得到膜水通量随温度增长的变化系数，以确定系统实际运转温度范围内的膜水通量。

（5）操作时间　操作时间的长短对超滤水通量大小有较大的影响。随着超滤过程的进行，逐渐在膜面形成凝胶极化层，导致膜的水通量逐渐降低。当超滤运行到一定时间，膜的水通量下降到一定水平后，需要进行膜清洗。这段时间为一个运行周期，运行周期应通过试验确定。

两个厂家的膜组件运转参数见表 2-3-20 和表 2-3-21。

表 2-3-20　膜天超滤膜组件运转参数

膜组件使用条件		
项目＼类别	大型膜组件(B125)	标准型膜组件(UF_1IB9L)
最高进水颗粒	＜5μm	＜5μm
最高进水悬浮物	5mg/L	5mg/L
pH 值范围	2～13	2～13
运行温度	5～45℃	5～45℃
运行方式	错流过滤，反洗和其他清洗	错流过滤，反洗和其他清洗
清洗水	超滤水	超滤水
最大进水压力	0.3MPa	0.3MPa
最大透膜压差	0.2MPa	0.2MPa

续表

水处理过程设计条件							
过滤水通量(建议)/(L/h)		地下水	地表水	纯水终端	地下水	地表水	纯水终端
		1600/800	1600/700	1600/1000	800/500	800/400	800/600
反洗压力		0.2MPa			0.2MPa		
运行浓水流量		≥150L/(m^2·h)			≥150L/(m^2·h)		
反洗频率		2～8h			2～8h		
反洗时间		30～60s			30～60s		
化学清洗药剂	清洗频率	根据需要			根据需要		
	清洗药品	柠檬酸(或 HCl)； NaOH+NaClO			柠檬酸(或 HCl)； NaOH+NaClO		

注：以上设计条件仅针对于一般自来水、深井水等的水处理过程。

表 2-3-21　立升 PVC 合金超滤膜部分组件规格及性能

型号		LH3-0450-V	LH3-0650-V	LH3-0660-V	LH3-0680-V	LH3-1060-V
规格	中空纤维丝数量	2400	3100	3100	3100	9100
	中空纤维丝内外径/mm	1.0/1.66				
建议工作条件	建议透膜压力 TMP/MPa	0.04～0.08				
	最高进水压力/MPa	0.3				
	最大跨膜压差/MPa	0.2				
	最大反洗跨膜压差/MPa	0.15				
	上限温度/℃	40				
	下限温度/℃	5				
	pH 值耐受范围	2～13				
	运行方式	全量过滤或错流过滤				
典型工艺条件	反洗流量/(t/h)	2～3 倍产水流量				
	反洗压力(TMP)/MPa	0.06～0.12				
	反洗时间/s	20～180				
	反洗周期/min	20～60				
	顺冲流量/(t/h)	1.5～2 倍产水流量				
	顺冲时间/s	10～30				
	顺冲间隔/min	10～60				
	化学清洗周期/d	6～180				
	化学清洗时间/min	15～120				
	化学清洗药品	柠檬酸、NaOH/NaClO、H_2O_2				

3. 膜面积及膜组件数量的确定和计算

膜的水通量确定后，根据处理规定按下式计算超滤工艺所要求的膜面积。

$$A=1000\times Q_p/F \tag{2-3-33}$$

式中，A 为所需膜面积总数，m^2；Q_p 为设计产水水量，m^3/h；F 为超滤膜设计水通量，L/(m^2·h)。

膜面积 A 确定后，根据选择的超滤组件膜面积，组件个数可由下式确定：

$$n=A/f \tag{2-3-34}$$

式中，n 为所需膜组件的个数；f 为单根膜组件的膜面积，m^2。

4. 操作流程

超滤基本操作流程有三种，分别是间歇式、连续式和重过滤。

(1) 间歇式　常用于小规模处理。从保证膜通量来看，这种方式的效率最高，可以保证膜始终在最佳浓度范围内进行操作。在低浓度时，可得到很高的膜通量。

(2) 连续式　通常用于大规模生产。运行时采用部分循环方式，而且循环量常比料液量大得多。

(3) 重过滤　重过滤主要用于大分子和小分子的分离。在料液中含有各种小分子溶质的混合物，如果不断加入纯溶剂（水）补充滤出液的体积，小分子组分就会逐渐被清洗出去，从而实现大小分子的分离。超滤重过滤工艺流程可分间歇式重分离和连续式重分离，工艺流程见图 2-3-30。

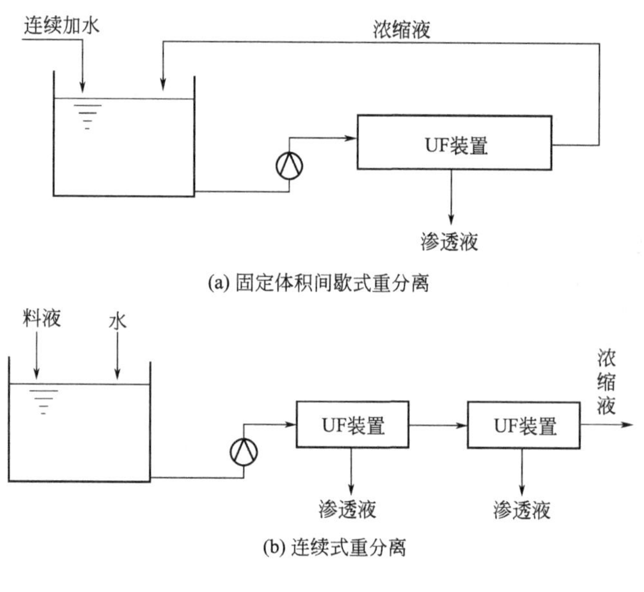

图 2-3-30　重过滤

5. 膜组件排列组合

在确定超滤工艺是间歇操作、连续操作或重过滤操作的前提下，根据超滤处理规模和膜组件的数量，设计组件的排列组合方式。组件的组合方式有一级和多级，在各个级别中又分为一段和多段。一般来讲，可将组件串联或者并联连接。在多个组件的情况下，可以将串联方式和并联方式结合起来。

膜组件安装推荐方法如下：

① 组件直立，并联组装，液体由膜组件的下端进入，以利于空气的排放。

② 大型的超滤设备应安装高低压保护以及采用变频供水，使水压逐渐上升避免冲击。

③ 对于大型的超滤装置宜单设清洗系统，清洗用水可采用超滤水储罐。

④ 使用错流过滤要采用浓水循环方式，每支膜的浓水应为产水的 2.5～3 倍，浓水排放为进水的 1/8～1/10。

⑤ 采用全过滤方式，其反洗周期需通过试验确定。

6. 泵的选择

组件的排列组合方式确定后，需进行泵的选型。首先根据工艺或试验结果的操作压力确定泵的扬程。泵的流量根据膜表面流速来确定。如果采用螺旋卷式膜组件，可直接根据单根膜组件的进料流量与并联的组件数量的乘积进行选型。卷式组件一般都给出单根组件进料液流量的上限和下限。上限是为了保护第一根膜组件和使组件的压力降趋于合理，下限是为了保证容器末端有足够的横向流速，以减少浓差极化。

如果选用管式、板式或毛细管组件，泵的选型根据工艺压力和膜表面流速来确定。首先确定泵的扬程，泵的流量按下式计算：

$$Q=nvS\times 3600 \tag{2-3-35}$$

式中，Q 为泵流量，m^3/h；n 为膜组件并联个数；v 为膜表面流速，m/s；S 为单根膜组件通过主体溶液的截面积，m^2。

(三) 膜清洗工艺

在超滤过程中，由于分离物质及其他杂质在膜面会逐渐积聚，对膜造成污染和堵塞，因此膜的清洗是超滤系统中不可缺少的操作步骤，膜的有效清洗是延长膜使用寿命的重要手段。清洗过程参考反渗透膜清洗。

参考文献

[1] 潘涛，田刚等．废水处理工程技术手册．北京：化学工业出版社，2010.
[2] 北京水环境技术与设备研究中心等．三废处理工程技术手册（废水卷）[M]．北京：化学工业出版社，2000.
[3] 彭跃莲等．膜技术前沿及工程应用．北京：中国纺织出版社，2009.
[4] 邵刚等．膜法水处理技术及工程实例．北京：化学工业出版社，2002.
[5] 周柏青等．全膜水处理技术．北京：中国电力出版社，2005.

第四章
化学处理与消毒

第一节　中和及 pH 控制

一、原理和功能

工业废水中常含有较高浓度的酸或碱。酸性废水主要来源于化工厂、化纤厂、电镀厂、煤加工厂及金属酸洗车间等，其中常见的酸性物质主要有硫酸、硝酸、盐酸、氢氟酸、氢氰酸、磷酸等无机酸及醋酸、甲酸、柠檬酸等有机酸，并常溶解有金属盐。碱性废水主要来源于印染厂、造纸厂、炼油厂和金属加工厂等，其中常见的碱性物质有苛性钠、碳酸钠、硫化钠及胺等。酸性废水的危害程度比碱性废水要大[1]。

酸含量大于5%～10%的高浓度含酸废水，常称为废酸液；碱含量大于3%～5%的高浓度含碱废水，常称为废碱液。对于这类废酸液、废碱液，可因地制宜采用特殊的方法回收其中的酸和碱，或者进行综合利用。例如，用蒸发浓缩法回收苛性钠；用扩散渗析法回收钢铁酸洗废液中的硫酸；利用钢铁酸洗废液作为制造硫酸亚铁、氧化亚铁、聚合硫酸铁的原料等。对于酸含量小于5%～10%或碱含量小于3%～5%的低浓度酸性废水或碱性废水，由于其中酸、碱含量低，回收价值不大，常采用中和法处理，使废水的pH值恢复到中性附近的一定范围，消除其危害。

我国《污水综合排放标准》规定排放废水的pH值应在6～9之间。酸碱废水以pH值表示可分为[2]：

强酸性废水	pH<4.5
弱酸性废水	pH=4.5～6.5
中性废水	pH=6.5～8.5
弱碱性废水	pH=8.5～10.0
强碱性废水	pH>10.0

中和处理发生的主要反应是酸与碱生成盐和水的中和反应。由于酸性废水中常有重金属盐，在用碱处理时，还可生成难溶的金属氢氧化物。中和处理适用于废水处理中的下列情况。

(1) 废水排放受纳水体前，其pH值指标超过排放标准。这时应采用中和处理，以减少对水生生物的影响。

(2) 工业废水排入城市下水道系统前，采用中和处理，以免对管道系统造成腐蚀。在排入前对工业废水进行中和，比对工业废水与其他废水混合后的大量废水进行中和要经济得多。

(3) 某些化学处理或生物处理之前。对生物处理而言，需将处理系统的pH值维持在6.5～8.5范围内，以确保最佳的生物活力。

中和药剂的理论投量，可按等量反应的原则进行计算。对于成分单一的酸和碱的中和过程，可按照酸碱平衡关系的计算结果，绘制溶液 pH 值随中和药剂投加量而变化的中和曲线，即可方便地确定投药量。图 2-4-1 为投加苛性钠中和不同强度的几种酸的中和曲线。实际废水的成分比较复杂，干扰酸碱平衡的因素较多。例如酸性废水中往往含有重金属离子，在用碱进行中和时，由于生成难溶的金属氢氧化物而消耗部分碱性药剂，使中和曲线向右发生位移（图 2-4-2）。这时，可通过实验绘制中和曲线，以确定中和药剂的投药量。

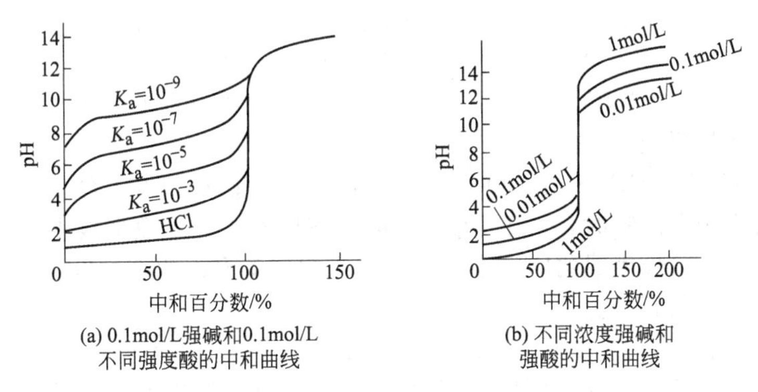

(a) 0.1mol/L强碱和0.1mol/L不同强度酸的中和曲线

(b) 不同浓度强碱和强酸的中和曲线

图 2-4-1 强酸和强碱的中和曲线

（一） 酸性废水的中和法

可分为三类：酸性废水与碱性废水混合、投药中和及过滤中和。

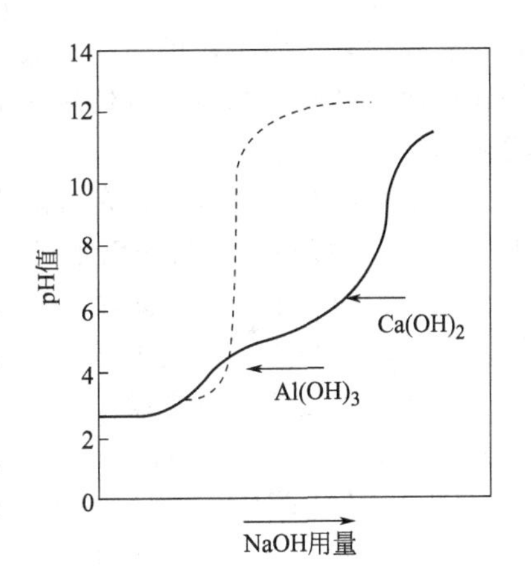

图 2-4-2 含重金属离子的酸性废水中和曲线

1. 酸、碱性废水中和法

这种中和方法是将酸性废水和碱性废水共同引入中和池中，并在池内进行混合搅拌。中和结果，应该使废水呈中性或弱碱性。根据质量守恒原理计算酸、碱废水的混合比例或流量，并且使实际需要量略大于计算量。

当酸、碱废水的流量和浓度经常变化，而且波动很大时，应该设调节池加以调节，中和反应则在中和池进行，其容积应按 1.5～2.0h 的废水量考虑。

2. 投药中和法

酸性废水中和处理采用的中和剂有石灰、石灰石、白云石、氢氧化钠、碳酸钠等。其中碳酸钠因价格较贵，一般较少采用。石灰来源广泛，价格便宜，所以使用较广。用石灰作中和剂能够处理任何浓度的酸性废水。最常采用的是石灰乳法。氢氧化钙对废水杂质具有混聚作用，因此它适用于含杂质多的酸性废水。

用石灰中和酸的反应：

$$H_2SO_4+Ca(OH)_2 \longrightarrow CaSO_4\downarrow+2H_2O$$

$$2HNO_3+Ca(OH)_2 \longrightarrow Ca(NO_3)_2+2H_2O$$

$$2HCl+Ca(OH)_2 \longrightarrow CaCl_2+2H_2O$$

当废水中含有其他金属盐类例如铁、铅、锌、铜等时，也能生成沉淀：

$$ZnSO_4+Ca(OH)_2 \longrightarrow Zn(OH)_2\downarrow+CaSO_4\downarrow$$

$$FeCl_2+Ca(OH)_2 \longrightarrow CaCl_2+Fe(OH)_2\downarrow$$

$$PbCl_2+Ca(OH)_2 \longrightarrow CaCl_2+Pb(OH)_2\downarrow$$

计算中和药剂的投量时，应增加与重金属化合产生沉淀的药量。

3. 过滤中和法

这种方法适用于含硫酸浓度不大于2～3g/L和生成易溶盐的各种酸性废水的中和处理。

使酸性废水通过具有中和能力的滤料，例如石灰石、白云石、大理石等，即产生中和反应。例如石灰石与酸的反应：

$$2HCl + CaCO_3 \longrightarrow CaCl_2 + H_2O + CO_2\uparrow$$

$$H_2SO_4 + CaCO_3 \longrightarrow CaSO_4 + H_2O + CO_2\uparrow$$

$$2HNO_3 + CaCO_3 \longrightarrow Ca(NO_3)_2 + H_2O + CO_2\uparrow$$

白云石与硫酸的反应：

$$2H_2SO_4 + CaCO_3 \cdot MgCO_3 \longrightarrow CaSO_4\downarrow + MgSO_4 + 2H_2O + 2CO_2\uparrow$$

采用白云石为中和滤料时，由于 $MgSO_4$ 的溶解度很大，不致造成中和的困难，而产生的石膏量仅为石灰石反应生成物的一半，因此进水的硫酸允许浓度可以提高；不过白云石的缺点是反应速度比石灰石慢。

用石灰石作滤料时，进水含硫酸浓度应小于2000mg/L；用白云石作滤料时，应小于4000mg/L。当进水的硫酸浓度短期超过限值时，应及时采取措施，降低进水量（多余的废水可在调节池内暂时贮存），同时用清洁水反冲、稀释。当滤料使用到一定期限，滤料中的无效成分积累过多时，可逐渐降低滤速，以最大限度地消耗掉滤料。在生产实践中，一般都是根据运行经验，总结出每处理一定的水量需要补充的滤料量。同时，按照每消耗一定量的滤料，进行一次清渣。

过滤中和时，废水中不宜有浓度过高的重金属离子或惰性物质，要求重金属离子含量小于50mg/L，以免在滤料表面生成覆盖物，使滤料失效。

含HF的废水中和过滤时，因 CaF_2 溶解度很小，要求HF浓度小于300mg/L。如浓度超过限值，宜采用石灰乳进行中和。

过滤中和法的优点是操作管理简单，出水pH值较稳定，不影响环境卫生，沉渣少，一般少于废水体积的0.1%；缺点是进水酸的浓度受到限制。

(二) 碱性废水的中和处理

碱性废水的中和处理法有用酸性废水中和、投酸中和和烟道气中和三种。

在采用投酸中和法时，由于价格上的原因，通常多使用93%～96%的工业浓硫酸。在处理水量较小的情况下，或有方便的废酸可利用时，也有使用盐酸中和法的。在投加酸之前，一般先将酸稀释成10%左右的浓度，然后按设计要求的投量经计量泵计量后加到中和池。

在原水pH值和流量都比较稳定的情况下，可以按一定比例连续加酸。当水量及pH值经常有变化时，应当考虑设计自动加药系统，例如采用HBPH-3型工业酸度计与CHEM-TECH型系列计量泵组合成的自动pH控制系统，已比较广泛地用于废水处理工程。

由于酸的稀释过程中大量放热，而且在热的条件下酸的腐蚀性大大增强，所以不能采用将酸直接加到管道中的做法，否则管道很快将被腐蚀。一般应该设计混凝土结构的中和池，并保证一定的容积，通常可按3～5min的停留时间考虑。如果采用其他材料制作中和池或中和槽时，则应该充分考虑到防腐及耐热性能的要求。

烟道气中含有 CO_2 和 SO_2，溶于水中形成 H_2CO_3 和 H_2SO_3，能够用来使碱性废水得到中和。用烟道气中和的方法有两种，一是将碱性废水作为湿式除尘器的喷淋水，另一种是使烟道气通过碱性废水。这种中和方法效果良好；其缺点是会使处理后的废水中悬浮物含量增加，硫化物和色度也都有所增加，需要做进一步处理。

二、设备和装置

(一) 酸碱废水相互中和的设施

(1) 当水质水量变化较小，或废水缓冲能力较大，或后续构筑物对 pH 值要求范围较宽时，可以不用单独设中和池，而在集水井（或管道、曲径混合槽）内进行连续流式混合反应。

(2) 当水质水量变化不大，废水也有一定缓冲能力，但为了使出水 pH 值更有保证时，应单设连续流式中和池。图 2-4-3 和图 2-4-4 给出了两种中和池的示例。

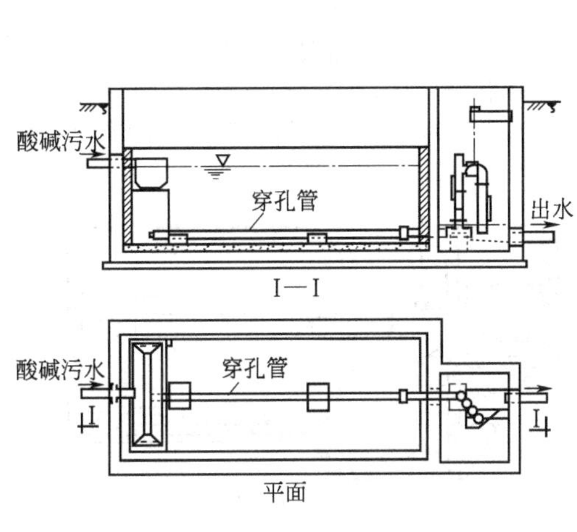

图 2-4-3　中和池示例（一）

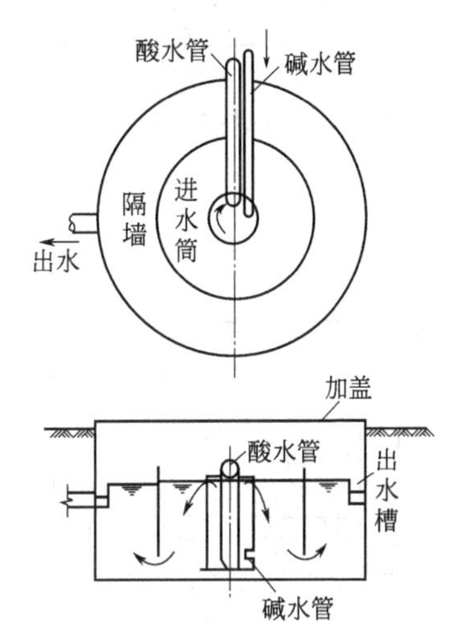

图 2-4-4　中和池示例（二）

(3) 当水质水量变化较大，且水量较小时，连续流式中和池无法保证出水 pH 值要求，或出水水质要求较高，或废水中还含有其他杂质或重金属离子时，较稳妥可靠的做法是采取间歇流式中和池。每池的有效容积可按废水排放周期（如一班或一昼夜）中的废水量计算。中和池一般至少设两座，以便交替使用。

(二) 药剂中和处理设备设施

1. 中和剂制备设施

投药有干投、湿投两种方法。以石灰为例，干投法设备简单，但反应不易彻底，而且较慢，投量需为理论值的1.4～1.5 倍。湿投法设备较多，但反应迅速，投量为理论值的1.05～1.1 倍即可。

石灰干投法示意见图 2-4-5。石灰湿投法示意见图 2-4-6。

2. 混合反应设施

用石灰中和酸性废水时，混合反应时间一般采用 1～2min，但当废水中含重金属盐或其他毒物时，应考虑去除重金属及其他毒物的要求。

当废水水量和浓度较小，且不产生大量沉渣时，中和剂可投加在水泵集水井中，在管道中反应，即可不设混合反应池。但须满足混合反应时间。

当废水量较大时，一般需设单独的混合池。

图 2-4-7 为四室隔板混合反应池。池内采用压缩空气或机械搅拌。

3. 沉淀设施

以石灰中和主要含硫酸的混合酸性废水为例，一般沉淀时间为 1～2h，污泥体积一般为

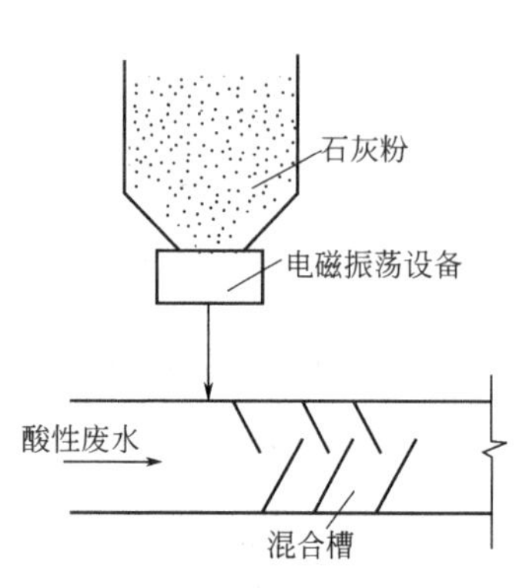

图 2-4-5 石灰干投法示意

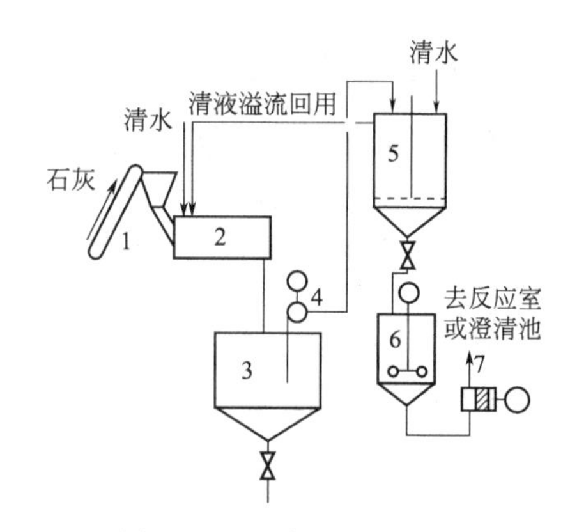

图 2-4-6 石灰湿投法示意

1—石灰输送带；2—消石灰机；3—石灰乳槽；4—石灰乳泵；5—石灰乳贮存箱；6—石灰乳投药箱；7—石灰乳计量泵

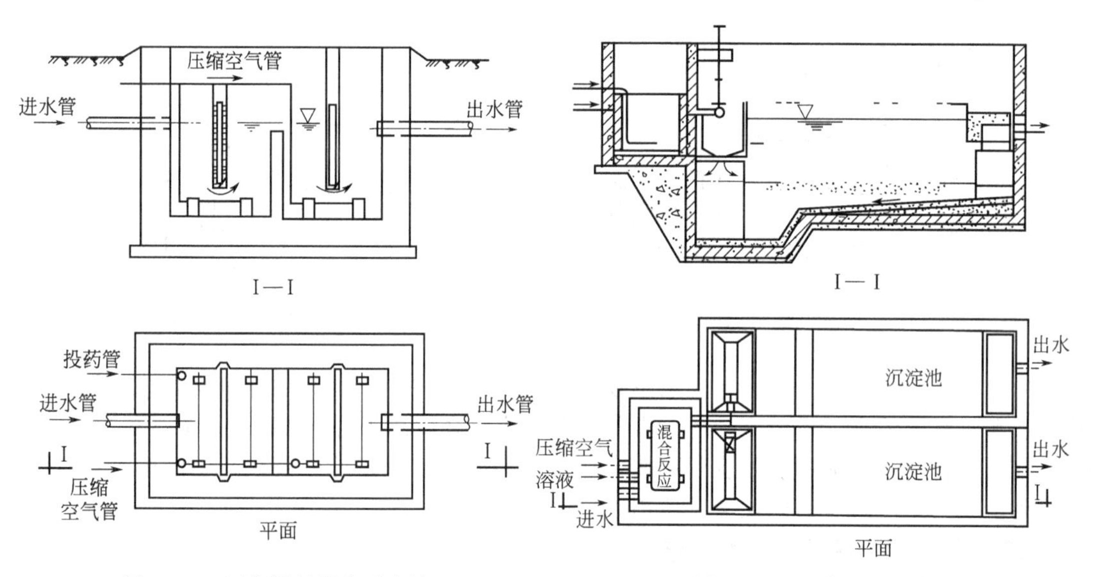

图 2-4-7 四室隔板混合反应池

图 2-4-8 混合反应沉淀池

处理废水体积的 3%～5%，但个别情况也有污泥量占到废水体积的 10%以上的。污泥含水率一般为 95%左右。

图 2-4-8 为合并混合、反应、沉淀的池型示例，图 2-4-9 为合并混合、反应、沉淀及泥渣分离的池型示例。

(三) 过滤中和法的设备设施

1. 普通中和滤池

普通中和池为重力式，由于滤速低（小于 1.4mm/s），滤料粒径大（3～8cm），当进水硫酸浓度较大时，极易在滤料表面结垢而且不易冲掉，阻碍中和反应进程。实践表明这种滤料的中和效果较差，目前已很少采用。

2. 升流膨胀式滤池

升流膨胀式滤池采用高流速（8.3～19.4mm/s），小粒径（0.5～3mm，平均约 1.5mm），水流由下向上流动，加上产生的 CO_2 气体的作用，使滤料互相碰撞摩擦，表面不断更新，所以效果良好。升流膨胀式滤池分为两种形式，这两种滤池的构造如图 2-4-10、图 2-4-11 所示。

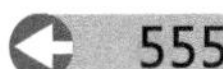

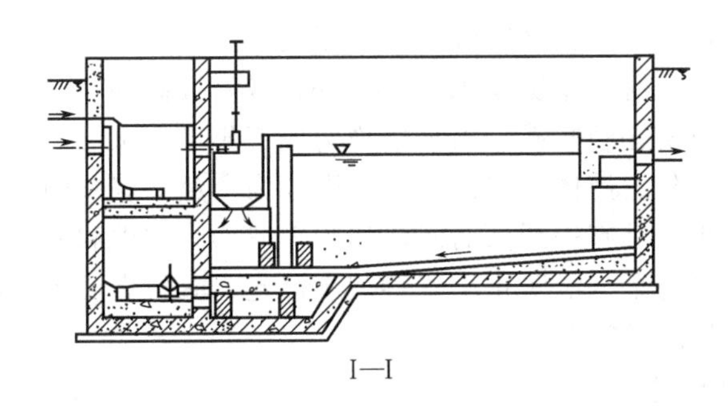

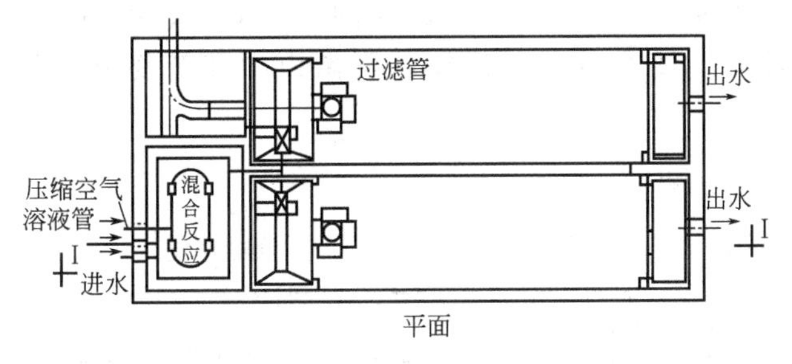

图 2-4-9　混合反应沉淀泥渣分离池

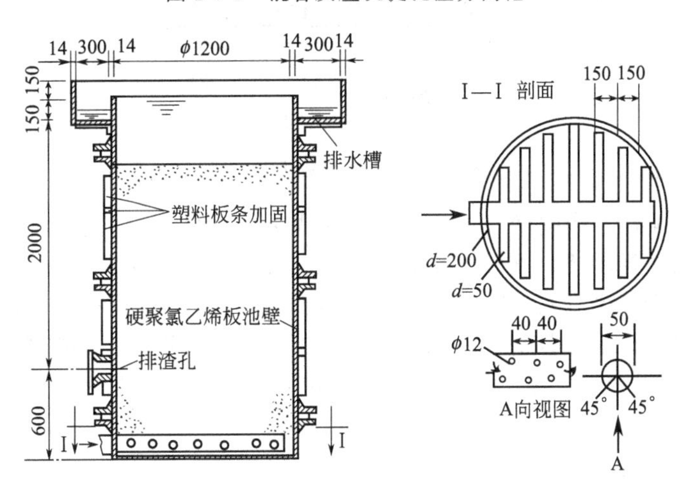

图 2-4-10　升流式石灰石膨胀滤池示意

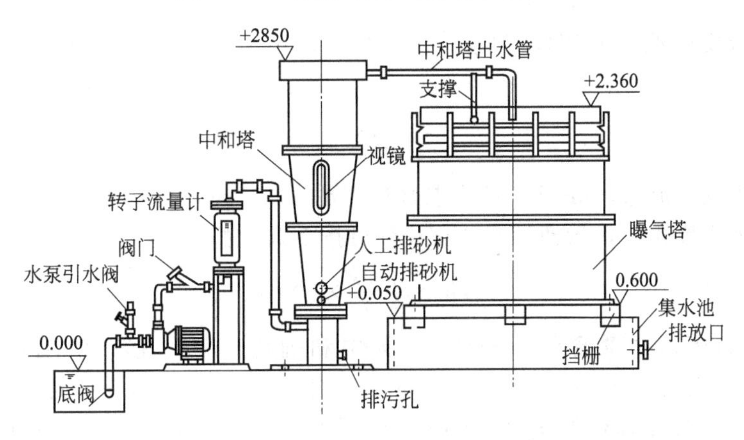

图 2-4-11　变速升流膨胀式中和滤池

滤池分为四部分：底部为进水装置，可采用大阻力或小阻力进水系统；滤料层下部为卵石垫层，上部为石灰石滤料，滤层厚1.0～1.2m；其上设高为0.5m的清水区，使水和滤料分离，在此区内水流速度逐渐减慢；出水槽均匀地汇集出流水。

如果将装填滤料部分的筒体做成圆锥状，则成为变速膨胀式中和滤池。这种池子底部滤速较大，上部滤速较小。具有等断面的筒体称为等速膨胀式中和滤池。与等速滤池相比，变速滤池具有滤料反应更完全、能防止小滤料被水挟走、滤料表面不易结垢等优点。这两种升流式滤池目前均有工厂定型生产。

3. 滚筒式中和滤池

滚筒式中和滤池见图2-4-12。废水由滚筒的一端流入，由另一端流出。装于滚筒中的滤料随滚筒一起转动，使滤料互相碰撞，剥离由中和产物形成的覆盖层，加快中和反应速度。

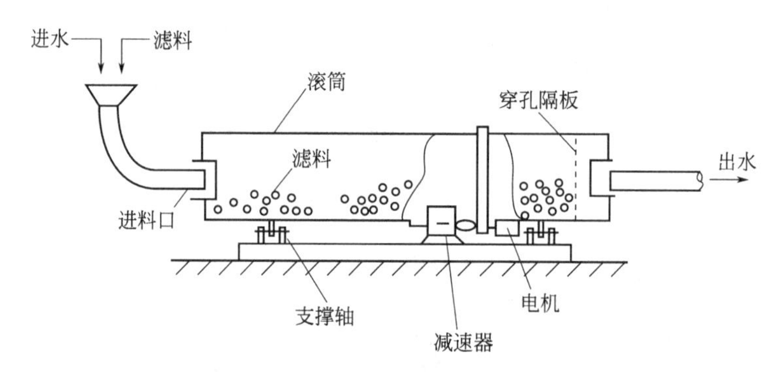

图2-4-12 滚筒式中和滤池

滚筒可用钢板制成，内衬防腐层，直径1m或更大，长度约为直径的6～7倍。筒内壁有不高的纵向隔条，推动滤料旋转。滚筒转速约为10r/min，转轴倾斜角度为0.5°～1°。滤料的粒径较大（达十几毫米），装料体积约占转筒体积的一半。这种装置的最大优点是进水的酸浓度可以超过允许浓度数倍，而滤料粒径却不必破碎得很小。其缺点是负荷率低，仅为$36m^3/(m^2 \cdot h)$，构造复杂、动力费用较高、运转时噪声较大，同时对设备材料的耐蚀性能要求较高。

三、设计计算

酸性废水的投药中和设计计算。

废水在混合反应池中的停留时间一般不大于5min。实际混合时间t（min）可按下式计算：

$$t=\frac{V}{Q}\times 60 \tag{2-4-1}$$

式中，Q为废水流量，m^3/h；V为混合反应池容积，m^3。

投药中和酸性废水时，投药量G_b(kg/h）可按下式计算：

$$G_b=G_a\frac{\alpha k}{a}\times 100 \tag{2-4-2}$$

式中，G_a为废水中酸含量，kg/h；α为中和剂比耗量，见表2-4-1；a为中和剂纯度,%，一般生石灰含CaO 60%～80%，熟石灰含$Ca(OH)_2$ 65%～75%，电石渣含CaO 60%～70%，石灰石含$CaCO_3$ 90%～95%，白云石含$CaCO_3$ 45%～50%；k为反应不完全系数，一般取1.0～1.2，以石灰乳中和硫酸时取1.1，中和盐酸或硝酸时可取1.05。

表 2-4-1 碱性中和剂的比耗量

酸	中和 1kg 酸所需的量/kg				
	CaO	$Ca(OH)_2$	$CaCO_3$	$MgCO_3$	$CaCO_3 \cdot MgCO_3$
H_2SO_4	0.571	0.755	1.020	0.860	0.940
HNO_3	0.455	0.590	0.795	0.688	0.732
HCl	0.770	1.010	1.370	1.150	1.290
CH_3COOH	0.466	0.616	0.830	0.695	—

中和过程中形成的沉渣体积庞大，约占处理出水体积的 2%，脱水烦琐，应及时清除，以防堵塞管道。一般可采用沉淀池进行分离。沉渣量 w 可根据试验确定，也可按下式进行计算

$$w=G_b(B+e)+Q(s-c-d) \tag{2-4-3}$$

式中，G_b 为投药量，kg/h；Q 为废水量，m^3/h；B 为消耗单位药剂所产生盐量，见表 2-4-2；e 为单位药剂中杂质含量；s 为原废水中悬浮物含量，kg/m^3；c 为中和后废水中溶解盐量，kg/m^3；d 为中和后出水悬浮物含量，kg/m^3。

表 2-4-2 化学药剂中和产生的盐量

酸	药剂	中和单位酸量所产生的盐量(B)
H_2SO_4	$Ca(OH)_2$ $CaCO_3$ NaOH	$CaSO_4$ 1.39 $CaSO_4$ 1.39, CO_2 0.45 Na_2SO_4 1.35
HNO_3	$Ca(OH)_2$ $CaCO_3$ NaOH	$Ca(NO_3)_2$ 1.30 $Ca(NO_3)_2$ 1.30, CO_2 0.35 $NaNO_3$ 1.35
HCl	$Ca(OH)_2$ $CaCO_3$ NaOH	$CaCl_2$ 1.53 $CaCl_2$ 1.53, CO_2 0.61 NaCl 1.61

【例 2-4-1】 某化工厂排出含硫酸废水 $800m^3/d$，含硫酸 7g/L。厂内软水站用石灰乳软化河水，每天生产软水 $2000m^3$，河水的重碳酸盐硬度为 2.27mmol/L，试考虑废水的中和问题。

解： 因废水含酸浓度低，不适合回收利用，但排放前应采取中和措施。首先考虑厂内有无废碱渣可供利用。因石灰乳软化河水的过程产生 $CaCO_3$ 碱渣：

$$\underset{74}{Ca(OH)_2}+\underset{162}{Ca(HCO_3)_2}\longrightarrow \underset{200}{2CaCO_3}\downarrow+2H_2O$$

由上式可知，每一份 $Ca(HCO_3)_2$ 相当于 1.24(200/162) 份的 $CaCO_3$。$Ca(HCO_3)_2$ 的相对分子质量是 81，因此每 $1m^3$ 河水含 $2.27\times81=184gCa(HCO_3)_2$，每天产生的碱渣数量为 $184\times1.24\times2000=456kg/d$。查表 2-4-1，相当于此数量的 $CaCO_3$ 可中和硫酸量为 456/1.02=447kg/d，每天排出的含酸废水中共有硫酸 $800\times7=5600kg/d$，经过碱渣中和后，废水中剩余的硫酸量为 5600－456＝5144kg/d。

由此可见，此含酸废水经过软化站碱渣中和后，在排入水体前应补加中和处理。由于废水中硫酸浓度较大，不宜用过滤法中和，故采用投药中和的方法。药剂选用石灰，其成分为含 CaO70%，有效的 $CaCO_3$ 为 15%，起作用不大的 $CaCO_3$ 及惰性杂质 15%。设需要 CaO 的理论数量为 X，查表 2-4-1，可列式如下。

$$\frac{0.7X}{0.57}+\frac{0.15X}{1.02}=5.2$$

$$X=3.8\ (t/d)$$

实际石灰用量为：1.1×3.8=4.2 (t/d)；

由于中和结果，生成硫酸钙数量为：5.2×(136/98)=7.2 (t/d)；

折算为石膏（$CaSO_4 \cdot 2H_2O$），其数量为：(7.2×172)/136=9.1 (t/d)；

石灰中惰性杂质含量 4.2×15%=0.63 (t/d)，即每天的沉渣量为 9.1+0.63=9.73 (t/d)。

第二节 化学沉淀

一、原理和功能

化学沉淀法是指向废水中投加某些化学药剂（沉淀剂），使之与废水中溶解态的污染物直接发生化学反应，形成难溶的固体生成物，然后进行固液分离，从而除去水中污染物的一种处理方法。废水中的重金属离子（如汞、镉、铅、锌、镍、铬、铁、铜等）、碱土金属（如钙和镁）及某些非金属（如砷、氟、硫、硼）均可通过化学沉淀法去除，某些有机污染物亦可通过化学沉淀法去除。

化学沉淀法的工艺过程通常包括：①投加化学沉淀剂，与水中污染物反应，生成难溶的沉淀物而析出；②通过凝聚、沉降、上浮、过滤、离心等方法进行固液分离；③泥渣的处理和回收利用。

化学沉淀是难溶电解质的沉淀析出过程，其溶解度大小与溶质本性、温度、盐效应、沉淀颗粒的大小及晶型等有关。在废水处理中，根据沉淀-溶解平衡移动的一般原理，可利用过量投药、防止络合、沉淀转化、分布沉淀等，提高处理效率，回收有用物质。

物质在水中的溶解能力可用溶解度表示。溶解度的大小主要取决于物质和溶剂的本性，也与温度、盐效应、晶体结构和大小等有关。习惯上把溶解度大于 1g/100g H_2O 的物质列为可溶物，小于 0.1g/100g H_2O 的，列为难溶物，介于两者之间的，列于微溶物。利用化学沉淀法处理出水所形成的化合物都是难溶物。

在一定温度下，难溶化合物的饱和溶液中，各离子浓度的乘积称为溶度积，它是一个化学平衡常数，以 K_{sp} 表示。难溶物的溶解平衡可用下列通式表达：

$$A_mB_n(固) \underset{结晶}{\overset{溶解}{\rightleftharpoons}} mA^{n+}+nB^{m-} \tag{2-4-4}$$

$$K_{sp}=[A^{n+}]^m[B^{m-}]^n \tag{2-4-5}$$

若 $[A^{n+}]^m\ [B^{m-}]^n<K_{sp}$，溶液不饱和，难溶物将继续溶解；$[A^{n+}]^m[B^{m-}]^n=K_{sp}$，溶液达饱和，但无沉淀产生；$[A^{n+}]^m[B^{m-}]^n>K_{sp}$，将产生沉淀，当沉淀完后，溶液中所余的离子浓度仍保持$[A^{n+}]^m[B^{m-}]^n=K_{sp}$关系。因此，根据溶度积，可以初步判断水中离子是否能用化学沉淀法来分离以及分离的程度。

若欲降低水中某种有害离子 A，可采取以下方法：①向水中投加沉淀剂离子 C，以形成溶度积很小的化合物 AC，而从水中分离出来；②利用同离子效应向水中投加离子 B，使 A 与 B 的离子积大于其溶度积，此时式(2-4-4) 表达的平衡向左移动。

若溶液中有数种离子共存，加入沉淀剂时，必定是离子积先达到溶度积的优先沉淀，这种现象称为分步沉淀。各种离子分步沉淀的次序取决于溶度积和有关离子的浓度。

难溶化合物的溶度积可从化学手册中查到（部分见表 2-4-3)。由表可见，金属硫化物、氢氧化物或碳酸盐的溶度积均很小，因此，可向水中投加硫化物（常用 Na_2S）、氢氧化物（一般常用石灰乳）或碳酸钠等药剂来产生化学沉淀，以降低水中金属离子含量。

表 2-4-3 溶度积简表

化合物	溶度积	化合物	溶度积
$Al(OH)_3$	1.1×10^{-15}(18℃)	$Fe(OH)_2$	1.64×10^{-14}(18℃)
AgBr	4.1×10^{-13}(18℃)	$Fe(OH)_3$	1.1×10^{-36}(18℃)
AgCl	1.56×10^{-10}(25℃)	FeS	3.7×10^{-19}(18℃)
Ag_2CO_3	6.15×10^{-12}(25℃)	Hg_2Br_2	1.3×10^{-21}(25℃)
Ag_2CrO_4	1.2×10^{-12}(14.8℃)	Hg_2Cl_2	2.0×10^{-18}(25℃)
AgI	1.5×10^{-16}(25℃)	Hg_2I_2	1.2×10^{-28}(25℃)
Ag_2S	1.6×10^{-49}(18℃)	HgS	4.0×10^{-53}(18℃)
$BaCO_3$	7.0×10^{-9}(16℃)	$MgCO_3$	2.6×10^{-5}(12℃)
$BaCrO_4$	1.6×10^{-10}(18℃)	MgF_2	7.1×10^{-9}(18℃)
BaF_2	1.7×10^{-6}(18℃)	$Mg(OH)_2$	1.2×10^{-11}(18℃)
$BaSO_4$	0.87×10^{-10}(18℃)	$Mn(OH)_2$	4.0×10^{-14}(18℃)
$CaCO_3$	0.99×10^{-8}(15℃)	MnS	1.4×10^{-15}(18℃)
CaF_2	3.4×10^{-11}(18℃)	NiS	1.4×10^{-24}(18℃)
$CaSO_4$	2.45×10^{-5}(25℃)	$PbCO_3$	3.3×10^{-14}(18℃)
CdS	3.6×10^{-29}(18℃)	$PbCrO_4$	1.77×10^{-14}(18℃)
CoS	3.0×10^{-26}(18℃)	PbF_2	3.2×10^{-8}(18℃)
CuBr	4.15×10^{-8}(18～20℃)	PbI_2	7.47×10^{-9}(15℃)
CuCl	1.02×10^{-6}(18～20℃)	PbS	3.4×10^{-28}(18℃)
CuI	5.06×10^{-12}(18～20℃)	$PbSO_4$	1.06×10^{-8}(18℃)
CuS	8.5×10^{-45}(18℃)	$Zn(OH)_2$	1.8×10^{-14}(18～20℃)
Cu_2S	2.0×10^{-47}(16～18℃)	ZnS	1.2×10^{-23}(18℃)

化学沉淀法处理重金属离子，其出水浓度最小能达到的水平见表 2-4-4。实际上，所能达到的最小残余浓度还与废水中有机物的性质、浓度以及温度等有关，需要试验确定。

表 2-4-4 沉淀法处理出水可达到的效果

金属	可达到的出水浓度/(mg/L)	沉淀形式及相应技术	金属	可达到的出水浓度/(mg/L)	沉淀形式及相应技术
砷	0.05	硫化物沉淀和过滤	汞	0.01～0.02	硫化物沉淀
	0.005	氢氧化物共沉淀		0.001～0.01	硫酸铝共沉淀
钡	0.5	硫酸盐沉淀		0.0005～0.005	氢氧化铁共沉淀
镉	0.05	在 pH=10～11 时氢氧化物沉淀		0.001～0.005	离子交换
	0.05	与氢氧化铁共沉淀	镍	0.12	在 pH 值为 10 时氢氧化物沉淀
	0.008	硫化物沉淀	硒	0.05	硫化物沉淀
铜	0.02～0.07	氢氧化物沉淀	锌	0.1	在 pH 值为 11 时氢氧化物沉淀
	0.01～0.02	硫化物沉淀			

二、设备和装置

采用化学沉淀法处理工业废水时，由于产生的沉淀物往往不形成带电荷的胶体，因此沉淀过程会变得更简单，一般采用普通的平流式沉淀池或竖流式沉淀池即可。具体的停留时间应该通过小试取得，一般情况下比生活污水或有机废水处理中的沉淀时间要短。

当用于不同的处理目标时，所需的投药及反应装置也不相同。例如有些处理药剂采用干式投加，而另一些处理中则可能先将药剂溶解并稀释成一定浓度，然后按比例投加。对于这两种投加方法，都可以参考采用普通污水处理中所用的投药设备，这里不再专门介绍。值得注意的是，有些处理中废水或药剂具有腐蚀性，这时采用的投药及反应装置要充分考虑满足防腐要求。

三、设计计算

(一) 氢氧化物沉淀法

1. 简述

除了碱金属和部分碱土金属外，金属的氢氧化物大都是难溶的（表 2-4-5）。因此可以用氢氧化物沉淀法去除废水中的重金属离子。沉淀剂为各种碱性药剂，常用的有石灰、碳酸钠、苛性钠、石灰石、白云石等。

表 2-4-5 某些金属氢氧化物的溶度积

化学式	K_{sp}	化学式	K_{sp}	化学式	K_{sp}
AgOH	1.6×10^{-8}	$Cr(OH)_3$	6.3×10^{-31}	$Ni(OH)_2$	2.0×10^{-15}
$Al(OH)_3$	1.3×10^{-33}	$Cu(OH)_2$	5.0×10^{-20}	$Pb(OH)_2$	1.2×10^{-15}
$Ba(OH)_2$	5.0×10^{-3}	$Fe(OH)_2$	1.0×10^{-15}	$Sn(OH)_2$	6.3×10^{-27}
$Ca(OH)_2$	5.5×10^{-6}	$Fe(OH)_3$	3.2×10^{-38}	$Th(OH)_2$	4.0×10^{-45}
$Cd(OH)_2$	2.2×10^{-14}	$Hg(OH)_2$	4.8×10^{-26}	$Ti(OH)_2$	1.0×10^{-40}
$Co(OH)_2$	1.6×10^{-15}	$Mg(OH)_2$	1.8×10^{-11}	$Zn(OH)_2$	7.1×10^{-18}
$Cr(OH)_2$	2.0×10^{-16}	$Mn(OH)_2$	1.1×10^{-13}		

注：表中所列溶度积，均为活度积，但应用时一般作为溶度积，不加区别。

对一定浓度的某种金属离子 M^{n+} 来说，是否生成难溶的氢氧化物沉淀，取决于溶液中 OH^- 离子的浓度，即溶液的 pH 值是沉淀金属氢氧化物的最重要条件。若 M^{n+} 与 OH^- 只生成 $M(OH)_n$ 沉淀，而不生成可溶性羟基络合物，则根据金属氢氧化物的溶度积 K_{sp} 及水的离子积 K_w，可以计算使氢氧化物沉淀的 pH 值。

$$pH=14-\frac{1}{n}(\lg[M^{n+}]-\lg K_{sp}) \tag{2-4-6}$$

或

$$\lg[M^{n+}]=\lg K_{sp}-n pH-n\lg K_w$$

上式表示与氢氧化物沉淀平衡共存的金属离子浓度和溶液 pH 值的关系。由此式可以看出：①金属离子浓度 $[M^{n+}]$ 相同时，溶度积 K_{sp} 愈小，则开始析出氢氧化物沉淀的 pH 值愈低；②同一金属离子，浓度愈大，开始析出沉淀的 pH 值愈低。根据各种金属氢氧化物的 K_{sp} 值，由公式（2-4-6）可计算出某一 pH 值时溶液中金属离子的饱和浓度。以 pH 值为横坐标，以 $-\lg[M^{n+}]$ 为纵坐标，即可绘出溶解度对数图（图 2-4-13）。

根据溶解度对数图，可以方便地确定金属离子沉淀的条件。以 Cd^{2+} 为例，若

$[Cd^{2+}]$=0.1mol/L，则由图查出，使氢氧化镉开始沉淀出来的pH值应为7.7；若欲使溶液残余Cd^{2+}浓度达到10^{-5}mol/L，则沉淀终了的pH值应为9.7。

许多金属离子和氢氧根离子不仅可以生成氢氧化物沉淀，且可以生成可溶性羟基络合物。在与金属氢氧化物呈平衡的饱和溶液中，不仅有游离的金属离子，而且有配合数不同的各种羟基络合物，它们都将参与沉淀-溶解平衡。显然，各种金属羟基络合物在溶液中存在的数量和比例都直接同溶液pH值有关，根据各种平衡关系可以进行综合计算。

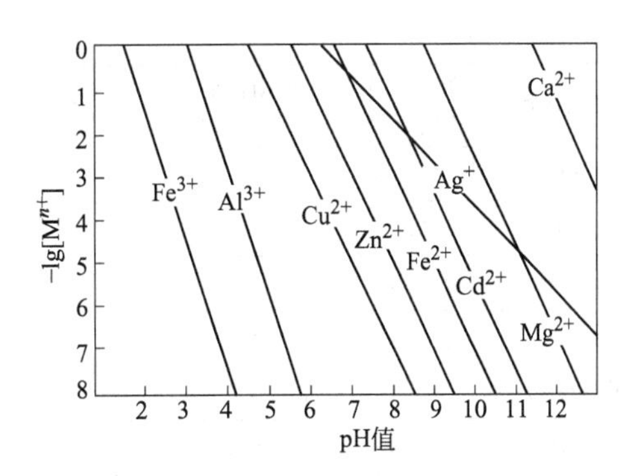

图2-4-13 金属氢氧化物的溶解度对数

以Cd(Ⅱ)为例，Cd^{2+}与OH^-可形成$CdOH^+$、$Cd(OH)_2$、$Cd(OH)_3^-$、$Cd(OH)_4^{2-}$四种可溶性羟基络合物，根据它们的逐级稳定常数和$Cd(OH)_2$的溶度积K_{sp}，可以确定与氢氧化镉沉淀平衡共存的各种可溶性羟基络合物浓度与溶液pH值的关系，如图2-4-14中各实线所示。将同一pH值下各种形态可溶性二价镉Cd(Ⅱ)的平衡浓度相加，即得氢氧化镉的溶解度与pH值的关系，如图2-4-14中虚线所示。虚线所包围的区域为氢氧化镉沉淀存在的区域。考虑了羟基络后物的溶解平衡区域图，可以更好地确定沉淀金属氢氧化物的pH值条件。pH=10～13时，$Cd(OH)_2$（固）的溶解度最小，约为$10^{-5.2}$mol/L。因此，用氢氧化物沉淀法去除废水中的Cd(Ⅱ)时，pH值应控制在10.5～12.5范围内。许多金属离子（如Cr^{3+}、Al^{3+}、Zn^{2+}、Pb^{2+}、Fe^{2+}、Ni^{2+}、Cu^{2+}），在碱性提高时都可明显地生成络合阴离子，而使氢氧化物的溶解度重新增加，这类既溶于酸又溶于碱的氢氧化物，常称为两性氢氧化物。

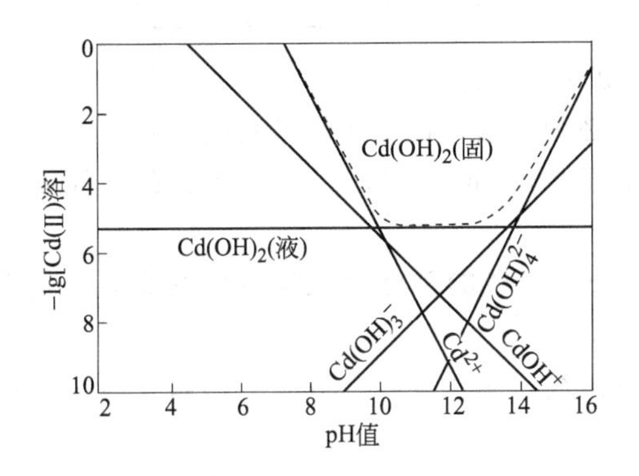

图2-4-14 氢氧化镉溶解平衡区域

实际废水处理中，共存离子体系十分复杂，影响氢氧化物沉淀的因素很多，必须控制pH值，使其保持在最优沉淀区域内。表2-4-6列出了某些氢氧化物沉淀可再溶解时所需的最低pH值。表中的重金属浓度均为0.01mol/L，数据仅作为参考。

表2-4-6 某些氢氧化物沉淀和再溶解时所需的最低pH值

氢氧化物	开始沉淀的pH值	重新溶解的pH值	备注	氢氧化物	开始沉淀的pH值	重新溶解的pH值	备注
$SiO_2 \cdot nH_2O$	<0	7.5		$Co(OH)_3$	0.5		
$Nb_2O_5 \cdot nH_2O$	<0	约14		$Sn(OH)_2$	0.5	12	
$Ta_2O_5 \cdot nH_2O$	<0	约14		$Zr(OH)_4$	约1		$ZrO(OH)_2$
$PbO_2 \cdot nH_2O$	<0	12		$HSbO_2$	—	8.9	SbO(OH)
$WO_3 \cdot nH_2O$	<0	约8		$Sn(OH)_4$	1.5	13	
$Ti(OH)_4$	0		TiO(OH)	HgO	2		
$Ti(OH)_3$	0.3			$Fe(OH)_3$	2.2		

续表

氢氧化物	开始沉淀的pH值	重新溶解的pH值	备注	氢氧化物	开始沉淀的pH值	重新溶解的pH值	备注
$Pt(OH)_3$	约2.5	—		稀土元素	5.9～8.4		
$Th(OH)_3$	3.0	—		$Re(OH)_3$			
$Pb(OH)_3$	3.5	—		$Zn(OH)_2$	6.8	13.5	Zn(OH)Cl
$In(OH)_3$	3.4	14		$Ce(OH)_3$	7.1～7.4		
$Ga(OH)_3$	3.5	9.7		$Pb(OH)_2$	7.2	13	
$Al(OH)_3$	3.8	10.6		$Ni(OH)_2$	7.4		Ni(OH)Cl
$Bi(OH)_3$	4		BiOCl	$Co(OH)_2$	7.5		Co(OH)Cl
$Cr(OH)_3$	5.0	13		Ag_3O	8.0		Cd(OH)Cl
$Cu(OH)_2$	5.0	$[OH^-]$=1mol/L	Cu(OH)Cl	$Cd(OH)_2$	8.3		
$Fe(OH)_2$	5.8			$Mn(OH)_2$	8.3		
$Be(OH)_2$	5.8	13.5		$Mg(OH)_2$	9.6～10.6		

从金属离子的性质及表2-4-6数据，可归纳出如下一些结论。

(1) 欲使某一或某些元素析出氢氧化物沉淀，必须把溶液的pH值控制适当。

(2) 一价的金属离子　碱金属的氢氧化物可溶于水，Cu_2^{2+}、Hg_2^{2+}、Ag^+、Au^+能生成氢氧化物沉淀。

(3) 二价的金属离子　除Ca^{2+}、Sr^{2+}、Ba^{2+}外，一般的都能生成氢氧化物沉淀，其中Pb^{2+}、Sn^{2+}、Be^{2+}、Zn^{2+}具有两性性质。

(4) 三价的金属离子　基本都能生成氢氧化物沉淀，其中Al^{3+}、Cr^{3+}、Ga^{3+}、In^{3+}具有两性性质。

(5) 四价的金属离子　都能生成氢氧化物沉淀，其中Sn^{4+}具有两性性质。而四价的非金属离子中，硅在酸性溶液中能生成$SiO_2 \cdot nH_2O$或H_2SiO_3沉淀。

(6) 五价的金属离子　除铌/钽能生成$HNbO_3$及$HTaO_3$沉淀外，则以酸根形式存在于溶液中，如AsO_4^{3-}、SbO_4^{3-}、BiO_3^-、VO_3^-等。

(7) 六价的金属离子　在酸性溶液中，钨能生成H_2WO_4沉淀；在微酸性溶液中，钼部分生成H_2MoO_4或$MoO_3 \cdot 2H_2O$沉淀，其余的则以酸根形式存在溶液中，如MnO_4^{2-}、CrO_2^{2-}、$Cr_2O_7^{2-}$、MoO_4^{2-}等。

(8) 七价的金属离子　不生成氢氧化物沉淀，如MnO_4^-等，以酸根形式存在于溶液中。

(9) 当废水中存在CN^-、NH_3及Cl^-、S^{2-}等配位体时，能与重金属离子结合成可溶性络合物，增大氢氧化物的溶解度，对沉淀法去除重金属不利，因此，要通过预处理将其除去。

综合考虑以上限制条件，表2-4-7则给出了某些金属氢氧化物沉淀析出的最佳pH值范围，对具体废水最好通过试验确定。

表2-4-7　某些金属氢氧化物沉淀析出的最佳pH范围

金属离子	Fe^{3+}	Al^{3+}	Cr^{3+}	Cu^{2+}	Zn^{2+}	Sn^{2+}	Ni^{2+}	Pb^{2+}	Cd^{2+}	Fe^{2+}	Mn^{2+}
沉淀的最佳pH值	6～12	5.5～8	8～9	>8	9～10	5～8	>9.5	9～9.5	>10.5	5～12	10～14
加碱溶解的pH值		>8.5	>9		>10.5			>9.5		>12.5	

2. 常用的沉淀剂

采用氢氧化物沉淀法处理重金属废水，常用的沉淀剂有氨水、氢氧化钠和石灰。

（1）氨水法 在铵盐存在下，利用氨水作沉淀剂，将溶液的 pH 值调整为 8～10，使一些氢氧化物析出沉淀的方法，称为氨水法。在有铵盐存在下，金属离子的沉淀情况见表 2-4-8。

表 2-4-8 有铵盐存在下用氨水作沉淀剂时，金属离子分离的情况

可被定量沉淀的离子	沉淀不完全的离子	留在溶液中的离子
Hg^{2+}、Be^{2+}、Ga^{3+}、In^{3+}、Tl^{3+}、Fe^{3+}、Al^{3+}、Cr^{3+}、Bi^{3+}、Sb^{3+}、稀土元素、Sn^{4+}、Ti^{4+}、Zr^{4+}、Hf^{4+}、Ce^{4+}、Th^{4+}、Mn^{4+}、V^{4+}、Nb^{5+}、Ta^{5+}、U^{6+}	Mn^{2+}①、Pb^{2+}②、Fe^{2+}③	碱金属离子、碱土金属离子及能与 NH_3 生成稳定的络离子的 $Ag(NH_3)_2^+$、$Cu(NH_3)_4^{2+}$、$Cd(NH_3)_4^{2+}$、$Co(NH_3)_4^{2+}$、$Ni(NH_3)_4^{2+}$、$Zn(NH_3)_4^{2+}$

① 加入 Br_2 水、H_2O_2 后，可生成 $MnO(OH)_2$ 沉淀而定量析出。

② 若有 Fe^{3+}、Al^{3+} 共存时，由于共沉淀现象，Pb^{2+} 实际上定量沉淀。

③ 加入氧化剂后，将 Fe^{2+} 氧化为 Fe^{3+}，也能定量沉淀。

（2）氢氧化钠法 氢氧化钠是一种强碱，作为沉淀剂时两性金属离子的氢氧化物将被溶解留在溶液中，但由于氢氧化钠溶液吸收空气中的 CO_2 而生成部分 CO_3^{2-}，因此，有部分 Ca^{2+}、Sr^{2+}、Ba^{2+} 生成难溶性的碳酸盐沉淀。

（3）石灰乳法 采用氢氧化物沉淀法处理重金属废水最常用的沉淀剂是石灰。石灰沉淀法的优点是：去除污染物范围广（不仅可沉淀去除重金属，而且可沉淀去除砷、氟、磷等）、药剂来源广、价格低、操作简便、处理可靠且不产生二次污染；主要缺点是劳动卫生条件差，管道易结垢堵塞，泥渣体积庞大（含水率高达 95%～98%），脱水困难。沉淀工艺有分步沉淀和一次沉淀两种。分步沉淀是指分段投加石灰乳，利用不同金属氢氧化物在不同 pH 值下沉淀析出的特性，依次回收各种金属氢氧化物。一次沉淀法是一次投加石灰乳达到高 pH 值，使废水中各种金属离子同时以氢氧化物沉淀析出。

（二）硫化物沉淀法

1. 简述

硫化物沉淀法是向废液中加入硫化氢、硫化铵或碱金属的硫化物，使欲处理物质生成难溶硫化物沉淀，以达到分离纯化的目的。由于此方法消耗化学物质相当低，因而能大规模应用。

大多数过渡金属的硫化物都难溶于水，比氢氧化物的溶度积更小，而且沉淀的 pH 值范围较宽，所以可以用硫化物沉淀法去除废水中的金属离子，溶液中 S^{2+} 浓度受 H^+ 浓度的制约，所以可以通过控制酸度，用硫化物沉淀法把溶液中不同金属离子分步沉淀而分离回收。图 2-4-15 列出了一些金属硫化物的溶解度与溶液 pH 值的关系。

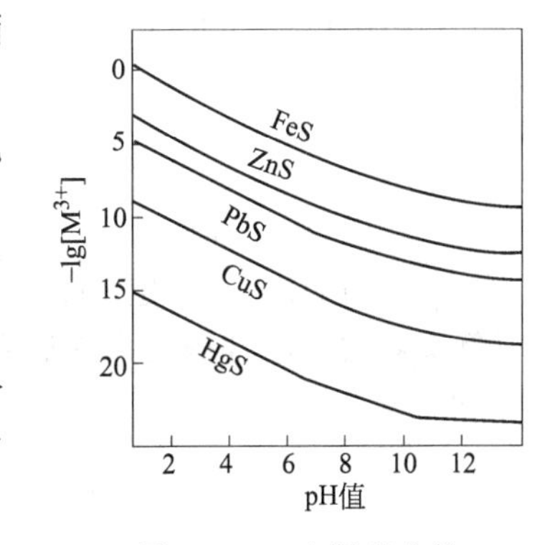

图 2-4-15 金属硫化物溶解度和 pH 值的关系

表 2-4-9 列出了一些金属硫化物的溶度积和理论溶解度。

硫化物沉淀法常用的沉淀剂有 H_2S、Na_2S、NaHS、CaS_x、$(NH_4)_2S$ 等。根据沉淀转化原理，难溶硫化物 MnS、FeS 等亦可作为处理药剂。

表 2-4-9 硫化物的沉淀作用

化合物	溶解度（室温）	理论溶解度/(mg/L)		化合物	溶解度（室温）	理论溶解度/(mg/L)	
		pH=5	pH=7			pH=5	pH=7
HgS	4.0×10^{-53}	1.0×10^{-35}	1.0×10^{-39}	b-NiS	2.0×10^{-25}	1.5×10^{-8}	1.5×10^{-12}
CuS	8.0×10^{-37}	6.5×10^{-20}	6.5×10^{-24}	a-CoS	4.0×10^{-24}	3.0×10^{-4}	3.0×10^{-8}
PbS	3.2×10^{-28}	6.6×10^{-11}	6.6×10^{-15}	ZnS(闪锌矿)	1.6×10^{-24}	1.4×10^{-7}	1.4×10^{-11}
CdS	1.6×10^{-28}	2.4×10^{-11}	2.4×10^{-15}	ZnS(纤维锌矿)	2.5×10^{-25}	2.1×10^{-5}	2.1×10^{-9}
r-NiS	2.0×10^{-24}	1.5×10^{-9}	1.5×10^{-13}	MnS(红)	2.5×10^{-10}	1.8×10^{-7}	1.8×10^{-3}
a-NiS	3.2×10^{-19}	2.4×10^{-2}	2.4×10^{-6}				

金属硫化物的溶解平衡式为：

$$MS \rightleftharpoons [M^{2+}]+[S^{2-}] \quad (2\text{-}4\text{-}7)$$

$$[M^{2+}]=K_{sp}/[S^{2-}] \quad (2\text{-}4\text{-}8)$$

以硫化氢为沉淀剂时，硫化氢分两步电离，其电离方程式如下：

$$H_2S \rightleftharpoons H^+ + HS^- \quad (2\text{-}4\text{-}9)$$

$$HS^- \rightleftharpoons H^+ + S^{2-} \quad (2\text{-}4\text{-}10)$$

电离常数分别为：

$$K_1=\frac{[H^+][HS^-]}{[H_2S]}=9.1\times10^{-8}$$

$$K_2=\frac{[H^+][S^{2-}]}{[HS^-]}=1.2\times10^{-15}$$

由以上两式得：

$$\frac{[H^+]^2[S^{2-}]}{[H_2S]}=1.1\times10^{-22}$$

$$[S^{2-}]=\frac{1.1\times10^{-22}[H_2S]}{[H^+]^2}$$

将上式代入溶解平衡式得：

$$[M^{2+}]=\frac{K_{sp}[H^+]^2}{1.1\times10^{-22}[H_2S]} \quad (2\text{-}4\text{-}11)$$

在 0.1MPa、25℃的条件下，硫化氢在水中的饱和浓度为 0.1mol/L($pH\leqslant6$)，因此有：

$$[M^{2+}]=\frac{K_{sp}[H^+]^2}{1.1\times10^{-23}} \quad (2\text{-}4\text{-}12)$$

$$[S^{2-}]=\frac{1.1\times10^{-23}}{[H^+]^2} \quad (2\text{-}4\text{-}13)$$

由上式可以计算在一定 pH 值下溶液中金属离子的饱和浓度。

【例 2-4-2】 向含镉废水中通入 H_2S 达饱和，并调整 pH 值为 8.0，求出水中剩余的镉离子浓度。

解：

$$Cd^{2+}+S^{2-} \rightleftharpoons CdS$$

$$K_{sp}=7.9\times10^{-27}$$

$$[Cd^{2+}]=\frac{K_{sp}[H^+]^2}{1.1\times10^{-23}}=\frac{(7.9\times10^{-27})(10^{-8})^2}{1.1\times10^{-23}}=7.18\times10^{-20}\ (mol/L)$$

以 Na_2S 为沉淀剂时，Na_2S 完全电离，并随即发生水解

$$Na_2S \longrightarrow 2Na^+ + S^{2-} \tag{2-4-14}$$

$$S^{2-} + H_2O \rightleftharpoons HS^- + OH^- \tag{2-4-15}$$

$$HS^- + H_2O \rightleftharpoons H_2S + OH^- \tag{2-4-16}$$

其中一级水解强烈进行，使溶液呈强碱性，水解产物 HS^- 约占化合态硫总量的 99%，而 S^{2-} 很少。二级水解十分微弱，H_2S 更少。

S^{2-} 和 OH^- 一样，也能够与许多金属离子形成络阴离子，从而使金属硫化物的溶解度增大，不利于重金属的沉淀去除，因此必须控制沉淀剂 S^{2-} 的浓度不要过量太多，配位体如 X^-（卤离子）、CN^-、SCN^- 等能与重金属离子形成各种可溶性络合物，从而干扰金属的去除，应通过预处理除去。

2. 硫化物沉淀法的应用

（1）硫化物沉淀法除砷　将硫化钠加到 pH＝6～7 的含砷废水中，砷形成硫化物沉淀可除去，用这种方法处理含砷 0.8mg/L 的废水可使砷浓度降到 0.05mg/L，除砷率达 94%。日本用加硫氢化钠处理冶炼厂制酸废水，反应时间为 2～3h，能除去 99.9%的铜和砷。废水处理前含砷 8530mg/L，处理后降到 0.03mg/L。

硫化法处理含三价砷废水的效果不理想，单纯用硫化法很难使三价砷浓度降到 0.05mg/L 以下。硫化法的优点是处理量大，费用低、渣可回收利用。三硫化二砷能在含硫离子的溶液中生成配合离子而有溶解的趋势，为提高除砷率，必须投加适量的亚铁使其与过剩的二价硫生成难溶的硫化亚铁与三硫化二砷共沉淀。

（2）硫化物沉淀法除汞　汞离子和二价硫离子有较强的亲和力，生成溶度积极小的硫化物，所以硫化物沉淀法的除汞率高，在废水处理中得到实际应用。其化学反应式为：

$$2Hg^+ + S^{2-} \longrightarrow Hg_2S\downarrow \tag{2-4-17}$$

$$Hg^{2+} + S^{2-} \longrightarrow HgS\downarrow \tag{2-4-18}$$

由于硫化汞溶解度很小，生成后几乎全部从废水中沉淀析出，从而使上述反应不断地向右方进行，直到全部生成硫化汞为止。上述反应中 HgS 的反应和 pH 值有关，HgS 的沉淀以 pH＝8～10 的碱性条件为宜。pH 值小于 7 时，不利于 HgS 沉淀的生成；碱度过大则可能生成氢氧化汞凝胶，难以过滤。

上海某化工厂采用硫化钠共沉淀法处理乙醛车间排出的含汞废水，废水含汞 5～10mg/L，pH＝2～4，原水用石灰将 pH 值调到 8～10 后，先投加 6%的 Na_2S 30mg/L，与汞反应后再投加 7%的 $FeSO_4$ 60mg/L，处理后出水含汞降至 0.2mg/L。

本法主要用于去除无机汞。对于有机汞，必须先用氧化剂（如氯）将其氧化成无机汞，然后再用本法去除。

提高沉淀剂（S^{2-}）浓度有利于硫化汞的沉淀析出；但是，过量硫离子不仅会造成水体贫氧，增加水体的 COD，还能与硫化汞沉淀生成可溶性络阴离子 $[HgS_2]^{2-}$，降低汞的去除率。因此，在反应过程中，要补投 $FeSO_4$ 溶液，以除去过量硫离子（$Fe^{2+} + S^{2-} \rightleftharpoons FeS$）。这样，不仅有利于汞的去除，而且有利于沉淀的分离。因为浓度较小的含汞废水进行沉淀时，往往形成 HgS 的微细颗粒，悬浮于水中很难沉降。而 FeS 沉淀可作为 HgS 的共沉淀载体促使其沉降。同时，补投的一部分 Fe^{2+} 在水中可生成 $Fe(OH)_2$ 和 $Fe(OH)_3$，对 HgS 悬浮微粒超凝聚共沉淀作用。为了加快硫化汞悬浮微粒的沉降，有时还加入焦炭末或粉状活性炭，吸附硫化汞微粒，或投加铁盐和铝盐，进行共沉淀处理。

废水中若存在 X^-（卤离子）、CN^-、SCN^- 等离子，它们可与 Hg^{2+} 形成一系列络离子，如 $[HgCl_4]^{2-}$、$[HgI_4]^{2-}$、$[Hg(CN)_4]^{2-}$、$[Hg(SCN)_4]^{2-}$ 等，对汞的沉淀析出不利，应预先除去。

由于 HgS 的溶度积非常小，从理论上说，硫化物沉淀法可使溶液中汞离子降至极微量。但硫化汞悬浮微粒很难沉降，而且各种固液分离技术有其自身的局限性，致使残余汞浓度只能降至 0.05mg/L 左右。

（3）硫化物沉淀法处理含重金属废水 用硫化物沉淀法处理含 Cu^{2+}、Cd^{2+}、Zn^{2+}、Pb^{2+}、AsO_2^- 等废水在生产上已得到应用。如某酸性矿山废水含 Cu^{2+} 50mg/L、Fe^{3+} 38mg/L，pH=2，处理时先投加 $CaCO_3$，在 pH=4 时使 Fe^{3+} 先沉淀，然后通入 H_2S，生成 CuS 沉淀，最后投加石灰乳至 pH=8～10，使 Fe^{2+} 沉淀。此法可回收纯度为 50%的硫化铜渣，回收率 85%。又如，某镀镉废水，含镉 5～10mg/L，并含有氨三乙酸等络合剂，用硫化钠进行沉淀，然后投加硫酸铝和聚丙烯酰胺作混凝剂，沉淀池出水中 Cd^{2+} 含量低于 0.1mg/L。

硫化物沉淀法处理含重金属废水，具有去除率高、可分步沉淀、泥渣中重金属含量高、适应 pH 值范围大等优点，在某些领域得到了实际应用。但是 S^{2-} 会使水体中 COD 增加，当水体酸性增加时，可产生硫化氢气体污染大气，并且沉淀剂来源受到限制，价格亦不低，因此限制了它的广泛应用。

（三）碳酸盐沉淀法

碱土金属（Ca、Mg 等）和重金属（Mn、Fe、Co、Ni、Cu、Zn、Ag、Cd、Pb、Hg、Bi 等）的碳酸盐都难溶于水（表 2-4-10），所以可用碳酸盐沉淀法将这些金属离子从废水中去除。

表 2-4-10 碳酸盐的溶度积

化学式	K_{sp}	化学式	K_{sp}	化学式	K_{sp}
Ag_2CO_3	8.1×10^{-12}	$CuCO_3$	1.4×10^{-10}	$MnCO_3$	1.8×10^{-11}
$BaCO_3$	5.1×10^{-9}	$FeCO_3$	3.2×10^{-11}	$NiCO_3$	6.6×10^{-9}
$CaCO_3$	2.8×10^{-9}	Hg_2CO_3	8.9×10^{-17}	$PbCO_3$	7.4×10^{-14}
$CdCO_3$	5.2×10^{-12}	Li_2CO_3	2.5×10^{-2}	$SrCO_3$	1.1×10^{-10}
$CoCO_3$	1.4×10^{-12}	$MgCO_3$	3.5×10^{-8}	$ZnCO_3$	1.4×10^{-11}

对于不同的处理对象，碳酸盐沉淀法有三种不同的应用方式。

（1）投加难溶碳酸盐（如碳酸钙），利用沉淀转化原理，使废水中重金属离子（如 Pb^{2+}、Cd^{2+}、Zn^{2+}、Ni^{2+} 等离子）产生溶解度更小的碳酸盐而析出。

（2）投加可溶性碳酸盐（如碳酸钠），使水中金属离子生成难溶碳酸盐而沉淀析出。

（3）投加石灰，可造成水中碳酸盐硬度的 $Ca(HCO_3)_2$ 和 $Mg(HCO_3)_2$，生成难溶的碳酸钙和氢氧化镁而沉淀析出。

这里仅对处理重金属废水的某些实例作简要介绍。如蓄电池生产过程中产生的含铅（Ⅱ）废水，投加碳酸钠，然后再经过砂滤，在 pH=6.4～8.7 时，出水总铅为 0.2～3.8mg/L，可溶性铅为 0.1mg/L。又如某含锌废水（6%～8%），投加碳酸钠，可生成碳酸锌沉淀，沉渣经漂洗，真空抽滤，可回收利用。

（四）卤化物沉淀法

1. 氯化物沉淀法

氯化物的溶解度都很大，唯一例外的是氯化银（$K_{sp}=1.8\times10^{-10}$）。利用这一特点，可以处理和回收废水中的银。

含银废水主要来源于镀银和照相工艺。氰化银镀槽中的含银浓度高达 13～45g/L。处理时，一般先用电解法回收废水中的银，将银离子浓度尝试降至100～500mg/L，然后再用氯化物沉淀法，将银离子浓度降至1mg/L左右。当废水中含有多种金属离子时，调pH至碱性，同时投加氯化物，则金属形成氢氧化物沉淀，唯独银离子形成氯化银沉淀，二者共沉淀。用酸洗沉渣，将金属氢氧化物沉淀溶出，仅剩下氯化银沉淀。这样可以分离和回收银，而废水中的银离子浓度可降至0.1mg/L。

镀银废水含有氰，它会和银离子形成$[Ag(CN)_2]^-$络离子，对处理不利，一般先采用氯化法氧化氰，放出的氯离子又可以与银离子生成沉淀。根据试验资料，银和氰重量相等时，投氯量为3.5mg/mg（氰）。氧化10min以后，调pH值至6.5，使氰完全氧化。继续投加氯化铁，以石灰调pH值至8，沉淀分离后倒出上清液，可使银离子由最初0.7～40mg/L降至0～8.2mg/L；氰由159～642mg/L降至15～17mg/L。

2. 氟化物沉淀法

当废水中含有比较单纯的氟离子时，则可投加石灰，调pH值至10～12，使之生成CaF_2沉淀，可使废水的含氟浓度降至10～20mg/L。

若废水中还含有金属离子（如Mg^{2+}、Fe^{2+}、Al^{3+}等），则加石灰后，除了形成CaF_2沉淀外，还会形成金属氢氧化物沉淀。由于后者的吸附共沉作用，可使含氟浓度降至8mg/L以下。若加石灰至pH=11～12，再加硫酸铝，使pH=6～8，则形成氢氧化铝可使含氟浓度降至5mg/L以下。如果加石灰的同时，加入磷酸盐（如过磷酸钙、磷酸氢二钠），则磷酸根、钙离子能与水中的氟离子形成难溶的磷灰石沉淀：

$$3H_2PO_4^- + 5Ca^{2+} + 6OH^- + F^- \longrightarrow Ca_5(PO_4)_3F\downarrow + 6H_2O \tag{2-4-19}$$

当石灰投量为理论投量的1.3倍，过磷酸钙投量为理论量的2～2.5倍时，可使废水氟浓度降至2mg/L左右。

（五）磷酸盐沉淀法

对于含可溶性磷酸盐的废水可以通过加入铁盐或铝盐以生成不溶的磷酸盐沉淀除去。当加入铁盐除去磷酸盐时会伴随如下过程发生：

① 铁的磷酸盐$[Fe(PO_4)_x(OH)_{3-x}]$沉淀；

② 在部分胶体状的氧化铁或氢氧化物表面上磷酸盐被吸附；

③ 多核氢氧化铁（Ⅲ）悬浮体的凝聚作用，生成不溶于水的金属聚合物。

上述过程的聚合作用，能促使废水中磷酸盐浓度的降低。利用加入$FeCl_3 \cdot 6H_2O$、$FeCl_3$与$Ca(OH)_2$、$AlCl_3 \cdot 6H_2O$和$Al_2(SO_4)_3 \cdot 18H_2O$来处理可溶性的磷酸盐废水已经进行了研究并用于实际的生产。

沉淀剂的加入量是根据亚磷酸的总量来调整的，即以亚磷酸对铁或对铝的化学计量比为基础。如果加入的$FeCl_3$或$AlCl_3$水合物的化学计量比为150%，则可除去90%以上的磷酸盐，加入两倍化学计量的$Al_2(SO_4)_3 \cdot 18H_2O$也可以得到同样的结果。利用六水氯化铁和氢氧化钙组成的混合沉淀剂，用80%化学计量的铁与100mg/L的$Ca(OH)_2$，可将废水中的磷酸盐除去90%以上，这种沉淀法所产生的沉淀物可用作肥料。

pH值对沉淀剂有影响，当用铁盐来沉淀正磷酸时，最佳pH值是5，当用铝盐作沉淀剂时，最佳pH值为6，而用石灰时，最佳pH值在10以上。这些pH值也与相应的纯磷酸盐的最小溶解度一致，也可以采用一些盐用作磷酸盐的沉淀剂。工业上采用连续的沉淀工艺，可使废水中残留磷酸盐浓度达到4μg/L。

（六）淀粉黄原酸酯沉淀法

重金属离子可与淀粉黄原酸酯反应生成沉淀而去除。处理药剂为钠型或镁型不溶性交联淀粉黄原酸酯（ISX），它与重金属离子的沉淀反应有两种类型。

（1）与 Cd^{2+}、Ni^{2+}、Zn^{2+} 等发生离子互换反应有两种反应，如：

$$2(\text{starch}—O—C(=S)—S^- Na^+)+Cd^{2+} \longrightarrow (\text{starch}—O—C(=S)—S)_2Cd\downarrow +2Na^+ \tag{2-4-20}$$

（2）与 $Cr_2O_7^{2-}$、Cu^{2+} 等发生氧化还原反应，如：

$$4(\text{starch}—O—C(=S)—S^- Na^+)+2Cu^{2+} \longrightarrow$$
$$(\text{starch}—O—C(=S)—S)_2Cu^{2+}\downarrow +(\text{starch}—O—C(=S)—S)_2+4Na^+ \tag{2-4-21}$$
$$6(\text{starch}—O—C(=S)—S^- Na^+)+Cr_2O_7^{2-}+14H^+ \longrightarrow$$
$$2Cr^{3+}+7H_2O+6Na^+ +3(\text{starch}—O—C(=S)—S)_2 \tag{2-4-22}$$

反应生成的沉淀可用离心法分离。由于该法产生的沉淀污泥化学稳定性高，可安全填埋。亦可用酸液浸溶出金属，回收交联淀粉再用于药剂的制备。

某厂废水含有 $Cr_2O_7^{2-}$、Cu^{2+}、Cd^{2+}、Zn^{2+} 等，pH 值等于 7，采用两级投药反应，第一级控制 pH 值在 3.5～4，有利于六价铬的还原；第二级控制 pH 值在 7～8.5，有利于沉淀的生成。处理后出水中 Cd^{2+}、Cu^{2+} 已检不出，六价铬含量低于 0.5mg/L，Zn^{2+} 0.19mg/L，色度、浊度均可达排放标准。

（七）铁氧体沉淀法

1. 铁氧体简介

铁氧体（Ferrite）是指一类具有一定晶体结构的复合氧化物，它具有高的磁导率和高的电阻率（其电阻比铜大 10^{13}～10^{14} 倍），是一种重要的磁性介质。其制造过程和力学性能颇类似陶瓷品，因而也叫磁性瓷。跟陶瓷质一样，铁氧体不溶于酸、碱、盐溶液，也不溶于水。铁氧体的磁性强弱及特性，与其化学组成和晶体结构有关。

铁氧体的晶格类型有七种，其中尖晶石型铁氧体最为人们所熟悉。因为尖晶石型铁氧体的制备原料易得，方法成熟，进入晶体晶格中的重金属离子种类多，形成的共沉淀物的化学性质稳定，表面活性大，吸附性能好，粒度均匀，磁性强，所以用铁氧体工艺处理含重金属废水时，多以生成尖晶石结构的铁氧化为主。

尖晶石型铁氧体的化学组成一般可用通式 $BO \cdot A_2O_3$ 表示。其中 B 代表二价金属，如 Fe、Mg、Zn、Mn、Co、Ni、Ca、Cu、Hg、Bi、Sn 等，A 代表三价金属，如 Fe、Al、Cr、Mn、V、Co、Bi 及 Ga、As 等。许多铁氧体中的 A 或 B 可能更复杂一些，如分别由两种金属组成，其通式为 $(B'_xB''_{1-x})O(A'_yA''_{1-y})_2O_3$。铁氧体有天然矿物和人造产品两大类，磁铁矿（其主要成本为 Fe_3O_4 或 $FeO \cdot Fe_2O_3$）就是一种天然的尖晶石型铁氧体。

2. 影响铁氧体生成的因素

影响铁氧体生成的因素很多，主要有温度、pH 值、投料比、投料量、鼓入空气速度和流量、搅拌方式和速度、中和用碱种类、反应时间及溶液中共存物质等。这些因素影响铁氧体的最终组成、相结构、生成速率及粒子大小和形状。

在对空气氧化铁氧体的生成条件及对生成物组成的影响进行的大量研究中，总结出 pH 值、$R\left(=\dfrac{2NaOH}{FeSO_4}\right)$、$M$（二价金属离子浓度）、温度对生成不同产物的关系（图 2-4-16）。

由图 2-4-16 可见，铁氧体工艺参数的选择应控制在 Fe_3O_4 的生成区才能获得强磁性的尖晶石型铁氧体。在 pH>10 情况下形成的铁氧体颗粒尺寸将：①随反应温度的升高而增大；②随铁氧体形成速率减少而增大；③随二价金属离子和碱浓度增大而增大。

pH 值使最初沉淀物 $M_{x/3}Fe_{(3-x)/3}(OH)_3$（M 为二价金属离子）的 x 值发生变化。当 $1.4 \leqslant x \leqslant 2.4$ 时则可氧化生成具有铁磁性的铁氧体；而 $x \leqslant 1.3$ 时则生成非铁磁性产物。pH 值还影响产物的粒度和形貌。另外，空气流速过大或小于 100～400L/h 都不利于 Fe_3O_4 的形成；最初悬胶液中 Fe^{2+} 增多有利于 Fe_3O_4 的生成：用 $FeCl_2$、$FeBr_2$ 或 FeI_2 代替 $FeSO_4$ 便于 Fe_3O_4 或 γ-FeOH 在中性溶液中生成；用 LiOH 或 KOH 作为沉淀剂可改变 Fe_3O_4 的生成温度。

废水中重金属可通过形成 $M_xFe_{3-x}O_4$ 尖晶石型铁氧体而去除。x 值大小除受工艺参数影响外，还受重金属离子半径大小、价态及化学环境等因素影响。一般可进入尖晶石型铁氧体中的重金属离子受尖晶石型铁氧体晶格常数的限制，其离子半径在 0.06～0.1nm。表 2-4-11 为适宜于组成尖晶石型铁氧体的金属离子半径。由表可见铁氧体工艺几乎可除去废水中的所有重金属离子。

在对 $ZnFe_2O_4$ 的生成过程研究中发现，产物中 $ZnFe_2O_4$ 的含量随过量 NaOH 或金属硫酸盐浓度的降低而明显增加，随氧化温度的升高而增加。当 $R<1$ 时得不到单一的 $ZnFe_2O_4$ 产物，这是由于 $Zn(OH)_2$ 是两性化合物，使 Zn^{2+} 又部分复溶。$R>1$ 时在 $ZnFe_2O_4$ 的生成温度范围内可获得单一的产物。

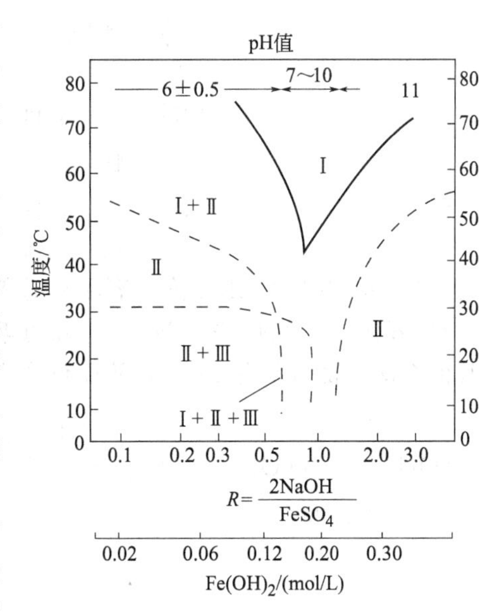

图 2-4-16 pH 值、R、M、温度对不同类型沉淀的影响

Ⅰ—Fe_2O_3；Ⅱ—α-FeOOH；Ⅲ—γ-FeOOH

水体中存在的有机物，尤其是有机螯合体和强配位阴离子影响铁氧体产物的生成和过滤，如钴可和氨等配合剂生成非常稳定的配合物而不易去除。

表 2-4-11 适合组成尖晶石型结构的阳离子

金属离子	离子半径/Å	金属离子	离子半径/Å	金属离子	离子半径/Å
Li^{+}	0.78	Fe^{2+}	0.83	Cr^{3+}	0.62
Cu^{+}	1.01	Cu^{2+}	0.88	V^{3+}	0.65
Ag^{+}	1.13	Mn^{2+}	0.91	Fe^{3+}	0.67
Mg^{2+}	0.78	Cd^{2+}	1.03	Rn^{3+}	0.68
Ni^{2+}	0.78	Ca^{2+}	1.06	Ti^{3+}	0.69
Co^{2+}	0.82	Al^{3+}	0.57	Mn^{3+}	0.70
Zn^{2+}	0.82	Ga^{3+}	0.62	Mn^{4+}	0.52
In^{3+}	0.93	Ti^{4+}	0.69	V^{4+}	0.65
Ge^{4+}	0.44	Sn^{4+}	0.74		

注：1Å＝0.1nm。

铁氧体工艺中的氧化方式除空气氧化外，$NaNO_2$ 的氧化、双氧水的氧化及活性炭的作用也对铁氧体处理过程带来一定的影响。活性炭可加快 Fe^{2+} 的氧化速度，甚至在 pH＜2、室温条件下氧化速度也非常快，并且活性炭可重复使用多次而不失活性。

3. 铁氧体沉淀法工艺分类

按产物生成过程的不同，铁氧体沉淀法工艺可分为中和法和氧化法两种。

(1) 中和法　中和法是先将 Fe^{2+} 和铁盐溶液混合，在一定条件下用碱中和直接形成尖晶石型铁氧体，其反应式为：

$$M^{2+}+2Fe^{3+}+8OH^- \longrightarrow \underbrace{M(OH)_2+2Fe(OH)_3}_{\text{初期溶胶}} \longrightarrow$$

$$\underbrace{\left[\begin{array}{ccccc} & OH & & OH & \\ Fe^{3+} & & M^{2+} & & Fe^{3+} \\ & OH & & OH & \end{array}\right]_n}_{\text{中间配合物}} \longrightarrow \underbrace{nH_2O+MFe_2O_4}_{\text{(尖晶石型铁氧体)}} \quad (2\text{-}4\text{-}23)$$

上式中 M 为 Fe^{2+} 或二价可溶性金属离子。

(2) 氧化法 氧化法是将 Fe^{2+} 和可溶性重金属离子溶液混合，在一定条件下用空气（或其他方法）部分氧化 Fe^{2+}，从而形成尖晶石型铁氧体。其反应式为：

$$\underbrace{M(OH)_2+2Fe(OH)_3}_{\text{初期溶胶}}+[O_2] \longrightarrow \underbrace{\left[\begin{array}{ccccc} & OH & & OH & \\ Fe^{3+} & & M^{2+} & & Fe^{3+} \\ & OH & & OH & \end{array}\right]_n}_{\text{中间配合物}} \longrightarrow \underbrace{MFe_2O_4+nH_2O}_{\text{(尖晶石型铁氧体)}} \quad (2\text{-}4\text{-}24)$$

例如用铁氧体法处理含铬废水时。在含铬废水中加入过量的硫酸亚铁溶液，使其中的 Cr^{6+} 和 Fe^{2+} 发生氧化还原反应，Cr^{6+} 被还原为 Cr^{3+}，而 Fe^{2+} 则被氧化为 Fe^{3+}，调节溶液 pH 值，使 Cr^{3+}、Fe^{2+} 和 Fe^{3+} 转化为氢氧化物沉淀，然后加入 H_2O_2，再使部分 Fe^{2+} 氧化为 Fe^{3+}，组成类似 $Fe_3O_4 \cdot xH_2O$ 的磁性氧化物，这种氧化物即为铁氧体，其组成也可写成 $Fe^{2+}Fe^{3+}[Fe^{3+}O_4] \cdot xH_2O$，其中部分 Fe^{3+} 可被 Cr^{3+} 代替，因此可使铬成为铁氧体的组分而沉淀出来。其反应为：

$$Fe^{2+}+Fe^{3+}Cr^{3+}+OH^- \longrightarrow Fe^{2+}Fe^{3+}[Fe^{3+}_{1-x}Cr^{3+}_xO_4] \cdot xH_2O \quad (2\text{-}4\text{-}25)$$

式中，$x=0\sim1$。

4. 工艺流程

铁氧体法处理重金属废水工艺是指向废水中投加铁盐，通过工艺条件的控制，使废水中的各种金属离子形成不溶性的铁氧体晶粒，再采用固液分离手段，达到去除重金属离子目的的方法叫铁氧体沉淀法。在铁氧体工艺过程中也往往伴随着氧化还原反应，其工艺过程包括投加亚铁盐、调整 pH 值、充氧加热、固液分离、沉渣处理五个环节。

(1) 配料反应 为了形成铁氧体，通常要有足量的 Fe^{2+} 和 Fe^{3+}。重金属废水中，一般或多或少地含有铁离子，但大多数满足不了生成铁氧体的要求，通常要额外补加铁离子，如投加硫酸亚铁和氯化亚铁等。投加二价铁离子的作用有三：补充 Fe^{2+}；通过氧化，补充 Fe^{3+}；如废水中有六价铬，则 Fe^{2+} 能将其还原为 Cr^{3+}，作为形成铁氧体的原料之一，同时，Fe^{2+} 被六价铬氧化成 Fe^{3+}，可作为三价金属离子的一部分加以利用。通常，可根据废水中重金属离子的种类及数量，确定硫酸亚铁的投加量。如在含铬废水形成的铬铁氧体中，Fe^{2+} 与 "$Fe^{3+}+Cr^{3+}$" 之物质的量比为 1∶2；而在还原六价铬时 Fe^{2+} 的耗量为 3mol/mol (Cr^{3+})。因此，1mol 的 Cr^{6+} 所需的 $FeSO_4$ 为 5mol（理论量）。亚铁盐的实际投量稍大于理论量，约为理论量的 1.15 倍。

(2) 加碱共沉淀 根据金属离子的种类不同，用氢氧化钠调整 pH 值至 8～9。在常温及缺氧条件下，金属离子以 $M(OH)_2$ 及 $M(OH)_3$ 的胶体形式同时沉淀出来，如 $Cr(OH)_3$、$Fe(OH)_3$、$Fe(OH)_2$ 和 $Zn(OH)_2$ 等。必须注意，调整 pH 值时不可采用石灰，原因是它的溶解度小和杂质多，未溶解的颗粒及杂质混入沉淀中，会影响铁氧体的质量。

(3) 充氧加热转化沉淀 为了调整二价金属离子和三价金属离子的比例，通常要向废水中通入空气，使部分 Fe(Ⅱ) 转化为 Fe(Ⅲ)。此处，加热可促使反应进行、氢氧化物胶体破坏和脱水分解，使其逐渐转化为铁氧体：

$$Fe(OH)_3 \xrightarrow{加热} FeOOH + H_2O \tag{2-4-26}$$

$$FeOOH + Fe(OH)_2 \longrightarrow FeOOH \cdot Fe(OH)_2 \tag{2-4-27}$$

$$FeOOH \cdot Fe(OH)_2 + FeOOH \longrightarrow FeO \cdot Fe_2O_3 + 2H_2O \tag{2-4-28}$$

废水中金属氢氧化物的反应大致相同，二价金属离子占据部分 Fe(Ⅱ) 的位置，三价金属离子占据部分 Fe(Ⅲ) 的位置，从而使金属离子均匀地混杂到铁氧化晶格中去，形成特性各异的铁氧体。例如，Cr^{3+} 存在时形成铬铁氧体 $FeO(Fe_{1+x}Cr_{1-x})O_3$。

加热温度要注意控制，温度过高，氧化反应过快，会使 Fe(Ⅱ) 不足而 Fe(Ⅲ) 过量。一般认为加热至 60～80℃，时间为 20min，比较合适。加热充氧的方式有两种：一种是对全部废水加热充氧；另一种是先充氧，然后将组成调整好了的氢氧化物沉淀分离出来，再对沉淀物加热。

(4) 固液分离　分离铁氧体沉渣的方法有四种：沉淀过滤、浮上分离、离心分离和磁力分离。由于铁氧体的相对密度比较大（4.4～5.3），采用沉降过滤和离心分离都能获得较好的分离效果。

(5) 沉渣处理　根据沉渣的组成、性能及用途不同，处理方式也各异：若废水的成分单纯、浓度稳定，则其沉渣可作为氧磁体的原料，此时，沉渣应进行水洗，除去硫酸钠等杂质；也可供制耐蚀瓷器或暂时堆置贮存。

5. 工艺优缺点

铁氧体沉淀法具有如下优点：①能一次脱除废水中的多种金属离子，出水水质好，能达到排放标准；②设备简单、操作方便；③硫酸亚铁的投加范围广，对水质的适应性强；④沉渣易分离、易处置，对其综合利用不仅具有社会效益还有经济效益。铁氧体工艺沉渣可用于导磁体、磁性标志物、电磁波吸收材料等。

该工艺存在的缺点是：①不能单独回收有用金属；②需消耗相当多的硫酸亚铁、一定数量的苛性钠及热能，且处理时间较长，使处理成本较高；③出水中的硫酸盐含量高。

6. 铁氧体工艺的应用

自铁氧体法处理重金属废水工艺问世后，国内外用该法对多种实际水体进行了处理研究，处理的重金属种类几乎覆盖全部重金属，去除程度因实际水体及工艺操作情况不同变化较大，含单一重金属废水处理后可达到各国废水排放标准，而多种重金属离子共存水体，所确定的工艺参数在各种重金属铁氧体的生成条件下具普遍性，使处理程度有区别，个别离子可能达不到废水排放标准。

实际废水处理，考虑到各种物质的干扰或物质的排放控制，需对废水进行预处理和后处理，如有机物的氧化加热分解、泥沙柴草的去除等，对铁氧体工艺处理后的排放水进行铁氧体的固液分离方式有过滤、磁分离、离心、自然沉淀等。

目前铁氧体工艺倾向于与废水处理工艺相结合，互相取长补短，构成新的工艺，使重金属废水处理更趋完善，如 GT（galvanic treatment）-铁氧体法、电解-铁氧体法、铁氧体-HGMS（high gradient magnatic separation）法、离子交换-铁氧体法、活性炭吸附-铁氧体法等。铁氧体处理重金属废水工艺的发展，经历了由单级向多级工艺复合发展；由复杂向简单化、连续化、集成化发展的过程。它的发展趋势除本身工艺的完善外，与其他工艺的联合是必经之路。

(1) 铁氧体沉淀法处理含铬电镀废水　该工艺流程如图 2-4-17 所示。含铬（Ⅵ）废水

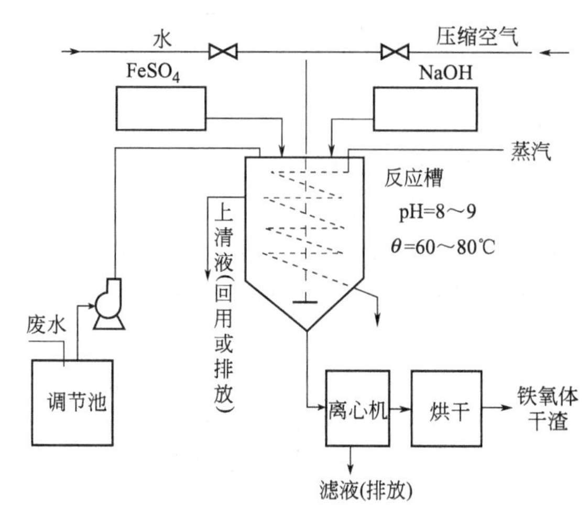

图 2-4-17 铁氧体沉淀法处理含铬废水

由调节池进入反应槽。根据含铬（Ⅵ）量投加一定量硫酸亚铁进行氧化还原反应，然后投加氢氧化钠调 pH 值至 7～9，产生氢氧化物沉淀，呈墨绿色。通蒸汽加热至 60～80℃，通空气曝气 20min，当沉淀呈黑褐色时，停止通气。静置沉淀后上清液排放或回用，沉淀经离心分离洗去钠盐后烘干，以便利用。当水中 CrO_3 含量为 190～2800mg/L 时，经处理后的出水含铬（Ⅵ）低于 0.1mg/L。每克铬酐约可得到 6g 铁氧体干渣。

（2）铁氧体沉淀法处理重金属离子混合废水 废水中含 Zn^{2+}、Cu^{2+}、Ni^{2+}、$Cr_2O_7^{2-}$ 等重金属离子的废水，硫酸亚铁投量大体上等于处理单种金属离子时的投药量之和。在反应池中投加 NaOH 调 pH 值至 8～9 生成金属氢氧化物沉淀，再进气浮槽中浮上分离。浮渣流入转化槽，补加一定量硫酸亚铁，加热至 70～80℃，通压缩空气曝气约 0.2h，金属氢氧化物即可转化为铁氧体。处理后水中各金属离子含量均可达标，经活性炭吸附处理后可回用。

第三节 化学氧化与还原

一、原理和功能

（一）原理

对于一些有毒有害的污染物质，当难以用生物法或物理方法处理时，可利用它们在化学反应过程中能被氧化或还原的性质，改变污染物的形态，将它们变成无毒或微毒的新物质，或者转化成容易与水分离的形态，从而达到处理的目的，这种方法称为氧化还原法。氧化还原法包括氧化法和还原法。

废水中的有机污染物（如色、嗅、味、COD）以及还原性无机离子（如 CN^-、S^{2-}、Fe^{2+}、Mn^{2+} 等）都可通过氧化还原法消除其危害，废水中的许多金属离子（如汞、铜、镉、银、金、六价铬、镍等）都可通过还原法去除。

废水处理中最常采用的氧化剂是空气、臭氧、氯气、次氯酸钠及漂白粉；常用的还原剂有硫酸亚铁、亚硫酸氢钠、硼氢化钠、水合肼及铁屑等。在电解氧化还原法中，电解槽的阳极可作氧化剂，阴极可作还原剂。

按照污染物的净化原理，氧化还原处理方法包括药剂法、电化学法（电解）和光化学法三大类。在选择处理药剂和方法时，应当遵循下面一些原则[3]：

① 处理效果好，反应产物无毒无害，不需进行二次处理；

② 处理费用合理，所需药剂与材料易得；

③ 操作特性好，在常温和较宽的 pH 值范围内具有较快的反应速度；当提高反应温度和压力后，其处理效率和速度的提高能克服费用增加的不足；当负荷变化后，通过调节操作参数，可维持稳定的处理效果；

④ 与前后处理工艺的目标一致，搭配方便。

与生物氧化法相比，化学氧化还原法需较高的运行费用。因此，目前化学氧化还原仅用于饮用水处理、特种工业用水处理、有毒工业废水处理和以回用为目的的废水深度处理等有限的场合。

在化学反应中，氧化和还原是互相依存的。原子或离子失去电子称为氧化，接受电子称为还原。得到电子的物质称为氧化剂，失去电子的物质称为还原剂。各种氧化剂的氧化能力是不同的，可通过标准电极电位 $E^{\ominus}$ 来表示氧化能力的强弱。在水中氧化能力最强的是氟。

许多种物质的标准电极电位值 $E^{\ominus}$ 可在化学书中查到。$E^{\ominus}$ 值越大，物质的氧化性越强，$E^{\ominus}$ 值愈小，其还原性愈强。例如，$E^{\ominus}(Cl_2, Cl)=1.36V$。其氧化态 Cl_2 转化为 Cl^- 时，可以作为较强的氧化剂。相反 $E^{\ominus}(S, S^{2-})=-0.48V$，其还原态 S^{2-} 转化为氧化态 S 时，可以作为较强的还原剂。两个电对的电位差愈大，氧化还原进行得越完全。

标准电极电位 $E^{\ominus}$ 是在标准状况下测定的，但在实际应用中，反应条件往往与标准状况不同，在实际的物质浓度、温度和 pH 值条件下，物质的氧化还原电位可用 Nerst 方程来计算：

$$E=E^{\ominus}+\frac{RT}{nF}\ln\frac{[\text{氧化态}]}{[\text{还原态}]} \tag{2-4-29}$$

式中，E 为一定浓度下的电极电势；$E^{\ominus}$ 为标准电极电势；R 为常数（8.314J/(K·mol)；T 为温度，K；n 为反应中电子转移的数目；［氧化态］为电极反应中氧化型一侧各物种浓度的乘积；［还原态］为电极反应中还原型一侧各物质浓度的乘积。

利用上式可估算处理程度，即求出氧化还原反应达平衡时各有关物质的残余浓度。例如，铜屑置换法处理含汞废水时有如下反应：

$$Cu+Hg^{2+}\longrightarrow Cu^{2+}+Hg\downarrow \tag{2-4-30}$$

当反应在室温（25℃）达平衡时，相应原电池两极的电极电位相等。

$$E^{\ominus}_{(Cu^{2+},Cu)}+\frac{0.059}{2}\lg\frac{[Cu^{2+}]}{1}=E^{\ominus}_{(Hg^{2+},Hg)}+\frac{0.059}{2}\lg\frac{[Hg^{2+}]}{1} \tag{2-4-31}$$

由标准电极电位表查得：$E^{\ominus}_{(Cu^{2+},Cu)}=0.34V$，$E^{\ominus}_{(Hg^{2+},Hg)}=0.86V$，于是求得 $[Cu^{2+}]/[Hg^{2+}]=10^{17.5}$。可见，此反应进行得十分完全，平衡时溶液中残留 Hg^{2+} 极微。

应用标准电极电位 $E^{\ominus}$，还可判断氧化还原反应在热力学上的可能性和进行程度。

对于有机物的氧化还原过程，由于涉及共价键，电子的移动情形很复杂。因此，在实际上，凡是加氧或脱氢的反应称为氧化，而加氢或脱氧的反应则称为还原；凡是与强氧化剂作用而使有机物分解成简单的无机物如 CO_2、H_2O 等的反应，可判断为氧化反应。

有机物氧化为简单无机物是逐步完成的，这个过程称为有机物的降解。甲烷的降解大致经历下列步骤：

$$\underset{\text{烷}}{CH_4}\longrightarrow\underset{\text{醇}}{CH_3OH}\longrightarrow\underset{\text{醛}}{CH_2O}\longrightarrow\underset{\text{酸}}{HCOOH}\longrightarrow\underset{\text{无机物}}{CO_2+H_2O}$$

复杂有机化合物的降解历程和中间产物更为复杂。通常碳水化合物氧化的最终产物是 CO_2 和 H_2O，含氮有机物的氧化产物除 CO_2 和 H_2O 外，还会有硝酸类产物，含硫的还会有硫酸类产物，含磷的还会有磷酸类产物。各类有机物的可氧化性是不同的。经验表明，酚类、醛类、芳胺类和某些有机硫化物（如硫醇、硫醚）等易于氧化；醇类、酸类、酯类、烷基取代的芳烃化合物（如“三苯”）、硝基取代的芳烃化合物（如硝基苯）、不饱和烃类、碳水化合物等在一定条件下（强酸、强碱或催化剂）下可以氧化；而饱和烃类、卤代烃类、合成高分子聚合物等难以氧化。

由于多数氧化还原反应速率很慢，因此，在用氧化还原法处理废水时，影响水溶液中氧化还原反应速度的动力因素对实际处理能力有更为重要的意义，这些因素包括以下几方面。

（1）反应物和还原剂的本性　影响很大，其影响程度通常由实验观察或经验来决定。

（2）反应物的浓度　一般讲，浓度升高，速度加快，其间定量关系与反应机理有关，可根据实验观察来确定。

（3）温度　一般讲，温度升高，速度加快，其间定量关系可由阿仑尼乌斯公式表示。

（4）催化剂及某些不纯物的存在　近年来异相催化剂（如活性炭、黏土、金属氧化物等）在水处理中的应用受到重视。

（5）溶液的 pH 值　影响很大，其影响途径有三：H^+ 或 OH^- 直接参与氧化还原反应；H^+ 或 OH^- 为催化剂；溶液的 pH 值决定溶液中许多物质的存在状态及相对数量。

（二）氧化法处理工业废水

向废水中投加氧化剂，氧化废水中的有害物质，使其转变为无毒无害的或毒性小的新物质的方法称为氧化法。氧化法又可分为氯氧化法、空气氧化法、臭氧氧化法、光氧化法等。

1. 氯氧化法

在废水处理中氯氧化法主要用于氰化物、硫化物、酚、醇、醛、油类的氧化去除，及脱色、脱臭、杀菌、防腐等。氯氧化法处理常用的药剂有液氯、漂白粉、次氯酸钠、二氧化氯等。

（1）含氰废水的处理　氯氧化氰化物是分阶段进行的。在一定的反应条件下，第一阶段将 CN^- 氧化成氰酸盐。用漂白粉除氰的反应过程如下：

$$2Ca\begin{cases}OCl\\Cl\end{cases}+2H_2O \longrightarrow 2HOCl+Ca(OH)_2+CaCl_2 \tag{2-4-32}$$

$$HOCl \rightleftharpoons H^+ + OCl^- \tag{2-4-33}$$

$$CN^- + OCl^- + H_2O \longrightarrow CNCl + 2OH^- \tag{2-4-34}$$

$$CNCl + 2OH^- \longrightarrow CNO^- + Cl^- + H_2O \tag{2-4-35}$$

如采用液氯，也首先形成次氯酸：

$$Cl_2 + H_2O \longrightarrow HOCl + HCl \tag{2-4-36}$$

在氧化过程中，介质起重要作用。第一阶段要求 pH＝10～11。因为式(2-4-34) 中，中间产物 CNCl 是挥发性物质，其毒性和 HCN 相等。在酸性介质中，CNCl 稳定；在 pH＜9.5 时，式(2-4-35) 反应也不完全，而且要几小时以上。在 pH＝10～11 时，式(2-4-35) 反应只需 10～15min。

虽然氰酸盐 CNO^- 的毒性只有 HCN 的千分之一，但从保证水体安全出发，应进行第二阶段处理，以完全破坏 C—N 键。即增加漂白粉或氯的投量，进行完全氧化。

$$2CNO^- + 3OCl^- \longrightarrow CO_2\uparrow + N_2\uparrow + 3Cl^- + CO_3^{2-} \tag{2-4-37}$$

式(2-4-37) 反应在 pH＝8～8.5 时最有效，这样有利于形成 CO_2 气体挥发出水面，促进氧化完成。如 pH＞8.5，CO_2 将形成半化合状或化合状 CO_2，不利于反应向右移动。在 pH＝8～8.5 时，完全氧化反应需要半小时左右。

用漂白粉或液氯处理络氰化物，例如络氰化铜离子时，反应为：

$$Cu(CN)_3^- + 3OCl^- + 2OH^- \longrightarrow 3CNO^- + 3Cl^- + Cu(OH)_2 \tag{2-4-38}$$

根据式(2-4-36)，1mol 的活性氯在水溶液中产生 1mol 次氯酸，由式(2-4-34) 和式(2-4-35) 可算出，第一阶段氧化 1 份简单的氰离子，理论上需要 2.73 (71/26) 份活性氯，完全氧化则需要 6.83 份氯。由式(2-4-38) 可算出氧化络氰化铜离子，理论上需要 2.73 (71×3/26×3) 份活性氯，完全氧化也需要 6.83 份活性氯。事实上由于水溶液中往往存在其他还原性物质（例如 H_2S、Fe^{2+}、Mn^{2+} 等）或有机物质，因此漂白粉或液氯的实际用量应高于理论值，这可在试验或生产运行中确定。漂白粉中一般含活性氯（有效氯）20%～25%，可根据溶液中氰化物浓度计算理论投量。生产上一般控制处理后出水余氯量 3～5mg/L，以保证 CN^- 降到 0.1mg/L 以下。

（2）硫化物的氧化 氯氧化硫化物的反应如下：

$$H_2S+Cl_2 \longrightarrow S+2HCl$$

$$H_2S+3Cl_2+2H_2O \longrightarrow SO_2+6HCl$$

部分氧化成硫时，1mg/L H_2S 需 2.1mg/L 氯，完全氧化成 SO_2 时，1mg/L H_2S 需 6.3mg/L 氯。

（3）酚的氧化 利用液氯或漂白粉氧化酚，所用氯量必须过量数倍，否则将产生氯酚，发出不良气味。酚的氯化反应为：

$$C_6H_5OH+8Cl_2+7H_2O \longrightarrow \begin{matrix} CH—COOH \\ | \\ CH—COOH \end{matrix} +2CO_2+16HCl$$

如用 ClO_2 处理，则可能使酚全部分解，而无氯酚味；但费用较氯更为昂贵。

（4）印染废水脱色 氯有较好的脱色效果，如采用液氯，沉渣还很少；但氯的用量大，余氯多。

如用 RCHCHR′表示发色的有机物，其脱色反应示意如下：

$$R—CH—CH—R'+HClO \longrightarrow R—\underset{\underset{Cl}{|}}{CH}—\underset{\underset{Cl}{|}}{CH}—R'$$

氯脱色效果与 pH 值有关，一般发色有机物在碱性条件下易被破坏，因此碱性脱色效果好。pH 值相同时，用次氯酸钠比氯更为有效。

2. 空气氧化法

所谓空气氧化法，就是利用空气中的氧作为氧化剂来氧化分解废水中有毒有害物质的一种方法。

（1）空气氧化法除铁 地下水及某些工业废水中往往含有溶解性的 Fe^{2+}，可以通过曝气的方法，利用空气中的氧将 Fe^{2+} 氧化成 Fe^{3+}，而 Fe^{3+} 很容易与水中的碱度作用形成 $Fe(OH)_3$ 沉淀，于是可以得到去除。

从标准氧化还原电位查得：

$$Fe^{3+}+e \rightleftharpoons Fe^{2+} \qquad E_1^{\ominus}=+0.771V$$

$$O_2+2H_2O+4e \rightleftharpoons 4OH^- \qquad E_2^{\ominus}=+0.401V$$

$E_1^{\ominus}>E_2^{\ominus}$，所以可知在水中 Fe^{2+} 可以被氧化成 Fe^{3+}。

总反应式为：

$$4Fe^{2+}+8HCO_3+O_2+2H_2O \longrightarrow 4Fe(OH)_3\downarrow+8CO_2$$

由于分子氧在化学上是相当惰性的，在常温下反应速度很低，根据研究，Fe^{2+} 氧化的动力学方程式为：

$$-d[Fe^{2+}]/dt=K[Fe^{2+}][O_2][OH^-]^2 \tag{2-4-39}$$

上式表明，Fe^{2+} 的氧化速度对 OH^- 浓度为二级反应，即水的 pH 值每升高一个单位，氧化速度就可以增加 100 倍。所以在采用空气氧化法除铁工艺时，除了必须供给充足的氧气外，适当提高 pH 值对加快反应速度是非常重要的。根据经验，空气氧化法除铁的 pH 值至少应保证高于 6.5 才有利。

当含铁废水中同时含有大量 SO_4^{2-} 时，由于强酸所组成的铁盐（$FeSO_4$）的水解产物为

H_2SO_4，因此必须配合使用石灰碱化法与空气氧化法同时进行处理，否则空气氧化法不能单独进行。

（2）空气氧化法除硫　含硫废水多来源于石油炼厂和某些化工厂。含硫废水浓度高时应回收利用，低浓度的含硫废水可用空气氧化法处理。

石油炼厂的含硫废水中，硫化物一般以钠盐或铵盐形式存在［$NaHS$、Na_2S、NH_4HS、$(NH_4)_2S$］，当含硫量不大（1000mg/L 以下），无回收价值时，可采用空气氧化法脱硫。同时向废水中注入空气和蒸汽，硫化物即被氧化成无毒的硫代硫酸盐或硫酸盐。

$$2HS^- + 2O_2 \longrightarrow S_2O_3^{2-} + H_2O$$

$$2S^{2-} + 2O_2 + H_2O \longrightarrow S_2O_3^{2-} + 2OH^-$$

$$S_2O_3^{2-} + 2O_2 + 2OH^- \longrightarrow 2SO_4^{2-} + H_2O$$

理论上氧化 1kg 硫化物生成硫代硫酸盐约需氧 1kg，相当于需 3.7m^3 空气，但由于少部分（约 10%）硫代硫酸盐会进一步氧化成硫酸盐，所以空气用量要增加。注入蒸汽的目的是加快反应速度，一般将水温升高到 90℃。

空气氧化脱硫的过程一般要在密闭的塔内进行。

3. 臭氧氧化法

臭氧是一种强氧化剂。它的氧化能力在天然元素中仅次于氟。臭氧在水处理中可用于除臭、脱色、杀菌、除铁、除氰化物、除有机物等。

很多有机物都易于与臭氧发生反应，例如蛋白质、氨基酸、有机胺、链式不饱和化合物、芳香族和杂环化合物、木质素、腐殖质等。例如酚与臭氧反应，首先被氧化成邻苯二酚[4]：

$$C_6H_5OH + O_3 \longrightarrow C_6H_4(OH)_2 + O_2$$

接着邻苯二酚继续氧化成邻醌：

$$C_6H_4(OH)_2 + O_3 \longrightarrow C_6H_4O_2 + H_2O + O_2$$

如果在处理过程中有足够的臭氧，则氧化反应将继续进行下去。在反应中只有少量的酚能完全氧化为二氧化碳和水。

臭氧不仅能够氧化有机物，也可用来氧化废水中的无机物。例如氰与臭氧反应为：

$$2KCN + 2O_3 \longrightarrow 2KCNO + 2O_2 \uparrow$$

$$2KCNO + H_2O + 3O_3 \longrightarrow 2KHCO_3 + N_2 \uparrow + 3O_2 \uparrow$$

按上述反应，处理到第一个阶段，每去除 1mg 的 CN^- 需臭氧 1.84mg。此阶段生成的 CNO^- 的毒性约为 CN^- 的千分之一。氧化到第二阶段的无害状态时，每去除 1mg 的 CN^-，需臭氧 4.61mg。

影响臭氧氧化的因素，主要是废水中杂质的性质、浓度、废水的 pH 值和温度、臭氧的浓度和用量、臭氧的投加方式和反应时间等。臭氧的实际投量应通过试验确定。

臭氧氧化法的主要优点：①臭氧对除臭、脱色、杀菌、去除有机物和无机物都有显著效果；②废水经处理后，残留于废水中的臭氧容易自行分解，一般不产生二次污染，并且能增加水中的溶解氧；③制备臭氧用的电和空气不必贮存和运输，操作管理也较方便。由于有这些优点，所以臭氧氧化法被日益广泛地应用于水处理中。但这种方法目前仍存在着一些问题。主要是臭氧发生器耗电量较大，其次由于臭氧有毒性、工作的环境必须有良好的通风措施等。

4. 光氧化法

光氧化法是一种化学氧化法，它是同时使用光和氧化剂产生很强的综合氧化作用来氧化分解废水中的有机物和无机物。氧化剂有臭氧、氯、次氯酸盐、过氧化氢及空气加催化剂等，其中常用的为氯气；在一般情况下，光源多用紫外光，但它对不同的污染物的处理效果有一定的差异，有时某些特定波长的光对某些物质最有效。光对氧化剂的分解和污染物的氧化分解起着催化剂的作用。下面介绍以氯为氧化剂光氧化的反应过程。

氯和水作用生成的次氯酸吸收紫外光后，被分解产生初生态氧［O］，这种初生态氧很不稳定且具有很强的氧化能力。初生态氧在光的照射下，能把含碳有机物氧化成二氧化碳和水。简化后反应过程如下：

$$Cl_2+H_2O \rightleftharpoons HOCl+HCl$$

$$HClO \xrightarrow{\text{紫外光}} HCl+[O]$$

$$2[HC]+5[O] \xrightarrow{\text{紫外光}} H_2O+2CO_2$$

式中，［HC］代表含碳有机物。

实践证明，光氧化的氧化能力比只用氯氧化高 10 倍以上，处理过程一般不产生沉淀物，不仅可处理有机物，也可以处理能被氧化的无机物。此法作为废水深度处理时，COD、BOD 可被处理到接近于零。光氧化法除对分散染料的一小部分没有效果外，其脱色率可达 90%以上。对含有表面活性剂的废水具有很强的分解能力，如对含有阴离子系的代表性洗涤剂十二苯磺酸钠（DBS）等废水均有效。光氧化法还可用于除微量油、水的消毒和除臭味等。

（三）还原法处理工业废水

向废水中投加还原剂，还原废水中的有毒物质，使其转变为无毒的或毒性小的新物质，这种方法称为还原法。还原法目前主要用于含铬、汞等废水的处理。

还原法可分为金属还原法、硼氢化钠法、硫酸亚铁石灰法和亚硫酸氢钠法等。

1. 金属还原法

金属还原法就是使废水与金属还原剂相接触，废水中的汞、铬、铜等离子被还原为金属汞、铬、铜而析出，金属本身被氧化为离子而进入水中。它适用于处理含汞、铬、铜等重金属的工业废水。

例如采用铁屑过滤法处理含汞废水，发生的化学反应如下：

$$Fe+Hg^{2+} \longrightarrow Fe^{2+}+Hg\downarrow$$

$$2Fe+3Hg^{2+} \longrightarrow 2Fe^{3+}+3Hg\downarrow$$

铁屑还原的效果主要是与废水的 pH 值有关。当 pH 值低时，由于铁的电极电位比氢的低，所以废水中的氢离子也被还原为氢气而逸出。其反应如下：

$$Fe+2H^{+} \longrightarrow Fe^{2+}+H_2\uparrow$$

反应结果使铁屑耗量增大。另外由于有氢析出，它会包围在铁屑表面而影响反应的进行，因此当废水的 pH 值较低时，应先调整 pH 值后再进行处理。反应温度一般控制在 20～30℃的范围内。

2. 硼氢化钠法

据国外资料报道，用 $NaBH_4$ 处理含汞废水，可将废水中的汞离子还原成元素汞回收，出水中的含汞量可降到难以检测的程度。

为了完全还原，有机汞化合物需先经转换成无机盐。硼氢化钠要求在碱性介质中使用。反应如下：

$$Hg^{2+}+BH_4^-+2OH^- \longrightarrow Hg+3H_2\uparrow+BO_2^-$$

将硝酸洗涤器排出的含汞洗涤水调整到 pH>9，将有机汞转化成无机盐，$NaBH_4$ 经计量并苛化后与含汞废水在固定螺旋混合器中进行还原反应（pH9～11），然后送往水力旋流器，可除去 80%～90%的汞沉淀物（粒径约 10μm），汞渣送往真空蒸馏，而废水从分离罐出来送往孔径为 5μm 的过滤器过滤，将残余的汞滤除。H_2 和汞蒸气从分离罐出来送到硝酸洗涤器。1kg $NaBH_4$ 约可回收 21kg 金属汞。

3. 硫酸亚铁石灰法

用此法处理含铬废水时，介质要求酸性（pH 值不大于 4），此时废水中的六价铬均以重铬酸根离子状态存在。重铬酸根离子具有很强的氧化能力，向酸性废水中投加硫酸亚铁便发生氧化还原反应，结果六价铬被还原为三价铬的同时，亚铁离子被氧化为三价铁离子。反应如下：

$$6FeSO_4 + H_2Cr_2O_7 + 6H_2SO_4 \longrightarrow 3Fe_2(SO_4)_3 + Cr_2(SO_4)_3 + 7H_2O$$

然后再向废水中投加石灰，调整 pH 值，因氢氧化铬在水中的溶解度与 pH 值有关，当 pH=7.5～9.0 时它在水中的溶解度最小，所以 pH 值控制在 7.5～9.0 之间，会生成难溶于水的氢氧化铬沉淀。其反应如下：

$$Fe_2(SO_4)_3 + Cr_2(SO_4)_3 + 12NaOH \longrightarrow 2Cr(OH)_3 + 2Fe(OH)_3\downarrow + 6Na_2SO_4$$

4. 亚硫酸氢钠法

在酸性条件下，向废水中投加亚硫酸氢钠，将废水中的六价铬还原为三价铬后，投加石灰或氢氧化钠，生成氢氧化铬沉淀物。将此沉淀物从废水中分离出去，即可达到除铬的目的。其化学反应如下：

$$2H_2Cr_2O_7 + 6NaHSO_3 + 3H_2SO_4 \longrightarrow 2Cr_2(SO_4)_3 + 3Na_2SO_4 + 8H_2O$$

$$Cr_2(SO_4)_3 + 3Ca(OH)_2 \longrightarrow 2Cr(OH)_3 + 3CaSO_4$$

$$Cr_2(SO_4)_3 + 6NaOH \longrightarrow 2Cr(OH)_3 + 3Na_2SO_4$$

重铬酸的还原反应在 pH 值小于 3 时反应速度很快，但是为了生成氢氧化铬沉淀，最终 pH 值应控制在 7.5～9.0 之间。

二、设备和装置

(一) 氯氧化法设备和装置

有关氯的供给来源及投加设备请参看本章第七节有关部分。处理构筑物主要是反应池和沉淀池。反应池常采用压缩空气搅拌或水泵循环搅拌。

当采用氯氧化法处理含氰废水时，可以同时考虑间歇式处理或连续式处理两种形式。

当含氰废水量较小，浓度变化较大，要求处理程度较高时，一般采用间歇式处理法。这种方法多数设两个反应池，交替地进行间歇处理。

当水量较大，含氰浓度变化较小时，采用连续式处理法，其流程如图 2-4-18 所示。调节池用以调节水量和浓度，流程中沉淀池和干化场的设置与否应根据反应生成的污泥量的多少而定。当采用漂白粉或液氯加石灰时，应设置沉淀池和污泥干化场。如果用液氯和 NaOH 可不设沉淀池。

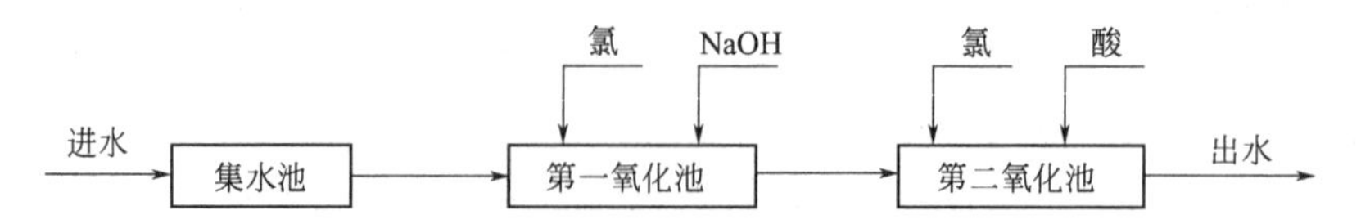

图 2-4-18 含氰电镀废水碱性氯化法处理流程

（pH10～11，停留时间 10min 以上；pH8～9，停留时间 30min 以上）

(二) 空气氧化法设备和装置

当采用空气氧化法处理含硫废水时，空气氧化脱硫设备多采用脱硫塔。脱硫的工艺流程如图 2-4-19 所示。处理中废水、空气及蒸汽经射流混合器混合后，送至空气氧化脱硫塔。混入蒸汽的目的是为了提高温度，加快反应速度。脱硫塔用拱板分为数段，拱板上安装喷嘴。当废水和空气以较高的速度冲出喷嘴时，空气被粉碎为细小的气泡，增大气液两相的接触面积，使氧化速度加快，在气液并流上升的过程中，气泡的上升速度较快，并不断产生破裂与合并，当气泡上升到段顶板时，就会产生气液分离现象。喷嘴底部缝隙的作用就是使气体能够再度均匀地分布在废水中，然后经过喷嘴进一步混合，这样就消除了气阻现象，使塔内压力稳定。

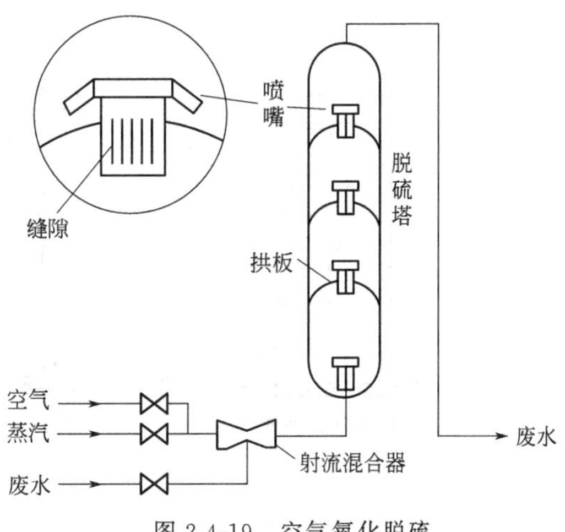

图 2-4-19 空气氧化脱硫

(三) 臭氧氧化法

臭氧处理工艺流程有两种：①以空气或富氧空气为原料气的开路系统；②以纯氧或富氧空气为原料的闭路系统。

开路系统的特点是将用过的废水放掉。闭路系统与开路系统相反，废水回到臭氧制取设备，这样可提高原料气的含氧率，降低成本。但在废气循环过程中，氮含量愈来愈高，可用压力转换氮分离器来降低含氮量。在分离器内装分子筛，高压时吸附氮气，低压时放氮气。分离器设两个，一个吸附，另一个再生，交替使用。

关于臭氧发生器的设备原理和主要类型请参看本章第六节。

臭氧处理系统中最主要的设备是混合反应器。其作用为：①促进气水扩散混合；②使气水充分接触，加快反应。混合反应器有多种型式，常用的如图 2-4-20 所示[4]。

设计时应根据不同的水质及处理目标所决定的反应类型来选择适宜的混合装置。当反应速度较慢，完成全部反应所需的时间较长（反应控制过程）时，混合器的型式相对不重要，这时应主要选择臭氧利用率较高的投配混合装置。当反应完成速度很快，臭氧能否更快地溶解扩散到水中成为制约因素（传质控制过程）时，则应着重考虑选用扩散速度较快的混合装置，例如固定混合器和涡轮注入器等。目前，使用最多的还是微孔扩散气泡反应塔。在这种反应塔中，废水一般由上向下流动，臭氧则由塔底的微孔扩散板喷出，在塔内气、水成逆向流接触，这样既有利于反应进行彻底，又有利于提高臭氧的利用率。微孔材料以前曾较多使用烧结微孔塑料板（管），但近年来多为粉末冶金制成的微孔钛板所代替。当处理水量较大时，为了节省投资和占地，可以参考上述反应塔的原理用钢筋混凝土建造反应池，这在合成洗涤剂废水处理中已有成功的使用实例。

臭氧具有强腐蚀性，因此设备管路及反应池中与臭氧接触的部分均应采用耐腐蚀材料或做防腐处理。

(四) 光氧化法

光氧化法的处理流程如图 2-4-21 所示。废水经过滤器去除悬浮物后进入光氧化池。废水在反应池内的停留时间随水质而异，一般为 0.5～2.0h。

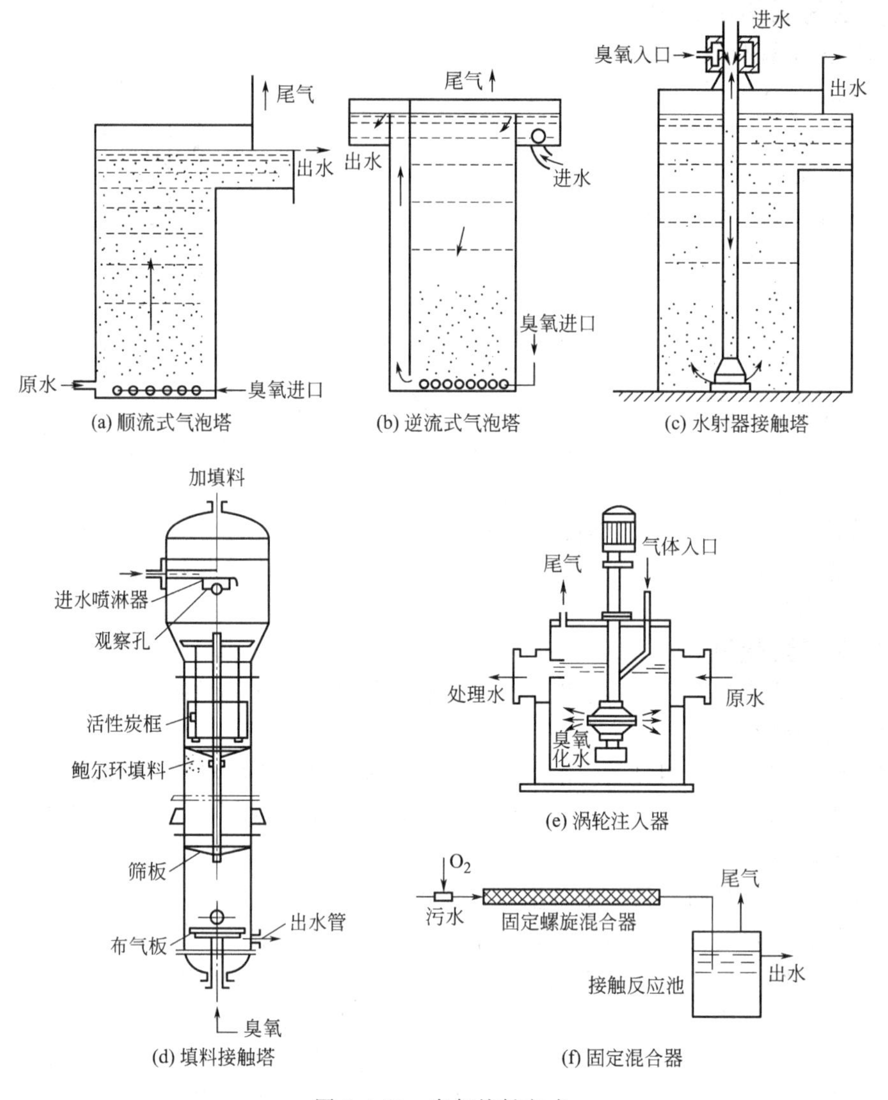

(a) 顺流式气泡塔　(b) 逆流式气泡塔　(c) 水射器接触塔

(d) 填料接触塔　(e) 涡轮注入器　(f) 固定混合器

图 2-4-20　臭氧接触方式

(五) 金属还原法

铁屑过滤还原法除汞的处理装置如图 2-4-22 所示。池中填以铁屑。废水以一定的速度自下而上通过铁屑滤池，经一定的接触时间后从滤池流出。铁屑还原产生的铁汞渣可定期排放。铁汞渣可用焙烧炉加热回收金属汞。

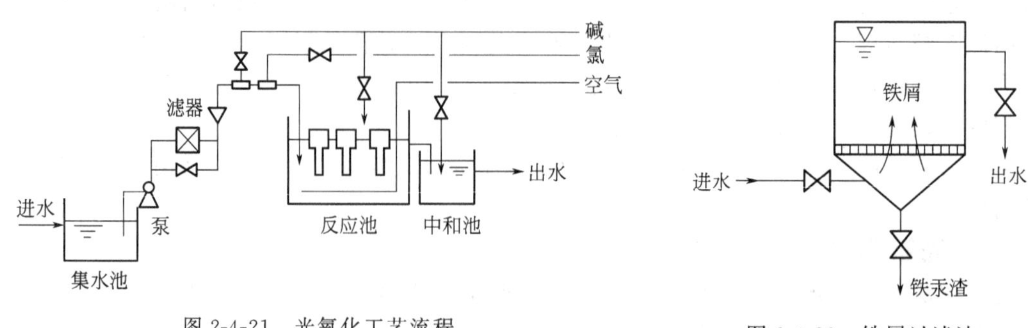

图 2-4-21　光氧化工艺流程

图 2-4-22　铁屑过滤池

(六) 硫酸亚铁石灰法

采用硫酸亚铁石灰法处理含铬废水，处理构筑物有间歇式和连续式两种。其工艺流程如图 2-4-23 所示。间歇式适用于含铬浓度变化大、水量小、排放要求严格的含铬废水。连续式适用于浓度变化小、水量较大的含铬废水。反应池一般为矩形，当采用连续处理时，反应池宜分为酸性反应池和碱性反应池两部分，反应池中应设搅拌设备。

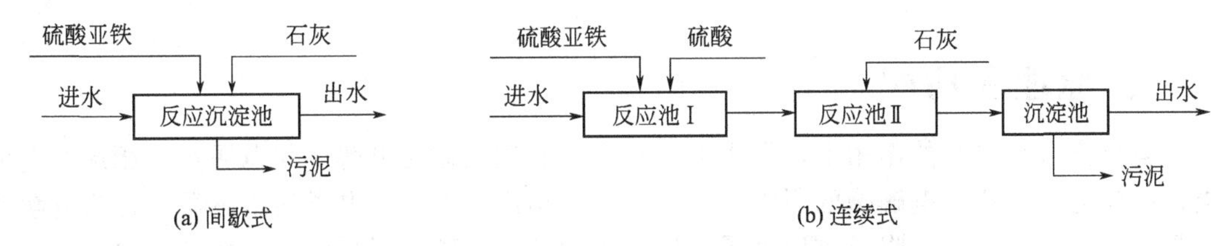

图 2-4-23 硫酸亚铁石灰法处理含铬酸废水流程示意

三、设计计算

(一) 氯氧化法处理含氰废水

如使用液氯为氧化剂，在碱性条件下，把液氯投加在废水中，氰化物的氧化过程可分为两个阶段。

第一阶段的 pH 值一般都控制在 10～11 之间。第一阶段反应式为：

$$NaCN+2NaOH+Cl_2 \longrightarrow NaCNO+2NaCl+H_2O$$

在第二阶段，加氯使第一阶段反应生成的氰酸盐进一步氧化为无毒的氮和二氧化碳，反应如下：

$$2NaCNO+4NaOH+3Cl_2 \longrightarrow 6NaCl+2CO_2\uparrow+N_2\uparrow+2H_2O$$

第二阶段的反应速度较慢，把 pH 值控制在 8～9 范围内，反应速度可以适当加快。

第一阶段所需氯和碱的理论用量（以质量计）CN∶Cl∶NaOH 为 1∶2.73∶3.10，处理到第二阶段为 1∶6.83∶6.20。因为废水中含有其他耗氯物质，所以实际用量比理论用量为高。

(二) 金属还原法处理含铬废水

含铬废水在酸性条件下进入铁屑滤柱后，铁放出电子，产生亚铁离子，可将 Cr(Ⅵ) 还原成 Cr(Ⅲ)，化学反应如下：

$$Fe \rightleftharpoons Fe^{2+}+2e \qquad E^{+}=+0.44V$$

$$Cr_2O_7^{2-}+14H^{+}+6e \rightleftharpoons 2Cr^{3+}+7H_2O \qquad E^{+}=+1.33V$$

$$Cr_2O_7^{2-}+14H^{+}+6Fe^{2+} \rightleftharpoons 2Cr^{3+}+6Fe^{3+}+7H_2O$$

随着反应的不断进行，水中消耗了大量的 H^+，使 OH^- 浓度增高，当其达到一定浓度时，产生下列反应：

$$Cr^{3+}+3OH^{-} \rightleftharpoons Cr(OH)_3\downarrow$$

$$Fe^{3+}+3OH^{-} \rightleftharpoons Fe(OH)_3\downarrow$$

氢氧化铁具有凝聚作用，将氢氧化铬吸附凝聚在一起，当其通过铁屑滤柱时，即被截留在铁屑孔隙中，这样就使废水中的 Cr(Ⅵ) 及 Cr(Ⅲ) 同时被除掉，达到排放标准。

当铁屑吸附饱和而丧失还原能力后，可用酸或碱再生，使 $Cr(OH)_3$ 重新溶解于再生液中。

$$Cr(OH)_3+3H^{+} \longrightarrow Cr^{3+}+3H_2O$$

$$Cr(OH)_3+NaOH \longrightarrow NaCrO_2+2H_2O$$

如用5%盐酸作再生液，再生后的残液中含有剩余酸及大量Fe^{2+}，可用来调整原水的pH值及还原Cr(Ⅵ)，以节省一些运行费用。

铁屑装填高度1.5m，滤速3m/h。进水的pH值控制在4.5。

第四节 电 解

一、原理和功能

电解质溶液在电流的作用下，发生电化学反应的过程称为电解。与电源负极相连的电极从电源接受电子，称为电解槽的阴极，与电源正极相连的电极把电子转给电源，称为电解槽的阳极。在电解过程中，阴极放出电子，使废水中某些阳离子因得到电子而被还原，阴极起还原剂的作用；阳极得到电子，使废水中某些阴离子因失去电子而被氧化，阳极起氧化剂的作用。废水进行电解反应时，废水中的有毒物质在阳极和阴极分别进行氧化还原反应，产生新物质。这些新物质在电解过程中或沉积于电极表面或沉淀下来或生成气体从水中逸出，从而降低了废水中有毒物质的浓度。像这样利用电解的原理来处理废水中有毒物质的方法称为电解法。目前对电解还没有统一的分类方法，一般按照电解原理，可将其分为电极表面处理过程、电凝聚处理过程、电解浮选过程、电解氧化还原过程；也可以分为直接电解法和间接电解法。按照阳极材料的溶解特性可分为不溶性阳极电解法和可溶性阳析电解法。

利用电解可以处理：①各种离子状态的污染物，如CN^-、AsO_2^-、Cr^{6+}、Cd^{2+}、Pb^{2+}、Hg^{2+}等；②各种无机和有机的耗氧物质，如硫化物、氨、酚、油和有色物质等；③致病微生物。

电解法能够一次去除多种污染物，例如，氰化镀铜废水经过电解处理，CN^-在阳极氧化的同时，Cu^{2+}在阴极被还原沉积。电解装置紧凑，占地面积小，节省一次投资，易于实现自动化。药剂用量少，废液量少。通过调节槽电压和电流，可以适应较大幅度的水量与水质变化冲击。但电耗和可溶性阳极材料消耗较大，副反应多，电极易钝化。

电解过程的特点是利用电能转化为化学能来进行化学处理。一般在常温常压下进行。

(一) 法拉第定律[5]

电解消耗的电量与电解质的反应量间的关系遵从法拉第定律：①电极上析出物质的量正比于通过电解质的电量；②理论上，1F（法拉第）电量可析出1mol的任何物质，即：

$$D=nF\frac{W}{M}=It \tag{2-4-40}$$

式中，D是通过电解池的电量，它等于电流强度I(A)与时间t(s)的乘积，F(1F=96500C=26.8A·s)；W和M分别为析出物的质量(g)和物质的量，n为反应中析出物的电子转移数，nW/M即为析出的物质的量。

(二) 电流效率

实际电解时，常要消耗一部分电量用于非目的离子的放电和副反应等。因此，真正用于目的物析出的电流只是全部电流的一部分，这部分电流占总电流的百分率称为电流效率，常用η表示。

$$\eta=\frac{G}{W}\times100\%=\frac{26.8Gn}{MIt}\times100\% \tag{2-4-41}$$

式中，G为实际析出物的质量，g。

当已知公式中各参数时，可以求出一台电解装置的生产能力。

电流效率是反应电解过程特征的重要指标。电流效率越高，表示电流的损失越小。电解槽的处理能力取决于通入的电量的电流效率。两个尺寸大小不同的电解槽同时通入相等的电流，如果电流效率相同，则它们处理同一废水的能力也是相同的。影响电流效率的因素很多，主要有以下几个方面。

1. 电极材料

电极材料的选用甚为重要，选择不当能使电解效率降低，电能消耗增加。

2. 槽电压

为了使电流能通过并分解电解液，电解时必须提供一定的电压。电能消耗与电压有关，等于电量与电压的乘积。

一个电解单元的极间工作电压 U 可分为下式中的四个部分：

$$U=E_{理}+E_{过}+IR_S+E_j \tag{2-4-42}$$

式中，$E_{理}$ 为电解质的理论分解电压。当电解质的浓度、温度已定，$E_{理}$ 值可由 Nernst（能斯特）方程计算，为阳极反应电位与阴极反应电位之差。$E_{理}$ 是体系处于热力学平衡时的最小电位，实际电解发生所需的电压要比这个理论值大，超过的部分称为过电压。过电压包括克服浓差极化的电压。影响过电压的因素很多，如电板性质、电极产物、电流密度、电极表面状况和温度等。当电流通过电解液时，产生电压损失 IR_S，R_S 为溶液电阻。溶液电导率越大，极间距越小，R_S 越小，工作电流 I 越大，工作电压也越大。最后一项为电极的电压损失，电极面积越大，极间距越小，则 E_j 越小。一般来说，废水的电阻率应控制在 1200Ω·cm 以下，对于导电性能差的废水要投加食盐，以改善其导电性能。投加食盐后，电压降低，使电能消耗越少。

3. 电流密度

电流密度即单位极板面积上通过的电流数量，以 A 表示，所需的阳极电流密度随废水浓度而异。废水中污染物浓度大时，可适当提高电流密度；废水中污染物浓度小时，可适当降低电流密度。当废水浓度一定时，电流密度越大，则电压越高，处理速度加快，但电能耗量增加。电流密度过大，电压过高，将影响电极使用寿命。电流密度小时，电压降低，电耗量减少，但处理速度缓慢，所需电解槽容积增大。适宜的电流密度由试验确定，选择化学需氧量去除率高而耗电量低的点作为运转控制的指标。

4. pH 值

废水的 pH 值对于电解过程操作很重要。含铬废水电解处理时，pH 值低，则处理速度快，电耗少，这是因为废水被强烈酸化可促使阴极保持经常活化状态，而且由于强酸的作用，电极发生较强烈的化学溶解，缩短了六价铬还原为三价铬所需的时间。但 pH 值低，不利于三价铬的沉淀。因此，需要控制合适的 pH 值范围（4～6.5）。含氰废水电解处理要求在碱性条件下运行，以防止有毒气体氰化氢的挥发。氰离子浓度越高，要求 pH 值越大。

在采用电凝聚过程时，要使金属阳极溶解，产生活性凝聚体，需控制进水 pH 值在 5～6。进水 pH 值过高易使阳极发生钝化，放电不均匀，并停止金属溶解过程。

5. 搅拌作用

搅拌的作用是促使离子对流与扩散，减少电极附近浓差极化现象，并能起清洁电极表面的作用，防止沉淀物在电解槽中沉降。搅拌对于电解历时和电能消耗影响较大，通常采用压缩空气搅拌。

二、设备和装置[5]

(一) 电解槽

电解槽多为矩形，按废水流动方式分为回流式和翻腾式，如图 2-4-24 所示。回流式水流流程长，离子易于向水中扩散，容积利用率高；但施工和检修较困难。翻腾式的极板采用悬挂方式固定，极板与池壁不接触而减少了漏电的可能，更换极板也较方便。

极板间距应适当，一般为 30～40mm，过大则电压要求高，电耗大；过小不仅安装不便，而且极板材料耗量高。所以极板间距应综合考虑多种因素确定。

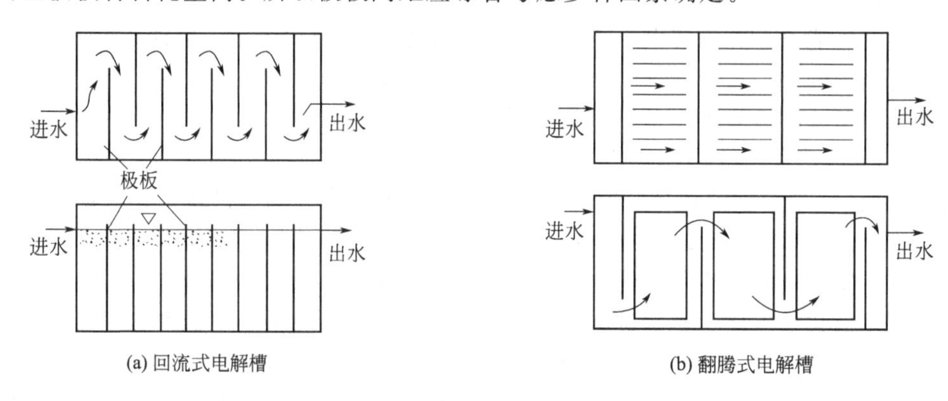

图 2-4-24 电解槽结构型式

电解需要直流电源，整流设备可根据电解所需要的总电流和总电压选用。

(二) 极板电路

极板电路有两种：单极板电路和双极板电路，如图 2-4-25 所示。生产上双极板电路应用较普遍，因为双极板电路极板腐蚀均匀，相邻极板接触的机会少，即使接触也不致发生电路短路而引起事故，因此双极板电路便于缩小极板间距，提高极板有效利用率，减小投资和节省运行费用等。

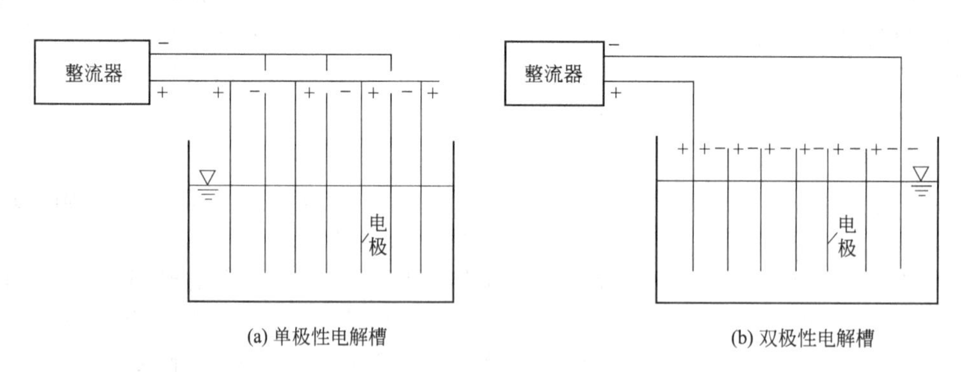

图 2-4-25 电解槽的极板电路

三、设计计算

1. 电解槽有效容积

电解槽有效容积可按下式计算，并应满足极板安装所需的空间。

$$W=\frac{Qt}{60} \tag{2-4-43}$$

式中，W 为电解槽有效容积，m^3；t 为电解历时，当废水中六价铬离子含量小于50mg/L时，t 值宜为5～10min，当含量为50～100mg/L时，t 值宜为10～20min。

2. 电流强度

电流强度可按下式计算

$$I=\frac{K_{Cr}QC}{n} \tag{2-4-44}$$

式中，I 为计算电流，A；K_{Cr}为1g六价铬离子还原为三价铬离子所需的电量，宜通过试验确定，当无试验条件时，可采用4～5A·h/gCr；Q 为废水设计流量，m^3/h；C 为废水中六价铬离子含量，g/m^3；n 为电极串联次数，n 值应为串联极板数减1。

3. 极板面积

极板面积可按下式计算，电解槽宜采用双极性电极、竖流式，并应采用防腐和绝缘措施。极板的材料可采用普通碳素钢板，厚度宜为3～5mm，极板间的净距离宜为10mm左右。还原1g六价铬离子的极板消耗量，可按4～5g计算。电解槽的电极电路，应按换向设计。

$$F=\frac{I}{am_1m_2i_F} \tag{2-4-45}$$

式中，F 为单块极板面积，dm^2；a 为极板面积减少系数，可采用0.8；m_1 为并联极板组数（若干段为一组）；m_2 为并联极板段数（每一串联极板单元为一段）；i_F 为极板电流密度，可采用0.15～0.3A/dm^2。

4. 电压

电解槽采用的最高直流电压，应符合国家现行的有关直流安全电压标准、规范的规定。计算电压可按下式计算：

$$U=nU_1+U_2 \tag{2-4-46}$$

式中，U 为计算电压，V；U_1 为极板间电压降，一般宜在3～5V范围内；U_2 为导线电压降，V。

5. 极板间电压降

极板间电压降可按下式计算：

$$U_1=a+bi_F \tag{2-4-47}$$

式中，a 为电极表面分解电压，宜试验确定，当无试验资料时，a 值可采用1V左右；b 为板间电压计算系数，V/A，b 值宜通过试验确定，当无试验资料时，可按表2-4-12采用。

表 2-4-12 极间电压计算系数 b 单位：V/A

投加食盐含量/(g/L)	温度/℃	极距/mm	电导率/(μS/cm)	b值
0.5	10～15	5		8.0
		10		10.5
		15		12.5
		20		15.7
不投加食盐	13～15	5	400	8.5
			600	6.2
			800	4.8
		10	400	14.7
			600	11.2
			800	8.3

6. 电能消耗

电能消耗可按下式计算

$$N=\frac{IU}{1000Q\eta} \tag{2-4-48}$$

式中，N 为电能消耗，kW·h/m^3；η为整流器效率，当无实测数值时，可采用 0.8。

选择电解槽的整流器时，应根据计算的总电流和总电压值增加 30%的备用量。

第五节 离子交换

一、原理和功能

离子交换是以离子交换剂上的可交换离子与液相中离子间发生交换为基础的分离方法。广泛采用人工合成的离子交换树脂作为离子交换剂，它是具有网状结构和可电离的活性基团的难溶性高分子电解质。根据树脂骨架上的活性基团的不同，可分为阳离子交换树脂、阴离子交换树脂、两性离子交换树脂、螯合树脂和氧化还原树脂等。用于离子交换分离的树脂要求具有不溶性、一定的交联度和溶胀作用，而且交换容量和稳定性要高[1]。

阳离子交换树脂大都含有磺酸基（$—SO_3H$）、羧基（—COOH）或苯酚基（$—C_6H_4OH$）等酸性基团，其中的氢离子能与溶液中的金属离子或其他阳离子进行交换（图 2-4-26）。例如苯乙烯和二乙烯苯的高聚物经磺化处理得到强酸性阳离子交换树脂，其结构式可简单表示为 $R—SO_3H$，式中 R 代表树脂母体。

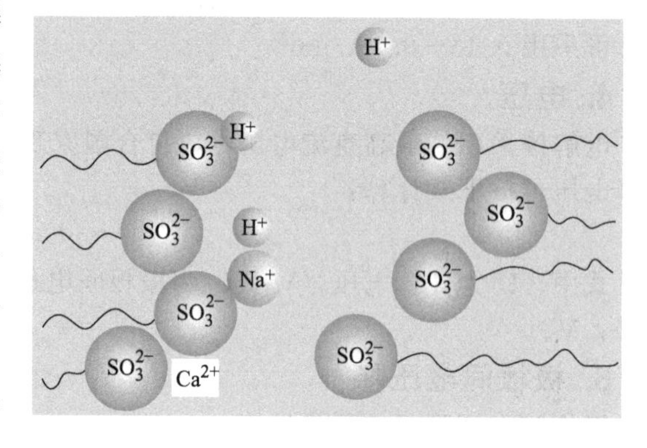

图 2-4-26 硬水软化原理

阴离子交换树脂含有季氨基[$—N(CH_3)_3OH$]、氨基（$—NH_2$）或亚氨基（═NH）等碱性基团。它们在水中能生成 OH^- 离子，可与各种阴离子起交换作用，其交换原理为：

$$R—N(CH_3)_3OH+Cl^- \longrightarrow RN(CH_3)_3Cl+OH^-$$

关于离子交换过程的机理很多，其中，最适于水处理工艺的，是将离子交换树脂看作具有胶体型结构的物质，这种观点认为，在离子交换树脂的高分子表面上有许多和胶体表面相似的双电层。也就是说这里有两层离子，紧邻高分子表面的一层离子称为内层离子，在其外面是一层符号相反的离子层。与胶体的命名法相似，我们常把与内层离子符号相同的离子称作同离子，符号相反的称反离子。所以离子交换就是树脂中原有反离子和溶液中它种反离子相互交换位置。

离子交换过程常在离子交换器中进行。离子交换器类似压力滤池，外壳为一钢罐；离子交换通常采用过滤方式，滤床由交换剂构成，底部为附有滤头的管系。

作为离子交换剂的离子交换树脂，在交换中起着重要作用，下面介绍树脂的基本类型和特性。

(一) 离子交换树脂的基本类型

1. 强酸性阳离子树脂

这类树脂含有大量的强酸性基团，如磺酸基—SO_3H，容易在溶液中离解出 H^+，故呈强酸性。树脂离解后，本体所含的带负电荷基团，如 SO_3^{2-}，能吸附结合溶液中的其他阳离子。这两个反应使树脂中的 H^+ 与溶液中的阳离子互相交换。强酸性树脂的离解能力很强，在酸性或碱性溶液中均能离解和产生离子交换作用。

2. 弱酸性阳离子树脂

这类树脂含弱酸性基团，如羧基—COOH，能在水中离解出 H^+ 而呈酸性。树脂离解后余下的带负电荷基团，如 R—COO^-（R 为烃基），能与溶液中的其他阳离子吸附结合，从而产生阳离子交换作用。这种树脂的酸性即离解性较弱，在低 pH 值下难以离解和进行离子交换，只能在碱性、中性或微酸性溶液中（如 pH＝5～14）起作用。这类树脂亦是用酸进行再生（比强酸性树脂较易再生）。弱酸性阳离子树脂如图 2-4-27 所示。

图 2-4-27 弱酸性阳离子树脂

3. 强碱性阴离子树脂

这类树脂含有强碱性基团，如季氨基［亦称四级氨基，—NR_3OH（R 为烃基）］，能在水中离解出 OH^- 而呈强碱性。这种树脂的正电基团能与溶液中的阴离子吸附结合，从而产生阴离子交换作用。

这种树脂的离解性很强，在不同 pH 值下都能正常工作。它用强碱（如 NaOH）进行再生。

4. 弱碱性阴离子树脂

这类树脂含有弱碱性基团，如伯氨基（亦称一级氨基，—NH_2）、仲氨基（二级氨基，—NHR）、或叔氨基（三级氨基，—NR_2），它们在水中能离解出 OH^- 而呈弱碱性。这种树脂的正电基团能与溶液中的阴离子吸附结合，从而产生阴离子交换作用。这种树脂在多数情况下是将溶液中的整个其他酸分子吸附。它只能在中性或酸性条件（如 pH＝1～9）下工作。它可用 Na_2CO_3、NH_4OH 进行再生。

5. 离子树脂的转型

以上是树脂的四种基本类型。在实际使用上，常将这些树脂转变为其他离子型式运行，以适应各种需要。例如，常将强酸性阳离子树脂与 NaCl 作用，转变为钠型树脂再使用。工作时，钠型树脂放出 Na^+ 与溶液中的 Ca^{2+}、Mg^{2+} 等阳离子交换吸附，除去这些离子。反应时没有放出 H^+，可避免溶液 pH 值下降和由此产生的副作用（如蔗糖转化和设备腐蚀等）。这种树脂以钠型运行使用后，可用盐水再生（不用强酸）。又如阴离子树脂可转变为氯型再使用，工作时放出 Cl^- 而吸附交换其他阴离子，它的再生只需用食盐水溶液。氯型树脂也可转变为碳酸氢型（HCO_3^-）运行。强酸性树脂及强碱性树脂在转变为钠型和氯型后，就不再具有强酸性及强碱性，但它们仍然有这些树脂的其他典型性能，如离解性强和工作的pH值范围宽广等。

(二) 离子交换树脂基体的组成

1. 树脂基体

制造原料主要有苯乙烯和丙烯酸（酯）两大类，它们分别与交联剂二乙烯苯产生聚合反应，形成具有长分子主链及交联横链的网络骨架结构的聚合物。苯乙烯系树脂用得较早，丙烯酸系树脂则用得较晚。

这两类树脂的吸附性能都很好，但各有特点。丙烯酸系树脂能交换吸附大多数离子型色素，脱色容量大，而且吸附物较易洗脱，便于再生，在糖厂中可用作主要的脱色树脂。苯乙烯系树脂擅长吸附芳香族物质，善于吸附糖汁中的多酚类色素（包括带负电的或不带电的）；但在再生时较难洗脱。因此，糖液先用丙烯酸树脂进行粗脱色，再用苯乙烯树脂进行精脱色，可充分发挥两者的长处。

2. 脂交联度

即树脂基体聚合时所用二乙烯苯的百分数，它对树脂的性质有很大影响。通常，交联度高的树脂聚合得比较紧密，坚牢而耐用，密度较高，内部空隙较少，对离子的选择性较强；而交联度低的树脂孔隙较大，脱色能力较强，反应速度较快，但在工作时的膨胀性较大，机械强度稍低，比较脆而易碎。工业应用的离子树脂的交联度一般不低于4%；用于脱色的树脂的交联度一般不高于8%；单纯用于吸附无机离子的树脂，其交联度可较高。

除上述苯乙烯系和丙烯酸系这两大系列以外，离子交换树脂还可由其他有机单体聚合制成。如酚醛系（FP）、环氧系（EPA）、乙烯吡啶系（VP）、脲醛系（UA）等。

(三) 树脂物理结构

离子树脂常分为凝胶型和大孔型两类。

1. 凝胶型树脂

其高分子骨架，在干燥的情况下内部没有毛细孔。它在吸水时润胀，在大分子链节间形成很微细的孔隙，通常称为显微孔。湿润树脂的平均孔径为2～4nm。

这类树脂较适合用于吸附无机离子，它们的直径较小，一般为0.3～0.6nm。这类树脂不能吸附大分子有机物质，因后者的尺寸较大，如蛋白质分子直径为5～20nm，不能进入这类树脂的显微孔隙中。

2. 大孔型树脂

该树脂是在聚合反应时加入致孔剂，形成多孔海绵状构造的骨架，内部有大量永久性的微孔，再导入交换基团制成。它并存有微细孔和大网孔，润湿树脂的孔径达100～500nm，其大小和数量都可以在制造时控制。孔道的表面积可以增大到超过1000m^2/g。

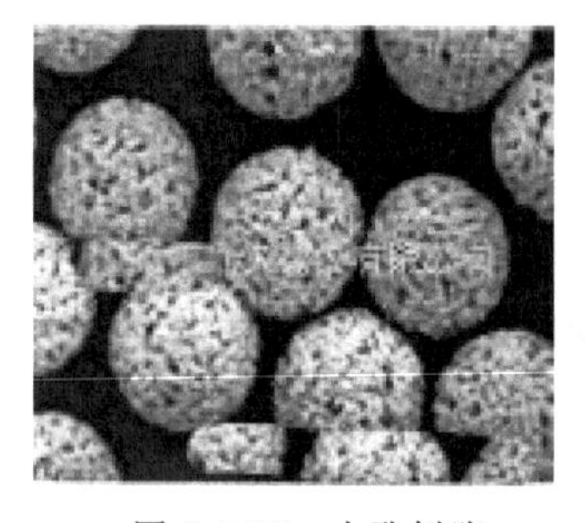

图 2-4-28 大孔树脂

大孔树脂内部的孔隙又多又大（图 2-4-28），表面积很大，活性中心多，离子扩散速度快，离子交换速度也快很多，约比凝胶型树脂快10倍。使用时，作用快、效率高、所需处理时间短。

大孔树脂的其他优点：耐溶胀，不易碎裂，耐氧化，耐磨损，耐热及耐温度变化，以及对有机大分子物质较易吸附和交换，因而抗污染能力强，并较容易再生。

(四) 离子交换容量

离子交换树脂进行离子交换反应的性能，表现在它的“离子交换容量”，即每克干树脂或每毫升湿树脂所能交换的离子的毫克当量数，meq/g（干）或 meq/mL（湿）；当离子为一价时，毫克当量数即是毫克分子数（对二价或多价离子，前者为后者乘离子价数）。它又有总交换容量、工作交换容量和再生交换容量三种表示方式。

1. 总交换容量

即每单位数量（重量或体积）树脂能进行离子交换反应的化学基团的总量。

2. 工作交换容量

即树脂在某一定条件下的离子交换能力，它与树脂种类和总交换容量，以及具体工作条件如溶液的组成、流速、温度等因素有关。

3. 再生交换容量

即在一定的再生剂量条件下所取得的再生树脂的交换容量，表明树脂中原有化学基团再生复原的程度。

通常，再生交换容量为总交换容量的 50%～90%（一般控制 70%～80%），而工作交换容量为再生交换容量的 30%～90%（对再生树脂而言），后一比率亦称为树脂利用率。

在实际使用中，离子交换树脂的交换容量包括了吸附容量，但后者所占的比例因树脂结构不同而异。现仍未能分别进行计算，在具体设计中，需凭经验数据进行修正，并在实际运行时复核。

离子树脂交换容量的测定一般以无机离子进行。这些离子尺寸较小，能自由扩散到树脂体内，与它内部的全部交换基团起反应。而在实际应用时，溶液中常含有高分子有机物，它们的尺寸较大，难以进入树脂的显微孔中，因而实际的交换容量会低于用无机离子测出的数值。这种情况与树脂的类型、孔的结构尺寸及所处理的物质有关。

(五) 离子交换树脂的吸附选择性

离子交换树脂对溶液中的不同离子有不同的亲和力，对它们的吸附有选择性。各种离子受树脂交换吸附作用的强弱程度有一般的规律，但不同的树脂可能略有差异。主要规律如下。

1. 对阳离子的吸附

高价离子通常被优先吸附，而低价离子的吸附较弱。在同价的同类离子中，直径较大的离子易被吸附。一些阳离子被吸附的顺序如下：

$$Fe^{3+} > Al^{3+} > Pb^{2+} > Ca^{2+} > Mg^{2+} > K^{+} > Na^{+} > H^{+}$$

2. 对阴离子的吸附

强碱性阴离子树脂对无机酸根的吸附的一般顺序为：

$$SO_4^{2-} > NO_3^{-} > Cl^{-} > HCO_3^{-} > OH^{-}$$

弱碱性阴离子树脂对阴离子的吸附的一般顺序如下：

OH^{-}>柠檬酸根>SO_4^{2-}>酒石酸根>草酸根>PO_4^{3-}>NO_2^{-}>Cl^{-}>醋酸根>HCO_3^{-}

3. 对有色物的吸附

糖液脱色常使用强碱性阴离子树脂，它对拟黑色素（还原糖与氨基酸反应产物）和还原糖的碱性分解产物的吸附较强，而对焦糖色素的吸附较弱。这被认为是由于前两者通常带负电，而焦糖的电荷很弱。

通常，交联度高的树脂对离子的选择性较强，大孔结构树脂的选择性小于凝胶型树脂。这种选择性在稀溶液中较大，在浓溶液中较小。

(六) 物理性质

离子交换树脂的颗粒尺寸和有关的物理性质对它的工作和性能有很大影响。

1. 树脂颗粒尺寸

离子交换树脂的尺寸也很重要，通常制成珠状的小颗粒。树脂颗粒较细者，反应速度较大，但细颗粒对液体通过的阻力较大，需要较高的工作压力；特别是浓糖液黏度高，这种影响更显著。因此，树脂颗粒的大小应选择适当。如果树脂粒径在 0.2mm（约为 70 目）以下，会明显增大流体通过的阻力，降低流量和生产能力。

2. 树脂的密度

树脂在干燥时的密度称为真密度。湿树脂每单位体积（包括颗粒间空隙）的重量称为湿密度。树脂的密度与它的交联度和交换基团的性质有关。通常，交联度高的树脂的密度较高，强酸性或强碱性树脂的密度高于弱酸或弱碱性者，而大孔型树脂的密度则较低。江苏某公司的苯乙烯系凝胶型强酸阳离子树脂的真密度为 1.26g/mL，湿密度为 0.85g/mL；而丙烯酸系凝胶型弱酸阳离子树脂的真密度为 1.19g/mL，湿密度为 0.75g/mL。

3. 树脂的溶解性

离子交换树脂应为不溶性物质。但树脂在合成过程中夹杂的聚合度较低的物质，及树脂分解生成的物质，会在工作运行时溶解出来。交联度较低和含活性基团多的树脂，溶解倾向较大。

4. 膨胀度

离子交换树脂含有大量亲水基团，与水接触即吸水膨胀。当树脂中的离子交换时，如阳离子树脂由 H^+ 转为 Na^+，阴树脂由 Cl^- 转为 OH^-，都因离子直径增大而发生膨胀，增大树脂的体积。通常，交联度低的树脂的膨胀度较大。在设计离子交换装置时，必须考虑树脂的膨胀度，以适应生产运行时树脂中的离子转换发生的树脂体积变化。

5. 耐用性

树脂颗粒使用时有转移、摩擦、膨胀和收缩等变化，长期使用后会有少量损耗和破碎，故树脂要有较高的机械强度和耐磨性。通常，交联度低的树脂较易碎裂，但树脂的耐用性更主要地决定于交联结构的均匀程度及其强度。如大孔树脂，具有较高的交联度，结构稳定，能反复再生。

二、设备与装置

(一) 设备及装置

离子交换设备主要有固定床、移动床和流动床。目前使用最广泛的是固定床，包括单床、多床、复合床和混合床。

固定床离子交换器包括筒体、进水装置、排水装置、再生液分布装置及体外有关管道和阀门。

1. 筒体

固定床一般是立式圆柱形压力容器，大多用金属制成，内壁需配防腐材料，如衬胶。小直径的交换器也可用塑料或有机玻璃制造。筒体上的附件有进出水管、排气管、树脂装卸口、视镜、人孔等，均根据工艺操作的需要布置。

2. 进水装置

进水装置的作用是分配进水和收集反洗水。常用的形式有漏斗型、喷头型、十字穿孔管型和多孔板水帽型。

3. 底部排水

其作用是收集和分配反洗水。应保证水流分布均匀和不漏树脂。常用的有多孔板排水帽式和石英砂垫层式两种。前者均匀性好，但结构复杂，一般用于中小型交换器。后者要求石英砂中 SiO_2 含量在 99%以上，使用前用 10%～20%HCl 浸泡 12～14h，以免在运行中释放杂质。砂的级配和层高根据交换器直径有一定要求，达到既能均匀集水，也不会在反洗时浮动的目的。在砂层和排水口间设穹形穿孔支撑板。

在较大内径的顺流再生固定床中，树脂层面以上 150～200mm 处设再生液分布装置，常用的有辐射型、圆环型、母管支管型等几种。对小直径固定床，再生液通过上部进水装置分布，不另设再生液分布装置。

在逆流再生固定床（图 2-4-29）中，再生液自底部排水装置进入，不需设再生液分布装置，但需在树脂层面设一中排液装置，用来排放再生液。在反洗时，兼作反洗水进水分配管。中排装置的设计应保证再生液分配均匀，树脂层不扰动，不流失。常用的有母管支管式和支管式两种。前者适用于大中型交换器，后者适用于直径在 600mm 以下的固定床，支管 1～3 根。上述两种支管上有细缝或开孔外包滤网。

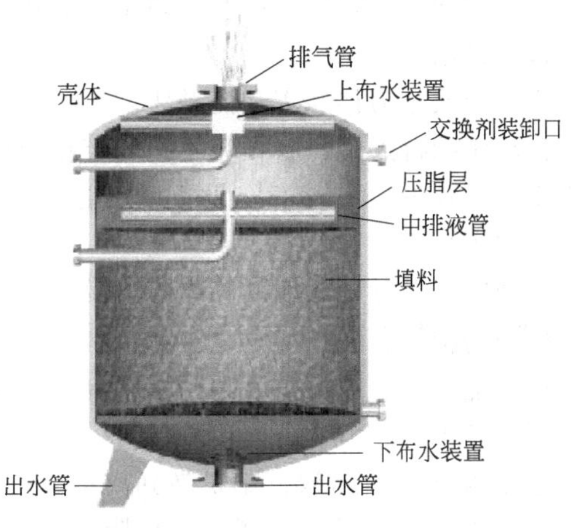

图 2-4-29　逆流再生固定床

(二) 运行方式

离子交换装置按运行方式不同，分为固定床和连续床。

1. 固定床

固定床的构造与压力滤罐相似，是离子交换装置中最基本的也是最常用的一种型式，其特点是交换与再生两个过程均在交换器中进行，根据交换器内装填树脂种类及交换时树脂在交换器中的位置的不同，可分为单层床、双层床和混合床。

单层床是在离子交换器中只装填一种树脂，如果装填的是阳树脂，称为阳床；如果装填的是阴树脂，称为阴床。

双层床是离子交换器内按比例装填强、弱两种同性树脂，由于强、弱两种树脂密度的不同，密度小的弱型树脂在上，密度大的强型树脂在下，在交换器内形成上下两层。

除此之外，还有混合床和三层床树脂填装方式。

根据固定床原水与再生液的流动方向，又分为两种形式，原水与再生液分别从上而下以同一方向流经离子交换器的，称为顺流再生固定床，原水与再生液流向相反的，称为逆流再生固定床。

(1) 顺流再生固定床　顺流再生固定床的构造简单，运行方便，但存在几个缺点：在通常生产条件下，即使再生剂单位耗量 2～3 倍于理论值，再生效果也不太理想；树脂层上部再生程度高，而下部再生程度差；工作期间，原水中被去除的离子首先被上层树脂所吸附，置换出来的反离子随水流流经底层时，与未再生好的树脂起逆交换反应，上一周期再生时未被洗脱出来的被去除的离子，作为泄漏离子出现在本周期的出水中，所以出水剩余被去除的离子较多；而到了工作后期，由于树脂层下半部原先再生不好，交换能力低，难以吸附原水中所有被去除的离子，出水水质提前超出规定，导致交换器过早地失效，降低了工作效率。因此，顺流再生固定床只选用于设备出水较小，原水被去除的含离子和含盐量较低的场合。

(2) 逆流再生固定床　逆流再生固定床的再生有两种操作方式：一是水流向下流的方式；二是水流向上流的方式。逆流再生可以弥补顺流再生的缺点，而且出水质量显著提高，原水水质适用范围扩大，对于硬度较高的水，仍能保证出水水质，所以目前采用该法较多。

总体而言，固定床有出水水质好等优点，但固定床离子交换器存在三个缺点：一是树脂交换容量利用率低；二是在同设备中进行产水和再生工序，生产不连续；三是树脂中的树脂交换能力使用不均匀，上层的饱和程度高，下层的低。

为克服固定床的缺点，开发出了连续式离子交换设备，即连续床。

2. 连续床

连续床又分为移动床和流动床。

移动床的特点是树脂颗粒不是固定在交换器内，而是处于一种连续的循环运动过程中，树脂用量可减少 1/3～1/2，设备单位容积的处理水量还可得到提高，如双塔移动床系统和三塔移动床系统。

流动床是运行完全连续的离子交换系统，但其操作管理复杂，废水处理中较少应用。

(三) 再生方法

离子交换树脂的再生原则：树脂尽可能地恢复或接近原来树脂的工作状态。

再生过程可分为 7 个连续步骤：

① 再生剂离子从溶液中扩散到离子交换树脂颗粒的表面；

② 再生剂离子透过离子交换树脂颗粒表面的边界膜；

③ 再生剂离子在离子交换树脂颗粒的内部孔隙中扩散，并扩散到交换点；

④ 离子交换反应进行；

⑤ 交换后的离子在离子交换树脂颗粒的内部空隙中扩散，并扩散到离子交换树脂的表面；

⑥ 交换后的离子透过离子交换树脂颗粒表面的边界膜；

⑦ 向外扩散到溶液中去，完成整个离子交换的过程。

在这 7 个连续的步骤中，①～③是再生剂的离子向离子交换树脂颗粒内部扩散的；⑤～⑦是再生剂再生后置换出来的离子交换树脂中的离子，并且是等价的离子，离子的运动方向相反。①和⑦是离子在溶液中扩散，②和⑥是离子透过交换树脂的边界膜扩散，③和⑤是离子在交换树脂的内部扩散，那么离子交换过程的快慢就决定离子扩散的速度。

树脂失效后的再生方式大致可分为静态再生和动态再生两种。

(1) 静态再生　即在容器内用再生剂泡树脂，使之恢复到原来的工作状态的方法。

(2) 动态再生　即让再生剂不断流过装有树脂的容器内，使之恢复到原工作状态的方法，动态再生的方法有顺流再生、逆流再生和对流再生。

1. 再生剂用量

再生剂用量与树脂再生效果和运行费用密切相关。再生剂用量还同再生方式、树脂类型和再生剂种类有关。详见表 2-4-13。

表 2-4-13　推荐再生液浓度

再生方式	强酸阳离子交换树脂		强碱阴离子交换树脂	混合床	
	钠型	氢型		强酸树脂	强碱树脂
再生剂品种	食盐	盐酸	烧碱	盐酸	烧碱
顺流再生液浓度/%	5～10	3～4	2～3	5	4
逆流再生液浓度/%	3～5	1.5～3	1～3		

2. 再生液的浓度

再生液浓度与再生方式、树脂类型有关，表 2-4-13 为推荐再生液浓度。用硫酸作再生液时，建议分为三步逐次再生，再生效果好。

3. 再生液温度

在树脂允许的范围内，再生温度越高，再生效果就越好。为节省运行费用，一般均在常温下再生。为了除去树脂中一些有害物质或再生困难的离子，再生液可加热到 35～40℃。

4. 再生液流速

再生液流速涉及再生液和树脂的接触时间，直接影响再生效果。在离子交换柱中，再生液的流速一般控制在 4～8m/h。

5. 树脂再生后清洗

树脂再生后，树脂层内残留一定量的再生剂，需用产品水（或去离子水）进行正洗或反洗，清洗水量可通过计算确定，在一般小型软化或纯水系统中，清洗水量约占总产品水量的 10%～20%。

三、设计计算

(一) 确定离子交换设计参数

1. 确定进水和处理后出水的水质与水量

根据离子交换不同的处理目标，应确定相应的进水和出水水质指标。如用于软化时，应确定进出水的硬度指标；用于脱盐时，应确定进出水的阳离子和阴离子浓度指标；对废水而言，出水指标常常为国家或地方的排放标准。在制水工程中，处理水量应考虑到树脂再生时附加的清洗水量。

2. 确定离子交换柱在工况条件下的设计参数

确定工况条件的设计参数是十分复杂的，往往要通过试验和参照相似的实际运行装置作参考。这些设计参数包括树脂的工作交换容量、液体的流速、再生剂耗量等有关参数。在无确切资料的情况下，离子交换脱盐可利用国内现行各种设计规范提供的推荐数据。详见表 2-4-14。

(二) 离子交换计算步骤

1. 计算交换柱处理负荷

$$G=Q(c-c_p) \tag{2-4-49}$$

式中，G 为处理负荷，mol/h；Q 为处理水量，m^3/h；c 为进水浓度，mol/m^3；c_p 为出水浓度，mol/m^3。

2. 计算所需树脂的总体积

$$V=\frac{Gt}{E_0} \tag{2-4-50}$$

式中，V 为树脂总体积，m^3；t 为树脂再生周期，h；E_0 为工作交换容量，mol/m^3。

3. 计算离子交换柱的直径

$$D=\sqrt{\frac{4Q}{\pi v}} \tag{2-4-51}$$

式中，D 为离子交换柱直径，m；v 为处理液在柱内流速，m/h。

表 2-4-14 树脂工艺性能设计参数

离子交换性质	钠离子交换					强酸氢离子交换					
交换柱形式	顺流再生固定床		逆流再生固定床		浮动床	顺流再生固定床		逆流再生固定床		浮动床	
交换剂品种	强酸树脂	磺化煤	强酸树脂	磺化煤	强酸树脂	强酸树脂		强酸树脂		强酸树脂	
运行流速/(m/h)	15～25	10～20	一般 20～30，瞬时 30	10～20	一般 30～40，最大 50	一般 20，瞬时 30		一般 20，瞬时 20		一般 30～40，最大 50	
再生剂品种	NaCl	NaCl	NaCl	NaCl	NaCl	H_2SO_4	HCl	H_2SO_4	HCl	H_2SO_4	HCl
再生剂耗量/(g/mol)	100～120	100～200	80～100	80～100	80～100	100～150	70～80	≤70	50～55	≤70	50～55
工作交换容量/(mol/m³)	800～1000	250～300	800～1000	250～300	800～1000	500～650	800～1000	500～650	800～1000	500～650	800～1000

离子交换性质	弱酸氢离子交换		弱碱氢氧离子交换	强碱氢氧离子交换			混合离子交换	
交换柱形式	顺流再生固定床		顺流再生固定床	顺流再生固定床	逆流再生固定床	浮动床	混合床	
交换剂品种	弱酸树脂		弱碱树脂	强碱树脂	强碱树脂	强碱树脂	强酸树脂	强碱树脂
运行流速/(m/h)	20～30		20～30	一般 20，瞬时 30	一般 20，瞬时 30	一般 30～40，最大 50	40～60	
再生剂品种	H_2SO_4	HCl	NaOH	NaOH	NaOH	NaOH	HCl	NaOH
再生剂耗量/(g/mol)	约 60	约 40	40～50	100～120	60～65	60～65	100～150	200～250
工作交换容量/(mol/m³)	1500～1800		800～1200	250～300	Ⅰ型 250～300 Ⅱ型 400～500	Ⅰ型 250～300 Ⅱ型 400～500	500～550①	200～250①

① 为《化工企业化学水处理设计计算规定》（试行）（TC100A70—81）推荐数据。

注：1. 表中数据系有关设计规范（规程）数据的综合。

2. 有关阴树脂的工作交换容量指以工业液体烧碱作为再生剂的数据。

4. 计算离子交换柱高度

$$h=\frac{4V}{D^2\pi} \tag{2-4-52}$$

式中，h 为树脂层高度，m。

$$H=h(1+\alpha) \tag{2-4-53}$$

式中，H 为离子交换柱高度，m；α 为树脂清洗时膨胀率，可按 40%～50%考虑。

5. 离子交换再生液的计算

再生剂的用量为

$$M=q_0E_0V' \tag{2-4-54}$$

式中，M 为再生剂的用量，g；q_0 为再生剂耗量，g/mol；V'为塔内所装填饱和树脂的体积，m^3。

再生液的体积为

$$V_i=M/c_i \tag{2-4-55}$$

式中，V_i 为在一定浓度下的再生液体积，L；c_i 为再生溶液中所含再生剂的浓度，g/L。

【例 2-4-3】 某电镀厂日排废水 $182m^3$，废水中含有铜 40mg/L、锌 20mg/L、镍 30mg/L和 CrO_4^{2-} 130mg/L。为达标排放需进行处理并回收铬。设计该处理系统，并计算设备大小与树脂和再生剂的用量。

解： ① 该套系统处理工艺流程如图 2-4-30 所示。采用逆流再生系统。

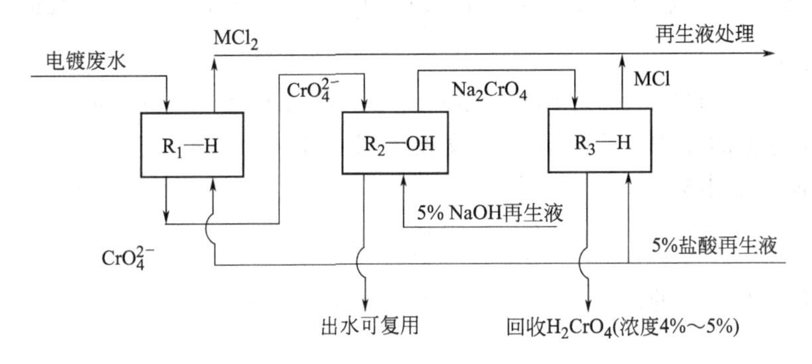

图 2-4-30 处理工艺流程

② 第一个阳离子交换塔（R$_1$—H）应除去的金属离子的物质的量。假设出水中所含金属离子浓度甚微（$c_p \approx 0$），则应除去的金属离子的物质的量合计为：

20mg/L Zn^{2+} 的物质的量浓度为 $c\left(\frac{1}{2}Zn^{2+}\right)=0.62$mmol/L

30mg/L Ni^{2+} 的物质的量浓度为 $c\left(\frac{1}{2}Ni^{2+}\right)=1.02$mmol/L

40mg/L Cu^{2+} 的物质的量浓度为 $c\left(\frac{1}{2}Cu^{2+}\right)=1.26$mmol/L

合计　2.9mmol/L（$2.9mol/m^3$）

每日应去除金属离子负荷为：

$$G=Q(c-c_p)=182m^3/d\times(2.9mol/m^3-0)=528mol/d$$

③ 计算 R$_1$—H 塔所需树脂的体积。设该阳树脂工作交换容量 $E_0=1000mol/m^3$，决定树脂的再生周期 $t=2d$。所需树脂的体积：

$$V_1=\frac{Gt}{E_0}=\frac{528\times2}{1000}=1.06\ (m^3)$$

④ 计算 R_1—H 塔尺寸。设 R_1—OH 塔直径 $D=800$mm（0.8m），则树脂层厚度：

$$h=\frac{V_1}{\frac{\pi}{4}D^2}=\frac{1.06}{\frac{\pi}{4}\times(0.8)^2}=2.1\ (\mathrm{m})$$

考虑反冲洗时的膨胀率 $\alpha=50\%$，所以 R_1—H 塔高

$$H=h(1+\alpha)=2.1\times(1+50\%)=3.15\ (\mathrm{m})$$

⑤ 校对废水在塔内的流速：

$$v=\frac{Q}{\frac{\pi}{4}D^2}=\frac{182/24}{\frac{\pi}{4}\times(0.8)^2}=15.1\ (\mathrm{m/h})<20\ (\mathrm{m/h})$$

⑥ 计算 R_1—H 塔阳树脂再生时的耗酸量。根据表 2-4-14 查得 HCl 的再生剂耗量为 $q_0=50$g/mol，再生一次所需的酸量 M 为：

$$M=q_0E_0V_1=50\mathrm{g/mol}\times1000\mathrm{mol/m^3}\times1.06\mathrm{m^3}=53000\mathrm{g}$$

如配成 5%浓度的盐酸，查得每升含盐酸的质量为 51.2g，即浓度 $c_{\mathrm{HCl}}=51.2$g/L。故所需 5%的盐酸再生液体积：

$$V_{\mathrm{HCl}}=M/c_{\mathrm{HCl}}=53000/51.2=1035\ (\mathrm{L})$$

外排的再生废液尚需采用化学法中和沉淀处理。

⑦ R_2—OH 阴离子交换塔的计算。

130mg/L CrO_4^{2-} 的物质的量浓度为 $c\left(\frac{1}{2}CrO_4^{2-}\right)=2.24\mathrm{mmol/L}(2.24\mathrm{mol/m^3})$

每日排放负荷：

$$G=Q(c-c_p)=182\mathrm{m^3/d}\times(2.24\mathrm{mol/m^3}-0)=408\mathrm{mol/d}$$

⑧ 所需阴树脂的体积。阴树脂工作交换容量按 $E_0'=500\mathrm{mol/m^3}$，再生周期为两天即 $t'=2$d，则所需树脂体积：

$$V_2=\frac{G't'}{E_0'}=\frac{408\times2}{500}=1.63\ (\mathrm{m^3})$$

⑨ 计算 R_2—OH 塔的尺寸。设塔的直径为 950mm，则树脂层厚度 h'为：

$$h'=\frac{V_2}{\frac{\pi}{4}D'^2}=\frac{1.63}{\frac{\pi}{4}\times0.95^2}=2.3\ (\mathrm{m})$$

反冲洗和清洗时树脂的膨胀率 $\alpha=50\%$，所以 R_2—OH 塔的高度：

$$H'=h'(1+\alpha)=2.3\mathrm{m}(1+50\%)=3.45\ (\mathrm{m})$$

废水在 R_2—OH 塔内流速 v 为：

$$v=\frac{Q}{\frac{\pi}{4}D'^2}=\frac{182/24}{\frac{\pi}{4}\times0.95^2}=10.7\ (\mathrm{m/h})$$

⑩ 计算 R_2—OH 塔内阴树脂再生时的耗碱量。查表得知 NaOH 的再生剂耗量为 65g/mol，即 $q_0=65$g/mol。总耗碱量：

$$M'=q_0'E_0'V_2=65\times500\times1.63=53000\ (\mathrm{g})$$

如配成 5% NaOH 再生液时，查得该溶液浓度 $c_{\mathrm{NaOH}}=52.69$g/L，故所需 5%的 NaOH 溶液体积为：

$$V_{\mathrm{NaOH}}=M'/c_{\mathrm{NaOH}}=53000\mathrm{g}/(52.69\mathrm{g/L})=1006\ (\mathrm{L})$$

再生后的排出液主要成分为 Na_2CrO_4。

⑪ R_3—H 阳离子交换塔的计算。进入 R_3—H 塔内的成分为 Na_2CrO_4，假设吸附在阴

树脂上的CrO_4^{2-}全部被OH^-所置换，进入R_3—H塔内的$c\left(\frac{1}{2}CrO_4^{2-}\right)$物质的量为408mol/d，与此相匹配的$Na^+$物质的量亦应为408mol/d，如果两天用盐酸再生一次，则R_3—H中的阳树脂吸附Na^+的物质的量为408mol/d×2d=816mol，盐酸逆流再生的工作交换容量按$E_0=1000mol/m^3$计，则所需树脂体积：

$$V_3=\frac{G''t''}{E''_0}=\frac{408\times 2}{1000}=0.816\ (m^3)$$

设R_3—H塔的直径为700mm（0.7m），则树脂层厚度：

$$h''=\frac{V_3}{\frac{\pi}{4}D''^2}=\frac{0.816}{\frac{\pi}{4}\times 0.7^2}=2.12\ (m)$$

考虑到清洗和反冲洗树脂的膨胀率为$\alpha=50\%$，则比R_3—H塔高为：

$$H''=h''(1+\alpha)=2.12\times(1+50\%)=3.18\ (m)$$

⑫ 计算R_3—H塔内阳树脂洗脱再生耗酸量，查表知HCl的再生剂耗量q_0为50g/mol。总耗酸量：

$$M''=q''_0E''_0V_3=50\times 1000\times 0.816=40800\ (g)$$

配成5%的盐酸溶液，查得该溶液浓度为$c_{HCl}=51.2g/L$，故5%盐酸再生液的体积为

$$V_{HCl}=M''/c_{HCl}=40800/51.2=797\ (L)$$

再生下来的溶液为H_2CrO_4稀溶液，可以回收再利用。

第六节　消　　毒

一、原理和功能

废水经二级处理后，水质已经改善，细菌含量也大幅减少，但细菌的绝对数量仍很可观，并存在有病原菌的可能。因此在排放水体前或回用前，应进行消毒处理。消毒是杀灭废水中病原微生物的工艺过程。废水消毒应连续运行，特别是在城市水源地的上游、旅游区，夏季或流行病流行季节，回用之前，应严格连续消毒。非上述情况，在经过卫生防疫部门的同意后，也可考虑采用间歇消毒或酌减消毒剂的投加量。

废水消毒的主要方法是向废水投加消毒剂。目前用于废水消毒的消毒剂有液氯、臭氧、次氯酸钠、紫外线等。这些消毒剂的优缺点与适用条件参见表2-4-15[6]。

表2-4-15　消毒剂的优缺点及选择

名称	优点	缺点	适用条件
液氯	效果可靠，投配设备简单，投量准确，价格便宜	氯化形成的余氯及某些含氯化合物低浓度时对水生生物有毒害；当废水含工业废水比例大时，氯化可能生成致癌物质	适用于大、中型废水处理厂
臭氧	消毒效率高并能有效地降解废水中残留有机物、色、味等，废水pH值与温度对消毒效果影响很小，不产生难处理的或生物积累性残余物	投资大，成本高，设备管理较复杂	适用于出水水质较好，排放水体的卫生条件要求高的废水处理厂
次氯酸钠	用海水或浓盐水作为原料，产生次氯酸钠，可以在废水厂现场产生并直接投配，使用方便，投量容易控制	需要有次氯酸钠发生器与投配设备	适用于中、小废水处理厂
紫外线	是紫外线照射与氯化共同作用的物理化学方法，消毒效率高	电耗能量较多	适用于小型废水厂

几种常用氧化剂的氧化还原电位如表2-4-16所列，几种常用的消毒剂的CT值（C为消毒剂在水中的浓度，mg/L；T为接触时间，min）如表2-4-17所列。

表2-4-16 几种常用氧化剂的氧化还原电位

氧化剂	氧化还原电位	对氯比值	氧化剂	氧化还原电位	对氯比值
臭氧(O_3)	2.07	1.52	氯(Cl_2)	1.36	1
过氧化氢(H_2O_2)	1.78	1.3	二氧化氯(ClO_2)	1.27	0.93
次氯酸(HClO)	1.49	1.1	氧分子(O_2)	1.23	0.9

表2-4-17 几种常用消毒剂的*CT*值（99%灭活）

微生物	臭氧(pH=6～7)	氯	氯胺	二氧化氯
大肠杆菌	0.02	0.03～0.05	95～180	0.4～180
脊髓灰质炎病毒	0.1～0.2	1.1～2.5	770～3500	0.2～6.7
轮状病毒	0.006～0.06	0.01～0.05	2810～6480	0.2～2.1
贾第鞭毛虫	0.5～1.6	30～150	750～2200	10～36
隐形孢子虫	2.5～18.4	7200	7200(灭活率90%)	78(灭活率90%)

就化学法消毒而言，液氯、二氧化氯、氯胺及臭氧作为氧化消毒剂时，其消毒效率顺序为$O_3>ClO_2>Cl_2>NH_2Cl$，消毒持久性顺序为$NH_2Cl>ClO_2>Cl_2>O_3$，成本费用顺序为$O_3>ClO_2>NH_2Cl>Cl_2$，在水处理过程可都会产生各自的副产物，因此对消毒剂的选择应该综合考虑。

从消毒成本、使用方便性及安全性方面来说，氯消毒是较好的方法，但其主要问题是产生三卤甲烷等“三致”有毒副产物；二氧化氯消毒所产生的副产物亚氯酸盐等对人体的危害性较大；氯胺的杀菌效果较差，不宜单独作为饮用水消毒剂使用，但若将其与其他消毒剂结合作用，即可以保证消毒效果，又可减少三卤甲烷的产生，且可延长在配水管网中的作用时间，是可以考虑的一种消毒技术；臭氧消毒具有最强的消毒效果，并且不直接产生三卤甲烷等“三致”副产物，能明显改善水质，是今后发展的方向。这四种消毒剂应用于饮用水消毒时各有所长，又都有一定的局限性，需要结合实际情况综合考虑，来选择最适宜的消毒剂。

消毒方法大体上可分为两类：物理方法和化学方法。物理方法主要有加热、冷冻、辐照、紫外线和微波消毒等方法。化学方法是利用各种化学药剂进行消毒，常用的化学消毒剂有氯及其化合物、各种卤素、臭氧、重金属离子等。

氯价格便宜，消毒可靠又有成熟的经验，是应用最广的消毒剂。近年来，由于发现氯化消毒会产生有机氯化合物，水中病毒对氯化消毒有较大的抗性，因此采用其他消毒方法引起很大重视。特别是在给水处理中，臭氧被认为是可代替氯的有前途的消毒剂。紫外线适用于小水量、清洁水的消毒。重金属常用于除藻及工业用水消毒。溴和碘及其制剂可用于游泳池水消毒以及军队野战中的临时用水消毒。加热和辐照对污泥消毒较为合适。几种常用的消毒方法比较示于表2-4-18。

控制消毒效果的最主要因素是消毒剂的投加量和反应接触时间。对于某种废水进行消毒处理时，加入较大剂量的消毒剂无疑将得到更好的消毒效果，但这样也必然造成运行费用增加。因此需要选择确定一个适宜的投药量，以达到既能满足消毒灭菌的指标要求，同时又保证较低的运行费用。在有条件的情况下，可以通过试验的方法来确定消毒剂的投加量。但在大多数情况下，一般是根据经验数据来确定消毒剂的投加量和反应接触时间。到工程投入运行后，还可以通过控制投药量的增加或减少对设计参数进行实际修正。

表 2-4-18 几种消毒方法的比较

项目	液氯	臭氧	二氧化氯	紫外线照射	加热	卤素（Br_2、I_2）	金属离子（银、铜等）
使用剂量/(mg/L)	10.0	10.0	2～5	—	—	—	—
接触时间/min	10～30	5～10	10～20	短	10～20	10～30	120
效率 对细菌 对病毒 对芽孢	 有效 部分有效 无效	 有效 有效 有效	 有效 部分有效 无效	 有效 部分有效 无效	 有效 有效 无效	 有效 部分有效 无效	 有效 无效 无效
优点	便宜、成熟、有后续消毒作用	除色、臭味效果好，现场发生溶解氧增加，无毒	杀菌效果好，无气味，有定型产品	快速、无化学药剂	简单	同氯，对眼睛影响较小	有长期后续消毒作用
缺点	对某些病毒、芽孢无效，残毒，产生臭味	比氯贵，无后续作用	维修管理要求较高	无后续作用，无大规模应用，对浊度要求高	加热慢，价格贵，能耗高	慢，比氯贵	消毒速度慢，价贵，受胺及其他污染物干扰
用途	常用方法	应用日益广泛，与氯结合生产高质量水	中水及小水量工程	试验室及小规模应用较多	适用于家庭消毒	适用于游泳池	

此外，影响消毒效果的因素还有水温、pH 值、污水水质及消毒剂与水的混合接触方式等。一般说来，温度越高时，同样消毒剂投加剂量下消毒效果会更好些。而废水水质越复杂对消毒效果影响越大。特别是当水中含有较高浓度的有机污染物时，这些有机物不仅能消耗消毒剂，并且还能在菌体细胞外壁形成保护膜或隐蔽细菌阻止其与消毒剂接触，因而造成消毒效果大大下降。废水 pH 值的变化对采用加氯消毒的效果影响较大，使用中应予适当的考虑。混合形式与接触方法主要对以传质控制的消毒过程有较大的影响，例如采用臭氧法消毒时，必须考虑选择有效合理的接触反应设备或装置。

污水中病原微生物的含量比非病原微生物含量少得多，而且做常规直接检查病原微生物又较困难，所以要选择有代表性的指示生物作为控制指标。通常，用大肠菌群数作为指标。大肠菌群一般包括大肠埃希杆菌、产气杆菌、枸橼酸盐杆菌和副大肠杆菌。大肠埃希杆菌有时也称为普通大肠杆菌或大肠杆菌，它是人和温血动物肠道中的寄生细菌。在人粪便中大肠菌群数量最多，又易于鉴别，其抗氯消毒性大于伤寒和痢疾杆菌，所以用它来做指示指标是合适的。目前，国际上也有建议使用大肠菌与粪便链球菌的比值关系来区别人或者是动物粪便所造成的污染，并且提出了经研究得出的可供判别的指示性微生物数量，见表 2-4-19。

表 2-4-19 人及动物体所排指示性微生物估计表

类别	粪便平均质量/g	1g 粪便的指示微生物量/$\times10^6$ 个		每人(头)24h 平均污染量/$\times10^6$ 个		FC/FS
		粪便大肠杆菌(FC)	粪便链球菌(FS)	粪便大肠杆菌(FC)	粪便链球菌(FS)	
人	150	13.0	3.0	2000	450	4.4
鸭	336	33.0	54.0	11000	18000	0.6
绵羊	1130	16.0	38.0	18000	43000	0.4
鸡	182	1.3	3.4	240	620	0.4
牛	23600	0.23	1.3	5400	31000	0.2
火鸡	448	0.29	2.8	130	1300	0.1
猪	2700	3.3	84.0	8900	230000	0.04

(1) 我国《生活饮用水卫生标准》(GB 5749—2006) 规定，生活饮用水要求达到：

大肠菌数不得检出。

(2) 对于医院污水，经处理与消毒后要求应达到下列标准：

① 连续三次各取样 500mL 进行检验，不得检出肠道致病菌和结核杆菌；

② 总大肠菌群数不得大于 500 个/L。

(3) 对于采用氯化法消毒要求：

① 综合医院污水及含肠道致病菌污水，接触时间不少于 1h，总余氯量 4～5mg/L；

② 含结核杆菌污水，接触时间不少于 1.5h，总余氯量为 6～8mg/L。

(4) 根据《污水综合排放标准》(GB 8978—1996) 中所含的部分行业污染物最高允许排放浓度中的规定，兽医院及医疗机构含病原体污水一级、二级、三级限值分别为 500 个/L、1000 个/L、5000 个/L，传染病结核病医院污水一级、二级、三级限值分别为 100 个/L、500 个/L、1000 个/L。

(5)《农田灌溉水质标准》(GB 5084—2005) 中规定：

粪大肠杆菌群数≤4000 个/100mL；

蛔虫卵数≤2 个/L。

(6)《生活杂用水水质标准》(GJ/T 48—1999) 中规定：

总大肠菌群不得超过 3 个/L；

管网末端游离氯不得小于 0.2mg/L。

二、设备和装置

(一) 加氯设备

加氯消毒是到目前为止使用最多的水处理消毒方法。这主要是由于工业产品瓶装液氯来源可靠，加氯消毒的一次性设备投资和运行费用也都比较低，而消毒效果也比较稳定，且有成熟的设计经验，所以在以往的工程中较多地被采用。但是氯气是一种有毒气体，因此在运输和贮存中都必须谨慎小心，特别是在人口稠密的城市地区，绝对不允许发生意外泄漏事故。加氯间的设计要做到结构坚固、防冻保温和安装排风装置，同时加氯间内还要备有检修工具和抢救设备。液氯瓶的运输储存和加氯间的设计还有其他许多方面的规定，设计中必须按标准规范要求执行。

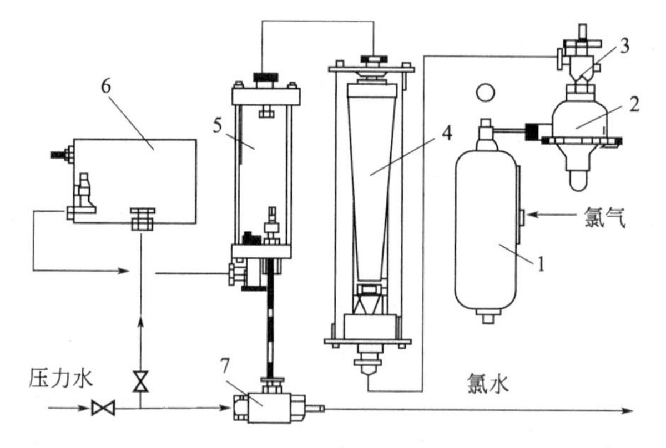

图 2-4-31 ZJ 型转子加氯机

1—旋风分离器；2—弹簧膜阀；3—控制阀；4—转子流量计；5—中转玻璃罩；6—平衡水箱；7—水射器

目前国内使用的加氯机种类较多。图 2-4-31 所示为 ZJ 型转子加氯机示意[6]。来自氯瓶的氯气首先进入旋风分离器，再通过弹簧膜阀和控制阀进入转子流量计和中转玻璃罩，于是经水射器与压力水混合，溶解于水内被输送至加氯点。

图 2-4-31 中各部分作用如下。

(1) 旋风分离器用于分离氯气中可能有的一些悬浮杂质。可定期打开分离器下部旋塞将杂质予以排除。

(2) 弹簧膜阀的作用为：当氯瓶中压力小于 98066.5kPa（1kgf/cm^2）时，此阀即自动关闭，以满足制造厂要求氯瓶内氯气应有一定剩余压力，不允许被抽吸成真空的安全要求。

(3) 控制阀及转子流量计用于控制和测定加氯量。

(4) 中转玻璃罩起着观察加氯机工作情况的作用。此外，还起稳定加氯量、防止压力水倒流和当水源中断时，破坏罩内真空的作用。

(5) 平衡水箱可补充和稳定中转玻璃罩内的水量，当水流中断时使中转玻璃罩破坏真空。

(6) 水射器除从中转玻璃罩内抽吸所需的氯，并使之与水混合、溶解于水（进行投加）外，还起使玻璃罩内保持负压状态的作用。

除了 ZJ 型转子加氯机之外，目前国内市场上还有 ZJK 型、ZJL-1 型等多种加氯机产品。表 2-4-20 和表 2-4-21 列出了其中部分产品的规格及性能。

表 2-4-20 ZJ 型转子加氯机规格及性能

型号	性能		外形尺寸（长×宽×高）/mm	净重/kg	参考价格/(元/台)	生产厂
	加氯量/(kg/h)	适用水压力/MPa				
ZJ-1	5～45	水射器进水压力<0.25 加氯点压力>0.1	650×310×1000	40	650	上海市自来水公司给水工程服务所
ZJ-2	2～10		550×310×770	30	500	

表 2-4-21 ZJK 型自动加氯减压控制器规格及性能

加氯量/(kg/h)	氯瓶压力/MPa	加氯减压范围/MPa	适用环境温度/℃	氯过滤器 F22DF 防腐电磁阀							连接形式
				规格/in	过滤网孔眼/(孔/in)	阀体长度/mm	公称直径/mm	工作压力/MPa	电源/V	外形尺寸/mm	
1～6	<1.6	0.05～0.2	10～50	1/2 3/4 1 1½	24～40 (液体) 40～70 (气体)	76 86 96 110	2 3 4 5 6	0～0.8	220	$L=85$ $H=82$	锁母连接

WY-1/2 型氯减压阀								控制器箱体外形尺寸/mm	控制器质量/kg	参考价格/(元/套)	生产厂
公称直径/in	公称压力/MPa	阀后调压范围/MPa	阀前、阀后最小允许压差/MPa	调压误差/%	阀后气体流量	适用环境温度/℃	阀体材质				
1/2	1.6	0～0.5	0.08	10	空气流量 1.5～8m^3/h 折合氯气量 1～15.5kg/h	≤50	铸铁或铸铜	600×400×300(长×宽×高)	22	1860	北京自动化仪表七厂

(二) 臭氧消毒处理设备

臭氧消毒一般适用于对出水水质要求较高的消毒处理工艺。臭氧消毒工艺之前一般需经过二级处理及沉淀过滤。例如在一些回用于生产的处理出水的消毒、游泳池循环水的处理及医院污水处理等工程中，臭氧消毒经常成为优先考虑的工艺。对于工业水回用处理来说，臭氧处理不仅能够消毒同时还能达到脱色和进一步氧化去除有机物的效果。

目前国内已有许多厂家能够生产各种规格的臭氧发生器产品，其单台臭氧产量可以从几克/小时到几千克/小时。表 2-4-22 列出了部分国产臭氧发生器的特性。

表 2-4-22 国产臭氧发生器型号及特性

项　目	型号		
	LCF 型	XY 型	QHW 型
结构型式	立管式 (ϕ25×1.5×1000)mm	卧管式(内玻管) (ϕ46×2×1250)mm	卧管式(外玻管) (ϕ46×4×1000)mm
介电管	玻璃管	玻璃管石墨内涂层	玻璃管
冷却方式	水冷	水冷	水冷
空气干燥方式	无热变压吸附	无热变压吸附	无热变压吸附
工作电压/kV	9～11	12～15	12～15
电源频率/Hz	50	50	50
供气气源压力/(×9.8×10^4Pa)	6～8	6～8	6～8
臭氧压力/(×9.8×10^4Pa)	0～0.6	0.4～0.8	0.4～0.8
供气露点/℃	－40	－40	－40
臭氧产量/(g/h)	5～1000	5～2000	5～1000
电耗/(kW·h/kg)	15～20	16～22	14～18

臭氧用于废水消毒处理时的接触装置，目前多采用微孔钛板布气的气泡反应塔，接触时间一般为 20～30min。另外也有采用机械式涡轮注入器或固定混合器的。使用涡轮注入器的接触时间一般为 10～12min。

(三) 次氯酸钠发生器

在一些处理水量较小的工程中，有时可以采用投加漂白粉（次氯酸钙）或漂白精（次氯酸钙）的方法。目前还有利用漂白精生产的片剂产品用于小型医院污水的消毒处理，特点是简便易行；但人工操作强度较大，消毒效果不易保持稳定。而采用次氯酸钠发生器可以达到设备化连续运行，同时也能实现自动计量投配，因而使处理效果稳定；其缺点是盐耗、电耗造成的运行成本偏高及设备易被腐蚀。国产次氯酸钠发生器的一般性能见表 2-4-23。图 2-4-32 为次氯酸钠法处理医院污水流程示意。

表 2-4-23 次氯酸钠发生器性能

次氯酸钠发生量/(g/h)	100～1000	次氯酸钠浓度/%	4～10
工作电压/V	13～36	耗盐量/(kg/kg)	3～7.6
盐水浓度/%	3.5～5	电耗/(kW·h/kg)	4～7.8

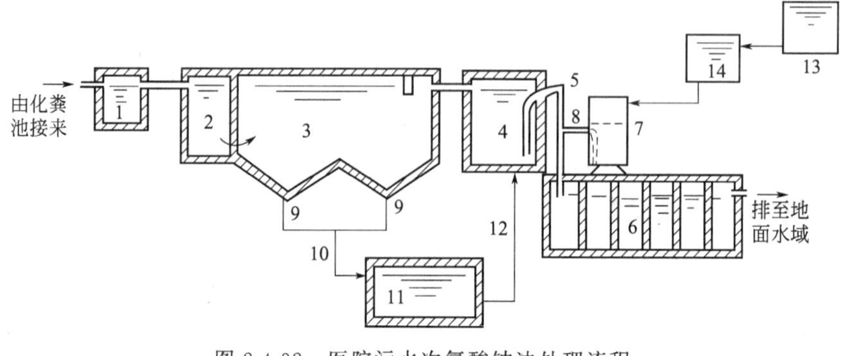

图 2-4-32 医院污水次氯酸钠法处理流程

1—沉砂井；2—缓冲井；3—沉淀池；4—虹吸池；5—虹吸管；6—消毒池；7—次氯酸钠发生器；8—投氯管；9—污泥斗；10—排泥管；11—污泥池；12—上清液排出管；13—饱和盐水池；14—3%盐水池

（四）二氧化氯发生器

二氧化氯消毒也是氯消毒法中的一种，但它又有与通常的氯消毒法有不同之处：二氧化氯一般只起氧化作用，不起氯化作用，因此它与水中杂质形成的三氯甲烷等要比氯消毒少得多。二氧化氯也不与氨起作用，在 pH=6～10 范围内的杀菌效率几乎不受 pH 值影响。二氧化氯的消毒能力次于臭氧而高于氯。与臭氧相比，其优越之处在于它有剩余消毒效果，但无氯臭味。通常条件下二氧化氯也不能储存，一般只能现场制作现场使用。近年来二氧化氯消毒在水处理工程领域有所发展，国内也有了一些定型设备产品可供工程设计选用。表 2-4-24 列出了国产二氧化氯发生器的一般性能。

表 2-4-24 国产二氧化氯发生器性能

单台二氧化氯产量/(g/h)	10～3000	消毒投加量/(g/m^3)	饮用水：0.5～1.2 游泳池水：2～5 医院污水：20～40 工业废水：试验确定
工作电压(直流)/V	6～12		
耗盐量/(g/g)	约 1.6		

三、设计计算

现以某合成洗涤剂厂经过二级处理的生产废水再进行消毒处理后回用于生产的设计计算为例。该厂生产废水经过隔油—混凝沉淀—生物接触氧化—纤维球过滤工艺流程的处理，已经达到国家排放标准，可以直接排放。由于该厂位于严重缺水地区，要求对部分处理出水进行深度处理和消毒后回用于生产工艺。经过试验，臭氧对上述生化出水具有很好的消毒及深度氧化效果，具体数据如表 2-4-25 所列。从表 2-4-25 的数据表明，当 O_3 投加量为 5～10mg/L 时，出水可以满足工艺回用水要求。

表 2-4-25 生化出水 O_3 处理结果

水样号	O_3 投加量/(mg/L)	COD/(mg/L)	COD 去除率/%	LAS/(mg/L)	LAS 去除率/%	细菌总数/(个/mL)	大肠菌数/(个/mL)
生化出水	0	56.2		2.35		160000	230000
1#	5.06	37.3	32.7	0.30	87.2	<1300	<900
2#	7.42	25.9	53.9	0.20	91.5	<100	
3#	10.15	23.7	57.8	0.15	93.6		<230

设计回用水量：$40m^3/h$。

O_3 投加量：5～10mg/L。

采用钢筋混凝土建成三格上下折流式反应槽，有效水深 3.2m，气水接触时间约为 25min。臭氧反应槽内的金属部件均采用不锈钢制作。

扩散装置采用 200mm 微孔钛板曝气器 28 个均布。

臭氧发生器采用 LCF-300 型臭氧发生器两台（一备一用）。单台最大 O_3 产量 300g/h，可连续调节。

反应槽出气口连接 400mm×550mm 的尾气分解罐后排到室外。罐内填装的霍加拉特剂可以将反应剩余的臭氧有效地分解成氧气。

反应出水经过一个简易活性炭床后进入清水池储存或回用。活性炭床的水力停留时间只有 2～3min，其作用是分解掉水中残留的臭氧，以保护后面的管道及用水设备。该处理系统已连续运行多年，使用效果良好。

参考文献

[1] 潘涛，田刚等. 废水处理工程技术手册. 北京：化学工业出版社，2010.
[2] 污水综合排放标准 GB 8978—1996.
[3] 唐受印，戴友芝等. 水处理工程师手册. 北京：化学工业出版社，2000.
[4] 雷乐成，汪大翚等. 水处理高级氧化技术. 北京：化学工业出版社，2001.
[5] 张自杰. 环境工程手册·水污染防治卷. 北京：高等教育出版社，1996.
[6] 上海市政工程设计研究院. 给水排水设计手册（第3册）. 北京：中国建筑工业出版社，2004.

第五章 传统活性污泥法

第一节 基本原理

一、活性污泥的形态、组成与性能指标

（一）活性污泥法工艺

活性污泥法工艺[1]是一种应用最广泛的废水好氧生化处理技术，其主要由曝气池、二次沉淀池、曝气系统以及污泥回流系统等组成（图 2-5-1）。废水经初次沉淀池后与二次沉淀池底部回流的活性污泥同时进入曝气池，通过曝气，活性污泥呈悬浮状态，并与废水充分接触。废水中的悬浮固体和胶状物质被活性污泥吸附，而废水中的可溶性有机物被活性污泥中的微生物用作自身繁殖的营养，代谢转化为生物细胞，并氧化成为最终产物（主要是 CO_2）。非溶解性有机物需先转化成溶解性有机物，然后才能被代谢和利用。废水由此得到净化。净化后废水与活性污泥在二次沉淀池内分离，上层出水排放；分离浓缩后的污泥一部分返回曝气池，以保证曝气池内持留一定浓度的活性污泥，其余为剩余污泥，由系统排出。

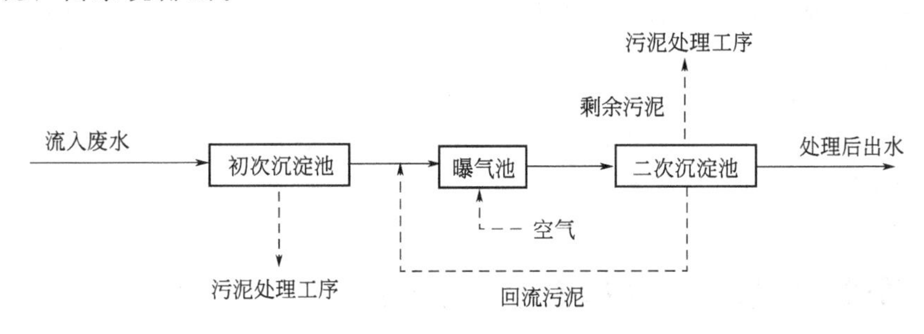

图 2-5-1 活性污泥法工艺基本流程

（二）活性污泥的形态和组成

活性污泥通常为黄褐色（有时呈铁红色）絮绒状颗粒，也称为“菌胶团”或“生物絮凝体”，其直径一般为 0.02～2mm；含水率一般为 99.2%～99.8%，密度因含水率不同而异，一般为 1.002～1.006g/cm^3；活性污泥具有较大的比表面积，一般为 20～100cm^2/mL。

活性污泥由有机物及无机物两部分组成，组成比例因污泥性质的不同而异。例如，城镇污水处理系统中的活性污泥，其有机成分占 75%～85%，无机成分仅占 15%～25%。活性污泥中有机成分主要由生长在活性污泥中的微生物组成，这些微生物群体构成了一个相对稳定的生态系统和食物链（见图 2-5-2），其中以各种细菌及原生动物为主，也存在着真菌、放线菌、酵母菌以及轮虫等后生动物。活性污泥还吸附着被处理的废水中所含有的有机和无机固体物质，在有机固体物质中包括某些惰性的难以被细菌降解的物质。

(三) 活性污泥的性能指标[2]

1. 污泥浓度

混合液悬浮固体浓度（MLSS），也称为"混合液污泥浓度"，表示活性污泥在曝气池混合液中的浓度，其单位为 mg/L 或 kg/m^3。混合液挥发性悬浮固体浓度（MLVSS），表示有机悬浮固体的浓度，其单位为 mg/L 或 kg/m^3。在条件一定时，MLVSS/MLSS 比值比较稳定，城镇污水一般在 0.75～0.85 之间，不同废水的 MLVSS/MLSS 值有差异。

2. 污泥沉降性能指标

（1）污泥沉降比（SV） 污泥沉降比又称 30min 沉淀率，是指从曝气池出口处取出的混合液在量筒（一般选取 100mL）中静置 30min 后，立即测得的污泥沉淀体积与原混合液体积的比值，一般以百分号（%）表示。SV 值可粗略反映出污泥浓度、污泥的凝聚和沉降性能，可用于控制排泥量并及时发现初期的污泥膨胀。一般认为 SV 值的正常值为 20%～30%。由于 SV 值的测定方法简单快捷，故它是评定活性污泥质量的重要指标之一。

（2）污泥体积指数（SVI） 污泥体积指数是指曝气池出口处的混合液经 30min 静置沉淀后，1g 干污泥所形成的沉淀污泥体积，单位为 mL/g。其计算公式为：

$$\mathrm{SVI}=\frac{1\mathrm{L}\text{ 混合液经 }30\mathrm{min}\text{ 静止沉淀后的活性污泥容积(mL)}}{1\mathrm{L}\text{ 混合液中悬浮固体干基质量(g)}}$$

$$=\frac{\mathrm{SV(mL/L)}}{\mathrm{MLSS(g/L)}}=\frac{\mathrm{SV(\%)}\times 10\mathrm{(mL/L)}}{\mathrm{MLSS(g/L)}} \tag{2-5-1}$$

SVI 值比 SV 值更能够准确地评价污泥的凝聚性能及沉降性能。一般来说：若 SVI 值过低，则表明污泥粒径小、密实、无机成分含量高；若 SVI 值过高，则表明污泥沉降性能不好，将要发生或已经发生污泥膨胀。

对于城镇污水而言，SVI 值一般为 50～150mL/g；对于工业废水，SVI 值在上述范围之外，也属正常。对于高浓度活性污泥系统，即使污泥沉降性能较差，由于其 MLSS 较高，故其 SVI 值也不会很高。

因此有人建议将活性污泥膨胀定义为：由于某种原因，活性污泥沉降性能恶化，SVI 值不断增加，沉淀池的污泥面也不断上升，最终导致污泥流失，使曝气池中的 MLSS 浓度降低，从而破坏了正常处理工艺操作的污泥，这种现象称为污泥膨胀。

二、活性污泥的微生物及其生态学[3]

活性污泥中的微生物体主要由各种细菌和原生动物组成，同时还存在着真菌和以轮虫为主的后生动物。原生动物以细菌为食物，后生动物以细菌和原生动物为食物。在活性污泥中的有机物、细菌、原生动物和后生动物构成了一个相对稳定的生态系统和食物链。

(一) 活性污泥的食物链[4]

活性污泥中的微生物可分为几类：形成活性污泥絮体的微生物、腐生生物、捕食者及有害生物。活性污泥微生物集合体的食物链见图 2-5-2。

腐生生物是降解有机物的生物，以细菌为主。显然，这些细菌中包括被看作形成絮体的大多数细菌，也可能包括不絮凝的细菌，但它们被包裹在由第一类细菌形成的絮体颗粒中。腐生生物可分为初级和二级腐生生物，前者用于降解原始基质，而二级腐生生物则以初级腐生生物的代谢产物为食，这充分表明在群落中具有高度的偏利共生性。许多报道及研究认为腐生生物大多数为革兰染色阴性的杆菌，有人认为主要菌种有动胶杆菌属、假单胞菌属、微球菌属、芽孢杆菌属、产碱杆菌属、无色杆菌属等。

在活性污泥的群落中主要的捕食者是以细菌为食的原生动物及后生动物，在数量上，大约为 10^3 个/mL。在活性污泥中大约发现 230 多种原生动物，它们在系统中可能占生物固体量的 5%。其中，纤毛虫几乎都捕食细菌，通常为占优势的原生动物。由于原生动物及后生动物的数量会随着污水处理的运行条件及处理水质的变化而变化，所以，可以通过显微镜观察活性污泥中的原生动物及后生动物的种类来判断处理水质的好坏。因此，一般将原、后生动物称为活性污泥系统中的指示性生物。

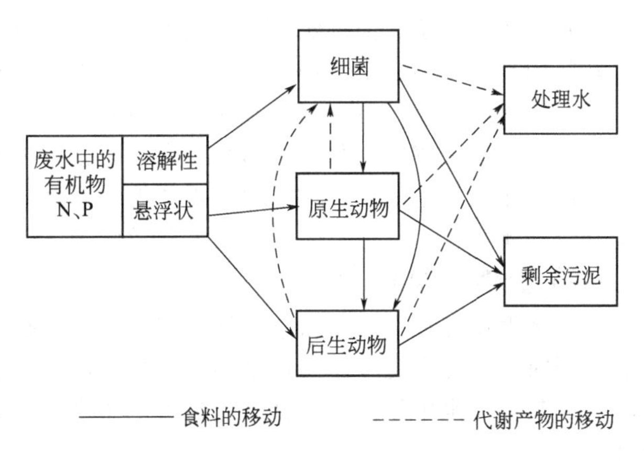

图 2-5-2　活性污泥微生物集合体的食物链

所谓的有害生物是指那些达到一定数目时就会干扰活性污泥处理系统正常运行的生物。通常认为，丝状菌及真菌对污泥沉淀效果有影响。即使当丝状生物的数量在整个生物群落中所占的百分比很小时，污泥絮体的实际密度也会降低很多，以至于污泥很难用重力沉淀法来有效地进行分离，从而最终影响出水水质，这种情况通常叫做丝状菌污泥膨胀（简称污泥膨胀）。目前人们已知有近 30 种不同类型的丝状菌会引起污泥膨胀。

（二）活性污泥的结构[5]

在活性污泥工艺中，将千万个细菌结合在一起形成絮凝体状的细菌称为菌胶团细菌。菌胶团细菌在活性污泥中具有十分重要的作用，只有在菌胶团发育良好的条件下，活性污泥的絮凝、吸附及沉降等功能才能正常发挥。形成絮体的细菌在处理过程中起着非常重要的作用，它们有助于从处理过的废水中分离污泥。

通过对活性污泥中种群动态学的研究，人们认识到，活性污泥中的菌胶团细菌和丝状菌形成一个共生的微生物体系。当活性污泥中的菌胶团细菌和丝状菌处于平衡状态时，丝状菌作为污泥絮体的骨架，菌胶团细菌附着在其表面，形成结构紧密、沉降性能良好的污泥絮体。随着絮体尺寸增大到某一临界值后，絮体内部条件不利于菌胶团细菌和丝状菌的繁殖，丝状菌伸展出来，沉降性能开始变差。后来，污泥絮体开始解体，污泥的沉降性能更差。破碎后的小指状污泥又利于菌胶团细菌的生长，此时扩散能力改善，菌胶团细菌又可直接从溶液中吸取营养和基质，故又可出现菌胶团细菌和丝状菌的生长平衡状态，如此完成絮体形态上的一个循环。

由此可见，菌胶团细菌和丝状菌的共生体系是一种接近于自然界的混合培养体系，存在着这两类微生物之间在时间和空间上的动态生态学的相互作用。在该体系中，丝状菌的重要作用如下[6]。

(1) 保持污泥絮体的结构，形成沉淀性能良好的污泥　从 Seagin 等关于絮体结构的学说中可知，由丝状菌形成污泥絮体的骨架，这对于保证污泥絮体的强度有很大作用；若缺少丝状菌，则污泥絮体强度降低，抗剪力变差，造成出水的浑浊。

(2) 高的净化效率，低的出水浓度　从动力学参数方面比较，丝状菌的 K_s 及 μ_{max} 均比菌胶团的低，而按莫诺德（Monod）方程，由于菌胶团的 K_s、μ_{max} 大于丝状菌的，因而菌胶团的 S_{min} 值也高于丝状菌的。可见在丝状菌存在（但不是大量存在）的条件下可以获得高质量、低浓度的出水，从而保证了净化效果。

（3）保持丝状菌和菌胶团菌的共生关系　从大量的实际工程运转资料可以得出，活性污泥中丝状菌含量太高或太低均不适宜。前者虽能使出水浓度低，但沉淀性能差；后者沉降性能好，但出水中含有较多的细小悬浮物。但如果采用一定的方法，使曝气中的生态环境有利于选择性地发展菌胶团细菌，应用生物竞争的机制抑制丝状菌的过度生长和繁殖，从而利于控制污泥膨胀的发生发展，称之为环境调控。总之，废水处理的最终目标是出水清澈、沉降性能好，为实现这一目标，应合理地控制丝状菌，使其在一个合理的范围之内。

（三）活性污泥的功能

活性污泥中存在大量的腐生生物，其主要功能是降解有机物。细菌是有机物的净化功能中心。同时，活性污泥中还存在硝化细菌与反硝化细菌。它们在生物脱氮中起着非常重要的作用。尤其在废水中氮的去除日益受到重视的形势下，这两类菌及它们之间的关系就显得更重要了。

进行硝化作用的微生物有以下几种。

（1）亚硝化细菌和硝化细菌，它们均为化能自养菌，专性好氧，分别从氧化 NH_4^+-N 和 NO_2^- 的过程中获得能量，以 CO_2 为唯一碳源，产物分别为 NO_2^- 及 NO_3^-；它们要求中性或弱碱性环境（pH＝6.5～8.0），在 pH＜6 时，作用显著下降。

（2）好氧的异养细菌和真菌，如节杆菌、芽孢杆菌、铜绿假单胞菌、姆拉克汉逊酵母、黄曲霉、青霉等能将 NH_4^+ 氧化为 NO_2^- 及 NO_3^-，但它们并不依靠这个氧化过程作为能量来源的途径，它们相对于自然界的硝化作用而言并不重要。

硝化菌对环境的变化很敏感，DO≥1mg/L，pH＝8.0～8.4，BOD≤15～20mg/L，适宜温度＝20～30℃；硝化菌在反应器内的停留时间，即生物固体平均停留时间必须大于其最小的世代时间。

进行反硝化作用的微生物有异养型的反硝化菌，如脱氮假单胞菌、荧光假单胞菌、铜绿假单胞菌等，在厌氧条件下利用 NO_3^- 中的氧氧化有机物，获得能量。自养型的反硝化菌，如脱氮硫杆菌，在缺氧环境中利用 NO_3^- 中的氧将硫或硫代硫酸盐氧化成硫酸盐，从中获得能量来同化 CO_2。兼性化能自养型反硝化菌，如脱氮副球菌，能利用氢的还原作用作为能源，以 O_2 或 NO_3^- 作为电子受体，使 NO_3^- 还原成 N_2O 和 N_2。

三、活性污泥反应的理论基础与反应动力学[7]

（一）活性污泥反应的理论基础

1. 经验公式

活性污泥微生物增殖是微生物增殖和自身氧化（内源代谢）同步进行的共同结果。因此，在单位反应器容积内，其净增殖速率为：

$$\left(\frac{dX}{dt}\right)_g=\left(\frac{dX}{dt}\right)_s-\left(\frac{dX}{dt}\right)_e \tag{2-5-2}$$

式中，$\left(\frac{dX}{dt}\right)_g$ 为活性污泥微生物净增殖速率；$\left(\frac{dX}{dt}\right)_s$ 为活性污泥微生物合成速率，$\left(\frac{dX}{dt}\right)_s=Y\left(\frac{dS}{dt}\right)_u$；$\left(\frac{dS}{dt}\right)_u$ 为有机基质的利用速率；Y 为微生物降解 1kgBOD 所产生的 MLVSS 值，即产率系数；$\left(\frac{dX}{dt}\right)_e$ 为活性污泥微生物自身氧化速率，$\left(\frac{dX}{dt}\right)_e=K_dX$；$K_d$ 为 1kg MLVSS 每天自身氧化的量，kg，即自身氧化速率，也称衰减系数；X 为 MLVSS。

所以，活性污泥微生物增殖的基本方程式为：

$$\left(\frac{dX}{dt}\right)_g=Y\left(\frac{dS}{dt}\right)_u-K_dX \quad (2\text{-}5\text{-}3)$$

活性污泥微生物在曝气池内每天的净增殖量为：

$$\Delta X=YQ(S_0-S_e)-K_dVX \quad (2\text{-}5\text{-}4)$$

式中，ΔX 为每天活性污泥增长量（VSS），亦即每天的活性污泥排放量，kg/d；Q 为废水量，m^3/d；S_0 为废水中有机基质浓度，kg/m^3；S_e 为出水中有机基质浓度，kg/m^3；(S_0-S_e) 为有机基质降解量，kg/m^3；$Q(S_0-S_e)$ 为每天的有机基质降解量，kg/d；V 为曝气池有效容积，m^3。

因为 $\theta_c=VX/\Delta X$，$N_s=Q(S_0-S_e)/(VX)$，对于一级反应，有

$$\frac{1}{\theta_c}=YN_s-K_d \quad (2\text{-}5\text{-}5)$$

式中，θ_c 为生物固体平均停留时间，即通常所说的污泥龄，d；N_s 为 BOD 负荷，kgBOD/(kgMLSS·d)。

对生活污水或性质与其相近的工业废水，Y 值可取为 0.5～0.65；K_d 值取为 0.05～0.1。表 2-5-1 列举了几种工业废水的 Y、K_d 值。

表 2-5-1　几种工业废水的 Y、K_d 值

废水	合成纤维废水	含酚废水	制浆与造纸废水	制药废水	酿造废水	亚硫酸浆粕废水
Y	0.38	0.53	0.76	0.77	0.93	0.55
K_d	0.10	0.13	0.016	—	—	0.13

2. 有机物降解与需氧量

微生物[8]在代谢活动中所需氧量由以下两部分组成：①氧化分解废水中有机物所需的氧量；②氧化自身细胞物质所需的氧量。这两部分所需的氧量一般由下式求得：

$$O_2=a'QS_r+b'VX \quad (2\text{-}5\text{-}6)$$

式中，O_2 为曝气池中混合液的需氧量，kg/d；a'为微生物氧化分解有机物过程中的需氧率，即微生物每代谢 1kgBOD 所需氧量的千克数；b'为 1kg 活性污泥（MLVSS）每天自身氧化所需氧的千克数，即污泥自身氧化的需氧率，d^{-1}；S_r 为有机基质降解量，等于S_0-S_e，kg/d。

上式可改写为下式：

$$\frac{O_2}{XV}=a'\frac{QS_r}{XV}+b'=a'N_s'+b' \quad (2\text{-}5\text{-}7)$$

式中，$\frac{O_2}{XV}$为单位质量污泥的需氧量，kg/(kg·d)。

表 2-5-2 和表 2-5-3 所列是城市废水 a'、b'和 ΔO_2 值和部分工业废水的 a'、b'值。

表 2-5-2　活性污泥法处理城市废水时的废水 a'、b'和 O_2 的值

运行方式	a'	b'	ΔO_2
完全混合法	0.42	0.11	0.7～1.1
生物吸附法	↓	↓	0.7～1.1
传统曝气法			0.8～1.1
延时曝气法	0.53	0.188	1.4～1.8

注：表中 $\Delta O_2=\frac{O_2}{QS_r}$，为去除 1kg BOD 的需氧量，kg/(kg·d)。

表 2-5-3 部分工业废水的 a'、b'值

污水名称	a'	b'	污水名称	a'	b'
石油化工废水	0.75	0.16	炼油废水	0.55	0.12
含酚废水	0.56	—	亚硫酸浆粕废水	0.40	0.185
漂染废水	0.5～0.6	0.065	制药废水	0.35	0.354
合成纤维废水	0.55	0.142	制浆造纸废水	0.38	0.092

注：在进行需氧量计算时，应该合理地选用 a'、b'值，最好通过试验确定。

（二）活性污泥反应动力学及其应用

活性污泥反应动力学，是通过数学式定量或半定量揭示活性污泥系统内有机物降解、污泥增长、耗氧的规律及与各项设计参数、运行参数以及环境因素之间的关系，为工程设计与优化运行管理提供指导性意见。但是，应该注意活性污泥反应动力学模型的建立，均是在理想条件下建立的，在应用时还需根据具体条件加以修正。一般建立活性污泥反应动力学模式的假设条件如下：①活性污泥系统运行条件处于稳定状态；②活性污泥在二次沉淀池内不产生微生物代谢活动；③系统中不含有毒性物质和抑制物质。

1. 活性污泥反应动力学基础——莫诺德公式

莫诺德于 1942 年和 1950 年前后两次进行了单一基质的纯菌种培养实验，结果表明微生物增殖速率是微生物浓度的函数，也是某些基质浓度的函数，进而提出了与米-门公式相类似的表示微生物比增殖速率与基质浓度之间的动力学关系式，即莫诺德公式：

$$\mu=\frac{\mu_{\max}S}{K_s+S} \tag{2-5-8}$$

式中，μ 为微生物比增殖速率，即单位生物量的增殖速率，d^{-1}；$\mu_{\max}$ 为基质达到饱和浓度时，微生物的最大比增殖速率，d^{-1}；K_s 为饱和常数，为 $\mu=1/2\mu_{\max}$ 时的基质浓度，也称半速率常数，mg/L 或 g/m^3；S 为基质浓度，mg/L 或 g/m^3。

采用由混合微生物群体的活性污泥对多种基质进行微生物增殖实验，也得到符合这种关系的结果。

2. 莫诺德公式的应用

完全混合式活性污泥处理系统如图 2-5-3 所示。对曝气池的基质和生物量作物料衡算，对基质进行物料平衡，有：

$$QS_0+RQS_e-Q(1+R)S_e+V\frac{dS}{dt}=0 \tag{2-5-9}$$

$$QX_i+RQX_r-Q(1+R)X+\frac{VdS}{Ydt}=0 \tag{2-5-10}$$

式中，Q 为废水流量；X_i 为进水中活性污泥浓度；S_0 为废水基质（有机性污染物）浓度；S_e 为处理水基质浓度；X 为曝气池内微生物（活性污泥）浓度；V 为曝气池容积；R 为生物回流比，在活性污泥法中即为污泥回流比；X_r 为二沉池底回流的活性污泥浓度。

图 2-5-3 所示两种剩余污泥的排放方式中，第一种是传统排泥方式，第二种是劳伦斯-麦卡蒂建议的排泥方式。第二种方式的主要优势在于减轻了二次沉淀池的负荷，有利于污泥浓缩，回流污泥的浓度较高。

生物固体平均停留时间也称细胞平均停留时间，在工程上常称为污泥龄。它指在反应系统内，微生物从其生成开始到排出系统的平均停留时间，也就是反应系统内的微生物全部更新一次所需要的时间。从工程上来说，就是反应系统内微生物总量与每天排放的剩余生物量的比值，以 θ_c 或 t_s 表示，单位为 d。

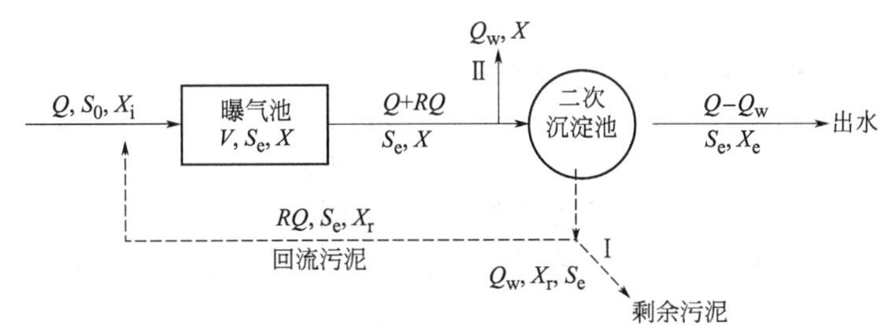

图 2-5-3　完全混合式活性污泥处理系统

Ⅰ剩余污泥从污泥回流系统排出，Ⅱ剩余污泥从曝气池直接排出；

X_e 为处理水中活性污泥浓度，Q_w 为排泥量

一般进出水中的微生物量很少，可忽略不计，于是 θ_c 可表示为：

$$\theta_c = \frac{VX}{Q_w X_r} \tag{2-5-11}$$

利用上述有关的一些关系式和假设，并加以整理，可得如下结论。

(1) 基质浓度（S_e）与污泥龄（θ_c）之间的关系

① 对完全混合式，有

$$S_e = \frac{K_s\left(\frac{1}{\theta_c}+K_d\right)}{Y\mu_{max}-\left(\frac{1}{\theta_c}+K_d\right)} \tag{2-5-12}$$

② 对推流式，有

$$1/\theta_c = Y\frac{\mu_{max}(S_0-S_e)}{(S_0-S_e)+K_s\ln\frac{S_0}{S_e}}-K_d \tag{2-5-13}$$

(2) 微生物浓度（X）与污泥龄（θ_c）之间的关系　对整个系统中的基质量（S）作物料衡算，并加以整理，可得：

① 对完全混合式，有

$$X = \frac{\theta_c}{t}\times\frac{Y(S_0-S_e)}{1+K_d\theta_c} \tag{2-5-14}$$

式中，t 为水力停留时间。

② 对推流式（污泥浓度 X 的含义为反应器平均污泥浓度 X_{ave}），有

$$X_{ave} = \frac{\theta_c}{t}\times\frac{Y(S_0-S_e)}{1+K_d\theta_c}$$

式中，X_{ave} 为反应器内微生物平均浓度。

由此可知，反应器内微生物的浓度（X）是污泥龄（θ_c）的函数，即 $X=f(\theta_c)$。

(3) 活性污泥回流比（R）与污泥龄（θ_c）之间的关系　对系统中的生物量（X）作物料衡算，对衡算结果加以整理，则可得：

$$1/\theta_c = \frac{Q}{V}\left(1+R-R\frac{X_r}{X}\right) \tag{2-5-15}$$

式中，X_r 为回流污泥的浓度，它是活性污泥沉降特性和二沉池沉淀效果的函数。

(4) θ_c 的最小值　在实际工程中均存在一个 $\theta_{c,min}$ 值，使得当 θ_c 值低于 $\theta_{c,min}$ 时，S_e 值将急剧上升。当 $\theta_c=\theta_{c,min}$ 时，$S_e=S_0$，由此可得：

$$1/\theta_{c,min} = Y\frac{\mu_{max}S_0}{S_0+K_s}-K_d \tag{2-5-16}$$

由此式可求 $\theta_{c,min}$ 值。

在一般情况下（低基质浓度），有 $K_s \ll S_0$，则上式中 K_s 可忽略不计，因此，上式可改写成：

$$1/\theta_{c,min} = Y\mu_{max} - K_d \tag{2-5-17}$$

式中，Y、μ_{max} 及 K_d 等动力学系数可通过实验确定。

实际活性污泥处理系统工程中所采用的 θ_c 值，应大于 $\theta_{c,min}$ 值，实际取值为：

$$\theta_c = SF\theta_{c,min} \tag{2-5-18}$$

式中，SF 为安全系数，SF＝2～20。

对于传统的活性污泥法，SF 约为 20 或更大。

K_s、K_d、Y、μ_{max} 这些值均可通过实验确定，对某一条件来说，其值为一常数；而其他运行参数为 θ_c 的函数。θ_c 是活性污泥处理系统设计、运行的重要参数，在理论上也有重要意义。表 2-5-4 给出了活性污泥法的几个常用的动力学常数标准。

表 2-5-4 活性污泥法动力学常数

常 数	单 位	常数值(20℃)	
		范围	典型值
μ_{max}	d^{-1}	2～10	5
K_s	mg/L BOD_5	25～100	60
	mg/L COD	15～70	40
Y	mg VSS/mg BOD_5	0.4～0.8	0.6
	mg VSS/mg COD	0.25～0.4	0.3
K_d	d^{-1}	0.025～0.075	0.06

注：应用时要按实际操作温度修正。

四、活性污泥反应的影响因素

为了强化与提高活性污泥处理系统的净化效果，必须考虑影响活性污泥反应的各项因素，充分发挥活性污泥微生物的代谢功能。以下为一些影响活性污泥的环境因素。

1. BOD 负荷率（*F*/*M*，也称有机负荷率，以 NS 表示）

F/*M* 值是影响活性污泥增长、有机基质降解的重要因素。它表示曝气池里单位质量的活性污泥（MLSS）在单位时间里承受的有机物（BOD）的量，单位：kg/(kg·d)。

提高 *F*/*M* 值，可加快活性污泥增长速率及有机基质的降解速率，缩小曝气池容积，有利于减少基建投资；但 *F*/*M* 值过高，往往难以达到排放标准的要求。反之，若 *F*/*M* 值过低，则有机基质的降解速率过低，从而处理能力降低，曝气池的容积加大，导致基建费用升高，也不可取。因此，应控制在合理的范围之内。在活性污泥工艺设计中，BOD 负荷率一般取 0.15～0.4kg/(kgMLSS·d)。同时，处理目标不同处理系统的负荷也是不相同的，如对去除有机物、达到硝化，去除 N、P 和达到污泥稳定化等不同要求所采用的负荷是不同的。

2. 水温

活性污泥中微生物的生理活动与周围的温度关系密切。在 15～30℃温度范围内，微生物的生理活动旺盛。在此温度范围外，均会导致活性污泥反应程度受到某些不利影响。例如，当温度高于 35℃或低于 10℃，微生物对有机物的代谢功能会受到一定程度的不利影响。在我国北方地区，大中型的活性污泥处理系统也可露天建设，但小型活性污泥处理系统则考虑建在室内。而当温度高于 35℃或低于 5℃，反应速率会降至最低程度，甚至完全停止反

应。因此，一般活性污泥反应进程的最高及最低的极限温度，分别控制在35℃及10℃。

3. pH值

最适宜于活性污泥中微生物生长的pH值介于6.5～8.5之间。当pH值低于6.5时，有利于真菌的生长繁殖；当pH值低于4.5时，原生动物完全消失，大多数微生物不适应，真菌将完全占优势，活性污泥絮体受到破坏，产生污泥膨胀现象，处理水质恶化。当pH值高于9.0时，多数微生物也会不适应，菌胶团可能解体，活性污泥絮体将受到破坏，也会产生污泥膨胀现象。

活性污泥混合液本身具有一定的缓冲作用，因为微生物的代谢活动能改变环境的pH值。如微生物对含氮化合物的利用，由于脱氮作用而产生酸，降低环境的pH值；由于脱羧作用而产生碱性胺，可使pH值上升。在活性污泥的培养、驯化过程中，如果将pH值的因素考虑在内，逐渐升高或降低pH值，则活性污泥也能逐渐适应。但pH值发生急剧变化，即在有冲击负荷的时候，活性污泥的净化效果将大大降低。因此，酸、碱废水是否需要进行中和处理，应根据实际情况而定。

4. 溶解氧

活性污泥中的微生物均是好氧菌，所以，在混合液中保持一定浓度的溶解氧是非常重要的。对混合液的游离细菌而言，溶解氧保持0.2～0.3mg/L的浓度，即可满足要求。但是由于活性污泥是由微生物群体构成的絮凝体，溶解氧必须扩散到活性污泥絮体的内部，为使活性污泥系统保持良好的净化功能，所以，溶解氧需要维持在较高的水平。一般要求曝气池出口处溶解氧浓度不小于1～2mg/L。

溶解氧浓度过高，氧的转移效率降低，动力费用过高，经济上不适宜；溶解氧浓度过低，丝状菌在系统中占优势，微生物净化功能降低，容易诱发污泥膨胀。

5. 营养平衡

微生物细胞的组成元素主要有碳、氢、氧、氮等几种，占90%～97%，其余3%～10%为无机元素，其中磷元素的含量占50%。活性污泥中的微生物在进行各项生命活动中，必须不断地从环境中摄取各种营养物质。

为使活性污泥保持良好的沉降性能，就必须使废水中供微生物生长的基本元素——碳、氮、磷达到一定的浓度值，并保持一定的比例关系。其中元素碳的量在污水中以BOD值表示。对于活性污泥微生物来说，一般以BOD∶N∶P的比值来表示废水中营养物质的平衡。活性污泥中微生物对N、P的需要量可按BOD∶N∶P＝100∶5∶1来计算；但实际上其还与剩余污泥量有关，即与污泥龄和微生物比增殖速率有关，故可依下式计算：

$$\text{N的需要量}=0.122\Delta X \tag{2-5-19}$$

$$\text{P的需要量}=0.023\Delta X \tag{2-5-20}$$

式中，ΔX为活性污泥增长量（以MLSS计），kg/d；0.122、0.023分别为生物体内N、P所占比例。

当废水中营养元素N、P的含量供不应求时，宜向曝气池反应器内补充N、P，以保持废水中的营养平衡。可以投加氨水、硫酸铵、硝酸铵、尿素等以补充氮，投加过磷酸钙、磷酸等以补充磷。

6. 有毒物质

有些化学物质可能对微生物生理功能有毒害作用，如重金属及其盐类均可使蛋白质变性或与酶的—SH基结合而使酶失活；醇、醛、酚等有机化合物能使蛋白质发生变性或使蛋白质脱水而使微生物致死。另外，某些元素是微生物生理上所需要的，但当其浓度达到一定程度时，就会对微生物产生毒害作用。因此，首先要了解各种元素及化学物质对微生物生理功能产生毒害作用的最低限值，即阈值。当物质的浓度高于此值时，就会对微生物的生理功能产生毒害作用，如抑制微生物的增殖，甚至可使微生物死亡。表 2-5-5 列出了部分无机有毒物质和一些重金属元素对微生物的毒害作用在混合液中的最高允许浓度。

表 2-5-5 部分无机性有毒物质及重金属元素对微生物毒害作用的最高允许浓度

单位：mg/L

物质或元素	最高允许浓度	物质或元素	最高允许浓度
pH 值(盐酸、磷酸、硝酸、硫酸)	5.0	间甲苯甲酸	120
pH 值(苛性钠、苛性钾、消石灰)	8.0	丙烯酸	100
氯化钠	8000～9000	苯甲酸钠	250
硫酸钠	3000	醋酸铵	500
亚硫酸钠	300	乳清酸	160
硫酸镁	10000	二甲基肼	1.0
硫化物(以 S^{2-} 计)	5～25	氢川三乙酸	320
硫化物(以 H_2S 计)	20	二羟乙基胺(二乙醇胺)	300
硫氰化物	36	二甲替二酰胺	200
硫氰酸铵	500	亚硝基环己基氯	12.5
氢氰酸、氰化钾	1～8	氯乙烯	5
氯	0	二氯甲烷	1000
氯化镁	16000	氯仿(三氯甲烷)	120
铁化合物(以 Fe 计)	5～100	偏二氯乙烯	1000
铜化合物(以 Cu 计)	0.5～1.0	醋酸乙烯	250
银化合物(以 Ag 计)	0.25	乙基己醛	75
锌化合物(以 Zn 计)	5～13	二(2-乙基己基)苯基磷酸酯	100
铅化合物(以 Pb 计)	1.0	丙烯酸甲酯	100
甲醛	1000	甲基丙烯酸甲酯	100
乙醛	1000	磷酸二(2-乙基六环)苯酯	100
巴豆醛	250	烷基苯磺酸钠	7～9.5
甲醇	200	烷基硫化物	50～100
乙醇	15000	敌百虫	100
戊醇	3	水溶性石油磺酸	50
乙二醇	1000	铬化合物(铬酸、铬酸盐、硫酸铬等)	
丙二醇	1000	以 Cr 计	2～5
一氯醋酸	100	以 Cr^{3+} 计	2.7
二氯醋酸	100	以 Cr^{6+} 计	0.5
丁酸	500	锑化合物(以 Sb 计)	0.2
柠檬酸	2500	镉化合物(以 Cd 计)	1～5
草酸	1000	钒化合物(以 V 计)	5
月桂酸	340	汞化合物(以 Hg 计)	0.5

续表

物质或元素	最高允许浓度	物质或元素	最高允许浓度
硝酸镧($LaNO_3 \cdot 6H_2O$)	1.0	邻苯三酚	100
砷化合物(以 As^{3+} 计)	0.7～2.0	氢醌(对二羟基苯)	600
苯胺	100～250	丙酮	800
乙腈	600	甘油	500
三聚氰酰胺	50	二甘醇	300
己内酰胺	200	磺烷油(*N*-脂烃磺酰胺)	10
甲基丙烯酰胺	25	一乙醇胺(一羟乙基胺)	260
甲基丙酰胺	300	二丁基磺酸钠	100
TNT	12	三醋酸腈	320
二甲胺	200	氯化甲基糠醛	165
二乙胺	100	吡啶	400
三乙胺	85	水杨酸(邻羟基苯胺)	500
汽油、石油产品	100	硬脂酸	300
煤油	500	苯乙烯	65
油	100	间苯醋酸	120
苯	100	磷酸三苯酯	10
氯苯	10	三乙醇胺	890
对苯二酚	15	乙酸胺	500
间苯二酚	450	1-氯-1-亚基环己烷	12
邻苯二酚	100	四氯化碳	50
对甲苯酚	243	乙酸乙酯	500
苯酚	250～1000	2-氯乙醇	350
邻、间、对甲苯酚	100	非离子型洗涤剂	9～100
间苯三酚	100	拉开粉(二丁基萘磺酸钠盐)	100

有毒物质的毒害作用还与处理过程中水温、溶解氧、pH 值、有无其他有毒物质共存、微生物的数量以及是否经过驯化过程等因素有关。总的来说，有毒物质对微生物生理功能产生毒害作用的原因、效果都比较复杂，取决于较多因素，应慎重对待。除了以上各项因素外，有机底物的化学结构对微生物的生理功能及生物降解过程也有较大影响，但尚处于研究探讨阶段。

第二节　主要运行方式

作为有较长历史的活性污泥法生物处理系统，在长期的工程实践过程中，根据水质的变化、微生物代谢活性的特点和运行管理、技术经济及排放要求等方面的情况，又发展成为多种运行方式和池型[9]。其中按运行方式，可以分为普通曝气法、渐减曝气法、阶段曝气法、吸附再生法（即生物接触稳定法）、高速率曝气法等；按池型可分为推流式曝气池、完全混合曝气池；此外按池深及曝气方式及氧源等，又有深水曝气池、深井曝气池、射流曝气池、纯氧（或富氧）曝气池等。本节将就此分别进行简要阐述。

一、推流式活性污泥法

推流式活性污泥法，又称为传统活性污泥法。推流式曝气池表面呈长方形，在曝气和水力条件的推动下，曝气池中的水流均匀地推进流动，废水从池首端进入，从池尾端流出，前段液流与后段液流不发生混合。其工艺流程见图 2-5-4 所示。

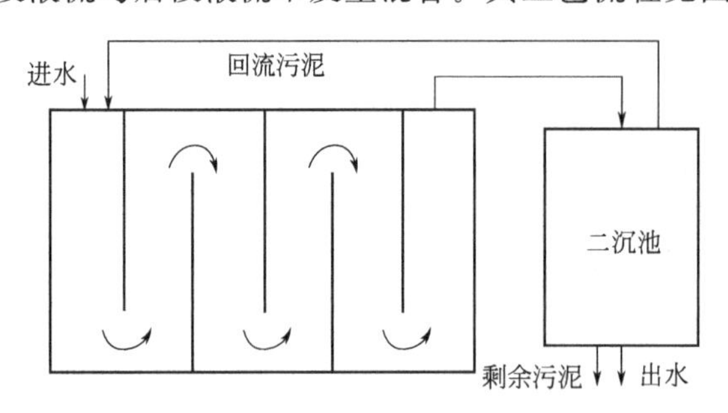

图 2-5-4 推流式活性污泥法工艺流程（多廊道）

在曝气过程中，从池首至池尾，随着环境的变化，生物反应速度是变化的，F/M值也是不断变化的，微生物群的量和质不断地变动，活性污泥的吸附、絮凝、稳定作用不断地变化，其沉降-浓缩性能也不断地变化。

推流式曝气的特点是：①废水浓度自池首至池尾是逐渐下降的，由于在曝气池内存在这种浓度梯度，废水降解反应的推动力较大，效率较高；②推流式曝气池可采用多种运行方式；③对废水的处理方式较灵活。但推流式曝气也有一定的缺点，由于沿池长均匀供氧，会出现池首曝气不足，池尾供气过量的现象，增加动力费用。

推流式曝气池一般建成廊道型，根据所需长度，可建成单廊道、二廊道或多廊道。廊道的长宽比一般不小于 5∶1，以避免短路。

用于处理工业废水，推流式曝气池的各项设计参数的参考值大体如下：

BOD 负荷（N_s）	0.2～0.4kgBOD/(kgMLSS·d)；
容积负荷（N_V）	0.3～0.6kgBOD/(m^3·d)；
污泥龄（生物固体平均停留时间）（θ_c、t_s）	5～15d；
混合液悬浮固体浓度（MLSS）	1500～3500mg/L；
混合液挥发性悬浮固体浓度（MLVSS）	1200～2500mg/L；
污泥回流比（R）	25%～50%；
曝气时间（t）	4～8h；
BOD 去除率	85%～95%。

二、完全混合活性污泥法[10]

完全混合式曝气池，是废水进入曝气池后与池中原有的混合液充分混合，因此池内混合液的组成、F/M 值、微生物群的量和质是完全均匀一致的。整个过程在污泥增长曲线上的位置仅是一个点。这意味着在曝气池中所有部位的生物反应都是同样的，氧吸收率都是相同的。工艺流程见图 2-5-5。

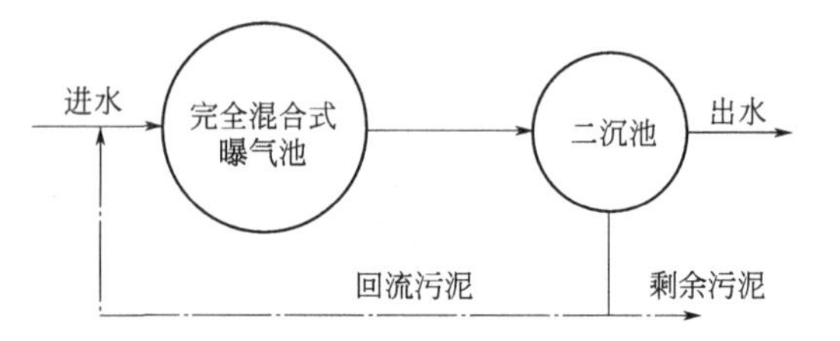

图 2-5-5 完全混合活性污泥法工艺流程

完全混合式曝气池的特点是：①承受冲击负荷的能力强，池内混合液能对废水起稀释作用，对高峰负荷起削弱作用；②由于全池需氧要求相同，能节省动力；③曝气池和沉淀池可合建，不需要单独设置污泥回流系统，便于运行管理。

完全混合式曝气池的缺点是：连续进水、出水可能造成短路；易引起污泥膨胀。

本工艺适于处理工业废水，特别是高浓度的有机废水。

用于处理城市废水，完全混合曝气池的各项设计参数的参考值如下：

BOD 负荷（N_s）	0.2～0.6kgBOD/(kgMLSS・d)；
容积负荷（N_V）	0.8～2.0kgBOD/(m^3・d)；
污泥龄（生物固体平均停留时间）(θ_c)	5～15d；
混合液悬浮固体浓度（MLSS）	3000～6000mg/L；
混合液挥发性悬浮固体浓度（MLVSS）	2400～4800mg/L；
污泥回流比（R）	25%～100%；
曝气时间（t）	3～5h；
BOD 去除率	85%～90%。

三、分段曝气活性污泥法

分段曝气活性污泥运行模式又称阶段进水活性污泥法或多段进水活性污泥法，其特点是废水沿池长多点进水，有机负荷分布均匀，使供氧量均化，克服了推流式供氧的弊病。沿池长 F/M 分布均匀，充分发挥其降解有机物的能力。该法可提高空气利用率，提高池子工作能力，适用各种范围水质。该工艺的不足是，进水若得不到充分混合，会引起处理效果的下降。图 2-5-6 是分段式曝气法平面布置示意。

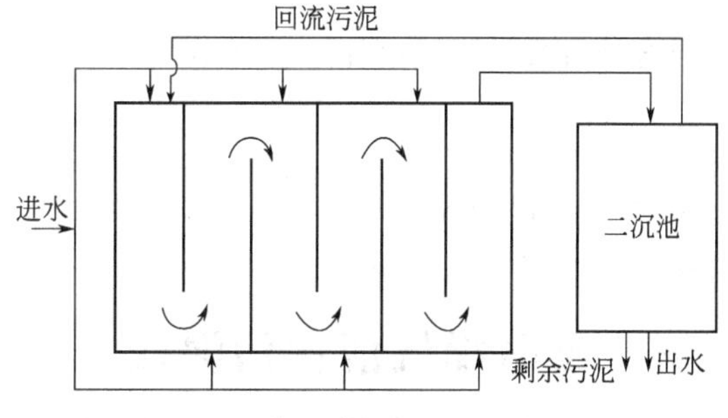

图 2-5-6　分段式曝气法平面布置示意

分段曝气法处理工业废水的各项设计参数如下：

BOD 负荷（N_s）	0.2～0.4kgBOD/(kgMLSS・d)；
容积负荷（N_V）	0.6～1.0kgBOD/(m^3・d)；
污泥龄（生物固体平均停留时间）(θ_c)	5～15d；
混合液悬浮固体浓度（MLSS）	2000～3500mg/L；
混合液挥发性悬浮固体浓度（MLVSS）	1600～2800mg/L；
污泥回流比（R）	25%～75%；
曝气时间（t）	3～8h；
BOD 去除率	85%～95%。

四、吸附-再生活性污泥法

吸附-再生活性污泥法又称生物吸附法或接触稳定法。这种运行方式的主要特点是将活性污泥对有机污染物降解的两个过程——吸附、代谢，分别在各自的反应器内进行。

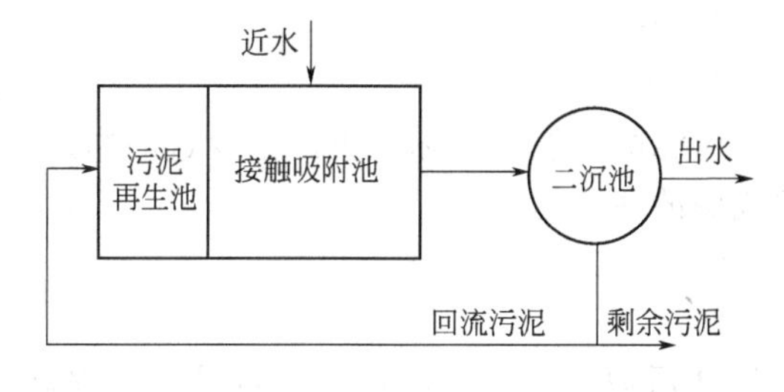

图 2-5-7　吸附-再生活性污泥法平面示意

废水在再生池得到充分再生，具有很强活性的活性污泥同步进入吸附池，两者在吸附池中充分接触，废水中大部分有机物被活性污泥所吸附，废水得到净化。由二次沉淀池分离出来的污泥进入再生池，活性污泥在这里将所吸附的有机物进行代谢活动，使有机物降解，微生物增殖，微生物进入内源代谢期，污泥的活性、吸附功能得到充分恢复，然后再与废水一同进入吸附池。见图 2-5-7。

吸附-再生活性污泥法的特点是：①废水与活性污泥在吸附池的接触时间较短，吸附池容积较小，由于再生池接纳的仅是浓度较高的回流污泥，因此，再生池的容积亦小，吸附池与再生池容积之和仍低于传统法曝气池的容积；②本方法能承受一定的冲击负荷，当吸附池的活性污泥遭到破坏时，可由再生池内的污泥予以补救。

本方法的主要缺点是对废水的处理效果低于传统活性污泥法；此外，对溶解性有机物高的废水，处理效果差。

本系统处理工业废水的各项设计参数如下：

BOD 负荷（N_s）	0.2～0.6kgBOD/(kgMLSS·d)；
容积负荷（N_V）	1.0～1.2kgBOD/(m^3·d)；
污泥龄（生物固体平均停留时间）（θ_c）	5～15d；
混合液悬浮固体浓度（MLSS）	吸附池 1000～3000mg/L， 再生池 4000～10000mg/L；
混合液挥发性悬浮固体浓度（MLVSS）	吸附池 800～2400mg/L， 再生池 3200～8000mg/L；
反应时间	吸附池 0.5～1.0h，再生池 3～6h；
污泥回流比（R）	25%～100%；
BOD 去除率	80%～90%。

五、延时曝气活性污泥法

该工艺又称完全氧化活性污泥法。工艺的主要特点是：有机负荷低，污泥持续处于内源代谢状态，剩余污泥少，且污泥稳定、不需再进行消化处理，这种工艺可称为废水、污泥综合处理工艺。该工艺还具有处理水质稳定性较高，对废水冲击负荷有较强的适应性和不需设初次沉淀池的优点。主要缺点是池容大，曝气时间长，建设费和运行费用都较高，而且占用较大的土地等。

本工艺适用于对处理水质要求高，又不宜采用单独污泥处理的小型城镇污水和工业废水。工艺采用的曝气池均为完全混合式或推流式。

本工艺处理城镇污水和工业废水所采用的各项设计参数的参考值如下：

BOD 负荷（N_s）	0.05～0.15kgBOD/（kgMLSS·d)；
容积负荷（N_V）	0.1～0.4kgBOD/（m^3·d)；
污泥龄（生物固体平均停留时间）（θ_c、t_s）	20～30d；
混合液悬浮固体浓度（MLSS）	3000～6000mg/L；
混合液挥发性悬浮固体浓度（MLVSS）	2400～4800mg/L；
曝气时间（t）	18～48h；
污泥回流比（R）	75%～100%；
BOD 去除率	75%～95%。

从理论上来说，延时曝气活性污泥法是不产生污泥的，但在实际上仍产生少量的剩余污泥，其成分主要是一些无机悬浮物和微生物内源代谢的残留物。

六、高负荷活性污泥法

高负荷活性污泥法又称短时曝气法或不完全活性污泥法。工艺的主要特点是负荷率高，曝气时间短，对废水的处理效果低。在系统和曝气池构造方面，本工艺与传统活性污泥法基本相同。

本工艺处理城镇污水和各种工业废水各项设计参数的参考数值如下：

BOD 负荷（N_s） 1.5～5.0kgBOD/(kgMLSS·d)；
容积负荷（N_V） 1.2～2.4kgBOD/（m^3·d)；
污泥龄（生物固体平均停留时间）（θ_c、t_s） 0.25～2.5d；
混合液悬浮固体浓度（MLSS） 200～500mg/L；
混合液挥发性悬浮固体浓度（MLVSS） 160～400mg/L；
曝气时间（t） 1.5～3.0h；
污泥回流比（R） 5%～15%；
BOD 去除率 60%～75%。

七、浅层曝气、深水曝气、深井曝气活性污泥法

1. 浅层曝气活性污泥法

浅层低压曝气又名因卡曝气（INKA aeration），是瑞典 Inka 公司所开发的，其原理基于气泡在刚刚形成的瞬息间，其吸氧率最高。如图 2-5-8 所示。曝气设备装在距液面 800～900mm 处，可采用低压风机。单位输入能量的相对吸氧量可达最大，它可充分发挥曝气设备的能力。风机的风压约 1000mm 即可满足要求。池中间设置纵向隔板，以利液流循环，充氧能力可达 1.80～2.60kg/(kW·h)。工艺缺点是曝气栅管孔眼容易堵塞。

2. 深水曝气活性污泥法

曝气池内水深可达 8.5～30m，由于水压较大，故氧利用率较高；但需要的供风压力较大，因此动力消耗并不节省。近年来发展了若干种类的深水曝气池，主要有深水底层曝气、深水中层曝气，其中包括单侧旋流式、双侧旋流式、完全混合式等。为了减小风压，曝气器往往装在池深的一半，形成液-气流的循环，可节省能耗。当水深超过 10～30m 时，即为塔式曝气池。见图 2-5-9。

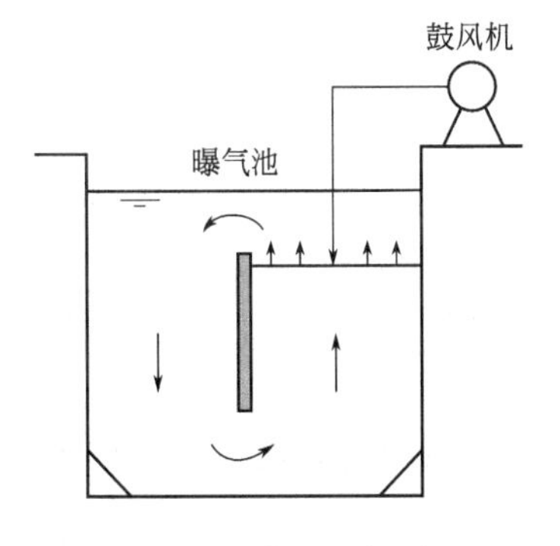

图 2-5-8 浅层曝气原理

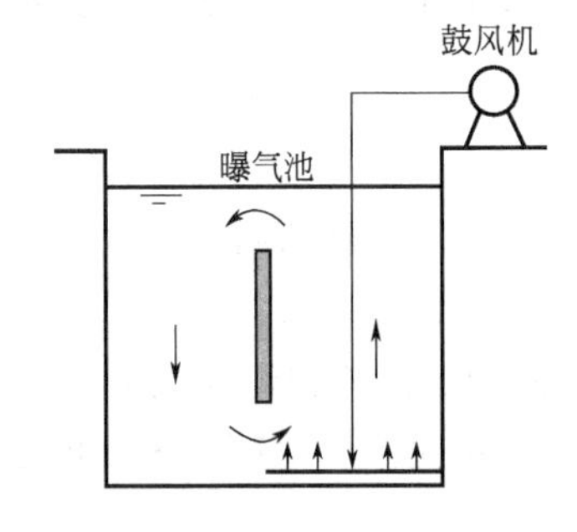

图 2-5-9 深水曝气原理

3. 深井曝气活性污泥法

深井曝气是 20 世纪 70 年代中期开发的废水生物处理新工艺。深井曝气处理废水的特点是：处理效果良好，并具有充氧能力高、动力效率高、占地少、设备简单、易于操作和维修、运行费用低、耐冲击负荷能力强、产泥量低、处理不受气候影响等优点。此外，在大多数情况下可取消一次沉淀池，对高浓度工业废水容易提供大量的氧，也可用于污泥的好氧消化。深井曝气装置，一般平面呈圆形，直径为 1～6m，深度 50～150m。在井身内，通过空压机的作用形成降流和升流的流动。见图 2-5-10。

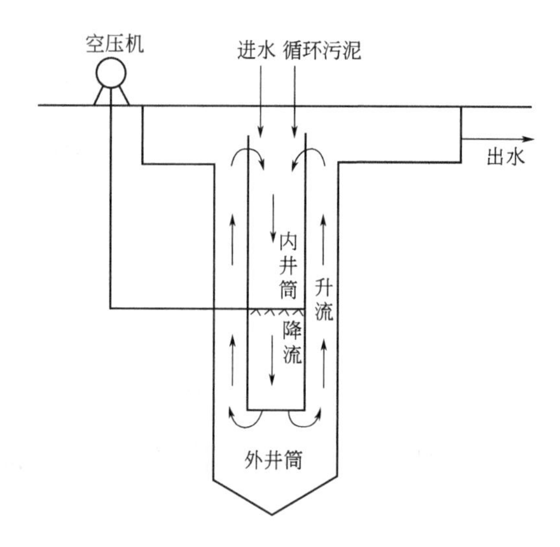

图 2-5-10 深井曝气原理

采用深井曝气装置处理城市和工业废水设计参数的参考值如下：

BOD 负荷（N_s）	1～1.2kgBOD/(kgMLSS・d)；
容积负荷（N_V）	3.0～3.6kgBOD/(m^3・d)；
污泥龄（生物固体平均停留时间）（θ_c）	5d；
混合液悬浮固体浓度（MLSS）	3000～5000mg/L；
混合液挥发性悬浮固体浓度（MLVSS）	2400～4000mg/L；
污泥回流比（R）	40%～80%；
曝气时间（t）	1～2h；
BOD 去除率	85%～90%。

八、纯氧曝气活性污泥法

纯氧曝气又称富氧曝气，与空气曝气相比，具有以下几个特点：

① 空气中含氧一般为 21%，一般纯氧中含氧为 90%～95%，而氧的分压纯氧比空气高 4.4～4.7 倍，因此纯氧曝气能大大提高氧在混合液中的扩散能力；

② 氧的利用率可高达 80%～90%，而空气曝气活性污泥法仅 10%左右，因此达到同等氧浓度所需的气体体积可大大减少；

③ 活性污泥浓度（MLSS）可达 4000～7000mg/L，故在相同有机负荷时容积负荷可大大提高；

④ 污泥指数低，仅 100 左右，不易发生污泥膨胀；

⑤ 处理效率高，所需的曝气时间短；

⑥ 产生的剩余污泥量少。

纯氧曝气池有三类（见图 2-5-11）：

① 多级密封式，氧从密闭顶盖引入池内，污水从第一级逐级推流前进，氧由离心压缩机经中空轴进入回转叶轮，它使池中污泥与氧保持充分混合与接触，使污泥能极大地吸收氧，未用尽的氧与生化反应代谢产物从最后一级排出；

② 对旧曝气池进行改造，池上设幕篷，既通入纯氧，又输入压缩空气，部分尾气外排，

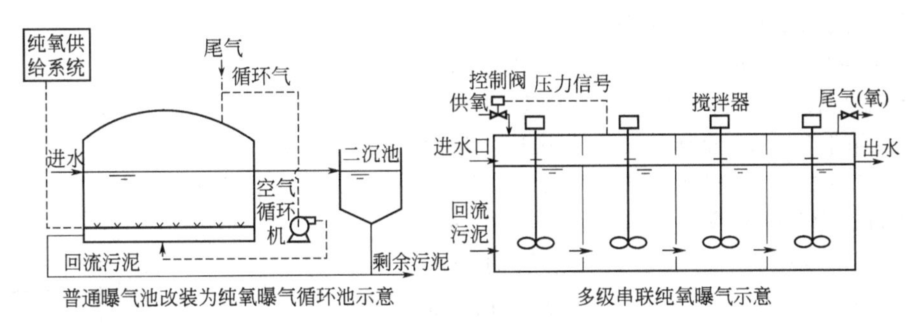

图 2-5-11 纯氧曝气活性污泥法工艺流程

也可循环回用；

③ 敞开式纯氧曝气池。

纯氧曝气活性污泥法的运行数据和设计参考数据如下：

BOD 负荷（N_s）	0.4～1.0kgBOD/(kgMLSS·d)；
容积负荷（N_V）	2.0～3.2kgBOD/(m^3·d)；
混合液悬浮固体浓度（MLSS）	6000～10000mg/L；
混合液挥发性悬浮固体浓度（MLVSS）	4000～6500mg/L；
污泥龄（生物固体平均停留时间）（θ_c、t_s）	5～15d；
污泥回流比（R）	25%～50%
曝气时间（t）	1.5～3.0h；
溶解氧浓度（DO）	6～10mg/L；
剩余污泥生成量（ES）	0.3～0.45kgTSS/$kgBOD_{去除}$；
污泥容积指数（SVI）	30～50。

第三节 曝气装置

一、原理和功能

（一）曝气及其作用[11]

活性污泥曝气是采用相应的设备和技术措施，使空气中的氧转移到混合液中进而被微生物利用的过程。曝气的主要作用为充氧、搅动和混合。充氧的目的是向活性污泥微生物提供所需的溶解氧，以保障微生物代谢过程的需氧量，通常曝气池出口的溶解氧浓度应控制在2mg/L以上；混合和搅动的目的是使曝气池中的污泥处于悬浮状态，从而增加废水与混合液的充分接触，提高传质效率，保证曝气池的处理效果。

（二）曝气氧转移的基本理论

空气中的氧通过曝气传递到混合液中，氧由气相向液相进行传质转移，最后为微生物所利用。气液传质过程通常遵循一定的传质扩散理论，气液传质理论目前有双膜理论、浅层理论、表面更新理论等。目前工程和理论应用较多的为双膜理论。

1. 双膜理论

双膜理论认为，在气水界面上存在着气膜和液膜，气膜外和液膜外有空气和液体流动，属紊流状态；气膜和液膜间属层流状态，不存在对流。在一定条件下会出现气压梯度和浓度梯度（参见图 2-5-12）。如果液膜中氧的浓度低于图 2-5-12 双膜理论模型水中氧的饱和浓度，在其界面存在的浓度梯度将向液膜传递，空气中的氧继续向内扩散透过液膜进入水体，因而液膜和气膜将成为氧传递的障碍，这就是双膜理论。显然，克服液膜障碍的最有效方法是快速变换气-水界面，曝气搅拌正是如此。曝气时推动氧分子通过液膜的动力是水中氧的饱和浓度（C_s）和实际浓度（C）的差。C_s 决定于空气中氧的分压，所以最终起决定作用的推动力是氧分压，而 C 值由微生物的耗氧速率确定。

氧传递过程的基本方程如下：

$$\frac{\mathrm{d}C}{\mathrm{d}t}=K_{\mathrm{La}}(C_s-C) \tag{2-5-21}$$

式中，$\frac{\mathrm{d}C}{\mathrm{d}t}$为氧的传递速率（氧进入水的速率），mg/(L·h)；C 为氧的实际浓度，mg/L；C_s 为氧的饱和浓度，mg/L；K_{La}为液相总传质系数，h^{-1}。

氧的传递速率同气、液两相的界面面积成正比，由于其面积难于估算，所以把它的影响包括在传质系数内，故 K_{La} 叫总传质系数。K_{La}的倒数单位是时间，可以把它看作是把溶解氧的浓度从 C 增加到 C_s 所需的时间。

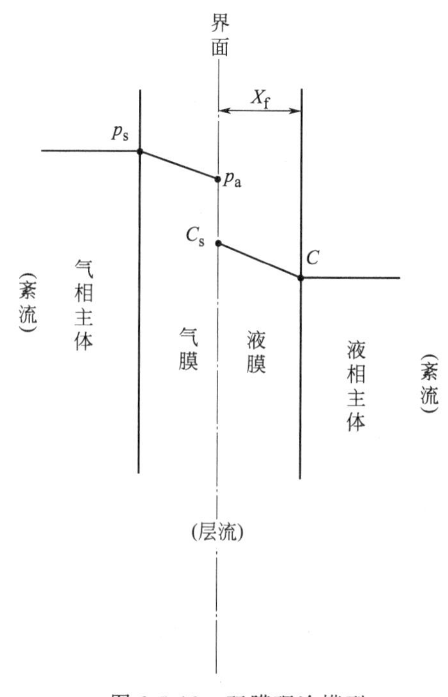

图 2-5-12 双膜理论模型

2. 浅渗理论

浅渗理论的基本观点是气相与液相都是按重复的短暂接触进行的，由于接触的时间很短，因此不可能达到稳定状态。其基本假设为，当气泡上升一个气泡直径的距离后，以前所接触的那部分水就被新接触的水替换掉了。故而允许气体传递进入它所接触的那部分水中的时间极短，扩散进入水的深度也很浅；另外传递的过程是随时间变化的。浅渗理论还认为阻力主要在水膜内。

3. 表面更新理论

表面更新理论是对浅层理论的发展。该理论认为，由于水膜中的水处在紊动混合状态，传递物质的表面不可能是固定不变的，应是由无数的接触时间不同的面积微元组成的，这些面积微元在接触时间内所传递的质量总和，才是真正的传质量。通常应该按此来计算。对于每一个面积微元通过的量仍可由浅渗理论方式计算。

(三) 影响氧转移的因素

1. 氧的饱和浓度（C_s）

氧转移效率与氧的饱和浓度（C_s）成正比，不同温度下饱和溶解氧的浓度也不同，参见表 2-5-6。

表 2-5-6 氧在蒸馏水中的溶解度（即饱和度）

水温/℃	1	2	3	4	5	6	7	8	9	10
溶解度/(mg/L)	14.23	13.84	13.48	13.13	12.80	12.48	12.17	11.87	11.59	11.33
水温/℃	11	12	13	14	15	16	17	18	19	20
溶解度/(mg/L)	11.08	10.83	10.60	10.37	10.15	9.95	9.74	9.54	9.35	9.17
水温/℃	21	22	23	24	25	26	27	28	29	30
溶解度/(mg/L)	8.99	8.83	8.63	8.53	8.38	8.22	8.07	7.92	7.77	7.63

注：其余温度下（0～30℃）的饱和溶解度利用内差法确定，0℃时的饱和溶解度值为 14.62mg/L。

2. 水温

在相同的气压下，温度对 K_{La} 和 C_s 也有影响。温度上升 K_{La} 的值随着上升，而 C_s 值却下降。曝气池的工作温度大多在 10～30℃范围内，这时温度的影响不明显，因为它对 K_{La} 和 C_s 的影响几乎相互抵消。水温的变化对 K_{La} 值的影响较大，通常可通过下式校正：

$$K_{La(T)}=K_{La(20℃)}\theta^{(T-20)} \tag{2-5-22}$$

式中，$K_{La(20℃)}$ 为 20℃时的 K_{La}；$K_{La(T)}$ 为 T℃时的 K_{La}；θ 为温度修正系数，其值为 1.016～1.047。

3. 废水性质

废水中含有的各种杂质（尤其是一些表面活性物质）对氧的转移产生一定的影响，把适用于清水的 K_{La} 用于废水时，要乘以修正系数 α。

$$\text{废水的 } K_{La}=\alpha\times\text{清水的 } K_{La} \tag{2-5-23}$$

修正系数（α）的值可在实验室测定（在测定 α 值时，不能直接用混合液，要用澄清后的上清液）。在同一曝气装置中分别测定废水和清水的 K_{La}，其比值就是 α 值。原生活污水的 α 值约为 0.4～0.5；城镇污水厂出水的 α 值为 0.9～1.0；而工业废水由于种类较多，其 α 值的变化也较大。

由于在废水中含有盐类也影响氧在水中的饱和度（C_s），废水 C_s 值用清水 C_s 值乘以 β 来修正，β 值一般介于 0.9～0.97 之间。

大气压影响氧气的分压，因此影响氧的传递，C_s 也有影响。随着气压的升高，两者都上升。对于大气压不是 1.013×10^5 Pa 的地区，C_s 值应乘以压力修正系数，设为ρ，即$\rho=$所在地区实际气压/（1.013×10^5）。

对于鼓风曝气池，空气压力还同池水深度有关。安装在池底的空气扩散装置使出口处的氧分压最大，C_s 值也最大。但随气泡的上升，气压也逐渐降低，在水面时，气压为 1.013×10^5 Pa（1atm，即一个大气压），气泡上升过程中的一部分氧已转移到液体中。鼓风曝气池中的 C_s 值应是扩散装置出口和混合液表面两处溶解氧饱和浓度的平均值，依下式计算：

$$C_{sb}=C_s\left(\frac{p_b}{2.026\times10^5}+\frac{O_t}{42}\right) \tag{2-5-24}$$

$$O_t=\frac{21\times(1-E_A)}{79+21\times(1-E_A)}\times100\%$$

式中，C_{sb} 为鼓风曝气池内混合液溶解氧饱和浓度的平均值，mg/L；C_s 为在 1.013×10^5 Pa 条件下氧的饱和浓度，mg/L；p_b 为空气扩散装置出口处的绝对压力，Pa，$p_b=p+9.8\times10^3H$；p 为标准大气压，$p=1.031\times10^5$ Pa；H 为空气扩散装置的安置深度，m；O_t 为从曝气池逸出气体中含氧量的百分率，%；E_A 为空气扩散装置的氧转移效率，一般为 6%～12%。

另外，氧的转移还和气泡的大小、液体的紊动程度和气泡与液体的接触时间有关。空气扩散器的性能决定了气泡粒径的大小。气泡愈小接触面愈大，将提高 K_{La} 值，利于氧的转移；但另一方面不利于紊动，从而不利于氧的转移。气泡与液体的接触时间愈长，愈利于氧的转移。

氧从气泡中转移到液体中，逐渐使气泡周围液膜的含氧量饱和，因而，氧的转移效率又取决于液膜的更新速度。紊流和气泡的形成、上升、破裂，都有助于气泡液膜的更新和氧的转移。

从上述分析可见，氧的转移效率取决于下列各因素：气相中氧分压梯度、液相中氧的浓度梯度、气液之间的接触面积和接触时间、水温、废水的性质和水流的紊动程度等。

(四) 充氧量的计算

生产厂家所提供的空气扩散装置的氧转移参数是在标准条件下测定的，所谓标准条件是指：水温 20℃，大气压为 1.013×10^5Pa，采用脱氧清水测定。所以必须根据实际条件对厂商提供的氧转移速率等数据加以修正。

标准条件下，转移到曝气池混合液中的总氧量为：

$$R_0 = K_{La(20℃)} C_{s(20℃)} V \tag{2-5-25}$$

实际条件下，转移到曝气池混合液中的总氧量为：

$$R = \alpha K_{La(20℃)} [\beta \rho C_{s(T)} - C] \times 1.024^{(T-20)} V = R_r V \tag{2-5-26}$$

式中，$R_r = O_2/V$，O_2 由本章第一节式(2-5-6) 确定。

联立上二式可得：

$$R_0 = \frac{RC_{s(20℃)}}{\alpha [\beta \rho C_{sb(T)} - C] \times 1.024^{(T-20)}} \tag{2-5-27}$$

一般地，$R_0/R = 1.33 \sim 1.61$，即在实际工程中所需的空气量比标准条件下所需的空气量多 33%～61%。

氧转移效率（氧利用效率，E_A）为：

$$E_A = (R_0/S) \times 100\% \tag{2-5-28}$$

式中，S 为供氧量，kg/h。

$$S = 0.21 \times 1.43 G_s = 0.3 G_s \tag{2-5-29}$$

式中，0.21 为氧在空气中所占分数；1.43 为氧的容重，kg/m^3；G_s 为供气量，m^3/h。

对鼓风曝气，各种空气扩散装置在标准状态下的 E_A 值是厂商提供的，因此，供气量可以通过式 (2-5-30) 确定，即

$$G_s = R_0/(0.3 E_A) \times 100\% \tag{2-5-30}$$

式中，R_0 由式(2-5-27) 确定。

对机械曝气，各种叶轮在标准条件下的充氧量与叶轮直径及叶轮线速度的关系，也是厂商通过实际测定确定并提供的。如泵型叶轮的充氧量可按下列经验公式计算：

$$Q_{os} = 0.379 K_1 v^{2.8} D^{1.88} \tag{2-5-31}$$

式中，Q_{os}为标准条件下（水温 20℃，1.013×10^5Pa）清水的充氧量，kg/h；v 为叶轮周边线速度，m/s；D 为叶轮公称直径，m；K_1 为池型结构对充氧量的修正系数，见表 2-5-7。

表 2-5-7 池型修正系数 K_1 值

池 型	圆池	正方形	长方形	曝气池
K_1	1	0.64	0.90	0.85～0.98

注：圆池内有挡流板，方池则没有。

$Q_{os} = R_0$，R_0 由式(2-5-27) 确定。泵型叶轮所需的直径可以通过式 (2-5-31) 确定。其他类型的叶轮的充氧量则根据相应的图表或公式确定。

二、设备和装置

(一) 曝气类型

曝气类型大体分为两类，一类是鼓风曝气，另一类为机械曝气。此外还有两类相结合的曝气方式，但实际应用较少。

1. 鼓风曝气

鼓风曝气是指采用曝气器——扩散板或扩散管在水中引入气泡的曝气方式。鼓风曝气通常由鼓风机、曝气器、空气输送管道等组成。

2. 机械曝气

机械曝气是指利用叶轮等器械引入气泡的曝气方式。机械曝气器可以分为两种类型，一类是表面曝气器，另一类是淹没的叶轮曝气器。表面曝气器直接从空气中吸入氧气。叶轮曝气器主要是从曝气池底部的空气分布系统引入空气中吸取氧气。表面曝气器设备比较简单，较为常用。

（二）曝气装置[12]

所有的曝气设备，都应该满足下列三种功能：①产生并维持有效的气水接触，并且在生物氧化作用不断消耗氧气的情况下保持水中一定的溶解氧浓度；②在曝气区内产生足够的混合作用和水的循环流动；③维持液体的足够速度，以使水中的生物固体处于悬浮状态。

曝气设备的特点和用途参见表 2-5-8。

表 2-5-8　废水的曝气设备

设　备	特　点	用　途
(1)淹没式曝气器		
鼓风机		
细气泡系统	用多孔扩散板或扩散管产生气泡	各种活性污泥法
中等气泡系统	用塑料或布包管子产生气泡	各种活性污泥法
粗气泡系统	用孔口、喷射器或喷嘴产生气泡	各种活性污泥法
叶轮分布器	由叶轮及压缩空气注入系统组成	各种活性污泥法
静态管式混合器	竖管中设挡板以使底部进入的空气与水混合	活性污泥法
射流式	压缩空气与带压力的混合液在射流设备中混合	各种活性污泥法
(2)表面曝气器		
低速叶轮曝气器	用大直径叶轮在空气中搅起水滴并卷入空气	常规活性污泥法
高速浮式曝气器	用小直径桨叶在空气中搅起水滴并卷入空气	
转刷曝气器	桨板通过水中旋转促进水的循环并曝气	氧化沟、渠道曝气

曝气设备的主要技术性能指标如下：

① 动力效率（E_P）每消耗 1kW 电能转移到混合液中的氧量，以 kg/(kW·h) 计；

② 氧的利用效率（E_A）通过鼓风曝气转移到混合液的氧量，占总供氧量的百分比（%）；

③ 氧的转移效率（E_L）也称为充氧能力，通过机械曝气装置，在单位时间内转移到混合液中的氧量，以 kg/h 计。

鼓风曝气设备的性能按①、②两项指标评定，机械曝气装置则按①、③两项指标评定。

1. 鼓风曝气设备

鼓风曝气系统由鼓风机（空压机）、空气扩散装置（曝气器）和一系列连通的管道组成。鼓风机将空气通过一系列管道输送到安装在池底部的扩散装置（曝气器），经过扩散装置，使空气形成不同尺寸的气泡。气泡在扩散装置出口处形成，尺寸则取决于空气扩散装置的形式，气泡经过上升和随水循环流动，最后在液面处破裂，这一过程中产生氧向混合液中转移的作用。

鼓风曝气系统用鼓风机供应压缩空气，常用的有罗茨鼓风机和离心式鼓风机。

离心式鼓风机的特点是空气量容易控制，只要调节出气管上的阀门即可；如果把电动机上的安培表改用流量刻度，调节更为方便。但鼓风机噪声很大，空气管上应安装消声器。

鼓风曝气系统的空气扩散装置主要分为微气泡、中气泡、大气泡、水力剪切、水力冲击及空气升液等类型。

(1) 微气泡曝气器 该曝气器也称为多孔性空气扩散装置，采用多孔性材料如陶粒、粗瓷等掺以适当的如酚醛树脂一类的黏合剂，在高温下烧结成为扩散板、扩散管及扩散罩的形式。微孔曝气器按照安装的型式，可分为固定式微孔曝气器及提升式微孔曝气器两大类。

这一类扩散装置的主要性能特点是产生微小气泡，气、液接触面大，氧利用率较高，一般都可达10%以上；其缺点是气压损失较大，易堵塞，送入的空气应预先通过过滤处理。具体的曝气器形式如下。

① 固定式平板形微孔曝气器。见图 2-5-13。平板形微孔曝气装置主要包括曝气板、布气底盘、通气（调节）螺栓、进气管、三通短管、伸缩节、橡胶密封圈或压盖以及连接池底的配件等。目前我国生产的平板形微孔曝气器，有 ϕ200mm 钛板微孔曝气板、ϕ200mm 的微孔陶板、青刚玉和绿刚玉为骨料烧结成的曝气板，其技术参数基本相同。

平均孔径 100～200μm；孔隙率 40%～50%；服务面积 0.3～0.75m^2/个；氧利用率20%～25%；充氧能力 0.04～0.19kg/（m^3·h）；动力效率 4～6kg/(kW·h)；单盘通气阻力 1.47～3.92kPa（150～400mm 水柱）；曝气量 0.8～3m^3/(h·个)，陶瓷微孔曝气器的曝气量不能大于 4m^3/(h·个)。

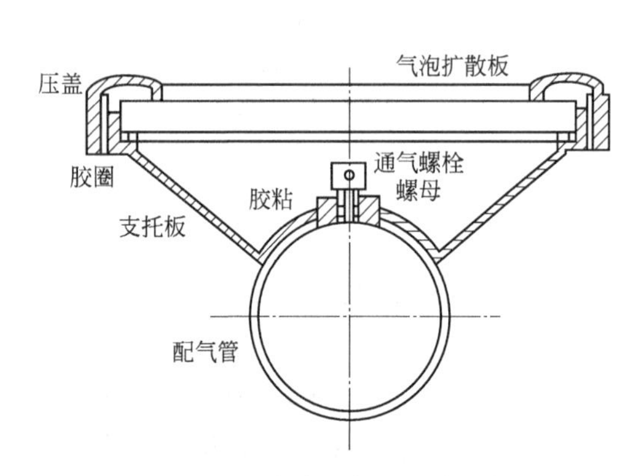

图 2-5-13 固定式平板形微孔曝气器

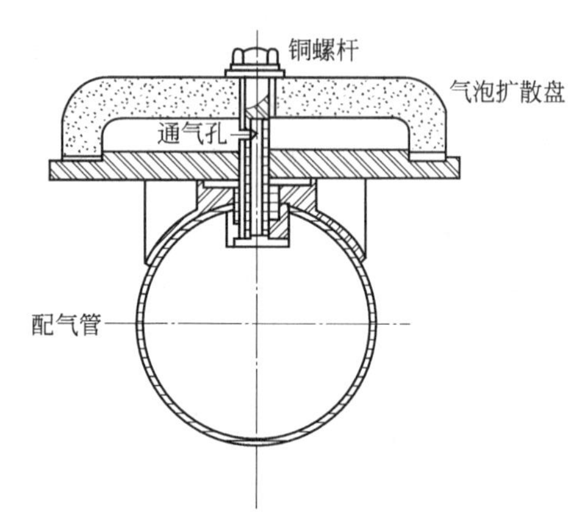

图 2-5-14 固定式钟罩形微孔曝气器

② 固定式钟罩形微孔曝气器。见图 2-5-14。我国生产的钟罩形微孔曝气器，有微孔陶瓷钟罩形盘、青刚玉为骨料烧成的钟罩形盘。其技术参数与平板形散气板基本相同。

③ 膜片式（可变孔）微孔曝气器。见图 2-5-15。常用的微孔曝气器，多采用刚性材料，如陶瓷、刚玉等制造。传氧速率及运动效率都较高，但存在进入曝气器的空气需要除尘净化、曝气器孔眼易被污物堵塞等一些缺点。针对上述情况，国外首先研制开发出一种新型的微孔曝气器，即膜片式微孔曝气器。随后通过不断改型，应用于污水处理厂，不但动力效率高、应用效果好，而且不存在堵塞问题。

该种曝气器的底部为聚丙烯制成的底座，底座上覆盖着合成橡胶制成的微孔膜片。膜片被金属丝箍固定在底座上。在合成橡胶膜片上采用激光打出同心圆布置的圆形孔眼。曝气时空气通过底座上的通气孔进入膜片与底座之间，在压缩空气的作用下，使膜片微微鼓起，孔眼张开，达到布气扩散的目的。停止供气压力消失后，膜片本身的弹性作用使孔眼自动闭合，由于水压的作用，膜片压实于底座之上。曝气池中的混合液不可能倒流，因此不会堵塞膜片孔眼。另一方面当孔眼开启时，空气中即使含有少量的尘埃，也可以通过孔眼，不会造成堵塞，不用设置除尘设备。膜片式微孔曝气器均匀的孔眼可扩散出 1.5～3.0mm 的气泡，清水动力效率可达到 3.4kg/(kW·h)，主要技术参数为：直径 ϕ520mm 或 230mm；通气量 3.42～34m^3/(h·个)；服务面积 1～3m^2/个；充氧动力效率 3.4kg/(kW·h)；氧利用率 27%～38%；通气阻力 1.41～5.84kPa（147～596mm 水柱）；材质合成橡胶。

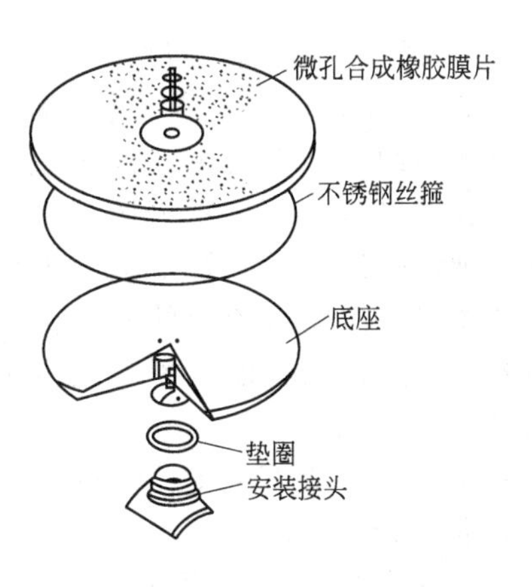

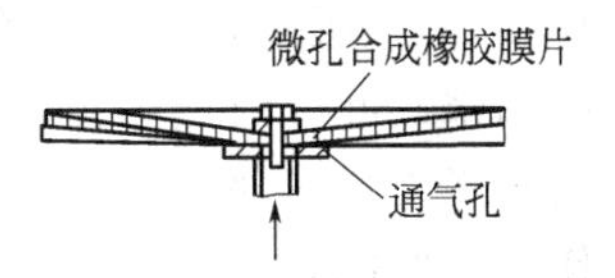

图 2-5-15　膜片式微孔空气曝气器

以上均为固定式微孔曝气器。为了克服固定式微孔曝气器堵塞时清理困难的缺点，目前发展了提升式微孔曝气器，可在正常运转过程中，随时或定期将曝气器从水中提出，进行清理，以便经常保持较高的充氧效率。

④ 摇臂式微孔曝气器。目前我国生产的摇臂式微孔曝气器由三部分组成，见图 2-5-16。

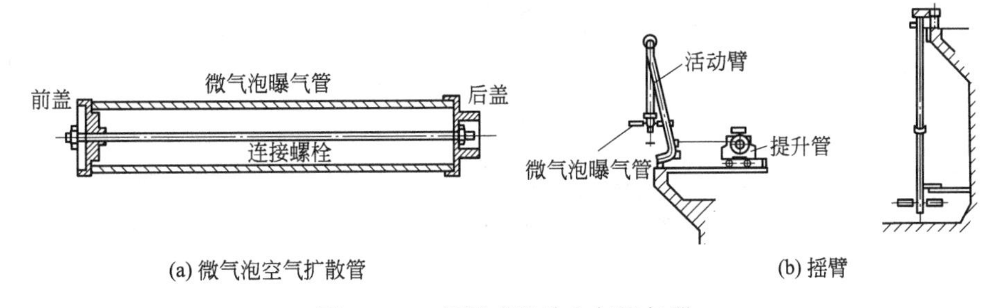

图 2-5-16　摇臂式微孔空气曝气器

a. 微孔曝气管。即由微孔管、前盖、后盖及连接螺栓组成。为了防止气孔堵塞，空气必须经过净化处理。

b. 活动摇臂。是可提升的配管系统，微孔散气管安装于支气管上，成栅支状。活动摇臂的底座固定在池壁上，活动立管伸入池中，支管落在池底部，并由支架支撑在池底。

c. 曝气器提升机。为活动式电动卷扬机，起吊小车可随意移动，将摇臂提起。当曝气头和微孔散气管需要清理时，可将提升机移至欲清理的摇臂处，将提升机的钢丝挂在活动臂的吊钩上，按动电钮，就可将摇臂提起，对曝气头进行清理或拆换。

（2）中气泡曝气器　应用较为广泛的中气泡空气扩散装置是穿孔管，由管径介于 25～50mm 之间的钢管或塑料管制成，由计算确定，在管壁两侧向下相隔 45°角，留有直径为3～5mm 的孔眼或隙缝，间距 50～100mm，空气由孔眼溢出。

这种扩散装置构造简单，不易堵塞，阻力小；但氧的利用率较低，只有 4%～6%，动力效率亦低，约 1kg/(kW·h)。因此目前在活性污泥曝气中采用较少，而在接触氧化工艺中较为常用。

（3）水力剪切型空气曝气器

① 倒伞形曝气器。倒伞形扩散装置见图2-5-17，由盆形塑料壳体、橡胶板、塑料螺杆及压盖等组成。空气由上部进气管进入，由伞形壳体和橡胶板间的缝隙向周边喷出，在水力剪切的作用下，空气泡被剪切成小气泡。停止供气，借助橡胶板的回弹力，使缝隙自行封口，防止混合液倒灌。该型扩散器的各项技术参数为：氧利用率6.5%～8.5%，动力效率1.75～2.88kgO_2/(kW·h)，总氧转移系数4.7～15.7。

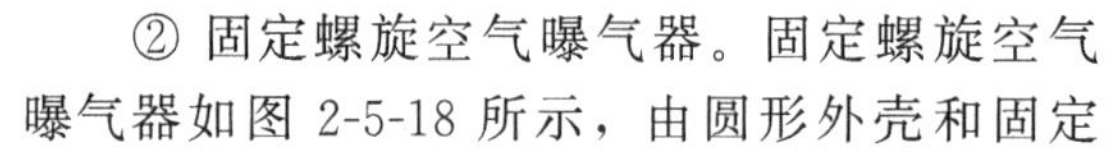

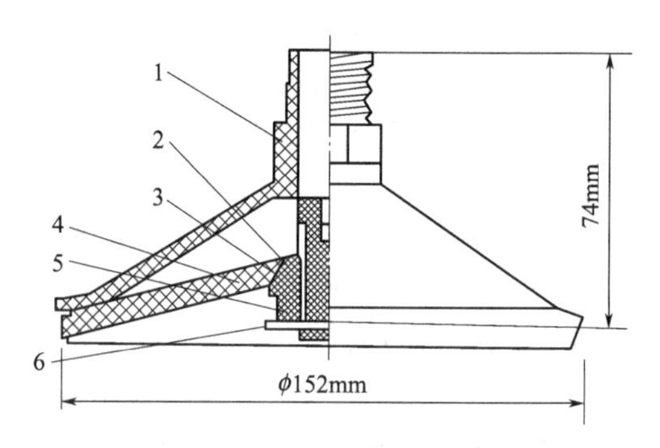

图 2-5-17 塑料倒伞式空气曝气器

1—盆形塑料壳体；2—橡胶板；3—密封圈；4—塑料螺杆；5—塑料螺母；6—不锈钢开口销

② 固定螺旋空气曝气器。固定螺旋空气曝气器如图2-5-18所示，由圆形外壳和固定在壳体内部的螺旋叶片组成，每个螺旋叶片的旋转角为180°，两个相邻叶片的旋转方向相反。空气由布气管从底部的布气孔进入装置内，向上流动，由于壳体内外混合液的密度差，产生提升作用，使混合液在壳体内外不断循环流动。空气泡在上升过程中被螺旋叶片反复切割，形成小气泡。

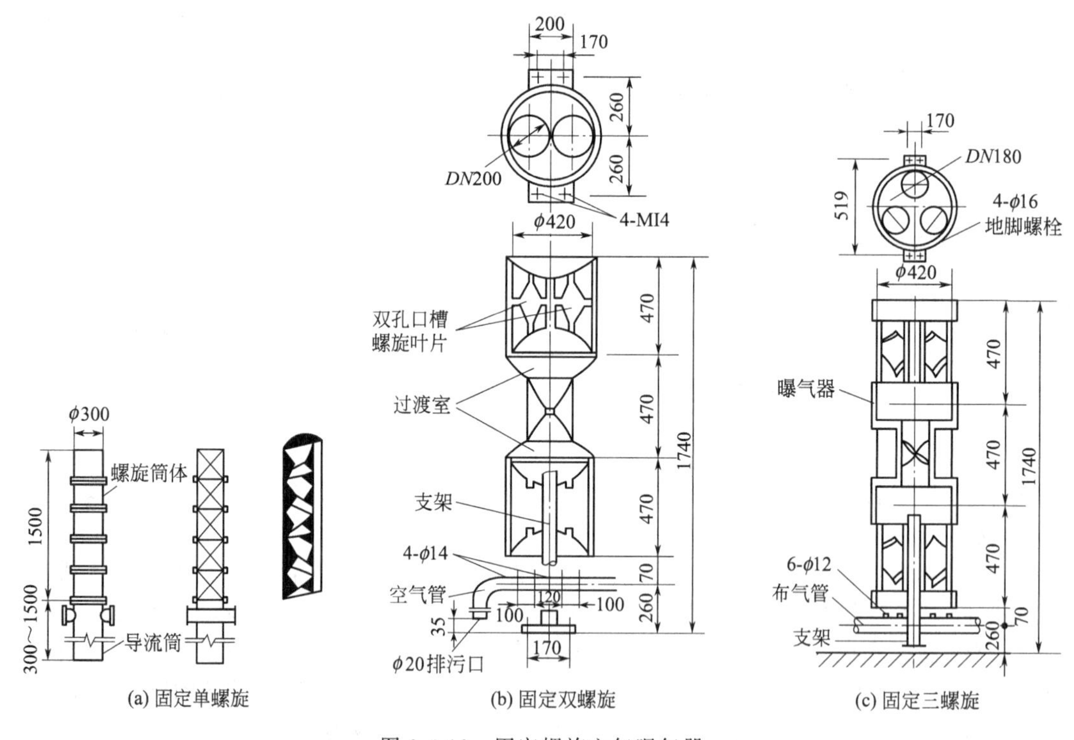

图 2-5-18 固定螺旋空气曝气器

固定螺旋空气曝气器有固定单螺旋、固定双螺旋及固定三螺旋三种空气扩散装置，表2-5-9列出了固定螺旋空气曝气器的规模和性能。

(4) 水力冲击式空气曝气器 该种曝气器见图2-5-19，主要以射流式空气扩散装置为主，它是利用水泵打入的泥水混合液的高速水流的动能，吸入大量空气，泥、水、气混合液在喉管中强烈混合搅动，使气泡粉碎成雾状，继而在扩散管内由于动能变成势能，微细气泡进一步压缩，氧迅速地转移到混合液中，从而强化了氧的转移过程，氧的转移率可高达

表 2-5-9　固定螺旋空气曝气器的规模和性能

名　　称	规　格	材　质	服务面积/m^2	氧利用率/%	动力效率/[kgO_2/(kW·h)]
固定单螺旋空气扩散装置	ϕ200 单螺旋×H1500	硬聚氯乙烯	3～9	7.4～11.1	2.24～2.48
固定双螺旋空气扩散装置	ϕ200 双螺旋×1740	不饱和聚酯玻璃钢 硬聚氯乙烯	4～8 (一般 5～6)	9.5～11.0	1.5～2.5
固定三螺旋空气扩散装置	3-ϕ180×H1740 3-ϕ185×H1740	玻璃钢聚丙烯玻璃钢	3～8	8.7	2.2～2.6

20%以上，但动力效率不高。近年来，由于泵的防水性能的改进，可将动力装置和扩散装置一体化。

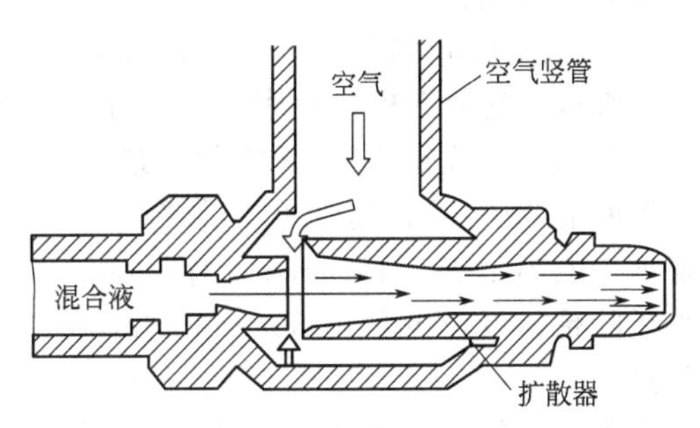

图 2-5-19　射流式水力冲击式空气曝气器

2. 机械曝气器

机械曝气器安装在曝气池水面上、下两个位置，在动力的驱动下进行转动，通过转动作用使空气中的氧转移到污水中去。与鼓风曝气的水下鼓泡相比，机械曝气主要是表面曝气。

机械曝气器按传动轴的安装方向有竖轴（纵轴）式和卧轴（横轴）式之分，按淹没程度分有表面曝气和淹没曝气之分。

(1) 竖轴式机械曝气器　竖轴式机械曝气器又称竖轴叶轮曝气机，在我国应用比较广泛。常用的有泵形、K 形、倒伞形和平板形四种，现就其构造、工艺特征、计算方法等加以阐述。

① 泵型叶轮曝气器。泵型叶轮曝气器见图 2-5-20。

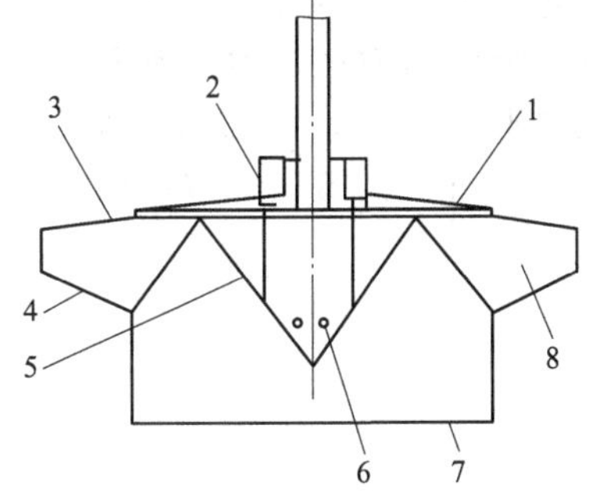

图 2-5-20　泵型叶轮曝气器构造示意
1—上平板；2—进气孔；3—上压罩；4—下压罩；5—导流锥孔；6—引气孔；7—进水口；8—叶片

泵型叶轮轴功率可按经验公式计算。在标准状态下的清水中，泵型叶轮的轴功率可按下列经验公式计算：

$$N_{轴}=0.0804K_2v^3D^{2.08} \quad (2\text{-}5\text{-}32)$$

式中，$N_{轴}$ 为叶轮轴功率，kW；v 为叶轮周边线速度，m/s；D 为叶轮公称直径，根据前面式(2-5-31)计算，m；K_2 为池型结构对轴功率的修正系数。

池型修正系数（K_2）见表 2-5-10。

表 2-5-10　池型修正系数（K_2）值

池型	圆池	正方形	长方形	曝气池
K_2	1	0.81	1.34	0.85～0.87

注：圆池内有挡流板，方池则无。

叶轮外缘最佳线速度应在 4.5～5.0m/s 的范围内。如线速度小于 4m/s，可能导致曝气池中污泥沉积。对于叶轮的浸没度（水面距叶轮出水口上边缘间的距离），应不大于 4cm，过深要影响充氧量，而过浅易于引起脱水，运行不稳定。叶轮不可反转。

② K 形叶轮曝气器。见图 2-5-21，由后轮盘、叶片、盖板及法兰组成，后轮盘呈流线型，与若干双曲线形叶片相交成液流孔道，孔道从始端到末端旋转 90°。后轮盘端部外缘与

盖板相接，盖板大于后轮盘和叶片，其外伸部分和各叶片上部形成压水罩。

K形轮的最佳运行线速度在4.0～5.0m/s的范围内，叶轮浸没度为0～10mm，叶轮直径与曝气池直径或正方形边长之比大致为1∶(6～10)。

K形轮造型比较复杂，其制造需专用模具。

K形叶轮的选择根据生产厂家提供的样本和叶轮线速度、直径与轴功率关系曲线及直径与充氧能力的关系曲线进行。

③ 平板形叶轮曝气器。平板形叶轮曝气器如图2-5-22所示，它由平板、叶片和法兰构成。叶片与平板半径的角度一般在0°～25°之间，最佳角度为12°。平板形叶轮曝气器构造简单，制造方便，不堵塞。线速度一般为4.05～4.85m/s；直径在1000mm以下的平板叶轮，浸没度常用80～100mm，大多设有调节装置。

平板形叶轮的计算可以根据生产厂家提供的参数曲线进行。

④ 倒伞形叶轮。倒伞形叶轮（参见图2-5-23）造型的复杂程度介于泵型与平板型之间。与平板形相比，其动力效率较高，充氧能力较低。采用时宜进行试验来决定设计数据。表2-5-11给出了国外直径为2290mm的Simcar（属倒伞形）叶轮清水数据。

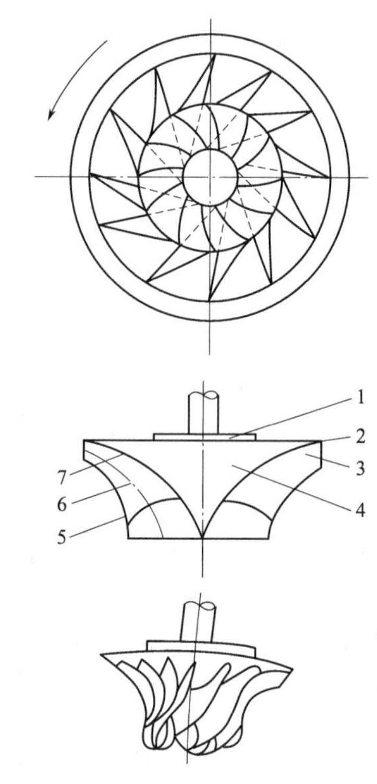

图2-5-21　K形叶轮曝气器结构

1—法兰；2—盖板；3—叶片；4—后轮盘；5—后流线；6—中流线；7—前流线

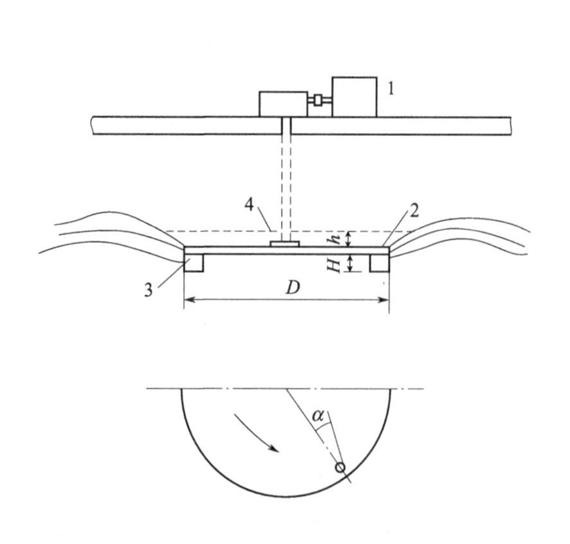

图2-5-22　平板形叶轮曝气器构造示意

1—驱动装置；2—进气孔；3—叶片；4—停转时水位线

H—叶片高度；h—叶轮浸没深度；D—叶轮直径

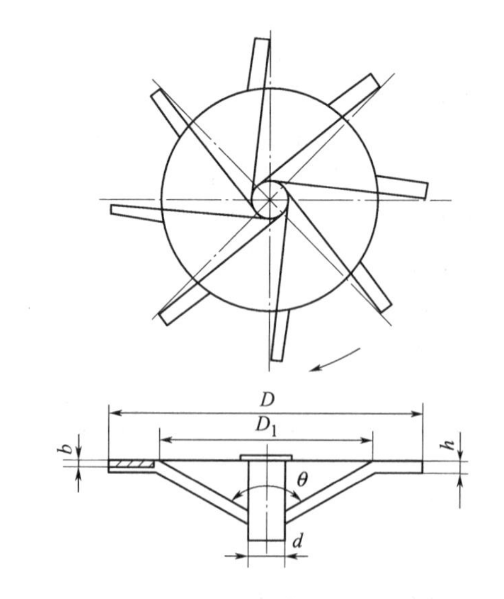

D	D_1	d	b	h	θ	叶片数
叶轮直径	7/9D	10.75/90D	5/95D	4/90D	130°	8

图2-5-23　倒伞形叶轮结构与尺寸

表 2-5-11　直径 2290mm 的 Simcar 叶轮清水数据

序号	转速/(r/min)	浸没深度/mm	曝气池容/m^3	供氧能力/[kgO_2/(h·m^3)]	总动力效率/[kgO_2/(kW·h)]
1	36	0	115.9	0.173	2.27
2	36	50	114.1	0.146	2.27
3	36	100	112.3	0.116	2.33
4	36	150	110.4	0.085	2.31
5	41	0	115.9	0.278	2.28
6	41	50	114.1	0.240	2.29
7	41	100	112.3	0.204	2.10
8	41	150	110.4	0.168	2.31

(2) 卧轴式机械曝气器　卧轴式机械曝气器又称凯氏刷（Kessner brush），一般直径 0.35～1.0m，长 1.5～7.5m，转速 70～120r/min，淹没深度 1/3～1/4 直径，动力效率 1.7～2.4kgO_2/(kW·h)。随着曝气刷直径的增大，氧化沟水深也可加大，通常为 1.3～5m。图 2-5-24 为直径 500mm 曝气刷的有关技术数据。齿条通常为矩形，宽 50mm 左右。

笼形转刷为凯氏刷的改良型。图 2-5-25 为直径 700mm 笼形转刷的有关技术数据。齿条通常为矩形，齿条尺寸 50mm×150mm，齿条间隙为 50mm，间放。曝气装置除了满足充氧要求外，还应满足下列最低的搅拌要求：满铺的小气泡装置 2.2m^3/(h·m^2)；旋流的大中气泡装置 1.2m^3/(h·m^2)；机械曝气 13W/m^3。

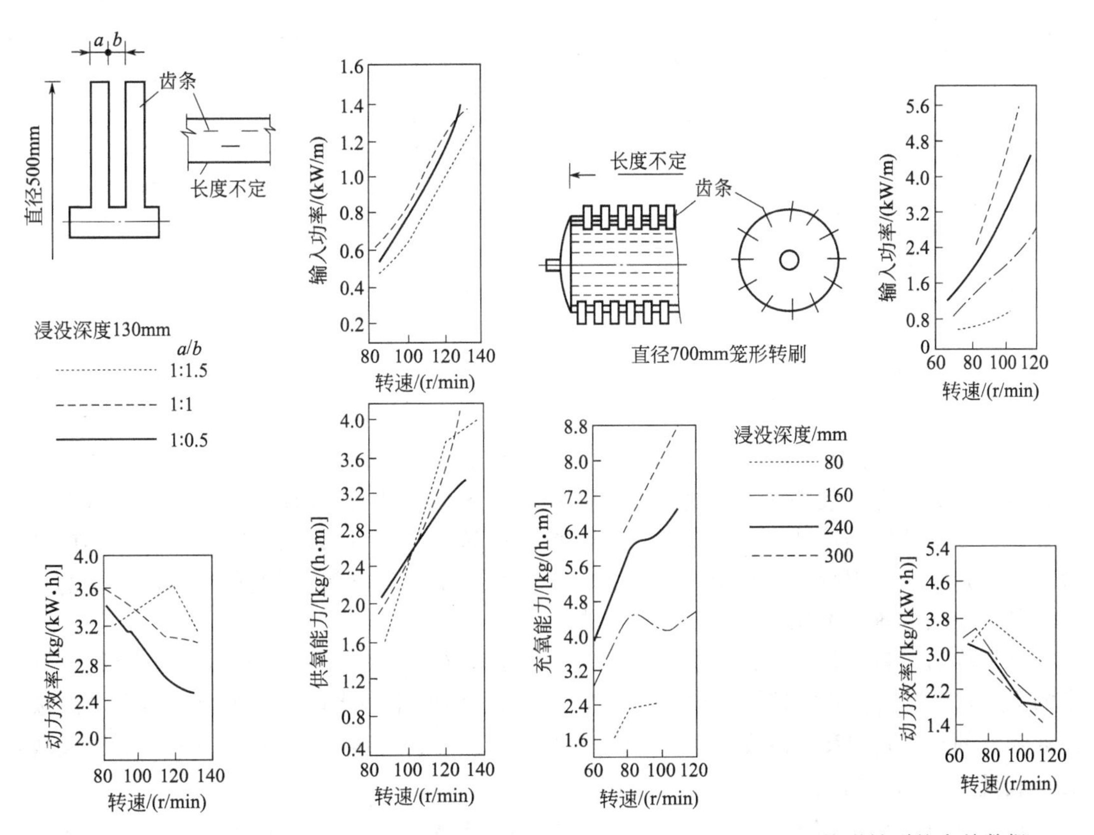

图 2-5-24　直径 500mm 曝气刷的有关数据　　图 2-5-25　直径 700mm 笼形转刷的有关数据

目前应用的卧轴式机械曝气器主要是转刷曝气器。转刷曝气器主要用于氧化沟，它具有负荷调节方便、维护管理容易、动力效率高等优点。转刷曝气器由水平转轴和固定在轴上的叶片组成，转轴带动叶片转动，搅动水面溅成水花，空气中的氧通过气液界面转移到水中。有关技术参数参见氧化沟一节。

三、曝气系统设计计算

活性污泥曝气[14]系统与空气扩散装置的计算与设计，大致包括下列主要内容：①选定曝气方法（鼓风曝气或表面机械曝气）；②需氧量和供气量的计算；③曝气系统的设计与计算。

(一) 需氧量与供气量的计算

活性污泥法处理系统的日平均需氧量一般按式(2-5-7)计算。对此，主要是正确地选用a'、b'值。求定a'、b'值的最理想的方法，应通过试验取得数据，或归纳污水处理厂的运行数据，通过图解法求定。也可以采用比较成熟的经验数据。

处理城镇污水的不同活性污泥系统运行方式的a'、b'值及ΔO_2值见表2-5-2，而部分工业废水的a'、b'值见表2-5-3。表2-5-12所列举的是BOD污泥负荷率（N_s）与需氧量之间关系的经验数据。

表 2-5-12 BOD污泥负荷率与需氧量之间关系的经验数据

N_s(VSS)/[kgBOD/(kgMLVSS·d)]	需氧量/(kgO_2/$kgBOD_5$)	最大需氧量与平均需氧量之比	最小需氧量与平均需氧量之比
0.10	1.60	1.5	0.5
0.15	1.38	1.6	0.5
0.20	1.22	1.7	0.5
0.25	1.11	1.8	0.5
0.30	1.00	1.9	0.5
0.40	0.88	2.0	0.5
0.50	0.79	2.1	0.5
0.60	0.74	2.2	0.5
0.80	0.68	2.4	0.5
≥1.00	0.65	2.5	0.5

需氧量随N_s值而变化，而N_s值在池内又随污水流量和BOD浓度的变化而变化。但是，曝气池有一定的缓冲能力，进水短时间的变化不会使曝气池内的BOD污泥负荷率产生足以影响处理功能的变化。当N_s值低时，曝气池具有较大的缓冲能力，而当N_s值高时，缓冲能力则较小。根据这种情况，在表2-5-12中也列举出随BOD污泥负荷率而变化的最大需氧量与平均需氧量的比值，可供设计参考。

日平均需氧量、最大时需氧量确定后，即可按式(2-5-29)计算供气量。由于氧转移效率的E_A值是根据不同的扩散器在标准状态下由脱氧清水中测定出的，因此，需要供给曝气池混合液的充氧量（R）必须换算成相应于水温为20℃、气压为1.013×10^5Pa的脱氧清水之充氧量（R_0），可按公式(2-5-25)计算。

式(2-5-26)中的R值相当于活性污泥系统的最大需氧量，$C_{s(T)}$为计算温度T时污水的氧饱和浓度，对于鼓风曝气应为$C_{sb(T)}$值，可按式(2-5-24)计算；对于机械曝气，则为大气压力下的氧饱和度，可直接查表。

公式中的氧转移效率 E_A 值是在选定了扩散装置的类型后查表求得的。常用扩散装置的氧转移效率 E_A 值和动力效率 E_P 值列于表 2-5-13，供设计参考。

表 2-5-13　几种空气扩散装置的 E_A、E_P 值

扩散装置类型	氧转移效率 E_A/%	动力效率 E_P/[kgO_2/(kW·h)]
陶土扩散板、管(水深 3.5m)	10～12	1.6～2.6
绿豆沙扩散板、管(水深 3.5m)	8.8～10.4	2.8～3.1
穿孔管：ϕ5mm(水深 3.5m) ϕ10mm(水深 3.5m)	6.2～7.9 6.7～7.9	2.3～3.0 2.3～2.7
倒盆式扩散器：水深 3.5m 水深 4.0m 水深 5.0m	6.9～7.5 8.5 10	2.3～2.5 2.6 —
竖管扩散器(ϕ19mm，水深 3.5m)	6.2～7.1	2.3～2.6
射流式扩散装置	24～30	2.6～3.0

注：表中数据，除陶土扩散管和射流式扩散装置两项外，均为上海曲阳污水厂测定数据。

空气扩散装置包括 E_A 及 E_P 值在内的各项参数，一般都由该装置的生产厂家提供；使用单位在使用过程中加以复核。

关于曝气系统的计算与设计，本书将对鼓风曝气系统和表面机械曝气系统分别加以阐述。

（二）鼓风曝气系统的计算与设计

鼓风曝气系统设计的主要内容是：①空气扩散装置的选定，并对其进行布置；②空气管道布置与计算；③空压机型号与台数的确定与空压机房的设计。

1. 空气扩散装置的选用

在选定空气扩散装置时，要考虑下列各项因素：

(1) 空气扩散装置应具有较高的利用效率和动力效率（E_P），具有较好的节能效果；

(2) 不易堵塞，出现故障易排除，便于维护管理；

(3) 构造简单，便于安装，工程造价及装置本身成本都较低。

此外还应考虑废水水质、地区条件以及曝气池型、水深等。

根据计算出的总供气量和每个空气扩散装置的通气量、服务面积、曝气池池底面积等数据，计算、确定空气扩散装置的数目，并对其进行布置。

空气扩散装置在池底的布置形式有：①沿池壁一侧布置；②扩散装置相互垂直呈正交式布置；③呈梅花形交错布置。

2. 空气管道系统的计算与设计

(1) 一般规定　活性污泥系统的空气管道系统是指从空压机的出口到空气扩散装置的空气输送管道，一般使用焊接钢管。小型废水处理站的空气管道系统一般为枝状，而大中型废水处理厂则宜于联成环状，以保供气安全。空气管道一般敷设在地面上，接入曝气池的管道，应高出池水面 0.5m，以免产生回水现象。空气管道的流速，干、支管为 10～15m/s，通向空气扩散装置的竖管、小支管为 4～5m/s。

(2) 空气管道的计算　空气管道和空气扩散装置的压力损失，一般控制在 14.7kPa 以内，其中空气管道总损失控制在 4.9kPa 以内，空气扩散装置的阻力损失为 4.9～9.8kPa。空气管道计算，根据流量（Q）、流速（v）按给排水手册选定管径，然后再核算压力损失，调整管径。

空气管道的压力损失(h)为空气管道的沿程阻力损失(h_1)与空气管道的局部阻力(h_2)之和，此三者的单位均为 Pa。

$$h=h_1+h_2$$

根据上式计算沿程阻力损失(h_1)和局部阻力(h_2)。计算时，气温可按 30℃考虑，而空气压力则按下式估算：

$$p=(1.5+H)\times 9.8$$

式中，p 为空气压力，kPa；H 为空气扩散装置距水面的深度，m。

鼓风曝气系统，压缩空气的绝对压力按下式计算：

$$p=\frac{h_1+h_2+h_3+h_4+h_5}{h_5}$$

式中，h_1、h_2 意义同前，Pa；h_3 为空气扩散装置安装深度（以装置出口处为准），mm，计算时换算为 Pa（$1mmH_2O=9.8Pa$）；h_4 为空气扩散装置的阻力，Pa，按产品样本或试验资料确定；h_5 为所在地区大气压力，Pa。

鼓风机所需压力：

$$H=h_1+h_2+h_3+h_4$$

式中，符号意义同前。

3. 鼓风机的选定与鼓风机房的设计

（1）根据每台空压机的设计风量和风压选择空压机。各式罗茨空压机、离心式空压机、通风机等均可用于活性污泥系统。

定容式罗茨空压机噪声大，应采取消声措施，一般用于中、小型废水处理厂。离心式空压机噪声较小，效率较高，适用于大、中型废水处理厂。变速率离心空压机，节省能源，根据混合液中的溶解氧浓度自动调整空压机启动台数和转速。轴流式通风机（风压在 1.2m 以下），一般用于浅层曝气池。

（2）在同一供气系统中，应尽量选用同一型号的空压机。空压机的备用台数：工作空压机≤3 台时，备用 1 台；工作空压机≥4 台，备用 2 台。

（3）空压机房应设双电源，供电设备的容量应按全部机组同时启动时的负荷设计。

（4）每台空压机应单设基础，基础间距应在 1.5m 以上。

（5）空压机房一般包括机器间、配电室、进风室（设空气净化设备）、值班室，值班室与机器间之间应有隔声设备和观察窗，还应设自控设备。

（6）空压机房内、外应采取防止噪声的措施，使其符合《工业企业厂界环境噪声排放标准》（GB 12348—2008）和《声环境质量标准》（GB 3096—2008）。

4. 机械曝气装置的设计

机械曝气装置的设计内容主要是选择叶轮的型式和确定叶轮的直径。在选择叶轮型式时，要考虑叶轮的充氧能力、动力效率以及加工条件等。叶轮直径的确定，主要取决于曝气池的需氧量，使所选择的叶轮的充氧量能够满足混合液需氧量的要求。

此外，还要考虑叶轮直径与曝气池直径的比例关系。叶轮直径过大可能伤害污泥，过小则充氧不够。一般认为平板叶轮或伞形叶轮直径与曝气池直径之比在 1/3～1/5；而泵型叶轮以 1/4～1/7 为宜。叶轮直径与水深之比可采用 2/5～1/4，池深过大，将影响充氧和泥水混合。

根据计算出的 R_0 值和上述计算图表，能够初步选定出叶轮尺寸，然后再将其与池径的比例加以校核，如不符合要求则做适当调整。

第四节　传统活性污泥法设计计算

一、曝气池的设计计算

曝气池的设计计算[13]主要包括：①曝气池容积的计算；②池体设计；③需氧量和供氧量的计算。

（一）曝气池容积的计算

1. 负荷设计法

计算曝气区容积，常用有机负荷计算法。负荷有两种表示方法，即污泥负荷和容积负荷。一般采用污泥负荷，计算过程如下。

（1）确定污泥负荷　污泥负荷一般根据经验确定，可以参考表2-5-13所列数值。

（2）确定所需微生物的量　微生物的量（XV）是由所要处理的有机物的总量和单位微生物在单位时间内处理有机物的能力（即污泥负荷）决定的。根据污泥负荷的定义：$N_s=Q(S_0-S_e)/VX$，可得公式如下：

$$(XV)=Q(S_0-S_e)/N_s \tag{2-5-33}$$

式中，V为曝气池容积，m^3；Q为进水设计流量，m^3/d；S_0为进水的BOD浓度，mg/L；S_e为出水的BOD浓度，mg/L；X为混合液挥发性悬浮固体（MLVSS）浓度，mg/L；N_s为污泥负荷，kgBOD/(kgMLVSS·d)。

（3）计算曝气池的有效池容　确定了微生物的总量以后，需要有污泥浓度的数值才能计算曝气池的容积。污泥浓度根据所用工艺的污泥浓度的经验值选取，一般在3000～6000mg/L之间。经过实验或其他方式确定了回流比、SVI值后也可以根据下式计算：

$$X=\frac{10^6 Rrf}{\mathrm{SVI}(1+R)} \tag{2-5-34}$$

式中，R为污泥回流比，%；r为二次沉淀池中污泥综合系数，一般为1.2左右；f为MLVSS/MLSS。

曝气池容积的计算公式如下：

$$V=\frac{\mathrm{Q}(\mathrm{S}_0-\mathrm{S}_e)}{\mathrm{XN}_s} \tag{2-5-35}$$

（4）确定曝气池的主要尺寸　主要确定曝气池的个数、池深、长宽以及曝气池的平面形式等。

2. 动力学方法[14]

也可用动力学方法计算曝气池容积。计算过程如下。

（1）确定所需的动力学常数的值　包括Y、K_d、K_s、μ_{max}，在没有实验数据时可以从表2-5-15、表2-5-16选取适当的数值。

（2）确定污泥龄　根据公式(2-5-16)可以确定$\theta_{c,min}$值。

$$\theta_{c,min}=1/(Y\mu_{max}-K_d) \tag{2-5-36}$$

实际活性污泥处理系统工程中所采用的θ_c值，应大于$\theta_{c,min}$值，实际取值应按公式(2-5-17)乘以安全系数。安全系数一般在2～20。

也可以根据经验进行取值，参考表2-5-14中各工艺所列数值。

（3）确定所需的微生物量　根据公式(2-5-14)可得下式：

$$(XV)=\frac{Q\theta_c Y(S_0-S_e)}{1+K_d\theta_c} \tag{2-5-37}$$

(4) 确定曝气池的容积 首先确定微生物浓度，其方法与前面的负荷设计法相同。

$$V=(VX)/X \tag{2-5-38}$$

(5) 根据式(2-5-12) 和式(2-5-13)，对出水浓度进行校核；或根据污泥负荷的定义对污泥负荷进行校核。这两种方法取其一即可。

(6) 同负荷设计法 (4)。

(二) 需氧量和供气量的计算

1. 需氧量[15]

活性污泥法处理系统的日平均需氧量 (O_2) 可按公式(2-5-6) 计算，去除 1kgBOD 的需氧量 (ΔO_2) 根据下式计算，也可根据经验数据选用。

$$\Delta O_2=a'+b'N_s \tag{2-5-39}$$

废水 a'、b'的值和部分工业废水的 a'、b'值可以从表 2-5-2、表 2-5-3 选取。

2. 供气量[16]

在需氧量确定以后，取一定的安全系数，得到实际需氧量 (R_a)，并转化为标准状态需氧量 (R_0)。公式(2-5-27) 如下：

$$R_0=\frac{R_a C_{s(20)}}{\alpha(\beta\rho C_{s(T)}-C_L)\times 1.024^{(T-20)}}$$

在标准状态需氧量确定之后，根据不同设备厂家的曝气机样本和手册，计算出总的能耗。总能耗确定之后，就可以确定曝气器的数量。

鼓风曝气要确定其供气量，公式(2-5-30) 如下：

$$G_s=\frac{R_0}{0.3\times E_A}\times 100\%$$

式中，E_A 为曝气系统的充氧效率；G_s 为空气量。

计算出空气量后，根据鼓风机的样本便可以确定鼓风机的数量和型号。

二、二次沉淀池的设计计算[17]

二次沉淀池的作用是使混合液澄清、污泥浓缩并且将分离的污泥回流到曝气池。其工作性能对活性污泥处理系统的出水水质和回流污泥的浓度有直接的影响。初沉池的设计原则一般也适用于二次沉淀池，但有如下一些特点：①活性污泥沉降属于成层沉淀；②活性污泥的密度较小，沉速较慢，因此，设计二次沉淀池时，最大允许的水平流速（平流式、辐流式）或上升流速（竖流式）都应低于初沉池；③由于二次沉淀池起着污泥浓缩的作用，所以需要适当地增大污泥区容积。

二次沉淀池的设计计算包括：池型的选择；沉淀池的面积、有效水深的计算；污泥区容积的计算；污泥排放量的计算等。

（一） 二次沉淀池池型的选择

带有刮吸泥设施的辐流式沉淀池，适合大、中型污水处理厂；对小型工业污水处理厂，则多采用竖流式沉淀池或多斗式平流式沉淀池。

（二） 二次沉淀池面积和有效水深的计算

二次沉淀池澄清区的面积和有效水深的计算有表面负荷法和固体通量法等。常用表面负荷法。

1. 表面负荷法

下面介绍采用表面负荷法求二次沉淀池澄清区面积和有效水深的计算公式。

$$A=\frac{Q_{max}}{q}=\frac{Q_{max}}{3.6v} \tag{2-5-40}$$

$$H=\frac{Q_{max}t}{A}=qt \tag{2-5-41}$$

式中，A 为二次沉淀池的面积，m^2；Q_{max} 为废水最大时流量，m^3/h；q 为水力表面负荷，$m^3/(m^2 \cdot h)$；v 为活性污泥成层沉淀时的沉速，mm/s；H 为澄清区水深，m；t 为二次沉淀池水力停留时间，h，一般为 1.5～2.5h。

上面公式中的 v 值一般介于 0.2～0.5mm/s 之间，相应 q 值为 0.72～1.8$m^3/(m^2 \cdot h)$，该值大小与污水水质和混合污泥浓度有关。当污水中的无机物含量较高时，可采用较高的 v 值；而当污水中的溶解性有机物较多时，则 v 值宜低。混合液污泥浓度对 v 值的影响较大。表 2-5-14 所列举的是混合液污泥浓度之间的关系，供设计参考。

表 2-5-14　混合液污泥浓度与 v 值之间的关系

MLSS/(mg/L)	v/(mm/s)	MLSS/(mg/L)	v/(mm/s)	MLSS/(mg/L)	v/(mm/s)
2000	≤0.4	4000	0.28	6000	0.18
3000	0.35	5000	0.22	7000	0.14

二次沉淀池面积以最大时流量作为设计流量，而不计回流污泥量。但中心管的计算，则应包括回流污泥在内。澄清区水深，通常按水力停留时间来确定，水力停留时间一般值为 1.5～2.5h。

2. 固体通量法

固体通量法也称固体面积负荷法，其定义是单位时间内通过单位面积的固体质量。对于二次沉淀池，悬浮固体的下沉速度为沉淀池底部排泥导致的液体下沉速度与在重力作用下悬浮固体的自沉速度之和。用固体通量法计算沉淀池面积（A）的公式如下。

$$A=\frac{Q_{max}X}{G_t} \tag{2-5-42}$$

$$G_t=v_gX_1+v_0X$$

式中，G_t 为固体通量，即固体面积负荷值，$kg/(m^3 \cdot d)$；v_g 为由排泥引起的污泥下沉速度，m/d，一般取 6～12m/d；X_1 为沉淀池底流回流污泥浓度，kg/m^3；v_0 为初始浓度为 X 的成层沉淀速度，m/d；X 为反应器中的污泥浓度，kg/m^3。

上述公式中所涉及的参数数值，往往需要通过试验确定。在实际工作设计中，也常常根据经验数据来确定固定面积的负荷值。一般二次沉淀池固体面积负荷值为 140～160$kg/(m^3 \cdot d)$；斜板（管）二次沉淀池可加大到 180～195$kg/(m^2 \cdot d)$。有效水深可按停留时间 1.5～2.5h 来确定。

3. 池边水深和出水堰负荷

（1）池边水深　为了保证二次沉淀池的水力效率和有效容积，池的水深和直径应保持一定的比例关系，一般池深在 3.0～4.0m。

（2）出水堰负荷　二次沉淀池的出水堰负荷值，一般可以在 1.5～2.9L/(s・m) 之间选取。

（三）污泥斗容积的计算

污泥斗的作用是贮存和浓缩沉淀污泥，由于活性污泥易因缺氧而失去活性和腐败，因此污泥斗容积不能过大。对于分建式沉淀池，一般规定污泥斗的贮泥时间为 2h，故可采用下式来计算污泥斗容积。

$$V_s=\frac{4(1+R)QX}{(X+X_r)\times 24}=\frac{(1+R)QX}{(X+X_r)\times 6} \tag{2-5-43}$$

式中，Q为废水流量，m^3/h；X为混合液污泥浓度，mg/L；X_r为回流污泥浓度，mg/L；R为回流比；V_s为污泥斗容积，m^3。

（四）污泥排放量的计算

二次沉淀池中的污泥部分作为剩余污泥排放，其污泥排放量应等于污泥增长量（ΔX），可用下式确定去除单位BOD产生的VSS量：

$$Y_{obs}=\frac{Y}{1+K_d\theta_c} \tag{2-5-44}$$

$$\Delta X=Y_{obs}Q(S_0-S_e) \tag{2-5-45}$$

式中，Y_{obs}为真产率系数，kgMLVSS/kgBOD，用来估算每天的污泥量。

具体的计算过程见例2-5-1。也可按公式(2-5-3)计算。

Y、K_d值的确定是很重要的，以通过试验求得为宜，求定方法为直线拟合求参数的方法。也可按前面的表2-5-14中的值对生活污水或性质与其相类似的废水进行计算。

三、污泥回流系统的计算与设计[18~20]

污泥回流量是关系到处理效果的重要设计参数，应根据不同的水质、水量和运行方式，确定适宜的回流比（参见表2-5-13）。

首先确定回流污泥浓度，按下式计算

$$X_r=10^6/\mathrm{SVI}\cdot r \tag{2-5-46}$$

式中，r为综合系数，一般取为1.2。

污泥回流比的计算公式如下

$$X_r=\frac{X(1+R)}{R} \tag{2-5-47}$$

回流比的大小取决于混合液污泥浓度和回流污泥浓度，而回流污泥浓度又与SVI值有关。在实际曝气池的运行中，由于SVI值在一定的幅度内变化，并且需要根据进水负荷的变化调整混合液的污泥浓度，因此，在进行污泥回流设备的设计时，应按最大回流比设计，并使其具有在较小回流比时工作的可能性，以便使回流污泥可以在一定幅度内变化。

活性污泥的回流要通过污泥回流设备。污泥回流设备包括提升设备和输泥管渠。常用的污泥提升设备是污泥泵和空气提升器。污泥泵的型式主要有螺旋泵和轴流泵，其运行效率较高，可用于各种规模的废水处理工程。选择污泥泵时，首先应考虑的因素是不破坏污泥的特性，且运行稳定、可靠等。采用空气提升器的效率低，但结构简单、管理方便，且可在提升过程中对活性污泥进行充氧，因此，常用于中小型鼓风曝气系统。

【例2-5-1】 某一城市的日废水排放量为40000m^3，时变化系数为1.3，BOD为350mg/L，拟采用活性污泥法进行处理，要求处理后的出水BOD为30mg/L，试计算该活性污泥法处理系统的设计参数。

解：(1) 负荷设计方法

① 工艺流程选择。对于城镇污水一般采用活性污泥工艺，即污水经过初沉池后进入曝气池，曝气池出水经二次沉淀池沉淀后外排。由于对氮磷没有具体的要求，所以采用的工艺仅仅考虑碳源的去除，工艺流程见图2-5-26。

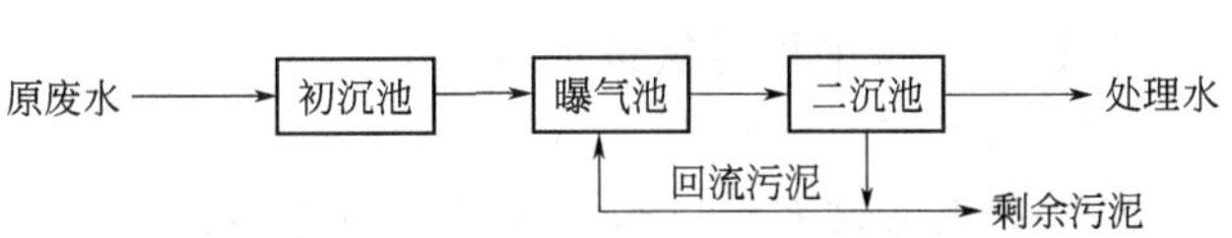

原废水 → 初沉池 → 曝气池 → 二沉池 → 处理水
回流污泥
剩余污泥

图 2-5-26　活性污泥工艺流程

a. 废水的处理程度。废水的 BOD 为 350mg/L，经初次沉淀池处理后，其 BOD 按降低 25%计，则进入曝气池的 BOD 浓度（S_0）为：

$$S_0=350\text{mg/L}\times(1-25\%)=260\text{mg/L}=0.26\text{kg/m}^3$$

则

$$S_r=S_0-S_e=260\text{mg/L}-30\text{mg/L}=230\text{mg/L}=0.23\text{kg/m}^3$$

$$E=\frac{S_r}{S_0}\times100\%=\frac{230}{260}\times100\%=88\%$$

b. 活性污泥法的运行方式。根据提供的条件，采用传统曝气法。但应考虑按阶段曝气法和生物吸附再生法运行的可能性。曝气池为廊道式，二次沉淀池为辐流式沉淀池。采用螺旋泵回流污泥。

② 曝气池及曝气系统的计算与设计

a. 曝气池的计算与设计

(a) 污泥负荷率的确定。本曝气池采用的污泥负荷率（N_s）为 0.3kgBOD/(kgMLVSS·d)。

(b) 污泥浓度的确定。根据 N_s 值，SVI 值在 80～150 之间，取 SVI=120（满足要求）。另取 $r=1.2$，$R=50\%$，$f=0.75$，按式(2-5-34) 计算曝气池的污泥浓度（X）为：

$$X=\frac{R\cdot r\times10^6 f}{(1+R)\text{SVI}}=\frac{0.5\times1.2\times10^6\times0.75}{(1+0.5)\times120}=2500(\text{mg/L})$$

(c) 曝气池容积的确定。曝气池容积的综合公式(2-5-35)、式(2-5-37) 为：

$$V=\frac{Q(S_0-S_e)}{XN_s}=\frac{40000\times0.23}{2.5\times0.3}=12400(\text{m}^3)$$

(d) 曝气池主要尺寸的确定。曝气面积：设两座曝气池（$n=2$），池深（H）取 4.0m，则每座曝气池的面积（F_1）为：

$$F_1=\frac{V}{nH}=\frac{12400}{2\times4}=1550(\text{m}^2)$$

曝气池宽度：设池宽（B）为 7m，$B/H=7/4=1.75$，在 1～2 之间，符合要求。

曝气池长度：曝气池长度 $L=F_1/B=1550/7\approx222$（m），$L/B=222/7=32$（>10），符合要求。

曝气池的平面形式：设曝气池为三廊道式，则每廊道长 $L'=L/3=222/3=74$（m）。具体尺寸标于图 2-5-27 中。

取超高为 0.5m，故曝气池的总高度 $H'=4.0\text{m}+0.5\text{m}=4.5\text{m}$。

曝气时间：曝气时间（t_m）为：

$$t_m=\frac{V}{Q}\times24=\frac{12400\times24}{40000}=7.44(\text{h})$$

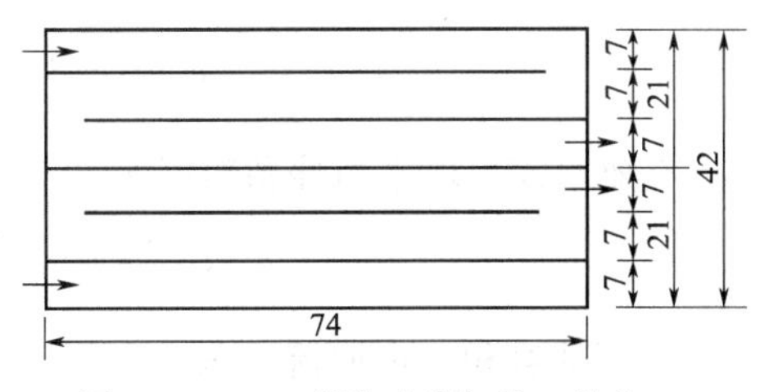

图 2-5-27　三廊道式曝气池（单位：m）

进水方式设计：为使曝气池能按多种方式运行，将进水方式设计成既可在池首端集中进水，按传统活性污泥法进行，也可沿池长多点进水，按阶段曝气法运行，又可集中在池中部某点进水，按生物吸附法运行。

b. 曝气系统的计算与设计。日平均需氧量按表 2-5-2，选用 $a'=0.5$，$b'=0.15$

$$O_2=a'QS_r+b'VX=0.5\times40000\times0.23+0.15\times12400\times2.5=9250(\text{kg/d})=386(\text{kg/h})$$

最大时需氧量：因为时变化系数 $K=1.3$，所以最大时需氧量为：

$$O_{2max}=0.5\times40000\times1.3\times0.23+0.15\times12400\times2.5=443(\text{kg/h})$$

最大时需氧量与平均时需氧量的比值为：

$$443/386=1.15$$

其他用气量：在本设计中，除曝气用空气外，还有辐流式沉淀池（污泥提升部分）、曝气沉砂池等处理设施用空气，以及非工艺设备的用气，均应加以计算，以便在设计供气装置时协同考虑（本计算中此部分略）。

供气量：采用微孔曝气器，计算温度按最不利条件考虑（本设计为 30℃）。微孔曝气器的氧转移效率（E_A）取 15%，则空气离开曝气池时氧的百分比为 18.43%。曝气池中平均溶解氧的饱和度（30℃）校正后为 8.46mg/L。温度为 20℃时，曝气池中的溶解氧饱和度为 10.17mg/L。

温度为 20℃时，取 $\alpha=0.82$，$\beta=0.95$，$\rho=1.0$，$C_L=2.0\text{mg/L}$，脱氧清水的充氧量为：

$$R_0=\frac{R_aC_{sm(20)}}{\alpha(\beta\rho C_{sm(30)}-C_L)\times1.024^{(T-20)}}=\frac{386\times10.17}{0.82(0.95\times1\times8.46-2)\times1.29}=649.1\ (\text{kg/h})$$

相应最大时的需氧量为 746.6kg/h。

曝气池的平均时供气量为：

$$G_s=\frac{R_0}{0.3\times E_A}=\frac{649.1}{0.3\times0.15}=14425\ (\text{m}^3/\text{h})=240\ (\text{m}^3/\text{min})$$

最大时需氧量的供气量为：

$$G_{smax}=\frac{R_{0max}}{0.3E_A}=\frac{746.6}{0.3\times0.15}=16591\ (\text{m}^3/\text{h})=277\ (\text{m}^3/\text{min})$$

鼓风机型号：采用风量为 $120\text{m}^3/\text{min}$、静压为 49kPa 的罗茨鼓风机 4 台，其中 1 台备用。高负荷时 3 台工作，平时 2 台工作，低负荷时 1 台工作。

③ 二次沉淀池的计算与设计。二次沉淀池采用辐射流式，用表面负荷法计算。

a. 表面积。废水最大时的流量（Q_{max}）$=1.3Q/24=2167$（m^3/h），表面负荷（q）采用 $1.2\text{m}^3/(\text{m}^3\cdot\text{h})$，则表面积（$A$）为：

$$A=\frac{Q_{max}}{q}=\frac{2167}{1.2}=1806(\text{m}^2)$$

设四座二次沉淀池（$n=4$），则每座二次沉淀池的表面积（A_1）为：

$$A_1=1806\div4=451\ (\text{m}^2)$$

b. 直径。二次沉淀池的直径（D）为：

$$D=\sqrt{\frac{4A}{\pi}}=\sqrt{\frac{4\times451}{\pi}}=24(\text{m})$$

c. 有效水深。取水力停留时间为 2h，则有效水深（H）为：

$$H=\frac{Q_{max}t}{A}=\frac{2167\times2}{972.5}=2.4\ (\text{m})$$

d. 污泥斗容积。取回流比 $R=50\%$，则回流污泥浓度为：

$$X_r=\frac{X(1+R)}{R\cdot f}=\frac{2.5\times(1+0.5)}{0.5\times0.75}=10(\text{kg/m}^3)$$

污泥斗的容积（V_s）为：

$$V_s=\frac{4(1+R)QX}{(X+X_r)\times 24}=\frac{4\times(1+0.5)\times 40000\times 3.3}{(3.3+10)\times 24}=2482\ (m^3)$$

每个污泥斗的容积（V_{st}）为：

$$V_{st}=2482/4=621\ (m^3)$$

④ 污泥回流系统的计算与设计

a. 污泥回流量。根据实验结果，污泥回流比可采用 50%，最大污泥回流比为 100%。按最大污泥回流比计算，污泥回流量（Q_r）为：

$$Q_r=RQ=1\times 1666.66=1666.66\ (m^3/h)$$

b. 污泥回流设备的选择。采用螺旋泵进行污泥提升，其提升高度应按实际的高程布置来确定，本设计定为 2.5m。根据污泥回流量（$R=100\%$），选用外径为 700mm、提升量为 $600m^3/h$ 的螺旋泵 4 台，其中 1 台备用。

（2）动力学设计方法　污泥龄取 10d，Y 为 0.6，K_d 为 0.075，X 为 2500mg/L。

① 反应器容积的计算。由公式(2-5-37）可得：

$$V=\frac{Q\theta_c Y(S_0-S_e)}{X(1+K_d\theta_c)}=\frac{40000\times 10\times 0.6\times(260-30)}{2500\times(1+0.075\times 10)}=12700\ (m^3)$$

② 剩余污泥的计算

$$Y_{obs}=\frac{Y}{1+K_d\theta_c}=\frac{0.6}{1+0.075\times 10}=0.34$$

$$\Delta X=Y_{obs}Q(S_0-S_e)=0.34\times 40000\times 0.23=3128\ (kg/d)$$

$$剩余\ SS\ 的量=\Delta X'/f=3128/0.75=4170\ (kg/d)$$

确定含水率后就可以计算出剩余污泥的流量。

③ 检验污泥负荷。根据污泥负荷的定义，计算如下：

$$N_s=Q(S_0-S_e)/(VX)=40000\times(260-30)/(12700\times 2500)=0.29\ (kgBOD/kgMLVSS)$$

④ 通过反应器内的物料平衡估算回流比率。根据污泥负荷，取 SVI 值为 120，$X_r=1.2\times 10^6/SVI=10000$（mg/L）。

$$2500\times(Q+Q_r)=10000\times 0.75\times Q_r$$

$$Q_r/Q=0.5$$

其余部分的计算与负荷设计方法的计算相同。

参 考 文 献

[1]　张自杰等编. 排水工程·下册. 第 3 版. 北京：中国建筑工业出版社，1996.

[2]　许保玖编著. 当代给水与废水处理原理. 北京：高等教育出版社，1990.

[3]　王凯军编著. 活性污泥膨胀的机理与控制. 北京：中国环境科学出版社，1992.

[4]　陈坚主编. 环境生物技术. 北京：中国轻工业出版社，1999.

[5]　顾夏生编著. 废水生物处理数学模式. 北京：清华大学出版社，1993.

[6]　Metcalf&Eddy. Wastewater Engineering. treatment , disposal and reause. 3rd ed. New York : McGraw-Hill, Inc., 1991.

[7]　C. P. 小莱斯利·格雷迪，亨利 C. 利姆编著. 废水生物处理理论与应用. 李献文等译. 北京：中国建筑工业出版社，1989.

[8]　顾夏生等编著. 水处理微生物学. 北京：中国建筑工业出版社，1998.

[9]　张自杰等. 环境工程手册·水污染防治卷. 北京：高等教育出版社，1993.

[10]　钱易，米祥友编. 现代废水处理新技术. 北京：中国科技出版社，1993.

[11]　Mogens Henze et al. Wastewater Treatment. Springer Press Company, 1996.

[12]　北京市环境保护科学研究所编. 水污染防治手册. 上海：上海科学技术出版社，1986.

[13] R. L. 卡尔普等编. 城市污水高级处理手册. 张中和译. 北京：中国建筑工业出版社，1986.
[14] 严煦世主编. 水和废水技术研究. 北京：中国建筑工业出版社，1992.
[15] S. J. Arceivala. Wastewater treatment and disposal：Engineering and Ecology in pollution Control. New York：Marcel Dekker，Inc.，1984.
[16] 国家环境保护局编. 水污染防治及城市污水资源化技术. 北京：科学出版社，1993.
[17] 许京琪主编. 给水排水新技术. 北京：中国建筑工业出版社，1988.
[18] 王彩霞主编. 城市污水处理新技术. 北京：中国建筑工业出版社，1990.
[19] 郑兴灿编著. 污水除磷脱氮技术. 北京：中国环境科学出版社，1998.
[20] 潘涛. 废水处理工程技术手册. 北京：化学工业出版社，2010.

第六章
改良活性污泥法

第一节 间歇式活性污泥法（SBR）

一、原理和功能

（一）间歇式活性污泥法的发展[1]

间歇式活性污泥法或序批式活性污泥法简称 SBR 工艺，是近十几年来活性污泥处理系统中较引人注目的一种废水处理工艺。自 20 世纪 80 年代起，国外将此工艺逐步应用于工业化生产。近年来，国内对 SBR 工艺的研究和应用也日益增多。

SBR 作为废水处理技术并非是污水处理的新工艺，早在 1914 年英国学者 Ardern 和 Lockett 就对 SBR 污水处理工艺进行了研究。虽然间歇式活性污泥法比连续式的处理效率更高，但由于当时的曝气器易堵塞、自动控制技术水平较低、工程运行操作管理较为复杂等原因，该种间歇式污水处理法不久就演变成现今的连续式传统活性污泥法（以下简记为传统活性污泥法）。但到了 20 世纪 70 年代，随着各种新型不堵塞曝气器、新型浮动式出水堰（滗水器）和自动监测控制的硬件设备和软件技术的出现及发展应用：如溶解氧测定仪、ORP（氧化还原电位）计、液位计等，特别是计算机和工业自控技术的发展和不断完善，做为传统活性污泥法开发初期的间歇运行操作中的复杂问题，现在已完全可以解决，因此使该工艺的优势逐步得到充分发挥，并使该工艺迅速得到开发和应用。SBR 的再度崛起是现代自动控制技术发展和硬件技术水平提高的结果。

（二）普通 SBR 的工作原理

1. SBR 的基本原理

SBR 是现行的活性污泥法的一个变型，它的反应机制以及污染物质的去除机制和传统活性污泥基本相同，仅运行操作不同。

传统活性污泥法利用微生物去除有机物，首先需要微生物将有机物转化为二氧化碳和水及微生物菌体，反应后需要将微生物保存下来，在适当时间通过排除剩余污泥从系统中除去新增的微生物。活性污泥法工艺是从空间上进行这一过程，污水首先进入反应池，然后进入沉淀池对混合液进行沉淀，与微生物分离后的上清液外排。而 SBR 工艺则是通过在时间上的交替实现这一过程，它在流程上只设一个池子，将曝气池和二沉池的功能集中在该池上，兼有水质水量的调节、微生物降解有机物和固液分离等功能。

普通序批式活性污泥法的核心是其反应池，该池集传统活性污泥法的调节池、初次沉淀池、曝气池、二次沉淀池于一体，使处理过程大大简化，整个工艺简单，运行操作可通过自动控制装置完成，管理简单，投资较省。序批式活性污泥法中“序批式”包括两层含义：一是运行操作在空间上按序列、间歇的方式进行，处理系统中至少需要两个或多个反应器交替运行，因此，从总体上污水是按顺序依次进入每个反应器，而各反应器相互协调作为一个有机的整体完成污水净化功能，但对每一个反应器则是间歇进水和间歇排水；二是每个反应器的运行操作分阶段、按时间顺序进行。典型 SBR 工艺的一个完整运行周期由五个阶段组成，即进水期、反应期、沉淀期、排水期和闲置期。从第一次进水开始到第二次进水开始称为一个工作周期，所以 SBR 在时间上的交替运行就是它的工作方式。

因此它是一种间歇进水、变容积、完全混合、单池操作、静置沉淀的新型活性污泥法。图 2-6-1 为 SBR 的基本操作运行模式。

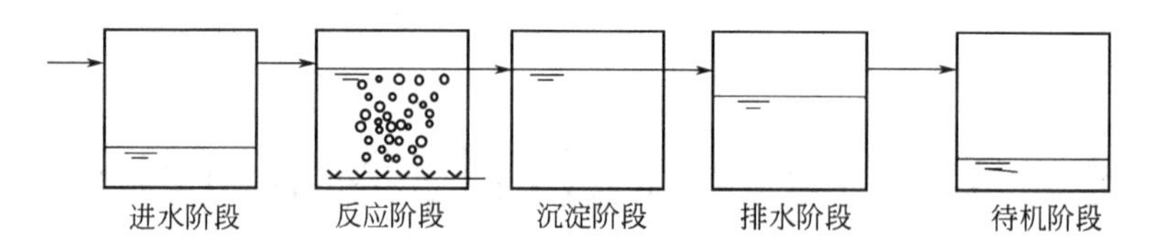

图 2-6-1 SBR 工艺的基本运行操作

2. SBR 的基本工艺流程

在 SBR 的运行中，每个周期循环过程即进水、反应、沉淀、出水和待机都是可进行控制的。

（1）进水期　指从向反应器开始进水至到达反应器最大容积时的一段时间。普通 SBR 按进水方式可分间歇进水和连续进水两种方式。间歇进水的 SBR，按进水期曝气与否又可分为限制曝气、半限制曝气和非限制曝气三种。运行时可根据不同微生物的生长特点、废水的特性和要达到的处理目的，采用非限制曝气、半限制曝气和限制曝气方式进水。通过控制进水阶段的环境，就实现了在反应器不变的情况下完成多种处理功能，同时起到调节的作用。

（2）反应期　此阶段是整个反应阶段中的最主要的时期，可根据反应的目的决定进行曝气或搅拌，即进行好氧反应或缺氧反应。在反应期通过改变反应条件，不仅可以达到有机物降解的目的，而且可以取得脱氮、除磷的效果。例如为达到脱氮目的，可通过好氧反应（曝气）进行氧化、硝化，然后通过缺氧反应（搅拌）进行反硝化来实现脱氮。有的为了沉淀工序效果好，在最后工序短时间内进行曝气，去除附着污泥上的氮气。

（3）沉淀期　沉淀的目的是固液分离，本工序反应器相当于二沉池，停止曝气和搅拌，污泥絮体和上清液分离。由于在沉淀时反应器内是完全静止的，效果比连续工艺要好。沉淀过程一般由时间控制，沉淀时间在 1.0～1.5h 之间。污泥层要求保持在排水设备下，随着测量仪器的发展，可自动监测污泥层面，因此可根据污泥沉降性能而改变沉淀时间。

（4）排水期　其目的是从反应器中排出上清液，一直滗到循环开始的最低水位，该水位离污泥层还要有一定的保护高度，以防止出水水质变差。反应器底部沉降下来的污泥大部分作为下一个周期的回流污泥，过剩的污泥可在排水阶段排除，也可在待机阶段排除。

（5）待机期　沉淀之后到下个周期开始的期间称为待机期。根据需要可进行搅拌或者曝气，此时通常不进水，而是通过内源呼吸使微生物的代谢速度和吸附能力得到恢复，为下一个运行周期创造良好的初始条件。待机不是一个必须步骤，可以去掉。在待机期间根据工艺和处理目的，可以进行曝气、去除剩余污泥。

每个运行周期内，每个阶段的运行参数都可以根据污水水质和出水指标进行调整，并且可根据实际情况省去其中的某一个阶段（如待机阶段），还可把反应期与进水期合并，或在进水阶段同时曝气等，系统的运行方式十分灵活。

（三）普通 SBR 的工艺特点

SBR 法适合当前好氧生化处理的发展趋势，属简易、高效、低耗的污水处理工艺，与其他活性污泥处理技术比较有以下特点。

（1）SBR 系统以一个反应池取代了传统方法及其他变型方法中的调节池、初次沉淀池、曝气池及二次沉淀池，整体结果紧凑简单，系统操作简单且更具灵活性。

（2）投资省，运行费用低，它要比传统活性污泥法节省基建投资额 30%左右。

（3）SBR 反应池具有调节池的作用，可最大限度地承受高峰流量、高峰 BOD 浓度及有毒化学物质对系统的影响。

（4）SBR 在固液分离时水体接近完全静止状态，不会发生短流现象，同时在沉淀阶段整个 SBR 反应器容积都用于固液分离，较小的活性污泥颗粒都可得到有效的固液分离，因此，SBR 的出水质量高于其他的生物处理方法。

（5）SBR 反应过程基质浓度变化规律与推流式反应器是一致的，扩散系数低。易产生污泥膨胀的丝状细菌在 SBR 反应池中得到有效的抑制。在较低负荷运行时，SBR 中存有随时间而发生的较大基质浓度梯度，这一浓度梯度抑制了丝状菌的生长而有利于非丝状菌的生长，从而防止污泥的膨胀。在高负荷运行时，非丝状菌积累容易达到饱和时，基质浓度很高，非丝状菌的增长优势已不存在，丝状菌反而增长较快，所以高负荷时要有适当的空载曝气时间。同时 SBR 反应池污泥指数较低，剩余污泥得到好氧稳定，有利于浓缩脱水。

（6）系统通过好氧/厌氧交替运行，能够在去除有机物的同时达到较好的脱氮除磷效果。

（7）处理流程短，控制灵活，可根据进水水质和出水水质控制指标处理水量，改变运行周期及工艺处理方法，适应性很强。

（8）系统处理构筑物少、布置紧凑、节省占地。

由于具有以上诸多优点，SBR 近年来在国内外得到了较广泛的应用。但它也有不足之处，如在实际工作中，废水排放规律与 SBR 间歇进水的要求存在不匹配问题，特别是水量较大时，需多套反应池并联运行，增加了控制系统的复杂性。

二、设备和装置

SBR 系统的主要构筑物与设备组成包括：①反应池；②曝气装置；③排水装置（即滗水装置）；④自动控制系统。原则上不设初沉池。

（一）反应池

（1）型式　可分为完全混合型与循环水渠型。后者就是氧化沟群，按 SBR 系统的原理运行。前者进排水装置之间应考虑防止水流的短流。

（2）池型　可分圆形与矩形两种。前者占地面积大，后者常多采用。

矩形反应池：池深 4～6m，池宽：池长=(1:1)～(1:2)。

（3）池数　一般等于或大于 2 座。

（4）反应池的进水方式　间歇进水或连续进水。当池子容积大、进水浓度高时，其进水可采取多点进水方式。对高浓度进水，可延长进水期，采取非限制曝气或脉冲曝气。对于低浓度进水则可适当减缩进水时间。

（二）曝气设备

无堵塞曝气设备特别适合 SBR 法。目前一般常用的曝气设备有以下几种。

（1）微孔曝气器及可变微孔曝气器，微孔曝气器对压缩空气中的含尘量有一定的要求；

（2）中粗气泡曝气器，此类曝气器混合能力提高，氧传输能力在 6%～12%，池内服务面积 3～9m^2/个；

（3）自吸式射流曝气器；

（4）喷射式混合搅拌曝气器，此类曝气系统，氧传输能力可达 10%～15%，动力效率

3～6kgO_2/(kW·h)，服务面积 9m^2/个，比较省电，比通常曝气装置节能 20%～50%。

(三) 排水设施（滗水装置）

滗水装置的功能是排放净化出水，它必须符合以下要求：①适应水位的变化；②只排出上层澄清水，不得扰动池内处于静置状态的已经净化的水；③防止浮渣随出水而溢走，恶化出水水质；④排水堰应处于淹没状态；⑤排水应均匀。

滗水装置的主要部分是浮动式（或固定式）排水堰，连接排水管道，SBR 反应池的净化水流经排水堰而入排水管道排走。

滗水装置有以下几大类：①旋转式滗水器；②虹吸式滗水器；③套筒式滗水器；④软管式滗水器；⑤浮力阀式滗水器；⑥其他型式滗水器。其中以旋转式及虹吸式滗水器应用最为广泛。

1. 旋转式（回转式）滗水装置

该装置（见图 2-6-2），通常由浮动堰、排水管以及油压缸或转动接头加钢绳卷动装置组成。堰设有能防止浮渣流入的设施，利用油压缸或钢绳卷动装置升降堰，以便排除净化水（通过排水管向外排放）。排水工序完毕后，再由活塞缸油压活塞或卷拉钢绳，将排水堰提出水面。此类滗水器的滗水流量为 25～32L/(m·s)，滗水高度范围为 1.0～2.3m，滗水保护高度范围为 1.0～2.3m，滗水保护高 0.3～1.0m。此类滗水器的特点是：运行可靠，单位长度排水负荷大。但是，由于机械部件加工精度要求高，故造价也高。此外，回转密封接头的质量要求也较高，外形较悦目美观。长度可达 9～10m 或更长。此类滗水器适用于大型 SBR 池。

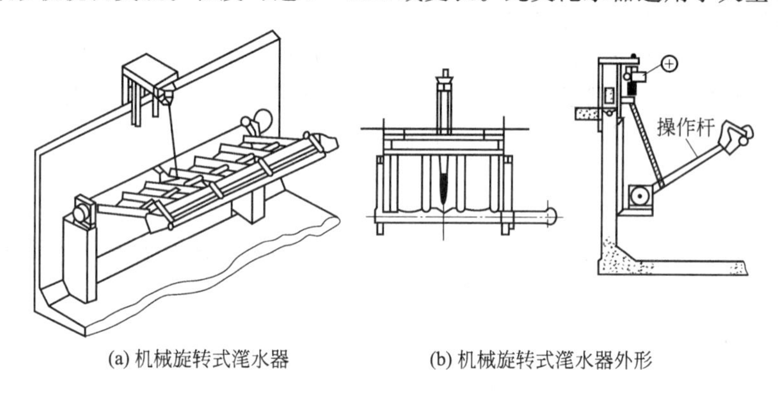

(a) 机械旋转式滗水器　　(b) 机械旋转式滗水器外形

图 2-6-2 机械旋转式滗水器示意

2. 虹吸式滗水器

虹吸式滗水器是一种应用广泛的滗水器，它由一个虹吸管，通过连接管，与若干个连有多个进水短支管的横管相连接，见图 2-6-3。当水位上升时，空气被压入淹没的存水弯（虹吸管），使与出水管连接的水柱的平衡破坏，这样，澄清水进入淹没堰，至新的存水弯水柱建立，重新起水封作用，而使出水终止。

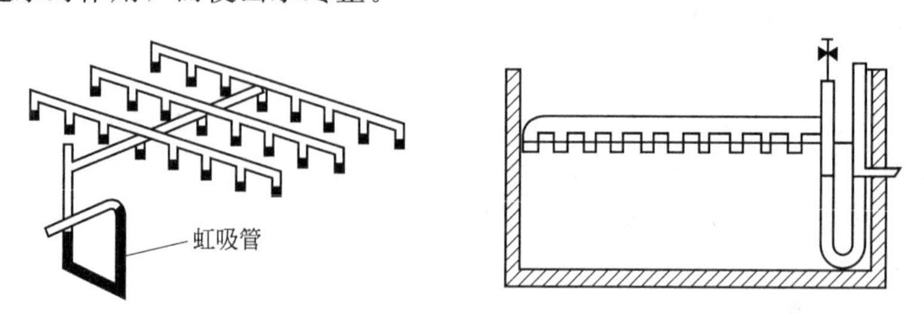

图 2-6-3 虹吸式滗水器示意

虹吸式滗水器具有一系列优点：①它没有任何机械部分浸没于水中而需要特殊维护和修理，不需要精密加工的机械零配件或易磨损受浸蚀部件；②堰负荷相当稳定；③溢流堰固定，带有高峰流量是挡除浮渣的挡板；④没有橡胶垫衬，无电缆，不会有因橡胶失效及电缆断裂之虞；⑤出水流畅（澄清水运动，堰不动），不易堵塞；⑥自动通气支管阀易于检查；⑦与反应池容易磨合、协作。

虹吸滗水器一般滗水负荷为1.5～2.0L/(m·s)，滗水范围0.5～1.0m，滗水保护高0.3m。

该类滗水器的真空破坏阀为主要部件，但易检修，造价低，效果好。由于位置固定，故池深不宜太大。

3. 套筒式滗水器

此类滗水器如图2-6-4所示。将滗水堰与套筒连接，利用电动机牵引钢丝或带动活塞缸，从而牵引滗水堰升上降下。堰口下的排水管插入橡胶密封的套筒中，可随滗水堰上下移动，套筒连接出水总管，将池内净化水排出。堰上也设有拦截浮渣的浮箱。此类滗水器运行可靠，但是对套筒密封要求高，因其长时间浸置水中，故寿命短，费用高。此类滗水器负荷较大，滗水深度也较大，故造价较高，且应多备易损部件。此类滗水器的堰负荷为10～12L/(m·s)，滗水范围0.8m，滗水保护高0.8～1.1m。

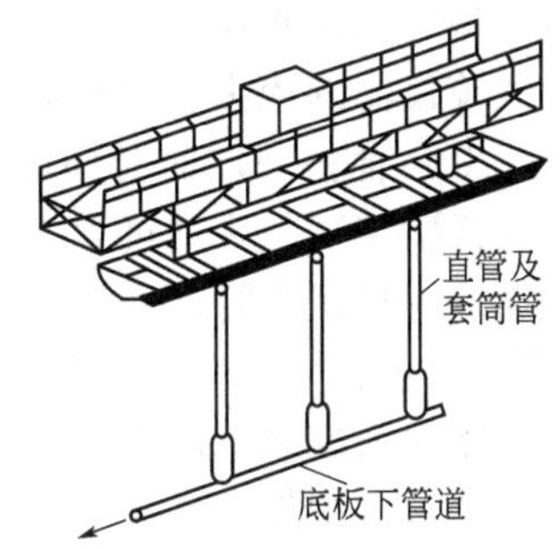

图2-6-4　机械套筒式滗水器示意

4. 其他类型滗水器

浮力（或自力）阀式滗水器（见图2-6-5）通过堰口上方浮箱的浮力使堰随液面上下移动。堰口呈条形堰式、圆盘堰式及管道式。堰口下可采用柔性软管（见图2-6-6），也可采用肘式接头（见图2-6-7），随堰口位置变化而上下运动，使净化水得以滗出外排。此外还有可

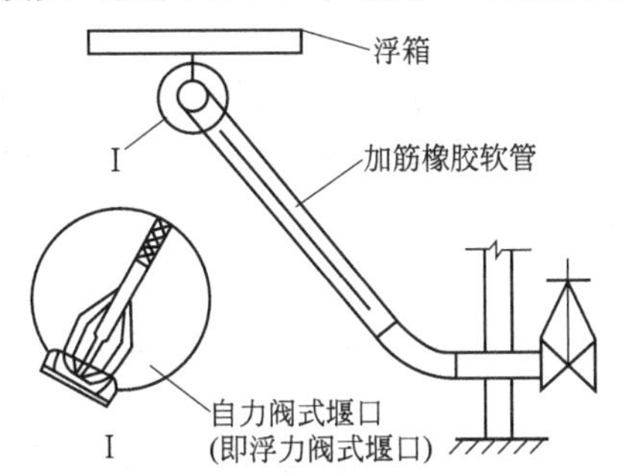

图2-6-5　浮力（或自力）阀式滗水器示意

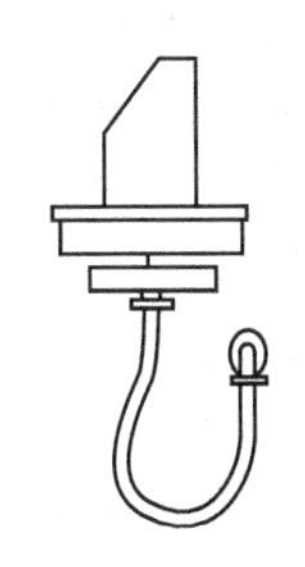

图2-6-6　电磁阀式软管滗水器示意

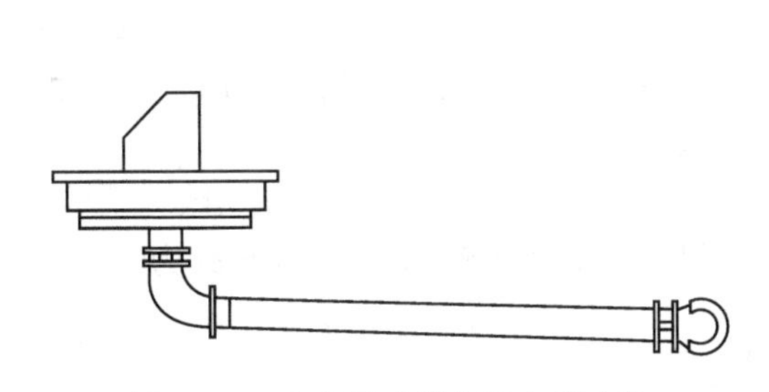

图2-6-7　电磁阀式肘节滗水器示意

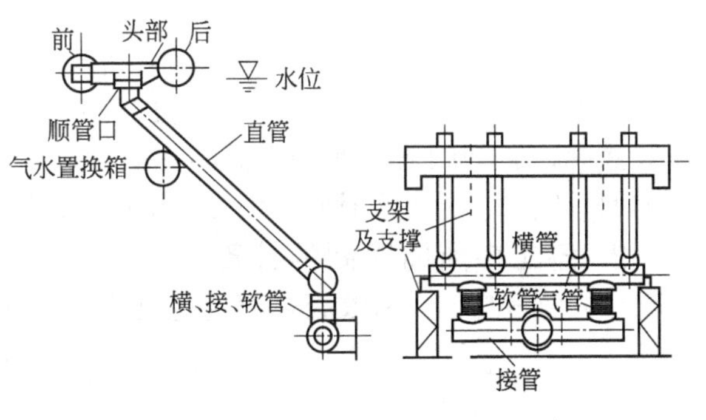

图2-6-8　气水置换箱式滗水器示意

气水置换的箱式滗水器（见图 2-6-8），可将堰口浮出水面。上述浮箱能起阻拦浮渣的作用。

我国国产滗水器有配合反应器排出流量 $360m^3/h$、$540m^3/h$、$720m^3/h$ 及 $900m^3/h$ 等的不同型号，通常，滗水范围≤3.0m，滗水保护高 0.5～0.8m，排水管的管径 300mm，管数 1、2 或 3 根，为橡胶质可伸缩管，电动机的功率 0.75kW（机械式升降型的电机功率）。

（四）SBR 法的自动控制系统

SBR 采用的以监控管理计算机为核心的自控系统由以下部分组成：①监控管理计算机（上位机）；②可编程控制器（PLC）；③电气（动力）控制柜；④在线（现场）工作的器械与设备——滗水器、进水阀、泵等；⑤在线（现场）监测仪器、仪表——DO、ORP、pH、水位等仪器的探头、标尺等。

SBR 池按一定的时间顺序完成进水、曝气、沉淀、滗水甚至污泥回流、外排（有的还需进行搅拌）等系列过程，并需按现场信息不断加以调整与反馈，这是一个顺序性强、周期性强的逻辑操作管理系统。核心为 PLC 的应用，它具有计时、计数、计算数据、逻辑调控（诸如信息相应、操作行为反馈）等功能。

软件的编制应严格按工艺时序的要求，并考虑现场的特殊情况下连续运行。监测管理计算机实时监测整个系统，工艺流程由图像显示，并可在线修正参数。这种监控系统稳定性好，可靠性高，抗干扰性强。可见高科技的应用，把 SBR 法系统的应用、推广与技术完善推向了新的台阶。

三、设计计算

由于 SBR 工艺的生化反应动力学和有机物及氮磷去除规律尚在研究探索之中，因此目前还没有一个可被广泛接受的设计标准和方法。本节仅对 SBR 工艺反应池容积设计计算方法作一介绍。

（一）污泥负荷法[2]

SBR 工艺污泥负荷值分为高负荷和低负荷两种。高负荷方式与普通活性污泥法相当，低负荷方式与氧化沟或延时曝气活性污泥法相当。高负荷一般为 0.1～0.4kgBOD/(kgMLSS·d)，低负荷一般为 0.03～0.05kgBOD/(kgMLSS·d)。

1. 设计条件

SBR 1 个周期的运行由进水、曝气、沉淀及排出等工序组成。1 个周期需要的时间就是这些工序所要时间的合计。

对于 1 个系列 N 个反应池，连续依次地进入废水进行处理，并设定在进水期中不排水，则各工序所需要的时间必须满足下列条件：

$$T_C \geqslant T_A + T_S + T_D \tag{2-6-1}$$

$$T_F = T_C / N \tag{2-6-2}$$

$$T_S + T_D \geqslant T_C - T_F \tag{2-6-3}$$

式中，T_C 为 1 个周期所需时间，h；T_A 为曝气时间，h；T_S 为沉淀时间，h；T_D 为排水时间，h；T_F 为进水时间，h；N 为 1 个系列反应池数量。

2. 各工序所需时间的计算

（1）曝气时间　SBR 反应器污泥负荷 N_S［kgBOD/（kgMLSS·d）］计算公式为：

$$N_S = \frac{QS_0}{eXV} \tag{2-6-4}$$

式中，Q 为废水流量，m^3/d；S_0 为废水进水 BOD_5 平均浓度，mg/L；X 为反应器内混合液平均 MLSS 浓度；V 为反应器容积，m^3；e 为曝气时间比，$e=nT_A/24$；n 为周期数。

将 $Q=V\frac{1}{m}n$ 代入式(2-6-4) 得：

$$N_S=\frac{nS_0}{emX} \quad (2\text{-}6\text{-}5)$$

将 $e=nT_A/24$ 代入式(2-6-5)，并整理得：

$$T_A=\frac{24S_0}{N_SmX} \quad (2\text{-}6\text{-}6)$$

式中，$1/m$ 为排水比；其他符号意义同上。

(2) 沉淀时间　活性污泥界面的沉降速度与 MLSS 浓度、水温的关系可以用式(2-6-7) 和式(2-6-8) 计算：

$$v_{max}=7.4\times10^4tX_0^{-1.7}(\text{MLSS}\leqslant3000\text{mg/L}) \quad (2\text{-}6\text{-}7)$$

$$v_{max}=4.6\times10^4tX_0^{-1.26}(\text{MLSS}>3000\text{mg/L}) \quad (2\text{-}6\text{-}8)$$

式中，v_{max}为活性污泥界面的初始沉降速度，m/h；t 为水温，℃；X_0 为沉降开始时的 MLSS 浓度，mg/L。

必要的沉淀时间 T_S 可以用式(2-6-9) 求得：

$$T_S=\frac{H/m+h_f}{v_{max}} \quad (2\text{-}6\text{-}9)$$

式中，H 为反应器的水深，m；h_f 为活性污泥界面上最小水深，m；其他符号意义同上。

(3) 排水时间　在排水期间，就单次必须排出的处理水量来说，每一周期的排水时间可以通过增加排水装置的天数或扩大溢流负荷来缩短。另一方面，为了减少排水装置的台数和加氯混合池或排放槽的容量，必须将排水时间尽可能延长。一般排水时间可取 0.5～3.0h。

3. 反应器容积 V 的计算

设每个系列的处理废水量 q（最大日废水量），则在各个周期内进入反应器的废水量为 $q/(nN)$，各反应器容积可按式(2-6-10) 计算：

$$V=\frac{m}{nN}q \quad (2\text{-}6\text{-}10)$$

式中，V 为反应器容积，m^3；其他符号意义同上。

由于 1 个周期最小所需时间按 $T_A+T_S+T_D$ 计算，故周期数 n 可按式(2-6-11) 进行设定：

$$n=\frac{24}{T_A+T_S+T_D} \quad (2\text{-}6\text{-}11)$$

周期数 n 最好采用如 1、2、3、4 等整数值。

4. 对进水流量的讨论

从已求得的 1 个周期所需时间和反应器水量可求得进水时间。由流入废水量变化资料可计算出在最小进水时间下各周期的进水量的变化情况，即在 1 个周期中最大流量的变化数 γ，γ 值一般可取 1.2～1.5。

这里所说的最大流量变化系数是在 1 个周期的最大废水量与平均废水量的比值。

由于存在最大流量这一原因，故应在式(2-6-10) 计算反应器容积 V 的基础上再增加一安全调节容积 Δq。Δq 可由下式计算：

$$\frac{\Delta q}{V}=\frac{\gamma-1}{m} \quad (2\text{-}6\text{-}12)$$

式中，Δq 为超出反应器容量的废水进水量；γ 为在 1 个周期中最大流量的变化数。

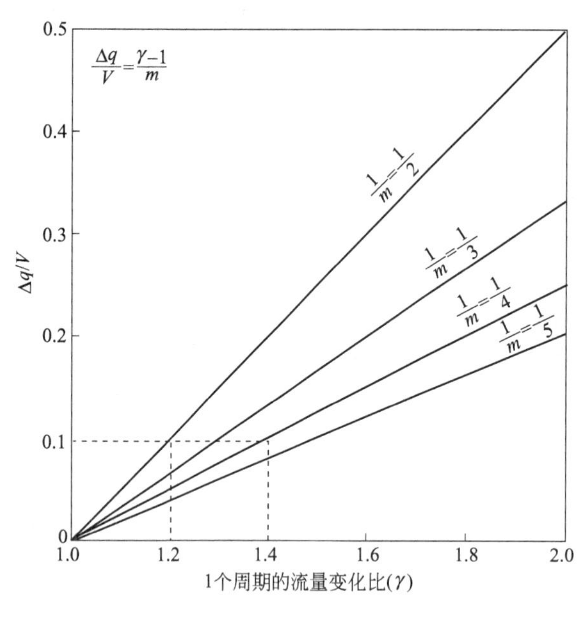

图 2-6-9 周期变化比与超流量水位关系

由式(2-6-12)可绘成图 2-6-9，

对于最大流量的变化，如果其他的反应器在沉淀和排水工序中能接纳，则按式(2-6-10)所计算的反应器容积是充足的；反之，如果其他的反应器在沉淀和排水工序中不能接纳时，就必须要增加安全容积 ΔV。反应器的安全容积可以置于反应器的高度方向或水平方向。如果沉降时间足够，安全容积置于反应器的高度方向，占地面积小，比较经济，安全容积置于反应器的高度方向时 ΔV 可按式(2-6-13)计算，安全容积置于反应器的水平方向时 ΔV 可按式(2-6-14)计算，反应器修正后的容积 V' 可按式(2-6-15)计算。

$$\Delta V=\Delta q-\Delta q' \tag{2-6-13}$$

$$\Delta V=m\ (\Delta q-\Delta q') \tag{2-6-14}$$

$$V'=V+\Delta V' \tag{2-6-15}$$

式中，V' 为反应器修正后的容积，m^3；ΔV 为反应器必要的安全容积，m^3；q' 为在沉淀、排水期可能接纳的废水量，m^3。

反应器的运行水位示于图 2-6-10。

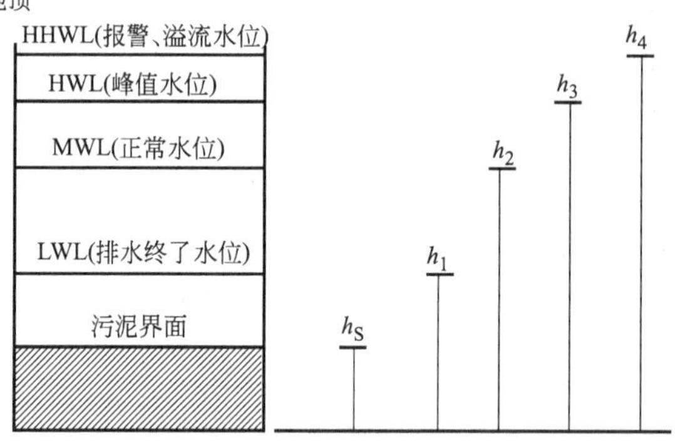

图 2-6-10 反应器水位概念

注：LWL—排水终了水位；MWL—1 个周期的平均进水量（最大日废水量的日平均量）进水结束后的水位；HWL—1 个周期的最大废水量进水结束后的水位；HHWL—超过 1 个周期最大废水量的报警、溢流水位；安全高度 h_f（活性污泥沉淀后界面上的水深）$=h_1-h_S$；排水比 $1/m=(h_2-h_1)/h_2$；高度方向上的安全量 $=h_3-h_2$。

5. 需氧量、供氧量、废弃污泥量的计算

需氧量、供氧量、废弃污泥量的计算与传统活性污泥法工艺相同。

污泥负荷法实际上是一个经验设计计算方法。该设计方法主要有两点不同之处。①污泥负荷值的选择范围过宽，从低负荷（相当于氧化沟法）到高负荷（相当于普通活性污泥法）的范围内都可运行，不同负荷值适用的条件不明确。因而负荷的选择带有一定的盲目性。不同的选择，设计的池容量和曝气系统差别很大。②没有考虑多变的运行模式。负荷设计法仅

仅将着眼点放在曝气供氧阶段，而忽略了其他各阶段的影响。

【例 2-6-1】 城市污水最大日流量 $2000m^3/d$，进水 $BOD_5=250mg/L$，水温 10～20℃。要求处理出水 $BOD_5 \leqslant 20mg/L$。计算 SBR 工艺反应池池容积。

解：取反应池数目为 4 个，水深 5m，污泥界面上水深 0.5m，排水比为 1∶4，MLSS=4000mg/L，污泥负荷为 0.1kgBOD/(kgMLSS·d)。

① 计算曝气时间。由式(2-6-6) 计算曝气时间得：

$$T_A=\frac{24S_0}{L_S mX}=\frac{24\times 250}{0.1\times 4\times 4000}=3.8\ (h)$$

② 计算沉淀时间。由式(2-6-8) 计算活性污泥界面的初始沉降速度 v_{max}：

$$v_{max}=4.6\times 10^4\times 10\times X_0^{-1.26}=4.6\times 10^4\times 4000^{-1.26}=1.3\ (m/h)$$

由式(2-6-9) 计算沉淀时间

$$T_S=\frac{H/m+h_f}{v_{max}}=\frac{5/4+0.5}{1.3}=1.3\ (h)$$

③ 排水时间 $T_D=2.0h$

④ 1 个周期所需时间 $T_C \geqslant T_A+T_S+T_D=3.8+1.3+2.0=7.1$ (h)

$$周期次数\ n=\frac{24}{T_C}=\frac{24}{7.1}=3.4$$

取 $n=3$，则每一周期 8h。

⑤ 计算进水时间。由式(2-6-2) 可得出进水时间 T_F：

$$T_F=\frac{24}{nN} \tag{2-6-16}$$

式中，N 为池数；n 为周期数。

$$T_F=\frac{24}{nN}=\frac{24}{3\times 4}=2h$$

⑥ 计算单池容积。由式(2-6-10) 计算单池反应器容积：

$$V=\frac{m}{nN}q=\frac{4}{3\times 4}\times 2000=667\ (m^3)$$

⑦ 计算考虑流量变化的单池容积。根据进水时间和进水流量变化规律，求出 1 个周期内最大流量变化比 $\lambda=1.5$，由式(2-6-12) 计算 $\Delta q/V$：

$$\frac{\Delta q}{V}=\frac{\gamma-1}{m}=\frac{1.5-1}{4}=0.125$$

反应器修正后的容积 V' 按下式计算：

$$V'=V\left(1+\frac{\Delta q}{V}\right) \tag{2-6-17}$$

$$V'=666\ (1+0.125)\ =750\ (m^3)$$

反应器水深 5m，反应器平面面积为 $750/5=150\ (m^2)$。按图 2-6-10 所示，反应器的运行水位计算如下：

$$h_1=\left[\left(\frac{m-1}{m}\right)\Big/\left(1+\frac{\Delta q}{V}\right)\right]h_3=\left[\left(\frac{4-1}{4}\right)\Big/1.125\right]\times 5=3.33\ (m)$$

$$h_2=\left[h_3\Big/\left(1+\frac{\Delta q}{V}\right)\right]h_3=5/1.125=4.44\ (m)$$

$$h_3=5m$$

$$h_4=h_3+h_f=5+0.5=5.5$$

$$h_S=h_1-h_f=3.33-0.5=2.83\ (m)$$

(二) 容积负荷法[3]

1. 反应池有效容积

$$V=\frac{nQC}{L_V}\times\frac{T_C}{T_A} \tag{2-6-18}$$

式中，n 为1天之内的周期数；Q 为周期内的进水量，m^3/周期；C 为平均进水水质，$kgBOD/m^3$；L_V 为BOD容积负荷，$kgBOD/(m^3 \cdot d)$，取值范围在 $0.1\sim1.3kgBOD/(m^3 \cdot d)$ 之间，多用 $0.5kgBOD/(m^3 \cdot d)$ 左右来设计；T_C 为1个处理周期的时间，h；T_A 为1个处理周期内反应的有效时间，h。

$L_V=0.5kgBOD/(m^3 \cdot d)$、$n=1$ 条件下，$C<1.0kgBOD/m^3$ 时反应池容积可用式(2-6-19) 计算，$C>1.0kgBOD/m^3$ 时，可用式(2-6-20) 计算。

$$V=2Q \tag{2-6-19}$$

$$V=2QC \tag{2-6-20}$$

2. 反应池内最小水量计算

SBR反应池的最大水量为反应池的有效容积 V，而池内最小水量 V_{min} 即为有效容积 V 与周期进水量 Q 之差。

$$V_{min}=V-Q \tag{2-6-21}$$

在沉淀工序中，活性污泥在最大水量下静止沉淀。沉淀结束后，若污泥界面高于最小水量对应的水位时，一部分污泥随上清液流失。最小水量和周期进水量要考虑活性污泥的沉降性能，通过计算决定。最小水量计算公式为：

$$V_{min}=\frac{SVI\times MLSS}{10^6}\times V \tag{2-6-22}$$

周期进水量按下式计算

$$Q<\left(1+\frac{SVI\times MLSS}{10^6}\right)V \tag{2-6-23}$$

式中，SVI为污泥体积指数，mL/g。

污泥负荷法也是一个经验设计计算方法，该法的缺点与污泥负荷法相似。

【例 2-6-2】 $Q=1000m^3/d$，$BOD_5=220mg/L$，$L_V=0.65kgBOD/(m^3 \cdot d)$，$SVI=90$。周期 $T_C=6h$，1d内周期数为4，反应池数为6。进水时间 $T_F=T_C/N=6/6=1$ (h)。1个周期内的时间分配：进水时间1.0h，曝气3.0h，沉淀1.0h，排水0.5h，待机0.5h。

解： 周期进水量 $Q_0=\frac{Q}{nN}=\frac{10000}{4\times6}=417$ (m^3)

取 MLSS=3000mg/L

按式(2-6-18) 计算反应池有效容积

$$V=\frac{nQC}{L_V}\times\frac{T_C}{T_A}=\frac{4\times417\times220\times6}{0.65\times3\times1000}=1129(m^3)$$

按式(2-6-22) 反应池内最小水量

$$V_{min}=\frac{SVI\times MLSS}{10^6}\times V=\left(\frac{90\times3000}{10^6}\right)\times1129=305(m^3)$$

按式(2-6-23) 校核周期进水量

$$Q_0<\left(1+\frac{SVI\times MLSS}{10^6}\right)V=\left(1+\frac{90\times3000}{10^6}\right)\times1129=824(m^3)$$

满足要求。

反应池有效容积应为最小水量与周期进水量之和。

$$V=Q_0+V_{min}=824+305=1129\ (m^3)$$

满足条件。

(三) 静态动力学法[4]

静态动力学法是朱明权和周冰莲推荐的具有脱氮除磷功能的 SBR 工艺设计计算方法。

1. 泥龄和废弃污泥量的确定

为使系统具有硝化功能，必须保证一定的好氧泥龄以使硝化细菌能在系统中生存下来。硝化所需最小泥龄的计算公式为：

$$\theta_{S,N}=(1/\mu)\times 1.103^{(15-t)}\times f_s \tag{2-6-24}$$

式中，$\theta_{S,N}$为硝化所需最小泥龄；μ 为硝化菌比增长速率，d^{-1}，当 $t=15℃$ 时，$\mu=0.47d^{-1}$；f_s 为安全系数，为保证出水氨氮浓度小于 5mg/L，f_s 取值范围为 2.3～3.0；t 为废水温度，℃。

缺氧阶段的时间取决于所要求的进水水质、系统的进水方式、脱氮要求以及系统中活性污泥的耗氧能力，当有溶解氧存在时，活性污泥将优先利用溶解氧作为最终电子受体；而在缺氧条件下（只有硝态氮存在而无自由溶解氧存在）时，则活性污泥将利用硝态氮中的氧作为最终电子受体。一般认为约有 75%的异养型微生物有能力利用硝态氮中的氧进行呼吸。为安全考虑，一般也假定活性污泥在缺氧阶段的呼吸速率将有所下降，其值约为好氧呼吸速率的 80%。据此可求得活性污泥利用硝态氮中的氧的能力，即反硝化能力。

$$\frac{NO_3^- - N_D}{BOD_5}=0.8\times\frac{0.75OC}{2.9}\times\frac{T_{anox}}{T_A+T_{anox}}\times a \tag{2-6-25}$$

$$OC=\frac{0.144\theta_{S,R}\times 1.072^{(t-15)}}{1+\theta_{S,R}\times 0.08\times 1.072^{(t-15)}}+0.5 \tag{2-6-26}$$

$$\theta_{S,R}=\theta_{S,N}(T_A+T_{anox})/T_A \tag{2-6-27}$$

$$a=2.95\left[\frac{100T_{anox}}{T_{anox}+T_A}\right]^{-0.235} \tag{2-6-28}$$

式中，OC 为活性污泥在好氧条件下每去除 1kgBOD_5 所消耗的氧量，kg，OC 的设计最大值为 1.6kg；$\theta_{S,R}$为包括硝化和反硝化阶段的有效泥龄，d；T_A 为曝气阶段所用时间，h；T_{anox}为缺氧阶段所用时间，h；a 为修正系数，当池子交替连续进水时，$a=1.0$；当系统在反硝化阶段开始前快速进水时，由于底物浓度提高，故活性污泥耗氧能力也提高，需进行修正；$\frac{NO_3^- - N_D}{BOD_5}$为反硝化能力，即每利用 1kg$BOD_5$ 所能反硝化的氮量，kg；其他符号意义同上。

系统所需反硝化的氮量可根据氮量平衡求得：

$$NO_3^- - N_D=TN_0-TN_e-0.04BOD_5 \tag{2-6-29}$$

式中，0.04BOD_5 为微生物增殖过程中结合到体内的氮量，随废弃污泥排出系统，mg/L；TN_0 为进水总氮浓度，mg/L；TN_e 为出水总氮浓度，mg/L。

由式(2-6-25)～式(2-6-29) 即可求得硝化和反硝化时间的比例以及包括硝化和反硝化阶段的有效泥龄 $\theta_{S,R}$。

生物脱氮除磷 SBR 系统的运行可包括厌氧、缺氧、好氧、沉淀和排水等过程，沉淀和排水等过程所需的设计时间较为固定，故当系统的有效污泥龄确定后，即可求得系统的总污泥龄：

$$\theta_{S,T}=\theta_{S,R}\left(\frac{T_C}{T_R}\right) \tag{2-6-30}$$

式中，$\theta_{S,T}$为 SBR 总泥龄，d；T_R 为有效反应时间，h；T_C 为周期时间，h，一般根据经验或试验确定，且满足：

$$T_C = T_{bio-p} + T_{anox} + T_A + T_S + T_D \tag{2-6-31}$$

式中，T_{bio-p}为用于生物除磷的厌氧阶段所需时间，一般为 0.5～1.0h 左右；T_S 为沉淀时间，一般为 1.0h 左右；T_D 为排水时间，一般为 0.5～1.0h 左右；其他符号意义同上。

周期时间的确定对系统的设计具有重要影响。由于在一次循环过程中，沉淀和排水时间较为固定，故周期时间 T_C 长，则有效反应时间也长；其比值 T_C/T_R 一般减小，系统所需的总泥龄可减低。周期时间长，则一次循环中进入 SBR 的水量增加，亦即池子的贮水容量需提高，因此必须仔细研究周期时间 T_C 的长短。

根据所求定的有效泥龄可求得系统的废弃污泥量。废弃污泥主要由活性污泥利用进水中的 BOD_5 而增殖以及微生物内源呼吸的残留物质、进水中的惰性部分固体物质等组成。如系统为除磷尚需加入化学药剂，则需计入所产生的化学污泥量。以干固体计的废弃污泥量 ΔX（kg/d）可用下式计算：

$$\Delta X = QS_0\left[Y_H - \frac{0.96 b_H Y_H f_{T,H}}{\dfrac{1}{\theta_{S,R}} + b_H f_{T,H}}\right] + Y_{SS}Q(SS_i - SS_e) + \Delta X_{p,chem} \tag{2-6-32}$$

式中，Q 为进水设计流量，m^3/d；S_0 为进水有机物浓度，mg/L；SS_i，SS_e 为反应器进出水 SS 浓度，kg/m^3；Y_H 为异养微生物产率系数，$kgDS/kgBOD_5$，一般取 0.5～0.6；Y_{SS}为不能溶解的惰性悬浮固体部分，$Y_{SS}=0.5$～0.6；$\theta_{S,R}$为有效泥龄，d；b_H 为异养微生物自身氧化率，d^{-1}，一般取 $b_H=0.08d^{-1}$；$f_{T,H}$为异养微生物生长温度修正系数，$f_{T,H}=1.072^{(t-15)}$，其中 t 为温度（℃）；$\Delta X_{p,chem}$ 为化学除磷所产生的污泥量（以干固体计），kg/d。

根据所求得的废弃污泥量 ΔX 和系统的总泥龄，即可求得每个 SBR 反应器贮存的污泥总量：

$$S_{T,P} = \Delta X \frac{\theta_{S,T}}{n} \tag{2-6-33}$$

式中，$\theta_{S,T}$为 SBR 反应器总泥龄，d；$S_{T,P}$为 SBR 反应器中的 MLSS 总量，kg；n 为 SBR 反应器个数。

2. SBR 反应器贮水容积的确定

每个 SBR 反应池贮水容积 ΔV 是指池子最低水位至最高水位之间的容积，贮水容积的大小主要取决于池子个数。每一周期所经历的时间以及在此循环时间内的可能出现的最大进水水量等因素，在已知进水流量变化曲线后，贮水容积 ΔV 可用下式计算：

$$\Delta V = \int_0^T Q_{max}(T)\,dT \tag{2-6-34}$$

式中，Q_{max}（T）为进水时间内的最大进水量，m^3/h；T 为进水时间。

实际在污水处理厂运行之前往往缺乏流量变化规律曲线，为安全起见，可设定在整个进水时间段内持续出现最大设计流量计算 SBR 反应器的贮水容积。

$$\Delta V = Q_{max}T = Q_{max}T_C/n \tag{2-6-35}$$

式中，n 为 SBR 反应器个数；Q_{max}为进水时间内的最大进水量，m^3/h。

在确定贮水容积 ΔV 后，则每个 SBR 反应器的总容积 V 为：

$$V = V_{min} + \Delta V \tag{2-6-36}$$

式中，V_{min}为 SBR 反应器最低水位以下的池子容积，m^3。

SBR 池子贮水容积 ΔV 占整个池容积 V 的比例取决于池子形状、污泥沉降性能、滗水器的构造等，一般 $\Delta V/V$ 的比例以不超过 40%为宜。

3. 污泥沉降速度的计算和池子尺寸的确定

在沉淀分离过程的初期（一般持续 10min 左右），曝气结束后的残余混合能量可用于生物絮凝过程，至池子趋于平静时正式开始沉淀。沉淀过程从沉淀开始后一直延续至滗水阶段结束，所以沉淀时间应为沉淀阶段和滗水阶段时间的综合。为避免滗水过程中出水夹带活性污泥，需要在滗水水位和污泥泥面之间保持一最小的安全距离 h_f。污泥泥面的位置则主要取决于污泥的沉降速度，污泥沉速主要与污泥浓度、SVI 等因素有关。在 SBR 系统中，污泥的沉降速度 v_S 可用下式计算：

$$v_S=650/(\mathrm{MLSS_{TWL}}\times \mathrm{SVI}) \tag{2-6-37}$$

式中，v_S 为污泥沉降速度，m/h；$\mathrm{MLSS_{TWL}}$ 为在最高水位 h_{TWL} 时 MLSS 浓度，kg/m^3；SVI 为污泥指数，mL/g。

为保持滗水水位和污泥泥面之间的最小安全距离 h_f，污泥经沉淀和滗水阶段后，其污泥沉降距离应$\geqslant \Delta h+h_f$，期间所经历的实际沉淀时间为（$T_S+T_D-10/60$)h，故得下式：

$$\Delta h+h_f=v_S(T_S+T_D-10/60) \tag{2-6-38}$$

式中，Δh 为最高水位和最低水位之间的高度差，也即滗水高度，m，Δh 一般不超过池总高的 40%，与滗水装置的构造有关，一般其值最多在 2.0～2.2m 左右；其他符号意义同上。

将式(2-6-37) 代入式(2-6-38) 得

$$\Delta h+h_f=\frac{650}{\mathrm{MLSS_{TWL}}\times \mathrm{SVI}}(T_S+T_D-10/60) \tag{2-6-39}$$

$\mathrm{MLSS_{TWL}}$可由下式求得：

$$\mathrm{MLSS_{TWL}}=S_{T,P}/V=S_{T,P}/Ah_{TWL} \tag{2-6-40}$$

式中，$S_{T,P}$为反应器中 MLSS 总量，kg/池；V 为反应器容积，m^3；A 为反应器面积，m^2；其他符号意义同上。

将式（2-6-40）代入式（2-6-39）可得：

$$\Delta V/A+h_f=\frac{650Ah_{TWL}}{S_{T,P}\times \mathrm{SVI}}(T_S+T_D-10/60) \tag{2-6-41}$$

式(2-6-41) 中沉淀时间 T_S、滗水时间 T_D 可预先设定。SVI 值根据水质条件和设计经验选定。安全高度 h_f 一般在 0.6～0.9m 左右；ΔV 可由式(2-6-34) 或式(2-6-35) 求得，这样式(2-6-41) 中只有池子高度 h_{TWL}和面积 A 未定。根据边界条件可用试算法求得式(2-6-41) 中池子高度和面积。试算时可假定池子高度为 h_{TWL}，然后用式(2-6-41) 求得面积 A，从而求得滗水高度 Δh。如滗水高度超过允许的范围，则重新设定池子高度，重复上述过程。

在求得 h_{TWL}和池子面积 A 后，即可求得最低水位 h_{BWL}。

$$h_{BWL}=h_{TWL}-\Delta h=h_{TWL}-\Delta V/A \tag{2-6-42}$$

SBR 池中各计算水位高度示于图 2-6-11。

最高水位时的 MLSS 的浓度 $\mathrm{MLSS_{TWL}}$可根据式(2-6-40) 求得，最低水位时的 MLSS 浓度 $\mathrm{MLSS_{BWL}}$则可有下式求得：

$$\mathrm{MLSS_{BWL}}=\frac{h_{TWL}}{h_{BWL}}\mathrm{MLSS_{TWL}}(kg/m^3) \tag{2-6-43}$$

最低水位时的设计 MLSS 浓度一般不大于 $6.0kg/m^3$。

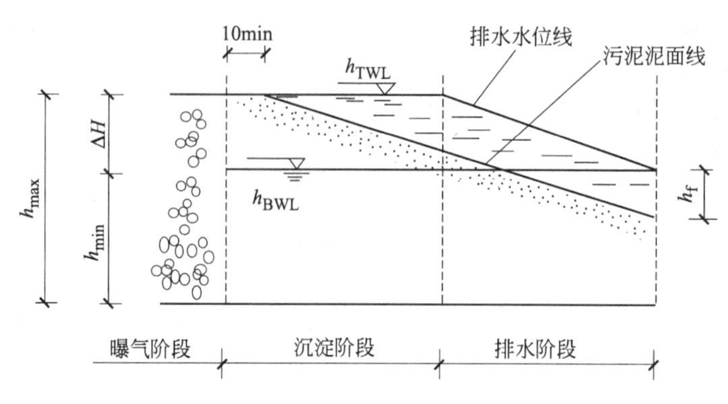

图 2-6-11 SBR 池中各计算水位高度

4. 进水贮水池容积计算

对于设置进水贮水池的 SBR 系统，其进水贮水池的容积设计同一般调节池，可按贮水池的进出水量平衡求得。在缺乏进水流量过程曲线的条件下，如 SBR 池子为在每一周期开始时一次性进水，则进水贮水池的容积设计可按贮存 1 个 SBR 池子在一次循环过程中的最大进水流量计算，见式(2-6-35)。

如 SBR 池子在 1 周期中分批次多次进水，且在沉淀和滗水阶段不进水，则进水贮水池的水力停留时间 T_R 和贮水池容积 V_S 可按下式计算：

$$T_R=(T_C-T_S-T_D)/(n+Z)+T_S+T_D \tag{2-6-44}$$

$$V_S=Q_{max}T_R \tag{2-6-45}$$

式中，Z 为 1 个周期内的进水次数。

(四) 动态模拟法[5]

杨琦等（1996）认为文献中 SBR 系统动力学设计法在实际工作中应用较少，这一方面主要是因为在设计计算中引入了过多的假设。如某些学者在应用 Monod 方程推导设计关系时假定 $K_S \gg S$（K_S 为 Monod 方程中的半速度常数，S 为底物浓度）；还有一些学者在推导时则假定 $K_S \ll S$。另一方面动力学设计方法是在一系列假设和引入某些经验型参数的基础上建立起来的，与实际情况差别较大，杨琦等提出了 SBR 系统设计计算的动态模拟法。

1. SBR 设计基本关系式的推导

动态模拟法的基本思路是首先建立底物在 SBR 反应器中变化的基本关系式，根据原水情况和处理要求即可计算出运行各阶段的时间分配，从而求得反应器的有效容积和确立运行模式。

(1) 推导的理论基础　根据 Monod 方程进行理论推导并引入如下假设：

① 在 1 个周期内，合成的微生物量与总的生物量相比可以忽略不计，即反应器中微生物总量近似不变；

② 1 个周期开始前，反应器中底物浓度（即上一周期出水浓度）与原水浓度相比可忽略不计；

③ 在进水期，进水底物浓度积累占主导地位，Monod 公式中 $K_S \ll S$，反应期中 $K_S \gg S$；

④ 进水流量不变。

SBR 按基本运行模式（分进水、反应、沉淀、排水、限值 5 个阶段）操作时，废水中底物的降解主要发生在进水期和反应期，为了计算这两个阶段的时间分配，需要确定联系两阶段的中间变量——进水期末或反应期始的底物浓度（以 S_F 表示），这是建立基本关系的关键。

（2）进水期底物的变化　SBR反应期在一个周期内底物浓度随时间变化规律曲线见图2-6-12。

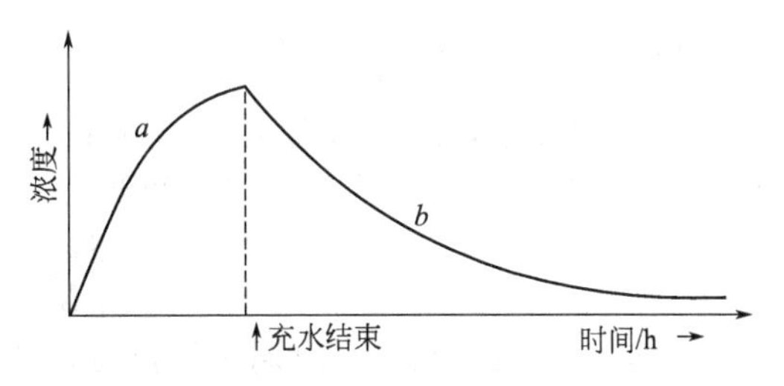

图2-6-12　SBR反应器混合液中污染物浓度在进水期和反应期中的变化

根据物料平衡和Monod方程，进水过程反应器中底物的变化符合以下关系式：

$$\frac{\mathrm{d}(VS)}{\mathrm{d}T}=q_0S_0-\frac{KXSV}{K_S+S} \tag{2-6-46}$$

式中，V为反应器中混合液体积；S为反应器中底物浓度；T为时间；X为反应器中微生物浓度；q_0为进水流量；S_0为进水底物浓度；K为反应速度常数；K_S为半速度常数。

假设①表明，生物总量XV=定值，或者

$$XV=X_VV_0 \tag{2-6-47}$$

式中，X_V为混合液体积最大时污泥浓度，以MLSS计；V_0为混合液最大体积或反应器有效容积。

由假设③，$K_S \ll S$，则$K_S+S\approx S$，那么，由式(2-6-46)、式(2-6-47)得：

$$\frac{\mathrm{d}(VS)}{\mathrm{d}T}=q_0S_0-KX_VV_0 \tag{2-6-48}$$

当进水开始时（$T=0$），根据假设②，有

$$VS=(V_0-V_F)S_e\approx 0 \tag{2-6-49}$$

式中，V_F为进水体积；S_e为出水底物浓度。

当进水结束时（$T=T_F$），$VS=V_0S_F$

式中，S_F为进水期结束或反应期开始时底物浓度。

在以上边界条件下，对式(2-6-48)积分求得：

$$S_F=(q_0S_0-KX_VV_0)T_F/V_0 \tag{2-6-50}$$

由流量$q_0=V_F/T_F$和充水比$\lambda=V_F/V_0$，可以将式(2-6-50)变化为：

$$S_F=\lambda S_0-KX_VT_F \tag{2-6-51}$$

在以上边界条件下，引入进水期污泥负荷的概念，它的含义为进水期单位活性污泥微生物量在单位时间内所承受的有机物数量。用公式表示为：

$$L_F=\frac{V_FS_0}{T_FX_VV_0}=\lambda\frac{S_0}{T_FX_V} \tag{2-6-52}$$

并定义底物降解度$\alpha=\frac{S_F}{S_0}$，则

$$\alpha=\lambda-(K\lambda/L_F) \tag{2-6-53}$$

（3）反应时间T_R的确定　Monod方程在反应期中应用可表示为：

$$-V_0\frac{\mathrm{d}S}{\mathrm{d}T}=\frac{KXS}{K_S+S}V_0 \tag{2-6-54}$$

用反应期始（S_F）、反应期末（S_e）浓度表示，上式可近似为：

$$\frac{S_F-S_e}{T_R}=k_1X_VS_e \tag{2-6-55}$$

式中，T_R为反应期时间。

根据假设③，在反应期，$K_S \ll S$，则$K_S+S\approx K_S$。

所以，$k_1=\frac{K}{K_s+S}$=常数。

一般情况下，废水处理要求出水浓度 S_e 等于某一数值很小的目标值，可以假设 $S_e \ll S_F$，且 S_e 为定值，则式(2-6-55) 可近似表示为：

$$\frac{S_F}{T_R X_V}=k_1 S_e=\text{定值} \tag{2-6-56}$$

将这一定值定义为反应期污泥负荷，其含义是反应期单位活性污泥微生物量在单位时间内所承受的有机物数量。用公式表示为：

$$L_R=\frac{S_F V_0}{T_R X_V V_0}=k_1 S_e \tag{2-6-57}$$

式(2-6-57) 的意义是，对于不同的运行条件，如果处理要求一样，那么选择的反应期污泥负荷是一样的。因此，可以通过选定反应期污泥负荷经验值的方法设计反应时间 T_R。

2. 设计计算步骤

以进水期污泥负荷和反应期污泥负荷的概念设计 SBR 的池容积和操作方式，可按如下步骤进行：

(1) 确定某些参数

① 明确原水情况，如进水流量 q_0、进水水质 S_0 等；

② 设定运行条件，如充水比 λ、污泥浓度 X_V、进水时间 T_F 等；

③ 根据原水和处理目标确定参数，如反应期污泥负荷、反应速度常数 K 等。

(2) 用式(2-6-52) 计算进水期污泥负荷。

(3) 用式(2-6-55) 计算进水期末（或反应期始）的底物浓度 S_F。该公式表示为一条直线，可以计算或作图求得。

(4) 用式(2-6-57) 确定反应时间 T_R，即

$$T_R=\frac{S_F}{L_R X_V} \tag{2-6-58}$$

(5) 确定沉淀时间 T_S　沉淀时间 T_S 一般取 0.5～2.0h，可根据试验或经验确定。

(6) 排水时间

$$T_D=(q_0/q_D)T_F \tag{2-6-59}$$

式中，q_D 为排水流量。

(7) 闲置时间 T_1　可根据实际情况调整。

(8) 计算周期　$T=T_F+T_R+T_D+T_1$

(9) 确定池数　$N=T/T_F$

(10) 单池有效容积　$V_0=q_0 T_F/\lambda$

杨琦等提出的动态模拟法设计基本上可划分为两个步骤：第一步，根据动力学模式推导出的公式求出进水期末（或反应期始）的底物浓度；第二步，借鉴传统污泥负荷设计方法，根据经验性的污泥负荷值确定反应时间。将污泥负荷法和动力学参数法两类设计方法有机地结合起来。

对于同一种废水，设定 λ 值后，公式 $\alpha=\lambda-(K\lambda/L_F)$ 表示的是一直线方程。确定该直线只需求出 K 值。K 的意义是反应速度常数，因此，可以选用经验值或者通过实验确定。公式中的参数均为状态变量，即与池的大小无关，所以可以通过小型实验确定该直线方程。

在运行管理中，进水浓度、流量都会有变化，但可人为控制 λ 值。因为 K 是动力学常数，当进水浓度、流量有变化是，K 值不变，因此该直线方程仍然适用。根据进水负荷的

变化，可以很容易地确定 α 值，进而调整反应时间，使系统工作在最佳状态。

(五) 基于德国 ATV 标准的设计法[6]

天津市市政设计研究院周雹参照德国 ATV 标准 131E《单段活性污泥法水处理厂的设计》，并对其中个别参数结合我国具体情况进行了修正，推荐了基于德国 ATV 标准的 SBR 工艺反应池容积设计计算法（简称推荐法）。该设计计算法的特点如下。

① 以泥龄为基本设计参数，按照基本理论和处理要求可以确切算出所需泥龄，不存在人为误差，便于操作，结果可靠。

② 由设计人员选定的参数数量少，并且都比较容易确定，计算结果不会造成明显误差的。

③ 计算池容公式是本方法特有的，是根据已知参数经过数学运算推导出来的，是本方法的关键步骤。从计算公式中可以看出，影响池容有 7 个参数（次数影响参数更多），基本上都不是简单的直线关系。这是因为 SBR 反应池既是反应池又是沉淀池，在分建式活性污泥法中影响反应池和沉淀池的所有参数对 SBR 反应池池容都产生影响，按照这个公式计算出的池容既能满足反应池的要求，也能满足沉淀池的要求。

1. 运行周期等参数的选择

(1) 运行周期时段之间的相互关系　SBR 的主要特点是周期运行，一个周期所用的时间 T_C 与 1 天之内的周期数 N 之间的关系如下式：

$$NT_C=24 \tag{2-6-60}$$

式中，N 为周期数，1/d；T_C 为周期长，h。

在一个运行周期各时段之间要满足以下关系：

$$T_C \geqslant T_f+T_S+T_e \tag{2-6-61}$$

$$T_C \geqslant T_j+T_S+T_e \tag{2-6-62}$$

式中，T_f 为一个周期的反应时间，h/周期；T_S 为一个周期的沉淀时间，h/周期；T_e 为一个周期的排水时间，h/周期；T_j 为一个周期的进水时间，h/周期。

(2) 选定沉淀时间 T_S 和排水时间 T_e　SBR 反应池 T_S 和 T_e 一般都选用 1h（但当 SVI>150 时，可考虑增大排水时间，当 SVI<100 时，可适当减小排水时间）。常规 SBR 反应池的沉淀是静态沉淀，可以简化认为污泥泥面等速下沉，污泥沉降速度可按式(2-6-63) 计算。

$$v_S=\frac{650}{X_H \mathrm{SVI}} \tag{2-6-63}$$

式中，v_S 为污泥沉速，m/h；SVI 为污泥指数，mL/g，对于生活污水和与之相接近的城镇污水，SBR 反应池 SVI 一般在 120～150 之间；X_H 为开始沉降时的污泥浓度，也即设计高水位时的污泥浓度，g/L。

在沉淀过程初期，由于反应结束后的残余混合能量仍然存在，池液处于紊流状态，一般需经 10min 作用，池液才趋于平静，开始沉淀。进入排水时期，池液仍处于平静，污泥连续下沉，直至排水结束转入反应时段。因此实际沉淀时间是沉淀时间加上排水时间再减去最初的 10min，即

$$T'_S=T_S+T_e-10/60 \tag{2-6-64}$$

式中，T_S 为实际沉淀时间，h。

沉淀和排水过程 SBR 反应池中水面高低和泥面高度的相互关系如图 2-6-11 所示。

总的污泥沉降距离 H_d 按式(2-6-65) 计算

$$H_d=T'_S v_S \tag{2-6-65}$$

式中，H_d 为污泥沉降距离，m。

由于排水时的搅动，泥面线以上的清水层不可能全部排出，必须有一个保证污泥不被带到水中的安全高度 h_f，如图 2-6-11 所示，h_f 可取 0.6～0.9m。

(3) 选定周期长 T_C 和周期数 N 根据活性污泥工艺基本原理和工程实践经验，一个周期的反应时间 T_f 不宜小于 2h，当要求脱氮时，由于增加了缺氧时段，反应时间还应加长。结合前面选定的 T_S 和 T_e，得出最小周期长 T_C 为 4h，最大周期数 $N=6$。工程上 T_C 一般不大于 8h，N 不小于 3。

(4) 确定反应时间 T_f

由式(2-6-61) 得：

$$T_f = T_C - T_S - T_e$$

当要求脱氮时，反应时间应分出好氧时段和缺氧时段，它们的长短由好氧泥龄和缺氧泥龄的比值决定：

$$T_O / T_D = \theta_{CO} / \theta_{CD} \tag{2-6-66}$$

$$T_O + T_D = T_f \tag{2-6-67}$$

式中，T_O 为一个周期的好氧反应时间，h/周期；T_D 为一个周期的缺氧反应时间，h/周期；θ_{CO}为好氧泥龄，d；θ_{CD}为缺氧泥龄，d。

(5) 选定池数 n SBR 工艺废水处理厂至少要两池才能处理连续进入的废水，规模越大池数越多。在选定池数时，可考虑：①池数和周期长最好是整倍数，便于将连续进水按时序均匀分配到每个池，简化配水设施；②如果可能，池数和每个周期排水时间的乘积最好是周期长的整倍数，这样每个池的间歇排水可组合成全厂的连续均匀排水，减小排水管管径。

(6) 选定设计高水位 H 设计高水位 $H=4～6$m。

2. 计算泥龄和污泥量的公式

SBR 反应池中污泥只有在反应时段才发挥生物降解功能，沉淀、排水时段则不发挥生化反应作用。显然，起反应功能的污泥量只是反应池中总污泥量的一部分，反应泥龄也只是总泥龄的一部分。它们之间的关系是：

$$\theta_C = \frac{T_C}{T_F}\theta_{CF} \tag{2-6-68}$$

$$X_T = \frac{T_C}{T_f}X_F \tag{2-6-69}$$

式中，θ_C 为 SBR 反应池总泥龄，d；θ_{CF}为 SBR 反应池的反应泥龄，d；X_T 为 SBR 反应池污泥总量，kg；X_F 为 SBR 反应池的反应污泥量，kg；T_C 为周期长，h；T_f 为一个周期的反应时间，h/周期。

反应 θ_{CF}的计算方法与传统活性污泥工艺、A/O 脱氮工艺相同。由于 SBR 反应池间歇反硝化的效率不及设缺氧区的 A/O 脱氮系统的反硝化效率，所以在水质要求相同的情况下，SBR 反应器的缺氧泥龄要长些。

反应池中反应污泥量 X_F 按式(2-6-70) 计算：

$$X_F = Q_d \theta_{CF} Y (S_0 - S_e) \times 10^{-3} \tag{2-6-70}$$

式中，Q_d 为设计流量，m^3/d；Y 为污泥产率系数，kgSS/kgBOD；S_0 为反应池进水 BOD 浓度，mg/L；S_e 为反应池出水 BOD 浓度，mg/L。

将 θ_{CF}代入式(2-6-68)，既得 SBR 反应池的总泥龄 θ_C。将 X_F 代入式(2-6-69)，即得 SBR 反应池的总泥量 X_T。

3. 计算 SBR 反应池容积公式推导

从图 2-6-11 可以看出，排水深度 ΔH 必须满足：

$$\Delta H \leqslant H_d - h_f \tag{2-6-71}$$

式中，ΔH 为排水深度，m。

将式(2-6-63)、式(2-6-65) 代入式(2-6-71) 得

$$\Delta H \leqslant \frac{650T'_S}{X_H \mathrm{SVI}} - h_f \tag{2-6-72}$$

贮水容积 ΔV 有下列关系：

$$\Delta V = F \times \Delta H = \frac{V}{H} \times \Delta H$$

及

$$\Delta V = \frac{24Q_h}{N}$$

两式合并换算，可得出 ΔH 另一表达式

$$\Delta H = \frac{24Q_h H}{NV} \tag{2-6-73}$$

式中，Q_h 为最大日最大时流量，m^3/h；H 为设计最高水位，m；V 为 SBR 反应池总容积，m^3。

X_H 按式(2-6-74) 计算

$$X_H = \frac{X_T}{V} \tag{2-6-74}$$

将式(2-6-73)、式(2-6-74) 代入式(2-6-72) 得：

$$\frac{24Q_h H}{NV} \leqslant \frac{650T'_S}{X_H \mathrm{SVI}} - h_f$$

式中除 V 外均为已知，由此可经计算求得 V。为方便计，可将上式按等式整理成一元二次方程，可用求根公式计算 V。

$$V = \left(h_f + \sqrt{h_f^2 + \frac{62400Q_h HT'_S}{X_T \times \mathrm{SVI} \times N}} \right) \frac{X_T \times \mathrm{SVI}}{1300T'_S} \tag{2-6-75}$$

式(2-6-75) 是经典 SBR 反应池设计的基本计算公式。

4. 其他参数计算公式

(1) 单座反应池参数

$$V_i = V/M \tag{2-6-76}$$

$$F_i = V_i/H \tag{2-6-77}$$

$$\Delta V = F_i \times \Delta H = \frac{24Q_h}{NM} \tag{2-6-78}$$

式中，V_i 为每座 SBR 反应池有效溶解，m^3；F_i 为每座 SBR 反应池面积，m^2；ΔV 为每座 SBR 反应池贮水容积，m^3；

(2) 液位

$$H_L = H - \Delta H \tag{2-6-79}$$

$$h_S = H_L - h_f \tag{2-6-80}$$

式中，H_L 为最低水位，即排水结束时水位，m；h_S 为最低泥位，即排水结束时泥位，m。

(3) 污泥浓度

$$X_L = \frac{H}{H_L} X_H \tag{2-6-81}$$

式中，X_L 为最低水位时污泥浓度，g/L，不宜大于 6g/L。

(六) 总污泥量综合设计法[7]

胡大铿提出的总污泥量综合设计法是以提供 SBR 反应池一定的活性污泥量为前提，并满足适合 SVI 条件，保证在沉降阶段和排水阶段内的沉降距离和沉淀面积，据此推算出最低水深下的最小污泥沉降所需的体积，然后根据最大周期进水量求算贮水容积，两者之和即为所求 SBR 池容。并由此验算曝气时间内的活性污泥浓度及最低水深下的污泥浓度，以判别计算结果的合理性。

其计算公式为：

$$S_T = naQ_0(C_0 - C_r)\theta_{T,S} \tag{2-6-82}$$

$$V_{min} = AH_{min} \geqslant S_T \times SVI \times 10^{-3} \tag{2-6-83}$$

$$H_{min} = H_{max} - \Delta H \tag{2-6-84}$$

$$V = V_{min} + \Delta V \tag{2-6-85}$$

式中，S_T 为单个 SBR 池内干污泥总量，kg；$\theta_{T,S}$ 为总污泥龄，d；A 为 SBR 池几何平面积，m^2；H_{max}，H_{min} 分别为曝气室最高水位和沉淀终了时最低水位，m；ΔH 为最高水位与最低水位差，m；C_0 为进水 BOD_5 浓度，kg/m^3；C_r 为出水 BOD_5 浓度与出水悬浮物浓度中非溶解性 BOD_5 浓度之差。

$$C_r = C_e - ZC_{se} \times 1.42(1 - e^{k_1 T}) \tag{2-6-86}$$

式中，C_e 为出水中 BOD_5 浓度，kg/m^3；C_{se} 为出水悬浮物浓度，kg/m^3；k_1 为耗氧速率，a^{-1}；T 为 BOD 实验时间，d；Z 为活性污泥中异养菌所占比例，其值为：

$$Z = B - \sqrt{B^2 - 8.33N_S \times 1.072^{(15-t)}} \tag{2-6-87}$$

$$B = 0.555 + 4.167(1 + TS_0/C_0)N_s \times 1.072^{(15-t)} \tag{2-6-88}$$

$$N_S = 1/(a\theta_{T,S}) \tag{2-6-89}$$

式中，a 为产泥系数，即去除单位 BOD_5 所产生的废弃污泥量，$kgMLSS/kgBOD_5$。其值为

$$a = 0.6(TS_0/C_0 + 1) - \frac{0.6 \times 0.072 \times 1.072^{(t-15)}}{1/\theta_{T,s} + 0.08 \times 1.072^{(t-15)}} \tag{2-6-90}$$

式中，TS_0 为进水悬浮物浓度，kg/m^3；t 为水温，℃；其他符号意义同上。

由式(2-6-85) 计算 V_{min} 为同时满足活性污泥沉降几何面积以及既定沉淀历时条件下的沉降距离，此值大于其他现行方法中所推算的 V_{min}。

必须指出的是，实际的污泥沉降距离应考虑排水历时内的沉降作用，该作用距离称之为保护高度 H_b。同时 SBR 池内混合液从完全动态混合变为静止沉淀的初始 5～10min 内污泥仍处于紊动状态，之后才逐渐变为压缩沉降直至排水历时结束。它们之间的关系可由下式表示

$$v_S(T_S + T_D - 10/60) = \Delta V/A + H_b \tag{2-6-91}$$

$$v_S = 650/(MLSS_{max} \times SVI) \tag{2-6-92}$$

将式(2-6-92) 代入式(2-6-91)，并作相应的变换，得

$$\frac{650AH_{max}}{S_T \times SVI}(T_S + T_D - 10/60) = \Delta V/A + H_b \tag{2-6-93}$$

式中，v_S 为污泥沉降速度，m/h；$MLSS_{max}$ 为当水深为 H_{max} 时的 MLSS 浓度，kg/m^3；T_S，T_D 分别为污泥沉淀历时和排水历时，h。

式(2-6-93) 中 SVI、H_b、T_S、T_D 均可根据经验假定，S_T、ΔV 均为已知，H_{max} 可依据鼓风机压或曝气机有效水深设置，A 为可求，同时求得 ΔH，使其在许可的排水变幅范围内保证允许的保护高度。因而，由式(2-6-84) 和式(2-6-85) 可分别求得 H_{min}、V_{min} 和反应

池容积。

总污泥量综合设计法在所有设计参数中除 SVI、T_S、T_D 按经验设定外，其他均依据进水水质由公式计算而得。同时在推求池容过程中确定了 SBR 池的几何尺寸。

（七）考虑曝气方式的设计法[8]

SBR 工艺有非限量曝气、限量曝气和半限量曝气三种不同的曝气方式。考虑不同的曝气方式 SBR 工艺设计包括确定运行周期 T、反应器容积、废水贮水池最小容积以及进水流量的计算等。

1. 运行周期 T 的确定

SBR 的运行周期由充水时间、反应时间、沉淀时间、排水排泥时间和闲置时间来确定。充水时间 T_F 应有一个最优值，充水时间应根据具体的水质及运行过程中所采用的曝气方式来确定。当采用限量曝气方式及进水中污染物的浓度较高时，充水时间应适当取长些；当采用非限量曝气方式及进水中污染物的浓度较低是，充水时间可适当取短些。充水时间一般取 1～4h。反应时间 T_R 是确定 SBR 反应器容积的一个非常主要的工艺设计参数，其数值的确定同样取决于运行过程中废水的性质、反应器中污泥的浓度及曝气方式等因素。对于像生活污水这样的易降解废水，反应时间可取短一些；反之对那些含有难降解物质或者有毒有害物质的废水，反应时间应当取长一些，一般在 2～8h 之间。沉淀和排水时间（T_S+T_D）一般按 2～4h 设计，闲置时间 T_E 一般按 2h 设计。因此，SBR 工艺的运行周期一般为 10～16h。

2. 反应器容积的设计

SBR 反应器其运行周期依次由充水 F→反应 R→沉淀 S→排水排泥 D→闲置 E 5 个工序组成。按充水和曝气反应时间的分配，可将其运行过程演化为如图 2-6-13 所示的 4 种基本运行方式。

图 2-6-13　SBR 工艺基本运行方式

（1）限量曝气方式　按限量曝气方式运行时，充水流量最大。按此方式设计的 SBR 系统可灵活地按其他方式运行，因而大多数情况下按此方式设计 SBR 系统。图 2-6-14 是限量曝气方式运行的 SBR 反应池 1 个周期内污泥浓度和底物浓度的变化情况。由图 2-6-14 可知，充水期内污泥浓度 MLSS 的增长甚少。充水期结束时底物浓度达到最大值。反应期开始时混合液中的营养丰富，污泥呈现对数增长，曝气结束时底物浓度达到设计出水浓度值，迫使污泥逐步进入内源呼吸阶段。因此，SBR 生物降解所需时间主要由充水时间和反应时间决定。图 2-6-15 反应了 T_F 与（T_F+T_R）间的关系。当进水和出水有机物浓度保持不变时，（T_F+T_R）随 T_F 的增长而延长；若保持运行周期 T 不变时，T_F 超过一定限度，则出水有机物浓度将增加，所以 $T_F/(T_F+T_R)$ 应由试验确定。SBR 反应器的容积可由式(2-6-94)

～式(2-6-99) 确定。

$$V_0=qS_0T_F/[X(k_0+k_1t_RS_e)]\ (m^3/池) \tag{2-6-94}$$

$$L_m=S_0m/(e\lambda X)\ [kgBOD/(kgMLSS \cdot d)] \tag{2-6-95}$$

$$V=V_0/\lambda\ (m^3/池) \tag{2-6-96}$$

$$n=24Q_0/(mV_0)\ (个) \tag{2-6-97}$$

$$q=Q_0/nmV_0T_F(m^3/h) \tag{2-6-98}$$

$$m=24/T\ (次) \tag{2-6-99}$$

式中，V_0，V 分别为单池充水容积和单池总容积，其中 V 为充水容积 V_0 和留存沉淀污泥容积 V_m 之和 [V_0/V_m 值一般为 (1∶1)～(1∶1.4)]；S_0，S_e 分别为进水和反应结束时的污染物浓度；Q_0，q 分别为原废水和 SBR 池充水流量；n，m 分别为 SBR 池数和每天运行周期数；e，λ 分别为曝气时间比和充水比，且满足 $e=T_R/T$，$\lambda=V_0/V$（一般取 0.5～0.7）；k_0，k_1 分别为零级、一级反应动力学常数，L/d；T_F，T_R 分别为充水、反应时间，h；X，L_m 分别为 SBR 反应器中的污泥浓度和污泥负荷。

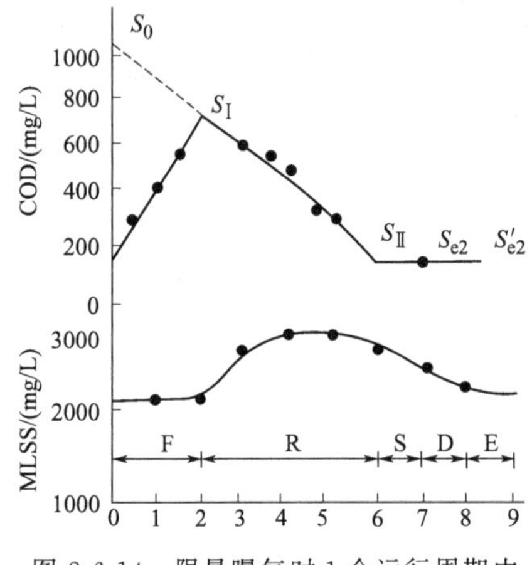

图 2-6-14 限量曝气时 1 个运行周期内污泥浓度和底物浓度的变化

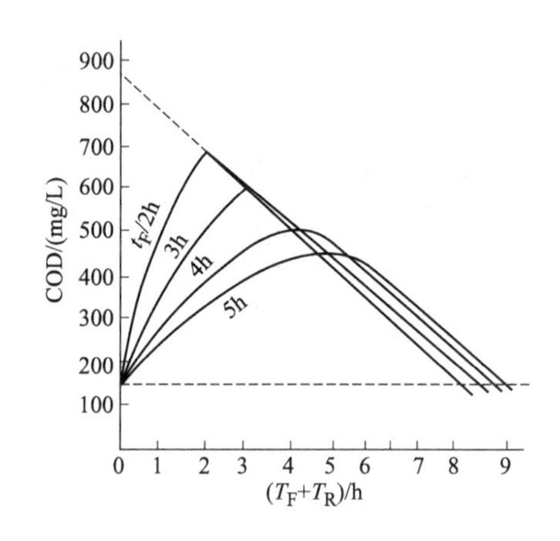

图 2-6-15 限量曝气时 t_F 与（t_F+t_R）间的关系

(2) 非限量曝气方式 非限量曝气方式运行时充水和曝气同时进行。由于进水速度远大于进水过程中反应器内污染物的降解速度，从而使 SBR 反应器内出现污染物的累积。在充水结束时，池内污染物浓度达到最大；反应器结束时，池内污染物浓度恢复至充水前的水平。每个反应池的总有效容积 V 应为充水容积 V_0 和存留沉淀污泥容积 V_S 之和。反应池的充水容积应保证系统停止充水时贮存入调节池的废水量和该充水时间内进入系统的废水量进入反应池，故非限量曝气方式运行时 SBR 的容积可由式(2-6-100) ～式(2-6-104) 确定：

$$V_0=(T-nT_F)q/n+qT_F\approx qT/n\ (m^3/池) \tag{2-6-100}$$

$$V=V_0/\lambda=Tq/n\lambda\ (m^3/池) \tag{2-6-101}$$

$$X=(1-\lambda-h_f/H)X'\ (mg/L) \tag{2-6-102}$$

$$\lambda X=(1-X/X'-h_2/H) \tag{2-6-103}$$

$$L_m=[\lambda/(1-\lambda)]S_0/T_FX_0 \tag{2-6-104}$$

式中，h_f 为 SBR 反应器中沉淀污泥层上在排水的过程中不排走污泥的保护高度，h_2 一般为 0.5m；H 为 SBR 反应器总有效高度，m；X'为 SBR 中沉淀后污泥的浓度。其余符号同前。

由以上各式可见，当废水水质、水量确定后，只有控制好活性污泥特性，就能控制 X'、

X；只要选定适宜的充水时间 T_F 及充水比 λ，即可控制 S_{max}、X 及 T_R，也控制了 SBR 反应器的运行周期 T。因此，充水时间 T_F 和充水比 λ 成为 SBR 工艺设计的主要参数。

(3) 废水贮存池最小容积的设计　由于 SBR 法反应器能将若干小时的废水在池内混合，对原水有一定的均化作用，如果多个反应池顺序进水，能将较长时间的高负荷废水进行分割，让几个池子来承担高负荷，使反应池有较好的工作稳定性，从而减小了调节池的容积。但是，由于 SBR 工艺由几个池子顺序进水，在安排各池运行周期即进水时间时，可能出现各池都处于不充水阶段，这样进水系统的原废水就应贮存起来，待下一个反应池充水开始再抽入反应池，这部分贮存容积视运行周期的具体安排而定。

假定 SBR 的运行周期为 T，充水时间为 T_F。SBR 反应器的池数为 n（见图 2-6-16）。设各反应池都处于补充水阶段的时间为 T_P，最小贮存容积 V_P 应为：

$$T_P=(T-nT_F)/n \tag{2-6-105}$$

$$V_P=qT_P=q(T-nT_F)/n \tag{2-6-106}$$

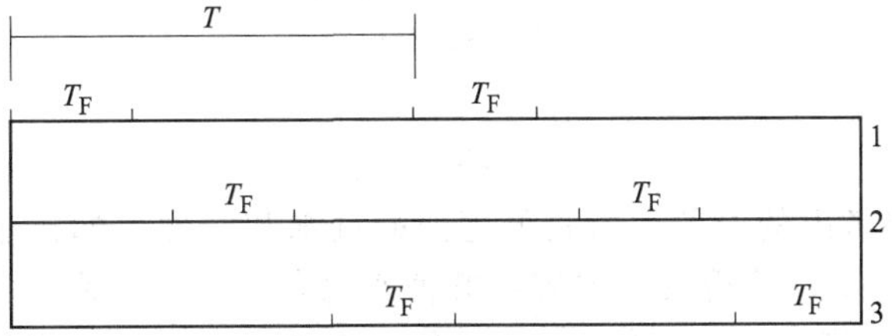

图 2-6-16　SBR 系统各池的运行周期

(4) SBR 反应器进水流量的计算　SBR 反应池可采用重力自流进水，但若需要进行废水贮存时一般只能用水泵进水。此时水泵的流量应按式(2-6-107) 计算，所得的 Q_0 值应保证大于 q；如果计算得出 Q_0 小于 q，说明采用的充水时间 T_F 值不适应或反应器数 n 过多，可能出现两个以上的反应池同时充水，这是不正常的。

$$Q_0=V_0/T_F=qT/nT_F \tag{2-6-107}$$

(八) 基于有效 HRT 和有效 SRT 概念的设计法[9]

尽管 SBR 系统经常被认为需要特殊的设计方法，但是实际上，其运行原理与其他活性污泥系统相同，仍然可以根据完全混合活性污泥法工艺的设计方法进行设计。SBR 与其他活性污泥系统之间有 3 个主要的区别：①SBR 系统的需氧量必须在一个运行周期内进行分配，这可以采用连续活性污泥系统对稳态和瞬态需氧量进行分配的方法；SBR 系统每个运行周期必须与其进水阶段的长度一致；②设计中必须确定每个周期中并没有进行生物反应的运行阶段的比例，这个可以采用有效 HRT，即 T_e 和有效 SRT，即 θ_{ce}的概念（$\theta_{ce}=\dfrac{\zeta V}{Q_w}$）；③因为生物反应和沉淀在同一个容器内进行（虽然是在运行周期的不同阶段），生物反应器和二沉池之间的相互作用必须以不同的方式进行分析。

SBR 运行周期中的 HRT 和 SRT 包括了并没有进行生物反应的阶段，例如沉淀阶段和排水阶段。定义 ζ 为进水加反应阶段占总周期时间的比例。由此有效 HRT 可以定义为：

$$T_e=\frac{\zeta V}{Q} \tag{2-6-108}$$

式中，Q 为废水流量；V 为曝气池容积。

而有效 SRT 可以定义为：

$$\theta_{ce}=\frac{\zeta VX}{Q_w X_w} \tag{2-6-109}$$

式中，X 为反应器中活性污泥浓度（MLSS）；Q_w 为废弃污泥排放流量；X_w 为废弃污泥浓度（MLSS）。

选择有效 SRT 中需要考虑的因素与其他活性污泥系统 SRT 选择需要考虑的因素相同。如果以去除可生物降解有机物为主要目标，可以采用相对比较低的值。

确定系统的容积，也就是有效 HRT，不仅需要考虑混合搅拌的氧气传输，而且还要考虑 MLSS 的沉降性能。因为反应器容积不仅能容纳每个周期的进水 F_c，而且还必须能够容纳排水之后留下来的回流污泥的体积 V_{br}，其中：

$$F_c = \frac{Q}{N_c} \tag{2-6-110}$$

式中，N_c 为每天的周期数；其他符号意义同前。

而

$$V_{br} = \alpha F_c \tag{2-6-111}$$

将 N_c 定义为每日运行周期的数目，α 是类似于连续流系统中的回流比。因此，当一个 SBR 系统被设计成为一个只去除有机物的简单活性污泥系统时，有：

$$V = F_c(1+\alpha) \tag{2-6-112}$$

或者

$$V = F_c + V_{br} \tag{2-6-113}$$

选择 N_c 和 ζ 需要考虑的主要因素是处理前的进水和处理后的排水，使得运行周期有足够的时间进行沉淀和排水，使得反应器容纳峰值水力负荷。反过来，这些因素又受到所选择的 N_c 和 ζ 的影响。N_c 值通常介于每天 4～6 个周期之间。由于沉淀和排水所需要的时间是相对恒定的，而增加每日运行周期次数会使周期的长度变短，所以 N_c 值增加，ζ 值就下降。尽管如此，ζ 值通常在 0.5～0.7 之间，这两个参数的选择都有相当大的灵活性。

当 V_{br} 足够大能够容纳排水之后留下来的用于下一个周期的 MLSS 时，就可以得到与所选定每日周期数相关的反应器最小体积。反应器在沉淀和排水之后留下来的 MLSS 数量与反应结束时 MLSS 数量是相同的，因此：

$$X_{M,Tr} V_{br} = (X_{M,T} V)_{system} \tag{2-6-114}$$

式中，$X_{M,Tr}$ 为 SBR 反应器沉淀后的 MLSS 浓度；$X_{M,T}$ 为 SBR 反应器最高水位时的 MLSS 浓度。

由式(2-6-114) 可以看到，沉淀后的 MLSS 浓度越大，留下来的污泥体积 V_{br} 就会越小。可以根据经验选定废水处理中 $X_{M,Tr}$ 的最大值，可以根据污泥活性指数 SVI 进行估算。

$$X_{M,Tr,max} \approx \frac{10^6}{SVI} \tag{2-6-115}$$

由式(2-6-114)，可以得出留下来的污泥最小体积 $V_{br,min}$。

$$V_{br,min} = \frac{(X_{M,T} V)_{system}}{X_{M,Tr,max}} \tag{2-6-116}$$

将式(2-6-116) 代入式(2-6-113)，可以得到 SBR 系统最小容积。

$$V_L = F_C + \frac{(X_{M,T} V)_{system}}{X_{M,Tr,max}} \tag{2-6-117}$$

根据以上分析，基于有效 HRT 和有效 SBR 概念的设计方法步骤如下。

① 根据废水处理的要求，计算反应器有效 SRT。

② 用污泥负荷法计算系统中 MLSS 总量。也可以用于基于 ASM 模型的方法计算系统中 MLKSS 总量（用基于 ASM 模型的方法计算系统中 MLSS 总量时，需要首先计算反应器有效 SRT）。

③ 选择每天的周期数 N_c，其中需要包括每个周期沉淀和排水的时间长度。由于处理水

流量已知，由此可以确定 F_c 和 ζ。

④ 估计一个 SVI 值，由式(2-6-115) 计算 $X_{M,Tr,max}$。

⑤ 用式(2-6-117) 计算反应器的最小容积。

⑥ 由系统 MLSS 数量和反应器容积就可以得到反应器的污泥浓度。

⑦ 用式(2-6-108) 计算有效 HRT。

⑧ 用式(2-6-109) 计算废弃污泥量。

四、其他 SBR 变种

基于经典的间歇式活性污泥法，依据各种不同的应用条件和污染物去除要求，演进派生出了众多的变种 SBR，代表性的工艺见表 2-6-1。

表 2-6-1 变种 SBR 工艺一览表

序号	工艺简称	工艺全称
1	ICEAS	intermittent cyclic extended aeration system
2	CASS	cyclic activated sludge system
3	UNITANK	—
4	MSBR	modified sequencing batch reactor
5	DAT-IAT	demand aeration tank-intermittent aeration tank
6	LUCAS	leuven university cyclic activated sludge
7	IDEA	intermittently decanted extended aeration
8	AICS	alternated internal cyclic system
9	UniFed SBR	—

(一) ICEAS

1. 工艺概述

ICEAS (intermittent cyclic extended aeration system) 工艺中文名称为间歇式延时曝气活性污泥法，是经典 SBR 工艺的一种变型工艺。

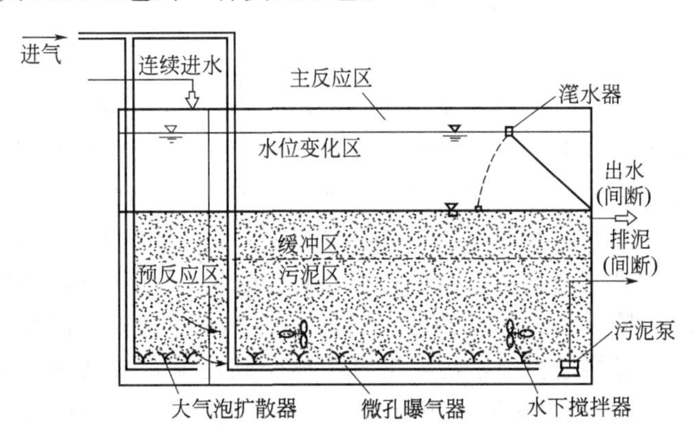

图 2-6-17 ICEAS 反应池构造示意

1968 年澳大利亚的新南威尔士大学与 ABJ 公司合作开发了 ICEAS 法。这种工艺的特点是在 SBR 反应器前增加一个生物选择器，ICEAS 是连续进水间歇排水工艺，不但在反应阶段进水，在沉淀和排水阶段也进水。生物选择器容积约占反应器池容的 10%～15%。一般采用两个矩形池为一组 SBR 反应器，每池分为预反应区和主反应区两部分。预反应区一般处于厌氧和缺氧状态，主反应区是曝气反应的主体，占反应器池容的85%～90%。废水通过渠道或管道连续进入预反应区，进水渠道或管道上不设阀门，可以减少操作的复杂程度。预反应区一般不分割，所以进水是连续不断地进入主反应区（图2-6-17）。ICEAS的排水也是由滗水器完成的。ICEAS的运行工序是由曝气、沉淀、排水组成（图2-6-18），运行周期比较短，一般为4～6h，两组池交替运行，进水曝气时间约为整个运行周期的一半，设备和容积利用率低。

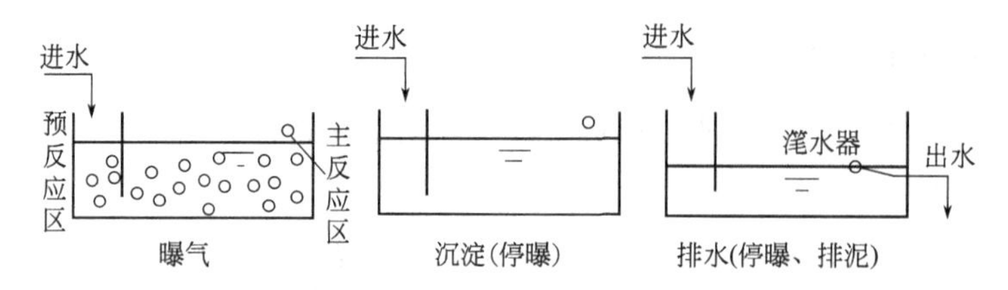

图2-6-18 ICEAS工艺示意

ICEAS工艺的优点是连续进水，可以减少运行操作的复杂性。ICEAS工艺和经典SBR工艺的对比，列于表2-6-2。

表2-6-2 经典SBR与ICEAS工艺的对比

经典SBR反应器优点	ICEAS反应器情况
理想沉淀，效果好	连续进水存在扰动，为平流沉淀
理想推流式反应器，反应推动力大	连续进水非理想推流状态
生态多样化，提高难降解废水处理效率	厌氧区时间较短，效果有限
抑制丝状菌膨胀	通过增加选择池控制污泥膨胀
可脱氮除磷	脱氮除磷有一定难度
不需二沉池和污泥回流	不需二沉池和污泥回流
间断进水，控制复杂。难用于大型污水厂	连续进水，控制简单，易用于大型污水厂

由表2-6-2可见，ICEAS工艺由于突出了连续进出水的优点，已经丧失了经典SBR工艺的主要优点，仅仅保留了经典SBR反应器结构特征上的优点。

2. 设计计算

（1）工况特点 图2-6-19描绘了ICEAS连续进水情况下污泥沉降和液面变化的规律。

在污泥沉降和排水过程中，仍同时不断进水，由于进水从预反应区以很低的流速从池底部进入主反应区，可以认为在沉淀和排水时段进水不与池液混合，只是从池底部将原池液顶托上升，其上升的高度在不同时间反映在图中的F、G、I点，由于池底部被顶托，池液面也要随之抬高，反映在图中的B、C、D点，D点是虚的，不存在的，因为排水已从C点开始，液位已不再上升而是下降，所以D点是指如果不排水将达到的高水位。

在底层液面顶托抬高的过程中，污泥沉降距离受到压缩，被顶托压缩的距离是H'_d，而H_d是它的实际沉降距离。如果进完水再沉淀，不存在池底液位顶托，污泥沉降距离理论上应该是$[H_d]$，从图2-6-19中看出：

$$[H_d]=H_d+H'_d \tag{2-6-118}$$

式中，$[H_d]$为在静态条件下污泥理论沉降距离，m；H_d为在同时进水条件下污泥实际沉降距离，m；H'_d为由于连续进水池液被顶托污泥沉降被压缩的距离，m。

图2-6-19中下面的H'_d是反应污泥沉降过程中池液实际被顶托的位置，图上部的H'_d则

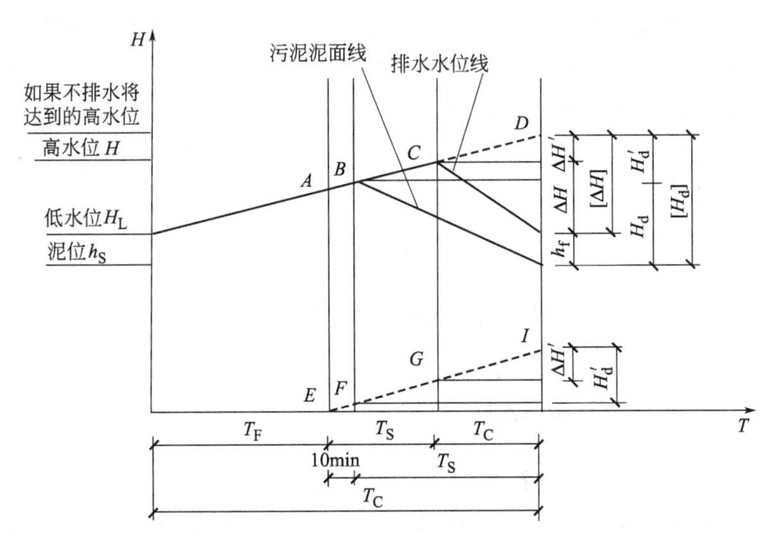

图 2-6-19　ICEAS反应池沉淀和排水过程示意

是假设进水完毕池液面达到 D 点后，再在静止情况下开始污泥沉降，污泥比同时进水条件下沉降的距离 H_d 要多沉降的距离。

在底部液面顶托抬高的过程中，排水深度也被压缩，被顶托压缩的排水深度是 $\Delta H'$，ΔH 是实际排水深度。如果进完水再排水，不存在池底液位顶托，排水深度从理论上讲应该是 $[\Delta H]$，从图 2-6-19 看出：

$$[\Delta H]=\Delta H+\Delta H' \tag{2-6-119}$$

式中，$[\Delta H]$ 为在静态条件下理论排水深度，m；ΔH 为实际排水深度，m；$\Delta H'$为由于连续进水在排水过程被顶托压缩的排水深度，m。

图中下面的 $\Delta H'$反映排水过程中池液被顶托的位置，图上部的 ΔH 是假设进水完毕池液面达到 D 点后，再在静态情况下开始排水，这时的排水深度 $[\Delta H]$ 是比同时进水条件下的实际排水深度 ΔH 多出的排水深度。

式(2-6-118) 和式(2-6-119) 中的 $[H_d]$ 和 $[\Delta H]$ 是静态条件下的理论值，与式(2-6-65) 中的 H_d 和式(2-6-71)、式(2-6-73) 中的 ΔH 有完全相同的含义。式(2-6-118)、式(2-6-119) 将动态条件下的计算变为静态条件下的计算，使计算大为简化。

(2) 主反应区池容积公式推导　参照经典 SBR 工艺池容积计算公式推导步骤进行。凡公式中涉及 H_d 和 ΔH 的地方，按照前述 ICEAS 反应池工况特点，均改为 $[H_d]$ 和 $[\Delta H]$：

$$[H_d]=T'_S V_S \tag{2-6-120}$$

$$[\Delta H]\leqslant[H_d]-h_f \tag{2-6-121}$$

$$[\Delta H]\leqslant\frac{650T'_S}{X_H \mathrm{SVI}}-h_f \tag{2-6-122}$$

$$[\Delta H]=\frac{24Q_h H}{NV} \tag{2-6-123}$$

ICEAS 工艺由于连续进水加上周期运行使水量的峰值得到均化，计算池容积时采用最大日最大时流量 Q_h 已不妥，按 $0.9Q_h$ 计算更接近实际，故将经典 SBR 工艺池容积公式(2-6-75) 中的 Q_h 改为 $0.9Q_h$，可得出 ICEAS 工艺主反应区容积计算：

$$V=\left(h_f+\sqrt{h_f^2+\frac{56160Q_h T'_S}{X_T\times\mathrm{SVI}\times N}}\right)\frac{X_T\times\mathrm{SVI}}{1300T'_S} \tag{2-6-124}$$

(3) 预反应区池容积 预反应区池容积一般按经验确定，不必具体计算。

(4) 总池容积为主反应区容积和预反应区容积之和。

(5) 实际排水深度 ΔH 和修正后的排水深度 ΔH_a。

从图 2-6-19，可以看出，$\Delta H'$是排水过程被顶托的排水深度，$[\Delta H]$ 则是一个周期废水应该上升的高度，因此：

$$\frac{\Delta H'}{\Delta H}=\frac{T_e}{T_C} \tag{2-6-125}$$

$$\Delta H'=\frac{T_e}{T_C}[\Delta H]=\frac{24Q_h H}{NV_T}\times\frac{T_e}{T_C} \tag{2-6-126}$$

$$\Delta H=[\Delta H]+\Delta H' \tag{2-6-127}$$

$$\Delta H=\frac{24\times 0.9Q_h H}{NV_T}\times\frac{T_C-T_e}{T_C}=\frac{21.6Q_h H}{NV_T}\times\frac{T_C-T_e}{T_C} \tag{2-6-128}$$

式(2-6-125)～式(2-6-128) 中符号的意义与上文同。

上式与式(2-6-73) 不同，得出的 ΔH 小于式(2-6-73) 得出的 ΔH，这是连续进水顶托压缩排水深度的结果。ΔH 还要进行一次修正：由于预反应区与主反应区连通，主反应区排水时液面降低，预反应区的液面随之降低，参与水位变化的是整个反应池面而不仅是主反应区，故上式中的 V 应为总池容积 V_T（主反应区容积和预反应区容积之和）。

$$\Delta H_a=\frac{21.6Q_h H}{NV_T}\times\frac{T_C-T_e}{T_C} \tag{2-6-129}$$

式中，ΔH_a 为修正后的排水深度，m。

(6) 其他参数计算 反应池最低水位 H_L 按下式计算。

$$H_L=H-\Delta H_a \tag{2-6-130}$$

式中，H_L 为最低水位，m；H 为设计最高水位，m；ΔH_a 为修正后的排水深度，m。

由总池容积 V_T 和池数 M 可得单池容积 V_i：

$$V_i=\frac{V_T}{M} \tag{2-6-131}$$

单池贮水容积 ΔV_i 可由下式计算：

$$\Delta V_i=F_i\times\Delta H_a \tag{2-6-132}$$

式中，F_i 为单池面积，m^2；ΔH_a 为修正后的排水深度，m。

(二) CASS

1. 工艺概述

CASS (cyclic activated sludge system) 工艺称为循环式活性污泥法也称为 CAST 工艺或 CASP 工艺。CASS 工艺是在 ICEAS 工艺基础上开发出来的，将生物选择器与 SBR 反应器有机结合。与 ICEAS 相比，CASS 池将主反应器的污泥回流到生物选择器中，而且在沉淀阶段不进水，使排水的稳定性得到保障。CASS 工艺预反应区较小，设计成更加优化合理的生物选择器，通常 CASS 反应器分为三个区（图 2-6-20）：生物选择区、缺氧区和好氧区

图 2-6-20 两池 CASS 工艺的组成

(即主反应区)，各区容积之比为1∶5∶30。

图2-6-21为CASS工艺的运行过程。

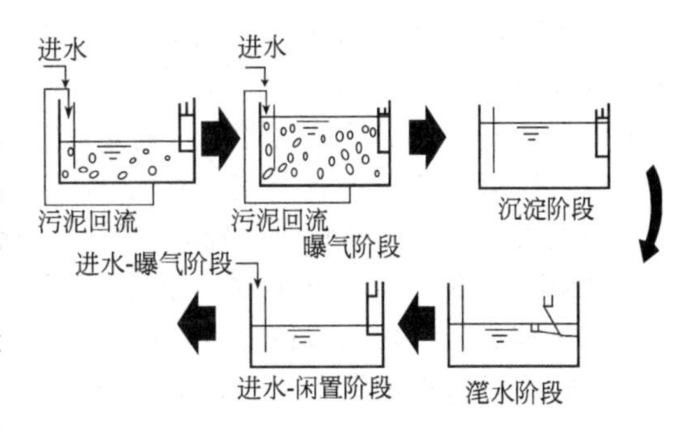

图2-6-21　CASS工艺的运行过程

CASS工艺的运行过程分为下面6个过程。

(1) 进水-曝气阶段开始　开始进水时池内为最低水位，进水的同时进行曝气和污泥回流。

(2) 曝气至曝气阶段结束　进水至池内最高水位，进水、曝气与污泥回流，曝气结束。

(3) 沉淀阶段开始　进水至池内最高水位后，停止进水、曝气和污泥回流，进入沉淀阶段。

(4) 沉淀阶段结束时滗水阶段开始　此时不进水、不曝气。滗水并排出处理水。

(5) 滗水阶段及排泥结束　此阶段滗水并排出处理水，不曝气、不进水。

(6) 进水-闲置（待机）阶段　滗水阶段结束时池内为最低水位，闲置（待机）阶段视具体情况而定。

CASS工艺增加了回流和缺氧区，回流需要有潜水泵，增加了投资和运行费用，使得SBR越来越像传统活性污泥法，与ICEAS工艺相比，CASS工艺增加了生物选择区和污泥回流系统；加大了缺氧区的体积。因此，加大了对溶解性底物的去除和对难降解有机物的水解作用；强化了氮磷的去除。可以认为CASS反应器解决了ICEAS工艺对于SBR优点部分的弱化问题，脱氮除磷效果比ICEAS更好。

2. 设计计算

CASS反应器的主要涉及参数有：最大设计水深可达5～6m，MLSS为3500～4000mg/L，充水比为30%左右，最大上清液滗除速率为30mm/min，沉淀时间60min，设计SVI为140mL/g，单循环时间（即1个运行周期）通常为4h（标准处理模块）。处理城市污水时，CASS工艺中生物选择器、缺氧区和主反应区的容积比一般为1∶5∶30。

主反应池的工况与经典SBR反应池工况基本相同，经典SBR工艺的计算方法步骤基本适用于CASS。

(三) UNITANK

UNITANK废水处理工艺是一体化活性污泥法工艺，是20世纪90年代初由比利时SEGHERS ENGINEERING WATER公司开发的一种专利工艺。它是传统SBR工艺的一种变型和发展，UNITANK最通用的形式是采用三个池子的标准系统，这三个池子通过共壁上的开孔水力连接，不需要泵来输送（图2-6-22）。

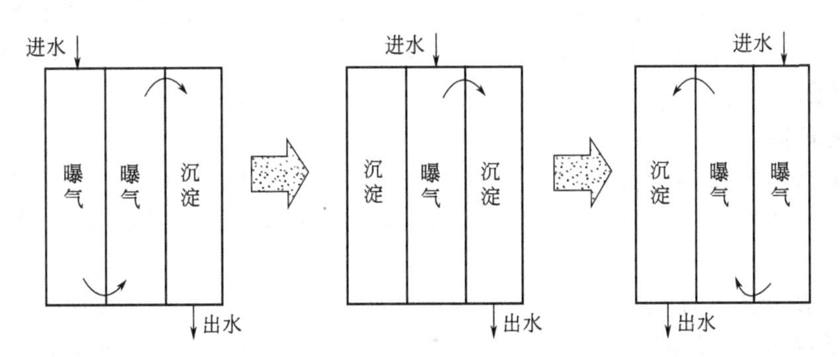

图2-6-22　UNITANK系统流程示意

UNITANK 系统每个池中都装有曝气系统（可以是表面曝气也可以是池底微气泡曝气），同时外面的两个池子装有溢流堰，用于排水。这两个池子既可以用作反应区也可以用作沉淀池，每个池子都可以进水，废弃污泥也从两个做沉淀池的池子排出。与传统活性污泥法一样，UNITANK 系统是连续运行的。但是 UNITANK 的单个池子按一定的周期运行，这个周期由两个主工序和两个较短的瞬时工序组成。

UNITANK 系统在恒定水位下连续运行，从 UNITANK 的单池看与 SBR 一致，具有 SBR 的一些特点。但从整体上看，已经不属于 SBR 了。UNITANK 系统由三个池组成，与交替运转的三沟式氧化沟非常相似，更接近传统活性污泥法。UNITANK 出水采用固定堰而非滗水器。UNITANK 在任意时刻，总有一个池子作为沉淀池，这个沉淀池相当于平流式沉淀池。所以在设计上需要满足这一平流式沉淀池的功能。

UNITANK 系统集合了 SBR 工艺、三沟式氧化沟和传统活性污泥法的特点。UNITANK 的池型构造简单，采用固定堰出水，排水简单，不需要污泥回流。

UNITANK 系统由于中沟和边沟的地位不一致，边沟总有一段时间兼作沉淀池，而中沟总是作为曝气池，造成边池污泥浓度远高于中池，这是 UNITANK 系统最根本的问题。

可以用图 2-6-22 来说明 UNITANK 系统的运行。UNITANK 系统按周期运行，每个运行周期包括两个主体阶段和两个过渡阶段，这两个阶段的运行过程是相互对称完全相同的，两个主体运行阶段通过过渡阶段进行衔接。第一个主体运行阶段包括以下过程：

（1）废水首先进入左侧池内，因该池在上一个主体运行阶段作为沉淀池运行时积累了大量经过再生、具有较高吸附性能的污泥，污泥浓度较高，因而可以高效降解废水中的有机物；

（2）混合液自左向右通过始终作曝气池使用的中间池，继续曝气，进一步降解有机物，同时在推流过程中，左侧池内活性污泥进入中间池，再进入右侧池，使污泥在各池内重新分配；

（3）混合液进入作为沉淀池的右侧池，处理后出水通过溢流堰排出，也可在此排放废弃污泥；

（4）第一个主体运行阶段结束后，通过一个短暂的过渡阶段完成曝气池到沉淀池的转变，在过渡阶段，废水进入中间池，右侧池仍处于沉淀出水状态，左侧池进入沉淀状态。过渡阶段后，进入第二个主体运行阶段。第二个主体运行阶段过程改为废水从右侧池进入系统，混合液通过中间池再进入作为沉淀池的左侧池，水流方向相反，操作过程与第一个主体阶段完全相同。

在废水需要脱氮处理时，在池内除了设有曝气设备外，还设有搅拌装置，可以根据监测器的指示停止曝气，改为搅拌，形成胶体的缺氧及好氧条件。在一个周期内，通过时间和空间的控制，形成好氧或缺氧的状态，或通过进水点的变化，可达到回流和脱氮的目的。UNITANK 系统的除磷能力差，当废水处理有除磷要求时应慎重考虑是否选用此工艺。

（四）MSBR

1. 工艺概述

MSBR 称为改良型序批式生物反应器。MSBR 连续进水，不需设置初沉池、二沉池，系统在恒水位下连续运行。采用单池多格方式，省去了多池工艺所需要的连接管道、泵和阀门等。

图 2-6-23 所示的处理城市污水有脱氮除磷功能 MSBR 工艺运行原理如下：废水进入厌氧池，回流活性污泥中的聚磷菌在此充分放磷，然后混合液进入缺氧池进行反硝化。反硝化后的废水进入好氧池，有机物被好氧降解、活性污泥充分吸磷后再进入起沉淀作用的 SBR

池，澄清后废水排放。此时另一边的 SBR 在 1.5Q 回流量的条件下进行反硝化、硝化，或进行静止预沉。回流污泥首先进入浓缩池进行浓缩，上清液直接进入好氧池，而浓缩污泥则进入缺氧池。在缺氧池可以发生硝化，消耗掉回流浓缩污泥中的溶解氧和硝酸盐，为随后进行的厌氧放磷提供更为有利的条件。在好氧池与缺氧池之间有 1.5Q 的回流量，以便进行充分的反硝化。

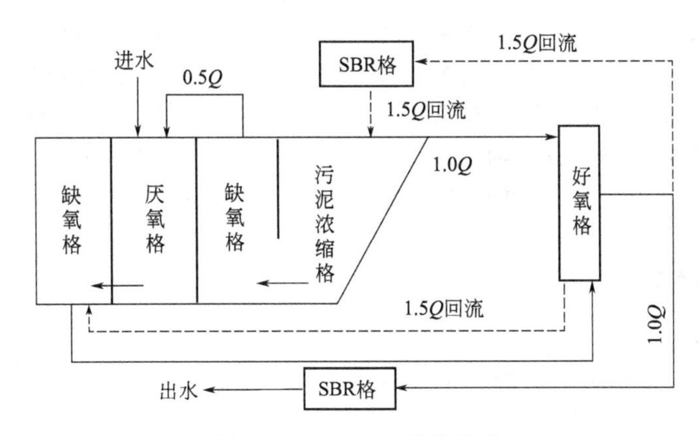

图 2-6-23　MSBR 系统原理

由其工作原理可以看出，MSBR 是同时进行生物脱氮除磷的废水处理工艺。在工程实践中，通常将整个 MSBR 设计成一个矩形池，并分为不同的单元，各单元起着不同的作用。典型的 MSBR 平面布置见图 2-6-24。

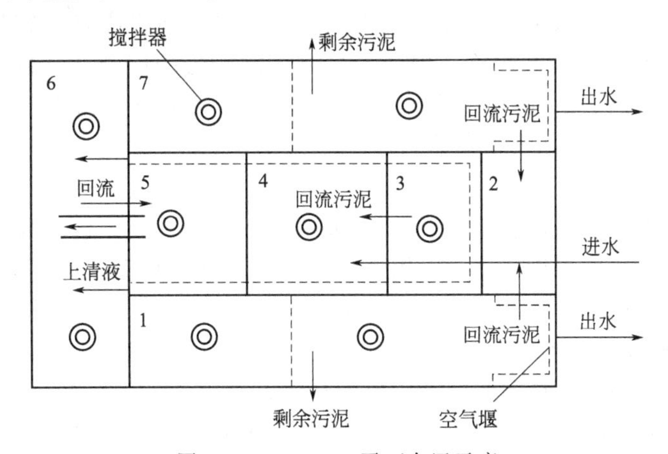

图 2-6-24　MSBR 平面布置示意

单元 1 和 7 的功能是相同的，均起着好氧氧化、缺氧反硝化、预沉淀和沉淀作用；单元 2 是污泥浓缩池，被浓缩的活性污泥进入单元 3，富含硝酸盐的上清液进入单元 6（也可进入单元 5）；单元 3 是缺氧池，除回流污泥中溶解氧在本单元中被消耗外，回流污泥中的硝酸盐也被微生物的自身氧化所消耗；单元 4 是厌氧池，原废水由本单元进入 MSBR 系统，回流的浓缩污泥在本单元中利用原废水中的快速降解有机物完成磷的释放；单元 5 是缺氧池，废水与由曝气单元 6 回流至此的混合液混合，完成生物脱氮过程；单元 6 是好氧池，其作用是氧化有机物并对废水进行充分硝化，聚磷菌在本单元中过量吸磷。

由此可以看出，MSBR 系统实质上是 A^2/O 工艺与 SBR 系统串联而成。

2. 设计计算

MSBR 具有生物脱氮除磷功能，其设计参数主要根据废水处理对脱氮除磷的要求来确定，主要进行生物除磷时，其设计泥龄应较短，而以生物脱氮为主时应采用较长的设计泥龄。MSBR 的设计泥龄一般控制在 7～20d。

MSBR 的平均设计混合液污泥浓度 MLSS 为 2200～3000mg/L，氮设计供氧量往往按能满足 MLSS 为 4000～5000mg/L 的需要进行计算。这样在设计 MLSS 较低（即 $F:M$ 值较高）的情况下系统都能满足要求，一般在 MLSS 较高（$F:M$ 值较低，而泥龄较长）时更容易达到要求的出水水质指标。水力停留时间与进水水质和处理要求有关，一般为 12～14h。MSBR 工艺的单池规模最大可达 $5\times10^4m^3/d$，超过此规模宜进行再分组。

MSBR 工艺池深可选择的范围较大，为 3.50～6.00m，对于缺氧池和厌氧池还可以加大池深达 8.00m 左右，以充分节约用地。

MSBR 工艺的混合液回流和活性污泥回流比为 $(1.3\sim1.5)Q$，浓缩污泥回流量为 $(0.3\sim0.5)Q$。

(五) DAT-IAT[10]

1. 工艺概述

DAT-IAT 工艺（demand aeration tank-intermittent aeration tank）是一种连续进水的 SBR 工艺。

DAT-IAT 工艺同时具有 SBR 工艺和传统活性污泥法的优点：它与经典 SBR 工艺一样是间歇曝气的，可以根据原水水质水量的变化调整运行周期，使之处于最佳工况，也可以根据脱氮除磷的要求。调整曝气时间，形成缺氧或厌氧环境；同时，它又像普通活性污泥法一样连续进水，避免了控制进水的麻烦，提高了反应池的容积利用率。对于曝气池和二沉池合建的废水处理构筑物，在保证沉淀分离效果的前提下尽可能提高曝气容积比，可以减小池容，降低基建投资。与其他工艺相比，DAT-IAT 工艺的曝气容积比是最高的，达到 66.7%，而 T 型氧化沟是 40%～50%，经典 SBR 反应池一般为 50%～60%，可以说，DAT-IAT 工艺是一种节省基建投资的工艺。

2. 设计计算

DAT-IAT 工艺目前尚没有统一的设计方法和设计标准，设计前，最好通过实验确定相应的参数。天津市市政工程设计研究院周雹（2005）提出如下反应池池容设计计算要点。

(1) 与同时连续进水的 ICEAS 工艺比较，DAT-IAT 工艺的最大特点是反应池等分为 DAT 和 IAT，它们互相连通，水位一同升降，但混合液浓度不同，IAT0.2～0.3m，作为对实际污泥沉降距离小于计算污泥沉降距离的补偿。

经过上述两点修正后，ICEAS 工艺的计算过程和有关公式都适用于 DAT-IAT 工艺。

(2) DAT 的污泥浓度决定于回流比，污泥回流比取 300%～400%为宜。

第二节 氧化沟法

一、原理和功能

(一) 氧化沟技术特征

1. 氧化沟技术的发展[11～13]

氧化沟是一种改良的活性污泥法，其曝气池呈封闭的沟渠形，污水和活性污泥混合液在其中循环流动，因此被称为“氧化沟”，又称“环行曝气池”。早在 1920 年，在英国谢菲尔德（Sheffield）首次建成氧化沟，采用桨板式曝气机，曝气效果不理想。该处理厂被认为是现代氧化沟的先驱。1925 年可森尔（Kessener）开始研制转刷曝气机，被称为“可森尔转刷”。巴司维尔（Pasveer）于 1954 年将可森尔转刷用在荷兰 Voorschoten 的氧化沟中。从此以后才有“氧化沟”这一专用术语。笼形转刷是可森尔转刷的改进型。受当时曝气设备的限制，上述曝气设备的氧化沟设计的有效水深一般在 1.5m 以下。随着氧化沟技术的应用，氧化沟占地面积大的缺点越来越突出。

为了弥补转刷式氧化沟的技术弱点，20 世纪 60 年代末在 DHV 有限公司供职的工程师将立式低速表曝机应用于氧化沟，将设备安装于中心隔墙的末端，利用表曝机产生的径流作动力，推动氧化沟中的液体。这一工艺被称为卡鲁塞尔（Carrousel）氧化沟，卡鲁塞尔氧化沟的沟深加大到 4.5m 以上。1968 年在荷兰 Oosterwolde 首次应用获得成功。

Huisman 于 1970 年在南非开发了使用转盘曝气机的 Orbal 氧化沟。但在此期间，生产中应用最多的还是转刷曝气氧化沟。在德国开发了大马氏（Mammoth 型）曝气转刷，直径为 1000mm，氧化沟允许水深 3～3.6m，充氧能力有较大提高。大马氏转刷首次使用在维也纳 Blumenthal 的氧化沟污水处理厂。

自巴司维尔设计第一座氧化沟至今，早期氧化沟是间歇运行，无二沉池；氧化沟直到 20 世纪 60 年代开始才单独建造二次沉淀池，并采用连续流运行方式。近年来，随着控制仪表的发展以及生物脱氮工艺的需要，转刷型氧化沟又发展成双沟和三沟交替式运行方式，可以不用单独设置二次沉淀池。

2. 采用的处理流程

典型的氧化沟处理流程和基本构成如图 2-6-25 所示。

3. 氧化沟的工艺特点[14]

(1) 结合了推流和完全混合两种流态　废水进入氧化沟后，在曝气设备的作用下快速、均匀地与沟中活性污泥混合液混合。混合后在封闭的沟渠中循环流动。如考虑水流在沟渠中的流速为 0.25～0.35m/s，氧化沟的总长为 90～600m，则完成一个循环所需时间为 5～20min。由于废水在氧化沟中的水力停留时间多为 10～24h，由此可以推算，废水在该水力停留时间内要完成 30～200 次循环。氧化沟在短时间内（如在一个循环中）呈现推流式，而在长时间内（如在多次循环中）则呈现完全混合特征，推流和完全混合两种流态的结合可减小短流，使进水被数十倍甚至数百倍的循环水所稀释，从而提高了氧化沟系统的缓冲能力。

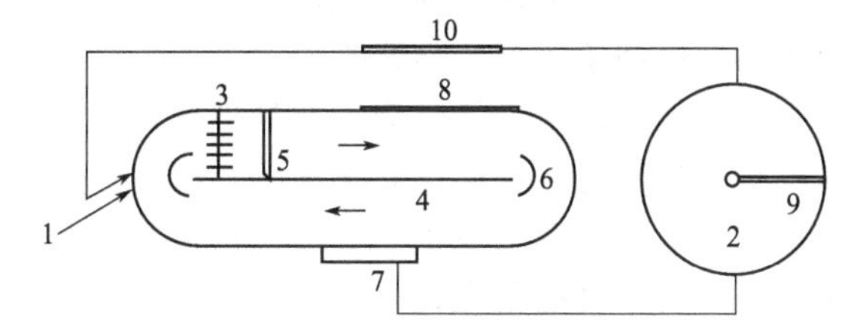

图 2-6-25　氧化沟构造和工艺流程
1—进水；2—沉淀池；3—转刷；4—中心墙；5—导流板；6—导流墙；7—出水堰；8—边壁；9—刮泥机；10—回流污泥

(2) 氧化沟内明显的溶解氧浓度梯度使之具有脱氮功能　氧化沟的曝气装置一般是定位布置的，因此在曝气装置下游混合液的溶解氧浓度较高，随着水流沿沟长的流动，溶解氧浓度逐步下降，在某些位置溶解氧的浓度甚至可降至零，出现明显的溶解氧浓度梯度。图 2-6-26 所示为普通氧化沟内脱氮功能示意图，图中表示出氧化沟出现缺氧区的位置。利用氧化沟中溶解氧的浓度变化以及存在好氧区和缺氧区的特性，氧化沟工艺可以在同一构筑物中实现硝化和反硝化，这样不仅可以利用硝酸盐中的氧，需氧量可节省 10%～25%，而且通过反硝化恢复了硝化过程消耗的部分碱度，有利于节约能源和减少化学药剂的用量。

(3) 氧化沟的整体体积功率密度较低　水流在氧化沟中循环仅需要克服沟的沿程损失和局部损失，而这两部分的水头损失通常很小。因此，氧化沟中的混合液一旦被推动即可使液体在沟内循环流动。一定的循环流速可以防止混合液中的悬浮固体沉淀，同时充入混合液中的溶解氧随水流流动也加强了氧的传递。此外，由于氧化沟中的曝气设备是集中布置在几处，所以，氧化沟可在比其他系统低得多的整体功率密度下保持液体流动、固体悬浮和充氧，降低了能量的消耗。当污泥固体在非曝气区逐步下沉到沟底部时，随着水流输送到曝气区，在曝气区高功率密度的作用下，又可被重新搅拌悬浮起来，这样的过程对于污泥吸附进水中的非溶解性物质很有益处。当氧化沟被设计为具有脱氮功能时，节能的效果是很明显的。据国外的一些研究报道，氧化沟比常规的活性污泥法能耗降低20%～30%。

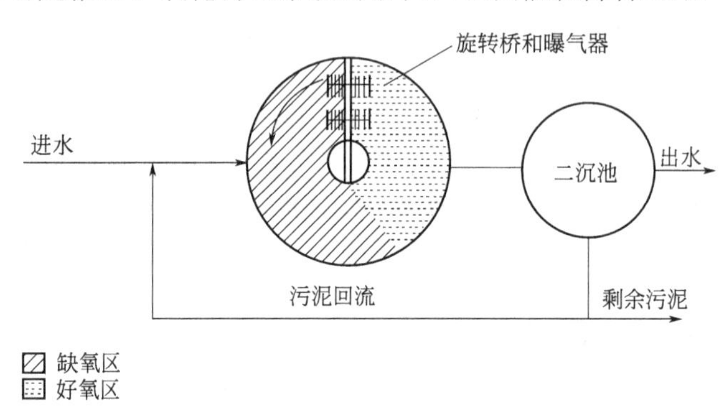

图 2-6-26 普通氧化沟脱氮功能示意

在传统的活性污泥法中，曝气的功率密度一般为20～30W·h/m^3，而氧化沟曝气区的功率密度通常可达100～210W·h/m^3，平均速度梯度$G>100s^{-1}$。这样高的功率密度可加速液面的更新，促进氧的传递，同时提高了混合液中泥水的混合程度，有利于充分切割絮凝的污泥，也利于污泥的再絮凝。

（4）流程简单 氧化沟工艺处理城市废水时可不设初沉池，悬浮状的有机物可在氧化沟内得到部分稳定，这比设立单独的初沉池再进行单独的污泥稳定要经济。由于氧化沟的泥龄较长，其废弃污泥量少于一般活性污泥法产生的污泥量，而且氧化沟排放的废弃污泥已在沟内得到一定程度的稳定，因此一般可不设污泥消化处理装置。但原废水应先经过粗细格栅及沉砂池的预处理，以防止无机沉渣在沟中的沉淀积累。

视具体的沟型而定，二沉池可与氧化沟分建也可与氧化沟合建。合建的氧化沟系统可省去单独的二沉池和污泥回流部分，使处理构筑物的布置更加紧凑。另外，氧化沟工艺也可与不同的工艺单元操作过程相结合，如氧化沟前增加厌氧池可增加和提高系统的除磷功能，也可将氧化沟作为AB法的B段，提高处理系统的整体负荷，改善和提高出水水质。氧化沟工艺的流程简单，运行操作的灵活性比较强。

（5）处理效果稳定，出水水质好 氧化沟工艺在有机物和悬浮物去除方面，有比传统活性污泥法更好且更稳定的效果。

（6）基建、运行费用低 美国EPA公布的数据表明，考察基建费用时，如仅去除BOD_5时，则氧化沟基建费用与传统生物处理工艺大致相当；当需考虑氨氮的硝化时，氧化沟处理厂所需基建费用基本不变，而活性污泥法处理厂的基建费用则要显著增加；当需考虑脱氮时，氧化沟基建费用明显低于传统生物处理工艺。

国内大量工程实践表明，在$10\times10^4m^3/d$规模以下，氧化沟的基建费用明显低于普通活性污泥法、A/O法及A^2/O法等工艺，对于规模为$5\times10^4\sim10\times10^4m^3/d$的污水厂，氧化沟的基建费用通常要低10%～15%，规模越小，采用氧化沟越有利，但当污水厂规模超过$10\times10^4m^3/d$时，氧化沟与其他工艺的投资越来越接近，当污水厂规模增大到$15\times10^4\sim20\times10^4m^3/d$以上时，氧化沟工艺的基建投资将超过传统工艺。另一方面，运行费用随污水厂规模的变化也有类似的规律。规模小的污水厂，氧化沟工艺低于其他传统工艺，规模大的污水厂，氧化沟工艺高于其他传统工艺。因此，氧化沟一般适用于中小型污水处理厂，在大型污水厂中应用一定要慎重，需要进行认真的分析比较，氧化沟工艺确实有利时才宜采用。

4. 氧化沟的技术特点

(1) 构造形式的多样性[12] 基本型式的氧气沟，其曝气池呈封闭的沟渠形（传统氧化沟)，而沟渠的形状和构造则多种多样。沟渠可以呈圆形和椭圆形等形状，可以是单沟或多沟，多沟系统可以是一组同心的互相连通的沟渠（如 Orbal 氧化沟)，也可以是互相平行、尺寸相同的一组沟渠（如三沟式氧化沟)，有与二次沉淀池分建的氧化沟，也有合建的氧化沟。合建氧化沟又有体内式船型沉淀池和体外式侧沟式沉淀池的氧化沟。多种多样的构造形式，赋予氧化沟灵活机动的运行方式，并且组合其他工艺单元，以满足不同的出水水质要求。

(2) 氧化沟曝气设备的多样性 常用的曝气装置有转刷、转盘、表面曝气和射流曝气等。不同的曝气装置导致了不同的氧化沟型式，如采用表曝机的卡鲁塞尔氧化沟，采用射流曝气氧化沟。从氧化沟技术发展的历史来看，氧化沟技术的发展与高效曝气设备的发展是密切相关的。氧化沟曝气设备的发展，在一定程度上反映了氧化沟工艺的发展。国内外的实践证明，新的曝气设备的开发和应用，就意味着一种新的氧化沟工艺的诞生。

目前，大多数氧化沟工艺与其拥有的专利和设备密切相关，并且与各厂商的注册商标相联系。如卡鲁塞尔、奥贝尔和三沟式氧化沟等，都有各自的一些特色。

(3) 曝气强度的可调节性 氧化沟的曝气强度可以调节，其一是通过出水溢流堰调节堰的高度改变沟渠内水深，进而改变曝气装置的淹没深度，改变氧量适应运行的需要。淹没深度的变化对于曝气设备的推动力也会产生影响，从而也可对水流流速起一定调节作用。其二是通过曝气器的转速进行调节，从而可以调整曝气强度和推动力。荷兰 DHV 公司新开发的双叶轮曝气机是上部为曝气叶轮，下部为水下推进叶轮，采用同一电机和减速机驱动。双叶轮曝气机的动力调节范围为 15%～100%。丹麦 Gruger 公司新开发的双速电机，可使转刷起到混合和曝气的双重功能。当转刷低速运转时，可仅仅保持池中污泥悬浮状态，处于反硝化阶段。

5. 氧化沟的水力特性分析[13]

氧化沟有别于其他生物处理系统的重要原因之一，就在于它具有独特的水力学特性。根据氧化沟内的水力混合条件，采取一些适当的辅助措施，保证沟内的良好混合状态，这在理论和工程实践上都具有十分重要的意义。氧化沟中的流动较为复杂，除受到卧式(立式）表面曝气转刷的推动外，还受到氧化沟沿程阻力及弯道局部阻力的作用。

(1) 沿程水头损失 氧化沟可使用明渠水力学来进行分析。对某个给定的氧化沟，通过的流量（Q）需要考虑循环量，同时控制断面的平均流速 $v>0.3$m/s，则氧化沟的沿程摩阻损失（h_f）即可确定。采用明渠均匀流计算公式：

$$h_f = iL \tag{2-6-133}$$

式中，i 为水力坡度；L 为沟长，m。

(2) 局部水头损失 氧化沟弯道的水力损失（h_b）可用局部阻力损失的表达式确定，即

$$h_b = f_e v^2/2g \tag{2-6-134}$$

式中，f_e 为弯道曲线的阻力系数；v 为沟的平均流速，m/s；g 为重力加速度，9.81m/s^2。

弯道曲线的阻力系数（f_e）是雷诺数、弯道半径与沟宽的比值、沟深与沟宽的比值以及弯道弧度的函数。在氧化沟中，弯道的水头损失占全部水头损失的 90%以上，而影响的关

键因素仍是沟的平均水平流速。对由多个导流板分隔弯道水头损失确定如下：

$$\frac{1}{h_b}=\frac{1}{h_{b1}}+\frac{1}{h_{b2}}+\cdots+\frac{1}{h_{bn}} \tag{2-6-135}$$

$$\frac{1}{f_e}=\frac{1}{f_{e1}}+\frac{1}{f_{e2}}+\cdots+\frac{1}{f_{en}} \tag{2-6-136}$$

式中，h_{b1}、$h_{b2}\cdots h_{bn}$为$n-1$个导流墙划分后的单个沟的水头损失，m；f_{e1}、$f_{e2}\cdots f_{en}$为弯道内由$n-1$个导流墙划分后每单个沟的阻力系数。

为了保证混合液在氧化沟内循环流动，氧化沟的曝气装置或其他水力推动装置必须克服沿程的和弯道的水头损失之和。即

$$h=\sum h_{fi}+\sum h_{bi} \tag{2-6-137}$$

（3）弯道水力坡降　在弯道中水流受到离心力作用，在弯道进口处，水面即开始形成横向水面坡度，最大横向水面坡度的断面，位于弯道中点稍偏上游处。横向水面高差称为横向水面超高，其近似计算公式为：

$$\Delta Z=\frac{\alpha_0 v^2}{gR_0}B \tag{2-6-138}$$

式中，ΔZ为横向水面超高，m；α_0为校正系数，一般取1.01～1.1；v为断面平均流速，m/s；B为水面宽度，m；R_0为弯道轴线曲率半径，m。

弯道横向水面除受离心力影响升高ΔZ外，还因弯道前的直段水流的惯性作用而顶撞凹壁，顶冲水流的部分动能转化为位能而使水面升高$\Delta Z'$，因此横向水面的总超高等于离心力超高与顶冲超高之和。在设计弯道边墙高度和超高值时需要考虑以上因素。

6. 氧化沟水力流动情况分析

（1）转刷所在直线段　在曝气转刷转动的带动下，氧化沟内的混合液被加速，增加了液体的动能。在直线段的流动中混合液流将势能转化为动能，在水位降低的过程中流速迅速增大。同时，在液流向前推进的过程中进行流速的均布，将上部的高速液流均布到中部和底部。但是在氧化沟深度较大的情况下，需要较长的直段来完成流速均布。所以在转刷后的一段直线段底部会成为污泥沉积的危险地带。

（2）没有转刷的直线段　在这一直线段中，液流仍然不断进行流速的均布。另外，由于前部水流刚经过弯道，紊动剧烈。水流在直段流动过程中逐渐趋于均匀稳定。同一横断面的水流在不同水深处流速逐渐趋于相同，外壁与内壁之间的流速梯度越来越小。一般受到氧化沟长度的限制，流速难以得到完全均衡，在不同水深依然存在着一定的流速梯度。同时，由于氧化沟沿程的能量损失，氧化沟内的水流速度不断降低。

（3）弯道水力情况　直线段的水流在弯道上发生冲撞后，大部分的表面高速液流在离心力、惯性力和弯道壁的导流作用下沿弯道外壁向底部扩散，形成弯道越靠外壁流速越大，内壁则呈停滞回旋状态（图2-6-27）。当表面流速较高而底部流速较低的混合液流进入180°弯道后，还会产生二次流，表现为外侧水流由水面流向内侧底部，内侧水流由底部流向外侧表面，在明渠横断面上形成了环流。断面环流与水流纵向运动综合的结果，形成了螺旋流（图2-6-28）。流动造成了弯道外侧显著冲刷和内侧污泥沉积，这时也有必要采用导流墙使水流平稳转弯，以维持一定的流速。

7. 导流板和导流墙的设置

为了保持氧化沟内具有污泥不沉积的流速，减少能量损失，需设置导流墙与导流板。一般在氧化沟转折处设置导流墙，使水流平稳转弯并维持一定流速。由于氧化沟中分隔内侧沟的弧度半径变化较快，其阻力系数也较高，为了平衡各分隔弯道间的流量，导流板可在弯道

内偏置。导流墙应设于偏向弯道的内侧，以使较多的水流向内汇集，避免弯道出口靠中心隔墙一侧流速过低，造成回水，引起污泥下沉。设置导流墙则有利于水流平稳转弯，减少回水产生。

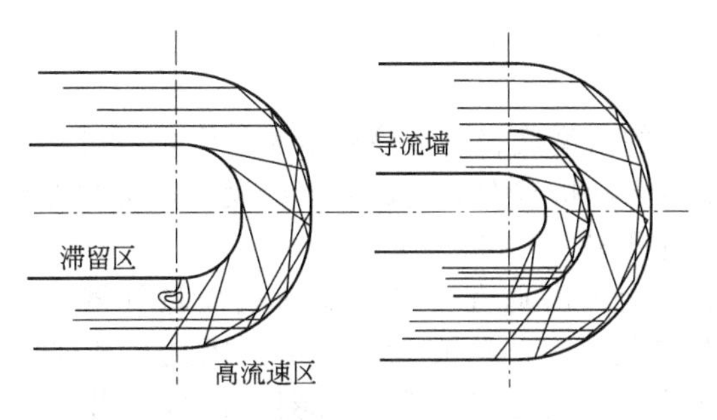

图 2-6-27 设导流墙前后弯道流线分析

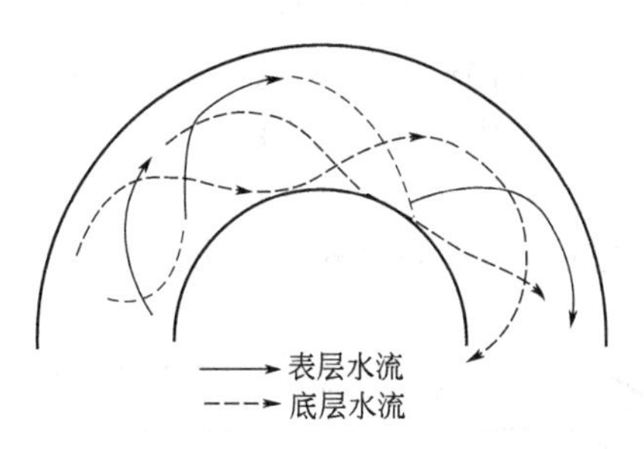

图 2-6-28 弯道表面、底层流线分析

另外，距转刷之后一定距离内，在水面以下设置导流板，使水流在横断面内分布均匀，增加水下流速。通常在曝气转刷上、下游设置导流板，目的是使表面较高流速转入池底，提高传氧速率。上游导流板高 0.6m，垂直安装于曝气转刷上游 2～5m 处。下游的导流板通常设置于曝气转刷下游 2～2.6m 处，与水平呈 60°角倾斜放置，顶部在水面下 150mm。其目的是使刚刚经过充氧，并受到曝气转刷推动的表面高速水流转向下部，改善溶解氧浓度和流速在垂直方向上的分布，促进中、上层水流和下层水流的垂直混合，从而降低沟内表面和底部的流速差。

（二）氧化沟的类型

1. 不同类型的氧化沟

如同活性污泥法一样，自从第一座氧化沟问世以来，演变出了许多变形工艺方法和设备。氧化沟根据其构造和运行特征，并根据不同的发明者和专利情况可分为以下几种有代表性的类型。

（1）卡鲁塞尔氧化沟见图 2-6-29。

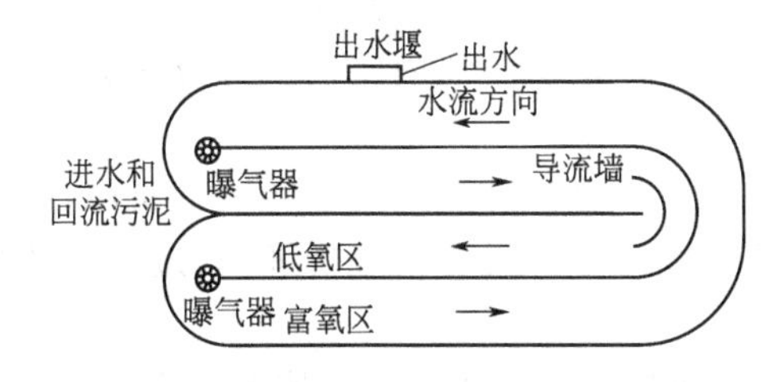

图 2-6-29 卡鲁塞尔氧化沟

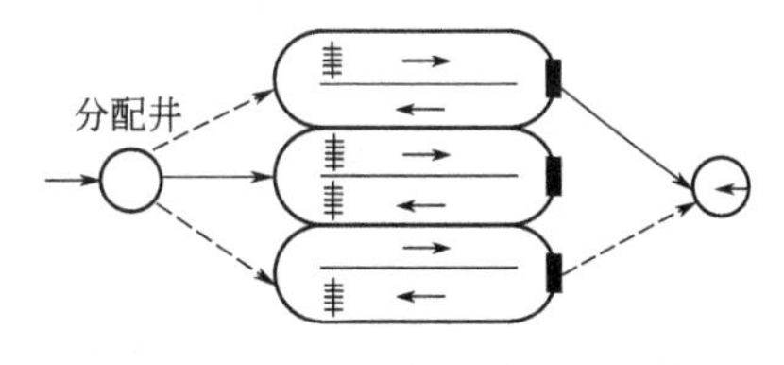

图 2-6-30 三沟式（T 型）交替式氧化沟

（2）交替工作式氧化沟见图 2-6-30。

（3）Orbal 氧化沟见图 2-6-31。

（4）其他类型氧化沟如一体化氧化沟、射流曝气（JAC）系统、U 形化沟和采用微孔曝气的逆流氧化沟等。

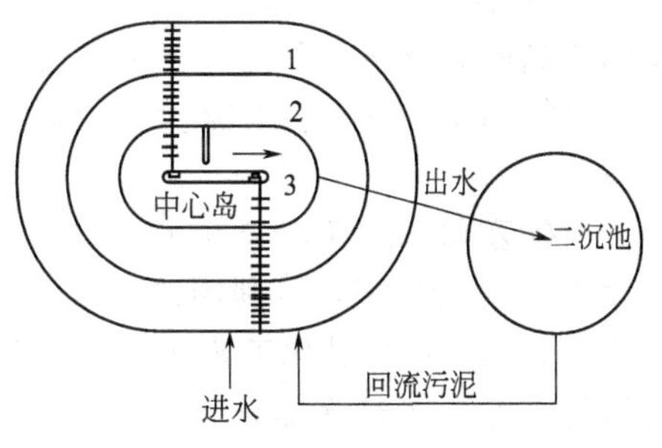

图 2-6-31 Orbal 氧化沟

2. 氧化沟的命名

本书对氧化沟进行分类，其命名规律如下。

（1）根据采用的曝气设备命名，如将采用立式表曝机曝气的氧化沟命名为表曝系统氧化沟，将采

用射流曝气的氧化沟命名为射流曝气氧化沟等。

(2) 根据运行和氧化沟的主要特点方式命名，例如将目前的双沟氧化沟和三沟式氧化沟命名为交替（工作）式氧化沟，将沉淀设备在氧化沟内的氧化沟命名为一体化氧化沟等。

(3) 在引进项目上直接采用原名，如奥贝尔氧化沟、卡鲁塞尔氧化沟等。

3. 采用立式表曝机的氧化沟

(1) 表曝系统氧化沟的应用　这一类型氧化沟的典型代表是卡鲁塞尔氧化沟，当时开发这一工艺的主要目的是寻求一种渠道更深、效率更高和机械性能更好的系统设备，来改善和弥补当时流行的转刷式氧化沟的技术弱点，其构造见图 2-6-32。

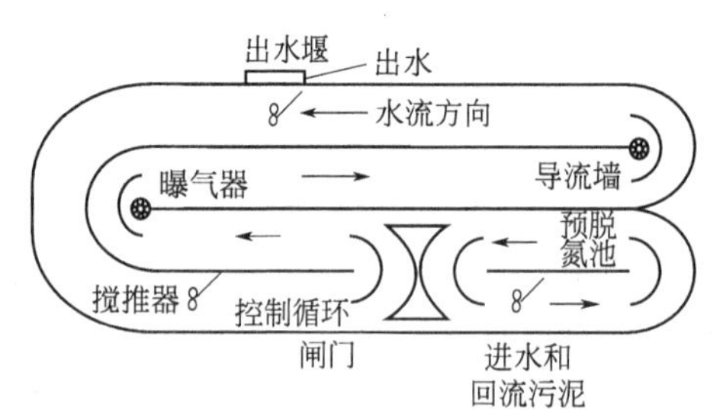

图 2-6-32　卡鲁塞尔 2000 型氧化沟工作原理

氧化沟采用垂直安装的低速表面曝气器，每组沟渠安装一个，均安设在一端，因此形成了靠近曝气器下游的富氧区和曝气器上游以及外环的缺氧区。这不仅有利于生物凝聚，还使活性污泥易于沉淀。BOD 去除率可达 95%～99%，脱氮效率约为 90%，除磷效率约为 50%。

(2) 工艺的特点　表曝系统氧化沟的技术特点如下：

① 立式曝气机单机功率大（可达 150kW），调节性能好，节能效果显著；

② 有极强的混合搅拌与耐冲击负荷能力；

③ 曝气功率密度大，平均传氧效率达到至少 2.1kg/(kW·h)；

④ 氧化沟沟深加大，达到 5.0m 以上，使氧化沟占地面积减小，土建费用降低。

(3) 卡鲁塞尔氧化沟的发展　为满足越来越严格的水质排放标准，卡鲁塞尔氧化沟已在原有的基础上开发出新的设计，实现了新的功能。这些新的卡鲁塞尔氧化沟在提高处理效率、降低运行能耗、改进活性污泥性能和生物脱磷脱氮等方面成为新沟型。以下将对这些演变和新工艺作一简介。

① 单级标准卡鲁塞尔工艺和变形。单级标准卡鲁塞尔工艺设计适用于 BOD 去除、氨氮去除以及延时曝气等场合。有缺氧段的卡鲁塞尔工艺，可在单一池内实现部分反硝化作用，适用于有反硝化要求但要求不高的场合。

卡鲁塞尔 AC 工艺是在标准型的氧化沟上游加设厌氧池，可提高活性污泥的沉降性能，有效抑制活性污泥膨胀，同时为生物脱磷提供了先进行磷的释放、后进行磷的过度吸收的场所。

以上两种工艺一般用于现有氧化沟的改造，与标准的卡鲁塞尔工艺相比变动不大，相当于传统活性污泥工艺的 A/O 和 A^2/O 工艺。

② 卡鲁塞尔 denitIR/卡鲁塞尔 2000 工艺。这是一种反硝化脱氮工艺。通过设在曝气机周围的侧向导流渠，可充分利用氧化沟原有的渠道流速，在不增加任何回流提升动力的情况下，将相当于 400% 进水流量以上的硝化液回流到前置缺氧池与原水混合并进行反硝化反应。

卡鲁塞尔 denitIR/卡鲁塞尔 2000 系统保留了反硝化过程的一切优点，包括可恢复硝化阶段约 50% 的碱度，可利用缺氧条件去除部分 BOD 从而节省曝气能耗，以及改进活性污泥性能等。与其他反硝化工艺相比，最突出的优点是可实现硝化液的高回流比，达到较高程度总氮的去除，同时无需任何回流提升动力。对于较大规模的污水厂来说，采用卡鲁塞尔 denitIR/卡鲁塞尔 2000 系统，节能的潜力是巨大的。在卡鲁塞尔 denitIR/卡鲁塞尔 2000 的基础上后来又增加了前置缺氧池，以达到脱氮脱磷的目的，被称为卡鲁塞尔 denitIRA^{2}C/卡鲁塞尔 2000 工艺。

③ 其他类型的卡鲁塞尔系统。四阶段卡鲁塞尔 Bardenpho 系统在卡鲁塞尔 DenitIR/卡鲁塞尔 2000 系统下游加了第二缺氧池及再曝气池，实现更高程度脱氮。五阶段卡鲁塞尔 Bardenpho 系统在卡鲁塞尔 DenitIRA^{2}C/卡鲁塞尔 2000 系统的下游增加了第二缺氧池及再曝气池，同样可达此目的。

随着对环境要求严格，去除污染物目标的增加，氧化沟工艺流程也变得越来越复杂。用于脱磷脱氮的卡鲁塞尔工艺有点过于复杂，增加了应用的局限性。

4. 交替工作式氧化沟

(1) 交替式氧化沟的发展 在 20 世纪 60 年代初，丹麦从荷兰引进了第一座氧化沟。其后在开发造价低、易于维护的交替式氧化沟处理污水技术方面，积累了大量的经验和运行数据。目前丹麦有三百多座氧化沟，占全国生化处理厂总数的 40%，而 Kurger 公司开发的 D 型氧化沟已占丹麦氧化沟总数的 80%。在丹麦最初使用的交替式氧化沟被命名为 A（单沟）型和 D（双沟）型，其后又发展了 VR 型氧化沟和 T 型（三沟式）氧化沟等技术。这一类的氧化沟主要为去除 BOD，如果要同时脱磷脱氮，对于单沟和双沟氧化沟就要在氧化沟前后分别增设厌氧池和沉淀池，即 AE 型或 DE 型氧化沟。对于三沟氧化沟脱磷脱氮可以在同一反应器内完成。

由于双沟式设备闲置率高（<50%），该公司从占领发展中国家市场考虑又开发了三沟式(T 型）氧化沟，从而将设备利用率提高到 58%，而后发展的动态顺序沉淀（DSS）氧化沟的设备利用率为 70%。表 2-6-3 是对丹麦 8 座污水厂的运行数据的监测结果。

表 2-6-3 丹麦 8 座污水厂运行数据的监测结果

污水厂	规模人口当量	BOD_5/(mg/L)	SS/(mg/L)	TN/(mg/L)	NH_3-N/(mg/L)
Mr,Broby	5000	10	15	6.9	1.6
Ringsgard	2000	5	9	7.3	1.1
Gelsted	2500	4	12	6.4	0.4
Ryslinge	3000	6	14	5.3	0.3
Kvarndrup	3000	13	34	6.0	0.6
Sdr,Nara	3000	7	8	7.3	1.0
Gislev	1000	10	8	7.8	4.7
Brylle	500	8	7	10.4	2.4

值得一提的是，这些简单的氧化沟系统没有单独设置反硝化区，但由于运行过程中设置了停曝期来进行反硝化，从而获得较高的氮去除率。生物脱氮（BioDenitro）氧化沟工艺原理见图 2-6-33，脱氮处理效果见表 2-6-4。

表 2-6-4 脱氮处理效果

污水厂名称	规模人口当量	进水/(mg/L)		出水/(mg/L)	
		BOD_5	TN	TN	NH_3-N
Bording	6000	138	31	—	0.6
Engesvang	5000	152	33	—	0.4
Fiskbak	4000	280	37	8.2	1.0

续表

污水厂名称	规模人口当量	进水/(mg/L)		出水/(mg/L)	
		BOD_5	TN	TN	NH_3-N
Karup	10000	154	23	7.6	0.4
Skala	4000	116	25	11.8	0.9
Odense NV	85000	238	40	7.6	1.4
Nr. Aby	13000	206	25	4.0	1.0
Vejby	2000	103	16	7.5	0.9
Søholt	105000	197	30	8.3	2.1
Fr. Sund	33000	300	36	3.5	0.5

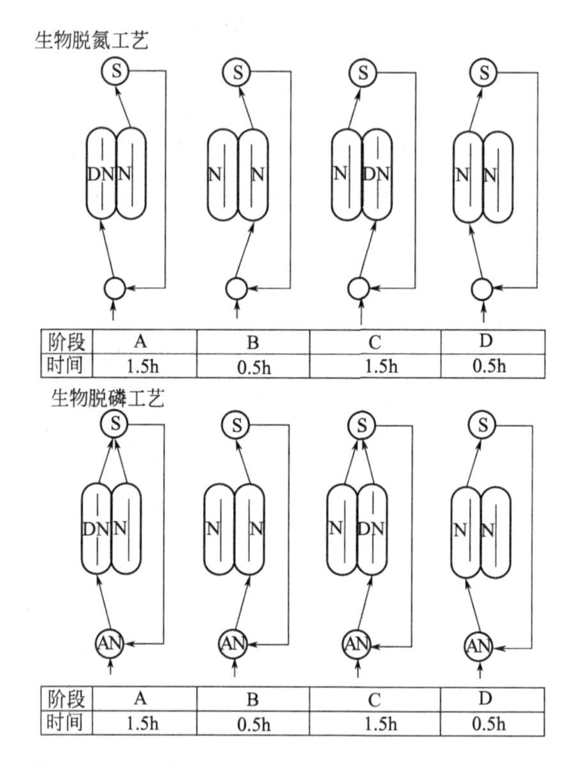

图 2-6-33 生物脱氮（BioDenitro）氧化沟工艺原理

（交替式氧化沟生物脱磷脱氮工作状态）

N—好氧状态；DN—脱氮处理；AN—厌氧预处理；S—沉淀；A、B、C、D—运行状态

（2）三沟式氧化沟 三沟式氧化沟是 Gruger 公司开发的生物脱氮的新工艺。此系统由三个相同的氧化沟组建在一起作为一个单元运行，三个氧化沟之间相互双双连通，两侧氧化沟可起曝气和沉淀双重作用。每个池都配有可供污水和环流（混合）的转刷，每池的进口均与经格栅和沉砂池处理的出水通过配水井相连接。进水的分配和出水调节堰完全靠自控装置控制。除了其交替式工作方式和结构特点外，正如前面多次强调过的，氧化沟的发展往往是与其曝气设备密切关联的。三沟式氧化沟有两种工作方式：一是去除 BOD，二是生物脱氮。三沟氧化沟的脱氮是通过新开发的双速电机来实现的，曝气转刷能起到混合器和曝气器的双重功能。当处于反硝化阶段时，转刷低速运转，仅仅保持池中污泥悬浮，而池内处于缺氧状态。好氧和缺氧阶段完全可由转刷转速的改变进行自动控制。传统去除 BOD 的运行方式见

图 2-6-34，生物脱氮运行方式也可参见表 2-6-5。

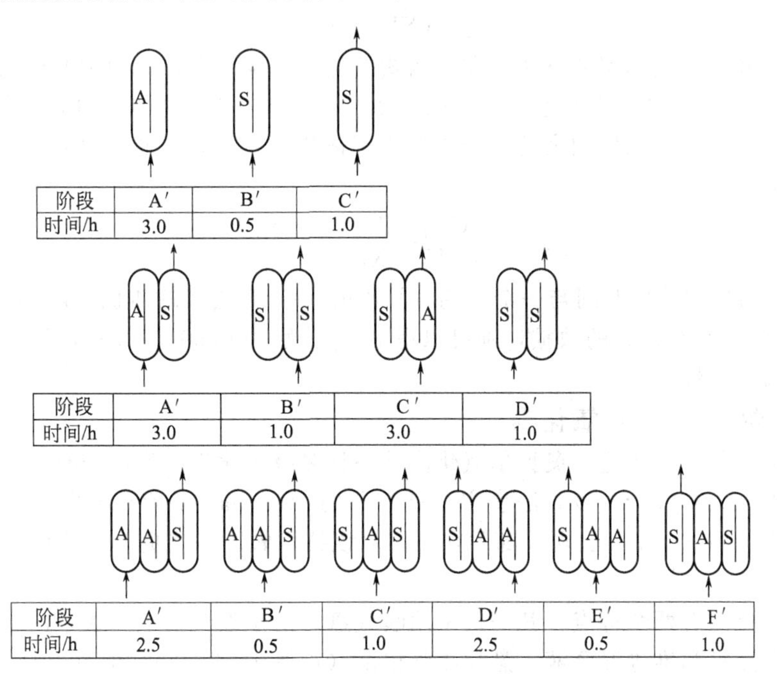

图 2-6-34 传统去除 BOD 的运行方式(单沟、双沟）和同时脱氮的三沟氧化沟运行周期

A—曝气；S—沉淀；A′、B′、C′、D′、E′、F′—运行状态

表 2-6-5 三沟式氧化沟生物脱氮运行方式

运行阶段	A			B			C			D			E			F		
沟别	Ⅰ沟	Ⅱ沟	Ⅲ沟	Ⅰ沟	Ⅱ沟	Ⅲ沟	Ⅰ沟	Ⅱ沟	Ⅲ沟	Ⅰ沟	Ⅱ沟	Ⅲ沟	Ⅰ沟	Ⅱ沟	Ⅲ沟	Ⅰ沟	Ⅱ沟	Ⅲ沟
各沟状态	反硝化	硝化	沉淀	硝化	硝化	沉淀	沉淀	硝化	沉淀	沉淀	硝化	反硝化	沉淀	硝化	硝化	沉淀	硝化	沉淀
延续时间/h	2.5			0.5			1			2.5			0.5			1		

(3) 三沟式氧化沟的设计 考虑到三沟式氧化沟有一条边沟总是作为沉淀池来使用，需要引进三沟式氧化沟参与工艺反应（硝化、反硝化）的有效性系数（f_a）。f_a 为一个周期内以参与反应时间为权的污泥浓度与以一个周期各个停留时间为权的污泥之比，并且假设三沟是等体积的，则

$$f_a=\frac{X_{s1}t_{s1}+X_m t_m+X_{s2}t_{s1}}{X_{s1}t_s+X_m t_m+X_{s2}t_s} \tag{2-6-139}$$

式中，X_{s1}、X_{s2}分别为边沟的平均 MLSS 浓度；X_m 为中沟的平均 MLSS 浓度；t_s 为边沟一个周期的时间；t_{s1} 为边沟一个周期内的工作时间；t_m 为中沟在半个周期内的工作时间。

假设污泥在氧化沟内分布均匀，则 f_a 如下所示：

$$f_a=\frac{Xt_{s1}+Xt_m+Xt_{s1}}{Xt}=\frac{2t_{s1}+t_m}{t} \tag{2-6-140}$$

式中，X 为系统内平均 MLSS 浓度；t 为三个沟在一个周期的总停留时间（包括沉淀）之和。

所以根据选择的运行周期确定有效性系数（f_a），由 f_a 计算氧化沟的总污泥量 $(VX)_T$

$$(VX)_T=[(XV)+(VX)_{dn}]/f_a \tag{2-6-141}$$

由选择的污泥浓度确定三沟式氧化沟的总容积

$$V_T=(XV)_T/(f_a X) \tag{2-6-142}$$

提高容积和设备利用率的方法是在三沟式氧化沟的设计中扩大中沟的比例，中沟的容积可占50%～70%或更多，单个边沟的容积占30%～50%。在边沟较小时，需要校核其沉淀功能可否满足。中沟可采用加大的池子或做成等体积的两个沟。这时式(2-6-139) 可采用下面的修正式：

$$f_a=\frac{X_{s1}V_{s1}f+X_m V_m+X_{s2}V_{s1}f}{X_{s1}V_s+X_m V_m+X_{s2}V_s} \tag{2-6-143}$$

式中，f 为边沟反应时间与一个周期时间比值；V_s 为边沟的体积；V_m 为中沟的体积。

如果采用50%和70%的数据，则可以得出 f_a 分别为0.69和0.80，从而使设备的利用率和污泥分布均匀性提高。

5. 奥贝尔（Orbal）氧化沟

(1) 奥贝尔氧化沟概述　奥贝尔氧化沟是一种多级氧化沟，沟中安有水平旋转装置的曝气转盘，用来充氧和混合。该方法事实上是南非的Huisman设计和开发的。后来该设计技术被转让给美国的Envirex公司。随后在美国对该技术做了一些更改，使该系统从经济上更有竞争力。

奥贝尔氧化沟有两个特点，其一是采用曝气盘。由于曝气盘上有大量的曝气孔和三角形凸出物，用以充氧和推进混合液，盘片尽管很薄（盘厚12.5mm），但具有良好的混合功能。在设计中可以采用较深的氧化沟（3.5～4.5m），同时可以借助配置在各槽中曝气盘数目的不同，变化输入每一槽的供氧量。其二是其反应器的型式为独特的同心圆型的多沟槽系统(图2-6-31)，因为几个串连的完全混合槽与单槽的动力学是不同的。奥贝尔系统中的每一圆形沟渠均表现出单个反应器的特性，例如，对氧的吸收率进水槽最高，最后一槽最低，槽与槽之间有相当大的变化。用这种方法，奥贝尔系统具有接近推流反应器的特性，可以达到快速去除有机物和氨氮的效果。

(2) 奥贝尔氧化沟的分区　尽管在奥贝尔氧化沟中进水很快地在单个反应器内通过扩散分布全池，但还不是真正的完全混合系统。实际上在氧化沟系统中流态呈现出推流式的环流。完全混合程度取决于氧化沟的设计。当环流数低时系统的特性将与推流反应器相似。对停留时间长的氧化沟，流体质点可在沟中循环500圈以上。而对一座沟槽展开较长的大型氧化沟来说，同样在0.3m/s流速下，循环则较少。

在康科迪亚（Concordia）的运转数据表明，大部分BOD和氨氮在氧化沟的第一槽(Work channel) 里被氧化，所有的反硝化反应都在此发生。除非整个系统明显过量曝气，即使在负荷条件变化的情况下，槽中溶解氧浓度几乎接近于零（<0.4mg/L）。第二槽(Swing channel) 中，溶解氧浓度呈波动状态。康科迪亚的数据表明，溶解氧浓度在0.2～2.8mg/L范围内变化，这种情况是因负荷变化的关系。在第一槽中，曝气盘数目是固定的，BOD和氨氮去除量也是一定的，所以过量的负荷可能进入下一槽。负荷的变化导致了工艺中氧化作用的位置转移到第二槽。第三槽（Polishing channel）进水的负荷是变化的，在最后一槽中的平均溶解氧浓度为4.0mg/L，从未低于2.3mg/L。这说明有大量的溶解氧可带入二沉池，从而可防止氨氮和溶解性BOD进入出水中。

奥贝尔氧化沟溶解氧的浓度是分级的，当第一槽的溶解氧浓度上升到0.5mg/L时，应稍稍降低整个系统的充氧率；而当第三槽的溶解氧浓度低于1.5mg/L时，应略微提高整个系统的充氧率。对于奥贝尔氧化沟可以简单地通过增减曝气盘的数量来达到调节溶解氧的目的。

(3) 奥贝尔氧化沟的脱氮　在第一槽由于需提供足够的氧量与高的驱动力，所以是重点考虑的对象。在奥贝尔系统的第一槽中，混合液进入转盘曝气器时，溶解氧为零，而经曝气器出来的混合液中的溶解氧还是接近于零。这是因为混合液氧的吸收率高于供氧速率，供给的大部分溶解氧立即被消耗掉。在奥贝尔氧化沟的最后槽中，溶解氧浓度最高，但能量消耗并不显著，因为在这里氧的吸收率极低，所以仍可有十分高的溶解氧浓度。

奥贝尔系统的分区性对于达到高效硝化/反硝化是理想的。曝气盘运转的浸没深度通常可在22.8～53.3cm范围内变动。浸没深度在允许范围内昼夜变动。采用淹没式孔口和出水堰调节控制浸没深度。

尽管奥贝尔系统的充氧效率高，输入的氧量多，但在第一槽中，由于发生高度的生物氧化作用，导致溶解氧耗尽。在溶解氧耗尽的区域有硝化作用出现。因存在易利用的碳源，当由转盘输入的氧量减少时，在第一槽中硝酸盐将被反硝化。在缺氧区中，硝化率可超过90%。白天出现氨氮高峰时，因为在其他槽中氧的吸收率低，氨氮达到完全的硝化，可以保持高效的硝化作用。

(4) 奥贝尔氧化沟的特点　奥贝尔氧化沟的主要特点是：①圆形或椭圆形的平面形状，渠道较长的氧化沟更能利用水流惯性，可节省推动水流的能耗；②多渠串联的型式可减少水流短路现象；③用曝气转盘，氧利用率高，水深可达3.5～4.5m，沟底流速为0.3～0.9m/s。

(5) 奥贝尔氧化沟的设计　奥贝尔典型设计参数是：MLSS＝3000～6000mg/L，沟深为2.0～3.6m，为简化曝气设备，各沟沟深不超过沟宽。直线段尽可能短为宜，使沟宽处于最佳。弯曲部分占总体积的80%～90%，甚至相等，有做成圆形的氧化沟。在三条沟的系统分配比例见表2-6-6。

表2-6-6　三沟系统

体积分配	50∶33∶17，一般第一沟占50%～70%
溶解氧的控制比例	(0～0.5)∶(1.0～1.5)∶(1.5～3.0)
充氧量的分配	65∶25∶10

曝气量与转速、浸没深度和转动方向有关。每个曝气盘的曝气能力是一定的，曝气盘的间距至少250mm。确定了沟宽与每条沟的需氧量之后，就可以计算每台转盘的盘数，从而可以确定每条沟需要的台数。电机的型号和规格可由每台安装的盘数和盘转动效率计算。从混合角度讲1.0kW能混合250～500m^3的混合液，并使固体保持悬浮。

6. 一体化氧化沟

(1) 一体化氧化沟的概念　一体化氧化沟又称为合建式氧化沟，是指集曝气、沉淀、泥水分离和污泥回流功能为一体，无需建造单独二沉池的氧化沟。最早的氧化沟也是一体化氧化沟，因为它是间歇运行，曝气和沉淀是利用一沟完成的。而近年来由丹麦引进的三沟（T型及DSS型）氧化沟属于序批式（SBR）操作方式，也属于此范畴。但这里所指的是在氧化沟设有专门的固液分离装置和措施的氧化沟。这种工艺除一般氧化沟所具有的优点外，还有以下独特的优点：

①工艺流程短，构筑物和设备少，不设初次沉淀池、调节池和单独的二次沉淀池；

②污泥自动回流，投资少、能耗低、占地少、管理简便；

③造价低，建造快，设备事故率低，运行管理工作量少；

④固液分离效果比一般二次沉淀池高，使系统在较大的流量浓度范围内稳定运行。

一体化氧化沟技术开发至今迅速得到发展，并在实际生产中得到应用。较有代表性的是联合工业公司（Uited Industries Inc.）的船式沉淀器（BOAT），EIMCO环境企业公司的BMTS系统，EIMCO公司的Carrousel渠内分离器，Lakeside设备公司的边墙分离器以及Lightin公司的导管式曝气内渠和边渠沉淀分离器，此外还有Envirex公司的竖直式氧化沟。

（2）固液分离器的原理　从本质上讲，外置式固液分离器是利用平流沉淀池的分离原理，而内置式则是利用竖流沉淀池和斜板沉淀池的工作原理，因此，如何在氧化沟内创造适合的水力条件是实现氧化沟内良好固液分离的前提。设计良好的分离器结构要有利于消除剧烈的紊动，保持较平稳的层流状态，有利于固液分离的良好效果。

以船形分离器的分离原理为例，其底部采用一系列均匀排列的倒V形板，保证了混合液的均匀进入和沉淀污泥的迅速回流。其底部开孔很多，水流上升速度缓慢，对污泥缓冲层及污泥回流影响较小。流态处于层流状态，这有利于大颗粒絮体的形成；形成的污泥颗粒絮体在不断上升的水流带动下穿过底部的开孔，在船形分离器的上方形成污泥悬浮层，不断上涌的混合液中污泥颗粒将被吸附，从而出水水质进一步提高。只有在污泥沉速大于混合液上升流速时，才能起到分离的作用。

① 内置式固液分离器。固液分离器是一体化氧化沟的关键技术设备。最为典型的是在氧化沟内设置沉淀装置的船式分离器和BMTS沟内分离器。这两种分离器横跨在整个沟断面上，氧化沟的混合液从其底部流过时，混合液向上流过分离器，当上升速度小于混合液上升速度时，进行固液分离，污泥自动回流到反应器中。固液分离器内相对静止的水流和氧化沟内流动水流间产生的压力差所形成的抽吸作用，是回流作用的主要推动力。但是这种分离装置受沟内流动条件的影响较大。

② 外置或分离式分离装置。如中心岛及侧沟内式固液分离器。这种沉淀装置沟断面和沟内的正常流动不受分离装置的影响，水力条件较好。

二、设备和装置

（一）氧化沟的构造

氧化沟由沟体、曝气设备、进水分配井、出水溢流堰和自动控制设备等部分组成。

（1）氧化沟池体　氧化沟的工艺流程有多种形式。但主要有两种布置方式，即单沟式和多沟式。氧化沟一般呈环状沟渠形，也可以是长方形和圆形的，还有椭圆形、马蹄形、同心圆形、平行多渠道形和以侧渠作二沉池的合建形等。其四周池壁可以钢筋混凝土建造，也可以按土质挖成斜坡浇以10cm厚的素混凝土或三合土砌成，后者可使基建费用更为节省。氧化沟的断面形式有梯形、单侧梯形（其边坡通常采用1∶1）和矩形等。氧化沟的单廊道宽度一般为水深的2倍，水深范围为2～8m，取决于所采用的曝气设备。

（2）曝气设备　曝气设备是氧化沟的主要设备。其主要功能有六个，即供氧、推动水流作水平方向不停地循环流动，防止活性污泥沉淀，使有机物、微生物和氧三者充分混合接触。

（3）进出水装置　进出水装置包括进水口、回流污泥口和出水溢流堰等。氧化沟的进水和回流污泥进入点应该在曝气器的上游，使它们与沟内混合液能立即混合。氧化沟的出水应该在曝气器的上游，并且离进水点和回流活性污泥点足够远，以避免短流。从沉淀池引出的回流污泥管可通至厌氧选择池或缺氧区，并根据运行情况调整回流污泥量。

当有两个以上的氧化沟平行工作时，氧化沟还应设进水分配井以保证均匀配水。氧化沟还需设出水溢流堰以及自动控制设备等。出水溢流堰通常制成升降式的，通过调节堰门高度来调节氧化沟内的水深，从而改变曝气机淹没深度，调解其充氧量并使之适应不同条件下的运行要求。为避免跑泥，出水溢流堰上的水深不宜大于 50mm。

(4) 导流和混合装置　在有些形式的氧化沟内还设置导流板和导流墙。在弯道设置导流墙可以减少水头损失，防止弯道停滞区的产生和防止对弯道过度冲刷。通常在曝气转刷上下游设置导流板，保证氧化沟内良好的水流条件，得到最好的水力速度分布。导流板使表面的较高流速转入池底，降低混合液表面流速，提高传氧速率。同时为了保持沟内的流速，可以设置水下推进器。

(5) 自动控制设备　自动控制设备一般有溶解氧控制系统、进水分配井、闸门和出水溢流堰的控制等。

为经济有效地运行，在氧化沟内的特定位置（如好氧区和缺氧区）应分别设置溶解氧探头，在好氧区内（BOD 去除和硝化）维持大于 2mg/L 的溶解氧，在缺氧区（反硝化）内维持小于 0.5mg/L 的溶解氧。根据各沟段的 DO 浓度来控制曝气装置的启停，以便在满足运行要求的前提下最大限度地节约动力消耗。

当采用交替工作的氧化沟时，配水井内应设自动控制阀门，按设计好的程序自动启闭各个进水孔。进水分配井中的闸门与出水溢流堰一样可以根据控制系统的程序设置自动地启闭，以变换氧化沟内的水流方向。

(二) 氧化沟的设备

1. 水平轴曝气转刷或转盘

(1) 曝气设备的功能　水平轴曝气机包括曝气转刷和曝气转盘，是应用最广的一类氧化沟充氧设备，它充氧效率高、结构简单、安装维修方便。整个系统由电机、调速装置和主轴等组成，主轴上装有放射状的叶片或由两个半圆组成的盘片。采用曝气转刷时，曝气沟渠水深 2.5～3.5m。采用转盘时，曝气沟渠水深可达 3.5m 以上。氧化沟曝气设备的主要功能包括：①供氧；②推动水流作不停地循环流动；③防止活性污泥沉淀；④使有机物、微生物及氧三者充分混合、接触。

(2) 曝气转刷　曝气转刷主要有可森尔转刷、笼型转刷和 Manmmoth 转刷三种，其他产品均是这三种的派生型。可森尔转刷的水平轴上装有许多放射性的钢片，动力效率可达 2.0kgO_2/(kW·h)。笼形转刷沿中心轴周围装有径向分布的 T 型钢或角钢，动力效率可达 2.5kgO_2/(kW·h)。采用上述两种转刷氧化沟设计水深一般在 1.5m 以下。

(3) 转刷的布置和混合效果的校核　Mammoth 转刷是为增加单位长度的推动力和充氧能力而开发的。叶片通过彼此连接直接紧箍在水平轴上，沿圆周均布成一组，每组叶片之间有间隔，叶片沿轴长呈螺旋状分布。转刷直径主要有 0.7m 和 1.0m 两种，转速为 70～80r/min，浸没深度为 0.3m，目前最大有效长度可达 9.0m，充氧能力可达 8.0kgO_2/(m·h)，动力效率在 1.5～2.5kgO_2/(kW·h)。氧化沟水深为 3.5m。表 2-6-7 是国内外一些生产厂家曝气转刷的参数，可供设计参考。

表 2-6-7　曝气转刷技术参数转刷直径

<table>
<tr><th>转刷直径/mm</th><th colspan="2">规格</th><th>有效长度/mm</th><th>转速/(r/min)</th><th>电机功率/kW</th><th>叶片浸深/mm</th><th>动力效率/[kgO2/(kW·h)]</th><th>充氧能力/(kgO2/h)</th></tr>
<tr><td>700</td><td colspan="2"></td><td>1500</td><td>70</td><td>5.5</td><td>15～25</td><td>1.8</td><td>6</td></tr>
<tr><td>700</td><td colspan="2"></td><td>2500</td><td>70</td><td></td><td>15～25</td><td>1.8</td><td>10</td></tr>
<tr><td rowspan="3">700</td><td rowspan="2">双速</td><td>高速</td><td rowspan="3">3000</td><td>83～85</td><td rowspan="2">7.5</td><td rowspan="3">150～200</td><td>1.8</td><td>12</td></tr>
<tr><td>低速</td><td></td><td>1.8</td><td></td></tr>
<tr><td colspan="2">单速</td><td>83～85</td><td>7.5</td><td>1.8</td><td>12</td></tr>
</table>

续表

转刷直径/mm	规格		有效长度/mm	转速/(r/min)	电机功率/kW	叶片浸深/mm	动力效率/[kgO_2/(kW·h)]	充氧能力/(kgO_2/h)
700	双速	高速	4500	83～85	11	150～200	1.8	17.5
		低速					1.8	
	单速			83～85	11		1.8	17.5
700	双速	高速	6000	83～85	15	150～200	1.8	23
		低速					1.8	
	单速			83～85	15		1.8	23
1000	双速	高速	3000	72～74	13/16	200～300	1.8	24
		低速		48～50			1.8	10
	单速			72～74	15		1.8	24
1000	双速	高速	4500	72～74	18.5/22	200～300	1.8	35
		低速		48～50			1.8	15
	单速			72～74	22		1.8	35
1000	双速	高速	6000	72～74	22/28	200～300	1.8	46
		低速		48～50			1.8	21
	单速			72～74	30		1.8	46
1000	双速	高速	7500	72～74	26/32	200～300	1.8	56
		低速		48～50			1.8	28
	单速			72～74	37.5		1.8	56
1000	双速	高速	9000	72～74	30/45	200～300	1.8	74
		低速		48～50			1.8	35
	单速			72～74	45		1.8	74

为提高转刷的充氧能力，转刷的上下游应根据具体情况设置导流板，如不设挡水板或压水板，转刷之间的距离宜为 40～50m。对于反硝化混合，通常用设置数台可调转速的转刷来完成。此时应校核低速转动时能否满足混合的功率要求，一般混合液功率输入应大于 10W/m^3。如果不满足，可以设置一定数量的水下搅拌器来加强混合。

(4) 曝气转盘　曝气转盘上有大量的曝气孔和三角形凸出物，用以充氧和推进混合液。盘片尽管很薄（盘厚 12.5mm），但具备良好的混合功能。两个盘片之间间距至少为 25mm，直径约 1400mm，厚 12.5mm，曝气孔直径 12.5mm。为了使盘片便于从轴上卸脱或重新组装，盘片由两个半圆断面构成。转盘的标准转速为 45～60r/min。如同转刷一样，转盘具有良好的氧传输效率，在标准条件下，可以达到 1.86～2.10kg/(kW·h)。曝气转盘的一个优点是可以借助配置在各槽中曝气盘数目的不同，变化输入每个槽的供氧量。

(5) 曝气转盘的参数　表 2-6-8 是美国 Envirex 公司和国内厂家生产的单个曝气转盘的

表 2-6-8　美国 Envirex 公司和国内厂家生产的单个曝气转盘的充氧特性

Envirex 公司数据						
转速/(r/min)	下　转①			上　转②		
	kgO_2/(盘·h)	制动/(kW/盘)	kgO_2/(kW·h)	kgO_2/(盘·h)	制动/(kW/盘)	kgO_2/(kW·h)
43	0.753	0.353	2.13	0.567	0.265	2.14

续表

Envirex公司数据						
转速/(r/min)	下转①			上转②		
	kgO_2/(盘·h)	制动/(kW/盘)	kgO_2/(kW·h)	kgO_2/(盘·h)	制动/(kW/盘)	kgO_2/(kW·h)
46	0.848	0.412	2.06	0.635	0.301	2.11
49	0.943	0.478	1.97	0.703	0.345	2.02
52	1.04	0.544	1.91	0.771	0.382	2.02
55	1.13	0.610	1.85	0.839	0.426	1.97

国内公司技术参数			
浸没深度/mm	轴功率/(kW/盘)	输入功率/(kW/盘)	配用功率/(kW·h/盘)
350	0.365	0.507	0.530
400	0.414	0.575	0.590
460	0.467	0.648	0.678
500	0.500	0.694	0.733
530	0.518	0.719	0.763

① 指旋转过程中三角块的面先与水接触，因而充氧能力最大。

② 指旋转过程中三角块的角先与水接触，因而动力效率最大。

充氧特性，表2-6-9是国外生产厂家曝气转盘参数，可供设计参考。

表2-6-9 国外公司氧化沟转盘技术参数

水平轴跨度/m	转盘数	充氧能力/(kg/h)		轴功率/(kW/盘)
		浸没深度400～530mm	浸没深度500mm	
3.0	12	12.6～19.56	18.96	7.5
4.0	17	17.85～27.71	26.86	11
5.0	21	22.05～34.23	33.18	15
6.0	25	26.65～40.75	39.50	18.5
7.0	33	34.65～53.79	52.14	22

曝气转盘技术性能见表2-6-10。

表2-6-10 曝气转盘技术性能

项目	参数	项目	参数
曝气转盘直径	1400mm	适用工作水深	≤5.2m
适用转速	50～55r/min,经济转速50r/min	水平轴跨度	单轴≤9m,双轴9～14m之间
适用浸没深度	400～530mm,经济浸没深度500mm		
单盘标准清水充氧能力	0.82～1.63kg/(h·盘)	曝气盘安装密度	<5盘/m
充氧效率(动力效率)	2.54～3.16kg/(kW·h)(以轴功率计)	设计功率密度	10～12.5W/m^3

2. 立式低速表曝机

立式低速表面曝气叶轮与活性污泥法中表曝机的原理是一样的。一般每条沟安装一台，置于池的一端。它的充氧能力随叶轮直径变化较大，动力效率一般为1.8～2.3kgO_2/(kW·h)。其主要特点是具有较大的提升能力，因此可增加氧化沟水深4～5m，减少占地面积。

采用立式表曝机的氧化沟存在两种混合状态，一个是与曝气或混合装置有关的高能区；

另一个是沿沟流动的低能区。高能区的平均速度梯度（G）一般超过 $100s^{-1}$，经验表明，高 G 值区有利于传氧效率。低能区的平均速度梯度一般低于 $30s^{-1}$，低的 G 值适于混合液的生物絮凝。与传统的氧化沟不同，表曝系统氧化沟采用立式低速表曝机作为主要设备。尽管分散到整个曝气池后的动力密度比较低，但表曝机实际上是在局部区域内工作，其局部动力密度非常高（约为 96～192W/100m^3）。而一般氧化沟的动力密度为 18～24W/100m^3。卡鲁塞尔工艺最大限度地利用了这一原理，它的表曝机传氧效率在标准状态下达到至少 2.1kgO_2/(kW·h)。

立式低速表曝机单机功率大（可达 150kW），设备数量少，在不使用任何辅助推进器的情况下氧化沟沟深可达到 5m 以上。较传统的氧化沟节省占地 10%～30%，土建费用相应减少。由于采用立式低速表曝机有很强的输入动力调节能力，而且在调节过程中不损失其混合搅拌的功能，节能效果明显。一般情况下，表曝机的输出功率可以在 25%～100%的范围内调节，而不影响混合搅拌功能和氧化沟渠道流速。DHV 公司新开发的双叶轮卡鲁塞尔曝气机，上部为曝气叶轮，下部为水下推进叶轮，采用同一电机和减速机驱动。其动力调节范围为 15%～100%，调节范围较标准表曝机扩大 10%。双叶轮曝气机可使氧化沟的沟深加大到 6m 以上。对表曝系统，表 2-6-11 是国内某生产厂家立式低速表面曝气叶轮的参数，可供设计参考。

表 2-6-11 立式低速表面曝气机产品规格及技术参数

型号	叶轮直径/mm	转速/(r/min)	清水充氧量/(kg/h)	提升力/kgf	电机功率/kW	叶轮升降过程/mm	质量/t
普通	400	167～252	2.5～8.0	42～142	2.2	+120 −80	0.6
调速		216	5	68	1.5	+120 −80	0.6
普通	760	88～126	8.4～23	153～453	7.5	±140	2.0
调速		110	15.5	301	5.5	±140	2.0
普通	1000	67～95	14～39	269～782	15	±140	2.2
调速		85	27	556	11	±140	2.2
普通	1240	54～79.5	21～62.5	418～1347	22	±140	2.4
调速		70	43.5	916	18.5	±140	2.4
普通	1500	44.2～53.9	30～82.5	618～1828	30	±140	2.6
调速		55	54.5	1168	22	±140	2.6
普通	1720	39～54.8	38～102	819～2299	45	±140	2.8
调速		49	74	1626	30	+180 −100	2.8
普通	1930	34.5～49.3	48～130	1037～2993	55	+180 −100	3.0
调速		45	96	2247	45	+180 −100	3.0

注：1kgf=9.8N。

3. 射流曝气器

射流曝气机一般设在氧化沟的底部，吸入的压缩空气与加压水充分混合，沿水平方向喷射，推动沟中液体并达到曝气充氧的目的。射流器形成的水流冲力造成了水平方向的混合，然后又由于水流上升而形成了垂直方向的混合，因而沟宽和沟深彼此无关，可采用较深的沟，水深可至 8m。射流过程中产生很小的气泡，因此氧的转移效率较高。Lecompte 根据试验认为射流器存在最佳气-液流量比，并且试验表明在每个射流器 0.60m^3/min 的流量下，充氧能力最高。可以根据标准需氧量（SOR，kg/d）、单个射流器的流量（Q，m^3/min）和氧的利用率（E,%）计算射流器的数量（n）。显然，不同的射流器的参数是不相同的，需要根据射流器厂家提供的参数计算相关的参数。

4. 微孔曝气系统

在所有曝气方式中，微孔曝气是氧利用率最高的曝气方式之一。采用微孔曝气方式时池的有效水深最大可达 8m，因此可根据不同的工艺要求，选取合适的水深。

微孔曝气氧化沟采用潜水推进器推动水流流动。潜水推进器叶轮产生的水流推动直接作用于水中，被推动的水流由下层向上层传递，起推流作用的同时又可有效防止污泥的沉降。采用潜水推进减少了能量消耗，与一般的表曝形式推流相比，所需动力消耗可从 5～8W/m^3 水降至 1～2W/m^3。

5. 其他曝气装置：导管式曝气机和混合曝气系统

导管式曝气机又称表曝机和上吸式鼓风管，也称 U 形鼓风曝气系统。在氧化沟中提高叶轮转速调节沟内流速，调节空气压缩机供气量则可控制供氧量。氧化沟沟深可达 4～5m，占地面积较传统氧化沟少。由于所有废水都经过导管，废水、循环液、氧及微生物充分混合，传质效果好，有利于废水处理。缺点是动力效率较低［0.67～0.73kgO_2/(kW·h)］，设备系统较复杂，氧化沟施工也较复杂。混合曝气系统原理，是用置于沟底的固定式曝气器（如微孔曝气器）和淹没式水平叶轮或射流以及利用抽吸和表面射流，来分别进行充氧和推进液体。这种系统不常用，原因是设备复杂，动力消耗也较大。

6. 导流和混合装置

包括导流墙和导流板。在弯道设置导流墙可以减少水头损失，防止弯道停滞区的产生和防止弯道过度冲刷。通常在曝气转刷上下游设置导流板，主要是为了使表面的较高流速转入池底，同时降低混合液表面流速，提高传氧速率。为了保持沟内的流速可以根据需要设置水下推进器。

水下推动器的安装位置非常重要，在垂直断面上的安装位置应由厂家提供并作特别说明；在纵向位置方面，应考虑水下推动器到弯道的距离，该距离应大于或等于设备所能推动的直段距离。

水下推进器目前也在图 2-6-35 所示的复合曝气装置氧化沟中使用。

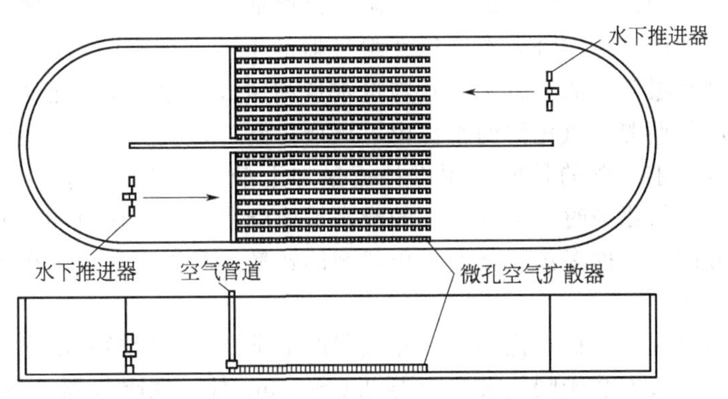

图 2-6-35　复合曝气装置氧化沟中水下推进器的安装

7. 在线实时检测仪表设备

氧化沟内常设的在线检测仪表设备主要有膜电极溶解氧仪、固体悬浮物测定仪、NH_3-N

浓度测定仪等。通过数据的输出，可以及时了解沟内的工艺状况。通常在线检测仪表设备由可编程序控制器（PLC）现场控制。

三、设计计算

（一）氧化沟设计指南

1. 总则

氧化沟一般由沟体、曝气设备、进水分配井、出水溢流堰和导流装置等部分组成。氧化沟进水水温宜为10～25℃，pH值宜为6～9，有害物质严禁超过规定的允许浓度。

2. 预处理及一级处理

原则上氧化沟所需要的预处理设施与其他处理系统相同，即进水应该有粗格栅、沉砂池和提升泵房。粗格栅去除对设备或管道可能产生损害或堵塞大的颗粒物质。氧化沟之前是否设置沉砂池去除粗砂，要依情况而定。

3. 选择器

由于低负荷（或高负荷）状态下的氧化沟容易产生污泥膨胀，所以在氧化沟的体内或体外需要设置选择器。选择器的类型有好氧选择器、缺氧选择器和厌氧选择器。

4. 氧化沟详细设计要求

（1）氧化沟沟体　氧化沟一般建为环状沟渠型，其平面可为圆形和椭圆形或与长方形的组合型。其四周池壁可为钢筋混凝土直墙，也可根据土质情况挖成斜坡并衬砌。二次沉淀池、厌氧区与缺氧区、好氧区可合建，也可分建。选择器可以与氧化沟合建，也可分建。

（2）氧化沟的几何尺寸　氧化沟的渠宽、有效水深，视占地、氧化沟的分组和曝气设备性能等情况而定。当采用曝气转刷时，有效水深为2.6～3.5m；当采用曝气转碟时，有效水深为3.0～4.5m；当采用表面曝气机时，有效水深为4.0～5.0m。当同时配备搅拌措施时，水深尚可加大。氧化渠直线段的长度最小12m或最少是水面处的渠宽的2倍（不包括奥贝尔氧化沟）。

所有的氧化沟超高不应小于0.5m。氧化沟的超高与选用的曝气设备性能有关，当采用曝气转刷、曝气转盘时，超高可为0.5m；当采用表面曝气机时，其设备平台宜高出设计水面1.0～1.2m。同时应该设置控制泡沫的喷嘴或其他控制泡沫的有效方法。

（3）进、出水管　当两组以上氧化沟并联运行时，或采用交替式氧化沟时，应设进水配水井，其中可设（自动控制）配水堰或配水闸，以保证均匀（自动）配水和控制流量。

氧化沟的进水和回流污泥进入点应该在曝气器的上游，使得与沟内混合液立即相混合。氧化沟的出水应该在曝气器的上游，并且与进水点和回流活性污泥点足够远，以避免短流。

（4）进、出水可调堰　氧化沟的水位由可调堰控制，以改变曝气设备的浸没深度，适应不同需氧量的运行要求。堰的长度采用设计流量加上最大回流量计算，以防曝气器浸没过深。当采用交替工作氧化沟时，配水井中的配水堰或配水闸宜采用自动控制装置，以便控制流量和变换进水方向。根据多沟氧化沟工作状态的转换，其溢流堰应采用自动控制装置，以使出水方向随之变换。

（5）导流墙和导流板　在氧化沟所有曝气器的上下游应设置横向的水平挡板。上游导流板高1.0～2.0m，垂直安装于曝气转刷上游2.0～5.0m处。在曝气器下游2.0～3.0m应该设置水平挡板，与水平呈60°角倾斜放置，顶部在水面下150mm，挡板要超过1.8m水深，以保证在整个池深适当的混合。

为了保持氧化沟内具有污泥不沉积的流速，减少能量损失，需设置导流墙与导流板。一般在氧化沟转折处设置导流墙，使水流平稳转弯并维持一定流速。由于氧化沟中分隔内侧沟的弧度半径变化较快，其阻力系统也较高，为了平衡各分隔弯道间的流量，导流板可在弯道内偏置。导流墙应设于偏向弯道的内侧，以使较多的水流向内汇集，避免弯道出口靠中心隔墙一侧流速过低，造成回水，引起污泥下沉。设置导流墙则有利于水流平稳转弯，减少回水产生，防止由于内圈流速小而使污泥沉淀和减少有效容积（见图 2-6-36）。

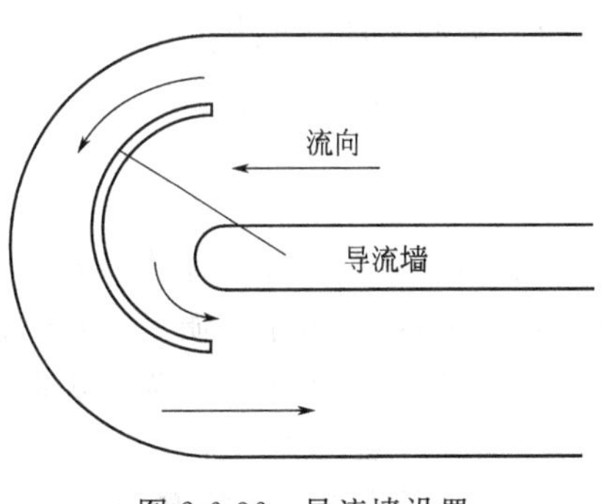

图 2-6-36　导流墙设置

在弯道处应设置导流墙，导流墙应设于偏向弯道的内侧，以使较多的水流向内汇集。可根据沟宽确定导流墙的数量，在只有一道导流墙时可设在内壁 1/3 处（两道导流墙时外侧渠道宽为 $W/2$）。为了避免弯道出口靠中心隔墙一侧流速过低造成回水，引起污泥下沉，导流墙在下游方向需延伸一个沟宽（W）的长度。

(6) 曝气器的位置　曝气转刷（或转盘）应该正好位于弯道下游直线段氧化沟 4～5m 处。立式表曝机应该设在弯道处。转刷（或转盘）的淹没深度应该在 100～300mm，转刷（转盘）应该在整个沟宽度方向满布，并且有足够安装轴承的位置。

(7) 走道板和防飞溅控制　氧化沟的走道以能够进行曝气器的维修为原则，一般是在曝气器之上。应该采用防飞溅挡板，以免曝气器溅水到走道上。

(8) 测量装置　应该设置对原废水和回流污泥的流量测量装置。测量装置应该可以有累计流量并有记录。当设计中所有回流污泥与原废水在一点混合，那么应该测量各个氧化沟的混合液流量。

(二) 氧化沟的设计方法

1. 概述

氧化沟体积的确定可根据预计的处理目标，如 BOD 去除率、硝化率、N 和 P 的去除率和污泥稳定化等要求，结合水力负荷、BOD 负荷、混合液悬浮固体浓度和污泥龄等因素计算确定。

2. 设计的混合液悬浮固体浓度

设计的混合液悬浮固体浓度应该在 3000～8000mg/L 之间。

3. 设计参数

氧化沟内混合液的循环速度为 0.25～0.35m/s，以确保混合液呈悬浮状态。氧化沟污泥回流比采用 60%～200%。设计污泥浓度为 1500～5000mgMLSS/L。氧化沟的氧转移效率为 1.5～2.1kgO_2/(kW・h)。设计参数与进出水水质密切相关，也与是否脱氮、磷密切相关。

氧化沟工艺的重要设计参数及相应取值如下。

(1) 泥龄　氧化沟的设计泥龄范围为 4～48d，通常的泥龄取值为 12～24d。泥龄与温度、脱氮和除磷的要求密切有关。

(2) 有机负荷　氧化沟的容积负荷取值从小于 0.16kgBOD_5/(m^3・d) 到 4.0kgBOD_5/(m^3・d)，这与工艺要求有关。常用的设计容积负荷为 0.2～0.4kgBOD_5/(m^3・d)，污泥负荷为 0.05～0.12kgBOD_5/(kgMLSS・d)。

(3) 水力停留时间　对于城市废水，采用的数值为 6～30h。

4. 氧化沟设计计算

(1) 好氧区容积动力学计算方法

$$V_1=\frac{Y\theta_c QK(S_0-S)}{X(1+K_d\theta_c)} \tag{2-6-144}$$

式中，V_1 为好氧区有效容积，m^3；K 为污水量总变化系数；Q 为平均日污水进水流量，m^3/d；S_0 为进水基质 BOD 浓度，mg/L；S 为出水 BOD 浓度，mg/L；Y 为污泥产率系数，kgVSS/kgBOD；θ_c 为污泥龄，d，根据处理要求选定；X 为污泥浓度 MLVSS；K_d 为污泥衰减系数，d^{-1}。

污泥龄可采用动力学方法计算，这是根据污泥稳定化要求考虑的，这对于硝化是足够的。也可采用经验数据计算，在考虑污泥稳定化时污泥龄在 20～30d。污泥龄的计算对于一体化和交替式氧化沟需要扣除其沉淀部分的污泥量，同样对于脱磷、脱氮的氧化沟也要扣除其污泥量，才能满足硝化和污泥稳定化的要求。

$$\theta_c=\frac{X}{YS_r}=\frac{0.77}{K_d f_b} \tag{2-6-145}$$

式中，S_r 为去除的 BOD 的量；f_b 为可生物降解的 VSS 占总 VSS 的比例。

经验设计法（有机污泥负荷法）：

$$V_1=\frac{Q(S_0-S)}{N_S X} \tag{2-6-146}$$

式中，N_S 为 BOD 污泥负荷，mgBOD/(mgVSS·d)。

(2) 缺氧区容积（脱氮）

$$V_2=\frac{Q(N_0-N_w-N)}{N_{dn}X} \tag{2-6-147}$$

式中，V_2 为缺氧区有效容积；N_0 为进水总氮浓度；N_w 为随剩余污泥排放去除的氮量；N 为出水排放的氮量；N_{dn} 为脱氮速率。

(3) 厌氧区容积（除磷）

$$V_3=Q\theta_1/24 \tag{2-6-148}$$

式中，V_3 为厌氧容积，m^3；θ_1 为厌氧区水力停留时间，h。

也可采用动力学方法计算硝化和脱氮所需负荷和停留时间。

(4) 氧化沟的总容积（V）

$$V=V_1+V_2+V_3 \tag{2-6-149}$$

对于一体化的氧化沟和交替式氧化沟，不需另设沉淀池和污泥回流设施，但其池容应该扣除沉淀所需容积。

5. 需氧量

好氧区需氧量应考虑碳化需氧量、内源呼吸需氧量（污泥稳定）、硝化需氧量，脱氮工艺应考虑硝化过程产生的氧量。应将上述过程实际需氧量换算为标准需氧量，并根据情况选择设备。曝气设备应该设计在标准条件下（20℃和 0mg/L 溶解氧，采用自来水在 1.013×10^5Pa，即一个大气压）的氧转移效率。在温度和海拔不同时，应该做相应的修正。氧化有机物的需氧量（D_1）可采用以下公式

$$D_1=a'Q(S_0-S)+b'VX_f \text{ 或 } D_1=Q(S_0-S)+1.42\Delta Xf \tag{2-6-150}$$

式中，S_0 为进水 BOD，mg/L；f 为 VSS/MLSS 比值；ΔX 为总剩余污泥，kg/d。

细胞需氧量＝1.42mgBOD/mg 可生物降解固体＝1.0mgBOD/mg 可生物降解固体

＝0.77mgBOD/mgVSS

硝化需氧量(D_2)＝4.6×(系统中被氧化的 TKN)

脱氮产生氧量(D_3)＝2.86×(系统中被还原的 NO_3^-)

$$D=D_1+D_2-D_3=Q(S_0-S)+1.42\Delta Xf+4.6(N_0-N)+0.07\Delta Xf-2.86\Delta NO_3^- \tag{2-6-151}$$

式中，N_0 为进水氨氮浓度；N 为出水氨氮浓度；ΔNO_3^- 为被还原的 NO_3^-。

需氧量 D 确定之后，可选取一定的安全系数，得到实际需氧量（R），并转化为标准状态需氧量（R_0）。转化公式如下：

$$R_0=\frac{RC_{s(20)}}{\alpha(\beta\rho C_{s(T)}-C)\times 1.024^{(T-20)}} \tag{2-6-152}$$

在标准状态需氧量确定之后，根据不同设备厂家的曝气机样本和手册，计算出总能耗。总能耗一旦确定，就可以确定曝气器的数目、氧化沟外形和分组情况。

6. 曝气设备

氧化沟专用的曝气设备，可选用曝气转刷、曝气转碟、表面曝气机、射流曝气器、导管式曝气机等。氧化沟中的曝气设备，应满足下列要求：

(1) 提供生物处理所需要的氧量，使氧、有机物、微生物三者充分混合接触；

(2) 使混合液始终保持悬浮状态，防止污泥沉淀，推动水流做不停地循环流动；

(3) 设施的充氧能力宜于调节，有适应需氧变化的灵活性。应结合工艺要求（如池型、水深及有无脱氮、脱磷目标等）综合考虑对曝气设备的选择。充氧装置的动力效率［kg/(kW·h)］和氧的利用率（%）应力求较高。

根据曝气设备的提升能力与氧化沟横截面积，曝气设备的设计应该保持最小的平均速度为 0.3m/s。氧化沟、缺氧和厌氧池中的搅拌器，可选择便于提上维修的液下混合器，且应满足下列要求：①防止活性污泥沉淀；②使回流污泥与原污水充分混合；③维持缺氧或厌氧生物处理环境。

7. 二沉池和污泥回流系统

(1) 沉淀池同所有的活性污泥法一样，可以采用固体通量法和水力负荷法确定沉淀池。沉淀池的溢流率、固体负荷率和出水堰负荷率的具体设计参见有关的章节。

(2) 回流污泥系统如已知污泥浓度，回流污泥浓度可以根据预计的沉淀性能（SVI）推算。回流污泥量则可通过下式计算：

$$Q_r=SVI(Q+Q_r)X/(10^6 r) \tag{2-6-153}$$

式中，Q_r 为回流污泥量；X 为污泥浓度；SVI 为污泥指数；r 一般为 1.2，与停留时间、池深等因素有关。

(3) 剩余污泥可以采用下式计算剩余污泥

$$\Delta X=Q\Delta S\frac{Y}{1+K_d\theta_c}+X_1Q-X_eQ \tag{2-6-154}$$

式中，ΔS 为去除 BOD；X_1 为进水悬浮固体中惰性部分（进水 TSS－进水 VSS）；X_e 为出水 VSS。

根据回流污泥量和剩余污泥量可以选择水泵和污泥处理系统。

8. 氧化沟设计小结

(1) 去除 BOD 和污泥稳定化系统

① 确定进水性质和出水水质要求；

② 保证进水 pH 值和营养物水平；

③ 根据动力学公式确定出水可溶性 BOD；

④ 根据处理水平要求，根据公式或经验数据选择固体停留时间；

⑤ 确定产率系数（Y）和内源代谢系数（K_d）；

⑥ 计算氧化沟容积与 MLVSS 浓度的乘积；

⑦ 选择 MLVSS 值，氧化沟 MLVSS 浓度一般在 3000～8000mg/L 之间；

⑧ 根据公式或经验公式计算反应器体积（V）和水力停留时间（HRT），根据公式计算污泥回流量和剩余污泥量，进而计算污泥处理系统；

⑨ 根据公式计算需氧量（AOR 及 SOR），并确定曝气器的数量和规格；

⑩ 确定沉淀池尺寸。

对于一体化或交替式氧化沟，需根据有效性系数进行修正。

前已述及，考虑到三沟式氧化沟有一条边沟总是作为沉淀池来使用，需要引进三沟式氧化沟参与工艺反应的有效性系数（f_a），见式(2-6-139)。

（2）设计需要硝化和/或脱氮系统

① 确定进水性质和出水水质要求；

② 保证进水 pH 值和营养物水平；

③ 根据公式估算被氧化的 TKN 和用于合成的 TKN；

④ 根据公式或经验数据选择固体停留设计时间；

⑤ 计算在硝化时消耗的碱度和脱氮时产生的碱度，反应器中需保持 100mg/L 碱度；

⑥ 计算硝化的反应池体积和水力停留时间；

⑦ 选择脱氮负荷；

⑧ 利用脱氮率和 MLVSS 浓度，计算缺氧段体积，确定所需的附加反应器体积；

⑨ 根据公式或经验公式计算反应器体积（V）和水力停留时间（HRT），根据公式计算污泥回流量和剩余污泥量，进而计算污泥处理系统；

⑩ 根据公式计算需氧量（AOR 及 SOR），并确定曝气器的数量和规格；

⑪ 确定沉淀池尺寸。

需要说明的是，对于一种特定的废水，即使是生活污水，虽然文献中有许多动力学常数的数据可用于氧化沟设计，但是要特别注意这些参数的适用范围和条件。由于废水性质各异，只要有条件，都提倡进行实验。

（三）氧化沟的设计实例

1. 设计参数

为了说明氧化沟的设计过程，特举一个设计例子。本例仅仅计算氧化沟部分，而不是设计一个完整的废水处理厂。根据下列数据设计处理生活污水的交替式氧化沟（三沟）。

Q=100000m^3/d（按三个系列，一个系列设计 Q_1=33000m^3/d）；

碱度=280mg/L（以 $CaCO_3$ 计）；BOD=130mg/L；氨氮=22mg/L（T=10℃）；

TN=42mg/L；SS=160mg/L；最低温度=10℃；最高温度=25℃。

出水要求：

BOD＜15mg/L；TSS＜20mg/L；氨氮＜3mg/L（T=10℃）；TN＜12mg/L（T=10℃）；

TN=6～8mg/L（T=25℃）。处理后的污泥要求适合于直接脱水，做到完全消化。

2. 确定设计采用的有关参数

Y=0.6；K_d=0.05；假设 f_b=0.63；f=0.7；MLVSS=4000mg/L。

曝气器型式：曝气转刷；曝气器动力效率：2.0kgO_2/(kW·h)；DO=2.0mg/L；α=

0.90；$\beta=0.98$；$q_{dn}=0.02kgNO_3^--N/(kgMLVSS\cdot d)$。

残留碱度：100mg/L（以 $CaCO_3$ 计），保持 pH≥7.2；脱氮温度修正系数 $\theta=1.08$。

3. 去除 BOD 的设计计算

（1）计算污泥龄

$$\theta_c=\frac{0.77}{K_d f_b}=\frac{0.77}{0.05\times0.63}=24.6(d)(取 25d)$$

（2）计算出水 BOD 和去除率

$$S=\frac{1}{k'Y}\left(\frac{1}{\theta_c}+K_d\right)=\frac{1}{0.038\times0.6}\left(\frac{1}{25}+0.05\right)=3.95(mgBOD/L)$$

假设出水：　SS=20mg/L，VSS/SS=0.7

则　VSS 的 $BOD_5=0.63\times0.7\times20=8.82$（mg/L）

总出水 BOD=13mg/L（达到排放标准），BOD 的去除率=100%(130−13)/130=90%

则　BOD 去除量=(130−4)×33000×10^{-3}=4158（kg/d）

（3）计算曝气池体积

$$(XV)=\frac{Y\theta_c Q(S_0-S)}{1+K_d\theta_c}=\frac{0.6\times25\times33000(0.130-0.004)}{1+0.05\times25}=27720(kg/d)$$

取 MLSS=4000mg/L

$$V=(XV)/X_f=27720/(4\times0.7)=9900\ (m^3)$$

（4）校核停留时间和污泥负荷

$$t=7.2h$$

$$F/M=0.15kgBOD/kgMLVSS$$

（5）计算剩余污泥量　每天产生的剩余污泥按下式计算：

$$\Delta X=Q\Delta S\left(\frac{Y}{1+K_d\theta_c}\right)+X_1Q-X_eQ$$

$$=33000\times0.126\left(\frac{0.6}{1+0.05\times25}\right)+0.3\times0.16\times33000-0.02\times33000$$

$$=1108.8+1584-660=2032.8\ (kg/d)$$

如果沉淀部分污泥浓度为1%，每天排泥：$Q_W=203m^3/d$。

（6）校核 VSS 产率

$$VSS 产率=\frac{4435}{4158}=1.07\ (kgVSS/kgBOD)$$

（7）复核可生物降解 VSS 比例（f_b）

$$f_b=\frac{YS_r+K_dX-\sqrt{(YS_r+K_dX)^2-4K_dX(0.77YS_r)}}{2K_dX}=0.64$$

其中：　$YS_r+K_dX=0.6\times4158+0.05\times27720=3881$

如果 f_b 值与最初的假设值相差较大，(1)～(7) 需要重新试算。

4. 脱氮的设计计算

（1）氧化的氨氮量　假设总氮中非氨态氮没有硝酸盐，而是大分子中的化合态氮，其在生物氧化过程中需要经过氨态氮这一形态。所以氧化的氨氮=42−12−3=27（mg/L）。

（2）需要脱氮量　需扣除生物合成的氮量，生物中的含氮量为7%，总计为310.5kg/d。

$$脱氮量=27-310450/33000=17.5\ (mg/L)$$

（3）碱度平衡　每去除 1mgBOD 所产生的碱度大约是 0.3mg。

残留碱度＝280－7.14×27＋3.5×17.5＋0.3×126＝186.25（mg/L）（以 $CaCO_3$ 计）＞100mg/L

（4）计算脱氮所需的体积（停留时间）

在 $T=20℃$ 时取脱氮率为 0.03kgNO_3^--N/(kgVSS·d)

在 $T=10℃$ 时：$N_{dn}=0.03\times1.08^{-10}=0.024kgNO_3^-$-N/（kgVSS·d）

则 $V_2=Q(N_0-N_w-N)N_{dn}X=33000(42-15-9.5)0.024\times4000=6015$（$m^3$）

脱氮水力停留时间（θ）$=\dfrac{6015}{33000\times24}=4.4$（h）

（5）计算总体积（停留时间）

$$V_T=(V+V_2)/f_a=(9900+6015)/0.58=27440\ (m^3)$$

5. 曝气设备的设计计算

（1）需氧量计算

① 碳源需氧量（D_1）$=a'Q(S_0-S)+b'VX=0.52\times33000\times(0.13-0.004)\times10^{-3}+0.12\times76832=11382$（kg/d）＝474kg/h

② 硝化需氧量（D_2）$=4.6(42-12-3)\times33000\times10^{-3}=4098.6$（kg/d）＝170.8kg/h

③ 脱氮产生的需氧量（D_3）$=2.86(42-12-3-9.5)\times33000\times10^{-3}=1651$（kg/d）＝68.8kg/h

④ 总需氧量 $D=D_1+D_2-D_3=13830$kg/d＝576kg/h

（2）标准需氧量（SOR）计算

$$SOR=\frac{AOR\times CS_{(20℃)}}{\alpha(\beta\rho C_{s(T)}-C)\times1.024^{(T-20)}}=\frac{576\times8.4}{0.9(0.98\times1-2)\times1.024^{2.5}}=812\ (kg/h)$$

（3）配置曝气设备

需要配置的功率数（N）$=\dfrac{812}{2.1}=384$kW

需要选用电机功率为32kW、直径1000mm的轴长9.0m的曝气转刷12台。

6. 其他部分的设计计算

包括预处理、污泥处理系统等，设计计算略。

第三节　AB法

一、原理和功能[14]

（一）AB活性污泥法工艺机理

1. 活性污泥法的微生物特性

AB工艺由于其较为特殊的微生物学特性，使该工艺不同于其他活性污泥工艺。这种微生物学特性上的差异主要表现为A段和B段的生物菌群特性。

（1）A段的微生物组成及特性　在AB工艺中，A段的设计污泥负荷通常超过2kgBOD/(kgMLSS·d)，属于高污泥负荷工段，A段的SRT一般小于0.5d，在此环境条件下，高等微生物的生长将受到较大的限制。研究结果及工程实践证明，A段的细菌组成与B段基本相同，但所占百分比不同，A段污泥中大部分细菌属于大肠杆菌属。A段污泥的细菌总活性明显高于B段，在降解聚合物的生理活性方面A段细菌比B段细菌要高90%。A段的优势微生物种群属原核微生物（*Procaryotes*），即以细菌和藻类为主，具体生物特征表现为以下几方面：①微生物个体小而且单一，具有较大的比表面积；②微生物具有极强的繁殖能力，代谢生长很快，通常倍增时间约 20min；③微生物菌落数量大，一般是常规活性污泥法的 20 倍，约 3×10^7 单位/mL 污泥；④微生物生理活性通常较常规活性污泥法高 40%～50%，特别是降解聚合物的活性几乎高出 90%，而聚合物往往是构成 COD 的主要组成成分；⑤适应的环境条件较宽，专一性不强；⑥与人类及动物排泄物中的细菌类似；⑦有变异性能力。

(2) A 段微生物的变异性及适应性　A 段微生物的变异性和适应性使 AB 工艺中的 A 段通常具有较强的抗冲击负荷能力。具体表现为以下几个方面。

① 细菌增殖快。由于 A 段的负荷较高，造成 A 段中的细菌群体通常处于营养充足的状态，因此微生物具有很强的新陈代谢能力，世代时间短，细菌增殖较快，能很快克服出现的失活和不可逆转的损害作用，适应不断变化的外界环境能力较强。如果 A 段受到某种形式的有毒物质冲击使细菌大量死亡，那么 A 段细菌浓度通常可以通过原污水中的细菌不断地流入系统或 A 段中仍存活的细菌出现增殖得以恢复。

通常微生物在受冲击后有 90%细菌失活和死亡的情况下，经过 3 个世代时间（即 3h）即可恢复。同样若有 99%细菌失活，经过 6～7 个世代时向，细菌生长即可达到原有水平（见图 2-6-37）。

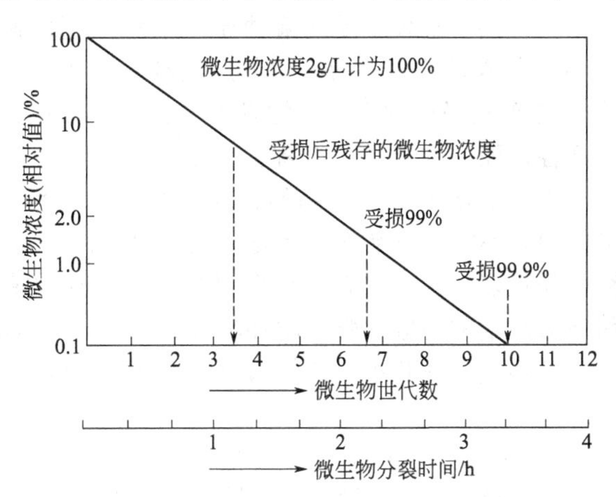

图 2-6-37　受冲击后微生物恢复所需时间

由于城市污水管网中的细菌不断地补充到 A 段，与回流污泥菌胶团曝气混合，A 段通过不同泥龄、溶解氧的控制，淘汰、选择了适应污水水质的大量生长快、活性高、世代短、适应能力极强的微生物，如细菌及其他原核微生物。原核微生物细胞体十分微小，结构简单，分裂时间短，变异性强，且具有较大的表面积，这些特点使其吸附能力强，耐冲击，同时生长快。A 段的产率系数 Y 值远高于 B 段，而 A 段的需氧动力学系数 a' 和 b' 常数与常规活性污泥法相似。这也说明了 A 段的活性污泥中存在增殖快、世代短、活性高的细菌。表 2-6-12 为 AB 工艺与传统活性污泥工艺的动力学常数的比较。

表 2-6-12　AB 工艺与传统活性污泥工艺动力学常数比较

动力学常数	AB 工艺		传统活性污泥工艺
	A 段	B 段	
泥龄 SRT/d	0.24～0.29	4～17	3～14
产率系数 Y	0.924	0.614	0.5～0.65
微生物衰减常数 b/d^{-1}	0.087	0.016	0.05～0.10
需氧动力学系数 a'	0.504		0.42～0.53
需氧动力学系数 b'	0.132	0.111	0.188～0.11

A 段活性污泥具有沉降性能好、污泥指数低的特点，特别是具有很强的生物吸附、絮凝作用和氧化能力。正是由于这种生物絮凝和氧化的协同作用，使得 A 段在超高负荷与很短的时间内，可以去除大约 60%～70%的有机物。A 段对有机物去除主要以吸附、絮凝为

主，生物代谢合成为辅，但对部分溶解性有机物的去除主要还以生物代谢为主，生物吸附为辅。

② 微生物突变与质粒转移。细菌能够在冲击状态下存活的遗传学基础是突变作用和质粒的存在。活性污泥中的任何菌群都能对环境变化做出反应。环境变化的初期，不适应新环境的细菌死亡并随后从系统中消失。同时新环境为其他细菌的优势增殖提供了有利条件。细菌适应性的重要来源是突变，突变为活性污泥适应新环境、降解难降解物质提供了生物遗传学基础。

AB 工艺中 A 段污泥对毒物的抗性来源于质粒的转移。而 A 段环境特别有利于质粒的转移。质粒是环形的不受染色体支配的 DNA 分子，能侵入菌体并利用菌体的复制系统自我复制增殖。质粒普遍携带抗性基因，有的质粒还携带一般细菌不具备的特殊基因，如降解 PCB 的基因。众多的质粒构成了细菌的抗性基因库和降解特殊有机物的基因库。在如冲击负荷这样的选择性工艺环境中质粒的抗毒性基因和降解物质基因赋予细菌以明显的优势。在正常的细胞分裂中，质粒能传给子细胞。质粒还能通过接合作用从携质粒细菌转移到无质粒细菌内，接合过程不受细菌种属和质粒来源的限制，A 段中所存在高浓度悬浮细菌对接合有利。在 A 段中占优势地位的肠道细菌的接合过程需花费 1.5～2.0h。假设 A 段泥龄为 8h，那么在 A 段微生物中至少能发生 4 次接合，在此期间约有 10%的细菌受到质粒侵入。质粒在活性污泥中的传播，提高了活性污泥对环境变化特别是化学变化的抗性。

由于上述 A 段微生物的特性，使 A 段的活性污泥具有较强的絮凝、吸附和降解有机物的能力，不需设置初次沉淀池；对 COD 有较高的降解度且降解为易生化的 BOD 物质；废弃污泥量多，污泥中有机物含量高，有利于具有厌氧污泥消化设施的沼气产生。A 段活性污泥对废水的适应性强，耐环境变化和冲击负荷；能忍受有毒化合物的影响。运行系统一旦遭受破坏，能在几小时的短时间内恢复原有的处理效率。A 段对整个处理系统能起调节和缓冲作用。

(3) B 段微生物学特性　A 段的调节和缓冲作用使 B 段的进水水质相当稳定，而且负荷较低。因此，B 段的微生物特性同延时曝气工艺的微生物特征较为相似，即 B 段中优势微生物种群为原生动物、后生动物，它们的生长期较长，要求稳定的环境。因此，B 段的功能是过滤污水，吞食和消除由 A 段来的细菌等微生物和有机物颗粒，并促使生物絮凝，提高出水水质。

2. AB 工艺的生物降解机理

AB 工艺中的 A 段是 AB 工艺的关键。由于活性污泥在与污水接触的很短时间内就能快速吸附大量有机物，因此 A 段主要是通过絮凝、吸附作用去除有机物，而靠生物氧化分解去除有机物的比例较小。根据 Bohnke 教授对多个 AB 法污水处理厂调查的结果，A 段生物吸附去除的 BOD 占 2/3，生物氧化去除的 BOD 占 1/3。国内的试验研究结果也得到了同样的结论，即 A 段污泥具有很强的吸附能力和良好的沉淀性能。原污水中存在大量已适应原污水的微生物，这些微生物具有自发絮凝性。当它们进入 A 段曝气池后，在 A 段原有菌胶团的诱导促进下很快絮凝在一起，絮凝物结构与菌胶团类似，絮凝物与原有的菌胶团结合在一起，成为 A 段污泥的组成部分。被絮凝的微生物量与 A 段污泥浓度有关，当污泥浓度低于 1000mg/L 时，絮凝效果较差，微生物的增殖有限。

城市污水中除含有非生命的物质外，还含有许多具有生命力的微生物，这些微生物来自人和动物（如饲养场、屠宰厂等）的排泄物和一些发酵工业排出的废液。人类连续排泄的细菌约有 5%～10%能在好氧或兼氧的条件下存活和增殖，从而在原废水中会不断诱导出活性很强的微生物群落。测定表明，城市污水中存在着大量的微生物，污水流经的沟渠和管道中也存在着大量的微生物。一般污水排放点到污水处理厂的连接管道（或沟渠）长达几公里至几十公里，这实际上是一个中间反应器，在此中间反应器中即进行着有机物的分解及微生物的适应、选择和生长繁殖过程。在污水输送过程中形成的适应性强的微生物大多附着在污水中的固体物质上，传统活性污泥法工艺都忽视了这一点。在城市污水中存在的微生物群落基本上与超高负荷活性污泥法阶段的相同。与传统的一段活性污泥系统相比，AB工艺中的A、B两段由于是微生物群体完全隔开的两段系统，因此能使整个污水处理系统的处理效果更好也更稳定。由于AB工艺中A段的特殊作用，因此AB工艺一般不设初沉池，这样A段与排水管网就形成了一个生物系统，在排水管网中有大量细菌繁殖于管渠内壁，这些微生物在活动中同时还产生絮凝物质，在A段中充足食料和适合的溶解氧环境使这些微生物得到迅速的增殖。可以说，废水在进入A段前，是充分利用了在排水管网中已经发生的生物过程作为预处理。因此实际上AB工艺是由城市排水管网和污水处理厂构成的统一生物处理系统。污水所携带的微生物，使A段出现生命力旺盛、能适应原污水环境的微生物群落。测定结果表明，由城市排水管网带入A段的生物量占A段总生物量的15%以上。对于一个连续工作的A段，由外界连续不断地接种具有很强繁殖能力和抗环境变化能力的短世代原核微生物，这就大大提高了AB工艺的稳定性。

(二) AB活性污泥法特性

1. AB工艺的一般特点

(1) 不需设初沉池　在AB工艺中，由于A段为高负荷段，不需要限制污泥产率，因此在AB工艺中可不必设初沉池。

(2) 具有一定的除磷脱氮功能　由于A段可采用如缺氧、微氧、兼氧、好氧等多种运行方式，通常可以实现脱氮的反硝化过程、聚磷菌对磷的释放过程，AB法与传统活性污泥法相比对磷、氮的去除率有很大提高。

(3) 适合部分工业废水的处理　AB法不仅适用于生活污水处理，对某些工业废水的处理也有较好的效果，尤其对pH值波动较大的酿造废水、印染废水、含碱废水等。

(4) 适用于部分难降解有机废水的处理　在处理难降解物质时，可将A段采用兼氧运行，这样可使一些长链难以分解的底物被分解成短链化合物，从而提高了废水的可生化性，使B段的处理效果得到提高。

(5) 基建投资少、运行费用低、能源消耗省　AB法与传统活性污泥法相比较，具有投资少、节能的优点。根据国外污水处理厂的运行经验，AB法总基建费用大致可节约20%～25%，能耗节省10%～20%。国内的工程实践证明，AB法可节省30%～40%的曝气池容积和20%～30%的曝气量。

(6) 可分期建设和运行灵活　AB法工艺可以分期实施，可先建设A段，通过A段去除大部分有机物，再续建B段，也可将B段改建成其他除磷脱氮工艺。

2. A段和B段的工艺特点

(1) A段工艺特点

① 一般工艺参数。A段水力停留时间段，一般为20～30min，有机负荷可高达3～5kgBOD/(kgMLSS・d)，为常规活性污泥的10倍以上，对有机物的去除率可达50%～70%。

② 可变化调整运行状态。A段可根据进水水质和对BOD的去除要求控制溶解氧而呈现兼氧或好氧状态进行。一般在好氧条件下比兼氧条件对有机物的去除率高。A段对有机物的去除效果为B段进水调整了碳氮比，为B段进一步去除有机物和进行硝化、反硝化创造了良好环境。

在好氧状态下，A段随着水力停留时间的增长COD去除率明显增加。一般情况下，水力停留时间为20min时，COD去除率大于40%，水力停留时间为30～40min时，COD去除率达60%，去除COD的作用主要发生在前60min，60min之后COD去除率变化甚小。这种现象充分说明高负荷A段活性污泥法去除有机物的主要作用是生物吸附。

A段以兼氧条件运行时，虽然由于物质传递以及细菌的生长繁殖等状况不如好氧条件，对有机物的去除率比好氧低，但在兼氧状态下能对有些难降解的物质进行分解，从而提高进水的可生化性。如印染废水试验中证实经A段处理后，BOD/COD比值从0.30提高0.38。

③ 具有抗冲击负荷的能力。A段对进水水质和环境变化有很强的适应性和稳定性，减少了对B段的影响，从而保证全流程出水的稳定性。A段水温一般在10℃以上就有很好的去除效果。

A段对有机负荷的冲击和pH值的变化有很大的耐力，一般短时间的冲击都能很快得到恢复。这一方面是由于A段的微生物不断地得到外源的补充，同时A段微生物本身具有适应环境能力强、活跃、更新快等特点，Bohnke教授根据细菌的分裂周期和世代时间计算A段细菌受损后的恢复时间，当90%细菌受到不良影响的损害后，在3个世代时间内活性原核生物数量就能得到恢复（见图2-6-38）。另一方面由于A段的水力停留时间短，其水力稀释和污泥回流等也是缓解冲击的重要因素。

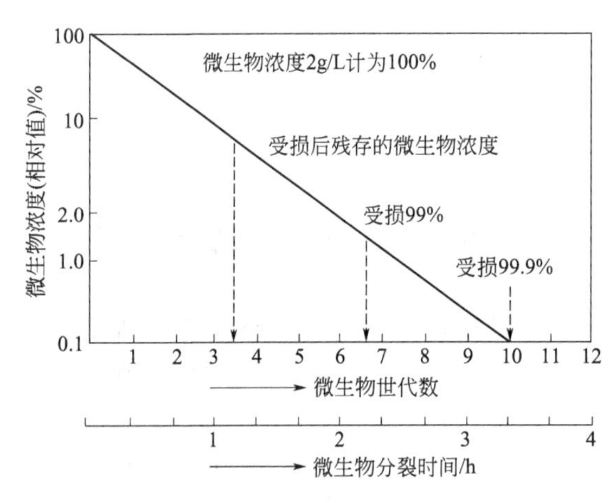

图2-6-38 受冲击后微生物修复所需时间

④ 污泥产生的特点。由于A段去除有机物以絮凝吸附为主，因此污泥絮体粗大，浓度一般为2000～3000mg/L，沉降性能好，污泥指数约为50左右，产泥量大，占总污泥量的75%～80%，比初沉池高30%，污泥中有机物含量高、产气量大，容易脱水、能够浓缩到含固率6%～8%。

⑤ 可以去除难降解物质。污水中往往含有许多难降解物质，若完全用好氧方法处理，不仅消耗大量氧气，往往还难以达到所要求的指标。当进水中难降解物质含量高时，A段实行缺氧运行，在这种情况下A段中的一部分微生物能通过厌氧水解和不完全氧化等方式把难降解有机物转化成易降解有机物，从而提高废水的可生化性，而这种转化在好氧条件下往往难以实现。Voncken的试验证明A段在兼性厌氧运行时，高分子脂肪烃化合物和芳香族化合物被转化成短链化合物。

（2）B段工艺特点　B段的生物有菌胶团、原生动物和后生动物所组成，污泥呈细絮状结构，与传统的活性污泥基本相似。由于在A段已去除了大部分有机物，因此B段污泥负荷较低，一般为0.15～0.30kgBOD/(kgMLSS·d)，对有机物的去除率为30%～40%；B段泥龄长，一般为15～20d。污泥指数低、产泥量少（占污泥总量的15%～20%），运转稳定。由于A段对有机物的调节作用，使B段具有良好的硝化环境，硝化能力要比单级活性污泥法高50%。试验证明B段还具有反硝化能力。

3. AB工艺的脱氨除磷作用

废水生物处理采用缺氧-好氧系统可以使废水中的氨氮通过硝化和反硝化过程最终达到脱氮的目的，而废水中的磷则通过聚磷菌厌氧释磷和好氧过量吸磷而贮存在污泥中，并通过排放废弃污泥的形式来达到除磷的目的。AB工艺经过适当的工艺设计和运行调整可以使系统具备了这些运行条件，达到污水的脱氨除磷的目的。

(1) AB 工艺的脱氨功能 污水经 A 段对氨和有机物的去除后，出水 BOD/N 比值降低，从而增大了硝化菌在活性污泥中的总量和硝化速度，曝气区体积可以相应降低，这是有利的一面。但 A 段中 BOD 和氮不是按同一比例去除的，必须特别注意原水中氨氮、有机氮和碱度的含量以及出水对氨氮含量要求。

一般认为两段活性污泥法往往不能达到满意的反硝化效果，即进入第二段曝气池污水中的有机物含量过低，不利于反硝化的正常进行。Bohnke 教授认为这个结论对于传统的两段活性污泥法系统可能合适，但对 AB 法而言，A 段超高负荷运行，污水经 A 段处理后尚可保证反硝化的 BOD/N 比值。A 段在兼氧运行时，A 段出水 BOD/COD 比值甚至有所上升，可保证反硝化效果。

(2) AB 工艺的除磷功能 AB 工艺中 A 段的污泥产量很高（约占总污泥产量的 80%），Bohnke 教授通过试验和生产运行证明，AB 工艺污泥含磷量高于传统活性污泥法，A 段可以去除进水总磷的 20%～50%。在一般城市污水中约有 30%的总磷是以悬浮或胶体状态存在于污水中，因为 A 段有着强烈的生物吸附、絮凝作用，所以不溶解性磷伴着 BOD 的去除而得以去除。但一般城市污水中溶解性磷约占 70%，AB 法除磷率高达 60%～70%。据推测，排水管网中存在着聚磷菌，这些微生物到 A 段后，由于环境条件变化后更适合聚磷菌的生长，因而产生聚磷菌的过量吸磷作用而除磷。

对脱氮除磷要求较高的污水处理厂，选择 AB 工艺时可将 B 段采用其他脱氮除磷工艺，这样能进一步提高系统的脱氮除磷的能力。

4. 污泥产率及特性

AB 工艺由于其工艺的特点，使其污泥的特性与产率同其他好氧工艺不同，这主要体现在 A 段的一些特点。

(1) A 段活性污泥的特点

① 在极短的时间内即可将污水中含有的原污泥完全活化，形成外形较为均匀的 A 段污泥，其絮体呈黑褐色，沉降速度较快，在通常情况下 SVI 值小于 50。

② 污泥絮体由结构均匀的细菌菌胶团组成，无真核微生物和原生动物，个别絮体呈长条纤维状。

③ 污泥有不少趋于形成辫状物，其大小与细格栅滤物基本相同。

④ 活性污泥的有机组分高于传统活性污泥法所产生的污泥。

⑤ 活性污泥絮体具有良好的吸附、絮凝和沉淀性能，可以认为活性污泥本身就是一种自然絮凝剂和沉淀剂。

⑥ 大部分细菌一般都嵌附于一种黏性物质上，从各种现象看，这种黏性物质可能是一种营养贮存物。

⑦ 原污水经 A 段短时间处理后，生物降解性得到改善。

(2) A 段污泥的组成 A 段污泥由三部分组成：①大部分在初沉池中不能沉淀的悬浮物可以在 A 段中与活性污泥絮体相互结合而去除，构成 A 段污泥的组成部分；②可沉物质在中沉池中发生沉淀，其去除率与初沉池中基本相同；③A 段微生物对废水有机物的吸附和降解形成污泥。

若能正确求得上面 3 部分污泥的相互关系和各自所占的比例，就有可能计算出以污泥活性组分为基本指标的污泥负荷，从而也就能求得最佳固体浓度和污泥龄。但到目前为止，仍难以进行这种准确的计算。由于 A 段污泥中含有较大的非活性污泥组分，故回流污泥浓度和泥龄的一般计算值并不能说明 A 段污泥的生物效能。

由于A段除了去除可沉物质外，对大量不可沉悬浮物和溶解性物质也有一定去除效果，因此其污泥产量比初沉池高30%左右；相应地B段污泥产量人为减少，仅占污泥总量的10%～20%。

由于AB工艺中的污泥特性与传统的活性污泥工艺中的污泥有所不同，特别是A段中的污泥占有较大的比例，因此其废弃污泥的处置方式也有所不同。

(3) 污泥产率及污泥稳定性 由于AB法中A段的有机物负荷较高，泥龄短，因此污泥产率高，另外在B段中也要产生废弃污泥，因此AB工艺的废弃污泥量较传统活性污泥法工艺高10%～15%。AB工艺废弃污泥的稳定性差，特别是A段污泥的不稳定程度更高，所以AB工艺的污泥处理问题是比较突出的问题。

(三) 适用性和局限性

AB工艺A段的设置是该工艺节省投资的关键所在。由于A段的低耗高效，使整个系统的耗氧量降低，相应地节省了电耗。同时由于A段对有机物和SS的高效去除作用，明显减少了整个工艺系统的曝气池容积。在通常条件下，AB工艺曝气池容积比传统活性污泥法曝气池池容节省30%～50%，可节省耗氧量大约20%～30%。从而降低了土建和曝气设备投资。但由于产泥量较大，AB工艺的污泥消化池容积将比传统活性污泥法工艺多出10%，因此，污泥消化部分投资要大于传统活性污泥法。与传统活性污泥法工艺相比，AB工艺还增加了一套污泥回流设施。

由于AB工艺所具有的优势和特点，该工艺除可用于一般的城市污水处理以外，也适合工业废水占比例较大和水质波动较大的废水处理。

AB工艺中的A段正常运行时，必须有足够的已经适应该废水的微生物，才可保持A段正常发挥作用，一般的城市污水水质是可以满足此要求的。

因为A段的去除效率高低与进水微生物量直接相关。但在工业废水或某些工业废水比例较高的城市污水中，由于适应污水环境的外源微生物浓度很低，造成A段效率明显下降，A段去除率与初沉池基本相近，对这类废水不宜采用AB工艺。

AB工艺最初主要是用A段（高负荷段）削减有机负荷，后来随着去除氮、磷营养物的需要以及其他生物脱氮、除磷工艺的开发和应用，AB法虽然也在B段增设了厌氧、缺氧段，实现A^2/O工艺流程。但是，在AB工艺的设计和运行中曾遇到A段去除BOD的多少与B段脱氮除磷效果之间的矛盾。在需要生物脱氨、除磷的情况下，如果废水BOD≤200mg/L和总氮≥50mg/L时，一般不宜采用AB工艺，采用A^2/O或UCT工艺为宜。如果废水BOD>200mg/L，尤其是BOD>300mg/L，总氮<50mg/L时则宜采用AB工艺。

在废水有机物浓度较高，只要求去除有机物的地方，采用AB法是有利的。如果对生物除磷出水TP浓度有严格要求时，一般不宜采用AB法。

二、AB活性污泥法工艺的运行控制

AB工艺中A段是工艺的主体，对运行控制有其特殊的要求；B段的运行控制与传统活性污泥法工艺基本一致，因此以下着重介绍A段的运行控制问题。

1. 曝气系统的运行控制

A段的曝气控制主要是曝气量控制和曝气时间的控制。曝气量的大小主要决定于A段的运行方式，即兼氧、好氧、缺氧等不同运行方式。由于A段去除有机物是以吸附及絮凝为主，因此曝气量除满足生化需要以外，还应满足吸附及絮凝的需要。通常A段曝气池中的气、水比应大于3∶1。

通常A段供气量的调节是依据溶解氧浓度（DO）进行调节。DO控制值应根据处理要求及进水水质而定。一般来说，当要求A段有较高的BOD去除率时，DO应控制在较高的数值，最好控制在1.0mg/L以上；当进水中含有较多的难降解有机物时，可根据情况适当降低DO值，使A段曝气池中微生物处于兼氧状态，将大分子难降解有机物分解成易降解的小分子有机物，提高A段出水的可生化性，为B段的高效去除提供基础。

另一方面，A段长期连续在DO低于0.5mg/L的条件下运行也是不合理的。因为好氧增殖活动不仅能促进A段的生物絮凝作用，而且也是保证A段正常运行的必要条件；另外兼氧运行将会导致生物絮凝作用的减弱和代谢产物的抑制作用，导致降低A段的处理效率。因此，A段宜采用兼氧和好氧交替运行，以保证改善废水的可生化性和A段处理效果。

可以将A段曝气池分为两部分，第一部分按兼氧、好氧方式交替运行，第二部分按好氧方式运行。兼氧、好氧交替运行也可以通过正确布置曝气装置（如单侧布置）形成特定的水流方向而得以实现。

2. 污泥回流比与废弃污泥排放控制

A段的污泥沉降性能良好，SVI值一般在40～70之间。另外，中沉池内不存在污泥膨胀或反硝化导致的污泥上浮等问题，因而A段的回流比一般不需太大，一般小于70%，有时甚至可低于50%。

因为A段不是一个单纯的生物处理系统，处理功能不是主要由生物代谢作用完成的，如果用F/M和SRT等生物学参数来控制运行，很可能造成控制不准确。A段废弃污泥的排放，最好由A段中的MLSS浓度来控制。

3. 除氮脱磷时C/N与C/P比值的控制

在进行脱氮时应控制BOD/TKN比值。如果BOD/TKN<4，脱氨效率将降低，此时应降低A段的曝气量，这样可降低A段对BOD的去除率，提高进入B段曝气池废水的BOD/TKN值。一般情况下，BOD/TKN值越低，对硝化越有利。因废水的BOD/TKN值较低时，B段活性污泥中硝化菌的比例提高，从而提高了硝化效率。因此，当B段不要求脱氮只要求高效硝化时，应尽量提高A段对BOD的去除率，降低A段曝气池出水的BOD/TKN值。

当需要进行生物除磷时，应控制B段进水的BOD/TP值。要使B段高效除磷，BOD/TP一般应大于20。当A段处于好氧状态运行时，由于A段对磷和BOD的去除率基本相当，因而A段进水和B段进水的BOD/TP值也基本相同。当A段处于缺氧或厌氧运行状态时，A段会使污水中的溶解性有机物浓度提高，中间沉淀池出水中会含有大量的低级脂肪酸，从而促进聚磷菌在B段厌氧段中对磷的释放，提高B段的除磷效率。但应注意到，A段改为缺氧运行时，A段的除磷率会有所下降，此时应权衡系统总的除磷效率是升高还是降低。

B段的运行控制，包括脱氮除磷的控制，同传统活性污泥法工艺完全一致。但A段由于其处理机理的特殊性，应相应增加一些反映A段特性的监测项目如TSS、TBOD、TCOD等，以便准确地评价A段的运行效果。

三、设计计算

（一）设计通则

1. 采用AB工艺的基本条件

AB工艺中的A段是该工艺的主体，A段正常运行的必要条件是废水中必须有足够的已经适应该废水的微生物。由于A段的去除效率高低与进水微生物量直接相关，因此A段之前不宜设初沉池。在城市污水中，这些适应该污水的微生物基本上来自人类排泄物，而在工业废水和某些城市污水中，已经适应污水环境的微生物浓度很低或微生物絮凝性很差，因此造成A段效率明显下降，对这类污水来说就不宜采用AB工艺。

除了工业废水比例高以外，工业废水未经有效预处理也是妨碍AB法应用和效能发挥的重要影响因素。如在工业废水基本上未经有效预处理或高浓度废水直接排放的城市排水管网系统，通常混合污水的BOD/COD值偏低、色度高、pH值变化很大。在这样的城市排水管网系统中微生物死亡率很高，微生物的适应和增殖受到很大限制，相应的A段的处理效果因外源微生物的减少将受到严重影响，因此这类污水处理也不宜采用AB工艺。

2. A、B段的设计原则

为了充分利用A段微生物的絮凝性和吸附性，保证A段高效运行，一般情况下A段水力停留时间最好控制在25～30min，增加水力停留时间反而不利，如原污水浓度很高时可增加到60min或更长些。A段的最佳污泥负荷约为3～4kgBOD/(kgMLSS·d)。污泥浓度宜控制在2～2.5g/L。泥龄的控制取决于废水水质特性和A段的污泥浓度，在A段中污泥浓度基本上与泥龄成正比关系。A段污泥沉降性能极佳，SVI值低于50，因此中间沉淀池的水力停留时间可控制在1.5h以内。污泥回流比控制在50%，在考虑除氮脱磷设计时，一般情况下应保证B段进水的BOD/TN比值≥4。对BOD/TN值在3左右的污水来说，设置A段对生物脱氨除磷不利。

(二) AB工艺设计参数的选择

AB工艺工程设计中，除A段和B段工艺设计较传统活性污泥工艺不同以外，其他的工段设计参数基本大同小异。

1. AB工艺的设计流量

由于A段水力停留时间较短，通常在1.0h之内，因此进水水量的变化将对其产生较大的影响。对于分流制排水管网，A段曝气池与中间沉淀池设计流量应按最大时流量设计计算；对于合流制排水管网，设计流量应为旱季最大流量。由于B段的水力停留时间相对较长，一般HRT均超过5.0h以上，且B段在A段之后，A段和中间沉淀池有一定的缓冲能力，因此B段曝气池的设计流量可取平均流量设计或适当考虑系统的变化系数。

AB工艺中二沉池的设计一般应按最不利情况考虑。对于分流制排水系统，二沉池按最大时流量设计；但对于合流制排水系统，设计流量应取雨季最大流量（即平均流量与平均流量乘以截流倍数n的两项之和）。

2. A段曝气池

（1）污泥负荷　A段污泥负荷一般控制在2～6kgBOD/(kgMLSS·d）之间，但实际运行中，由于进水水质、水量通常为变动状态，因此A段的污泥负荷瞬时波动是较大的，所以设计污泥负荷值不宜选取过高，通常取3～5kgBOD/(kgMLSS·d）为宜。污泥负荷过高不利于进水微生物的适应及生长，而负荷太低也不利于中间沉淀池的固液分离。

（2）污泥浓度、泥龄及污泥回流比　AB工艺中A段的负荷变化较大，因此在实际运行中，A段的污泥浓度也有较大波动，通常设计的污泥浓度为2000～3000mg/L。当设计的进水有机物浓度较高时，为了保证合理的水力停留时间，A段中的污泥浓度也可提高到3000～4000mg/L。A段的泥龄一般控制在0.3～1d之间。

由于A段主要以吸附为主，且污泥中的有机物含量较大，因此该段的污泥沉降性能较好，一般污泥指数SVI均在60以下，运行中A段的污泥回流比控制在50%以内。但考虑到实际工程运行的灵活性及其水质、水量的波动变化等因素，设计时A段的污泥回流比应考虑能在50%～100%之间灵活变化。

(3) 水力停留时间　由于A段以物理吸附为主，因此其HRT的设计较为重要，通常水力停留时间过长作用不十分明显。根据国内外的AB工艺的工程经验，一般情况下，水力停留时间设计值不宜少于25min，但也不宜超过1.0h。设计中可取30～50min。

(4) 溶解氧及耗氧负荷　由于A段可根据实际需要采用好氧或兼氧的方式运行，因此其溶解氧浓度的变化范围较大，一般在0.2～1.5mg/L之间。当采用兼氧运行方式时，溶解氧应控制在0.2～0.5mg/L之间。A段的氧消耗负荷一般在0.3～0.4kgO_2/(kgBOD_5去除)。

3. 中间沉淀池

中间沉淀池的作用主要是将A、B段的污泥菌种有效地隔开，因此其沉淀效果的好坏是非常重要的。由于A段的污泥沉降性能较好，因此其沉淀池的设计基本相当于初沉池的设计要求。一般情况下，中间沉淀池的表面水力负荷可取2m^3/(m^2·h)，水力停留时间可取1.5～2h；平均流量时允许的出水堰负荷为15m^3/(m·h)，最大流量时允许的出水堰负荷为30m^3/(m·h)。

4. B段曝气池

B段基本上同普通活性污泥法类似，因此其设计参数基本等同于普通活性污泥法工艺。B段的泥龄及污泥负荷的选取主要取决于出水水质要求。若出水水质仅要求去除有机物，则泥龄取5d左右即可；若出水水质必须满足脱氮的要求，则污泥龄应取15～20d，B段的污泥负荷约一般为0.15～0.3kgBOD/(kgMLSS·d)。

5. 二沉池

B段在采用传统活性污泥法工艺时，二沉池的作用与其在传统活性污泥法工艺中相同，因此其设计参数基本与传统活性污泥法工艺中的二沉池设计相同。通常按最大流量考虑，表面水力负荷一般取1.0m^3/(m^2·h)以下，水力停留时间为2.5～3h，最大出水堰负荷为15m^3/(m·h)。

6. 污泥产率

AB工艺的污泥产量相对其他传统活性污泥法工艺是较多的，因此AB工艺的污泥系统的合理设计的前提是合理确定污泥产率。

AB工艺中的废弃污泥分别来自A段和B段，而A段是工艺中污泥的主要来源，该段废弃污泥由三部分组成：即去除的可沉固体、去除的不可沉悬浮固体和降解溶解性BOD生成的生物活性污泥。在设计中可沉固体的去除率可取90%～100%，不可沉悬浮固体的去除率可取50%～75%，溶解性BOD去除率可按20%～40%计算。A段的废弃污泥量与进水水质中以上各组分的组成比例有关，通常设计中A段的污泥产率可采用0.3～0.5kg/(kgBOD去除)，考虑可沉固体和不可沉悬浮固体的去除，A段的废弃污泥量可采用式(2-6-158)计算。B段污泥产率可按照活性污泥法的设计考虑，即废弃污泥产量除与进水水质有关外还应考虑设计的泥龄等因素，在一般的城市污水AB工艺设计中，若泥龄为5～20d时，则B段污泥产率通常为0.5～0.65kg/(kgBOD去除)，废弃污泥量可采用式(2-6-165)计算。

(三) AB工艺设计

除典型AB工艺外，目前以典型AB工艺为主体，先后又有多种AB工艺的改进形式，因此其工艺的设计参数也各不相同，但这些改进的AB工艺设计的主体仍为A段，因此这里重点阐述典型的AB工艺A段的设计计算。

典型的AB工艺主要包括粗格栅、进水泵房、细格栅、沉砂池在内的预处理工段，A段(A段曝气池、中间沉淀池)，B段(B段曝气池、二沉池)，污泥处理工段(浓缩池、消化池、脱水机房)。除A段和B段外，其余的工段与传统活性污泥工艺设计基本相同。本节主要介绍A段和B段的设计计算方法。

1. 设计参数和符号的说明

Q为设计平均进水流量，m^3/d；q_{max}为设计最大进水流量，m^3/d；下标e表示出水；下标i为表示进水；T_{min}为设计最低水温,℃；T_{max}为设计最高水温,℃；$f_{BOD(s)}$为进水BOD中可沉部分所占比例；$f_{BOD(ns)}$为进水BOD中悬浮部分所占比例；$f_{BOD(d)}$为进水BOD中溶解性部分所占比例；$f_{SS(s)}$为进水SS中可沉部分所占比例；$f_{SS(ns)}$为进水SS中不可沉部分所占比例；f_V为SS中挥发组分所占比例(典型城市污水为0.5～0.65)；f_{nV}为SS挥发组分中不可生物降解的惰性部分所占比例(典型城市污水为0.3～0.4)；f_s为系统产泥系数，kgVSS/(kgBOD_5去除)；f为污泥有机成分比例。

2. A段曝气池设计计算

曝气池的设计计算需确定的设计参数如下。

X为曝气池内污泥混合液浓度，g/L；F_W为污泥负荷，kgBOD/(kgMLSS·d)；水质指标浓度单位为mg/L。

(1) 曝气池有效容积V　曝气池容积可按式(2-6-155)计算。

$$V=\frac{q_{max}BOD\times10^{-3}}{F_WX} \tag{2-6-155}$$

(2) 曝气池水力停留时间HRT　水力停留时间主要作为校核的设计参数进行计算，采用式(2-6-156)计算，单位为h。

$$HRT=\frac{24V}{q_{max}} \tag{2-6-156}$$

通过式(2-6-156)可验算HRT是否在合理的范围，否则应调整污泥负荷或曝气池内混合液浓度再重新计算。

(3) 曝气池实际需氧量R计算　实际需氧量的计算可按式(2-6-157)进行计算，单位kg/d。

$$R=a'QBOD(f_{BOD(s)}\eta_s+f_{BOD(ns)}\eta_{ns}+f_{BOD(d)}\eta_{db})\times10^{-3}+b'VX \tag{2-6-157}$$

式中，a'为去除每千克BOD所需的氧量，kg O_2/kg BOD，城市污水为0.5～0.6；b'为每千克VSS自身氧化需氧量，kg/(kg·d)，城市污水为0.11～0.18；η_s为可沉固体去除率；η_{ns}为不可沉固体去除率；η_{db}为溶解性BOD去除率。

根据实际需氧量计算标准需氧量，并根据标准需氧量进行曝气设备的设计计算(计算方法从略)。

(4) 废弃污泥量　废弃污泥量可通过式(2-6-158)进行计算。

$$W_A=Q[SS_i(f_{SS(s)}\eta_s+f_{SS(ns)}\eta_{ns})+aBOD_if_{BOD(d)}\eta_{db}]\times10^{-3}-bXV \tag{2-6-158}$$

式中，W_A为A段污泥产量，kg/d；a为污泥的产率系数，以VSS/BOD_5计，一般为0.05～0.75kg/kg；b为污泥的自身氧化系数，kg/(kg·d)，一般为0.05～0.1。

(5) 泥龄计算　泥龄θ_c可采用式(2-6-159)计算。

$$\theta_c=\frac{VX}{W_A} \tag{2-6-159}$$

3. 中间沉淀池设计计算

中间沉淀池需要确定的设计参数主要有表面负荷q和水力停留时间T。

表面负荷q一般可取1.5～2.0$m^3/(m^2\cdot h)$。

水力停留T一般可取1.5～2h。

沉淀池的有效面积 S 按式(2-6-160) 计算。

$$S=\frac{Q_{max}}{24q}(m^2) \tag{2-6-160}$$

有效水深 H 按式(2-6-161) 计算。

$$H=qT(m) \tag{2-6-161}$$

4. B段曝气池的设计计算

(1) B段曝气池容积　B段曝气池容积的设计计算基本与传统活性污泥法工艺相同，可参见第五章有关部分。

(2) B段曝气池时间需氧量 R 计算方法与A段曝气池时间需氧量 R 计算方法相同，但由于两段微生物种类、状态与去除有机物机理有较大差别，计算时应注意B段曝气池参数 a'、b'与A段曝气池参数 a'、b'值有所不同。

(3) 污泥产率计算　B段污泥产率主要有三部分组成，即进水SS的截留量 X_{SS}、降解有机物活性污泥生成量 X_b、内源呼吸残留量 X_e。

X_{SS}可由式(2-6-162) 计算，单位为kg/d。

$$X_{SS}=QSS_i\times10^{-3}\times(1-f_{SS(s)}\eta_s-f_{SS(ns)}\eta_{ns})(1-f_v+f_vf_{nv}) \tag{2-6-162}$$

X_b 可由式(2-6-163) 计算，单位为kg/d。

$$X_b=aQBOD_i\times10^3\times[1-f_{BOD(s)}\eta_s+f_{BOD(ns)}\eta_{ns}+f_{BOD(d)}\eta_{db}] \tag{2-6-163}$$

X_e 可采用式(2-6-164) 计算，单位为kg/d。

$$X_e=0.2b\theta_cX_b \tag{2-6-164}$$

B段污泥总产量 X_T 为 X_{SS}、X_b 和 X_e 之和。

(4) B段废弃污泥量 W_B 为B段污泥总产量与二沉池带出的污泥量之差：

$$W_B=W_T-QSS_c\times10^{-3} \tag{2-6-165}$$

第四节　投料活性污泥法

一、原理和功能

(一) 投料活性污泥法和生物膜法的原理

活性污泥法是目前广泛应用且具有发展潜力的一种废水生物处理技术。随着现代化工业的发展，城市中工业废水的排放量加大，水质和水量的波动性日益加剧，废水中难降解有机物的种类和数量不断增加，传统的活性污泥法的不足日益暴露出来。针对传统活性污泥法的不足，为适应废水处理发展的要求，开发了许多活性污泥法和生物膜法的改进工艺，其中，投加填料就是广为应用的一种改进工艺。

所谓投料活性污泥法和生物膜法，顾名思义，即在传统的活性污泥法系统以及生物膜系统中，投加某些物质，其对活性污泥产生显著影响，如改变系统内生物相以及微生物的存在方式，改变基质的分配与传质状况，增加系统的生物固体总量，提高系统综合净化能力等。本手册根据投加物质的不同，将该类处理方法分为五类：固定生物膜-活性污泥法（IFAS)、移动床生物膜法（MBBR)、投加混凝剂（助凝剂)、投加细颗粒流动载体、投加高效菌种。

(二) 各类型投料活性污泥法和生物膜法描述

1. 固定生物膜-活性污泥法（IFAS)[15]

固定生物膜-活性污泥工艺（integrated fixed-film activated sludge process）是包含固定

膜载体的活性污泥系统。在悬浮反应器中微生物可附着在固定膜载体上生长，从而增加可用的生物量，在不增加池容和占地的情况下，使营养物的去除增加。IFAS系统可设厌氧区、好氧区或兼氧区。在IFAS工艺中，仍需要二沉池和二级过滤，其设计类似于传统和改进的活性污泥法。

IFAS结构因活性污泥系统的类型和载体类型而不同。典型的结构如图2-6-39所示。IFAS系统中，活性污泥种类有传统活性污泥法（包含或不包含强化脱氮除磷），改进Ludzack-Ettinger（MLE）工艺以及分步脱氮等。载体包括绳状载体、海绵、塑料载体、旋转生物接触载体和生物滤池载体。另外，载体可以是悬浮自由流动的或固定式的，固定式载体固定在生物反应器内的框内。IFAS主要用于需提高氮和BOD去除的改造工程。IFAS在不增大占地面积的情况下可提高处理能力。IFAS系统适于无扩充空间、地下结构复杂或新要求提高氨氮排放标准的工厂。

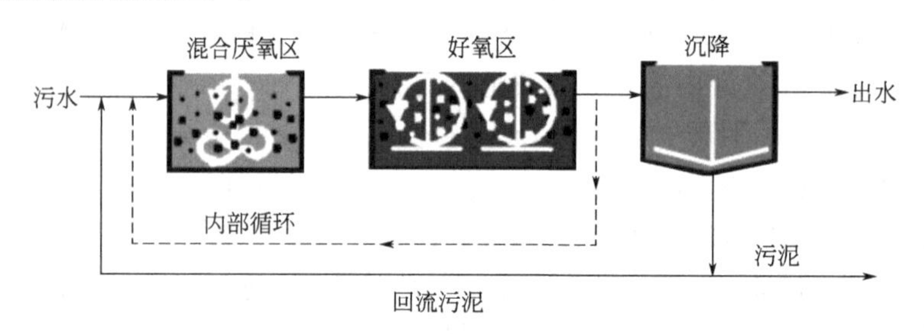

图2-6-39 典型的IFAS工艺流程

IFAS系统的目的是增加载体上附着生长的生物量来增加悬浮微生物量。生物量的增加会使单位体积的硝化率增加，从而减少硝化所需池容。IFAS系统中典型的MLSS浓度范围为1000～3000mg/L，而高达5000mg/L的浓度也有使用。IFAS系统的SVI类似于生物除氮的活性污泥系统。

IFAS系统是高效处理工艺。自由流动的系统不同于固定载体系统，需要增加设备，如截留载体流出的筛网、筛网清洗系统、载体循环泵等。空气扩散器来实现混合并防止自由流动的载体堵塞于出水筛网。海绵型自由载体需要气泵循环和载体清洗泵，而塑料载体则不需要。此外，自由流动载体更易受载体堵塞出水筛网引起的水力问题的影响。自由流动载体进行维护、清洗时，必须泵入另一个池子，之后再重新分配。

固定载体系统必须设计成维护、清洗时可取出或可移动的。当固定载体系统脱水后，载体可能会迅速产生臭气，因此臭气是需要关切的问题。此外，固定载体系统更易受优势微生物种群的影响。在固定载体系统中，载体位置较自由载体系统更为关键。

IFAS系统运行需要充足的混合、搅拌、曝气、出水筛网和泡沫堆积物去除系统。混合通常在悬浮载体系统中保证载体一致的循环和悬浮。自由载体系统中通常有充足的混合来控制生物膜生长，而固定载体系统则需要设计搅拌系统。充足的曝气对维持生物膜溶解氧浓度在3～4mg/L之间是很重要的。自由载体反应器中需要出水筛网，出水筛网通常为在曝气池中液面下的圆柱体筛网或缺氧池中垂直楔形金属丝网。出水筛网阻止泡沫流入下游工艺，因而泡沫堆积是常见的运行问题，可用有氯水喷雾或设泡沫可通过的筛网来解决。

2. 移动床生物膜法（MBBR）[15]

移动床生物膜法（the moving bed biological reactor）是微生物附着生长的活性污泥工艺，工艺原理是通过向反应器中投加一定数量的悬浮载体，提高反应器中的生物量及生物种类，从而提高反应器的处理效率。由于填料密度接近于水，所以在曝气的时候，与水呈完全混合状态，微生物生长的环境为气、液、固三相。载体在水中的碰撞和剪切作用，使空气气泡更加细小，增加了氧气的利用率。另外，每个载体内外均具有不同的生物种类，内部生长一些厌氧菌或兼氧菌，外部为好养菌，这样每个载体都为一个微型反应器，使硝化反应和反硝化反应同时存在，从而提高了处理效果。

MBBR 工艺中用到的填料为聚乙烯材料制成的空心圆柱体，与 IFAS 工艺中用的塑料填料相似。见图 2-6-40。

图 2-6-40　MBBR 工艺所用填料

MBBR 与 IFAS 主要的区别在于 MBBR 工艺不包括污泥回流过程。两种工艺都可作为现有活性污泥工艺的改造。这些系统主要用于溶解性有机物和氮的去除。MBBR 出水必须先经过预先沉淀，并且要后接沉淀池。一般而言，移动床有以下几个优点：控制生物膜薄厚的能力、增加传质效率、减少堵塞、提供较高的生物膜生长的表面面积。图 2-6-41 列出了 MBBR 工艺系统及系统单元。

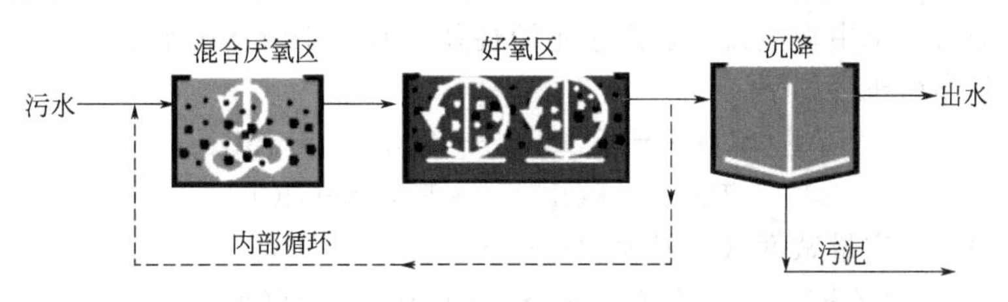

图 2-6-41　MBBR 工艺原理图

MBBR 工艺中的反应器可以为好氧、缺氧和厌氧的。载体依靠曝气（好氧区）和机械搅拌（缺氧和厌氧区）达到完全混合的状态。与 IFAS 悬浮载体系统类似，MBBR 出水需要设置筛网。MBBR 池体中放置的载体数量取决于有机负荷、水力负荷、温度、出水水质等。MBBR 通常添加池容 70%的填料，但具体应参见不同载体厂家的技术手册。MBBR 系统中典型的 DO 浓度为 2～3mg/L。实践中，过高的 DO 浓度并不利。初步研究显示，高有机负载的生物膜反应器会产生不易沉降的固体，因此 MBBR 系统中的沉淀池中可以添加化学药剂来促进沉淀。

移动床生物膜工艺的特点包括以下几点[16]。

（1）容积负荷高，紧凑省地　容积负荷取决于生物填料的有效比表面积。不同填料的比表面积相差很大。AnoxKaldnes 集团开发的填料比表面积可以从 $200m^2/m^3$ 到 $1200m^2/m^3$ 填料体积的范围内变化，以适应不同的预处理要求和应用情况。

（2）耐冲击性强，性能稳定，运行可靠　冲击负荷以及温度变化对移动床工艺的影响要远远小于对活性污泥法的影响。当污水成分发生变化，或污水毒性增加时，生物膜对此的耐受力很强。

（3）搅拌和曝气系统操作方便，维护简单　曝气系统采用穿孔曝气管系统，不易堵塞。搅拌器采用具有香蕉形的搅拌叶片，外形轮廓线条柔和，不损坏填料。整个搅拌和曝气系统很容易维护管理。

（4）生物池无堵塞，生物池容积得到充分利用，没有死角　由于填料和水流在生物池的整个容积内都能得到混合，从根本上杜绝了生物池的堵塞可能，因此，池容得到完全利用。

(5) 灵活方便 工艺的灵活性体现在两方面：一方面，可以采用各种池型（深浅方圆都可），而不影响工艺的处理效果；另一方面，可以很灵活地选择不同的填料填充率，达到兼顾高效和远期扩大处理规模而无需增大池容的要求。对于原有活性污泥法处理厂的改造和升级，移动床生物膜工艺可以很方便地与原有的工艺有机结合起来，形成活性污泥-生物膜集成工艺（HYBASTM 工艺）或移动床-活性污泥组合工艺（BASTM 工艺）。

(6) 使用寿命长 优质耐用的生物填料，曝气系统和出水装置可以保证整个系统长期使用而不需要更换，折旧率较低。

3. 投加混凝剂（助凝剂）的活性污泥法

采用活性污泥工艺处理往往无法同时兼顾脱氮和除磷的要求，脱氮一般只能靠生物去除而除磷既可以采用生物除磷也可以采用化学除磷，可以用活性污泥工艺脱氮，同时用化学法辅助除磷。活性污泥法与化学法结合处理城市污水成为污水处理技术的一个新趋势，在活性污泥系统中加入少量混凝剂，既有混凝效果，同时又能在其表面生成生物活性膜，污泥颗粒紧实，使生物处理的效果更加稳定，可提高工艺对磷的去除率，使活性污泥的浓度提高，改善出水水质，同时可以提高二沉池固废分离条件，缩小二沉池容积及占地面积，提高污泥处理能力，抑制污泥膨胀及上浮的不良现象。

水处理中常用的混凝剂有无机混凝剂、有机高分子絮凝剂及微生物絮凝剂。

无机混凝剂与废水中磷酸盐结合产生不溶性盐，有利于磷从废水中去除而进入污泥，并随污泥外排，其作用机理如下[17]：

$$Al_2(SO_4)_3+2PO_4^{3-} \longrightarrow 2AlPO_4+3SO_4^{2-} \tag{2-6-166}$$

$$FeCl_3+PO_4^{3-} \longrightarrow FePO_4+3Cl^- \tag{2-6-167}$$

由于废水中含一定量碱度（一般为 100～150mg/L），于是：

$$Al_2(SO_4)_3+6HCO_3^- \longrightarrow 2Al(OH)_3+3SO_4^{2-}+6CO_2 \tag{2-6-168}$$

$$FeCl_3+3HCO_3^- \longrightarrow Fe(OH)_3+3Cl^-+3CO_2 \tag{2-6-169}$$

因此，投加混凝剂是增强脱磷的重要对策之一。过程中生成的不溶性磷酸盐随 $Al(OH)_3$ 或 $Fe(OH)_3$ 絮凝体一起沉降去除。常用的无机混凝剂为硫酸铝和三氯化铁。

混凝剂在活性污泥系统中的投加位置，对处理过程及处理效率有重要的影响，具体有以下 5 种可能投加位置，如图 2-6-42 所示：①在初沉池出水，回流污泥流入之前；②在初沉池出水，回流污泥流入之后；③在初沉池出水流入曝气池内附近的地方；④在曝气池流出口附近；⑤在曝气池出水流入终沉池的明渠中。

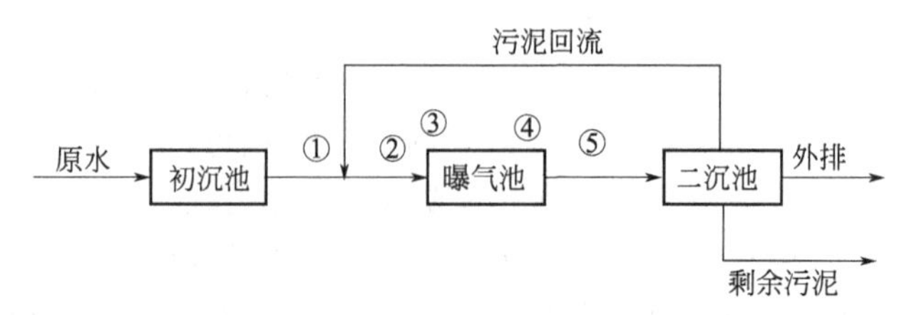

图 2-6-42 混凝剂向活性污泥系统的几种可能投加位置

混凝剂的种类与最适宜添加的位置有密切的关系。一般来说，硫酸铝的最适宜投加位置为曝气池的流出口附近④，而三氯化铁则在初沉池流入曝气池内的进口附近③。选择最适合的位置投加混凝剂，要考虑形成的絮体不致被破坏而使出水浑浊，同时适合的位置也能使混凝剂投药量节省，而功效显著。

有机混凝剂目前广泛应用的有聚丙烯酰胺（PAM）。它是一种人工合成的线型水溶性有机高分子化合物，其聚合度高达20000～90000，相应的分子量高达50万～1700万。聚丙烯酰胺易溶于冷水，而在有机溶剂中溶解度有限，分子链长，具有优良的絮凝性能[18]。聚丙烯酰胺常作为助凝剂与其他混凝剂一起使用，可产生较好的混凝效果。

微生物絮凝剂是一类由微生物或其分泌物产生的代谢产物，它是利用微生物技术，通过细菌、真菌等微生物发酵、提取、精制而得的，是具有生物分解性和安全性的高效、无毒、无二次污染的水处理剂。微生物产生的絮凝剂的相对分子质量多在10万以上，有的达200万。因此，也可以说是一种天然的高分子絮凝剂。在反应工程中，絮凝剂的大分子通过离子键、氢键与范德华力，将水中的胶体颗粒吸附、连接在一起，形成“架桥”现象。这是对微生物絮凝剂机制最常解释的一种理论。这种被架桥而凝聚在一起的胶体颗粒与絮凝剂在一起形成网状结构，质量不断增加，借重力而下沉，进行固液分离。一般来说，微生物絮凝剂的分子质量越大，则絮凝效果越高，絮凝效果越佳[19]。

4. 投加细颗粒流动载体的活性污泥法[20]

向活性污泥系统中投加细颗粒流动载体，具有流动性好、不堵塞、传质效果好等特点。该类载体包括粉末活性炭、砂粒、沸石、粉煤灰、陶瓷以及易于回收的磁性细小颗粒。

20世纪60～70年代国外开发出将粉末活性炭（PAC）投加到活性污泥系统的（曝气池中的）混合液中去的工艺，显示出许多优点：①利用粉末活性炭的吸附作用，提高BOD_5和COD（乃至TOC）的去除率，改善污泥沉降性能；②提高对色素、难生物降解污染物和多类毒物的去除率；③能吸附去除废水中的洗涤剂，减少了曝气池液面上的泡沫及其危害；④提高曝气池抗击有机污染物负荷及水力负荷波动变化的适应能力，使运行稳定安全，出水水质均匀；⑤能降低SVI，消除污泥膨胀，污泥沉降性能改善；⑥能延长活性污泥系统的污泥龄，使硝化作用更完善；⑦粉末活性炭污泥在沉淀池的沉降速率比单纯活性污泥要大，这样提高了固液分离效率，使出水水质更佳。

除了粉末活性炭，陶粒、砂粒、无烟煤、沸石等也可以作为小颗粒介质载体投放活性污泥系统以强化净化效果，改善污泥性质。

投加量与污水性质、污染物浓度、系统内的生物量等有密切关系，一般占曝气池体积的15%～30%，在50%以下为宜。BOD容积负荷宜小于$10kgBOD_5/(m^3 \cdot d)$。系统内的MLVSS保持在3000～10000mg/L或更高。

5. 投加高效菌种的活性污泥法

自然界中广泛存在着多种多样的微生物，它们不仅对地球的物质循环以及生态的平衡起重要作用，而且对自然环境中的特定污染物具有降解作用。针对现运行的多数污水生物处理装置存在难降解污染物以及氮磷处理率低问题，通过采用生物强化技术投加具有特定降解功能的微生物，增强对这类污染物的降解能力。这类技术被认为是一种较为经济实用的解决方案。

本手册中主要介绍EM菌、硝化菌、酵母菌三类。

(1) EM菌　日本琉球大学农学部教授比嘉照夫经过多年的研究，于20世纪80年代研制开发出了EM菌，即有效微生物菌群（effective microorgaisms）。EM菌是基于“头领效应”，以光合细菌为主导，包含有放线菌群、乳酸菌群、酵母菌群等10属80多种微生物，各微生物之间通过形成互惠互利的共存共生体系而合成的生物活菌制剂。EM菌中主要菌群对污染物的去除功能[21]见表2-6-13。

从表2-6-13可以看出，EM菌对污水中多种污染物具有降解作用。又由于EM菌是一个复杂的互利互惠的共生菌群，具有一定的稳定性，因此对水体污染事故的紧急处理，自然水体的生态修复，强化污水生物处理体系对特定污染物降解效果等方面都有较好的应用。

表 2-6-13 EM 菌中主要菌群及其对污染物的去除功能

菌群名称	基质	产物	对污染物的去除功能
光合菌群	二氧化碳、乳酸、硫化氢、氮素	氨基酸、核酸、糖类、维生素类、氮素化合物、生理活性物质、抗病毒物质	可降解污水中的有机物、氨氮和硫化氢等有害物质
放线菌群	氨基酸、氮素、嘧呤、木质素、纤维素、甲壳素	抗生素、维生素、酶	可促进污水中的有机氮和纤维悬浮物的分解
酵母菌群	氨基酸、碳水化合物	酵母蛋白、二氧化碳和酒精、促进细胞分裂的活性化物质	可促进污水中醇、酚、脂、氨基酸及多糖和蛋白质的分解
乳酸菌群	多糖类、木质素、纤维素	乳酸等	可促进污水中难降解碳水化合物的分解

EM 菌原液（或原露）在使用时通常采用有效的基质对 EM 菌进行复壮扩大培养，其主要目的：①迅速恢复 EM 菌原液中各菌种的活性和提高生物量，从而提高 EM 菌中活性微生物对污染物的降解能力；②减少 EM 菌原液用量，有效降低运行成本。常用的 EM 菌复壮液制作方法见表 2-6-14[21]。

表 2-6-14 常用的 EM 菌复壮液制作方法

复壮液成分	成分体积比	操作条件	重要结论
EM-1＋蜂蜜/糖蜜/COD_{Cr} 5500mg/L 左右的污水＋去氯水	3∶3∶94 5∶5∶90 8∶8∶84 10∶10∶80	＞25℃，密闭	复壮 EM 体积分数＞1%为宜，用高浓度污水、糖蜜和蜂蜜为宜；用高浓度污水复壮，可节省 EM 菌用量
EM 原液＋蜂蜜＋去氯水	3∶3∶100	25℃，密闭 1 周	
EM 原液＋糖蜜＋蒸馏水	3∶3∶94 4∶4∶92 5∶5∶90 6∶6∶88	厌氧：25～33℃，密闭 好氧：微曝气 DO 1～3mg/L，25～33℃	厌氧复壮效果比好氧的好
EM-1＋COD_{Cr} 1885mg/L 的废水＋蒸馏水	3∶3∶94 4∶4∶92 5∶5∶90 6∶6∶88	厌氧	用废水的复壮效果没有糖蜜好
EM-1 原液＋糖蜜＋蒸馏水	4∶4∶92	厌氧，1 周	

从表 2-6-14 可以看出，复壮处理后的扩大液，一般以 1/2000～1/1000 的体积比投加到活性污泥处理系统中，强化生物处理工艺对污水的处理效果。

（2）硝化菌　硝化是污水生物处理脱氮工艺的重要步骤，硝化过程的主要控制因素有温度、泥龄、pH 值及有毒有害物质，硝化反应的最适温度范围是 30～35℃，当温度在 5～35℃之间由低至高逐渐过渡时，硝化反应的速率将随温度的增高而加快，泥龄是重要的工艺参数，为保证反应器中有数量足够且性能稳定的硝化菌，必须使微生物的停留时间大于硝化菌的最小运行周期，一般在 3～5d，有的达 10～15d。在低温期间为保证正常的硝化效率，反应器的容积要求达到高温期间的三倍以上。

投加硝化菌能有效地解决活性污泥工艺在低温期间泥龄要求长和反应器容积大的问题。

活性污泥硝化阶段采用硝化菌污泥投加的方法可用于一年四季对硝化有较高要求的城市污水处理厂。已有研究表明，脱水污泥的上清液富含氨氮，易在独立硝化单元中生物硝化为硝酸盐[22]，由于这部分污水的氨氮含量高，有利于生成高组分硝化菌污泥。这种独立硝化单元产生的剩余污泥是一种有效的硝化投加液，它能显著提高硝化效率。这可以成为一种对传统硝化技术的优化方法，特别是在低温期间能有效地达到硝化要求。

(3) 酵母菌　酵母菌也为EM菌的主要菌群之一。酵母菌的分布非常广泛，经过长期的自然选择，对高糖环境、高碳环境、高渗透压环境、低温环境、有毒有害环境等具有较强的适应性。近年来，越来越多的研究表明，酵母菌在处理废水方面有巨大的潜力和广阔的前景。目前，在高浓度有机废水、含重金属离子废水、有毒有害废水、生活污水等废水处理领域中已经有了一定的应用。

一些酵母菌能利用石油馏分中的正烷烃、正烯烃和环烷烃等烃类化合物作为生长碳源。它们可以使石油脱蜡，即除去石油中的正烷烃，降低其凝固点。尤其是假丝酵母菌属(*Candida*)既可用于脱蜡达到提高石油品质的目的，同时又可获得丰富的单细胞蛋白(SCP)。意大利SarrochBP公司的*Candida maltosa*以正烷烃为碳源，其生产规模达100000t/a。不少假丝酵母能利用正烷烃为碳源进行石油发酵脱蜡，其中氧化正烷烃能力较强的假丝酵母多是解脂假丝酵母或热带假丝酵母，人们利用它们得到了高级航空汽油和柴油，同时也获得了大量的石油酵母。据说，加喂1t石油酵母饲料，可多生产700多千克猪肉。石油酵母将来还可能作为人类的食物。

除利用石油外，酵母菌还可利用工业废水。如热带假丝酵母(*C. tropiculis*)可利用味精生产废水生产SCP，蛋白含量达60%，可作为动物饲料；产朊假丝酵母(*C. utilis*)利用亚硫酸纸浆废水生产SCP，这样，既消耗掉了工业废水等污染物，治理了环境，同时又获得了丰富的SCP；另外，酵母菌可以利用赖氨酸加工废水，生产单细胞蛋白，从而变废为宝，进行废物资源化利用；复旦大学也进行了利用丝孢酵母处理淀粉废水和豆制品废水的研究[23]。

二、设备和装置

投料活性污泥法是对传统活性污泥法的改进，因此同样需要活性污泥法中所需要的设备和装置。如曝气装置(参见本章第三节)、各种泵(进水泵、出水泵、排泥泵、污泥回流泵、加药泵等，参见各厂家样本)等。此外，投料活性污泥/生物膜法由于其工艺的特点，还需要一些其独特的设备和装置。

(一) MBBR、IFAS系统所需填料

1. 悬浮填料

(1) 塑料载体　在现代污水处理厂中，用于IFAS和MBBR工艺中的生物膜载体主要材料是HDPE，技术关键在于研究和开发了密度接近于水，轻微搅拌下易于随水自由运动的生物填料。生物填料具有有效表面积大，适合微生物吸附生长的特点。填料的结构以具有受保护的可供微生物生长的内表面积为特征。当曝气充氧时，气泡的上升浮力推动填料和周围的水体流动起来，当气流穿过水流和填料的空隙时又被填料阻滞，并被分割成小气泡。在这样的过程中，填料被充分地搅拌并与水流混合，而空气流又被充分地分割成细小的气泡，增加了生物膜与氧气的接触和传氧效率。在厌氧条件下，水流和填料在潜水搅拌器的作用下充分流动起来，达到生物膜和被处理的污染物充分接触而生物分解的目的。流动床生物膜反应器工艺由此而得名。其原理示意图如图2-6-43所示。因此，流动床生物膜工艺突破了传统生物膜法(固定床生物膜工艺的堵塞和配水不均，以及生物流化床工艺的流化局限)的限制，为生物膜法更广泛地应用于污水的生物处理奠定了较好的基础[16]。

不同厂家生产的生物膜载体在外观上也略有不同，如图2-6-44、图2-6-45所示。

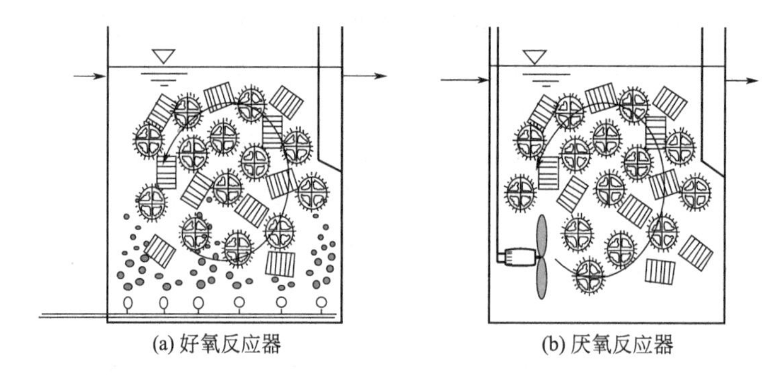

图 2-6-43 流动床生物膜工艺原理示意

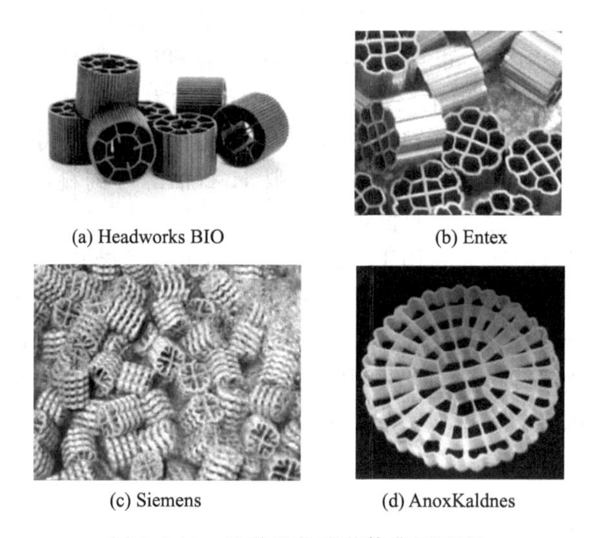

图 2-6-44 几种生物膜载体典型形态

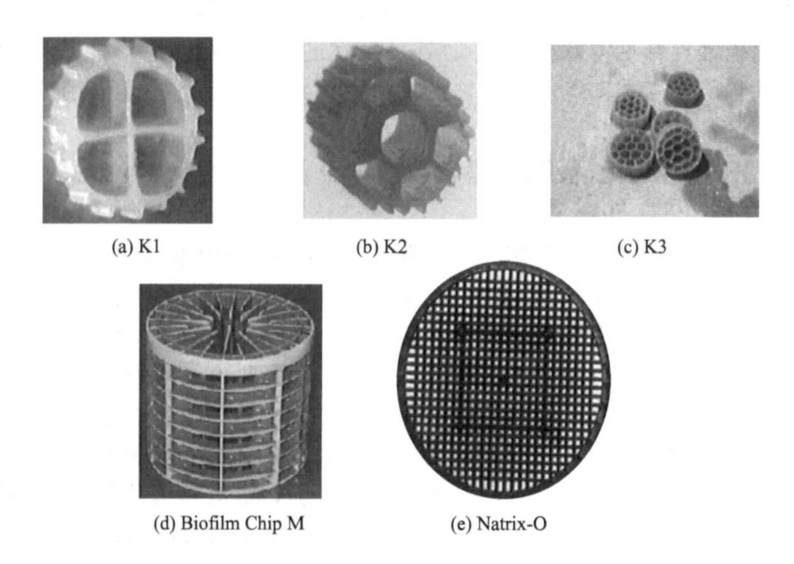

图 2-6-45 K1、K2、K3，（第一排自左到右）Biofilm Chip M and Natrix-O（第二排自左到右）

载体上生物膜主要集中于载体内部，外部的生物量较少，这主要由于载体相互碰撞时造成的损耗。图 2-6-46 为附着有成熟生物膜的载体。

当预处理要求较低，或污水中含有大量纤维物质时，宜采用比表面积较小的尺寸较大的生物填料，比如在市政污水处理中不采用初沉池，或者在处理含有大量纤维的造纸废水时。当已有较好的预处理，或用于硝化时，宜采用比表面积大的生物填料。生物填料由塑料制成。填料的相对密度界于 0.96～1.30 之间[16]。

（2）海绵载体（图 2-6-47）　海绵块通常占活性污泥池容的 10%～30%。微孔曝气提供所需氧气以及必要的混合能量。海绵块上的固定微生物的增加使得池中微生物总量增至原来的两倍。与此同时，系统达到更高的总泥龄和较低的污泥负荷。

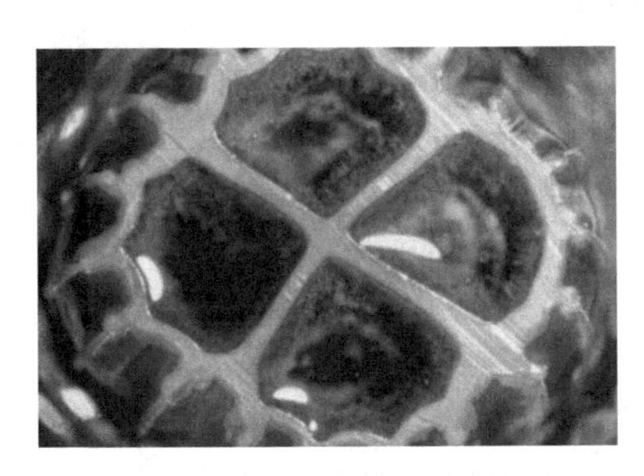

图 2-6-46　附着成熟生物膜的载体

图 2-6-47　海绵载体

2. 固定填料

固定填料仅用于 IFAS 系统中。通常将绳装填料做成固定的模块，用时只需吊装入曝气池中。BioWeb 是一种用于 IFAS 系统的针织矩阵固定膜，如图 2-6-48 所示。这一网状结构提供了无数生物附着位置。将这些网状膜填装在矩形框中作为模块，即可方便地安装和更换，如图 2-6-49、图 2-6-50 所示。

图 2-6-48　BioWeb 固定生物膜

图 2-6-49　BioWeb 固定膜的安装

（二）IFAS、MBBR 系统出水筛网

在 IFAS、MBBR 系统中，出水装置要求达到把生物填料保持在生物池中，其孔径大小由生物填料的外形尺寸而定。出水装置的形状有多孔平板式或缠绕焊接管式（垂直或水平方向）。出水面积取决于不同孔径的单位出流负荷。出水装置没有可动部件，不易磨损。如图 2-6-51 所示。

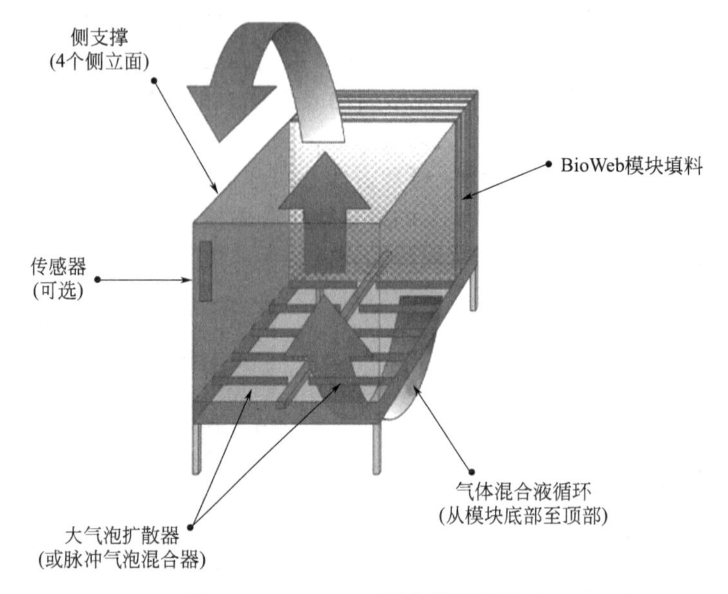

图 2-6-50 BioWeb 固定膜运行模型

图 2-6-51 各种出水筛网的形式

(三) MBBR、IFAS 曝气系统

由于生物填料在生物池中的不规则运动，不断地阻挡和破碎上升的气泡，曝气系统只需采用开有中小孔径的多孔管系，这样，不存在微孔曝气中常有的堵塞问题和较高的维护要求。曝气系统要求达到布气均匀，供气量由设计而定，并可以控制。一般而言，粗气泡的扩散速率在 $0.03m^3/(min \cdot m^3)$ 左右就基本足够了，如图 2-6-52 所示。

(四) MBBR、IFAS 系统中厌氧反应池的搅拌系统

厌氧反应池中采用香蕉形叶片的潜水搅拌器。在均匀而慢速搅拌下，生物填料和水体产生回旋水流状态，达到均匀混合的目的。搅拌器的安装位置和角度可以调节，达到理想的流态。生物填料不会在搅拌过程中受到损坏，如图 2-6-53 所示。

投加悬浮填料的 IFAS 及 MBBR 系统示意如图 2-6-54 所示。

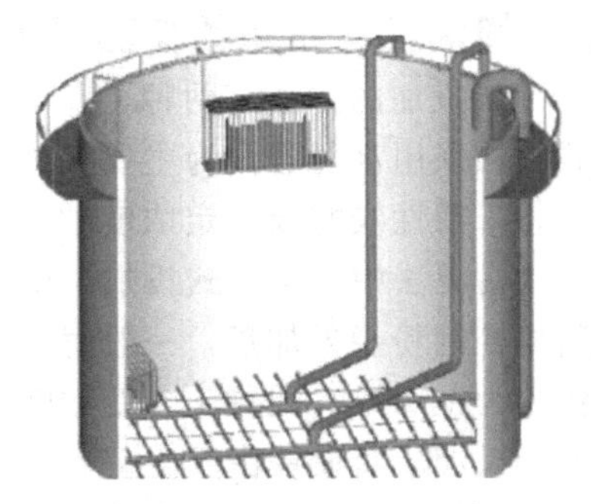

图 2-6-52　曝气系统

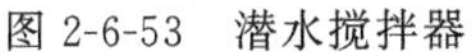

图 2-6-53　潜水搅拌器

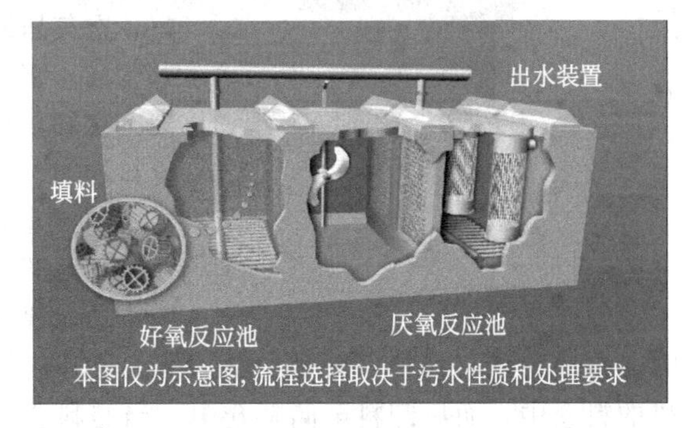

图 2-6-54　投加悬浮填料的 IFAS 及 MBBR 系统示意[16]

(五) IFAS 系统海绵载体循环泵

海绵型自由载体需要气泵循环和载体清洗泵，而塑料载体则不需要[15]。

(六) 投加混凝剂的加药系统

混凝剂的投加通常需要溶药池、加药计量泵。目前该类设备通常做成一体化装置，溶药箱配备加药计量泵即可完成混凝剂的投加过程。投药流程如图 2-6-55 所示。加药系统规格参数见表 2-6-15。

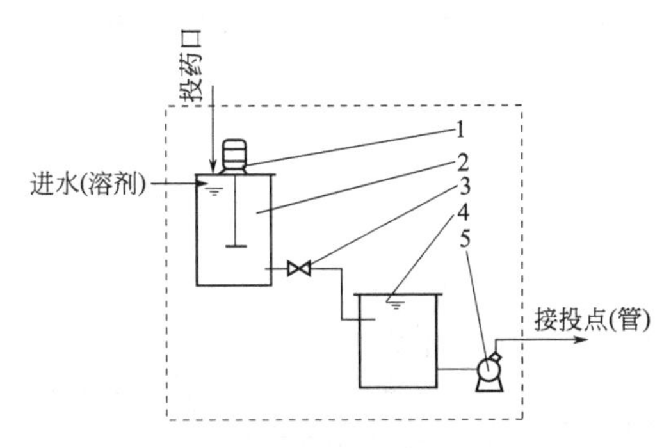

图 2-6-55　投药流程

1—搅拌机；2—溶药槽；3—连通阀；4—贮药液槽；5—隔膜式计量泵（或喷射器附转子流量计、喷射器）

表 2-6-15　加药系统规格参数

型　号	外形($L\times W\times H$)/mm	药剂投加量/(L/h)	投加方法	投加功率	搅拌机功率/kW	溶药液槽容积/L	贮药槽容积/L
TV-0.5/0.6-1	1460×1260×1800	0～200	计量泵微型机座系列	0.37kW	0.37	500	600
TV-0.5/0.6-2	1460×1260×1800	5～500	喷射器附转子流量计	—	0.37	500	600
TV-0.5/0.6-3	1460×1260×1800	5～500	重力投配附转子流量计	—	0.37	500	600
TV-0.5/0.6-4	1460×1260×1800	5～500	喷射器	—	0.37	500	600

图 2-6-56 某厂家生产的活性炭粉末投加设备

(七) 投加活性炭粉末的加药系统[24]

粉末活性炭投加的方法有两种，即干式投加和湿式投加。干式投加采用水射器作为主要投加工具。湿式投加则要先将粉末活性炭配成一定浓度的炭浆，再用泵投加。投料活性污泥法中采用干式投加。干式投加法以变频螺旋送料机控制粉炭投加量，一般每台干投机（由料仓与送料机构为主组成）配置 1 台变频螺旋送料机。粉末活性炭自动投加成套设备由真空上料机、变频干粉投加机、储料仓、料位计、真空压力表、电磁阀、气动阀门、空气压缩机、水射器装置、电器控制柜及自控系统等构成。真空上料系统将粉炭吸入料斗，减少粉尘污染；变频干粉投加机采用双螺旋给料器投加粉体，保证投料均匀、分散，精度在±3%以内（图 2-6-56）。

该成套设备实现了粉末活性炭全自动连续投加，粉末活性炭通过真空上料机输送到储料平台上的储料仓中。当系统检测到储料仓中的粉末活性炭处于低料位时，自动提示（报警）需要加料，由人工开启并通过真空上料机将粉末活性炭吸入真空上料机的料仓中，而后卸料至储料仓中。当储料仓中的粉末活性炭达到高料位后，停止真空上料机的上料工作。当系统检测到干粉投加机料仓中的粉末活性炭处于低料位时，自动开启储料仓下部（投加机料仓上部）的阀门，使粉末活性炭自流到投加机料仓中，当干粉投加机料仓中的粉末活性炭处于高料位时，阀门自动关闭（图 2-6-57）。干粉投加机采用双定量螺旋计量，随水量的变化自动调整投加机变频电机的转速，精确控制粉末活性炭的投加量，做到粉末活性炭的投加量随水量的变化而变化，保持配比恒定。打开水射器前后阀门，当水射器内形成负压后，打开水射器上部电动阀门，同时干粉投加机自动开始工作，将粉末活性炭投加到水射器中，水射器将粉末活性炭与水混合后投入到投加点。水射器出口采用气动阀，具有停电时迅速关闭功能，从而防止投加点处的压力水倒流，满足安全运行要求。

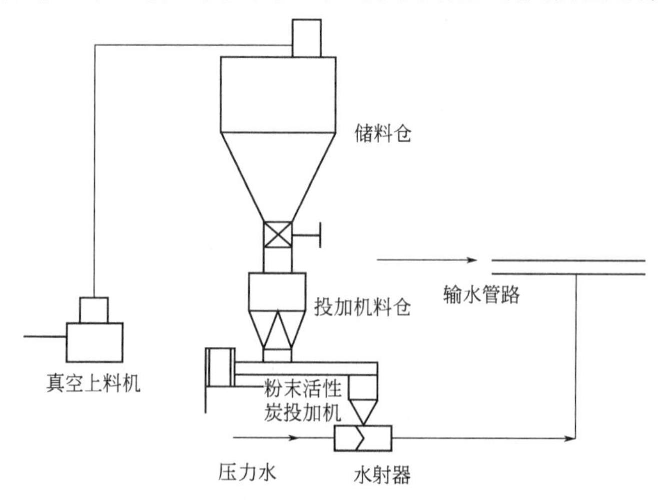

图 2-6-57 粉末炭自动投加成套设备示意

三、设计计算

本书主要介绍 IFAS 及 MBBR 工艺的设计计算。

(一) 工艺流程

1. 较为成熟的 IFAS 工艺——LINPOR

LINPOR 工艺是德国 LINDE（林德）公司开发的一种悬浮载体生物膜反应器，其生物膜载体为正方形泡沫塑料块，尺寸为 10mm×10mm，它们放入曝气池中，由于其相对密度约为 1，故在曝气状态下悬浮于水中。其比表面积大，每 $1m^3$ 泡沫小方块的总表面积约为 $1000m^2$，在其上可附着生长大量的生物膜，其混合液的生物量比普通活性污泥法大几倍，MLSS≥10000mg/L，因此单位体积处理负荷要比普通活性污泥法大[15]。

LINPOR 工艺可根据其所能达到的处理功能和对象的不同，以 3 种不同的方式运行。一是主要用于去除废水中的含碳有机物的 LINPOR-C 工艺，适用于去除碳污染物。在无氧条件下，由兼性菌及专性菌降解有机物，最终产物是二氧化碳和甲烷气；二是用于脱氮的 LINPOR-N 工艺；三是用于同时去除废水中的碳和氮的 LINPOR-C/N 工艺，适用于同时除去碳和氮的污染物。它的 F/M 低于 LINPOR 工艺，因此其泥龄足以进行硝化过程，即氮的生物氧化在载体颗粒内部所形成厌氧区。所生成的硝酸盐，其较大部分不立即进行反硝化作用，剩余的硝酸盐可以在上游的反硝化池中加以去除。具体流程如下。

(1) LINPOR-C 工艺　使用 LINPOR-C 工艺可以把容易生物分解的碳水化合物去除。同传统活性污泥工艺相比，优点特别显现在易于出现大批量工业污水的处理上，例如纸浆及纸工业污水。其工艺流程如图 2-6-58 所示。

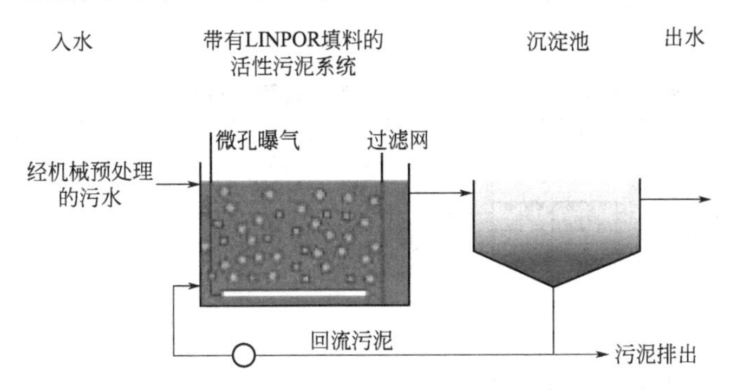

图 2-6-58　LINPOR-C 工艺流程

(2) LINPOR-N 工艺　LINPOR-N 工艺只使用固定微生物，因此不需要后续沉淀池，也不需要污泥回流系统。它用于（后）硝化以及不易生物分解物质的脱除。一个砂滤池保证无固体物质随水排出。此外，出水中磷的负荷可通过使用适当的加药沉淀去除。其工艺流程如图 2-6-59 所示。

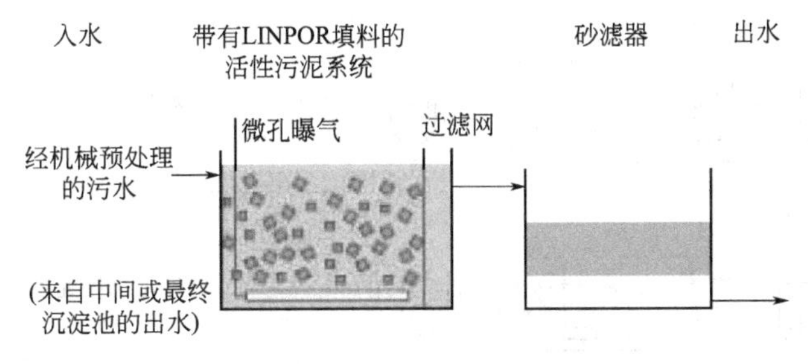

图 2-6-59　LINPOR-N 工艺流程

(3) LINPOR-CN 工艺　LINPOR-CN 工艺对市政污水的应用上特别具有吸引力，因为现有设施不仅可以改造成去除碳水化合物，而且可以去除氮化合物。这种额外的硝化

(N) /反硝化 (DN) 步骤通常不用建新池子便可实现。其工艺流程如图 2-6-60 所示。

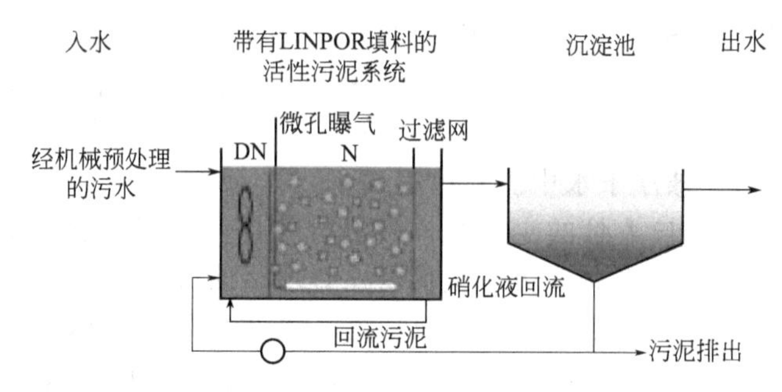

图 2-6-60 LINPOR-CN 工艺流程

2. MBBR 工艺的常用流程[16]

(1) 去除有机物工艺流程 一般而言，去除有机物工艺流程较为简单。对于一般二级生物处理，出水 BOD 要求为 25mg/L 时，一般采用两级流动床流程。如二沉池前设有混凝单元，或一级处理中采用化学沉淀，则可采用一级流动床流程。对于出水 BOD 要求为10mg/L 时，采用两级流动床流程，并需要采用化学沉淀一级处理，或者混凝沉淀二沉池。对于采用流动床工艺作为活性污泥工艺的生物预处理对付冲击负荷时，则可采用一级流动床流程。以上各种情况的设计负荷因预处理工艺的不同和 BOD 去除要求的不同而异。表 2-6-16 列举了可能的工艺流程。

表 2-6-16 应用流动床生物膜工艺去除有机物的工艺流程

序号	流 程	备 注
1		常规二级处理
2	药剂	常规二级处理(强化一级及化学除磷)
3	药剂	常规二级处理(强化二级及化学除磷)
4	药剂	强化二级处理(强化二级及化学除磷)
5	药剂	强化二级处理(强化一级及化学除磷)
6		常规二级处理(流动床工艺为预处理-BAS 工艺)

(2) 生物脱氮工艺流程　生物脱氮的途径一般包括两步。第一步是硝化，将氨氮氧化为亚硝酸盐氮和硝酸盐氮。这一步由于硝化菌生长缓慢而需要很大的生物池容积。硝化只有在有机物氧化基本完成后才易于进行，是因为氧化有机物的异养菌生长迅速。硝化可以单独进行。第二步是反硝化，在厌氧条件下将硝酸盐氮还原为分子氮而逸出。这一步很快，不是脱氮的控制因素。硝化是否前置或后置，取决于污水中碳源的质和量。

① 硝化工艺流程。当采用常规一级处理时，一般采用三级流动床工艺流程，其中第一个反应池用于有机物的去除，第二和第三个反应池用于硝化。

当采用化学沉淀强化一级处理去除大部分悬浮物和胶体物质时，可以采用两级流动床工艺流程，溶解性有机物的氧化和部分硝化在第一反应池中进行，而第二反应池则用于硝化。

当采用活性污泥法全流程（预沉—活性污泥—二沉）去除有机物时，可以采用一级或两级流动床工艺进行硝化。

当对活性污泥法工艺去除有机物的污水处理厂升级改造为硝化工艺时，采用活性污泥-生物膜集成工艺（HYBAS）能够很灵活地解决问题。在现有的活性污泥池中投加生物填料，这样，活性污泥将与生物膜共存于同一反应池中。活性污泥将主要去除有机物，而吸附生长于生物填料表面的硝化菌则完成硝化作用，充分利用了两种工艺的优点，从而充分利用现有工艺条件又达到升级改造的双重目的。这种工艺的灵活性还体现在生物填料的填充率可以根据需要在30%～67%之间选择。在这一工艺中需要回流污泥以保持反应池中的MLSS污泥浓度。表2-6-17列举了有关工艺流程。

表2-6-17　应用流动床生物膜工艺去除有机物及硝化工艺流程

序号	流　程	备　注
1	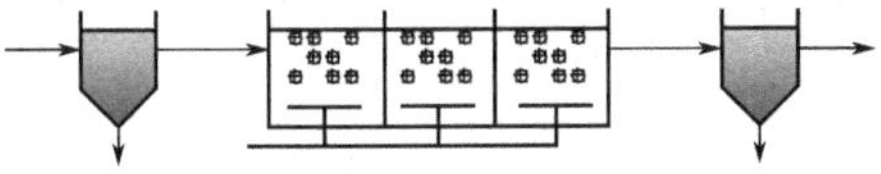	有机物去除及硝化
2	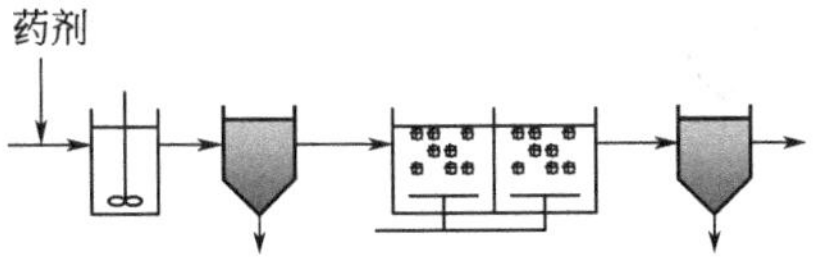 药剂	有机物去除及硝化可化学除磷
3	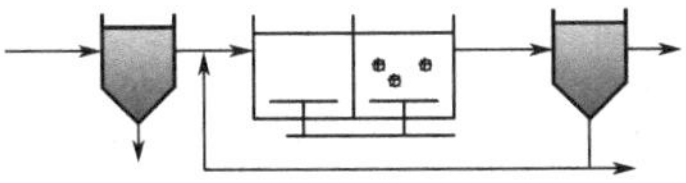	有机物去除及硝化 HYBAS 工艺

② 生物脱氮工艺流程。生物脱氮包括硝化和反硝化。反硝化需要碳源。当碳源可以由污水中的溶解性BOD提供时，应充分利用，如污水中碳源不足，则要外加碳源。外加碳源可以由污泥水解而产生的富含挥发性有机物提供，也可以是其他来源，如工业用甲醇或乙醇或其他工业生产的高浓度溶解性有机废物。反硝化工艺可以前置或后置，或同时前后置。

当污水中碳源充足时，反硝化前置充分利用现成的碳源，剩余有机物才被好氧氧化。后置的硝化出水回流到反硝化池。此时可以采用三级流动床工艺流程，第一反应池为厌氧反硝化，第二反应池为有机物好氧氧化，第三反应池为好氧硝化池，硝化池出水按反硝化效率计算得来的回流比回流到前置反硝化池。

当污水中碳源严重不足时，采用后置反硝化工艺，外加碳源可以来源于污泥水解的上清液，并补充部分碳源。此时由于污水中有机物主要以颗粒以及胶体形式存在，强化一级处理会很有效地减少有机物好氧氧化池的体积，同时，颗粒状有机物也充分地保留在污泥中并经水解后用作反硝化的碳源。此时采用后置反硝化的三级流动床工艺流程，无需回流硝化池出水。第一第二池用于有机物氧化和硝化，第三池为反硝化池。

当污水中碳源不足但可以利用时，则可以采用反硝化同时前置和后置的流动床工艺。此时采用四级流动床工艺流程，第一池为前置反硝化，第二和第三池为有机物氧化和硝化（该两池可以合并为一池），第四池为后置反硝化，未完全反硝化的出水以适当的回流比回流到第一池中。

流动床工艺与活性污泥工艺有机结合起来，也可以达到生物脱氮目的。当现有的活性污泥法硝化污水处理厂升级时，可以在其后增设流动床单池工艺进行反硝化。

HYBAS 工艺也能很好地适应于生物脱氮。在活性污泥法中为了达到硝化，好氧泥龄应很长，污泥浓度较高，容易导致丝状菌的大量繁殖，而出现污泥膨胀和难以沉淀。而在 HYBAS 工艺中，利用生物填料来富集生长缓慢的硝化菌，从而可以利用生物膜来进行硝化，利用较短泥龄的活性污泥去除有机物。富含硝氮的水流以按照反硝化效率而确定的回流比回流到前置的反硝化厌氧/缺氧池中。前置反硝化池中未被利用的溶解性有机物（超过反硝化需要的部分）和可生化降解的颗粒有机物则在后续的有机物氧化池及 HYBAS 池中被分解。

HYBAS 工艺生物脱氮因而包括三池，第一池为活性污泥反硝化池，第二池为活性污泥有机物氧化池，HYBAS 池进行硝化和最后的有机物氧化。表 2-6-18 列举了相应的工艺流程。

表 2-6-18 应用流动床生物膜工艺去除有机物及脱氮工艺流程

序号	流　　程	备　　注
1	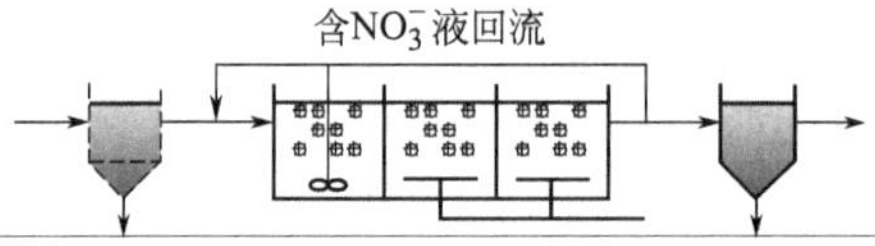 含NO_3^-液回流	前置反硝化(碳源充足)
2	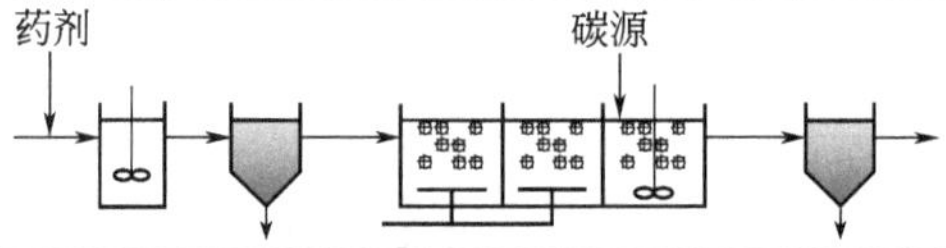 药剂　碳源	后置反硝化(碳源缺乏)
3	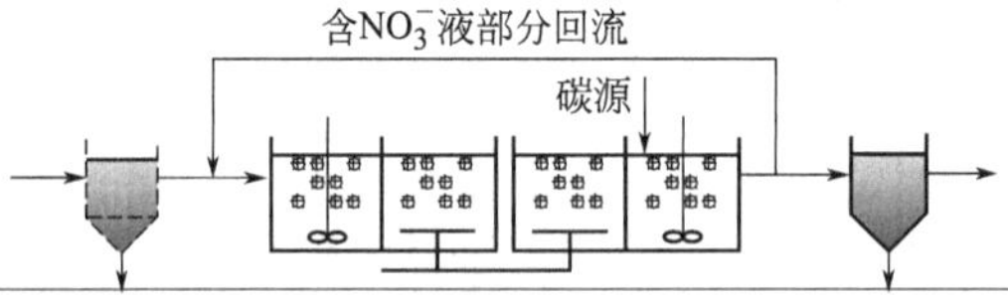 含NO_3^-液部分回流　碳源	前后置反硝化(碳源不足)
4	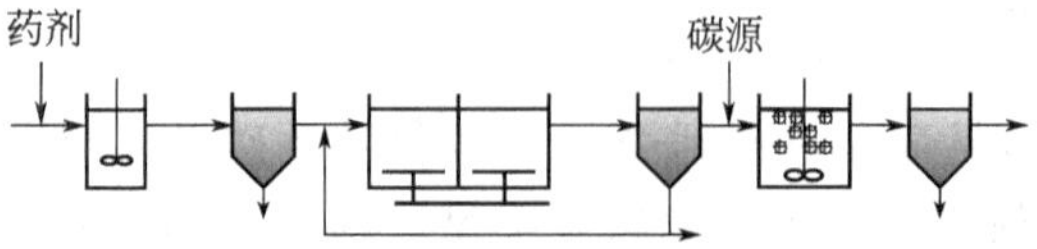 药剂　碳源	后置反硝化(碳源缺乏)与活性污泥法结合
5	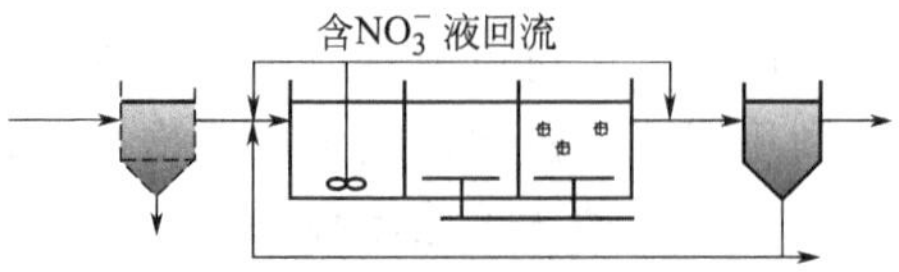 含NO_3^-液回流	前置反硝化(碳源充足)HYBAS 工艺
6	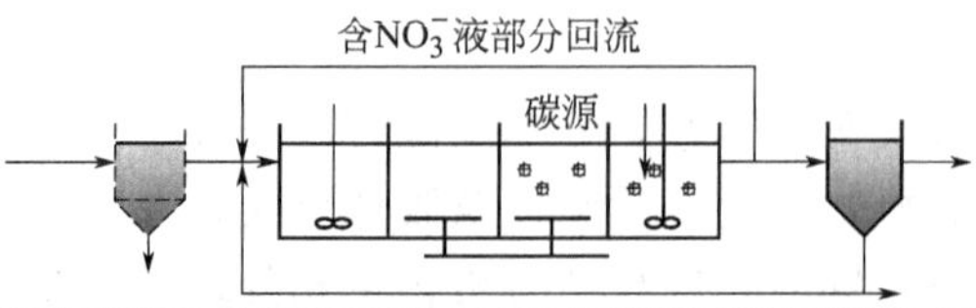 含NO_3^-液部分回流　碳源	前后置反硝化(碳源不足)HYBAS 工艺

(3) 生物脱氮除磷工艺流程 磷和氮一样都是引起水体富营养化的主要因素。磷污染主要来自工业和生活污水。生物除磷是利用自然界存在的聚磷菌(PAO)在厌氧条件下以释放微生物体内储存的磷酸盐而产生足够的能量,同时利用挥发性有机酸(VFA)为碳源,而得到迅速繁殖,挥发性有机酸被转化为有机聚合物(PHA)储存在污泥中。在好氧(以及缺氧)条件下,PAO 反过来又利用 PHA 为能源和碳源,以远远高于微生物生长所需的比例大量吸收污水中的磷酸盐,达到将污水中的磷转化为污泥中的磷,并通过排除富含磷的剩余污泥达到污水生物除磷的目标。

生物除磷的效率取决于两方面。

VFA/P 的比例高于 10～20,保证有足够的 VFA 促进 PAO 的繁殖。当生物脱氮需要同时进行并采用前置反硝化时,VFA 常不足,不能二者兼得。

二沉效率问题。出水中悬浮物/生物量不能有效去除时,磷也随之排出。提高二沉池效率是保证出水中磷达标的又一关键。为此,往往需要投加药剂,特别是出水磷标准为小于 0.5mg/L 的情况。

生物脱氮和除磷结合在同一系统,可以采用活性污泥-流动床集成(HYBAS)工艺的处理流程。常用的流程包括基于 UCT 工艺或改良 UCT 工艺的 HYBAS 工艺。在 UCT 工艺中,第一池为厌氧池,用于厌氧释放磷和聚磷菌的繁殖。第二池为缺氧池,用于前置反硝化和部分磷吸收。第三和第四池为好氧池,第三池可以是活性污泥池也可以是 HYBAS 池,第四池一定是 HYBAS 池。硝化主要在生物填料中进行,而活性污泥部分则进行氧化和磷吸收。回流包括水和泥两部分。水回流又分为富含硝酸盐的水从第四池出水回流到第二池(缺氧池)池首进行反硝化,以及第二池的出水(硝酸盐浓度很低)回流到第一池(即回流部分聚磷菌)。污泥从二沉池回流到第一和第二池以保持系统的污泥浓度。

如果第二池的反硝化不彻底,从该池回流到第一池的水中硝酸盐会竞争 VFA 从而抑制 PAO 的繁殖,使系统的除磷效果降低。为达到较好的生物除磷效果,可以将第二池一分为二,使反硝化回流和除磷回流不相互交叉。这样形成改良 UCT 工艺。

(二) 设计计算

1. 表面负荷

$$L_h=\frac{Q}{A} \tag{2-6-170}$$

式中,L_h 为表面负荷,$m^3/(m^2 \cdot d)$;Q 为平均进水流量,m^3/d;A 为载体表面积,m^2。

2. 有机负荷

$$L_V=\frac{QS_0}{V} \tag{2-6-171}$$

表面积有机负荷

$$L_A=\frac{QS_0}{A} \tag{2-6-172}$$

式中,L_V 为有机容积负荷率,$kgBOD/(m^3 \cdot d)$;L_A 为表面积有机负荷率,$kgBOD/(m^2 \cdot d)$ Q 为平均进水流量,m^3/d;S_0 为进水 BOD 浓度,$kgBOD/m^3$。

3. BOD 去除率

经验模型

$$E=\frac{1}{1+0.443\sqrt{\frac{L_V}{F}}} \tag{2-6-173}$$

$$F=\frac{1+R}{\left(1+\frac{R}{10}\right)^2} \tag{2-6-174}$$

式中，E 为 BOD 去除率，%；L_V 为有机容积负荷率，kgBOD/(m^3 · d)；F 为循环因子；R 为循环率（0～2）。

4. 产生污泥

$$P_X=Y\times BOD_{rem} \tag{2-6-175}$$

式中，P_X 为污泥产量，kgTSS/d；Y 为产率系数，kgTSS/$kgBOD_{rem}$；BOD_{rem} 为 BOD 去除量，kgBOD/d。

生物膜反应器产泥量较高，没有硝化过程时通常为 0.8～1kgTSS/$kgBOD_{rem}$。

5. 污泥停留时间

曝气生物膜反应器通常有较高的污泥龄，15～60 天，取决于生物膜在反应器中的流失率。

（三）工程实例

LILLEHAMMER 市政污水处理厂：移动床生物膜（MBBR）工艺脱氮。

LILLEHAMMER（利勒哈默尔）是挪威的一个内陆城市，地处奥斯陆以北约 170 公里。在这里成功地举办了 1994 年第十七届冬奥会。

该市原有一个化学沉淀除磷及悬浮物的强化一级污水处理厂。随着受纳水体 MJϕSA 湖逐渐富营养化，以及该市赢得冬奥会举办权，市政府决定扩建及升级原有污水厂为脱氮除磷污水处理厂。

出水水质要求（年平均）：总磷<0.2mg/L，总氮去除率>70%，BOD_7<10mg/L。

因场地有限，低温（>3.5℃）低浓度污水持续时间长，要求处理工艺必须高效和紧凑。

1992 年，KALDNES 公司（AnoxKaldnes AS 的前身）为该工程设计了以流动床生物膜工艺去除有机物和脱氮的经典流程，辅以化学沉淀法除磷的总体工艺。设计负荷为：700000 人口当量，设计流量 1200m^3/h，BOD 负荷 2900kg/d，COD 负荷 5929kg/d，TSS 负荷 2900kg/d，TN 负荷 755kg/d，TP 负荷 107kg/d，温度 10℃。

设计流程如下。

生物处理：流动床生物膜工艺，总容积 3840m^3，两列并行，每列九池串连，BOD 去除/前置反硝化，硝化，后置反硝化（外加碳源），后氧化。生物处理设计 HRT 为 3.2h。

化学处理：絮凝（投加 PAC），二沉，除磷及悬浮物/生物量。

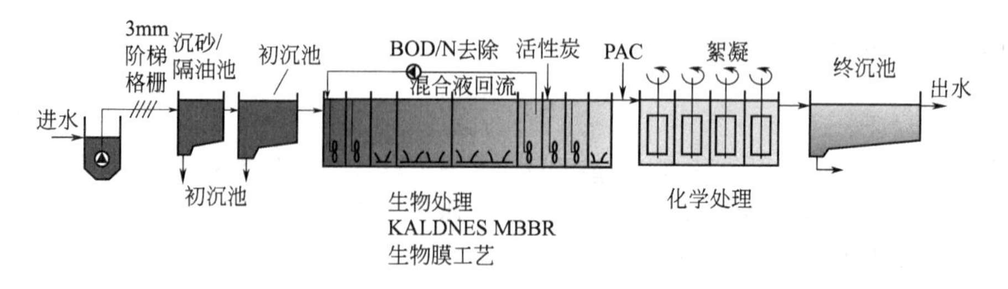

图 2-6-61 LILLEHAMMER 市政污水厂流程

该厂自 1994 年投产运行以来，处理效率高于设计要求。2000 年全年平均处理效率为：BOD 96%，TN 80%，TP 98%。

第五节　膜生物反应器

一、原理与功能

(一) 概述

1. 分类

膜生物反应器是将膜分离过程与生物反应器组合使用的各类水处理工艺的总称。膜生物反应器根据机理可分为三大类型：膜分离生物反应器（membrane separation bioreactor，简称 MBR)、膜曝气生物反应器（membrane aeration bioreactor，简称 MABR)、萃取膜生物反应器（extractive membrane bioreactor，简称 EMBR)。图 2-6-62[25] 为三种膜生物反应器示意。

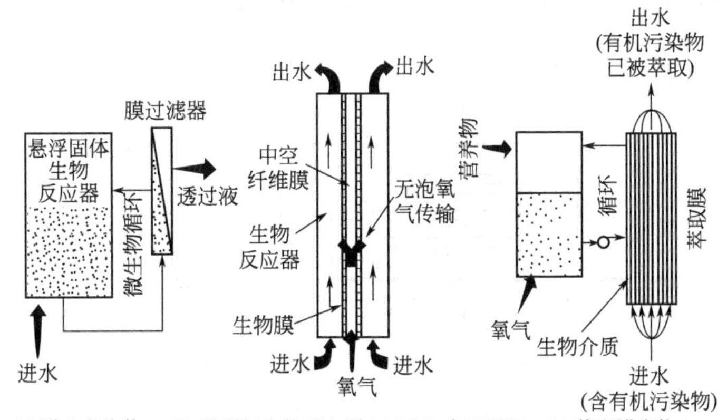

图 2-6-62　膜生物反应器示意

目前，国内膜曝气生物反应器和萃取膜生物反应器应用较少，工程应用较多的为膜分离生物反应器。本节中重点介绍膜分离生物反应器，且无特别说明，膜生物反应器即指膜分离生物反应器。

2. 特点

MBR 是一种活性污泥系统，但是与其他活性污泥工艺不同的是，MBR 采用膜过滤而不是沉淀池来实现泥水分离。膜将活性污泥截留在生化池内从而提高了生化池的污泥浓度和生化速率，同时通过膜过滤得到更好的出水水质。

MBR 根据微生物生长环境的不同分为好氧和厌氧两大类；MBR 的核心部件是膜组件，从材料上可以分为有机膜和无机膜两大类；根据膜组件形式可以分为管式、板式和中空纤维式；按膜组件安放位置分为内置式（或浸没式、一体式）和外置式（或分体式）。

外置式 MBR 是指膜组件与生物反应器分开设置，膜组件在生物反应器的外部，生物反应器反应后的混合液进入膜组件分离，分离后的清水排出，剩余的混合液回流到生物反应器中继续参加反应，如图 2-6-63 所示。外置式 MBR 的特点是运行稳定可靠，操作管理方便，易于膜的清洗、更换，但外置式 MBR 动力消耗大、系统运行费用高，其处理单位体积水的能耗是传统活性污泥法的 10～20 倍。为了减少污泥在膜表面的沉积，膜内循环液的水流流速要求很高，一方面造成系统运行费用高，另一方面回流造成的剪切力可能影响微生物的活

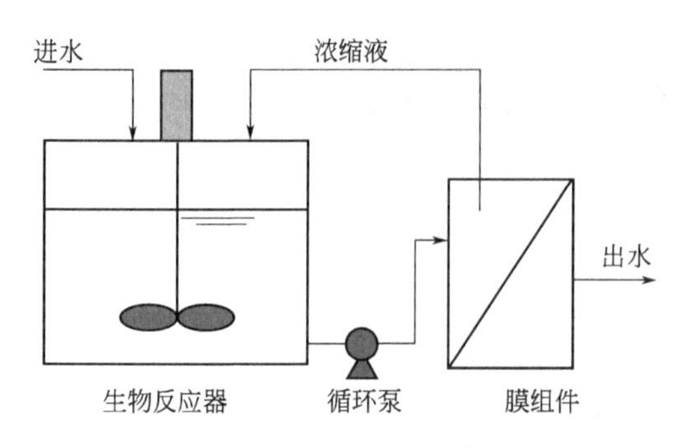

图 2-6-63 外置式膜生物反应器

性。在外置式 MBR 工艺中，膜组件一般采用平板式或管式膜，排水常采用压力驱动方式。

内置式 MBR 是将膜组件直接安放在生物反应器中，通过泵的负压抽吸作用或重力作用得到膜过滤出水，由于膜浸没在反应器的混合液中，亦称为浸没式或一体式 MBR，如图 2-6-64[25] 所示。内置式 MBR 中，膜组件下方设置曝气，依靠空气和水流的扰动减缓膜污染，一般曝气是连续运行的，而泵的抽吸是间断运行。为了有效地防止膜污染，有时在反应器内设置中空轴，通过中空轴的旋转使安装在轴上的膜也随着转动，形成错流过滤。同外置式相比，内置式 MBR 具有工艺流程简单、运行费用低等特点，其能耗仅为 0.2～0.4kW・h/m^3，但是其运行稳定性差、操作管理和清洗更换工作较烦琐。

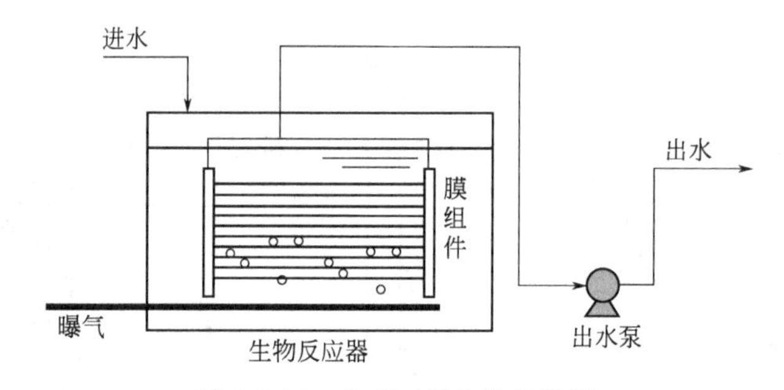

图 2-6-64 内置式膜生物反应器

MBR 工艺能够集膜的优良分离性能和生化法对有机物氧化降解的高效性于一体，与常规的活性污泥法相比，主要有以下优点[13,25]。

① 高效的固液分离性能。由于膜的高效分离作用，分离效果大大强于传统的二沉池；出水悬浮物和浊度接近零，且可以去除细菌病毒等。

② 膜的高效截留作用使微生物完全截留在反应器内，实现了反应器水力停留时间和固体停留时间的完全分离，使运行控制更加灵活、稳定。同时反应器内微生物浓度高，耐冲击负荷。

③ 有利于繁殖周期长的硝化细菌的截留、生长和增殖，系统硝化效率得以提高，通过运行方式的改变可以有强化脱氮除磷的功能。

④ 泥龄长。膜分离使废水中的大分子难降解成分在体积有限的生物反应器内有足够的停留时间，大大提高了难降解有机物的降解效率。

⑤ 反应器在低污泥负荷条件下运行，剩余活性污泥量远低于传统活性污泥工艺，且无污泥膨胀，降低了剩余污泥的处置费用。在膜生物反应器工艺中，由于膜为固液分离提供了绝对的保证，排水的质量与生物絮体的沉降性没有关联，因此，膜生物反应器工艺基本上解决了活性污泥法的污泥膨胀问题。

⑥ 系统易于实现自动化控制，操作管理方便。

⑦ 占地面积小，工艺设备集中。MBR 内能维持高浓度的微生物量，容积负荷较高，因而自身所需的占地面积与传统工艺相比大大减少。同时用膜进行固液分离时，不需要设置沉淀池。

同样，MBR 也存在着一些不足：

① 膜材料价格较高，导致 MBR 的工程投资高于相同规模的传统废水处理工艺，制约了膜生物反应器的推广应用。

② 膜材料易损坏，容易污染，给操作管理带来不便，同时也增加了运行成本。

③ 为了减缓膜污染，一般需要混合液回流或膜下曝气，从而造成运行能耗的增加。

3. 新工艺

MBR 发展过程中，许多传统活性污泥法的工艺也被引入到 MBR 工艺中，使其与膜分离手段相结合，构成了新型的 MBR 工艺，以强化脱氮除磷功效。新型的 MBR 工艺主要有以下几种类型。

(1) 序批式 MBR　将活性污泥法中的 SBR 引入到 MBR 中形成序批式膜生物反应器，该工艺具备同时去除有机物和脱氮的效果。

(2) 间歇曝气 MBR　为提高单级好氧反应器的反硝化能力，间歇曝气工艺也被引入到 MBR 系统中。周期循环的间歇曝气，可将反硝化程度提高到 95%以上，当原水 TN 浓度在 60～70mg/L 时，出水 TN 浓度低于 5mg/L，去除率达 90%以上。

(3) 好氧/缺氧/厌氧组合 MBR　早期的 MBR 多为完全好氧式活性污泥反应器，为强化脱氮除磷效果，研究人员通过在好氧反应器前增加前置反硝化反应器来达到脱氮除磷的目的，形成了好氧和缺氧/厌氧系统。和传统的活性污泥法一样，增加前/后置反硝化反应器后，在去除有机污染物的同时，可强化对氮和磷的去除效果。但是，这些 MBR 系统由于反应器增多，致使水力停留时间较长、反应流程长，没有更好地发挥出膜生物反应器紧凑、水力停留时间短的技术优势。

(4) 复合 MBR　为了在原有活性污泥工艺基础上，提高反应器内生物量，增强其处理能力，克服污泥膨胀，提高运行稳定性，在曝气池中投加各种能够提供微生物附着生长表面的载体，使生物反应器内同时存在附着相和悬浮相两种微生物，这种反应器称之为“复合生物反应器”(hybrid bioreactor，简称 HBR)。复合膜生物反应器 (hybrid membrane bioreactor，简称 H-MBR) 是将生物膜与膜生物反应器有机结合而成的一种新工艺。作为一种独特的废水处理工艺，复合内置式 MBR 有其自身的特点和技术优势。

膜生物反应器以其出水水质、好氧污泥产量低、占地面积少和便于自动控制等优点，已成功应用于城市污水处理及建筑中水回用、工业废水处理、粪便废水处理和垃圾填埋及堆肥场渗滤液处理等。虽然我国在膜的研发和工艺运行条件等方面与国外还存在一定差距，但随着研究工作的不断深入，MBR 的应用将更加广泛[26,27]。

(二) 基本原理

1. 滤饼层的形成

膜生物反应器普遍采用超滤膜和微滤膜，微滤膜可截留胶体物质和悬浮物，超滤膜可截留进水中的大分子物质。超滤膜和微滤膜均属于压力推动型膜。这种膜在过滤液体时可以以两种模式运行：终端过滤（或全流过滤）和错流过滤。如图 2-6-65[28] 所示。终端过滤的进料液与膜表面垂直，无浓缩液外流；错流过滤的进料液与膜表面平行，有浓缩液不断从膜组件出口流出。过滤过程中被截留的微粒沉积在膜表面，即形成滤饼层，滤饼层也具有筛分的作用。

终端过滤的微粒基本全部沉积在膜表面，随着膜过滤的进行，滤饼层也不断增厚，膜的渗透阻力不断增加，膜通量则不断降低，进而形成膜污染。错流过滤工艺中，污染物在膜表面的沉积持续进行，直到滤饼层与膜表面的黏附力与液流通过膜表面产生的冲刷力达到平衡，即认为达到稳定运行，而实际应用中不可避免污染物的沉积和吸附，因此只能认为是稳定化（假稳态）。

滤饼层的形成主要与以下因素有关。

(1) 进水水质　MBR 处理污水时，膜分离的悬浮物主要为微生物絮凝物（如菌胶团和丝状菌等）和微生物代谢物（如胞外聚合物、溶解性微生物产物等胶体物质以及溶解性大分子)。其中微生物絮凝物的含量占绝大多数，其在膜表面形成临时性污染的滤饼层，而微生物代谢物易吸附在膜表面及孔道内形成永久性覆盖。

(2) 膜表面特性　包括膜孔径、材料及厚度等。

(3) 膜过滤运行模式　终端过滤或错流过滤（图 2-6-65)。

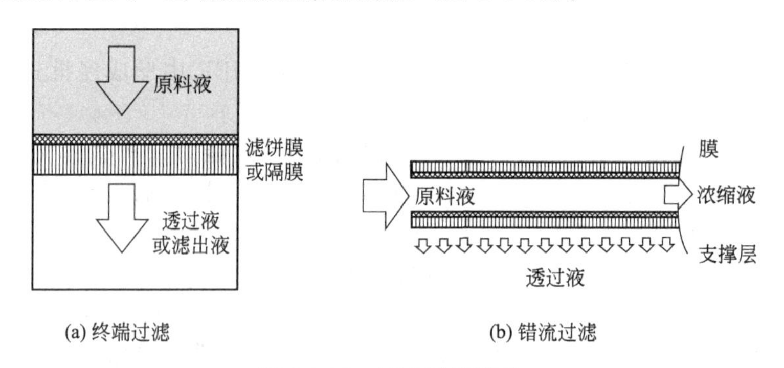

图 2-6-65　过滤运行模式

由于错流过滤能有效减少滤饼层增加带来的渗透阻力和膜污染，目前被 MBR 工艺普遍采用。

2. 浓差极化现象

浓差极化（CP）是指膜与溶液界面上，溶质在一定的浓度边界层内（或液膜内）累积的趋势。如图 2-6-66[25] 所示。

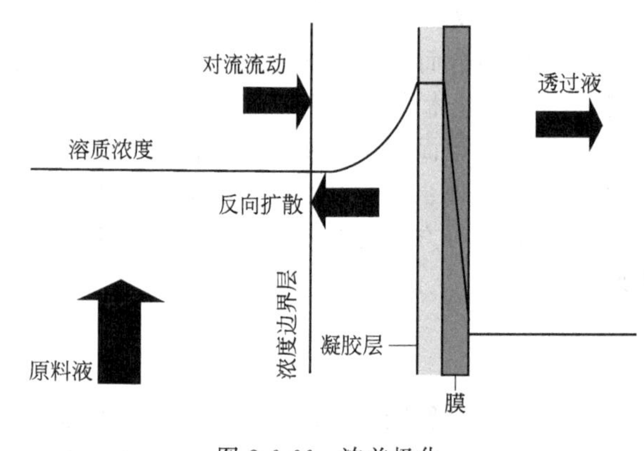

图 2-6-66　浓差极化

截留物在膜附近累积会使其在该区域的浓度高于溶液浓度。对错流方式而言，通量越高，边界区域积累的溶质越多，因而浓度梯度越大，反向扩散越快，膜通量的增加也会带来溶质累积速率的增加，发生浓差极化现象，同时微溶溶质易于在膜表面析出，形成低渗透性的凝胶层。因为使膜两侧的浓度梯度增加，浓差极化甚至会促使待截留物通过膜。因此，实际操作中希望增加湍流度和在较低通量下运行来控制浓差极化现象[25,27,28]。

注：浓差极化现象仅适用于截留组分小于 0.1μm 粒径的超滤过程，而对于大于 0.1μm 的颗粒，浓差极化现象影响较小。

(三) 膜特性

MBR 膜的研发和选用要首先考虑其成本，同时还应综合考虑装填密度、应用场合、系统流程、膜污染、膜清洗、膜的维护和更换等多种因素。其中膜选择过程参考的重要膜特性有构型、孔径及材质等[13,28]。

1. 膜构型

膜构型即膜的几何形状、安装方式，是决定 MBR 工艺性能的关键要素之一。

理想的膜构型特点主要是：膜面积与膜组件体积比较高；易清洗；易于模块化[28]。

对于 MBR 工艺，目前应用较广泛的膜构型有：中空纤维膜（FS）、板式膜（HF）以及管式膜（MT）。上述各种膜构型的定性比较见表 2-6-19，不同构型的膜液流方向见图 2-6-67[28]。

表 2-6-19　各种膜组件特性的定性比较

	管式	板式	中空纤维式
装填密度/(m^2/m^3)	<100	<400	16000～30000
投资	高————————————————低		
污染趋势	低————————————————高		
清洗	易————————————————较难		
膜可否更换	可/不可	可	不可
适用规模	中小	小	大

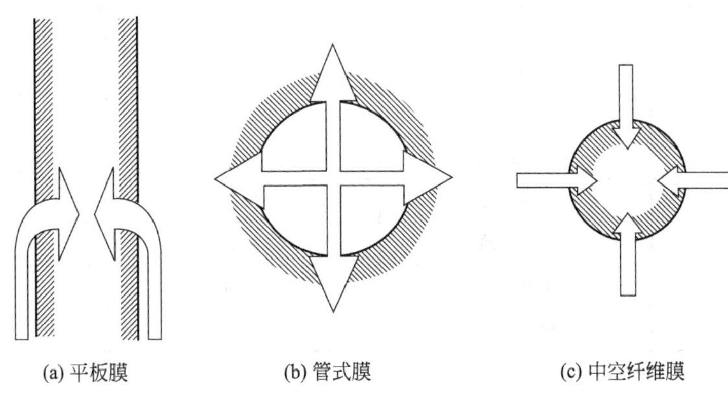

图 2-6-67　不同膜组件的液流方向

中空纤维膜具有的装填密度远远高于其他膜构型，特别是其单位膜面积的制造费用相对较低。因此，国内外 MBR 工艺中中空纤维膜应用比较广泛。除此之外，板式膜也有较成熟的商业化产品和较广泛的工程应用经验，随着膜技术和 MBR 工艺的不断发展，管式膜也逐渐被应用于 MBR 工艺中。其中内置式 MBR 反应器大多选用中空纤维膜或板式膜，而外置式 MBR 反应器则倾向于选用管式膜。

2. 膜材料

膜材料包括有机聚合物、陶瓷和金属等，实际应用的 MBR 膜以聚合物膜为主，主要原因是聚合物膜价格相对较低，同时陶瓷材料也有一定数量的应用，而金属膜多应用在非 MBR 工艺的特殊领域。

通常膜由一层薄的表层和较厚的多空支撑层构成，表面膜层具有选择透过性，而支撑层膜层更厚，空隙更大，主要起到增加机械稳定性的作用[25,28,29]。

MBR 工艺中主要应用的有机膜材料，其主要具有以下特性[27,28]。

① 具有足够的机械强度和化学耐受性，以承受过滤和清洗过程中产生的压力。

② 易改性使膜表面具亲水性，从而具有更高抗污染性。

③ 易于与基材结合，从而提高机械强度。

④ 成本较低。

目前常用有机膜材料包括：聚乙烯（PE）、聚丙烯（PP）、聚偏氟乙烯（PVDF）、聚醚砜（PES）。

3. 膜孔径

膜孔径是膜的重要特性之一，孔径尺寸决定膜工艺类型。依据膜孔径的不同，可将膜分为微滤膜、超滤膜、纳滤膜和反渗透膜；纳滤膜和反渗透虽然孔径较小，对污泥和污染物的截留效果较好，污染物在表面吸附的可能性小，但其操作压力较大造成运行费用较高，而且易受有机物的污染，因此，MBR 多采用微滤膜和超滤膜。其中微滤膜孔径在 0.1～10μm 之间，超滤膜孔径范围在 0.01～0.1μm 之间，这对于以截留微生物絮体为主的活性污泥来讲，完全可以达到目的[13,29]。部分 MBR 工艺中膜材料、构型与孔径见表 2-6-20[25]。

表 2-6-20 材料、构型与孔径

膜材料	构型	孔径/μm	膜工艺
陶瓷	管式	0.1	微滤
聚醚砜	管式	0.1	微滤
聚偏氟乙烯	管式	0.03	超滤
聚乙烯	板式	0.4	微滤
聚醚砜	板式	0.038	超滤
聚偏氟乙烯	板式	0.08	超滤
聚乙烯	中空纤维	0.4	微滤
聚乙烯	中空纤维	0.2	微滤
聚偏氟乙烯	中空纤维	0.1	微滤
聚偏氟乙烯	中空纤维	0.04	超滤
聚醚砜	中空纤维	0.05	超滤

4. 膜通量

膜通量（flux）是指单位时间单位膜面积通过的物质的量。其 SI 单位为 $m^3/(m^2 \cdot s)$ 或者简写为 m/s，因此膜通量也称为渗透速度。常使用的非 SI 单位有 $m^3/(m^2 \cdot h)$ 或者 $m^3/(m^2 \cdot h)$。膜通量由驱动力和总阻力确定，而总阻力包括膜阻力和膜表面区域阻力。对于某种膜来说，膜阻力是一定的，膜表面区域阻力随着进水污染物的累积而增加，当驱动力一定时，累积速度与膜通量有关，通常通量越大，污染物累积的越快[13,25]。

临界膜通量（critical flux）是指当膜的渗透通量低于某通量时，膜的边界层形成滤饼层的速度近似为零，膜的过滤阻力不随时间或跨膜压差的改变而改变；当膜的渗透通量大于该通量时，膜的边界层将逐步地形成滤饼，膜的过滤阻力随时间的延长或跨膜压差的增加而增加，此通量称为临界膜通量[13,30]。

当通量不超过临界膜通量时，随着操作压力的增大膜通量线性增大且可逆，但是，超过临界通量时，减小操作压力时通量将不再恢复到原来的值，而是低于这一值，这说明当膜通量在临界通量以下时，膜的污染是可以得到有效控制，但是当膜通量在临界通量以上时，膜污染加剧导致膜通量无法恢复。因此，在实际工程中，应尽量确保膜通量低于其临界通量[13,30]。

5. 驱动力

膜工艺的驱动力通常是压力梯度。膜分离生物反应器的驱动力即是跨膜压差（trans-membrane pressure，TMP）——膜进水侧与出水侧之间的压力差值。MBR 的跨膜压差一般认为存在一临界值，当跨膜压差低于临界压力值时，膜通量随压差的增大而增加；当操作压差高于临界值时，膜通量随压差的变化不大。临界压差值随膜孔径的增加而减小。微滤膜的临界压差值在 120kPa 左右，超滤膜的临界压力值在 160kPa 左右[13,25,28]。

膜通量和驱动力是相关的，因此在设计中可固定任意一个参数。

6. 透水率

透水率指膜通量与跨膜压差（TMP）的比值，是用来表征膜透水性能的重要参数[33]。

7. 产率

对于错流过滤来说，流过膜面积的进料液只有一部分转化成透过液，透过液占进料液的百分比定义为产率（或转化率、回收率）[25,28]。

（四）生物特性

MBR 工艺中的生物单元具有传统活性污泥工艺不能实现的优点：污泥龄（SRT）和水力停留时间（HRT）可完全分开，因此 MBR 可在低 HRT 和长 SRT 条件下运行，避免了污泥流失问题。由于较长的 SRT 和膜的截留作用使得 MBR 工艺具有较高污泥浓度，高污泥浓度提高了 MBR 工艺的处理效率，因此反应器体积也较小。高的污泥浓度和膜的固体截留作用也使得系统可在较低污泥负荷下运行，剩余污泥产量大大降低，当 SRT 无限长时，大部分基质基本被用于维持微生物生长需要，此时，污泥甚至可达到零排放。MBR 系统也更适宜硝化菌等生长，提高含氮化合物的降解去除。下面分别介绍好氧 MBR 处理城市生活污水、工业废水以及厌氧 MBR 处理各种废水过程中的生物特性以供设计参考[25,28]。

1. 好氧 MBR 处理城市生活污水

好氧 MBR 应用于城市生活污水时，有机负荷（容积负荷）一般在 1.0～3.2kgCOD/(m^3·d) 之间，去除率大于 90%；活性污泥浓度常在 10～20g/L 之间；HRT 在 2～24h 之间，一般在 30 天范围内系统的去除率随 SRT 的增加而增加，30 天以上变化不明显；类似于活性污泥法，在 MBR 系统中增设一个厌氧单元可达到脱氮效果，SRT 在 5～72d 之间，有机负荷符合上述要求时，硝化反应进行较彻底，氨氮去除在 88%～99%；而通过增加缺氧、厌氧单元可同时达到脱氮除磷的效果，MBR 系统中生物除磷去除率在 11.9%～75%之间。表 2-6-21[25] 为好氧 MBR 处理城市生活污水的工程实例的生物特性。

表 2-6-21　好氧 MBR 处理城市生活污水的生物特性

膜类型	V/m^3	HRT/h	SRT/d	污泥负荷/[kg/(m^3·d)]	容积负荷/[kg/(m^3·d)]	BOD①,COD②,P③,NH_4^--N④ 进水	BOD①,COD②,P③,NH_4^--N④ 出水	MLSS/(kg/m^3)	污泥产率/d^{-1}	空气量⑤/(m^3/h),DO⑥/(mg/L)
HF/S	1	7.3	50	0.1	1.2②	457② 38③ 11.9④	10.5② 11③ 9.4④	15	0.2②	—
HF/S	2.6～3.9	10～16	—	0.07②,⑧	2.4②	900②	45②	<23	0②	—
HF/S	1	7.3	50	0.1	1.2②	457② 38③ 11.9④	10.5② 11③ 9.4④	15	0.2②	—
HF/S	—	2	5～10	0.28②	2.24① 4.27②	187① 356② 28③	<5① 16② 5.6③	5～15	—	—
HF/S	—	2	50	0.39②	2.64① 5.78②	220① 482② 39③ 9.2④	<5① 10② 0.4③ 8.1④	15	0.25②	96⑤

续表

膜类型	V/m^3	HRT/h	SRT/d	污泥负荷/[kg/(m³·d)]	容积负荷/[kg/(m³·d)]	BOD①,COD②,P③,NH_4^--N④		MLSS/(kg/m³)	污泥产率/d^{-1}	空气量⑤/(m³/h),DO⑥/(mg/L)
						进水	出水			
PF/S	—	7.6~11.4	25~40	0.025~0.042①	0.32~0.63①	176① 79② 22.4③ 3.7④	1.7① 6② 0.1③ 1.2④	12~18	—	—
PF/S	0.035	4.5	—	0.08①	0.269①	134① 250② 16.5③	3.5① 19② 0.39③	<9	0①	1.2⑥
PF/S	—	—	30~60	—	—	216① 538② 30③	<5① <24② 0.17③	18	0.48①	220⑤
S	—	4.98	—	0.03① 0.11②	0.36① 1.76②	115① 365② 22③	10① 2② <1③	16	—	—
PF/S	15.5	4.5	45	0.03~0.15①	—	200① 269② 41.6③	4① 64② 5③	10~39	0.26①	142⑤
HF/S	1	4.8	—	0.09	2.3②	457② 55⑦	16② 17⑦	26	0.2②	0.5~1.5⑥
HF/S	1	6.5	—	0.08	1.7②	457② 55.1⑦	13② 14⑦	21	—	0.5~1.5⑥
HF/S	1	9.2	—	0.07	1.2②	457② 55.1⑦	9.9② 11.1⑦	16	—	0.5~1.5⑥

①BOD；②COD；③氨氮；④总磷；⑤曝气速率；⑥DO；⑦总氮；⑧挥发性物质。

注：HF—中空纤维膜；PF—板式膜；S—内置式。

2. 好氧 MBR 处理工业废水

一般工业废水的容积负荷高于生活污水，处理工业废水的停留时间往往也远比生活污水的长，而活性污泥浓度范围较大，在 2~40g/L 之间。在处理极高浓度废水时，应经过预处理降低废水的容积负荷，避免高负荷影响硝化菌生长。根据废水类型的不同，好氧 MBR 工艺处理工业废水的生物特性具体见表 2-6-22[25]。

表 2-6-22 好氧 MBR 处理工业废水的生物特性

污水类型	膜类型	V/m^3	HRT/h	SRT/d	污泥负荷/[kg/(m³·d)]	容积负荷/[kg/(m³·d)]	BOD,COD,P,NH_4^--N		MLSS/(kg/m³)	污泥产率/d^{-1}	空气量⑤/(m³/h),DO⑥/(mg/L)
							进水	出水			
食品	MT/SS	2.75	139.2	15.9	0.5①	5.4①	42600② 197.5④	70.8② 10.2④	10.9	—	6.3⑥
果汁	MT/SS	2.75	—	6.2	0.581②	5.98②	2251②	24.23②	10.3	0.335②	3⑥
蔬菜	MT/SS	2.75	122	15.9	0.765②	8.33②	42662②	70.8②	10.9	0.094②	6.3⑥
制革	MT/SS	2.75	—	30.8	0.231②	3.74②	7.644②	190②	16.2	0.274②	1.5⑥
纺织	MT/SS	—	—	250	—	—	6000②	625②	—	0.07②	—
牛奶厂	MT/SS	—	—	>100	—	—	2000②	20②	—	0.05②	—

续表

污水类型	膜类型	V/m^3	HRT/h	SRT/d	污泥负荷/[kg/(m³·d)]	容积负荷/[kg/(m³·d)]	BOD,COD,P,NH_4^--N		MLSS/(kg/m³)	污泥产率/d^{-1}	空气量⑤/(m³/h),DO⑥/(mg/L)
							进水	出水			
食品	HF/S	4	389	—	0.11①	3.2①	1853① 3181② 20.7③ 19.2④	<10① 254② 0.86③ 0.23④	<28	—	—
含油	MT/SS	1.9	144～240	50～75	1.36～2.72②	2.45～4.91②	5150① 29430②	<20① <2943②	1.8⑧	1.3%～2%	—
含油	MT/SS	1.325	69.6	65	0.13②,⑧	0.39① 3.84②	1147① 11133②	15① 1043②	28.9⑧	0.126②,⑧	1.3～6.7⑥
含油	MT/SS	1.325	72	36	0.21②,⑧	0.57① 5.54②	1711① 16609②	17① 1190②	26.2⑧	0.141②,⑧	1.3～6.7⑥
含油	MT/SS	3.78	89.7	50	0.29②,⑧	0.25① 1.16②	919① 4325②	3① 183②	4.03⑧	0.074②,⑧	0.3～7.5⑥
含油	MT/SS	3.78	44.8	50	0.2②,⑧	0.61① 2.97②	1145① 5543②	7① 540②	14.95⑧	0.112②,⑧	0.3～7.5⑥
含油	MT/SS	3.78	44.8	50	0.57②,⑧	0.64① 3.68②	1206① 6864②	34① 664②	6.5⑧	—	—
含油	MT/SS	3.78	47.2	74	—	0.07① 0.71②	134① 1406②	6① 249②	19.6⑧	—	0.3～7.5⑥
造纸	HF/S	0.09	24	15	—	—	4000① 12000⑧	160① 2400⑧	24.2	—	—
造纸	HF/S	0.09	36	15	—	—	4000① 12000⑧	520① 3840⑧	14.2	—	—
造纸	HF/S	0.09	36	15	—	—	4000① 12000⑧	160① 2160⑧	13	—	—
化工	MT/SS	1	14	—	0.45②	9②	52000⑧ 8④	6000③ <1④	20	—	—
垃圾渗滤液	HF/S	9.5	240	30	0.05③	—	8000① 1100③	30～300③	4	—	—
制药	MT/SS	1	163	—	0.125②	2.5③,⑦	1700② 600③	300② 0③	20	<0.1	1.5～2.0⑥

①BOD；②COD；③氨氮；④总磷；⑤曝气速率；⑥DO；⑦总氮；⑧挥发性物质。

注：HF—中空纤维膜；MT—管式膜；S—内置式；SS—外置式。

3. 厌氧 MBR 处理废水

厌氧 MBR 工艺的容积负荷从几千克 COD/(m³·d) 到几十千克 COD/(m³·d) 的很大范围内，去除效果均很稳定；在中温（37℃）时的去除效果比高温（53℃）时好；且由于厌氧菌生长周期较长，因此废水的水力停留时间通常较长。厌氧反应甲烷的产率同污水性质和运行条件密切相关，产气量范围在 0.16～0.37m³ CH_4/kgCOD，产气量随着负荷的增加、HRT 的增加和温度的降低而减少。不同废水通过厌氧 MBR 处理的生物特性见表 2-6-23[30]。

表 2-6-23 厌氧 MBR 处理废水的生物特性[31]

污水类型	膜类型	V/m³	HRT/h	SRT/d	容积负荷/[kgCOD/(m³·d)]	TOD_L/(mg/L)		MLSS/(kg/m³)	污泥产率/d^{-1}	产气量/(m³ CH_4/kgCOD)
						进水	出水			
棕榈油制造	SS	0.05	67	161	14.2	39910②	2710②	50.7①	—	0.28
棕榈油制造	SS	0.05	75.6	77	21.7	68310②	5390②	56.6	—	0.24

续表

污水类型	膜类型	V /m^3	HRT /h	SRT /d	容积负荷 /[kgCOD /(m^3·d)]	TOD_L/(mg/L)		MLSS /(kg/m^3)	污泥产率 /d^{-1}	产气量 /(m^3CH_4 /kgCOD)
						进水	出水			
酿酒	SS	2.4	79.2	—	11	37000②	2600②	50	0.12	—
牛奶厂	SS	0.19	170	25	8	58465②	722②	24①	0.09	0.28
牛奶厂	SS	0.19	105	30	8.2	35175②	270②	22.4①	—	0.29
酿造	T/SS	0.05	12	—	15	67000②	268②	50	0.038	0.16
酿造	T/SS	0.12	60～100	—	<28	85000②	2550②	50①	—	0.28
玉米	T/SS	2.6	124	—	2.9	15000②	400②	21	—	—
羊毛清洗	HF/SS	4.5	—	—	<50	102400	11264	—	—	0.2
合成	T/SS	0.075	135	52	2	9700②	300②	8.1	—	0.37

①挥发性物质；②COD。

注：HF—中空纤维膜；SS—外置式。

(五) 运行方式

膜生物反应器是一种新型、高效废水处理工艺，但是，由于膜在运行过程中容易受到污染，造成膜通量下降，甚至造成膜无法继续使用，阻碍了膜生物反应器的广泛应用，因此，操作运行条件是 MBR 工艺应用的重要因素[13]。

1. 曝气方式

MBR 一般采用曝气冲刷膜面以防止膜通量的衰减，因此对曝气的方式有所要求。大气泡曝气可以提高湍流度，产生较大剪切力，更有利于膜面冲刷，因此尽管大气泡的充氧效率较差，但是 MBR 一般常采用可产生较大中气泡的穿孔管曝气。

对于厌氧 MBR，系统不允许曝气，但有报道称对厌氧 MBR 采用曝气冲刷亦可有效提高膜透水率，不过曝气时间非常短（每 10min 曝气 5s）[28]。

2. 过滤方式

(1) 恒流过滤　内置式膜生物反应器常采用抽吸泵负压抽吸作用提供过滤所需驱动力，选用流量（通量）恒定的过滤方式运行，称之为恒流过滤[32]。

恒流过滤时，当渗透通量大于临界通量时，悬浮物在膜表面不断沉积形成滤饼层，为了维持通量不变，所需跨膜压差会逐渐增加，而压差的增加会促进悬浮物进一步的沉积，并会使滤饼层不断压实，压实的滤饼层容易吸附在膜表面形成永久性覆盖污染层。为避免上述现象的产生，实际操作时选择较短时间内开启、停止的膜过滤运行方式，且不宜选择过大的跨膜压差运行[32]。

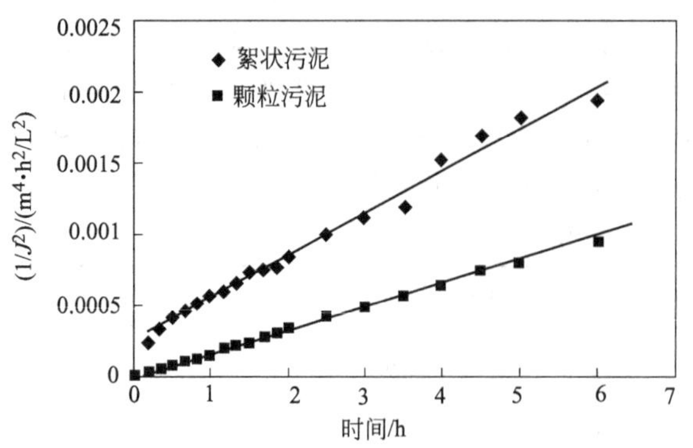

图 2-6-68　恒压过滤时渗透通量的衰减

(2) 恒压过滤　外置式膜生物反应器一般采用正向压力作为膜过滤的驱动力，因此常采用恒定压差的过滤方式——恒压过滤。当恒压过滤的跨膜压差超过临界压力时，悬浮物在膜表面沉积形成滤饼层，从而渗透通量不断减少[32]。

当初始通量越大（即跨膜压差越大）时，膜渗透通量的衰减速度越大。又如图 2-6-68[27] 所示，在相同时间内，颗粒污泥状态的膜通量降低速度较慢，这是由于颗粒污泥的沉降性能优于絮状污泥，更容易从膜表面返回进料液中，因此反应池内活性污泥颗粒化程度高，可有效减缓膜污染。

3. 出水方式

膜间歇出水的操作方式中，在膜曝气不产水时可以破坏膜表面凝胶层的致密结构，在上升气流的水力冲刷下，凝胶层容易从膜面脱落，起到清洗膜表面的作用。连续出水的操作方式中，在膜的两面始终维持着压力差，这个压力差的存在，使污泥倾向于紧密地附着于膜的表面。因此在其他条件相同时，采用膜间歇出水的操作方式比采用连续出水的操作方式膜通量要高[13]。

4. 污泥消泡

由于污泥自身特性和进水中所含表面活性剂等原因，在MBR运行初期，污泥易产生气泡，此时需投加消泡剂，建议使用乙醇系列消泡剂，杜绝硅胶系列消泡剂，因为硅胶系列消泡剂被膜表面吸附时，引起膜间压差上升，造成不可逆膜污染。

二、设备与装置

(一) 膜组件

1. 中空纤维膜[27]

中空纤维膜是不对称（非均向）的自身支撑的滤膜，可以反冲洗，使错流过滤方式得到最大的效益。中空纤维膜的此种几何组态使滤膜表面积在最小的空间得到最大的利用。MBR工艺中应用的中空纤维膜组件，根据压力类型分为内压式和外压式；根据膜孔径大小分为微滤膜组件和超滤膜组件；根据膜组件外形分为帘式、束式（柱式）件等。

(1) 帘式膜组件　中空纤维帘式膜元件由其外形似门帘而得名，是由中空纤维滤膜集水管树脂槽及封端树脂浇铸而成。数只膜元件安装于膜箱或固定框架内，即成为膜组件。曝气器或曝气管安装在膜组件下端，并间歇曝气清洗膜组件，每个膜组件都设置导流挡板，膜底部曝气产生的强大推动力使得生物反应池内气、水、活性污泥三相混合液形成高速循环流，循环水流产生的剪切力和提升力促进了滤饼层的去除[27]。近年来，随着技术的发展，帘式膜组件的膜元件间距不断变窄，气液两相流流态更易于膜表面冲洗，且增大了有效膜面积。中空纤维帘式膜元件构成示意见图2-6-69，浸没式膜组件实物见图2-6-70。

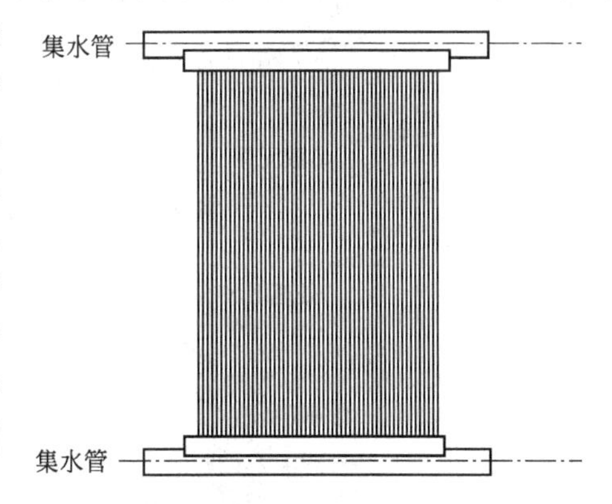

图2-6-69　中空纤维帘式膜元件构成示意

(2) 束式膜组件[27]　束式膜元件是将中空纤维膜集合成束，将其一端浇铸、封装在树脂内，另一端可固定也可作为封闭的自由端（为了使膜丝产生更强烈的震荡，有效去除膜表面的滤饼层），树脂内留有气液两相流通道和透过液通道。膜组件的曝气器安装在膜组件底部，即采用气提式工艺。一端固定束式膜元件、膜组件示意见图2-6-71，两端固定束式膜元件、膜组件示意见图2-6-72[27]。

束式膜组件的研制开发是为了使膜组件的设计能更好地实施气液两相流的调节，恰当调节气水混合的比例，能够显著提高束式膜组件的透水率。完整导流板的构造［见图2-6-73[27](a)］要比多孔导流板［见图2-6-73(b)］更有效发挥气泡的清洗作用。目前，束式膜组件的应用不如帘式膜组件成熟，设计和改进工作有待进一步深入。

图 2-6-70 中空纤维膜浸入式膜组件

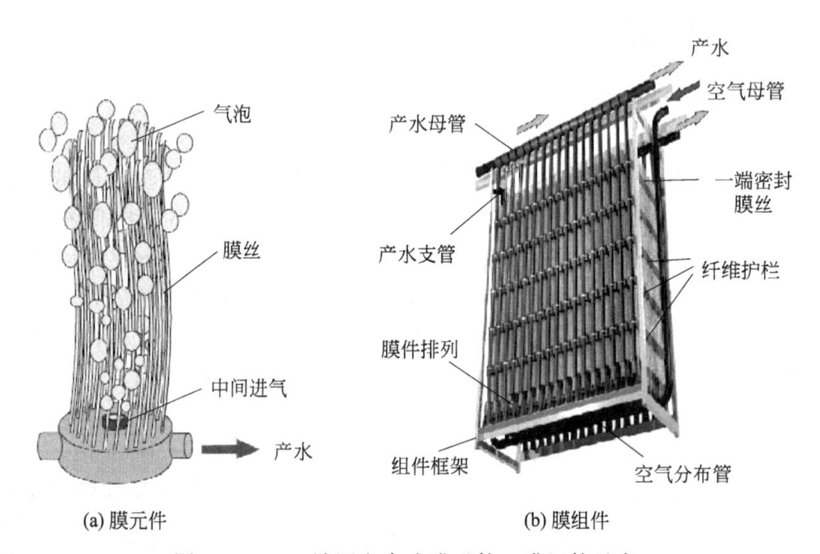

图 2-6-71 一端固定束式膜元件、膜组件示意

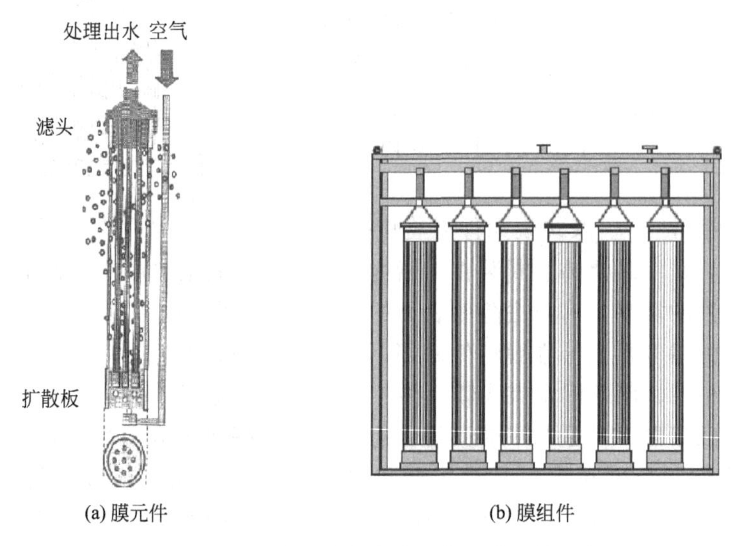

图 2-6-72 两端固定束式膜元件、膜组件示意

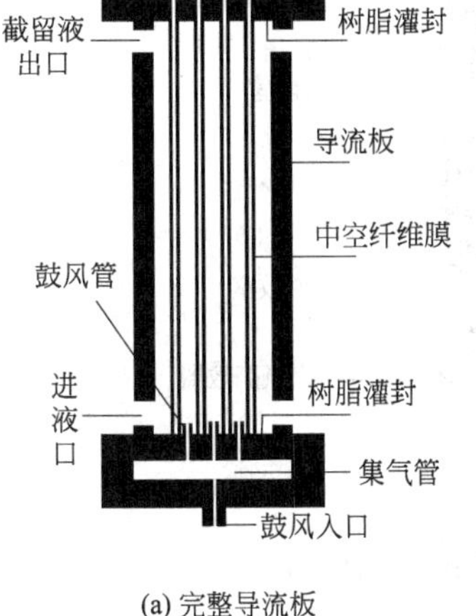

(a) 完整导流板

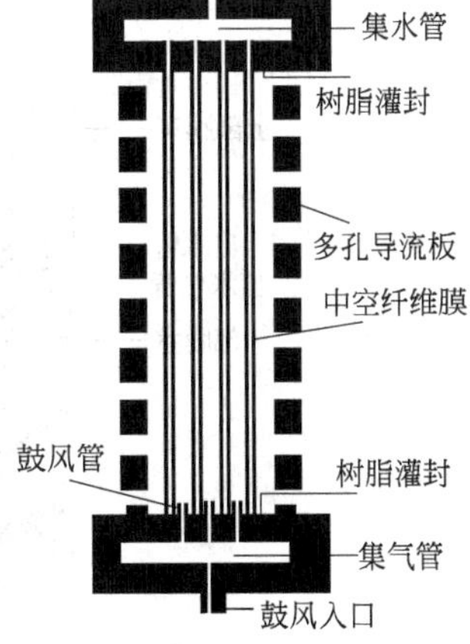

(b) 多孔导流板

图 2-6-73　束式膜组件的导流板

2. 板式膜

目前应用于 MBR 工艺的板式膜组件分为固定式膜组件和旋转式膜组件。

(1) 固定式膜组件[27]　板式膜元件由选择性透过膜、支撑板和透过液收集管组成，多张板式膜元件固定安装于模箱内，既形成一组膜组件，膜元件间距一般在 5～10mm，箱式单元外边缘设置导流挡板，底部安装曝气器，顶部设置连接各膜元件的集水管。固定式板式膜元件和膜组件示意见图 2-6-74、图 2-6-75。

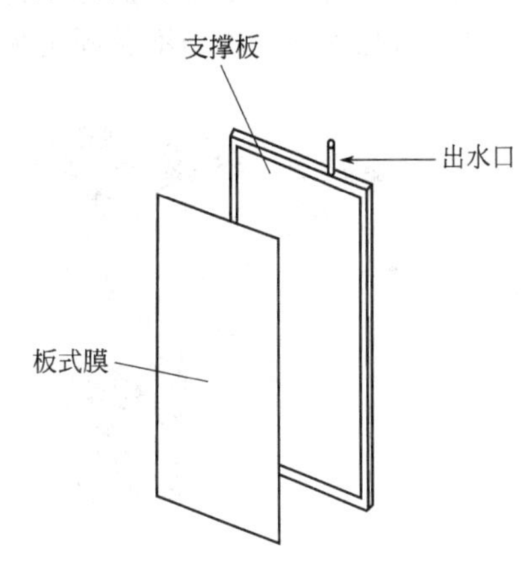

图 2-6-74　固定式板式膜元件示意

近年来，在传统固定式板式膜组件基础上，又研发生产出双层膜组件。双层膜组件的设计使得单位占地面积的有效膜面积加倍，而扩散室数量仅需一个，并且双层膜组件仅需一个膜箱，大大降低了膜组件成本，除此之外，单位膜面积的曝气需求量减少，使得运行能耗及费用降低。双层固定式板式膜组件见图 2-6-76[28]。

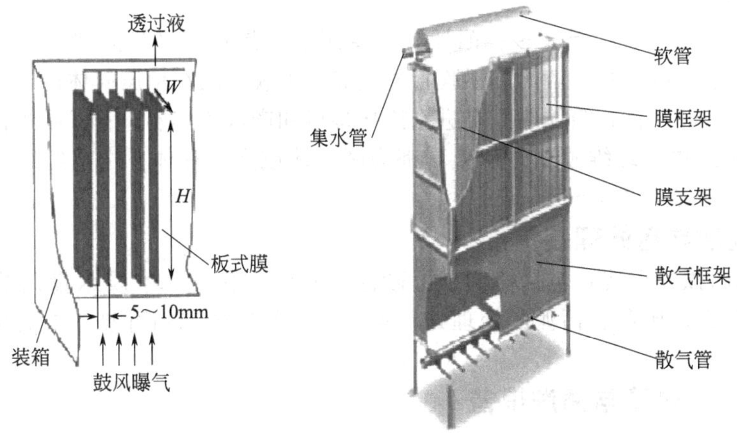

图 2-6-75　固定式板式膜组件示意

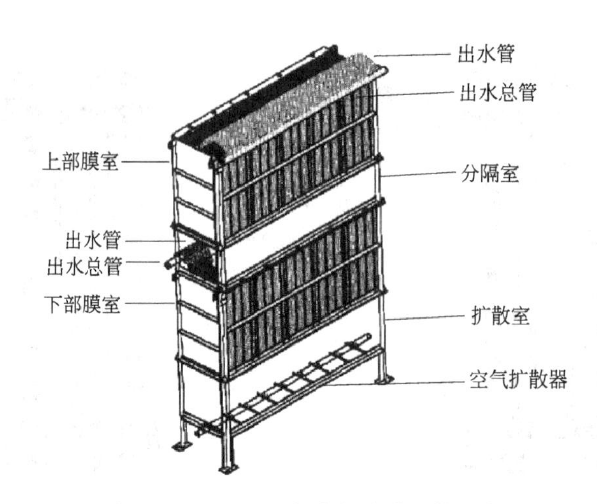

图 2-6-76 双层固定式板式膜组件示意

(2) 旋转式膜组件 旋转式膜组件是板式膜元件以一定模式旋转组成，过滤后出水通过膜组件的中心旋转轴抽出（见图 2-6-77[27]）。与固定平板膜组件相比，旋转式膜组件膜片之间的流体具有更大的雷诺数，湍流程度更高，同时旋转增加了上升气泡对膜表面的清洗作用，且能在较高污泥浓度下良好运行。但是旋转式平板膜组件的制作成本远高于固定式板式膜组件，因此其商业应用不及固定板膜组件。

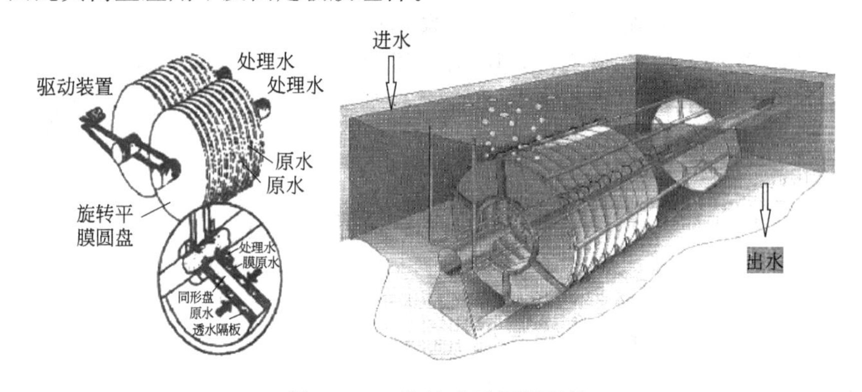

图 2-6-77 旋转式平板膜组件

3. 管式膜

管式膜组件主要由管状膜及多孔耐压支撑管组成，是直接将膜涂刮在多孔支撑管的外壁（外压型）或内壁（内压型），若干单根膜管整装成一束膜管放在承压筒体内，用适宜的方法定位紧固，构成管式膜组件，筒体内配有进水连接接口和产水收集器。管式膜组件见图 2-6-78。

管式膜与束式中空纤维膜从外形上看都为圆柱体或类圆柱体，中空纤维膜直径一般小于 3mm，管式膜内径通常在 4～25mm。

(二) 预处理与后处理装置

MBR 工艺的预处理装置包括格栅、沉砂池、水解酸化池、水质水量调节池等；后处理装置主要包括消毒、脱色、污泥的处理处置等。以上装置的选用可参考本篇相关章节，本节不再赘述。

(三) 曝气、过滤与清洗设备

1. 鼓风机

膜生物反应器用鼓风机主要用来提供膜曝气、生化反应池曝气的空气量，需尽量避开和

图 2-6-78　管式膜组件

其他水池的鼓风机兼用。同时膜曝气、生化反应池曝气管道上设置流量计以确定膜曝气、生化反应池曝气的空气量，此外工程应用中需设置相同型号的备用鼓风机，一般四台以下设一台备用，四台以上设两台备用。

2. 抽吸泵

膜单元可采用抽吸水泵负压出水，小型 MBR 工程宜采用自吸泵，大、中型 MBR 工程宜用真空泵、气水分离罐和离心泵代替。

当膜组件布置为多个单元并列运行时，选泵时还要考虑一个单元停止运行时（例如反冲洗时）其他并列单元增加的抽吸容量，抽吸泵的数量根据水量和单元数确定。

3. 清洗设备

(1) 反冲洗　清水反冲洗设备主要是反冲洗泵。

反冲洗泵常选用确保日反冲洗水量的离心泵，反冲洗泵的数量根据水量和单元数确定。

(2) 在线清洗[30]　在线清洗指膜组件直接放置在膜过滤池内，从产水侧直接注入次氯酸钠水溶液等清洗剂进行清洗。

在线清洗系统的主要设备包括在线清洗泵、加药箱、加药泵等。

加药泵是一种计量水泵，将加药罐（或加药箱）里面的清洗剂同在线清洗泵（或反冲洗泵）提供的清水混合，再定量注入到管道中。采用加药泵投加，压力不宜过大，以免破坏过滤膜元件，此时加药罐（或加药箱）仅存放清洗剂浓溶液。另一种方式是，将清洗剂在加药罐（或加药箱）中稀释到所需浓度后通过重力作用直接注入在线清洗管道内，此时无需加药泵但加药箱容积将大大增大。

(3) 离线清洗[30]　离线清洗指将膜组件从膜池中取出，浸入化学溶液中进行浸泡清洗，除去膜污染物的过程。离线清洗设备包括浸泡清洗池、吊装设备等。

浸泡清洗池：将膜组件逐一吊装出来浸泡清洗的池子，池体要同时考虑机械强度和防腐蚀能力。

(四) 其他设备

1. 吊装设备——卷扬机（见图 2-6-79）

设置吊装设备时应使其通过膜组件的中心。另外，滑轨的延长线上应确保可以放置膜组件的空间，以备安装和拆卸清洗。

卷扬机是安装和检修膜组件的必要装置，卷扬机的必要高度、载重量及配套吊装装置依生物反应池深度及膜组件特性而定。

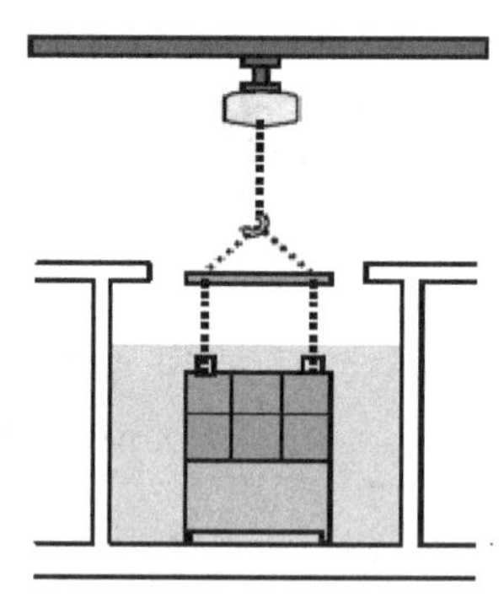

图 2-6-79 卷扬机

2. 计量装置

MBR 工艺设计中的主要计量装置包括压力计、流量计和液位计。

(1) 流量计

① 电磁流量计（见图 2-6-80）。电磁流量计是应用导电体在磁场中运动产生感应电动势，而感应电动势又和流量大小成正比，通过测电动势来反映管道流量的原理而制成的。目前在污水处理方面应用广泛。与其他种类的流量计相比，电磁流量计不仅测量精度和灵敏度都较高，压损较小，且具有更好可靠性和稳定性；但电磁流量计价格较高，安装与调试比其他流量计复杂，且要求流体具有导电性，再由于黏性物或沉淀物附着在测量管内壁或电极上，会使变送器输出电势变化，带来测量误差，因此电磁流量计也不适用于污染物浓度较高或溶液黏稠的液体。

电磁流量计在 MBR 工艺中主要用于控制过滤流量和反冲洗流量。过滤流量由膜通量确定，当设计膜通量恒定，即要求恒流量过滤时，可选用电磁流量计控制。

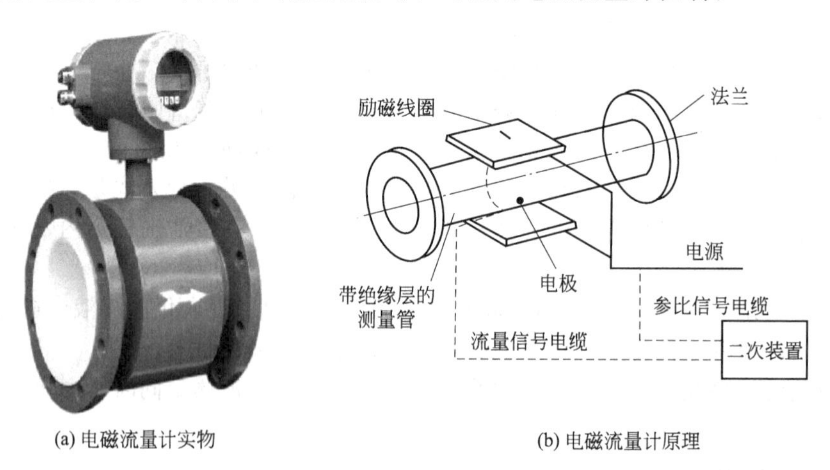

(a) 电磁流量计实物 (b) 电磁流量计原理

图 2-6-80 电磁流量计

② 孔板流量计（见图 2-6-81）。孔板流量计是一种应用广泛的差压式流量计。差压式流量计是通过安装于管道中流量检测元件产生的差压，将已知流体条件和检测件与管道的几何尺寸来计算流量的流量计。

孔板流量计是目前工程应用最为广泛的流量计之一，其结构牢固，使用范围广（包括液、气等单相流体以及部分混相流），价格较低且使用寿命长，但测量精度普遍偏低，测量范围较窄且压损较大。

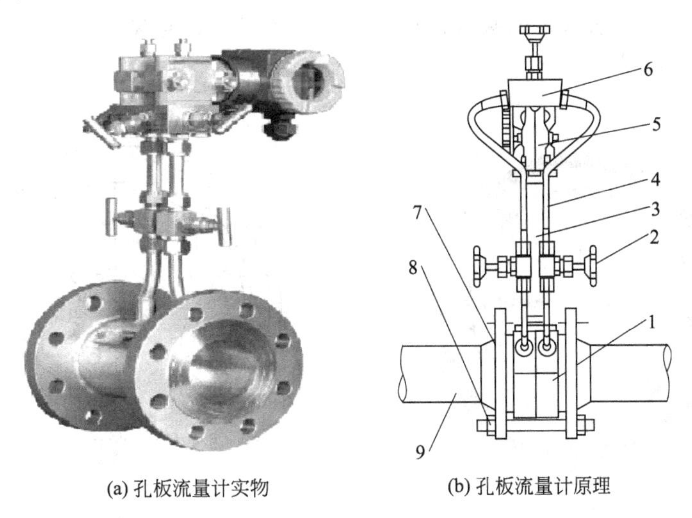

(a) 孔板流量计实物　　(b) 孔板流量计原理

图 2-6-81　孔板流量计

1—夹持件；2—针形阀；3—支撑杆；4—导压管；5—差压变送器；6—防冻式隔离器；7—法兰；8—螺栓；9—管道

精度要求不严格或非导电体的流量测定可选用孔板流量计，在 MBR 工艺中，曝气和在线清洗常采用该种流量计。

③ 金属管浮子流量计（见图 2-6-82）。金属管浮子流量计是利用流体的浮力作用，使浮子在垂直安装的金属管中随着流量变化而自由升降，浮子的实际位置指示着一定的流量。浮子流量计结构简单、性能稳定、价格便宜且使用寿命长。适用于复杂、恶劣环境等工艺条件，且适合测定小、微流量。但浮子流量计只能垂直安装。因此，在 MBR 工艺中，污泥循环的管道常选用金属浮子流量计。

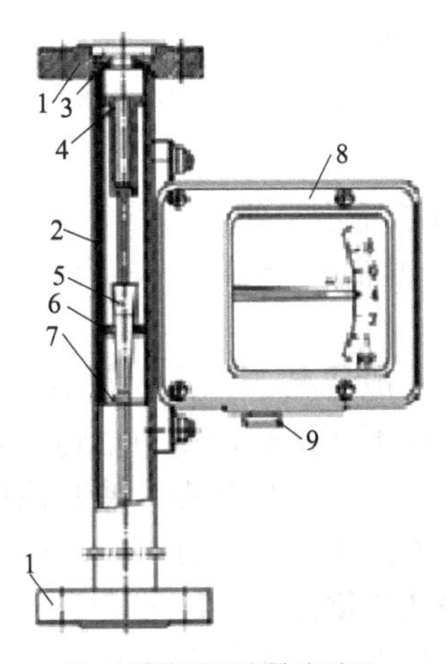

(a) 金属管浮子流量计实物　　(b) 金属管浮子流量计原理

图 2-6-82　金属管浮子流量计

1—法兰；2—管体；3—紧固圈；4—浮子止挡；5—浮子；6—孔板；7—浮子导向盘；8—指示器；9—信号线接口

(2) 压力计　压力计是测量流体压力的仪器。通常都是将被测压力与某个参考压力（如大气压力或其他给定压力）进行比较，因而测得的是相对压力或压力差。MBR 工艺中应用的压力计主要用于水泵进、出水压力及膜压力的控制，多选用弹簧式压力计（见图 2-6-83）。例如根据安装在处理出水水泵的吸入侧的压力计可确认膜的堵塞程度。确认负压上升之后应考虑是否需要进行清洗。

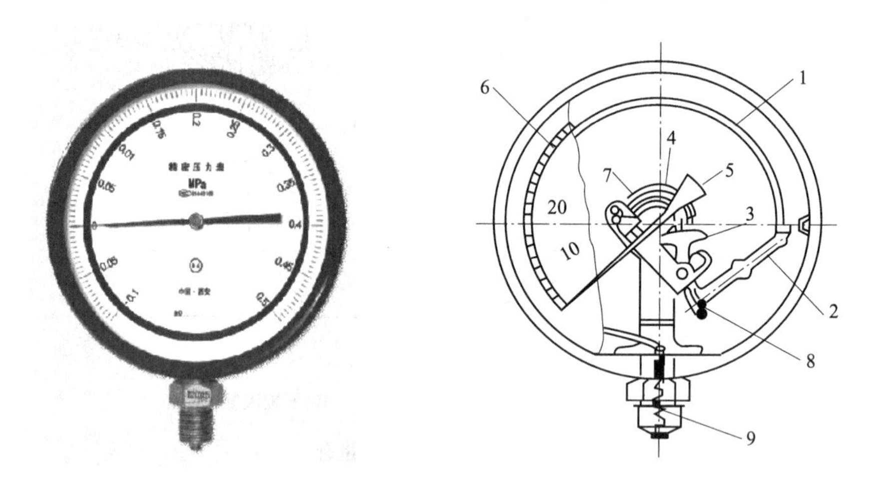

图 2-6-83 弹簧式压力计

1—弹簧管；2—拉杆；3—扇形齿轮；4—中心齿轮；5—指针；6—面板；7—游丝；8—调整螺钉；9—接头

（3）液位计 多选用浮球式液位计。

除此之外，MBR 工艺中的设备装置还包括污泥循环泵、管道阀门等。

三、设计与计算

（一）工艺设计

1. 预处理

（1）去除固体杂质 污、废水进入膜反应池之前，须去除颗粒状硬物和织物纤维等。

① 污、废水进水应设置格栅，进入膜池前应设置超细格栅，城镇污水预处理还应设沉砂池。

② 进水中含有毛发、织物纤维较多时，应设置毛发收集器或超细格栅。例如对于中空纤维膜，过滤精度需控制在 0.8～1.5mm；对于板式膜，过滤精度可放宽至 2～3mm 之间[30]。

（2）除油 一般情况下，膜上附有动植物油时，动植物油会覆盖膜表面，从而堵塞膜孔，因此原水最好不要含有过多动植物油成分。原水动植物油（n-Hex）≥50mg/L 的情况下，需进行气浮、隔油等预处理，使其浓度降低到 50mg/L 以下[30]。

在含有矿物油的情况下，有可能对膜产生更恶劣的影响。此时，除保证动植物油浓度低于限值外，还需使矿物油（n-Hex）≤3mg/L[30]。

（3）调节生化性 进水的 BOD/COD 小于 0.3 时，宜采用水解酸化等预处理措施[33]。

（4）调节水质、水量 膜生物反应器的最佳 pH 值为 6～9。当 pH 值过高或过低时，宜设置 pH 调节池等预处理措施[30]。

除 pH 值调节外，水质和（或）水量变化大的污、废水，宜设置调节水质和（或）水量的设施。

（5）化学除磷 当出水含磷量要求较高时（例如再生水、景观水等），可在进入膜反应单元前采取化学除磷措施[15,28]。

2. 工艺选择

应根据去除碳源污染物、脱氮、除磷、好氧污泥稳定等不同要求和外部环境条件，选择适宜的 MBR 工艺。

内置式膜生物反应器系统基本工艺流程如图 2-6-84[30] 所示；外置式膜生物反应器系统基本工艺流程如图 2-6-85[30] 所示；类似于活性污泥法，当需要脱氮时，MBR 工艺系统应设置缺氧区，以脱氮为主的 MBR 基本工艺流程如图 2-6-86[30] 所示；当需要同时脱氮除磷时，MBR 工艺系统应设置厌氧区、缺氧区，同时脱氮除磷的 MBR 基本工艺流程如图 2-6-87[27,30] 所示。其中，膜组器指由膜组件、布气装置、集水装置、框架等组装成的一个基本水处理单元。

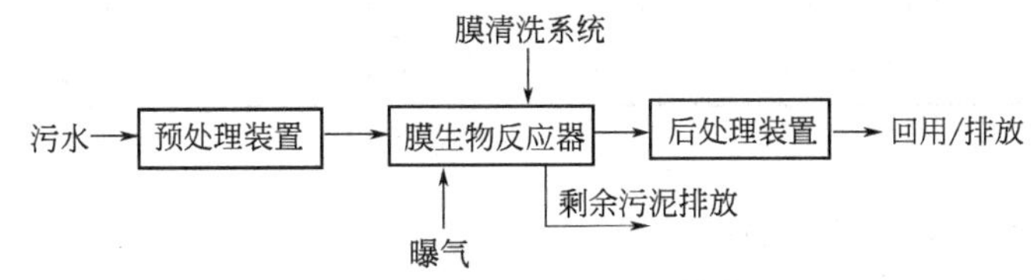

图 2-6-84　内置式膜生物反应器系统基本工艺流程

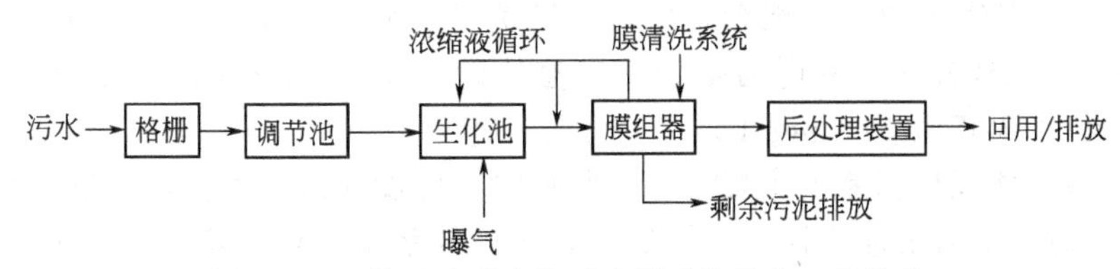

图 2-6-85　外置式膜生物反应器系统基本工艺流程

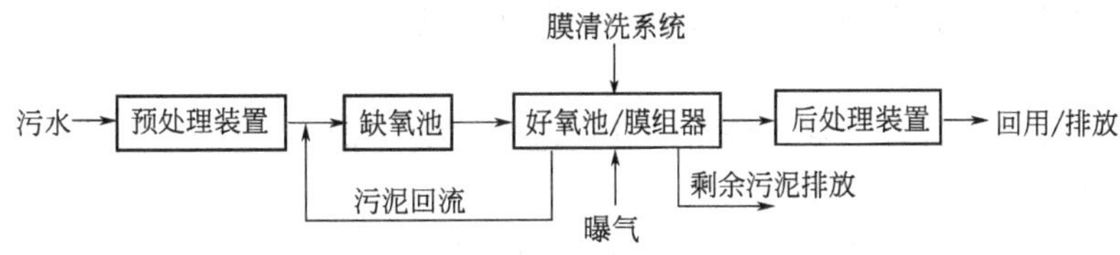

图 2-6-86　以脱氮为主的膜生物反应器基本工艺流程

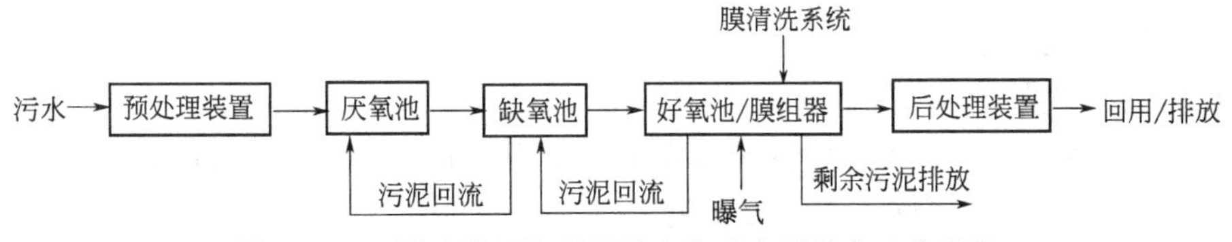

图 2-6-87　同时脱氮除磷的膜生物反应器基本工艺流程

3. 参数及计算

在 MBR 中污泥被膜组件截留在反应器中，反应器内污泥浓度较高，污泥负荷比传统活性污泥法低，能够保证良好的出水水质。但由于反应器内无机物的积累，污泥活性（MLVSS/MLSS）会逐渐降低，并最终影响出水水质。因此，反应器应当定期排泥以保证反应器内污泥较高的活性。污泥增长的计算较为复杂，目前还没有统一的计算方法。可根据废水水质和出水要求，污泥停留时间（SRT）取 5～50d，通常为 5～25d[30]。

污泥浓度是膜生物反应器的重要参数。污泥浓度对反应器的去除效率影响较大，一般 MLSS 越大，污染物的去除效率越好。但对膜生物反应器来说，MLSS 越大，对膜的污染越严重，过滤阻力越大，能耗增大。推荐的污泥浓度在 10000～15000mg/L[30]。

好氧 MBR 反应池污泥负荷与污泥浓度等设计参数应由试验确定。在无试验数据时，可按表 2-6-24 选取。

表 2-6-24 MBR 工艺设计参数

项目	原水 COD /(mg/L)	BOD 负荷 /[kgBOD /(kgMLSS·d)]	混合液悬浮固体 /(g/L)	BOD 容积负荷 /[kgBOD /(m^3·d)]	处理效率 /%
表示符号	S_0	N_s	MLSS	N_V	E
城镇污水回用	100～500	0.2～0.4	2.0～8.0	0.4～0.9	95～98
杂排水、中水处理	50～150	0.1～0.2	1.0～4.0	0.2～0.5	90～95
综合生活污水回用	100～500	0.2～0.4	2.0～8.0	0.4～0.9	95～98
高浓度有机废处理	500～5000	0.2～0.5	4.0～18.0	0.5～2.0	98～99

4. 污泥系统[13,31]

剩余污泥量可按下列公式计算：

$$\Delta X=YQ(S_0-S_e)/1000 \tag{2-6-176}$$

式中，ΔX 为产生的剩余污泥量，kg/d；Y 为污泥产率，氧化 1kgBOD 所产生的污泥量，kgMLVSS/(kgBOD·d)；Q 为生物反应池的设计流量，m^3/d；S_0 为进水 BOD 浓度，mg/L；S_e 为出水 BOD 浓度，mg/L。

当浸没式膜生物反应器系统中要求除磷脱氮时，应设计污泥回流，当膜生物反应池溶解氧高于 2mg/L 时，混合液应先回流到缺氧池，再由缺氧池回流至厌氧池，避免回流液带入过多氧气。混合液回流比一般为 100%～400%。

剩余污泥的排放在条件允许时可增设流量计、污泥浓度计，用于监测、统计污泥排出量。

污泥处理和处置应符合《室外排水设计规范》(GB 50014—2006) 的规定[31]。

5. 后处理

对出水的除臭和脱色有严格要求时，应具有除臭或脱色功能。可采用活性炭吸附或化学氧化处理。对出水微生物有严格要求时，可采用氯化、紫外线或臭氧消毒。

(二) 膜生物反应器设计[33～43]

1. 中空纤维膜 (HF)[13,43]

中空纤维超滤膜分离技术是以分子或粒子大小为基础，以压力作为推动力的动态错流过滤技术。

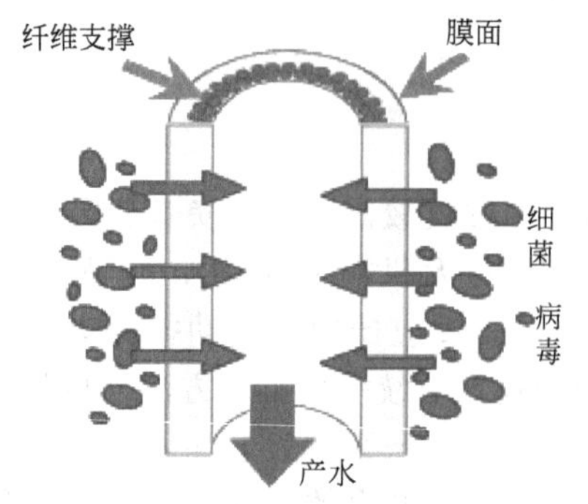

图 2-6-88 中空纤维膜丝外压型产水示意

中空纤维膜组件有两大类：外压型（过滤从外至内）和内压型（过滤从内至外）。目前常见的是外压型（如图 2-6-88 所示）中空纤维膜组件。外压型可在轴流（入流与中空纤维膜丝平行）或传流（入流与中空纤维膜丝垂直）的条件下操作。中空纤维膜在膜生物反应器的应用越来越多，常用的方式是内置式反应器，利用重力或真空抽吸获得产水（产水通过真空泵从膜丝中抽出），膜的形式以帘式膜和束式膜为主。为了获得持续稳定的膜通量，中空纤维膜组件的优化设计显得极其重要。

（1）膜组件

① 有效膜面积。在实际工程设计中，根据下式可计算出所需膜组件的有效面积[41]为：

$$A=Q/F \quad (2\text{-}6\text{-}177)$$

$$Q=\alpha Q_m \quad (2\text{-}6\text{-}178)$$

式中，A 为膜组件的有效面积，m^2；Q 为设计流量，m^3/d；F 为膜通量，$m^3/(m^2 \cdot d)$；Q_m 为日最大污水水量，m^3/d；α 为系数，24（h）/每天实际抽吸时间（h）。

其中已知污水流量 Q（m^3/d），膜通量的选择与污泥过滤性能、污水水质以及运行的环境条件有关，尽可能通过实验确定，在条件不允许情况下以膜厂家提供的通量范围作为参考。原水 COD、BOD 浓度较低，可生化性强时，可取高限；反之，原水 COD、BOD 浓度较高，可生化性较差时，取低限。

② 膜组件数。若已知膜组件制造厂家给定的基本参数，可容易地计算出所需要的膜组（元）件数：

$$N=A/A_0 \quad (2\text{-}6\text{-}179)$$

式中，N 为膜组（元）件数；A_0 为单个膜组（元）件的有效面积，m^2。

③ 总横截面积。对于中空纤维膜，可利用下式求出膜组件通道的总横截面积：

$$A'=Nn_1n_2\pi\left(\frac{d}{2}\right)^2 \quad (2\text{-}6\text{-}180)$$

式中，A'为通道总横截面积，m^2；N 为膜组件数；n_1 为膜组件膜元件数量；n_2 为膜元件通道数量；d 为膜通道内径，m。

（2）内置式 MBR 反应池设计

① 当以去除碳源污染物为主时，内置式 MBR 反应池有效反应容积可按下列公式计算：

$$V=\frac{Q(S_0-S_e)}{1000\times N_s\times X_V} \quad (2\text{-}6\text{-}181)$$

$$X_V=fX \quad (2\text{-}6\text{-}182)$$

式中，V 为膜生物反应池的容积，m^3；Q 为污水设计流量，m^3/d；S_0 为进水 BOD 浓度，mg/L；S_e 为出水 BOD 浓度，mg/L；N_s 为膜生物反应池的五日生化需氧量污泥负荷，kgBOD/(kgMLSS · d)；X 为膜生物反应池内混合液悬浮固体（MLSS）平均浓度，gMLSS/L；X_V 为膜生物反应池内混合液挥发性悬浮固体平均浓度，gMLVSS/L；f 为比例系数，城镇污水一般取 0.7～0.8，工业废水应通过试验或参照类似工程定。

② 当需要强化脱氮时，缺氧池容积按下列公式计算：

$$V_n=\frac{Q(N_k-N_{te})-0.12\Delta X}{1000K_{de}X} \quad (2\text{-}6\text{-}183)$$

$$K_{de(T)}=K_{de(20)}1.08^{(T-20)} \quad (2\text{-}6\text{-}184)$$

式中，V_n 为缺氧池容积，m^3；Q 为污水设计流量，m^3/d；N_k 为进水总凯氏氮浓度，mg/L；N_{te}为出水总氮浓度，mg/L；K_{de}为反硝化速率，$kgNO_3^-$-N/(kgMLVSS · d)，宜根据试验资料确定，无试验资料时，20℃ 的 K_{de} 值可采用 0.03 ～ 0.06 [$kgNO_3^-$-N/(kgMLVSS · d)]，并按公式(2-6-8)进行温度修正；ΔX 为剩余污泥量，kgMLVSS/d；T 为混合液温度，℃。

好氧硝化池容积按下列公式计算：

$$V_0=\frac{Q(S_0-S_e)\theta_{c0}Y}{1000X} \quad (2\text{-}6\text{-}185)$$

$$\theta_{c0}=F\times\frac{1}{\mu} \quad (2\text{-}6\text{-}186)$$

$$\mu = 0.47 \times 1.103^{(T-15)} \tag{2-6-187}$$

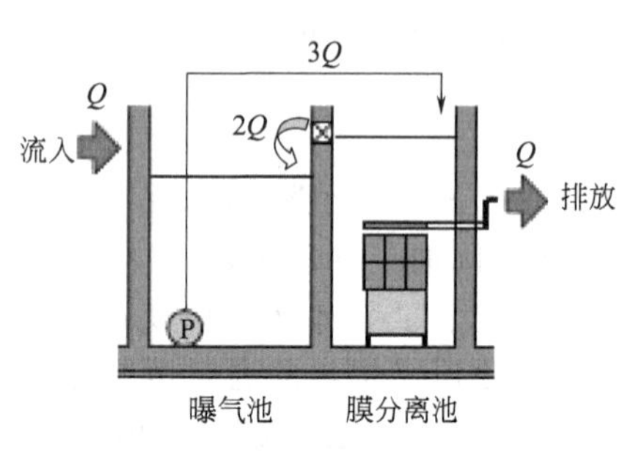

图 2-6-89 两格式膜分离池

式中，V_0 为好氧硝化池容积，m^3；Y 为污泥产率系数，kgMLSS/kgBOD，宜根据试验资料确定；θ_{c0} 为好氧区（池）设计污泥泥龄，d；F 为安全系数，为 1.5～3.0；μ 为硝化细菌比生长速率，d^{-1}；0.47 为 15℃时，硝化细菌最大比生长速率，d^{-1}。

③ 膜生物反应池的划分及循环方式。当污水进水水质较好时，膜生物反应池无需分格，该形式节约土建成本且占地较小；但当进水水质较差时，将生物反应池划分成 2 格（如图 2-6-89）：在曝气池降低 BOD，然后在设置了膜组件的膜分离池进行固液分离，从膜分离池将污泥循环回到曝气池，使污泥浓度均一化。循环量可设为 2Q 左右。循环方法主要有以下 3 种（见图 2-6-90）。

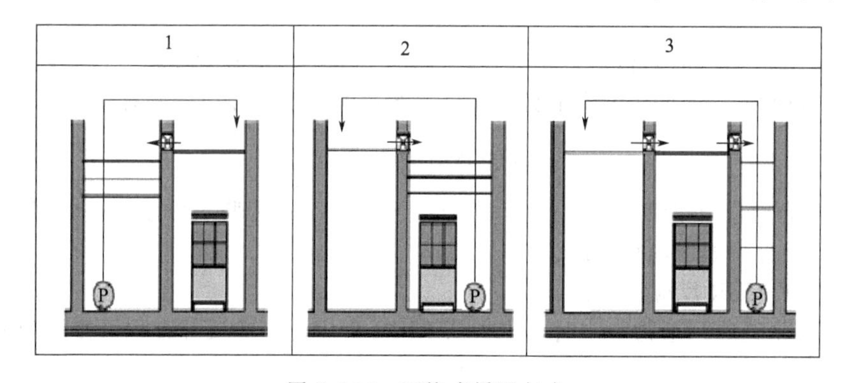

图 2-6-90 两格式循环方式

1—一般的循环方式。对循环水泵的能力要求较大——$(R+1)Q$，但膜分离池水位可以为一定值。通过曝气池控制水位，所以水池容量较大的场合会有不利之处（R 为循环量）。

2—曝气池可以取到最大容量，所以需要取大容量的场合有效。但是膜分离池进行水位控制，所以水位计故障或污泥抽吸量较多的场合水位有可能低于膜组件上表面。

3—在膜分离池的后段追加液位调节池。曝气池及膜分离池可以取到最大容量。液位调节池的容量最好是 15min 的循环量以上，再考虑到污泥抽吸量等予以决定。

(3) 曝气系统 膜生物反应器所需空气由鼓风机提供，通过进气管将空气输入池内曝气管网；曝气设备应兼有供氧、混合等功能，内置式 MBR 生物反应池宜采用穿孔曝气与射流曝气（或微孔曝气）相结合的曝气方式；曝气管网应均匀布置在膜组件的下方。

内置式 MBR 反应器所需空气量分为膜曝气量（Q_1）和池曝气量（Q_2）[11,17]。

① 膜曝气量（Q_1）

$$Q_1 = NQ_0 \tag{2-6-188}$$

式中，Q_1 为膜曝气量，m^3/h；N 为膜组件数，根据式(2-6-179) 计算；Q_0 为每个膜组件膜曝气量，m^3/h，膜组件膜曝气量应由试验确定，膜厂家通常提供相关产品的该项参数。

② 膜曝气量提供氧气量

$$O_M = Q_1 E_A \rho O_w \times \frac{(273+T)}{273} \times 24 \tag{2-6-189}$$

式中，O_M 为膜曝气量提供氧气量，kgO_2/d；E_A 为膜曝气系统氧气转移效率，%；ρ 为空气密度，kg 空气/m^3；T 为活性污泥混合液温度，℃；O_w 为空气中氧气的比重，kgO_2/kg

空气。

③ 生化反应需氧量。当以去除碳源污染物为主时，生化反应需氧量按下式计算

$$O=aQ(S_0-S_e)+bVX_V \tag{2-6-190}$$

式中，O 为微生物降解有机物和内源呼吸需氧量，kgO_2/d；V 为膜生物反应池的容积，m^3；Q 为污水流量，m^3/d；S_0 为进水 BOD 浓度，mg/L；S_e 为出水 BOD 浓度，mg/L；X_V 为 MLVSS，g/L；a 为氧化每千克 BOD 需氧千克数，$kgO_2/kgBOD$，一般取值为 0.42～0.53；b 为污泥自身氧化需氧率，$kgO_2/(kgMLVSS \cdot d)$ 或 d^{-1}，一般取值为 0.19～0.11。

有脱氮要求的工艺，好氧生化反应池的需氧量按下式计算：

$$O=\frac{aQ(S_0-S_e)}{1000}-c\Delta X_V+b\left[\frac{Q(N_k-N_{ke})}{1000}-0.12\Delta X_V\right]-0.62b\left[\frac{Q(N_t-N_{ke}-N_{oe})}{1000}-0.12\Delta X_V\right] \tag{2-6-191}$$

式中，O 为脱氮系统好氧生化反应池的需氧量，kgO_2/d；ΔX_V 为剩余污泥中的微生物量，kg/d；N_k 为进水总凯氏氮浓度，mg/L；N_{ke}为出水总凯氏氮浓度，mg/L；N_t为进水总氮浓度，mg/L；N_{oe}为出水硝态氮浓度，mg/L；$0.12\Delta X_V$ 为排除生化反应池的微生物含氮量，kg/d；a 为碳的氧当量，当含碳物质以 BOD 计时，取值为 1.47；b 为常数，氧化每公斤氨氮所需氧量，kgO_2/kgN，取 4.57；c 为常数，细菌细胞的氧当量，取 1.42。

④ 生化反应必要供氧量

$$R=\frac{OC_{s(20)}}{\alpha(\beta\rho C_{s(T)}-C_L)\times 1.024^{(T-20)}} \tag{2-6-192}$$

式中，R 为提供生化反应需要的必要供氧量，kgO_2/d；$C_{s(20)}$为清水 20℃下氧的饱和浓度，mg/L；$C_{s(T)}$ 为清水 T℃下氧的饱和浓度，mg/L；C_L 为混合液的实际氧的浓度，mg/L；T 为混合液的实际温度，℃；α 为修正系数，一般取值为 0.8～1.0；β 为氧饱和温度修正系数，一般取值为 0.9～0.97；ρ 为压力修正系数，所在地区实际大气压/1.013×10^5Pa。

⑤ 池曝气量（Q_2）。当膜曝气量提供氧气量大于生化反应必要供氧量时，说明膜曝气过程中可提供足够的氧气供生物降解反应，因此无需另外增加曝气系统。

当膜曝气量提供氧气量小于生化反应必要供氧量时，说明膜曝气过程提供的氧气不足，因此需补充曝气以供生化反应需要，曝气量计算如下：

$$Q_2=\frac{R-O_M}{24\times E_A\times\rho\times O_w\times(273+T)/273} \tag{2-6-193}$$

式中，Q_2 为池曝气量，m^3/h；E_A 为生化反应池曝气系统氧气转移效率，%；ρ为空气密度，kg 空气/m^3；O_w 为空气中氧气的比重，kgO_2/kg 空气。

当进水中有机物含量较低时，膜曝气的空气量可以提供微生物生化反应所需氧气量时，MBR 反应器的曝气量按 Q_1 计算；当进水中有机物含量较高情况下，生物处理所需的空气量比较大时，膜组件的下部按清洗膜所需的空气量进行曝气，剩余的空气量在尽可能不妨碍回旋流的场所曝气。有时需要在膜分离槽以外，另设曝气槽。通常气水比为（20～30）：1。

（4）安装布置

① 平面布置。膜组件应均匀分布于曝气池内，见图 2-6-91，各膜组件运行的不均衡将影响出水及膜组件寿命。

膜组件两边与池壁距离不少于 300mm。

帘式膜组件膜元件间隔不少于 80mm，膜组件间隔在 150～300mm，具体可以根据不同膜产品说明书确定[30]。

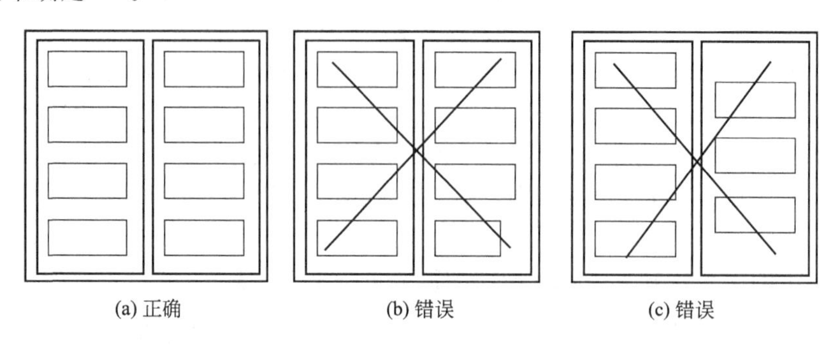

图 2-6-91 膜组件的均匀布置

② 高程布置。浸没式 MBR 生物反应池的超高宜为 0.5～1.0m[30]。

以正常运行时的最低水位为基准，膜组件顶部至水面间距离应不小于 0.4m。

对于中空纤维膜，如果曝气量较大时，膜上表面距离液面<0.4m，曝气的空气泡越接近液面，气泡越大（从水底冒上来的气泡体积将越来越大，因为水位越深压强越大，空气被压缩的比率就越大，体积就越小，上升时反之），会损伤膜丝，故安装膜组件距离液面最好大于 0.4m[43]。

散气管（膜组件底部）至曝气池底面间距离应不少于 300mm；应合理设计膜生物反应池内的水流循环通道，使处理水的流向形成通过膜组件向上流循环。

水深可根据膜组件的不同型号选择合适的池深，当鼓风机压力允许情况下，可加大有效水深，对膜组件无影响。

（5）膜出水系统

① 膜单元可采用抽吸水泵负压出水，抽吸压力一般<0.05MPa；也可利用重力自流出水，但应保持出水流量相对稳定。

② 膜单元的过滤开停比应通过试验设定，由此可计算出膜单元每天实际运行时间。

③ 出水流量。出水流量（m^3/h）＝膜系统设计日流量（m^3）÷每天实际运行小时数×安全系数（取值 1.2～1.5）。

④ 水泵吸程：应包括最大工作膜压＋管路损失＋高位差（膜区水面到水泵轴线或管道最高点距离）＋水泵系统损失（2～3m）。

⑤ 若采用抽吸式出水则 4 台抽吸泵（含）以下宜备用 1 台泵，4 台以上时宜备用 2 台泵。

⑥ 小型 MBR 工程宜采用自吸泵，大中型 MBR 工程宜用真空泵、气水分离罐和离心泵代替。

⑦ 出水系统设置在线监测压力表、流量计和浊度仪。

（6）案例 以下为好氧束式中空纤维膜生物反应器处理日最大污水流量为 $130m^3/d$ 的工业废水设计案例，本工艺中 MBR 以去除高浓度有机物为主要目的。

① 预处理措施及膜生物反应池进水水质。为达到理想的处理效果，在进入膜生物反应器（池）前采取以下预处理措施。

格栅：为去除较大杂物以防止对中空纤维膜的损伤，设置孔径≤1mm 的转鼓格栅；

加压气浮装置：去除部分动植物油和矿物油，使其达到动植物油（n-Hex）≤50mg/L 且矿物油（n-Hex）≤3mg/L[30]的标准。

pH 调节池：调节 pH 至 6～9。

本次设计的污染物控制指标及预处理效果见表 2-6-25。

表 2-6-25　污染物控制指标及预处理效果

控制指标	进水	格栅出水	气浮出水	MBR 进水(调节池出水)	出水目标水质
BOD/(mg/L)	1200	1170	1000	1000	5
动植物油(N-HEX)/(mg/L)	80	77	40	40	≤10
矿物油(N-HEX)/(mg/L)	7	6.5	3	3	≤1
pH 值	5～8	5～8	3	6～9	6～9

② 膜组件设计。根据式(2-6-177)、式(2-6-178) 可计算出所需膜组件的有效面积为：

$$Q=\alpha Q_m=1.23\times130=160\ (m^3/d)$$

$$A=Q/F=160/0.4=400\ (m^2)$$

式中，A 为膜组件的有效面积，m^2；Q 为设计流量，m^3/d；F 为设计膜通量，$0.4m^3/(m^2 \cdot d)$；Q_m 为日最大污水水量，m^3/d；α 为系数，设每天实际运行时间为 19.5h，则取 1.23。

根据式(2-6-179) 可计算出所需要的膜组件数为：

$$N=A/A_0=400/100=4$$

式中，N 为膜组件数；A_0 为所选膜组件单个膜组件的有效面积为 $100m^2$，其中每个膜组件由四支膜元件组成。

膜组件外形尺寸：$L\times W\times H=0.5m\times0.5m\times2.9m$。

③ 膜生物反应池。膜生物反应池的容积根据式(2-6-181) 计算如下：

$$V=\frac{Q\ (S_0-S_e)}{1000\times N_S\times X}=\frac{160\ (1000-5)}{1000\times0.07\times10}=227.4\ (m^3)$$

式中，V 为膜生物反应池的容积，m^3；Q 为污水设计流量，m^3/d；S_0 为进水 BOD 浓度，mg/L；S_e 为出水 BOD 浓度，mg/L；N_S 为膜生物反应池的五日生化需氧量污泥负荷，本设计取 0.07kgBOD/(kgMLSS·d)；X 为膜生物反应池内混合液悬浮固体（MLSS）平均浓度，本设计取 10gMLSS/L。

由于本设计为有机物含量较高的工业废水，为提高处理效率及减少膜污染，膜生物反应池选用平分两格式，内循环比为 200%；由于池体尺寸与膜组件在池内的布置相关，因此具体尺寸设计见后文。

④ 曝气量计算。根据式(2-6-188) 计算膜曝气量（Q_1），如下：

$$Q_1=N\times Q_0=16\times7=112\ (m^3/h)$$

式中，Q_1 为膜曝气量，m^3/h；N 为膜元件数，上述计算的膜元件数为 16；Q_0 为每个膜元件膜曝气量，m^3/h，本设计选用膜元件的膜曝气量为 $7m^3/h$。

根据式(2-6-189) 计算膜曝气量提供氧气量，如下：

$$\begin{aligned}O_M&=Q_1E_A\rho O_w\times\frac{(273+T)}{273}\times24\\&=112\times2\%\times1.2923\times0.2315\times(273+20)/273\times24\\&=17.26\ (kgO_2/d)\end{aligned}$$

式中，O_M 为膜曝气量提供氧气量，kgO_2/d；E_A 为膜曝气系统氧气转移效率，取 20%；ρ 为空气密度，为 1.2923kg 空气/m^3；T 为活性污泥混合液温度，℃，本设计取 20℃；O_w 为空气中氧气的比重，为 $0.2315kgO_2/kg$ 空气。

根据式(2-6-190) 计算生化反应池需氧量 (Q_2)，如下：

$$O=aQ(S_0-S_e)+bVX_V=0.5\times(1000-5)\times160/1000+0.1\times240\times(10\times0.8)=271.6\ (kgO_2/d)$$

式中，O 为微生物降解有机物需氧量，kgO_2/d；Q 为污水流量，$160m^3/d$；S_0 为进水BOD，1000mg/L；S_e 为出水 BOD，5mg/L；X_V 为 MLVSS，g/L，本设计取 MLSS 为 $10kg/m^3$，且设 MLVSS=0.8MLSS；a 为氧化每千克 BOD 需氧千克数，$kgO_2/kgBOD$，本设计取 0.5；b 为污泥自身氧化需氧率，$kgO_2/(kgMLVSS\cdot d)$ 或 d^{-1}，本设计取 0.1。

根据式(2-6-192) 计算提供生化反应需要的必要供氧量，如下：

$$R=\frac{OC_{s(20)}}{\alpha(\beta\rho C_{s(T)}-C_L)\times1.024^{(T-20)}}$$
$$=271.6\times9.17/[0.60(0.95\times9.17\times1.17-2)\times1.024^{(20-20)}]$$
$$=506.7\ (kgO_2/d)$$

式中，R 为提供生化反应需要的必要供氧量，kgO_2/d；$C_{s(20)}$ 为清水 20℃下氧的饱和浓度，为 9.17mg/L；$C_{s(T)}$ 为清水 T℃下氧的饱和浓度，mg/L；C_L 为混合液的实际氧的浓度，为 2mg/L；T 为混合液的实际水温，20℃；α 为修正系数，本设计取值 0.60；β 为氧饱和温度修正系数，一般取值为 0.9～0.97；ρ 为压力修正系数，所在地区实际大气压/1.013×10^5Pa，本设计为 1.17。

生化反应的必要供氧量 R 大于膜曝气量提供氧气量 O_M，说明膜曝气过程提供的氧气不足，因此需补充曝气以供生化反应需要，曝气量根据式(2-6-193) 计算如下：

$$Q_2=\frac{R-O_M}{24\times E_A\times\rho\times O_w\times\frac{(273+T)}{273}}$$
$$=\frac{506.7-17.26}{24\times15\%\times1.2923\times0.2315\times\frac{(273+20)}{273}}$$
$$=417.7\ (m^3/h)$$

式中，Q_2 为池曝气量，m^3/h；E_A 为生化反应曝气系统氧气转移效率，取 15%；ρ 为空气密度，1.2923kg 空气$/m^3$；O_w 为空气中氧气的比重，0.2315kgO_2/kg 空气；T 为活性污泥混合液温度，20℃。

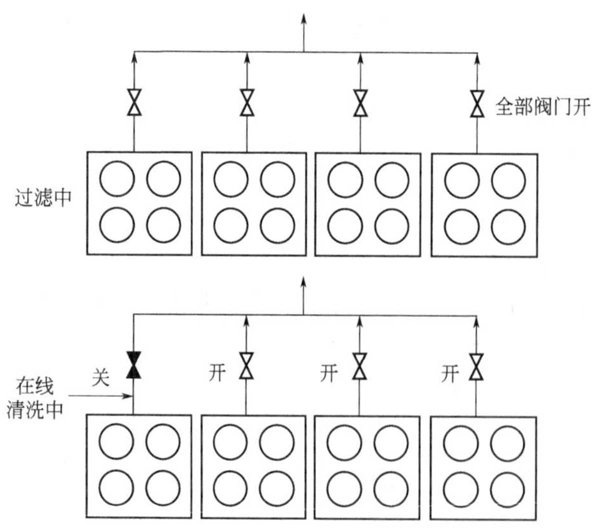

图 2-6-92 膜组件布置图

⑤ 平面布置。膜组件在反应池内的布置形式如图 2-6-92 所示，当一个组件在线清洗时，其他 3 个组件可继续过滤，离线清洗时也仅拆除一个组件浸泡清洗，不影响其他组件正常工作。

设膜组件之间与膜生物反应池池壁之间间距均为 0.5m，则膜生物反应池宽度为 0.5×4+0.5×5=4.5 (m)。

⑥ 高程布置。为使膜组件完全浸没在混合液内，膜生物反应池有效水深应大于膜组件高度，本设计取 4.0m，本设计超高取 0.8m，因此膜生物反应池实际高度为 4.0m。

为保证活性污泥的混合效果，其长宽比的理想范围为 0.3～3。

综上所述，设计膜生物反应池尺寸为 $L\times W\times H=16\text{m}\times 4.5\text{m}\times 4.8\text{m}$。

⑦ 出水方式。采用定出水流量的自吸过滤方式，抽停时间分别为 9min、1min，抽吸压力小于 30kPa。

产水池主要用于提供在线清洗所需的过滤水，池容积储存至少一次在线清洗所用水量。4 件膜元件，每件膜元件清洗用水 50L，因此池容应大于 200L，考虑产水其他用途，本设计选用 400L。

2. 板式膜（FS）

目前市场化的板式膜有两种形式——固定式板式膜和旋转式板式膜，与固定板式膜组件相比，旋转板式膜组件制作费用高，因此商业应用不及固定板式膜普遍，本章主要针对固定式板式膜进行论述[32,42]。固定式板式膜单元组成和过滤机理如图 2-6-93[27] 和图 2-6-94 所示。

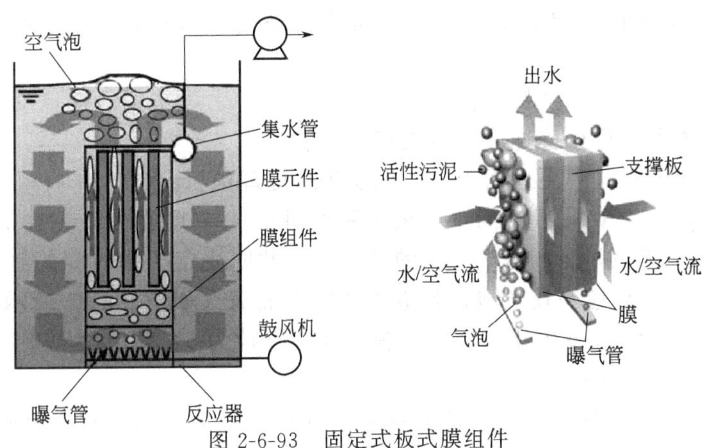

图 2-6-93　固定式板式膜组件

板式膜 MBR 工艺亦多采用内置式反应器，产水方式采用负压抽吸方式，板式膜单元的设计类似于中空纤维膜单元，具体参数及公式可参考中空纤维膜，下面仅介绍板式膜设计中不同于中空纤维膜的特点及注意事项。

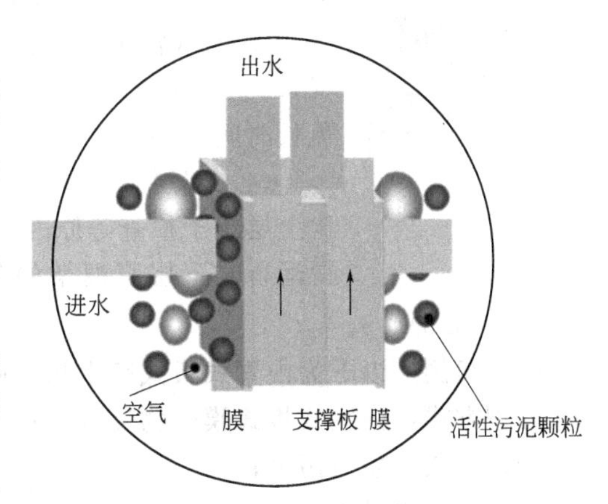

图 2-6-94　板式膜组件过滤机理

（1）板式膜与中空纤维膜的比较[25]　与中空纤维膜相比，板式膜具有下列优势。

① 较好的抗污染性能。相比较中空纤维 MBR，板式膜生物反应器可以在更高的活性污泥浓度下保持高通量的稳定运行。

根据膜污染产生的机理，高浓度悬浮物沉积而成的滤饼层是中空纤维膜膜污染的主要原因，板式膜的主要污染来自于膜孔堵塞污染，膜面没有明显的滤饼层，因此，提高进水悬浮物浓度对板式膜污染影响不大[32]。

除此之外，在实际使用过程中，由于毛发类物体进入膜生物反应器，此类丝状物缠绕在膜丝上，会出现泥坨，影响中空纤维膜的有效过滤面积，使膜通量急剧下降。板式膜组件由于预留膜片间隙，通过气水混合液流对膜元件表面进行冲刷，可以很好地清除膜表面的附着物。

② 清洗方式灵活、频率低。板式膜元件可取出，通过低压水枪进行人工物理清洗，而中空纤维膜不可通过这种方式清洗。

与中空纤维膜MBR工艺相比，板式膜的清洗频率要低于中空纤维膜。中空纤维膜需频繁地将膜组件进行反冲洗，中空纤维膜组件在线化学清洗周期为1个月左右，平板式膜组件的清洗周期为3个月以上。

③ 机械强度较高。在实际使用过程中，中空纤维膜不可避免出现断丝现象，由于中空纤维膜在曝气状态下工作，始终处于幅度较大的振动中，长此以往会引起中空纤维膜规模性断丝，出水水质变差，平板膜强度通常高于中空纤维膜。

④ 寿命长，运行费用低。板式膜组件寿命通常高于真空纤维膜组件，同时板式膜可以实现单张膜元件更换，故更换成本相对较低。

同时，板式膜较中空纤维膜也有不足之处：

① 板式膜与中空纤维膜相比，过滤面积较小，因此集成度不高。

② MBR工艺的能耗主要为曝气，板式膜的膜曝气量通常大于中空纤维膜，因此能耗较高。

③ 板式膜的价格高于中空纤维膜。

④ 中空纤维膜可以进行反冲洗，板式膜则不能。

⑤ 中空纤维膜较板式膜更适用于较大规模污水处理项目。

图 2-6-95 节涌流示意

(2) 模板间距　板式膜组件的一个重要设计参数是膜板间的距离，膜板间距和曝气产生的气泡大小共同决定了膜板间的气流方式，最佳的设计应当让气泡在膜板间产生节涌流（如图2-6-95所示[27]），如若采用3～5mm大小的气泡，膜板间距设计为5～8mm为宜。

(3) 曝气

① 膜生产商通常设定空气量上限值，因为超过上限值进行曝气时，会造成膜寿命下降和组件的损伤，所以应将空气量设定在适宜范围内。

② 流入污水较少的时间段中，如果不进行过滤只进行曝气（空曝气），会对膜造成损伤导致寿命缩短并浪费电能。因此系统设计中应避免长时间空曝气。

(4) 双层膜单元　对于双层膜单元的膜元件来说，由于下层膜框架比上层难于检查等原因，所以下层膜通量比上层膜通量的设定要低，使得运行时下层膜框架的膜面尽量避免堵塞。膜通量的比值可参考：上层/下层＝5.5/4.5。

(5) 案例　以下为内置式板式膜生物反应器处理生活污水的设计案例。

处理方式：内置式板式膜生物反应器；

处理对象：生活污水；

日最大污水量 Q_m：260m^3/d；

水质指标（见表2-6-26）。

表 2-6-26　设计进水水质

控制指标	进水/(mg/L)	出水目标/(mg/L)	去除率/%	控制指标	进水/(mg/L)	出水目标/(mg/L)	去除率/%
BOD	200	5	97.5	NH_3-N	25	5	80
SS	250	5	98	NO_3^--N	0	—	—
TN	40	10	80	NO_2^--N	0	—	—

① 工艺流程。污水处理工艺流程如图 2-6-96 所示。

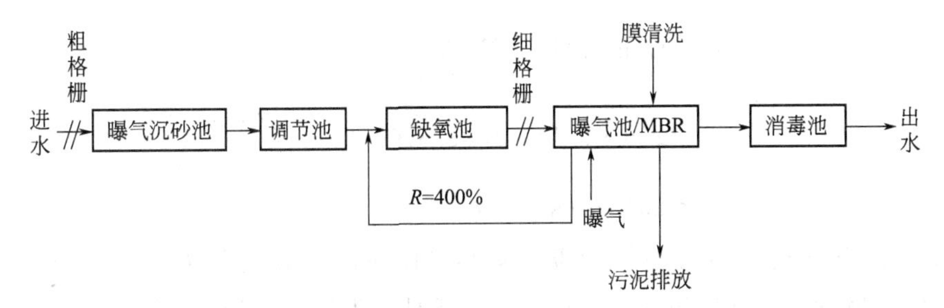

图 2-6-96　工艺流程

② 膜组件。设计膜通量 F：$1.2m^3/(m^2 \cdot d)$；

根据式(2-6-177)，式(2-6-178) 可计算出所需膜组件的有效面积[41]为：

$$Q=\alpha Q_m=1.15\times260=300$$

$$A=Q/F=300/1.2=250\ (m^2)$$

其中，每天实际运行时间为 20.5h，则 α 取 1.15。

已知膜元件的有效膜面积为 $0.8m^2$/张，根据式(2-6-179) 可计算出所需要的膜元件数为：

$$N=A/A_0=250/0.8=313$$

选用由 125 个膜元件组成的膜组件，膜组件数=313/125=3，实际选用膜元件数 375。

③ 生物反应池。缺氧池容积按公式(2-6-176)、式(2-6-183)、式(2-6-184) 计算：

$$\Delta X=YQ(S_0-S_e)/1000=0.3\times300\times(200-5)/1000=17.55\ (kg/d)$$

$$K_{de(10)}=K_{de(20)}1.08^{(10-20)}=0.06\times1.08^{-10}=0.03$$

$$V_n=\frac{Q\ (N_k-N_{te})-0.12\Delta X_V}{1000K_{de(10)}X}=\frac{300\times(40-10)-0.12\times0.7\times17.55}{1000\times0.03\times7.5}=40.00\ (m^3)$$

式中，Y 为污泥产率系数，取 0.3；ΔX 为剩余污泥量，kg/d；V_n 为缺氧池容积，m^3；Q 为污水设计流量，m^3/d；ΔX_V 为排出系统的微生物量，kg/d，设；$\Delta X_V=0.7\Delta X$；N_k 为进水总凯氏氮浓度，mg/L；N_{te} 为出水总氮浓度，mg/L；$K_{de(T)}$ 为 T℃时反硝化速率，$K_{de(20)}$ 取 $0.06kgNO_3^--N/(kgMLVSS \cdot d)$；$X$ 为 MLSS，取 7.5g/L；T 为混合液温度，10℃。

好氧硝化池容积按式(2-6-185)～式(2-6-187) 计算：

$$\mu=0.47\times1.103^{(T-15)}=0.47\times1.103^{(10-15)}=0.29(d^{-1})$$

$$\theta_{c0}=F\times\frac{1}{\mu}=2.8\times\frac{1}{0.29}=9.66(d)$$

$$V_0=\frac{Q(S_0-S_e)\theta_{c0}Y}{1000X}=\frac{300\times(200-5)\times9.66\times0.3}{1000\times7.5}=22.6\ (m^3)$$

式中，V_0 为好氧硝化池容积，m^3；Y 为污泥产率系数，kgMLSS/kgBOD，宜根据试验资料确定，取 0.3；θ_{c0} 为好氧区（池）设计污泥泥龄，d；F 为安全系数，取 2.8；μ 为硝化细菌比生长速率，d^{-1}；T 为设计温度，10℃。

④ 曝气量。根据公式(2-6-188) 可计算出膜曝气量：

$$Q_1=NQ_0=375\times0.6=225\ (m^3/h)$$

式中，Q_1 为膜曝气量，m^3/h；N 为膜元件数，为 375；Q_0 为每个膜元件膜曝气量，m^3/h，取 0.6。

根据公式(2-6-189) 可计算出膜曝气量提供氧气量：

$$O_M = Q_1 E_A \rho O_w \times \frac{(273+T)}{273} \times 24$$

$$= 225 \times 0.15 \times 1.2923 \times 0.2315 \times \frac{(273+10)}{273} \times 24$$

$$= 251.2 \ (kgO_2/d)$$

式中，O_M 为膜曝气量提供氧气量，kgO_2/d；E_A 为膜曝气系统氧气转移效率，取 15%；ρ为空气密度，1.2923kg 空气/m^3；T 为活性污泥混合液温度，取 10℃。

生化反应池的需氧量按式(2-6-191) 计算：

$$O = \frac{aQ(S_0-S_e)}{1000} - c\Delta X_V + b\left[\frac{Q(N_k-N_{ke})}{1000} - 0.12\Delta X_V\right]$$

$$-0.62b\left[\frac{Q\ (N_t-N_{ke}-N_{ce})}{1000} - 0.12\Delta X_V\right]$$

$$= \frac{1.47\times 300\ (200-5)}{1000} - 1.42\times 0.7\times 17.55 +$$

$$4.57\left[\frac{300\times\ (40-5)}{1000} - 0.12\times 0.7\times 17.55\right]$$

$$-0.62\times 4.57\left[\frac{300\ (40-10)}{1000} - 0.12\times 0.7\times 17.55\right]$$

$$= 88.5\ (kgO_2/d)$$

式中，N_k 为进水总凯氏氮浓度，mg/L；N_{ke}为出水总凯氏氮浓度，mg/L；N_t 为进水总氮浓度，mg/L；N_{oe}为出水硝态氮浓度，mg/L；$0.12\Delta X$ 为排除生化反应池的微生物含氮量，kg/d；a 为碳的氧当量，当含碳物质以 BOD 计时，取值为 1.47；b 为常数，氧化每公斤氨氮所需氧量，kgO_2/kgN，取 4.57；c 为常数，细菌细胞的氧当量，取 1.42。

生化反应必要供氧量按式(2-6-192) 计算：

$$R = \frac{OC_{s(20)}}{\alpha(\beta\rho C_{s(10)} - C_L)\times 1.024^{(T-20)}}$$

$$= 88.5\times 9.17/[0.60(0.95\times 11.33\times 1.05-2)\times 1.024^{(10-20)}]$$

$$= 110.41\ (kgO_2/d)$$

式中，R 为生化反应的必要供氧量，kgO_2/d；$C_{s(20)}$ 为清水 20℃下氧的饱和浓度，取 9.17mg/L；$C_{s(10)}$ 为清水 10℃下氧的饱和浓度，取 11.33mg/L；C_L 为混合液的实际氧的浓度，mg/L；α 为修正系数，取 0.6；β 为氧饱和温度修正系数，取 0.95；ρ为压力修正系数，取 1.05。

膜曝气量提供氧气量大于生化反应池需氧量时，说明膜曝气过程中可提供足够的氧气供生物降解反应，因此无需另外增加曝气系统，池曝气量（Q_2）为零。

3. 管式膜（MT）

(1) 性质及特点[27] 管式膜亦是 MBR 工艺中较常见的膜组件，是指在圆筒状支撑体的内侧或外侧刮制上半透膜而得的管形分离膜，壳体一般由不锈钢或 U-PVC 制造；膜材料多选用聚偏氟乙烯（PVDF），支撑层为聚乙烯（PE），膜孔径在 0.03～0.5μm，管径一般为 4～24mm，管子长度为 0.5～4m，管式膜产水示意见图 2-6-97。

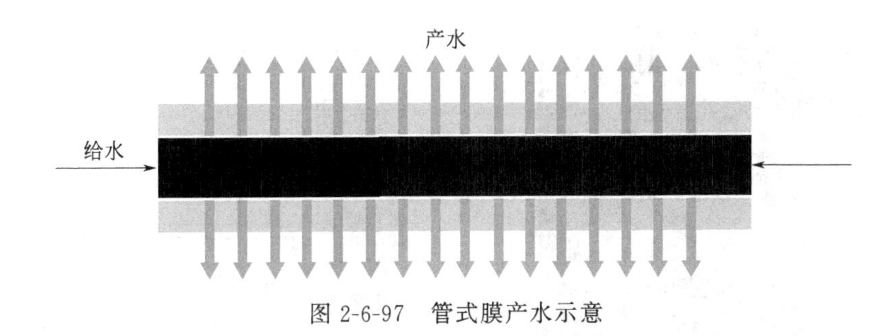

图 2-6-97　管式膜产水示意

由于装填密度小、一次性投资和运行费用的限制等，管式膜的在 MBR 工艺中的应用不及中空纤维膜和板式膜广泛，然而近年来，管式膜的特性和优势被逐步开发利用，目前管式膜 MBR 形式以外置式为主。

管式膜的特点：

① 膜的使用强度大（不易破损）、寿命长（一般大于 5 年）。

② 过滤精度高，不仅能去除悬浮固体和游离细菌等，同时能去除一些大分子物质，如淀粉、蛋白质等。

③ 具有较强抗污染、抗氧化和耐酸碱等性能。

④ 通量大，纯水通量可达 $10m^3/(m^2 \cdot h)$。

⑤ 工作温度高（可达 60℃）、操作压力大。

与内置式生物膜反应器相比，外置式膜生物反应器的优点是：运行稳定，通量较大，且外置式 MBR 的膜组件易于安装、拆卸，便于膜组件的维护和清洗；缺点是为防止膜污染，需要较高的错流速度，同时操作压力也高于内置式 MBR（通常≥1MPa），因此运行能耗较内置式 MBR 高（一般在 $1\sim10kW \cdot h/m^3$ 之间）。

（2）技术应用[28]　目前工艺设计常用的膜组件技术包括气提膜组件和泵提膜组件：泵提膜组件（见图 2-6-99）水平安装，适用于进水 COD 较高（≥5000mg/L）、流量较低（$\leqslant100m^3/h$）的污水；气提膜组件（见图 2-6-98）垂直安装，适用于进水 COD 较低（≤1000mg/L）、流量较高（$\geqslant250m^3/h$）的污水。在以上范围之间两种膜组件均可适用。

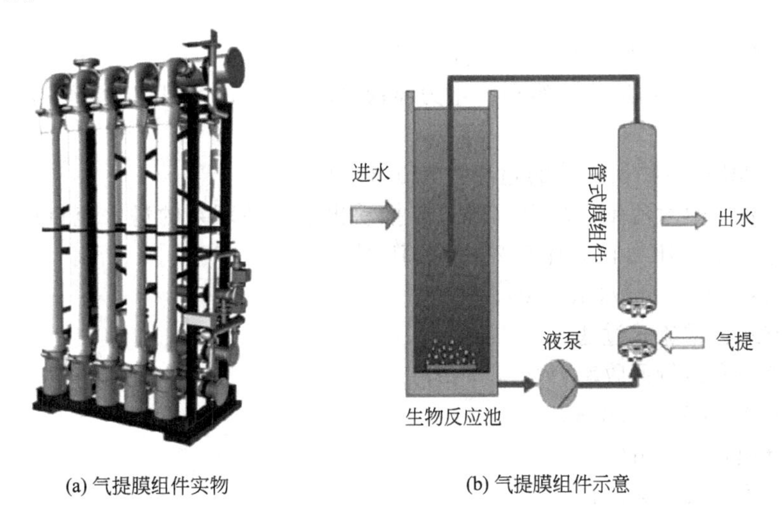

(a) 气提膜组件实物　(b) 气提膜组件示意

图 2-6-98　气提膜组件

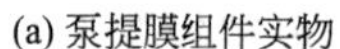

(a) 泵提膜组件实物

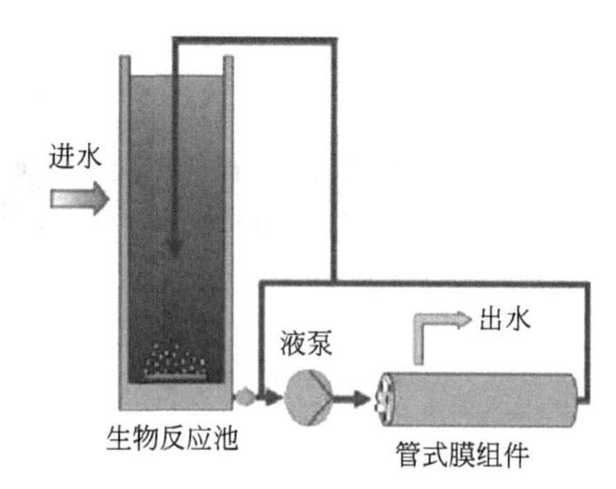

(b) 泵提膜组件示意

图 2-6-99 泵提膜组件

某品牌管式膜两种形式的膜组件在实际运行中的参数对比见表 2-6-27，其中气提式膜组件的能耗小于 1kW·h/m³，避免了传统外置式膜生物器高能耗的缺点。

表 2-6-27 泵提和气提膜组件运行参数[28]

参　　数	泵提系统	气提系统
MLSS/(g/L)	12～30	8～12
TMP/kPa	100～150	5～30
通量/[L/(m²·h)]	80～200	30～60
膜透水率/[L/(m²·h·kPa)]	0.4～0.8	0.9～5
单位面积处理量/[m²/(h 处理量·m² 项目面积)]①	10.8③	7.5②
单位面积上的膜面积/[m²(膜)/m²(项目面积)]①	108	131
单位体积出水的能耗/(kW·h/m³)	1.5～4	0.5～0.7
工艺	较简单	较复杂
运行模式	连续	非连续

① 基于单个膜组件，1m (W) ×4m (L) ×4m (h)。
② 基于 55L/(m²·h)。
③ 基于 100L/(m²·h)。

(3) 外置式管式膜生物反应器设计要点[30]

① 外置式 MBR 生物反应区容积、水力停留时间 HRT、污泥负荷数可参照内置式 MBR 工艺设计。

② 外置式 MBR 生物反应池的超高宜为 0.3～0.5m。

③ 增压设备。由大流量循环泵（卧式）推动出水。循环泵的进水流量应为该系统产水流量的 6～9 倍。进水压力宜选择 0.2～0.4MPa[30]。

④ 膜通量：1～2.4m³/(m²·d)。

⑤ 过滤方式：错流式过滤。

⑥ 膜系统正常运行回收率：10%～15%。

⑦ 回流浓水：85%～90%。

⑧ 膜面流速：3～5m/s。

⑨ 污泥浓度：10～40g/L。

⑩ 由管式膜元件封装的管式膜系统，由大流量循环泵（卧式）推动出水。循环泵的进

水流量应为该系统产水流量的6～9倍，进水压力宜选择0.2～0.4MPa。

(三) 运行与维护

1. 膜清洗方式

(1) 中空纤维膜

① 物理清洗中空纤维膜的清洗方法包括以下两种。

a. 间歇空气擦洗。采用间歇抽水方式，一般抽吸8～13min，松弛1～3min，及通过空曝气达到擦洗膜表面的目的，空曝气能有效解除膜组件内的负压，减缓压力的上升，减少膜污染程度[28,30]。

b. 反冲洗。反洗：水流方向与产水方向相反，可以有效地减少污染。为避免在产水侧对膜产生污染和杂质对膜孔堵塞，一般采用过滤产水作为反洗水。选择反洗水时要考虑到不要给后续的操作带来影响。

频率及时间：一般在1h之内反洗一次，一次反洗不超过40s，具体依工艺及产品型号而定。

② 化学清洗。经过一段时间的运行以后，有些污染物质会吸附在膜丝的表面，并且无法通过物理反洗去除。对于这些被吸附的物质，如微生物代谢产物等，就要通过化学清洗来去除。根据污染物的种类，可以选择不同的药剂来进行化学清洗，常用的药剂有：氢氧化钠、次氯酸钠、盐酸和柠檬酸。这些药剂既可用于小剂量的在线清洗，也可用于大剂量的系统停运时的强化清洗。

a. 在线清洗。实际工程应用中，膜生物反应池常划分为若干单元(≥2)，由于每个单元可独立运行，因此在线清洗可先对某一单元的膜组件进行化学加药反洗，同时其他单元正常运行。在刚开始的短时间内，化学反洗通量较高，接下来是较长时间的低通量的化学反洗。清洗药剂可直接加到反洗泵出口的出水管线上[30]。

频率：每月不宜少于一次。

时间：60～120min。

药剂使用：在线清洗药剂通常采用NaClO，药剂用量1.0～2.0L/(m^2·次)，药剂浓度宜1‰～3‰。

b. 离线清洗[30]。频率：通常半年到一年进行一次。时间：6～24h。

药剂使用：通常采用0.3%～0.5%次氯酸钠和0.5%～1%的氢氧化钠溶液混合碱液、0.3%～1%的盐酸、0.5%～1%柠檬酸或草酸等。

(2) 板式膜　板式膜的物理清洗方法包括以下几种

① 间歇空气擦洗。同中空纤维膜的膜曝气清洗相似，板式膜也可通过曝气对膜表面的污染物产生剪切冲刷作用。

② 人工物理清洗。板式膜组件可拆卸后通过低压水枪进行人工物理清洗，此方式清洗效果较好。

板式膜通常采用在线化学清洗，一般不采用离线化学清洗方法，每个膜组件均设置药液清洗口，如果使用水泵等将药液压入，会造成膜框架或膜支架的破损，所以应采用重力式注入方法。药液箱与反应池的液面高度差不宜过大，具体要求依膜组件产品而定。注入药液时需要观察药液的流入情况，药液开始从注入口溢出时，应立即中止药液的注入。

频率：3～6个月一次或当跨膜压力大于限定值时。

(3) 管式膜

① 反冲洗(见图2-6-100)。清洗频率和时间：一般30～120min一次，每次冲洗时间20～30s；应根据膜的力学性能确定膜组件的反冲洗工艺。

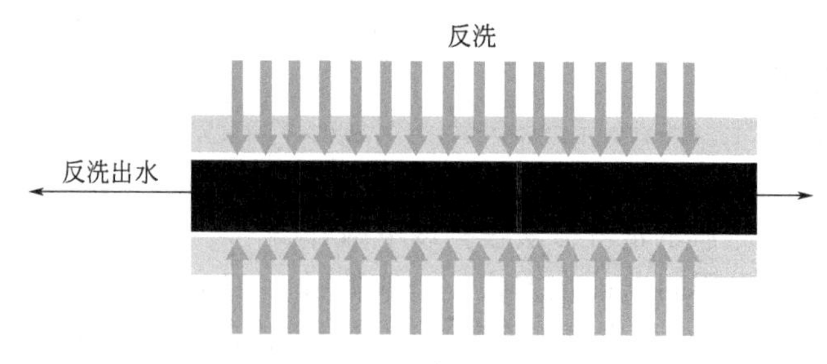

图 2-6-100 管式膜反冲洗示意

② 化学清洗。当滤膜通量下降超过一定限值时需进行化学清洗，膜组件的出水管应设置化学清洗用的清洗液接口。化学清洗可先进行反冲洗，以充分发挥化学清洗剂的清洗效果。

清洗频次：通常每月不少于一次；

清洗时间：2～3h；

药剂：碱清洗通常采用 NaClO＋NaOH，碱洗药剂浓度宜 1‰～2‰；酸清洗一般采用盐酸或柠檬酸，盐酸浓度一般为 2‰～3‰，柠檬酸浓度一般为 3‰～5‰。

2. 曝气系统防堵措施

曝气孔堵塞将造成曝气不均匀以及膜堵塞，防止曝气管堵塞的对策如下。

① 膜组件曝气系统的曝气孔一般要求开在曝气管下方，以尽量减少活性污泥进入曝气孔。

② 湿润曝气管内部。

在 4～6h 内，往曝气管内流入产水或者自来水，每次流入水量与曝气管的内部容量相同的水量。设计管路时，注意防止流入曝气管内的水流入鼓风机侧，鼓风机侧流入水时，会导致鼓风机故障。

③ 曝气管清洗。膜单元空气管路布置见图 2-6-101。清洗频率为至少每天一次，每次清洗时间为 1～5min 左右。且宜设置自动阀进行自动清洗以减少工作人员工作量。清洗时打开排气阀释放曝气管内空气使泥水混合物逆流进入曝气管，通过进入曝气管内的空气将污泥排出（见图 2-6-102）。

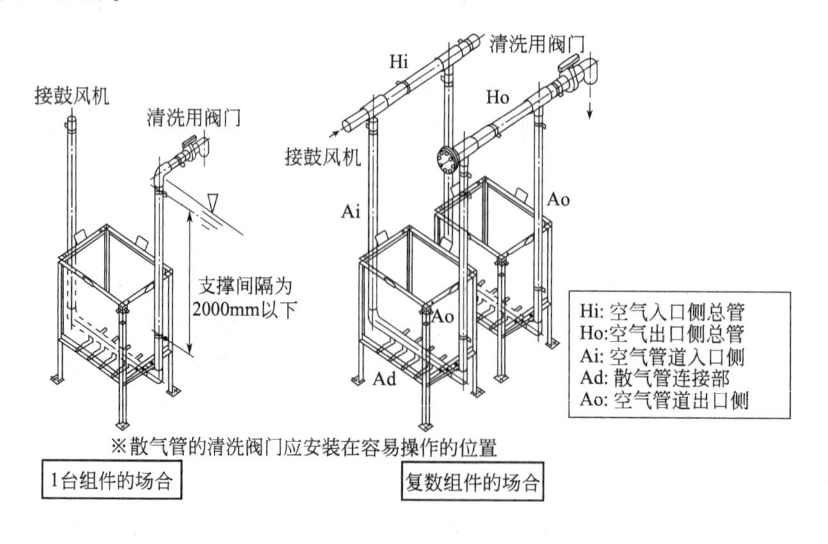

图 2-6-101 空气管路布置图

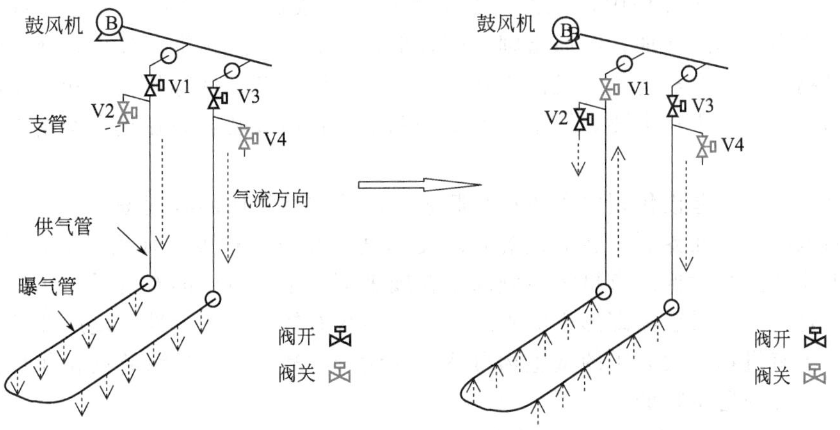

图 2-6-102 曝气清洗流程示意

3. 膜单元自动控制要点[30]

(1) 膜生物反应池水位下降到设计低水位时，抽吸水泵自动停止，水位上升至设计高水位时恢复运行；小型（设备化）工程膜生物反应池，水位上升至设计高水位时进水泵自动停止，水位下降到设计低水位时进水泵恢复运行。

(2) 对于内置式膜生物反应器，通常膜堵塞造成抽吸水泵负压上升至 0.04MPa 时报警，上升至 0.05MPa 时抽吸水泵自动停止。

(3) 自动进行周期性产水和膜清洗。

四、膜污染防治

(一) 污染机理

膜分离使 MBR 工艺的处理效果优于传统活性污泥工艺，但同时也带来了新的问题，其中比较突出的为膜污染问题，它直接影响 MBR 的稳定运行，并决定了膜的更换频率，因此被认为是影响 MBR 工艺经济性的重要原因。长期以来，膜污染问题一直是制约膜生物反应器发展的关键因素。

1. 膜污染定义[13,33]

好氧膜生物反应器中的膜污染物是指混合液中的污泥絮体、胶体粒子或溶解性有机、无机物等，由于污染物在膜面上的沉淀与积累，或在膜孔内吸附造成膜孔径变小或堵塞，使水通过膜的阻力增加，渗透性下降，从而导致膜通量下降的现象。

广义的膜污染包括可逆的污染和不可逆的污染，二者共同造成运行过程中膜通量的衰减。可逆膜污染可以通过有效物理清洗和化学清洗去除。不可逆膜污染是由于被吸附的物质在各种化学力的作用下，成为膜的一部分结构，同时缩小了膜的有效孔径，无法通过清洗而去除，只有更换新膜。

目前有关厌氧 MBR 膜污染的研究非常有限。尽管其污染机理可能与好氧 MBR 类似，其膜污染也随进水特性、膜表面和膜组件特性以及工艺运行条件变化而变化，但污染物的性质可能不同[28]。

2. 污染来源

造成 MBR 膜污染的直接物质来源是生物反应器中的污泥混合液，成分包括微生物菌群及其代谢产物、废水中的有机大分子、溶解性物质和固体颗粒等[34]。上述污染物主要带来以下污染。

（1）滤饼层 过滤过程中被截留的微粒沉积在膜表面，即形成滤饼层，滤饼层不断增厚，膜的渗透阻力不断增加，膜通量则不断降低，进而形成膜污染。吸附在滤饼层中的污染物既有无机物，也有有机物。无机污染物主要是钙、镁、硅、铁等的碳酸盐、硫酸盐和硅酸盐的结垢物；有机污染物主要是微生物絮凝物和胶体物质以及容易在膜表面附着的溶解性有机物等[35,36]。

（2）凝胶层 浓差极化现象主要指是膜表面的溶解性物质的浓度增加，导致其浓度超过主体溶液的浓度时，在界面上会形成溶质浓度梯度，在浓度梯度的作用下，溶质反向扩散，浓差极化现象使溶解性低的有机溶质倾向于在膜表面析出，析出的有机质与污泥混合液中的悬浮固体结合沉积在膜表面即形成凝胶层，凝胶层具有较低的渗透性。反应器污水中自身的溶解性高分子有机物、大分子的微生物可溶性代谢产物都容易通过浓差极化作用而在膜表面形成凝胶层，使膜通量降低[25,33,35]。

（3）膜孔堵塞[34] 小于膜孔径的颗粒物质易在膜孔中吸附，通过浓缩、结晶、沉淀及生长等作用使膜孔道产生不同程度的堵塞，造成膜污染。

3. 膜污染的影响因素

影响膜污染的主要因素有：膜及膜组件的特性，料液特性和膜分离操作条件等。

（1）膜特性 膜的结构性质一般是指膜孔径大小、孔隙率、亲水性、表面能、电荷性质、粗糙度等，这些性质都对膜污染有影响。大孔径膜与小孔径膜相比，污染物更易残留在膜孔径内从而引起堵塞或表面吸附，同时大孔径膜表面形成的滤饼层比小孔径膜的滤饼层更难去除；孔隙率小的膜因阻力大而易被堵塞；膜表面张力的色散相越大，则膜越容易发生黏附使膜孔窄化；膜材料亲水性对膜抗污染性能具有很大影响，考虑到废水和活性污泥中有机物质含量较多，应降低膜和原水间的界面能，宜采用亲水性膜。目前，常采用由聚乙烯、永久亲水性改性聚乙烯、聚砜制成的有机膜、平板膜、中空纤维膜和中空纤维型复合膜，亲水性膜比疏水性膜具有更优良的抗污染特性；膜表面粗糙度的增加使膜表面吸附污染物的可能性增加，但也使扰动程度加大，降低了浓差极化，因此，粗糙度对膜通量有双重影响；膜材料的电荷与溶质电荷相同的膜也较耐污染[13,33,37]。

（2）料液特性 料液特性主要包括活性污泥特性和混合液性质。污泥特性包括污泥浓度以及微生物菌群及其代谢产物等，混合液性质主要包括其各主要组分的物理、化学性质，如混合液的黏度、浓度、pH 值、粒子或溶质大小和分子结构、形态及其共存离子等[13,33,34,35,38]。

① 污泥特性。料液中污泥浓度过高对膜的运行不利，通常膜通量随污泥浓度增加而下降；微生物也是造成膜污染的一个主要因素：微生物污染主要由微生物及其代谢产物组成的黏泥引起，膜表面易吸附腐殖质、聚糖酯、微生物新陈代谢产物等大分子物质，膜内的微孔中也有微生物生长所需的营养物质，适宜微生物生存，因而不可避免地有大量微生物滋生，极易形成一层生物膜，造成膜的不可逆阻塞，使膜通量下降，另外反应液中微生物的组成，如丝状菌膨胀也会使膜通量下降。

② 混合液性质。MBR 中的活性污泥混合液的性质和组成复杂多变，理论上讲每一部分都对膜污染有贡献。

膜和蛋白质相互作用主要依赖于范德华力以及双电层作用，pH 接近蛋白质等电点时，蛋白质溶解度低，溶质和溶剂的相互作用力相对较小，增加了蛋白质等在膜面的吸附，同时，在一定 pH 条件下，膜面也呈现一种特定电荷，只有与膜的电性能相反的蛋白质才能被膜吸附，而带其他电荷的蛋白质不能被吸附，只能在表面形成凝胶层，因此 pH 的改变不仅会改变蛋白质带电状态，也改变膜的性质，从而影响吸附，故是膜污染的控制因素之一。

料液中溶解性有机物（SMP）浓度增大会导致膜过滤阻力增大，从而使膜通量降低。

粒子或溶质尺寸越小在过滤过程中越容易达到膜表面，形成渗透阻力更高的致密层，加速凝胶层的形成。

(3) 操作条件[33,37] 运行条件和操作方式与膜污染速度密切相关。对膜污染直接产生影响的运行条件包括膜通量、操作压力、膜面流速、运行温度、曝气速度、污泥停留时间（SRT）和水力停留时间（HRT）等。

通量高的膜易产生堵塞，污染速率与膜通量的关系见图 2-6-103[28]。有实验表明：在低通量情况下的过滤使设备操作稳定；而且能耗较小、膜污染速率低。研究活性污泥膜生物反应器发现：当渗透通量低于临界通量时，跨膜压差保持稳定，污染是可逆的；相反，超过临界通量时，跨膜压差增加且不稳定，此时再降低通量，形成的污染是部分不可逆的。

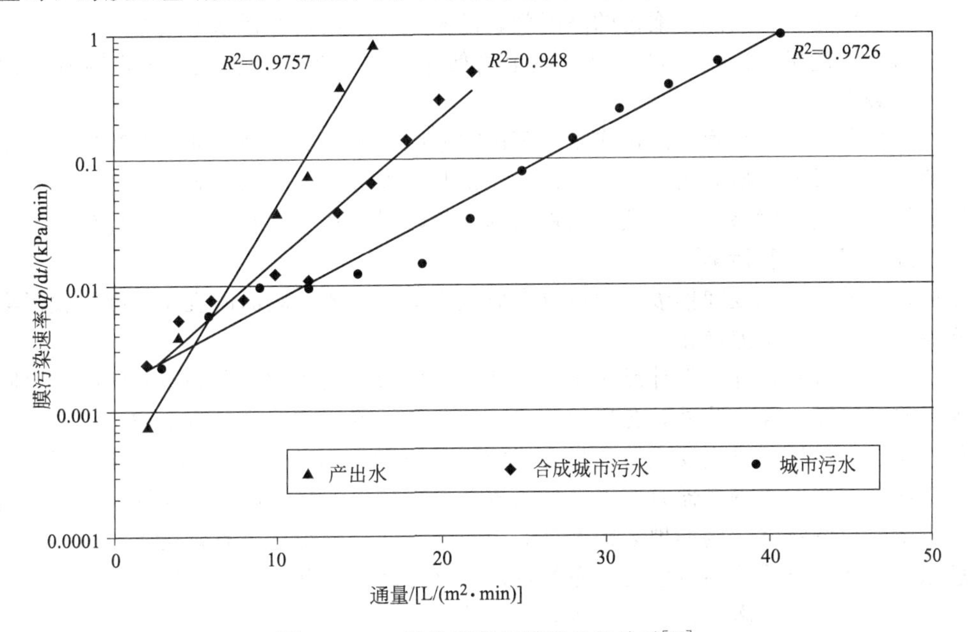

图 2-6-103 污染速率与膜通量的关系[28]

温度的影响比较复杂，温度上升，料液的黏度下降，扩散系数增加，降低了浓差极化的影响，有利于膜分离的进行，有报道称温度升高 1℃可引起膜通量增大 2%，同时，提高温度还改变了膜面上污泥层的厚度和孔径，从而改变了膜的通透性能。但温度上升可能会使料液中某些组分的溶解度下降，使吸附污染增加，温度过高还会因蛋白质变性和破坏而加重膜的污染，故运行温度应控制在适宜范围内。

当操作压力低于临界压力时，膜通量随压力的增加而增加；而高于此值时会引起膜表面污染的加剧，通量随压力的变化不大，临界操作压力随膜孔径的增加而减小。

曝气对膜面的清洗作用包括：使泥水混合物和气泡混合在膜面产生错流作用；产生冲击作用擦洗膜表面清除污泥颗粒。研究表明，大量气泡以较高速度穿过中空纤维膜组件的过程以及气体夹带的水流对膜面的冲刷作用使膜表面处于剧烈紊动状态，避免了凝胶层的增厚和堵塞物质的积累，大大延长了膜清洗周期。但是膜面流速并非越大越好，当膜面流速超过临界值后，将不会对膜过滤性能有明显改善，而且过大的膜面流速还有可能因打碎活性污泥絮体而使污泥粒径减小，上清液中溶解性物质浓度增加，从而加剧膜污染。

(二) 污染防治

防治膜污染、增加膜本身的抗污染能力，应从改变污泥混合液的特征以及优化膜过滤的水力条件等方面进行。

(1) 污泥混合液的特征

① 添加混凝剂[35]。在活性污泥中添加混凝剂能够降低溶解质和胶体浓度或者增加其絮凝能力，从而延缓膜污染。另外，混凝剂的添加还可防止丝状菌膨胀造成的膜污染。

系统中溶解性有机物、胶体颗粒的增加会加重膜污染情况。无机混凝剂能够通过电中和与架桥作用去除胶体颗粒，同时能够破坏混合液中胶体的稳定性，增强污泥的絮凝性，降低上清液小颗粒物，减缓该类物质引起的膜污染。目前主要使用的混凝剂为铁盐与铝盐，当加入相同量的铁盐和铝盐作为絮凝剂时，铁盐的效果要好于铝盐[13,35]。

② 添加填料。沸石是表面极性较强的多孔性含水铝硅酸盐结晶体的总称，其比表面积大、表面粗糙、截污能力强，且具有多孔性、筛分性、离子交换性、耐酸性及与水结合性较强等特点，它作为一种天然、廉价的吸附剂，已被应用于给水和污水处理中[35]。

添加粉末活性炭（PAC）可在包裹在生物絮体内形成生物活性炭，还可吸附污泥悬浮液中的胞外聚合物（EPS）[35]。

(2) 操作条件 优化膜分离操作条件可以有效防治膜污染，膜过滤有两种基本模式，即错流过滤和终端过滤。研究表明，终端过滤能量利用充分，但容易引起较快的膜污染，错流过滤则是针对终端过滤易污染的缺点而提出的，但能量消耗大。对于过滤活性污泥而言，采用错流过滤可以降低膜污染[33,35]。

控制合理的曝气强度和抽吸时间可以有效减少颗粒物质在膜面的沉积，减缓膜污染。提高进水流速也可减少浓差极化[33,35]。

(3) 优化反应器设计 设计反应器内部结构，可减小设备的死角和空间间隙，以防止微生物变质并减轻膜污染。此外，合理的流道结构能使被截留的物质及时地被水流带走，从而减轻膜污染。如旋转磁盘式反应器和带隔板的膜反应器均可改善流动状况。许多研究表明，在膜组件内部设置射流曝气器以获得高度紊流条件来减小沉积在膜面的滤饼层。另外填装密度设计也影响过滤特性，例如填装密度高的中空纤维微滤膜组件可有效用于对活性污泥的过滤。膜组件的布置方式应结合水力形态的特征综合考虑，合理确定膜组件与空气扩散器之间的距离，以保证在一定曝气量下获得较高的液体上升速率，减少污泥层在膜面的积累[34,35]。

除上述方面外，防治膜污染的措施还有原料液预处理（pH 控制、溶液中盐浓度、温度、溶质浓度），控制 BOD 负荷，机械方法，附加场的方法（利用电场、超声波等），开发抗污染膜产品和 MBR 新技术（例如动态膜生物反应器、复合式膜生物反应器）等，这些措施均能在一定程度上减缓膜污染的发生[40,41]。

(三) 膜清洗

MBR 中的常用的膜清洗方式包括物理清洗、化学清洗等。尽管在 MBR 的设计和运行中采取了许多措施来缓解与控制膜污染，力求将污染降到最小程度，但在长期运行过程中膜的污染仍不可避免，必须对膜进行一定的清洗来减轻或消除膜污染、恢复膜通量、延长膜的使用寿命[13,44]。

1. 物理清洗[44]

物理清洗包括机械清洗、超声波清洗和电清洗、脉冲清洗、脉冲电解及电渗透反冲洗等。物理清洗一般不会改变污染物的分子结构，也不能大幅改变膜表面污染物与膜的相互作用，因此主要适用于滤饼层污染的去除。

(1) 机械清洗 MBR 工艺中机械清洗一般包括曝气擦洗、水力清洗与反冲洗，周期比较短。对于内置式膜生物反应器，常利用反冲洗和气水混合流冲刷膜表面；对于外置式生物膜反应器则常选用高速的错流过滤和反冲洗等[27,35]。

曝气擦洗通过强化水流循环作用的物理清洗方法。水力清洗可除去膜间和膜表面的污染物，减少透水阻力，从而恢复膜通量。

反冲洗，即在膜的透水侧施加一个反冲压力来驱动清水反向透过膜，将膜孔内的堵塞物冲洗掉，或使膜表面的沉积层悬浮起来，然后被水流冲走。水反冲洗对膜性能要求较高，为避免损伤膜而导致出水恶化，反冲洗应在低压状态操作。图 2-6-104 为反冲洗过程示意，且反洗的同时对膜进行空气擦洗。

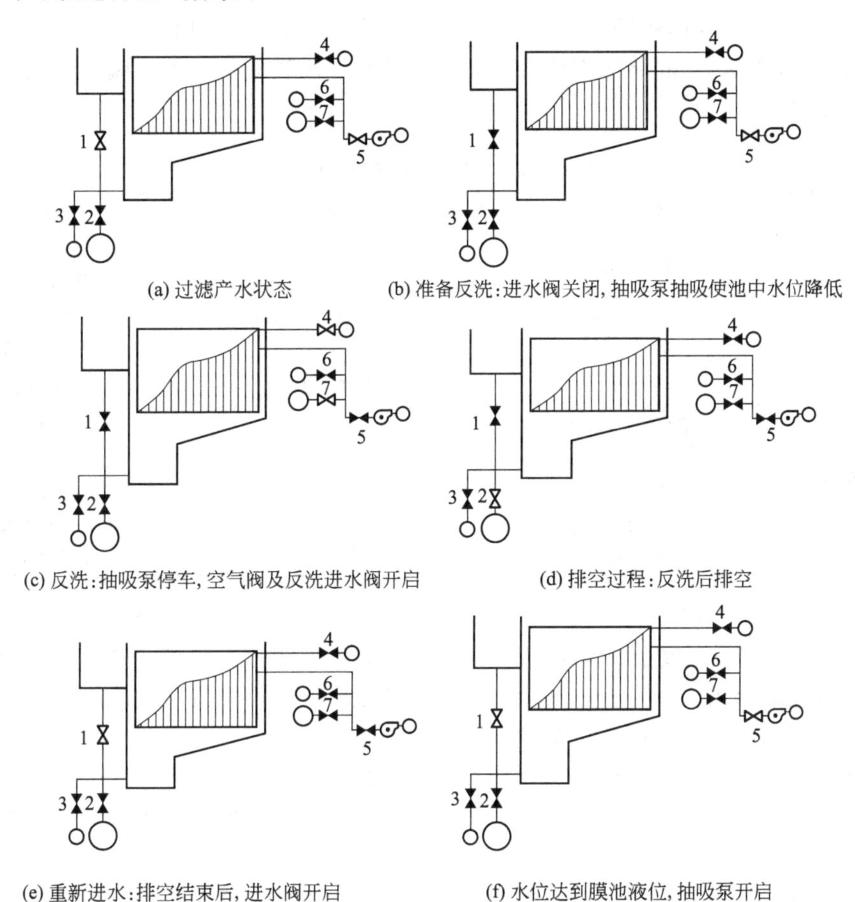

图 2-6-104　反冲洗过程示意

1—膜池进水阀；2—反冲洗排水阀；3—化学清洗泵循环进水阀；4—曝气进气阀；5—透过液隔离阀；6—化学清洗泵吸水管进水阀；7—反洗泵进水阀

注：黑色阀门表示“关”，白色阀门表示“开”

(2) 超声波清洗　超声波清洗主要是利用超声波在液体中形成强烈的空化作用，使溶液产生强烈的搅拌作用，形成冲击膜面污染物的作用力，利用超声波方法比反冲洗方法能更有效地去除滤饼层污染，特别是对于富含胞外聚合物的膜污染。但是现阶段超声波清洗法受容易损坏膜的缺陷以及作用范围、能耗和成本等因素限制，目前实际工程中少有应用[13,44]。

(3) 电清洗　电清洗是在膜上施加电压，使污染颗粒带上电荷，来加速清洗过程的一种方法，该方法尚处于研究阶段[44]。

2. 化学清洗

化学清洗是将化学清洗剂（如稀酸、稀碱、表面活性剂、络合剂和氧化剂等）引入对膜的清洗中。利用药剂与膜面污染物的化学反应，达到去除膜面和膜孔内部污染物的目的。化学清洗能够破坏污染物的分子结构或改变污染物与膜表面分子间的吸引力，适用于去除吸附性污染。当物理清洗不能满足要求时，就需对膜进行化学清洗。化学清洗的缺点是清洗周期比物理清洗较长且容易引入新的污染物。

（1）化学清洗剂 化学清洗剂要满足化学性质稳定、使用安全可靠、价格合理和容易水洗等要求。清洗剂可分为以下几类：起溶解作用的物质（酸、碱、蛋白酶、螯合剂、表面活性剂）；起切断离子结合作用的物质（可改变离子强度、pH、ζ电位）；起氧化作用的物质（过氧化氢、次氯酸盐）；起渗透作用的物质（磷酸盐、次氯酸盐）等。膜清洗剂的种类及功能见表 2-6-28[44]。

表 2-6-28 清洗剂的种类和性能

种类	主要功能	典型化合物	污染物的类型
碱性物质	水解、增溶作用	NaOH	自然有机物，多糖、蛋白质和微生物污染
氧化剂 杀菌剂	氧化降解 杀菌、消毒	NaOCl，H_2O_2，臭氧 过氧乙酸	腐殖质、蛋白质和微生物污染
酸	增溶作用	柠檬酸，硝酸	污垢、结垢 金属氧化物
络（螯）合剂	络（螯）合、增溶	硝酸/EDTA	
表面活性剂	乳化、分散 调节表面性质	表面活性剂 洗涤剂	脂肪、油和蛋白质 微生物污染
酶制剂	降解高分子链 增溶作用	酶洗涤剂	蛋白质、胞外聚合物 微生物污染

氧化剂大多含有氯或过氧化氢，氧化作用可以减弱污染物对膜的吸附作用，虽然氧化剂一般在酸性条件下氧化性更强，然而膜清洗过程中，碱性清洗剂与氧化剂常混合使用，这是由于碱性清洗剂适合用于对有机物或微生物的水解分解，使得覆盖层变疏松，从而氧化剂更容易进入污染层内部，从而提高了膜清洗效率。

二价阳离子和有机物之间产生交联作用，使得覆盖层致密而牢固。酸的主要作用是清除污垢沉积物和金属氧化物，但是酸对蛋白质和多糖等有机物的水解效果不显著，因此采用酸和螯合剂（如 EDTA）混合液清洗去除二价阳离子更加有效。

表面活性剂两端分别含有亲水基团和憎水基团，它可以和脂肪、油、蛋白质在水中形成胶束，从而有助于这类污染物从膜表面脱离，一些表面活性剂还可以破坏细菌的细胞壁，从而去除生物膜引起的膜污染。碱性清洗剂和表面活性剂混合使用同样具有协同作用，碱性物质的水解作用可以增大表面活性剂的增溶作用，因而混合使用可以显著恢复膜通量同时不破坏膜结构。

（2）清洗方式

① 在线清洗。在线清洗（又称就地清洗，CIP）指膜组件直接放置在膜池内，停止待清洗膜组件的运行，将化学清洗剂配制成所需浓度的清洗液，通过加药设备直接将清洗液注入进行循环水流或是浸泡的清洗过程，清洗时间一般在 1～2h，清洗完毕后可将清洗液排入集水池，并返回处理工艺进水端[31,44]。

循环水流清洗模式清洗液浓度较低而浸泡清洗模式浓度较高，例如选用 Cl_2 作为氧化剂，循环清洗浓度为 300mg/L，浸泡清洗浓度为 2000mg/L。

在反冲洗过程中加入清洗剂的方法称为强化反冲洗，是一种物理化学结合的清洗方法，但与常规在线清洗相比，清洗周期和清洗时间均较短[31,44]。

② 离线清洗。离线清洗指将膜组器从膜池中取出，浸入化学清洗剂中进行清洗，除去膜污染物的过程。清洗剂的选用与浸泡式在线清洗类似，浸泡时间一般在 6～8h[30]。

在线清洗与离线清洗对膜通量的恢复效果见图 2-6-105。

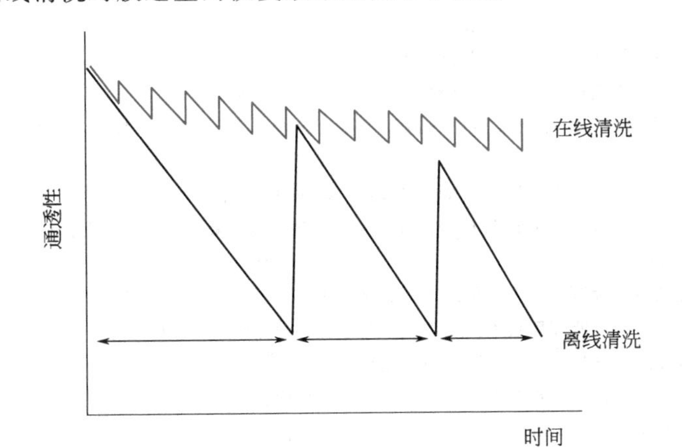

图 2-6-105　在线清洗与离线清洗的周期与效果示意

实际应用中清洗剂的选择和应用条件详见表 2-6-29[44]。

表 2-6-29　清洗剂的使用条件

污染物		化学清洗剂	使用条件
无机物污染	金属氧化物	草酸(0.2%)	0.1%～2%,pH≈4 用氨水调节
		柠檬酸(0.5%)	
		无机酸(盐酸、硝酸)	
		EDTA(0.5%)	1%～2%,pH≈7 用氨水或碱调节
	含钙结垢	EDTA(0.5%)	
		柠檬酸(0.5%)	0.1%～2%,pH≈4 用氨水调节
	无机胶体(二氧化硅)	碱(NaOH)	pH>11
有机物污染	脂肪酸和油 蛋白质、多糖	乙醇(20%～50%)	30～60min, 25～50℃
		碱(0.5mol/L NaOH) 和氧化剂(如 200mg/L Cl_2)	
		表面活性剂(0.5% SDS) 和碱(0.5%～0.8% NaOH)	浸泡 3h 或循环冲洗 30min
		阴离子表面活性剂 (月桂基磺酸钠,SDS)	1%～2%,pH≈7, 用氨水或碱调节, 30min～8h,25～50℃
微生物污染	细菌、生物大分子	阴离子表面活性剂 (月桂基磺酸钠,SDS)	
		碱(0.1～0.5mol/L,NaOH)和 氧化剂(200mg/L Cl_2,1% H_2O_2)	30～60min, 25～50℃
		甲醛	0.1%～1%
		酶制剂(0.1%～2%)	30min～8h, 30～50℃
	细胞碎片或遗传核酸	酶制剂(0.1%～2%)	
		草酸,醋酸或硝酸 (0.1～0.5mol/L)	30～60min,25～35℃

注：此表部分资料由张国俊博士提供。月桂基磺酸钠，sodilim dodecyl sulfate，简称 SDS。

参 考 文 献

[1] 张忠祥等著，废水生物处理新技术．北京：清华大学出版社，2004.

[2] 高俊发，王社评．污水处理厂工艺设计手册．北京：化学工业出版社，2003.

[3] 朱明权，周冰莲．SBR 工艺的设计．给水排水，1998，24（4）：6-11.

[4] 杨琦，刘建林，赵建夫，等．序批式活性污泥工艺（SBR 法）设计与运行控制理论探讨．给水排水，1996，22（10）：23-25

[5] 周雹著，活性污泥工艺简明原理及设计计算．北京：中国建筑工业出版社，2005.

[6] Grady，Jr C P L，Daigger G T，Lim H C 著，废水生物处理：改编和扩充．第 2 版．张锡辉，刘勇弟（译）．北京：化学工业出版社，1999.

[7] 胡大锵．SBR 反应池容积计算方法及评价．中国给水排水，2002，18（6）：61-63.

[8] 沈耀良，王宝贞．废水生物处理新技术．北京：中国环境科学出版社，2006.

[9] 李亚新著，活性污泥法理论与技术．北京：中国建筑工业出版社，2007.

[10] 张大群等著，DAT-IAT 污水处理技术．北京：化学工业出版社，2003.

[11] Metcalf&Eddy. Wastewater Engineering：treatment，disposal and reause. 3rd ed. New York：McGraw-Hill，Inc.，1991.

[12] 顾夏生等编著．水处理微生物学．北京：中国建筑工业出版社，1998.

[13] 潘涛，田刚等，废水处理工程技术手册，北京：化学工业出版社，2010.

[14] 李亚新，活性污泥法理论与技术，北京：中国建筑工业出版社，2006.

[15] HAZEN AND SAWYER，Environmental Engineers & Scientists，March 11，2011.

[16] 廖足良，AnoxKaldnes A S，P. O. Box 2011，3103 Tønsberg Norway，喻培洁，Anox Kaldnes A B. Moving Bed™ Biofilm Reactor（MBBRTM）Process and its Application in Municipal Wastewater Treatment. Lund Sweden 22647.

[17] 高燕，投料活性污泥法的分类及其工艺发展，内蒙古科技与经济，No. 21，the 223th issue，2010 年 11 月.

[18] 刘睿，周启星，张兰英，等．水处理絮凝剂研究与应用进展．应用生态学报，2005，16（8）：1558-1562.

[19] 秦祖群．几种铁盐混凝剂的净水效果与经济效益．给水排水，1991（2）：15-19.

[20] 韩洪军，高飞．投料活性污泥法的分类与讨论．中国科技论文在线，http：//www. paper. edu. cn/index. php/default/releasepaper/content/200601-100.

[21] 熊小京，曹晓婷，EM 菌在污水生物处理工艺中的应用，环境卫生工程，2007，15（3）.

[22] Mossakowska A，Reinius L G，Hultman B，Nitrification Reactions in Treatment of Supernatant from Dewat ering of Digested Sludge. Water Environment Research，1997，69（5）：1128-1133.

[23] 黄启成．酵母菌处理赖氨酸生产废水的研究与应用．中国给水科学，1999，15（10）.

[24] 范爱红，张素霞．应用于饮用水处理中的粉末活性炭自动投加成套设备．http：// new. chemnet. com/item/2009-08-31/1194188. html.

[25] Tom Stephson，Simon Judd 等著．膜生物反应器污水处理技术．张树国，李咏梅译．北京：化学工业出版社，2003.

[26] 张伟．膜生物反应器（MBR）技术研究及其在国内应用现状．北方环境，2011，23（11）：192-194.

[27] 曾一鸣著．膜生物反应器技术．北京：国防工业出版社，2007.

[28] Simon Judd，Claire Judd 著．膜生物反应器——水和污水处理的原理与应用．陈福泰，黄霞译．北京：科学出版社，2009.

[29] Mogens Henze，Mark C. M. van Loosdrecht 等著．污水生物处理技术——原理、设计与模拟．施汉昌，胡志荣等译．北京：中国建筑工业出版社，2011.

[30] 环境保护部．膜生物反应器法污水处理工程技术规范（征求意见稿），2010.

[31] 中华人民共和国建设部．《室外排水设计规范》（GB 50014—2006），2006.

[32] 邢锴，张宏伟等．MBR 中中空纤维膜和板式膜不同的膜污染机理．天津大学学报，2009，42（11）：1028-1033.

[33] 张春玲，张春英．MBR 法中膜污染机理及控制方法．吉林农业科技学院学报，2007，16（3）：19-20.

[34] 蒋波，王丽萍等．MBR 膜污染形成机理及控制．环境科学与管理，2006，31（1）：110-112.

[35] 李黎，王志强，陈文清．MBR 膜污染形成机理及控制膜污染研究进展．安徽农业科学，2012，40（1）：284-286.

[36] 赵建伟，丁蕴铮，苏丽敏等．膜生物反应器及膜污染的研究进展．中国给水排水，2003，19（5）：31-34.

[37] 殷峻，陈英旭．膜生物反应器中的膜污染问题．环境污染治理技术与设备，2001，2（3）：62-68.
[38] 刘昌胜，邬行彦，潘德维，林剑．膜的污染及其清洗，膜科学与技术，1996，16（2）：25-30.
[39] 黄守斌，王卓艺．浅述膜生物反应器中的膜污染问题．水利科技与经济，2007，13（2）：832-833.
[40] 赵学辉，戴海平，范运双．新型膜生物反应器及膜污染的研究进展．工业水处理，2009，29（3）：8-11.
[41] 钟毓．膜生物反应器工艺的优点及膜组件设计．中国环保产业，2010，(9).
[42] 郑宏林，俞三传等．中空纤维帘式与平板式膜组件在浸没式 MBR 中的对比试用研究．水处理技术，2009，35（3）：73-76.
[43] 吕经烈．中空纤维膜技术及其应用．海洋技术，2002，21（4）：73-76.
[44] 葛元新，朱志良．MBR 膜的污染及其清洗技术研究进展．清洗世界，2005，21（8）：24-29.

第七章 生物膜法

第一节 生物滤池

一、原理和功能

（一）生物滤池的工作原理

生物滤池是在间歇砂滤池和接触滤池的基础上发展起来的人工生物处理法。在生物滤池中，废水通过布水器均匀地分布在滤池表面，滤池中装满了石子等填料（滤料），废水沿着滤料的空隙自上而下流动到池底，通过集水沟、排水渠，流出池外[1]。

废水通过滤池时，滤料截留了废水中的悬浮物，同时把废水中的胶体和溶解性物质吸附到滤料表面，其中的有机物使微生物很快繁殖起来，这些微生物又进一步吸附了废水中呈悬浮物、胶体和溶解状态的物质，逐渐生长形成了生物膜。生物膜成熟后，栖息在生物膜上的微生物即摄取污水中的有机污染物作为营养，对废水中的有机物进行吸附氧化作用，因而废水在通过生物滤池时能得到净化。

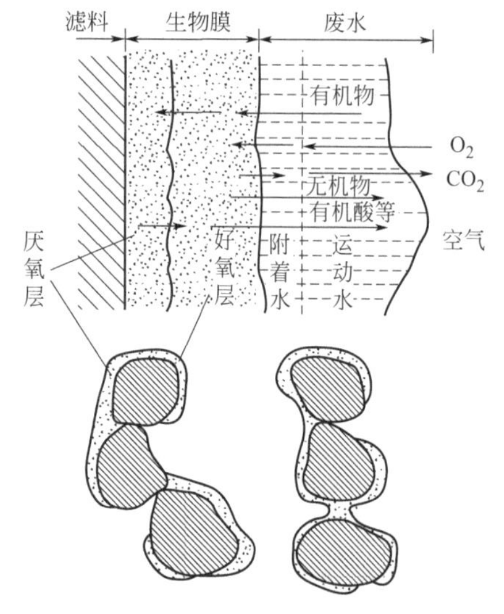

图 2-7-1　生物膜对废水的净化作用

生物膜具有较大的表面积，能够大量吸附废水中的有机物，而且具有很强的氧化能力。在有机物被分解的同时，微生物的机体不断增长和繁殖，也就是增加了生物膜的数量。由于生物膜上微生物的老化死亡，生物膜将会从滤料表面脱落下来，然后随着废水流出池外。

图 2-7-1 是将一小块滤料放大后的示意图。从图上可以看到，由于生物膜的吸附作用，在它的表面往往附着一层薄薄的水层，附着于水中的有机物被生物膜所氧化，其浓度要比滤池进水中的有机物的浓度低得多，因此当废水进入滤池，在滤料表面流动时，有机物就会从运动着的废水中转移到附着的水中去，并进一步被生物膜所吸附。同时，空气中的氧也将经过废水而进入生物膜。生物膜上的微生物在氧的参加下对有机物进行分解和机体新陈代谢，产生了二氧化碳等无机物，它们又沿着相反的方向从生物膜经过附着水排到流动着的废水及空气中去。生物滤池中废水的净化过程是很复杂的，它包括废水中复杂的传质过程、氧的扩散和吸收、有机物的分解和微生物的新陈代谢等各种过程。在这些过程的综合作用下，废水中有机物的含量大大减少，因此得到了净化[2]。

当生物膜较厚、废水中有机物浓度较高时，空气中的氧将很快地被表层的生物膜所消耗，靠近滤料的一层生物膜因得不到充足的氧的供应而使厌氧微生物生长起来，并且产生有机酸、氨和硫化氢等厌氧分解的产物，它们有的很不稳定，有的带有臭味，将影响出水的水质。而且生物膜越厚，滤料间的空隙越小，滤池的通风情况就会越差，空气中的氧也就越不容易进入生物膜。有时生物膜的增长甚至会造成滤池的堵塞，使滤池的工作完全停顿下来。

接近滤池表面的废水中有机物含量高，微生物的生长处于生长率上升阶段，而滤池的下层则处于饥饿状态。普通生物滤池总的运行条件可以认为处于内源生长期。

(二) 生物滤池的特点

生物滤池处理废水的主要优点是构造简单及操作容易，因此在小城镇采用生物滤池较理想。生物滤池的另一个优点是它能经受有毒废水的冲击负荷，这是由于废水在反应器内的停留时间较短，或由于只有表面的微生物可能被杀死，这样，一些死的有机体通过脱落被去除，又露出一层未被有毒物质伤害的有机体。如果有毒物质冲击负荷持续时间长或被吸附在生物膜上，则生物滤池仍会受到严重影响。

像完全混合曝气塘一样，生物滤池的主要优点即设备简单和操作容易，但这也是生物滤池主要缺点的成因。因为微生物附着在滤料固定的表面生长，没有办法随环境的变化而改变反应器内的生物量，因此没有有效的方法去控制出水的水质。因此，假如增加处理废水的浓度或流量，出水水质将随之恶化。同样，假如温度下降，基质去除速率也下降，出水水质将恶化。因此设计人员设计生物滤池时，面临在出水水质变化和设计过于安全两者之间进行选择。除了上面的问题以外，季节变化也会引起其他一些问题。例如，在夏天，石滤料可能成为毛蠓属飞蝇的繁殖场所，因此在生物滤池周围地区卫生环境比较恶劣；在冬天，北方需要考虑防冻问题。

二、设备和装置

(一) 普通生物滤池

普通生物滤池又名滴滤池，在平面上一般呈方形或矩形，它的主要组成部分包括池壁、滤料、布水系统和排水系统。

1. 池壁

池壁在生物滤池中只起围挡滤料、承受滤料压力的作用，可以用砖或毛石砌筑而成，也可以用混凝土浇制，或用预制砌块以铁柱相连而成。有的池壁带有很多孔洞，以便促进滤料内部的通风。也有的只将滤料按自然坡度堆成一个生物滤池，这样占地面积大，卫生情况差，但建造费用较低，通风情况也较好。池壁厚度应根据结构强度计算决定，池壁高度一般应高出滤池表面 0.4～0.9m，以免风吹影响到水在滤池表面上的均匀分布。

2. 滤料

滤料对生物滤池的工作影响很大，起主要作用的微生物就生长在滤料的表面上。一般滤料的表面积越大，微生物繁殖得就越多。较小颗粒的滤料具有较大的表面积，但同时滤料颗粒间的空隙也会相应地减少，这又会影响通风，对滤池工作不利。因此理想的情况是单位体积滤料的表面积和空隙率都应比较大。此外，滤料还必须能承受一定压力，能抵抗废水及空气的侵蚀作用，不含有影响微生物活动的杂质，并考虑到就地取材的便利性。

滤料是生物滤池的主体部分，它对生物滤池的净化功能关系重大，应慎重选用。滤料应具有的条件是：①质坚、强度高、耐腐蚀、抗冰冻；②较高的比表面积；③适宜的空隙率；④就地取材，便于加工，便于运输。

长期以来，国内外的生物滤池都采用碎石、卵石、炉渣、焦炭等作滤料，并且认为在滤池体内应采用比较均匀的滤料粒径。一般分工作层和承托层两层充填滤料，总厚度约为1.5～2.0m，其中工作层厚1.3～1.8m，粒径介于30～50mm；承托层厚0.2m，粒径介于60～100mm。对于有机物浓度较高的废水，应采用粒径较大的滤料，以防滤料被生物膜堵塞。

3. 布水装置

生物滤池的布水系统很重要。只有在滤池表面上均匀地分布废水，才能充分发挥每一部分滤料的作用，提高滤池的工作效率。最初，人们认为生物滤池的布水必须间歇进行，以保证空气在布水的间歇中进入滤料，因此都采用固定喷嘴式的间歇喷洒布水系统，但这种布水系统布水不够均匀，而且不能连续不断地冲刷生物膜以防止滤池的堵塞，所需水头也较大，因此它已经逐渐被旋转式布水器代替。

4. 排水系统

滤池底部的排水系统除了排出处理后的废水之外，还有支撑滤料及为滤池通风的作用。排水系统包括渗水装置、集水沟及排水渠。常用的渗水装置见图2-7-2，它是架在混凝土梁或砖基上的穿孔混凝土板，过滤后的废水通过混凝土板上的孔口流入集水沟。经验证明，排水孔的总面积不应小于生物滤池总面积的20%。滤池底部可以以0.02的坡度倾向集水沟，集水沟又以0.005～0.02的坡度倾向排水总渠，排水总渠的坡度可采用0.003～0.005。为了防止堵塞，排水渠道内水流速度应不小于0.6m/s。当滤池面积较小时，可以不设集水沟，并以0.01的底坡直接倾向排水总渠。为了保证良好的通风情况，集水沟及排水渠的高度至少应为0.3m，总排水沟的过水断面不应大于其断面的50%。

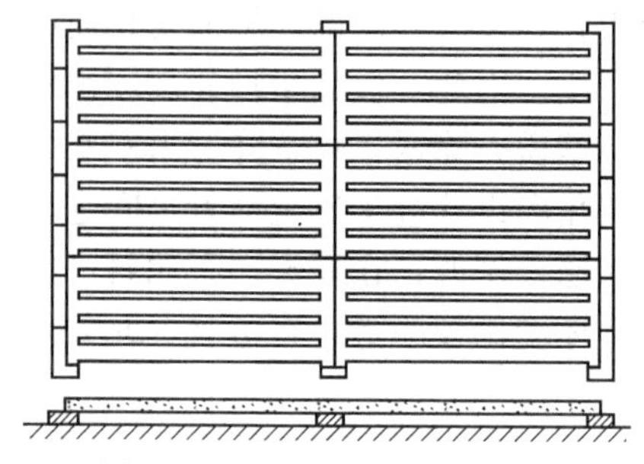

图2-7-2 生物滤池的渗水装置

(二) 高负荷生物滤池

在构造上，高负荷生物滤池与普通生物滤池基本上是相同的，但也有不同的地方，其中主要有以下几项。

(1) 高负荷生物滤池在表面上多呈圆形；滤料的粒径也较大，一般为40～100mm，因此空隙率较高；滤料层（即滤池的工作深度）也较大，一般多在2m以内。滤料粒径和相应的层厚度为：

① 工作层 层厚1.8m，粒径40～70mm；

② 承托层 层厚0.2m，粒径70～100mm。

当滤层厚超过2.0m时，一般应采用人工通风措施。

近年来，开始在生物滤池中应用塑料滤料。其中有的是波形的塑料板，有的是多孔的筛状板，还有的是列管式的蜂窝滤料。塑料滤料的原料有聚氯乙烯、聚苯乙烯、聚酰胺等多种。其特点是：单位体积滤料的表面积和空隙率都比一般滤料大大增加，表面积往往可达100～200m^2/m^3，空隙率可达80%～95%，这就使滤池的通风情况大大改善，处理能力也大为提高；塑料质轻，为采用深度较大的塔式滤池创造了有利条件，而且耐腐蚀性能好。

(2) 高负荷生物滤池多使用旋转式布水器（见图2-7-3）。旋转式布水器适用于圆形或多边形的生物滤池，主要由进水竖管和可转动的布水横管组成。由图2-7-3可见，进水竖管是固定不动的，但通过轴承和外部的配水短管相连，配水短管又和布水横管直接连在一起，并且可以一起旋转。横管的数目可以是2～4根，也可以更多，或在横管上再设分叉管。横管距滤料表面为0.15～0.25m。横管上开着直径为10～15mm的小孔，考虑到喷洒面积随着与池中心距离的增大而增加，小孔间距应从池中心向池边逐渐减小，可根据具体计算决定。小孔都开在布水横管的一侧。当废水从进水竖管进入配水短管，然后分配至各布水横管后，即能在一定水头的作用下（约0.25～1m）喷出小孔并产生反作用力，推动布水管向水流的相反方向旋转。为了能更均匀地布水，相邻两横管上的小孔位置应错开。

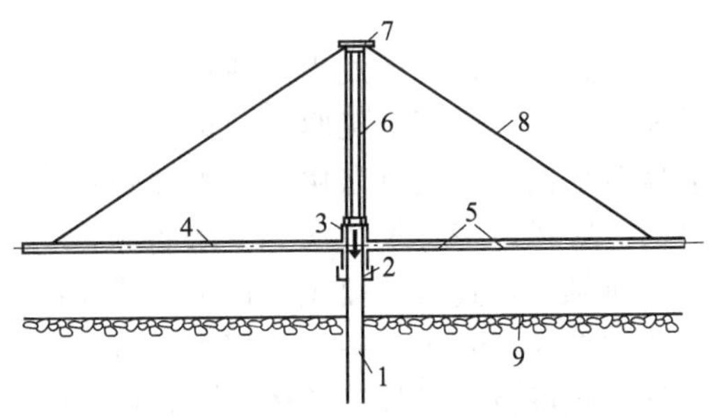

图2-7-3 旋转式布水器

1—进水竖管；2—水银封；3—配水短管；4—布水横管；5—布水小孔；6—中央旋转柱；7—上部轴承；8—钢丝绳；9—滤料

很显然，旋转式布水器虽然做到了连续布水，但从每一单位面积的滤料来分析，布水却仍然是不连续的，只不过是间隙较小罢了。这种布水器的工作情况，既保证了空气仍然能进入滤池，又防止了滤料被生物膜所堵塞，而且因为滤料经常处于潮湿的状态，对微生物的生长也更有利。但是由于布水水头和横管上小孔孔径都较小，常易堵塞；滤池直径很大时，布水器的设计制造也有一定困难；冬天严寒季节，还应采取措施防止布水管冰冻。此外，滤池必须修建成圆形或多边形，故用地不够紧凑。

在生物滤池中，氧是在自然条件下，通过池内外空气的流通转移到污水中，并通过污水而扩散传递到生物膜内部的。

影响生物滤池通风状况的因素很多，主要有滤池内外温差、风力、滤料类型及污水的布水量等，特别是第一项能够决定空气在滤池内的流速、流向等。运行正常、通风良好的生物滤池，在供氧上是不存在问题的。

（三）塔式生物滤池

塔式生物滤池在构造上有其如下的特殊要求。

（1）塔身 塔身一般可用砖砌筑，也可以现场浇筑钢筋混凝土或预制板构件在现场组装，也可以采用钢框架结构，四周用塑料板或金属板围嵌，可使整个池体质量大为减轻。

塔身一般沿高度分层建造，在分层处设格栅，格栅承托在塔身上，这样可使滤料荷重分层负担，每层以不大于2m为宜，以免将滤料压碎。每层都应设检修孔，以便更换滤料。还应设测温孔和观察孔，以便测量塔内温度、观察塔内生物膜的生长情况和滤料表面布水均匀的程度，并取样分析。

塔顶上缘应高出最上层滤料表面0.5m左右，以免风吹影响污水的均匀分布。

一般说来，增加塔身高度能够提高处理效果，改善出水水质，但有一个限度。超过这个限度造价会激增。

（2）滤料 早期生物滤池的一些滤料，比如碎石、矿渣、焦炭等，由于表面积小、质量大、通风效果差，作为塔式生物滤池的滤料是不合适的。塔式生物滤池目前大多采用轻质滤料。

国内广泛使用的是用环氧树脂固化的玻璃钢蜂窝滤料。这种滤料具有较大的表面积，结构均匀，有利于空气流通和污水的均匀配布，流量调节幅度较大，不易堵塞，效果良好。

(3) 布水装置 塔式生物滤池的布水装置与一般生物滤池相同。对于大中型塔滤多采用旋转式布水器，可用电机驱动，也可以靠布水的反作用力驱动。对于小型塔滤则多采用固定式喷嘴布水系统，也可以用多孔管和溅水筛板。

(4) 通风 塔式生物滤池一般都采取自然通风，塔底有高度为0.4～0.6m的空间，周围留有通风孔，其有效面积不得小于滤池面积的7.5%～10%。塔滤也可以考虑采用机械通风，特别是为了防止有害气体挥发，多采用人工机械通风。当采用机械通风时，可在滤池上部和下部装设吸气或鼓风的风机。要注意空气在滤池平面上的均匀分布，并防止冬天寒冷季节池温降低，影响处理效果。

(四) 影响生物滤池性能的主要因素

影响生物滤池性能的重要因素是每单位横截面积的水力投配率，在生物滤池设计中称为水力负荷。设计者在选择水力负荷时在上限和下限之间有相当大的范围可供选择，一般采用下限值。石滤料生物滤池水力负荷的上限受制于水流流过薄膜之间迂回空隙的能力。一般认为粗石滤料的水力负荷为$45m^3/(m^2 \cdot d)$。组合式塑料滤料的水力负荷的上限受形成薄薄一层水流的流量及冲刷生物膜的流量两者所控制，虽然这个上限值并没有确定，但采用高达$350m^3/(m^2 \cdot d)$的水力负荷仍得到良好的处理结果。

生物滤池运行的另一个重要影响因素是每单位滤池容积有机物的投配率，这种有机物的投配率称为有机负荷。有机负荷与微生物利用基质的速率有关，但是，一些其他因素也影响生物滤池的运行。高有机负荷必须采用高水力负荷，以便连续不断地冲洗滤料上的微生物。假如高有机负荷不采用高水力负荷（特别是石滤料），过厚的生物膜将堵塞生物滤池孔隙，导致系统运行的失败。

一旦滤池建成，调整水力负荷和有机负荷的唯一方法是使用回流。否则，改变水力负荷将相应改变有机负荷，反之亦然。假如处理的是一种高浓度的废水，有机负荷要求达到预期的出水水质，就会使水力负荷低于制造商建议的最低值，水力负荷过低，冲洗不掉生长的生物膜。然而使用处理后的出水回流，水力负荷可能增大到一个适当的数值，但有机负荷仍然保持稳定。在选择回流方式时必须谨慎，因为它关系到系统运行的效果。例如，将澄清后的出水回流，最后沉淀池必须要有足够的容积容纳进水流量和回水流量。假如回流未经沉淀的出水，生物滤池的滤料必须要有足够的孔隙空间，以防止积聚的悬浮固体堵塞滤池。

三、设计计算

设计计算包括确定滤池的深度和平面尺寸，以及布水系统、排水系统等。

(一) 滤池

1. 按负荷法计算

根据废水水量与水质和需要的处理程度，可以利用生物滤池的有机物负荷按下式算出滤料的体积。

$$V=\frac{(S_1-S_2)Q}{N} \tag{2-7-1}$$

$$V=\frac{S_1 Q}{N_w} \tag{2-7-2}$$

式中，S_1，S_2分别为进出生物滤池的有机物浓度，g/m^3；V为滤料体积，m^3；Q为流入滤池的废水设计流量，m^3/d，一般采用平均流量，但如流量小或变化大时，可取最高流量；N为以有机物去除量为基础的有机物负荷，$g/(m^3 \cdot d)$；N_w为以进水有机物量为基础的有机物负荷，$g/(m^3 \cdot d)$。

对于某些工业废水，有时必须按废水中有毒物质含量及生物滤池的毒物负荷来校核滤池的体积，计算公式和上两式基本相同。此时应当根据两种负荷算出的结果进行比较，并选用较大值作为设计滤料体积。

滤料体积求得后，即可按下式计算滤池的平面面积：

$$A=\frac{V}{H} \tag{2-7-3}$$

式中，A 为生物滤池的平面面积，m^2；H 为生物滤池的滤料厚度，即滤池的有效深度，m。

滤池的滤料厚度对废水在池中停留时间的长短及滤池通风情况影响很大，它与滤池的负荷有关。对于生活污水，一般可取 2m。对于某些进行小型试验的工业废水，须先参考试验的设备情况初步选定滤料厚度，进行计算，否则就会使小型试验得出的负荷失去现实意义。

求得滤池面积后，还应利用水力负荷进行校核：

$$q=\frac{Q}{A} \tag{2-7-4}$$

式中，q 为生物滤池的水力负荷，$m^3/(m^2 \cdot d)$。

对于生活污水，如采用碎石为滤料，则水力负荷应在 $1\sim3m^3/(m^2 \cdot d)$ 的范围内，否则应作适当调整。

对于曾进行小型试验的废水，应将计算所得的水力负荷 q 和试验期间用的水力负荷 q' 相比较，如果：

① $q=q'$，两者基本相符，则说明设计是可行的；

② $q>q'$，应该适当减小滤料厚度，以防止水力负荷太大；

③ $q<q'$，此时可适当加大滤料厚度，或者采用回流和两级滤池，以满足必要的水力负荷，维持生物滤池的正常工作，保证出水水质。

两级滤池中一级和二级滤池一般取相同的体积，其滤料总体积即按式(2-7-1) 或式(2-7-2) 所求得的体积。如果废水中含有毒物，则也应考虑毒物负荷的问题。

对于普通生物滤池和高负荷生物滤池，上述计算方法基本相同。高负荷生物滤池须考虑回流的问题。

2. 按有机物降解动力学公式计算

有机物在各个时刻的反应速度和该时刻水中有机物的含量成正比，即

$$\frac{dS}{dt}=-K'S \tag{2-7-5}$$

或

$$\frac{S_2}{S_1}=10^{-K't} \tag{2-7-6}$$

式中，S_1 为进入生物滤池的有机物浓度，mg/L；K' 为有机物降解反应速率常数，d^{-1}；t 为废水与滤料平均接触时间，d；S_2 为流出生物滤池的有机物浓度，mg/L。

接触时间 t 可用下式求得：

$$t=\frac{cH}{q^N} \tag{2-7-7}$$

式中，H 为生物滤池滤料厚度，m；q 为生物滤池水力负荷，$m^3/(m^2 \cdot d)$；c、N 为常数（是滤料厚度和比表面积的函数）。

以式(2-7-7) 代入式(2-7-6) 得

$$\frac{S_2}{S_1}=10^{-K'cH/q^N}$$

或
$$\frac{S_2}{S_1}=10^{-KH/q^N} \tag{2-7-8}$$

式中，$K=K'c$。

上式为生物滤池的基本数学模式。常数 K 与有机物是否易于降解有关，而 N 则取决于滤料的特征。

对于生活污水（滤料用碎石），20℃时的常数 K（20℃）可取 $1.875d^{-1}$，N 则可取 0.6；对于工业废水宜通过试验确定。计算水温应采用较低温度，对于生活污水可取 10℃（不利条件），下列公式可用来换算 K 值：

$$K_{(T)}=K_{(20℃)}\times 1.035^{T-20} \tag{2-7-9}$$

根据以上公式，即可求出滤池的水力负荷和滤池各部分尺寸。

（二）旋转式布水器的计算与设计

旋转式布水器的计算与设计的主要内容包括：①决定所需要的工作水头 H；②布水横管出水孔口数 m 和任一孔口距滤池中心的距离 r_1，以及布水器的转数 n 等。

1. 所需要的工作水头（H）的计算

旋转式布水器所需水头是用以克服竖管及布水横管的沿程阻力和布水横管出水孔口的局部阻力，同时还要考虑由于流量沿布水横管从池中心向池壁方向逐渐降低，流速逐渐减慢所形成的流速恢复水头，因此可写成：

$$H=h_1+h_2+h_3 \tag{2-7-10}$$

式中，H 为布水器所需的工作水头，m；h_1 为沿程阻力，m；h_2 为出水孔口局部阻力，m；h_3 为布水横管的流速恢复水头，m。

按水力学基本公式：

$$h_1=\alpha_1\frac{q^2D'}{K^2} \tag{2-7-11}$$

$$h_2=\alpha_2\frac{q^2}{m^2d^4} \tag{2-7-12}$$

$$h_3=\alpha_3\frac{q^2}{D^4} \tag{2-7-13}$$

式中，q 为每根布水横管的污水流量，L/s；m 为每根布水横管上布水孔口数；d 为布水孔口的直径，mm；D 为布水横管的管径，mm；D' 为旋转式布水器直径（滤池直径减去 200mm），mm；α_1、α_2、α_3 为系数；K 为流量模数，L/s。

布水器的工作水头计算公式为：

$$H=q^2\left(\frac{\alpha_1D'}{K^2}+\frac{\alpha_2}{m^2d^4}+\frac{\alpha_3}{D^4}\right) \tag{2-7-14}$$

实践证明，旋转式布水器实际上所需要的水头大于上述计算结果。因此在设计时，采用的实际水头应比上述计算值增加 50%～100%。

2. 布水横管上的孔口数

假定每个孔口所喷洒的面积基本相等，布水横管的出水孔口数的计算公式为：

$$m=\frac{1}{1-\left(1-\frac{a}{D'}\right)} \tag{2-7-15}$$

式中，a 为最末端两个孔口间距的两倍，m，a 值的取值约为 0.08。

任一孔口距滤池中心的距离 r_i 为

$$r_i = R'\sqrt{\frac{i}{m}} \tag{2-7-16}$$

式中，R' 为布水器半径，m；i 为从池中心算起，任一孔口在布水横管上的排列顺序。

3. 布水器的旋转周数

布水器每分钟的旋转周数 n，可以近似地按下列公式计算。

$$n = \frac{34.78 \times 10^6}{md^2 D'} q \tag{2-7-17}$$

布水横管可以采用钢管或塑料管，管上的孔口直径介于 10～15mm，孔口间距由中心向池周边逐步减小，一般是从 300mm 开始逐渐缩小到 40mm，以满足均匀布水的要求。

旋转式布水器的优点是布水较为均匀，所需水头较小，易于管理；缺点是必须将滤池修建成圆形，不够紧凑，占地面积较大。

第二节　生物转盘

生物转盘又称浸没式生物滤池，是生物膜法处理废水技术的一种。早在 1900 年，德国韦加德（Weigand）便第一个提出用生物转盘处理污水，但由于当时的技术和材质的限制，该项技术一直没有得到发展。一直到 20 世纪 50 年代中期，研究工作才开始取得一些进展，并于 1954 年在联邦德国海尔布隆污水处理厂建成第一套半生产性的生物转盘试验装置。在生物转盘的理论研究和实用化方面，德国斯图加特工业大学的勃别尔和哈特曼教授进行了大量的工作，为生物转盘的发展奠定了基础。由于生物转盘具有一系列特有的优点，自 20 世纪 60 年代起，其在欧洲、美国、日本等国家和地区得到迅速发展。我国于 1972 年开始对生物转盘技术进行研究，并在工业废水和生活废水的处理中应用，取得了较好的效果。

一、原理和功能

生物转盘[3]（见图 2-7-4）是由一系列平行的旋转圆盘、转动横轴、动力及减速装置、氧化槽等部分组成。在氧化槽中充满了待处理的废水，约一半的盘片浸没在废水水面之下。当废水在槽内缓慢流动时，盘片在转动横轴的带动下缓慢转动。

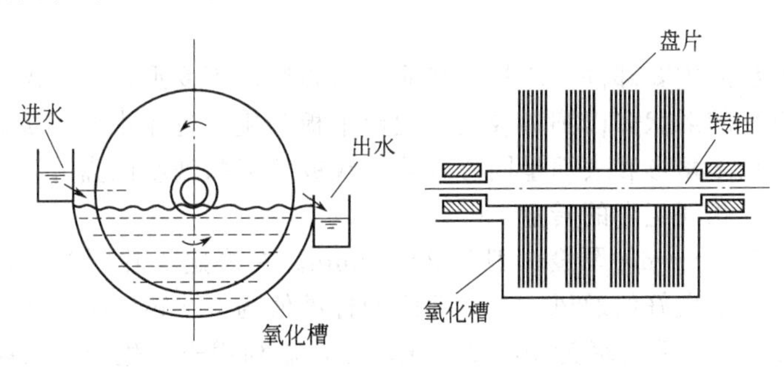

图 2-7-4　生物转盘示意

盘面上面生长着一层生物膜（厚约 1～4mm），当圆盘浸没于废水中时，废水中的有机物被盘片上的生物膜吸附；当圆盘离开废水时，盘片表面形成一层薄薄的水膜。水膜从空气中吸氧，同时在生物酶的催化下，被吸附的有机物在生物膜上被氧化分解。这样，圆盘每转动一圈，即进行一次吸附—吸氧—氧化分解过程，转盘不断转动，如此反复循环，使污染物不断分解氧化。同时，圆盘转出液面的盘面部分暴露在空气中时，氧气就进到盘片上的液膜中达到过饱和状态，当这部分盘片再回到氧化槽中时，使槽内废水中的溶解氧含量增加。此外，由于圆盘的搅动造成紊流，把大气中的氧带入氧化槽中。反应器内的混合作用使空气分散，使液体中的溶解氧浓度相对均匀。

在运行过程中，生物膜将逐渐增长，但圆盘在水中不停地转动，产生了恒定的剪切力，使生物膜不断脱落，因而生物膜厚度大体上不变。脱落的生物膜具有较高的密度，易于在二沉池中沉淀下来。

生物转盘作为废水生物处理的一项技术，具有如下一些主要特点[4]。

(1) 微生物浓度高，如以 $5mg/cm^2$ 的生物膜量来考虑，折算成氧化槽内的混合液浓度，可高达10000～20000mg/L。由于存在着高浓度的生物量，F/M 值较低，使其运行效率高并具有较强的抗冲击负荷的能力。

(2) 生物相分级，这对微生物的生长繁殖和有机物的降解非常有利。

(3) 生物转盘具有硝化和反硝化的功能。这是由于其污泥龄长，像硝化菌等世代时间长的微生物可以在转盘上繁殖。

(4) 适用范围广。生物转盘对 BOD 高达 10000mg/L 以上的高浓度有机废水和 10mg/L 以下的超低浓度废水都具有良好的处理效果。

(5) 污泥产生量少，且易于沉淀。

(6) 不需要曝气和污泥回流装置，因此动力消耗低。

(7) 不产生污泥膨胀和二次污染等问题，便于维护和管理。

尽管如此，生物转盘也存在一些缺点。主要是缺乏备用能力和难以调整运行，一旦生物转盘建成后，很难调整其性能来适应进水特性或出水水质标准的变化；另一显著的缺点是由转盘转动所产生的传氧速率是有限的，例如，对于高浓度废水，单纯用转盘转动来提供反应器内全部的需氧量是很困难的。

二、设备和装置

生物转盘主要由盘体、转动轴、驱动装置、氧化槽等部分组成，有的转盘还需加设隔离护罩。

1. 盘体

盘体由盘片及其他的连接固定配件所组成。盘片成组地固定在转动轴上并随转动轴缓慢旋转。

盘片是生物转盘的主要部件，应具有轻质、耐腐蚀、不变形、易于取材、便于加工等性质。长期以来，盘片的形状多以圆形或正多边形平板为主。近年来为了提高单位体积盘片的表面积，开始采用正多角形和表面呈同心圆状波纹或放射状波纹的盘片。此外，也有采用波纹状盘片和平板盘片相间组合的转盘。

盘片直径一般为1～4m，厚度一般为2～10mm。在决定盘片间距时，要考虑不为生物膜增厚所堵塞，并保证良好的通风，盘片间距的标准值为30mm。如采用多级转盘，则前几级的间距为25～35mm，后几级为10～20mm，若转盘利用表面生长的藻类处理废水，盘片之间的间距要增大到50mm左右。

盘片材料大多以塑料为主，平板盘片多以聚氯乙烯塑料制成，波板材料多为聚酯玻璃钢。其他一些材料还包括薄钢板、铝板、木、竹等。

2. 转动轴

转动轴是用来固定盘片并带动其旋转的装置，一般为实心钢轴或无缝钢管，转动轴两端固定安装在氧化槽两端的支座上。为了加工制作、运输、安装方便，宜采用短轴、多轴形式，轴长一般为0.5～7.0m。如果轴长太长，往往由于同心度加工不良，易弯曲变形，并发生磨断或扭断，更换盘片时，工作量太大。其直径一般介于50～80mm。

3. 驱动装置

驱动装置包括动力设备、减速装置以及链条等。动力设备可采用电力机械传动、空气传动及水力传动。大多数情况下采用电力机械传动，即以电动机作动力，用链条传动或直接传动。大型转盘一般每台转盘单设一套驱动装置。中小型转盘可设一电机与链条或链轮串联，带动一组（一般为3～4级）转盘工作。

驱动装置通过转动轴带动生物转盘一起转动，盘体的旋转速度对水中氧的溶解程度和槽内水流状态均有较大影响。搅拌强度过小，影响充氧效果并使槽内水流混合不均匀；强度过大会损坏设备的机械强度，消耗电能，使生物膜过早剥离。据资料报道，转盘的最佳转速为0.8～3.0r/min，线速度为10～20m/min。

4. 氧化槽

氧化槽又称曝气槽或接触反应槽，一般用钢筋混凝土制成，也可用钢板或塑料板加工而成。为了避免水流短路及沉积，大多做成与盘片外形基本吻合的半圆形，有的也做成矩形或梯形。氧化槽底部设有排泥管和放空管，大型转盘在槽底有的还设有刮泥装置。氧化槽两侧的进出水设备多采用锯齿形溢流堰。多级转盘氧化槽分为若干格，格与格之间设导流墙。氧化槽的各部分尺寸和长度，应根据转盘的直径和轴长决定，盘片边缘与槽内面应留有不小于150mm的间距。

三、设计计算

生物转盘属于二级生物处理，其基本工艺流程如图2-7-5所示。废水经格栅、沉砂池和初沉池后，进入生物转盘。由于微生物的作用，可从废水中去除溶解的和悬浮的有机物。一部分有机物被氧化成二氧化碳和水，一部分合成为原生质，成为生物膜的一部分，还有一部分则储存在生物膜中最后进行氧化和合成。同时，生物膜逐渐变厚，过剩的生物膜受废水水流与盘面之间剪切力的作用而剥落。

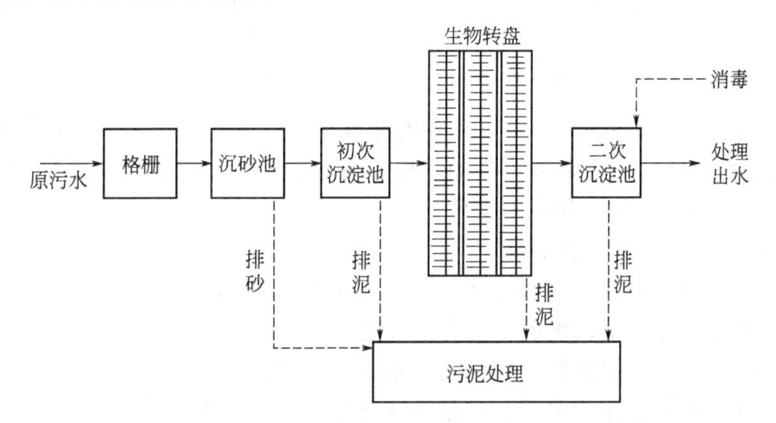

图2-7-5　生物转盘处理系统基本工艺流程

经生物转盘处理后的废水和脱落下的生物膜均进入二次沉淀池，经泥水分离后，出水应按排放标准考虑消毒及其他进一步的处理，生物污泥另行处置。

图2-7-6所示为设有中间沉淀池的高浓度废水处理工艺流程。这种流程主要适用于高浓度有机废水，而且当处理水质有较高的要求时采用。该流程可将BOD由3000～4000mg/L

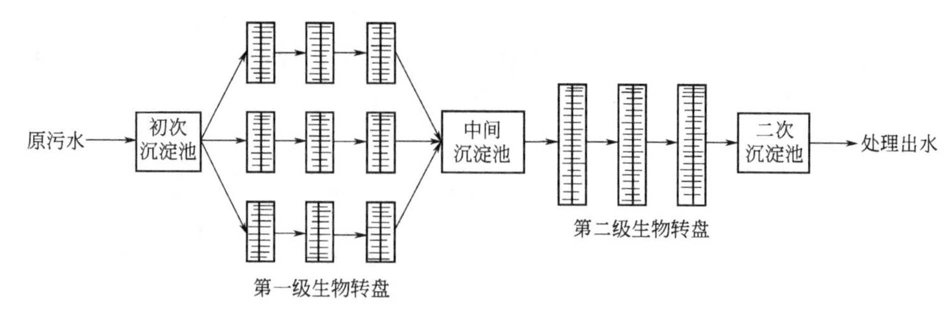

图 2-7-6 生物转盘处理高浓度废水工艺流程

降至 10mg/L 左右。在第一级转盘和第二级转盘之间设置沉淀池，目的是将第一级转盘处理后的水进行沉淀，以降低第二级生物转盘的负荷。

生物转盘的布置形式，一般分为单轴单级、单轴多级和多轴多级（图 2-7-7 和图 2-7-8）。级数多少和采取什么样的布置形式主要根据废水的水质、水量和净化要求以及现场条件等因素而定。实践证明，对同一种废水，如果盘片面积不变，将转盘分为多级串联运行，能够提高出水水质和水中溶解氧的含量。

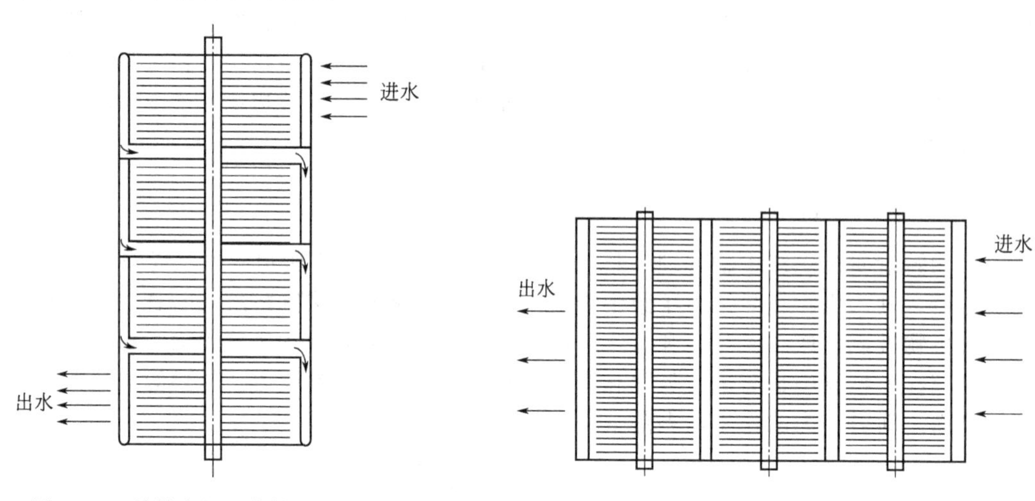

图 2-7-7 单轴多级（单轴四级）示意

图 2-7-8 多轴多级（三轴三级）示意

污水处理厂运行效果的好坏与设计工作有密切关系。在进行生物转盘的设计时，不仅要选择合理的工艺和参数，还应掌握可靠的水质、水量数据，在此基础上还要合理地确定转盘在构造和运行方面的一些参数和技术条件。

生物转盘设计的一些主要参数有：

① 负荷参数如 BOD、面积负荷、水力负荷、停留时间等；

② 构造参数如盘片间距、浸没率、材质、盘片形状、氧化槽等；

③ 运行参数如转速与供氧能力、级数、水流方向等；

④ 废水水质参数如水温、水质、水量及变化范围、设计要求等。

生物转盘的设计与计算的主要内容有转盘的总面积、盘片总片数、氧化槽容积、转轴长度以及废水在氧化槽内的停留时间等。

关于盘面面积的计算方法，大体上分为两类：一类是负荷法，另一类是经验公式法。由于负荷法简便可行，因此，在设计中得到普遍采用。现对两种方法分别加以介绍。

(一) 负荷计算法

1. 有关参数

用于生物转盘计算的各项负荷参数为有机负荷、水力负荷以及废水在氧化槽内的停留时间等。下面对有关参数逐一加以介绍。

(1) BOD负荷 BOD负荷（N_A）表示单位转盘面积每日能处理BOD的量，即

$$N_A=\frac{Q(S_0-S_e)}{A} \tag{2-7-18}$$

式中，N_A为BOD面积负荷，gBOD/(m^2·d)；Q为处理水量，m^3/d；S_0为原废水的BOD值，mg/L；S_e为出水的BOD值，mg/L；A为盘片总表面积，m^2。

同样，其他指标如COD、SS、NH_4^+-N等也可以用同样的方式表示它们的负荷。

(2) 水力负荷 水力负荷（q_A）是指单位转盘表面积（m^2）在一日内能够处理的水量即

$$q_A=\frac{Q}{A} \tag{2-7-19}$$

式中，q_A为水力负荷，m^3/(m^2·d)。

(3) 平均停留时间 平均停留时间（t）是指废水在氧化槽内与转盘接触并进行反应的时间，即

$$t=\frac{V}{Q} \tag{2-7-20}$$

式中，t为平均停留时间，d；V为氧化槽容积，m^3。

转盘处理效果与废水在氧化槽中的平均停留时间有关，实践证明适当延长停留时间，可提高处理效果或增加处理水量。因此，停留时间常被用来作为生物转盘负荷计算的一个指标。

平均停留时间与转盘转速、浸没率、容积面积比（G值）有关。然而，转速和浸没率在一定条件下为定值，只有G值和水量是变量，可用来调整处理效果。

(4) 容积面积比 容积面积比（G值）是氧化槽的容积与转盘面积之比（单位为L/m^2），可分下述两种情况：

$$\left.\begin{aligned}&\text{表观}G\text{值}=\text{槽容积/盘片总面积}=\frac{V}{A}\times10^3\\&\text{真实}G\text{值}=(\text{槽容积}-\text{转盘浸没部分体积})/\text{盘片总面积}=\frac{V'}{A}\times10^3\end{aligned}\right\} \tag{2-7-21}$$

上述两种计算，对于一般的材料，在盘片较薄时差别甚小。但当使用发泡材料作为盘片时，差别较大，应按真实G值计算。G值与盘片厚度、间距、盘片与氧化槽内壁的距离及与槽底间距有关。对于城镇污水，据报道G值为5～9L/m^2。

生物转盘的各项参数，原则上应通过实验确定。国内外现已发表的运行数据和参数，在设计同类废水时亦可参考使用（见表2-7-1～表2-7-3）。

表 2-7-1 国内生活污水负荷值

污水名称	BOD_5/(mg/L)		去除率/%	BOD_5负荷/[g/(m^2·d)]	水力负荷/[m^3/(m^2·d)]	水温/℃	备注
	进水	出水					
生活污水	74	19	74	10	0.2	7～24	陕西长空机械厂
医院污水	116.7	61.3	47.4	11.1	0.2		北京结核病医院

表 2-7-2 国外生活污水负荷值

处理程度	盘面负荷	处理程度	盘面负荷
出水 BOD≤60mg/L	20～40g/(m²·d)	三级转盘 BOD 去除率 90%	2m²(盘面积)/人
出水 BOD≤30mg/L	10～20g/(m²·d)	四级转盘 BOD 去除率 95%	3m²(盘面积)/人
二级转盘 BOD 去除率 80%	1m²(盘面积)/人		

表 2-7-3 各类工业废水设计负荷

序号	污水类型	进水 BOD /(mg/L)	进水 COD /(mg/L)	水力负荷 /[m³/(m²·d)]	BOD 负荷 /[g/(m²·d)]	COD 负荷 /[g/(m²·d)]	停留时间/h	废水水温/℃
1	含酚	酚 50～250(152)	280～676	0.05～0.113		15.5～35.5	1.5～2.7	>15
2	印染	100～280(158)	250～500	0.04～0.24	12～23.2	10.3～43.9	0.6～1.3	>10
3	煤气站含酚	130～765(365)		0.019～0.1	12.2	26.4	1.3～4.0	>20
4	酚醛	442～700(600)		0.031	7.15～22.8	11.7～24.5	3.0	24
5	酚氰	酚 40～90、CN 20-40		0.1			2.0	
6	苯胺	苯胺 53		0.03			2.3	21～28
7	苎麻煮炼黑液	367	531	0.066			1.6	
8	丙烯腈	CN 19.7～21.0	297	0.05～0.1				
9	腈纶	AN 200、BOD300		0.1～0.2			1.9	30
10	氯丁污水	BOD 230、氯丁二烯 20	400	0.16	32.6	38.1		15～20
11	制革	250～800	500～1500	0.06～0.15			1～2	22
12	造纸中段	100～480	1027～5637	0.05～0.08			3.0	20～30
13	铁路货车		200～300	0.09			2.0	>10
14	铁路罐车		156	0.15			1.13	25

注：括号内数值为平均值。

对水力负荷和有机负荷的取用，一般要视水质而定。对溶解性 BOD 高的废水用水力负荷较适宜；而对含悬浮性 BOD 高的废水用有机负荷较合适。因此，对生活污水或性质类似于生活污水的工业废水，可适当考虑水力负荷。对于成分复杂的各种工业废水，应视具体情况除采用水力负荷外，还需考虑有机负荷和毒物负荷。

2. 生物转盘系统计算

参数确定后，可按以下程序进行生物转盘系统的计算。

（1）转盘总面积 按 BOD-面积负荷计算：

$$A=\frac{Q(S_0-S_e)}{N_A} \tag{2-7-22}$$

式中，A 为转盘总面积，m²；Q 为废水量，m²/d；S_0 为进水 BOD 值，g/L；S_e 为出水应达到的 BOD 值，g/L；N_A 为 BOD 负荷，g/(m²·d)。

按水力负荷率计算：

$$A=\frac{Q}{q_A} \tag{2-7-23}$$

（2）转盘总片数 当盘片为圆形时，转盘总片数计算公式为：

$$M=\frac{4A}{2\pi D^2}=0.636\frac{A}{D^2} \tag{2-7-24}$$

式中，M 为转盘总片数；D 为圆形转盘直径，m。

当转盘为多边形或波纹板时，计算公式为：

$$M=\frac{A}{2a} \tag{2-7-25}$$

式中，a 为多边形或波纹板面积，m^2。

上两式分母中的 2 是因为转盘双面均为有效面积。其他形状的转盘则根据具体情况而定。

计算出转盘总片数后，根据具体情况决定转盘的级数，从而计算出每台转盘的盘片片数 m。

(3) 氧化槽有效长度

$$L=M(d+b)K \tag{2-7-26}$$

式中，L 为氧化槽有效长度，m；M 为每台（级）转盘盘片数；d 为盘片间距，m，一般取 0.010～0.035m；b 为盘片厚度，与所采用的盘材有关，根据具体情况确定，一般取值为 0.001～0.015m；K 为考虑废水流动的循环沟道的系数，取 1.2。

(4) 氧化槽有效容积　氧化槽有效容积与氧化槽形状有关，当采用半圆形氧化槽时，有效容积为：

$$V=(0.294\sim0.335)(D+2\delta)^2L \tag{2-7-27}$$

氧化槽净有效容积（V'）为：

$$V'=(0.294\sim0.335)(D+2\delta)^2(L-Mb)$$

式中，δ 为盘片边缘与氧化槽内壁之间的净距，m。

当 $r/D=0.1$ 时，系数取 0.294；当 $r/D=0.06$ 时，系数取 0.335；r/D 一般取 0.06～0.1（r 为转轴中心距水面的高度，一般为 150～300mm）。

(5) 转盘的旋转速度　勃别尔等早期提出，转盘的旋转速度以 20m/min 为宜。但是，转盘旋转的主要目的之一是使接触氧化槽内的废水得到充分混合，如水力负荷大，转速过小时，氧化槽内的废水得不到充分的混合。为此，勃别尔提出了为达到混合效果的转盘的最小转速计算公式：

$$n_{\min}=\frac{6.37}{D}\left(0.9-\frac{V'}{Q'}\right) \tag{2-7-28}$$

式中，$n_{\min}$ 为转盘最小转速，r/min；Q' 为每个氧化槽废水流量，m^3/d；D 为转盘直径，m。

(6) 电机功率

$$N_p=\frac{3.85R^4n_{\min}^2}{d\times10}Ma\beta \tag{2-7-29}$$

式中，N_p 为电机功率，kW；R 为转盘半径，m；M 为根转轴上的盘片数；a 为同一电动机带动的转轴数；d 为盘片间距，cm；β 为生物膜厚度系数，见表 2-7-4。

表 2-7-4　生物膜厚度系数 β 值

膜厚度/mm	0～1	1～2	2～3
β 值	2	3	4

(7) 废水在氧化槽内的停留时间

$$t=\frac{V'}{Q} \tag{2-7-30}$$

式中，t 为废水在氧化槽内的停留时间，h，一般为 0.25～2.0h；V' 为氧化槽净有效容积，m^3。

（8）设计中其他因素及数据

① 盘片直径一般以 2～3m 为宜。

② 盘片厚度与盘材、直径和构造有关。以聚苯乙烯泡沫塑料为盘材时，盘厚为 10～15mm；采用硬聚氯乙烯板为盘材时，厚度为 3～5mm；采用玻璃钢盘材时，厚度为 1～2.5mm；采用金属盘材时，厚度为 1mm 左右。

③ 盘片间距在进水段一般为 25～35mm，出水段一般为 10～20mm。

④ 盘片周边与氧化槽的距离，一般按 0.1D 考虑，但通常不得小于 150mm。

⑤ 转轴中心距水面距离不得小于 150mm。

⑥ 转盘浸没率即转盘浸于水中的面积与转盘总面积之比一般为 20%～40%。

⑦ 转盘转速一般为 0.8～3.0r/min，线速度为 15～18m/min。

⑧ 生物转盘的污泥产量一般可按 0.5～0.6kg 污泥/kgBOD 计算。

⑨ 生物转盘的级数，一般不宜少于 3 级，组数不宜少于 2 组，并按同时工作考虑。

（二）经验公式法

20 世纪 60 年代初，德国哈德曼与勃别尔首先研究了生物转盘的原理，勃别尔还对 BOD 约在 400～600mg/L 的城镇污水进行了转盘面积与负荷变动、水温、处理效率等因素的大量实验，并在此基础上提出了转盘面积的计算公式。继勃别尔之后，朱斯特、安东尼、维奇等也提出了一些计算公式，但都比较烦琐，且误差较大。实践证明勃别尔计算公式是比较合理的，在国外使用也比较广泛。

勃别尔计算公式为：

$$A=f\left(\frac{A}{A_w}\right)f(\eta)f(t)f(T)QS_0 \tag{2-7-31}$$

式中，A 为所需要的转盘面积，m^2；A_w 为浸没于水下的转盘面积，m^2；A/A_w 为盘片总面积与浸没于水下盘片总面积之比；η 为 BOD 去除率，而 $f(\eta)=0.1673\eta^{1.4}/(1-\eta)^{0.4}$；$t$ 为废水在氧化槽内的停留时间，h，而 $f(t)=1-1.24\times10^{-0.1114t}$；$T$ 为水温，℃，$f(T)$ 为考虑水温影响的修整系数；S_0 为进水 BOD 值。

勃别尔计算公式中的各值可以根据图表确定。此外，勃别尔还发表了如下的简化公式：

$$A=Q\frac{0.022(S_0-S_e)^{0.4}}{S_0^{0.4}} \tag{2-7-32}$$

【例 2-7-1】 某住宅小区人口 3000 人，排水量 150L/(人·d)，初沉池出水 BOD 值为 300mg/L，平均水温为 15℃，出水的 BOD 值要求不大于 60mg/L。试设计生物转盘。

解： 设计计算如下。

（1）水量 3000×0.15=450（m^3/d）

（2）BOD 去除率

$$\eta=\frac{300-60}{300}\times100\%=80\%$$

（3）BOD 负荷取 $N_A=30g/(m^2\cdot d)$

（4）水力负荷取 $q_A=0.2m^3/(m^2\cdot d)$

（5）转盘总面积按 BOD 负荷计算

$$A=\frac{Q(S_0-S_e)}{N_A}=\frac{450\times(300-60)}{30}=3600\ (m^2)$$

按水力负荷计算

$$A=\frac{Q}{q_A}=\frac{450}{0.2}=2250\ (m^2)$$

可以看出二者有一定差距，为保证出水水质，按 BOD 负荷进行计算。

$$M=\frac{4A}{2\pi D^2}=0.636\frac{A}{D^2}=\frac{0.636\times3600}{4}\approx573(片)$$

（6）转盘盘片总数取盘片直径 $D=2m$，拟采用三台转盘，每台盘片数为 $m=192$ 片，每台转盘为单轴四级，第一、第二两级每级盘片数为 60 片，后两级每级盘片数为 36 片。

（7）氧化槽有效长度 d 取 25mm，采用硬聚氯乙烯盘材，b 值取 4mm。

$$L=m(d+b)K=192\times(25+4)\times1.2\approx6682\ (mm)$$

（8）氧化槽有效容积采用半圆形氧化槽，r 取 200mm，r/D 为 0.1，系数取 0.294，δ 取 200mm。

$$V'=(0.294\sim0.335)(D+2\delta)^2(L-mb)$$
$$=0.294\times(2+2\times0.2)^2\times(6.682-192\times0.004)\approx10.02\ (m^3)$$

（9）转盘最小旋转速度

$$n_{最小}=\frac{6.37}{D}\times\left(0.9-\frac{1}{N_A}\right)=\frac{6.37}{2}\times\left(0.9-\frac{1}{125}\right)=2.84(r/min)$$

（10）转盘水力负荷 $q_A=Q/A=0.125m^3/(m^2\cdot d)=125L/(m^2\cdot d)$

（11）污水在氧化槽内停留时间

$$t=\frac{V'}{Q}=\frac{10.02}{\frac{450}{3}}\times24=1.6\ (h)$$

第三节　生物接触氧化法

一、原理与功能

生物接触氧化法也称淹没式生物滤池，其在反应器内设置填料，经过充氧的废水与长满生物膜的填料相接触，在生物膜的作用下，废水得到净化。其基本构造如图 2-7-9 所示。

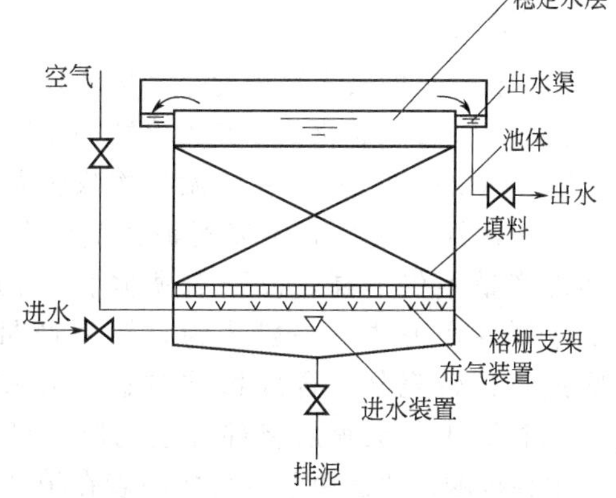

图 2-7-9　生物接触氧化池基本构造

（一）原理

生物接触氧化法[5]在运行初期，仅有少量的细菌附着于填料表面，由于细菌的繁殖逐渐形成很薄的生物膜。在溶解氧和食物都充足的条件下，微生物的繁殖十分迅速，生物膜逐渐增厚。溶解氧和污水中的有机物凭借扩散作用，为微生物所利用。但当生物膜达到一定厚度时，氧已经无法向生物膜内层扩散，好氧菌死亡，而兼性细菌、厌氧菌在内层开始繁殖，形成厌氧层，利用死亡的好氧菌为基质，并在此基础上不断聚集厌氧菌。经过一段时间后在数量上开始下降，加上代谢气体产物的逸出，使内层生物膜大块脱落。在生物膜已脱落的填料表面上，新的生物膜又重新生长起来。在接触氧化池内，由于填料表面积较大，所以生物膜发展的每一个阶段都是同时存在的，使去除有机物的能力稳定在一定的水平上。生物膜在池内呈立体结构，可保持稳定的处理能力。

(二) 特点

1. 优点

(1) 容积负荷高，处理时间短，节约占地面积 生物接触氧化法的容积负荷最高可达3～6kg BOD/(m^3·d)，污水在池内停留时间短的只需0.5～1.5h。从表2-7-5可知，接触氧化法与表面曝气法在BOD去除率大致相同的情况下，前者BOD的容积负荷可高5倍，而所需处理时间只有后者的1/5。由于缩短了处理时间，同样体积的设备，处理能力提高了几倍，使污水处理工艺高效且节约用地。

(2) 生物活性高 国内采用的生物接触氧化池中，绝大多数的曝气管设在填料下，不仅供氧充分，而且对生物膜起到了搅动作用，加速了生物膜的更新，使生物膜活性提高。另外，曝气会形成水的紊流，使固定在填料上的生物膜可以连续、均匀地与污水相接触，避免生物氧化池中存在的接触不良的缺陷。由于空气搅动，整个氧化池的污水在蜂窝填料之间流动，增强了传质效果，提高了生物代谢速度。经测定，同样湿重的带有丝状菌的生物膜，其好氧速率比活性污泥法高1.8倍（见表2-7-5）。

表 2-7-5 接触氧化法与曝气法对比试验数据

项 目	原 水	接触氧化法	表面曝气法
进水流量/(L/h)		35.2	16.2
停留时间/h		1.1	5.2
BOD负荷/[kg/(m^3·d)]		5.4	1.15
进水BOD/(mg/L)	248		
出水BOD/(mg/L)		35	29.1
BOD去除率/%		86	88
进水耗氧量/(mg/L)	230		
出水耗氧量/(mg/L)		39	30.7
耗氧量去除率/%		83	86
污泥增长指数/(kg污泥/kgBOD去除)		0.27	0.40

(3) 有较高的微生物浓度 一般活性污泥法的污泥浓度为2～3g/L，微生物在池中处于悬浮状态；而接触氧化池中绝大多数微生物附着在填料上，单位体积内水中和填料上的微生物浓度可达10～20g/L，由于微生物浓度高，有利于提高容积负荷。

(4) 污泥产量低，不需污泥回流 与活性污泥法相比，接触氧化法的容积负荷高，但污泥产量不仅不高，反而有所降低。国内外的研究都证明，接触氧化法的污泥产量远低于活性污泥法。一般认为，污泥产量低是由于氧化池内溶解氧高，微生物的内源呼吸进行得较充分，合成物质被进一步氧化；氧化池内的微生物食物链比较完全和稳定；生物膜中的厌氧层将部分生物膜分解、溶化，转化成甲烷和有机酸。

生物接触氧化法由于微生物附着在填料上形成生物膜，生物膜的脱落和增长可以保持平衡，所以不需要污泥回流，管理方便。

(5) 出水水质好且稳定 进水短期内突然变化时，出水水质受的影响很小。在毒物和pH值的冲击下，生物膜受影响小，而且恢复快。接触氧化法处理城镇污水时，出水BOD可达5～12mg/L，SS为20mg/L左右，出水外观清澈透明。

(6) 动力消耗低 除污水中含有大量活性物质以外，采用生物接触氧化法处理污水，一般可节省动力30%。这主要是由于在接触氧化池内存在填料，起到切割气泡、增加紊动的作用，增大了氧的传递系数，省去污泥回流，也使电耗下降。

（7）挂膜方便，可以间歇运行 生物接触氧化法处理生活污水时不需专门培养菌种，连续运转4～5天生物膜就可成熟。对含菌种少的工业废水，挂膜时接入菌种，运行十来天生物膜就可成熟。当停电或发生事故不能供气时，只要将氧化池中的水放空即可，附着在固定床上的微生物可以从空气中获得氧气而维持生命。有人曾经试验，在这样间歇一个月后再重新工作，生物膜在几天内就可以恢复正常。

（8）不存在污泥膨胀问题 在活性污泥法中容易产生膨胀的菌种，如丝状菌，在接触氧化法中不仅不产生膨胀，而且能充分发挥其分解、氧化能力高的优点。接触氧化池内填料固定在水中，附着在填料上的丝状菌有较强的分解有机物的能力，具有立体结构，但沉降性能差，在曝气池中易随出水流出，因此不易产生污泥膨胀。

2. 缺点

（1）填料上生物膜的数量视BOD负荷而异。BOD负荷高，则生物膜数量多，反之亦然。因此不能借助于运转条件的变化任意调节生物量和装置的效能。

（2）当采用蜂窝填料时，如果负荷过高，则生物膜较厚，易堵塞填料。所以，必须要有负荷界限和必要的防堵塞冲洗措施。

（3）大量产生后生动物（如轮虫类等）。若生物膜瞬时大块脱落，则易影响出水水质。

（4）组合状的接触填料有时会影响曝气与搅拌。

（三）比较

生物接触氧化法同其他处理方法的比较见表2-7-6。

表2-7-6 各种处理方法比较

项目 \ 处理方法	生物接触氧化法	生物转盘	普通活性污泥法
BOD负荷/[kg/(m³·d)]	1.5	5～10g/(m²·d)	0.6
池自身的占地面积	中	大	大
设备费用	较小	较大	较大
运行成本	稍小	少	大
电耗	稍大	少	大
MLSS/(mg/L)	6000～10000	5～15g/m²	2000～3000
培菌驯化	容易	容易	需要20～30d
维护管理	容易	容易	难
污泥量	最少	少	大
停运后的问题	长期停运，污泥剥离量大	长期停运，污泥剥离量大	若停运3d以上，则恢复困难

（四）类型

根据充氧与接触方式的不同，接触氧化池可分为分流式和直流式，如图2-7-10和图2-7-11所示。

分流式接触氧化池就是使污水与载体填料分别在不同的间隔实现接触和充氧。这种类型的优点是：废水在单独的间隔内充氧，进行激烈的曝气和氧的传递过程；而在安装填料的另一间隔内，废水可以缓缓地流经填料，安静的条件有利于生物的生长繁殖。此外，废水反复地通过充氧、接触两个过程进行循环，因此水中的氧比较充足。但缺点是填料间水流缓慢，

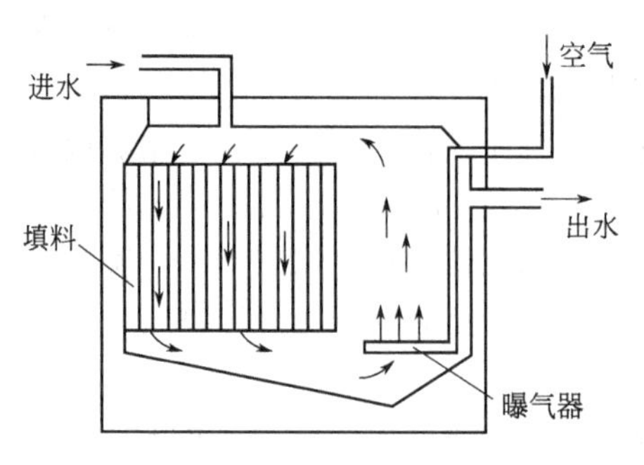

图 2-7-10 分流式接触氧化池

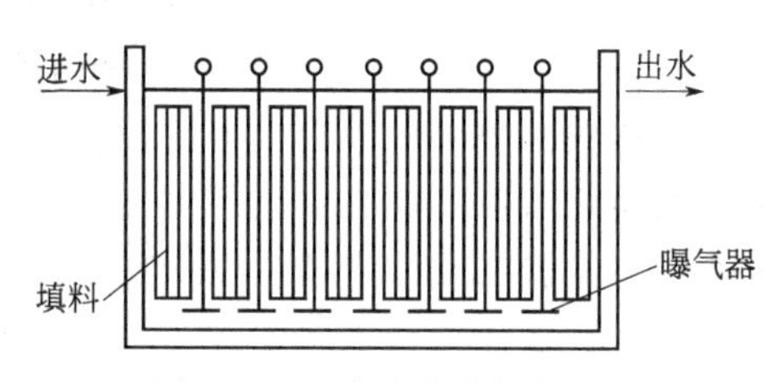

图 2-7-11 直流式接触氧化池

水力冲刷力小，生物膜只能自行脱落，更新速度慢，易于堵塞。因此，在 BOD 负荷较高的二级污水处理中一般较少采用。

在直流式池中，直接在填料底部进行鼓风充氧，其主要特点是：在填料下直接布气，生物膜直接受到气流的搅动，加速了生物膜的更新，使其经常保持较高的活性，而且能够克服堵塞。另外，上升气流不断地撞击填料，使气泡破裂，直径减小，增加了接触面积，提高氧的转移效率，降低能耗。

(五) 基本工艺

生物接触氧化法的工艺流程通常可以分为一段法、二段法和多段法（图 2-7-12～图 2-7-14）。这几种工艺流程各有特点，在不同的条件下有其适用范围。

1. 一段法

一段法也称一氧一沉法，流程如图 2-7-12 所示。原水先经调节池，再进入生物接触氧化池，而后进入二沉池进行泥水分离。处理的上清液或排放或做进一步处理，污泥从二沉池定期排走。

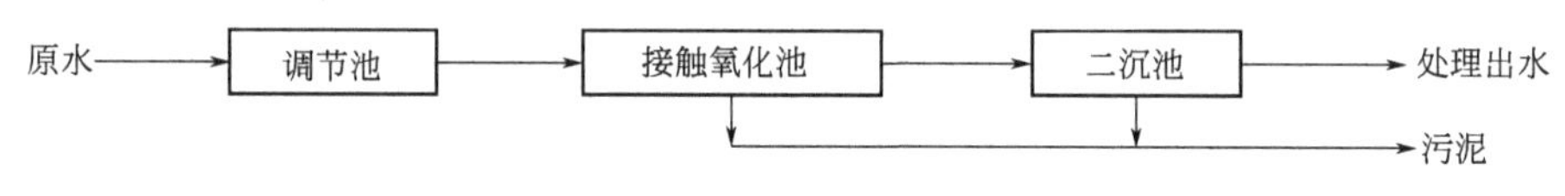

图 2-7-12 一段法处理流程

一段法生物膜增长较快，活性较大，降解有机物的速度较快；但氧化池有时会引起短路。一段法流程简单易行，操作方便，投资较省。

2. 二段法

二段法也称二氧二沉法，流程如图 2-7-13 所示。原水经调节池进入第一生物接触氧化池，而后流入中间沉淀池进行泥水分离，上层处理水进入第二接触氧化池，最后流入二沉池，再次进行泥水分离，出水排放。沉淀池的污泥排出后进行污泥处理。

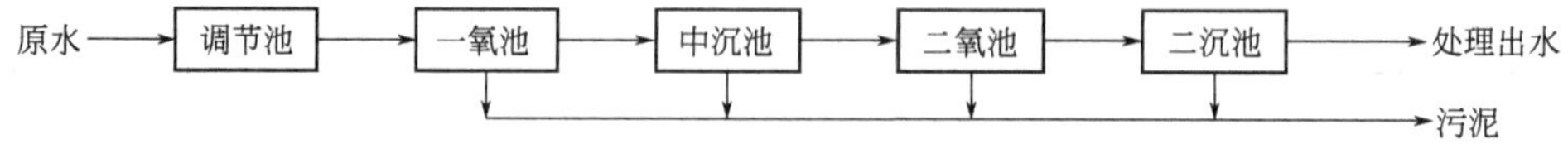

图 2-7-13 二段法处理流程

二段法更能适应原水水质的变化，使出水水质趋于稳定。氧化池的流态基本上属于完全混合，可以提高生化效率，缩短生物氧化时间。二沉池可以弥补中间沉淀池的不足，进一步改善出水水质。但是，二段法流程增加了处理装置和维护管理内容，投资比一段法稍高。

3. 多段法

多段法是由三级或多于三级的生物接触氧化池组成的系统，流程如图 2-7-14 所示。原

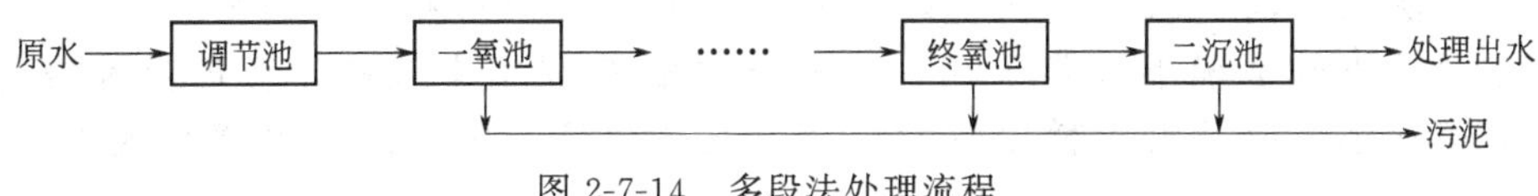

图 2-7-14 多段法处理流程

水流经调节池，再依次进入各级接触氧化池，而后流入二沉池进行泥水分离。处理后的上清液排出，污泥从二沉池定期排出进行污泥处理。

多段法由于设置了多级氧化池，因此将生化过程中的高负荷、中负荷和低负荷明显分开了，能够提高总的生化处理效果。同时，由于具有多段生物降解的特点，同二段法相比较，可以进一步缩短总的接触氧化时间。但是，多段法流程设置了多段接触氧化池，必然增加基建费用与管理内容。

4. 推流法

推流法就是将一座生物接触氧化池内部分格，按推流方式进行，如图 2-7-15 所示。

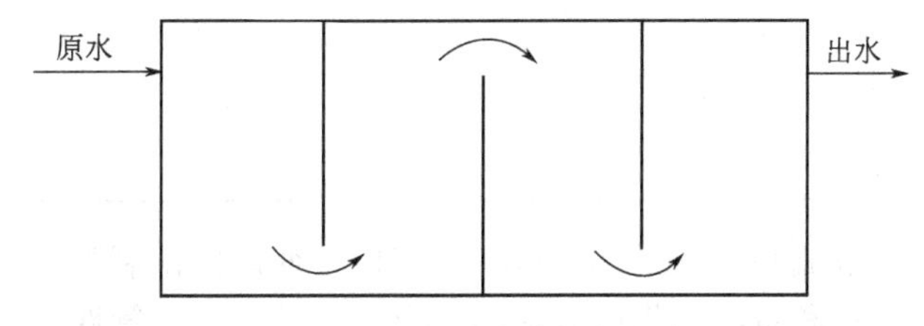

图 2-7-15 推流式接触氧化池

氧化池分格，可使每格微生物与负荷条件（大小、性质）相适应，利于微生物专性培养驯化，提高处理效率。对于一些可生化性较差、需要处理时间较长的工业废水，这种方式是实际应用中采用较多的一种。

二、设备和装置

生物接触氧化处理系统除必要的前处理和后处理外，基本组成部分是生物接触氧化池（包括配套的曝气装置）和泥水分离设施（各种型式的沉淀池或气浮池）。生物接触氧化的中心构筑物是接触氧化池，由池体、填料及支架、曝气装置、进出水装置及排泥管道等部分组成。泥水分离设施则可在竖流式沉淀池、气浮池、斜板（管）沉淀池和接触沉淀池中进行选择。

（一）曝气装置

曝气装置是氧化池的重要组成部分，与填料上的生物膜充分发挥降解有机污染物的作用，维持氧化池的正常运行和提高生化处理效率有很大关系，并且同氧化池的动力消耗密切相关。

向生物接触氧化池中供气有三个作用。

① 充氧。生物接触氧化法主要是利用好氧细菌完成生物净化作用，微生物的氧化、合成和内源呼吸全部需要氧气，充氧是维持微生物正常活动的一个必要条件。供气使氧化池中的溶解氧控制在一定的水平上。

② 充分搅动，形成紊流。供气使池内水流充分搅动，形成紊流，紊流程度越大，被处理水与生物膜的接触效率越高，从而提高处理效果。

③ 防止填料堵塞，促进生物膜更新。供气的搅动作用使填料上衰老的生物膜及时脱落，防止填料堵塞，同时还促进生物膜更新，提高处理效果。

按供气方式分，有鼓风曝气、机械曝气和射流曝气，目前国内用得较多的是鼓风曝气。这种方法动力消耗较低，动力效率较高，供气量较易控制，但噪声大。射流曝气在处理水量较小的情况下经常采用，这种方法氧的利用率较高，管理及维修都方便，且工作噪声很小，但动力消耗比较大，动力效率较低，脱落的生物膜易被击碎，质轻上浮。

氧化池的供气是通过曝气充氧设备来实现的，充氧设备的性能不仅影响污水生物处理的效果，而且关系到处理设施的投资、电耗和运行费用。目前，全面曝气的鼓风充氧设备常采用穿孔管、曝气头、微孔曝气器和可变孔（微孔）曝气软管等。各种曝气充氧设备的性能见表 2-7-7。

表 2-7-7 曝气充氧设备性能

名称	充氧性能		
	传质系数/h^{-1}	氧利用率/%	动力效率/[kg/(kW·h)]
穿孔管	15.5	6～7	2.3～3.0
曝气头(金山Ⅰ型)	6～10	8	2.4
散流曝气器	7～13	7.8～8.3	2.39～2.46
可变孔(微孔)曝气软管	—	20～25	1.5～11.0

（1）散流曝气器　散流曝气器是 20 世纪 80 年代中期国内研制的新型曝气器，用塑料压制成型，由锯齿形曝气头和带有锯齿的散流罩、导流隔板、进气管四部分组成，整个曝气器呈倒伞形（图 2-7-16）。其充氧主要是由液体剧烈混掺作用、气泡的切割作用和散流罩的扩散作用共同完成的。这种曝气器动力效率很高，布气范围大，氧的利用率高，池内布气均匀，液体流态好，耐腐蚀，不堵塞，安装方便。每个曝气器的安装距离为 1.0～1.6mm，服务面积 1～3m²。

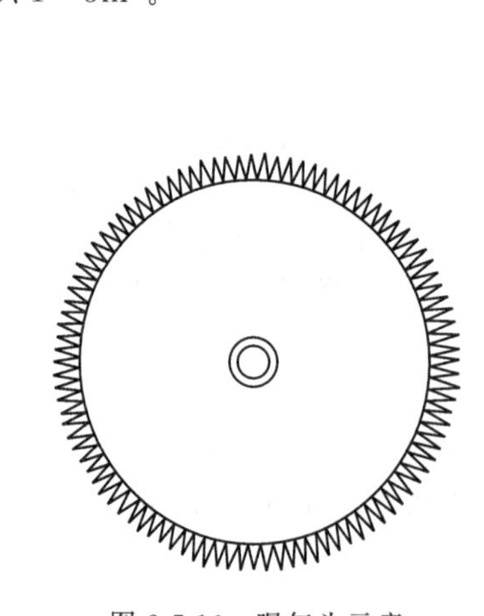

图 2-7-16　曝气头示意

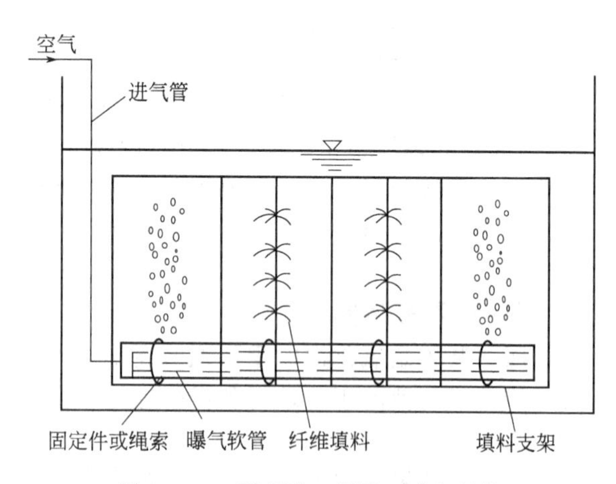

图 2-7-17　可变孔（微孔）曝气软管

（2）可变孔（微孔）曝气软管　可变孔（微孔）曝气软管是 20 世纪 80 年代后期国内研制开发的新型微孔曝气器，如图 2-7-17 所示。它所有表面都有气孔，均能曝气。气孔的孔径呈狭长的细缝，其宽度可随气量的增减在 0～200μm 之间变化。气泡上升速度慢，布气均匀，氧的利用率高，一般为 20%～25%，而价格较其他微孔曝气器低。供气时不需要空气过滤设备，使用时可以随时停止曝气，不会堵塞，耐腐蚀。软管在曝气时膨胀而在不曝气时被压扁，可以卷曲包装，运输方便，安装时池底不需附加设备。曝气软管的主要技术性能见表 2-7-8。

表 2-7-8 可变孔（微孔）曝气软管的技术性能

项 目	技术指标	项 目	技术指标
出孔气泡直径	1.0mm	曝气量	0～5m^3/h
行程气泡直径	1～5mm	服务面积	0.5～1m^2/m
气孔孔径	μm 级	出气阻力	1745.6Pa(178mm 水柱)
耐压强度	0.1MPa		

(二) 进出水装置

由于氧化池的流态基本上是完全混合型，因此对进出水装置的要求并不十分严格，满足下列条件即可：进出水均匀，保持池内负荷均等，方便运行与维护，不过多地占有池的有效容积等。一般当处理水量较小时（如 40～50m^3/h），可采用直接进水方式；当处理水量较大时，可采用进水堰或进水廊道等方式，使全池比较均匀地布水。出水装置一般采用周边堰流或孔口出水的方式。

(三) 填料

1. 填料种类

填料是生物膜的载体，也对截留悬浮物起一定作用，是氧化池的关键，直接影响着生物接触氧化法的效果。同时，载体填料的费用在生物接触氧化处理系统的基建费用中又占较大比重，所以填料关系到接触氧化技术的经济合理性。

通常，对生物接触氧化法载体填料的要求是：有一定的生物膜附着力；比表面积大；空隙率大；水流流态好，利于发挥传质效应；阻力小，强度大；化学和生物稳定性好，经久耐用；截留悬浮物质能力强；不溶出有害物质，不引起二次污染；与水的密度相差不大，以免增大氧化池负荷；形状规则，尺寸均一，使之在填料间形成均一的流速；货源充足，价格便宜，运输和安装施工方便。

载体填料按形状可分为蜂窝管状、束状、波纹状、圆环辐射状、盾状、板状、网状、筒状、不规则粒状等；按性状可分为硬性、半软性、软性；按材质可分为塑料、玻璃钢、纤维填料等。目前，国内常用的是玻璃钢或塑料蜂窝填料、软性纤维填料、半软性填料、立体波纹塑料填料等，其余类型填料在国外尤其是在日本用得较多。国外还有中空微孔纤维束填料、塑料波纹填料及网状（平面网状和立体网状）、筒状、鲍尔环状等填料。

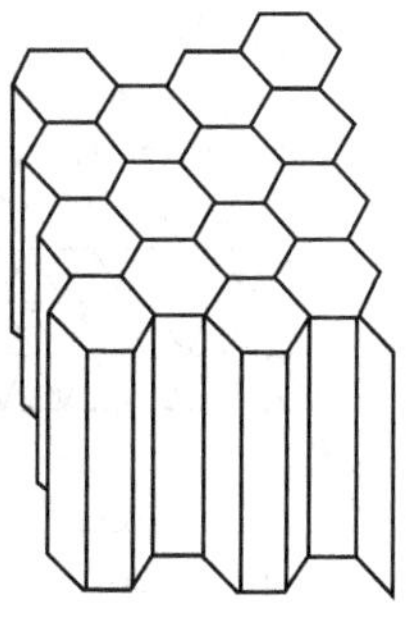

下面介绍的是国内常用的填料。

图 2-7-18 蜂窝管状填料蜂窝

(1) 蜂窝填料 蜂窝管状载体填料简称蜂窝填料，如图 2-7-18 所示（主要有玻璃钢和塑料蜂窝两种型式）。玻璃钢蜂窝填料采用中碱平纹玻璃纤维布加工成蜂窝状的空格浸于醇溶性酚醛树脂，在高温下固定成型。它质轻、强度高、几何尺寸稳定、防震、力学性能和热稳定性能较好，易于切割组装，使用年限较长。玻璃钢蜂窝填料的规格如表 2-7-9 所示。塑料蜂窝填料以硬聚氯乙烯塑料为原料，热压为六角形后用聚氨酯或过氯乙烯加二氯乙烷粘合而成。它强度较高，质轻，可以机械化生产，但热稳定性较差，易老化，价格比玻璃钢蜂窝稍贵。塑料蜂窝填料的规格如表 2-7-10 所示。其优点是：①材料耗费较小，比表面积大；②空隙率大；蜂窝填料是用硬质聚氯乙烯、聚丙烯或玻璃钢等薄片做成的，空隙率较大（如内切圆直径为 10mm 的蜂窝管壁厚 0.1mm，空隙率达 97.9%；直径为 20mm、管壁厚 0.122mm 的填料，空隙率达 98.3%）；③质轻，纵向强度大，在实际使用时堆积高度较大，一般可达

4～5m；④蜂窝管壁面光滑无死角，衰老的生物膜易于脱落。

表 2-7-9 玻璃钢蜂窝填料的规格参数

孔径/mm	壁厚/mm	成品密度/(kg/m^3)	比表面积/(m^2/m^3)	空隙率/%	块体体积(长×高×宽)/mm
19	0.20	36～38	201	98.4	1000×920×500
25	0.20	26～28	153	98.8	800×800×200
32	0.20	21～23	122	99.0	800×800×230
36	0.20	20～22	98	99.1	800×700×200

注：还可根据用户需要生产特殊规格尺寸。

表 2-7-10 聚丙烯塑料蜂窝填料的规格参数

孔径/mm	壁厚/mm	质量/(kg/m^3)	备　注
25	0.4～0.45	43	比表面积和空隙率同玻璃钢蜂窝填料
35	0.4～0.45	32	
50	0.8～0.85	43	

蜂窝填料是早期接触氧化工艺中一种最为常用的填料，近年来应用越来越少，这主要与蜂窝管状填料的以下缺点有关：①若选择的孔径与 BOD 负荷不相适应，则生物膜的生长与脱落失去平衡，容易使填料堵塞；②当采用扩散、射流或者表面曝气方式供气时，在蜂窝管内难以达到均一流速，对接触效率和生物膜更新产生不良影响；③成品体积较大，搬运比较麻烦。

采取以下措施可避免上述缺点：①根据设计的 BOD 负荷选择相应孔径的蜂窝填料，一般处理高浓度废水时不宜采用蜂窝填料；②在氧化池底部采用全面曝气或者间歇性高强度曝气以冲刷生物膜；③将填料分层设置，填料层间留有空隙，有利于池内水流在层间再次分配，造成横流和均匀分布，防止中下部填料因受压（特别是带膜放空时）变形而堵塞；④填料现场制作可以避免搬运上的困难。

蜂窝填料的孔径需根据废水水质、BOD 负荷、充氧条件等因素进行选择。在一般情况下，BOD 浓度为 100～300mg/L 时，可选用孔径为 32mm 的填料；BOD 为 50～100mg/L 时，可选用孔径为 15～20mm 的填料；BOD 为 50mg/L 以下时，可选用 10～15mm 孔径的填料。

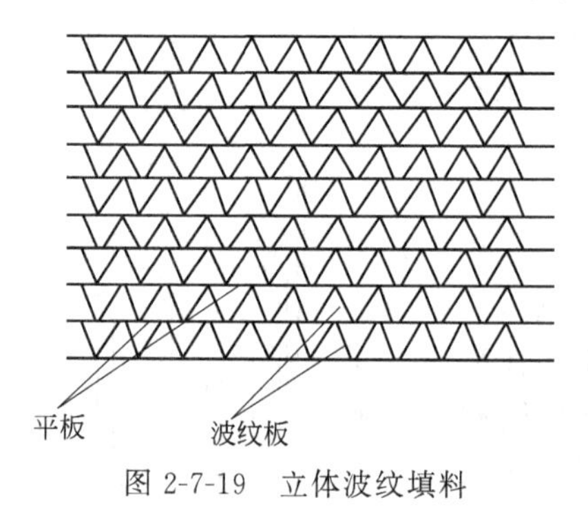

图 2-7-19 立体波纹填料

（2）立体波纹填料　与蜂窝填料相类似的一种立体波纹填料，是用硬聚氯乙烯平板和波纹板相粘而成，如图 2-7-19 所示。其优点是：①孔径大，不易堵塞；②流程长，有利于提高处理效率；③结构简单，安装运输比较方便，可单片保存，现场粘合；④轻质高强，耐腐蚀性能好。但立体波纹填料的波状通道内难以得到均一流速，对传质效应和生物膜更新有不利的影响，并且单片填料的强度较低，在运输和保管时应避免受压，不应在日光下长期曝晒。立体波纹塑料填料的规格如表 2-7-11 所示。表 2-7-12 为国内常用填料的性能比较，表 2-7-13 为价格及生产厂家举例，仅供参考。

（3）软性纤维状填料　软性纤维状填料是 20 世纪 80 年代初我国自行开发的填料，一般是用尼龙、维纶、涤纶、腈纶等化纤编结成束并用中心绳连接而成，如图 2-7-20 所示。

表 2-7-11　立体波纹塑料填料性能参数

型式	材质	比表面积/(m^2/m^3)	空隙率/%	质量/(kg/m^3)	孔径梯形断面/mm	规格/mm
立波-1 型	硬聚氯乙烯	113	大于 96	50	50×100	1600×800×50
立波-2 型		150	大于 93	60	40×85	1600×800×40
立波-3 型		198	大于 90	70	30×65	1600×800×30

表 2-7-12　国内常用载体填料性能比较

名称＼项目	布气布水	挂膜	加工条件	运输	安装	堵塞	比表面积/(m^2/m^3)	空隙率/%
玻璃钢蜂窝填料	较差	较易	半机械化	易损耗	简单	较易	100～200	98～99
塑料蜂窝填料	较差	较易	半机械化	易损耗	简单	较易	100～200	98～99
软性纤维状填料	较差	易	手工	方便	简单	纤维易结球	1400～2400	大于 90
盾状填料	较好	易	手工	方便	简单	不易	1000～2500	98～99
半软性填料	好	较易	机械化	方便	简单	不易	87～93	97
立体波纹填料	较差	较易	半机械化	易损耗	简单	较不易	110～200	90～96

表 2-7-13　国内常用载体填料参考价格和生产厂家项目

名称＼项目	材　质	规格/mm	参考价格/(元/m^3)	生产厂家举例
玻璃钢蜂窝填料	玻璃钢	$D20$～$D36$	400～600	浙江玉环楚门净水设备厂
塑料蜂窝填料	硬聚氯乙烯或聚丙烯	$D20$～$D30$	450～700	江苏江都环保净化设备厂
软性纤维状填料	维纶	束距 60～80，纤维长 120～160	70～80	上海石化环保器材厂
盾状填料	聚乙烯或维纶	束距 60～80，纤维长 120～200	150～250	浙江玉环水处理设备厂
半软性纤维	变性聚乙烯	单片 ϕ120～ϕ160	250～300	浙江玉环楚门环保袋厂
立体波纹填料	聚氯乙烯	1600×800	450～550	江苏宜兴市给排水器材厂

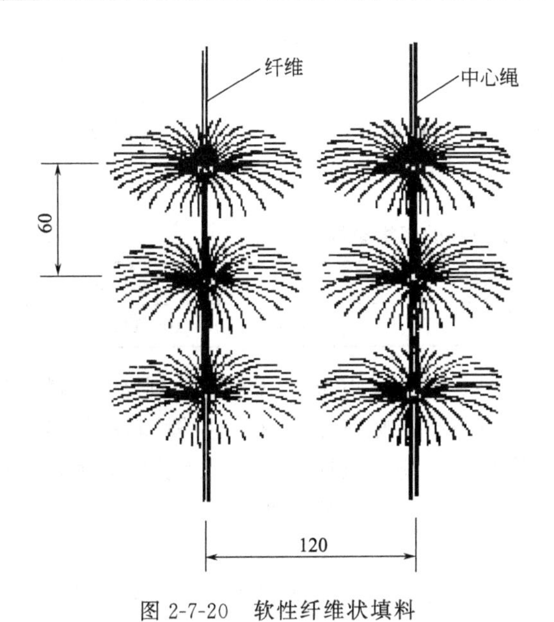

图 2-7-20　软性纤维状填料

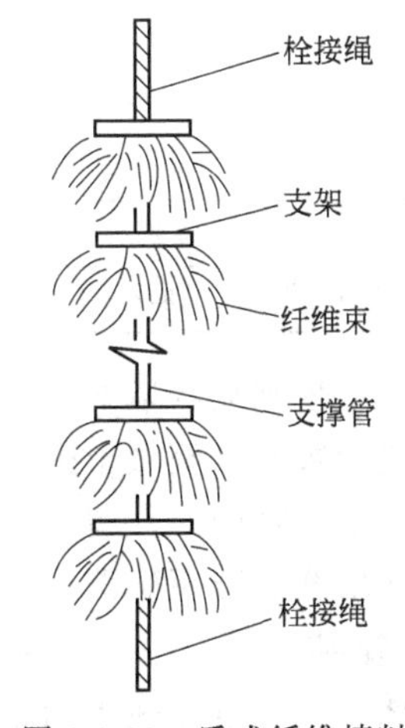

图 2-7-21　盾式纤维填料

同蜂窝填料相比，软性纤维状填料具有以下特点：处理废水浓度高，空隙可变，不易堵塞，适应性强，质轻，比表面积大，价格便宜，运输方便，组装简易，管理方便等。但填料的纤维易与生物膜黏结在一起，产生结球现象，使其比表面积减少，进而在结球的内部产生厌氧作用，影响处理效果。同时，纤维束中心容易产生厌氧状态，应长期浸泡在水中，否则纤维束易于结块，影响继续使用。此外，软性填料中的水流态并不理想，在填料中容易产生大气泡，影响氧的利用率。因此，近年来应用越来越少。

近几年来，国内开发了盾式纤维填料。它由纤维束和中心绳两部分组成，如图 2-7-21 所示。纤维束由纤维和支架组成，支架采用高分子塑料组成，中间有空隙，可通水通气；束间嵌套塑料管，以固定束距和支承纤维束。这类填料避免了软性纤维填料中出现的结球现象，同时又能起到良好的布水、布气作用，接触传质条件较好，氧的利用率较高，也是一种性能良好、比较经济实用的纤维填料。软性纤维状填料的规格如表 2-7-14 所示。

表 2-7-14 软性纤维状填料的规格参数

项目	参数	项目	参数
纤维束长度/mm	120～160	成膜后基本质量/(kg/m^3 池)	30～50
纤维束含单丝量/(根/束)	81000	空隙率/%	大于 70
束间距离/mm	60～80	理论比表面积/(m^2/m^3 池)	1400～2400
单位质量/(kg/m^3 池)	2.2～3.0		

(4) 半软性填料　半软性填料是针对软性填料的缺点改进而开发的一种新型填料，由变性聚乙烯塑料制成，如图 2-7-22 所示。这种填料具有特殊的结构性能和水力性能，既有一定的刚性又有一定的柔性，无论有无流体作用，都能保持一定形状，并有一定的变形能力。这种填料具有较强的重新布水、布气能力，传质效果好，对有机物去除效果高，耐腐蚀，不易堵塞，安装方便灵活，还具有节能、降低运行费用的优点。半软性填料的规格如表 2-7-15 所示。

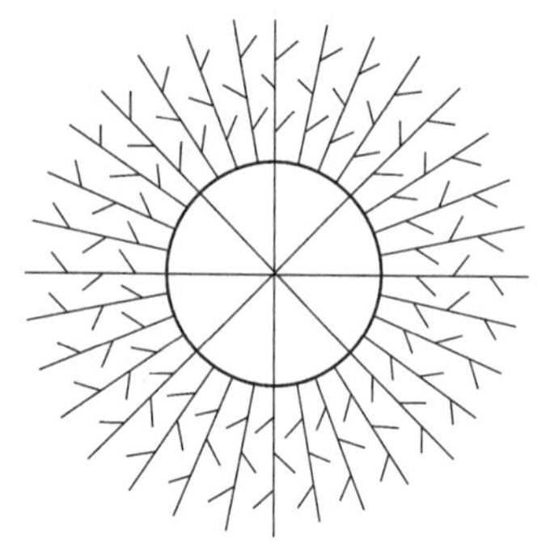

图 2-7-22 半软性填料

在相同条件下，半软性填料同软性纤维填料相比，COD 去除率一般可提高 10%左右。在相同充氧条件下，装填半软性填料的氧化池比装填软性纤维填料的溶解氧值可提高 10%～20%。

表 2-7-15 半软性填料的规格参数

材质	比表面积/(m^2/m^3)	空隙率/%	成品质量/(kg/m^3)	单片尺寸/mm
变性聚乙烯塑料	87～93	97.1	13～14	ϕ120,ϕ160,100×100,120×120,150×150

(5) 不规则粒状填料　不规则粒状填料有砂、碎石、焦炭、无烟煤、矿渣、活性炭等，粒径一般为数毫米至数十毫米，不规则地填装在生物接触氧化池内。这类填料的优点是：表面粗糙，易于挂膜，截留悬浮物能力强，价格便宜，易于就地取材。但水流阻力大，易于引起氧化池堵塞。若正确选择填料和粒径，则可以尽量避免填料堵塞。

2. 安装

载体填料在氧化池中的安装支架一般分为格栅支架、悬挂支架和框式支架三种。

(1) 格栅支架　蜂窝状填料、立体波纹填料时常采用格栅支架，在氧化池底部设置拼装式格栅，用以支撑填料。格栅一般用厚度为 4～6mm 的扁钢焊接而成，为便于搬动、安装和拆卸，每块单元格栅尺寸为500mm×1000mm。未挂膜的蜂窝填料和立体波纹填料质量较轻，在氧化池底部曝气时，在上升气流推动下，易于产生填料上浮现象，因此有时氧化池上部也设置活动格栅，以保证在使用时填料不上浮。

(2) 悬挂支架 安装软性纤维填料、半软性填料、盾式填料时常采用悬挂支架，将填料用绳索或电线固定在氧化池上下两层支架上，以形成填料层。用于固定填料的支架可用圆钢、钢管或塑料管焊接而成。栅孔尺寸或栅条距离应与填料的安装尺寸相配合。为了避免绑扎在支架上的绳索受激烈搅动气流的影响而断裂，不应采用尖锐断面的材料作为栅条。悬挂支架结构简单，制作方便，应用较广泛。

(3) 框式支架 钢板支架虽然具有加工方便的优点，但是质量较大，易被氧化腐蚀。国内有的单位采用全塑可提升框式支架，用以填装软性填料和半软性填料。全塑可提升框式支架由聚氯乙烯管和板组合制成。这种支架的产品质量为12～15kg/m^3，具有质轻、耐腐蚀、易提升、安装维修方便、拉伸强度和压缩强度都较大等优点，但价格较贵。

三、设计计算

(一) 主要设计参数[6]

(1) pH值 生物接触氧化法对pH值的适应性比较强，当污水的pH值为8～9时，微生物仍然有适应能力，对处理效果没有多大的影响。当pH值超过9时，处理效果下降明显，特别是一些含盐量较高的工业废水，影响更为严重。因此，生物接触氧化池进水pH值可为6.5～8.8，否则应考虑预先调整pH值。

(2) 水温 一般情况下，温度高，微生物活力强，新陈代谢旺盛，氧化与呼吸作用强，处理效果较好。但温度过高会抑制中温微生物的生长。若温度过低，微生物的生命活动受到抑制，处理效果受到影响。因此，为保证生化处理的基本正常运行，生物接触氧化池的进水水温宜控制在10～35℃。

(3) BOD负荷 BOD负荷是单位容积的填料在单位时间内供给生物膜的有机物数量，与被处理水的污染物质有关，也与处理出水的水质有密切关系，如表2-7-16和表2-7-17所示。易生化降解的污水，例如城镇污水、酵母废水等，BOD负荷较高；而可生化性较低的废水，例如印染废水，BOD负荷较低。在一定范围内BOD容积负荷愈高，出水BOD愈高；BOD容积负荷愈低，出水BOD愈低。

表2-7-16 国内外生物接触氧化法处理的BOD负荷值

污水类型	BOD负荷/[kg/(m^3·d)]	资料来源	污水类型	BOD负荷/[kg/(m^3·d)]	资料来源
城市污水二级处理	1.2～2.0	国外	酵母废水	6.0～8.0	国内
城市污水三级处理	0.12～0.18	国外	农药废水	2.0～2.5	国内
城市污水二级处理	3.0～4.0	国内	涤纶废水	1.5～2.0	国内
印染废水	1.0～2.0	国内	有机溶剂废水	1.8～2.2	国内

表2-7-17 BOD负荷同处理出水水质关系

污 水 类 型	处理出水BOD/(mg/L)	BOD负荷/[kg/(m^3·d)]	资料来源
城市污水二级处理	30	0.8	国外
城市污水三级处理	10	0.2	国外
城市污水处理	30	5.0	国内

续表

污水类型	处理出水 BOD/(mg/L)	BOD 负荷/[kg/(m³·d)]	资料来源
城市污水处理	10	2.0	国内
印染废水	20	1.0	国内
印染废水	50	2.5	国内
黏胶废水	10	1.5	国内
黏胶废水	20	3.0	国内

在设计时，对于可生化性较高的有机污水，如城镇污水、食品工业废水，有机负荷宜取1.0～1.8kgBOD/(m³·d)；对于可生化性较差的废水，如印染废水，有机负荷取0.8～1.2kgBOD/(m³·d)更为稳妥；对于可生化性较好的有机浓度较高的工业废水，如石化工业废水、农药废水等，有机负荷宜取1.0～2.0kgBOD/(m³·d)。

(4) 接触停留时间　接触停留时间同处理效果有很大关系。在相同的进水水质条件下，接触停留时间愈长，则处理出水的BOD值愈低，处理效果也就愈好；接触停留时间愈短，处理出水的BOD值愈高，处理效果也就愈不好。接触停留时间还与采用的处理工艺流程有关。在原水水质和处理出水都相同的条件下，一段法同多段法相比，所需要的接触停留时间(t)是不同的。印染废水$t=4.5\sim6$h；屠宰废水$t=4\sim6$h。

(5) 供气量　生物接触氧化法中，生物膜消耗溶解氧的总量一般为1～3mg/L，视BOD负荷而异。为使表面层的好氧菌维持良好的生物相，通过填料后的溶解氧应是2～3mg/L，因此废水在进入氧化池填料之前的溶解氧为4～6mg/L左右。

在生物接触氧化处理废水时，往往是根据实验结果以水气比确定供气量。水气比为处理水量和供气量之比。对比如下：城镇污水1∶(3～5)，一般工业废水1∶(15～20)，高浓度生产废水1∶(20～25)。

(二) 计算公式

(1) 氧化池的有效容积

$$V=\frac{Q(S_a-S_t)}{M}$$

式中，V为氧化池有效容积，m³；Q为平均日污水量；m³/d；S_a为进水BOD浓度，mg/L；S_t为出水BOD浓度，mg/L；M为容积负荷，gBOD/(m³·d)。

(2) 氧化池总面积

$$A=\frac{V}{H}$$

式中，A为氧化池总面积，m²；H为滤料层总高度，m，一般$H=3$m。

(3) 氧化池格数

$$n=\frac{A}{u}$$

式中，n为氧化池格数，个，$n\geqslant2$；u为每格氧化池面积，m²，$u\leqslant25$m²。

(4) 校核接触时间

$$t=\frac{nuH}{Q}\times24$$

式中，t为氧化池有效接触时间，h。

(5) 氧化池总高度

$$H_0=H+h_1+h_2+(m-1)h_3+h_4$$

式中，H_0 为氧化池总高度，m；h_1 为超高，m，$h_1=0.5\sim0.6$m；h_2 为填料上水深，m，$h_2=0.4\sim0.5$m；h_3 为填料层间隙高，m，$h_3=0.2\sim0.3$m；h_4 为配水区高度，m，当采用多孔管曝气时，不进入检修者 $h_4=0.5$m，进入检修者 $h_4=1.5$m；m 为填料层数。

（6）需气量

$$D=D_0D$$

式中，D 为需气量，m^3/d；D_0 为 $1m^3$ 污水需气量，m^3/m^3。

（三）设计计算实例

【例 2-7-2】 已知某居民区污水量 $Q=2500m^3/d$，污水 BOD 浓度 $L_a=100\sim150mg/L$，拟采用生物接触氧化法处理，出水 BOD 浓度 $L_t\leqslant20mg/L$。试设计生物接触氧化池。

解： 已知 $Q=2500m^3/d$，$L_a=150mg/L$，$L_t=20mg/L$，取容积负荷 $M=1500g/(m^3\cdot d)$，接触时间 $t=2h$，则接触氧化池容积：

$$V=\frac{Q(L_a-L_t)}{M}=\frac{2500\times(150-20)}{1500}=216.7\ (m^3)$$

取接触氧化填料层总高度 $H=3m$，则接触氧化池总面积：

$$A=\frac{V}{H}=\frac{217}{3}=72.2\ (m^2)$$

取接触氧化池格数 $n=8$，则每格接触氧化池面积：

$$a=\frac{A}{n}=\frac{72.2}{8}=9\ (m^2)$$

每格接触氧化池尺寸为 3m×3m。校核接触时间：

$$t=\frac{naH}{Q}=\frac{8\times9\times3}{2500/24}=2.1\ (h)（合格）$$

取 $h_1=0.6m$，$h_2=0.5m$，$h_3=0.3m$，$h_4=1.5m$，填料层数 $m=3$ 层，则接触氧化池总高度：

$$H_0=H+h_1+h_2+(m-1)h_3+h_4=3+0.6+0.5+2\times0.3+1.5=6.2\ (m)$$

污水在池内的实际停留时间：$t'=\dfrac{na\ (H_0-h_1)}{Q}\times24=\dfrac{8\times9\times(6.2-0.6)}{2500/24}=3.87\ (h)$

选用 ϕ25mm 的玻璃钢蜂窝填料，则填料总体积：

$$V'=naH=8\times9\times3=216\ (m^3)$$

采用多孔管鼓风曝气供氧，取气水比 $D_0=15m^3/m^3$，则所需总空气量：

$$D=D_0Q=15\times2500=37500\ (m^3/d)$$

每格需气量：

$$D_1=\frac{D_0}{n}=\frac{37500}{8}=4687.5\ (m^3/d)$$

【例 2-7-3】 设计某城市的污水生物接触氧化处理装置。已知设计规模为 $10000m^3/d$，原水水质：pH 值 6.5～7.5，BOD（L_a）80～140mg/L，COD 200～350mg/L，悬浮物 150～300mg/L。处理出水水质：pH 值 6～9，BOD（L_t）30mg/L，COD 120mg/L，悬浮物 40mg/L。

解：（1）设计依据设计流量 $Q=10000m^3/d$，采用二段法处理工艺。氧化池为顺流式，外循环型，底部进水、进气，上部出水。中间沉淀和二次沉淀均采用接触沉淀池，处理流程如图 2-7-23 所示。

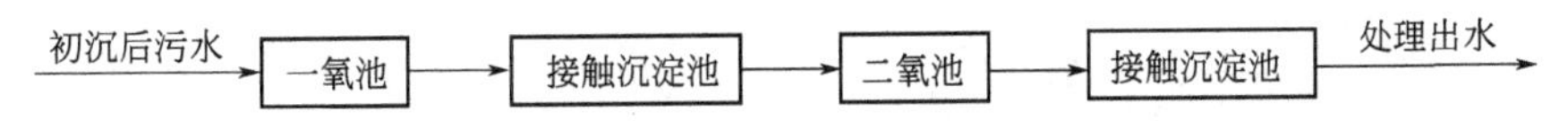

图 2-7-23　城镇污水接触氧化法处理设计流程

根据实验资料，氧化池总接触停留时间 t 取 0.75h，其中一氧池接触停留时间 t_1 为 0.5h，二氧池 t_2 为 0.25h。水气比 R 正常运行时为 1∶5（一氧池 1∶3，二氧池 1∶2），单池反冲时 1∶（5～6）。BOD 去除率 E_1 按 85%计，BOD 容积负荷为 4.0kgBOD/(m³·d)，COD 去除率 E_2 按 65%计。

（2）接触氧化池计算

① 一氧池尺寸。设两座，每池设计流量 q=210m³/h，长方形，钢筋混凝土结构。采用蜂窝孔径 25mm 的玻璃钢蜂窝填料，填料层总高度 H_1 为 3.0m，分三层放置，层间空隙 h 为 0.25m。每池所需填料容积 W_1=1.1×210×0.5=115.5（m³），取 116m³。式中 1.1 是池子的结构系数。

每池所需表面积 F_1 为：

$$F_1=\frac{W_1}{H_1}=\frac{116}{3.0}\approx 38.7(\text{m}^2)(\text{取 }40\text{m}^2)$$

平面尺寸取 5.0m×8.0m。

底部布水布气层高度 H_2，考虑到安装和构造要求，设 H_2=0.9m。上部稳定水层高度 H_3=0.40m，保护层高度 H_4=0.6m，氧化池总高度：

$$H=H_1+H_2+H_3+H_4+2h=3.0+0.9+0.40+0.6+2\times 0.25=5.40\ (\text{m})$$

② 二氧池尺寸。同上计算得：

每池所需填料容积 W_2=57.8m³，取 58m³。

每池所需表面积 F_2=19.3m²，取 20m²。

平面尺寸 4.0m×5.0m。

氧化池总高度 H=5.40m。

③ 校核 BOD 负荷。BOD 容积负荷为：

$$I=\frac{QL_a}{2\times(W_1+W_2)\times 1000}=\frac{10000\times 140}{2\times(116+58)\times 1000}=4.02\ [\text{kg}/(\text{m}^3\cdot\text{d})]\text{（符合要求）}$$

BOD 去除负荷为：

$$I'=\frac{Q(L_a-L_t)}{2\times(W_1+W_2)\times 1000}=\frac{10000\times(140-30)}{2\times(116+58)\times 1000}=3.16\ [\text{kg}/(\text{m}^3\cdot\text{d})]$$

④ 布水和出水方式。沿池长方向，在池底设置 D_g 250mm 布水管一根，布水管上设两个布水喇叭口。采用溢流孔出水，在池宽方向的一侧设 5 个 200mm×500mm 溢流窗口，孔中心距为 1.0m。

⑤ 供气系统。采用在填料下直接曝气方式，曝气充氧的扩散装置采用多孔管。一氧池每池 10 根，管中心距 0.8m，设在氧化池水面以下 4.2m 处，距池底 0.6m。孔径 ϕ5.0mm，孔距 50mm，管两侧交错排列。二氧池每池 6 根，管中心距 0.8m，其余同一氧池。

空气干管流速 v_1 取 10m/s，支管流速 v_2 取 5m/s，孔口流速 v_s 取 8m/s。

a. 所需空气量

$$Q_s=R\times 2q=5\times 2\times 210=2100\ (\text{m}^3/\text{h})$$

其中，一氧池每池所需空气量

$$Q_{1s}=R_{1q}=3\times 210=630\ (\text{m}^3/\text{h})$$

每根支管空气量

$$q_{1s}=\frac{Q_{1s}}{n}=\frac{630}{10}=63\ (\text{m}^3/\text{h})$$

反冲时每池空气量 Q'_{1s}=6×210=1260（m³/h），每根支管空气量：

$$q'_{1s}=\frac{Q'_{1s}}{n}=\frac{1260}{10}=126\ (m^3/h)$$

同理，求得二氧池所需空气量，即

$$Q_{2s}=R_{2q}=2\times210=420\ (m^3/h)$$

$$q_{2s}=70m^3/h$$

$$Q'_{2s}=5\times210=1050\ (m^3/h)$$

$$q'_{2s}=175m^3/h$$

b. 空气管管径。根据 Q_{1s}、q_{1s} 和 v_1、v_2，分别求得一氧池空气干管管径为 D_g150mm，支管管径为 D_g70mm。同理，二氧池空气干管管径为 D_g150mm，支管管径为 D_g70mm。

c. 供气压力。设空气管沿程阻力损失 $h_1=80$mm 水柱（1mm 水柱＝9.80665Pa，下同），空气管局部阻力损失 $h_2=50$mm 水柱，穿孔管中心以上的水深 $h_3=4200$mm 水柱，穿孔管孔口出流阻力损失 $h_4=5$mm 水柱，则所需供气压力为：

$$h=h_1+h_2+h_3+h_4=80+50+4200+5=4335\ (\text{mm 水柱})$$

d. 选择鼓风机。按 Q_s、h 选择鼓风机三台，2 台工作，1 台备用。一氧池和二氧池轮流反冲。每台 $Q=20m^3/min=1200m^3/h$，$h=5000$mm 水柱，$N=30$kW。

e. 校核曝气强度。一氧池：

$$F_{1W}=\frac{Q_{1s}}{F_1}=\frac{630}{40}=15.8\ [m^3/(m^2\cdot h)]\ (\text{符合})$$

二氧池：

$$F_{2W}=\frac{Q_{2s}}{F_2}=\frac{420}{20}=21.0\ [m^3/(m^2\cdot h)]\ (\text{符合})$$

(3) 接触沉淀池计算　采用表面水力负荷 $f=6m^3/(m^2\cdot h)$，即上升流速 $v=6m/h$。总停留时间 0.6h，其中中间沉淀池为 0.35h，二次沉淀池为 0.25h。

① 中间沉淀池。设两座，每池 $q=210m^3/h$。方形，钢筋混凝土结构。池内设接触过滤层，总厚 500mm。其中，自下而上为：15～25mm 砾石层，厚 120mm；10～15mm 砾石层，厚 100mm；5～10mm 砾石层，厚 100mm；3～5mm 砾石层，厚 90mm；2～3mm 粗砂层，厚 90mm。每池所需表面积 F 为：

$$F=\frac{q}{f}=\frac{210}{6}=35\ (m^2)$$

平面尺寸取 6.0m×6.0m。有效水深 H_1 为：

$$H_1=vt=6\times0.35=2.1\ (m)$$

底部稳定层 $H_2=0.4$m，上部保护高度 $H_3=0.3$m。设泥斗倾角为 50°，池底集泥坑尺寸为 0.4m×0.4m，则泥斗深度 H_4 为：

$$H_4=\frac{6.0-0.4}{2}\times\tan50°\approx3.3\ (m)$$

池总深

$$H=H_1+H_2+H_3+H_4=2.1+0.4+0.3+3.3=6.1\ (m)$$

② 二次沉淀池。同上计算。设两座，每池所需表面积 $F=35m^2$。平面尺寸取 6.0m×6.0m。有效水深 H_1 为：

$$H_1=vt=6\times0.25=1.5\ (m)$$

底部稳定层 $H_2=0.4$m，上部保护高度 $H_3=0.3$m，泥斗深度 $H_4=3.3$m。池总深

$$H=H_1+H_2+H_3+H_4=1.5+0.4+0.3+3.3=5.5\ (m)$$

③ 布水和出水方式。采用在池的一侧进水廊道布水，廊道宽度 $B=0.6$m。池的上部设

两道锯齿堰集水槽出水，槽宽 b=0.25m。

④ 空气反冲洗系统。采用鼓风机供气反冲洗接触滤料层。由于反冲周期较长（2～3d一次），而反冲历时又较短（每次10～20min），供气设备可同氧化池合用，不另单设。空气反冲洗强度为 $70m^3/(m^2 \cdot h)$，时间为1min；反冲强度为 $25m^3/(m^2 \cdot h)$，时间为15～20min。

同氧化池供气系统相同计算方法得出：

空气干管管径 D_g=150mm

空气支管管径 D_g=50mm

每池穿孔布气管10根，间距0.6m，孔径 ϕ5mm，孔距50mm，斜向下45°开孔，管两侧交错排列。

第四节 生物流化床

一、原理和功能

流化床反应器是利用流态化的概念进行传质或传热操作的一类反应器。流化床从开发至今只有几十年的历史，最初主要用于化工合成和石化行业，后来由于此类反应器在许多方面所表现出来的独特优势，使它的应用范围逐渐拓展到煤的燃烧、金属的提炼、空气的净化等诸多领域。

生物流化床处理污水的研究和应用始于20世纪70年代初的美国[7]。当时，作为固定床生物膜法的生物滤池已得到较为普遍的应用。固定床操作存在着容易堵塞的弊病，因此要求选用大粒径的滤料，然而大粒滤料却限制了微生物附栖生长的比表面积，降低了反应器内的生物量，从而影响处理效率。能否在解决堵塞问题的同时又能保证高的处理效率成为人们所关心的课题。正是在这样的背景下，提出了将固定床改变为流化床的设想。

另一方面，在20世纪70年代的美国[8]，为了控制水体富营养化，从污水中脱氮成为迫切的要求，如果仅仅基于原有的活性污泥工艺，用单纯延长停留时间的办法使生化反应达到硝化阶段，这在投资和运转费用两方面均不能令人满意。在这种情况下人们开发了硝化和反硝化两段生物流化床，停留时间短，且可处理含高悬浮物浓度的污水。

1970～1973年，美国国家环保局（EPA）在俄亥俄州的一个中试处理厂对生物流化床工艺进行了较为详细和全面的研究。这是将生物流化床作为好氧二级处理工艺的最早的应用研究之一。EPA的工作使生物流化床的许多优点被人们所认识。20世纪70年代中后期以后，用生物流化床处理城镇污水和工业废水在工程上得到推广。

国内对生物流化床的研究和应用始于20世纪70年代末。初期的研究侧重于探索操作方式、载体特性、充氧方法、生物膜控制和更新等，以求明了净化规律和解决实际问题，在此基础上推荐设计参数。进入八九十年代后，国内已建成了不少中小型的生物流化床装置并投入生产，其中除了处理生活污水以外，也包括对印染、炼油、皮革等一些工业废水的处理[4]。

生物流化床处理废水的基本思想是：在反应器中装入粒径较小、密度大于水的载体颗粒，通过废水以一定的流速自下而上的流动使载体层流化，废水中的有机污染物通过与载体表面生长的生物膜相接触而达到去除的目的。

生物流化床是生物膜法的一种。在原理上，它是通过载体表面的生物膜发挥去除作用，但从反应器形式上看，它又有别于生物转盘、生物滤池等其他生物膜法。在生物流化床中，生物膜随载体颗粒在水中呈悬浮态，加之反应器中同时存在或多或少的游离生物膜和菌胶团，因此它同时具备有悬浮生长法（活性污泥法）的一些特征。从本质上讲，生物流化床是一类既有固定生长法特征又有悬浮生长法特征的反应器，这使得它在微生物浓度、传质条件、生化反应速率等方面有一些优点。

（1）生物流化床中小粒径的载体提供了微生物附栖生长的巨大比表面积，使反应器内能维持高的微生物浓度（可达 40～50g/L），因而提高了反应器的容积负荷［可达 3～6kg/(m^3・d) 甚至更高］。

（2）流态化的操作方式创造了反应器内良好的传质条件，无论是氧还是基质的传递速率均明显提高。对于像食品、酿造这类可生化性较好的工业废水，生化反应的速率较快，因此生物流化床在传质上的优势更能明显体现。

（3）较高的生物量和良好的传质条件使生物流化床可以在维持处理效果的同时减小反应器容积，节省投资，且占地面积小。

（4）与活性污泥法相比，生物流化床具有较强的抵抗冲击负荷的能力，不存在污泥膨胀问题。

（5）生物流化床反应器中为了阻止载体流失，一般在反应器顶设置沉淀区，在沉淀区同时可将脱落的生物膜分离出来。在负荷不高、对出水悬浮物浓度无特殊要求时可以省去二沉池，剩余污泥通过脱膜设备排出系统，这就简化了流程。

尽管生物流化床具有上述的诸多优点，而且近三十年来其应用范围和规模都日益扩展，但是其普及程度始终远不及活性污泥法、生物接触氧化法，也不及生物滤池。原因是多方面的，但其中最主要的一点是由于流态化本身的特点，使生物流化床反应器的设计和运转管理对技术的要求较高。几十年来，流态化技术尽管取得了很大的进展，但直到今天，人们对流化现象内部规律的了解仍然相当粗浅，以至于大量工程的设计还是主要依靠经验判断。对比将新近投产的流化床反应器与早年开发的反应器，人们很难找出本质的技术革新，这说明几十年间虽然已经积累了大量研究和应用的数据，却很少体现在流化床的设计中。

对于一些应用较为普遍的生化处理方法，如活性污泥法和生物接触氧化法，仅仅依靠有机负荷、污泥浓度、污泥龄等传统参数便可以对系统进行合理的描述并进行系统的设计，应用的风险也较小。而生物流化床反应器则不然，系统的行为除了与上述传统参数密切相关以外，床层的膨胀行为、载体颗粒的特性、反应器中流体力学的特性等流态化参数对反应器的设计和运行关系重大，而且直到今天，仍旧没有形成一套科学的、实用的、完整的理论对这些参数之间的内在关系进行描述。因此在大多数有必要应用生物流化床的场合，除非设计者拥有相当的研究和设计经验，否则风险较大。这也就是限制生物流化床普及的主要原因。

在投资和运转费用方面，根据国外的比较，生物流化床的投资及占地面积分别仅相当于传统活性污泥曝气池的 70%和 50%，但运转费用却相对较高，这主要缘于载体流化的动力消耗。为节省能量，有人倾向于使用低密度的载体，但低密度的载体使过程控制更加困难，载体极易流失，而且降低了传质性能。

（一）生物流化床的定义和床层特性[9]

1. 流化床的定义

若流体自下而上通过颗粒固定床层，其初期压降将随流速的增大而增大，且压降与流速呈线性关系。当流速增大到某一数值，此时压力降低的数值等于颗粒床层的浮重时，床中颗粒便由静止开始向上运动，床层也由固定床开始膨胀；若流速继续增大，则床层进一步膨胀，直到颗粒之间互不接触，悬浮在流体中，这一状态叫初始流态化。达到初始流态化以后，如再继续增大流速，床层会进一步膨胀，但压降却不再增大。初始流态化状态对应的流速叫临界流化速度（u_{mf}）。

在图 2-7-24 所示的关系曲线中，（a）为理想状态，（b）的曲线由于颗粒间相互粘连而发生偏差，这种情况在生物流化床停止运行又重新启动时十分明显。图 2-7-24(b) 中还可看到，当颗粒大小不一时，床层由固定转向流态的过程是逐渐过渡的，因而难以准确确定临界状态。此外，当有气体引入两相床（好氧床底部曝气或厌氧床内产生沼气）而使床层成为三相床时，临界状态将变得更为模糊。这些原因使实验确定 u_{mf} 变得困难，所以通过计算确定 u_{mf} 就显得颇有意义。

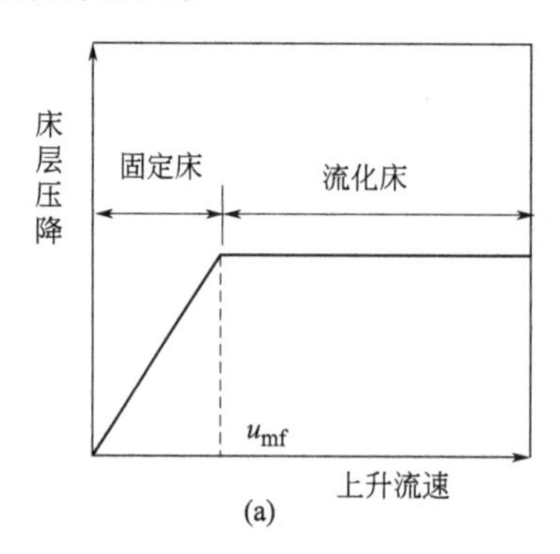

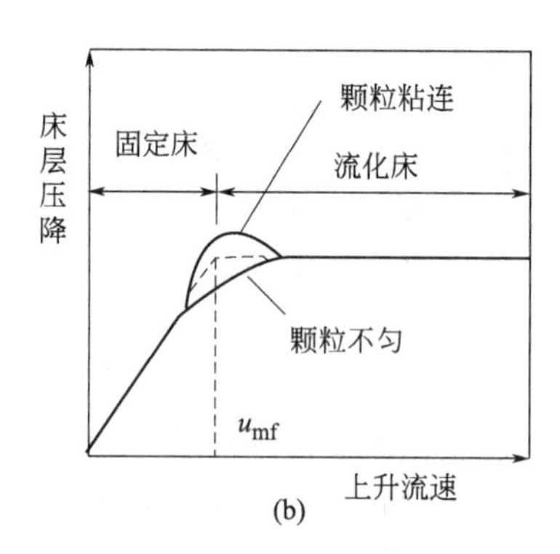

图 2-7-24 床层压降与上升流速的关系

临界流化速度 u_{mf} 是指示固定床与流化床之中间状态的关键参数，它实际上是使颗粒流化的最小流化流速。在生物流化床的设计中 u_{mf} 是一个重要的校核参数，必须保证设计时所选择的流体上升流速大于 u_{mf}。对于 u_{mf} 的计算，目前已有多种方法适用于不同的场合。

在达到初始流态化以后床层开始流化，此时随着流速的增大，颗粒间的平均距离也增大，即床层的空隙率增大，当空隙率增大到一定数值时，颗粒会随着流体从反应器中流失，此时的流体流速称为冲出速度。显然，在生物流化床的操作过程中，流体流速应介于临界流化速度和冲出速度之间。床层中流体流速与空隙率之间是密切相关的，二者之间的关系描述了床层的膨胀行为，这是进行生物流化床设计的基础。

2. 两相床的床层特性

液固两相流化床膨胀特性通常用 Richardson-Zaki 方程描述：

$$\varepsilon^n=\frac{u_l}{u_i} \tag{2-7-33}$$

式中，ε 为床层空隙率，ε=(床层体积－固相颗粒真体积)/床层体积；u_l 为液相表观流速，cm/s，u_l=液体体积流量/床层截面积；u_i 为 $\varepsilon=1$ 时的 u_l，cm/s；n 为系数，由颗粒特性决定，u_i 一定时为一常数。

式(2-7-33) 只是一个经验关联式，至今仍没有为这一方程找到理论依据，但多年的应用证实，用这一方程描述两相流化床的行为是十分准确的。若以 $\ln\varepsilon$ 对 $\ln u_l$ 作直线，线性相关系数能达到 0.99 以上，因此这一方程一直是流化床反应器设计的基础关联式。

式(2-7-33) 中的 u_i 是一个反映固相颗粒特性的参数，它近似等于颗粒在液相中的静置沉降终速度（u_t），但略受颗粒直径与反应器直径之比（d/D）的影响，在应用中一般忽略这一影响。将式(2-7-33) 写成：

$$\varepsilon^n=\frac{u_l}{u_t} \tag{2-7-34}$$

式中，n 值与颗粒沉降雷诺数 Re_t 有关，Re_t 的值一般在 1～200 之间，这时：

$$n=(4.4+1.8d/D)Re_t^{-0.1} \tag{2-7-35}$$

而 Re_t 由下式给出：

$$Re_t=\frac{u_t d \rho_1}{\mu} \tag{2-7-36}$$

式中，ρ_1 为液相密度，g/cm³；μ 为液相绝对黏度，g/(cm·s)。

必须注意，在生物流化床中颗粒直径（d）是指包括了生物膜载体（称为生物颗粒，下同）的直径，下文中用 d_p 表示生物颗粒的直径，而用 d_s 表示载体本身的直径。

3. 三相床的床层特性

在三相生物流化床中，由于气体的加入，其膨胀特性要比两相床复杂得多。生物流化床中的颗粒一般属于小颗粒的范畴，小颗粒三相流化床表现出均匀膨胀的特性，即开始向液固床中引入气体时，发生的不是床层膨胀而是收缩，在达到某一临界气速之前，增加气速会继续发生床层收缩，且液速越大收缩程度也越大。在到达临界点以后，再增加气速则床层开始膨胀（如图 2-7-25 所示）。

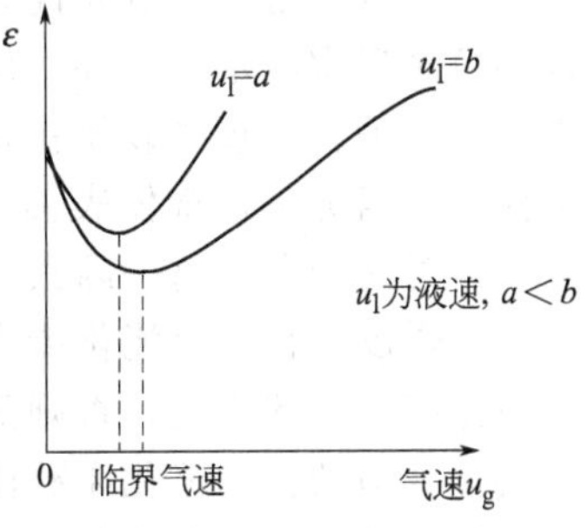

图 2-7-25 三相生物流化床中气速与空隙率的关系

对于三相生物流化床床层膨胀的经验关联式，目前还没有成熟的方程可供利用。原因是除了表观液速、表观气速、生物颗粒特性等基本参数以外，其他众多因素如反应器规模、曝气方式、气泡大小、颗粒分级等均对膨胀特性有较大影响。在某些特定条件下所得到的膨胀关联式不具备普遍性。

(二) 载体与生物膜

1. 载体的选择

选择合适的载体对生物流化床运转的成败及处理效果的优劣起着关键作用。载体选择时应考虑诸多因素。

(1) 粒径和级配　一般认为粒径小的载体有较大的优越性。一方面它提供了供微生物生长的较大比表面积，有利于维持反应器内的高生物量；另一方面，小粒载体所要求的较低上升流速，可降低运转的动力消耗。但是粒径也不能太小，否则使操作条件难以控制，生物颗粒易被水流冲出床外，造成载体流失；另外载体粒径太小易于在床内聚集成团，影响颗粒分散性。根据经验，建议采用的载体粒径为 0.3～1.0mm。

关于粒径的另一个重要方面是粒径分配。如粒径差别过大，将难以寻求到合适的上升流速以保持良好的混合条件。为使床内生物量的分布趋于合理，最理想的情况是采用大小完全一致的载体。因为这时床底部废水中有机物浓度较高，生物膜较厚，使生物颗粒比床层上部更轻，易于上浮；反之床层上部的生物颗粒由于养料的减少，膜的脱落使其变重而有下沉的趋势。一沉一浮的结果可使床内始终维持良好的混合接触条件。但是在实际中，载体颗粒本身难以做到完全均匀，加之生物膜的生长对载体颗粒的影响，因此生物流化床中总是存在分级的趋势。对液固两相生物流化床，当密度相同的两种载体，其直径之比大于 1.3，或临界流化速度之比大于 2.0 时，在操作时两种颗粒将会完全分开，形成两个单独的床层，称为完全分级。在三相生物流化床中，气体的引入既可以有助于混合也可有助于分级，但是在液速保持不变时，气速越大越有利于混合。鉴于这些原因，在选择载体时，粒径分配越均匀越好，最大直径与最小直径之比以不大于 2 为宜。

由于粒径分配直接影响床层膨胀、微生物在床内分布以及相间传质，因而对反应器的操作十分重要。生物颗粒间良好的轴向混合有利于维持床层的均匀，使生物颗粒处于循环运动中，以保证处理效果。

（2）形状 几乎所有的生物流化床的方程式都假设载体颗粒为球形，但实际情况却并非如此。载体的形状直接与空隙率有关，因而影响床层的膨胀。其次，形状不同的颗粒，沉降速度也有区别，而且颗粒的形状影响生物膜在其表面的分布。在设计时，如采用Richardson-Zaki方程这类膨胀关联式，一般要求载体尽量接近球形。此外载体表面应有足够的粗糙度，以利于生物膜附着。

（3）密度 密度的重要性源于三方面：一是载体密度影响床层水力特征，使用轻质载体将较难控制适宜的水力条件，使其在床内均匀分布又不致被水流带走；二是载体密度影响操作中的动力消耗，重质载体初始流化速度大，能耗高；三是载体密度影响相间传质，密度大的载体传质阻力小，载体表面生长了生物膜以后，密度将发生变化，变化的大小与膜厚有关，设计时必须考虑这一因素。

（4）强度 在生物流化床中，由于流体的冲刷、载体之间以及载体与反应器壁的碰撞，要求载体有较高的强度，否则随着运转时间的增加，将有大量颗粒被粉碎，降低使用寿命。

选择合适的生物流化床载体，历来是设计的一个重要方面，目前所使用的载体有天然和人造两种。用得较多的天然载体有石英砂、无烟煤、沸石等。天然载体取用方便，价格合理，但是在许多方面难以让使用者满意，因此人们开发了形形色色的人工载体，它们在生物流化床处理废水中占有重要地位。

2. 生物膜

当载体的密度和粒径确定以后，载体表面生物膜厚度决定了生物颗粒在水中的沉降特性，从而决定了床层的膨胀高度；另一方面，当载体的粒径和数量确定以后，生物膜的厚度决定了反应器中微生物浓度，从而决定了处理效率。因此，生物膜厚度是联系生物流化床流体力学特性和生化反应动力学特性的关键参数。在设计中，当已知废水的水质水量时，需要确定一个合适的生物膜厚度，使其能满足处理效率上的要求，由此再确定床层的膨胀高度。

载体表面生长的生物膜一般由两部分组成：靠近载体表面的部分称为非活性生物层，这部分微生物由于难以获得食料，活性差，基本不参与生化反应；包裹于非活性层外面的叫活性生物层，有机污染物的去除主要依靠这一层中的微生物。当生物膜厚度较小时，所有生物膜都具有活性，这时生物膜量的增加，自然会使处理效率增加。当膜厚增大到某一临界值时，尽管生物膜的总量仍在增加，但活性会降低很快，处理效率反而会下降。这一膜厚临界值通常称为最佳膜厚。由此可见，生物膜厚不是越大越好。在两相生物流化床中，一般通过专门的脱膜设备来控制膜厚。由于膜厚决定了床层的膨胀高度，在实际运行中，控制床高就达到了控制膜厚的目的。在三相床中，由于反应器内气泡的搅动，水力紊动剧烈，生物膜表面更新快，一般不需要脱膜设备，而是在反应器顶部设置沉淀区以去除剩余污泥。根据研究和应用的经验，两相床中最佳膜厚以100～200μm为宜。

研究表明，与普通活性污泥法相比，生物流化床的容积负荷与微生物浓度均有较大提高，但换算成污泥负荷以后却未见明显增加。这说明，生物流化床中单位生物量分解有机物的能力并没有明显提高。可以说，生物流化床处理废水的高效性主要是由于反应器内具有较高的微生物浓度所致，而流态化操作方式所创造的良好传质效果则是维持反应器内较高生化反应速率的必要条件。

（三）生物流化床反应器的不同类型及操作方式

根据生化反应类型的不同，生物流化床可分为好氧床和厌氧床。好氧床根据流体性质的区别又可分为两相床和三相床。在两相床中，氧气通过预曝气溶解于废水中，反应器内进行液固两相反应；而在三相床中，气体以气泡的形式存在，反应器内的传质过程除了基质在液-固之间的传递以外，也包括氧气在气-液-固三相之间的传递。

对于好氧生物流化床，近年来用得较普遍的是三相床，这主要是因为三相床的传质条件好，氧利用率高，而且设备和流程相对简单。但两相床也有其优势，两相床中流体更容易均匀分布，所以反应器可以做成较大的规模；另外由于床内水力条件平稳，载体挂膜容易，生物浓度较高。在有条件使用纯氧曝气时两相床则更能体现出优越性。

根据反应器形式的区别，生物流化床可分为传统生物流化床和内循环生物流化床（如图2-7-26 所示）。内循环生物流化床是近年在传统生物流化床的基础上发展起来的一项革新技术，目前应用渐趋广泛，在国内已有多套生产装置在运转中，处理废水的种类涉及化工、染料、油脂等。

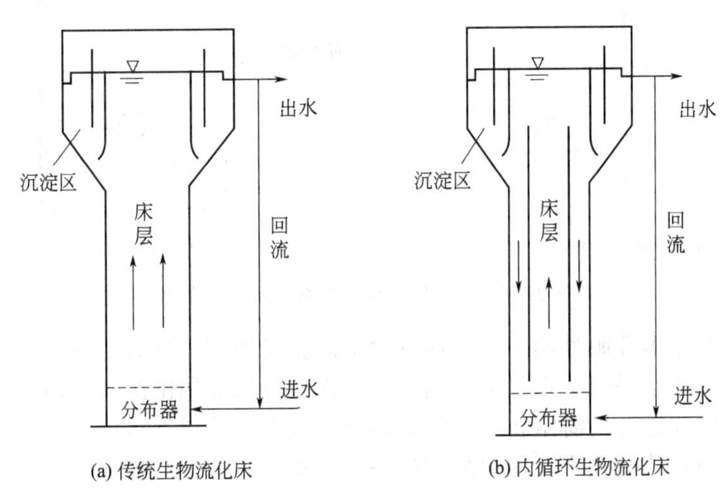

图 2-7-26 传统生物流化床和内循环生物流化床

内循环生物流化床通过在床层内区别升流区和降流区，利用两个区域之间的密度差，推动流体带动载体的循环流动，是一种改进的生物流化床。这种反应器的优点是混合传质条件好，不易发生载体分层现象；对流体分布器的要求相对低，易于做到流体均匀分布；此外，通过实现床层内部循环，生物颗粒易于与水分离，载体不易流失。

二、设备和装置

（一）流体分布器

生物流化床的流体力学、床层结构、传质与生化反应等各方面的关系十分复杂，而且小规模的装置与大型工业装置在流动体系上相差很大。迄今为止，对于发生在大型流化床中的流态化行为仍不甚明了，因此生物流化床由实验向生产的放大过程是一个困难的过程。

通常，不同直径的流化床内部流化特性的差异，主要是由流体分布均匀性的差异引起的。小直径的流化床很容易做到布水均匀，大规模的反应器则不然。由于流体分布均匀性与床层直径密切相关，人们通常利用较大的床高与直径之比（H/D）以达到均匀布水，这在一定程度上的确是一种有效的方法。然而 H/D 值受场地和工程条件的限制不可能无限制增大，因此根本的办法是使用效果良好的分布器。分布器的好坏是生物流化床运转成败的关键。

良好的分布器一般应满足下列条件：初始运转时使载体均匀膨胀，反应器暂停运转后重新启动容易；使流体在床层各断面上均匀分布，床内各流线的流速和阻力损失尽量相等；运转稳定可靠，不致造成堵塞现象；能适应大型流化床流体分布的需要。

早期的生物流化床多采用小阻力的多孔板分布器［图 2-7-27(a)］，它通过减小分布器的水力阻抗而使孔眼处的压力近似相等。为达到这一目的，必须使进水的流速很小，即在反应器底部布置较大的进水空间。这种分布器结构简单，布水水头小，适用于小规模的生物流化床。当床层截面积增大时，它很难满足要求。此外，平稳的水力条件容易使孔眼处堵塞。

管式大阻力分布器是目前在生物流化床中应用最多的分布器［图 2-7-27(b)］，它通过加大孔眼处的水力阻抗，从而得到相对均匀的配水。孔眼处水力阻抗的加大是通过提高孔眼处水流速度来达到的（孔眼流速一般为 5～6m/s）。管式大阻力分布器与快滤池穿孔管配水系统十分类似，有关它的设计计算也已有一套完整成熟的理论。

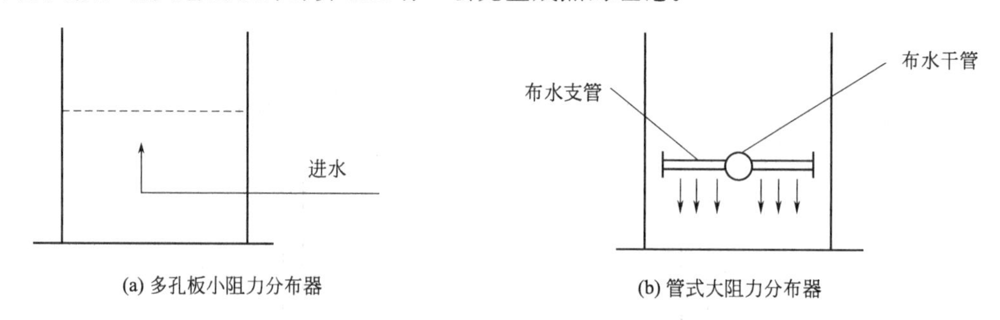

图 2-7-27 常用的小阻力和大阻力分布器

管式大阻力分布器孔眼处的强烈紊动有效地防止了堵塞，同时也可以满足大直径流化床布水的需要。它的缺点是阻力损失大、能耗高，而且分布器周围的载体由于强烈的紊动难以挂膜。为解决挂膜问题，同时阻止停运时载体反流入布水管道，可以在布水管的上方加砾石垫层，或用出流短管代替孔眼。值得强调的是，管式大阻力分布器中的孔眼或短管必须是竖直向下的。

随着生物流化床技术的发展，用喷嘴作为布水方式的分布器的应用逐渐广泛。采用这种分布器时一般将反应器底部做成锥形，用喷嘴竖直向下喷射废水（图 2-7-28）。为保证均匀流化，消除死区，锥体顶角不应大于 30°。设计喷嘴分布器的关键参数是喷出速度，一般取值为 2～4m/s，在这个速度下的最大流化直径为 1m。对于大直径的反应器，应将分布器作成图 2-7-28(b) 的形式，用多喷嘴布水。

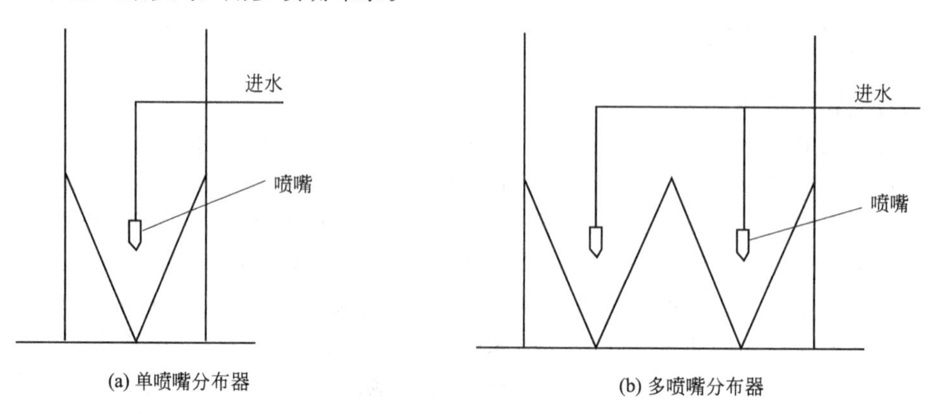

图 2-7-28 喷嘴分布器

分布器的设计作为生物流化床的关键技术，一直为人们所关注。近年来国内外出现过多种多样的新型分布器，适用于不同的场合。现在人们倾向于在传统形式的基础上通过一些巧妙的改进以获得好的效果。

(二) 反应器沉淀区及三相分离器

在生物流化床中，为了在处理出水排出之前将生物颗粒与水分离，有时也为了去除水中的游离菌胶团或脱落的生物膜并排除剩余污泥，需要在反应器顶部设置沉淀区。对于三相床，除了实现液固两相分离之外，还应能将气泡从水中分离，一般称这种沉淀区为三相分离器。

反应器的沉淀区根据工艺要求的不同可设计成不同的形式，取用不同的参数。当流化床有后续的二沉池，因而无须从反应器中排出剩余污泥时，沉淀区的目的仅仅是分离生物颗粒和废水，防止载体流失，这时应选择适当的表面负荷，既能有效分离生物颗粒又不至于使脱落的生物膜在反应器中积累。对石英砂载体负荷以 $4\sim5m^3/(m^2\cdot h)$ 为宜，沉淀区形式如图 2-7-29(a) 所示。

如果对流化床出水的悬浮物含量有较高要求，而且后续流程中不设二沉池，此时沉淀区应能将生物颗粒和脱落的生物膜分别分离，沉淀区总的表面负荷以 $1\sim1.5m^3/(m^2\cdot h)$ 为宜，沉淀区可做成图 2-7-29(b) 的形式。

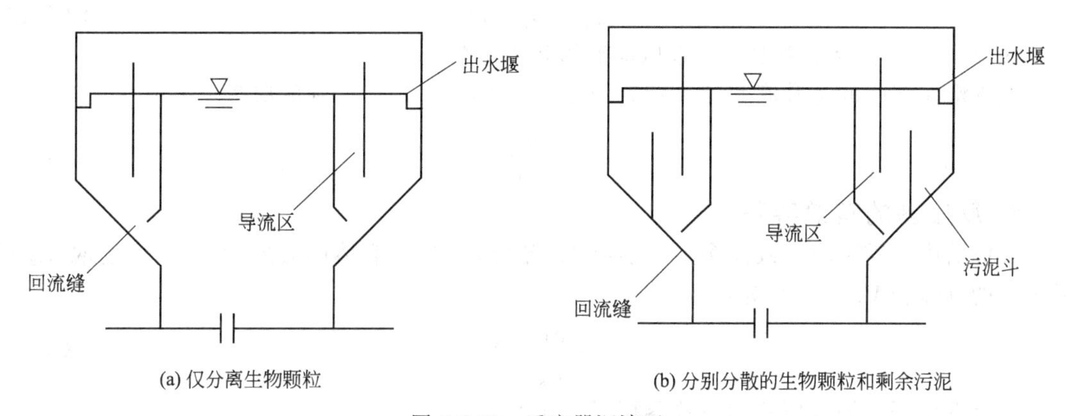

图 2-7-29 反应器沉淀区

三、设计计算

1. 选择载体种类，确定载体参数

对于石英砂、活性炭这类近似球形的载体，平均粒径 d_s 以 0.3～1.0mm 为宜，最大与最小粒径之比不应大于 2。对于形状各异的人工载体，其流化特性应根据试验定出。

2. 生物膜厚度及生物颗粒

取生物膜厚度 $\delta=0.10\sim0.20mm$。生物膜厚度的取值与进水 BOD 有关，对与生活污水性质相近的工业废水，δ 取 0.10～0.12mm。生物颗粒的粒径和密度计算如下：

$$d_p=d_s+2\delta \tag{2-7-37}$$

$$\rho_p=\frac{\rho_s d_s^3+(d_p^3-d_s^3)\rho_f}{d_p^3} \tag{2-7-38}$$

式中，ρ_s、ρ_f、ρ_p 分别为载体、湿生物膜、生物颗粒的密度，g/cm^3，ρ_f 取 1.02～1.04g/cm^3；d_p 为生物颗粒平均粒径，mm。

3. 生物颗粒的沉降特性

生物颗粒的静置沉降终速度（cm/s）为：

$$u_t=\sqrt{\frac{40(\rho_p-\rho_1)gd_p}{3\rho_1 C}} \tag{2-7-39}$$

式中，ρ_1 为废水密度，g/cm^3；g 为重力加速度，$9.8m/s^2$；C 为系数，由下式给出：

$$C=\frac{24}{Re_t}+\frac{3}{Re_t}+0.34 \tag{2-7-40}$$

式中，Re_t 为生物颗粒静置沉降的雷诺数，由下式给出：

$$Re_t=\frac{u_t d_p \rho_1}{\mu}\times 0.1 \tag{2-7-41}$$

式中，μ 为废水绝对黏度，$g/(cm \cdot s)$。

通过对上式进行计算，可确定 u_t、C 和 Re_t。

4. 床层的膨胀行为

首先由下式计算 Richardson-Zaki 常数（忽略反应器壁的影响）：

$$n=4.4Re_t^{-0.1} \tag{2-7-42}$$

再确定床层的临界流化速度：

$$u_{mf}=u_t \varepsilon_m f^n \tag{2-7-43}$$

式中，ε_{mf} 为临界空隙率，对近似球形的载体可取 $\varepsilon_{mf}=0.4$。

取废水在床内的上升流速 $u_1=1.5\sim 2.5u_{mf}$，则由下式可得到床层空隙率：

$$\varepsilon=\frac{u_1^{1/n}}{u_t} \tag{2-7-44}$$

5. 反应器的有效容积

反应器中所需装填的载体多少由参数 M_s 给定，M_s 为载体的总质量（kg）。选取 M_s 以后载体的真体积 V_s（m^3）为：

$$V_s=\frac{M_s}{\rho_s}\times 10^{-3} \tag{2-7-45}$$

床层的体积，即反应器的有效容积 V（m^3）由下式确定：

$$V=\frac{(d_p/d_s)^3 V_s}{1-\varepsilon} \tag{2-7-46}$$

6. 核算污泥负荷

$$F_s=\frac{(S_i-S_e)Q}{\left[\left(\frac{d_p}{d_s}\right)^3-1\right]\rho_f V_s(1-P)\times 10^6} \tag{2-7-47}$$

式中，S_i 为进水有机物浓度，mg/L；S_e 为出水有机物浓度，mg/L；Q 为废水流量，m^3/d；P 为生物膜含水率，一般取 $P=95\%$；F_s 为污泥负荷，$kg/(kg \cdot d)$，F_s 应在 $0.1\sim 0.3kg/(kg \cdot d)$ 的范围内，如核算得到的 F_s 过大，应调整 M_s 的取值，使 F_s 满足要求。

7. 反应器尺寸

一般生物流化床中单凭废水的流量不足以使载体流化，因此应将部分出水回流至反应器入口。取回流比 $R=100\%\sim 200\%$，则床层截面积：

$$A=\frac{Q(1+R)}{864u_1} \tag{2-7-48}$$

式中，$R=Q_r/Q$，Q_r 为回流水量（m^3/d）。床层高由下式计算：

$$H=\frac{V}{A} \tag{2-7-49}$$

如果得到的床层高 H 及截面积 A 使 H/D 比例不当，则可相应调整 R 值。另外 R 值的大小有时应考虑进水的稀释、充氧等因素。

8. 进行流体分布器、沉淀区等设施的设计

上述设计方法仅适用于两相生物流化床。对三相床的情形，生物膜的厚度考虑水力紊动原因应取得小一些，而且作为设计核心的 Richardson-Zaki 方程，应根据所用气量的大小作相应的修正。

第五节　曝气生物滤池

一、原理和功能

(一) 基本原理

曝气生物滤池（biological aerated filter，BAF）是一项构造新颖的废水生物处理技术。BAF 是生物膜法技术深入发展的结果，可将它称为第三代生物膜法技术。BAF 在开发过程中，充分借鉴了废水处理接触氧化和给水快滤池的设计思路，集曝气、高滤速、截留悬浮物、定期反冲洗等特点于一体。BAF 不仅具有生物膜工艺技术的优点，同时也起到了有效的空间过滤作用，兼有活性污泥法和生物膜法两者优点，并将生化反应与过滤两种处理过程合并在同一构筑物中完成。

1. 原理与特征

曝气生物滤池内填装有一定量粒径较小、表面积大的颗粒滤料，滤料表面及滤料内部微孔生长有生物膜。工作过程原理如下：一是生物氧化降解，滤池内部曝气，污水流经时，利用滤料上高浓度生物量的强氧化降解能力对污水进行快速净化；二是截留，污水流经时，利用滤料粒径较小的特点及生物膜的生物絮凝作用，截留污水中的大量悬浮物，且保证脱落的生物膜不会随水漂出；三是反冲洗，当滤池运行一段时间后，因水头损失增大，需对其进行反冲洗，以释放截留的悬浮物并更新生物膜，使滤池的处理性能得到恢复。

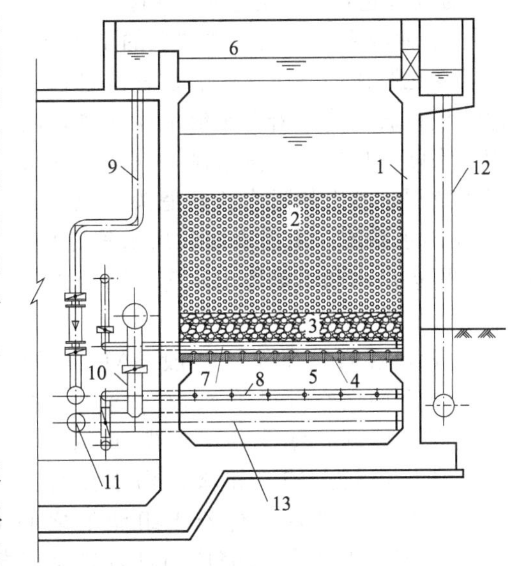

图 2-7-30　BAF 基本构造

1—滤池池体；2—滤料层；3—承托层；4—滤板滤头；5—配水区；6—配水（收水）堰；7—曝气管；8—反冲洗空气管；9—过滤进水管；10—过滤出水管；11—反冲洗进水管；12—反冲洗排水管；13—反冲洗配水管（过滤出水收水管）

2. 结构、分类及工作过程

（1）基本构成　无论何种类型的 BAF，通常由以下几部分构成：滤池池体、滤料层、承托层、布水系统、布气系统、反冲洗系统、出水系统、自控系统。如图 2-7-30 所示。

① 滤池池体。滤池池体的作用是容纳被处理水量和围挡滤料，并承托滤料和曝气装置的重量。平面形状可采用正方形、矩形或圆形。处理水量小且单座时，可采用圆形钢结构；处理水量大、池体数量多且考虑共壁时，采用矩形钢筋混凝土结构较经济。

② 滤料。滤料是 BAF 的核心组成部分，滤料的作用是作为微生物的载体，供微生物附

着生长。BAF生物降解性能的优劣，很大程度上取决于滤料的特性。目前，国内BAF常用滤料为生物陶粒滤料、火山岩滤料等无机滤料。

③ 承托层。承托层主要是为了支撑滤料，防止滤料流失和堵塞滤头，同时还可保持反冲洗稳定进行。为保证承托层的稳定，并对配水的均匀性起充分作用，其材质应具有良好的机械强度和化学稳定性，形状尽量接近圆形，工程中一般选用鹅卵石作为承托层，并按一定级配布置。

④ 布水系统。BAF的布水系统主要包括滤池底部的配水区和滤板上的配水滤头。对于升流式BAF，因待处理水与反冲洗水均由BAF底部进入，布水系统的功能是在滤池正常运行和反冲洗时，使过滤进水和反冲洗水在整个滤池截面上均匀分布。对于降流式BAF而言，布水系统的功能是用作滤池反冲洗布水和收集过滤出水。在气水联合反冲洗时，配水区还起到均匀配气的作用。

除上述采用滤板和配水滤头的配水方式外，小型BAF通常采用穿孔布水管配水（管式大阻力配水方式）。

⑤ 布气系统。曝气生物滤池内的布气系统包括正常运行时曝气所需的曝气系统和反冲洗供气系统两部分。曝气生物滤池宜分别设置反冲洗供气和曝气充氧系统。曝气装置可采用单孔膜空气扩散器或穿孔管曝气器。曝气器可设在承托层或滤料层中。

BAF运行过程中，曝气不仅提供微生物所需的溶解氧，还起到了对滤料层的扰动，促进微生物膜的脱落和更新，防止滤料堵塞，有利于污水中有机物和微生物代谢产物的扩散传递。同时对于升流式BAF来说，由于空气的携带作用，使进水中的SS被带入滤床深处，对SS的截留起到了生物过滤作用。

⑥ 反冲洗系统。反冲洗的目的是去除生物滤池运行过程中截留的各种颗粒及胶体污染物以及老化脱落的微生物膜。反冲洗过程主要是从水力效果考虑的，既要恢复过滤能力，又要保证填料表面仍附着有足够的生物体，使滤池满足下一周期净化处理要求。曝气生物滤池采用气水联合反冲洗，按水洗—气洗—气水联合（或仅气洗）—水洗的顺序进行反冲洗，通过滤板及固定其上的配水长柄滤头实现。

⑦ 出水系统。由出水堰和出水管道构成。升流式BAF由顶部出水，一般为堰口收水，可采用周边出水和单侧堰出水等。降流式BAF由于是底部出水，正常过滤时，是通过反冲洗配水管收水，并排出BAF。

⑧ 管道和自控系统。一般BAF具过滤进水、过滤出水、曝气、反冲洗进水、反冲洗排水、反冲洗空气6套管路，每个运行周期需在过滤和反冲洗间切换。对于小水量的工业废水处理，滤池分格较少（$n \leqslant 3$），控制相对简单，尚可采用手动控制。而对于污水处理规模较大的，如城镇污水处理厂，一般由若干组滤池模块拼装而成，而且在运行中还要根据需要进行若干组滤池之间的切换，则必须在管路上设置电动或气动阀门，由PLC自控系统来完成对滤池的运行控制。因此自控系统已成为BAF工艺的一个重要组成部分。

（2）分类 BAF属于淹没式附着生长工艺形式，按水流方向可分为升流式BAF和降流式BAF。按滤料的相对密度，又可分为小于1（或接近1）和大于1两种情况。滤料相对密度小于1（或接近1）的，如聚丙烯塑料、聚苯乙烯塑料等；滤料密度大于1的，如陶粒、石英砂、无烟煤等。

（3）工作过程 BAF为周期运行，从开始过滤到反冲洗完毕为一个完整的周期。

① 降流式BAF工作过程（图2-7-31）。经过预处理的污水从滤池顶部进入，在滤池底部进行曝气，气水逆向。在反应器中，有机物被微生物氧化分解、NH_3-N被氧化成NO_3^--N，或

者由于生物膜处于缺氧/厌氧状态而发生反硝化反应。

随着过滤的进行，由于填料表面新产生的生物量越来越多，截留的SS不断增加，在开始阶段水头损失增加缓慢，当固体物质积累到一定程度，堵塞滤层的上表面，并且阻止气泡的释放，将会导致水头损失很快达到极限水头损失，此时应立即进入反冲洗，以去除滤床内过量的生物膜及SS，恢复处理能力。

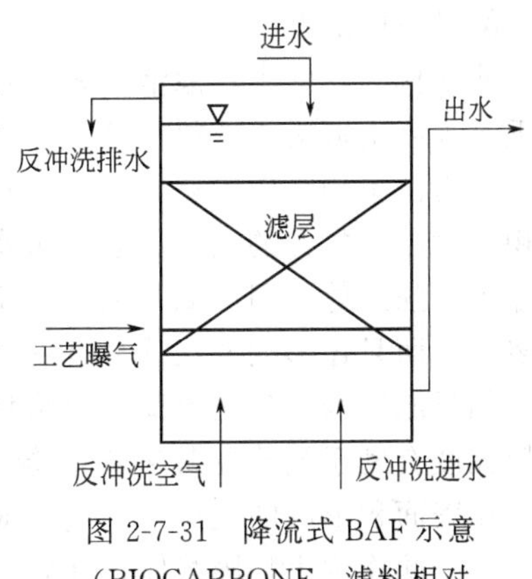

图 2-7-31 降流式BAF示意（BIOCARBONE，滤料相对密度<1或>1）

反冲洗采用气水联合反冲，反冲洗水为滤池出水，反冲洗空气来自底部单独的反冲气管。反冲时，关闭进水和曝气。反洗时滤层有轻微的膨胀，在气水对填料的流体冲刷和填料间相互摩擦下，老化的生物膜和被截留的SS与填料分离，冲洗下来的生物膜及SS被冲出滤池，反冲洗污泥回流至预处理部分。由于正常过滤和反冲时水流方向相反，使填料层顶部的高浓度污泥不经过整个滤床，而是以最快的速度离开滤池，这对保证滤池的出水有利。

② 轻质滤料、升流式BAF工作过程［图2-7-32(a)］。经过预处理的污水和工艺曝气均从滤池底部进入，气水同向。滤板和滤头位于滤料层上，运行中漂浮的填料被顶部滤板拦挡，并随废水向上流升而被压缩形成过滤的作用。水头损失的增长与运行时间成正相关，随着过滤的进行，剩余生物质及截留的悬浮物过多时，水头损失剧增，当水头损失达到极限水头损失时，应及时进入反冲洗以恢复滤池处理能力。反冲洗水为滤池顶部出水区的滤池出水，通过重力，自上而下进行反冲，反冲洗排水从滤池底部污泥区排出。反冲洗期间，处理过的循环水以很高的速率向下流过填料，结果引起原先已被压缩的填料向下膨胀，固体存留在反应器的较下部分，填料上产出的剩余生物体被冲洗至反冲洗水的集水池中。正常的反冲洗程序由反复淋洗（水冲洗）和空气冲洗几个阶段组成，一般采用四次水冲洗和三次气冲洗，然后再进行新一轮的运行。

③ 重质滤料、升流式BAF工作原理［图2-7-32(b)］。经过预处理的污水和工艺曝气均从滤池底部进入，气水同向。随着过滤的进行，上流式BAF水头损失的增长与运行时间成正相关。当水头损失达到极限水头损失时，应及时进入反冲洗以恢复滤池处理能力。反冲洗水自池底进入，与反冲气同向，反冲洗排水从滤池顶部排出。

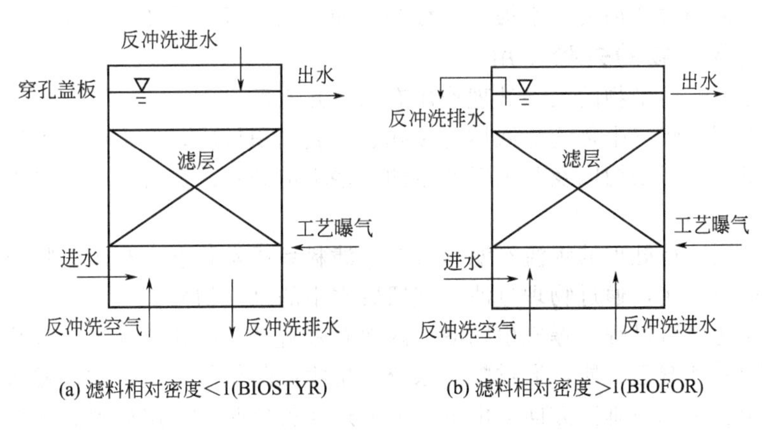

(a) 滤料相对密度<1(BIOSTYR)　(b) 滤料相对密度>1(BIOFOR)

图 2-7-32 升流式BAF示意

3. BAF 滤料[10]

滤料作为曝气生物滤池的核心组成部分，影响着曝气生物滤池的发展。BAF 性能的优劣很大程度上取决于滤料的特性。滤料的研究和开发在 BAF 工艺中至关重要。

作为微生物载体的滤料对水处理效果的影响主要反映在载体的性质上，包括载体的比表面积的大小、粒径的大小、表面亲水性及表面电荷、表面粗糙度、载体的密度、堆积密度、孔隙率、强度等。因此滤料的选择不仅决定了可供生物膜生长的比表面积的大小和生物膜量的多少，而且还影响着反应器中的水力学状态。在正常生长环境下，微生物表面带有负电荷，如果滤料表面带正电荷，这将使微生物在滤料表面附着、固定过程更易进行。滤料表面的粗糙度有利于细菌在其表面附着、固定，粗糙的表面增加了细菌与滤料间的有效接触面积，比表面积形成的孔洞、裂缝等对已附着的细菌起到屏蔽保护，使其免受水力剪切的冲刷作用。因此作为生物膜载体，滤料的各种特性决定了 BAF 反应器能否高效运行，能否在水处理中得到更广泛的推广与应用。

目前，BAF 所用的滤料，根据其采用原料的不同，可分为无机滤料和有机高分子滤料，常见的无机滤料有陶粒、焦炭、石英砂、活性炭、膨胀硅铝酸盐等，有机高分子滤料有聚苯乙烯、聚氯乙烯、聚丙烯等。有机高分子滤料与微生物间的相容性较差，所以挂膜时生物量少，易脱落，处理效果并不总是很理想，且价格昂贵。对天然无机滤料的开发是国内外滤料研究的重点。石英砂由于密度大，比表面积小，孔隙率小，当污水流经滤层时阻力很大，生物量少，因此滤池负荷不高，水头损失大，现在应用的不多。轻质陶粒滤料比表面积及孔隙率大、生物量大，因此滤池负荷较大、水头损失较小、取材方便、价格低廉，国内对其研究及应用较多。

滤料对曝气生物滤池效能的影响主要有以下几个方面，即滤料的类型、滤料的粒径以及滤料层高度[11]。

(1) 曝气生物滤池对滤料有如下要求：①表面粗糙。表面粗糙的滤料为微生物提供了理想的生长、繁殖场所。②密度适中。密度太大不利于反冲洗的进行；密度太小则在反冲洗时容易跑料。③有一定的强度，耐摩擦。④无毒、化学性质稳定。

(2) 滤料粒径对曝气生物滤池的处理效能和运行周期都有重要影响，滤料粒径越小，处理效果越好；但滤料粒径较小，滤池越容易堵塞，运行周期相对较短，反冲洗频繁，且不易发挥滤料层深处的作用，因此曝气生物滤池选用滤料需要同时考虑滤池的处理效能和运行周期，根据滤池进水水质和处理要求进行优化选择。

(3) 滤层高度与出水水质有关，在一定范围内，增加滤层高度可提高滤池的处理效果，保证出水水质，但同时增加的污水提升扬程和反冲洗强度将导致能耗升高。

4. BAF 对污染物的去除作用

曝气生物滤池对污染物的去除处理作用有以下几方面。

(1) 吸附作用　曝气生物滤池载体为多孔、大表面积材质，发生的吸附过程以物理吸附为主。滤料本身的孔隙结构以及其表面产生的一些不饱和键、孤对电子及自由基，对水中的污染物有着吸附作用。

(2) 截留作用　待处理的水流经滤料层时，滤料呈压实状态，利用滤料粒径较小的特点以及生物膜的截留作用，通过物理过滤，截留废水中的悬浮物质。

(3) 生物氧化降解过程　曝气生物滤池内放置着直径只有几个毫米的多孔滤料，滤料作为生物群落的附着和繁殖介质，通过配气系统向生物群落供气，微生物依靠水中的有机物以及空气生长繁殖。废水在垂直方向上由下向上通过滤料层时，利用滤料表面的生物膜的氧化降解能力对废水进行快速净化。主要发生的生物化学反应为：有机物氧化分解、硝化、反硝化。

（4）生物分级捕食过程　生物分级捕食指曝气生物滤池各个层面生活着不同的微生物及原后生动物，其间存在着相互吞噬的现象，为生物分级捕食过程。

5. 曝气生物滤池工艺特点

（1）气液在滤料间隙充分接触，由于气、液、固三相接触，氧的转移率高，动力消耗低。

（2）具有截留原废水中悬浮物与脱落的生物膜的功能，因此，无需设沉淀池，占地面积少。

（3）以3～5mm的小颗粒作为滤料，比表面积大，微生物附着力强。

（4）池内能够保持大量的生物量，再由于截留作用，废水处理效果良好。

（5）无需污泥回流，也无污泥膨胀之虑，如反冲洗全部自动化，则维护管理也非常方便。

（6）过滤速度快，处理负荷大大高于常规污泥处理工艺。

（7）抗冲击能力强，受气候、水质和水量变化影响较小，能够适应北方寒冷天气地区，并可间歇运行。

6. 曝气生物滤池构造特点

（1）滤池易于规范化设计，工程结构紧凑。因此占地面积小，通常为常规处理工艺占地面积的1/5～1/10，厂区布置紧凑美观。

（2）可建成封闭式厂房，以减少臭气、噪声对周围环境的影响，视觉感官效果好。

（3）自动化程度高，运行管理方便，便于维护。

（4）全部模块化结构，便于进行后期的改扩建。

7. BAF的不足[12]

（1）污泥量相对较大，污泥稳定性较差　对好氧生物处理来讲，负荷越高，单位体积处理能力越强，产生的生物体越多，再加上滤池中截留的大量SS，因而增加了污泥的产量。当然，减少反冲洗水量会降低污泥体积，这也就提出了在保证反冲效果的前提下，如何提高反冲效率的问题。滤床中截留的SS有许多属于可生物降解的，但在过滤运行后期，由于来不及被降解而经反冲洗转化为反冲洗污泥，成为降低污泥稳定性的因素之一。

（2）增加日常药剂费用　为了使滤池能以较长的周期运行，减少反冲次数，降低能耗，须对滤池进水进行预处理以降低进水中的SS，尤其是滤池用于二级处理的情况下，往往须投加药剂才能达到这一要求。药剂的使用不仅仅增加运行费用，许多药剂还将降低进水的碱度，进而影响硝化，当然，BAF用于三级处理时，由于滤池进水来自二级处理的沉淀池，所以这一矛盾并不突出。目前，水处理工作者正在从事如何利用自控系统有效控制加药量的研究。

（二）国外典型的BAF类型[11～13]

1. BIOCARBONE型BAF

BIOCARBONE是最早期的BAF形式，20世纪80年代由法国OTV公司开发。该工艺为降流式BAF，水流上进下出，气水逆向，主要用于有机物的降解和氨氮的去除。最初的装置中使用的填料是活性炭，但是现行设计中使用的是粒径为3～5mm、密度大于1的经烧结的黏土材料。其工艺如图2-7-33所示。

一般每天反冲洗一次，或当水头损失增高到约1.8m时进行反冲洗。设计时必须同时考

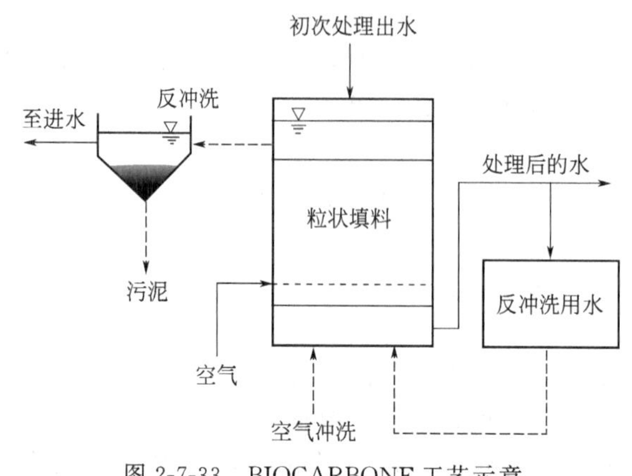

图 2-7-33 BIOCARBONE 工艺示意

虑有机负荷和水力负荷，为防止水头损失过高，推荐水力负荷在 2.4～4.8$m^3/(m^2 \cdot h)$ 范围内。BIOCARBONE 工艺已经在单独去除 BOD、去除 BOD 和硝化相结合及三级硝化等用途上应用。表 2-7-18 列举了 BIOCARBONE 的典型设计负荷。

在去除 BOD 和硝化相结合的系统中，硝化速率约为 0.45$kgN/(m^3 \cdot d)$。为了有效地硝化，建议溶解氧浓度在较高的 3～5mg/L 范围内。作单独去除 BOD 用途时，出水的 BOD 和 TSS 一般低于 10mg/L；而作为硝化用途时，出水的 NH_3-N 浓度可在 1～4mg/L 间变化。

表 2-7-18 好氧的 BIOCARBONE 工艺典型设计负荷

用　途	负荷范围
去除 BOD/[$kgBOD/(m^3 \cdot d)$]	3.5～4.5
去除 BOD 和硝化相结合/[$kgBOD/(m^3 \cdot d)$]	2.0～2.75
三级硝化/[$kgN/(m^3 \cdot d)$]	1.2～1.5

BIOCARBONE 型 BAF 的有机负荷与硝化率关系的研究表明，增加滤池的有机负荷，硝化率下降。这是由于异养菌与硝化菌竞争生长繁殖而产生抑制作用。研究结果表明，当有机负荷<4.0$kgCOD/(m^3 \cdot d)$、氮负荷小于 0.6$kgN/(m^3 \cdot d)$ 时，硝化率大于 90%；当有机负荷为 5.0～7.0$kgCOD/(m^3 \cdot d)$ 或 2.0～3.3$kgBOD_5/(m^3 \cdot d)$、氮负荷为 0.5～0.7$kgN/(m^3 \cdot d)$ 时，硝化率为 50%～70%。这时出水 NH_3-N≤15mg/L、BOD_5≤20mg/L、SS≤20mg/L，若对出水要求不十分严格，也可满足排放标准。

2. BIOSTYR 型 BAF

BIOSTYR 型 BAF 是法国 OTV 公司开发的一种带回流的曝气生物滤池。BIOSTYR 工艺属于升流式 BAF，水流下进上出，气水同向。该工艺采用粒径为 2～4mm（比表面积为 1000m^2/m^3）密度小于水的聚苯乙烯小珠作填料（Biostyrene）。填料的装填孔隙度约为 40%，形成约 400m^2/m^3 的有效面积供生物膜生长。填料高度为 1.5～3.0m。BIOSTYR 可分为 3 类：①在填料床的中间层供气，作为缺氧和好氧的填料床运行（需要将硝化出水循环回流），是 C/N 型 BAF；②在填料床底部供气，完全好氧运行，是 C 型 BAF；③不进行曝气，整个滤层属缺氧层，是 N 型 BAF。当然，以上 BIOSTYR C/N 型、C 型及 N 型 BAF 都能同时去除 SS。BIOSTYR 工艺与 BIOCARBONE 工艺对比如图 2-7-34 所示。

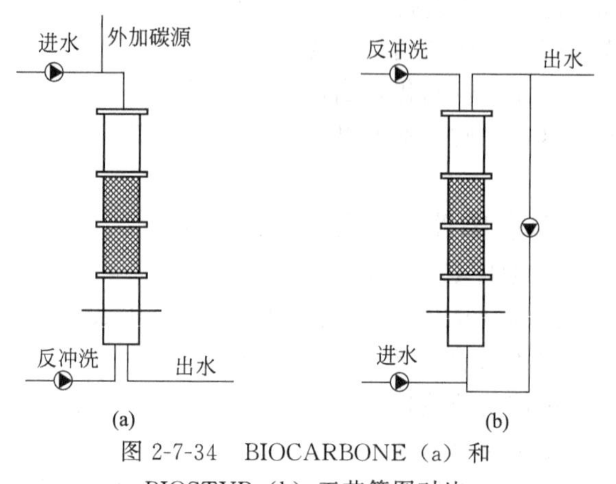

图 2-7-34 BIOCARBONE (a) 和 BIOSTYR (b) 工艺简图对比

(1) BIOSTYR 型 BAF 的构造 BIOSTYR 型 BAF 结构如图 2-7-35、图 2-7-36 所示，滤池底部设有进水和排泥管，

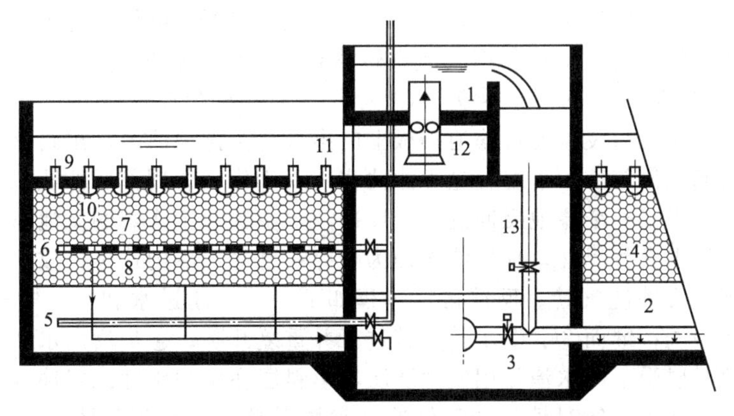

图 2-7-35　用于硝化-反硝化的 BIOSTYR 滤池结构示意

1—配水廊道；2—滤池进水和排泥；3—反冲洗循环闸门；4—填料；5—反冲洗气管；
6—工艺空气管；7—好氧区；8—缺氧区；9—挡板；10—出水滤头；
11—处理后水的储存和排出；12—回流泵；13—进水管

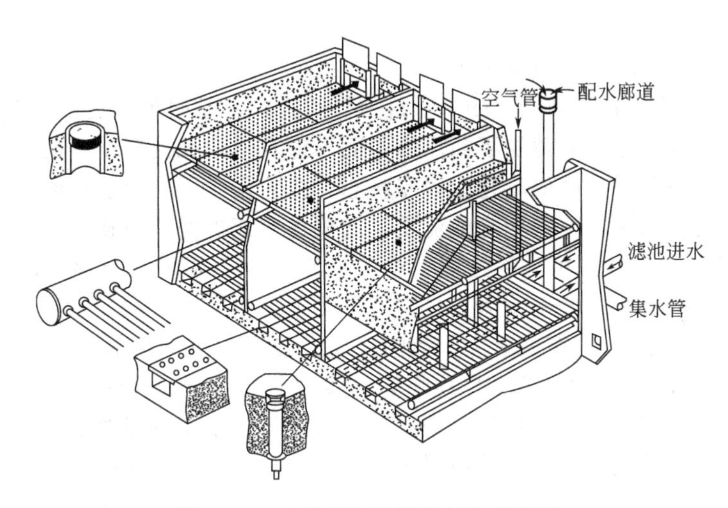

图 2-7-36　BIOSTYR 滤池结构透视图

中上部是填料层，填料顶部装有滤板，防止悬浮填料的流失。滤板上均匀安装有出水滤头。滤板上部空间用作反冲洗水的储水区，其高度根据反冲洗水头而定，该区内设有回流泵用以将滤池出水泵至配水廊道，继而回流到滤池底部实现反硝化。填料层底部与滤池底部的空间留作反冲洗再生时填料膨胀之用。滤池供气系统分两套管路，置于填料层内的空气管用于工艺曝气，并将填料层分为上下两个区：上部为好氧区，下部为缺氧区。根据不同的原水水质、处理目的和要求，填料层的高度可以变化，好氧区、厌氧区所占比例也可有所不同。滤池底部的空气管路是反冲洗空气管。

(2) BIOSTYR 型 BAF 的工作过程　反应器为周期运行，从开始过滤至反冲洗完毕为一完整周期，具体过程如下：经预处理的污水（主要是去除 SS 以避免滤池频繁反冲洗）与经过硝化后的滤池出水按照回流比混合后通过滤池进水管进入滤池底部，并向上首先流经填料层的缺氧区。此时反冲洗空气管处于关闭状态。缺氧区内，一方面，反硝化细菌利用进水中的有机物作为碳源将滤池进水中的 NO_3^--N 转化为 N_2，实现反硝化脱氮。另一方面，填料上的微生物利用进水中的溶解氧和反硝化过程中生成的氧降解 BOD，同时，SS 也通过一系列复杂的物化过程被填料及其上面的生物膜吸附截留在滤床内。经过缺氧区处理的污水流经填料层内的曝气管后即进入了好氧区，并与空气泡均匀混合继续向上流经填料层。水气上升过程中，该区填料上的微生物利用气泡中转移到水中的溶解氧进一步降解 BOD，滤床继续去除 SS，污水中的 NH_3-N 被转化为 NO_3^--N，发生硝化反应。

流出填料层的净化后废水通过滤池挡板上的出水滤头排出滤池，出路分为：①排至处理系统外；②按回流比例与原污水混合进入滤池实现反硝化；③用作反冲洗水（在多个滤池并联运行的情况下，当某一个滤池反冲洗时，反冲洗水由其他工作着的滤池出水共同提供）。

反冲洗采用气水交替反冲，反冲洗水即为贮存在滤池顶部的达标排放水，反冲洗所需空气来自滤池底部的反冲洗气管。反冲再生过程如下：①关闭进水和工艺空气；②水单独冲洗；③空气单独冲洗；继而②、③步骤交替进行并重复几次；④最后用水漂洗一次。反冲洗水自上而下，填料层受下向水流作用发生膨胀，填料层在单独水冲或气冲过程中，不断膨胀和被压缩，同时，在水、气对填料的流体冲刷和填料颗粒间互相摩擦的双重作用下，生物膜、被截留吸附的 SS 与填料分离，冲洗下来的生物膜及 SS 在漂洗中被冲出滤池。反冲洗污泥回流至滤池预处理部分的沉淀系统。再生后的滤池进入下一周期运行。由于正常过滤与反冲时水流方向相反，填料层底部的高浓度污泥不经过整个滤床，而是以最快的速度通过池底排泥管离开滤池。

（3）BIOSTYR 型 BAF 的工艺特点

① 采用新型滤料。由于 Biostyrene 滤料为轻质滤料，不同于其他密度大于 $1.0g/cm^3$ 的滤料，废水流经滤床的方向使滤层不断压缩，而不像其他的无混凝土板的滤床，滤料在水流的作用下会使滤料呈不同程度的流化或膨胀状态，故它强化了 SS 的截留作用，降低出水 SS 的含量。盖板上装置滤头，使净化水能流出，滤头可定期拆洗或更换。

② 滤床定期逆向反冲洗可去除过剩生物膜和 SS，而不需要通过整个滤床，向下的水冲洗可在最短路程内把截留物冲出滤床，且在截留物重力落下的方向。

③ 滤池处理负荷高、出水水质优、性能稳定。废水先流经缺氧区，不但提供反硝化所需的碳源，还有部分 BOD 被异养微生物降解，降低了进入曝气区的污染负荷，达到了好氧区内降低曝气量，为硝化创造条件的目的。硝化过程得益于生物膜法的特点，摆脱了因硝化细菌世代期长而造成的泥龄限制。填料对水流的阻力，保障了水流的均匀分布，创造了滤池内半推流的水力条件以及较好的传质条件。水气平行向上流动，促进了气水的均匀混合，避免了气泡的聚合，有利于降低能耗，提高氧转移效率[14]。

④ 滤池运行过程中，原污水以及反冲洗污泥从不暴露于外部，所以本工艺在处理系统外观、减少不良气味等环境方面有着好的表现。

（4）BIOSTYR 型 BAF 的优点

① 在顶部出水，滤料质轻能悬漂，综合具有降流式 BAF 与升流式 BAF 的优点。它不需要单独的反冲洗水及反冲洗水泵，滤池出水的水头可满足滤池反冲洗之需，故可减少设施，节省能耗。滤头仅供出水用，不易堵塞，检修、更换简易。

② 曝气管布置在滤池中间，使滤池上部形成好氧区，下部形成厌氧区，出水回流，可在同一滤池内完成硝化、反硝化，从而节省占地和投资。

③ 滤床的滤料具有过滤功能，故不需要设置最终泥水分离。

④ 滤头布置在滤池顶部，与处理水接触不易堵塞，便于更换。

⑤ 比降流式 BAF 反冲洗容易，可减少滤床堵塞。

⑥ 滤料质轻，可减轻滤床结构承担的负荷。

⑦ 可建于封闭式厂房内，减少臭气、噪声和对周围环境的影响，景观效果好。

⑧ BAF 可采用模块化结构，运行管理简便，便于维护，便于后期改扩建。

（5）BIOSTYR 型 BAF 的技术参数　BIOSTYR 工艺已经用于单独去除 BOD、去除 BOD 和硝化相结合、三级硝化和后脱氮。表 2-7-19 列出了 BIOSTYR 工艺各类处理允许的典型负荷，有机负荷范围与 BIOCARBONE、BIOFOR 的相同。

表 2-7-19　BIOSTYR 工艺的典型设计负荷[13]

用途	负荷范围
只去除 BOD/[kgCOD/(m^3·d)]	8～10
去除 BOD 和硝化相结合/[kgCOD/(m^3·d)]	4～5
三级硝化/[kgN/(m^3·d)]	1.0～1.7

3. BIOFOR 型 BAF

BIOFOR（biological filtration oxygenated reactor）由法国得利满（Degremont）集团开发，它是一种升流式 BAF，其工艺示意见图 2-7-37。BIOFOR 工艺的水气流向与 BIOSTYR 工艺相同，水流下进上出，气水同向。和 BIOSTYR 工艺不同的是采用密度大于 1 的滤料自然堆积，无回流，其余的结构、运行方式、功能等方面与 BIOSTYR 相似。BIOFOR 典型床高层高为 3m，但已经应用的装置床高 2～4m。其填料（名为 Biolite）是一种膨胀黏土，密度大于 1.0g/cm^3，粒径范围 2～4mm。进水口的喷嘴将入流的废水向上分布通过填料床，曝气装置（名为 Oxazur 空气扩散器）向整个填料床供气。反冲洗一般每天进行一次，为了使填料床膨胀，反冲洗水的冲洗速率为 10～30m/h。为了防止进水口喷嘴堵塞，废水需要

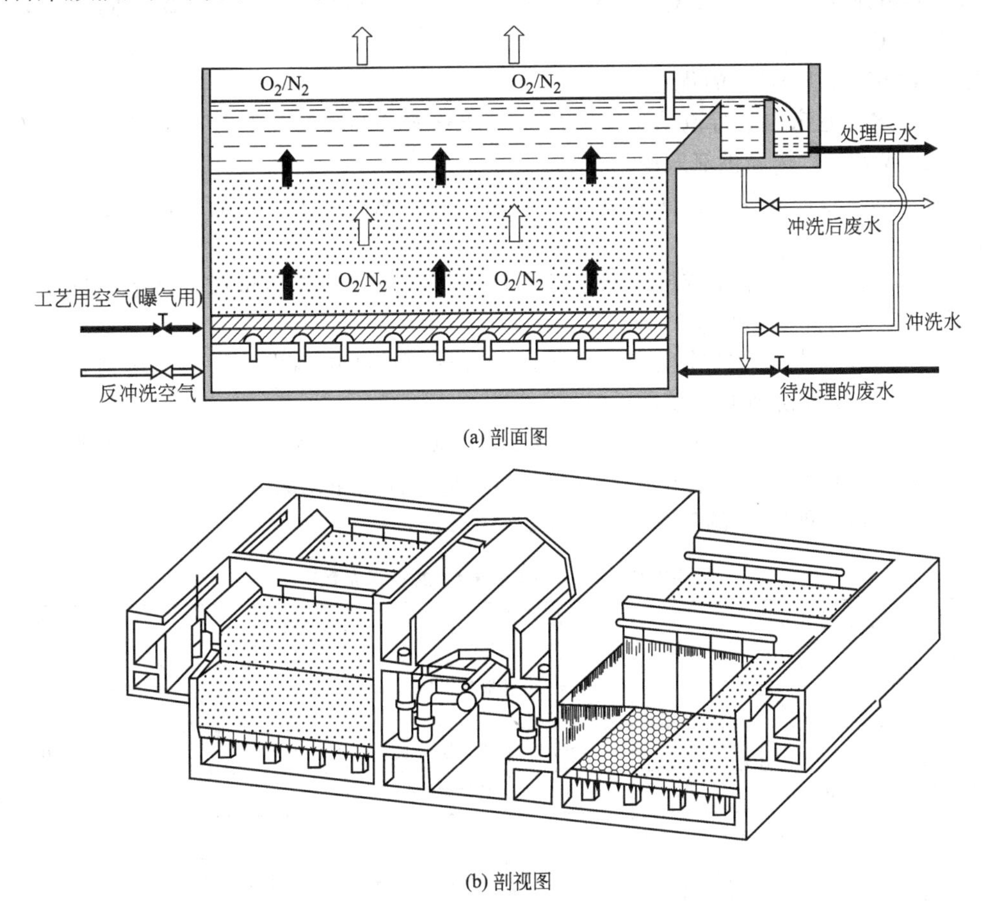

(a) 剖面图

(b) 剖视图

图 2-7-37　BIOFOR 型 BAF 示意

细筛选。表 2-7-20 所列为推荐的 BIOFOR 工艺负荷。有研究表明，BIOFOR 工艺和 BIOCARBONE 工艺去除 COD 的处理性能相同，其处理效果为水力负荷和 COD 负荷的函数[13]。

表 2-7-20 推荐的 BIOFOR 工艺负荷范围[13]

参数	去除 COD	三级硝化	参数	去除 COD	三级硝化
填料的装填孔隙度/%		约 40	氮负荷/[kgN/(m^3·d)]		1.5～1.8
COD 负荷/[kgCOD/(m^3·d)]	10～12		水力投加率/[m^3/(m^2·h)]	5.0～6.0	10～12

（1）BIOFOR 型 BAF 的种类　BIOFOR 型 BAF 按其功能可分为 7 类[15]。

① BIOFOR-C。用以去除废水中的 SS、BOD_5 及 COD。

② BIOFOR-C/N。用以去除废水中的 SS、BOD_5、COD，并对 NH_3-N 进行硝化。

③ BIOFOR-C/AOX。用以去除废水中的 SS、BOD_5、COD 及 AOX（adsorbable organic halogens，可吸附的有机卤化物）。

④ BIOFOR-N。主要对废水中的 NH_3-N 进行硝化，同时去除一些 SS、BOD_5、COD。

⑤ BIOFOR-N/P。主要对废水中的 NH_3-N 进行硝化和生物除磷，同时去除一些 SS、BOD_5、COD。

⑥ BIOFOR-DN。主要进行反硝化，同时去除一些 SS、BOD_5、COD。

⑦ BIOFOR-DN/P。主要对废水中的 NO_3^--N 进行反硝化和生物除磷，同时去除一些 SS、BOD_5、COD。

（2）BIOFOR 型 BAF 的优点

① 气、水中滤床内平行流动，使得气、水能够充分高效地均分，从而防止了气泡凝结造成的短路或死角，提高供氧效率。

② 与下向流过滤相反，上向流过滤持续在整个滤池高度上，从而提供了正压条件，可避免产生沟流。

③ 在滤层内形成半推流或推流状态，因此在提高滤速或提高负荷条件下，仍能保证滤池的持久稳定性与高净化效率。

④ 空气将废水中的固体物质带入滤床，这样既可使滤层内生物量快速增殖，又可提高过滤效率，延长反冲洗前的持续运行时间。

⑤ 反应器的高度可达 4m，因而占地较少，也便于现有污水处理厂进行技术改造。

⑥ 可和其他传统工艺组合使用，发挥各自功能，提高净化能力。

（3）BIOFOR 型 BAF 的技术参数　见表 2-7-21。

表 2-7-21 BIOFOR 型 BAF 的技术参数[11]

工艺性能参数		数值	工艺性能参数		数值
滤池滤速/(m/h)		2～11	脱氮/[kg/(m^3·d)]	10℃	2.5
空气速度/(m/h)		4～15		20℃	6
固体负荷能力/(kg/m^3)		4～7	氧转换/(gO_2/m^3)		60～100
去除 BOD 负荷/[kg/(m^3·d)]		6	氧效率/%		20～33
去除 COD 负荷/[kg/(m^3·d)]		12	冲洗水/%		3～8
氮化/[kg/(m^3·d)]	10℃	1	污泥产量/[kg/kg BOD(去除)]		0.75
	20℃	1.5			

得利满公司对 BIOFOR 进行了升级改造，创造了 BIOFOR-plus 系列，可分为 5 类，其基本构造如图 2-7-38 所示。

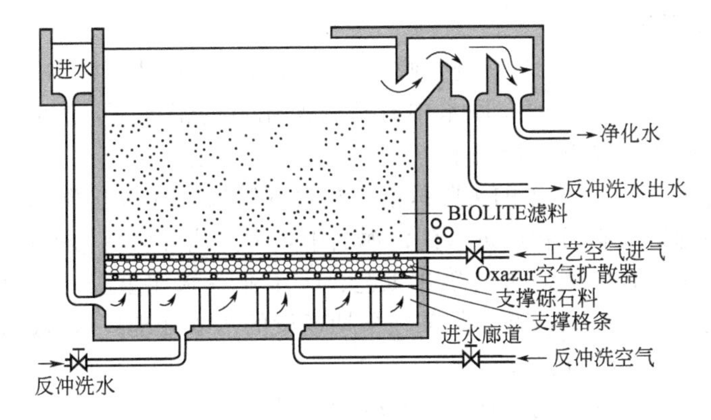

图 2-7-38 BIOFOR-plus（BIOFOR$^+$）构造示意

二、工艺单元和工艺流程

根据使用范围的不同，BAF 可以分别应用于二级处理、三级处理以及微污染水的净化处理。而根据处理目的的不同，又分为以去除 BOD 为主的碳氧化 BAF，以除氨氮为主的硝化 BAF，除 BOD、氨氮功能兼有的碳氧化/硝化 BAF 和用于脱氮的反硝化单元。也可根据该工艺的运行特性、处理领域的不同，采取适当的组合形式，通过多个 BAF 的串联，完成碳化、硝化、反硝化、除磷等工作。目前，曝气生物滤池已经从单一工艺逐渐发展成为系列综合工艺。曝气生物滤池已被广泛地应用于城市污水、中水、工业废水、深度处理等领域中。

(一) 工艺单元

将单个曝气生物滤池看作是一种处理工艺单元，可按滤池功能划分为单纯的碳氧化 BAF（简称 BAF-C)、硝化 BAF（简称 BAF-N)、碳氧化/硝化 BAF（简称 BAF-C/N)、反硝化滤池（简称 BAF-DN）等。

1. 碳氧化 BAF

碳氧化 BAF 是在单一 BAF 内主要完成有机物的去除。

2. 硝化 BAF

硝化 BAF 是在单一 BAF 内主要完成氨氮的硝化。污水进入硝化 BAF 前，应进行必要的预处理，降低污水中的有机物，以减少异养菌对硝化菌的抑制作用。

3. 碳氧化/硝化 BAF

碳氧化/硝化 BAF 是在单一 BAF 内去除污水中含碳有机物并完成氨氮的硝化。由于去除有机物依靠异养菌，而进行硝化反应的硝化菌为自养菌，异养菌繁殖速度较快，在反应过程中会优先利用氧，而抑制自养菌的繁殖。有研究表明，当有机负荷稍高于 3.0kgBOD/(m^3·d) 时，氨氮的去除受到抑制；当有机负荷高于 4.0kgBOD/(m^3·d) 时，氨氮的去除受到明显抑制。因此在单一 BAF 内同步去除有机物和氨氮时，须降低有机负荷，一般为 1～3kgBOD/(m^3·d)。

4. 反硝化 BAF

反硝化 BAF 是在滤池内形成缺氧环境，用以完成硝酸盐的去除，通常与硝化 BAF 联用，实现生物脱氮功能。由于反硝化需要碳源，根据处理水来源不同，工艺流程中反硝化 BAF 的设置位置也不同，通常可设置为前置反硝化工艺（BAF-DN 位于 BAF-N 之前），或后置反硝化工艺（BAF-DN 位于 BAF-N 之后）。在实际工程中考虑到占地面积和工程投资等因素，通常采用两级 BAF，对于要求反硝化的情况可采用 DN＋C/N（前置反硝化）或 C/N＋DN（后置反硝化）。

在前置反硝化工艺中，DN 池在进行脱氮反应的同时也降低了污水中的有机物质，为后续的硝化反应创造了条件。因而在原水中有机碳源充足的情况下，适宜采用前置反硝化工艺，可以节省外加碳源、降低运行成本。

在后置反硝化工艺中，BOD 的去除只能在预处理阶段，通过化学沉淀降低 C/N 池的有机负荷，但这些不稳定的有机物质进入到污泥当中，大大增加了污泥处置的难度，从这点来看，以下两个场合更适合应用后置反硝化工艺：①工业废水比重较高，BOD 含量明显偏低的情况；②污水处理厂的升级改造，如某些早期建设的污水处理厂未考虑硝化指标，出水中 BOD 含量较低，氨氮含量却较高。

由于工艺机理不同，两者的设计方法有较大差异。

（二）工艺流程

1. N 个 BAF 串联工艺

（1）主要去除污水中含碳有机物时，宜采用单级碳氧化 BAF 工艺，工艺流程见图 2-7-39。

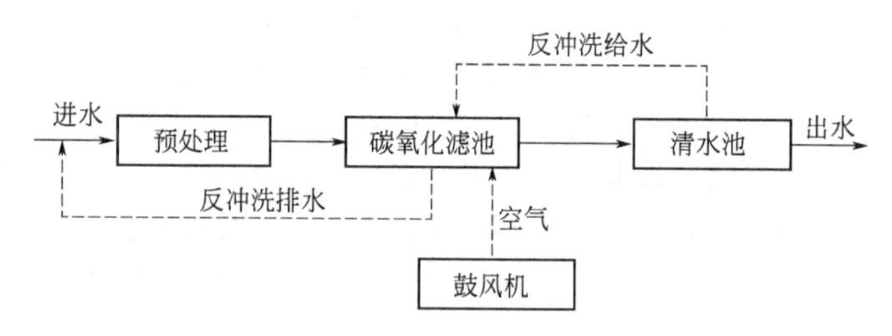

图 2-7-39 碳氧化滤池工艺流程

（2）要求去除污水中含碳有机物并完成氨氮的硝化时，可采用单级 BAF-C/N 工艺流程，也可采用 BAF-C 和 BAF-N 两级串联工艺，工艺流程见图 2-7-40、图 2-7-41。

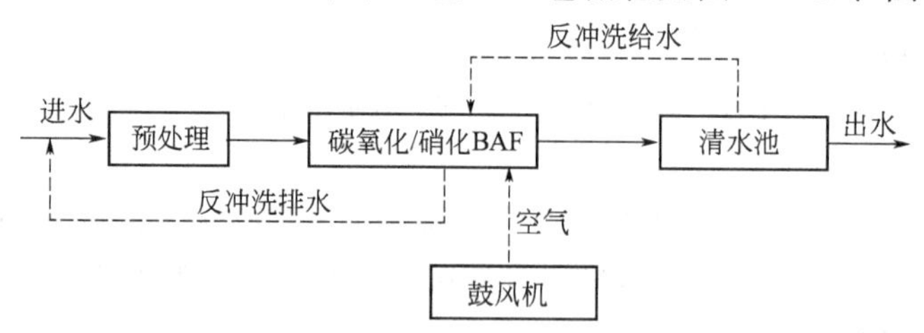

图 2-7-40 单级碳氧化/硝化 BAF 工艺流程

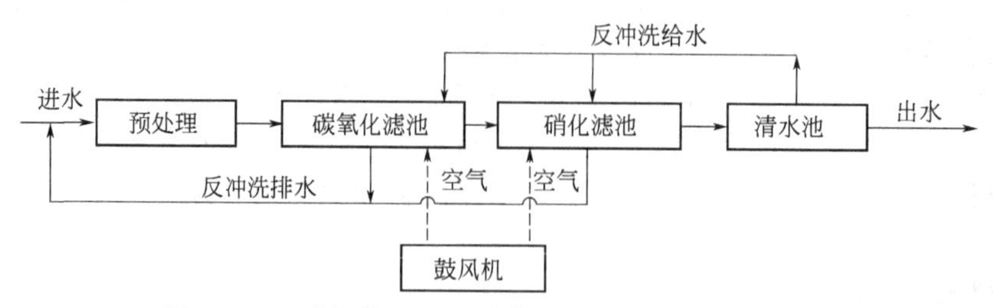

图 2-7-41 碳氧化 BAF＋硝化 BAF 两级组合工艺流程

（3）当进水碳源充足且出水水质对总氮去除要求较高时，宜采用前置反硝化 BAF＋碳氧化/硝化 BAF 组合工艺，见图 2-7-42。

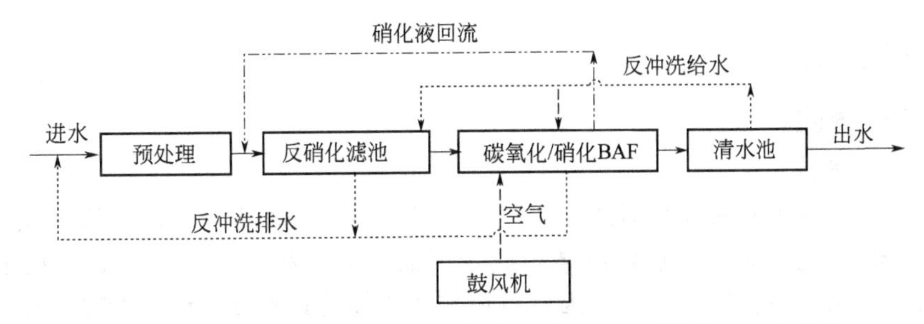

图 2-7-42　前置反硝化 BAF＋碳氧化/硝化 BAF 两级组合工艺流程

前置反硝化工艺具有以下优点：①利用污水中的有机物质作为反硝化碳源，减少外加碳源；②BOD 在 DN 池去除，保证了 C/N 池的硝化能力；③系统的曝气量相对减少；④污泥产量相对减少。

(4) 当进水总氮含量高、碳源不足而出水对总氮要求较严时可采用后置反硝化工艺，同时外加碳源，见图 2-7-43；或者采用前置反硝化工艺，同时外加碳源，见图 2-7-44。前置反硝化的 BAF 工艺中硝化液回流率可具体根据设计 NO_3^--N 去除率以及进水碳氮比等确定。外加碳源的投加量需经过计算确定。

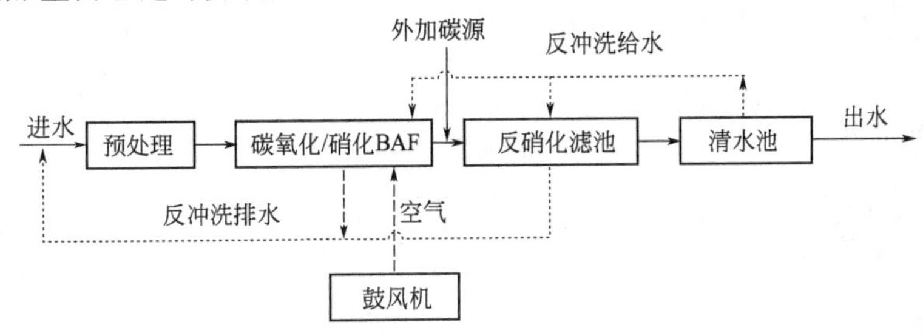

图 2-7-43　外加碳源后置反硝化滤池两级组合工艺流程

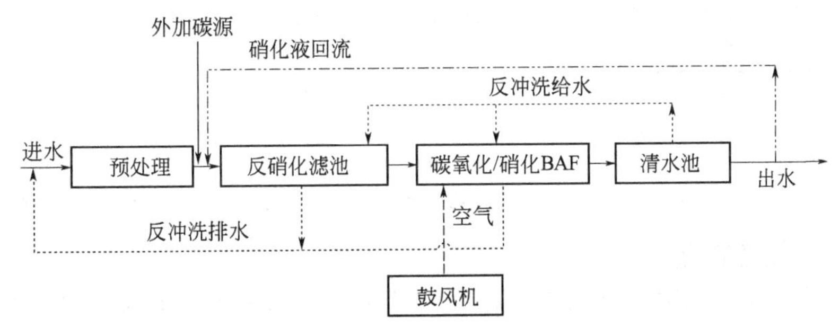

图 2-7-44　外加碳源前置反硝化滤池两级组合工艺流程

2. BAF 用于低浓度水（如景观水、中水）处理工艺

图 2-7-45 是 BAF 进行微污染处理的两种组合工艺，该工艺中 BAF 作为前处理单元，而 BACF（生物活性炭滤池）作为控制水质达标的末端处理单元。

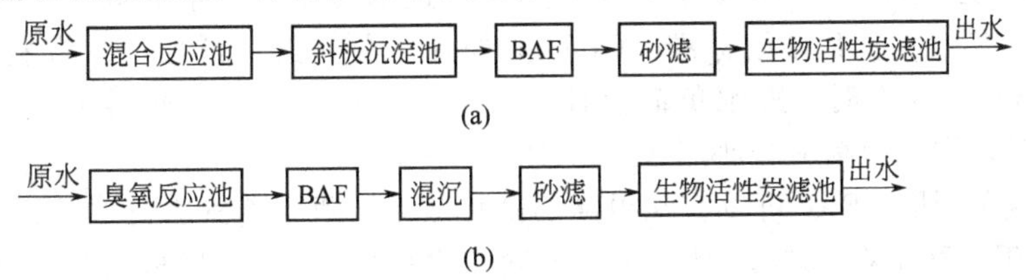

图 2-7-45　BAF 进行微污染处理的两种组合工艺

三、设计计算

（一）设计参数

1. 负荷和滤速

活性污泥法设计中一般以负荷或泥龄等作为设计参数，确定反应池所需容积；而进行滤池设计时，通常以过滤速度为设计参数，确定所需过滤面积。曝气生物滤池从工艺原理上看，属于活性污泥法和滤池的结合，因此负荷和滤速都是其重要的设计参数，在设计中应尽可能同时满足两参数的要求。

曝气生物滤池的容积负荷和水力负荷宜根据试验资料确定，无试验资料时，可采用经验数据或按表 2-7-22 的参数取值。

表 2-7-22 BAF 工艺主要设计参数[16,17]

类型	功能	容积负荷/[kg 污染物/(m^3 滤料·d)]	水力负荷(滤速)/[m^3/(m^2·h)或(m/h)]	空床水力停留时间/min
BAF-C	降解污水中含碳有机物	3.0～6.0kgBOD/(m^3·d)	2.0～10.0	40～60
BAF-N	对污水中氨氮进行硝化	0.6～1.0kgNH_3-N/(m^3·d)	3.0～12.0	30～45
BAF-C/N①	降解污水中含碳有机物，并对氨氮进行部分硝化	1.0～3.0kgBOD/(m^3·d) 0.4～0.6kgNH_3-N/(m^3·d)	1.5～3.5	80～100
前置 BAF-DN	利用污水中碳源对硝态氮进行反硝化	0.8～1.2kgNO_3^--N/(m^3·d)	8.0～10.0(含回流)	20～30
后置 BAF-DN	利用污水外加碳源对硝态氮进行反硝化	1.5～3.0kgNO_3^--N/(m^3·d)	8.0～12.0	20～30
深度处理 BAF	对二级污水处理厂尾水进行含碳有机物降解及氨氮硝化	0.4～0.6kgNH_3-N/(m^3·d)	0.3～0.6	35～45

① CECS 265：2009 曝气生物滤池工程技术规范中 BAF-C/N 池推荐参数为：BOD 负荷 1.2～2.0kgBOD/(m^3·d)，硝化负荷 0.4～0.6kgNH_3-N/(m^3·d)，空床水力停留时间 70～80min。

注：1. 设计水温较低、进水浓度较低或出水水质要求较高时，有机负荷、硝化负荷、反硝化负荷应取下限值。

2. 反硝化滤池的水力负荷、空床停留时间均按含硝化回流水量确定，反硝化回流比应根据总氮去除率确定。

2. 负荷和滤速的选取

由于表中所给范围很宽不好把握，这为设计工作带来困难。下面提供一些研究数据供参考。

（1）得力满研究中心 1994 年发表了一份调查报告，报告收集了当时部分 BAF 的运行情况[15]：

工艺的进水 COD 负荷同出水 COD 浓度成正比，当碳负荷达到 10kgCOD/(m^3·d) 时，出水 COD 浓度已经超过了 100mg/L，因此如果要达到《城镇污水处理厂污染物排放标准》(GB 18918—2002) 一级 B 排放标准，COD 的处理负荷宜选取低值。从资料来看，维持出水 COD 在 60mg/L 左右时，进水负荷应控制在 4～5kgCOD/(m^3 滤料·d)；出水 COD 在 50mg/L 以下时，进水负荷应当小于 3kgCOD/(m^3·d)。

在正常温度范围里，BAF 可以实现很高的硝化效率，硝化负荷达到 1.4kgNH_3-N/(m^3·d) 时，硝化效率仍可稳定在 80%。但硝化能力同进水中的 BOD 浓度成反比，当进水 BOD 大于 60mg/L 时，硝化负荷仅为 0.3kgNH_3-N/(m^3·d)，当进水 BOD 在 20～50mg/L 时，硝化负荷小于 0.7kgNH_3-N/(m^3·d)，当进水 BOD 在 20mg/L 以下时，硝化负荷才能达到 1kgNH_3-N/(m^3·d) 以上。

反硝化负荷是在甲醇为外加碳源的条件下测定的，由于甲醇结构简单，容易被反硝化菌吸收利用，因此反硝化负荷可达 4kgNH_3-N/(m^3·d) 以上。

以上归纳的数据可以总结为以下三点：①应根据出水要求选择适宜的进水 COD 负荷；②BOD 较高时会抑制硝化反应；③甲醇作为外加碳源时，可以实现很高的反硝化负荷。因此在以负荷为参数进行 BAF 设计时，应特别注意设计条件，以选取合适的负荷数值。

(2) 郑俊根据国内已建成投产的城市二级污水处理和酿造废水处理运转实例，建议进行城市污水二级处理时，当要求出水 BOD 分别小于 30mg/L 和 10mg/L 时，容积负荷的取值分别为 4kgBOD/(m^3 滤料·d) 和 2kgBOD/(m^3 滤料·d)；当为 BAF-C/N 型滤池时，容积负荷的取值一般≤2kgBOD/(m^3 滤料·d)；当进行三级处理时，容积负荷的取值为 0.12～0.18kgBOD/(m^3 滤料·d)[18]。

(3) 得利满公司有关设计滤速对 BAF 处理性能影响的研究。试验是在法国巴黎 Acheres 污水处理厂进行的，采用的 BIOFOR 滤池表面积 144m^2，高度为 4m。滤池的进水为二级处理系统的出水，由于原厂在建设时仅考虑了除碳，因此处理水中 NH_3-N 较高 (25mg/L)，而 COD 较低 (75mg/L)。经过数年的运行，该滤池已具有良好的硝化效果。试验采用的滤速范围主要包含 3 个阶段：4～6m/h、6～8m/h 和 8～10m/h。研究发现，当 NH_3-N 的容积负荷为 1kgNH_3-N/(m^3·d) 且外界条件（温度、曝气量等）不发生变化时，各个滤速范围里 BIOFOR 均保持了较好的硝化效果，硝化率可达 80%～100%，并且滤速越高，硝化效果越好。而滤速的升高对 SS 的去除效率没有任何影响，在两年的研究时间里，SS 的去除保持了较高的稳定性。

此试验结果表明：在一定的容积负荷范围里，滤速的提高不但不会降低 BAF 的去除能力，而且还可提高硝化处理能力。原因有以下三点：一是高滤速增强了滤池内部的传质效率，使得空气、污水和生物之间有了更多的接触机会；二是高滤速下生物膜的更新速度加快，促进了生物活性的增强；三是在低滤速下，滤池底层往往在短时间内堵塞，使得反冲洗周期缩短，而频繁的反冲洗对繁殖速度较慢的硝化细菌极为不利。因此相对以往的设计滤速 (<5m/h) BIOFOR 均采用了较高值，推荐的 N 池滤速为 10m/h。

相比之下，滤速增加对 COD 的去除不利，主要是由于停留时间过短，部分非溶解性有机物尚未降解就直接排出，因此碳氧化 BAF 的滤速取值应当略低，推荐的数值为 6m/h。而反硝化池的滤速与碳源的选取有关，当采用甲醇为外加碳源时，滤速可达 14m/h[15]。

(4) 王舜和等[15]认为：后置反硝化工艺中，C/N 池设计滤速在 6～10m/h 为宜。硝化负荷应满足：当进水 BOD 浓度大于 60mg/L 时，约为 0.3kgNO_3^--N/(m^3·d)，当进水 BOD 浓度在 20～50mg/L 时，约为 0.6kgNO_3^--N/(m^3·d)，当 BOD 浓度在 20mg/L 以下时，约为 1.0kgNO_3^--N/(m^3·d)。DN 池中甲醇的投加量为 3.3kg/kgNO_3^--N。

前置反硝化 BAF 工艺中，受污水中可降解有机物的限制，前置反硝化工艺对 TN 的去除率一般不超过 70%。通常工艺的回流比为 100%～150%，这种情况下实际 TN 去除率一般在 50%左右。推荐的反硝化负荷为 0.4～0.5kgCOD/(m^3·d)，过滤速度>10m/h，进水 BOD/NO_3^--N 最好大于 6。通常 DN 池对 BOD 的去除率不超过 60%，对 COD 的去除率不超过 70%，剩余的 COD 会进入硝化池。为了确保 N 池的硝化性能 [负荷>0.5kgNO_3^--N/(m^3·d)]，COD 负荷不应超过 2kgCOD/(m^3·d)。

3. 其他参数

（1）反冲洗 曝气生物滤池的反冲洗宜采用气水联合反冲洗，依次按单独气洗、气水联合冲洗、单独水洗三个过程进行，通过专用滤头布水布气。

反冲洗水宜采用处理后的出水，反洗用水蓄水池应按照滤池单池反洗水量和反洗周期等综合确定。反冲洗周期与滤池负荷、过滤时间及滤池、滤头损失等相关，通常为24～72h。

收集反冲洗排水的水池有效容积不宜小于1.5倍的单格滤池反冲洗总水量。

气水联合反冲洗的冲洗强度及冲洗时间与滤池负荷、过滤时间等有关，可参考表2-7-23。

表2-7-23 气水联合反冲洗的冲洗强度及冲洗时间[16]

项 目	单独气洗	气水联合	水反冲
强度/[L/(m³·s)]	10～15	气：10～15(12～16) 水：4～6	8～16
历时/min	3～10(3～5)	3～5(4～6)	3～10(8～10)

注：（ ）内为CECS 265：2009《曝气生物滤池工程技术规范》的数据。

（2）滤料 BAF滤料粒径宜取2～10mm。当采用多个滤池串联时，对于一级滤池或者反硝化滤池宜选用粒径为4～10mm的滤料，对于二级及后续滤池可选用粒径为2～6mm的滤料。滤料的堆积密度宜为750～900kg/m^3。滤料比表面积宜大于1m^2/g。

（3）承托层 工程中多选用天然鹅卵石，填装时宜按级配自下而上从大到小设置。一般按两级设置，下层第一级平均粒径宜为16～32mm，高度不低于200mm；上层第二级平均粒径宜为8～16mm，高度不低于100mm。当选用的陶粒滤料粒径小于3mm时，宜在第二级上增设第三级，其平均粒径宜为4～8mm，高度不低于100mm。

（4）为使滤池表面层的好氧膜维持良好的生物相，碳氧化滤池和硝化滤池出水中的溶解氧宜控制为3.0～4.0mg/L。

（5）BAF进水悬浮固体浓度不宜大于60mg/L，BAF前的预处理设施可为沉砂池、初次沉淀池或混凝沉淀池、除油池等，也可设置水解调节池。

（6）滤池个数 考虑到单座滤池总面积过大会增加反冲洗的供水、供气量，同时不利于布水、布气的均匀，所以滤池面积过大时应分格。单池面积小利于布水布气，同时反冲洗供水量、供气量小，水泵、风机也可相应小些，但分格数多会使整个滤池的土建工程量增大、工程费用增加，所以分格应适当。另外，当一个滤池进行反洗时，其他滤池将承担反洗滤池的处理水量，这也是设定分格数时需要考虑的一个因素。当两个以上滤池共壁时，由于相同面积的正方形周长小于矩形，正方形滤池所需的建筑量少于矩形滤池，可相对节省造价。

（7）BAF多格并联时宜采用渠道和堰配水，不宜采用压力管道直接配水。

4. 前置反硝化工艺的设计要点[15]

（1）预处理 为了确保反硝化效果，设计中应尽可能地利用污水中的有机物质，因此预处理工艺在去除悬浮物的同时应避免过多地去除BOD。

（2）回流比的选择 回流比是前置反硝化工艺中最重要的设计参数，硝化液回流直接提供进行反硝化的硝酸盐氮，因此回流比决定了脱氮的效率。在实际工程中，回流比不是固定的，可根据需要实时调节，因此在设计中主要有两个任务：①确定所需要的最大回流比；②确定适宜的回流泵，使回流比便于调节，运行灵活。

根据研究，在碳源充足的条件下，BAF几乎可进行完全的反硝化，因此TN处理能力主要取决于硝化效果。此时增大回流比，可供反硝化的硝酸盐也增多，出水的TN含量就会降低。但是增大回流比意味着流量的增大，这将减少硝化池的停留时间，结果会造成出水中氨氮含量升高，而且过高的回流比会使 DN 池的 DO 浓度上升，降低 TN 的处理效率。因此对于一个特定系统，应当存在一个最优回流比范围，在此范围里 TN 和氨氮均能达到标准。对于一般的城市污水，回流比不宜超过 100%～150%。如果进水 TN 含量很高，回流比过大，建议可采用三级 BAF 工艺 DN—C/N—DN 的形式，既可以降低回流比，又可以减少外加碳源[15]。

（3）DN 池的反硝化能力　有研究表明，反硝化率与 BOD/NO_3^--N 成正比，当 TN 要求达到 70%的去除率时，BOD/NO_3^--N 应为 7～8；当要求达到 60%的去除率时，BOD/NO_3^--N 约为 6。一般的城市污水中 BOD/NO_3^--N 约为 5，此时的去除率仅 50%。需要注意的是，污水中的硝酸盐仅有部分回流到前端，整体工艺的 TN 去除率实际上还要低一些。此外，如果回流液中的 DO 过高，就会在进入 DN 池时快速消耗一部分 BOD，削减反硝化能力，因此设计在保证过滤速度的同时，应将反硝化负荷控制在 0.6kgNO_3^--N/(m^3·d) 以下。在实际工程中前置反硝化工艺往往达不到处理要求，还需要投加甲醇作为碳源。

（4）N 池的硝化能力　在前置反硝化设计中应当考虑 DN 池对 COD 的去除效率，因为残留的 COD 会进入到后续的 C/N 池，直接影响反应效果。根据研究，DN 池对 COD 的最大去除率一般不会超过 60%，因此会有 40%～50%的 COD 进入 C/N 池。DN 池对 COD 的去除主要有两种机理：一种是作为反硝化碳源，被生物利用；一种是被生物膜吸附，在反冲洗时排出系统。有机负荷和硝化负荷之间的关系，可参考 Rother E 等的研究数据：当反应器内 COD 负荷为 1.5kgCOD/(m^3·d) 时，硝化负荷能达到 0.6kgNH_3-N/(m^3·d)；此后 COD 负荷每上升一个单位，硝化负荷将下降 0.1kgNH_3-N/(m^3·d)。

5. 后置反硝化工艺设计要点[15]

（1）预处理　后置反硝化的预处理除了承担去除 SS 的作用外，还应当去除部分 BOD，以便为后续的硝化反应创造条件，因此不宜采用水解酸化池等增加可溶性 BOD 的工艺，可考虑采用高效沉淀池等工艺。因而后置反硝化更适合应用在低碳源的污水中。

（2）C/N 池的设计　需考虑残留 BOD 对硝化效果的影响。首先确定设计滤速，平均日滤速应不小于 6m/h，最高日滤速不大于 10m/h，由此计算出过滤面积；然后进行硝化负荷计算，通过调整滤料高度，使硝化负荷满足不同进水 BOD 浓度下适宜取值；最后通过对比，寻求合适的设计参数。在设计中如果滤速和负荷难以协调，建议改用前置反硝化工艺。

（3）DN 池的设计　污水在 C/N 池基本完成了有机物的去除和氨氮的硝化，为了实现反硝化，在进入 DN 池前需要投加甲醇作为碳源。由于反硝化负荷相对较高［推荐 1～1.5kgNO_3^--N/(m^3·d)］，DN 池所需面积应当小于 C/N 池，而在很多实际设计中，DN 池与 C/N 池的数量、面积是相等的，推断可能是考虑了二次配水不均匀或池面积减小导致 DN 池滤速过高等原因。但从设计角度看，相同的过滤面积使得 DN 池的负荷降到很低，甚至低于硝化负荷，会造成浪费，这里可以采取一些措施进行优化，比如在 DN 池配备鼓风机，通过间歇曝气等方式灵活运行；或者减少 DN 池的数量，重新布置池型等。

DN 池设计中最重要的是控制甲醇投加量，目前即时控制甲醇投加量的技术还不完善，尚有待于进一步研究，但反应需要的甲醇量是可以计算的。反硝化化学反应计量关系如下：

$$5C+4NO_3^-+4H^+ \longrightarrow 5CO_2+2H_2O+2N_2$$

$$5C+5O_2 \longrightarrow 5CO_2$$

理论上反硝化需要的 COD/NO_3^--N=5×32/(4×14)=2.86，在这一过程中除了反硝化消耗 COD 外，还有部分有机物（占总消耗量的 38%～42%）被微生物用于合成新细胞，因此反硝化实际消耗的 COD=2.86/(1−0.38)～2.86/(1−0.42)=4.6～4.9kgCOD/kgNO_3^--N，由于经过硝化后，污水中通常含有部分溶解氧，考虑到其会消耗一定量的有机物，因此在实际工程中甲醇的投加量一般按 5kgCOD/kgNO_3^--N 投配。根据甲醇完全氧化的化学计量关系：$2CH_4O+3O_2 \longrightarrow 2CO_2+4H_2O$，可计算出投加 1kg 甲醇相当于增加 1.5kgCOD，因此甲醇的投加量为 3.3kg/kgNO_3^--N。

(二) 池体计算

1. 滤料体积（堆积体积）

曝气生物滤池的池体体积宜按照容积负荷法计算，按水力负荷校核。

$$V=\frac{Q(S_0-S_e)}{1000N_V} \quad (m^3) \tag{2-7-50}$$

式中，Q 为平均日污水量，m^3/d；S_0 为进水 S 污染物浓度，mg/L；S_e 为出水污染物浓度，mg/L；N_V为滤池的容积负荷，碳氧化、硝化、反硝化时，X 分别代表为 BOD、NH_4^+-N、NO_3^--N，kg/(m^3·d)。

本公式适用于碳氧化 BAF、硝化 BAF、反硝化 BAF 及碳氧化/硝化 BAF 等类型。N_V 取值参见表 2-7-22。

2. 滤池总高度（如图 2-7-46 所示）

$$H=h_1+h_2+h_3+h_4+h_5+h_6 \tag{2-7-51}$$

式中，H 为滤池总高度，m；h_1 为超高，m，取值 0.3～0.5；h_2 为稳水层高度，m，应根据滤料性能及反冲洗时滤料膨胀率确定，陶粒滤料宜为 1.0～1.5m，轻质滤料宜为 0.6～1.0m[14]；h_3 为滤料层高度，m，宜结合占地面积、处理负荷、风机选型和滤料层阻力等因素综合考虑确定，陶粒滤料宜为 2.5～4.5m，轻质滤料宜为 2.0～4.0m[14]；h_4 为承托层高度，m，宜为 0.3～0.4m；h_5 为滤板厚度，m，一般为 0.1m；h_6 为配水区（轻质滤料为配水排泥区）高度，m，用于配水区时宜为 1.2～1.5m，用于配水排泥区时取值为 2.0～2.5m。

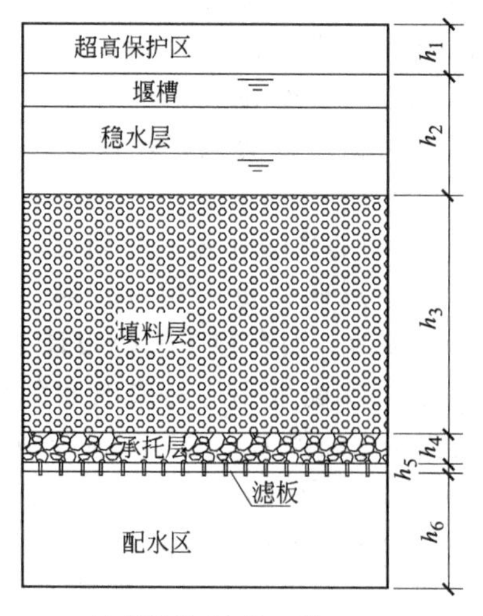

(a) 滤料相对密度 >1的BAF

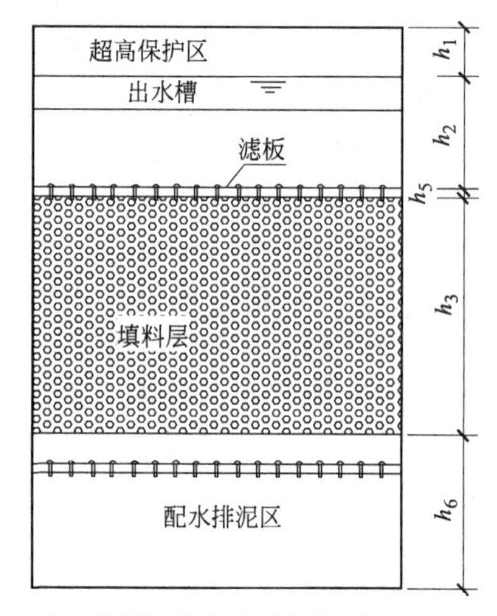

(b) 滤料相对密度<1(或接近1)的BAF

图 2-7-46 BAF 各功能区层高分布示意

3. 滤池面积

(1) 滤池总截面积 A

$$A=\frac{V}{h_3} \tag{2-7-52}$$

式中，A 为滤池总截面积，m^2；V 为滤料体积（堆积体积），m^3；h_3 为填料层高度，m。

（2）单池面积 A_0　同功能滤池多格滤池并联时，单格面积按下式计算：

$$A_0=\frac{A}{n} \tag{2-7-53}$$

式中，A_0 为单格滤池面积，m^2，宜<$100m^2$；A 为滤池总截面积，m^2；n 为滤池分格数，个。

4. 水力负荷

$$q=\frac{Q}{A} \tag{2-7-54}$$

式中，q 为滤池水力表面负荷，$m^3/(m^2 \cdot h)$；Q 为平均日污水流量，m^3/d；A 为滤池总截面积，m^2。

5. 水力停留时间

（1）空床水力停留时间

$$t'=\frac{24V}{Q} \tag{2-7-55}$$

式中，t'为空床水力停留时间，h；V 为滤料体积（堆积体积），m^3；Q 为平均日污水流量，m^3/d。

（2）实际水力停留时间

$$t=\varepsilon t'$$

式中，t 为实际水力停留时间，h；ε 为滤料层孔隙率，一般圆形滤料的 $\varepsilon=0.4\sim0.5$。

(三) 曝气量计算

1. 单位需氧量

单位需氧量可按下式计算：

$$\Delta R_C=\frac{0.82\Delta C_{BOD}+0.32\Delta SS}{C_{BOD0}} \tag{2-7-56}$$

式中，ΔR_C 为去除单位质量 BOD 的需氧量，$kgO_2/kgBOD$；ΔC_{BOD}为曝气生物滤池进、出水 BOD 浓度差值，mg/L；C_{BOD0}为曝气生物滤池进水 BOD 浓度，mg/L；ΔSS 为曝气生物滤池进、出水悬浮物浓度差值，mg/L；0.82、0.32 为经验常数。

2. 实际需氧量

碳氧化 BAF 实际需氧量：$R_S=R_C$

硝化 BAF 实际需氧量：$R_S=R_N$

碳氧化/硝化 BAF 实际需氧量：$R_S=R_C+R_N$

前置反硝化工艺的后置碳氧化 BAF 实际需氧量：$R_S=R_C+R_N-R_{DN}$

其中：

$$R_C=\frac{Q\Delta C_{BOD}\Delta R_C}{1000} \tag{2-7-57}$$

$$R_N=\frac{4.57Q\Delta C_{TKN}}{1000} \tag{2-7-58}$$

$$R_{DN}=\frac{2.86Q\Delta C_{NO_3^-}}{1000} \tag{2-7-59}$$

式中，R_S 为曝气生物滤池的理论需氧量，kgO_2/d；R_C 为曝气生物滤池去除BOD的需氧量，kgO_2/d；R_N 为曝气生物滤池氨氮硝化的需氧量，kgO_2/d；R_{DN}为曝气生物滤池反硝化抵消的需氧量，kgO_2/d；Q 为平均日污水流量，m^3/d；ΔR_C 为去除单位质量BOD的需氧量，$kgO_2/kgBOD$；ΔC_{BOD}为曝气生物滤池进出水BOD浓度差值，mg/L；ΔC_{TKN}为硝化滤池进出水凯式氮浓度差值，mg/L；$\Delta C_{NO_3^-}$①为反硝化滤池进出水 NO_3^--N 浓度差值，mg/L；4.57为耗氧系数，每氧化1gNH_3-N生成NO_3^--N，需消耗64/14=4.57g氧；2.86为产氧系数，每还原1gNO_3^--N生成N_2，可产生2.86g氧。

3. 实际所需供氧量

BAF的微生物需氧量R可视为标态下的需氧量（水温20℃，1个大气压），实际所需供氧量应换算到最不利水温T、压力为p时的供氧量，可按下列公式计算：

$$R_0=\frac{R_S C_{sm(20)}}{\alpha[\beta\rho C_{sm(T)}-C]\times 1.024^{(T-20)}} \tag{2-7-60}$$

$$C_{sm}=C_s\left(\frac{p_b}{2.026\times 10^5}+\frac{O_t}{42}\right) \tag{2-7-61}$$

$$O_t=\frac{21\times(1-E_A)}{79+21\times(1-E_A)}\times 100\% \tag{2-7-62}$$

$$p_b=p+9.8\times 10^3\times H \tag{2-7-63}$$

式中，R_0 为标准状态下，曝气生物滤池的总需氧量，kgO_2/d；R_S 为曝气生物滤池的理论需氧量，kgO_2/d；α 为氧的传质转移系数，对于生活污水$\alpha=0.8$；β为饱和溶解氧修正系数，对于生活污水$\beta=0.9\sim0.95$；ρ为气压修正系数，ρ=所在地区实际气压（Pa）/1.013×10^3Pa，一般取$\rho=1$；$C_{sm(T)}$为水温为T时，空气扩散装置在水下深度处至滤池液面的平均溶解氧浓度，mg/L；$C_{s(T)}$为水温为T时，清水中的饱和溶解氧浓度，mg/L；C为滤池出水中的剩余溶解氧浓度，宜为3～4mg/L；T为水温,℃；O_t 为当滤池的氧利用率为E_A时，从滤池逸出的气体中含氧量的百分率,%；E_A为空气扩散装置的氧转移效率，穿孔管为4%～6%，单孔膜曝气器一般为15%～25%；p_b为空气扩散装置出口处的绝对压力，Pa；p为滤池水面压力，Pa，一般为标准大气压1.013×10^3Pa；H为布气装置安装在滤池液面下的深度，m。

4. 实际供气量

实际供气量可按下式计算：

$$G_s=\frac{R_0}{0.3E_A} \tag{2-7-64}$$

式中，G_s为供气量，m^3/d；R_0为标准状态下，曝气生物滤池的总需氧量，kgO_2/d；0.3为标准状态下，每立方米空气中氧含量，kgO_2/m^3（$=0.21\times1.43$，0.21为氧在空气中所占百分比；1.43为氧的密度，kg/m^3）；E_A为空气扩散装置的氧转移效率，%。

5. 供气系统的设计

（1）空气扩散装置　BAF常用的空气扩散装置为穿孔管曝气或专用曝气器。空气扩散装置必须根据计算出的总供气量和每个空气扩散装置的通气量、服务面积、安装位置处的平面形状等数据，经过计算确定空气扩散装置的数目，并对其进行布置。

（2）鼓风机的选定及鼓风机房的设计　曝气生物滤池采用鼓风曝气供气方式，常用的有罗茨鼓风机和离心鼓风机两种。罗茨鼓风机的气量小但噪声大，国产单机风量多在$80m^3/min$以下，一般用于中小型污水处理厂及工业废水处理。离心鼓风机气量大、噪声小、效率高、空气量容易控制，只要调节出气管的控制阀门即可，适用于大、中型污水处理厂。

大、中型污水处理厂常采用带变频器的鼓风机，可根据出水混合液中溶解氧的浓度自动调整鼓风机启动台数和转数，节省能耗。在进行鼓风机房设计时，应采取降噪措施，使其符合《工业企业厂界噪声标准》和《城市区域环境噪声标准》，同时也改善工人操作环境。

（3）风机出气管进入滤池前应设置相对滤池液面的超高，超高高度应结合滤床高度、阻力损失综合确定，曝气管超高宜为1.5～2.0m，反冲洗进气管宜为1.8～2.2m。

鼓风机风压所需风压为：

$$H=h_1+h_2+h_3+h_4 \tag{2-7-65}$$

式中，H 为鼓风机风压所需风压，Pa；h_1 为空气管的沿程损失，Pa；h_2 为空气管的局部阻力损失，Pa；h_3 为空气扩散装置安装深度，Pa；h_4 为空气扩散装置的阻力，Pa。

无相关参数时，风压可按比曝气器水深多出0.5～1.0m水头设定。

（四）产泥量计算

BAF的产泥量可按照去除有机物后的污泥增加量和去除悬浮物两项之和计算，可用下式计算：

$$Y=\frac{0.6\Delta \text{SBOD}+0.8\text{SS}_0}{\Delta \text{TBOD}} \tag{2-7-66}$$

式中，Y 为污泥产量，kgTSS/kgΔTBOD；ΔSBOD为滤池进出水中可溶性BOD浓度之差，mg/L；ΔTBOD为滤池进出水中总的BOD浓度之差，mg/L；SS_0 为滤池进水中悬浮物浓度，mg/L。

在BAF中，进水中被去除的悬浮物有一些不能被降解，因而BAF产生的污泥由两部分组成，一部分是氧化有机物产生的VSS，一部分是SS。有观点认为：BAF中，悬浮物停留的时间较短，它们被过滤后只是暂时被停留在滤料层中，不像在活性污泥系统中与活性污泥充分混合，而且一些被截留的悬浮物充满了滤料的小孔以及滤料之间的空隙，阻止了氧的传递和水的流动，也限制了悬浮物的降解。

除按公式计算外，BAF的产泥量还可据负荷不同而不同，按每去除1kgBOD产生污泥量0.18～0.75kg估算，详见表2-7-24。

表2-7-24 BAF产泥量估算表

BOD负荷/[kg/(m³·d)]	1.0	1.5	2	2.5	3	3.6	3.9
污泥产量/(kgVSS/kgBOD)	0.18	0.37	0.45	0.52	0.58	0.70	0.75

由于BAF滤池中的污泥浓度可达10g/L以上，因此其BOD负荷比其他传统工艺高3～5倍，滤料上的微生物膜上除生长着真菌、丝状菌和菌胶团外，还有多种捕食细菌的原生动物和后生动物，形成了稳定的食物链，因而产泥量较少。

（五）硝化BAF需碱量计算

$$\text{ALK}=7.14Q\Delta C_{\text{TKN}}\times 10^{-3} \tag{2-7-67}$$

式中，ALK为硝化BAF需碱量，$kgCaCO_3/d$；Q 为平均日污水量，m^3/d；ΔC_{TKN} 为硝化BAF进、出水中凯氏氮浓度差值，mg/L；7.14为系数，每氧化1gN将消耗碱度100/14=7.14g（以 $CaCO_3$ 计）。

（六）反硝化过程产碱量计算

$$M=3.6\Delta C_{NO_3^-} \tag{2-7-68}$$

式中，ALK为硝化BAF需碱量，$kgCaCO_3/d$；$\Delta C_{NO_3^-}$ 为硝化BAF进、出水中 NO_3^--N浓度差值，mg/L；3.6为系数，反硝化1gN(NO_3^--N)将产生碱度50/14=3.6g（以 $CaCO_3$

计)。

(七)反硝化过程回流比计算

$$R=\frac{\eta}{1-\eta} \tag{2-7-69}$$

式中,R 为硝化液回流比;η为总氮的去除率,%。

【例 2-7-4】 曝气生物滤池设计计算

某污水处理厂,流量 5000m³/d,二级处理出水 BOD=50mg/L,采用下向流 BAF 工艺,要求出水 BOD≤10mg/L。进水悬浮物量 $SS_0=30$mg/L,最不利水温按 30℃考虑。

(1)曝气生物滤池滤料体积 选取 BOD 容积负荷为 1.0kgBOD/($m^3_{滤料}$·d),采用陶粒滤料,粒径 5mm。

$$V=\frac{Q\Delta BOD}{1000N_v}=\frac{5000\times(45-10)}{1000\times1.0}=175\ (m^3)$$

(2)滤料面积 滤料高度取 $h_3=2.5$m,$A=\frac{V}{h_3}=\frac{175}{2.5}=70\ (m^2)$

滤池分 6 格,则单池面积 $A_0=11.6m^2$,取单池净空尺寸为 4m×3m=12m²。

(3)滤池总高 取滤池超高 $h_1=0.5$m,稳水层 $h_2=1.0$m,滤料层 $h_3=2.5$m,承托层高 $h_4=0.3$m,滤板厚 $h_5=0.1$m,配水区 $h_5=1.0$m

$$滤池总高度\ H=0.5+1.0+2.5+0.3+0.1+1.4=5.8\ (m)$$

(4)水力停留时间 空床水力停留时间 $t_1=\frac{V}{Q}=\frac{12\times2.5\times6}{5000}\times24=0.864\ (h)=52$ (min)

$$实际水力停留时间\ t_2=\varepsilon t_1=0.5\times0.864=0.432\ (h)=26\ (min)$$

(5)校核污水水力负荷

$$N_q=\frac{Q}{A}=\frac{5000}{24\times6\times12}=2.9\ [m^3/(m^2\cdot d)]$$

(6)需氧量计算

$$OR=0.82\times\Delta BOD+0.32\times X_0$$

$$\Delta BOD=5000\times(45-10)/1000=175\ (kg/d)$$

$$X_0=SS_0Q/1000=30\times5000/1000=150\ (kg/d)$$

$$OR=0.82\times175+0.32\times150=191.5\ (kgO_2/d)$$

(7)曝气量计算 采用单孔膜曝气器,设氧利用率为 $E_A=15\%$,滤池出水中的剩余溶解氧浓度 $C=3$mg/L,曝气装置安装在水面下 4.2m,$\alpha=0.8$,$\beta=0.9$,$C_{s(20)}=9.17$mg/L,$C_{s(30)}=7.63$mg/L,$\rho=1$

① 曝气器出口处绝对压力:

$$p_b=p+9.8\times10^3H=1.013\times10^5+9.8\times10^3\times4.2=1.4246\times10^5\ Pa$$

② 空气离开滤池水面时,氧的百分比:$Q_t=\frac{21(1-E_A)}{79+21(1-E_A)}\times100\%=18.4\%$

③ 平均氧饱和度(按最不利水温考虑):

$$C_{sm(20)}=C_{s(20)}\left(\frac{p_b}{2.026\times10^5}+\frac{Q_t}{42}\right)=9.17\times\left(\frac{1.4246\times10^5}{2.026\times10^5}+\frac{18.4}{42}\right)=10.47\ (mg/L)$$

$$C_{sm(30)}=C_{s(30)}\left(\frac{p_b}{2.026\times10^5}+\frac{Q_t}{42}\right)=7.63\times\left(\frac{1.4246\times10^5}{2.026\times10^5}+\frac{18.4}{42}\right)=8.71\ (mg/L)$$

④ 20℃条件下,脱氧清水的充氧量

$$R_0 = \frac{ORC_{s(20)}}{\alpha[\beta \rho C_{sm(T)} - C] \times 1.024^{(T-20)}} = \frac{191.5 \times 10.47}{0.8 \times [0.9 \times 8.71 - 3] \times 1.024^{(30-20)}} = 425\ (kgO_2/d)$$

⑤ 滤池供气量

$$滤池总供气量\ G_s = \frac{R_0}{0.3E_A} = \frac{425/24}{0.3 \times 15} = 421\ (m^3/h) = 7.02\ (m^3/min)$$

单池供气量为 7.02/6＝1.17（m^3/min）

鼓风机选型：曝气鼓风机宜独立供气，空气扩散器距水面 4.2m，因此设三叶罗茨鼓风机 7 台，6 用 1 备，每台风量约 1.17m^3/min，风压 5.0m 水深。

（8）反冲洗系统

采用气水联合反冲洗

① 空气反冲洗计算，选用空气反冲洗强度 $q_{气}$＝10～15L/(m^2·s)，取 $q_{气}$＝15 L/(m^2·s)＝54m^3/(m^2·h)

$$Q_{气} = q_{气} A = 54 \times 12 = 648m^3/h = 10.8m^3/min$$

鼓风机选型：设三叶罗茨鼓风机 2 台，1 用 1 备，每台风量约 10.8m^3/min，风压 5.5m 水深。

② 水反冲洗计算，选用水反冲洗强度 $q_{水}$＝4～6m^3/(m^2·h)

$$Q_{水} = q_{水} A = 6 \times 12 = 72m^3/h$$

（9）承托层　承托层采用鹅卵石或砾石，分为 3 层布置，从上到下第一层粒径 4～8mm，层厚 100mm；第二层粒径 8～16mm，层厚 100mm；第三层粒径 16～32mm，层厚 100mm。

（10）布水设施　采用小阻力配水系统，滤板和长柄滤头布水布气。

（11）泥量估算　曝气生物滤池污泥产率 Y＝0.18kg/kgBOD

产泥量：$W = YQ(S_0 - S_e) = 0.18 \times 5000 \times (45-10) \times 10^{-3} = 31.5$（kg/d）

（12）管道计算　设进水管流速为 1.0m/s，出水管流速为 1.0m/s；反冲洗进水管流速为 2.0m/s，反冲洗出水管流速为 0.8m/s；空气干管流速为 10m/s，支管流速为 5m/s。

（八）工程实例[15]

1. 承德双滦污水处理厂

承德双滦污水处理厂设计流量为 50000m^3/d，由于工业废水占很大比重，进水 BOD/COD 仅为 0.25，污水可生化性较差，出水要求达到 GB 18918—2002 一级 B 标准。设计采用后置反硝化 BAF 工艺（C/N＋DN）。经过预处理，SS 降至 60mg/L 后进入 BAF。BAF 共设 6 组，每组两池，设计滤速 8m/h，强制滤速 10m/h。滤池水反冲洗时最大表面反冲强度 9L/(s·m^2)，气反冲洗时最大表面反冲洗强度 25L/(s·m^2)。由于进水 BOD 很低，C/N 池主要承担硝化任务，硝化负荷约为 0.8kgNO_3^--N/(m^3·d)。此外，结合水质特点，需要投加甲醇进行反硝化脱氮，设计甲醇投加量最大为 20mg/L，可反硝化约 6mg/L 的 NO_3^--N。

2. 东营市沙营污水处理厂

东营市沙营污水处理厂设计流量为 60000m^3/d，进水以生活污水为主，BOD/COD 比值为 0.6，可生化性好，出水要求达到 GB 18918—2002 一级 B 标准。设计采用了水解酸化池＋DN＋C/N 的前置曝气生物滤池工艺。设计滤池共分 4 组，每组 5 池，DN 池设计滤速 10m/h，反硝化负荷为 0.5kgNO_3^--N/(m^3·d)，C/N 池设计滤速 8m/h，COD 负荷为 1.0kgCOD/(m^3·d)，硝化负荷为 0.6kgNO_3^--N/(m^3·d)，硝化液回流比100%～120%。

四、主要设备与材料

(一) 滤料

BAF的滤料一般应符合如下要求[11]：①表面较粗糙，比表面积大，具有微生物栖息的理想表面；②耐磨性好，耐久性好，可减小损耗；③颗粒性好，可按需要制成不同粒径的颗粒；④易于冲洗与反冲洗；⑤能使水、气均匀冲洗；⑥能阻截、容纳水中固体物；⑦价格适中。

1. 陶粒滤料

陶粒滤料是采用优质陶土、黏土、黏溶剂等经团磨、筛分、煅烧加工而成，具有表面坚硬、内部多微孔、孔隙率高等特点。以好氧活性污泥作为接种，进水两周即可达到曝气生物滤池的处理效果。

图 2-7-47 陶粒滤料

陶粒滤料主要特点如下。

① 颗粒圆、均匀、表面粗糙、多微孔、内部孔隙发达，比表面积大，从而生物菌附着能力强，繁殖快、挂膜效率高，低温低浊条件下去除氨氮效果达到国内先进水平，工作周期长，周期产水量大。

② 堆积密度小，强度大，从而反冲洗能耗低，水头损失小，清洁料水头损失仅为150mm/m。

③ 截污能力强，一般为9～13kg/m。

④ 滤速高，一般为15～20m/h，最高可达35m/h。

⑤ 反冲洗耗水量低，仅为石英滤料的30%～40%。

⑥ 化学性能稳定，抗酸碱性能强，使用寿命长。

陶粒滤料外观见图2-7-47，其物理、化学性能见表2-7-25、表2-7-26，主要用途见表2-7-27。

表 2-7-25 陶粒滤料主要物理指标

项 目	性能与参数
外观	近似球形，深褐色或灰褐色，粗糙多微孔
粒径范围/mm	0.5～2，1～3，3～5，4～6，6～8，8～10
表观密度/(g/cm^3)	1.4～1.65
堆积密度/(g/cm^3)	0.8～1.1
粒内孔隙率/%	≥30
堆积空隙率/%	≥40
比表面积/(cm^2/g)	$\geq 4\times10^4$
盐酸可溶率/%	<2
磨损率/%	<2.2
抗压强度/MPa	>4.0
灼烧减量/%	<0.15
不均匀系数 K_{60}	≤1.40
清洁滤料的水头损失/(mm/m)	<125
溶出物	不含对人体有害的微量元素

数据引自：江西全兴化工填料有限公司。

表 2-7-26 陶粒滤料化学成分

成分	SiO_2	Al_2O_3	Fe_2O_3	CaO	MgO	K_2O+Na_2O	其他
含量/%	62.1	16.23	6.84	3.26	2.04	3.22	6.31

数据引自：江西全兴化工填料有限公司。

表 2-7-27　陶粒滤料主要用途

规　格	使用范围
ϕ0.5～2mm	适用于 BAF-N 池或 BAF-DN、BAF-P 池。适用于城市污水脱氮处理，也可用于给水工艺中对微污染水的预处理和工业水过滤
1～3mm	适用于 BAF-N 池或 BAF-P 池。适用于城市污水脱氮除磷深度处理，也可用于给水工艺中对微污染水的预处理和工业水过滤
3～5mm	适用于城市污水厂二级处理后深度处理回用，一般可用做 BAF-N 池填料，也可用于工业水过滤填料
4～6mm	适用于城市污水生化处理
6～8mm	适用于污水生化处理或工业废水粗过滤
8～12mm	适用于污水生化处理中承脱层或工业水过滤

2. 火山岩滤料

火山岩滤料，其主要成分为硅、铝、钙、钠、镁、钛、锰、铁、镍、钴和钼等几十种矿物质和微量元素，表观为不规则颗粒，颜色为黑褐色，多孔质轻，颗粒粒径可根据不同要求生产。火山岩滤料在物理微观结构方面表现为表面粗糙多微孔，这些特点特别适合于微生物在其表面生长、繁殖，形成生物膜。火山岩滤料外观见图 2-7-48。

（1）火山岩滤料的用途　这种滤料使曝气生物滤池不仅能处理市政污水，以及可生化的有机工业废水、生活杂排水、微污染水源水等，也可在给水处理中取代石英砂、活性炭、无烟煤等用作过滤介质，同时还可对已经过污水处理厂二级处理工艺后的尾水做深度处理，其处理出水达回用水标准后可作中水回用。

(a) 粒径1～3mm

(b) 粒径3～6mm

图 2-7-48　火山岩滤料

（2）火山岩生物滤料在化学微观结构方面的表现

① 微生物化学稳定性。火山岩生物滤料抗腐蚀，具有惰性，在环境中不参与生物膜的生物化学反应。

② 表面电性与亲水性。火山岩生物滤料表面带有正电荷，有利于微生物固着生长，亲水性强，附着的生物膜量多且速度快。

③ 对生物膜活性的影响方面。作为生物膜载体，火山岩生物滤料对所固定的微生物无害、无抑制性作用，实践证明不影响微生物的活性。

（3）火山岩生物滤料在水力学方面的表现

① 空隙率。内外平均孔隙率在40%左右，对水的阻力小，同时与同类滤料相比，所需滤料量少，同样能达到预期过滤目标。

② 比表面积。比表面积大、开孔率高且惰性，有利于微生物的接触挂膜和生长，保持较多的微生物量，有利于微生物代谢过程中所需的氧气与营养物质及代谢产生的废物的传质过程。

③ 滤料形状与水的流态。由于火山岩生物滤料是无尖粒状，且孔径大多数比陶粒要大，所以在使用时对水流的阻力小，节省能耗。

（4）火山岩生物滤料的化学成分及性能　火山岩生物滤料主要化学成分见表2-7-28，不同生产厂家的火山岩生物滤料性能参数及选型，分别见表2-7-29～表2-7-31。

表 2-7-28　火山岩生物滤料主要化学成分

化学成分	SiO_2	CaO	MgO	Fe_2O_3	FeO	Al_2O_3	TiO_2	K_2O	Na_2O
含量/%	53.82	8.36	2.46	9.08	1.12	16.89	0.06	2.30	2.55

表 2-7-29　火山岩生物滤料各项物理性能测试参数

性能指标	检测结果	性能指标	检测结果
容重/(kg/m^3)	740～850	比表面积/(m^2/g)	13.6～25.5
相对密度	1.29	抗压强度/MPa	5.78
含水率/%	0.9～1.0	抗剪切强度/MPa	3.98
孔隙率/%	73～82	摩擦损耗率/%	<1
去除有机物/%	80以上	开始挂膜时间/h	27
COD去除率/%	85以上	盐酸可溶率/%	<1.0
BOD去除率/%	75～93	溶出物	微含有益的矿物与微量成分
除氨、氮/%	85以上	外观	饱满颗粒，类似球状

数据引自：尚义县兴奥浮石开发有限公司。

表 2-7-30　淇方天火山岩生物滤料物理性能参数

性能指标	检测结果	性能指标	检测结果
堆积密度/(g/cm^3)	0.7～0.9	抗压强度/MPa	5.08～7.2
表观密度/(g/cm^3)	1.6～1.8	抗剪切强度/MPa	3.9～4.75
堆积孔隙率/%	50～70	年摩擦损耗率/%	<2～5
粒内孔隙率/%	15～20	挂膜时间/h	27
灰分/%	<0.1～0.5	盐酸可溶率/%	0.62
溶出物	不含有害溢出物	外观	多孔饱满颗粒

数据引自：淇方天集团。

表 2-7-31　淇方天火山岩生物滤料规格与选型

等级	适用水质及应用工艺	规格/mm	重要参数
优级(A型)(疑难废水或恶臭气体专用系列)	(工业污水)流化床工艺	0.5～1.5	1. 堆积孔隙率≥60% 2. 可使用比表面积(14～35)×$10^6 m^2/m^3$ 3. 堆积密度650～750kg/m^3 4. 年磨损率≤2% 5. 灰分≤0.1%
	(工业/市政污水)BAF/快滤池/过滤罐	1～3	
	(工业/市政污水)BAF/快滤池/过滤罐	3～5 4～6	
	(给水)生物预处理/(工业/市政污水)反硝化生物滤池	6～8	

续表

等级	适用水质及应用工艺	规格/mm	重要参数
优级(A型)(疑难废水或恶臭气体专用系列)	(工业废水)医药废水专用	8～12 20～30	1. 堆积孔隙率≥60% 2. 可使用比表面积(14～35)×10^6 m^2/m^3 3. 堆积密度 650～750kg/m^3 4. 年磨损率≤2% 5. 灰分≤0.1%
	(工业废水)焦化废水、印染废水专用;(恶臭气体)生物处理专用	10～20(12～25) 20～30 30～50	
中高级(B型)(较难处理水质与气体)	(工业污水)流化床工艺	0.5～1.5	1. 堆积孔隙率≥50% 2. 可使用比表面积(7～14)×10^6 m^2/m^3 3. 堆积密度≥700～800kg/m^3 4. 年磨损率≤3% 5. 灰分≤0.3%
	(工业/生活污水)BAF/快滤池/过滤罐	1～3	
	(工业/生活/市政污水)BAF/快滤池/过滤罐	3～5 4～6	
	(给水)生物预处理/(工业/市政污水)反硝化生物滤池	6～8	
	(工业废水)焦化废水、印染废水专用	10～20(12～25) 20～30 30～50	
普通级(C型)(普通工业/生活污水)	(普通工业/生活污水)流化床工艺	0.5～1.5	1. 堆积孔隙率≥40% 2. 可使用比表面积 5～10m^2/g 3. 堆积密度≥750～850kg/m^3 4. 年磨损率≤5% 5. 灰分≤0.5%
	(普通工业/生活污水)BAF/快滤池/过滤罐	1～3 3～5 4～6	
	(普通给水)生物预处理/(生活/工业污水)反硝化生物滤池	6～8	
	河道、人工湿地、河床、园林绿化、屋顶绿化等除氨氮工程	10～20(12～25) 20～30 30～50	

数据引自：淇方天生物滤料有限责任公司。

3. 沸石

目前有两种：天然斜发沸石滤料和活化沸石滤料。

天然沸石是铝硅酸盐类矿物，外观呈白色或砖红色，属弱酸性阳离子交换剂，经人工导入活性组分，使其具有新的离子交换或吸附能力，吸附容量也相应增大。主要用于中小型锅炉用水的软化处理，以除去水中的钙、镁离子，从而减少锅炉内水垢的生成，减轻水测金属的腐蚀，延长锅炉的使用寿命。在废水处理中，可用于除去水中的磷和铅以及六价铬。失效后的沸石可用于浓盐水逆流再生后重复使用。

活化沸石是天然沸石经过多种特殊工艺活化而成，其吸附性能比天然沸石更强，离子交换性能也更好，不仅能去除水中的浊度、色度、异味，而且对水中有害的重金属，如：铬、镉、镍、锌、汞、铁离子等，也有利于去除水中各种微污染物且水浸出液不含有毒，有害人体物质，去除水中铁、氟效果更为显著。因此活化沸石是工业给水、废水处理及自来水过滤的新型理想滤料。

沸石表面带正电，粗糙多孔，且具有很强的氨氮交换能力，比陶粒更容易挂膜，密度和强度也符合曝气生物滤池要求，适合作为 BAF 滤料。由于离子交换作用，沸石对氨氮的去除率中 95%以上，因此沸石滤料能显著增强过滤单元去除氨氮的能力；沸石对水中浊度的平均去除率为 65%；对水中 COD、锰的平均去除率大于 13%。沸石滤料对水质的影响试验表明，使用沸石作为滤料不会增加水中有害金属离子浓度。

沸石滤料的外观见图 2-7-49，其化学成分及性能见表 2-7-32、表 2-7-33。

图 2-7-49 沸石滤料

表 2-7-32 沸石的化学成分

成分	SiO_2	Al_2O_3	K_2O	CaO	Fe_2O_3	MgO	NaO	吸氨量
含量/%	70	14	3.5	2.2	1.5	1.3	1.3	115mmol/100g

数据引自：青岛嘉德滤料有限公司。

表 2-7-33 活化沸石滤料的性能

项目	参数	项目	参数
密度/(g/cm^3)	1.8～2.2	滤速/(m/h)	4～12
容重/(g/cm^3)	1.4	磨损率/%	<0.5
空隙率/%	≥50	破碎率/%	<1.0
比表面积/(m^2/g)	500～800	含泥量/%	<1.0
盐酸可溶率/%	≤0.1	全交换工作容量/(mg/g)	2.2～2.5

沸石的技术指标如下。

(1) 吸附性能 比表面积：122～355m^2/g；对 SO_2 的吸附容量为 47～58.2mL/g。

(2) 阳离子交换性能 NH_4^+ 交换容量：最高 150mmol/100g；最低 109mmol/100g；一般或平均 127.58mmol/100g。

K^+ 交换容量：最高 18.75mg/100g；一般或平均 13.19mg/100g。

(3) 催化性能 沸石具有较大比表面积，有较好的晶化性能，经甲苯歧化催化试验证明，改性后的沸石制作甲苯歧化催化剂是可行的，对二甲苯异构化都具有较高的催化活化性。

(4) 耐酸耐热性能 耐酸性能：在 90℃保温 4h，盐酸浓度为 1mol/L 时沸石没破坏；盐酸浓度 2mol/L 时沸石部分破坏。

耐热性能：250℃时，晶格略有变化；500℃时，晶格基本破坏；750℃时，晶格完全破坏；实验证明，其晶格破坏温度为 250～500℃，灼烧时间为 4h。

图 2-7-50 页岩陶粒滤料

4. 膨胀页岩

页岩陶粒又称膨胀页岩，是以黏土质页岩、板岩等经破碎、筛分，或粉磨后成球，烧胀而成。页岩陶粒按工艺方法分为：经破碎、筛分、烧胀而成的普通型页岩陶粒；经粉磨、成球、烧胀而成的圆球形页岩陶粒。页岩陶粒滤料的外观见图 2-7-50，其物理、化学性能见表 2-7-34。

表 2-7-34 页岩陶粒物理、化学性能

分析项目	测试数据	分析项目	测试数据
密度	1.6g/cm^3	盐酸可溶率	2.8%
容重	0.8g/cm^3	SiO_2	65%
磨损率	1.8%	Al_2O_3	18%～22%
孔隙率	56%	Fe_2O_3	6%～8%
比表面积	>980cm^2/g	其他金属含量均不超标	
常用规格	0.5～1mm;1～2mm;2～3mm;2～4mm;3～5mm;4～8mm;5～10mm;10～20mm;40～80mm		

数据引自：巩义市博源滤料厂。

页岩陶粒滤料特点：

① 比重小、机械强度高、耐冲耐磨损、节省能耗，生物稳定性、化学稳定性及热力学稳定性好。

② 由于表面粗糙，微孔结构丰富、比表面积大，因此截污能力强，挂膜效率高，利于微生物生长繁殖，生物量高。

③ 抗冲击负荷能力强，耐低温，易挂膜，启动快，反冲洗能耗低。

5. 轻质塑料滤料

聚苯乙烯泡沫颗粒滤料（EPS 发泡塑料滤珠）系在悬浮聚苯乙烯树脂中加入石油液化气而发泡制成的球状颗粒，在受热（70℃以上）时，体积膨胀，形成白色小球（俗称白球滤料），属于轻质滤料。

图 2-7-51 聚苯乙烯泡沫颗粒滤料

聚苯乙烯泡沫颗粒滤料外形见图 2-7-51，表 2-7-35 列出了可发性聚苯乙烯泡沫颗粒滤料（EPS 发泡塑料滤珠）及聚乙烯烧结过滤材料性能规格。泡沫颗粒具有质轻、比表面积大、吸附能力强、不破碎、孔隙率高、滤速高、脱污能力强、滤料均匀、使用寿命长等优点。

表 2-7-35 塑料滤料的性能规格

滤料名称	粒径(孔径)	物理化学性质	产地
聚乙烯泡沫颗粒滤料	1.0～1.6mm (未发泡粒径 0.53～0.85mm)	堆密度 80～100g/L， 孔隙率约 50%	上海
聚乙烯烧结过滤材料	$PE_{特}$<20μm PE_1 20～70μm PE_2 70～100μm PE_3 100～150μm PE_4>150μm	使用压力<0.4MPa 再生压力 0.6MPa 使用温度<80℃ 间断使用温度<100℃	上海
微孔聚乙烯（PE）板形过滤介质	PE 圆形板规格 (外径×厚)/mm 120×10PE-1 270×5PE-2 270×8PE-3 500×6PE-4 500×8PE-5 600×6PE-6 600×8PE-7	—	浙江省 温州市
微孔聚氯乙烯管形过滤介质	PVC-1-6	—	—

(二) 承托层

承托层，用于支撑滤料，在过滤时阻挡滤料进入出水中，在反冲洗时均匀布水。BAF承托层多采用不同粒径的卵石分层码放构成。几种承托层材料的性能参数见表 2-7-36。

表 2-7-36 几种滤池支承层用卵石的性能规格

粒径/mm	外观质量	物理化学性质	产地
2～4 4～8 8～16 16～25 16～32 32～64	呈圆形，无裂纹，天然河卵石经人工洗选	堆密度 1.85t/m³，SiO_2 含量≥98.8%，Fe_2O_3 含量 0.038%，盐酸溶出率<0.3%，含泥量 0.1%，抗压强度 103.4MPa	湖南省岳阳市
2～4 4～8 8～16 16～32 32～64	呈类圆形，无裂缝，无杂质，人工筛洗选	SiO_2 含量 98.8%，Fe_2O_3 含量 0.038%，堆密度 1.85t/m³，抗压强度 103.4MPa	福建省晋江市
2～4 4～8 8～16 16～32 32～64	天然海卵石，呈类圆形，无裂纹，无杂质，不含污	真密度 2.65t/m³，堆密度 1.85t/m³，SiO_2 含量 98.8%，抗压强度 103.5MPa	福建省晋江市

(三) 布水、布气装置

1. 小阻力配水系统

小阻力配水系统的形式很多，最常用的是穿孔板上安装滤头。长柄滤头是目前在气水反冲洗滤池中应用最普遍的配水、配气系统。长柄滤头由上部滤帽、滤柄和预埋套管组成。每只滤帽上开有多条缝隙，缝隙在 0.5μm～0.25mm，视滤料粒径决定。直管上部设有小孔，下部有一条缝隙。滤柄可分为固定式和可调式。冲洗时空气从滤柄上部的气孔进入，水则在滤柄下部的缝隙和底部进入。长柄滤头的滤帽为半球状体，由于滤帽缝隙呈弧形，因而配气、配水均匀。

长柄滤头外形结构见图 2-7-52，国内常用的长柄滤头规格见表 2-7-37。

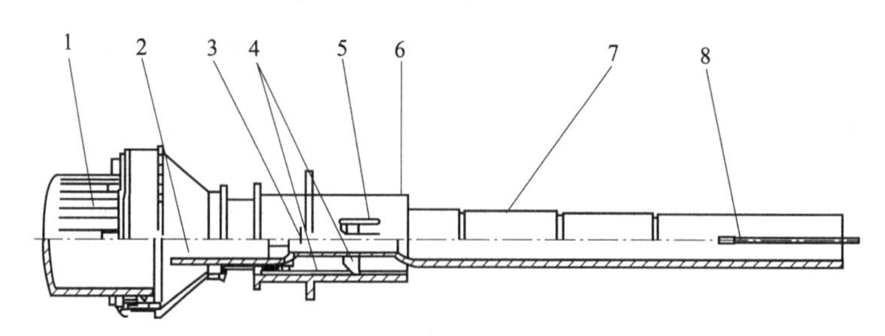

图 2-7-52 长柄滤头

1—滤帽；2—可调节螺纹；3—进气孔；4—调节瓣与防脱条；5—卡销；6—滤头预埋座；7—滤杆；8—进气缝

表 2-7-37 国内常用的长柄滤头规格

名称型号	材质	总长度/mm	预埋套管长度/mm	缝隙条数	缝隙高度/mm	平均缝隙宽度/mm	一个滤头缝隙面积/m²
长柄滤头	ABS	292	100	40	25	0.25	2.5

安装长柄滤头的滤头固定底板的接缝必须严密、可靠，不得漏气漏水。固定式滤头固定板的上表面应平整，每块板的水平误差不得大于2mm，整个池内板面的误差不得大于5mm。

安装前，就把套管预先埋入滤板内。长柄滤头采用ABS工程塑料（或不锈钢）制造。当气一水反冲洗时，在滤板下面的空间内，上部为气，形成气垫，下部为水。气垫厚度大小与气压有关。气压愈大，气垫厚度愈大。气垫中的空气先由直管上部小孔进入滤头，气量加大后，气垫厚度相应增大，部分空气由直管下部的直缝上部进入滤头，此时气垫厚度基本停止增大。反冲水则由滤柄下端及缝上部进入滤头，气和水在滤头内充分混合后，经滤帽缝隙均匀喷出，使滤层得到均匀反冲。滤头布置数一般为48～60个/m^2，开孔比约1.5%左右。滤头的配水配气示意见图2-7-53。

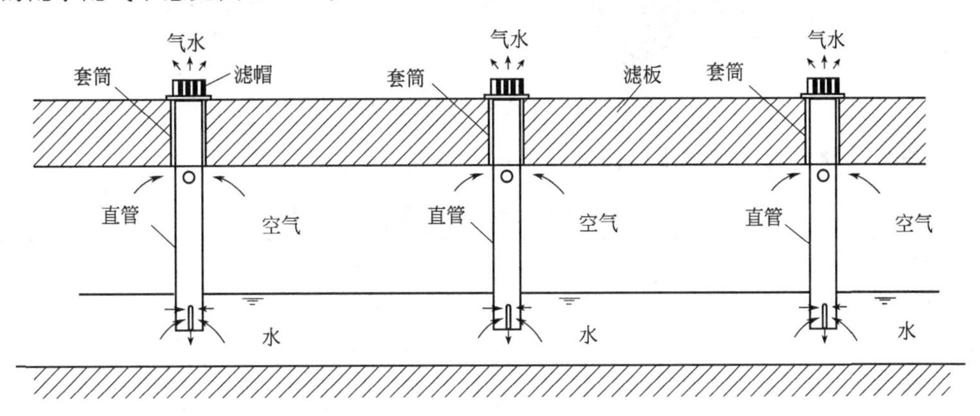

图2-7-53　滤头配水配气示意图

长柄滤头配气配水系统的滤帽缝隙总面积与滤池过滤面积之比一般为1.25%。每平方米的滤头数量约为50个左右。冲洗水通过长柄滤头的水头损失和冲洗空气通过长柄滤头的压力损失可按产品实测资料确定。

气水反冲洗滤头技术参数（见表2-7-38、表2-7-39）：

（1）滤头缝隙无残缺、气泡、飞边和毛刺等缺陷。

（2）滤头表面光滑、无明显杂质、无裂纹，色泽一致。

（3）单纯用气反冲洗时，滤头的水头损失和气水同时反冲洗的滤头水头损失应符合设计要求。

（4）单纯用水反冲洗时滤头的气压损失不大于表2-7-38值。

表2-7-38　单纯用水反冲洗时滤头的水头损失最大值

流速/(m/s)	23	27	31	35	39	43
水头损失/Pa	0.041	0.055	0.074	0.098	0.138	0.161

数据引自：江西省萍乡市飞云陶瓷实业有限公司。

表2-7-39　长柄滤头技术参数

项目 单位	规格 /mm	拉伸强度 /MPa	冲击强度 /(kg/m^2)	硬度(洛式)	调节范围 /mm	通水流量 /[m^3/(个·h)]
指标	420	35～45	10～30	95～103	0～40	1

数据引自：江西省萍乡市飞云陶瓷实业有限公司。

2. 大阻力配水系统

如图2-7-54所示，大阻力配水系统多采用穿孔管式，有一条干管和多条带孔支管构成，

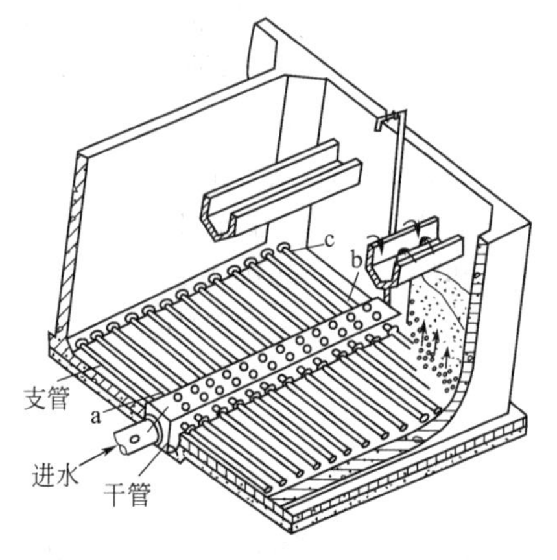

图 2-7-54 穿孔管大阻力配水系统

外形呈“丰”字状，其干管和支管设计取值可参照表 2-7-40。

表 2-7-40 管式大阻力配水系统设计参数

项目	数值	项目	数值
干管进口流速/(m/s)	1.0～1.5	支管进口流速/(m/s)	1.5～2.5
总开孔率/%	0.2～0.5	孔口流速/(m/s)	5～6
孔口直径/mm	9～12	支管间距/m	0.2～0.8
孔口间距/mm	75～300	支管直径/mm	75～100

穿孔管上总的开孔率（孔口面积与滤池面积之比）很低，为 0.2%～0.5%，支管下开两排小孔，孔口直径为 9～12mm，与中心线呈 45°角交错排列。当干管直径大于 300mm 时，干管顶部也应开孔布水，并在孔口上方设置挡板。在反冲洗时孔口流速 v=5～6m/s，产生较大的水头损失，约为 3～4m 左右，孔口水头损失远高于配水系统中各孔口处沿程损失的差别，相对消除了滤池中各孔口位置不同对配水均匀性的影响，实现了配水均匀。

大阻力配水系统滤池的反冲洗水由反冲洗水塔或反冲洗水泵提供，总的反冲洗水头 6～8m。优点是：其配水均匀性好，单池面积大（可到 $100m^2$ 左右），基建造价低，工作可靠。不足之处：需单设反冲水塔或水泵，反冲洗所需水头大、能耗高。

3. 布气装置

单孔膜空气扩散器是主要应用于曝气生物滤池的一种曝气装置，其安装方便、供给的气泡直径小，气泡分布范围大，不易被杂物堵塞，不怕滤料堆压。它利用压缩空气从橡胶单孔膜片上单个小孔高速射流与污水碰撞而形成细小气泡。由于半圆筒形上管夹的正中位置设有防止滤料堆压膜片的筒形出气口，故单孔膜空气扩散器能直接设置在滤料层中，在其四周有滤料堆压的情况下也能使起曝气作用的橡胶膜片正常工作。其布气管一般采用小管径 ABS 或 UPVC 管。

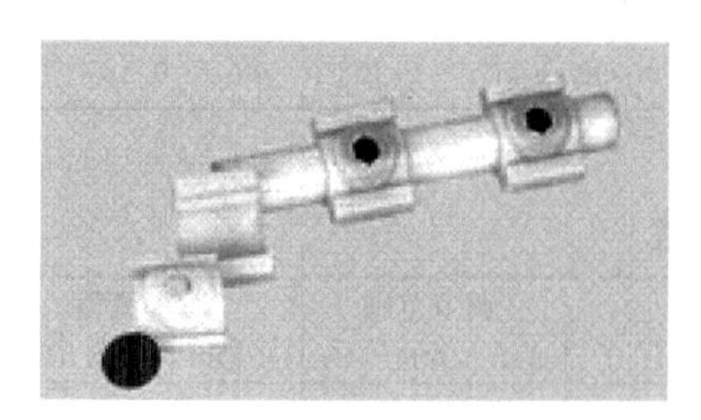

图 2-7-55 单孔膜空气扩散器

目前国内常用的单孔膜空气扩散器有两种，分别参见图 2-7-55、表 2-7-41 及图 2-7-56、表 2-7-42、表 2-7-43。单孔膜空气扩散器在工程中应用及安装示意见图 2-7-57、图 2-7-58。

表 2-7-41 单孔膜空气扩散器

项目	参数	项目	参数
水深/m	6	安装高度/mm	100～200
空气通量/[m^3/(个·h)]	0.20～0.45	空气支管/mm	ϕ25
氧利用率/%	22.6	上、下管夹/mm	43×43
阻力损失/Pa	≤2500	单孔膜直径/mm	ϕ33
安装密度/(个/m^2)	36～49	单孔直径/mm	ϕ1

数据引自：玉环县双科环保设备有限公司。

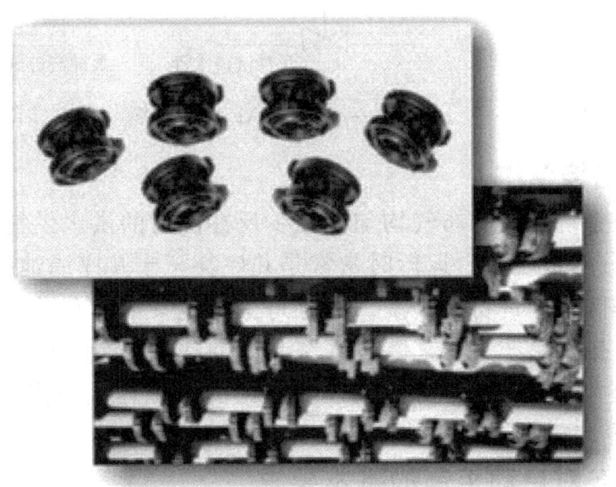

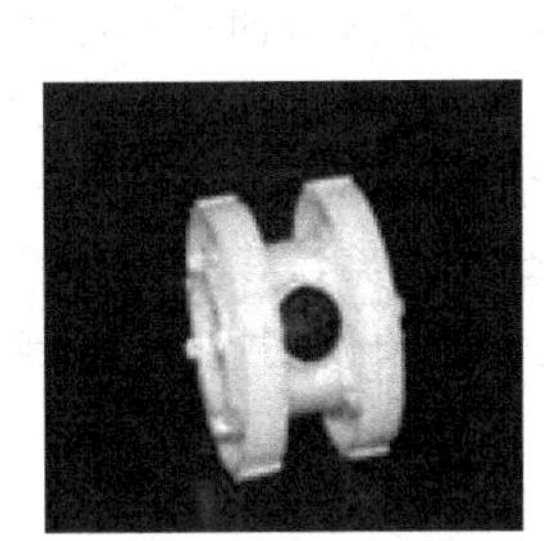

图 2-7-56 HQKSQ-01 型单孔膜空气扩散器

表 2-7-42 HQKSQ-01 型单孔膜空气扩散器性能参数

规　格	材质	通过空气流量	阻力大小	安装密度
ϕ60×45	ABS 工程塑料	0.24～0.43m^3/(个·h)	≤2500Pa	36～49 个/m^2

数据引自：安徽华骐环保科技股份有限公司。

表 2-7-43 HQKSQ-01 型单孔膜空气扩散器物理力学性能

项目	拉伸强度	MPa	21～28
单位	冲击强度	kJ/m^2	27～49
指标	硬度	洛氏 R	62～88

数据引自：安徽华骐环保科技股份有限公司。

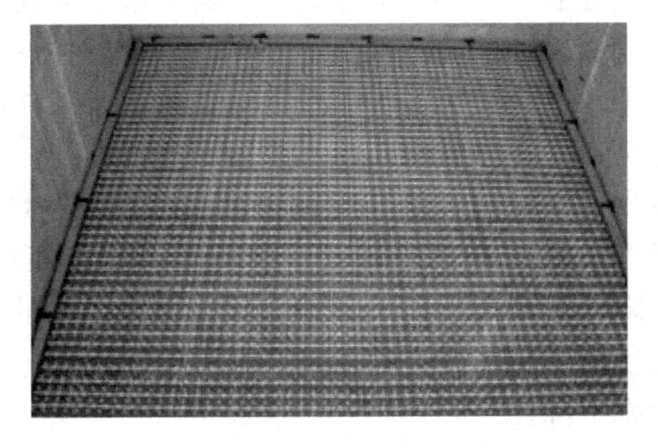

图 2-7-57 单孔膜空气扩散器在工程中应用

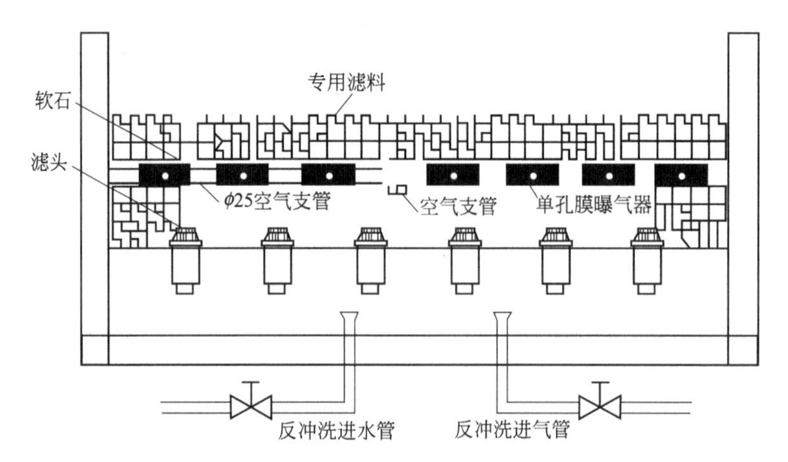

图 2-7-58 BAF用单孔曝气器安装剖面图

(四) 自控系统[12]

为保证系统的布水布气均匀、减少反冲洗时的供水供气量，滤池表面积不能太大，这就使得BAF分格数较多，运行时常常是几座甚至十几座滤池一起工作；而反洗系统共用一套，则需各池排队依次进行反冲洗。而且每个滤池又都具有进水系统、出水系统、反冲洗进水系统、反冲洗排水系统、工艺曝气系统和反冲洗供气系统这6套管路系统，这就使整个工艺的控制部分庞大、复杂，不可能通过操作人员人工控制来实现，必须使用PLC编制程序，进行自动控制。

1. BAF对自动控制的基本要求

尽管BAF工艺已发展出诸多形式，但其对自动控制的基本要求是一致的。

(1) 保证进水的水量和均匀　由于BAF工艺常常是多个滤池并联工作，这就存在着每个滤池的进水水量是否大致相同，污水在每个滤池中的停留时间和上升流速是否合理的问题，因此需要由控制系统监控每个滤池的进水水量。当滤池间的进水水量出现偏差时，能够及时让管理人员知道，甚至能够做到自动调节各进水支管的流量，保证污水在每个滤池内的停留时间大致相同，最低要求也要能监控进水总管的流量，以明确系统目前的运行状态。

(2) 保证工艺曝气的均匀　BAF工艺的工艺曝气管道布置在滤板上方的承托层内，上方是几米高的滤料层，导致曝气器上方阻力变化的因素多，易出现曝气不均匀的现象，一旦出现，维修起来也很困难。因此能够通过自控系统及时监控每个滤池曝气管道的风量，并找到一种最简单的解决曝气不均匀现象的方法，就成了BAF工艺控制的一个重要任务。

(3) BAF反冲洗的控制　由于BAF工艺常常是多个滤池并联工作，而反冲洗采用的水泵和风机的共用一套，因此控制系统必须能准确地了解到多个滤池中有哪个或是哪几个滤池需要进行反冲洗，将这些需要反冲的滤池排队，及时准确地切换滤池上各阀门的开关，同时将处于反冲洗状态的滤池进水量分配至其他工作滤池，以正常工作的每个滤池的进水不发生大的变化为原则，在反冲结束时再将阀门切换回来。

(4) 保证反冲洗时适当的水量和气量　反冲洗时的水量和气量决定了反冲洗后BAF滤料上的生物膜厚度。若反冲洗水量和气量不够，则不能将滤料间截留的悬浮物质彻底清除掉，使滤料的截污能力下降，下一次反冲洗周期变短。反冲洗水量和气量过大，在冲走滤料间无机杂质的同时，也会使附着在滤料上的生物膜因过度冲刷而流失，导致下一周期开始时的一段时间内滤池去除效率下降。

目前BAF这样的新型工艺，可参看的实际经验还不多，设计的数据也不十分精确，这样就需要在运行过程中通过自控系统调整各个控制参数，以便得到更好的处理效果。

2. BAF自控系统设计

(1) BAF常用仪表及设备

① 常用仪表

滤池上的在线仪表主要是流量计、压差监测仪表、溶氧仪等。

a. 流量计。用于检测进水流量、曝气量。工艺曝气量的测量常采用涡街流量计，设计选型时要防止管道口径过大，流速过低，造成雷诺数过低，形成不了湍流，从而引起测量的较大误差。一般而言，需保证雷诺数 $Re>20000$。由于气体测量受温度和压力影响较大，所以要使用温度-压力补偿器。进水采用支管道分配时，进水流量计可采用涡街流量计；进水为堰渠配水时，可采用超声波流量计。超声波流量计由于采用非接触式的连续测量，不会在污水中结垢，安装维修方便。选用超声波流量计时，应考虑流量范围与超声波探头的合理搭配。

b. 压差传感器。压差传感器用于测量BAF滤料上下之间的压差，该值用来控制反冲洗的起始。安装方式是用两条管道分别连接滤料上下的污水，将传感器安装在两条管道的连接处，这样就能测量出压差。

c. 溶氧仪（DO仪）。在线监测溶氧仪可实时监控BAF出水的DO浓度，并可反馈信号给PLC，用于指令鼓风机变频器的运行，调节鼓风机曝气量。在选用DO仪时，应考虑到其自动清洗功能，定期清洗传感器电极。

d. 液位计。用于在线监测BAF液位情况。BAF一般采用超声波液位计或浮球液位计。

② 常用设备

a. 变频器。BAF工艺中必须用到变频器的地方是曝气风机。通过检测BAF中溶解氧含量，并与设定值进行比较，从而改变电机转速而达到改变曝气量的目的，使出水溶解氧浓度在设定的范围内。变频器控制信号来自PLC控制器，变频器容量应与电机额定功率匹配。

b. 自动阀门。由于管路系统复杂，BAF工艺中安装的自动阀门很多，它们都是自控系统的执行机构。按照驱动形式可以分为气动阀门和电动阀门两种：气动阀门通过控制气缸的气流方向，由压缩空气来驱动阀门的开或关；电动阀门直接由电机驱动。

气动阀门可靠性更高，整套设备造价较低，但是其驱动气源需要由空气压缩机提供，气体管路安装需要专业指导，否则在安装或气洗管路时，容易造成管路泄漏或堵塞；电动阀门由于不需要安装气体管路，控制简单，现场安装方便，但整套设备造价较高，且阀门安装在滤池管廊中，湿度较大，阀门动作频繁，容易损坏，可靠性没有气动形式的高。综合性价比来看，BAF工艺中推荐选用气动阀门，它更适应BAF污水厂的自控系统。

(2) BAF工艺控制原理　BAF状态可分为正常工作、反冲洗、备用、故障等几种状态。

① 正常工作控制。滤池正常工作时，曝气阀及进水调节阀开启，其他阀门关闭，曝气鼓风机变频运行，整个滤池自动运行。核心控制参数为滤速（水力负荷）、出水溶解氧浓度（DO）及运行周期控制。

为使进水均匀配给每个滤池，最完善的控制方法是在每个滤池的进水支管上均设置自动阀门和流量计，根据每个滤池流量数据来控制进水支管上阀门的开启程度，使进水流量与预先设定的流量相同，确保滤池在设计工况（设计水力负荷）下运行，但这种控制方法由于安装了较多流量计，成本较高。也可以在进水总管上安装一个总进水流量计，来显示滤池总进水量，并假设配水管路能将进水平均分配给每个滤池，以这个假设的数据来确定工作滤池的个数，但每个滤池的进水支管上仍应设置自动阀门以调节进水量。

从一根曝气总管分出 N 个曝气支管为 N 个滤池供气的方式，无法达到对单个滤池所需曝气量进行控制的目的，也无法应对曝气不均匀的现象。比较可行的控制方法是将风机与滤池一一对应，即一台风机只为一个滤池服务，这样每个气体流量计只显示一台风机的风量，在线溶氧仪和曝气鼓风机组成闭环控制，使池内的溶解氧保持一定水平，当一个滤池曝气出现堵塞时，可以方便地调节并且不会影响到系统内其他滤池的正常供气。

② 反冲洗控制。正常情况下滤池反冲洗周期一般为24～48h，运行人员可以根据实际情况及时调整PLC中设定的数据。或由压差传感器提供的压差信号作为滤池反冲洗的判断指标，还可由运行人员根据需要人为干预，产生反冲洗信号。

当滤池具备反冲洗条件时，需停止正常工作，要排队才能进入反冲洗工况（根据提出反冲洗申请的先后顺序）。反冲洗程序为三段式冲洗：气冲洗、气水混合冲洗、水冲洗。其工艺过程为：

关进水调节阀—关闭曝气鼓风机和鼓风机出口自动阀门；

开反冲洗排水闸板—开反冲洗进气阀—启动反冲洗鼓风机；

开反冲洗水泵—开反冲洗进水阀；

停反冲洗鼓风机—关反冲洗进气阀—开放气阀—关放气阀；

关反冲洗进水阀—关反冲洗水泵—关反冲洗排水闸板。

此时一个反冲洗周期结束，开进水阀门、开曝气进气阀，滤池开始正常工作。

反冲洗周期、气洗时间、气水联合反洗时间、水洗时间、排气阀开启时间均可由操作人员根据实际运行情况进行程序设定。当反冲洗状态进行时，如出现进入反冲洗状态的条件被破坏的情况，反冲洗工况自动停止。

③ 备用状态。BAF系统中设计时都会按照比较保守的数据设计，加之污水处理进水量的季节性变化或工业废水水量的生产性变化，经常会发生有滤池闲置备用的情况。这时，控制系统可根据每个滤池和设备闲置时间的多少而安排滤池的工作，让每个滤池和设备都能获得大致相同的检修时间。

④ 故障状态。BAF在运行中若出现故障，应停电检修，单个滤池的检修不会影响其他滤池的正常运行。

(3) BAF自控系统结构和组成 BAF自控系统多采用以PLC为基础的DCS控制系统，即分散控制系统（distributed dontrol system），也称为集散控制系统。它是一个由过程控制级和过程监控级组成的以通信网络为纽带的多级计算机系统，综合了计算机（computer）、通信（communication）、显示（CRT）和控制（control）4C技术，其基本思想是分散控制、集中操作、分级管理、配置灵活、组态方便。

各单格滤池旁设分控柜（就地柜）一个，控制滤池的过滤及阀门（包括反冲洗时的相关阀门）。整个滤池设公共柜一个，用于处理各分控柜的反冲洗申请，以及反冲洗设备的控制。各分控柜和公共柜通过工业控制网连接起来，实现数据的传输。数据传输至上位机，动态显示滤池工艺工作状况、设备运行状况、反冲洗参数设置等。自控系统结构见图2-7-59。

系统由下列三部分组成：分控柜、公共控制柜、上位机监控站。

① 分控柜。就地控制柜，安装于每格滤池旁。其主要功能为：

a. 对单格滤池进行污水过滤、曝气控制及气水反冲洗控制；

b. 显示各阀门的开关状况；

c. 动态显示水位、水头损失、溶解氧浓度；

d. 显示相关设备的工作状态；

e. 对单格滤池的阀门实行自动控制，亦可对单个阀门进行手动操作；

f. 指示滤池的工作状态；

g. 对有关故障进行报警。

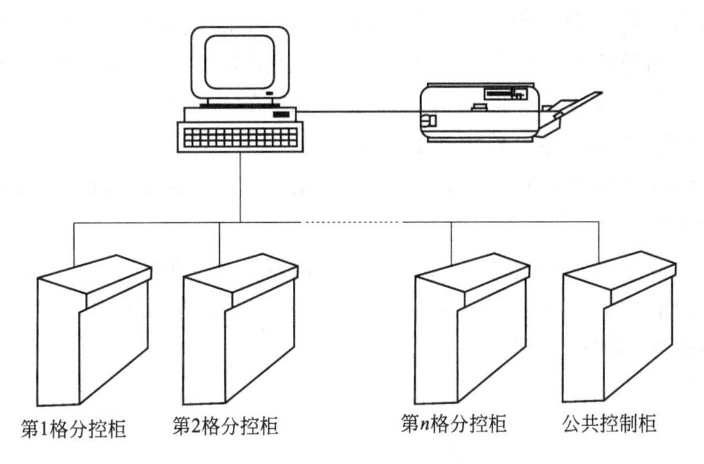

图 2-7-59　BAF 自控系统结构

② 公共控制柜。安装于控制室。其主要功能为：

a. 负责协调各格滤池反冲洗控制，以及设备内部间的网络通信；

b. 显示反冲洗设备各阀门的开关状况；

c. 显示反冲洗设备的工作状况；

d. 对反冲洗设备（反冲洗水泵、反冲洗鼓风机等）及其出口阀门进行自动控制，亦能对单个滤池进行手动操作；

e. 对有关故障进行报警。

③ 上位机监控站。安装于控制室。其主要功能为：

a. 动态监视各滤池的运行情况、相关设备及阀门的工作状态；

b. 对反冲洗周期、滤池水温、水头损失、反冲洗时间等参数进行设置；

c. 显示有关参数的历史曲线及图表；

d. 具有水位报警、通信报警灯功能，并具有为用户提供进一步处理报警的能力；

e. 报表管理，统计生产滤池运行情况的各种生产报表、报警报表等；

f. 打印功能，连接打印机后，可打印各种报表及图形。

（4）主要测控点

① 数字 I/O。曝气鼓风机工作状态；进出水自动阀门、曝气自动阀门、排气阀的开闭状态；反冲洗水泵、反冲洗鼓风机的启停状态；反冲洗水自动阀门、反冲洗气自动阀门的开闭状态。

② 模拟 I/O。进水流量、进水阀阀位；滤床水头损失、水位；溶解氧浓度、曝气量。

第六节　生物活性炭滤池

生物活性炭滤池技术是在活性炭技术的基础上发展而来，大量应用于饮用水的处理。但由于水资源的匮乏，人们对污水处理出水深度处理后回用的需求越来越大，也使得生物活性炭滤池技术开始大量用于污水的深度处理。

一、原理和功能

（一）原理

生物活性炭滤池（biological activated carbon filter，BACF）技术是将活性炭作为生物

膜载体，利用活性炭的吸附作用和生物膜降解作用，去除水中污染物的一种水处理技术。生物活性炭滤池在结构及运行方式上与 BAF 类似，只是其填料为颗粒活性炭。颗粒活性炭利用其具有巨大比表面积及发达孔隙结构，对水中有机物及溶解氧有强的吸附特性，以及其表面极易于微生物的繁殖的特性，作为生物载体，为微生物集聚、繁殖生长提供了良好场所；同时由于微生物的降解作用，对活性炭有再生作用，延长了活性炭的使用寿命。

（二）机理分析

生物活性炭滤池处理水的过程，涉及活性炭颗粒、微生物、水中污染物（基质）及溶解氧 4 个因素在水溶液中的相互作用。图 2-7-60 为生物活性炭滤池内活性炭、微生物、污染物质及溶解氧间相互作用简化模型示意[9]。

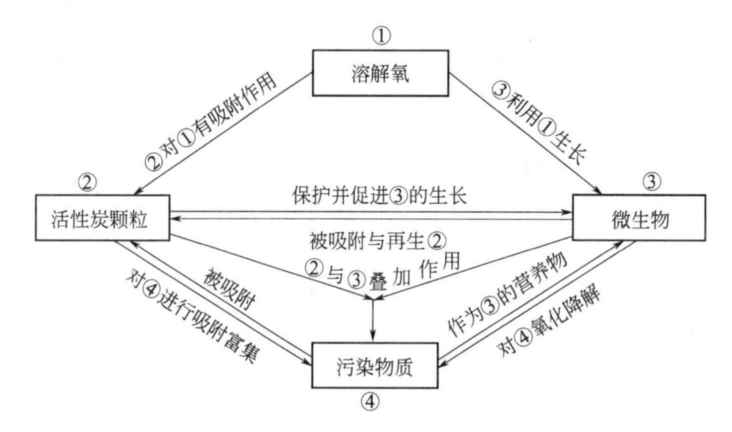

图 2-7-60 生物活性炭滤池的相互作用简化模型示意

（1）活性炭与污染物之间的相互作用　属于单纯活性炭吸附，与活性炭的比表面积、孔隙结构、表面化学性质有关，与污染物的溶解度、分子量、分子极性、分子结构等有关。目前国内用于水处理的活性炭，其微孔比较发达，一般占比表面积分配的 95%以上，但过渡孔（中孔）只占 5%以下。对于废水处理，需要比孔容积>0.2cm³/g 活性炭，这样大分子和大分子量的有机污染物才能被吸附。

（2）活性炭对溶解氧的作用　主要是化学吸附，这部分氧有时可起到催化作用。

（3）微生物与溶解氧的作用　当水中溶解氧足够时，好氧微生物得以生长，溶解氧不足时，兼性微生物及厌氧微生物得以生长。

（4）微生物与污染物质的相互作用　微生物对基质的降解过程是微生物获取能量和营养的过程，但有时基质也可以是微生物代谢活动的抑制剂。

（5）微生物与炭颗粒的相互作用　活性炭对水中微生物有很好的吸附作用。包括对细菌、真菌、原生动物、藻类及病毒等。影响活性炭对微生物吸附的主要因素有：微生物的特征与浓度，活性炭的特性及环境条件等。微生物对活性炭的吸附作用有着重要影响：

① 好氧微生物的存在，可以提高活性炭的吸附容量，延长活性炭的使用寿命。厌氧及兼氧微生物的存在将使废水中一些化合物还原，如对 SO_4^{2-}、NO_3^- 及 NO_2^- 等，有时会对吸附装置的正常运行带来麻烦。

② 活性炭的吸附速率主要取决于过渡孔（中孔）及微孔的吸附速率，炭表面生长的微生物主要在活性炭外表面及大孔内。活性炭表面上的微生物量与水中基质浓度有关，通过控制适当的基质浓度，以及在操作上采用相应的措施，如定期反冲炭床等，这样就对活性炭吸附速率的影响不大。

③ 活性炭吸附与微生物降解的协同作用。目前一般认为，微生物的降解作用改变了活性炭的物理吸附平衡，使生物活性炭得以再生。人们从活性炭的物理吸附特性及微生物氧化作用分析：炭表面生长的微生物群，不但可以降解水中的有机物质，同时也降解炭内已吸附的有机物质。由于炭表面微生物膜内的有机污染物质浓度最低，所以引起水中有机物借助液相中的浓差推动力和炭对有机物的吸附势能，向炭表面微生物膜扩散，同时，炭内已吸附的有机物则由于其表面的浓度差，而获得保持吸附平衡的解吸力，也向炭表面微生物膜扩散。此时微生物在水和炭两个方向的有机物扩散供给下，得到充足的营养，生物活性高、繁殖快，在适宜的环境下提高了活性炭的吸附容量。

(三) BACF 特点

虽然活性炭生物再生机理的解释在国内外尚不统一，但它在水处理方面具有突出的效果，得到了全世界的认可。BACF 的特点如下。

(1) 适用于低浓度有机废水的深度处理。一般情况下，微生物对有机物的降解存在一个最小基质浓度，水中有机物低于这一浓度时，微生物降解反应速率很低。由于 BACF 对水中有机物有较好的吸附性能，炭表面对有机物的富集，提高了微生物的降解速率。BACF 可用于污水处理的末端处理，使出水达到较优质的水质指标，以满足日益严格的达标排放要求。

(2) 利用微生物降解吸附到活性炭上的有机污染物，从而降低了活性炭的吸附负荷，增加了炭床达到“穿透”或“失效”时的通水倍数，大大延长活性炭使用周期，降低了活性炭再生成本。对不同的水质，生物活性炭对 COD 的吸附容量较单纯活性炭吸附容量（0.3～0.5gCOD/kg 炭）提高 4～20 倍。

(3) BACF 运行稳定，去除率高，可去除活性炭和微生物单独作用时不能去除的污染物。由于活性炭对溶解氧的吸附，活性炭表面具有催化作用，促进有机物生物降解。活性炭对水中有毒物质的吸附，提高了处理工艺的耐冲击负荷的能力。

(4) BACF 工艺设备简单，占地面积小，易于实现完全自动控制，运行管理方便，节省人力。

(5) 对 COD、SS、色度均匀较好地去除，尤其是对色度的去除效果是其他工艺无法比拟的。

二、设备和装置

生物活性炭滤池的构成及运行方式，与 BAF 非常相似，只是滤料采用活性炭滤料，其他构成如承托层、布水布气装置、自控系统等都可参照 BAF 进行设计和选型。这里重点介绍活性炭滤料。

1. 常用分类

根据活性炭的外形、原材料、制造方法和使用用途等不同，活性炭可分为许多类别和品种，表 2-7-44 列出了活性炭的常用分类，不同类型活性炭的外观见图 2-7-61。

表 2-7-44 活性炭的常用分类

分类标准	说明
按形状分类	粉状炭、粒状炭(包括无定形炭、柱形炭、球形炭等)
按原材料分类	煤质炭、木质炭、果壳炭等
按制造方法分类	药物活化炭(大部分为 $ZnCl_2$ 活化的粉状炭)、气体活化炭(水蒸气活化的粉状炭和粒状炭)
按用途分类	液相吸附炭、气相吸附炭

(a) 果壳活性炭

(b) 煤质颗粒活性炭

(c) 粉末活性炭

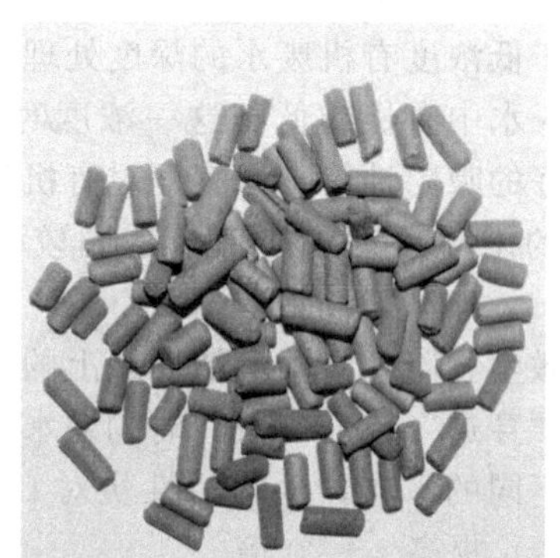

(d) 柱状活性炭

图 2-7-61 不同类型的活性炭

2. 活性炭的特性

活性炭外观为暗黑色，化学稳定性好，耐强酸、强碱，耐高温、高压，能经受水浸，密度小于水，是多孔的疏水性吸附剂，具有良好的吸附性能。

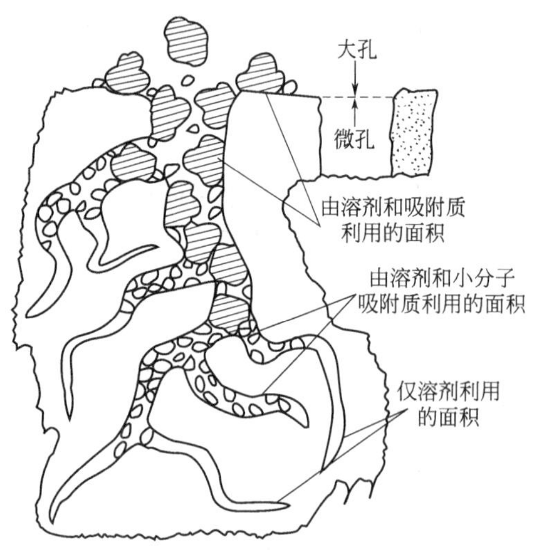

图 2-7-62 活性炭的细孔分布及作用示意

活性炭在制造活化过程中，挥发性有机物去除后，晶格间生成空隙，形成许多形状各异的大小细孔。这些细孔的比表面积可高达 $500\sim700m^2/g$，因此活性炭具有很强的吸附能力，并有很高的吸附容量。比表面积相同的炭，对同一种物质的吸附容量有时也不相同，这与它的细孔结构和细孔分布密切相关。而细孔结构与原料、活化方法及活化条件有关。通常可根据细孔半径大小的不同，将细孔分为大孔、中孔和小孔。一般活性炭的小孔容积约为 0.15～0.90mL/g，小孔表面积占活性炭总表面积的 95%以上；中孔的容积约为 0.02～0.10mL/g，中孔表面积占活性炭总表面积的 5%；大孔的容积为 0.2～0.5mL/g，表面积只有 $0.5\sim2m^2/g$。活性炭的细孔分布及作用模式如图 2-7-62 所示。

活性炭的吸附特性，不仅受细孔结构影响，而且也受其表面化学性质的影响。

在活性炭成分中，炭占70%～95%，此外还有两种组分，一种是以化学键结合的氧和氢，另一种是灰分。灰分含量随活性炭的种类而异，椰壳炭的灰分在3%左右，而煤质炭的灰分高达20%～30%。

粉状活性炭吸附能力强，制作容易，成本低，但不易再生；粒状活性炭成本较高，但操作管理简单，且容易再生。

我国用于水处理的活性炭，多为柱状煤质炭。表2-7-45列出了几种用于水处理的粒状活性炭的一般特性。

表 2-7-45　用于水处理的粒状活性炭的特性

特性参数	日本 白鹭W炭	日本 白鹭L炭	日本 X-7000炭	美国 Filtrasorb-400	太原新华 ZJ-15炭(8#)	北京光华 GH-16炭
原料与形状	煤质、无定形	煤质、无定形	煤质、无定形	煤质、无定形	煤质、柱状	杏核、无定形
粒度/目	8～32	8～32	8～32	12～24	10～20	10～28
堆密度/(g/L)	475	405	458	480	450～530	340～440
比表面积/(m^2/g)	850	970	1100	1020	约900	约1000
细孔容积/(mL/g)	0.88	1.07	0.94	0.81	0.80	0.90
半径孔径/mm	4.1	3.4	1.9	2.1		
强度/%	90	—	98	87	<75	≥90
pH值	—	—	—	—	9.0～9.5	8～10
灰分/%	—	—	—	—	<30	<4
水分/%	—	—	1010	—	<10	<10
碘值/(mg/g)	—	—	200	1060	≥800	≥1000
亚甲基蓝吸附值/(mg/g)	—	—	48	200	—	—
ABS值	—	—		45	—	—

3. 常用活性炭产品

我国针对净化水用煤质颗粒活性炭制定了国家标准《煤质颗粒活性炭　净化水用煤质颗粒活性炭》(GB/T 7701.2—2008)，主要的控制指标如表2-7-46所示。国内一些生产活性炭的企业有自己的产品标准和参数，选择时应以厂家提供的数据为准。表2-7-47是一些国产活性炭产品的性能参数。

表 2-7-46　净化水用煤质颗粒活性炭国家标准中的主要指标

项目	指标	项目			指标
外观	暗黑色炭素物质，呈颗粒状	粒度/%	ϕ1.5mm	>2.5mm	≤2
漂浮率/%	柱状≤2；不规则状≤10			1.25～2.5mm	≥83
水分/%	≤5.0			1.00～1.25mm	≤14
强度/%	≥85			<1.00mm	≤1
装填密度/(g/L)	≥380		8×30	>2.5mm	≤5
pH值	6～10			0.6～2.5mm	≥90
碘吸附值/(mg/g)	≥800			<0.6mm	≤5
亚甲蓝吸附值/(mg/g)	≥120		12×40	>1.6mm	≤5
苯酚吸附值/(mg/g)	≥140			0.45～1.6mm	≥90
水溶物/%	≤0.4			<0.45mm	≤5

表 2-7-47 部分水处理用国产颗粒活性炭的参数

活性炭型号	ZJ-15	ZJ-25	QJ-20	PJ-20	XN-15J	XN-25J
形状	ϕ1.5 圆柱形	ϕ2.5 圆柱形	ϕ2.0 球形	不定形	ϕ1.5 圆柱形	ϕ2.5 圆柱形
材质	无烟煤	无烟煤	烟煤	烟煤	无烟煤	无烟煤
粒度/目	10～20	6～14	8～14	8～14	10～20	6～14
机械强度	≥85	≥80	≥80	≥85	>70	>85
水分/%	≤5	≤5	≤5	≤5	<5	<5
碘值/(mg/g)	≥800	≥700	≥850	≥850	>800	>700
亚甲基蓝值/(mg/g)	≥100			≥120		
真密度/(g/cm^3)	约 2.20	约 2.25	约 2.10	约 2.15	约 2.20	约 2.25
颗粒密度/(g/cm^3)	约 0.8	约 0.70	约 0.72	约 0.80	约 0.77	约 0.70
堆积/(g/L)	450～530	约 520	约 450	约 400	>450	约 520
总孔容积/(cm^3/g)	约 0.80	约 0.80	约 0.90	约 0.80	约 0.80	约 0.80
大孔容积/(cm^3/g)	约 0.30		约 0.40	约 0.30	约 0.30	
中孔容积/(cm^3/g)	约 0.10	约 0.10	约 0.10	约 0.10	约 0.10	
微孔容积/(cm^3/g)	约 0.40		约 0.40	约 0.40	约 0.40	
比表面积/(cm^2/g)	约 900	约 800	约 900	约 1000	约 900	
包装方式	25～50kg 铁桶或袋装	25～50kg 铁桶或袋装	25～50kg 铁桶或袋装	25～50kg 铁桶或袋装	25～50kg 铁桶或袋装	25～50kg 铁桶或袋装
用途和特点	用于生活饮用水的净化，工业用水的前处理，废水的深度净化	具有良好的大孔，能有效去除污水中各有机物和臭味，宜用于工业废水的深度净化	易于滚动，床层阻力小，用于液相吸附，城市生活用水净化、工业废水深度净化	饮用水及工业用水净化、脱氯、除油去嗅	饮用水净化，工业用水的预处理，生活污水的深度处理，工业废水的吸附处理	工业废水中有机毒物（如酚、有机农药等）的吸附处理

4. 活性炭的选择

目前，国内用于废水处理的活性炭主要为颗粒活性炭，与粉状活性炭相比，单位质量的颗粒活性炭的吸附量比较少，但是由于吸附达到饱和状态的柱状炭经过再生以后还可以再次使用，因此在处理量大的场合，往往使用颗粒活性炭。

应根据使用目的的不同选择颗粒活性炭，一般情况下，选炭时用亚甲基蓝脱色法作为检测标准。在水处理方面，一般也认为碘值、亚甲基蓝值高的活性炭，吸附性能好，使用寿命长，但是城市自来水和工业水处理中使用的颗粒活性炭是用来去除天然水中有机物，这些有机物为大分子物质，所用的颗粒活性炭应当具有较多的中孔孔容。此时，采用碘值、四氯化碳值和亚甲基蓝值选用颗粒活性碳处理效果会不理想，因为活性炭对碘值、四氯化碳、亚甲基蓝吸附则多在微孔进行（吸附碘的活性炭的最小孔径为 1.0nm，吸附亚甲蓝的活性炭的最小孔径为 1.5nm），所以，吸附天然水中有机物的活性炭应当关注其过渡孔的多少，而不应单纯追求微孔（比表面积）的多少。天然水中有机物大多以腐殖质形式存在，主要包括腐殖酸、富里酸、木质素、丹宁四大组分，这些物质的分子量大约为几百至几十万，比碘、亚甲基蓝、四氯化碳的分子量大得多。因此，2008 版国家标准（GB/T 7701.2—2008）取消了碘值、亚甲蓝值的质量分级，不再以碘值、亚甲蓝值的高低确定合格品、一级品、优级品。为了切合水行业的实际吸附有机物的需求，在 2008 版国家标准中增加了腐殖酸吸附值、丹宁酸吸附值的特殊吸附试验技术要求。美国AWWA标准也有丹宁酸的试验方法，通过增加腐殖酸、丹宁酸吸附性能实验，使煤质活性炭更切合水行业的实际使用，突出煤质活性炭对大分子有机物的吸附性能。

综上所述，在选择活性炭时，应根据所处理对象的分子结构组分的不同，参考吸附值不同的指标。当水中含有中大型有机物分子时，孔径分布对吸附占主导，要优先考察丹宁酸；当水中仅含有一些小分子有机物时，活性炭的表面化学性质将可能发挥其作用；若水中主要含芳环类或极性小分子，苯酚值比碘值更能反映活性炭的实际吸附性能。

三、设计计算

(一) 设计参数[19]

1. 有机负荷

由于炭床空间中生长的微生物总量是有限的，因而这些微生物在一定的时间内可以降解的有机污染物也就存在一个极限。当炭床在单位时间内从被处理水中吸附截留下来的有机物总量小于炭床微生物的最大分解再生能力时，生物活性炭就能够形成和保持有机物吸附截留量与微生物分解再生量的动态平衡，生物活性炭工艺就能够长期稳定运行。反之，如果进水浓度过高，炭床吸附截留下来的有机物总量超过微生物的最大分解再生量时，这种平衡将遭到破坏，炭床将很快饱和失效。工程实践表明，以进水COD≤200mg/L作为采用生物活性炭工艺的前提条件时，从未出现过炭的过饱和问题。生物活性炭滤池（BACF）更适宜处理溶解性有机物。

2. 停留时间

根据工程经验，对于近似生活污水经生化处理后出水的水质，生物活性炭床的停留时间可选用0.5～1.0h；而对于浓度相对较高的工业废水的深度处理，则停留时间宜为1.0～1.5h。

3. 反冲洗周期与强度

由于进入生物活性炭单元的水中通常带有一定量的悬浮物，这样在生物炭工作一定周期后，在炭床表面或表层形成的悬浮物截留层会使炭床表面“板结”，造成水在通过炭床时的阻力逐渐增加，当炭床上面的水面上升到一定高度时，就应进行反冲洗。反冲洗的周期一般根据进水悬浮物及有机污染物浓度来确定，有时也要参考出水水质要求。在进水悬浮物及有机物浓度较高时，反冲洗周期要短，可考虑间隔8～16h冲洗一次；在进水悬浮物及有机物浓度较低时（例如在大多数中水回用工程中或者进水为砂滤出水时），反冲洗周期可适当延长，从已建工程的实际运行经验来看，可以间隔1～3d冲洗一次。

气水联合反冲洗的效果优于单独水反冲，并可节约耗水量，推荐采用先以高强度空气擦洗再以微膨胀水漂洗的方式。适宜的气冲强度为11～14L/(m^2·s)、历时为3～5min，水冲强度为8～10L/(m^2·s)、历时为5～7min。如采用单独水反冲，建议适宜的反冲强度为12～14L/(m^2·s)、滤层膨胀率为20%左右，反冲历时为6～8min。

4. 供气量

在国内目前已有的生物活性炭处理系统中，供气基本上是采用在承托层内设置穿孔管曝气系统的方法。穿孔管鼓出的气泡在穿过承托层后不规则地穿透炭床层并与水流逆向接触。由于炭床的孔隙较小并且很密实，因此气泡被切割得很小，这样可以大大提高氧的利用效率。根据实际设计及工程运行经验，供气量可以按气水比为（3～4）：1考虑。气水比过小容易造成曝气不均匀，有时会引起反冲洗不彻底，而进一步增大供气量也无必要。根据实际运行结果，当气水比≥3：1、进水COD≤200mg/L、出水COD≤50mg/L时，出水中DO≥

3～5mg/L。

5. 滤速与炭层高度

滤速与炭层高度的取值，与生物膜有关。流体的剪切力对生物群落的结构有影响，流体剪切力会减缓生物膜的老化，使其保持在年轻的状态。高的流体剪切力会减少生物膜的多样性。受活性炭吸附能力的限制，生物活性炭滤池滤速一般为 2～4m/h。生物活性炭滤池深度不同，微生物的优势种类不同，其种类与炭层的高度有关。在不同的季节，微生物的种类也是有差异的。有研究发现对于 2m 厚的生物活性炭滤池，主要的微生物分布在 50cm 以下、150cm 以上的炭层中。BACF 生物碳层高度一般在 1.5～2m 范围内。

生物活性炭滤池一般为下向流进水，废水自上而下通过生物活性炭，反冲洗自下而上，可使炭层充分膨胀，冲洗更彻底。

(二) 设计计算

生物活性炭滤池的池体体积宜按照表面负荷（滤速）计算。

(1) 滤池总截面积

$$A=\frac{Q}{q}$$

式中，Q 为平均日污水量，m^3/d；q 为表面负荷，$m^3/(m^2 \cdot h)$，取值范围 2～4，有机负荷低，取上限；有机负荷高，取下限。

(2) 滤料体积（堆积体积）

$$V=Ah_3$$

式中，V 为滤料体积（堆积体积），m^3；h_3 为填料层高度，m，取值一般为1.5～2.5m。

(3) 单格滤池面积

$$A_0=\frac{A}{n}$$

式中，n 为滤池分格数，个，$n \geqslant 2$；A 为滤池总截面积，m^2。单格滤池截面宜 $A_0 < 100m^2$。

(4) 滤池总高度

$$H=h_1+h_2+h_3+h_4+h_5+h_6$$

式中，h_1 为超高，m，取值宜为 0.5m；h_2 为稳水层高度，m，取值为 1.5～2.0m；h_3 为滤料层高度，m；h_4 为承托层高度，m，取值为 0.3～0.4m；h_5 为滤板厚度，m，一般为 0.1m；h_6 为配水层高度，m，取值为 1.2～1.5m。

(三) 其他设计要点

(1) 采用生物活性炭工艺进行设计时，还应考虑设置超越管路，以防止前处理单元出现问题和生产中出现事故排污时可以及时关闭生物活性炭池进水，避免对炭床造成不易恢复的损害。

(2) 寒冷地区采用生物活性炭滤池时，应考虑防止炭床结冰对活性生物炭本身造成破坏。

(3) 生物活性炭工艺单元不能采用间歇式运行，即使由于某种原因，在一天中的某一时段减少进水量或者几个小时内不进水也应该继续保持曝气，此时可适当减小供气量，但一般应保持在原供气量的 1/2 以上。另外，反冲洗时也应保持供气，从而形成了空气搅拌辅助反洗。

(4) 根据连续运行 5 年以上的 BACF 经验，除每年需补充新炭 3%～5%外（因反冲洗磨损造成的炭量损失），炭床的整体处理效率均未出现下降或变坏的趋势。

(5) 炭床上表面与反冲废水排水槽间的高度差对反冲洗效果有一定影响，实际应用中以1.5～2.0m为宜。

【例 2-7-5】 生物活性炭滤池设计计算

某污水处理厂，流量5000m³/d，过滤出水BOD_5＝30mg/L，采用BACF工艺，要求出水BOD_5≤10mg/L。进水悬浮物量SS_0＝30mg/L。

(1) BACF总面积　选取滤池表面负荷为4.0m³/(m²·h)，采用柱状活性炭，粒径1～1.5mm，长3mm，典值>1000。

$$A=\frac{Q}{q}=\frac{5000}{24\times 4.0}=52.1(m^2)$$

滤池分3格，则单池面积A_0＝17.4m²，取单池净空尺寸为4.2m×4.2m＝17.64m²。

(2) 滤池总高　取滤池超高h_1＝0.5m，稳水层h_2＝1.5m，滤料层h_3＝2m，承托层高h_4＝0.3m，滤板厚h_5＝0.1m，配水区h_6＝1.2m

$$滤池总高度\ H=0.5+1.5+2.0+0.3+0.1+1.2=5.6m$$

(3) 滤池总有效容积

$$滤料高度取\ h_3=2m，V=Ah_3=104.2\times 2=208.4m^3$$

(4) 水力停留时间

空床水力停留时间 $t_1=\frac{V}{Q}=\frac{208.4}{5000}\times 24=1.0h=60min$

实际水力停留时间 $t_2=\varepsilon t_1=0.5\times 60=30min$

(5) 曝气量计算：按气水比4∶1计算。

$$G_s=4\times 5000/24=833.3m^3/h=13.9m^3/min$$

单池供气量为13.9/6＝2.3m³/min

鼓风机选型：曝气鼓风机宜独立供气，空气扩散器距水面4.2m，因此设三叶罗茨鼓风机7台，6用1备，每台风量约2.3m³/min，风压5.0m水深。

(6) 反冲洗系统　采用气水联合反冲洗。

① 空气反冲洗计算，选用空气反冲洗强度$q_{气}$＝10～15L/(m²·s)，取$q_{气}$＝15L/(m²·s)＝54m³/h

$$Q_{气}=q_{气}A_0=54\times 17.4=940m^3/h=15.7m^3/min$$

鼓风机选型：设三叶罗茨鼓风机2台，1用1备，每台风量约15.7m³/min，风压5.5m水深。

② 水反冲洗计算，水反冲洗强度$q_{水}$＝8～10m³/(m²·h)

$$Q_{水}=q_{水}A_0=10\times 17.4=174m^3/h$$

(7) 承托层　承托层采用鹅卵石或砾石，分为3层布置，从上到下第一层粒径4～8mm，层厚100mm；第二层粒径8～16mm，层厚100mm；第三层粒径16～32mm，层厚100mm。

(8) 布水设施　采用大阻力配水系统，穿孔管布水。

(9) 管道计算　设进水管流速为1.0m/s，出水管流速为1.0m/s；反冲洗进水管流速为2.0m/s，反冲洗出水管流速为0.8m/s；空气干管流速为10m/s，支管流速为5m/s。

参 考 文 献

[1] 顾夏声. 水处理工程. 北京：清华大学出版社，1991.

[2] 张自杰等. 排水工程. 北京：中国建筑工业出版社，1997.
[3] 王世聪，李凤兰. 生物转盘. 北京：中国建筑工业出版社，1982.
[4] 郑元景，沈光范，邬扬善. 生物膜法处理污水. 北京：中国建筑工业出版社，1983.
[5] 金涂生. 生物接触氧化处理废水技术. 北京：中国环境科学出版社，1992.
[6] 北京市市政设计院. 给水排水设计手册（第5册）：城市排水. 北京：中国建筑工业出版社，2002.
[7] 卢天雄. 流化床反应器. 北京：化学工业出版社，1986.
[8] J. Iza. Fluidized Bed Reactor for Anaerobic Wastewater Treatment. Wat. Sci. Tech. 1991，24（8）：109.
[9] P. F. Cooper，B. Atkinson. Biological Fluidised Bed Treatment of Water and Wastewater. Ellis Horwood Limited，1981.
[10] 高艳娇，张勇，程秀梅等. 曝气生物滤池滤料的研究进展. 废水处理，2005，05：36-37.
[11] 兰淑澄. 生物活性炭技术及在污水处理中的应用. 给水排水，2002，28（12）：1-5.
[12] 张忠祥，钱易. 废水生物处理新技术. 北京：清华大学出版社，2004.
[13] 梅特卡夫和埃迪公司. 废水工程处理及回用. 第4版. 秦裕珩等译. 北京：化学工业出版社，2004.
[14] 张忠波，陈吕军，胡纪萃. 新型曝气生物滤池——Biostyr. 给水排水，2000，26（6）：15-18.
[15] 王舜和，郭淑琴. 不同功能曝气生物滤池的设计要点. 给水排水. 2008，34（11）.
[16] HJ 2014—2012 生物滤池法污水处理工程技术规范. 北京：中国计划出版社，2009.
[17] CECS 265：2009 曝气生物滤池工程技术规范. 北京：中国计划出版社，2009.
[18] 郑俊. 曝气生物滤池工艺的理论与工程应用. 北京：化学工业出版社，2005.
[19] 秦永生，孙长虹，武江津. 生物活性炭工艺用于废水深度处理的设计. 中国给水排水，2003，19（9）：88-91.

第八章 厌氧生物处理

第一节 原理和功能

一、厌氧处理工艺类型

1. 厌氧消化工艺的发展历史

采用厌氧方式处理污水要比好氧处理的历史更久远[1]。第一篇有记载的报道是在1881年12月，法国《宇宙》杂志上记载了从1860年开始由法国莫拉斯（Mouras）将简易沉淀池加以改进而得的“自动净化器”。对早期污水厌氧处理的发展最有影响的，是1895年英国卡麦隆（Cameron）获得专利权的腐化池。由于反应器的主要结构要比莫拉斯的自动净化器还要简单，因此在欧洲的污水处理中迅速得到应用。

虽然腐化池确实可以减少污染问题，但并不能完全消除污染。腐化池的出水经常是黑色的并带有臭味，未被消化的固体物质可能仍会堵塞后续处理构筑物。1899年美国的Clark提出应该从污水中迅速去除污泥，并将分离出的污泥在隔绝空气的条件下进行消化。根据这一设想，英国的特拉维斯（Travis）在1904年首先在英国汉普顿建成了双层沉淀池，这种双层沉淀池用薄壁结构将反应器分隔成上部沉淀室与下部消化室。此后直至1927年，厌氧工艺设计的指导思想主要是先沉淀，后发酵，但此类装置存在的问题是沉淀和消化过程不能分开，此后产生了将沉淀和消化两个过程分开的合理想法，出现了传统消化池。

2. 传统厌氧工艺的缺陷和第二代厌氧消化工艺

早期的厌氧消化工艺可以称为第一代厌氧消化工艺，以厌氧消化池为代表，属于低负荷系统。早期的低负荷厌氧系统使人们认为厌氧系统相对较差的运行结果是由于厌氧处理系统在本质上劣于好氧系统。

由于厌氧微生物生长缓慢，世代时间长，能够保持足够长的停留时间是厌氧消化工艺成功的关键。正是随着对厌氧发酵过程认识的不断加深，人们认识到反应器内保持大量的微生物和尽可能长的污泥龄是提高反应效率和反应器成败的关键。Mckiney和Eckenfelder等在好氧及厌氧污水处理数学模型方面进行的研究，从理论上阐明了将污泥龄作为生物处理设计与运行参数的重要性。一个设计合理的厌氧处理系统，可以在停留时间非常短和负荷比好氧处理高的条件下，获得较高的可生物降解有机物的去除效果。

通过图2-8-1可以推导出消化池的污泥龄和水力停留时间的关系式，从而可以看出第一代厌氧消化工艺本质上的缺陷。

$$\mathrm{HRT}=V/Q \tag{2-8-1}$$

$$\mathrm{SRT}=(VX)/(QX)=V/Q=\mathrm{HRT} \tag{2-8-2}$$

式中，HRT为水力停留时间；SRT为污泥停留时间；X为污泥浓度；Q为流量；V为反应器体积。

由此可见，消化池污泥停留时间等于水力停留时间，显然厌氧消化池是无法分离水力停留时间和污泥停留时间的。在厌氧工艺中，一般污泥龄应该是甲烷菌世代的 2～3 倍，才能保证厌氧微生物在反应器内得以生长。这也是污泥传统厌氧消化工艺要求在中温（30～35℃）条件下且停留时间为 20～30 天的原因之一。1955 年，Schroppter 参考好氧活性污泥法，开发了厌氧接触工艺（图 2-8-2），增加微生物与废水的固液分离与回流，从而可提高消化池的污泥龄。与普通消化池相比，它的水力停留时间大大缩短。

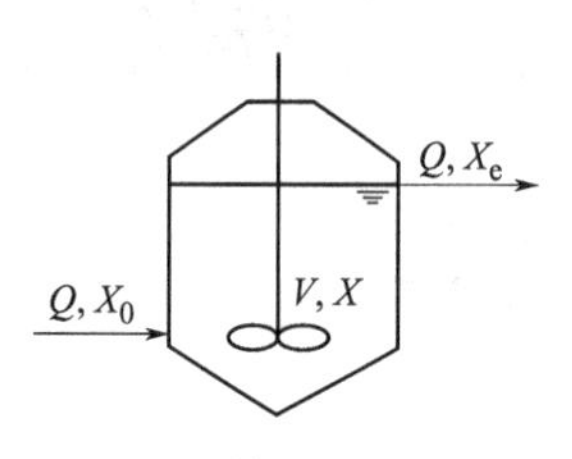

图 2-8-1 污泥传统厌氧消化池示意

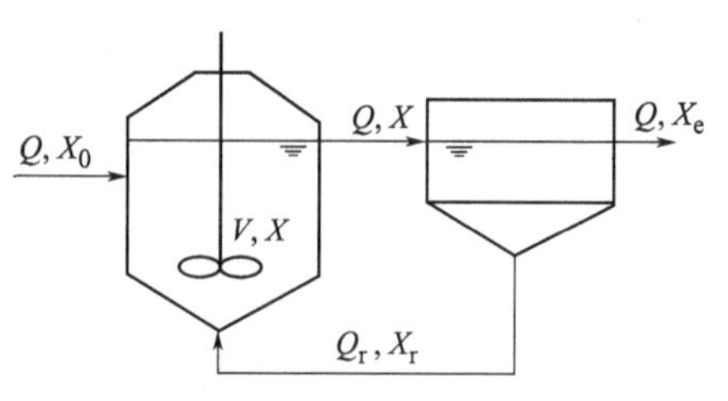

图 2-8-2 传统厌氧接触工艺示意

高速率厌氧处理系统必须满足的原则是：①能够保持大量的厌氧活性污泥和足够长的污泥龄；②保持进入废水和污泥之间的充分接触。为了满足第一条原则，可以采用固定化（生物膜）或培养沉淀性能良好的厌氧污泥（颗粒污泥）来保持厌氧污泥，这样在采用高的有机和水力负荷时就不会发生严重的厌氧活性污泥流失。依照第一条原则，在 20 世纪 70 年代末期人们成功地开发了各种新型的厌氧工艺，例如，厌氧滤池（AF）、上流式厌氧污泥床反应器（UASB）、厌氧接触膜膨胀床反应器（AAFEB）和厌氧流化床（FB）等。这些反应器的一个共同的特点，是可以将固体停留时间与水力停留时间相分离，固体停留时间可以长达上百天。这使得厌氧处理高浓度污水的停留时间从过去的几天或几十天缩短到几小时或几天。

3. 厌氧反应器的分类

厌氧反应器有传统反应器也有现代高效反应器[2]，目前最通用的工艺如图 2-8-3 所示。这些工艺又可分为厌氧悬浮生长和厌氧接触生长工艺。

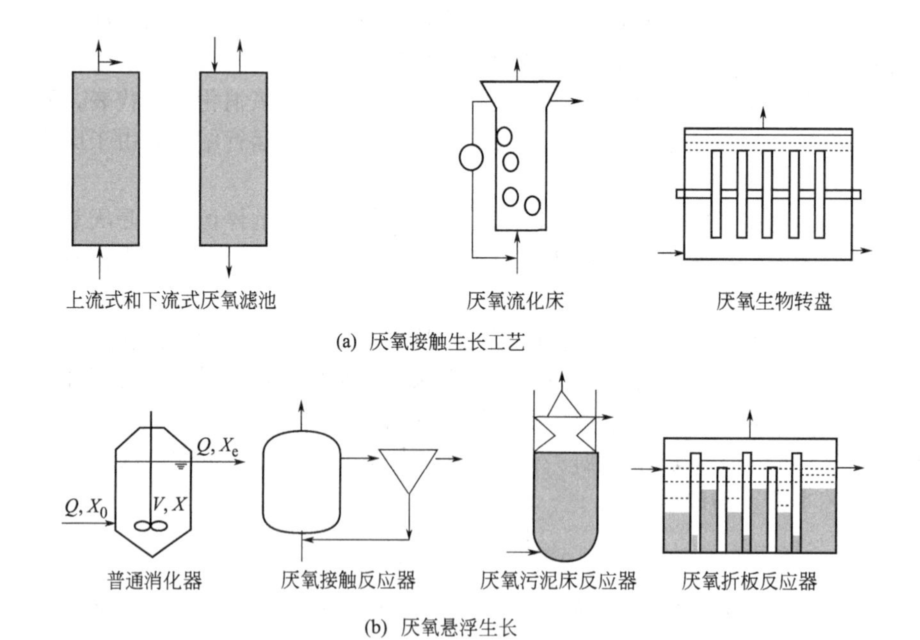

图 2-8-3 传统的反应器与现代高效反应器工艺

目前所用的厌氧反应器主要有7种类型：①普通厌氧消化池；②厌氧接触工艺；③升流式厌氧污泥床（UASB）反应器；④厌氧滤床；⑤厌氧流化床反应器；⑥厌氧生物转盘；⑦其他，如厌氧混合反应器和厌氧折流反应器。

4. 第一代厌氧消化工艺

（1）厌氧消化池　厌氧消化池的形式见图2-8-1，污水或污泥间歇或连续加入消化池，经消化的污泥和污水分别从消化池底部和上部排出，所产的沼气从顶部排出。在进行中温和高温发酵时，常需加热发酵料液。一般采用在池外设热交换器的方法间接加热或采用蒸汽直接加热。普通消化池的特点是在一个池内实现厌氧发酵反应过程和液体与污泥的分离过程。通常是间断进料，也有采用连续进料方式的。为了使进料和厌氧污泥密切接触而设有搅拌装置，一般情况下每隔2～4h搅拌一次。在排放消化液时，通常停止搅拌，待沉淀分离后从上部排出上清液。目前，消化工艺被广泛地应用于城镇污水、污泥的处理中。

（2）厌氧接触反应器　厌氧接触工艺（见图2-8-3）的反应器是完全混合的，排出的混合液首先在沉淀池中进行固液分离，可以采用沉淀池或气浮处置。污水由沉淀池上部排出，沉淀下部的污泥回流至消化池，这样既保证污泥不会流失，又可提高消化池内的污泥浓度，从而在一定程度上提高了设备的有机负荷率和处理效率。与普通消化池相比，它的水力停留时间可以大大缩短。厌氧接触工艺处理在我国成功地应用于酒精糟液的处理。

5. 第二代厌氧消化工艺

（1）厌氧滤池　厌氧滤池（AF）是在Coulter等（1955）工作的基础上由Young和McCarty于1969年重新开发的。厌氧滤池是在反应器内充填各种类型的固体填料，如卵石、炉渣、瓷环、塑料等处理有机废水。废水向上流动通过反应器的厌氧滤池称为升流式厌氧滤池；当有机物的浓度和性质适宜时，采用的有机负荷可高达10～20kgCOD/(m^3·d)。另外还有下向流厌氧滤池。污水在流动过程中保持与厌氧细菌的填料相接触；因为细菌生长在填料上，不随出水流失。在短的水力停留时间下可获得长的污泥龄，平均细胞停留时间可以长达100天以上。厌氧滤池的缺点是载体相当昂贵，且如采用的填料不当，在污水中悬浮物较多的情况下，容易发生短路和堵塞，这是AF工艺不能迅速推广的原因。

（2）升流式厌氧污泥床反应器　升流式厌氧污泥床（UASB）反应器是由Lettinga在20世纪70年代开发的。待处理的废水被引入UASB反应器的底部，向上流过由絮状或颗粒状污泥组成的污泥床。随着污水与污泥相接触而进行厌氧反应，产生沼气（主要是甲烷和二氧化碳），引起污泥床扰动。在污泥床产生的气体中有一部分附着在污泥颗粒上，自由气体和附着在污泥颗粒上的气体上升至反应器的顶部。污泥颗粒上升撞击到脱气挡板的底部，引起附着的气泡释放，脱气的污泥颗粒沉淀回到污泥层的表面。自由气体和从污泥颗粒释放的气体被收集在反应器顶部的集气室内。液体中包含一些剩余的固体物和生物颗粒进入到沉淀室内，剩余固体和生物颗粒从液体中分离并通过反射板落回到污泥层的上面。

（3）流化床和膨胀床系统　流化床（FB）系统由Jeris在1982年开发，厌氧流化床是一种具有很大比表面积的惰性载体颗粒的反应器，厌氧微生物在其上附着生长。它的一部分出水回流，使载体颗粒在整个反应器内处于流化状态。最初采用的颗粒载体是沙子，但随后采用低密度载体如煤和塑料物质以减少所需的液体上升流速，从而减少提升费用。由于流化床使用了比表面积很大的填料，使得厌氧微生物浓度增加。根据流速大小和颗粒膨胀程度可分成膨胀床和流化床。流化床一般按20%～40%的膨胀率运行。膨胀床运行流速应控制在比初始流化速度略高的水平，相应的膨胀率为5%～20%。固定膜膨胀床（AAFEB）反应器床仅膨胀10%～20%（Jewell，1982）。由于载体质量较大，为便于介质颗粒流化和膨胀需要大量的回流，增加了运行过程的能耗；并且其三相分离特别是固液分离比较困难，要求较高的运行和设计水平，所以实际应用较少。

（4）厌氧生物转盘反应器 厌氧生物转盘是与好氧生物转盘相类似的装置。在这种反应器中，微生物附着在惰性（塑料）介质上，介质可部分或全部浸没在废水中。介质在废水中转动时，可适当限制生物膜的厚度。剩余污泥和处理后的水从反应器排出。

（5）厌氧折流反应器 折流反应器结构如图2-8-3所示。由于折板的阻隔使污水上下折流穿过污泥层，造成了反应器推流的性质，并且每一单元相当于一个单独的反应器，各单元中微生物种群分布不同，可以取得好的处理效果。

6. 第三代厌氧反应器

（1）第三代厌氧反应器的特点 高效厌氧处理系统需要满足的第二个条件是获得进水和污泥之间的良好接触。为了在厌氧反应器内满足这一条件，应该确保反应器布水的均匀性，这样才可最大程度地避免短流。这一问题无疑涉及布水系统的设计，在此不作赘述。从另一方面讲，厌氧反应器的混合来源于进水的混合和产气的扰动。但是对于进水在无法采用高的水力和有机负荷的情况下（例如在低温条件下采用低负荷工艺时，由于在污泥床内的混合强度太低，以致无法抵消短流效应），UASB反应器的应用负荷和产气率受到限制；为获得高的搅拌强度，而必须采用较高的反应器以获得高的上升流速或采用出水回流。正是对于这一问题的研究产生了第三代厌氧反应器的开发和应用。

（2）厌氧颗粒污泥膨胀床（EGSB）反应器 荷兰Wageningen农业大学进行了关于厌氧颗粒污泥膨胀床（EGSB）反应器的研究。EGSB反应器实际是改进的UASB反应器，其运行在高的上升流速下使颗粒污泥处于悬浮状态，从而保持了进水与污泥颗粒的充分接触。EGSB反应器的特点是颗粒污泥床通过采用高的上升流速（与小于1～2m/h的UASB反应器相比），即6～12m/h，运行在膨胀状态。EGSB的概念适于低温和相对低浓度污水，当沼气产率低、混合强度低时，在此条件下较高的进水动能和颗粒污泥床的膨胀高度将获得比传统UASB反应器更好的运行结果。EGSB反应器由于采用高的上升流速因而不适于颗粒有机物的去除。进水悬浮固体“流过”颗粒污泥床并随出水离开反应器，部分胶体物质被污泥絮体吸附去除。下面是两种不同类型的EGSB反应器。

① 厌氧内循环反应器（IC）。IC工艺是基于UASB反应器颗粒化和三相分离器的概念而改进的新型反应器，属于EGSB的一种。IC可以看成是由两个UASB反应器的单元相互重叠而成。它的特点是在一个高的反应器内将沼气的分离分两个阶段。底部一个处于极端的高负荷，上部一个处于低负荷。

② 厌氧升流式流化床工艺（UFB BIOBED）。厌氧升流式流化床工艺是由美荷Biothane系统国际公司所开发的一种新型反应器。其起源于Biothane公司的厌氧流化床，在其设计的生产性流化床装置上，由于强烈的水力和气体剪切作用，形成载体的生物膜脱落十分迅速，无法保持生物膜的生长。相反，在运行过程中形成了厌氧颗粒污泥，因此在实际运行中将厌氧流化床转变为EGSB运行形式。UFB是其商品名称，在文献和样本上有时该公司也称其为EGSB反应器，它可以在极高的水、气上升流速（两者都可达到5～7m/h）下产生和保持颗粒污泥，所以不需采用载体物质。由于高的液体和气体的上升流速造就了进水和污泥之间的良好混合状态，因此系统可以采用15～30kgCOD/(m^3·d)的高负荷。

7. 其他改进工艺

（1）厌氧复合床反应器（AF+UASB） 许多研究者为了充分发挥升流式厌氧污泥床与厌氧滤池的优点，采用了将两种工艺相结合的反应器结构，被称为复合床反应器（AF+

UASB)，也称为 UBF 反应器。复合床反应器的结构见图 2-8-4，一般是将厌氧滤池置于污泥床反应器的上部。一般认为这种结构可发挥 AF 和 UASB 反应器的优点，改善运行效果。

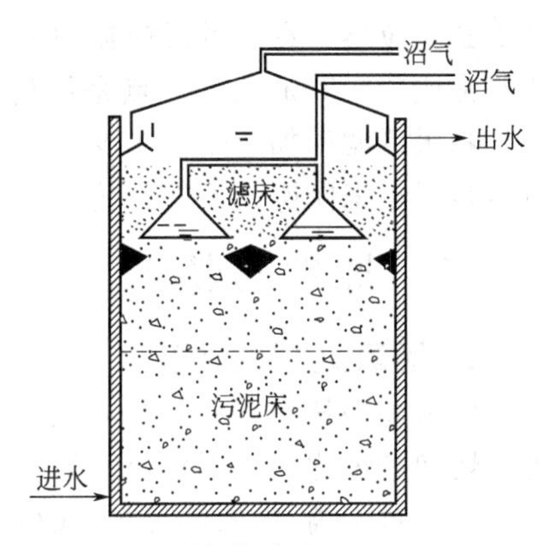

图 2-8-4 厌氧复合床（AF+UASB）反应器

1984 年，加拿大 Guiot 等首次提出了 UBF 反应器的概念。而在意大利由 Garavini 等进行了大量的研究，他们报道采用 2450m^3 生产规模的装置用高温（58～60℃）处理酒精废液，其中滤床体积为 800m^3，置于反应器的中部，距池底 1.7～6.5m，反应器总高为 15.7m。尽管进水 pH 值很低（3.3～3.7），但是由于采用出水回流，并不需要加碱。Garatti 等同样采用中温复合床反应器（2×2150m^3）来处理酒精废水，填料置于池上部三分之一，在 3kgCOD/(m^3·d) 负荷下取得 87%的去除率。

(2) 水解工艺和两阶段厌氧消化（水解＋EGSB）工艺　在以往的研究中发现采用 HUSB 反应器，即水解池，可以在短的停留时间（HRT＝2.5h）和相对高的水力负荷[＞1.0m^3/(m^2·h)]下获得高的悬浮物去除率（SS 去除率平均为 85%）。这一工艺可以改善和提高原污水的可生化性和溶解性，以利于好氧后处理工艺。但是，此工艺的 COD 去除率相对较低，仅有 40%～50%，并且溶解性 COD 的去除率很低。事实上 HUSB 工艺仅仅能够起到预水解和酸化作用。如前所述 EGSB 反应器可以有效地去除可生物降解的溶解性 COD 组分，但对于悬浮性 COD 的去除极差。研究表明采用水解（HUSB)＋EGSB 串联处理工艺可以使这两个工艺相得益彰。

当处理含颗粒性有机物组分的污水（如生活污水）时，采用两级厌氧工艺更有优势：第一级是絮状污泥的水解反应器并运行在相对低的上升流速下，颗粒有机物在第一级被截留，并部分转变为溶解性化合物，重新进入到液相而在随后的第二个反应器内消化。在水解反应器中，因为环境和运行条件不适合，几乎没有甲烷化过程。

8. 各种厌氧反应器的应用情况

目前，世界范围内进行厌氧工艺统计，到 1997 年共统计了 973 个采用以上 7 类不同形式的反应器的项目，见图 2-8-5。各类厌氧工艺的优缺点见表 2-8-1。其中有 600 座以上采用

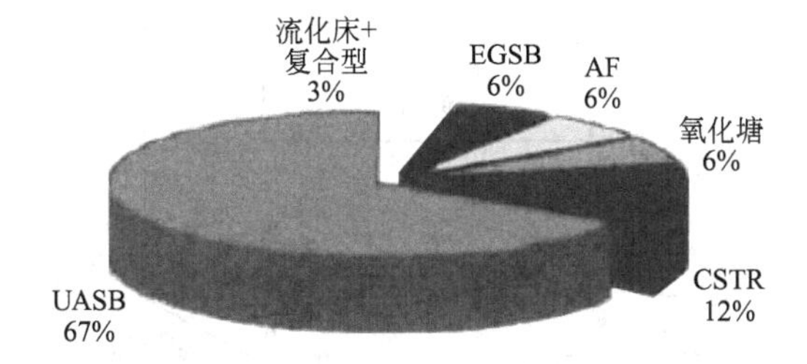

图 2-8-5 世界范围内采用厌氧工艺统计（到 1997 年 3 月共统计了 973 个项目）

表 2-8-1 各种厌氧处理工艺的优、缺点

工艺类型	优点	缺点
厌氧塘	便宜,实际不需要维护	需要大量土地,气味问题,不产气
厌氧消化池	系统非常复杂但可适应高 SS 浓度	低负荷,需要较大池容
厌氧接触工艺	适应中等浓度 SS	中等负荷,需要运行经验
厌氧滤池	运转简单,适应高或低浓度 COD	不适于废水 SS 含量高时,有堵塞危险
UASB 工艺	运转简单,适应高或低浓度 COD,可能是有极高负荷	解决运转问题需要技巧,不适于废水具有高 SS 的情况

UASB反应器，在各种反应器中UASB工艺被最为广泛地应用在生产性的装置上，并且一般非常成功；其最大的优点是结构简单，便于放大，运行管理简单。而流化床（包括膨胀床）和厌氧滤床加起来占15%，这两者和接触工艺一样是另一类重要的处理构筑物。EGSB虽然是近年来刚刚开发的工艺，但是其应用速度非常快，目前已占6%。

二、原理与特点

1. 厌氧处理的优势

厌氧处理技术[3]是一种有效去除有机污染物并使其矿化的技术，它将有机化合物转变为甲烷和二氧化碳。厌氧处理与好氧处理相比有许多优点：

(1) 对于高/中浓度污水（COD>1000mg/L），厌氧处理比好氧处理不仅运转费用要节省得多，而且可以回收沼气，是一种产能工艺；

(2) 采用现代高负荷厌氧反应器，处理污水所需反应器的体积更小；

(3) 厌氧处理可以应用于各种不同规模的污水处理工程；

(4) 厌氧处理能耗低，约为好氧处理工艺的10%～15%；

(5) 厌氧处理污泥产量小，约为好氧处理工艺的10%～15%；

(6) 厌氧处理对营养物需求低。

厌氧技术发展到今天，其早期的一些缺点已经不复存在。但是从微生物和化学角度来看，厌氧处理仅仅提供了一种预处理，一般需要后处理以去除出水中残余的有机物。

2. 有机物的厌氧降解过程[4]

在厌氧条件下，将污水中的复杂物质转化为沼气，需要多种不同微生物种群的作用。Gujer和Zehnder（1983）描述了蛋白质、碳水化合物和脂类厌氧降解步骤的图式（图2-8-6）。颗粒型有机物降解为甲烷和二氧化碳的过程严格上讲包括下列六个步骤：

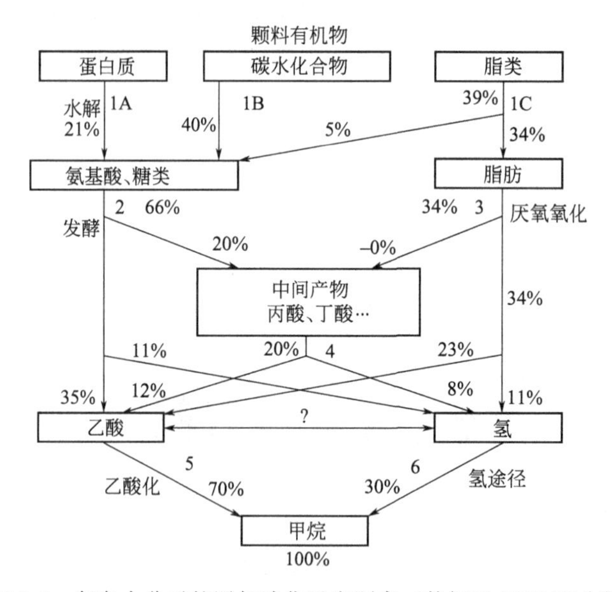

图2-8-6 复杂大分子的厌氧消化反应顺序（数据以COD百分数表示）

(1) 生物多聚物的水解（图2-8-6中1A、1B、1C）；

(2) 发酵氨基酸和糖转化为氢、乙酸、短链VFA和乙醇（图2-8-6中2）；

(3) 厌氧氧化长链脂肪酸和乙醇（图2-8-6中3）；

(4) 厌氧氧化中间产物挥发酸（除乙酸）（图2-8-6中4）；

(5) 由乙酸型甲烷菌将乙酸转化为甲烷（图 2-8-6 中 5）；

(6) 由产氢甲烷菌将氢转化为甲烷（二氧化碳还原）（图 2-8-6 中 6）。

甲烷化一般是厌氧消化总过程中的限速阶段，在较低温度下水解也可能是限制阶段。甲烷可通过乙酸型甲烷菌和嗜氢甲烷菌将乙酸或氢和二氧化碳还原形成甲烷，即

乙酸型甲烷菌

$$CH_3COOH \longrightarrow CH_4 + CO_2 \tag{2-8-3}$$

嗜氢甲烷菌

$$4H_2 + CO_2 \longrightarrow CH_4 + 2H_2O \tag{2-8-4}$$

从 H_2 和 CO_2 产生甲烷的细菌的生长快于利用乙酸的甲烷菌，因此乙酸型甲烷菌是限制因素。工程上也将前三种过程有时合在一起并称为酸发酵，与第四阶段甲烷发酵相对立。

3. 厌氧动力学

许多研究者致力于研究微生物代谢动力学[5]，这一工作基于 Monod 公式：

(1) 微生物的生长速率正比于基质的利用率

$$(\mathrm{d}X/\mathrm{d}t)_g = Y(\mathrm{d}S/\mathrm{d}t)_u = X\mu = X\mu_m S/(S+K_s) \tag{2-8-5}$$

(2) 微生物的死亡率可以通过一级反应式表示

$$(\mathrm{d}X/\mathrm{d}t)_d = -Xb \tag{2-8-6}$$

式中，X 为微生物浓度，mgVSS/L；Y 为微生物产率系数，mgVSS/mgCOD；S 为基质浓度，mgCOD/L；t 为反应时间，d；μ 为微生物比生长率，单位时间内相对增加的微生物，d^{-1}；μ_m 为最大比生长率，d^{-1}；b 为死亡常数，d^{-1}；K_s 为 Monod（半饱和）常数，mgCOD/L；下标 g、u 和 d 分别代表生长、利用和死亡。

一个重要的动力学参数是比基质利用速率常数。这个常数给出了单位微生物在单位时间内可以代谢的最大基质量，可以从最大比生长率和产率常数计算：

$$K_m = \mu_m / Y \tag{2-8-7}$$

式中，K_m 为比基质利用速率，kgCOD/(kgVSS·d)。

Henxen 和 Harremoes (1983) 根据众多实验研究的结果汇总了酸性发酵和甲烷发酵过程重要的动力学常数（见表 2-8-2）。纯培养中产酸菌或产甲烷菌最大比基质利用率为 13mgCOD/(mgVSS·d)。在处理工艺中代谢 1kgCOD 产酸菌增长 0.15kgVSS，而产甲烷菌增长 0.03kgVSS。因此厌氧代谢 1kg 复杂有机物质的污泥产量是 0.18kgVSS。处理复杂基质污水的反应器中分别包含 0.03/(0.03+0.15)=1/6 的产甲烷菌和 5/6 产酸菌。当采用复杂基质污水时，因为其他一些因素而会使情况变得更加复杂。

表 2-8-2　厌氧动力学参数（Henxen 和 Harremoes，1982）

培　养	μ_m/d^{-1}	Y/(mgVSS/mgCOD)	K_m/[mgCOD/(mgVSS·d)]	K_s/(mgCOD/L)
产酸菌	2.0	0.15	13	200
甲烷菌	0.4	0.03	13	50
混合培养	0.4	0.18	2	—

三、工艺控制条件

1. 环境因素

厌氧污水消化最重要的影响因素是温度和 pH 值，还有主要的营养元素和过量的有毒和有抑制性的化合物浓度。

（1）温度对厌氧消化的影响　厌氧消化像其他生物处理工艺一样受温度影响很大。厌氧工艺有三个不同的温度范围：

① 低温发酵，温度范围为15～20℃；

② 中温发酵，温度范围为30～35℃；

③ 高温发酵，温度范围为50～55℃。

关于不同温度对厌氧消化速率和程度的影响已有许多研究者进行了研究。Henze和Harremoes（1983）对众多的实验结果进行了评价，得出了下列结论：①中温厌氧消化的最优温度范围为30～40℃；②当温度低于最优下限温度时，每下降1℃消化速率下降11%，这可以用Arrhenius方程描述：

$$r_t = r_{30} 1.11^{t-30} \tag{2-8-8}$$

式中，t为温度，℃；r_t为在t下的消化率；r_{30}为在30℃下的消化率。

用方程式(2-8-8)可以计算在20℃和10℃的消化速率大约分别是30℃下最大值的35%和12%。O'Rour和Vander Last（1991）发现温度对厌氧消化过程的影响不仅限制工艺的速率，并且也影响厌氧消化程度。

（2）pH值　厌氧反应器中pH值和其稳定性是非常重要的，产甲烷菌pH值范围为6.5～8.0，最适宜的pH值范围为6.8～7.2。如果pH值低于6.3或高于7.8，甲烷化速率降低。产酸菌的pH值范围为4.0～7.0，在超过甲烷菌生长的最佳pH值范围时，酸性发酵可能超过甲烷发酵，结果反应器内将发生“酸化”。厌氧反应器的pH值是建立在处理系统中不同的弱酸/碱系统的离子平衡。这些弱酸/碱系统有很大影响，特别是碳酸系统经常占主导性，它的影响超过可能存在的其他系统，如磷酸盐、氨氮或硫化氢等系统的影响。

（3）氧化还原电位　在厌氧发酵过程中，不产甲烷阶段可在兼氧条件下完成，氧化还原电位在－100～＋100mV；而在产甲烷阶段，最优氧化还原电位为－150～－400mV。氧化还原电位还受到pH值的影响。虽然氧气可能被带入进水分配系统，但是其可能将被酸化过程的有氧代谢利用。因此，进水带入的氧在厌氧反应器内不对反应器的运行发生显著影响。

（4）有毒和抑制性基质　除了氢离子浓度外，有其他多种化合物可能影响到厌氧消化的速率，例如重金属、氯代有机物即使在很低的浓度下也影响消化速率。另外，对于厌氧发酵过程的产物和中间产物（如挥发性有机酸、氢离子浓度和H_2S等）也会对厌氧发酵产生抑制作用，这是厌氧发酵过程的一大特点。

（5）硫酸盐和硫化物　含硫废水的抑制主要发生在反应器内由于硫酸盐的还原形成硫化氢时。硫化氢是甲烷细菌的必需营养物，Speece指出对甲烷菌的最优生长需要11.5 mgS/L（以H_2S计），厌氧处理仅可以在相当窄的硫化氢的浓度范围之内运转。据已发表的资料，60mgS/L（以H_2S计）的浓度可使甲烷化活性下降50%。目前高负荷反应器可以在H_2S浓度为150～200mgS/L时获得满意的负荷率和处理效率。一般厌氧处理系统H_2S可能引起四个问题：

① 部分H_2S转移到沼气中，引起管道及发动机或锅炉的腐蚀；

② 存在于厌氧工艺的出水中的硫化氢，导致净化效率的降低，引起恶臭；

③ H_2S对厌氧细菌的抑制，引起系统负荷降低或净化效率降低（直接抑制）；

④ 由于硫酸盐或亚硫酸盐还原消耗了有机物，从而减少了有机物降解所产生的甲烷量（竞争抑制）。

（6）所有的基本生长因子（营养物、微量元素）　各种微生物所需的营养物和微量元素应该以足够的浓度和可利用的形式存在于废水中。各种微量元素，例如Zn、Ni、Co、Mo和Mn，对厌氧微生物的生长起着重要作用。但是到目前为止很少得到定量的信息。当某种废水明显可能缺乏微量元素或有证据表明缺乏微量元素的情况下，肯定会影响到厌氧处理的效率。建议供给微量元素的混合液，可能对UASB反应器的启动起到出乎意料的加强作用。

2. 工艺条件

（1）水力停留时间　水力停留时间对于厌氧工艺的影响是通过上升流速表现的。一方面，高的液体流速增加污水系统内进水区的扰动，增加了生物污泥与进水有机物之间的接触，有利于提高去除率。在采用传统的UASB系统的情况下，上升流速的平均值一般不超过0.5m/h，这也是保证颗粒污泥形成的重要条件之一。另一方面，为了保持系统中足够多的污泥，上升流速不能超过一定的限值，反应器的高度也到限制。特别是对于低浓度污水，水力停留时间是比有机负荷更为主要的工艺控制条件。

（2）有机负荷　有机负荷反映了微生物之间的供需关系。有机负荷是影响污泥增长、污泥活性和有机物降解的重要因素，提高负荷可以加快污泥增长和有机物的降解，同时使反应器的容积缩小。但是对于厌氧消化过程来讲，有机负荷对于有机物去除和工艺的影响十分明显。当有机负荷过高时，可能发生甲烷化反应和酸化反应不平衡的问题。对某种特定废水，反应器的容积负荷一般应通过试验确定，容积负荷值与反应器的温度、废水的性质和浓度有关。有机负荷不但是厌氧反应器的一个重要的设计参数，同时也是一个重要的控制参数。对于颗粒污泥和絮状污泥反应器，它们的设计负荷是不相同的，各种工业废水的有机负荷的参考值可参见后面章节。

（3）污泥负荷　当容积负荷和反应器的污泥量已知时，污泥负荷可以从这两个常数计算。采用污泥负荷比容积负荷更能从本质上反映微生物代谢同有机物的关系。特别是厌氧反应过程由于存在甲烷化反应和酸化反应的平衡关系，采用适当的负荷可以消除超负荷引起的酸化问题。

在典型的工业废水处理工艺中，厌氧采用的污泥负荷率为0.5～1.0gBOD/(g微生物·d)，它是一般好氧工艺速率的两倍，好氧工艺通常运行在0.1～0.5gBOD/(g微生物·d)的负荷下。另外，因为厌氧工艺中可以保持比好氧系统高5～10倍的MLVSS浓度，结果厌氧容积负荷率通常比好氧工艺大10倍以上［厌氧为5～10kgBOD/(m^3·d)，好氧为0.5～1.0kgBOD/(m^3·d)］。

四、厌氧工艺的设计方法[6]

污水如按浓度划分，可以分为高、中、低浓度废水，厌氧处理已经成功地应用于各种高、中浓度的工业废水处理中[4]。低浓度废水（如城镇污水）的厌氧处理技术，目前正是各国研究者的研究热点之一。如按污染物的形态划分，可分为溶解性（简单）废水、部分溶解性（复杂）废水和不溶解性废水。对于不溶性，又可分为高固体含量的液体和完全干物质。后者可以采用厌氧干发酵的方法，不列入讨论范围。虽然中、高浓度的废水在相当程度上得到了解决，但是当污水中含有抑制性物质时，如含有硫酸盐的味精或糖蜜废水，在处理上仍有一定的难度，需要专门论述。另外不同工业废水由于其生产工艺与产品不同，水质也会千差万别，在应用厌氧处理工艺时也会带来不同的问题。

鉴于在厌氧处理领域最为广泛应用的反应器是UASB反应器，其与厌氧流化床和厌氧滤床在设计上有一定的共同点，例如，流化床和UASB都有三相分离器。而UASB和厌氧滤床对于布水的要求是一致的。下面对不同反应器都有介绍，重点介绍的为UASB反应器的设计方法。

1. 有机负荷（容积）

厌氧反应器的有效容积（包括沉淀区和反应区）均采用进水容积负荷法进行确定，容积负荷值与反应器的温度、废水的性质和浓度有关。对某种特定废水，反应器的容积负荷一般应通过试验确定，如果有同类型的废水处理资料，可以作为参考选用。

2. 经验公式

美国学者杨（Young）和麦卡蒂（McCarty）在试验基础上，建立了以下表示厌氧生物滤池水力停留时间与其COD去除率的经验公式。

$$E=100[1-S_K(HRT)^{-m}] \tag{2-8-9}$$

式中，E为溶解性COD去除率，%；HRT为空塔停留时间，即按滤料所占空池体积且没有回流的情况计算的HRT，h；S_K、m为效率系数，取决于滤池构造及滤料特性，对S_K环滤料，$S_K=1.0$，$m=0.4$；对交叉流型滤料，$S_K=1.0$，$m=0.55$。

Lettinga等采用同样经验公式，描述不同厌氧处理系统处理生活污水HRT与去除率之间的关系，并且对不同反应器处理生活污水的数据进行了统计，得出了表2-8-5的参数值。

$$HRT=\left(\frac{1-E}{C_1}\right)^{C_2} \tag{2-8-10}$$

式中，E为溶解性COD去除率，%；HRT为水力停留时间，h；C_1，C_2为反应常数。

3. 动力学方法

还有根据动力学公式的计算方法，但是到目前为止，动力学表达式对预测在废水处理系统中有机物的去除率或对于设计一个处理系统来说，其作用是有限的。现有厌氧动力学理论的发展还没有使它能够在选择和设计厌氧处理系统过程中成为有力的工具；通过评价所获得的实验结果的经验方法，现在仍是设计和优化厌氧消化系统的唯一的选择。

五、沼气的收集和利用

1. 沼气的产量和成分

沼气的成分比较复杂，其中最主要的成分是CH_4和CO_2，还含有少量其他气体，如H_2、H_2S、CO、N_2和O_2，以及除甲烷外的其他烃类化合物（C_mH_n）。虽然各种基质产生的CH_4和CO_2量可用Buswell公式计算，但是在实际上很难测定所有的有机物及其浓度。如果有机物通式采用$C_xH_yO_z$，其与氧的氧化反应可以写作：

$$C_xH_yO_z+1/4(4x+y-2z)O_2 \longrightarrow xCO_2+y/2H_2O \tag{2-8-11}$$

方程式(2-8-11)表明1mol有机物（$12x+y+16z$g的有机物）需要1/4（$4x+y-2z$）mol O_2 [$8(4x+y-2z)$gO_2]。因此，有机物理论需氧量可以表达为：

$$COD=8(4x+y-2z)/(12x+y+16z)\text{mgCOD/mgC}_xH_yO_z \tag{2-8-12}$$

方程式(2-8-12)给出了具有$C_xH_yO_z$结构的有机物理论COD计算值。对草酸（$(COOH)_2$）：

$$COD_{(COOH)_2}=8(4\times2+2-2\times4)/(12\times2+2+16\times4)=0.18[\text{mgCOD/mg}(COOH)_2]$$

同样甲烷的COD通过方程式(2-8-12)可计算：

$$COD_{CH_4}=8(4\times1+4-2\times0)/(12\times1+4+16\times0)=4(\text{mgCOD/mgCH}_4)$$

废水中有机物质的量是通过COD来表示的，这样就避免了污水中难以测定的各种成分和浓度。污水中有机物主要是有机脂肪、蛋白质和碳水化合物，上述公式仅仅给出了碳水化合物的计算方法。事实上各种有机物中脂肪的产气量最大，且甲烷含量也高；蛋白质产生的沼气，甲烷含量虽高，但数量少；碳水化合物产气量和气体中的甲烷含量都比较低。

氢是厌氧消化过程中的重要中间产物，也是合成甲烷的主要前提之一，在沼气中含量较低。硫化氢是含硫有机物在厌氧条件下脱硫的产物。在中性条件下，仅有部分硫化氢逸入沼气中，一般含量约为0.01%～0.05%，但当发酵液中硫酸盐含量很高，或含硫有机物（如粪便）多，且 pH 值比较低时，沼气中的硫化氢含量会达到 0.1%～0.2%或更高。一氧化碳是少数生化反应的产物，其含量一般不大于 1.5%。

2. 沼气的收集和输送

厌氧反应器中产生的沼气从污泥的表面散逸出来，聚集在反应器的上部。集气室建于厌氧反应器的顶部，顶部的集气室应有足够尺寸和高度，以保持一定的容积。应保持气室的气密性，防止沼气外逸和空气渗入。同时避免误操作而使反应器外压过大，产生装置变形及其他不安全事故。例如，在排放剩余污泥时排泥量大于进水流量。

气体收集装置应该首先能够安全地取出积累在气室中的沼气，保持正常的气液界面。气体管径应该足够大，以避免由于气体中的固体（泡沫）进入管道而产生堵塞。安置一个在气体堵塞情况出现时使气体释放的附加装置。沼气中含有饱和蒸汽和硫化氢，具有一定的腐蚀性。对于混凝土结构的气室应进行防腐蚀处理，喷涂涂料，或内衬环氧树脂玻璃布等，涂层应伸入水面或泥位 0.5m 以下。对于钢结构的集气室除进行防腐处理外，还应防止电化学腐蚀。沼气由集气室的最高处用管道引出，气体的出气口至少应高于集气室最高水面或污泥面，防止浮渣或消化液进入沼气管。气管上应安装有闸门，同时在集气室顶部应装有排气、取样、测压、测温等特殊功能的接口，必要时要安装冲洗龙头。

集气室至贮气柜间的沼气管称为输气管，贮气柜至用户之间的沼气管称为配气管。当计算沼气管道时，管径应按日产气量选定。为了减少沼气管道的压力损失，还应采用高峰产气量进行核算，高峰产气量约为平均产气量的 1.5～3.0 倍。沼气管道一般采用防腐镀锌钢管或铸铁管。沼气在管中流动时随着温度的逐渐降低，不断有冷凝水析出。为了排出冷凝水，输气管应以 0.5%的坡降敷设，而且每隔一段距离或在最低处设置水封和排水口。

在沼气管道上的适当地点应设水封罐，以便调整和稳定压力，在消化池、贮气柜、压缩机、锅炉房等构筑物之间起隔绝作用。水封罐也可兼作排除冷凝水之用。水封罐体面积一般为进气管面积的 4 倍，水封高度为 1.5 倍气体压力。为了防止水封冻结，可采取加热、充装防冻溶液或连续供水等措施。若输气管的 H_2S 含量高，应采取防腐蚀措施。

3. 气体的储存和安全

由于产气量和用气量经常不平衡，所以必须设置贮气柜进行调节，其体积应按需要的最大调节容量决定。当没有此项资料时，一般按平均日产气量的 25%～40%，即按 6～10 小时的平均产气量计算。为了防止腐蚀，贮气柜内部必须进行防腐处理。贮气柜有多种形式，目前经常采用的是浮罩式贮气柜（图 2-8-7）。浮罩式贮气柜有低压柜和中压柜两种。前者维持的沼气压力为 0.98～2.94kPa（相当于 100～300mm 水柱），后者维持的沼气压力为 392～588kPa（相当于 400～600mm 水柱）。

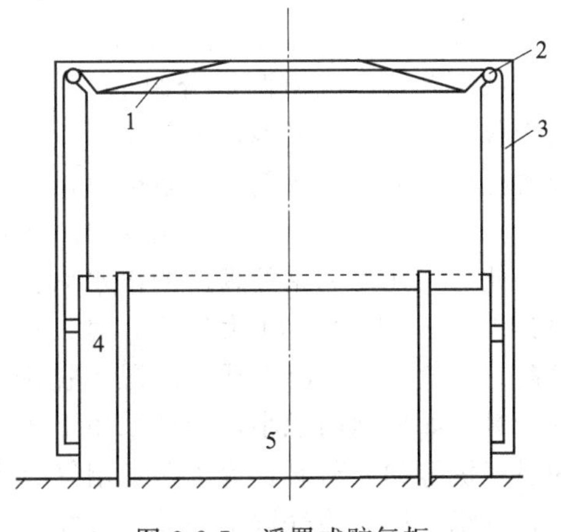

图 2-8-7　浮罩式贮气柜

1—浮盖帽；2—滑轮；3—外轨；4—导气管；5—贮气柜

低压贮气柜在国内应用最广，它由水封池和浮罩组成。水封池是一个由钢、钢筋混凝土或其他材料制造的圆筒形池子，建于地面或地下，池内装满水。浮罩是一个用钢板或其他材料制作的有顶盖的圆筒，筒壁插入水池内。当有沼气进入时，浮罩上升；而当沼气排出时，浮罩下降。输、配气管路所需的静压，由浮动罩的质量和面积决定。所需压力高时，要在浮罩顶放置铸铁或混凝土重块配重，以保证沼气所需的压力。浮动罩下的水室，在冬季时应有防冻措施。应设置热水盘管或吹入蒸汽。

贮气柜应设置安全阀，进、出气管上应装阻火器。阻火器的作用是防止明火沿沼气管道流窜，引起贮气柜、集气室及其他重要附属设施的爆炸。一般在贮气柜的进出气管上以及压缩机或鼓风机前后，均应设置阻火器，有时为了安全，可串联设置干式和湿式阻火器。

沼气中含有65%的甲烷时，燃烧1.0m^3的沼气需要6.2m^3的空气。当空气中含有8.6%～20.8%（按体积计）的沼气时，就可能形成爆炸性的混合气体。在沼气管道、阀门及其他装置中可能逸出沼气的地点，应装设可燃气体报警器。沼气的容重与空气的相同(1.292g/L)，或略轻一些。因此，室内上下均应设置换气孔。房间内应有足够的换气次数，一般为8～12次/h。所有电气计量仪表、设备、房屋建筑均应按有关规定设置防爆措施。

一般不允许将剩余沼气向空气中排放，以防污染大气。在确有剩余沼气无法利用时，可安装余气燃烧器将其烧掉。燃烧器应装在安全地区，并应在其前安装阀门和阻火器。剩余气体燃烧器，是一种安全装置，要能自动点火和自动灭火。剩余气体燃烧器和消化池盖，或贮气柜之间的距离，一般至少需要15m，并应设置在容易监视的开阔地区。

4. 沼气的净化

沼气中硫化氢的体积含量一般占0.005%～0.01%。在有水分的条件下，当沼气中硫化氢超过约1.1×10^{-6}的浓度时，对沼气发动机将有很强的腐蚀性。当沼气作为燃料时，根据城市煤气的质量规定，硫化氢允许含量应小于20mg/m^3。沼气脱硫装置有干法脱硫及湿法脱硫两种。

(1) 干法脱硫一般采用常压氧化铁法脱硫，选用经过氧化处理的铸铁屑作脱硫剂，疏松剂一般为木屑，放在脱硫箱中，厚约0.3～0.8m。气体以0.4～0.6m/min的速度通过。当沼气中硫化氢含量较低时，气速可适当提高，接触时间一般为2～3min。硫化氢被铁屑吸收，沼气得以净化，其反应式如下：

$$Fe_2O_3 \cdot 3H_2O + 3H_2S \longrightarrow Fe_2S_3 + 6H_2O$$

$$Fe_2O_3 \cdot 3H_2O + 3H_2S_2 \longrightarrow FeS + S + 6H_2O$$

再生时，将含硫化铁的脱硫剂取出，洒上水，接触空气使其氧化，即可再生利用。

$$2Fe_2S_3 + 3O_2 \longrightarrow 2Fe_2O_3 + 6S$$

$$4FeS + 3O_2 \longrightarrow 2Fe_2O_3 + 4S$$

吸收塔最少应设两组，以便交换使用。在20～40℃时脱硫作用的效果最好，设计温度为25～35℃，脱硫装置应有保温措施。脱硫装置前应有凝结水疏水器。

(2) 湿式脱硫由两部分组成，一为吸收塔，一为再生塔。含2%～3%的碳酸钠溶液，由吸收塔塔顶向下喷淋，沼气由下而上逆流接触，除去硫化氢。碳酸钠溶液吸收硫化氢后，经再生塔，通过催化剂，分解硫黄，使其再生，可以反复使用。它的一般反应式为：

$$Na_2CO_3 + H_2S \longrightarrow NaHS + NaHCO_3$$

此外，还可利用处理厂的出水对沼气进行喷淋水洗，去除硫化氢。在温度为20℃、压力为1.013×10^5Pa（1大气压）时，1m^3水能溶解2.3m^3硫化氢。一般当沼气中硫化氢含量高，且气量较大时，适于用湿式脱硫方法，同时还可去除部分二氧化碳，提高沼气中甲烷的含量。如用地面积小，则可采用干式脱硫装置。脱硫剂一般需三个月调换一次。当沼气作为燃气机等的燃料时，为了避免沼气喷嘴或燃气机的运转发生故障，沼气还应进一步净化，进行过滤，以去除气体中的固体微粒。过滤装置有砂砾过滤器、气体过滤器等。

5. 沼气的利用

沼气的主要成分是甲烷，它是一种发热量很高的可燃气体，其热值约为37.84kJ/L。沼气中含甲烷60%时，沼气的热值约为22.7kJ/L。沼气的利用基本上围绕其产热能力而展开，如用于各种小型燃烧器、锅炉、燃气发电机、汽车发动机等。除作气体燃料外，沼气还可用作原料制取化工产品，如四氯化碳和二氧化碳等。

许多工厂和畜牧场的沼气工程规模较小，通常将制取的沼气供职工家属宿舍、食堂等燃烧用。可用沼气来发电，以补充电力的不足。沼气发电的型式有两种，第一种是单独用沼气燃烧，第二种是与汽油或柴油混合燃烧。前者的稳定性较差，但较经济；后者则与之相反。目前国内尚无专用沼气发电机，大多是由柴油或汽油发电机改装而成，容量由5kW至120kW不等。每发1kW·h（1度）电约耗0.6～0.7m^3的沼气，热效率约为25%～30%。沼气发电的成本略高于火电，但比油料发电便宜得多。

第二节　设计计算

包含厌氧处理单元的水处理过程一般包括预处理、厌氧处理（包括沼气的收集、处理和利用）、好氧后处理和污泥处理等部分，可以用图2-8-8所示的流程表示。其中本书的其他章节将对预处理、好氧后处理和污泥处理部分的内容进行论述，本节将重点讨论厌氧反应器。

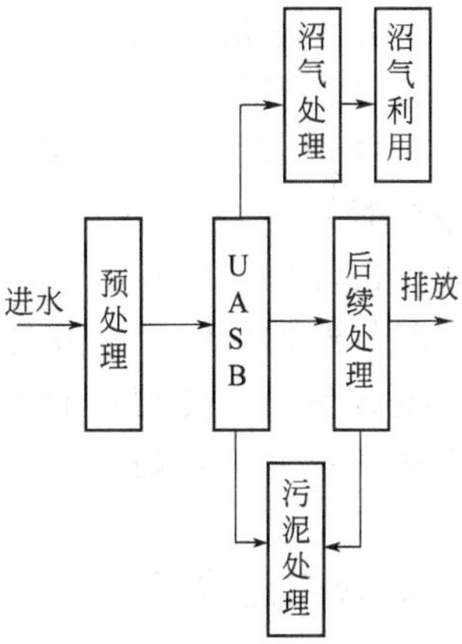

图2-8-8　包含厌氧处理单元的废水处理工艺流程

一、预处理设施

厌氧污水处理的预处理的目的之一是去除粗大固体物和无机的可沉固体，这对易于发生堵塞的厌氧滤池尤为重要，对于保护其他类型反应器的布水管免于堵塞也是必需的。另外，不可生物降解的固体，在厌氧反应器内积累会占据大量的池容，反应器池容的不断减少最终将导致系统完全失效。

同时，去除对厌氧过程有抑制作用的物质，改善厌氧生物反应的条件，改善厌氧可生化性，也是厌氧预处理的主要目的之一。因此，适当的中和加药系统、pH调控系统和适当的水解酸化，对于保证厌氧反应器的正常运行是至关重要的。

由于厌氧反应对水质、水量和冲击负荷较为敏感，所以对于工业废水而言，设计适当尺寸的调节池是厌氧反应稳定运行的保证。

预处理部分包括如下的技术环节：一般恰当的预处理系统包括去除大的固体的粗格栅和去除细小颗粒的细格栅或水力筛、泵房、调节（酸化）池、营养盐和pH调控系统。

1. 格栅

格栅的设计在本书前面已有描述，在本章中不再做进一步的介绍。但是由于工业污水中往往包含有细小固体杂质，如碎布、果壳、禽羽等，一般格栅不能截除，如不去除会给后续处理构筑物和设备带来麻烦。因此，往往采用细格筛作补充处理。格筛有固定筛和回转筛两种常用的形式。

（1）固定筛　固定筛也称水力筛。一般水力筛筛面的上部为进水箱，进水由箱的顶部向外溢流，水流分布于筛面上。水通过筛条进入筛后下部的集水箱，由出水管排出。随着固体杂质在筛面上的积累，会造成上部过水断面的暂时堵塞。水流将沿筛面进一步向下发展，在水流的带动下固体杂质向下不断推移直至积渣槽，从而达到自动清渣的目的。由于筛条槽断面为楔形，所以不容易发生堵塞，并且可以自动清渣，不需人工清理，工作十分方便。但是水力筛水头损失较大，一般在1.5～2.5m之间。

(2) 回转筛 回转筛的原理和筛条结构与水力筛是一致的，但是其采用机械驱动装置，进水从转筒回转鼓中心（或外侧）进入（流出）筒内（外），回转筛的水头损失较小，一般在0.5～1.5m之间。

以上两种装置的筛片也有采用不锈钢网或尼龙网等材料的，当废水中含有大量纤维状杂物时，不宜采用网状过滤装置。

2. 除砂池

当污水中含有砂和砂砾时，例如以薯干为原料的酿酒废水和禽类加工废水等，去除砂和砂砾非常重要。在实际中有许多处理系统的反应器内部容积会部分甚至全部被无机固体占据。

3. 调节池和中和系统

与城镇污水相比，工业废水的水质和水量波动比较大，特别是有些工业生产方式是批式排水或间歇生产的，因此一般工业废水处理装置都设有调节池。调节池的设计和选取主要考虑的因素是对于水质和水量的调节，调节池的作用是均质和均量，并且一般可以考虑兼具沉淀和中和功能。由于一般工业废水的水质、水量变化较大，需要设置较大的调节池以均衡废水的水质、水量，使后处理设施能稳定连续工作。调节池设计停留时间为6～12h。但是在调节池中设有沉淀池的情况下，进行调节水量的计算时需扣除沉淀区的体积。

调节池均质作用一般是通过池型的设计或机械搅拌来实现水流的充分接触和混合。在机电设备自动化程度相当发达的今天，一般废水处理中不需单设中和池，可在调节池中采用计量泵自动投加酸碱的装置；通过调节池的水力或机械搅拌达到混合均匀的目的。

4. 酸化池或两相系统

仅考虑溶解性废水时，一般不需考虑酸化作用。对于复杂废水，在调节池中一定程度的酸化，会有益于后续的厌氧处理。但是完全酸化是没有必要的，甚至是有害的。因为完全酸化后，污水pH值会下降，需要采用化学药剂调整系统pH值。另外有证据表明完全酸化对UASB反应器的颗粒过程有不利影响。对于以下情况考虑酸化或相分离：

(1) 当废水中存在有对于甲烷菌具有毒性或抑制性的化合物，采用预酸化可以去除或改变有毒或抑制性化合物的结构；

(2) 当废水存在有较高的Ca^{2+}含量时，部分酸化保持偏酸性进水可以避免在颗粒污泥表面和内部产生$CaCO_3$结垢；

(3) 当厌氧处理系统采用高负荷时，对于非溶解性组分去除有限，这时酸化或二相系统对颗粒物的降解是有利的；

(4) 当采用厌氧系统要求有较高的上升流速时，如FB或EGSB反应器，颗粒物质会从系统中冲出。在调节池中部分酸化效果可以通过调节池的合理设计获得。例如，采用底部布水上向流进水的方式，并在反应器的底部形成一定的污泥层（1.0m）。底部布水一般孔口设计为5～10m^2/孔即可。

5. pH调节和加药系统

为使酸、碱混合均匀，可以采用在线管道混合器。同样，为均匀水质调节池可以设置液下式搅拌器。加酸、碱采用比例控制式计量泵。对于高负荷的系统，根据颗粒化和 pH 调节的要求，当废水碱度不够时需要补充碱度，有些情况下甚至需要补充营养盐 N、P 等。

二、厌氧工艺的设计

1. 有机（容积）负荷

厌氧反应器有效容积（包括沉淀区和反应区）均可采用进水有机负荷法进行确定，有机负荷定义式如下：

$$q=QS_0/V \tag{2-8-13}$$

式中，V 为反应器有效容积，m^3；Q 为废水流量，m^3/d；q 为容积负荷，kgCOD/(m^3·d)；S_0 为进水有机物浓度，gCOD/L 或 gBOD/L。

对某种特定废水，反应器的容积负荷一般应通过试验确定，容积负荷值与反应器的温度、废水的性质和浓度有关。如果有同类型的废水处理资料，可以作为参考。

（1）反应器的容积　厌氧反应器一个重要的设计参数是有机负荷或水力停留时间。一旦所需的有机负荷（或停留时间）确定，反应器的体积可以很容易计算：

$$V=QS_0/q$$

确定了反应器的体积，可以计算出污水的水力停留时间（HRT），反之亦然：

$$\mathrm{HRT}=V/Q \tag{2-8-14}$$

（2）反应器的高度　选择适当反应器高度是运行上的要求和经济上的综合考虑。从运行上考虑采用的反应器的高度对于有机物的去除效率有重要的影响。

对于污泥床反应器，为了保持足够多的污泥，上升流速不能超过一定的限值，从而反应器的高度也就会受到限制。高的液体流速增加系统的扰动，因此增加了污泥与进水有机物之间的接触。但是过高的流速会引起厌氧滤床或流化床反应器填料表面的冲刷。

深度的影响也与 CO_2 溶解度有关，亨利定律表明饱和浓度随着沼气中 CO_2 分压的增加而增加。反应器越深溶解的 CO_2 浓度越高，pH 值越低。如果 pH 值低于最优值，会危害厌氧消化的效率。

从经济上反应器高度的选择要考虑如下影响因素。

工程费用随着反应器的高度（或深度）的增加而增加，但是占地面积则相反会减少。

反应器的高程设计合理，高程选择应该使污水（或出水）可以不用或少用提升。

同时考虑当地的气候和地形条件，反应器建造在半地下而减少建筑和保温费用。最经济的反应器的高度（或深度）一般是在 4～6m 之间，并且在大多数情况下这也是系统最优的运行范围。高度确定后，可以计算出反应器的截面积，其关系式如下：

$$A=V/H \tag{2-8-15}$$

式中，A 为 UASB 反应器表面积，m^2；H 为 UASB 反应器的高度，m。

（3）反应器的长、宽　在确定反应器的容积和高度之后，对矩形池必须确定反应器的长和宽。对于矩形和正方形池，在同样的面积下正方形池的周长比矩形池要小，从而矩形 UASB 需要更多的建筑材料。长/宽比在 4∶1 以上费用增加十分显著。以表面积为 600m^2 的反应器为例，长×宽＝30m×20m 的反应器与 15m×40m 的反应器周长相差 10%，这意味着建筑费用要增加 10%。但是从布水均匀性考虑，矩形在长/宽比较大较为合适。

对于圆形反应器，在同样的面积下，其周长比正方形的少 12%。但是圆形反应器的这一优点仅仅在使用单个池子时才成立。当建立两个或两个以上反应器时，矩形反应器可以采用共用壁。对于采用公共壁的矩形反应器，池型的长宽比对造价也有较大的影响。因此如果不考虑地形和其他因素，这是一个在设计中需要优化的参数。

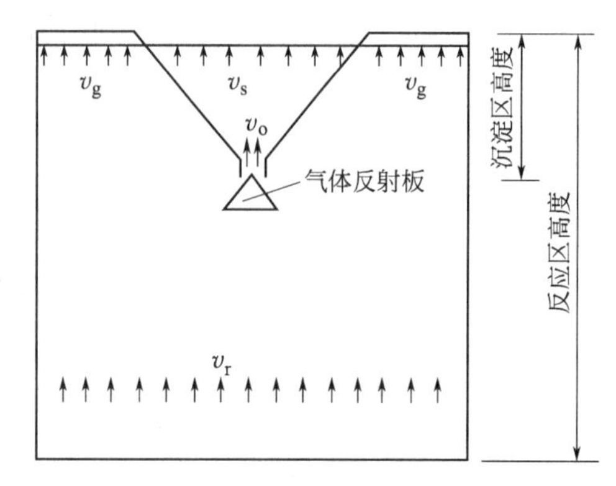

图 2-8-9 UASB反应器中各种流速关系

v_s—沉淀器表面流速，m/h；v_g—气体的上升流速，m/h；v_o—在沉淀器缝隙处流速，m/h

（4）反应器的各种升流速度 反应器的高度与上升流速之间的关系表达如下：

$$v_r = Q/A = V/(HRT \times A) = H/HRT \quad (2\text{-}8\text{-}16)$$

式中，v_r 为反应内液体上升流速（对于AF则对应为空池流速），m/h。

对于厌氧（UASB）反应器还有其他的流速关系（见图2-8-9）。

对于日平均上升流速的推荐值见表2-8-3。应该注意对于短时间的（如2～6h）高峰值是可以承受的。

表 2-8-3 UASB、EGSB和升流式AF允许上升流速（平均日流量）

UASB反应器	v_r=0.25～3.0m/h	颗粒污泥
	0.75～1.0m/h	絮状污泥
	v_o≤1.5m/h	絮状污泥
	≤8m/h	颗粒污泥
	v_o≤1.2m/h	颗粒污泥
	≤3.0m/h	絮状污泥
	v_g=1m/h	建议最小值
EGSB	对于EGSB最高的允许上升流速可以高达12m/h(包括回流)	
升流式AF	v_r=1.0～3.0m/h空床流速,对于高孔隙的反应器取较高值,对于低孔隙滤床取较低值	

（5）单元反应器最大体积和分格化的反应器 在厌氧反应器的设计中采用分格的单元系统对运行操作是有益的。首先分格化反应器的单元尺寸不会过大，可以避免由于反应器体积过大带来的布水均匀性等问题，同时多个反应器对厌氧系统的启动也是有益的，可以首先启动一个反应器，再用这个反应器的污泥去接种其他反应器。另外，多个反应器可以有利于维护和检修，可以放空多个反应器之一进行检修，而不影响整个污水处理厂的运行。从目前情况看建议最大的单体UASB反应器（不是最优的）可以为2000m^3，而对于EGSB系统最大体积大约为500m^3，对AF系统最大的单池大约为1000m^3。目前接触工艺国内最大的单元为5000m^3。

2. 经验公式方法

经验公式的设计方法在第一节中已有介绍，主要应用于厌氧滤池的设计。可以根据公式(2-8-10)计算出所需的停留时间。停留时间确定后可以根据上面的计算原则依次计算反应器的高度、长度和宽度等参数。

三、各种类型废水设计参数[7～9]

1. 低浓度废水

对于低浓度污水，在设计中水力负荷比有机负荷更为重要。

(1) 对于溶解性非复杂废水（低浓度污水 COD<1000mg/L） 不同高度反应器的允许水力停留时间（HRT）依赖于日平均允许的最大表面负荷。停留时间可以计算如下：

$$HRT=V/Q \tag{2-8-17}$$

对于 UASB、EGSB 和 AF 的允许水力停留时间列于表 2-8-4，表中的数据可以用来指导不同温度下低浓度溶解性污水的设计。以上情况中水力负荷是限制性因素而不是有机负荷。

表 2-8-4　在不同温度下采用 4m 和 8m 高反应器处理溶解性低浓度污水

温度/℃	HRT/h			
	8m 高反应器		4m 高反应器	
	日平均	峰值(2～6h)	日平均	峰值(2～6h)
16～19	4～6	3～4	4～5	2.5～4
22～26	3～4	2～3	2.5～4	1.5～3
>26	2～3	1.5～2	1.5～3	1.25～2

对 AF 反应器也可采用上述数据（应注意对孔隙率低的反应器体积要比孔隙率高的反应器大得多）。

(2) 对于复杂废水（城镇污水 COD<1000mg/L） Lettinga 等采用经验公式(2-8-10) 描述不同厌氧处理系统处理生活污水 HRT 与去除率之间的关系。对于不同反应器处理生活污水的数据进行了统计得出了表 2-8-5 的参数值。

表 2-8-5　对不同厌氧系统经验公式常数值和取得 80%COD 去除率所需停留时间（$T>20$℃）

系统	C_1	C_2	对于 $E=0.80$ 的 HRT	系统	C_1	C_2	对于 $E=0.80$ 的 HRT
UASB	0.68	0.68	5.5h	厌氧滤池	0.87	0.50	20h
流化或膨胀床	0.56	0.60	5.5h	厌氧塘①	2.4	0.50	144h=6d

① BOD_5 去除率。

2. 中、高浓度废水

(1) 中高浓度溶解性废水　中、高浓度溶解性废水的设计负荷取决于活性污泥的量、接触程度和有机物的可生化性，特别是污泥的甲烷活性，依赖温度。表 2-8-6 分别给出了 UASB、AF 和接触工艺的参数。表中的数值远远低于系统的最高负荷能力。

表 2-8-6　不同温度下颗粒污泥 UASB 和 EGSB 反应器处理溶解性 VFA 和非 VFA（稍微酸化）废水

温度/℃	UASB①		AF 系统①		接触工艺①	
	VFA 废水	非 VFA	VFA	非 VFA	VFA	非 VFA
15	2～4	1.5～3	1～2	0.5～1.5	0.5～1	0.5～1
20	4～6	2～4	2～3	1～2	1.5～2	1.5～2
25	6～12	4～8	3～6	2～3	2～4	2～4
30	10～18	8～12	5～12	3～6	4～6	4～6
35	15～24	12～18	8～16	4～8	5～8	5～8
40	20～32	15～24	12～20	6～10	6～8	6～10

① 单位为 $kgCOD/(m^3 \cdot d)$。

(2) 中、高浓度复杂废水　如前所述，处理复杂废水时会遇到比溶解性废水复杂的问题。采用厌氧床反应器的设计负荷列于表 2-8-7，由于废水中存在 SS 和/或限制性化合物，可采用的有机负荷显著低于溶解性废水。采用有机负荷与温度的关系如表 2-8-8 所示。当进水中有 30%～40%可沉降性 SS～COD 时，接触工艺允许负荷一般只有絮状污泥床反应器的一半，是颗粒污泥床反应器的 30%～50%。AF 系统由于在床内发生堵塞问题不能处理 SS 超过 1000mg/L 的废水。很明显与溶解性废水相比，由于含有大量的 SS，可以采用的表面负荷要显著低。

表 2-8-7 不同不溶性 COD 条件下颗粒和絮状污泥 UASB 反应器可采用的容积负荷

废水 COD 浓度/(mg/L)	不溶性 COD 组分/%	在 30℃采用的负荷/[kgCOD/(m^3·d)]		
		絮状污泥	颗粒污泥	
			低 TS 去除	高 TS 去除
2000	10～30	2～4	8～12	2～4
	30～60	2～4	8～14	2～4
	60～100	不能采用	不能采用	不能采用
2000～6000	10～30	3～5	12～18	3～5
	30～60	4～6	12～24	2～6
	60～100	4～8	不能采用	2～6
6000～9000	10～30	4～6	15～20	4～6
	30～60	5～7	15～24	3～7
	60～100	6～8	不能采用	3～8
9000～18000	10～30	5～8	15～24	4～6
	30～60	TSS>6～8g/L	TSS>6～8g/L	3～7
	60～100	有问题	有问题	3～7

表 2-8-8 颗粒污泥 UASB 反应器在不同温度下对可溶与部分可溶废水的适宜负荷

温度/℃	系统的容积负荷/[kgCOD/(m^3·d)]		温度/℃	系统的容积负荷/[kgCOD/(m^3·d)]	
	污水 SS～COD① 小于 5%	污水 SS～COD 为 30%～40%		污水 SS～COD① 小于 5%	污水 SS～COD 为 30%～40%
15	2～3	1.5～2(去除 SS 好)	30	10～15	6～9(去除 SS 一般)
20	4～6	2～3(去除 SS 好)	35	15～20	9～14(去除 SS 较差)
25	6～10	3～6(去除 SS 较好)	40	20～27	14～18(去除 SS 差)

① SS～COD 指可沉性 COD。

四、反应器的详细设计

1. 配水孔口负荷

厌氧反应器良好运行的重要条件之一是污泥和废水之间充分的接触。一般来讲，除消化池和流化床反应器，其他类型的反应器都存在均匀配水问题。对于 UASB 系统进水管的数量是一个关键的设计参数。在 AF 系统中，填料下面的空间中进水管需要均匀的分配。因此在 UASB 和 AF 系统底部的布水系统应该尽可能地均匀。为在反应器底部获得均匀进水，有必要采用多个进水点的分配装置，而每一点的最大服务面积有待深入研究。

2. 配水方式

设计适当的进水分配系统对于运转良好的污水处理厂是至关重要的。各种类型的生产规模的厌氧反应器中，已成功地采用了各式各样的进水方式。这些系统的布水管上的孔口数不同，每个孔口的流向不同，采用的流速不同。厌氧反应器进配水系统有多种形式，但多属专利，具体设计数据未公开。一般来讲有如下原则需要满足，进水配水系统兼有配水和水力搅拌的功能，为了保证可以获得均匀的进水分布，进水装置的设计应该：

① 保证与应该分配到该点的流量相同，以确保各单位面积的进水量基本相同，以防止短路等现象发生；

② 很容易观察进水管的堵塞；

③ 发现堵塞后，必须很容易清除；

④ 应尽可能（虽然不是必须）满足污泥床水力搅拌的需要，保证进水有机物与污泥迅速混合，防止局部产生酸化现象。

配水系统的形式有以下几种。

（1）一管一点配水方式　为了确保进水可以等量分布在反应器，每个进水管线仅仅与一个进水点相连接是最为理想的情况（如图 2-8-10 所示，为德国的一种专利布水装置）。这种配水系统的特点是一根配水管只服务一个配水点，只要保证每根配水管流量相等，即可取得等流量的要求。为了保证每一个进水点达到其应得的进水流量，建议采用高于反应器的水箱式（或渠道式）进水分配系统。这种情况的一个好处是可以容易用肉眼观察堵塞情况。

（2）一管多孔配水方式　采用在反应器池底配水横管上开孔的方式布水，其中几个进水孔由一个进水管负担（如图 2-8-11 所示）。为了配水均匀，要求出水流速较高，使出水孔阻力损失大于空孔管的沿程阻力损失。为了增大出水孔的流速，可采用脉冲间歇进水。在一根管上均匀布水虽然在理论上是可行的，但在实际上是不可实现的。因为这种系统随着时间不可避免的有些孔口将发生堵塞，而进水将从没有堵塞的其他孔口重新分配，从而导致在反应器池底的进水不均匀分布。因此应该尽可能避免在一个管上有过多的孔口。

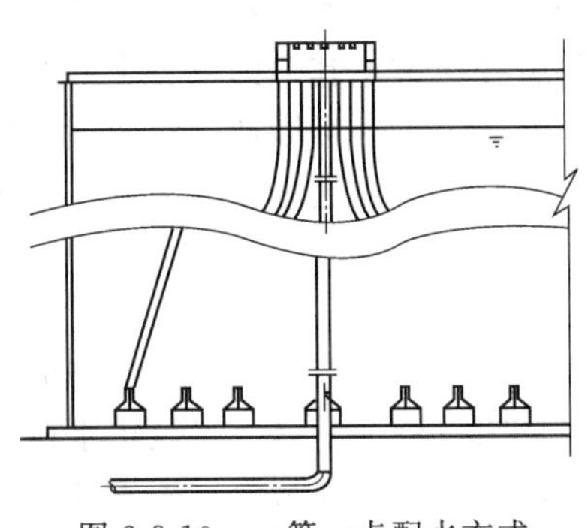

图 2-8-10　一管一点配水方式

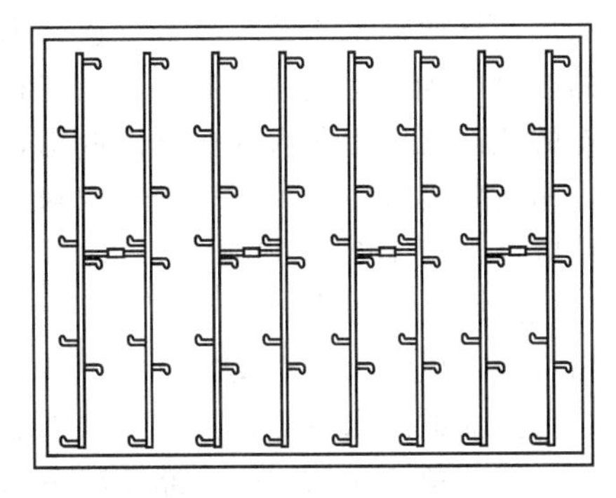

图 2-8-11　一管多孔配水方式

（3）分支式配水方式　为了配水均匀，一般采用对称布置，各支管出水口向下并位于所服务面积的中心。如图 2-8-12 所示。管口对准池底所设的反射锥体，使射流向四周散开，均布于池底。这种形式配水系统的特点是采用较长的配水支管增加沿程阻力，以达到布水均匀的目的。只要施工安装正确，配水能够基本达到均匀分布的要求。图 2-8-12 为15000m^3/d污水处理厂厌氧反应器的分支式布水形式。

3. 气、固、液三相分离装置

采用厌氧接触工艺必须配合适当的污泥分离装置，例如沉淀池、气浮系统或带有刮渣器的沉淀池，在这种情况下污泥的沉降性好。只要厌氧反应器内避免强烈的机械搅

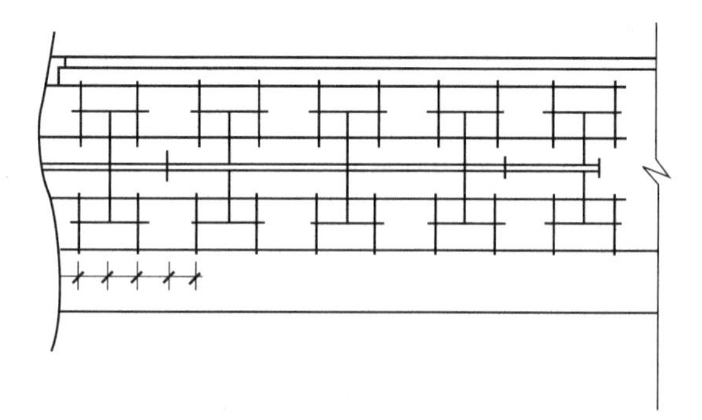
图 2-8-12 分支式配水方式

拌，大多数情况下可以满足上述条件。接触工艺需要配备混合装置，但不必像完全混合系统。

流化床和污泥床设置有三相分离装置，这样的装置也可能适用于 AF 系统。三相分离器的设计要点汇总：

(1) 沉淀器的斜角（集气器的倾角）应该在 45°～60°；

(2) 集气室缝隙部分的面积应该占反应器全部面积的 15%～20%；

(3) 在反应器高度为 5～7m 时，集气室的高度应该在 1.5～2m；

(4) 在集气室内应该保持气液界面，以释放和收集气体，阻止浮渣层的形成；

(5) 反射板与缝隙之间的遮盖应该在 100～200mm，以避免上升的气体进入沉淀室；

(6) 在出水堰之间应该设置浮渣挡板；

(7) 出气管的直管应该充足，以保证从集气室引出沼气，特别是有泡沫的情况；

(8) 在集气室的上部应该设置消泡喷嘴，当处理污水有严重泡沫问题时消泡。

4. 管道设计

在污水中存在大的物体（木屑、塑料瓶等）也可能堵塞进水管。这样的堵塞在设计良好的进水系统是可以疏通的。进水渠到进水立管应是直管，并且在进水立管正上方应该设有三通，在发生堵塞时可以打开三通清通。对于重力布水方式，当污水通过三角堰进入反应器时可能吸入空气泡。在液体中会存在溶解氧，这会抑制甲烷菌。如果进入大量气体，将与产生的沼气形成有爆炸可能性的混合气体。同时，气泡太多可能还会影响沉淀功能。采用较大的管径可以避免气阻。

在反应器底部采用较小直径管道，因为流速高，产生了较强的扰动和进水与污泥之间更密切的接触。为了达到这一效果，在三相分离器之上的管径应该比其下的部分大一些。这样顶部低的流速可以使吸入的空气泡逸出，而在反应器底部的高流速可增加扰动，确保进水和污泥之间良好的接触。为了增强污泥和废水之间的接触，减少底部进水管的堵塞，建议进水点距反应器池底 100～200mm。

5. 出水收集设备

出水设施应该在厌氧反应器的顶部尽可能均匀地收集出水。大部分厌氧反应器的出水堰与传统沉淀池的出水装置相同，即水平汇水槽在一定距离间隔设三角堰。建议出水槽设置浮渣挡板，以截留漂浮的固体。漂浮层中的部分物质包含活的厌氧活性污泥，由于其含有未释放的沼气气泡而上升到水面。当气泡在水表面最终释放后，这些污泥将回到反应器消化区。在印度的 Kanpur 的生产性装置，对设有和没有浮渣的挡板进行了比较，证实在水面设有挡板，出水水质持续的改善。但是设有出水挡板容易引起形成污渣层。是否设挡板需根据处理的情况而定。

出水设施通常的问题是一部分的出水槽即使存在浮渣挡板时也会被漂浮的固体堵塞，从而引起出水不均匀。为了消除或减少这些问题，堰上水头应当是充足。经常发生堰不是完全水平或者由于漂浮的固体堵塞在堰口的运转问题，较小的水头会引起相对大的误差。可以计算出当水头为 25mm 时的流量比水头为 20mm 时大 75%。因此沿三角堰长度方向仅仅 5mm 的小水位差（实际中是很可能发生的）将导致出水 75%的误差。所以三角堰的设计要便于调整其高度。

6. 排泥设备

一般来讲随着反应器内污泥浓度的增加，出水水质会提升。但是，污泥超过一定高度将随出水一起冲出反应器。因此，当反应器内的污泥达到某一预定最大高度之后排泥。一般污泥排放应该遵循在一定的时间间隔（如每周）排放一定体积的污泥，排泥量应等于这一期间所积累的量。排泥频率也可以根据污泥处理装置所能处理的量来确定，更加可靠的方法是确定污泥浓度分布曲线排泥。原则上有两种污泥排放方法：①从所设定的高程直接排放；②采用泵将污泥泵出。

污泥排泥的高度很重要，它应排出低活性的污泥并将好的高活性的污泥保留在反应器中。一般在污泥床的底层将形成浓污泥，而在上层是稀的絮状污泥。剩余污泥应该从污泥床的上部排出。在反应器底部的“浓”污泥可能会由于积累颗粒和小沙粒活性变低，这时建议偶尔从反应器的底部排泥，这样可以避免或减少在反应器内积累砂砾。

7. 气体收集装置

气体收集装置应该能够有效地收集产生的沼气，同时保持正常的气液界面。气体管径应该足够大，避免气体夹带的固体（或泡沫）产生堵塞。设置一个在气体堵塞情况下使气体释放的保护装置是必要的，可以避免对反应器结构形成过大的压力。UASB 反应器可以自动避免这种情况。因为在出水管堵塞的情况下，UASB 反应器中三相分离器中水面会不断降低直至从反射板逸出，从而避免了对反应器结构的破坏。而对于厌氧滤池，由于反应器结构是封闭的，集气室一般在反应器的顶部，所以设置气体释放的保护装置是必需的。

一般在产生的气体送往储气柜之前，需被引导至水封罐中释放，经验表明水封中将积累冷凝水。因此，在水封中有排除冷凝水的出口，以保持罐中一定水位。

8. 建筑材料

选择适当的建筑材料对于 UASB 反应器的长期运行是非常重要的。早期即 20 世纪 70 年代末、80 年代初建立的所有 UASB 反应器，在使用 5～6 年后都出现了严重腐蚀。最严重的腐蚀出现在反应器上部，主要是气、液交界面。此处 H_2S 可能造成直接腐蚀，同时硫化氢被空气氧化为硫酸或硫酸盐，这是局部 pH 值下降造成的间接腐蚀。硫化氢或者酸造成的腐蚀属于化学腐蚀。在气液接触面还存在电化学腐蚀。由于厌氧环境下的氧化-还原电位为 －300mV，而在气水交界面的氧化-还原电位为 100mV，这就在气水交界面构成了微电池，形成电化学腐蚀。无论普通钢材和一般不锈钢都会被损害。

因厌氧消化工艺产生腐蚀环境，应该尽可能地避免采用金属材料。那些昂贵材料像不锈钢在厌氧反应器中也会严重腐蚀，而油漆或其他涂料仅仅能起到部分保护作用。一般反应器池壁最合适的建筑材料是钢筋混凝土结构，也可采用经过防腐或非腐蚀性材料。即使混凝土也会受到化学侵蚀，其侵蚀的程度与碳酸盐和钙离子浓度有关。如果这两种离子产物低于碳酸钙的溶解度，钙离子将从混凝土中溶出，造成混凝土结构的剥蚀。对于特殊的部件，混凝土不一定适用，可以采用非腐蚀性材料如 PVC 作进出水管道，三相分离器的一部分或浮渣挡板采用玻璃钢或不锈钢作为布水箱。

为了防止这类腐蚀，应当使用耐腐材料，例如不锈钢、塑料或采用防腐涂层。带涂层的钢材经多年使用发现有严重的腐蚀问题，如采用涂层需采用永久性的涂层材料，如柔性搪瓷等。混凝土结构需要在气水交界面上下 1m 采用环氧树脂防腐。也可使用以塑料增强的多层胶合板，例如用作出水堰板。

9. 加热和保温

如果工厂或附近有可利用的废热或者需要从出水中回收热量，则再安装热交换器。

(1) 加热废水到35℃的热度 (Q_h)

$$Q_h=\lambda_f C_f(35-t)Q/0.85 \quad (2-8-18)$$

式中，Q 为废水流量，m^3/h；λ_f 为密度，t/m^3，对于水该值为 $1t/m^3$；C_f 为比热容，对于水该值为 11kcal/(kg·℃)（1kcal=4.1868kJ）；t 为废水温度，℃；0.85为热效率。

(2) 保持反应器温度热量需要

$$Q_o=FK(35-t)/0.85 \quad (2-8-19)$$

式中，F 为反应器外表面积，m^2；K 为总热传送分数，kcal/(m^2·h·℃)（1kcal=4.1868kJ）；t 为气温，℃。

K 可以用下式计算：

$$1/K=\alpha_1+d_1/\lambda_1+d_2/\lambda_2+\alpha_0 \quad (2-8-20)$$

式中，α_1、α_0 为反应器内、外层热传导分数；d_1、d_2 为第一、第二保温层的厚度；λ_1、λ_2 为第一、二层的热传导率。

α_1（液-壁）的值是2000～4000kcal/(m·h·℃)（1kcal=4.1868kJ），α_0（壁-气）是20kcal/(m·h·℃)（1kcal=4.1868kJ）。

液体停留时间2h，热损失为：

$$Q_o=FK_2(35-1)/0.85 \quad (2-8-21)$$

总的需热量 $Q_t=Q_h+Q_d$

(3) 热交换器的计算可参见有关资料。

10. 特殊设施

(1) 不同深度的污泥取样点　从反应器内取出污泥样品用来获取污泥浓度沿深度的分布曲线，进而确定污泥的生物、化学或物理特性，以获得关于污泥浓度和活性沿池深的函数关系。

(2) 监测和控制设备　要使厌氧处理系统操作良好，就需要合适的控制系统以及维持最佳环境条件及尽可能经济的运行。所需要的监测和控制设备如下：① 进水流量、温度和pH值的测量和记录设备；② 反应器温度和pH值（特别是在反应器较低的部位）的测量和记录；③ 沼气产率、产气组成（主要测 CO_2 和 H_2S 含量）的测量和记录。

(3) 防止臭气和有害气体释放的装置　厌氧过程常伴有臭气产生，特别是会有相当多的 H_2S 形成。为了避免臭气污染操作环境，必须采取足够的措施防止 H_2S 从液面进入空气。为此应当将反应器覆盖起来并收集含有 H_2S 的气体，必要时可真空抽吸，然后适当处置。通过覆盖反应器上部的沉降区也可以减少腐蚀，因为在此情况下空气进入的机会大大减少。从安全角度讲，应当避免空气中的氧同这些气体（甲烷、二氧化碳和硫化氢）混合。

当出水硫化氢含量较多时，也可以使用后处理除去，例如使用化学沉淀法使其以FeS形式沉淀，或采用生物化学或化学氧化的方法将其转变为单质硫或硫酸盐。

第三节　普通消化池和接触工艺

一、原理和功能

厌氧消化池多应用于处理从污水中分离出来的有机污泥、含有机固体物较多和浓度很高的污水，例如剩余污泥、畜禽粪便和酒糟废水等。厌氧接触工艺已被成功地应用于肉类食品工业废水和其他含有高浓度可溶性有机物废水的处理中。

(一) 原理

1. 普通消化池的工作原理

传统的完全混合反应器（CSTR）即普通厌氧消化池，借助消化池内的厌氧活性污泥来净化有机污染物，其工作原理如图 2-8-13 所示。

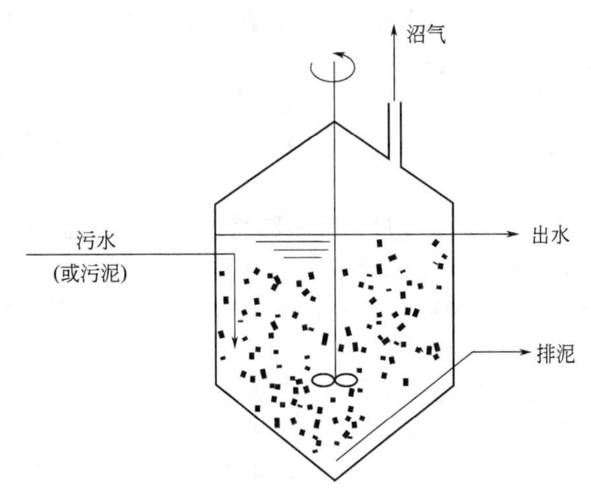

图 2-8-13 普通消化池

作为处理对象的生污泥或废水从池体上部或顶部投入池内，经与池中原有的厌氧活性污泥混合和接触后[10]，通过厌氧微生物的吸附、吸收和生物降解作用，使生污泥或废水中的有机污染物转化为以 CH_4 和 CO_2 为主的气体（俗称沼气）。如处理的对象为污泥，经搅拌均匀后从池底排出；如处理对象为废水，经沉淀分层后从液面下排出。CSTR 体积大，负荷低，其根本原因是它的污泥停留时间等于水力停留时间。

2. 接触工艺的基本原理与工艺流程

厌氧接触法在厌氧消化池之外加一个沉淀池来收集污泥，且使其回流至消化池。其结果是减少了污水在消化池内的停留时间。厌氧接触工艺流程如图 2-8-14 所示。由消化池排出的混合液首先在沉淀池中进行固、液分离。污水由沉淀池上部排出，所沉下的污泥回流至消化池。这样既使污泥不流失而稳定工艺，又可提高消化池内的污泥浓度，从而在一定程度上提高设备的有机负荷和处理效率。由于厌氧接触工艺具有这些优点，因此在生产上较多被采用。

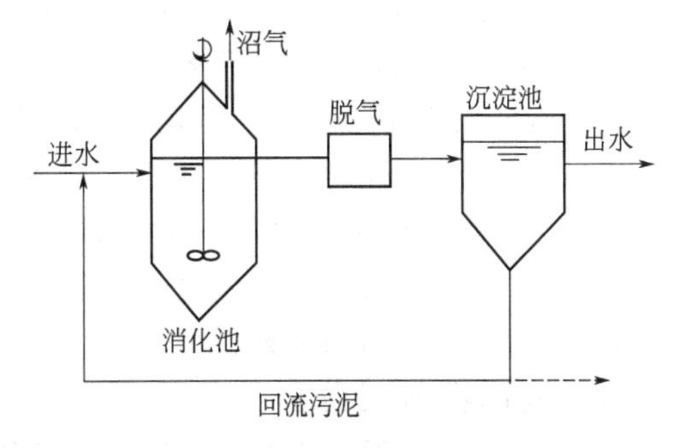

图 2-8-14 厌氧接触工艺流程

厌氧接触工艺在中温条件下（25～40℃），其容积负荷不高于 4～5kgCOD/(m^3 · d)，HRT 约在 10～20d。生产实践表明，在低负荷或中负荷条件下，厌氧接触工艺允许污水中含有较多的悬浮固体，具有较大的缓冲能力，生产过程比较稳定，耐冲击负荷，操作较为简单。厌氧接触工艺仅是普通消化池的一种简单改进，消化池和沉淀池的构造均为定型设计，因此应用这种工艺不存在什么困难。在有关资料中有详细介绍。

(二) 分类

普通厌氧消化池可以按池体构型、池顶构型以及运行方式等进行分类。

1. 按池体构型分类

普通厌氧消化池的池体构型形形色色，但大体上可分为两大类：圆筒形和卵形。

圆筒形的特点是池身呈圆筒状，池底多呈圆锥形，而池顶可为圆锥形、拱形或平板形。根据直径与侧壁的比例大小，又可分为三型。

(1) Ⅰ型圆筒形（椭圆形），$D>H$　Ⅰ型圆筒形消化池的直径大于侧壁高（一般为2：1）。池底倾角较平缓（25/100或更大些），外形有点像平置的椭圆体，故又称椭圆形消化池。我国和美国、日本等国多使用这种池型。

(2) Ⅱ型圆筒形（龟甲形），$D=H$　Ⅱ型圆筒形消化池的直径接近或略大于侧壁高，池底和池顶的倾角都较大。这种池子的外形很像龟甲，故又称龟甲形消化池。欧洲建有较多的龟甲形消化池。

(3) Ⅲ型圆筒形（标准型），$D<H$　Ⅲ型圆筒形消化池的池径小于侧壁高，池顶与池底的倾角很大。在国外，这种池子也称为标准型消化池，1956年始建于德国，在德国较为流行。卵形消化池（$D<H$）与圆筒形消化池的主要差别是池侧壁呈圆弧形，直径远小于池高。

各种形状的消化池在建设费用和水力学特性方面各不相同。建设费用以龟甲形最低，原因是其外形轮廓比较接近于球体，具有最小的表面积。椭圆形、卵形和标准型消化池的建设费用则依次增大。从搅拌电耗的降低和混合程度来看，最佳的是卵形，标准型、龟甲形和椭圆形则依次较差；从预防池底积泥和池顶结壳方面来看，最佳的也是卵形，其次是标准型，另两种次之。

2. 按池顶构型分类

普通厌氧消化池的池顶构型有固定顶盖和浮动顶盖两类。前者的池顶盖固定不动，后者的池顶盖随池内沼气压力的高低而上下浮动。

固定顶盖的主要缺点是池顶受力复杂，容易裂缝漏气。

3. 按容量大小分类

按容量大小可将厌氧消化池划分为以下三类：①小型池1000～2500m^3；②中型池2500～5000m^3；③大型池5000～10000m^3。

一般而言，池容愈小，愈容易建造，但单位有效池容所需建造费用愈高。例如，若以3000m^3池子的单位池容建造费用为1，则6000m^3和9000m^3池子的单位池容建造费用分别为0.86和0.80。若建造卵形池总容量为12000m^3的消化池，可以是1个12000m^3，2个6000m^3，3个4000m^3，以及4个3000m^3，其单位池容建造费用依次是0.68，0.70，0.72和0.78（以建造一个3000m^3池子的单位池容建造费用为1计）。但是，池子愈大，加热搅拌愈难均匀，容积利用系数愈小。

4. 按运行方式分类

从运行方式来看，厌氧消化池有一级和二级之分，二级消化池串联在一级消化池之后。一级消化池的基本任务是完成甲烷发酵。它有严格的负荷率及加排料措施，需池内加热，并保持稳定的发酵温度，在池内进行充分的搅拌以促进高速消化反应。

一级消化池排出的污泥中还混杂着一些未完全消化的有机物，还有一定的产气能力；此外，污泥颗粒与气泡形成的聚合体未能充分分离，影响泥水分离；污泥保持的余热还可以利用。由此便出现了在一级消化池之后串联二级消化池的设想和工程实践，即两相厌氧消化工艺。此工艺在国外相当流行，近年来我国也有设计两级消化池的工程实践。

两相厌氧消化工艺就是把酸化和甲烷化两个阶段分离在两个串联反应器中，使产酸菌和产甲烷菌各自在最佳环境条件下生长。从而提高了它们的活性，因此提高了处理能力。所以两相厌氧消化工艺的处理效率比传统的厌氧消化工艺的处理效率高，而且运行更加稳定，但管理复杂。

一级消化池的水力停留时间多采用15～20d，二级消化池的水力停留时间可采用一级的一半，即两池的容积比大致控制在2∶1。两级消化池的液位差以0.7～1.0m为宜，以便一级池的污泥能靠重力流向二级池。

（三）特点与构造

1. 普通消化池

普通消化池的特点是在一个池内实现厌氧发酵反应和液体与污泥的分离。为了使进料和厌氧污泥密切接触，设有搅拌装置。一般情况下每隔2～4h搅拌一次。一般在排放消化液时停止搅拌，然后从消化池上部排出上清液。

由于先进的高效厌氧消化反应器的出现，传统的消化池应用越来越少，但是在一些特殊领域，其在厌氧处理中仍然有一席之地。主要应用于：①城市废水处理厂污泥的稳定化处理；②高浓度有机工业废水的处理；③高悬浮物的有机废水；④含难降解有机物的工业废水的处理。

2. 厌氧接触工艺

（1）与普通厌氧消化法相比，厌氧接触法具有以下特点。

① 消化池污泥浓度高。一般为5～10gVSS/L，耐冲击能力强。

② 消化池有机容积负荷较高。中温消化时，COD容积负荷一般为1～5kg/(m^3·d)，COD去除率为70%～80%；BOD容积负荷为0.5～2.5kg/(m^3·d)，BOD去除率为80%～90%。

③ 增设沉淀池、污泥回流系统和真空脱气设备，流程较复杂。

④ 适合于处理悬浮物浓度、有机物浓度均高的废水，废水COD浓度一般不低于3000mg/L，悬浮物浓度可达到50000mg/L。

（2）在厌氧接触工艺的设计中，重要的问题是沉淀池中的固液分离。从消化池排出的混合液含有大量的厌氧活性污泥，污泥的絮体吸附着微小的沼气泡，使得靠重力作用进行固液分离很难取得满意的效果，有相当一部分污泥上漂至水面，随水外流。为了提高沉淀池中混合液固液分离的效果，目前采用以下几种方法：

① 在消化池和沉淀池之间设真空脱气器，脱除混合液中的沼气，脱气器的真空度约为4900Pa；

② 在沉淀池之前设热交换器，对混合液进行急剧冷却处置，使温度从35℃下降到15℃，这样能够抑制污泥在沉淀过程中继续产气，有利于混合液的固液分离；

③ 向混合液投加混凝剂，如先投加氢氧化钠，再投氯化铁；

④ 用超滤器代替沉淀池，以提高固液分离效果。

（3）接触消化工艺具有下列特点。

① 由于设置了专门的污泥截流设施，能够回流污泥，使得厌氧接触工艺具有较长的固体停留时间。保持消化池内有足够的厌氧活性污泥，提高了厌氧消化池的容积负荷，不仅缩短了水力停留时间，也使占地面积减少。

② 易于启动，有较大的承受高负荷冲击的能力，运行稳定，管理比较方便。

③ 厌氧接触工艺适用于处理悬浮物浓度较高的高浓度有机废水。这是由于微生物可附着在悬浮颗粒上，微生物与废水的接触表面积很大，并能在沉淀分离装置中很好地沉淀。

④ 由于沉淀分离装置本身的设计和在运行中存在的问题，容易造成污泥流失等问题。

厌氧接触工艺除在处理高浓度有机废水方面获得较为广泛的应用外，还在污泥等固体废物处理方面得到应用。厌氧接触工艺同传统厌氧消化方法比有着负荷较高、耐冲击负荷、生产过程比较稳定等优点。

3. 池体构造

消化池由集气罩、池盖、池体、下锥体、进料管、排料管等部分组成，此外还有加温和搅拌设备。国内建造的厌氧消化池大多数呈圆筒形。

池底安装排料（泥）管，池中部（中位）或顶部（高位）安装加泥（料）管，池顶安装沼气管。加热及搅拌设施根据采用的方法不同而异。液面附近安装溢流管。根据要求在不同部位装取样管及控制装置。池盖上还应设置人孔，供检修时用。普通厌氧消化池应采用水密性、气密性和耐腐蚀的材料建造，通常为钢筋混凝土结构。沼气中的 H_2S 及消化液中的 H_2S、NH_4^+-N 和有机酸等均有一定的腐蚀性，故池内壁应涂一层环氧树脂或沥青。为了保温，池外均设有保温层。保温层的做法种类较多，在池周覆土也可以起到保温的作用。

二、设备与装置

1. 消化池搅拌设备

消化池的搅拌一般有以下四种方式。

（1）水泵循环搅拌　设备简单、维修方便、比较适合我国的国情。为了使消化液完全混合需要较大的流量。根据经验 $1m^3$ 有效池体积搅拌所需的功率为 0.005kW。在一些消化池内设有射流器。由水泵压送的混合液经射流器喷射，在喉管处形成真空，吸进一部分池中的消化液，搅拌强烈。

① 泵搅拌设计　包括循环管路的布置和确定管道直径以及选择水泵。为了防止堵塞，最小管径应不小于 150mm。确定管径之后即可计算循环搅拌的阻力损失，根据阻力损失和循环流量选用搅拌泵，常采用污泥泵，泵数应不小于 2 台，其中一台备用。

② 水射器搅拌设备的设计　包括水射器构造尺寸的计算和配套水泵的选择及污泥循环管路的布置。

水射器的配套水泵采用污水泵，扬程要求 15～20m，引射流量与抽吸流量之比一般为（1∶3）～（1∶5）。水射器的工作半径在 5m 左右，当消化池直径超过 10m 时，应考虑设若干个水射器。此方法的缺点是电耗较大，一般为 1.0～1.5kW·h/(m^3·d)。

（2）机械搅拌在池内设有叶轮或涡轮进行搅拌，所需的功率为 0.0065kW/m^3。螺旋桨搅拌设备的设计包括确定竖向导流管尺寸、螺旋桨直径和转速以及配套的电机的功率和选型。

当螺旋桨直径计算值超过 1m 时，可考虑设若干个螺旋桨。

（3）沼气搅拌用压缩机循环沼气进行搅拌，所需的功率为 0.005～0.008kW/m^3。这种搅拌方式可以提高沼气产量，国外一些大型污水处理厂多采用这种搅拌方式。

采用沼气循环搅拌方法的设计内容包括确定搅拌所需的循环沼气量、沼气管道系统的布置及其管径的确定和气体压缩机的选择。

也有采用生物能搅拌装置的厌氧发酵设备（图 2-8-15），它克服了现有设备存在的易腐蚀、密封性差、搅拌不均匀、维修困难、带出厌氧菌群多、易堵塞、辅助设备多等缺点；利用生物能搅拌装置和挡板，既能使发酵液均匀搅拌，又增加厌氧菌群的密度。该设备结构简单，不外加动力，运行稳定，搅拌连续，提高了发酵速度，已应用于南阳酒精总厂的污水厌氧消化处理。

2. 加热设备设计

消化池加热设备的设计内容主要包括加热方式的确定、加热管道系统的布置和管径的选择、消化池热耗计算以及确定加热的热源所需锅炉或其他生产设备的余热等。

(1) 耗热量计算　提供给消化池的热量应包括使新投入的物料加热到要求达到的温度所耗的热量、补给消化池和管路的热消耗以及热源输送过程的热耗等。

(2) 介质加热方法　常用的介质加热方法有池外加热法和注入蒸汽加热法。池外加热法用热交换器进行热量补充。介质在内管流动，流速为 1.5～2.0m/s，热水在套管内反向流动，流速 1.0～1.5m/s。由于采用强制循环流动，热交换效果较好。

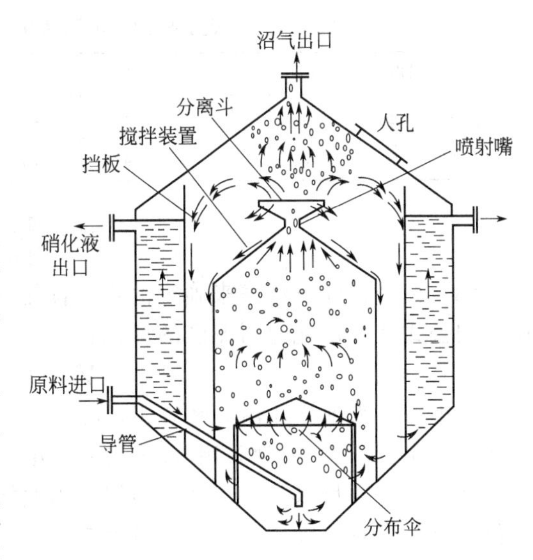

图 2-8-15　生物搅拌设备示意

采用蒸汽加热法，蒸汽管道在伸入污泥前应设逆止阀，防止污泥倒流。

(3) 锅炉供热设备的选择　根据锅炉的加热面积或锅炉的容量，就可选择所需要的锅炉。

(4) 保温措施　为了减少消化池、热交换器及热力管道外表面的热量散发，必须采取保温措施。保温材料常用的有泡沫混凝土、膨胀珍珠岩等，近来已大量采用聚苯乙烯泡沫塑料和聚氨酯泡沫塑料等保温材料。热交换器及热力管道的保温方法，国内已有通用的标准图。

三、设计计算

1. 普通厌氧消化池的设计计算

消化池池体设计主要如下。

(1) 对于处理污泥的厌氧消化池，采用平均细胞停留时间 θ_c 来确定容积　对于连续带搅拌的消化池可采用表 2-8-9 中的 θ_c 值。

表 2-8-9　污泥消化池设计时建议采用的 θ_c 值

温度/℃	设计时采用 θ_c 值/d	温度/℃	设计时采用 θ_c 值/d
18	28	35	10
24	20	40	10
30	14		

消化池容积 (m^3)：

$$V=\theta_c Q \tag{2-8-22}$$

式中，Q 为污泥量，m^3/d。

(2) 以容积负荷与有机负荷作为消化池容积设计的主要参数　容积负荷为 $1m^3$ 消化池容积每日投入的有机物 (挥发性固体 VS) 质量，即 kgVSS/(m^3·d)，有机负荷指每日投入池内的挥发性固体的质量与消化池内挥发性固体之比，即 kgVSS/(kg·d)。表 2-8-10 列出了不同消化温度时单位容积消化池的有机负荷。

表 2-8-10 不同消化温度时消化池的有机负荷

消化温度/℃		8	10	15	20	27	30	33	37
有机物负荷率/[kg/(m^3·d)]	最大	0.25	0.33	0.50	0.65	1.00	1.30	1.60	2.50
	最小	0.35	0.47	0.70	0.95	1.40	1.80	2.30	3.50

$$V=\frac{\text{每日有机物量}}{\text{有机物负荷率}}$$

(3) 按消化池投配率来确定池容。首先确定每日投入消化池的污水或污泥投配量，然后按下列公式计算消化池污泥区的容积：

$$V=(V_n/P)\times 100 \tag{2-8-23}$$

式中，V 为消化池污泥区容积，m^3；V_n 为每日需处理的污泥或废液体积，m^3/d；P 为设计投配率，%/d，通常采用 (5～12)%/d。

消化池的数目以不少于 2 座为好，以便检修时至少仍有一个池子能工作。当只设置两座消化池时，总有效容积应比计算值大 10%。

确定了消化池的单池有效容积后，就可以计算消化池的构造尺寸。圆柱形池体的直径一般为 6～35m，柱体高与直径之比为 1∶2，池总高与直径之比为 0.8～1.0。池底坡度一般为 0.08。池顶部集气罩高度和直径相同，常采用 2.0m。池顶至少应设两个直径为 0.7m 的人孔。

消化池内液面的高度应充分考虑以下因素后正确决定：①有效池容应尽量大；②表面积应尽量小（面积小浮渣层易破碎）；③液面升高时不进入沼气管；④用沼气循环搅拌时产生的飞沫不会进入沼气引出管。一般设计中，液面定在淹没 2/3 的顶盖处较妥。

消化池必须附设各种工艺管道，以确保其正常运行。工艺管道包括进料管、循环管、排水管、排泥管、溢流管、沼气管和取样管等。

2. 厌氧接触工艺设计计算

厌氧接触工艺实质上是对普通消化池的一种简单改造，因而其设计和普通消化池类似，但在设计计算时应注意以下几点。

(1) 厌氧接触消化池可采用容积负荷或污泥负荷法进行设计计算。其设计负荷及池内的 MLVSS 可以通过实验确定，也可以采用已有的经验数据。可以采用较高的负荷，一般容积负荷为 2～6kgCOD/(m^3·d)，污泥负荷一般不超过 0.25kgCOD/(kgVSS·d)，池内的 MLVSS 一般为 6～10g/L。

(2) 最佳的 F/M 为 0.3～0.5，过高或过低都会使污泥的沉降性能恶化。

(3) 污泥的回流比可通过试验确定，一般取 2～3。

(4) 厌氧接触工艺中的沉淀分离装置一般采用沉淀池，可按污水沉淀池的常用构造设计，但混合液在沉淀池内的停留时间要比一般污水沉淀时间长，可采用 4h，要求水力表面负荷不超过 1m^3/(m^2·h)。

【例 2-8-1】 试用下列数据设计肉类罐头加工厂废水的厌氧接触法消化池。

设计废水流量 $Q=760m^3/d$；

废水 COD 浓度 COD=3000g/L；

发酵温度 $T=35℃$；

混合液浓度 MLVSS $X=3500mg/L$。

解：按有机物容积负荷计算：

$$V=QC/N_V$$

若取有机物容积负荷为 4kg/(m³·d)，则消化池的有效容积为

$$V=760\times3/4=570\ (\mathrm{m}^3)$$

污泥负荷相当于：

$$N=760\times3/(570\times3.5)=1.14[\mathrm{kgCOD/(kg\ MLVSS\cdot d)}]$$

第四节　厌氧生物滤池和复合床反应器

一、原理与功能

1. 厌氧生物滤池发展历史

公认的厌氧生物滤池是 20 世纪 60 年代末，由美国 McCarty 等在 Coulter 等研究基础上发展并确立的第一个高速厌氧反应器。事实上南非的 Pretorius 在 20 世纪 60 年代初，就在实验室和 2m³ 的中试厂对 Coulter 的接触-过滤结合系统进行了改进。其采用的厌氧接触池内包括了一个沉淀区，已初具上流式污泥床的雏形。而厌氧生物滤池除所采用的填料外，与现代的厌氧滤池已经没有太大差别。

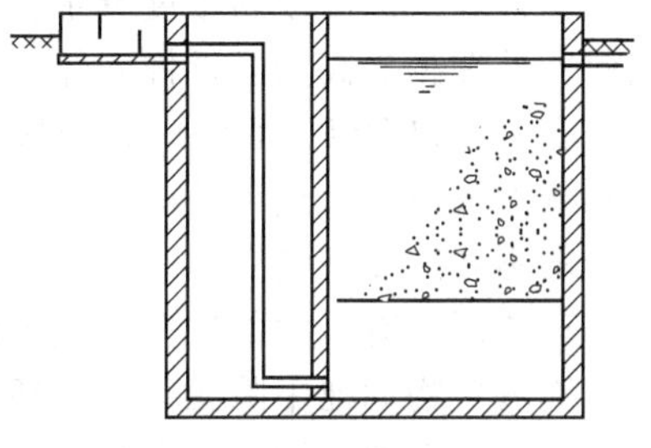

图 2-8-16　半生产性上流式厌氧生物滤池

厌氧滤池[11~13]早期应用的另一个特点是大量应用于低浓度生活污水的处理上。图 2-8-16 是印度国立环境工程研究所处理生活污水所采用的一座半生产性试验厌氧生物滤池，该滤池的平面为 1.61m×1.61m，深 1.4m，滤池填料石块的粒径为 2.5～3.5cm。填料高 120cm，填料下面垫层的厚度为 15cm，垫层石块的粒径为 7.25cm，填料和垫层由多孔板支撑，污水通过三角堰由底部进入滤池。另外，在美国化学工程研究所 71 届年会上，Taylor 和 Burm 报道了美国工业上使用的第一个上向流厌氧滤池处理 500m³/d 淀粉废水。该处理装置在 1971 年完成，设计采用 2 个直径为 9.2m、高度为 6.1m 的木板制厌氧滤池。每个滤池的体积是 380m³，有效体积是 150m³。在底部充填粒径为 5～7cm 石块到一半高度，然后用 2～5cm 石块填充上半部的一半。在滤池顶部是气体收集室。

厌氧消化和接触工艺的一般容积负荷在 4～5kgCOD/(m³·d) 以下。但上向流式厌氧滤池在处理溶解性废水时负荷可高达 5～15kgCOD/(m³·d)，是公认的早期高效厌氧生物反应器。AF 的发展大大提高了厌氧反应器的处理速率，使反应器容积大大减少。AF 作为高速厌氧反应器地位的确立，还在于它采用了生物固定化的技术，使污泥在反应器内的停留时间（SRT）极大地延长。20 世纪 80 年代以来，一批生产性的厌氧生物滤池投入了运行。厌氧生物滤池在美国、加拿大等国已被广泛应用于各种不同类型的废水，包括生活污水及 COD 浓度为 300～24000mg/L 的各种工业废水。处理厂规模也不同，最大的厌氧生物滤池容积达 12500m³。我国河北轻化工学院在石家庄第一制药厂成功地应用了升流式混合型厌氧生物反应器处理维生素 C 废水，哈尔滨工业大学也采用同样的反应器处理乳品废水，都取得了良好的效果。

2. 厌氧生物滤池的原理

（1）厌氧生物滤池的类型　厌氧生物滤床按其中水流的方向分为两种主要的型式，即下流式厌氧固定膜反应器（DSFF）和上向流式厌氧滤池（AF），统称厌氧生物滤池。近年来又出现了一种厌氧复合床反应器，实际上是 UASB 反应器和厌氧生物滤池的一种复合型式，

特点是减小了滤料层的厚度，在池底布水系统与滤料层之间留出了一定的空间，以便悬浮状态的絮状污泥和颗粒污泥能在其中生长、累积。当进水依次通过悬浮的污泥层及滤料层时，其中有机物将与污泥及生物膜上的微生物接触并稳定。这种结合了升流式厌氧污泥床及厌氧生物滤池特点的反应器具有以下优点[14]：

① 与厌氧生物滤池相比，减小了滤料层的高度；

② 与升流式厌氧污泥床相比，在一定条件下可不设三相分离器，因此可节省基建费用；

③ 可增加反应器中总的生物固体量；

④ 减少滤池被堵塞的可能性。

在 DSFF 反应器中，菌胶团以生物膜的形式附着在填料上；而在 AF 中，菌胶团膨胀截流在填料上，特别是复合床反应器。两种厌氧生物滤池另一主要不同点是其内部液体的流动方向，在 AF 中水从反应器底部进入，而在 DSFF 中进水从反应器顶部进入。两种反应器均可用于处理低浓度或高浓度废水。而 DSFF 反应器由于使用了竖直排放的填料，其间距宽，因此能处理相当高的悬浮性固体，而 AF 则不能。

在 AF 和 DSFF 系统中，均采用了不同的支撑填料，在厌氧生物滤池内填料是固定的。废水从上（或下）进入反应器内，逐渐被细菌水解、酸化转化为乙酸和甲烷，废水组成在反应器的不同高度逐渐变化。因此微生物种群的分布也呈现规律性，在底部（或上部），发酵菌和产酸菌占有最大的比重，随水流的方向，产乙酸菌和产甲烷菌逐渐增多并占主导地位。

厌氧生物滤池中除滤料外，还有布水系统和沼气收集系统。布水系统的作用是将进水均匀地分布于全池，同时应克服布水系统的堵塞问题。厌氧生物滤池多为封闭形，其中废水水位高于滤料层，使滤料处于淹没状态。上部封闭体积用于收集沼气，沼气收集系统上包括水封、气体流量计等。

AF 的布水系统设于池底，废水由布水系统引入滤池后均匀地向上流动，通过滤料层与其上的生物膜接触，净化后的出水从池顶部引出池外，池顶部还设有沼气收集管。DSFF 系统的水流方向正相反，其布水系统设于滤料层上部，出水排放系统则设于滤池底部，在 AF 和 DSFF 系统中沼气收集系统相同。

(2) 厌氧生物滤池的特点　在厌氧生物滤池内厌氧污泥的保留由两种方式完成：一是细菌在固定的填料表面形成生物膜；二是在反应器的空间内形成细菌聚集体。高浓度厌氧污泥在反应器内的积累是厌氧生物滤池具有高效反应性能的生物学基础，厌氧反应器的负荷与污泥浓度成正比。在厌氧生物滤池内，厌氧污泥的浓度可以达到 20～30kgVSS/m^3。厌氧生物滤池实质是通过维持反应器内污泥的浓度，延长了污泥的停留时间（SRT）。McCarty 发现在保持同样处理效果时，SRT 的提高可以大大缩短废水的水力停留时间（HRT），从而减少反应器容积，或相同反应器容积内处理的水量增加。这种采用生物固定化延长 SRT 并把 SRT 和 HRT 分离的思想推动了新一代高效厌氧反应器的发展。

厌氧微生物在反应器内的分布特点是厌氧生物滤池的另一特征。其表现为在反应器进水处（例如上流式 AF 反应器的底部），细菌由于得到营养最多因而污泥浓度最高，污泥的浓度随高度迅速减少。污泥的这种分布特征赋予 AF 一些工艺上的特点。首先，AF 内废水中有机物的去除主要在 AF 底部进行，据 Young 和 Dahab 报道，AF 反应器在 1m 以上 COD 的去除率几乎不再增加，而大部分 COD 是在 0.3m 以内去除的。因此研究者认为在一定的容积负荷下，浅的 AF 反应器比深的反应器有更好的处理效率。其次，由于反应器底部污泥浓度特别大，容易引起反应器的堵塞。堵塞问题是影响 AF 应用的最主要问题之一。据报道，上流式 AF 底部污泥浓度可高达 60g/L。

厌氧污泥在 AF 内的有规律的分布还使得反应器对有毒物质的适应能力较强，可以生物降解的毒性物质在反应器内的浓度也呈现出规律性的变化，加之厌氧生物膜形成各种菌群的良好共生体系，因此在AF内易于培养出适应有毒物质的厌氧污泥。例如在处理甲醛废水中，发现AF反应器内的污泥产生了良好的适应性，有毒物质的去除效果和允许的进水浓度较高。AF同时也具有较大的抗冲击负荷能力。一般认为在相同的温度条件下，AF的负荷可高出厌氧接触工艺2～3倍，同时会有较高的COD去除率。与传统的厌氧生物处理构筑物及其他新型厌氧生物反应器相比，厌氧生物滤池的优点是：①生物固体浓度高，可获得较高的有机负荷；②微生物固体停留时间长，可缩短水力停留时间，耐冲击负荷能力也较强；③启动时间短，停止运行后再启动也容易；④不需回流污泥，运行管理方便；⑤在处理水量和负荷有较大变化的情况下，其运行能保持较大的稳定性。

厌氧滤池的主要缺点是有被堵塞的可能，但通过改变滤料和运行方式，这个缺点不难克服。厌氧生物滤池在应用上的问题除了堵塞和由局部堵塞引起的沟流以外，另一个问题是它需要大量的填料，填料的使用使其成本上升。由于以上问题，国内外生产规模的AF系统应用远远不如UASB多。

二、设备与装置

(一) 填料实验及选择

在AF和DSFF系统中，采用了不同的支撑填料进行试验，结果表明填料的材料与细菌是否易于滞留或附着有直接关系。影响填料有三个主要因素：表面粗糙度、孔隙率及捕捉营养物的能力，每个因素的影响力取决于系统的设计。

1. 厌氧滤池

在AF工艺中，大多数生物活动是以悬浮态的菌胶团形成进行的。Young和Dahab (1983) 的研究表明，使用不同尺寸及形状的模块作填料时，填料应具有截留污泥的能力，能防止菌胶团从反应器中冲出。因此，高孔隙率的填料性能最好。Olexakiewicat Thadani (1988年) 比较了2.5cm的陶瓷环和竖向排列的PVC管（孔7.3cm）作填料的厌氧反应器，实验表明填料体积与总体积比为0.4的环状填料对菌体的滞留功能更有效。Song和Yong (1986) 的实验表明比表面积增大对反应器性能的提高量不多。Wilkie和Colleran (1984) 比较了4种不同的填料（黏土、珊瑚石、贻贝、塑料），发现使用黏土填料，启动速度快，稳定运行效果好，其面积与体积比及孔隙率均最低。这与黏土对营养物的捕捉能力有关，它刺激了甲烷菌的生产和活力。Huysman (1983) 试验了无机填料（泡沫填料、沸石、陶土、玻璃板及活性炭）和有机多孔填料（海绵、无网聚氨酯、网状聚氨酯及镶PVC条的聚氨酯）。实验表明：表面粗糙度、总孔隙率和孔隙大小是影响菌体与填料附着的重要因素。

2. 下流式固定膜反应器

在DSFF反应器中，所有的活性生物菌体附着在支承填料上，不同类型的填料有不同的效果，针孔聚酯（NPP）和红黏土比陶粒、PVC和玻璃更利于生物膜的生长。这与细菌易于附着于其上有关，对NPP而言附着可能与粗糙度有关。

生物膜的生长速度与反应器的进水及负荷有关，其厚度一般在2～4mm，有的高达5mm。Murray和Van den berg (1981年) 试验了填料材料和生物膜活性的关系，用醋酸盐作为基本碳源时，烧结黏土填料的膜活性比PVC或玻璃高三倍，在研究中观察到了烧结黏土均匀较厚的生物膜。

填料的附着力与使用的污水种类有关。DSFF反应器处理金枪鱼生产废水（15～50gCOD/L）时，使用三种不同的承托层（PVC、聚苯乙酰和烧结黏土），均不能生长生物膜，对于这种污水，最好使用 AF 反应器，它对生物的滞留比 DSFF 反应器好。

(二) 复合床反应器（UBF）

复合床反应器的结构见图 2-8-4。一般认为这种结构可发挥 AF 和 UASB 反应器的优点，改善运行效果。

在 20 世纪 80 年代早期，加拿大多伦多附近城镇污水处理厂，选择厌氧工艺处理剩余活性污泥热处理液。将已有的厌氧反应器改建为复合床反应器。其改造方案如下：通过在一个大的尼龙袋内添加可漂浮的塑料填料，在表面形成厚的填料层，出水槽置于填料层之上，这样在填料层形成的静止条件有利于截留生物。填料层位于浮渣形成区域，将造成堵塞和短流。该厂长期运行的经验（超过 15 年）确实表明处理效率的逐渐降低，很可能与这一漂浮填料层的堵塞和短流有关。

其后设计的 $3400m^3$ 复合床反应器，采用波纹板塑料填料（表面积 $125m^2/m^3$），波纹板的间隙是 1.3cm。反应器底部的 1/3 是没有装填料，而上部 2/3 是装有填料。设备从 1984 年开始运行处理丁氨二酸废水。进水 COD 浓度为 18000mg/L，停留时间 50h，有机负荷为 $6kg/(m^3 \cdot d)$，COD 的去除率一直为 80%，没有堵塞和短流的迹象，在底部污泥浓度是 50～100gVSS/L。

Kennedy 等在复合床（UBF）反应器处理中等浓度废水中，研究填料角度和厚度的影响。研究结果表明，填料的角度和厚度及生物床的高度对生物滞留和 COD 去除率影响较小。虽然每个 UBF 反应器中的生物沉降性能不同，但是所有反应器的生物活性基本一致。Oleszkiewicz 等研究了复合床反应器填料体积与反应器体积的比值的影响。对完全装有填料的上向流 AF 与装有 50%或更少填料的复合床进行对比，装有部分填料的反应器一般会遇到固体流失和效率降低的现象。Wirtz 和 Dague 也发现完全充填的 AF 显著好于仅仅 2/3 充填的复合床。Young 和 Yang 也发现了类似的结果。但是 Collevan 等发现 1/4 充填与 100% 充填在工艺运行上一样良好。

有较大填料/总体积比值的反应器对保持生物量有利，试验中反应器内实际上是否形成颗粒污泥的情况不明确。注意到改变填料的角度对于保持生物量的改善很小，小角度填料物质在短的 HRT 下工作稍好，可能是因为这种填料比其他较大角度的填料更像一个斜板分离器。

全部充填的 AF 由于具备在进水区的静止条件，使大量高浓度的生物絮体在其中可以生长，而不易被冲出。这些优点确保较短的启动周期，限制因素涉及填料的价格。接种物越多，启动越快。颗粒污泥接种物是有好处的，但不是必需。如果不要求短的启动时间，可以采用城镇污水厌氧消化污泥（大多数接种污泥在接种后会很快被冲走）。厌氧复合床反应器的设计与 UASB 和厌氧生物滤池相类似，本节不详细介绍。

三、设计计算

厌氧生物滤池的设计包括填料的选择、厌氧生物滤池体积的计算、布水系统和沼气收集系统的设计等，在本章第二节中已有介绍。下面主要介绍与设备有关的计算方法和一些常用的设计参数。厌氧生物滤池适用于不同类型、不同浓度的有机废水，其有机负荷一般为 $2.0 \sim 16.0kgCOD/(m^3 \cdot d)$，取决于被处理废水的性质及浓度。当被处理废水的 COD 浓度高于 8000～12000mg/L 时，可采用出水回流的方式，其作用为：①减少对碱度的需求量，降低运行费用；②降低进水的 COD 浓度；③增大进水流量，改善进水的分布情况。

(一) 厌氧滤池使用填料的选择

填料的选择对 AF 的运行有重要影响。具体的影响因素可能包括填料的材质、粒度、表面状况、比表面积和孔隙率等。对于块状的填料，选择适当的填料粒径很重要，填料粒径由0.2mm到6.0cm不等，但粒径较小的填料易于堵塞，特别是对于浓度较高的废水，因此实践中多选用粒径2cm以上的填料。

填料表面的粗糙度和表面孔隙率会影响细菌增殖的速率。粗糙多孔的表面有助于生物膜的形成。Van den Berg等用多种材料作填料，发现排水瓦管黏土作为填料时反应器启动最快，运行也更稳定。人们采用或试验研究过的填料种类很多，所得出的结论也不尽相同。有学者认为，由于厌氧生物滤池中截留很多悬浮生长的生物体，因此，填料的比表面积不如滤料的空隙率重要，而且滤料应具有截留生物体并防止其流失的特性。也有学者提出最重要的滤料特性是其表面的粗糙度、总的空隙度和孔隙大小。

1. 厌氧滤池选用填料的标准

滤料是厌氧生物滤池的主体，其主要作用是提供微生物附着生长的表面及悬浮生长的空间。Borastre和Paris于1989年倡导厌氧滤池使用的理想的填料。这些研究着重注意以下方面：保持高的体积/面积比；提供细菌附着粗糙的表面结构；保证生物惰性；保证机械强度；价格低廉；选择合适的形状、孔隙度和颗粒尺寸；质轻，厌氧生物滤池的结构荷载较小。

Young和Yang建议设计上重点考虑水力停留时间、填料形状、水质负荷。

在研究中反应器的高度对于运行没有显著影响，但是他们仍然推荐应该保证至小2m的高度。

2. 常用的填料

各种各样的材料可以作为厌氧生物滤池的填料，已经报道过的填料是五花八门的，例如卵石、碎石、砖块、陶瓷、塑料、玻璃、炉渣、贝壳、珊瑚、海绵、网状泡沫塑料等。细菌可以在各类材料上成膜生长，材质对AF的影响尚未得到证实。厌氧生物滤池的生产最常用的滤料与好氧接触氧化工艺是基本相同的，有以下几类。

(1) 实心块状填料　如碎石、砾石等，采用实心块状滤料的厌氧生物滤池生物固体浓度低，使其有机负荷受到限制，仅为3～6kgCOD/(m^3·d)，而且此类滤池在运行中易发生局部滤层被堵塞，以及短流现象，使运行效果受到影响。

(2) 空心填料　多用塑料制成，呈圆柱形或球形，内部则有不同形状不同大小的空隙，可减少滤料层的堵塞现象。

(3) 蜂窝或波纹板填料　包括塑料波纹板和蜂窝填料，其比表面积可达100～200m^2/m^3，厌氧生物滤池的有机负荷达5～15kgCOD/(m^3·d)。此类滤料质轻、稳定，滤池运行时不易被堵塞。

(4) 软性或半软性填料包括软性尼龙纤维滤料、半软性聚乙烯、弹性聚苯乙烯滤料等。此类滤料的主要特性是纤维细而长，因此，比表面积和孔隙率均大。

(二) 反应器的填料高度

如前所述，在反应器高度为0.3m时废水中的绝大部分有机物已去除，在高度1m以上COD的去除率几乎不再增加。因此过多增加填料高度只增大了反应器体积；在一定的流量和浓度下，反应器的容积增加了，但COD去除率没有明显变化。因此一些研究者认为在一定的容积负荷下，浅的填料高度可提供更有效的处理。但是反应器填料高度小于2m时，污泥有冲出反应器的危险，由于出水悬浮物的增多使出水水质下降。

厌氧生物滤池中生物膜的厚度约1～4mm，生物固体浓度随滤料层高度变化。AF底部的生物固体浓度可达到其顶部生物固体浓度的几十倍，因此底部滤料层易发生堵塞现象。DSFF反应器中向下的水流有利于避免滤层的堵塞，其中生物固体浓度的分布比较均匀。

(三) 厌氧滤池的串联

Young 和 Yang 建议两个厌氧滤池串联可以使反应器呈多级的特性，并可以定期更换串联前后位置。他们认为定期改变进水和出水可以改善运行状态。由于进入第二级厌氧生物滤池的有机物量的减少，促进了滤池内生物固体的衰减，增加了内源代谢，降低生物量的净产率。这种运行方式可以使厌氧生物滤池的能力得到充分发挥，改善废水处理效果。

两级串联，第一级是预处理（一般为预酸化），一般来说，其 COD 去除率比传统一级处理工艺低。预酸化的主要优点是固体不随第一反应器的出水进入第二反应器，同时可防止甲烷反应器中产生硫酸盐的抑制作用，并可对进水中的有毒元素脱毒而减少抑制作用。Weiland 和 Wulfert 证实二级系统的应用确实改善了工艺稳定性和 COD 去除效率。

当废水中含有可能抑制厌氧菌生长的重金属时，也可采用两级工艺。对于上流式 AF 反应器，特别是当其有效体积小时，污水进反应器前预先去除固体极为重要，可防止堵塞。对于 DSFF 来说，去除悬浮固体不是很重要。当被处理的废水所含的悬浮固体浓度大于总 COD 浓度 10%时，如采用 AF，应采用适当的预处理措施降低进水悬浮物浓度，以防滤层堵塞。对于 DSFF 则不必采用预处理，处理悬浮固体浓度为 3000～8000mg/L 的废水亦不发生堵塞。

(四) 厌氧生物滤池体积的计算方法

常用的计算滤料体积的公式为

$$V=Q(S_0-S_e)/1000q \tag{2-8-24}$$

式中，S_e 为出水有机物浓度，mg/L；q 为有机负荷，kgCOD（或 BOD）/(m^3 · d)。

在进行具体工程的设计计算时，Q 和 S_0 是已知的，S_e 取决于对处理后出水的水质要求，或可根据厌氧生物滤池一般可达到的有机物去除率确定。因此，重要的是正确选定有机负荷。

当废水性质较特殊[15]，无可靠的资料可供借鉴时，最好通过试验性小试或半生产性中试采取有机负荷，试验条件如温度、水质、滤料深度等应尽可能与实际生产条件符合，并尽量设法减小试验装置边壁的影响。一般设计采用的有机负荷值应比试验所求得的值小，以保证安全运行。计算填料体积后，可进一步决定填料的高度并计算滤池的面积。

第五节 升流式厌氧污泥床反应器

一、原理和功能

(一) UASB 反应器原理

图 2-8-17 是 UASB 反应器[16]及其设备的图示。废水尽量均匀地进入反应器的底部，污水向上通过包含颗粒污泥或絮状污泥的污泥床。厌氧反应发生在废水与污泥颗粒的接触过程。在厌氧状态下产生的沼气（主要是甲烷和二氧化碳）引起了内部的循环，这有利于颗粒污泥的形成和维持有利。在污泥层形成的一些气体附着在污泥颗粒上，附着的和没有附着的气体向反应器顶部上升，上升到表面的颗粒碰击气体发射板的底部，引起附着气泡的污泥絮体脱气。由于气泡释放污泥颗粒将沉淀到污泥床的表面。附着的和没有附着的气体被收集到反应器顶部的集气室。置于集气室单元缝隙之下的挡板作为气体反射器，可防止沼气气泡进入沉淀区，否则会引起沉淀区的紊动，阻碍颗粒沉淀。包含一些剩余固体和污泥颗粒的液体经过分离器缝隙进入沉淀区。

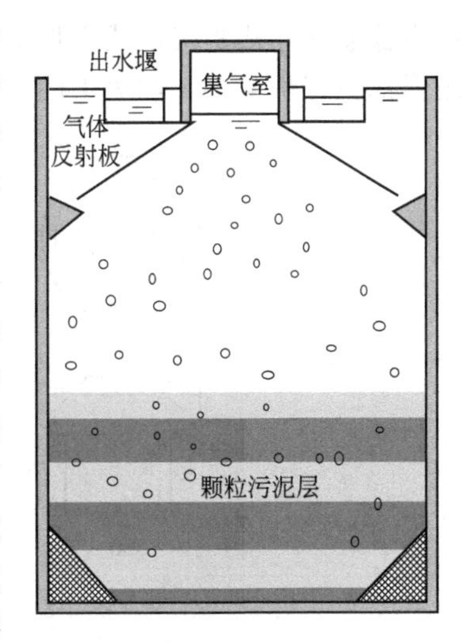

图 2-8-17　厌氧 UASB 反应器示意

由于分离器的斜壁沉淀区的过流面积在接近水面时增加，因此上升流速在接近排放点降低。由于流速降低，污泥絮体在沉淀区可以絮凝和沉淀。累积在相分离器上的污泥絮体在一定程度将超过其保持在斜壁上的摩擦力，其将滑回到反应区，这部分污泥又可与进水有机物发生反应。

UASB 反应器最重要的设备是三相分离器，这一设备安装在反应器的顶部并将反应器分为下部的反应区和上部的沉淀区。为了在沉淀器中取得上升流中污泥絮体/颗粒的满意的沉淀效果，三相分离器要尽可能有效地分离从污泥床/层中产生的沼气，特别是在高负荷的工况下。集气室下面反射板的作用是防止沼气通过集气室之间的缝隙逸出到沉淀室。另外挡板还有利于减少反应室内高产气量所造成的液体紊动。三相分离器的设计应保证只要污泥层没有膨胀到沉淀器，污泥颗粒或絮状污泥就能滑回到反应室。应该认识到有时污泥层膨胀到沉淀器中不是一件坏事，相反，存在于沉淀器内的膨胀泥层网捕分散的污泥颗粒/絮体，同时它还对可生物降解的溶解性有机物有去除作用。另一方面，存在一定可供污泥层膨胀的自由空间，以防止重质污泥在暂时性有机或水力负荷冲击下流失。水力和有机（产气率）负荷率两者都会影响到污泥层以及污泥床的膨胀。UASB 系统的原理是在形成沉降性能良好的污泥凝絮体的基础上，结合反应器内设置的污泥沉淀系统，使气相、液相和固相三相得到分离。形成和保持沉淀性能良好的污泥（可以是絮状污泥或颗粒型污泥）是 UASB 系统良好运行的根本点。

（二）UASB 的特性与构造

1. 反应器的形状和尺寸

对于不同浓度污水，确定 UASB 反应器形状和尺寸时，采用的设计参数不同[17]。在相对低浓度废水，如生活污水，水力负荷是比有机负荷更为重要的参数。因此，依据水力负荷设计 UASB 反应器，然后再采用有机负荷验算系统的设计。反之亦然。

第一个 UASB 处理糖蜜废水的示范规模（200m^3，Lettinga，1976）和在圣保罗 CETESB 处理生活污水的中试厂（120m^3，Vieira 等，1985）UASB 反应器具有特殊的形状，即上部的（沉淀池的）截面积大于下部反应区的截面积［图 2-8-18(a)］。较大表面积的沉淀器有利于保持污泥，这对于低浓度污水尤为重要。但是对于高浓度污水，有机负荷是决定性因素，因此沉淀池截面没有必要设计为较大的表面积，与此相反可能是正确的［图 2-8-18(b)］。实际上如图 2-8-18(c) 所示，不论是正在建的或已投入运转的大部分生产规模的 UASB 反应器，在反应器的反应部分和沉淀部分是等面积的。经验表明，直壁反应器比带有斜壁分离区的反应器在结构上更加有利于污物的去除。因此，在此仅讨论直壁的 UASB 反应器。

2. 反应器的个数和形状

当反应器体积超过 2000m^3，建造多池系统较好，这不仅减少了建造费用，而且同时也增加了处理系统的适应能力。多池系统，可关闭一个进行维护和修理，而其他单元的反应器继续运行。

有两种基本几何形状的 UASB 反应器：即矩形和圆形。圆形反应器具有结构较稳定的优点，但是建造圆形反应器的三相分离器要比矩形或方形反应器复杂得多。圆形反应器可采用矩形三相分离器［图 2-8-18(c)］。由于这种原因，小的反应器可以建造成圆形的，而大的反应器通常建成矩形的或方形的。两种类型的反应器都可应用于实际。当建造多个反应器时矩形池更有优越性，因为不同的单元可以共用池壁。

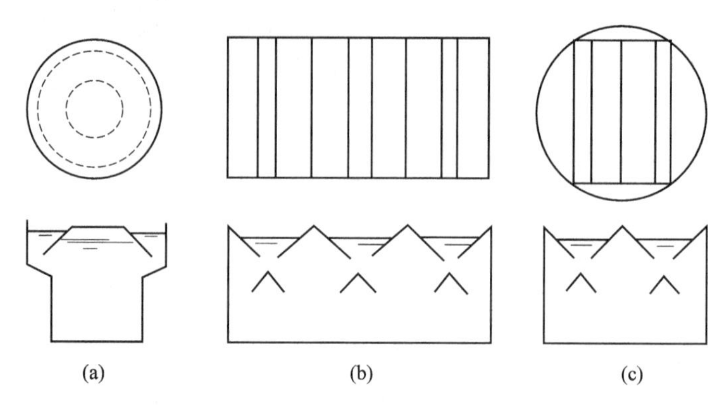

图 2-8-18 UASB 反应器和三相分离器的几何形状

二、设备与装置

通过对 UASB 反应器技术的分析，可知反应器有矩形和圆形两种；反应器的设备有三相分离器、配水系统及沼气收集系统等[12]。

1. 三相分离器

在 UASB 反应器中的三相分离器（GLS）是 UASB 反应器最有特点和最重要的装置。它同时具有两个功能：①能收集从分离器下的反应室产生的沼气；②使得在分离器之上的悬浮物沉淀下来。

对上述两种功能均要求三相分离器的设计避免沼气气泡上升到沉淀区，若其上升到表面将引起出水浑浊，沉淀效率降低，并且损失了产生的沼气。设计三相分离器的原则是：

（1）间隙和出水面的截面积比　这一面积比影响到进入沉淀区和保持在污泥相中的絮体的沉淀速度；

（2）分离器相对于出水液面的位置　这个位置确定反应区（下部）和沉淀区（上部）的比例，在多数 UASB 反应器中沉淀区是总体积的 15%～20%；

（3）三相分离器的倾角　这个角度可使固体滑回到反应器的反应区，在实际中是在 45°～60°之间，这个角度也确定了三相分离器的高度，从而确定了所需的材料；

（4）分离器下气液界面的面积　它确定了沼气单位界面面积的释放速率。适当的气体释放速率大约是 $1\sim3m^3/(m^2\cdot h)$（低浓度污水不能达到这个速率）。速率变低可能会形成浮渣层，较高的产气率将导致在界面形成气沫层，两者都可能导致堵塞气体的释放管。

对于低浓度污水处理，当水力负荷是限制性设计参数时，在三相分离器缝隙处保持大的过流面积，使得最大的上升流速在这一过水断面上尽量低。只有出水截面的面积（而不是缝隙面积）才是决定保持在反应器中最小沉速絮体的关键。

还可采用多于两层的箱式三相分离器。首先多层结构的三相分离器可以做成箱式结构，可以在现场以外加工成形。其次从图 2-8-19 可知，缝隙间的面积与反应器截面积比值（如果不计重叠的部分）由 $(N-1)/N$ 给出，其中 N 是分离器的层次。在层数较多时，这一比值增加，这从一方面降低了缝隙处的上升流速，提高了分离效率；另一方面，多层分离使得第一层之后液体中气体量减少，降低了由气体引起的上升流速，也对改善分离效率有利。采用该三相分离器的优点是除了高效的气固液分离外，还使得 UASB 反应器的设计得到了最大程度的简化，并使 UASB 的设计标准化、规范化和简单化，使运转人员和设计人员将精力放在反应器的运行上，而不是设备等其他问题。

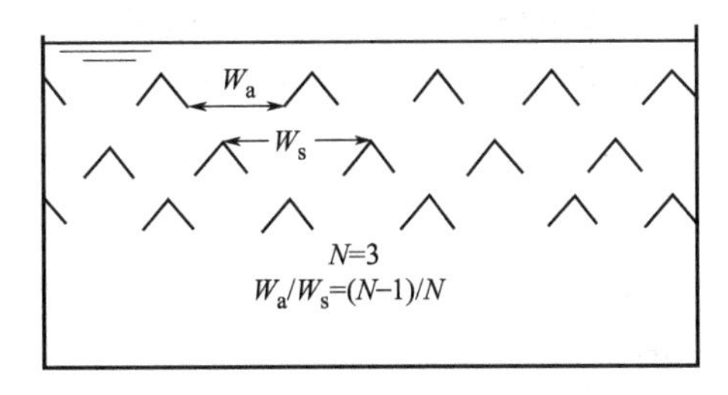

图 2-8-19 多层 GLS 分离器的示意图

三相分离器的设计原理非常简单，在实验室出现了各种类型的三相分离器，但在生产性应用上，因为要考虑放大、安装固定和结构以及与其他设备的关系等问题，有趋于一致的倾向，但仍然有多种形式。工程实践证明，多种不同类型的三相分离器可以并存，而不存在优劣之分。只要遵循三相分离器的基本原理，就可以设计合理实用的三相分离器。

图 2-8-20 为四种不同类型的三相分离器基本构造。图 2-8-20(a) 的构造简单，由于在回流缝处同时存在上升和下降两股流体相互干扰，泥水分离情况不佳，污泥回流不通畅。图 2-8-20(b) 与前者十分相似，其特点是利用上一层分离器作为其中的公用组件，这种结构可以形成多层的三相分离器。图 2-8-20(c) 在泥水分离上也存在与（a）和（b）类似的情况。图 2-8-20(d) 的结构较为复杂，但污泥回流和水流上升互不干扰，污泥回流通畅，泥水分离效果较好，气体分离效果也较好。

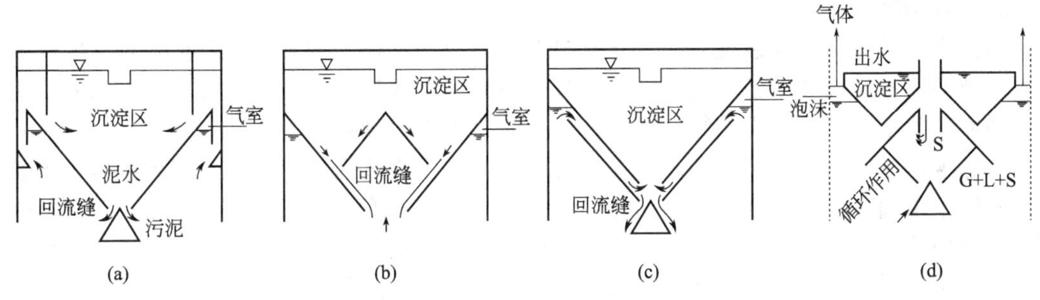

图 2-8-20 三相分离器的四种基本类型

（G、L、S 分别表示气相、液相、固相）

当考虑进水管、出气管和支撑管（架）和三相分离器材质时，可以参考图 2-8-21。图 2-8-21(a) 和图 2-8-21(b) 所示为在三相分离器之下构造一个气液界面的两种基本方法。图 2-8-21(a) 为分离器完全浸没在水中，为了在分离器下形成充足的压力以维持界面，可采用内部或外部水封。如果分离器的顶部在水面之上就不需要水封，气体的压力可以是大气压，如图 2-8-21(b) 所示。

图 2-8-21(a) 形式的优点是：①在采用金属材料时，由于各种装置在水下从而可以减少严重腐蚀现象的发生，但是在气水界面处总是存在明显的腐蚀问题；②整个反应器都可用于沉淀固体，因而获得最大程度的污泥截留；③沼气将自带压并容易输送到使用场所；④如果点燃的沼气发生事故，外部的水封形成安全装置，防止厌氧池内分离器下气体的爆炸。

图 2-8-21(b) 形式（没有水封）的优点是：更容易观察、维护和修理分离器。

图 2-8-21(c) 形式为一种复合设计，既保持了图 2-8-21(a) 和图 2-8-21(b) 的优点，同时消除了其缺点。通过引入一个在正常的气液界面之下的开口，建立了一种当排气管道堵塞时的“自动安全阀”。气体产生积累时，气液界面将一直下降到撇口处，沼气将从出水区排

出，逸出气泡可作为巡视人员发现气体管道发生堵塞的警示讯号。图 2-8-21(c) 的另一个优点是易于进入气液界面，从而去除阻碍产生沼气释放的漂浮固体。图 2-8-21(c) 的缺点是在分离器内产生的气体将随水流上升到三相分离器的下面和上面（通过气室和斜壁之间的开口），因此沉淀效率差。

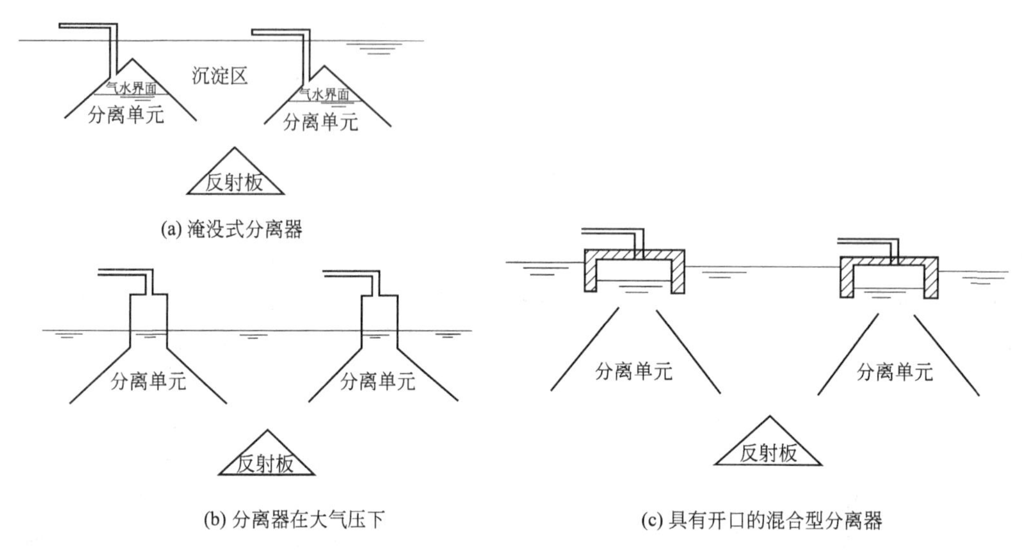

图 2-8-21 三种 UASB 三相分离器设计实例

2. 布水器

适当设计的进水分配系统对于一个运转良好的 UASB 处理厂是至关重要的。生产规模的各种类型厌氧反应器中已成功地采用了各式各样的进水形式。进水系统兼有配水和水力搅拌的功能，为了保证这两个功能的实现，需要满足如下原则：

①进水配水系统兼有配水和水力搅拌的功能；②进水装置的设计使分配到各点的流量相同，确保单位面积的进水量基本相同，防止发生短路等现象；③很容易观察进水管的堵塞，当堵塞发现后，必须很容易被清除；④应尽可能的（虽然不是必须的）满足污泥床水力搅拌的需要，保证进水有机物与污泥迅速混合，防止局部产生酸化现象。

为确保进水等量地分布在池底，每个进水管仅与一个进水点相连接是最理想状态，只要保证每根配水管流量相等，即可取得均匀布水的要求。因此有必要采用特殊的布水分配装置，以保证一根配水管只服务一个配水点。为了保证每一个进水点达到应得的进水流量，建议采用高于反应器的水箱式（或渠道式）进水分配系统。图 2-8-12 给出了一种连续流的布水器形式，这种敞开的布水器的一个好处是可以容易用肉眼观察堵塞情况。对高浓度废水，由于水力负荷较低，采用脉冲式进水分配装置是一种较好的选择。

三、设计计算

1. UASB 的设计原则

UASB 反应器的设计参数[18]是有机负荷或水力停留时间。这个参数不能从理论上推导得到，往往通过实验取得。颗粒污泥和絮状污泥反应器的设计负荷是不相同的，各种工业废水的有机负荷的参考值，可参见表 2-8-17。

一旦有机负荷（或停留时间）确定，反应器的体积可以根据下式计算：

$$V=QS_0/q \tag{2-8-25}$$

而采用停留时间可用下式计算反应器的体积：

$$V = KQ \times HRT \tag{2-8-26}$$

2. 反应器池体

厌氧反应器一般可采用矩形和圆形结构，对于圆形反应器在同样的面积下，其周长比正方形的少12%。但是圆形反应器的这一优点仅仅在采用单池时才可行。当建立两个或两个以上反应器时，矩形反应器可以采用共用壁。对于采用公共壁的矩形反应器，池型的长宽比对造价也有较大的影响。因此如果不考虑地形和其他因素，在设计中需要优化此参数。厌氧反应器采用水力停留时间进行设计时，反应器体积按公式(2-8-26）计算。

3. 反应器的几何尺寸

（1）反应器的高度　选择适当高度反应器的原则是运行上和经济上综合考虑。从运行方面考虑采用反应器高度的选择要考虑如下影响因素：

① 高流速增加污水系统扰动，因此增加污泥与进水有机物之间的接触；

② 过高的流速会引起污泥流失，为保持足够多的污泥，上升流速不能超过一定的限值，从而反应器的高度也就会受到限制；

③ 在采用传统的UASB系统的情况下，上升流速的平均值一般不超过0.5m/h；

④ 最经济的反应器高度（深度）一般是在4～6m之间，并且在大多数情况下这也是系统最优的运行范围。

（2）反应器的面积和反应器的长、宽　对于矩形和正方形池在同样的面积下正方形池的周长比矩形池要小。在已知反应器的高度时，反应器的截面积计算式如下：

$$A = V/H \tag{2-8-27}$$

式中，A为厌氧反应器表面积；H为厌氧反应器的高度。

在确定反应器容积和高度后，矩形池必须确定反应器的长和宽。正方形池周长比矩形池小，从而矩形反应器需更多的建筑材料；单池从布水均匀性和经济性方面考虑，矩形池长宽比在2∶1以下较为合适。长宽比4∶1时费用增加十分显著；对采用公共壁的（或多组）矩形池，池的长宽比对造价有较大的影响，影响因素相应增加，在设计中需要优化；从目前的实践看，反应器的宽度＜20m（单池）即可；反应器长度在采用渠道或管道布水时不受限制。

（3）反应器的升流速度　高度确定后，UASB反应器的高度与上升流速之间的关系表达如下。

① 反应器的高度与上升流速（v）之间的关系表达如下：

$$v = Q/A = V/\text{HRT} \times A = H/\text{HRT} \tag{2-8-28}$$

② 厌氧反应器的上升流速v=0.1～0.9m/h。

（4）反应器的分格　采用分格的厌氧反应器方便运行操作和管理。首先分格的反应器的单元尺寸减少，可避免单体过大带来布水不均匀。同时多池有利于维护和检修，可放空一池进行检修不影响整个工艺运行。

4. 反应器的配水系统

（1）配水孔口负荷　为了在反应器底部获得进水均匀的分布，有必要采用将进水分配到多个进水点的分配装置。应对每个进水点服务的最大面积进行深入的实验研究。对于UASB反应器，Lettinga建议在完成了启动之后，每个进水点负担2.0～4.0m^2。但是在温度低于20℃或低负荷的情况，产气率较低并且污泥和进水的混合不充分时，需要较高密度的布水点。对于城镇污水，De Man和Van der Last（1990）建议1～2m^2/孔。表2-8-11是Lettinga等根据UASB反应器的大量实践，对于处理不同性质废水时推荐的进水管负荷。

表 2-8-11 采用 UASB 处理主要为溶解性废水时进水管口负荷

污泥典型	每个进水口负荷/m^2	负荷/[kgCOD/(m^3·d)]	污泥典型	每个进水口负荷/m^2	负荷/[kgCOD/(m^3·d)]
颗粒污泥	0.5～1	2.0	凝絮状污泥 >40kg DS/m^3	1～2	1～2
	1～2	2～4		2～3	>2
	>2	>4	中等浓度絮状污泥 120～140kg/m^3	1～2	<1～2
	6.5～1	<1.0		2～5	>2

(2) 进水分配系统 UASB 反应器进水系统有多种形式，进水系统兼有配水和水力搅拌的功能，为了保证这两个功能的实现，需要满足如下原则：①确保各单位面积的进水量基本相同，防止短路等现象发生；②尽可能满足水力搅拌需要，保证进水有机物与污泥迅速混合；③易观察到进水管的堵塞；④当堵塞被发现后，易被清除。

UASB 反应器底部设计按多槽形式设计，有利于布水均匀与克服死区。配水系统的形式有以下几种：

① 一管多孔配水方式。采用沿池长方向设置总布水管，沿池间隔设置配水横管。在管上开孔方式为一管多孔布水。在一根管上均匀布水在理论上是可行，但实际仅能取得近似效果。应尽可能避免在一个管上有过多的孔口。

a. 几个进水孔由一个进水管负担，孔口流速不小于 2m/s；

b. 为了增大出水孔的流速，也可采用脉冲间歇进水；

c. 配水管直径不小于 50cm，配水管中心距池底一般为 20～25cm。

② 分支式配水方式。在一管多孔布水的形式上，沿各布水管采用分支方式布水为分支式配水方式。为了配水均匀一般采用对称布置。这种配水系统的特点采用较长的配水支管增加沿程阻力，以达到布水均匀的目的。

a. 支管出水口向下距池底约 20cm，位于所服务面积的中心；

b. 出水管孔最小孔径不宜<15mm，一般在 15～25mm 之间；

c. 出水孔处需设 45°导流板使出水散布池底，出水孔正对池底。

③ 一管一孔配水方式。采用特殊的布水分配装置，使进水以等量分布在池底，以保证一根配水管只服务一个配水点。为了保证每一个进水点达到其应得的进水流量，建议采用高于反应器的水箱式（或渠道式）进水分配系统。

5. 配水管道设计

(1) 对于压力流采用穿孔管布水器（一管多孔或分支状）时，不宜采用大阻力配水系统。

① 进水采用重力流（管道及渠道）或压力流，后者需设逆止装置；

② 采用一管多孔布水管道，布水管道尾端最好兼作放空和排泥管，以利于清除堵塞。

(2) 采用重力流布水方式（一管一孔） 如果进水水位差仅仅比反应器的水位稍高（水位差小于 10cm），会经常发生堵塞。因为进水的水头不足以消除阻塞，可以通过提高进水管然后将其放下清除堵塞。水箱中的水位（三角堰的底部）与反应器中的水位差大于 30cm，就会很少发生这种堵塞。

① 用布水器时从布水器到布水口应尽可能少地采用弯头等非直管；

② 污水通过布水器进入池内时会吸入空气，>2.0mm 气泡以 0.2～0.3m/s 速度上升，在管道垂直段流速（或顶部）应低于这一数值；

③ 上部管径应大于下部，可适当地避免大的空气泡进入反应器；

④ 反应器底部较小直径可以产生高的流速，从而产生较强的扰动，使进水与污泥之间密切接触；

⑤ 为了增强底部污泥和废水之间的接触，建议进水点距反应器池底100～200mm。

6. 出水收集设备

出水装置应该设置在UASB反应器的顶部，应尽可能均匀地收集处理过的废水。为了出水均匀，大部分的UASB反应器采用多槽式的出水方式，而每个槽两侧开有三角堰的方式。当气泡在水表面最终释放后，这些污泥将回到反应器的消化区。

上述出水装置设计具体的原则如下：

(1) 厌氧反应器出水堰与沉淀池出水装置相同，即汇水槽上加设三角堰；

(2) 出水收集装置应设在厌氧反应器顶部，尽可能均匀地收集处理过的废水；

(3) 采用矩形反应器时，出水采用几组平行出水堰的多槽出水方式；

(4) 采用圆形反应器时，可采用放射状的多槽出水；

(5) 要避免出水堰过多，堰上水头低，形成三角堰，被漂浮的固体堵塞；

(6) 出水负荷参考二沉池负荷，堰上水头＞25mm，水位于齿1/2处。

7. 排泥系统设计

(1) 剩余污泥排泥点以设在污泥区中上部为宜；

(2) 对于矩形池排泥应沿池纵向多点排泥；

(3) 对一管多孔式布水管，可以考虑进水管兼作排泥或放空管；

(4) 原则上有两种污泥排放方法：①从所设计的高程直接排放；②采用泵将污泥从反应器的三相分离器的开口处泵出，其可以与污泥取样孔的开口一致。

第六节 厌氧流化床/膨胀床反应器

一、原理和功能

1. 原理和特点

在流化床系统中依靠在惰性载体微粒表面形成的生物膜来截留厌氧污泥。液体与污泥的混合、物质的传递是依靠使这些带有生物膜的微粒形成流态化来实现。流态化的实现依靠一部分出水回流，使载体颗粒在整个反应器内处于流化状态[12]。

流化床反应器的示意图见图2-8-22。其主要特点如下：

(1) 流态化能保证厌氧微生物与被处理的介质充分接触；

(2) 由于形成的生物量大，生物膜较薄，传质好，因此，反应过程快，反应器的水力停留时间短；

(3) 克服了厌氧生物滤池的堵塞和沟流问题；

(4) 由于反应器负荷高，高度与直径比例大，因此可以减少占地面积。

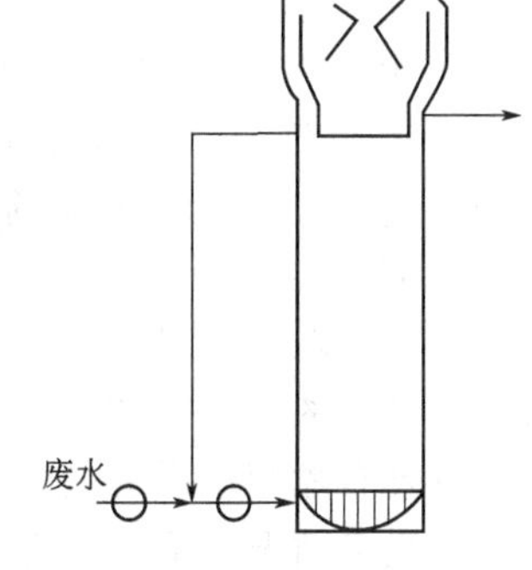

图2-8-22 流化床反应器的示意

但是，厌氧流化床反应器存在着几个问题。

首先，为了实现良好的流态化并使污泥和载体不致从反应器流失，必须使生物膜颗粒保持均匀的形状、大小和密度，但这几乎是难以做到的，因此稳定的流态化也难以保证。其次，为取得高的上流速度以保证流态化，流化床反应器需要大量的回流水。同时，由于载体质量较大，为便于介质颗粒流化和膨胀需要大量的回流，这增加了运行过程的能耗，导致成本上升。另外，流化床三相分离特别是固液分离比较困难，要求较高的运行和设计水平。由于以上原因，流化床反应器至今没有在生产上得到大规模的应用。

2. 厌氧膨胀床

美国康乃尔大学的 Jewell 和 Mackenie 进行了应用厌氧接触膜膨胀床反应器（AAFEB）工艺处理低浓度有机污水的试验。反应器由有机玻璃制成，外径 65cm，内径 5.1cm，高 49.4cm，模型反应部分的净体积为 1L。往反应器内添加 160g 氧化铝颗粒，载体占 400mL，颗粒粒径 500μm，颗粒密度为 2.79g/cm^3，体积密度为 0.6g/cm^3。试验期间，用循环泵使载体床膨胀至 400mL，随着载体颗粒上生物膜的生长，调节循环水量，使床膨胀体积恒定。循环泵从反应器上部把出水打回反应器底部，造成液体循环。

在低温（10℃和 20℃）下处理低浓度废水（COD≤600mg/L），在较短水力停留时间（几小时）和高有机负荷［高达 8kgCOD/(m^3 · d)］情况下，能够达到很高的有机物去除率，这种高效率是由于载体大的表面积造就高的污泥浓度所致，在此反应器中污泥浓度高达 30g/L。在低温下，由于污泥浓度的提高补偿了污泥活性的降低，而使整个处理效果无显著的下降。膨胀床处理低浓度有机废水的特点是载体表面积极大，即膜表面积大且薄。膜薄具有重要意义，因为膜厚会限制质传递，而使部分膜不能充分发挥代谢作用。许多研究的结论是，有效膜厚度为 0.7～120μm。在以上试验中膜厚度为 15～20μm，这就使得反应器具有较大的处理能力。

3. 厌氧颗粒活性炭膨胀床反应器

（1）颗粒活性炭反应器的优点　Fox 等在膨胀床进行表面粗糙度对生物膜脱落影响的对比实验。采用 3 种类型的载体：砂子、颗粒活性炭（GAC）和无煤炭，其直径几乎相同。实验表明颗粒活性炭保持的生物量比砂子的要多 3～10 倍，而且颗粒活性炭在启动阶段积累生物速度快。由于剪切造成的生物流失，砂子和无烟煤反应器比具有最不规则的表面载体的颗粒活性炭大 6～20 倍。

Suidan 等在流化床反应器用无烟煤和活性炭（GAC）作载体进行了对比实验，与 GAC 相比无烟煤的吸附能力很小。对于苯酚的冲击超负荷，由于 GAC 的吸附能力使出水浓度并无增加。在最初 100 天，所有 200mg/L 的苯酚被吸附到出水可忽略的浓度。在 100 天之后，床的吸附能力几乎耗尽，大约有 100mg/L 苯酚泄漏出 GAC 床到出水中。在 130 天，产甲烷微生物显著生长。在 240 天，甲烷产生量超过进水中相当的苯酚量和以前吸附在 GAC 中生物再生的苯酚。在 300 天，甲烷量等于进水中苯酚的 COD，并且出水中的苯酚可以忽略，表明已建立了稳定的运行状态。最初苯酚的去除是由于 GAC 将其吸附，随着微生物的生长 GAC 内吸附的苯酚被降解，随着生物膜的脱落，GAC 再次获得了吸附能力，即 GAC 再生。

（2）颗粒活性炭机理　厌氧生物膨胀床的颗粒活性炭提供了最佳的微生物附着生长表面。其具有的外部粗糙的表面，提供了优于其他大多数载体对微生物的庇护和附着，GAC 载体也具有贮存基质的能力，直到生物生长到具有足够能力来代谢这些基质。

在很多情况下抑制性有机物可被吸附，采取将抑制性毒性化合物的浓度保持在低于临界值来控制毒性，可以使工艺连续运行，也可以采取替换部分已吸附毒性 GAC 的办法。因此，对于有毒废水，只要生物抑制组分可以通过 GAC 从水溶液中消除，在反应器内可以逐渐降解部分有机废水。但是，随着炭吸附能力的饱和，毒性物质将不再被吸附，这会抑制反应器内生物活性，接着可生物降解物在 GAC 表面积累并出现在出水中，最终导致系统崩溃。

二、设备和装置

EGSB 和 IC 是两种新型的厌氧膨胀床反应器。

1. EGSB 反应器构造

EGSB 反应器是一种上向流反应器，见图 2-8-23。废水从反应器底部进入，然后通过厌氧颗粒污泥床，在此有机物转化为沼气。颗粒污泥具有较好的沉降速率（60～80m/h），在水流速度（10m/h）和气流速度（7m/h）条件下使床体完全流化。污泥颗粒、沼气和出水在顶部的三相分离器内分离。处理后的水从出水槽流出，沼气从沼气管线排出，颗粒污泥返回颗粒污泥膨胀床内。独有的三相分离器使该工艺具有比 UASB 反应器更高的水力负荷[13]。

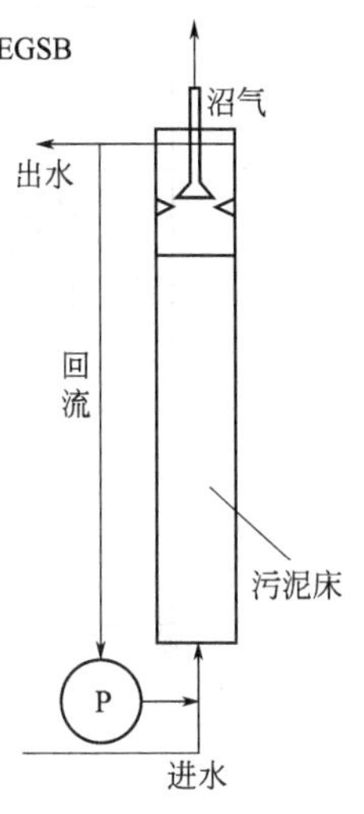

图 2-8-23　EGSB 结构示意

EGSB 反应器能在超高有机负荷［达到 30kgCOD/（m^3・d)］下处理化工、生化和生物工程工业废水。同时，EGSB 反应器还适合处理低温（＞10℃）和低浓度（小于 1.0gCOD/L）和难处理的有毒废水。

实验室规模的 UASB 反应器和 EGSB 反应器，在系统构成上的差别很小。不同点仅仅在于：出水回流（泵），而有的 UASB 反应器也可能存在出水回流系统；不同的高径比。这从另一个角度理解，可以认为 EGSB 反应器的设计，与 UASB 反应器的设计仍然存在很多的共同之处。EGSB 反应器同样包括：进水系统、反应器的池体、三相分离器和回流系统。

与 UASB 反应器相比，EGSB 有以下 5 个显著特点。

（1）EGSB 可在高负荷下，取得高处理效率，在处理 COD 低于 1000mg/L 的废水时仍能有很高的负荷和去除率。尤其是在低温条件下，对低浓度有机废水的处理可以获得好的去除效果。

例如：

在 10℃时，UASB 负荷为 1～2kgCOD/（m^3・d)，EGSB 为 4～8kgCOD/（m^3・d)；

在 15℃，UASB 为 2～4kgCOD/（m^3・d)，EGSB 为 6～10kgCOD/（m^3・d)。

处理未酸化的废水时：

在 10℃时，UASB 负荷为 0.5～1.5kgCOD/（m^3・d)，EGSB 为 2～5kgCOD/（m^3・d)；

在 15℃时，UASB 负荷为 2～4kgCOD/（m^3・d)，EGSB 为 6～10kgCOD/（m^3・d)。

（2）EGSB 反应器内维持高的上升流速。在 UASB 中液流最大上升速度仅为 1m/h，而 EGSB 其速度可高达 3～10m/h（最高 15m/h）。所以可采用较大的高径比（15～40）的细高型反应器构造，有效地减少占地面积。

（3）EGSB 的颗粒污泥床呈膨胀状态，颗粒污泥性能良好，在高水力负荷条件下，颗粒污泥的粒径为 3～4mm，凝聚和沉降性能好（颗粒沉速可达 60～80m/h），机械强度也较高（$3.2\times10^4 N/m^2$）。

（4）EGSB 对布水系统要求较宽松，但对三相分离器要求较严格，高水力负荷和气体搅拌作用，容易发生污泥流失。因此，三相分离器的设计成为 EGSB 高效稳定运行的关键。

（5）EGSB 采用处理出水回流，对于低温和低负荷有机废水，回流可增加反应器的搅拌强度，保证了良好的传质过程，保证了处理效果。对于高浓度或含有毒物质的有机废水，回

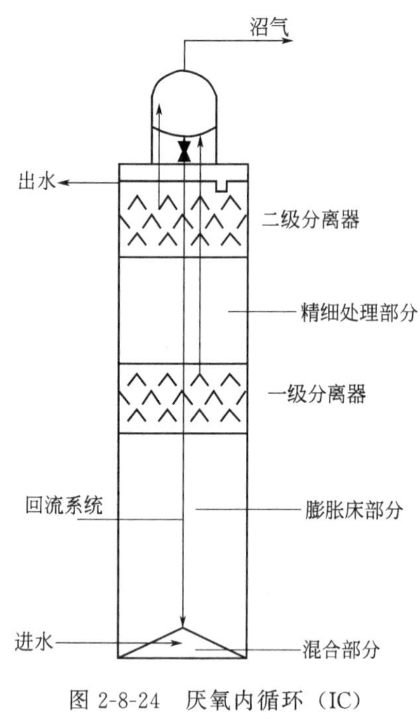

图 2-8-24 厌氧内循环（IC）反应器示意

流可稀释进入反应器内的基质浓度和有毒物质浓度，降低其对微生物的抑制和毒害。

2. 内循环（IC）反应器构造

IC 工艺是基于 UASB 反应器颗粒化和三相分离器的概念而改进的新型反应器，属于 EGSB 的一种。厌氧内循环反应器（IC）是这样一个系统，它是由两个 UASB 反应器的单元相互重叠而成。它的特点是在一个高的反应器内将沼气的分离分为两个阶段。底部一个处于极端的高负荷，上部一个处于低负荷。第一个反应室包含颗粒污泥膨胀床，在此大多数的 COD 被转化为沼气。所产生的沼气被下层三相分离器收集，收集的气体产生气提作用，污泥和水的混合液通过上升管带到位于反应器顶部气液分离器。沼气在这里从泥水混合液中分离出来，排出系统。泥水混合液直接流到反应器的底部，造成反应器的内部循环流。在反应器的较低的部分，液体的上升流速在 10～20m/h 之间。经过下部反应室处理后的废水进上部反应室，在此所有剩余的可生化降解的有机物（COD）被去除。在这个反应室里的液体的上升流速一般在 2～10m/h。IC 反应器是由四个不同的功能部分组合而成：混合部分、膨胀床部分、精处理部分和回流部分（图 2-8-24）。目前很多生产性规模的 IC 系统已经在欧洲运行。

三、设计计算

（一）厌氧流化床设计计算

1. 适用性

厌氧流化床工艺的设计进水水质 COD 一般应在 1000mg/L 以上。厌氧流化床工艺进水中悬浮物的含量一般不宜超过 500mg/L，否则应设置混凝沉淀或混凝气浮进行预处理。当进水悬浮物较高或可生化性差时，宜设置水解池进行预酸化。

2. 预处理要求

必需的预处理主要是去除进水中的悬浮固体、粗大油脂，以保证工艺的稳定性。高浓度的 SS 会破坏系统的水力特性，例如，堵塞布水系统或热交换系统。厌氧流化床处理工艺系统前应设置粗格栅、细格栅或水力筛。最后一道格栅的栅条间隙宜在 1～2mm 之间，可以采用旋转滤网等高效的固液分离设备。

3. 进水分配系统

良好的进水系统是流化床系统成功运行的关键因素之一。这一系统包括开孔向下的分支配水系统。开口大小要求保证配水的均匀性，同时还要防止堵塞。

通过研究发现，从技术和经济考虑，解决流化床堵塞的最好方法和材料是采用铁箅子进行辅助配水。配水系统改进时，铁箅子的结构上要注意保证其对称性。限制布水头的水力损失，而增加铁箅子的总的水头损失。

4. 三相分离

厌氧流化床反应器的三相分离器需要具备 UASB 反应器所没有的脱膜功能。目前对厌氧流化床反应器研究比较多的 Degremont 公司开发的 Anaflux 三相分离器申请了法国和欧洲专利。它包括一个内部的圆锥体，在沉淀区上部设置静止区，并起到虹吸作用，使反应区和沉淀区之间通过转移管过渡。在过渡管中液体流速加快，促进液体中沼气气泡的合并、载体颗粒和悬浮颗粒的合并。沼气在反应器顶部收集，液相和固相通过虹吸，可沉降物质收集在锥体内，可被泵送回到反应区。Anaflux 厌氧流化床反应器结构示意如图 2-8-25 所示。

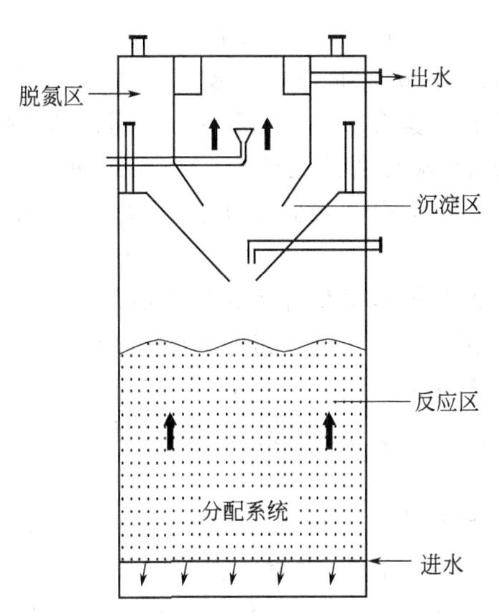

图 2-8-25 Anaflux 厌氧流化床结构示意

如果锥体底部开孔，让可沉物质自然回流到反应区，由转移管和锥体内的密度差造成循环，不需泵输送。另外，如果载体颗粒表面有过量的生物膜，在转移管中被高能冲刷自净，这种情况下也可取消外部回流泵。

5. 预酸化反应器

厌氧流化床研究的成果和经验证实了两相系统对厌氧流化床稳定运行极为重要。在厌氧流化床反应器前，设置一个简单、低投资的酸化混合反应器，进行部分相分离，可以增加整个工艺的稳定性。这个反应器同时也可作为缓冲池，起到防止原废水水质波动的作用。酸化池需调节 pH 值（根据进水情况把 pH 值调节到 5.5～6.8 之间），以保持水解和酸化的最优条件。在厌氧处理工业废水过程中，对限速阶段的最优化（水解和甲烷化），可改善反应动力学和稳定性。另外，酸化池也可脱毒（脂类）。酸化反应器的水力停留时间根据废水类型从 2h 至 24h 不等，一般酸化反应器 COD 去除率为 10%～85%，酸化率为30%～60%。

6. 厌氧流化床的载体

(1) 载体选择

① 载体的理化特性。流化床应用的载体物质很多，例如，砂、煤、颗粒活性炭、网状聚丙烯泡沫、陶粒、多孔玻璃、离子交换树脂和硅藻土等。砂子和煤的表面光滑，需要的流化能量高。一般载体颗粒为球形或半球形，这样的形状易于形成流态化。选择流化床载体时，需要依据载体的有关理化特性，其汇总如下：a. 可以承受物理摩擦；b. 提供最大的微孔表面和体积，用于细菌群体附着生长；c. 需要最小的流化速度；d. 便于扩散或物质转移；e. 提供不规则的表面积，以防止微生物摩擦。

流化床反应器载体粒径多在 0.2～0.7mm 之间。使用较小的载体，可使流化床在启动后在较短时间获得相对高的负荷。Switzenbaum 等指出用 0.2mm 的载体代替 0.5mm 载体时，反应器效率有所改进。小的载体有较大的比表面积和较大的流态化程度，使生物膜更易生长。一般每立方米反应器约有 3000m^2 的表面积，微生物的浓度可达 40gMLVSS/L，使反应器的体积和所需的处理时间减少。

② 生物附着特性。Verrier 等（1988 年）研究了四种纯产甲烷菌群在不同憎水性表面最初附着的情况。其中马氏产甲烷球菌不在任何物质，甚至黏土的表面附着生长；鬃毛产甲烷菌趋向于附着在憎水性的多聚体表面；而其他的产甲烷菌趋向在亲水表面聚集生长。生物在聚丙烯表面生长比在 PVC 表面要快，而在聚酰胺上面生长非常稀薄，这表明憎水性表面的生物附着是有优势的。采用复杂基质的连续培养进一步证实聚丙烯和聚乙烯憎水性表面的细菌种群比亲水性 PVC 和聚乙醛表面生长更快。Reynolds 和 Colleran 注意到 Ca^{2+} 离子在生物固定生长方面起到非常重要的作用，实验证实在 100～200mg/L 的 Ca^{2+} 浓度对微生物附着生长存在有利。

（2）载体的比较　一般认为载体存在自然或加工后形成的空隙，对加强微生物的附着有利的。与砂子载体相比，采用颗粒粒径为 425～610μm 烧结硅藻土载体的生物量要多 4～8 倍。Kindzierski 等对 420～850μm 的颗粒活性炭（GAC）、300～850μm 的阴离子交换树脂尺寸和 300～850μm 的阳离子交换树脂的研究发现，阳离子交换树脂可被微生物种群利用的表面积是 GAC 的 7 倍。

Suidan 等在流化床反应器实验时，用无烟煤和 GAC 作载体进行了对比实验，与 GAC 相比无烟煤的吸附能力很小。GAC 的吸附能力很高，对苯酚的超负荷冲击，短期内出水浓度不增加。在最初 100d，进水 200mg/L 的苯酚被吸附到出水可忽略的浓度。在 100d 之后，流化床的吸附能力几乎耗尽，大约有 100mg/L 苯酚泄漏出 GAC 床到出水中。

流化床反应器中形成的生物膜比厌氧滤器中的要薄，生物膜结构会因为载体的不同而存在较大差异。薄的生物膜利于物质的传递，同时能够保持微生物的高活性，因此流化床中污泥活性高于厌氧滤器。由于流化床中的颗粒不断运动，它的微生物种群的分布趋于均一化，所以与厌氧滤器有很大不同，在流化床中央区域，污泥的产酸活性和产甲烷活性都很高。

（3）颗粒活性炭（GAC）载体　颗粒活性炭提供了最佳的微生物附着生长的表面。其外部粗糙的表面，提供了优于其他大多数载体对微生物的庇护和附着。GAC 的湿密度较低，大约为 1.35g/cm^3，并且相对较硬可抵抗摩阻。GAC 总的表面积是 570m^2/g，平均孔径小于 10^{-3}μm。测量表明可被细菌种群利用的表面积仅占总表面积很小的一部分，有 99.9%的表面积不能被细菌种群所利用。虽然细菌无法利用微孔体积和相应的表面积（细胞平均尺寸是 0.3～2.0μm）。但微孔提供了吸附有机基质的位置，使得 GAC 载体具有贮存基质的能力，直到生物生长到具有足够能力代谢这些基质。

活性炭的吸附特性增加了溶解性有机物在载体内的浓度，因此刺激生物生长和合成。

活性炭对有毒性废水厌氧处理具有较好去除效果，其机理如下：

a. GAC 的吸附特性使其可以缓冲高浓度的毒性基质；

b. GAC 由于存在的裂缝、孔隙和不规则的表面，提供了微生物附着生长位置和提供避免水力等剪切力的保护而促进生物生长；

c. GAC 的吸附特性增加了基质在固-液界面的浓度，促进生物生长。

7. 设计相关问题

① 厌氧流化床反应器的载体种类、粒径、容积和上升流速需要根据试验来确定。

② 厌氧流化床反应器的上升流速应在最大上升流速和最小上升流速之间，上升流速的计算参考相关研究成果。

③ 厌氧流化床反应器目前的应用比较少，还无法形成成熟的设计方法。

(二) 厌氧膨胀床设计计算

1. 厌氧膨胀床反应器系统设计

(1) 厌氧膨胀床反应器系统组成 厌氧膨胀床反应器主要由反应器池体、三相分离器、布水系统、出水收集系统、循环系统、加热和保温系统、排泥系统及沼气系统组成。反应器结构见图 2-8-26。

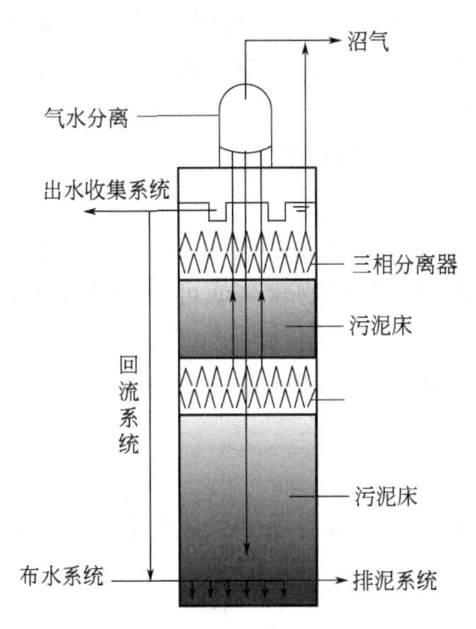

图 2-8-26 厌氧膨胀床反应器结构示意

(2) 三相分离器设计

① 厌氧膨胀床反应器可以设置两层三相分离器，也可以设置单层三相分离器，根据上升流速的情况来确定。如设两层三相分离器，下层三相分离器设置在反应器中部，上层三相分离器设置在反应器上部。

② 在集气室内应该保持气液界面，以释放和收集气体，阻止浮渣层的形成；分离器下气液界面的面积根据气体释放速率计算，气体释放速率大约是 $2\sim5m^3/(m^2\cdot h)$。

③ 其他同 UASB 反应器。

(3) 布水系统设计

① 厌氧膨胀床采用多点布水方式。

② 一管一孔式布水时宜用布水器布水；从布水器到布水口应尽可能少地采用弯头等非直管。

③ 一般采用底部压力布水。

④ 其他同 UASB 反应器。

(4) 出水收集系统设计 同 UASB 反应器。

(5) 循环系统

① 厌氧膨胀床反应器的循环系统包括出水回流和气提式内回流两种方式。

② 厌氧膨胀床反应器应设置出水回流系统，系统的回流比在 100%～300%之间。

③ 厌氧膨胀床反应器出水回流的取水点可设置在出水管道上，也可设置在三相分离器顶部，设置在三相分离器顶时，应设置多个取水点；取水点设置在出水管道上时应适当增加集水系统的堰口长度。

④ 厌氧膨胀床反应器的出水回流点宜设置在进水管道上，与进水一起进行布水进入反应器；出水回流可以采用低扬程管道泵直接加压回流。

⑤ 厌氧膨胀床反应器气提式内回流根据三相分离器的设置及反应器的结构来确定。当设置两层三相分离器时宜设置气提式内回流系统。内回流的流量根据下层三相分离器的产气量进行估算。

⑥ 厌氧膨胀床反应器气提式内回流系统在反应器顶部设置气液分离罐，分离罐的容积一般为沼气小时流量的10%～20%。气提式内回流系统气液分离罐与下层三相分离器通过集气管相连接。气提式内回流系统的回流点应设置在反应器底部，可不采取布水措施。

(6) 排泥系统　同UASB反应器。

(7) 加热和保温系统　同UASB反应器。

2. 适用性

厌氧膨胀床工艺的设计进水中悬浮物的含量一般不宜超过500mg/L，否则应设置混凝沉淀或混凝气浮进行处理。当进水悬浮物较高或可生化性差时，宜设置水解池进行预酸化。

3. 预处理要求

预处理部分的要求除温度外其余与UASB部分相同，厌氧膨胀床可以在较低的温度下运行。

4. 反应器设计计算

(1) 容积计算　厌氧膨胀床反应器容积一般采用有机负荷计算法，计算公式如下：

$$V=\frac{QS_0}{N_V} \tag{2-8-29}$$

式中，V为反应器有效容积，m^3；Q为废水流量，m^3/d；N_V为容积负荷，$kgCOD/(m^3 \cdot d)$；S_0为进水有机物浓度，$kgCOD/m^3$。

(2) 池体及结构尺寸

① 厌氧膨胀床反应器可用不锈钢、碳钢加防腐涂层、搪瓷拼装、玻璃钢等材料。

② 厌氧膨胀床反应器可以采用圆形或正方形反应器，反应器的高径比应在3～10之间。

③ 厌氧膨胀床反应器内废水的表观上升流速应在5～15m/h。

④ 厌氧膨胀床反应器的有效水深一般宜在14～18m之间。

⑤ 厌氧膨胀床反应器的三相分离器顶与水面的高差应不少于0.6～1.0m。

⑥ 厌氧膨胀床反应器应根据设计进水流量，设置两个或两个以上的反应器。最大的单体厌氧膨胀床反应器不大于2000m^3。

(3) 工艺参数

① 对某种特定废水，反应器的工艺参数一般应通过试验确定，如果有同类型的废水处理资料，可以作为参考选用（表2-8-12)。

表 2-8-12　不同性质的废水工艺参数参考值

废水COD浓度/(mg/L)	在35℃采用的负荷/[kgCOD/(m³·d)]
≤2000	8～15
2000～6000	15～20
≥6000	18～30

常温情况下反应器的负荷应在表2-8-12的基础上降低40%～60%；高温情况下的反应器负荷可以在表2-8-12的基础上适当提高。

② 厌氧膨胀床反应器的沼气产率一般取 0.35～0.45m^3/kgCOD；沼气产量的计算公式如下：

$$Q_q = Q(S_0 - S_e)\eta \tag{2-8-30}$$

式中，Q_q 为沼气产量，m^3/d；Q 为废水流量，m^3/d；η 为沼气产率，m^3/kgCOD；S_0 为进水 COD 浓度，kgCOD/m^3；S_e 为出水 COD 浓度，kgCOD/m^3。

③ 厌氧膨胀床反应器污泥的产率一般取 0.05～0.10kgMLSS/kgCOD。

④ 厌氧膨胀床反应器反应器内温度一般控制在 35℃±2℃或 55℃±2℃，也可在常温下运行。

第七节 水解反应器

一、原理和功能

水解（酸化）工艺的研究工作是从污水厌氧生物处理的试验开始，经过反复实验和理论分析，逐步发展为水解（酸化）生物处理工艺[6]。从工程上厌氧发酵产生沼气的过程可分为水解阶段、酸化阶段和甲烷化阶段。水解池是把反应控制在第二阶段完成之前，不进入第三阶段。在水解反应器中实际上完成水解和酸化两个过程（酸化也可能不十分彻底），简称为水解。采用水解池较全过程的厌氧池（消化池）具有以下的优点：

（1）不需要密闭的池，不需要搅拌器，不需要水、气、固三相分离器，降低了造价，便于维护，根据这些特点，可以设计出适应大、中、小型污水厂所需的构筑物；

（2）水解、产酸阶段的产物主要是小分子的有机物，可生化性一般较好，故水解池可以改变原污水的可生化性，从而减少反应时间和处理的能耗；

（3）由于反应控制在第二阶段完成前，出水无厌氧发酵的不良气味，改善了处理厂的环境；

（4）由于第一、第二阶段反应迅速，故水解池体积小，与初次沉淀池基本相当，节省基建投资；由于水解池对固体有机物的降解，故减少了污泥量，具有消化池的功能；

（5）工艺仅产生很少的剩余活性污泥，实现了污水、污泥一次处理，不需要中温消化池。

在以往的研究中，发现采用水解反应器，可以在短的停留时间（HRT=2.5h）和相对高的水力负荷下［>1.0m^3/(m^2·h)］获得较高的悬浮物去除率（平均 85%的 SS 去除率）。这一工艺可以改善和提高原污水的可生化性和溶解性，以利于好氧后处理工艺。但是，该工艺的 COD 去除率相对较低，仅有 40%～50%，并且溶解性 COD 的去除率很低。事实上该工艺仅仅能够起到预酸化作用。

水解池是改进的升流式厌氧污泥床反应器（UASB），但不设三相分离器，故不需要密闭的池，不需要搅拌器，降低了造价，便于设计放大。所以，实际上水解池全称为水解升流式污泥床（HUSB）反应器。水解池的水力停留时间和水力负荷是较有机负荷更为本质和更有效的运行、设计参数。

（一）城镇污水

1. 污染物数量和质量变化

着眼于整个系统的处理效率和经济效益，放弃了厌氧反应中甲烷发酵阶段，利用厌氧反应中水解和产酸作用，使污水、污泥一次得到处理。在整个过程中，因大量悬浮物水解成可溶性物质，大分子降解为小分子，因此工艺过程中有一系列不同于传统工艺流程的特点。且由于这些不同特点，使得单单从出水水质中 COD、BOD 等去除率来评价水解反应器的作用是不全面的。为此，结合对后处理的影响，对各种现象进行分析，以全面评价水解反应在整个系统中的功能。表 2-8-13 为不同实验中原污水水质与水解出水性质的对比。

表 2-8-13 原污水与水解出水水质比较

项目＼名称	原废水	水解出水	原废水/水解出水
COD/(mg/L)	493.3	278.4	1.77
BOD/(mg/L)	170.2	115.2	1.48
SS/(mg/L)	277.4	45.3	6.13
溶解性 COD 比例/%	50.8	77.8	0.65
BOD/COD	0.345	0.414	
BOD/BOD_{20}	0.56	0.794	
动力学常数	0.135	0.175	
耗气速率/[$mgO_2/(L \cdot h)$]	37.4	112.6	

经水解处理后，溶解性有机物的比例发生了很大变化，水解后出水溶解性比例提高了一倍。而一般经初沉后出水中溶解性 COD、BOD 的比例变化较小。众所周知，微生物对有机物的摄取只有溶解性的小分子物质，此类物质可直接进入细胞体内，而不溶性大分子物质，首先要通过胞外酶的分解才得以进入微生物体内的代谢过程。经水解处理，有机物在微生物的代谢途径上减少了一个重要环节，加速了有机物的降解。

2. 有机物的数量显著减少

水解反应器的第一个特点是有机污染物的去除率相对较高，COD 平均去除率为 40%～50%，而悬浮性 COD 去除率更高，为 80%。对于悬浮物，去除率高，出水悬浮物的浓度低于 50mg/L。这些因素对于各种后处理是非常有利的。如采用活性污泥法后处理，由于有机物的绝对数量减少 50%，从理论上讲与传统的活性污泥相比，停留时间和曝气量都可减少 50%。如采用氧化塘后处理，与单独采用传统氧化塘相比，占地面积减少 50%以上，基建投资降低 50%，并且基本上解决了一般氧化塘的淤结问题。若采用土地处理系统，由于经水解池处理后污水的可生化性提高，悬浮物浓度低于 50mg/L，可大大提高土地的处理负荷，减少占地，提高处理效率。该工艺应用于城镇污水，根据实际情况选择不同的后处理工艺，按目前的实际应用有以下几种形式：

① 水解-活性污泥处理工艺，如北京密云污水处理厂；

② 水解-氧化沟处理工艺，如河南安阳豆腐营污水处理厂；

③ 水解-接触氧化处理工艺，如深圳白泥坑污水处理厂；

④ 水解-土地处理工艺，如山东安丘污水处理厂；

⑤ 水解-氧化塘处理工艺，如新疆昌吉污水处理厂。

3. 污水可生化性的变化

污水经水解反应后，出水 BOD/COD 值有所提高。BOD/COD 比值的提高说明废水可生化性提高，这是水解反应的第二个显著特点。这表明水解反应器相对于曝气池起到了预处理的作用，使得经水解处理后出水变得更易于被好氧菌降解。表 2-8-14 为新的工艺采用活性污泥后处理工艺与采用传统活性污泥工艺的对比实验。实验是在相同池容、相同水质平行的实验结果。从表中的数据可知，在停留时间 4h 左右的情况下，不论采用穿孔管或中微孔曝气方式，本工艺 BOD 和 COD 去除率均显著高于传统工艺流程，且出水 COD 低于 100mg/

L，传统工艺停留时间 8h 左右仍然达不到与本工艺相接近的出水水质。因此，从曝气池容积上讲，新工艺要少 50%左右。曝气量若同样采用穿孔管曝气设备，曝气量可节省气量 50%，同样采用中微孔曝气器节省量为 40%左右。

表 2-8-14　新、老工艺实验结果对比表

项目＼内容	传统工艺曝气池运行				水解-好氧工艺曝气池运行	
	穿孔管曝气		中微孔曝气		穿孔管曝气	中微孔曝气
停留时间/h	8	6	4.5	8	4	4
气水比	15∶1	14∶1	4.9∶1	6.2∶1	7.3∶1	3.8∶1
回流比/%	50	50	60	60	50	50
SVI	265	239	231	259	273	70.8
出水 SS/(mg/L)	15.1	86.7	11.6		20.2	17.4
出水 COD/(mg/L)	150	162.0	148	91.6	87.6	85.1
出水 BOD/(mg/L)	9.8	29.5	12.0	8.8	12.6	6.6

4. BOD 降解动力学

原水和水解出水 BOD 历时变化不同。水解出水耗氧量开始变化很快，随后迅速趋于平缓；而原水耗氧量变化很缓慢。水解出水的 BOD/BOD_{20} 值从原水的 0.56 上升到 0.794，在第 8 天水解出水耗氧曲线开始转平；而原污水 20 天左右开始转平。时间上两者相差 2.5 倍。可以得出如下结论：

① 理论需氧量的差别，使得处理水解出水理论上可降低 50%氧的消耗；

② 在相同停留时间下，水解出水有机物去除比例可高于传统工艺；

③ 有机物降解所需的反应时间两者相差 2.5 倍，从理论上讲可显著缩短曝气时间，这个比例可高达 60%。

表 2-8-14 中的实际运转数据证实了以上的推断。而同时以上的分析也为好氧处理水解出水可在较短的停留时间内以较少气量获得相对高的出水水质，从动力学角度提供了理论依据。

5. 污泥和 COD 去除平衡

从实验数据可以算出污泥的水解率为 53.3%（20℃，以 TSS 计）。这表明在水解反应器中污泥也受到了充分的处理。这是水解反应的第三个显著特点。这表明水解反应器中污泥和污水可以同时得到处理。图 2-8-27 给出 COD 和污泥平衡可知 COD 的平均去除率为 40%，而接近 25%的未去除的 COD 仍然保留在污泥中并作为剩余污泥被排放。可能有的 COD 经其他途径降解，包括硫酸盐还原、氢气的产生和甲烷化过程。

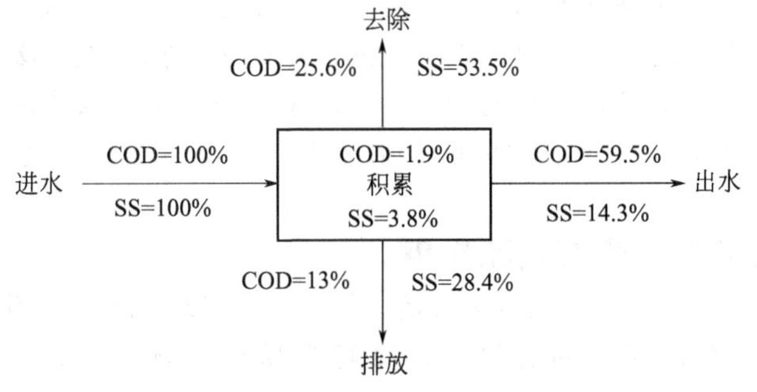

图 2-8-27　水解反应器内 COD 和 SS 物料平衡

可以得出如下结论：新工艺曝气池具有反应时间短、出水水质好、用气量少等特点，因此可节约一定的基建投资和电耗。同时新工艺可以达到污水、污泥一次处理的目的，具有工艺简单、占地少和投资省的优点。

6. 水解-好氧联合处理工艺

水解-好氧工艺是一种污水处理的新工艺，其最为显著的特点是以多功能的水解反应器取代了功能专一的传统初沉池。利用水解和产酸菌的反应，将不溶性有机物水解成溶解性有机物、大分子物质分解成小分子物质，大大提高了污水的可生化性，并减少了后继好氧处理构筑物的负荷，使得污泥与污水同时得到处理，可以取消污泥消化。下面将结合图 2-8-28 对水解-好氧工艺流程作详细说明。

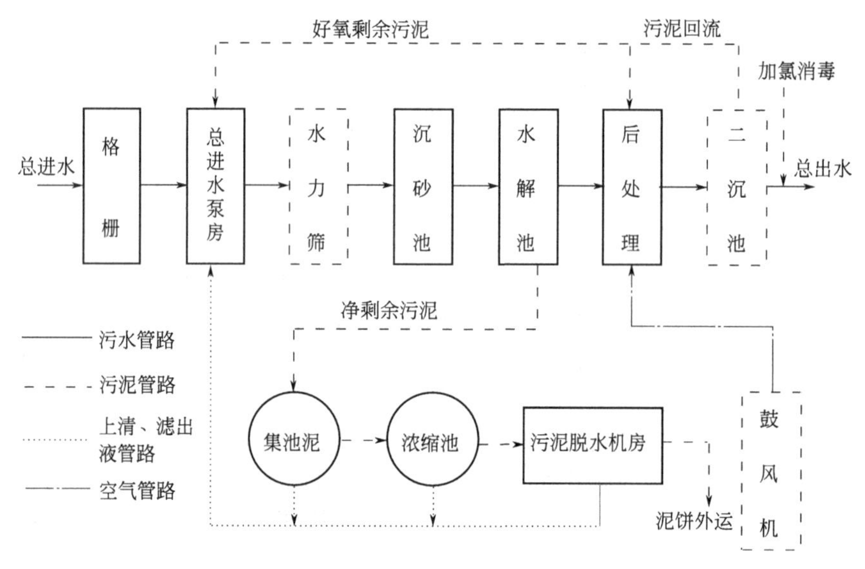

图 2-8-28 包含水解单元的水解-好氧处理工艺
（虚线为可选择的后处理工艺）

从图 2-8-28 中可见，水解-好氧系统包括预处理部分、沉砂池、水解处理部分、好氧后处理部分和污泥处理部分。污水经水泵提升通过预处理装置，去除悬浮大颗粒物质后，污水进入沉砂池，在其中将砂粒去除。沉砂池出水进入水解反应器，水解池停留时间为 2.0～4.0h。经过水解池后 BOD 去除率可达 25%～35%，COD 去除率达 30%～45%，SS（悬浮物）去除率 70%～80%。污泥在反应器中的水解率为 25%～50%（冬季为 25%）。经水解反应器处理后的出水进入后续（好氧）处理构筑物。

后续处理可以采用多种形式的处理方式，如传统活性污泥工艺、氧化沟和 SBR 等方式。如采用传统曝气池，污水在曝气池的停留时间较传统工艺可大为缩短，气水比也可大幅度降低；经曝气池处理后的水进入二沉池，二沉池的出水即可达标排放。曝气池产生的剩余污泥连续送入水解反应器，整个工艺流程的剩余污泥从水解池排出进入集泥池，污泥从集泥池用泵提升进入浓缩池，经 12～24h 浓缩后可脱水处理。集泥池和浓缩池的上清液流回进水集水井。

（二）水解工艺的进一步开发和应用

综上所述，水解池可以降低 COD 总量，同时也可以提高可生化性，将污水中固体状态的大分子和不易生物降解的有机物，降解为易于生物降解的小分子有机物。水解反应器对有机物的降解在一定程度上只是一个预处理过程，水解反应过程中没有彻底完成有机物的降解任务，而只是改变了有机物的形态。是将大分子物质降解为小分子物质；难生化降解物质降解为易生化降解的物质。这对于难降解有机废水的治理十分重要。目前已知水解-好氧工艺对城市废水、焦化废水、印染废水、造纸（中段）废水、化工废水和合成洗涤剂废水（ABS、LAS）等各种工艺废水十分有效。而去除的悬浮物可以在水解池中得到部分消化。在工艺初期开发时这一特点主要应用于污水、污泥同时处理方面，近年来，又利用这一特点去除高含悬浮物和脂类废水，如酒糟废液、活性污泥、乳制品废水和畜禽粪便废水等。

1. 萘的去除

萘属于难降解芳香族化合物，芳香族化合物在城镇污水的难降解部分中占很大的比例。萘是焦化废水中的重要成分，以萘为例说明水解工艺在焦化废水的应用基础。萘在水解反应中与污泥接触 3h 后，在 230nm 左右有一吸收峰，根据有机化合物的波谱分析和萘的降解途径分析，这个吸收峰是萘的中间产物（水杨酸或β-酮己二酸），这一中间产物很容易降解，如水杨酸为 0.95mgBOD/mg 水杨酸。这说明萘经过水解处理后，物质结构发生了根本变化。萘在水解反应器中能够得到很好的去除，当萘与水解污泥接触 24h 后，萘的光密度降低率可达 98.9%。去除的原因主要是生物作用，而不是吸附作用。萘在好氧条件和厌氧条件下都能得到较好的降解，但在厌氧反应中萘降解得更快。所以，水解预处理为进一步的生物处理创造了有利的条件，这是传统的活性污泥法对萘去除效果不佳的原因[9]。

2. 卤代烃的去除

目前以各种形式大量向环境排放的有机溶剂和其他卤代化合物，已经对地下水造成了严重的污染。卤代烃类化合物不但具有有机化学毒性且不易被生物降解，易渗入地下污染地下水。在美国，这些化合物普遍作为鉴别地下水污染程度的指标。试验结果和现有研究表明，传统的城镇污水处理系统对这些污染物的去除不能达到安全的程度，会给水环境带来不利影响。但是，水解池却为净化这些污染物提供了可能性。关于上述卤代脂肪烃类化合物在厌氧反应器中能被有效去除，有资料报道这是还原去除卤代物的作用过程，其结果是卤代化合物的卤素原子逐渐地被氢原子所取代，并且最终转化为二氧化碳、水、氯化物。McCarty 也提出采用厌氧处理可以恢复被污染的地下水。

水解池对三氯甲烷等卤代脂肪烃类化合物有较好的去除效果，污水在水解池停留 3h，三氯甲烷、二氯乙烷和四氯化碳的去除率分别达 75.8%、63.1%和 45%，分别比初沉池高 51.6%、42.9%和 5%。由于这些有机化合物具有化学毒性且不易被生物降解，而经水解反应器处理后可能变成一些易于降解和无毒性的化合物以及氯化物，这就为后续处理中微生物酶的适应性和酶对底物的利用创造了有利条件。

3. 高悬浮物含量废水的水解处理工艺

表 2-8-15 是水解池处理不同高悬浮物或脂类废水的结果，通过以上的实验结果可以得出如下的结论：

（1）水解反应器作为预处理对悬浮性 COD 和脂类有较高的去除率，对城镇污水和剩余污泥悬浮性 COD 去除率分别为 65%和 98%；

（2）水解反应器用于预处理奶制品废水，由于乳酸的预酸化作用造成 pH 值降低至 4.0，造成蛋白质和脂类的沉淀（98%）；

（3）去除的悬浮 COD 或污泥在水解池内得到富集，对于城镇污水、剩余污泥可达到 20～30g/L，奶制品废水达到 100g/L，其在水解池中得到了部分水解和酸化，但还需进一步稳定；

(4) 由于水解池的预处理作用，使得出水主要为溶解性 COD，对于城市废水、剩余污泥和奶制品废水，采用 EGSB 反应器在 2.0h 的时间内分别取得 47%、78%和 53%的去除效果，处理效果优于传统 UASB 反应器。

表 2-8-15 水解池处理不同高悬浮物或脂类废水

成分(COD)	生活污水 T=17℃,HRT=3h,SRT=20d, OLR=5.6gCOD/(L·d)			剩余污泥 T=20℃,HRT=9.6h,SRT=1.4d, OLR=4.5gCOD/(L·d)			奶制品废水 T=20℃,HRT=4.5h,SRT=2d, OLR=21.2gCOD/(L·d)		
	进水/(mg/L)	出水/(mg/L)	去除率/%	进水/(mg/L)	出水/(mg/L)	去除率/%	进水/(mg/L)	出水(pH=4)/(mg/L)	去除率/%
总量	697	432	38	2010±105	129±10	94	3890±43	1563±53	0
悬浮	355	124	65		33±11	98	320±84	115±67	4
胶体	145	111	0.7		27±5	9	2303±108	235±84	
溶解非 VFA	138	95	7		58±5	6	1265±101	400±29	1
VFA	59	107			11±3	—	2±2	813±137	8
脂类							290±0		

(三) 水解-好氧工艺应用总结

1. 工艺应用总结

厌氧（水解)-好氧生物处理工艺作为传统活性污泥工艺的替代工艺，在中国不但已应用于城镇污水，并且在不同的工业废水处理中也得到了应用。由于此工艺将厌氧、水解、酸化反应与好氧工艺有机地结合在一起，使得与传统好氧生物处理工艺相比较，具有能耗低、停留时间短和污泥产量少的特点。特别是水解池具有改善污水可生化性的特点，使得该工艺不仅适用于易于生物降解的城镇污水，同时更加适用于处理不易生物降解的某些工业废水，如纺织废水、印染废水、焦化废水及酿酒、化工、造纸废水等。

2. 不同工艺的技术经济比较[7]

为进行定量的对比，在假定进水水质相同、处理能力都为 $10^4 m^3/d$ 规模的情况下进行了投资估算。估算内容为主要的处理构筑物和部分附属构筑物。投资指标参考国内相同规模类似厂家的投资指标。在水解池和曝气池造价中考虑了由于配水系统与填料而增加的成本。表 2-8-16 列出了不同处理工艺设计的投资和运行费等参数。可以清楚地看出采用改进的 UASB 反应器做为预处理单元，使得两种传统生物处理工艺（即活性污泥和稳定塘）的基建投资、运转费用和能耗大大降低。厌氧-好氧处理工艺可作为一种新的二级处理替代工艺。

新的处理工艺不仅可以满足技术上的标准，同时在经济方面也有一些优点。水解-好氧工艺与传统活性污泥法性相比，在基建投资、能耗和运转费用上分别可减少 37%、40%和 38%。而水解-稳定塘系统与初沉-稳定塘系统相比，在停留时间、占地面积、投资和运转费用分别可减少 65%、65%、32%和 36%。

表 2-8-16 不同工艺系统的经济分析

项目	传统活性污泥工艺(CASP)	水解-好氧生物处理工艺(HASP)	HASP/CASP
流量/(m^3/d)	10000	10000	
HRT/h	8.0	4.0	2.0

续表

项目	传统活性污泥工艺(CASP)	水解-好氧生物处理工艺(HASP)	HASP/CASP
占地/hm^2	2.0	1.5	0.75
能耗/万元	25	15	0.60
投资/万元	560	350	0.63
运行/万元	65	40	0.62

3. 不同废水的工艺设计参数

水解（酸化）工艺还应用于工业废水处理中，在一系列实践过程中，通过对各种不同废水的应用，以及对研究、设计和应用三方面进行总结，提出如表 2-8-17 所示的设计参数。

表 2-8-17 不同废水的设计参数

废水种类	COD 去除率/%	SS 去除率/%	BOD/COD 比值变化	水力停留时间/h	污泥水解率/%
生活废水	30～50	>80	提高	2～4	30～50
造纸综合废水	30～50	>80	大为提高	4～6	—
印染废水	<10	很低	大为提高	6～10	50
焦化废水	<10	80	大为提高	4	—
啤酒废水	40～50	80～90	不变	2～4	30～50
屠宰废水	30～50	80～90	不变	2～4	30～50

二、设备和装置

1. 格栅

格栅在各种资料中有描述，在本节不介绍。为保证水解池布水系统不被堵塞，建议采用固定式或回转筛、水力筛作补充处理。

2. 除砂池

对于有一定规模的污水处理厂可以考虑采用改进的平流式沉砂池。在存在较多的砂和有机物共同沉淀的情况下，采用体外洗砂装置。比如螺旋洗砂器或水力固定螺旋洗砂器。考虑到后续水解处理工艺，一般不用曝气沉砂池作为预处理装置。

3. 出水收集设备

水解池出水堰与 UASB 出水装置相同，即汇水槽上加设三角堰。

4. 排泥设备

一般来讲，随着反应器内污泥浓度的增加，出水水质会得到改善。但污泥超过一定高度，污泥将随出水一起冲出反应器。因此，当反应器内的污泥达到某一预定最大高度之后建议排泥。污泥排泥的高度应考虑排出低活性的污泥，并将最好的高活性的污泥保留在反应器中。

三、设计计算

(一) 反应器设计

1. 反应器池体和几何尺寸

水解池一般采用水力停留时间作为主要设计参数[8]。参见本章第五节 UASB 反应器池体设计。

2. 反应器的升流速度

① 反应器的高度与上升流速（v）之间的关系表达如下：

$$v=Q/A=v/\mathrm{HRT}\times A=H/\mathrm{HRT} \tag{2-8-31}$$

② 水解反应器的上升流速 $v=0.5\sim1.8\mathrm{m/h}$；

③ 最大上升流速在持续时间超过 3h 的情况下 $v_{max}\leqslant1.8\mathrm{m/h}$。

（二）反应器的配水系统

厌氧反应器良好运行的重要条件之一是保证污泥和废水之间的充分接触，因此系统底部的布水系统应该尽可能地均匀。水解反应器进水管的数量是一个关键的设计参数，为了使反应器底部进水均匀，有必要采用将进水分配到多个进水点的分配装置。单孔布水负荷一般推荐 0.5～1.5m^2，出水孔处需设置 45°导流板。

水解池底部设计按多槽形式设计，有利于布水均匀与克服死区。配水系统的形式请参见第五节 UASB 反应器池体设计。

（三）管道设计

采用穿孔管布水器（一管多孔或分支状）时，不宜采用大阻力配水系统。需考虑设反冲洗装置，采用停水分池分段反冲。用液体反冲时，压力为 98～196kPa（1.0～2.0kgf/cm^2），流量为正常进水量的 3～5 倍。用气体反冲，反冲压力大于 98kPa（1.0kgf/cm^2），气水比(5∶1)～(10∶1)。

（1）进水采用重力流（管道及渠道）或压力流，后者需设逆止装置；

（2）水力筛缝隙＞3mm 时，出水孔＞15mm，一般在 15～25mm 之间；

（3）单孔布水负荷 0.5～1.5m^2，出水孔处需设置 45°导流板；

（4）用布水器时从布水器到布水口应尽可能少地采用弯头等非直管。

其他要求参见 UASB 反应器设计。

（四）排泥设备

一般来讲，随着反应器内污泥浓度的增加，出水水质会得到改善。但污泥超过一定高度，污泥将随出水一起冲出反应器。因此，当反应器内的污泥达到某一预定最大高度之后建议排泥。污泥排泥的高度应考虑排出低活性的污泥，并将最好的高活性的污泥保留在反应器中。

（1）建议清水区高度 0.5～1.5m；

（2）污泥排放可采用定时排泥，日排泥一般为 1～2 次；

（3）需要设置污泥液面监测仪，可根据污泥面高度确定排泥时间；

（4）剩余污泥排泥点以设在污泥区中上部为宜；

（5）对于矩形池，排泥应沿池纵向多点排泥；

（6）由于反应器底部可能会积累颗粒物质和小沙粒，应考虑下部排泥的可能性，这样可以避免或减少在反应器内积累的砂砾；

（7）在污泥龄＞15d 时，污泥水解率为 25%（冬季）～50%（夏季）；

（8）污泥系统的设计流量需按冬季最不利情况考虑，详细要求略。

（五）设计实例

1. 水质情况

原污水：污水流量 15000m^3/d；COD 450mg/L；BOD 200mg/L；SS 300mg/L；pH 值 6～8。

预计达到的处理效果如下。

(1) 水解处理出水 COD 292mg/L(去除率 35%);BOD 160mg/L(去除率 20%);SS 60mg/L(去除率 80%)。

(2) 好氧处理出水

COD 100mg/L;BOD 20mg/L;SS 20mg/L。

2. 设计参数

水解池总体积 $1200m^3$(单池),HRT 2.5h;曝气池总体为 $1500m^3$(单池);HRT 4h,回流比 50%,气水比 5∶1。

根据上述参数设计和前面所述的设计原则,某污水处理厂的水解池的剖面图如图 2-8-29 所示。

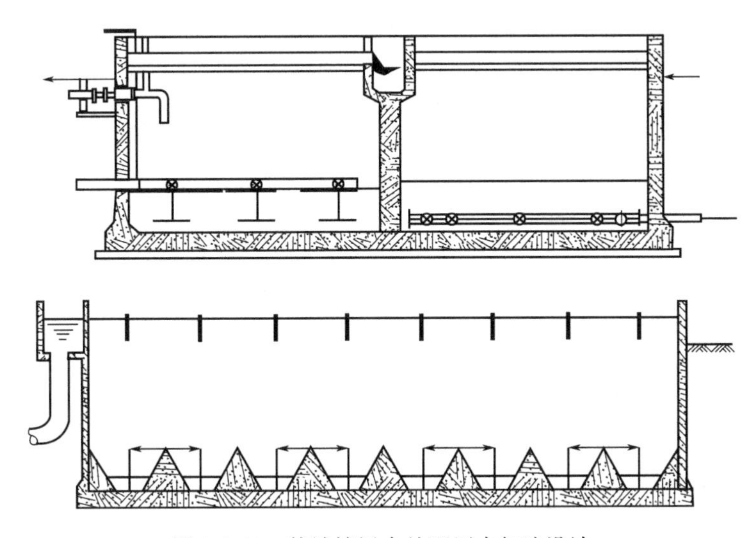

图 2-8-29 某城镇污水处理厂水解池设计

参 考 文 献

[1] Metcalf, Eddy. Wastewater Engineering: Treatment, Disposal and Reuse. 3rd ed. New York : McGraw Hill, Inc., 1991.

[2] C. P. 小莱斯利·格雷迪,亨利 C. 利姆编著. 废水生物处理理论与应用. 李献文等译. 北京:中国建筑工业出版社,1989.

[3] 张自杰等. 环境工程手册·水污染防治卷. 北京:高等教育出版社,1996.

[4] 北京市市政设计院主编. 给水排水设计手册·第 5 册·城市排水. 北京:中国建筑工业出版社,1986.

[5] Mogens Henze et al. Wastewater Treatment. New York: Springer Press Company, 1996.

[6] 王凯军编著. 低浓度污水厌氧-水解处理工艺. 北京:中国环境科学出版社,1992.

[7] 废(污)水处理工程技术讨论会论文集. 北京:中国环境科学出版社,1998.

[8] Arceivala S J. Wastewater treatment and disposal: Engineering and Ecology in pollution Control. New York: Marcel Dekker, Inc., 1990.

[9] 中美工程技术研讨会论文集:医药与生物技术环保. 1997.

[10] 贺延龄编著. 废水的厌氧生物处理. 北京:中国轻工业出版社,1998.

[11] 许京琪主编. 给水排水新技术. 北京:中国建筑工业出版社,1988.

[12] 王彩霞主编. 城镇污水处理新技术. 北京:中国建筑工业出版社,1990.

[13] Speeece R E. Anaerobic Biotechnology for Industrial Wastewater. Nashville, TN, U. S. A.: Published by Archae Press, 1996.

[14] 张希衡等编著．废水厌氧生物处理工程．北京：中国环境科学出版社，1996.

[15] 郑元景等编著．污水厌氧生物处理．北京：中国建筑工业出版社，1988.

[16] 申立贤编著．高浓度有机废水厌氧处理技术．北京：中国环境科学出版社，1992.

[17] Lettinga，G. Upflow Anaerobic Sludge Blanket（UASB）：Low cost sanitation research project in Bandung/Indonesia. Internal Report，Final report. Wageningen Agricultural University，1991.

[18] Schellinkhout A，Collazos C J. Full Scale Application of the UASB Technology for Sewage Treatment，In：Proc. Cong. IAWPRC Anaerobic Digestion'91，Brazil. 145-152.

第九章 生物脱氮除磷

第一节　生物脱氮

一、原理和功能

（一）生物脱氮原理

生物脱氮可分为氨化—硝化—反硝化三个步骤[1]。生物脱氮是在微生物的作用下，将有机氮和 NH_4^+-N 转化为 N_2 和 NO_x 气体的过程。废水中存在着有机氮、NH_4^+-N、NO_x^--N 等形式的氮，而其中以 NH_4^+-N 和有机氮为主要形式。在生物处理过程中，有机氮被异养微生物氧化分解，即通过氨化作用转化为 NH_4^+-N，而后经硝化过程转化变为 NO_x^--N，最后通过反硝化作用使 NO_x^--N 转化成 N_2，而逸入大气。

由于氨化反应速度很快，在一般废水处理设施中均能完成，故生物脱氮的关键在于硝化和反硝化。

1. 氨化作用

氨化作用是指将有机氮化合物转化为 NH_4^+-N 的过程，也称为矿化作用。参与氨化作用的细菌称为氨化细菌。在自然界中，它们的种类很多，主要有好氧性的荧光假单胞菌和灵杆菌、兼性的变形杆菌和厌氧的腐败梭菌等。在好氧条件下，主要有两种降解方式，一种是氧化酶催化下的氧化脱氨。例如氨基酸生成酮酸和氨：

$$\underset{\text{丙氨酸}}{CH_2CH(NH_2)COOH} \longrightarrow \underset{\text{丙氨基丙酸}}{CH_3C(NH)COOH} \longrightarrow \underset{\text{丙酮酸}}{CH_3COCOOH} + NH_3 \quad (2\text{-}9\text{-}1)$$

另一种是某些好氧菌，在水解酶的催化作用下能发生水解脱氨反应。例如尿素能被许多细菌水解产生氨，分解尿素的细菌有尿八联球菌和尿素芽孢杆菌等，它们是好氧菌，其反应式如下：

$$(NH_2)_2CO + H_2O \longrightarrow 2NH_3 + CO_2 \quad (2\text{-}9\text{-}2)$$

厌氧或缺氧的条件下，厌氧微生物和兼性厌氧微生物对有机氮化合物进行还原脱氨、水解脱氨和脱水脱氨三种途径的氨化反应[2]。

$$RCH(NH_2)COOH + 2H^+ \longrightarrow RCH_2COOH + NH_3 \quad (2\text{-}9\text{-}3)$$

$$CH_3CH(NH_2)COOH + H_2O \longrightarrow CH_3CH(OH)COOH + NH_3 \quad (2\text{-}9\text{-}4)$$

$$CH_2(OH)CH(NH_2)COOH \longrightarrow CH_3COCOOH + NH_3 \quad (2\text{-}9\text{-}5)$$

2. 硝化作用

硝化作用是指将 NH_4^+-N 氧化为 NO_x^--N 的生物化学反应，这个过程由亚硝酸菌和硝酸菌共同完成，包括亚硝化反应和硝化反应两个步骤。该反应历程为：

亚硝化反应　$$NH_3 + \frac{3}{2}O_2 \longrightarrow NO_2^- + H^+ + H_2O + 273.5kJ \quad (2\text{-}9\text{-}6)$$

硝化反应 $$NO_2^- + \frac{1}{2}O_2 \longrightarrow NO_3^- + 73.19kJ \quad (2\text{-}9\text{-}7)$$

总反应式 $$NH_3 + 2O_2 \longrightarrow NO_3^- + H_2O + H^+ + 346.69kJ \quad (2\text{-}9\text{-}8)$$

亚硝酸菌有亚硝酸单胞菌属、亚硝酸螺杆菌属和亚硝酸球菌属。硝酸菌有硝酸杆菌属、硝酸球菌属。亚硝酸菌和硝酸菌统称为硝化菌。发生硝化反应时细菌分别从氧化 NH_4^+-N 和 NO_2^--N 的过程中获得能量，碳源来自无机碳化合物，如 CO_3^{2-}、HCO_3^-、CO_2 等。假定细胞的组成为 $C_5H_7NO_2$，则硝化菌合成的化学计量关系可表示为：

亚硝化反应 $$15CO_2 + 13NH_3 \longrightarrow 10NO_2^- + 3C_5H_7NO_2 + 10H^+ + 4H_2O \quad (2\text{-}9\text{-}9)$$

硝化反应 $$5CO_2 + NH_3 + 10NO_2^- + 2H_2O \longrightarrow 10NO_3^- + C_5H_7NO_2 \quad (2\text{-}9\text{-}10)$$

在综合考虑了氧化合成后，实际应用中的硝化反应总方程式为：

$$NH_3 + 1.86O_2 + 0.98HCO_3^- \longrightarrow 0.02C_5H_7NO_2 + 1.04H_2O + 0.98NO_3^- + 0.88H_2CO_3 \quad (2\text{-}9\text{-}11)$$

由上式可以看出硝化过程的三个重要特征：①NH_4^+-N 的生物氧化需要大量的氧，大约每去除 1g 的 NH_4^+-N 需要 4.2gO_2；②硝化过程细胞产率非常低，难以维持较高物质浓度，特别是在低温的冬季；③硝化过程中产生大量的质子（H^+），为了使反应能顺利进行，需要大量的碱中和，理论上大约为每氧化 1g 的 NH_4^+-N（以 N 计）需要碱度 7.14g（以 $CaCO_3$ 计）。

3. 反硝化作用

反硝化作用是指在厌氧或缺氧（DO<0.5mg/L）条件下，NO_x^--N 及其他氮氧化物作为电子受体被还原为氮气或氮的其他气态氧化物的生物学反应，这个过程由反硝化菌完成。反应历程为：

$$NO_3^- \longrightarrow NO_2^- \longrightarrow NO \longrightarrow N_2O \longrightarrow N_2 \quad (2\text{-}9\text{-}12)$$

$$NO_3^- + 5[H](\text{有机电子供体}) \longrightarrow \frac{1}{2}N_2 + 2H_2O + OH^- \quad (2\text{-}9\text{-}13)$$

$$NO_2^- + 3[H](\text{有机电子供体}) \longrightarrow \frac{1}{2}N_2 + H_2O + OH^- \quad (2\text{-}9\text{-}14)$$

[H] 是可以提供电子，且能还原 NO_x^--N 为氮气的物质，包括有机物、硫化物等。进行这类反应的细菌主要有变形杆菌属、微球菌属、假单胞菌属、芽孢杆菌属、产碱杆菌属、黄杆菌属等兼性细菌，它们在自然界中广泛存在。有分子氧存在时，O_2 作为最终电子受体，氧化有机物，进行呼吸；无分子氧存在时，利用 NO_x^--N 进行呼吸。研究表明，这种分子氧和 NO_x^--N 之间的转换很容易进行，即使频繁交换也不会抑制反硝化的进行。

4. 同化作用

在生物脱氮过程中，废水中的一部分氮（NH_4^+-N 或有机氮）被同化为异养生物细胞的组成部分。微生物细胞采用 $C_{60}H_{87}O_{23}N_{12}P$ 来表示，按细胞的干重量计算，微生物细胞中氮含量约为 12.5%。虽然微生物的内源呼吸和溶胞作用会使一部分细胞的氮又以 NH_4^+-N 形式回到废水中，但仍存在于微生物细胞及内源呼吸残留物中的氮可以在二沉池中得以从废水中去除。

(二) 生物脱氮工艺

生物脱氮工艺种类繁多、形式多样。依据不同的分类原则，可以归类为不同的种类、类型。就传统的硝化、反硝化过程而言，按照硝化微生物生长环境的不同，可以分为单泥脱氮和多泥脱氮两大类，前者是指硝化和反硝化微生物混合在一起生长，共用同一生存环境，其工艺特点是整个工艺流程中用一个沉淀池来完成混合污泥的泥水分离。多泥脱氮系统则是硝化和反硝化微生物在不同的空间（反应器）中相对稳定生长，其工艺流程中含有一个以上的泥水分离设施——沉淀或生物膜反应器。这两类工艺各具特点，通常认为单泥系统较多泥系统更为简单，投资和运行费用低，因而得到了广泛发展和应用。多泥脱氮系统则具有较强的抗冲击和耐毒性（或抑制）的能力，且可以实现很高的脱氮效率。就现有废水厂升级改造而言，多泥工艺具有较好的适用性，特别是有充裕池容的废水处理厂更易于改造为多泥脱氮系统。当然单泥工艺也可以与多泥工艺相结合，例如对于某些排放要求很高的地区废水厂，在单泥脱氮系统之外设置一个独立的甲醇反硝化单元。在冬季单泥系统不能满足达标要求时，则让其完全运行在硝化阶段，保证硝化反应彻底完成，启用甲醇反硝化单元，使全厂总氮达标，其他季节则只运行单泥脱氮系统。表 2-9-1 列举了各种脱氮工艺的特征比较情况。

近二十年来，随着脱氮微生物及工艺的研究深入[3]，涌现出了一些新型的脱氮工艺形式。以硝化微生物分离培养为代表的“亚硝化-厌氧氨氧化”工艺也逐步进入工程化应用阶段。还有其他一些新型生物脱氮工艺如单级自养脱氮、好氧反硝化、同步硝化反硝化等，正在研究和探索性应用之中。

生物脱氮与生物除磷往往密不可分，很多工艺是针对同时脱氮除磷的需求而开发的，是脱氮除磷的通用工艺，本节主要阐述以传统生物脱氮微生物为基础的生物脱氮工艺，重点介绍单泥生物脱氮系统。

1. 单泥系统

单泥脱氮依据流态、“缺氧-好氧”的级数以及曝气方式的不同，分成多种工艺形式。这些工艺的共同特点是硝化反应在一个好氧区（反应器）中完成，生成硝酸盐后再与有机物作用完成反硝化过程。有机碳可以是外碳源（废水中自带的有机物或人工投加的有机物）也可以是内碳源（微生物细胞中的有机物）。由于硝化作用是与 BOD 氧化在好氧区同时完成的，因此传统活性污泥法中的基本工艺参数如：食微比（F/M）、水力停留时间（HRT）、氧利用率（OUR）和污泥龄（θ_c）等参数同样适用于脱氮系统的设计，采用这些参数可以确定曝气量和池容。

（1）单泥脱氮工艺类型[4]

① 多池脱氮工艺。多池脱氮工艺以悬浮生长活性污泥系统为主，沿废水处理主流程，在不同的反应池中曝气量不同，从而形成厌氧、缺氧、好氧等不同含氧量的空间区域，使硝化、反硝化等生化过程得以完成。多池脱氮按缺氧区的个数可以分为单一缺氧区工艺和多缺氧区工艺。

单缺氧区工艺只有一个缺氧反硝化区，是最简单的生物脱氮工艺。出现的工艺形式有 MLE（modified ludzack-ettinger）、A^2/O、VIP（virginia initiative plant）、UCT（university of capetown）几种。

多缺氧区工艺有至少两个缺氧反硝化区，通常为两个缺氧区。反硝化碳源包括外碳源和内碳源。内碳源必须是应用在外碳源之后，用于反硝化未回流至外碳源反硝化部分的混合液中的硝态氮。外碳源反硝化有三种实现方式：一是回流硝化混合液至上一级的缺氧区；二是将进水依次分配至各缺氧区；三是使用甲醇补充混合液反硝化所需的不足碳源。典型双缺氧区代表工艺有 Bardenpho 和 MUCT。

② 周期性曝气工艺（多相工艺）。周期性曝气工艺是传统活性污泥工艺的变种，通过改变曝气量在活性污泥池中交替性地创造出缺氧、好氧区域。控制曝气的强度和频率使好氧状态时的 DO<2mg/L。如果有多个“缺氧-好氧”串联在一起，可以采用多点进水和外加碳源的方法为反硝化提供充足的碳源，典型工艺形式有：CNR（cyclical nitrigen removal, CNR）和 Schneiber 工艺。

表 2-9-1 生物脱氮工艺特征比较

序号	生物脱氮类型		微生物生长状态	特征微生物混合状态	曝气/充氧状态	进水方式	厌氧、好氧、缺氧分区情况	二沉池数量	代表工艺
1	单泥系统	多池脱氮工艺	悬浮生长	BOD 氧化异养菌、氨氧化自养菌、硝酸盐反硝化异养菌三类菌混合在一起组成活性污泥，共同生活在各处理单元内	连续	连续	各区独立，分界明显	1 个	A^2/O
		周期性曝气工艺	悬浮生长		周期性	连续	各区不独立，无明显分界且位置不固定		CNR
		氧化沟工艺	悬浮生长		连续/间歇	连续	各区相对独立，无分界		Orbel
		SBR 工艺	悬浮生长		间歇	间歇/连续	不独立，无分界		CASS
2	多泥系统	固定膜和活性污泥组合工艺	复合型生长	BOD 氧化菌、氨氧化自养菌、硝酸盐反硝化异养菌三类菌各自生活在独立的反应器内，不因内回流、污泥回流而相混合	连续/间歇	连续	各自区域独立且各自带有沉淀池（膜法除外）	2 个或以上	活性污泥分级硝化工艺
		移动床生物膜反应器工艺	附着生长						下向流反硝化滤池 上向流硝化滤池
		膜分离反应器	复合型生长						
3	生物强化	亚硝化强化工艺	一般为复合型	硝化细菌或亚硝化细菌高效专用培养反应器，其剩余污泥排入主流混合污泥系统	连续/间歇	连续	硝化微生物强化　培养完全独立与主流　工艺不联系	2 个或以上	SHARON
		硝化强化工艺							AT3、R—DN

③ SBR 脱氮工艺。SBR 是最古老的废水处理工艺形式。在一个时间周期内，间歇性的曝气可以在同一反应器内形成厌氧、缺氧、好氧等反应状态，实现硝化和反硝化。

(2) 工艺介绍[5]

① 单一缺氧区单泥脱氮工艺

a. 工艺流程。单一缺氧区单泥脱氮工艺根据工艺流程分类如下。

(a) MLE 工艺。Barnard 在 Ludzard-Ettinger 工艺基础上提出的改进型工艺，工艺流程见图 2-9-1。该工艺增加了好氧混合液向缺氧区内回流。这一改进使更多的硝态氮可以返回至缺氧区反硝化脱氮。工艺过程易于控制，反硝化速率增大，工艺性能大幅度提高，总氮去除率达 88%。

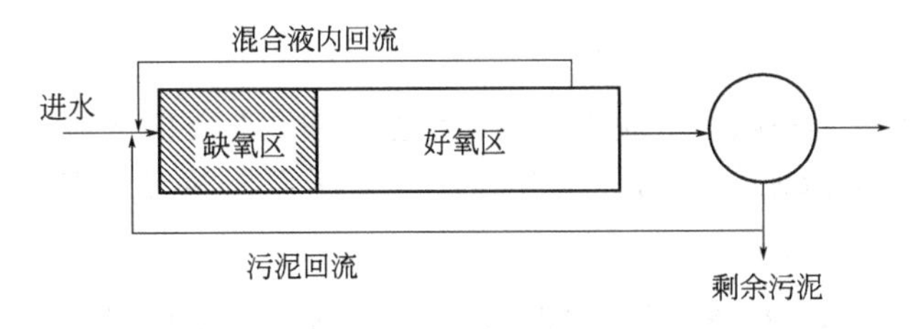

图 2-9-1 MLE 工艺

(b) A^2/O 工艺。A^2/O 工艺（厌氧-缺氧-好氧）工艺是基于 A/O（厌氧-好氧）除磷工艺基础上开发的，在增加一个缺氧区后，同时实现了硝化-反硝化。仅就脱氮而言，厌氧区并不是必需的，但可以看作是脱氮流程前面的厌氧选择器。它可以起到抑制丝状菌生长，促进菌胶团形成改善污泥沉降性能的作用。工艺流程见图 2-9-2。

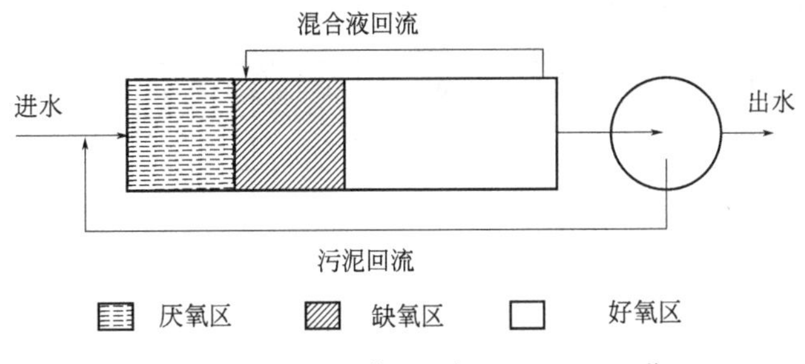

图 2-9-2 A^2/O 工艺（三级 phoredox 工艺）

(c) UCT 工艺。UCT 工艺是为克服 MLE 和 A^2/O 工艺的缺陷而开发的。为了在脱氮工艺中同时实现生物除磷，硝酸盐的存在限制了贮磷菌的释磷。通过改变污泥回流和混合液回流去向，达到了这一目的。工艺流程见图 2-9-3。

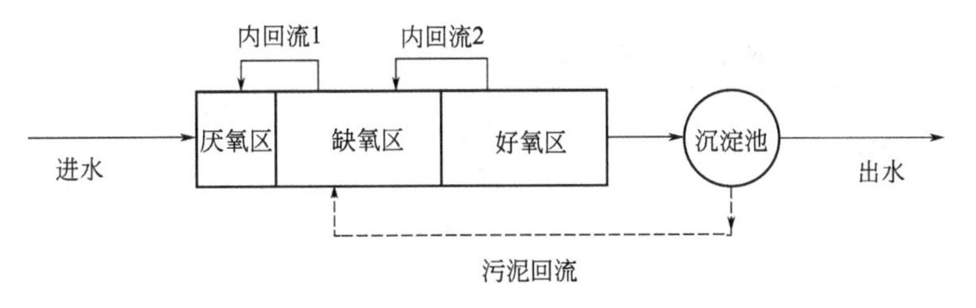

图 2-9-3 UCT 工艺

(d) VIP 工艺。在 UCT 工艺基础上，为满足低浓度废水脱氮除磷的需求，开发了 VIP 工艺。VIP 工艺与 OCT 工艺的区别在于：用多个完全混合的小反应单元取代 UCT 中的单一的厌氧反应器；另外 VIP 工艺的污泥龄较 UCT 短，污泥中活性成分提高，反应池容相对减少。工艺流程见图 2-9-4。

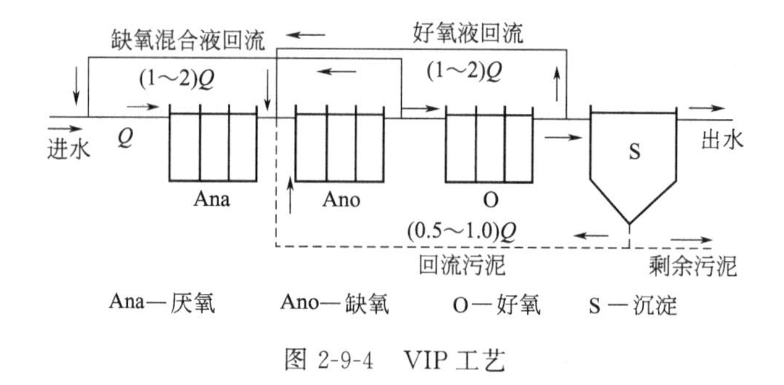

图 2-9-4 VIP 工艺

b. 设计参数。单泥单一缺氧区脱氮工艺设计主要涉及各反应区池容和回流比两个方面。池容包括完成 TKN，完成硝化所需的池容和反硝化所需的池容。常用的设计参数见表 2-9-2。

表 2-9-2 单泥单一缺氧区前置反硝化脱氮工艺设计参数

设计参数	A^2/O	VIP/UCT	单一缺氧区
污泥浓度/(mg/L)	3000～5000	1500～3000	1500～4000
水力停留时间/h			
厌氧	0.5～1	1～2	0.5～2
缺氧	0.5～1	1～2	0.5～2
好氧	3.5～6	2.5～4	2.5～6
污泥龄/d	5～10	5～10	5～10
食微比(F/M)/(g BOD/g MLVSS)	0.15～0.25	0.1～0.2	0.1～0.3
污泥回流/%	20～50	50～100	50～100
内回流			
硝化液循环	100～200	200～400	100～400
缺氧循环		50～200	
混合/(hp/Mgal)			
厌氧	50	70	40～70
缺氧	50	70	40～70

注：1hp=735.49875W；1gal=3.785L。

c. 工艺性能。单一缺氧区脱氮工艺通常可以满足 TN<10mg/L 的出水要求。要进一步降低总氮水平，需要再补充一级缺氧反硝化区或独立的反硝化单元。表 2-9-3 列出了美国几个示范废水处理厂应用该类工艺的运行结果。

表 2-9-3 单泥单一缺氧区脱氮工艺运行性能

参数	A^2/O Largo,FL	VIP Pilot Norfolk,VA	MLE Landis,NJ
流量 Q/(m^3/d)	39360	151400	19300
进水 BOD 浓度/(mg/L)	204	115	414
进水 TN 浓度/(mg/L)	23.5	24.4	34.7
BOD/TKN	8.7∶1	4.7∶1	11.9∶1
出水 TN 浓度/(mg/L)	2.2	2.4	1.4

续表

参数	A^2/O Largo,FL	VIP Pilot Norfolk,VA	MLE Landis,NJ
进水 NH_4^+-N 浓度/(mg/L)	—	—	—
出水 NH_4^+-N 浓度/(mg/L)	—	1.0	—
出水 NO_3^--N 浓度/(mg/L)	5.7	5.3	4.4
出水 TN 浓度/(mg/L)	7.9	7.7	4.4
脱氮效率/%	66	68	83

② 双缺氧区单泥脱氮工艺。双缺氧区单泥脱氮工艺根据工艺流程分类如下。

a. 工艺流程

(a) Bardenpho 工艺。单一缺氧区脱氮不能稳定地实现 TN<8mg/L，而在不需要外加碳源的情况下，采用双缺氧区脱氮则可稳定地实现 TN<6mg/L 的目标。由 Barnard 提出的 Bardenpho 工艺采用了后置回流反硝化缺氧区。Bardenpho 工艺分四级工艺和五级工艺两种，前者仅用于脱氮，后者则用于脱氮除磷。分别见图 2-9-5 和图 2-9-6。

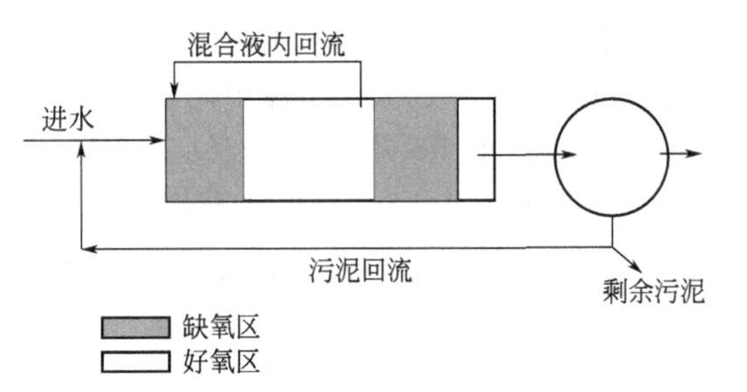

图 2-9-5 四级 Bardenpho 脱氮工艺

(b) MUCT 工艺。在 UCT 工艺基础上，增加一个缺氧区和一个内回流后，就变成了改进型 UCT，称为 MUCT。MUCT 可以独立的调控污泥回流和硝酸盐回流，同时可以减少 NO_3^--N 对厌氧区的影响。虽然 MUCT 采用了两个缺氧区，但第二个缺氧区并不是内源反硝化区，这一点与 Bardenpho 工艺不同。MUCT 中的第二缺氧区用于反硝化一级缺氧区的残余硝态氮和好氧区回流来的硝态氮，而第一个缺氧区仅用于反硝化回流污泥中的硝态氮。工艺流程见图 2-9-7。

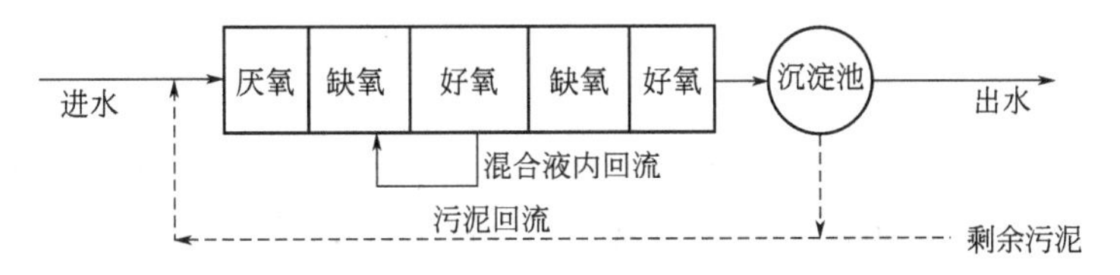

图 2-9-6 五级 Bardenpho 脱氮工艺

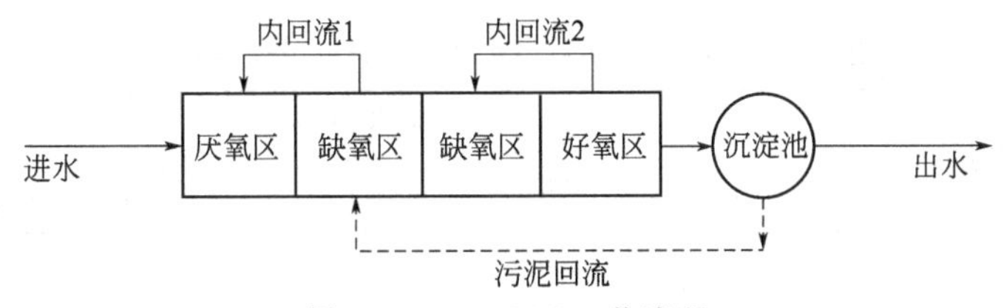

图 2-9-7 MUCT 工艺流程

(c) 多点进水多级缺氧工艺。图 2-9-8 描述的是一种将三级好氧-缺氧串联和多点进水提供碳源相结合的新型组合工艺。“好氧-缺氧”单元的串联使用，相当于构成了一个内循环，从而减少了工艺运行费用，但相对而言，由于池容需求增大，导致基建投资增加。

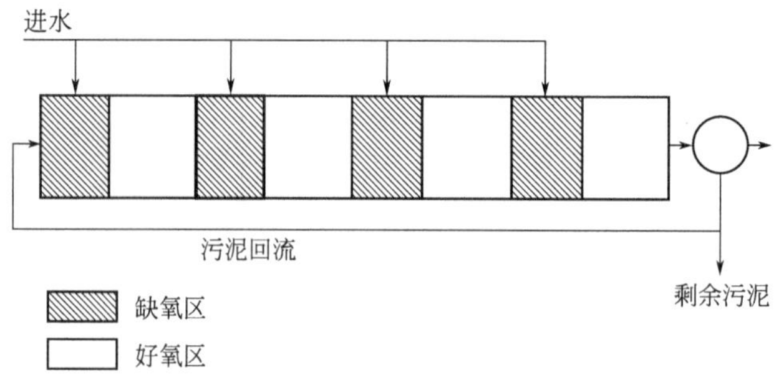

图 2-9-8 多点进水生物脱氮工艺

b. 设计参数。两级缺氧脱氮工艺的设计与单级缺氧脱氮工艺相似，主要不同在于是否要考虑除磷因素。较长的污泥龄 θ_c，可以维持较好的脱氮效果，但不利于除磷。四级 Bardenpho 工艺采用了较长的 θ_c。五级 Bardenpho 工艺中的前三级与 A^2/O 和 VIP 相似，但后二级则较单一缺氧区工艺呈现出两个重要的作用：一是进一步强化了反硝化，使出水 TN 浓度变低，另外减少了进入二沉池中硝酸盐的量，从而有利于降低回流污泥对厌氧区除磷的副作用。五级 Bardenpho 可以比 A^2/O、VIP 等具有更高的内回流比，以进一步提高整个工艺的脱氮除磷性能。表 2-9-4 列出了常用的设计参数取值。

表 2-9-4 双缺氧区脱氮工艺的典型设计参数取值

参数	四级 Bardenpho	MUCT
食微比(*F/M*)/(g BOD/g MLVSS)	0.1～0.2	0.1～0.2
污泥龄/d	10～40	10～30
污泥浓度 MLSS/(mg/L)	2000～5000	2000～4000
水力停留时间 HRT/h		
厌氧区	—	1～2
第一缺氧区	2～5	2～4
好氧区	4～12	4～12
第二缺氧区	2～5	2～4
复氧区	0.5～1	—
污泥回流/%	100	100
内回流/%	400～600	100～600

c. 工艺性能。Bardenpho 工艺可以实现出水 TN<3mg/L，其中 90%的氮的去除由后置内源反硝化完成。表 2-9-5 列举了在美国应用该工艺的运行性能。MUCT 工艺的效率较 Bardenpho 工艺低一些。

表 2-9-5 Bardenpho 工艺在美国的应用运行结果

废水厂	流量/(m^3/d)	进水 BOD 浓度/(mg/L)	进水 TKN 浓度/(mg/L)	出水总氮浓度/(mg/L)	脱氮效率/%
Tarpon Springs,FL	10068	—	—	4.4	—
Palmetto,FL	4656	160	36.6	2.9	92
Ft. Myers-Central,FL	23429	135	23.3	2.7	88
Ft. Myers-South,FL	18622	144	25.4	5.1	80
Payson,AZ	2574	196	32.8	3.2	90

续表

废水厂	流量 /(m^3/d)	进水 BOD 浓度 /(mg/L)	进水 TKN 浓度 /(mg/L)	出水总氮浓度 /(mg/L)	脱氮效率 /%
Environmental Disposal Corp. ,NJ	818	190	17.2	2.8	84
Eastern Service Area,Orange County,FL	12112	175	30.6	1.9	94
Kelowna. BC,Canada	12491	188	24.2	1.8	91
Hills Development,Pluckemin,NJ	908	169	18.3	2.7	85

③ 周期性曝气脱氮工艺（多相工艺）。通过周期性的开关曝气，在普通活性污泥法中就可以形成交替的缺氧、好氧区。这种间歇性曝气的活性污泥法称之为周期性脱氮工艺(CNR)。CNR 最适合于提高了氮排放限值要求的废水厂升级使用。改造过程也仅限于增加隔板和用于控制曝气的时间控制器。有时也可能需要增加内回流或多点进水设备。总之采用 CNR 进行废水厂升级较为节省费用。

Schreiber 工艺是一种创新的 CNR 工艺形式，它由一个浸没式旋转的曝气器在圆形反应器中转动，来形成缺氧和好氧区，完成生物脱氮。

a. 工艺流程

(a) CNR 工艺。图 2-9-9 是美国一废水厂采用的 CNR 工艺流程。

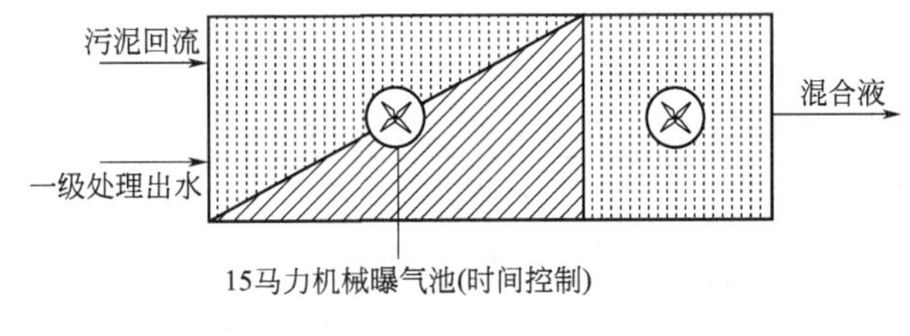

图 2-9-9　美国一废水厂采用的 CNR 工艺流程

(b) Schreiber 工艺。Schreiber 工艺流程见图 2-9-10。

b. 设计参数。CNR 工艺设计同样采用曝气量、污泥龄、固体负荷、BOD/TKN 等参数。主要涉及参数见表 2-9-6。

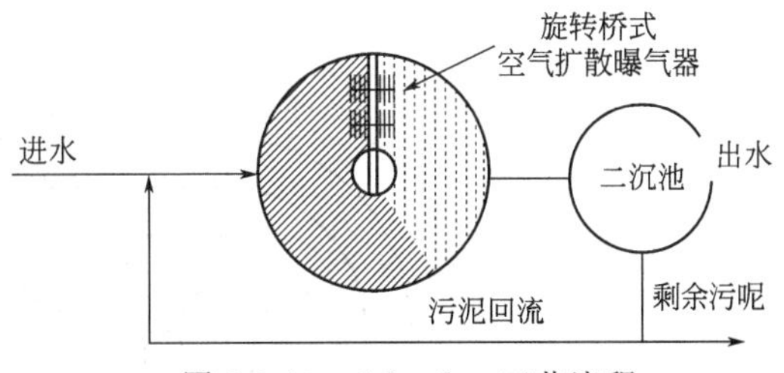

图 2-9-10　Schreiber 工艺流程

c. 工艺性能。CNR 工艺可以稳定地达到 TN＜8mg/L 目标，总氮去除率大于 80%。表 2-9-7 列出了一些常用 CNR 和 Schreiber 工艺的废水厂的运行性能情况。

④ 氧化沟脱氮工艺。20 世纪 50 年代由荷兰人 Pasveer 发明的 Pasveer 氧化沟，至今已发展成为一种主流的中大型废水处理工艺。针对 Pasveer 氧化沟占地面积大的缺陷，通过改进曝气装置和沟型设计，逐步形成了以 Orbel 氧化沟、Carrousel 氧化沟、Kruger 氧化沟几种代表的种类。目前在欧美，氧化沟应用相当广泛。

a. 工艺流程

(a) Orbel 氧化沟。由美国 Envirex 公司注册的专利型氧化沟——Orbel 氧化沟，见图 2-9-11。

表 2-9-6 周期性曝气工艺设计参数

参数	CNR(Owego)	Schreiber
食微比(*F*/*M*)/(g BOD/g MLVSS)	0.06～0.13	0.05
曝气/min	15～45	
中断/min	15～30	
污泥龄/d	13～32	25
COD/TKN	10∶1	
好氧 DO/(mg/L)	1～1.5	0.5～1.5
缺氧 DO/(mg/L)	<0.3	
污泥浓度 MLSS/(mg/L)	2600～4000	2000～7000

表 2-9-7 CNR 和 Schreiber 工艺运行情况

工艺 工厂位置	CNR			Schreiber	
	Barnstable,MA	Owego,NY	BluePlains Wash.,DC	Clayton County,GA	Jackson,TN
流量 Q/(m^3/d)	5450	1820	N/A	8970	31260
水力停留时间 HRT/h	9	13～16	10.1	N/A	N/A
污泥龄/d	15	20～24	22.2	N/A	47.7
进水 TKN 浓度/(mg/L)	N/A	39.9	21.3	24.5	16.9
出水 TKN 浓度/(mg/L)	N/A	3.6	2.2	1.4	3.0
进水 NH_4^+-N 浓度/(mg/L)	22.3	26.2	N/A	16	13.3
出水 NH_4^+-N 浓度/(mg/L)	3.2	1.4	1.0	0.5	1.2
出水 NO_3^--N 浓度/(mg/L)	3.0	4.8	3.0	2.4	3.3
脱氮效率/%	77	80	76	84.5	63
COD/TKN	7.8	10.5	9.3		
食微比(*F*/*M*)/(g BOD/g MLVSS)	0.08(冬季) 0.24(夏季)	0.089	0.089		

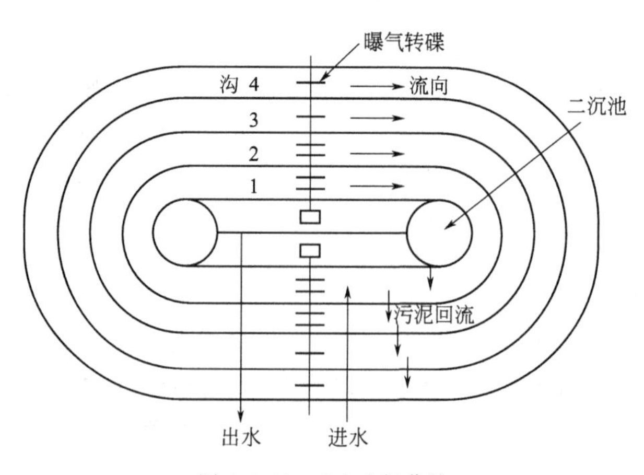

图 2-9-11 Orbel 氧化沟

(b) Carrousel 氧化沟。由美国 Emico 公司注册的专利型氧化沟——Carrousel 氧化沟，见图 2-9-12。

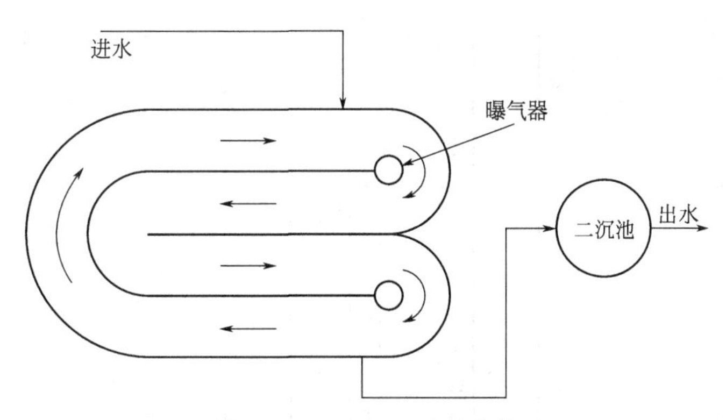

图 2-9-12 Carrousel 氧化沟

(c) Sim-Pre 氧化沟。由 Envirex 公司开发的用于硝化-反硝化脱氮的专利氧化沟 Sim-Pre 工艺原理见图 2-9-13。

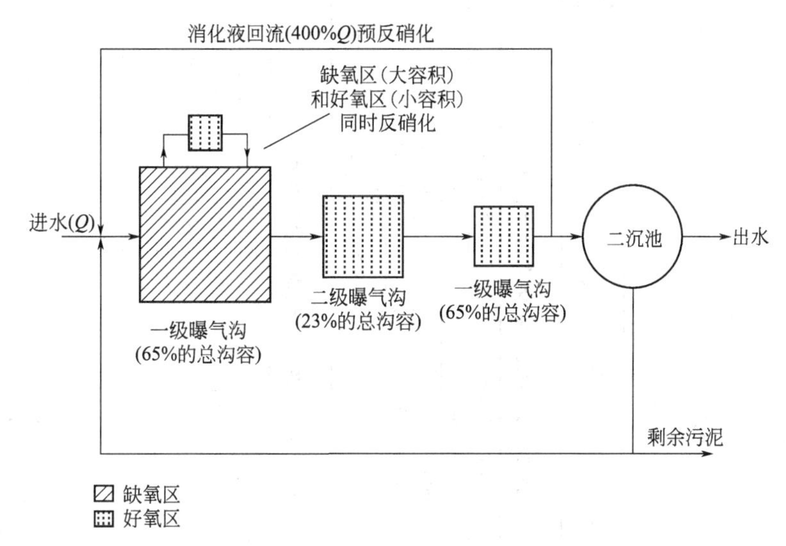

图 2-9-13 Sim-Pre 氧化沟

(d) Kruger 氧化沟。Kruger 氧化沟是由 Kruger 公司和丹麦大学合资公司开发的一种双沟型工艺，用于生物脱氮。它集大容积沟型、可变性强、简单的时间控制（曝气和搅拌）等特点于一身。专利注册的用于脱氮的工艺为 BioDenitro 工艺，用于脱氮除磷的工艺为 BioDenipho。BioDenitro 工艺有两种形式，分别为 DE 型（见图 2-9-14）和 T 型（见图 2-9-15）。

b. 设计参数。不同种类氧化沟由于差异较大，因此没有统一的设计方法，专利型氧化沟的设计方法没有公开，属于技术秘密。氧化沟一般运行在延时曝气阶段，水力停留时间和污泥龄长，污泥浓度高。在确定沟的尺寸时，必须满足沟渠最小流速为 0.3～0.6m/s 或每个环流时间为 10～45min。沟的形式可以变化多样，但仍要依据污泥浓度、F/M、污泥回流比、温度、出水水质限值等条件进行计算。其中 F/M 是最重要的设计参数。表 2-9-8 列举了一些氧化沟的运行参数。表 2-9-9 给出了 Orbel 氧化沟的几个关键设计参数。

c. 工艺性能。表 2-9-10 列出了一些氧化沟的实际运行性能情况。从表中可以看出，脱氮效率为 65%～97%。

表 2-9-8 不同类型氧化沟的运行参数

工艺	氧化沟	Orbel 氧化沟			Orbel 氧化沟（延时曝气）	Orbel 氧化沟（多点进水）	氧化沟	DE 型氧化沟	T 型氧化沟
工厂位置	Vienna-Blumenthal, Austria		Modder-fontein, S. Africa	S. Wit-bank, S. Africa	Huntsville, Texas	Huntsville, Texas	Carrol-wood, Florida	Frederiks-sund, Denmark	Odense, Denmark
流量 Q/(m^3/d)	41290	189	2385	167	98	114	13250	6000	15000
污泥浓度 MLSS/(mg/L)	5800	4300	3030	8830	8000	8800	3060	3000～5500	3000
食微比(F/M)/(g BOD/g MLVSS)	0.17	0.22	0.093	0.03	0.027	0.015	—	0.08	
污泥回流/%	190	200	115		110	95	—	30～80	—
污泥龄/d	7		15		＞50	＞50	44	15～30	15～30
水力停留时间 HRT/h	7		11	31	33	28	17	14	22
容积负荷/[g BOD/(m^3·d)]	985	144～340	416	194～226	120	90	150	707	282

表 2-9-9 Orbel 氧化沟设计参数

流量 Q/(m^3/d)	BOD 负荷/(g/m^3)	污泥浓度 MLSS/(mg/L)	污泥龄 θ_c/d	水力停留时间 HRT/h	水深/m
＜760	200	4000～5000	31～38	24	1.2～2.4
760～1889	240	4000～5000	26～32	20	1.5～2.4
1890～3784	240～288	4000～5000	20～32	16.6～20	1.8～3.0
3785～7569	288	4000～5000	21～27	16.6	2.4～3.7
＞7570	320	5000～6000	24～29	15	2.4～3.7

表 2-9-10 各种氧化沟的脱氮性能

工艺	氧化沟	Orbel 氧化沟		Orbel 延时曝气	氧化沟		T 型氧化沟	DE 型氧化沟
工厂位置	Vienna-Blumenthal, Austria	South Wiitbank, South Africa	Modder-fontein, S. Africa	Huntsville, Texas	Carrol-wood, Florida	Frankfort, KY	Faaborg, Denmark	Frederiks-sund, Denmark
流量 Q/(m^3/d)	41256	227	2271	2271	13248	14383	15000	8327
进水 BOD(COD)/(mg/L)	245	319	200	168	(250)	(205)		300
出水 BOD(COD)/(mg/L)	12	3	5	6	(20)	(23)	6	9
进水 TNK/(mg/L)	30	52.3	34	19.4	25	16.8		36
出水 TNK/(mg/L)	3.1	8.4	10	0.7	0.6	1.1		
进水 BOD(COD)：TKN		6.1	5.9	8.7	(10.0)	(12.2)		8.3
进水 NH_4^+-N/(mg/L)	17.9	39.2	21	17.8				
出水 NH_4^+-N/(mg/L)	3.6	6.7	7.3	0.6	0.3		4.8	0.5
出水 NO_x^--N/(mg/L)	0.9	0.7	2.2	1.1	0.04	2.5	4.3	1.5
出水 TN/(mg/L)	4	9.1	12.2	1.8	0.64	3.6	9.1	3.5
脱氮效率/%	87	86	65	91	97	79	80	90

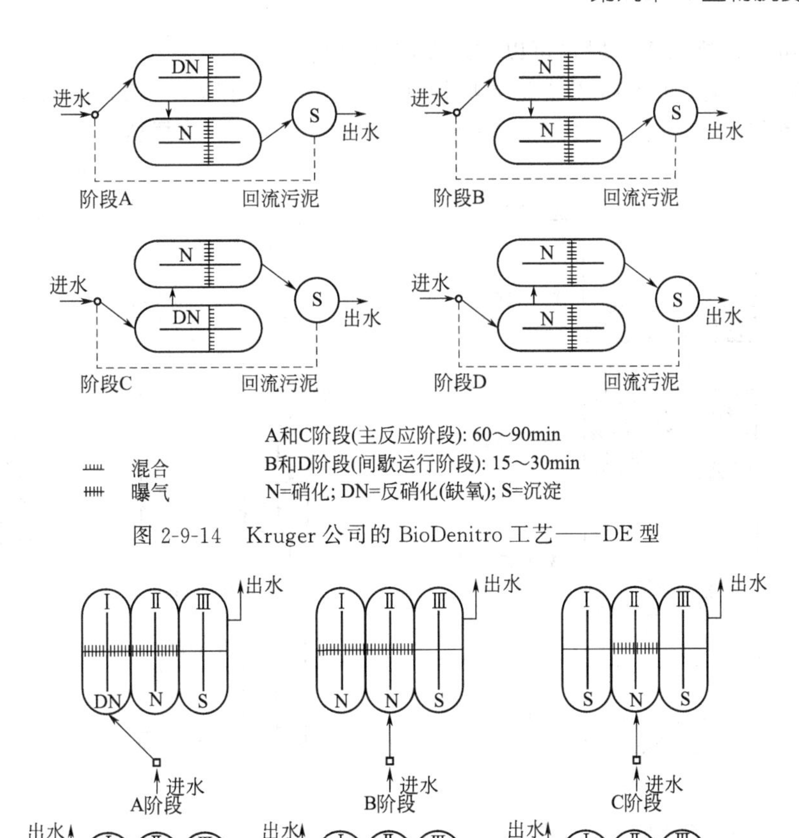

图 2-9-14　Kruger 公司的 BioDenitro 工艺——DE 型

图 2-9-15　Kruger 公司的 BioDenitro 工艺——T 型

N—硝化；DN—反硝化（缺氧）；S—沉淀

⑤ SBR。SBR 是一种“进水—排水”变容积的废水处理工艺。它是传统活性污泥法的原型。随着研究进展，传统的活性污泥工艺由“进水—排水”间歇式运行发展至“连续运行”的广为熟知的传统活性污泥工艺。在工业技术取得进展后，新型曝气设备、逻辑控制器、滗水器等的应用，使 SBR 克服了原来的缺陷获得了新生。最早应用于小型废水处理的 SBR 工艺也开始应用于大型废水处理上。

在基本型 SBR 工艺基础上，发展了很多专利型 SBR 工艺，这类工艺处理效率更高，操作运行更简单，并且均能保证出水 TN＜5mg/L。代表工艺有如下 5 种：Aqua SBR、Omniflo SBR、Flaidyne SBR 和 CASS（cyclic activated sludge system）SBR、ICEAS（intermittent cycle extended aeration system）SBR。这里只介绍常用的 CASS 和 ICEAS 两种。

a. 工艺流程

(a) 典型的 SBR 工艺流程。典型的 SBR 工艺流程见图 2-9-16。该工艺在进水、间歇曝气、反应、沉淀、排水等阶段均可以实现反硝化脱氮。

(b) CASS 工艺。CASS 工艺是周期性活性污泥法的简称，由 Transenviro 公司注册所有。其工艺流程见图 2-9-17。其主要特征是带有一个专利型的选择器。

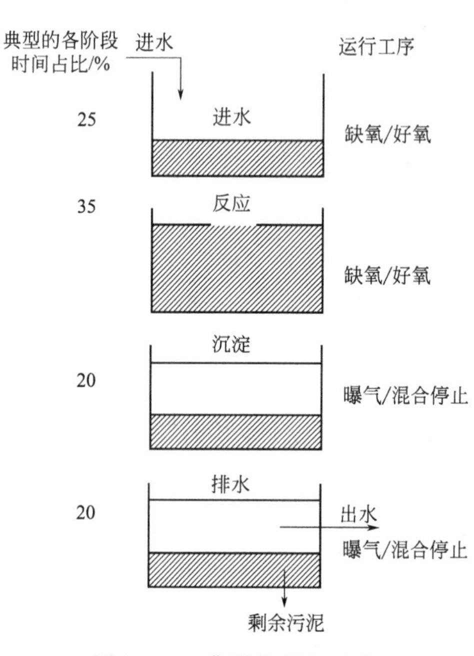

图 2-9-16 典型的 SBR 工艺

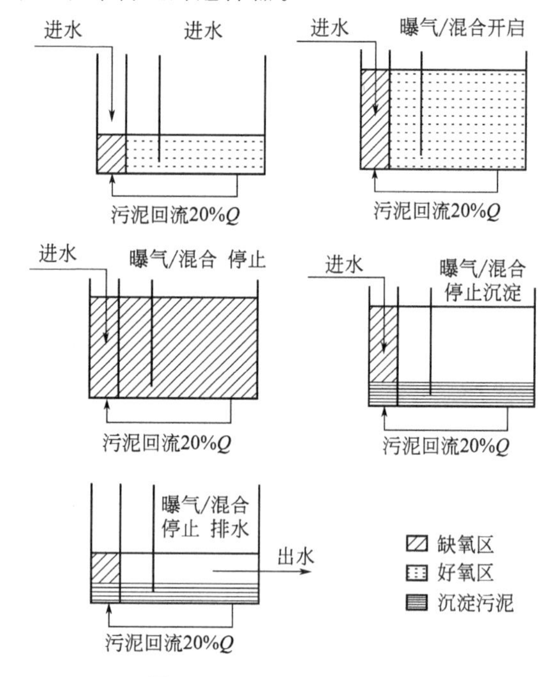

图 2-9-17 CASS 工艺流程

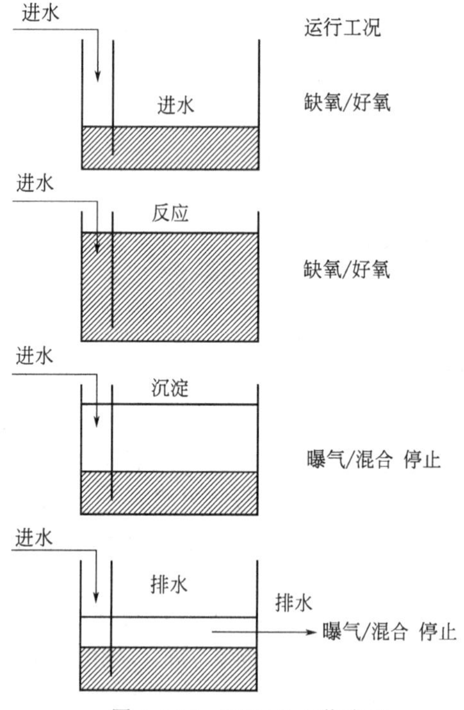

图 2-9-18 ICEAS 工艺流程

(c) ICEAS 工艺。ICEAS 是间歇循环延时曝气系统，其工艺流程见图 2-9-18。其典型特征可以满足连续进水的要求。一个完整的 ICEAS 工作周期包括曝气、沉淀、排水三个阶段。ICEAS 采用一个专利型的缺氧选择区来完成脱氮过程，并且促进菌胶团生长，抑制丝状菌。该选择器与 CASS 中的选择器类似。

b. 设计参数。SBR 的设计已有标准化的方法，工艺参数见表 2-9-11。确定 SBR 工作周期以及周期内各阶段的时间分配和需氧量是最关键的要素。通常典型的间歇进水 SBR，一个周期的工作时间为 4h，其中进水—曝气—缺氧反应阶段占 2h，沉淀阶段占 1h，排水和闲置阶段为 1h。工作周期时间可以在 2～24h 之间变化。图 2-9-19 给出了不同处理目标要求下的合理分配各阶段时间的建议。

在计算需氧量时，应考虑完全硝化和 BOD 去除所需的氧量。在选择曝气设备时，要注意每个周期中的实际曝气时间，不能按平均供氧量选型。

c. SBR 运行性能。SBR 工艺的脱氮能力远高于传统的活性污泥工艺。表 2-9-12 列举了一些应用 SBR 工艺的废水厂的运行结果。从表中可以看出，出水 TN<6mg/L，TN 去除率达 75%～95%，最低出水 TN 为 1mg/L。

表 2-9-11 SBR 废水厂设计参数

参数	SBR	ICEAS
BOD 负荷/[g/(m³·d)]	80～240	
循环时间/h 进水 沉淀 排水	 1～3 0.7～1 0.5～1.5	
污泥浓度 MLSS/(mg/L)	2300～5000	
挥发性污泥浓度 MLVSS/(mg/L)	1500～3500	
水力停留时间 HRT/h	15～40	36～50
污泥龄/d	20～40	—
食微比(*F/M*)/[gBOD/(gMLVSS·d)]	0.05～0.20	0.04～0.06

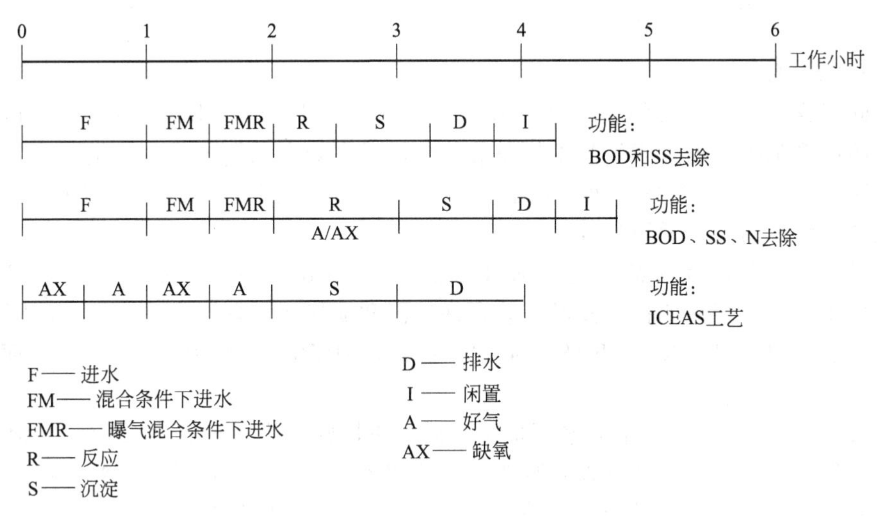

图 2-9-19 SBR 系统的操作运行方案

表 2-9-12 SBR 废水厂运行性能

废水厂	流量 Q/(m³/d)	进水 BOD (COD)/(mg/L)	进水 TNK /(mg/L)	出水 TNK /(mg/L)	出水 NO_x^--N /(mg/L)	出水 TN① /(mg/L)	脱氮效率 /%
Nonproprietary Culver, IN	—	170	—	—	—	1.0	88
Cass Deep River, CT	189	100	54.5	3.6	1.0	4.6	92
Cass Dundee, MI	—	123	28.9	2.2	4.9	2.7	75
Nonproprietary Grundy Center, IA	1249	210	—	—	2.8	3.6*	90
Aqua SBR GrundyCenter, IA	3028	140	28.0	4.4	0.5	4.9	83
Aqua SBR Rock Falls, IN	530	109	39.8	1.8	1.0	2.8	93
Aqua SBR OakHili, MI	416	220	—	—	3.5	4.1	84

续表

废水厂	流量 $Q/(m^3/d)$	进水 BOD (COD)/(mg/L)	进水 TNK /(mg/L)	出水 TNK /(mg/L)	出水 NO_x^--N /(mg/L)	出水 TN① /(mg/L)	脱氮效率 /%
Jet Tech Oak Pt. ,MI	227	142	—	—	2.8	3.4	82
Jet Tech Cow Creek,OK	9841	119	24.0	2.7	1.9	4.6	81
Jet Tech Del City,OK	13248	115	(28.3)	(5.4)	3.5	5.4	81
ICEAS Buckingham,PA	492	349	—	—	0.9	1.5	95
ICEAS Burkeville,VA	530	296	35.7	3.6	1.0	4.6	87
ICEAS Shiga Kogan	757	484	(36.9)	(5.4)	—	5.4	85

① TN 按出水中的 NH_4^+-N 和 NO_3^--N 之和计算。

注：括号内数字以总氮（TN）计。

2. 多泥系统[6]

（1）固定膜和活性污泥组合工艺 IFAS（integrated fixed film activated sludge）工艺是在活性污泥系统中投加附着生长生物膜的载体以提高处理系统中的生物量。与悬浮生长系统相比，IFAS 处理效率更高，沉降性能更好。载体的形式多种多样，如环状、塑料填料、移动床载体、纤维栅网、无纺布等。

（2）移动床生物膜反应器工艺 MBBR（mobile bed bio-film reaction）与 IFAS 相似，它采用表面积巨大的塑料填料，浸没安装在好氧区和缺氧区。填料多采用细小的圆球形，以获得较大的表面积。MBBR 与 IFAS 不同之处在于，MBBR 没有污泥回流系统，而 IFAS 有污泥回流。

（3）MBR MBR 是在缺氧好氧反应器之后，采用膜分离手段代替传统沉淀池完成泥水分离的工艺形式。膜分离组件可以安装在生物处理系统内，也可以独立生物反应池而单独安在分离池内。通常采用低压膜分离组件（超滤、微滤）。处理出水可以正压或其他抽吸方式从膜组件中排出。几乎所有的膜组件均采用空气错流清洗方式防止膜表面污染，阻止微生物附着生长。

分离膜材现有有机膜和无机膜（如陶瓷）两种。通常以单元组件形式提供给用户，有丝膜和板膜两大类。

MBR 工艺由于污泥浓度高，因此占地少，池容小。MBR 出水悬浮物浓度低于 1mg/L，因此较传统泥水分离形式的工艺，可以进一步提高氮磷的去除效率。

3. 生物强化

对于去除 BOD 和进行硝化反应的单级活性污泥系统而言，在系统内保持足够数量的硝化细菌是关键。通常根据进水条件（BOD、NH_4^+-N、TKN）、环境条件（水温、流量特性）来选择恰当的 SRT，就可以满足 BOD 去除和硝化的目的。对于大多数活性污泥系统而言，只要 SRT 足够长，且 DO≥2mg/L，硝化作用可以迅速完成。但是对于池容不够的处理系统而言，实现硝化则存在一定的困难。针对这种情况，目前开发了一系列新的技术，生物强化就是其中的代表之一。例如生物强化分体外生物强化和在线生物强化两种。体外生物强化是用外源方式对现有活性污泥系统接种硝化微生物，在线生物强化是通过提高污泥的硝化活性或提高硝化微生物数量的形式来提高现有系统的硝化能力。

体外生物强化分商品硝化微生物接种和侧流培养硝化微生物接种两种形式。商品硝化微生物接种应用的不多，而侧流在线培养法则较为常用。SHARON 和 In-Nitri 是两种侧流培养的代表性专利技术，见图 2-9-20 和图 2-9-21。这两种工艺均以厌氧污泥滤液或硝化污泥上清液为基质，在高温条件下，完成侧流硝化过程，培养大量硝化微生物作为接种微生物被送至主流曝气池，以提高主流曝气池的硝化能力。

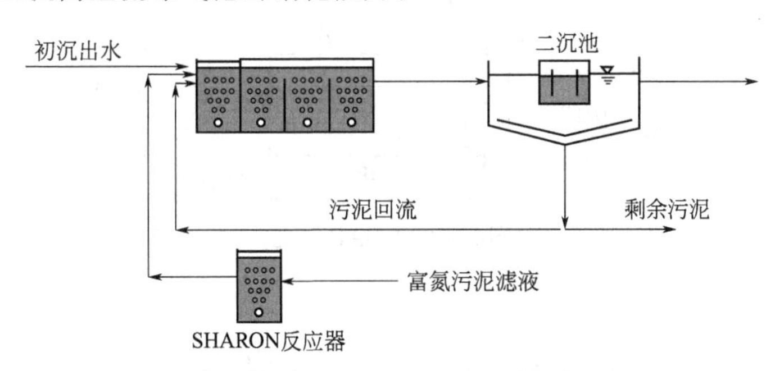

图 2-9-20 SHARON 侧流强化工艺

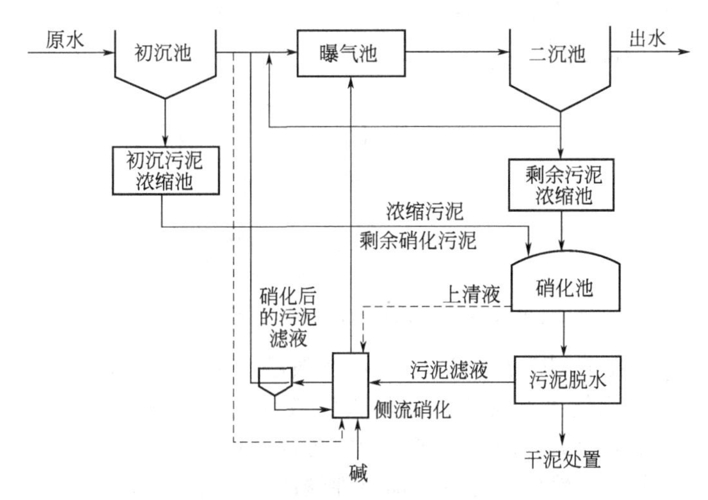

图 2-9-21 In-Nitri 侧流硝化强化工艺

新型在线强化技术通过促进硝化细菌生长而改善全系统的硝化能力。目前经过深入研究并取得成功的主要工艺技术有以下几种。

（1）再生/曝气生物强化（bio-augmentation regeneration，BAR）或再生-反硝化（re-generation-denitrification，R-DN） BAR 工艺是一种美国研发的生物强化工艺，与捷克开发的 R-DN 工艺相当，见图 2-9-22。它将好氧硝化污泥富氮滤液回流至好氧池的前端。侧流被完全硝化并在好氧池接种大量硝化微生物，使之在较短的 SRT 下具有硝化能力。该工艺在美国和捷克均有成功的应用。AT3 工艺与 BAR 工艺相似，不同之处在于 AT3 将回流一小部分污泥至好氧区，以便将硝化过程控制在亚硝酸盐阶段。

（2）批处理增强生物强化（bio-augmentatioin batch enhanced/aeration tank3，BABE/AT3）

BABE 是一种适合于侧流富集硝化细菌、主流强化硝化能力的新工艺。其技术的基本思路为，以侧流方式用消化液中的氨氮刺激硝化细菌生长并使之回流至主流工艺，以强化主流工艺的硝化能力。BABE 技术一个关键特性是要让一部分来自于主流工艺二沉池的回流污泥进入 BABE 反应器（见图 2-9-23），使硝化细菌以絮凝体形式处于悬浮增长状态。消化液中

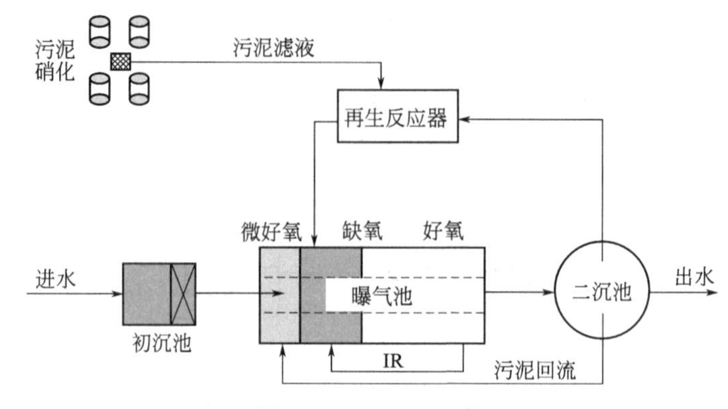

图 2-9-22 BAR 工艺

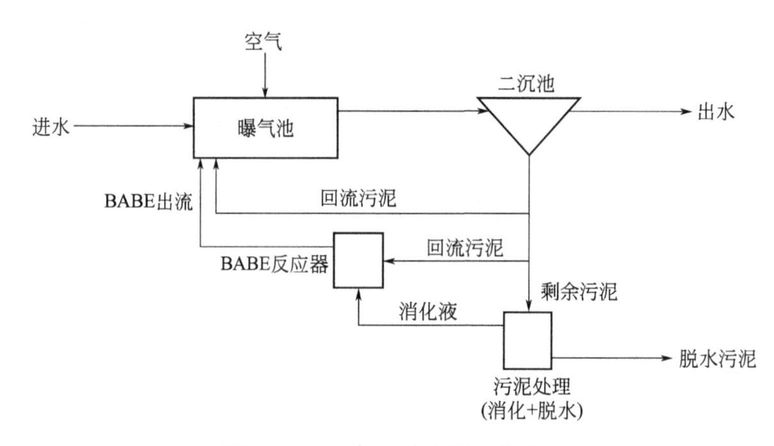

图 2-9-23 BABE 反应器工艺流程

带有余温的高浓度氨氮在 BABE 反应器中能够增强活性污泥的硝化能力，被富集的硝化细菌接种到主流工艺后硝化能力会提高，氮的去除效率也会随之提高。在 BABE 反应器内，氨氮被顺序氧化为亚硝酸盐氮和硝酸盐氮，同时也因此产生酸度。为了迅速转换氨氮，必须中和一部分酸度。对此，虽然可以通过投加苛性钠的方式达到目的，但建议最好应用反硝化方式来增加碱度，如施加外部碳源（如甲醇）或利用已存在于活性污泥内的内部碳源（如 PHA）来实现。利用内部碳源实现反硝化是 BABE 技术的一个主要特点，这样可以节省相当多的甲醇或苛性钠投加量，甚至有可能完全省去。甲醇或苛性钠的节省量取决于氮负荷、硝化液碱度、进入 BABE 反应器的污泥类型和数量以及 BABE 反应器出水硝酸盐氮浓度要求等情况。

4. 工艺选择要点

针对一股特定的废水，选择最经济、高效的脱氮工艺，必须考虑如下几个要素：出水限值要求、水质特点、现场条件、现有处理设施和费用。

本节主要讨论单泥脱氮工艺的选择，但有时也会涉及一些多泥脱氮工艺。通常情况下，将 BOD 去除和脱氮合并在一个单泥处理系统内完成，是最为经济有效的工艺。但有时候受限于出水水质要求，水质特点或一些物理条件的限制，需要补充一个独立的反硝化脱氮单元。

(1) 出水限值要求 选择工艺类型的最主要的依据是满足出水水质要求。通常首先要依据出水氮的形态及其限值来选择工艺，其次再考虑除磷要求。依据排水中氮的限值及形态不同，大致可分为三类工艺：除氨工艺（硝化）、脱氮工艺（硝化、反硝化）和脱氮除磷工艺。

① 硝化。当只对出水中氨态氮有限值要求时，可以选择只有好氧系统的单泥工艺或多泥工艺。然而即使没有总氨排放要求，采用带反硝化的工艺仍然是首选。因为反硝化可以节约50%的硝化过程中的耗碱量和25%的供氧量。对于低碱度的废水而言，更是如此。采用带反硝化的工艺另一个好处是对生物除磷有利，它可以降低硝态氮对贮磷菌释磷的影响。同时有利于防止二沉池中污泥因硝态氮大量存在而出现剧烈反硝化，导致污泥上浮而流失的现象。

② 反硝化。当排水限值对TN有要求时，必须选择具有硝化-反硝化功能的工艺。单泥脱氮工艺均能实现硝化，因此选择反硝化是关键。从技术复杂程度上看，从简单到复杂的工艺流程排列是：交替好氧/缺氧单泥工艺、厌氧/缺氧/好氧单泥工艺、两级或多级缺氧/好氧单泥工艺、多泥工艺。要优先采用工艺简单且符合要求的工艺流程。

③ 出水总氮限值。每种工艺的处理能力和运行性能受众多因素影响，没有一个统一的标准化的指标用来对比和评判。但一般情况，可以用出水总氮水平来对各工艺做出一个大致的分析比较。本节从出水TN最大允许限值角度来论述工艺选择的策略。

a. TN为8～12mg/L。总体上讲，针对典型的城镇污水而言，任何一种单泥脱氮系统均可以满足出水平均值TN为8～12mg/L的要求。

MLE工艺适合于对现有处理设施的改造，只需要安装隔板和搅拌器，回流装置。

UCT、A^2/O和VIP工艺也可以用于TN为8～12mg/L的场合。这些工艺同时具有除磷功能，因此应结合废水水质特点，选择满足除磷要求的工艺形式。例如UCT和VIP适合于除磷要求高且TBOD∶TP低（<20∶1）的废水。A^2/O和VIP工艺属于高负荷系统，污泥龄和水力停留时间相对较短，适合于容积有限的现有废水厂的改造。

氧化沟和SBR工艺也能满足TN为8～12mg/L的要求。氧化沟和SBR工艺不能像其他单泥工艺一样，可以较准确地预测出水水质，它需要现场调试以优化运行条件，从而达到处理目标。SBR工艺特别适合于相对规模小且流量变化大的废水脱氮。

CNR工艺可以实现TN<10mg/L的目标，恰当的优化运行条件可以稳定地达到TN<8mg/L的水平。CNR工艺特别适合于只有季节性总氮排放限值要求的废水厂改造。当总氮限值并非是季节性限值时，可以设置一个独立的反硝化系统用于满足冬季的脱氮要求。

b. TN为6～8mg/L。通常情况下，出水TN为8mg/L是单一缺氧区工艺（如A^2/O、UCT、VIP）的限值水平。但在采取强化措施后，也可以达到TN为6.8mg/L的水平。出水总氮浓度越低，要求内回流比就越大。这些工艺往往要求运行在较大回流比条件下（100%～400%），并且其他参数取值也必须保守一些。必要时设置外加甲醇的第二级缺氧反硝化单元，去除残余的硝酸盐。

两级缺氧工艺可以满足TN为6～8mg/L的要求。当然该工艺还可以获得更好的出水水质。例如Bardenpho工艺可以实现TN<3mg/L的目标。若采用Bardenpho工艺，不设置后过滤，就能满足出水TN为6～8mg/L要求。

良好运行的氧化沟工艺可以实现TN<6mg/L的目标。Fruger公司宣称其BioDenitro工艺可以稳定地达到TN<6mg/L的水平，最低可达到TN<3mg/L的水准。

c. TN为3～6mg/L。两级缺氧脱氮工艺可以用于实现TN为3～6mg/L的目标。Bardenpho工艺是典型的可以满足TN为3～6mg/L要求的单泥工艺。MUCT本质上与单一缺氧区工艺相似，因此不宜选择MUCT工艺用于满足TN为3～6mg/L的目标。MUCT工艺是在平衡脱氮和除磷两种需求条件下的折中工艺。

多泥或独立的脱氮系统适合于TN为3～6mg/L要求下使用。下向流的独立反硝化滤池是一个很好的选择，特别是同时要求TSS<10mg/L时，更是如此。当不希望对出水进行过

滤时，可以采用上向流的固定床反硝化反应器来完成深度反硝化，并节省甲醇用量，降低运行费用。

④ 除磷。在多数情况下，除了对出水氮素有要求外，往往还对磷有排放限值要求。通过生物除磷，也可以使出水中磷降低至很低的水平。

单泥单一缺氧区工艺如 A^2/O、VIP、UCT 工艺在氮排放不是很严格时，基本上可以满足出水 TP<1mg/L 水平。当出水 TP 要求稳定地达到小于 1mg/L 时，就要在生物处理之后辅以化学除磷。当总氮排放要求严格且要同时除磷时，应考虑两级缺氧区工艺，如选用五级 Bardenpho 工艺，出水 TP 可以小于 3mg/L。

对于 TP<0.5mg/L 限值要求时，往往要对出水进行化学除磷后再过滤才能满足要求。

从生物脱氮和生物除磷机理上讲，这两个过程对污泥龄的要求是矛盾的。通常是在满足出水氮排放限值要求的情况下，选择一个最小的 θ_c。

对于同时脱氮除磷而言，TBOD∶TP 是个关键性的选择依据。如果 TBOD∶TP>20∶1，此时回流携带的硝酸盐在厌氧区可能不会造成危害，此时可选用 A^2/O 或改进型 Bardenpho 工艺。它们因没有额外的内回流而节省了运行费用。当 TBOD∶TP<20∶1 时，宜选用 VIP 或 UCT 工艺。同样 BOD∶TKN 也是一个重要的选择依据。BOD∶TKN 小时，意味着碳源不足，容易造成回流液中硝酸盐进入厌氧区而影响除磷效果。

⑤ 出水固体含量。设计和运行良好的单泥脱氮系统的二沉池出水 TSS 可以稳定地小于 15mg/L。对于要求 TSS<10mg/L 时，必须对出水进行过滤。

当考虑采用出水过滤工艺时，可以考虑独立的硝化-反硝化系统。如果只是要求出水中 TN 浓度较低，并不意味着需对出水进行过滤，因为出水悬浮物中的氮对总氮贡献很小，如 30mg/L 的 TSS 中只贡献 2mg/L 的 TN。但当要求 TN<1mg/L 时，则必须对出水进行过滤。

(2) 废水水质特征　BOD∶TKN 和 SBOD∶BOD 两个比值对单泥脱氮工艺影响较大。前者表示了是否有足够的碳源供反硝化脱氮利用，后者则对反硝化速率的快慢有重要作用。

废水温度对各工艺性能有重要影响，体现在影响污泥龄和反硝化速率两个方面。

废水 pH 值也是很重要的参数，硝化反应适宜的 pH 值为 6.5～8.5，反硝化适宜的 pH 值为 7.0～8.0。硝化过程消耗碱度有降低 pH 值的倾向，而反硝化则可弥补 1/2 的硝化碱度消耗，可升高 pH 值。当残余碱度小于 50mg/L($CaCO_3$) 时，必须补充碱度。

流量和负荷的变化影响工艺性能。当流量和负荷变化大时，要考虑设置调节池以均衡水质水量波动。

废水中工业废水占比也对工艺性能有影响。特别是有毒有害的物质存在时，单泥脱氮系统较多泥脱氮系统更易受影响。氨氮浓度很高时，较多的 NH_4^+-N 会对硝化细菌造成毒害。

当废水中含有较多化粪池出水时，因含有较多不易处理的 TKN，要求处理工艺运行在较长的污泥龄之下，才能获得 TKN 的部分氧化。

(3) 场地限制　在用地较为紧张的情况下，升级现有废水厂宜采用单泥脱氮工艺。对于现场没有新增用地条件的情况下，采用异地升级时，可以采用多泥脱氮工艺，将现有废水厂专用于 BOD 去除，而将出水输送至异地专门脱氮。用地紧张时，再考虑采用高速率工艺如 VIP 工艺等。SBR 工艺也是恰当的选择。

另外采用方形沉淀池共墙结构微气泡深层曝气池等方式可以节省用地，投加外碳源甲醇提高反硝化速率也可以减少占地面积。

(4) 费用

① 基建投资。现有废水厂升级或新建生物脱氮系统所需的基建投资差异非常大，没有

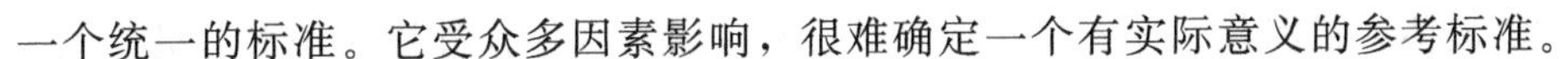

一个统一的标准。它受众多因素影响，很难确定一个有实际意义的参考标准。

大多数情况下，单泥脱氮系统因不需要一个以上的二沉池使之较多泥系统投资少一些。现有的文献数据显示，多泥系统投资较单泥系统高15%～20%。

② 操作运行费用。单泥系统的运行费较多泥系统有一定的优势。例如“硝化-反硝化”在同一污泥系统内完成时，可以节省供氧量、碱耗和碳源，节省的费用足以弥补内回流所消耗的电力费用。另外单泥系统的产泥率较低，从而也节省了污泥处理费用。

对于同时有脱氮除磷要求的废水处理厂，采用生物除磷与化学除磷相结合的方法较仅用化学除磷法更为节省运行费。

二、设备和装置

脱氮除磷工艺需要大量的设备和装置来保证微生物生长的适宜环境。除了曝气装置外，主要是一些搅拌和混合设备来保证反应器在厌氧和缺氧状态的污泥悬浮与传质以及污泥混合液的回流。另外，还有一些水质指标如 NH_4^+-N、TN 等自动监测设备，对控制脱氮除磷工艺的运行也非常有必要。

（一）搅拌设备

主要介绍常用的机械搅拌设备和潜水搅拌设备。

1. 机械搅拌机

一般竖直轴多用于完全混合式反应器中。PLB型伞形立式搅拌机（图2-9-24）的特点是，水流在叶轮的推动下，形成垂直旋流状态，同时，液体又随叶轮的旋转方向在容器中产生旋流，使其达到理想的混合与搅拌效果；水流经过叶轮的搅动，在池底部形成均匀的全向推流，且底部流速较高，无死角，不会产生沉淀；搅拌量大，投资省，单台搅拌机在一般的工作场合最大可搅拌3000m³的水；采用玻璃钢注射成型，表面光滑，流态好，具有强度高、耐腐蚀的特性，搅拌1m³污水只需2W，能耗低，耐腐蚀，维护简单，寿命长，减速机的使用寿命可超过10万小时。

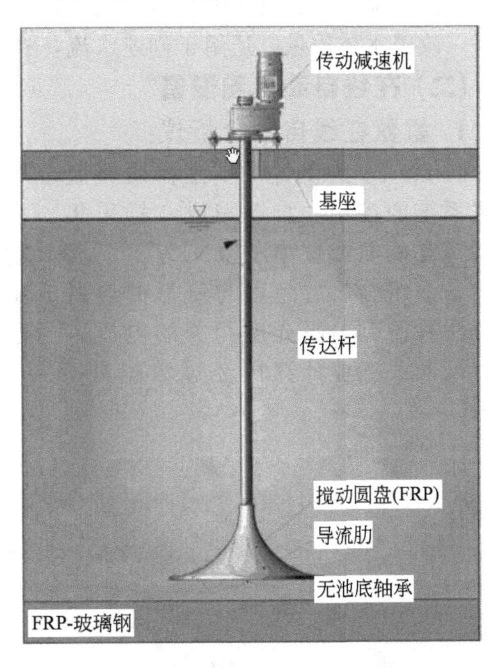

图2-9-24　PLB型伞形立式搅拌机的外形

2. 潜水搅拌机

水下电机通过减速机传动，带动螺旋桨转动，产生大面积的推流作用，提高池内（底）的水流速度，加强搅拌混合作用，可防止污泥沉积。

（1）QJG高速潜水搅拌机　QJG高速潜水搅拌机适用于各种污水处理厂和工业流程中搅拌含有悬浮物的液体、稀泥浆、冰花、工业液体、粪便液等。该搅拌机的结构见图2-9-25所示，搅拌叶轮在电机驱动下旋转，搅拌液体产生旋向射流，利用沿向射流表面的剪切应力来进行混合，使流场以外的液体通过摩擦产生搅拌作用，在极度混合的同时，形成体积流，应用于大体积流动模式得到受控流体的输送。

（2）QJZ中速潜水搅拌机　QJZ中速潜水搅拌机适用于各种污水处理厂和工业流程中

搅拌含有悬浮物的液体、稀泥浆、冰花、工业液体、粪便液等。该搅拌机由潜水电机、减速箱、密封机构、叶轮、导流罩、手摇卷扬机构、电气控制等组成。其结构与QJG高速潜水搅拌机类似。外形见图2-9-26。

(3) QD低速推流器 QD低速推流器（见图2-9-27）用于氧化沟推流、各类水处理工艺的水解池逆向搅拌等。该推流器由潜水电机、减速机、密封机构、螺旋推进叶轮、导流罩、手摇卷扬机构、电气控制等组成。其结构与QJG高速潜水搅拌机类似。

图2-9-25 QJG高速潜水搅拌机外形

图2-9-26 QJZ中速搅拌机外形

图2-9-27 QD低速潜水推流器外形

(4) MA/LFP潜水搅拌机 MA潜水搅拌机为混合搅拌器，LEP潜水搅拌机为低速推流器，外形见图2-9-28。主要用于市政和工业污水处理过程中的混合、搅拌和环流，例如用于活性污泥池、生物反应池、搅拌池、贮泥井、均衡池、污水池等；用于景观水环境的养护设备，改善水体质量；还用于创建水流，有效阻止悬浮物沉积。

(二) 在线自动检测设备

1. 氨氮在线自动分析仪

图2-9-29为HB2000型在线氨氮分析仪外观。其工作原理为：通过嵌入式工业计算机系统的控制，自动完成水样采集。水样进入反应室，经掩蔽剂消除干扰后水样中以游离态的氨或铵离子（NH_4^+）等形式存在的氨氮与反应液充分反应，生成黄棕色络合物，该络合物的色度与氨氮的含量成正比。反应后的混合液进入比色室，运用光电比色法检测到与吸光度相关的电压，通过信号放大器放大后，传输给嵌入式工业计算机。嵌入式工业计算机经过数据处理后，显示氨氮浓度值并进行数据存储、处理与传输。

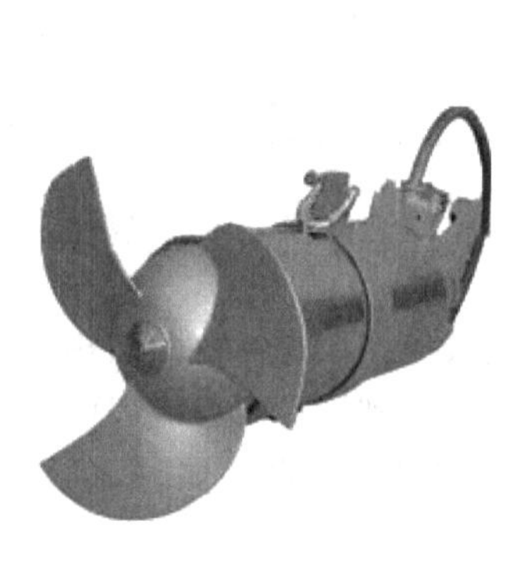

图2-9-28 MA/LFP潜水搅拌机外形示意

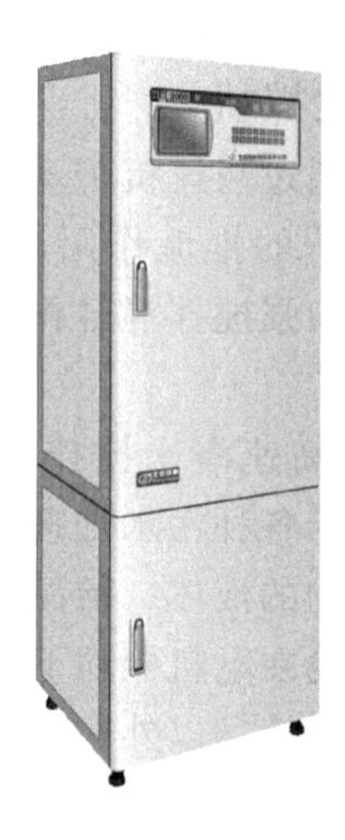

图2-9-29 HB2000型在线氨氮分析仪外观

2. 总氮分析仪

图 2-9-30 为总氮分析仪外观。水样进入反应室，经碱性过硫酸钾氧化，将水中的氨氮、亚硝酸盐氮及大部分有机氮化合物氧化为硝酸盐，然后用紫外分光光度法测定其吸光度，通过信号放大器放大后，传输给嵌入式工业计算机。嵌入式工业计算机经过数据处理后，显示总氮浓度值并进行数据存储、处理与传输。

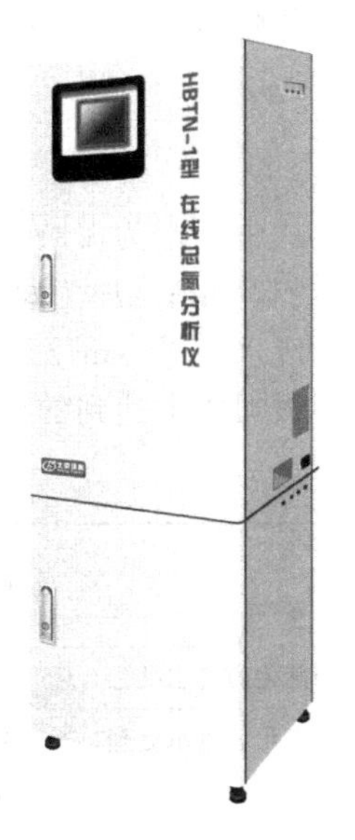

图 2-9-30　总氮分析仪外观

三、设计计算

(一) 基本假设

本部分介绍德国排水技术协会（ATV）制定的城镇污水设计规范 A131 中关于生物脱氮（硝化和反硝化）的曝气池设计方法。

A131 的应用条件：

① 进水的 COD/BOD≈2，TKN/BOD≤0.25；

② 出水达到废水规范的规定。

对于具有硝化和反硝化功能的废水处理过程其反硝化部分的大小主要取决于：①希望达到的脱氮效果；②曝气池进水中硝酸盐氮 NO_3^--N 和 BOD 的比值；③曝气池进水中易降解 BOD 占的比例；④泥龄；⑤曝气池中的悬浮固体浓度；⑥废水温度。

图 2-9-31 为前置反硝化系统流程。

(二) 计算方法

1. N_{DN}/BOD 和 V_{DN}/V_T

N_{DN}表示需经反硝化去除的氮量，它与进水的 BOD 之比决定了反硝化区体积 V_{DN} 占总体积 V_T 的大小。

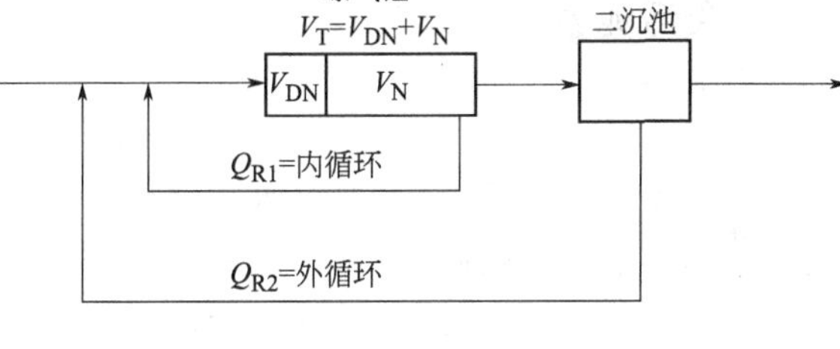

总回流量 $Q_R=Q_{R1}+Q_{R2}$

V_T—曝气池总体积；V_{DN}—反硝化区体积；

V_N—硝化区体积（包括去除 BOD 和硝化）

图 2-9-31　前置反硝化系统流程

由氮平衡计算 N_{DN}/BOD：

$$N_{DN}=TKN_i-N_{oe}-N_{me}-N_s \tag{2-9-15}$$

式中，TKN_i 为进水总凯氏氮，mg/L；N_{oe}为出水中有机氮量，一般取 1～2mg/L；N_{me}为出水中无机氮之和，包括氨氮、硝酸盐氮和亚硝酸盐氮，是排放控制值，按德国标准控制在 18mg/L 以下，则设计时取0.67×18=12mg/L；N_s 为剩余污泥排出的氮量，等于进水 BOD 的 0.05 倍，mg/L；由此可计算 N_{DN}/BOD 之值，然后从表 2-9-13 查得 V_{DN}/V_T。

表 2-9-13　晴天和一般情况下反硝化设计 V_{DN}/V_T 的参考值

反硝化	前　置	同　步
V_{DN}/V_T	反硝化能力，以 kgN_{DN}/kgBOD 计，（T=10℃）	
0.2	0.7	0.05
0.3	0.1	0.08
0.4	0.12	0.11
0.5	0.14	0.14

2. 泥龄

泥龄 θ_c 是活性污泥在曝气池中的平均停留时间，即

$$\theta_c=\frac{\text{曝气池中的活性污泥量}}{\text{每天从曝气池系统排出的剩余污泥量}} \tag{2-9-16}$$

$$\theta_c=(S\times V_T)/(Q_S\times S_R+Q\times S_E) \tag{2-9-17}$$

式中，θ_c 为泥龄，d；S 为曝气池中的活性污泥浓度，即 MLSS，kg/m^3；V_T 为曝气池总体积，m^3；Q_S 为每天排出的剩余污泥体积，m^3/d；S_R 为剩余污泥浓度，kg/m^3；Q 为设计废水流量，m^3/d；S_E 为二沉池出水的悬浮固体浓度，kg/m^3。

根据要求达到的处理程度和废水处理厂的规模，从表 2-9-14 选取应保证的最小泥龄。

表 2-9-14 处理程度及处理厂规模和最小泥龄的关系

处理程度		废水厂处理规模	
		≤2 万人口当量	≥10 万人口当量
无硝化的废水处理		5	4
有硝化的废水处理(设计温度 10℃)		10	8
硝化/反硝化的废水处理(设计温度 10℃)V_{DN}/V_T	0.2	12	10
	0.3	13	11
	0.4	15	13
	0.5	18	16

注：12℃时达到稳定硝化需按 10℃设计。

3. 剩余污泥量

污泥比产率

$$Y=Y_{BOD}+Y_P \tag{2-9-18}$$

式中，Y 为污泥产率，kg 干固体/kgBOD；Y_{BOD} 为剩余污泥产率，kg 干固体/kgBOD；Y_P 为同步沉淀的化学污泥产率（当未投加化学混凝剂除磷时无此项），kg 干固体/kgBOD。

剩余污泥产率 Y_{BOD} 与泥龄、进水 SS 和 BOD 的比例、温度等有关，约为 0.52～1.22kg 干固体/kgBOD，可从表 2-9-15 中选取。

表 2-9-15 Y_{BOD} 与泥龄、进水 MLSS 和 BOD 的比例之关系

进水 MLSS/BOD	泥龄/d					
	4	6	8	10	15	25
0.4	0.74	0.70	0.67	0.64	0.59	0.52
0.6	0.86	0.82	0.79	0.76	0.71	0.64
0.8	0.98	0.94	0.91	0.88	0.83	0.76
1.0	1.10	1.06	1.03	1.00	0.95	0.88
1.2	1.22	1.18	1.15	1.12	1.07	1.00

4. 曝气池体积

首先计算曝气池的污泥负荷 N_S，即

$$N_S=1/(\theta_c Y) \tag{2-9-19}$$

式中，N_S 为曝气池的污泥负荷，kgBOD/(kg 干固体·d)。

再根据表 2-9-16 选定曝气池中的活性污泥浓度 S。

表 2-9-16　曝气池中活性污泥浓度的推荐值

处理程度	活性污泥浓度 $S/(kg/m^3)$	
	有初沉池	无初沉池
无硝化	2.5～3.5	3.5～4.5
硝化和反硝化	3.5～4.5	3.5～4.5
带污泥稳定	—	4.0～5.0
除磷(加混凝剂同步沉淀)	3.5～4.5	4.0～5.0

应特别注意，必须校验二沉池能否使曝气池中的活性污泥浓度达到所选取的 S 值。曝气池的体积为：

$$V_T = S_i Q/(N_S S) \tag{2-9-20}$$

式中，S_i 为进水 BOD 浓度。

$$V_T = V_{DN} + V_N \tag{2-9-21}$$

5. 回流比

内循环回流比 $R_1 = Q_{R1}/Q$，外循环回流比 $R_2 = Q_{R2}/Q$，总回流比 $R = R_1 + R_2$。

在前置反硝化工艺中，硝酸盐氮通过内循环和外循环回流进入反硝化区。只要回流的硝酸盐氮不超过表 2-9-13 中的反硝化能力，则可能达到的最大反硝化程度取决于回流比 R。因此，可根据反硝化率 E_{DN} 计算所需的最小回流比。

$$E_{DN} = N_{DN}/(N_{DN} + N_{ne}) \tag{2-9-22}$$

所需的最小回流比为：

$$R = 1/(1 - E_{DN}) - 1 \tag{2-9-23}$$

式中，E_{DN} 为反硝化率；N_{ne} 为出水硝酸盐氮，mg/L。

一般在前置反硝化工艺中，回流比取 2.0。若希望进一步提高反硝化率，可继续提高回流比。但必须注意，最大回流比为 4.0，且回流比较高时存在着将过多的溶解氧带入反硝化区的危险。为了减少循环回流中的溶解氧，可在曝气池末端设置隔离区域，减少该区中的曝气量。前置反硝化工艺中的反硝化区应采用隔墙与好氧硝化区分开，并在反硝化区中设置搅拌装置。回流量还可根据连续监测反硝化区 N_{ne} 值进行调节。

6. 供氧量

生物脱氮工艺中，分解碳化合物（BOD）的需氧率 O_{VC} 和氧化氮化合物的需氧率 O_{VN} 必须分开计算。然后根据饱和溶解氧等因素的影响，由这两部分之和计算供氧率（氧负荷）O_B。

分解碳化合物的需氧率 O_{VC} 可从表 2-9-17 查得。

表 2-9-17　分解碳化合物的需氧率 O_{VC}　　单位：$kgO_2/kgBOD$

温度/℃	泥龄/d					
	24	6	8	10	15	25
10	0.83	0.95	1.05	1.15	1.32	1.55
12	0.87	1.00	1.10	1.20	1.38	1.60
15	0.94	1.08	1.20	1.30	1.46	1.60
18	1.00	1.17	1.30	1.40	1.54	1.60
20	1.05	1.22	1.35	1.45	1.60	1.60

氧化氮化合物的需氧率O_{VN}可按下式计算：

$$O_{VN}=(4.6N_{ne}+1.7N_{DN})/BOD \tag{2-9-24}$$

选择曝气区的溶解氧浓度C_x，根据峰值系数f_C和f_N计算最大供氧率（氧负荷）O_B：

$$O_B=C_s/(C_s-C_x)/(O_{VC}f_C+O_{VN}f_N) \tag{2-9-25}$$

式中，C_s为废水中饱和溶解氧浓度，mg/L；C_x为曝气池中溶解氧浓度，mg/L；f_C为碳负荷峰值系数，即最大小时需氧率与平均小时需氧率之比；f_N为氮负荷峰值系数。

推荐的C_x值为：在无硝化的装置中取2mg/L；进行硝化的装置中取2mg/L；进行硝化同步反硝化的装置中取0.5mg/L。

如果无法测得峰值系数，可从表2-9-18中查取。由于在废水处理厂最大氮负荷与最大碳负荷并不同时出现，因此选用最大碳负荷和平均氮负荷或最大氮负荷和平均碳负荷进行计算。

表2-9-18 峰值系数

各类负荷值系数	泥龄/d					
	4	6	8	10	15	25
f_C	1.3	1.25	1.2	1.2	1.15	1.1
f_N(≤2万人口当量)	—	—	—	2.5	2.0	1.5
f_N(≥10万人口当量)	—	—	2.0	1.80	1.5	—

注：假定24h中出现2h峰值。

根据供氧率（氧负荷）O_B和曝气设备的氧利用率计算设计供氧量。如果曝气设备的氧利用率是在清水中测定的，则计算结果必须除以供氧系数α(0.5～1.0)。

应特别注意的问题还有，夏季在不具备反硝化功能的废水处理厂进行废水硝化时，O_{VC}值必须增加1/3。另外，最大小时需氧率是根据峰值系数f_C和f_N以及日需氧率的1/24计算的，因此若采用间歇反硝化，供氧量应依据曝气间歇时间相应提高。

在前置反硝化工艺中，可将供氧和搅拌分开。反硝化区的搅拌强度取决于池容，通常为3～8W/m^3。同时，在反硝化区安装曝气装置有利于加强运行灵活性。

对前置反硝化系统的测试表明，曝气区起始段的耗氧量为平均耗氧量的2倍，故应合理布置曝气装置，保证整个曝气区内的溶解氧都不低于2mg/L。对于推流式曝气池，应分别在沿池长25%和75%处测量池中的溶解氧。供氧量也可根据连续监测曝气池出水中的NH_4^+-N值进行调整。

(三) 基本参数计算

1. 计算方法简介

污泥负荷法是一种经验计算法，它的最基本参数N_s（曝气池污泥负荷）和N_V（曝气池容积负荷）是根据曝气的类别按照以往的经验设定，由于水质千差万别和处理要求不同，这两个基本参数的设定只能给出一个较大的范围，例如我国的规范对普通曝气推荐的数值为：

$$N_s=0.2\sim0.4\text{kgBOD/(kgMLSS}\cdot\text{d)} \tag{2-9-26}$$

$$N_V=0.4\sim0.9\text{kgBOD/(m}^3\text{ 池容}\cdot\text{d)} \tag{2-9-27}$$

污泥负荷法最根本的问题是没有考虑到废水水质的差异。对于生活污水来说，SS和BOD浓度大致有数，MLSS与MLVSS的比值也大致差不多，但结合各地的实际情况来看，城镇污水一般包含50%甚至更多的工业废水，因而废水水质差别很大，有的SS、BOD值高达300～400mg/L，有的则低到不足100mg/L，有的废水SS/BOD值高达2以上，有的SS值比BOD值还低。污泥负荷是以MLSS为基础的，其中有多大比例的有机物反映不出来，对于相同规模、相同工艺、相同进水BOD浓度的两个厂，按污泥负荷法计算曝气池容积是相同的，但当SS/BOD值差异很大时，MLVSS也相差很大，实际的生物环境就大不相同，处理效果也就明显不同了。

泥龄反映了微生物在曝气池中的平均停留时间，泥龄的长短与废水处理效果有两方面的关系：一方面是泥龄越长，微生物在曝气池中停留时间越长，微生物降解有机污染物的时间越长，对有机污染物降解越彻底，处理效果越好；另一方面是泥龄长短对微生物种群有选择性，因为不同种群的微生物有不同的世代周期，如果泥龄小于某种微生物的世代周期，这种微生物还来不及繁殖就排出池外，不可能在池中生存，为了培养繁殖所需要的某种微生物，选定的泥龄必须大于该种微生物的世代周期。最明显的例子是硝化菌，它是产生硝化作用的微生物，它的世代周期较长，并要求好氧环境，所以在废水进行硝化时须有较长的好氧泥龄。当废水反硝化时，是反硝化菌在工作，反硝化菌需要缺氧环境，为了进行反硝化，就必须有缺氧段（区段或时段），随着反硝化氮量的增大，需要的反硝化菌越多，也就是缺氧段和缺氧泥龄要加长。上述关系的量化已体现在表2-9-14中。

采用泥龄法作为设计依据的优缺点如下。

① 泥龄法是经验和理论相结合的设计计算方法，泥龄θ_c和污泥产率系数Y值的确定都有充分的理论依据，又有经验的积累，因而更加准确可靠。

② 泥龄法很直观，根据泥龄大小对所选工艺能否实现硝化、反硝化和污泥稳定一目了然。

③ 泥龄法的计算中只使用MLSS值，不使用MLVSS值，污泥中无机物所占比重的不同在参数Y值中体现，因而不会引起两者的混淆。

④ 泥龄法中最基本的参数——泥龄θ_c和污泥产率系数Y都有变化幅度很小的推荐值和计算值，操作起来比选定污泥负荷值更方便容易。

⑤ 泥龄法不像数学模型法那样需要确定很多参数，使操作大大简化。

⑥ 计算污泥产率系数Y值的方程式是根据德国的废水水质和实验得出的，结合我国情况在应用时需乘以一个修正系数。

为了使泥龄计算法实用化，建议采用德国目前使用的ATV标准中的计算公式，并对式中的关键参数取值结合我国具体情况适当修改。实践证明，按该公式计算概念清晰，特别便于操作，计算结果都能满足我国规范的要求，不失为一种简单、可信而又十分有效的设计计算方法。

采用泥龄法设计计算活性污泥工艺时，只需确定泥龄θ_c、剩余污泥量W（或污泥产率系数Y）和曝气池混合液悬浮固体平均浓度S(MLSS)即可求出曝气池容积V。与污泥负荷法相比，它用泥龄θ_c取代N_s或N_V作为设计计算的最基本参数，与数学模型法相比，它只需测定一个污泥产率系数Y，而不需测定多个参数数据。

在污泥负荷法中，污泥负荷是最基本的设计参数，泥龄是导出参数；而在泥龄法中，泥龄是最基本的设计参数，污泥负荷是导出参数，两者呈近似反比关系：

$$\theta_c N_s=\frac{S_i}{Y(S_i-S_e)} \tag{2-9-28}$$

$$V=\frac{24Q\theta_c Y(S_i-S_e)}{1000N_s} \tag{2-9-29}$$

式中，Y 为污泥产率系数，kgMLSS/kgBOD；S_i 为进水 BOD 浓度，mg/L；S_e 为出水 BOD 浓度，mg/L。

Q、S_i、S_e 值是设计初始条件，是反映原水水量、水质和处理要求的，在设计计算前已经确定。

$$\theta_c = \frac{VS}{W} \tag{2-9-30}$$

式中，W 为剩余污泥量，kgMLSS/d；S 为曝气池中的活性污泥浓度，即 MLSS，kg/m^3。

$$W = \frac{24QY(S_i - S_e)}{1000} \tag{2-9-31}$$

2. 污泥龄计算方法

无硝化废水处理厂的最小泥龄选择 4～5d，是针对生活污水的水质并使处理出水达到 BOD=3mg/L 和 SS=30mg/L 的标准来确定的，这是多年实践经验的积累，就像污泥负荷的取值一样。

有硝化的废水处理厂，泥龄必须大于硝化菌的世代周期，设计通常采用一个安全系数，以确保硝化作用的进行，其计算式为：

$$\theta_c = F\frac{1}{\mu_0} \tag{2-9-32}$$

式中，θ_c 为满足硝化要求的设计泥龄，d；F 为安全系数，取值范围 2.0～3.0，通常取 2.3；$1/\mu_0$ 为硝化菌世代周期，d；μ_0 为硝化菌比生长速率，d^{-1}。

$$\mu_0 = 0.47 \times 1.103^{(T-15)} \tag{2-9-33}$$

式中，T 为设计废水温度，北方地区通常取 10℃，南方地区可取 11～12℃。

$$\mu_0 = 0.47 \times 1.103^{(10-15)} = 0.288(d^{-1})$$

$$\theta_c = 2.3 \times \frac{1}{0.288} = 7.99\ (d)$$

计算所得数值与表 2-9-14 中的数值相符。

表 2-9-14 是德国标准，但它的理论依据和经验积累具有普遍意义，并不随水质变化而改变，在我国也可以应用。

3. 污泥产率系数的确定

采用泥龄法进行活性污泥工艺设计计算时，准确确定污泥产率系数 Y 是十分重要的，从式(2-9-29) 中看出，曝气池容积与 Y 值成正比，Y 值直接影响曝气池容积的大小。

式(2-9-31) 给出了 Y 值和剩余污泥量 W 的关系，剩余污泥量是每天从生物处理系统中排出的污泥量，它包括两部分：一部分随出水排除，一部分排至污泥处理系统，其计算式为：

$$W = \frac{24QN_{ch}}{1000} + Q_s S_s \tag{2-9-34}$$

式中，N_{ch}为出水悬浮固体浓度，mg/L；Q_s 为排至污泥处理系统的剩余污泥量，m^3/d；S_s 为排至污泥处理系统的剩余污泥浓度，kg/m^3。

剩余污泥量最好是实测求得。从式(2-9-34) 可以看出，对于正常运行的废水处理厂，Q、N_{ch}、Q_s 及 S_s 值都不难测定，这样就能求出 W 和 Y 值。在新设计废水处理厂时，只有参照其他类似废水处理厂的数值。由于废水水质不同，处理程度及环境条件不同，各地得出的 Y 值不可能一样，特别是很多城镇污水处理厂由于资金短缺等原因，运行往往不正常，剩余污泥量 W 的数值也测不准确，这势必影响设计的精确性和可靠性。

从理论上分析，污泥产率系数与原水水质、处理程度和废水温度等因素有关。首先，污泥产率系数本来的含义是一定量 BOD 降解后产生的 SS。由于是有机物降解产物，这里的 SS 应该是 VSS，即挥发性悬浮固体，但废水中还有相当数量的无机悬浮固体和难降解有机悬浮固体，它们并未被微生物降解，而是原封不动地沉积到污泥中，结果产生的 SS 将大于真正由 BOD 降解产生的 VSS，因此在确定污泥产率系数时，必须考虑原水中无机悬浮固体和难降解有机悬浮固体的含量。其次，随着处理程度的提高，污泥泥龄的增长，有机物降解越彻底，微生物的衰减也越多，这导致剩余污泥量的减少。至于水温，是影响生化过程的重要因素，水温增高，生化过程加快，将使剩余污泥量减少。对于各种因素的影响，可根据理论分析通过实验建立数学方程式，其计算结果如经受住实践的检验，就可用于实际工程。德国已经提出了这样的方程式，按这个方程式计算出的 Y 值已正式写进 ATV 标准中。

$$Y=0.6\left(\frac{N_{\mathrm{i}}}{S_{\mathrm{i}}}+1\right)-\frac{0.072\times 0.6\theta_{\mathrm{c}}\times F_T}{1+0.08\theta_{\mathrm{c}}\times F_T} \tag{2-9-35}$$

$$F_T=1.072^{(T-15)} \tag{2-9-36}$$

式中，N_{i} 为进水悬浮固体浓度，mg/L；F_T 为温度修正系数；S_{i} 为进水 BOD 浓度，mg/L；T 为设计水温，与前面的计算取相同数值。

可以看出，$N_{\mathrm{i}}/S_{\mathrm{i}}$ 值反映了废水中无机悬浮固体和难降解悬浮固体所占比重的大小，如果它们占的比重增大，剩余污泥量自然要增加，Y 值也就增大了。θ_{c} 值影响污泥的衰减，θ_{c} 值增长，污泥衰减得多，Y 值相应减少。温度的影响体现在 F_T 值上，水温增高，F_T 值增大，Y 值减小，也就是剩余污泥量减少。

这个方程式对我国具有参考价值。由于我国的生活习惯与西方国家差异很大，废水中有机物比重低，有机物中脂肪比例低，碳水化合物比例高，因而产泥量也不会完全相同。根据国内已公布的数据，我国活性污泥工艺废水处理厂的剩余污泥产量比西方国家要少，因此，式(2-9-35) 中须乘上一个修正系数 K。

$$Y=K\times\left[0.6\left(\frac{N_{\mathrm{i}}}{S_{\mathrm{i}}}+1\right)-\frac{0.072\times 0.6\theta_{\mathrm{c}}F_T}{1+0.08\theta_{\mathrm{c}}F_T}\right] \tag{2-9-37}$$

一般取 $K=0.8\sim0.9$。

在目前缺乏我国自己的 Y 值计算式的情况下，采用式(2-9-37) 计算 Y 值是可行的。

4. MLSS 的确定

根据以上分析，在选定 MLSS 时要照顾到如下各个方面：

① 泥龄长、污泥负荷低，选较高值；泥龄短、污泥负荷高，选较低值；同步污泥好氧稳定时，选高值。

② 有初沉池时选较低值，无初沉池时选较高值。

③ SVI 值低时选较高值，高时选较低值。

④ 废水浓度高时选较高值，低时选较低值。

⑤ 合建反应池（如 SBR）不存在污泥回流问题，选较高值或高值。

⑥ 核算搅拌功率是否满足要求，如不满足时要进行适当调整。

德国 ATV 标准对 MLSS 值规定了选用范围有硝化和无硝化时其 MLSS 值是一样的，这不完全符合我国具体情况。我国城镇污水污染物浓度通常较低，在无硝化（泥龄短）时如果 MLSS 值过高，有可能停留时间过短，不利于生化处理，故将无硝化时的 MLSS 值降低 $0.5\mathrm{kg/m^3}$，推荐的 MLSS 值列于表 2-9-19。

表 2-9-19 推荐曝气池 MLSS 取值范围 单位：kg/m^3

处理目标	MLSS	
	有初沉池	无初沉池
无硝化	2.0～3.0	3.0～4.0
有硝化(和反硝化)	2.5～3.5	3.5～4.5
污泥稳定		4.5

第二节 生物除磷

一、原理和功能

(一) 生物除磷工艺流程简介

在常规二级生物处理系统中（图 2-9-32），磷作为活性污泥微生物正常生长所需的元素也成为生物污泥的组分，从而达到磷的去除。活性污泥含磷量一般为干重的 1.5%～2.3%，通过剩余污泥的排放仅能获得 10%～30%的除磷效果。磷去除效果主要取决于进水 BOD/TP 比值、泥龄、污泥处理方法及处理液回流量等因素。假设初沉池出水的 BOD 浓度为 140mg/L，溶解磷浓度为 8mg/L，剩余污泥产率为 0.6gMLVSS/gBOD，生物处理过程将有 1.2～1.7mg/L 的磷的去除，去除率为 15%～21%。

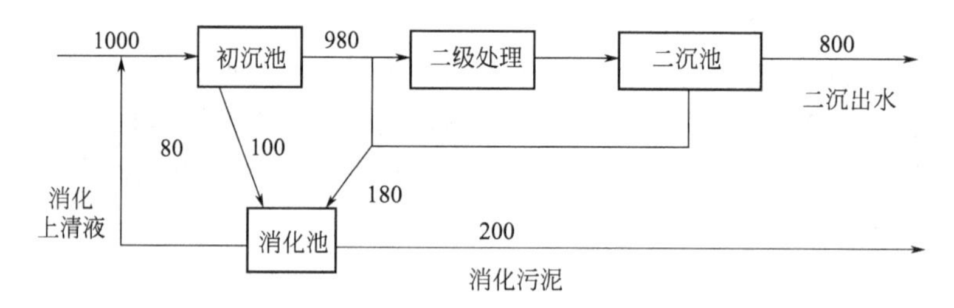

图 2-9-32 常规二级生物处理的除磷情况（单位：kg/d）

在废水生物除磷工艺中，通过厌氧段和好氧段的交替操作，利用贮磷菌的超量磷吸收现象，使细胞含磷量相当高的细菌群体贮磷菌能在处理系统的基质竞争中取得优势，剩余污泥的含磷量可达到 3%～7%，进入剩余污泥的总磷量增大，处理出水的磷浓度明显降低。

生物除磷的各部分处理过程如下。

1. 厌氧区

发酵作用：在没有溶解氧和硝态氧存在的厌氧状态下，兼性细菌将溶解性 BOD 转化为低分子发酵产物挥发性脂肪酸（volatile fatty acids，简称 VFAs）；

生物贮磷菌（或称除磷菌）获得 VFAs：这些细菌吸收厌氧区产生的或来自原废水的 VFAs，并将其运送到细胞内，同化成胞内碳能源存贮物聚羟基丁酸/聚羟基戊酸（poly-hydroxybutyrate/polyhydroxyvalerate，简称 PHB/PHV），所需的能量来源于聚磷的水解以及细胞内糖的酵解，并导致磷酸盐向体外释放。

2. 好氧区

磷的吸收：细菌以聚磷的形式存贮超出生长需求的磷量，通过 PHB/PHV 的氧化代谢产生能量，用于磷的吸收和聚磷的合成，能量以聚磷酸高能键的形式富集存贮，磷酸盐从液相去除；合成新的贮磷菌细胞，产生富磷污泥。在某些条件下，贮磷菌合成和存贮细胞内糖。

3. 除磷系统

剩余污泥排放：通过剩余污泥排放，将磷从系统中除去。

好氧吸收磷的前提条件是混合液必须经过磷的厌氧释放，在有效释放过程中，磷的厌氧释放可使微生物的好氧吸磷能力大大提高。好氧吸磷速度的不同是由厌氧放磷速度不同引起的。厌氧段放磷速度大，磷释放量大，合成的 PHB 就多，那么在好氧段时由于分解 PHB 而合成的聚磷酸盐速度就较大，所以表现出来的好氧吸磷速度也就大；磷吸收对磷释放也有影响，磷吸收完成得越彻底，聚磷量越大，相应厌氧状态下磷的有效释放也越有保证。

磷的有效释放与溶解性可快速生物降解 COD（soluble，readily biodegradable COD，简称 Sbs）直接相关，Sbs 量大小对磷的去除有决定性的影响。大分子有机物需酸化成小分子有机酸（如醋酸）才能诱发磷的释放，因此酸化过程是总过程的速率的限制步骤。

（二）生物除磷典型工艺

生物除磷工艺形式多种多样，一般均含有依次排列的“厌氧—缺氧—好氧”除磷单元。不同的工艺在除磷单元的数量、回流性质、回流点和运行方式等方面会有所不同。每种工艺均是从标准的活性污泥法为达到某一特定目的演变而来。主要除磷工艺形式有以下几种：pho-redex（A/O）工艺；三级 pho-redex（A^2/O）工艺；改进型 Bardenpho 工艺；UCT 和 MUCT 工艺；JHB(Johanneshburg)、MJHB(Modified Johanneshberg) 和 Westbank 工艺；氧化沟工艺；SBR 工艺；化学和生物复合除磷工艺。以上工艺中除 pho-redex 工艺外，其余均具备同时脱氮除磷的能力。

这些工艺的性能取决于实际条件，如温度、水力和有机负荷、回流比和回流类型等。这里描述的几种除磷工艺可以使出水 TP 达到 0.5～1.0mg/L 水平。生物除磷可以与其他方法相结合，使出水浓度达到相当低的水平（如$<$0.2mg/L）。化学除磷与生物除磷相结合的工艺是其代表工艺。将 TP 降至 0.2mg/L 以下时，悬浮物的去除成了限制性因素。极低的出水 TP 浓度往往要求 TSS$<$5mg/L。第三级过滤、膜生物反应器、高效分离工艺等方法可实现出水 TSS$<$5mg/L 的目标。

1. pho-redex（A/O）和三级 pho-redox（A^2/O）工艺

pho-redex(A/O)（图 2-9-33）是在传统活性污泥法曝气池之前增加了一个厌氧区。从沉淀池回流的污泥返回到厌氧区。该工艺 SRT 较短，不发生硝化。由于回流污泥中无硝态氮，工艺过程稳定并易于操作。当温度超过 25℃时，难于完全避免硝化作用，对操作运行带来一定影响。三级 pho-redex（A^2/O）工艺（图 2-9-34）是在 A/O 工艺中的厌氧区之后增加了一个缺氧区，使之具备了脱氮能力。通过增加内回流（好氧区至缺氧区），来提高脱氮效率。A^2/O 工艺的缺点是回流污泥中含有硝态氮，除磷效果不是十分稳定。

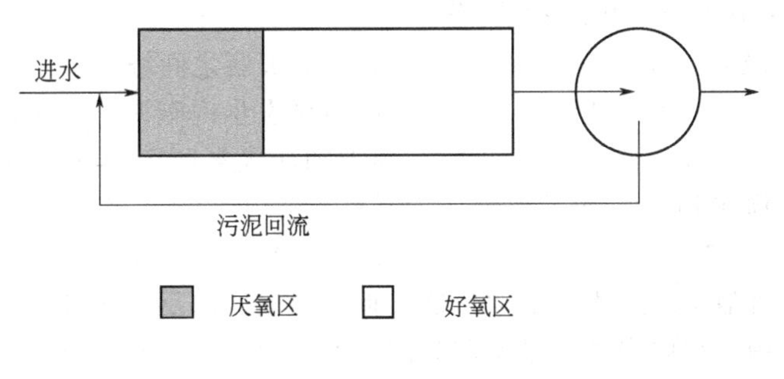

图 2-9-33　pho-redex（A/O）工艺

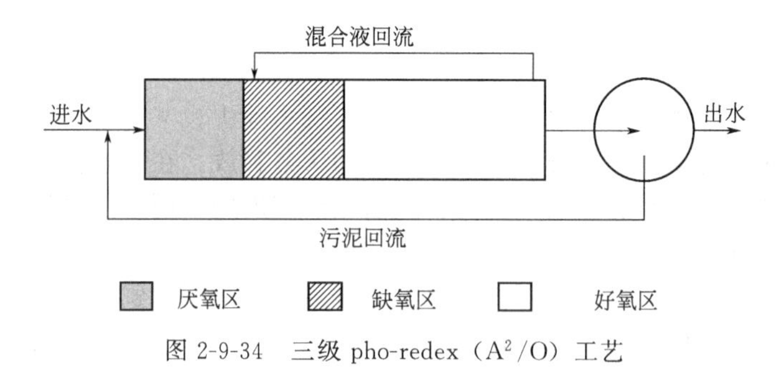

图 2-9-34 三级 pho-redox（A^2/O）工艺

2. 改进型 Bardenpho 工艺

四级 Bardenpho 工艺可以将总氮降至很低的水平。在四级 Bardenpho 之前再加一级厌氧区，就可以实现除磷功能，从而构成了五级 Bardenpho 工艺（图 2-9-35）。来自好氧区的富含硝酸盐的混合液回流到第一缺氧区，实现反硝化；污泥回流至厌氧区。由于回流污泥中的硝酸盐约为 1～3mg/L，因此它对厌氧区除磷的影响远小于三级 Bardenpho 工艺。

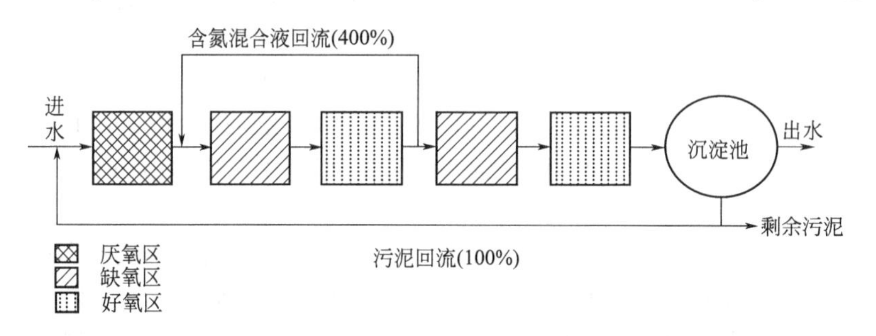

图 2-9-35 五级 Bardenpho 工艺

3. UCT 和 MUCT

UCT 工艺（图 2-9-36）是为防止回流污泥携带的硝酸盐进入厌氧区而设计的。它包括厌氧、缺氧、好氧三个阶段。回流污泥回流至缺氧区而不是 A/O 中的厌氧区，好氧混合液回流至缺氧区提供硝酸盐用于反硝化脱氮。反硝化后的混合液回流至缺氧区，有时缺氧区很难保证脱氮效果，从而不能为除磷提供低硝态氮保护。为此将缺氧区分成两个部分，一部分用于接受回流污泥，另一部分用于反硝化好氧回流混合液。回流污泥中的硝酸盐经过第一缺氧区反硝化后再回流至厌氧区，从而实现了低硝态氮回流，这一改进型工艺称为 MUCT 工艺（图 2-9-36）。另一个改进型工艺是 VIP 工艺，它将厌氧区域和缺氧区分隔成两个以上的小区间，以增加头部区域反应速率，为第二厌氧区和缺氧区创造厌氧和缺氧条件，有利于脱氮除磷的深度完成。

4. JHB、MJHB 和 Westbank 工艺

JHB 工艺与三级 pho-redox 工艺相似，但它在厌氧区之间增加了一个预缺氧区，以保护厌氧区免受回流污泥中的硝酸盐干扰。在该预缺氧区发生内碳源反硝化，降低了回流污泥中硝态氮浓度。改进型 JHB 工艺（图 2-9-37）则增加从厌氧区至预缺氧区的回流，为预缺氧区提供足够的微生物和 BOD，使反硝化反应更易于进行。

Westbank 工艺（图 2-9-38）与 JHB 工艺相似，但分别在缺氧区、厌氧区和好氧区增加了进水点。部分初沉池出水进入头部缺氧区，促进缺氧区的反硝化进行。余下部分则进入厌氧区，供贮磷菌利用。在雨季时，过量部分的进水直接进入主缺氧区（第二缺氧区）。从厌氧发酵获得的 VFAs 送至厌氧区为贮磷菌提供充足易利用的碳源。

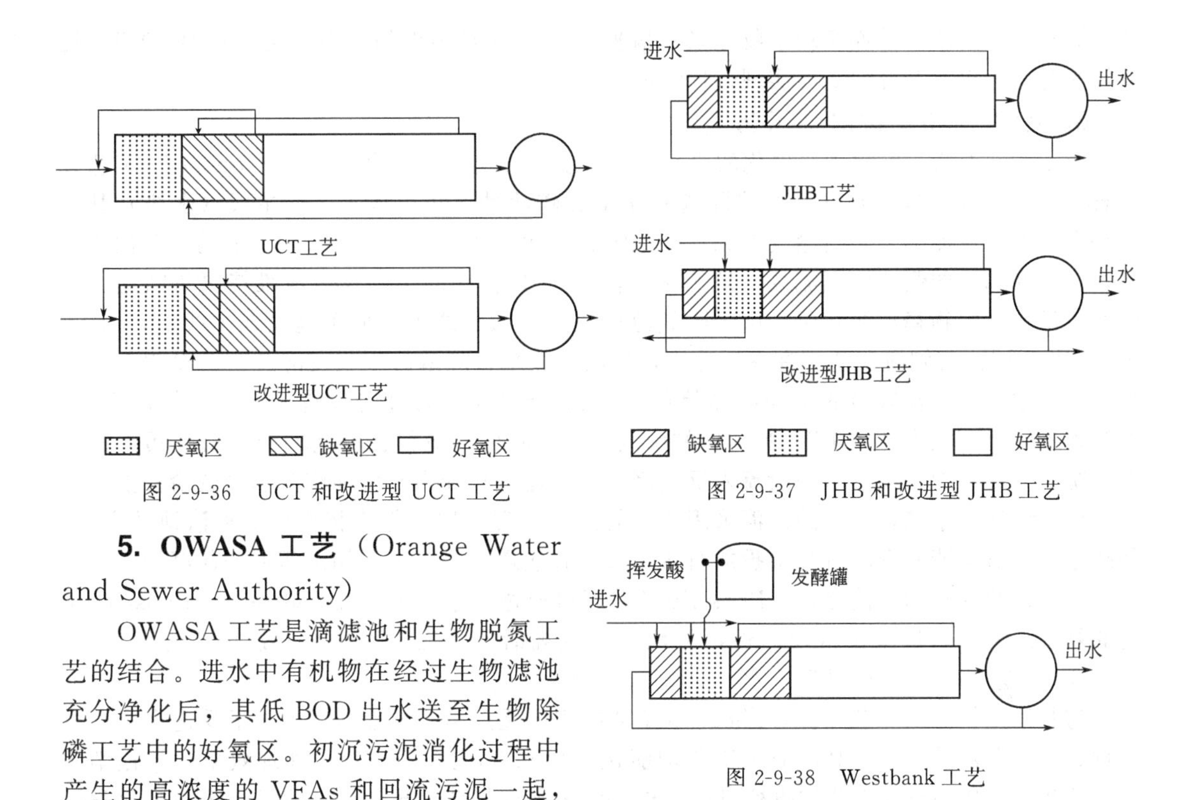

图 2-9-36　UCT 和改进型 UCT 工艺

图 2-9-37　JHB 和改进型 JHB 工艺

图 2-9-38　Westbank 工艺

5. OWASA 工艺（Orange Water and Sewer Authority）

OWASA 工艺是滴滤池和生物脱氮工艺的结合。进水中有机物在经过生物滤池充分净化后，其低 BOD 出水送至生物除磷工艺中的好氧区。初沉污泥消化过程中产生的高浓度的 VFAs 和回流污泥一起，被送至厌氧区。污泥混合液随后依次从厌氧区流至缺氧区和好氧区。在生物除磷（供贮磷菌厌氧释磷利用）的同时发生硝化反硝化。工艺过程见图 2-9-39。

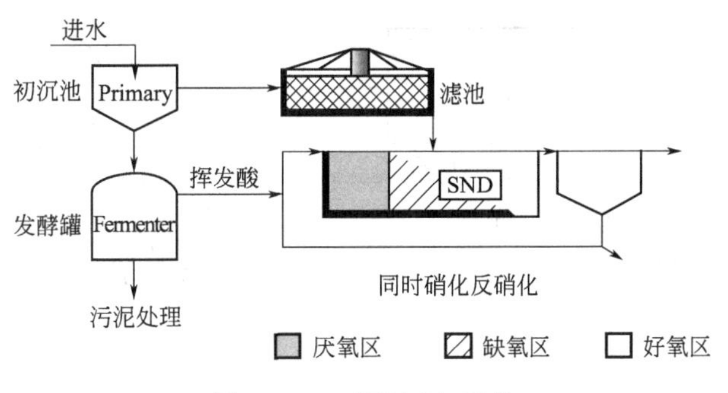

图 2-9-39　OWASA 工艺

6. 氧化沟

有很多类型的氧化沟具有除磷功能。它们通常在氧化沟之前带有一个厌氧区，而在氧化沟内有缺氧和好氧区，同时完成硝化和反硝化。氧化沟类型很多，如 Carrousel 氧化沟、Pasveer 氧化沟和 Orbel 氧化沟。Orbal 氧化沟在三个同心沟的外沟形成厌氧区，并且二沉池回流污泥回流至厌氧区。Orbel 氧化沟也可以附加一个前置的厌氧区，与氧化沟一起完成生物除磷。Pasveer 和 Carrousel 氧化沟同样可以用这样的方式完成除磷。氧化沟除磷的工艺原理与 pho-redox 相似，只是在好氧区发生了同时硝化反硝化作用。另外 Carrousel 和 Pasveer 氧化沟可以作为三级 Pho-redox 或五级 Bardenpho 工艺用的好氧单元使用。

7. SBR 工艺

SBR 工艺可以通过设置曝气和进水、排水程序，使反应器内混合液依次经过厌氧、缺氧、好氧几个阶段，从而实现生物除磷和脱氮。SBR 通常不设初沉池。当进水 BOD/TP 比值较为合适，SBR 出水 TP 可实现<1.0mg/L 的目标。

8. 化学-生物复合除磷工艺

Phostrip 工艺一般用于非硝化的废水厂除磷。其工艺流程见图 2-9-40。Phostrip 工艺系 Levin 于 1965 年开发，包含了生物除磷和化学除磷两种方法。该工艺的主线（水线）基本上是常规活性污泥工艺，由曝气池和二沉池组成。除磷线通过释磷池接纳侧流的部分回流污泥，进入释磷池的侧流污泥流量一般为进水流量的 10%～30%。释磷池维持厌氧状态，促进回流污泥微生物释放溶解磷。由于厌氧池设在污泥回流线上，而不是设在主线上，Phostrip 工艺还被称为侧流工艺。在释磷池中，磷的释放来自除磷菌吸收发酵产物的过程，来自细菌的死亡分解。释磷池的平均固体停留时间为 8～12h。通过向释磷池连续投加淘洗水，溶解磷从回流污泥中“洗出”。释磷后的回流污泥与其他回流污泥一起回流到活性污泥法处理系统。另一方面，淘洗水一般流入反应澄清池，通过投加石灰沉淀淘洗水中的磷。上清液回流到二级处理系统，产生的污泥采用合适的方法处理处置。作为替代反应澄清池的方案，释磷池的富磷上清液有时可直接投加石灰，然后直接送到初沉池与初沉污泥一起沉淀。

除了磷的释放和沉淀之外，Phostrip 工艺还可通过剩余污泥排放将磷除去。Phostrip 工艺的剩余污泥含磷量大于常规活性污泥法，与常规活性污泥法相比，通过剩余污泥排放，Phostrip 工艺的除磷量可提高 50%～100%。

与其他生物除磷工艺相比，Phostrip 工艺的主要优点是工艺性能基本上不受进水水质的影响。在大多数情况下，Phostrip 工艺均能达到出水 TP 为 1mg/L 的处理效果。与化学除磷工艺相比，Phostrip 工艺的投药量小，这是因为需要加药处理的流量明显小于主流化学除磷工艺，仅为进水流量的 10%左右。前已述及石灰法化学除磷所需的石灰量与除磷量无关，而是与能形成羟基钙石的 pH 有关。

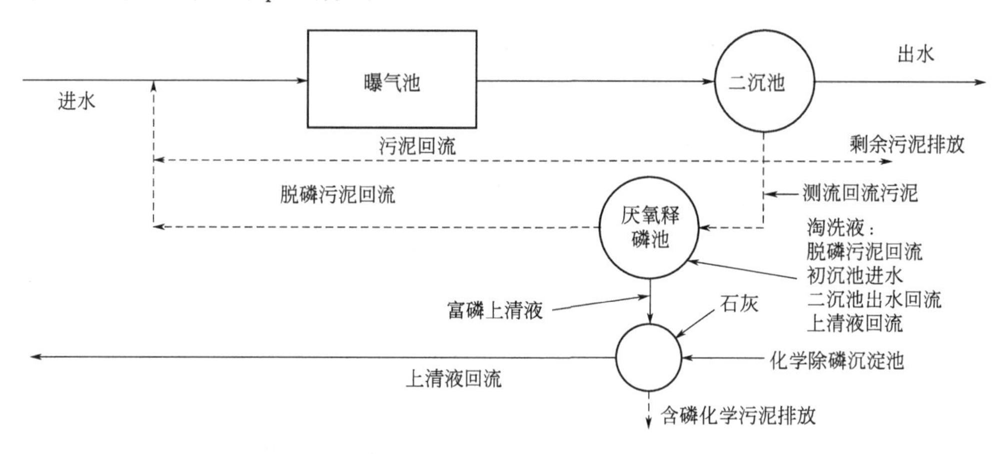

图 2-9-40 Phostrip 工艺

BCFS（biological chemical phosphorus and nitrogen removal）工艺是生物化学联合脱氮除磷工艺。主流程与 UCT 工艺相似。其工艺流程见图 2-9-41。

(三) 工艺方案选择

1. 工艺方案类型

生物除磷技术是 20 世纪 70 年代开发并在 80 年代取得重大进展的废水处理新技术，具有多种商业性工艺流程，主要包括：Phostrip 工艺、改良 Bardenpho 工艺、A/O 工艺、A/A/O、UCT 工艺、改良 UCT 工艺、VIP 工艺、SBR 工艺及其他改良活性污泥工艺。

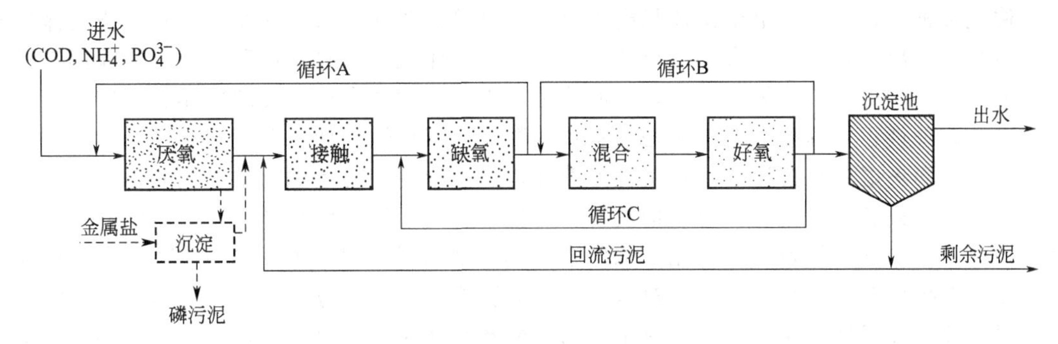

图 2-9-41　BCFS 工艺流程

改良 Bardenpho、A/A/O、UCT、改良 UCT、VIP、SBR 等工艺用于同时除磷脱氮。A/O 工艺主要用于除磷。在已建成的推流式活性污泥法处理厂，通过改变曝气池前端的曝气混合状态，使回流污泥和回流污泥混合液在进入好氧状态之前处于厌氧状态，可取得生物除磷效果。通过调整运行方式，形成必要的厌氧、好氧交替过程，可使 SBR 工艺和氧化沟工艺具有除磷功能。

除了 Phostrip 工艺外，其他生物除磷工艺的污泥产生量均不大于常规活性污泥工艺的污泥产生量。但生物除磷过程产生的污泥要妥善处理，以避免磷的溶解并返回到废水处理系统中。除了 Phostrip 工艺外，生物除磷工艺的除磷率大小主要取决于进水的 BOD/TP 比值，尤其是 VFAs/TP 比值。在合适的 BOD/P 比值范围内，所有生物除磷工艺均能取得出水 TP 为 1～2mg/L 的处理效果。一般要求最低 BOD/P 比值大于 20 或溶解性 BOD 与溶解性磷比值为（12∶1)～(15∶1)。

为了获得较低的出水磷浓度，必须保证澄清效果，使出水 SS 低于 20mg/L 或设置过滤设施。不同生物除磷工艺的优缺点简示于表 2-9-20。根据国内外实践经验，对于特定的废水最好开展水质测定和现场性工艺试验，这样做的目的是较准确合理地确定工艺性能和设计参数。

表 2-9-20　生物除磷工艺的优缺点

优　　点	缺　　点
①生物除磷工艺的污泥量与常规生物处理的系统相近 ②可以在现有推流式活性污泥法处理系统中直接实施，设备的增加和更改量很小 ③如果污泥处理过程中磷不会溶解并返回处理厂的话，可以利用已有的污泥处理设备，进行处理工艺改造 ④除了 Phostrip 工艺和出水精处理外，不需要药剂和投加设备，或需要量极小 ⑤可以同时实现氨氮或总氮的去除，部分工艺甚至不增加运行费用 ⑥对部分工艺，可以有效地控制丝状菌的生长	①除了 Phostrip 工艺，其他工艺的除磷性能均受废水 BOD/TP 比值，尤其是 VFAs/TP 比值的影响 ②二沉池的性能良好才能获得出水 TP 1mg/L 的处理效果 ③不大适合固定膜处理系统的改造 ④在污泥处理过程中有可能出现磷的释放并返回到废水处理系统中，因此污泥处理回流液的含磷量必须加以控制 ⑤可能需要设置备用加药系统，以防生物除磷系统发生故障或失效

2. 工艺方案选择要点

（1）目标明确、基础资料翔实　在选择工艺方案之前必须根据水环境评价、水质规划等方面的材料，明确废水处理的水质目标或排放标准。以确定或确认废水处理厂的具体出水水质要求和排放方式、排放总量或出水浓度（日平均或月平均），并找出所有能够满足排放要求的工艺方案，然后进行逐步筛选。

必须强调的是供选工艺方案不能仅局限于已有的几种商业性工艺，应根据除磷的基本原理，通过各种工艺要素（电子供体和电子受体的供给方式和分布、池型流态及设备选择）的灵活组合，找出切合实际、合理可行的工艺方案和总体流程。筛选过程的每一步骤都应确定工艺方案的工程性评价所需的资料，对所选工艺方案的优缺点作简要的描述和比较，筛选的可靠性和合理性很大程度上取决于相关资料的数量、可靠性和详细程度。

（2）全面考虑、综合比较 在工程方案选择过程中还需要考虑除磷工艺的各个方面，包括工艺性能、设备器材性能、单元构筑物、处理系统的运行操作和维护等。需要着重考虑的因素包括：所要求的除磷能力、相关水质指标间的兼容性、处理规模、污泥处理处置问题、近期及远期排放要求、总体费用、对运行管理的影响等。另一方面，工程方案的选择要有一定的灵活性，除了仔细研究各种可能工艺的性能及其他相关资料外，可尽量考虑参观相关废水处理厂、设备制造厂商和访问运行管理人员，这样做往往能获得更准确、更新的实用资料和经验，有助于准确决策。

（3）除磷方案的选择和确定方法 选择废水除磷工艺方案的方法有多种，其中最常用的是逐步淘汰筛选法。首先列出所有可获得的工艺方案，然后根据几套选择准则和选择条件逐步淘汰不适用的工艺方案。选择过程分成 4 步。

第 1 步：首先确定废水除磷系统是否新建，是仅除磷还是同时除磷脱氮。一般情况下，对于新厂建设，应考虑所有可能方案；对已建成的废水厂可以适当排除某些工艺方案。

第 2 步：根据除磷工艺的除磷能力找出能满足除磷要求的各种工艺方案。对要求同时除磷脱氮的废水处理厂，能否满足脱氮要求也要同时考虑。在研究除磷脱氮处理厂的工艺方案时，还要考虑通过单独脱氮和单独除磷满足除磷脱氮要求的可能性，例如化学除磷、折点加氯、单独硝化等。另外，BOD、SS 和 COD 等水质要求以及其他因地而异的特定要求也可能导致某些除磷工艺的入选或排除。列出各种工艺的除磷和脱氮性能，在决定某种工艺的入选或排除之前，有必要仔细研究其磷和氮的去除和转化特性。

第 3 步：从已选出的能满足除磷或除磷脱氮要求的工艺中，根据各种工艺的除磷和脱氮性能，以及确定的适用性原则筛除不适用的工艺。能满足或基本满足出水水质要求的工艺均进入第 4 步。

第 4 步：对所有可以采用的备选方案作技术经济分析。包括投资和运行费用。同时还要考虑非经济因素的影响。包括占地、可靠性、环境影响评价和所需的操作水平。通过综合经济效益分析即可选出满足处理要求的经济可行的工艺方案。

（4）影响工艺选择的因素 生物除磷工艺的合理选择需要考虑多方面的影响因素。主要有以下几个方面。

① 废水处理的功能要求

a. 仅除磷（没有脱氮要求）。如果既不要求除氨氮也不要求除总氮，就没有必要采用具有脱氮功能的生物除磷工艺。对这种情况，宜选用 A/O 工艺或 Phostrip 工艺。Phostrip 工艺出水磷浓度可达 1mg/L，A/O 工艺则不能保证始终达到这样的除磷效果。Phostrip 工艺增加了释磷池出流投加石灰沉淀磷酸盐步骤，污泥产率增大，其运行费用要大于 A/O 工艺。这两类工艺一般来说不能获得明显的脱氮效果。有硝化要求时，由于回流污泥中所占的硝态氮对生物除磷有十分不利的影响，不建议使用这两类工艺。

仅除磷的生物除磷工艺基本上采用中高负荷，泥龄在 3～7d，厌氧/好氧交替状态的实现可以因地适宜采用多种方式，池型和设备选择也是如此，没有必要受已有流程的限制。

b. 除磷脱氮工艺。许多废水处理厂都有同时除磷和脱氮的要求，实际上，将除磷和脱氮结合到标准活性污泥法二级处理系统中并不是一件难事。而且正是这些因素促进了几种除磷与脱氮相结合的处理工艺的开发。所有的除磷脱氮型工艺都包含厌氧、缺氧和好氧三种基本状态的交替，这些工艺之间的主要差异是这三种状态的组合方式和数量分布的时空变化，以及回流的数量、方式和位置不同，所有这些除磷脱氮工艺都属于主流工艺。

影响生物除磷工艺选择的关键因素是工艺过程的硝化和脱氮要求，如果没有硝化和脱氮要求，一般可选用厌氧、好氧或 Phostrip 型处理工艺。在这两类工艺之间做出选择需要做详细的技术经济分析，包括投资和运行费用、操作性能和可实施性等，往往因地而异。

如果仅要求硝化或部分反硝化（出水 TN6～12mg/L）。可采用泥龄取值不太大（5～15d）包含一个缺氧区的除磷脱氮工艺（包括 A^2/O、UCT、VIP 等处理工艺或类似工艺）。具体采用哪一种及其实施方式则要根据进水 BOD/TP 比值和除磷要求确定。前面已经讨论到，A^2/O 工艺回流污泥进入厌氧区，硝化在好氧区完成，因此，回流污泥的硝态氮浓度可能相当高，并消耗掉厌氧区的快速生物酶解基质，聚磷菌的竞争优势得不到有效发挥，其结果相当于降低进水 BOD/TP 比值。如果进水 BOD/TP 比值本来就低（小于 2），除磷率将下降。UCT 和 VIP 类工艺的污泥回流到缺氧区，经过反硝化后再回流到厌氧区。如果运行管理得当，缺氧区至厌氧区的回流液硝态氮浓度可维持在 0 左右，其结果是除磷效果有可能不受进水 BOD/TP 比值的影响。

如果脱氮要求很高时（出水 TN 小于 3mg/L），宜采用长泥龄（15～25d）的五段 Bardenpho 工艺或类似工艺，由缺氧、好氧、缺氧、好氧串联组成的 Bardenpho 工艺可保持出水氮浓度低于 3mg/L，与 A^2/O 工艺一样，该工艺的除磷效果也受进水 BOD/TP 比值的影响。

废水的快速生物降解有机物浓度较低时，可采用初沉污泥发酵方法增加 VFAs 的供给，以改善除磷性能。

根据进入厌氧区的硝态氮量的不同，在 A^2/O、UCT 和 VIP 等工艺之间做出选择的最重要因素是进水 BOD/TP 比值。如果比值大于 20，污泥回流液所携带的硝态氮可能不会影响除磷效果。由于不需增设一套回流系统，A^2/O 工艺或 A/A/O 改良工艺更具吸引力。如果进入生物除磷系统的进水 BOD/TP 比值低于 20，就有必要考虑采用 UCT 和 VIP 类工艺。

在实际工艺和构筑物设计中要有足够的灵活性，考虑和实现多种工艺运行方式。在某些情况下，比如进水水质特性明显波动，考虑的第一要素可能不是费用，而是运行的稳定性，此时运行方式的灵活调节是设计考虑的首要因素。

② 废水水质特性。影响生物除磷的关键性水质参数是：进入生物除磷系统的进水 BOD/TP 比值和快速生物降解有机物含量。试验研究表明，进水 BOD/TP 比值低于 20 时，如果采用主流生物除磷工艺，出水 TP 很难达到 1～2mg/L。与此相反，理论上说 Phostrip 工艺的除磷性能不受废水水质的影响，因此 Phostrip 更适合于低浓度废水除磷，如果有脱氮要求不宜采用 Phostrip 工艺。氨浓度比较高，BOD 浓度又比较低，进一步降低主流除磷工艺出水磷浓度的途径包括投加化学药剂和降低出水 SS 浓度，出水 SS 的进一步去除可采用过滤法和降低沉淀池的表面负荷。

废水的快速生物降解有机物含量，尤其是 VFAs 含量，对生物除磷系统的处理效果的影响非常明显。快速生物降解有机物含量越高，除磷效果越好。快速生物降解有机物浓度的测定方法已经开发出来，废水可生物降解性的初步判断有时可由经验丰富的专业人员做出。由于发酵作用有可能在废水收集管网中发生，腐化废水的快速生物降解有机物含量要高于相对新鲜的废水。

VFAs 是贮磷菌能直接利用的基质。将初沉污泥酸化成 VFAs，并将 VFAs 投加到厌氧区，可为生物除磷系统中的贮磷菌提供更多的基质，从而提高主流生物除磷工艺的性能。VFAs 可以投加到所有主流生物除磷系统的厌氧区。

二、设备和装置

同生物脱氮工艺。

三、设计计算

(一) 侧流除磷工艺 (Phostrip) 设计

1. 总体考虑

Phostrip 型废水处理厂的主流部分是标准活性污泥法[7]，其设计方法和要点与其他活性污泥工艺设施的设计相似。Phosrip 工艺不影响活性污泥系统的泥龄或污泥负荷选择。

Phostrip 工艺本身的设计要点包括[8]：释磷池的尺寸和布置；反应澄清池的尺寸；石灰投加量；淘洗水的来源。

(1) 释磷池设计　释磷池容积根据分流到释磷池的回流污泥量、所需的固体停留时间以及进流和底流（外排）的污泥浓度确定。从污泥回流系统分流的回流污泥流量一般为废水处理厂进水流量的 20%～30%；固体停留时间常规取值为 5～20h；底流（外排）污泥流量为废水处理厂进水量的 10%～20%，相当于浓缩了 30%～50%；侧壁水深 3.1m；淘洗水流量为释磷池进流量的 50%～100%；释放的磷量按 0.005～0.02kgP/kgMLVSS 计算。

释磷池的设计标准主要是表面积，根据固体负荷和设定的固体通量确定。深度按最低容积需求和表面积求算，同时考虑增加 50% 的深度，调节释磷池的污泥贮存量。释磷池的固体停留时间也要加以考虑，释磷池的典型深度为 5.5～6.0m。

(2) 反应澄清池设计标准　反应澄清池的设计依据释磷池产生的上清液流量以及设定的溢流率（表面负荷）允许值，具体设计方法与初沉池或二沉池的设计相同。释磷池的上清液来自污泥浓缩所释放的水和淘洗水。淘洗水量一般按释磷池进水流量的 50%～100% 考虑。反应澄清池的典型溢流率设计值为 $2.0m^3/(m^2 \cdot h)$。

(3) 石灰投加量　反应澄清池的石灰投加量取决于上清液的特性，关键在于将上清液的 pH 值提高到 9～9.5，多数废水的投加量为 100～300mg/L。

(4) 淘洗水来源　初沉出水、二沉出水以及反应澄清池石灰沉淀上清液均可用作淘洗水。释磷池运行效率的高低与淘洗水的水质有很大关系。一般来说，淘洗水中不能有硝酸盐存在，并尽可能不含溶解氧。硝酸盐和溶解氧的存在会导致释磷池出现有机物的降解，从而影响基质的发酵、除磷菌对这些有机物的同化和磷的释放。BOD 的存在有助于释磷池的除磷，因此淘洗水的 BOD 浓度宜高不宜低。

反应澄清池出水不含硝酸盐和溶解氧、含磷量低，常被用作淘洗水。初沉出水含有较高浓度的快速降解有机物，作为淘洗水使用，可促进磷的释放。二沉出水的淘洗性能较差，只有在活性污泥处理工艺不发生硝化的条件下方可采用。

2. Phostrip 工艺设计方法

Phostrip 工艺设计所考虑的主要方面是释磷池和固体接触池（反应澄清池）的大小以及石灰投配率。固体接触池的尺寸随释磷池上清液出流率而变。这将取决于回流至释磷池的污泥流量、污泥浓缩的程度以及淘洗水为外来时的淘洗水流量，石灰投加流量取决于释磷池上清液特性和释磷池上清液流量影响，上清液性质影响磷沉淀所需的 pH 提高。

释磷池的主要设计步骤如下：

① 确定或选择通过释磷池的回流污泥量；

② 选择释磷池底流污泥浓度；

③ 选择释磷池污泥固体停留时间；

④ 根据上述数据计算释磷池所需的污泥体积；

⑤ 采用固体通量分析或选择适当的污泥固体负荷，计算释磷池面积需求；

⑥ 根据第④和第⑤步的数据确定释磷池的潭泥深度；

⑦ 选定上清液深度以求释磷池侧边总水深，上清液推荐深度为 1.5m，释磷池深度可以增加以提供更大的污泥贮量和操作灵活性。

进入释磷池的回流污泥量通常依据试验或已有的生产性运行结果确定。除磷效率与 3 个主要操作参数相关：通过释磷池的回流污泥量，释磷池污泥固体停留时间以及释磷池上清液流量。上述关系可用下式表示：

$$1.85-\lg(100-E)/2.11=Q_{SL}D^{1/2}R_{SU} \tag{2-9-38}$$

式中，E 为除磷百分率；Q_{SL} 为通过释磷池的回流污泥量，干固体/系统进水流量；D 为污泥固体停留时间，h；R_{SU} 为释磷池上清液流量百分比（按进水流量）。

上述关系说明除磷效果受释磷池污泥固体负荷及释磷池污泥固体停留时间的影响。用以下的例子来说明设计程序。

【例 2-9-1】 废水和处理设施设计条件

进水流量：10000m³/d；初沉出水 BOD：120mg/L；初沉出水 TP：8mg/L；活性污泥回流量：按进水流量的 80%；回流活性污泥浓度：6g/L；污泥固体停留时间：10h；底流污泥浓度：9g/L；释磷池的回流污泥量：按进水流量的 25%。

解：设计步骤

① 进入释磷池的回流污泥量：

$$0.25\times10000\text{m}^3/\text{d}=2500\text{m}^3/\text{d}$$

通过释磷池的回流污泥量：

$$(0.25/0.8)\times100\%=31\%\text{（根据回流污泥总量）}$$

② 释磷池底流污泥浓度：9g/L。

③ 释磷池污泥固体停留时间：10h。

④ 释磷池每日产生的污泥体积（即释磷池底流流量）

$$(2500\text{m}^3/\text{d})\times(6\text{g/L}\div9\text{g/L})=1667\text{m}^3/\text{d}$$

释磷池净污泥体积

$$(1667\text{m}^3/\text{d}\div0.8)\times10\text{h}\times1\text{d}/24\text{h}=868\text{m}^3$$

释磷池净污泥体积的估算是根据释磷池底流污泥流量（或浓度）和设定的密度修正系数（取 0.8）；设定修正系数的目的是考虑释磷池的运行变化有可能出现低浓度的浓缩污泥。

⑤ 释磷池固体负荷：

$$6\text{g/L}\times2500\text{m}^3/\text{d}=15000\text{kg/d}$$

假设底流污泥浓度 9g/L 时的容许固体通量为 50kg/(m²·d)，

所需释磷池面积＝15000kg/d÷50kg/(m²·d)＝300m²

溢流率＝2500m³/d÷300m²×1d/24h＝0.35m³/(m²·h)

⑥ 释磷池污泥深度

$$868\text{m}^3\div300\text{m}^2=2.9\text{m}$$

⑦ 释磷池最低深度

$$1.5\text{m}+2.9\text{m}=4.4\text{m}$$

总释磷池深度取 5.5m 以增加贮量调节能力。

⑧ 一级出水淘洗液的进料流量为释磷池进流量 50% 时上清液流量：

$$2500\text{m}^3/\text{d}\times0.50+2500\text{m}^3/\text{d}(1-6\text{g/L}\div9\text{g/L})=2083\text{m}^3/\text{d}$$

⑨ 用于石灰沉淀的固体接触设施

设定，溢流率$=49m^3/(m^2 \cdot d)$

面积$=2083m^3/d \div 49m^3/(m^2 \cdot d)=42.5m^2$

直径$=7.4m$

石灰投加剂量200mg/L，投加量为：

$$2083m^3/d \times 200mg/L \times 0.001=417kg/d$$

⑩ 核查除磷率

设挥发性固体含量为70%，释磷池磷释放为0.01gP/gMLVSS，磷释放量为：

$$15000kg/d \times 0.70 \times 0.01g/g=105kg/d$$

通过释磷池上清液处理去除的磷为：

$$105kg/d \times 2083m^3/d \div (2500m^3/d+2500m^3/d \times 0.5)=58.3kg/d$$

进入活性污泥系统的进水TP量为：

$$10000m^3/d \times 8mg/L \times 0.001=80kg/d$$

设出水TP为0.5mg/L，剩余污泥所含的总磷量为：

$$(80-58.3)kg/d-0.5mg/L \times 10000m^3/d \times 0.001=16.7kg/d$$

一级处理后生物系统的净产泥量取0.558gMLSS/gBOD，则去除的BOD：

$$120mg/L-10mg/L=110mg/L$$

净产泥量$=110mg/L \times 0.55g/g \times 10000m^3/d \times 0.001=605kg/d$

剩余污泥中的磷$=16.7kg/d \div 605kg/d \times 100=2.8\%$

其污泥含磷量较主流生物除磷系统为低。

3. Phostrip 工艺的专用设备

Phostrip系统需要设备的3个主要区域是释磷池、石灰投加系统、化学反应澄清池，以及相应的输送管道和泵，包括回流污泥至释磷池、释磷池淘洗水供给、释磷池的污泥送至曝气池、释磷池出流输往化学处理装置以及把石灰投加到化学处理段。

释磷池的构造类似于典型的污泥浓缩池，只不过在污泥贮量控制和淘洗方面作了一些改进。该池包括中心进泥井、浮泥（渣）挡板、溢流堰、机械刮（吸）泥机和污泥层液位指示器，此外还有污泥浓度探头（选件）。

石灰投加系统包括贮灰槽、熟化以及泥浆投加和控制系统。石灰与释磷池上清液的混合可采用静态管道搅拌器或在快速混合池中安装机械搅拌器，快速混合池的停留时间约1min。

Phosrrip工艺的化学处理装置就是固体接触装置（反应澄清池）。用较大的锥形侧板在圆形池中央形成混合区以促进絮凝。在石灰处理方面，先前形成的沉淀物作为新沉淀物和絮体生长的种子。在沉淀过程中，从混合区下落的较重的污泥絮体沉降在澄清池内侧板下面及周围，然后用机械刮泥板把沉降的污泥刮到位于澄清池中央的污泥排放点。

4. Phostrip 构筑物

根据前面所述，Phostrip工艺的主要构筑物包括：将回流污泥送入释磷池的设施，释磷池，反应澄清池，完成释磷的污泥送到曝气池，石灰投加系统。大多数活性污泥处理系统都是从二沉池排出污泥，然后将其连续泵送到曝气池的前端。因此，既可通过流量控制阀从回流污泥的泵送管线将回流污泥分流到释磷池，也可另设泵送系统从共用污泥井回流污泥。从二沉池抽取回流污泥会影响二沉池的运行和性能，从回流污泥管线分流污泥比较理想，有利于二沉池的运行控制。另设泵送系统增大了二沉池回流污泥外排的控制难度。采用分流方案时，有必要安装流量计控制和监测回流量。释磷池的进泥管应设在水面以下，避免空气进入释磷池影响磷的厌氧释放。

释磷池和反应澄清池的尺寸确定方法已经在前面讨论过。释磷污泥从释磷池排出并泵送到污泥回流管线进入曝气池。这一过程需要低扬程泵送系统来完成。释磷污泥的特性与二沉池回流污泥相似，可采用相同的设备，例如不堵塞型离心泵。所采用的泵要有变速功能，并安装在线流量测量仪表控制澄清池的固体停留时间。如果设计的释磷池与主工艺的水线之间有足够的水头，释磷污泥也可通过重力流回流到主工艺，采用泵送还是采用重力流应在详细设计阶段考虑。

如果采用初沉或二沉出水作为淘洗水，就有必要设计淘洗水的泵送系统。淘洗水流量一般为进泥量的一半，不需严格控制。淘洗水的流量和化学性质决定反应澄清池的大小以及需要投加的石灰量。建议采用定速泵送系统。从而简化反应澄清池和石灰投加系统的设计和运行。

如果采用反应澄清池的出水作为淘洗水，也有必要设置泵送系统，并仔细考虑流量平衡。一般情况下，反应澄清池的出水量将超过泵送的淘洗水回流量，有必要在淘洗水泵送系统中设置溢流装置和辅助泵处理剩余的出水，与其他类型的淘洗水一样，可考虑采用定速泵系统。

石灰投加系统的维护问题较多，最主要的问题是结垢，有可能严重影响输运管线。系统的设计应便于清理，最好设计备用装置或起码设置备用输送管线。可用于替代反应澄清池处理释磷池上清液的另一种处理方案是，上清液和石灰在快速混合池中完全混合之后排到初沉池，产生的污泥与初沉污泥一起排出，由于石灰污泥不能单独处理处置，这种污泥对初沉污泥处理处置的影响要加以考虑。

(二) 主流除磷工艺设计[9]

1. 一般考虑

主流生物除磷工艺包括 A/O、A^2/O、UCT、Bardenpho、VIP 等。尽管工艺构筑物的布置和回流系统的设置多种多样，但这些生物除磷工艺的设计还是有许多相似之处。与除磷相关的设计要点包括：厌氧区的设计，污泥处理方法，工艺出水能否满足磷的排放要求和泥龄的合理选择。

(1) 厌氧区设计　厌氧区是生物除磷工艺最重要的组成部分，是所有生物除磷系统的必备构筑物。设计厌氧区的目的是为除磷菌同化和贮存进水溶解性有机物提供充足的停留时间和环境条件。厌氧区安装搅拌器，需要时也可同时安装曝气装置。

厌氧区的容积一般按 0.9～2.0h 的水力停留时间确定，如果进水快速生物降解有机物浓度高，厌氧区的水力停留时间可选择低限值。

(2) 污泥处理　主流生物除磷工艺的作用机理是将溶解磷转化到活性污泥生物细胞中，然后通过剩余污泥排放从系统中除去。污泥在最终处置之前通常需要浓缩和稳定化。在污泥处理过程中如果产生厌氧状态，剩余污泥中的磷就会重新释放出来，从而增加污泥处理回流液的含磷量，相应增大了进水磷负荷。重力浓缩易造成厌氧状态，不宜采用，可采用不产生厌氧状态的浓缩技术，例如气浮浓缩、机械（离心）浓缩、带式重力浓缩。受条件限制只能选用重力浓缩时，工艺流程中需要增设化学沉淀设施去除浓缩上清液所含的磷。

有一些废水生物除磷处理厂的剩余污泥采用气浮浓缩，避免了磷的厌氧释放。污泥好氧消化过程中细菌细胞的分解代谢可引起磷的释放。污泥厌氧消化也有可能引起磷的大量释放，但由于消化过程中部分溶解磷可转化成磷酸铵镁沉淀物，污泥厌氧消化对出水水质的影响因厂而异。在美国 Michigan 州 Pontiac 废水厂的一项 A/O 工艺研究结果为，厌氧消化上清液所含的磷对出水水质没有造成什么影响。在 YorkRiver 废水处理厂进行的类似研究，其结果与此相反，污泥厌氧消化处理回流液的含磷量相当高。只要污泥厌氧消化外排的厂内废水不返回到水线，厌氧消化就可以作为可行的除磷废水厂污泥稳定化工艺。总的来说，在生产性运行的生物除磷废水厂中，未发现污泥厌氧消化上清液的不利影响。有一些废水处理厂没有设置污泥好氧消化或厌氧消化，直接用干化床、堆肥或焚烧法处理处置，也就不存在污泥处理回流液问题。

(3) 处理系统的除磷能力　在水质环境条件合适、运行管理得当的情况下，本节所介绍的所有除磷工艺均能显著降低出水磷浓度。但有时候，磷的地方排放标准很高，往往要求出水 TP 在 1mg/L，甚至 0.3mg/L 以下，这种情况下需要增加化学除磷或过滤处理去除出水中残留的磷才有可能满足排放要求。

生物除磷系统的除磷量设计可按污泥净产率和设定的污泥含磷量确定。污泥产率大小主要取决于温度、泥龄、是否有一级处理。如果有硝化反硝化，反硝化所消耗的 BOD 也要考虑在内。如果计算结果表明出水磷浓度达不到排放标准，那就很可能需要增设化学处理或过滤处理设施。

(4) 泥龄的选择　决定设计泥龄值选择的主要因素是处理系统的脱氮要求。脱氮要求越高，所需泥龄越大。理论与实践均已证明，处理系统的泥龄与单位 BOD 的除磷量之间存在密切关系。泥龄越大，越不利于生物除磷，尤其是进水 BOD/TP 比值低于 20 的情况。

2. 主流生物除磷工艺设计方法

主流生物除磷有各种不同的工艺组合和池型构造。好氧区依据处理对象的不同而设计，有不同的内回流和硝酸盐去除方案可供选择，但有一些通用的设计事项适用于所有的主流生物除磷系统。这些事项包括厌氧区的设计，好氧区需有足够的停留时间和 DO，必要时还要设计反硝化反应器以及污泥处理系统。设计中需要考虑的另一方面是，除磷系统所能达到的出水磷浓度，是否需要添加化学药剂或设置出水过滤来满足所要求的处理程度。由于处理性能对废水的水质水量特性非常敏感，在多数情况下，在确定最终设计之前，有必要先开展现场性小试或中试研究。

厌氧区停留时间的确定可根据中试研究或以往经验，常见取值范围是 0.9～2.0h。从理论上讲，厌氧区分格有助于降低溶解性有机物发酵所需的停留时间。是否采用分格方式，要综合考虑所增加的搅拌器和分隔墙的费用。

好氧区的 DO 通常选择 2.0mg/L 以上。磷吸收需要足够的好氧时间，但只要能始终满足处理系统的除磷目标，好氧区的尺寸应尽量小一些。

(1) 产泥量　废水生物除磷系统的产泥量与其他活性污泥处理系统的产泥量报道值没有什么明显差别。但混合液悬浮固体的贮磷行为会使净产泥率稍有增加。为了计算所增加的产泥率，需要估算与磷的贮存相关的化学成分含量，可大致根据磷释放过程溶液的组分变化来估算（表 2-9-21）。

表 2-9-21　磷贮存物的大致组成

组分	分子量	含量/(mol/molP)	含量/(g/gP)	组分	分子量	含量/(mol/molP)	含量/(g/gP)
Mg	24.3	0.28	0.22	O	16	4	2.06
K	39.1	0.20	0.25	P	31	1	1.00
Ca	40	0.09	0.12	总量			3.65

【例 2-9-2】 用以下实例来说明泥量的增加，设：污泥净产率＝0.70kg MLSS/kgBOD；常规剩余污泥的含磷量＝2%；生物除磷系统的污泥含磷量提高至 4%。

解：

去除单位 BOD 所去除常规磷量：

$$0.02 \times 0.70 = 0.014 (\text{kgP/kg BOD})$$

生物除磷过程增加的除磷量（P_B）：

$$(0.014 + P_B)/(0.7 + 3.65P_B) = 0.04$$

$$P_B = 0.0164\text{kg/kgBOD 去除}$$

生物除磷法产泥率为：

$$0.70 + 3.65 \times 0.0164 = 0.76 (\text{kgMLSS/kg BOD})$$

生物除磷法产泥率与常规工艺产泥率之比：

$$0.76/0.70 = 1.085$$

产泥量增加了 8.5%。如果剩余污泥的含磷量增至 5%，估计产泥量净增 13%。因此生物除磷系统的剩余污泥量有所增加，但污泥的浓缩和脱水特性很好，对污泥的处理一般不会产生不利影响。改良 Bardenpho 和 A/O 系统混合液的 SVI 值一般低于 100mL/g。

(2) 除磷效率　在没有进行小试或中试的情况下，需要对生物除磷效率进行估算，以确定是否需要添加化学药剂或过滤才能满足出水要求。在设计过程中是否选择过滤，很大程度上取决于二沉池的效率。如果只有出水 SS 浓度低于 10～12mg/L 时，才能使出水 TP 浓度低于 1mg/L 的话，则通常需要设置过滤设施。

生物除磷系统所去除的总磷量随净产泥量、污泥的含磷量以及去除的 BOD 量而变，可用下式表示：

$$Y_n F_P = D_P / \text{DBOD}_5 \tag{2-9-39}$$

式中，Y_n 为污泥净产率，kg MLSS/kg BOD；F_P 为污泥含磷量，kg P/kgMLSS；D_P/DBOD_5 为去除的 TP/去除的 BOD，kgTP/kgBOD。

净产泥率大小取决于处理系统的泥龄和进水水质。采用一级处理的系统，其剩余污泥净产泥率相应降低，这是因为进水所含的大部分惰性固体都在初沉池中被去除。污泥的含磷量变化较大，主要与进水水质和运行条件有关。可根据其他处理厂的数据选择合适的 F_P 值，BOD/TP 去除比值同泥龄的关系通过污泥产率的变化体现。具有一级处理的系统，混合液悬浮固体中含有的惰性物质较少，其 Y_n 较低，但 F_P 较高。

【例 2-9-3】 泥龄对污泥净产率和除磷效果的影响

设：

F_P＝0.05gP/gMLSS	出水 SS＝12mg/L
进水 BOD/TP＝21	出水 BOD＝5mg/L
进水 BOD＝160mg/L	没有一级处理
进水 TP＝7.5mg/L	T＝20℃

解：

泥龄设计值/d	5	10	20
Y_n/(g/g)	0.92	0.81	0.70
D_P/DBOD_5	0.046	0.041	0.035
BOD 去除/(mg/L)	155	155	155
磷去除 D_P/(mg/L)	7.1	6.4	5.4
出水溶解性磷(7.5－D_P)/(mg/L)	0.4	1.1	2.1
出水颗粒性磷/(mg/L)	0.6	0.6	0.6
出水 TP/(mg/L)	1.0	1.7	2.7
TP 去除率/%	87	77	64

上述例子说明了泥龄对估算的 TP 去除效率的影响。如果要求出水 TP 浓度达到 1.0mg/L。则 5d 泥龄可满足要求而不需另加化学药剂或过滤。泥龄较长的系统则需要添加化学药剂以减少出水溶解磷浓度。示例中所依据的进水 BOD/TP 比值较低，但在生活污水的数值范围以内。

硝态氮的影响可以通过反硝化过程的 BOD 消耗量加以计算。

设进入厌氧区的有效 NO_3^--N 浓度＝5mg/L（回流污泥和进水相混合之后）。

用于反硝化的 BOD 为

$$4\text{mg BOD/mg}NO_3^-\text{-N}\times 5\text{mg/L}=20\text{mg/L}$$

泥龄＝5d 时可用于生物除磷的残余 BOD 为

$$\text{BOD}=160-20=140\text{mg/L}$$

去除的 BOD＝140－5＝135mg/L

去除的 D_P＝0.046×135＝6.2mg/L

出水溶解磷 S_P＝7.5－6.2＝1.3mg/L（没有硝态氮时溶解磷为 0.4mg/L）。

因此，本例所用的进水 BOD/TP 比值低，则硝化反应和回流污泥中存在的硝酸盐能显著地影响出水中溶解性磷浓度和总磷浓度。

（3）硝化及硝态氮的去除　在生物除磷系统中，硝酸盐的去除问题非常重要。生物除磷脱氮系统所采用的两种反硝化运行模式为前反硝化和后反硝化。当发生硝化反应时，改良 Bardenpho 和 A/O 工艺中的硝化混合液回流至前反硝化区（第一缺氧区），回流比一般是进水流量的 100%～400%。进入该区的基质驱动兼性微生物利用硝酸盐作为最终电子受体，进行反硝化反应。改良 Bazdenpho 工艺除了前反硝化区外还有第二缺氧池（即后反硝化区）。在第二缺氧区进水基质已经耗尽，反硝化速率由混合液的内源呼吸速率确定。

在具有反硝化的生物除磷系统设计中，设计的目标首先是确定进入前反硝化和后反硝化区的 NO_3^--N 量，然后根据所需要的反硝化能力确定缺氧区的容积。设计的关键之处是各类缺氧区内的混合液反硝化速率。有关硝化和反硝化系统的设计计算前面的章节已经有详细的论述。在此仅简要讨论 A^2/O 工艺的设计计算依据。

① 泥龄 θ_c。泥龄的选择直接影响处理系统的硝化能力、反硝化能力、磷去除能力和有机固体的稳定化程度。活性污泥系统中，好氧状态下硝化菌得以存留和增殖的必要条件是：

$$\theta_c>1/(\mu_{AM}-b_A) \tag{2-9-40}$$

式中，μ_{AM}为给定条件下硝化菌的最大比增殖速率，20℃时取值 0.2～0.65d^{-1}，温度修正系数 θ＝1.12；b_A 为硝化菌比死亡速率，20℃时取值 0.04d^{-1}，温度修正系数 θ＝1.03。在环境和水质参数值确定的条件下，维持系统发生硝化的唯一办法是调整 θ_c。一般情况下泥龄越大硝化效果和稳定性越好，但除磷效果则可能降低。

② 非曝气污泥量比值（f_{MN}）。生物除磷脱氮系统的反应池包含曝气区和非曝气区两部分。反硝化菌的增殖和死亡在两种状态下均发生，硝化菌的死亡也是如此，但硝化菌仅能在曝气区增殖，因此非曝气污泥量比值（非曝气污泥量/总泥量）对系统的硝化特性有重大影响，为了尽可能经济地达到效果好、性能稳定的生物脱氮效果，必须选择合适的非曝气污泥量比值。一般来说，活性污泥生物除磷脱氮系统内各反应区的污泥浓度基本上一致，可视为相同，这就意味着非曝气污泥量比值等同于非曝气反应区池容与反应区总池容的比值。通过硝化菌的物料平衡可推导出确定 f_{MN}的计算式：

$$f_{MN}=1-S_f(1/\theta_c+b_A)/\mu_{AM} \tag{2-9-41}$$

式中，S_f 为硝化安全系数，取值 1.5～2.5。

为了获得尽可能大的反硝化量，数值应尽可能取大些，但 f_{MN}值越大，所需的泥龄和工艺总容积也越大。另一方面，试验观测表明 f_{MN}大于 0.5 时活性污泥沉降性能有可能明显恶化，设计中应尽量避免，综合考虑各种影响因素，f_{MN}取值 0.45 左右较好，f_{MN}包括反硝化污泥量比值 f_{MNX}和厌氧区污泥量比值 f_{MNA}，f_{MNA}的取值一般为 0.1～0.15。

③ 剩余污泥除氮量。试验观测表明，20℃时泥龄 3～70d 的生物处理系统中，挥发性组分的含氮量均在 0.1mgN/mgMLVSS 左右，因此生物脱氮系统内通过剩余污泥所去除的氮（N_A）可由下式计算：

$$N_A = 0.1X_{T(V)} \tag{2-9-42}$$

式中，$X_{T(V)}$为每日排放剩余污泥量，kg/d。

必须注意的是，污泥厌氧消化上清液回流到废水处理系统时，需要在进水总氮量中加上这一部分或在 N_A 中扣减。

④ 处理系统的硝化能力（N_C）及其稳定性。硝化能力为处理系统硝化 TKN 的能力，即通过硝化去除的 TKN 量。根据：

$$N_n = N_{ti} - N_A - N_{te} \tag{2-9-43}$$

式中，N_n 为可硝化的 TKN 量，mg/L 或 kg/d；N_{ti}为进水 TKN 量，mg/L 或 kg/d；N_{te}为出水 TKN 量，mg/L 或 kg/d。

当泥龄和非曝气污泥量比值取值合理时，$N_C \geqslant N_n$，硝化可以接近 100%完成。由于氨氮属溶解性物质且进水 TKN 浓度波动较大，可硝化的 TKN 量实际上是 $N_n \pm \Delta N_n$，因此 S_f 值是控制出水 TKN 的关键系数，S_f 值足够大，则 N_C 能保证 $N_n + \Delta N_n$ 时也能实现完全硝化。

⑤ 处理系统的反硝化能力（D_P）。在稳态条件下，反硝化能力指硝酸盐充足时处理系统通过反硝化作用所能去除的最大硝酸盐量，可用下式求算：

$$D_P = \alpha f_{bs} BOD_5 + K_{DN2} f_{MNX} Y_H BOD_5 \theta_c (1 + \theta_c b_H) \tag{2-9-44}$$

式中，f_{bs}为 BOD 中溶解性快速降解部分所占比例；α 为快速 BOD 去除硝态氮能力，约 0.2mgN/mgBOD 或 0.117mgN/mgCOD；Y_H 为异养菌产泥系数，g 细胞 BOD/gBOD 去除；b_H 为异养菌衰减系数，d^{-1}；f_{MNX}为反硝化区污泥量比值；K_{DN2}为活性微生物第二反硝化速率，20℃取值 0.1mgN/（mgMLVSS·d），温度修正系数 1.04。

可看出，影响反硝化能力的重要因素是碳氮比、泥龄和溶解性快速生物降解有机物量。BOD 值越大，D_P 值也越大，硝酸盐的去除量越大；泥龄越长，单位 BOD 去除硝酸盐的能力也越大。根据受电子能力估算，单位 BOD 的最大反硝化能力为 0.35mgN/mgBOD（即最低 $\Delta BOD_5/\Delta N$ 比值为 2.86），由于生物脱氮系统中仅 50%左右的污泥可处于缺氧状态，因此生物脱氮系统去除单位 BOD 所能去除的硝态氮量约为 0.18mgN/mgBOD，也就是说可用于反硝化的 BOD 量与需要反硝化的硝态氮量比应大于 5.7 才能较好地达到反硝化目的。根据式(2-9-44）求算，当泥龄大于 25d 时反硝化能力变化很小，因此生物脱氮系统的泥龄宜取 15～25d，结合除磷时最好不超过 20d。

在确定进水水质特性和环境影响因素取值的情况下，通过不同泥龄和 f_{MNX}取值，通过试算法求算出满足硝化和反硝化所需的泥龄、f_{MNX}及满足除磷要求的 f_{MNA}，相应的反应池容积就能计算出来。具体计算方法参见相关章节。

3. 所需要的专用设备

主流生物除磷系统所需的设备较少，也较简单。不管哪一种类型的厌氧区和缺氧区设计，都需要设置搅拌器使混合液悬浮固体处于悬浮状态。所需的典型搅拌能量输入的设计取

值是 $10W/m^3$。为了尽量减少因搅拌作用导致的空气夹带，搅拌能量输入取值也可能低于此值。采用防涡流挡板，污泥至缺氧或厌氧区的内回流采用低水头高容量水泵也有助于避免空气的夹带。

4. 构筑物设计

在确定了工艺参数、完成了工艺设计之后，可进行生物除磷系统具体构筑物的设计。

主流生物除磷工艺的构筑物设计与生物脱氮系统的构筑物设计基本相同，所增加的厌氧区在构筑物设计方面也与缺氧区相同，两者都是设置搅拌器不设置曝气系统，混合所需的能量输入与缺氧池相同，因此主流生物除磷系统的设计可参照前面的有关章节。但必须特别注意的是厌氧区进水口和回流进水口的设计，应保持淹没状态，避免空气带入。

厌氧区设计的另一要点是池容（水力停留时间），池型可以是单池或多池串联。由于过程动力学属一级反应，采用串联池型构造有利于磷的厌氧释放和好氧吸收，第一段 BOD 浓度较高，对应的反应速率也较大。但多池串联的建设费用高于单池。

5. 工艺改进

限制生物除磷系统性能的主要因素是系统内贮磷菌所能获得的 VFAs 量与系统要求的生物除磷量之比值。进水 BOD/TP 比值较低的废水不可能在发酵区产生足够的 VFAs。有的处理厂必须添加化学药剂才能使出水 TP 浓度降低到排放要求。提高生物除磷系统除磷性能的另一种手段是增加除磷菌所需的 VFAs 供应量。

主流生物除磷系统产生的 VFAs 主要来自进入发酵区的溶解性快速降解 BOD 的说法已经得到普遍认可。在大多数废水中，快速降解 BOD 仅占进水 BOD 的 20%～40%。VFAs 是生物除磷的重要基质，在高负荷状态下使初沉污泥生化过程仅处于产酸发酵阶段，然后把发酵后的污泥输入到改良 Bardenpho 系统的厌氧区，除磷效果很好，但污泥的投加也增加了曝气所需的能量。

Oldham 和 Stevens（1985）提出的数据说明了在改良 Bardenpho 设施中使用初沉污泥发酵产物的好处。初沉污泥直接进入重力浓缩池，在那里有足够的时间促使产酸发酵。浓缩污泥通过 2.5mm 的滤网。含有微细固体物的筛滤液进入处理厂的厌氧区。将发酵产物交替加入到两组反应池或其中的一组，以便比较加与不加发酵产物的性能差别。当加入到两组反应池内时，出水溶解磷浓度一般低于 0.5mg/L。在交替投加发酵产物的运行阶段，接受发酵器液体的反应池在厌氧区立即显示出较大的磷释放，出水溶解磷浓度从 3.0mg/L 左右降到 0.5mg/L。不接受发酵器液体的那一组，其出水溶解磷浓度一般为 2～3mg/L。

在上述试验期间，浓缩池液体的 VFAs 浓度为 110～140mg/L。因为发酵器液体的流量只有进水流量的 8%～10%。进水中增加的 VFAs 浓度是 9～100mg/L。后来又加大了浓缩池的污泥深度以延长污泥固体停留时间，增加 VFAs 产量。结果发酵器液体的 VFAs 浓度增加至 200～3000mg/L，除磷效率却急剧下降，浓缩池液体的 pH 也降低。Barnard 提出的解释是，除磷菌不能利用低 pH 条件下产生的发酵产物。Rabimonitg 和 Oldham 进行的 UCT 中试研究，也是把初沉污泥发酵中沉降的上清液输入到中试装置。污泥在两段式完全混合反应器中发酵，然后在沉淀池中进行固液分离，污泥回流到污泥发酵器的第一段。沉降的液体含有 150～185mg/L 的 VFAs。在加入发酵液之后，两组试验装置的除磷率分别增加了 100%和 47%。发酵器的 VFAs 平均产量为 0.09mg/mgCOD。

在活性初沉池污泥发酵的设计方案中，浓缩后的发酵污泥有多种用途。首先它能使新沉降的固体与发酵菌相混合。浓缩池中产生的酸也在初沉池内淘洗，然后投入活性污泥过程。这样，一级处理可以用来减少二级处理的负荷。另一个好处是发酵池中固体物的 pH 能够得到较好的缓冲，因而能生产理想 VFAs 产量。浓缩池（深池）的目的与活性初沉池一样。

深池用来进行沉降和浓缩。Rabinowitg（1985）提出了一种类似于初沉池的设计，但浓缩池的泵送速率要加以控制，以保持所需要的停留时间进行发酵。

6. 已有处理厂的更新改造

Phostrip 工艺侧流除磷的特点是易适应于对现有设施的改造[10]。增加单独的池容量和管道以便释放一部分回流污泥中的磷，把释磷污泥回流到活性污泥系统，以及用石灰处理释磷池中的上清液。改造设计的特点与新设施的设计差不多。淘洗液来源和有机负荷是活性污泥系统的重要设计依据。淘洗液中的硝酸盐含量高，则要求释磷池污龄也长，而可能对释磷池的性能产生消极影响。活性污泥系统的泥龄越长，产生的活性污泥越少，也会影响释磷池的停留时间和性能，因此该工艺不适用于延时曝气的系统。

另一方面，必须考虑到由于石灰处理释磷池上清液而增加的污泥量。

关于主流工艺改造的选择方案可以是改变操作的活性污泥系统，A/O 系统或改良 Bardenpho 系统。所有这三类系统，都必须在活性污泥设施的前端设置厌氧发酵区。更改的设计包括确定厌氧区和缺氧区的容积。新增的容积可以在原有装置的池容量中获得或者可以另外增加。如果是另外增加，则选择最经济的翻改方案时，水力和结构设施将是重要考虑因素。

可以通过以下途径获得更新改造所需的额外池容：

（1）已建处理厂的进水负荷低于设计负荷，预计增加的负荷低于原来所要求的；

（2）由于生物除磷系统所产生的 SVI 值低，可以使生物除磷系统的 MLSS 运行浓度明显高于现有的处理系统；

（3）处理系统的运行泥龄可以低于原有的设计泥龄，而不影响出水水质，已证实泥龄较低可提高生物除磷工艺的性能。

在采用没有硝化反应的情况下，则除磷改造后所需增加的池容停留时间仅为 45min。这么小的容量往往可以从现有系统中获得，尤其在 A/O 系统能够提高处理系统的污泥浓缩性能的情况下。

所有主流过程的更改设计，都必须考虑剩余活性污泥的处理以及磷可能释放和循环至活性污泥系统的问题。需要进一步研究厌氧消化池中释放出的磷的出路。好氧消化会导致磷释放，磷释放与污泥量减少成正比。排出污泥用于土地处理是较好的选择方案。这种方法还可以利用排放污泥中高营养物含量增加土地肥力。

已有处理系统更改的选择取决于处理目的、废水水质和经济条件。无论何种情况，生物除磷的更改设计应该与化学除磷的处理方案比较。与生物方法相比，化学方法由于添加化学药品和增加污泥处理，其运行成本较高。生物除磷系统产生的污泥只比常规括性污泥系统稍多一些。生物除磷方案可能用于设施改造的初始投资费用较高，但从长期来看，由于运行成本低而节约费用。

更新改造的经济比较有更多因素，要就这些比较作出总的经济分析是困难的。有些处理厂把现有系统改为 A/O 工艺是非常简单的，而且所增加的投资费用也极少。进水 BOD/P 比值高时有利于选择主流生物除磷过程。与此相反，进水 BOD/P 比值低的淡废水则应选择化学处理方案、Phoship 法或者具有初沉污泥发酵的主流生物除磷过程。

处理要求也会影响更新改造工艺过程的选择和设计。如果除了要求去除 BOD 和磷外还要求较高的脱氮率，则主要选择改良 Bardenpho 工艺。如果要求较低的脱氮率以及去除 BOD，则设或不设缺氧区的 A/O、UCT、改良活性污泥系统以及 Phostrip 工艺均可采用。如果仅去除 BOD 则除了改良 Bardenpho、UCT 和 A^2/O 以外，上述过程都可考虑。

活性污泥系统的运行改进用于更新改造被认为有较大的风险，因为它通常没有 UCT、

A/O 和改良 Bardenpho 工艺所具有的厌氧、好氧区。然而，如果废水水质比较理想，有较大的厌氧区，则这种系统的出水磷浓度可以同那些分区系统相当。推流系统在操作上作一些改进也可以达到好的除磷目的，即使厌氧发酵区采用的是粗孔曝气。

许多处理系统很容易经过改进形成厌氧区。仅需要有选择地关闭曝气器，减少对曝气池前端曝气器的供气量，且在曝气池的前端增加搅拌器，或把活性污泥经初沉池回流与原废水厌氧接触。如果用后一种情况，则整个初沉污泥都会进入活性污泥曝气池，这种运行上的改进，必须基于对原有处理系统氧传递和有机物处理能力的仔细评估。

如果合适的话，活性污泥系统的运行改进也可以与化学除磷处理工艺一起使用，以减少化学处理成本。这种选择方案的好处是在做出最终设计决策时可以先在原有处理系统内进行试验。

（三）城市污水脱氮除磷设计

1. 一般规定

仅需脱氮时，可采用缺氧/好氧法（A/O 法）或低负荷序批式活性污泥法（SBR 法）；仅需除磷时，可采用厌氧/好氧法（A/O 法）或高负荷序批式活性污泥法（SBR 法）；需同时脱氮除磷时，可采用厌氧/缺氧/好氧法（A/A/O 法）或序批式活性污泥法（SBR 法）。

在进入生物脱氮除磷系统前应设预处理工序，包括除砂、去除漂浮物及浮渣。

脱氮时，废水中的 BOD_5 与 TKN 含量之比宜大于 4。脱磷时，废水中的 BOD_5 与 TP 含量之比宜大于 17。需同时脱氮除磷时，宜同时满足上述要求。

设计时应充分考虑冬季低水温对脱氮除磷的影响。

好氧池剩余碱度宜大于 70mg/L（以 $CaCO_3$ 计）。当进水碱度不满足上述要求时，可增加缺氧池容积或布置成多段缺氧/好氧形式，或增加原废水的碱度。

好氧池供氧设计时，池内溶解氧宜按 1.5～2.5mg/L 计算。

采用生物除磷工艺处理废水时，剩余活性污泥宜采用机械浓缩。

对生物除磷工艺的剩余活性污泥采用厌氧消化时，输送厌氧消化污泥或污泥脱水滤液的管道应有除垢措施。对含磷量高的液体，宜先除磷再回入集水池。

2. A/O 和 A^2/O

（1）反应池容积可按平均日废水量进行设计。

（2）厌氧池容积

$$V_{a1}=\frac{t_{a1}Q}{24} \tag{2-9-45}$$

式中，V_{a1}为厌氧池容积，m^3；t_{a1}为厌氧池停留时间，h，宜采用 1～2h；Q 为进水流量，m^3/d。

（3）厌氧池应采用机械搅拌，缺氧池宜采用机械搅拌，混合功率宜采用 5～8W/m^3 应选用安装角度可调的搅拌器。

（4）缺氧池容积

$$V_{a2}=\frac{0.001Q(N_{ki}-N_{ke})-0.12W_m}{k_{de(T)}X} \tag{2-9-46}$$

$$W_m=\frac{Q(S_i-S_e)}{1000}f\left(Y-\frac{0.9b_hY_hf_T}{\frac{1}{\theta_d}+b_hf_T}\right) \tag{2-9-47}$$

$$k_{de(T)}=k_{de(20)}1.8^{T-20} \tag{2-9-48}$$

式中，V_{a2}为缺氧池容积，m^3；X 为反应池混合液浓度，kgMLSS/m^3；N_{ki}为反应池进水总凯氏氮浓度，mg/L；N_{ke}为反应池出水总凯氏氮浓度，mg/L；W_m 为排出系统的微生物量，kg/d；S_i、S_e 分别为反应池进水、出水五日生化需氧量（BOD_5）浓度，mg/L；b_h 为异养菌内源衰减系数，d^{-1}，取 0.08；θ_d 为反应池设计泥龄值，d；Y_h 为异氧菌产率系数，$kgMLSS/kgBOD_5$，取 0.6；f 为污泥产率修正系数，通过试验确定，无条件试验时取 0.8～0.9；f_T 为温度修正系数，取 $1.072^{(T-15)}$；T 为温度，℃；k_{de} 为反硝化速率，$kg\text{-}NO_3^-\text{-}N/(kgMLSS \cdot d)$，通过试验确定；如无试验条件，20℃时 k_{de} 值可采用 0.03～0.06$kgNO_3^-\text{-}N/(kgMLSS \cdot d)$，并进行温度校正；$k_{de(T)}$、$k_{de(20)}$ 分别为 T℃和 20℃时的反硝化速率。

（5）好氧池容积可按下列规定计算　硝化菌比生长率可按下式：

$$\mu = 0.47 \frac{N_a}{K_N + N_a} e^{0.098(T-15)} \tag{2-9-49}$$

式中，μ 为硝化菌比生长率，d^{-1}；N_a 为反应池中氨氮浓度，mg/L；K_N 为硝化作用中氮的半速率常数，mg/L。

反应池中活性污泥好氧泥龄最小值可按下式计算：

$$\theta_m = \frac{1}{\mu} \tag{2-9-50}$$

式中，θ_m 为好氧泥龄最小值，d。

反应池设计泥龄可按下式计算

$$\theta_d = F\theta_m \tag{2-9-51}$$

式中，F 为安全系数，取 1.5～3.0。

污泥净产率系数可按下式计算：

$$Y = f\left[Y_h - \frac{0.9 b_h Y_h f_t}{\frac{1}{\theta_d} + b_h f_t} + \Psi \frac{X_i}{S_i}\right] \tag{2-9-52}$$

式中，Y 为污泥净产率系数；Ψ 为反应池进水悬浮固体中不可水解/降解的悬浮固体比例，通过测定求得，无测定条件时，取 0.6；X_i为反应池进水中悬浮固体浓度，mg/L。

好氧池容积可按下式计算：

$$V_0 = \frac{Q(S_i - S_e)\theta_d Y}{N_{te} - N_{ke}} - Q_r \tag{2-9-53}$$

式中，Q_r为回流污泥量，m^3/d；V_0为好氧池容积，m^3。

（6）混合液回流量

$$Q_r^m = \frac{1000 V_{a2} k_{de(T)} X}{N_{te} - N_{ke}} - Q_r \tag{2-9-54}$$

式中，Q_r^m 为混合液回流量，m^3/d；N_{ke}为反应池出水总凯氏氮浓度，mg/L；N_{te}为反应池出水总氮浓度，mg/L。

（7）在确定泥龄时，应综合考虑脱氮除磷的要求。当以脱氮为主要目的时，可适当延长泥龄；当以除磷为主要目的时，可适当缩短泥龄；需同时脱氮除磷时，应综合考虑泥龄的影响。

（8）好氧池的需氧量可根据去除的 BOD_5 量和氮量等计算确定。实际供氧量应考虑进水水量和进水水质的波动以及反应池混合液温度等因素的影响。好氧池的需氧量可按下式计算：

$$\begin{aligned} O_2 = &0.001aQ(S_i - S_e) + b[0.001Q(N_{ki} - N_{ke}) - 0.12W_m] - cW_m - \\ &0.62b0.001Q(N_{ti} - N_{ke} - N_{oe}) - 0.12W_m \end{aligned} \tag{2-9-55}$$

式中，O_2为好氧池的需氧量，kgO_2/d；N_{ti}为反应池进水总氮浓度，mg/L；N_{oe}为反应池出水硝态氮浓度，mg/L；a 为碳的氧当量，当含碳物质以 BOD_5 计时，取 1.47；b 为常数，氧化每公斤氨氮所需氧量，kgO_2/kgN，取 4.57；c 为常数，细菌细胞的氧当量，取 1.42。

(9) 剩余污泥量可按下式计算：

$$Y=\frac{Q(S_i-S_e)}{1000}f\left[Y_h-\frac{0.9b_hY_hf_t}{\frac{1}{\theta_d}+b_hf_t}+\Psi\frac{X_i}{S_i}\right] \tag{2-9-56}$$

(10) 二次沉淀池的表面水力负荷宜小于 $1m^3/(m^2\cdot h)$。

(11) 回流污泥设备宜采用不易带入空气的设备。

3. SBR 法

(1) 设计废水量，对于 SBR 反应池宜采用平均日废水量；对于反应池前后的水泵、管道等输水设施宜采用最大日最大时废水量。

(2) SBR 反应池的数量宜为两个及以上。

(3) SBR 反应池容积

$$V=\frac{24QS_i}{1000XN_St_R} \tag{2-9-57}$$

式中，Q 为每个周期进水量，m^3；N_S 为污泥负荷，$kgBOD_5/(kgMLSS\cdot d)$；t_R 为每个周期反应时间，h。

(4) 污泥负荷，以脱氮为主要目标时宜采用 0.03～0.12$kgBOD_5/(kgMLSS\cdot d)$；以除磷为主要目标时宜采用 0.08～0.4kg $BOD_5/(kgMLSS\cdot d)$；同时脱氮除磷时宜采用0.08～0.12kg $BOD_5/(kgMLSS\cdot d)$。

(5) SBR 工艺各工序的时间

进水时间

$$t_F=\frac{t}{n} \tag{2-9-58}$$

式中，t_F 为每池每周期所需的进水时间，h；t 为一个运行周期所需的时间，h；n 为反应池个数。

反应时间 t 可按下式计算：

$$t=\frac{24S_im}{1000N_SX} \tag{2-9-59}$$

式中，m 为充水比，高负荷运行时宜取 0.25～0.5，低负荷运行时宜取 0.15～0.3。

反应时间 t，包括好氧反应时间 t_o 和非好氧反应时间 t_a。

非好氧反应时间 t_a 可按下式计算：

$$t_a=24\frac{0.001Q(N_{ti}-N_{te})}{VXk_{de(T)}} \tag{2-9-60}$$

沉淀时间 t_S 宜采用 0.5～1h。排水时间 t_D宜采用 1.0～1.5h。

一个周期所需时间可按下式计算：

$$t=t_R+t_S+t_D+t_b \tag{2-9-61}$$

式中，t_b 为闲置时间，h。

(6) 每天的周期数宜取正整数。

(7) SBR 工艺的需氧量参考相关章节。

(8) 厌氧、缺氧工序宜采用水下搅拌器搅拌。

（9）连续进水时，反应池的进、出水处应设置导流装置。

（10）应选用不易堵塞的曝气装置。

（11）反应池可采用矩形池或圆形池，水深宜取4～6m。矩形池的长宽比，间隙进水时宜采用（1～2）∶1；连续进水时宜采用（2.5～4）∶1。

（12）反应池应设置固定式事故排水装置，可设在滗水结束时的水位处。

（13）应采用有防止浮渣流出设施的滗水器；反应池应有清除浮渣的装置。

参考文献

[1] 徐亚同．废水中氮磷的处理．上海：华东师范大学出版社，1996.

[2] 郑兴灿．污水除磷脱氮技术．北京：中国建筑工业出版社，1998.

[3] 屈计宁，高廷耀．德国生物脱氮工艺中曝气池的设计计算．中国给水排水，1999，15（4）：55-57.

[4] 周雹，周丹，张礼文等．活性污泥工艺的设计计算方法探讨，中国给水排水，2001（5）：45-49.

[5] EPA/600/R—09/012. Nutrient Control Design Manual. Office Of Research And Development，National Risk Managenent Research Laboratory-Water Supply And Water Resource Division，2009.

[6] EPA/625/R—93/010. Mamual Nitrogen Control. Office Of Reseach And Development Office Of Water，Washington，D. C.，1993.

[7] EPA—625/1—87—001. Design Manual：Phosphorus Removal. Water Engineering Research Laboratory，Cincinnati Oh 45268，1987.

[8] 中国工程建设标准化协会标准．CECS 149：2003．城镇污水生物脱氮除磷处理设计规程．

[9] 唐建国，林洁梅．化学除磷的设计计算．给水排水，2000，26（9）：17-22.

[10] 亓延敏，吕锡武，徐微．废水除磷及回收技术，山西建筑，2008，34：191-193.

第十章
化学除磷与磷回收

第一节　废水中的磷和磷酸盐化学

一、水体中磷的来源和形态

（一）水体中磷的来源

排放到湖泊中的磷大多来源于生活污水、工厂和畜牧业废水、山林耕地肥料流失以及降雨降雪之中。与前几项相比，降雨和降雪中的磷含量较低。有调查表明，降雨中磷浓度平均值低于 0.04mg/L，降雪中低于 0.02mg/L。以生活污水为例，每人每天磷排放量大约在 1.4～3.2g，各种洗涤剂的贡献约占其中的 70%左右。此外，炊事与漱洗水以及在粪尿中磷也有相当的含量。工厂磷排放主要来源于肥料、医药、金属表面处理、纤维染色、发酵和食品工业。在水体的磷流入量中，生活污水占 43.4%为最大，其他依次为 20.5%、29.4%与 6.7%，见图 2-10-1[1]。

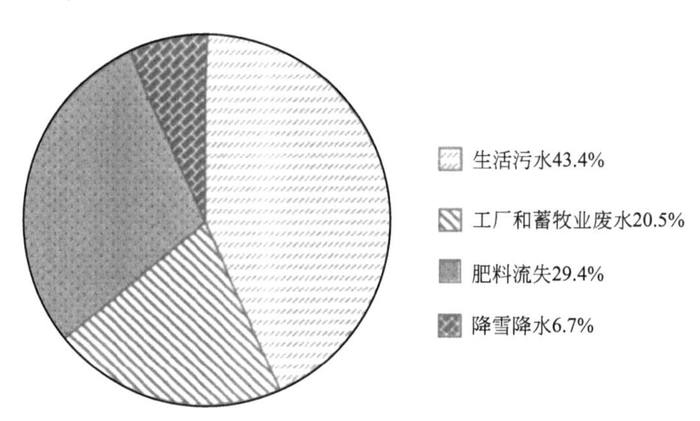

图 2-10-1　水域的磷流入量百分比

（二）废水中磷的形态[2]

废水中的磷以正磷酸盐、聚磷酸盐和有机磷的形式存在，由于废水来源不同，总磷及各种形式的磷含量差别较大。典型的生活污水中总磷含量在 3～15mg/L（以磷计）。在新鲜的原生活污水中，磷酸盐的分配大致如下：正磷酸盐 5mgP/L，三聚磷酸盐 3mgP/L，焦磷酸盐 1mgP/L 以及有机磷＜1mgP/L。聚磷酸盐是溶解性盐类，不能与金属离子结合生成沉淀，它在酸性条件下可以水解为正磷酸盐，大多数生活污水的 pH 范围在 6.5～8.0，温度在 10～20℃，在此条件下水解过程非常缓慢；然而，在污水中细菌生物酶的作用下，可以大大加快水解转化速率。生活污水中的不少缩聚磷酸盐在污水到达处理厂之前已经转变为正磷酸盐。此外，在污水生化处理过程中，所有的聚磷酸盐都被转化为正磷酸盐，没有缩聚磷酸盐能残存下来。同时，在细菌的作用下，污水中的有机磷也能部分转化为正磷酸盐。

表 2-10-1 中列出了几种最普通的含磷化合物。在正磷酸盐阴离子中，P 原子在中心与位于四面角上的氧原子键合。缩合磷酸盐（聚磷酸盐和偏磷酸盐）由两个或两个以上的正磷酸盐基团缩合而成，并具有 P—O—P 特征键。而聚磷酸盐的分子是线性的，偏磷酸盐是环状的。

表 2-10-1　水系统中重要含磷化合物的种类

基团	典型的结构	重要的物种	计算的离解常数(25℃)
正磷酸盐	O ‖ ⁻O—P—O⁻ | O⁻	H_3PO_4、$H_2PO_4^-$、HPO_4^{2-}、PO_4^{3-}、HPO_4^{2-}	$pK_{a,1}=2.1$ $pK_{a,2}=7.2$ $pK_{a,3}=12.3$
聚磷酸盐	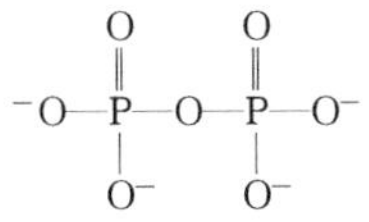 O　O ‖　‖ ⁻O—P—O—P—O⁻ |　| O⁻　O⁻ 焦磷酸盐	$H_4P_2O_7$、$H_3P_2O_7^-$、$H_2P_2O_7^{2-}$、$HP_2O_7^{3-}$、$P_2O_7^{4-}$、$HP_2O_7^{3-}$	$pK_{a,1}=1.52$ $pK_{a,2}=2.4$ $pK_{a,3}=6.6$ $pK_{a,4}=9.3$
	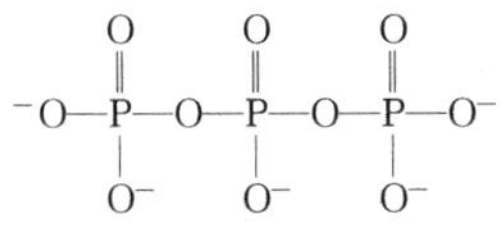 O　O　O ‖　‖　‖ ⁻O—P—O—P—O—P—O⁻ |　|　| O⁻　O⁻　O⁻ 三聚磷酸盐	$H_3P_3O_{10}^{2-}$、$H_2P_3O_{10}^{3-}$、$HP_3O_{10}^{4-}$、$P_3O_{10}^{5-}$、$HP_3O_{10}^{4-}$	$pK_{a,3}=2.3$ $pK_{a,4}=6.5$ $pK_{a,5}=9.2$
偏磷酸盐	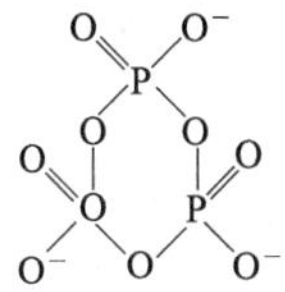 (环状结构：三个 P 原子经 O 原子连接成环，每个 P 连有 O 和 O⁻) 三聚磷酸盐	$HP_3O_9^{2-}$、$P_3O_9^{3-}$	$pK_{a,3}=2.1$
有机磷酸盐	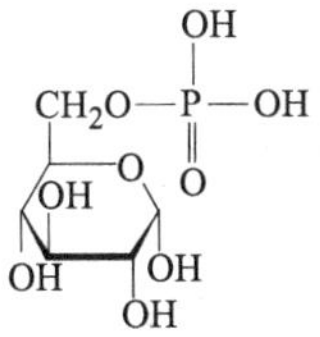 $CH_2O-P(=O)(OH)-OH$（连于吡喃糖环，环上有 OH） 葡萄糖 6-磷酸盐	有很多型式，包括磷脂、糖磷酸盐、核苷酸、磷酰胺等	

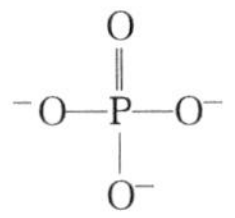

图 2-10-2 表明，在 10℃时，pH 为 4 的聚磷酸盐溶液水解 5%的时间约为一年，pH 为 7 时为几年，pH 为 10 时则超过 1 个世纪！

有机磷既有溶解性的，也有颗粒性的。它们可以分为可生物降解和不可生物降解两类。颗粒态的有机磷通常与污泥结合在一起，随排泥而去除。溶解性的可生物降解的有机磷在生物处理过程中，可以被转化为正磷酸盐。不可生物降解的溶解性有机磷则穿过生物处理设施，随水流出。

二、磷酸盐化学

1. 磷酸平衡

在不同 pH 值条件下磷酸存在形式也不同，式(2-10-1)～式(2-10-4) 反映了磷酸-磷酸盐体系电离情况。

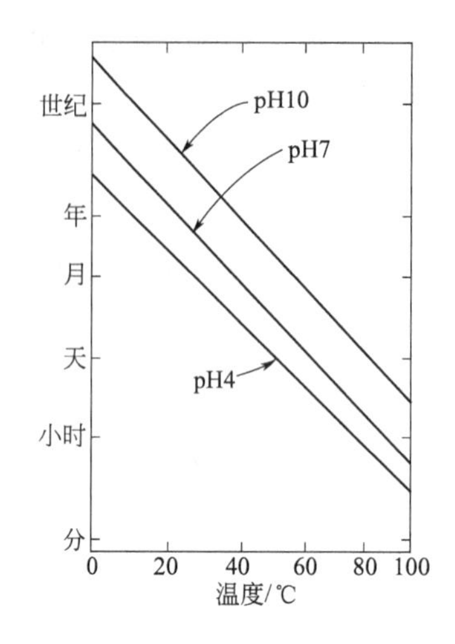

图 2-10-2 约 1%的焦磷酸钠溶液水解 5%所需的时间

$$H_3PO_4 \rightleftharpoons H_2PO_4^- + H^+, \quad K_{a1}=10^{-2.1} \tag{2-10-1}$$

$$H_2PO_4^- \rightleftharpoons HPO_4^{2-} + H^+, \quad K_{a2}=10^{-7.2} \tag{2-10-2}$$

$$HPO_4^{2-} \rightleftharpoons PO_4^{3-} + H^+, \quad K_{a3}=10^{-12.8} \tag{2-10-3}$$

$$H^+ + OH^- \longrightarrow H_2O, \quad K_W=[H^+][OH^-]=10^{-14} \tag{2-10-4}$$

图 2-10-3 描述了不同 pH 值条件下磷酸盐体系的构成。H_3PO_4、$H_2PO_4^-$、HPO_4^{2-}、PO_4^{3-} 的分布系数分别用 δ_0、δ_1、δ_2、δ_3 表示。表 2-10-2 列出了不同 pH 值，磷酸各种组分的占比。

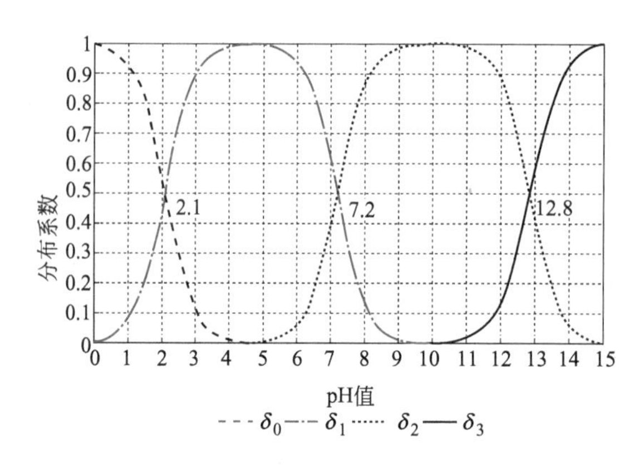

图 2-10-3 不同 pH 值条件下磷酸盐体系构成

表 2-10-2 磷酸在水中的派生形态与 pH 的关系[7]

磷酸根形态 \ pH	5	6	7	8	8.5	9	10	11
$H_2PO_4^-$	97.99	83.67	33.90	4.88	1.60	0.51	0.05	—
HPO_4^{2-}	1.91	16.32	66.10	95.12	98.38	99.45	99.59	96.53
PO_4^{3-}	—	—	—	—	0.01	0.04	0.36	3.47

2. 磷酸盐化合物

表 2-10-3 给出了常磷酸盐的溶解平衡常数和配合平衡常数[2]。

表 2-10-3 各种磷酸盐在 25℃时有代表性的非均相平衡和配合平衡

非均相平衡		pK_{S0}
磷酸氢钙	$CaHPO_{4(s)} \rightleftharpoons Ca^{2+} + HPO_4^{2-}$	+6.66
磷酸二氢钙	$Ca(H_2PO_4)_{2(s)} \rightleftharpoons Ca^{2+} + 2H_2PO_4^-$	+1.14
羟基磷灰石	$Ca_5(PO_4)_3OH_{(s)} \rightleftharpoons 5Ca^{2+} + 3PO_4^{3-} + OH^-$	+55.9
β-磷酸三钙	$\beta\text{-}Ca_3(PO_4)_{2(s)} \rightleftharpoons 3Ca^{2+} + 2PO_4^{3-}$	+24.0
碳酸铁	$FePO_{4(s)} \rightleftharpoons Fe^{3+} + PO_4^{3-}$	+21.9
磷酸铝	$AlPO_{4(s)} \rightleftharpoons Al^{3+} + PO_4^{3-}$	+21.0
配合平衡		pK
与正磷酸盐的配合	$NaHPO_4^- \rightleftharpoons Na^+ + HPO_4^{2-}$	+0.6
	$MgHPO_4^0 \rightleftharpoons Mg^{2+} + HPO_4^{2-}$	+2.5
	$CaHPO_4^0 \rightleftharpoons Ca^{2+} + HPO_4^{2-}$	+2.2
	$MnHPO_4^0 \rightleftharpoons Mn^{2+} + HPO_4^{2-}$	+2.6
	$FeHPO_4^+ \rightleftharpoons Fe^{3+} + HPO_4^{2-}$	+9.75
	$CaH_2PO_4^+ \rightleftharpoons Ca^{2+} + HPO_4^{2-} + H^+$	−5.6
与焦磷酸盐的配合	$CaP_2O_7^{2-} \rightleftharpoons Ca^{2+} + P_2O_7^{4-}$	+5.6
	$CaHP_2O_7^- \rightleftharpoons Ca^{2+} + HP_2O_7^{3-}$	+2.0
	$Fe(HP_2O_7)_2^{3-} \rightleftharpoons Fe^{3+} + 2HP_2O_7^{3-}$	+22
与三聚磷酸盐的配合	$CaP_3O_{10}^{3-} \rightleftharpoons Ca^{2+} + P_3O_{10}^{5-}$	+8.1

三、废水中磷的去除工艺比较

去除磷的方法有两种，分别为借助药剂和不借助药剂。借助药剂的方法是将铝盐或铁盐等金属直接加入污水中或二级处理水中，令磷与金属盐发生反应而达到除磷的目的。混凝沉淀法是在过去通常使用的借助药剂的方法。近些年又开发了一种除磷的晶析法，即接触除磷法，此方法既能除去污水中的有机物又能除去污水中的磷化合物。与借助药剂的除磷方法相比，利用生物反应的方法除磷可以减少成本，被称为生物除磷法。因此，去除磷的方法又可以分为生物学处理法与物理化学处理法。药剂法对磷的去除率相对较高，但其缺点是由于应用了化学试剂增加了成本，并且会产生大量的污泥。因此如今的生物除磷法和生物化学同时除磷的方法已经代替了从前单一的混凝沉淀除磷法。

将除磷法的原理及特征归纳于表 2-10-4，其除磷的原理和性能叙述如下[3]。

表 2-10-4 除磷法的原理及特征

处理方法	原理	特征	
		优点	缺点
厌氧好氧法	在厌氧状态下放出磷，在好氧状态下摄取磷	•可利用原有的设备设施 •无需添加药剂	•比物理化学法除磷的能力低 •活性污染可蓄积的磷量有限 •需要管理污泥量
Phostrip 除磷法	组合了厌氧法、好氧法和化学除磷法的方法	•磷浓缩时添加少量石灰，可以经济的除磷 •除磷的能力较稳定	必须添加脱磷设备
生物化学同时除磷法	在曝气槽中添加混凝剂同时去除有机物和磷的化合物的方法	可利用原有的设备设施，除磷的能力较稳定	产生大量污泥，若原水磷浓度高就要提高混凝剂的添加量，有影响生物相的危险性

续表

处理方法	原　　理	特　　征	
		优　点	缺　点
混凝沉淀法	向污水或二级处理水中添加混凝剂，将磷化合物沉淀除磷的方法	除磷的能力高	•需要增添新的设备 •产生的污泥量多 •药剂等成本费高
晶析除磷法	利用磷酸离子、钙离子及氢氧根离子的反应，生成羟基磷灰石的晶析实现去除磷的方法	•产生的污泥量少 •较混凝沉淀方法的成本低 •除磷的能力较稳定	•需要增添新的设备 •需要设脱碳酸槽、砂滤过滤等事先处理

第二节　化学沉淀法除磷

一、基本原理

(一) 金属盐混凝沉淀除磷

磷不同于氮，不能形成氧化体或还原体向大气放逐，但具有以固体形态和溶解形态互相循环转化的性能。从污水中除磷技术就是以磷的这种性能为基础而开发的。污水除磷技术有：使磷成为不溶性的固体沉淀物从污水中分离出去的化学除磷法和使磷以溶解态为微生物所摄取，与微生物成为一体，并随同微生物从污水中分离出去的生物除磷法。

本节对化学除磷方法加以阐述。

属于化学除磷法的有：混凝沉淀除磷技术与晶析法除磷技术，本节则以应用广泛的混凝沉淀除磷技术作为阐述重点。

1. 铝盐除磷[4]

铝离子与正磷酸离子化合，形成难溶的磷酸铝，通过沉淀加以去除。

$$Al^{3+}+PO_4^{3-} \longrightarrow AlPO_4\downarrow \qquad (2\text{-}10\text{-}5)$$

当使用硫酸铝作为混凝剂时，其产生的反应是：

$$Al_2(SO_4)_3+2PO_4^{3-} \longrightarrow 2AlPO_4\downarrow+3SO_4^{2-} \qquad (2\text{-}10\text{-}6)$$

此外，硫酸铝还和污水中的碱度产生如下的反应

$$Al_2(SO_4)_3+6HCO_3^- \longrightarrow 2Al(OH)_3\downarrow+6CO_2+3SO_4^{2-} \qquad (2\text{-}10\text{-}7)$$

这样，由于硫酸铝对碱度的中和，pH 值下降，游离出 CO_2，形成氢氧化铝絮凝体。胶体粒子为絮凝体吸附而去除，在这一过程中磷化合物也得到去除。

硫酸铝的投加量，按反应式(2-10-6)，根据污水中磷的浓度及对处理水中磷含量的要求以及污水的化学特性确定。

除硫酸铝外，除磷使用的铝盐还有聚氯化铝（PAC）和铝酸钠（$NaAlO_2$），聚氯化铝与磷产生的反应与硫酸铝相同，但 pH 值不下降。

铝酸钠是硬水的优良混凝剂，它与正磷酸离子的反应如下式所示：

$$2NaAlO_2+2PO_4^{3-}+4H_2O \longrightarrow 2AlPO_4\downarrow+2NaOH+6OH^- \qquad (2\text{-}10\text{-}8)$$

由上式可知，在反应过程中放出 OH^-，因此 pH 值是上升的。

磷酸铝（$AlPO_4$）的溶解度与 pH 值有关，当 pH 值为 6 时，溶解度最小为 0.01mg/L；pH 值为 5 时为 0.03mg/L；pH 值为 7 时，为 0.3mg/L。

在化学法除磷技术中，以使用铝盐者居多，使用铝盐除磷，应注意下列各项：

① 混合液的 pH 值对除磷效果产生影响，但 pH 值如介于 5～7 之间，则不会产生影响，

无需调整；

② 投加铝盐，按式(2-10-7）进行反应，混合液碱度降低，pH值亦降低，降低幅度不足以影响反应的进程，但应注意排放水体对pH值的要求；

③ 混凝沉淀污泥回流，因污泥中含有氢氧化铝，能够与PO_4^{3-}产生下列反应：

$$Al(OH)_3+PO_4^{3-} \rightleftharpoons AlPO_4\downarrow+3OH^- \tag{2-10-9}$$

因此能够提高磷的去除率和絮凝体的沉淀效果。

反应形成的絮凝体宜通过重力沉淀加以去除。沉淀池一般采用面积负荷进行计算，当处理水中悬浮物含量要求在10mg/L以下时，面积负荷则可取值在$20m^3/(m^2\cdot d)$以下；如果处理水中悬浮物含量要求在20mg/L以下时，面积负荷则可取值在$50m^3/(m^2\cdot d)$以下。

除铝盐外，还使用铁盐去除污水中的磷。

2. 铁盐除磷[5]

铁离子有二价和三价之分，除磷反应最终生成物是$FePO_4$和$Fe(OH)_3$。

二价铁离子与磷的反应较三价铁离子的反应要复杂些。

为了比较彻底地从污水中去除铁和磷，就必须对二价铁离子和三价铁离子加以氧化，因此需要充足的氧。

二价铁混凝剂的有氯化亚铁、硫酸亚铁；三价铁混凝剂的则有氯化铁和硫酸铁。在铁的酸洗废水中含有氯化亚铁（铁含量为9%）和硫酸亚铁（铁含量为6%～9%)。这种废水可以作为混凝剂用于除磷。

当pH值为5时，$FePO_4$的溶解度最小，为0.1mg/L。

化学除磷系统的总除磷率可达到80%～90%。出水的TP排放要求为1.0mg/L时，采用按常规设计的澄清池进行化学除磷即可，投加金属盐并保证澄清出水SS小于15mg/L时，能满足TP≤1.0mg/L的出水要求（GB 8978—1996规定的二级排放标准)。如要连续满足TP≤0.5mg/L的出水要求（GB 8978—1996规定的一级排放标准)，则有必要增加二级出水的过滤。

金属盐投加法化学除磷的优缺点汇总于表2-10-5。

表2-10-5 金属盐投加法化学除磷的优缺点

优点	缺点
1. 可靠,有相当完整的技术文献和经验 2. 可以利用钢铁厂酸洗废液作为铁盐的来源,药剂费用可以显著降低 3. 除磷过程简单易懂 4. 药剂的需求量基本上取决于废水的总磷浓度和出水标准 5. 在已有厂的改建方面投资不高,比较简单 6. 污泥处理方式与非除磷系统相同 7. 在初沉池投加药剂可以降低二级处理部分的有机负荷25%～35% 8. 通过加药量的优化调节可以控制出水磷的浓度	1. 药剂费用明显高于生物除磷系统 2. 污泥产生量显著大于不投加药剂的处理系统,可能会导致已有的污泥处理系统超负荷,污泥的处理和处置费用相应增加 3. 所产生的污泥脱水性能不如常规水处理厂(不投加药剂)

（二）石灰混凝除磷

1. 石灰与磷的反应

向含磷污水投加石灰，由于形成氢氧根离子，污水的pH值上升。与此同时，污水中的磷与石灰中的钙产生反应。形成［$Ca_5(OH)(PO_4)_3$］（羟基磷灰石)，其反应如下：

$$5Ca^{2+}+4OH^-+3HPO_4^{2-} \longrightarrow Ca_5(OH)(PO_4)_3+3H_2O \tag{2-10-10}$$

实践证明，处理水中的磷含量，随pH值上升而呈对数降低之势。

2. 除磷效果影响因素

对石灰混凝除磷效果的影响因素，有如下几项。

(1) pH值 pH值是影响除磷效果最大的因素，如欲使处理水中磷的含量在1mg/L以下时，二级处理水pH值应在9.5以上，原污水则应在11以上。

(2) 磷的形态 聚磷酸盐的去除率低于正磷酸盐。

在聚磷酸盐中，去除易难程度的顺序是：焦磷酸盐＞三聚磷酸盐＞偏磷酸盐。

(3) 原污水中钙的浓度 原污水中钙浓度对磷的去除效果有影响。当pH值为10.5，流入水中的钙含量在40mg/L以上时，处理水中磷的含量将在0.25mg/L以下[4]。

石灰法除磷实际上是水的软化过程，除磷所需的石灰投加量取决于废水的碱度，而不是含磷量。药剂投加点为初沉池或二沉出水（三级处理）。石灰法除磷分成一段法和两段法两种。一段法pH在10以下，可获得出水TP 1.0mg/L的处理效果。两段法将pH提高到11.0～11.5，可获得出水TP低于1.0mg/L的处理效果，带过滤的两段法出水TP可低至0.1mg/L，该法石灰用量较大，处理出水需要用二氧化碳中和。

石灰的投加包括pH控制及必要的贮存输送和混合设备，这些设备需要经常性的维护。通过石灰污泥的钙化可以重新回收利用，由于投资和运行费用高，石灰回收工艺仅适用于较大的处理厂。石灰法产泥量相当大，甚至比金属盐法还大，其应用受到限制，该法的优缺点简示于表2-10-6[5]。

表2-10-6 石灰法除磷的优缺点

优点	缺点
1. 控制简单，通过pH值控制石灰投加量，所需投加量取决于废水的碱度，与磷的浓度无关 2. 采用两段法时可以取得非常高的磷去除率 3. 能有效地同时去除许多重金属，如铬、镍等 4. 在初沉池加可以降低生物处理段的处理负荷	1. 对高碱度的硬水，药剂费用高 2. 污泥产生量高于其他工艺 3. 石灰的储存、进料和处理设备的需求及维护费用高 4. 投资和运行费用都相当高 5. 对于二段法，需要二氧化碳中和操作

二、加药点和工艺流程

1. 金属盐除磷

化学除磷通常与废水生物处理流程合并在一起工作。除磷药剂直接投加在主流程的不同位置。有三种常用投加位置：沉淀池进水口、曝气池中或出口处、前二者同时投加。当排放标准极严格时，也采用完全独立于主流程的第三级化学沉淀，以深度去除磷。

上述三种化学除磷工艺见图2-10-4[5]。

第一种在初沉池前端投药，可以获得较好的混合和絮凝效果，不仅能除磷，而且能促进BOD、SS的去除。但在该处只能去除正磷酸盐形式的磷，对有机磷和其他形式的磷无效。第二种和第三种在曝气池中和出口处以及多点位置投药，可以获得较高的除磷效果。

后沉淀是将沉淀、絮凝以及被絮凝物质的分离在一个与生物处理设施相分离的设施中进行，因而也就有二段法工艺的说法。一般将沉淀药剂投加到二次沉淀池后的一个混合池中，并在其后设置絮凝池和沉淀池或气浮池。后沉淀工艺简图如图2-10-5所示。对于要求不严的受纳水体，在后沉淀工艺中可采用石灰乳液药剂，但必须对出水pH值加以控制，如可采用沼气中的二氧化碳进行中和。

采用气浮池可以比沉淀池更好地去除悬浮物和总磷，但因为需恒定供应空气而运转费用较高。

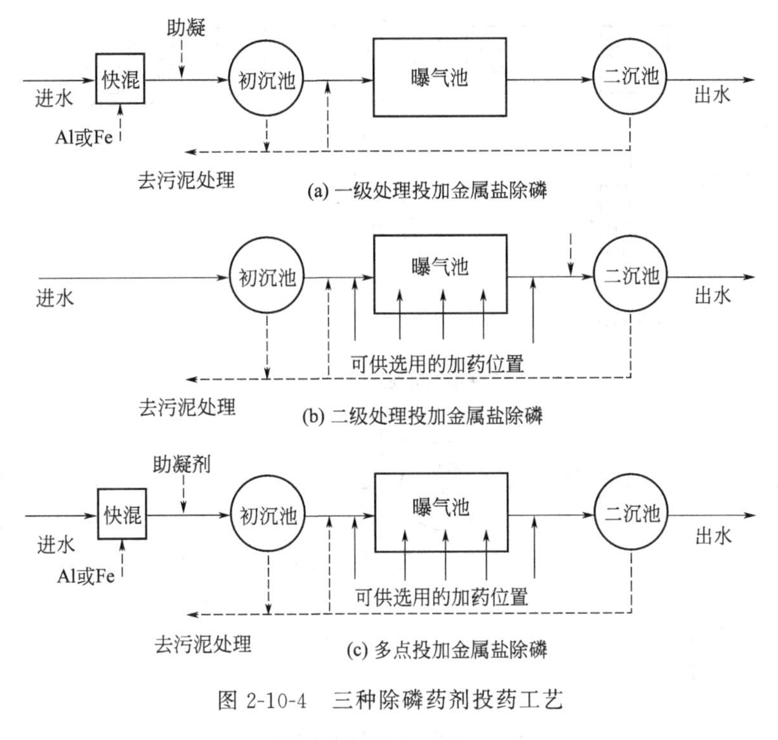

图 2-10-4 三种除磷药剂投药工艺

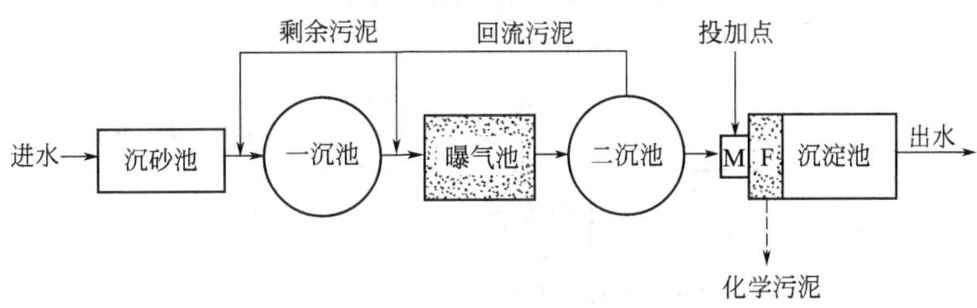

图 2-10-5 后沉淀工艺流程

2. 石灰除磷[4]

石灰混凝沉淀除磷处理工艺的流程，可分为 3 个阶段，即：石灰混凝沉淀、再碳酸化和石灰污泥的处理与石灰再生。当需要除氨时，在混凝沉淀与再碳酸化之间，还应设脱氨气装置（参照图 2-10-6）。

石灰混凝沉淀处理流程由快速搅拌池、慢速搅拌池和沉淀池 3 个单元组成。污水中的磷、悬浮物及有机物为由钙所形成的絮凝体所吸附，并通过絮凝体的沉淀而得以去除。如使污泥回流，能够提高除磷的效果。

再碳酸化是向 pH 值高的混凝沉淀上澄液吹入 CO_2 气体，使 pH 值中和，产生下列反应：

$$Ca^{2+} + 2OH^- + CO_2 \longrightarrow CaCO_3 + H_2O \tag{2-10-11}$$

$$OH^- + CO_2 \longrightarrow HCO_3^- \tag{2-10-12}$$

再碳酸化有一级处理和二级处理两种方式。一级处理是使石灰混凝沉淀水的 pH 值直接达到中性附近，而二级处理是首先使 pH 值降到 9.5～10，在一级处理不进行回收，二级处理使 pH 值降到中性附近，再进行回收碳酸钙。

对在石灰沉淀池和选用二级处理方式的碳酸钙沉淀池产生的沉渣，进行浓缩脱水，用离心机作为脱水装置，回收纯度较高的 $CaCO_3$ 沉渣，对其用 800℃的高温加热，产生下列反应：

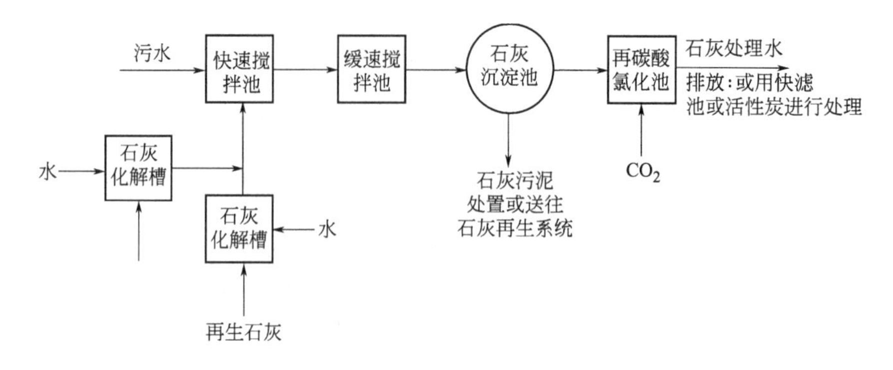

(a) 一级石灰混凝沉淀处理流程

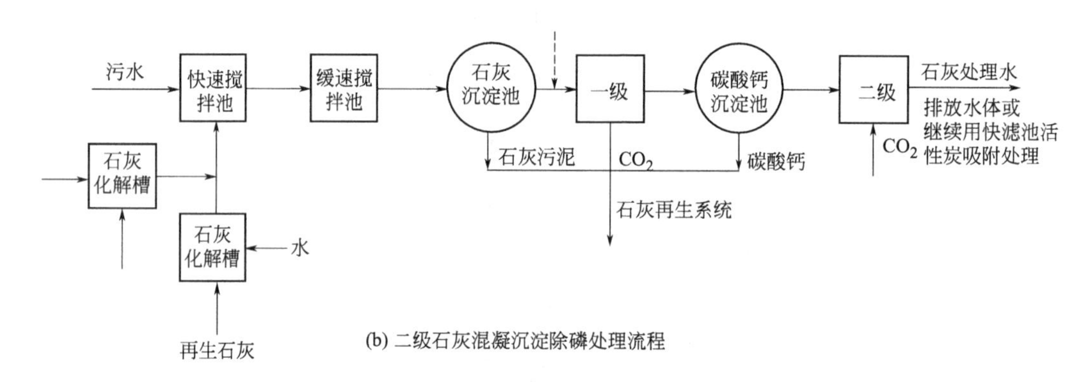

(b) 二级石灰混凝沉淀除磷处理流程

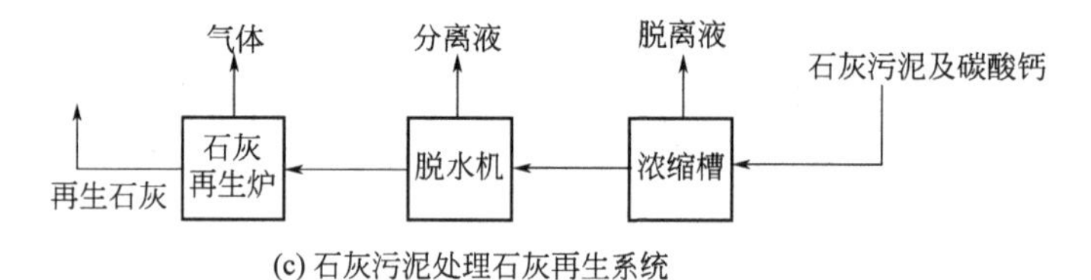

(c) 石灰污泥处理石灰再生系统

图 2-10-6 石灰混凝沉淀除磷处理系统

$$CaCO_3 \longrightarrow CaO + CO_2 \uparrow \qquad (2\text{-}10\text{-}13)$$

石灰混凝沉淀除磷工艺，以熟石灰［$Ca(OH)_2$］作为混凝剂效果优于生石灰（CaO），因此，由上式所得的生石灰应加水使其形成熟石灰，即

$$CaO + H_2O \longrightarrow Ca(OH)_2 \qquad (2\text{-}10\text{-}14)$$

石灰混凝沉淀除磷工艺比较复杂，产生的石灰污泥需要进一步处理，回收再生石灰，否则可能造成二次污染。

三、加药方法和加药量

1. 加药方法

（1）金属盐投加　在污水生物处理工艺过程中，金属盐投加可以在一点或多点完成。通常情况下，多次投加可以取得更低的磷出水浓度，且用药量较小。对于两点投加而言，两个点的用量可以按 2∶1（第一点∶第二点）的比例分配，也可以视情况调整二者的比例。

（2）聚合物投加　投加聚合物可以改善除磷沉淀物的分离效果，聚合物的投加与每个污水厂的现场情况密切相关，所选用药剂的品牌、性能、用量要通过烧杯实验进行评估，依据实验结果选用恰当的聚合物类型和用量。聚合物与金属盐一定要分开投加，这样可以提高二者的使用效率。

（3）药剂混合　金属盐和聚合物投加需要足够的混合，通常采用快速混合的方式完成这一过程。快速混合可以强化药剂与污水的充分接触，减少短流。用跌水、曝气、泵叶轮混合、静态管道混合器、浆式搅拌混合器等方式均可完成快速混合。在完成快速药剂混合后，要有一段时间的慢速搅拌过程，以促进新生成的细小颗粒聚合长大。

（4）加药和反应顺序　典型的加药和反应顺序见图 2-10-7。首先是一个短暂的快速混合阶段，通过混合输入能量，使加入的金属离子与正磷酸盐相互接触，形成不溶性化合物，同时也防止了异重流、短流。然后再加入聚合物，同样采用快速混合方法，让聚合物与新生成的不溶性磷酸盐颗粒结合成较大的絮体。随后进入慢速混合阶段，此阶段絮体聚合长大，具备沉淀分离能力。最后进入沉降分离阶段。

（5）出水悬浮物控制　由于出水中磷浓度限值较低，因此控制出水中悬浮物显得尤为重要。金属盐加入到生物处理工艺中后，污泥的沉降性能发生了变化。随着污水中磷的去除，污水中磷转移至污泥中，污泥中磷含量增加。采用化学除磷或生化除磷，剩余污泥中磷的含量约为 4.5%（干重），而常规生物污泥中磷含量仅有 1.5%。图 2-10-8 所示，为控制出水中悬浮物浓度与出水磷浓度之间的关系[6]。

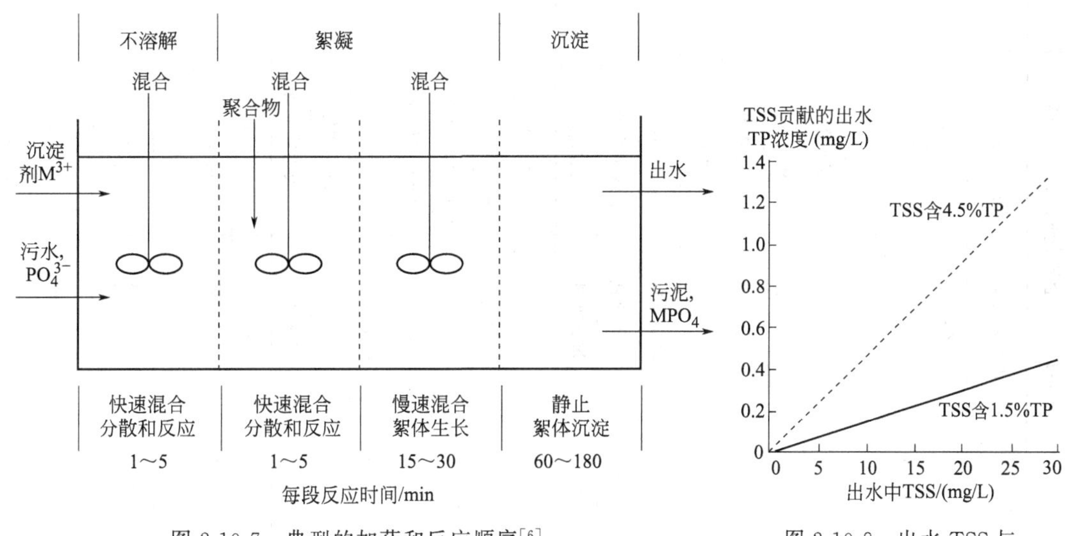

图 2-10-7　典型的加药和反应顺序[6]

图 2-10-8　出水 TSS 与出水 TP 的关系

2. 加药量和表面负荷

表 2-10-7 中给出了出水磷浓度限值与药剂用量之间的关系[6]。

表 2-10-7　出水磷限值与药剂用量、沉淀分离表面负荷的关系

出水磷浓度限值 TP /(mg/L)	聚合物 /(mg/L)	M^{2+} /TP(物质的量比值)	二沉池表面负荷 /[m^3/(m^2·d)]	出水过滤
2	0.1～0.2	1.0～1.2	32	不需要
1	0.1～0.2	1.2～1.5	24	不需要
0.5	0.1～0.2	1.5～2.0	20	可能需要
0.2	0.5～1.0	3.5～6.0	20	需要

四、除磷效果

表 2-10-8 总结了采用不同种类药剂和加药点除磷工艺的实际运行效果。总体上看，采

表 2-10-8 金属盐除磷工艺运行效果

工艺类型	工厂类型及位置	设计流量/(m^3/d)	平均流量/(m^3/d)	化学药剂种类	药剂投加点	投药量/(mg/L)(金属离子)	金属离子/进水 TP	进水总磷浓度/(mg/L)	出水总磷浓度/(mg/L)
推流式活性污泥	Waupaca,WI	4760	2200	铝盐	二沉池	24.6	3.25	7.56	0.86
	East Chicago,IN	75700	59800	铝盐	二沉池	7.7	3.99	1.93	0.38
				聚合物	二沉池	1.0			
	Mason,MI	5700	5000	氯化亚铁	初沉池	9.1	1.4	6.5	0.88
				聚合物	初沉池	0.05			
	Flushing,MI	4400	6000	氯化亚铁	二级生物处理	5.3	1.56	3.4	0.48
					二级生物处理	0.15			
	Appletion,WI	62500	52200	氯化亚铁	进水	16.8	1.6	10.5	0.8
	Grand Ledge,MI	5700	3000	氯化亚铁	二级生物处理	5.6	1.24	4.5	0.7
	Bowing Green,OH	30300	20100	氯化亚铁	二沉池	5.2	0.62	8.4	0.75
				聚合物	二沉池				
	Kenosha,WI	10600	90500	硫酸亚铁	Pnm 沉淀池	5.35	1.43	3.74	0.36
	Toledo,OH	386100	310400	硫酸亚铁	Pnm 沉淀池	3.6	1.3	2.76	0.35
				聚合物	Pnm 沉淀池				
	Clintonville,WI	3800	2700	硫酸亚铁	二沉池	5.3	1.47	3.6	0.75
完全混合	Thiensville,WI	900	3300	铝盐	二级生物处理	9.3	2.46	3.78	0.29
				聚合物	二级生物处理	0.82			
	Two Harbor,MN	4500	3400	铝盐	二沉池	9.6	1.6	6.0	0.25
	Escanaba,MI	8300	7600	氯化亚铁	初沉池	4.7	1.04	4.5	0.82
				聚合物	初沉池	0.35			
	Sheboygan,WI	69600	46600	氯化亚铁	二沉池	10.2	1.6	6.38	0.9
	Lima,OH	70000	15100	氯化亚铁	初沉池	13.2	3.38	3.9	0.5
				聚合物	初沉池	0.07			
	Niles,MI	22000	12100	氯化亚铁	二级生物处理	10.9	2.66	4.1	0.7

续表

工艺类型	工厂类型及位置	设计流量/(m^3/d)	平均流量/(m^3/d)	化学药剂种类	药剂投加点	投药量/(mg/L)(金属离子)	金属离子/进水TP	进水总磷浓度/(mg/L)	出水总磷浓度/(mg/L)
完全混合	Crown Point,IN	13600	8700	氯化亚铁	二沉池	11.1	2.0	5.5	0.7
		5700		聚合物	二沉池	0.94			
	Cedarburg,WI	11400	7600	硫酸亚铁	二沉池	9.9	2.99	3.31	0.67
				聚合物	二沉池				
接触稳定	Neenah,WI	5700	4000	铝盐	初沉池	7.7	2.2	3.5	0.7
	Neenah,WI	14800	16700	铝盐	二级生物处理	4.1	1.0	4.1	0.8
	Algona,WI	2800	3000	氯化亚铁	初沉池	33.0	10.0	3.3	0.23
				聚合物	初沉池	0.07			
	Grafton,WI	8100	3600	氯化亚铁	初沉池	16.2	2.31	7.0	0.69
	Port Washington,WI	4700	5800	氯化亚铁	初沉池	8.5	1.44	5.9	1.0
	Port Clinton,OH	5700	6400	氯化亚铁	二级生物处理	10.2	1.96	5.2	0.5
	Oberlin,OH	5700	5700	氯化亚铁	初沉池	6.4	1.08	5.9	1.0
	North Olmstead,OH	34000	21200	铝酸钠	二级生物处理	8.3	2.86	2.9	0.7
纯氧曝气	FonduLac,WI	41600	26900	铝盐	二沉池	8.5	1.18	7.2	0.73
				聚合物	二沉池	0.75			
延时曝气	Aurora,MN	1900	1700	铝盐	初沉池	16.9	5.83	2.9	0.76
	Upper Allen,PA	1800	1200	铝盐	二级生物处理	8.2	0.92	8.9	2.0
				聚合物	二级生物处理	0.37			
	Corunna,Ontario	3800	2000	铝盐	二沉池	5.0	0.65	7.74	0.36
	Saukville,WI	7600	2400	氯化亚铁	初沉池	10.3	1.61	6.4	0.59
	Plymouth,WI	6200	5800	氯化亚铁	二级生物处理	7.7	1.15	6.7	0.77
	Trenton,OH	13200	9600	氯化亚铁	二级生物处理	2.56	0.42	6.1	0.65
	Seneca,MD	18900	15100	铝酸钠	进水	4.3	0.61	7.1	1.6
				聚合物	二沉池	2.4			

用第一种工艺可以去除70%～90%的磷，采用第二种和第三种加药工艺可去除80%～90%的磷[5]。

加药量随着水质和药剂种类的不同，有很大变化。表2-10-9中列举出多个废水厂用药量的统计结果（出水TP<1.0mg/L）[5]。

表2-10-9 Ontario废水厂除磷用药量统计

加药点	药剂	废水厂数量	平均投药量/(mg/L)	金属离子/进水TP(平均)
原水	铁盐	7	14.2	2.7
	铝盐	5	10.3	1.7
混合液	铁盐	20	9.5	1.5
	铝盐	15	7.5	1.6

五、设计计算[5]

(一) 药剂用量计算

1. 金属盐用量计算

在化学沉淀除磷时，根据生成 $AlPO_4$ 或 $FePO_4$ 计算，去除1mol（31g）P至少需要1mol（56g）Fe，即至少需要1.8（56/31）倍的Fe，或者0.9（27/31）倍的Al，也就是说去除1gP至少需要1.8g的Fe，或者0.9g的Al。

由于实际反应并不是100%有效进行的，加之 OH^- 会与金属离子竞争反应，生成相应的氢氧化物，所以实际化学沉淀药剂投加一般需要超量投加，以保证达到所需要的出水P浓度。德国在计算时，提出了投加系数 β 的概念，即

$$\beta=\frac{\text{molFe 或 molAl}}{\text{molP}} \tag{2-10-15}$$

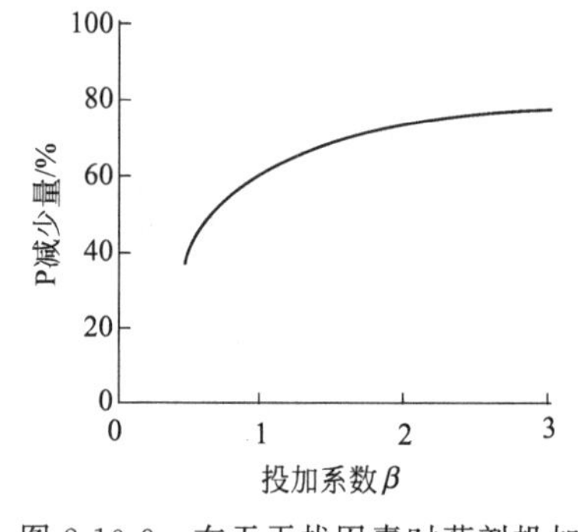

图2-10-9 在无干扰因素时药剂投加系数和磷去除量的关系

投加系数 β 是受多种因素影响的，如投加地点、混合条件等，实际投加时建议通过投加试验确定，图2-10-9是投加系数和磷减少量的关系。在最佳条件下（适宜的投加、良好的混合和絮凝体的形成条件）$\beta=1$；在非最佳条件下 $\beta=2\sim3$ 或更高。过量投加药剂不仅会使药剂费增加，而且因氢氧化物的大量形成也会使污泥量大大增加，且难脱水。

在实际计算中为了有效地去除磷（出水保持P含量≤1mg/L），β 值为1.5，也就是说去除1kg磷，需要投加 $1.5\times56/31=2.7$kgFe或者 $1.5\times27/31=1.3$kgAl。

2. 石灰用量计算

若用石灰作为化学沉淀药剂，则不能采用上述计算方法，因为其要求投加到废水pH值大于8.5，而且投加量受废水碱度（缓冲能力）的影响，所以其投加量必须针对废水性质通过试验确定。

从严格意义上讲，投加系数 β 值的概念只适用于后沉淀，对于前沉淀和同步沉淀在计算时还应考虑：回流污泥中含有未反应的药剂以及在初次沉淀池中和生物过程去除的磷。

(二) 除磷工艺对出水的影响

1. 对出水金属离子含量的影响

在废水处理厂出水中金属和药剂的含量主要取决于对悬浮物的分离，当然药剂的投加

量、β值、pH值、废水碱度及投加技术也都对其有影响。

在废水处理厂出水中的铁和铝一般是难溶解的磷酸盐和氢氧化物，并以悬浮状态存在。

在正常药剂投加量（如$\beta=1.5$，同步沉淀）、pH为中性并经过二次沉淀池的情况下，铝和铁的含量一般不会超过1.0mg/L，对于絮凝滤池出水中铁或铝的含量一般小于0.5mg/L。

2. 对出水中盐含量的影响

采用金属药剂进行磷沉淀必然会导致废水处理厂出水中的盐（Cl^-或SO_4^{2-}含量）增加，其增加量可通过计算确定。

3. 对出水碱度的影响

废水处理厂进水的碱度与其所在流域饮用水的碱度和由铵产生的碱度相关。在磷酸盐沉淀时，只要铁离子或铝离子进入水溶液中就形成六水复合体，一般形式为$Me(H_2O)_6^{3+}$，Me为金属离子，这种复合体像酸一样可进一步水解，如式(2-10-16)所示。

$$Me(H_2O)_6^{3+} \longrightarrow 3H^+ + Me(OH)_3 + 3H_2O \qquad (2\text{-}10\text{-}16)$$

该反应与溶液的pH值有关，同时也会降低水的碱度。由于氢氧化物以难溶的复合体形式沉淀出来，不会提高废水的碱度，所以对于金属氢氧化物的沉淀必须估算酸当量，对于金属磷酸盐的沉淀也是一样。同步沉淀中分离磷酸盐只能略微提高废水的碱度。

按照德国废水技术联合会的工作报告A131，经过硝化/反硝化和化学除磷，废水的碱度变化可按下式计算：

$$SK_0 - SK_e = \Delta SK = 0.07(W_{NH_4^+\text{-}N_0} - W_{NH_4^+\text{-}N_e} + W_{NO_3^-\text{-}N_e} - W_{NO_3^-\text{-}N_0}) + 0.06W_{Fe^{3+}} + 0.04W_{Fe^{2+}} + 0.11W_{Al^{3+}} - (W_{P_0} - W_{P_e}) \qquad (2\text{-}10\text{-}17)$$

式中，SK_0为废水厂进水中的碱度，mmol/L；SK_e为废水厂出水中的碱度，mmol/L；$W_{NH_4^+\text{-}N_0}$为废水厂进水中氨氮浓度，mg/L；$W_{NH_4^+\text{-}N_e}$为废水厂出水中氨氮浓度，mg/L；$W_{NO_3^-\text{-}N_e}$为废水厂出水中的硝酸盐氮浓度，mg/L；$W_{NO_3^-\text{-}N_0}$为废水厂进水中的硝酸盐氮浓度，mg/L；W_{P_0}为废水厂进水中的磷浓度，mg/L；W_{P_e}为废水厂出水中的磷浓度，mg/L；$W_{Fe^{3+}}$为投加的三价铁盐量，mg/L；$W_{Fe^{2+}}$为投加的二价铁盐量，mg/L；$W_{Al^{3+}}$为投加的铝盐量，mg/L。

4. 对剩余污泥产量的影响

正如前面所述的一样，废水中溶解性磷去除结果就是产生污泥，不同的工艺，污泥的排除位置也不相同。对于同步沉淀是以剩余污泥的形式排出，剩余污泥产量是污泥处理设计、运行的重要参数，带有同步沉淀化学除磷时，单位污泥产量是由去除BOD_5产生的剩余污泥和同步沉淀除磷的沉淀物所组成。对于同步沉淀，化学除磷产生污泥由沉淀药剂的类型、所投加金属离子与需沉淀磷的分子比来确定。在$\beta=1.5$时，投加1kgFe产生2.5g的干物质，或投加1kgAl产生4kg的干物质。

5. 对硝化反应的影响

在采用硫酸铁药剂进行同步沉淀时，对硝化反应是有阻碍作用。在这种情况下推荐将污泥泥龄提高10%。采用氯化铁盐药剂对硝化反应没有影响。表2-10-10是各种沉淀工艺对硝化反应的影响系数，这种影响系数是指在特定工艺条件下的污泥泥龄与常规工艺条件下（无磷的去除，且在同等硝化反应能力情况下）的污泥泥龄的比值。

因为在前沉淀的同时非溶解状的碳化合物也会被沉淀出来，由此不能为反硝化反应提供足够的碳化合物，所以前沉淀对氮的去除也会产生副作用。经常出现的问题是，通过一次沉淀已去除掉许多碳化合物，剩余碳源常不足以用于前置反硝化反应所需，再经前沉淀更加剧了这种矛盾。

表 2-10-10 各种工艺和药剂对硝化反应的影响系数

工艺名称	药剂	影响系数	工艺名称	药剂	影响系数
常规工艺		1.00	同步沉淀	$FeCl_3$	0.85～1.00
前沉淀	$FeCl_3$	0.75～0.9	同步沉淀	$FeSO_4$	1.1～1.35

第三节 结晶法除磷

一、基本原理

(一) 结晶基本原理

沉淀按其物理性质不同，可粗略地分为两类：一类是晶形沉淀；另一类是无定形沉淀，又称为非晶形沉淀或胶状沉淀。晶形沉淀的结构基元（组成固体的原子或分子）在空间排列上长程有序，内部排列较规则，结构紧密，整个沉淀所占的体积较小，极易沉降于容器的底部。无定形沉淀的结构特点是长程无序而短程有序，它是由许多疏松聚集在一起的微小沉淀颗粒组成的，沉淀颗粒的排列杂乱无章，其中又包含有大量数目不定的水分子，所以是疏松的絮状沉淀，整个沉淀体积庞大，不像晶形沉淀那样能很好地沉降在容器的底部。晶形沉淀和无定形沉淀在一定条件下是可以相互转化的，同样的原子或分子在不同条件下可以形成不同的晶体或是无定形。在沉淀反应中能否得到晶形沉淀，与进行沉淀反应时构晶离子的浓度有关，也与沉淀本身的溶解度有关[7]。

1. 晶核形成和晶种

有关晶形沉淀的形成，目前研究得比较多。一般认为在沉淀过程中，首先是构晶离子在过饱和溶液中形成晶核，然后进一步成长成为按一定晶格排列的晶形沉淀。晶核的形成有两种情况：一种是初级成核，一种是二次成核，其中，初级成核又分为均相成核和异相成核，见图 2-10-10。所谓均相成核作用，是指构晶粒子在过饱和溶液中，通过离子的缔合作用，自发的形成晶核；所谓异相成核作用，是指溶液中混有固体颗粒，在沉淀过程中，这些微粒起着晶种的作用，诱导沉淀的形成；所谓二次成核，是指在亚稳态溶液中放入晶种促进成核，又称次级成核。在二次成核中，近年来认为其中起决定作用的机理是流体剪应力及接触成核。剪应力成核即指当饱和溶液以较大的流速流过正在成长的晶体表面时，在流体边界层存在的剪应力能将一些附着在晶体元上的粒子扫落，而成为新的晶核。接触成核是指当晶体与其他固体物接触时由于撞击所产生的晶体表面的碎粒成核。

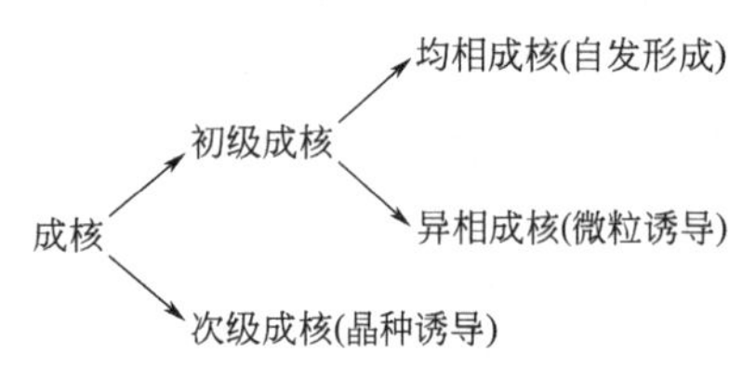

图 2-10-10 结晶成核分类

由于在一般情况下，溶液中不可避免的混有不同数量的固体微粒，它们对沉淀的形成起着诱导作用，相当于起着晶种的作用，因此，在进行沉淀反应时，异相成核总是存在的。在某些情况下，溶液中可能只有异相成核作用。这时溶液中的晶核数目，取决于溶液中混入固体微粒的数目，而不再形成新的晶核。在这种情况下，由于“晶核”的数目基本稳定，所以随着构晶离子浓度的增大，晶体将成长得大一点，而不增加新的晶体。但是，当溶液的相对过饱和度较大时，构晶离子本身也可以形成晶核，这时，既有异相成核作用，又有均相成核作用，由于新的晶核的形成，使获得的沉淀数目多而颗粒小。不同的沉淀形成均相成核作用时所需的相对过饱和度不一样，溶液的相对过饱和度愈大，愈易引起均相成核作用。

2. 晶体生长

在沉淀过程中，形成晶核后，溶液中的构晶离子向晶核表面扩散，并沉积在晶核上，使晶核逐渐长大，到一定程度时，成为沉淀微粒，这种沉淀微粒有聚集为更大的聚集体的倾向。同时，构晶离子又具有一定的晶格排列而形成大晶粒的趋向，前者是聚集过程，后者是定向过程。聚集速度主要与物质的性质有关，相对过饱和度越大，聚集速度也越大。定向速度主要与物质的性质有关，极性较强的盐类，一般具有较大的定向速度。如果聚集的速度慢，定向速度快，则得到晶形沉淀；反之，则得到无定形沉淀。图 2-10-11 即为沉淀形成的大致过程示意。

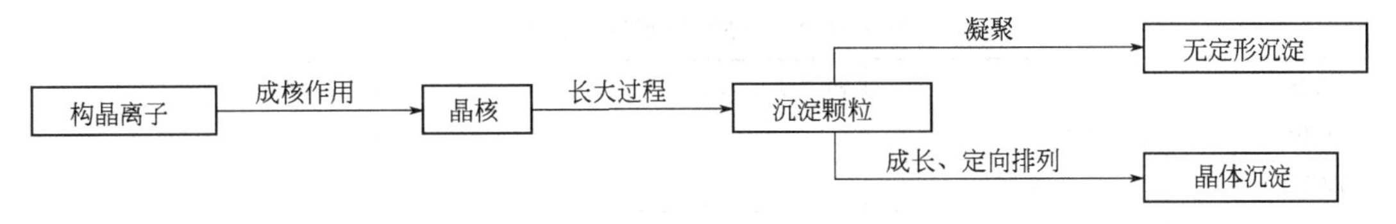

图 2-10-11 沉淀形成示意

(二) 结晶磷化合物

1. 羟基磷酸钙的沉淀结晶[1]

(1) 羟基磷酸钙的溶解度 羟基磷酸钙晶体在溶液中的生成主要分为晶核形成和晶体成长两个阶段。起初，由构晶离子结合形成晶胚——晶核出现，而后，晶体开始生长，直至反应达到热力学平衡。影响羟基磷酸钙结晶沉淀的因素主要有：溶液的 pH 值、过饱和程度、碱度、温度及其他杂质（如镁离子等）的存在等，当溶液中 Ca^{2+}、OH^- 和 PO_4^{3-} 等离子的浓度超过了羟基磷酸钙的溶度积常数（K_{sp}）就会有沉淀开始生成，K_{sp}的表达式如下：

$$K_{sp}=[Ca^{2+}]^5[OH^-][PO_4^{3-}]^3 \tag{2-10-18}$$

羟基磷酸钙的溶度积常数与溶液 pH 值的关系表明，羟基磷酸钙的溶解度（以 mg/L 计）是随着溶液的 pH 值升高而降低的，溶解度的降低又会导致其在溶液中沉淀势的增加，利于沉淀结晶的形成。目前，人们已开发了大量基于数学模型的化学平衡关系，使羟基磷酸钙的沉淀过程的进行能被合理预测。

(2) 羟基磷酸钙的沉淀 羟基磷酸钙晶体主要是通过“均相成核作用”形成的，同时，也可以利用合适的晶种来辅助结晶，即利用“异相成核作用”生成。因此，人们一直致力于研究各种反应条件下晶核形成所需的时间（诱导时间）来探索控制羟基磷酸钙沉淀形成。研究表明，羟基磷酸钙晶核生成的时间长短明显地受到溶液的过饱和程度（Ω）的影响，它们之间成反比关系，Ω 的表达式如下：

$$\Omega=\left(\frac{[Ca^{2+}]^5[OH^-][PO_4^{3-}]^3_{init}}{K_{sp}}\right)^{1/3} \tag{2-10-19}$$

当 Ω 值达到 2 时，羟基磷酸钙结晶过程出现了明显的由“异相成核”到“均相成核”的转变，而当 Ω 值超过 2 以后，晶形则不再有明显的变化。

温度和溶液的 pH 值也对羟基磷酸钙结晶的诱导时间有一定的影响，通常，提高温度和溶液的 pH 值能缩短晶核形成时间。实际中，当溶液的 pH 值低于 7.5 时，羟基磷酸钙的结晶速度是非常缓慢的，要持续数天才能结晶完全。

2. 磷酸钙结晶

在含有钙和磷的溶液中，根据 pH 值和溶液组成，会形成很多磷酸钙相（如表 2-10-11）。结果磷酸盐的饱和度会依赖于与当时的溶液条件相近的相（见图 2-10-12）。先驱相可能是

DCPD、OCP、TCP或ACP，但是，最后沉淀相几乎都通过再结晶，转化为热力学上更稳定的HAP。通常认为在pH大于7且高过饱和度下，先驱相是物化性质不稳定的无定形物质，该无定形物质的特点是，在X射线衍射模型中没有峰值，ACP的化学成分由沉淀条件决定。其他磷酸钙盐的沉淀条件简单叙述为：磷酸氢钙水合物（DCPD）在弱酸性的磷酸钙盐溶液中形成；当溶液pH为5～6时，磷酸八钙（OCP）在DCPD水解的情况下形成。在碱性条件下DCPD会转化为TCP沉淀。HAP通常很难直接在溶液中形成，由前驱物质转化为HAP的路径根据溶液环境的不同而变化。一般认为pH>9时，ACP直接转化为HAP；pH值范围在7～9之间时，转变路径为ACP→OCP→HAP，转变速率由pH值及溶液的温度等决定。当过饱和度非常高时，HAP也很难单独存在，常常伴有一些前期物质ACP及OCP等。

表 2-10-11 各种磷酸钙的溶解性

简称	分子式	钙磷摩尔比	活度积常数
DCPD	$CaHPO_4 \cdot 2H_2O$	1.0	2.49×10^{-7}
DCPA	$CaHPO_4$(无水DCPD)	1.0	1.26×10^{-7}
OCP	$Ca_4H(PO_4)_3 \cdot 2.5H_2O$	1.33	1.25×10^{-47}
TCP	$Ca_3(PO_4)_2$	1.5	1.20×10^{-29}
HAP	$Ca_5(PO_4)_3(OH)$	1.67	4.7×10^{-59}
ACP	$Ca_3(PO_4)_2 \cdot nH_2O$	未定义	无确定数值，比晶态磷盐酸更易于溶解

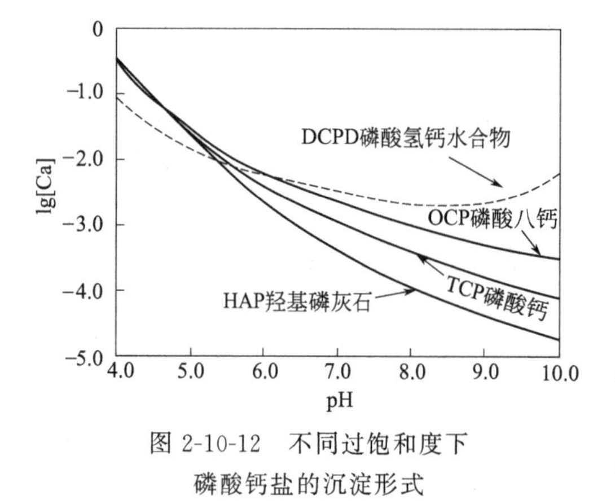

图 2-10-12 不同过饱和度下磷酸钙盐的沉淀形式

提高水溶液中磷酸钙过饱和度的方式有许多种，比如提高溶液中钙、磷浓度或升高pH值等。此外，提高溶液的温度也能升高过饱和度。虽然大部分物质的溶解度随温度的升高而降低，但磷酸钙的溶解度随温度的上升而提高。可是在实践过程中，对于大部分可能结成水垢的可溶性盐，它们的过饱和溶液可能在无限时间内都是稳定的，此时这些溶液处于亚稳定状态，此时只需加入一个引发物，比如加入晶种，可能就会返回平衡状态。可是，在一定范围内偏离平衡有一个门槛，图中用超溶解度曲线表示，假如达到超溶解度曲线，经过诱导时间或无需经过诱导时间，沉淀都会自发发生。超溶解度曲线以上区域是易沉淀区。需注意的是，“超溶解度曲线”没有确切的值，它和若干项因素有关，比如外来悬浮颗粒的存在、搅拌、温度、pH值等。

采用结晶法时，往水中投入晶种可以促进结晶沉淀反应。对于磷酸钙结晶，方解石、磁铁矿矿石（Fe_3O_4）、磷矿石、转炉炉渣和沙子等材料都可以充当晶种。

在过饱和溶液中，如过饱和度不高，开始时溶解性磷浓度变化较小，若过饱和溶液中加入晶种可使结晶过程消除诱导期而直接进入成核过程。成核作用时出现的无定形磷酸钙盐极不稳定，易溶解或直接沉淀，随着反应的继续进行，无定形磷酸钙盐将转化为热力学稳定的磷酸钙盐。这就是磷酸钙盐之间相的转变，由不稳定的晶体转化为热力学上稳定的磷酸钙盐，即转化为羟基磷灰石HAP，如图2-10-13所示。

（三）磷酸铵镁的沉淀结晶

（1）磷酸铵镁的溶解度[8] 磷酸铵镁（$MgNH_4PO_4 \cdot 6H_2O$，即MAP）又叫鸟粪石，

是一种难溶于水的白色晶体，正菱形晶体结构。0℃时溶解度仅为0.023g/L。常温下，在水中的溶度积为2.5×10^{-13}。其P_2O_5含量约为58%，是一种极好的缓释肥，自然界中的储量极少。污水中形成的鸟粪石晶体见图2-10-14。当溶液中含有Mg^{2+}、NH_4^+以及PO_4^{3-}且离子浓度积大于溶度积常数时，会自发沉淀生成鸟粪石，反应式如式(2-10-20)。

$$Mg^{2+}+NH_4^++PO_4^{3-}+6H_2O\longrightarrow MgNH_4PO_4\cdot 6H_2O\downarrow \qquad (2\text{-}10\text{-}20)$$

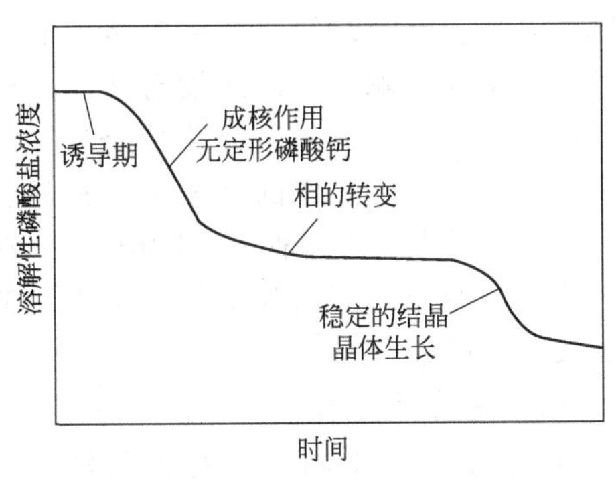

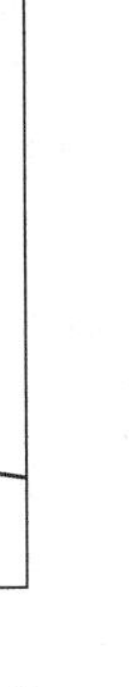

图2-10-13 磷酸钙沉淀动力学的理想化图式

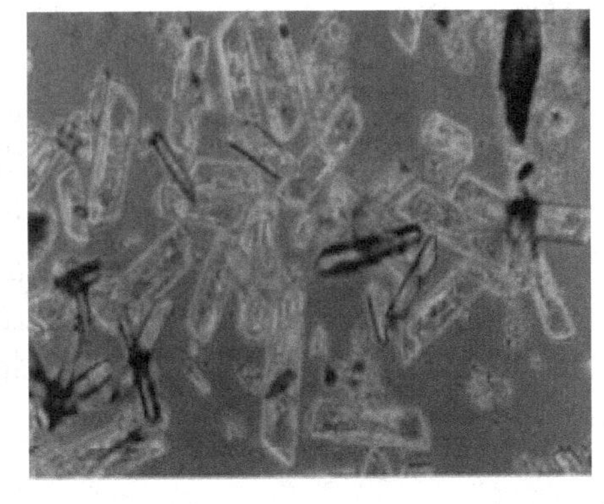

图2-10-14 鸟粪石反应器内液体的照片（100倍）

在25℃时的pK_s为13.26。MAP在低pH值下易溶，在高pH值中难溶，提高pH值有利于MAP的生成，但在过高的pH值下会生成更难溶的固体$Mg_3(PO_4)_2$或$Mg(OH)_2$固体沉淀，所以应根据具体情况调节pH值[9]。

(2) 磷酸铵镁沉淀 磷酸铵镁的条件溶度积说明了溶液的pH影响溶解物种的情况。这些物种是铵离子（NH_4^+）和磷酸根离子（PO_4^{3-}）。因为pH的增高会使铵离子浓度减少，使磷酸根离子浓度增加，由此可推知，应该有一个使$MgNH_4PO_4(s)$的溶解度为最小的pH值，即乘积$[Mg^{2+}][NH_4^+][PO_4^{3-}]$为最小的pH值。这个点在哪里呢?

为了解决这个问题，可以列出沉淀物中每个物种随pH变化的反应方程式。于是：

$$NH_4^+\rightleftharpoons NH_{3(aq)}+H^+;\ \lg K_a=-9.3$$

$$PO_4^{3-}+H^+\rightleftharpoons HPO_4^{2-};\ \lg\left(\frac{1}{K_{a,3}}\right)=12.3$$

$$HPO_4^{2-}+H^+\rightleftharpoons H_2PO_4^-;\ \lg\left(\frac{1}{K_{a,2}}\right)=7.2$$

$$H_2PO_4^-+H^+\rightleftharpoons H_3PO_4;\ \lg\left(\frac{1}{K_{a,1}}\right)=2.1$$

$$Mg^{2+}+OH^-\rightleftharpoons MgOH^+;\ \lg\left(\frac{1}{K_{a,Mg}}\right)=2.1$$

定义Mg^{2+}、NH_4^+、PO_4^{3-}的电离分散为$\alpha_{Mg^{2+}}=[Mg^{2+}]/C_{T,Mg}$、$\alpha_{NH_4^+}=[NH_4^+]/C_{T,NH_3}$和$\alpha_{PO_4^{3-}}=[PO_4^{3-}]/C_{T,PO_4}$，可以写成$MgNH_4PO_4(s)$的溶解度为：

$$\begin{aligned}K_{so}&=\{Mg^{2+}\}\{NH_4^+\}\{PO_4^{3-}\}\\&=\gamma_{Mg^{2+}}[Mg^{2+}]\gamma_{NH_4^+}[NH_4^+]\gamma_{PO_4^{3-}}[PO_4^{3-}]\\&=\gamma_{Mg^{2+}}C_{T,Mg}\alpha_{Mg^{2+}}\gamma_{NH_4^+}C_{T,NH_3}\alpha_{NH_4^+}\gamma_{PO_4^{3-}}C_{T,PO_4}\alpha_{PO_4^{3-}}\end{aligned}$$

令$P_s=C_{T,Mg}C_{T,NH_3}C_{T,PO_4}$，这样，$P_s$就成为pH的函数，其最小值将发生在当乘积$\alpha_{Mg^{2+}}\alpha_{NH_4^+}\alpha_{PO_4^{3-}}$为最大的时候。在图2-10-15上绘制了$\mu=0$和$\mu=0.1$两种情况下，$P_s$随pH变化的曲线。有图2-10-15可以看到，最小溶解度在pH约为10.7处。

(3) 过饱和度

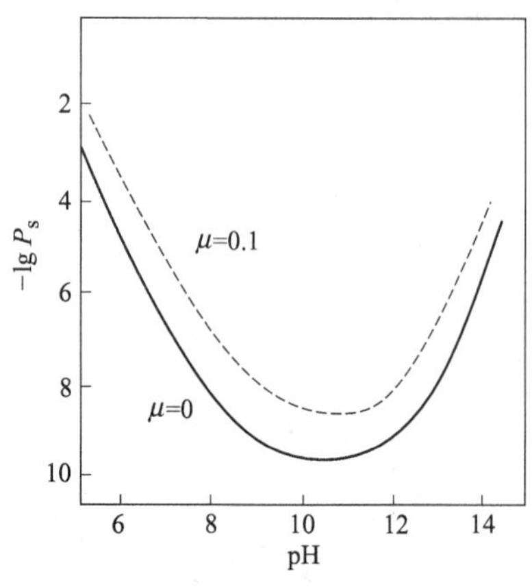

图 2-10-15 磷酸铵镁在 25℃时的条件溶度积

$P_s=C_{T,Mg}C_{T,NH_3}C_{T,PO_4}$

$$\Omega=\left(\frac{[Mg^{2+}][NH_4^+][PO_4^{3-}]_{init}}{K_{sp}}\right)^{1/3} \quad (2\text{-}10\text{-}21)$$

(四) 结晶反应条件

MAP 和 HAP 在成晶离子的过饱和度满足要求的条件下，就可以生成结晶，构晶离子的浓度不仅与外源性输入有关，而且与反应 pH 也密切相关。另外，搅拌方式、搅拌强度、反应时间、晶种等多方面的因素也对结晶过程有重要影响。目前还没有统一的模型来描述各种不同条件下 MAP、HAP 生成条件。经过多年的应用、研究，在城市污水的污泥富磷滤液、侧流富磷回流液、畜禽及人尿等多种废水除磷（回收磷）方面积累了一些应用经验，可以为结晶除磷工艺的应用和进一步发展提供借鉴。

1. MAP 结晶除磷反应条件

MAP 工艺适合于废水中同时含有磷和氨的情况下的脱氮除磷，有时也为了去除某一种污染物（如 N 或 P)，采用补充另一种元素化合物的方法。通常镁以外源投加方式补充。

(1) Mg 的来源　大多数的研究和应用都采用 $MgCl_2$，但也有采用 $Mg(OH)_2$、$MgSO_4$、海水和盐卤水等镁源。$Mg(OH)_2$（或 MgO）不但可以提供 Mg^{2+}，还可以提高 pH 值，但溶解性差，用量大，反应效率低。$MgCl_2$ 的溶解性好，反应效率高，但在反应过程中又引入了过量的 Cl^-，对控制 TDS 不利。因地制宜地选用恰当的镁源，可以节省大部分运行费。MgO 和 $Mg(OH)_2$ 作为绿色碱类物质，在 MAP 结晶除磷工艺中有较好的应用前景。

(2) pH 值控制　pH 值是控制鸟粪石生成的最重要条件，不仅影响鸟粪石的质量，且影响鸟粪石的成分。根据化学平衡方程和实验验证，在 pH＝7.5～10 时，均可形成 MAP。pH＞10 则有 $Mg_3(PO_4)_2$ 的生成，pH＞11，进一步生成 $Mg(OH)_2$。在实际应用中，一般宜将 pH 控制在 8～10 之间。pH 通常采用投加 NaOH、$Mg(OH)_2$ 或吹脱 CO_2 法来调节。

(3) 镁氮磷物质量的比值　依据 $MgNH_4PO_4$ 的分子式，Mg、N、P 三种组分的物质的量比为 1∶1∶1，实际反应中，要达到除磷目的，Mg 和 N 的量要大于理论值。研究和实践表明，磷的去除率随氨离子浓度的增长而提高，残余一定量的氨离子对提高 MAP 的纯度有利。特别是在低浓度磷废水的除磷情况下，氨离子浓度过量程度需要更高。Mg 与 P 的比值也很重要，大多数情况下，Mg∶P 为 1.1～1.6 之间就可以取得较好的除磷效果。通常 MAP 除磷时，推荐的 Mg∶N∶P 比值为（1.1～1.6)∶(1.5～3.0)∶1。另外，水中的钙等离子的存在，对 MAP 的生成有重要影响，因为 HAP 类不溶物的生成会干扰 MAP 的结晶。不同 P 浓度和不同类型的废水，宜通过实验室测试选定 3 种组分恰当的比值范围。

(4) 反应时间　生成 MAP 是一个化学过程，可以在非常短的时间内完成。多数的研究证明，MAP 可以在短至几分钟内就可以完成，延长反应时间，并不能大幅度提高磷的去除率，但晶体都在逐步长大，一般认为反应时间为 1～8h，就可以满足 MAP 除磷的目的。需要注意的是，对于溶解性好的 Mg 源，反应时间可以短一些，对于采用溶解性差的 Mg 源，如 $Mg(OH)_2$，MgO 则需要长一些的反应时间，同时考虑到后期晶体分离的方便，较长的时间便于生成体积更大、沉降性能更好的晶体，对保障出水中较低的磷浓度有利。

(5) 搅拌控制　搅拌方式与所采用的反应器类型有关，无论是气体搅拌还是机械搅拌，均以保证传质和晶体充分悬浮为目的。结晶反应体系处于流态化或是悬浮状况就可以满足MAP生成结晶要求。过量输入能量，过度搅拌，会破坏晶体。目前还没有具体的技术指标，实际应用中可参考机械搅拌和曝气搅拌的要求进行设计。

(6) 排泥控制 在结晶反应器中不断生成MAP，MAP泥渣量逐步增多，需要定期外排。排泥控制可以依据结晶物中P的含量加以控制，也可以按反应器内泥渣的浓度要求进行调控。每次排泥后，在反应器内保留足够数量的剩余泥渣，对促进MAP的生成有利。

(7) 晶种 首次启动反应器时，可以投加晶种，也可以不加。在运行成熟的反应器中保留部分泥渣就可以起到晶种作用。

(8) 除磷效率 在满足pH和Mg、N、P比值要求情况下，一般均可以去除80%以上的磷，有时可以达到90%以上。具体数值视不同水质和浓度范围的差异变化较大。

2. HAP结晶法除磷反应条件

羟基磷酸钙（HAP）结晶与MAP基本相似。都是生成结晶磷化合物，反应器的形式也基本相同，但参与反应的物质和反应条件、要求差别较大。一般认为HAP结晶法适合于处理只含磷不含氨氮或氨氮含量较少的废水除磷，由于HAP的溶度积较MAP小很多，因此HAP还适用于低磷水的除磷。HAP结晶法主要控制因素是pH和Ca/P比，其他因素如反应时间、晶种、混合搅拌等也对除磷效果产生重要影响。具体情况如下。

(1) pH值控制 生成HAP适宜的pH条件是8～10。随着pH升高，溶解性磷的去除也进一步提高，但此时磷的去除往往不是生成HAP结晶的结果，而是生产$Ca(OH)_2$絮体吸附、$Ca_3(PO_4)_2$等无定形沉淀所致，这样会造成出水中TP的升高。一般将pH控制在8附近，不仅可以很好地生成HAP，而且其他副反应也较少。投加NaOH可以实现HAP反应过程的pH精确控制。

(2) Ca/P比 理论上Ca/P达到1.67就可以满足HAP的生成要求，但实际应用时，Ca/P比对磷的去除率影响巨大。在磷的浓度较高时（大于50mg/L），Ca/P只需达到2以上，一般除磷效率可达到90%以上，而在低磷条件下除磷，Ca/P往往要达到3以上。针对不同磷浓度和不同的水质，具体Ca/P比值要通过试验来确定，目前还没有统一的模型可以计算。

(3) 反应时间 与MAP反应相似，HAP结晶过程也很迅速，通常所需要的反应时间较短，控制HRT为1～6h，就可以满足结晶除磷的要求。

(4) 钙源 依据Ca/P比的需要，如果废水中钙的量不够，则要外加钙源，一般投加$CaCl_2$。投加$CaCl_2$有利于提高反应速率。

(5) 晶种 HAP生成对晶种有一定的要求。在没有晶种条件下，反应开始运行时，会产生无定形磷酸盐沉淀，磷去除效果虽然好，但沉淀分离困难。在形成结晶后，上述情况才能改善，逐步转化为以生成HAP结晶为主的除磷反应。若投入恰当的晶种，则能迅速启动HAP结晶过程。常用的晶种有石英砂、磁铁矿石、方解石等。另外，雪硅钙石因其独特的结构特性，被认为是一种高效HAP结晶晶种。晶种尺寸一般为0.2～1.5mm，不宜太小和太大。晶种投加量为10～50g/L。

(6) 搅拌混合 HAP反应过程需要适宜的搅拌混合，与MAP相似。

二、结晶除磷反应器

(一) 结晶除磷反应器的类型和工作原理[9]

除磷结晶反应器的设计主要依据反应动力学和流速两个因素，既要使得溶液充分混合反应才能生成晶体，又要考虑生成的晶体处于混合状态而不影响晶体的成长，结晶可以分为反应和沉淀两大过程。根据不同的处理水量，以及采用不同的水力停留时间来确定反应器的尺寸大小。目前广为研究和应用的除磷结晶反应器分为搅拌式及流化床式两大类型，实际应用时，一般按化工反应器的基本原则进行设计或选用商品型设备。

1. 搅拌式反应器[9]

（1）机械搅拌式反应器　机械搅拌式反应器具有设计方便、实际操作简单等优点，反应器的设计形式有两种。

① 分体式搅拌器。反应区和沉淀区分开设计，设备有独立的沉淀池和污泥回流管线。

图 2-10-16 是 Stratful 等研究磷回收反应器。他们将反应器的反应区和沉淀区分开设计。搅拌器中采用不锈钢叶片的叶轮进行搅拌，为了防止搅拌时液体在垂直方向形成漩涡，影响液体的混合，在反应室内壁设计了四个挡板，挡板与内壁间留有 3mm 宽的缝隙，避免形成死角。挡板的宽度和叶轮的直径取决于反应室的直径 D，一般挡板的宽度为 $D/10$，叶轮的直径为($D/2 \sim D/3$)。

② 合建式反应器。该反应器把反应区和沉淀区集中于同一个反应器中。这种方式具有结构紧凑，设备简化等优点，但也存在难于分别对反应与沉淀进行控制和调节，运行不灵活，出水水质难于保证等缺点。

图 2-10-17 是日本的 Yoshino 等采用的反应器。废水从中间进水，经过搅拌，反应后沉淀，圆筒外侧出水，结晶产物沉淀于反应器底部。

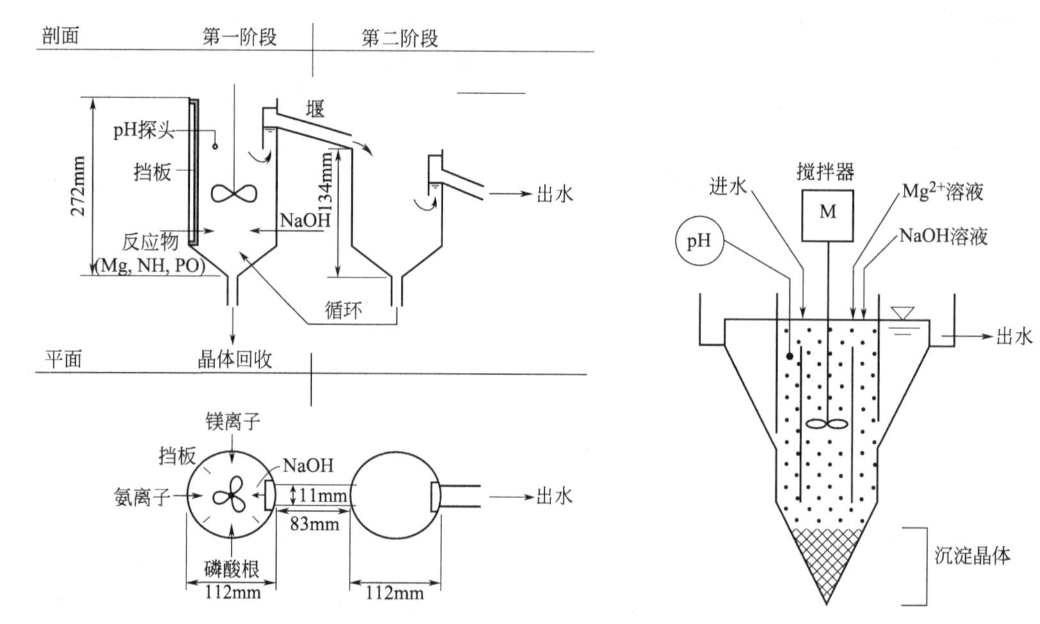

图 2-10-16　Stratful 等研究的 CSTR 反应器　　图 2-10-17　Yoshino 等研究的合建式搅拌反应器

图 2-10-18 为国内解磊等采用的短浆搅拌 MAP 反应器。根据处理流程可分为反应区、沉淀区和排泥斗三个部分，该反应器操作简单、处理性能稳定高效。对模拟废水（500～3000mg/L）和不同种类的三种实际废水（制药厂废水、垃圾填埋场渗滤液、工厂 CO_2 冷凝液）进行处理，去除率均达到 90%左右。

（2）空气搅拌式反应器　空气搅拌式反应器是通过曝气装置向反应器内输入空气来搅拌反应物并且脱除 CO_2 的一种磷回收装置。

图 2-10-19 是日本的 Suzuki 等开发了套管式曝气反应器并分别进行了间歇试验、小型和

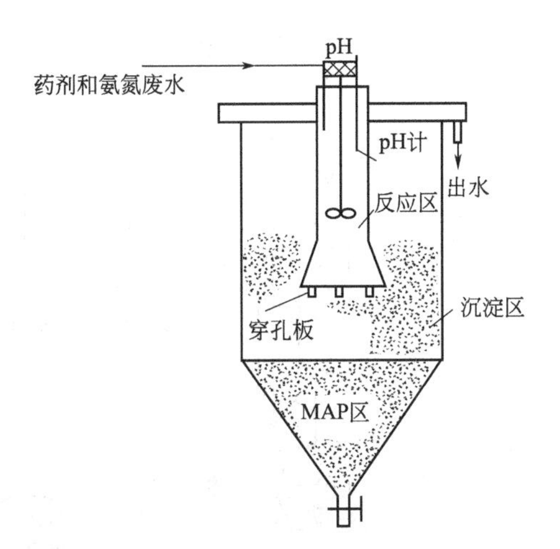

图 2-10-18 解磊等研究的内套合建式磷回收反应器

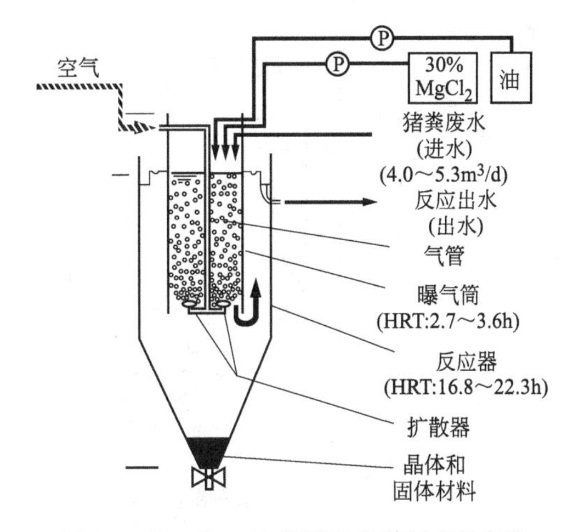

图 2-10-19 Suzuki 等研究的脱气式反应器

中型试验，压缩空气通入内管的低端进行曝气，废水以及镁盐采用泵打入内管上端入口，进行充分搅拌反应后，鸟粪石沉淀于外管下端，上清液从外管上端周边出水。

图 2-10-20 是 Liu 等针对低磷废水而设计的一种内循环式曝气反应器 IRSR。IRSR 由内柱（反应区）和同心外柱（沉淀区）构成。为了加强溶液混合而避免形成短流，在内柱的内侧按一定间隔地装有三处副气管。通过实验结果显示，在低浓度 P（21.7mgP/L）时，引用 0.4～1.0g/L 的晶种，Mg/PO_4^{3-}-P＝(1.3～1.5)：1，THRT＞1.14h 时，P 的回收率可以提高 19%，即此时回收率可达 78%；在无添加晶种的情况下运行高浓度 P 时得到相似的效果。

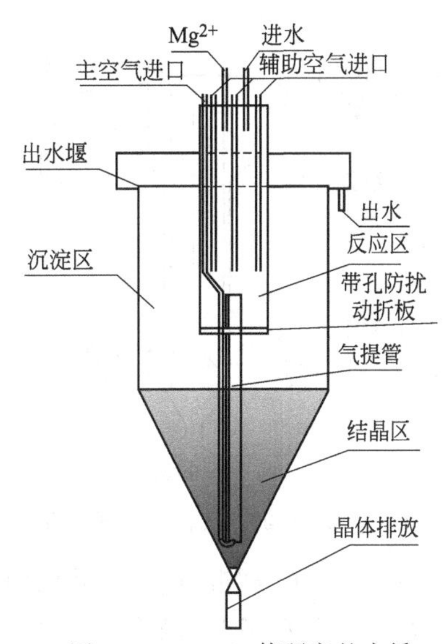

图 2-10-20 Liu 等研究的内循环式磷回收反应器

2. 流化床式反应器

流化床式反应器是借助流体（液体、气体）使反应器中的固体颗粒呈流态化，起到搅拌反应溶液的作用，又可以提供晶种（在固体颗粒表面产生晶体，同时进行固液分离），从而达到回收磷的一种反应设备。

(1) 气体搅动式流化床 空气搅拌式反应器与气体搅动式流化床的区别在于回收结晶物的方式不同：空气搅拌式反应器中所产生的晶体通过自由沉降后而聚集于反应器下部，采用阀门控制进行收集；流化床中颗粒的收集方式主要有三种：①停止曝气，让生成的晶体在静置的条件下沉降再收集；②采用产生的晶体回流作为晶种，直至结晶颗粒生长至足够大后沉降于下端，后用泵抽出；③从流化区底部外排口进入分离器进行分离收集。

图 2-10-21 是澳大利亚的 Elisabeth 等采用的反应器。采用气体从反应器底部喷射进入反应区，使得废水与试剂完全混合，生成的晶体颗粒呈悬浮状态，长到一定的规模时沉淀于底部并定期清理。应用表明：含磷的污泥脱水上清液从反应器的底部输入，$Mg(OH)_2$ 和 NaOH 从上部输入，压缩空气从反应器的底部输入，通过脱除 CO_2 来提高 pH 值，同时作为液体搅拌的动力，使得逐渐生成的 MAP 呈流化状态，并定期回收。投产运行结果表明 MAP 晶体能在较短时间形成（1～2h），废水中正磷酸盐的回收率接近 94%。

图 2-10-22、图 2-10-23 是另外两种形式的这类反应器[6]。

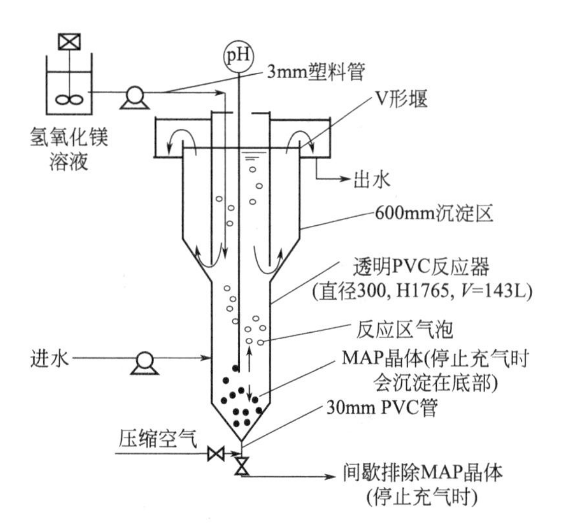

图 2-10-21 Elisabeth 等研究的空气搅拌式反应器

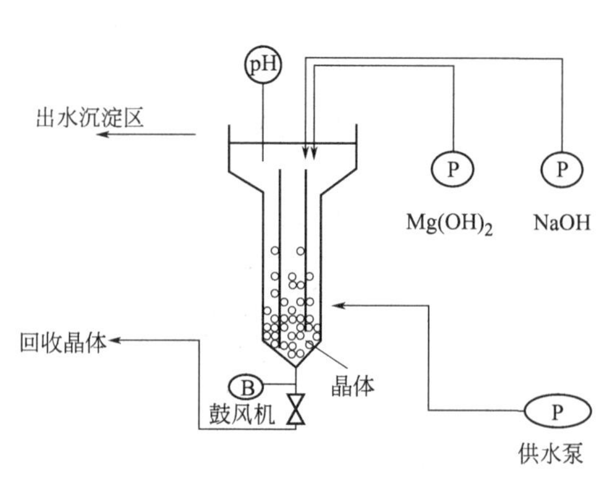

图 2-10-22 气体搅动式流化床

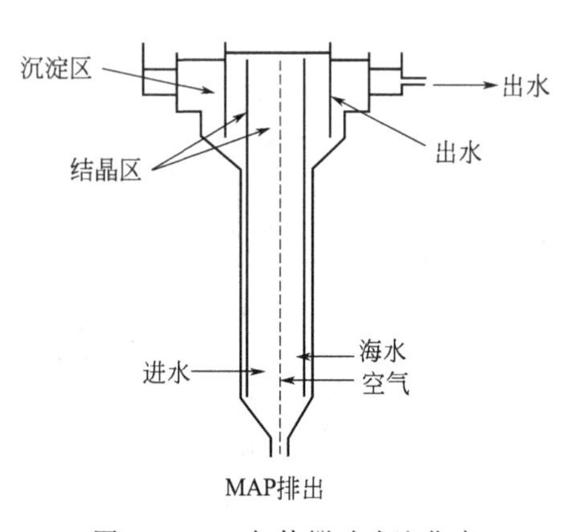

图 2-10-23 气体搅动式流化床

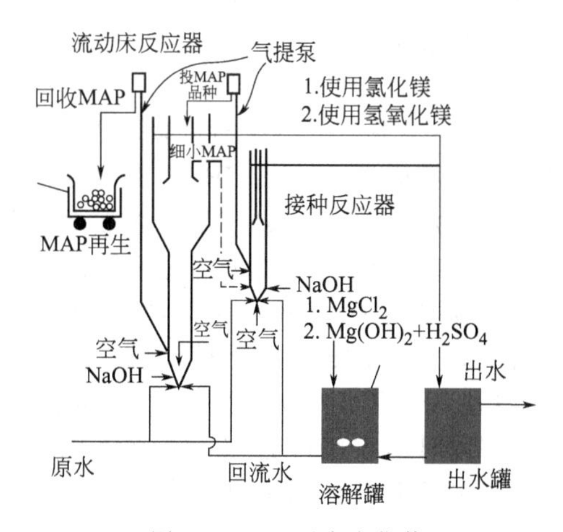

图 2-10-24 两步流化装置

图 2-10-24 是 Mamura 等采用两步流化装置研究污水处理厂消化上清液中磷的回收，由前部分所形成的 MAP 晶体作为晶种进入后面晶种流化反应器，然后定时地向流化床反应器提供晶种并回收。

(2) 液体搅动式流化床 图 2-10-25 是 Britton 等设计的反应器。采用泵将废水、镁盐以及碱液打入反应器的下端，混合液随着反应器各个部分直径的变化而不断搅动混合反应，采用产生的晶体回流作为晶种，直至结晶颗粒生长至足够大后沉降于下端后用泵抽出。通过一系列实验结果显示，磷的回收率可达 90%，以重量来计纯度高达 99%。

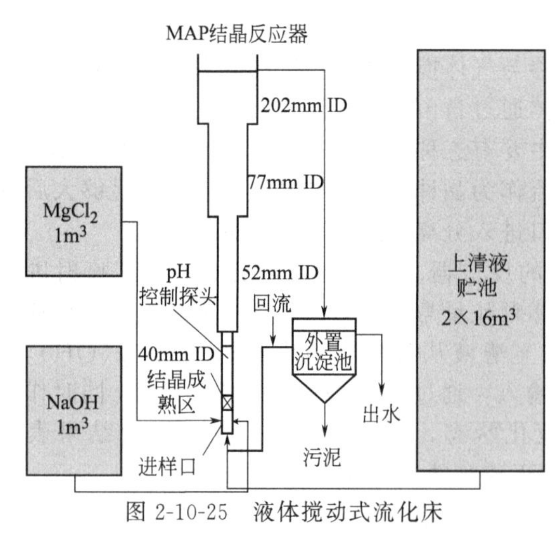

图 2-10-25 液体搅动式流化床

3. 反应器形式比较[9]

机械搅拌器具有结构简单、操作简便等优点，但同时需要消耗大量能量的搅拌来促使反应完全；而且反应区与沉淀区合建式的搅拌器也存在难于分别对反应与沉淀进行控制和调节，运行不灵活，出水水质难于保证等缺点。流化床具有结构紧凑，设备简化，同时实现反应与固液分离等优点，然而流化床要保持晶体处于流化状态，以促进晶体快速增长，则同时耗能也相当大，不易形成大颗粒的晶体。为保证晶体能够有效快速地增长，一方面需要加大流化力度；另一方面可以通过在反应器内添置一些晶体附着装置。

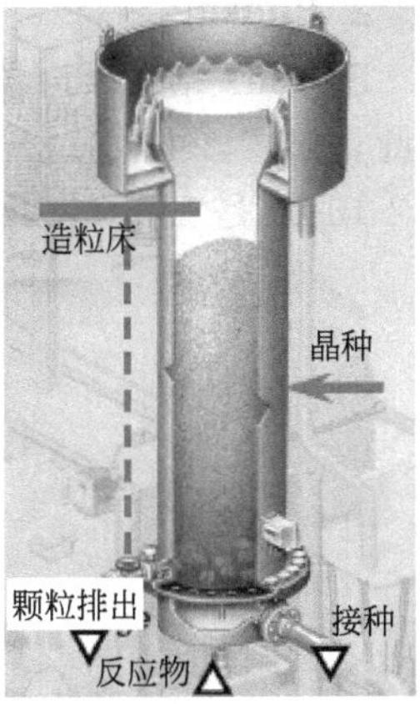

(二) 商品除磷结晶反应器

目前世界上有几家知名公司推出了自己的专利结晶反应器产品。代表性产品如荷兰 DHV 公司的 Crystalator 结晶反应器和日本 UNITIKA LTD. 公司的 Phosnix 结晶反应器。

图 2-10-26 Crystalator 的结构示意

1. Crystalator

Crystalator 结晶反应器于 1980 年开始用于饮用水软化，1985 年应用于从废水中回收金属盐和磷，目前已经广泛应用于多种可形成结晶产物的金属和非金属化合物的去除与回收。

Crystalator 的结构示意见图 2-10-26。图 2-10-27 为其工程应用[10]。

图 2-10-27 荷兰 Geesterambacht 污水厂的 Crystalator 反应器

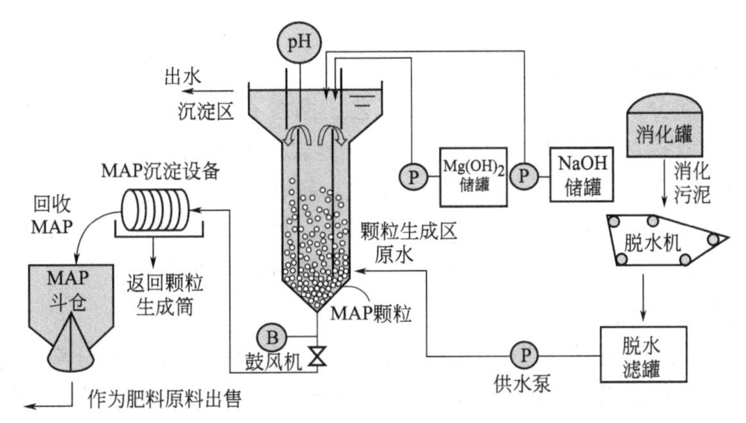

图 2-10-28 Phosnix 工作原理

2. Phosnix

Phosnix结晶反应器已经成功在日本和意大利多家污水处理设施中应用，其结晶产物的质量非常高，可以直接用于化肥或作为磷化工中的磷原料。图2-10-28是Phosnix的原理图，图2-10-29是Phosnix用在日本SaKai工厂的实际装置。

图2-10-29 Phosnix在日本SaKai工厂的运行装置

第四节 磷的深度去除

一、化学除磷分离方法

化学除磷效率取决于悬浮固体的分离效率。通常在活性污泥工艺中加入金属盐，只能将出水中的磷降至0.5～1.0mg/L。补充三级处理除磷则可以将TP降至0.1mg/L以下。

三级处理除磷有两种主要工艺，即沉淀分离和过滤分离。这两种工艺既可以单独使用，也可以联合使用。

(一) 三级处理沉淀分离工艺

三级处理沉淀分离工艺包括传统沉淀工艺、两级石灰沉淀、固体接触工艺、高负荷分离工艺和高负荷泥渣接触分离工艺（BHRC）等形式。有多种专利形式的BHRC工艺，其所利用的接触泥渣各不相同，有回流污泥、微砂、磁粉等。

高负荷沉淀分离工艺的优势在于占地面积小，处理时间短，短时间内可以处理大量的污水。下面简单介绍一下几种专利形式的高负荷沉淀分离工艺[10]。

1. DensaDeg 工艺

DensaDeg工艺流程见图2-10-30。DensaDeg是一种高效物化处理分离工艺，它由泥渣沉淀和Lamellar沉淀组合而成。在混凝阶段，它通过投加混凝剂在快速混合条件下使固体颗粒脱稳，然后流入絮凝区，在此加入聚合物絮凝剂和泥渣（回流而来），在中心筒中，药剂、

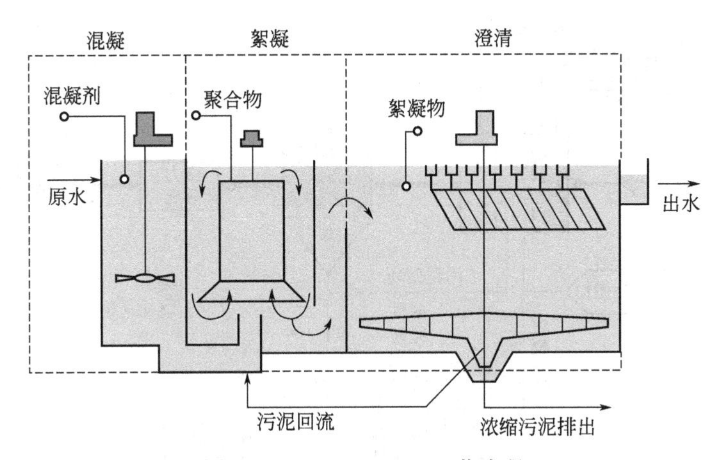

图 2-10-30 DensaDeg 工艺流程

泥渣与污水充分接触混合，此时泥渣作为“种子”，以利于絮体的形成，从而利用其巨大的表面积吸附悬浮物，并提高其沉降速度。该工艺的核心和能具有较小占地面积的原因就在于此。絮凝反应后的产物经过过滤后再流入分离单元。分离单元中采用了斜管协同沉淀技术，进一步缩小了占地面积。沉淀污泥在池底通过传统的刮泥机收集，并回流至絮凝区的中心筒。定期排放剩余污泥。中试数据的处理效率为 88%～95%。工程实例见表 2-10-21 中序号 2。

2. Actiflo 工艺

Actiflo 工艺流程见图 2-10-31。Actiflo 工艺是一种高负荷物化处理分离工艺，它利用在微砂表面形成颗粒层，然后在 Lamellar 沉淀器中完成分离。该工艺有混凝（投加药剂，使颗粒脱稳）、射流回流（通过水力旋流回流微砂和污泥，并加入絮凝剂）、成熟（缓慢搅拌，促进微砂与悬浮物的结合）、斜管沉淀分离等过程组成。基本原理与 DensaDeg 工艺相似。该工艺在水力旋流器的中心管顶部排出剩余污泥。中试数据表明，其去除磷的效率为 92%～96%。

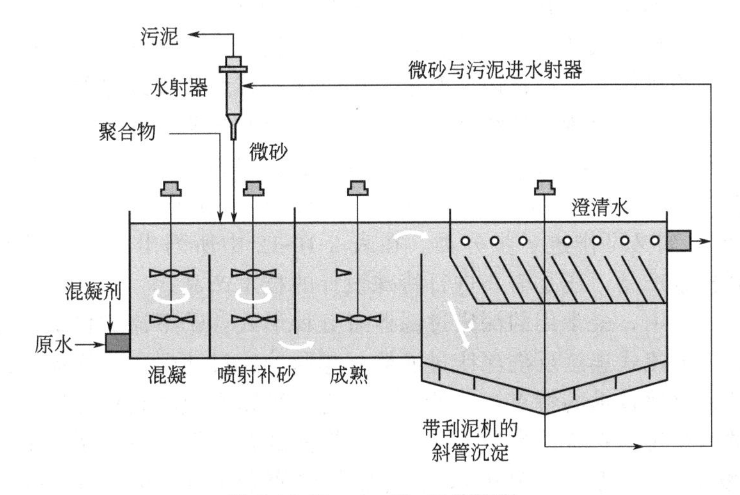

图 2-10-31 Actiflo 工艺流程

3. CoMag 工艺

CoMag 工艺流程见图 2-10-32。CoMag 工艺是利用磁性物质来完成泥渣絮凝、颗粒接触、高梯度磁分离三个过程。首先在进水中加入金属盐并调节 pH，废水与细小的磁性药剂混合，形成密实絮体，最后利用磁分离手段，完成泥渣与水分离，清洁水排放。从泥渣回收

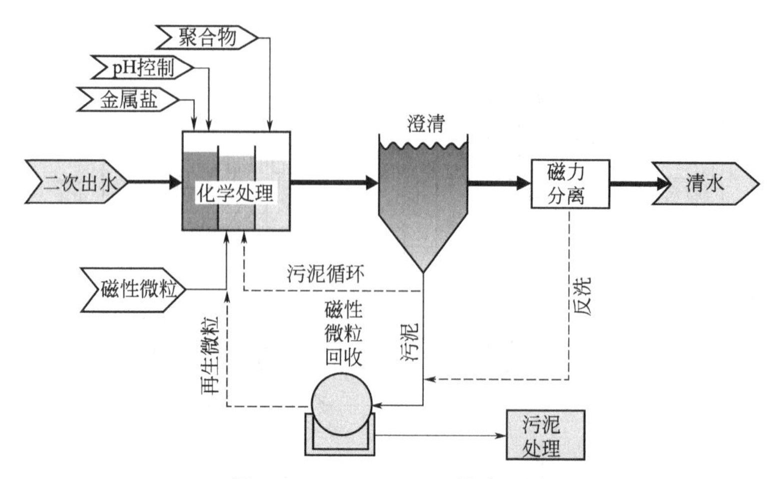

图 2-10-32 CoMag 工艺流程图

磁性药剂后回用于前级处理过程中。CoMag 工艺生产性试验数据表明，其最终磷出水浓度不超过 0.05mg/L。工程实例见表 2-10-21 中序号 15。

（二）三级处理过滤分离工艺

化学沉淀与过滤相结合，可以将污水中的磷浓度降至非常低的水平（小于 0.1mg/L），在去除磷的同时，其他污染物浓度也大幅度降低。目前污水三级处理中使用的主要过滤单元有如下几种：传统的下向流过滤器、深床下向流过滤器、连续反冲洗上向流砂滤器、脉冲床过滤器、移动桥式过滤器、模糊过滤器、盘式过滤器、滤布过滤器、膜分离、Blue Pro 分离器、压滤过滤器。

从过滤技术的发展历史来看，颗粒滤料过滤器是一种应用最为广泛的过滤技术，一个完整的过滤循环（过滤及反洗）是在过滤器内按一定顺序完成的。但是，在最近 20 年来，开发了多种新型过滤技术，用于二级处理出水的过滤处理。目前在废水过滤处理中使用的深床过滤器，其主要类型列于表 2-10-12 中，并如图 2-10-33 所示。由表 2-10-12 可知，过滤器按其操作方式可分为半连续式和连续式两类，必须定期进行离线反洗操作的过滤器为半连续式过滤器；过滤和反洗操作在过滤器内同时进行的过滤器称为连续式过滤器。在这两类过滤器中，根据滤床的深度（浅层床、传统床及深层床）、滤料种类（单介质、双介质和多介质）、滤料装填（是否分层）、操作方式（下流式或上流式）、固体截留的方法（表面或内部）等特点的不同，又有多种不同形式的过滤器。对于单介质和双介质半连续过滤器，根据推动力（重力或压力）的不同又可作进一步分类。在表 2-10-12 中所列出的过滤器中，还必须区分它们是属于专利技术产品，还是需要进行特殊设计的技术产品。

在废水过滤处理中，最常用的深床过滤器有五种形式：①下流式传统型过滤器；②下流式深床过滤器；③上流式连续反洗深床过滤器；④脉冲床过滤器；⑤移动桥式过滤器。本节将简要讨论这几种过滤技术的特点，另外还将讨论一种以合成材料作为滤料的新型过滤器及具有除磷功能的两级过滤系统。本节不准备讨论那些通常只限于在小系统中使用的间歇式或循环式砂及织物滤料过滤器。关于这类过滤器的资料可查阅 Crites 和 Tchobano-glous (1998) 撰写的有关文献。应当注意，下面讨论的过滤器多为专利技术并由制造商以成套设备供货，因此，下面介绍的很多设计方面的问题只适用于特殊设计的过滤器[11]。

1. 过滤技术简介

（1）传统下向流过滤器 在下流式传统深床过滤器中，一般可使用单介质、双介质及多介质滤料。在单介质过滤器中，一般以砂或无烟煤为滤料［参阅图 2-10-33(a)］。双介质滤

表 2-10-12 几种颗粒滤料过滤器比较

过滤器类型（常用名称）	过滤器操作方式	滤床			典型的液体流动方向	反洗操作方式	通过过滤器的流量	固体贮存部位	说明	设计分类
		滤床型式	滤料	典型床层深度/mm						
传统型	半连续	单介质（分层或不分层）	砂或无烟煤	760	下流	间歇	恒定/可改变	表面及上层滤床	水头损失增长速度快	特殊设计
传统型	半连续	双介质（分层）	砂和无烟煤	920	下流	间歇	恒定/可改变	内部	双介质设计用于延长过滤器运行时间	特殊设计
传统型	半连续	多介质（分层）	砂、无烟煤和石榴石	920	下流	间歇	恒定/可改变	内部	多介质设计用于延长过滤器运行时间	特殊设计
深床	半连续	单介质（分层或不分层）	砂或无烟煤	1830	下流	间歇	恒定/可改变	内部	深床用于贮存固体并延长过滤器运行时间	特殊设计
深床	半连续	单介质（分层）	砂或无烟煤	1830	上流	间歇	恒定	内部	深床用于贮存固体并延长过滤器运行时间	专利技术
深床	连续	单介质（不分层）	砂	1830	上流	连续	恒定	内部	砂滤床逆液体流动方向运动	专利技术
脉冲床	半连续	单介质（分层）	砂	280	下流	间歇	恒定	表面及上层滤床	利用空气脉冲擦洗表面黏泥，延长运行时间	专利技术
纤维球过滤器	半连续	单介质（不分层）	合成纤维	610①	上流	间歇	恒定	内部		专利技术
移动桥	连续	单介质（分层）	砂	610	下流	半连续	恒定	表面及上层滤床	依次反洗过滤器各个隔间	专利技术
移动桥	连续	双介质（分层）	砂和无烟煤	410	下流	半连续	恒定	表面及上层滤床	依次反洗过滤器多个隔间	专利技术

① 压缩后深度。

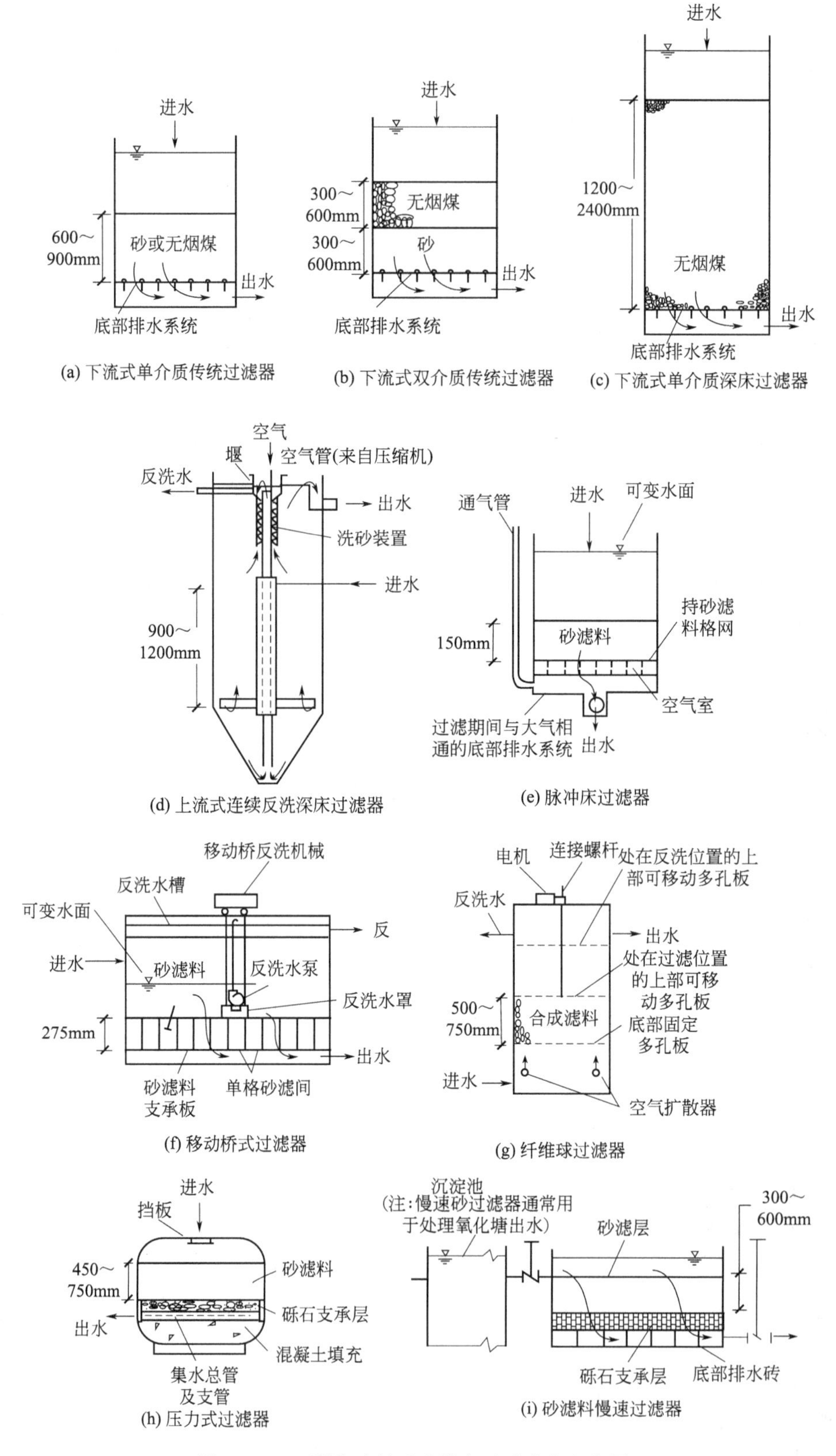

图 2-10-33 颗粒滤料过滤器主要形式定义简图

料，通常由砂和无烟煤组成，底层为砂，顶层为无烟煤［参图 2-10-33(b)］，其他滤料组合有：①活性炭和石英砂；②树脂和石英砂；③树脂和无烟煤。多介质过滤器通常由三种不同滤料组成，底层为石榴石和钛铁矿石，中层为砂，顶层为无烟煤。其他多介质滤料组合一般包括：①活性炭、无烟煤和石英砂；②重质树脂球、无烟煤和砂；③活性炭、砂和石榴石。

随着双介质、多介质及单介质深床过滤器技术的不断发展，可允许液体中悬浮固体深入滤床内部，这样一来则可利用滤床内更多的含污能力。固体进入滤床的部位愈深，因为水头损失增长速率降低，过滤器的运行时间则愈长。比较认为，单介质浅层滤床内，大部分固体的去除发生在滤床顶层几毫米处。前已述及，下流式传统过滤器的操作方式（参阅图 2-10-34），单介质、双介质和多介质过滤器滤床常用的反洗方法一般为水反洗加水表面清洗，水反洗加空气擦洗。但无论采用哪一种反洗方法，滤料在过滤器内均处于流化状态。

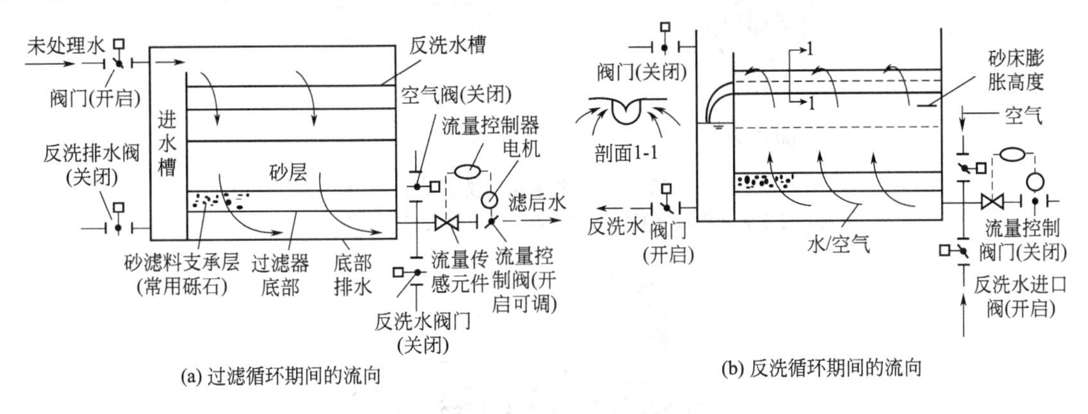

图 2-10-34　传统颗粒滤料快速过滤器的一般特点及操作模式

(2) 深床下向流过滤器　下流式深床过滤器［参阅图 2-10-33(c)］类似于下流式传统过滤器，滤料（通常为无烟煤）粒径大于传统过滤器滤料的粒径。由于滤床深度、滤料（砂或无烟煤）粒径均较大，所以滤床内可贮存更多固体，从而延长了过滤器的运行时间。用于下流式深床过滤器的滤料，最大粒径取决于反洗过滤器的能力。在一般情况下，深床过滤器反洗期间滤料并非完全处于流化状态。为了达到有效清洗的目的，一般采用空气擦洗结合水清洗进行过滤器反洗。

(3) 连续反冲洗上向流砂滤器　如图 2-10-33(d) 和图 2-10-35 所示，在上流式连续反洗深床过滤器中，废水由底部进入过滤器，通过多根竖管向上流动，再经配水装置均匀分布在砂床内，然后向上流动通过向下运动的砂床。从砂床流出的净滤过水经溢流堰排出过滤器，与此同时，砂粒与被截留固体一起向下运动被抽吸至过滤器中心的空气提升管入口处。由空气提升管底部引入少量压缩空气形成密度小于 1 的上升液流将砂粒、固体物及水经该提升管向上提升。

在向上湍动过程中，杂质从砂粒表面被清洗下来。到达空气提升管顶端时，含有污物的浆液进入中央排污室，干净的滤过水利用设在排泥堰上部的出水堰向上流动，而砂粒则通过清洗器段逆流向下运动，上升液体携带着固体物排出过滤器。由于砂粒沉降速度大于被去除的固体，因此不会被带出过滤器。当砂粒向下运动通过清洗装置时得到进一步清洗，清洗干净的砂粒重新分布在砂床顶部，从而形成连续不断的滤过水和排泥水流。

(4) 脉冲床过滤器　如图 2-10-33(e) 和图 2-10-36 所示，脉冲床过滤器一般为拥有专利技术的下流式重力过滤器，滤料采用不分层细砂。与其他固体物主要贮存于砂床表面的浅床过滤器相反，此类浅层床是用于固体物贮存的。脉冲床过滤器的特异之处在于利用空气脉冲

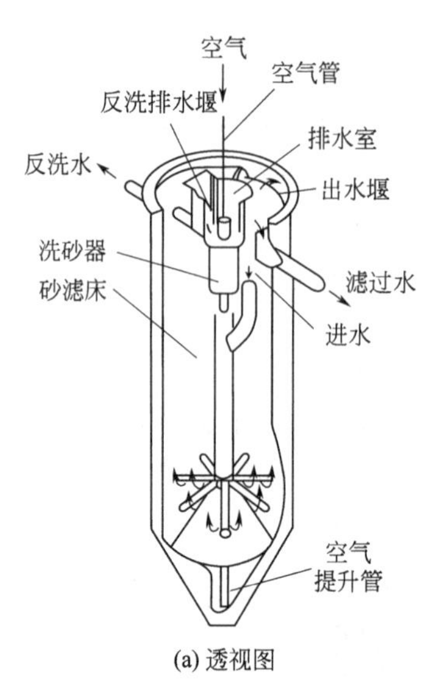

(a) 透视图

(b) 设有旧式进水系统的试验过滤器

图 2-10-35 上流式连续反洗深床过滤器

注：进水装置随过滤器的不同配置，可适当改变（Parkson 公司）

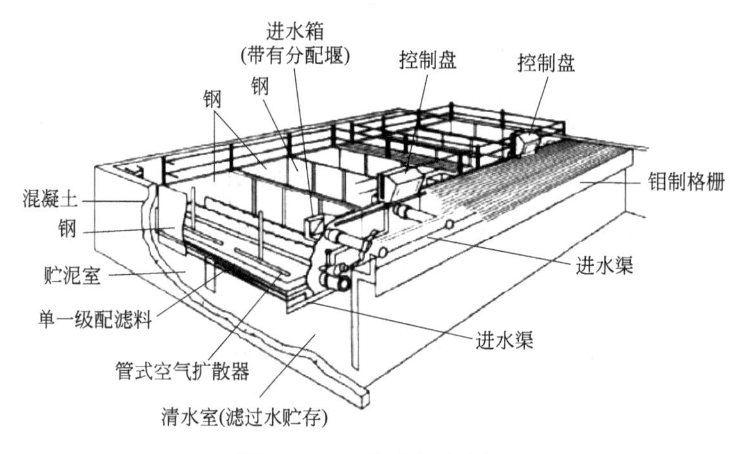

图 2-10-36 脉冲床过滤器

冲撞砂床表面，促使悬浮固体穿透进入砂床内部。空气脉冲工艺是指强制聚集于底部排水系统内的一部分空气通过浅层滤床向上流动撕破砂床表面的固体层，使砂床表面不断更新。当固体层受到扰动时，一部分截留物质会悬浮起来进入砂床上面的混合液中，但大部分固体物被截留在滤床内。间歇式空气脉冲使砂床表面翻动折叠，将固体物掩埋于滤料内，并使滤床表面获得再生。利用间歇式空气脉冲，可使过滤器连续操作，直至达到规定的最终水头损失值后，采用传统的反洗操作方式去除砂床内的固体。应当注意，在正常操作期间，脉冲床过滤器的底部排水系统不同于传统型过滤器，并不淹没。

（5）移动桥式过滤器 移动桥式过滤器［见图 2-10-33（f）和图 2-10-37］是一种采用颗粒滤料、低水头、连续运行、自动反洗、下流式深床过滤器。这种过滤器拥有专利技术权。在水平方向上划分为若干个独立运行的过滤间，每一隔间的滤料层厚度均为 280mm。废水经二级处理后利用重力流过滤床并经底部多孔聚乙烯排水板进入清水箱。每一过滤间均通过一高位移动桥组件单独进行反洗，在一个隔间反洗时，其他隔间均处于运行之中。反洗水用泵直接从清水箱抽取通过滤层贮存于反洗水槽。在反洗循环过程中，废水仍通过未反洗

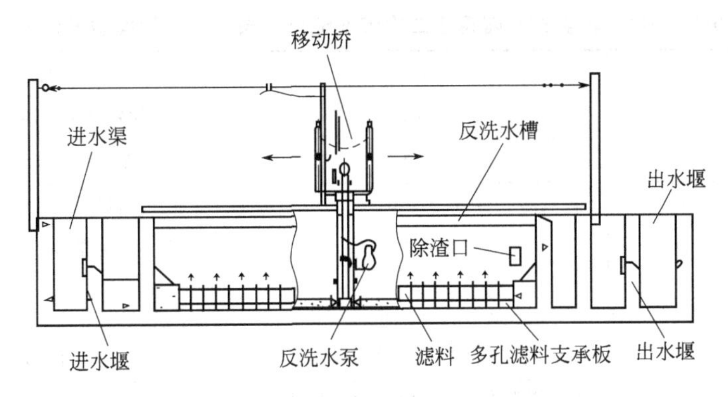

图 2-10-37 移动桥式过滤器

的各个隔间继续进行过滤。这种反洗方法的机理是借助表面清洗泵的作用打碎滤床表面的泥层和滤料内部的“泥球”。由于反洗是根据需要进行操作的，故将这种反洗循环方式称为半连续反洗（见表 2-10-12）。

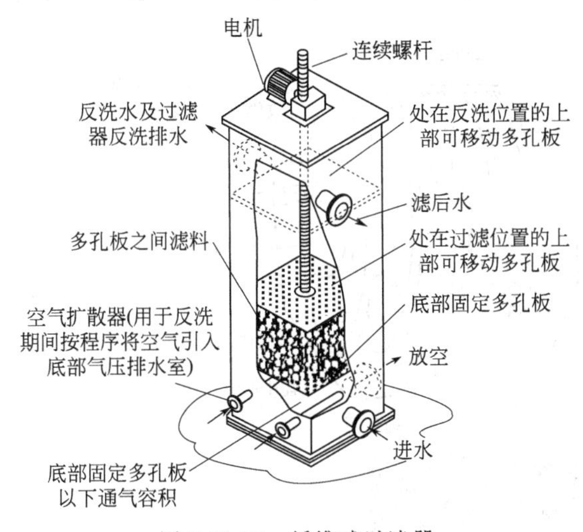

图 2-10-38 纤维球过滤器

（6）合成滤料过滤器（模糊过滤器） 合成滤料过滤器在日本首先开发成功，目前已用于废水的过滤处理。合成滤料是由 polyvaniladene 材料制成的，孔隙率很高，直径约为 30mm。根据置换试验结果估算，未压实的准球形滤料本身孔隙率高达 88%～90%，以其制作的滤床孔隙率约为 94%。合成滤料过滤器具有以下特点：①可通过滤料压缩改变滤床的孔隙率；②可利用机械作用增大滤床的尺寸以便过滤器反洗［见图 2-10-33（g）和图 2-10-38］。这种滤料也代表着对传统滤料的一种超越，在传统滤料（如砂和无烟煤过滤器）中，废水与滤料成相反方向流动。合成滤料由于具有很高的孔隙率，在中间试验装置过滤研究中，滤速高达 400～1200L/(m^2·min)。

在这种过滤模式中，二次沉淀池出水从底部进入过滤器内，向上流动通过两块多孔板之间的滤料，并从过滤器顶部排出。过滤器反洗时，利用机械装置将上部多孔板提起。虽然过滤器仍在继续进水，但可由下部多孔板以下部位过滤器左右两侧引入空气，使滤料产生滚动运动。由废水通过过滤槽产生的剪力和滤料本身的摩擦作用使滤料得到清洁。含有被去除固体物的废水进入后续处理设施。为了使完成反洗循环的过滤器退回运行操作，应将提升的多孔板置于初始位置，再经短暂正洗后，打开滤过水出水阀，恢复滤过水的正常排放。

（7）盘式过滤器 转盘过滤器（DF）是由用于支撑滤网的两块垂直安装于中央给水管上的平行圆盘形成的一个个滤盘串联起来组成的废水过滤设备。用于 DF 的二维滤网既可为聚酯材料，亦可为 316 型不锈钢。DF 的典型设计资料可查阅表 2-10-13。

① 转盘过滤器（DF）操作模式。如图 2-10-39(a) 所示，就操作方式而言，滤前水通过中央给水渠进入转盘过滤器内，向外侧流动通过滤网。在正常操作条件下，DF 的表面面积 60%～70%浸没于水中，并根据水头损失的不同，以 1～8.5r/min 转速不断旋转。DF 可采用间歇或连续反洗两种模式操作。当以连续反洗模式操作时，DF 的滤盘在生产滤过水的同

表 2-10-13 转盘过滤器用于二次沉淀池出水表面过滤的典型设计资料

项目	典型值	说明
滤网孔径/μm	20～35	二维不锈钢或聚酯滤网，孔径为 10～60μm
水力负荷/[m^3/(m^2·min)]	0.25～0.83	取决于必须去除的悬浮固体的特性
通过滤网的水头损失/mm	75～150	由筒体浸没表面面积决定
筒体浸没度/%(高度)	70～75	水头损失超过 200mm 时，应设旁路
/%(面积)	60～70	
筒体直径/m	0.75～1.50	随滤网的设计条件变化。最常用的尺寸为 3m(10ft)，孔直径较小时需增加反洗
筒体转速/(m/min)	水头损失为 50mm 时应为 4.5；水头损失为 150mm 时应为 30～40	应限制最大转速
反洗用水量/%(处理水量)	350kPa 时为 2100kPa 时为 5	

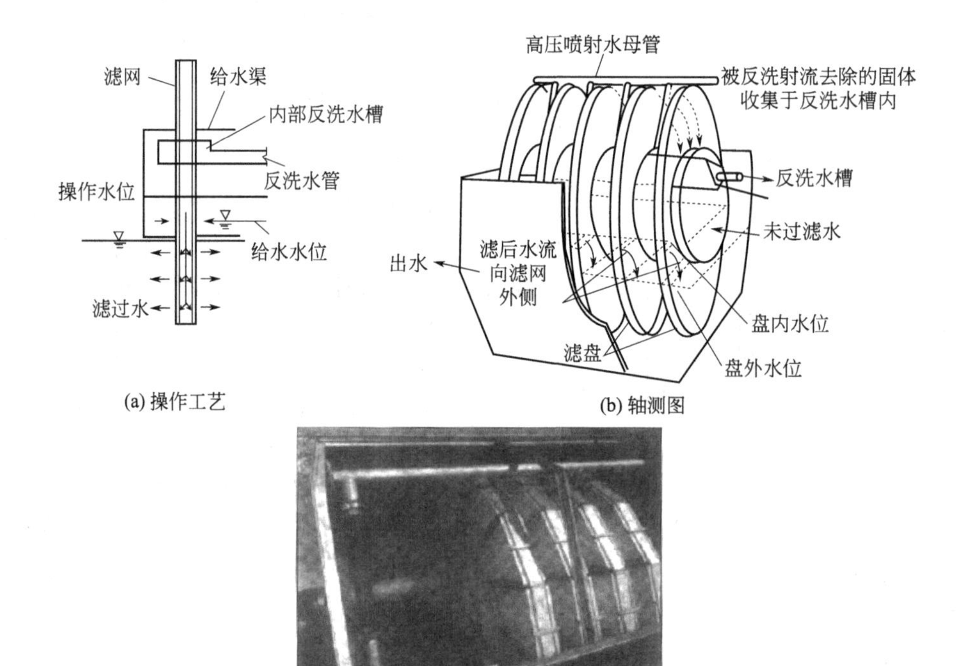

(a) 操作工艺　(b) 轴测图

(c) 中间试验装置俯视(注:转盘为全尺寸)

图 2-10-39 转盘表面过滤器

时进行反洗。图 2-10-39(b) 中示出了转盘过滤器每转一周完成的不同工作阶段。在转动开始时，给水进入中央进水管并通过此管分配到各滤盘内，尽管转盘过滤器浸于水中，但水和小于滤网孔眼的颗粒则通过滤网进入出水收集槽内，大于滤网孔径的颗粒被截留在滤盘内。

② 转盘过滤器的反洗。当滤盘继续转动超过出水水位时，滤盘内剩余的给水继续通过滤网过滤，一直到盘内无剩余给水为止，而载有截留固体的滤盘继续转动通过反洗水喷枪处时，滤网上截留的颗粒就被冲离滤网表面，反洗水与固体的混合物存入反洗水槽内，通过反洗喷嘴后，清洗干净的滤盘又重新开始过滤。当 DF 以间歇反洗模式操作时，反洗水喷枪只有在通过过滤后的水头损失达到预先设定值时才执行清洗动作。

(8) 滤布滤池　滤布转盘过滤器如图 2-10-40 所示，滤布转盘过滤器（CMDF）也是由多个垂直安装于水箱内的圆盘组成的。CMDF 过滤器可采用两种滤布：聚酯编织针毡滤布；

合成纤维绒滤布。针毡布具有无规则的三维结构，有利于颗粒去除，这种滤布除正常反洗外，还必须定期用高压水冲洗。纤维绒滤布一般不要求高压水冲洗，可只通过反洗达到完全清洗。CMDF 过滤器的典型设计资料可查阅表 2-10-14。

表 2-10-14 二次沉淀池出水采用滤布转盘过滤器表面过滤工艺的典型设计资料

项　　目	典型值	说　　明
公称孔径/μm	10	采用三维聚酯编织针毡布作为滤料
水力负荷/[m^3/(m^2·min)]	0.1～0.27	取决于必须去除的悬浮固体的特性
通过滤盘的水头损失/mm	50～300	依据滤布表面及内部积累的固体量确定
滤盘浸没度/%(高度) /%(面积)	100 100	
滤盘直径/m	0.90 或 1.80	两个尺寸均可采用
滤盘转速/(r/min)	在正常操作时滤盘静止，在反洗时为 1	
反洗及排泥水消耗量/%(总水量)	在水力负荷为 0.1m^3/m^2·min 时为 4.5，在水力负荷为 0.27m^3/m^2·min 时为 7.2	是水力负荷及给水水质的函数

CMDF 过滤器的操作方式如图 2-10-40(a) 所示，在 CMDF 过摅器操作中，水进入给水箱并通过滤布进入中央集水管，CMDF 滤后水将集于中央管道或滤后集水管中 [参阅图 2-10-40(a)]，然后通过出水渠内的溢流堰最终排出过滤器。随着固体物在滤布表面及内部的不断积累，流动阻力或水头损失随之增加。当通过滤带的水头损失增加并达到预先设定水位时，转盘则需进行反洗。反洗循环完成后，再经过短暂排污，该过滤器即可重新开始正常过滤运行。

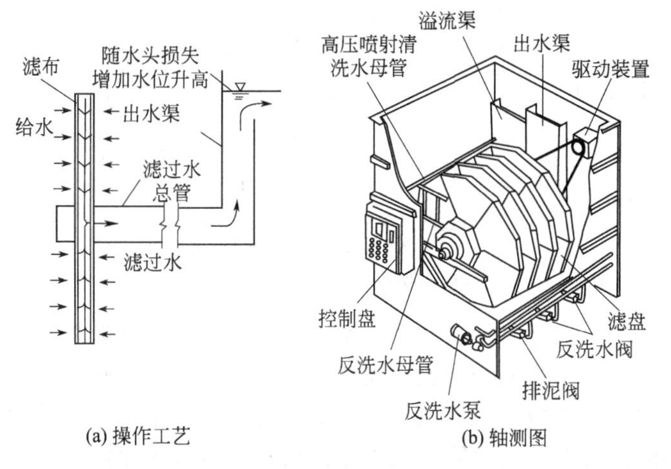

(a) 操作工艺　(b) 轴测图

(c) 中间试验装置俯视(注:转盘为全尺寸)

图 2-10-40 滤布转盘过滤器

① CMDF 的反洗。反洗开始后，转盘保持在浸没状态，并以 1r/min 的速度转动。设于 CMDF 两侧的真空吸入装置将滤后水从其集管内抽出使之通过滤布进入真空装置内，而转盘不停止旋转，通过这种逆向流动可去除截留于滤布表面及内部的颗粒。CMDF 正常反洗循环时间一般持续 1min。

如运行时间太长，颗粒就会积累在滤布上，通过一次正常反洗不可能被去除。颗粒的积累会导致过滤器水头损失增加和反洗吸入压力增大，过滤时间缩短。当反洗吸入压力达到 124kPa 或超过预定的时间间隔时，可自动启动高压水枪进行冲洗。在高压水枪冲洗之前，应先关闭水箱入口阀门，停止进水。为了去除滤布外层的固体可进行一次标准反洗操作。打开过滤器排泥阀，待水位慢慢降低至转盘中间部位以下，然后启动高压水枪冲洗。在高压水枪冲洗过程中，转盘以 1r/min 缓慢转动，同时用滤后水以高压从滤布外侧喷射冲洗滤布，这样就可将堵塞在滤布内部的颗粒冲洗干净。在高压水喷射冲洗结束后，打开 CMDF 进水阀使废水流入过滤器，滤盘继续转动，并使过滤器排泥阀保持在开启状态，直至由滤布表面冲至滤后水一侧的固体从滤后水干管和出水管线内完全排除后再关闭排泥阀。两次高压喷射清洗时间间隔一般是给水水质的函数。

② 性能特征。为了评估 CMDF 过滤器的操作性能，在直径为 0.9m（3ft，参阅表 2-10-14）的中试转盘装置上进行了活性污泥工艺对二次沉淀池出水的过滤试验。废水中 TSS 和浊度分别为 3.9～30mg/L 和 2～30NTU。根据图 2-10-41(a) 所示长期试验结果可以看出，在 92%的时间内，CMDF 过滤器出水中 TSS 和浊度均小于 1（Reiss 等，2001）。CMDF 过滤器的性能与同一种二次沉淀池出水过滤试验的所有深床过滤器试验结果的比较示于图 2-10-41(b)。如图所示，在试验装置进水浊度值 30NTU 以下时，CMDF 过滤器的出水浊度保持稳定。DF 过滤器未进行过类似试验。滤布表面观察发现，过滤器上截留的物质也像一个过滤器（自过滤作用）。反洗水消耗量介于 4%～10%。

分析图 2-10-41（b）中所示数据时，最重要的一点是应当注意：活性污泥法是采用延时曝气处理工艺进行操作的（SRT>15d）。SRT 值极短（即 1～2d）的活性污泥工艺出水如采用滤布过滤器过滤，由于拟滤除的剩余固体的特性存在明显差别，故必须进行中间试验研究。

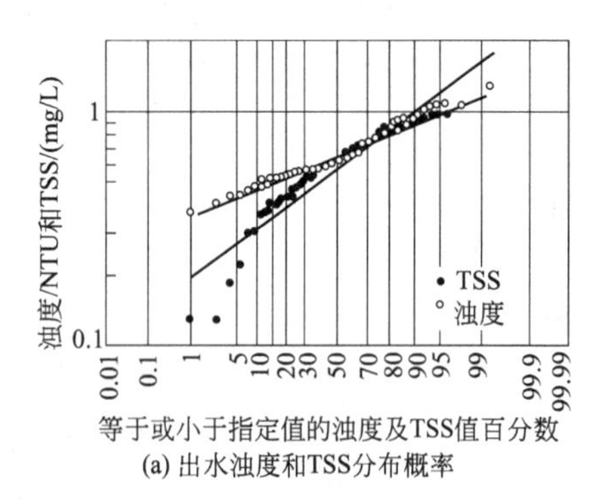

(a) 出水浊度和TSS分布概率

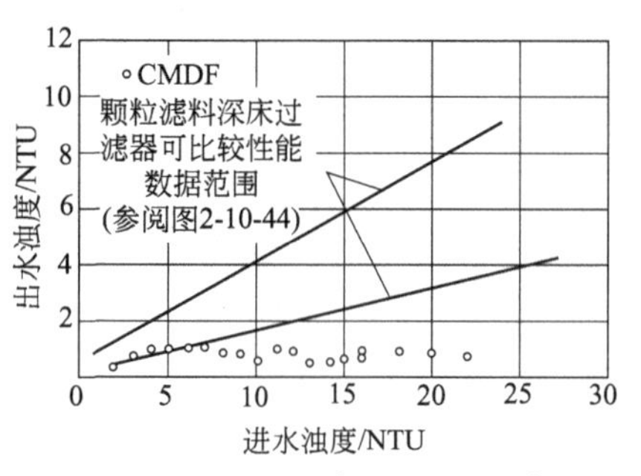

(b) 过滤速度为176L/(m²·min)[4.4gal/(ft²·min)]时,出水浊度与进水浊度的关系曲线

图 2-10-41 滤布转盘过滤器用于二次沉淀池出水过滤的性能数据

（9）二级过滤 图 2-10-42 所示为一拥有专利技术的二级过滤工艺流程，该工艺用于去除废水中浊度、磷及总悬浮固体。该工艺是由两个上流式连续反洗深床过滤器串联组成，可生产高质量出水。在第一级过滤器中，采用粒径较大的砂滤料以增加接触时间，减少堵塞；在第二级过滤器中，采用粒径较小的砂滤料以去除第一级过滤器出水中残留的固体颗粒。含有粒径较小的颗粒物和残留混凝剂的二级过滤器的反洗水返回一级过滤器以改善该过滤器内絮体的形成条件，并提高进水与废物的比例。根据大型处理装置的经验，发现排放率一般小于 5%，在二级过滤器出水中磷含量≤0.02mg/L。

（10）膜过滤器 膜过滤器是用一定压头驱动污水通过透性膜的过滤装置，根据膜孔尺寸不同，决定了不同的颗粒截留程度。从过滤精度和深度上看，从低到高的顺序为微滤、超滤、纳滤和反渗透。具体内容参见相关章节。

（11）Blue Pro 工艺 Blue Pro 工艺是一种连续反洗的除磷过滤器。过滤器中的滤料是一种带有氢氧化铁涂层的特殊砂类，该滤料可以通过吸附作用除磷。在过滤时要投加铁盐以促进絮凝反应且补充原有砂上脱落的涂层。污水由下往上通过过滤器，同时砂层则向下移

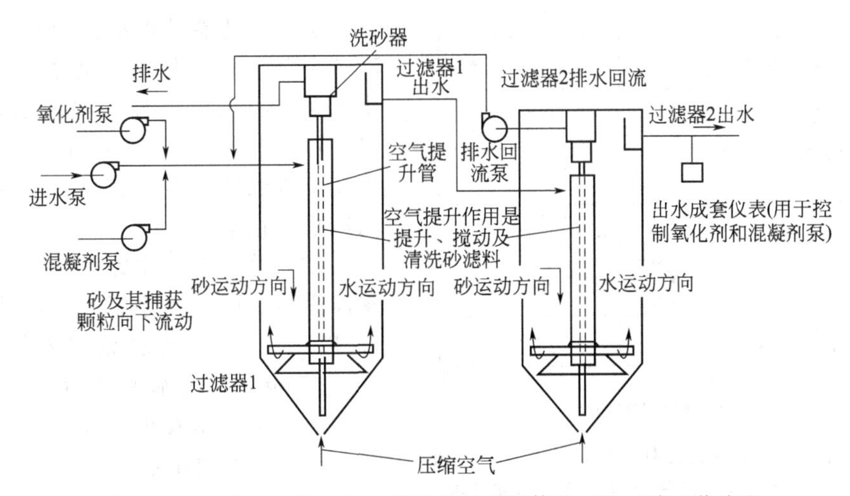

图 2-10-42 用于去除浊度、磷及总悬浮固体的二级过滤工艺流程

动。设备在底部的中心筒通过气提作用，将砂提升至顶部。同时由压缩空气造成的扰动使砂粒表层富集的铁和磷的聚合物脱落然后排出过滤器外，清洁砂则从顶部进入下一次循环。这种过滤器也可以用于实现生物反硝化作用。

Blue Pro 工艺的除磷效果见表 2-10-21 中的序号 14。工程实例见表 2-10-22 中的序号 14。

（12）压滤过滤器 图 2-10-43 所示压力过滤器也可采用与重力过滤器同样的方式进行操作，并用于规模较小的污水处理厂；压力过滤器唯一的差别是废水通过泵加压后进入一个密闭的容器内执行过滤操作。在一般情况下，压力过滤器允许较高的最终水头损失，过滤周期长，反洗水量少。

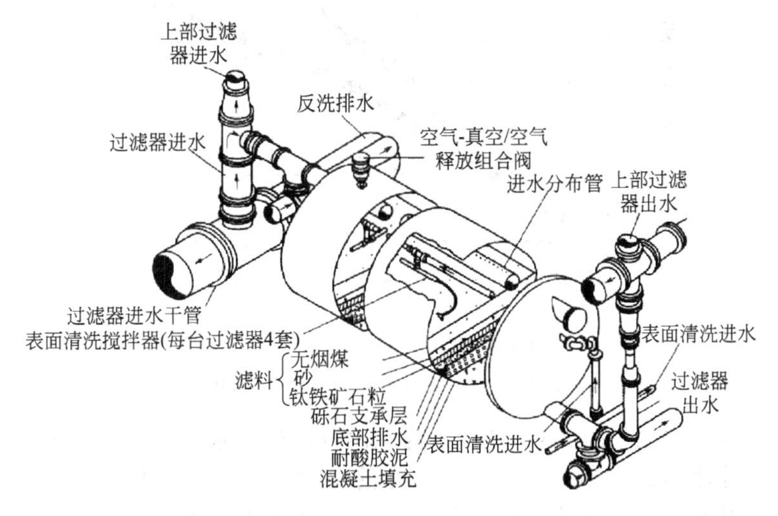

图 2-10-43 用于废水过滤的介质压力过滤器（设有表面清洗）

2. 不同颗粒滤料过滤器比较

见表 2-10-12。

3. 不同类型过滤技术的工艺性能

（1）浊度的去除 利用七种不同类型过滤器对同一活性污泥工艺（SRT>10d）的出水，在不投加化学药品的条件下进行了长期过滤试验。试验结果示于图 2-10-44。图中也示出了其他大型废水回收装置的长期运行数据。由图 2-10-44 所示数据的分析可得出以下主要结

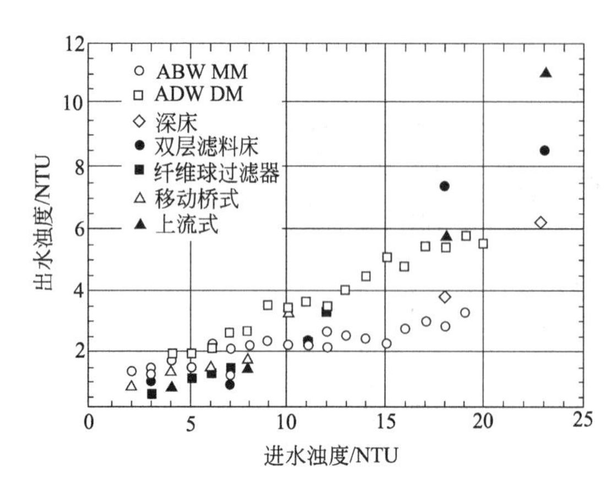

图 2-10-44 同一活性污泥处理厂的出水采用七种不同类型深层过滤器进行过滤试验的性能数据
[除纤维球过滤器的滤速为 800L/(m² · min) 外，其余过滤器的滤速均为 160L/(m² · min)]

论：①当过滤器进水水质较好（浊度低于5～7NTU）时，所有试验过滤器及大型废水回收装置的出水平均浊度均不高于2NTU；②当进水浊度高于5～7NTU时，为使出水浊度不高于2NTU，所有过滤器均需投加化学药品。

（2）总悬浮固体的去除 应用浊度与悬浮固体之间的关系式，进水浊度为5～7NTU时，相应的总悬浮固体浓度约为10～17mg/L，出水浊度为2NTU时，相应的总悬浮固体浓度为2.8～3.2mg/L。

二次沉淀池出水

$$TSS(mg/L)=(2.0\sim2.4)NTU \tag{2-10-22}$$

过滤器出水

$$TSS(mg/L)=(1.3\sim1.5)NTU \tag{2-10-23}$$

在美国洛杉矶 Donald C. Tillman 废水回收厂，总悬浮固体的长期运行数据示于图 2-10-45。由图 2-10-45 可以看出，总悬浮固体与浊度之比值约为 1.33。

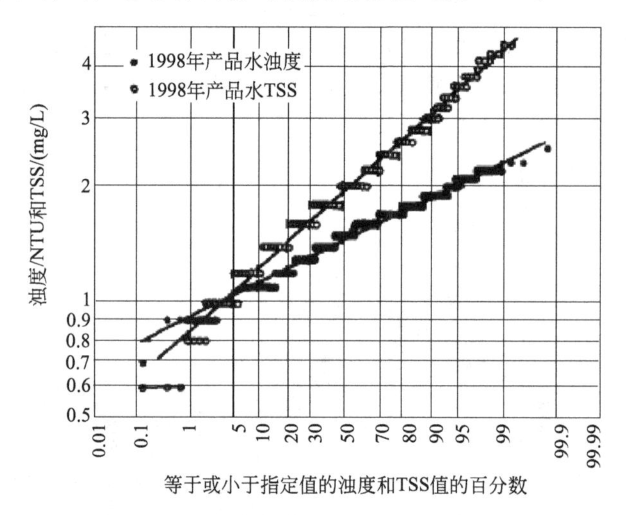

图 2-10-45 产品水浊度与 TSS 分布概率

（3）去除的颗粒粒径 图 2-10-46 所示为二次沉淀池出水过滤中去除颗粒粒径的典型数据。如图所示，滤速达到 240L/(m² · min) 之前去除颗粒的粒径基本上与滤速无关。很明显，大多数深床过滤器均会通过一部分粒径为 20μm 的颗粒。对于废水消毒而言，粒径介于10～20μm 的颗粒是非常重要的。因为这些颗粒的尺寸足以将微生物隐蔽起来。

（4）与处理设施设计及操作有关的问题 对于新建废水处理厂，应特别重视二次沉淀设施的设计，因为只有沉淀设施的设计合理才能生产出总悬浮固体（TSS）质量浓度较低（一般为 5mg/L）的出水。过滤系统的选择一般取决于废水处理厂建设的具体条件，如可利用的空间、要求的过滤周期（季节性操作还是常年操作）、施工时间及费用控制等。对于现有废水处理厂，如二级处理出水中悬浮固体浓度变化较大，必须增加过滤设施进行改造时，应考虑采用即使在高负荷条件下也可以实现连续运行功能的过滤器。已经用于这种目的的过滤

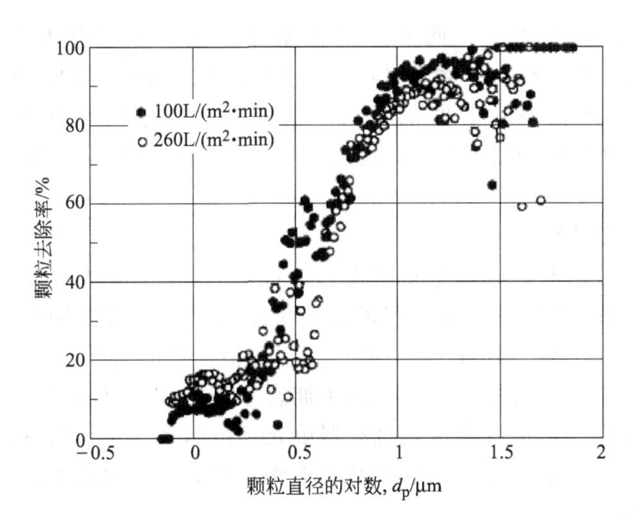

图 2-10-46 深床过滤器用于活性污泥厂出水过滤时对不同粒径颗粒的去除率

器有脉冲床过滤器、下流式及上流式粗滤料深床过滤器。

4. 过滤器进水的重要特性

(1) 过滤器进水的重要特性 在二级处理出水过滤处理中，进水最重要的特性为悬浮固体浓度、颗粒粒径及其分布和絮体的强度。

(2) 悬浮固体/浊度 活性污泥及生物滤池处理装置的出水中 TSS 质量浓度一般介于 6～30mg/L 之间，通常人们关注的主要参数是 TSS 浓度，而浊度一般作为监测过滤工艺的一种手段。在 TSS 浓度为 6～30mg/L 时，相应的浊度值可能介于 3～15NTU。

(3) 颗粒粒径及分布 图 2-10-47 所示为两座活性污泥处理厂出水中颗粒粒径及其分布情况的典型数据，如图所示，颗粒分成为两个明显的粒径范围，小颗粒的粒径（当量圆直径）介于 0.8～1.2μm 区间，大颗粒的粒径介于 5～100μm 区间。此外，在二次沉淀池出水中几乎很难发现粒径大于 500μm 的颗粒，这些颗粒其质量很轻且无确定形体，很难沉降。小颗粒的质量分率约为颗粒总质量的 40%～60%，但是由于生物处理工艺的操作条件和二次沉淀设施内颗粒絮凝程度的不同，这一比例是经常变化的。

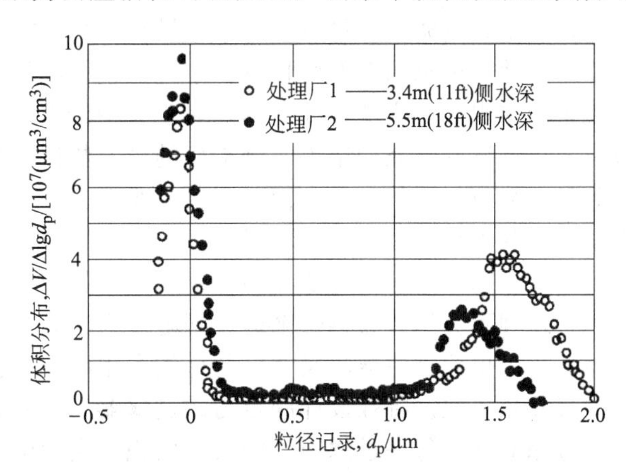

图 2-10-47 澄清池侧水深度不同的两个污泥处理厂，出水中颗粒大小的体积分数

对于颗粒粒径的观测结果表明，粒径的分布曲线呈明显的双峰特征。这一观测结果具有非常重要的操作意义，因为颗粒粒径的分布特点可能会影响过滤工艺中颗粒的去除机理。例如，假定粒径为 1μm 的颗粒与粒径 10～100μm 的颗粒，去除机理是不完全相同的，这一观点应当是合理的。同样，在给水处理厂观测表明颗粒粒径也有双峰曲线分布的特征。

(4) 絮体强度 絮体强度也是一个非常重要的特征参数，絮体强度一般随工艺类型和操作模式而变化。例如，生物处理废水经化学沉淀后，其中残留絮体的强度可能远弱于化学沉淀之前的絮体强度。此外，生物絮体强度一般与平均细胞停留时间有关，当平均细胞停留时间延长时，生物絮体的强度也随之增加。絮体强度的增加，一部分原因是由于随着平均细胞停留时间的延长，细胞外聚合物的产生量增加所致。观测表明，当平均细胞停留时间很长（15d或更长）时，由于絮体的蜕变，其强度反而会减弱。

5. 过滤技术的选择

在选择一种过滤技术时，必须重点考虑以下问题：a. 过滤器类型：专利技术或特殊设计；b. 滤速；c. 过滤驱动力；d. 单元过滤器数量及尺寸；e. 反洗用水量。

(1) 过滤器类型　由表2-10-12可以看出，目前流行的过滤器技术分为两类，一类属于专利技术产品，另一类需进行特殊设计。选用拥有专利技术的过滤器时，制造商一般根据基础设计准则及性能规定，负责成套提供过滤器单元及控制系统。需特殊设计的过滤器，设计者在系统组件开发设计中承担着不同供货商的工作，然后由承包商和供货商根据工程设计的要求提供设备和材料。

(2) 滤速　因为滤速直接影响所需过滤器的实际尺寸，所以滤速是一个非常重要的参数。对于一个给定用途的过滤器，滤速主要决定于絮体的强度和滤料颗粒的粒径。例如，如果絮体强度低，滤速高时，絮体颗粒会受剪切，从而会使大量絮体被水流带出过滤器。观测表明，二次沉淀池出水采用滤速为80～320L/(m^2·min)[2～8gal/(ft^2·min)]过滤时，出水水质不受滤速影响。

(3) 过滤驱动力　既可利用重力亦可通过外加压力来克服滤床对水流产生的摩擦阻力。前面讨论过的重力过滤器通常用于大型废水处理厂二级出水的过滤。图2-10-43所示压力过滤器也可采用与重力过滤器同样的方式进行操作，并用于规模较小的污水处理厂；压力过滤器唯一的差别是废水通过泵加压后进入一个密闭的容器内执行过滤操作。在一般情况下，压力过滤器允许较高的最终水头损失，过滤周期长，反洗水量少。

(4) 单元过滤器数量及尺寸　在设计一深床过滤系统时，首先应决定单元过滤器需要的数量及尺寸。要求的表面面积取决于过滤系统和处理厂的高峰流量。高峰滤速允许值通常是以规定的出水水质为依据确定的，对于一种给定型式的过滤器，其操作范围是以以往的经验数据、中型试验研究的结果、制造厂的推荐数据或强制型标准为依据而确定的。单元过滤器的数量一般应保持某一最小值，以便降低管道和施工费用，但应足以保证：a. 合理的反洗流量，使其不致过大；b. 当一个单元过滤器退出服务进行反洗时，其他单元过滤器的瞬时负荷不会太高，以防将过滤器内截留的固体物带入出水中。在采用连续反洗时，反洗引起的瞬时负荷则不会给过滤器带来运行问题。为了满足其他要求，一般情况下，至少采用两台过滤器。每个单元过滤器的尺寸应与可供利用的设备包括底部排水系统、反洗水槽和表面清洗器的尺寸相一致。特殊设计的重力式过滤器的长宽比一般为(1∶1)～(4∶1)，对于每一个深床过滤器（或每一过滤间）的表面面积，实用中的极限值约为100m^2，尽管已有更大的单元过滤器建成。一组上流式连续反洗深床过滤器的布置如图2-10-48所示。对于拥有专利技术的压力过滤器，一般采用由制造商提供的标准尺寸。压力过滤器的尺寸还受制造方法、运输条件的限制，立式压力过滤器最大直径约为3.7m，卧式压力过滤器的最大直径和长度分别约为3.7m和12m。

(5) 反洗水量　如表2-10-12所示，深床过滤器可采用半连续反洗和连续反洗两种模式操作。采用半连续模式反洗时，过滤器应处于过滤操作当中，当出水水质恶化或水头损失过大时，该过滤器应停止过滤操作，反洗去除过滤器内积累的固体物。采用半连续模式操作的过滤器，必须采取措施提供清洗过滤器需要的反洗水。通常，反洗水是通过泵由滤过水箱供水

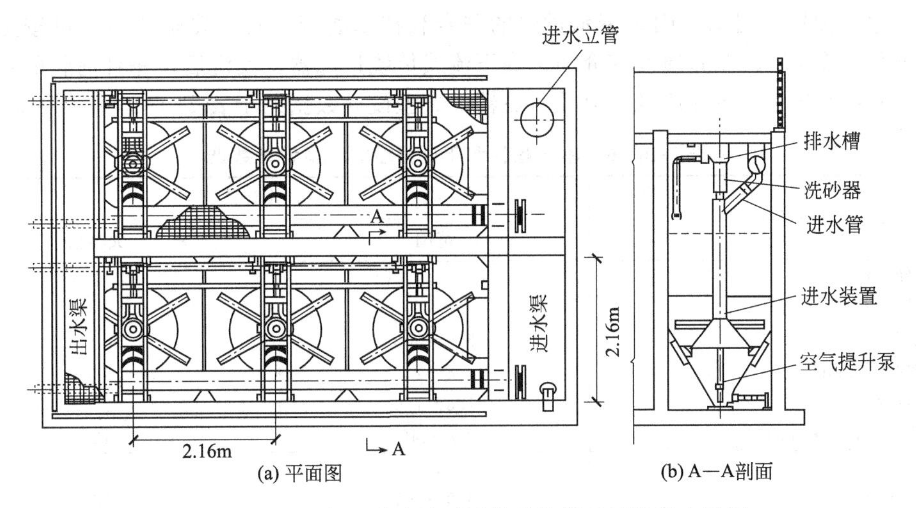

图 2-10-48 一组六台上流式连续反洗深床过滤器布置图

或由高位水池利用重力供水。对于连续操作的过滤器，如上流式过滤器［参阅图 2-10-33(d) 和图 2-10-35］和移动桥式过滤器［参阅图 2-10-33(f) 和图 2-10-37］，过滤和清洗（反洗）是同时进行的，在移动桥式过滤器中，反洗操作按实际需要既可连续进行亦可间断进行。应当注意，过滤器采用连续操作方式运行时，不设定控制浊度和最终水头值。

6. 滤床特性

在进行过滤器设计时，必须考虑的主要变量示于表 2-10-15 中，在应用过滤工艺去除废水中残留悬浮固体时，已发现进水中颗粒的性质、滤床的配置、滤料的粒径及滤速均为最重要的工艺变量。

表 2-10-15 粒状滤料过滤器设计中的主要工艺变量

变 量	意 义
1. 出水水质要求	通常有固定的法规要求
2. 废水进水水质 a. 悬浮固体浓度 b. 絮体或颗粒粒径及其分布 c. 絮体强度 d. 絮体或颗粒电荷 e. 液体性质	影响给定滤床配置的去除性能，设计者可控制表中列出的进水水质以达到某一限制范围
3. 滤料特性 a. 有效粒径，d_{10} b. 均匀系数，UC c. 类型，颗粒形状，密度和组成	影响颗粒去除率及水头损失增长速度
4. 滤床特性 a. 床层深度 b. 分层数 c. 不同滤料的混掺程度 d. 空隙率	空隙率一般影响过滤器内可贮存的固体量；床层深度影响起始水头损失，运行时间；混掺程度会影响滤床的性能
5. 过滤流量	用于变量 2、3 及 4 中计算清水水头损失
6. 化学药品剂量	
7. 允许水头损失	设计变量
8. 反洗水量	影响过滤器配管管径和管廊尺寸

注：摘自 Tchobanoglous 和 Eliassen (1970) 及 Tchobanoglous 和 Schroeder (1985)。

(1) 滤床配置 目前，用于废水过滤的非专利技术滤床，其主要配置型式可按照滤料的层数划分为：单介质、双介质及多介质。在下流式传统过滤器，反洗后，每种滤料的颗粒粒径一般均从小到大分布。单介质及双介质过滤器的典型设计数据列于表 2-10-16 和表 2-10-17 中。

表 2-10-16 单一滤料深床过滤器的典型设计数据

滤料特征	设计值	
	范围	典型值
浅层床(分层)		
无烟煤		
厚度/mm	300～500	400
有效粒径/mm	0.8～1.5	1.3
均匀系数	1.3～1.8	≤1.5
滤速/[L/(m² · min)]	80～240	120
砂		
厚度/mm	300～360	330
有效粒径/mm	0.45～0.65	0.45
均匀系数	1.2～1.6	≤1.5
滤速/[L/(m² · min)]	80～240	120
传统床(分层)		
无烟煤		
厚度/mm	600～900	750
有效粒径/mm	0.8～2.0	1.3
均匀系数	1.3～1.8	≤1.5
滤速/[L/(m² · min)]	80～400	160
砂		
厚度/mm	500～750	600
有效粒径/mm	0.4～0.8	0.65
均匀系数	1.2～1.6	≤1.5
滤速/[L/(m² · min)]	80～240	160
深床(不分层)		
无烟煤		
厚度/mm	900～2100	1500
有效粒径/mm	2～4	2.7
均匀系数	1.3～1.8	≤1.5
滤速/[L/(m² · min)]	80～400	200
砂		
厚度/mm	900～1800	1200
有效粒径/mm	2～3	2.5
均匀系数	1.2～1.6	≤1.5
滤速/[L/(m² · min)]	80～400	200
纤维球过滤器		
厚度/mm	600～1080	800
有效粒径/mm	25～30	28
均匀系数	1.1～1.2	1.1
滤速/[L/(m² · min)]	600～1000	800

注：摘自 Tchobanoglous (1988)。

(2) 滤料的选择 过滤器型式选定后，则应规定滤料的特性，如采用多层滤料时应分别加以规定。通常，在该过程中包括：选择颗粒粒径并规定为有效粒径 d_{10}，均匀系数 UC、90%粒径、相对密度、溶解度、硬度、滤床中不同滤料的厚度。砂和无烟煤滤料颗粒粒径的典型分布曲线示于图 2-10-49。由粒径分析曲线中读取 90%的颗粒粒径规定为 d_{90}，该粒径常用于确定深床过滤器的反洗水流量。在深床过滤器中使用的滤料其典型物理性质汇总于表2-10-18中，滤料粒径列于表2-10-15和表2-10-16中。

表 2-10-17 两种或多种滤料深床过滤器典型设计数据

滤料特征	设计值	
	范围	典型值
双介质滤料		
无烟煤(ρ=1.60)		
厚度/mm	360～900	720
有效粒径/mm	0.8～2.0	1.3
均匀系数	1.3～1.6	≤1.5
砂(ρ=2.65)		
厚度/mm	180～360	360
有效粒径/mm	0.4～0.8	0.65
均匀系数	1.2～1.6	≤1.5
滤速/[L/(m^2·min)]	80～400	200
多介质滤料		
无烟煤(顶层为双层滤料过滤器、ρ=1.60)		
厚度/mm	240～600	480
有效粒径/mm	1.3～2.0	1.6
均匀系数	1.3～1.6	≤1.5
无烟煤(二层为双层滤料过滤器,ρ=1.60)		
厚度/mm	120～480	240
有效粒径/mm	1.0～1.6	1.1
均匀系数	1.5～1.8	1.5
无烟煤(顶层为三层滤料过滤器,ρ=1.60)		
厚度/mm	240～600	480
有效粒径/mm	1.0～2.0	1.4
均匀系数	1.4～1.8	≤1.5
砂(ρ=2.65)		
厚度/mm	240～480	300
有效粒径/mm	0.4～0.8	0.5
均匀系数	1.3～1.8	≤1.5
石榴石(ρ=4.2)		
厚度/mm	50～150	100
有效粒径/mm	0.2～0.6	0.35
均匀系数	1.5～1.8	≤1.5
滤速/[L/(m^2·min)]	80～400	200

注：摘自 Tchobanoglous (1988)。为了限制混掺程度选择无烟煤、砂及石榴石粒径时，应用式(2-10-24)，需用密度ρ的其他值。

在双介质和多介质滤床中滤层之间的混掺程度取决于不同滤料的密度和粒径之差。为了避免过度混掺，组成双介质和多介质过滤器的不同滤料必须具有基本上相同的沉降速度。可用下列关系式确定实际的滤料粒径（Kawamura，2000）。

$$\frac{d_1}{d_2}=\left(\frac{\rho_2-\rho_w}{\rho_1-\rho_w}\right)^{0.667} \tag{2-10-24}$$

式中，d_1，d_2 为滤料的有效粒径；ρ_1，ρ_2 为滤料的密度；ρ_w 为水的密度。

7. 过滤器常用仪表及控制系统

对于废水过滤系统，主要的控制管理设施包括过滤器运行控制系统和监测仪表系统。废

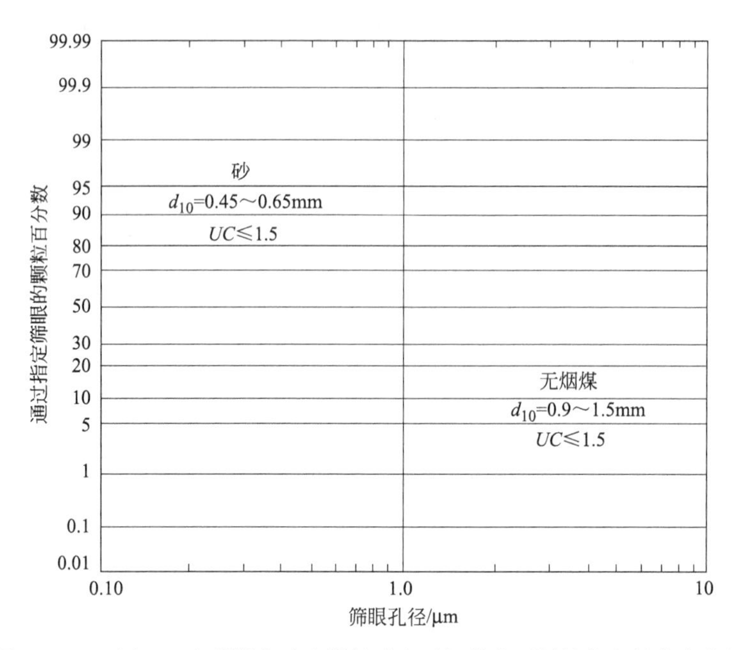

图 2-10-49 用于双介质深床过滤器的砂和无烟煤典型颗粒粒径的分布范围

（注：对于砂，质量为 10%的粒径时相应的颗粒数量为 50%）

表 2-10-18 深床过滤器所以滤料的典型性质

滤料	相对密度	孔隙度/α	圆球度①
无烟煤	1.4～1.75	0.56～0.60	0.40～0.60
砂	2.55～2.65	0.40～0.46	0.75～0.85
石榴石	3.8～4.3	0.42～0.55	0.60～0.80
钛铁矿石	4.5	0.40～0.55	
纤维球过滤器滤料		0.87～0.89	

① 圆球度定义为相同体积球体的表面面积与滤料颗粒表面面积之比。

注：摘自 Cleasby 和 Logsdon (1999)。

水过滤器的控制系统类似净水处理系统，但对于重力式废水过滤器并不要求完全自动控制。尽管从适用的角度并不需要完全自动运行，但由可编程逻辑控制器（PLCs）执行的全自动控制系统已经成为一种流行的主要控制模式。

过滤器的流量可根据该过滤器上游水位或每个过滤器内水位进行控制。利用水位与流量控制器连锁或与限制或调节过滤器流量的控制阀连锁。需要监测的过滤器水力参数一般包括：滤后水流量；通过每一过滤器的水头损失；表面清洗及反洗水流量；利用空气/水反洗时还应监测空气的流量。需要监测的滤后水水质参数有 BOD、TSS、磷及氮等。在投加化学药品的过滤系统中还应监测浊度，并应用出水浊度仪的信号与出水流量控制化学药品投加系统的运行。

对于传统重力过滤器的反洗循环程序，最好采用半自动控制模式，即以手动方式启动，然后进入自动反洗操作程序，执行反洗循环的各个步骤。在设计反洗系统时，必须考虑处理厂可能出现的废水最高温度的影响。为便于操作人员在现场进行操作和反洗还应提供现场控制装置。

8. 二级出水加药过滤

根据二次沉淀池出水水质的变化情况，可利用投加化学药品的方法改善出水过滤器的性能。为了达到特殊的处理目标，例如去除特殊污染物磷、金属离子和腐败物质等，也采用投加化学药品的处理方法。在本章第二节中已讲述了有关化学除磷的内容。为了控制水体的富营养化问题，美国有很多地区的污水处理厂采用接触过滤工艺，在废水排入对磷敏感的水体之前去除其中的磷。已经证明，上述二级过滤工艺（参阅图 2-10-42）用于除磷是一种非常有效的方法，滤后水中磷含量可达到 0.2mg/L。二次沉淀池出水过滤常用的化学药品为：有机聚合物、硫酸铝、三氯化铁等。有机聚合物的应用方法及废水化学性质对硫酸铝的影响拟在下一节讨论。

9. 有机聚合物应用方法

在废水过滤处理中常用的有机聚合物为长链有机物分子，相对分子质量为 10^4 ～10^6。有机聚合物分子带有电荷，可分为阳离子型（带正电荷）、阴离子型（带负电荷）或非离子型（不带电荷）三类。将聚合物加入二次沉淀池出水中后，可通过其架桥作用促使絮体形成较大的颗粒。由于废水的化学性质对聚合物絮凝性能具有明显的影响，因此在选定某种聚合物作为助滤剂时，应通过实验进行筛选。聚合物筛选试验的一般程序为：加入初始剂量（通常为 1.0mg/L）观测其过滤效果，根据观测结果，每次增加 0.5mg/L 或减少 0.25mg/L（同时观测过滤效果），获得可操作的剂量范围。操作剂量范围确定后，可继续进行试验以确定最佳投加剂量。

最近的发展趋势是应用低相对分子质量聚合物取代硫酸铝。其投加剂量（≥10mg/L）远大于较高相对分子质量聚合物（0.25～1.25mg/L）。当聚合物与硫酸盐混合投加时，为了达到某一聚合物的最佳效果，其关键在于起始混合阶段。一般推荐值为：混合时间小于 1s，G 值＞$3500s^{-1}$。应当注意，除非采用多台混合设备，否则在实际使用中很难达到混合时间小于 1s 的要求，处理厂的实际混合时间总是大于 1s。

10. 废水化学性质对硫酸铝使用效果的影响

与投加聚合物的情况类似，二次沉淀池出水的化学性质对助滤剂硫酸铝的使用效果有明显的影响。例如，硫酸铝的使用效果依赖于废水 pH 值（图 2-10-50）。虽然图 2-10-50 是根

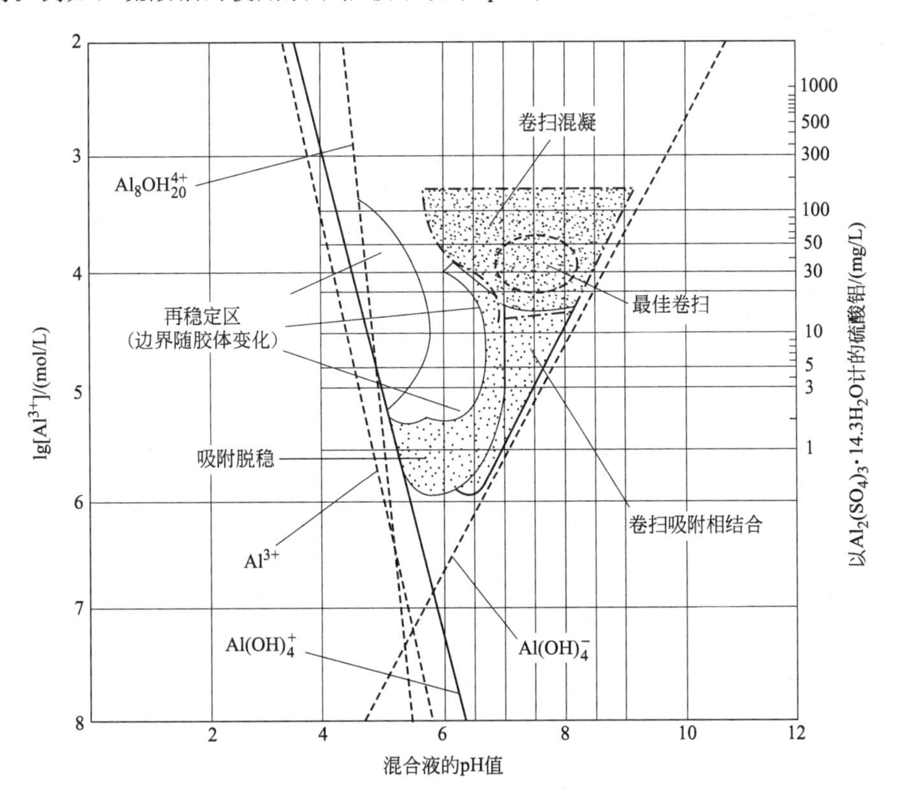

图 2-10-50 硫酸铝混凝剂典型的操作范围

据净水处理经验绘制的，但大多数二级出水过滤结果证明，此图的变化很小。如图 2-10-50 所示，在以硫酸铝剂量和二级出水加硫酸铝后 pH 值的函数关系作图确定的操作范围内，出现了与传统沉淀过滤工艺中颗粒去除有关的某些不同现象。例如，通过对絮体的扫描发现颗粒最佳去除效果发生在 pH 值 7～8，硫酸铝剂量 20～60mg/L 的条件下。一般而言，由于很多废水出水的 pH 值较高（即7.3～8.5），在硫酸铝为 5～10mg/L 的低剂量条件下是没有处理效果的。在操作中，为了降低硫酸铝的投加量，一般需控制废水的 pH 值。

二、深度除磷水质分级

污水处理最终出水中磷的浓度可以分为 5 个等级，见表 2-10-19。通常常规脱氮除磷技术能满足等级 1 和等级 2 的要求，如现行的《城市污水处理厂水污染物浓度》（一级 A、一级 B）和《污水综合排放标准》（一级标准）。在环境更为敏感或要求更为严格的地区，则要求达到等级 3 和等级 4 的要求，如《北京市水污染物排放标准》和部分受限流域的特别排放限值标准等。清洁自然水体中的磷的浓度则远在等级 5 浓度值之下。

表 2-10-19 污水处理厂出水磷浓度限值

序号	项目	磷浓度限值/(mg/L)	磷去除率/%	相当的标准
1	城市污水进水	6～8	—	—
2	常规二级处理	5	30	GB 18918—2002 三级标准
3	等级 1 要求	1.0	86	GB 18918—2002 二级标准
4	等级 2 要求	0.5	93	①GB 18918—2002 一级 A、一级 B ② GB 8978—1996 一级 ③ GB 111307—2005 一级 B
5	等级 3 要求	0.2	97	
6	等级 4 要求	0.1	98.5	GB 111307—2005 一级 A
7	等级 5 要求	0.05	99.3	
8	清洁自然水体	<0.02	99.7	

磷从污水中去除的最终途径是将各种形态的磷转化为不溶性的磷酸盐或富磷微生物，通过沉淀、过滤等分离方法，去除这些不溶性的含磷化合物。如前所述，化学除磷效果最终要依赖于不溶物的分离程度，表 2-10-20 列举了各种不同的分离方式可以获得的最终磷浓度水平。

表 2-10-20 不溶性磷化合物去除工艺出水的磷浓度

序号	工艺名称	可达到的磷水平值/(mg/L)
1	常规二级沉淀分离	0.5～1.0
2	过滤(二级处理后)	<0.2
3	过滤(高效沉淀单元后)	<0.1
4	双级过滤	<0.1
5	Ballasted Clarification	<0.1
6	气浮(DAF)	<0.1
7	膜分离	<0.05
8	组合分离	<0.05

表 2-10-21 磷深度处理技术示范工程运行情况

序号	污水厂名称、地点	处理量		除磷工艺简述	排放限值	出水磷平均值	月均值范围/(mg/L)	药剂用量	
		/(m^3/d)	/(mg/d)					金属盐/(mg/L)	PAM^+/(mg/L)
1	Sand Creek WWRP Aurora, CO	18925	5	BNR, filtration	—	0.1～0.2mg/L	—	0	0
2	Breckenridge S. D., Iowa Hill WWRP, CO	5677.5	1.5	BNR, chemical addition, tertiary settlers andfiltration	0.5mg/L 日最大值 102kg/a 年负荷	0.055mg/L	0.017～0.13mg/L	135	0.5～1.0
3	Breckenridge S. D., Farmers Korner WWTP, CO	11355	3	BNR, chemical addition, tertiary settlers andfiltration	0.5mg/L 日最大值 102kg/a 年负荷	0.007mg/L	0.002～0.036mg/L	135	0.5～1.0
4	Summit CountySnake River WWTP, CO	9841	2.6	BNR, chemical addition, tertiary settlers andfiltration	0.5mg/L 日最大值 154kg/a 年负荷	0.015mg/L	<0.01～0.04mg/L	70(50～80)	0.1
5	Pinery WWRF Parker, CO	7570	2	BNR, chemical addition, two-stage filtration	0.05mg/L 138kg/a 年负荷	0.029mg/L	0.021～0.074mg/L	95	—
6	Clean Water Services, Rock Creek WWTP, OR	147615	39	Chemical addition, filtration	0.1mg/L (月平均限值)	0.07mg/L	0.04～0.09mg/L	Al/P=(5∶1)～(7∶1)	—
7	Clean Water Services, Durham WWTP, OR	90840	24	BNR, chemical addition, filtration	0.11mg/L (月平均限值)	0.07mg/L	0.05～0.1mg/L	—	—
8	Stamford WWTP Stamford, NY	1892.5	0.5	Chemical addition, two-stage filtration	0.2mg/L	<0.011mg/L	<0.005～<0.06mg/L	—	—
9	Walton WWTP Walton, NY	5866.75	1.55	Chemical addition, two-stage filtration	0.2mg/L	<0.01mg/L	<0.005～<0.06mg/L	—	—
10	Milford WWTP Milford, MA	18168	4.8	Multi-point chemical addition, filtration	0.2mg/L	0.07mg/L	0.04～0.16mg/L	—	—
11	Alexandria SanitationAuthority AWWTP, Alexandria, VA	204390	54	BNR, multi-point chemical addition, tertiary settling andfiltration	0.18mg/L	0.065mg/L	0.04～0.1mg/L	—	—
12	Upper OccoquanSewerage Authority WWTP, VA	158970	42	Chemical(high lime) andtertiary filtration	0.10mg/L	<0.088mg/L	0.023～<0.282mg/L	—	—
13	Fairfax County, Noman Cole WWTP, VA	253595	67	BNR, chemical addition, tertiary clarification and filtration	0.18mg/L	<0.061mg/L	<0.02～<0.13mg/L	—	—
14	BluePro Treatment Pilot results at Hayden WWTP, ID	—	—	Iron coated sand in two-stage Centra-Flo Filters	0.013mg/L	0.013mg/L	—	—	—
15	CoMag Treatment Pilot results at Concord WWTP, MA	—	—	Chemical addition, ballast sedimentation, magnetic polishing	0.04mg/L	0.04mg/L	—	—	—

表 2-10-22 示范工程工艺流程

序号	污水厂名称、地点	工艺流程
1	Sand Creek WWRP Aurora,CO	原污水→初沉→BNR→三级处理过滤(Parkson Dynasand)→紫外消毒
2	Breckenridge S. D. ,Iowa Hill WWRP,CO	原污水→格栅→沉砂→活性污泥生物处理→BAF(IDI,BioFor)→药剂投加(铝盐)→混合沉淀(Densadeg)→过滤(Parkson Dynasand)→消毒
3	Breckenridge S. D. ,Farmers Korner WWTP,CO	原污水→格栅→沉砂→BNR→药剂投加→三级沉淀(斜管沉淀)→过滤→消毒
4	Summit CountySnake River WWTP,CO	原污水→格栅→曝气池→二沉→化学絮凝→沉淀→过滤→消毒
5	Pinery WWRF Parker,CO	原污水→格栅→沉砂→EBNR(五级 Bardenpho)→二沉→药剂投加→过滤(Memcor)→UV 消毒
6	Clean Water Services,Rock Creek WWTP,OR	原污水→格栅→(Al盐)→初沉→(石灰、VFA)→AAO→二沉→(Al盐、PAM)→三级沉淀→复合滤料过滤器→(NaClO)→接触池→(亚硫酸钠)→排放
7	Clean Water Services,Durham WWTP,OR	原污水→格栅→合建式曝气池→(Al盐、PAM)→两级Dynas and过滤→(NaClO)→接触池→(亚硫酸钠)→排放
8	Stamford WWTP Stamford,NY	原污水→格栅→曝气调节池→曝气池→二沉池→(Al、氯气)→两级过滤 dualsand过滤→(脱氯)→排放
9	Walton WWTP Walton,NY	原污水→格栅→沉淀池→生物滤池→(Al)→二沉池→(VFA)→生物转盘→三级沉淀池→复合滤料滤池→后曝气池→排放
10	Milford WWTP Milford,MA	原污水→粗、细格栅→沉砂池→(Fe、PAM)→沉淀池→BNR→(Fe、PAM)→二沉池→(Al)→混合池→反应池→三级沉淀池→双层滤料滤池→紫外消毒→后曝气→排放
11	Alexandria Sanitation Authority AWWTP, Alexandria,VA	原污水→格栅→沉砂池→沉淀池→选择池→曝气池→二沉池→高效石灰三级处理→(Al、PAM)→多级滤料过滤器→活性炭过滤器→消毒→排放
12	Upper Occoquan Sewerage Authority WWTP,VA	原污水→格栅→初沉→曝气池→(PAM)→二沉池→平衡池→(Fe、PAM)→三级沉淀池→双层滤料滤池→好氧消毒→排放
13	Fairfax County,Noman Cole WWTP,VA	原污水→格栅→初沉→曝气池→(PAM)→二沉池→平衡池→(Fe、PAM)→三级沉淀池→双层滤料滤池→好氧消毒→排放
14	BluePro Treatment Pilot results at Hayden WWTP, ID	原污水→格栅→沉砂→氧化沟→二沉池→Blue Pro 工艺→消毒→排放
15	CoMag Treatment Pilot results at Concord WWTP, MA	原污水→格栅→沉淀→生物滤池→二沉池→CoMag→排放

三、深度除磷技术示范

要实现超低磷浓度的出水，必须要增加新的处理设施，特别是要将磷浓度控制在0.1mg/L以下时，投资和运行费用都会增加很多，为了验证实现超低磷排放技术的可行性和经济性，美国EPA于2007年完成了对安装有超低磷去除设施的多个污水厂的技术验证和总结，表明完全可以实现超低磷浓度的排放。有部分污水厂也在进行同时将出水总氮控制在3mg/L的技术验证。表2-10-21和表2-10-22列举了EPA第10区完成的技术验证结果[12]。

通过上述多家污水厂及多种深度除磷工艺运行结果的分析评价，可以得出如下结论。

1. 深度过滤技术（三级处理）的必要性

（1）采用投加药剂的深度过滤技术，可以将生物处理出水中的磷降至非常低的水平。表2-10-21中所列示范厂均采用了这一类技术。要将磷浓度降至超低水平（如等级4：TP＜0.1mg/L），化学加药过程必不可少。通过采用铝盐或铁盐混凝剂和聚合物絮凝剂就可以满足要求。

（2）过滤技术在饮用水处理中应用普遍且相对成熟，近来受敏感水体营养物严格限制要求的驱动，过滤技术在污水处理中的应用进展很快。目前常用的技术形式有：移动砂床过滤、复合滤料重力过滤、动态砂过滤等形式的过滤技术，要依据出水水质要求、设备的可靠性、投资、运行和维护费、占地面积、未来扩展能力等多方面进行评估选用。

（3）两级过滤工艺在各种形式的过滤技术中，可以获得最低的磷出水浓度。两级过滤可以采用两个单级过滤单元串联实现，也可以用第三级沉淀与单级过滤串联方式实现。Watton和Stamford污水厂的实际运行结果表明，他们采用Parkson公司两级动态砂过滤器获得的最低出水磷浓度小于0.01mg/L。

2. 三级处理除磷对其他污染物的去除

采用三级处理过滤除磷工艺后，污水中的其他污染物也降低至非常低的水平，如BOD、SS通常低于2mg/L，粪大肠菌低于10fcu/100mL，浊度也极低，因此可以用紫外消毒代替加氯消毒。

3. 强化脱氮除磷生物处理对深度除磷效果的影响

表2-10-21中的数据表明了部分污水厂采用了强化生物去除营养物工艺（EBNR）。当生活污水平均磷进水浓度为6～8mg/L，采用常规二级处理工艺时，出水中的磷为3～4mg/L，而采用EBNR工艺后，出水中磷则降至0.3mg/L以下。因此采用EBNR技术后，大大减轻了三级处理的除磷的负荷，由此带来了三级深度降磷效率大幅度提高，化学药剂费用大幅降低。Fairfax县污水厂的经验表明，自采用有EBNR工艺后，三级处理的药剂费用降低了一半。另外，EBNR工艺对大幅度降低城市污水处理厂最终出水中的药物残留水平较传统二级处理具有明显的优势。

4. 污泥厌氧稳定工艺对深度除磷效果的影响

表中列举的示范厂中有四家采用了厌氧污泥稳定工艺。一般而言，采用厌氧处理剩余污泥，会导致固定在污泥中的磷重新释放出来，通过上清液或滤液返回到污水处理系统中，导致磷负荷增加。有研究表明，铝盐除磷沉淀物在厌氧处理过程中不溶解，而铁盐在铁离子浓度低时，则会发生溶解。控制污泥厌氧处理过程中磷释放程度主要取决于铝盐和铁盐用量的经济性。

第五节 磷 回 收

一、磷回收背景

磷是一种无法再生的资源，其最稳定的是磷酸盐形态。根据天然丰度进行排序，在所有的元素中磷处在第七位。磷主要以磷酸盐岩石、鸟粪石以及动物的化石等天然磷酸盐矿石的形态存在于自然界中，经过人工开采或天然侵蚀后磷被释放出来，然后再经过人工的加工过程和生物的转化过程，转变为可溶性的和颗粒性的磷酸盐。这些被生物利用的磷资源在生物死亡后经过分解作用又最终回到环境中，并随着河流湖泊的流动汇入海洋。沉积在深海处的磷只有当海陆发生变迁或海底变成为陆地的时候才有可能再次发生磷释放，并且仅有海鸟在陆地的粪便以及捕捞海鱼的行为才可以将磷再次带到陆地，除此之外则没有可以将磷再次带回到陆地上的有效途径，这主要是因为可溶性磷不具挥发性。综合以上因素，陆地上损失的磷越来越多。磷在自然界的循环过程见图 2-10-51。

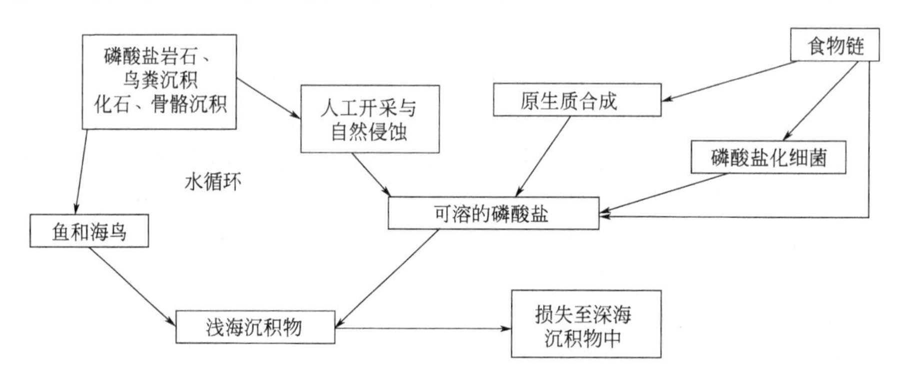

图 2-10-51 自然界的磷循环

目前，世界上磷矿的开采量大约是每年四千万吨，根据现在的速度继续开采，则具有工业价值的磷矿石只能维持一个世纪左右。中国的磷矿储量位居世界第三，但含有较多的杂质，品位高的磷矿仅占有很小的一部分。根据 1999 年的统计数据，我国的磷矿储量大约为 133 亿吨，而这之中的富磷矿，即为矿石中 P_2O_5 的含量超过矿石质量的 30%，这样的优质磷矿仅占总储量的 8%左右，根据我国现今的磷消费量（包括出口量）以及消费增长速度，富磷矿还可以使用十五到二十年的时间，总的磷矿资源还可维持约六十多年。我国的有关部门已经将磷矿列为 2010 年后不能满足国民经济发展需求的 20 种矿产的其中之一。

二、磷回收方式

从污水中回收磷的方式目前主要有以下两种方式。

（1）生成含磷结晶物，作为初级磷产品的使用　在污水处理工艺过程中，融合多种化学结晶过程，生产以羟基磷酸钙（HAP）和磷酸铵镁（MAP）为代表的结晶产物。HAP 是与天然磷矿石最为接近的回收品，当 HAP 中 P 的含量达到 30%（以 P_2O_5 计）以上时，可以替代优质磷矿石供磷工业使用。MAP 是一种高效缓释肥，当重金属含量合理时，可以直接做磷肥使用。

（2）生产含磷污泥，二次提取含磷化合物　在污水处理过程中，将污水中的磷尽可能多的转移至剩余污泥中，如投加化学药剂生成磷酸盐沉淀或培养聚磷菌摄取污水中的磷，这些富磷污泥最终以剩余污泥形式排放至专门污泥处置系统，通过浓缩、分解、化学沉淀、分离等单元将磷以磷酸盐的形式回收出来，同时完成污泥的脱水、干燥处置过程。

三、磷回收地点

污水厂中的某些工艺单元如厌氧区、污泥浓缩池、污泥消化池、脱水机房等处的液流中富含磷酸根。在欧洲，污泥脱水滤液中的总磷达 250～300mg/L，其中有 84%是正磷酸盐，16%是各种聚磷酸盐；在意大利，即使在法律已经禁止在清洁剂中添加含磷成分后，厌氧消化池上清液中 PO_4^{3-}-P 仍达到 40～80mg/L。

随着工厂的运行，磷酸盐结晶体日积月累，不断在管道的转弯处、阀门以及泥水界面等水流动力较差的地方积累下来，最终形成大块板结的结晶块，从而会缩短污泥管使用寿命（一般消化池运行 5 年左右就必须更换），并损害污泥泵、减少消化池有效容积、增加日常维护工作量。从污水厂运行的角度出发，在厌氧释磷区中回收磷也有利于减轻后续工序的磷负荷，从而能提高污水厂出水水质，而从污泥处理系统中回收磷不仅可避免 MAP 沉积造成的管道堵塞问题，还可减少由于污泥处理单元排出并回至污水处理流程起端的废液中的含磷量，从而减少污水厂的总磷负荷，特别对于使用污泥焚烧工艺的污水厂，焚烧后灰分的量也能有一定幅度降低。污水处理厂进行磷回收可选择的回收点应为溶解性磷富集处，如主流工艺（即污水处理流程）中的厌氧段末端上清液，或者侧流工艺（即污泥处理流程）中的厌氧消化池上清液和污泥脱水滤液等（图 2-10-52），对于使用污泥焚烧工艺的污水厂，焚烧后每 100g 灰分中 P 含量达 30～60g，亦可用酸和碱将灰分溶解后回收 P。

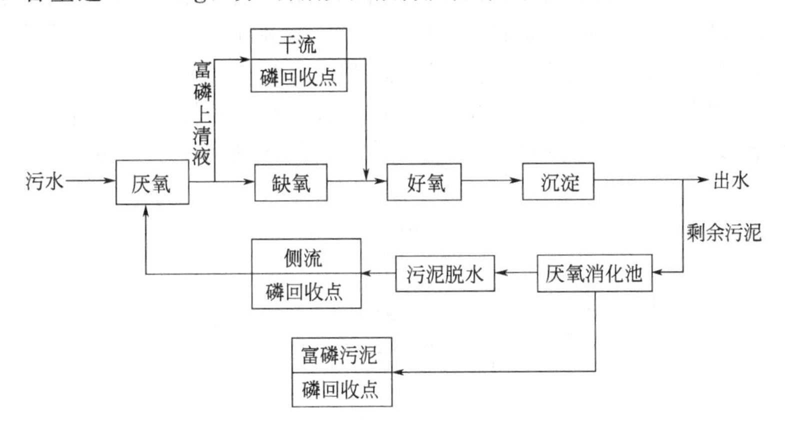

图 2-10-52　污水处理厂 P 回收点示意图

除污水处理厂外，由于尿液中富含正磷酸盐，畜牧厂污水中正磷酸盐含量可达 150mg/L 左右，因此也可在大型畜牧厂进行磷回收。

四、富磷污泥磷回收

为控制水体富营养化，国内外对氮、磷的排放限制标准越来越严格。我国 1996 年颁布实施的国家《污水综合排放标准》（GB 8978—1996）与 1988 年的《污水综合排放标准》（GB 8978—1988）相比，磷酸盐一级排放标准从 1.0mg/L 变为 0.5mg/L，而且扩大到所有排放单位。为达到排放标准，污水处理厂必须采用除磷脱氮工艺，将污水中溶解性的磷（磷酸盐）转移到不溶性悬浮物（污泥）中，然后通过固液分离将磷从污水中除去。由此形成富磷污泥，为实现污泥磷回收创造了条件。

从污泥或污泥焚烧灰中回收磷一般包括以下步骤：

① 在水处理中使用生物或化学方法使溶解态的磷转移到固态污泥中；

② 通过生物、化学或加热等方法使污泥中的磷进入浓缩液中；

③ 使用化学沉淀或离子交换使浓缩液中的磷转化成可回收的产品。

1. 污泥水解回收磷的工艺（KREPRO process）

KREPRO（kemwater recycling process）工艺采用加热加压和酸化使消化过的或未经消化的污泥中的磷酸盐、金属盐和大部分有机物溶出。处理后的剩余污泥含有45%～50%的固体，其燃烧值和木材相当，非常适合焚烧。溶出的磷与沉淀剂铁离子反应生成可回用的$FePO_4$。

KREPRO工艺由七个主要步骤组成：浓缩、酸化、加热水解、生物质燃料分离、磷酸盐沉淀、磷酸盐分离、沉淀剂和碳源循环。污泥被浓缩至含5%～7%溶解性固体（DS），然后用硫酸酸化（pH=1～3），凝聚物、重金属和磷酸盐在该过程中会部分溶解。悬浮的有机物也会溶解一小部分。酸化过的污泥在压力容器中水解，保持压强小于或等于4bar（$1bar=10^5Pa$），于140℃加热30～40min，大约40%的悬浮有机物水解成易于生物降解的液体，无机成分也被液化。未溶解的有机物质主要是纤维，已十分容易被离心机脱水至50%的含水率，与常规脱水后的消化污泥相比，体积减少了80%，这部分产物的燃烧值与木材相当，可作为燃料。重金属随有机污泥一起被分离，或在随后的步骤中被分离。从有机污泥中分离出的上清液，其中的磷被铁盐沉淀为磷酸铁。沉淀的磷酸盐经离心机分离，产生含35%干物质的污泥，且重金属和有毒有机物含量非常低，可直接用作农肥。分离磷酸盐后产生的液体中含有沉淀剂、溶解性的有机物和氮，可回流至生化处理部分进一步去除其中的营养物。KREPRO工艺可以以磷酸铁的形式回收污泥中约75%的磷，且90%的沉淀剂可以再次使用。瑞典Helsingborg污水处理厂安装有最大处理量为500kgDS/h的KREPRO工艺，该工艺流程如图2-10-53所示。从表2-10-23可看出，KREPRO工艺回收的磷与常规的消化污泥相比，无论重金属含量还是有毒有机物含量，均至少低于前者一个数量级。

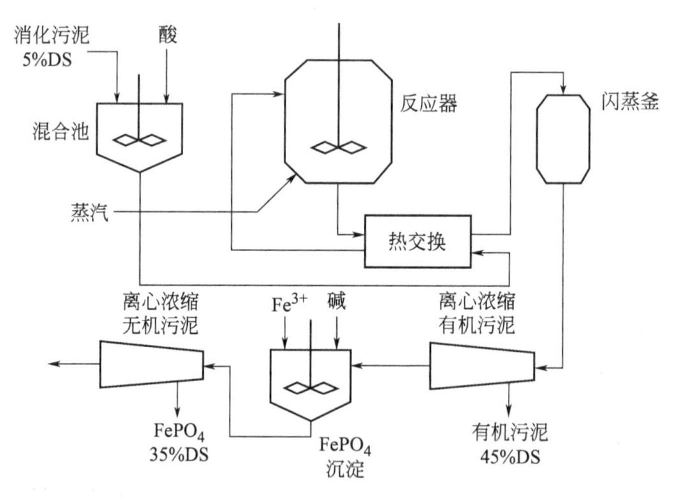

图 2-10-53 FREPRO工艺流程

2. 改进的KREPRO工艺（Cambi-KREPRO process）

Cambi-KREPRO工艺流程如图2-10-54所示，脱水后的污泥在温度为150℃、pH值为1～2的条件下水解，残余污泥含有大量有机物，可用于焚烧。大部分重金属留在有机污泥中，小部分重金属在分离步骤中以硫化物沉淀的形式被除去。溶解态的Fe^{2+}随后被氧化成Fe^{3+}用以生成$FePO_4$沉淀，其中一部分Fe^{3+}作为混凝剂被回收。溶解态的有机物可作为上清液反硝化时的碳源。1996 年，第一座 Cambi-KREPRO 系统 1996 年在挪威的 Habar 建立并投入运行。

表 2-10-23 消化污泥和 KREPRO 磷酸盐中每公斤磷含有重金属和有机物的量

单位：mg/kgP

类别	Cu	Cd	Hg	Cr	Zn	Ni	Pb	F	PCB (52)	PCB (101)	壬基苯酚	甲苯
常规消化污泥	20000	80	50	1500	23000	1200	2000	20	2.8	0.4	1770	28
KREPRO 磷酸盐	100	3	1	220	1000	300	180	<1	0.024	<0.015	12	<5

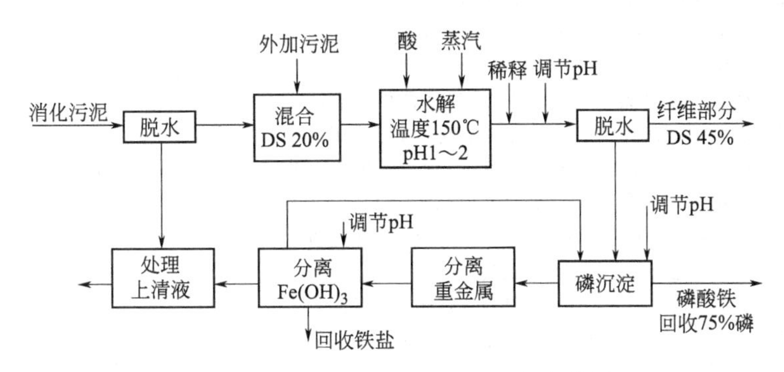

图 2-10-54 Cambi-KREPRO 工艺流程图

3. 从污泥焚烧灰中回收磷的工艺（BioCon process）

BioCon 工艺是丹麦的 Bio-Con 公司开发的一种可以回收磷、能量和沉淀剂的污泥焚烧工艺，包括三个步骤：干燥、焚烧和回收，其工艺流程见图 2-10-55。在干燥过程中，脱水污泥被干燥至含水率为 10%，然后进入焚烧炉进行焚烧。焚烧产生的烟气经过净化后排放，焚烧产生的热量一部分回用于干燥过程，多余的用于社区供热。焚烧产生的灰和炉渣经过粉磨后用硫酸溶滤，使磷酸盐和大部分金属盐（硫酸钙和硫酸铅除外）溶解在溶液中，再用离子交换来分离溶液中的物质。第一个阳离子交换柱经硫酸再生后可回收铁盐。在第二个阴离子交换柱中硫酸盐以 $KHSO_4$ 的形式被回收。第三个离子交换柱经过盐酸再生后可回收磷酸，回收的磷酸是磷酸盐工业的优良原料。该工艺可以回收 80%的磷和 70%的化学沉淀剂。

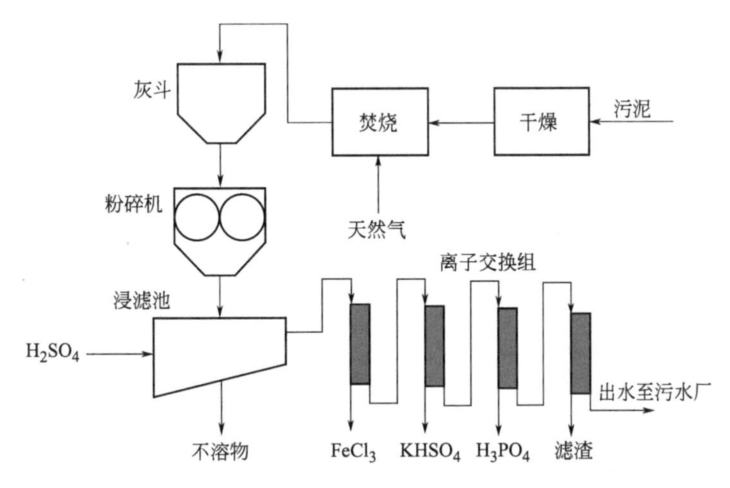

图 2-10-55 BioCon 工艺流程

在第四个交换柱中，重金属被富集到滤渣中去，以便集中处理。瑞典城市 Falun 已经建立了 BioCon 系统，这是瑞典第一个可以回收磷的焚化场，经计算，Falun 的该系统大约需要消耗化学药剂 500kg/t DS，需要使用的化学药剂有硫酸、盐酸、氢氧化钠和氯化钾。与 Cambi-KREPRO 工艺相比，BioCon 工艺回收磷的效率更高，但是会排放大量需处理的空气污染物，而两者的费用相差不大。两个工艺共同的缺点是磷从污泥中浸出的同时，大部分无机物也会浸出，加入沉淀剂从污泥中分离和回收磷产品导致较高的化学药剂消耗量。

参考文献

[1] 郭杰. 诱导结晶法处理含磷废水. 长沙：湖南大学，2006.

[2] Snoeyink，Vernon L.，Water Chemistry，April 17，1980.

[3] 郑雁. 以雪硅钙石为晶种回收废水中磷及其再利用研究. 中国地质大学（北京），2009.

[4] 张自杰. 排水工程（下册）. 第 4 版. 北京：中国建筑工业出版社，2007.

[5] 潘涛，田刚等. 废水处理工程技术手册. 北京：化学工业出版社，2010.

[6] Sylvia REGY，Denis MANGIN. Phosphate Recovery by Struvite Precipitation in a Stirred Reactor. Phosphate recovery in waste water by crystallization，2002.

[7] 张蓓蓓. 以合成雪硅钙石为晶种回收含磷废水中的磷. 中国地质大学（北京），2007.

[8] 佟娟等. 鸟粪石除磷工艺研究进展. 化工进展，2007，26（4）.

[9] 林木兰等. 鸟粪石法回收废水中磷的反应器研究现状. 化学工程与装备，2010（8）.

[10] Emerging Technologies for Wastewater Treatment and In-Plant Wet Weather Management，EPA 832-R-06-006，FEBRUARY 2008.

[11] McGraw-Hill 图书公司. 废水工程：处理及回用. 秦裕珩等译. 第 4 版. 北京：化学工业出版社，2004.

[12] Advanced Wastewater Treatment to Achieve Low Concentration of Phosphorus，EPA 910-R-07-002，April 2007.

第十一章 污泥处理与处置

污泥是在水处理过程中产生的半固态或固态物质，是一种由有机残片、细菌菌体、无机颗粒、胶体等组成的极其复杂的非均质体，一般不包括栅渣、浮渣和沉砂[1]。

污泥主要分为生活污泥和工业污泥。生活污泥是由生活污水处理后留下的大量污泥，它的特点是总量大，有机物含量高，即使脱水后含水量仍很高，且有大量的细菌和寄生虫，易腐烂，极不稳定。工业污泥是工业废水经过处理后，产生的沉淀聚集物，工业污泥中一般都含有有毒、有害成分，刚产生的污泥一般呈黑色或黑褐色，呈黏滞状，而且颗粒很细。但是不同行业的废水所产生的污泥的特点也有所不同。例如，冶金行业产生的污泥具有粒径细，黏性大，有腐蚀性，有化学毒性，含有碳、铁、锌、铅、硫、磷等元素。由于处置费用高，除对污泥中含量较高的重金属采用相应的方法进行富集回收，国内大多数钢铁企业产生的炼钢炼铁污泥大多弃置不用；石油勘探开发以及炼油生产过程中产生的含矿物油的污泥，组成成分非常复杂，含有的苯系物、酚类、蒽等物质有恶臭味和毒性，目前，国内大多数企业仍采取将污泥转移给小企业进行处置的方式；电镀污泥是电镀废水处理后产生的含有有毒重金属（Ni、Cr 等）及有机或无机化合物的沉淀物，被列入《国家危险废物名录》，常采用的处理方法主要有化学法、离子交换法、蒸发浓缩法、电渗析法等，一般采用固化技术和热处理技术进行无害化处理。由于工业污泥与生活污泥相比，产生量很小，且处理与处置方式类似，很多情况下，工业污泥与生活污泥混合进行处理处置，因此本书中，主要介绍的是城市污水处理厂污泥的处理与处置。

一般来说，污泥通过减容、减量、稳定以及无害化的过程称为污泥处理。污泥处理工艺单元主要包括污泥浓缩、消化、脱水、堆肥、石灰稳定等工艺过程。而污泥处置是指经处理后的污泥或污泥产品以自然或人工方式使其能够达到长期稳定并对生态环境无不良影响的最终消纳方式。污泥处置主要包括土地利用、污泥农用、填埋和焚烧以及综合利用等。

污泥减容是通过降低污泥的含水率来减少污泥的体积，而污泥中生物固体量几乎没有改变。减容化主要包括浓缩、脱水和干化等工艺。污泥减量一般采用适当的工艺过程和处理方法，使污泥中的有机物含量和污泥产量减少。而污泥稳定化过程也会使污泥减量，但是污泥稳定主要是针对污泥中有机质而言，可以通过物理、化学或生化反应，使污泥中的有机物发生分解或降解为矿化程度较高的无机化合物的过程。稳定方法包括石灰稳定、厌氧消化、好氧消化、堆肥、化学稳定和热稳定等过程。

城市污水处理厂污泥处理一般选择的组合工艺有[2]：

① 浓缩—脱水—处置；

② 浓缩—消化—脱水—处置；

③ 浓缩—脱水—堆肥/干化/石灰稳定—处置；

④ 浓缩—消化—脱水—堆肥/干化/石灰稳定—处置；

⑤ 浓缩—脱水—堆肥/干化/石灰稳定—焚烧—处置。

总之，污泥处理方案的选择，要根据污泥的性质和数量、处理要求、工程投资、运行管理以及环境要求等方面，综合考虑后进行选择。例如，在进行方案设计前应进行污泥中有机质、营养物、重金属、病原菌、污泥热值、有毒有机物的分析测试，以明确污泥的性质，针对不同性质的污泥选择合适的处理工艺。

表 2-11-1 是几种典型污泥处理处置方案的综合分析。

表 2-11-1 典型污泥处理处置方案的综合分析

污泥处置方案	厌氧消化+土地利用	好氧消化+土地利用	机械干化+焚烧	工业炉窑协同焚烧	石灰稳定+填埋	深度脱水+填埋
适用的污泥类型	生活污水污泥	生活污水污泥	生活污水及工业废水混合污泥	生活污水及工业废水混合污泥	生活污水及工业废水混合污泥	生活污水及工业废水混合污泥
污染因子	恶臭、病原微生物	恶臭、病原微生物	恶臭、烟气	恶臭、烟气	恶臭、重金属	恶臭、重金属
能耗	低	较低	高	高	低	低
建设费用	较高	较低	较高	较低	较低	低
占地面积	较少	较多	较少	少	多	多
运行费用	较低	较低	高	高	较低	低

第一节 污泥的性质

污泥按性质可以分为以有机物为主的污泥和以无机物为主的沉渣，按来源可以分为初沉污泥、剩余污泥、消化污泥和化学污泥等[3]。

一、污泥的特性

一般废水处理厂产生的污泥为含水量在 75%～99%不等的固体或流体状物质。其中的固体成分主要为机残片、细菌菌体、无机颗粒、胶体及絮凝所用药剂，是一种以有机成分为主，组分复杂的混合物，其中包含有潜在利用价值的有机质、氮、磷、钾和各种微量元素。城市污水处理厂不同种类的污泥营养物质含量及燃烧值见表 2-11-2 和表 2-11-3。

表 2-11-2 城市污水处理厂不同种类的污泥营养物质含量范围 单位：%

污泥类型	总氮(TN)	磷(P_2O_5)	钾(K)	腐殖质
初沉污泥	2.0～3.4	1.0～3.0	0.1～0.3	33
生物滤池污泥	2.8～3.1	1.0～2.0	0.11～0.8	47
活性污泥	3.5～7.2	3.3～5.0	0.2～0.4	41

表 2-11-3 城市污水处理厂污泥燃烧热值

污泥种类		燃烧热值/(kJ/kg 污泥干重)	污泥种类		燃烧热值/(kJ/kg 污泥干重)
初沉污泥	生污泥	15000～18000	初沉污泥与活性污泥混合	新鲜	17000
	经消化	7200		经消化	7400
初沉污泥与生物膜污泥混合	生污泥	14000	生污泥		14900～15200
	经消化	6700～8100	剩余污泥		13300～24000

1. 物理特性

污泥是由水中悬浮固体经不同方式胶结凝聚而成，其结构松散，形状不规则，比表面积与孔隙率极高（孔隙率常大于99%），含水量高，脱水性差。外观上具有类似绒毛的分支与网状结构。

2. 化学特性

生物污泥以微生物为主体，同时包括混入生活污水的泥沙、纤维、动植物残体等固体颗粒以及可能吸附的有机物、金属、病菌、虫卵等。污泥中也含有植物生长发育所需的氮、磷、钾及维持植物正常生长发育的多种微量元素和能改良土壤结构的有机质。

3. 污泥中水分的存在形式

污泥中的水分有四种形态：表面吸附水、间隙水、毛细结合水和内部结合水。毛细结合水又分为裂隙水、空隙水和楔形水。

表面吸附水为表面张力作用吸附的水分。间隙水一般占污泥中总含水量的65%～85%，是污泥浓缩的主要对象。毛细结合水约占污泥中总含水量的15%～25%。污泥中微生物细胞体内的水为内部结合水，去除这部分水分必须破坏细胞膜，使细胞液渗出，由内部结合水变为外部液体。内部结合水一般只占污泥中总含水量的10%左右。

二、污泥的性质参数

（一）污泥含水率

污泥含水率有两种表示方法，即湿基含水率（简称含水率）与干基含水率。

1. 湿基含水率

污泥所含水分的重量与污泥总重量（水分重量与所含干固体总量之和）之比的百分率称湿基含水率。用 P_w 表示：

$$P_w=\frac{污泥所含水分重量}{污泥总重量}\times 100\% \tag{2-11-1}$$

式(2-11-1) 中当污泥所含水分发生变化时，分母随之变化。所以在采用该公式计算，当同一种污泥所含水分变化时，不能用加、减法进行运算。

2. 干基含水率

污泥所含水分重量与所含干固体重量之比的百分率称干基含水率，用 d 表示：

$$d=\frac{污泥所含水分重量}{污泥所含干固体重量}\times 100\% \tag{2-11-2}$$

式(2-11-2) 可知，由于污泥所含干固体重量是不变的，所以对于同一种污泥，在处理的过程中水分发生变化时，分母是不变的，故可以用加、减进行运算。例如污泥干燥设备的设计，干燥过程，水分不断变化，但干固体重量是不变的。根据定义可推导出湿基含水率与干基含水率之间的关系式：

$$d\times 污泥所含干固体重量=P_w\times 污泥总重量$$

$$d=\frac{P_w\times 污泥总重量}{干固体重量}=P_w\times\left(\frac{水分重量+干固体重量}{干固体重量}\right)=P_w\times(d+1)$$

$$d=\frac{P_w}{1-P_w} \tag{2-11-3}$$

式中，d 为干基含水率；P_w 为湿基含水率。

（二）污泥含固率

与污泥含水率相应的是污泥含固率，用 P_s 表示：

$$P_s=\frac{污泥所含干固体重量}{污泥总重量}\times 100\% \tag{2-11-4}$$

污泥的重量等于其中所含水分重量和干物质重量之和，即

$$P_w + P_s = 100\% \tag{2-11-5}$$

污泥含水率、污泥含固率、体积、重量之间的关系可用下式表达：

$$\frac{100-P_{w2}}{100-P_{w1}} = \frac{P_{s2}}{P_{s1}} = \frac{W_1}{W_2} = \frac{V_1}{V_2} \tag{2-11-6}$$

式中，P_{s1}、W_1、V_1 分别表示含水率为 P_{w1} 时的污泥含固率、重量与体积；P_{s2}、W_2、V_2 分别表示含水率为 P_{w2} 时的污泥含固率、重量与体积。

根据式(2-11-6) 可计算出当污泥的含水率发生变化后的浓度、重量与体积。从而可简化设计过程，可避免实测。

当污泥含水率低于 65%，由于污泥体积中可能存在气泡，则式(2-11-6) 只存在以下关系：

$$\frac{100-P_{w2}}{100-P_{w1}} = \frac{P_{s2}}{P_{s1}} = \frac{W_1}{W_2} \tag{2-11-7}$$

(三) 挥发性固体与灰分

污泥中所含的固体分有机物与无机物两类。将污泥在 105℃的烘箱内烘干至恒重即称为干固体重量。再将此干固体置于马弗炉内，控温 600℃灼烧至恒重，使有机物被烧掉，失去的重量即为挥发性固体（或称为灼烧减重），残留的重量即为灰分（无机物或称灼烧残渣）。

(四) 湿污泥比重

湿污泥重量（即污泥总重量）与同体积水的重量之比称为湿污泥相对密度（简称污泥相对密度）。据此定义可列出湿污泥相对密度的计算式：

$$\gamma = \frac{\text{湿污泥重量}}{\text{同体积水的重量}} = \frac{P_w + (100-P_w)}{P_w + \dfrac{100-P_w}{\gamma_s}} = \frac{100\gamma_s}{P_w\gamma_s + (100-P_w)} \tag{2-11-8}$$

式中，γ 为湿污泥相对密度；P_w 为污泥含水率，%；γ_s 为干污泥相对密度。

(五) 干污泥相对密度（或称干固体相对密度）

干污泥包含有机物与无机物。它们所占比例不同，则干污泥相对密度也不同。若以 P_v、γ_v 分别表示污泥中挥发性固体（即有机物）所占比例及其相对密度；以 γ_f 表示灰分（即无机物）的相对密度。可列出干污泥相对密度的计算式：

$$\frac{100}{\gamma_s} = \frac{P_v}{\gamma_v} + \frac{100-P_v}{\gamma_f} \tag{2-11-9}$$

$$\gamma_s = \frac{100\gamma_f\gamma_v}{100\gamma_v + P_v(\gamma_f - \gamma_v)} \tag{2-11-10}$$

式中，γ_s 为干污泥相对密度；P_v 为污泥中挥发性固体（即有机物）所占比例，%；γ_v 为污泥中挥发性固体（即有机物）的相对密度；γ_f 表示灰分（即无机物）的相对密度。

由于有机物（即挥发性固体）的相对密度 γ_v 接近于 1，灰分相对密度可取平均值 2.5，代入上式可简化为：

$$\gamma_s = \frac{250}{100 + 1.5P_v} \tag{2-11-11}$$

将式(2-11-11) 代入式(2-11-8)，可得湿污泥相对密度的计算式

$$\gamma = \frac{25000}{250P_w + (100-P_w)(100+1.5P_v)} \tag{2-11-12}$$

(六) 污泥的燃烧值

废水污泥尤其是剩余污泥、油泥等，含有大量可燃烧的成分，具有一定的发热值。设计

如果已知有机组分各元素的含量，可根据下面的公式计算污泥的低位发热值 Q_{dw}（kJ/kg）：

$$Q_{dw}=337.4C+603.3(H-O/8)+19.13S-25.08P_w \tag{2-11-13}$$

式中，C、H、O、S、P_w 分别为污泥中碳、氢、氧、硫的质量百分比和污泥的含水率。

一般而言，常用的方法就是测定 COD 值，它可以间接表征有机物的含量，与污泥发热值存在着必然联系。根据资料显示，燃烧时每去除 1gCOD 所放出的热量平均为 14kJ，利用这一平均值计算污泥的高位发热值所产生的最大相对误差约为 10%，在工程计算时是允许的。有机污泥的低位发热量 Q_{dw}（kJ/kg）可利用下式进行估算：

$$Q_{dw}=14\mathrm{COD}-25.08P_w \tag{2-11-14}$$

式中，COD 为有机污泥的 COD 值，g/kg。

此外，污泥燃烧热值常用的计算公式有两个：

$$Q=2.3a\left(\frac{100P_v}{100-G}-b\right)\left(\frac{100-G}{100}\right) \tag{2-11-15}$$

式中，Q 为污泥的燃烧热值，kJ/kg（污泥干重）；P_v 表示污泥中挥发性固体（即有机物）所占比例，%；G 为机械脱水时，所加无机混凝剂量质量比（以占污泥干固体重量百分数计），当用有机高分子混凝剂时，$G=0$；通常 $G=3\%\sim5\%$（三氯化铁）或 $20\%\sim30\%$ 之间（消石灰）；a，b 分别为经验系数，与污泥性质有关，新鲜初沉污泥和消化污泥 $a=131$，$b=10$；新鲜活性污泥 $a=107$，$b=5$。

另外一个经验计算公式如下：

$$\mathrm{LHV}=\left(1-\frac{P_w}{100}\right)\frac{\mathrm{VS}}{100}\mathrm{HV}-\frac{2.5P_w}{100} \tag{2-11-16}$$

式中，LHV 为污泥的低位热值，MJ/kg；P_w 为污泥的含水率，%；VS 为污泥的干基挥发分含量，%；HV 为污泥的挥发分热值，MJ/kg。

根据经验，污泥自持燃烧的 LHV 限值为 3.5MJ/kg，一般废水处理厂污泥（混合生污泥）的挥发分含量为 70%，挥发分热值为 23MJ/kg，从而认为污泥自持燃烧最高含水率限值为 67.7%。

三、污泥产生量[4]

（一）各工艺段污泥产量

1. 预处理工艺的污泥产量

包括初沉池、水解池、AB 法 A 段和化学强化一级处理工艺等。

$$\Delta X_1=aQ(S_{pi}-S_{po}) \tag{2-11-17}$$

式中，ΔX_1 为预处理污泥产生量，kg/d；S_{pi}、S_{po} 分别为进出水悬浮物浓度，kg/m^3；Q 为设计平均日废水流量，m^3/d；a 为系数，无量纲，初沉池 $a=0.8\sim1.0$，排泥间隔较长时，取下限。AB 法 A 段 $a=1.0\sim1.2$；水解工艺 $a=0.5\sim0.8$；化学强化一级处理和深度处理工艺根据投药量 $a=1.5\sim2.0$。

2. 活性污泥法剩余污泥产生量

（1）带预处理系统的活性污泥法及其变形工艺剩余污泥产生量

$$\Delta X_2=\frac{aQS_r-bS_VV}{f} \tag{2-11-18}$$

式中，ΔX_2 为剩余活性污泥量，kg/d；f 为 MLVSS/MLSS 之比值，对于生活污水，一般在 0.5～0.75；S_r 为有机物浓度降解量，kgBOD$_5$/m^3，为曝气池进水、出水 BOD$_5$ 浓度之差，kg/m^3；V 为曝气池容积，m^3；S_V 为混合液挥发性污泥浓度，kg/m^3；a 为污泥产生率系数，kgMLVSS/kgBOD$_5$，一般可取0.5～0.65；b 为污泥自身氧化率，d^{-1}，一般可取0.05～0.1。

（2）不带预处理系统的活性污泥法及其变型工艺剩余污泥产生量

$$\Delta X_3 = YQ(S_i - S_o) - K_d V S_v + fQ(S_{pi} - S_{po}) \tag{2-11-19}$$

式中，ΔX_3 为剩余活性污泥量，kg/d；Y 污泥产率系数，kgMLVSS/kgBOD$_5$，20℃时为0.3～0.6；S_i 为生物反应池进水BOD$_5$浓度，kg/m^3；S_o 为生物反应池出水BOD$_5$浓度，kg/m^3；S_{pi}，S_{po} 分别为进出水悬浮物浓度，kg/m^3；K_d 为衰减系数，d^{-1}，一般可取0.05～0.1；V 为生物反应池容积，m^3；S_v 为生物反应池内混合液挥发性悬浮固体平均浓度，kgMLVSS/m^3；f 为悬浮物的污泥转化率，宜根据试验资料确定，无试验资料时可取0.5～0.7gMLSS/gSS，带预处理系统的取下限，不带预处理系统的取上限。

（二）污泥总产量

1. 带有预处理的好氧生物处理工艺

一般指带有初沉池、水解池、AB法A段等预处理工艺的二级废水处理系统，会产生两部分污泥。带深度处理工艺时，其总污泥产生量计算公式如下：

$$W_1 = \Delta X_1 + \Delta X_2 \tag{2-11-20}$$

式中，W_1 为污泥总产生量，kg/d；ΔX_1 为预处理污泥产生量，kg/d；ΔX_2 为剩余活性污泥量，kg/d。

2. 不带预处理的好氧生物处理工艺

一般指具有污泥稳定功能的延时曝气活性污泥工艺（包括部分氧化沟工艺、SBR工艺），污泥龄较长，污泥负荷较低。该工艺只产生剩余活性污泥，其总污泥产生量计算公式如下：

$$W_3 = \Delta X_3 \tag{2-11-21}$$

式中，W_3 为污泥总产生量，kg/d；ΔX_3 为剩余活性污泥量，kg/d。

3. 消化工艺

一般指城镇污水处理厂就地采用消化工艺对污泥进行减量稳定化处理，处理后污泥量计算公式如下：

$$W_2 = W_1(1-\eta)\left(\frac{f_1}{f_2}\right) \tag{2-11-22}$$

式中，W_2 为消化后污泥总量，kg/d；W_1 为原污泥总量，kg/d；η 为污泥挥发性有机固体降解率，$\eta = \frac{qk}{0.35Wf_1} \times 100\%$；$q$ 为实际沼气产生量，m^3/h；k 为沼气中甲烷含量百分比，%；W 为厌氧消化池进泥量，kg干污泥/h；f_1 为原污泥中挥发性有机物含量百分比；f_2 为消化污泥中挥发性有机物含量百分比。

第二节 污泥浓缩

一、重力浓缩

（一）重力浓缩原理

在对污泥进行其他方法处理之前，必须对污泥进行浓缩，降低污泥中的含水率。在重力的作用下，污泥颗粒可以自然沉降，这种固液分离的方式不需要外加能量，是一种最节能的污泥浓缩方法。

重力沉降可以分成4种形态：自由沉降、干涉沉降、集合沉降、压缩沉降。

(二) 影响污泥浓缩效果的因素

影响污泥浓缩效果的因素很多，而最明显和直接的就是悬浮液的浓度、温度、搅拌强度以及设备的结构等。

1. 悬浮液的浓度

悬浮液的浓度在很大程度上影响污泥的沉降速度，粒子的沉降速度随着悬浮液中固体浓度的增大而减小。

2. 温度

温度的高低影响悬浮液的黏稠度，温度越高，污泥的黏稠度越低。

3. 搅拌强度

搅拌对污泥沉降浓缩全过程的影响是复杂的。搅拌强度太大，往往会破坏其凝聚状态，降低沉降速度。合适的搅拌强度有利于促进凝聚，增大沉降速度。凝聚状态的变化，也可以改变压缩脱水的机制。

4. 设备的结构

直径过小，沉降受池壁的影响，往往容易形成架桥现象，即在颗粒沉降的过程中，会在池壁形成拱形的交叉，妨碍固体物下沉，使界面沉速减慢。如果设备倾斜时，沉降速度也与正常沉降速度不同。因此，为了取得合理的设计参数，进行浓缩试验是非常有必要的。

(三) 重力浓缩池类型[5]

重力浓缩池按运行方式可以分为间歇式和连续式两种，前者主要适用于小型处理厂或工业企业的废水处理厂；后者适用于大、中型废水处理厂。

连续式浓缩池结构类似辐射式沉淀池，一般采用圆形竖流或辐流沉淀池形式，直径一般为5～20m，其结构为圆形或矩形钢筋混凝土结构。当浓缩池较小时，可采用竖流式浓缩池，一般不设刮泥机。污泥室的截锥体斜壁与水平面所形成的角度一般为45°～50°。辐流式浓缩池的池底坡度，当采用吸泥机时，可采用0.03。当不采用刮泥机时，可采用0.01。规模比较大的浓缩池需要设置带有搅拌器的刮泥机，用以收集浓缩污泥。而刮刀上面的栅条在池中缓慢地搅拌，造成空穴，使得附着在污泥上的水易于分离。所以连续式浓缩池可分为有刮泥机与污泥搅拌装置、不带刮泥机以及多层浓缩池三种。有刮泥机与污泥搅拌装置见图2-11-1。

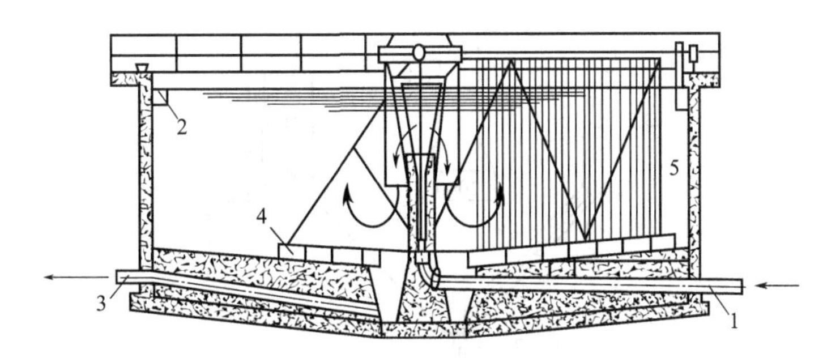

图2-11-1　有刮泥机与污泥搅拌的连续式浓缩池

1—中心进泥管；2—上清液溢流堰；3—排泥管；4—刮泥机；5—搅动栅

有时为了提高浓缩效果和缩短浓缩时间，可在刮泥机上安装搅拌杆，为了不使污泥受到较大的扰动，刮泥机与搅拌杆的旋转速度应很慢，旋转周速度一般为2～20cm/s。图2-11-2为带刮泥机及搅拌杆的连续式浓缩池。

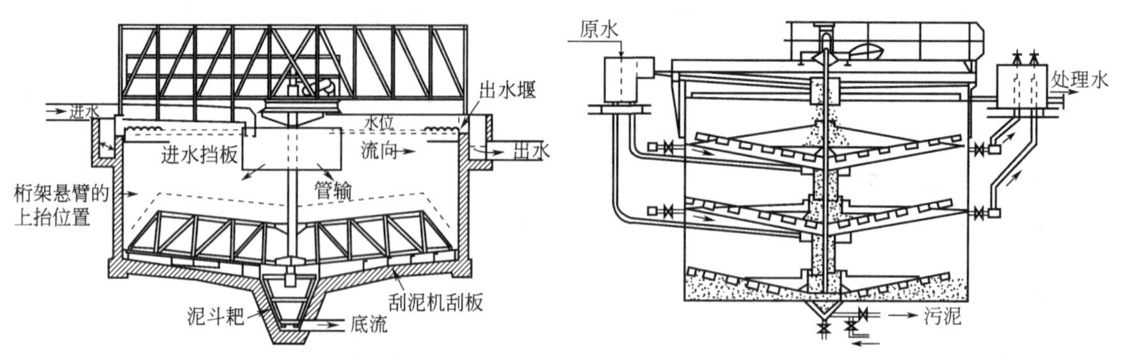

图 2-11-2 有刮泥机及搅拌杆的连续式浓缩池

图 2-11-3 多层辐射式浓缩池

为了节约土地，有时可以采用多层辐射式浓缩池，见图 2-11-3。如果处理高浓度悬浮液或凝聚性能差的悬浮液可以采用凝聚浓缩池，见图 2-11-4。如果不采用刮泥机可以采用多斗式浓缩池，依靠重力排泥，泥斗的锥角应保持在 55°以上，采用此种方式可以取得较好的浓缩效果，见图 2-11-5。

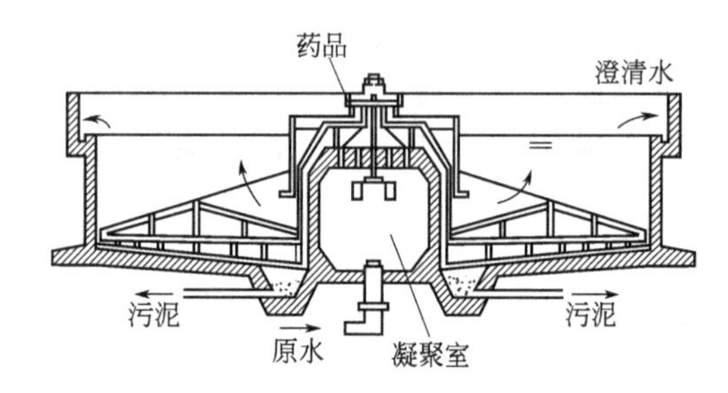

图 2-11-4 凝聚浓缩池

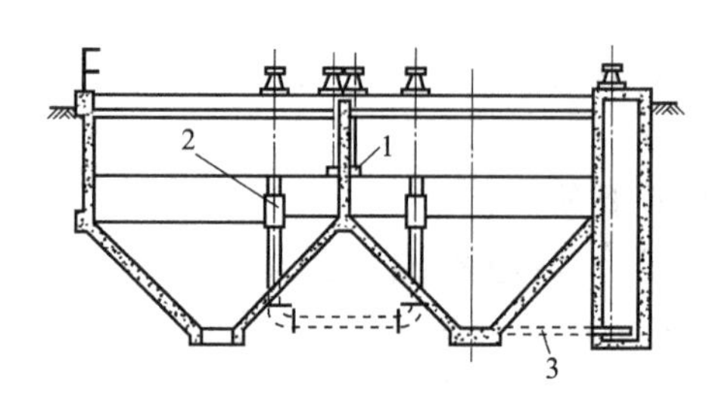

图 2-11-5 多斗连续式浓缩池

1—进口；2—可升降的上清液排出管；3—排泥管

在设计时，间歇式污泥浓缩池与连续式相同，不同的在于它们的排泥方式。在间歇式重力浓缩池中，污泥是间歇排入浓缩池的。因此在投入污泥前必须先排除浓缩池中的上清液，腾出池容，可以在浓缩池的不同高度上设计上清液排出管。间歇式污泥浓缩池有带中心筒和不带中心筒两种，见图 2-11-6、图 2-11-7。

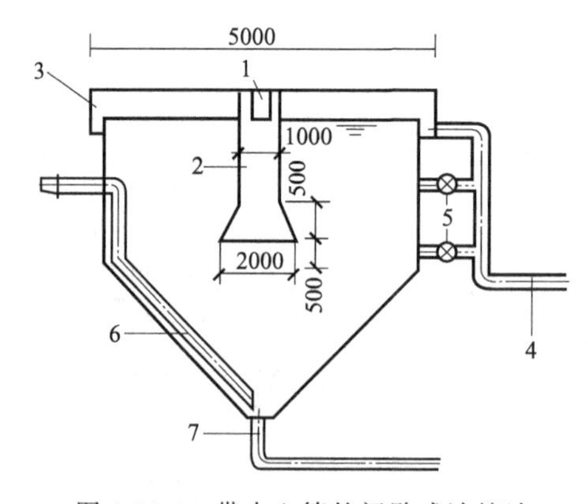

图 2-11-6 带中心筒的间歇式浓缩池

1—污泥入流槽；2—中心筒；3—出流堰；4—上清液排出管；5—阀门；6—吸泥管；7—排泥管

(四) 重力浓缩设计要点

在对污泥浓缩池进行设计时，应注意以下的设计要点。

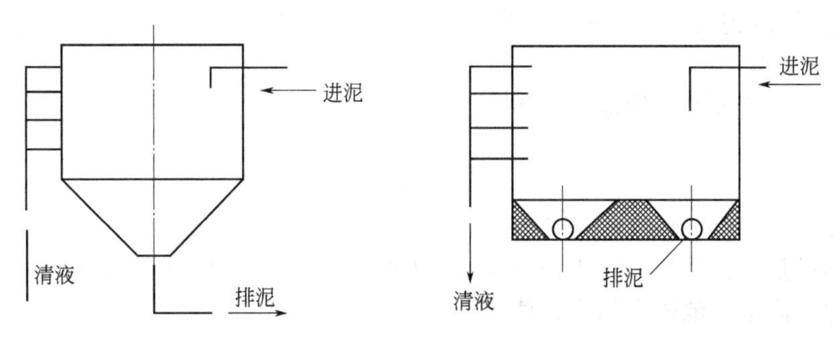

图 2-11-7 不带中心筒的间歇式浓缩池

(1) 小型废水处理厂采用方形或圆形间歇浓缩池；大、中型废水处理厂采用竖流式和辐流式连续浓缩池。

(2) 间歇浓缩池的主要设计参数是水力停留时间，停留时间由试验确定。时间过短，浓缩效果差；过长会造成污泥厌氧发酵。无试验数据时，可按 12～24h 设计。

(3) 连续式浓缩池的主要设计参数有：固体通量和水力负荷，有效水深采用 4m，竖流式有效水深按沉淀部分的上升流速不大于 0.1mm/s 进行复核。池容积按浓缩 10～16h 核算。当采用定期排泥时，两次排泥间隔可取 8h。

(4) 浓缩池的上清液应回送初沉池或调节池重新处理。

(五) 重力浓缩设计计算[5]

1. 浓缩池表面积

(1) 按固体通量计算浓缩池表面 A_s' 固体通量即单位时间内，通过单位面积的固体重量，单位为 kg/(m^2 · d)，各种污泥浓缩前后的固体通量见表 2-11-4。

表 2-11-4 污泥重力浓缩池固体负荷及浓缩前后的污泥浓度

污泥类型	污泥含固量/%		固体通量/[kg/(m^2 · h)]
	浓缩前	浓缩后	
1. 处理单元污泥			
初沉污泥	2～7	5～10	3.92～5.88
生物滤池污泥	1～4	3～6	1.47～1.96
生物转盘污泥	1～3.5	2～5	1.47～1.96
剩余活性污泥			
(1)普通和纯氧曝气	0.5～1.5	2～3	0.49～1.47
(2)延时曝气	0.2～1.0	2～3	0.98～1.47
消化后的初沉污泥	8	12	4.9
2. 热处理污泥			
初沉污泥	3～6	12～15	7.84～10.29
初沉污泥＋剩余活性污泥	3～6	8～15	5.88～8.82
剩余活性污泥	3～6	6～10	4.41～5.88
3. 其他污泥			
初沉污泥＋剩余活性污泥	0.5～1.5	4～6	0.98～2.94
初沉污泥＋生物滤池污泥	2.5～4.0	4～7	1.47～3.43
初沉污泥＋生物转盘污泥	2～6	5～9	2.45～3.92
剩余活性污泥＋生物滤池污泥	2～6	5～8	1.96～3.4
4. 厌氧消化污泥			
初沉污泥＋剩余活性污泥	4	8	2.94

$$A_s' = \frac{Qw}{q_s} \tag{2-11-23}$$

式中，Q 为污泥量，m^3/d；w 为污泥含固量，kg/m^3；q_s 为选定的固体通量，$kg/(m^2 \cdot d)$。

(2) 按水力负荷计算浓缩池表面积 A'_W

$$A'_W = \frac{Q}{q_W} \tag{2-11-24}$$

式中，q_W 为水力负荷，$m^3/(m^2 \cdot d)$。

选定固体通量，计算浓缩池表面 A'_s，与用水力负荷计算的浓缩池表面积 A'_W进行比较，取其最大值为污泥浓缩池表面积设计值。

2. 浓缩池有效池容和停留时间

根据确定的池面积 A 来计算浓缩池的有效容积 V'，根据 V'复核污泥在池中的停留时间 t'。

计算有效池容 V'

$$V' = Ah_2 \tag{2-11-25}$$

式中，h_2 为有效水深，m。

复核停留时间 t'

$$t' = (V'/Q) \times 24 \tag{2-11-26}$$

若 $t' > 10 \sim 16h$，则修订固体通量，重新计算上述各值。从而确定污泥浓缩池的表面积、有效池容和停留时间。

二、气浮浓缩

(一) 气浮浓缩的原理

气浮法是固液分离或液液分离的一种技术，是利用固体与水的密度差而产生的浮力，使固体上浮，达到固液分离的目的。气浮法主要用于从废水中去除相对密度小于 1 的悬浮物、油脂和脂肪，并用于污泥的浓缩。气浮浓缩与重力浓缩相反，是依靠水在罐内溶入过量的空气后，突然减压释放出大量微小气泡并迅速上升，捕捉污泥颗粒浮到上面，而与水分离的方法。

一般而言，固体与水的密度差愈大，气浮浓缩的效果愈好。对密度小于 $1g/cm^3$ 的固体可以直接进行上浮分离，但是对于大于 $1g/cm^3$ 的固体则不好实现固液的分离，所以必须改变固体密度。利用空气改变固体密度（小于 $1g/cm^3$），产生上浮的原动力，实现固液分离并浓缩的方法称为气浮浓缩。气浮浓缩的典型工艺流程如图 2-11-8 所示。

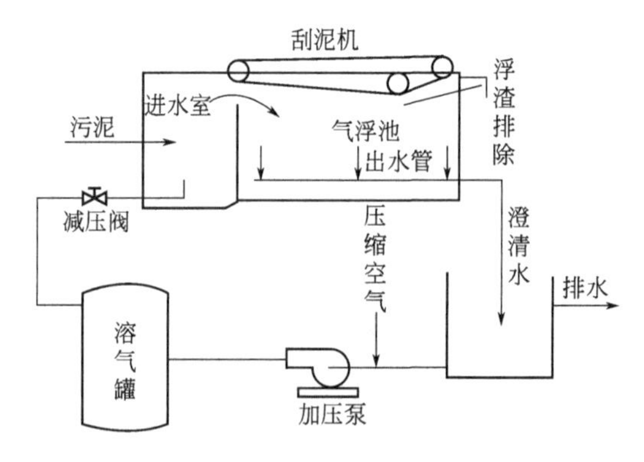

图 2-11-8 气浮浓缩的典型工艺流程（有回流）

气浮浓缩比较适合剩余活性污泥、好氧消化污泥、接触稳定污泥、不经初次沉淀的延时曝气污泥等污泥的浓缩。而初沉污泥、厌氧消化污泥和腐败污泥由于密度较大，沉降性能好，采用重力浓缩比气浮浓缩更经济。

（二）气浮浓缩池设计要点

（1）处理能力小于 100m^3/h 时，多采用矩形钢筋混凝土池，L∶B(长宽比)=(3～4)∶1，B≥0.3m 时，有效水深为 3～4m，水平流速一般为 4～10mm/s。处理能力为 100～1000m^3/h 时，多采用辐流钢筋混凝土池。单池处理能力不应大于 1000m^3/h。

（2）有效控制进泥量，进泥浓度一般不应超过 5g/L，即含水率为 99.5%。

（3）气浮浓缩池所需面积：按水力负荷设计，当不投加化学混凝剂时，设计水力负荷为 1～3.6m^3/(m^2·h)，一般采用水力负荷为 1.8m^3/(m^2·h)，固体负荷为 1.8～5.0kg/(m^2·h)。当活性污泥容积指数 SVI（污泥容积指数是指曝气池中的混合液静置 30min 后，每克干污泥形成的沉淀污泥所占的容积，单位为 mL/g）为 100 左右时，固体负荷采用 5.0kg/(m^2·h)，气浮后污泥的含水率一般在 95%～97%。活性污泥要取得较好的气浮效果，污泥池内停留时间应不小于 20min。

（4）投加混凝剂量为污泥干重的 2%～3%，混凝反应时间一般不小于 5～10min，助凝剂的投加点一般在回流与进泥的混合点处。池容按 2h 进行校核。

（5）利用出水堰板调节浮渣厚度，一般控制在 0.15～0.3m。刮渣机运行速度一般采用 0.5m/min。

（三）气浮浓缩的设计计算[6]

气浮浓缩池的设计主要包括气浮浓缩池所需气浮面积、深度、空气量、溶气罐压力等。

1. 溶气比的确定

气浮时有效空气重量与污泥中固体物重量之比称为溶气比或气固比，用$\frac{A_a}{S}$表示。

无回流时，用全部污泥加压

$$\frac{A_a}{S}=\frac{S_a(fP-1)}{C_0} \tag{2-11-27}$$

有回流时，用回流水加压

$$\frac{A_a}{S}=\frac{S_aR(fP-1)}{C_0} \tag{2-11-28}$$

式中，$\frac{A_a}{S}$为溶气比，即气浮时需要的空气重量，mg/mg。一般在 0.005～0.04 之间。常在 0.03～0.04 之间取值。溶气比可由试验确定，$S=Q_0C_0$；Q_0 为污泥入流量，L/h；A_a 为所需空气量，mg/h；S_a 为 1 标准大气压下水中空气饱和溶解度，mg/L；P 为溶气罐的压力，一般在 0.2～0.4MPa，在进行计算是应以 2～4kgf/cm^2 代入；R 为回流比，等于加压溶气水流量与入流污泥流量的体积比，一般取 1.0～3.0；f 为回流加压水的空气饱和度，%，一般为 50%～80%；C_0 为入流污泥初始固体浓度，mg/L。

2. 气浮浓缩池表面水力负荷

气浮浓缩池的表面水力负荷 q 可参考表 2-11-5 选用。

3. 回流比 R 的确定

如果有回流，在溶气比确定以后可以根据（2-11-28）计算确定。

4. 气浮浓缩池的表面积

无回流时

$$A=\frac{Q_0}{q} \tag{2-11-29}$$

表 2-11-5 气浮浓缩池水力负荷、固体负荷

<table>
<tr><th rowspan="2">污泥种类</th><th rowspan="2">入流污泥含固量/%</th><th colspan="2">表面水力负荷/[kg/(m²·h)]</th><th rowspan="2">表面固体浓度/%</th><th rowspan="2">气浮污泥固体/%</th></tr>
<tr><th>有回流</th><th>无回流</th></tr>
<tr><td>活性污泥混合液</td><td><0.5</td><td rowspan="5">1.0～3.6</td><td rowspan="5">0.5～1.8</td><td>1.04～3.12</td><td rowspan="5">3～6</td></tr>
<tr><td>剩余活性污泥</td><td><0.5</td><td>2.08～4.17</td></tr>
<tr><td>纯氧曝气剩余活性污泥</td><td><0.5</td><td>2.50～6.25</td></tr>
<tr><td>初沉污泥与剩余活性污泥的混合污泥</td><td>1～3</td><td>4.17～8.34</td></tr>
<tr><td>初次沉淀污泥</td><td>2～4</td><td><10.8</td></tr>
</table>

有回流时

$$A=\frac{Q_0(R+1)}{q} \tag{2-11-30}$$

式中，A 为气浮浓缩池表面积，m^2；q 为气浮浓缩池的表面水力负荷，见表 2-11-5，$m^3/(m^2 \cdot d)$ 或 $m^3/(m^2 \cdot h)$；Q_0 为入流污泥量，m^3/d 或 m^3/h。

表面积 A 求出后，需要校核固体负荷，看能否满足要求。如不能满足，则应采用固体负荷求得的面积。

三、离心浓缩

（一）离心浓缩工艺原理及过程

离心浓缩的动力是离心力。对于不易重力浓缩的活性污泥，离心机可借其强大的离心力，使之浓缩。活性污泥的含固率在0.5%左右时，经离心浓缩，可增至6%。

离心浓缩过程封闭在离心机内进行，因而一般不会产生恶臭。对于富磷污泥，用离心浓缩可避免磷的二次释放，提高废水处理系统总的除磷率。脱水离心机和浓缩离心机的原理和形式基本一样。

（二）离心浓缩设计

设计离心浓缩时需考虑的问题如下。

无格栅和除砂或除砂不充分时，离心机进料前需设置粉碎机，避免堵塞；贮泥池内通常设置搅拌机，使污泥尽量保持一致性。

离心机停机时，对离心机进行冲洗；定期采用温水对离心机上的油脂进行冲洗。

如果浓缩的固体来自厌氧消化池，则考虑形成鸟粪石的问题。

污泥采用离心浓缩具体设计参数见表 2-11-6。

表 2-11-6 污泥离心浓缩运行参数

<table>
<tr><th>污泥类型</th><th>入流污泥含固量/%</th><th>排泥含固量/%</th><th>高分子聚合物投加量/(g/kg 干污泥)</th><th>固体物质回收率/%</th><th>类型</th></tr>
<tr><td>剩余活性污泥</td><td>0.5～1.5</td><td>8～10</td><td>0;0.5～1.5</td><td>85～90;90～95</td><td rowspan="4">轴筒式</td></tr>
<tr><td>厌氧消化污泥</td><td>1～3</td><td>8～10</td><td>0;0.5～1.5</td><td>85～90;90～95</td></tr>
<tr><td>普通生物滤池污泥</td><td>2～3</td><td>8～9;9～10</td><td>0;0.75～1.5</td><td>90～95;95～97</td></tr>
<tr><td>混合污泥</td><td>2～3</td><td>7～9</td><td>0.75～1.5</td><td>94～97</td></tr>
<tr><td>剩余活性污泥</td><td>0.75～1.0</td><td>5.0～5.5</td><td>0</td><td>90</td><td>转盘式</td></tr>
</table>

第三节 污泥消化

一、好氧消化

(一) 好氧消化原理[6]

好氧消化法是在延时曝气活性污泥法的基础上发展起来的，所以类似活性污泥法，污泥量不大时一般可采用好氧消化。通过好氧消化，微生物机体的可生物降解部分（约占MLVSS的80%）可被氧化去除，消化程度高，剩余消化污泥量少。

好氧消化一般都在曝气池中进行，曝气时间长达10～20d左右，依靠有机物的好氧代谢和微生物的内源代谢稳定污泥中的有机组成。氧化率根据负荷不同可以达40%～70%。通过处理可以产生CO_2和H_2O以及NO_3^-、SO_4^{2-}、PO_4^{3-}等。好氧消化包含有完全的生物链和复杂的生物群，反应速率快，一般只需15～20d即可减少挥发物40%～50%。

好氧消化主要有两个阶段组成：一是生物能降解物质的直接氧化；二是微生物的内源呼吸阶段。这两个阶段可以由下式表示：

$$\text{有机物质}+NH_4^+ +O_2 \longrightarrow \text{细胞质}+CO_2+H_2O \tag{2-11-31}$$

$$\text{细胞质}+O_2 \longrightarrow \text{消化污泥}+CO_2+H_2O+NO_3^- \tag{2-11-32}$$

通常人们采用$C_5H_7NO_2$来表示微生物的内源呼吸。污泥好氧消化处于内源呼吸阶段时，细胞质反应方程式如下：

$$\underset{113}{C_5H_7NO_2}+\underset{224}{7O_2}\longrightarrow 5CO_2+3H_2O+H^+ +NO_3^- \tag{2-11-33}$$

氧化1kg细胞质需氧224/113约等于2kg。在好氧消化中，氨氮被氧化为NO_3^-，pH值将降低，为了维持微生物的正常活动，必须要有足够的碱度来调节，一般控制pH在7左右。同时池内溶解氧不得低于2mg/L，并使污泥保持悬浮状态，因此必须要有足够的搅拌强度，污泥的含水率必须在95%左右，这样有利于搅拌。

(二) 好氧消化的影响因素

影响好氧消化的因素主要有：特定污泥品种（类型）和特性、污泥的氧化速率、污泥泥龄、温度、pH值、污泥负荷率、需氧量。

1. 温度

污泥好氧消化受温度影响较大。温度不同，污泥中占优势的好氧菌群就不同，反应速率也不同。污泥好氧消化池中的有机物容积负荷越高，污泥消化反应速率也越高。操作温度是影响污泥好氧消化处理效果的重要因素，细菌依生长温度可以分三大类：低温（cryophilic zone）<10℃；中温（mesophilic zone）10～42℃；高温（thermophilic zone）>42℃。一般而言，好氧消化大多操作在中温范围内。

反应常数k_d影响污泥的好氧过程，污泥龄和温度对反应常数k_d又具有较大的影响。一般而言，反应常数k_d与活性污泥系统中产生的污泥性质无关，而与污泥龄θ_c有关，Godman等经过研究提出一个比较保守的关系式

$$k_{d(20)}=0.48\theta_c^{-0.415} \tag{2-11-34}$$

根据（2-11-34）式可以看出：污泥龄越长，k_d受其影响越小。因此对于寒冷地区的好氧消化，由于污泥龄较长，为了计算方便，可以忽略污泥龄的影响。

关于k_d和温度T的关系，Eekenelder等建议采用下列关系式：

$$k_{d(T)}=k_{d(20)}\theta^{(T-20)} \tag{2-11-35}$$

式(2-11-35) 中，θ 为温度系数（1.02～1.11）。当温度超过 20℃时，上式不再适用。因此，要想获得 k_d 与 T 精确关系，需进行试验研究。

总的来说，当温度低于 20℃时，k_d 对温度较敏感，当温度高于 20℃时，情况比较复杂，但敏感程度有所下降，所以在实际使用当中，当温度高于 20℃时，有时可忽略温度的影响。

2. pH 值

pH 值对延时曝气法的污泥影响较大，而对高负荷的传统活性污泥法的污泥影响较小，调整 pH 值到适当的范围，有利于污泥的好氧消化。由于污泥好氧消化时间较长，一般 20d 左右，这样就为世代时间较长的硝化细菌提供了生长条件，所以在好氧消化池内同时并存着两种反应：

好氧消化 $$C_5H_7NO_2+O_2 \longrightarrow CO_2+NH_4^++H_2O+\text{能量} \tag{2-11-36}$$

硝化作用 $$NH_4^++O_2+HCO_3^- \longrightarrow NO_3^-+H_2O+H_2CO_3 \tag{2-11-37}$$

在上述两个反应过程中，含氮有机物的氨化作用会引起 pH 值上升，而硝化作用又会导致 pH 值下降。

3. 其他

污泥的搅拌对污泥消化池效率影响较大，选用合适的搅拌设备可以提高好氧微生物的降解能力，提高氧的利用率，大大缩短了有机物稳定需要的时间。此外，污泥中的有毒有害物质也会影响污泥好氧消化的效率。

(三) 污泥好氧消化的工艺类型

污泥好氧消化主要的工艺类型有传统污泥好氧消化工艺（conventional-aerobic digestion，简称 CAD)、缺氧/好氧消化工艺（anoxic-aerobic digestion，简称 AAD)、自动升温好氧消化工艺（autoheated thermophilic aerobic digestion，简称 ATAD)。

1. CAD 工艺

CAD 工艺主要是通过曝气使微生物在进入内源呼吸期进行自身氧化，从而使污泥减量。传统好氧消化池的构造及设备与传统活性污泥法的相似，但污泥停留时间很长，其常用的工艺流程见图 2-11-9。

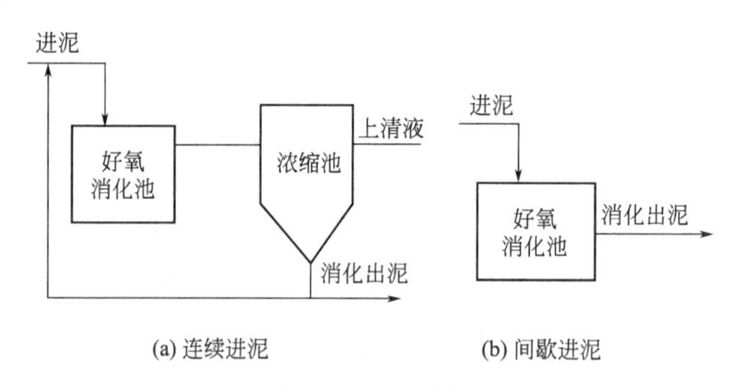

图 2-11-9 传统污泥好氧消化工艺流程

运行经验表明，CAD 消化池内的污泥停留时间和污泥浓度与污泥来源有关。在温度为 20℃时，如果消化池进泥为剩余污泥，则污泥浓度为 $(1.25\sim1.75)\times10^4$mg/L，SRT 为12～15d；如果进泥为初沉污泥和剩余污泥的混合泥，则污泥浓度为 $(1.5\sim2.5)\times10^4$mg/L，SRT 为 18～22d；如果仅是初沉污泥，则污泥浓度为 $(3\sim4)\times10^4$mg/L，需要较长的停留时间。

2. AAD 工艺

该工艺是针对 CAD 需投添加化学药剂（如石灰等）来调节 pH 值这一缺点而提出的，

主要是在 CAD 工艺的前端加一段缺氧区。另外，在 AAD 工艺中 NO_3^- 替代 O_2 作最终电子受体，使得耗氧量比 CAD 工艺节省了 18%（仅为 1.63kgO_2/kgMLVSS）。AAD 工艺常见流程见图 2-11-10。

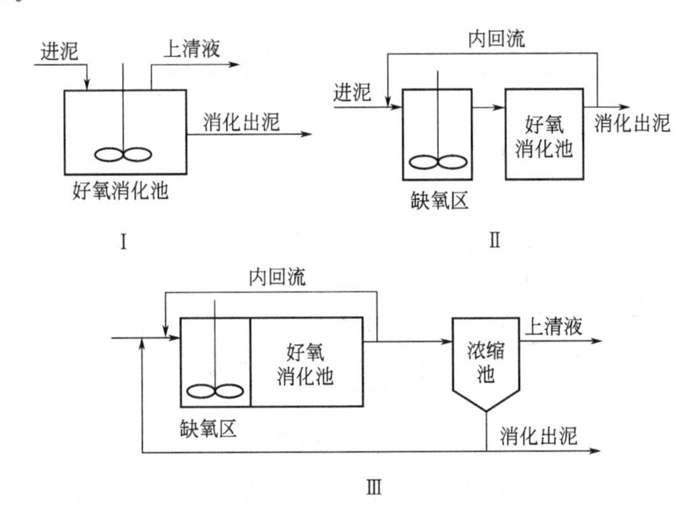

图 2-11-10 缺氧-好氧消化工艺流程

图 2-11-10 中工艺Ⅰ采用间歇进泥，通过间歇曝气产生好氧和缺氧期，并在缺氧期进行搅拌而使污泥处于悬浮状态以促使污泥发生充分的反硝化。工艺Ⅱ、工艺Ⅲ为连续进泥且需要进行硝化液回流，工艺Ⅲ的污泥经浓缩后部分回流至缺氧消化池。

3. ATAD 工艺

ATAD 工艺是自动升温好氧消化或高温好氧消化工艺，主要利用活性污泥微生物自身氧化分解释放出的热量（14.63kJ/gCOD）来提高好氧消化反应器的温度。ATAD 消化池一般由两个或多个反应器串联而成（见图 2-11-11），反应器内加搅拌设备并设排气孔，其操作比较灵活，可根据进泥负荷采取序批式或半连续流的进泥方式，反应器内的溶解氧浓度一般应控制在 1.0mg/L 左右。消化和升温主要发生（60%）在第一个反应器内，其温度为 35～55℃，pH≥7.2；第二个反应器温度为 50～65℃，pH≈8.0。

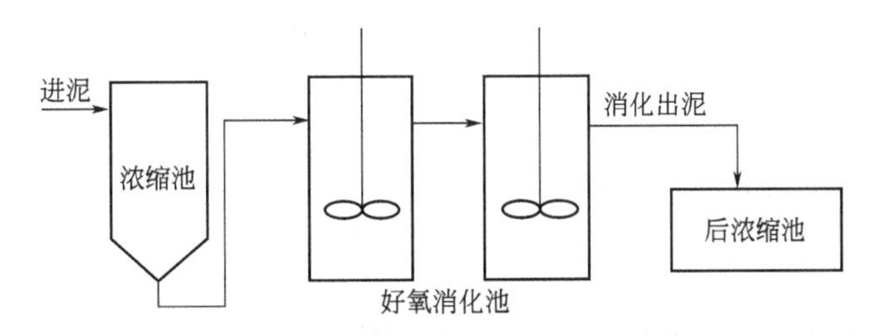

图 2-11-11 ATAD 工艺流程

（四）好氧消化设计

好氧消化池的基本池形可分为圆柱形池和分格式矩形池两种。矩形池有效水深 3～5m，长与水深比取 1～2，超高（防泡）0.9～1.2m。

在对污泥好氧消化设备设计时，应考虑槽体数量、形状、曝气及混合设备以及管线配置和仪控的要求等。槽体的设计数量应在 2 个以上（清理、维修或批式操作），形状可以选矩形或圆形。底部的斜率应在 1/12～1/4 之间，有效水深取 3～7.5m，液面以上池的高度应控制在 0.45～1.2m 之间。在设计时还应考虑到曝气设备和混合设备问题，曝气及混合设备的形式有散气曝气、表面曝气、沉水曝气、喷射曝气等。

好氧消化池的构造与完全混合式活性污泥法曝气池相似，见图 2-11-12[7]。

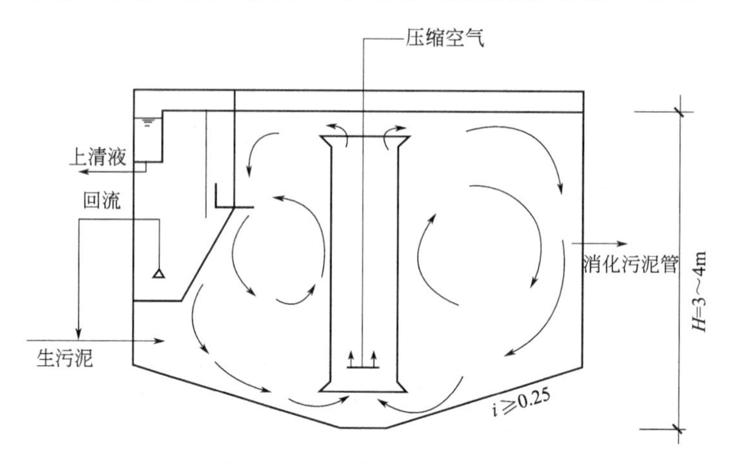

图 2-11-12 好氧消化池的工艺

好氧消化池主要构造包括好氧消化室（进行污泥消化），泥液分离室（污泥沉淀回流并把上清液排除），消化污泥排除管和曝气系统（由压缩空气管、中心导流筒组成，提供氧气并起搅拌的作用）。

消化池底坡度不小于 0.25，水深决定于鼓风机的风压，一般小于 3～4m。由于污泥的好氧消化过程中，微生物处于内源吸收阶段，所以反应速度与生物量遵循一级反应式。目前最常用的模型是 Adams 等建议采用的模型。在该模型中，假定消化期间下降的仅是污泥的挥发性悬浮固体的含量，不发生固体性的或者非挥发性固体的破坏。

$$\frac{d(S_0-S)}{dt}=k_d S \tag{2-11-38}$$

式中，S_0 为进水中 MLVSS 浓度，kg/m^3；S 为在时间 t 时的 MLVSS 浓度，kg/m^3；k_d 为反应常数。

好氧消化池采用连续搅拌，污泥池内完全混合，所以单位时间内进入池内的挥发性固体减去单位时间内出池的挥发性固体等于池内挥发性固体的去除量（稳态），即

$$(QS_0-QS)/V=\frac{d(S_0-S)}{dt}=k_d S \tag{2-11-39}$$

式中，Q 为污泥流量，m^3/h；V 为消化池容积，m^3。

上式变形后可以得到消化时间的公式：

$$t=(S_0-S)/k_d S \tag{2-11-40}$$

$$t=V/Q \tag{2-11-41}$$

如果 MLVSS 中存在不可生物降解成分 S_n，则

$$t=\frac{S_0-S}{k_d(S-S_n)} \tag{2-11-42}$$

此外，还可以采用好氧消化活性微生物体和总悬浮固体来设计。所谓活性微生物就是总悬浮固体中具有活性的那部分，既包括挥发性固体成分，又包括非挥发性固体成分。所以根据物料平衡可以得出下列关系式：

$$k'_d t[DaS'_0]=aS'_0-DaS'_0 \tag{2-11-43}$$

式中，k'_d 为活性生物体可降解部分的衰减速率；D 为出水中可降解的活性微生物占进水中可降解的活性微生物比例；a 为总悬浮固体中可降解微生物分数；S'_0 为进水的总悬浮固体

浓度，kg/m³。

通过整理上式可得下列公式

$$k'_{d}t=(1-D)/D \quad (2\text{-}11\text{-}44)$$

根据物料平衡可以推出

$$D=\frac{S'_0-S'_e}{aS'_0} \quad (2\text{-}11\text{-}45)$$

式中，S'_e为出水的总悬浮固体浓度，kg/m³。

$$t=\frac{S'_0-S'_e}{k'_dDaS'_0} \quad (2\text{-}11\text{-}46)$$

从方程（2-11-46）可以看出，微生物体的生理状态不但影响消化时间的计算，而且也影响消化池的体积的计算。由于生物细胞大约有77%是可以降解的，所以上式修正为：

$$t=\frac{S'_0-S'_e}{0.77k'_dD\lambda S'_0} \quad (2\text{-}11\text{-}47)$$

式中，λ为悬浮固体的活性分数。

上述公式仅仅是相对剩余污泥而言的，当污泥是一级污泥和剩余污泥的混合体时，公式修正为

$$t=\frac{S'_0+Y_TS_a-S'}{k'_d(0.11D\gamma S_0)} \quad (2\text{-}11\text{-}48)$$

式中，Y_T为表示一级污泥所含有机物的实际产率系数；$S_a=Q_PS_0/(Q_A+Q_P)$为消化池投配中的一级污泥的最终BOD，kg/m³；S_0为一级污泥的最终BOD，kg/m³；Q_P为一级污泥流量，m³/h；Q_A为剩余污泥流量，m³/h。

上式是在假定一级污泥的存在并不导致新微生物体的合成，而是通过提供外部食源减缓了细胞物质的破坏速率推导得到的。

在实际设计中，人们一般都使用式(2-11-44）来计算，在实际应用中误差不大。好氧消化池常用设计参数见表2-11-7。

表2-11-7 好氧消化池设计参数

序号	设计参数	数值
1	污泥停留时间/d 活性污泥 初沉污泥、初沉污泥与活性污泥混合	 10～15 15～20
2	有机负荷/[kgMLVSS/(m³·d)]	0.38～2.24
3	空气需氧量(鼓风曝气)/[m³/(m³·min)] 活性污泥 初沉污泥、初沉污泥与活性污泥混合	 0.02～0.04 >0.06
4	机械曝气所需功率/[kW/(m³·池)]	0.02～0.04
5	最低溶解氧/(mg/L)	2
6	温度/℃	>15
7	挥发性固体去除率/%	50左右

好氧消化所需空气量见表2-11-8。

一般而言，在工程设计中，以满足搅拌混合所需空气量计算。污泥碳化需氧量计算：

$$C_5H_7NO_2+5O_2 \longrightarrow 5CO_2+2H_2O+NH_3 \quad (2\text{-}11\text{-}49)$$

表 2-11-8 好氧消化空气需氧量

序号	项目	空气需氧量(鼓风曝气)/[$m^3/(m^3 \cdot min)$]
1	满足细胞物质自身氧化需氧量 活性污泥 初次沉淀污泥与活性污泥混合时	 0.015～0.02 0.025～0.03
2	满足搅拌混合需氧量 活性污泥 初次沉淀污泥与活性污泥混合时	 0.02～0.04 ≥0.06

每去除 1g 挥发性固体需氧气量 1.42g。

$$Q_c = 1.42 Q_s R M_s / 10^6 \tag{2-11-50}$$

式中，Q_c 为碳化需氧量，kg/d；Q_s 为污泥进流量，L/d；R 为挥发性固体的去除比例，%；M_s 为污泥中挥发性固体浓度，mg/L。

污泥消化总需氧量计算：

$$C_5H_7NO_2 + 7O_2 \longrightarrow 5CO_2 + 3H_2O + NO_3^- + H^+ \tag{2-11-51}$$

每去除 1g 挥发性固体需氧气量 1.98g。

$$Q_T = 1.98 Q_s R M_s / 10^6 \tag{2-11-52}$$

式中，Q_T 为总需氧量（kg/d）。

二、厌氧消化

（一）厌氧消化原理

有机物在厌氧条件下消化降解的过程一般可分为两个阶段，即酸性发酵和碱性发酵阶段。在酸性发酵阶段，含碳有机物被水解成单糖，蛋白质被水解成肽和氨基酸，脂肪水解成甘油和脂肪酸。水解的最终产物包括丁酸、丙酸、乙酸、甲酸等有机酸以及醇、氨、CO_2、硫化物、氢和能量，同时为下阶段的碱性发酵做准备。在碱性发酵阶段，甲烷细菌进一步分解前一阶段的代谢产物，形成沼气，其主要成分是甲烷和二氧化碳。

1979 年，伯力特（Bryant）等根据微生物的生理种群，提出了厌氧消化三阶段理论，是当前较为公认的理论模式。三阶段消化突出了产氢产乙酸细菌的作用，并把其独立地划分为一个阶段。

（二）厌氧消化的影响因素

1. 温度

温度是影响消化的主要因素，温度适宜时，细菌活力高，有机物分解完全，产气量大。甲烷菌对温度的适应性可以分为两类，即中温甲烷菌（适应温度区为 30～37℃）、高温甲烷菌（适应温度区为 50～56℃）。利用中温甲烷菌进行厌氧消化处理的系统叫中温消化系统，利用高温甲烷菌进行消化处理的系统叫高温消化系统。中温或高温厌氧消化允许的温度变化范围为±(1.5～2.0)℃。当有±3℃的变化时，就会抑制消化速率，有±5℃的急剧变化时，就会突然停止产气，使有机酸大量积累而破坏厌氧消化。所以一个好的设计应避免使消化池内温度变化大于 0.5℃/d，温度变化必须控制在 1℃/d 以下。

消化温度与消化时间及产气量的关系见表 2-11-9。

2. 污泥投配率[8]

污泥投配率是指每日加入消化池的新鲜污泥体积与消化池体积的比率（%）。投配率是消化池设计的重要参数，投配率过高，消化池内脂肪酸可能积累，导致 pH 下降，有机物的

表 2-11-9　不同消化温度与时间的产气量

消化温度/℃	10	15	20	25	30
通常采用的消化时间/d	90	60	45	30	27
有机物的产气量/(mL/g)	450	530	610	710	760

分解程度减少，甲烷细菌生长受到抑制，污泥消化不完全，产气量下降，但所需消化池的容积小；投配率减小，污泥中有机物分解程度高，产气量增加，但所需要的消化池容积大，基建费用增加。

根据运行经验，中温消化的生污泥投配率以5%～8%为好，相应的消化时间为$\frac{1}{5\%}=20d\sim\frac{1}{8\%}=12.5d$。设计时生污泥投配率可在5%～12%之间选用，要求产气量多，采用下限；如以处理污泥为主采用上限。

3. pH 值

消化池中pH值的降低（如消化池负荷过高，导致产酸量增加）抑制甲烷的形成。在消化系统中，应保持碱度在2000mg/L以上，使其有足够的缓冲能力，可以有效地防止pH值的下降，如考虑提供外加化学物质（如石灰、碳酸氢钠或碳酸钠）来中和不正常消化中过量的酸。在消化系统管理时，应经常测定碱度。同时还可以合理设计搅拌、加热和进料系统，对于减少pH值对消化的影响也是很重要的。

水解和发酵菌及产氢产乙酸菌对pH值适应范围大致为5～6.5，而甲烷菌对pH的适应范围为6.6～7.5之间。在消化池系统中，如果水解发酵阶段与产酸阶段的反应速率超过甲烷阶段，则pH会降低，影响甲烷菌的生活环境。

4. 碳氮比

碳氮比太高，含氮量不足，消化液缓冲能力低，pH值容易降低。碳氮比太低，含氮量过多，pH值可能上升到8.0以上，脂肪酸的铵盐会积累，使有机物分解受到抑制。

污泥厌氧消化中细菌生长所需营养由污泥提供，一般而言C/N值大约为（10～20）∶1为宜。

5. 搅拌和混合[8]

充分均匀的搅拌是污泥消化池稳定运行的关键因素之一。厌氧消化的搅拌不仅能使投入的生污泥与熟污泥均匀接触，加速热传导，把生化反应产生的甲烷和硫化氢等阻碍厌氧菌活性的气体赶出来，也起到粉碎污泥块和消化池液面上的浮渣层的作用。搅拌对产气量的影响见表2-11-10。

表 2-11-10　搅拌对产气量的影响

投配率/%		2	3	4	5	6	7	8	9	10	11
产气量/(m^3/m^3)	搅拌	29.7	20.3	17.4	14.8	14.0	12.1	10.7	9.9	8.5	7.9
	不搅拌	18.6	13.9	11.6	10.2	9.2	8.7	8.2	7.8	7.3	7.0

(三) 厌氧消化池池型及构造

污泥消化池基本池型主要有圆柱体形和蛋形等。

圆柱形：由中部柱体（径高比为1）和上下锥体组成；下部坡度为1.0～1.7；顶部为0.6～1.0。

蛋形：蛋形是传统型的改进型。厌氧消化池的构造采用水密、气密、抗腐蚀良好的钢筋混凝土结构，主要包括污泥的投配、排泥及溢流系统，沼气的排除、收集与贮气设备，搅拌设备及加温设备等。其结构示意如图 2-11-13 所示。

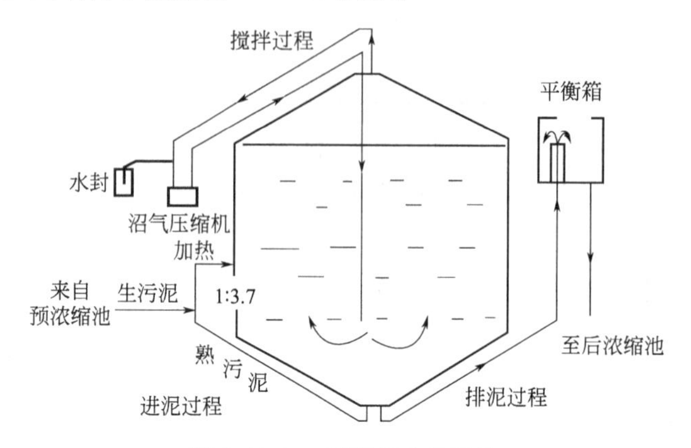

图 2-11-13 厌氧消化池结构

(四) 厌氧消化池设计[7]

1. 消化池容积和数量

一般设两座消化池。小型池容 $2500m^3$/座，中型池容 $5000m^3$/座左右，大型池容大于 $5000m^3$/座。消化池设计包括：确定运行温度与负荷、计算有效池容、确定池子构造、计算产气量及贮气罐容积、热力计算、消化污泥的处置和污泥的应用。

消化池的容积有三种计算方法，即按污泥投配率计算，按消化池有机负荷计算及按消化时间计算。

(1) 按污泥投配率计算 表 2-11-11 是处理城市污泥时的负荷及其他参数。

表 2-11-11 城市污泥厌氧消化设计参数

参 数	传统消化池	高速消化池
挥发固体负荷/[kg/(m³·d)]	0.6～1.2	1.6～3.2
污泥固体停留时间/d	30～60	10～20
污泥固体投配率/%	2～4	5～10

$$V=\frac{V'}{P} \tag{2-11-53}$$

式中，V 为消化池的计算容积，m^3；V'为每日投入消化池的新鲜污泥体积，m^3；P 为污泥投配率，%，中温消化用 5%～8%，高温消化可用 10%～16%（含水率低用下限，含水率高用上限）。

(2) 按消化时间计算

$$V=Qt$$

$$V_0=V/n \tag{2-11-54}$$

式中，Q 为投入到一级或二级池的污泥量，m^3/d；t 为一级或二级池的停留时间，d；V_0 为每座消化池的有效容积，m^3；n 为消化池的个数。

采用此公式计算时，消化池应设有上清液的排除设施。所排的熟污泥含水率较低，一般为 92%左右，加上有机物的气化与液化，因此排出的熟污泥约为新鲜污泥的 1/4。对于二级处理厂，消化池容积应相应增加，生物滤池按上述方法计算的消化池容积应增加 30%。

(3) 按有机物负荷计算 消化池单位池容每日分解有机物的数量称为消化池的有机物负

荷，以 N_m 表示，kg/(m³·d)；

$$V=\frac{S_v}{N_m} \tag{2-11-55}$$

式中，V 为消化池的计算容积，m³；S_v 为污泥中有机物重量，kg/d；N_m 为污泥的有机物负荷 kg/(m³·d)；

污泥中有机物重量计算如下。

生活污水的初次沉淀污泥

$$S_v=\frac{Nag}{1000} \tag{2-11-56}$$

式中，N 为设计人口数；g 为每人每天排出的干物质重量，g/(d·人)；a 为污泥干物质中有机物含量，%。

城市污水（生活污水和工业废水的混合）可按人口当量来计算：

$$S_v=\frac{ag}{1000}\times\frac{Q}{q} \tag{2-11-57}$$

式中，Q 为污水量，L/d；q 为当量系数，L/(d·人)，取 60～150；a 为污泥干物质中有机物含量,%；消化池的有机物负荷对于中温消化池一般 $N_m=1.8\sim2.4$kg/(m³·d)。

2. 消化池总高度

$$H=h_1+h_2+h_3+h_4 \tag{2-11-58}$$

式中，H 为消化池总高度，m；h_1 为消化池池顶圆截锥部分高度，m；h_2 为消化池圆柱高度，m；h_3 为消化池池底圆截锥部分高度，m；h_4 为集气罩安全保护高度，m。

$$h_1=\left(\frac{D}{2}-\frac{d_1}{2}\right)\tan\alpha \tag{2-11-59}$$

式中，D 为消化池直径，m；d_1 为集气罩的直径，m；α 为消化池池顶倾角，(°)。

$$V_1=\frac{1}{3}\pi h_1(R^2+Rr_1+r_1^2) \tag{2-11-60}$$

式中，V_1 为消化池池顶圆锥部分体积，m³；R 为消化池半径，m；r_1 为集气罩的半径，m。

$$h_3=\left(\frac{D}{2}-\frac{d_2}{2}\right)\tan\alpha_1 \tag{2-11-61}$$

式中，d_2 为池底直径，m；α_1 为消化池池底倾角，(°)。

$$V_3=\frac{1}{3}\pi h_3(R^2+Rr_2+r_2^2) \tag{2-11-62}$$

式中，V_3 为消化池池底圆锥部分体积，m³；R 为消化池半径，m；r_2 为集气罩的半径，m。

$$V_2=V_0-V_3-V_1 \tag{2-11-63}$$

式中，V_0 为消化池单池容积，m³；V_2 为消化池圆柱部分体积，m³。

$$h_2=\frac{4V_2}{\pi D^2} \tag{2-11-64}$$

式中，D 为消化池直径，m。

3. 加温设备及计算

为了维持消化池的消化温度（中温或高温），使消化能有效地进行，必须对消化池进行加热。加热的方法有两种：一种是池内加热，一种是池外间接加热。由于池内加热存在诸多的缺点，目前已很少使用，一般多采用池外加热。

池外间接加热所需总耗热量为：

$$Q_{max}=Q_1+Q_2+Q_3 \tag{2-11-65}$$

式中，Q_1 为生污泥的温度提高到消化温度的耗热量，kJ/h。

$$Q_1=\frac{V'}{24}(T_D-T_S)\times 4186.8 \tag{2-11-66}$$

式中，V'为每日投入消化池的生污泥量，m^3/d；T_D 为消化温度，℃；T_S 为生污泥原温度，℃，当用全年平均废水温度时，计算所得 Q_1 为全年平均耗热量；当用日平均最低的废水温度时，计算所得 Q_1 为最大耗热量；Q_2 为池内向外界散发的热量，即池体耗热量，kJ/h。

$$Q_2=\sum A_1K_1(T_D-T_A)\times 1.2 \tag{2-11-67}$$

式中，A_1 为池盖、池壁及池底散热面积，m^2；T_A 为池外介质（空气或土壤），当池外介质为大气时，计算全年平均耗热量，须按全年平均气温计算；K_1 为池盖、池壁、池底的传热系数，$kJ/(m^2 \cdot h \cdot ℃)$；Q_3 为管道、热交换器等耗热量，kJ/h。

$$Q_3=\sum A_2K_2(T_m-T_A)\times 1.2 \tag{2-11-68}$$

式中，A_2 为管道、热交换器的表面积，m^2；T_m 为锅炉出口和入口的热水温度平均值，或锅炉出口和池子入口蒸汽温度的平均值，℃；K_2 为管道、热交换器的传热系数，$kJ/(m^2 \cdot h \cdot ℃)$。

计算所需总耗热量，Q_1、Q_2、Q_3 一般都取最大值。

4. 沼气的收集与贮存设备

由于产气量和用气量常常不平衡，所以必须设贮气罐进行调节，贮存沼气罐按压力可分为低压浮盖式和高压球形罐两种。

贮气罐的容积一般按平均日产气量 25%～40%设计，即 6～10h 的平均产气量来计算，管内按 7～15m/s 计。消化池顶部的集气罩应有足够的容积，因沼气中含有 H_2S 和水分，具有腐蚀性，所以要作防腐处理。

沼气管的管径按日产气量选定，按高峰产气量校核，高峰产气量约为平均值的 1.5～3.0 倍，若采用沼气循环搅拌，则计算管径时应加循环气量，最小管径 100mm。平均气速 5m/s，最大气速 7～8m/s。

在沼气管道的适当位置应设水封罐，以便调整和稳定压力，排除冷凝水，在消化池、贮气柜、压缩机、锅炉房等构筑物间起隔绝作用。水封管的面积一般为进气管面积的 4 倍，水封高度为 1.5 倍沼气压头。

沼气的产量按分解的挥发性有机物计，一般为 750～1100L/kg（干），或当投入的污泥含水率为 96%时，沼气产量为污泥体积的 8～12 倍。

沼气管道气压损失按下式计算：

$$P'=\frac{9.8Q_g^2\gamma L}{C^2d^5} \tag{2-11-69}$$

式中，P'为沼气管道的气压损失，Pa；L 为管道的长度，m；d 为管径，cm；γ 为在温度为 0℃，压力为 0.1MPa 下气体的密度，kg/m^3，可取 0.85～1.25；Q_g 为相当于气体容重 $\gamma=0.6kg/m^3$ 时的气体流量，m^3/h；C 为摩擦系数，与管材及管径有关，可按表 2-11-12 选用。

$$Q_g=Q_1\sqrt{\frac{\gamma_1}{\gamma}} \tag{2-11-70}$$

式中，Q_1 为气体流量，m^3/h；γ_1 为容重，kg/m^3。

表 2-11-12　不同管径的 C 值

管径 d/cm	1.3	1.9	2.5	3.2	3.8	5.0	6.3	7.5	10.0	12.5	15.0	20.0
C	0.45	0.46	0.47	0.48	0.49	0.52	0.55	0.57	0.59	0.63	0.70	0.71

沼气柜容积可按 6～8h 的平均产气量计算，大型废水处理厂取小值，小型废水处理厂取大值。单级湿式贮气柜圆柱部分总高度 H(m) 按下式计算：

$$H=\frac{V}{0.785D_1^2} \tag{2-11-71}$$

式中，V 为沼气柜容积，m^3；D_1 为沼气柜平均直径，m。

贮气柜中的压力按下式计算：

$$P=\frac{0.124W}{D_1^2}\left[\frac{0.1636g_1(H-h_1)}{D_1^2H}+h_1(1.293-\gamma_1)\right] \tag{2-11-72}$$

式中，P 为沼气柜中的压力，MPa；W 为浮盖重量，kg；g_1 为浮盖伸入水中的柱体部分重量，kg；h_1 为气柜中气体柱高，m；γ_1 为气体容重，kg/m^3。

第四节　污 泥 脱 水

一、自然干化

(一) 自然干化原理

污泥经过自然或人工脱水后，含水率一般为 60%～80%，主要为污泥中的毛细水、吸附水和内部水。主要应用自然热能（太阳能）的干化过程称为自然干化，使用人工能源当热能的则称为污泥干燥以示区别于自然干化。

自然干化是将污泥摊置到由级配砂石铺垫的干化场上，通过蒸发、渗透和清液溢流等方式，实现脱水。由于自然干化主要利用太阳能，蒸发水分，所以投资低、成本低、干化效果好，但占地面积大，容易滋生蚊蝇、散发臭气。

(二) 自然干化的影响因素

干化场的脱水方式包括渗透、蒸发与撇除三种，前两种为主要的方式。污泥干化场是利用天然条件对污泥进行脱水和干化处理的构筑物，最常用的是带滤床的天然干化场。在人工滤层干化床上，污泥的自然干化主要经历自由水的重力脱除和泥饼蒸发风干两个阶段。污泥自然干化主要影响因素如下。

1. 气候

地区的气候条件包括降雨量、气温、蒸发量、相对湿度、风速和年冰冻期等，这些都会影响干化的脱水效果。气候条件在很大程度上影响污泥的自然干化。在日照时间长、气温、风速高、蒸发量大、降雨量小的地区，干化时间很短，适于采用干化床处理。

2. 污泥的性质

在相同的条件下，污泥的性质不同自然干化的程度也不同。含无机颗粒多的污泥容易干化，含油脂的污泥不易干化。污泥固体浓度高时，渗透和蒸发周期短。污泥的性质在很大程度上影响着干化场的负荷与占地面积。

污泥性质常用比阻 r、压缩性系数 s 等参数予以描述。污泥比阻 r 越小，污泥越容易经重力脱除水分；压缩性系数 s 越大，则污泥颗粒穿透与堵塞滤床的程度和可能性越小。

污泥性质同样影响到干化场合理的施（进）泥厚度。干化场的施泥厚度是设计和运行管理的关键性参数。在污泥比阻较高时，因自由水渗透困难，进泥厚度不宜太高。而进泥厚度太小时，干化泥饼太薄，清运困难。因此比阻大于 12×10^{13} m/kg 时，污泥直接用干化场处理困难。具体见表 2-11-13。

表 2-11-13 施泥厚度的选择

压缩系数 s	<0.7	>0.7			
比阻 r/(m/kg)	$<1\times10^{12}$	$<1\times10^{12}$	$1\times10^{12}\sim3\times10^{12}$	$3\times10^{12}\sim10^{13}$	$>10^{13}$
进泥厚度 D/m	≥0.95	0.46～0.95	≤0.46	≤0.31	

注：滤液 SS 过高不能直接排放。

施泥厚度不但影响干化床的运行负荷以及风干泥饼的含固率，还决定了每年的运行费用。消化污泥相对于其他污泥比较容易脱水，而初次沉淀污泥或经浓缩后的活性污泥，由于比阻较大，水分不易从稠密的污泥层中渗透出去，往往会形成沉淀，分离出上清液，在这种情况下，可以依靠蒸发和撇除进行脱水。

（三）自然干化类型及构造[7]

1. 类型

自然干化可分为晒砂场和干化场（床）两种。前者用于沉砂池沉渣的脱水；后者用于初次沉淀污泥、腐殖污泥、消化污泥、化学污泥及混合污泥等的脱水。晒砂场一般做成矩形，混凝土底板，四周有围堤或围墙。底板上设有排水管及一层厚 800mm，粒径 50～60mm 的砾石滤水层。沉砂经重力或提升排到晒砂场后，很容易晒干。渗出的水由排水管集中回流到沉砂池前与原废水合并处理。晒砂场面积根据每次排入晒砂场的沉砂厚度为 100～200mm 进行计算。

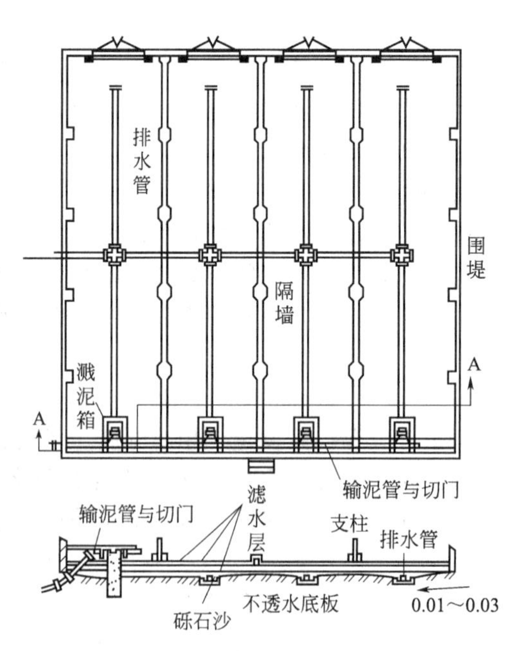

图 2-11-14 人工滤层干化场示意

污泥自然干化场是将污泥放在人工砂滤层上，利用太阳的热能和风的作用进行自然干化，同时一部分水通过砂滤层过滤而去除（图 2-11-14）。这个方法依靠渗透、蒸发与撇除等方式脱除水分，利用自然的力量进行的。干化场是污泥自然干化的主要构筑物。按滤水层的构造，干化场可分为自然滤层干化场（无人工排水滤层干化场）和人工滤层干化场两种。前者适合于自然土质渗透性能好，地下水位较低，渗透下去的废水不会污染地下水的地区，如我国的西北和西南地区。后者干化场的底板是人工不透水层，上铺滤水层，渗透下去的废水排入埋设在人工不透水层上的排水管，并送到处理厂重复处理。人工滤层干化场按有无顶盖分为敞开式干化场和覆盖式干化场（分固定盖式或活动盖式）两种。

2. 干化场的构造

人工滤层干化场铺有3层总厚度为30～50cm的砂砾或炉渣作为人工滤层，下部为粗粒层，上部最少应有10cm厚的细粒层，滤层表面成0.5%～1%的坡度，以利污泥流动，底部的中心部分则设置集水管及时排除渗滤水。

人工滤层干化场的平面图及剖面图见图2-11-14，它由不透水底板、滤层、排水系统、滤水层、布泥系统、隔墙与围堤以及泥饼的铲除与运输系统组成。

3. 干化场的设计

污泥干化场细部尺寸规定：围堤高度采用0.5～1.0m，顶宽采用0.5～0.7m；干化场块数不少于3块；宜用排出上层污泥水的设施。

干化场的设计应当综合考虑污泥类型、进泥的固体浓度、污泥的施用厚度、蒸发速率、采用的出泥方式及污泥的最终处置方式等因素，以确定对当地而言最优的设计负荷和操作方式。在干化场的设计中，主要是决定所需面积、分块数及冬季冰冻期的使用百分数。

干化场的面积根据干化场负荷计算。负荷的表示方法，国内外有所不同。国内采用干化场面积污泥负荷计算，即每年每单位面积干化场处理的污泥量［$m^3/(m^2 \cdot a)$或m（厚度）/a］。对于生活污泥，可采用服务区每人所需要的干化场面积确定干化场的总面积。

干化场面积可按下式计算：

$$A_s = k\frac{W}{h} \tag{2-11-73}$$

式中，A_s为所需干化场面积，m^2；W为每年的总污泥量，m^3/a；k为放大系数，一般取1.1～1.3；h为一年内排放在干化场上的污泥总厚度，m，其值与污泥性质、气候等因素有关。对于年平均气温为10℃，年平均降雨量为500mm的地区，h值可按表2-11-14所列数值选用。

表2-11-14　干化场上的年污泥层厚度

污泥的种类	干化床上的污泥层厚度h/m
初沉污泥和生物滤池后二沉池污泥	1.5
初沉污泥和活性污泥的混合污泥	1.5
消化污泥	5.0

同时可以参考国外的设计并进行校核，美国和英国在设计干化场时是按每人所需要的干化场面积来确定，按固体物负荷确定时：敞开式干化场为48.6～122kg/($m^2 \cdot a$)；覆盖式干化场58.5～195kg/($m^2 \cdot a$)。

为了使每次排入干化场的污泥有足够的干化时间，并能均匀地分布在干化场上以及铲除泥饼的方便，干化场的分块数量最好大致等于干化天数，如干化天数为8d，则分为8块，每次排泥用一块。每块干化场的宽度与铲泥饼的机械和方法有关，一般用6～10m。

二、真空过滤

(一) 影响因素

包括污泥的性质、真空度、转鼓浸没程度、转鼓转速、搅拌强度、滤布种类、污泥调质情况等。

1. 污泥性质的影响

污泥的性质（固体颗粒的大小和形状、化学成分、固体浓度、固体颗粒的压缩性、滤液和悬浮液的黏性等）在很大程度上对过滤性能有较大的影响。

2. 污泥贮存时间的影响

污泥的贮存时间越长，脱水性能越差，所以污泥在真空过滤前的预处理时间和存放时间应该尽量短。贮存时间和脱水性能的关系可以通过比阻或毛细吸水时间的变化来反映，如表2-11-15。

表 2-11-15 贮存时间与毛细吸水时间的关系

调　节	贮存时间/h	毛细吸水时间
氯化铁	0	37
	0.5	46
	21	133
聚合物	0	81
	0.5	173
	21	354

经氯化铁或聚合物调节后的污泥在贮存 21h 后，毛细吸水时间有大幅度的增加。

3. 真空度的影响

真空度是真空过滤的推动力。一般而言，真空度越高，过滤速度越高，同时滤饼厚度越大，含水率越低。真空度也不是越大越好，真空度过高容易造成过滤介质被堵塞与损坏，增加动力消耗和运行费用。

4. 过滤介质性能的影响

滤布的孔目大小决定污泥的颗粒大小和性质。网眼太小，容易堵塞，阻力大，固体回收率高，但是产率低，费用高；网眼太大，则效果差，因此需认真选择过滤介质。

5. 转鼓浸深及转速的影响

转鼓浸深及转速在很大程度上影响污泥的脱水效果。转鼓浸得浅，转鼓与污泥槽内的污泥接触时间短，滤饼较薄，含水率也较低；转鼓浸得深，过滤产率高，但滤饼含水率也高。转鼓的转速同样也影响污泥的过滤产率和滤饼的含水率，转速快，则周期短，滤饼含水率高，过滤产率也高；转速慢，滤饼含水率与产率低。

(二) 真空过滤设计

在设计时根据原污泥量、过滤产率来决定所需过滤面积与过滤机台数，所需过滤机面积：

$$A=\frac{Waf}{L} \tag{2-11-74}$$

式中，A 为过滤机面积，m^2；W 为原污泥干固体重量，$W=Q_0C_0$，kg/h；Q_0 为原污泥体积，m^3/h；C_0 为原污泥干固体浓度，kg/m^3；a 为安全系数，考虑污泥不均匀分布及滤布阻塞，常用 $a=1.15$；f 为助凝剂与混凝剂的投加量，以占污泥干固体重量百分数表示；L 为过滤产率，通过试验或相关公式计算。

三、压滤

压滤机按构造可分为两大类：带式压滤机和板框压滤机。

(一) 带式压滤机

1. 带式压滤机构造

带式压滤机有很多形式，但一般都分成以下四个工作区：重力脱水区、楔形脱水区、低压脱水区和高压脱水区。也有人把带式压滤机分成三个工作区，即低压脱水区和高压脱水区统称为压榨区。

2. 压榨脱水的影响因素

影响带式压滤机的因素主要有：污泥的预处理、压榨压力、滤布的移动速度、压榨时间。

3. 相关设计

滤带的速度 v 与物料在带式压滤机内的停留时间成反比。在对带式压滤机进行生产能力的计算时，可以采用反推法，即先算出设备的每小时湿泥饼产量，再折算成进料量（也可折算成干泥产量）。

下面的三个公式为其生产能力的理论计算方法。

滤饼的产量：

$$W_2=KbBmvr \tag{2-11-75}$$

式中，W_2 为滤饼的产量，t/h；K 为滤带的有效宽度系数，一般其值取0.85；b 为单位换算系数，为60；B 为滤带的宽度，m；m 为滤饼的厚度，m，一般取6～10mm（0.006～0.01m）；v 为滤带的速度，m/min；一般取3～6m/min；r 为湿泥饼密度，t/m^3，一般取1.03t/m^3。

污泥的处理量

$$W_1=[(100-P_2)/(100-P_1)]W_2 \tag{2-11-76}$$

式中，W_1 为进泥量，t/h；P_1 为进泥的含水率，%；P_2 为滤饼的含水率，%。

所需带式压滤机的数量

$$n=Q/W_1 \tag{2-11-77}$$

式中，Q 为污泥总量，t/h；W_1 为单台带式压滤机的处理能力，t/h。

(二) 板框压滤机

1. 板框压滤机构造

板框压滤机的构造简单，过滤推动力大，适用于各种污泥，但是不能连续运行。板框压滤机可以分为人工板框压滤机和自动板框压滤机两种。人工板框压滤机由于效率低等原因已经逐步淘汰，多数采用自动板框压滤机。自动板框压滤机有垂直与水平两种。

板框压滤机对物料的适应性强，比较适合于中小型污泥脱水处理的场合。

2. 压滤脱水设计与计算

压滤脱水的设计，主要根据污泥量、脱水泥饼浓度、压滤机工作制度、压滤压力等计算过滤产率，所需压滤机面积及台数。

过滤面积 A：板框压滤机容量大小即过滤面积 A 可以用下式来计算：

$$A=1000\left(1-\frac{w}{100}\right)\frac{Q}{V} \tag{2-11-78}$$

式中，A 为过滤面积，m^2；w 为污泥的含水率，%；Q 为污泥量，kg/h；V 为过滤速度，kg/(m^2·h)。

上式中计算过滤速度的时间包括了滤板、滤框关闭—污泥压入—过滤脱水—滤板、滤框开启—泥饼剥离—滤布洗净整个操作周期。板框压滤机的过滤速度一般为 2～4kg/(m^2·h)，过滤周期 1.5～4h。

压滤脱水与生产运行参数一般通过小型试验得出。实验室得出的滤饼厚度 d'，过滤面积 A'，压滤时间 t_f'，滤液体积 V'，过滤压力 P' 与生产用压滤机相应的数值 d、A、t_f、V、P 存在下列关系：

$$V=V'\left(\frac{d}{d'}\right),\ t_f=t_f'\left(\frac{d}{d'}\right)^2 \tag{2-11-79}$$

由于生产用压滤机的过滤压力为 P，所以过滤时间还需进行修正，经压力修正后的过滤时间用 t_{f_2} 表示：

$$t_{f_2}=t_f\left(\frac{P'}{P}\right)^{(1-S)}=t_f'\left(\frac{d}{d'}\right)^2\left(\frac{P'}{P}\right)^{(1-S)} \tag{2-11-80}$$

式中，t_{f_2} 为经压力修正后的压滤时间，min 或 h；S 为污泥的压缩系数，一般用 0.7。

四、离心脱水

(一) 离心脱水机的构造

离心脱水机主要由转鼓和带空心转轴的螺旋输送器组成。按分离因数 δ，离心机可以分为高速离心机（$\delta>3000$）、中速离心机（$\delta=1500\sim3000$）、低速离心机（$\delta=1000\sim1500$）；按几何形状不同可分为转筒式离心机（包括圆锥形、圆筒形、锥筒形三种）、盘式离心机、板式离心机等。

污泥脱水常用的是低速锥筒式离心机，构造示意见图 2-11-15。

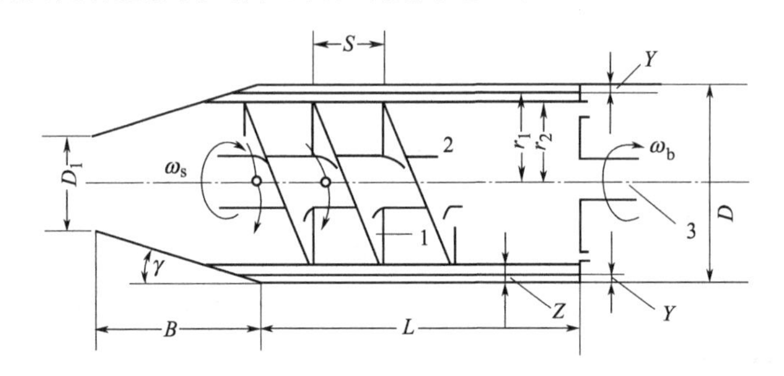

图 2-11-15 锥筒式离心机构造示意

1—螺旋输送器；2—锥筒；3—空心转轴；

L—转筒长度；B—锥长；Z—水池深度；S—螺矩；γ—锥角；ω_b—转筒旋转角速度；

ω_s—螺旋输送器旋转角速度；Y—泥饼厚度；D—转筒直径；r_2—水池表面半径；

r_1—转筒半径；D_1—锥口直径

离心脱水机的种类很多，最常用的卧式倾析离心机（又称卧式圆筒形倾析离心机）和碟片式离心机（又称分离板形离心机）。

卧式倾析离心机能连续供给，连续脱水，分离液和泥饼连续排出。碟片离心机比较适合两种液体的分离或含微细固体颗粒、一般离心机难以分离或需要进行三相分离的场合。

(二) 设计要点

离心脱水机一般采用有机高分子混凝剂。当污泥有机物含量高，选用离子度低的阳离子有机高分子混凝剂；反之，选用离子度高的阴离子有机高分子混凝剂。混凝剂的投加量可通过试验确定。

当为混合生污泥时，挥发性固体≤75%，其有机高分子混凝剂投加量为污泥干重的0.1%～0.5%，脱水后的污泥含水率可达75%～80%；当为混合消化污泥，挥发性固体≤60%，其有机高分子混凝剂投加量为污泥干重的0.25%～0.55%，脱水后的污泥含水率可达75%～85%。

须注意有机高分子混凝剂的投药点，当为阳离子型时，直接加入转鼓的液槽中；当为阴离子型时，可在进料管或提升的泥浆泵前。为便于实际操作，可在设计时多设几处投药点。

离心机的生产率、最佳工艺参数和操作参数，可根据进泥量及污泥性质，按设备说明书的资料采用。

(三) 设计计算

就目前而言，污泥离心脱水的设计主要有三种方法，即经验设计法、实验室离心试验法与按比例模拟试验法等。经验设计法主要根据现有的生产性运行经验与参数来计算。

离心机的离心力计算：污泥颗粒受到的作用力 F 为

$$F=m\omega^2 r=\frac{G}{g}\omega^2 r=\frac{\omega^2 r}{g}G \tag{2-11-81}$$

式中，F 为物体受到的离心力，N；m 为物体质量，kg；ω 为旋转角速度，s^{-1}；g 为重力加速度，$9.8m/s^2$；G 为重力，N；r 为旋转半径，m。

如果令 n 为污泥颗粒每分钟的转数，则：

$$\omega=\frac{2\pi n}{60} \tag{2-11-82}$$

把式(2-11-82)代入式(2-11-81)可以得到：

$$F=mr\left(\frac{2\pi n}{60}\right)^2 \tag{2-11-83}$$

离心分离操作是在离心力场中进行的，一般用分离因数表示其效果。所谓分离因数 δ 即离心力与重力之比。由上式(2-11-83)两边分别除以重力可得：

$$\delta=\frac{F}{G}\approx\frac{n^2 r}{900} \tag{2-11-84}$$

第五节　堆　　肥

堆肥[9～11]是指在一定条件下通过微生物的生化作用，将废弃物中的有机物分解、腐熟并转化为稳定腐殖土的过程。堆肥产品不含病原菌，不含杂草种子，而且无臭无蝇，可以安全处理和保存，是一种良好的土壤改良剂和有机肥料。

根据处理过程中起作用的微生物对氧气的要求不同，堆肥一般分为好氧堆肥和厌氧堆肥两种。好氧堆肥是在有氧情况下有机物料的分解过程，其代谢产物主要是二氧化碳、水和热，此过程速度快、堆肥温度高（一般为50～60℃）。厌氧堆肥是在无氧条件下有机物料的分解，厌氧分解最后的产物是甲烷、二氧化碳和许多低分子量的中间产物，如有机酸等，该过程堆肥速度较慢，堆肥时间是好氧堆肥法的3～4倍甚至更多。厌氧堆肥与好氧堆肥相比较，单位质量的有机质降解产生的能量较少，而且厌氧堆肥通常容易发出臭气，由于这些原因，几乎所有的堆肥工程系统都采用好氧堆肥。

此外，根据物料的状态，可分为静态和动态堆肥；根据堆肥过程的机械化程度，可分为露天堆肥和快速堆肥；根据堆肥技术的复杂程度，堆肥系统又可分为条垛式、强制通风静态垛式和反应器系统。条垛式的垛断面可以是梯形、三角形或不规则的四边形。

一、堆肥的基本原理

（一）好氧堆肥

1. 微生物的作用过程

好氧条件下进行堆肥，微生物的作用过程可分为三个阶段。

（1）发热阶段（主发酵前期，1～3d） 堆肥初期，主要由中温好氧的细菌和真菌，利用堆肥中最容易分解的可溶性物质（如淀粉、糖类等）迅速增殖，释放出热量，使堆肥温度不断升高。

（2）高温阶段（主发酵、一次发酵，3～8d） 堆肥温度上升到50℃以上称为高温阶段。由于淀粉、糖类等易分解物质被迅速氧化分解，同时消耗了大量的氧，造成了堆肥中局部出现厌氧环境，这样，好热性的微生物如纤维素分解氧化菌逐渐代替了中温微生物的活动，这时，堆肥中残留的或新形成的可溶性有机物继续被分解转化，一些复杂的有机物和纤维素、半纤维素等也开始得到强烈的分解。

由于各种好热性微生物的最适温度互不相同，因此，随着堆肥内温度的上升，好热性微生物也随之发生变化：在50℃左右，主要是嗜热性真菌、褐色嗜热性真菌、普通小单胞菌等。温度升到60℃时，真菌几乎完全停止活动，仅有嗜热性放线菌与细菌在继续活动，缓慢地分解有机物。温度升到70℃时，大多数嗜热性微生物已不适宜生存，相继大量死亡或进入休眠状态。

高温阶段对堆肥而言十分重要，主要表现在两个方面。①高温对快速腐熟起着重要作用，在此阶段中，堆肥内开始了腐殖质的形成过程，并开始出现能溶于弱碱的黑色物质。②高温有利于杀死病原性微生物。病原性微生物的失活取决于温度和接触时间。据研究，60～70℃维持3d，可使脊髓灰质炎病毒、病原细菌和蛔虫卵失活。根据我国长期的经验，一般认为，堆肥50～60℃，持续6～7d，可达到较好的杀灭虫卵和病原菌的效果。

（3）降温和腐熟保肥阶段（后发酵，二次发酵，20～30d） 经过高温阶段的主发酵，大部分易于分解或较易分解的有机物已得到分解，剩下的是木质素等较难分解的有机物以及新形成的腐殖质。这时，微生物活动减弱，产热量随之减少，温度逐渐降低，中温性微生物又逐渐成为优势种，残余物质进一步分解，腐殖质继续不断积累，堆肥进入腐熟阶段。腐熟阶段的主要问题是保存腐殖质和氮素等植物养料，充分的腐熟能大大提高堆肥的肥效与质量。

一般来说，堆肥中微生物相随温度变化而变化，因堆制材料不同而有较大差异。表2-11-16显示了以城市污水厂剩余污泥为材料的堆肥中微生物相的变化情况。

表2-11-16 污泥堆肥中微生物相的变化（微生物量：$\times 10^5$个/g干土）

菌类	堆制天数/d			旱田	水田
	0	30	60	(26d)	(21d)
好氧菌	801	192	113	233	292
厌氧菌	136	1.8	0.97	14.6	21.4
放线菌	10.2	5.5	3.7	47	27
真菌类	8.4	16.5	0.36	2.5	0.80
氨化细菌	34	240	44	—	—
氨氧化细菌	<43	14	0.37	—	—
亚硝酸氧化细菌	0.08	>0.003	0.003	0.7	0.0016
脱氮菌	1300	9900	200	1.44	2.86
好氧菌/放线菌	78.5	34.9	30	4.9	11.0

由表 2-11-16 可以看出，堆肥前污泥中占优势的微生物为细菌、真菌，而放线菌较少。在细菌的组成中，一个显著特征是厌氧菌和脱氮菌相当多，这与污泥中富含易分解有机物、水分多、常呈厌氧状态有关。经过一个月的堆肥后，细菌数量减少，好氧菌只是略有减少，而厌氧菌比原料污泥中减少了大约 99%，氨化细菌和脱氮菌有明显的增加。这说明污泥中的大量蛋白质变成了氨，经硝化后，又接着发生脱氮作用。此外，表 2-11-16 还表明，好氧菌数量与放线菌数量之比，可作为衡量系统内生物相稳定与否的一个指标。旱田、水田中好氧菌数与放线菌数之比分别为 5 和 10，与这两个值相近的值，可认为生物相达到了相当的稳定程度。堆置 60 天后好氧菌数与放线菌数之比为 30，说明在经过数十天，生物相就可达到一定的稳定状态。

对于好氧堆肥过程，生化反应的计量方程式一般采用下列通式：

$$C_sH_tN_uO_v \cdot aH_2O + bO_2 \longrightarrow C_wH_xN_yO_z \cdot cH_2O + dH_2O(气) + eH_2O(液) + fCO_2 + gNH_3 + 热量 \tag{2-11-85}$$

式中堆肥产品 $C_wH_xN_yO_z \cdot cH_2O$ 与堆肥原料 $C_sH_tN_uO_v \cdot aH_2O$ 之比为 0.3～0.5（这是氧化分解减量化的结果）。通常可取如下数值范围：$w=5\sim10$，$x=7\sim17$，$y=1$，$z=2\sim8$。

2. 好氧堆肥的影响因素

好氧堆肥反应通常自然发生，在复杂的堆肥原料中，多种微生物在适宜的条件下对有机物进行生物降解。影响堆肥生物降解过程的因素很多。

（1）通风作用 在机械堆肥生产系统里，要求至少有 30% 的氧渗入到堆料各部分，以满足微生物氧化分解有机物的需要。在反应过程的不同阶段，通风的作用也不同。微生物发酵初期通风是提供氧气；发酵中期起供氧、散热冷却作用，散热冷却通过装置向外排风时带走水分来实现，进而控制堆体达到适宜温度；发酵后期通风的目的在于降低堆肥的含水率。

堆肥所需要的通风量主要取决于堆肥原料有机物的含量、挥发度（%）、可降解系数等，在实际计算供氧所需风量时，可用下式计算：

$$Q_f = \frac{3.733 \times 10^{-4} R_{O_{2max}} V}{ab} \tag{2-11-86}$$

式中，Q_f 为供氧所需的风量，m^3/min；$R_{O_{2max}}$ 为发酵物料的最大耗氧速率，$molO_2/(cm^3堆料 \cdot h)$；a 为标准状况下，空气中氧的体积分数；b 为供氧效率，%；V 为堆料的体积，cm^3。

（2）含水率 微生物需要从周围环境中不断吸收水分以维持其生长代谢活动，微生物体内水及流动状态水是进行生化反应的介质，污泥中的有机营养成分也只有溶解于水中才能被微生物细胞吸收，所以水分是否适量直接影响堆肥的发酵速度和腐熟程度。从理论上讲在含水率为 100% 时微生物有最大生物活性，但是实际上为了保证向堆体供氧以及由于其他条件的限制，需要把堆体的含水率控制在一定范围内。一般来说，有机物含量＜50% 时，最适宜的含水率为 45%～50%；有机物含量达到 60% 时，最适宜含水率可达到 60%。当含水率＜10% 时，微生物的繁殖就会停止。

临界水分是好氧堆肥过程中保证供氧顺利进行的最大堆体含水率，既要考虑微生物活性的需要，又要考虑保持物料孔隙率与透气性的需要，一般为 65%。

（3）温度 温度是影响微生物活性和堆肥工艺过程的重要因素。通过堆肥过程中有机物降解率的变化情况，可以反映各温度阶段微生物对有机物分解能力的大小和微生物的代谢活力。堆肥中微生物进行分解代谢释放出的热量是堆肥温度上升的热源，堆肥的温度变化一般会经历升温阶段、高温阶段及降温阶段。有机物的降解作用主要发生在升温阶段和高温阶段。

温度变化会对微生物繁殖造成影响。在堆肥初期微生物以低、中温菌为主，同时存在耐高温的菌群。当温度达到55℃以上时，高温菌种的数量在总菌种数量上占绝对优势。温度的上升使微生物的生命活动旺盛，繁殖速度加快，此时有机质分解速度较快，又可以将虫卵、病原菌、寄生虫、孢子等杀灭，使堆肥达到无害化要求。

(4) 有机物含量 有机物含量也是堆肥过程中的一个影响因素。当有机物含量低时，没有足够的营养物质维持微生物的生长，微生物活性不足，堆肥反应放出的能量不足以维持堆肥所需要的温度，将影响无害化处理，并且产生的堆肥成品由于肥效低而影响其使用价值。如果有机质含量过高，则给通风供氧带来困难，有可能产生厌氧状态，一般来说，堆料适合的有机物含量为20%～80%。

(5) 颗粒度 堆肥所需的氧气是通过堆肥原料颗粒空隙供给的，空隙率及空隙的大小取决于颗粒大小及结构强度。物料颗粒的适宜平均粒度为12～60mm，最佳粒径随物料物理特性而变化。

(6) 碳氮比 在堆肥过程中，大量的碳为微生物代谢过程提供能源，并被氧化为CO_2而排出，另一部分碳则构成了细胞膜。氮主要是消耗在原生质的合成作用而留在微生物体内，碳氮比是影响微生物对营养需求的一个重要因素，因此微生物分解有机物的速度也随碳氮比的变化而变。微生物自身的碳氮比约为4～30，当碳氮比为10时，有机物被微生物分解的速度最大。据报道，当原料的碳氮比为20、30～50和70时，堆肥所需时间分别为9～12d、10～19d及21d左右。发酵后的碳氮比一般会减少10%～20%，堆肥成品的碳氮比不宜过高，否则会直接或间接影响农作物的生长发育。一般认为堆肥原料的最佳碳氮比为26～35。

(7) pH值 堆肥过程中，pH值随着时间和温度的变化而变化，因而pH值也是表征堆肥分解过程的重要指标。pH值并不影响堆肥过程中有机质的降解，但是pH值对微生物的生长有重要的作用，pH值过高或过低都会影响微生物的生长，进而影响堆肥的效率。一般认为pH值在7.5～8.5时，可获得最大堆肥效率。

(二) 厌氧堆肥

厌氧堆肥的实质是厌氧微生物在无氧状态下通过对有机固体物质进行液化、酸性发酵(产乙酸)、碱性发酵（产甲烷）三个阶段后使有机物质转化并稳定化的过程。液化阶段起作用的微生物包括纤维素分解菌、脂肪分解菌、蛋白质水解菌。在此阶段，在微生物的作用下将不溶性物质转化为可溶性大分子物质。酸性发酵阶段是将上阶段产生的可溶性大分子作为电子供体，在醋酸分解菌和产氢细菌的作用下产生乙酸和氢气的过程。在分解初期，有机酸大量积累，pH值逐渐下降。碱性发酵阶段是甲烷菌分解脂肪酸和醇等，生成甲烷和CO_2。随着甲烷菌的繁殖，有机酸迅速分解，pH值迅速上升。

目前，厌氧堆肥的研究和应用还很少。影响厌氧堆肥的因素包括堆体的理化参数，如堆肥原料、有机质含量、pH值、碳氮比、通气量、水分含量等；同时还受到环境温度变化的影响。当环境温度发生变化或者环境温度过低时，堆体的温度也会发生变化，尤其是当堆体体积较少时，环境温度的改变对其的影响就会更大。一般认为在堆肥的启动阶段，堆料中有较多易降解有机物存在，微生物集中进行有机质的降解，从而使产热量大于散热量，在相对稳定的环境条件下，5.8℃以上的环境温度下，污泥堆肥完全可以达到高温。充足的水分使堆肥物质粒子间充满水，从而造成一个小范围的厌氧状态，提高了厌氧菌的活性，一般认为含水率为80%左右时比较合适。

二、设计要点

(一) 一般要求

(1) 堆肥可采用条垛堆肥和仓内堆肥，条垛堆肥又可采用静堆式或翻堆式；根据污泥流态，仓内堆肥可采用垂直流动式、水平流动式或单箱静堆式。

(2) 堆肥分为快速堆肥和熟化两个阶段。堆肥在快速堆肥阶段，具有很高的氧利用速率和产生较高的温度，熟化阶段的氧利用速率较低，温度逐渐下降。条垛堆肥作为仓内堆肥的后续工艺用于污泥熟化，从而完成整个堆肥过程。

(3) 混合污泥初始含水率一般为55%～65%，因为这时堆肥很容易渗水并且有足够的空隙允许适量的空气进入堆肥过程中，可通过添加蓬松剂和返混干污泥调节含水率。条垛的含水率会随着水分的蒸发而减小，为了保持堆肥微生物的活性，在整个堆肥过程中，含水率不得低于45%，必要时应在堆肥过程中加水。

返混干污泥和膨松剂添加量可用下式计算：

$$X_R=(1-f_2)f_1X_C \tag{2-11-87}$$

$$X_B=f_1X_C-X_R \tag{2-11-88}$$

式中，X_R 为每天返混干污泥的湿重，kg/d；X_B 为每天添加膨松剂的湿重，kg/d；f_1 为膨松剂和返混干污泥的湿重与进泥泥饼的湿重比例，取值范围为0.75～1.25；f_2 为膨松剂添加量占膨松剂和返混干污泥总添加量的比例，取值范围为0.20～0.40；X_C 为每天进泥泥饼的湿重，kg/d。

(4) 堆肥过程中，堆内温度应维持在55～65℃达到3d以上，以保障污泥产品性能满足病原菌的标准要求。

(5) 堆肥初始碳氮比应为（20∶1）～（40∶1），过低的碳氮比会导致因氨的挥发而引起的氮流失，并且会产生强烈的氨气味。可通过添加调理剂调节营养平衡，理想的调理剂应是干燥、堆密度小、相对容易生物降解的物质，常采用锯木屑、稻草、麦秆、玉米秆、泥炭、稻壳、棉籽饼、厩肥、园林修剪物等。

(6) 堆肥添加膨松剂用于提供结构性的支撑并增加空隙率以适合通气，通常膨松剂为2～5cm长的木屑，以及废旧轮胎、花生壳、修剪下来的树枝等均可作为膨松剂使用。当采用有机物作为膨松剂时，同时可以提高污泥的热值。

(7) 堆肥过程中，堆体中空气含氧量宜控制在5%～15%，过高的含氧量需要更高的空气流量，从而导致堆内温度下降，不利于堆肥。含氧量过低容易出现厌氧区。

(8) 堆肥必须设置臭味控制设施，常采用生物滤床等方式，滤料可采用筛分后的熟化污泥等材料。

(9) 污泥堆肥过程中会产生大量的渗滤液，渗滤液中的COD、BOD、氨氮等污染物浓度较高，如果直接进入水体，会造成地下水和地表水的污染，因此污泥堆肥工程的地面周边及车行道必须进行防渗处理，设置渗滤液收集系统，防止污染物地下水和地表水。

(10) 堆肥后的污泥可作为土壤调理剂、覆盖土、有机基质等使用。

(二) 静堆式条垛堆肥

静堆式条垛堆肥的断面一般采用梯形，应根据污泥性质和通风方式通过试验确定具体尺寸。一般高大的条垛有利于获得较高的温度，并产生较少的臭味。静堆式条垛示意见图2-11-16。

静堆式条垛堆肥工艺过程为：首先按比例混合好湿污泥和木屑，然后在风管上铺上15～30cm厚的木屑或干化污泥用于布气，再在上面堆置混合好的污泥，最后在污泥堆上覆盖干化污泥。快速堆肥时间必须大于10d，一般为14～21d，在条件允许的情况下，可适当延长。然后进行筛分回收木屑，筛分后的污泥作为进一步的熟化处理，持续时间应为30～60d。当通风干化的污泥含固率小于50%时，应重新分堆进一步干化，持续时间要大于7d，以利于筛分回收木屑。

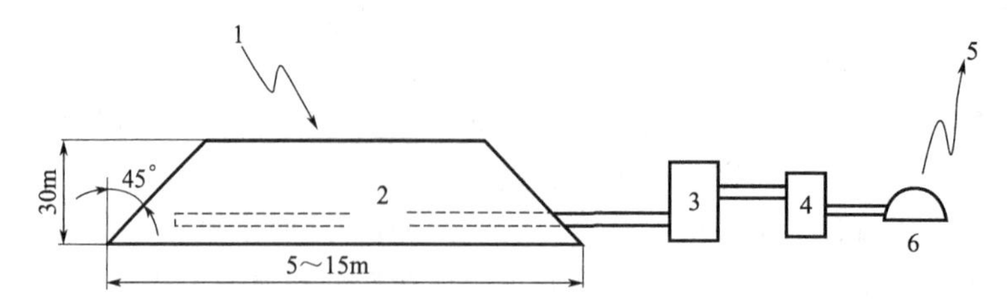

图 2-11-16 静堆式条垛示意

1—空气；2—垛；3—收集渗滤液和浓缩液；4—风机；5—脱臭气体；6—生物滤床

静堆式条垛堆肥一般由木屑支撑层、混合污泥层、熟污泥覆盖层组成，通过污泥堆的气体阻力损失可以采用下式计算：

$$D=kV^{n}H^{j}\times 3.28^{n+j} \tag{2-11-89}$$

式中，D 为堆肥中气体阻力损失，m；k 为堆肥中气体阻力损失系数，取值范围为1.2～8.0；V 为堆肥中气体的速度，m/s；n 为堆肥中气体速度阻力系数，取值范围为1.0～2.0；H 为堆肥高度，m；j 为堆肥高度阻力系数，取值范围为1.0～2.0。

不同的基质，k、j、n 值不同，可参照表 2-11-17 中的范围取值。

表 2-11-17 不同基质的 k、j、n 值

基质	k	j	n
木屑：生污泥(体积比)			
2:1	1.245	1.05	1.61
3:2	1.529	1.30	1.63
1:1	2.482	1.47	1.47
1:2	7.799	1.41	1.48
新木屑	0.539	1.08	1.74
使用后的木屑	3.504	1.54	1.39
筛分后的熟污泥	1.421	1.66	1.47

静堆式条垛堆肥的通风量应按式(2-11-90)～式(2-11-92) 计算，此时计算出的全过程通风量为平均需气量，但是由于受到有机物氧化速率、供气系统的开关控制方式的影响，在堆肥过程中会形成一个峰值需气量，因此，一般取计算出的需气量的 3～5 倍作为设计依据。

(1) 有机物氧化需气量

$$Q_1=\frac{aq_1+bq_2}{F} \tag{2-11-90}$$

式中，Q_1 为标准状态下堆肥过程中有机物氧化需气量，m^3/d；a 为城镇污泥中生物可降解有机物的需氧量，取值范围为 1.0～4.0kgO_2/kg 干污泥，典型值为 2.0kgO_2/kg 干污泥；b 为调理剂中生物可降解有机物的需氧量，取值范围为 0.5～3.0kgO_2/kg 调理剂，典型值为 1.2kgO_2/kg 调理剂；q_1 为每日处理城镇污泥中的生物可降解量，kg 干污泥/d；q_2 为每日添加调理剂中的生物可降解量，kg 调理剂/d；F 为标准状态下的空气含氧率，取 0.28。

(2) 除湿需气量

$$Q_2=\frac{\dfrac{1-S_s}{S_s}-\dfrac{1-v_s}{1-v_p}\times\dfrac{1-S_p}{S_p}}{\rho(\omega_o-\omega_i)}\times q_1+\frac{\dfrac{1-S_T}{S_s}-\dfrac{1-v_T}{1-v_p}\times\dfrac{1-S_p}{S_p}}{\rho(\omega_o-\omega_i)}\times q_2 \tag{2-11-91}$$

式中，Q_2 为标准状态下堆肥过程中除湿需气量，m^3/d；ω_o 为出口空气饱和湿度，kgH_2O/kg 干空气；ω_i 为进口空气饱和湿度，kgH_2O/kg 干空气；S_s 为生污泥固体含量，取值范围为 0.15～0.30kg 干污泥/kg 生污泥；S_T 为调理剂固体含量，取值范围为 0.30～0.50kg 干污泥/kg 调理剂；v_s 为生污泥中挥发性固体含量，取值范围为 0.6～0.8g 挥发性固体/g 干污泥；S_p 为堆肥产品中固体含量，取值范围为 0.55～0.75kg 干污泥/kg 堆肥污泥；v_T 为调理剂中挥发性固体含量，取值范围为 0.6～0.8g 挥发性固体/g 调理剂干物质；v_p 为堆肥产品中挥发性固体含量，取值范围为 0.3～0.5g 挥发性固体/g 干污泥；ρ 为标准状态下空气密度，取 1.18kg/m³。

（3）除热需气量

$$Q_3=\frac{(aq_1+bq_2)C}{(\omega_o-\omega_i)c_H+\omega_o c_V(T_o-T_i)+c_g(T_o-T_i)}\times\frac{1}{\rho} \tag{2-11-92}$$

式中，Q_3 为标准状态下去除堆肥过程中产生热量的需气量，m^3/d；C 为常数，单位耗氧产热量，取 13.63kJ/kgO₂；c_H 为常数，温度 T_i 时水的汽化热，kJ/kg；c_V 为常数，101.33kPa 水蒸气的定压比热容，取 1.84kJ/(kg·℃)；c_g 为常数，101.33kPa 干空气的定压比热容，取 1.01kJ/(kg·℃)；T_o 为出口温度,℃；T_i 为进口温度,℃。

静堆式条垛堆肥的通风设施，常采用布气板或穿孔管进行环形布气，上部铺 15～30cm 厚的膨松剂，当采用穿孔管布气时，支管间距应为 0.8～2.5m。风机的运行方式可采用向堆内鼓风和从堆内吸风两种方式，当从堆内吸风时，应在风机前设置渗滤液和浓缩液的收集设施。

（三）翻堆式条垛堆肥

翻堆式条垛堆肥的断面一般也采用梯形，其尺寸取决于污泥的性质和所使用的翻垛设备，一般堆成约 1～2m 高、底部 3～5m 宽的长堆，上部宽度一般为 0.5～1.5m，条垛间距一般为 0.5m，设计比容为 5000～5700m³/hm²。翻堆式条垛示意见图 2-11-17。

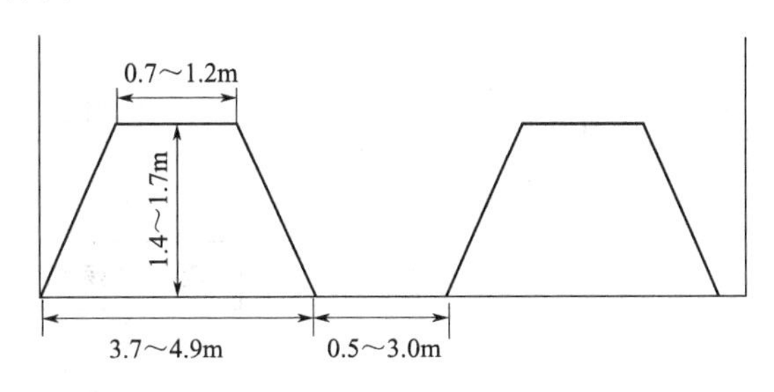

图 2-11-17 翻堆式条垛示意

翻堆式条垛堆肥的快速堆肥维持在 21～28d，以完成初步的干化、好氧呼吸以及初步的巴氏杀菌；每周翻垛 3～4 次，以维持垛内温度在 45～65℃。快速堆肥完成后，2～3 条的小垛形成一条大垛进行熟化，在垛内形成灭活病原菌所需要的温度，进一步脱水干化，以及使污泥混合均匀；熟化阶段通常大于 21d，每周翻垛 1～3 次，以维持垛内温度在 55℃以上。

当翻堆式条垛堆肥设置鼓风或吸风设施时，同样可以采用式(2-11-90)～式(2-11-92) 进行计算。

（四）仓内堆肥

仓内堆肥可采用机械水平翻垛的矩形槽、机械圆周翻垛的圆形槽，“达诺”转筒等形式。仓内堆肥的停留时间可根据堆肥仓的形式进行调整，一般为 8～15d，堆肥完成后，熟化时间应为 1～3 月。

第六节 石灰稳定

一、原理与作用

通过向脱水污泥中投加一定比例的碱性物质并均匀掺混，使其与脱水污泥中的水分发生反应，产生大量热量，以达到杀灭病原菌、降低恶臭和钝化重金属。多种碱性物质可以用来提高脱水泥饼的 pH 值，并放出大量热量，其中包括生石灰、熟石灰、粉煤灰和水泥窑粉尘等，通常选用生石灰。

石灰稳定可产生以下作用：

（1）灭菌和抑制腐化　温度的提高和 pH 的升高可以起到灭菌和抑制污泥腐化的作用，尤其在 pH≥12 的情况下效果更为明显，从而可以保证在利用或处置过程中的卫生安全性。

（2）脱水　根据石灰投加比例（占湿污泥的比例）的不同（5%～30%），可使含水率80%的污泥在设备出口的含水率达到 48.2%～74.0%。通过后续反应和一定时间的堆置，含水率可进一步降低。

（3）钝化重金属离子　投加一定量的氧化钙使污泥成碱性，可以结合污泥中的部分重金属离子，钝化重金属。

（4）改性、颗粒化　可改善储存和运输条件，避免二次飞灰、渗滤液泄漏。

一般情况下，石灰稳定污泥主要用于酸性土壤的改良剂、路基基材以及填埋场的覆盖土等，当采用后续水泥窑注入法生产水泥时，可替代水泥烧制的原材料。

二、石灰稳定工艺与系统组成

1. 工艺流程

工艺流程见图 2-11-18。

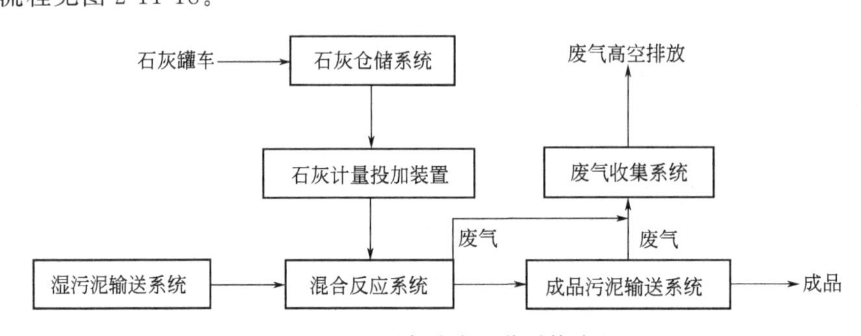

图 2-11-18　石灰稳定工艺系统流程

2. 系统组成

（1）输送系统（包括湿泥及成品污泥输送）　一般可选择螺旋输送机或带式输送机，应采用全封闭结构，以防止污泥散发的臭气排放到大气中，影响操作环境，危害操作人员的健康。

（2）石灰仓储与计量给料系统　石灰料仓用来暂时储存罐车运送来的石灰粉料，设有破拱装置、仓顶布袋除尘器、料位器等。计量给料系统应确保在混合反应器开启后，石灰能持续、定量输送至混合反应器内，主要由进料斗、进料料位监测和出料装置、计量投加装置等组成。

（3）干化混合反应系统　作为石灰干化稳定工艺的核心设备，其运行表现直接影响整个项目效果。目前一般选择传统卧式混合搅拌反应器，主要由混合圆筒、工作轴、搅拌元件、在线监测组成。

（4）废气收集及处理系统 污泥石灰稳定工艺中，废气主要特点是高温、高湿、高粉尘浓度、低有毒气体浓度。它的主要成分为水蒸气、石灰粉尘、氨气，温度为30～50℃。针对该类废气，一般选择湿式喷淋塔或增加净化单元。

三、设计要点

（1）石灰稳定要维持较高的pH值水平并达到足够长的时间，以控制微生物的活性，从而阻止或充分抑制微生物反应而产生的臭气和生物传播媒介，并保证污泥在发生腐败和恶臭之前能够储存3d以上，进而进行再利用和最终处置。石灰稳定过程中反应时间持续2h后，pH值应升高到12以上；在不过量投加生石灰的情况下，混合物的pH值应维持在11.5以上，持续时间应大于24h。

（2）根据污泥含水率、石灰活性及最终处置方式差异，石灰掺混比例可在30%以内调整，一般采用投加石灰干重应占污泥干重的15%～30%，石灰污泥体积增加量应控制在5%～12%。生石灰与泥饼混合体积见表2-11-18。

表2-11-18 生石灰与泥饼混合体积计算表

生石灰含量	项目	重量/kg	密度/(kg/m³)	体积/m³
15%	干污泥	1000	720.0	1.389
	水分	3950	1000.0	3.950
	熟石灰	200	560.0	0.357
	总量	5150	—	5.696
	固体百分比	23.30%	—	30.65%
30%	干污泥	1000	720.0	1.389
	水分	3900	1000.0	3.900
	熟石灰	400	560.0	0.714
	总量	5300	—	6.003
	固体百分比	26.42%	—	35.03%
60%	干污泥	1000	720.0	1.389
	水分	3810	1000.0	3.810
	熟石灰	790	560.0	1.411
	总量	5600	—	6.610
	固体百分比	31.96%	—	42.36%

（3）石灰-污泥在快速混合后反应仍将不同程度地持续数小时至数天，设计中应优化工艺条件有利于污泥的后续反应及水蒸气的蒸发，可以通过设计混合物料堆置设施（一般为5～10d混合物料的堆置空间）为其进一步的反应提供有利条件，但要考虑粉尘及有毒有害气体的控制。

第七节 污泥深度脱水

据不完全统计，全国每年产生含水率80%的湿污泥为3000多万吨，并逐年以10%左右速度递增。《中国污泥处理处置市场报告》（2010版）调研结果显示，我国污水处理厂所产生的污泥，有80%没有得到妥善处理，污泥随意堆放及所造成的污染与再污染问题已经凸显出来，并且引起了社会的关注和国家的重视。2010 年 11 月 26 日，国家环境保护部下发了《关于加强城镇污水处理厂污泥污染防治工作的通知》，明确要求：鼓励在安全、环保和经济的前提下，回收和利用污泥中的能源和资源。污泥产生、运输、贮存、处理处置的全过程应当遵守国家和地方相关污染控制标准及技术规范。污水处理厂以贮存（即不处理处置）为目的将污泥运出厂界的，必须将污泥脱水至含水率 50%以下。

目前，我国城镇污水厂普遍采用机械方式对污泥进行脱水，脱水污泥含水率一般在 75%～85%，呈胶质黏结状。这样的污泥具有“四高”特点：一是含水率高；二是有机物含量高，很容易腐烂恶臭；三是重金属含量较高；四是病菌含量高，含有大量的细菌、寄生虫、病毒。污泥不经过无害化处理，任意弃置，简单填埋，容易污染空气、土壤和水源，严重威胁人体健康和环境安全，污泥造成二次污染后再去治理，将付出更高代价。由于含水率较高，也难以满足堆肥、填埋、焚烧等后续处置要求，通常需要采用技术手段来降低含水率，可以说，污泥中含有的大量水分是当前制约污泥处理处置的重要因素。

一、污泥水分组成

要实现污泥的减量化、稳定化、无害化和综合利用，达到节能减排和发展循环经济的处置目标，只有把污泥含水率降至 50%以下，资源化综合利用才有可能。然而污泥的特性又决定了污泥脱水处理的难度。这是因为污泥中所含水分大致分为四类（图 2-11-19）：间隙水、毛细结合水、表面吸附水、内部水。第一种称为“自由水”，后三种称为“束缚水”。这四种水除了间隙水可以以物理方式压滤以外，其他三种水表面具有强大的负电子包裹着，它不能以物理压滤析出。颗粒间的间隙水，约占污泥水分的 70%；污泥颗粒间的毛细管水，约占 20%；颗粒的吸附水及颗粒内部水约占 10%，污泥脱水的对象是颗粒间的间隙水。

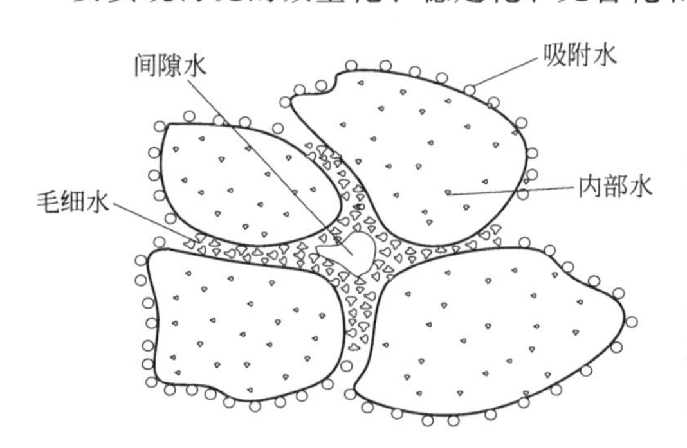

图 2-11-19 水分在污泥中的存在形式

污泥脱水的难易，除与水分在污泥中的存在形式有关外，还与污泥颗粒的大小、污泥比阻和有机物含量有关，污泥颗粒越细、有机物含量越高、污泥比阻越大，其脱水的难度就越大。

二、污泥深度脱水技术[12]

本章第四节中介绍了几种常规的污泥脱水技术，在此介绍几种深度脱水技术，常见的污泥深度脱水技术有热力干化、污泥调理、高压机械脱水等。目前，市面上很多污泥深度脱水方式，例如调理压榨干化技术、一体化污泥深度脱水技术、热力和机械压力一体化污泥脱水、固体粉末改性＋板框压滤机压滤技术等，虽然名称各不相同，但实质都是化学调质＋高压压滤处理的组合。

1. 热力干化脱水

热力脱水一般采用蒸汽、烟气或其他热源，它不是一般意义的烘干。常用设备为桨叶机、套筒机或流化床等，也有以造粒或喷雾形式提高热效率。由于热力脱水必须依赖热源制热或余热利用，但由于存在使用蒸汽不经济，利用锅炉烟道气影响系统稳定，建设独立热源代价大，利用余热须改动原有工艺设施等因素，造成处理成本高（国内污泥热干化项目一般设备投资 20 万～50 万元/100t 湿污泥，运行成本 200～300 元/t 湿污泥以上），尾气量大，冷却水量大，易造成二次污染，目前市上虽有应用，但应用范围十分有限。

2. 热力和机械压力一体化污泥脱水的技术

它是采用一种低温热源把污泥加热至150～180℃，然后以螺旋压榨予以脱水，如日本推出的“FKC”机。这种设备仍然需要依赖一个热源，而且这种特殊螺旋压榨机构造复杂、价格昂贵，更换部件的代价很大；同时，它的生产效率较低。因此，业内采用不多。

3. 化学调质

一般污泥采用加高分子聚合物的机械脱水，只能脱到含水率80%左右。若要再深度脱水，就需要采用调质（conditioning）。调质有多种方法，有热物理法，如热水解、水热干化、湿性氧化等；有物理法，如超声波、微波等。目前，采用最多的是化学法，通过添加某些无机化学盐类，可以起到改变污泥分子电荷极性，增加颗粒孔隙、改善压滤特性等效果。

最常用的无机化学药剂是氯化铁（三氯化铁）和生石灰（氧化钙），也可以采用硫酸铁。首先添加氯化铁，水合后形成正电荷，以中和污泥颗粒的负电荷，使之絮凝；氯化铁也与污泥中的两价碳酸盐形成氢氧化铁，作为絮凝剂。氧化钙一般配合氯化铁的使用，主要目的是调节pH值、除臭和消毒，此外可增强颗粒结构，提供孔隙，减少其压缩性。

铁盐添加量一般为20～63kg/t干基污泥，而生石灰添加量则为75～277kg/t干基污泥。但是，添加铁盐和生石灰将会造成污泥增量，一般可估算为每增加1kg药剂，增加1kg污泥干固体，并减低焚烧热值。

4. 高压压滤脱水

美国早在1920年就有了第一台用于市政污泥脱水的板框机。板框机的运行压力为两种，低压在0.69MPa，高压为1.55～1.73MPa。进料时间一般为20～30min，压滤保持时间为1～4h。

目前，国内污泥深度脱水常采用的机械设备是高压隔膜压滤机，它将可变滤室隔膜压榨技术应用于城市污泥的高效脱水，利用单边隔膜过滤板、滤布组成的可变滤室过滤单元，在油缸压紧滤板的条件下，用进料泵压力进行固液分离，从两端将污泥料浆送入由滤板和隔膜板组成的各个密封滤室内，利用泵提供的过滤动力使滤液通过过滤介质排出，直至物料充满滤室，完成初步的液固两相分离；在入料过滤阶段结束后，采用隔膜压榨技术对滤饼进行压榨，用压缩气体（或高压水）推动隔膜板的隔膜鼓起，对滤饼产生单方向的压缩，破坏颗粒间形成的“拱桥”结构，使滤饼进一步压密，将残留在颗粒间隙的滤液挤出；在隔膜压榨的过程中，采用单边嵌入式隔膜滤板的结构技术，特殊的膜片结构和材质配方，在压缩气体（或高压水）的作用下，将膜片充分鼓起在弹性受力的范围之内，根据污泥的特性，延续鼓膜25～30min，将残留在污泥颗粒间隙的滤液有效地挤出，达到深度脱水干化的效果。

高压隔膜式压滤机的优势在于能直接一步到位将97%水分的污泥直接脱水至50%水分以内，满足后续处理处置要求，且在低浓度阶段脱水效率很高，能耗较低。但在高浓度阶段脱水效率低下，造成脱水时间长，产量低。

图2-11-20是典型的污泥高压压滤脱水的工艺流程。

5. 污泥表面活化破壁改性+特种压滤机技术

该技术的关键就是采用化学和物理的综合方法对污泥进行改性，使污泥颗粒表面的吸附水和毛细孔道中的束缚水成为自由水，再通过特种机器压滤的方法排出。所加药剂为高效疏水性有机和无机混合型药剂，脱水污泥经加药后，泥中的胶团结构因加药发生化学反应，将胶团中吸附水转化为易于脱去的间隙水，提高了污泥的脱水性能。在特种压滤机的高压作用下，仅需30～45min即可得到含水率50%以下的泥饼，为一般压滤脱水时间的1/5～1/3。该特种压滤机的滤板采用钢制结构，可承受较高的脱水挤压压力，滤板压力为

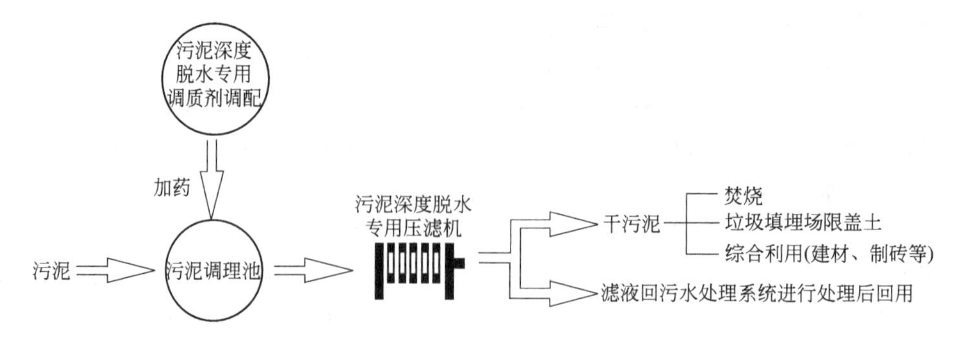

图 2-11-20 污泥深度脱水工艺流程

1.0～5.0MPa，并采用间隔、递增式施压工艺，大大降低了泥饼形成时滤液流出的介质阻力，提高了特种压滤机的脱水效率。

第八节 污泥处置及利用

污泥处置主要包括土地利用、污泥农用、填埋和焚烧以及综合利用（建材利用）等。表2-11-19为城镇污水处理厂污泥处置的分类情况。

表 2-11-19 城镇污水处理厂污泥处置分类

分类	范围	备注
污泥土地利用及农用	园林绿化	城镇绿地系统或郊区林地建造和养护等的基质材料或肥料原料
	土地改良	盐碱地、沙化地和废弃矿场的土壤改良材料
	农用①	农用肥料或农田土壤改良材料
污泥填埋	单独填埋	在专门填埋污泥的填埋场进行填埋处置
	混合填埋	在城市生活垃圾填埋场进行混合填埋(含填埋场覆盖材料利用)
污泥焚烧	单独焚烧	在专门污泥焚烧炉焚烧
	与垃圾混合焚烧	与生活垃圾一同焚烧
	污泥燃烧利用	在工业焚烧炉或火电厂焚烧炉中作燃料利用
综合利用	制水泥	制水泥的部分原料或添加料
	制砖	制砖的部分材料
	制轻质骨料	制轻质骨料(陶粒等)的部分原料

① 农用包括进食物链利用和不进食物链利用两种。

一、污泥土地利用及农用

(一) 原理及使用原则

经无害化和稳定化处理后的污泥及污泥产品，以有机肥、基质、腐殖土、营养土等形式可用于农业、林业、园林绿化和土壤改良等方面，使污泥中的有机质及氮磷等营养资源得以充分利用，同时污泥也可得以有效处置。

污泥必须经过厌氧消化、好氧发酵等稳定化及无害化处理后，才能进行土地利用。未经稳定化处理的污泥进行农用时，可造成烧苗现象。污泥经稳定化及无害化处理后，有机污染物得到部分降解，重金属活性得到钝化，通过无害化过程产生的热量将污泥中大肠杆菌、病原菌和虫卵等灭杀，杂草种子灭活，降低了污泥在进行土地利用时的卫生和环境风险，并提高了植保安全性。

（二）一般规定及要求

（1）污泥土地利用是指将经处理后的污泥或污泥产品用于农用以外的土地作为肥料或土壤改良材料，主要有用于园林、绿地、林业、土壤修复及改良等。污泥农用是经处理后的污泥或污泥产品作为肥料或土壤改良材料应用于农业生产作物和果蔬，主要包括谷物、水果、蔬菜、植物油作物、草料以及国家规定的其他农业作物。

（2）污泥进行土地利用及农用时，须注意对水源地保护，禁止在饮用水水源保护一级区、二级区以任何形式施用污泥。

（3）在地下水位较高（≤3m）和渗透性较好的场地上不宜施用污泥；施用的场地应该是渗透性低或适中，壤土厚度不小于0.6m，土壤为中性或偏碱性（pH＞6.5），施用场地排水通畅。

（4）污泥施用场地坡度宜小于3%；场地坡度为3%～6%时，为可接受坡度；场地坡度为6%以上时，为限制性坡度，在限制性以上坡度不允许施用污泥。对于坡度低于6%的施用场地，应采取一定防护措施，防止雨水冲刷、径流对地表水体及附近环境的污染。

（三）土地利用

污泥土地利用前，须经消化或好氧稳定化处理和无害化处理，卫生指标应满足粪大肠菌群菌值＞0.01；污泥pH值为6.0～8.5，含水率≤45%。施用污泥的臭度须＜2级（六级臭度），种子发芽指数≥70%。一般氮含量每年每公顷用量不超过250kg（以N计），磷含量每年每公顷用量不超过125kg（以 P_2O_5 计）。

污泥土地利用场所应有专用的贮存设备或设施。贮存设备或设施应采取防止渗漏、溢流以及阻止降水进入的措施。

1. 城市园林绿化

主要将处理后的污泥用于行道树、灌木、花卉、草坪等栽培过程中作为肥料、基质和营养土。污泥城市园林绿化施用时间可根据当地气候条件、植物类型进行施用，施用一般在绿化种植前，须避开降水期集中和夏季炎热气温条件下施用。作为园林绿化的草坪或花卉种植介质土的污泥，每平方米均匀撒干污泥6～12kg；污泥作为小灌木栽培介质土，每平方米均匀撒干污泥12～24kg；作为乔木栽培介质土，每平方米均匀撒干污泥10～80kg。

2. 苗圃

污泥作为苗圃基地介质土的形式主要有林圃、花圃以及草坪基地等。经过稳定的污泥在不影响盆栽苗圃生产的情况下，应尽可能都全部采用污泥堆肥产品作为苗圃基地种植介质土。

3. 林地利用

污泥林用施用时段可选择在树木砍伐后的林地施用、树苗期施用、成树期施用。在林地施用污泥可采用灌溉（喷灌和自流灌溉）、翻土作垄和犁沟等形式。雨季和冰冻期禁止污泥施用，在洪灾、冰冻或冰雪覆盖的情况下禁止施用污泥。污泥林用时，一般氮含量每年每公顷用量不超过300kg（以N计），磷含量每年每公顷用量不超过100kg（以 P_2O_5 计）。

4. 土壤修复及改良

堆肥处理后的污泥用于严重扰动土地的改良。包括各种采矿业开采场（采煤场、金属矿、黏土和砂子的采掘场等)、矸石场、露天矿坑和城市垃圾填埋场等。粉煤灰堆积场以及森林采伐地、森林火灾毁坏地、滑坡和其他天然灾害需要恢复植被的土地等。

施用污泥修复和改良后的土壤须采取覆盖、深翻或用客土法等措施，避免污泥过度积累而影响土壤的修改和改良。

(四) 污泥农用

施用污泥，经稳定化处理后有机物降解率须<40%，卫生指标应满足肠道病毒数量<1MPN/4gTS、寄生虫卵<1个/4gTS、蛔虫卵死亡率大于95%。无法达到稳定化的污泥不允许进行污泥农田利用。污泥 pH 为 6.5～8.0，比较疏松，满足二级臭味标准，有机质含量须>400g/kg 污泥，种子发芽指数≥75%。

以有机肥料形式用于农业用途（包括农田、果园和牧草地等）的污泥，其氮磷钾（$N+P_2O_5+K_2O$）含量应不低于 20g/kg，有机质含量不低于 200g/kg。以基质形式用于农业用途（包括草坪基质、容器育苗基质、苗木基质等）的污泥，其氮磷钾总量不低于 40g/kg，有机质含量不低于 240g/kg。

但是，污泥农用过程中也须限制营养物的施用量，一般氮含量每年每公顷用量不超过250kg（以 N 计），磷含量每年每公顷用量不超过 100kg（以 P_2O_5 计）。

污泥连续施用量不超过 $6t/(hm^2 \cdot a)$（以干污泥计），连续施用年限不宜超过 5 年，污泥一次性最大施用量不宜超过 $30t/hm^2$。

农用污泥中重金属污染物质量标准限值必须符合国家现有的有关法律标准规定。污泥施用须根据土壤背景值、土壤环境质量标准等因素考虑控制一次性最大污泥施用量（S_g）、安全污泥施用量（S_a）和控制性安全污泥施用量（S_k）：

$$S_g=(W_k-B)T_s/C \tag{2-11-93}$$

$$S_a=W_k(1-K)T_s/C \tag{2-11-94}$$

$$S_k=(KW_k-BK_j)T_s/C \tag{2-11-95}$$

其中，W_k 为给定的土壤环境质量标准，mg/kg；B 为该土壤重金属的背景含量，mg/kg；K 为该土壤重金属的年残留率，%；T_s 为耕层土壤干重，t/(亩・a)；C 为污泥限制性重金属含量，mg/kg；下脚 j 为给定的年限；K_j 为给定年限的重金属残留率，%。

二、污泥填埋

污泥填埋有单独填埋、与垃圾合并填埋两种方式。目前，国内主要是与垃圾混合填埋。另外，污泥经处理后还可作为垃圾填埋场覆盖土。

(一) 污泥混合填埋

(1) 污泥与垃圾混合填埋，填埋场建设须符合卫生填埋场的标准，卫生填埋场建设标准可参考相关标准。

(2) 污泥与生活垃圾混合填埋，污泥必须进行稳定化、卫生化处理，并满足垃圾填埋场填埋土力学要求；且污泥与生活垃圾的重量比，即混合比例应≤8%。

(3) 污泥混合填埋时，混合填埋场的设计须充分考虑垃圾与污泥混合后造成的渗滤液增加量，在填埋场地设计方面须充分考虑这一部分设计容量。混合填埋时污泥和垃圾须设有效的混合装置先进行充分混合，混合后的垃圾含水率不影响污泥填埋操作，一般含水率宜小于40%～50%。

(4) 污泥混合填埋时，其卫生学指标大肠菌菌群值须大于 0.01，蠕虫卵死亡率须大于95%。

(5) 将污泥作为垃圾填埋场日覆盖土必须首先对污泥进行改性，通过在污泥中掺入一定比例的泥土或矿化垃圾均匀混合，且含水率须小于40%，渗透系数大于10^{-4}cm/s，并堆置4d以上来提高污泥的承载能力，消除其膨润持水性，黏土覆盖层厚度应为20～30cm。

(6) 填埋场封场应充分考虑堆体的稳定性与可操作性、地表水径流、排水防渗、覆盖层渗透性和填埋气体对覆盖层的顶托力等因素，使最终覆盖层安全长效，填埋场封场坡度宜为5%。

(二) 专用填埋

(1) 填埋的污泥含水率须小于60%，有机质含量须小于50%，污泥的横向剪切强度>25kPa，纵向抗剪强度不小于80～100kN/m^2。满足不了抗剪强度等要求时，可投加石灰或其他措施进行后续处理，使其满足相关要求。

(2) 污泥专用填埋场必须防止对地下水的污染。不具备自然防渗条件的填埋场必须进行人工防渗。黏土类衬里（自然防渗）的填埋场，天然黏土类衬里的渗透系数小于1.0×10^{-7}cm/s，场底及四壁衬里厚度大于2m；改良土衬里的防渗性能应达到黏土类防渗性能。纵横坡度宜在2%以上，以利于渗滤液的导流。

(3) 污泥填埋场达到设计使用寿命后封场，封场工作应在填埋污泥上覆盖黏土或其他人工合成材料，黏土渗透系数应小于1.0×10^{-7}cm/s，厚度为20～30cm，其上再覆盖20～30cm的自然土作为保护层，并均匀压实。

(4) 填埋场须设气体导排设施，导排管应按地形分别设竖向、横向或横竖相连的排气道。在填埋深度较大时宜设置多层导流排气系统。有条件回收利用填埋气体的填埋场，应设置填埋气体集中收集设施。

三、污泥焚烧

(一) 污泥单独焚烧

(1) 污泥焚烧厂应为进厂污泥设置专门的贮存装置或设施，数量不应少于2座。容积不宜大于3d额定污泥焚烧量。

(2) 贮存装置或设施应进行防臭设计，脱水污泥还应设置可靠的渗滤液收集设施，并进行防腐防渗处理。贮存区空气应统一收集并进行除臭处理或抽作焚烧助燃空气。干化污泥贮存装置应采取微负压设计，并配备相应的防火防爆设施。

(3) 焚烧炉内应处于负压燃烧状态，烟气在焚烧炉燃烧室内温度大于850℃的停留时间应≥2s，焚烧灰渣和底灰中的TOC含量应<3%，或灰渣热灼减率应<5%；必要情况下，可考虑设置二燃室。

(4) 每台污泥焚烧炉应安装一台辅助燃烧器。启动和停车期间或燃烧温度降至850℃以下时，不应向辅助燃烧器供给可能导致更高排放的燃料；辅助燃料应根据当地燃料来源确定，优先选用废水污泥厌氧消化气、废油等。辅助燃料添加量一般不超过污泥与辅助燃料总干重的10%。危险废弃物不能用作辅助燃料。

(5) 燃煤火力发电厂燃煤锅炉混烧污泥或水泥生产厂水泥窑炉掺烧污泥时，各种大气污染物排放限值核算：

$$\frac{V_S\times C_S+V_P\times C_P}{V_S+V_P}=C \qquad (2\text{-}11\text{-}96)$$

式中，V_S为污泥燃烧产生的烟气体积；C_S为污泥单独焚烧时各种大气污染物排放限值；V_P为燃煤或水泥生料燃烧产生的烟气体积，包括辅助燃料燃烧产生的烟气体积；C_P为GB 13223或GB 4915规定的燃煤火电厂或水泥厂大气污染物排放限值；C为污泥混合焚烧厂各种大气污染物排放限值。

（6）焚烧灰渣和除尘设备收集的飞灰应分别收集、贮存和运输，其中灰渣的贮存和运输须在封闭状况下操作，飞灰应收集在密闭容器中，其他尾气处理装置排放的固体残留物应按GB 5085.3的要求鉴别其毒性，如属于危险废物，则按危险废物处理，如不属于危险废物，可按一般固体废物处置。

（7）焚烧灰渣中TOC含量应＜3%或热灼减率应＜5%。可按一般固体废物处理，利用焚烧灰渣进行制水泥或制砖等综合利用时，应符合相关规定。

（二）与生活垃圾混合焚烧

（1）应为污泥的混合和投加配备专门的设备。干化污泥（含固率90%以上）与垃圾混合的质量比不宜大于1∶3，脱水污泥（含固率25%）与生活垃圾直接混烧比例不宜大于1∶4。其他含固率的干化污泥和脱水污泥应分别按公式(2-11-97)和式(2-11-98)进行折算，折算结果不应超过上述要求。

$$\frac{W_2}{W_1}=\frac{0.3}{P_2} \tag{2-11-97}$$

$$\frac{W_3}{W_1}=\frac{1}{16P_3} \tag{2-11-98}$$

式中，W_1，W_2，W_3分别为垃圾质量、干化污泥质量和脱水污泥质量，kg；P_2，P_3分别为干化污泥和脱水污泥含固率。

（2）垃圾焚烧炉进料口处的混合物料月平均低位热值均不应小于5MJ/kg。

（3）最终排入大气的烟气中污染物最高排放浓度符合相关规定。

（三）利用水泥生产线掺烧

（1）直接将干化污泥送入水泥窑炉混合焚烧时，应设置专门的存储、混合、破碎、筛分装置。干化污泥可直接与生料粉混合后进料，也可通过设置在燃烧器、分解炉、窑头、窑尾的进料喷嘴进料。入窑干化污泥的粒径宜与入窑生料粉和煤粉的粒径相近。

（2）直接将脱水污泥与水泥生料混合后进料时，应设置专门的物料混合设施。入窑混合物料的含水率应控制在＜35%，流动度＞75mm。

（3）掺烧污泥的比率和质量应满足水泥生产质量要求，含氯量较高的污泥不宜采用水泥窑炉进行处置。污泥在窑炉的停留时间宜＞30min，污泥焚烧残留物质量应小于水泥产量的5%。

（4）最终排入大气的烟气中污染物最高排放浓度符合相应规定。

（四）利用燃煤热电厂掺烧

（1）脱水污泥直接进入燃煤锅炉混合焚烧时，应设置专门的进料装置，进料装置宜采用喷嘴。循环流化床锅炉的脱水污泥进料喷嘴宜设置在稀相区底部，并应设置吹扫系统定期清理喷嘴。吹扫系统可利用燃煤电厂饱和蒸汽。

（2）混烧污泥的燃煤火力发电厂应有不少于两座75蒸吨/小时以上的燃煤锅炉。直接掺烧脱水污泥（含固率20%）的量不宜超过燃煤量的10%，掺烧其他含固率的脱水污泥时，应按公式(2-11-99)进行计算，计算实际混烧污泥量不应超过计算值。

$$\frac{W_4}{W_5}=\frac{1}{50P_4} \tag{2-11-99}$$

式中，W_4、W_5分别为脱水污泥质量和燃煤质量，kg；P_4为脱水污泥含固率。

（3）直接掺烧脱水污泥时，应采用防腐耐磨材料对吹扫系统、管道系统、除尘系统等进行处理。

（4）循环流化床燃煤锅炉直接掺烧脱水污泥时，应确保烟气在进料喷嘴以上850℃的温度条件下停留时间大于2s。必要时，可通过加大二次风量或增加二燃室的方式保持烟气温度和停留时间。二次风可引自脱水污泥贮存区。

(5) 大气污染物最高允许排放浓度符合相应规定。

四、综合利用

(一) 一般要求

(1) 污泥综合利用主要采用脱水污泥或污泥焚烧灰制砖、陶粒、水泥、人工轻质填料、混凝土的填料、活性炭、生化纤维板等。

(2) 对污泥直接进行综合利用时，污泥含水率须小于80%，臭度小于2级（六级臭度）。综合利用对污泥须进行除臭、去除重金属等无害化处理后方可利用。

(3) 污泥和污泥焚烧灰中的重金属、放射性污染物、有机污染物等超过《有色金属工业固体废弃物污染控制标准》(GB 5085) 和《建筑材料用工业废渣放射性物质限制标准》(GB 6763) 中的有关规定时禁止进行污泥综合利用。

(二) 制砖及水泥

(1) 用污泥制砖时，脱水污泥一般可掺入煤渣、石灰、粉煤灰、黏土和水泥进行调配。掺入的物质须和水、污泥混合搅拌均匀，制坯成型进行焙烧。污泥与黏土等物质的配比一般不应超过1∶10。

(2) 用焚烧灰制砖时，须加入适量的黏土与硅砂，使其成分达到制砖黏土的成分标准，适宜配比为黏土∶焚烧灰∶硅砂＝50∶100∶(15～20)(质量比)。砖坯的烧结温度以1080～1100℃为宜。

(3) 污泥或污泥焚烧灰制砖时，产品质量必须符合《中华人民共和国国家标准烧结普通砖》(GB 5101) 的规定。

(4) 将脱水污泥或污泥焚烧灰制水泥时，脱水污泥混入水泥原料中的最大体积比应不大于10%，污泥焚烧灰混入水泥原料中的最大质量比应小于4%。

(5) 污泥在替代混凝土中砂的利用时，必须符合JC/T 622的规定。污泥在水泥制作利用时，产品质量必须符合《通用硅酸盐水泥》的规定。

(三) 制陶粒

(1) 污泥制陶粒分为干化-烧结和湿法造粒-烧结两种工艺。干化-烧结工艺制陶粒时，宜首先将污泥干化至含水率在10%以下，设置专门的破碎装置破碎物料，适宜的物料配比为干污泥50%、粉煤灰30%～40%、黏土10%～20%，混合原料在350℃的温度时预热30min，烧结温度宜为1100～1150℃，烧结时间为15min左右。

(2) 湿法造粒-烧结工艺制陶粒时，宜首先将污泥干化至含水率在60%以下，并添加一定量的辅料和添加剂，辅料宜选粉煤灰和黏土，两者不宜超过40%，添加剂宜选沸石粉，其不宜超过10%，混合物料含水率应降至30%以下，混合物料在300℃的温度时预热30min，烧结温度宜为1100～1150℃，烧结时间为15min左右。

(3) 干化系统须有臭气收集和处理装置，应对污泥在燃烧和烧结过程中排放的废气进行处理，使其达到国家和地方的相关规定。

(4) 污泥陶粒产品的吸水率和抗压强度应满足GB 2838的要求，堆积密度和筒压强度等技术指标应满足GB/T 17431.1的要求。禁止使用不符合相关应用领域产品标准的产品。

(5) 应按HJ 557—2010规定对陶粒产品进行重金属浸出实验，确保符合相关应用领域的环保要求，禁止使用会对环境造成二次污染的产品。

第九节 污泥的应急处置与风险管理

一、应急处置

由于污泥来源于各种污水或废水，所以污泥中不可避免地含有各种有毒有害物质，且因为污泥含较易分解或腐化的成分，通常会散发出难闻的气味。同时，目前污泥处理处置设施的规划建设普遍滞后于污水处理设施。因此，在污泥处理处置设施建成投入使用前，应采取适当的应急处置措施，严禁将污泥随意弃置。

（一）应急方式

目前常用的污泥应急处置措施为简易存置。简易存置方式可分为两种。

（1）在汛期降雨频繁，且场地开放、无围挡的条件下，将污泥直接堆置成有序的条垛，采取石灰和塑料薄膜双重覆盖的措施，最大限度地降低臭味散失和苍蝇孳生。

（2）在旱季降雨较少，且场地封闭、有围墙的条件下，将污泥先自然摊晒5～7d，降低含水率后再堆成条垛存置。摊晒过程中严密覆盖石灰，堆成条垛后严密覆盖沙土，以减小臭味散失。

污泥应急处置的场地应选择在远离人群集聚区、农业种植区和环境敏感区域。当场地面积紧张、降雨频繁时，宜采用第（1）种操作方式；当场地面积宽敞，降雨较少时，宜采用第（2）种操作方式。

简易存置后的污泥，经检测后如符合相关的泥质标准，如《城镇污水处理厂污泥处置 混合填埋用泥质》（GB/T 23485—2009）、《城镇污水处理厂污泥处置 土地改良用泥质》（GB/T 24600—2009）等，则可采用混合填埋、土地改良等方式进行最终处置，避免长期堆放。经检测后如无法满足相关的泥质标准，则应在污泥处理处置设施建成投产后，再将存置污泥回运，进行规范处置。

（二）简易存置方式（1）的操作及管理

1. 操作模式

（1）在临时场地中规划好用于卸泥的区域，利用挖掘机依次挖出多条平行浅沟，沟深约0.5m、宽3～5m；

（2）将挖出来的土方均匀堆置在浅沟两侧，压实后形成等高的挡墙；

（3）引导运泥车将污泥依次卸入指定的浅沟内，形成条垛；

（4）在条垛表面均匀覆盖生石灰，厚度约1～2cm，覆盖必须彻底，不许有污泥外露；

（5）使用塑料薄膜将整个条垛严密覆盖，并将四边压紧，防止臭味外泄和苍蝇接触；

（6）定期在薄膜表面喷洒灭蝇药剂，进一步控制苍蝇孳生。

2. 管理控制要点

（1）浅沟之间至少留出0.5m的间隔，以便后续操作；

（2）压实后的挡墙务必确保强度，防止堆置的污泥挤塌外溢；

（3）在进行撒灰覆膜操作时应注意铺撒全面、覆盖严密、勿留死角；

（4）每日进行场地巡查，发现薄膜损坏及时修补，避免污泥外露；

（5）每日监测场地苍蝇密度，发现显著增加时立刻停止进泥，并在全场范围内进行集中、连续的喷药，直至苍蝇密度恢复正常后再开始进泥；

（6）在揭膜将污泥取出时，需选择风量较大，气压较高的天气进行。揭膜人应站在上风口往下风口顺序揭膜，防止有毒气体瞬间释放致使操作人员中毒；

（7）堆置后的污泥装车外运时，须严格控制操作面积，做到随揭膜随装车，装车完毕立刻重新严密覆盖，避免污泥外露。

（三）简易存置方式（2）的操作及管理

1. 操作模式

（1）在场地中事先规划好用于卸泥的区域，一般为长方形；

（2）引导污泥运输车将污泥均匀、有序地卸入指定的区域内，利用机械设备将污泥均匀摊开至5～10cm厚；

（3）在污泥表面均匀覆盖生石灰，厚度约1～2mm，覆盖必须彻底，不许有污泥外露；

（4）自然晾晒5～7d，污泥含水率降至60%左右后，利用机械设备集中收拢，在指定位置堆成条垛；

（5）条垛表面严密覆盖沙土，厚度约3～5cm；

（6）定期对操作场地喷洒灭蝇药剂。

2. 管理控制要点

（1）污泥卸入场地后需立刻摊开，避免长期堆放产生臭味；

（2）晾晒至含水率满足要求后，需立即堆成条垛，提高场地利用率；

（3）将污泥收拢堆垛的过程中，要严格控制操作面积，减少臭味释放；

（4）每日监测场地苍蝇密度，发现显著增加时立刻停止进泥，并在全场范围内进行集中、连续的喷药，直至苍蝇密度恢复正常后再开始进泥；

（5）存置后的污泥装车外运时，须严格控制作业面积，逐个条垛依次操作。

二、安全风险分析与管理

（一）安全风险因素分析

污泥处理处置过程中，除机械伤害、触电事故等常见安全风险外，还存在一些特殊的安全风险。

（1）污泥中含有较丰富的有机质，在汇集、管道输送过程中，由于有机质的腐败，其中部分硫转化成硫化氢，在某些场合如通风不良，硫化氢积聚，造成空气中硫化氢浓度过高，危害作业（巡检）人员的健康。

（2）湿污泥在储存过程中发生厌氧消化，生成甲烷等易燃气体，如不及时排除，在湿污泥储存仓中积累，有燃烧爆炸的危险。

（3）干污泥在长期储存过程中，被空气中的氧缓慢氧化导致温度升高，温度升高反过来又促使氧化加快，当温度升到自燃温度（约180℃）之后就会引起干污泥自燃。

（二）安全风险管理措施

（1）通风和防暑　为防范生产场合有害气体和高温，需采取以下通风和防暑降温措施：在生产厂房采取自然通风或机械通风等通风换气措施，中央控制室和值班室等设置空调系统。污泥焚烧炉炉壁和管道系统必须具有良好的耐温隔热功能，外表温度低于60℃。

（2）防爆　脱水污泥储存设施和干污泥料仓均有一定量的尾气排出，当两条线的排出尾气汇入排出总管后，应避免尾气直接排放，污染环境。在工艺设计中，在可能有燃爆性气体的室内设自然通风及机械通风设施，使燃爆性气体的浓度低于其爆炸下限。

污泥消化池顶部、沼气净化房、沼气柜等构筑物内的电气和仪表、照明灯具应选用隔爆型。电缆采用铠装电缆支架明敷或桥架敷设，绝缘线穿钢管敷设。

(3) 防火 在正常生产情况下，污泥处理处置设施一般不易发生火灾，只有在操作失误、违反规程、管理不当及其他非常生产情况或意外事故状态下，才可能由各种因素导致火灾发生。因此，为了防止火灾的发生，或减少火灾发生造成的损失，根据“预防为主，消防结合”的方针，在设计上应根据《建筑设计防火规范》(GB 50016—2006) 采取防范措施。

三、环境风险分析与管理

(一) 环境风险因素分析

污泥处理处置工程可使污泥予以妥善处置，但对工程周围环境也会产生一定的影响。

(1) 重金属和有机污染物 工业废水含量高的城镇污水处理厂污泥可能含有较多的重金属离子或有毒有害化学物质，如可吸附性有机卤素 (AOX)、阴离子合成洗涤剂 (LAS)、多环芳烃 (PAHs)、多氯联苯 (PCBs)、多溴联苯醚 (PBDEs) 等。

(2) 病原微生物和寄生虫卵 未经处理的污泥中含有较多的病原微生物和寄生虫卵。在污泥的应用中，它们可通过各种途径传播，污染土壤、空气、水源，并通过皮肤接触、呼吸和食物链危及人畜健康，也能在一定程度上加速植物病害的传播。

(3) 臭气 污泥处理处置很多环节都会有较强的臭气产生。污水处理厂内产生臭气的主要设施有污泥调蓄池、污泥浓缩脱水机房、污泥液调节池、污泥干化等设施。污泥填埋、污泥土地利用等厂外处置环节也会有臭气产生。在污泥运输和储存过程中，也不可避免会有臭味散发到大气中，势必会影响周围地区。

(二) 环境风险管理措施

(1) 污泥重金属和有机污染物的控制 应加强污泥中重金属等有毒有害物质的源头控制和源头减量。监督工业废水按规定在企业内进行预处理，去除重金属和其他有毒有害物质，达到《污水排入城市下水道水质标准》(CJ 3082—1999) 标准的要求。污泥土地利用尤其应密切注意污泥中的重金属含量，要根据农用土壤背景值，严格确定污泥的施用量和施用期限。

(2) 病原微生物和寄生虫卵的控制 首先，应加强污泥的稳定化处理，使得污泥中的大肠菌群数等指标满足《城镇污水处理厂污染物排放标准》(GB 18918—2002) 等标准的要求，其次，为了保护公众的健康以及减少疾病传播的潜在危险，需建立一系列的操作规范和制度，如在污泥与公众可能接触的场合需设置警示标志等。

(3) 臭味对环境的影响及缓解措施 一般来说污泥散发的臭味在下风向 100m 内，对人的感觉影响明显。在 300m 以外，则臭味已嗅闻不到。因此，必须满足 300m 的隔距，才能有居住区。另外，为改善厂区工人的操作条件，污泥接受仓在车辆卸泥完成后应及时封闭，防止臭气逸出。

参考文献

[1] 聂梅生. 水工业工程设计手册废水处理及再用. 北京：中国建筑工业出版社，2002.
[2] 何品晶，顾国维，李笃中等. 城市污泥处理与利用. 北京：科学出版社，2003.
[3] 张自杰. 废水处理理论与设计. 北京：中国建筑工业出版社，2003.
[4] 唐受印，戴友芝等. 水处理工程师手册. 北京：化学工业出版社，2000.
[5] 北京市政工程设计研究总院. 给水排水设计手册（第五册）. 第 2 版. 北京：中国建筑工业出版社，2004.
[6] 张自杰. 排水工程. 第 4 版. 北京：中国建筑工业出版社，2000.
[7] 韩洪军. 污水处理构筑物设计与计算. 哈尔滨：哈尔滨工业大学出版社，2002.

[8]　曾科，卜秋平．污水处理厂设计与运行．北京：化学工业出版社，2001.
[9]　CJJ 131—2009．城镇污水处理厂污泥处理技术规程．
[10]　余杰，田宁宁，王凯军，任远．中国城市污水处理厂污泥处理、处置问题探讨分析．环境工程学报，2007，1(1)：82-86.
[11]　中华人民共和国住房和城乡建设部，中华人民共和国国家发展和改革委员会．城镇污水处理厂污泥处理处置技术指南（试行）．2011.
[12]　潘涛，田刚．废水处理工程技术手册．北京：化学工业出版社，2010.

第十二章 生态处理

第一节 氧 化 塘

氧化塘又称为稳定塘，是一种构造简单、易于管理、处理效果稳定可靠的废水自然生物净化设施。废水在塘内通过长时间的停留，其有机物通过不同细菌的分解代谢功能作用后被生物降解。

一、氧化塘类型及特点

按照氧化塘的微生物优势群体类型以及氧化塘的充氧状况，可分为好氧塘、兼性塘、厌氧塘、曝气塘四个类型，这是氧化塘类型的最常用的划分方法。此外，按照氧化塘出水的连续性和出水量，可以分为连续出水塘和储存塘。另外，用于处理活性污泥法、生物膜法等二级处理厂的出水的氧化塘，又称为深度处理塘，还有一种除利用菌藻外，还利用各种水生植物和水生动物的废水稳定塘，称为综合生物塘。

几种常见氧化塘的设计参数见表 2-12-1[9]。

表 2-12-1 几种常见氧化塘的特点及设计参数

项 目	好氧塘	兼性塘	厌氧塘	曝气塘
原理	好氧塘是利用好氧细菌对进水有机物进行分解，生成的营养性无机物和二氧化碳为藻类所利用，藻类光合作用所产生的氧又为好氧细菌所利用，在这样天然的菌藻共生过程中，污水得到了净化	在兼性塘中，上层为好氧区，下层为厌氧区，介于好氧区和厌氧区之间的为兼性区，兼性塘污水的净化，是由好氧、兼性、厌氧细菌共同完成的，好氧菌所需要的氧来自于藻类光合作用和大气复氧作用	厌氧塘有机负荷很高，塘中没有好氧区，是利用厌氧菌对污水进行净化，污水中有机物分解分为水解、产酸和产甲烷阶段	曝气塘是把表面曝气或鼓风曝气作为供氧的唯一氧源，在曝气条件下，塘中藻类生长和光合作用受到抑制，藻类向水中提供的氧甚少
适用范围	普通好氧塘常用于城市污水处理，高负荷好氧塘则只是停留在生产藻类的试验阶段	兼性塘可用于处理一级出水、二级出水或厌氧塘出水	厌氧塘通常用于高浓度有机废水的处理	曝气塘可以用于二级处理以及三级处理，在工业废水处理中也可用于预处理
BOD_5 负荷	40～120kg/(hm^2·d)	10～100kg/(hm^2·d)	150～1000kg/(hm^2·d)	10～300kg/(1000m^3·d)
水力停留时间/d	10～40	7～180	5～30	3～10
深度/m	0.3～0.5(一般取 0.45)	1.2～2.5	3.0～5.0	2.0～6.0

氧化塘的塘体构造和设施一般比较简单，运行和维修管理的技术要求不高；承受冲击负荷的能力强，进水水质的时变化不会引起出水水质发生波动；氧化塘的细菌去除率较高，并且对于难以好氧生物降解的有机物质，具有较高的去除能力；兼性塘、厌氧塘、普通好氧塘

一般不需要曝气和人为混合，污水处理的运行能耗很低。但是由于氧化塘有机负荷低，水力停留时间长。按处理单位城市污水量计算，氧化塘的占地面积为常规二级污水处理厂总用地面积的9～43倍。而且出水SS含量较高，其处理效率对气温很敏感，有机负荷偏高、水力停留时间偏短的塘，低温时出水的BOD_5会偏高。

二、氧化塘中的生物及生态系统

(一) 氧化塘中的生物

活跃在氧化塘中并对污水净化起作用的生物，主要是细菌、藻类、原生动物以及后生动物、水生植物、其他高等水生生物。

1. 细菌

细菌是氧化塘中数量最多、作用最大的一类微生物。氧化塘的细菌种类取决于氧化塘的构造特征及其所处理的废水，在氧化塘的不同区域、不同深度，往往存在不同的细菌种群。一般情况下，大多数为兼性异养菌，同时也有好氧菌、厌氧菌以及自养型细菌。以下就是在氧化塘中常见的一些细菌[3]。

(1) 好氧菌或兼性好氧菌　主要在好氧塘或氧化塘的好氧区内活动，包括白色贝氏硫细菌（*Beggiatoa alba*）、浮游球衣菌（*Sphaerotilus natans*）、无色杆菌属（*Achromobacter*）、产碱杆菌属（*Alcaligenes*）、黄杆菌属（*Flavobacterium*）、假单胞菌属（*Pseudomonas*）和动胶菌属（*Zoogloea*）等，这些细菌都能在有氧的环境中分解有机物，使其转化为稳定的无机产物，同时细胞得以增殖。

(2) 产酸细菌　是一类兼性异养菌，在缺氧的条件下可将复杂的有机物分解为简单的有机酸和有机醇，包括乙酸、丙酸、丁酸等，以供产甲烷细菌利用，并得到甲烷、二氧化碳等稳定的产物。产酸细菌对温度及pH值都不是十分敏感，因此在兼性塘一定深度或厌氧塘中常见，对有机物的稳定起着不可忽视的作用。

(3) 蓝细菌　蓝细菌与藻类相似，能利用二氧化碳作为碳源并经光合作用产生氧气，供好氧菌利用。

(4) 紫硫细菌　紫硫细菌也是利用光能的光能营养细菌，它可以把硫化物氧化为硫或硫酸盐，它所需要的光波长度较蓝细菌长，因此在氧化塘中，蓝细菌都生长在距水面很近的好氧层，紫硫细菌则生长于较深的一薄层水中。紫硫细菌对于控制氧化塘的气味起着重要的作用。

(5) 厌氧菌　在某些条件下，如厌氧塘、兼性塘的污水入口附近及污泥沉积区，当水中的溶解氧等于零时，厌氧菌就会在其中生长。例如，脱硫弧菌就是一种严格的厌氧菌，它能使硫酸盐还原而生成硫化氢，同时使有机基质分解稳定。产甲烷菌也会在氧化塘的沉积泥层中生长，并转化有机酸为甲烷及二氧化碳。

(6) 硝化细菌　硝化细菌是严格的好氧菌，能将氨气氧化为亚硝酸盐，然后再氧化成硝酸盐。硝化细菌对能量的利用率很低，生长亦较缓慢，因此，只有在供养充分、停留时间较长的条件下，才会有硝化细菌出现。

(7) 病原菌　常见的有沙门菌、志贺菌等，但天然的水环境并不适宜于病原菌的生长，在氧化塘中病原菌也会因沉淀、光照、饥饿以及其他条件的影响而衰亡，不大可能长期存活，更不可能不断繁殖。

2. 藻类

藻类在氧化塘中起着十分重要的作用。在处理污水的氧化塘中，藻类在光照充足的白天吸收二氧化碳放出氧气，供好氧异养菌呼吸之用。在夜晚，藻类进行内源呼吸，消耗氧气并释放出二氧化碳。这种细菌与藻类的共生关系，构成了氧化塘的重要生态特征，其结果是污水中溶解性有机物将大大减少，藻类细胞和惰性的生物残渣则将增加并随着出水排出。

藻类的生长速率比细菌慢，也受温度影响，主要是不能适应温度的突然降低，并不是绝对不能低温下生长。光是藻类生命活动的能源，但是藻类对光的利用率仅为41%左右，这大大限制了藻类的生长和繁殖。氧化塘中占优势的藻类主要取决于温度，也与营养物的性质和浓度、有毒物质的影响以及生物间的捕食效应等有关。

氧化塘中主要的藻类有以下三种。

(1) 蓝绿藻　是单细胞或丝状的群体，其细胞中除含有叶绿素外，还含有蓝藻素，因此藻体呈蓝绿色。在湖泊中常见的蓝绿藻有铜色微囊藻、曲鱼腥藻等，在污水或潮湿的土地上常见的有灰颤藻和大颤藻。

蓝绿藻在污水处理中起着一定的积极作用，它能代谢硫化氢，在缺少氮的环境中能固定大气中的氮。当蓝绿藻生长旺盛时，会使水的颜色变蓝或蓝绿，还会发出草腥气味或霉味。

(2) 绿藻　绿藻是单细胞或多细胞的绿色藻类，适宜在微碱性的环境中成长，是污水处理中最常见的藻类，其中包括小球藻属、栅藻属、眼虫藻属、衣藻属等，大部分绿藻在春夏之交和秋季生长得最旺盛。

(3) 黄褐藻　黄褐藻为单细胞藻类，其过量生长是引起赤潮的原因。在处理污水的氧化塘中也有黄褐藻，但它们往往不能在与绿藻的竞争中取胜。

3. 原生动物及后生动物

原生动物是单细胞的低等动物，个体很小，在污水处理中常见的原生动物有三类：肉足类、鞭毛类和纤毛类，以纤毛类原生动物最为重要。对原生动物的种类和数量进行观察，可以指示污水处理装置的运行是否正常以及出水水质优劣，以便及时采取措施。原生动物在污水处理中还有改善出水水质的作用。

后生动物是多细胞动物，在污水处理中常见的后生动物主要是多细胞无脊椎动物，包括轮虫类、甲壳类动物及其他枝角类浮游动物和昆虫。轮虫以细菌、小的原生动物及有机颗粒等为食物，因此对污水有净化作用。轮虫是好氧的，只有在浮游细菌和有机物较少的环境中才能发现。常见的甲壳类动物有水蚤属和剑水蚤属，在氧化塘中有时可以发现数量极多的水蚤，此时氧化塘出水显得清澈透明。这除了因为甲壳类动物能吞食细菌、藻类及固体状有机物外，还能分泌黏液物质，具有促进细小悬浮物凝聚、沉淀的功能。

氧化塘中蚊虫的孳生值得注意，蚊虫不仅惹人生厌，更主要的是会传播脑炎、疟疾、黄热病等，对人类健康造成危害。

4. 水生植物

在氧化塘中种植大型的水生植物，主要是水生微管束植物，可以提高氧化塘对有机物及无机营养物的去除效果，收获的植物还有多种有益的用途。以下是三种可以在氧化塘中应用的水生植物。

(1) 浮水植物　这种植物自由地漂浮在水面上，能直接利用大气中的氧和二氧化碳，并从水中取得所需的营养盐类。

耐污和去污能力最强的浮水植物为凤眼莲，对于氧化塘中种植凤眼莲的作用，有很多报道，包括：凤眼莲的生长使氧化塘中藻类的生长受到抑制，可以降低出水的悬浮物浓度；凤眼莲的根系起着栅栏作用，阻止了悬浮物的水平运动；空气中的氧通过凤眼莲的叶和茎送到其根部，供氧化塘水中好氧菌的需要；大量细菌及原生动物黏附在其根部，形成了对各种微生物都十分适宜的生态环境等。凤眼莲本身也能直接吸收污水中的BOD、COD和其他污染物。在生长着凤眼莲的氧化塘中，表层保持着好氧条件，底层则呈厌氧状态，对硝化作用反硝化作用的进行提供了极有利的条件。

其余的浮水植物有水浮莲、水花生、浮萍、槐叶萍等，它们也都能起到改善水质的作用，但耐污能力较凤眼莲差。因此凤眼莲适宜于种植在有机污染负荷较高的前级氧化塘，其余浮萍植物适宜于负荷较低的氧化塘。

（2）沉水植物　沉水植物的分布及生长决定于光照情况，在光透射不及的地区不能生长，因此一般只能在塘深小于2m以及有机负荷较小的塘中种植沉水植物。

常见的沉水植物有马来眼子菜、叶状眼子菜等。当氧化塘内藻类浓度较高时，沉水植物也不能生长，沉水植物的作用与浮水植物相似，既能直接吸收去除水中溶解性有机物及营养物，也能为藻类、细菌和原生动物提供附着生长的表面，还具有光合作用的能力，可把氧引入水中，并去除二氧化碳。

（3）挺水植物　从20世纪50年代起就有人研究挺水植物净化污水的作用，其中最为突出的是在人工沼泽系统中利用水葱和芦苇。挺水植物在净化污水方面起的作用与上述两种植物相似，除了吸收营养物质以外，主要是为细菌等微生物提供了生长的介质。由于其茎较长，提供的表面比较大，叶生长于水面之上，也有利于利用阳光。因为水葱和芦苇都可作为工业原料，当处理的污水含有害物质时，它们不致对人体健康造成危害。

5. 其他水生生物

为了更有效地净化污水，并使氧化塘获得一定的经济利益，还可以有目的地在氧化塘中放养一些高等的水生动物，例如鱼、鸭、鹅等。氧化塘放养的鱼类应以草食鱼类为主，禁止肉食性鱼类进入。水禽也都是以水草为食，能建立良好的生态平衡，获得更高的经济效益。

（二）氧化塘的生态系统[4]

1. 氧化塘生态系统的组成

在氧化塘生态系统中，藻类和其他水生植物是生产者，它们利用光、二氧化碳、无机物和水，通过光合作用合成有机物。原生动物、后生动物及其他较高级的水生动物，则是消费者，它们以生产者或较低级的消费者为食物。细菌在氧化塘生态系统中仍然扮演着分解者的角色，它们能把复杂的动植物残体及各种有机物分解为简单的化合物，最终分解为无机物。

显然，在以处理污水为目的的氧化塘中，对有机污染物进行分解稳定的细菌起着最关键的作用；藻类在光合作用过程中放出的氧，保证了好氧细菌的需要，是绝不可少的；其他水生植物和水生动物，都可以从不同的途径协助并加强污水净化的过程。

典型的氧化塘生态系统的组成见图2-12-1。当塘深很浅，有机负荷不高时，整个氧化塘处于好氧状态，塘底部不存在厌氧层；当塘深过大，有机负荷很高时，绝大部分氧化塘处于厌氧状态，塘表层并无好氧区；塘内高等水生植物、水生动物的种类和数量，也随设计和运行的不同考虑而变化。

2. 氧化塘生态系统中不同种群的相互关系

如前所述，在氧化塘生态系统中的各种生物，扮演着它们各自不同的角色，同时，它们又是以某种方式相互依存、互相制约而又生活在一起的。其中最为典型的是菌藻共生关系和不同生物在食物链中的相互吞食关系。

（1）菌藻共生关系　细菌对有机物进行好氧代谢的反应可以表示为：

$$C_6H_{12}O_6+6O_2 \longrightarrow 6CO_2+6H_2O+\text{能量} \qquad (2\text{-}12\text{-}1)$$

式中以 $C_6H_{12}O_6$（葡萄糖）作为有机物的代表，由式(2-12-1)可以看出，细菌对有机物进行好氧代谢的过程需要消耗 O_2，其产物为稳定的 CO_2 和 H_2O。

氧化塘中细菌所需的氧气正是由藻类提供的，藻类进行光合作用所需要的碳源，又是细

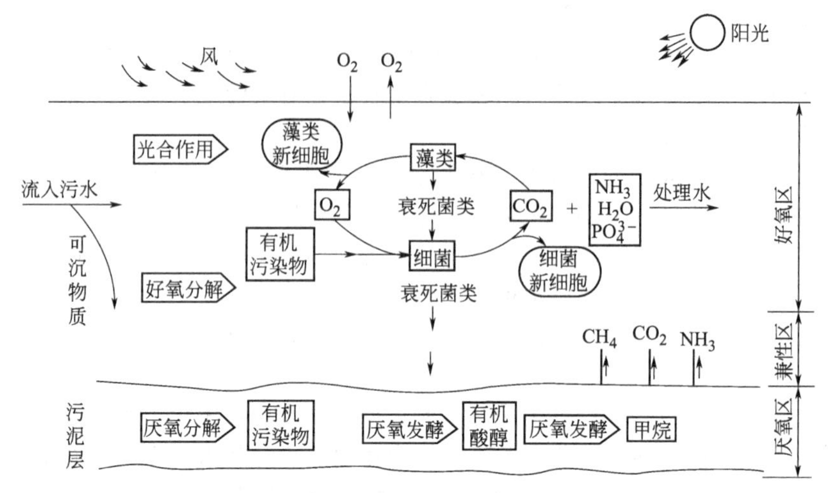

图 2-12-1 氧化塘生态系统

菌对有机物进行好氧代谢的产物。藻类光合作用可以表示为：

$$NH_4^+ + 5CO_2 + \frac{5}{2}H_2O \xrightarrow{光} C_5H_9O_{2.5}N + 5O_2 \tag{2-12-2}$$

式中，$C_5H_9O_{2.5}N$ 是表示藻类细胞元素组成的经验式。

(2) 在食物链中的相互吞食关系 在氧化塘中不断繁殖的细菌和藻类，将被浮游动物吞食，不断繁殖的浮游动物又会被鱼类所吞食。大型藻类和水生植物是食草鱼类和鸭、鹅的食物，幼小鱼类也会被大鱼所吞食，因此，在氧化塘中存在着许多食物链，这些食物链纵横交错构成了食物网。如果在各营养级之间保持适宜的数量比，就可以建立良好的生态平衡，不仅可使污水中的有机污染物得到不断的降解，而且其降解产物能被水生植物和水生动物所利用。

3. 氧化塘生态系统中物质的迁移转化

在氧化塘系统中，各种物质不断地发生着迁移及转化，使有害于环境的某些物质形态转化为无害的另一些形态，这也是氧化塘净化污水的功能。

(1) 碳素的转化和循环 氧化塘的污水中，碳素主要以溶解性的有机碳形式存在，它在氧化塘中的转化及循环见图 2-12-2。

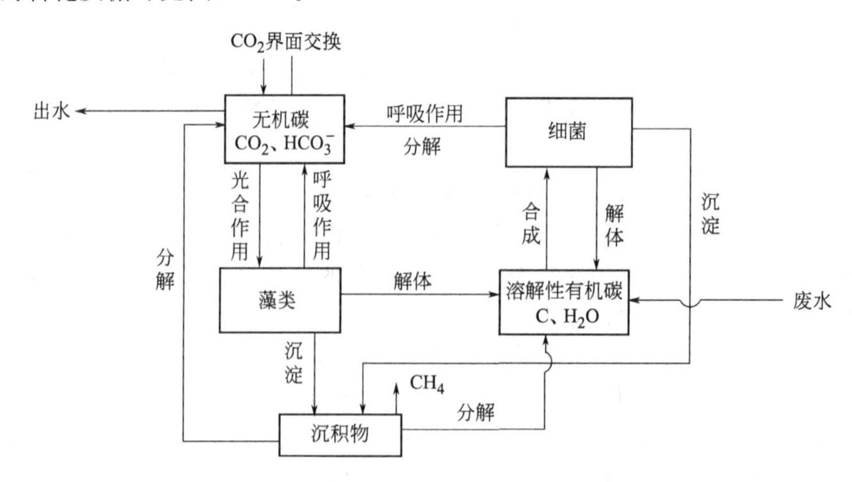

图 2-12-2 氧化塘内碳元素的转化和循环

由此可见，碳素转化的主要途径有：

① 细菌通过好氧呼吸作用使溶解性有机碳转化为 CO_2 等无机物，又通过合成作用使本身机体得到繁殖。

② 藻类在光合作用过程中吸收无机碳，并得到增殖，在无光照的条件下藻类的呼吸作用会释放 CO_2。

③ 菌、藻体会由于死亡而沉淀至塘底，或由于自溶、解体而产生溶解性有机碳。

④ 塘底的厌氧微生物对不溶性有机碳进行分解而产生溶解性有机碳和无机碳。

(2) 氮素的转化和循环　氧化塘的污水中，氮元素主要以有机氮化合物及氨氮的形态存在，它们在氧化塘中的转化及循环见图 2-12-3。

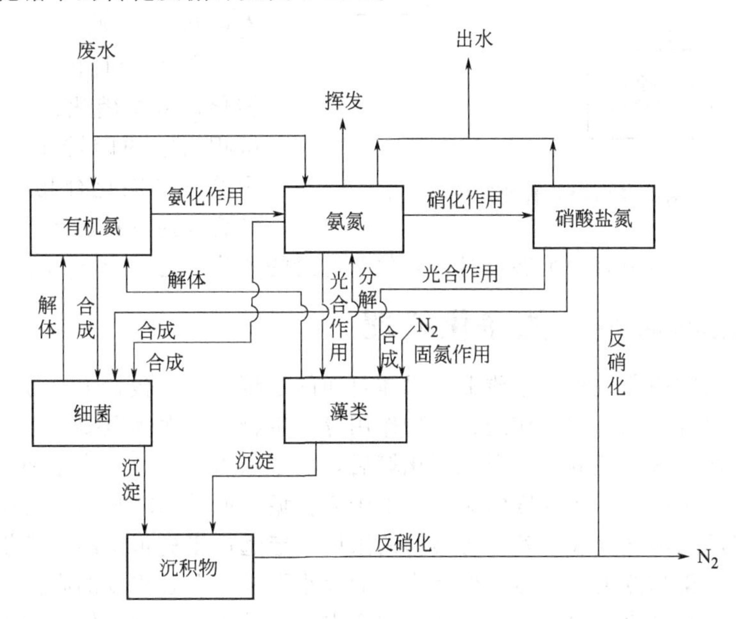

图 2-12-3　氧化塘内氮元素的转化和循环

由此可见，氮素转化的主要途径如下。

① 氨化作用。即有机氮化合物在微生物作用下分解为氨态氮，虽然氨氮已是无机物，但是仍不稳定，排入水体会因耗氧而影响水环境的状况，对鱼类也有毒害。

② 硝化作用。即由细菌在好氧条件下将氨氮转化为硝酸盐，这类细菌称硝化细菌，属于自养型，其世代期较长。硝化反应可以表示为：

$$2NH_3+4O_2 \longrightarrow 2HNO_3+2H_2O+\text{能量} \quad (2\text{-}12\text{-}3)$$

③ 反硝化作用。即在反硝化菌的作用下将硝酸盐还原成分子态氮，反硝化菌为异养厌氧菌。

$$2HNO_3+CH_3COOH \longrightarrow N_2+2H_2O+2HCO_3^- \quad (2\text{-}12\text{-}4)$$

通过硝化、反硝化作用，污水中有机氮素可转化为氮气逸出。但试验研究表明，在氧化塘中并不存在完成这两项反应的良好条件。

④ 吸收作用。即微生物及各种水生生物吸收 NH_3-N 或 NO_3^--N 作为营养物，合成其本身的机体，这也是去除污水中氮素物质的一条途径。

⑤ 挥发作用。在 pH 值较高，水力停留时间较长，温度较高时，水中 NH_3 会挥发至大气，有时挥发量可达 21%。

⑥ 分解作用。藻类和细菌的死亡和解体会形成含有有机氮的沉淀物或溶解性的有机氮，

继而有机氮的沉淀物会在厌氧菌作用下得到分解。

(3) 磷素的转化及循环 氧化塘污水中，既含有机的磷化合物，也含可溶性的有机磷酸盐类，磷的转化循环见图 2-12-4。

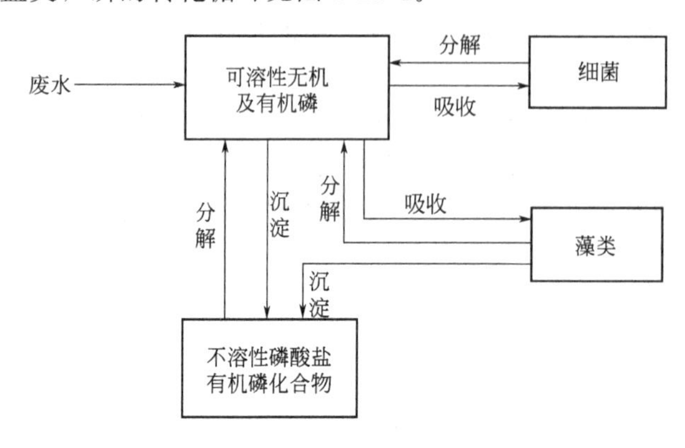

图 2-12-4 氧化塘内磷元素的转化和循环

氧化塘中磷元素的转化途径有：

① 有机磷在微生物作用下分解氧化，这是与有机碳的分解氧化同时进行的；

② 菌、藻及其他生物吸收无机磷化合物合成其新细胞，即转化为有机磷化合物；

③ 可溶性磷与不溶性磷之间的转化，例如硝化菌会产生硝酸促使沉积物中的磷转化为可溶性磷，水中的三价铁化合物可与可溶性磷酸结合成磷酸铁沉积。

一般当氧化塘的停留时间足够长时，氧化塘对磷的去除率为 50%～70%。

三、氧化塘对污水的净化机理

氧化塘对污水的净化过程，本质上是水体自净的过程，其中包括了十分复杂、多种多样的净化作用，如物理作用、化学作用、生物作用等，生物作用尤为重要。

(1) 稀释作用 被处理的污水引入氧化塘后，由于水力、风力的作用和污染物的扩散作用，必将与塘内的水取得一定程度的混合。由于氧化塘一般采取较长的水力停留时间，塘内的水经过较长时间的净化处理，各种污染物的浓度一定远低于进水中的污染物浓度，甚至已接近于出水中的污染物浓度。显然，稀释作用的大小取决于混合程度的高低，在设计上采取措施可以改善进水与塘水的混合情况，如采用多点布水的进水装置。但总的来说，由于氧化塘容积大，进水与塘水的混合总是有限的，在氧化塘进口附近的污染物浓度一般还是高于塘水中的平均浓度，更高于出口附近的污染物浓度。

稀释作用只是一个物理过程，在氧化塘对污水的净化中也只是一个初级的非本质的净化过程。但稀释作用往往对其余作用有辅助的效能，如通过稀释可降低有毒有害物质浓度，保护生物净化作用的正常进行。

(2) 沉淀和絮凝沉淀作用 污水中挟带的悬浮物进入氧化塘后，会由于流速的突然降低而在重力作用下逐渐沉淀到塘底，使水中的悬浮物、BOD 和 COD 的浓度都得到降低，与常规污水处理流程所采用的沉淀池相比，氧化塘的停留时间要长几十倍甚至上百倍，因此在其中发生的沉淀作用对净化污水所起的效果是不容忽视的。

除自然沉淀外，也存在絮凝沉淀作用，即细小的悬浮物会在絮凝物质的作用下聚集成大颗粒，然后沉淀下来。氧化塘中的絮凝物质大多数是生物体的分泌物，因此，氧化塘中的絮凝沉淀作用主要是生物絮凝作用。

(3) 好氧微生物的代谢作用 好氧的或兼性的异养型微生物是以有机物为其碳源和能源的，它们在好氧条件下进行的代谢过程，也就是有机物分解稳定过程，是氧化塘净化污水的关键性作用。

其过程是，一部分有机物被细菌氧化分解，成为无机物，如 CO_2、H_2O、NH_3 等，在氧化分解过程中消耗氧气并放出大量能量供微生物生命活动利用，这个过程称为分解代谢或异化作用；另一部分有机物则被细菌利用合成其新的机体，表现为细菌的繁殖增长，这个过程称为合成代谢或同化作用。细菌细胞体也在不断地进行内源呼吸，即自身氧化过程，其最终产物同样是 CO_2、H_2O 等无机物，并有约 20%的生物残渣。

氧化塘由于好氧菌的作用而得到很高的有机物去除率，一般 BOD 可去除 90%以上，COD 去除率可达 80%左右。

(4) 厌氧微生物的代谢作用　在兼性塘的底部或是厌氧塘中，水中溶解氧接近零，厌氧微生物得以生长，将对有机污染物，特别是塘底的污泥进行厌氧发酵，使之得到稳定，这也是氧化塘净化作用不可缺少的一部分。

有机物厌氧发酵的过程可以分为三个阶段：①水解发酵，这一阶段由两类细菌参加，即先由各种水解细菌分泌水解酶，使固体有机物转变为可溶性有机物，大分子复杂有机物转变为小分子简单的有机物，使细胞能够吸收，然后再由产酸细菌将有机物转化为各种有机酸和醇类；②产氢产乙酸阶段，即由产氢产乙酸菌将各种有机酸和醇类分解形成乙酸和氢，还有 CO_2，以供产甲烷菌的利用；③产甲烷阶段，由产甲烷菌将 CO_2、氢、乙酸、甲醇、甲酸等生成甲烷。有研究表明，厌氧发酵过程中生成的甲烷，约 70%来自乙酸的分解，30%则来自氢的氧化和二氧化碳的还原。

在兼性塘中，底部厌氧层中厌氧微生物的代谢产物，如 CH_4 和 CO_2，会通过兼性层扩散转移到顶部的好氧层中去，CH_4 的水溶性很差，会从水面逸出至大气。厌氧代谢中生成的有机酸，也可能扩散至好氧层由好氧微生物进一步氧化分解。好氧层中那些不容易分解的可沉物质则会沉入塘底。因此，好氧微生物、兼性微生物和厌氧微生物也是在协同作用的。

(5) 浮游生物的作用　藻类的主要作用就是提供氧气，但同时藻类生长所需的营养直接从污水中获取，因此也起到了去除某些污染物，如去除氮、磷的作用。

原生动物、后生动物及浮游动物的主要作用是吞食游离细菌和细小颗粒，包括悬浮状污染物及污泥颗粒，因此可使水质澄清，它们还有分泌黏液促进生物絮凝的功能。

底栖生物摄取底泥中的藻类或细菌为食，可使底泥数量减少。

鱼类的作用是捕食微小的水生动物和污水中所含的腐败物，有助于水质净化。

(6) 水生维管束植物的作用　氧化塘中水生维管束植物对污水的净化作用主要表现为：①水生植物的根系和茎部，为细菌和其他微生物提供了生长介质，使氧化塘内形成了相当数量的生物膜，去除 BOD 和 COD 的能力较没有种植水生植物的氧化塘有显著的提高；②水生植物的生长需要吸收氮、磷等营养元素，使稳定去除氮、磷的能力也有提高；③水生植物具有富集重金属的功能，主要是被其根部所富集，因此当污水中含重金属时，种植水生植物可使重金属去除率大大提高。

四、氧化塘的影响因素

氧化塘的运行效果受到很多因素的影响，其中有气候因素、水质因素以及设计、管理的因素。有些因素可以人为控制，有些因素是纯自然的，这也正是氧化塘区别于一般人工生物处理过程的基本特点之一。

(一) 温度[5]

温度对稳定塘的影响主要由温度对微生物生命活动的影响所致，这种影响决定了氧化塘的负荷能力、处理效果以及塘内占优势的细菌、藻类及其他水生生物的种群。

好氧菌能在 10～40℃的范围内生存，其最佳温度范围为 30～40℃，藻类能在 5～40℃之间存活，其最佳生长温度为 30～35℃。在温度为 5～30℃的正常范围内，微生物的代谢活动速率随温度的升高而加快，一般每升高 10℃代谢速率加快一倍。

一般冬季氧化塘中细菌和藻类的数量会大大减少，氧化塘的处理效果就会显著降低。因为太阳辐射是氧化塘的主要热源，一般氧化塘中会形成温度沿池深变化的现象。当没有搅拌混合设施时，塘表面的水温较高，而且随季节和阳光的强弱、白昼和黑夜有很大的变化，而塘底部的水温较稳定，但也较低，这将不利于池底厌氧菌的活动，厌氧菌理想的温度范围是15～65℃。

进水温度是影响氧化塘水温的另一因素，一般进水温度都较氧化塘水温高，蒸发、风力以及与较冷的地下水的接触，则是使氧化塘水温降低的因素。

必须注意的是，温度的突然下降会引起藻类的死亡，并不是由于藻类不耐低温，因为有的藻类甚至可以在即将冰冻的低温水中生长，这种温度突变引起的藻类死亡机理尚不清楚。

（二）光照

光是藻类进行光合作用的能源，因此光照对氧化塘运行的影响很大。透过塘表面的光的强度和光谱的组成在很大程度上决定了光合作用的进行情况，因此决定了水中溶解氧浓度，也决定了塘内好氧菌的活动。

不同藻类的光饱和值不同，其范围为5380～53800lm/m^2，当光照在此值以下时，藻类光合作用的强度随光照的增强而增强。据报道，当光饱和值为6400lm时，藻类的最大产量为79g/(m^2·d)，当光饱和值为8600lm时，藻类的最大产量为105g/(m^2·d)。但由于氧化塘中光的利用率仅为41%，藻类实际产量约为33～43g/(m^2·d)。

（三）混合

促使氧化塘混合的最重要的因素是风力，对于塘深较浅、水面很大的稳定塘，风力引起的波浪可使塘内污水速度达10m/h，风力能使塘表面的水推向塘壁并转向塘底，使溶解氧充足的表面水转移到塘底，营养物也因此得到混合。利用人工搅拌设施可以促使塘水得到良好的混合，可以增加塘内的溶解氧，从而使氧化塘的处理能力提高，但同时人工搅拌装置将使氧化塘的基建和运行费用增加。由于氧化塘是一个水力停留时间十分长、容积十分大的污水处理构筑物，因此要使其中的水和生物都均匀地得到混合是几乎不可能的。不论采取什么样的措施，在氧化塘的不同区域还会出现不同的水质及不同的微生物种群。

（四）营养物质

微生物的生长和活动离不开营养物质，因此营养物质的种类和数量对氧化塘的运行效能具有重要的影响。微生物所必需的最基本的营养元素有：碳、氮、磷、硫和其他一些微量元素。细菌所需的碳素主要取自污水中的有机化合物，氮、磷、硫等则是无机营养物质。

（1）氮　正常的细菌原生质要求约11%的氮，藻类原生质所含的氮约为10%～11%，但当藻类老化时，其含氮量会降低至6%左右。生活污水所含的氮一般足够满足微生物的需要，当处理某些工业废水时，可能需要补充氮素营养。

（2）磷　细菌原生质含磷约2%，藻类原生质含磷2%～3%。城市污水中往往含有相当多的磷，足以满足微生物的需要，促进水生物的生长。

水中生物主要利用无机的正磷酸盐，当污水中氮、磷过量时，有可能引起藻类的过量繁殖。

（3）硫　硫是微生物所需的另一种重要营养物，但它通常大量存在于天然水体中。而且，因为它不是限制性营养物，一般认为可不必从废水中去除它。从生态学方面考虑，硫是特别重要的，因为硫化氢和硫酸等化合物是有毒的，对于硫化细菌来说，硫化物的氧化是其重要的能源。

（4）其他微量元素　微生物的生长和生命活动还需要很多不同的微量元素，铁和锰是最重要的两种，其他还有锡、钼、钴、锌和铜等。

（五）有毒物质

工业废水中所含的某些污染物，如酸碱物质、重金属、农药和其他有毒物质对微生物有毒害作用，因而有可能严重影响氧化塘的功能。

有毒物质对氧化塘中微生物的作用性质及严重程度取决于毒物性质、浓度、接触时间和生物的生理状况等因素。例如，强氧化剂可氧化细菌的细胞物质，使其正常代谢受到阻碍，甚至死亡。重金属如锰、锌、铜等，虽为微生物需要的微量元素，但浓度过高时就成了杀菌剂会造成对细菌的抑制作用。因此，应对氧化塘进水中有毒物质的浓度加以限制，一般，氧化塘对毒物的影响不如活性污泥法敏感。

（六）蒸发量和降雨量

天然降雨可使氧化塘中污染物浓度得到稀释，可以促进塘水的混合，但同时也使污水在塘中的停留时间缩短。

蒸发的作用正好相反，由于蒸发，塘出水量小于进水量，水力停留时间将大于设计值，塘中污染物质，特别是无机盐类的浓度将由于蒸发而得到浓缩。

因此，在设计氧化塘时，应该综合考虑蒸发和降雨两方面的影响。

五、好氧塘设计

（一）原理和特征[6]

好氧塘的水深一般在 0.5m 左右，阳光能够直透塘底，塘内藻类生长繁茂，光合作用旺盛，塘水中溶解氧非常充分，好氧微生物活跃，BOD 去除率高，在停留时间 2～6d 后可达 80%以上。

好氧稳定塘净化反应中的一个主要特征是好氧微生物与植物性浮游生物、藻类共生。藻类利用透过的太阳光进行光合作用，合成新的藻类，并在水中放出游离氧。好氧微生物即利用这部分氧对有机物进行降解，而在这一活动中所产生的 CO_2 又被藻类在光合作用中所利用。这样在 CO_2 和 O_2 授受过程中，有机污染物得到降解。

好氧塘是各类稳定塘的基础，一般各种稳定塘的最终出水都要经过好氧塘。好氧塘的最大问题是出水中藻类含量高，好氧塘出水中藻类 SS 含量可高达几十至几百毫克/升，如对藻类处理不当，会造成二次污染。

（二）工艺设计[6]

好氧塘内发生的反应比较复杂，影响有机物去除的因素也比较多，目前还没有建立起以严密理论为基础的设计方法，因此，仍按经验数据和经验公式进行好氧塘的设计。与其他废水处理构筑物的设计一样有两种方法。

1. Oswald 公式设计法

（1）阳光辐射值

$$S=(1+0.00328E)[S_{min}+P(S_{max}-S_{min})] \quad (2\text{-}12\text{-}5)$$

式中，S_{max}为海平面可见光最大辐射值，cal/(cm^2·d)；S_{min}为海平面可见光最小辐射值，cal/(cm^2·d)；P 为日照率，日照时数与该地可照时数之比；E 为地区海拔高度，m。

（2）藻类单位塘表面积单位时间产氧量

$$Y=0.0028FS \quad (2\text{-}12\text{-}6)$$

式中，Y 为藻类产氧量，g/(m^2·d)；S 为设计日照辐射值，cal/(cm^2·d)；F 为氧转换系数，取值 1.25～1.75，一般为 1.6。

（3）有机物氧化需氧量

$$u=Q(C_0-C_e) \tag{2-12-7}$$

式中，u 为有机物氧化需氧量，g/d；Q 为废水流量，m^3/d；C_0 为进水 BOD_5 浓度，mg/L；C_e 为出水 BOD_5 浓度，mg/L。

（4）氧化塘面积

$$A=\frac{u}{Y} \tag{2-12-8}$$

式中，A 为所需氧化塘面积，m^2。

2. 有机负荷法

氧化塘面积

$$A=\frac{QC_0}{N_0} \tag{2-12-9}$$

式中，N_0 为 BOD_5 面积负荷，kg/(hm²·d)。

采用有机负荷法设计时，BOD_5 负荷应根据试验或相近地区相似废水的好氧塘实际运行资料来确定。如无这些资料时，可参考表 2-12-2 和表 2-12-3 结合本地区的具体情况采用。

表 2-12-2 好氧塘的典型设计参数[7]

参数	高负荷好氧塘	普通好氧塘	熟化好氧塘
BOD_5 负荷/[kg/(hm²·d)]	80～160	40～120	<5
水力停留时间/d	4～6	10～40	5～20
有效水深/m	0.30～0.45	0.5～1.5	0.5～1.5
pH 值	6.5～10.5	6.5～10.5	6.5～10.5
温度范围/℃	5～30	0～30	0～30
最佳温度/℃	20	20	20
BOD_5 去除率/%	80～95	80～95	60～80
藻类浓度/(mg/L)	100～260	40～100	5～10
出水悬浮固体/(mg/L)	150～300	80～140	10～30

表 2-12-3 串联在兼性塘后的好氧塘的设计参数[7]

参　数	范　围	参　数	范　围
BOD_5 负荷/[kg/(hm²·d)]	40～230	BOD_5 去除率/%	30～50
水力停留时间/d	4～12	出水 BOD_5/(mg/L)	15～30
水深/m	0.6～0.9	出水 SS/(mg/L)	40～60
pH 值	6.5～10.5	进水 BOD_5/(mg/L)	50～100
温度范围/℃	0～40		

六、兼性塘设计

（一）原理和特征[2]

兼性塘是最常见的一种废水稳定塘，其特点是塘深较深（1.2～2.5m），因此塘中存在不同的区域。上层阳光能透射到的区域，藻类得以繁殖，溶解氧含量充足，好氧细菌活跃，为好氧区；底层有污泥积累，溶解氧几乎为零，主要由厌氧菌对不溶性的有机物进行代谢，为厌氧区；中部则为兼性区，实际上是好氧区和厌氧区中间的过渡区，大量兼性菌存在其中，随环境条件的变化以不同的方式对有机物进行分解代谢。

兼性塘中三个不同区域不易截然分清，相互之间有密切联系。厌氧区中生成的 CH_4、CO_2 等气体将经过上部两区的水层逸出，且有可能被好氧层中的藻类所利用；生成的有机酸、醇等会转移至兼性区、好氧区，由好氧菌对其进一步分解。好氧区、兼性区中的细菌和藻类，也会因死亡而下沉至厌氧区，由厌氧菌对其分解。

兼性塘可以接受原废水或经预处理的废水，易于运行管理，其有机负荷不如好氧塘高，出水水质也不如好氧塘。但因其深度较深，可缩小占地面积，常作为好氧塘的前级处理塘。

(二) 工艺设计

兼性塘主要设计参数包括：停留时间、BOD_5 负荷、塘数、塘的长宽比、塘深等，具体情况详见表 2-12-4。

表 2-12-4 兼性塘主要设计参数

主要设计参数	一般规定	备 注
1. 停留时间	12～18d,其中南方地区选用较低的数值,北方地区选用较高的数值	指平均理论停留时间,设计时应充分估计到实际水力停留时间在时间、空间上的不均匀性。冬季平均气温在 0℃以下时,水力停留时间以不少于塘面封冻期为宜
2. BOD_5 负荷	10～100kgBOD_5/(hm^2·d),其中南方炎热地区选用高值,北方寒冷地区选用低值	为保证全年正常运行,一般根据最冷月份的平均温度作为控制条件来选择负荷
3. 塘数	通常采用多塘系统,按并联形式或串联形式布置,一般采用串联塘,最少为 3 个塘	
4. 塘的长宽比	常采用方形或矩形,矩形塘的长宽比一般为 3∶1	塘的四周应做成圆形以避免死角。不规则塘形不应采用,容易短路形成死水区
5. 塘深	一般采用 1.2～2.5m	北方寒冷地区应适当增加塘深以利过冬。在满足表面负荷的前提下来考虑塘深以获得经济有效的处理塘系统

兼性塘设计方法分两种：面积负荷公式法和 Wehner-Wiehelm 公式。

1. 面积负荷公式

(1) 塘面积

$$A=\frac{Q(C_0-C_e)}{1000N_0} \tag{2-12-10}$$

式中，A 为塘的面积，hm^2；Q 为设计废水量，m^3/d；C_0 为进水 BOD_5 浓度，mg/L；C_e 为出水 BOD_5 浓度，mg/L；N_0 为设计 BOD_5 负荷，kg/(hm^2·d)。

(2) 水力停留时间

$$t=\frac{V}{Q} \tag{2-12-11}$$

式中，V 为塘的有效容积，m^3；t 为水力停留时间，d。

2. Wehner-Wiehelm 公式

(1) 扩散参数

$$D=\frac{H}{vl}=\frac{Dt}{l^2} \tag{2-12-12}$$

式中，D 为扩散系数，无量纲；H 为轴向扩散系数，m^2/s；v 为流体速率，m/d；t 为水力停留时间，d；l 为标准颗粒行进路线特征长度，m。

(2) 最低温度反应速率

$$K_T = K_{20}(1.09)^{T-20} \tag{2-12-13}$$

式中，K_T 为运转时塘水最低温度时的反应速率；K_{20} 为塘水 20℃时的反应速率，0.15d^{-1}；T 为运转时塘水的最低温度，℃。

(3) 常数 a

$$a = \sqrt{1+4KtD} \tag{2-12-14}$$

式中，K 为一级反应系数，d^{-1}；t 为水力停留时间，d。

(4) 出水 BOD 浓度与进水 BOD 浓度的比值

$$\frac{C_e}{C_0} = \frac{4a e^{D/2}}{(1+a)^2 e^{a/(2D)} - (1-a)^2 e^{-a/(2D)}} \tag{2-12-15}$$

七、厌氧塘设计

(一) 原理和特征

厌氧塘处理废水的原理，与废水的厌氧生物处理相同。有机物的厌氧降解分为水解、产酸和产甲烷三个步骤。厌氧塘全塘大都处于厌氧状态，可生物降解的颗粒有机物先被胞外酶水解成为可溶性的有机物，溶解性有机物再通过产酸菌转化为乙酸，接着在产甲烷菌的作用下，将乙酸转变为甲烷和二氧化碳。虽然厌氧降解机理是有顺序的，但是，在整个系统中，这些过程则是同时进行的。厌氧塘除对废水进行厌氧处理以外，还能起到废水初次沉淀、污泥消化和污泥浓缩的作用。

影响厌氧塘处理效率的因素有气温、水温、进水水质、浮渣、营养比、污泥成分等。其中气温和水温是影响厌氧塘处理效率的主要因素。

厌氧塘一般作为预处理而与好氧塘组成厌氧-好氧（兼氧）生物氧化塘系统，较好地应用于处理水量小、浓度高的有机废水。厌氧塘作为氧化塘的一种形式，通常设置于氧化塘系统的首端，以减少后续处理单元的有机负荷。厌氧塘可用于处理屠宰废水、禽蛋废水、制浆造纸废水、食品工业废水、制药废水、石油化工废水等，也可用于处理城市污水。城市污水由于有机物含量比较低，采用厌氧塘较少。在城市污水氧化塘系统首端设置厌氧塘，由于该塘在系统总面积中所占比例较小，为清除污泥带来方便。另外，厌氧塘的进水口接到较小厌氧塘的底部（图 2-12-5），有利于利用塘内的厌氧污泥，提高处理率。厌氧塘的最大问题是无法回收甲烷，产生臭味，环境效果较差。

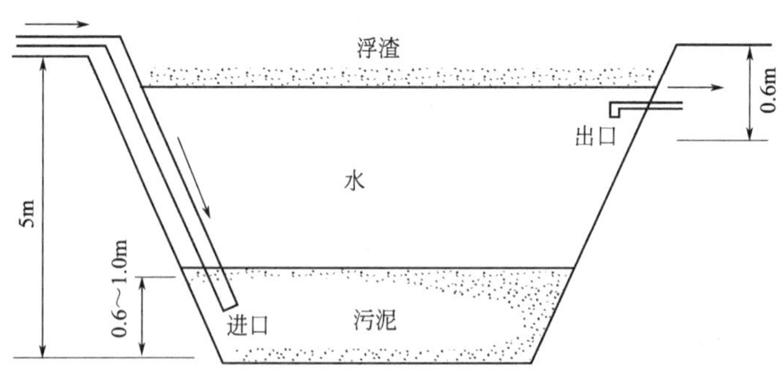

图 2-12-5 厌氧塘进出口布置

(二) 工艺设计[2]

1. 一般规定

修建厌氧塘，应注意下述环境事项：

(1) 厌氧塘内废水的污染度高，塘的深度大，容易污染地下水，对厌氧塘必须作防渗设计；

（2）厌氧塘一般都有臭气散发出来，应离居住区在500m以上；

（3）肉类加工等废水的厌氧塘水面上有浮渣，浮渣虽有利于废水处理，但有碍观瞻；

（4）浮渣面上有时滋生小虫，运行中应有除虫措施。

2. 预处理

厌氧塘之前应设置格栅。含砂量大的废水，塘前应设沉砂池。肉类加工废水以及油脂含量高的废水，塘前应设除油池。

3. 主要尺寸

（1）长度和宽度　厌氧塘一般为长方形，长宽比为（2～2.5）∶1。

（2）深度　厌氧塘的有效深度（包括水深和泥深）为3～5m，当土壤和地下水条件许可时，可以采用6m。厌氧塘的深度虽比其他类型的稳定塘大，但过分加大塘深也没有好处。因为在水温分层期间，每增加30cm水深，水温将递减1℃。塘的底泥和水的温度过低，将会降低泥和水的厌氧降解速率。

城市污水厌氧塘底部储泥深度，设计值不应小于0.5m。污泥清除周期的长短取决于废水性质。

（3）塘底　塘应采用平底，略具坡度，以利排泥。

（4）塘堤坡度　堤的坡度按垂直∶水平计，内坡为(1∶1)～(1∶3)，外坡不应大于1∶3以便割草。

（5）塘高　塘的超高为0.6～1.0m，大塘应取上限值。

4. 进口和出口

厌氧塘进口位于接近塘底的深度处，高于塘底0.6～1.0m。这样的进口布置可以使进水与塘底厌氧污泥混合，从而提高BOD_5去除率，并且可以避免泥砂堵塞进口。塘底宽度小于9m时，可只用一个进口；大塘应采用多个进口。厌氧塘的出口为淹没式，淹没深度不应小于0.6m，并不得小于冰覆盖层或浮渣层厚度。为减少出水带走污泥，可采用多个出口。

5. 设计方法

厌氧塘的主要设计参数为有机负荷和水力停留时间。主要设计参数的选择与地理位置、气候条件，特别是与温度有很大关系。

（1）设计原则　厌氧塘可按冬季平均气温作为控制设计的条件。厌氧塘的设计流量应取平均日流量。厌氧塘的格栅、沉砂池或沉淀池按设计的最大流量计算。

当无生活污水水质资料时，生活污水的BOD_5可按20～35g/(d·人）计算，SS可按30～50g/(d·人）计算。工业废水以及截留的合流废水，其BOD_5和SS含量均宜采用实测值。

厌氧塘进口中有害物质容许浓度应符合《室外排水设计规范》（GB 50014—2006）的规定。

（2）设计公式　城市污水厌氧塘的设计，宜以相同条件下的厌氧塘运行参数为依据。当无适用的经验数据时，可用公式进行计算。由于厌氧塘表面积一般较小，深度较大，而且厌氧分解产生的气体起到搅拌作用，使废水和污泥得以混合，塘内各点水质接近于均匀，因此，其流态接近于完全混合型。设计厌氧塘时，可采用以下公式进行计算。

① 反应速率常数。根据各地区运行数据得出：

$$K_T=0.024234e^{0.1245T} \qquad (2\text{-}12\text{-}16)$$

式中，K_T为水温为T时的反应速率常数，d^{-1}。[适用条件：进水BOD_5 80～400mg/L，表面负荷300～2000kgBOD_5/(hm^2·d)，水力停留时间1～6d]。

Phelps 公式：

$$K_T = K_{20}\theta^{(T-20)} = 0.29229 \times 1.13258^{(T-20)} \tag{2-12-17}$$

式中，K_{20}为水温为20℃时反应速率常数，d^{-1}；θ为温度系数。

② 水力停留时间。

$$t = \left(\frac{C_0}{C_e} - 1\right) \Big/ K_T \tag{2-12-18}$$

式中，t为水力停留时间，d；C_e为厌氧塘出水BOD浓度，mg/L；C_0为厌氧塘进水BOD浓度，mg/L。

八、曝气塘设计

（一）原理和特征

曝气塘虽然属于氧化塘，但又不同于以天然净化过程为主的其他类型的氧化塘，它是人工强化的氧化塘，其净化功能、净化效果以及工作效率都高于一般的氧化塘，但运行费用要比其他类型的氧化塘高很多。

按悬浮物质在塘水中的状态，曝气塘可分为好氧曝气塘和兼性曝气塘两类。好氧曝气塘又称为完全混合的曝气塘，塘内曝气设备的功率水平足以使塘水中的全部固体物质都处于悬浮状态，并向塘水提供足够的溶解氧；兼性厌氧塘，又称部分混合的曝气塘，塘内曝气设备的功率水平仅能使部分固体物质处于悬浮状态，而另一部分固体物质则沉积在塘底，进行厌氧分解反应。

污水在曝气塘内的停留时间及占地面积均较小，多则8～9d，少则1～3d，由于污水在塘内停留时间较短，曝气塘所需要的容积和占地面积均较小，这是曝气塘的主要优点。但是，动力费用明显增加，实践证明，对于深度3～5m的曝气塘，采用表面曝气器，其比功率为6kW/1000m³污水就可以使塘水中的全部固体物质处于均匀的悬浮状态。

（二）工艺设计

对于曝气塘，可以假设：①塘内污水流态为完全混合；②有机污染物在塘内的降解属于一级反应。

对于曝气塘可采用以下公式进行计算。

1. 反应速率

$$K_T = K_{35}(1.085)^{T-35} \tag{2-12-19}$$

式中，K_T为塘内水温最低时的反应速率常数，d^{-1}；K_{35}为塘内水温为35℃时的反应速率常数（取$1.2d^{-1}$），d^{-1}；T为运转时塘水的最低温度，℃。

2. 水力停留时间

$$\frac{C_e}{C_0} = \left[\frac{1}{1 + K_c t_n}\right]^n \tag{2-12-20}$$

式中，C_e为出水BOD浓度，mg/L；C_0为进水BOD浓度，mg/L；K_c为完全混合一级反应速度常数，d^{-1}；t_n为在第n塘的水力停留时间，d；n为串联塘系中的塘序数。

3. 塘深

$$[C_e]_{max} = \frac{700}{0.18d + 8} \tag{2-12-21}$$

式中，$[C_e]_{max}$为最大出水BOD浓度，mg/L；d为塘深，m。

4. 塘容积

$$V_n = Qt_n \tag{2-12-22}$$

式中，V_n 为第 n 个塘的容积，m^3；Q 为进入氧化塘的污水流量，m^3/d。

5. 塘表面积

$$A_n=\frac{V_n}{d} \qquad (2\text{-}12\text{-}23)$$

式中，A_n 为第 n 个塘的表面积，m^2。

6. 需氧量

$$R_rV=a'(C_0-C_e)Q+b'X_VV \qquad (2\text{-}12\text{-}24)$$

式中，R_r 为单位容积氧化塘污水的氧利用速度，$kgO_2/(m^3 \cdot d)$；V 为氧化塘的总体积，m^3；X_V 为塘水中挥发性生物污泥浓度，mg/L；a'为用于有机物氧化降解的氧量与降解的有机物总量之比；b'为单位时间内塘水中生物污泥自身氧化所需的总氧量，$kgO_2/(kg \cdot d)$。

九、相关问题

（一）适用条件和塘址选择

在进行废水处理规划设计时，对地理环境合适的城市，尤其中小城镇和干旱、半干旱地区，应首先考虑采用荒地、废地、劣质地，以及坑塘、淀洼地，建设多种形式的自然废水处理系统，在有条件的情况下应发展氧化塘与其他人工处理相结合的处理系统，以提高处理效果，降低能耗，并开展综合利用。氧化塘与其他人工废水处理系统相比，确实具有基建投资省、运行费用低的优点，但是氧化塘设计负荷低，占地面积较大。我国人均可耕地面积少，如占用耕地修建氧化塘，计算土地成本的基建费用就有可能高于二级生物处理。一般说来，只有当城市附近有坑塘洼地、河滩或盐碱地等可以利用时，采用氧化塘才是经济合理的。因此，以上原则应该作为厂址选择的出发点。

（二）水力学问题

1. 进水口和出水口构造型式

从前设计的塘大都是通过一根管接受进水，而且往往位于塘的中心，其水力学和运转效果往往不佳。氧化塘宜采用多个进水口装置。出水口尽可能布置在距进水口远一点的位置上。氧化塘的进、出水口设置应该能使通过氧化塘的水流在进、出口位置之间形成一个匀速流动断面。

2. 折流板

将水流均匀地分配到各级塘时，可获得好的处理效果。除了处理效果提高之外，从经济性和美学要求的角度来看，折流板也起着重要的作用。因为在折流处，除了由风浪引起的水平力之外，其他作用力很小。所以折流板结构并不要求特别坚固。它可设置在塘的表面之下，还有助于克服不美观的缺点。一般来说，使用折流板越多，导流性和处理效果越好。折流板的另外一个好处是当水流过折流板底端时，引起的涡流增强了混合作用，因而能破坏分层或其形成趋势。冬季结冰可能损害或破坏折流板，因此在严寒地区设计氧化塘的折流板时必须谨慎。

3. 风的影响

风吹动水能使水体循环流动。为了使风产生的短路循环减少到最低程度，应当将塘的进水口至出水口轴线垂直于主导风向。如果因某些原因进水口至出水口轴线不能布置在适当的方位上，在某种程度上可用折流板控制由风引起的循环。应该记住，在相同浓度的稳定塘中，表面流是顺风力方向的，而底层回流是逆风方向的。

(三) 塘体衬砌及附属设施

废水稳定需要良好的止水，止水的主要目的是防止渗漏。渗漏对氧化塘的影响有以下两点：首先，渗漏会引起塘内水深的变化而影响处理能力；其次，渗漏会引起地下水的污染。因此，防渗良好的氧化塘的设计和建造是现代氧化塘的标志。

防渗措施有很多种，大体上分以下三大类：①合成防渗材料防渗，如塑料（或橡胶）；②土和水泥混合防渗材料防渗；③自然的和化学处理防渗方法防渗。根据氧化塘设计和施工的方便以及防渗材料的经济性，推荐以下两种设计和施工方法。

1. 膨润土

膨润土是钠型蒙脱石黏土，具有高度膨胀性、不透水性，见水后呈低稳定性。膨润土作为防渗的工程做法及施工要求如下。

(1) 将膨润土用水调成悬浮液（膨润土浓度约为水质量的 0.5%），洒在塘底的面层，膨润土沉淀下来形成薄层。本法所用膨润土量约为 $4.89kg/m^2$。

(2) 先做一层 15cm 厚的砾石垫层，然后按 (1) 法使用膨润土，让膨润土填满空隙。

(3) 将膨润土铺成 2.5cm 或 5cm 厚的底层，并铺上 20～30cm 的土壤、砾石面层以保护底层。面层用土壤和砾石混合物，比仅用土壤要好，因为前者更具有稳定性和抗侵蚀能力。

(4) 膨润土按体积比 1∶8 左右与砂混合。将混合料在塘底铺成约 5～10cm 厚，并铺盖保护层。此法的膨润土用量为 $14.68kg/m^2$。

(5) 施工断面必须超挖一部分（30cm 或再多些）。

(6) 边坡不应低于 2∶1（水平∶垂直）。

(7) 施工底面应去除大的石块和尖角。

(8) 施工断面应用光滑的钢制压路机滚压。

(9) 地基应用水喷洒以消除尘土。

这一做法简单可行，成本低。与此类似的还有三七灰土（或二八灰土）防渗作法，也可参考以上的内容。

2. 薄膜防渗技术

在要求基本不透水的情况下，常采用塑料或橡胶衬里，用这些材料比较经济。材料选择和施工方法都要能抵抗多数化学物质的侵蚀，大张材料可简化铺装手续，并且基本上不透水。排放标准和环境要求日益严格，因此要保证无渗漏的要求。

在铺装工作中遇到的最难的设计问题是在已建成塘中铺加衬里。设计方法虽然基本上与新塘相同，但必须额外小心估计原有结构和预期结果。必须选择好材料，使之能够与原状相适应。举例说，覆盖柔性合成材料的严重裂缝混凝土衬里，必须做较好的止水和浇灌，要求即使再有移动也不致造成新衬里的损坏。原有柱、基脚等处的止水密封也是需要考虑的。挖填稳定塘的铺砌衬里的设计要点如下：①衬里铺砌结构必须牢固；②衬里设计和检验应当由专业人员负责，这些人员对衬里铺砌具有基本知识，并且对土工技术有经验；③薄的整块不透水衬里铺贴的底面，应是光滑平整的混凝土、土、压力喷浆或沥青混凝土面层；④除了沥青镶板外，现场接缝均应垂直于坡脚；⑤在坡的顶部可使用常规锚固，也可用非常规锚固；⑥进口和出口必须适当止水；⑦支承物所造成的衬里穿孔和裂缝，均应止水。

【例 2-12-1】 某县的河水实际是一天然排水沟，由于长期受工业及生活污水的污染，严重影响沿河村民的身体健康。该河旱季流量在 $2000～2800m^3/d$ 之间，是由上游十几家单位排放的废水，废水 BOD_5 据测定为 50～100mg/L，悬浮物 58～73mg/L，同时该河在雨季有排洪的功能。根据现场踏勘，稳定塘选址拟在该村村南 250m 处，紧靠河床的一片弃耕多年的耕地，面积约 $20000m^2$（约 30 亩），长 300m，宽 60m。将稳定塘建在此，可以使河水在进村前得到净化，并且该位置远离居民，建塘不会带来明显的环境问题。由于塘的设计既要考虑处理废水，又要考虑泄洪排洪，还要防止污染地下水，并且不因建立稳定塘给农民增加负担，且具有一定的经济效益。

解：设计水质：

BOD_5＝100mg/L；COD＝200mg/L；SS＝100mg/L。

经过稳定塘处理后的水质，在3～12月可达到：BOD≤20mg/L、COD≤100mg/L、SS≤20mg/L。

设计工艺上的考虑。

① 排洪与处理相结合。本着因地制宜、综合利用、尽量减少基建投资和运行费用的原则进行工艺设计。采用筑坝将水头抬高1m，自流进入稳定塘。为了防洪，在河道上砌坝，在雨量小时，坝上设有分洪溢流道，而洪水较大时，则开闸放水。

② 多级串联。采用多种类型稳定塘串联系统。各塘设计水深1.5m，实际水面13333m^2（20亩），总池容为19500m^3，平均停留时间8d，塘的平面如图2-12-6所示，采用多塘有以下考虑：改善了水流特性，各塘进水口交替为水平和淹没流形式，塘的长宽比为30∶1，避免层流、异重流发生；在第一、第四塘种植耐污的水葫芦，第二、第三塘为藻菌共生塘，这样由于第一、第四塘种植了水生植物，抑制了藻类的过度生长，避免了出水中藻类的SS；可以避免由于混合、内部回流和风的搅拌等引起生物群落次序的混乱，使适应一定水质条件的生物种类较为稳定而有效地发挥作用。

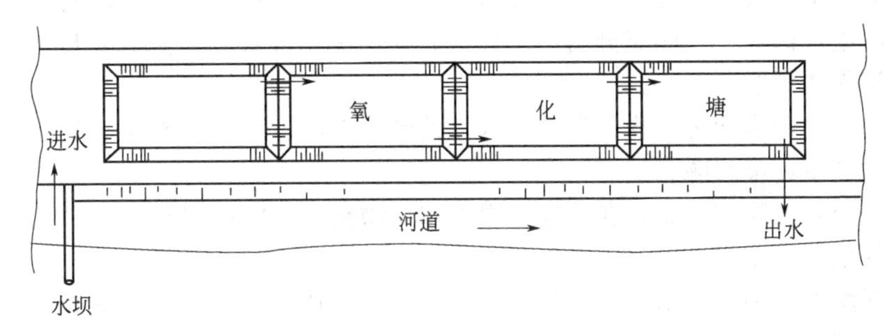

图2-12-6　稳定塘平面布置

③ 预处理措施。由于上游河道较宽，流速很小，大部分SS在河道中沉淀，所以设计中不考虑预处理措施。由于第一部分废水水质较差，在这一部分应进行防渗处理，采用地基素土夯实，加30cm三七灰土。

④ 其他考虑。塘与塘之间、塘与河之间为了避免增加投资，全设为土堤，坡度均为2∶1堤顶较宽（10m），可以绿化。为使河水水位升高，以利排洪，挡土坝上下游均做10～20m的护坡。从处理效果来看，完全可以达到排放标准，明显地改善了河水的水质，减轻了废水对该村民的危害，同时使环境景观亦有改善，并且由于整个工程没有设置提升及有关机械设备，因此，不用人工管理。

第二节　土地处理系统

土地渗滤处理系统分为慢速渗滤系统、快速渗滤系统、地表漫流系统、湿地系统四种[1,8]。

一、慢速渗滤处理系统

慢速渗滤处理系统（slow-rate land treatment system，简称SR）是将废水投配到种有作物的土壤表面，废水在流经地表土壤-植物系统时得到充分净化的一种土地处理工艺类型。在慢速渗滤处理系统中，投配的废水一部分被作物吸收，一部分渗入地下，见图 2-12-7。设计时一般要使流出处理场地的水量为零；设计的水流途径取决于废水在土壤中的迁移，以及处理场地下水的流向。废水的投配方式可采用畦灌、沟灌及可升降的或可移动的喷灌系统，设计中可根据场地条件和工艺目标选择。

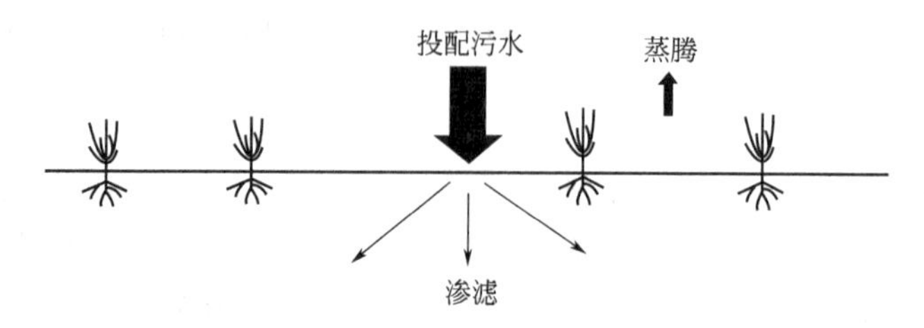

图 2-12-7 慢速渗滤系统示意

(一) 特点

(1) 典型的慢速渗滤处理系统所投配的废水一般不产生径流排放。废水与降水共同满足植物需要，并与蒸散量、渗滤量大体平衡。渗滤水经土层进入地下水的过程是间歇性且极其缓慢的。

(2) 适宜慢速渗滤处理系统的场地，土层厚度应大于 0.60m，地下水位深应大于 1.2m，土壤渗透系数应大于 0.15cm/h。

(3) 根据土壤、气候和废水特点选择适宜的植物。与其他类型土地处理系统相比较，植物是更重要的组成部分，它能充分利用水和营养物资源，可获得的生物量大。该系统中的植物以选择经济作物为主。

(4) 处理系统中水和污染物的负荷较低，处理效率高，再生水质好，渗滤水缓慢补给地下水，不产生次生污染问题。

(5) 受气候和植物的限制，在冬季、雨季和作物播种、收割期不能投配废水，废水需要贮存或采取其他辅助处理措施。

(6) 以深度处理和利用水、营养物为主要目标的慢速渗滤系统，所要求的水质预处理程度相对其他类型土地处理要高。根据对作物、土壤、地下水影响的要求，预处理可采用一级处理、二级处理，并需要对其中工业废水的成分加以必要的控制。

(二) 水质净化功能

1. BOD 的去除

在地表以下 0.5m 深处取渗滤水水样，其中 BOD 浓度约 1.0mg/L，去除率一般都在 98%以上。

2. SS 的去除

在地表以下 0.5m 深处取渗滤水水样，其中 SS 浓度约 1.0mg/L，去除率达 99%以上。

3. 氮的去除

废水中氮的去除包括氨氮挥发、植物吸收、反硝化脱氮和土壤有机质积累等多种途径。根据作物种类、土壤性质、废水的 C/N 比值和气候条件不同，总氮的去除率为 60%以上。棉花、玉米等作物对氮的吸收量为 75～200kg/(hm^2·a)，土壤中脱氮作用占废水中氮投配量的 20%左右。C/N 接近 10 时，对形成土壤有机质和防止氮素的流失更为有利。为保护地下水水质，氮负荷常成为慢速渗滤处理系统中的设计限制因素。

4. 磷的去除

慢速渗滤处理系统中，土壤胶体的离子交换、吸附、固定等对废水中磷的去除起重要作用。土壤的 pH 值及黏土、铝、铁、钙等的化合物含量与磷的吸附容量有关。经长期积累，绝大部分磷也都积集在土壤表层 0～20cm 之内。植物对磷的吸收能力为 20～60kg/(hm^2 · a)。

5. 微量元素的去除

对镍、铬、铜、铅、锌、汞、镉等元素的吸附作用，发生在黏土矿物质、金属氧化物及有机物质的表面，具有细团粒结构和有机质含量较高的土壤，对微量元素的吸附容量更大。一般情况下，土壤 pH 值保持在 6.5 以上，微量元素多呈难溶解化合物形式存在。只要投配废水的微量元素含量符合农业灌溉水质标准，在慢速渗滤田地表以下 1.5m 深处渗滤水中微量元素含量就不会超过饮用水标准。所以，微量元素一般不是慢速渗滤处理系统的设计限制参数。

应该指出的是，当处理高浓度有机废水时，有机物分解产物 CO_2 可以促使土壤中的 Mn^{2+} 溶出，其在渗滤水中含量可能超过饮用水标准（0.1mg/L）。

6. 微量有机物的去除

慢速渗滤处理系统对微量有机物有明显的去除作用。国内外的研究和工程实践结果表明，其中三氯甲烷、甲苯、硝基苯、亚甲基氯化物、1,1-二氯乙烷、三氯甲烷、四氯乙烯、四氯化碳、邻苯二甲酸二丁酯等出水检出率较进水降低 50%以上，浓度降低 75%以上。

7. 病原微生物的去除

废水中的病原菌（如赤痢菌、粪大肠菌、伤寒菌等）、病毒（肝炎病毒、脊髓灰质炎病毒、柯萨奇病毒等）在投配到土壤表面后，经过滤、吸附、干化、太阳紫外线辐射以及土壤微生物的吞食等作用而被去除。

在慢速渗滤处理系统中，废水中病原微生物的去除效果不是设计限制因素。但在设计时，对于喷洒布水所产生的气溶胶对环境的影响和废水中病原微生物对运行操作、管理人员的影响，应与常规废水处理工艺一样予以注意。

（三）设计程序

废水慢速渗滤处理系统工艺设计的主要内容是：①收集、分析和比较拟选处理场地有关资料，测定土壤饱和水力传导系数；②根据废水性质、环境标准和慢速渗滤处理的工艺性能，确定预处理程度和工艺；③根据气候、土壤、废水性质选择作物；④根据处理场地条件和废水性质，确定渗滤速度，计算水力负荷；⑤复核废水中氮或其他污染物限制成分的水力负荷；⑥计算所需要的土地面积；⑦设计布水和排水系统；⑧分析渗滤水对地下水的影响；⑨水质、土壤、地下水监测；⑩运行及管理。

废水慢速渗滤处理系统工艺设计程序如图 2-12-8 所示。

（四）处理系统设计

1. 水力负荷计算

(1) 土壤渗透能力限制水力负荷计算　废水渗透率 P_w 通常按清水饱和传导率 K 的 4%～10%计，清水传导率在场地调查时进行现场实测，根据设计选择的干湿周期布水时间和土壤条件等得到废水日入渗速度 P'_w，逐日累计得到 P_w。

$$P'_w = K \times 24 \times (0.04 \sim 0.10) \tag{2-12-5}$$

式中，P'_w为废水日入渗速度，cm/d；K 为限制土层水传导率，cm/h；24 为每日小时数，24h/d；0.04～0.10 为设计废水渗滤率相对清水传导率取值系数。

投配废水水力负荷由下式表示：

$$L_w = ET - P_r + P_w \tag{2-12-6}$$

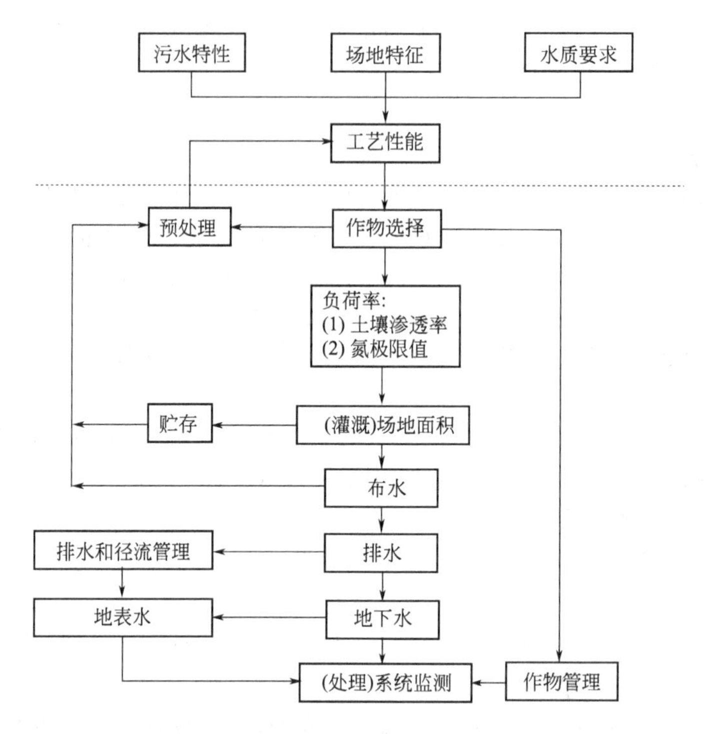

图 2-12-8 慢速渗滤处理系统设计程序

式中，L_w 为投配废水的水力负荷，cm/a；ET 为蒸散量，cm/a；P_r 为降水量，cm/a；P_w 为废水渗滤率，cm/a。

土壤、作物的蒸发、蒸腾总量等参数可由有关方面资料或实测得到，降水量 P_r 通常由五年的月平均值逐月累加。

(2) 渗滤水含氮限制水力负荷计算 氮的物质平衡可由下式表示：

$$L_N = U + fL_N + 0.1C_pP_w \tag{2-12-27}$$

式中，L_N 为投配废水氮的负荷量，kg/(hm^2·a)；U 为作物对氮的利用量，kg/(hm^2·a)；f 为氮的损失系数（挥发、脱氮、土壤贮存），f 与废水性质和投配方式有关，投配水为一级处理出水时 f 约为 0.8，二级处理出水为 0.1～0.2；C_p 为渗滤水中氮的浓度，mg/L；P_w 为废水日渗滤值，cm/a。

以氮为设计限制因素的水力负荷可表示为：

$$L_{wN} = \frac{C_p(P_r - \mathrm{ET}) + 10U}{(1-f)C_n - C_p} \tag{2-12-28}$$

式中，C_p 为渗滤水中氮的浓度，mg/L；P_r 为降水量，cm/a；ET 为蒸散量，cm/a；U 为作物对氮的利用量，kg/(hm^2·a)；f 为氮的损失系数（挥发、脱氮、土壤贮存），f 与废水性质和投配方式有关，投配水为一级处理出水时 f 约为 0.8，二级处理出水为 0.1～0.2；C_n 为投配废水氮浓度，mg/L。

(3) 淋溶限制水力负荷计算 在干旱和半干旱地区，水资源不足，土地资源相对充足。为满足作物需水量，应采用大土地面积类型的慢速渗滤处理系统，以充分利用废水资源。系统采取低水力负荷设计，即根据淋溶限制进行水力负荷计算。

水力负荷 L_w 与降水、蒸散、灌溉系数和使盐分冲到根区以外所需要的淋溶系数之间的关系可由下式表示：

$$L_w=(ET-P_r)(1+LR)\left(\frac{100}{E}\right) \tag{2-12-29}$$

式中，ET 为蒸散量，cm/月；P_r 为降水量，cm/月；LR 为淋溶系数，取值范围为 0.05～0.30，取决于作物种类、降水量和废水中总溶解固体浓度 TDS,%；E 为灌溉系数，随灌溉方式不同而变化，一般为 0.65～0.95。

图 2-12-9 表示废水中总溶解固体（total dissolved solid，简称 TDS）、作物和 LR 值之间的关系。

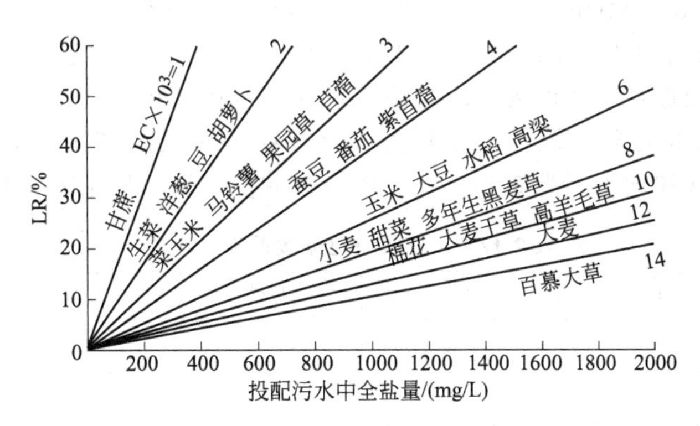

图 2-12-9 废水中总溶解固体（TDS）、作物和 LR 值之间的关系

2. 有机负荷计算

有机负荷一般情况下不是城市污水慢速渗滤土地处理系统的设计限制因素。对于食品加工和其他高浓度有机工业废水，BOD_5 负荷可到 110～330kg/(hm^2 · d)。为保证好氧分解条件和有效控制气味，在 7～9 月份降水集中的季节，应恰当安排干湿周期，及时采取锄、耕等必要的管理措施。

3. 土地面积计算

慢速渗滤系统所需要的土地面积，由慢速渗滤处理田和辅助面积两大部分组成。

（1）慢速渗滤处理田是直接接收投配废水和承担主要净化任务的土地，其面积为：

$$A_w=\frac{Q\times 365+\Delta V_s}{L_w\times 100} \tag{2-12-30}$$

式中，A_w 为慢速渗滤处理田面积，hm^2；Q 为废水设计流量，m^3/d；ΔV_s 为在预处理单元和贮存塘中，由于降水、蒸发、渗漏引起的水量增减量，m^3/a；L_w 为设计水力负荷，cm/a；365 为设计年运行天数。

（2）在雨季、冬季和作物收割时，慢速渗滤田要停止投配废水。因此，需要设计废水贮存塘。贮存水量计算如下。

计算处理废水量在处理田面积上的月理论分布水深 W：

$$W=\frac{Q\times 365\times 100}{A_w\times 10000\times 12} \tag{2-12-31}$$

式中，W 为月理论分布水深，cm/月；Q 为废水设计流量，m^3/d；A_w 为慢速渗滤处理田面积，hm^2；365 为设计年运行天数；100 为米转换成厘米的换算系数，即 1m＝100cm；10000 为公顷转换成平方米的换算系数，即1hm^2＝10000m^2；12 为每年有 12 个月。

从 W 值中减去本月份设计水力负荷 L_w，可以得到该月份余亏值（$W-L_w$），该值加上上月份的数值便是这个月的累积余亏值（即调节值）。

找到调节值的最大值，用该值乘以处理田面积后除以设计流量，得到每年需贮存的最大日数：

$$需贮存的最大日数=\frac{最大调节值\times A_w\times 10000}{100\times Q} \tag{2-12-32}$$

式中，A_w 为慢速渗滤处理田面积，hm^2；Q 为废水设计流量，m^3/d；100 为米转换成厘米的换算系数，即 1m = 100cm；10000 为公顷转换成平方米的换算系数，即 $1hm^2=10000m^2$。

$$贮存塘有效容积(m^3)=需贮存的最大日数(d)\times 日废水设计流量(m^3/d)$$

【例 2-12-2】 某半干旱地区，城市污水量 $Q=10000m^3/d$，拟建设废水慢速渗滤处理系统对城市污水进行处理，预处理为一级处理，投配废水中氮浓度为 30mg/L，出水氮浓度要求 15mg/L。慢速渗滤处理系统种植多年生牧草，牧草对氮的利用量为 $250kg/(hm^2\cdot a)$，并测得场地的土壤饱和导水率为 0.5cm/h，场地蒸散量和降水量见表 2-12-5。

表 2-12-5 处理场地蒸散量与降水量 单位：cm/月

月份	ET	P_r	月份	ET	P_r
1	1.1	0.3	7	8.1	20.5
2	4.8	0.4	8	6.7	21.8
3	7.6	0.5	9	6.7	5.7
4	13.8	2.1	10	5.0	2.5
5	15.6	2.7	11	2.7	1.2
6	14.2	7.6	12	1.2	0.4

解：

① 求废水日入渗速度。废水渗滤率相对清水传导率的取值系数取为 0.08，则

$$P'_w=K\times 24\times f=0.5cm/h\times 24h/d\times 0.08=0.96cm/d$$

② 求 $ET-P_r$。根据表 2-12-5，计算 $ET-P_r$，结果见表 2-12-6。

表 2-12-6 处理场地蒸散量与降水量比较 单位：cm/月

月份	ET	P_r	$ET-P_r$	月份	ET	P_r	$ET-P_r$
1	1.1	0.3	0.8	8	6.7	21.8	−15.1
2	4.8	0.4	4.4	9	6.7	5.7	1.0
3	7.6	0.5	7.1	10	5.0	2.5	2.5
4	13.8	2.1	11.7	11	2.7	1.2	1.5
5	15.6	2.7	12.9	12	1.2	0.4	0.8
6	14.2	7.6	6.6	全年	87.5	65.7	21.8
7	8.1	20.5	−12.4				

③ 根据气候和作物生长情况，确定逐月废水投配设计日数：12 月份、1 月份、2 月份全月不投配废水，3 月份 16d 不投配废水，7 月份、10 月份分两次收割牧草时各有 5d 不投配废水，11 月份 10d 不投配废水，其他各月均正常投配运行。

根据 $P_w=月运行天数\times P'_w$，逐月计算得：

$$3月份=15d\times 0.96cm/d=14.4cm/月$$

4 月份＝30d×0.96cm/d＝28.8cm/月

……

11 月份＝20d×0.96cm/d＝19.2

将各月累加得到：全年 P_w＝14.4＋28.8＋……＋19.2＝229.6cm/a

根据 $L_w = ET - P_r + P_w$，逐月计算 L_w，累加后得到全年废水水力负荷为 272.9cm/a。水力负荷计算见表 2-12-7。

表 2-12-7　水力负荷计算

月份	运行天数/d	P_w/(cm/月)	$ET-P_r$/(cm/月)	L_w/(cm/月)
1	—	—	0.8	—
2	—	—	4.4	—
3	15	14.4	7.1	21.5
4	30	28.8	11.7	40.5
5	31	29.8	12.9	42.7
6	30	28.8	6.6	35.4
7	26	25.0	−12.4	25.0
8	31	29.8	−15.1	29.8
9	30	28.8	1.0	29.8
10	26	25.0	2.5	27.5
11	20	19.2	1.5	20.7
12	—	—	0.8	—
全年	239	229.6cm/a	21.8cm/a	272.9cm/a

注：7 月份、8 月份处理系统会产生径流排水，由于降水多以暴雨形式发生，不会影响污水正常投配和运行。

④ 求以氮为限制因素的水力负荷。取氮的损失系数 $f=0.25$，$P_r=65.7$cm/a，ET＝87.5cm/a，则以氮为限制因素的水力负荷 L_{wN} 为：

$$L_{wN}=\frac{C_p(P_r-ET)+10U}{(1-f)C_n-C_p}=\frac{15\times(65.7-87.5)+10\times250}{(1-0.25)\times30-15}=290\ (\text{cm/a})$$

⑤ 求慢速渗滤田面积。假设降水、蒸发、渗漏引起的水量增减量 $\Delta V_s=0$，则

$$A_w=\frac{Q\times365+\Delta V_s}{L_w\times100}=\frac{10000\times365+0}{272.9\times100}=133.7\ (\text{hm}^2)$$

慢速渗滤处理田面积为 133.7hm^2。

⑥ 求废水贮存塘月理论分布水深

$$\text{月理论分布水深 } W=\frac{Q\times365\times100}{A_w\times10000\times12}=\frac{10000\times365\times100}{133.7\times10000\times12}=22.7\ (\text{cm/月})$$

⑦ 从 W 值中减去本月份设计水力负荷 L_w，可以得到该月份余亏值（$W-L_w$），该值加上上月份的数值便是这个月的累积余亏值，列于表 2-12-8。

⑧ 计算最大贮存值。需要调节的最大值发生在 3 月份，则每年需贮存的最大日数为：

$$\frac{\text{最大调节值}\times A_w\times10000}{100\times Q}=\frac{71.3\text{cm}\times133.7\text{hm}^2\times10000\text{m}^2/\text{hm}^2}{100\text{cm/m}\times10000\text{m}^3/\text{d}}=95.3\text{d}\approx96\text{d}$$

⑨ 计算贮存塘有效容积。

$$\text{贮存塘有效容积}=\text{需贮存的最大日数 (d)}\times\text{日废水设计流量 (m}^3\text{/d)}$$
$$=96\times10000=96\times10^4\text{m}^3$$

表 2-12-8 贮存水量计算表 单位：cm/月

月份	理论分布值 W	废水负荷 L_w	$W-L_w$	调节值
10	22.7	27.5	−5.2	0
11		20.7	2.0	2.0
12		—	22.7	24.7
1		—	22.7	47.4
2		—	22.7	70.1
3		21.5	1.2	713
4		40.5	−17.8	53.5
5		42.7	−20.0	33.5
6		35.4	−12.7	20.8
7		25.0	−2.3	18.5
8		29.8	−7.1	11.4
9		29.8	−7.1	4.3
全年	272.4cm/a	272.9cm/a		

二、快速渗滤处理系统[1,8]

(一) 特点

废水快速渗滤处理系统（rapid infiltration land treatment system，简称 RI）是将废水有控制地投配到具有良好渗滤性能的土壤表面，废水在向下渗滤过程中由于生物氧化、硝化、反硝化、沉淀、过滤、氧化还原等过程而得到净化的一种废水土地处理系统（图 2-12-10）。

1. 处理目的

回灌地下水；渗滤水回收再利用或向水体排放；渗滤水自然补给地下水。

2. 场地特点

场地应具有大于 1.5m 厚、渗透性能良好的粗质地土层；地下水埋深在 2.5m 以上；地面坡度小于 10%；距离人口密集区有一定距离的河滩地、砂荒地。

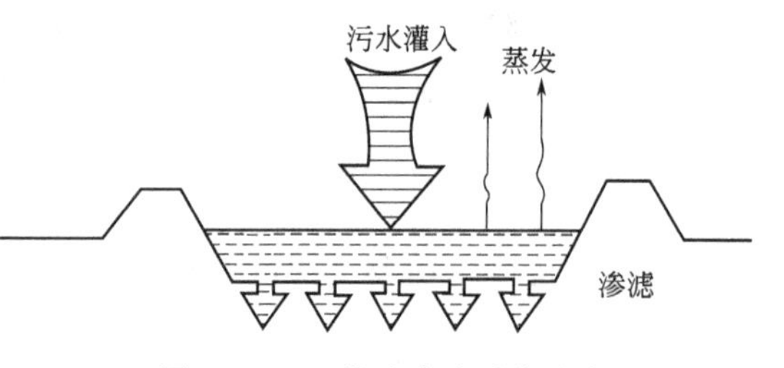

图 2-12-10 快速渗滤系统示意

3. 预处理

（1）一级处理 在土壤质地较粗时，可以采用一级处理或酸化（水解）作为预处理，这种废水的 C/N 值较高，有利于废水中氮的去除。为减少废水中悬浮固体堵塞土壤孔隙，保证较高的渗滤速度，一级处理是废水快速渗滤的最低限预处理。

（2）二级处理 为提高渗滤速度、节省土地和提高系统出水水质，宜选择二级处理作为预处理。

(二) 设计程序

（1）确定快速渗滤池的渗滤速度；

（2）根据处理场地的地质条件和排入地表水或补给地下水的水质要求，确定快速渗滤的水力路径；

（3）根据废水性质和处理标准确定处理要求；

(4) 选择预处理方式；
(5) 根据处理要求、渗滤速度，选择干湿周期和计算水力负荷；
(6) 计算土地面积；
(7) 核算地下水质的影响，确定地下排水要求；
(8) 选择水力负荷周期，确定渗滤池的最小数目；
(9) 计算废水投配速率，核定采用的干湿周期；
(10) 布置渗滤池，设计渗滤池护坡、进出水和其他构筑物；
(11) 设计监测井。

(三) 工艺设计

快速渗滤系统工艺设计的主要参数有水力负荷速率、渗滤池面积、淹水期与干化期之比、废水投配速率、渗滤池组的数目、渗滤池深度等。

1. 水力负荷速率

水力负荷速率的确定要以现场和实验测定的土壤渗滤速率、透水系数、水力传导系数的结果为依据。如果场址的现场调查表明土壤的纵剖面中有限制性透水土层，即使该土层很薄，也应该以该土层的水力传导系数作为水负荷速率设计的依据。对不同的测定方法，应采用不同的修正系数，水力负荷速率的设计修正系数例于表 2-12-9。RI 系统的年水力负荷可为 6～122m/a。

表 2-12-9 水力负荷速率的设计修正系数

测定方法	年水力负荷的修正系数
淹水池法	观测的有效渗滤速率的 10%～15%
进气式渗透仪和圆筒渗透仪法	观测的有效渗滤速率的 2%～4%
实验室的水力传导系数	测定的有效水力传导系数或限制性土层的水力传导系数的 4%～10%

年水力负荷可由下式计算：

$$L_{wN}=0.24\alpha NK_{v} \tag{2-12-33}$$

式中，L_{wN}为废水年水力负荷，m/a；α 为水力负荷速率测定方法修正系数；N 为一年中设计的运行天数，d；K_v 为垂直水力传导系数，cm/h；0.24 为换算系数。

美国成功设计的快速渗滤系统的年水力负荷速率在 10～70m/a 之间，相应的有效水力传导系数 K_v 值为 2～15cm/h。按此计算 L_{wN} 值为 17.5～131.4m/a，一般常用的 L_{wN} 值为 6～122m/a，可作设计参考。

2. 渗滤池面积

RI 系统需要的废水投配面积由下式计算：

$$A=\frac{1.9Q}{LP} \tag{2-12-34}$$

式中，A 为渗滤池面积，hm^2；Q 为设计的日流量，m^3/d；L 为设计的年水力负荷速率，m/a；P 为每年运行的周数，周/a。

如果 RI 系统是全年运行的，上面公式可以简化为：

$$A=\frac{0.0365Q}{L} \tag{2-12-35}$$

3. 淹水期与干化期之比

RI 的工艺设计中水力负荷周期具有重要意义。由于土壤和废水中可降解有机物以及气候因素对好氧反应存在影响，它们与干化期的长短有密切联系。对于一级预处理出水而言，该比值一般小于0.2。如果RI系统是为了寻求最大的氮去除率，该比值应在0.5～1.0之间。表2-12-10给出了美国土地处理手册推荐的RI系统的水力负荷周期。

表2-12-10 推荐的R1系统水力负荷周期（美国废水土地处理手册）

目标	投配的废水	季节	淹水时间/d	干化时间/d
最大渗滤速率	一级处理出水	夏季 冬季	1～2 1～2	5～7 7～12
	二级处理出水	夏季 冬季	1～3 1～3	4～5 5～10
最大氮去除量	一级处理出水	夏季 冬季	1～2 1～2	10～14 12～16
	二级处理出水	夏季 冬季	7～9 9～12	10～15 12～16
最大硝化用	一级处理出水	夏季 冬季	1～2 1～2	7～12 7～12
	二级处理出水	夏季 冬季	1～3 1～3	4～5 5～10

4. 废水投配速率

废水配速率是由年水力负荷和负荷周期确定的。当夏季和冬季采用不同的负荷周期时，投配速率的确定可能较复杂。投配速率确定之后，再计算输送废水到渗滤池的管（渠）道所要求的过水能力。

投配速率的计算如下：

① 淹水期和干化期相加得到负荷周期的总天数；

② 用每年的利用天数（除非设计中有贮存，一般用365d）除以负荷期天数，求得每年中负荷周期数；

③ 用年水力负荷除以每年的废水投配周期数目，得到投配周期的平均水力负荷；

④ 投配周期的平均水力负荷除以废水投配的天数，得到平均投配速率（m/d）。

利用下面公式可以计算渗滤池的投配流量（m^3/s）：

$$Q=1.16\times10^{-5}AR \qquad (2\text{-}12\text{-}36)$$

式中，A为渗滤池的面积，m^2；R为投配速率，m/d；1.16×10^{-5}为换算系数。

5. 渗滤池组的数目

渗滤池的数目或渗滤池组的数目随地形和水力负荷期而定。确定的渗滤池组数和每次布水的渗滤池数既影响布水系统水力分布，也影响确定的淹水期与干化期之比。采用一个最少的渗滤池数，也应保证在任何时候至少有一个渗滤池接纳废水。连续投配废水所需要的渗滤池的最少数目是负荷周期的函数，见表2-12-11。

6. 渗滤池深度

渗滤池的深度是由废水淹水期结束时渗滤池表面的滞水深度，即由设计的最大废水深度与设计的渗滤池超高之和确定的。

渗滤池表面滞水深度的设计方法，是假定在淹水期所投配的废水在干化期的初期就应渗入土壤，以确保干化期的绝大部分时间使土壤表层好氧条件的恢复。这个过程根据有机物的组成及其浓度的大小大约需要0.5～2d。当好氧恢复需要更长的时间条件下，延长干化期可能是需要的，同时可以在干化期当中进行渗滤池底的维护。在渗滤池极端堵塞的情况下，也许要对渗滤池表层的土壤先进行剥离，然后再回填一定厚度的土层。

表 2-12-11　废水连续投配所需渗滤池的最少数目

淹水期/d	干化期/d	最少的渗滤池(或组)数	淹水期/d	干化期/d	最少的渗滤池(或组)数
1	5～7	6～8	1	10～14	11～15
2	5～7	4～5	2	10～14	6～8
1	7～12	8～13	1	12～16	13～17
2	7～12	5～7	2	12～16	7～9
1	4～5	5～6	7	10～15	3～4
2	4～5	3～4	8	10～15	3
3	4～5	3	9	10～15	3
1	5～10	6～11	7	12～16	3～4
2	5～10	4～6	8	12～16	3
3	5～10	4～6	9	12～16	3

在某些场合可能需要估算淹水期结束时，渗滤池中废水的深度和这些滞水全部渗入土壤中所需要的时间。依据渗滤池表层是否形成了堵塞层可应用不同的计算方法。如果表层未形成堵塞层，则可以应用 Stefan 公式进行计算：

$$H=H_0-2.22(1-a)^{0.35}\eta^{0.325}K_v t^{0.675} \tag{2-12-37}$$

式中，H 为时间为t 时废水的深度，cm；H_0 为 t 为 0 时（淹水期结束时）废水的深度，cm；η 为土壤空隙率，%；a 为土壤的孔隙度，%；K_v 为垂直饱和水力传导系数，cm/h；t 为时间，h。

(四) 系统设计[9]

RI 系统的系统设计内容包括废水投配、渗滤池的尺寸和布置，以及地下排水系统等项目。在冬季气候严寒的地区，还要考虑严寒气候条件下的运行措施。

1. 废水的投配和渗滤池的布置

废水的投配通常是靠地面分布到渗滤池表面。这种布水方法是借助重力流动把废水均匀投配到整个渗滤池。具体设计方法可参考农业灌溉和更专门的文献资料。

对于中小规模的 RI 系统，每个渗滤池的大小在 0.2～2hm^2 之间为宜，而大型的处理系统则为 2～8hm^2。

在平坦的地区，渗滤池应当毗邻修建，而且其形态应当是正方形或矩形，以使土地占用量最少、渗滤池围堤总长最短。在可能产生地下水丘的地区，使用长而窄的渗滤池且使渗滤池的长度方向垂直于地下水主导流向，这种方式布置的渗滤池产生的地下水丘比建筑方形或圆形渗滤池产生的水丘要小。假如考虑到设计的渗滤能力比预计的慢，以及为了备用应付事故排放，渗滤池的深度应当比最大的设计废水深度至少深 30cm。渗滤池围堤的过坡比可取(1∶1)～(1∶2) 之间，土壤应夯实。对于有大风或暴雨的地区，对渗滤池围堤应考虑防止风蚀或雨水冲刷的工程措施，可以在围堤上种草、堆石或衬砌水泥板，以防对围堤的冲蚀。

对渗滤池表面要利用机械设备进行维护的 RI 系统，则要考虑进入渗滤池的通道（坡道），通常以原土就地夯实建造，坡度为 10%～20%，宽度为 3.0～7.0m。

2. 地下排水系统

为了保持 RI 场地的渗滤速率和工艺的处理效能，RI 系统要具有充分的排水能力。另一方面为了保护地下水或再生水，必须有一些工程排水措施，防止再生水与天然地下水混合。

对于地下水和含水层的隔水层都较浅的 RI 系统，可采用明沟或暗管来收集再生水。在这种地区，设置的地下排水管的深度小于 5m 时，采用地下排水管的排水方法比竖井排水方法经济有效。

地下排水管的布置有两种类型：

在两块平行的渗滤池中间设置排水管道，示意说明见图 2-12-11(a)；

由一系列的条块渗滤池和排水管道组成，示意说明见图 2-12-11(b)。

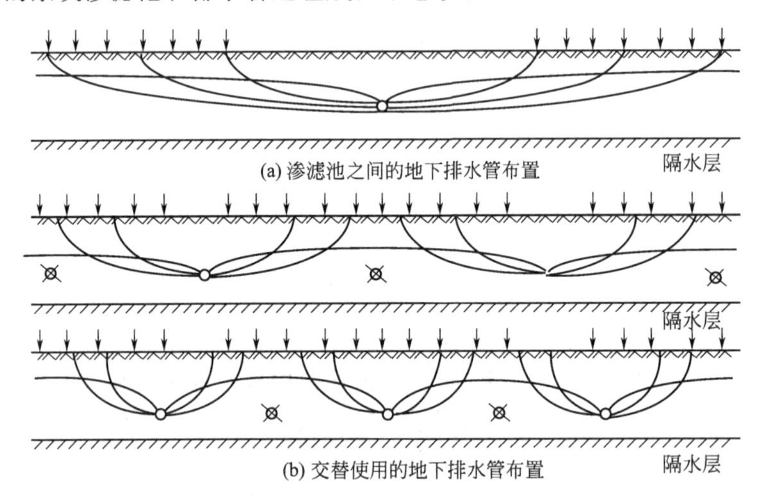

图 2-12-11 地下排水管布置

地下排水管道的间距计算公式如下：

$$S=\left[\frac{4KH}{L_{\mathrm{w}}+P}(2d+H)\right]^{1/2} \tag{2-12-38}$$

式中，S 为排水管间距，m；K 为土壤的横向水力传导系数，m/d；H 为地下水位超出排水管的高度，m；L_{w} 为年废水负荷，以日废水负荷表示，m/d；P 为平均年降水量，以日降水量表示，m/d；d 为排水管到下面的隔水层的距离，m。

式(2-12-18) 中的参数使用说明见图 2-12-12。当 L_{w}、P、K 和最大允许 H 值为已知时，可用该公式确定不同的 d 值和 S 值。

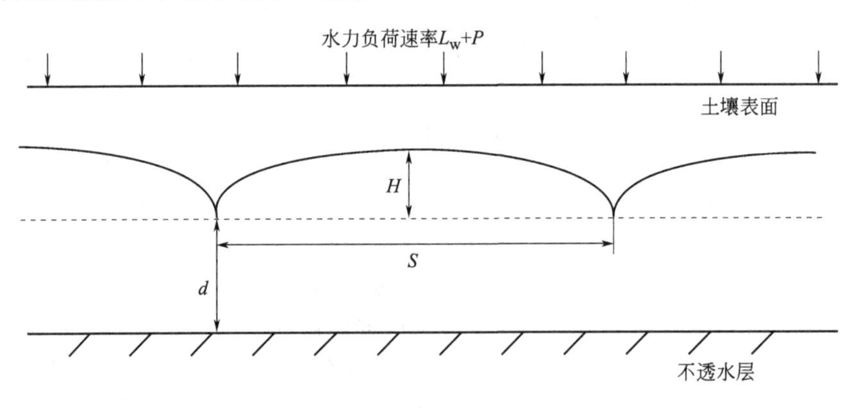

图 2-12-12 排水管设计中使用的参数

通常，排水管间距为 15m 或更大些，埋深在 2.5～5.0m 之间。在横向水力传导系数高的土壤中，排水管间距可达 150m。虽然比较小的排水管间距对控制地下水丘的高度更有效，然而，减小排水管间距，会使地下排水系统的投资费用增加。在设计排水系统时，应当选择 d、H 和 S 的最优组合。有关地下排水的更翔实的资料可查阅地下排水和农田排水的专著。

一旦算出了排水管间距，就应确定排水管管径的大小。排水支管的管径一般为15～20cm。连接各支管的主排水管的大小，由预计的排水量决定。水在排水管中要能自由流动。校核排水系统的水力学性能后，确定所需要的排水管的水力坡度。

3. 垂直井排水

当地下水深较大时，则不宜使用地下排水管系统排出再生水，而应采用垂直井群的排水方法。

垂直井的布置有不同的方式，根据RI池的布置情况而变化。垂直井可以高置在两个渗滤池的中部，也可设置在单个渗滤池的侧面，也可围绕某个中心的渗滤区设置。垂直井的设计涉及相当的专业知识，可参阅地下水开采方面的专业技术规范或请教供水水文地质专家。

(五) 冬季运行[5]

在冬季严寒的恶劣气候条件下，RI系统的运行不存在不可克服的困难，可以成功地进行终年运转。北京昌平区的示范性RI系统的运行经验表明，在当地最低气温为－18.6℃，原废水水温15～17℃的条件下，该系统可按设计的淹水-干化负荷周期（5d/15d）模式运行。

为了使冬季RI系统能正常运行，系统的管道、泵站、阀门和管件的保温措施是必不可少的。RI系统的冬季运行首先要解决的问题是防止RI池上的冰层或土壤表层结冰而阻止废水入渗的现象发生。可能出现上述情况的两种条件如下：

(1) 由于渗滤池上生长的杂草冻结在冰层中，使得冰层不能浮动，同时当下一个废水投配期携带的热量又不能把该冰层融化时，此后一段时间该系统则不能进行正常地运行。

(2) 如果在淹水周期的后期，土壤排水过程太慢，则土壤孔隙中的含水可能冰冻，使得渗滤池表面不能入渗废水。如果这个冻土层不能融化，则该系统处理不能运行。

在冬季能够成功运行的RI系统具有以下几个特点：场地土壤质地较粗；土壤排水性能好；系统投配的废水是浓度较低的生活污水或是废水温度较高的一级处理、二级处理的出水。

三、地表漫流处理系统

(一) 特点

废水地表漫流处理系统（overflow land treatment system，OF）是将废水有控制地投配到土壤渗透性低、具有一定坡度、生长牧草的土地表面，废水在沿坡面以薄层流动过程中不断被净化，大部分出水以地表径流汇集排放的一种土地处理类型（图2-12-13）[10]。

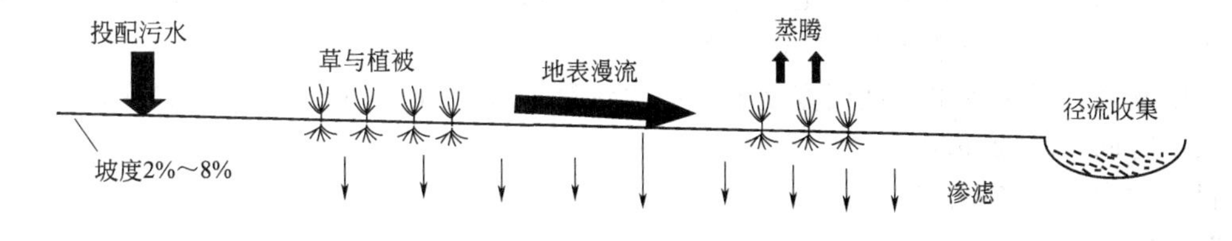

图2-12-13　地表漫流系统示意

OF系统的主要特点：

(1) 地表漫流处理系统适用于土壤渗透性较低的黏土、壤土，或在场地0.3～0.6m处有弱透水层的土地。

(2) 场地最佳自然坡度为2%～8%，经人工建造形成均匀、和缓的坡面。

(3) 对预处理要求较低，通常经一级处理或细筛处理即可。

(4) 在废水浓度较稀的情况下，废水和污泥可合并处理，可以省去耗费较大的污泥处理系统。

(5) 出水为地表汇集，或利用或排放。

(6) 处理出水一般可达二级处理标准，由于地表土壤和淤泥层成分的溶出，出水不能达到渗滤型土地处理出水那样高的标准。

(二) 设计程序

废水地表漫流处理系统的设计程序如图 2-12-14 所示。

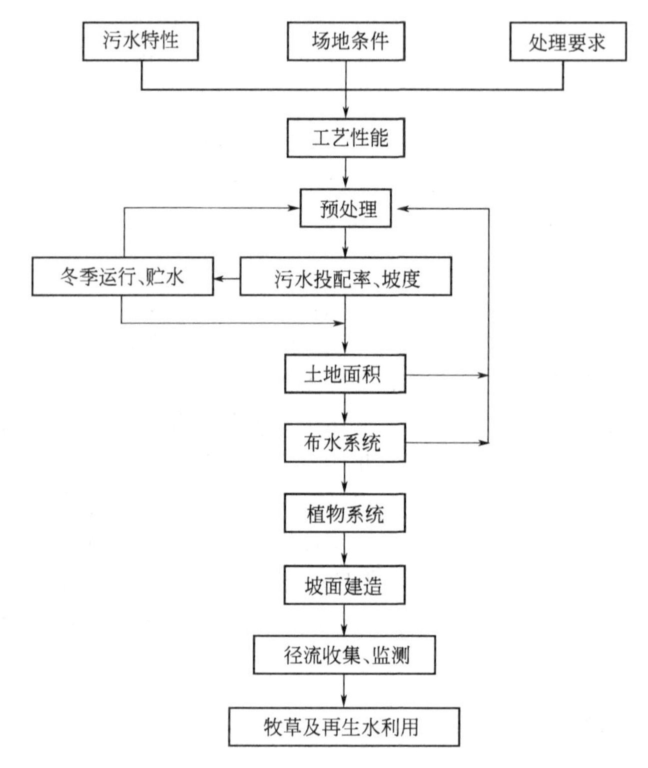

图 2-12-14 地表漫流处理系统设计程序

(三) 工艺设计

1. 水力负荷率

水力负荷率是投配到单位土地面上的废水量 [$m^3/(hm^2 \cdot d)$ 或 cm/d]，对于典型的城市污水，水力负荷率通常在 2～4cm/d 之间。

投配速率：投配到单位坡面宽度上的废水流量，常采用 0.03～0.25$m^3/(h \cdot m)$。

投配时间：5～24h/d。

投配频率：5～7d/周。

2. 坡面长度

OF 处理系统的工艺性能表明，坡面长度与处理效果相关，坡面长度越长，处理效果越好。坡面长度可以依据对 BOD_5 和 SS 的处理要求进行设计计算。BOD_5 和 SS 的处理效果是废水投配速率和坡面长度的函数，可按下式计算：

$$\frac{C_z - C}{C_0} = A\exp(-KZ) \tag{2-12-39}$$

式中，C_0 为投配废水中 BOD_5 或 SS 浓度，mg/L；C_z 为坡面距离 z 处径流水 BOD_5 或

SS浓度，mg/L；C为径流水可达到的最低BOD_5或SS浓度，mg/L；A为经验速度常数；Z为计算坡面长度，m；K为总速度常数，$K=k/q^n$；k为经验反应常数；q为废水投配率，$m^3/(h \cdot m)$；n为经验常数。

当上述公式应用于BOD_5或SS时，经验参数按表2-12-12计算和选取。

表2-12-12　经验参数计算和取值范围表

适用条件	废水投配率q	经验速度常数A	总速度常数K	经验反应常数k	经验常数n
1. 应用于BOD_5时					
过筛废水	$q=0.09\sim0.36m^3/(h \cdot m)$	$A=0.64(q+0.72)$	$K=0.147(0.8-q)$		
一、二级处理	$q=0.09\sim0.36m^3/(h \cdot m)$	$A=2.13(q+0.143)$	$K=0.0525(1.73-q)$		
2. 应用于SS时					
过筛废水	$A=0.44$			$k=0.0375$	$n=1/2$
一、二级处理	$A=0.94$			$k=0.031$	$n=1/2$

【例2-12-3】 已知：某过筛工业废水，BOD_5为650mg/L，经一级处理后BOD_5为300mg/L，二级处理后为30mg/L，排放标准为10mg/L，废水投配率为$0.186m^3/(h \cdot m)$，废水中含SS较高，需要高压喷洒布水，投配时间为10h/d，投配频率为6d/周。计算每一给定预处理情况下，地表漫流所需要的废水平均流动距离，进行比较，选择预处理工艺。

解：①过筛处理出水

$$\frac{C_z-C}{C_0}=\frac{10-5}{650}=0.0077$$

取$q=0.186$，则：

$$A=0.64(q+0.72)=0.64\times(0.186+0.72)=0.58$$

$$K=0.147(0.8-q)=0.147\times(0.8-0.186)=0.09$$

$$Z=\frac{\ln\left(\frac{0.0077}{0.58}\right)}{-0.09}=48\ (m)$$

② 一级处理出水

$$\frac{C_z-C}{C_0}=\frac{10-5}{300}=0.0167$$

$$A=2.13(q+0.143)=2.13\times(0.186+0.143)=0.70$$

$$K=0.0525(1.73-q)=0.0525\times(1.73-0.186)=0.081$$

$$Z=\frac{\ln\left(\frac{0.0167}{0.7}\right)}{-0.081}=46\ (m)$$

③ 二级处理出水

$$\frac{C_z-C}{C_0}=\frac{10-5}{30}=0.167$$

$$A=2.13(q+0.143)=2.13\times(0.186+0.143)=0.70$$

$$K=0.0525(1.73-q)=0.0525\times(1.73-0.186)=0.081$$

$$Z=\frac{\ln\left(\frac{0.167}{0.7}\right)}{-0.081}=18\ (m)$$

④ 第一、第二种预处理出水进行地表漫流处理，所需要的坡长相近，故没有必要进行

一级处理，采用过筛处理即可。就第一和第三种预处理出水漫流相比较，坡长相差30m，但如果土地处理的环境条件允许，采用筛滤作为预处理的地表漫流系统更经济。

⑤ 废水平均流动距离为48m时，因高压喷头设置在距离坡顶1/3的位置，总坡面长度73.5m，水力负荷为：

$$L_w=\frac{qP}{Z}\times100=\frac{0.186\times10}{72}\times100=2.58\ (\text{cm/d})$$

式中，P 为投配时间，h/d。

3. 土地面积

根据废水投配速率、坡面长度确定土地面积，可用下式计算：

$$F=\frac{QZ}{qt}\times10^{-4} \qquad (2\text{-}12\text{-}40)$$

式中，F 为OF田面积，hm^2；Q 为废水流量，m^3/d；Z 为坡面长度，m；q 为投配速率，$m^3/(m\cdot h)$；t 为投配时间，h/d。

表2-12-13、表2-12-14为经常采用和推荐的OF系统设计参数。

表 2-12-13 漫流田的设计参数[11]

预处理方式	水力负荷/(cm/d)	投配速率/[m³/(m·h)]	投配时间/(h/d)	投配频率/(d/周)	斜面长度/m
格栅	0.9～3.0	0.07～0.12	8～12	5～7	36～45
初次沉淀	1.4～4.0	0.08～0.12	8～12	5～7	30～36
稳定塘	1.3～3.3	0.03～0.10	8～12	5～7	45
完全二级生物处理	2.8～6.7	0.10～0.20	8～12	5～7	30～36

表 2-12-14 建议的漫流系统废水投配率[11]

预处理方式	严格要求，气候寒冷		中等要求，通常气温		要求不严格，气候温暖	
	m³/(m·h)	cm/d	m³/(m·h)	cm/d	m³/(m·h)	cm/d
格栅	0.07～0.1	2	0.16～0.25	3～5	0.25～0.37	5～7
稳定塘	0.08～0.1	2	0.16～0.33	3～6	0.33～0.40	6～8
二级处理	0.16～0.2	4	0.20～0.33	4～6	0.33～0.40	6～8

(四) 系统设计

废水地表漫流处理利用系统可由预处理、布水、坡面处理田、作物、贮存、监测与管理、出水与牧草利用等部分组成。

1. 布水系统

布水系统的作用是将废水均匀地投配到处理坡面的上部。布水系统的设计应注意以下要点：

① 防止因布水不均匀产生短流、沟流；

② 当废水中含悬浮物较高时，应防止有机悬浮固体在坡面顶部过分积累；

③ 布水系统应便于管理，例如防止因结冰而影响运行。

地表漫流处理系统的布水方式可分为表面布水、低压布水和高压喷洒三种类型。

(1) 地面水系统　表面水可用穿孔管或平顶堰槽布水。在铝管、塑料管或钢管上开圆孔或狭缝，孔距为0.3～1.2m，穿孔管布水的长度一般不超过90m，超过90m时应设阀门控制流量，阀门宜采用闸阀，管道极限长度为200m，一般在低压下运行（约为2×10^4Pa)。

平顶堰槽可用槽钢制作，单元长度为10m，适合小规模处理系统采用。

（2）低压布水系统　低压布水装置的喷头设在距地面30cm高的固定立式配水管上，喷头工作压力一般为（0.3～1.5）$\times 10^5$Pa，废水与配水管以105°角、呈扇面喷洒在配水管水平距离小于3.0m地表处。

（3）高压布水系统　布水压力为（25～50）$\times 10^5$Pa，喷洒直径为20～40m。高压冲击式布水主要用在含悬浮固体高的食品加工工业废水地表漫流处理。有三种设置方式：

冲击式喷头工作时360°旋转，喷头设在距坡顶距离大于喷洒半径的位置，坡面长度为计算坡长加喷洒直径（达45～70m）；

喷头设在具有共同坡顶的两块坡面田的顶部；

喷头旋转角度为180°，所需求的处理坡面长度等于计算坡长加上喷洒半径（实际坡长可为40～60m）。

2. 坡面田

可用1∶1000、有0.3m等高线的地形图，按地面自然坡度的主方向布置坡面田。投配废水按重力流方式从坡顶沿坡面流到径流集水沟，再汇集到总排放口。坡面田布置设计时应注意使坡面建造的土方工程量最少。坡面田的布置应尽可能规则一致地排列。为了便于管理，排水口一个为好。如果因地形复杂，应以尽可能少的土方工程量和最低数目的排放口（监测站）方式布置坡面田。

坡面田的建筑需要十分认真和耐心，要避免OF系统运行中坡面出现积水、沟流和短流等问题的产生。

3. 植物[10]

植物是地表漫流处理系统的重要组成部分，主要作用：坡面上生长着浓密的作物，可以减缓废水沿地表流动的速度，增加废水在地表的停留时间，使悬浮物沉淀下来，还可以防止地表土壤受到冲刷和出现沟流；

植物的根部附近和落地残枝败叶上生育着大量活性很强的微生物，对废水中有机物净化起重要作用；

作物能吸收氮、磷等营养物质，随着作物收获而将氮、磷等物质从土地处理系统中移去。

漫流处理系统中要求生长有多年生牧草，这些牧草有耐水、生长期长和适应当地气候条件的特点。

选择几种牧草混种具有明显的优点，它们通过自然选择而有几种草占优势，如苇状虉草、高羊毛草和黑麦草便是一种合理的组合。在有些地区种植达拉斯草、百慕大草和红尖草也是成功的。北方地区可种果园草和百慕大草。一年中，不同种类草的休眠时间互相错开，同时都会有一二种草生长良好，可保证漫流处理系统可以正常运行。

各种作用对营养物质的利用率是相对固定的。不同植物对营养物质的利用率如表2-12-15所示。

表2-12-15　牧草对营养物质的利用率　　单位：[kg/(hm^2·a)]

牧草名称	氮(以N计)	磷(以P计)	钾(以K计)	牧草名称	氮(以N计)	磷(以P计)	钾(以K计)
紫苜蓿	224～672	22～34	174～224	苇状虉草	336～448	39～45	314
雀麦草	129～224	39～56	246	黑麦草	179～280	56～84	269～325
海淀百慕大草	392～672	34～45	224	甜三叶草	174	20	101
肯塔基草	196～269	45	196	高羊毛草	146～325	30	302
匍匐冰草	235～280	28～45	274	果园草	246～347	20～50	224～314

4. 径流水收集

径流水量可由漫流田平衡计算确定。

$$R=P_r-ET-P_w+L_w \quad (2\text{-}12\text{-}41)$$

式中，R 为径流水量，cm；P_r 为降水量，cm；ET 为蒸散量，cm；P_w 为渗滤水量，cm/h；L_w 为废水负荷，cm/d。

经漫流系统坡面田处理后的废水径流和暴雨径流，经出水收集系统汇集并输送到最终排放口。

四、湿地处理系统

(一) 类型和特点

1. 定义

湿地（wetland）是指地下水位终年接近地表面、土壤处于饱和状态并生长着植物的地方。废水人工湿地处理系统是将废水有控制地投配到经人工构造的湿地，主要利用土壤、植物和微生物等作用处理废水的一种自然处理系统（图 2-12-15）。

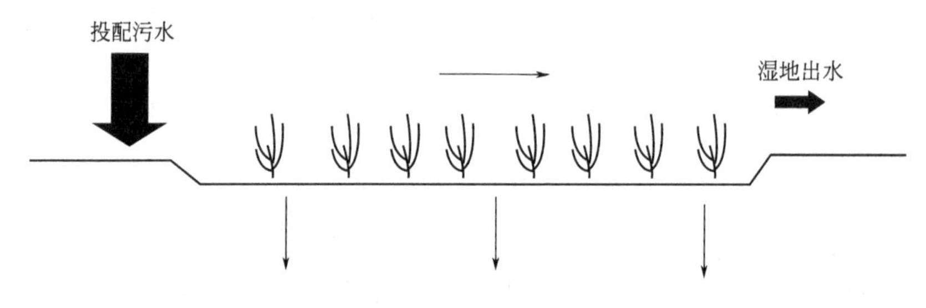

图 2-12-15 湿地处理系统示意[10]

2. 类型

按水流方式，废水人工湿地可以分为地表流和地下流两大类型。

地表流湿地：水在生长稠密的水生（沼生）植物丛中流动，具有自由水面。

地下流湿地：水以潜流形式渗过长有植物的浅层多孔滤床。

地表流湿地在美国比较流行，尤其是用于大型废水处理系统营养物质去除。地下流湿地则在欧洲、澳大利亚和南非得到广泛接受。近年来这两种类型在我国都有研究和应用。

3. 系统组成

废水人工湿地处理系统通常可以分为预处理、湿地田、水质水量监控三个组成部分。

(1) 预处理 废水人工湿地预处理一般包括沉砂池、提升泵、配水井、沉淀池或酸化水解池，其作用是保证后续工艺的正常运行。

(2) 湿地田 湿地田一般由一些具有缓坡的长方形单元地块组合而成。湿地包括床基层、水层、植物、动物、微生物五个基本组分。

(3) 水质水量监控 水质监测包括 BOD、COD、SS、pH 值、水温等项目。水量调控应根据运行要求确定。

4. 特点

废水人工湿地处理与传统废水处理工艺相比有以下优点：需要的构筑物和设备较少，不需人工曝气供氧，基建投资和运行费用较低，一般只需常规处理的 1/2～1/5 左右；湿地处理系统不设二沉池，处理系统的产泥量较少；处理工艺有效可靠，不仅能去除常规污染物，而且对营养物质等具有明显的处理效果；易于维护管理；对水力负荷和污染物负荷的波动具有较强的耐受力；可间接地产生其他效益，如绿化、收割芦苇、野生生物保护等。

人工湿地处理的上述优点对废水处理系统而言是非常重要的，正因为如此，受到科技界和工程界的重视并得到了迅速发展。

与常规废水处理系统相比，它存在以下缺点：占地面积较大；需要经过二、三个植物生长季节，形成稳定的植物和微生物系统后才能达到设计处理要求。随着研究的不断深入和设计实践经验的不断丰富，将会更有效地发挥其优点，充分认识其限制因素，使废水湿地处理系统更加完善。

(二) 污染物的去除和影响因素

1. 污染物的去除

在废水人工湿地处理系统中，通过物理沉淀、过滤、化学沉淀、吸附、微生物降解和植物吸收等过程，可以去除废水中的有机物、悬浮物、氮、磷、金属、油脂和病原体等多种污染物质。

悬浮状有机物在缓流条件下通过沉淀和过滤作用很快被去除，溶解状有机物（含胶体状有机物）主要通过附着生长物和悬浮生长微生物的利用而降解去除。废水中的SS主要是靠沉淀作用及植物性碎屑和生物的截留作用得以去除的。沉积物中的可降解有机物能够在厌氧条件下逐步分解，但速度很慢。

在废水人工湿地处理系统中，有机氮经生化分解转化为氨氮，氨氮则主要通过硝化-反硝化作用及植物吸收得到去除。在好氧区氨氮被硝化菌氧化成为硝酸盐和亚硝酸盐，在缺氧区硝酸盐和亚硝酸盐又被反硝化菌还原成氮气而最终脱除。磷在湿地中通过吸附、络合、化学沉淀、植物吸收和物理沉淀得到去除。新生沉积层和增生床层对磷的贮存起主要作用。

金属元素在湿地中的去除机理有化学沉淀、吸附、络合、过滤、物理沉积、植物吸收和微生物吸附作用。在湿地中，油脂中挥发性组分经蒸发而散失，其余部分被微生物分解破坏。细菌可因沉淀、紫外线照射、化学反应、自然死亡和浮游生物的捕食而被去除。病毒可被土壤和有机碎片吸附或失活。

2. 影响因素

影响处理效果的因素主要有水文学因素、氧源、植物、土壤性质和水温等。

（1）水文学因素　湿地系统中的水流可分为地上和地下两部分。地上植物和腐殖层的水力传导能力和地下土壤的水力传导能力相差很大，水流的基本规律也不同。

水流阻力通过水深影响接触时间。水流阻力增大，会延长废水停留时间。

湿地中的蒸散作用包括水和土壤的蒸发作用和植物体的蒸腾作用两部分，蒸散量是蒸发水量和蒸腾水量的总和。经植物传输的水分大部分由植物表面蒸腾到大气中，自身新陈代谢仅消耗约1%的水。

湿地表面积很大，蒸散作用是影响处理效果的一个重要因素。蒸散的速度取决于大气摄取水和土壤、植物系统提供水的能力。湿地系统中有足够的提供量，蒸散速度由太阳辐射、气温、相对湿度和风速等因素决定。

蒸发失水影响处理效果。蒸发量大，降水量小时，出水量减少，出水浓度相对增大。

（2）氧源　湿地中有机物好氧分解所消耗的氧气主要来自大气复氧和湿地植物供氧。

大气复氧的动力来自氧分压差。湿地中稠密的绿色植物在光合作用过程中向周围大气放出氧气，会增加湿地水面的局部氧分压，从而增加大气复氧量。

植物在水中和地下的根茎和根毛可以向周围释放多余的少量氧气，其多少因植物种类不同而不同，并可决定根系在湿地床基层中生长的深度。只有在需氧量很低的地方，植物才能长出大量的细小的根毛，从而有可能放出较多的氧气。虽然根毛只能向周围释放微量的氧气，但由于数量很多，根毛释放的氧气总量很大。

（3）植物 湿地处理系统以生长水生植物为主要特征，水生植物对废水处理的主要作用是为微生物生长提供了界面。维管束植物能够向根茎周围充氧。地表流湿地中的水生植物还能均匀水流，衰减风速，抑制底泥卷起，避免光照，防止藻类生长。某些挺水植物的茎秆还是冬季冰层形成过程的支撑物。此外，湿地植物还为野生生物提供了栖息地，并具有美化废水处理系统的作用。

（4）土壤 土壤床基层是湿地处理系统的重要组成部分，土壤的特性直接影响某些污染物质的去除效果，而地下流湿地能否保持潜流也取决于土壤的渗透性能。

对于土壤的物理性能，一般要求土壤质地为黏土至壤土，渗透性为慢至中等。土壤渗透率以 0.025～0.35cm/h 为宜。

不同植物对土壤化学性质有不同的要求。其中芦苇需要的土壤条件是 pH＝6.5～8.0，Cl^- 浓度小于 1%，CO_3^{2-} 浓度小于 2%，K/Ca 临界值宜大于 29。

（5）水温 废水人工湿地处理系统的有机物去除过程主要是生化反应。水温对废水生化反应速率影响很大。在微生物可承受的范围内，水温越高，生化反应效率越大。

湿地冬季运行时，由于水温低，处理效率将大大降低。地表流湿地在冰冻期间，由于冰层阻碍使大气复氧量减少，处理效果会进一步下降。

（三）设计计算

湿地处理系统初步设计经验参数见表 2-12-16。地下流系统一般设计参数取值说明见表 2-12-17～表 2-12-19，地表流系统一般设计参数取值说明见表 2-12-20[11]。

表 2-12-16 湿地处理系统初步设计经验参数

参数	一般规定
停留时间	7～10d
水力负荷	2～20cm/d，对于一级处理采用较小水力负荷
布水深度	＜10cm（夏季），＞30cm（冬季）
有机负荷	15～120kgBOD/(hm^2·d)，对于一级处理采用较小有机负荷
几何形状	长方形，长宽比＞10∶1
进水设置	建议采用各种水流扩散装置
蚊子控制	除边远地区外均需考虑
植物	香蒲、芦苇等

表 2-12-17 地下流系统一般设计参数取值说明

参数	一般规定
生化反应速率常数 K_0	典型城市污水的 $K_0=1.839d^{-1}$，高 COD 工业废水的 $K_0=0.198d^{-1}$
床基层孔隙度 n	详见表 2-10-16。砾石系统中 K_T 是细砂的 1/3～1/4，因此需要大得多的表面积，从经济上考虑，砾石床在大系统中应用受到限制，而适用于较小的系统。若磷不是主要限制组分，最好选择孔隙度在 40%左右的粗至中等砂粒
床基层水力传导率 K_S	
20℃生化反应速率常数 K_{20}	
含水层深度 H	床的深度必须由所选用的植被种类来确定，详见表 2-12-19
水流水力梯度 S	$K_S S \leqslant 8.6m/d$，以免破坏介质根茎结构

表 2-12-18　介质特性

介质类型	占 10%的最大介质粒度/mm	孔隙度	水力传导系数 K_S/[m^3/(m^2·d)]	K_{20}
细砂	76	0.42	420	1.84
粗砂	60	0.39	480	1.35
砂砾	30	0.35	500	0.86

表 2-12-19　基于美国加利福尼亚州 Santee 系统实验的床深

植物种类	地下床深度/cm	处理高浓度工业废水时床深/cm
灯芯草	76	38
芦苇	60	30
香蒲	30	15

表 2-12-20　地表流系统一般设计参数取值及说明

参　　数	一般规定
活性生物比表面积 A_V	中等密度的挺水植物为 15.7m^2/m^3，若进出水 BOD 浓度比值 C_e/C_0 对 A_V 估算敏感时，估算 A_V 要慎重，C_e/C_0 对温度变化敏感，实际运行中常增加湿地水深，延长停留时间，来补偿 C_e/C_0 比值
K_{20}	0.0057
有机负荷	18～110kgBOD_5/(hm^2·d)时 BOD 去除率可达 90%
水力负荷	150～500m^3/(hm^2·d)

1. 地面积设计计算

(1) 地表流湿地面积设计计算的典型公式如下。

① 处理效率

$$E=\frac{C_0-C_e}{C_0}=1-\frac{C_e}{C_0} \tag{2-12-42}$$

$$\frac{C_e}{C_0}=a\exp\left[-\frac{0.7K_T(A_V)^{1.75}LWHn}{Q}\right] \tag{2-12-43}$$

式中，E 为 BOD 去除率，%；C_0 为进水 BOD 浓度，mg/L；C_e 为出水 BOD 浓度，mg/L；a 为在湿地前部废水中 BOD 不可沉淀去除的份额；K_T 为水温 T 时的反应速率常数，d^{-1}；A_V 为活性生物的比表面积，m^2/m^3，L；W 为湿地长度，宽度，m；H 为湿地水深，m；n 为系统孔隙度（水层中水的体积比）；Q 为废水日均流量，m^3/d。

② 水力停留时间

$$t=\frac{\ln C_0-\ln C_e+\ln a}{0.7K_T(A_V)^{1.75}n} \tag{2-12-44}$$

式中，t 为湿地床中的水力停留时间，d。

③ 湿地生化反应速率常数

$$K_T=K_{20}\times 1.1^{(T-20)} \tag{2-12-45}$$

式中，K_{20} 为水温 20℃时的湿地生化反应速率常数，d^{-1}；T 为水温，℃。

④ 占地面积

$$A=\frac{Qt}{H}=\frac{Q(\ln C_0-\ln C_e+\ln a)}{0.7K_T(A_V)^{1.75}Hn} \tag{2-12-46}$$

(2) 地下流湿地面积设计计算公式

① 处理效率

$$E=\frac{C_0-C_e}{C_0}=1-\frac{C_e}{C_0} \tag{2-12-47}$$

$$\frac{C_e}{C_0}=\exp\left[-\frac{K_T LWHn}{Q}\right] \tag{2-12-48}$$

式中，E 为 BOD 去除率，%；C_0 为进水 BOD 浓度，mg/L；C_e 为出水 BOD 浓度，mg/L；K_T 为水温 T 时的反应速率常数，d^{-1}；L、W 分别为湿地长度、宽度，m；H 为含水层深度，m；n 为床基层孔隙度；Q 为废水日均流量，m^3/d。

② 水力停留时间

$$t=\frac{\ln C_0-\ln C_e}{K_T} \tag{2-12-49}$$

式中，t 为湿地床中的水力停留时间，d。

③ 湿地生化反应速率常数

$$K_T=K_0\times 37.31\times n^{4.172}\times 1.1^{(T-20)} \tag{2-12-50}$$

式中，K_0 为最佳生化反应速率常数，d^{-1}；T 为水温，℃。

④ 床体饱水层横截面积

$$A_C=\frac{Q}{K_S S} \tag{2-12-51}$$

式中，S 为水流的水力梯度（或床底坡度），%；K_S 为床基层的水力传导率，$m^3/(m^2\cdot d)$。

⑤ 占地面积

$$A=\frac{Qt}{Hn}=\frac{Q(\ln C_0-\ln C_e)}{K_T Hn} \tag{2-12-52}$$

2. 湿地床体设计

（1）长宽比　长宽比是指每个独立设置布水、出水的湿地处理单元的长度与宽度之比。长宽比取决于处理工艺、管理等方面的要求。

从处理工艺角度分析，需使流经湿地地表的水流维持一定流速。水力停留时间和水深一定时，流速与湿地田长度成正比。流速大时，地表面和植物对水流的阻力增大，比小流速时更易使水流保持均匀，并可提高水表面复氧量。增大长宽比，可提高流速，使水流更易均匀，复氧效果更好，从而可以提高处理效果。

从工程建设的角度看，长宽比过大会增加土方量和建设费用；而长宽比过小时，需要在大面积土地上保持坡面一致，施工难度增大。

从植物管理和田间维护的角度看，较大的长宽比较为有利。

所以，湿地处理田设计时，一般都将整个面积土地分割成一系列的单元，单元间由埂垅分开，每个单元单独设置布水和出水设施，单元内坡度严格地保持均匀一致。在实际工程应用中，长宽比可达 10∶1，单宽多为 10～20m。

（2）水深　地表流湿地的设计水深应是能保证好氧条件的最大水深，这样可实现较长的接触反应时间和较好的处理效果。水深一般为 5～20cm。

运行中，湿地水深应根据废水处理要求、植物生长要求和管理要求具体调节。冬季运行时，为维持一定水深，可适当提高湿地灌水深度。

地下流湿地的床深须由所选用的植物种类来确定。

（3）地表坡度　在理论上，地表流湿地地面坡度应与水流的水力坡度一致。地面坡度大于水面坡度时，湿地前部水浅，不能实现设计停留时间和处理效果。水力坡度由流速、地表粗糙度和植株密度等因素有关。

地下流湿地的床底坡度可与水力坡度一致，其大小受介质的水力学特性限制。

多数土壤系统设计坡度在1%或更大，若地形允许也可达8%。一个平坦床层的水力梯度通过增加进、出水之间的高度也可进行控制，水力梯度对控制流动速度是很关键的。

（4）进水与出水　湿地的布水出水系统，要保证各湿地单元流量的均匀性和湿地内部水流的均匀性。而水流均匀是保证处理效果的重要因素。

湿地一般应采用线型布水和集水，使进水能均匀进入湿地，并均匀出水。布水集水系统可采用明渠、管道等。

3. 水质指标

城市污水的水质受工业废水水量和水质的影响。工业废水的水质则与其生产工艺有关。城市污水的原水水质指标通常为 $BOD_5 \approx 250mg/L$，$COD_{Cr} \approx 500mg/L$，$SS \approx 300mg/L$，$pH=6 \sim 9$。湿地对废水中SS的去除效率很高，经一定预处理的废水中SS不会是限制性组分。通常，以废水中的 BOD_5 作为限制性组分。

参照典型常规废水处理工艺，主要污染物的去除率和处理出水水质如下：$BOD_5 \leqslant 25mg/L$（去除率为90%）；$COD_{Cr} \leqslant 150mg/L$（去除率为70%）；$SS \leqslant 30mg/L$（去除率为90%）。

4. 预处理程度设计计算

根据湿地面积，可确定允许的湿地进水浓度。由处理系统的进水水质和湿地允许的进水水质，即可确定湿地处理单元之前所需要的预处理程度：

$$E_p = \frac{C_{s,0} - C_{w,0}}{C_{s,0}} \tag{2-12-53}$$

式中，E_p 为所需要的预处理程度；$C_{s,0}$ 为处理系统的进水浓度，mg/L；$C_{w,0}$ 为湿地的进水浓度，mg/L。

【例 2-12-4】 某城市污水，水量为 $10000m^3/d$，原水 $BOD_5 = 200mg/L$，要求二级出水 $BOD_5 \leqslant 20mg/L$，采用地表流人工芦苇湿地处理系统，夏季水温10℃，冬季水温5℃，试计算湿地处理系统主要设计参数。

解： 依据试验结果或经验数据可确定一些基本参数，假定：

水中不可沉淀去除的 BOD_5 份额 $a=0.52$；水温为20℃时的生化反应速率常数 $K_{20}=0.0057d^{-1}$；活性生物比表面积 $A_V=18.85m^2/m^3$；湿地床水深 $H=10cm$（冬季 $H=30cm$）；系统孔隙度 $n=0.75$。

① 已知 K_{20}，求温度 T 时的生化反应速率常数 K_T：

由 $K_T = K_{20} \times 1.1^{(T-20)}$

夏季：$K_{10} = K_{20} \times 1.1^{(10-20)} = 0.0057 \times 1.1^{-10} = 0.0022$

冬季：$K_5 = K_{20} \times 1.1^{(5-20)} = 0.0057 \times 1.1^{-15} = 0.0014$

② 求水力停留时间 t

水温为20℃时

$$t = \frac{\ln 200 - \ln 20 + \ln 0.52}{0.7 \times 0.0057 \times 18.85^{1.75} \times 0.75} = 3.23(d)$$

夏季（水温为10℃）

$$t = \frac{\ln 200 - \ln 20 + \ln 0.52}{0.7 \times 0.0022 \times 18.85^{1.75} \times 0.75} = 8.37\ (d)$$

冬季（水温为5℃）

$$t = \frac{\ln 200 - \ln 20 + \ln 0.52}{0.7 \times 0.0014 \times 18.85^{1.75} \times 0.75} = 13.15(d)$$

③ 求占地面积 A

水温为 20℃（水深为 10cm）时

$$A=\frac{10000\times 3.23}{0.10}=32.3\ (\mathrm{hm^2})$$

夏季（水温为 10℃、水深为 20cm）时

$$A=\frac{10000\times 8.37}{0.20}=41.9\ (\mathrm{hm^2})$$

冬季（水温为 5℃、水深为 30cm）时

$$A=\frac{10000\times 13.15}{0.30}=43.8\ (\mathrm{hm^2})$$

要求终年运行，冬季为限制条件，故需选用面积为 43.8hm²。

【例 2-12-5】 某城市污水，水量为 5000m³/d，原水 $BOD_5=200$mg/L，要求二级出水 $BOD_5\leqslant 20$mg/L，采用地下流人工芦苇湿地处理系统，夏季水温 15℃，冬季水温 6℃，试计算湿地处理系统主要设计参数。

解：依据试验结果或经验数据可确定一些基本参数，假定：用芦苇时芦根茎可渗入介质 0.6m，床深选用 0.6m；水力梯度根据场地地形而定，多数设计为 1%。活性生物比表面积 $A_V=18.85\mathrm{m^2/m^3}$；10%粗砂为介质，根据表 2-12-18 则孔隙度 $n=0.39$，水力传导系数 $K_S=480\mathrm{m^3/(m^2\cdot d)}$；20℃时的生化反应速率常数 $K_{20}=1.35$，则 $K_SS=480\times 1\%=4.8<8.6$。

① 已知 K_{20}，求温度 T 时的生化反应速率常数 K_T：

经公式 $K_T=K_{20}\times 1.1^{(T-20)}$ 变换可得：

夏季：$K_{15}=K_{20}\times 1.1^{(15-20)}=1.35\times 1.1^{-5}=0.84$

冬季：$K_6=K_{20}\times 1.1^{(6-20)}=1.35\times 1.1^{-14}=0.36$

② 求床体饱水层横截面 A_C

$$A_C=\frac{Q}{K_SS}=\frac{5000}{480\times 1\%}=1042\ (\mathrm{m^2})$$

③ 取湿地宽度 W

$$W=\frac{A_C}{H}=\frac{1042}{0.6}=1737\ (\mathrm{m})$$

④ 求占地面积 A

夏季（水温为 15℃）时

$$A=\frac{Q(\ln C_0-\ln C_e)}{K_THn}=\frac{5000\times(\ln 200-\ln 20)}{0.84\times 0.6\times 0.39}=58572\ (\mathrm{m^2})$$

冬季（水温为 6℃）时

$$A=\frac{Q(\ln C_0-\ln C_e)}{K_THn}=\frac{5000\times(\ln 200-\ln 20)}{0.36\times 0.6\times 0.39}=136668\ (\mathrm{m^2})$$

要求终年运行，冬季为限制条件，故需选用面积为 136668m²。

⑤ 求湿地长度 L

$$L=\frac{A}{W}=\frac{136668}{1737}=79\ (\mathrm{m})$$

⑥ 求停留时间 t

$$t=\frac{V}{Q}=\frac{LWHn}{Q}=\frac{79\times 1737\times 0.6\times 0.39}{5000}=6.4\ (\mathrm{d})$$

⑦ 将湿地分为若干小单元，小单元长 79m，取宽为 20m（长宽比约为 4），则需要分成 87 个小单元，根据场地具体情况布置湿地田。冬季所有小单元需同时运行，其他季节可短

期放干，进行田间修正。若一个单元完全放干进入休眠期，其速度是很慢的，所以其他季节也应使所有单元处于运行状态。

（四）运行管理

废水湿地处理的运行管理主要包括设备管理、设施管理、田间管理和水质水量监控四个方面。其中设备运转、设施维护与其他废水处理厂的运行管理基本相同。田间管理则主要是湿地植物的管理。湿地处理田植物选择多为芦苇，以下着重说明芦苇的管理。

1. 芦苇管理

选择适合当地生长的优良品种，保留两个完整根节为一段，间隔 2m 栽植。种植季节通常选择在清明前后（气温在 10℃以上）。种植后浇水保持湿度，待发芽长高后不断提高水深，以不淹没芽顶为限。为促使根系发育和主根扎深，应周期性停水晒田。

芦苇对含盐高土壤有较强的耐受力。对于土壤含盐量较低处移植的芦苇，湿地床土壤含盐量高会影响芦苇发育。当种植地点土壤含盐量较高时，应先行放水洗盐（应注意防止冲刷引起沟流，尤其是土壤平整后降雨和自然沉降时间较短时更应注意）。

在废水湿地中，废水中含有丰富的营养素。芦苇有生长期的特点。芦苇的全生育期可达 190～230d，要经历出芽、生长、孕穗、开花、种子成熟和茎秆成熟等阶段。芦苇每年收割一次，收割可将成熟的芦苇连同吸收的营养物和其他成分从湿地田中移出，促使芦苇生根和维持下年度生长和吸收、净化废水中污染物的作用。收割前应停止进水使地面干燥，还要及时清理落下的残枝败叶，并平整土地，铲除凸起部分，填平沟道。收割时应保持留下的芦苇茬在 20～30cm，便于冬季运行时支持冰面，也有利于春季发芽生长。

2. 四季运行管理

北方地区春季干旱少雨，蒸发量大，芦苇处于发芽和幼苗期，应及时调控进水，防止水量过大淹没苇芽或水量过小形成盐分浓缩伤害苗期发育。

夏季气温高，湿地田前部积累的污泥因分解快和供氧不足产生恶臭。如进水有机物浓度较高，可采取出水回流提高流速，冲刷前部积泥，增大前部水深，减轻恶臭问题。

夏、秋季发生暴雨时，注意调节进水量和保持湿地中水流流速在最大设计流速范围内，防止因过度冲刷破坏处理田土层。

北方冬季气温低，会影响处理效果。宜在初冻时加大水深，当表面结冰后，芦苇茬支撑冰面，废水在冰下流动。多数情况下，由于废水温度较高，湿地并不结冰或只有湿地后部结冰，应根据监测结果对运行加以调控。

第三节 工程应用案例

一、概况

东北某糖业有限公司年可加工甜菜 117 万吨，产品糖 13.6567 万吨，生产周期为每年 130 天，清洗甜菜排水 250m^3/h，共 78 万吨/年。该项目规模为 $5\times10^5 m^3/a$，排出的清洗水以及厂区收集的雨水进入储存池储存。

二、土地处理及利用条件

该项目的生产排水具有典型的甜菜洗涤水特征，即具有很强的季节性、水温低、水量大和含有糖类有机物、少量营养物，不含有毒物质。

首先，甜菜清洗废水中含有淀粉、蛋白质、磷、钾等农作物生长所必需的物质，且一般浓度都较高，能满足土地系统中的植物的生长需要。其次，由于产品为食品，在生产加工的工艺环节都会有各种严格的卫生质量标准进行控制，因此最终的排水中不含有有毒、有害物质，不会对土地系统中的植物产生毒害作用。最后，如果要单独处理这些制糖生产的伴生物质，不仅耗费能源，浪费资源，而且势必增加环境负荷。

美国在循环经济农业中废水资源化利用方面有着先进的技术、设备优势和很高的管理水平。其通过利用食品加工废水进行科学灌溉，实现农业食品加工生产中废水资源化，这一符合循环经济理念的思路值得很好的借鉴。

该项目位于东北地区，这里已经实现了现代化的大规模农业生产：作物的种植、产品加工、销售形成了产业链条，相互间具有互利的合作关系，与美国现代化农业生产的条件相类似。并且，我国与美国的气候条件相似，均为温带大陆气候，该项目中所选的作物种植种类也相同，因此项目实施中，对于水、肥的投配管理技术的可参考性较高。

三、工艺参数计算

1. 限制因素分析

（1）淋溶限制水力负荷（LR）

$$\mathrm{LR}=\frac{\text{水力负荷}(P_{\mathrm{w}})}{\text{蒸散}(\mathrm{ET})-\text{降水}(P_{\mathrm{r}})}>\text{玉米、大豆允许淋溶率}$$

（2）有机物（COD） 限制负荷 根据《城市污水土地处理利用设计手册》，有机负荷（COD）限制负荷为3.40kg/亩（年平均）；根据美国相关标准，有机负荷（COD）限值负荷为3.87kg/亩（年平均）。

（3）氮限制负荷 根据《城市污水土地处理利用设计手册》，氮限制负荷为0.052kg/亩。

2. 水力负荷计算及限制因素校核

（1）选择水力负荷，计算土地面积

为充分利用加工废水资源，选择低水力负荷/大土地面积类型，水力负荷为：

$$L_{\mathrm{w}}=K\times5\%=1\mathrm{cm/d}$$

其中，场地限制土层清水传导速率$K=0.84\mathrm{cm/h}$。

$$\text{土地面积}(A_{\mathrm{w}})=\frac{\text{年利用水量}+(\text{降水 }P_{\mathrm{r}}-\text{蒸散 ET}-\text{ 渗漏 }L_1)+\text{汇水 }w}{\text{常数 }C\times L_{\mathrm{w}}}=5500\text{（亩）}$$

注：暂以$P_{\mathrm{r}}+w-\mathrm{ET}-L_1=0$计

（2）有机物负荷（L_{C}）

$$L_{\mathrm{C}}=\frac{50\times10^4\mathrm{m^3/a}\times3.09\mathrm{kg/m^3}}{5100\text{ 亩}\times110\mathrm{d/a}}=2.75\mathrm{kg/(亩\cdot d)}$$

（3）氮负荷（L_{N}）

$$L_{\mathrm{N}}=\frac{50\times10^4\mathrm{m^3/a}\times35\mathrm{g/m^3}}{5100\text{ 亩}\times110\mathrm{d/a}}=0.031\mathrm{kg/(亩\cdot d)}$$

（4）校核对照

表 2-12-21 限制因素对照表

限制因素	淋溶限制 L_{r}	有机物限制 L_{C}		氮限制 L_{N}	
标准	国内	国内	美国	国内	美国
限值	38%	3.4kg/(亩·d)	3.87kg/(亩·d)	0.052kg/(亩·d)	0.063kg/(亩·d)
设计计算	40%	2.75kg/(亩·d)		0.031kg/(亩·d)	
校核结论	符合	符合		符合	

四、工艺流程

通过对该项目排水特点的分析，最终采用以格栅＋除砂池＋初次沉淀池＋储存塘＋土地处理＋种植为主的工艺流程，见图 2-12-16。

1. 废水的预处理系统

采用格栅、沉砂池、辐流式沉淀池等处理设施，对甜菜清洗废水中的泥砂、甜菜皮屑等固体悬浮物进行分离去除，使得水质符合后续储、运和投配的工艺要求。

2. 贮存/稳定系统

采用储存塘作为甜菜清洗有机排水的储存系统，除了解决冬储夏用问题，还具有水质改善的功能，表现为：一方面可以保持水质不发生厌氧腐化，最大限度地保持营养物的含量，另一方面可以在储存过程中使大分子的有机物在微生物的作用下少量降解，使得在灌溉后，在土壤环境中更易被土壤微生物和植物根系利用和吸收。

新建储存塘占地面积 15.18 万平方米，水面面积 11.2 万平方米，平均有效水深 4.5m，保护高度 1.5m，有效容积 50.4 万立方米。

3. 输送和投配系统

经储存后，在作物生长季节，按照作物生长所需的营养物质的量来定时、定量进行投配。首先经提升泵站加压后，通过管路输送到各实验田的喷灌机，再由喷灌机自带的增压泵二次增压，均匀、受控地投放于试验田内。

输配水系统由提升泵站、输水干管、配水支管系统以及中心控制系统构成。其中的关键部分是中心控制系统，它集成了土壤墒情在线监测、数据与控制信号的远程传输以及中心的智能自动控制，能够使操作人员在中心控制室内随时查看整个系统的状态，并对系统运行控制参数进行修改。在它的控制下，输配水系统内的提升水泵、配水阀门均可自动进行运作，保证均匀、受控地输送至各个土地处理单元。

投配系统是农田灌溉的关键设备，由 10 组（一期 3 组）自走式指针喷灌机构成，采用美国维蒙特工业公司的专利技术产品，设备技术指标见表 2-12-22。

表 2-12-22　喷灌设备及技术指标

结构部分	规格	数量
中心支座	$8\frac{5}{8}''$	1个
柔性接头	$8''\times6\frac{5}{8}''$	1个
跨体	外径 $6\frac{5}{8}''$;8跨,长度 54.86m,喷头间距 1.9m	8个
悬臂	长度 25.08m	1个
驱支塔架	设备通过高度 2.77m	8个
轮胎型号	$14.9\times24''\times12''$	16个
电机减速机	高速电机 5 台 68r/min,1.2hp;低速电机 3 台 34r/min,0.5hp	
控制系统		
电控箱	标准电控箱	1个
运行指示灯	配备	
压力运行控制开关	配备	
喷洒系统		
喷头	全压调(6PSI)VALLEY 喷头	1套

续表

喷头离地面高度/m	1.7	
弯管及配重	1 磅配重	1 套
供水系统		
喷灌机所需流量(参考)/(t/h)	200	
喷灌机入口压力/kg	2.3	
日灌溉量/(mm/d)	7.09	
设备行走一周最短时间/h	11.8	
100%速度时灌溉量/mm	3	
设备功率/kW	7.4	

注：1hp=735W。

4. 土地处理系统

根据工艺设计限制因素分析，确定土地处理系统的水力负荷为 1cm/d，占地面积 5500 亩，以使整个农田灌溉系统吸收并利用所有投放在系统中的资源和养料（如氨氮）。正常运行情况下，整座系统将无尾水排出，实现水资源和营养物资源的全部闭路循环，同时充分利用了废水中的氮、磷等营养元素，节约了化肥的使用，兼具经济效益、环境效益和社会效益。

本项目的土壤-植物系统是由多个净化田单元组成，根据布水设备的规格，净化田单元为直径 400～700m 的圆形地块，内部种植甜菜、小麦、玉米、马铃薯等经济作物。地块的坡度可根据自然地形或防洪涝的要求设计，最大不能超过 15°。作物的垄沟沿地面坡度方向延伸，作为天然降雨的布水和排泄设施。土地处理系统（净化田）技术指标见表 2-12-23。

表 2-12-23 土地利用系统（作物种植田）技术指标

序号	喷灌机	规格/m	喷灌区面积/亩	有效种植面积/亩	流量/(m^3/h)	中心距泵站距离/m
1	P1	ϕ450	238.6	510.9	100	1417
2	P2	ϕ450	238.6	462.2	100	1510
3	P3	ϕ500	294.5	442.3	100	1507
4	P5	ϕ550	356.4	610.4	100	3112
5	P6	ϕ450	238.6	478.5	100	2591
6	P7	ϕ500	294.5	486.9	100	2105
7	P8	ϕ550	356.4	526.5	100	2181
8	P9	ϕ400	188.5	318.2	100	2626
9	P11	ϕ650	497.7	705.7	100	2920
10	P12	ϕ600	424.1	634.7	100	2888

5. 污泥处理系统

沉淀池污泥经污泥浓缩后进入污泥干化厂，自然脱水和过滤后进行堆肥或外运。

五、结论

该项目总投资 2400 万元，吨水运行成本为 0.41 元，与传统的甜菜冲洗废水的处理工艺相比，总投资可节省 43%，运行成本也减少了 67.5%。而且经过长期对作物的生长、地下

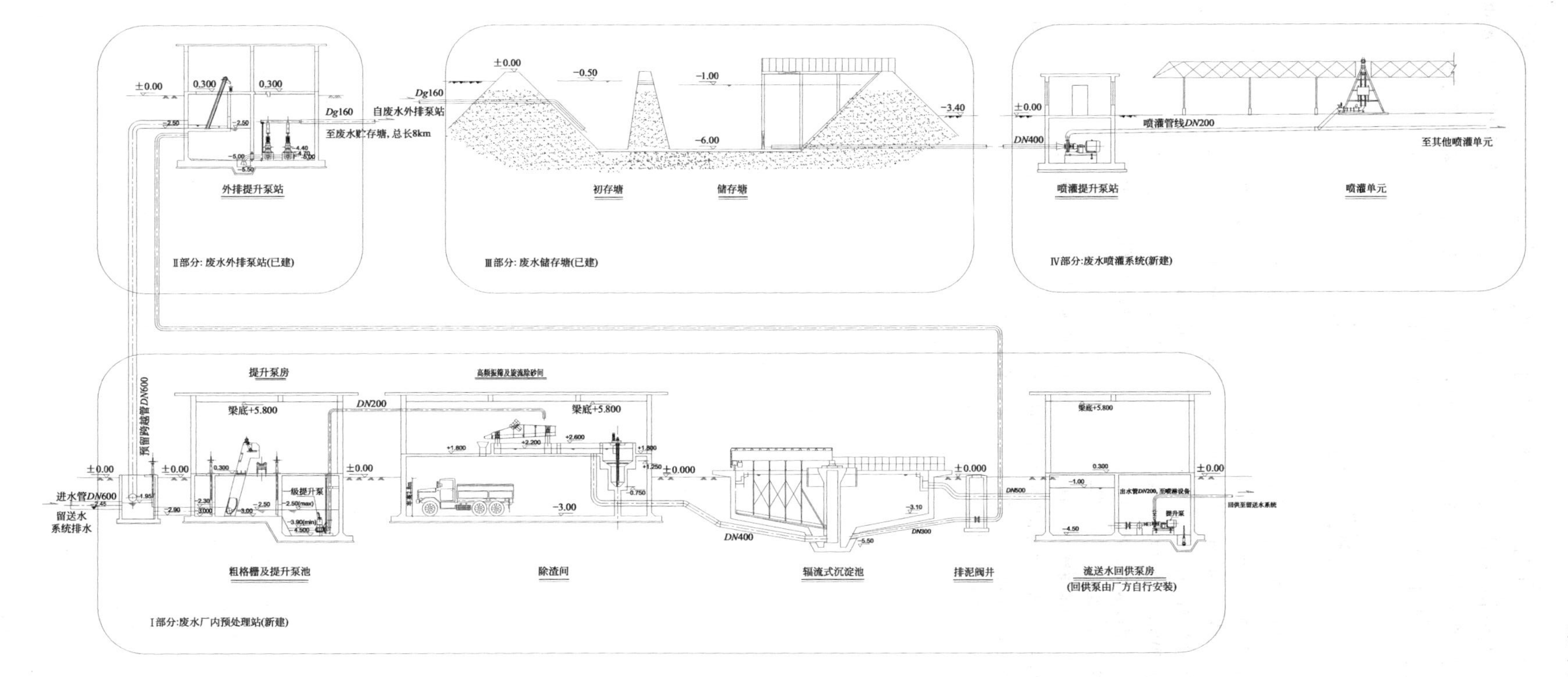

图 2-12-16　某糖业公司废水处理工艺流程

水、地表水和土壤的影响进行了监测，发现作物生长良好，发育并没有出现异常，对地下水、地表水和土壤的各项指标进行检测，未发现对其产生污染。本项目采用的甜菜冲洗废水资源化利用技术，不仅实现了循环经济和节能减排的目标，也开辟了我国农业食品加工排水资源化利用的一条新途径，对我国类似废水的资源化利用有很好的借鉴作用。

参 考 文 献

[1] 高拯民，李宪法．城市污水土地处理利用设计手册．北京：中国标准出版社，1991.
[2] 国家环境保护局科技标准司．城市污水土地处理技术指南．北京：中国环境科学出版社，1997.
[3] D A. Hammer. Constructed Wetlands for Wastewater Treatment. Lewis Publishers Inc.，1989.
[4] 王凯军，许晓鸣，陶涛等．水解池-稳定塘处理工艺研究．中国环境科学，1992，12（2）：81.
[5] 许晓鸣，王凯军．水解池-稳定塘工艺越冬技术措施研究．环境科学，1991，12（4）：35-40.
[6] 美国国家环境保护局编．城市污水稳定塘设计手册．北京：中国环境科学出版社，1988.
[7] 李穗中．氧化塘污水处理技术．北京：中国环境科学出版社，1992.
[8] 王绍文，秦华．城市污泥资源利用与废水土地处理技术．北京：中国建筑工业出版社，2007.
[9] 李献文．城市污水稳定塘设计手册（“七五”国家重点科技攻关项目成果）．北京：中国建筑工业出版社，1990.
[10] 高拯民．土壤-植物系统污染生态研究．北京：中国科学技术出版社，1986.
[11] 潘涛，田刚．废水处理工程技术手册．北京：化学工业出版社，2010.

第十三章 臭气处理

第一节 臭气来源及污染控制

一、臭气来源

恶臭气体是指大气、水、土壤、废弃物等物质中的异味物质，通过空气介质作用于人的嗅觉器官，并有害人体健康的一类公害气态污染物质。臭气不仅给人带来嗅觉上的不适，长期生活于恶臭污染的环境中，还会引起厌食、失眠、记忆力下降、心情烦躁等功能性疾病。恶臭气体的来源包括污水和垃圾处理、化工生产、畜禽养殖等，其中以污水处理系统的恶臭污染问题尤为突出。由于城市建设不断加快导致城市用地日益紧张，已建或新建的城市污水处理厂周围往往都有人口密集的居民生活区或公共活动区；由于多数污水厂没有除臭措施或除臭设施不完善，导致污水厂恶臭污染引起的环境投诉事件时有发生。

在城市排水设施中恶臭物质主要分布于污水收集和污水处理系统内，这些设施包括城市排水管道和窨井、城市污水处理厂及排水泵站[1]。大部分嗅阈值很低的气体都是从这些设施中散发出来的，这些系统经常会有以硫化氢、氨气、甲硫醇等气体为主的腐蚀与恶臭问题。

(一) 臭气源的产生及分布

1. 污水收集系统

(1) 排水管道和窨井　在长距离管道输送中污水极易产生厌氧生物降解现象，对人体有直接危害的恶臭污染物主要是硫化氢。因氧气转移到污水中的过程受到限制，而使存在于污水中的好氧微生物难以得到呼吸所需的溶解氧，此时利用硫酸根作为氧源进行呼吸的硫酸盐还原菌等厌氧细菌得以大量繁殖，该过程的副产物就是硫化氢。硫化氢是有一定强度的毒性物质，而且是典型的臭气源。硫化氢在硫细菌的作用下，在排水管道内易被氧化成硫酸，并对管道或窨井产生极大的侵蚀。由于硫化氢在污水中的溶解度较低，绝大部分会逸出到周围环境中。该过程中也会产生其他典型的致臭化合物，如硫醇和胺等。

此外，污水管路中还含有大量潜在的溶解了的硫化氢分子。监测数据表明，大部分硫化氢于跌落窨井中产生。窨井被杂物堵塞时会降低管内水流速度，为各种有害气体的形成创造条件，高位透气井在井内漂浮杂物严重淤积的情况下，会失去及时向空中排除管道内有害气体的功能，并加大管道内有毒有害气体的浓度。

(2) 排水泵站　不同的雨污水排水泵站在污水输送中会散发出不同的恶臭。如以收集高浓度粪便污水为主的泵站易散发较高浓度的氨；以收集制革废水等工业废水为主的泵站易散发较高浓度的硫化氢；有的排水泵站还会散发出一些硫化氢和氨等混合的气体。

泵站集水井是恶臭易散发的区域，由于污水成分复杂，微生物在排水管道中缺氧条件下易生成恶臭物质，并在泵站运行期间形成水流湍动而使原来产生和溶解于污水中的恶臭物质变成臭气从集水井开口部位逸出。

垃圾堆放处也是臭气散发的重要区域。固定的格栅除污机每天要从集水井中清捞出大量的栅渣，如果不及时清运，则会散发出大量臭气。另外，泵机设备在检修拆装时也会瞬间逸出高浓度的有害气体。

2. 污水处理系统

在大多数情况下，臭气集中于污水处理设施和污泥处理设施中。1988 年 Frechen 曾对德国 100 座污水处理厂的臭气源进行调查[2]，结果见图 2-13-1（对确定处理流程中每个处理设施产生臭气的百分比进行比较）。

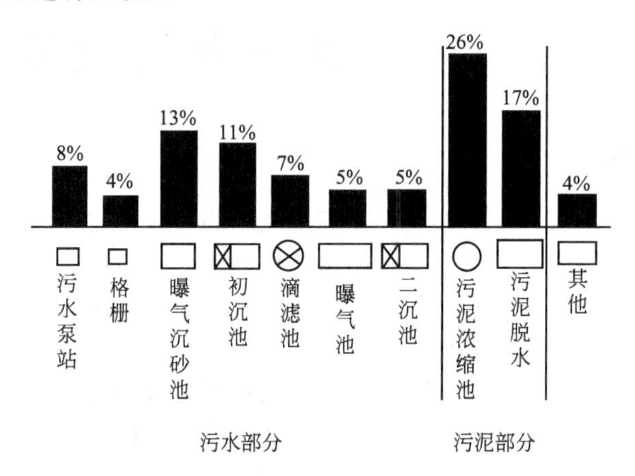

图 2-13-1 德国 100 个污水处理厂臭气污染源的调查情况

对城市污水处理厂主要处理构筑物恶臭散发率测定的数据见表 2-13-1。通过对我国现有部分污水处理厂的调研（见表 2-13-2），也不难发现在污水处理过程中，各工艺节点散发的臭气强度是不同的，但臭气发生源均主要集中于格栅井、初沉池、曝气池、储泥池、污泥浓缩池以及污泥脱水机房。调查数据表明，城市污水厂的污泥处理区（污泥浓缩池、脱水机房等）与污水进水区（进水泵站、格栅、曝气沉砂池等）产生的恶臭气体无论在臭气量上，还是在排放强度上均高于其他处理单元。

表 2-13-1 城市污水处理厂主要处理构筑物恶臭散发率 单位：mg/min

序号	处理构筑物	最低值	平均值	最高值
1	进水	357	1400	5577
2	格栅	828	5200	32669
3	曝气沉砂池	403	3200	24902
4	来自沉砂池的砂砾	585	1100	2019
5	初沉池:水面	401	2300	12903
6	初沉池:进水堰	1258	7700	47386
7	中间沉淀池(水面)	1158	4600	17962
8	调节池	4740	10000	22693
9	雨水池	110	450	1826
10	厌氧池(生物除磷)	522	1500	4305
11	预酸化池	37506	48000	61429
12	缺氧池(反硝化)	301	730	1774

续表

序号	处理构筑物	最低值	平均值	最高值
13	好氧池(硝化)	121	510	2113
14	二沉池(水面)	330	2300	12903
15	滤池	148	500	1680
16	一级污泥浓缩池	897	6700	50566
17	二级污泥浓缩池	521	1500	4538
18	污泥脱水间	529	2500	11516

注：恶臭散发率为官能法测得的臭气浓度（mg/m^3）和臭气排放量（m^3/min）的乘积，单位为 mg/min。

表 2-13-2　部分城市污水处理厂臭气检测

企　业	处理规模/($\times 10^4 m^3/d$)	处理工艺	污染源臭气浓度(无量纲)				
			曝气池	氧化沟入口	脱水机房	沉淀池	浓缩池
高碑店污水处理厂	100	普通曝气法			173		43
福州祥板污水处理厂	42	普通曝气法	124		685		397
邯郸市东郊污水处理厂	10	三沟式氧化沟		760		1200	1100

恶臭的排放形式与污水处理厂的设计有关，可以是无组织排放，也可以是有组织排放。一般情况下，城市污水处理厂的恶臭多以无组织面源形式排放。

(1) 污水处理设施

① 预处理。污水从收集系统进入处理设施中，可能含有高浓度的硫化氢，因此预处理过程经常是处理设施中主要的恶臭源。如进水池内的回转式机械格栅的搅动，会导致硫化氢的释放；曝气沉砂池粗砂的去除过程是利用空气的分散作用，将较轻的有机物与较重的砂粒物质进行分离，大量的臭气气体也会由此过程逸出水面。

② 初级处理。污水处理设施中约有 90%的恶臭来自初沉池。进水堰与水池表面的落差使跌落的污水中大部分的硫化氢被释放出来。在沉淀过程中，污水在静止的条件下停留在水池内数小时，使悬浮颗粒在水池中被收集和去除。在缺氧的环境下，污水停留在初沉池中极易产生硫化氢。夏季高温时硫化氢的产生量最大。在池中停留时间长以获得较浓污泥，也促进了硫化氢的进一步形成。同时初沉池在定期排泥时又会瞬间产生高浓度的有害气体。

③ 生化系统。曝气池在曝气量不足或停留时间不够的情况下将发生厌氧过程，产生臭气。若污水处理过程中采用厌氧处理工艺，则恶臭气体的发生是不可避免的。在污泥由二沉池回流到生化处理装置或预处理单元时，由于 pH 的变化和水流湍动都会引起恶臭气体的释放。

(2) 污泥处理设施

① 污泥浓缩。国内污水厂中污泥浓缩系统一般由污泥配泥井和重力浓缩池组成。在重力浓缩池中，一旦污泥处于较长的停留时间和缺氧环境就会导致硫醇盐的产生。当生物污泥外敷一层初沉污泥时，则对微生物数量较小且在缺氧环境中过剩的物质，提供了形成恶臭的条件。当配泥井在向各浓缩池进泥时，浓缩池在排泥及撇除上清液时，污泥回流若采用先入调节池再用泵提升时都会产生大量高浓度的有害气体。

② 污泥脱水机房。使用带式污水脱水机易产生恶臭。在污泥压缩去除水分的物理过程中极易迫使恶臭物质逸出来，虽然污泥脱水机房的顶部或四周通常安装有排风装置，但对于室内高浓度的臭气无济于事，臭气向四周扩散仍很明显。

③ 污泥临时堆置或储存。重力浓缩或机械脱水后的污泥经由传输装置送入污泥堆棚堆置时会产生高浓度恶臭。混合生物污泥以及初沉污泥在稳定之前进行的短期贮存也会产生硫化氢而带来恶臭问题。污泥长时间贮存更是一个潜在的恶臭源。目前国内城市污水厂中污泥临时堆棚大部分呈半敞开式，若污泥没有出路，就只能堆置数天，恶臭会更加严重。污泥主要采用人工清运，工作条件较差。

(二) 臭气的成分

从物质组成分析，城市污水处理厂逸出的臭气可以分为5类。第1类是含硫化合物，如硫化氢、硫醇类、硫醚类和噻吩类等；第2类是含氮化合物，如氨、胺、酰胺类以及吲哚类等；第3类是烃类化合物，如烷烃、烯烃、炔烃以及芳香烃等；第4类是含氧有机物，如醇、醛、酮、酚以及有机酸等；第5类是卤素及其衍生物，如氯化烃等。这些物质在污水处理设施中广泛存在。

城市污水处理厂各污水处理设施中可能产生的臭气物质成分及其臭味的描述[3]见表2-13-3。

表 2-13-3 城市污水处理厂中产生的臭气物质[3]

物质名称	分子式	相对分子质量	臭气描述	臭味阀值百万分之一(体积比)
乙醛	CH_3CHO	44	果实味	0.067
乙酸	CH_3COOH	60	酸味	1.0
烯丙基硫醇	CH_2CHCH_2SH	74	大蒜味	0.0001
氨	NH_3	17	刺激的气味	47
戊基硫醇	$CH_3(CH_2)_4SH$	104	腐烂的气味	0.0003
苯甲基硫醇	$C_6H_5CH_2SH$	124	讨厌的气味	0.0002
丁胺	$CH_3(CH_2)_3NH_2$	73	氨味	0.080
2-丁烯硫醇	$CH_3CHCHCH_2SH$	88	臭鼬味	0.00003
二丁基胺	$(C_4H_9)_2NH$	129	鱼腥味	0.016
二异丙基胺	$(C_3H_7)_2NH$	101	鱼腥味	0.13
二甲胺	$(CH_3)_2NH$	45	腐烂的、鱼腥味	0.34
二硫二甲烷	$(CH_3)_2S_2$	94	腐败的蔬菜味	0.0001
二甲基硫	$(CH_3)_2S$	62	腐败的卷心菜味	0.001
硫化二苯	$(C_6H_5)_2S$	186	令人不愉快的味道	0.0001
乙胺	$C_2H_5NH_2$	45	类似氨味	0.27
乙硫醇	C_2H_5SH	62	腐败的卷心菜味	0.0003
硫化氢	H_2S	34	臭鸡蛋的味道	0.0005
吲哚	$C_6H_4(CH)_2NH$	117	令人作呕的气味	0.0001
甲胺	CH_3NH_2	31	腐肉的、鱼腥味	4.7
甲硫醇	CH_3SH	48	臭鸡蛋的味道	0.0005
苯硫醇	C_6H_5SH	110	大蒜味	0.0003
丙硫醇	C_3H_7SH	76	令人不愉快的气味	0.0005
嘧啶	C_5H_5N	79	辛辣的气味	0.66
粪臭素	C_9H_9N	131	令人作呕的气味	0.001
硫甲酚	$CH_3C_6H_4SH$	124	臭鼬味	0.0001
苯硫酚	C_6H_5SH	110	类似大蒜的味道	0.00006
三甲胺	$(CH_3)_3N$	59	刺激的味道、鱼腥味	0.0004

污水收集、处理设施中的主要臭气产生源、产生原因及其相对污染程度详见表 2-13-4。从表中可以看出，污水前处理部分（污水提升泵站、格栅、沉砂池）以及生物反应中的厌氧调节池和污泥处理部分（污泥浓缩池、储泥池、脱水机房等）是除臭的重点；曝气池的负荷低，一般可不考虑除臭措施。

表 2-13-4　污水处理中的臭气源

位置	臭气源/原因	臭气强度
污水处理设施		
进水头部	由于紊流作用在水流渠道和配水设施中释放臭气	高
污水泵站	集水井中污泥、沉淀物和浮渣的腐化	高
格栅	栅渣的腐烂	高
预曝气	污水中臭气释放	高
沉砂池	沉砂中的有机成分腐烂	高
厌氧调节池	池表面浮渣堆积造成腐烂	高
回流液	污泥处理的上清液、压滤液	高
曝气池	混合流/回流污泥、高有机负荷、混合效果差，DO 不足、污泥沉积	低/中
二沉池	浮泥/浮渣	低/中
污泥处理设施		
浓缩池	浮泥，堰和槽/浮渣和污泥腐化，温度高，水流紊动	高/中
好氧消化池	反应器内不完全混合，运行不正常	低/中
厌氧消化池	硫化氢气体，污泥中硫醇盐含量高	中/高
储泥池	混合差，形成浮泥层	中/高
机械脱水	泥饼/易腐烂物质，化学药剂，氨气释放	中/高
污泥外运	污泥在储存和运输过程中释放臭气	高
堆肥	堆肥污泥/充氧和通风不足，厌氧状态	高
焚烧	排气/燃烧温度低，不足以氧化所有有机物	低

二、臭气污染控制标准及评价方法

(一) 恶臭污染物排放标准

我国为控制恶臭污染物对大气的污染，保护和改善环境，参照大气环境质量标准制定了恶臭污染物排放标准（GB 14554—93）。该标准分年限规定了 8 种恶臭污染物的一次最大排放限值、复合恶臭物质的臭气浓度限值及无组织排放源（没有排气筒或排气筒高度低于 15m 的排放源）的厂界浓度限值。该标准适用于全国所有向大气排放恶臭气体单位及垃圾堆放场的排放管理以及建设项目的环境影响评价、设计、竣工验收及其建成后的排放管理。

此标准恶臭污染物厂界标准值分为三级：排入 GB 3095 中一类区的执行一级标准，一类区不得建新的排污单位；排入 GB 3095 中二类区的执行二级标准；排入 GB 3095 中三类区的执行三级标准。恶臭污染物厂界标准值是对无组织排放源的限值，见表 2-13-5。

1994 年 6 月 1 日起立项的新、扩、改建设项目及其建成后投产的企业执行二级、三级标准中相应的标准值。排污单位排放（包括泄漏和无组织排放）的恶臭污染物，在排污单位边界上规定监测点（无其他干扰因素）的一次最大监测值（包括臭气浓度）都必须低于或等

表 2-13-5 恶臭污泥物厂界标准值

控制项目	单位	一级	二级		三级	
			新扩改建	现有	新扩改建	现有
氨	mg/m^3	1.0	1.5	2.0	4.0	5.0
三甲胺	mg/m^3	0.05	0.08	0.15	0.45	0.80
硫化氢	mg/m^3	0.03	0.06	0.10	0.32	0.60
甲硫醇	mg/m^3	0.004	0.007	0.010	0.020	0.35
甲硫醚	mg/m^3	0.03	0.07	0.15	0.55	1.10
二甲二硫醚	mg/m^3	0.03	0.06	0.13	0.42	0.71
二硫化碳	mg/m^3	2.0	3.0	5.0	8.0	10
苯乙烯	mg/m^3	3.0	5.0	7.0	14	19
臭气浓度	无量纲	10	20	30	60	70

于恶臭污染物厂界标准值。排污单位经烟、气排气筒（高度在 15m 以上）排放的恶臭污染物的排放量和臭气浓度都必须低于或等于恶臭污染物排放标准。表 2-13-6 列出了部分 GB 14554—93 恶臭污染物排放标准值。

表 2-13-6 部分 GB 14554—93 恶臭污泥物排放标准值（排气筒高度 15m）

控制项目	允许排放量/(kg/h)	控制项目	允许排放量/(kg/h)
硫化氢	0.33	氨	4.9
甲硫醇	0.04	三甲胺	0.54
甲硫醚	0.33	苯乙烯	6.5
二甲二硫醚	0.43	臭气浓度	2000(无量纲)
二硫化碳	1.5		

恶臭污染物排放浓度可按下式计算：

$$C=\frac{m}{V_{nd}}\times 10^6 \quad (2\text{-}13\text{-}1)$$

式中，C 为恶臭污染物的浓度，mg/m^3（干燥的标准状态）；m 为采样所得的恶臭污染物的质量，g；V_{nd}为采样体积，L（干燥的标准状态）。

恶臭污染物排放量可按下式计算：

$$G=C\times Q_{snd}\times 10^{-6} \quad (2\text{-}13\text{-}2)$$

式中，G 为恶臭污染物的排放量，kg/h；Q_{snd}为烟囱或排气筒的气体流量，m^3（干燥的标准状态）/h。

(二) 城镇污水处理厂污染物排放标准

1. 标准分级

根据城镇污水处理厂所在地区的大气环境质量要求和大气污染物治理技术和设施条件，将标准分为三级。

(1) 位于 GB 3095 一类区的所有（包括现有和新建、改建、扩建）城镇污水处理厂，自本标准实施之日起，执行一级标准。

(2) 位于 GB 3095 二类区和三类区的城镇污水处理厂，分别执行二级标准和三级标准。其中 2003 年 6 月 30 日之前建设（包括改、扩建）的城镇污水处理厂，实施标准的时间为

2006年1月1日；2003年7月1日起新建（包括改、扩建）的城镇污水处理厂，自本标准实施之日起开始执行。

（3）新建（包括改、扩建）城镇污水处理厂周围应建设绿化带，并设有一定的防护距离，防护距离的大小由环境影响评价确定。

2. 标准值

城镇污水处理厂废气的排放标准值按表2-13-7的规定执行。

表2-13-7 厂界（防护带边缘）废气排放最高允许浓度

序号	控制项目	一级标准	二级标准	三级标准
1	氨/(mg/m^3)	1.0	1.5	4.0
2	硫化氢/(mg/m^3)	0.03	0.06	0.32
3	臭气浓度(无量纲)	10	20	60
4	甲烷(厂区最高体积分数)/%	0.5	1	1

3. 取样与监测

（1）氨、硫化氢、臭气浓度监测点设于城镇污水处理厂厂界和防护带边缘的浓度最高点；甲烷监测点设于厂区内浓度最高点。

（2）监测点的布置方法与采用方法按GB 16297中附录C和HJ/T 55的有关规定执行。

（3）采样频率，每两小时采样1次，共采集4次，取其最大测定值。

（三）臭气的评价方法[4]

1. 仪器测定法

主要用于测定单一的恶臭物质，单一恶臭物质主要包括小分子的有机酸、酮、酯、醛类、胺类，以及硫化氢、甲苯、苯乙烯等。分析测定主要采用GC/MS、HPLC、离子色谱、分光光度法等精密分析仪器，所以一般分析费用较高，分析时间也比较长。我国恶臭污染物排放标准中规定的8种恶臭物质的测定方法见表2-13-8。

表2-13-8 单一恶臭物质的测定方法

序号	控制项目	测定方法	标准序号
1	氨	次氯酸钠——水杨酸分光光度法	GB/T 14679
2	三甲胺	二乙胺分光光度法	GB/T 14676
3	硫化氢	气相色谱法	GB/T 14678
4	甲硫醇	气相色谱法	GB/T 14676
5	甲硫醚	气相色谱法	GB/T 14676
6	二甲二硫醚	气相色谱法	GB/T 14676
7	二硫化碳	气相色谱法	GB/T 14680
8	苯乙烯	气相色谱法	GB/T 14677

2. 嗅觉测定法

恶臭物质往往是由许多物质组成的复杂复合体，如污水处理系统的恶臭就包括氨、硫化氢、甲硫醇等几十种恶臭气体。这就给恶臭的测定和评价带来困难。传统的仪器测定虽然能够测定单一恶臭气体的浓度，但却不能反映恶臭气体对人体的综合影响。为此人们引进了嗅觉测定法。即通过人的嗅觉器官对恶臭气体的反应来进行恶臭的评价和测定工作。

（1）六阶段臭气强度法 最初参照调香师的嗅觉感知，从0～5用六阶段臭气强度法表示。具体见表2-13-9，其中2.5～3.5为环境标准值。简单的测定方法是以3人为一组，按表2-13-9表示的方法，以10s的间隔连续测定5min所得的结果。这种方法对测定人的要求比较高，以0.5为一个判定单位误差也比较大。但臭气强度能和一定的恶臭物质浓度相对应，二者存在正相关关系。比如1×10^{-6}和5×10^{-6}浓度的对应的臭气强度法分别为2.5和3.5。

表2-13-9 臭气强度的分级

臭气强度	分级内容	臭气强度	分级内容
0	无臭	3	可轻松认知值(一般标准)
1	可感知阈值	3.5	可轻松认知值(一般标准)
2	可认知阈值	4	较强气味
2.5	可轻松认知值(一般标准)	5	强烈气味

臭气的强度与臭气的质量浓度之间的相对关系可由下式表示：

$$Y=k\lg(22.4X/M_r)+\alpha \tag{2-13-3}$$

式中，Y为臭气强度（平均值）；X为恶臭的质量浓度，mg/m^3；k，α为常数见表2-13-10；M_r为恶臭污染物的相对分子质量。

表2-13-10 不同恶臭污染的k、α值

项目	含氧有机物				硫化物				氮化物	
	乙醛	丙醛	乙酸	丙酸	硫化氢	甲硫醇	甲硫醚	二甲二硫	氨	三甲胺
k	1.01	1.01	1.77	1.46	0.95	1.25	0.784	0.985	1.67	0.901
α	3.85	3.86	4.45	5.03	4.14	5.99	4.06	4.51	2.38	4.56

日本的《恶臭防治法》中列出了8种恶臭污染物质量浓度与强度的关系，见表2-13-11。

表2-13-11 恶臭污染物质量浓度与臭气强度对照表

臭气强度/级	污染物质量浓度/(mg/m^3)							
	氨	甲硫醇	硫化氢	甲硫醚	二甲硫醚	三甲胺	乙醛	苯乙烯
1	0.0758	0.0002	0.0008	0.0003	0.0013	0.0003	0.0039	0.1393
2	0.455	0.0015	0.0091	0.0055	0.0126	0.0026	0.0196	0.9286
2.5	0.758	0.0043	0.0304	0.0277	0.0420	0.0132	0.0982	1.8572
3	1.516	0.0086	0.0911	0.1107	0.1259	0.0527	0.1964	3.7144
3.5	3.79	0.0214	0.3036	0.5536	0.4196	0.1844	0.982	9.286
4	7.58	0.0643	1.0626	2.2144	1.2588	0.5268	1.964	18.572
5	30.32	0.4286	12.144	5.536	12.588	7.902	19.64	92.86

（2）三点比较式臭袋法 在六阶段臭气强度法基础上改进的方法称为三点比较式臭袋法，又称臭气浓度法，所谓臭气浓度指恶臭气体（包括异味）用无臭空气进行稀释，稀释到刚好无臭时，所需的稀释倍数。具体方法是将3个无臭塑料袋之一装入恶臭气体后，让6人一组的臭气鉴定员鉴别，逐渐稀释恶臭气体，直到不能辨别为止。去掉最敏感和最迟钝的两个人，以其他人的平均值作为最后的测定结果。臭气鉴定员只要是年满18岁、嗅觉没有问题的人，经检查合格均可申请做臭气鉴定。这种方法的特点为不是直接判断臭气强度的大

小，而是通过判定臭气的有无，再通过计算，间接判定臭气的强弱，现在此方法已经作为国家标准发布（GB/T 14675）。

3. 嗅觉感受器测定法

近年来发展比较快的是嗅觉感受器测定法，其原理是模仿人的嗅觉器官，制成可测定不同恶臭气体的感受器。感受器的种类包括有机色素膜感受器、有机半导体感受器、金属酸化物半导体感受物、光化学反应感受器、合成脂质膜水晶震动子感受器等。比如合成脂质膜水晶震动子感受器的原理是利用人工合成的双分子膜接触到恶臭物质后产生重量变化，将这种变化转变成周波数的形式加以检测，最低检出可达 10^{-9}ng 水平。

臭气强度法、三点比较式臭袋法、仪器测定法、感受器测定法 4 种方法各有特点[4]，其间的比较见表 2-13-12。

表 2-13-12 不同恶臭测定方法之间的比较

测定方法	测定原理	测定对象	主要问题	特 点
三点比较式臭袋法	人的嗅觉	主要为复合臭气	容易产生嗅觉疲劳，不能进行大量测定	判定臭气的有无不需特殊装置
臭气强度法	人的嗅觉	单一臭气或复合臭气	容易产生嗅觉疲劳，不能进行大量测定	直接判定臭气强度的大小，不需特殊装置
仪器测定方法	化学分析	主要为单一臭气	测定费用高，测定时间较长	用 GC/MS，HPLC，离子色谱等进行精密分析
感受器测定法	电阻，共振周波数等的变化	单一臭气或复合臭气	存在其他气体的干涉问题	可进行快速连续测定

4. 臭气的评价指标

恶臭的评价要素一般包括恶臭的强度、广泛性、性质等几个方面。其中臭气浓度作为恶臭广泛性的代表，是比较常用的一个恶臭环境影响评价指标。恶臭作为气体形式的一种，其环境影响预测可按与大气相同的方法进行。但由于现在单质恶臭气体的分离和定量存在一定的困难，各成分间相加、相乘、拮抗作用等原理尚未清楚了解，所以一般用臭气排出强度 OER 进行预测：

$$\mathrm{OER}=QC \tag{2-13-4}$$

式中，OER 为臭气排出强度；Q 为单位时间内气体排出量 m^3/min；C 为臭气浓度。

当恶臭的发生源为复数时，各个发生源的总和为总臭气排出强度（TOER）。当恶臭发生源的高度较低，用大气扩散模型预测比较困难时，可通过类似设施的调查，计算出臭气排出强度，并根据稀释比来推定建设项目的臭气浓度。这种方法是一种比较粗的预测方法。

另外，不同的臭气会给人以不同的嗅觉感觉，对不同的臭气的这种性质的描述还没有统一的规范。其原因一是臭气的种类太多，如比较常见的单质恶臭气体就有几十种，复合恶臭气体就更多；二是即使对同一种恶臭气体，不同的人对其性质也会有不同的描述。

（四）臭气检测仪器

各环保部门一直采用三点比较式臭袋法，依靠人工官能法测量恶臭气体强度，但是由于工作量大，效率低，又不能及时准确地监测出恶臭气体强度。目前国内外科研人员已开发出基于电子鼻技术的多种类型的臭气检测仪器。电子鼻是模仿人的嗅觉系统，利用气体传感器阵列的响应图案来识别气味的电子系统，其在环境恶臭污染和环境有机气体分析方面已经有了广泛的应用。目前常用的臭气检测仪表主要有：便携式恶臭检测仪、恶臭实时在线监测系统以及配套的辅助仪器等。

1. 便携式恶臭检测仪

便携式恶臭检测仪主要是由取样操作器即气路流量控制系统、气体传感器阵列和信号处理系统三种功能器件组成。原理就是模拟人的嗅觉器官对气味进行感知、分析和判断。通过控制器将气味分子采集回来，并流经气体传感器，气味分子被气体传感器阵列吸附，产生信号；生成的信号被送到信号处理子系统进行处理和加工并最终由模式识别子系统对信号处理的结果做出判断。通常情况下，气体采集流量控制系统和气体传感器阵列被看成是电子鼻的硬件部分，而信号处理子系统和模式识别子系统被看成是电子鼻的软件部分。

(1) 便携式恶臭检测仪的组成

① 取样操作器。即气路流量控制系统，是依靠 AIRSENSE 多年的气体流量控制经验开发的专利技术，主要部件是自动进样泵和流量控制器。它保证了在各种复杂的情况下电子鼻内部气流的稳定，使电子鼻实现了在实验室、在线控制、环境监测等各种复杂状况下正常使用，起着类似于人的鼻子的作用。

② 气体传感器阵列。采用 10 个不同的金属氧化物传感器作为传感器阵列，这是电子鼻硬件的核心部分。AIRSENSE 公司是世界上最大的传感器生产厂家之一，经过多年的实践总结，最终确定使用十个不同的金属氧化物传感器作为传感器阵列效果是最理想的。

③ 信号处理系统。通常具有 K-NN（欧氏距离、马氏距离）、DFA 判别函数分析、PCA 主成分分析、LDA 线性判别分析、PLS 偏最小二乘法等流行算法。

(2) 性能与参数　便携式恶臭检测仪又可分为手持式与便携式。

① 手持式恶臭检测仪——SLC-OH010。见图 2-13-2。

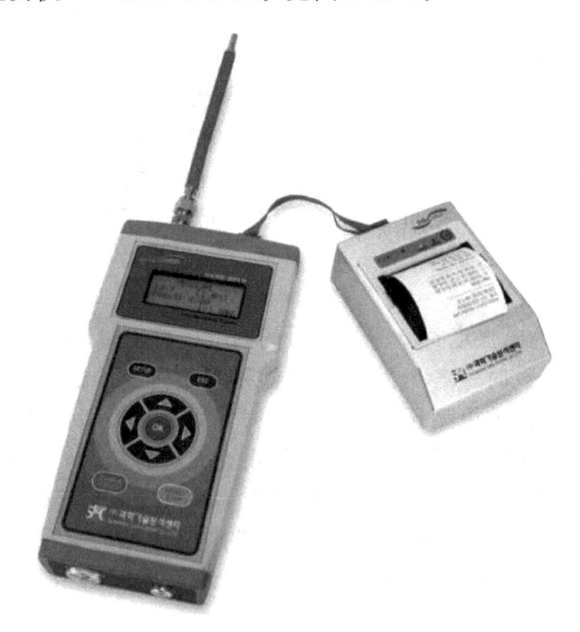

图 2-13-2　手持式恶臭检测仪（SLC-OH010）

检测原理：多路逐点采样吸附和脱落的同时进行检测（1 种传感器）。

检测对象：气体形态的各种污染物质以及复合恶臭物质（硫化氢、氨、胺类等）。

准确度：±5%RSD 以内。

检测周期：选择分析 1～5min。

应用领域：对恶臭排放设施的即刻现场管制，应用现场官能法，掌握室内空气质量污染程度，对涉恶设施的恶臭进行管理评价以及对汽车内部、下水管道等封闭空间内的恶臭进行评价。

② 便携式恶臭检测仪——SLC-OP020。见图 2-13-3。

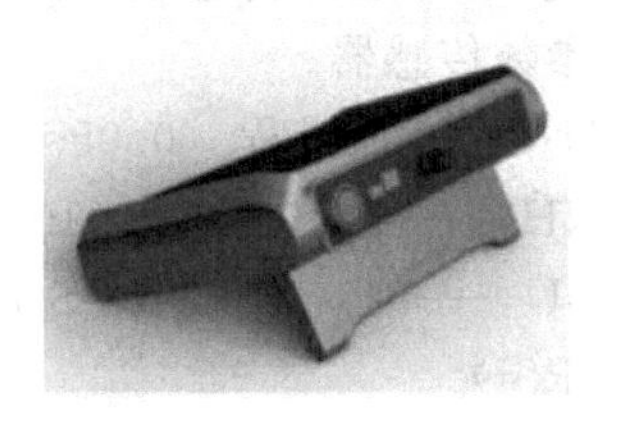

图 2-13-3　便携式恶臭检测仪（SLC-OP020）

检测原理：多路逐点采样吸附和脱落的同时进行检测（最多 5 种传感器）。

检测对象：气体形态的各种污染物质以及复合恶臭物质（硫化氢、氨、胺类等）。

准确度：±3%RSD 以内。其他指标同 SLC-OH010。

③ 便携式恶臭检测仪——Airsense PEN3。见图 2-13-4。

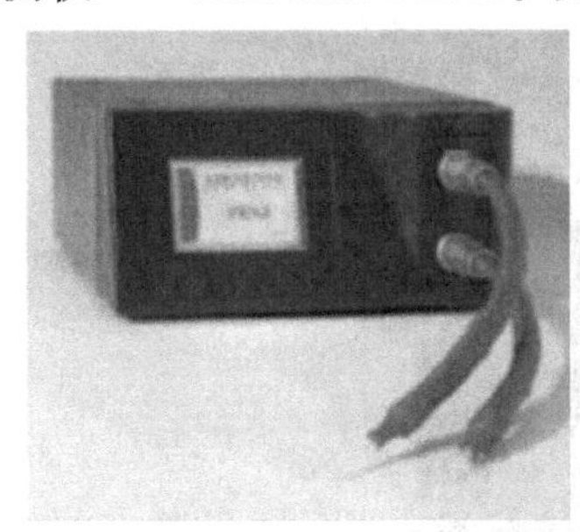

图 2-13-4　便携式恶臭检测仪（Airsense PEN3）

检测原理：采用 10 个不同的金属氧化物传感器作为电子鼻的传感器阵列进行检测。

检测对象：气体形态的各种污染物质以及复合恶臭物质，常态进样、空气作为背景气。

检测周期：依据使用情况从 4s 到几分钟，通常是 1min（20s 检测，40s 恢复时间）。

传感器技术：加热传感器，工作温度 200～500℃，传感器反应时间通常小于 1s。

准确度：±3%RSD。

2. 恶臭在线监测系统

恶臭在线监测系统主要由无人恶臭捕食器、恶臭监测仪以及气象装备等构成。该系统的特点是可以实现 24h 连续在线监测，内置多种传感器，配备气象五参数，可以掌握恶臭分布的空间和规律，并可以利用传感器阵列系统对恶臭的复合性进行评价。恶臭在线检测监测系统组成见图 2-13-5。

恶臭传感器监测(恶臭防治设施)—有无线传输—伺服器系统—管理者(环境专家)—基于Web的
恶臭实时监测管理系统(显示恶臭防治设施的运行和管理)

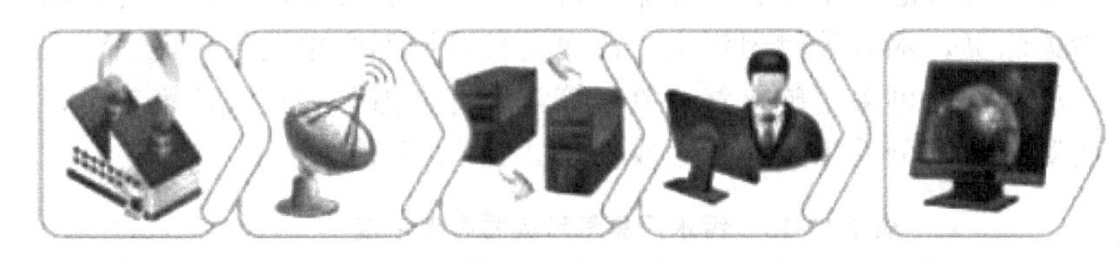

图 2-13-5　恶臭在线检测监测系统示意

恶臭实时在线监测系统——Network type SLC-ON030（见图 2-13-6）的性能参数如下。

检测原理：多路逐点采样系统吸附和脱落的同时进行检测（最多 9 种传感器）。

检测对象：环境空气中的恶臭。

内置传感器：金属氧化物传感器（MOS）、电化学传感器（ECS）、光调子传感器（PID）以及气象五参数传感器。

传感器量程：H_2S——低量程（0.05～2.0）×10^{-6}，高量程——（1～80）×10^{-6}

NH_3——（0.5～80）×10^{-6}，TVOC——（0.5～80）×10^{-6}

OU——N 1～10000，S 1～70000

准确度：±3%RSD。

检测周期：1～5min（可选择），连续自动监测。

图 2-13-6 恶臭实时在线监测系统（SLC-ON030）

应用领域：掌握恶臭地区的恶臭源问题，实时对环境基础设施及蓄水设施等主要恶臭排放源进行在线自动检测，与AWS气象资料组连接自动在线监测及掌握恶臭分布的空间，管理污染防治设施的效率及对充填物质更换时间的管理等。

三、臭气治理系统的基本设计程序及原则

（一）臭气来源调查与分析

除臭构筑物和除臭设施应根据污水污泥处理过程中可能产生的臭气情况确定，一般污水厂的进水格栅井、进水泵房、调节池、沉砂池、初沉池、配水井、厌（缺）氧池、污泥泵房、浓缩池、储泥池、脱水机房、污泥堆棚、污泥消化池、污泥堆场，污泥处理处置车间等构筑物宜考虑除臭，对臭气要求较高的场合，曝气池可考虑除臭，二沉池及二沉池出水后的深度处理可按不产生臭气考虑。格栅、螺旋输送机、脱水机、皮带输送机等与污水、污泥敞开接触的设备应考虑除臭，水泵等封闭污水、污泥设备可按不产生臭气考虑。

污水厂臭气污染物浓度可采用硫化氢、氨气等常规污染因子和臭气浓度表示，应根据实测资料确定，无实测资料时可采用经验数据或按表 2-13-13 取值。

表 2-13-13 污水厂臭气污染物参考浓度

处理区域	硫化氢/(mg/m^3)	氨/(mg/m^3)	臭气浓度(无纲量)
污水预处理区域	1～10	0.5～5	1000～5000
污泥处理区域	5～30	1～10	5000～100000

日本下水道事业团“脱臭设备设计指针”，按处理设施对各构筑物原臭气浓度数值归纳见表 2-13-14。

表 2-13-14　各构筑物原臭气浓度数值

浓度区域	构筑物设施	臭气浓度/无纲量	硫化氢 /×10⁻⁶ (kg/m³)	甲硫醇 /×10⁻⁶ (kg/m³)	甲硫醚 /×10⁻⁶ (kg/m³)	二甲二硫 /×10⁻⁶ (kg/m³)	氨 /×10⁻⁶ (kg/m³)
低浓度区	格栅、沉砂池	980	0.52	0.014	0.011	0.003	0.28
	初沉池	980	0.59	0.065	0.037	0.005	0.35
	设定值	1000	0.6	0.07	0.04	0.005	0.4
高浓度区	污泥浓缩池	55000	23	0.71	0.12	0.052	0.45
	储泥池	31000	84	17	0.81	1.1	0.95
	污泥脱水机房	55000	21	1.6	0.36	0.04	2.0
	臭气捕集量加权平均值	65000	24	2.0	0.33	0.36	1.2
	设定值	70000	30	3.0	0.4	0.4	2.0

(二) 臭气量的核算

除臭设施收集臭气风量按经常散发臭气的构筑物和设备的风量计算，臭气风量应按下列公式计算：

$$Q=Q_1+Q_2+Q_3 \tag{2-13-5}$$

$$Q_3=K(Q_1+Q_2) \tag{2-13-6}$$

式中，Q 为除臭设施收集的臭气风量，m^3/h；Q_1 为污水处理中需除臭的构筑物收集的臭气风量，m^3/h；Q_2 为污水处理中需要除臭的设备收集的臭气风量，m^3/h；Q_3 为收集系统漏失风量，m^3/h；K 为漏失风量系统，可按 10%计。

污水处理构筑物的臭气风量根据构筑物的种类、散发臭气的水面面积、臭气空间体积等因素综合确定；设备臭气风量宜根据设备的种类、封闭程度、封闭空间体积等因素综合确定，可按下列要求确定。

(1) 进水泵吸水井、沉砂池臭气风量按单位水面积 $10m^3/(m^2 \cdot h)$ 计算，增加 1～2 次/h的空间换气量。

(2) 初沉池、浓缩池等构筑物臭气风量按单位水面积 $3m^3/(m^2 \cdot h)$，增加 1～2 次/h 的空间换气量。

(3) 曝气处理构筑物臭气风量按曝气量的 110%计算。

(4) 封闭设备按封闭空气体积换气次数 6～8 次/h 计。

(5) 半封口机罩按机罩开口处抽气流速为 0.6m/s 计算，或者按 0.5×机罩容积的 7 次换气/h，并以两者中最小值为准。

(6) 脱水机房：集气量可根据以下几种方式确定。

① 带式压滤机（包括带检修走道的隔离室）按 7 次/h 换风量计算。

除臭风量 $Q(m^3/h)=0.5\times$隔离室容积 $R(m^3)\times7$ 次/h(每一机室上最好设 4 个吸收口)

② 离心脱水机、带式压滤机（仅在机械本体加机罩的场合）。

除臭风量 $Q(m^3/h)=0.5\times$隔离室容积 $R(m^3)\times2$ 次/h(每一机罩上最好设 4 个吸收口)

③ 加压过滤机、真空过滤机。

设置机罩时，除臭风量 $Q(m^3/h)=0.5\times$隔离室容积 $R(m^3)\times7$ 次/h（每一机罩上最好设 4 个吸收口）

设置集气罩时，除臭风量按 7 次/h，且 3 倍于集气罩投影面积的空间容积进行换气。

(7) 除臭系统宜与通风换气系统分开，难以分开时，对于人员需要经常进入的处理构(建) 筑物，抽气量宜按换气次数不少于 6 次/h 计算。当人短时进入且换气次数难以满足时，需要考虑人员进入时的自然通风或临时强制通风措施。

(三) 臭气收集输送系统设计（城镇污水处理厂臭气处理技术规程）

1. 臭气源加盖

(1) 臭气源加盖时应能满足污水厂正常的操作运行管理要求，应符合下列规定：

① 满足正常运行构筑物内部和相关设备的观察采光要求；

② 应设置必要的检修通道，加盖不应妨碍构筑物和设备的操作维护检修；

③ 应设置人员进入时的强制换风或自然通风的措施；

④ 应采取防止抽吸负压引起加盖损坏的措施；

⑤ 应采取防止雨雪在盖板上累积的措施；

⑥ 风量较大除臭空间应考虑均匀抽风和有序补风措施。

(2) 设备加盖时集气罩方式，应符合下列规定：

① 对设备的臭气点宜采用局部密闭集气罩进行收集；

② 对有振动且气流较大的设备宜采用整体密闭集气罩；

③ 采用半密闭集气罩时，宜减少集气罩的开口面积，且集气罩的吸气方向应宜与臭气流运动方向一致；

④ 集气罩的吸气流不宜经过有人区域再进入罩内。

(3) 构筑物加盖时宜根据构筑物尺寸，运行管理要求选择合适的结构，水处理构筑物的密封盖宜贴近水面，跨度较大的构筑物经技术经济比较后可采用紧贴水面的漂浮盖。

(4) 构筑物加盖采用轻型结构的强度，应符合下列规定：①施工时临时附加荷载；②风、雪荷载；③抽吸负压产生的附加荷载。

(5) 罩盖和支撑应用耐腐蚀材料，室外罩盖还应满足抗紫外线要求。

(6) 根据需要宜在罩盖上设置透明观察窗、观察孔、取样孔和人孔，孔口设置应方便开启且密封性良好。

(7) 构筑物不能上人的加盖罩应设有栏杆或设置明显的标志。

2. 臭气收集

(1) 臭气收集宜采用负压吸气式，臭气吸风口的设置应减少设备和构筑物内部气体短流和防止污水处理过程中泡沫进入收集管道。

(2) 风管宜采用玻璃钢、UPVC、不锈钢等耐腐蚀材料制作。

(3) 风管管径应根据风量和风速确定，一般干管宜为 5～10m/s，小支管宜为 3～5m/s。

(4) 风管应设置支架、吊架和紧固件等必要的附件，管道支架、间距应符合《通风管道技术规程》(JGJ 141) 的有关规定。

(5) 各并联收集风管的阻力宜保持平衡，各吸风口宜设置带开闭指示的阀门。

(6) 应统一布置所有管线，风管宜保持适当的坡度，在最低点设置冷凝水排水口，并有凝结水排除设施。

(7) 管道架空经过人行通道时，净空不宜低于 2m；架空经过道路时，不应影响设备进出，并符合国家现行防火规范的规定，管道支架和道路边间距不宜小于 2m。

(8) 吸风口和风机进口处风管宜根据需要设置取样口和风量测定孔，风量测定管的直段长度不宜小于 15*D*。

(9) 风机和进出风管宜采用法兰连接并设置柔性连接管。

（10）风压计算时，应考虑除臭空间负压、臭气收集风管沿程和局部阻力损失、除臭设备自身阻力和使用时增加阻力、臭气排放管风压损失，并预留一定的富裕量。除臭风机的风压应按下列公式计算：

$$\Delta p_0=(1+K)\Delta p\frac{\rho_0}{\rho}=(1+K)\Delta p\frac{Tp_0}{T_0 p}\qquad(2\text{-}13\text{-}7)$$

式中，Δp 为系统的总压力损失，Pa；Δp_0 为通风机扬程，Pa；K 为考虑系统压损计算误差等所采用的安全系数，一般管道为 0.1～0.15；ρ_0、p_0、T_0 为通风机性能表中组出的空气密度、压力和温度；ρ、p、T 为运行工况下系统总压力损失计算中采用的空气密度、压力和温度。

（11）除臭风机的选择，应符合下列规定：

① 风机壳体和叶轮材质应选用耐腐蚀材料，轴应采用不锈钢材料；

② 轴和壳体贯通处无气体泄漏；

③ 叶轮动平衡精度不宜低于 G6.3 级，且应能 24h 连续运转；

④ 宜设有隔振垫，隔振效率≥80%。

（四）臭气处理方法比选

臭气的处理方法主要包括物理法、化学法、生物法及其组合。在具体处理方法的选择上，应根据臭气源的特点、臭气量大小、排放标准、实际工程条件、经济因素以及操作维修条件等多方面因素进行综合比较分析。

首先根据臭气的气量以及浓度的大小在图 2-13-7 中选择能够满足要求的几种脱臭工艺。之后可对这些脱臭处理工艺的综合因素进行比选（见表 2-13-15），并对各脱臭处理工艺的投资、维护因素进行比较（见表 2-13-16），最终确定除臭处理工艺。

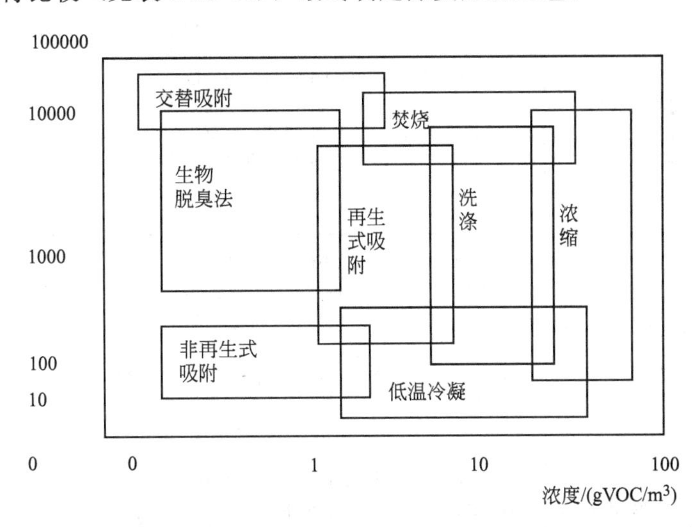

图 2-13-7　各种脱臭技术适用范围

表 2-13-15　各类脱臭处理工艺系统综合因素比选

序号	工艺系列	工艺类型	应用	优　点	缺　点
1	物理法系列	活性炭吸附法	低至中度污染；小到中型设施	①可有效去除 VOC；②对低浓度的恶臭物质的去除经济、有效、可靠；③维护简单；④可用于湿式化学吸收后的精处理；⑤运行方便，可间歇运行	①对于氨、硫化氢等去除率有限；②不能用于大气量和高浓度的情况；③活性炭的再生与转换价格昂贵，劳动强度大；④再生后的活性炭吸附能力明显降低

续表

序号	工艺系列	工艺类型	应用	优点	缺点
2	物理法系列	焚烧法	重度污染；大型设施	①可分解高浓度的臭气；②可分解各种类型的臭气；③运行方便，可间歇运行	①仅适用于浓度高、气量适中的臭气；②会向大气排放 SO_2、CO_2 等气体；③应用方面需研究，有待完善
3	化学法系列	湿式化学吸收	中至重度污染；小至大型设施	①较高的去除效率和可靠的处理方法，去除效率可高达95%以上；②可处理气量大、浓度高、温度高的恶臭污染物；③占地面积小，土建投资小；④运行稳定，停机后可迅速恢复到稳定的工作状态	①维护要求高；②对操作人员素质要求较高；③运行费用(能耗、药耗)高；④去除混合的恶臭污染物，需多级的洗涤
4	化学法系列	臭氧氧化法	低至中度污染；小至大型设施	①简单易行；②占地面积小；③维护量小	①臭氧本身为污染物，经处理后仍有轻微恶臭味；②适应工况变化能力差，因而工艺控制困难；③设备功耗高；④对残余臭氧的分解处理的费用昂贵；⑤残余的臭氧会腐蚀金属构件，其后续处理费用大
5	化学法系列	掩蔽剂法	低至中度污染；小至中型设施	①设备简单、维护量小；②占地小；③经济	①对臭气仅起掩盖作用，臭气去除率十分有限；②因恶臭浓度不断变化，这种方法的效率最不可靠；③掩蔽剂与恶臭成分反应是否会产生二次污染这没有得到科学证实
6	生物法系列	生物滤池	低至中度污染；小至大型设施	①简单、经济、高效，去除率达90%以上，部分气体去除率可达99%；②低投资，运行维护费用低，维护量少；③操作简单；④不产生二次污染；⑤抗冲击负荷能力强	占地面积稍大
7	生物法系列	土壤法	低至中度污染；小至大型设施	①简单、经济、高效；②低投资、操作和维护费用低，运行、维护量少；③形式多样，可采用分散型(表层辅洒)和密集型(集装箱式)；④不产生二次污染；⑤采用生物土壤为除臭介质，有效使用寿命可达20年	①占地面积较大；②对湿度、pH、温度等要求较高；③土壤介质需要特定的培养驯化；④在国内处理效果有待进一步鉴定；⑤一般建议连续运行
8	组合法系列	以生物除臭为主体	低至中度污染；小至大型设施	①标准高，针对性和适应性强；②安全性高，运行稳定，显著；③技术优势明显；④高效可靠，处理率可高达95%～99%；⑤技术可行，经济合理；⑥基本不产生二次污染	①占地面积稍大；②技术含量高，处理程序较为复杂
9	组合法系列	以物化除臭为主	低至中度污染；小至大型设施	①标准高，针对性和适应性强；②安全性高，运行稳定，效果显著；③技术优势明显；④高效可靠，处理率可高达95%～99%以上；⑤占地较小；⑥运行方便，可间歇运行	①仍存在二次污染的问题；②技术含量高，处理流程较为复杂；③投资和运行费较一般工艺稍大；④与以生物除臭为主体的组合法比较，应用性较差

续表

序号	工艺系列	工艺类型	应用	优点	缺点
10	化学法系列	天然植物液技术	低至中度污染；小至中型设施	①基建费用低，除臭效果好；②输液系统的动力设备简单，电耗省；③占地面积小，设备放置灵活；④根据臭气性质的变化，可随时调整天然植物液成分，除臭针对性强	①天然植物液需进口，运行费用难以降低；②敞口池除臭时，受气候因素的影响较大
11	化学法系列	离子法	低至中度污染；小至大型设施	①效果稳定，运行费用低；②对臭气性质变化的适应性强；③操作简单，设备使用期长；④运行灵活，可连续可间歇，不影响除臭效果；⑤设备占地面积小，基建投资较低	离子氧的氧化能力不如高能活性氧

表 2-13-16 常见污水恶臭处理方法经济性比较

方法比较	生物滤池	生物滴滤塔	生物滤床	植物提取液	活性炭吸附	高能离子	化学除臭	活性氧
设备投资	低	低	适中	低	低	较高	高	高
能耗	很小	很小	小	小	很大	很小	大	大
运行费用	较低	较低	适中	适中	很高	极低	很高	适中
处理恶臭浓度	中、低	中、低	中、低	中、低	低	低、高	高	中、低
系统噪声	高	高	高	无	低	低	很高	极低
占地面积	大	较大	大	小	少	小	大	无
二次污染	无	少	少	无	少	无	多	无
检修率	较高	较高	低	低	高	低	高	低
除臭效果	良好	优良	良好	良好	好	良好	一般	良好

(五) 臭气处理主体工艺设计

可参见后面各具体处理工艺的相关内容。

四、臭气集送系统

(一) 臭气收集系统

臭气收集系统是气体净化系统中用于收集污染气体的关键部件，它可将气态污染物导入净化系统，同时防止污染物向大气扩散造成污染。绝大多数收集装置呈罩子形状，又称集气罩。集气罩的性能对整个气体净化系统的技术、经济效果有很大的影响。设计完善的集气罩能在不影响生产工艺和生产操作的前提下用较小的排风量获得最佳的控制效果。在控制气体中污染物扩散效果相同的前提下，排风量越大整个净化系统也越庞大，投资与运行费用也相应增大。因此集气罩的设计是净化系统设计的重要环节[5]。不同形式及材质的收集系统的综合比较及适用范围见表 2-13-17。

表 2-13-17 各种臭气收集系统综合比较

臭气收集系统方式	单位投资造价/(元/m^2)	使用寿命/年	适用场合
不锈钢骨架＋阳光板	350～500	3～10	粗细格栅，脱水机，各类池体、水渠、卸泥间等
不锈钢骨架＋玻璃钢板	500～1300	10～15	粗细格栅，脱水机，各类池体、水渠、卸泥间等

续表

臭气收集系统方式	单位投资造价/(元/m^2)	使用寿命/年	适用场合
不锈钢框架+平板防爆玻璃	1000	10～15	粗、细格栅等
铝合金框架+平板防爆玻璃	300～600	10～15	粗、细格栅等
模块式玻璃钢盖板	600～1200	5～10	各类池体、水渠
不锈钢骨架+夹心彩钢板	500～900	5～15	粗、细格栅，各类池体等
普通碳钢骨架+(反吊)氟碳纤膜	900	10～15	大跨度池体
铝合金罩盖	2000～2500	10～15	大跨度池体

1. 集气罩的分类及设计原则

按照气体在集气罩内的流动方式可将集气罩分为两大类：吸气式集气罩和吹吸式集气罩。利用吸气气流收集污染气体的集气罩称为吸气式集气罩，而吹吸式集气罩则是利用吹吸气流来控制气体中污染物扩散的装置。按集气罩与污染源的相对位置及密闭情况，还可将吸气式集气罩分为密闭罩、柜式排气罩（排气柜）、外部集气罩、接受式集气罩等。

密闭罩的主要特点是将污染物或设备围挡起来，使污染物的扩散范围只限制在已被围挡的一个很小的密闭空间内，一般只在转接的罩壁留有观察窗或不经常开的操作检修门。罩外空气只能通过缝隙或某些孔才能进入罩内，由于其开启的面积很小，所以用较小的排风量就可能防止有害物质逸出。密闭罩按污染源设备特点，可以做成固定式，也可以做成移动式。

柜式排气罩又称排气柜，其原理与密闭罩相似，但它有一个经常敞开的工作孔。产生有害气体的工艺操作或化学反应均应在柜内进行。为防止柜内有害物质逸出，工作孔的敞开面上应保持一定吸风速度。

外部集气罩用在因工艺或操作条件的限制，不能将污染源密闭起来的场合，它是利用罩口的抽吸作用产生的气流运动，将污染物吸入罩内。其特点是为了得到较大速度，往往需要很大的排风量。

某些过程本身会产生或诱导一定的气流，驱使有害物质随气流一起运动，在气流运动的方向上设置能收集和排放有害气体的集气罩，称为接受式集气罩。从外形上看，接受式集气罩同外部集气罩类似，但外部集气罩是靠罩口抽吸作用造成罩口附近所需的气流风速，以达到防止有害物质的扩散和逸出的目的。而接受式集气罩罩口气流运行主要是由于生产过程造成的，罩口排风量只要能将有害物质排走就可以了。

由于条件所限，当外部集气罩罩口必须远离污染源，且无生产过程形成的气流可以利用时，宜采用设有吹出气流装置的吹吸式集气罩。吹吸式集气罩的气流速度是靠吹出射流和吸入气体二者共同形成的。由于污染物或部分污染源离吸气罩口较远，单靠吸风就得不到必要的气流速度，在吹出射流的共同作用下，能得到距罩口较远处必要的气流流速。吹吸式集气罩的吸口排风量，在相同条件下，可以比外部集气罩的排风量少，此外，吹吸式集气罩具有抗外界干扰力能力强、不影响工艺操作等优点。

集气罩的设计主要包括结构形式设计及性能参数计算。集气罩设计的合理是指用较小的排风量就可以有效地控制污染物扩散。反之，用很大的排风量也不一定能达到预期的效果。因此，设计时应注意以下几点：

① 集气罩应尽可能包围或靠近污染源，使污染源的扩散限制在最小的范围内，尽可能减小吸气范围，防止横向气流的干扰，减少排风量；

② 集气罩的吸气气流方向应尽可能与污染物气流运动方向一致，以充分利用污染气流

的初始动能；

③ 在保证控制污染的条件下，尽量减少集气罩的开口面积，使排风量最小；

④ 集气罩的吸气气流不允许通过人的呼吸区再进入罩内，设计时要充分考虑操作人员的位置和活动范围。

⑤ 集气罩的配置应与生产工艺协调一致，力求不影响工艺操作和设备检修。

⑥ 集气罩应力求结构简单、坚固耐用而造价低，并便于制作安装和拆卸维修。

⑦ 要尽可能避免或减弱干扰气流对吸气气流的影响。

集气罩的结构虽不十分复杂，但由于各种因素的相互制约，要同时满足上述要求并非易事。设计人应充分了解生产工艺、操作特点及现场情况。

2. 集气罩的性能

集气罩的排风量和压力损失是它的两个主要性能指标，下面分别介绍其确定方法。

(1) 排风量的确定　排风量的确定分两种情况：一种是运行中的集气罩是否符合设计要求，可用现场测定的方法来确定；另一种是在工程设计中，为了达到设计目的，通过计算来确定集气罩的排风量。

① 排风量的测定方法。运行中的集气罩排风量 $Q(m^3/s)$ 可以通过实测罩口上方的平均吸气速度 $v_0(m/s)$ 和罩口面积 $A_0(m^2)$ 来确定。

$$Q=A_0v_0 \tag{2-13-8}$$

也可以通过实测连续集气罩至风管中的平均速率 $v(m/s)$，气流动压 $p_s(Pa)$ 或静压 $p_d(Pa)$，以及管道断面积 $A(m^2)$ 来确定。

$$Q=vA=A\sqrt{(2/\rho)p_d}\text{或}Q=\varphi A\sqrt{p_d|p_s|} \tag{2-13-9}$$

式中，ρ为气体密度，kg/m^3；φ 为集气罩的流量系数，$\varphi=\sqrt{p_d/|p_s|}$，只与集气罩的结构形式有关，对于一定结构形状的集气罩，φ 为常数。

② 排风量的计算方法。在工程设计中，常用控制速度法和流量比法来计算集气罩的排风量[6]。

a. 控制速度法。污染物从污染源散发出来以后都具有一定的扩散速度，该速度随污染物扩散而逐渐减小。把扩散速度减小为 0 的位置称为控制点。控制点处的污染物较容易被吸走，集气罩能吸走控制点处污染物的最小吸气速度称为控制速度，控制点距罩口的距离称为控制距离。控制速度法一般适用于污染物发生量较小的冷过程的外部集气罩设计。

在工程设计中，应首先根据工艺设备及操作要求，确定集气罩形状尺寸，由此可确定罩口面积 A_0；其次根据控制要求安排罩口与污染源相对位置，确定罩口几何中心与控制点的距离 x。当确定了控制速率 v_x 后，即可根据不同形式集气罩的气流衰减规律，求得罩口上的气流速度 v_0，这样便可根据 $Q=A_0v_0$ 计算集气罩的排风量。

控制速度法与集气罩结构、安装位置及室内气流运动情况有关，一般要通过类比调查、现场测试确定，如果缺乏实测数据可参考有关设计手册。

b. 流量比法。其基本思路是，把集气罩的排风量 Q 看作是污染气体流量 Q_1 和从罩口周围吸入室内空气量 Q_2 之和，即：

$$Q=Q_1+Q_2=Q_1(1+Q_2/Q_1)=Q_1(1+K) \tag{2-13-10}$$

$K=Q_2/Q_1$ 称为流量比。显然，K 值越大，污染物越不易溢出罩外，但集气罩排风量 Q 也随之增大。考虑到设计的经济合理性，把能保证污染物不溢出罩外的最小 K 值称为临界流量比或极限流量比，用 K_v 表示。

$$K_v=(Q_2/Q_1)_{min} \tag{2-13-11}$$

以上所述，依据 K_v 值计算集气罩排风量的方法称为流量比法，而 K_v 值是决定集气罩控制效果的主要因素。研究结果表明：K_v 值与污染物发生量无关，只与污染源和集气罩的相对尺寸有关，K_v 值的计算公式需要经过实验研究求出，在工程设计中 K_v 值可参考有关设计手册。

考虑到室内横向气流的影响，在设计时应增加适当的安全系数 m，则上式可变为：

$$Q=Q_1(1+mK_v\Delta t)$$

考虑干扰气流影响的安全系数，可按表 2-13-18 确定。

表 2-13-18 流量比法的安全系数

横向干扰气流速度/(m/s)	安全系数	横向干扰气流速度/(m/s)	安全系数
0～0.15	5	0.30～0.45	10
0.15～0.30	8	0.45～0.60	15

应用流量比法计算应注意以下事项：临界流量比 K_v 的计算式都是在特定条件下通过实验求得的，应用时注意其适用范围。流量比法是以污染物发生量 Q_1 为基础进行计算的，Q_1 应根据实测的发散速度和发散面积计算确定。如果无法确切计算出污染气体的发生量，建议仍按照控制速度法计算。由表 2-13-18 可知，周围干扰气流对排风量的影响很大，应尽可能减弱周围横向气流的干扰。

(2) 压力损失的确定　集气罩的压力损失 Δp 一般表示为压力损失系数 ξ 与直管中的动压 p_d 之乘积的形式，即：

$$\Delta p=\xi p_d=\xi\frac{\rho v^2}{2} \tag{2-13-12}$$

式中，ξ 为压力损失系数；p_d 为气流的动压，Pa；ρ 为气体的密度，kg/m^3；v 为气流速度，m/s。

由于集气罩罩口处于大气中，所以罩口的气体全压等于零，因此集气罩的压力损失可以写为：

$$\Delta p=0-p=-(p_d+p_s)=|p_s|-p_d \tag{2-13-13}$$

式中，p 为连接集气罩直管中的气体全压。只要测出连接直管中的动压 p_d 和静压 p_s，即可求得集气罩的流量系数 φ 值：

$$\varphi=\sqrt{\frac{p_d}{|p_s|}} \tag{2-13-14}$$

进而可以得出流量系数 φ 与压力损失系数 ξ 之间的关系：

$$\varphi=\frac{1}{\sqrt{1+\xi}} \tag{2-13-15}$$

由此可见，上述系数 φ、ξ 中，只要得到其中一个，便可求出另一个。而对于结构、形状一定的集气罩，φ、ξ 均为常数。

表 2-13-19 给出了几种集气罩的流量系数和压力损失系数。

3. 外部集气罩的设计

外部集气罩安装在污染源附近，依靠罩口外吸入气流的运动而实现收集污染物的目的，适用于受工艺条件限制，无法对污染源进行密闭的场合。外部集气罩吸气方向与污染源流动方向往往不一致，且罩口与污染源有一定的距离，因此需要较大风量才能控制污染气流的扩散，而且易受室内横向气流的干扰，致使捕集效率降低。外部集气罩形式多样，按集气罩与污染源的相对位置可将其分为四类：上部集气罩、下部集气罩、侧吸罩和槽边集气罩等。

表 2-13-19　几种集气罩的流量系数和压力损失系数

罩子名称	喇叭口	圆台或天圆地方	圆台或天圆地方	管道端头	有边管道端头
罩子形状					
流量系数 φ	0.98	0.90	0.82	0.72	0.82
压损系数 ξ	0.04	0.235	0.40	0.93	0.49
罩子名称	有弯头的管道端头	有弯头有边的管道端头	排风罩(例如加在化铅炉上面)	有格栅的下吸罩	砂轮罩
罩子形状					
流量系数 φ	0.62	0.74	0.9	0.82	0.80
压损系数 ξ	1.61	0.825	0.235	0.49	0.56

设计外部集气罩时应注意以下问题。

① 为了有效地控制、捕集粉尘和有害气体，在不妨碍生产操作的情况下，应尽可能使外部集气罩的罩口靠近污染源或扬尘点，以使整个污染源或所有的扬尘点都处于必要的风速范围内。

② 罩口外形尺寸应以有效控制污染源和不影响操作为原则，只要条件允许，罩口边缘应设计法兰边框，在同样的排风量条件下，可提高排风效果。

③ 污染后的气体，应不再经过人员操作区，并防止干扰气流将其再次吹散，要使污染气流以流程最短尽快地吸入罩口内。

④ 连接罩子的吸风管应尽量置于粉尘或污染气体散发中心。罩口大而罩身浅的罩子气流会集中驱向吸风管口正中。为均匀罩口气流，可采用条缝罩、管口前加挡板或改用多吸风管的方法。

⑤ 为保证罩口均匀吸气，集气罩的扩张角不应大于60°。当污染源平面尺寸较大时可采用以下措施：将大的集气罩分割成若干小的集气罩；在罩内设分层板；在罩口加设挡板或气流分布板。

⑥ 充分了解工艺设备的结构及操作运行特点，使所设计的外部集气罩既不影响生产操作，又便于维护、检修及拆装设备。

下面以上部集气罩为例介绍设计的方法。

上部集气罩的形状多为伞状，通常被安装在污染物发生源的上方。污染源与罩口之间常常留有一定的距离，因此比较容易受到横向气流的影响。

上部集气罩用于常温设备或高温设备的上方，情况是不一样的，本书仅介绍常温设备的上部集气罩，常温设备排放出来的气体不具有浮力，因而不会自动流向集气罩内，因此上部集气罩仍然是依靠罩口的吸气作用来控制和收集有害气体的。

当四周无围挡物自由吸气时，罩口风速的分布与罩口的扩张角有关，扩张角越小风速分布越均匀。扩张角小于60°时，罩口中心风速与平均风速十分接近；扩张角大于60°时，罩口中心风速与平均风速之比值随扩张角的扩大而显著增大。因此，在一般情况下，为了加强排气效果，集气罩的扩张角应小于60°。

当集气罩自由吸气时，吸气速度的逐渐衰减现象随着罩口边长比不同而不同。如果集气罩的扩张角和罩口面积一定，则边长比大的集气罩吸气速度衰减慢，边长比小的集气罩吸气速度衰减快。也就是说，罩口形状越狭长，吸气速度衰减越慢。

为了减少周围空气混入排风系统，以减少排风量，上部集气罩口应留一定的直边，直边的高度 $h=0.25\sqrt{A_0}$，A_0 为罩口面积。

为避免横向气流的干扰，要求罩口至污染源距离 H 尽可能小于或等于罩口边长的0.3倍，其排风量 Q 可按下式计算：

$$Q=kLHv_x \tag{2-13-16}$$

式中，L 为罩口敞开面的周长，m；H 为罩口至污染源的距离，m；v_x 为敞开断面处流速，在0.25～2.5m/s之间选取；k 为考虑沿集气罩高度速度分布不均匀的安全系数，通常取1.4。

在工艺操作条件允许的情况下，应尽量减少敞开面，当两面敞开时，排风量 Q 的计算公式如下：

$$Q=(b+l)Hv_x \tag{2-13-17}$$

式中，b 为污染源设备的宽度，m；l 为污染源设备的长度，m。

4. 吹吸式集气罩的设计

吹吸式集气罩是依靠吹、吸气流的联合作用进行有害气体的控制和输送的，具有风量小、污染控制效果好、抗干扰能力强、不影响工艺操作等特点，近年来在国内外得到日益广泛的应用。

要使吹吸式集气罩在经济合理的前提下获得最佳的使用效果，必须依据吹吸气流的运行规律，使两股气流有效结合、协调一致地工作。由于吹吸复合气流的运动较为复杂，尽管国内外有很多学者对其进行了研究，但进行合理的设计计算至今仍是国内外研究的课题。现介绍两种目前常用的计算方法。

（1）速度控制法　本方法将吹吸气流对有害气体的控制能力简单地归结为取决于吹出气流的速度与作用在吹吸气流上的污染气流（或横向气流）的速度比。只要吸气前射流末端的平均速度保持一定数值（通常要求不少于0.75～1m/s），就能保证对有害气体的控制。这种方法只考虑吹出气流的控制和输送作用，不考虑吸气口的作用，把它看作安全因素。根据这种方法，首先选定吹出射流最远的控制风速，然后利用有关公式计算吹气口和吸气口的流速和流量。对于工业槽，其设计要点如下。

① 对于有一定温度的工业槽，吸气口前必需的射流平均速度（即吹气射流的末端速度）v_1' 按经验数值确定，具体见表2-13-20。

表2-13-20　不同湿度下吸气口前的射流平均速度值

槽液温度/℃	吸气口前必需的射流平均速度 v_1'/(m/s)	槽液温度/℃	吸气口前必需的射流平均速度 v_1'/(m/s)
20	0.5B	60	0.85B
40	0.75B	70～95	1B

注：B 为吹、吸口间距离，m。

② 为了避免吹出气流溢出吸气口外，吸气口的排风量应大于吸气口前射流的流量，一

般按射流末端流量的1.1～1.25倍计算。

③ 吹气口高度 h_1 一般为（0.01～0.15）B，为了防止吹气口发生堵塞，h_1 应大于5～7mm。吹气口出口流速 v_1 按液槽温度、槽宽的经验关系式计算，不宜超过10～12m/s，以免液面波动。

④ 要求吸气口上的气流速度 $v_3 \leqslant (2\sim3)\ v_1'$，$v_1'$ 越大，吸气口高度 h_3 越小，污染气流容易溢入室内。但 v_3 也不能过大，以免影响操作。

⑤ 吹气气流实际上可看成扁平射流，故射流的初始速度 v_1 可按下式计算：

$$\frac{v_m}{v_1}=\frac{1.2}{\sqrt{\frac{aB}{h_1}+0.41}} \tag{2-13-18}$$

式中，a 为气流紊动系数，可取0.2；v_m 为污染气体的速度，m/s。

⑥ 吹气口的吹气流量（即射流的初始流量）Q_1 为：

$$Q_1=v_1 h_1 L \tag{2-13-19}$$

式中，L 为吹气口的长度。

⑦ 射流的末端流量 Q_1' 与初始流量的关系如下：

$$\frac{Q_1'}{Q_1}=1.2\sqrt{\frac{aB}{h_1}+0.41} \tag{2-13-20}$$

（2）流量比法　在吹吸罩的计算中，Q_1 为吹出的气流量，它控制污染气体发散量 Q_0 向外扩散，见图2-13-8。吹气口排风量 Q_3 应包括周围吸入空气量 Q_2，污染气体 Q_0 和吹气量 Q_1。三者之间的关系式为：

$$Q_3=Q_1(1+Q_2/Q_1)=Q_1(1+K) \tag{2-13-21}$$

从图2-13-8可知，吹气量 Q_1 应按下式计算。

$$Q_1=h_1 L v_1 \tag{2-13-22}$$

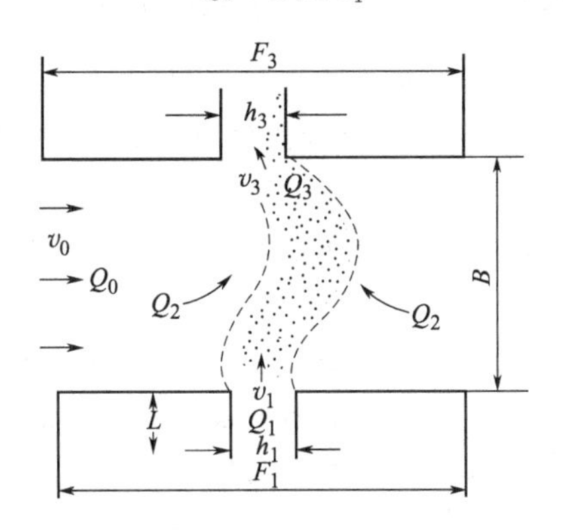

图2-13-8　吹吸气流示意

式中，h_1 为吹气罩口的宽度，m；L 为吹气罩口的长宽，m；v_1 为吹气罩口的风速，m/s。

在污染气流与吹出气流的接触过程中，污染气体分子要通过扩散和边界层的局部涡流被卷入射流内部。因此要使污染物不进入室内工作区，必须把吹出气流全部排除。在吹吸式集气罩的运行过程中，随 Q_3 的逐渐减少，被污染的吹出气流将由全部排除逐渐过渡到从罩口泄漏。即将发生泄漏的 Q_2/Q_1 称为极限流量比，以 K_v 表示。实验研究表明，在污染气体不向外扩散的条件下，K_v 值越小越经济，K_v 值与罩的形状尺寸及污染（干扰）气流的大小有关，可用下式表示：

$$K_v=f\left(\frac{B}{h_1}\cdot\frac{h_3}{h_1}\cdot\frac{F_3}{h_1}\cdot\frac{v_0}{v_1}\cdot\frac{F_1}{h_1}\right) \tag{2-13-23}$$

式中，h_1 为吹气口宽度，m；h_3 为吸气口宽度，m；B 为吹吸气口间距，m/s；F_1 为吹气口法兰边外缘宽度，m；F_3 为吸气口法兰边外缘宽度，m；v_0 为污染气流的速度，m/s；v_1 为吹气口出口气流的速度，m/s。

在以上因素中影响较大的为$\frac{B}{h_1}$、$\frac{F_1}{h_1}$、$\frac{F_3}{h_1}$和$\frac{v_0}{v_1}$。对于不同形式的工艺设备，吹吸式集气罩的 K_v 计算公式可查阅有关的通风设计手册。此外设计时应考虑安全系数 m，此时流量比为 $K_D=mK_v$，m 可查相关的手册计算。用流量比法设计吹吸式集气罩的步骤如下。

① 根据污染源大小和现场的实际条件，确定 B，F_1，F_3，L 等的最佳尺寸，不设吹气口板时，$F_1/h_1=1$，并尽可能满足下列比例关系：$F_3/B\geqslant0.2$，$B/h_1\leqslant30$，$1\leqslant F_3/h_1\leqslant80$，$0.5\leqslant h_3/h_1\leqslant10$。

② 按下式求 B/h_1，并确定吹气口尺寸 h_1。

h_1 按最小排风量 Q_3 决定时，计算式为：

$$\frac{B}{h_1}=\frac{B}{F_3}\left[3.2+\sqrt{130(B/F_3)^{-1.1}+46}\right]^{0.91} \tag{2-13-24}$$

h_2 按最小排风量（Q_1+Q_2）决定时，计算式为：

$$\frac{B}{h_1}=\frac{B}{F_3}\left[3.2+\sqrt{270(B/F_3)^{-1.1}+46}\right]^{0.91} \tag{2-13-25}$$

③ 污染气流风速 v_0 应按实测或工艺资料确定，一般可把 v_0 当作污染源的散放速度，可查表得出。v_1 在 $0\leqslant v_0/v_1\leqslant3$ 的范围内确定，考虑到经济性，在设计二维集气罩时，可根据已求得的 B/h_1 和已知的 B/F_3，按下式求 v_0/v_1，从而求得 v_1：

$$\frac{v_0}{v_1}=\left(\frac{B}{h_1}\right)^{-1}\times0.11\left(\frac{B}{F_3}\right)^{0.82}\left[3.2+\sqrt{130(B/F_3)^{-1.1}+46}\right]^{1.5} \tag{2-13-26}$$

④ 由 v_1、h_1 及 L 可按式 $Q_1=v_1h_1L$ 求出吹风量。

⑤ 根据以上求得的数据，进行极限流量比值 K_v 及完全系数 m 的计算，最后求取最小排风量 Q_3：

$$Q_3=Q_1(1+K_D)=Q_1(1+mK_v) \tag{2-13-27}$$

(二) 臭气输送系统

在生物除臭工艺中，通过臭气输送系统把各种装置连接起来才能组合成完整的净化系统。因此输送系统的设计是净化系统设计中不可或缺的组成部分，合理地设计、施工和运用输送系统，不仅能充分发挥净化系统的能效，而且直接关系到设计和运转的经济合理性。输送系统的设计主要是管道系统的配置和设计两个方面。

1. 管道系统的配置原则

管道配置与净化装置配置密切相关，一般来说，管道配置应遵循以下原则：

(1) 管道系统的配置应从总体布局考虑，对全部管线通盘考虑，统一规划，力求简单、紧凑、适用，而且安装、操作、维修方便，并尽可能缩短管线长度，减少占地空间，节省投资。

(2) 对于有多个污染源场合，可以分散布置多个独立系统。在划分系统时，要考虑输送气体的性质，如污染物混合后会引起燃烧、爆炸；不同温度、湿度的气体混合后会引起管道内结露等。

(3) 管道布置应力求顺直，以减少阻力。一般圆形管道强度大、耗用材料少，但占用空间大。矩形管件占用空间小，易于布置。管道铺设应尽量明装，以方便检修。管道尽量集中成列，平行安装，并尽量靠墙或柱子铺设，其中管径大或有保温材料的管道应设于靠墙体的内侧。管道与墙、梁、柱、设备及管道之间要保持一定的距离，以满足安装施工、管理维修及热胀冷缩等因素的要求。

(4) 管道应尽量避免遮挡室内采光和妨碍门窗的开闭；应尽量避免通过电动机、配电设备以及仪表盘等的上空；应不妨碍设备、管件、阀门和人孔的操作和检修；应不妨碍吊车的通过。

(5) 水平管道的铺设应有一定的坡度，以便于防水、放气和防止积尘，一般坡度为0.002～0.005。对于含固体量大或黏度大的气体，坡度可视情况适当增大，但一般不超过0.01。坡度应考虑向风机方向倾斜，并在风管的最低点和风机底部装设水封泄液管。

(6) 为方便维修、安装，以焊接为主要联结方式的管道中，应设置足够数量的法兰；以螺纹连接为主的管道，应设置足够数量的活接头；穿过墙壁或楼板的管段不得有焊缝。

(7) 管道与阀件不宜直接支撑在设备上，须单独设置支架与吊架；保温管的支架应设管托；管道的焊缝应布置在施工方便和受力较小的位置上，焊缝不得位于支架处，它与支架的距离不应小于管径，至少要大于200mm。

(8) 管道上应设置必要的调节和测量装置，或者预留安装测量装置的接口。调节和测量装置应设在便于操作和观察的位置，并尽可能远离弯头、三通等部件，以减少局部涡流影响。

(9) 输送剧毒物质的风管不允许是正压，此风管也不允许穿过其他房间。

2. 管网的布置方式

为了便于管理和运行调节，管网系统不宜过大。同一系统的吸气点不宜过多。同一系统内有多个分支管时，应将这些分支管分级控制。在进行管网配置时，主要考虑的应是各分支管之间的压力平衡，以保证各吸气点达到的设计风量，实现控制污染物扩散的目的。通常的管网布置有以下三种。

(1) 干管配置方式　干管配置方式又称集中式净化系统，与其他配置方式相比，其管网布置紧凑，占地小，投资少，施工方便，应用范围较广泛，但各支管间压力平衡计算烦琐，设计计算较为复杂。干管配置方式的示意见图2-13-9(a)。

(2) 个别配管方式　个别配管方式又称分散式净化系统。采用大截面积的集合管连接各分支管，集合管有水平和垂直两种。水平集合管上连接的风管由上面或侧面接入，垂直集合管上的风管从切线方向接入。集合管内的流速不宜超过3～6m/s，以利各支管之间的压力平衡。这种配管方式适用于吸气点多的系统管网。个别配管方式示意见图2-13-9(b)。

(3) 环状配管方式　环状配管方式也称为对称性管网布置方式。对于多支管的复杂管网系统，它具有支管间压力易于平衡的优点，但会带来管路较长、系统阻力增加等问题。环状配管方式示意见图2-13-9(c)。

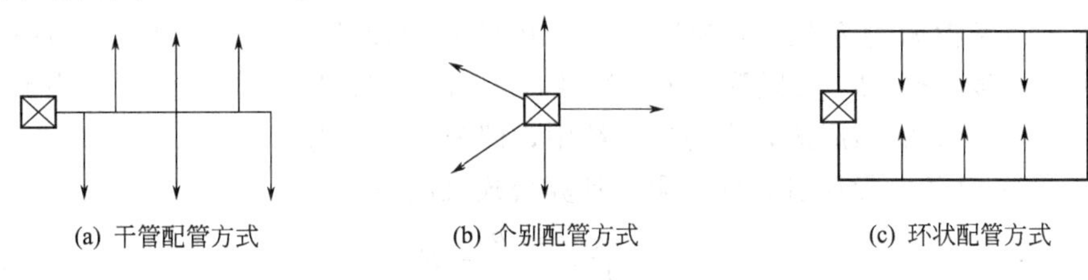

(a) 干管配管方式　(b) 个别配管方式　(c) 环状配管方式

图2-13-9　管网的布置方式

3. 管道系统的设计计算

管道系统的设计计算是在管道系统配置的基础上，确定各管段的截面尺寸和压力损失，求出总流量和总压力损失，并以此选择适当的风机或泵，配备电动机。

一般情况下管道系统的设计步骤如下：

① 根据生产工艺确定吸风点及风量，选择净化装置，进行管道配置，选择管道材料等。

② 按净化装置及管道配置情况，绘制管道系统轴测图，对各管段进行编号，标注长度和流量。管段长度一般按两管件中心线之间的距离计算，不扣除管件本身的长度。

③ 选择合适的管内流体流速，使其技术经济合理。

④ 根据各管段内的流量和流速设计确定管段截面尺寸。

⑤ 计算管路压力损失，确定最大压损管路。

⑥ 对并联管路进行压损计算，两分支管段的压损差应满足要求，即除尘系统小于10%，其他通风系统可小于15%，否则进行管径调整或增高风压装置。

⑦ 计算系统总压损，求出总风量与总压损，从而选择风机与电动机。

(1) 管道内流体流速的选择　管道内流体流速的选择涉及技术和经济两方面的问题。当流量确定后，若选择较低的流速，管道断面积较大，管径大，材料消耗多，基建投资高，但系统压力损失小，噪声小，动力消耗低，运转费用低。反之，若选择较高流速，则管径小，材料消耗少，基建投资小，但系统压力损失大，噪声大，动力消耗高，运转费用高。因此要使管道系统设计计算经济合理，必须选择适当的流速，使投资和运行费用的总和为最小。不同情况下的最低气流速度均有表可查。

(2) 管道直径的确定　在已知流量和确定流速以后，管道直径可按下式计算：

$$D=\sqrt{\frac{4Q}{3600\pi v}} \tag{2-13-28}$$

式中，D 为管道内径，m；Q 为流体体积流量，m^3/h；v 为管内的平均流速，m/s。

在管道设计中，实际风量应按工艺求得后的风量再加上漏风量。由实际风量按式(2-13-28)计算出管道直径，选取定型化、统一规格的基本管径，以便于加工和配备阀门、法兰。

(3) 管道内流体的压力损失　根据流体力学原理，流体在流动过程中，由于阻力的作用产生压力损失。根据阻力产生的原因不同，可分为沿程阻力和局部阻力。沿程阻力是流体在直管中流动时，由于流体的黏性和流体质点之间或流体与管壁之间的相互位置产生摩擦而引起的压力损失，因此也称摩擦阻力。局部阻力是流体流经管道中某些管件或设备时，由于流速的方向和大小变化产生涡流而造成的阻力。

① 摩擦阻力的计算。根据流体力学原理，空气在任何横断面积形状不变的管道内流动时，摩擦阻力 Δp_m 可按下式计算：

$$\Delta p_m=\lambda\frac{l}{4R_s}\times\frac{v^2\rho}{2} \tag{2-13-29}$$

式中，λ 为摩擦阻力系数；v 为风管内气体的平均流速，m/s；ρ 为气体的密度，kg/m^3；l 为风管长度，m；R_s 为风管的水力半径，m，$R_s=A/P$；A 为管道中充满流体部分的横截面积，m^2；P 为润湿周边，在通风系统中，即为风管的周长，m。

对于直径为 D 的圆形风管，摩擦阻力计算公式可以写成：

$$\Delta p_m=\frac{\lambda}{D}\times\frac{v^2\rho}{2}l=R_m l \tag{2-13-30}$$

式中，$R_m=\dfrac{\lambda}{D}\times\dfrac{v^2\rho}{2}$称作圆形风管单位长度的摩擦阻力，又称比摩阻，Pa/m。

对于矩形管道，由它的两个边长 L、B 来表示一个速度当量直径，即速度当量直径$d_u=$

$2LB/(L+B)$，它可代替上两式中的 D。速率当量直径是指，当一根圆形管道与一根矩形管道的气流速率 v、摩擦阻力系数 λ、比摩阻 R_m 均相等时，该圆形管道的直径就称为矩形管道的速度当量直径。

摩擦阻力系数 λ 的确定是计算摩擦阻力损失的关键，而 λ 与流体在管道中的流动状态（雷诺数 Re）及管道管壁的绝对粗糙度 K 有关，该值的计算比较困难。因此在工程设计中，为了避免很大的计算工作量，常可以根据各种形式的线解图和计算表来确定比摩阻 R_m 的值[7]。图 2-13-10 就是一种线解图，该图是在大气压力为 101.3kPa，温度 20℃，空气密度 $\rho=1.24\mathrm{kg/m^3}$，运动黏度系数 $\nu=15.06\times10^{-6}\mathrm{m^2/s}$，管壁的粗糙度 $K\approx0$ 的条件下得出的。查该图时，只要知道气体流量、管道直径、气体流速、比摩阻及气体流动压这 5 个参数中的任意 2 个，便可从该图中查得另外 3 个参数。当实际计算条件与作图条件出入较大时，对查出的 R_m 值应加以修正。

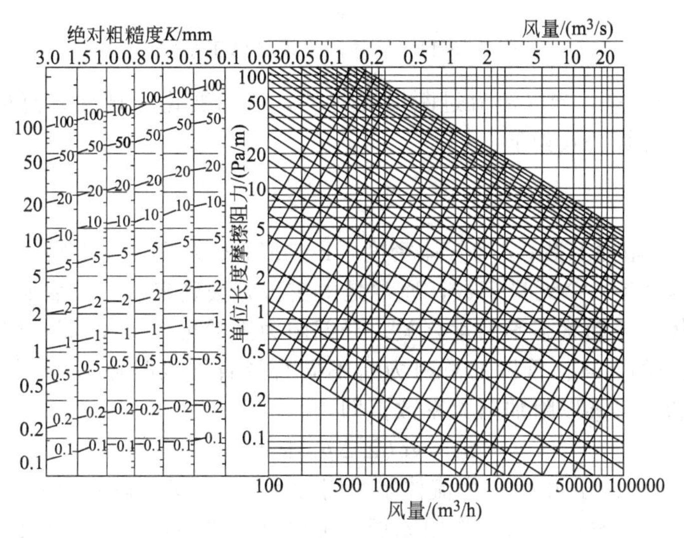

图 2-13-10 通风管道比摩阻线解图

② 粗糙度的修正。摩擦阻力随管道粗糙度的增大而增大，在净化系统中，使用各种材料制作风管，这些材料的粗糙度 K 各不相同，其数值列于表 2-13-21 中。

不同粗糙度对应的比摩阻 R_m 的值可直接从图 2-13-10 中查出。

表 2-13-21 各种材料通风管道的粗糙度

风道材料	绝对粗糙度 K/mm	风道材料	绝对粗糙度 K/mm
薄钢板或镀锌薄钢板	0.15～0.18	胶合板	1.0
塑料板	0.01～0.05	砖砌体	3.0～6.0
矿渣石膏板	1.0	混凝土	1.0～3.0
矿渣混凝土板	1.5	木板	0.2～1.0

③ 大气温度和大气压力的修正

$$R'_m=K_tK_0R_m \tag{2-13-31}$$

式中，R'_m 为修正后的比摩阻；K_t 为温度修正系数；K_0 为大气压力修正系数。

$$K_t=\left(\frac{273+20}{273+t_s}\right)^{0.875} \tag{2-13-32}$$

式中，t_s 为管内气体的实际温度，℃。

$$K_{\mathrm{B}}=\left(\frac{p}{101.3}\right)^{0.9} \tag{2-13-33}$$

式中，p 为实际的大气压力，kPa。

若气体压力与图 2-13-11 的条件相近，而风管内输送的气体温度不是 20℃，则可从图 2-13-11 中查出 K_t 值，带入式中进行修正计算，此时 $K_{\mathrm{B}}\approx0$。

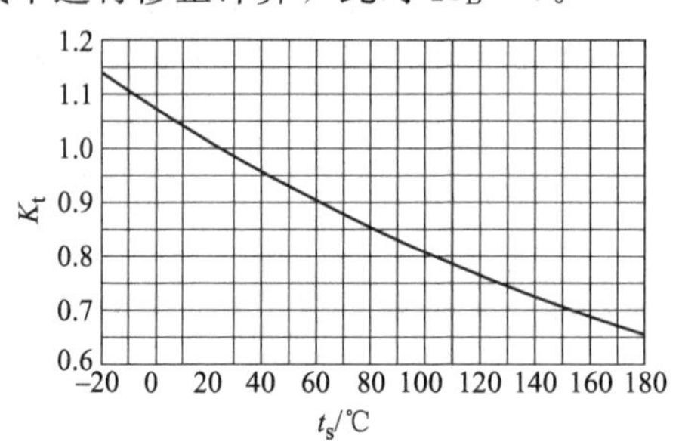

图 2-13-11 摩擦阻力温度修正系数

④ 局部阻力的计算。当气流流过断面变化的，流向变化的管件或流量变化的管件时都会产生局部阻力。计算公式如下：

$$\Delta p_i=\xi\frac{\rho v^2}{2} \tag{2-13-34}$$

式中，ξ 为局部阻力系数；ρ 为气体密度，kg/m³；v 为管内气体流速，m/s。

局部阻力系数 ξ 是一个无量纲数，通常是由实验方法确定的，其数值大小与异形管件的结构、形状及流体的流动状态等因素有关。局部阻力系数可由有关的设计参数手册查出。

⑤ 管网总阻力的计算。管网的总阻力是不同直径直管段摩擦阻力之和，加上各局部阻力点局部阻力之和，再乘以附加阻力系数，即：

$$\Delta p=k_{\mathrm{h}}(\sum\Delta p_m+\sum\Delta p_i) \tag{2-13-35}$$

式中，Δp 为管网总阻力；k_{h} 为流体阻力附加系数，可取 $k_{\mathrm{h}}=1.15\sim1.20$。

(4) 风机的选择 根据风机的作用原理，可以分为离心式、轴流式和贯流式三种。常用的是离心式和轴流式风机。在工程应用中选择风机时应考虑到系统管网的漏风以及风机运行工况与标准工况不一致等情况，因此对计算确定的风量和风压，必须考虑到一定的附加系数和气体状态的修正。

① 风量计算。在确定管网抽风量的基础上，考虑到风管、设备的漏风，选用风机的风量应大于管网的计算确定的风量。计算公式如下：

$$Q_0=K_{\mathrm{Q}}Q \tag{2-13-36}$$

式中，Q_0 为选择风机时的计算风量，m³/h；Q 为管网计算确定的抽风量，m³/h；K_{Q} 为风量附加安全系数，一般管道系数取 $K_{\mathrm{Q}}=1\sim1.1$，除尘系统 $K_{\mathrm{Q}}=1.1\sim1.15$，且除尘漏风另加 5%～10%。

② 风压计算。考虑到风机的性能波动，管网阻力计算的不精确，选用的风机的风压应大于管网计算确定的风压：

$$\Delta p_0=K_{\mathrm{p}}\Delta p \tag{2-13-37}$$

式中，Δp_0 为选择风机时的计算风压，Pa；K_{p} 为风压附加安全系数，一般管道系统取 $K_{\mathrm{p}}=1.1\sim1.15$，除尘系数 $K_{\mathrm{p}}=1.15\sim1.2$；$\Delta p$ 为管网计算确定的风压，Pa。

③ 电机的选择。所需电机功率可按下式进行计算：

$$N_{\mathrm{e}}=\frac{Q_0\Delta p_0K_{\mathrm{d}}}{3600\times1000\,\eta_1\,\eta_2} \tag{2-13-38}$$

式中，N_e 为电机功率，kW；Q_0 为风机的总风量，m^3/h；Δp_0 为风机的风压，Pa；K_d 为电机备用系数，对于通风机，电机功率为 2～5kW 时取 1.2；大于 5kW 时取 1.3，对于引风机取 1.3；η_1 为通风机全压效率，可从通风机样本中查到，一般为 0.5～0.7；η_2 为机械传动效率，对于直联传动 $\eta_2=1$，联轴器传动 $\eta_2=0.98$，三角皮带传动 $\eta_2=0.95$。

五、臭气污染控制

(一) 臭气源的抑制

1. 在主要排水管网的上游进行预处理，避免排水管道形成缺氧条件

可以在下水道或跌水井的交汇点设置特制的充氧装置，如注入空气和纯氧，加氯、加过氧化氢等，以降低进入泵站和污水厂的臭气产生量，减少除臭设备的投资或运行费用。亦可在旁路管中投加化学药剂（抑制厌氧细菌的生长），如加过氧化氢、高锰酸钾、硝酸钠和氯等。

2. 将城市下水道和污水处理厂视为一个设计整体

应考虑城市下水道和污水处理厂的相互作用和影响，下水道设计中的坡度和流速不仅要考虑水力学输送中不淤不积的自清流速和坡降，还要考虑实际使用中其流速、坡降可能具备产生厌氧的条件或臭气冒逸的现象。确保整个排水管网的良好运行状态，减少下水道中厌氧细菌的繁殖，加强管道的疏通养护，保持水流通畅，避免油脂和污物在死角处积聚，严格按照设计要求和操作规范控制进水水质等。

3. 合理选用管材

污水在进入排水泵站和污水厂以前已经在管道内进行了生物转化和化学反应，目前国内广泛使用的混凝土管或铸铁管的管壁较粗糙，管道长期使用后，管道流速会减小，污水中有机物颗粒易在管道内沉淀淤积，一旦气温条件合适便会发生厌氧反应，产生硫化氢、氨等有害气体，经排水管道传输到排水泵站和污水厂的集水井和其他处理设施中，产生强烈的臭味。对此可采用管壁粗糙度较小的新型管材，如 HDPE 双壁波纹管等。

4. 透气井设置应尽量避开商住区

透气井内水位落差较大，即起到了消能的作用，也往往会产生气体外逸，在设计中应考虑将透气井设置在远离市区或居民密集区的绿化带内，并增加透气或排气设施。

5. 控制恶臭源的散发

通过对恶臭源的集气和排气系统的设计选择，利用较少的排气量达到较好的室内通风效果，可以控制后续脱臭装置的规模，节约恶臭治理的费用，并通过合理的气体排放系统减少对周围环境的影响。对恶臭源的有效收集是整个恶臭控制的重要环节，仅有先进的除臭设备而没有合理的收集系统不会获得真实的除臭效果。

对无需经常人工维护的设施，如对污水厂的沉砂池、初沉池和污泥浓缩池等臭气控制，可采用固定式的封闭措施，即用轻质材料将池子敞开的部位表面全部罩住，然后用集气管和通风机收集池内产生的臭气并集中除臭处理。

对需经常维护和保养的设施，如泵房的集水井和污水厂的脱水机房等，可采用局部活动式或简易式的臭气隔离措施，即用可移动的轻质材料罩住集水井的敞开部位，用可拆卸的轻质透明材料部分罩住集水井上的机械除污设备或污泥脱水设备。

(二) 设置一定的卫生防护距离

一般来说，恶臭影响对环境的敏感程度，与污水处理厂所在地环境情况有直接关系。大部分城市污水处理厂的位置，是根据城市发展规划来确定的，通过设置一定宽度卫生防护距

离来隔离城市污水处理厂恶臭的影响，就目前我国社会经济发展水平看，是经济可行的途径。但由于恶臭的影响因素有多种，在确定卫生防护距离时，一般根据污水处理厂实际情况，比如规模、选择的技术工艺路线和当地所在区域的环境情况来确定。

具体依据《环境影响评价技术导则 大气环境》(HJ 2.2—2008) 中的相关规定，采用其推荐模式中的大气环境防护距离模式来估算无组织源大气环境防护距离。表 2-13-22 为国内几家不同生产规模和工艺的城市污水处理厂边界臭气浓度计算表（计算时假定 NH_3 排放速率为 0.05kg/h，H_2S 排放速率为 0.002kg/h）。

表 2-13-22 城市污水处理厂区臭气浓度检测

企业	上风向1m	厂区	下风向1m	下风向50m	下风向100m	符合标准	下风向200m	符合标准	下风向300m	符合标准
北京高碑店污水处理厂	10	173	154	35	20	2 级	1.5	1 级	—	1 级
福州市祥坂污水处理厂	30	685	647	124	31	2 级	11	2 级	1	1 级
邯郸市东郊污水处理厂	42	1200	1000	256	39	3 级	19	2 级	3	1 级

根据《恶臭污染物排放标准》(GB 14554—93)，高碑店污水处理厂下风向 100m 恶臭强度能达到 2 级标准，200m 处能达到 1 级标准。臭气浓度随扩散距离的增大而减少，100m 外臭气影响明显减弱，距恶臭源 300m 则已经基本无影响。一般的污水处理厂卫生防护距离都在 100～300m 之间。目前多数设计单位和环评单位在确定卫生防护距离时采用 300m 的距离，基本都能够满足要求，但是对于 300m 卫生防护距离的确定，我国基本没有明确的法律规定。

(三) 臭气的治理

随着目前我国多数污水处理厂主要的恶臭污染源均为敞开式管理，大部分污水处理厂还未对恶臭污染进行有效控制。恶臭气体如果未经处理直接排放，其源强就会远远超过排放标准的要求。人民生活水平的提高，对环境水平的要求也越来越高。对恶臭污染，仅仅依靠增设卫生防护距离是不够的。现行的恶臭处理法，从脱除原理上可以大致概括为物理法、化学法和生物处理法三种。

(1) 物理脱臭法 物理法通常用作脱臭处理工艺的前处理，效果比较好的方法有大气稀释法和吸附法。其优点是管理方便，可回收所吸附的有用物质，吸附无选择性，负荷变化影响小；缺点是不能从根本上根除恶臭，只是转移，尚需对富集的恶臭物质进行后续处理，且吸附法易受臭气中水分的影响，费用高。

吸附法常用于低浓度臭气的处理或与其他脱臭设备配套使用的深度处理。其中，活性炭吸附除臭装置占地小，但活性炭饱和周期很短，必须勤换活性炭才能达到除臭目的。

(2) 化学脱臭法 化学法主要包括湿法化学吸收法、燃烧处理法、天然植物液除臭法、活性氧化技术以及高能离子净化法等。其中燃烧法对于高浓度的臭气处理一般采用直接燃烧法，但其燃料费用高，燃烧后的气体会存有 NO 等化学成分，可能导致二次污染，因此燃烧处理法一般不适用于污水处理厂。

天然植物液除臭技术的基本原理是将一些特殊的天然植物提取液作为去除异味的工作液，配以先进的喷洒技术或喷雾技术，雾化分子均匀地分散在空气中，吸附空气中的异味分子，并发生分解、聚合、取代、置换等化学反应，促使异味分子改变原有的分子结构，使之失去臭味。反应的最后产物为无害的分子，如水、氧、氮等。在不同场合，不同的臭味源会产生不同的异味分子。因此，要选用有针对性的，不同的天然植物提取液达到除臭的目的。

活性氧化技术利用高频高压静电的特殊脉冲放电方式（活性氧发射管每秒发射上千亿个

高能离子），产生高密度的高能活性氧（介于氧分子和臭氧之间的一种过渡态氧）进行除臭。高频高压静电的特殊脉冲放电在常温下进行，因此也称为“低温燃烧”过程，产生 O_2、O_2^-、O_2^+、·OH、·HO_2、·O、O 等氧簇聚集体，具有极强的氧化能力。活性氧去除前述污染物的主要途径有两种：①在高能活性氧的瞬时高能量作用下，迅速与臭气分子碰撞，激活有机分子，打开某些有害气体分子化学键，使其直接分解成单质原子或无害分子；②利用高能活性氧激活空气中的氧分子产生二次活性氧，与有机物发生链式反应，并利用自身反应产生的能量维持氧化反应，进一步氧化有机物质，分解成无害产物，从而在极短时间内达到很高的除臭效率。

高能离子净化技术基于电场离子化原理，在电场作用下，离子发生器产生大量的 α 粒子，α 粒子与空气中的氧分子进行碰撞而形成正、负氧离子。正氧离子具有很强的氧化性，能在极短的时间内氧化、分解甲硫醇、氨、硫化氢等污染因子，最终生成二氧化碳和水等稳定无害的小分子。同时，氧离子能破坏空气中细菌的生存环境，降低室内细菌浓度，带电离子可以吸附大于自身重量几十倍的悬浮颗粒，靠自重沉降下来，从而清除空中悬浮胶体，达到净化空气的目的。

焚烧处理法一般不适用于污水处理厂。化学氧化法是湿法化学吸收法的一种重要方法，常用氧化剂包括：臭氧和活性氧等。化学法优点是技术新，发展前景广阔；光电化学技术，作用快速、高效，易于自动控制；缺点是高级氧化技术仍处于研发阶段，仅在室内空气净化方面等有实际应用。

（3）生物除臭法 生物除臭法是利用微生物分解恶臭物质使其无臭化无害化的一种处理方法。它有较强的耐冲击负荷能力，可抵御不同的臭气浓度。

生物除臭法因其简单、投资省、运行费用低、维护管理方便、效果好等优势而发展较快；其缺点是占地面积相对较大，需要生物培养，系统启动费时。生物除臭法主要包括废气通入曝气池法、生物土壤法、生物洗涤法、生物过滤法和生物滴滤法等。当前应用较多的生物除臭法是生物土壤法和生物过滤法。

目前在市政污水提升泵站以及污水处理厂的除臭工艺应用方面，主要使用生物除臭（如生物滴滤床或生物填料床等）、离子体除臭和天然植物提取液喷淋除臭。国内部分污水厂除臭工程实例见表 2-13-23。比较不同除臭工艺的投资费用可以看出，生物过滤除臭法是比较经济、适用，能够进行推广的方法。选取何种方法对臭气进行处理还要根据污水处理系统的运行维护、处理对象、臭气流量、臭气的性质特征及强度等因素来决定。对于污水处理量较大并且臭气成分稳定的污水处理厂，大多采用生物处理法或化学吸收法进行除臭处理，对于中小型以及逸出臭气成分差异比较大的污水处理厂，可采用活性炭吸附法。

表 2-13-23 部分城市污水处理除臭成功案例

污水厂	污水处理工艺	封闭空间及收集位置	处理工艺	处理能力
广州市大坦沙岛污水厂	A^2/O，倒置 A^2/O 工艺	二沉池以外其他所有的露天处理设施、进水泵房、格栅间、污泥脱水机房	生物法，等离子体除臭技术	污水提升泵站 2000～5000m^3/h（等离子）；二期生化池 29000m^3/h×2 组（土壤）；三期生化池 17500m^3/h×4 组（滤池）、浓缩池 20000m^3/h（滤池）
广州猎德污水处理厂	AB 段吸附降解生物工艺、交替活性污泥工艺，改良 A^2/O 工艺	一期工程的 A 段曝气池和 B 段曝气池，二期工程的 UNITANK 池，一期、二期工程的污泥浓缩池、脱水机房，三期工程中除二沉池外的其他处理设施	洗涤-生物滤床联合除臭技术	浓缩池 23000m^3/h，脱水机房 40000m^3/h 污泥码头（植物提取液）

续表

污水厂	污水处理工艺	封闭空间及收集位置	处理工艺	处理能力
深圳市滨河污水处理厂	A/O 法、AB 法（B 段是 T 型氧化沟）	三期的 A 段曝气池、三期中粗格栅、三联体（泵房、细格栅、沉砂池），污泥区中 A 段浓缩池、后浓缩池及均质池	化学除臭法和生物除臭法	南区和北区设计风量均为 35000m^3/h
麦岛污水处理厂	曝气生物过滤法	预处理和脱水机房	生物除臭法	

第二节　吸附法除臭

一、原理和功能

（一）原理

在用多孔性固体物质处理流体混合物时，流体中的某一组分或某些组分可被吸引到固体表面并浓集其上，此现象称为吸附。吸附处理臭气时，吸附的对象是气态污染物，因此属于气固吸附。被吸附的气体组分称为吸附质，多孔固体物质称为吸附剂。

固体表面吸附了吸附质后，一部分被吸附的吸附质可从吸附剂表面脱离，此现象称为脱附。而当吸附剂进行一段时间的吸附后，由于表面吸附质的浓集，使其吸附能力明显下降而不能满足吸附净化的要求，此时需要采用一定的措施使吸附剂上已经吸附的吸附质脱附，以恢复吸附剂的吸附能力，这个过程称为吸附剂的再生。因此在实际吸附工程中，正是利用吸附剂的吸附—再生—再吸附的循环过程，达到除去废气中污染物质并回收废气中有用组分的目的。

由于多孔性固体吸附剂表面存在着剩余吸附力，故表面具有吸附力。根据吸附剂表面与被吸附物质之间作用力的不同，吸附可分为物理吸附和化学吸附。

臭气治理中所应用吸附法与废水的吸附处理工艺原理相同，仅是吸附质的形态不同。有关吸附平衡、吸附等温方程等方面的内容可参见本书中废水吸附法工艺的章节。

（二）吸附剂

吸附剂的选用是吸附操作中必须解决的首要问题。一切固体物质的表面对于气体都具有物理吸附的作用。但合乎臭气处理要求的吸附剂应具有如下一些要求：具有大的比表面积；良好的选择性吸附作用；吸附容量大；良好的机械强度和均匀的颗粒尺寸；有足够的热稳定性及化学稳定性；良好的再生性能；来源广泛、价格低廉。

脱臭处理中常用的吸附剂有以下几种。

1. 活性炭

活性炭是许多具有吸附性能的碳基物质的总称，活性炭的主要成分是碳。几乎所有含碳的物质如煤、木材、锯木、骨头、椰子壳、果核、核桃壳等，在低于 873K 温度下进行炭化，所得残炭再用水蒸气或过热空气进行活化处理（近来还有用氯化锌、氯化镁、氯化钙和硫醇代替蒸汽做活化剂）即可制得。其中最好的原料是椰子壳，其次是核桃壳和水果核等。活性炭作吸附剂的用途甚广，可用于混合气体中有机溶剂蒸气的回收；烃类气体的提浓分离；空气或其他气体的脱臭；废水、废气的净化处理。活性炭的缺点是它的可燃性，因而使用温度一般不能超过 873K。

2. 硅胶

硅胶是一种坚硬多孔的固体颗粒，其分子式为 $SiO_2 \cdot nH_2O$，其制备方法是将水玻璃（硅酸钠）溶液用酸处理，沉淀后得到硅酸凝胶，再经老化、水洗（去盐）、干燥而得。硅胶是工业上和实验室常用的吸附剂，主要用于气体或液体的干燥、烃类气体的回收、废气（SO_2、NO_x）净化。

3. 分子筛沸石

分子筛是一种人工合成的泡沸石，具有多孔骨架的硅铝酸盐结晶体，与天然泡沸石一样是水合铝硅酸盐的晶体，其化学通式：$Me_{x/n}[(Al_2O_3)_x(SiO_2)_y] \cdot mH_2O$，式中的 x/n 是价数 n 的金属原子数。分子筛在结构上有许多孔径均匀的孔道与排列整齐的孔穴，这些孔穴不但提供了很大的比表面积，而且它只允许直径比孔径小的分子进入，故称为分子筛。根据孔径大小不同和 SiO_2 与 Al_2O_3 分子比不同，分子筛可分为不同的型号：3A（钠 Y）、4A（钠 A）、5A（钙 A）、10X（钙 X）、13X（钠 X）、Y（钠 Y）、钠丝光沸石型等。

分子筛与其他吸附剂比较，其优点如下。

（1）吸附选择性强　这是由于分子筛的孔径大小整齐均一，又是一种离子型吸附剂，因此它能根据分子的大小及极性的不同进行选择性吸附。

（2）吸附能力强　即使气体的组成浓度很低，仍然具有较强的吸附能力。

（3）在较高的温度下仍然具有较强的吸附能力　在相同温度条件下，分子筛的吸附容量较其他吸附剂大。

正是由于上述优点，分子筛成为一种十分优良的吸附剂广泛应用于基本有机化工和石油化工生产中，解决了许多精馏和吸收操作难以解决的分离问题。在臭气的净化中，分子筛可以从废气中选择性地除去 NO_x、H_2O、CO_2、CO、CS_2、H_2S、NH_3、烃类、CCl_4 等有害气态污染物。

现将以上几种吸附剂的主要特性汇总于表 2-13-24 中。

表 2-13-24　常见吸附剂的主要特性

吸附剂类别	活性炭	硅胶	沸石分子筛		
			4A	5A	X
堆积密度/(kg/m^3)	200～600	800	800	800	800
比热容/[kJ/(kg·K)]	0.836～1.254	0.92	0.794	0.794	
操作温度上限/K	423	673	873	873	873
平均孔径/mm	1.5～2.5	2.2	0.4	0.5	1.3
再生温度/K	373～413	393～423	473～573	473～573	473～573
比表面积/(m^2/g)	600～1600	210～360	600		

4. 影响气体吸附的因素

（1）低温操作有利于物理吸附，适当升高温度有利于化学吸附。增大气相主体压力，即增大了吸附质分压，有利于吸附。气流速度对固定床应控制在 0.2～0.6m/s。

（2）吸附剂的性质如孔隙率、孔径、粒度等影响比表面积，从而影响吸附效果。

（3）吸附质的性质与浓度如临界直径、分子量、沸点、饱和性等影响吸附量。若用同种活性炭做吸附剂，对于结构相似的有机物，分子量和不饱和性愈大，沸点愈高，愈易被吸附。

（4）吸附剂的活性是吸附剂吸附能力的标志，常以吸附剂上已吸附的吸附质的量与所用吸附剂量之比的百分数来表示。其物理意义是单位吸附剂所能吸附吸附质的量。

(5) 吸附操作时，应保证吸附质与吸附剂有一定的接触时间，使吸附接近平衡，充分利用吸附剂的吸附能力。

(6) 吸附器的性能影响吸附效果。

5. 吸附剂的再生

当吸附剂饱和后需要再生。再生方法有加热解吸再生、降压或真空解吸再生、溶剂萃取再生、置换再生、化学转化再生等。再生时解吸剂流动方向与吸附时废气流向相反，即采用逆流吹脱的方式。

(1) 加热解吸再生　该法通过升高吸附剂温度，使吸附物脱附，吸附剂得到再生。几乎所有吸附剂都可用热再生法恢复吸附能力。不同的吸附过程需要不同的温度，吸附作用越强，脱附时需加热的温度越高。

(2) 降压或真空解吸　吸附过程与气相的压力有关，压力高时，吸附进行得快；当压力降低时，脱附占优势。因此，通过降低操作压力可使吸附剂得到再生，例如：若吸附在较高压力下进行，把压力降低可使吸附的物质脱离吸附剂进行解吸；若吸附在常压下进行，可采用抽真空方法进行解吸。

(3) 置换再生　该法是选择合适的气体（脱附剂），将吸附质置换与吹脱出来。这种再生方法需加一道工序，即脱除剂的再脱附，以使吸附剂恢复吸附能力。脱附剂与吸附质的被吸附性能越接近，则脱附剂用量越少。若脱附剂被吸附程度比吸附质强时，属置换再生，否则，吹脱与置换作用都兼有。该方法适用于对温度敏感的物质。

(4) 溶剂萃取　选择合适的溶剂，使吸附质在该溶剂中的溶解性能远大于吸附剂对吸附质的吸附作用，将吸附物溶解下来的方法。例如：活性炭吸附 SO_2 后，用水洗涤，再进行适当的干燥便可恢复吸附能力。

实际生产中，上述几种再生方法可以单独使用，也可几种方法同时使用。如活性炭吸附有机蒸气后，可用通入高温蒸汽再生，也可用加热和抽真空的方法再生。

(三) 活性炭吸附法

活性炭是对污水处理系统臭气进行脱除操作中最常用的吸附剂。活性炭吸附法主要是利用活性炭能吸附臭气物质这一原理而开发的。利用活性炭吸附塔可以去除多种臭气物质，如乙醛、吲哚等可通过物理吸附作用去除，而硫化氢和硫醇等可通过在活性炭表面进行的氧化反应等化学作用去除。

活性炭吸附法的除臭效果与臭气物质的化学组成有关，该法对硫化氢等含硫化合物的去除效果比较好，对氨等含氮化合物的去除效果稍差。为了提高除臭效果，通常在吸附塔内填充各种不同性质的活性炭，分别吸附酸性、碱性以及中性臭气物质。臭气与各种活性炭依次接触后，排出吸附塔。

典型的活性炭吸附系统主要由输送管、鼓风机、气旋单元和吸附单元组成。

在活性炭吸附饱和前，其除臭率基本稳定，而受臭气负荷变化的冲击影响较小，因此活性炭吸附法范围较广。但活性炭作为吸附剂时，吸附容量是有限的，总吸附能力可以达到其自身质量的5%～40%，超过这一容量，就必须更换活性炭，所以该法常用于低浓度臭气物质的去除和臭气的后处理过程。

活性炭吸附法也常与湿式洗涤法一起使用，湿式洗涤法可以去除恶臭中绝大多数的硫化氢和氨，活性炭则主要吸附恶臭中的烃类化合物，活性炭的预期寿命在1年以上。

(四) 催化型活性炭吸附法

催化型活性炭是一种新型的吸附剂，能较好地吸附臭气中的有机物和 H_2S。其主要技术原理如下。

（1）催化型活性炭未被化学剂浸渍，与化学浸渍炭相比，具有较大的目标化合物吸附空间，故吸附有机物气体的能力明显增大。

（2）催化型活性炭是烟煤基带增强催化能力的粒状活性炭，促进氧化反应能力特别强，在吸附过程中，催化型活性炭将 H_2S 与氧都吸附在其表面上，发生氧化作用生成 90%以上的 H_2SO_4 和少量的 H_2SO_3 和 S。

（3）催化型活性炭吸附臭气后，90%以上的生成物——H_2SO_4 极易被吸附且易溶于水，基于这种特性，当催化型活性炭吸附饱和后，可通过水洗炭床，溶解生成物 H_2SO_4 并将其排出炭床而达到再生目的，使炭床恢复吸附能力。

催化型活性炭床的优点是可反复水洗再生，可反复用于吸附，寿命长，操作简单，节省人力，处理效率高，占地面积少；缺点是对高浓度的恶臭气体除臭效果较差。

二、设备和装置

臭气处理的吸附装置有固定床吸附器、移动床吸附器、回转床吸附器和流化床吸附器等多种，其特点对比见表 2-13-25。

表 2-13-25　常用吸附设备的主要特点

类　型	特　　点
固定床吸附器	①结构简单、制造容易、价格低廉； ②适用于小型、分散、间歇性的污染源治理； ③吸附和解吸交替进行，间歇操作； ④应用广泛
移动床吸附器	①固体吸附剂在吸附床中不断移动，固体和气体都以恒定的速度流过吸附器； ②处理气量大，吸附剂可循环使用，适用于稳定、连续、量大的气体净化； ③吸附和脱附连续完成； ④动力和热量消耗较大，吸附剂磨损较为严重
流化床吸附器	①气体与固体接触相当充分，气速是固定床的三四倍以上； ②生产能力大，适当治理连续性、大气量的污染源； ③由于吸附剂和容器的磨损严重，流化床吸附器的排出气中常带有吸附剂粉末，故其后必须加除尘设备，有时将除尘器直接装在流化床的扩大段内

（一）固定床吸附器

固定床吸附器由固定的吸附剂床层、气体进出管道和脱附介质分布管等部分组成，分卧式［图 2-13-12(a)］、立式［图 2-13-12(b)］两种。卧式固定床吸附器适合于废气流量大、

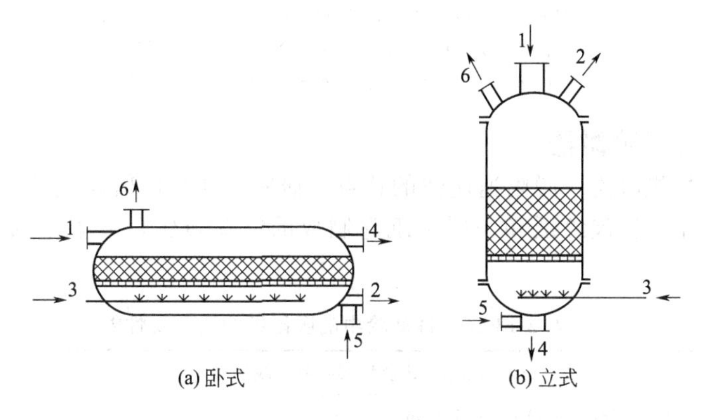

图 2-13-12　固定床吸附器

1—臭气入口；2—净化气出口；3—水蒸气入口；4—脱附蒸汽出口；5—热空气入口；6—热湿空气出口

浓度低的情况下使用。立式固定床主要适合于小气量、高浓度情况下使用。这两种吸附器装在净化系统中可进行吸附—脱附—干燥—冷却全过程，但只能间歇运转。如果需要连续运转，至少要设两个吸附器，交替吸附和再生。另一类固定床吸附器——格屉式吸附器，适合处理流量很大、浓度很低的臭气，见图 2-13-13。

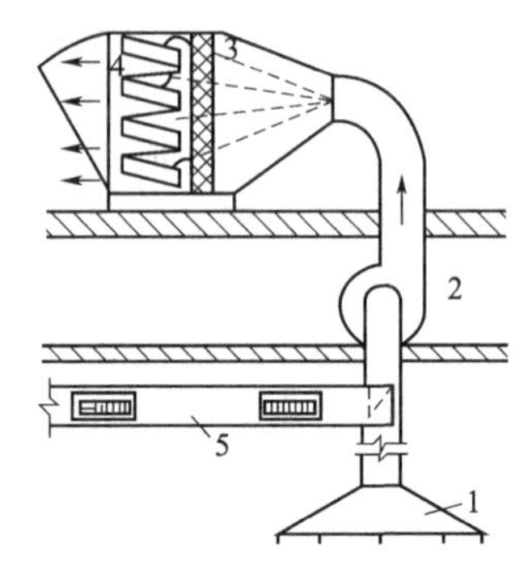

图 2-13-13 格屉式固定床吸附器

1—集气罩；2—风机；3—过滤器；4—吸附器；5—进气管道

(二) 回转床吸附器

吸附床层做成环状，通过回转连续进行吸附和脱附再生（图 2-13-14）。回转床吸附器结构紧凑，使用方便，但各工作区之间的串气较难避免。

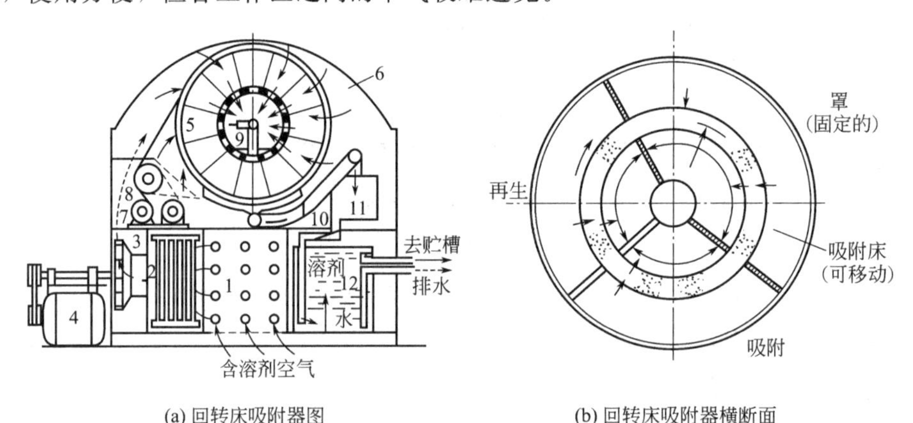

(a) 回转床吸附器图 (b) 回转床吸附器横断面

图 2-13-14 回转床吸附器

1—过滤器；2—冷却器；3—风机；4—电动机；5—吸附转筒；6—外壳；7—转筒电机；8—减速传动装置；9—水蒸气入口管；10—脱附气出口管；11—冷凝冷却器；12—分离器

(三) 蜂窝转轮吸附器

利用纤维活性炭吸附、脱附速度快的特点，研制成功蜂窝转轮连续吸附床。这种吸附装置的吸附床层是用一层波纹纸和一层平纸卷制成的蜂窝转轮，吸附纸的成分及性能见表 2-13-26。

表 2-13-26 蜂窝轮中的吸附纸的成分及性能

吸附纸成分	50%～60%纤维状或粉末活性炭，其余为纸浆或无线纤维
吸附纸规格	厚 0.2～0.35mm，定量 45～150g/m^3
蜂窝规格	宽 3～5mm，高 1.5～3mm，开孔率 60%～75%，堆积密度 60～160kg/m^3，几何表面积约 2500m^2/m^3

续表

吸附量	甲苯浓度 500mg/m³ 时，平衡吸附量 25%(20℃)
吸附速度	甲苯浓度 500mg/m³ 时，10min 内吸附量为 3%～5%(20℃)
脱附速度	120℃时在 2min 内完全脱除甲苯

转轮以 0.05～0.1r/min 的速度缓缓转动，臭气沿轴向通过。转轮的大部分供吸附用，一小部分断面供脱附再生用。吸附区内废气以 3m/s 的速度通过蜂窝通道；再生区内反向通入热空气脱附，脱附出的是较高浓度的气体。通过这样的装置使废气大大浓缩，浓缩后的臭气再进行催化燃烧，如图 2-13-15 所示。燃烧产生的热空气又去进行脱附。吸附区与脱附区断面之比就等于浓缩比，两者之比在 10∶1 以上。蜂轮的厚度一般为 345～450mm，其直径可用下式计算：

$$D=54\sqrt{\frac{Q(n+1)}{nu_0}} \tag{2-13-39}$$

式中，D 为蜂轮直径，m；Q 为处理风量，m³/h；n 为浓缩倍数；u_0 为空塔风速，m/h。

这种装置能连续运转，设备紧凑，节省能量。吸附浓缩装置很适合于广泛存在的大气量、低浓度有机溶剂废气（涂料、印刷、橡胶或塑料制品等工艺过程）。

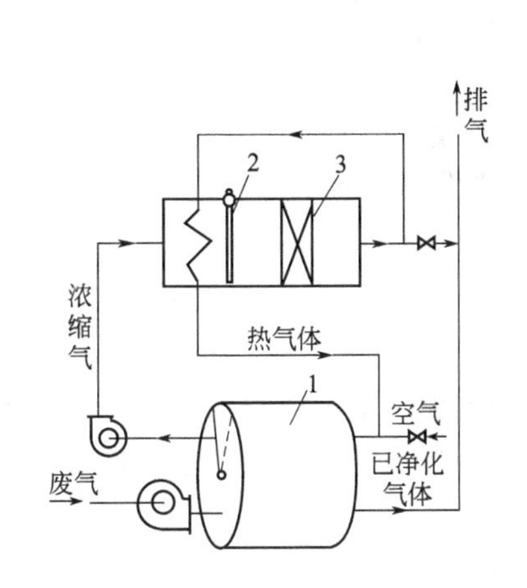

图 2-13-15　蜂窝转轮吸附器的流程

1—吸附转轮；2—电加热器；3—催化床层

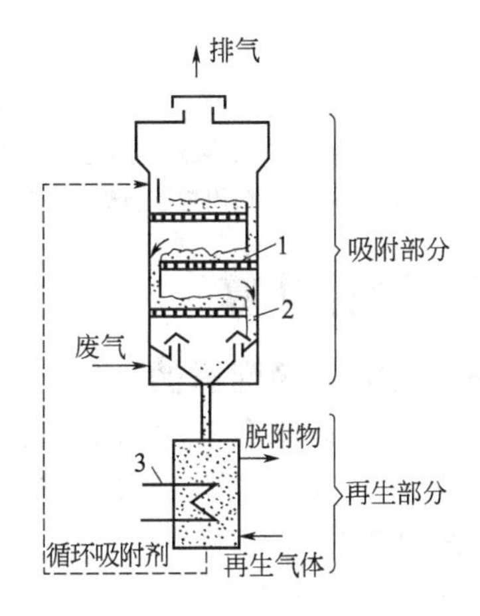

图 2-13-16　流化床吸附器

1—塔板；2—溢流器；3—加热器

（四）流化床吸附器

废气以较高的速度通过床层，使吸附剂呈悬浮状态。流化床吸附器如图 2-13-16 所示，上部为吸附工作段，下部为再生工作段。臭气由吸附段下端进入，依次通过各吸附层，净化后由上端排出；吸附剂由上端进入，逐层下降，然后进入再生工作段；再生热气体由下端进入。逐层与上段下降的吸附剂接触，再由再生段上端流出。再生后的吸附剂用气力输送装置提升到顶部，重复使用。这种吸附装置能连续工作，处理能力大，设备紧凑，但构造复杂、能耗高、吸附剂磨损很大。

（五）移动床吸附器

固体吸附剂与含污染物的气体连续逆流运动中完成吸附过程，一般是吸附剂自上而下运动。移动床的优点是处理气量大，吸附剂可循环使用，缺点是动力和热量消耗大，吸附剂磨损大。移动床的结构见图 2-13-17。

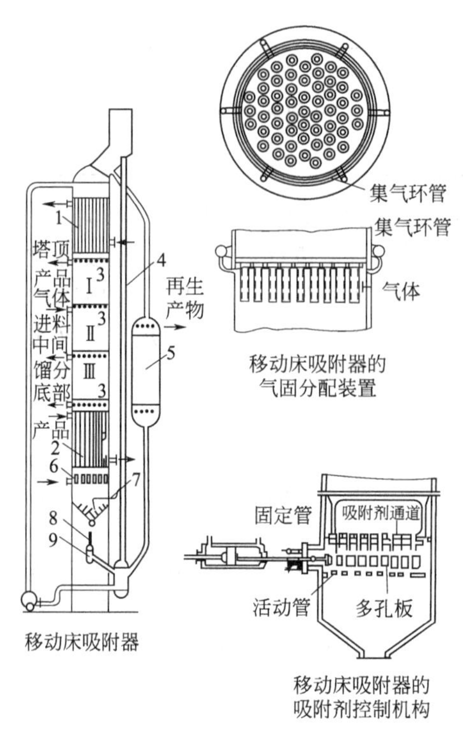

图 2-13-17 移动床吸附器

1—冷却器；2—脱附塔；3—分配板；4—提升管；5—再生器；
6—吸附剂控制机械；7—固粒料面控制器；8—封闭装置；9—出料阀门

三、设计计算

(一) 固定床吸附器的计算

吸附器的设计计算应包括确定吸附器的型式、吸附剂的种类、吸附剂的需要量、吸附床高度、吸附周期等，这些参数的选择应从吸附平衡、吸附传质速率及压降来考虑[8]。

1. 设计依据

废气的流量、性质及污染物浓度，国家排放标准等。

2. 吸附器的确定

对吸附器的基本要求：①具有足够的过气断面和停留时间；②良好的气流分布；③预先除去入口气体中污染吸附剂的杂质；④能够有效地控制和调节吸附操作温度；⑤易于更换吸附剂。

3. 吸附剂的选择

参见前文内容。

4. 横截面积计算

与吸收塔一样，按被处理气体的流量和适当的空塔气速计算横截面积。一般取固定床吸附器空塔气速 0.1～0.3m/s。

5. 吸附区高度的计算

常用两种方法计算，即穿透曲线法和希洛夫近似法。

(1) 穿透曲线法　假设条件为：a. 等温吸附，等温吸附线为线型；b. 低浓度污染物的吸附；c. 传质区高度比床层高度小。

在下面进行的计算中，考虑到吸附剂及不可吸附气体（载气）在吸附过程中不变化，所以气体中吸附质浓度和吸附剂上吸附质浓度用无溶质基来表示。气体中吸附质的无溶质基浓度用Y（即$m_{吸附质}/m_{载气}$）表示，吸附剂上吸附质的无溶质基浓度用X表示（即$m_{吸附质}/m_{吸附剂}$）表示。

① 传质区高度的确定。图 2-13-18 为一吸附穿透曲线。下标“b”表示穿透点时的参数；下标“e”表示饱和时的参数，Y_0为气体中吸附质初始质量分数，即$m_{吸附质}/m_{载气}$；W表示一段时间后流出物总量，单位：kg/m^2，则

$$W_a = W_e - W_b \tag{2-13-40}$$

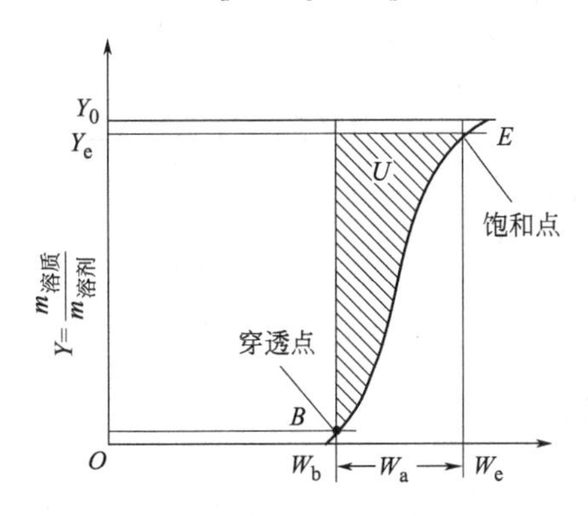

图 2-13-18 吸附穿透曲线

在吸附区内，从穿透点到吸附剂基本失去吸附能力，吸附剂所吸附污染物的量为：

$$U = \int_{W_b}^{W_e} (Y_0 - Y)\mathrm{d}W \tag{2-13-41}$$

若吸附区内所有的吸附剂均达到饱和，所能吸附污染物的量为Y_0W_a。定义f为吸附区内吸附剂的吸附能力，可表示为：

$$f = \frac{U}{Y_0 W_a} \tag{2-13-42}$$

$(1-f)$为吸附区内吸附剂的饱和度。f愈大，吸附饱和的程度愈低，传质区形成所需的时间愈短。设吸附床的高度为Z，则传质区高度：

$$Z_a = \frac{W_a Z}{W_e - (1-f)W_a} \tag{2-13-43}$$

由上可见，由穿透曲线确定了W_a、W_e和f，即可由上式确定传质高度。

② 穿透曲线的绘制。如图 2-13-19 所示对整个吸附床层作物料平衡，则

$$G_s(Y_0 - 0) = L_s(X_T - 0) \quad 或 \quad Y_0 = L_s X_T / G_s \tag{2-13-44}$$

式中，G_s为载气通过床层的流速，$kg/(m^2 \cdot s)$；L_s为净吸附剂的质量流速，$kg/(m^2 \cdot s)$。

该式便是图 2-13-18 中通过原点的操作线，其斜率为L_s/G_s。因此，在床层的任一截面上，吸附质在气体中的浓度Y与吸附质在固体上的浓度X之间的关系显然为：

$$G_s Y = L_s X \tag{2-13-45}$$

在床层内任取一微分高度$\mathrm{d}Z$，在单位时间单位面积的$\mathrm{d}Z$高度内，流体相中吸附质的减少量等于固体相中吸附剂吸附的量，即：

$$G_s \mathrm{d}Y = K_Y \alpha_p (Y - Y^*)\mathrm{d}Z \tag{2-13-46}$$

式中，K_Y为流体相的总传质系数，$kg/(m^2 \cdot h)$；α_p为单位容积吸附床层内吸附剂颗粒的表面积，m^2/m^3；Y^*为与X成平衡的气相浓度，即$m_{吸附质}/m_{载气}$，无量纲。

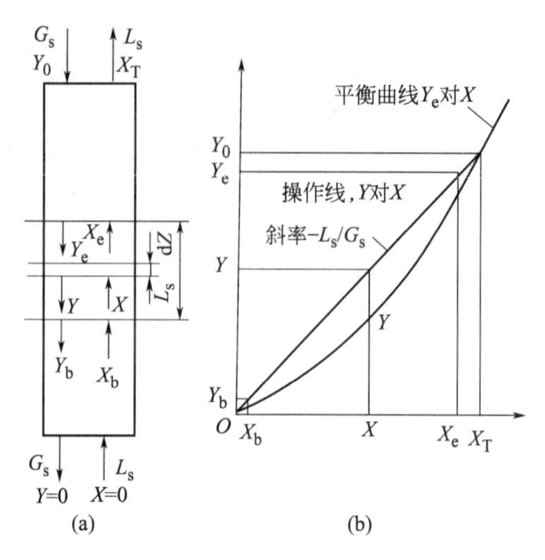

图 2-13-19 吸附区

传质区内气相传质单位数为：

$$N_{OG}=\int_{Y_b}^{Y_e}\frac{dY}{Y-Y^*}=\frac{Z_a}{G_g/(K_y\alpha_p)}=\frac{Z_a}{H_{OG}} \tag{2-13-47}$$

式中，N_{OG}为传质单元数；H_{OG}为传质单元高度，m。

假定在 Z_a 范围内 H_{OG}为一常数，则对于任何一个小于 Z_a 的 Z 值有：

$$\frac{Z}{Z_a}=\frac{W-W_b}{W_a}=\frac{\int_{Y_b}^{Y}\frac{dY}{Y-Y^*}}{\int_{Y_b}^{Y_e}\frac{dY}{Y-Y^*}} \tag{2-13-48}$$

根据上式通过图解积分法绘制穿透曲线。

(2) 希洛夫（Wurof）方程法 假设条件为：①吸附速率无穷大，即吸附质进入吸附层即被吸附；②达到穿透时间时，吸附剂进入床层的吸附质量等于该时间内吸附床的吸附量。即吸附床的穿透时间 t 可用下式计算：

$$G_s t A Y_0=ZA\rho_s X_T \tag{2-13-49}$$

$$t=\frac{X_T\rho_s}{G_s Y_0}Z \tag{2-13-50}$$

由上式可知，在 t-Z 图上，吸附床的穿透时间与吸附床高度关系是通过原点的直线，如图 2-13-20 所示。但实际穿透时间 t 要小于吸附速率无穷大时的穿透时间，其差值为 t_0（实测的直线是离开原点而平行于直线 1 的直线），如图中所示直线 2。所以在实际设计中，将上式修正为：

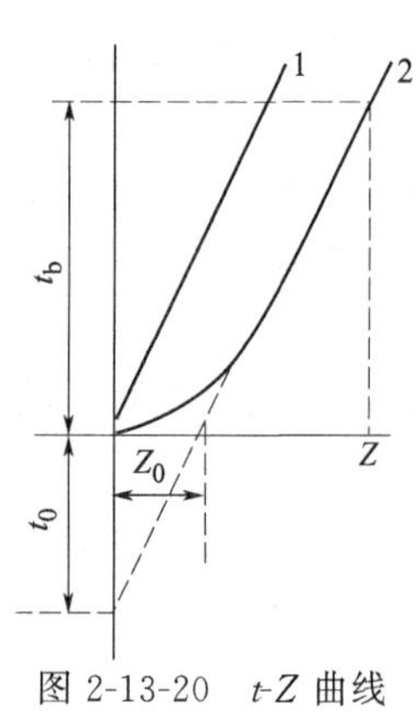

图 2-13-20 t-Z 曲线

$$t_b=K(Z-Z_0)\text{或 }t=t_b+t_0 \tag{2-13-51}$$

式中，Z 为床层高度，m；G_s 为载气通过床层的流速，kg/(m^2·s)；Y_0 为气体中吸附质初始质量浓度，即 $m_{吸附质}/m_{载气}$ 无量纲；ρ_s 为吸附剂堆积密度，kg/m^3；X_T 为与吸附质初始浓度达到平衡时的吸附剂静活性，无量纲；Z_0 为吸附剂层中未被利用部分的长度，亦称为“死层”。

此即希洛夫方程。

其中，$t_0=KZ_0$；$K=X_T\rho_s/(G_sY_0)$，K 为吸附层的保护作用系数。

6. 吸附剂用量

吸附剂用量 M 用下式计算：

$$M=\frac{Y_0G_s}{X_T} \quad 或 \quad M=AZ\rho_s \tag{2-13-52}$$

式中，A 为吸附床横截面积，m^2；其他符号意义同前。

7. 吸附周期

出现穿透的时间即为吸附周期 t，用下式计算：

$$t=W_a/G_s \tag{2-13-53}$$

8. 固定床压降

固定床压降用 Ergun 方程计算：

$$\frac{\Delta p}{Z}=150\frac{(1-\varepsilon)^2}{\varepsilon^3}\times\frac{\mu u}{d_p^2}+1.75\frac{(1-\varepsilon)}{\varepsilon^3}\times\frac{\rho u^2}{d_p} \tag{2-13-54}$$

式中，Δp 为通过床层的压降，Pa；Z 为床层高度，m；μ 为气体的动力黏度，Pa·s；ε 为颗粒层孔隙率，%；ρ 为气体密度，kg/m^3；u 为床层进口横截面积处气体平均流速，m/s；d_p 为吸附剂颗粒直径，m。

9. 吸附剂再生的计算

（1）干燥吸附剂热空气消耗量　用水蒸气解吸后的吸附剂层含有相当数量的水分，降低吸附剂的活性，需要用热空气对吸附层进行干燥。干燥吸附剂热空气的消耗量可利用湿空气状态图或计算法求得。下面介绍计算法。

连续式吸附装置进行稳定干燥过程，其空气消耗量按下式计算：

$$L=Wl=\frac{W}{x_2-x_1} \tag{2-13-55}$$

式中，L 为干燥吸附剂时空气的消耗量，kg；l 为空气的单位消耗量，即干空气/H_2O，无量纲；x_1，x_2 为分别为离开、进入吸附剂层时空气的含湿量，无量纲；W 为干燥时驱走的水分，kg。

在间歇式固定床吸附器中，干燥过程为不稳定过程，其空气参数随吸附层高度和干燥吸附剂时间而变。空气的单位消耗量简化计算式为：

$$l=\frac{1}{x_0-x_1} \tag{2-13-56}$$

式中，$x_0=(x_1+x_2)/2$。

（2）加热空气所消耗的热量

$$Q=l(l_2-l_1)W \tag{2-13-57}$$

式中，l_2 为由加热器进入吸附器的空气热含量，J/kg；l_1 为进入加热器的空气热含量，J/kg；l 为 1kg 水分消耗的干空气量，无量纲；W 为干燥进驱动的水分，kg；Q 为加热空气所消耗的热量，J。

（二）移动床吸附器的计算

移动床吸附器是在固定吸附剂和含污染物气体的连续逆流运动中完成吸附过程的。一般吸附剂是自上而下运动。移动床吸附器的计算主要是决定吸附区的高度和吸附剂的用量。为简化计算，假设操作是等温的，并且仅考虑一种组分的吸附。移动吸附床的计算与固定吸附床计算类似。

图 2-13-21 是连续移动床吸附器中的变量示意。

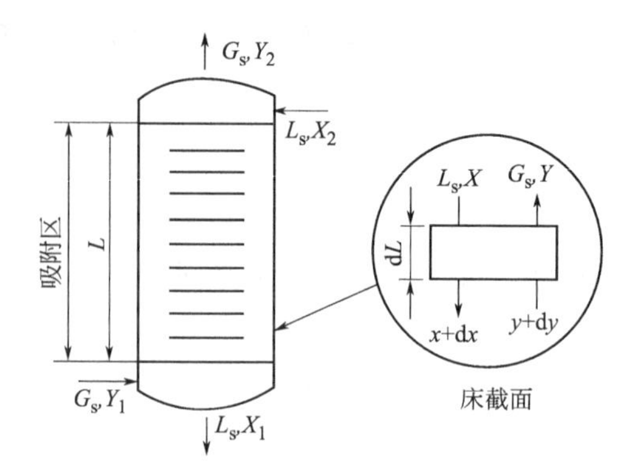

图 2-13-21 连续逆流移动床吸附器中物料衡算

对全床进行物料衡算

$$G_s(Y_1-Y_2)=L_s(X_1-X_2) \tag{2-13-58}$$

对吸附器上进行物料衡算有相似方程

$$G_s(Y-Y_2)=L_s(X-X_2) \tag{2-13-59}$$

式中，Y 为污染物在气相中的浓度，kg 污染物/kg 惰性气体；G_s 为基于惰性气体（载气）的气相质量流量，kg 惰性气体/(s・m^2)；X 为污染物在吸附相中的浓度，kg 污染物/kg 净吸附剂；L_s 为净吸附剂的质量流量，kg 吸附剂/(s・m^2)。

当吸附污染物的量大时，热效应会变得显著。这种热效应的计算是复杂的，在推导中仅考虑污染物浓度非常低时的情况。至于吸收过程，操作线偏离平衡曲线的程度越大，吸附推动力也就越大。在微分截面 dL 上有：

$$L_s\mathrm{d}X=G_s\mathrm{d}Y \tag{2-13-60}$$

根据吸附速率方程式得

$$G_s\mathrm{d}Y=K_Y\alpha_p(Y-Y^*)\mathrm{d}L \tag{2-13-61}$$

式中，K_Y 为流床相的总传质系数，kg/(m^2・h)；α_p 为单位容积的吸附剂床层内所有吸附剂颗粒的表面积，m^2/m^3；Y^* 为与吸附相中浓度 X 对应的气相组成。

通常表示为

$$L=\int_{Y_2}^{Y_1}\left(\frac{G_s}{K_y\alpha_p}\right)\frac{\mathrm{d}Y}{Y-Y^*} \tag{2-13-62}$$

与吸收过程类似，定义传质单元高度

$$H_{OG}=\frac{G_s}{k_y\alpha_p} \tag{2-13-63}$$

则传质单元数

$$N_{OG}=\int_{Y_2}^{Y_1}\frac{\mathrm{d}Y}{Y-Y^*} \tag{2-13-64}$$

一般由图解积分法求传质单元数。当平衡线是直线时，可利用对数值技术估算

$$N_{OG}=\frac{Y_1-Y_2}{\Delta Y_{lm}} \tag{2-13-65}$$

$$\Delta Y_{lm}=\frac{(Y_1-Y_2^*)-(Y_2-Y_2^*)}{\ln\left(\frac{Y_1-Y_1^*}{Y_2-Y_2^*}\right)} \tag{2-13-66}$$

（三）活性炭吸附除臭系统的设计参数

（1）活性炭吸附宜用于进气浓度较低的除臭处理。

(2) 应根据臭气浓度、处理要求、活性炭吸附容量确定吸附单元的空塔停留时间和活性炭质量。

(3) 活性炭支撑板应满足活性炭吸附饱和后的机械强度要求。

(4) 活性炭吸附除臭系统，应符合下列规定：

① 应预先去除臭气中的颗粒物；

② 应根据臭气排放要求和活性炭吸附容量等因素确定活性炭的再生次数和更换周期；

③ 臭气温度不宜高于80℃；

④ 臭气湿度过高时，应增加除湿措施；

⑤ 活性炭料宜采用颗粒活性炭，颗粒粒径为3～4mm，孔隙率宜为0.5～0.65，比表面积不宜小于$900m^2/g$；

⑥ 活性炭层的填充密度宜为$350\sim550kg/m^3$；

⑦ 活性炭可采用分层并联布置方式。

第三节 化学洗涤法除臭

一、原理和功能

(一) 原理

化学洗涤法，即湿法化学吸收法，是发展最成熟应用最普遍的恶臭脱除方法之一。其基本原理是：通过喷淋式或填料式吸收塔将恶臭气体捕捉到液体中，附着于颗粒物质上的臭气分子通过化学洗涤后被从空气中去除，恶臭气体和药液中的乳化试剂反应从溶液中去除，也可和强氧化剂反应生成溶于水的无臭物质吸附去除。化学洗涤法脱臭，不仅减少或消除了气态污染物向大气排放的重要途径，而且往往还能将污染物转化为有用产品。

污水处理系统产生的臭气中氨气易溶于酸性溶液中，而硫化氢、VFAs易溶于碱性溶液中，其去除的反应原理如下：

在酸洗塔中，用低浓度的硫酸溶液吸收NH_3等。

$$2NH_3+H_2SO_4 \longrightarrow (NH_4)_2SO_4 \quad (2\text{-}13\text{-}67)$$

在碱洗塔中，用碱性氧化剂次氯酸钠和活性炭悬浮液有效除去恶臭的主要成分硫化氢和甲硫醇。

$$H_2S+2NaOH \longrightarrow Na_2S+2H_2O \quad (2\text{-}13\text{-}68)$$

$$H_2S+NaOH \longrightarrow NaHS+H_2O \quad (2\text{-}13\text{-}69)$$

$$CH_3SH+6NaClO \longrightarrow SO_2+CO_2+2H_2O+6NaCl \quad (2\text{-}13\text{-}70)$$

上式中的CO_2和H_2O是无臭物质，SO_2有臭味，但它的臭阈值浓度为$2.6mg/m^3$，而甲硫醇的阈值浓度为$0.00196mg/m^3$，SO_2的阈值浓度要高得多，因而经次氯酸钠氧化后，臭味可大大降低。

化学洗涤法多采用塔式工艺，药液从塔顶喷下，臭气从下往上升，气液接触发生化学反应，从而达到脱臭目的。单级化学洗涤塔示意见图2-13-22，酸碱两级化学洗涤塔示意见图2-13-23。

影响化学洗涤法除臭效果的重要因素是恶臭气体的成分和吸收剂的选取以及接触过程中传质速率。气-液传质接触一般采用两相顺流、逆流、错流、水平式气液接触方式。同时严格控制过程中的气液比以及气体通过的线速度，保证接触时间。这种方法具有反应速度快、

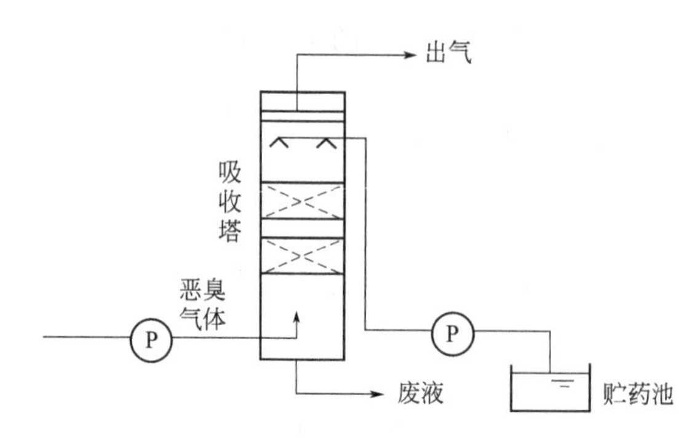

图 2-13-22 单级化学洗涤法除臭示意

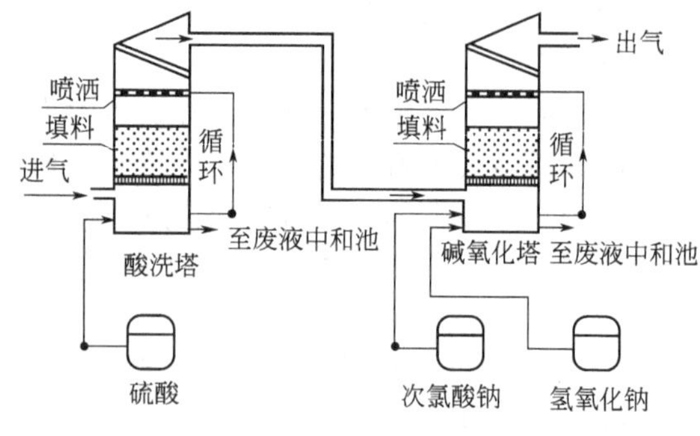

图 2-13-23 两级化学洗涤除臭系统工艺流程

反应温度低、安全高效、运行可靠、占地相对较小等优点。适于排放量大、高浓度的臭气排放场合，如污泥稳定、干化处理和焚烧过程所产生的恶臭处理等。同时当恶臭气体中成分比较复杂时，通常需采用多级吸收系统。让恶臭气体渐次通过装有不同性能药液的接触塔，最后再经过除雾装置后，直接排放或与二次空气混合稀释后排放到大气中去。这样的两级或三级吸收系统，可以广泛地除去多种恶臭气体，并达到很高的去除效率，同时也可以通过调节加药量和溶液的循环流量调节来适应气流量和浓度的变化，因此化学洗涤法除臭具有较强的操作弹性。这种臭气脱除装置在市政设施如污水处理厂的污泥脱水过程中被广泛地应用。

化学洗涤法也有它的缺点，如酸碱吸收法都需要对吸收后产生的废液进行处理，需要消耗大量的水、化学溶液、电力，排放气体中夹带残留的氯化物等。日本大多数污水处理厂以前普遍选择的除臭方法之一就是用酸、碱和次氯酸钠除臭的化学洗涤法。由于强酸或强碱使用时不够安全，化学物质再生的费用不断上升，近年来已较少采用。但是我们应当看到在未来相当一段时期内，其仍将是恶臭控制技术的主流，特别是针对老厂的改造和有土地局限性的新建厂的除恶臭更具优势。

（二）化学洗涤剂的选择

常用的化学洗涤剂（吸收液）可以是清水、化学试剂溶液（酸、碱）、强氧化剂溶液或是有机溶剂，鉴于污水污泥处理设施产生的臭气特点，吸收液的选择主要针对氨气和硫化氢以及有机硫化物，所以药剂一般选用是强碱、次氯酸钠和硫酸的溶液。

1. 化学洗涤剂的要求

吸收剂的选择原则是：①基本要求是减少吸收剂用量，所以吸收剂应对混合气体中被吸收组分具有良好的选择性和较大的吸收能力；②吸收剂的蒸气压要低，以减少吸收剂损失，避免造成新的污染；③沸点高、熔点低、黏度低，不易起泡；④化学性能稳定，腐蚀性小、无毒性、难燃烧；⑤价廉易得；⑥易于解吸再生或综合利用；⑦洗涤产生的富液易于综合处理。

2. 化学洗涤剂的选择

应根据恶臭气体的成分、浓度和排放标准，来选择化学洗涤剂、化学氧化剂和助溶剂等洗涤剂。基本原则如下。

（1）对于物理吸收，要求吸收剂对吸收质的溶解度大，可以按照化学性质相似相溶的规律去选择吸收剂，即在与吸收质结构相近液体中筛选吸收剂。

（2）化学吸收过程的推动力大，净化效果好，所以要选择能与待吸收的气体反应（特别是快速反应）的物质作吸收剂。

（3）中和反应是最常用的化学反应，因为许多重要的大气污染物是酸性气体，可以用碱或碱性盐溶液吸收；选择化学吸收剂，应注意反应产物的性质，要使产物无害，或易于回收利用。

(4) 水是一种常用的吸收剂，符合前面提到的大部分要求，是许多吸收过程的首选对象。例如用水洗涤除去废气中的SO_2、NH_3等。用水清除这一类气态污染物，主要是依据它们在水中溶解度较大的特性。这些气态污染物在水中的溶解度，一般是随气相分压的增加，吸收温度的降低而增大。因而理想的操作条件是加压和低温下吸收，降压和升温下解吸。用水作吸收剂的优点是：价廉易得，吸收流程、设备和操作都比较简单；缺点是：设备庞大，净化效率低，动力消耗大。

水既可直接作吸收剂，也可用水溶液作吸收剂。水对有些物质的溶解度较低，为了提高吸收效果，可加入增溶剂。例如氮氧化物在稀硝酸中的溶解度比在水中的溶解度大，所以可用稀硝酸吸收氮氧化物。许多有机物在水中不溶或微溶，不能直接用水作吸收剂。但可以利用能同时亲水和亲某种不溶于水的吸收质基团，使吸收质在水中乳化，破乳后又可与水分离，以便回收。所以在水中添加表面活性剂作为吸收剂是一种值得探索的途径。

(5) 碱金属钠、钾、铵或碱土金属钙、镁等的溶液，则是另一类常用吸收剂。由于这一类吸收剂能与被吸收的气态污染物如SO_2、HCl、NO_2等之间发生化学反应，因而使吸收能力大大地增加，表现在单位体积吸收剂能吸收净化大量的废气、净化效率高、液气比低、吸收塔的生产能力强，使得技术经济更加合理。例如，用水和碱液清除臭气中的H_2S，理论上可推算出：

H_2S在pH=9的碱液中的溶解度为中性溶液（水、pH=7）的50倍。

H_2S在pH=10的碱液中的溶解度为中性溶液（水、pH=7）的500倍。

可见酸性气体H_2S在碱性吸收剂中的溶解度，比在水中大得多，且碱性愈强，H_2S的溶解度也就愈大。这一规律对于其他酸性气体也是类似的。因而，在吸收净化酸性气态污染物时通常采用上述碱金属或碱土金属的溶液为吸收剂。

(6) 吸收碱性气体常用酸性吸收液　化学吸收的流程较长，设备较多，操作也较复杂，有的吸收剂不易得到或价格较贵。另外，吸收剂的吸收能力强有利于净化气态污染物，而吸收能力强的吸收剂不易再生，再生需消耗较大的能耗。因而在选择吸收剂时，要权衡多方面的因素。不同恶臭物质的洗涤剂见表2-13-27。

表2-13-27　不同恶臭物质的吸收液

气体	吸　收　液	气体	吸　收　液
氨	水或稀硫酸	甲硫醇	氢氧化钠或次氯酸钠混合液
胺类	水或乙醛水溶液	酚	水或碱液
硫化氢	氢氧化钠或次氯酸钠混合液	丙烯醛	亚硫酸钠溶液
NH	乙醛水溶液	甲醛	亚硫酸钠溶液
NO_2	氢氧化钠或氨水	氯磺酸	碳酸钠溶液
甲醇	水	氯	氢氧化钠

3. 化学洗涤剂的再生

化学洗涤剂使用到一定程度，需要更换，使用后的洗涤剂可直接回收利用，或处理后排放，多数情况，需要解吸再生。

(1) 对于可逆化学反应可采用以下方式进行解吸操作。

① 降压或负压下解吸。降低压强，吸收质在液体中的溶解度降低而析出，此法特别适合于加压吸收工艺。

② 惰性气体或贫气解吸。惰性气体或贫气中吸收质（即污染物）分压很低，与溶有大量吸收质的液体接触，吸收质扩散入气相，这种方法解吸到的气体是含高浓度吸收质的混合气体，而不是吸收质单一组分的气体。

③ 通水蒸气解吸。吸收液与高温水蒸气接触被加热，吸收质解吸析出。

④ 加热解吸。吸收液在再沸器中被加热至沸腾，吸收质析出，部分吸收液气化，吸收剂蒸气进入解吸收塔，与吸收液（富液）接触，吸收质解吸析出。

（2）对于不可逆化学反应，可针对生成物的特点，采用化学反应吸附、离子交换、沉淀、电解等方法再生。

二、设备和装置

（一）化学洗涤设备的选择

常用的化学洗涤法设备有：填料塔、喷雾塔和文丘里洗涤塔等多种类型，需要根据臭气的量及性质选用适合的洗涤设备[9]。

1. 选择化学洗涤设备时须遵循的原则

洗涤器应符合下列规定：

（1）气体处理能力大，气液相之间接触充分，气液湍动程度高，净化效率高。

（2）有较大的气液接触面积，液气比可调节，压力损失小。

（3）操作稳定，抗腐蚀和防堵塞。

（4）结构简单，易于加工，安装维修方便。

2. 常用的化学洗涤设备的应用比较

见表 2-13-28。

表 2-13-28　常用吸收设备的类型及特点

名称	示意结构	特性	优点	缺　点
填料塔	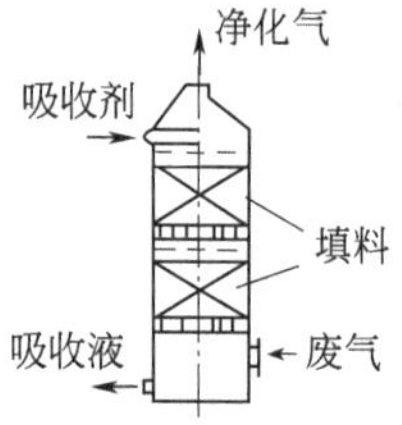 净化气 吸收剂 填料 吸收液 废气	气体的空塔速率 0.3～1m/s；气液比 1～10L/m^3，压力损失 490Pa/m；喷淋密度 15～20m^3/(m^2·h)	吸收液适当时效果比较可靠；对气体变化的适应性强；压力损失不算大，可用耐腐蚀材料制作；结构简单，制做容易	气流流速过大时发生液泛，以致不能操作；吸收液中含有固体或吸收过程中产生沉淀时，操作发生困难；填料数量多，重量大，检修不方便
喷淋塔	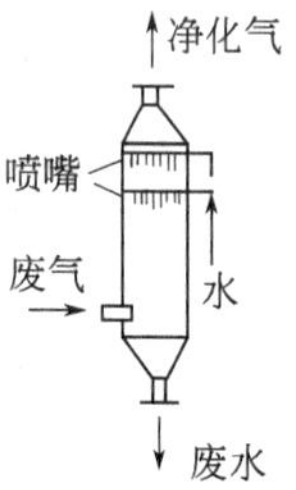 净化气 喷嘴 废气 水 废水	气体的空塔速度 0.2～1.0m/s；液气比 0.1～1L/m^3；压力损失 19.6～196Pa	结构简单造价低，操作容易，压力损失小，适合于处理含尘较高和吸附过程有沉淀生成的臭气	喷雾动力消耗大，喷头容易堵塞；气液接触时间短，容易发生湍流，气液混合不均，液沫易被气流带走

续表

名称	示意结构	特性	优点	缺 点
板式塔	净化气 稀液 废气 浓液	空塔速率0.3～1.0m/s；液气比1～10L/m^3；压力损失980～1960Pa/板	结构简单，空塔速度高；气体处理量较大；增加塔板数可提高净化效率或者处理浓度较高的气体	安装要求严格，否则吸收效率低；操作弹性小，气量急剧变化时不操作
湍球塔	净化气 除雾器 吸收剂 上栅板 喷嘴 小球 废气 下栅板 吸收液	气速1～5m/s；液气比1～10L/m^3；压力损失59～78Pa	塔不易阻塞；压力损失小	气流速度小至球开始"湍动"的速度以下，即不能发挥应有的效能；气速过高，超过终端速度变为输送状态效果降低
文丘里洗涤器	净化气 喷杯 吸收剂 废气 吸收液	喉管气速30～100m/s；液气比0.3～1.2L/m^3；压力损失1960～8820Pa	设备结构简单，设备体积小，处理气量大；气液接触好；净化效率高；具有同时除尘、吸收气体和降温的特性	气体的压力损失大，操作费用高；液沫夹带严重；对于难溶气体和反应慢的气体吸收效率差
喷射吸收器	气体 液体 吸收剂	液气比为10～100L/m^3	液体借高压由喷嘴喷出，分散成液滴与抽吸过来的气体接触；气液接触效果良好，可省去气体送风机，适于有腐蚀性气体的处理	需要用大量流体吸收剂，液气比大，不适于大气量的处理

填料塔、喷淋塔的气相是连续相，而液相为分散相，特点是相界面积大；板式塔、湍球塔、鼓泡塔、搅拌鼓泡釜的液相是连续相，而气相为分散相，尤其是鼓泡塔及搅拌鼓泡釜中液相所占的容积比例很大，因而相界面积相对地要小些。

污水、污泥处理系统产生的臭气一般是一些低浓度的气态污染物，处理气量大，发生的化学反应应为极快反应或快反应类型，它们的液膜转化系统值较大，反应在液膜内发生，因而选用气相为连续相、湍动程度较高，相界面积大的化学洗涤装置较为适合，而填料塔、喷淋塔、文丘里吸收器等能满足这些要求，特别是填料塔的气液接触时间、气液量的比值均可在较大幅度内调节，即操作的弹性大，且结构简单，因而在化学洗涤脱臭中得到了广泛的应用。

如果反应物浓度高，化学反应为快速反应或中速反应时，反应主要在液膜内以至液相主体中发生，此时采用板式塔较适合。当液膜转化系统值很小，吸收过程属于动力学控制，反应在整个液相中发生，因此需要反应器提供大量的液体，而不是大量的界面积，鼓泡塔具有液体容量大，很适合于这类动力学控制的气液相反应过程。由于鼓泡塔气速有一定的弹性，当采用较高的空塔气速时，强化了传热、传质，因此有些较快反应的气液相过程也可采用鼓泡塔。

(二) 填料塔

填料塔的典型结构如图 2-13-24 所示。塔内装有支承板，板上堆放填料层，喷淋的液体通过分布器洒向填料。填料在整个塔内既可堆成一个整体，也可将填料装成几层，每层的下边都设有单独的支承板。当填料分层堆放时，层与层之间常装有液体再分布装置。在吸收塔内，气体和液体的运动经常是逆流的，即吸收剂自塔顶向下喷淋，在填料表面分散成薄膜，经填料间的缝隙下流，亦可形成液滴落下；气体从塔底被送入，沿填料间空隙上升，填料层的润湿表面就成为气液接触的传质表面。填料种类很多，常用的有拉西环、鲍尔环、鞍形环、波纹填料等。

对填料的基本要求是：单位体积填料所具有的表面积大，气体通过填料时的阻力低。

液体流过填料层时，有向塔壁汇集的倾向，中心的填料不能充分加湿。因此当填料层的高度较大时，常将填料层分成若干段，以便所有的填料都能充分加湿。为避免操作时出现干填料状况，一般要求液体喷淋强度在 $10m^3/(m^2 \cdot h)$ 以上，并力求喷淋均匀。为了克服“塔壁效应”，塔径与填料尺寸比值应至少在 8 以上。若算出的填料层高度太大，则要分成若干段。每段高度一般应在 3～5m 以下，或按下列推荐的倍数来定。对拉西环，每段填料层高度为塔径 3 倍，对鲍尔环及鞍形填料为 5～10 倍。填料塔的空塔气速一般为 0.3～1.5 m/s，压降通常为 0.15～0.6kPa/m 填料，液气比为 0.5～2.0kg/kg（溶解度很小的气体除外）。填料塔传质能力受操作变量的影响，参见表 2-13-29。

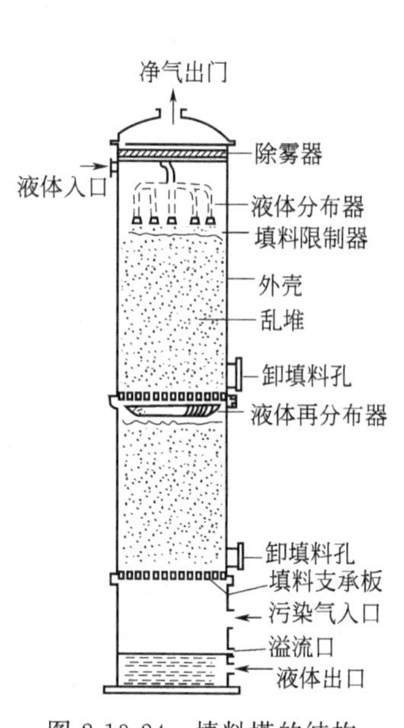

图 2-13-24 填料塔的结构

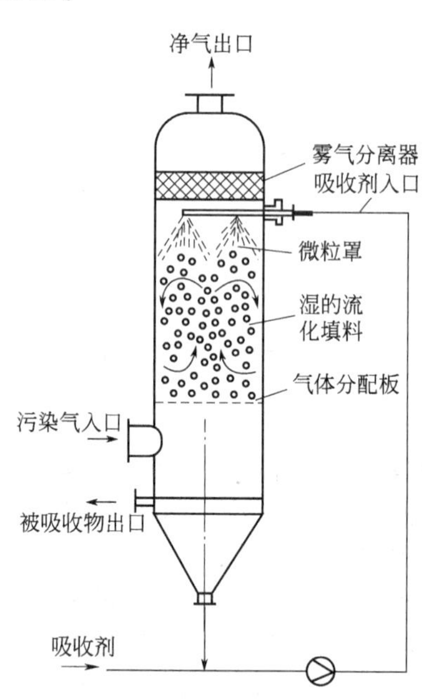

图 2-13-25 湍球塔的结构

表 2-13-29 填料塔操作变量对传质能力影响的定性分析

项目	$k_L\alpha$	$k_G\alpha$
气体流量	在载点以下，无影响；在载点以上，增大	极显著地增大
液体流量	极显著地增大	很小或无影响
填料规格	一般随填料尺寸减少略微增大	随填料尺寸减小而增大
填料排列	一般无影响	一般无影响
填料床高度	无影响	略微增大

续表

项目	$k_L\alpha$	$k_G\alpha$
流体分布	采用某些填料时易产生影响	比对 $k_L\alpha$ 的影响小
温度	极显著地增大	很小或无影响

填料塔的优点是结构简单，便于用耐腐蚀材料制造，气液接触效果较好，压降较小。缺点是当臭气中含有悬浮颗粒时，填料容易堵塞，清理检修时填料损耗大。

迄今为止，最常用的湿式洗涤器是逆流循环式填充塔。洗涤液从塔顶部进入并喷淋到填料上，顺着填料自上而下滴流。恶臭气体从洗涤塔底部进入，通过孔隙空间向上运行。气相和液相之间的这种对流方式产生湍流，增大了表面接触面积。洗涤液与恶臭气体充分接触后降落至填充塔的下部，后又被收集再循环使用，一部分洗涤液继续“向下排放”，目的是防止其中的高浓度溶解固体和悬浮固体对填料造成堵塞。同时补充洗涤液以使回流液体保持一定的浓度。另一种常见的洗涤器是错流循环式填充塔，其工作原理与逆流循环式填充塔的工作原理相似，只是气流方向与液流方向垂直，这种形式在工业恶臭污染（如脂肪提取与加工业产生的恶臭）的去除上应用，而在污水处理的恶臭去除方面尚未得到广泛应用。

（三）湍球塔

湍球塔是填料塔的一种特殊情况，结构如图 2-13-25 所示，其填料为在塔内不断湍动的空心或实心小球，由塔内开孔率较大的筛板支承和限位。支承板的开孔率约为 0.35～0.45；限位板取 0.8～0.9。气流通过筛板时，小球在其中湍动旋转，相互碰撞，吸收剂自上向下喷淋，润湿小球表面，进行吸收。由于气、液、固三相接触，小球表面的液膜不断更新，增加了气液相之间的接触和传质，提高了吸收效率。

小球应质轻、耐磨、耐腐蚀、耐高温。通常由聚乙烯、聚丙烯或发泡聚苯乙烯等材料制作，塔的直径大于 200mm 时，可以采用直径 25mm、30mm、38mm 的小球。填料的静止床层高度为 0.2～0.3m。

湍球塔的空塔速度一般为 2～6m/s。湍球塔被推荐用于处理含颗粒物的气体或液体以及可能发生结晶的过程。在这种设备中由于填料剧烈的湍动，不易被固体颗粒堵塞。一般情况下，每段塔的阻力约为 0.4～1.2kPa。在相同的气流速度下，湍球塔的阻力要比填料塔小。湍球塔的优点是气流速度高，处理能力大，设备体积小，吸收效率高。它的缺点是随小球的运动，有一种程度的返混；段数多时阻力较高；塑料小球不能承受高温，使用寿命短，需经常更换。

（四）喷淋（雾）塔

在喷淋塔内，液体是分散相，气体是连续相，适用于极快或快速反应的化学洗涤过程。喷淋塔的特点是结构简单，压降低（通常低于 250～500Pa，不包括除雾分离器及气体分布板），不易堵塞，气体处理能力较大（气体在塔内的速率为 1.5～6m/s，停留时间通常在 20～30s 之间），投资费用低。缺点是效率较低，占地面积大，气速大时，雾沫夹带较板式塔严重。如果吸收液循环使用或带有少量残渣时，喷嘴易堵，因而需加沉淀过滤装置过滤吸收液。

为保证吸收效率，应注意使气、液分布均匀，充分接触，喷淋塔通常采用多层喷淋。旋转喷淋塔可增加相同大小的塔的传质单元数，卧式喷淋塔则传质单元较少。喷淋塔的关键部分是喷嘴，可分为机械离心式喷嘴和冲击式喷嘴等几种。图 2-13-26 是几种常用的喷淋塔的示意。

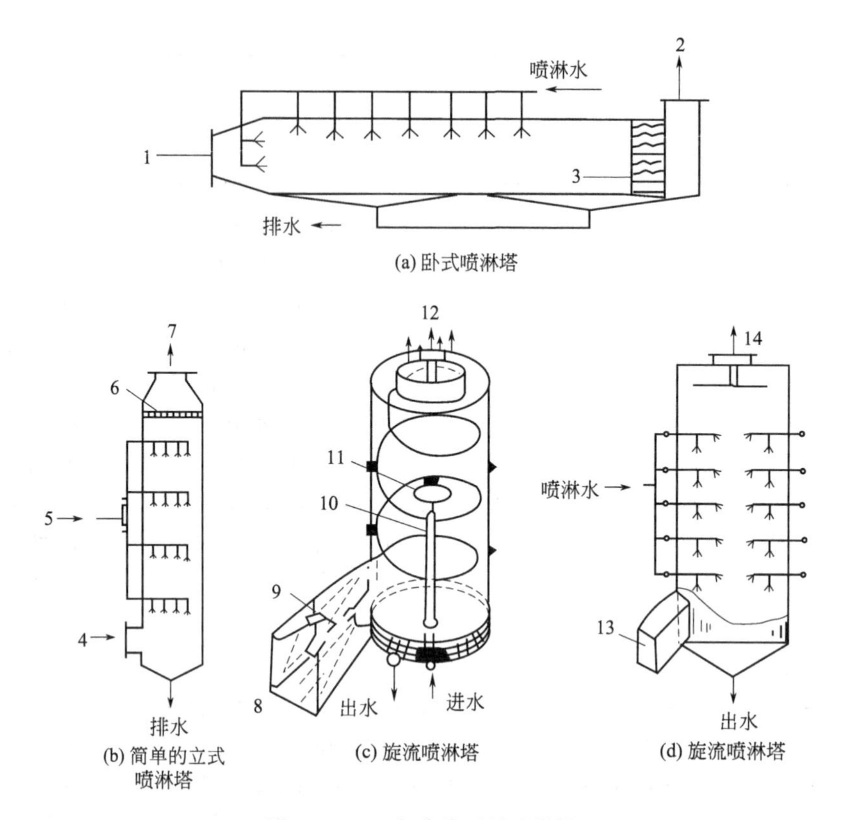

图 2-13-26 各种类型的喷淋塔

1,4,8,13—气体进口；2,7,12,14—气体出口；3,6—除雾器；5—喷淋水；
9—调节器；10—多管喷嘴；11—挡水盘

20 世纪 80 年代以来，薄雾型洗涤器在恶臭（特别是硫化氢）去除方面也曾得到广泛使用。试剂、水和空气的混合物以液滴的形式喷入一个开放的容器，液滴的大小通常在 5mm 左右，用过的洗涤液在容器底部进行收集。在薄雾型洗涤器中，尽管已设计和安装了循环系统（尤其对氨的去除），但是通常用过的洗涤液就废弃而不再循环使用了。

（五）文丘里洗涤器

文丘里洗涤器见图 2-13-27，它可以避免逆流或错流喷淋塔气速太高导致雾沫夹带严重的弊端，气速可提高至 20～30m/s。不过此时液体全部被气体夹带，需设置专门的气液分离装置，其阻力降亦比普通喷淋塔大。

文丘里洗涤器的工作方式如下：液体经杯口（或文丘里上缘齿边）溢入杯内沿（或文丘里渐缩管），形成一层液膜或液流，同时高速气体进入其内，由于通道变小，速度进一步提高，气液高度混合、湍动，进行传质，并在喉管处高速喷出，成雾状后气液分离。没有扩大管的喷淋塔，阻力降比文丘里喷淋器大些。

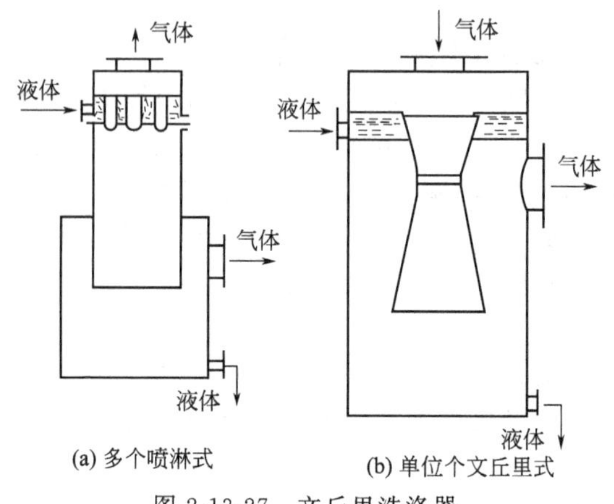

图 2-13-27 文丘里洗涤器

（六）筛板塔

筛板塔的结构如图 2-13-28 所示。在截面为圆形的塔内，沿塔高度有多层薄板。筛板上孔径的大小是根据物料性质、机械加工条件及塔径大小等因素选定，一般塔径 $D \leqslant 0.6$m 时，采用筛孔 2～6mm；$D>0.6$m 时，采用筛孔 7～12mm；对于含悬浮物的液体，也可采用 13～15mm 的大孔，开孔率一般为 6%～25%。气体从下而上经筛孔进入筛板上的液层，气液在筛板上交错流动，通过气体的鼓泡进行吸收。气液在每块塔板上接触一次，因此在这种设备中气液可进行逐级的多次接触。塔板上的液层厚度为 30mm 左右，靠圆形或弓形溢流管保持。

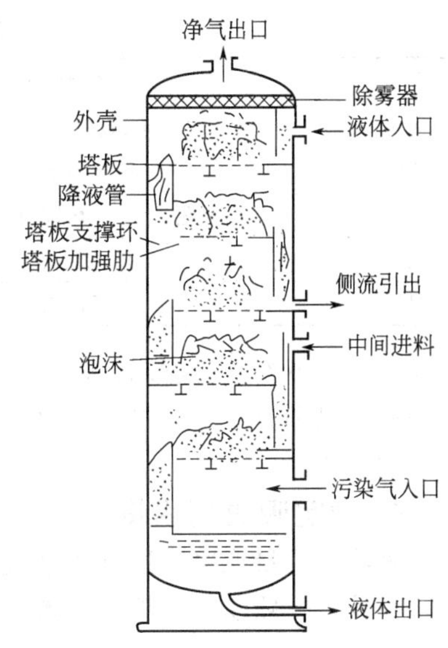

图 2-13-28 筛板塔的结构

要使操作正常、稳定，气液量必须适当。在正常的气体负荷下，液体是不会从筛孔泄漏下来的，须经溢流管逐板下流。但若气体负荷过小，气体的压力不足以维持与溢流堰高度相应的液层，液体便会通过筛孔泄漏，使操作效率降低。若气体负荷过大，则气流通过筛板后猛烈将液体推开，以连续迅速通过塔板液层，犹如气体短路，造成液气接触不良，形成严重的雾沫夹带现象，且使压降增长很快。

气体通过筛板塔的空塔速度一般为 1.0～2.5m/s，气体穿过筛孔的气速约为 4.5～12.8m/s。液体流量按空塔截面计算约为 1.5～3.8$m^3/(m^2 \cdot h)$。每块板的压降为 0.8～2.0kPa。

筛板塔与其他板式塔相比，具有处理能力大，压降小，在一定负荷范围内容易操作，塔板效率高及制作安装简单，金属耗量省，造价低等优点。主要缺点是必须维持恒定的操作条件，负荷范围比较窄。另外，小孔径筛孔容易堵塞。

板式塔种类很多，除筛板塔外，还有浮阀塔、喷射塔、旋流板塔等，它们各有特点，并在臭气净化中得到应用。

(七) 配套设备

化学洗涤处理臭气的设施除了洗涤塔（器）的主体设备之外，还包括洗涤液循环系统、投药系统、电气控制系统、富液处理系统和除雾装置等辅助配套设备。

洗涤液循环系统一般由循环泵、不堵塞喷嘴、喷管、循环水箱、固液分离器、避震节、流量计等组成，应符合下列规定：①洗涤液输送管道应安装固液分离器，并保证系统布液均匀；②宜采用不易堵塞并拆装方便的螺旋喷嘴。

三、设计计算

(一) 设计步骤

1. 设计计算依据

① 单位时间内所处理的气体流量；②气体的组成成分；③被吸收组分的吸收率或净化后气体的浓度；④使用的吸收液；⑤工艺操作条件，如压力、温度等。以上条件中后 3 项在多数情况下是设计者选定的，但是需要综合考虑经济效益、优化条件。

2. 选择吸收剂

常见气态污染物与适宜的吸收剂的组合见表 2-13-30。

3. 温度和压力

通常情况下，温度越低、压力越高，气体的溶解度越大。从这个观点来看，吸收操作在

表 2-13-30 吸收剂选择实例

污染物	适宜的吸收剂	污染物	适宜的吸收剂
氯化氢	水、氢氧化钠	氯气	氢氧化钠、亚硫酸钠
氟化氢	水、碳酸钠	氨	水、硫酸、硝酸
二氧化硫	氢氧化钠、亚硫酸铵、氢氧化钙	苯酚	氢氧化钠
硫化氢	二乙醇胺、氨水、碳酸钠	硫醇	次氯酸钠
有机酸	氢氧化钠		

低温、高压下对吸收有利。但有时在吸收塔前是高温低压的操作过程，单纯地为增大吸收能力采取降温和升压进行吸收，这时就需要考虑加压、冷却所需的费用以及其工艺上造成的经济效益问题。

4. 确定吸收剂用量

吸收剂用量取决于适宜的液气比，而液气比是由设备费和操作费两个因素决定的。根据生产经验，一般取最小液气比的 1.1～2 倍，即

$$L_S=(1.1\sim2)G_B\left(\frac{L_S}{G_B}\right)_{min} \text{和} L=(1.1\sim2)G\left(\frac{L}{G}\right)_{min} \tag{2-13-71}$$

式中，L 为单位时间通过塔任意截面单位面积吸收液的物质的量，kmol/(m^2·s)；G 为单位时间通过塔任意截面单位面积混合气体的物质的量，kmol/(m^2·s)；L_S 为单位时间通过塔任意截面单位面积吸收剂的物质的量，kmol/(m^2·s)；G_B 为单位时间通过塔任意截面单位面积惰性气体的物质的量，kmol/(m^2·s)。

最小吸收剂用量根据吸收操作线和平衡线求取。

5. 洗涤设备的确定

结合具体的工艺条件，合理地选择洗涤塔（器）类型。根据物料平衡、相平衡、传质速率方程式和反应动力学方程式确定吸收设备的主要尺寸。

6. 压力损失的计算

化学洗涤设备的压力损失由洗涤层压力降和塔内件压力降两部分组成。洗涤层的压力降可根据设计或操作参数由相关设计手册查出每米洗涤层（如填料层）的压降值，再将该比压降乘以洗涤层总高度即得洗涤层的压力降。而塔内件压力降主要包括气体通过分布器的压力降、支承板的压力降、液体收集分布器以及液体初始分布器的压力降。各种塔内件的压力降与其结构密切相关，应根据具体条件进行计算。从设计角度看，气体分布器应具有一定的阻力，以实现气体均布，而其他塔内件的阻力越小越好。

7. 辅助配套设备选用

可参见有关的环保设备设计手册。

（二）填料塔设计计算

1. 填料的选择

填料可为气液两相提供良好的传质条件。选用的填料应满足以下基本要求：①具有较大的比表面积和良好的润湿性；②有较高的孔隙率（多在 0.45～0.95）；③对气流的阻力较小；④尺寸适当，通常不应大于塔径的 0.1～0.125；⑤耐腐蚀、机械强度大、造价低、堆积密度小、稳定性好等。几种填料的特性见表 2-13-31。

2. 液泛气速与填料塔的压降

液泛气速是填料塔正常操作气速的上限。当空塔气速超过液泛气速时，填料塔持液量迅速增加，压降急剧上升，气体夹带液沫严重，填料塔的正常操作被破坏。

表 2-13-31 常用填料的特性

填料类别及名义尺寸/mm	实际尺寸(外径×高×厚)/mm	比表面积(A)/(m^2/m^2)	空隙率/(m^3/m^3)	堆积密度/(kg/m^3)	填料因子(ϕ)/m^{-1}
陶瓷拉西环(乱堆)					
15	15×15×2	330	0.70	690	1020
25	25×25×2.5	190	0.78	505	450
40	40×40×4.5	126	0.75	577	350
50	50×50×4.5	93	0.81	457	205
陶瓷拉西环(整砌)					
50	50×50×4.5	124	0.72	673	
80	80×80×9.5	102	0.57	962	
100	100×100×13	65	0.72	930	
钢拉西环(乱堆)					
25	25×25×0.8	220	0.92	640	390
35	35×35×1	150	0.93	570	260
50	50×50×1	110	0.95	430	175
陶瓷鲍尔环(乱堆)					
25	25×25×2.5	220	0.76	505	300
50	50×50×4.5	110	0.81	457	130
钢鲍尔环(乱堆)					
25	25×25×0.6	209	0.94	480	160
38	38×38×0.8	130	0.95	379	92
50	50×50×0.9	103	0.95	355	66
塑料鲍尔环(乱堆)					
25		209	0.90	72.6	170
38		130	0.91	67.7	105
50		103	0.91	67.7	82
塑料阶梯环(乱堆)					
25	25×12.5×1.4	223	0.90	97.8	172
38	38.5×19×1.0	132.5	0.91	57.5	115
陶瓷弧鞍(乱堆)					
25		252	0.69	725	360
38		146	0.75	612	213
50		106	0.72	645	148
陶瓷矩鞍(乱堆)	厚度				
25	3.3	258	0.775	548	320
38	5	197	0.81	483	170
50	7				
钢环矩鞍(乱堆)					
25			0.967		135
40			0.973		89
50			0.978		59

填料塔的压降影响动力消耗和正常操作费用。影响压降和液泛气速的因素很多，主要有填料的特性、气体和液体的流量及物理性质等。埃克特等指出的填料塔压降、液泛和各种因素之间的关系见图 2-13-29。

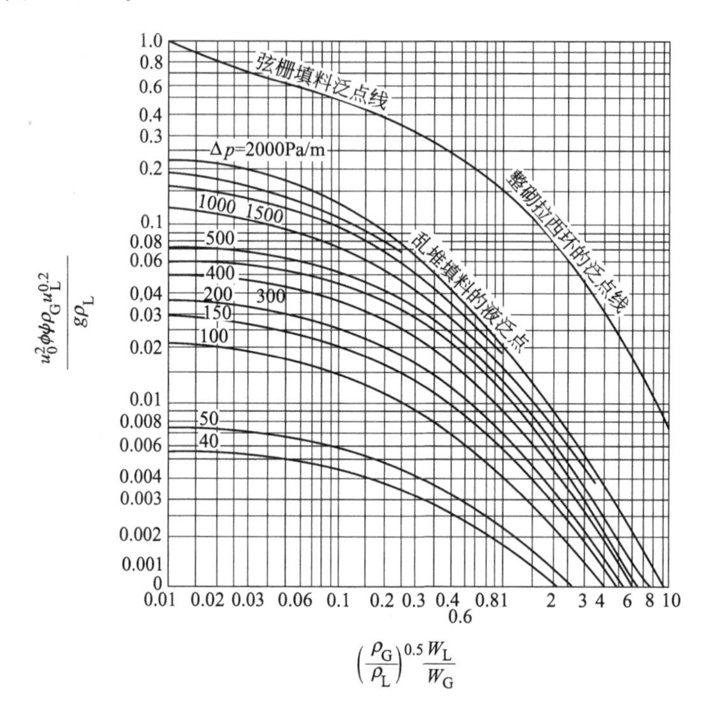

图 2-13-29 填料塔液泛点与压降的通用关系

W_L/W_G 为液气比；ρ_G、ρ_L 为气体、液体密度，kg/m^3；μ_L 为液体黏度，Pa·s；ϕ 为填料因子，m^{-1}；ψ 为水的密度与液体的密度之比；u_0 为空塔气速，m/s；g 为重力加速度

图中最上方三条线分别为弦栅、整砌拉西环及各类型乱堆填料的液泛线，三条线左下方的线为等压降线。

3. 填料塔塔径的计算

填料塔直径 D 取决于处理气量 Q 和适宜的空塔气速 u_0，即

$$D=\sqrt{\frac{4Q}{\pi u_0}} \tag{2-13-72}$$

u_0 一般由填料塔的液泛速率确定，根据生产经验，u_0 取值可由填料塔的液泛速率 u_1 确定，即 $u_0=0.66\sim0.80u_1$，也可从有关手册中查得。u_0 小则塔径大，动力消耗少，但设备投资高。由上式计算出的塔径应按照国内压力容器公称直径标准（JB 1153—73）圆整，即直径在 1m 以下时，间隔为 100mm；直径在 1m 以上时，间隔为 200mm。

4. 最小吸收剂用量 L_{Smin} 的计算

设化学反应方程式为：$A+bB\longrightarrow C$

物料衡算：
$$G_B(C_{C1}-C_{C2})=\frac{L_S}{b}(C_{B1}-C_{B2})+L_S(C_{A1}-C_{A2}) \tag{2-13-73}$$

式中，G_B 为 B 组分的摩尔流率，$kmol/(m^2 \cdot h)$；L_S 为吸收剂的摩尔流率，$kmol/(m^2 \cdot h)$。

对于快速反应与瞬间反应，$L_S(C_{A1}-C_{A2})$ 可忽略不计，吸收剂最小用量相当于 $C_{B1}=0$ 进的吸收剂用量：

$$L_{\mathrm{Smin}}=\frac{G_{\mathrm{B}}(C_{\mathrm{C1}}-C_{\mathrm{C2}})b}{C_{\mathrm{B2}}} \tag{2-13-74}$$

式中，C_1、C_2 分别为气体入口与出口处溶液中各组分的浓度，kmol/m³。

5. 吸收塔塔高的计算

气液逆流接触型吸收塔内的浓度变化，如图 2-13-30 所示。设在液相内进行的反应为：

$$\mathrm{A}+b\mathrm{B}\longrightarrow \mathrm{C}(\gamma_{\mathrm{A}}=\gamma_{\mathrm{B}}/b=kC_{\mathrm{A}}C_{\mathrm{B}},\text{不可逆二级反应})$$

吸收塔任意截面作塔上部的物料平衡：

$$(G/p)(p_{\mathrm{A}}-p_{\mathrm{A2}})=(L/\gamma\rho_{\mathrm{L}})(C_{\mathrm{B2}}-C_{\mathrm{B}}) \tag{2-13-75}$$

式中，p 为溶质组分在气体中的分压；p_{A} 为 A 组分的分压。

此式也就是塔的操作线方程。若将式中的 p_{A}、C_{B} 由 p_{A1}、C_{B1} 各值代入，则吸收塔的单位面积的吸收传质速率：

$$N_{\mathrm{A}}=(G/p)(p_{\mathrm{A1}}-p_{\mathrm{A2}})=(L/\gamma\rho_{\mathrm{L}})(C_{\mathrm{B2}}-C_{\mathrm{B1}}) \tag{2-13-76}$$

式中，N_{A} 为 A 组分的吸收传质速率。

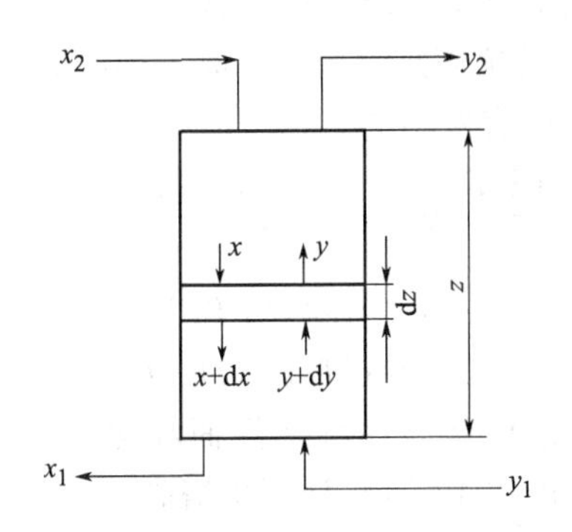

图 2-13-30　吸收塔内浓度变化

对于塔微元段的吸收速率式

$$\mathrm{d}N_{\mathrm{A}}=k_{\mathrm{G}}\alpha(p_{\mathrm{A}}-p_{\mathrm{A1}})\mathrm{d}z=\beta k_{\mathrm{L}}\alpha C_{\mathrm{A1}}\mathrm{d}z=(G/p)\mathrm{d}p_{\mathrm{A}}=-(L/\gamma\rho_{\mathrm{L}})\mathrm{d}C_{\mathrm{B}} \tag{2-13-77}$$

式中，G，L 为气、液相的流率（沿塔高不变），kmol/(m²·h)；ρ_{L} 为吸收液的密度，kmol/m³；L/ρ_{L} 为吸收液的体积流率，m³/(m²·h)；α 为单位体积填料层所提供的传质面积，m²/m³；β 为反应增强系数；γ 为系数；$k_{\mathrm{G}}\alpha$ 为气相体积传质系数，kmol/(m³·h·kPa)；$k_{\mathrm{L}}\alpha$ 为液相体积传质系数，h^{-1}。

α 不仅和填料的种类、材质、尺寸、形状及充填方式有关，而且和填料表面的润湿状态有关，和气、液性质及流动状态有关，所以 α 值难以确定，通常它与传质系数的乘积作为一个完整的物理量一起测定，称为体积传质系数，单位 kmol/(m²·h)。

塔高按下式计算：

$$z=\frac{G}{k_{\mathrm{G}}\alpha p}\int_{p_{\mathrm{A2}}}^{p_{\mathrm{A1}}}\frac{\mathrm{d}p_{\mathrm{A}}}{p_{\mathrm{A}}-p_{\mathrm{Ai}}}$$

$$z=\frac{L}{\gamma_{\mathrm{L}}\alpha\rho_{\mathrm{L}}}\int_{c_{\mathrm{B2}}}^{c_{\mathrm{B1}}}\frac{\mathrm{d}C_{\mathrm{B}}}{\beta C_{\mathrm{Ai}}} \tag{2-13-78}$$

（1）传质过程由气相控制时，$p_{\mathrm{Ai}}=0$，由上式得：

$$z=\frac{G}{k_{\mathrm{G}}\alpha p}\ln\frac{p_{\mathrm{A1}}}{p_{\mathrm{A2}}} \tag{2-13-79}$$

（2）当气相阻力可以被忽略时，$p_{\mathrm{Ai}}=p_{\mathrm{A}}$，$C_{\mathrm{Ai}}=C'_{\mathrm{A}}=p_{\mathrm{A}}/H$，$C_{\mathrm{Ai}}$ 由操作线和 C_{B} 求得，β 也可用 C_{B} 关联，通过对上式图解积分法计算塔高；

(3) 汽液传质阻力均不能忽略时，则 $k_C(p_A-p_{Ai})=k_L C_{Ai}$，需求出对应的 p_A 的 p_{Ai}，再据上式积分式试算。

当气液两相传质阻力均存在时，化学反应级数可以按拟一级反应或近似地按瞬时反应用解析方法求解塔高，方法如下。

① 快速不可逆拟一级反应吸收，满足塔底 $3<\gamma<0.5\beta_\infty$（β_∞ 为不可逆瞬间反应的吸收增强系数），$\beta=\gamma=\dfrac{\sqrt{k_2 C_B C_A}}{k_L}$ 时，塔高按下式求得：

$$z=\frac{G}{k_G \alpha p}\ln\frac{p_{A1}}{p_{A2}}+\frac{GH}{\sqrt{k_2 C_{B2} D_A}}\frac{1}{\alpha p_e}\ln\frac{(e+1)(e-b)}{(e-1)(e+b)} \tag{2-13-80}$$

$$q=(\gamma\rho_L/p)(G/L)(p_{A1}/p_{A2})$$

$$e=\sqrt{1+q\frac{p_{A2}}{p_{A1}}},\ b=\sqrt{1+q(p_{A2}/p_{A1})-q}=\sqrt{C_{B1}/C_{B2}}$$

式中，k_2 为不可逆二级反应（拟一级反应）常数。

② 不可逆瞬间反应吸收，塔顶满足 $\gamma>10\beta_\infty$ 时，因吸收塔内的液相组成 C_B 用下式算出的临界浓度 $(C_B)_C$ 的大小不同而有所不同。

$$(C_B)_C=\frac{[L/(SG)]C_{B2}+p_{A2}/\gamma}{k_L/(Hk_G)+L/(SG)}=\frac{[L/(SG)]C_{B1}+p_{A1}/\gamma}{k_L/(Hk_G)+L/(SG)} \tag{2-13-81}$$

$$\gamma=pS/(\gamma\rho_L)$$

$$S=\rho_L(H/P)(D_B/D_A)$$

a. 当 $C_{B1}\geqslant(C_B)_C$ 时，通常可认为在气液界面和化学反应已完成，因此，$p_{Ai}=0$，这时，液相阻力不存在，可根据式(2-13-77) 计算出塔高。

b. 当 $C_{B2}<(C_B)_C$ 时，化学反应的反应面位于液相内部，这时，气液两相传质阻力都存在，这时塔高按下式计算：

$$z=\left(\frac{1}{k_G}+\frac{H}{k_L}\right)\frac{G}{ap}\frac{\ln\left[\left(1-\frac{SG}{L}\right)\left(\frac{p_{A1}+\gamma C_{B2}}{p_{A2}+\gamma C_{B2}}\right)+SG/L\right]}{1-SG/L} \tag{2-13-82}$$

c. 当 $C_{B2}>(C_B)_C>C_{B1}$ 时，全塔分为 $C_B>(C_B)_C$ 和 $C_B<(C_B)_C$ 两部分计算，前者条件用式(2-13-75)，后者条件下用式（2-13-78）分别计算塔高，然后相加求总高。

d. 如 $C_B=(C_B)_C$ 时，式中 p_A 用 $(p_A)_C$ 计算，而 $(p_A)_C$ 值按下式算出：

$$(p_A)_C=\frac{k_L}{Hk_G}\gamma(C_B)_C \tag{2-13-83}$$

6. 传质系数

若无准确可靠传质系数数据，则所有涉及传质速率问题的计算将失去应用价值。

对于气体吸收过程，影响传质速率的因素很多，迄今为止无统一的通用计算公式和方法，设计时多通过试验测定或用经验公式计算来获取，采用经验公式求总传质系数，然后用物理吸收的方法计算该气液相反应所需的吸收体积。这些经验公式一般是由中间实验或生产设备实测得到的数据而建立的。

(1) 对于填料塔　当气体的质量流率 G 为 320～4150kg/(m²·h)；液体的质量流率 L 为 4400～58500kg/(m²·h)，填料用陶瓷拉西环时，其传质系数的经验公式为：

$$k_G\alpha=9.81\times10^{-4}G^{0.7}L^{0.25}$$

$$k_L\alpha=AG^{0.82} \tag{2-13-84}$$

式中，$k_G\alpha$ 为气相体积传质系数，kmol/(m³·h·kPa)；$k_L\alpha$ 为液相体积传质系数，h^{-1}；G、L 为分别为气体和液体质量流率，kg/(m²·h)；A 为系数，其值和温度有关，见表 2-13-32。

表 2-13-32　常数 A 与温度关系

温度/℃	10	15	20	25	30
A	0.0093	0.0102	0.0116	0.0128	0.0143

(2) 水吸收氨　这是易溶气体的吸收，吸收的主要阻力在气膜。可用以下经验公式来求取传质系数：

$$k_G\alpha \approx K_G\alpha = 0.0615 W_G^{0.9} W_L^{0.39} \quad (2\text{-}13\text{-}85)$$

式中，$k_G\alpha$，$K_G\alpha$ 为气膜体积分传质系数和总传质系数，kmol/(m³·h·atm)；W_G，W_L 为气体、液体空塔质量流率，kg/(m²·h)。

该公式适用范围：用水吸收氨。磁环填料，直径为 12.5mm。

(3) 用碱或乙醇胺等吸收 H_2S　用碱法中和，氧化析硫或用乙醇胺吸收 H_2S，在气体空塔速率为 0.6～1.0m/s，喷淋液气比为 10L/m³ 时，可取吸收系数的平均值：

$$K_G = 0.01[\text{kg}/(\text{m}^2 \cdot \text{h} \cdot \text{mmHg})]$$

第四节　生物除臭法

一、原理和功能

生物除臭法是指利用微生物降解恶臭物质，达到去除臭味的方法。其实质是：臭气成分首先同水接触并溶解于水中，进一步扩散至生物膜，进而被其中的微生物捕捉并吸收；进入微生物体内的臭气成分在其自身的代谢过程中作为能源和营养物质被分解，经生物化学反应最终转化为无害的化合物。

最初的生物除臭法采用的过滤介质为土壤，随后采用含微生物量较高的堆肥等为介质，近来又开始采用工程材料如活性炭、陶粒等为滤料进行脱臭研究。因此根据滤料的不同，生物脱臭法又可分为土壤过滤法、生物过滤法、生物滴滤法以及生物洗涤法等。

(一) 土壤过滤法

土壤过滤法是以缓慢的速度（0.5～1.2cm/s）将臭气通入 46～60cm 深度的土壤后，臭气成分首先被土壤颗粒吸附或溶解于土壤水溶液中，然后在土壤微生物的作用下将其氧化分解转化达到消除臭气的目的。

1. 原理

土壤过滤装置（如图 2-13-31 所示）通常采用床型过滤器，由送风机将臭气送入土壤槽下部分的主通风道，风量一般为 0.1～1.0m³/(m²·min)，然后由支通风道分散到土壤槽底部的各层，由支通风道出来的臭气通过较大石块的空隙依次进入砂层（或碎石层）和土壤层，并逐渐扩散开来被土壤颗粒吸附，最终被土壤中微生物分解转化。

分配层下部由粗、细石子和轻质陶粒骨料组成，上部由黄沙或细粒骨料组成，总厚度 0.4～0.5m。土壤要求具有质地疏松、富含有机质、通气性和保水性能强等特点。土壤层可按黏土 1.2%、有机沃土 15.3%、细沙土 53.9%和粗沙土 29.6%的比例混配，厚度一般为 0.5～1.0m。土壤层中也可加入适量的改良剂，如 3%鸡粪和 2%膨胀珍珠岩等，可提

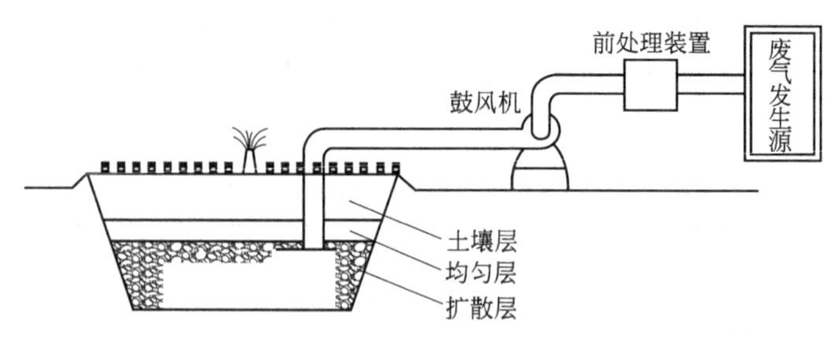

图 2-13-31 土壤除臭示意

高臭气中某些组分的去除效果。

若将土壤滤床中的土壤层更换为污水厂的污泥、城市垃圾及动物粪便等有机质经好氧发酵得到的熟化堆肥，就产生了堆肥除臭法（见图 2-13-32）。由于熟化堆肥中的好氧微生物繁殖速度高，因而整个设备紧凑，去除效果要比土壤过滤法好。而且堆肥除臭法的气固接触时间只需要 30s，为土壤法的一半，占地面积可大大缩小。堆肥滤床长期运行也会发生酸化，需及时调整 pH 值，同时还需要定期补充微生物生长所需的碳源，一般两年补给一次。

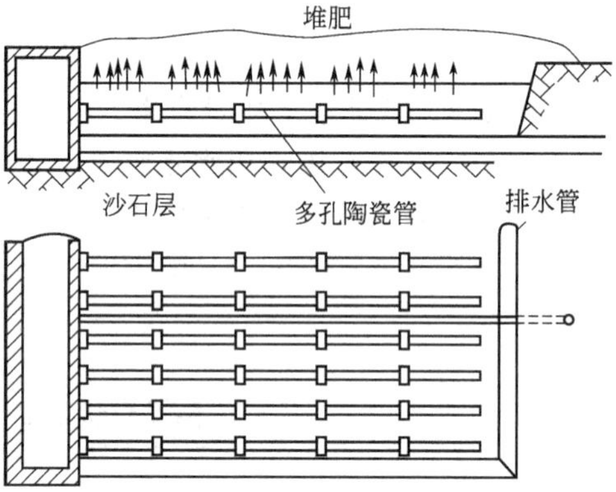

图 2-13-32 堆肥滤池构造

2. 影响因素

（1）基质浓度　生物降解速率与基质浓度成正比，但超过一定浓度后，降解速率与浓度无关，基质浓度过高，超过土壤微生物每日能作用的量，除臭效果就会降低。

（2）环境因子　温度、湿度、pH 值等环境因子应控制在适当的范围，过高或过低均会产生不利的影响。一般温度为 5～30℃，湿度为 50%～70%、pH 值为 7～8。土壤除臭系统使用一年后就会发生酸化，需加入石灰石调整 pH 值。

（3）土壤厚度　土壤层越厚，其中的微生物量越多，除臭效果越好，但随着土壤层厚度的增加，系统的压降一般会大幅增加，从而影响整个系统的运行。土壤下部通气静止压力一般在 2000～3500Pa。

（4）通风速度　通风速度过高就会引起土壤颗粒发生震动而导致土壤压实，致使通气阻力增加并降低除臭效果，而且高的通风速度会减少气体在土壤滤床中的停留时间，对除臭产生不利影响。

3. 特点

土壤过滤法的优点是脱臭能力强、运行稳定、设备简单、运转费用低、维护管理方便，在土壤上还可以种植少量的花草进行绿化。缺点是占地面积大，开放式的场地在雨天会由于土壤通气性的恶化和降低处理效果。土壤过滤法适合于处理低中含量的臭气。

4. 填料的选择

土壤过滤法的填料应具有以下性质。

（1）最佳的微生物生长环境使营养物、湿度、pH 值和碳源的供应不受限制。

（2）较大的比表面积，一般为 1～100cm²/g。

（3）足够的结构强度，较低的个体密度，防止填料压实。一般要求 60%的填料颗粒直径大于 4mm。填料的填充高度一般为 0.5～2.5m，常用 1m。

（4）填料的湿度（含水率）。填料的湿度太低会使微生物失活，并且填料会收缩破裂而产生气体短流；填料的湿度太高，则不仅会使气体通过滤床的压降增高，停留时间降低，而且由于空气/水界面的减少而引起供氧不足，形成厌氧区域从而产生臭味并使得降解速度降低。一般填料的湿度在 40%～60%（湿重）较为适宜。

（5）高孔隙率使气体有较长的停留时间。孔隙率对气体通过滤床的压降有重要影响。一般要求的孔隙率为：土壤为 40%～50%，堆肥为 50%～80%。

（二）生物过滤法

1. 原理

生物过滤法是将恶臭气体吹进增湿器进行润湿，去除颗粒物并增加湿度，然后进入生物滤池/滤塔，润湿的臭气通过填料层时，被附着在填料表面的微生物吸附、吸收，废气物质在细胞内各类酶的催化作用下，在生物细胞内新陈代谢分解成简单的、无害的代谢产物的方法。生物过滤系统如图 2-13-33 所示。

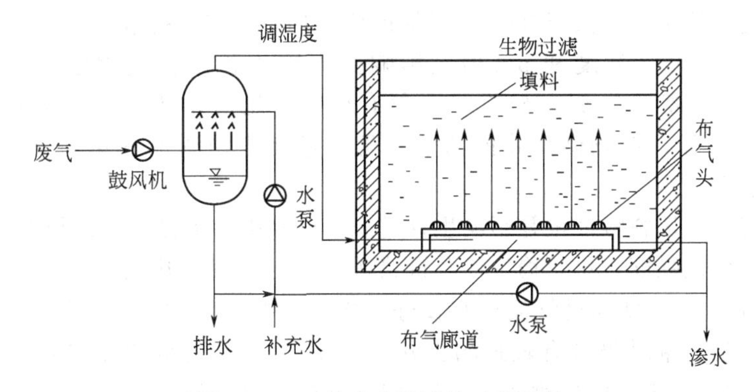

图 2-13-33　除臭生物滤池工艺流程

生物过滤除臭过程可以分为三个阶段[10]。

（1）气液扩散阶段　恶臭物质被除臭填料（附着有微生物膜）吸附，臭气中的化学物质，通过填料气/液界面由气相转移至液相。

（2）液固扩散阶段　恶臭物质向微生物膜表面扩散，臭气中的异味分子由液相扩散到生物填料的生物膜（固相）。

（3）生物氧化阶段　微生物将恶臭物质氧化分解，生物填料表面形成的生物膜中的微生物把异味气体分子氧化，同时生物膜会引起氮、磷等营养物质及氧气的扩散和吸收。

通过上述三个阶段，含硫的恶臭污染物被分解成 S、SO_3^{2-} 和 SO_4^{2-}，含氮的恶臭污染物被分解成 NH_4^+、NO_3^-，不含氮的恶臭污染物被分解成 CO_2 和 H_2O，从而达到除臭的目的。

目前用于生物过滤除臭的微生物主要包括产硫酸杆菌（*Thiobacillus*）、亚硝化单胞菌（*Nitrosomonas*）、硝化杆菌（*Nitrobacter*）、芽孢杆菌（*Bacillus*）等。微生物在好氧条件下以臭气中的物质为基质进行生物氧化分解，主要发生的反应为：

$$H_2S+2O_2 \longrightarrow H_2SO_4 \tag{2-13-85}$$

$$2NH_3+3O_2 \longrightarrow 2HNO_2+2H_2O \tag{2-13-86}$$

$$2HNO_2+O_2 \longrightarrow 2HNO_3 \tag{2-13-87}$$

$$2CH_3SH+7O_2 \longrightarrow 2H_2SO_4+2CO_2+2H_2O \tag{2-13-88}$$

$$2(CH_3)_2S_2+13O_2 \longrightarrow 4H_2SO_4+4CO_2+2H_2O \tag{2-13-89}$$

$$2(CH_3)_3N+13O_2 \longrightarrow 2HNO_3+6CO_2+8H_2O \quad (2\text{-}13\text{-}90)$$

生物滤池中的微生物是固定附着在填料上，而且所用填料可以为微生物提供足够的养分，无需另外添加营养物质，填料的使用寿命视种类一般为3～5年。生物滤池的进气方式可采用升流式或下降式，前者容易造成深层填料干化，但可防止未经填料净化的颗粒性污染物排出。为防止气体中颗粒物造成滤池堵塞，臭气进入滤池前必须除尘。

2. 影响因素

（1）臭气中污染物的种类及含量　臭气中的污染物应为可被微生物利用和降解的有机或无机物质，而且不含有对微生物生长产生抑制作用的有毒物质。对于生物过滤池，臭气中的污染物含量不宜过高，否则将会使微生物大量繁殖，从而导致填料的空隙率大大降低，影响除臭效果和使用寿命。

填料层的均衡润湿性制约着生物过滤池的透气性和处理效果。若润湿效果不够，填料会变干并产生裂纹，严重影响臭气通过填料层的均匀性，导致除臭效果变差；但过分润湿会形成高气动阻力的无氧区，从而会减少臭气中污染物与填料层的接触时间，并生成带有臭味的挥发物。一般进气的湿度应大于95%，以保证填料具有一定的持水率。

（2）温度和pH值　温度和pH值是影响微生物生长的关键因素。废气生物净化的中温是20～37℃，高温是50～65℃。含氯有机物、氨气、硫化氢的氧化分解会导致净化环境中的pH下降，影响微生物的活性，可通过在生物滤池的填料上喷洒pH缓冲剂来稳定pH值。

（3）填料特性　填料特性也是影响生物过滤处理效果的关键因素。填料的选择不仅要考虑到比表面积、机械强度、化学稳定性及价格等方面，还要考虑持水性的问题。研究表明，采用沸石填料对H_2S浓度和臭气流量有较好的缓冲和耐受能力，珍珠岩填料具有较强的持水能力，在降低喷淋量时仍具有较强的去除H_2S能力。采用富含纤维的物质（如草根炭、可可纤维等）、锯末等填料的生物滤池脱臭效果均有明显的提高[11]。

3. 特点

生物过滤除臭法具有设备少，操作简单，不需要外加营养物，投资运行费用低，除臭效率高，对于醛、有机酸、硫化氢等污染物的去除率可达99%，基本没有二次污染等优点。其缺点是反应条件控制较难，占地面积大，基质浓度高时，因生物量增长快而易堵塞填料、影响传质效果，填料的更新较麻烦。

一般生物过滤法适宜的进气有机物的质量浓度为1000mg/m³，不应高于3000～5000mg/m³；适宜处理的臭气量范围较广，一般为1000～150000m³/h。另外，废气中的化合物应是溶于水和可生物降解的，臭气中不含大量对微生物有毒的物质及大量的灰尘、油脂等。

（三）生物滴滤法

1. 原理

生物滴滤池是介于生物过滤池和生物洗涤池之间的生物除臭装置，该装置与生物滤池的最大区别在于其填料上方喷淋循环液，在循环液中接种了经污染物驯化的微生物菌种。含有污染物的气体经过或不经过预处理，进入生物滴滤池。当润湿的臭气通过附有生物膜的填料层时，气体中的恶臭物质溶于水，被循环液和附着在填料表面的微生物吸附、吸收，达到净化气体的目的。净化后的气体经过排气口排出。典型的生物滴滤系统如图2-13-34所示。

生物滴滤池中的微生物既有固定附着在填料上的，也有悬浮在循环液中的，因此生物滴滤池兼有生物过滤和生物洗涤的双重作用。生物滴滤池不要求气体在进入装置前进行预湿处理，其吸收和液相的再生同时发生在一个反应装置内。一般情况下，气体很快会到达水饱和液，如果废气中含有灰尘或颗粒物，它们在经过载体时会被清除。

生物滴滤池填料层的厚度一般约 1.0～2.0m，可以为单级或多级。与生物滤池不同的是，生物滴滤池所用的填料为无机惰性填料，不能为微生物的生长提供养分，只作为微生物附着的载体，填料的表面系数（即单位柱体积接触面积）比较低，这就为气体通过提供了大量的空间，使气体通过填料柱时的压力损失小，同时也避免了由微生物生长和生物膜疏松引起的空间堵塞现象。

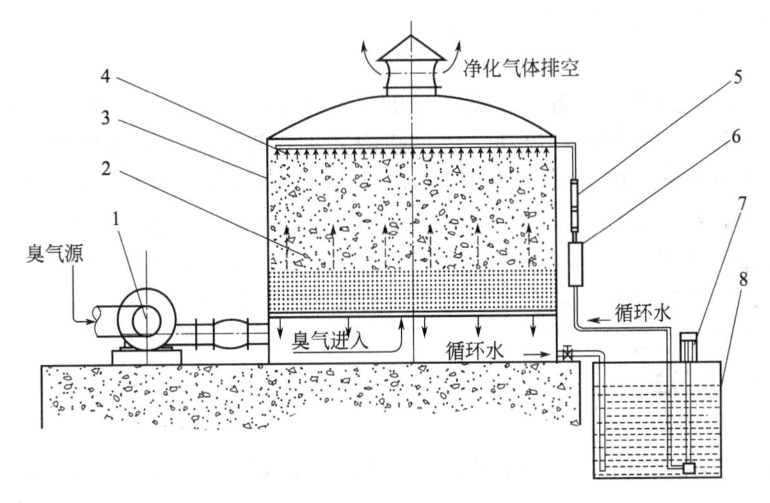

图 2-13-34 恶臭气体滤床处理工艺流程图

1—风机；2—生物填料；3—罐体；4—循环水喷淋；5—循环水流量计；6—过滤器；7—循环水泵；8—循环水箱

2. 影响因素

(1) 填料 用于生物滴滤池的填料应有较好的表面性质和化学性质，以适合于微生物的生长；有较大的比表面积，以尽可能大地提高生物量及提高单位体积的污染物降解量；具备一定的空隙率，以防止堵塞和压降升高引起短流；有较好的持水率，以保证生物滴滤池正常运行所需的液体环境；还需要一定的机械强度、较为稳定的化学性质以及不含对微生物的生长有抑制或毒性的成分。

不同的类型的填料的净化性能顺序为：海藻石＞轻质陶块＞陶粒＞不锈钢环＞煤渣＞塑料环。

(2) 优势菌种的培养和驯化 生物滴滤池在除臭过程中一般存在针对恶臭气体中的污染物质的优势菌种，能否在较短时间内培养和驯化出优势菌种也是影响除臭效果的关键因素。

(3) 温度 适宜微生物生长的温度范围在 25～35℃之间，随着温度的升高，气体的紊动程度越大，传质速度越高，有利于气体污染物从气相转入液相，但如果温度超过微生物所能承受的温度范围，其活性会大大降低，因此生物滴滤池内的温度要调节到适宜的温度范围内。

(4) 湿度 在生物滴滤池运行过程中，对湿度的要求非常严格。当滴滤池中的水分过多时，填料空隙中会滞留过多的水分，使填料的透气性变差，运行阻力增加，导致气体在填料中的停留时间减少，严重影响净化效果。过多的水分还会使空气中氧气的穿透能力下降，影响填料层中微生物的新陈代谢，发生厌氧反应，产生恶臭。当滴滤池中的水分过少时，会导致填料层缺乏微生物生长代谢所必需的水分，微生物的生长环境受到影响，严重时会导致填料干裂。

(5) pH值和营养物质的控制　生物滴滤池可以通过调节循环水的pH值达到控制pH值的目的。营养物质的控制也是影响处理效果的重要因素，当营养物质过多时，池内的微生物繁殖过快，可导致生物膜的大量脱落，严重时会发生堵塞，影响除臭效果；当营养物不足时，微生物新陈代谢受到影响，达不到最佳的除臭效果。因此，应根据恶臭气体中的有机物含量来调节营养物的配比和投加量，微量元素一般适量添加即可。

(6) 操作方式　生物滴滤池可采用顺流式操作和逆流式操作两种操作方式。从理论上讲，逆流操作时的传质效果优于顺流操作。

3. 特点

生物滴滤池的优点是：设备少、操作简单、设计灵活、投资和运行成本低，pH和温度易于控制，液相和生物相均循环流动，生物膜附着在惰性材料上，压降低，填料不易堵塞，对污染物的去除效率高，能有效处理质量浓度达500g/m^3的H_2S气体等。但其缺点也较明显：需要外加营养物，运行成本较生物过滤池高，该法中臭气的溶解是限速步骤，必须让气体有足够长的停留时间，因此需要循环液不断流过滤床；若不能有效地控制循环液的用量及营养成分浓度，微生物过量累积会减少滤床的表面积和有效体积导致堵塞气流不畅，从而引起压降增大，降低去除效率。

(四) 生物洗涤法

1. 原理

生物洗涤池（器）实际上是一个悬浮活性污泥处理系统，对恶臭的去除过程分为吸收和生物降解反应两个过程。生物洗涤池由传质洗涤器和生物降解反应器组成，它们的容积比为1.5～2.0，出水需设二沉池。臭气首先进入洗涤器，与惰性填料上的微生物及由生化反应器回流的泥水混合物进行传质吸附、吸收，部分有机物在此被降解，液相中的大部分有机物进入生化反应器，通过悬浮污泥的代谢作用被降解掉，生化反应器的出水进入二沉池进行泥水分离，上清液排出，污泥回流。生物洗涤装置示意见图2-13-35。

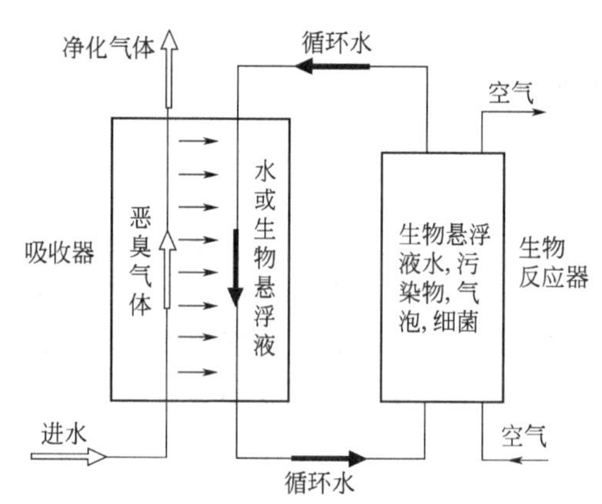

图2-13-35　生物吸收装置

生物洗涤池的水相和生物相均循环流动，生物悬浮状态，洗涤器中有一定生物吸附和生物降解作用。在生物洗涤过程中，吸收过程是一个物理过程，主要决定于所选的吸收器中流体的流动状态。通常吸收过程是较快的，水的停留时间大约只需几秒钟。而水在生物反应器中的再生过程则较慢，水在生物反应器中停留时间从几分钟至12h。由于吸收和再生所需要的时间不同，生物的再生就需要用专门的生物反应器。生物反应器可以是一个敞开的槽或封闭的容器。在生物反应器中，含有细菌、污染物和气泡的水叫生物悬浮液，生物生长所需的氧用分散气泡的方式输入，在空气通过生物反应器的过程中，其中的氧溶于水以维持生物生长，并且消化吸收二氧化碳和包含在生物悬浮液中的部分气态污染物，因此生化反应进行的速度主要取决于氧的输入速度。

2. 影响因素

影响生物洗涤处理恶臭气体的去除效率的因素主要有气液比、气液接触方式、恶臭物质的溶解性和可生物降解性、污泥浓度以及pH值等因素。

3. 特点

生物洗涤法的优点是：反应条件易控制、压降低、填料不易堵塞。缺点是：设备多，需外加营养物，成本较高，填料比表面积小，限制了微溶化合物的应用范围。

4. 生物洗涤法工艺

（1）洗涤式活性污泥脱臭法　该法的主要原理是将恶臭物质和含悬浮泥浆的混合液充分接触，使之从臭气中去除掉，洗涤液再送到反应器中，通过悬浮生长的微生物的代谢活动降解溶解的恶臭物质。这种方法可以处理大气量的臭气，同时操作条件易于控制，占地面积较小，压力损失也较小，实际中有较大的适用范围。但这种方法设备费用大，操作复杂而且需要投加营养物质，吸收塔内气液接触不如生物滴滤池充分，因而其脱臭效率通常仅有85%左右，同时活性污泥法抗冲击负荷能力差，并难以处理水溶性差的恶臭物质。

（2）曝气式活性污泥脱臭法　将恶臭物质以曝气形式分散到含活性污泥的混合液体中，通过悬浮生长的微生物降解恶臭物质。这与废水的活性污泥法处理过程极为相似。当活性污泥经过驯化后，对任何不超过极限负荷量的臭气成分，其去除率均可高达99.5%以上。对于已建有污水处理设备的臭气处理来说，只需设置风机和配管，将臭气引入曝气池内即可进行脱臭，因此该法十分经济。该法不足之处在于曝气强度不宜过大，臭气的输送速度以控制在$20m^3/(m^2 \cdot h)$以下为宜，同时采用这种方法为克服水深而造成的阻力需要消耗极大的动力，这些都使得该法的应用还有一定的局限性。目前见到的改善方法是向活性污泥中添加粉状活性炭。这可提高其抗冲击负荷的能力，并改善消泡现象和提高对恶臭物质的分解能力。

二、设备和装置

（一）间歇淋水充填塔生物脱臭装置

充填塔本体设置成数层，包括位于底部的排液层，在该排液层上部为臭气导入层，导入层与充填塔本体外的输入装置相连通；位于充填塔本体中部的是充填层，顶部设置淋水装置，在该淋水装置下部是气体净化层，并与外界相通。充填层中生物载体为多孔性填料，由无机矿物质或有机质构成，其径向尺寸在3～50mm之间。

在操作运行中还可将生物反应器并联、串联起来，如图2-13-36所示。按图2-13-37所示的脱臭的吸收与反应的两步机理以及考虑被吸收臭气的分解与控制步骤，则充填塔生物脱臭反应满足臭气去除率与气体在充填塔内的接触时间的对数成正比，亦即充填塔生物脱臭与通气速率、充填塔体积、臭气浓度、填料及其反应温度以及液相散水量等有关。

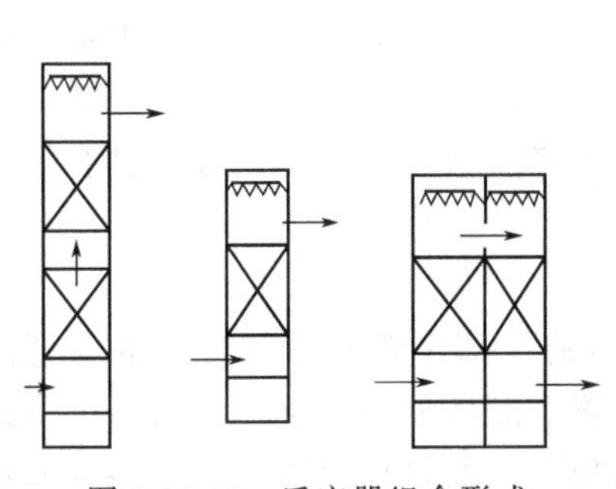

图2-13-36　反应器组合形式

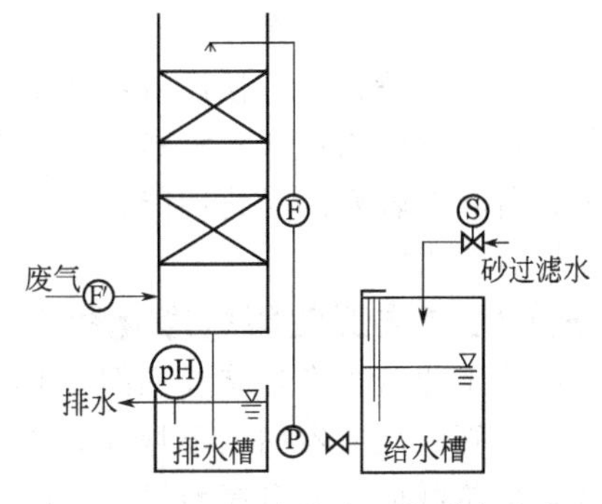

图2-13-37　间隙淋水生物脱臭滤池

通气速率取决于填料性质、空隙率的不同；较好的气体接触停留时间为5～50s，而最佳的通气线速率控制在0.05～0.5m/s范围内。

在充填塔中，液相散水有三个目的：其一是为保护塔内的水分含量，提高臭气的吸收性；其二是提供微生物生存和增殖的条件；其三是为了将微生物分解的生成物和微生物尸体排出，维护处理系统的正常运行。液相散水分为连续散水或间隙散水两种。选择合理的散水条件主要考虑以下三点：减少散水量以降低充填塔的压损；增加水量提高臭气的吸收率；保持合适的水量提供微生物良好的生存条件。

(二) 组合式高效气体生物脱臭设备

组合式高效气体生物脱臭设备见图2-13-38。设备内设有气体洗涤区、生物脱臭区、喷淋布液装置、除雾装置、循环水贮槽，在洗涤区内填满采用网状立体纤维材料制成的填料，借助填料提高气液两相的接触，保证对气体增湿。在生物脱臭区内填满复合填料，用于微生物的富集生长。喷淋布液装置设在洗涤区和脱臭区的上部，对处理的气体进行大面积均匀洒布，增加被处理气体的湿度以及为填料上微生物生长提供良好的pH值环境条件，对恶臭气体处理时，恶臭气体首先被抽入设备的洗涤区去除灰尘并增加湿度，以保证后续生物处理所必需的湿度。经过洗涤区处理过的恶臭气体随后通过连续洗涤区和生物脱臭区的通道进入生物脱臭区进一步除臭。经过生物脱臭区处理的气体经过设在出口区的除雾装置脱水后外排。

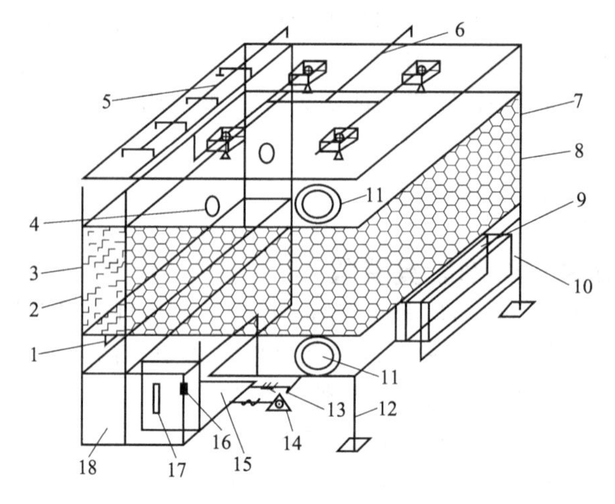

图2-13-38 组合式高效气体生物脱臭设备

1—进气口；2—洗涤区；3—网状立体纤维材料填料；4—通道；5、6—洗涤喷淋装置；7—生物脱臭区；8—复合填料；9—除雾装置；10—出口；11—检修孔；12—支撑；13—控制阀；14—循环泵；15、18—贮液槽；16—pH探头；17—液位开关

此脱臭设备的特点是：把对气体洗涤除尘增湿处理、生物反应脱臭处理、除雾脱水处理组合安装在一个设备中，该设备占地少，可整体移动，操作管理方便，简单易维护。采用网状立体纤维材料作为填料，材料具有一定吸附缓冲能力，填料的工作寿命长，处理效率高。

该设备具有较好的净化性能，可高效去除亲水性和憎水性恶臭气体成分，具有较强的负荷变化适应能力。

(三) 生物法工业废气净化装置

生物法工业废气净化装置见图2-13-39。在反应器的下部设置有曝气管及进水管，上部设置有出水管。反应器内位于曝气管及进水管上部设置有载体网格，载体网格由单位载体网格构成，单位载体网格有序地设置在反应器内每层搁板上，而搁板放置在反应器内壁对应的支撑台上，单位载体网格主要由框架以及均布的生物载体构成。

生物载体是由固定层以及设置在固定层上的附着层组成的，附着层为蓬松密布的交织结构，其材质为纤维丝。该纤维丝采用有机、无机或有机无机混合的纤维均可。

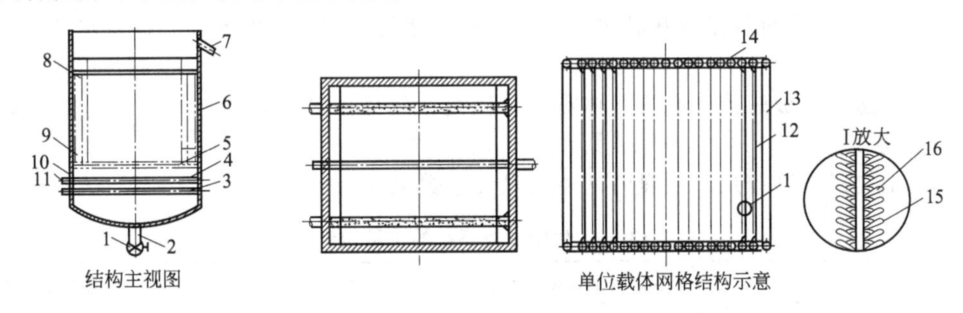

图 2-13-39 生物法工业废气净化装置

1—阀门；2—排放管；3—进水管；4—曝气管；5—支撑隔板；6—壳体；7—出水管；8—支撑台；9—载体网格；10—进水孔；11—曝气孔；12—生物膜载体；13—框架；14—定位轴；15—固定层；16—附着层

由于本装置可通过进水管加入废气处理工程菌及营养液，利用曝气管加入空气，使废气处理工程菌均匀地吸附于生物载体上，利用营养液中营养成分快速繁殖，使通入液体中的除尘废气在空气中氧的作用下迅速发生生物化学反应，转化为溶于营养液并能被微生物吸收利用的物质，并且该装置采用了具有蓬松密布附着层、质地轻便、不易损耗的生物载体。故该装置不仅结构简单，便于安装，使用寿命长，效率高，具有宽松的运行条件，而且损耗小，处理成本低，处理效果好。

三、设计计算

（一）反应器形式及工艺流程的选择

根据恶臭气体的性质、浓度选择适宜的生物除臭反应器。生物滤池填料可采用树叶、树皮、木屑、土壤、泥炭等，恶臭气体一般需预湿化，占地面积大；生物滴滤池填料则为各种多孔、比表面积大的惰性物质，由于富集的微生物量多，占地面积小；生物洗涤器是恶臭物质吸收到液相后再由微生物降解。一般生物过滤池适宜低浓度的臭气脱臭处理，对于恶臭物质浓度较高的臭气宜采用生物滴滤或生物洗涤工艺。

（二）生物过滤及滴滤池主要设计参数及设计原则

（1）生物滤池用于恶臭气体处理时，进气浓度一般不超过 $5g/m^3$。生物滤池的高度一般在 0.5～1.5m，过高会增加气体流动阻力，太低则易产生沟流现象。

（2）生物过滤和生物滴滤工艺，空塔停留时间不宜小于 15s，空塔气速不宜大于 200～500m/h，单层填料层高度不宜超过 3m。在寒冷地区宜适当增加生物处理装置的空塔停留时间。

（3）填料对生物过滤和生物滴滤池的运行操作起决定性作用，填料选择成为滤池设计中的决定因素。填料应具有比表面积大、过滤阻力小、持水能力强、堆积密度小、机械强度高、化学性质稳定和价廉易得等特性。生物过滤池填料的使用寿命不宜低于 3～5 年，生物滴滤池填料的使用寿命不宜低于 8～10 年。

（4）生物过滤池填料在设计空塔气速下的初始压力损失不宜超过 1000Pa。

（5）生物滴滤和生物过滤除臭喷洒、洗涤喷淋补充水宜采用污水厂出水，喷淋水不宜含有余氯等对微生物有害的物质，喷淋前宜设置过滤器。

（6）生物过滤池和生物滴滤池应设置检修口、排料口。

（7）生物过滤池和生物滴滤池应设有配气空间或导流设施。

(8) 生物滴滤池填料支撑层应具有足够的强度。

(9) 当进气中含有灰尘等颗粒物质时，生物过滤池和生物滴滤池前宜设置水洗涤等预处理设施。

(10) 为防止形成短流，恶臭气体需均匀供给。气体由装置配置的导气管，经气体扩散层进入滤料层。

(11) 生物过滤系统用于脱臭时的主要设计参数见表 2-13-33。

表 2-13-33 生物过滤系统的主要设计参数

参数	设计及运行范围	参数	设计及运行范围
空床停留时间/s	15～200	去除率/%	95～99
表面负荷/[$m^3/(m^2 \cdot h)$]	50～200	洒水量/[$m^3/(m^2 \cdot h)$]	0.1～0.6
有机负荷/[$g/(m^2 \cdot h)$]	10～150	进气浓度/[$g/(m^2 \cdot h)$]	<5
风管流速/(m/s)	≤12	压力损失/Pa	70～120
填料高度/m	0.5～1.5	臭气湿度/%	≥90
温度/℃	10～35	pH 值	6～9

(三) 生物过滤及滴滤池容积的计算

生物反应器容积计算主要根据气体的空塔停留时间来确定。一般填料层高度不应超过 2.0m，为了减少占地面积可采用多层结构。计算如下。

1. 空塔流速的确定

$$v=nH/t \tag{2-13-92}$$

式中，v 为待处理气体的空塔流速，m/s；n 为生物器的填料层个数；t 为气体空塔停留时间，s；H 为反应器中填料层高度，m。

2. 反应器面积 S 的确定

$$S=Q/v \tag{2-13-93}$$

式中，Q 为气体体积流量，m^3/s。

3. 填料层的有效体积和高度

$$V=Qt/3600 \tag{2-13-94}$$

$$H=vt/3600 \tag{2-13-95}$$

式中，V 为填料层有效体积，m^3；t 为空塔停留时间，s；H 为填料层高度，m；v 为空塔气速，m/s。

(四) 土壤过滤脱臭法设计

1. 土壤和参数

设计土壤脱臭选择的土壤指标应是：腐殖土为好，亚黏土等红土需掺入鸡粪、垃圾和污泥肥料进行改良后使用；矿质土和黏土不宜。土壤水分 40%～70%为宜，过于干燥的土壤需装设水喷淋器。种植草坪土壤表面保持倾斜，作为防降暴雨的措施。

常用的土壤过滤脱臭设计参数：

① 臭气通过土壤的速度 2～17mm/s，设计一般选为 5mm/s；

② 有效土壤厚度为 50cm；

③ 臭气与土壤接触时间为 100s。

2. 工程范例

(1) 日本某土壤脱臭床　臭气风量为 $600m^3/min$，臭气与土壤接触时间为 2.7min，需

土壤面积为 $1580m^2$。

(2) 我国某处污泥脱水机房土壤脱臭床　脱水机房容积 $V=450m^3$；设换气周期为每小时 3 次，则换臭气量为 $22.5m^3/min$。脱臭负荷取为 $2.7m^3$ 臭气/(m^2 土·min)，则所需土壤面积为 $8.3m^2$。

该土壤脱臭过滤床的结构设计（自土壤表层向下）结果见表 2-13-34。

表 2-13-34　土壤脱臭过滤床的结构组成

层数	结　构	参　　数	层数	结　构	参　　数
1	土壤植被	2%坡度	5	砾石层	中设臭气输入穿孔管
2	三维土工网垫	有效厚度＞50cm	6	土工膜	1层
3	腐殖土	$300g/m^2$	7	基土	原土层
4	土工布	1层			

第五节　天然植物液除臭

一、原理和功能

20 世纪 70 年代初，国外就开始了从纯天然植物液中提取汁液消除恶臭的研究工作，并成功地从多种可食用的天然植物中得到可以消除不同异味的、多种型号的植物提取液。自 1975 年加拿大 HLS&ECOLO 公司取得专利核心技术——以 350 多种天然植物提取液配制成工作液来消除空气中的异味，在全球已经有超过四十个国家和地区在使用天然植物提取液异味控制技术来消除各类环境异味，尤其是由有机物散发的恶臭。其重要特点是能够迅速消除臭味而不是暂时的掩盖臭气气味[12]。

（一）原理

经过天然植物提取液除臭设备雾化，天然植物提取液形成雾状，在空间扩散液滴的粒径小于等于 0.04mm。液滴具有很大的比表面积及表面能。平均每摩尔约为几十千卡。这个数量级的能量已经是许多元素中键能的 1/3～1/2。溶液的表面不仅能有效地吸附空气中的臭气分子，同时也能使被吸附的臭气分子的立体构型发生改变，削弱了异味分子中的化合键，使得臭味分子的不稳定性增加，容易与其他分子进行化学反应，例如与植物液中的酸性缓冲液发生反应，最后生成无味、无毒的物质。如硫化氢在植物液的作用下反应生成硫酸根离子和水；氨在植物液的作用下，生成氮气和水。

天然植物提取液中所含的有效分子大多含有多个共轭双键体系，具有较强的提供电子对的能力，这样又增加了臭气分子的反应活性。吸附在天然植物提取液表面的臭气分子与空气中的氧气接触，此时的臭气分子因上述两种原因使得它的反应活性增大，改变了与氧气反应的机理，从而可以在常温下与氧气反应。

天然植物提取液与臭气分子的反应可以做如下表述。

(1) 酸碱中和反应　除臭剂中含有生物碱，它可以与硫化氢、氨等臭气分子反应，这其中包括了有机化学中的路易斯酸碱反应（能吸收电子云的分子或原子团称为路易斯酸，相反称为路易斯碱）。其机理主要有以下几个方面：单宁和类黄酮分子中的酚羟基与臭气分子中的氨基结合；类黄酮分子中的基团与臭气分子中的巯基、亚氨基发生中和反应；氨基酸与臭气分子的巯基、亚氨基发生中和反应等。

将气态氨转化为铵盐：

$$R—COOH+NH_3 \longrightarrow R—COONH_4 \quad (2\text{-}13\text{-}96)$$

醇（如乙醇、甲醇）与有机酸的缩合反应：

$$R—COOH+R'—OH \longrightarrow R—COOR'+H_2O \quad (2\text{-}13\text{-}97)$$

（2）催化氧化反应　如硫化氢在一般情况下，不能与空气中的氧进行反应。但在除臭剂的催化作用下，可与空气中的氧发生反应。

硫化氢发生的化学反应：

$$R—NH_2+H_2S \longrightarrow R—NH_3^+ +HS^- \quad (2\text{-}13\text{-}98)$$

$$2R—NH_2+HS^- +2O_2+H_2O \longrightarrow 2R—NH_3^+ +SO_4^{2-} +OH^- \quad (2\text{-}13\text{-}99)$$

$$R—NH_3^+ +OH^- \longrightarrow R—NH_2+H_2O \quad (2\text{-}13\text{-}100)$$

硫醇发生的化学反应：

$$R—SH \xrightarrow{O_2} R—SS—R(\text{慢}) \quad (2\text{-}13\text{-}101)$$

$$R—SH \xrightarrow[\text{(除臭剂)}]{O_2} R—SS—R\ (\text{快}) \quad (2\text{-}13\text{-}102)$$

（3）氧化还原反应

$$HCHO+O_2 \xrightarrow{R—NH_2} CO_2+H_2O \quad (2\text{-}13\text{-}103)$$

$$4NH_3+3O_2 \xrightarrow{R—NH_2} 2N_2+6H_2O \quad (2\text{-}13\text{-}104)$$

（4）酯化反应　植物液中的单宁类物质可以同异味分子发生酯化或酯交换反应，从而去除异味或生成具有芳香的物质。

理论上植物提取液可以消除任何臭气气体，它是利用以下几种力来发挥作用的：范德华力、耦合力、化学反应力以及吸引力。植物提取液除臭有以下两个阶段：植物液靠范德华力与臭气分子结合，臭气分子因为和植物液发生化学反应而被消除。

（二）天然植物提取液的组成

天然植物液产品是从树、草和花等纯天然植物提炼的含有气味的有机物，对人体无毒无害，不会引起皮肤或呼吸系统过敏等各种不良反应，是可靠的、符合国际健康标准的环保产品。可去除臭味的部分植物提取液见表 2-13-35。

表 2-13-35　除臭用天然植物提取液的主要成分

植　物	提取液形式	成分的主要组成
姜	汁	姜酮、姜醇、姜烯、龙脑、芳樟醇
葱	汁	蒜辣素、二烯丙基硫醚
蒜	汁	大蒜辣素、大蒜新素、大蒜苷
芫荽	汁	芳樟醇、水芹烯、葵醛、龙脑、蒎烯
芹菜	汁	β-月桂酸烯、蒎烯、石竹烯
辣椒	油	辣椒碱、辣椒素
花椒	油	异茴香醚
胡椒	油	胡椒碱、胡椒辣酯碱
大茴香	油	大茴香脑、大茴香醛、芳樟醇
玫瑰	油	香茅醇、橙花醇、丁香柚酚、苯乙醇
薄荷	油、汁	薄荷脑、薄荷酮、乙酸薄荷脂、丙酸乙酯、α-蒎烯

续表

植 物	提取液形式	成分的主要组成
茉莉	油、汁	苯甲醇、芳樟醇、安息酸、乙酸叶酯、苯甲酸叶酯
橙橘柑	油	葵醛、辛醛、柠檬醛、芳樟醛、橙花醛
柚子	油	柠檬醛、香叶醇、芳樟醇、葵醛
柠檬	油	柠檬醛、辛醛、壬醛、十二醛、蒎烯、芳樟醛
九里香	汁	水芹烯、蒎烯、松油醇
月桂	油	桉叶素、芳樟醇、松油醇、月桂烯
水仙	汁	丁香酚、苯甲醛、苯甲酸甲酯、茉莉酮、香叶醇
冬青	油	水杨酸甲酯
松针	油	月桂烯、水芹烯、莰烯、蒎烯、葵醛、十二醛
檀木	油	α-檀香醇、β-檀香醇、β-檀香烯、α-檀香烯
……		

这些有味的有机化合物含有大量的复杂的化合物，它们都是绝大多数植物油的主要成分，可以分为四大类。

(1) 萜烯类　这类天然存在的化合物是植物油中的最重要的成分。它们都有相同的经验式 $C_{10}H_{16}$。例如蒎烯、酮等。

(2) 直链化合物　组成这一部分的化合物有醛、醇和酮。它们存在于一系列由水果中提取的可挥发的植物油中，如葵醇、月桂醇等。

(3) 苯的衍生物　这些化合物与从苯，特别是从丙苯衍生出来的化合物有相同的分子式，如乙酸酯等。

(4) 其他化合物　这些化合物包括香草醛、月桂酸以及甲酸香叶酯等。

(三) 特点

天然植物提取液除臭技术不仅投资低、操作方便，而且适用性广，占地少，不用改变或添加构筑物及附加更多新设施。采用专用的臭味控制系统不需要耗用大量的电能，使用安全简单，方便人工操作，仅需要定期补充工作液，整个系统维护和营运费用低廉。

(四) 工艺类型

由于臭气来源各不相同，对植物提取液的选型、用量和处理方式要求也各不相同。影响处理效果的主要因素有：臭气浓度、空气流动的速度、臭气的溶解性、臭气的分子量、臭气分子密度以及臭气结构组成等。根据各种不同情况采用具有针对性的系统工艺才能达到各种不同的除臭要求。

1. 空间雾化法

植物提取液经过专用雾化控制系统，以微米级粒径雾化，雾化后使其均匀地分散在空气中，使之在臭气散发源周围空间形成雾化层，从源头散发的臭气经过雾化层时被吸附，并发生分解、聚合、取代、置换和加成等化学反应，促使臭味分子改变了原有的分子结构，使之失去臭味。该系统工艺不能有效控制恶臭气体从恶臭源外溢造成的周边环境污染，适用于中等规模和浓度的臭气源，其建设投资较少，运营成本较高。空间雾化工艺的流程可见图 2-13-40。

2. 收集蒸发法

植物提取液经过专用蒸发器蒸发成气态弥散在容器当中，引风机通过收集管道将恶臭气体抽引至容器中，与弥散在容器中气态的植物提取液混合反应后经排气口排放，从而将臭味

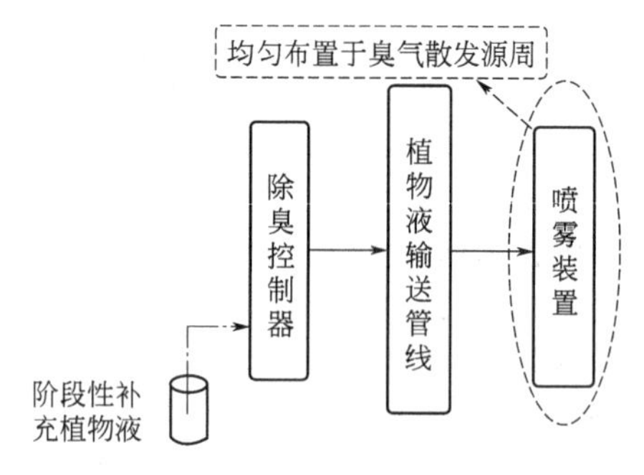

图 2-13-40 空间气相控制工艺

消除。该工艺可以有效控制恶臭气体从恶臭源外溢造成的周边环境污染，适用于较低臭气浓度和较小臭气量的臭气源；建设投资中等，运营成本较低。集中收集除臭法工艺流程见图 2-13-41。

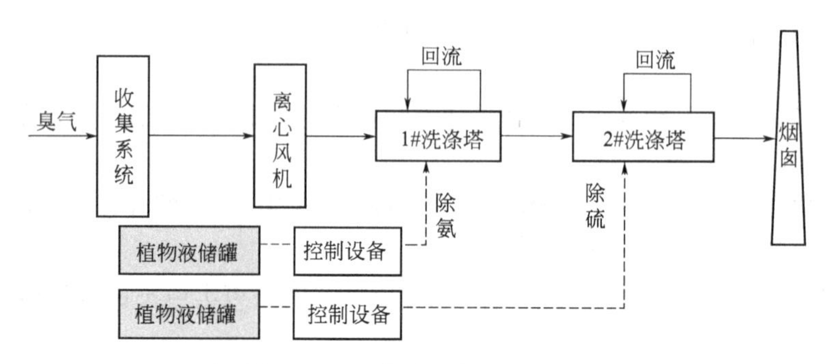

图 2-13-41 集中收集除臭工艺

3. 洗涤过滤法

储液槽内稀释的植物提取液经过循环泵扬送至洗涤容器内的喷淋器喷淋，喷淋液历经填料层回至储液槽再经循环泵循环。引风机通过收集管道将臭气抽引至洗涤容器中，恶臭气体经润湿板均匀润湿后与喷淋液逆向行进入填料层，气流经多向切割、分流并充分与填料表面的稀释的植物提取液接触、反应，此时的恶臭气体流速缓，在容器内的停留时间长，成半液相，表面有植物提取液的填料对其形成过滤作用，流出填料的恶臭气体被喷淋液洗涤后经排气口排出，从而将臭味消除。该工艺可以有效控制恶臭气体从恶臭源外溢造成的周边环境污染，处理效果显著，适用于较高臭气浓度和较大臭气量的臭气源；建设投资略高，运营成本较低。洗涤过滤法的工艺流程见图 2-13-42。

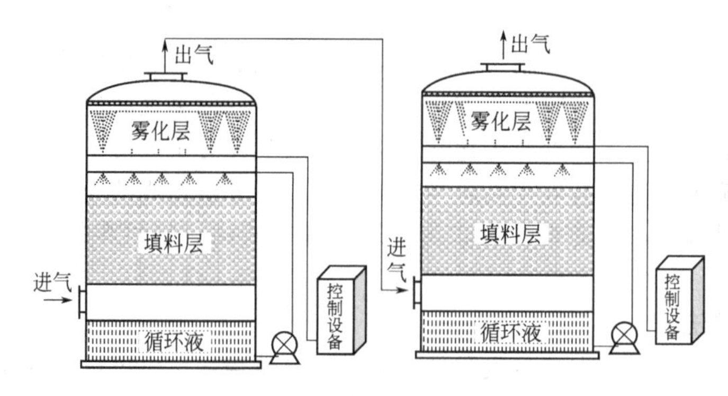

图 2-13-42 除臭洗涤塔图示

二、设备和装置

加拿大 HLS & ECOLO 国际公司自 1975 年开始专业提供异味控制设备和 AirSolution 植物除味液，产品与服务在全球 40 多个国家得到广泛应用，在消除各种场合的不同异味、臭味方面，方法独特，成绩显赫。

植物液除臭技术的工作液采用 300 多种来自天然植物（树木、鲜花和草）的提取液，经特殊的微乳化技术专利复配而成。可根据臭气源特征的不同，有针对性地选择不同型号工作液进行配比。

工作液包括 airSolution 和 Biostreme 两大系列。其中，airSolution 工作液经专用的控制设备和雾化装置雾化成粒径小于 0.04mm 的液滴，通过吸附、吸收、分解、化合、催化氧化、轭合等一系列物理、化学反应机制，彻底消除空间气相中的臭味；而 Biostreme 系列工作液作为微生物营养剂，可与散发臭味的污染源相掺混，能有效加速有益菌的生长繁殖，促使有机物自然分解，并同时抑制该过程中的臭味产生，实现源头臭味控制的目的。

(一) 气压雾化设备

气压雾化设备由雾化控制器以及喷箱组成，详细参数见表 2-13-36。

表 2-13-36 气压雾化设备及参数

序号	规格型号	尺寸	驱动范围	适用场所	控制方式
1	SCU-1～SCU-3	24.77cm×38.1cm×27.31cm	可带 1 个、2 个、3 个 SU-2 或 SU-4 喷箱	洗手间、洗衣间、储物间、储藏室、走廊、运动间	循环周期可设定 1～10min，间歇时段内调协 1～20s 喷洒时间
2	LCU-1～LCU-3	24.77cm×38.1cm×27.31cm	可带 2 个、4 个、6 个 SU-2 或 SU-4 喷箱	垃圾房和垃圾道、装载台、储藏室、空调/通风系统、工业设施、废气排放、其他异味领域	
3	HCU-1～HCU-3	24.77cm×38.1cm×27.31cm	HCU1-2×SU-22/4×SU2/4×SU4 HCU2-4×SU-22/8×SU2/8×SU4 HCU3-6×SU-22/12×SU2/12×SU4	洗手间、垃圾区域、装载台、储藏室、回收厂、工业设施、排气烟囱、其他异味领域	

(二) 水力雾化设备

1. AirStreme AMS05 自动雾化系统

AirStreme AMS05 系列控制器由先进的电子器件和耐用的中压泵构成。定时程序设定：根据一天内单次雾化次数，每天最多 10 次。每天的程序可以相同也可以订制。每次的开始次数可以调整。根据给定时间段内重复雾化间隔顺序，每天开/关顺序的调整最多 10 次。最小运行时间 15s；最小关闭时间 1min。装置见图 2-13-43。

2. EP-150 雾化系统

colo EP 150 系统（见图 2-13-44）配以特定的 AirSolution 除味剂，可以最有效地去除下列异味：垃圾房、填埋场、堆肥场、废水和污水站、大型的工业项目、废气烟道、加工厂其他垃圾区域。

图 2-13-43 AMS05 自动雾化系统

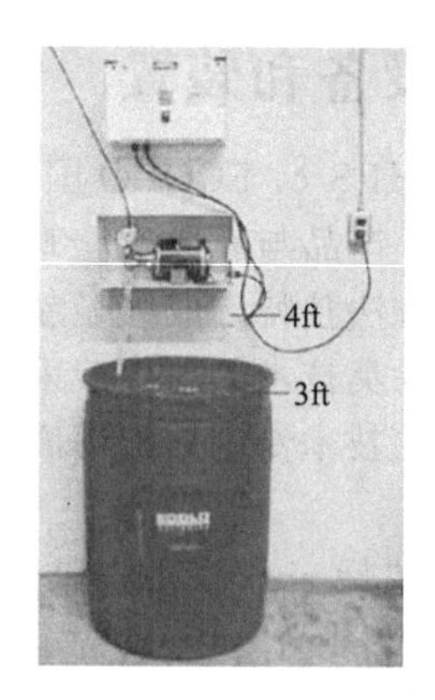

图 2-13-44 EP-150 雾化系统

3. Mist Pro 药剂稀释和投药系统

应用：市政废水处理场所、废水处理前端、澄清器、提升泵站、污泥脱水、废气处理、洗涤塔、活性炭或者生物滤池预处理、隔栅和沉砂池、罐或者管道内顶部气体、工业场所、空气及废气排放处理、罐排气处理、洗涤塔的活性炭或者生物滤池处理、排气干燥处理。

配合化学投药系统用于：QCID 通风异味控制系统、VPS 通风异味控制系统、Belt Press-Mate 异味控制系统。

系统概述：Mist Pro 是一个多功能多点式的化学投药系统（见图 2-13-45）。它的构造紧凑，全部的部件都集中在一个结实的铝镀层的支架上。可移动的铝镀层盖阻止上面来的水流。Mist Pro 优势明显，它可以自动按比例控制和虹吸稀释液。7 加仑（26.5L）的稀释液箱可按设定的比例自动保持液位，也就不需要成批次的进行液体混合。几乎无需维护，只是每个星期检查一下系统和雾化喷嘴，每个月清理一次。该系统可带 1～90 个喷嘴。喷嘴和支架的安装可订制设计以满足不同的工作环境要求。合理安装喷嘴是确保异味控制的重要环节，支架使喷嘴方便工作并易于维护。Mist Pro 采用 NuTech 的 Chi-X 除味剂和 Phantom-4 异味反应剂，能进行多种异味控制并满足各种工作环境要求。

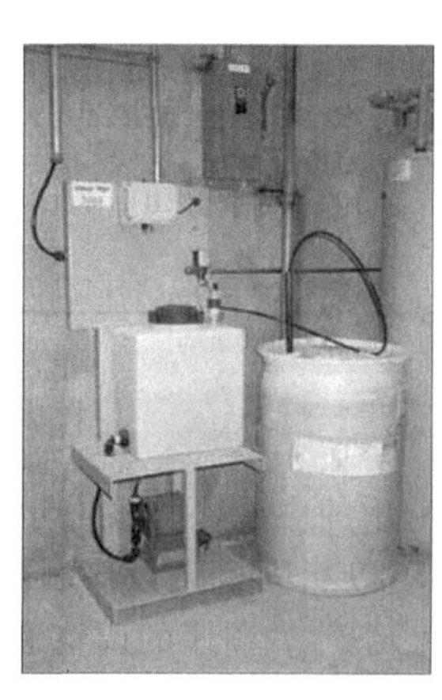
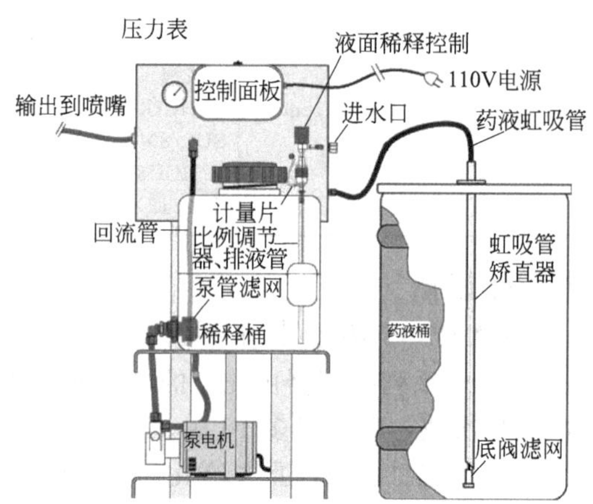

图 2-13-45 Mist Pro 化学投药系统示意

4. LMC 高压雾化异味控制系统

应用：市政设施中心废水站、填埋场、池塘、大型露天废弃场所、废水处理槽；工业场所中心池塘、氧化池、露天消化池、处理槽、废水处理设施。

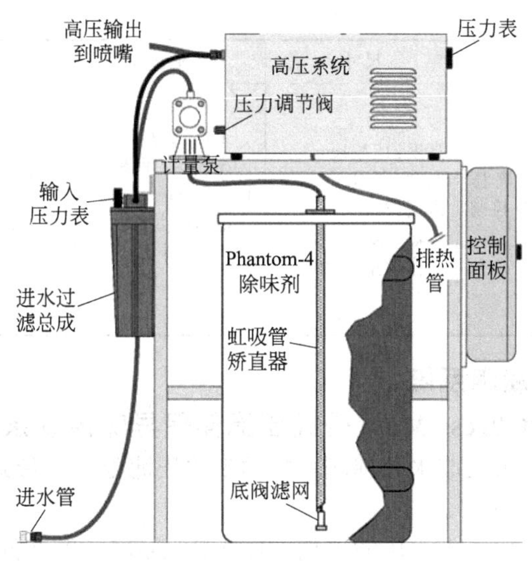

图 2-13-46　LMC 高压雾化异味控制系统

系统概述：由 LMC 高压雾化系统（见图 2-13-46）产生的 10μm 的雾化微粒对于除臭和降尘来说效果都是非常显著。这个系统的部件全部集中在一个不锈钢的支架上，而泵是安装在不锈钢的盒子里。这个主要的设计是防腐蚀的，支架下 55 加仑（208.5L）的除味液桶占地也很小。LMC 的药剂稀释比例由设置好的计量泵来控制，计量泵直接把药剂打入进水管道中，不需要按批次来稀释药液。进水量由进水电磁阀控制。为防止损坏高压泵，当进水中断时，高压泵停止工作。LMC 可带 10～365 个喷嘴。高压连接件保证用户最大限度地安装雾化喷嘴以满足多种需求。与采用大流量喷嘴及更大间距安装的系统相比，采用合理间距安装的 1.3 加仑/h（4.93L/h）的雾化喷嘴的系统更能节省足够的药液消耗。LMC 系统采用 NuTech 及 Phantom-4 除味剂，能进行多种异味控制并满足各种工作环境需求。

以上几种水力雾化设备及参数汇总于表 2-13-37。

表 2-13-37　水力雾化设备及参数

序号	型号	尺寸	操作说明	电气规格	规　格
1	AirStreme AMS05 自动雾化系统	高度:39.4cm 宽度:31.8cm 深度:19.1cm	最佳运行压力:1378kPa 最大释压:1722.5kPa 最高吸程:201cm 最高环境温度:50℃ 最低环境温度:5℃	电压/频率: 115V 或 220V 60Hz 电流:6.3A 额定功率:1/3hp	AMS05-35(泵流量 35 加仑/h,3～20 个喷嘴) AMS05-60(泵流量 60 加仑/h,15～50 个喷嘴)
2	EP-150 雾化系统	深度:26.04cm 宽度:37.47cm 高度:26.04cm 重量:20.41kg		115V/60Hz,6.0A 或者 200～240V/50Hz,3.4～3.6A	最大负载: 150 个喷嘴
3	Mist Pro 药剂稀释和投药系统	高度:127cm 宽度:48.3cm 深度:40.6cm 运输重量:36.3kg 工作重量:52.1kg	工作压力:413.4～1033.5kPa 水:15.2L/min, 310.1kPa	隔膜片: 120V,60Hz, 5A 叶片:120V,60Hz,10A	隔膜泵 3.79～30.3L/h(1～8 加仑/h)系统 SS 叶片泵,全封闭风冷式 TEFC 电机:15～120 加仑/h 系统 耗电:0.50～1.03kW·h/h

续表

序号	型号	尺寸	操作说明	电气规格	规格
4	LMC 高压雾化异味控制系统	高度:152.4cm 宽度:91.4cm 深度:61cm 运输重量:104kg 工作重量:109kg	工作压力:5512kPa 高压泵:活塞 56.9～1800L/h; 电动机功率 0.5～5hp 药剂计量泵:膜片 3.79～30.3L/h	功率 0.5hp: 120V, 60Hz,10A 1.5 ～ 2hp: 220V, 60Hz,10～15A 3～5hp:460V,60Hz, 6～12A	0.5hp 的耗电: 1.03kW·h/h 1.5 ～ 2hp: 1.89 ～ 2.84kW·h/h 3 ～ 5hp: 4.10 ～ 8.21kW·h/h 药剂成本 0.07 美元/(喷嘴·h)

(三) 喷洒系统

1. Belt Press-Mate 带式压滤伴侣异味控制系统

应用：市政废水处理场所中的带式压滤处理、带式浓缩处理；工业场所中的带式压滤处理、浓缩处理。

系统概述：带式压滤伴侣 (Belt Press-Mate) (见图 2-13-47) 用于污泥脱水过程除臭，系统投资省，安装和操作都简便，运行费用只有每小时两美元。多点式布液器把除味液以液滴的形式重力均布在污泥上。该多点式布液器按照带的尺寸制造，高度可调以便适应不同的喷洒模式。当化学药剂接触了有机污泥时，滤带上的异味、滤液的异味以及污泥脱水后的异味立即减轻。处理后，污泥可以从非处理区运出而且异味不会扩散。

图 2-13-47 Belt Press-Mate 带式压滤伴侣异味控制系统

NuTech 的 MistPro 投药系统提供 Chi-X 除味剂，可进行多点喷洒。该系统最适合应用于一个或者两个带式压滤。如果安装多个，则在通风处，使用一套 NuTech 的 VPS 或者 QCID 通风异味控制系统会更有效。

典型的带式压滤伴侣系统带三个喷嘴的排列方式见图 2-13-48。

2. Windrow-Mate 堆肥条垄伴侣异味控制系统

应用：市政废水场所、堆肥处理、污泥干燥处理。

系统概述：堆肥条垄伴侣 (Windrow-Mate) (见图 2-13-49) 可减轻堆肥翻转过程产生的异味。系统设计为直接安装在堆肥条垄的翻转器上。高压雾化系统通常布置在堆肥场的周边来减轻人们对堆肥场异味的抱怨。减轻异味源的强度，也就是堆肥翻转时的异味强度，将会大大减轻周边雾化系统的压力并降低除味液的消耗量。系统由两部分组成，一个是预先组装好的药液供应系统，再一个就是多点布液系统。安装时，只需要布设空气管道和药液管道至多点布液器的喷头。多喷头布液器带有定位好的 4～8 个雾化喷头，喷头是空压机带动，每个喷头的喷液量为 1～2.5 加仑/h (3.79～9.48L/h)。空压机客户自备。

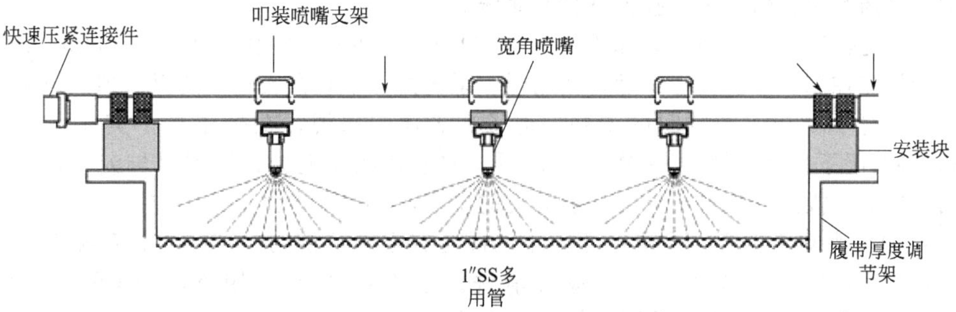

图 2-13-48　带式压滤伴侣系统喷嘴的排列示意

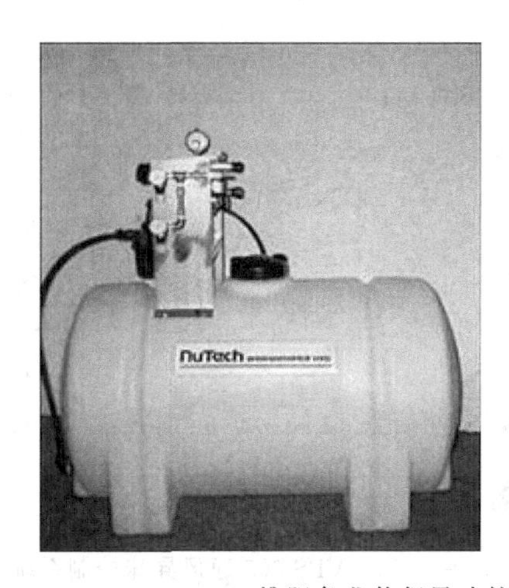

图 2-13-49　Windrow-Mate 堆肥条垄伴侣异味控制系统

NuTech 的 DeAmine 除味剂被准稀释后装在 65 加仑的系统储存罐里。其化学药剂的运行成本可与 50 个高压喷嘴处理同样的设施的费用相当，而且除味效果类似。

以上两种喷洒系统设备的参数汇总于表 2-13-38。

表 2-13-38　喷洒系统设备及参数

序号	型号	尺寸	规格	运行成本
1	Belt Press-Mate 带式压滤伴侣异味控制系统	1m 带宽：3 个宽角喷嘴 1.5m 带宽：4 个宽角喷嘴 2m 带宽：5 个宽角喷嘴	过滤区域：1 个宽角喷嘴 运输重量：13.6～18.2kg 工作重量：13.6～18.2kg 喷嘴流速：10.6L/h 工作压力：60～70psi 供水：15.2L/min，310kPa	药剂：0.35～0.4 美元/(喷嘴·h)
2	Windrow-Mate 堆肥条垄伴侣异味控制系统	长度：91.4cm 宽度：61cm 深度：109.2cm	存储罐容量：246.4L 运输重量：65.8kg 工作重量：309kg 工作压力：275.6kPa 到喷嘴	化学药剂消耗：0.60～1.00 美元/(喷嘴·h)

注：1psi＝0.006895MPa。

(四) 洗涤塔

1. VPS-005 通风异味控制系统

应用：市政废水处理场所中湿井、废水处理前端、污泥脱水区、污泥存储区、隔栅和沉砂池；工业场所中的废物储存区、加工区。

配合投药系统：Mist Pro 投药和稀释系统。

系统概述：VPS-005 通风异味控制系统（见图 2-13-50）提供最大至 500cfm（ft^3/min）的通风和异味控制。它投资省，运行费用低。系统由一个装在底盘上的反应器、风机以及控制板组成。对 25000ft^3 的空间的湿井、池子或者房间来说，在静压是 1 英寸水柱（约为 250Pa）的情况下每小时换气 12 次。VPS 系统安装在底座上后，只需要与废气管连接，与控制面板通电。投药系统可安装在任意方便的位置，与饮用水供水系统连接，投药管与喷洒 VPS 系统的喷嘴支架连接。系统尺寸很小，适合有限空间使用。VPS-005 系统维护量小且容易：每周系统检查、喷嘴检查，每月清洗。该系统设计使用 NuTech 的 Chi-X 或者 DeAmine 气态除味反应剂。适用于持续散发各种有机异味的场合。对消除 H_2S 味道的效力限于 1×10^{-6}（百万分之一）。如果 H_2S 超过 1×10^{-6}，则需要特别考虑对 H_2S 的处理。

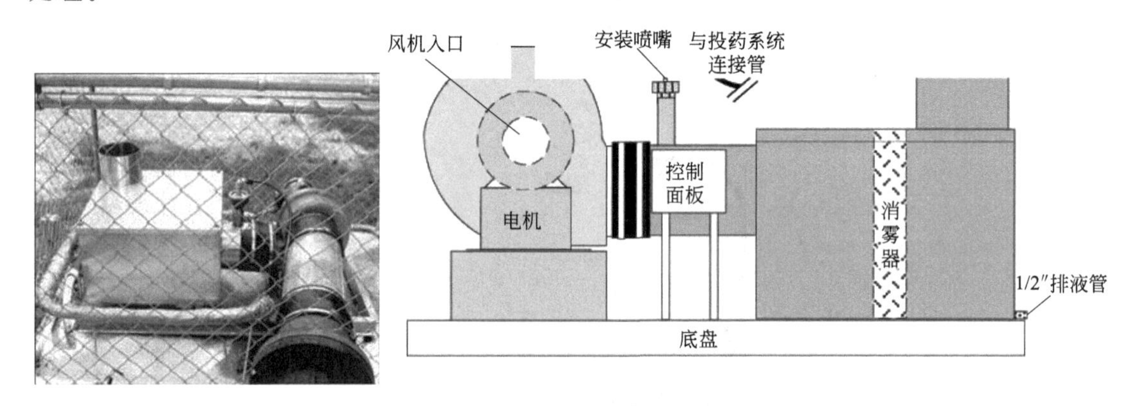

图 2-13-50 VPS-005 通风异味控制系统

2. VPS-015 通风异味控制系统

VPS-015 是特别为三种空气排放源的有效收集、通风以及有机异味的处理来设计的。该系统是用于要求异味空气收集处理的理想系统。它有一个圆形的静压损失为 1in 水柱（约为 250Pa）的废气鼓风机。VPS-015 由不锈钢制成，反应室容量范围为 500～1500ft^3，接触时间为 0.7～2.1s。

VPS-015 系统（见图 2-13-51）装配有完全底盘，安装后，只需要与异味空气连接、与电力与控制面板连接，以及与可饮用水连接。系统结构紧凑，用于空间低矮和狭窄的地方非常理想。操作管理简单，只需要每周对系统和喷嘴进行一次检查，每月进行一次清理。该系统设计使用 NuTech 的 Chi-X 或者 DeAmine 气态除味反应剂。适用于持续散发各种氧化有机异味的场合。对硫化氢味道的效力限于 1×10^{-6}（百万分之一）。如果 H_2S 超过 1×10^{-6}，则需要特别考虑对 H_2S 的处理。

用于工业场所中废物存储区、加工区、工业排风系统、废水处理设施。

3. QCID 通风异味控制系统

应用：市政废水处理场所中的废水处理前端、抽水站湿井、污泥脱水区域、污泥存储区域、隔栅和沉砂池；工业场所中固体废物接收区、固体废物加工区、工业排气系统。

配合给药系统：Mist Pro 给药和稀释系统、950 系列给药和稀释系统。

系统概述：QCID 系统（见图 2-13-52）对点源污染来说提供了通风和异味控制双重作用。QCID 是英文管道快速混合的缩写，它的混合时间为 0.3s。对于同等处理能力的异味控制系统来说，它占地面积最小，所以当用地受限制时，这种系统最适合。系统设计采用

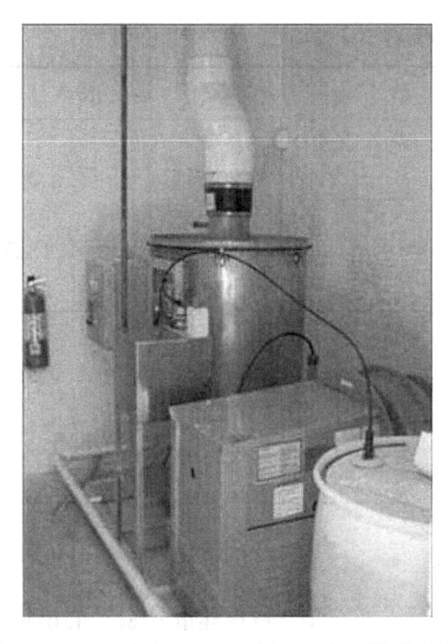

图 2-13-51 VPS-015 通风异味控制系统

图 2-13-52 QCID 通风异味控制系统

NuTech 的 Chi-X 或者 DeAmine 异味去除剂，目的是在相对平稳的负荷情况下去除可氧化的有机异味。两级或可调速电机用于满足不同季节的通风要求。材料为不锈钢，容量是 1000～8000ft^3/min，静压小于 3.5in (8.9cm)。可以根据客户要求订制以满足不同的进出口要求。系统安装在地板上，但也可根据场地情况调整。安装费平均占总投资的 10%～20%。

使用 QCID，NuTech 保证在排气烟窗里的异味消除可小于 200 臭气单元 (D/T)，正丁醇浓度不超过 3，正丁醇浓度小于 1 也是可能的。对硫化氢的作用效果低于 1×10^{-6}。如果需要将 H_2S 标准降低到 1×10^{-6}，则应考虑使用专门处理 H_2S 的设备。

4. Cross Flow 平流式湿式洗涤塔系统

应用：市政废水处理场所中的合流排水系统的污水溢流、中转站、有氧加工区、污泥脱水处理区、污泥储存站、隔栅和沉砂设备；工业场所中的固体废物接收区、固体废物加工区、鱼肉加工、动物炼油加工、食物加工。

配合给药系统：2000 系列药剂注入系统、化学氧化剂供给系统。

系统概述：平流式是在大风量、低浓度下最经济有效的洗涤塔（见图 2-13-53）。系统的速度是 2300ft/min (701m/min)。内有独特的获专利的波浪形除雾器。处理单位体积的异味空气所需要的尺寸小、投资少。只有 1.4in (3.56cm) 的压力降，这种洗涤塔比活性炭系统、生物滤池或传统洗涤塔更省电。该洗涤塔没有包装，不锈钢制造，由三部分组成：空气进气管隔板、喷洒室和雾化器部分。还有两个可走进去的隔间，用于检查和维护上述三部分。多孔喷洒管上有 100 个或者更多的聚丙烯喷嘴，远程的再循环系统提供了大量药液，使其形成水墙来清洗空气。此单元重量轻，通常安装在顶部，可减少对空气管道的投资。排气烟道装在屋顶上方 7.6～9.14m 处，有利于气流的散发和稀释。

图 2-13-53 Cross Flow 平流式湿式洗涤塔系统

NuTech 的 DeAmine 或者 Chi-X 异味消除剂与该洗涤塔进行短时间接触即可有效清除有机异味。第三方检测证实，该洗涤塔系统具有极强的异味消除能力。

以上几种洗涤塔设备及参数汇总于表 2-13-39。

表 2-13-39 洗涤塔设备及参数

序号	型号	尺寸	规　　格	运行成本
1	Belt Press-Mate 带式压滤伴侣异味控制系统	长度:137.2cm 宽度:63.5cm 深度:76.2cm	静压损失:0.635cm 运输重量:104.4kg 工作重量:113.5kg 喷嘴流速:235.95L/s 供水:15.2L/min,310kPa	药剂消耗:0.5～1.0 美元/(ft^3·min) 风扇耗电:1.03～1.13kW·h/h
2	VPS-015 通风异味控制系统	长度:198.12cm 宽度:111.8cm 高度:137.2cm	静压损失:0.635cm 运输重量:363.2kg 工作重量:386kg 喷嘴流速:707.85L/s 供水:15.2L/min,310kPa	药剂消耗:0.5～1.0 美元/(ft^3·min) 耗电:1.82kW·h/h
3	QCID 通风异味控制系统	高度:157.5cm	静压损失:1.02～1.52cm 室内速率:4.064～4.572m/s 运输重量:227～635.6kg 工作重量:236～654kg 风扇功率:0.5～5hp 应用:471.9～3775.2L/s	药剂消耗:0.5～1.0 美元/(ft^3·min) 风扇耗电 0.5hp:1.03kW·h/h 1.5～2hp:1.89～2.84kW·h/h 3～5hp:4.10～8.21kW·h/h
4	Cross Flow 平流式湿式洗涤塔系统	高度:1.83～2.44m 宽度:1.524～3.353m 长度:7.01～7.925m	静压损失:3.56cm 重量:2270～4994kg 速率:11.684m/s 再循环泵工作压力:103.35kPa 电机功率:40～150hp 再循环泵功率:10～40hp 供水 17.1～36L/min,310.1kPa 应用:17932.2～70785L/s	气态药剂消耗:0.025～0.5 美元/(ft^3·min) 耗电:50～158kW·h/h

(五) 投加系统

1. NuTech 200 系列滴加式异味控制系统

应用：市政废水处理场所中的重力泄水管入口、小型潜水泵站、小型压力管道排放、小型废水处理厂的前端处理、远程公厕地窖；工业场所中的水罐、远程公厕地窖、废水排泄处理。

系统概述：200 系列滴加系统无需动力来投加化学药剂。特别设计用于 NuTech 的 XP-200 除味剂或 DeAmine，这种系统可用于安装在小型污水处理厂前部的人孔，或是小型泵站的湿墙上。在人孔中投加 XP-200 可以在 1/3 英里的范围内起到降低异味的作用。

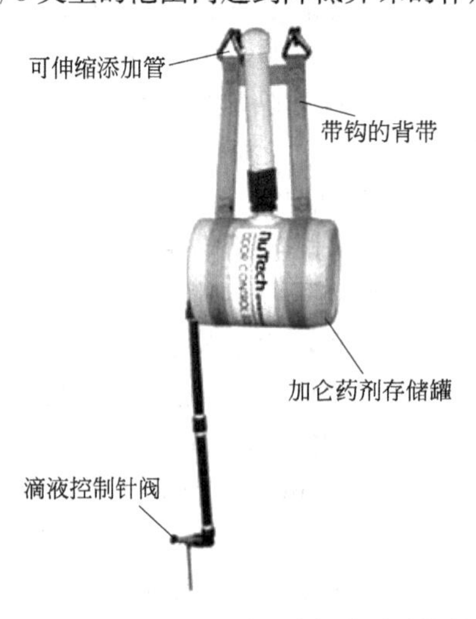

图 2-13-54 NuTech 200 系列滴加式异味控制系统

药物的投加由一个不锈钢的针阀控制，易于按现场要求控制。通常的要求是每分钟20～40滴。5加仑的容器可以使用2～3周。药液通过可延伸的补液管快速来补充，省去了拆除系统的麻烦。这个系统也可用于其他药品，但产品性质如潜在的腐蚀性和黏度能影响200系列的性能。Nu Tech200系列滴加式异味控制系统如图2-13-54所示。

2. NuTech 400 系列间歇式投加系统

应用：市政废水处理场所中湿井和压力管道，对水池进行间歇式投加药剂；工业场所中的湿井和压力管道，对水池进行间歇式投加药剂。

系统概述：400间歇式投加系列是按照专利要求设计制造的，在空的湿井或池子重新装载之前，按照定量投加药液。这个系统能更准确地投药，且在高流量、无需异味控制的时候不必投加。通过处理湿井的异味，压力管道的异味问题也得到了处理。在湿井清空以后，定量隔膜泵快速地把需要的药液投加到湿井中。最大处理能力取决于湿井的尺寸和充满时间。典型的400系列的应用最大流量为200000加仑/天（GPD）。污水中，这种系统的主要应用是控制SO_2。通常投加的药液是硝酸盐、铁盐和pH调节剂。在低流量的情况下，小于10000加仑/天。NuTech提供的Pond-X 2是含有金属离子混合物的除味剂，可同时与H_2S和相关的有机异味进行反应。Pond-X 2产品无危害，是开发商启动泵站新项目时的首选。系统可移植，方便地从一个启动项目移到下一个。

3. NuTech 2000 系列药剂投加系统

应用：市政废水处理场所中用于以下场合的湿式或者平流式洗涤塔：堆肥处理、石灰稳定处理、中转站、大量有机异味。工业场所中用于以下场合的湿式或者平流式洗涤塔：血液干燥加工、鱼类加工、食物加工、堆肥处理、石灰稳定处理。

配合给药系统可用于：平流式湿洗涤塔系统、塔式洗涤塔、流动层洗涤塔。

图 2-13-55　NuTech 2000 系列药剂投加系统

系统概述：2000系列有两种样式，pH药液投加或者是pH/ORP控制系统。这两种都有监控作用和化学投加作用，并使湿式洗涤塔循环运转。后面盘上安装控制盘和pH/ORP控制器。两个化学泵，还有一个带有pH/ORP探测器和药液注射止回阀的多点化学注射器。这个单元可以装在墙上或直接改装在洗涤塔的循环管路上。程序设置好后将按照程序运行。无论是作为系统泵入增加碱度还是泵出增加酸度，pH单元可编程控制。当洗涤塔进气管里的杂质是胺类和/或者氨时，2000系列通常用作酸添加剂。大多数应用时，有机异味里的酸物质没有被除去，2000系列就直接将NuTech的DeAmine除味剂投加入洗涤塔以便除去这些有机异味。在动物油脂加工、血液干燥以及垃圾处理应用中，专业机构对DeAmine进行了测试，表明该产品可有效降低异味的浓度和强度，减少投诉，此外测试还证实，使用DeAmine产品可降低洗涤塔内VOC（挥发性有机化合物）的散发。Nu Tech2000系列药剂投加系统如图2-13-55所示。

以上几种投加系统设备及参数详见表2-13-40。

表 2-13-40　投加系统设备及参数

序号	型号	尺寸	规格	运行成本
1	200系列滴加式异味控制系统	悬挂部分 长度:60"/152.4cm 宽度:16"/41cm 深度:12"/30.5cm	运输重量:6.81kg 工作重量:23.6kg	药剂消耗:0.19～0.29美元/h

续表

序号	型号	尺寸	规格	运行成本
2	400系列间歇式投加系统	高度:101.6cm 宽度:50.8cm 深度:30.5cm	运输重量:21.8kg 工作重量:21.8kg 工作压力:689～1033.5kPa 隔膜泵:3.79～30.32L/h	
3	2000系列药剂投加系统	高度:101.6cm 宽度:122cm 深度:30.5cm	运输重量:22.7kg 工作重量:26.3kg 给进泵工作压力:413.4～1033.5kPa 多孔循环管压力:34.5kPa 双隔膜泵:3.8～30.3L/h	耗电:1.03kW·h/h

三、设计计算

(一) 天然植物液除臭法设计的一般原则

(1) 植物液现场空间雾化处理适用于空间难以封闭场合的臭气控制或改善操作环境。

(2) 植物液应满足无毒、无燃烧、无刺激性等要求，宜根据处理臭气的成分选择相应的产品。

(3) 植物液除臭控制设备应根据臭气浓度、成分、环境条件等现场实现工况采用喷嘴连续或间歇雾化，并可根据季节变动适时改变运行频率。

(4) 植物液输送管应采用耐腐蚀、耐压、耐老化管材，室外安装时宜考虑防冻保湿措施。

(5) 植物液从液管进入雾化喷嘴之前应设置过滤装置，雾化控制设备提供的压力应与雾化喷嘴规格和工作压力相匹配。

(6) 植物液也可结合洗涤塔进行处理，植物液洗涤除臭系统组成包括洗涤塔（包括除雾器）、循环系统、给排水系统、加液系统及控制系统；洗涤塔宜采用填料塔型式。

(二) 工程实例

某污水处理厂内采用天然植物提取液法进行除臭处理。根据工程技术条件和天然植物提取液法的特点，将专用雾化装置安装在臭气发生源周围，让雾化的除臭剂分解空间内的异味分子，使臭味物质在扩散之前予以消除，从而消除异味，改善环境质量。根据臭气源特性，配置专门的除臭剂，根据臭气的浓度，随时调节控制器的操作参数，达到最佳除臭效果。本工程将污水厂内的臭源分为四个区域，每个区域自成体系。总臭源控制面积2500m^2。

(1) 粗格栅和进水泵房　在进水泵房内安装一套LCU-3装置和3个雾化装置，交错相向喷洒。

(2) 细格栅和沉砂池　在进水泵房内安装一套EP-60装置，在沉砂池安装19个雾化装置，交错相向喷洒。

(3) 四座初沉池和厌氧池　设置4套EP-60装置，在4座初沉池区域安装88个雾化装置。

(4) 污泥处理区　包括1座贮泥池，1座脱水机房，1座污泥堆棚。3处合用一套EP-60装置，设置在脱水机房内，共安装34个雾化装置。

LCU-3及EP-60控制装置占地均不超过1m^2，利用各个构筑物的角落即可布置控制系统；输送药剂的胶管采用UPVC管作为外套管，沿着池壁、墙角布置；雾化装置采用不锈钢管布置在空中；所有支撑结构，包括不锈钢立管，使用不锈钢膨胀螺栓与池壁、墙壁固定，整个工程安装简单，充分利用了污水处理厂的现有条件，除臭设备安装到位后，对原有设施没有任何影响。

整个工程设备包括管材及安装调试，总投资200.5万元，其中主控制器投资约152.8万元，雾化装置11.2万元。除臭设备间歇运行，运转时间可根据不同的区域设置，一般臭味浓度高的区域，作业时间稍长，反之则短，作业时间一般可取 2.5～5s/min。根据类似工程经验，本工程按 2.5s/min 估算运行费，144 个雾化装置需要除臭剂 18.5L/h，运行费用约为 9773 元/d，每年的运行费用约为 356.7 万元。

第六节 离子法除臭

一、原理和功能

空气通过离子发生装置时，氧分子受到具有一定能量的电子的碰撞，而形成分别带有正电或负电的正负氧离子，这些正负氧离子具有较强的活动性，它们在与恶臭气体分子相接触后，能打开恶臭气体分子的化学键，经过一系列的反应后最终生成水和氧化物。正负氧离子能有效地破坏空气中细菌的生存环境，降低室内细菌浓度。

离子净化系统借助通风管路系统向散发恶臭气体的空间送入可控浓度的正负离子空气，用离子空气“罩住”污染源表面（如污水池等）或使离子空气充满被污染的空间，使离子在极短的时间内与气体污染物分子发生反应，有效地扼制气体污染物的扩散和降低室内气体污染物的浓度。

在外排的情况下，将臭气收集至外排系统中进行处理后就地达标排放。

（一）原理

利用等离子体中的大量活性粒子对于有毒、有害、难降解环境污染进行直接的分解去除。该法是目前较新的恶臭处理方法，国内外在对恶臭处理的研究集中在非平衡等离子体或低温度等离子体。

1. 非平衡等离子体除臭

通过前沿陡峭、脉宽窄（纳秒级）的高压脉冲电晕放电，在常温常压下获得非平衡等离子体，产生大量高能电子和·O、·OH 等活性粒子，这些高能活性粒子具有极强的离子能量，可将含硫化合物和其他烃类、醇类氧化成二氧化碳和水，对恶臭中的有机物分子进行中和分解，使污染物最终转化为无害物质。有机物在等离子体的降解机理，主要包括以下过程：

① 在高能电子作用下，强氧化性自由基·O、·OH、·HO_2 的产生；

② 有机物分子受到高能电子碰撞被激发，化学键断裂形成小碎片基团和原子；

③ ·O、·OH、·H 与激发原子、有机物分子、破碎的基团、其他自由基团等发生一系列反应，有机物分子最终被氧化降解为 CO、CO_2、H_2O。

从除臭机理上分析，主要发生以下反应：

$$H_2S+O_2/O_2^-/O_2^+ \longrightarrow SO_3+H_2O \tag{2-13-105}$$

$$NH_3+O_2/O_2^-/O_2^+ \longrightarrow NO_x+H_2O \tag{2-13-106}$$

$$VOCs+O_2/O_2^-/O_2^+ \longrightarrow CO_2+H_2O \tag{2-13-107}$$

2. 低温等离子体除臭

低温等离子体是继固态、液态、气态之后的物质第四态，当外加电压达到气体的放电电压时，气体被击穿，产生包括电子、各种离子、原子和自由基在内的混合体。放电过程中虽然电子温度很高，但重粒子温度很低，整个体系呈现低温状态，所以称为低温等离子体。低温等离子体是相对于高温等离子体而言，属于常温运行。

低温等离子体除臭机理是通过高压放电，获得低温等离子体，即产生大量的高能电子，高能电子与气体分子（原子）发生非弹性碰撞，将能量转化为基态分子（原子）的内能，发生激发、离解、电离等一系列反应，使气体处于活化状态。当电子能量较低时，产生的活性自由基活化后的污染物分子经过等离子定向链化学反应后被脱除；当电子的能量大于恶臭气体分子的化学键键能时，分子发生断裂而分解，同时高能电子激励产生·O、·OH、·N等自由基。由于·O和·OH具有强的氧化性，最终可将恶臭气体转化为SO_2、NO_x、CO_2、H_2O。

（二）特点

1. 优点

① 在改善工作环境的同时，保证外排气体达标。

② 采用送风工艺的情况下是主动方式消除污染，采用送风方式在污染源表面形成离子层消除污染；不是靠稀释，而是靠分解氧化反应。

③ 对管道及设备无腐蚀性，对仪器仪表有保护作用。

④ 节能、运行费用极低。

⑤ 初投资少、无土建费用、安装灵活。

⑥ 系统噪声低。

⑦ 独立系统、管理、维护简便，可实现无人操作。

⑧ 可根据实际情况开、停设备。尤其适用小型污水处理厂，因污水处理厂运行初期，臭气量较少，可间歇使用除臭设备。

⑨ 占地面积小，如采用外排工艺，其占地仅与传统的生物除臭相同或仅占生物除臭的1/5～1/10。

2. 缺点

目前，等离子体技术治恶臭气体主要存在的问题有：气体流量较大时，转化率不高；能耗高；可能造成二次污染（如SO_2、NO_x、CO）；等离子体去除恶臭气体的作用机理有待深入地研究。由于这些问题的存在，使等离子体技术治理恶臭气体在工业上的应用受到限制。

（三）离子法除臭工艺的组成

离子法除臭工艺主要由四部分组成：新风过滤系统、氧离子送风系统、废气收集系统及末端废气处理系统[13]。其主体设备由两部分组成，即氧离子发生器和废气集中处理箱。

1. 新风过滤系统

新风过滤系统由若干中效袋式过滤器（F5级，过滤效率为45%）、过滤装置及防雨设施组成。离子法所用原料为普通的新鲜空气，为了保障后续工艺（离子发生器）的正常运行，需对空气中大颗粒的灰尘、杂质进行有效地拦截。这样增加了离子发生器的使用寿命，达到更佳的除臭效果。

2. 氧离子送风系统

由送风机、氧离子发生器及送风管路组。氧离子发生器具备体积小、质量轻的特点，将其安装在送风管路中。氧离子发生器利用送风机送入的新鲜空气中的氧气电离成正负氧离子，并通过送风管道将这些具有高活性的正负氧离子送入需要除臭的区域或者废气集中处理箱内与废气中的污染因子反应，从而达到治理臭气的目的。

3. 废气收集系统

由废气收集管路（排风管道）、隔离罩或盖板及排风机组成。为防止废气污染物的溢出，可选用隔离罩或盖板将敞露区域封闭起来，再利用排风机及废水收集管（排风管路）将废气抽出排放至后续工艺——末端废气处理系统中，从而使其处于负压状态，有效地控制住废气污染物，防止其进一步污染周围空气。

4. 末端废气处理系统

由废气集中处理箱及排气装置组成。废气集中处理箱为一个设计良好的混合反应箱，它能使同时进入其内部的两部分气体（高活性的正负氧离子空气和废气）进行迅速的、密集的掺混反应，将废气中的污染物氧化分解为无害的小分子物质。最后经由排气装置（排气筒、防雨百叶风口等）达标排放。

(四) 工艺流程

1. 典型的离子除臭工艺流程

见图 2-13-56。

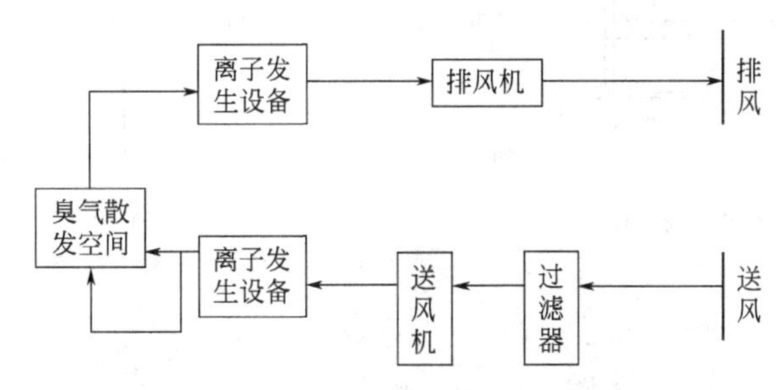

图 2-13-56 离子除臭典型工艺流程

2. 高能离子除臭系统工艺流程

采用高能离子排风除臭方式（见图 2-13-57），对泵房的臭气进行处理。即将格栅井、格栅罩内及泵房内的臭气收集进入高能离子除臭外排系统中进行处理后达标排放。同时为了补充新风，在格栅罩部分加装送风百叶进行补风。

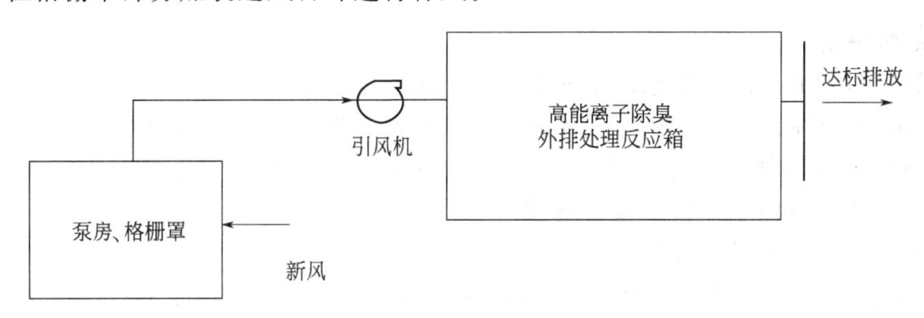

图 2-13-57 高能离子除臭系统工艺

3. 离子除臭法工艺要求

① 等离子体法处理恶臭气体的可燃成分浓度应低于爆炸下限。

② 等离子体反应区采用耐腐蚀和耐氧化材料。

③ 等离子体电源能稳定运行 50000h 以上。

④ 等离子体出口尾气应考虑臭氧消除装置。

⑤ 反应区气体流速宜为 3～5m/s。

二、设备和装置

(一) 双介质阻挡放电等离子体装置

双介质阻挡放电（double dielectric barrier discharge，DDBD）等离子体工业废气处理技术是派力迪公司与复旦大学共同研发的一种新的环境污染治理技术，其所产生的等离子体的密度是其他技术的 1500 倍。它利用所产生的高能电子、自由基等活性粒子激活、电离、裂解工业废气中的各组成分，使之发生分解、氧化等一系列复杂的化学反应，再经过多级净化，从而消除各种污染源排放的异味污染物。

1. 装置的结构形式

DDBD 等离子体双介质阻挡放电示意见图 2-13-58(a)，双介质阻挡放电的电极结构示意见图 2-13-58(b)。

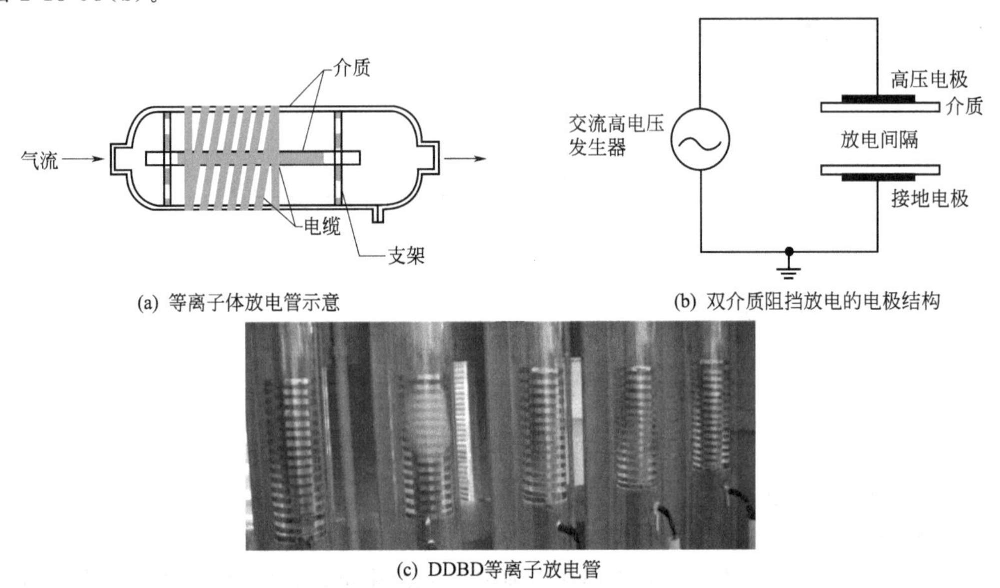

(a) 等离子体放电管示意

(b) 双介质阻挡放电的电极结构

(c) DDBD等离子放电管

图 2-13-58 DDBD 等离子双介质阻挡放电装置

2. 技术特点

(1) DDBD 双介质阻挡放电产生的电子能量高，等离子体密度大。

(2) DDBD 技术反应速度快，气体通过反应区的速度达到 3～15m/s。

(3) 气体通过部分均采用陶瓷、石英、不锈钢等防腐蚀材料，电气与废气不直接接触，根本上解决了低温等离子体技术设备腐蚀问题。

(4) 操作简单，自动化程度高。

(5) 运行成本较低，比常用的蓄势式燃烧炉 RTO 节约运行费用 5～8 倍，运行费用仅为 0.003～0.009 元/m^3 废气。

(6) 应用范围广，基本不受气温和污染物成分的影响，对恶臭异味的臭气浓度有良好的分解作用，恶臭的去除率达到 80%～98%，处理后的臭气浓度达到国家标准。

3. 工艺流程

完整的 DDBD 等离子体除臭系统主要由集气系统、连接管道系统、净化设备、风机排气、电气控制等构成，见图 2-13-59。

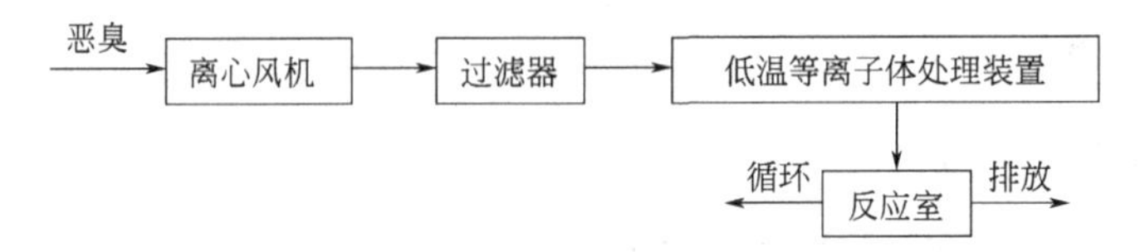

图 2-13-59 等离子体臭气净化流程

4. 适应范围

DDBD 等离子体除臭系统的处理对象广泛，绝大部分异味分子均能被分解，其主要适用范围如下：

（1）含硫化合物　硫化氢、硫醇类、二甲基硫、硫醚类及含硫的杂环化合物等。

（2）含氮化合物　氨、胺类、腈类、硝基化合物以及含氮杂环化合物等。

（3）苯系物及脂类　苯乙烯、苯、甲苯等。

（4）含卤素化合物　氟里昂、氯仿、二氯甲烷等。

（二）Bentax高能离子脱臭系统

1. 技术简介

Bentax高能离子脱臭系统是瑞典的高新技术，它能有效地清除臭气污染物。其核心装置是BENTAX离子空气净化系统。其工作原理是置于室内的离子发生装置发射出高能正、负离子，它可以与室内空气当中的硫化氢、氨、有机挥发性气体分子接触，使之分解；离子发生装置发射离子与空气中尘埃粒子及固体颗粒碰撞，使颗粒荷电产生聚合作用，形成较大颗粒靠自身重力沉降下来，达到净化目的；发射离子还可以与室内静电、异味等相互发生作用，同时有效地破坏空气中细菌生长的环境，降低室内细菌浓度，并使其完全消除。

2. 系统组成

Bentax高能离子除臭系统主要由离子发生装置、高能离子送风输送装置、控制装置等几部分组成。

（1）离子发生装置　由Bentax离子管、离子发射基座、电路及控制模块组成。

（2）高能离子风输送装置　由空气过滤器、变频送风机、送风管和阀门等组成，空气过滤器清除空气中的微小灰尘颗粒，洁净的空气进入离子发生装置形成高浓度的离子风，通过送风系统将离子风扩散到需要处理的空间，污染源在离子风的包覆下在界面上直接反应，从而无法逃逸出来污染大气，氧离子有效氧化分解污染气体中的臭气分子，从而提高区域空气质量，改善工作环境。

（3）控制装置　由可编程控制器（PLC）、变频器、传感器、断路器等组成。控制装置根据除臭空间特定臭气分子的变化情况，控制离子发生装置产生的离子浓度、送风量以及状态显示，并接受远程自控系统控制。

3. 系统特点

（1）Bentax高能离子除臭系统能有效抑制细菌病毒活动、消除异味并具有消除静电、减少空气中可吸入颗粒物功能；对 H_2S、NH_3 等气体处理效果均能达到90%以上，在所有指定空间范围内的除臭可达到国家规定的标准。

（2）作为一种成熟的离子除臭技术，离子浓度可控，运行过程不产生臭氧，更不会带来二次污染，整个系统具有良好的保温性能及气密性，其漏风率小于5%。

（3）在额定风量下能够连续工作，主机寿命10年以上，离子管寿命20000h以上，运行噪声低于60dB。

（4）能耗较低，每处理1000m^3/h臭气的装机功率在1.0kW以下。

第七节　其他除臭方法

一、燃烧除臭法

燃烧除臭法是利用高温氧化，将恶臭气体氧化为无臭无害的二氧化碳和水等物质的方法。可以分为直接高温燃烧法和催化低温燃烧法[14]。

(一) 直接燃烧法

它是把臭气中可燃的有害组分当作燃料直接烧掉，因此这种方法只适用于净化可燃、有害、组成浓度较高的臭气，或者是用于净化有害组分燃烧时热值较高的臭气。这一类臭气在某些工业废水的处理系统中有可能产生。图 2-13-60 为直火式脱臭燃烧炉示意。

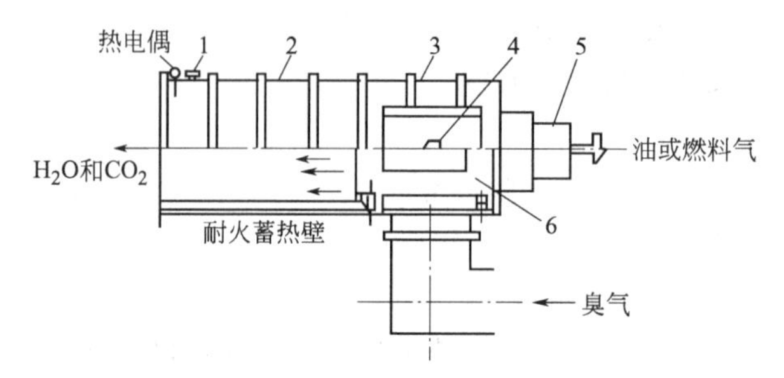

图 2-13-60 直火式脱臭焚烧炉

1—气体取样口；2—滞留室；3—送风燃烧器；4—窥视孔；5—燃烧器；6—有槽圆筒

臭气用热交换机换热后导入脱臭炉，脱臭炉内的温度通常设定在 650～800℃左右，接触时间为 0.3～0.5s。炉内温度应尽量均匀。温度分布不均将造成臭气脱除效率低下。脱臭炉排放的尾气预热交换机以及废热回收，交换回收废热后向大气排放。对于高浓度臭气处理用直接燃烧法是有效的，但是燃烧费用高，燃烧后的气体中含有 NO_x 等气体成分，有二次污染的可能。

(二) 催化燃烧法

催化燃烧实际上为完全的催化氧化，即在催化剂作用下，使废气中的有害可燃组分完全氧化为二氧化碳和水。因为使用催化剂可以比直接燃烧法更低温地运行，燃料的使用量也大幅度的减少，仅为高温燃烧的 1/3 左右，而且臭气的氧化分解时间较高温燃烧快十多倍。脱臭效率的提高使得装置小型化。图 2-13-61 为催化燃烧脱臭装置的示意。

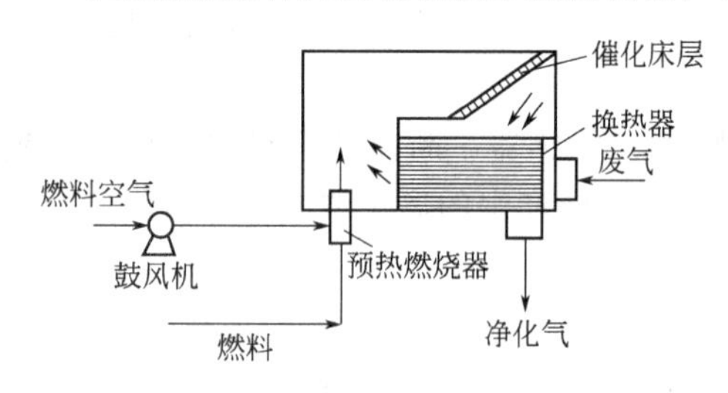

图 2-13-61 催化燃烧脱臭装置

被处理的臭气通过前处理装置除去有害金属、酸性气体和粉尘等后，通过热交换机预热输送到脱臭炉内处理。通常炉温设定在 250～350℃，接触时间为 0.3～0.5s。催化燃烧所用的催化剂一般用铂、镍或非贵重金属铜、锰、铁、钴、锌的氧化物，也有的用稀土化合物，对于苯类、醚类、酯类的恶臭气体，净化率可达 99%以上。催化燃烧法具有净化效率高、操作温度较低、能耗较少、对可燃组分浓度和热值限制少、无火焰燃烧的安全性好等特点，是一种重要的恶臭脱除方法。

催化燃烧法虽然能彻底将废气中的有害物质转化为无害物质，达到脱臭的目的，但整个工艺过程中对于高分子化合物的分解率不是很高，还会产生脱硫废物及废催化剂等固体废物，同时存在设备投资大，运行管理较严格，监控难度大和实际操作经验不足等问题。另外催化剂的造价比较高，且在燃烧过程中容易使催化剂中毒，对于臭气的预处理要求较高。

二、臭氧处理法

臭氧处理法在污水处理厂恶臭去除方面应用得比较成功。臭氧是一种必须现场生成的强氧化剂。臭氧处理系统主要包括排气扇、臭氧扩散器、臭氧接触室、输送管网、臭氧生成系统和自动控制系统等。用来分解恶臭物质的臭氧剂量取决于污染物的种类和浓度。一般而言，臭氧剂量在（1～25）$\times10^{-6}$之间。在条件适宜时，臭氧与硫化氢的反应速度极快，只需1s，但须与待处理气体迅速混合均匀才可。然而，当污水处理厂产生的废气中污染物浓度很高时，臭氧不能完全氧化这些污染物。另外，未使用的残余臭氧本身又是一种空气污染物[15]，需进行尾气处理。

三、稀释扩散法

稀释扩散法是将恶臭气体通过烟囱高空扩散，或者以无臭的空气将其稀释，以保证在烟囱下风向和臭气发生源附近工作和生活的人们不受恶臭的袭扰，不妨碍人们的正常生活。通过烟囱排放臭气，必须根据当地的气象条件，正确设计烟囱的高度，其目的是保证有人工作和生活的地方，恶臭物质的浓度不超过它的阈值浓度。该方法主要适用于浓度比较低的工业有组织排放源的恶臭处理，费用低，运行简单，但它仅仅是污染物质的转移，并没有实现恶臭物质的转化或降解。因此通常情况下，不推荐使用稀释法处理臭气。

四、高级氧化除臭法

（一）特种光量子除臭法

特种光量子技术通过特制的激发光源产生不同能量的光量子，利用恶臭物质对该光量子的强烈吸收，在大量携能光量子的轰击下使恶臭物质分子解离或激发，同时空气中的氧气和水分及外加的臭氧在该光量子的作用下可产生大量的新生态氢、活性氧和羟基自由基等活性基团，一部分恶臭物质也能与这些具有较高能量的活性基团发生反应，通过以上反应使恶臭气体最终转化为CO_2和H_2O等无害物质，从而达到去除恶臭气体的目的。因其激发光源产生的光量子的平均能量在1～7eV，适当控制反应条件可以使一般情况下难以实现的反应发生或使速度很慢的化学反应变得十分快速，大大提高了反应器的作用效率。与其他除臭技术相比，该装置具有体积小、操作方便及兼具有广谱杀菌等特点。该技术的缺点是处理效果不稳定，而且出于化学分解机理不明确，产物复杂，因此存在潜在的二次污染，因此在选用时应当慎重。

（二）活性氧除臭法

活性氧除臭技术指在常温常压下高压脉冲放电将空气中氧分子电离成臭氧、原子氧、羟基自由基等活性氧，活性氧中的离子氧有极强的氧化能力，可将氨、硫化氢、硫醇等污染物以及具有恶臭异味的其他有机物迅速氧化。这一技术主要是通过两个途径实现的：一是在高能电子的瞬时高能量作用下，打开某些有害气体分子的化学键，使其直接分解成单质原子或无害分子；二是在大量高能电子、离子、激发态粒子和氧自由基、羟基自由基（自由基带有不成对电子而具有很强的活性）等作用下，氧化分解成无害产物。

从除臭机理上分析，主要发生以下反应：

$$H_2S+O_2、O_2^-、O_2^+ \longrightarrow SO_3+H_2O \tag{2-13-108}$$

$$NH_3+O_2、O_2^-、O_2^+ \longrightarrow NO_x+H_2O \tag{2-13-109}$$

$$VOCs+O_2、O_2^-、O_2^+ \longrightarrow SO_3+CO_2+H_2O \tag{2-13-110}$$

从上述反应来看，恶臭组分经过处理后，转变为SO_3、NO_x、CO_2、H_2O等小分子，由于产物的浓度极低，均能被周边的大气所接受，因此无二次污染。

活性氧除臭系统一般由离心风机、过滤器、活性氧发生装置、高压脉冲控制器等组成，典型的工艺流程见图2-13-62。处理系统中气体流速一般为0.7m/s，臭气在反应区停留时间为2s，对硫化氢的去除率在90%以上。

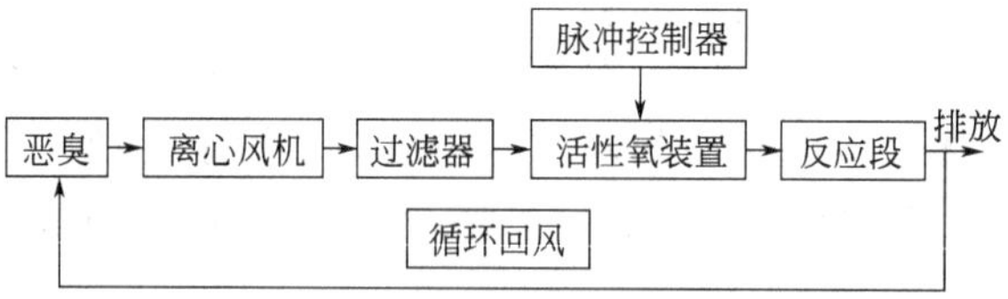

图 2-13-62 活性氧设备净化流程

参考文献

[1] 罗振家．城市排水设施中恶臭源的产生及其治理对策的研究．中国市政工程，2003（3）：50-53.

[2] Frechen F B. Odour emissions and odour control at wastewater treatment plants in West Germany. Wat. Sci. Tech.，1988，20：261-266.

[3] C. David Cooper，QEP P E，Victor J. Odor investigation and control at s WWTP in orange county Florida. Environmental Progress，2001，20（3）：133-143.

[4] 沈培明，陈正夫，张东平等．恶臭的评价与分析．北京：化学工业出版社，2005.

[5] 司马勤，曹晶，姚行平等．大坦沙污水处理厂二期生物反应池加盖除臭工程设计．中国给水排水，2007，23（14）：52-55.

[6] 徐晓军，宫磊，杨虹等．恶臭气体生物净化理论与技术．北京：化学工业出版社，2005.

[7] 吴忠标主编．实用环境工程手册——大气污染控制工程．北京：化学工业出版社，2001.

[8] 郝吉明，马广大编著．大气污染控制工程．北京：高等教育出版社，1998.

[9] 董志权主编．工业废气净化与利用．北京：化学工业出版社，2001.

[10] 石磊主编．恶臭污染测试与控制技术．北京：化学工业出版社，2004.

[11] 席劲瑛，胡洪营，罗彬等．不同填料生物滤塔净化城市污水厂恶臭气体研究．中国给水排水，2010，26（3）：1-3.

[12] 李亮，赵忠富，张明杰等．猎德污水处理厂污泥系统除臭工程设计．给水排水，2007，33（12）：40-43.

[13] 许晓俊，阚亮亮．污水处理厂低温等离子体恶臭治理技术．工业安全与环保，2005，31（8）：17-19.

[14] 尹军，王晓玲，赵玉鑫等．城市污水处理厂除臭技术．环境污染治理技术与设备，2006，7（8）：90-94.

[15] 巫建光，孙亚敏，鲁智斌．城市污水处理厂的恶臭污染控制技术．合肥工业大学学报（自然科学版），2001，25（5）：998-1001.

第三篇

Chapter 03

废水处理工程的建设与运行

第一章 项目立项及调研论证

第一节 项目立项

立项是指投资人或其代表从投资者的利益和项目目标出发，提出项目规划，初选项目[1]。立项属于项目建设周期的前期阶段工作。对于政府投资项目而言，项目单位需要根据项目的具体情况策划项目，委托有相应资质的单位编制项目建议书，并根据拟立项工程的级别申报到相应级别的发展改革委员会审批，项目建议书批准后再报批项目可行性研究报告。对于不使用政府投资的项目而言，项目单位需要对项目进行机会研究和可行性研究，以决定企业是否要进行投资，最后再编制项目申请报告报请相应级别的发展改革委员会核准。根据《政府核准的投资项目目录（2013 年）》的相关规定，“废水处理工程的建设”属于该文件中的“城建”类中的“其他城建项目”，由地方政府投资主管部门核准。

无论是城镇污水厂还是工业废水处理设施，工程的建设性质不外乎有三种：新建、改扩建和技改。这需要项目单位根据项目的实际情况策划项目，确立项目建设目标，筹措项目经费，确保项目按期实施和正常运营。

一、项目的投资开发程序

所谓项目，就是在既定的资源和要求的约束下，为实现某种目的而相互联系的一次性工作任务。项目具有如下的基本特征：明确的目标，独特的性质，资源成本的约束性，实施的一次性，特定的委托人（既是项目结果的需求者也是项目实施的资金提供者），结果的不可逆转性等。

在我国投资建设活动中，不同管理部门和项目管理阶段，对项目有不同的称谓。常用的有投资项目、建设项目、工程项目。投资项目是“固定资产投资项目”的简称，是指为实现某种特定目的，投入资金和资源，在规定的期限内建造或购置固定资产的投资活动。建设项目是指按照一个主体设计进行建设并能独立发挥作用的工程实体。在实际工作中，工程项目有时等同于建设项目，是勘察设计、施工和竣工时常用的项目称谓。废水处理工程的建设，在不同阶段也相应地被称为投资项目、建设项目、工程项目，本章中统称为工程项目。

工程项目的建设需要按照一定的投资开发程序进行。我国根据投资管理体制和项目建设程序，对投资项目周期进行了划分和界定，见表 3-1-1。

城镇污水处理工程的建设属于城市基础设施项目，往往属于政府投资的范畴，当然也有政府为吸收社会资金以 BOT 方式建设的项目。前者需要设立项目法人单位以完成整个投资过程，后者则由 BOT 承担企业自筹解决。工业废水处理设施的建设，则属于企业行为，其资金也多由工业企业自筹解决。

按工程是否使用政府投资划分，在工程项目的前期阶段，项目立项后进一步进行的研究分为可行性研究报告和项目申请报告，两者在研究深度上的要求是一致的，但报告内容的侧重点不同。项目申请报告是政府用来核准企业投资行为的，其重点在阐述政府关注的有关外

表 3-1-1 投资项目周期划分

投资阶段	标志	工作内容
前期阶段	政府投资项目从项目策划起，到批准可行性研究报告止	编审项目建议书和可行性研究报告，咨询评估，最终决策项目和方案
	企业投资项目从项目策划起，到项目申请报告核准止	项目规划，勘察，进行机会研究和可行性研究，编审项目申请报告，咨询评估等
准备阶段	从项目可行性研究报告批准或项目申请报告核准起，到项目正式开工建设止	工程设计、筹资融资、招标投标、签订合同、征地拆迁及移民安置、施工准备（场地平整、通路、通水、通电）
实施阶段	从投资项目的主体工程破土动工起，到工程竣工交付运营止	工程施工、设备采购安装、工程监理、合同管理、生产准备、竣工验收
运营阶段	从项目竣工验收交付使用起，到运营一定时期止	正常生产运营、项目后评价、偿还贷款、更新改造等

部性、公共性等事项，包括维护经济安全、合理开发利用资源、保护生态环境、优化重大布局、保障公众利益、防止出现垄断等方面的内容。本章重点说明可行性研究报告的有关内容。

工程的建设需要按照一定的投资开发程序进行，一般包括立项、项目建议书提出及审批、可行性研究报告提出及审批、初步设计、施工设计等阶段。

二、城镇污水处理工程

我国近年来城镇污水处理设施的建设保持快速增长态势。截至 2011 年 3 月底，全国设市城市、县累计建成城镇污水处理厂 2996 座，处理能力达到 1.33 亿立方米/日。目前，全国已有 18 个省、自治区、直辖市实现了“每个县（市）建有污水处理厂”的目标。尽管我国城镇污水处理厂的建设发展迅猛，但是与水环境的要求还有较大差距。

建设城镇污水厂是为了将汇水范围内收集的污水集中处理后达标排放，有的污水厂处理工艺还延伸到再生水回用。城镇污水处理厂的建设背景包括以下几种情况。

（1）新建城镇污水厂　为解决城镇污水直接排放污染水环境的问题，应当新建城镇污水处理厂，并根据城镇污水的现状水量，以及城市规划所确定的人口、工业、服务业的发展情况确定污水处理厂的近期、远期建设规模。

（2）改扩建城镇污水厂　现有的城镇污水厂已经不能满足城市排水处理的需要，必须提高处理能力，这包括处理规模的扩大和处理程度的提高两个方面。

（3）建设城市再生水厂　对于水资源不足的缺水型城市，为了减缓资源压力，维持资源环境的可持续发展，应将城镇污水作为二次水源加以开发利用，投资建设城市再生水厂。

三、工业废水处理工程

《中华人民共和国水污染防治法》规定：建设项目的水污染防治设施，应当与主体工程同时设计、同时施工、同时投入使用。根据这一规定，排放水污染物的建设项目应当建设配套废水处理设施。工业废水处理设施的建设背景包括以下几种情况。

（1）对于新建项目而言，必须依照“三同时”的要求建设配套的废水处理设施。

（2）工业废水处理设施在运营一定时期后，可能存在设施老化、运行效率降低、水质欠稳定、管理难度加大等问题，或者由于当地水污染物排放标准的提高，现有设施不能满足达标排放的要求，企业需要对现有废水处理设施进行技术改造。

（3）工业企业在生产发展过程中，由于产品方案的调整、生产规模的扩大等原因造成企业产生的废水水质水量的变化，当超过现有废水处理设施的处理能力时，就需要改建废水处理设施以满足新形势的需要。

第二节 项目建议书

项目建议书（又称立项报告）是项目建设筹建单位或项目法人，根据国民经济的发展、国家和地方中长期规划、产业政策、生产力布局、国内外市场、所在地的内外部条件，提出的某一具体项目的建议文件，是对拟建项目提出的框架性的总体设想[1,2]。项目建议书往往是在项目早期，项目条件还不够成熟，仅有规划意见书，对项目的具体建设方案还不明晰，市政、环保、交通等专业咨询意见尚未办理的条件下提出的。

项目建议书主要论证项目建设的必要性，建设方案和投资估算比较粗，投资误差允许为±30%左右。项目建议书及其批复是编制可行性研究报告的重要依据。

一、主要内容

项目建议书的主要内容应包括以下几项。

（1）项目概况　包括项目名称、项目提出的必要性和依据、项目承办单位的有关情况及项目建设的主要内容等。

（2）项目建设初步选址及建设条件　项目建设拟选地址包括地理位置、占地范围（四至范围）、占用土地类别（国有、集体所有）和数量、拟占土地的现状及现有使用者的基本情况；如果不指定建设地点，要提出对占地的基本要求。项目建设条件包括能源供应条件、主要原材料供应条件、交通运输条件、市政公用设施配套条件及实现上述条件的初步设想；需进行地上建筑物拆迁的项目，要提出拆迁安置初步方案。

（3）项目建设规模和内容　包括水量和水质条件、工艺方案、总图运输方案、工程量初步估算等。

（4）投资估算、资金筹措及还贷方案设想　包括项目总投资额、资金来源等。利用银行贷款的项目要将建设期间的贷款利息计入总投资内，利用外资项目要说明外汇平衡方式和外汇偿还办法。

（5）项目的进度安排　项目的估计建设周期、分部实施方案、计划进度等。

（6）经济效果和社会效益的初步估计　包括初步的财务评价、国民经济评价、环境效益和社会效益分析等。

（7）环境影响的初步评价　包括治理“三废”措施、生态环境影响的分析等。

（8）结论　项目建议的主要结论。

（9）附件　通常包括建设项目拟选位置地形图（城近郊区比例尺为1∶2000，远郊区县比例尺为1∶10000），标明项目建设占地范围和占地范围内及附近地区地上建筑物现状。在自有地皮上建设，要附规划部门对项目建设初步选址意见。

二、审批及后续工作

项目建议书要按现行的管理体制和隶属关系，分级审批。原则上，按隶属关系经主管部门提出意见后，由主管部门上报，或与综合部门联合上报，或分别上报。

项目建议书获得批准后，应接着开展如下工作：

（1）确定项目建设的机构、人员、法人代表、法定代表人；

（2）选定建设地址，申请规划设计条件，做规划设计方案；

（3）落实筹措资金方案；

(4) 落实供水、供电、供气、供热、雨废水排放、电信等市政公用设施配套方案；
(5) 落实主要原材料、燃料的供应；
(6) 落实环保、劳保、卫生防疫、节能、消防措施；
(7) 外商投资企业申请企业名称预登记；
(8) 进行详细的市场调查分析；
(9) 编制可行性研究报告。

附：城镇污水处理工程项目建议书编制大纲

一、总论

1. 项目名称
2. 承办单位概况（新建项目指筹建单位情况，技术改造项目指原企业情况）
3. 拟建地点
4. 建设规模
5. 建设年限
6. 概算投资
7. 效益分析

二、水质水量

1. 水质水量现状
2. 水质水量预测（根据城市社会经济发展情况，预测未来水质水量）
3. 排放标准

三、建设规模和方案

1. 建设规模与方案比选
2. 推荐建设规模、方案及理由

四、项目选址

1. 场址现状（地点与地理位置、土地可能性类别及占地面积等）
2. 场址建设条件（地质、气候、交通、公用设施、政策、资源、法律法规、征地拆迁工作、施工等）

五、技术方案、设备方案和工程方案

（一）技术方案

1. 技术方案选择
2. 主要工艺流程图，主要技术经济指标表

（二）主要设备方案

（三）工程方案

1. 建（构）筑物的建筑特征、结构方案（附总平面图、规划图）
2. 建筑安装工程量及“三材”用量估算
3. 主要建（构）筑物工程一览表

六、投资估算及资金筹措

（一）投资估算

1. 建设投资估算（先述总投资，后分述建筑工程费、设备购置安装费等）
2. 流动资金估算
3. 投资估算表（总资金估算表、单项工程投资估算表）

（二）资金筹措

1. 自筹资金
2. 其他来源

七、效益分析

（一）经济效益
1. 基础数据与参数选取
2. 成本费用估算（编制总成本费用表和分项成本估算表）
3. 财务分析

（二）社会效益
1. 项目对社会的影响分析
2. 项目与所在地互适性分析（不同利益群体对项目的态度及参与程度；各级组织对项目的态度及支持程度）
3. 社会风险分析
4. 社会评价结论

（三）环境效益分析
1. 污染物总量减排
2. 区域水环境质量改善

八、结论

第三节 水质水量调查

水质水量调查的目的是确定废水处理工程的设计规模和进水水质[3]。

一、城镇污水调查

1. 水量

对于雨污分流的地区，根据《室外排水设计规范》（GB 50014）规定，城镇污水处理厂设计流量应按如下公式计算[4]：

$$Q=Q_d+Q_m \tag{3-1-1}$$

式中，Q 为废水设计流量，L/s；Q_d 为设计综合生活污水量，L/s；Q_m 为设计工业废水量，L/s。

居民生活污水定额和综合生活污水定额应根据当地用水定额，结合建筑内部给排水设施水平和排水系统普及程度等因素确定，可按当地相关用水定额的 80%～90%计算。

综合生活污水量总变化系数可按当地实际综合生活污水量变化资料采用，没有测定资料时，可按表 3-1-2 的规定取值[3,4]。

表 3-1-2 综合生活污水量总变化系数

平均日流量/(L/s)	5	15	40	70	100	200	500	≥1000
总变化系数	2.3	2.0	1.8	1.7	1.6	1.5	1.4	1.3

注：当废水平均日流量为中间数值时，总变化系数可用内插法求得。

工业区内生活污水量、沐浴废水量的确定，应符合现行国家标准《建筑给水排水设计规范》（GB 50015）的有关规定。

工业区内工业废水量和变化系数的确定，应根据行业和工艺特点，并与国家现行的工业用水量有关规定协调[5]。

2. 水质

城镇污水处理厂进水污染物浓度的高低决定处理工艺的选择，同时与基建投资和运行费用密切相关，是非常关键的决策参数。污水处理厂进水水质与居民生活水平、生活习惯、生活用水量、工业的类别和规模、工业用水量以及管网条件、污水收集方式等许多因素关联，因此要准确预测污水处理厂建成后服务期内的水质，难度较大。

城镇污水处理厂的质量负荷为污水中的组分浓度与废水流量之乘积，在流量已确定的条件下，水质指标浓度值将直接影响质量负荷的大小。城镇污水流量变化实际上与水质变化并不同步，因此在设计过程中，流量确定之后，如何按水质变化确定相应的水质指标就显得非常重要。水质指标浓度值设计过大则会造成浪费，浓度值设计过小则不能满足达标要求。

《室外排水设计规范》（GB 50014—2006）中规定[4]，城镇污水厂的设计水质应根据调查资料确定，或参照邻近城镇、类似工业区和居住区的水质确定。无调查资料时，可按下列标准采用：

生活污水的 BOD 可按每人每天 25～50g 计算；

生活污水的悬浮固体量可按每人每天 40～65g 计算；

生活污水的总氮量可按每人每天 5～11g 计算；

生活污水的总磷量可按每人每天 0.7～1.4g 计算。

工业废水部分的水质，应按照相应行业水污染物排放标准或污染物排入城市下水道水质标准的规定，采用排入城镇污水处理厂的城市下水道系统的水质作为标准，工业废水出厂水质必须满足该标准，若超标必须在工厂内进行处理，达标后才能排入下水道。

根据城镇污水中生活污水和工业废水水量比例和各自水质，加权平均计算出进入城镇污水处理厂的废水水质。

二、工业废水调查

工业废水的流量和水质变化比较复杂，与行业类别、生产规模、产品品种和产量、产生废水的生产工艺及生产过程有关。即使相同行业相同生产工艺，由于不同工厂之间生产过程、辅助工序、管理水平等方面有差别，废水产生量和废水水质有时也会有很大不同。因此，进行废水处理厂设计之前必须对工业废水流量和水质变化情况进行实地调查，掌握变化规律，为设计提供可靠依据。

对于已有生产设施排放的工业废水，流量与水质调查可以一并进行，一般分为以下几个步骤。

（1）调查工厂内各部位、各车间、各生产工序的用水和排水情况，绘制水量平衡图，计算各类废水的排放量以及废水排放总量。

（2）在正常生产状态下，对厂区废水的排放量进行实测，绘制水量变化曲线，并将实测结果与水量平衡图进行比对，若二者相差较大，应查找原因。

（3）绘出厂内废水管道分布的平面图和系统图，对管网不完善的地方应提出整改方案，以确保废水处理工程建成后，顺利实现全厂废水达标排放。管网改造的造价一般应计入废水处理厂的投资。

（4）建立水质的采样、分析程序，在废水管网平面和系统图上标明需要采样的位置和采样频率，制订采样方案。对于连续性稳定生产过程，可以每隔一定时间（例如每 4h）采样一次进行分析，若生产过程波动较大，则采样频率要增加，例如每 1～2h 就要取一个水样进行分析。周期性生产过程排放的废水要做一个生产周期内按流量比例的混合水样。

（5）根据水量调查和水质分析结果，绘制污染物总量平衡图以及污染物负荷变化曲线，作为确定废水处理工程进水水质的依据。

对于与新建生产设施配套的废水处理工程，由于无法进行水量水质的实测，应主要依靠水量和污染物总量的理论计算平衡图，同时参考同类生产设施的废水水量水质情况来确定设计水量和水质。

第四节 场址选择

一、城镇污水处理工程

城镇污水处理厂的场址选择一般应满足如下要求：

（1）场址宜设在城镇水体的下游，符合城镇总体规划，并考虑远景发展，选择地形开阔并留有充分扩建余地的场址；

（2）场址应位于城镇集中供水水源的下游，距离一般不小于500m；

（3）场址应尽可能设在城镇、居住区和工厂夏季主导风向的下风向；

（4）场址与规划居住区、学校、医院等敏感区的卫生防护距离应根据环境影响预测与评价的结果确定，一般不小于300m；

（5）场址应设在地表水体附近，处理后的出水可就近排入水体，节省排水管道的长度；城镇污水处理厂若提供再生水，则场址周边应有需水量适宜的再生水用户，尽量避免再生水长距离输送；

（6）场址地形应不受水淹、有良好的排水条件，并考虑汛期不受洪水的威胁；地形应起伏变化不大，利于土建施工，同时应有合适坡度，使废水有自流的可能，以节约动力消耗，并有利于废水引入和处理水的排放；

（7）场址要求土地利用价值低、拆迁量小，有利于节约投资；应尽可能少占农田或不占良田，且便于农田灌溉和消纳污泥；

（8）场址的选择应考虑便捷的交通运输、水电供应，良好的水文地质和工程地质等条件。

二、工业废水处理工程

工业废水处理厂一般建设在工厂厂区内，场地选择时应主要考虑以下因素：

（1）场地使用面积应满足废水处理厂的需要，并留有扩建的余地；

（2）场地应位于所在地区夏季主导风向的下风向，并尽量远离厂内办公和生活区，减少废水处理厂异味、噪声等对办公和生活区的影响；同时，应尽量远离工厂外的居住区、学校和医院等敏感区，确保卫生防护距离之内没有敏感区；

（3）场地应设在厂区高程（绝对标高）较低的位置，便于废水自流进入，尽量避免提升，以节约能源；

（4）场址应尽量靠近厂区大门或运输方便的地点，便于污泥、栅渣等废物外运。

第五节 排放标准

削减水污染物排放量，实现达标排放是废水处理工程建设的主要目标。确定了所执行的排放标准，就是确定了废水处理出水的水质要求限值。对于再生水厂，要求出水达到与再生水用途相适应的再生水水质标准。执行不同的排放标准、不同的排放限值水平，会造成废水处理工艺类型和工艺参数、占地面积、投资、能耗等方面的较大差异，因此执行何种排放标准，是废水处理工程项目论证和工程设计中需要明确的基本问题之一。

废水处理工程所执行的排放标准，原则上应当由项目所在地的地方环境保护主管部门规定，采用地方或国家颁布的排放标准。有时，根据环境质量的特殊要求，地方环保部门也可以要求执行比地方和国家排放标准更严格的水污染物排放限值。

根据我国的环保标准体系，水污染物排放标准可分为国家排放标准和地方排放标准，也可以分为跨行业综合型排放标准和行业型排放标准。排放限值水平上，地方排放标准必须严于国家排放标准。执行上，地方排放标准优先于国家排放标准，行业型排放标准优先于综合型排放标准，并且综合排放标准与行业排放标准不交叉执行。

一、国家综合排放标准

国家综合型排放标准是《污水综合排放标准》(GB 8978—1996)[6]。该标准按污染物性质及排放方式分为两类：第一类污染物主要为重金属和其他对生态环境、人体健康有严重危害的有毒污染，不分行业和废水排放方式，也不分受纳水体的功能类别，这类污染物必须在生产设备出口或车间排口处理达标；第二类污染物为危害程度相对小的常规污染物，根据受纳水体的功能类别，确定相应的污染物排放限值。

当废水处理工程所在地没有制定地方水污染物排放标准，同时所属的行业也没有制定行业型排放标准时，应当执行国家综合排放标准。

二、国家行业排放标准

自 2005 年以来，国家水污染物排放标准的体系和制定思路做了较大的调整，从以往以综合为主、行业辅助调整为以行业为主、综合作为补充，陆续制定了一系列的行业型排放标准。这些标准基本覆盖了我国主要的工业行业以及畜禽养殖、医疗机构、城镇污水处理、城市垃圾填埋等其他行业。

与 20 世纪 80～90 年代制定的国家行业型排放标准不同的是，2005 年以后制定的新的行业型国标在制定思路上进行了重大调整，主要体现在以下几个方面：一是首次在国家污染物排放标准中设置了适用于环境敏感区域的水污染物“特别排放限值”，加大了对环境敏感地区污染物排放的控制力度，提高了相关行业的环境准入门槛；二是取消了按不同生产原料、生产工艺，分不同受纳环境功能区，分别规定不同排放控制要求的做法，所有功能区一视同仁，有利于产业结构升级优化和公平竞争，避免形成较低环境功能区环境质量得不到改善，反而不断恶化的结果；三是大幅度提高了污染物排放控制限值水平，根据国际先进污染控制技术规定严格的排放控制要求，并要求现有污染源在一定时期内达到新设立污染源的控制要求；四是设立了单位产品“基准排水量”控制指标，能有效制止排放单位稀释排放、逃避污染治理责任的行为，进一步促使企业采取有效措施切实削减污染物排放量；五是明确了废水排入公共污水处理系统的监控要求，既有利于充分利用公共污水处理设施的处理能力，又可防止排污单位任意排放有毒污染物；六是强化了对有毒污染物的监控，有利于有毒物质的就地、及时处理，防止采用混合稀释的方式排放有毒污染物。

当废水处理工程所在地没有制定地方水污染物排放标准，但所属的行业颁布有国家行业型排放标准时，应当执行国家行业型排放标准。

三、地方排放标准

《中华人民共和国水污染防治法》规定：省、自治区、直辖市人民政府对国家水污染物排放标准中未做规定的项目，可以制定地方水污染物排放标准；对国家水污染物排放标准中已做规定的项目，可以制定严于国家水污染物排放标准的地方水污染物排放标准[7]。

地方水污染物排放标准可以是综合型排放标准，也可以是行业型排放标准。例如目前我国北京市颁布有地方综合型排放标准《水污染物排放标准》(DB 11/307—2005)；广东省颁布有地方综合型排放标准《水污染物排放标准》(DB 44/26—2001) 和地方行业型排放标准《畜禽养殖业污染物排放标准》(DB 44/613—2009)；上海市颁布有地方行业型排放标准《半导体行业污染物排放标准》(DB 31/374—2006) 等。

废水处理工程项目所在地制定有地方水污染物排放标准时，应执行地方标准。在执行时，地方行业型排放标准优先于地方综合型排放标准，二者不交叉执行。

第六节 环境影响评价

国家根据建设项目对环境的影响程度，对建设项目的环境影响评价实行分类管理。环境影响评价文件根据建设项目工程大小分为环境影响报告书、环境影响报告表和环境影响登记表，共三种。工业废水集中处理工程和日处理量 5 万吨及以上的城镇污水集中处理厂，应编制环境影响报告书；城镇污水集中处理厂和生活污水集中处理工程的日处理量低于 5 万吨时，应编制环境影响报告表[8]。

一、评价工作程序

废水处理工程项目环境影响评价工作大体分为三个阶段。

第一阶段为准备阶段，主要工作为研究有关文件，进行初步的工程分析和环境现状调查，筛选重点评价项目，确定各单项环境影响评价的工作等级和评价范围。

第二阶段为正式工作阶段，根据废水处理工程的废水和污泥处理工艺流程，完成进一步的工程分析，同时进行充分的环境现状调查、监测并对环境质量现状进行评价，然后根据污染源和环境现状资料对废水处理工程给周围环境造成的影响进行预测，评价废水处理工程的环境影响，提出减少环境污染的环境管理措施和工程措施，并开展公众参与工作。

第三阶段为评价文件编制阶段，其主要工作为汇总、分析第二阶段工作所得的各种资料、数据，给出结论，完成环境影响评价文件的编制。该阶段要给出明确的评价结论，提出切实可行的环境保护措施与建议，从环境保护角度确定项目建设的可行性，最终完成环境影响报告书或环境影响报告表的编制。

二、评价文件的编制

1. 环境影响报告书

环境影响报告书应全面、概括地反映环境影响评价的全部工作，文字应简洁、准确，并尽量采用图表和照片，以使提出的资料清楚、论点明确，利于阅读和审查。

废水处理工程的环境影响报告书应当包括下列内容：①建设项目概况；②建设项目周围环境现状；③建设项目对环境可能造成影响的分析、预测和评估；④建设项目环境保护措施及其技术、经济论证；⑤建设项目对环境影响的经济损益分析；⑥对建设项目实施环境监测的建议；⑦产业政策的符合性分析；⑧公众参与；⑨项目选址合理性分析；⑩总量控制指标和 COD 削减能力；⑪环境影响评价的结论。

2. 环境影响报告表

国家环境保护部（原国家环境保护总局）制订了《建设项目环境影响报告表》(试行)

的内容和格式，废水处理工程需编制环境影响报告表时，应按照表中内容、格式及编制说明的要求进行填写。环境影响报告表的主要内容如下。

（1）建设项目基本情况：项目概况、工程内容及规模、与本项目有关的原有污染情况及主要环境问题。

（2）建设项目所在地自然环境社会环境简况：自然环境简况包括地形、地貌、地质、气候、气象、水文、植被、生物多样性等，社会环境简况包括社会经济结构、教育、文化、文物保护等。

（3）环境质量状况：建设项目所在地的区域环境质量现状及主要环境问题（环境空气、地面水、地下水、声环境、生态环境等）、主要环境保护目标（名单及保护级别）。

（4）评价适用标准：环境质量标准、污染物排放标准、总量控制指标。

（5）建设项目工程分析：工艺流程图和简介、主要污染工序。

（6）项目主要污染物产生及预测排放情况。

（7）环境影响分析：施工期环境影响简要分析，营运期环境影响分析。

（8）建设项目拟采取的防治污染措施及预期治理效果。

（9）结论与建议。

三、评价文件的报批

城镇污水和工业废水处理工程应当在可行性研究阶段或项目申请阶段进行环境影响评价，编制和报批环境影响评价文件。

使用政府性资金投资建设的城镇污水处理厂属于审批类建设项目，应当在报送可行性研究报告前完成环境影响评价文件报批手续；不使用政府性资金投资建设的城镇污水处理厂或工业废水处理工程属于核准类建设项目，应当在提交项目申请报告前完成环境影响评价文件报批手续。

各级环境保护行政主管部门是环境影响评价的审批部门，审批部门自收到环境影响报告书之日起 60 日内，收到环境影响报告表之日起 30 日内，分别做出审批决定并书面通知建设单位[9～12]。

参 考 文 献

[1] 《投资项目可行性研究指南》编写组编．投资项目可行性研究指南（试用版）．北京：中国电力出版社，2002.
[2] 国家发改委，国家建设部．建设项目经济评价方法与参数．第 3 版．北京：中国计划出版社，2006.
[3] 北京水环境技术与设备研究中心等．三废处理工程技术手册（废水卷）．北京：化学工业出版社，2000.
[4] GB 50014—2006，室外排水设计规范．
[5] GB 50015—2003，建筑给水排水设计规范．
[6] GB 8978—1996，污水综合排放标准．
[7] 中华人民共和国水污染防治法．
[8] 建设项目环境保护管理条例．
[9] 国家环境保护部．建设项目环境影响评价分类管理名录．2008.
[10] 国家发展和改革委员会．产业结构调整指导目录．2005.
[11] 国家环境保护总局．关于加强建设项目环境影响评价分级审批的通知（环发［2004］164 号）．2005.
[12] HJ/T 2.1～4，《环境影响评价技术导则》．

第二章 可行性研究报告

可行性研究的重点在于论证项目建设的可行性，包括技术可行性、财务可行性、经济可行性和社会可行性，具体论证内容见表 3-2-1。

表 3-2-1　项目建设可行性论证的内容

类别	立场	论证内容	章节
技术可行性	站在科学的立场	客观评价所选用技术的先进性、可靠性	方案比较和选择
财务可行性	站在投资者的立场	通过财务效益与费用的预测，编制财务报表，计算评价指标，进行财务盈利能力分析、偿债能力分析和财务生存能力分析	财务评价
经济可行性	站在国家的立场	国民经济评价是按照资源合理配置的原则，从国家整体角度考察项目的效益和费用，用货物影子价格、影子汇率、影子工资和社会折现率等经济参数，分析计算项目对国民经济的净贡献，评价项目的经济合理性	经济评价
社会可行性	站在利益相关者的立场	分析拟建项目对当地社会的影响和当地社会条件对项目的适应性和可接受程度，评价项目的社会可行性	社会评价

城镇污水处理工程的建设属于基础设施建设项目，其国民经济效益、环保效益和社会效益是巨大的，但财务效益可能是微利经营。工业废水处理设施的建设属于企业投资项目，往往需要企业牺牲利润以获取环境效益和社会效益，工业废水处理设施的建设和运营是企业应该承担的社会责任。

可行性研究报告编制内容包括[1]：明确编制范围、确定处理规模和目标、工艺方案比较和选择、方案设计、投资估算、融资方案分析、财务分析、经济分析、社会评价、结论和建议等。考虑到废水处理工程体现出的是显著的国民经济效益、环保效益和社会效益，因此应重点阐述工程建设的技术可行性和财务可行性。

第一节　编制依据和范围

一、编制依据

废水处理工程可行性研究报告编制的依据一般包括以下几类文件和资料：

（1）国家和地方相关法律和法规，例如《中华人民共和国环境保护法》、《中华人民共和国水污染防治法》等；

（2）国家和地方相关标准和规范，包括论证中需要引用的环境质量标准、污染物排放标准、污染防治技术政策和指南、工程设计规范和规程等；

（3）与废水处理工程建设项目有关的规划文件，包括城市总体规划、环境保护规划、水污染防治规划、城镇污水集中处理设施建设规划、流域总体规划等；

（4）项目立项及相关批复文件，包括规划意见、环境影响评价及审批文件、项目建议书及批复文件等；

（5）项目前期调研论证资料和报告，包括水质水量调查和实测报告、前期技术试验报告等；

（6）相关的手册和工具书，例如《投资项目可行性研究指南》、《建设项目经济评价方法与参数》、《三废处理工程技术手册》等；

（7）委托方提供的与废水处理工程可行性论证有关的其他基础资料：如地理、地质、气候、水文、生态、经济、社会、文化等方面的资料，以及统计年鉴、普查报告、地方预算定额等。

二、编制范围

城镇污水处理工程可行性研究报告的编制范围通常包括：污水处理厂的建设、汇水范围内污水管网（可能包括污水提升泵站）的改造或建设、处理出水的退水管道或渠道建设等部分。另外，当城镇污水处理厂的出水作为再生水使用时，还需要考虑污水深度处理回用设施及回用管道的建设。

工业废水处理工程可行性研究报告的编制范围通常包括：从源头减少废水和水污染物排放量的清洁生产设施；废水中有用组分回收，减小污染物负荷的设施；各车间和生产工段废水的预处理设施，尤其是需要在车间排放口处理达标的一类有毒污染物的处理设施；经预处理后的各类废水进行合并处理的全厂终端废水处理设施；废水的再生和循环利用设施；厂区废水管网的改造或建设等工程内容。

可行性研究报告编制的具体范围和内容应根据立项的要求来确定。

第二节　工艺方案比较和选择

在通过基础情况调研明确了工程的处理规模、处理程度、水质要求后，就可以根据拟建项目的技术途径、建设条件、资金来源、运行管理等方面的要求进行废水处理工艺方案的比较和选择。

废水处理工艺方案的比较选择一般应遵循以下原则。

（1）合法性　遵守国家和地方有关法律、法规，符合环境保护相关政策、标准和规范。

（2）水质目标可达性　所选择的工艺方案实施后，应确保处理出水能够达到规定的排放标准。

（3）科学性和合理性　寻求尽可能简洁、高效、经济、配置合理的技术途径来达到既定的处理目标，充分借鉴国内外同行业、同种类废水处理的相关工程经验。

（4）针对性　充分考虑原水的水质水量特点、处理出水的水质要求，兼顾工程本身的所处的环境条件、经济条件、社会条件，因地制宜地选择处理工艺。

（5）可靠性　所采用的处理工艺应当成熟可靠，能满足长期稳定运行的需求，系统的风险小，故障率在可控范围内。

（6）先进性　在保证可靠性的前提下，应考虑采用新技术、新工艺、新设备来提高效率、降低消耗。

（7）适应性和灵活性　工艺和系统应具有较强的适应水质、水量和环境条件变化的能力，灵活性好，流程和参数有调整余地。

（8）发展性　应适当考虑人口、经济、产业的未来发展对处理设施的要求，必要时应预留扩充容量和接口，方便未来设施的并网运行。

(9) 经济性 方案比选时应根据项目的资金条件，重点考虑节省投资和用地，减少能耗，降低运行费。对于改扩建废水处理工程，方案选择时应考虑对现有设施进行充分利用。

(10) 运行管理的方便性 系统和设备的操作运行、维护维修、日常管理应尽量简单、方便，重视消防、安全、劳动保护。

(11) 设备 采用稳妥可靠、性价比好的设备。

(12) 自动控制 自动化方案设计时不仅要考虑方便管理、降低劳动强度、改善操作环境，也要在节能降耗、提高系统可靠性和稳定性方面发挥作用。

(13) 环境影响 工艺方案选择时，应根据工程的地理位置和周边环境，充分考虑降低气味、噪声的影响；应采取有效措施，妥善处理、处置废水处理过程中产生的栅渣、污泥等废弃物，避免二次污染。

在实际操作中，污水处理工艺方案的选择不可能满足上述所有要求，因此应根据项目的具体条件和要求，有选择性地突出强调某几个方面。

一、城镇污水处理工程

(一) 工艺划分

城镇污水处理技术发展较早，工艺较为成熟，经过多年的研究开发，已经形成了多种适合不同条件和要求的城镇污水处理工艺。按流程和处理程序划分，城镇污水处理工艺可分为预处理工艺、一级处理工艺、二级处理工艺、深度（三级）处理工艺、污泥处理处置工艺等。

预处理工艺：包括格栅、抽升泵房、沉砂池等。

一级处理工艺：主要指初沉池，目的是去除污水中易于沉淀的悬浮固体。当不配套后续二级处理时，为了实现污水达标排放，一般需要对一级处理进行强化，称为强化一级处理，通常采用混凝沉淀法、水解酸化法等。

二级处理工艺：主要是指以去除污水中有机污染物为主要目标的生物处理工艺，以传统活性污泥法为例，由曝气池和二沉池构成（图 3-2-1）。二级处理也有进行强化处理的，强化二级处理一般是指在去除有机物的同时附加脱氮除磷的功能。

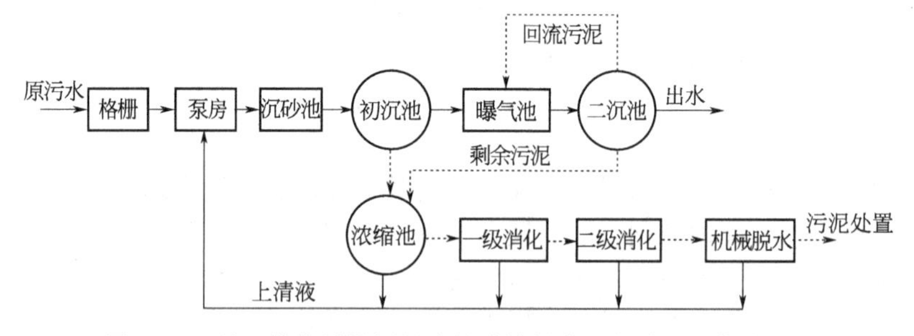

图 3-2-1 基于传统活性污泥法的城镇污水二级处理工艺流程

深度处理工艺：在二级处理的基础上对污水进行进一步处理以去除残余有机物、氮、磷、重金属、无机盐等污染物，满足高标准受纳水体要求或回用要求，常用的工艺有深度生物处理、深度化学或物化处理、膜处理、消毒等。

污泥处理处置工艺：主要包括浓缩、消化、脱水、堆肥、热处理、卫生填埋等。

(二) 污水处理工艺选择

城镇污水处理工艺选择，是根据城市水环境质量要求、来水水质情况、可供利用的技术发展状态、城市经济状况和城市管理运行要求等诸方面的因素综合确立的。在已经建设运营的城镇污水处理厂中，一级处理、二级处理和深度处理都占有一定的比例。以2003年底我国已建的612座城镇污水处理厂为例，一级处理132座，占21.6%，二级和深度处理480座，占78.4%。

鉴于我国目前面临的水环境污染严重的现实，以及水环境污染类型中以有机型污染为主的特点，近年来在建和建成投产的城镇污水处理厂中，二级和二级以上的处理厂占绝大多数，因此城镇污水处理工艺的选择，重点是二级生物处理工艺的选择。

1. 工艺的类型

活性污泥法是主要的城镇污水二级处理工艺。目前世界上处理能力在百万立方米以上的城镇污水处理厂大都采用活性污泥法。在全球近6万座城镇污水处理厂中，有3万多座采用活性污泥工艺。

活性污泥法是污水处理中历史最长的处理工艺之一，几十年来，为了克服传统活性污泥工艺抵抗冲击负荷能力差、供氧量沿程分布不合理、容易出现污泥膨胀、脱氮除磷效率低下等缺点，或者为了提高处理效率、简化工艺流程、减少投资和占地、降低能耗等目的，世界各地纷纷开发应用了许多活性污泥法的革新工艺，如AB法、氧化沟法、SBR法等。对传统活性污泥工艺的改进主要体现在池型、运行方式、曝气方式、生物学特性等方面。

(1) 池型的改变　传统工艺采用推流式曝气池，后来出现了完全混合式曝气池。与推流相比，完全混合式流态抗冲击负荷能力强，但易发生短流。另外，完全混合活性污泥系统易产生丝状菌污泥膨胀。氧化沟为环流流态，介于完全混合与推流之间，兼具二者的优点，最显著的特点是运行管理简便，出水稳定。

(2) 运行方式的改变　传统工艺采用连续流运行方式，且从曝气池前端进水。运行方式的改进有多点进水工艺、阶段曝气工艺，之后又出现了SBR、CASS、UNITANK等间歇运行方式，间歇运行方式的主要优点之一是省掉了二沉池。

(3) 曝气方式的改变　曝气方式的改进主要是为了提高充氧性能，并方便运行维护。在传统鼓风曝气和机械表曝的基础上，开发了纯氧曝气、深层曝气、转碟曝气等新型曝气方式，在曝气设备方面各种新产品层出不穷。

(4) 生物学性能的改变　传统活性污泥工艺采用中等污泥负荷。改进的高负荷工艺（又称高速曝气工艺）主要是利用活性污泥强大的吸附性能在较短的时间内去除大部分有机物，吸附再生工艺和AB工艺的A段严格上均属于高速曝气工艺。改进的低负荷工艺（又称延时曝气工艺）除能去除有机物以外，还能实现污泥好氧稳定。此外，传统活性污泥工艺的最大改进之一是各种脱氮除磷工艺的出现。

(5) 泥水分离方式的改变　传统工艺是采用沉淀的方式实现活性污泥和水的分离，近年来采用新型的膜技术来实现泥水分离是活性污泥工艺一次革命性的突破，此类反应器称为膜生物反应器（MBR)。

(6) 污泥性质的改变　向活性污泥曝气池中投加一些具有吸附性能的活性材料以提高污泥浓度，显著改善污泥的沉降性能。投加的载体有粉末活性炭、滑石、聚乙烯塑料、聚氨酯材料等。

目前我国常用的城镇污水二级处理工艺有：普通活性污泥法、氧化沟法、A/O法、A^2/O法、SBR法等。据统计，到2005年7月，在我国已建708座各级城镇污水处理厂中，采用普通活性污泥法和氧化沟法的比例最大，超过50%（见图3-2-2)。

2. 处理级别的确定

城镇污水处理后的最终出路包括排放水体和回用两种。根据国标《城镇污水处理厂污染物排放标准》(GB 18918—2002)[3]的规定，水污染物排放浓度限值的级别由出水去向和受纳水体功能区类别或水质类别决定，不同级别的排放限值由不同的处理级别来实现，具体的对应关系见表 3-2-2。

城镇污水作为二次水源回用时，要根据处理出水的用途进行深度处理工艺的选择。回用水执行的标准通常有《城市污水再生利用城市杂用水水质》(GB/T 18920—2002)、《城市污水再生利用景观环境用水水质》(GB/T 1891—2002)、《农田灌溉水质标准》(GB 5084—2005)、《工业循环冷却水处理设计规范》(GB 50050—2007) 等。

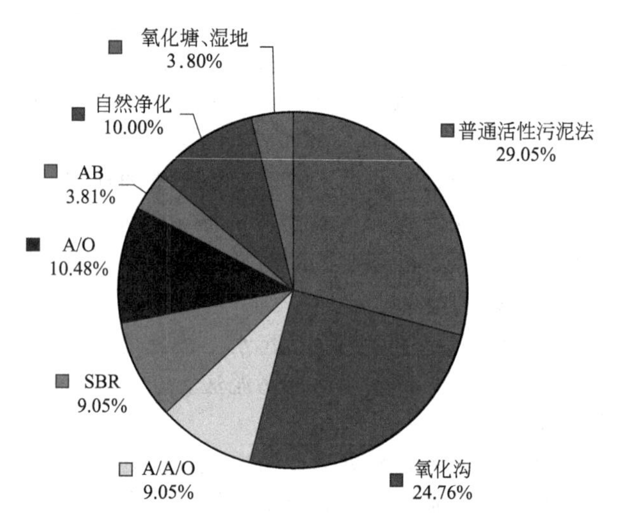

图 3-2-2 2005 年已建城镇污水处理厂工艺比例分布图（按处理厂个数计）

表 3-2-2 城镇污水处理出水的限值类别与处理级别的对应关系

标准级别		一级标准		二级标准	三级标准
		A 标准	B 标准		
出水用途或受纳水体类别		城镇景观用水、一般回用水	地表水Ⅲ类、海水二类、湖库水域	地表水Ⅳ、Ⅴ类、海水三、四类水域	非重点流域、非水源保护区建制镇水体
主要水质限值/(mg/L)	COD	50	60	100	120
	BOD	10	20	30	60
	SS	10	20	30	50
	NH_4^--N	5(8)	8(15)	25(30)	—
	TN	15	20	—	—
	TP	0.5	1	3	5
要求的处理程度		深度处理	二级强化处理	常规二级处理	一级强化处理

注：1. 括号外为水温大于 12℃时的限值，括号内为水温小于或等于 12℃时的限值。

2. 地表水功能区分类依照《地表水环境质量标准》(GB 3838—2002)[4]，海水水质分类依照《海水水质标准》(GB 3097—1997)[5]。

3. 工艺选择

(1) 一级强化处理 应根据城镇污水处理设施建设的规划要求和建设规模，选用物化强化处理法、AB 法前段工艺、水解好氧法前段工艺等技术。

(2) 二级处理工艺 日处理能力在 20 万立方米以上（不包括 20 万立方米）的污水处理设施，一般采用常规活性污泥法，也可采用其他成熟技术；日处理能力在 10 万～20 万立方米的污水处理设施，可选用常规活性污泥法、氧化沟法、SBR 法和 AB 法等成熟工艺；日处理能力在 10 万立方米以下的废水处理设施，可选用氧化沟法、SBR 法、水解好氧法、AB 法和生物滤池法等技术，也可选用常规活性污泥法。

(3) 二级强化处理 二级强化处理工艺是指除有效去除碳源污染物外，还具备较强的除磷脱氮功能的处理工艺。在对氮、磷污染物有控制要求的地区，日处理能力在 10 万立方米以上的污水处理设施，一般选用A/O法、A^2/O法等技术，也可审慎选用其他的同效技术。日处理能力在10万立方米以下的污水处理设施，除采用A/O法、A^2/O法外，也可选用具有除磷脱氮效果的氧化沟法、SBR法、水解好氧法和生物滤池法等，必要时可选用物化方法强化除磷效果。

城镇污水再生利用可选用混凝、过滤、消毒或自然净化等深度处理技术，并应根据规划和用户实际需求，合理确定用水的水量和水质。

（三）污泥处理工艺选择

在城镇污水处理中，产生的污泥主要包括两大类：初沉污泥和活性污泥。当生物处理工艺采用生物膜法时，还产生生物膜污泥。在废水深度处理中，当采用混凝沉淀工艺时，还要产生化学污泥。

国内外几乎所有城镇污水处理厂均将初沉污泥和剩余污泥合并处理，合并形式有三种：在初沉池合并、在浓缩池合并、在消化池合并。污泥的一般处理方法如图3-2-3所示，主要包括污泥浓缩、污泥消化、污泥脱水和污泥的最终处置（消纳）。

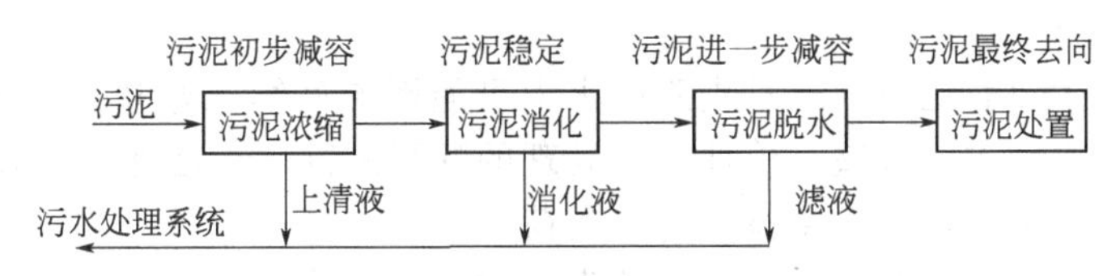

图3-2-3　典型的污泥处理处置工艺

常用的污泥浓缩工艺有重力浓缩、离心浓缩和气浮浓缩等。

污泥脱水包括自然干化脱水和机械脱水。自然干化脱水是将污泥摊置到由级配砂石铺垫的干化场上，通过蒸发、渗透和清液溢流等方式实现脱水，仅适于小型污水厂的污泥处理。常用的机械脱水方式有压滤脱水、离心脱水和真空脱水等。与自然干化相比，机械脱水具有占地少、环境比较卫生、恶臭影响较小、易于实现自动化等优点，但基建和运行维护费用较高。目前国内新建的城镇污水处理厂，绝大部分都采用带式压滤脱水机，因为该种脱水机具有出泥含水率较低、运行稳定、能耗少和管理控制简单等特点。

污泥稳定方法包括厌氧消化、好氧消化和好氧堆肥，当废水处理工艺采用延时曝气法时，可同时实现污泥部分稳定化。污泥稳定化以厌氧消化工艺为主，欧美和日本采用厌氧消化法处理的污泥占所产污泥量的一半以上。近十多年来，我国城镇污水厂的污泥处理技术和某些单项专用设备有较大发展，积累了丰富的中温厌氧消化技术经验。

日处理能力在10万立方米以上的污水二级处理设施产生的污泥，宜采取厌氧消化工艺进行处理，产生的沼气应综合利用；日处理能力在10万立方米以下的污水处理设施产生的污泥，可进行堆肥处理和综合利用；采用延时曝气的氧化沟法、SBR法等低有机负荷技术的污水处理设施，污泥需达到稳定化。采用物化一级强化处理的污水处理设施，产生的污泥非常不稳定，容易腐化，必须进行妥善的处理和处置。

（四）工艺方案的比选

污水和污泥的处理工艺选定以后，就可以确定污水处理厂的工艺流程。选择工艺流程时，至少要推荐两套以上可行的方案，以便于进行技术经济比较。

在进行工艺方案比较时，主要围绕技术经济参数、运行管理水平等方面来进行。常用的技术参数有水力停留时间、负荷、污染物去除率等；经济参数有工程总投资、经营成本、电耗、药耗、占地面积等；运行管理因素有系统运行稳定性、故障率、自动化程度高低、对操作运行工人的素质要求高低、管理维护工作量大小等。

方案比较时，需要列出各个备选方案的单体工艺参数表、废水处理运行效果表、土建工程及构筑物一览表、主要设备一览表等，同时还要提供各个备选方案的平面布置图、工艺流程图、高程图、自控系统图等。

在对多个方案的各种参数进行定性定量比对分析后，确定污水处理厂的推荐方案。

二、工业废水处理工程

工业废水是从工业生产过程中排出的废水，其性质由于所处行业、生产工艺、原材料等方面的不同而呈现非常大的差别。由于工业废水的水量变化大、污染物浓度高、水质复杂、常含有毒和难生物降解污染物，因此工业废水的处理工艺要比城镇污水复杂得多，处理达标的难度也更大，这些都对工业废水处理工程的可行性研究提出了较高的要求。

（一）工艺划分

工业废水处理的工艺一般可以划分为预处理工艺、主体处理工艺、后处理或深度处理工艺、污泥处理处置工艺等部分。

1. 预处理工艺

预处理的目的主要有三个：一是去除废水中可能影响后续工艺和设备正常运行的物质；二是对废水的水量水质进行调整，保证后续处理的顺利进行；三是将易于去除的污染物先行去除，以降低污染物浓度，减小主体工艺的负荷。

在论证和设计预处理工艺之前，应当首先考虑实施清洁生产措施，降低生产用水量和废水排放量，减少物料消耗，从源头降低污染负荷。

《污水综合排放标准》（GB 8978—1996）[7]中规定的一类污染物，必须在车间排口处理达标，这是工业废水预处理的重要任务之一。

在条件具备时，工业废水预处理中应当考虑对废水中的有用组分进行分离回收，以减小污染负荷、实现资源化、体现经济效益。例如制浆黑液碱回收，从电镀废水中回收铬，从洗毛废水中回收羊毛脂等。

在有必要时，工业废水预处理中应当考虑清污分流、分别处理的措施。一方面，可以将高浓度的废水单独处理，先以较低的处理成本大幅度削减污染物总量，然后再与低浓度废水合并，进一步处理达标；另一方面，对于低浓度的废水，应当考虑简单处理后直接进行回用的可行性。

工业废水预处理工艺可以采用物理处理、物化和化学处理、生物处理等类型。物理处理工艺通常有格栅、沉淀和隔油等；物化和化学处理工艺通常有水质水量调节、pH 值调节、混凝沉淀、过滤和气浮等；生物处理工艺通常采用水解酸化。

为了达到多重预处理目标，预处理工艺一般都需要采用多个单元工艺的组合。

2. 主体处理工艺

工业废水主体处理工艺的目标非常明确，就是实现达标排放。主体处理工艺针对的是不同类型工业废水中的特征污染物，也就是决定废水是否达标排放的控制性污染物种类。特征污染物不同，所采用的处理工艺的类型也就不同。

工业废水的主体处理工艺是整个工艺流程的核心，可以采用的方法分为物化、化学处理和生物处理两大类。物化、化学处理工艺通常有混凝沉淀或气浮、氧化还原、化学沉淀、膜处理等；生物处理主要是针对有机工业废水，分厌氧处理和好氧处理两类，当有机污染物浓度较高时，应采用厌氧＋好氧的组合工艺。

工业废水的主体处理工艺，既可以是某一单元工艺，也可以是多个单元工艺的组合，具体应当根据特征污染物的种类、数量和浓度而定。

3. 后处理或深度处理工艺

后处理或深度处理工艺用在对处理出水有高标准要求或需要对废水进行再生回用的场合。主要作用是去除经主体工艺处理后废水中残余的污染物。深度处理可以采用曝气生物滤池、膜生物反应器等深度生物处理工艺，也可以采用混凝过滤、高级化学氧化、吸附、膜分离等物化或化学处理工艺。当需要去除的污染物不止一种时深度处理也可采用组合工艺。

4. 污泥处理处置工艺

工业废水处理过程中产生的污泥也可分为生物污泥和化学污泥两类，但是成分比城镇污水处理产生的污泥要复杂。工业废水污泥处理的主要工艺是浓缩、脱水、热处理等。由于污泥中有时会含有重金属等有毒有害成分，因此应妥善选择最终消纳途径。

(二) 处理工艺选择

工业废水处理工艺的选择，由废水的性质和处理要求来决定，应针对废水的特征污染物，有针对性地选择和设计处理工艺。工业废水中不同特征污染物的常用处理工艺见表3-2-3。

表 3-2-3　工业废水中不同特征污染物对应的处理工艺

特征污染物	常用处理工艺	影响处理工艺的水质因素
悬浮物和胶体物质	混凝反应＋沉淀、过滤或气浮	pH值、碱度、水温
	微滤、超滤	有机物、硬度
酸碱物质	中和	pH值
油类	隔油、气浮	水温、污油密度和乳化程度
一般浓度有机物	活性污泥、SBR、氧化沟、接触氧化、生物滤池、MBR等好氧生物处理	可生化性、溶解氧、有毒物质、pH值、水温、含盐量等
高浓度有机物	厌氧＋好氧组合工艺	
	湿式氧化	含盐量、热值
	蒸发浓缩＋焚烧	硬度、黏度、热值
NH_4^+-N	吹脱	水温、pH值
	化学氧化	氧化还原电位、pH值、水温
	生物硝化	碳氮比、溶解氧、pH值、水温
TN、NO_3^-	生物反硝化	溶解氧、碳源、pH值、水温
TP、PO_4^{3-}	A^2/O生物处理	溶解氧、pH值、水温
	混凝沉淀、化学沉淀	pH值、碱度、水温
重金属	氧化还原、化学沉淀、离子交换	pH值、水温、离子浓度、氧化还原电位
色度	混凝沉淀	pH值、碱度、水温、悬浮物
	化学氧化	氧化还原电位、pH值、水温、催化剂
	吸附	水温、pH值
硬度	药剂软化、离子交换	pH值、水温、其他离子
无机盐	离子交换、纳滤、反渗透	有机物、pH值

工业废水处理工艺选择时，在针对某种特征污染物选择了相应的单元工艺以后，应特别注意其他种类的污染物对该工艺造成的不利影响，并尽量在预处理中将不利因素消除。

对于处理难度大、达标困难、处理工艺不成熟、技术不确定因素多、可借鉴工程经验少的工业废水处理工程，应当进行适当的小型甚至中型试验来验证处理工艺的可行性和有效性，并确定关键设计参数，以控制和减小工程风险。

(三) 工艺方案的比选

在工艺选择的基础上确定工艺流程，并提出两套以上的备选方案进行比较，所有备选方案均应尽可能科学、合理，并各有特点。每一方案均需要提供主要工艺参数表、特征污染物去除历程表、建（构）筑物一览表、主要设备一览表、投资和运行费用估算表等，并设计平面布置图、工艺流程图、高程图、自控系统图等。

工艺方案比选中需要考虑的因素与城镇污水处理类似，通过比选确定废水处理的推荐方案。

第三节 方案设计

一、设计水质水量

城镇污水处理厂的水质设计参数一般包括 COD、BOD、SS、NH_4^+-N、TN、TP 等，污水厂出水水质指标应与所采用的排放标准吻合。城镇污水厂的处理规模，习惯上采用平均日流量来表示。已经知道平均日流量，可按《室外排水设计规范》的规定，选用总变化系数，从而得到高峰污水小时流量。最小污水小时流量根据经验估计，一般为平均日废水量的1/4 或 1/3。高峰流量与最小流量之比可达 4～7 倍。污水处理厂规模要与城市规划结合起来，确定近期、远期设计规模。另外，城镇污水作为二次水源时，还需要确定再生水回用的规模、根据再生水回用的用途确定要求的水质参数。

工业废水处理厂的水质设计参数除了与城镇污水处理厂相同的常规参数外，还包括不同行业废水中的特征污染物，必须针对具体行业的废水特征进行水质指标筛选，从而确定废水处理工艺要解决的主要问题。

二、工艺流程

对工艺方案比选中提出的推荐工艺方案进行说明，包括工艺流程图示和文字说明。

三、工艺计算

对城镇污水厂进行工艺计算时，对于以水力负荷为主要设计依据的构筑物，需要考虑流量变化系数，变化系数的取值根据流量大小而定，可按表 3-1-2 选取。

对工业废水进行工艺计算时，调节池调节以后的废水流量可以按平均流量来计算。调节池的大小与废水水质特点、废水排放有关，调节池主要起到均衡水质水量、缓冲负荷冲击的作用。调节池的大小取决于企业排放废水水质水量的变化周期，例如：如果企业废水以天为单位发生周期性变化，则调节池的水力停留时间 HRT 可以取值 1 天。

废水处理厂工艺计算时应给出各处理单元和工段对主要污染物的去除率、系统对主要污染物的总去除率。城镇污水的去除率可参照《室外排水设计规范》给定的参数选取；工业废水的去除率可参照同行业其他企业或类似行业的废水处理设施的处理效能选取，也可通过试验确定。

工艺计算的主要工作是在设计水质水量确定以后，按照选定的工艺流程，依处理的流程顺序对各处理单元、各建（构）筑物、各主体设备进行工艺参数的选择和计算。

四、总图运输方案

总图运输方案是依据确定的项目建设规模，结合场地、物流、环境、安全等条件和要求对工程总体空间和设施进行合理布置。总图运输方案包括总平面布置、厂区道路和竖向布置、运输、绿化和总图技术经济指标六个方面。

具有一定规模的废水处理厂建（构）筑物较多，设备设施较为复杂，平面布置时应综合考虑主导风向、环境影响、流程顺序、周边道路和来水方向等诸多因素。废水处理厂的附属建筑一般包括办公室、化验室、泵房、风机房、脱水机房、污泥堆场、再生水机房、维修间、变电所、车库、仓库、锅炉房、传达室等，应统一规划布置，布置方案应达到经济合理、安全适用、方便施工和管理。

废水处理厂总平面按功能可划分成生产管理区、预处理及污泥处理区、废水处理区和预留区域等分区。生产管理区为全厂的管理中心及生活服务中心；预处理及污泥处理区包括进水闸井、格栅、集水井、泵房、调节池、沉砂池、污泥浓缩池、脱水机房等，由于有异味，应远离办公楼；废水处理区主要布置废水处理的各个工艺单元，是生产的核心区域，也是巡视、操作和管理的重点；预留区域是用于远期工程的发展用地。

根据各构筑物之间的流向与水位差，结合厂区现状自然地面标高与坡度来确定厂内道路的标高与竖向设计。厂区道路分主干路、次干路、区间路及步道。一般主干路宽 7.0m，次干路宽 4.0m，区间路宽 2.5m。

废水处理厂的绿化面积一般不小于全厂占地面积的 30%。

总图技术经济指标包括厂区占地面积、建（构）筑物占地面积、堆场占地面积、绿化面积、投资强度、建筑系数、容积率等参数。

五、配套工程

配套工程包括给水排水工程、供电工程、通信工程、供热工程、维修设施、库房和厂外配套工程等。

废水处理厂的给水水源可来自厂区附近的供水管网或自备井。厂区内的用水包括职工生活用水、杂用水和生产用水。杂用水主要是厂区绿化浇灌、道路和地面冲洗、车辆和设备冲洗等；生产用水包括污泥脱水机冲网水、滤池反冲洗用水、溶药用水等。根据客观条件，杂用水和生产用水应尽量采用处理后的出水或再生水。

雨水排放可根据厂区地形和当地雨水排水的实际做法，采用排水明渠或地下雨水管道两种方式。厂区产生的废水以生活污水为主，兼有少量的化验室废水。厂区废水应直接进入进水闸门井或集水池。

供电工程主要包括变电所，以及废水处理厂的动力、照明、生产联系信号和防雷接地的设计。废水处理厂要求双回路供电，全厂用电设备为二级负荷。

第四节　投资估算

一、编制依据

投资估算的编制依据包括：推荐工程方案的工程量，推荐工程方案的工期和实施进度，建设部《全国市政工程投资估算指标》，工程所在省市的市政工程概算定额，工程所在省市的建筑工程概算定额，拟建项目所需设备、材料的市场价格，工程建设其他费用的取费系数，工程投资估算基期。

二、建设投资估算

建设投资是指在项目筹建与建设期间所花费的全部建设费用，由工程费用、工程建设其他费用和预备费构成[9]。

建设投资分类估算法是可行性研究阶段最常用到的投资估算方法。通过对工程费用、工程建设其他费用、预备费等的分类估算，最后汇总成工程的建设投资。估算步骤为：①估算分装置的建筑工程费、设备购置费和安装工程费，三项合计得出该装置的工程费用；②将分装置工程费用加和得出项目建设所需的工程费用；③估算工程建设其他费用；④估算基本预备费和涨价预备费；⑤将上述各项加和求得项目建设投资。

(一) 工程费用估算

1. 建筑工程费估算

建筑工程费是指为建造永久性建筑物和构筑物所需要的费用。对于废水处理厂建设而言，建筑工程费包括废水处理厂内的一切水处理构筑物及建筑物。估算内容包括：

(1) 各类房屋建筑工程和列入房屋建筑工程预算的供水、供暖、卫生、通风、煤气等设备费用及其装设、油饰工程的费用，列入建筑工程的各种管道、电力、电信和电缆导线敷设工程的费用；

(2) 设备基础、支柱、工作台、水塔、水池、灰塔等建筑工程以及各种窑炉的砌筑工程和金属结构工程的费用；

(3) 建设场地的大型土石方工程、施工临时设施和完工后的场地清理、环境绿化的费用。

估算方法包括单位建筑工程投资估算法、单位实物工程量投资估算法、概算指标投资估算法等。一般根据设计方案提供的工程内容，按各种概算指标计算，计算公式为：

建筑工程费=单位工程概算指标×单位工程的工程量×修正系数　　(3-2-1)

建筑工程概算指标是指各单位工程结合项目特征，按照房屋以 m^2 为计量单位，或构筑物以座为计量单位，其他各专业工程根据不同工程性质确定其计量单位，规定所需要的人工、材料、施工机械台班消耗的一种标准。采用概算指标时，应注意可行性研究报告中设计方案的结构特征是否完全符合指标要求，若不符合，要对指标进行适当修正，并注意人工材料价差和机械台班费的调整。

估算建筑工程费应编制建筑工程费估算表。

2. 设备购置费估算

设备购置费是为建设项目购置或自制的达到固定资产标准的各种国产或进口设备的购置费用。设备的费用构成为：

国内设备购置费=设备原价+设备运杂费　　(3-2-2)

进口设备购置费=进口设备货价+进口从属费用+国内运杂费　　(3-2-3)

估算设备购置费应编制设备购置费估算表。

3. 安装工程费估算

投资估算中安装工程费通常是根据行业或专门机构发布的安装工程定额、取费标准进行估算。估算方法包括：

安装工程费=设备原价×安装费费率　　(3-2-4)

安装工程费=设备吨位×每吨设备安装费指标　　(3-2-5)

安装工程费＝安装工程实物量×每单位安装实物工程量费用指标　(3-2-6)

估算安装工程费应编制安装工程费估算表。

(二) 工程建设其他费用估算

工程建设其他费用，是指从工程筹建起到工程竣工验收交付使用止的整个建设期间，除建筑安装工程费用和设备及工器具购置费用以外的，为保证工程建设顺利完成和交付使用后能够正常发挥效用而发生的各项费用。工程建设其他费用大体可分为三类：第一类指建设用地费用；第二类指与工程建设有关的费用；第三类指与未来企业生产经营有关的其他费用。

1. 建设用地费用

任何一个建设项目都必须占用一定量的土地，必然为获得建设用地而支付费用，这就是建设用地费用。它是指通过划拨方式取得土地使用权而支付的土地征用及迁移补偿费，或者通过土地使用权出让方式取得土地使用权而支付的土地使用权出让金。

(1) 土地征用及迁移补偿费　土地征用及迁移补偿费，是指建设项目通过划拨方式取得无限期的土地使用权，依照《中华人民共和国土地管理法》等规定所支付的费用。其总和一般不得超过被征土地年产值的20倍，土地年产值则按该地被征用前三年的平均产量和国家规定的价格计算。其内容包括：土地补偿费、安置补助费、地上附着物和青苗补偿费、征地动迁费和其他税费。

(2) 土地使用权出让金　土地使用权出让金，指建设项目通过土地使用权出让方式，取得有限期的土地使用权，依照《中华人民共和国城镇国有土地使用权出让和转让暂行条例》规定支付的土地使用权出让金。

(3) 建设期租地费用及临时用地补偿费。

2. 与工程建设有关的费用

与工程建设有关的费用包括建设管理费、可行性研究费、研究试验费、勘察设计费、环境影响评价费、职业安全卫生健康评价费、场地准备及临时设施费、引进技术和设备其他费用、工程保险费、市政公用设施建设及绿化补偿费。

3. 与项目运营有关的费用

与项目运营有关的费用包括专利及专有技术使用费、联合试运转费、生产准备费、办公及生活家具购置费等。

工程建设其他费用的具体科目及取费标准应根据各级政府物价部门有关规定并结合项目的具体情况确定。上述各项费用并不是每个项目必然发生的费用，应根据项目具体情况进行估算。

工程建设其他费用按各项费用的费率或者取费标准估算后，应编制工程建设其他费用估算表。

(三) 预备费估算

预备费包括基本预备费和涨价预备费。

1. 基本预备费估算

基本预备费是指在项目实施中可能发生但在项目决策阶段难以预料的支出，需要事先预留的费用，亦称工程建设不可预见费。基本预备费一般由下列3项内容构成：

(1) 在批准的设计范围内，技术设计、施工图设计及施工过程中所增加的工程费用；经批准的设计变更、工程变更、材料代用、局部地基处理等增加的费用；

(2) 一般自然灾害造成的损失和预防自然灾害所采取的措施费用；

(3) 竣工验收时为鉴定工程质量对隐蔽工程进行必要的挖掘和修复费用。

基本预备费计算公式：

$$\text{基本预备费}=(\text{工程费用}+\text{工程建设其他费用})\times\text{基本预备费费率} \tag{3-2-7}$$

基本预备费率的取值应执行国家及相关部门的有关规定。

2. 涨价预备费估算

涨价预备费是对建设工期较长的投资项目，在建设期内可能发生的材料、人工、设备、施工机械等价格上涨引起项目投资增加而需要事先预留的费用，亦称价格变动不可预见费。涨价预备费以分年的工程费用为计算基数，计算公式为：

$$PC=\sum_{t=1}^{n}I_t[(1+f)^t-1] \tag{3-2-8}$$

式中，PC 为涨价预备费；I_t 为第 t 年的工程费用；f 为建设期价格上涨指数；n 为建设期；t 为年份。

建设期价格上涨指数，政府主管部门有规定的按规定执行，没有规定的由工程咨询人员合理预测。

(四) 建设投资估算表

将上述各项费用估算完毕后应编制建设投资估算表。基于此，可分析建设投资的合理性，对于废水处理厂的建设而言，一般以形成 1m^3 废水处理能力需要投资额度来表示，单位为元/m^3。

三、建设期利息估算

建设期利息是指工程项目在建设期间内发生并计入固定资产的利息，包括借款（或债券）利息及手续费、承诺费、发行费、管理费等融资费用。

建设期利息估算的前提条件包括：建设投资估算及其分年投资计划；确定项目资本金（注册资本）数额及其分年投入计划；确定项目债务资金的筹措方式及债务资金成本率。

建设期利息应按借款要求和条件计算。国内银行借款按现行贷款计算，国外贷款利息按协议书或贷款意向书确定的利率按复利计算。为了简化计算，在编制投资估算时通常假定借款均在每年的年中使用，借款第一年按半年计息，其余各年份按全年计息，计算公式为：

$$\text{各年应计利息}=\frac{\text{年初借款本息累计}+\text{本年借款额}}{2}\times\text{年利率} \tag{3-2-9}$$

四、流动资金估算

流动资金是指项目运营期内长期占用并周转使用的营运资金。流动资金估算的基础主要是营业收入和经营成本。在可行性研究阶段，流动资金估算一般采用分项详细估算法。计算公式为：

$$\text{流动资金}=\text{流动资产}-\text{流动负债} \tag{3-2-10}$$

$$\text{流动资产}=\text{应收账款}+\text{预付账}+\text{存货}+\text{现金} \tag{3-2-11}$$

$$\text{流动负债}=\text{应付账款}+\text{预收账款} \tag{3-2-12}$$

$$\text{流动资金本年增加额}=\text{本年流动资金}-\text{上年流动资金} \tag{3-2-13}$$

在可行性研究阶段，为简化起见，在计算流动资产时仅考虑应收账款、存货和现金，计算流动负债时仅考虑应付账款。

估算步骤：确定各分项的最低周转天数，计算各分项年周转次数，然后再分项估算占用资金额。对于废水处理厂而言，其应收账款、应付账款的年周转次数可按 6 次计算，存货的年周转次数可按 3 次计算，现金可按 8 次计算。

五、项目总投资估算

项目总投资由建设投资、建设期利息和流动资金构成。将各分项估算数据加和即构成项目总投资。项目总投资估算需要编制项目总投资估算表。估算出项目建设投资、建设期利息、流动资金后，应根据项目计划进度的安排，编制分年投资计划表。

第五节　财务分析

财务分析的内容包括：选取必要的基础数据进行财务效益与费用的估算，在基础数据与参数确定的基础上进行财务盈利能力分析、偿债能力分析和财务生存能力分析，之后再进行项目的不确定性分析。

一、基础数据和参数的选择

1. 项目计算期、分年度用款计划和运营负荷的确定

（1）项目计算期　计算期包括建设期和运营期，如某项目计算期22年，其中建设期两年，运营期20年。

（2）分年度用款计划　建设期两年，用款计划为第一年50%，第二年50%。

（3）运营负荷的确定　一般而言，运营第一年负荷达不到设计负荷，计算时可自行设定。例如：运营第一年负荷率为80%，自第二年起，运营负荷达到设计能力。

2. 财务基准收益率

财务基准收益率是项目财务内部收益率指标的基准和判据，是项目在财务上是否可行的最低要求。根据《投资项目可行性研究指南》的相关规定，如果有行业发布的本行业基准收益率，即以其作为项目的基准收益率；如果没有行业规定，则由项目评价人员设定。

废水处理厂是具有公益性的城市基础设施项目，该类项目目前的财务基准收益率一般为4%。

3. 废水处理费单价的确定

目前我国废水处理收费尚未形成完善的体制，财务分析时，需要根据工程所在地实际的废水处理费标准进行适当的上调，上调空间必须考虑还款需要、市民承受能力，同时要确保废水处理厂运营的利润空间能够满足排水行业财务基准收益率。

二、财务效益与费用估算

1. 营业收入

对于废水处理厂而言，其营业收入是指其提供废水处理服务取得的收益。废水处理费价格是财务分析的重要基本参数。营业收入计算时以处理废水量为收取废水处理费的基数。

2. 总成本费用

总成本费用分为固定成本和可变成本。总成本费用估算后形成总成本费用估算表。

（1）固定成本　固定成本包括以下6个部分：固定资产折旧，扣除固定资产残值后按年限平均法计算；无形、递延资产摊销，无残值，按年限平均法计算；修理费，可直接按固定资产原值（扣除所含的建设期利息）的一定百分数计算；工资或薪酬；管理费及其他费用；利息，包括建设投资借款利息、流动资金借款利息和短期借款利息。

（2）可变成本　包括：电费、煤费、汽油费；污泥外运费；药剂费（如PAC、PAM

等）。

3. 营业税金及附加

营业税金及附加包括营业税、城市维护建设税和教育费附加。城市维护建设税税率按纳税人所在地的不同税率规定计取，教育费附加按实际缴纳的增值税、消费税、营业税之和的3%计。营业税金及附加属于地方税务局税种。

三、财务盈利能力分析

(一) 现金流量分析

项目投资现金流量分析是针对设定的项目基本方案进行的现金流量分析。它是在不考虑债务融资条件下进行的融资前分析，是从项目投资总获利能力的角度，考察项目方案设计的合理性。

1. 项目投资现金流量表

(1) 项目投资现金流量识别与报表编制　首先进行项目投资现金流量识别，再根据识别数据编制项目投资现金流量表。项目投资现金流量识别包括：现金流入、现金流出和净现金流量。其中现金流入包括营业收入、回收固定资产余值、回收流动资金；现金流出包括建设投资、流动资金、经营成本、营业税金及附加，必要时还包括维持运营投资，所得税后分析还要将调整所得税作为现金流出，调整所得税计算公式为：

$$调整所得税 = 息税前利润(EBIT) \times 所得税税率 \qquad (3\text{-}2\text{-}14)$$

(2) 项目投资现金流量分析的指标　项目投资财务净现值 FNPV 的计算公式：

$$FNPV = \sum_{t=1}^{n}(C_I - C_O)_t(1+i_c)^{-t} \qquad (3\text{-}2\text{-}15)$$

式中，C_I 为现金流入；C_O 为现金流出；i_c 为设定的折现率，通常可选用财务内部收益率的基准值（最低可接受收益率）；t 为项目计算期。

判断：

项目投资财务净现值 FNPV$\geqslant$0，表明项目的盈利能力达到或超过了设定折现率所要求的盈利水平，该项目财务效益可以被接受。

项目投资财务内部收益率 FIRR 计算公式为：

$$\sum_{t=1}^{n}(C_I - C_O)_t(1+FIRR)^{-t} = 0 \qquad (3\text{-}2\text{-}16)$$

判断：

将求得的项目投资财务内部收益率与设定的基准参数（i_c）进行比较，当 FIRR$\geqslant i_c$ 时，即认为项目的盈利性能够满足要求，其财务效益可以被接受。

2. 项目资本金现金流量分析

(1) 项目资本金现金流量识别与报表编制　首先进行项目资本金现金流量识别，再根据识别数据编制项目资本金现金流量表。项目资本金现金流量识别包括：现金流入、现金流出和净现金流量。其中现金流入包括营业收入、回收固定资产余值、回收流动资金；现金流出包括建设投资和流动资金中的项目资本金、经营成本、营业税金及附加、还本付息和所得税。

(2) 项目资本金现金流量分析指标　项目资本金现金流量分析指标只计算项目资本金财务内部收益率指标。

项目资本金财务内部收益率的基准参数应体现项目发起人（代表项目所有权益投资者）对投资获利的最低期望值（最低可接受收益率）。

判断：

当项目资本金财务内部收益率大于或等于该最低可接受收益率时，说明在该融资方案下，项目资本金获利水平超过或达到了要求，该融资方案是可以接受的。

（二）静态分析

(1) 项目投资回收期　当投资回收期小于或等于设定的基准投资回收期时，表明投资回收速度符合要求。基准投资回收期的取值可根据行业水平或投资者的要求确定。

(2) 总投资收益率　总投资收益率表示项目总投资的盈利水平，是指项目达到设计能力后正常年份的年息税前利润 EBIT 或运营期内年平均息税前利润 EBIT 与总投资的比率。

(3) 项目资本金净利润率　项目资本金净利润率表示项目资本金的盈利水平，是指项目达到设计能力后正常年份的年净利润或运营期内年平均净利润与项目资本金的比率。

(4) 静态分析依据的报表　静态分析依据的报表主要是项目总投资使用计划及资金筹措表和利润表。

四、偿债和财务生存能力分析

1. 偿债能力分析

偿债能力分析的计算指标有利息备付率和偿债备付率，可根据借款还本付息计划表、利润表及总成本费用表的有关数据计算得出。

(1) 利息备付率　利息备付率计算公式：

$$利息备付率=\frac{\mathrm{EBIT}}{应付利息额} \qquad (3\text{-}2\text{-}17)$$

利息备付率应分年计算，必要时可以补充计算债务偿还期内的年平均利息备付率。

利息备付率表示利息支付的保证倍率，利息备付率至少应当大于 1，一般不宜低于 2，并结合债权人的要求确定。

(2) 偿债备付率　偿债备付率计算公式：

$$偿债备付率=\frac{(\mathrm{EBIT}-所得税)}{应还本付息额} \qquad (3\text{-}2\text{-}18)$$

偿债备付率应分年计算，必要时可以补充计算债务偿还期内的年平均偿债备付率。

偿债备付率表示偿付债务本息的保证倍率，至少应大于 1，一般不宜低于 1.3。

2. 财务生存能力分析

财务生存能力分析包括两个方面：分析是否有足够的净现金流量维持正常运营，各年累计盈余资金是否出现负值。财务生存能力分析的依据是财务计划现金流量表。

五、不确定性分析

1. 敏感性分析

敏感性分析的目的是找出项目的敏感因素，并确定其敏感程度，以预测项目承担的风险。敏感性指标包括敏感度系数和临界点。

(1) 敏感度系数　敏感性分析通过比较不确定因素的敏感度系数来判定项目的敏感因素。敏感度系数是项目效益指标变化的百分率与不确定因素变化的百分率之比。计算公式：

$$E=\frac{\Delta A}{\Delta F} \qquad (3\text{-}2\text{-}19)$$

$E>0$，表示评价指标与不确定因素同方向变化；$E<0$，表示呈反方向变化。$|E|$ 越

大敏感度系数越高，项目效益对该不确定因素敏感程度越高。

对于废水处理工程而言，一般可选择固定资产投资、水价及运行成本作为不确定因素，以财务内部收益率为效益指标计算敏感度系数，不确定因素变化幅度可设定为±10%。通过比较敏感度系数，筛选项目的敏感因子。

(2) 临界点 不确定因素的极限变化，不确定因素的变化使项目由可行变为不可行的临界数值，即为临界点。临界点的高低与设定的基准收益率有关。在一定的基准收益率下，临界点越低，说明该因素对项目效益指标影响越大，项目对该因素就越敏感。

2. 盈亏平衡分析

盈亏平衡分析是在一定市场和经营管理条件下，根据达到设计生产能力时的成本费用与收入数据，通过求取盈亏平衡点，研究分析成本费用与收入平衡关系的一种方法。在盈亏平衡点（BEP）上，销售收入（扣除销售税金与附加）等于总成本费用，项目刚好盈亏平衡。在可研阶段仅进行线性盈亏平衡分析。以生产能力利用率表示的盈亏平衡点计算公式如下：

$$\text{BEP(生产能力利用率)}=\frac{\text{年总固定成本}}{\text{年销售收入}-\text{年总可变成本}-\text{年销售税金与附加}}\times 100\% \tag{3-2-20}$$

盈亏平衡点越低，项目盈利的可能性就越大，造成亏损的可能性就越小。排水项目通常采用以生产能力利用率表示的盈亏平衡点。

六、财务报表及评价结果

财务分析报表有：年成本估算表、流动资金估算表、借款还本付息计算表、利润表、项目总投资使用计划及资金筹措表、资产负债表、项目现金流量表、项目资本金现金流量表。

财务评价分析：基于现金流量表及利润表，计算得到税前财务内部收益率、税前静态投资回收期，并与排水行业基准值进行比较，分析项目在财务上的可行性。排水行业基准值：税前财务内部收益率为4%，税前静态投资回收期为18年。

财务评价结论：对项目财务可行性做出判断。

附：可行性研究报告编制大纲[10]

一、总论

（一）项目背景：项目名称；承办单位概况；可行性研究报告编制依据；项目提出的理由与过程。

（二）项目概况：地理位置；建设规模与目标；主要建设条件；项目投入总资金及效益情况；主要技术经济指标。

（三）问题与建议。

二、供需预测

（一）供应预测：供应现状；供应预测。

（二）需求预测：需求现状；需求预测。

（三）价格现状与预测。

三、建设规模

（一）建设规模与方案比选。

（二）推荐建设规模及理由。

四、项目选址

（一）场址现状：地点与地理位置；土地权属类别及占地面积；技术改造项目现有场地利用情况。

（二）场址建设条件：地形、地貌、地震情况；工程地质与水文地质；气候条件；城镇规划及社会环境条件；交通运输条件；公用设施社会依托条件；防洪、防潮、排涝设施条件；环境保护要求；法律支持条件；征地、拆迁、移民安置条件；施工条件。

（三）场址比选

（四）场址推荐方案：绘制场址地理位置图

五、技术方案、设备方案和工程方案

（一）技术方案：技术方案选择；工艺流程确定；主要工艺流程图；主要技术经济指标。

（二）设备方案：主要设备选型；主要设备清单。

（三）工程方案：主要建（构）筑物结构方案；特殊基础工程方案；建筑安装工程量及“三材”用量估算；技术改造项目利用原有工程情况；主要建（构）筑物工程一览表。

六、原料燃料供应

（一）主要原料供应：主要原料品种、质量与年需要量；主要原料供应来源与运输方式。

（二）燃料供应：燃料品种、质量与年需要量；燃料供应来源与运输方式。

（三）主要原料、燃料价格现状与预测。

（四）主要原料燃料供应表。

七、总图运输与公用辅助工程

（一）总图布置：项目构成，列出主要单项工程；生产系统、非生产系统、地上与地下管线布置方案；总平面布置主要指标。

（二）场内外运输：场外运输量及运输方式；场内运输量及运输方式。

（三）公用辅助工程：给排水工程；供电工程；通信设施；供热设施；维修设施；其他设施。

八、节能节水措施：节能、节水措施及能耗指标分析

九、环境影响评价

（一）项目环境现状

（二）项目建设和生产运营对环境的影响

（三）环境保护治理措施

（四）环境保护设施及投资

（五）环境影响评价

十、劳运安全卫生消防

（一）危害因素和危害程度分析：有毒有害物品的危害；危险性作业的危害。

（二）安全措施方案：采用安全生产和无危害的工艺和设备；对危害部位和危险性作业的保护措施；危险场所的防护措施；职业病防护和卫生措施。

（三）消防设施

十一、组织机构与人力资源配置

（一）组织机构：项目法人组建方案；管理机构组织方案及体系图；机构适应性分析。

（二）人力资源配置：劳动定员数量及技能素质要求；职工工资福利；员工来源及招聘方案；员工培训计划。

十二、项目实施进度

（一）建设工期

（二）项目实施进度安排

（三）项目实施进度表（横线图）

十三、投资估算

（一）投资估算依据

（二）建设投资估算：建筑工程费；安装工程费；设备及工器具购置费；工程建设其他费用；基本预备费；涨价预备费；建设期利息。

（三）流动资金估算

（四）投资估算表：项目投入总资金估算汇总表；单项工程投资估算表；分年投资计划表；流动资金估算表。

十四、融资方案

（一）资本金筹措：新设项目法人项目资本金筹措；既有项目法人项目资本金筹措。

（二）债务资金筹措

（三）融资方案分析：融资结构分析；融资成本分析；融资风险分析。

十五、财务评价

（一）新设项目法人项目财务评价

1. 财务评价基础数据与参数选取：财务价格；计算期与运营负荷；财务基数收益率设定；其他计算参数。

2. 运营收入估算：编制运营收入估算表。

3. 成本费用估算：编制总成本费用估算表和分项成本费用估算表。

4. 财务评价报表：财务现金流量表；损益和利润分配表；资金来源与运用表；借款偿还计划表。

5. 财务评价指标：盈利能力分析（项目财务内部收益率、资本金收益率、投资各方收益率、财务净现值、投资回收期、投资利润率）；偿债能力分析（借款偿还期或利息备付率和偿债备付率）。

（二）既有项目法人项目财务评价

1. 财务评价范围选取

2. 财务评价基础数据与参数选取："有项目"数据；"无项目"数据；增量数据。

3. 营业收入估算：编制营业收入估算表。

4. 成本费用估算：编制总成本费用估算表和分项成本费用估算表。

5. 财务评价报表：增量财务现金流量表；"有项目"损益和利润分配表；"有项目"资金来源与运用表；借款偿还计划表。

6. 财务评价指标：盈利能力分析；项目财务内部收益率；资本金收益率；投资各方收益率；财务净现值；投资回收期；投资利润率；偿债能力分析（借款偿还期或利息备付率和偿债备付率）。

（三）不确定性分析：敏感性分析（编制敏感性分析表、绘制敏感性分析图）；盈亏平衡分析（绘制盈亏平衡分析图）。

（四）非盈亏平衡分析（绘制盈亏平衡分析图）：单位功能（或使用效益）投资；单位功能运营成本；运营和服务收费价格；借款偿还期（负债建设的项目）。

（五）财务评价结论

十六、社会评价

（一）项目对社会的影响分析

（二）项目与所在地互适性分析：不同利益群体对项目的态度及参与程序；各级组织对项目的态度及支持程度。

（三）社会风险分析

（四）社会评价结论

十七、风险分析

（一）项目主要风险因素识别

（二）风险程度分析

（三）防范和降低风险措施

十八、研究结论与建议

（一）推荐方案总体描述

（二）推荐方案优缺点描述：优点；存在问题；主要争论与分歧意见。

（三）主要对比方案：方案描述；未被采纳的理由。

（四）结论与建议

十九、附图、附表、附件

（一）附图：城市总体规划图；项目所属行业系统规划图；项目地理位置图及项目区域位置图；场地地形地貌图；总平面图；工艺流程图。

（二）附表

1. 投资估算表：项目投入总资金估算汇总表；主要单项工程投资估算表；分年投资计划表；流动资金估算表。

2. 财务评价报表：营业收入、营业税金及附加估算表；总成本费用估算表；财务现金流量表；损益和利润分配表；资金来源与运用表；借款偿还计划表。

（三）附件（略）

参考文献

[1] 《投资项目可行性研究指南》编写组．投资项目可行性研究指南（试用版）．北京：中国电力出版社，2002.
[2] 王洪臣，杨向平．城镇污水处理厂运行控制与维护管理．北京：科学出版社，1997.
[3] GB 18918—2002，城镇污水处理厂污染物排放标准．
[4] GB 3838—2002，地表水环境质量标准．
[5] GB 3097—1997，海水水质标准．
[6] CJJ 31—89，城镇污水处理厂附属建筑和附属设备设计标准．
[7] GB 8978—1996，污水综合排放标准．
[8] 国家建设部，国家环保总局，国家科技部．城市污水处理及污染防治技术政策，2000.
[9] 国家发改委，国家建设部．建设项目经济评价方法与参数．第 3 版．北京：中国计划出版社，2006.
[10] 于守法等．投资项目可行性研究报告编写范例．北京：中国电力出版社，2003.

第三章 工程设计

第一节　设计阶段和内容

按照建设部关于设计文件编制深度的要求，以及《建设工程质量管理条例》、《建设工程勘察设计管理条例》的规定，工程设计一般包括两个阶段：初步设计阶段和施工图设计阶段。特殊情况下可在二者之间增加扩大初步设计阶段[1~4]。

初步设计一般应包括如下内容：设计说明书、工程概算书、主要设备材料表、初步设计图纸。

施工图设计一般应包括如下内容：施工图设计说明、修正概算或工程预算、主要设备及材料表、施工图设计图纸。

设备如需经过招投标确定供货商，应在初步设计完成后进行设备标书的编制。

第二节　初 步 设 计

一、设计准备

如为城镇污水，需进一步收集服务范围内近年的水质、水量资料，补充论证可行性研究报告确定的进水水质、水量的正确性；如为工业废水，尚需进一步确定废水的来源和生产废水的水质、水量。

核实废水处理厂排水的出路，出水排放标准，了解建设单位或业主对处理厂建设有无特殊要求。

补充论证可行性研究报告所选工艺的正确性。

确定进入废水处理厂的废水干管位置、管径、高程。

由建设方提供厂区范围附近区域的1∶1000的地形图，厂区附近道路设计高程。确定厂区室外标高，处理厂距离排放口的距离。

由建设方提供厂区范围的初步勘察报告。

落实处理厂周围地区水、暖、电等设施的配套情况，如为城镇污水处理厂应落实周围城市给水干管设施情况，干管管径、压力、位置；可为处理厂供电的变电站位置、电压、距离；周围有无集中供暖设施；如为工业废水处理厂应落实厂区供水、供电、供暖情况。

了解建设单位或业主对处理厂综合办公楼、机修间等生产办公设施的特殊要求。

调查当地最新的价格信息，收集地方定额资料。

掌握拆迁征地费用、当地的工人工资及福利费标准、是否计取供水增容费、电贴费、基本电价与电度电价；掌握现行排污收费情况，进一步确定资金筹措方式、贷款金额、贷款利率。

二、设计说明书的编制

1. 工程概述

设计依据：设计委托书（或设计合同）；批准的可研报告及可研报告批复，批准机关、文号、日期、批准的主要内容；环境影响评价报告及环境影响评价报告批复，批准机关、文号、日期、批准的主要内容；厂区用地批复，批准机关、文号、日期、批准的主要内容；业主的主要要求；初勘资料及工程测量资料。

主要设计资料：资料名称、来源、编制单位及日期，一般包括用水、用电协议，环保部门的批准书，流域或区域环境治理的可行性研究报告等；采用的规范和标准。

编制原则：明确设计遵循的原则、设计背景条件。

工程设计范围：明确本次工程的设计范围、包括的内容。

工程的主要结论：明确设计的主要结论如处理的水量、水质、处理标准、采用的处理工艺、工程总投资、运行费用、成本、电耗、药耗等。

2. 项目背景

(1) 城市（或区域）概况及自然条件　建设现状、总体规划分期修建计划及有关情况，概述地表、地貌、工程地质、水文地质、气象等有关情况。

(2) 城市供水系统现状及规划。

(3) 城市排水系统现状及规划。

(4) 现有排水工程概况及存在问题　对于城镇污水：现有污水、雨水管渠泵站，处理厂的水量、位置、处理工艺、设施的利用情况，工业废水处理程度，水体及环境污染情况，积水情况以及存在的问题。

对于工业废水：废水的来源、性质，生产工艺情况，厂区废水管网情况，现状处理设施、位置、处理工艺、处理程度、存在问题。

(5) 工程建设的必要性。

3. 总体方案设计

工程建设规模的确定：根据已批复的可研报告及掌握的资料对进水水量进行复核论证，确定建设规模。

处理厂进出水水质的确定：根据已批复的可研报告及掌握的资料对进出水水质进行复核论证，确定进水水质和出水标准。

处理厂位置的确定：说明选定厂址考虑的因素，如地理位置、地形、地质条件、防洪标准、卫生防护距离与城镇布局关系，占地面积等。

废水处理工艺方案及污泥处理方案的确定：根据所确定的进出水水质、水量，说明废水处理及污泥处理的方法选择，工艺流程布局，总平面布置，预计处理后达到的标准。

说明采用的废水深度处理或消毒工艺，功能和必要性。

根据实际情况说明处理、处置后的废水、污泥的综合利用，对周边区域尤其是排放水体的卫生、环境影响。

根据确定的进出水水质、水量、处理流程、废水的性质、处理厂的用地情况、投资情况综合确定各处理构筑物的形式、设备形式。

说明所采用新技术的工艺原理和特点。

4. 废水处理厂工程设计

(1) 按流程顺序对已确定的构筑物进行工艺计算　确定主要设计参数、尺寸、构造材料及其所需设备选型、台数与性能参数。

（2）厂区总平面设计 说明厂区布置原则，功能分区，平面布置情况，厂内给水管及消火栓的布置，排水管布置及雨水排除措施，道路标准，绿化设计。

（3）厂区高程设计 根据厂区附近道路设计高程及排放水体的洪水水位，经综合分析和土方平衡计算确定处理厂设计平均地坪高程，使厂区地坪高度既具有一定的抗洪涝能力又不造成填方量过大。

根据排放水体的水位，处理厂距离排放口的距离，经水力计算确定各处理构筑物高程。

（4）厂区建筑设计 简要说明厂内主要辅助建筑物及生活福利设施的建筑面积及其使用功能。

说明根据生产工艺要求或使用功能确定的建筑平面布置、层数、层高、装修标准，对室内热工、通风、消防、节能所采取的措施。

说明建筑物的立面造型及其周围环境的关系。

辅助建筑物及职工宿舍的建筑面积和标准。

除满足上述要求外，须符合建设部《建筑工程设计文件编制深度规定》（2008年版）的有关规定[2]。

（5）结构设计 说明工程所在地区的风荷、雪荷、工程地质条件、地下水位、冰冻深度、地震基本烈度。对场地的特殊地质条件（如软弱地基、膨胀土、滑坡、溶洞、冻土、采空区、抗震的不利地段等）应分别予以说明。

根据建（构）筑物使用功能、生产需要所确定的使用荷载、地基土的承载力设计值、抗震设防烈度、结构设计合理使用年限等，阐述对结构设计的特殊要求（如抗浮、防水、防爆、防震、防蚀等）。

阐述主要构筑物和大型管渠结构设计的方案比较和确定，如结构选型，地基处理及基础形式，伸缩缝、沉降缝和抗震缝的设置，为满足特殊使用要求的结构处理，主要结构材料的选用，新技术、新结构、新材料的采用。

除满足上述要求外，必须符合建设部《建筑工程设计文件编制深度规定》（2008年版）的有关规定。

（6）采暖通风与空气调节设计 说明设计范围、其他专业提供的本工程设计资料、设计要求等。

设计计算参数：室外主要气象参数，各建（构）筑物的计算温度。

采暖系统：各建（构）筑物热负荷，热源状况、选择及热媒参数，采暖系统的形式、补水与定压，室内外供热管道布置方式和敷设原则，采暖设备、散热器类型、管道材料及保温材料的选择。

通风系统：需要通风的房间或部位，通风系统的形式和换气次数，通风系统设备的选择，降低噪声措施，通风管道材料及保温材料的选择，防火技术措施。

空气调节系统：需要空调的房间及冷负荷，空调（风、水）系统控制简述及必要的气流组织说明，空气调节系统设备的选择；降低噪声措施，空气调节管道材料及保温材料的选择，防火技术措施。

锅炉房：确定锅炉（或其他热源）设备选型，供热介质及参数的确定，燃料来源与种类，锅炉用水水质软化、降低噪声及消烟除尘措施，简述锅炉房组成及附属设备间设备的布置，锅炉房消防及安全措施。

采暖通风与空调设计的节能环保措施和其他需要说明的问题。

对于大型厂站及厂前区综合管理楼和宿舍楼等建筑物的设计要求参见《建筑工程设计文

件编制深度规定》（2008年版）中采暖通风与空气调节、热能动力及建筑给排水有关章节的深度要求。

（7）供电设计　明确主要设计依据及规范，说明设计范围及电源资料概况。

负荷级别、电源及电压：说明负荷级别，电源电压，供电来源，备用电源的运行方式，内部电压选择。

负荷计算：说明用电设备种类，并以表格列举设备容量、计算负荷数值和自然功率因数、功率因数补偿方法、补偿设备的数量以及补偿后功率因数结果、补偿方式。

供电系统：说明负荷性质及其对供电电源可靠程度的要求，配电方式，变电所容量、位置，变压器容量和数量的选定及其安装方式（室内或室外），备用电源、工作电源及其切换方法。

保护和控制：说明采用的继电保护方式，操作电源类型，设备的控制，信号反映等。

照明系统：确定防雷保护措施、接地装置、防爆要求，主要设备选型，厂区管缆敷设。

计量：说明计量方式，电气节能措施等。

（8）仪表、自动控制及通信设计　明确主要设计依据和规范，说明厂站控制模式，仪表、自动控制设计的原则和标准。

全厂控制功能的简单描述，仪表、自动控制测定的内容，各系统的数据采集和调度系统，包括带控制点的工艺流程图（PID）。

主要设备选型，厂区管缆敷设。

说明通信设计范围及通信设计内容，有线及无线通信，电话及火灾报警装置的设置。

仪表系统防雷、接地和克服干扰的内容，节能措施等。

（9）机械设计　机械设计应说明废水处理厂所需设备的选型、规格、数量及主要结构特点。机修间说明书，说明机修间维修范围、面积、设备种类、人员安排等。

5. 环境保护

处理厂对附近居民点的卫生、环境影响；受纳水体的稀释能力，处理出水对受纳水体的影响，废水灌溉的可能性；废水回用、污泥综合利用的可能性或出路；处理厂处理效果的监测手段；锅炉房消烟除尘措施和预期效果；降低噪声措施。

6. 劳动安全卫生

使用氯气、酸碱等有毒、腐蚀性药剂时的安全防范措施；格栅间和泵房地下部分散发有毒有害气体的可能性和防范措施；消化池等散发易燃易爆气体的可能性和防范措施；采用减轻劳动强度、电气安全保护、防滑梯、护栏、转动设备防护罩等防护措施；主要防范和安全措施的预期效果和综合评价；浴室、厕所、更衣室等卫生设施。

7. 消防

厂区的地理位置和占地情况、总图布置和功能分区的简要说明。

厂区道路布置满足消防车道要求，平面布置满足建（构）筑物的防火间距要求。

按照《建筑设计防火规范》（GB 50016）的要求，在建筑、结构、装修、采暖通风、电气、工艺设计中提出具体的消防措施和要求。

消防给水系统、消防水池的计算和设计说明；消防控制系统和装置、报警系统和装置、灭火设施。

采用了厌氧处理法或污泥消化工艺时，沼气系统的防火、防爆安全措施是设计的重点。

8. 节能设计与效益分析

结合工程实际情况，叙述能耗情况及主要节能措施，包括建筑物隔热措施、节电、节药和节水措施，余热利用措施；计算和说明节能效益。

9. 管理机构和人员编制

提出维护厂区运行的管理机构和人员编制的建议。

10. 对于下阶段设计的要求

需提请在设计审批时解决或确定的主要问题以及施工图设计阶段需要的资料和勘测要求。

三、设计概算

建设项目设计概算是初步设计文件的重要组成部分，是设计阶段工程造价的主要计价形式。初步设计、技术简单项目的一阶段施工图设计均应编制设计概算；采用三阶段设计的技术设计阶段还应编制修正概算。

概算文件必须完整、准确地反映工程项目的设计内容，严格执行国家有关的方针、政策和规定，实事求是地根据工程所在地建设条件（包括自然条件、施工条件、当地价格水平等可能影响工程造价的各种因素），正确地按有关的依据性资料进行编制。

初步设计总概算经主管部门批准后，即为该项目工程投资的最高限额，是编制建设项目投资计划、确定和控制建设项目投资的依据，是签订建设工程合同和贷款合同、实行建设项目投资包干的依据，是衡量设计方案技术经济合理性和选择最佳设计方案的依据，并用以控制施工图设计以及作为限额设计的投资控制上限，也是项目建设完成后考核建设项目投资效果的依据[5,6]。

1. 概算文件的组成

概算文件由编制说明和三级概算书组成。三级概算是指总概算、综合概算和单位工程概算，对应于建设项目、单项工程和单位工程三级项目划分。

（1）概算编制说明　工程概况及其建设规模和建设范围：需明确总概算所包括和不包括的工程项目与费用。如为多单位协作参加设计或提供有关费用的概算，则应说明分工编制的情况。

编制依据：包括可行性研究报告及批复情况、有关文件和设计图纸、采用的计价办法、相关定额、工料机价格和取费标准等。

计算说明：有关其他建设费用、预备费、建设期贷款利息、流动资金的计算说明。有采用外汇或有进口设备、引进技术的，应对外汇总额度、汇率情况、进口设备报价方式、关税和增值税及其他从属费用的计算予以说明。

其他有关说明：对于概算编制中存在的有关问题、特殊施工工艺相关费用计算、按暂估价计入的费用以及特定的编制方法和计算原则等方面所做的补充说明。

工程投资和费用构成的分析：包括主要材料用量和技术经济指标分析、资金筹措及投资使用计划、成本费用估算等。主要材料用量一般应统计钢材、水泥和木材三大主材以及其他主材的数量；技术经济指标应按各枢纽工程或整个项目计算投资、用地、耗电及主要材料等各项指标，计算方法按建设部发布的《市政工程设计技术管理标准》中有关技术经济指标计算的规定；资金使用计划包括建设工期和用款计划，涉及贷款的，应说明贷款额度和借贷条件。

（2）建设项目总概算书　总概算书由各综合概算及工程建设其他费用概算组成，应包括建设项目从筹建到竣工验收、试运行所需的全部建设费用。建设项目总投资包括：第一部分工程费，包括建筑工程费、安装工程费、设备购置费和工器具购置费；第二部分工程建设其他费用，包括预备费用、固定资产投资方向调节税、建设期贷款利息及其他融资费用、流动资金。

(3) 综合概算书　综合概算书是单项工程所发生建设费用的汇总文件，由各专业的单位工程概算组成。工程内容简单的建设项目可以将几个单项工程组成的枢纽工程汇编成一份综合概算书，也可以将综合概算书的内容直接编入总概算书内，而不另单独编制综合概算书。

(4) 单位工程概算书　单位工程概算书分为建筑工程和安装工程两类，包括单位工程取费表、单位工程实体项目计价表、单位工程措施项目计价表、工料机分析表等表格。

2. 概算编制的依据

国家有关建设和造价管理的法律、法规、方针和政策文件。

设计任务书或经批准的建设项目可行性研究报告，主管部门的有关规定。

初步设计总平面图及设计项目一览表。

能满足编制设计概算深度要求的各专业经过校审的设计图纸、文字说明和设备清单。

工程所在地区的现行工程造价计价办法以及市政工程、建筑工程、安装工程概算定额(无概算定额的采用预算定额)、单位估价表、相关费用定额或规定。

当地建设主管部门发布的当期人工工资、材料预算价格、机械台班单价等价格信息或调价系数。

设备询价单、现行设备运杂费率、有关引进技术及进口设备相关费用计取规定。

工程所在地的土地征购、青苗补偿、地上地下建（构）筑物拆迁赔偿、管线切改等费用标准及建设场地的三通一平费用资料。

现行有关工程建设其他费用计取规定。

建设场地的自然条件和施工条件。

类似工程的概预算及技术经济指标。

现行银行贷款利率、外汇汇率。

建设单位提供的有关工程造价的其他资料。

3. 概算编制的方法

(1) 建筑安装工程概算　主要工程项目应按照工程所在地区现有概算定额、单位估价表和取费标准等文件，根据初步设计图纸及说明书，按照工程所在地的自然条件和施工条件，计算工程数量并套用相应的概算定额或单位估价表进行编制。如果没有规定的概算定额时，执行相应的预算定额，并增加预算定额与概算定额的水平幅度差。概算定额的项目划分和包括的工程内容较预算定额有所扩大，按概算定额计算工程量时，应与概算定额每个子目所包括的工程内容和计算规则相适应，避免内容的重复或漏算。按预算定额编制概算时，次要零星项目费用可按主要项目总价的百分比计列。

次要工程项目可按概算指标或参照类似工程预算的单位造价指标和单位材料消耗指标进行编制，但应根据该单项工程的设计标准和结构特征以及工程所在地的价格水平和取费标准进行必要的调整。

(2) 设备、工器具购置费及设备安装工程概算　设备购置费由设备原价和运杂费构成。设备原价按设备清单逐项计算，设备单价可市场询价或参考设备价格手册；设备运杂费根据工程所在地区规定的运杂费率，按设备原价的百分比计算。进口设备的关税、增值税以及其他从属费用的计算按相应规定，可参考建设部发布的《市政工程投资估算编制办法》。

工器具及生产家具购置费可按设备购置费总值的1%～2%估算。

设备安装工程费一般采用两种方法计算：按设备安装工程概算定额或设备安装工程预算定额进行编制；或按占设备费的百分比率计算。

(3) 工程建设其他费用　工程建设其他费用是指工程费用以外的为保证工程建设顺利完

成和建设项目交付使用后能够正常发挥效用而发生的各项费用，按其内容大体可分为三类：第一类为土地使用、拆迁赔偿费用；第二类为与工程建设有关的其他费用；第三类为与未来企业生产经营有关的其他费用。

其他费用应计列的项目及内容应结合工程项目的实际情况确定，取费标准可按以下次序取定：

国家发改委、建设部制订颁发的有关其他建设费用的取费标准。

建设项目主管部、委制订颁发的有关其他建设费用的取费标准。

工程所在地的省、自治区、直辖市政府主管部门制订的有关费用标准。

以上均无明确规定时，可依据建设部发布的《市政工程投资估算编制办法》或参照其他部、委或邻近省市取费标准计取[6]。

(4) 预备费　预备费包括基本预备费和涨价预备费。

基本预备费是指在初步设计及概算中难以预料的工程和费用，计算方法为以第一部分工程费和第二部分其他建设费用之和为基数，乘以基本预备费费率。初步设计概算基本预备费费率为5%～8%。

涨价预备费是指建设项目在建设期间内由于价格的变化引起工程造价变化的预测预留费用。一般根据国家发布的物价上涨指数，以设计概算编制期为基期，以第一部分工程费总值为基数按建设期分年度实施计划分年计算。原国家计委发布的文件（计投资［1999］1340号）规定，投资价格指数按零计算。

(5) 固定资产投资方向调节税　根据国务院规定，自2000年1月1日起暂停征收固定资产投资方向调节税，但该税种并未取消。

(6) 建设期贷款利息及其他融资费用

① 建设期贷款利息。应根据不同贷款来源和借款利率分别计算。为简化计算，一般假定借款发生当年均在年中支用，当年利息按半年计息。

按照中国人民银行、国家计委［1991］88号《关于基本建设项目建设期银行贷款计收利息问题的通知》，"所有建设项目，原则上都要把贷款利息列入设计概算，列入年度投资计划"、"一律按规定按年结息和收息，不再挂账"的规定，建设期贷款利息成为建设项目总投资的组成部分。项目总投资中计入了建设期贷款利息，列入资金来源及年度使用计划，用于建设期各年向贷款机构支付利息，则当年发生的贷款利息不再作为下一年度计息的基数，每年应计利息的近似计算公式如下：

$$每年应计利息=\left(年初本金累计+\frac{本年借贷额}{2}\right)\times 有效年利率 \tag{3-3-1}$$

若建设期各年不付息，累计至建设期末支付，则每年应计利息的近似计算公式为：

$$每年应计利息=\left(年初本息累计+\frac{本年借贷额}{2}\right)\times 有效年利率 \tag{3-3-2}$$

② 其他融资费用。其他融资费用包括手续费、管理费、承诺费、启动金等。国内贷款发生较少，可忽略不计；国外贷款应按借贷条件按实计取。

(7) 流动资金　流动资金指为维持生产在运营期内占用并周转使用的营运资金，其计算方法可选用扩大指标估算法或分项详细估算法[6]。

四、主要材料及设备表

提出全部工程及分期建设需要的三材、管材及其他主要设备、材料的名称、规格（型号）、数量等（以表格方式列出清单）。

应附以下表格：

主要建（构）筑物一览表，注明主要建（构）筑物尺寸、数量、单位；

主要工艺设备、材料一览表，注明设备名称、技术规格、数量、功率、单位，管道规格、长度、材质；

主要电气设备一览表，注明设备名称、技术规格、数量、单位；

主要自控设备一览表，注明设备名称、技术规格、数量、单位；

机修间主要设备一览表，注明设备名称、技术规格、数量、单位；

化验室主要仪器设备表，注明设备名称、技术规格、数量、单位。

五、初步设计图纸

工程位置示意图比例一般采用（1∶500）～（1∶1000）。

废水处理厂总平面图：比例一般采用（1∶100）～（1∶500），在厂区地形图上表示出厂区平面尺寸，绘出现有和设计的建（构）筑物、围墙、道路及相关位置，绿化景观示意，标出风玫瑰（指北针），列出构筑物和建筑物一览表、工程量表和主要技术经济指标表、厂区绿化率。如处理厂不在平原地区或厂区高差较大应进行厂区高程设计，标出各地块地面标高。

废水处理厂管线综合图：比例一般采用（1∶100）～（1∶500），在厂区总平面图中布置主要工艺管线、给水管线、排水管线、雨水管线、电缆（沟）、加药管线、消毒管线、放空管线等处理运行需要的管线。

废水、污泥流程断面图：竖向比例采用（1∶100）～（1∶200）表示出生产流程中各构筑物及其水位标高关系，主要规模指标。

废水处理厂主要管线设计图：比例一般采用（1∶100）～（1∶500），表示出主要管线的走向、位置、管径、长度。

主要构筑物工艺图：比例一般采用（1∶50）～（1∶200），图上表示出工艺布置，设备、仪表及管道等安装尺寸、相关位置、标高。列出主要设备、材料一览表，并注明主要设计技术数据。

主要建筑物建筑图：应包括平面图、立面图和剖面图，比例一般采用（1∶50）～（1∶200），图上表示出主要建筑配件的位置，建筑材料、室内外主要装修、建筑构造、门窗。

主要构筑物的结构图：应包括结构总平面图和剖面图，比例一般采用（1∶50）～（1∶200），图上表示出主要结构的位置、基础做法及主要构件截面尺寸等。

供电系统和主要变、配电设备布置图，厂区管缆路线图：表示变电、配电、用电启动保护等设备位置、名称、符号及型号规格，附主要设备材料表。

自动控制仪表系统布置图：仪表数量多时，绘制系统控制流程图；当采用微机时，绘制微机系统框图。

通风、锅炉房及供热系统布置图。

第三节 施工图设计

一、施工图设计说明

小型废水处理厂可以编制一份包含各专业的施工图设计总说明。中、大型废水处理厂涉及专业、内容较多，可由施工图阶段各专业单独出施工图设计说明。

施工图设计说明主要包括以下内容。

1. 工程概况及工程范围

说明设计规模，采用的工艺，设计范围。

2. 设计依据

摘要说明初步设计批准的机关、文号、日期及主要审批内容；采用的规范、标准和标准设计；详细勘测资料；其他施工图设计资料依据。

3. 设计内容

(1) 工艺设计 包括总图施工图设计说明和各处理构筑物施工图设计说明。

① 总图施工图设计说明。工程的高程系统，绝对坐标与相对坐标的换算关系；施工放线的原则和要求；总图管线管材和接口要求；厂区各种管道、材料的防腐要求、做法；埋地管道基坑开挖的要求；管道基础的型式及做法、要求；管道敷设及支墩的做法；沟槽回填要求；管道交叉的处理方法；检查井的施工方法；管道与构筑物的连接处理；架空管道的做法及支架的型式；管道着色及名称标注要求；管道工程验收执行的规范及标准；管道系统试验的要求；厂区道路设计：道路工程概况，路基的处理要求，道路工程的验收及执行标准；围墙及大门的形式；厂区绿化要求。施工注意事项包括：施工顺序要求、冬雨季施工措施、施工排水、施工前物探要求等。

② 各处理构筑物施工图设计说明。构筑物基本情况概述，设计规模、主要设计参数，设备技术规格、型号、数量；对照初步设计变更部分的内容、原因、依据；构筑物采用的新技术、新材料的说明；构筑物排水下游出路说明；构筑物、设备运转管理注意事项；构筑物施工安装注意事项及质量验收要求。

(2) 结构设计 包括废水处理厂结构施工图设计总说明和各处理构筑物施工图设计说明。

① 结构施工图设计总说明。工程概况及工程内容；设计依据及采用的规范、标准；高程及基本单位；工程地质情况说明；基本设计参数；材料要求：混凝土、钢筋、砌体材料、橡胶止水带的参数要求等；钢筋混凝土结构情况；砌体结构：包括门窗洞口过梁、抗震构造措施等；基坑开挖及回填要求；地基处理做法、要求；施工验收：遵循的规范、要求；其他施工注意事项。

② 各处理构筑物施工图设计说明。构筑物基本情况、结构形式，设计规模；构筑物采用的新技术、新材料的说明；构筑物施工注意事项及质量验收要求等。

(3) 建筑设计 详见建设部《建筑工程设计文件编制深度规定》(2008 年版)。

(4) 电气设计 包括电气专业施工图设计总说明和各单体建(构)筑物电气施工图说明。

① 电气施工图设计总说明。工程概况及工程内容；设计依据及采用的规范、标准；变配电系统情况；电气设备的保护与控制；电能计量；节能及无功补偿；照明设计；防雷及接地保护；电力线路选择、敷设等；施工验收：遵循的规范、要求；设备选型的自我保护性说明；其他施工注意事项。

② 各单体建(构)筑物电气施工图说明。设计范围；单体建(构)筑物相关的工艺情况；配电系统；电气设备的保护与控制；照明设计；防雷及接地保护；电缆选择、敷设等；施工验收：遵循的规范、要求；设备选型的自我保护性说明；其他施工注意事项。

(5) 自控仪表设计 包括自控仪表施工图设计总说明和各单体建(构)筑物自控仪表施工图设计说明。

① 自控仪表专业施工图设计总说明包括：工程概况及工程内容；设计依据及采用的规范、标准；自控系统设计情况说明；检测仪表设计；通信网络/电话设计；防雷/接地设计；闭路电视监控系统设计；自控仪表线路选择、敷设等；施工验收遵循的规范、要求；设备选

型的自我保护性说明；其他施工注意事项。

② 各单体建（构）筑物自控仪表施工图设计说明。单体建（构）筑物相关的工艺情况；控制系统设计情况说明，与全厂自控系统的关系；检测仪表设计；防雷/接地设计；自控仪表线路选择、敷设等；施工验收遵循的规范、要求；设备选型的自我保护性说明；其他施工注意事项。

二、主要材料及设备表

每个单体建（构）筑物均应按不同的专业单独列出设备、材料表；注明该单体建（构）筑物所涉及的全部设备的名称、详细的规格、型号、数量、主要的技术参数；所有材料的名称、规格、材质、数量。

三、施工图设计图纸

1. 总图

(1) 工程位置示意图：比例一般采用（1∶500)～(1∶1000)，图上内容基本同初步设计，而要求更为详细确切。

(2) 处理厂总平面图：比例一般采用（1∶100)～(1∶500)，包括风玫瑰图、等高线、构筑物、围墙、绿地、道路等的平面位置，构筑物的主要尺寸，并附构筑物一览表、工程量表、厂区主要技术经济指标表、图例及有关说明。

(3) 处理厂坐标定位图：注明厂界四角坐标及构筑物四角坐标或相对位置，如采用相对坐标应说明相对坐标与绝对坐标的换算关系，及坐标定位的相关说明。

(4) 废水、污泥流程断面图：竖向比例采用（1∶100)～(1∶200）表示出生产流程中各构筑物及其水位标高关系，主要规模指标。

(5) 竖向布置图：对地形复杂的废水处理厂进行竖向设计，内容包括厂区原地形、设计地面、设计路面、构筑物标高及土方平衡数量图表。

(6) 处理厂管线综合图：比例一般采用（1∶100)～(1∶500)，在厂区总平面图中布置工艺管线，给水管线、下水管线、雨水管线、电缆（沟）、加药管线、消毒管线、放空管线等处理厂正常运行所需要的管线。当厂内管线布置种类多时，对于干管管线进行平面综合，绘出各管线的平面布置，注明各管线与构筑物、建筑物的距离尺寸和管线间距尺寸。管线交叉密集的部分地点，适当增加断面图及节点详图，表明各管线间的交叉标高，并注明管线及地沟等的设计标高。

(7) 处理厂厂内各管线设计图：比例一般采用（1∶100)～(1∶500)，在平面图中表示出管线的走向、坐标位置、管径（断面)、长度、标高、材料、阀门及所有附属构筑物。在管线控制点处注明标高；在管径、高程变化处、支管接入处绘出节点详图。说明各种管渠的基础类型、接口方式。附工程量及管件、材料一览表，列出排水井、检查井、阀井及所有附属构筑物的数量、做法。非标准管件加工详图。

(8) 绿化布置图：比例同废水处理厂平面图，表示出植物种类、名称、行距和株距尺寸、种栽位置范围，与构筑物、建筑物、道路的距离尺寸，各类植物数量（列表或旁注)；建筑小品和美化构筑物的位置、设计标高。如无绿化投资，可在建筑总平面图上示意，不另出图。

2. 单体建（构）筑物设计图

(1) 工艺图　比例一般采用（1∶50)～(1∶100)，分别绘制平面、剖面图及详图，表示出工艺布置，细部构造，设备，管道、阀门、管件等的安装位置和方法，详细标注各部尺寸和标高，引用的详图、标准图，非标准配件加工详图，并附设备材料一览表以及必要的说明和主要技术数据。

专用机械设备的设备安装图，表明设备与基础的联接，设备的外形尺寸、规格、重量等设计参数。

（2）建筑图 比例一般采用（1∶50）～（1∶100）。分别绘制平面、立面、剖面图及各部构造详图、节点大样，注明轴线间尺寸、各部分及总尺寸。标注设备或基座位置、尺寸与标高等，留孔位置的尺寸与标高。标明室外用料做法，室内装修做法及有特殊要求的做法，引用的详图、标准图并附门窗表及必要的说明。需满足建设部《建筑工程设计文件编制深度规定》。

（3）结构图 比例一般采用（1∶50）～（1∶100）。绘出结构整体及构件详图，配筋情况，各部分及总尺寸与标高，设备或基座等位置、尺寸与标高，留孔、预埋件等位置、尺寸与标高，地基处理、基础平面布置、结构形式、尺寸、标高，墙柱、梁等位置及尺寸，屋面结构布置及详图。引用的详图、标准图。汇总工程量表、主要材料表、钢筋表（根据需要）及必要的说明。需满足建设部《建筑工程设计文件编制深度规定》。

3. 采暖通风与空气调节、锅炉房（其他动力站）、室内给排水安装图

（1）包括图纸目录、设计与施工说明、设备表、设计图纸、计算书。

（2）一般建（构）筑物要求表示出图例，各种设备、管道、风道布置与建筑物的相关位置和尺寸，绘制有关安装平面图、剖面图、安装详图、系统（透视）图、立管图。

（3）锅炉房绘出设备平面布置图、剖面图，注明设备定位尺寸、设备编号及安装标高，必要时还应注明管道坡度及坡向；系统图应绘出设备、各种管道工艺流程，就地测量仪表设置的位置，按本专业制图规定注明符号、管径及介质、流向，并注明设备名称或编号。

（4）室外管网应绘出管道、管沟平面图，图中表示管线支架、补偿器、检查井等定位尺寸或坐标，并注明管线长度及规格、介质代号、设备编号。简单项目或地势平坦处，可不绘管道纵断面图而在管道平面图主要控制点直接标注或列表说明设计地面标高、管道敷设高度（或深度）、坡度、坡向、地沟断面尺寸等；管道、管沟横断面图，应表示管道直径、保温厚度、两管中心距等，直埋敷设管道应标出填砂层厚度及埋深等；节点详图，应绘制检查井（或管道操作平台）、管道及附件的节点等。

（5）大型厂站以及厂前区综合管理楼和宿舍楼等建筑物其出图深度参见《建筑工程设计文件编制深度规定》中采暖通风与空气调节、热力动力及建筑给排水有关章节的深度要求。

4. 电气设计图

（1）厂（站）高、低压变配电系统图和一、二次回路接线图：包括变电、配电、用电启动和保护等设备型号、规格和编号。附设备材料表，说明工作原理，主要技术数据和要求。

（2）各构筑物平面、剖面图：包括变电所、配电间、控制间、设备间电气设备位置，供电、控制线路敷设，接地装置，等电位联结，设备材料明细表和施工说明及注意事项。

（3）各种保护和控制原理图、接线图：包括系统布置原理图，引出或引入的接线端子板编号、符号和设备一览表以及动作原理说明。

（4）电气设备安装图：包括材料明细表，制作或安装说明。

（5）厂区室内、外照明平面图。

（6）避雷带（避雷针）布置图。

（7）电缆清册。

（8）非标准配件加工详图。

5. 仪表及自动控制设计图

（1）IO表。

（2）自控原理图。

（3）全厂仪表及控制设备的布置图。

（4）仪表及自控设备的接线图和安装图，仪表及自控设备的供电、供气系统图和管线图。

（5）工业电视监视系统图、控制柜、仪表屏、操作台及有关自控辅助设备的结构布置图和安装图。

（6）仪表间、控制室的平面布置图，仪表自控部分的主要设备材料表。

（7）电缆清册。

6. 机械设计图

（1）机修车间平、剖面图、设备一览表，表明设备的种类、型号、数量及布置。

（2）非标机械设备加工图，包括符合国家标准的机械总图、部件图、零件图。

（3）标准机械设备不另行出图。

第四节　常用标准和规范

一、工艺设计标准

1. 水环境质量标准

名称	标准号
地表水环境质量标准	GB 3838—2002
地下水质量标准	GB/T 14848—1993
海水水质标准	GB 3097—1997
农田灌溉水质标准	GB 5084—2005
渔业水质标准	GB 11607—1989

2. 水污染物排放标准

名称	标准号
磷肥工业水污染物排放标准	GB 15580—2011
稀土工业污染物排放标准	GB 26451—2011
钒工业污染物排放标准	GB 26452—2011
汽车维修业水污染物排放标准	GB 26877—2011
发酵酒精和白酒工业水污染物排放标准	GB 27631—2011
橡胶制品工业污染物排放标准	GB 27632—2011
弹药装药行业水污染物排放标准	GB 14470.3—2011
淀粉工业水污染物排放标准	GB 25461—2010
酵母工业水污染物排放标准	GB 25462—2010
油墨工业水污染物排放标准	GB 25463—2010
陶瓷工业污染物排放标准	GB 25464—2010
铝工业污染物排放标准	GB 25465—2010
铅、锌工业污染物排放标准	GB 25466—2010
铜、镍、钴工业污染物排放标准	GB 25467—2010
镁、钛工业污染物排放标准	GB 25468—2010

硝酸工业污染物排放标准	GB 26131—2010
硫酸工业污染物排放标准	GB 26132—2010
杂环类农药工业水污染物排放标准	GB 21523—2008
制浆造纸工业水污染物排放标准	GB 3544—2008
电镀污染物排放标准	GB 21900—2008
羽绒工业水污染物排放标准	GB 21901—2008
合成革与人造革工业污染物排放标准	GB 21902—2008
发酵类制药工业水污染物排放标准	GB 21903—2008
化学合成类制药工业水污染物排放标准	GB 21904—2008
提取类制药工业水污染物排放标准	GB 21905—2008
中药类制药工业水污染物排放标准	GB 21906—2008
生物工程类制药工业水污染物排放标准	GB 21907—2008
混装制剂类制药工业水污染物排放标准	GB 21908—2008
制糖工业水污染物排放标准	GB 21909—2008
皂素工业水污染物排放标准	GB 20425—2006
煤炭工业污染物排放标准	GB 20426—2006
医疗机构水污染物排放标准	GB 18466—2005
啤酒工业污染物排放标准	GB 19821—2005
柠檬酸工业污染物排放标准	GB 19430—2004
味精工业污染物排放标准	GB 19431—2004
兵器工业水污染物排放标准火炸药	GB 14470.1—2002
兵器工业水污染物排放标准火工药剂	GB 14470.2—2002
兵器工业水污染物排放标准弹药装药	GB 14470.3—2002
城镇污水处理厂污染物排放标准	GB 18918—2002
合成氨工业水污染物排放标准	GB 13458—2013
污水海洋处置工程污染控制标准	GB 18486—2001
畜禽养殖业污染物排放标准	GB 18596—2001
污水综合排放标准	GB 8978—1996
烧碱、聚氯乙烯工业水污染物排放标准	GB 15581—1995
航天推进剂水污染物排放标准	GB 14374—1993
钢铁工业水污染物排放标准	GB 13456—2012
肉类加工工业水污染物排放标准	GB 13457—1992
纺织染整工业水污染物排放标准	GB 4287—2012
海洋石油勘探开发污染物排放浓度限值	GB 4914—2008
船舶工业污染物排放标准	GB 4286—1984
船舶污染物排放标准	GB 3552—1983

3. 再生水回用标准

城市污水再生利用　分类	GB/T 18919—2002
城市污水再生利用　城市杂用水水质	GB/T 18920—2002
城市污水再生利用　景观环境用水水质	GB/T 18921—2002
城市污水再生利用　工业用水水质	GB/T 19923—2005
城市污水再生利用　地下水回灌水质	GB/T 19772—2005

城市污水再生利用　农田灌溉用水水质		GB 20922—2007

4. 地方水环境保护标准

北京市	水污染物排放标准	DB 11/307—2005
天津市	污水综合排放标准	DB 12/356—2008
辽宁省	污水综合排放标准	DB 21/1627—2008
黑龙江省	糠醛工业水污染物排放标准	DB 23/1341—2009
上海市	污水综合排放标准	DB 31/199—2009
	污水排入城镇下水道水质标准	DB 31/445—2009
	生物制药行业污染物排放标准	DB 31/373—2010
	半导体行业污染物排放标准	DB 31/374—2006
江苏省	太湖地区城镇污水处理厂及重点工业行业主要水污染物排放限值	DB 32/1072—2007
	纺织染整工业水污染物排放标准	DB 32/670—2004
	化学工业主要水污染物排放标准	DB 32/939—2006
浙江省	酸洗废水排放总铁浓度限值	DB 33/844—2011
	造纸工业（废纸类）水污染物排放标准	DHJB1—2001
福建省	九龙江流域水污染物排放总量控制标准	DB 35/424—2001
	闽江水污染物排放总量控制标准	DB 35/321—2001
	晋江、洛阳江流域水污染物排放总量控制标准	DB 35/529—2004
江西省	袁河流域水污染物排放标准	DB 36/418—2003
山东省	造纸工业水污染物排放标准	DB 37/336—2003
	氧化铝工业污染物排放标准	DB 37/1919—2011
	纺织染整工业水污染物排放标准	DB 37/533—2005
	畜禽养殖业污染物排放标准	DB 37/534—2005
	淀粉加工工业水污染物排放标准	DB 37/595—2006
	山东省南水北调沿线水污染物综合排放标准	DB 37/599—2006
	山东省小清河流域水污染物综合排放标准	DB 37/656—2006
	山东省海河流域水污染物综合排放标准	DB 37/675—2007
	山东省半岛流域水污染物综合排放标准	DB 37/676—2007
	钢铁工业污染物排放标准	DB 37/990—2013
	生活垃圾填埋水污染物排放标准	DB 37/535—2005
河南省	铅冶炼工业污染物排放标准	DB 41/684—2011
	合成氨工业水污染物排放标准	DB 41/538—2008
	造纸工业水污染物排放标准	DB 41/389—2004
	啤酒工业水污染物排放标准	DB 41/681—2011
湖北省	湖北省府河流域氯化物排放标准	DB 42/168—1999
广东省	水污染物排放限值	DB 44/26—2001
	畜禽养殖业污染物排放标准	DB 44/613—2009
	锶盐工业污染物排放标准	DB 50/247—2007
重庆市	餐饮船舶生活污水污染物排放标准	DB 50/391—2011
陕西省	浓缩果汁加工业水污染物排放标准	DB 61/421—2008

石油开采废水排放标准 DB 61/308—2003
造纸工业水污染物排放标准 DB 61/387—2006
黄河流域（陕西段）污水综合排放标准 DB 61/224—2011

5. 其他标准

环境空气质量标准 GB 3095—2012
城市排水工程规划规范 GB 50318—2000
城镇污水处理厂工程项目建设标准（2001 年修订版）
污水再生利用工程设计规范 GB 50335—2002
室外排水设计规范 GB 50014—2006
室外给水设计规范 GB 50013—2006
城镇污水处理厂污水污泥排放标准 CJ3025—1993
恶臭污染物排放标准 GB 14554—1993
工业企业厂界环境噪声排放标准 GB 12348—2008
工业企业总平面图设计规范 GB 50187—2012
给水排水制图标准 GB/T 50106—2010

二、管道工程设计参照标准

给水排水工程管道结构设计规范 GB 50332—2002
给水排水管道工程施工及验收规范 GB 50268—2008
工业金属管道工程施工质量验收规范 GB 50184—2011
埋地硬聚氯乙烯排水道工程技术规程 CECS122：2001
混凝土和钢筋混凝土排水管 GB/T 11836—2009
低压流体输送用焊接钢管 GB/T 3091—2008
泵站设计规范 GB 50265—2010

三、建筑、结构设计参照标准

建筑抗震设计规范 GB 50011—2010
给水排水工程构筑物结构设计规范 GB 50069—2002
混凝土结构设计规范 GB 50010—2010
给水排水构筑物工程施工及验收规范 GB 50141—2008
钢结构设计规范 GB 50017—2003
砌体结构设计规范 GB 5003—2011
建筑地基基础设计规范 GB 50007—2011
民用建筑设计通则 GB 50352—2005
建筑给水排水设计规范 GB 50015—2003
高层民用建筑设计防火规范 GB 50045—1995
石油化工企业设计防火规范 GB 50160—2008
建筑灭火器配置设计规范 GB 50140—2005
采暖通风与空气调节设计规范 GB 50019—2003

四、电气、自控、仪表设计参照标准

建筑照明设计标准 GB 50034—2004

低压配电设计规范	GB 50054—2011
供配电系统设计规范	GB 50052—2009
10kV 及以下变电所设计规范	GB 50053—1994
电力工程电缆设计规范	GB 50217—2007
分散型控制系统工程设计规定	HG/T 20573—2012
仪表供电设计规定	HG/T 20509—2000

参考文献

[1] 国家建设部. 市政公用工程设计文件编制深度规定（建质［2004］16 号）. 2004.

[2] 国家建设部. 建筑工程设计文件编制深度规定（建质［2008］216 号）. 2008.

[3] 建设工程质量管理条例. 2000.

[4] 建设工程勘察设计管理条例. 2000.

[5] 国家建设部. 市政工程设计技术管理标准. 1993.

[6] 国家建设部. 市政工程投资估算编制办法. 2007.

第四章 工程建设

第一节 工程招标

一、原则和程序

建设工程招投标，就是建设单位或个人（即业主或项目法人）将工程建设项目的勘察、设计、施工、监理、重要材料设备采购等工程内容，一次或分步发包，通过投标竞争的方式选择确定具有相应资质的承接企业或单位[1]。

招投标应遵守的原则：合法、正当、统一、开放原则；公开、公正、平等竞争原则；诚实信用原则；自愿、有偿原则；求效、择优原则；招标投标权益不受侵犯原则[2]。

工程项目招标采用的招标方式分为公开招标、邀请招标、议标。

公开招标是招标单位通过报刊、广播、电视、网络等媒体发布招标公告，凡有兴趣并符合要求的企业和单位均可申请投标。大型项目一般采取公开招标方式，公开招标有利于业主将工程项目交予诚信可靠、有实力、有经验的承包方，并获得有竞争性的商业报价。

邀请招标也称选择性招标，是招标单位向预先确定符合自己要求和条件的企业或单位（不少于 3 家），向其发出招标邀请书，邀请参加投标竞争。

议标是指招标单位确定少数（不少于 2 家）目标企业或单位，分别就承包范围内的有关事宜进行协商，直至与其中之一达成协议，并授予合同[3,4]。

在项目建设的不同阶段，废水处理工程的招投标可以针对勘察和设计、材料设备采购、工程施工等不同标的内容。招标内容不同，招标人对竞标人提出的要求也有所侧重，但招投标的基本程序是一致的。

废水处理工程的设计招标多为施工图设计招标，一般不单独进行初步设计招标，而是由中标单位承担方案设计和初步设计。勘察是为建设项目选址、工程设计及施工提供技术基础资料，直接为设计服务，故较多将勘察任务包括在设计招标的承包范围内，也可单独由具有相应资质的勘察单位竞标。

废水处理工程的材料设备招标主要是针对钢材、水泥、木材、管材等工程材料采购，以及工艺设备（包括通用标准设备、专用设备、非标设备）、电气和自控设备、防火消防设备、锅炉暖通及空调设备、化验设备、运输车辆设备、生活设施设备等各种设备的采购或加工制造，通过市场竞标的方式获得性价比高、服务好的材料设备。

废水处理工程的施工招标，是通过比较竞标方的资质能力、技术水平、工程经验、报价等，择优选择一支施工队伍进行工程施工，以保证工程质量和节省工程投资。在施工质量、工期得到保证的前提下，价格是主要的竞争因素。

废水处理工程的招投标，大致可以分为前期工作、资格审查、发标、投标、开标、评标、公示、定标、合同授予、情况报告等程序。具体如下：①招标人登记招标；②组织与招标内容相适应的招标工作小组或委托招标代理机构；③发布招标公告或招标邀请书；④投标单位报送申请书；⑤招标人对投标单位进行资格审查；⑥招标人编制和发售招标文件；⑦组织现场勘察和答疑；⑧在招标文件规定的时间内接受投标文件；⑨组织评标委员会，开标，评标，公示，确定中标人；⑩业主与中标单位签订合同；⑪提交招投标情况的书面报告。

二、前期工作

1. 实施条件

根据有关规定，废水处理工程必须具备以下条件后设计招标才能够开始进行：①招标人已依法成立；②按照国家有关规定履行的审批手续已获得批准；③工程建设资金或资金来源已经落实；④已具备设计必需的基础资料；⑤法律法规规定的其他条件。

项目初步设计完成后才能进行主要材料设备的采购招标。废水处理工程的材料设备招标采购应具有以下条件才能够开始进行：①初步设计已批准；②标的材料、设备技术经济指标已基本确定；③标的材料、设备采购所需资金已落实。

主要材料设备采购确定后，就可以进行施工招标。废水处理工程的施工招标一般应具备以下条件才能够开始进行：①能满足招标要求的初步设计概算已批准，年度投资计划已安排；②监理单位已确定；③建设项目征地和移民搬迁的实施、安置工作已经落实或已有明确安排；④主要材料、设备已落实或明确供应方式；⑤施工招标申请已获得批准。

2. 资格审查

投标资格审查包括资格预审和资格后审两种方式。为减少不合格投标人的投标成本开支和评标工作量，在公开招标过程中一般不采用资格后审。公开招标时，招标人一般要对投标申请人的资格进行预审，从而了解投标申请人的履约能力，以便淘汰不合格的投标人。如为邀请招标，由于业主对邀请单位比较了解，可以省去资格预审，但在评标时应进行资格后审。预审和后审内容基本相同。

资格审查的主要内容包括：

(1) 申请人的营业执照、经营范围、注册资金、资质等级等基本情况；

(2) 申请人的业绩和工程经验，近年完成的同类项目的规模、数量以及履约情况等，正在承担的项目情况；

(3) 申请人的技术力量，管理和执行本合同所配备的主要人员资历和经验情况；

(4) 申请人近年的财务状况，包括财务报表、销售额、流动资金等；

(5) 银行出具的资信证明；

(6) 申请人近年受奖、惩的情况，涉及诉讼和仲裁的情况；

(7) 生产（使用）许可证、产品鉴定书、专利证书等；

(8) 拟分包的项目及拟承担分包项目的企业情况；

(9) 联合体投标协议书；

(10) 其他招标人关心的、与保证项目质量和工期有关的证明材料。

投标申请人在规定时间内按照招标人要求提交审查文件后，招标人应及时对文件进行评审，评审的期限、办法和标准应在招标公告中载明。对于规模大、技术复杂的项目，资格预审可以采用评分法进行。评审可以邀请有关方面的专家参加。

经资格审查合格后，由招标人或招标代理机构通知合格者，按规定时间购买领取招标文件及有关资料，交纳投标保证金，参加投标[4]。

三、招投标

1. 招标文件及其发售

招标文件是招标人进行设计、设备采购、施工等招标活动，对标的相关事项、招标活动相关事项、投标人提出要求的书面法律文件。招标文件是投标人准备投标文件、招标人进行评标的依据，是签订合同的基础，且一般是合同的组成部分[2]。

设计招标文件一般应包括以下内容：投标须知；投标文件格式及主要合同条款；项目说明，包括资金来源、技术要求和标准等；设计范围以及对设计进度、阶段和深度要求；设计基础资料；设计费用支付方式、对未中标人是否给予补偿及补偿标准；投标报价要求；评标标准和方法；投标有效期等。

材料设备招标文件一般应包括以下内容：投标须知；投标文件格式及主要合同条款；材料设备采用的技术规范和标准，材料设备的技术参数、数量和批次、运输方式、交货地点、交货期、验收方式等；安装调试，备品备件，培训，售后服务保证措施；投标报价要求、报价编制方式；标底的确定方法，评标的标准和方法；投标保证金的金额及交付、退回方式；开标的时间和地点，投标有效期限等。

施工招标文件一般应包括以下内容：投标须知；投标文件格式及主要合同条款；工程综合说明书，包括工程名称、地址、内容及范围、技术要求、质量标准、现场条件、开竣工日期、承发包方式等；施工图纸、设计资料和设计说明书；工程量清单；工程价款结算办法，预付款的比例；材料设备供应方式和价格计算方式；如有标底，应说明标底的确定方法；评标的标准和方法；投标起止时间和开标、评标、定标的时间及地点；其他需要说明的事项。

招标人应当按招标公告或者投标邀请书规定的时间、地点出售招标文件。投标人经资格审查合格后，向招标人申购招标文件和有关资料。

2. 现场勘察和招标文件答疑

在有必要时招标人应组织、支持、配合投标人对项目场址和周围环境进行考察，以便投标人获取编制投标文件和鉴定合同的相关基础资料。投标人如果对招标文件有疑问，应以书面的形式，在规定的时间期限内交予招标人或招标代理机构。招标人对投标人提出的疑问进行解释或答复时，应将解释和答复抄送所有投标人，以保证信息获取的公平性。

3. 投标文件及其递送

投标文件是投标人根据招标文件的要求编制的，对投标人履约能力、投标项目组织实施方法和计划、质量和工期保证措施、投标报价等相关情况进行详尽说明的书面文件。投标文件是招标人进行评标的依据。对招标文件响应良好的投标文件是增加投标人中标筹码的重要保障。

废水处理工程设计投标文件一般应包括以下内容：投标函；法定代表人资格证明；授权委托书；主要专业负责人的资质、简历和业绩；设计综合说明书；工程投资估算，技术经济指标；设计内容及必要的图纸；主要的施工技术要求；建设工期、设计进度；投标报价；工程责任保险条款；投标保证金等。

材料设备采购投标文件一般应包括以下内容：投标函；法定代表人资格证明；授权委托书；按招标文件指定的表式填报的投标总报价、分项报价、技术参数、质量标准、交货期等内容；设备、材料技术文件；售后服务或技术支持承诺；资格后审时需要的投标人资格证明材料；招标文件要求提供的其他资料。

施工投标文件一般应包括以下内容：投标函；法定代表人资格证明；授权委托书；标书综合说明；工程量清单，单项报价、工程总报价，主要材料和设备的数量清单及各项费用计算标准的说明；工程质量、施工安全的保证措施；计划开工、竣工时间，施工组织、技术措施，工程总进度图表，总工期；施工方案和主要施工机械；招标文件中未载明的，但在施工过程中需要由甲方提供的条件；招标人要求说明的其他事项。

投标文件应当按照招标文件的规定进行密封、标志，在投标截止时间前送达指定地点，招标人对接收的投标文件应出具回执，妥善保管，开标前不得开启。投标人在向招标人递交投标文件时，需按招标文件规定的金额和支付方式向招标人交纳投标保证金。如要对原标书进行修改和补充，可在招标文件规定的截止日期前用正式函件进行修改和补充。

4. 开标、评标

废水处理项目一般为公开开标。开标由招标人邀请上级主管部门、招标办、建设银行、公证处和标底编审单位等召开开标会议，在投标人和有关单位参加下，公开进行。宣布评标、定标办法，公布标底。投标书及补充函件当众启封，公布投标书的主要内容和报价。开标后确认有效的投标书进入评标程序。

评标方法通常分为经评审的最低投标价法和综合评估法两种。经评审的最低投标价法仅适用于具有通用技术、性能标准或者招标人对技术、性能没有特殊要求的招标项目。废水处理工程一般不属此种情况，而是采用综合评估法，即最大限度地满足招标文件中规定的各项综合评价标准的投标，应当推荐为中标候选，除非投标价格低于其产品成本。

评标工作由评标委员会负责，评标委员会由招标人熟悉相关业务的代表和有关技术、经济等方面的专家组成。评标委员会应按照招标文件确定的评标标准和方法，结合政府的有关批准文件，根据投标文件的内容，对投标人的业绩、信誉以及履约能力、方案的优劣进行综合评定，并推荐（一般不超过3名）有排序的中标候选人。招标文件中没有规定的标准和方法，不得作为评标的依据。

5. 公示、定标

评标所确定的中标候选人，一般应在网络或其他媒体上进行公示，公示无异议后，招标人根据评标委员会提出的书面评标报告和推荐的中标候选人确定中标人。在确定中标人后，应在投标有效日期截止前向中标人发出中标通知书，并将中标结果通知所有未中标的投标人，退还其投标保证金[3,4]。

四、后期工作

中标人收到中标通知书后，应按通知书中指定的时间与地点参加合同谈判并签署合同。合同订立后规定时间内应将书面合同向有关部门备案。

招标人在确定中标人后，应在规定时间内向项目主管部门提交招标投标情况的书面总结报告。书面总结报告一般包括以下内容：招标项目概况、招标情况、资格审查情况、开标记录、评标情况、中标结果、附件（招标文件、投标文件、投标人资格审查报告、评标委员会评标报告及其他）等。

第二节　工程施工

一、废水处理工程施工的特点

作为环境工程设施的工业废水处理工程和作为市政基础设施的城镇污水处理工程，在工程的施工方面有自身的特点。

1. 工程施工必须服务于出水水质达标的目标

与一般市政工程和传统建筑工程不同的是，废水处理工程除了要求工程质量达到规定标准，工程能够正常运行以外，最重要的目标是处理出水必须达到所执行的排放标准。尽管水质能否达标主要取决于工艺的选择和设计的合理性，但是与工程施工也密切相关。因此在工程施工、调试过程中，从施工的组织、设备材料的选择和采购、工期安排等各个环节都应充分考虑废水处理工艺的要求，以顺利实现出水水质达标的目标。

2. 工艺复杂多变，施工专业性强

废水处理工程由于处理工艺种类繁多，包括物理分离、化学处理、物化处理、生物处理等多种类型，每一处理工艺都有其自身的特点，因此也对施工提出了不同的要求，造成施工的专业性较强。一些专业机械设备，例如机械格栅、沉砂吸砂设备、曝气设备、生物膜填料、沉淀和污泥浓缩设备等，基本只在废水处理工程中才能用到，这些设备的选择、采购、加工和安装对施工单位的专业人才、施工技术和工程经验都提出了较高的要求。

3. 专业多，施工工种齐全

具备一定规模的废水处理工程一般都包括结构工程、建筑和装饰工程、管道工程、设备工程、电气工程、自动化工程、仪器仪表工程、暖通和给排水工程等各个专业。即使是小规模的、设备化或地埋式的废水处理站，除了建筑、装饰、暖通等辅助专业可能不涉及之外，其他专业通常也一应俱全。因此在废水处理工程施工过程中，各专业之间的协调配合就显得至关重要。施工单位在进行施工组织时，应着重考虑人才配备、物资保障、施工部署与计划、交叉施工过程中的进度衔接及成品保护措施、隐蔽工程质量控制等环节，做到施工过程的协调一致，以保证工程的进度和质量。

4. 施工要求高

废水处理工程，尤其是城镇污水处理工程通常都包括一些尺寸较大、地下或半地下钢筋混凝土水池，这些水池的结构形式复杂，对钢筋工程、模板工程、混凝土工程、基础工程、防水工程的施工技术和施工组织提出了较高的要求。此外，曝气池内的曝气设备、接触氧化池内的填料设备、厌氧池内的三相分离设备、沉淀池内的刮泥排泥设备等专用设备在施工安装过程中，对土建预埋预留的依赖性强，要求土建和设备专业之间的密切配合。再有，废水处理工程一般综合管线复杂，设备繁多，不同单元处理工艺和设备之间关联密切，不同专业之间交叉施工频繁，这些都对工程施工组织提出了很高的要求。

5. 施工周期和进度受自然条件影响大

废水处理工程的施工通常是露天作业，因此受自然条件的影响较大。冬季应有防寒防冻措施，夏季应有防雨防涝措施。另外，多数废水处理工程采用生物法作为主体处理工艺，而生物处理的效果受季节和温度的影响较大，在冬季水温低于5℃的情况下一般无法进行活性污泥培养和驯化，因此施工进度安排时尽量不把工艺调试和试运行安排在冬季进行。

二、设计交底

废水处理工程施工开始之前的设计技术交底是保证工程施工按设计要求顺利进行的重要环节。设计交底一般应由建设单位组织。交底之前施工单位应事先认真研究包括施工图在内的设计文件，并准备好应该与设计单位进行交流的技术问题。

设计交底时，建设方、设计方、施工方、监理方都应参加。对于一些采用特殊工艺或设备，对施工环节有特殊要求的工程，还应邀请相关设备供货商的技术人员参加。

设计交底有两个基本任务：一是设计单位通过讲解、说明，使参与施工的各方充分理解工程的设计思路和意图，并对施工中应特别注意的，对施工工艺、构造、材料等方面有特殊要求的环节进行解释和强调，对施工单位提出相应要求；二是施工单位从施工的角度对设计文件提出疑问或建议，与设计单位进行交流和探讨，最终达成一致意见；对于一时无法达成一致意见的问题，应记录在案，并在建设单位的协调下尽快解决，为工程施工准备好技术条件。

设计交底结束后应形成文字纪要，如实记录设计单位解释和强调的问题，施工单位提出的问题，以及最终的解决措施或分歧原因。设计交底的文字纪要应由各参与方签字盖章，形成正式文件，交各方存档，并作为日后指导施工、组织验收、核定工程量的依据之一。

三、施工准备

施工单位在施工之前做好充分的准备可以提高效率、保证质量、节约成本。施工准备包括技术准备、组织准备、物资准备和现场准备四个方面。

1. 技术准备

施工技术准备：一是理解设计图纸、熟悉设计文件的内容，对工程的主要内容、工程量、技术特点、质量要求等方面有全面的认识；二是对设计文件中可能存在的矛盾、错误和欠合理的地方，及时与建设单位和设计单位沟通，对施工中存在困难，难以达到设计要求的地方，也应尽早提出，并与相关单位协商解决；三是在全面了解工程情况，并解决疑难问题的基础上，编制和完善施工方案或施工组织，对施工的程序、进度、材料采购、质量控制、安全保障等各个方面有一个合理的计划和安排；四是调查了解可能给施工带来影响的一些客观条件，例如地质地理、气象气候等自然条件，物资材料采购及价格水平等经济条件，水电及交通运输等保障条件，治安、消防等安全条件，周边居民及单位等社会条件，劳动力供应及技术水平等人才条件等。对于一些可能对施工进度、成本、质量、安全造成负面影响的因素，应该提前制订应对措施。

2. 组织准备

施工组织准备主要是组织机构的设置、管理制度的建立、人员配套、相关的培训以及施工人员熟悉图纸等工作。施工组织机构的设置应视工程规模而定，遵循精简、高效的原则，在项目经理下面设管理、采购、财务、资料、质检等职能部门以及各专业各工种施工班组，委派各部门的责任人。施工前应建立健全各项管理的规章制度，并形成文字，在质量管理、档案管理、考勤管理、安全管理、材料管理、工具管理、财务管理等方面都要有具体可行的措施并落实责任人。

3. 物资准备

施工物资准备包括材料准备、设备准备、机械工具准备等内容。

材料准备首先应该根据图纸的内容估算工程量和材料需求量，然后根据施工现场所在地的客观条件，安排材料的采购、运输和堆放储存。材料采购主要针对钢筋、水泥、砂石、型材、管材管件、电缆及电气元件等。

设备准备是指废水处理工程所需要设备的采购和加工。根据图纸要求对泵、鼓风机、曝气设备、水质监测仪器等通用设备和专有设备进行询价，确定供货周期，签订采购合同。同时对罐、槽、反应器等非标设备安排现场加工或委托加工。设备的采购和加工应该与施工进度计划紧密结合并在供货时间安排上留有余地，避免在施工过程中出现停工等设备的情况发生。此外，对于根据甲方要求或国家、地方政策规定应当进行招标采购的设备，在采购数量和技术要求确定以后应该尽快组织招标，避免届时影响施工进度。

机械工具准备主要是指施工中所需要的施工机械和施工工具的购买、租用或调配，包括挖掘机械、碾压机械、运输机械、起重机械、钢筋机械、模板、脚手架、电气焊、空压机等，机械工具尤其是大型机械应该紧密结合施工进度计划合理统筹安排台班，减少等候时间，保证使用率，避免不必要的造价浪费。

4. 现场准备

现场准备是施工准备的重要内容，良好的现场准备可以为日后施工过程中方便管理、保证安全、节省费用创造有利条件。施工现场准备的程序包括施工测量、三通一平、临时设施建设等。

施工测量是指通过现场测量，把设计的构筑物和建筑物的平面位置和高程，按设计要求以一定的精度进行标记，作为施工的依据，以衔接和指导各工序施工。施工测量包括平面控制网和高程控制网的建立，一方面确定废水处理构筑物和附属建筑物的准确位置并根据土方开挖的要求打好标桩，另一方面根据施工图纸上标明的绝对标高数值埋设或标记高程水准点。

三通一平是施工现场通路、通水、通电和平整场地的简称，是现场准备的基础性工作。进行三通一平时应该注意熟悉现场周边的交通状况，核算水和电的容量是否满足施工时的负荷要求，考虑采暖、防冻、防涝、消防等方面的要求，必要时还应对场地的地质状况进行钻探复核，发现与施工图纸不符的地质状况或存在地下障碍物时，应提前制订有针对性的施工方案，保证基础施工的顺利进行。

施工临时设施主要是指施工现场生产、生活用的各类办公、宿舍、食堂、厕所、活动室、工具棚、料库等临时性建筑及其他配套设施，临时设施可以利用施工现场原有的建筑，也可以自建。自建临时设施时，应该充分考虑改善作业人员的工作环境与生活条件，有效预防施工过程中对环境造成的污染，同时也要考虑因地制宜，降低造价，尽量标准化和通用化，便于拆卸、组装和重复使用[5]。

四、施工组织设计

施工组织设计是为完成具体施工任务创造必要的生产条件，制订合理的施工工艺所进行的规划设计，是指导一个拟建工程进行施工准备和施工的基本技术经济文件。施工组织设计是施工准备工作的重要组成部分，是施工现场生产生活活动的指导性文件，对工程施工的科学管理和顺利实施意义重大。

施工组织设计的目的是合理、有序、高效、安全地组织和安排施工工作。施工组织设计的根本任务是依据废水处理工程的特点和客观规律，帮助施工单位在一定的时间和空间内实现有组织、有计划、有秩序的施工，使施工过程达到相对的最优效果[6]。

1. 施工组织设计的分类

施工组织设计按基本建设所处的不同阶段分为投标阶段施工组织设计和施工阶段施工组织设计。投标阶段施工组织设计重点体现的是规划性，以项目中标为目标，一般不需要制订得非常详细和完整，良好的投标阶段施工组织设计可以体现一个施工企业在人员、组织机构、计划进度、质量和安全等方面的优势和施工管理经验，对保证项目中标有关键作用；施工阶段施工组织设计重点体现的是作业性，以追求施工效率和经济效益为主要目标，因此要求全面、详尽、具体，不仅要确定施工的方法和流程，而且应健全施工组织机构，完善人员配备，拟定施工准备计划，对人工、材料、机具等资源进行合理配置，对资金使用、计划进度进行筹划、部署和安排，制订技术、质量、安全和环保的保证措施。

施工组织设计根据所针对的施工层级和范围不同可以分为总体施工组织设计、单位工程施工组织设计和分部分项工程施工组织设计。例如：某大型城镇污水处理厂，由施工总承包单位编制总体施工组织设计，对整个工程施工进行全局性部署，但在一些细节问题上其内容可以不必非常具体。该工程包括了预处理单元、生物处理单元、深度处理和再生水单元、污泥处理单元等若干个单位工程，每个单位工程施工组织设计根据本单位工程的特点，由负责该单位工程的技术责任人组织编制单位工程施工组织设计，在总体施工组织设计的框架要求下，将有关程序和内容进行细化或具体化。对于一些比较复杂的单位工程如生物处理，又可以划分为若干分部工程如曝气池、鼓风机房、二沉池等，分部工程又可以划分为若干分项工程，如曝气池基础和底板、曝气管道和设备等，因此可以由分部分项工程的技术责任人依据总体施工组织设计和单位工程施工组织设计，组织编写分部分项工程施工组织设计，将单位施工组织设计的有关内容进一步细化到操作层面，便于具体落实。

对于规模不大、复杂性有限、没有分包的废水处理工程，施工组织设计也可以不分层级，只编制一份总体施工组织设计，但此时其中的施工方案、施工程序等有关内容应该具体、详细，具备可操作性。

2. 施工组织设计编制的原则

为了做到施工过程的科学性、高效性、经济性、安全性，施工组织设计的编制一般应遵循以下几个原则。

一是要做到施工过程的统筹安排，各专业之间的密切配合。根据工期的要求，区分不同项目的轻重缓急，对于重点项目、进度控制关键项目、长周期项目，应当在人员、机械、物资材料等方面给予充分保障。废水处理工程施工专业比较多，各专业之间的有效衔接和密切配合对保证工程的进度与质量非常关键，是施工组织设计时需要重点考虑的，一般应按照先总体后单项、先土建后设备的程序来安排。

二是要保证施工的效率，加快施工进度。进度控制是施工管理的重要环节，在保证质量的前提下，尽量提高效率、缩短工期，这是编制施工组织设计的重点。

三是本着增产节约的原则，控制施工的成本。废水处理工程的施工工序比较复杂，材料、工具、设备的品种和数量繁多，因此要求在施工组织设计中，对采购和使用环节加强管理，建立核算管理制度，厉行节约，以控制施工成本，使施工的经济效益最大化。

四是要确保工程质量，制订完善的质量控制措施。施工过程的质量控制关系到废水处理工程质量和使用寿命，也是施工企业信誉和水平的直接体现。在施工组织设计中，应当重点从提高人员素质水平、做好采购产品的质量控制、加强施工过程管理等方面来保证施工质量。

五是要保证施工安全。施工组织中应进行安全教育，严格执行有关规范和规程，建立安全保障制度，明确安全责任，采取预防为主的方针，杜绝各种安全事故的发生。

六是要在条件允许时，尽量采用先进技术。在遵守有关施工规范的前提下，积极采用和推广新技术、新工艺，使用新材料、新设备，提高劳动生产率，降低施工成本，改善施工条件和环境。

3. 施工组织设计编制的依据

施工组织设计编制时，一般以如下文件和材料为依据：

(1) 获得批复的基本建设文件，包括规划文件、项目建议书、可行性研究报告、投资计划文件等；

(2) 招投标及合同文件，包括招标文件、投标书、工程承包合同或协议、设备供货合同等；

(3) 勘察和设计文件，包括工程场地勘察报告、已获得批准的设计任务书、设计说明书、设计概算文件、初步和扩大初步设计文件、施工图设计文件等；

(4) 施工所在地自然条件和社会经济条件，包括施工场地地理、地质、水文、气象等自然条件，以及交通运输、水电供应、与工程材料设备供应相关的商业、社会服务设施等社会经济条件；

(5) 国家和地方有关法律、法规、规范、规程，主要包括施工及验收规范、定额、技术规程、技术经济指标等；

(6) 施工企业自身的有关情况，包括企业ISO 9002质量体系标准文件、企业的人才、技术、经济、机械设备等方面的基本条件。

4. 施工组织设计的主要内容

施工组织设计的内容主要包括编制依据、工程概况、施工准备计划、主要工程项目施工方案、资源配置计划、技术质量安全保障措施、文明施工和环保措施、施工总平面图设计等。根据施工组织设计的用途、类别不同，其内容有所区别和侧重。

第三节 常用标准和规范

一、基本法律和规范

中华人民共和国建筑法	
建设工程质量管理条例	
建设工程项目管理规范	GB/T 50326—2006
建设工程施工项目管理规范	GB 50216—2001
建设工程监理规范	GB 50319—2013
建设工程文件归档整理规范	GB 50238—2001

二、土方及基础工程参照标准

土工试验方法标准	GB/T 50123—1999
建筑地基基础工程施工质量验收规范	GB 50202—2002
建筑与市政降水工程技术规范	JGJ/T 111—1998

三、钢筋混凝土工程参照标准

给水排水构筑物工程施工及验收规范	GB 50141—2008
混凝土结构工程施工质量验收规范	GB 50204—2002
钢筋混凝土用钢第2部分：热轧带肋钢筋	GB 1499.2—2007
钢筋混凝土用钢第1部分：热轧光圆钢筋	GB 1499.1—2008
钢筋混凝土用钢筋焊接网	GB/T 1499.3—2002
组合钢模板技术规范	GB 50214—2001
混凝土质量控制标准	GB 50164—2011
混凝土强度检验评定标准	GB /T50107—2010
通用硅酸盐水泥	GB 175—2007
混凝土外加剂应用技术规范	GB 50119—2003
地下防水工程质量验收规范	GB 50208—2011
钢筋焊接及验收规程	JGJ 18—2012
建筑施工模板安全技术规范	JGJ 162—2008
建筑施工扣件式钢管脚手架安全技术规范	JGJ 130—2011
普通混凝土用砂、石质量及检验方法标准	JGJ 52—2006
普通混凝土配合比设计技术规程	JGJ 55—2011

混凝土用水标准	JGJ 63—2006
砂浆、混凝土防水剂	JC 474—2008
混凝土膨胀剂	JC 476—2001

四、建筑工程参照标准

建筑工程施工质量验收统一标准	GB 50300—2001
砌体工程施工质量验收规范	GB 50203—2011
建筑防腐蚀工程施工及验收规范	GB 50212—2002
屋面工程质量验收规范	GB 50207—2002
建筑地面工程施工质量验收规范	GB 50209—2010
建筑装饰装修工程质量验收规范	GB 50210—2001
建筑给水排水及采暖工程施工质量验收规范	GB 50242—2002
通风与空调工程施工质量验收规范	GB 50243—2002
建筑电气工程施工质量验收规范	GB 50303—2002
塑料窗基本尺寸公差	GB 12003—89
塑料门窗用密封条	GB 12002—89
门、窗用未增塑聚氯乙烯（PVC-U）型材	GB/T 8814—2004
屋面工程技术规范	GB 50345—2004
建筑排水硬聚氯乙烯管道工程技术规程	CJJ/T 29—1998
建筑排水用硬聚氯乙烯（PVC-U）管材	GB/T 5836.1—2006

五、管道工程参照标准

给水排水管道工程施工及验收规范	GB 50268—2008
工业金属管道工程施工质量验收规范	GB 50184—2011
现场设备、工业管道焊接工程施工规范	GB 50236—2011
管道元件 DN（公称尺寸）的定义和选用	GB 1047—2005
管道元件 PN（公称压力）的定义和选用	GB 1048—2005
埋地硬聚氯乙烯排水道工程技术规程	CECS122：2001
混凝土和钢筋混凝土排水管	GB/T 11836—2009
低压流体输送用焊接钢管	GB/T 3091—2008
玻璃钢管和管件	HG/T 21633—1991
钢管验收、包装、标志和质量证明书	GB/T 2102—2006
钢制管法兰类型与参数	GB/T 9112—2010

六、设备安装工程参照标准

工业安装工程施工质量验收统一标准	GB 50252—2010
机械设备安装工程施工及验收通用规范	GB 50231—2009
现场设备、工业管道焊接工程施工及验收规范	GB 50236—2011
压缩机、风机、泵安装工程施工及验收规范	GB 50275—2010
起重设备安装工程施工及验收规范	GB 50278—2010
水工金属结构防腐蚀规范	SL 105—2007
泵站施工规范	SL 234—1999

水工金属结构焊接通用技术条件 SL 36—2006

七、电气工程参照标准

施工现场临时用电安全技术规范 JGJ 46—2005
建设工程施工现场供用电安全规范 GB 50194—93
电气装置安装工程电力变压器、油浸电抗器、互感器施工及验收规范 GBJ 148—90
电气装置安装工程电缆线路施工及验收规范 GB 50168—2006
电气装置安装工程接地装置施工及验收规范 GB 50169—2006
电气装置安装工程旋转电机施工及验收规范 GB 50170—2006
电气装置安装工程盘、柜及二次回路接线施工及验收规范 GB 50171—2012
电气装置安装工程低压电器施工及验收规范 GB 50254—1996
电气装置安装工程电力交流设备施工及验收规范 GB 50255—1996
电气装置安装工程起重机电气装置施工及验收规范 GB 50256—1996
电气装置安装工程爆炸和火灾危险环境电气装置施工及验收规范 GB 50257—1996
电气装置安装工程 1kV 以下配线工程施工及验收规范 GB 50258—1996
电气装置安装工程电气照明装置施工及验收规范 GB 50259—1996
电气装置安装工程电气设备交接试验标准 GB 50150—2006
电气安装用导管特殊要求金属导管 GB/T 14823.1—93
低压电器外壳防护等级 GB/T 4942.2—93

参考文献

[1] 建设部建筑市场管理司. 建设工程招标投标. 北京：中国方正出版社，2004.
[2] 陈慧玲等. 建设工程招标投标指南. 南京：江苏科学技术出版社，2000.
[3] 王俊文. 现代环保工程设计、施工与质量验收实务全书. 长春：银声音像出版社，2004.
[4] 赵卫国. 废水处理工程项目建设与新技术使用实务全书. 北京：光明日报出版社，2002.
[5] 筑龙网. 市政工程施工组织设计范例精选. 北京：中国电力出版社，2006.
[6] 刘津明，韩明，樊建新. 土木工程施工网络课程，http://course.cug.edu.cn/21cn/. 北京：高等教育出版社，高等教育电子音像出版社.

第五章 工程调试与验收

第一节 工程验收

废水处理工程是多专业的综合性工程，施工完毕后必须经过竣工验收，合格后方可投入使用。工程验收是由建设方即甲方组织相关人员，包括建设单位上级主管部门、建设单位项目负责人及施工单位、监理单位、设计单位、质量监督单位等对竣工后的废水处理构筑物和其他工程内容进行全面的检查验收。

一、验收的依据和程序

1. 工程验收依据

工程验收的主要依据有相关法律法规和政策、相关标准规范、设计图纸及设计变更的技术要求、产品技术要求及操作说明书等。废水处理工程中常用的工程验收相关规范有：

建设工程质量管理条例	
建设工程施工项目管理规范	GB/T 50326—2006
城市污水处理厂工程质量验收规范	GB 50334—2002
给水排水构筑物工程施工及验收规范	GB 50141—2008
建筑工程施工质量验收统一标准	GB 50300—2001
建筑地基基础工程施工质量验收规范	GB 50202—2002
砌体结构工程施工质量验收规范	GB 50203—2011
混凝土结构工程施工质量验收规范	GB 50204—2002
屋面工程质量验收规范	GB 50207—2012
地下防水工程质量验收规范	GB 50208—2011
建筑地面工程施工质量验收规范	GB 50209—2010
建筑装饰装修工程质量验收规范	GB 50210—2001
建筑给水排水及采暖工程施工质量验收规范	GB 50242—2002
通风与空调工程施工质量验收规范	GB 50243—2002
建筑电气工程施工质量验收规范	GB 50303—2002
工业安装工程质量验收统一标准	GB 50252—2010
机械设备安装工程施工及验收通用规范	GB 50231—2009
化工机器安装工程施工及验收通用规范	HG 20203—2000
给水排水管道工程施工及验收规范	GB 50268—2008
建设工程文件归档整理规范	GB 50238—2001

2. 工程验收程序

(1) 工程竣工验收前，施工单位首先进行自检自验，合格后由施工单位提交验收申请、验收报告及施工资料。

(2) 资料经审查符合要求后通知建设单位。

(3) 建设单位组织勘察、设计、施工、监理等单位和其他有关方面的专家组成验收组并制订验收方案。

(4) 建设、勘察、设计、施工、监理单位分别书面汇报工程项目建设质量状况、合同履约情况和工程建设各个环节执行法律、法规和工程建设强制性标准的情况。

(5) 建设单位以现行的法律、法规和规范性文件为依据，负责组织实施工程的竣工验收工作：查验工程实体质量；检查工程建设参与各方提供的竣工资料；验收组对工程勘察、设计、施工及设备安装质量和各管理环节等方面做出全面评价，填写竣工验收鉴定书；办理验收和交接手续；建设单位将施工及验收文件归档[1,2]。

二、工程验收资料

工程资料是工程项目竣工验收和质量保证的重要依据之一，施工单位应按合同要求提供全套竣工验收所必需的工程资料。工程资料验收可与工程竣工验收同步进行，工程资料不符合要求的，不得通过工程竣工验收。

竣工资料的内容包括：工程施工资料、工程质量保证资料、工程检验评定资料、竣工图、其他应交资料。

1. 工程施工资料

工程施工资料主要包括：施工技术准备文件；工程项目开工报告；施工组织设计；地质勘察报告；地基处理记录、定位测量记录、沉降及位移观测记录、防水抗渗试验记录；图纸会审和技术交底记录；工程变更、洽商记录；施工日志；工程质量事故处理发生后调查和处理资料；竣工测量资料；工程竣工文件及报告；工程竣工验收报告。

2. 工程质量保证资料

工程质量保证资料主要包括：施工原材料质量证明文件；材料、设备、构件的质量合格证明资料及相关试验、检验报告；隐蔽工程检查记录。各专业工程质量保证资料内容，应按有关专业工程技术标准和规定的要求进行收集和整理。

3. 工程检验评定资料

工程检验评定资料主要包括：单位（子单位）工程质量竣工验收记录；分部（子分部）工程质量验收记录；分项工程质量验收记录；检验批质量验收记录。

4. 竣工图

竣工图是建设工程施工完毕的实际成果和反映，是建设工程竣工验收的重要备案资料。承包人应根据施工合同的约定，提交合格的竣工图。一般情况下，凡按图施工没有变动的或一般性变动的，可不重新绘制，由施工单位在原施工图上或局部修改和说明的施工图上加盖“竣工图”标志后，即作为竣工图。凡结构形式改变、工艺改变、平面布置改变、项目改变以及有其他重大改变，不宜再在原施工图上修改、补充者，应重新绘制改变后的竣工图。重大的改建、扩建工程涉及原有工程项目变更时，应并相关项目的竣工图资料统一整理归档，并在原图案卷内增补必要的说明[1,3]。

5. 其他应交资料

其他应交资料主要包括：项目建议书及批件、项目任务书；建设工程施工合同、招投标等协议文件；施工图预算、竣工结算；工程项目施工管理机构（项目经理部）及负责人名单；工程竣工验收记录；工程质量保修书。

凡有引进技术或引进设备的项目，要做好引进技术和引进设备的图纸、文件的收集和整理。

地方行政法规、技术标准已有规定和施工合同约定的其他应交资料，均应作为竣工资料汇总移交。

三、构筑物工程验收

废水处理厂构筑物包括废水处理构筑物和污泥处理构筑物，其中废水处理构筑物主要为沉砂池、初次沉淀池、曝气池、二次沉淀池、配水井、调节池、生物反应池、氧化沟、计量槽、闸门井等工程；污泥处理构筑物主要为浓缩池、消化池、贮泥池等工程。

（一）主要验收内容

构筑物结构类型、结构尺寸以及预埋件、预留孔洞、止水带等规格、尺寸的检查；混凝土抗压强度、抗渗、抗冻性能；构筑物底板的高程和坡度，池壁板的位置和衔接、填充质量，池壁顶的高程和平整度应符合要求；配管的位置、管材、管径、走向、埋深、坡度及连接方式，压力管管道水压试验、管道的严密性和防腐情况，重力流管渠的标高等；混凝土结构是否达到外光内实要求；废水处理构筑物的水密性，消化池的气密性检验；水池四周的回填土夯实及平整情况等。

具体验收内容和验收标准、方法详见《建筑工程施工质量验收统一标准》（GB 50300—2001）、《城市污水处理厂工程质量验收规范》（GB 50334—2002）、《给水排水构筑物工程施工及验收规范》（GB 50141—2008）。

（二）水池施工允许偏差

钢筋混凝土预制拼装水池、现浇混凝土水池、现浇混凝土消化池的允许偏差分别见表3-5-1～表3-5-3。

表 3-5-1　钢筋混凝土预制拼装水池允许偏差

项次	检验部位	检验项目		允许偏差/mm
1	池底板	圆池半径		±20
		轴线位移		10
		中心支墩与杯口周围圆心位移		8
		预埋管、预留孔中心		10
		预埋件中心位置		5
		预埋件顶面高程		±5
2	预制构件安装	壁板、梁、主中心轴线		5
		壁板、柱高程		±5
		壁板及柱垂直度（H为壁板及柱的全高）	$H \leqslant 5$m	5
			$H > 5$m	8
		跳梁高程		−5，0
		壁板与定位中线半径		±7

续表

项次	检验部位	检验项目			允许偏差/mm
3	预制混凝土构件	平整度			5
		断面尺寸	壁板(梁、柱)	长度	0,−8(0,−10)
				宽度	+4,−2(±5)
				厚度	+4,−2 (直顺度:L/750 且≤20)
				矢高	±2
		预埋件		中心	5
				螺栓位置	2
				螺栓外露长度	+10,−5
		预留孔中心			10

注：表中 L 为柱的长度，括号内为柱的允许偏差。

表 3-5-2 现浇混凝土水池允许偏差

项次	检验项目		允许偏差/mm
1	轴线位移	池壁、柱、梁	8
2	高程	池壁	±10
		柱、梁、顶板	±10
3	平面尺寸(池体的长、宽或直径)	边长或直径	±20(L≤20m);±L/1000(20m<L≤50m)±50(L>50m)
4	截面尺寸	池壁、柱、梁、顶板	+10,−5
		孔洞、槽、内净空	±10
5	平面平整度	一般平面	8
		轮轨面	5
6	墙面垂直度	H≤5m	8
		5m<H≤20m	1.5H/1000
7	中心线位置偏移	预埋件、预埋支管	6
		预留洞	10
		沉砂槽	±5
8	坡度		0.15%

注：H 为池壁高度。

表 3-5-3 现浇混凝土消化池允许偏差

项次	检验项目		允许偏差/mm
1	垫层、地板、池顶高程		±10
2	池体直径	D≤20m	±15
		20m<D≤30m	D/1000 且≤±30
3	同心度		H/1000 且≤30
4	池壁截面尺寸		±5
5	平面平整度	一般平面	10
6	中心线位置	预埋件(管)	5
		预留孔	10

注：1. D 为池直径，H 为池高度；2. 卵形齿表面平整度使用 2m 弧形样板尺量测。

(三) 土建与设备安装连接及配管工程

主要验收内容有：设备安装的预埋件或预留孔的位置、数量，标高；安装刮泥机和螺旋泵的池底板处理；配管的位置、管材、管径、走向、埋深、坡度及连接方式；管道的严密性和防腐情况；重力流管渠等的标高；消化池的检查孔封闭情况；消化池使用的各种仪表和闸阀数量、位置，是否启闭灵活、严密等。

(四) 功能性试验

水处理构筑物施工完毕后，均应按照设计要求进行功能性试验。

1. 试验条件

功能性实验前应满足以下条件：

① 混凝土或砖砌砂浆强度达到设计要求；

② 混凝土结构试验应在防水层、防腐层施工前进行；装配式预应力混凝土结构试验应在保护层喷涂之前进行；

③ 砖砌水池的内外防水水泥砂浆完成之后；

④ 池内清理洁净，水池内外壁缺陷修补完毕；

⑤ 设计预留孔洞、预埋管口及进出水口等已做临时封堵，且经验算能安全承受试验压力；

⑥ 水池抗浮稳定性满足设计要求；

⑦ 试验用充水、充气和排水系统已准备就绪，经检查充水、充气及排水闸门不得渗漏；

⑧ 各项保证试验安全的措施已满足要求；

⑨ 满足设计图纸中的其他特殊要求。

2. 满水试验

每座水池完工后，必须进行满水的渗漏试验。

(1) 准备工作　选择的水源要求洁净、充足；注水和防水系统设施及安全措施准备完毕。

池体混凝土的缺陷修补，池体结构检查；临时封堵管口；有盖池顶部的通气孔、人孔盖应装备完毕，必要的安全防护设施和照明等标志应配备齐全。

设置好水位观测标尺、水位计等；准备现场测定蒸发量的设备，设备应为不透水材料制成；对池体有观测沉降要求时，应先布置观测点，并测量记录池体各观测点的初始高程。

(2) 试验步骤及测定方法

① 注水。向池内注水分三次进行，每次注入设计水深的1/3；对大、中型池体，可先注水至池壁底部施工缝以上，检查底板抗渗质量，无明显渗漏时，再继续注水至第一次注水深度。注水时水位上升速度不宜超过2m/d，相邻两次注水的间隔时间不少于24h。

每次注水应读24h的水位下降值，计算渗水量，在注水中和注水以后，应对池体做外观和沉降量检测，发现渗水量和沉降量过大时，应停止注水，待妥善处理后方可继续注水。

设计有特殊要求时，应按设计要求执行。

② 水位观测。注水至设计深度进行水量测定时，应采用水位测针测定水位，水位测针的读数精度应达到1/10mm。

注水至设计深度24h后，开始测读水位测针的初读数。测读水位的末读数与初读数之间的时间间隔应不少于24h。

测定时间必须连续。测定的渗水量符合标准时需连续测定两次以上，测定渗水量超过允许标准，以后的渗水量逐渐减少时，可继续延长观测，直至符合标准为止。

③ 蒸发量的测定。池体有盖时蒸发量可忽略不计。池体无盖时必须进行蒸发量测定。每次测定水池中水位时，同时测定对比水箱中水位。

④ 渗水量的计算。水池渗水量应按池壁（不含内隔壁）和池底的浸湿面积计算，计算公式为：

$$q=\frac{A_1}{A_2}[(E_1-E_2)-(e_1-e_2)] \tag{3-5-1}$$

式中，q 为渗水量，L/(m²·d)；A_1 为水池的水面面积，m²；A_2 为水池的浸湿总面积，m²；E_1 为水池中水位的初读数，mm；E_2 为测读 E_1 后 24h 水池中水位测针的读数，mm；e_1 为测读 E_1 时水箱中水位测针的读数，mm；e_2 为测读 E_2 时水箱中水位测针的读数，mm。

（3）满水试验标准　钢筋混凝土结构水池渗水量不得超过 2L/(m²·d)，砌体结构水池渗水量不得超过 3L/(m²·d)。

3. 气密性试验

需分别进行满水和气密性两项试验的池体，应在满水试验合格后，再进行气密性试验。废水处理厂构筑物的气密性试验一般是针对污泥处理构筑物中的消化池而言。

（1）准备工作　工艺测温孔的加堵封闭、池顶盖板的封闭；安装测温仪、测压仪及充气截门；准备所需空气压缩机等设备。

（2）试验精确度　测气压的 U 形管刻度精确至毫米水柱；测气温的温度计刻度精确至 1℃；测量池外大气压力的大气压力计刻度精确至 10Pa。

（3）试验步骤及测定方法

① 测读气压。测读池内气压值的初读数与末读数之间的间隔时间应不少于 24h。每次测读池内气压的同时，测读池内的气温和池外大气压力，并将大气压力换算成同于池内气压的单位。

② 池内气压降计算。按下式计算：

$$p=(p_{d1}+p_{a1})-(p_{d2}+p_{a2})\times\frac{273+t_1}{273+t_2} \tag{3-5-2}$$

式中，p 为池内气压降，Pa；p_{d1} 为池内气压初读数，Pa；p_{d2} 为池内气压末读数，Pa；p_{a1} 为测量 p_{d1} 时的相应大气压力，Pa；p_{a2} 为测量 p_{d2} 时的相应大气压力，Pa；t_1 为测量 p_{d1} 时相应池内气温，℃；t_2 为测量 p_{d2} 时相应池内气温，℃。

（4）气密性试验标准　试验压力宜为池体工作压力的 1.5 倍，24h 的气压降不超过试验压力的 20%。

四、管道工程验收

给排水管道工程施工过程中，在各分项工程完工后，应对其进行验收。各相关分项工程之间，必须进行交接检验。所有隐蔽分项工程必须进行隐蔽验收。工程应经过竣工验收合格后，方可投入使用。工程验收方法及标准详见《给水排水管道工程施工及验收规范》（GB 50268）、《城市污水处理厂工程质量验收规范》（GB 50334）等。

1. 验收顺序及要求

管道工程施工质量验收应在施工单位自检基础上，按检验批、分项工程、分部（子分部）工程、单位（子单位）工程顺序进行。单位（子单位）工程、分部（子分部）工程、分项工程、检验批的划分详见表 3-5-4。工程规模大小决定了工程项目的划分，规模较小的工程通常不划分检验批，当工程规模较大时可考虑设置子分部工程和子单位工程。

表 3-5-4　给排水管道工程分项、分部、单位工程划分

<table>
<tr><td colspan="3">单位工程
（子单位工程）</td><td colspan="2">开（挖）槽施工的管道工程、大型顶管工程、盾构管道工程、浅埋暗挖管道工程、大型沉管工程、大型桥管工程</td></tr>
<tr><td colspan="3">分部工程（子分部工程）</td><td>分项工程</td><td>检　验　批</td></tr>
<tr><td colspan="3">土方工程</td><td>沟槽土方（沟槽开挖、沟槽支撑、沟槽回填）、基坑土方（基坑开挖、基坑支护、基坑回填）</td><td>与下列检验批对应</td></tr>
<tr><td rowspan="11">管道主体工程</td><td>预制管开槽施工主体结构</td><td>金属类管、混凝土管、预应力钢筒混凝土管、化学建材管</td><td>管道基础、管道接口连接、管道铺设、管道防腐层（管道内防腐层、钢管外防腐层）、钢管阴极保护</td><td>可选择下列方式划分：按流水施工长度；排水管道按井段；给水管道按一定长度连续施工段或自然划分段（路段）；其他便于过程质量控制的划分方法</td></tr>
<tr><td>管渠（廊）</td><td>现浇钢筋混凝土管渠、装配式混凝土管渠、砌筑管渠</td><td>管道基础、现浇钢筋混凝土管渠（钢筋、模板、混凝土、变形缝）、装配式混凝土管渠（预制构件安装、变形缝）、砌筑管渠（砖石砌筑、变形缝）、管道内防腐层、管廊内管道安装</td><td>每节管渠（廊）或每个流水施工段管渠（廊）</td></tr>
<tr><td rowspan="6">不开槽施工主体结构</td><td>工作井</td><td>工作井围护结构、工作井</td><td>每座井</td></tr>
<tr><td>顶管</td><td>管道接口连接、顶管管道（钢筋混凝土管、钢管）、管道防腐层（管道内防腐、钢管外防腐层）、钢管阴极保护、垂直顶升</td><td>顶管顶进：每 100m
垂直顶升：每个顶升管</td></tr>
<tr><td>盾构</td><td>管片制作、掘进及管片拼装、二次内衬（钢筋、混凝土）、管道防腐层、垂直顶升</td><td>盾构掘进：每 100 环
二次内衬：每施工作业断面
垂直顶升：每个顶升管</td></tr>
<tr><td>潜埋暗挖</td><td>土层开挖、初期衬砌、防水层、二次内衬、管道防腐层、垂直顶升</td><td>暗挖：每施工作业断面
垂直顶升：每个顶升管</td></tr>
<tr><td>定向钻</td><td>管道接口连接、定向钻管道、钢管防腐层（内防腐层、外防腐层）、钢管阴极保护</td><td>每 100m</td></tr>
<tr><td>夯管</td><td>管道接口连接、夯管管道、钢管防腐层（内防腐层、外防腐层）、钢管阴极保护</td><td>每 100m</td></tr>
<tr><td rowspan="2">沉管</td><td>组对拼装沉管</td><td>基槽浚挖及管基处理、管道接口连接、管道防腐层、管道沉放、稳管及回填</td><td>每 100m（分段拼装按每段，且不大于 100m）</td></tr>
<tr><td>预制钢筋混凝土沉管</td><td>基槽浚挖及管基处理、预制钢筋混凝土管节制作（钢筋、模板、混凝土）、管节接口预制加工、管道沉放、稳管及回填</td><td>每节预制钢筋混凝土管</td></tr>
<tr><td colspan="2">桥管</td><td>管道接口连接、管道防腐层（内防腐层、外防腐层）、桥管管道</td><td>每跨或每 100m；分段拼装按每跨或每段，且不大于 100m</td></tr>
<tr><td colspan="3">附属构筑物工程</td><td>井室（现浇混凝土结构、砖砌结构、预制拼装结构）、雨水口及支连管、支墩</td><td>统一结构类型的附属构筑物不大于 10 个</td></tr>
</table>

注：1. 大型顶管工程、大型沉管工程、大型桥管工程及盾构、潜埋暗挖管道工程，可设单独的单位工程。

2. 大型顶管工程：指管道一次顶进长度大于 300m 的管道工程。

3. 大型沉管工程：指预制钢筋混凝土管沉管工程；对于成品管组对拼装的沉管工程，应为多年平均水位水面宽度不小于 200m，或多年平均水位水面宽度 100～200m 之间，且相应水深不小于 5m。

4. 大型桥管工程：总跨长度不小于 300m 或主跨长度不小于 100m。

5. 土方工程中涉及地基处理、基坑支护等，可按现行国家标准《建筑地基基础工程施工质量验收规范》（GB 50202）等相关规定执行。

6. 桥管的地基与基础、下部结构工程，可按桥梁工程规范的有关规定执行。

7. 工作井的地基与基础、围护结构工程，可按现行国家标准《建筑地基基础工程施工质量验收规范》（GB 50202）、《混凝土结构工程施工质量验收规范》（GB 50204）、《地下防水工程质量验收规范》（GB 50208）、《给水排水构筑物工程施工及验收规范》（GB 50141）等相关规定执行。

(1) 检验批质量验收 《给水排水管道工程施工及验收规范》(GB 50268—2008) 中的主控项目和一般项目质量经抽样进行检验。

检验主要工程材料的质量保证资料以及相关试验检测资料，并对其进场进行验收和复验，试块、试件检验。

(2) 分项工程质量验收 主要检验分项工程所含验收批质量验收情况、检验分项工程所含验收批的质量验收记录及有关质量保证资料和实验检测资料。

(3) 分部 (子分部) 工程质量验收 主要检验以下几个项目。

① 分部 (子分部) 工程所含分项工程的质量验收情况及质量控制资料。

② 分部 (子分部) 工程中，地基基础处理、桩基础检测、混凝土强度和抗渗、管道接口连接、管道位置及高程、金属管道防腐层、水压试验、严密性试验、管道设备安装调试、阴极保护安装测试、回填压实等的检查和抽样检测。

③ 单位 (子单位) 工程质量验收和单位 (子单位) 工程所含分部 (子分部) 工程的质量验收情况。

④ 检验单位 (子单位) 工程所含分部 (子分部) 工程有关安全及使用功能的检测资料的完整性，进行金属管道的外防腐层、钢管阴极保护系统、管道设备运行、管道位置及高程等的试验检测以及外观质量验收。

2. 竣工验收内容

竣工验收时应核实竣工验收资料，并进行必要的复验和外观检查。对下列主要项目进行检验，不符合质量标准的工程项目，必须经过返修或加固处理，甚至返工，验收达到质量标准后方可投入使用。工程竣工验收后，建设单位应将有关设计、施工及验收的文件和技术资料归档。

(1) 竣工所需资料

① 材料质量保证资料。管节、管件、管道设备及管配件等；防腐层材料、阴极保护设备及材料；钢材、焊材、水泥、砂石、橡胶止水圈、混凝土、砖、混凝土外加剂、钢制构件、混凝土预制构件。

② 施工检测。管道接口连接质量检测 (钢管焊接无损探伤检验、法兰或压兰螺栓拧紧力矩检测、熔焊检测)；内外防腐层 (包括补口、补伤) 防腐检测；预水压试验；混凝土强度、混凝土抗渗、混凝土抗冻、砂浆强度、钢筋焊接；回填土压实度；柔性管道环向变形检测；不开槽施工土层加固、支护及施工变形等测量；管道设备安装测试；阴极保护安装测试；桩基完整性检测、地基处理检测。

③ 结构安全和使用功能性检测。管道水压试验；给水管道冲洗消毒；管道位置及高程；浅埋暗挖管道、盾构管片拼装变形测量；混凝土结构管道渗漏水调查；管道及抽升泵站设备 (或系统) 调试、电气设备电试；阴极保护系统测试；桩基动测、静载试验等。

④ 施工测量资料、施工技术管理资料。施工组织设计、图纸会审、施工技术交底；设计变更、技术联系单；单位施工 (问题) 处理；材料、设备进场验收、计量仪器校核报告；工程会议纪要；施工日记。

验收记录包括检验批、分项、分部 (子分部)、单位 (子单位) 工程质量验收记录，隐蔽验收记录以及施工记录、竣工图。

(2) 主要验收内容 外观验收；管道基础、高程、中线、坡度、管材检验；管道闸门、接口、节点及附属构筑物的做法、位置、牢固性、严密性的检验；管道检查井的防渗检验；管道焊缝、粘接管缝的质量检验等。

(3) 管道功能性检测 给排水管道安装完成后应进行管道功能性试验。压力管道应按

《给水排水管道工程施工及验收规范》(GB 50268) 中第 9.2 节规定进行压力管道水压试验，无压管道按第 9.3、9.4 节规定进行严密性试验，严密性试验分闭水试验和闭气试验，给水管道按第 9.5 节规定进行冲洗与消毒。

第二节　工程调试及试运行

调试和试运行是废水处理工程正式运行前必需的过程，调试可以进一步检验土建工程、设备和安装工程的质量，同时进行微生物的培养和驯化，为正式运行做好准备。调试一般由废水处理工程的施工和运营单位负责，设计单位进行技术指导，设备供货单位参与并配合运行调试[3]。

废水处理工程的调试一般包括准备工作、单机调试、单体调试、工艺调试及试运行等程序和内容。

一、调试准备

调试的准备工作是保证调试顺利进行并达到预期效果的重要环节，调试的准备包括组织计划、人员配备、物资准备、现场准备、事故防范等内容。

1. 组织计划

明确工作内容，制订调试方案，安排进度计划，准备调试记录。

2. 人员配备

组织协调参与调试工作的各相关单位派驻技术人员到达现场；成立由各相关单位人员参加的调试工作小组，具体负责指导、督促调试工作；根据调试的工作量和工作要求安排配备相应数量和工种的调试操作人员；参与调试的相关工作人员应当接受必要的培训，对废水处理流程、各单元工艺的功能与原理、关键的设计和运行参数、自动控制的方式、主要设备的操作方法等，要做到心中有数。

3. 物资准备

水、电、气保证通畅和充足供应；药剂、耗材、污泥菌种等调试用品的购置；调试中需要用到的临时水泵、临时空压机、检测仪表、必要的工器具的落实；必要的劳动保护用品的准备。

4. 现场准备

工程验收中发现的缺陷和问题应完成整改；施工现场应进行清理，厂区保持干净整洁；设备、管道、阀门进行清扫；配电柜、控制柜、电气设备除尘；如需要临时设施、临时管线，应在调试开始前搭建完成。

5. 事故防范

制定调试期间的事故应急预案；具有明确的防触电、防跌落、防溺水、防中毒、防火的措施；准备必要的现场防护、救护用品；对操作管理人员进行安全教育。

二、单机调试

工艺设计的单独工作运行的设备、装置均称单机。工程验收结束后，对单机分别进行独立调试，目的是检验工艺系统中的机械设备、电器、仪表等在制造、检验、安装等环节是否符合要求。

1. 单机调试程序

单机调试应按下列程序进行。

（1）设备、部件及附属设施应完成全部安装工作，管路、电气、控制线缆连接到位，所有螺栓和紧固件都已紧固，并经检验确认。

（2）设备本身已具备运转条件，包括设备本身应保持清洁，加入足够的润滑油，管路充水等。

（3）满足设备启动正确的外部条件，如容积式水泵应接通安全回路管，离心式或罗茨风机应先在不带压的条件下点动。

（4）调试人员接受培训，阅读设备的有关技术资料，熟悉设备的机械、电气性能，做好单体调试的各项技术准备。

（5）安装单位、建设单位、设计单位、监理单位到场，复杂设备调试时应通知生产厂家或供货商到场。

（6）做好调试记录的准备工作。

（7）凡有转动要求的设备，先用手启动或者盘动，或者用小型机械协助盘动，无异常时方可通电点动。

（8）点动启动后，应检查电机设备转向，在确认转向正确后方可二次启动。

（9）点动无误后，做3～5min试运转，运转正常后，再做1～2h的连续运转，此时要检查设备温升，一般设备工作温度不宜高于50～60℃，除非说明书有特殊规定。温升异常时，应检查工作电流是否在规定范围内，超过规定范围的应停止运行，找出原因，消除后方可继续运行。单机连续运行不少于2h。不同设备单机试车时间详见表3-5-5。

表3-5-5 单机试车时间 单位：h

设备种类			连续运转时间	
			无负荷	有负荷(额定)
压缩机	活塞式	大型	16	≥24
		中小型	8	12
	离心式		8	≥24
	螺杆式		2	4
风机	离心式			2
	轴流式			2
	罗茨			4
泵	离心式		不得空运转	4
	往复式			4
	单螺杆			4
其他	搅拌机		4	
	过滤机		4	
	离心机		4	

（10）单机运行试验后，应填写运行调试单，签字备查。

2. 常用设备单机调试注意事项

（1）格栅　检查格栅槽底部有无异物，清理栅网；检查皮带输送机、除污机运转情况，是否有异常。

（2）水泵　水泵开机前检查运转（手盘动）和润滑情况；检查相关阀门是否处于正常位置；根据设备要求决定管路中是否充水；离心类水泵可在带压（关闭出水阀）条件下启动，活塞类定容积泵则应在开路（打开出水阀）的条件下启动；严禁水泵空转和超载，正常运转温度应不大于65℃。

（3）罗茨风机 风机属于高速运转机械，开机前必须检查润滑油标。风机启动方式是保证运行安全的关键。如果采用空载启动，应按照下列要求进行。

① 手盘风机无卡滞现象。

② 将放空阀打开。首次启动时，曝气管阀门也应打开。

③ 风机用专门设计的启动箱（自藕或软启动）启动。

④ 风机在达到额定转速后，缓慢关闭放空阀，同时按曝气量要求将曝气调节阀调至要求位置，直至放空阀全部关闭为止。

⑤ 风机正常运行后，轴承部位温度不应超过说明书规定，一般应在50～60℃。不按要求方式启动，可能造成风机过载，烧坏风机。

⑥ 关停风机应按反向程序进行，即先缓慢打开放空阀，再关停风机。不按要求，突然关机可能造成池水倒灌至风机内，造成风机损坏。

（4）消毒设备 采用ClO_2发生器消毒时，应注意安全，特别是采用酸类原料时，应防止人体烧伤。一般先打开加药水射器进料和加药，再开机（阀）进料；关闭时，则应先关进料泵（阀），待10～15min，加药水射器将反应罐内残留药物反应完成后，再关投药阀门。水射器不能在有背压条件下工作。

采用臭氧发生器消毒时，特别注意高压发生器的使用规则，并防止臭氧直接排放于空气中，对人体造成危害。采用紫外线消毒应防止紫外线灼伤。

（5）其他设备 严格按设备说明书的要求进行操作。

三、单体调试

单体调试是按每个处理工艺单元的不同要求进行的，如格栅单元、调节池单元、水解单元、好氧单元、二沉单元、污泥浓缩单元、污泥脱水单元、污泥回流单元等。单体调试是在单机调试基础上进行的，每个单体内不同的设备和装置协同运行。单体调试是检查单体内各设备的连动运行情况，应能保证单体正常工作。

1. 单体调试的条件

单体调试应符合下列条件后方可进行：构筑物应全部施工结束，构筑物的内部及外围经认真、彻底清理；单机调试已完成，设备正常无故障；自动化系统、仪器仪表系统的程序调试、模拟调试完成，具备运行条件；接通供电及进、出水系统，有足够的来水保证连续运行，排水顺畅；操作人员已做好各项技术准备，准备好进行记录。

单体调试可以用清水也可以用废水，应视工艺要求而定。使用废水时，单体调试只解决设备的协调连动问题，而不要求处理单元达到设计去除率。单体调试过程不必进行水质化验。

2. 部分单体调试操作注意事项

（1）格栅单元 检查格栅间的闸门、格栅、鼓风机等通电运转是否正常；检查格栅槽底部有无异物卡住链轮；根据进水的流量控制粗格栅开停的台数，逐个检查格栅的各项功能；检查皮带输送机的运行情况；可在进水中人为投加合适的杂物，检查除污机对垃圾的清除效果。

（2）提升泵单元 当泵房水位达到启泵水位后，按启泵操作规程启动水泵；轮换启动水泵，检查各水泵的启动、停止功能和运行状况；检查各泵出口止回阀是否有效，是否运行自如；检查所设定的水位、水位检测设施和水位信号是否正常。

（3）沉砂池单元 在有径流的情况下，检查吸砂机、砂水分离器、闸门以及相应配套阀门、电器设备等是否工作正常；检查沉砂池设备的启动顺序和停车顺序是否符合工艺要求；

检查搅拌机、空压机、提升器（或排砂泵）和砂水分离器的各项功能；检查各设备如电磁阀、空压机、砂水分离器能否按程序自动投入工作，沉砂池在自动状态下的运行是否正常。

（4）曝气池单元　检查曝气管道所有固定处及固定方式，必须牢固可靠，防止产生通水后管道因浮力产生松动现象。

首次通水深度为淹没曝气头（管）0.5m 左右，开动风机进行曝气，检查各曝气头（管）是否安装水平，是否均衡冒气。如不能达到工艺要求，应排水进行重新调整，直至达到要求为止。

正式通水前，先进行管道气密性检测，即通气前先将风机启动后，开启风量的 1/4～1/3 送至生化池的曝气管道中，检查管道所有节点的连接安装质量，不能有漏气现象发生，发现问题应修复至符合要求。

继续充水，直到达到正常工作状态，再次启动曝气应能正常工作，气量足、气泡细、翻滚均匀为最佳状态。

检查曝气池单元的鼓风机、污泥回流泵、混合液回流泵等设备以及相应配套阀门、电器设备的连动情况；检查核对曝气池进出水口的位置，进水、收水方式是否符合工艺设计要求。

（5）沉淀池单元　检查刮泥机的运行是否平稳，是否存在偏心、卡阻等问题；对出水堰进行复核调平，严格保证出水均匀；检查排泥系统是否畅通。

（6）污泥处理单元　对污泥脱水机房内的全套设备进行调试，主要包括污泥脱水机、皮带输送机、配药系统、加药泵以及配套阀门电器设备等。

（7）进出水管线单元　检查管道是否堵塞，水流是否顺畅；检查管道有无断裂、开口、渗水情况；各配水井上的手动、电动提板闸门的开启及关闭试验。

（8）仪表和自控单元　仪表单体调试主要包括：检查一次检测仪表的读数是否正确，是否与实际参数相符；信号变送系统是否正常，信号传送是否可靠，有无干扰因素；检查二次仪表显示是否正确，与一次检测值的重合程度。

自控系统的单体调试主要包括：检查信号的输入输出及显示情况是否正常，执行机构是否有效、灵敏，执行动作是否和输入条件相符；预期的各种控制功能是否能顺利实现；系统的报警、复位功能是否可靠；监控系统的显示功能、用户管理功能、分析报表功能、报警提示功能是否符合设计要求。

（9）辅助设施单元　除工艺、动力和仪表自控系统外，辅助生产设施主要包括消防系统、采暖通风空调系统、锅炉房、机修间、生活设施等。应按设计要求逐一进行单体调试。

单体调试时应进行调试过程的完整记录，应对调试中发现的缺陷和问题进行维修、整改，直至符合相关要求，为工艺调试和试运行创造良好的条件。

四、工艺调试及试运行

工艺调试及试运行包括联动调试、工艺调试、系统试运行三项内容。

（一）联动调试

在单体调试合格的基础上，按设计工艺的顺序和设计参数，将整个废水处理工程所有单体设备和构筑物连续性地依次从进水到出水进行联动运行，主要是为了检查水位高程是否满足设计要求，是否存在壅水等问题，检验各相关单体，如曝气池和二沉池、浓缩池和脱水机之间的配合运行是否协调、顺畅。

在联动调试的同时对构筑物的抗压、抗渗情况进行检验，按照有关规定验收合格后进入工艺调试，如有问题应采取措施现场修复至合乎要求为止。

(二) 工艺调试

工艺调试是以达到设计的污染物去除效率、实现达标排放为目标的，主要内容包括污泥的培养和驯化、运行参数的确定、水质化验等内容。总的来讲，工艺调试遵循处理负荷由低到高，逐渐达到设计负荷的程序。

1. 工艺调试的条件

单体试车和联动试车完成，各种设备设施满足运行需要，有问题的设备经过检修和更换已合格；进水管道及泵站具备输水的条件，原水水量能支撑调试过程，出水管道具备向外排水的能力；供电能力满足联动试车的负荷条件，电气和自控系统通过单体和联动试车，能达到工艺运行的要求；运营单位的操作人员、管理人员已基本配齐到岗，并已经过充分的技术培训，对设备的性能及工艺方法已基本掌握；各类操作规程、管理制度、生产和安全责任制已初步建立；建设单位、设计单位、施工单位、监理单位、主要设备和系统的供货商等相关各方有技术人员派驻现场。

2. 污泥的培养和驯化

污泥培养驯化是针对利用微生物氧化去除污染物的工艺单元，主要有厌氧和好氧两类。依据工艺种类的不同，培养驯化方式有较大区别。

(1) 厌氧工艺　厌氧工艺分为水解酸化类和产甲烷类，其污泥的培养各有特点。

水解酸化的污泥培养驯化相对简单，目的是在反应器中形成水解污泥层。对于悬浮物浓度较高的废水，当向水解酸化池中持续通入废水以后，废水中的悬浮物将逐渐在池底部积累并开始生化过程，大致运行 1 个月后可形成水解污泥层，再经过 1 个月可得到成熟的水解污泥。当原废水中含有生活污水成分时，水解反应器可以不用进行污泥接种。

产甲烷类厌氧反应器分为絮状污泥反应器和颗粒污泥反应器两类。颗粒污泥反应器的污泥培养驯化分为启动、颗粒污泥形成、污泥床形成三个阶段，而絮状污泥反应器只进行第一个阶段。

对于传统的厌氧反应器，厌氧污泥一般为絮状体，污泥体积大，污泥指数高（一般为 30～50mL/g），这样的污泥在提高反应器负荷时很容易流失，使反应器的处理能力受到限制，因此容机负荷一般只能达到 10～12kgCOD/(m^3·d)。而在以升流式厌氧污泥床反应器（UASB）为代表的颗粒污泥反应器中，由于富含产甲烷细菌的颗粒污泥的存在，污泥密实，污泥指数一般只有 10mL/g 左右，沉降性能好，既增加了反应器中的污泥量，又不易流失，因此反应器的负荷可提高到 20～30kgCOD/(m^3·d) 甚至更高。颗粒污泥是使 UASB 工艺维持高效率，并区别于传统厌氧工艺的主要特征，同时，颗粒污泥的培养驯化是 UASB 实际应用中较为复杂和关键的技术。

颗粒污泥培养驯化成功以后，能够长期保持形态上的稳定性，从而保证 UASB 反应器持续发挥高效处理能力，对整个处理设施保持运转的稳定性至关重要。颗粒污泥的培养驯化可分为三个阶段。

第一阶段为启动阶段。启动阶段的运行目的有四个：一是形成一定数量的厌氧污泥；二是使形成的厌氧污泥适应所要处理的废水中的有机物类型；三是使污泥具有尽量好的沉降性能；四是尽量提高污泥的活性。

为了达到上述四个目的，具体的工艺和参数控制措施为：首先进行厌氧污泥接种，维持反应器在低负荷下运行，污泥负荷控制在 0.1～0.2kgCOD/(kgMLSS·d)；反应器中原有的和分解产生的有机酸没有被有效分解之前不增加反应器负荷，当挥发性脂肪酸的降解率超过 80%以后再逐渐增大负荷；在水力负荷的控制上允许多余的、稳定性和沉降性能差的污泥被冲洗出来，但必须截流住重质污泥；反应器中的环境条件应严格控制在有利于产甲烷细菌生长繁殖的范围内，这就要求对温度、毒物浓度、pH值、氧化还原电位、营养物质进行频繁和严格的监控。

启动阶段要求有1个月时间，这一阶段结束后，反应器内已得到相当数量沉降性能良好、不易被水冲走的厌氧污泥。絮状厌氧污泥反应器经过这一阶段后，培养驯化任务基本完成，可以继续进行污泥的增量、稳定，并逐渐提高负荷到设计值，开始试运行。

第二阶段为颗粒污泥形成阶段。将容机负荷提高到2～5kgCOD/(m^3·d)，负荷的增加将导致部分污泥的流失，但这是一个正常和必需的阶段。此时反应器中的水力筛选作用将细小的污泥洗出，重质污泥则留在反应器内，在重质污泥粒子上逐渐富集和生长产甲烷细菌，最终使污泥形成直径1～5mm的颗粒污泥。这一阶段维持污泥负荷在0.6kgCOD/(kgMLSS·d)左右，可观察到细小颗粒污泥的形成。

颗粒污泥形成阶段同样要求1个月左右，这一阶段中由于水力筛选作用去除了细小和轻质污泥，反应器中污泥量降低了，但活性却得到提高。

第三阶段为颗粒污泥床形成阶段。将反应器的有机负荷逐渐提高到5kgCOD/(m^3·d)或以上，逐渐达到设计值。负荷的提高造成污泥总量的增加，因此反应器中的颗粒污泥逐渐增多，颗粒污泥床逐渐增高，直至达到所需要的处理效率。这一阶段实际上是颗粒污泥的成熟阶段，时间大约也是1个月。

可见如果操作控制得当，颗粒污泥培养驯化至少需要3个月左右，这是厌氧处理调试工作中难度最大、技术和经验要求很高的环节。在培养颗粒污泥的时候，一般可同时进行好氧、物化等其他工艺的调试。

为了加快厌氧颗粒污泥的培养，有效的措施是在启动阶段向反应器中投加一定量从其他途径得到的成熟厌氧污泥。如果当地有此便利条件，可考虑加以利用。

(2) 好氧工艺 好氧工艺分为活性污泥和生物膜两类，污泥的培养驯化程序基本相同，只是活性污泥培养的目标是在反应器中形成活性好、沉降性能优良的悬浮活性污泥，而生物膜培养的目标是在生物载体（填料）上培养附着性生物膜（俗称挂膜）。

以活性污泥法为例，污泥的培养驯化分为培养和驯化两个步骤。培养是指在反应器中形成浓度足够能满足处理要求的活性污泥；驯化是使这些污泥适合于分解目标废水中特定类型的有机污染物。

曝气池中最初的活性污泥可以通过两种途径得到。其一，从其他工业或城镇污水处理厂中购买一定量新鲜成熟的活性污泥，将其投入曝气池中，再用粪便水或生活污水进行曝气培养，使其增殖到所需要的数量。成熟活性污泥的购买量可按反应池有效容积的1/10计。购买现成的活性污泥可以缩短培养周期，一般只需10～15d即可得到足够的污泥。其二，若没有就近购买的便利，则活性污泥可直接用粪便水经曝气培养而得到，这是因为粪便水中细菌种类多，本身所含营养物质也较丰富，细菌易于繁殖。

用粪便水培养活性污泥的具体步骤是，将经过过滤的浓粪便水投入曝气池中，再用生活污水或有机废水将其稀释至BOD含量300mg/L左右，稀释后污水的总量大约为反应池有效容积的一半，然后不进水不出水，进行连续曝气，俗称“闷曝”。当水温保持在20℃以上时，约经过3～5d就会发现池中出现细小的活性污泥绒絮。用显微镜进行镜检可看到一些菌胶团，但成熟活性污泥中大量存在的钟虫、轮虫等原生、后生动物则不易发现。混合液经30min沉降后，上清液较浑浊，说明污泥还未成熟。

在活性污泥的绒絮出现以后，就可以在反应池中进一步加入更多的生活污水或有机废水，边进水边曝气，直至满容积，继续曝气3～5d，让污泥进一步增殖。当活性污泥的絮体长大到可以大部分沉降下来时，就应进行换水。因为曝气池中此时尽管还有一定的营养物质，但微生物排泄的分泌物已积累到一定浓度，可能会影响它们正常的生长。

换水的方法是停止曝气，静置沉淀 2h，将上清液排掉，再投加新鲜的生活污水或有机废水，继续曝气。换水应该每隔 1～2d 进行一次，每日检查污泥的 30min 沉降比，当沉降比增加到 10%以后，说明污泥的数量已经足够了，培养过程也就完成了。

接下来要进行的是污泥的驯化，驯化的目的是使所培养的污泥适合于处理目标废水。当处理对象是生活污水或城镇污水时，不需要进行驯化，活性污泥培养到足够数量后就可以将曝气池和二沉池联合运行，进入试运行阶段了。

处理工业废水时，驯化的操作程序与换水类似，不同的是在每次投加的生活污水中逐渐增加目标工业废水的比例，使微生物逐渐适应新的生活环境和营养条件。开始时，工业废水的加入量可以是反应池容积的 10%～20%，达到较好的处理效果以后，再继续增加混合废水比例，每次以增加设计负荷的 10%～20%为宜，最后到达满负荷。

在驯化过程中，能分解目标废水中有机物的微生物种群得到增殖，不适应的微生物则被淘汰。为了加快驯化过程，得到菌种更加优良的活性污泥，可以在工厂厂区下水道中捞取一定量的沉积污泥投入曝气池中，以利用其中经过了自然筛选的有用菌种。

在水温、pH 值、溶解氧、毒物负荷、营养盐条件适宜的情况下，活性污泥培养驯化的周期大约为 1 个月。

3. 全流程调试

在进行污泥培养驯化的同时，可以平行进行物化、化学等其他工艺的调试和运行参数的确定，例如确定混凝剂或沉淀剂投药量、过滤反冲强度、气浮回流比等。运行参数的确定，一般应在设计参数的基础上，根据水质水量、环境条件等因素的变化进行适当调整和优化，使之更加符合实际情况。

污泥培养和驯化成功，各工艺的运行参数基本确定以后，就可以将废水处理整个工艺流程全线贯通，进行全流程调试。水量负荷应从小到大，每次提高负荷后都应稳定一定时间，在系统达到平衡、运行平稳后，再继续增加负荷，逐渐达到设计值。

全流程调试期间需要进行工艺参数的频繁检测，包括主要水质项目的分析化验。检测的水质参数主要有两类：一类是工艺过程控制需要的，例如污泥沉降比、污泥指数、曝气池溶解氧、厌氧池 VFA 等；另一类是考察处理效果所需要的，例如 SS、COD、色度等。调试期间所有水质分析化验结果都应如实记录在案。

对不能达到设计要求的工艺单元和处理设施，应分析查找原因，采取补救和完善措施，直至系统运行完全正常，出水水质初步达标。

4. 系统试运行

工程的试运行是在调试成功的基础上，通过一定时间的连续满负荷运行，使工艺过程趋于成熟和稳定的过程。试运行期间需要对运行状态进行认真细致的观察、分析、判断，查找和发现调试中没有暴露的问题和隐患，并采取合适的应对方案，使系统达到优化。

试运行期间，应完成操作规程的编制、管理制度和责任制的确立、管理机构的建立、人员的培训等任务，并进行从施工单位到运营单位的工程交接工作，同时为环保验收做好准备。

第三节 环境保护验收

建设项目竣工环境保护验收是指建设项目竣工后，环境保护行政主管部门根据有关办法规定，依据环境保护验收监测或调查结果，并通过现场检查等手段，考核该建设项目是否达到环境保护要求的活动[3]。

一、验收条件

根据《建设项目竣工环境保护验收管理办法》，废水处理工程进行环保验收应当具备以下条件：

（1）建设项目前期环境影响评价的审查、审批手续完备，建设项目有关技术资料与环境保护档案资料齐全；

（2）项目建设中已按批准的环境影响评价文件和设计文件的要求建成落实了相关环保措施，建设项目负荷试车检测合格，防治污染能力达到要求；

（3）工程质量已由质检部门验收合格；

（4）具备工程正常运转的条件，包括经培训合格的操作人员、健全的岗位操作规程及相应的规章制度，原料、动力供应落实，符合交付使用的其他要求；

（5）污染物排放符合环境影响评价文件和设计文件中提出的标准及核定的污染物排放总量控制指标的要求；

（6）各项生态保护措施按环境影响评价文件规定的要求落实，项目建设过程中受到破坏并可恢复的环境已按规定采取了恢复措施；

（7）环境监测项目、点位、机构设置及人员配备，符合环境影响评价文件和有关规定的要求；

（8）环境影响评价文件提出需对环境保护敏感点进行环境影响验证，对施工期环境保护措施落实情况进行工程环境监理的，已按规定要求完成。

二、验收程序

城镇污水处理厂及工业废水处理厂环境保护验收应根据当地有审批权的环境保护主管部门的规定及要求进行，一般程序如下。

（1）自验检测　由施工方制定自验检测方案，并做好相应记录。连续3d，按规定取水样，分别在进出水口连续抽取，每天进行检测。生活污水主要检测COD、BOD、pH值、SS等指标，工业废水主要检测COD、pH值、SS及主要特征污染物指标。水质检测合格即认为自检合格。

（2）试运行申请　自检合格后，建设单位应向当地环保主管部门提出试运行申请。经环保部门现场检查符合试运行条件后，同意予以备案，项目投入试运行，试运行期一般为3个月。

（3）环保验收申请　试运行期内，建设单位向环保部门提交环保验收申请，环保部门确定建设单位编制验收申请报告（工业废水处理厂及日处理5万吨以上的生活污水处理厂）或验收申请表（日处理5万吨以下的生活污水处理厂）。试运行期内，项目必须完成环保验收手续。

对试运行3个月确不具备环境保护验收条件的，建设单位应当在试运行的3个月内，向主管环保部门提出环境保护延期验收申请，说明延期验收的理由及拟进行验收的日期。经批准后建设单位方可继续进行试运行直至验收日期，试运行的期限最长不超过一年。

（4）建设单位委托经环境保护行政主管部门批准有资质的环境监测站编制环境保护验收监测报告（表）。资料齐备后，经环保部门审查并成立验收组，验收组主要成员包括建设单位、设计单位、施工单位、环境影响报告书（表）编制单位、环境保护验收监测报告（表）编制单位等。验收组进行现场检查和审议，达到要求后，环保部门批准验收申请报告（表），项目投入正式运行。

（5）各阶段报批件达不到要求的，由环保部门在时限内提出书面的整改或完善意见和限期整改日期，建设单位整改或完善后，重新进行报验。

环保验收通过后，废水处理工程的建设任务才告完成。

参考文献

[1] 王俊文．现代环保工程设计、施工与质量验收实务全书．长春：银声音像出版社，2004.
[2] 赵卫国．废水处理工程项目建设与新技术使用实务全书．北京：光明日报出版社，2002.
[3] 曾科等．废水处理厂设计与运行．北京：化学工业出版社，2001.

第六章
工程的运行管理

作为设计、施工、运行三个主要环节中的最后一个环节，废水处理工程的运行管理是实现工程目标、削减水污染物排放的关键环节。一个成功的废水处理工程，不但应当有合理的设计、严格的施工，而且必须保持运行稳定。废水处理工程良好的运行管理，是通过制定科学严格的操作规程，建立健全各工艺环节的管理制度，配备和培训合格的操作管理人员，并配合相应的监测与监控手段来实现的。

第一节　操 作 规 程

操作规程是废水处理工程运行管理的纲领性文件，可由建设单位组织运行管理单位、设计单位、施工单位、关键设备供货单位的相关工程技术人员共同编写。操作规程应当本着全面、系统、客观、方便使用的原则进行编写，一般应包括以下主要内容[1]：

（1）工程基本情况，包括废水处理规模、处理要求、进出水水质、平面及高程布置、基本技术经济参数等；

（2）主要单元处理工艺的基本原理和功能、操作运行要点和注意事项、主要的工艺运行参数；

（3）重点和关键设备的操作和维护方法、设备的管理制度；

（4）电气系统、自动控制系统、监控系统的相关说明，尤其是控制方法、控制流程的详细说明；

（5）系统常见运行故障分析、故障排除方法指引；

（6）水质监测，包括水样采集方案、监测方法、数据记录、数据分析、数据管理与上报等；

（7）工程运行的组织管理制度、机构设置与岗位责任制、人员配备及相关技术培训；

（8）劳动保护及安全生产注意事项；

（9）其他相关的工程运行管理制度。

第二节　运行管理的一般要求

一、运行管理的目标

废水处理工程的运行管理应当达到如下四个目标：

（1）保证处理出水达到规定的水质标准；

（2）严格按操作规程的要求运行和管理各种设施、设备，保持其正常和稳定运行；

（3）消除隐患，杜绝安全事故的发生；

（4）节能降耗，在满足运行要求的前提下尽量节约运行成本。

二、对人员的要求

人员培训是做好运行管理工作的重要环节。操作和运行管理人员应当了解废水处理的基本知识，熟悉所运行设施的处理工艺与设备，通晓操作规程和各项规章制度，明确自己的岗位职责，并在实践中加强学习，培养发现问题、解决问题的能力，不断提高和完善操作、管理技能。

三、工艺运行管理

废水处理工艺的运行管理具有很强的专业性，除了要求对处理工艺的原理、过程、基本参数、所用设备了解透彻以外，也依赖于操作人员的实践经验，尤其是一些比较复杂的工艺，如厌氧生物处理系统、好氧活性污泥系统等。工艺运行管理主要包括日常管理、运行参数的检测与调控、工艺条件和工艺过程的控制、运行故障的分析与排除等内容。

(1) 建立工艺运行过程的日常巡视制度，表观初步判断工艺运行的状态，发现需要进行人工干预时，依照既定的方法和程序进行操作；

(2) 确定需要进行日常检测的运行参数、检测方法及检测频率，评判工艺运行是否正常的参数临界值，以及必要时进行参数调整的方法和程序；

(3) 根据水量水质、季节、气候等条件的变化对工艺过程进行调整；

(4) 设备及工艺运行故障的发现、上报、原因分析以及故障排除；

(5) 过程参数、水质参数、操作事件、故障及排除情况，以及用药、用水、用电等经济核算指标的记录、报告和存档；

(6) 操作规程中要求的其他工艺运行管理内容。

四、设备维护保养

(1) 维修人员进行机电设备基础知识及维修技能方面的培训；

(2) 对关键设备、大型设备、复杂设备、专业化设备，认真阅读学习设备说明书，了解设备原理和性能，通晓设备操作和维护方法；

(3) 将设备的日常巡视检查和运行状态判断制度化，落实岗位责任；

(4) 设备进行定期保养和维护，如加注机油、更换润滑油、清洁灰尘、更换易损件、检查绝缘性能、避免堵塞等；

(5) 备足设备的备品备件；

(6) 设备故障排除，日常检修及大修；

(7) 设备运行状况、维护和检修记录。

五、安全生产注意事项

日常操作运转中应本着安全第一的原则，落实安全责任制，劳动安全应有专人负责，对操作、维修各工种及管理人员进行严格的安全监督，消除事故隐患。日常运行中应制订切实可行的安全规范，设施操作过程中严格按照设备说明书和操作规程进行。废水处理工程操作运行中应注意的主要安全事项如下。

(1) 防火安全　维护好消防设备设施，购置必要的消防器材，加强易燃易爆物品管理，对电气焊等用火工种加强安全管理。

(2) 用电安全　经常检查电气设备的绝缘和接地。进行设备维修时应确保切断电源，做好个人触电防护。禁止非电工私拆电机等设备。禁止随意拉接临时电路。雨雪天气增加巡检频率，不进行室外维修作业。

(3) 防跌落和溺水　废水处理工程的水池一般有较大水深，入池进行维修等作业时应系牢安全带，并且有专人在现场监护。

(4) 防中毒　废水井、废水池中容易产生和累积有毒有害气体，容易缺氧，因此进行设备、管道维修时，尽量避免入井（池）操作，如必须入井（池），则应先进行通风，采取措施确认安全后，方可进入，并应有专人现场监护。

(5) 防腐蚀　废水处理工程经常使用强酸强碱和其他腐蚀性药剂，运输、加注、使用药剂，或检修加药泵及配套阀门管道时，必须做好防护，避免伤及人身。

(6) 根据不同工程的实际情况，购置必要的救生和劳动保护用品。

第三节　常见单元工艺运行管理要点

一、物理处理

1. 筛除

筛除工艺的目的是去除废水中大尺寸的悬浮物和毛发等杂物，避免堵塞后续设备和管道。筛除设施包括格栅、格网、水力筛、毛发聚集器等多种，可以是人工清渣也可以是机械清渣。筛除工艺的运行管理主要是筛渣的及时清理和妥善处置。

人工式清渣时，应根据筛渣的量和筛除设备的堵塞频率制定严格的定时巡查制度，及时清渣，随时保持过水通畅。清渣时应有相应技巧，避免筛渣随水流入下一工序。现场应配备盛渣的容器，保持好环境卫生。

机械式清渣包括连续运行式和间歇运行式两种。转鼓式、振动式等连续运行除渣设备筛网孔眼小、易堵塞，应注意保持冲洗设备的正常运行，并经常巡检，避免溢水；背耙式、回转式、钢绳式等间歇运行的自动格栅除污机，应根据原废水所含污物的数量和特性，调整好控制运行间隔的水位压差或时间参数。

2. 沉砂

沉砂工艺的目的是去除废水中的无机砂粒，一般只用在城镇污水处理中，工艺构筑物为沉砂池。沉砂池运行管理中应注意以下几点：控制好流速负荷，在保证砂粒沉降效果的同时，避免有机颗粒的沉淀；采用机械除砂时，应控制好设备启动频率，避免因砂量过大造成设备过载；曝气沉砂池后端水面常聚集浮油和浮渣，应进行收集并妥善处置；运行中尤其要注意防止排砂管堵塞，必要时可定期用压缩空气吹扫；当设置有备用池时，备用池应定期启用，防止发生设备、管道锈蚀等问题。

3. 沉淀及浓缩

沉淀工艺的目的是将废水或混合液中的悬浮物分离，工艺构筑物为沉淀池。沉淀池在废水处理中的应用场合较多，包括混凝沉淀池、化学沉淀池、初次沉淀池、二次沉淀池等，生物处理中的污泥浓缩池是基于拥挤沉淀原理的一类特殊的沉淀池。沉淀池根据废水流动方向的不同分为平流沉淀池、竖流沉淀池和辐流沉淀池。沉淀池的运行管理有较强的技术性，要点如下。

沉淀池运行时需要控制的主要工艺参数是表面负荷，表面负荷定义为单位沉淀面积在单位时间内处理的废水体积。合适的表面负荷是由所沉淀悬浮颗粒的沉降速度决定的，理论上沉降速度越大的颗粒采用的表面负荷可以越大。活性污泥工艺二次沉淀池的表面负荷一般控制在0.8～1.2$m^3/(m^2 \cdot h)$为宜。实际运行时一般要求将表面负荷控制在设计值附近，但当发现出水悬浮物浓度较高时，应适当减小表面负荷，即减小进水流量。

沉淀池运行时应尽量保持进水流量均匀，冲击负荷对沉淀池运行工况影响很大。

沉淀池都设有布水系统，运行时应针对不同的池型和布水方式，保持布水的均匀性，减少扰动，维持沉淀区稳定的水力条件，使沉淀效果达到最佳。

注意维护出水堰板和堰槽。堰板应保持水平，使得收水均匀，提高沉淀效果。堰槽应经常清洁，避免淤积，保持过水通畅。

大型平流和辐流沉淀池设有刮泥机，其作用是将沉淀下来的污泥刮入泥斗。刮泥机属废水处理专业设备，种类繁多，运行管理和维护保养应严格按设备说明书进行。

泥斗内的污泥通过排泥系统定期排出池外，排泥可以是重力排泥也可以是机械排泥。运行中应特别注意防止排泥设备和管道堵塞。排泥管道一般埋设在沉淀池底部，一旦堵塞，维修非常困难。防止堵塞的措施：一是要合理设置排泥间隔时间；二是加强巡检，避免塑料袋、树枝树叶等杂物落入沉淀池；三是沉淀池长期不运行时，要提前将池底污泥排除干净。

当采用间歇排泥时，排泥的间隔时间是沉淀池运行的重要参数。间隔时间过长可能造成污泥过于浓稠，容易堵塞排泥管道或造成排泥机械过载，也可能造成污泥腐败上浮，影响出水水质。间隔时间过短则污泥含水率过低，给后续污泥处理增加负担。合适的排泥间隔时间应当针对废水的性质，在运行实践中加强摸索和总结而得到。

沉淀池运行中水面常会产生浮渣，中、大型沉淀池一般设计有浮渣收集和排除装置，操作中应注意防止设备和管道堵塞。如系统没有设置浮渣收集排除装置，而又有必要进行浮渣清除时，应在收水堰板前增加临时浮渣挡板，并人工捞除浮渣。清理出来的浮渣应根据其性质和危害程度进行妥善处置。

有些沉淀池设置有斜板（管）装置，是利用浅层沉淀原理来减小所需要的沉淀面积或增加处理能力。斜板（管）装置运行时如发生堵塞，会造成过水效率下降，污泥成块上浮，这种情况尤其容易发生在生物处理系统的二沉池中。运行管理中最好定期降低沉淀池水位，露出斜板（管）并进行冲洗。

4. 隔油

隔油工艺的目的是去除废水中可以通过静置上浮进行分离的油类等污染物，工艺构筑物为隔油池。隔油工艺从机理上与沉淀非常相似，只是前者是颗粒上浮，后者是颗粒沉降。废水处理工程中所用的隔油池一般采用平流式，兼有沉淀池的功能，同样设置有布水系统、收水系统、排泥系统等，只是增加了刮油和集油装置。

隔油池的运行管理要点与沉淀池基本相同，但还应注意以下几点：刮油和集油设备的操作和维护应按设备说明书进行；寒冷季节隔油池应注意保温，防止污油凝固；分离出的污油往往易燃，因此隔油池周边要确定为禁火区，并配套消防手段与消防器材；隔油池分离出来的污油应当考虑进行综合利用，不得随意倾倒或弃置，避免造成二次污染[1]。

二、物化处理

1. 调节

调节工艺的目的是均和水量、水质，避免水量水质的冲击负荷对后续工艺的不良影响，工艺构筑物为调节池。调节池一般用在中、小型废水处理工程中，设置于工艺流程的前端。调节池运行管理的要点如下。

运行中应摸准来水流量的变化规律，调定合理的出水流量。出水流量过大会造成断水，流量过小会造成调节池溢流。

水量的调节是通过调节池水位的变化来实现的。调节池的控制水位一般设置低水位、高水位和警戒水位三个。低水位为停泵和保护水位，高水位为启泵水位，警戒水位为流量过大发生溢流的报警水位。指示水位的液位计应保持定位和指示准确、灵敏度良好。

水质的均和是通过将不同时段的来水进行混合来实现的，调节池混合方式包括水力混合、机械搅拌和曝气搅拌三种。采用机械和曝气搅拌时应控制好搅拌的强度和时间，既要保证将废水混合均匀，又要尽量节能降耗。

由于调节池设置于工艺流程前端，来水成分比较复杂，容易发生浮渣和污泥累积、废水腐败、有毒有害气体挥发、管道和设备腐蚀等问题，运行管理中应根据具体情况采取合适的应对措施。

2. 混凝反应

混凝反应工艺的目的是通过投加混凝剂，使废水中的胶体态污染物脱稳，形成矾花，便于分离去除。混凝反应工艺的设施包括混凝剂投加系统、混合装置、反应装置。混凝反应的运行管理要点如下。

首先应根据废水的性质，通过试验选择合适的混凝剂、助凝剂，并确定投药量。常用的混凝剂包括无机盐混凝剂和有机高分子混凝剂两类，无机盐混凝剂主要是铝盐和铁盐，例如硫酸铝、聚合氯化铝（PAC）、氯化铁、硫酸亚铁、聚合硫酸铁等，有机高分子混凝剂中最常用的是聚丙烯酰胺（PAM）。

当采用无机盐混凝剂时，如果废水的碱度不够，会造成 pH 值大幅波动，影响混凝反应的进行，此时应适量投加石灰、纯碱等作为助凝剂。

药剂的投加一般采用湿法，即先将药剂配制成溶液，然后用计量泵或其他定量投药设备定量投加到所处理的废水中。投药系统的运行操作主要是定期配药。此外系统中所用的小型机电设备和仪器仪表较多，应加强巡视，保证正常运行。加药管道一般管径很小，且多为塑料类材质，要注意防止堵塞和被外力损坏。溶药池和溶液池底部容易集聚沉渣，应定期排除。应根据工程的处理规模和用药量制订药剂的采购计划并形成制度，保证药剂随时有合理的储备。

混合和反应是混凝工艺的两个关键环节。混合的目的是将药剂迅速均匀地分散到废水中，有泵前混合、管道混合和机械混合三种。反应的目的是创造合适的水力条件，使矾花生成并长大，以利于后续分离，反应分水力反应和机械搅拌反应两种。运行管理中应重点控制混合和反应的时间与搅拌强度，遵循“快混合慢反应”和“强混合弱反应”的原则，最佳操作条件应当通过在实践中不断比较和总结而得到。

冬季水温低可能影响混凝效果，此时应适当增加投药量。废水水量水质发生变化时，也应及时调整药剂的投量。

3. 气浮

气浮又称浮选，是通过制造微细气泡，使污染物与气泡附着，并被上浮至水面得以去除的方法。气浮工艺的主要设施为气浮池或气浮机。根据获得气泡的方式不同气浮可分为溶气气浮、散气气浮和电解气浮。气浮池从流态上可分为平流式、竖流式和辐流式。气浮工艺的运行管理要点如下。

气浮池与沉淀池的工作原理相似，运行时需要控制的关键参数是表面负荷。合适的表面负荷根据气泡的性能和废水中颗粒的特性而定，应在运行实践中进行试验和总结而得到。用于除油的加压溶气气浮，表面负荷控制在 7～8$m^3/(m^2 \cdot h)$ 为宜，对应的水力停留时间 20～30min。

为了加强气浮的处理效果，一般需要投加浮选剂、破乳剂、混凝剂等药剂，药剂的种类和投量应当在运行中通过试验确定。

气浮设备一般由设备厂家成套供货，包括气泡的产生和释放系统、加药系统、刮渣系统等，操作维护应当按照设备说明书的要求进行。

采用加压溶气气浮时，溶气水的回流比是关键的运行参数，一般应控制在20%～30%，用于剩余污泥浓缩时则要求达到300%～500%。

气浮工艺在日常巡检中应重点观察出水悬浮物表观含量、溶气罐的压力与气液界面、气泡的外观特征和气泡释放的均匀程度、浮渣的稳定性、刮渣机的刮板和链条是否定位良好、浮渣排除是否顺畅等。

4. 过滤

过滤工艺的目的是依靠滤料的接触絮凝作用去除废水中的悬浮颗粒。大型的过滤设施是快滤池，小型过滤设施一般采用压力过滤罐。过滤设施从结构上分为布水系统、滤料层和承托层、集水系统（一般同时是反冲洗配水系统）、反冲洗排水系统。过滤按周期循环运行，一个运行周期包括过滤、反洗、正洗三个阶段。过滤工艺的运行管理要点如下。

工艺的运行按过滤→反洗→正洗→过滤的顺序循环进行，不同阶段之间的切换靠阀门的开关或泵的启停来实现。近年来新设计建设的过滤设施一般以工作周期或过滤前后的压力差作为控制参数，靠电（气）动阀门来自动控制三个阶段之间的切换。为了避免自动控制系统的故障影响运行，操作人员必须具备手动操作切换三个阶段的能力。

过滤阶段需要控制的主要运行参数是滤速和过滤周期。调节滤速靠调整过滤进水流量来实现，采用单层石英砂滤料的快滤池，滤速以8～10m/h为宜。过滤周期是指正洗结束过滤开始到过滤结束反洗开始的时间，是自动过滤常用的控制参数，当采用手动操作时，为了便于形成操作制度，一般采用8h、16h、24h。

反洗阶段需要控制的主要运行参数是反洗强度和反洗时间，参数确定的原则是保证滤料冲洗干净，滤料是否冲洗干净可以通过观察冲洗出水的浊度来判断。当采用单层石英砂滤料时，反洗强度可确定在10L/(s·m^2)左右，反洗时间5～10min。大型滤池有时采用表面辅助冲洗，一些场合还使用气水联合反洗，此时应按相同的原则确定辅助冲洗和气冲洗的强度与时间等运行参数。

过滤工艺需要控制的运行参数较多，管理和操作人员应当在参考设计参数的基础上，通过反复的运行实践，确定合适的运行参数，并在废水水质发生变化时，适时调整运行参数。

随着运行时间的增加，滤料会产生破碎、流失，此时应补充滤料。当滤料大量破碎流失，或滤料层中产生的泥球过多，已无法通过提高冲洗强度来解决时，就应更换滤料。滤料的选择和采购应考虑粒径、级配、机械强度、化学稳定性等因素。

过滤工艺的管道比较复杂，阀门较多，日常应加强巡视，避免跑、冒、滴、漏。长期不操作的阀门应定期维护，以免锈蚀损坏。

5. 吸附

吸附工艺的目的是通过吸附作用去处废水中的微量污染物，工艺设施是吸附池或吸附罐，目前用得较多的是活性炭吸附，常用的操作方式为固定床。尽管污染物的去除机理完全不同，但是固定床吸附设施与过滤设施非常相似，过滤工艺的多数运行管理要点也同时适用于吸附，只是吸附的运行管理技术性更强，要求更高。吸附的运行管理应注意以下要点。

运行管理中首先应根据设计要求确定所采用活性炭的种类和用量，制订采购和储备计划，保障运行要求。当设计没有给出炭的种类和用量时，运行单位应通过静态吸附试验来确定。

在有条件时，运行单位最好在静态吸附试验的基础上，通过动态吸附柱试验确定通水倍数、空塔速度（对应于过滤工艺的滤速）、炭层装填高度等关键的运行参数。试验条件不具备时应在运行实践中加强摸索总结。

规模较大的吸附设施常采用多柱并联的模式，此时应根据废水的水量和水质情况灵活调节换柱的时间，既要充分利用活性炭的吸附容量，又要保证出水水质，还要保证有充足的换炭和再生时间。

吸附工艺用于深度去除微量污染物，一般置于废水处理工艺流程的末端。当前面处理工艺运行不正常，吸附进水水质较差时，最好不要启用吸附，否则炭层很快饱和，处理成本很高。

吸附周期较长的吸附床，容易在内部滋生厌氧微生物，影响出水水质，这种情况下应采取措施，提高吸附进水的溶解氧含量。

为了避免频繁冲洗吸附床，应控制吸附进水的悬浮物含量。

规模较大的吸附一般配套有活性炭再生设备，再生设备的运行管理依照设备说明书进行。废炭不能进行再生时，应妥善处置，不得随意弃置。

三、膜处理

膜处理工艺是用半透膜或过滤膜对废水中的溶解性或固态污染物进行分离去除，或从废水中回收有用组分的处理过程，包括扩散渗析、电渗析、反渗透、纳滤、超滤、微滤等多种。近年来由于膜技术的飞速发展，膜产品的种类繁多，性能不一，适用场合各异，而且处理装置高度设备化，因此在运行管理中首先应通过膜和设备的供货商，详细了解所采用的膜及其组件的性能及操作维护方法。膜分离工艺的处理效果好坏首先取决于膜的性能，当然操作条件的控制也非常重要。膜分离工艺的运行管理要点如下[1]。

反渗透膜和小孔径的过滤膜容易受到污染，尤其是进水中的有机物、油类等污染物会严重影响膜的性能，因此在过膜之前对废水进行预处理是必须的。预处理的好坏可以用膜进水的污染指数（SDI）来衡量，SDI 越小表明预处理效果越好。不同种类的膜对进水 SDI 的要求也不同，例如中空纤维反渗透膜要求 SDI 为 3，卷式反渗透膜要求进水 SDI 为 5。

反映膜性能的主要参数是膜通量，而膜分离工艺需要控制的主要运行参数包括水的回收率、过滤周期、过滤压力等，此外，废水的温度和 pH 值也影响处理效率。一般来讲，膜的供货厂家会提供详细的运行技术参数，但由于所处理的废水成分千差万别，有些参数在实际运行中还必须根据运行经验进行调整。

由于废水中含有的钙、镁等离子会使膜表面结垢，废水中含有的有机物会使膜表面生长微生物造成膜的污染，因此在必要时应当投加阻垢剂或杀菌剂。

运行中膜的通量会随着过水量的增加而逐渐减小，最终停止产水，因此需要定期对膜进行清洗。清洗分为物理清洗和化学清洗两种。物理清洗一般是用清水对膜进行洗涤，以恢复膜的通量，每个过滤周期进行一次。当物理清洗不足以将膜通量恢复到要求值时，就应当进行化学清洗，即用化学药剂对膜进行浸泡清洗，将表面污垢溶解去除。常用的清洗药剂包括一定浓度的柠檬酸、硝酸、无机盐溶液等。

由于膜产品比较昂贵，因此在运行中采取措施，保持膜的性能稳定，增加膜的使用寿命，对于降低运行成本至关重要。

膜分离实际上是将废水进行浓缩的过程，处理过程产生的浓液必须进行妥善处置，防止造成二次污染。

四、化学处理

1. 中和与 pH 调节

pH 调节的目的是调节废水的酸碱度到要求的范围，设施主要有中和池、pH 在线检测仪、信号变送及处理机构、酸碱加药执行机构等。pH 调节工艺的运行管理要点如下。

pH 调节一般是通过 pH 值信号的反馈，自动调节酸碱加药泵的启停或加药流量。运行中应对系统进行合理的设置，并使用浓度适中的酸碱药剂，避免加药泵过于频繁启停。

中和反应有在管道中进行的，也有单设中和反应池的。操作中应特别注意防止管道结垢和堵塞以及水池沉积物累积。pH 在线检测探头应经常清洁，除去污垢，并定期校准。

应根据酸碱的用量制订采购计划，保持合理的药品储备。为降低运行成本和推行综合利用，在有条件时可采用废酸废碱作为 pH 调节药剂，但此时应重点注意废酸废碱中的重金属等有毒有害成分对水质的影响。

酸碱加药管道上的安全阀应经常维护，保持有效，避免堵塞引起的管道爆裂。酸碱上料应使用提升设备，进行密闭操作，防止溅出。严格执行安全操作规程，避免酸碱伤及人身。现场应配备洗眼器等应急设施。

2. 氧化还原

氧化还原工艺是通过化学氧化反应或还原反应，将废水中的溶解性污染物分解去除或转化成容易分离状态的处理过程。氧化还原的运行管理要点如下。

废水处理中常用的氧化法包括空气氧化、氯氧化、臭氧氧化等。氧化法运行中需要控制的主要参数是氧化剂投量和反应时间，一般应当在运行中通过试验确定。

采用氯或臭氧做氧化剂时，应重视尾气的处理，避免带来空气污染。

废水处理中常用的还原法包括铁屑过滤、硼氢化钠除汞等。处理过程产生的副产物应尽量进行综合利用，否则要妥善处置，避免造成二次污染。

氧化还原反应往往对 pH 值有要求，例如采用碱性氯化法处理含氰废水时，就需要分阶段控制 pH 值，运行中应采取相应的管理措施。

氧化还原工艺常常使用一些专用设备，例如氧化塔、加氯机、臭氧发生器、电解槽等，其运行管理应依照设备说明书的要求进行。

3. 化学沉淀

化学沉淀工艺是通过投加化学药剂，使之与废水中的溶解性污染物离子反应生成难溶物质而得到分离去除的处理过程。常用的沉淀剂包括氢氧根离子、硫离子、碳酸根离子等。化学沉淀的运行管理要点如下。

首先是选择合适的沉淀剂，沉淀剂的选择应当依据溶度积常数。当对应于同一沉淀剂的废水中同时存在多种可沉淀离子时，应考虑分级沉淀。化学沉淀需要控制的运行参数主要是投药量。投药量可以通过计算得到，但是由于废水中污染成分和含量往往变化较大，因此运行的经验也很重要；化学沉淀工艺的加药系统与混凝反应类似，运行管理要求也基本相同；化学沉淀过程常常受 pH 值的影响。由于废水成分复杂，干扰因素多，因此反应所要求的最佳 pH 值往往很难通过计算得到，此时必须通过运行试验来确定；化学沉淀产生的废渣应尽量考虑综合利用，否则应妥善处置，避免二次污染。

五、生物处理

废水的生物处理是利用微生物分解氧化有机物的功能来净化废水的过程。根据所使用微生物的种类不同，生物处理分为好氧生物处理和厌氧生物处理两类。好氧生物处理是通过好氧微生物的作用，在供给氧气的前提下，将废水中的有机污染物分解去除的处理过程。好氧生物处理分为活性污泥系统和生物膜系统两大类。

1. 活性污泥系统

活性污泥法又称悬浮生长法，是利用悬浮于废水中的菌胶团来发挥去除有机物的作用。

活性污泥法的历史悠久，变化形式较多，按运行方式和功能不同，可以分为普通活性污泥法、多点进水活性污泥法、延时曝气活性污泥法、吸附再生活性污泥法、完全混合活性污泥法、AB法、A/O（或A/A/O）法、SBR法、氧化沟法、膜生物反应器（MBR）等多种类型，这些不同的反应器形式尽管在流程、布置、功能、设备上千差万别，但有机物去除的机理却是完全相同的，因此运行管理有其共性。活性污泥的运行管理有较强的技术性，需要观察和控制的参数比较多，主要包括三个方面：有机负荷与污泥量、污泥性能、充氧特性。

有机负荷的控制是指根据曝气池的容积和气池中的污泥量，合理控制进入曝气池的有机污染物流量，使二者匹配的过程。当采用普通活性污泥法处理城镇污水时，一般控制曝气池污泥负荷为0.2～0.3kgBOD/(kg污泥·d)，容积负荷为0.6～0.9kgBOD/(m^3·d)。由于影响微生物分解有机物速率的因素比较多，因此有机负荷在运行中并不是一成不变的，需要根据实际情况进行合理调节。传统推流式活性污泥曝气池对进水冲击负荷比较敏感，对这类工艺除了控制好有机负荷以外，保持入流有机物在流量上的稳定性也很关键。

理想的活性污泥应该同时满足两方面的要求：一是在曝气时具有较强的吸附和分解有机物的能力；二是在沉淀时具有良好的絮凝沉降性能，便于泥水分离。运行中一般用污泥30min沉降比（SV）和污泥体积指数（SVI）两个参数来评价污泥的性能。对于城镇污水，控制SV在15%～30%，SVI在50～150为宜，而对于工业废水，则必须具体情况具体分析，在长期运行实践的基础上进行总结归纳。一般来说，进水有机物浓度较高时，SV和SVI的值较高。

在有条件的情况下，应当经常对活性污泥进行镜检，观察菌胶团的组成、结构以及细菌、霉菌、真菌、原生动物、后生动物等生物相的生长情况，对照系统的运行状况来评价污泥的性能。

除了通过参数检测和镜检来评价活性污泥的性能以外，凭操作人员的运行经验，通过观察来直观判断污泥性能也是非常重要的，有利于及时发现问题并采取应对措施。从表观上，良好的活性污泥在废水色度不高时应当呈黄色或黄褐色，取至玻璃量筒中能观察到明显絮体，静置后很快聚并成大块颗粒，形成矾花，并能迅速沉降，上清液清澈透明。污泥性能良好时，常常能够在曝气池边嗅到活性污泥特有的土腥气味。

活性污泥系统的充氧有机械曝气和鼓风曝气两种方式。除了设备的维护保养以外，运行管理中主要控制的是曝气池溶解氧含量和曝气量的沿程分布。曝气池溶解氧浓度一般控制在2～3mg/L为宜，对于流程较长的推流式曝气池，从改善污泥性能和节约能耗的角度，曝气量应当从进水的始端到出水的末端，随着有机物浓度的降低逐渐递减。

活性污泥系统的运行受很多环境条件的影响，比如水温、无机营养物质、pH值、有毒物质等，在运行中应当引起足够重视。水温较低时污泥的活性会有所下降，因此为了保证处理效果，低温季节可适当增加曝气池中的生物量，减小污泥负荷。N、P等营养物质是微生物生长必需的微量元素，当处理缺乏营养物质的工业废水时，应当大致按BOD∶N∶P＝100∶5∶1的比例投加N、P，或与生活污水合并处理。活性污泥法适合的pH值范围为6.5～9.0。当进水中含有无机或有机的毒物或对微生物生长有抑制的物质时，应视情况采取预处理、逐渐驯化等措施[2]。

活性污泥系统需要排放剩余污泥，剩余污泥排放是进行污泥更新，保持污泥活性的重要手段，剩余污泥排放量的控制以维持曝气池合理的污泥量为原则，操作中主要是控制污泥龄。污泥龄是曝气池中存在的污泥量与剩余污泥产量的比值，适当增加污泥龄可以使有机物氧化更彻底，能够提高处理效果，但污泥龄太长则污泥容易老化，活性降低。当用普通活性污泥处理城镇污水时，污泥龄控制在3～4d为宜。

活性污泥系统运行中常见的故障是污泥上浮、污泥膨胀、曝气池起泡等。污泥上浮一般是由于污泥在二沉池中停留时间过长，或溶解氧不足，使得污泥发生腐化或反硝化作用造成的，解决方法是适当提高污泥回流比，或增加曝气量。污泥膨胀一般是由于丝状细菌和真菌大量繁殖所造成，其成因很复杂，缺氧、营养元素比例失调、水温过高、偏酸性的环境都有可能是造成膨胀的起因，出现这一问题时应视实际情况采取相应措施。曝气池大量起泡通常是由于废水中含有表面活性剂引起的，一般在污泥培养驯化阶段比较严重，污泥性能不好有时也会带来泡沫问题，泡沫严重时会造成污泥大量流失并影响环境卫生。由于这个问题往往是阶段性的，临时解决措施是投加消泡剂或进行喷淋。

2. 生物膜系统

与活性污泥法不同，生物膜法又称固定生长法，是在好氧环境中利用固定生长于介质（填料）表面的生物膜来发挥去除有机物的作用。生物膜法主要有生物接触氧化、生物滤池（BF）、曝气生物滤池（BAF）、生物转盘（RBD）、生物流化床（BFB）等工艺类型。

对于生物膜系统而言，当生物膜附着生长的介质的种类和数量确定以后，生物膜的厚度决定了反应器内的生物量，从而决定了处理效果的好坏。生物膜过薄会因为微生物的数量少而影响处理效果，生物膜过厚则内层容易因缺氧而发生厌氧反应，影响出水水质，过厚的生物膜还会造成填料堵塞，因此生物膜不是越厚越好。保持合适的生物膜厚度是生物膜法运行中需要首先考虑的问题。

在理论上，生物膜的厚度取决于两个相反过程之间的平衡：一是因微生物的生长增殖而变厚的过程，在供氧保证的情况下这一过程的速率由有机负荷决定；二是因表面水力冲刷而变薄的过程，在不考虑曝气扰动的情况下这一过程的速率由水力负荷决定。因此，生物膜法运行管理中需要控制的主要参数是有机负荷和水力负荷。

由于实际运行中，除了有机负荷和水力负荷以外，生物膜厚度还受进水水质、反应器形式、溶解氧浓度、曝气的方式和强度、填料颗粒之间的碰撞和摩擦等许多因素的影响，而且生物膜厚度的测量本身非常烦琐，因此有机负荷和水力负荷的合理值应当通过持续观测设施的运行状态和检测处理效果，从较长时间的运行实践中去总结。当表观发现生物膜过厚时，应适当加大水力负荷，减小有机负荷，反之亦然。

（1）生物接触氧化工艺的运行　运行中应控制好负荷，注意避免由于生物膜的过度增长而堵塞填料。当采用预曝气方式，或氧化池曝气强度较小时，容易造成污泥在池内积聚，最好定期排泥。

（2）传统生物滤池工艺的运行　生物膜过量增殖容易造成滤料堵塞，运行中应调节好水力负荷和有机负荷。由于传统生物滤池多采用自然通风的方式来供给微生物需要的氧气，因此运行中应特别注意保持空气流通。传统生物滤池中容易滋生蚊蝇，影响环境卫生，宜定期喷洒杀虫剂。

（3）曝气生物滤池工艺的运行　曝气生物滤池的运行管理与过滤相似，只是在滤池底部增加了曝气系统，反洗一般采用气水联合冲洗。曝气生物滤池中生物膜厚度的控制主要通过调节反洗的强度和频率来实现，负荷的影响相对不大。滤池反洗时应先气后水，不得气水同时冲洗，否则会造成滤料大量流失。

（4）生物转盘工艺的运行　生物转盘的盘片、转轴、轴承、减速机、驱动装置等部件应严格按要求进行设备保养和维护。当盘片上生物膜过厚时，重量超载可能带来转轴断裂、驱动过载等严重的运行故障，因此应当合理控制生物膜厚度。生物转盘有时会因供氧不足而发生腐化，产生恶臭，此时应适当降低进水水量和浓度。生物转盘停止运行一段时间以后，盘片浸没的一半和非浸没的一半重量会极不均衡，重新启动时应采取措施防止设备损坏。

(5) 生物流化床工艺的运行 生物流化床运行管理的关键是通过控制水力负荷（上升流速）来得到适合的床层高度，床层高度过低影响传质条件，过高则容易造成填料流失。而填料颗粒的特性和颗粒表面的生物膜厚度是决定床层膨胀特性的主要因素。在生物流化床中，各种参数之间的关系非常复杂，这就对操作者的水平和经验提出了较高要求。

3. 厌氧生物处理

厌氧生物处理是利用厌氧微生物来分解有机物、净化废水的过程，不需要向废水中供氧，因此能耗比好氧处理低，而且通过副产物沼气的利用可以回收能源。但是厌氧处理对有机物的分解不如好氧处理彻底，因此出水水质一般不能直接达到排放标准。厌氧处理通常用于污泥的消化，或置于好氧处理之前，对高浓度有机废水进行预处理。

由于需要保持厌氧条件，厌氧生物处理的反应器通常为密闭构造，难以直接观察到内部的运行状态，因此通过出水、产气、污泥样品的性状等情况来判断运行是否正常就显得非常关键，这依赖于操作人员的技能和经验。

污泥厌氧消化是使生物处理产生的剩余污泥和初沉污泥稳定化和减量化的处理工艺，在密闭的消化池中进行，一般采用中温消化。消化池配套有加温系统、排泥系统、搅拌或混合系统、气体收集与贮存系统等附属设施。消化池运行管理中需要控制的主要参数包括污泥投配率、温度、酸碱度、搅拌时间和强度、碳氮比等。中温消化一般将温度控制在30～35℃，投配率5%～12%，pH值6.5～7.5，碳氮比(10∶1)～(20∶1)。运行中应当注意：经常检测出水pH值，防止发生酸化；严格保持消化池的密封，维持厌氧条件；加热设备和搅拌设备要经常维护；池内浮渣和沉砂要定期清除；各种仪器仪表要保持运行正常，读数准确；重视安全生产。

常用的高浓度有机废水的厌氧处理工艺有厌氧接触、厌氧滤池、厌氧膨胀床、厌氧流化床、上流式厌氧污泥床反应器（UASB）等，其中UASB工艺由于反应器内颗粒污泥的形成，提高了处理效率，且具有结构简单、操作方便、运行稳定等优势，因此近年来得到了极大的发展，成为最为普及的一种厌氧处理工艺。

厌氧反应是非常复杂的过程，因此对厌氧反应器运行管理的要求也比较高，主要的运行控制参数包括进水浓度、有机负荷、水力负荷、温度、酸碱度、挥发性脂肪酸（VFA）浓度、产气量等。

厌氧生物处理运行管理中首先需要控制的参数是有机负荷和水力负荷。由于高浓度有机废水的厌氧处理受到很多因素的影响，而设计时不可能将所有因素都预见到，因此设计时选定的负荷往往需要在运行时根据实际情况进行适当调整。对于厌氧接触、厌氧滤池等传统厌氧工艺，有机负荷一般控制在2～5kgCOD/(m^3·d)；而对于UASB、厌氧流化床等高效反应器，容机负荷有时可以达到10～20kgCOD/(m^3·d)甚至更高。

水力负荷（上升流速）对于UASB、厌氧流化床等膨胀或流态化操作的反应器来说是非常关键的运行参数。流速过高可造成污泥大量流失，过低则影响接触和传质条件。一般来说，基于絮状污泥的UASB上升流速可控制在0.7～1.0m/h之间，而基于颗粒污泥的UASB上升流速则可达1.5～3.0m/h；厌氧流化床的合适上升流速根据载体颗粒的特性而定。此外，水力负荷的控制在UASB反应器颗粒污泥的培养过程中起着非常重要的作用。

温度是影响厌氧反应的重要因素，温度高低决定反应的快慢，因此对处理效果有很大影响。厌氧分为常温、中温（30～35℃）和高温（50～55℃）三种，目前用得较多的是中温。由于不同温度范围所采用的微生物的种群是不一样的，因此在运行中维持温度在目标范围非常重要。

反应器内的酸碱度对厌氧反应有重大影响。按照传统的三阶段理论，厌氧反应是先水解和酸化，然后是产甲烷，每个阶段的微生物种类不同，要求的生长条件也有差别，其中产甲烷细菌对pH值非常敏感，要求的最佳pH范围是6.8～7.2。如果废水的碱度不足，缓冲条件差，则酸化过程中产生的有机酸就容易累积，造成pH值下降，抑制产甲烷细菌的活性，使处理效果显著下降，这种情况俗称"酸化"。酸化会对厌氧反应器的运行造成重大影响，防止酸化的措施有两个：一是保证进水有足够的碱度，碱度不足时应适量投加石灰、碳酸钠等药剂；二是对厌氧反应器出水进行经常性监测，严密监控pH值和挥发酸（VFA）浓度变化，运行中pH值应维持在6.5～7.5，VFA的适宜浓度根据所处理废水的性质而定，一般应控制在500mg/L（以乙酸计）以下。

如因运行条件没有控制好，反应器发生了酸化，则需要较长的时间才能恢复，严重时甚至有可能要重新进行厌氧污泥的培养驯化和反应器的启动。发现反应器发生酸化现象时，首先应立即停止废水进水和出水，以100%的回流比维持反应器内部循环，适量加碱将整个反应器内的pH值调整至中性，待VFA浓度降低到正常值以后，稳定两天，然后逐步通入废水，每次提高进水量之前都必须保证pH值和VFA稳定在正常值，一般用2～3周可回到设计流量。

厌氧生物处理对氮、磷营养物质的要求比好氧处理要低一些，一般要求的比例为BOD∶N∶P＝200∶5∶1，在处理工业废水时若存在营养不足的情况，应适量补充。

厌氧微生物的生长速度要远小于好氧微生物，因此厌氧生物处理剩余污泥的产量要远小于好氧处理，通常每去除1kgCOD产泥仅0.02～0.1kg，而且所产生污泥的沉降和脱水性能都较好。操作中排泥的控制也是以维持反应器内合适的生物量为原则。厌氧反应器一般数月才排泥一次，有些反应器随出水带走的生物量能够和反应器内增长的生物量达到基本平衡，甚至可以长期不排泥。

厌氧生物处理的运行过程中必须充分重视安全问题。厌氧产生的沼气是易燃易爆气体，沼气中所含甲烷的体积分数在60%以上，而空气中甲烷含量达到5%～16%时，遇明火就会发生爆炸。因此，沼气管道、贮气罐、沼气净化装置等系统必须保证严格的气密性，厌氧反应器周围要严禁烟火，电气设备要采用防爆型[1]。

第四节 监测与监控

一、水质监测

水质监测是废水处理工程运行管理的重要环节，包括水样的采集与保存、水质分析化验、数据处理等环节。水质监测主要有两个目的：一是通过监测工艺运行过程中不同部位水质的变化情况，对运行状态进行客观判断，指导运行参数的调整和优化，维持系统的稳定运行，提高处理效果；二是保证处理出水达到设计标准，同时为主管部门的监管提供客观的依据。我国《水污染防治法》规定，排放工业废水的企业，应当对其所排放的工业废水进行监测，并保存原始监测记录。

在废水处理专业工种中设有分析化验工，一般来讲分析化验人员需要学习和掌握分析化学基础知识、主要水质项目的监测分析方法、实验室基本操作技能、实验室质量保证措施、实验室常用仪器设备的使用和维护方法、安全操作知识等[4]。

1. 水样的采集和保存

正确的水样采集和保存方法是保证监测结果能够客观反映水质状况的首要环节。水样的采集和保存应遵循两个原则：一是水样必须有代表性，能客观反应所要了解废水的水质情况；二是水样不能受到任何污染。

水样采集的关键是取得有代表性的样品，这就要求日常运行管理中应根据监测的目的不同拟定水样采集方案，包括采样地点、采样时间、采样频率、水样数量、取样和保存方法等。在废水处理设施的运行管理中，水样采集方案应当作为常规管理制度写在操作规程中并遵照执行。

（1）水样的分类　工业企业的生产周期、城市居民的生活周期决定着废水处理工程水质的周期性变化，因此水样采集的时间和空间特性影响着水样的客观性、代表性。废水处理工程的水样分为瞬间水样、定时水样、混合水样、综合水样等几种。

瞬间水样是指不连续地随机采集的分散水样，反映的是某个随机时刻废水的水质情况。对排污情况进行随机检查监管时常用瞬间水样。

定时水样是指固定时间间隔采得的水样，可以用自动采样设备来采集。一个时间周期内的定时水样可以反映水质在该周期内的变化情况，找出浓度峰值。

混合水样是指在同一个采样地点，一个时间周期内分别采样数次，将样品等体积混合，或依照采样时点的体积流量按比例混合后测定浓度。混合水样反映的是某个时间周期内浓度的平均值。

综合水样是指在同一个时间，从不同采样点采集水样进行混合得到的水样，反映的是在某个时间、某个区域范围（如曝气池）内的浓度均值。

（2）采样点的设置　监测一类污染物应当在车间或车间处理设施的废水排放口设置采样点，监测二类污染物的采样点设在排污单位的外排口。

监测整个废水处理工程的处理效果，检查出水是否达标时，在处理设施的入口和总排口分别设置采样点。

监测各废水处理单元的处理效果，进行工艺过程的检查和调节时，在单元工艺的入口和出口分别设置采样点。

检测污泥沉降比、反应器内酸碱度等工艺参数时，应当在处理构筑物内适当位置设置采样点和采样装置。

废水处理工程中，除了水质监测采样点，还应当包括污泥的采样点。

（3）采样频率　《城镇污水处理厂污染物排放标准》（GB 18918—2002）规定，城镇污水处理厂出水采样频率至少每隔 2h 一次，取 24h 混合水样，用日均值计算出水水质。

《污水综合排放标准》（GB 8978—1996）规定，工业废水按生产周期确定监测频率。生产周期在 8h 以内的，每 2h 采样一次；生产周期大于 8h 的，每 4h 采样一次；其他废水采样，24h 内不少于两次。以日均值计算排放浓度。

废水处理工艺过程控制中所需要的水质监测，采样频率根据运行管理的客观要求和具体情况来设置。

（4）采样的器具和采样量　一般水质指标的采样通常用具塞玻璃瓶、具塞聚乙烯瓶或桶。采样容器的材质应根据废水的性质和所测组分的种类来定，原则是不污染水样、不改变待测组分的含量。

采集水下一定深度的水样时需要专门的水下采样器。分析溶解氧、亚硫酸盐、细菌指标时应当使用特定的采样器。采集定时水样一般用自动采样器。

采样的水量一般根据需要监测的水质指标数量及每个指标分析时需要的样品量来确定，实际采样量应当比理论需要量多 10%～30%。通常情况下，单个监测项目的采样量在 50～500mL 之间，包括 pH 值、悬浮物、COD、BOD 在内的常规项目的监测采样量有 2L 即可，而某些特殊情况可能需要 5L 甚至更多水样。

(5) 采样方法　采样是水质监测中一个非常重要的环节，应根据操作规程中采样方案的要求进行水样采集，做到“四定”，即定时间、定地点、定数量、定方法。水样采集的基本要求是保证样品的代表性，同时避免水样变质或受到污染。采样环节应当有责任部门和责任人，由经过培训的操作或化验人员承担。

人工采集水样时，应按照既定采样方案，在规定的时间和地点，用适当的水样瓶采集。灌瓶前先用所采集的水将采样瓶清洗三遍。如果是从管道或反应器的采样口放流采样，则应在打开阀门放流片刻后再进行采样。当水样用来测定溶解氧、细菌等特殊指标时，应根据要求进行特定的操作，如现场加入固定药剂、对采样瓶进行灭菌处理等。

测定悬浮物、pH 值、溶解氧、BOD、油类、硫化物、余氯、放射性、微生物等项目需要单独采样；测定溶解氧、BOD 等项目的水样必须充满容器；pH 值、电导率、溶解氧等项目宜在现场测定。

对采集的每个水样都要贴上标签，标明样品编号、采样日期、时间、地点、采样人等内容，同时做好采样记录，记录中应对样品的表观性状进行简单描述，如浑浊与否、颜色深浅等，也应注明采样时发生的一些特殊状况，如表面浮渣较多、某设备运行故障等。

(6) 水样的保存　一般来说，水样采集后应尽快进行分析，确实不具备立即进行分析的条件时，就必须考虑水样的保存问题。水样采集进入样品容器后，在运输、贮存过程中，由于温度、压力、光照等环境条件的变化，以及本身发生的物理、化学和生物作用的影响，会引起组分的变化，影响监测数据的客观性和准确性，因此应采取措施，尽量避免和减少这些变化的发生。

关于水样的保存时间，清洁水样、一般的废水水样、严重污染的废水水样的最长保存时间分别为 72h、48h、12h。

不同监测项目的水样保存条件在标准监测方法中都有具体规定，同一水样用于分析多个项目时，必须同时满足所有项目的水样保存要求。

为了防止挥发组分的损失，避免组分被空气氧化，减少运输过程中因样品的晃动造成组分变化，采样时应当使样品充满容器，不留空隙；采用冷藏方法保存水样时，温度控制在 4℃左右为宜；水样应贮存在暗处；当加入化学药剂保存水样时，不能干扰其他项目的测定，不能影响待测物浓度，药剂的纯度等级应达到分析要求，使用之前要做空白实验，如果加入的保护剂是液体，还要记录体积的变化。

2. 水质监测方法

废水处理工程中常用的监测项目包括 pH 值、悬浮物（SS)、生化需氧量（BOD)、化学需氧量（COD)、色度、氨氮、总氮（TN)、总磷（TP)、石油类、总有机碳（TOC)、大肠菌群等。

水质的监测应严格按照监测方法标准来进行，常用的水质监测方法标准列举如下：

水质　阴离子表面活性剂的测定　亚甲蓝分光光度法　GB/T 7494—87
水质　六六六、滴滴涕的测定　气相色谱法　GB/T 7492—87
水质　氟化物的测定　离子选择电极法　GB/T 7484—87
水质　硝酸盐氮的测定　酚二磺酸分光光度法　GB/T 7480—87
水质　铵的测定　纳氏试剂比色法　GB/T 7479—87
水质　铵的测定　蒸馏和滴定法　GB/T 7478—87
水质　六价铬的测定　二苯碳酰二肼分光光度法　GB/T 7467—87
水质　总铬的测定　二苯碳酰二肼分光光度法　GB/T 7466—87
水质　pH 值的测定　玻璃电极法　GB/T 6920—86

水质 亚硝酸盐氮的测定 气相分子吸收光谱法 HJ/T 197—2005
水质 1,2-二氯苯、1,4-二氯苯、1,2,4-三氯苯的测定 气相色谱法 GB/T 17131—1997
水质 石油类和动植物油的测定 红外分光光度法 HJ 637—2012
水质 可吸附有机卤素（AOX）的测定 微库仑法 GB/T 15959—1995
水质 二氧化碳的测定 二乙胺乙酸铜分光光度法 GB/T 15504—1995
水质 有机磷农药的测定 气相色谱法 GB/T 14552—93
水质 浊度的测定 GB/T 13200—91
水质 水温的测定 温度计或颠倒温度计测定法 GB/T 13195—91
水质 银的测定 火焰原子吸收分光光度法 GB 11907—89
水质 锰的测定 高碘酸钾分光光度法 GB 11906—89
水质 钙和镁的测定 原子吸收分光光度法 GB 11905—89
水质 钾和钠的测定 火焰原子吸收分光光度法 GB 11904—89
水质 色度的测定 GB 11903—89
水质 悬浮物的测定 重量法 GB 11901—89
水质 总磷的测定 钼酸铵分光光度法 GB 11893—89
水质 高锰酸盐指数的测定 GB 11892—89
水质 凯氏氮的测定 GB 11891—89
水质 苯系物的测定 气相色谱法 GB 11890—89
水质 挥发性卤代烃的测定 顶空气相色谱法 HJ 620—2011
水质 甲醛的测定 乙酰丙酮分光光度法 HJ 601—2011
水质 总汞的测定 冷原子吸收分光光度法 HJ 597—2011
水质 硝基苯类化合物的测定 气相色谱法 HJ 592—2010
水质 游离氯和总氯的测定 *N*,*N*-二乙基-1,4-苯二胺滴定法 HJ 585—2010
水质 氨氮的测定 纳氏试剂分光光度法 HJ 535—2009
水质 溶解氧的测定 电化学探头法 HJ 506—2009
水质 五日生化需氧量（BOD_5）的测定 稀释与接种法 HJ 505—2009
水质 挥发酚的测定 溴化容量法 HJ 502—2009
水质 总有机碳（TOC）的测定 燃烧氧化-非分散红外吸收法 HJ 501—2009
水质 水质采样方案设计技术指导 HJ 495—2009
水质 采样、样品的保存和管理技术规定 HJ 493—2009
水质 铜的测定 2,9-二甲基-1,10-菲啰啉分光光度法 HJ 486—2009
水质 铜的测定 二乙基二硫代氨基甲酸钠分光光度法 HJ 485—2009
水质 氰化物的测定 容量法和分光光度法 HJ 484—2009
水质 多环芳烃的测定 液液萃取和固相萃取高效液相色谱法 HJ 478—2009
水质 化学需氧量的测定 快速消解分光光度法 HJ/T 399—2007
水质 粪大肠菌群的测定 多管发酵法和滤膜法（试行） HJ/T 347—2007
水质 铁的测定 邻菲啰啉分光光度法（试行） HJ/T 345—2007
水质 锰的测定 甲醛肟分光光度法（试行） HJ/T 344—2007
水质 硫酸盐的测定 铬酸钡分光光度法（试行） HJ/T 342—2007
水质 氯化物的测定 硝酸汞滴定法（试行） HJ/T 343—2007
水质 硫化物的测定 气相分子吸收光谱法 HJ/T 200—2005
水质 总氮的测定 气相分子吸收光谱法 HJ/T 199—2005

水质 硝酸盐氮的测定 气相分子吸收光谱法 HJ/T 198—2005
水质 全盐量的测定 重量法 HJ/T 51—1999
水质 二噁英类的测定 同位素稀释高分辨气相色谱-高分辨质谱法 HJ 77.1—2008
近岸海域环境监测规范 HJ 442—2008
固定污染源监测质量保证与质量控制技术规范（试行） HJ/T 373—2007
水质自动采样器技术要求及检测方法 HJ/T 372—2007
水污染源在线监测系统数据有效性判别技术规范（试行） HJ/T 356—2007
水污染源在线监测系统运行与考核技术规范（试行） HJ/T 355—2007
水污染源在线监测系统验收技术规范（试行） HJ/T 354—2007
水污染源在线监测系统安装技术规范（试行） HJ/T 353—2007
地表水和污水监测技术规范 HJ/T 91—2002
核设施水质监测采样规定 HJ/T 21—1998
污染源在线自动监控（监测）系统数据传输标准 HJ/T 212—2005
水污染源在线监测系统验收技术规范（试行） HJ/T 354—2007

二、工艺监控

(一) 废水处理自动控制方式

废水处理工程自动控制的目标非常明确，就是通过对各种工艺和设备运行参数的检测、传输、分析处理和调控，保证处理工艺的正常运行，出水水质稳定达标。

传统的废水处理工程多采用常规的仪表和电路控制，以手动或半自动运行控制为主，操作工人的技能和经验决定系统运行的优劣。这种方式容易造成随意性强、运行状态不稳定、故障率高、劳动生产率低、系统信息分散、处理效果得不到保证等问题。近年来，随着工业自动化技术、通信技术、网络技术、监测技术的飞速发展，废水处理工程的自动化技术水平也取得了长足进步。

现阶段，废水处理工程的自动控制具有控制环节和控制点多、系统庞杂的特点，是复杂的非线性、离散型、多变量的控制系统，常用的控制方式有 PLC 控制、变频调速控制、计算机控制等[2,3]。

1. PLC 控制

可编程逻辑控制器 PLC（programmable logical controller）是专门为工业自动控制开发的一种电子装置，可以完成各种各样复杂程度不同的控制功能。PLC 依据使用者事先编制好的程序，对输入的开关量或模拟量信号进行逻辑运算、顺序运算、计时运算、计数运算、比较运算、算术运算等运算处理，根据运算结果输出控制信号，实现对现场设备的控制。PLC 控制器一般采用模块化结构，由于具有可靠性高、扩展性好、联网容易、编程方便，以及体积小、重量轻、功耗低、操作维修简单等明显的优势，在工业控制领域得到了非常广泛的应用。

PLC 控制器由中央处理器（CPU）、存储器、输入输出（I/O）模块、电源四部分组成，如图 3-6-1 所示。CPU 是核心控制部件，由运算器、控制电路、寄存器组成，集成在电路芯片上，通过地址总线、数据总线和控制总线与存储器和输入输出模块相连接；存储器用来存放系统程序和用户程序。系统程序是 PLC 的基本功能程序，由厂家编写好并固化到只读存储器中，是不可修改的。用户程序是用户根据控制需要编写的控制程序，储存在随机存储器中，可以随时修改；输入输出模块是 PLC 与外部信号实现交换的接口电路。输入模块将现场传感器送入的开关量或模拟量信号转变为 CPU 可以识别和处理的电信号，送到主机进行处理。输出模块把 CPU 运算结果转变成执行信号输出到设备控制回路，从而控制设备的运行。为了增强信号的抗干扰能力，可以在输入输出电路上附加光电隔离模块；PLC 的电源分为处理器电源、I/O 模块电源和 RAM 后备电源，通常，处理器和核心 I/O 模块由处理器电源供电，而扩展 I/O 模块使用独立的 I/O 模块电源。

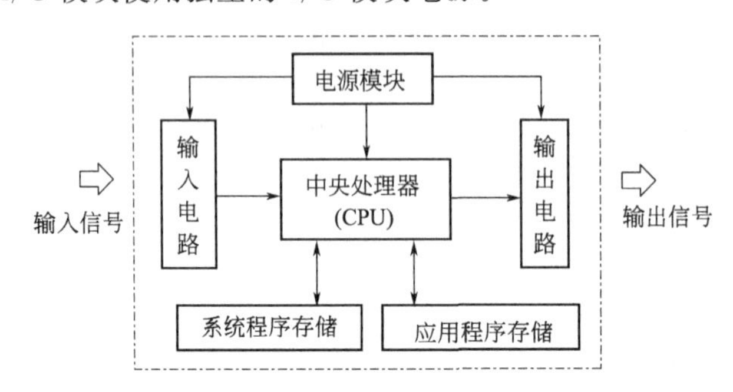

图 3-6-1 PLC 控制器结构示意

PLC 可以编程的特点使得其控制功能非常强大，可以实现开关逻辑和顺序控制、模拟控制、PID 反馈控制、信号联锁、网络通信等多种功能。在系统程序的监控下，PLC 周而复始地按照固定顺序对系统内部的各种任务进行查询、运算、判断和执行，是一个不断循环的周期扫描过程。

2. 变频调速控制

变频调速技术是一种通过改变电源频率对电机实施调速的技术，可以在实现工艺要求的同时达到节能降耗的目的，其特点是调速平稳、效率高、运行安全可靠，在工业控制中应用较为广泛。

变频调速控制系统主要由电控设备、变频器、交流电动机、传感器等部分组成。变频控制系统可进行开环控制，也可进行闭环控制。开环控制是通过改变频率输出值对被控制电机进行直接控制；闭环控制是通过被控制电机反馈信号，与设定值进行动态比较，自动调节被控电机的转速。

变频调速控制系统的核心部件是交流变频调速器（简称变频器），变频器由整流器、滤波器和逆变器构成，其工作原理是首先将三相工频交流电整流成直流电，经滤波后，用逆变器将直流电逆变为电压和频率可调的三相交流电（交—直—交）。变频器可以从零到工频频率（一般为 50Hz）之间输出任意频率，通过对变频器输出频率的定量调节，可以实现对交流电机的精确调速控制，从而满足工艺要求。

在废水处理工程中可以使用变频调速控制的场合比较多，例如好氧生物处理中通过曝气池溶解氧浓度信号反馈控制鼓风机的转速以调节风量；再生水给水中通过供水管道的压力信号反馈控制供水泵电机的转速以实现恒压供水；用变频调速控制技术实现大功率水泵电机的软启软停，解决水锤现象，避免对电网的冲击，同时达到节电效果；混凝反应工艺中用变频器控制搅拌机电机的转速以控制搅拌强度；膜分离工艺中用变频调速技术控制供料泵电机的转速达到按需要调节过滤压力的目的；离心分离中用变频调速技术控制离心机的转速。

3. 计算机控制

计算机控制是基于计算机技术和自动控制技术而发展起来的先进控制技术，在很多方面具有明显的优势，比如环境适应性强，能够适应各种恶劣工业环境，控制实时性好，运行可靠性高，有完善的人机联系方式，联网运行方便，有各种软件可以使用等。

计算机控制系统由受控对象、执行机构、检测系统、外部设备、控制计算机等部分组成。其中受控对象是接受计算机控制的设备或装置；执行机构根据计算机输出的控制信号来调整参数或执行动作，有电动、气动、液动等方式；检测系统对温度、压力、流量、液位等工艺参数和设备参数进行检测并将其转换为电信号；外部设备是计算机和外界进行信息交换的设备，包括操作台、打印机、键盘、鼠标、显示终端、移动存储器等；控制计算机是计算机控制系统的核心，包括硬件和软件两部分。图 3-6-2 是一个典型的闭环计算机控制系统构成示例。

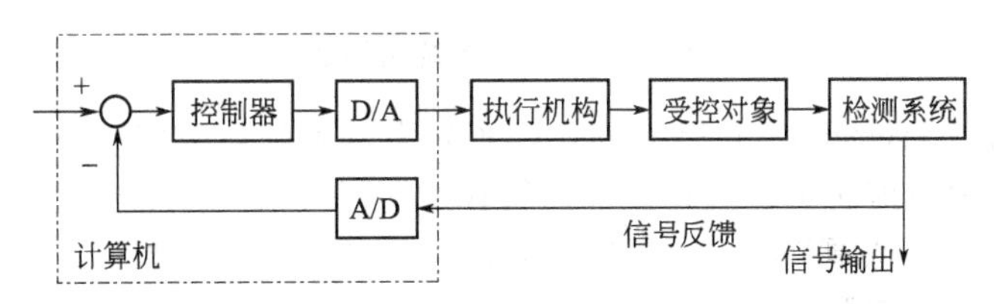

图 3-6-2　计算机控制系统构成示例

控制计算机的硬件包括主机和过程控制通道。其中主机由 CPU、存储器和接口三部分组成，它主要完成数据和程序的存取、程序的运行、控制外部设备和过程通道中设备的工作、实现人机对话和网络通信等任务；过程控制通道是被控对象与主机进行信息交换的通道，根据信号的方向和形式，过程控制通道包括数字量输入输出通道和模拟量输入输出通道。由于计算机处理的只能是数字信号，当输入输出的工艺参数是模拟量时，必须有输入通道的模拟量到数字量（A/D）的转换器和输出通道的数字量到模拟量（D/A）的转换器。

控制计算机除了硬件之外，还必须有软件。软件是计算机的灵魂，控制系统的功能和性能在很大程度上依赖于软件水平的高低，软件分为系统软件和应用软件两大部分。系统软件是维持计算机运行的基础软件，用于管理、调度、操作计算机的各种资源，主要的系统软件包括操作系统、管理程序、诊断程序、语言编译工具等。系统软件一般由供应商提供或专业人员开发，用户不需自己设计开发；应用软件是用户根据受控对象的控制要求，为实现高效、可靠、灵活地控制而自行编译的各种应用程序，包括各种应用软件及数据采集、过程算法等程序。用于应用软件开发的程序设计语言一般有汇编、C、C＋＋、Visual Basic、Visual C等。目前也有一些专门用于控制的组态软件，这些软件功能强大、使用方便、组态灵活，具有很强的实用性。

计算机控制系统的控制过程可以概括为信息的获取、处理和输出三个过程。计算机通过外设获取操作人员的指令信息，通过检测系统获取受控对象的实时信息，根据预先编制好的程序对信息进行分析、比较、运算，然后将处理后的执行信号发送到执行机构，控制受控对象的运行。获取、处理和输出的各种信息均可以被显示、记录或打印。

计算机控制系统一般可分为操作指导控制系统、直接数字控制系统、监督控制系统、集散控制系统、现场总线控制系统和集成制造系统六大类。

操作指导控制（operation guide control，OGC）系统是基于过程数据直接采集的非在线闭环控制系统，属于计算机离线控制类型。计算机通过数据输入通道对生产过程各种参数进行采集，并计算得到优化的操作条件，利用输出设备将结果显示或打印。如图 3-6-3 所示。操作人员根据计算机提供的结果改变控制器的参数或设定值，实现对生产过程的控制。OGC 系统结构简单、安全灵活，由于人的介入使该系统可以应用于一些复杂而不便由计算机直接进行控制的场合。

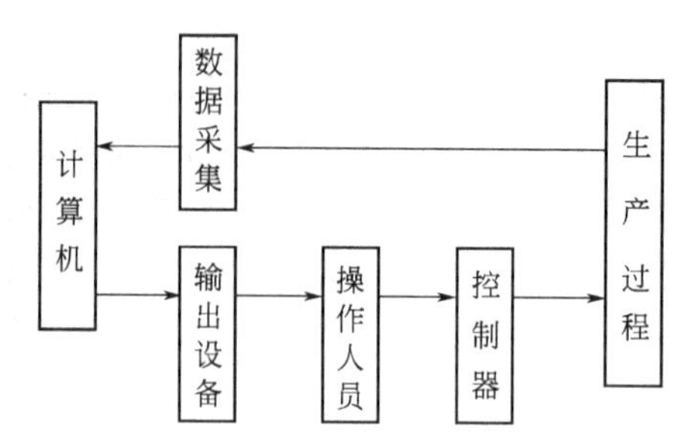

图 3-6-3 OGC 系统结构示意

直接数字控制（direct digital control，DDC）系统是计算机控制系统的最基本形式，是计算机通过过程控制通道对工艺过程直接进行在线实时控制。如图 3-6-4 所示。DDC 系统实际上是用计算机替代模拟调节器，可同时实现对多回路多参数的控制，灵活性较好，能实现各种从常规到先进的控制要求。

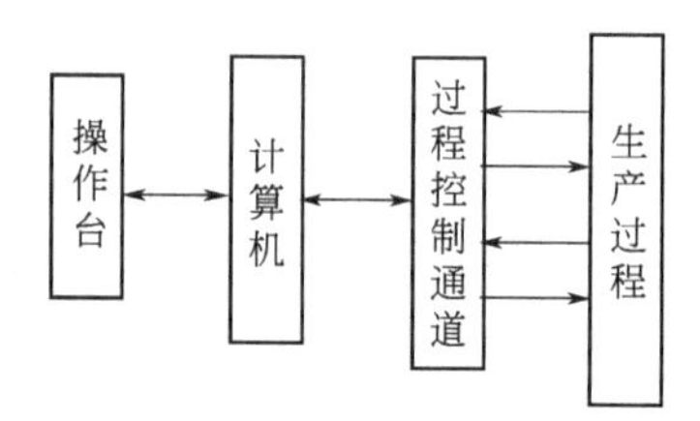

图 3-6-4 DDC 系统结构示意

监督控制（supervisory computer control，SCC）系统是一种两级的计算机控制系统。SCC 系统类似于 OGC 系统，区别是 SCC 系统不是通过人而是通过计算机去改变过程控制的设定值或参数，完成对受控对象的控制。如图 3-6-5 所示。SCC 计算机利用有效的资源去完成生产过程控制的参数优化，协调各控制回路的工作，而不直接参与对受控对象的控制，所以 SCC 系统是安全性和可靠性较高的一类计算机控制系统，是计算机集散系统的初级模式。

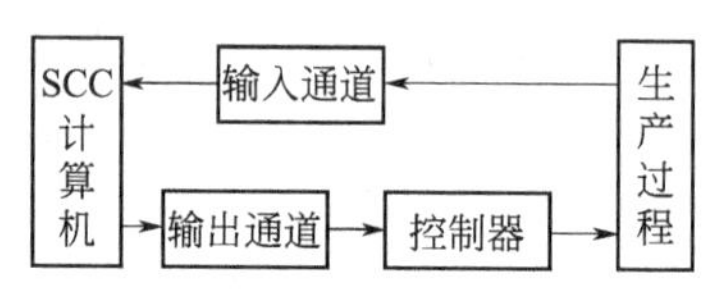

图 3-6-5 SCC 系统结构示意

集散控制系统（distributed control system，DCS）又称为分布式控制系统。该系统采用分散控制、集中操作、分级管理的层次化结构体系，具有“管理集中、控制分散、危险分散”的特点，不同的工艺过程分别由独立的控制器进行控制，使局部的故障不会影响整个系统的运行，提高了系统的可靠性。DCS 的结构包括管理级、控制级、现场级和通信网络。其中管理级是系统的中央控制部分，由高性能的计算机实现各级间的信息交换，完成系统管理工作；控制级包括操作员站和工程师站，是集散控制的基础，用于控制生产过程和实现人机交互；现场级是现场控制单元，可以是计算机也可以是 PLC 或专用的数字控制器，通过采集和处理现场信号完成对现场设备的直接控制，同时将信号送到上位控制单元。如图 3-6-6 所示。

现场总线控制系统（field bus control system，FBCS）是 20 世纪 90 年代兴起的迅速得以应用的新型计算机控制系统，已广泛应用在工业生产过程自动化领域。FBCS 系统是利用现场总线将各智能现场设备、各级计算机和自动化设备互联，形成了一个多点、多分支结构和数字式全分散双向串行传输的通信网络。现场总线可以直接连接其他的局域网，甚至至Internet，可构成不同层次的复杂控制网络，它已经成为今后工业控制体系发展的方向。

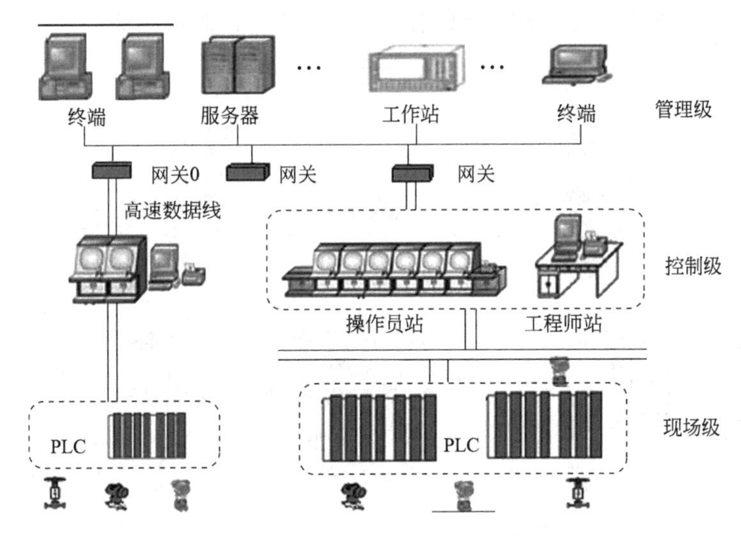

图 3-6-6　DCS 系统结构示意

集成制造系统（contemporary integrated manufacturing system，CIMS）是将生产的全过程集成在计算机系统中，对生产企业来讲可以实现从生产管理、工艺设计、加工制造到产品检验的一体化模式，使企业的物流、资金流和信息流达成统一。CIMS 是一项复杂的系统工程，目前在应用中还存在较多困难。

国内中小型废水处理工程中应用较多的是 SCC 系统，大型和复杂的废水处理工程多采用 DCS 系统，而先进的 FBCS 系统近年来也在越来越多的工程中得到了应用。

（二）废水处理监控系统

废水处理的监控系统是用计算机系统代替人工，对处理工艺过程、设备运行情况、环境状况，甚至企业管理等方面的参数、图像、声音等信息进行实时监测和操控的系统，管理和操作人员根据拥有的权限可以从监控计算机上实时、准确地观察到系统的运行状况。

监控系统实际上是一个人机交流联系的平台。由于废水处理工程通常是一个多参数、多变量、多层级的复杂系统，很难完全依赖自动控制方式将系统调整并稳定在最优状态，因此在对生产过程进行管理的过程中，不可避免地涉及人对系统运行状态的监视和干预，监控系统就是实现干预的平台。

1. 监控系统的基本功能

完善的废水处理监控系统是采用自动化技术、通信技术、计算机技术、网络技术、数据库技术、图形显示技术等各种技术构建的综合自动化远程操控、调度和管理的平台，具有可靠性高、适应性强、开放性好、扩展容易、界面友好等特点，一般应当包括如下的功能：

（1）操作控制功能　监控系统与自动控制系统是紧密相关的，可以集成为同一系统。对于计算机直接控制形式的 DDC 系统，监控系统直接给受控对象的执行机构发送信号来对设备进行操作。而对于更高级的 SCC、DCS 或 CIMS 系统，监控系统可以做到“只监不控”，即只通过在线修改控制器（如现场 PLC）的运行参数来进行工艺调控，而不直接对设备进行启停、开关等操作。这样做的优点是明显的，一是监控计算机硬件和软件的各种故障都不会影响到工艺和设备的正常运行；二是避免了操作人员在监控计算机上的误操作对设备运行造成影响，因而极大地提高了系统的可靠性。

（2）显示功能　显示功能是监控系统的基本功能之一，是指用图形、表格、图像、声音等形式显示系统工艺流程、设备运行工况、仪器仪表读数以及各种状态参数和变量，以直观了解系统运行状况。图 3-6-7 是某工业废水处理工程的流程监控画面。

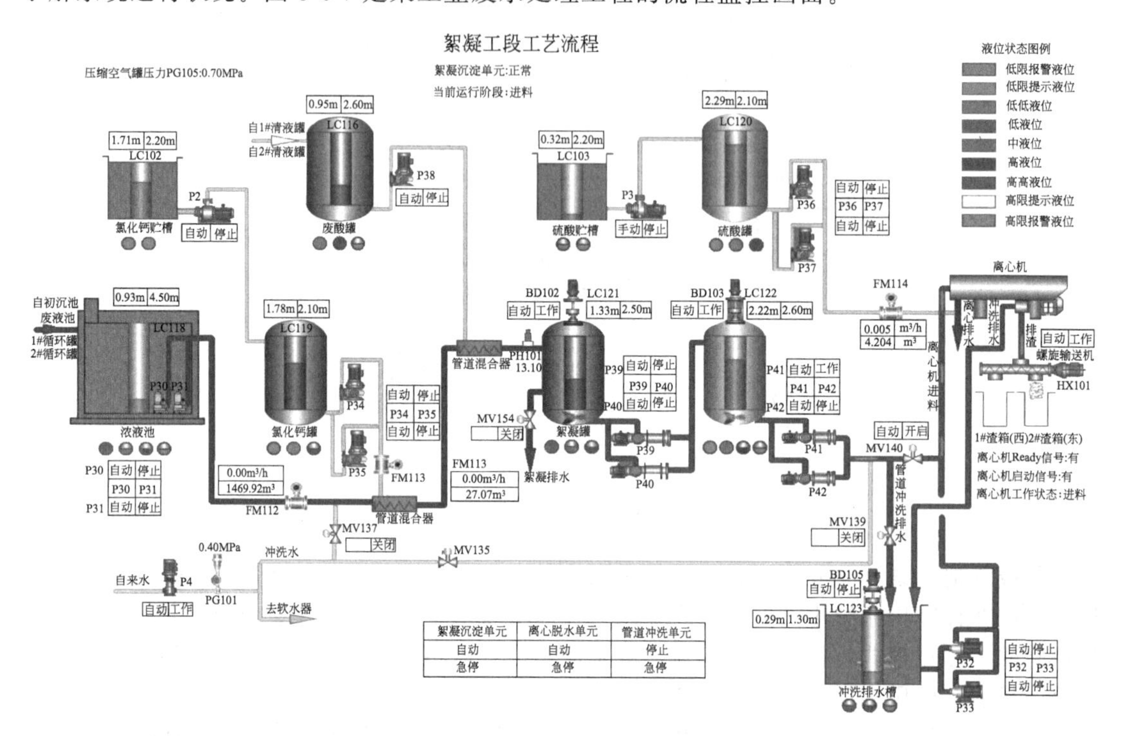

絮凝沉淀单元	离心脱水单元	管道冲洗单元
自动	自动	停止
急停	急停	急停

图 3-6-7　某工业废水处理工程的监控流程画面

（3）用户管理和权限分级功能　废水处理单位的每一名与生产和管理有关的员工，都应当在监控系统中拥有唯一的用户识别名和相应的系统登录密码，这样，对系统的任何操作都可以被记录在案，有利于进行人员的管理、考核并落实责任制。从科学管理的角度，决策人员、管理人员、工程师、操作人员因工作范围、职责分工不同，应当设定不同的权限级别，限定其对监控系统进行操作的范围和程度。

（4）数据记录管理功能　废水处理工程运行过程中的参数和变量较多，包括工艺参数、水质参数、过程参数、设备参数、环境参数等，应当在监控系统中建立相应的数据库对数据进行记录，以备随时调用。完善的数据记录既是工程运行的客观历史，也是进行统计分析、故障诊断和总结运行经验的基础。

（5）故障诊断及报警功能　完善的监控系统应当有常见运行故障的诊断功能，通过将运行中的实时过程变量与预置的故障诊断阈值、故障特征值、数据库中的历史数据、运行参数等信息进行运算比较，基于选定的模型和推理规则对故障进行诊断分析，并给出诊断记录。当故障无法通过系统自行修复的时候，应当进行报警，并采取适当的操作措施，等待人工干预。

（6）统计分析和报表打印功能　根据数据库记录的运行数据，对工艺运行参数、污染物去除效果及水质数据、能量和物品消耗量、故障及排除情况、工作人员出勤情况等方面的数据信息进行统计分析，给出重要参数的趋势分析图表，输出水质、处理成本、考勤等方面的报表，并可打印归档。

（7）决策支持功能　监控系统可以将必要的数据结果、趋势分析、报表等信息按设定的方式进行归纳整理，定期以电子邮件或其他方式提交给有权限的决策者，使其了解整个废水处理工程运行管理的历史和现状，帮助其做出科学决策。

2. 组态软件

计算机监控系统在结构上可分为两层，I/O 控制层和操作监控层。I/O 控制层主要完成对过程现场 I/O 处理并可实现直接数字控制（DDC 系统）；操作监控层则实现一些与运行操作有关的人机界面功能，如参数调整等。操作监控层监控软件编制可采用两种方法：一是采用 Visual Basic、Visual C、Delphi、PB 等基于 Windows 平台的开发程序来编制；二是采用监控组态软件来编制。

组态软件是监控系统不可缺少的部分，其作用是针对不同监控对象生成不同的数据实体。组态的过程就是针对需要监控的各种要素的具体需求，对系统配置、实时和历史数据库、控制算法、图形、表格等进行定义，使生成的系统满足监控的要求。监控组态软件属于监控层级的软件平台和开发环境，以灵活多样的组态方式为用户提供开发界面和简捷的使用方法，同时支持各种硬件厂家的计算机和 I/O 设备。图 3-6-8 是北京亚控的组态王开发运行画面。

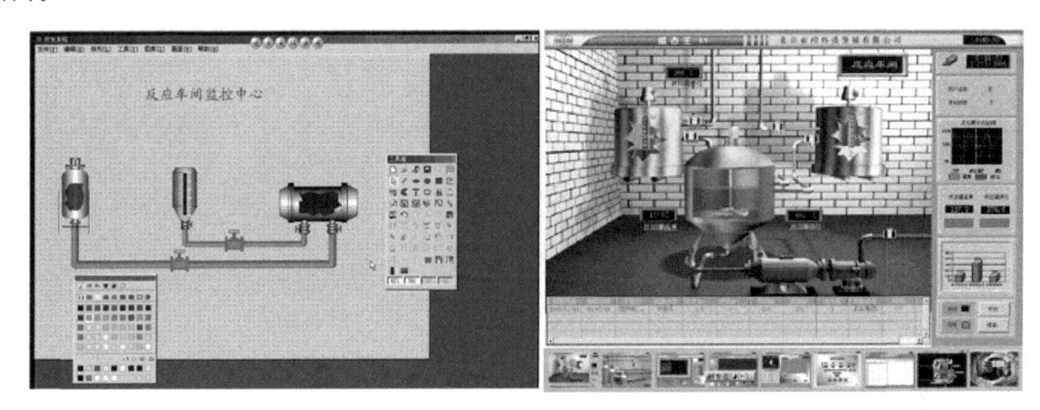

图 3-6-8　某企业的组态王开发运行画面

组态软件的功能主要包括硬件配置组态、数据库组态、控制回路组态、逻辑控制及批控制组态、显示图形和画面生成、报表生成、报警画面生成、趋势曲线生成、用户管理等。程序员在组态软件提供的开发环境下以人机对话方式完成组态操作过程，系统组态结果存入磁盘存储器中，供运行时使用。

组态软件的使用步骤如下。

（1）将系统所有 I/O 点的参数收集齐全并填写表格，包括 I/O 设备的生产商、种类、型号、使用的通信接口类型、采用的通信协议等。

（2）将所有 I/O 点标识收集齐全并填写表格。I/O 标识是一对一确定 I/O 点的关键字，组态软件通过向 I/O 设备发出 I/O 标识来请求其对应的数据，在大多数情况下 I/O 标识是 I/O 点的地址或位号名称。

（3）根据工艺流程设计和绘制监控画面，画面中主要设备、器材的形状、颜色、比例要与实际尽量吻合，在保持画面美观的同时让监控系统操作人员一目了然。

（4）按照 I/O 点的参数表格，建立实时数据库，正确组态各种变量参数。然后根据 I/O 点标识，在实时数据库中建立实时数据库变量与 I/O 点的一一对应关系，即定义数据连接。

（5）根据绘制好的监控画面，组态每一幅静态的操作画面，并将操作画面中的图形对象与实时数据库变量建立动画连接关系，规定动画属性和幅度。

（6）对组态程序和画面进行调试、优化，然后投入运行。

废水处理工程中常用的国外组态软件产品包括：德国 Seimens 公司的 WinCC、美国 Wonderware 公司的 Intouch、美国 Intellution 公司的 iFix/Fix、美国 Rockwell 公司的 RS-View 等。而国内自行研制开发的组态软件产品包括北京亚控的组态王、三维力控的力控、昆仑通态的 MCGS、华富的 Controlx 等。

参考文献

[1] 国家环境保护总局科技标准司. 污废水处理设施运行管理. 北京：北京出版社出版集团，2006.
[2] 顾夏生，黄铭荣，王占生. 水处理工程. 北京：清华大学出版社，1987.
[3] 刘川来，胡乃平等. 计算机控制技术. 北京：机械工业出版社，2007.
[4] 北京水环境技术与设备研究中心，北京市环境保护科学研究院国家城市环境污染控制工程技术研究中心. 三废处理工程技术手册（废水卷）. 北京：化学工业出版社，2000.

第四篇

Chapter 04

废水处理工程实例

第一章
城镇污水处理

第一节　城镇污水处理工程实例（一）

一、工程概况

某大型污水处理厂，其设计规模 $100\times10^4 m^3/d$，按远期规划，其最终规模 $250\times10^4 m^3/d$。处理厂接纳旧城区及东郊工业区的排水，服务面积约 $100km^2$，人口约 220 万。规模为 $100\times10^4 m^3/d$ 的工程分两期建设，一期阶段规模为 $50\times10^4 m^3/d$，于 1993 年完成投产；二期阶段为 $50\times10^4 m^3/d$，于 1999 年完成。由于该污水处理厂设计初期我国污水排放标准中还没有关于氮、磷等指标的相关规定，所以设计过程中没有考虑脱氮除磷工艺，新的排放标准《城镇污水处理厂污染物排放标准》（GB 18918—2002）颁布实施后，该污水处理厂为了使出水满足新标准中的一级 B，于 2006 年对二级处理进行了改造，增加了脱氮除磷部分。本实例重点介绍以传统活性污泥法为主体工艺的二期工程。

该工程建筑面积 1.5 万平方米，总投资 89918.9 万元（不含厂外配套工程 1735.3 万元），吨水投资 1798.4 元，吨水耗电量 0.15kW·h，吨水运行成本 0.258 元。

二、处理工艺

（一）设计水质

该工程的进水水质如表 4-1-1 所列。

表 4-1-1　进水水质

序号	项目	指标值	序号	项目	指标值
1	BOD/(mg/L)	200	4	TN/(mg/L)	40
2	SS/(mg/L)	250	5	pH 值	6～9
3	NH_4^+-N/(mg/L)	30			

由于处理后出水排至河流用于灌溉，根据污水综合排放标准（GB 8978—1996），应执行一级标准，同时考虑到处理水将来作为工业冷却水使用，故增加 NH_4^+-N 指标，处理后出水指标见表 4-1-2。

表 4-1-2　出水水质

序号	项目	指标值	序号	项目	指标值
1	BOD/(mg/L)	≤20	3	NH_4^+-N/(mg/L)	≤3
2	SS/(mg/L)	≤30			

(二) 处理工艺

污水处理工艺采用传统活性污泥法二级处理工艺，分为两个系列，每个系列为 25×10^4m^3/d。其中一个系列采用前置缺氧段活性污泥法工艺，即在推流式曝气池前设置缺氧段（占生物处理池总容积的 1/12），其目的是改善污泥性质，防止污泥膨胀；另一个系列采用缺氧好氧脱氮活性污泥法工艺，即在曝气池进口端设置 1/6 池长作为脱氮池，后续 1/6 池长作为可变段，并采用内回流泵对曝气池混合液进行内循环，内回流比为 200%。

(三) 工艺流程

该工程工艺流程见图 4-1-1。

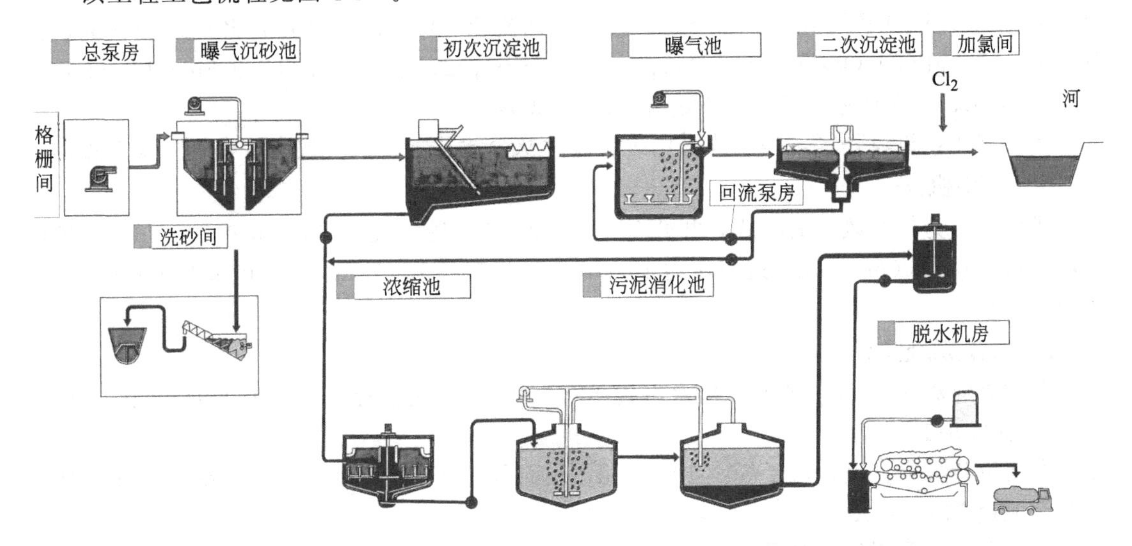

图 4-1-1　城镇污水处理工艺流程

(四) 主要设计参数

1. 进水泵房

本工程按设计规模 100×10^4m^3/d，设置 6 台立式污水混流泵，一期安装 4 台，二期安装 2 台。水泵性能：流量 3m^3/s，扬程 15m，转速 492r/min，效率 80%，输出功率 600kW。

2. 曝气沉砂池

形式为矩形平流式，池子尺寸 21m×6m，有效水深 4.25m，共 4 座，每 2 座池子为 1 组。

主要设计参数：设计流量 60×10^4m^3/d（变化系数为 1.2），最大流量时的停留时间为 3.36min，最大流量时的水平流速为 0.09m/s，单位供气量 0.15m^3（气）/m^3（污水），产砂量 50m^3/(池·d)。

排砂方式为砂泵吸砂，连续排砂。

主要设备：移动桥式除砂机 2 台（附带吸砂泵 4 台），砂水分离器 2 套，起重设备 5t（手动）1 台，起重设备 5t（电动）1 台。

空气来源：自配小型鼓风机，并保留由曝气池鼓风机房供气的可能性。鼓风机为国产离心鼓风机 3 台（2 用 1 备）。风机性能：风量 40m^3/min，风压 50kPa，功率 55kW。

3. 初次沉淀池

形式为矩形平流式，12 座。单池尺寸 75m×14m，有效水深 2.5m。

主要设计参数：设计流量 60×10^4m^3/d（变化系数为 1.2），表面负荷 0.992m^3/

($m^2\cdot h$)，水平流速 8.3mm/s，停留时间 2.52h，BOD 去除率 20%，SS 去除率 50%。

排泥方式：采用桥式刮泥机，定容式螺杆式污泥泵排泥。

4. 曝气池

形式为矩形三廊道，12 座，单池池长 96.2m，池宽 9.28m×3m（三廊道），有效水深 6m。共两个系列，一个系列设置 1/12 池容的前置缺氧段，另一系列为 A/O 脱氮工艺，增加混合液内回流设施，最大内回流比 200%。

主要设计参数：最大设计流量 $55\times10^4 m^3/d$（$k=1.1$），设计流量 $50\times10^4 m^3/d$；停留时间 9.26h（其中缺氧段 1.54h，好氧段 7.72h）；混合液污泥浓度（MLSS）范围为 2000～3000mg/L（设计取平均值 2500mg/L），混合流回流比 200%，污泥回流比 5%～100%，污泥负荷 0.16kgBOD/(kgMLSS·d)，总污泥龄 8～10d；缺氧段 DO≤0.5mg/L，好氧段 DO≥2mg/L；污泥产率 0.7～0.75kgMLSS/kgBOD。

曝气方式：鼓风曝气，曝气头采用进口膜片橡胶微孔曝气头，按渐减曝气方式布置。

5. 鼓风机房

风机型式为单级风冷离心式，共 8 台（6 用 2 备），最大设计风量 $3600m^3/min$。风机性能：风量 $270\sim600m^3/min$，进口压力 101.3kPa，出口压力 176.3kPa，转速 1000r/min，功率 900kW。

6. 二次沉淀池

形式为辐流式中心进水周边出水沉淀池，12 座，单池直径 50m，有效水深 4m，超高 0.3m，总高 5.1m。

主要设计参数：设计流量 $50\times10^4 m^3/d$，表面负荷 $0.88m^3/(m^2\cdot h)$，停留时间 4.48h，回流污泥量 50%～100%。

排泥方式：采用桥式刮吸结合式静压排泥，连续运行。

7. 回流污泥泵房

2 座，设螺旋桨式污泥泵 8 台，安装 6 台，库存 2 台。

主要设计参数：污泥回流比 50%～100%，最大设计流量 $50\times10^4 m^3/d$。

8. 剩余污泥泵房

2 座，设螺旋桨式潜水污泥泵 6 台，4 用 2 备。

主要设计参数：剩余污泥量 $1.3\times10^4 m^3/d$，污泥含水率 99.5%。

9. 污泥浓缩池

形式为圆形重力浓缩池，6 座，单池直径为 20m，池深 5.5m，泥层高 3m，上清液层高 2m，超高 0.5m。排泥方式为机械排泥。

主要设计参数：混合污泥重量 151.25t/d（含初期雨水），132.5t/d（不含初期雨水），固体表面负荷 $70kg/(m^2\cdot d)$，水力停留时间 51h。

10. 污泥消化池

形式为二级中温厌氧消化。一级消化池 6 座，二级消化池 2 座。单池直径 20m，总高 28.8m，有效泥深 25m。加热方式为热交换器（热水）连续加热，搅拌方式为机械连续搅拌，排泥方式为溢流排泥。

主要设计参数：进泥量（94%含水率）$2208.3m^3/d$，出泥量（95%含水率）$1852.4m^3/d$，污泥总消化时间 28.1d，污泥总投配率 3.6%；一级消化池停留时间 21.3d，沼气产量 $10m^3$(气)/m^3(泥)；二级消化池停留时间 6.8d，沼气产量 $2m^3$(气)/m^3(泥)。

11. 污泥脱水机房

形式为带式压滤机，带宽 2.6m，5 台。

主要设计参数：进泥量（95%含水率）1852.4m^3/d，进泥干重 92.62t/d，工作时间 16h/d（二班制），泥饼含水率 75%，泥饼量 370.5m^3/d。

12. 湿式贮气柜

形式为浮动顶盖式，2 座，每柜容积 3000m^3。

主要设计参数：总沼气量 26500m^3/d，贮存时间 5.4h。

13. 脱硫装置

形式为湿式脱硫，2 座，1 用 1 备，单塔直径 0.6m，塔高 6.2m。

主要设计参数：设计流量 26500m^3/d，设计压力 500mmH_2O，设计温度 25℃，进脱硫塔 H_2S 浓度 0.1～10g/m^3，设计取 0.5g/m^3。

14. 沼气发电机房

形式为单燃料低压进气式沼气发电机，3 台，每台发电量 652kW，发电机冷却方式为水冷。

主要设计参数：沼气量 26500m^3/d，发电量 1956kW，进气压力 500～1000mmH_2O，发电效率 38%，热回收率 50.1%。

三、运行情况

该工程自投产后，分别在夏季（6～8 月）、秋季（9～11 月）、冬季（12 月～次年 1 月）对主要构筑物曝气池进行了考察，运行结果详见表 4-1-3。

表 4-1-3　部分运行情况

项目 日期	原水/(mg/L)						二次沉淀池/(mg/L)					
	COD		BOD		SS		COD		BOD		SS	
	范围	平均	范围	平均	范围	平均	范围	平均	范围	平均	范围	平均
7 月	83～285	197	44.4～144	92	77～292	231	6.48～37.9	20.8	2.42～19.5	7.24	6～28	21
8 月	78～294	165	44.5～170	83	56～198	169	6.65～37.1	32.8	3.35～15.9	5.92	10～52	23
9 月	244～739	446	90.5～295	190	212～926	539	12.8～45.6	20.3	0.8～2.48	1.28	11～23	14
10 月	185～701	357	116～360	188	138～634	410	6.18～78.2	22.7	2.43～32.0	7.01	9～28	14
11 月	149～639	323	87.1～188	142	133～856	387	14.5～52.5	44.6	3.38～10.8	7.8	9～28	14
12 月	160～921	386	82.0～295	148	112～870	539	13.5～59.4	44.2	3.04～9.13	6.2	11～19	18
1 月	278～600	411	115～312	195	124～477	317	14.5～49.6	31.7	5.55～9.15	7.26	13～22	16

秋、冬季原水 COD、BOD、SS 均较为稳定，夏季原水水质变化较大，进水浓度均较低。总体来看，二沉池出水较为稳定，BOD 浓度为 4.67～7.8mg/L，COD 为 20.3～44.6mg/L，SS 浓度为 14～23mg/L，均达到国家污水综合排放标准（GB 8978—1996）一级排放标准。

2006 年改造后，二级处理增加了脱氮除磷单元，目前二级出水各指标满足《城镇污水处理厂污染物排放标准》（GB 18918—2002）中一级 B 标准，通过表 4-1-4 可以看出改造后氮、磷指标有明显的改善。

表 4-1-4 改造前后二级出水指标及排放标准

指标	改造前二级出水	改造后二级出水	一级 B 标准（GB 18918—2002）
COD/(mg/L)	46	45	≤60
BOD/(mg/L)	14	12	≤20
SS/(mg/L)	14	14	≤20
TP/(mg/L)	4.4	1.3	≤1.5
TN/(mg/L)	41	15	≤20
氨氮/(mg/L)	16	3	≤8(15)
粪大肠菌/(个/L)	106	106	$\leqslant 10^4$

该项工程在曝气池的进水端设置缺氧区，氧的利用仅仅依赖硝酸盐在脱氮过程中放出的氧离子，使水中溶解氧保持在 0.5mg/L 以下，这种环境给污水处理带来许多好处，主要有：①改善了污泥沉降性能，避免污泥膨胀；②脱氮作用；③减少了二沉池污泥上浮现象。

该污水处理厂投产运行后，通过多年来的监测，出水清澈，水质指标优于有关环保标准；出水排入附近河道后，水体中的污染物总量大幅度降低；水中生物物种呈现多元与正常状况；水体生态系统逐步得到恢复；河流部分恢复自净能力；水环境得到明显的改善。该工程实现了良好的环境效益和社会效益。

第二节 城镇污水处理工程实例（二）

一、工程概况

本工程的原水包括居民生活污水、工业废水等，其主要污染物为 COD、BOD、SS、TP、TN。工程设计规模远期为 $12\times10^4 m^3/d$，分四期建设。本设计按近期 $3\times10^4 m^3/d$ 规模，配套设施按 $12\times10^4 m^3/d$ 规模考虑。该污水处理厂于 2007 年 2 月开始进行设计施工，2009 年 5 月竣工并调试运行。

根据当地规划部门的审批，该污水处理厂红线范围内的实际地块面积为 160 亩，总平面呈长方形，长向南北向，短向东西向。本期污水处理工程的年运行直接成本 678.91 万元，吨水处理的直接成本 0.62 元。设备总装机功率 1065kW，年运行电费 279.09 万元，吨水运行电费 0.25 元。污水处理厂人员编制 36 人，人工费 90 万元/年，年药剂费用 177.87 万元，年污泥清运费 81.89 万元。

二、处理工艺

（一）设计水质

污水处理厂进水水质通常根据现状污水水质实测资料，结合国内同类型城镇污水进水水质，以及城镇今后的发展状况等诸多因素进行综合考虑确定。该城镇污水处理厂的主要污染物浓度及进水水质如表 4-1-5 所列。

表 4-1-5 污水设计进水水质

序号	项目	指标值	序号	项目	指标值
1	COD/(mg/L)	350	4	NH_4^+-N/(mg/L)	30
2	BOD/(mg/L)	180	5	TN/(mg/L)	40
3	SS/(mg/L)	200	6	TP/(mg/L)	7.0

根据当地对受纳水体环境容量的控制要求，污水处理厂执行《城镇污水处理厂污染物排放标准》(GB 18918—2002) 一级 A 标准，其设计出水水质见表 4-1-6。

表 4-1-6 处理出水水质要求

序号	项目	指标值	序号	项目	指标值
1	COD/(mg/L)	≤50	5	TP/(mg/L)	≤0.5
2	BOD/(mg/L)	≤10	6	TN/(mg/L)	≤15
3	SS/(mg/L)	≤10	7	色度/倍	≤30
4	NH_4^+-N/(mg/L)	≤5	8	pH 值	6～9

(二) 处理工艺

本工程对处理出水水质有较为严格的要求，为了确保出水达到设计要求，采用了二级生物处理+深度处理的工艺组合，其中生物处理工艺采用低负荷的氧化沟工艺。

原水中氮、磷的含量较高，为了能够有效地脱氮除磷，在氧化沟工艺前端设置了厌氧段和缺氧段，即 A^2/O 氧化沟工艺。由于 A^2/O 生物除磷去除率有限，运行的稳定性较差，为了确保出水 TP 达标，在二级处理后设置了以混凝沉淀和过滤为主的深度处理工艺，通过加药方式进一步除磷。同时，深度处理工艺对 SS、COD、色度等也有一定的去除效果。

(三) 工艺流程

工艺流程如图 4-1-2 所示。

(四) 主要设计参数

1. 粗格栅间

格栅间尺寸 8.25m×4.0m×7.2m，栅渠宽度 1.2m，栅前水深 0.8m，栅条净距 20mm，过栅流速 0.8～1.0m/s。设回转式机械格栅机 2 台，一期安装 1 台，二期增加 1 台。

2. 细格栅间

格栅间尺寸 13.8m×10.8m×5.35m，格栅宽度 1.40m，栅条间隙 6mm，过栅流速 0.5～1.0m/s，栅前水深 1.00m。设转鼓式细格栅，3 台，一期安装 1 台，二期增加 2 台。

3. 沉砂池

与细格栅池合建，土建按远期 $12\times10^4m^3/d$ 规模一次建成，共设 4 座沉砂池。设备逐期增加。每组沉砂池内径 4.20m，总水深 3.4m（含砂斗）。

4. A^2/O 氧化沟

A^2/O 氧化沟由厌氧区、缺氧区和好氧区三部分构成，共 4 座。单座设计规模 $3\times10^4m^3/d$，流量变化系数 1.10，最大设计流量 $0.38m^3/s$。厌氧区内设 2 台 4kW 潜水搅拌机，缺氧区内设 2 台 7.5kW 水下搅拌机，好氧区内设 7 台 3kW 水下推进器。污泥负荷 0.088kgBOD/(kgMLSS·d)，容积负荷 $0.352kgBOD/(m^3 \cdot d)$，有效水深 5.9m，污泥龄 18.5d，最大污泥回流比 100%。厌氧区停留时间 1.59h，有效容积 $1875m^3$；缺氧区停留时间 1.16h，有效容积 $1598m^3$，好氧区停留时间 9.97h，有效容积 $12468m^3$。好氧区溶解氧 2mg/L，总供氧量 $307.45kgO_2/h$。

5. 二沉池

采用周边进水周边出水的辐流式沉淀池，共 4 座，本期建设 1 座，后逐期增加。二沉池设计规模 $3\times10^4m^3/d$，直径 45.13m，有效水深 3.3m，表面负荷 $1.2m^3/(m^2 \cdot h)$，沉淀时间 4h，堰口负荷 3.62L/(s·m)，固体负荷 $165.27kgMLSS/(m^2 \cdot d)$。

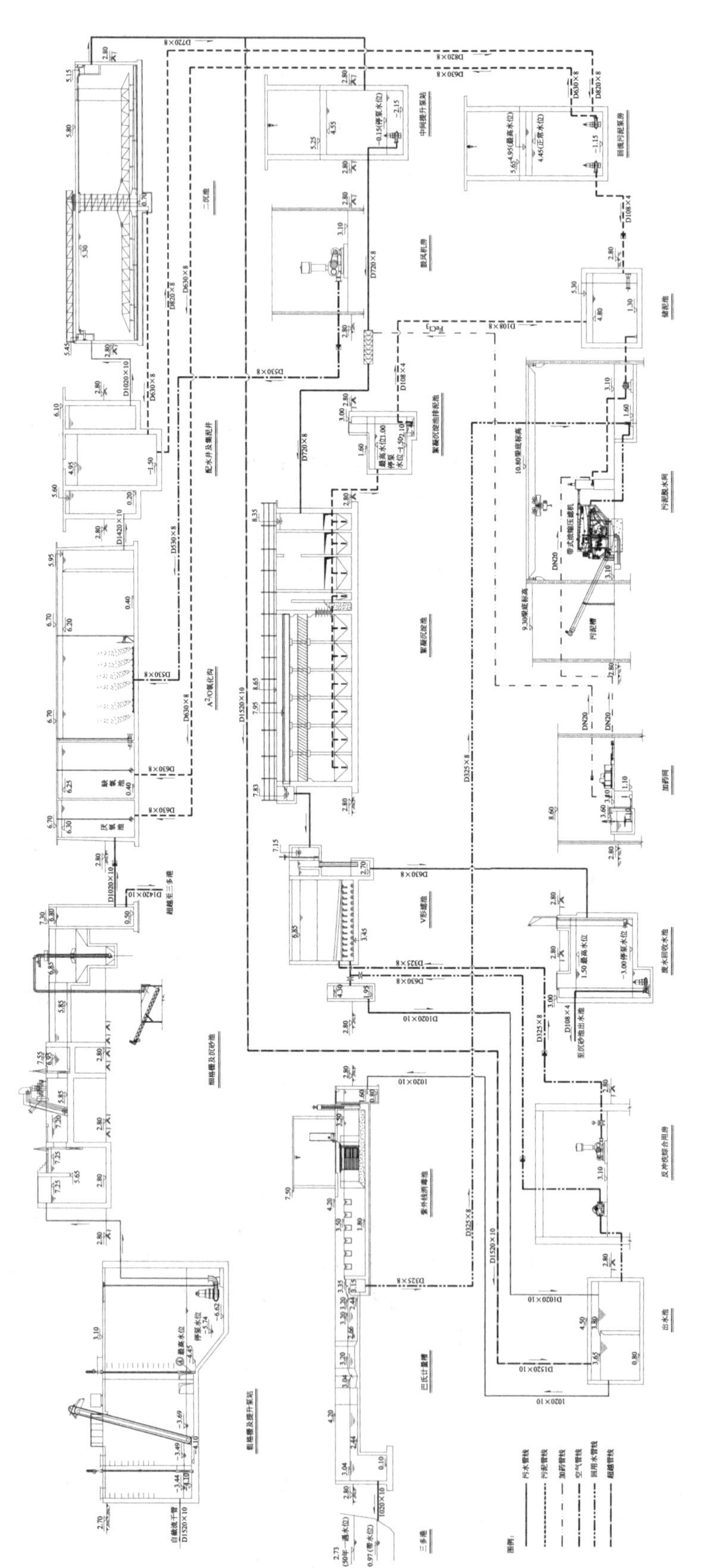

图 4-1-2 城镇污水处理工艺流程

6. 配水排泥井

在结构形式上将配水井和集泥井设置为一个同心圆式结构，与4座二沉池构成平面上的组合，确保二沉池进水和排泥的均匀。设计规模$12\times10^4m^3/d$，规格尺寸$\phi11.6m\times7.3m$。

7. 絮凝反应沉淀池

设计规模$3\times10^4m^3/d$，规格尺寸$23.4m\times19.8m\times6.0m$，分29格，停留时间22min。

投加药剂为聚合氯化铁，通过水流的搅拌作用使药剂充分混合、反应后均匀形成絮体，然后在沉淀池中沉淀去除，共设4座，本期建设1座，以后逐期增加。

8. V形滤池

V形滤池共设2座，本期建设1座，后期增加1座。每座内部分成2组，每组由4格滤池组成。本期安装其中1组的设备和滤料，以后逐期增加。设计规模$3\times10^4m^3/d$，规格尺寸$35.7m\times29.3m\times5.5m$，分4格，设计滤速7.5m/h。V形滤池采用均质石英砂滤料，气水联合反洗。

9. 紫外光消毒池

共设2座，每池内含2组消毒渠。一期建设1座，安装1组消毒设备，后逐期增加。设计条件：SS=10mg/L，BOD=10mg/L，COD=50mg/L，设计紫外透光率UVT=65%，水温=5～30℃，F.C.（在紫外光进口）$<1\times10^7$FC/L，SS粒径$<30\mu m$。

10. 贮泥池、加药间、脱水机房、污泥堆棚

污泥处理系统规模按远期$12\times10^4m^3/d$考虑，构筑物一次建成，设备逐期增加。设计条件：剩余污泥干重6410kg/d，需浓缩脱水污泥量$712m^3/d$，含水率99.1%，脱水后污泥量$32m^3/d$，含水率80%，絮凝剂投加量3.0‰。

(1) 贮泥池　设2座，规格尺寸$20.5m\times12.6m\times4.0m$。

(2) 加药间　设1座，规格尺寸$22.5m\times12m\times5.8m$。池内安装3台隔膜计量泵，3台搅拌设备。

(3) 污泥脱水间　设1座，规格尺寸$36.0m\times15.0m\times8.0m$。池内安装2台带式浓缩压滤机（1用1备），2台空气压缩机（1用1备），2台污泥泵（1用1备），2台冲洗水泵（1用1备），1台水平皮带输送机（$L=13m$，$W=0.5m$）。

(4) 污泥堆棚　设1座，规格尺寸$15.0m\times9.0m\times6.5m$，池内安装1台倾斜螺旋输送机（$L=11m$）。

三、运行情况

该污水处理厂于2009年5月开始试运行，目前污水处理厂运行稳定，出水各项指标均能满足设计排放要求。

本工程中涉及的所有工艺、机电、自控仪表等设备，均是按照工艺要求参照国内外著名品牌设备的工艺参数及安装要求进行设计选型。

底部曝气式A^2/O氧化沟应用市政污水处理，具有处理效果稳定、操作灵活、运行费用低等优点。

第三节　城镇污水处理工程实例（三）

一、工程概况

新疆某城市排放的污水主要由生活污水和工业废水组成，其中工业废水主要以有机废水为主。城镇污水处理工程近期处理规模 $6\times10^4 m^3/d$，远期扩至 $12\times10^4 m^3/d$。该污水处理厂除生物处理工艺按一期 $6\times10^4 m^3/d$ 建设外，其余建、构筑物按远期 $12\times10^4 m^3/d$ 建设。污水厂服务人口 20 万，污水处理后排入塔里木河。

该污水厂位于城市西南部，占地 54 亩。工程于 1999 年 8 月破土动工，2001 年 5 月进水调试，7 月下旬全面启动试运行，8 月初出水达标。该污水处理厂一期总投资 4017.66 万元，吨水投资 669 元。其中预处理部分按照二期 $12\times10^4 m^3/d$ 建设，如果要扩建至 $12\times10^4 m^3/d$ 的话，只需增加水解及好氧池即可，还需投资 1932 万元，总造价 5950 万元，吨水投资 496 元。本期工程年运行费用 383.55 万元，吨水处理成本 0.21 元，吨水直接运行成本 0.11 元。

二、处理工艺

(一) 设计水质

本工程设计进水水质及排放标准见表 4-1-7。

表 4-1-7 污水处理厂设计水质及排放标准

项目	COD/(mg/L)	BOD/(mg/L)	SS/(mg/L)	pH 值
设计进水水质	300	150	200	6～9
排放标准	≤60	≤20	≤20	6～9

(二) 处理工艺

根据本工程污水的水质特点，结合当地的实际情况和国内外处理工艺反复比较，最终选择采用水解-好氧 AICS 工艺。

AICS (alternated internal cyclic system) 即交替式内循环活性污泥工艺。AICS 池由 4 个等容积池子组成，用共用池壁隔开。两侧边池交替作为曝气池和沉淀池，中间两池为连续曝气池。池与池之间通过方形洞水力相通，相邻两池之间设有大流量、低扬程的内循环回流泵，出水采用多条形固定堰（图 4-1-3）。AICS 工艺平面布置见图 4-1-4。AICS 工艺通过各反应池在空间上有序地发生状态改变（曝气、沉淀和出水）来达到连续去除有机污染物的过程。其运行模式如图 4-1-5 所示。

图 4-1-3 AICS 固定堰运行实景

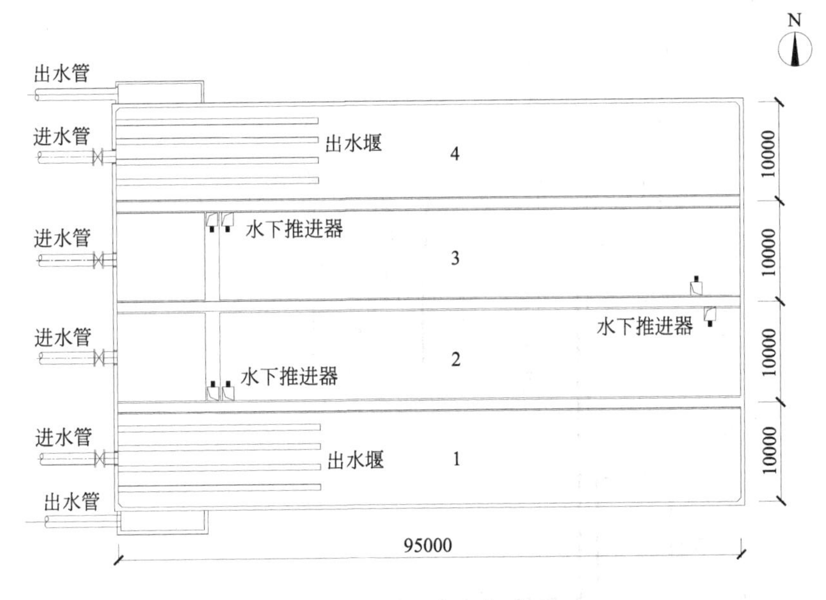

图 4-1-4　AICS 工艺平面

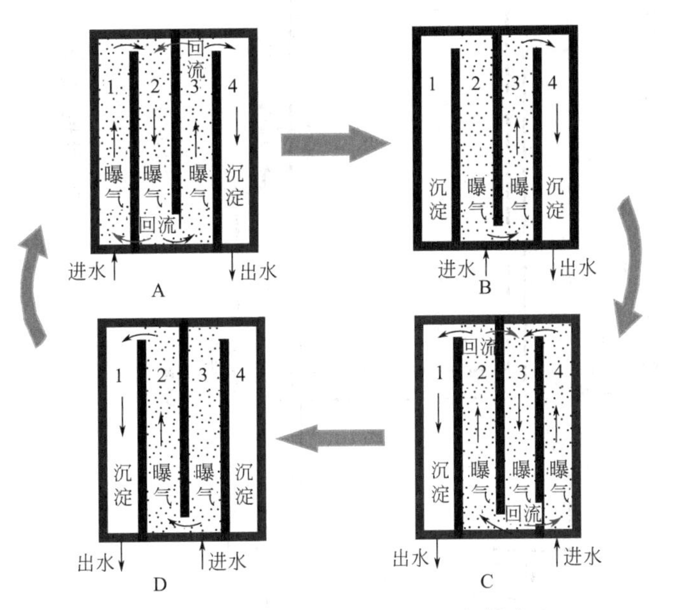

图 4-1-5　AICS 反应器的周期运行模式

AICS 工艺运行方式分四个阶段，图 4-1-5 中 A 和 C 作为运行的主要阶段，它们的水流方向相反，作用机理相同。阶段 B 和 D 为两个方向相反但原理完全相同的过渡工序。根据运行要求，还可增加过渡工序，灵活调节各池反应状态。AICS 工艺的各工序段的时间也可灵活调节，一般分为 4h、6h 和 8h 运行时序。

(三) 工艺流程

该污水处理厂的工艺流程见图 4-1-6。

污水先经粗格栅去除悬浮大颗粒物质后，再经细格栅进入平流沉砂池，去除污水中的无机砂粒等。然后经吸水井由泵房提升污水至分配井，出水依靠重力进入水解池。经水解池处理后的出水进入好氧 AICS 工艺，处理后的出水达标后排放。好氧池产生的剩余污泥连续送

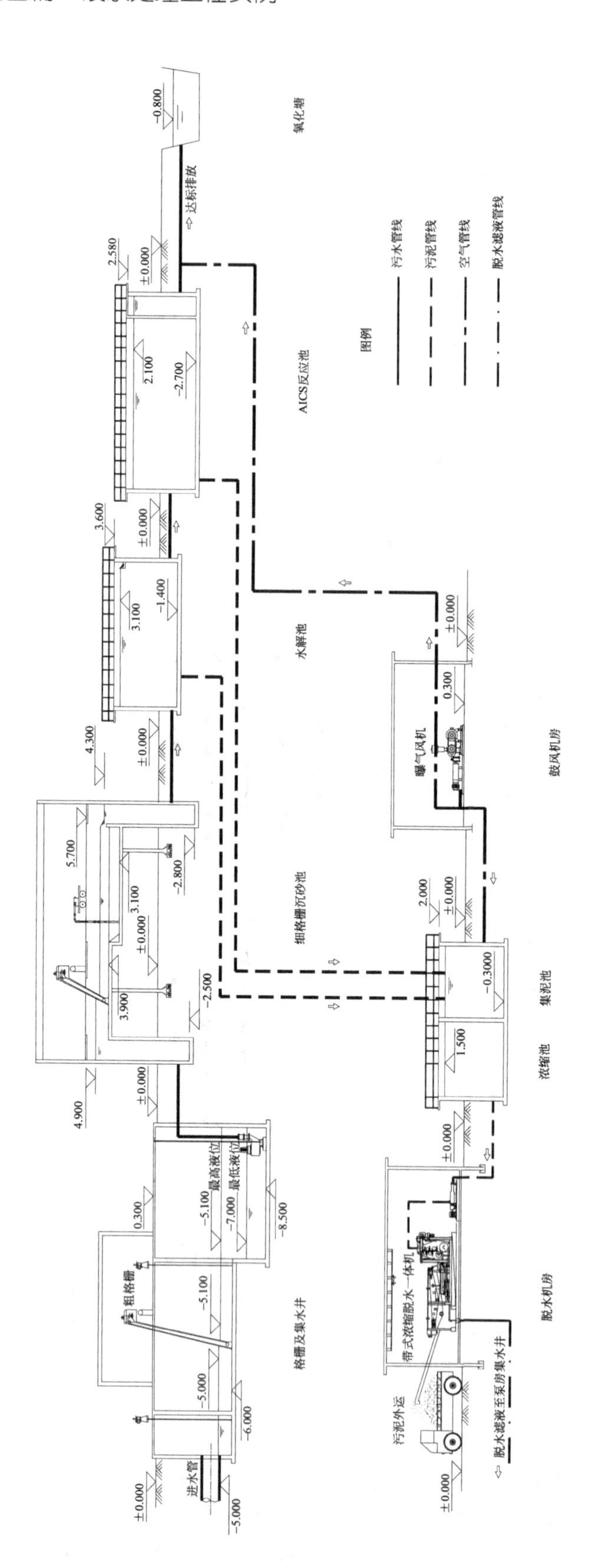

图 4-1-6 城镇污水处理工艺流程

入水解池，整个工艺的剩余污泥从水解池排出进入集泥池，污泥从集泥池用泵提升进入浓缩池，经浓缩后直接脱水处理。集泥池和浓缩池上清液流回集水井。脱水后的污泥经堆肥等处理后制成生物复合肥。

（四）主要设计参数

1. 格栅

格栅井1座。采用自动清污的机械格栅，主体为不锈钢，耙齿为复合尼龙。粗格栅栅条间隙10～25mm。

2. 沉砂池

1座，分为2格，平流式沉砂池前设2条渠道，每条渠道上设回转式细格栅，栅条间隙3～5mm，格栅渠道接平流沉砂池，沉砂池上配有吸砂装置。

3. 水解池

共分为2组，单组设计水量$6\times10^4m^3/d$，平面尺寸60.0m×30.0m×5.0m，有效容积$8100m^3$，停留时间3.2h。采用专利布水技术，用一对一的布水方式，保证了布水均匀性。每个池子均设有超声波污泥界面计，可控制排泥量。

4. AICS池

由于水解-酸化工艺具备强化一级处理功能，尤其能对污水、污泥进行一元化处理，因此本工程AICS反应池不考虑延时曝气进行好氧污泥稳定，取中高有机负荷进行设计。AICS池1座，钢筋混凝土结构，有效容积$15960m^3$，单池尺寸95.0m×40.0m×4.8m，停留时间6.38h，污泥负荷0.3kgBOD/(kgMLSS·d)，平均污泥浓度2.5g/L。采用6h为一周期的模式运行（运行周期可根据处理需要进行调整）。采用鼓风机和微孔曝气的方式进行充氧。

5. 鼓风机房

鼓风机房布置在水解池北侧，平面尺寸9.0m×30.0m，安装4台（远期4台）单级高速离心鼓风机，风量$200m^3/min$。进气端设进气廊道、进气室，进气室内装2台空气过滤器。

6. 污泥处置

采用重力浓缩加带式压滤机。污泥浓缩池有效容积$877m^3$，带式脱水机带宽2m，进泥含水率98.5%，泥饼含水率76%，日产泥量7.47t（干泥）。

三、运行情况

本工程自2001年5月投入运行，日平均处理水量$5\times10^4m^3$，达到设计水量的85%，年运行天数365天。表4-1-8为AICS工艺正常运行时的进出水水质。最终出水水质优于国家一级排放标准。

表4-1-8　工程实际进出水水质及污染物去除率

水质项目		COD/(mg/L)	BOD/(mg/L)	SS/(mg/L)
实际水质	进水	335	153	547
	出水	29	7	18
去除率/%		91.3	95.4	96.7

该工程的主要特点有：①投资省，本工程的吨水造价为669元，远低于常规处理工艺；②运行费用低，工程处理吨水电耗在0.16kW·h以下，吨水直接运行成本仅0.11元，远低

于传统处理技术；③处理效率高，该工程中水解池 BOD 去除率达 20%～30%，COD 去除率可达 40%～50%，悬浮物去除率达 70%～80%，废水中溶解性 BOD 由原来的 60%上升至 77%，污泥消化率可达 50%；好氧池 AICS 工艺在处理低浓度城镇污水（COD 为 100～300mg/L）时，COD 去除率可达 87%，BOD 去除率达 93%，SS 去除率达 90%；对于高浓度城镇污水（COD 为 500～700mg/L），COD、BOD 和 SS 的去除率分别可达 95%、98%和 99%，出水水质均可达到国家一级排放标准；④完善的自动控制系统，该系统具备较强的过程控制功能，能十分方便地进行所有调控参数的修改，该系统的另一特点是在对大量数据进行采集的基础上，对诸多关键运行指标进行自动跟踪分析，以此制定最佳的运行方案，达到节能降耗的目的。

第四节 医院污水处理工程实例

一、工程概况

某医院以肿瘤预防、医疗、教学、科研为主，现有 6 个临床教研室，23 个临床科室，17 个医技科室，2 个研究所，病床 735 张，属于设备齐全的大型医院。本医院污水处理工程设计规模 2000m³/d，于 2006 年竣工投产。

本项目总占地面积 615.2m²，地埋式钢筋混凝土结构。废水由东南侧进入一体化处理系统，经处理后从西北侧清水池出水管排入市政下水管道。该项目采用二级处理工艺，整个系统吨水电费约 0.25 元，吨水消耗二氧化氯药品费（生成二氧化氯的盐酸和氯酸钠费用之和）约 0.10 元，吨水直接运行费用（不含维修及折旧费）0.48 元。该系统自动化程度高，一日三班，一班设一人值班。

二、处理工艺

(一) 设计水质

本工程医院污水来自病房、门诊、注射室、化验室、制剂室、手术室、洗衣房、卫生间和浴室等场所，医院各主要排水点所排污水均经过化粪池处理后流入污水处理站，处理出水排入市政污水管网。本工程设计时，《医疗机构水污染物排放标准》（GB 18466—2005）尚未颁布实施，因此设计出水要求满足《污水综合排放标准》（GB 8978—1996）中的一级标准要求。

设计进水水质和排放要求见表 4-1-9。

表 4-1-9 废水设计进水水质及排放标准限值

水质指标	COD /(mg/L)	BOD /(mg/L)	SS /(mg/L)	NH_4^+-N /(mg/L)	石油类 /(mg/L)	pH 值	粪大肠菌群数 /(个/L)
进水水质	500	200	300	40	10	6.0～9.0	1×10^7
排放要求	≤100	≤20	≤70	≤15	—	6.0～9.0	≤500

(二) 处理工艺

医院污水具有水量小、危害大的特点。如不经消毒处理，直接排入城市下水道或环境水体，会严重污染水源，传播疾病，甚至会引起传染病的流行和爆发。

医院污水的处理方法根据医院性质、规模和污水排放去向，以及各地的客观情况来决定。一般传染病医院污水或处理出水排入自然水体的县及县以上医院必须采用二级处理，并需进行预消毒处理；对于处理出水排入城市下水道（下游设有二级污水处理厂）的综合医院推荐采用二级处理，对采用一级处理工艺的必须加强处理效果。

本工程所处理污水为综合性医院污水，污水中除了含有病原体以外，其他性质与生活污水比较接近。本工程处理工艺采用预处理＋二级生物处理＋消毒的工艺组合，其中预处理采用水解酸化法，二级生物处理采用生物接触氧化法，消毒采用 ClO_2 接触消毒。

(三) 工艺流程

本工程的工艺流程见图 4-1-7。

进站污水经格栅去除其中的大颗粒杂物后，进入调节池，进行水量水质的均化调节。池内设有穿孔曝气管，对污水进行搅拌。水解酸化池内设置专用装置以形成填料床和污泥床，通过水解菌和产酸菌等兼性厌氧菌的协同作用，降解部分有机物，为后续的生物处理创造良好的条件，同时水解对水中蛔虫卵等病原微生物也有一定的去除，进水中的颗粒杂物沉积于池底污泥斗内，油脂和浮渣上浮至水面，被隔油板隔离，出水自流入生物接触氧化池。

生物接触氧化池分为高、低两级负荷，串联运行。接触氧化出水自流入后续的二沉池，进行固液分离，二沉池上清液溢流进入消毒池，在折流式消毒池中与消毒剂充分接触并发生反应，彻底杀灭污水中残留的病菌，出水经明渠流量计计量后排放入市政排水管网。

二沉池的污泥用泵回流至水解酸化池，一方面为其不断提供菌种，保持池内较高的生物量；另一方面，污泥在水解酸化池中被部分消化，实现污泥减量。污泥回流同时还有一定的脱氮效果。

进水中的无机物颗粒杂物和系统剩余污泥，最终沉积于水解酸化池的泥斗内，定期用泵抽吸至污泥池中，捞出的栅渣也倒入污泥池中，泵前投加适量消毒剂，采用水力搅拌，使之充分混合、接触反应，以彻底杀灭污泥中的细菌，经消毒处理后的污泥可由环卫吸粪车吸出，外运集中处置。

如污水处理站出现事故不能进行正常运行时，则进站污水经简单沉淀后溢流入消毒池内，经消毒后自流入市政管网。

(四) 主要设计参数

1. 格栅井

钢筋混凝土结构，池体净尺寸 2.0m×1.5m×3.5m，内置粗、细格栅各 1 套。

2. 调节池

钢筋混凝土结构，池体尺寸 10.0m×8.0m×6.0m，最大有效水深 5.5m，超高 0.5m，总容积 480m^3，有效容积 440m^3，设计调节时间 5.3h。池内设空气搅拌装置，采用风机曝气，气水比 3∶1。

3. 水解酸化池

钢筋混凝土结构，池体尺寸 10.0m×5.0m×6.0m，有效水深 5.7m，超高 0.3m，总容积 300m^3，有效容积 285m^3，设计水力停留时间 3.4h，内置水解酸化填料。

4. 生物接触氧化池

钢筋混凝土结构，分 2 段，池体尺寸 19.6m×5.0m×6.0m，有效水深 5.5m，超高 0.5m，总容积 588m^3，有效容积 539m^3，设计水力停留时间 6.5h，内置填料及曝气装置，容积负荷 0.74kgBOD/(m^3·d)，采用风机曝气，气水比 10∶1。

5. 二沉池

钢筋混凝土结构，竖流式沉淀池，单池池体尺寸 5.0m×5.0m×6.0m，单池容积

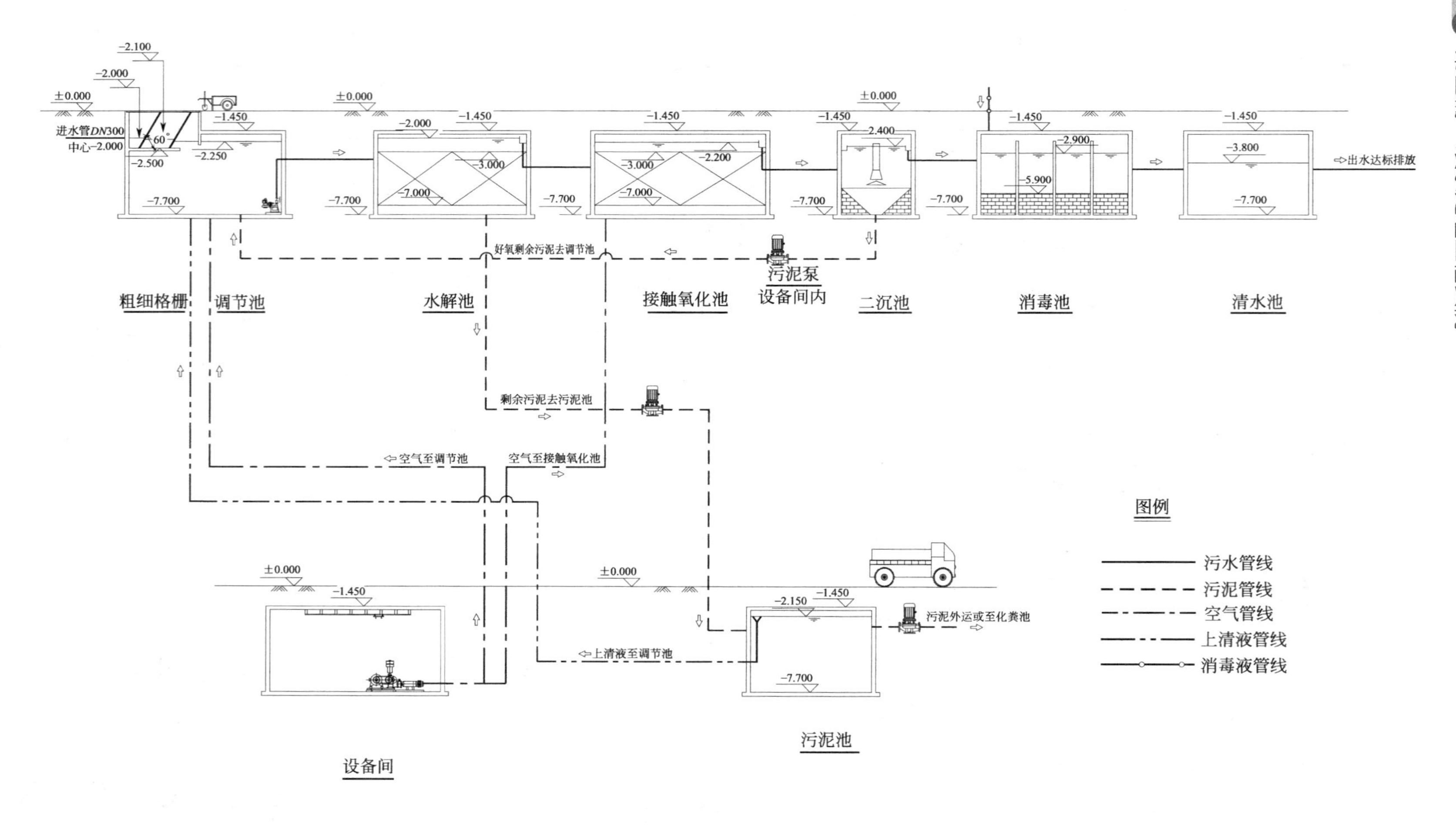

图 4-1-7 医院污水工艺流程

$104m^3$，单池有效容积 $88m^3$，有效水深 3.5m，超高 0.5m，斗高 2.0m，总容积 $150m^3$，有效容积 $88m^3$，设计水力停留时间 2.1h，表面负荷 $1.7m^3/(m^2 \cdot h)$。采用泵吸排泥。

6. 消毒池

钢筋混凝土结构，折流式消毒池，池体尺寸 8.5m×8.0m×4.0m，有效水深 3.0m，超高 1.0m，总容积 $272m^3$，有效容积 $204m^3$，消毒接触时间 2.4h。

7. 污泥池

钢筋混凝土结构，池体尺寸 6.0m×6.0m×6.0m，设计最大池深 5.0m，超高 1.0m，总容积 $216m^3$，有效容积 $180m^3$。

8. 集水井

钢筋混凝土结构，池体尺寸 8.0m×1.5m×4.0m，设计最大水深 3.0m，超高 1.0m，总容积 $48m^3$，有效容积 $36m^3$。集水井中的贮水量可满足过滤器加压泵 26min 的输水量，以确保过滤器加压泵平稳运行。集水井在最高水位处设有溢流管，以便达到最高水位时自动排入市政管网。

9. 中水池

钢筋混凝土结构，总容积 $443m^3$，有效容积 $406m^3$，池体尺寸 12.3m×6.0m×6.0m，设计最大水深 5.5m，超高 0.5m。当中水用水量为 $83.3m^3/h$ 时，中水池中的贮水量可满足 4.9h 的用水量。

10. 地下设备间

钢筋混凝土结构，净空尺寸 12.3m×6.0m×6.0m。地下设备间分为两小间，其中一间主要布置鼓风机、污泥泵等动力设备，另一间未安装中水设备时可暂时先作原料库、工具房，当需要安装中水处理设备时，此间作为中水设备间。建设地下设备间有利于降声防噪。地下设备间与上层的操作室之间设有上下楼梯，以方便系统操作、运行检查。

11. 值班室和操作间

在地下设备间的上方建值班室和操作间，净尺寸 12.3m×6.0m×4.5m。值班室和操作间分为三小间，其中一间作值班室，供操作人员值班、休息之用，一间作操作间，主要布置二氧化氯发生器、电控柜等需要不定期操作控制的设备，另一间备用，当需要安装中水处理设备时，作为原料库、工具房。

三、运行情况

本工程目前已经连续稳定运行多年，处理效果良好，出水达标。

采用先进成熟的“水解酸化＋生物接触氧化＋二次沉淀＋消毒”中低浓度污水处理工艺，运行费用低，出水稳定可靠且有较好的灭菌和硝化功能。处理工艺对进水负荷的变化有较强的适应性，可根据进水水质和水量的变化，自行调整生物量和菌群种类，特别适合用于处理因季节变化处理负荷相差较大的污水。

设计中特别注重了节能降耗。设备选型上，配置节能的水泵、风机和高利用率的曝气装置；自动化设计上，根据处理负荷的变化自动调节设备的运行状态，优化组合。从而有效地弥补了二级生物处理能耗大的缺点。

工艺设计中注意从各个环节减少异味气体的产生、切断病原体的空气传播途径。利用一体化土建结构的优势进行整体通风设计，在出风口装有尾气消毒装置。

第五节 垃圾渗滤液处理工程实例

一、工程概况

某市东郊卫生填埋场占地755.36亩，日处理垃圾1200t；西郊垃圾填埋场占地999.63亩，日处理垃圾1000t。两座垃圾填埋场于2001年5月1日同时投入使用。

本污水处理工程主要针对东郊、西郊垃圾填埋场产生的垃圾渗滤液进行处理，东郊垃渗滤液规模为150m^3/d，西郊垃渗滤液规模为250m^3/d，渗滤液处理达标后，抽排到已有的水池贮存，作为场区内的生产和绿化用水，不向场外排放。

本污水处理工程于2007年10月建设，2008年3月竣工，2008年5月通过验收。该工程投资3000万元，劳动定员12人，吨水处理费27.9元。

二、处理工艺

（一）设计水质

两座填埋场渗滤液水质具有中期垃圾渗滤液特征，即BOD和COD的比值降低，氨氮升高，可生化性一般。实际COD和BOD浓度在波动范围内均接近低值，而氨氮呈现随填埋进程逐渐升高的趋势。

渗滤液处理站出水水质要求达到国家《生活垃圾填埋污染控制标准》（GB 16889—1997）规定的“生活垃圾渗滤液排放限值”一级标准，两座渗滤液处理站的设计进出水水质指标如表4-1-10所示。

表4-1-10 设计进水水质和排放限值

项目	COD/(mg/L)	BOD/(mg/L)	SS/(mg/L)	NH_4^+-N/(mg/L)	大肠菌值
东郊处理站进水设计值	8000～20000	10000	2000	3400	0.04
西郊处理站进水设计值	8000～20000	10000	1800	3000	0.04
废水排放标准限值	≤100	≤30	≤70	≤15	0.1～0.01

（二）处理工艺

由于东郊、西郊垃圾场均已运行多年，属于老龄垃圾场，氨氮高达3000～3400mg/L，且可生化性较低，渗滤液的污染物浓度高、成分复杂，对处理工艺提出了特殊的要求。目前渗滤液的基本处理工艺为：在充分利用生物处理的经济优越性的原则上，将几个不同的处理工艺单元进行优化组合，从而取得需要的处理效果。

本工程主体工艺采用MBR（内置膜）＋UF工艺。另外在超滤系统后添加1套反渗透系统，去除剩余杂质，确保出水达到国家一级排放标准。设计工艺路线为：螺杆过滤器＋空气吹脱系统＋内置式MBR＋UF＋RO。

（三）工艺流程

本工程的主要处理工艺流程可分为：预处理工艺、吹脱塔脱氨工艺、内置MBR工艺和深度处理工艺四部分。其中内置MBR工艺采用A/O工艺，混合液回流进入缺氧池完成反硝化脱氮；深度处理工艺采用超滤和反渗透工艺。工艺流程见图4-1-8。

（四）主要设计参数

1. 氨吹脱系统

设计参数见表4-1-11。

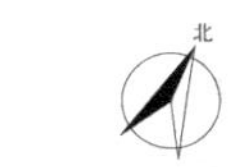

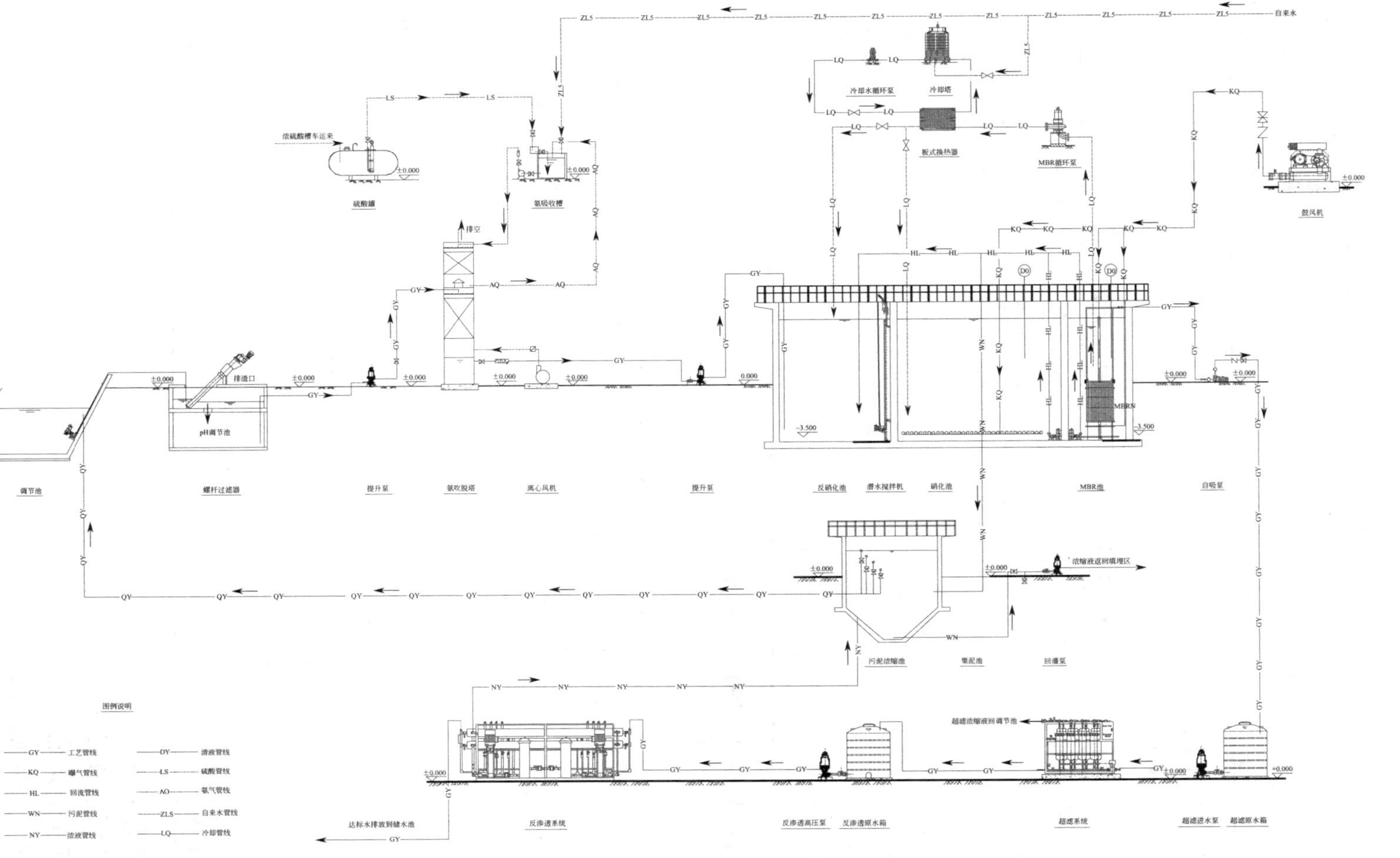

图 4-1-8　垃圾渗滤液处理工艺流程

表 4-1-11 氨吹脱系统设计参数

设计参数	东郊处理站	西郊处理站	设计参数	东郊处理站	西郊处理站
设计温度	常温	常温	尺寸/m	ϕ2.4×16.6	ϕ2.4×16.6
设计原水流量/(m^3/d)	150	250	数量/座	1	1
设计 pH 值	9～10.5	9～10.5	材质	碳钢防腐	碳钢防腐
吹脱段气液比/(m^3/m^3)	2600～2800	2600～2800	备注	内装吹脱吸收填料	内装吹脱吸收填料
氨氮去除率/%	50～60	50～60			

2. 反硝化系统

主要设计参数见表 4-1-12。

表 4-1-12 反硝化系统主要设计参数

设计参数	东郊处理站	西郊处理站	设计参数	东郊处理站	西郊处理站
设计温度/℃	30～35	30～35	水力停留时间/d	1.178	0.75
原水流量/(m^3/d)	150	250	有效容积/m^3	176.7	183.69
反硝化速率/[kgNO_3^--N/(kgMLSS·d)]	0.12	0.12	尺寸/m	7.6×3.1×8.5	ϕ6.0×7.5
反硝化率/%	70～78	70～78	有效水深/m	7.5	6.5
回流比/%	800	800	数量/座	1	1
污泥浓度 MLSS/(mg/L)	12000	12000	材质	钢筋混凝土	Q235-A

3. 硝化系统和 MBR 微滤膜

主要设计参数见表 4-1-13。

表 4-1-13 硝化系统和微滤膜主要设计参数

设计参数	东郊处理站	西郊处理站	设计参数	东郊处理站	西郊处理站
设计温度/℃	30～35	30～35	空气量/(m^3/min)	48.09	80
原水流量/(m^3/d)	150	250	氧转移效率/%	25	25
污泥龄/d	16	16	数量/座	1	2
污泥浓度/(mg/L)	12000	12000	材质	钢筋混凝土	Q235-A
氨氮负荷/[kgNH_4^+-N/(kgMLSS·d)]	0.05	0.034	MBR 膜材质	PVDF	PVDF
水力停留时间/d	4.484	5.88	膜孔径/μm	0.4	0.4
有效容积/m^3	672.6	1446.9	中空纤维膜数量/片	30	60
尺寸/m	11.8×7.6×8.5	ϕ12.0×7.5	膜面积/m^2	750	1500
有效水深/m	7.5	6.5	膜通量/[L/(m^2·h)]	12.5	12.5
需氧量/(kgO_2/d)	5144.44	5144.44	膜组件外形尺寸/mm	3176×1610×2065	3176×1610×2065

4. 超滤系统

主要设计参数见表 4-1-14。

5. 反渗透系统

主要设计参数见表 4-1-15。

表 4-1-14　超滤系统设计参数

设计参数	东郊处理站	西郊处理站	设计参数	东郊处理站	西郊处理站
超滤出水流量/(m^3/h)	8.125	15	膜面积/m^2	178.2	237.6
膜孔径/nm	30	30	设计膜通量/[L/(m^2·h)]	75	75
膜材质	PVDF	PVDF	组件耐压管尺寸/in	8	8
膜管直径/mm	8	8	组件耐压管材质	FRP	FRP

注：1in＝0.0254m。

表 4-1-15　反渗透系统设计参数

设计参数	东郊处理站	西郊处理站	设计参数	东郊处理站	西郊处理站
处理水量/(m^3/h)	7.5	13	设计膜通量/[L/(m^2·h)]	75	75
产水量/(m^3/d)	120	200	组件耐压管尺寸/in	4	4
数量/套	1	1	组件耐压管材质	GFP	GFP
膜材质	PVDF	PVDF	膜面积/m^2	64.8	108

三、运行情况

渗滤液处理站运行以来，出水水质达到了要求的排放标准。运行检测数据见表 4-1-16。

表 4-1-16　出水平均水质

序号	pH 值	NH_4^+-N/(mg/L)	SS/(mg/L)	COD/(mg/L)	序号	pH 值	NH_4^+-N/(mg/L)	SS/(mg/L)	COD/(mg/L)
1	7.5	5.0	28.0	88	6	8.0	3.2	17.0	76
2	7.5	8.6	25.0	90	7	7.8	8.7	28.6	69
3	7.8	9.3	27.0	51	8	8.0	2.9	18.5	76
4	8.0	0	22.9	87	9	7.8	7.2	27.9	76
5	8.5	2.7	32.1	50					

本渗滤液处理工程关键技术为好氧 MBR，同时结合膜处理设备，使该处理工艺占地少、处理效率高、管理方便。

利用改进的 MBR 工艺和膜工艺相结合，很好地解决了垃圾渗滤液高氨氮、高 COD 的问题，使出水能够稳定达标。运行实践证明，本工艺处理效果稳定，出水水质好，氨氮去除率达 98%以上，COD 去除率达 98%以上，SS 去除率达 95%。

参 考 文 献

[1]　陶俊杰等. 城镇污水处理技术及工程实例. 北京：化学工业出版社，2005.
[2]　潘涛，田刚. 废水处理工程技术手册. 北京：化学工业出版社，2010.

第二章 工业废水处理

第一节 制浆造纸废水处理工程实例[1]

一、工程概况

某造纸厂是一个以造纸为主，纸厂现具有国内先进水平的卫生纸生产线 23 条，日产 52t，年产量 19000t。随着企业生产规模不断扩大，企业原有的废水处理设施已不能满足环境保护的要求，为此新建一个日处理规模 20000t 的中段废水处理厂，采用以生化为主的处理工艺，使出水达到国家《造纸工业水污染物排放标准》（GB 3544—92）的二级标准。本废水处理站于 2000 年设计并开始建设，于 2000 年 12 月竣工并调试达标运行。

该工程占地面积 23000m^2。工程总投资 1249 万元，职工 44 人，总装机容量 829.6kW，吨水运行成本 0.65 元（不含折旧费）。

二、处理工艺

（一）设计水质

该厂 1999 年制浆能力 30t/d，主要制浆原料为麦草。该厂采用自制麦草浆以及部分外购浆板造纸，造纸能力 52t/d，在造纸过程中产生的中段水每日排放量约 10478t。根据该厂的计划，制浆能力将于 2000 年提高到 50t/d，因此厂方要求将废水处理厂的处理量提高到 20000t/d。设计废水水质及处理出水水质要求见表 4-2-1。

表 4-2-1 设计废水水质及出水要求

项目	COD/(mg/L)	BOD/(mg/L)	SS/(mg/L)	pH 值
设计进水	≤1100	≤380	≤600	7～9
出水要求	≤450	≤150	≤200	6～9

（二）处理工艺

中段水的处理方法很多，最常用的有物化-生物法或厌氧水解-好氧法。物化-生物法具有处理效果好、曝气池泡沫易控制等优点，但也存在污泥产生量大、运转成本高、化学污泥脱水难等问题。而水解-好氧法则具有 BOD 去除率高、运转成本低、污泥生成量少、污泥易脱水等优点，同时存在废水脱色效果差、曝气池泡沫较难控制等问题。根据该企业的实际情况，综合考虑各种技术和经济因素，确定该厂中段水的处理以生物处理为主，并在此基础上，为强化中段水的脱色效果，特别是保证冬季水温较低时的废水处理效果，增加混凝沉淀工艺作为深度处理手段，确保废水的各项指标达到要求的排放标准。

（三）工艺流程

废水处理工艺由预处理、生物处理、深度处理、污泥处理四部分组成，工艺流程详见图 4-2-1。

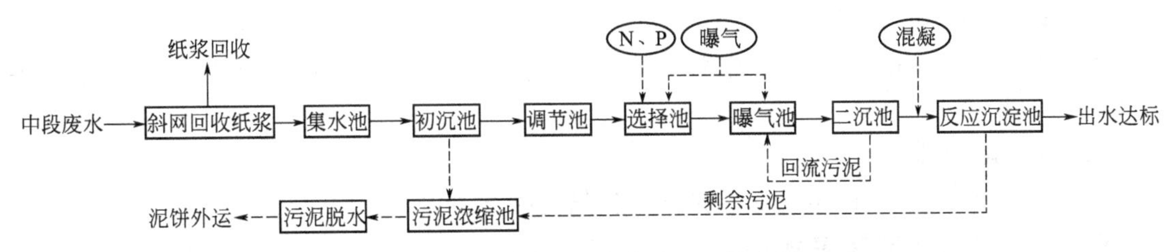

图 4-2-1 制浆造纸废水处理工艺流程

中段废水预处理由斜网过滤、初沉池以及调节池等组成。本工艺中采用斜网代替常规的格栅来回收纸浆纤维，分离出的纸浆回用到造纸工艺中，废水则进入集水池，以潜污泵提升至初沉池，进一步去除废水中残留的纸浆纤维等悬浮物。初级沉淀池出水则自流进入调节池，均化水质、水量，减少对后续生物处理过程的冲击。

调节池的出水经提升泵提升至选择池，在选择池中保持溶解氧水平为缺氧运行状态，对细菌种群进行筛选，抑制丝状菌的生长，从而达到防止污泥膨胀的目的。选择池出水直接进入生化反应池，通过鼓风机送入充足的氧气，进行充分的好氧反应，以去除废水中的 BOD 等污染物。由于造纸废水的营养不均衡，缺乏氮、磷等微生物必需的营养物质，因此还应在选择池中投入所需的氮、磷营养元素，以保证好氧池的污泥活性和去除效率。好氧池出水经过二沉池的分离作用实现泥水分离，出水可以满足达标排放。

深度处理主要是为了保证在冬季气温较低情况下处理达标的补充措施，通过向二沉池的出水中加入聚铝、聚铁或辅配药剂的办法，药剂和废水经管道混合器充分混合后，形成较大的矾花，在混凝沉淀池中实现泥水分离，保证出水稳定达标。

初沉池、二沉池以及混凝沉淀池的污泥输送至污泥浓缩池，然后用螺杆泵送入污泥脱水机房脱水，脱水后形成的泥饼外运。

(四) 主要设计参数

1. 集水池

外形尺寸 10.0m×10.0m×4.1m，结构形式为钢筋混凝土。集水池内设 2 台提升泵，型号 250WL 750-12。

2. 加药间

外形尺寸 22.92m×8.58m×3.60m，结构形式为砖混。

3. 中段水调节池及泵房

外形尺寸 23.9m×20.0m×5.0m，结构形式为钢筋混凝土。

4. 初沉池

外形尺寸为 ϕ33.0m×4.5m，结构形式为钢筋混凝土。内设刮泥机 1 台，型号 TH-CG30C（单）。

5. 选择池及曝气池

外形尺寸 110.0m×45.0m×5.0m，结构形式为钢筋混凝土。

BOD 污泥负荷 0.1～0.25kgBOD/(kgMLSS・d)，污泥浓度 3000～4000mg/L，选择池内 DO 浓度控制在 0.5mg/L 左右，曝气池 DO 浓度控制在 1.5～2.0mg/L，污泥回流比 40%～80%。

6. 二沉池

外形尺寸 ϕ46.0m×4.5m，结构形式为钢筋混凝土。内设刮泥机 1 台，型号 TH-

CG40B（双）。

7. 混凝沉降池

外形尺寸 ϕ33.0m×4.0m，结构形式为钢筋混凝土。内设刮泥机 1 台，型号 TH-CG30B（双）。

8. 污泥浓缩池

外形尺寸 ϕ20.0m×4.5m，结构形式为钢筋混凝土。

9. 污泥井和上清液集水池

外形尺寸 10.0m×5.0m×2.6m，结构形式为钢筋混凝土。污泥井设 3 台污泥回流泵和 2 台污泥泵，型号分别为 200WQ360-6-11 和 100WQ85-10-4。

10. 污泥脱水机房

外形尺寸 7.2m×18.0m×8.0m，结构形式为轻钢。

三、运行情况

从 2000 年至今的运行情况看，废水处理站外排水 COD 指标一直控制在360～400mg/L，悬浮物基本上控制在 60mg/L 以下，可以稳定达标。整个废水处理站运行基本正常。

采用适合造纸中段废水的生物处理工艺，通过加强前处理，选择生物菌种，以及对曝气时间及强度、回流污泥比的控制，同时添加营养物质，使生物处理能力达到最佳状态，系统总的 COD 去除效率高，抗冲击负荷能力强，出水水质稳定。

本工程主要存在以下问题。

(1) 由于本废水处理站的斜网过滤装置是手动操作，废水中残留的纸浆纤维数量很多，工人劳动强度很大。同时如不能及时回收纸浆会有很多进入后续系统中，对后续处理影响较大。如果采用目前常用的水力筛等格网类型的预处理装置，就可以大大降低劳动强度，提高出水稳定性。

(2) 过滤网的孔径也需要重新选择。孔径过小容易堵塞，过大则去除效果很差，今后应根据纸浆纤维的情况通过实验来确定格网孔径。

(3) 由于受当时曝气技术水平的限制，考虑到业主要求曝气器必须耐用，维修量小，设计采用了大孔散流曝气器。这种曝气器混合搅拌效果很好但氧转移效率较低，能耗水平很高。与目前废水处理上所采用的旋混曝气器、膜片曝气器差距较大。建议以后在类似工程中采用旋混曝气器来代替散流曝气器，可有效降低运行费用。

第二节 化工废水处理工程实例[1]

一、工程概况

我国氯丁橡胶的生产一般采用电石乙炔法，在生产过程中产生大量高浓度有机废水，毒性较大，含有乙炔、乙醛、氯丁二烯、苯、氯苯、铜等有害物质，是一种污染严重、处理难度较大的工业废水。

山西某氯丁橡胶企业每天排放约 16000m^3 的工业废水和生活污水，是该地区污染大户之一。本工程主要处理氯丁橡胶生产废水，为改扩建项目，由清洁生产工程、废水处理工程、再生回用工程三部分内容组成。其中废水处理工程在原废水处理设施南侧预留地进行改扩建；再生回用工程在原有设施的基础上进行改扩建。工程于 2007 年投产运行，废水处理与回用工程设计规模为 16000m³/d，处理后出水要求达到《污水综合排放标准》（GB 8978—1996）中的一级标准。

二、处理工艺

（一）设计水质

该企业采用电石乙炔法生产氯丁橡胶，在生产过程中产生的废水由有机废水、无机废水、电石渣上清液及厂外生活污水等组成，水质波动较大，水中主要污染物除常规的 COD、BOD、悬浮物外，还包括有毒有害污染物如氯丁二烯、二氯丁烯等难生物降解有机物，以及 Cu、Hg 等重金属物质。本工程废水处理设计规模 16000m³/d。设计进水水量、水质情况见表 4-2-2。

表 4-2-2　废水设计进水水量、水质

项目	无机废水	有机废水	厂外生活污水	项目	无机废水	有机废水	厂外生活污水
水量/(m³/d)	6000	9000	1000	二氯丁烯/(mg/L)	—	0.5	—
COD/(mg/L)	150～200	1500	400	Cu/(mg/L)	1	1	—
BOD/(mg/L)	80	800	200	Hg/(mg/L)	0.07	0.07	—
SS/(mg/L)	300	400	—	石油类/(mg/L)	25	25	—
pH 值	6～13	4～7	—	NH_4^+-N/(mg/L)	25	25	—
氯丁二烯/(mg/L)	—	5	—				

出水水质执行《污水综合排放标准》（GB 8978—1996）一级标准，特征污染物执行行业标准，详见表 4-2-3。

表 4-2-3　设计出水水质

项目	pH 值	COD /(mg/L)	BOD /(mg/L)	SS /(mg/L)	石油类 /(mg/L)	NH_4^+-N /(mg/L)	总汞 /(mg/L)	甲基汞 /(mg/L)	总铜 /(mg/L)
指标	6～9	≤100	≤20	≤70	≤5	≤15	≤0.05	不得检出	≤0.5

（二）处理工艺

本工程改造之前的处理设施主要存在以下问题。

(1) 调节池方面　水位恒定，只能起到均质作用，无水量调节能力。

(2) 水解工艺方面　原设施将水解工艺用于含烃类为主的、溶解性的、容易生化降解的有机废水，工艺缺乏针对性，效果有限。

(3) 生物接触氧化工艺方面　生物接触氧化工艺为典型的生物膜法，由于容积负荷较高，停留时间不足，不适于处理难以生化降解的有机物，因此，原设施选用接触氧化工艺作为生化处理的主体工艺是不适合的。

另外，通过技术经济比较发现，在本工程中采用接触氧化法与采用活性污泥法相比，其投资、能耗、运转费均高出约 30%。

根据原设施多年运行情况和两次改扩建的经验教训，以及从技术、经济等各方面进行综合考虑，改扩建时采用了三段活性污泥系统替代原有的水解酸化＋生物接触氧化系统作为废水处理的主导工艺。实际运行结果证明，经三段活性污泥处理后废水 COD 可降至 100mg/L 左右，pH 值控制在 6～9 的范围内，可以做到外排废水无异味，能够进行回用，对实现水资源可持续利用起到了重要的作用。

（三）工艺流程

由于本工程为改扩建项目，设计中要求最大限度地利用原有设备、设施，尽量减少工程费用，降低运行成本。对原有设备、设施进行参数校核，根据需要进行改造，以满足新的工艺要求。工艺流程见图 4-2-2。

（四）主要设计参数

1. 厂外生活污水提升泵站

平面尺寸 3.0m×4.5m，有效容积 27m^3，内设潜水提升泵 3 台，将污水提升至有机废水明沟。为保护水泵正常运转，泵前设转链式格栅除污机 1 台。

2. 事故池

由水质池改建而成，尺寸 39.2m×15.8m×2.1m，池内壁涂玻璃钢防腐。为避免事故，水中可沉物在调节贮存区沉积，设置空气搅拌装置，气源由一段活性污泥池曝气风机提供。事故水由两台耐酸提升泵提升至有机废水明沟。

3. 调节池

由原调节池改扩建而成，尺寸 50.0m×37.2m×3.6m。混合废水中悬浮物含量较高，因此将调节池分为沉泥区和调节区。沉泥区安装行车式吸泥机两台。为防止混合废水中可沉物在调节区沉积，在调节区设置预曝气，气源由调节池预曝气风机提供。

4. 进水泵房加药间

废水由调节池提升入后续处理单元时进行调整 pH 值、混凝加药以及补充营养盐，平面尺寸 30.0m×12.0m。

5. 反应池及混凝沉淀池

反应池和沉淀池设两组，并联运行，总尺寸 40.0m×20.0m×5.3m。反应池采用穿孔旋流反应池，反应时间 20min。沉淀池采用平流沉淀池，设计表面负荷 1.6$m^3/(m^2 \cdot h)$，沉淀区安装行车式吸泥机两台进行排泥。

6. 一段活性污泥池

由原活性污泥池改建。尺寸 50.0m×29.5m×3.6m，有效水深 3m。原活性污泥池为推流式，共分 7 格，考虑到混合废水有机物浓度较高，为增加一段活性污泥池的抗冲击能力，改为完全混合式活性污泥法，采用旋混曝气器布气。

7. 二段活性污泥池

由原水解池改建。尺寸 60.9m×30.8m×5.0m，有效水深 4.4m。采用推流式池型，共分 6 格，每格平面尺寸 30.0m×10.0m。选用旋混曝气器布气。

一段和二段活性污泥池周边设置消泡环管，安装消泡喷头。消泡水采用生物处理出水，由设置在过滤泵房内的消泡泵供给。

8. 三段活性污泥池

由原接触氧化池改造。尺寸 36.8m×30.0m×5.0m，有效水深 4.4m。采用推流式池型，共分 3 格，每格平面尺寸 30.0m×12.0m，选用旋混曝气器布气。

9. 二沉池

采用中心进水、周边出水辐流式沉淀池，设计表面负荷 1.3$m^3/(m^2 \cdot h)$，设两组并联运行，每组尺寸 ϕ22.0m×4.75m，每组安装周边传动刮泥机 1 台。

10. 过滤加压泵房及过滤间

过滤加压泵房与过滤间合建，平面尺寸 30.0m×13.0m。泵房采用地上式，过滤加压泵 3 台，进水采用水射器引水。过滤采用压力式过滤罐，滤速 12m/h，选用 ϕ3.0m 过滤

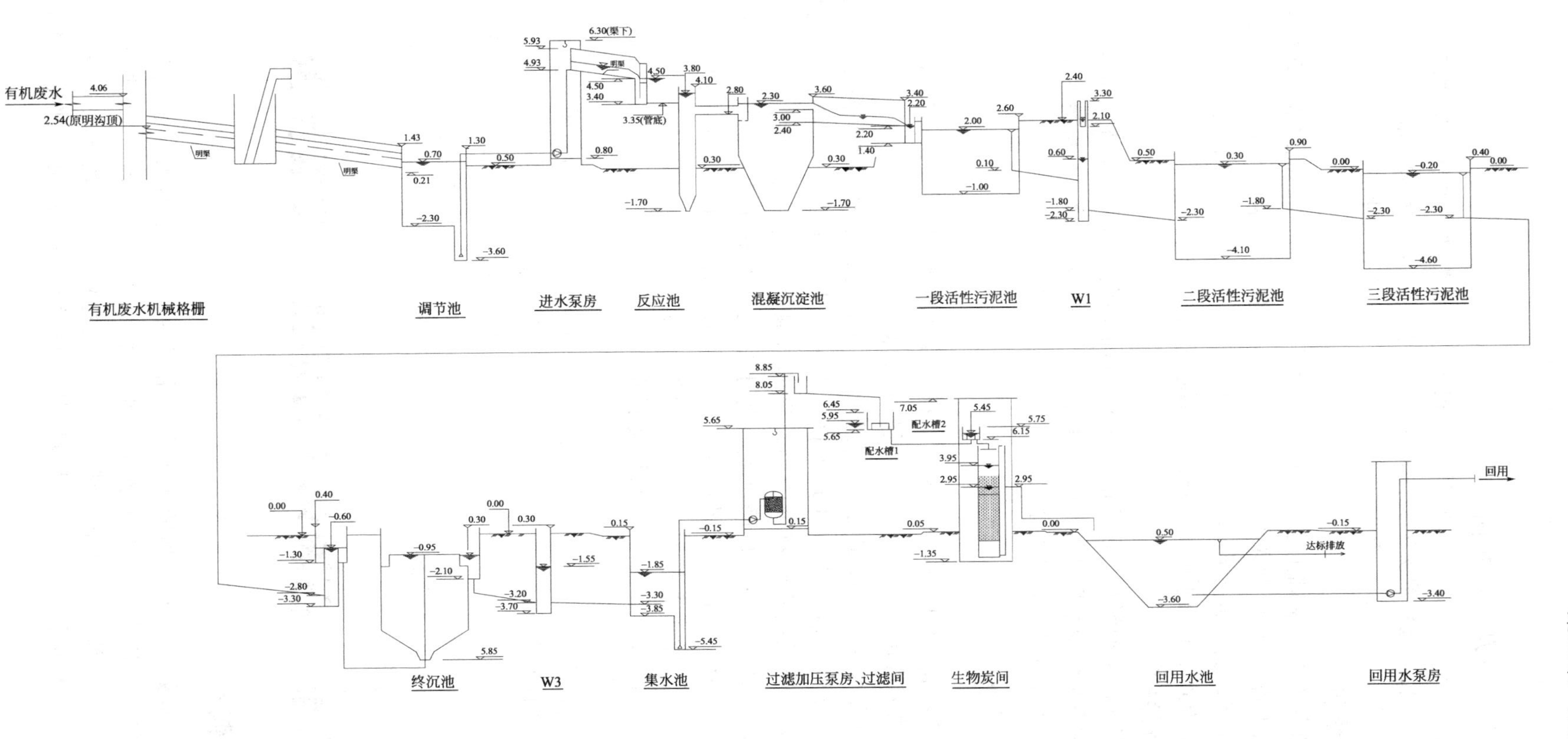

图 4-2-2 氯丁橡胶废水处理工艺流程

罐 8 台。

11. 生物炭风机房及生物炭间

生物炭风机房平面尺寸 12.9m×6.3m，房内风机用作生物炭曝气、生物炭反洗、砂滤罐反洗气源，曝气和反洗选用罗茨风机各 3 台。生物炭间平面尺寸 37.6m×13.0m，生物炭池分 8 格，单格尺寸 5.3m×5.3m×6.0m，炭池采用气水联合反冲洗。

12. 回用水泵房

回用水泵房在原有泵房基础上进行扩建，泵房平面尺寸 38.5m×5.0m，原有泵房安装回用泵 3 台（2 用 1 备），拟增设同型号泵 3 台（2 用 1 备），并根据生产回用水压力要求，改造成恒压变频供水；夏季处理出水水温较高（25～30℃），生产回用水要求水温 25℃以下，因此，原系统设置了回用水池水循环冷却系统 1 套。

13. 污泥处置系统

终沉池污泥用回流泵回流至一段活性污泥池。剩余污泥主要来自调节池排泥、前混凝沉淀化学污泥、生化系统剩余活性污泥，剩余污泥收集于综合污泥池，再由污泥提升泵提升至水泥厂，作为生产水泥的原料，解决了二次污染问题。

三、运行情况

该工程自 2007 年底运行以来，出水稳定，处理效果得到明显改善，实际运行出水 COD 低于 50mg/L，去除率可达 95.5%，出水满足排放要求。

本工程将有机废水与无机废水混合后再进行处理，有机废水一般偏酸性，而无机废水则多呈碱性，因此混合后再进行处理不仅可以减少中和有机废水的酸、碱耗量，无机废水中含有的易沉降无机物还有助于改善后续前混凝沉淀单元污泥的沉降性能。无机废水较为清洁，合并处理还可以降低生化进水浓度，有利于系统的稳定运行。改造完成后，生化系统改为三段活性污泥处理工艺，后续的深度处理单元采用砂滤＋生物炭技术，使最终出水达标或满足回用要求。产生的污泥浓缩后送至水泥厂，最终经水泥厂立窑焚烧处置，既节省了污泥脱水设施投资，降低了处理成本，又较彻底地解决了污泥的二次污染问题。

以三段活性污泥法为主导工艺，对进水水质波动大、含有难降解有机物的氯丁橡胶废水具有很高的运行稳定性和良好的处理效果，耐冲击负荷能力强、不易产生污泥膨胀、操作简单、运转灵活，是一种实用性能好的工程化技术，适用于高浓度、水质波动大、难降解的化工废水的治理。

本工程是在充分利用原有设备、设施的基础上进行改造，不但出水水质稳定达标，还较改造前大大降低了运行成本。

第三节 石油化工废水处理工程实例

一、工程概况

甘肃某化工污水处理厂所处理的污水主要由石油化工厂、橡胶厂、化肥厂等化工生产装置所排出的工业废水，其中主要以有机废水为主。该工程 2002 年竣工建成，处理规模 55000m³/d。该装置利用物理、化学、生物化学等方法，通过各级处理设施和辅助设施，去除水中污染物，达到国家综合排放标准，出水全部排往市政油污干管。

二、处理工艺

(一) 设计水质

本工程设计进水水质见表 4-2-4。

表 4-2-4 污水处理厂设计水质 单位：mg/L，pH 值除外

项目	浓度	项目	浓度
COD	≤1000	石油类	≤50
氨氮	≤50	SS	≤200
pH 值	6～9	氰化物	≤2
硝基苯	≤5	苯胺	≤10

该工程出水标准执行《污水综合排放标准》（GB 8978—1996）一级标准，具体指标见表 4-2-5。

表 4-2-5 设计出水水质 单位：mg/L

项目	浓度	项目	浓度
COD	≤100	SS	≤70
氨氮	≤15	挥发酚	≤0.5
BOD	≤30	总氰化合物	≤0.5
石油类	≤10	硫化物	≤1.0

(二) 处理工艺

由于化工废水组成复杂，常含有毒性大且抑制生物降解的高浓度组分，预处理部分关系到后续废水生化处理设施运行。根据本工程污水的水质特点，结合当地的实际情况和国内外处理工艺，预处理最终选择采用隔油沉淀-均质工艺。化工污水具有 COD 高、氨氮高、生物难降解的特点，生化系统由水解池、A/O 池、曝气池和二沉池组成，以达到降 COD、除氨氮的目的。

(三) 工艺流程

该污水处理厂的工艺流程见图 4-2-3。

化工废水进入污水厂区后，当来水水质超标时，启动来水超标应急预案，来水进入事故缓冲池。来水水质正常时，经高位井和化工废水分配井均量流入隔油沉淀池。在刮渣刮泥装置的作用下，浮渣和化学污泥分别进入浮渣池和污泥浓缩池。隔油沉淀后的废水自流入均质池，部分挥发性污染物在引风机的作用下，经烟囱高空排放，而污水在空气搅拌、水力混合等作用下，进行水力调节和水质均化，缓解瞬间高浓度废水对生化系统的冲击，为生化处理单元输送水质、水量相对稳定的化工废水。然后化工废水流入沉砂池末端，经污水管进入水解池，借助水流升力使水解污泥层保持相对稳定的悬浮状态。水解酸化后的污水进入 A/O 池，首先进入 A 段，与内回流混合液（曝气池末端混合液）和回流污泥（二次沉淀池污泥）混合，在空气搅拌的作用下保持混合状态，使废水与活性污泥得到充分接触；出水进入 O 段，主要进行有机物的降解和硝化作用，根据工艺要求调整空气量，使混合液始终处于好氧状态（DO＞2.0mg/L）。废水好氧硝化后，经过分配井流入曝气池，其末端混合液流入内回流集水井，通过内

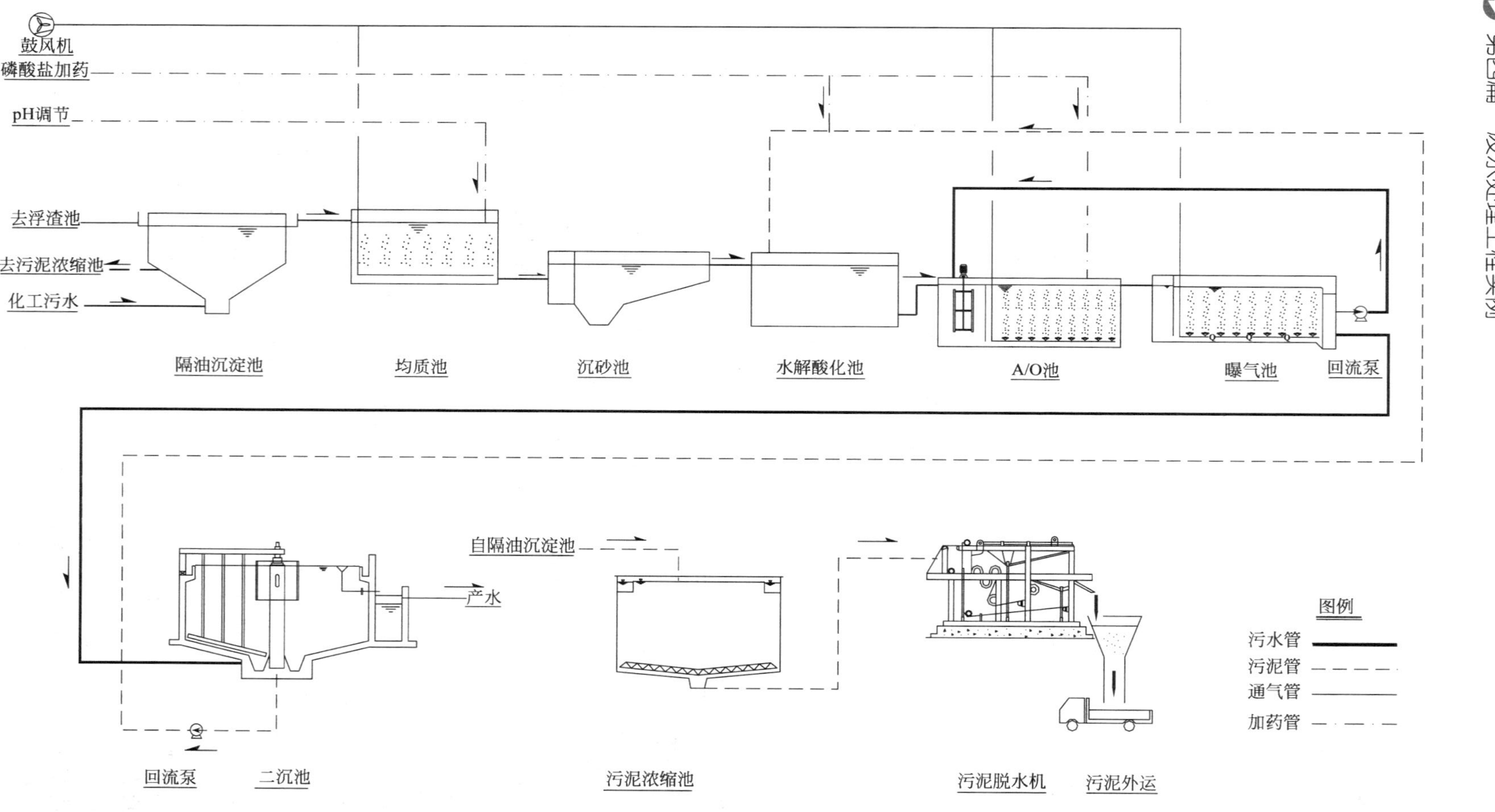

图 4-2-3 石油化工废水处理工艺流程

回流泵将混合液排至A段，其余部分混合液流入二沉池，二沉池部分污泥经外回流泵打回至A段，部分剩余活性污泥排入水解池，使污水在好氧单元以较少的能耗和在较短的停留时间内得到良好的处理效果，澄清后的二次出水排入黄河。

（四）主要设计参数

1. 隔油沉淀池

采用2座隔油沉淀池，每座直径37m，沉淀部分高2.6m，直径容积2800m^3，泥斗高1m，容积420m^3，并配1台双周边传动桥式刮泥机。

2. 均质池

设8座，总长52m，宽8m，池底坡度4%，并设2台引风机和1座高40m的烟囱。

3. 集水井

长8m，宽6.5m，深6.5m，并设2台粗格栅和2台细格栅，粗、细格栅耙齿间距分别为10mm、5mm，1台粗格栅螺旋输送机，1台细格栅螺旋输送机。

4. 水解池

共2座，每座长60m，宽16m，深5m，并配2台引风机。

5. A/O池

共2座，每座A池长21m，宽18.25m，深4.8m，每座O池长58m，宽18.25m，深4.8m。

6. 曝气池

共7座，每座长70m，宽13m，深5.7m。3350个棒式微孔曝气器。

7. 二沉池

设5座ϕ15m的二沉池，内置周边传动半桥式刮泥机。

三、运行情况

废水经过一段时间的调试，各项出水指标均满足《污水综合排放标准》（GB 8978—1996）中的一级标准要求，并通过了当地环保部门验收。日平均处理水量55000m^3，达到设计水量的100%，年运行天数365天。

表4-2-6为项目正常运行时的进出水水质，最终出水水质优于国家一级排放标准。

表4-2-6 工程实际进出水水质及污染物去除率

水质项目		COD/(mg/L)	氨氮/(mg/L)	SS/(mg/L)
实际水质	进水	960	48	178
	出水	93	10	59
去除率/%		90.3	79.2	66.9

该工程的主要特点如下。

（1）处理效率高　核心工艺采用“水解＋A/O”生物脱氮技术，经过长期的运行，证明此工艺处理化工废水效果较好。水解池BOD的去除率为20%～30%，COD的去除率为25%～35%，SS的去除率为60%～80%，有利于后续的好氧处理。经过后续的A/O工艺处理后的出水可以达到GB 8978—1996中的一级标准。

（2）完善的设计　采用预处理工艺，降低了废水中的有毒物质对生物处理的冲击，减轻了生物处理的负荷。通过复合生物处理工艺，提高了对有机污染物（COD）和氨氮的去除效果，硝化、反硝化脱氮的效率，以及池容利用率，并降低了对废水中营养盐的补充量和能耗及工程投资。

(3) 完善的自动控制系统 化工污水处理厂采用全厂DCS系统做常规的监控操作，能十分方便地进行所有调控参数的修改，也考虑了在各种非正常情况下，系统能可靠迅速地做出反应。

第四节 印染废水处理工程实例

一、工程概况

青岛某新建工业园内以织布、染整和缝纫为主要工业。园区废水处理工程分三期完成，每期5000m^3/d，本工程是一期工程，2006年施工，2007年运行，接纳的废水主要是印染漂洗水、退浆和漂白废水，不含丝光工艺废水，该水已进行碱回收。

本污水处理项目位于生产区，占地面积11796m^2，长120m，宽98.3m，南北向布置。废水由西南侧原废水贮池经泵提升进入处理系统，经一系列处理后的废水自流排向处理厂北侧的市政污水管道。该废水处理工程劳动定员11人，处理每吨废水人工费约0.088元，电费约0.52元，药费0.43元，吨水处理费1.04元，年运行费32万元。

二、处理工艺

(一) 设计水质

本工程原水设计水质和处理要求见表4-2-7。处理出水执行国家《污水综合排放标准》(GB 8978—1996) 中的二级标准。

表4-2-7 设计原水水质及处理要求

水质指标	设计进水浓度	排放标准限值	水质指标	设计进水浓度	排放标准限值
COD/(mg/L)	2000	≤150	色度(稀释倍数)	800	≤80
BOD/(mg/L)	500	≤30			
SS/(mg/L)	500	≤150	pH值	8～14	6～9

(二) 处理工艺

本工程废水中含有染料、浆料、助剂、油剂、酸碱、纤维杂质、砂类物质等多种成分。废水中有机污染物含量较高，但是，可生物降解的有机物较少，因此生化性比较差(BOD/COD=0.18～0.35)。另外该废水pH值变化大，而且色度高。

针对废水特点，预处理采用自动格栅、中和反应池、曝气调节池、初沉池等单元，主要是为了去除悬浮物及可直接沉降的杂质，调整pH值，调节废水水质及水量等，确保后续生物处理系统的处理效率。为了达到较高的COD去除率，在二级生物处理中采用半推流式活性污泥系统，其抗冲击负荷能力明显强于传统推流式系统，处理效率高于传统完全混合式系统。针对原水色度高的特点，同时为了进一步去除COD，在深度处理中采用了混凝沉淀脱色+曝气生物滤池的两级工艺，保证了出水达标排放。

(三) 工艺流程

本工程工艺流程可分为预处理、二级处理和深度处理三部分，工艺流程见图4-2-4。

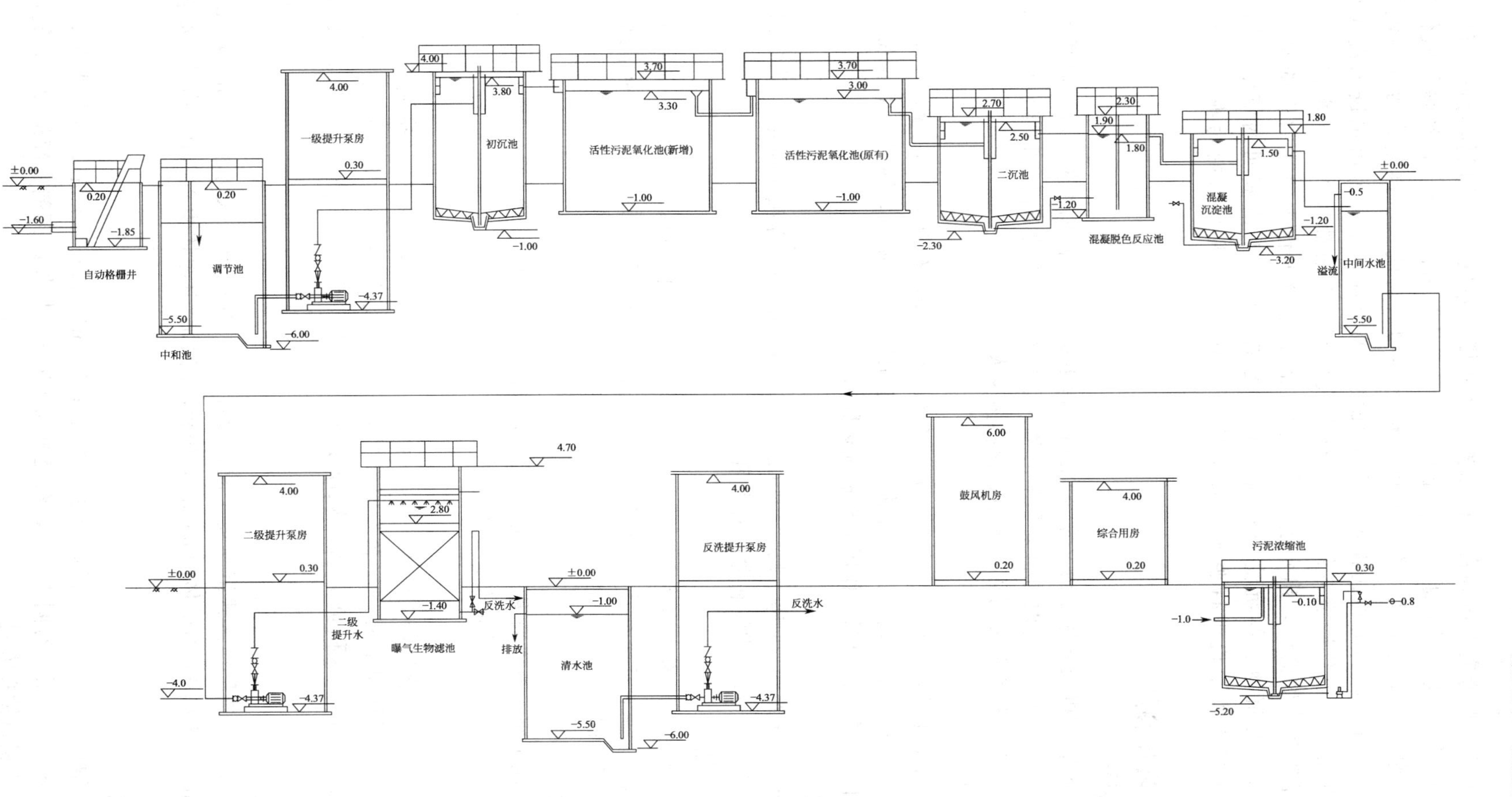

图 4-2-4　印染废水处理工艺流程

工业区废水经地下污水管道自流到自动格栅池，经格栅去除较大悬浮固体后进中和池，在中和池调整 pH 值后进入调节池，在此处原水和回流的剩余污泥混合，经曝气氧化处理后由一级提升泵提升至初沉池，在此去除固体悬浮物后自流入半推流式活性污泥氧化池，出水进入二沉池，二沉池污泥回流至集泥池和调节池，二沉池出水进入混凝反应池，经加药混凝搅拌脱色后进入终沉池进行固液分离，上清液进入中间水池，再由二级泵将水送至曝气生物滤池，出水进入清水池。清水池的水作为滤池的反洗水，多余的水溢流排放。初沉池、终沉池的污泥排到污泥浓缩池，上清液回调节池。浓污泥由污泥泵送入带式脱水机进行脱水，脱出的水回调节池，脱水后的污泥作为固体废弃物处置。

(四) 主要设计参数

1. 自动格栅

选用 XG 型旋转式机械格栅 1 台，宽 800mm，高 4000mm，栅条间隙 5mm，材质为不锈钢，运行功率 0.75kW。运行时有自动和手动两种运行方式，自动时由定时器自动控制开启和停止的运行时间，运行间隔可根据水中悬浮物多少人工调节设定。

2. 中和反应池

敞口式钢筋混凝土结构，1 座，尺寸 5.0m×5.0m×5.5m，有效水深 3.9m，反应时间约 30min。来水在中和池中经过加酸和硫酸亚铁，使 pH 值得到调节，同时水中有部分染料、助剂和浆料在硫酸亚铁的混凝作用下形成固体颗粒。

3. 调节池

敞口式钢筋混凝土结构，1 座，尺寸 30.0m×30.0m×3.5m，容积 $3000m^3$，停留时间 12h。内设曝气穿孔管，起到增氧和搅拌的作用。

4. 一级提升泵

选用 4PW 型卧式离心废水泵 4 台，2 用 2 备。单台流量 $120m^3/h$，扬程 12m，电机功率 7.5kW。一级提升泵、二级提升泵及反洗泵全部置于泵房内，泵房采用地下式钢混结构，地上为配电室和操作间。

5. 初沉池

辐流式沉淀池 1 座，池体采用圆形地上式钢筋混凝土结构，尺寸 ϕ20.0m×3.8m，表面负荷 $0.67m^3/(m^2 \cdot h)$，内设中心传动式刮泥机。

6. 氧化池

钢筋混凝土结构，两座串联，设计水量 $210m^3/h$，总停留时间 47h。每座推流式曝气池由三段廊道组成，每段体积 $1632m^3$，停留时间 7.8h，单座尺寸 48.0m×8.5m×4.7m。污泥浓度 $2.0 \sim 2.5kg/m^3$，容积负荷 $0.31kgBOD/(m^3 \cdot d)$、污泥负荷 $0.2 \sim 0.24kgBOD/(kgMLSS \cdot d)$。

7. 二沉池

钢筋混凝土结构，圆形辐流式沉淀池 1 座，设计水量 $210m^3/h$，尺寸 ϕ20.0m×4.3m，表面负荷 $0.67m^3/(m^2 \cdot h)$，有效体积 $630m^3$，停留时间 3h，其总体积 $942m^3$。内设中心传动刮泥机 1 台。

8. 反应池

采用地上式钢筋混凝土结构，两座合建，总尺寸 4.5m×4.5m×3.5m，有效水深 3m，总停留时间 34min，其中反应时间 17min，絮凝时间 17min。投加的药剂有硫酸亚铁、脱色剂和絮凝剂。采用机械搅拌方式。

9. 混凝沉淀池

混凝沉淀池形式和参数同二沉池。

10. 中间水池

地下封闭式钢筋混凝土结构，与调节池、泵房和清水池合建。有效容积 $330m^3$，尺寸 15.0m×5.5m×5.5m。中间水池设有液位控制器，控制二级提升泵的运行，还设有溢流口，当原水浓度较低时，到达中间水池前已经达标，此时可直接溢流排放，无需再运行曝气生物滤池。

11. 二级提升泵

采用 4PW 型卧式离心废水泵 4 台，2 用 2 备。单台流量 $120m^3/h$，扬程 12m，电机功率 7.5kW。

12. 曝气生物滤池

地上式钢筋混凝土结构，4 格合建，每格尺寸 5.0m×5.0m×6.1m，每格对应 1 台 4PW 提升泵和 1 台 SSR100 风机。池中设有粒径 3～6mm 的陶粒生物填料，填料层高度 3m。

13. 清水池

地下密闭式钢筋混凝土结构，与调节池、中间水池和泵房合建。尺寸 12.0m×15.0m×5.5m。清水池中设有液位控制器。

14. 鼓风机房

尺寸 24.0m×6.5m×6.0m，内设 5 台 C40 离心鼓风机（3 用 2 备）供氧化池曝气和中和池搅拌，4 台 SSR100 三叶罗茨风机（2 用 2 备）供曝气生物滤池曝气和反洗，2 台 SSR150 型三叶罗茨风机（1 用 1 备）供调节池预曝气和搅拌。

15. 污泥浓缩池和污泥脱水机房

污泥浓缩池为圆形地下敞口钢筋混凝土结构，直径 12m，污泥浓缩时间 18h。污泥浓缩后其含固率约 97.5%。浓缩后的污泥经污泥泵送至带式压滤机脱水，脱水后的污泥含水率 80%，可装袋外运。脱水机房尺 10.8m×6.0m，选用 DYQ1500 型带式污泥脱水机 1 台（1.5kW）。配套设施有 40-200 增压清洗泵（4kW）1 台，20-160 加药泵（0.75kW）1 台，溶药罐（1.5kW）1 个，V0.3/7 空压机（3kW）1 台，絮凝罐 1 个，TD75-500 皮带输送机（1.5kW）1 台。

16. 加药间

加药间紧邻脱水机房与脱水机房合建。建筑面积 $64.8m^2$，内设加药罐 24 个，其中一期 12 个，二期 12 个。一期使用的化学药剂分别是硫酸亚铁（4 个）、硫酸（2 个）、脱色剂（2 个）、尿素（2 个）、絮凝剂（2 个）。

17. 药品库房

药品库房建筑面积 $64.8m^2$，内设排水沟、洗手池和换气排风扇。

三、运行情况

2004～2005 年进行废水处理工程设计；2005～2006 年进行废水处理工程施工、设备和管道安装、工艺调试；2007 年废水处理工程正式投产运行。2009 年 2 月运行检测数据见表 4-2-8。

本印染废水处理工程关键技术为半推流式活性污泥法处理系统，预处理采用加药、混凝、沉淀，深度处理采用混凝沉淀和曝气生物滤池。该系统处理效率高，耐冲击负荷，管理方便，出水水质达标有保障。

表 4-2-8 2009 年 2 月监测数据

日期(月．日)	COD/(mg/L)	pH 值	色度/倍	SS/(mg/L)	日期(月．日)	COD/(mg/L)	pH 值	色度/倍	SS/(mg/L)
2.4	69	7.62	32	30	2.17	83	7.82	32	30
2.5	92	7.5	32	30	2.18	93	7.6	32	30
2.6	83	7.59	32	30	2.19	75	7.65	32	30
2.7	72	7.67	32	30	2.20	95	7.65	32	30
2.8	78	7.68	32	30	2.21	83	7.6	32	28
2.9	81	7.63	32	30	2.22	84	7.59	32	30
2.10	86	7.65	32	30	2.23	104	7.5	32	30
2.11	85	7.6	32	30	2.24	81	7.51	32	30
2.12	77	7.6	32	31	2.25	83	7.58	32	30
2.13	81	7.6	32	30	2.26	79	7.6	32	27
2.14	95	7.53	32	30	2.27	95	7.61	32	31
2.15	77	7.6	32	30	2.28	83	7.62	32	30
2.16	78	7.61	32	30					

第五节 有色金属废水处理工程实例

一、工程概况

某矿业股份公司锌业事业部是一家大型有色金属冶炼加工企业。企业原有年产电解锌 4 万吨、硫酸 6 万吨的生产能力，于 2005 年又投资扩建了年产 5 万吨电解锌、10 万吨硫酸项目，并于同年 8 月进入试生产阶段。

该企业在 1990 年建有一个小型室内废水处理站，最大处理水量 400m³/d，但不能满足新上项目的废水处理需求。根据建设项目“三同时”的要求，在原有废水站基础上扩建废水处理工程，要求充分利用原有建、构筑物及部分设施，以减少基建投入。扩建后的废水处理工程处理全厂冶锌废水和制酸废水，并最大限度地回用，以达到节约用水、保护资源的目的。

该工程设计处理规模 2500m³/d，实际处理水量 2880m³/d，占地面积 3400m²，工程总投资 536.78 万元，总装机容量 171.4kW，吨水处理直接费 0.76 元。

二、处理工艺

(一) 设计水质

企业的含酸废水总量 1400～1500m³/d，冶炼废水总量 800～1000m³/d。废水站设计规模 2500m³/d。

设计进水水质见表 4-2-9。

表 4-2-9 设计进水水质 单位：mg/L，pH 值除外

项目	pH 值	SS	Zn	As	Cu	Cd	Pb	F	Hg
浓度	1～3	100～200	80～150	0.5～5.0	0.5～3	1～5	2～8	30	0.05

经处理的出水水质要求全部回用于冷却循环补充水、冶炼用水、制硫酸用水及道路绿

化，要求符合国家《污水综合排放标准》（GB 8978—1996）二级标准，以及《城市杂用水水质标准》（GB/T 18920—2002)，具体要求见表 4-2-10。

表 4-2-10 排放水质标准

水质项目	水质要求	水质项目	水质要求
pH 值	6～9	Hg/(mg/L)	≤0.05
SS/(mg/L)	≤10	氟化物/(mg/L)	≤10
Zn/(mg/L)	≤5	BOD/(mg/L)	≤10
As/(mg/L)	≤0.5	COD/(mg/L)	≤50
Cu/(mg/L)	≤1.0	总余氯(接触 30min 后)/(mg/L)	≥1.0
Cd/(mg/L)	≤0.1	总大肠菌群/(个/L)	≤3
Pb/(mg/L)	≤1		

(二) 处理工艺

本工程废水包括硫酸废水和冶炼废水两部分，分别采用不同的工艺来处理。

硫酸废水酸浓度大、水量大，此部分废水如果用 CaO 调 pH 至中性会产生大量含有重金属的废渣，影响综合利用，因此先将 pH 值调整为 3～5，此时重金属离子不会沉淀，生成的硫酸钙废渣脱水后可制成石膏，直接运往当地的水泥厂作为水泥生产添加剂使用，这样就减少了渣的堆放，又给企业带来经济效益，变废为宝。硫酸废水处理后的清液与冶炼废水合并处理。

冶炼废水含有多种重金属离子，水质呈中性，经深度处理可回用于生产，节约水资源。本工程冶炼废水的处理采用三级中和＋两级沉淀＋两级过滤的处理工艺。

(三) 工艺流程

本工程工艺流程如图 4-2-5 所示。

硫酸废水和冶炼废水首先分别经格栅去除漂浮物和大颗粒杂质。硫酸废水用石灰乳将 pH 值从 1 调至 3～5，经竖流沉淀池将沉渣（石膏）分离去除，之后，经中和沉淀的硫酸废水与冶炼废水一起进入调节均化池，再进入二次中和反应池进行中和，用石灰乳将废水 pH 值调至 10.5～11.5，实现 Cd、Pb、As 等的分离去除，必要时投加絮凝剂和助凝剂以提高去除效果，再经辐流沉淀池将沉渣分离去除，部分污泥用泵回流至二次中和反应池的入口，以降低石灰乳投加量，减小运行费用。为保证废水中所有重金属得到有效去除，实现废水达标排放（或回用），还需对废水进行第三次中和，加酸调节 pH 值至 7.5～10.5，利用金属共聚沉降的性能，保证有害重金属的完全去除，出水进入专门设计的竖流沉淀滤池，竖流沉淀池出水流入中间水池，经纤维球过滤器过滤，保证水中悬浮物的有效去除，达到回用水质要求。在格栅池出口设有事故池，加装安全旁路管线，以满足废水站设备维修要求，保证企业生产的正常进行。

(四) 主要设计参数

1. 格栅集水池 1

用于硫酸废水处理。尺寸 8.0m×2.0m×3.5m，总容积 $56m^3$，有效容积 $34.6m^3$，水力停留时间 30min，设机械格栅 1 台，去除废水中的漂浮物。

2. 一级中和反应池

用于硫酸废水处理。尺寸8.0m×1.8m×6.0m，总容积 $86.4m^3$，有效容积 $60m^3$，水力停留时间 25min。在该池进口处，采用投加石灰乳的方式将 pH 值从 1 调至 3～5。

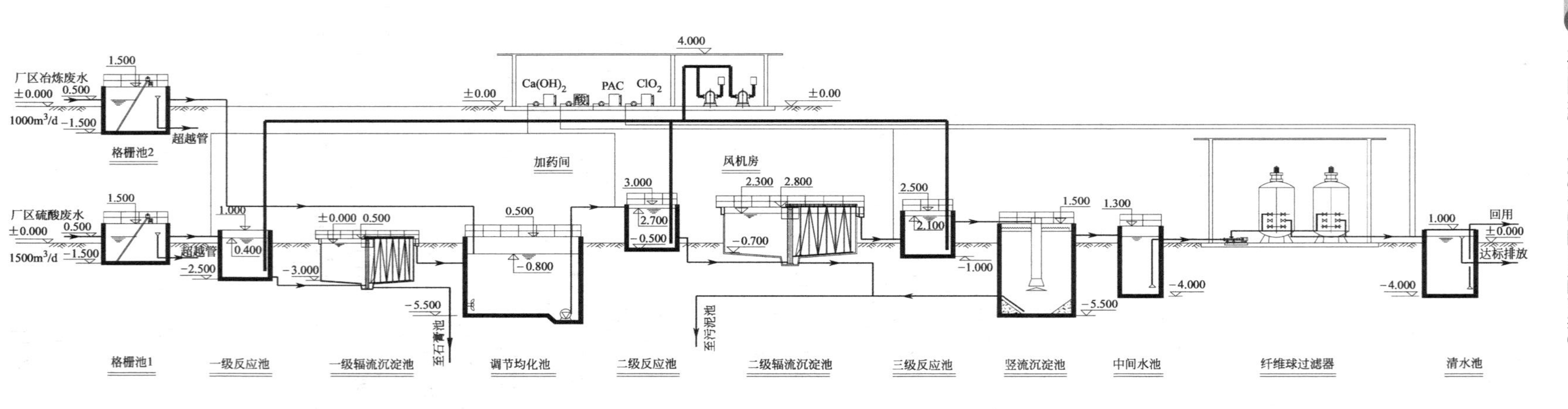

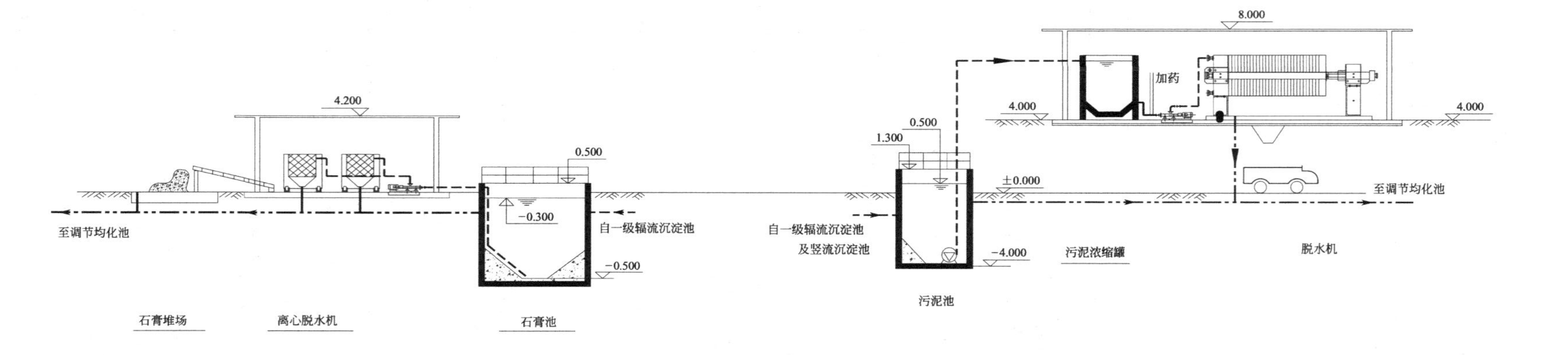

图 4-2-5 有色金属废水处理工艺流程

3. 竖流沉淀分离系统

用于硫酸废水处理。竖流沉淀分离系统由竖流式沉淀池和污泥回用池两部分组成。竖流式沉淀池尺寸8.0m×8.0m×6.5m，总容积416m^3，有效容积192m^3，水力停留时间2.6h，表面负荷1.13m^3/(m^2·h)。中心管直径0.35m，管内流速22mm/s。污泥回用池尺寸8.0m×8.0m×6.5m，总容积416m^3，有效容积384m^3。池内安有泥浆泵，定期将生成的石膏打入离心机进行泥水分离，脱水后的石膏销售给水泥厂做添加剂，而废水进入调节均化池。

4. 格栅集水池2

用于处理冶炼废水，设计参数同格栅集水池1。

5. 调节均化池

尺寸17.0m×13.0m×5.0m，总容积1105m^3，有效容积900m^3，水力停留时间7.5h。经过预处理后的硫酸废水与冶炼废水一并进入调节均化池，该池可对生产线上不同时间排放的不同浓度的废水起到均化水质水量的作用。池中设有曝气系统，起到搅拌和氧化的作用，防止污泥在调节池内沉积，减少了清理费用。

6. 二级中和反应池

尺寸10.0m×3.0m×5.0m，总容积150m^3，有效容积110m^3，水力停留时间55min。在该池进口处，采用投加石灰乳的方式将pH值从4～5调至10.5～11，使有害重金属发生反应生成易沉淀物质，该池入口处还设计有泥水回流的混合系统。

7. 辐流沉淀池

尺寸ϕ18.0m×3.5m，中心进水，周边出水。总容积890m^3，有效容积630m^3，水力停留时间2.5h。为提高去除效果，在该池进口处投加混凝剂PAC和PAM，投加量分别为30～50mg/L、1～5mg/L，能基本去除水中的Cd、Pb、As等重金属。辐流沉淀池在设计上还考虑了泥水的迅速分离，安装有单边传动的半桥式刮泥机，池内设有挡渣板，同时沿圆周方向设有喷淋管，设置喷淋管的目的，一是消除中和反应可能产生的大量泡沫，二是考虑到冬季防止结冰。为了节约药剂费用，辐流沉淀池采用污泥和废水回流方式，回流比50%～100%，回流至二级中和反应池的进口。

8. 三级中和反应池

尺寸11.0m×2.0m×5.0m，总容积110m^3，有效容积96m^3，水力停留时间48min。在该池进口处，采用投加硫酸的方式将pH值从10.5～12调至7.5～10.5，使部分有害重金属利用化学反应的共聚沉淀原理，进一步得到去除，为提高去除效果，必要时还需要适当投加混凝剂，采取上述措施后废水中的所有重金属离子将得以有效去除。

9. 竖流沉淀滤池

设计尺寸11.0m×11.0m×6.0m，中心进水，周边出水。设计总容积726m^3，有效容积360m^3，水力停留时间3h。安装有单边传动的半桥式刮泥机，池内设有挡渣板，同时沿圆周方向设有喷淋管。

10. 中间水池

该池尺寸11.0m×2.0m×5.0m，总容积110m^3，有效容积96m^3。

11. 纤维球过滤器

外形尺寸ϕ2.6m×5.5m，2台（1用1备），过滤速度23.7m/h，水冲洗强度10L/(m^2·s)，冲洗历时10～20min，采用2台离心泵（Q=93.5m^3/h，H=28m，N=11kW）进行反冲洗。

纤维球过滤器采用由纤维丝结扎而成的纤维球作为滤料。该滤料具有高弹性、空隙可变、耐磨损、腐蚀等特点。在过滤过程中，空隙率沿水流方向逐渐变小，符合理想滤料上大下小的孔隙分布，悬浮物去除率可达85%以上。

12. 清水池

外形尺寸11.0m×11.0m×5.0m，总容积为605m^3，有效容积540m^3，水力停留时间4.5h。净化水由回用泵打入用水处，选用3台回用泵，采用变频恒压自动控制，泵选型为65LG（Q=36m^3/h，H=40m，N=7.5kW）。

13. 泵房

尺寸18.0m×6.0m×7.5m，砖混结构，内置过滤器进水泵2台，反冲泵2台，污泥提升泵2台，回用泵3台。

14. 设备间

设备间1：尺寸8.0m×3.3m×4.5m，砖混结构，内置离心脱水机2台，污泥泵2台。设备间2：尺寸9.0m×6.0m×6.5m，砖混结构，内置纤维球过滤器2台。

15. 污泥脱水系统

污泥脱水系统分成两个部分，分别用于含硫酸钙的污泥和含重金属污泥的浓缩脱水。污泥浓缩池1用于硫酸钙污泥脱水，利用位于原废水站二楼的钢质反应池改造，2座，单池尺寸2.8m×2.5m×3.0m，总容积42m^3。污泥浓缩池2用于含重金属污泥脱水，利用原有的水池改造而成，尺寸6.5m×9.8m×4.0m，用以收集辐流沉淀池、竖流沉淀滤池污泥。此部分污泥含有大量的有色金属氢氧化物沉淀，含量适中时可以考虑回用。由于竖流沉淀池排出的污泥（石膏），呈稀稠糊状，流动性较好，透水性很差，很难用带式压滤机进行脱水，选用尺寸为5.18m×1.77m×1.72m的板框压滤机，脱水后的污泥含水率可达到70%～80%。

16. 加药系统

重金属废水治理并回用需要投加多种药剂，采用6套加药系统，其中酸碱投加设备均可利用原有的加药设备，进行维修后继续使用；PAC、PAM、石灰乳投加设备则需要新置。加药设备根据需要配备了6套pH值在线检测仪，以便根据所测的pH值进行实时闭环反馈控制，以保证去除效果。为实现自动控制，加药系统分别配备了进口的计量加药泵，共12台，每套加药系统实现1用1备，保证废水站的正常运行。

17. 厂房

原废水站厂房尺寸为30m×12m，底层高3.5m，上层高5.5m。对原厂房进行改造后，在底层进行石灰乳配置、药品储存，以及摆放新增加的石灰乳制备机，并作为风机房、污泥外排过道；在上层进行酸碱投加，摆放PAC、PAM加药设备、污泥浓缩罐、污泥泵、污泥脱水机，并作为电控间和值班室。

三、运行情况

污水处理站投入运行后，能确保实现污水达标回用，有效地改善了企业环境，为企业可持续发展提供了可靠基础。依照理论计算年减少超标污水排放量82.5万吨（污染负荷量是按照每年生产330天计算），有非常明显的环境效益和社会效益。

第六节 电镀废水处理工程实例

一、工程概况

某电镀厂主要从事加工各类五金产品及零部件表面处理、电镀、抛光、镀膜等，其废水主要来自水洗工序、车间地面冲洗和化学清洗液更换等。废水中主要含金属元素铬和镍，还有部分含碱废水和含铁酸性废水。本工程废水主要特点为COD浓度较低，另外产生的含铁酸性废水和含碱废水可以用来调节其他废水的pH值。本工程处理能力$90m^3/d$，于2006年4月1日开始调试，2007年5月交付使用。

本废水处理站为工厂现有库房改建而成，综合废水池、碱性废水池、污泥浓缩池及清水池设于室外，其余构筑物设于废水处理间内。总占地面积$99m^2$，长10m，宽9.9m。工程投资45万元，电镀厂兼职工人3名，装机容量4kW，运行日耗电32kW·h，吨水药费0.22元，一年350天运行，年运行费1.59万元，吨水处理费0.50元。

二、处理工艺

(一) 设计水质

该厂主要为各类五金产品及零部件镀铬和镍。废水处理出水要求达到国家《污水综合排放标准》（GB 8978—1996）中的二级标准，主要限值要求为：TCr≤0.5mg/L，Fe^{2+}≤0.5mg/L，Ni^{2+}≤1.0mg/L，COD≤150mg/L，pH值=6～9。

(二) 处理工艺

六价铬废水的处理技术路线主要有两条：一是首先将废水中六价铬还原为三价铬，再通过加药混凝、沉淀去除，可以采用化学还原法、电解还原凝聚法等；二是铬回收，主要方法包括离子交换、活性炭吸附和反渗透等。其中化学还原法、电解还原法、离子交换法等应用较为普遍。

该电镀工厂电镀种类较为单一，废水组分较为简单，废水中主要的处理污染物对象为Fe^{2+}、Cr(Ⅵ）和Ni^{2+}，其他金属元素相对较少，从工程投资、运行可靠性和稳定性的角度考虑，采用化学法处理较为合适。为此，本工程采用化学还原+混凝沉淀的处理工艺。生产过程中产生的含碱废水和含铁酸性废水，用于调节废水的pH值。

(三) 工艺流程

本工程工艺流程见图4-2-6。

(四) 主要设计参数

1. 综合废水池

采用钢筋混凝土结构，1座，全地下，带盖板，池内壁玻璃钢防腐，尺寸4.0m×3.2m×3.0m，有效容积$25.6m^3$，停留时间9h。设提升泵2台（1用1备），单台流量$4m^3/h$，单台扬程12m，配备在线pH计及自动加药装置各1套。

2. 碱性废水池

采用钢筋混凝土结构，1座，全地下，带盖板，尺寸1.5m×1.5m×3.0m，有效容积$4.5m^3$，停留时间4.5h，设提升泵1台，流量$2m^3/h$，扬程12m。

3. 还原反应池

采用涡流式上向流反应池，碳钢材质，1座，地上设置，池内壁玻璃钢防腐，尺寸ϕ1.2m×2.5m，有效容积$2m^3$，停留时间0.5h，配备自动加药装置1套。

4. pH值调节池

采用涡流式上向流反应池，碳钢材质，1座，地上设置，池内壁玻璃钢防腐，尺寸ϕ1.2m×2.5m，有效容积$2m^3$，停留时间20min，配备在线pH计及自动加药装置各1套。

5. 沉淀池

采用竖流式沉淀池，碳钢材质，两座，地上设置，池内壁玻璃钢防腐。单池表面负荷

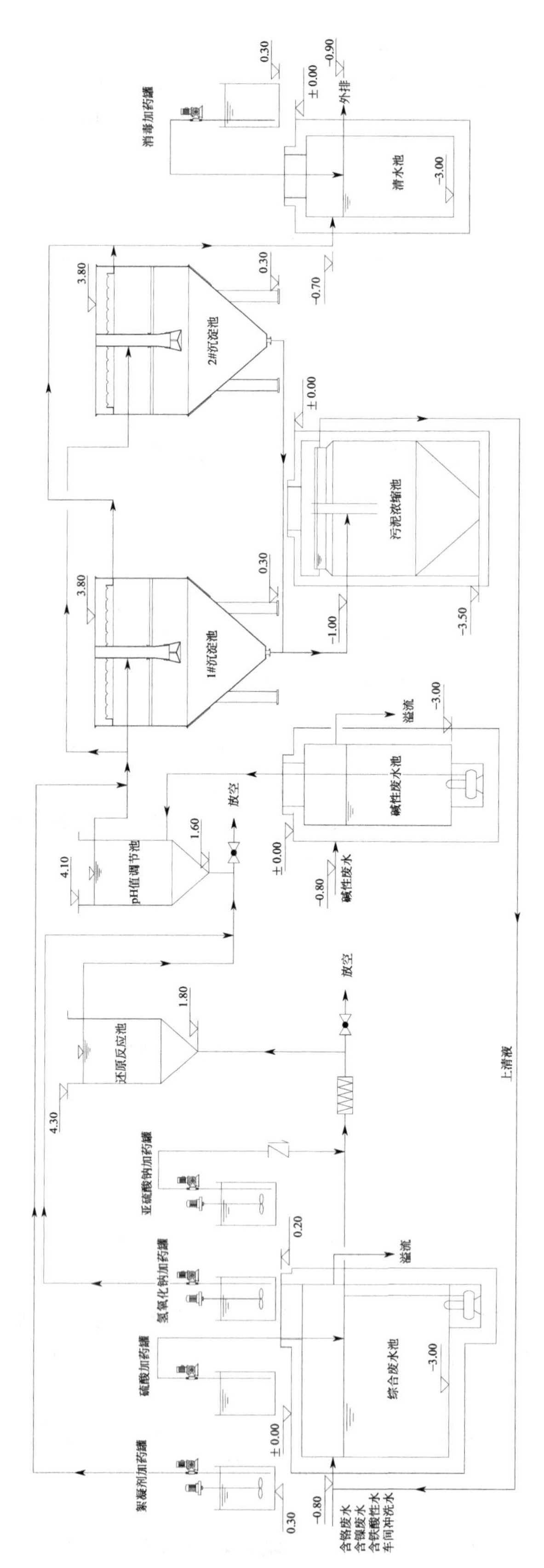

图 4-2-6 电镀废水处理工艺流程

$0.8m^3/(m^2 \cdot h)$，有效断面面积 $3.75m^2$，沉淀时间 2h，有效水深 1.6m，泥斗深 0.9m。每座沉淀池尺寸 $\phi 2.2m \times 3.5m$，配备自动加药装置 1 套。

6. 污泥浓缩池

采用钢筋混凝土结构，1 座，全地下，带盖板，尺寸 2.5m×2.5m×3.5m，沉淀时间 2h。

7. 清水池

采用钢筋混凝土结构，1 座，全地下，带盖板，尺寸 1.5m×1.5m×3.0m，有效容积 $4.5m^3$，停留时间 0.75h，配备自动消毒加药装置 1 套。

三、运行情况

该废水处理工程 2007 年 1 月正式运行，出水达到设计要求，运行期间主要水质指标见表 4-2-11，表中出水水质指标为长期监测均值。

表 4-2-11 出水监测水质与标准限值的对比

项目	Cr(Ⅵ) /(mg/L)	Fe^{2+} /(mg/L)	Ni^{2+} /(mg/L)	COD /(mg/L)	pH 值
出水水质	0.31	0.19	0.52	112	8.6
标准限值	0.5	0.5	1.0	150	6～9

本工程关键技术为在不同处理阶段控制较为精确的 pH 值范围，还原 Cr(Ⅵ)，然后将其沉淀。在整个过程中，首先将废水 pH 值调节至 2～3，其次通过投加亚硫酸钠将 Cr(Ⅵ)还原为 Cr(Ⅲ)，最后利用碱性废水并配合投加氢氧化钠溶液，将废水 pH 值调节至 7.5～8.5，将废水中的 Cr(Ⅲ)、Fe 和 Ni 离子沉淀去除，整个 pH 值调节过程中，采用在线 pH 计进行实时监控。

该工艺采用工厂排出的含铁酸性水和碱性水进行 pH 值调节，通过高程设置减少废水的提升次数，降低了工程投资和运行费用，工艺流程简单，管理方便。

工程的主要问题是没有进行重金属的回收，因此存在污泥出路问题。由于该废水处理站排出的污泥为危险废物，必须交由有资质的企业进行无害化处置。

第七节 生物制药废水处理工程实例

一、工程概况

某生物技术有限公司主要生产天然防腐剂纳他霉素及天然食品添加剂红曲红色素等。生产过程中产生少量高浓度有机废水，对环境造成一定的污染，需要进行处理。本项目处理规模 $50m^3/d$，包括纳他霉素及红曲霉素生产车间发酵浓液以及发酵罐和车间地面冲洗水，COD 平均浓度 40000mg/L，COD 负荷 2000kg/d。

本工程于 2007 年 3 月开始设计施工，2007 年 9 月竣工并试运行，2008 年 6 月验收。占地面积 $1120m^2$，长 43.5m，宽 26m。废水由东侧进入废水处理站集水井，处理后出水由废水站西侧排放至厂区外排管道。工程总投资 212 万元，劳动定员 4 人，装机容量 108kW，运行日耗电 611kW·h，日消耗药品费 198 元，年运行总费用 20.5 万元，吨水处理费用 11.4 元。

二、处理工艺

(一) 设计水质

目前该厂排放的废水主要包括纳他霉素和红曲霉素的发酵排水以及发酵罐和地面的冲洗水，总废水量50m³/d，其中纳他霉素生产车间为40t的发酵罐，每天排放浓液30m³；红曲霉素生产车间投产为20t的发酵罐，每年生产两个月，每两天排放浓液约10m³，发酵罐和车间地面冲洗水约10m³。纳他霉素和红曲霉素的发酵废水属于典型的高浓度有机废水，有机物、总氮、总磷指标浓度较高，悬浮物浓度较低，可生化性较差。主要污染物浓度见表4-2-12。

表 4-2-12 设计进水水质 单位：mg/L，pH值除外

项目	COD	BOD	SS	NH_4^+-N	TN	TP	pH值
发酵浓废水	50000	30000	150	1500	3000	100	4.0～4.5
混合废水	40000	24000	120	1200	2400	80	4.0～4.5

根据当地环保局要求，废水处理应达到国家《污水综合排放标准》(GB 8978—1996)中一级排放标准。考虑到日益严格的环境标准的要求，为企业未来的发展预留一定的空间，企业要求将设计出水水质指标加严，主要排放水质指标见表4-2-13。

表 4-2-13 废水排放限值要求 单位：mg/L，pH值除外

项目	COD	BOD	SS	NH_4^+-N	pH值
排放标准	≤100	≤20	≤70	≤15	6～9

(二) 处理工艺

本工程采用高效的厌氧发酵与好氧处理相结合的工艺。本工程原水浓度较高，厌氧采用高效内循环厌氧反应器进行高温发酵，以尽量多地去除有机污染物。对于好氧工艺，本工程处理规模小，但是出水水质要求较高，从系统的稳妥性方面考虑，非常适合采用膜生物反应器(MBR)。由于传统的中空纤维丝状膜在使用中需要频繁进行反冲洗，丝容易折断和被杂物缠绕，并存在膜通量小、过滤压力大等缺点，因此本工程选用日本久保田公司生产的一种板式微滤膜，较好地克服了丝状膜的缺点，保证了系统运行稳定。

本工程原水总氮含量非常高，为了有效地脱氮，采用了两级硝化-反硝化工艺。

设置后处理单元的目的是为了降低总磷的排放浓度，同时保证有机物和色度实现达标排放，处理工艺采用混凝、膜分离与化学脱色的组合。化学混凝不仅能有效地除磷，而且对难降解的胶体性有机物有较好的去除作用。

本工程好氧剩余污泥送到厌氧单元进行稳定化，使污泥减量，最终全部剩余污泥从厌氧单元排出。在后处理单元中会产生一定量的化学污泥。将这两种污泥混合后脱水，脱水后污泥含水率约为80%，可以进行综合利用。

(三) 工艺流程

本工程的处理工艺流程可分为三部分：废水生物及物化处理部分、污泥处理部分以及沼气处理和利用部分。工艺流程详见图4-2-7。

废水经厂区排水管道排入现有车间外的贮水池中，然后由泵提升至pH值调节槽，调节pH值后自流进入调节池，进行水质、水量的调节；然后由调节池内的提升泵提升至高效厌氧内循环反应池进行厌氧处理；厌氧出水自流排入一级脱氮单元，一级脱氮单元由一级反硝

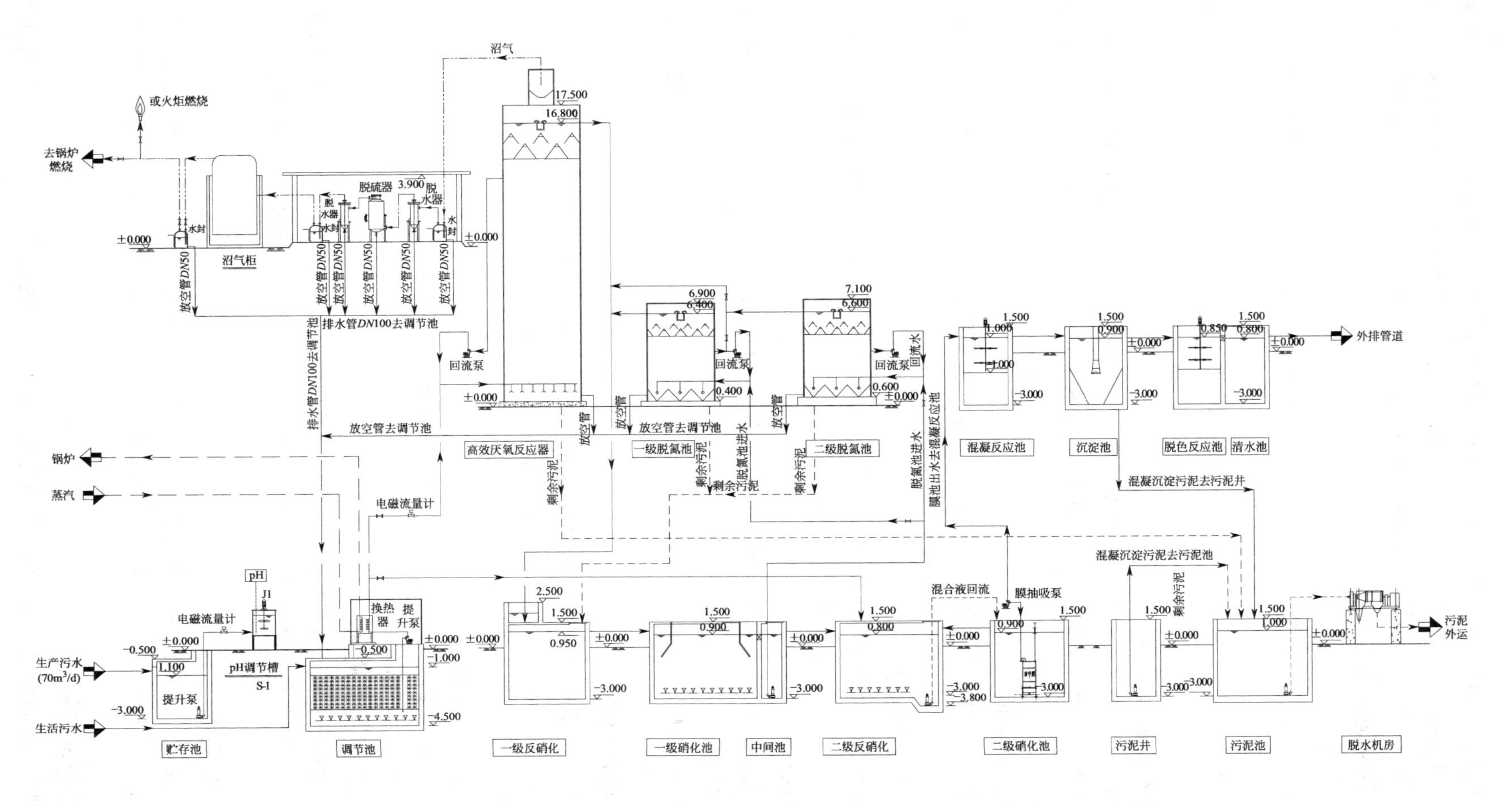

图 4-2-7　生物制药废水处理工艺流程

化池、一级硝化池和脱氮池组成；一级脱氮单元出水自流进入二级脱氮单元，二级脱氮单元由二级硝化池（膜池1）与二级反硝化池组成；二级脱氮单元出水由膜抽吸泵送入混凝反应池，采用化学法对磷和胶体性有机物进行去除，混凝反应出水经膜过滤和脱色达标排放。

（四）主要设计参数

1. 贮水池

收集车间排水，结构尺寸7.0m×3.0m×2.8m，有效容积42m^3，水力停留时间20h。

2. 调节池

调节水量，均化水质，钢筋混凝土结构，尺寸3.0m×3.0m×4.0m，有效容积31.5m^3，水力停留时间15h。

3. 高效厌氧反应器

钢结构，尺寸ϕ3.5m×17.5m，总容积168m^3，有机负荷16.5kgCOD/(m^3·d)，高温55～60℃发酵，COD去除率95%，BOD去除率98%，出水COD＜2000mg/L，BOD＜480mg/L，沼气产量1200m^3/d。

4. 一级硝化池

去除厌氧出水中的有机物及将氨氮部分转化为亚硝酸盐。钢筋混凝土结构，3座，单座尺寸3.1m×2.9m×4.0m，总有效容积95m^3。

5. 一级反硝化池

将脱氮池中产生的硝酸盐转化为氮气，从水体中脱除。钢筋混凝土结构，1座，尺寸3.1m×2.9m×4.0m，有效容积31.5m^3。

6. 中间池

贮存一级硝化池出水。钢筋混凝土结构，1座，尺寸1.0m×2.9m×4.0m，有效容积10.2m^3。

7. 脱氮池

将一级硝化池生成的亚硝酸盐转化为氮气。钢筋混凝土结构，两座，单池尺寸ϕ3.5m×6.0m，有效容积38.5m^3。

8. 二级硝化池

对一级硝化/反硝化池出水进一步脱除有机物和氨氮。钢筋混凝土结构，1座，尺寸2.0m×2.9m×4.0m，有效容积22.3m^3。选用膜通量0.6m^3/(m^2·d)，单片膜面积0.8m^2，膜片数104片，选用膜组件型号ES100。

9. 二级反硝化池

对一级硝化/反硝化池出水进行脱氮。钢筋混凝土结构，1座，尺寸3.1m×2.9m×4.0m，有效容积31.5m^3。

10. 加药混凝反应池

主要是对磷和有机物进行加药混凝反应，达到去除磷和胶体性COD的目的。钢筋混凝土结构，1座，尺寸1.1m×1.5m×2.5m，有效容积3.3m^3。采用PAC作为除磷混凝剂，投加量6.5kg/d。

11. 膜分离池

对加药混凝池出水进一步去除有机物、氮、磷，并对出水进行泥水分离。钢筋混凝土结构，1座，尺寸1.9m×3.0m×4.0m，总容积22.8m^3。膜片数104片，选用ES100型板式膜。

12. 脱色反应池

对处理出水进行脱色，保证出水色度达标排放。钢筋混凝土结构，1座，尺寸1.1m×

$1.5m\times2.5m$，有效容积 $3.3m^3$。采用 NaClO 作为脱色剂，投加量 2.5kg/d。

13. 清水池

钢筋混凝土结构，1 座，尺寸 $3.0m\times3.0m\times4.0m$，有效容积 $31.5m^3$。

14. 集泥池

竖流式重力浓缩池，钢筋混凝土结构，1 座，尺寸 $2.0m\times2.0m\times2.5m$，总容积 $10m^3$。

15. 附属系统

污泥脱水系统、加药系统、鼓风机房及沼气处理间。

三、运行情况

2007 年 10 月开始试运行，2008 年 1～8 月运行检测数据见表 4-2-14。

表 4-2-14 2008 年 1～8 月份月均分析数据

月份	进水 COD/(mg/L)	进水 pH 值	出水 COD/(mg/L)	出水 pH 值	COD 去除率/%
1 月	2610.04	6.85	293.49	7.62	88.8
2 月	5199.85	6.51	279.13	6.92	94.6
3 月	10502.22	6.19	329.15	6.95	96.9
4 月	12670.48	6.04	295.41	7.58	97.7
5 月	20808.89	5.95	287.00	7.28	98.6
6 月	20835.31	5.77	254.12	7.11	98.8
7 月	23618.43	5.58	267.63	7.63	98.9
8 月	26419.47	5.35	273.31	8.48	99.0

经过长期的运行实践证明，处理后出水满足排放标准，工艺运行效果良好。由于该厂另有一股循环冷却水与处理后的废水混合排放，水量约为本工程废水量的 3～4 倍，最终外排水能够达到 GB 8978—1996 中的一级排放标准。

本工程的关键技术是高效厌氧反应器、膜生物反应器以及两级脱氮反应器。由于废水的 COD 值很高，而且其中含有较高浓度的纳他霉素，对微生物生长产生较强的抑制作用，因此一般的生物处理方法难以对其进行高效处理。本工程选用内循环高效厌氧反应器，控制高温发酵，同时增加厌氧反应出水循环，是保证生物处理效果的关键。正常运行时，高效厌氧反应器的去除率维持在 92%以上。而且高效厌氧反应器产生的沼气得以回收利用，可以弥补部分处理运行费用，经济性较好。

高效厌氧反应对废水中有机物的去除效率较高，其出水中所含的有机物基本为不易生物降解或不可生物降解物质，用活性污泥法或生物膜法对其处理效果较差，本工程中采用膜生物反应器（MBR）工艺，可以保持较高的污泥浓度，SRT 与 HRT 分离，有利于在系统中截留长泥龄的特异性降解微生物，使厌氧出水中难降解有机物得以去除。

厌氧反应对总氮及氨氮基本没有去除效果，而原水中又含有较高浓度的总氮和氨氮，因此在工艺的选择上配置了两级脱氮系统，并应用短程硝化反硝化进行高效脱氮，使得原水中的氨氮与总氮都得到有效的去除。

本工程对建构筑物采用紧凑设计方式，优化工艺路线，节省了基建投资。PLC 自动控制系统的优化设置使得废水处理的运行管理稳定、简便，既减少了劳动强度，又能使废水处理控制在最优工艺条件。此外，厌氧消化使污泥也得到大幅减量化。

第八节 化学制药废水处理工程实例

一、工程概况

某制药企业以化学合成制药为主，主要产品是头孢呋辛钠、头孢呋辛酸、结晶形头孢呋辛脂等。该企业排放的废水的特点是废水成分复杂，含有各种天然有机污染物，其中部分是较难生物降解或能抑制微生物生长的成分，如不能得到有效治理，将严重影响当地水体环境，同时也将制约企业的可持续发展。工程采用水解酸化＋生物接触氧化＋曝气生物滤池＋臭氧作为核心处理工艺，处理规模 720m³/d。

工程占地面积约 700m²，长 28m，宽 25m。制药废水由车间自流至格栅渠，经处理后由清水池排入厂内下水管道。工程投资 338 万元，每天直接运行成本 663.7 元，吨水的处理费 0.92 元（不含折旧费）。

二、处理工艺

（一）设计水质

该制药企业在生产过程中，其合成反应单元、水解反应单元、缩合反应单元、离心单元及干燥单元等均产生一定量的生产废水。原水综合特征是成分复杂，含有较难生物降解或能抑制微生物生长的天然物质。废水为间歇排放，水质、水量波动较大。工程处理出水要求满足国家《污水综合排放标准》(GB 8978—1996) 中一级标准。设计进出水主要水质指标见表 4-2-15。

表 4-2-15 废水进出水水质

指标	COD/(mg/L)	BOD/(mg/L)	SS/(mg/L)	pH 值
进水水质	3000	600	400	4～5
出水要求	≤100	≤20	≤70	6～9

（二）处理工艺

目前，针对化学制药废水的一般处理工艺有催化氧化法、内电解法、吸附法、混凝沉淀法、生物处理法等。但为保证出水达标，常采用多种工艺联合处理的方法，如吸附＋混凝＋高级化学氧化法、内电解混凝沉淀＋厌氧＋好氧法、UBF＋UASB 两相厌氧法、水解＋接触氧化法、气浮＋兼氧＋CASS 法、OFR＋SBR 法等。

该制药企业每天排放的有机废水主要来自于各生产车间，废水中的主要污染物是 COD、BOD、SS，针对该厂生产过程中产生的废水水质、水量特征，决定采用水解酸化＋生物接触氧化＋曝气生物滤池＋臭氧的处理工艺对废水进行处理。

（三）工艺流程

本工程的处理工艺流程见图 4-2-8。

（四）主要设计参数

1. 格栅渠

钢筋混凝土结构，1 座，设于调节池上，池内壁玻璃钢防腐，尺寸 2.5m×1.2m×1.5m，设机械格栅 1 套，栅隙 3mm。

2. 调节池

钢筋混凝土结构，1 座，全地下，带盖板，池内壁玻璃钢防腐，尺寸 10.0m×7.0m×

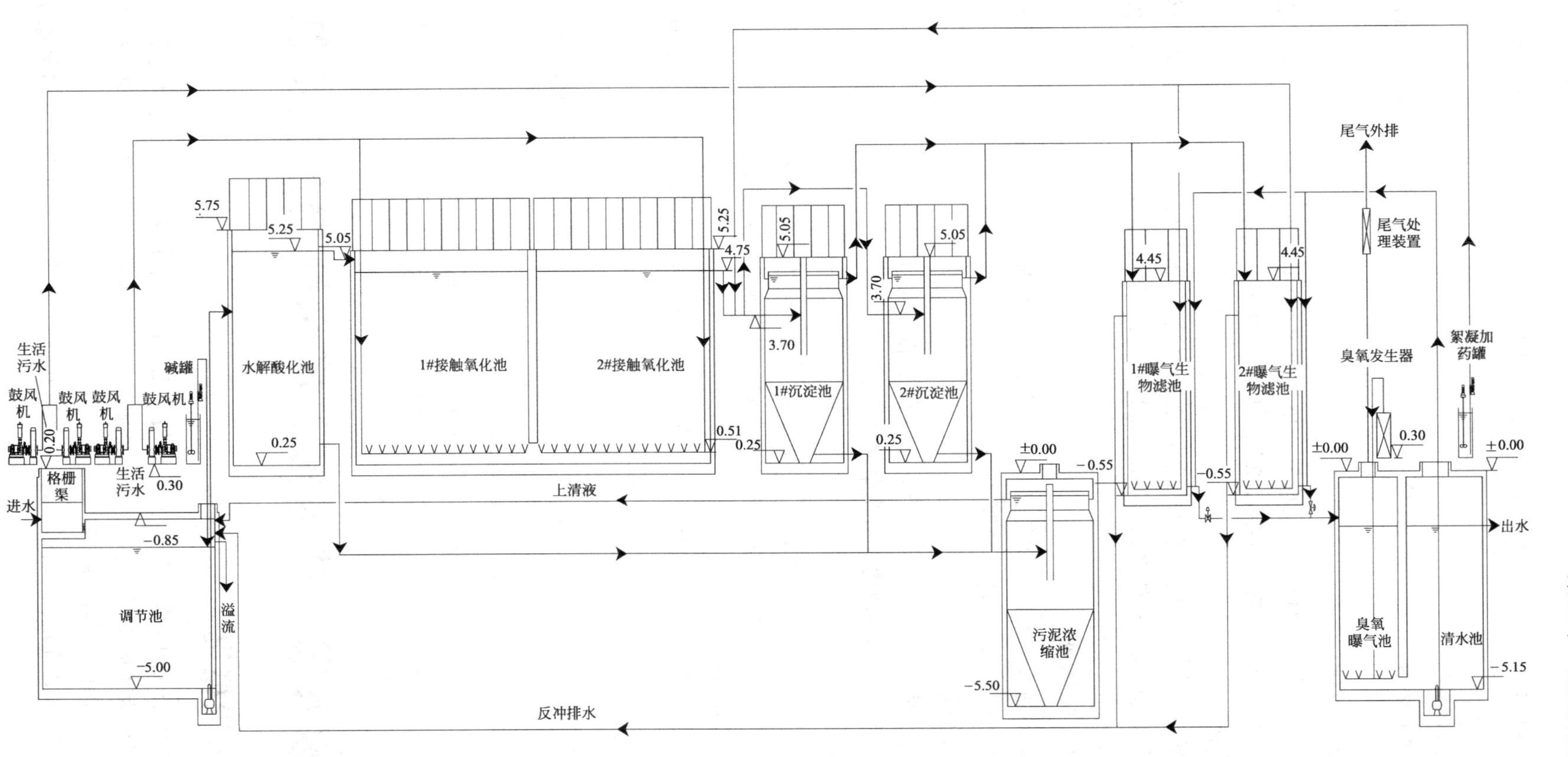

图 4-2-8 化学制药废水工艺流程

4.0m，有效容积240m^3，停留时间8h，设提升泵2台，单台流量35m^3/h，扬程15m。设机械搅拌装置1套。

3. 水解酸化池

钢筋混凝土结构，1座，地上设置，尺寸7.0m×5.0m×5.5m，有效容积175m^3，停留时间5.8h。

4. 接触氧化池

钢筋混凝土结构，两座，地上设置，单池尺寸10.0m×5.0m×5.0m，单池有效容积210m^3，停留时间7h，池内放置组合填料，并设置微孔曝气器。

5. 沉淀池

钢筋混凝土结构，两座，地上设置，表面负荷1.0$m^3/(m^2 \cdot h)$，单池有效断面面积17.6m^2，沉淀时间2h，有效水深2.0m，超高0.3m，缓冲高度0.3m，泥斗深2.2m。单池尺寸4.2m×4.2m×4.8m。

6. 曝气生物滤池

钢板结构，两座，池内壁做防腐，半地上设置，单池尺寸ϕ3.4m×5m，单池有效容积26.3m^3，停留时间1.5h，滤料层厚2.5m。

7. 臭氧曝气池

钢筋混凝土结构，1座，全地下，带密封盖板，尺寸5.0m×2.0m×4.0m，有效容积35m^3，停留时间1.17h，池内设置臭氧曝气装置。

8. 清水池

钢筋混凝土结构，1座，全地下，带盖板，尺寸5.0m×4.0m×4.0m，有效容积60m^3，停留时间2h，配备曝气生物滤池反冲水泵两台，自动消毒加药装置1套。

9. 污泥浓缩池

钢筋混凝土结构，1座，全地下，带盖板，尺寸5.0m×5.0m×5.5m，浓缩时间2h。

三、运行情况

该废水处理工程2004年5月正式运行，废水处理运行稳定，间隔抽检出水指标均达到排放要求。

本制药废水处理工程采用的是水解酸化＋接触氧化＋曝气生物滤池＋臭氧的组合工艺，水解酸化过程改善了此类制药废水的可生化性，有利于后续好氧处理，臭氧曝气进一步降低出水色度。该工程投资相对较少、处理效率较高、运行成本较低、操作管理方便。监测结果表明该工艺运行可靠，出水稳定达标。

第九节 肉类加工废水处理工程实例

一、工程概况

某食品有限公司由屠宰车间、熟肉制品加工车间、冷加工车间及其他辅助设施等组成。该公司生产规模为年屠宰活猪20万头，年加工熟肉制品20万头，按照一年261天工作日计算，平均每日屠宰加工活猪768头。

项目设计废水处理规模840m^3/d，工程于1997年底完工，1998年6月开始调试，2000年4月验收。

本项目占地面积 2000m²，长 50m，宽 40m，南北向布置。工程总投资 520 万元，吨水处理成本 1.5 元（包括设备折旧），吨水直接处理成本 1.06 元（不包括设备折旧）。

二、处理工艺

（一）设计水质

该公司废水属中等浓度有机废水，水量大，废水中含有大量的血污、毛皮、碎肉、内脏杂物等，不含重金属及有毒化学物质，废水中富含蛋白质及油脂。其设计进水和出水水质见表 4-2-16。

表 4-2-16 废水处理设计水质

项目	COD/(mg/L)	BOD/(mg/L)	SS/(mg/L)	动植物油/(mg/L)
进水浓度	2000～3000	1000～1500	900～150	500～900
出水浓度	≤60	≤20	≤50	≤20

（二）处理工艺

本工程出水水质要求较高，为了强化有机污染物去除效果，采用了厌氧-好氧组合工艺，其中厌氧处理采用水解酸化法，好氧处理采用接触氧化法。由于原水中悬浮物和油类较多，为了降低生物处理的负荷，在流程前端设置隔油沉淀。悬浮物主要在初沉池和水解酸化单元中得到去除。为了保证出水水质，生物处理后设置了纤维球和生物炭两级过滤，最终实现达标排放。

（三）工艺流程

本工程的工艺流程可分为预处理、厌氧-好氧生物处理和深度处理三部分，工艺流程见图 4-2-9。

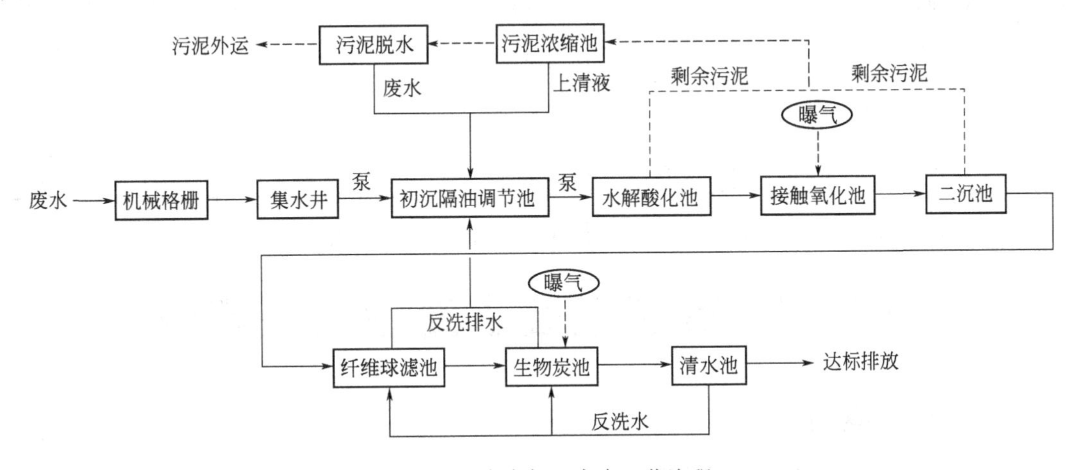

图 4-2-9 肉类加工废水工艺流程

（四）主要设计参数

1. 机械格栅

去除较大悬浮物，格栅栅条间距 6mm。

2. 初沉隔油调节池

钢筋混凝土结构，尺寸 12.6m×8.2m×4.0m，水力停留时间 8h。

3. 水解酸化池

钢筋混凝土结构，尺寸 13.1m×7.4m×5.5m，水力停留时间 4h。

4. 接触氧化池

钢筋混凝土结构，尺寸16.85m×7.95m×5.0m，水力停留时间13.5h。

5. 二沉池

采用斜管沉淀池，表面负荷2.1m³/(m²·h)。钢筋混凝土结构，平面尺寸6.0m×4.2m。

6. 生物炭池

生物炭池滤速1.3m/h，尺寸7.8m×4.0m×4.0m。

7. 污泥浓缩池

污泥浓缩池用来贮存和浓缩由二沉池及水解酸化池排出来的污泥，污泥浓缩停留时间24h。

8. 污泥脱水设备

选用板框压滤机1台，脱水面积15m²，滤室容积0.25m³。脱水后的污泥含水率为75%～80%。

三、运行情况

工程运行期间监测数据（月平均值）见表4-2-17。

表4-2-17 水质监测数据

类别		pH值	COD/(mg/L)	BOD/(mg/L)	动植物油/(mg/L)	SS/(mg/L)	NH_4^+-N/(mg/L)
原水	最大值	7.66	2580	1150	70.5	392	79.1
	最小值	7.11	539	232	24.6	177	4.18
	平均值	—	1200	584	43.4	254.8	26.5
出水	最大值	7.54	46	23.0	<1.0	40	0.67
	最小值	7.06	15	3.9	<1.0	14	0.37
	平均值	—	27	10.9	<1.0	29.3	0.49

从运行结果可以看出，出水水质明显优于设计值，水质良好。

第十节 豆制品废水处理工程实例

一、工程概况

某食品有限责任公司在生产豆制品过程中排放大量高浓度有机废水。该企业现建有一套废水处理系统，处理能力900m³/d。由于企业扩大生产，导致废水量剧增，且有机物浓度增高，现有处理系统已不能满足废水处理的需求。为此，该企业决定对现有废水处理系统进行升级改造，以适应日益增加的废水量和不断提高的环保要求。工程改造目标是处理能力达到2400m³/d，进水平均COD浓度2500mg/L，COD日负荷6000kg/d。在利用现有好氧处理系统条件下，使处理出水达到地方水污染物排放标准中的二级限值要求。

本工程于2007年3月设计施工，2007年12月竣工并试运行，2008年6月验收。经过一年多的运行实践证明，处理后出水满足排放标准要求，工艺运行效果良好。

工程位于生产区东南角，占地面积4950m²，长110m，宽45m。废水由西侧进入集水井，处理后出水由曝气池西侧经出水计量槽排入厂区外排管道。工程总投资400万元，劳动定员8人，装机容量160kW。运行日耗电5046kW·h，日消耗药费848元，年运行总费用154万元，吨水处理费用1.86元。

二、处理工艺

（一）设计水质

该厂的豆制品生产过程产生的主要废水来自于浸泡大豆的废水（泡豆水）、压榨豆腐产生的黄浆水以及生产车间的设备、地面冲洗废水。这类废水含有大分子蛋白、小分子寡糖、有机酸、色素类物质和盐类等，有机物占93%以上，可生化性极好，因而极易腐败，是一种典型的高浓度有机废水。根据当地环保部门的要求，废水处理后外排水执行地方标准中的二级限值。设计进出水水质指标见表4-2-18。

表4-2-18　设计进水和出水水质

项目	COD/(mg/L)	BOD/(mg/L)	SS/(mg/L)	挥发酸/(mg/L)	pH值
进水浓度	2500	1320	2000	300～700	6～7
出水浓度	≤60	≤20	≤50	—	6～9

（二）处理工艺

根据豆制品废水的特点，有机物和悬浮物是本工程废水处理的重点。根据该厂的实际情况，未将高浓度废水和清洗水分别进行有效地收集，因此将所有废水混合进行处理。该厂已有一座小型废水处理站，采用厌氧＋好氧SBR的处理工艺，初期运行良好，但由于操作烦琐，水量、水质变化大，造成运行困难，出水不达标。针对以上问题，以及规划用地的限制，设计中遵循新建与改造相结合、减少投资、简化运行管理的原则，废水处理主体工艺采用混凝气浮＋带生物选择的传统活性污泥法，污泥处置采用水解酸化＋厌氧消化工艺。经过工程实际运行表明，本工艺占地节省，解决了存在的问题，运行稳定性提高，运行费用大幅下降，处理效果良好，出水水质优良。

（三）工艺流程

本工程的主要处理工艺流程可分为三部分：废水物化及生物处理部分、废水深度处理部分以及污泥处置部分。详见图4-2-10。

（四）主要设计参数

1. 集水井

将原有高低浓度的两个集水井底部连通，总有效容积73.75m^3，水力停留时间0.74h。

2. 格栅

机械格栅宽600mm，采用尼龙栅条，间距5mm。

3. 水力筛

栅条间隙0.75mm，设计最大流量3.3m^3/min。

4. 调节池

原有低浓度调节池，有效容积434m^3；新建钢筋混凝土调节池1座，有效容积1000m^3；总有效容积1434m^3，水力停留时间14.3h。

5. 絮凝反应池

新增1座钢筋混凝土结构反应池，有效容积33m^3，水力停留时间20min。PAC按150mg/L加药量计，PAM按悬浮物0.2%的加药量计。

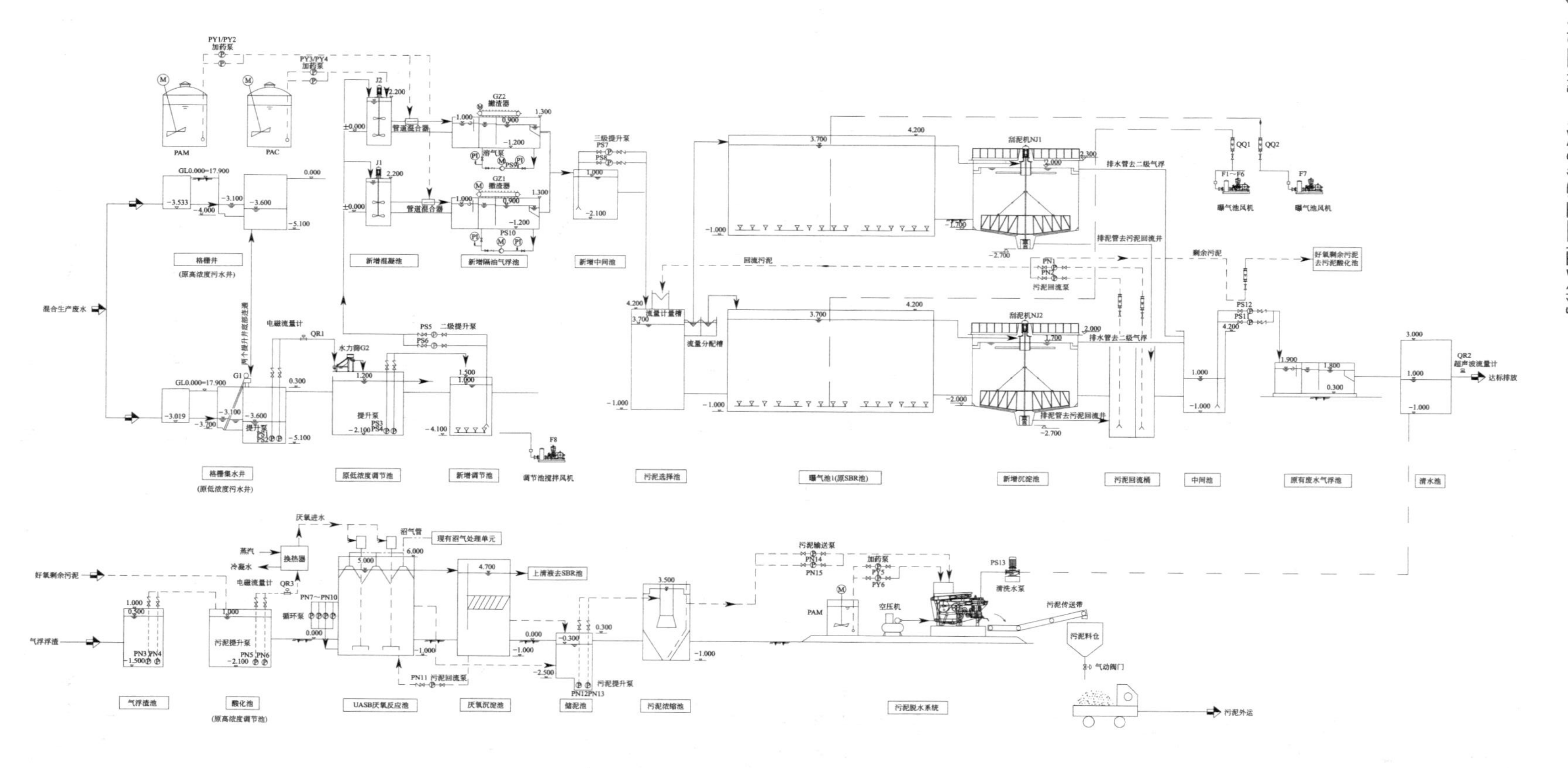

图 4-2-10 豆制品废水处理工艺流程

6. 气浮池

新增2座钢筋混凝土结构的气浮池，总处理能力100m³/h。

7. 活性污泥池

将原有SBR池改造为活性污泥曝气池，2组4廊道，总有效容积2160m³。曝气池前设置生物选择池1座，有效容积43m³。混合液污泥浓度4g/L，污泥负荷0.21kgBOD/(kgMLSS·d)。

8. 二沉池

新增两座钢筋混凝土结构二沉池，单池尺寸ϕ11.0m×4m，单池有效容积400m³，总有效容积800m³，表面负荷0.5m³/(m²·h)。

9. 后气浮

原有处理能力为60m³/h的钢制一体化气浮机，作为后处理单元，保证出水达标。PAC按25mg/L加药量计，PAM按悬浮物0.2%的加药量计。

10. 污泥厌氧消化池

原有1座高浓度废水中温厌氧反应器改作污泥消化用，有效容积430m³，运行温度28～35℃，水力停留时间2d，附属配置换热器、沼气脱硫、气水分离、水封、沼气燃煤器。

11. 污泥浓缩池

新建1座，有效容积120m³，主要储存厌氧消化池排放的污泥，供污泥浓缩脱水机进行污泥脱水处理使用。

12. 鼓风机房

原有轻钢结构房1座，设置SSR-100罗茨鼓风机7台，单台风量6.03m³/min，单台风压49kPa。

13. 脱水机房

原有轻钢结构房1座，设置1台污泥浓缩脱水一体机，型号TB-1000，附属配置空气压缩机1台，清洗水泵1台，PAM加药计量泵2台。

14. 其他附属建筑物

包括化验室、中控室、加药间。

三、运行情况

2007年12月开始试运行，废水处理运行稳定，每天检测出水指标，基本能满足排放要求。2008年运行检测数据见表4-2-19。

本工程的关键是好氧生物处理前的物化处理、生物选择器的运行以及废水中营养物质的均衡。由于豆制品废水中含有高浓度的悬浮物，因此采用格栅、水力筛、混凝气浮等物化处理是保证后续处理工艺稳定运行的关键，此阶段能够去除50%以上的污染物质。另外，由于豆制品废水在好氧活性污泥法处理过程中极易产生污泥膨胀问题，因此在曝气池前设置生物选择区，缺氧运行，有助于抑制引起污泥膨胀的丝状菌的生长。该厂的豆制品生产过程中大豆蛋白的提取固定程度较高，使得废水中的氮、磷营养物质相对有机碳略缺乏，因此有必要在好氧生物处理单元中添加氮、磷营养物质，保证微生物的营养均衡，足够的营养物质也有助于减少污泥膨胀的发生。

本工艺对原有建构筑物充分利用，优化设计工艺路线，节省了基建投资。PLC自动控制系统的优化设置使得运行管理稳定、简便，既降低了劳动强度，又能使处理工艺控制在最优条件。厌氧消化使污泥得到大幅减量化，且能回收能源，减少了运行费用。本工艺的出水水质好，优于目标排水水质。

表 4-2-19 2008 年进出水月平均数据

月份	进水 pH 值	出水 pH 值	进水 COD/(mg/L)	出水 COD/(mg/L)
1 月	4.45	7.32	3788.02	96.13
2 月	6.15	7.38	3415.02	70.97
3 月	5.53	7.36	5799.78	52.52
4 月	5.06	7.35	3093.71	55.80
5 月	5.42	7.37	4372.54	31.68
6 月(验收)	5.35	7.33	3238.34	45.90
7 月	4.81	7.28	4507.12	32.02
8 月	5.44	7.40	2912.16	51.47
9 月	5.25	7.37	3142.87	40.46
10 月	6.22	7.48	3770.71	48.63
11 月	5.13	7.44	3129.86	47.39
12 月	5.42	7.43	2730.72	39.21

第十一节 乳品废水处理工程实例

一、工程概况

某乳品厂是以生产酸奶、鲜奶等乳制品为主的企业，年产乳品 58000t，其中鲜奶 44000t，各种酸奶 14000t。该项目为改扩建项目，原废水处理工艺为气浮＋接触氧化，处理能力 250m^3/d，后由于该厂扩大了生产能力，原处理规模难以满足环保要求，同时该厂厂区面积极为有限，废水处理工程只能在原有用地范围内建设。

该废水的特点是废水中 COD、油脂含量较高，易发生腐败变质现象。结合国内乳品废水特点，进行技术经济比较后，本工程采用水解酸化＋曝气生物滤池处理工艺作为主体工艺。项目设计规模 650m^3/d，于 2000 年 9 月正式投产运行，2006 年该厂由于搬迁停产，运行 6 年间出水水质较为稳定，水质指标达到工艺设计要求。

本项目建设在生产区，占地面积约 830m^2，长 41.5m，宽近 20m，东西向布置。工程投资 150 万元，其中设备投资 59.8 万元，土建投资 90.2 万元，劳动定员 3 人，装机容量 74kW，运行日耗电 471kW·h，年运行费 30.2 万元。吨水处理费 1.55 元。

二、处理工艺

(一) 设计水质

该乳品厂所排放的废水中 80%以上为奶制品生产过程中产生的废水。主要来自设备消毒冲洗、灌装设备清洗、酸奶瓶清洗以及纯水制备中排放的离子交换树脂再生废水等。废水中含有大量的可溶性有机物（糖类、脂肪酸、蛋白质、淀粉等），主要污染物有 COD、BOD、动植物油、SS、酸碱物质等，属中高浓度有机废水。废水可生化性很好，不含有毒有害物质，外观呈乳白色。根据当地环保部门要求，废水处理后外排应满足地方水污染物排放二级标准。设计进出水质见表 4-2-20。

表 4-2-20 设计进出水水质

项目	COD/(mg/L)	BOD/(mg/L)	SS/(mg/L)	动植物油/(mg/L)	pH 值
设计进水水质	2200	750	50～250	250～500	8～10.5
设计出水水质	≤60	≤20	≤50	≤2	6～9

(二) 处理工艺

该项目为改扩建项目，经工艺的比较选择，确定了水解酸化＋好氧生物处理的工艺流程，考虑到占地面积的限制，选择好氧工艺时，采用了占地面积较小的曝气生物滤池工艺。

(三) 工艺流程

本工程的主要处理工艺流程可分为三部分：预处理工艺、水解酸化工艺和曝气生物滤池工艺。工艺流程见图 4-2-11。

乳品废水经格栅后进入调节池，均质、均流后泵入水解酸化池，在乳酸菌的作用下将废水中乳糖降解为乳酸，并部分水解蛋白质。随着 pH 值下降，大部分蛋白会产生絮凝体，由于进水时有少量的空气和厌氧产生的气泡，往往使絮状体变成浮渣上浮，需要清除。废水经过水解酸化后，一方面去除了部分有机污染物，减轻了后续处理单元的负担；另一方面使大分子有机物转化为易降解的小分子，改善了废水的可生化性，可以提高好氧处理的效率。水解酸化处理后的废水自流入一、二级曝气生物滤池，在好氧菌的作用下，废水中的大部分有机物得到去除。曝气生物滤池内的颗粒状滤料为好氧微生物的生长提供了载体，同时可以起到截留 SS、切割气泡提高氧利用率的作用，该工艺容积负荷大于传统的好氧处理工艺，可以节省占地和投资。通过一、二级曝气生物滤池不同负荷的设计，保证了出水水质。处理后的出水经清水池贮存后排放。曝气生物滤池运行一段时间后，需要进行反冲洗，反冲用水来自于清水池。反冲洗出水溢流进入污泥池，污泥池的上清液返回调节池重新处理，污泥定期由市政污泥车外运。

(四) 主要设计参数

1. 格栅

用于去除较大的悬浮物和漂浮物，防止堵塞管道和泵体。采用粗、细两道格栅，粗格栅栅条间隙 20mm，细格栅栅条间隙 5mm。

2. 调节池

用于调节水质、水量。由于乳品厂生产的品种和产量变化较大，故调节池设计停留时间较长，为 11h，总容积 390m^3，采用钢筋混凝土结构，尺寸 12.0m×6.5m×5.0m，有效容积 350m^3。

3. 水解酸化池

用于对有机污染物和悬浮物进行预处理。采用钢筋混凝土结构，尺寸 7.5m×4.0m×5.0m，总容积 150m^3，水力停留时间 6h。

4. 一级曝气生物滤池

该处理单元采用 3 格曝气生物滤池并联运行，采用钢筋混凝土结构，单格尺寸5.0m×4.0m×5.0m，容积负荷 3.5kgBOD/(m^3·d)，水力停留时间约 6h，总容积 300m^3，滤料装填高度 2.5m。废水中绝大部分的 COD、BOD、SS 和氨氮在这一阶段被去除。曝气生物滤池需要定期反冲，以减少滤池的水头损失。曝气采用罗茨风机，曝气气水比 8：1，反冲洗气水比 20：1。

5. 二级曝气生物滤池

对一级曝气生物滤池出水进一步处理，以满足出水水质的要求。采用钢筋混凝土结构，

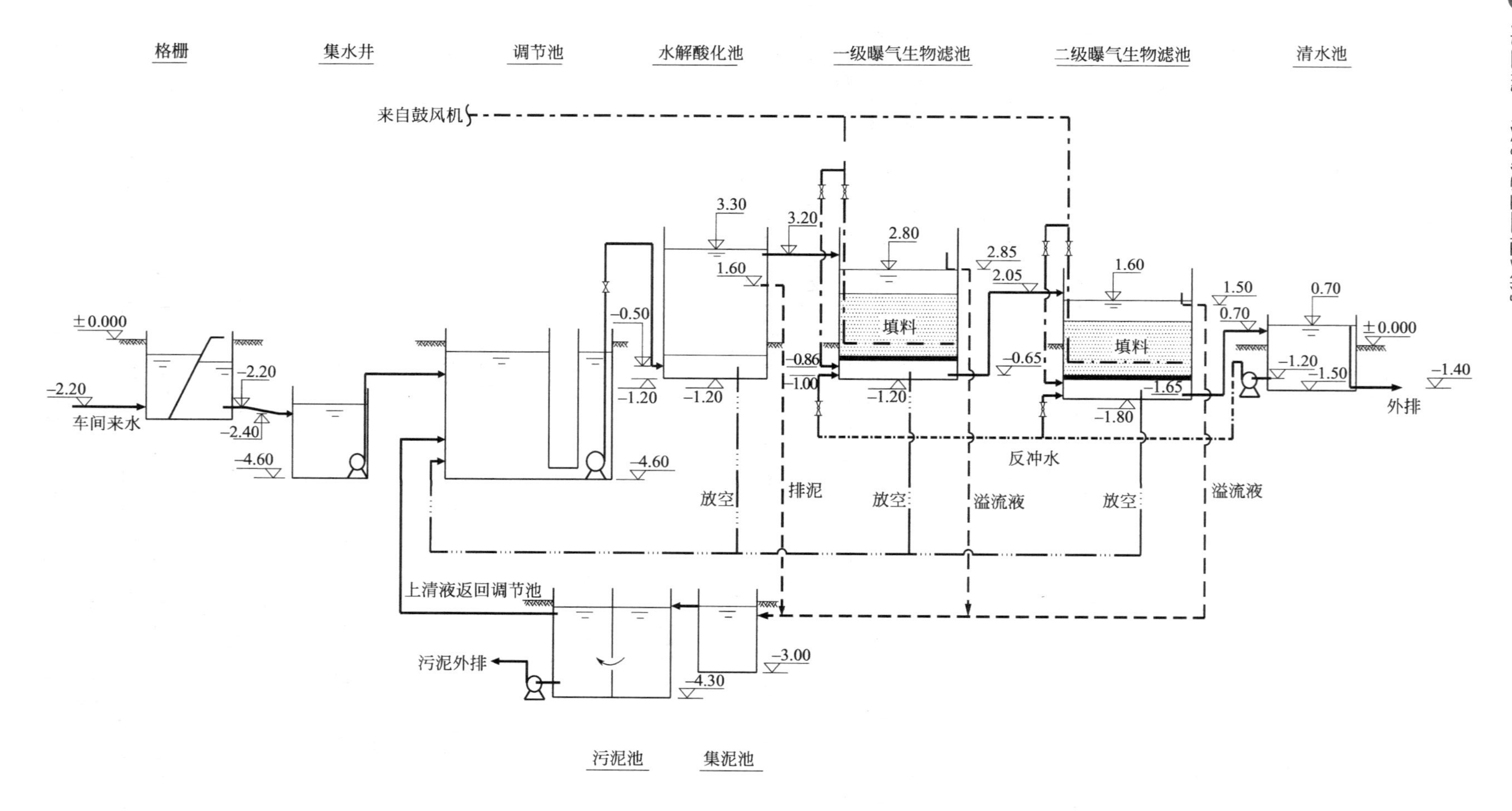

图 4-2-11 乳品废水处理工艺流程

尺寸 4.0m×5.0m×5.0m，容积负荷 1.5kgBOD/(m^3·d)，水力停留时间 2.6h，池容 100m^3，滤料装填高度 2.0m。

一级和二级曝气生物滤池反冲洗强度均为 15L/(m^2·s)，单格反冲洗历时约 5min。

6. 清水池

清水池用于贮存处理合格的出水，并提供曝气生物滤池所需的反冲洗水水源。清水池容积 96m^3，尺寸 8.0m×4.0m×3.0m，有效容积 80m^3。

7. 污泥池

用于贮存调节池、水解酸化池及反冲洗过程产生的污泥，上清液返回调节池再处理，污泥经初步浓缩和减容后外运，污泥池尺寸 10.0m×4.0m×4.0m，总容积 160m^3。

三、运行情况

该废水处理工程运行检测数据见表 4-2-21。

表 4-2-21　2000～2005 年运行检测数据

项目	pH 值	COD/(mg/L)	BOD/(mg/L)	动植物油/(mg/L)	SS/(mg/L)
进水范围	8～10.5	1500～3000	700～1500	250～500	50～250
进水平均	—	2250	1100	375	150
出水范围	6～9	＜40	＜10	＜2	＜5
出水平均	—	24	7	1	—

本乳品废水处理工程采用水解酸化＋二级曝气生物滤池技术，使该乳品厂在不增加原有占地面积的条件下废水处理能力增加 50%以上，出水水质达标，并实现了工艺过程的全自动控制。

本工程运行实践证明，采用水解酸化＋曝气生物滤池组合工艺处理乳品生产废水具有处理水质好、工艺流程简单、运行方式灵活、占地小等优点。

第十二节　淀粉废水处理工程实例

一、工程概况

某公司主要生产玉米淀粉等产品，年产玉米淀粉 20 万吨，排放废水 1000～1500m^3/d。为了保护环境，防止废水对周围水体造成污染，该公司充分利用淀粉厂原有部分储罐，建设了一套处理能力 1500m^3/d 的废水处理设施。

该淀粉厂废水处理工程投资 715 万元，劳动定员 9 人，运行功率 140kW。吨水消耗药费 0.45 元，年运行费 32 万元，吨水处理费 1.818 元。

二、处理工艺

(一) 设计水质

淀粉废水主要来源于玉米淀粉加工过程中的洗涤、压滤、浓缩等工艺段，用水量随生产设备和生产工艺的不同而变化，为 2～8m^3（水）/t（淀粉）。根据该淀粉厂水质监测结果，同时参照国内部分类似淀粉厂的排放水质实际情况，综合考虑各种因素，确定废水处理站的设计进水水质，具体见表 4-2-22。

表 4-2-22 设计进水水质

指标	COD/(mg/L)	BOD/(mg/L)	SS/(mg/L)	TN/(mg/L)	NH_4^+-N/(mg/L)
浓度	10000	5000	3000	50	40

根据该城市排水总体规划要求，淀粉厂处理出水排入城镇排水系统，由城镇污水处理厂集中处理达标排放。故本工程排放执行《污水综合排放标准》(GB 8978—1996) 三级标准。但综合考虑城市发展规划及远期排放标准提高的可能，处理后的水质要求见表 4-2-23。

表 4-2-23 出水水质指标

指标	COD/(mg/L)	BOD/(mg/L)	SS/(mg/L)	TN/(mg/L)	NH_4^+-N/(mg/L)	pH 值
数值	≤150	≤60	≤100	≤20	≤8(15)	6～9

(二) 处理工艺

该废水的特点是，有机污染物浓度高，可生化性好，因此采用生物处理工艺，以保证在尽量低的费用下，可靠地将有机污染物降到所要求的水平。本工程主体工艺采用厌氧 EGSB+好氧 A/O 处理工艺。

设计水质条件见表 4-2-24。

表 4-2-24 设计水质条件

构筑物	COD			SS		
	进水/(mg/L)	出水/(mg/L)	去除率/%	进水/(mg/L)	出水/(mg/L)	去除率/%
沉淀、调节池	10000	8000	20	3000	1500	50
EGSB	8000	500	94	1500	450	70
A/O 工艺	500	150	70	450	100	78

(三) 工艺流程

具体工艺流程见图 4-2-12。

厂区废水经过格栅初步分离去除粗大杂物后进入集水井，经泵提升后进入初沉池，进一步去除较小的颗粒物及大部分淀粉；初沉池出水自流进入调节池进行水量、水质均衡调节；调节池出水自流进入到 EGSB 进水池，在进水池内进行温度、酸碱度调节后，由提升泵打入厌氧 EGSB 反应池，在厌氧池内大部分有机物得以降解去除；厌氧池出水自流入后续 A/O 反应池进行好氧处理，好氧出水沉淀后达标排放。

厌氧池产生的剩余污泥可以单独储存或者与好氧池的剩余污泥一起排入集泥池，经浓缩脱水机脱水后，泥饼外运填埋。

(四) 主要设计参数

1. 格栅和集水井

格栅井和集水井为新建钢混结构。在废水进水渠道上，设置格栅井，内设机械格栅 1 道。格栅井结构尺寸 4.0m×0.8m×4.0m，集水井结构尺寸 2.5m×2.5m×5.0m。机械格栅 1 台，栅宽 700，格栅倾角 60°，功率 2.2kW。配螺旋输送机 1 台，直径 260mm，功率 2.2kW。提升水泵两台（1 用 1 备），流量 110m^3/h，扬程 13.0m，功率 7.5kW。

2. 进水初沉池

采用竖流式沉淀池，尺寸 ϕ9.0m×8.0m，有效水深 7.5m。内有导流筒 1 套，规格 ϕ0.70m×3.50m。

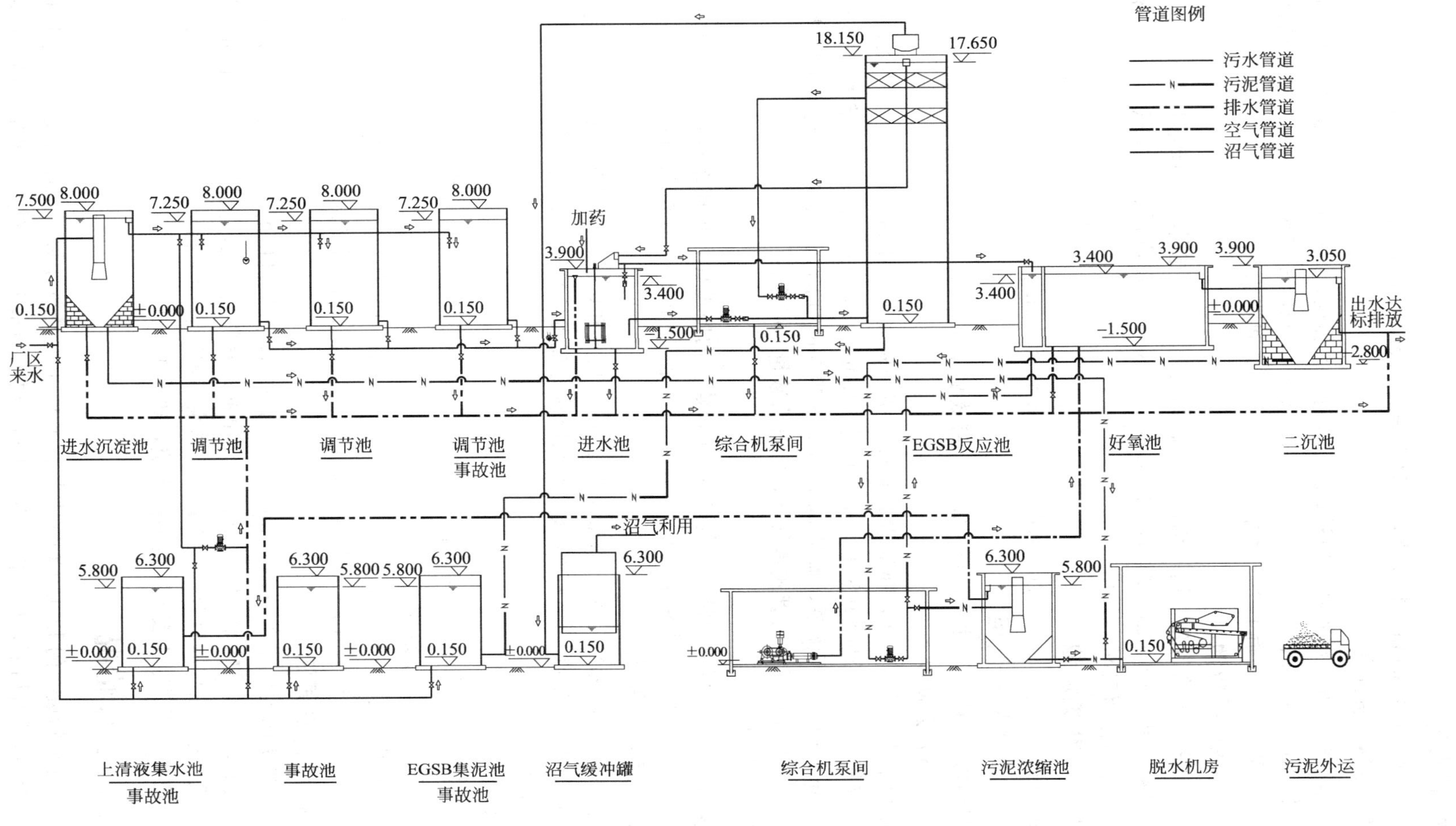

图 4-2-12　淀粉废水处理工艺流程

3. 调节池

尺寸 ϕ9.0m×8.0m，共3座，有效水深7.25m，停留时间22h，其中1座作为事故池。

4. EGSB 进水池

进水池的作用主要是调节EGSB反应池进水的温度、pH值，同时也作为EGSB反应池的循环回流池。钢混结构，尺寸3.0m×3.0m×7.4m，有效水深6.9m。立式搅拌机1台，功率3.0kW；水力曲筛1套，尺寸1.5m×1.2m，间隙0.50mm。

5. EGSB 反应池

EGSB采用专有设备，钢结构，采用碳钢防腐，1个罐体。设计水量2500m^3/d，容积负荷5.3kgCOD/(m^3·d)，结构尺寸 ϕ7.64m×18.0m，反应器有效容积802m^3，有效高度17.5m，水力停留时间12.5h。

6. EGSB 集泥池

钢结构，1座，尺寸 ϕ5.0m×6.3m，有效水深4.3m。

7. EGSB 沼气储柜

钢结构，1座，尺寸 ϕ5.0m×6.3m，有效水深5.8m。

8. A/O 反应池

设两组池，采用4格，前端设缺氧段。两个缺氧池，单体尺寸16.6m×2.0m×4.9m，总有效容积325m^3；两个好氧池，单体尺寸15.0m×16.0m×4.9m，总容积2352m^3，有效水深4.9m。两台内回流泵，流量30m^3/h，扬程5m，功率1.5kW。两台水下搅拌器，功率1.5kW。采用高分子材料管式曝气器，曝气头数量400个。

9. 二沉池

竖流式，钢筋混凝土结构，与A/O池合建。两座池体，单座结构尺寸6.5m×6.5m×5.85m。两套导流筒，规格 ϕ1.50m×4.4m，出水堰51.2m，规格250mm×700（h）mm。

10. 污泥浓缩池

结构尺寸 ϕ5.0m×5.8m，有效水深6.3m。厌氧和好氧产泥量每天总计670kg，合含水率99.4%的污泥为112m^3/d。好氧污泥和厌氧污泥可定期排入污泥浓缩池，经浓缩后进入脱水机房脱水。

11. 污泥脱水

为降低污泥含水率，采用1台带宽500mm的污泥脱水机对浓缩池排泥进行脱水。

12. EGSB 提升泵房

泵房结构尺寸4.5m×6.0m，净高4.15m。两台EGSB进水提升泵，流量65m^3/h，扬程25m，功率7.5kW。两台EGSB回流泵，流量25m^3/h，扬程30m，功率4.0kW。

13. 综合机泵间

鼓风机房结构尺寸8.5m×4.3m，净高3.75m，鼓风机房内墙面铺设吸音材料，窗户采用双层玻璃，室内设轴流风机。3台（2用1备）罗茨鼓风机，流量50.0m^3/min，出口压力6m，电机功率45kW。两台（1用1备）剩余污泥泵及回流污泥泵，流量40.0m^3/h，扬程7.0m，功率2.2kW。1套pH值加药系统，功率1.0kW。

三、运行情况

本工程淀粉废水的BOD/COD值大于0.4，可生化性很好，因此采用生物处理工艺可以保证在尽量低的费用下，将有机污染物降到所要求的水平。厌氧工艺采用了高负荷的EGSB工艺，占地面积小、投资省。从运行结果来看，该工艺运行可靠，出水稳定达标。

第十三节 制糖废水处理工程实例

一、工程概况

规模较大的某制糖企业，产生的甜菜冲洗有机废水具有很强的季节性，水温低、水量大，并含有糖类有机物、少量营养物，不含有毒物质。该示范项目的工程规模为$8\times10^5m^3/a$。该项目土建工程部分于2009年10月5日开始建设，至2010年5月20日完成设备安装、调试，于2010年6月5日正式进入试运行阶段。

该项目预处理单元及稳定塘共占地$39.6hm^2$，位于原厂区的东北侧。

二、处理工艺

(一) 设计要求

厂区排水水质现状见表4-2-25。

表4-2-25 该厂区甜菜冲洗有机废水水质 单位：mg/L

项目	pH值	氨氮	COD	悬浮物	BOD	总氮	硝酸盐氮
数值	6.7	29.8	6532	3612	2241	64.28	5.97
项目	磷	钠	钾	镁	钙	硫酸盐	—
数值	12.4	7.26	67.2	140.2	29.12	16.2	—

该项目为有机废水的利用，经过处理后作为作物种植的灌溉用水，并监测灌溉过程中对土壤、植物和地下水的影响。

试验田的土壤监测见表4-2-26。

表4-2-26 试验田土壤监测数据

采样点	阳离子交换量/cmol	TKN/%	pH值	有机质/%	TP/%	NO_3^--N/(mg/kg)
P1	32.05	0.19	7.32	4.29	0.07	4.07
P2	31.78	0.13	7.08	4.04	0.06	4.70
P3	30.90	0.24	6.94	3.84	0.05	8.74
P4	32.83	0.13	6.76	3.62	0.05	7.56
P5	33.86	0.14	6.64	3.87	0.05	7.12
P6	31.54	0.14	7.46	3.89	0.06	11.99
P7	30.52	0.15	7.82	3.79	0.06	14.52
P8	30.49	0.16	7.74	3.71	0.06	14.40
P9	29.47	0.15	7.8	3.79	0.07	13.26
P10	29.75	0.16	7.9	4.04	0.06	10.65
平均值	31.32	0.16	7.35	3.89	0.06	9.70

本项目的限制因素见表4-2-27。

表 4-2-27 工程设计限制因素国内对照表

限制因素	淋溶限制 L_r/%	COD 限制 L_{COD}/[kg/(亩·d)]		氮限制 L_N/[kg/(亩·d)]	
标准	国内	国内	美国	国内	美国
限值	38	3.4	3.87	0.052	0.232
设计计算	40	2.24		0.026	
校核结论	符合	符合		符合	

(二) 处理工艺

通过对国内外同行业的制糖加工冲洗排水处理利用现状、水平进行调研发现，目前国内该类加工排水的治理利用，在理念、技术、效果方面与美国等发达国家存在很大差别，结合本地区条件、企业生产情况和水质、水量，引进美国先进技术设备，实现安全、有效、合理地处理利用。

废水资源利用工艺采用格栅、初沉池、储存塘、提升泵房、喷灌设备，污泥采用污泥干化厂晒干后利用。

(三) 工艺流程

本项目采用格栅＋稳定塘＋提升至喷灌设备＋土地植物利用为主导工艺。工艺流程见图 4-2-13。

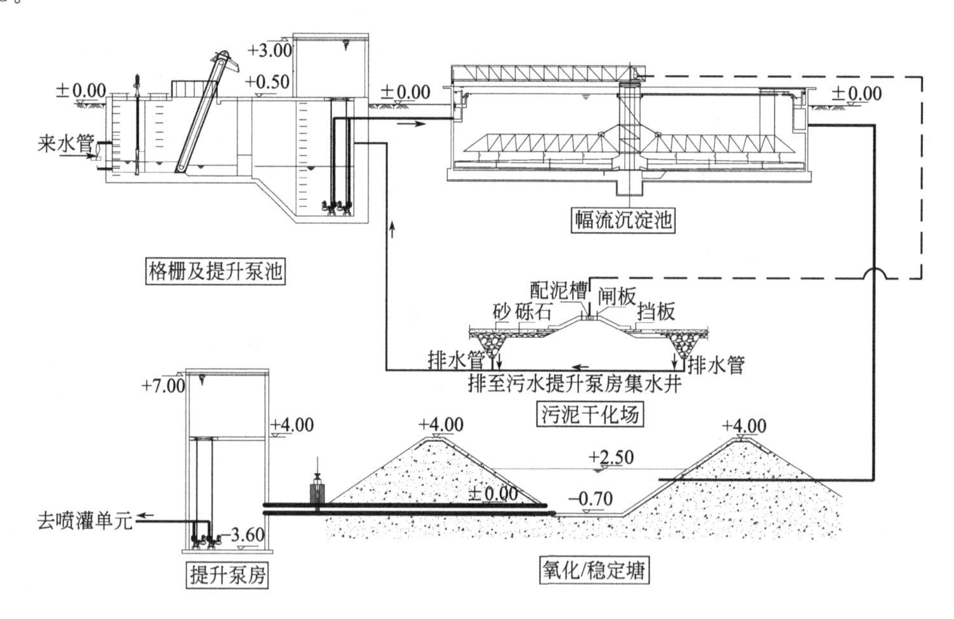

图 4-2-13 制糖废水处理工艺流程

冲洗水由厂区经初次处理后由管道进入格栅，格栅去除污水中较大漂浮物，保护水泵，然后经一级提升泵提升至初沉池，进一步去除植物叶和皮、根等较大的杂物。初沉池出水自流至稳定塘储存至 4 月植物生长季，再经提升泵提升至喷灌设备喷洒至农田，在生长季全部消纳。

(四) 主要设计参数

1. 格栅井

格栅井建于厂区内，钢筋混凝土，地下式。外形尺寸 2.0m×8.0m×6.5m，渠道宽度 2m，内设置回转式格栅两台，型号 GH-1000，每台功率 1.1kW。

2. 进水提升泵房

1座，地下为钢筋混凝土，地上为砖砌。外形平面尺寸 8.0m×4.8m，有效容积为 110m³，内配套提升水泵3台（2用1备），流量 416m³/h，扬程 10.5m，功率 15kW。

3. 稳定塘

占地面积 38hm²，平均有效水深 2.5m，保护高度 1m，有效容积约 82×10⁴m³。

4. 沉淀池

辐流式沉淀池，两座，地下式钢筋混凝土。外形尺寸 ϕ20m×5.5m，停留时间 1.8h。内配套单边传动刮吸泥机，两台，碳钢防腐，型号 DZG-20，每台功率 0.75kW，周边线速度 2～3m/min。

5. 二级提升泵房

1座，地下为钢筋混凝土，地上为砖砌结构。外形平面尺寸 10.0m×6.0m，有效水深 2.5m，有效容积 150m³。内配套提升水泵4台（3用1备），流量 216m³/h，扬程 70m，功率 90kW。

6. 污泥干化场

3座，平面总尺寸 21.0m×13.5m。位于稳定塘西侧，紧邻沉淀池，沉淀池污泥经刮吸泥机泵至污泥干化场，进行处理后污泥外运堆肥。

7. 压力检查井

21座，砖砌结构，并设置复合式呼吸阀。二级提升泵房至各喷灌设备的管线每隔 500m 设压力检查井，干管长度约 10500m。

8. 喷灌单元

投放系统是农田灌溉的关键设备，采用美国维蒙特工业公司的自走式指针喷灌机，该设备具有成熟的技术和稳定可靠的使用效果。设备技术指标见表 4-2-28，喷灌作业参数见表 4-2-29。

表 4-2-28 喷灌设备及技术指标

464m(1000亩)圆形喷灌机参数配置表		
结构部分	规格	数量
中心支座	$8\frac{5}{8}''$	1个
柔性接头	$8''\times6\frac{5}{8}''$	1个
跨体	外径 $6\frac{5}{8}''$;8跨,长度 54.86m,喷头间距 1.9m	8个
悬臂	长度 25.08m	1个
驱支塔架	设备通过高度 2.77m	8个
轮胎型号	14.9×24″×12″	16个
电机减速机	高速电机5台 68r/min,1.2HP;低速电机3台 34r/min,0.5HP	
控制系统	—	—
电控箱	标准电控箱	1个
运行指示灯	配备	—
压力运行控制开关	配备	—
喷洒系统	—	—

续表

464m(1000亩)圆形喷灌机参数配置表		
结构部分	规格	数量
喷头	全压调(6PSI)VALLEY喷头	1套
喷头离地面高度/m	1.7	
弯管及配重	1磅配重	1套
喷灌机流量(参考)/(t/h)	200	
喷灌机入口压力/kg	2.3	
日灌溉量/(mm/d)	7.09	
设备行走一周最短时间/h	11.8	
100%速度时灌溉量/mm	3	
设备功率/kW	7.4	

注：1HP=735.49875W

表4-2-29 喷灌作业区域技术参数

喷灌机序号	作业区域	半径/m	面积/hm^2	流量/(m^3/h)	中心距泵站距离/m
P3	整圆	355.0	39.6	124.9	3455
P4-A	半圆	453.3	32.2	181.6	3606
P4-B	半圆	355.0	19.8	124.9	3606
P5	半圆	404.1	25.6	170.3	4272
P6-A	半圆	404.1	25.6	170.3	2777
P6-B	半圆	453.3	32.2	193.0	2777
P7	整圆	453.3	64.5	193.0	2632
P8	整圆	355.0	39.6	124.9	2613
P9	3/4圆	453.3	49.4	181.6	4484
P10	整圆	453.3	64.5	181.6	5361
P11	整圆	453.3	64.5	181.6	5361

三、运行情况

该项目土建工程部分于2009年10月5日开始建设，至2010年5月20日完成设备安装、调试，于2010年6月5日正式进入试运行阶段。

示范项目至2010年9月29日试运行结束，总共将274500m^3甜菜冲洗废水分次均匀投放至457.5hm^2农田之中，平均废水投放量60mm，而项目设计的年投放量不得超过200mm；总共将1098kgCOD投入农田，年平均投放量2.4kg/hm^2，设计的COD投放量上限为3.4kg/(hm^2·d)。

该工程运行效果良好，实现了甜菜冲洗废水资源化利用，具有一定的社会经济和环境效益。

废水喷灌后，对作物的生长、地下水、地表水和土壤的影响进行了监测。具体见表4-2-30～表4-2-33。

表 4-2-30　2010 年运行作物的生长情况

土地处理田编号	农作物种类	面积/hm²	品种	单产/(kg/hm²)	总产/kg	作物生长	作物发育
P3	玉米	39.6	吉单 522	9500	376200	良好	无异常
P4A	玉米	32.2	吉单 522	9500	305900	良好	无异常
P4B	玉米	19.8	吉单 522	9500	188100	良好	无异常
P5	大豆	25.6	垦鉴 23	2200	56320	良好	无异常
P6A	玉米	25.6	新星 1 号	9800	250880	良好	无异常
P6B	玉米	32.2	新星 1 号	9800	315560	良好	无异常
P7	大豆	64.5	垦鉴 23	2500	161250	良好	无异常
P8	大豆	39.6	垦鉴 23	2550	100980	良好	无异常
P9	甜菜	49.4	多芽 3418	46000	2272400	良好	无异常
P10	玉米	64.5	吉单 519	9950	641775	良好	无异常
P11	玉米	64.5	垦单 10	9950	641775	良好	无异常

表 4-2-31　2010 年运行时地下水水质

样品编号	10225	10226	10227	10228
采样地点	5 连机井	P3 灌区机井	丽水饭店机井	三区 4 队机井
电导率/(mS/m)	38.7	23.2	36.2	24.2
pH	8.3	7.7	8.6	7.5
总磷/(mg/L)	未检出(<0.01)	0.130	0.062	0.214
高锰酸盐指数/(mg/L)	0.80	4.86	5.86	1.53
NO_3^--N/(mg/L)	5.38	0.119	2.56	0.132
TKN/(mg/L)	0.08	0.11	0.18	0.10
Na^+/(mg/L)	32.4	55.6	36.0	34.9
Cl^-/(mg/L)	1.85	3.11	20.9	1.23

注：未检出后括号内数值表示检出限。

表 4-2-32　2010 年运行时地表水水质

序号	项目	实测数据	序号	项目	实测数据
1	氨氮/(mg/L)	8.29	6	TKN/(mg/L)	44.50
2	总磷/(mg/L)	2.79	7	Na^+/(mg/L)	104
3	COD/(mg/L)	743	8	Cl^-/(mg/L)	46.5
4	NO_3^--N/(mg/L)	0.154	9	SO_4^{2-}/(mg/L)	0.263
5	溶解性总固体/(mg/L)	606	10	K^+/(mg/L)	61.2

该项目根据当地实际情况，依据美国先进技术和设备及成熟的土地处理工艺，甜菜洗涤有机废水经过处理后投放入土壤-植被系统中，依靠土壤中的微生物对有机物进行有效降解，同时作物也可以充分利用水分和有机营养物质（氮、磷、钾）。该项目具有运行可靠、处理效率高、抗冲击荷载能力强、投资及运行成本合理、具有资源回用功效等优点。通过本项目，可以促进该类生产企业的可持续发展，实现循环经济和节能减排的目标；同时，是开辟我国农业食品加工排水资源化利用的一条新途径，通过此类土地处理，减少废弃物的产生和

排放量，改善土壤的理化指标，提高土壤肥力，增加农作物产量，节省水、肥资源的投入，节约农业种植成本，实现农业经济和生态环境效益的双赢，对建设“环境友好型、资源节约型”的社会有着积极的意义。

表 4-2-33 2010 年运行时土壤指标

编号	原号	pH 值	阳离子交换量/(cmol/kg)	全氮/(g/100g)	全磷(干基)/%	全钾(干基)/%	有机质/(g/kg)	硝酸盐氮/(mg/kg)	钠离子(干基)/(g/kg)	氯离子/(mg/kg)	硫酸根/(g/kg)	水分/%
10306	P_9-1 (0～30cm)	7.5	41.06	0.280	0.095	2.07	59.9	33.4	9.8	14.26	0.14	6.95
10307	P_9-2 (30～60cm)	7.3	38.38	0.162	0.068	2.05	36.0	18.4	14.0	33.93	0.64	6.96
10308	P_9-3 (60～100cm)	7.3	34.14	0.077	0.058	1.98	25.8	11.2	12.4	36.38	0.93	6.89
10309	P_9-4 (100～150cm)	7.3	34.44	0.080	0.057	1.98	11.6	8.38	10.6	36.88	1.09	6.68
10310	P_{10}-1 (0～30cm)	6.1	33.78	0.218	0.114	2.26	47.1	107	10.8	19.18	0.18	6.50
10311	P_{10}-2 (30～60cm)	6.3	35.14	0.182	0.094	2.22	44.6	55.1	9.4	15.74	0.52	6.78
10312	P_{10}-3 (60～100cm)	6.4	31.26	0.156	0.078	2.18	39.3	48.6	9.1	31.96	1.48	6.89
10313	P_{10}-4 (100～150cm)	6.4	35.28	0.129	0.063	2.08	36.0	28.4	9.0	27.04	1.13	6.90
10314	P_{11}-1 (0～30cm)	6.1	36.08	0.192	0.066	2.15	43.0	76.0	10.4	15.24	0.78	6.89
10315	P_{11}-2 (30～60cm)	6.3	35.81	0.145	0.070	2.14	36.6	43.1	10.2	24.58	0.41	6.93
10316	P_{11}-3 (60～100cm)	6.5	36.05	0.121	0.096	2.08	27.7	18.3	9.8	34.91	0.60	6.70
10317	P_{11}-4 (100～150cm)	6.3	35.92	0.130	0.067	2.54	26.9	30.2	12.9	13.76	0.55	6.80

第十四节 酒精废水处理工程实例

一、工程概况

某酒精有限公司是采用木薯干原料生产酒精的专业工厂，年产酒精 5 万吨、无水乙醇 1 万吨，每天排放酒精废液 1600t。废水处理工程设计规模 1600m³/d。

该废水处理工程 1995 年被列为原国家经贸委示范工程，采用了轻工业环保所研制的二级厌氧-好氧工艺路线。厌氧工段于 1999 年建成投入运转，好氧工段于 2002 年建成，并通过验收，达标运行。

该工程总投资 2500 万元，年运行成本 400 万元。该工程由于采用了二级厌氧-好氧处理酒精废液，比常规的一级厌氧-好氧工艺，节省了 20%的工程投资，并节省了 30%的能耗，降低了 50%的运行成本。该工程节能效果明显，每年可节煤 1.65 万吨，减排 38.7 万吨

CO_2，同时废水达标，环境污染得到治理。

二、处理工艺

(一) 设计水质

该厂每天排放1600m^3（木）薯干酒精废液（每年生产330天），废液水质指标：COD=55000～60000mg/L，BOD=24000mg/L，SS=22700mg/L，pH=4.2。处理后的出水要求达到国家《污水综合排放标准》（GB 8978—1996）中的二级标准，即COD≤300mg/L，BOD≤100mg/L，SS≤150mg/L，pH=6～9。

(二) 处理工艺

薯干酒精废液（原糟液），其BOD∶COD=1∶2，属于高温、高浓度、高SS、可生化性良好的有机废液。采用厌氧-好氧法处理（木）薯干酒糟废液能回收大量沼气能源，并能将废液处理达标，是技术和经济均为最佳的处理方法。

工程采用了Ⅰ级全混合高温厌氧发酵+Ⅱ级中温UASB厌氧发酵+SBR好氧处理工艺。

(三) 工艺流程

本工程工艺流程如图4-2-14所示。

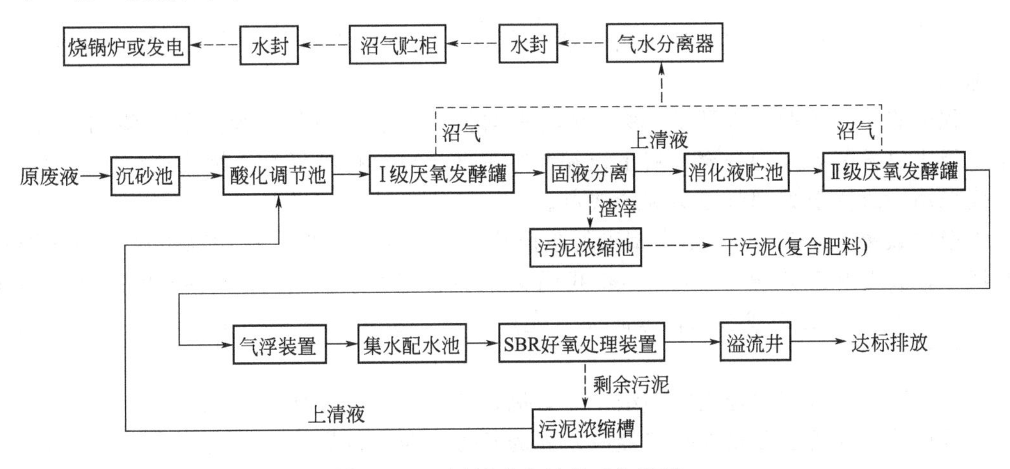

图4-2-14 酒精废水处理工艺流程

由酒精蒸馏塔排出的薯干酒糟废液经废热回收后，进入沉砂池，在沉砂池中尽量将原料夹带的砂石去除。然后进入贮存池水解，再将废液用泵打入Ⅰ级全混合厌氧发酵罐（CSTR）进行高温厌氧发酵，发酵温度52～54℃，pH值控制在7左右。厌氧发酵罐内装有大型水力喷射泵和厌氧污泥回流装置。喷射泵用于罐内全混合搅拌，并可用于加热、破碎浮渣。厌氧发酵产生的沼气（1m^3COD为55000mg/L的废液可产30m^3沼气，热值相当于30kg原煤），经气水分离，水封后进入沼气贮柜，用作锅炉燃料。CSTR处理后的废液尚含有大量SS，经高位沉淀槽泥水分离，上清液进入消化液贮池。稀污泥经卧螺离心机脱水成干污泥，可作优质有机肥料或拌煤后送入锅炉烧掉。然后消化液贮池上清液泵入Ⅱ级UASB，UASB采用中温33～35℃厌氧发酵。厌氧发酵后消化液进入气浮装置处理。经上述二级厌氧-气浮处理的消化液进入集水配水池，同时加入废冷却水（或达标水），控制废水COD在1000～1500mg/L之间，并在底部予以曝气混合。然后泵入SBR好氧装置继续处理。废水在SBR池中，按顺序进行进水、曝气、沉淀、滗水排放，出水达到排放标准。

由Ⅱ级UASB和气浮装置排出的厌氧污泥送去脱水处理，作优质有机肥料。由SBR排出的好氧污泥返回酸化池，再进入Ⅰ级厌氧发酵罐处理，还可增加沼气产量。

(四) 主要设计参数

主要工艺装置包括：沉砂池、贮存池、Ⅰ级厌氧发酵罐、Ⅱ级 UASB 反应器、集水配水池、SBR 池、气水分离器、沼气贮柜。

1. Ⅰ级 CSTR 厌氧发酵罐

钢制，6 座，单罐有效容积 2000m^3，发酵时间 7.5d，容积负荷 8～10kgCOD/(m^3 · d)。

2. Ⅱ级 UASB 反应器

钢筋混凝土结构，两座，单池有效容积 1100m^3，水力停留时间 1.375d，容积负荷 3.3kgCOD/(m^3 · d)。

3. SBR 池

两座，单池有效容积 1060m^3，交替运行。

4. 沼气贮柜

湿式贮气柜，容积 25000m^3，气压 350mmH_2O。

三、运行情况

该工程自运行以来出水水质良好，满足国家《污水综合排放标准》(GB 8978—1996) 二级标准。

工程借鉴了轻工业环保所 20 多年来治理酒精（木薯干原料）废液的经验和工程实践，采用二级厌氧发酵，互为补充。将Ⅰ级和Ⅱ级串联，可获得厌氧微生物处理的最佳效果，克服了仅采用一级厌氧处理难以达标的缺点。

Ⅰ级厌氧罐（CSTR）采用大型喷射泵搅拌和污泥回流装置，适用高浓度、高悬浮物酒精废液，该装置和工艺曾于 1988 年获我国国家科技进步奖。Ⅱ级 UASB 装置引进消化了 2000 年德国的“组合式双层三相分离器”先进设计。SBR 装置采用了德国进口的硅橡胶膜微孔曝气管。

该工程已被收入了联合国中小型企业案例。联合国开发计划署（UNDP）官员表示，该酒精厂的做法，实现了环境保护和经济发展的双赢，对全世界的中小型企业，尤其对发展中国家的中小企业具有普遍指导意义。

第十五节 啤酒废水处理工程实例

一、工程概况

某啤酒公司以大麦和大米为主要原料，辅以啤酒花和鲜酵母制造啤酒，年产啤酒 10 万吨。废水处理工程的设计规模 3500m^3/d，合 146m^3/h。该工程占地面积 3444m^2，总投资 600 万元，吨水运行电耗 0.33kW · h，吨水直接运行费用 0.35 元。

二、处理工艺

(一) 设计水质

废水主要来源有：糖化车间的糖化、过滤洗涤水；发酵过程的发酵罐洗涤、过滤洗涤水；罐装过程洗瓶、灭菌及破瓶啤酒；冷却水和成品车间洗涤水等。

设计进水水质：COD=2500mg/L，BOD=1800mg/L，SS=400mg/L。

由于处理后的出水最终排放的去向是城镇污水管道，因此执行《污水综合排放标准》（GB 8978—1996）中的一级（新扩改）标准，即：COD≤100mg/L，BOD≤20mg/L，SS≤20mg/L。

(二) 处理工艺

本工程废水属中高浓度有机废水，可生化性好，适合采用生化处理。通过工艺的选择比较，设计中采用了厌氧 UASB 和好氧 SBR 的组合工艺。

针对废水悬浮物较多的特点，采用格栅和固液分离机两级预处理进行去除，避免对后续 UASB 的影响。

(三) 工艺流程

本工程工艺流程如图 4-2-15 所示。

废水先经细格栅去除杂物后，经固液分离机去除麦麸等大颗粒悬浮物，后进入集水井，由潜污泵提升进入调节池，调节水量、水质后经过二次提升进入 UASB 反应器，UASB 反应器处理后的出水进入好氧 SBR 曝气池，处理后达标排放。设计中 UASB 前设有酸碱调节设施。曝气池产生的剩余污泥重力排入调节池，由调节池提升进入厌氧池。从厌氧 UASB 池排出的剩余污泥进入污泥浓缩池，经浓缩后由带式污泥脱水机进行脱水处理。浓缩池的上清液和脱水机房清液流回集水井。脱水后的污泥外运填埋或经堆肥等处理后制成生物有机肥。

(四) 主要设计参数

1. 格栅和固液分离机

设 1 道细格栅，栅条间隙 5mm。固液分离机采用转筒式，带自动冲洗装置，分离出的固体废弃物可以同生活垃圾一同处理。

2. 集水井和调节池

集水井设有两台潜污泵提升废水进入调节池。调节池内设有提升泵组，将废水提升进入 UASB 反应器。调节池结构尺寸 22.0m×12.0m×5.0m，水力停留时间 8h，有效容积 1170m^3。

3. UASB 反应器

两座，单池尺寸 ϕ13.75m×5.65m，有效容积 1580m^3，有效水深 5.3m。有机负荷 5.5kgCOD/(m^3·d)，设计去除效率 COD 为 85%，BOD 为 85%，SS 为 50%。

4. SBR 反应器

两座，单池尺寸 ϕ18.33m×4.65m，有效容积 1735m^3，有效水深 4.2m。污泥负荷 0.25kgCOD/(kgMLSS·d)，选用膜片式微孔曝气管 300 根，单管长 2.2m。

5. 鼓风机

SBR 曝气的气水比为 10∶1。风机选用 SSR150 型，3 台，2 用 1 备，单台流量 13.50m^3/min，功率 18.5kW。

6. 污泥处理系统

污泥处理系统包括浓缩池、污泥脱水机和加药系统等。污泥浓缩池结构尺寸 ϕ6.0m×6.88m，有效容积 105m^3，有效水深 6.38m，停留时间 18h。湿污泥产量 140m^3/d。脱水机房选用带式压滤脱水机 1 台，带宽 1m。

三、运行情况

本项目采用厌氧 UASB-好氧 SBR 生物处理工艺，目前该项技术已在十几个城市和众多

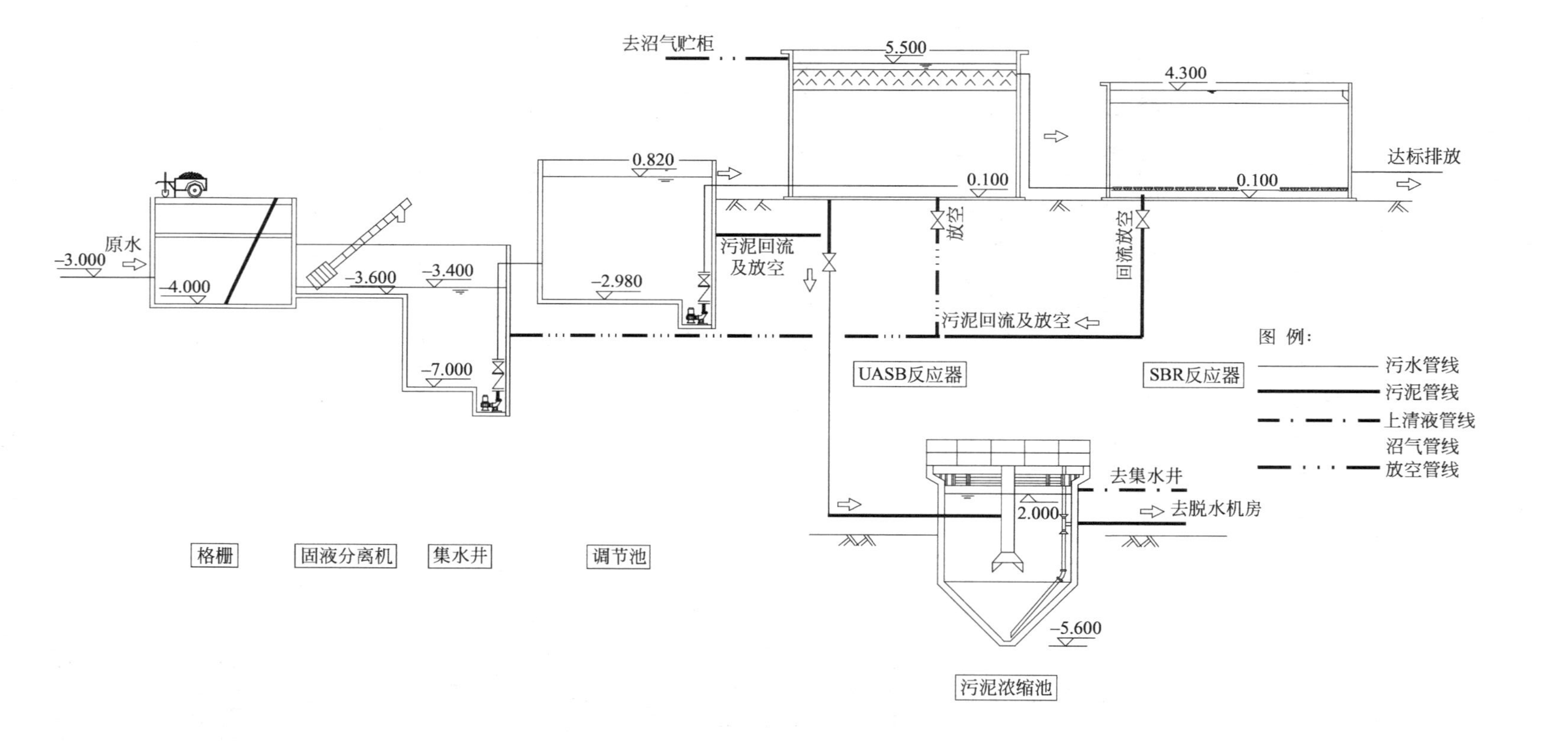

图 4-2-15 啤酒废水处理工艺流程

的工业行业得到了应用，更被广泛地应用在啤酒工业废水处理中。运行实践显示，经过UASB处理，污水COD去除率在80%以上，BOD的去除率在85%以上，SS的去除率在50%以上。

第十六节　皮革废水处理工程实例

一、工程概况

某皮革厂主要从事山羊皮及绵羊皮的生产，随着公司的不断发展壮大，原有的废水处理设施不能适应现有的水量负荷，因此要新建处理设施，设施设计处理规模1200m^3/d。

该工程总投资269.04万元。总装机容量123kW，运行功率103kW，吨水动力消耗1.23kW·h；吨水运行费用1.53元。

二、处理工艺

(一) 设计水质

根据监测结果并结合同类型厂家的情况，设计水质为：pH=8～11、COD≤3000mg/L、BOD≤1500mg/L、SS≤2000mg/L、S^{2-}≤50mg/L、TCr≤5mg/L。

处理出水要求达到国家《污水综合排放标准》(GB 8978—1996) 一级标准，即：pH=6～9、COD≤100mg/L、BOD≤20mg/L、SS≤70mg/L、S^{2-}≤1.0mg/L、TCr≤1.5mg/L。

(二) 处理工艺

国内的制革废水处理采用的方法很多，常用的“初沉—混凝气浮—氧化沟”组合工艺，经多年的运行表明，该工艺具有流程短、操作管理简便、耐负荷冲击能力强、运行费用低、处理效果稳定、出水水质好的优点。本设计采用以氧化沟为主体的处理工艺，加强废水的预处理，通过选用旋转机械格栅过滤、初沉及混凝沉淀强化去除效果，同时在氧化沟中使用国家“八五”科研攻关开发出的新型曝气设备——曝气转刷，其动力效率达2.5kgO_2/(kW·h)。

(三) 工艺流程

废水处理工艺流程见图4-2-16。

各工段废水汇总排入废水处理站，先经旋转式机械格栅去除较大的颗粒悬浮固体，如毛、肉渣、革屑等，再经浅层沉砂池除去较重颗粒后进入集水池，用泵提升到初沉池，经沉淀以去除悬浮物。初沉池出水进行pH值调节后进入预曝气调节池，均匀水量、水质，并去除部分硫化物及有机物，再用泵提升至混凝沉淀隔油处理单元进一步去除水中的硫化物及部分有机物。混凝沉淀隔油出水进入氧化沟进行生物处理，出水再经辐流式二沉池沉淀，出水通过加药在终沉池内进一步沉淀处理，使出水达标排放。

混凝沉淀池、终沉池污泥输送至污泥浓缩池，浓缩池和初沉池污泥用泵输送至干化场，干化污泥外运，干化出水回集水池。

(四) 主要设计参数

1. 格栅井

设置于进水明渠中，钢筋混凝土结构，平面尺寸1.5m×1.0m，深1.5m。

2. 浅层沉砂池

最大水量时水力停留时间1min，总深1.0m，平面尺寸3.0m×3.5m，分2格，两池轮

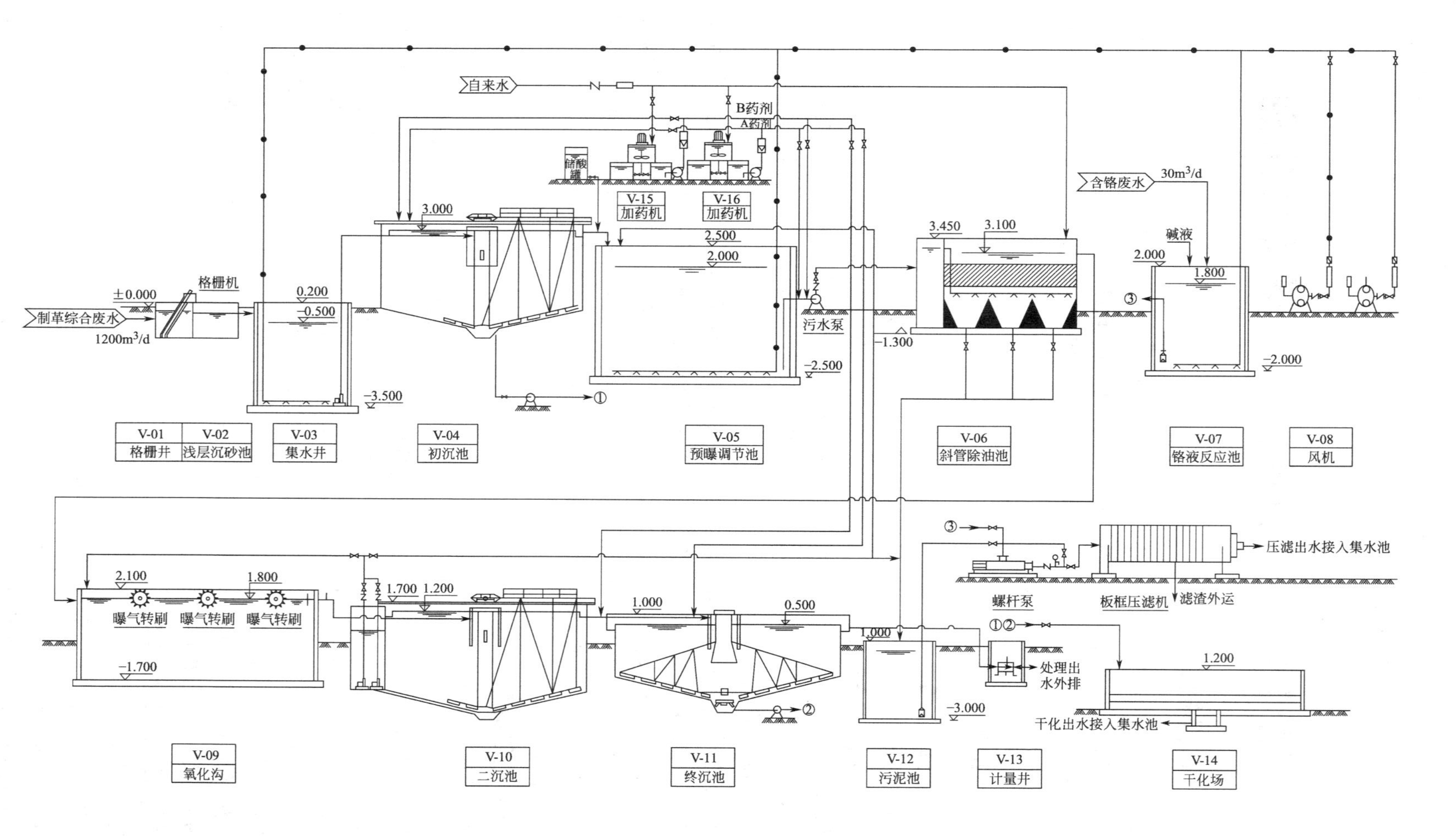

图 4-2-16 皮革废水处理工艺流程

流交替使用，砖砌结构。

3. 集水井

地下式钢筋混凝土结构，平面尺寸 5.0m×7.0m，有效水深 3.0m，总深 3.5m，水力停留时间 0.5h。

4. 初沉池

半埋式钢筋混凝土结构，采用辐流式沉淀池，尺寸 ϕ14.0m×4.4m，进水量 70m^3/h，表面负荷 0.45m^3/(m^2·h)，配套周边传动刮泥机。

5. 调节预曝气池

半埋式钢筋混凝土结构，平面尺寸 20.0m×10.0m，有效水深 4.5m，总深 5.0m，水力停留时间 18.0h，曝气气水比 4.5∶1。

6. 风机房

利用原有综合楼改建，平面尺寸 12.5m×5.6m。

7. 斜管除油池

利用原有 SBR 池改建，平面尺寸 16.0m×5.0m，进水量 70m^3/h，表面负荷 0.875m^3/(m^2·h)。

8. 氧化沟

采用 Carrausel 氧化沟，半埋式钢筋混凝土结构，两组，尺寸 32.0m×12.0m，单沟宽 6.0m，有效水深 3.5m，总深 3.8m。进水量 70m^3/h，混合液污泥浓度 2000mg/L，SV 为 40%～50%，BOD 负荷 0.1kg/(kgMLSS·d)，氧化沟采用曝气转刷曝气充氧。

9. 二沉池

采用辐流式沉淀池，半埋式钢筋混凝土结构，尺寸 ϕ12.0m×4.0m。进水量 70m^3/h，表面负荷 0.6m^3/(m^2·h)，配套中心传动刮泥机，设置 2.0m×2.0m×3.0m 的污泥回流井。

10. 终沉池

采用辐流式沉淀池，半埋式钢筋混凝土结构，尺寸 ϕ10.0m×3.8m，进水量 70m^3/h，表面负荷 1.2m^3/(m^2·h)，配套中心传动刮泥机。

11. 污泥池

钢筋混凝土结构，平面尺寸 3.0m×6.0m，有效水深 4.0m，总深 4.5m。

12. 干化场

砖混结构，分 8 格，尺寸 20.0m×40.0m×1.2m。

13. 综合房

平面尺寸 6.0m×10.0m，内设加药系统、压滤机房。

三、运行情况

废水处理调试期间监测结果见图 4-2-17。调试结束后正式运行，运行期间出水水质基本达到设计要求。

污水处理站采用的是以生化为核心、物化为把关的工艺，根据其特点，处理效果好坏的关键在于各参数能否满足生化处理所需的要求。经过几个月的现场调试与监测，该厂水处理站出水水质已基本正常，达到设计要求，能够达标排放。

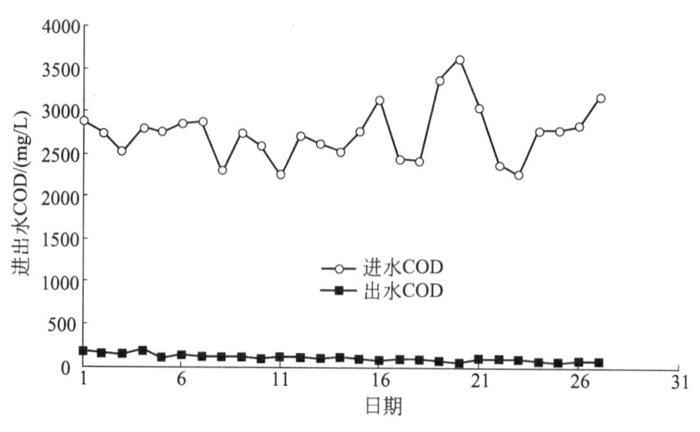

图 4-2-17 调试期间进出水 COD 监测结果

第十七节 氮肥废水处理工程实例

一、工程概况

青岛某化肥厂是以煤为原料生产氮肥（尿素、碳酸氢铵）的企业，年生产尿素 20 万吨，年生产合成氨 16 万吨，属中等规模化肥厂。

该企业废水的特点是氨氮、油含量较高，而高氨氮废水一直是我国中小型化肥企业治理的难题。结合国内脱除氨氮工艺的工程应用情况，并对设备选型及投资进行比较后，本工程采用了解析蒸馏脱氨塔处理工艺作为核心工艺。废水处理设计规模 $480m^3/d$，于 2002 年年底进行设计施工，于 2003 年 5 月竣工和调试运行，2003 年 7 月验收。

本项目建设在生产区内，占地面积 $216m^2$，长 26m，宽 8.2m，东西向布置。废水由西侧原废水储池经泵提升进入处理系统，经处理后从东侧曝气滤池出水进入厂内下水管道。工程投资 120 万元，劳动定员 4 人，装机容量 50kW，运行日耗电 1080kW·h，吨水消耗药费 0.45 元，年运行费 32 万元。吨水处理费 1.8 元。

二、处理工艺

(一) 设计水质

该厂的主要生产工艺过程是煤造气形成半水煤气，在经过脱硫、变换、压缩、脱碳、铜洗等过程后，最终生产合成氨等产品。本项目原水包括合成氨生产工艺的压缩车间排水 $3.5m^3/h$，合成氨过程排水 $15m^3/h$。进水水质见表 4-2-34。

表 4-2-34 废水综合水质

废水来源	水量 /(m^3/h)	COD /(mg/L)	NH_4^+-N /(mg/L)	SS /(mg/L)	石油类 /(mg/L)	CN^- /(mg/L)	S^{2-} /(mg/L)	pH 值
压缩车间废水	5	1900	2500	380	浮油、乳化油	—	—	8.5
合成氨车间废水	15	400	1000	280	—	—	—	8.5
混合废水	20	775	1375	300	—	微量	微量	8.5

根据当地环保部门要求，废水处理后应满足氨氮小于 50mg/L，其他水质指标执行国家《污水综合排放标准》(GB 8978—1996) 中的三级限值，详见表 4-2-35。

表 4-2-35 废水排放标准限值

项目	COD /(mg/L)	NH_4^+-N /(mg/L)	SS /(mg/L)	S^{2-} /(mg/L)	CN^- /(mg/L)	石油类 /(mg/L)	pH 值
标准	≤500	≤50	≤400	≤1.0	≤1.0	≤20	6～9

(二) 处理工艺

废水中含有高浓度的氨氮，是本工程的处理重点，而造成 COD 超标的主要原因是废水中含有的矿物油和少量尿素。油去除后 COD 就能够达到排放要求，同时油的去除效果直接影响到蒸馏塔的氨氮脱除效果。

根据国内类似生产厂家的废水治理状况及工程经验，以及对该厂废水进行的大量调研和实地考察，认为目前常用的 NH_4^+-N 处理方法，如吹脱法、气提法、离子交换和生物法，对高浓度氨氮的去除率不够高，国内处理效果最好的也只有 80%左右，且运转费用较高，最终排水 NH_4^+-N 不能达标。

解析蒸馏塔是化工生产中一种成熟、可靠的产品回收设备，得到广泛应用，但在废水处理行业中，由于其投资费用高，中小型企业长期以来不愿因几百吨废水投入巨大资金，因而未能获得应用。在本废水处理过程中通过采用合理的设计，使解析蒸馏塔一次性投资降低为原设备的1/3～1/4，从而在设备投资、运转费用方面达到了厂方可接受的程度，而且经工程实际运行证明，解析蒸馏塔的脱氨效率可达 95%以上。

(三) 工艺流程

本工程的主要处理工艺流程可分为三部分：预处理工艺、蒸馏脱氨工艺和深度处理工艺，工艺流程见图 4-2-18。

(四) 主要设计参数

1. 格网

两个，规格 400mm×600mm，分别采用 5mm 和 10mm 钢丝网加工。

2. 调节池

采用钢筋混凝土结构，1 座，尺寸 3.8m×5.8m×5.0m，有效容积 100m³，停留时间 6h。

3. 隔油池

采用钢筋混凝土结构，1 座，尺寸 5.2m×2.4m×1.3m，合建提升水池 4m³，停留时间 3h，水平流速 0.01m/s。

4. 反应罐

采用带搅拌器的钢制反应罐，1 台，规格 ϕ0.65m×1.5m，搅拌速度 1.5m/s，搅拌器直径 216mm，转速 132r/min，反应时间 6min。

5. 加药罐

分别为溶药、加药罐，两套，尺寸 ϕ1.0m×1.3m。

6. 气浮设备

处理能力 5m³/h，两套，池体尺寸 2.0m×2.75m×1.8m。

7. 石英砂滤池

材质碳钢，两台，尺寸 1.0m×1.0m×3.5m，滤速 5m/h，滤料直径 2～4mm，滤层高 600mm。

8. 解析蒸馏塔

处理能力 20m³/h，设计进水 NH_4^+-N 浓度为 1300mg/L，采用蒸汽直接加热，蒸汽量 3t/h，温度 130℃，压力 0.25MPa。塔体尺寸 ϕ2.0/1.0m×17.0m，内有 ϕ50mm 的鲍尔环

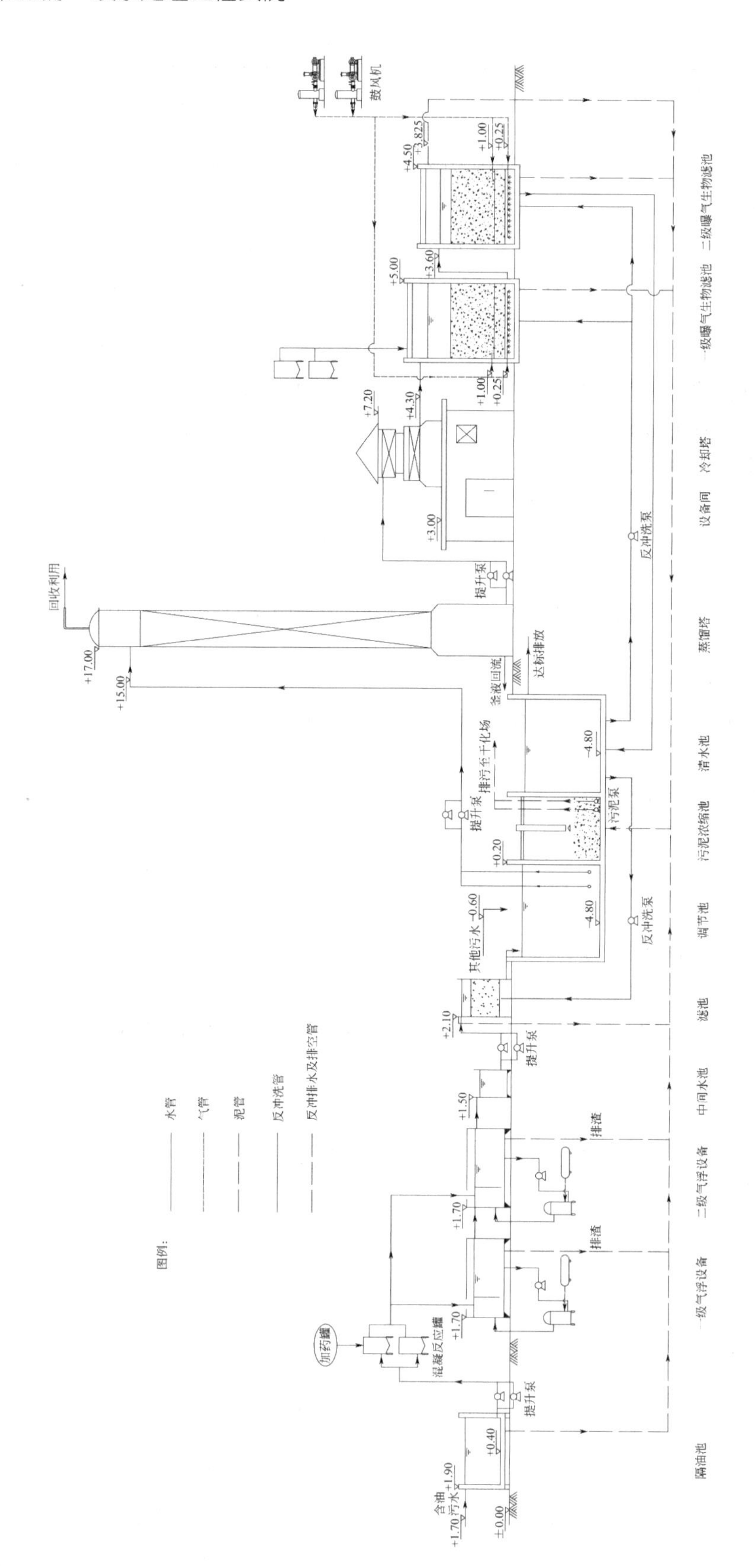

图 4-2-18 氮肥废水处理工艺流程

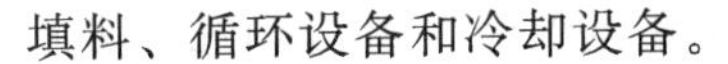

填料、循环设备和冷却设备。

9. 换热器

型号 FB500-65-16-4，直径 500mm，传热面积 $65m^2$，流体压力 1.6MPa，管长 6m，四管程，总管数 120 根，每程 30 根管。采用热水走管程，冷水走壳程的方式。

10. 曝气滤池

采用钢筋混凝土结构，两座，串联运行，尺寸 3.0m×3.0m×5.0m，滤速 2.2m/h，过滤面积 $9m^2$，停留时间 2h。

11. 冷却塔

耐高温波纹填料，处理能力 $20m^3/h$，1 套。

12. 其他

中间水箱，引水设施等。

三、运行情况

工程自 2005 年 5 月正式运行以来，运行状态稳定，每天检测出水指标，NH_4^+-N 均小于 30mg/L，远远优于设计值，运行期间检测数据（月平均值）见表 4-2-36。

表 4-2-36 2005～2008 年月平均数据

序号	pH 值	NH_4^+-N/(mg/L)	石油类/(mg/L)	COD/(mg/L)
1 月	7.5	28.0	18.0	480
2 月	7.5	28.6	15.0	490
3 月	7.8	29.5	17.0	451
4 月	7.2	28.2	13.6	479
5 月	8.0	29.0	12.9	497
6 月	8.5	30.0	18.7	500
7 月	8.0	31.2	17.0	398
8 月	8.0	29.0	19.2	500
9 月	7.5	28.0	18.3	498
10 月	7.8	27.8	18.6	456
11 月	8.0	29.2	18.5	430
12 月	7.8	27.9	17.6	476

本工程关键技术为废水蒸馏脱氮，预处理采用加药、混凝、气浮和过滤，脱氨采用改进蒸馏塔设施，配有曝气滤池，使该处理工艺占地少、处理效率高，管理方便。

本工程通过合理的设计，把化工常用的解析蒸馏塔用于废水脱氨，是解决中小型化肥厂长期氨氮超标的一种行之有效的处理手段。运行实践证明，本工艺处理效果稳定，出水水质好，脱氨率达 97.8%以上，油去除率达 80%以上，SS 去除率达 95%。

第十八节 农药废水处理工程实例

一、工程概况

某公司是国家重点农药生产经营企业，目前拥有农药杀虫剂、杀菌剂、除草剂共 80 个品种，是国内阿维菌素生产规模最大的企业。该公司阿维菌素原药生产能力 100t/a。废水处理工程设计规模 500m³/d，于 2005 年投产并运行。

该工程总占地面积近 2000m²，东西长约 51m，南北宽约 32m。工程投资约 300 万元，劳动定员 14 人，实际 10 人，装机容量 114kW，月耗电量 40000kW·h，年运行费 100.8 万元。

二、处理工艺

(一) 设计水质

阿维菌素生产过程中废水来源于以下三个生产环节：①发酵液板框过滤产生的滤液；②发酵罐清洗产生的废水；③甲苯浓缩液洗糖过程产生的脱糖废水。其中主要为发酵车间发酵液板框过滤过程中的压滤水、冲框水、过滤布水。

阿维菌素生产废水中的主要成分为可溶性蛋白类、氨基酸、残糖、无机盐及微量的阿维菌素，因此该废水的主要特点是有机污染物浓度很高。经现场实地调研，该厂生产废水水量为 220m³/d，废水中 COD 浓度高，达 24700mg/L，BOD 浓度 11200mg/L，BOD/COD 约 0.45，属易于生物降解的废水。此外，还有部分生活污水排放。进出水水质指标见表 4-2-37。

表 4-2-37 废水处理工程设计水量及水质

种类	水量/(m³/d)	水质指标/(mg/L)			
		进水 COD	进水 BOD	出水 COD	出水 BOD
浓废水	220	24700	11200	≤300	≤100
清废水	280	300	150		
合计	500	—	—	—	—

(二) 处理工艺

由于该厂废水属于高浓度有机废水，因而主体工艺采用传统的厌氧和好氧串联的处理工艺。厌氧处理主要针对高浓度有机废水而言，其投资偏高，但运行成本低，而且可以回收能源；高浓度废水经厌氧消化处理后往往难以达标排放，需要后接好氧处理，进一步分解水中的可溶性有机物。本工程厌氧处理单元采用升流式厌氧污泥床（UASB）工艺，好氧处理单元采用周期循环活性污泥工艺（CASS）。

考虑到该厂两种废水浓度差别较大，为充分发挥处理单元的处理效果、降低处理成本，废水处理系统采用清污分流的设计，浓废水由于 COD 浓度较高，先经 UASB 反应器处理后再与较清洁的废水合并进入调节池进行水质、水量的均衡。混合后的废水经水解酸化、CASS 工艺处理后，出水可以达标。CASS 工艺产生的污泥经板框压滤后外运。

(三) 工艺流程

废水处理工程工艺流程见图 4-2-19。

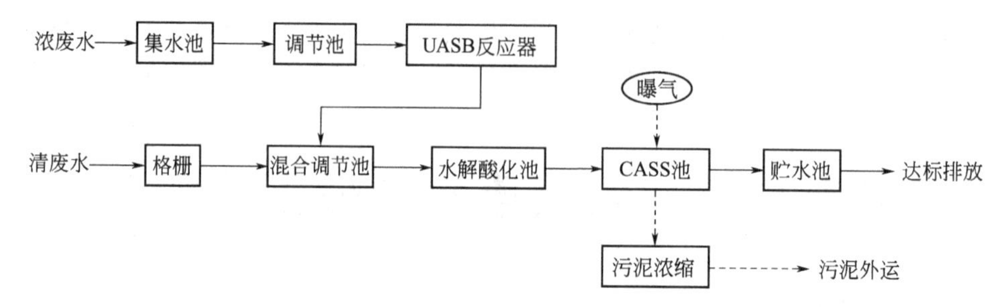

图 4-2-19 农药废水处理工艺流程

（注：浓废水指发酵车间滤液及其他部分生产废水；清废水指厂区生活用水及冲洗设备废水。）

(四) 主要设计参数

1. UASB 反应器

由于阿维菌素生产废水 pH 值为酸性，为防止设备腐蚀，UASB 采用搪瓷材料进行加工制作。反应器尺寸 ϕ16.0m×7.2m，总容积 1400m^3，反应区有效高度 3.8m。设计容积负荷 10kgCOD/(m^3·d)，实际运行中容积负荷约 6～7kgCOD/(m^3·d)。表面负荷 0.15m^3/(m^2·d)，进水温度 33～37℃。设计进水 COD 浓度 24000～25000mg/L，设计进水量 10m^3/h，由于进水浓度过高，UASB 采用了内循环设计，内循环水量为 15～20m^3/h。

2. 水解酸化池

本工程废水经 UASB 反应器后废水与清废水混合后，总水量为 20m^3/h，混合后浓度有所降低。水解酸化池尺寸 12.0m×6.0m×5.0m，总容积 360m^3，有效高度 4.5m，停留时间约 11h。

3. CASS 反应器

两格，分别为预反应区和主反应区，总尺寸 24.0m×12.0m×5.0m，总容积 1440m^3，预反应区容积 240m^3，主反应区容积 1200m^3。有效水深 4.5m，其中污泥区高 1.3m，缓冲区高 1.7m，周期排水比 1/3，设计污泥负荷 0.11kgBOD/(kgMLSS·d)。每周期 4h，其中曝气 2h，沉淀 1h，撇水 0.5h，闲置 0.5h。用两台三叶罗茨鼓风机进行充氧曝气，单台功率为 37kW。在预反应区内，微生物能通过酶的快速转移机理迅速吸附废水中大部分可溶性有机物，这对进水水质、水量、pH 值和有毒有害物质起到较好的缓冲作用，同时对丝状菌的生长起到抑制作用，可有效地防止污泥膨胀。随后在主反应区经历一个较低负荷的降解过程。

三、运行情况

2008 年运行检测数据见表 4-2-38。结果显示，满足设计要求。

表 4-2-38　2008 年出水水质月均值

月份	pH 值	COD/(mg/L)	月份	pH 值	COD/(mg/L)
1 月	7.5	178	7 月	7.8	178
2 月	7.3	170	8 月	7.9	179
3 月	7.9	177	9 月	7.7	178
4 月	7.5	184	10 月	7.6	174
5 月	8.1	169	11 月	7.8	185
6 月	7.8	185	12 月	7.8	171

废水处理工程针对该厂实际，对生产过程中产生的高浓度废水与生活污水采取了清污分流，对高浓度有机废水采用 UASB 高效厌氧处理后与清污水进行混合，再经过水解酸化和 CASS 工艺处理后，即可稳定达到国家标准。

此项目的实施整体上取得了一定的成果，在投资较少的情况下使阿维菌素废水处理出水符合相关国家标准，为阿维菌素废水处理技术工艺积累了大量经验。但由于国家即将出台《生物农药污水排放标准》，对限值要求有所提高，该厂的排水水质将不能满足国家关于生物农药行业排水水质的要求，应尽快制定改造计划。

第十九节　洗涤剂废水处理工程实例

一、工程概况

某洗涤剂用品生产厂在生产过程中产生大量废水，对环境污染严重，废水中的主要污染物有阴离子表面活性剂 LAS 和 COD。该废水处理工程处理规模 $1000m^3/d$，于 1999 年正式投产运行。

该工程吨水处理成本 5.36 元（包括折旧），吨水直接处理成本 1.68 元。

二、处理工艺

（一）设计水质

对该厂排放的废水进行了 72h 的连续监测，经对数据整理分析，确定了该废水处理厂的设计进水水质，如表 4-2-39 所示。

表 4-2-39 设计进水水质

项目	LAS/(mg/L)	COD/(mg/L)	BOD/(mg/L)	SS/(mg/L)	pH 值
进水浓度	180	750	190	330	10.8

该废水处理厂处理后的废水，按照当地环保局的要求应达到表 4-2-40 中的限值。

表 4-2-40 设计出水水质

项目	LAS/(mg/L)	COD/(mg/L)	BOD/(mg/L)	SS/(mg/L)	pH 值
出水浓度	≤10	≤200	≤95	≤150	6～9

（二）处理工艺

本工程洗涤剂生产废水有以下主要特点：①废水中的主要污染物是阴离子表面活性剂 LAS，高浓度的 LAS 对微生物生长有抑制作用，使生物降解难度加大；②废水呈碱性，pH 值在 9～12 之间；③废水中缺少微生物合成细胞质必不可少的氮元素。

根据废水水质的特点，本工程采用物化处理和生物处理的组合工艺。先用混凝沉淀工艺对废水进行预处理，然后用水解酸化工艺调整废水的生物降解性能，最后用生物接触氧化工艺将废水处理达标。

（三）工艺流程

该废水处理工艺流程如图 4-2-20 所示。

（四）主要设计参数

1. 机械格栅

去除厂区排水中较大尺寸的杂物，格栅栅条间距 10mm。

2. 调节池

用于废水的收集、储存和均和。调节时间 14h，池内设有水下搅拌器两台，强化混合效果。

3. 混凝沉淀池

混凝沉淀池由混合反应区和沉淀区组成。反应区按反应时间 20min 设计，沉淀区采用斜管沉淀池，斜管内径 $\phi60mm$，表面负荷 $1.5m^3/(m^2 \cdot d)$。混凝剂采用硫酸亚铁，按硫酸亚铁：LAS 为 1.5：1 投加。运行条件要求 pH 值控制在 8～9 之间。

4. 水解酸化池

水力停留时间 4h。为防止池内污泥流失，增加污泥浓度，水解酸化池内装有半软性填料，填料层高度 1.5m。

5. 接触氧化池

分为两个独立的单元，水力停留时间 8h。池内安装 $\phi150mm$ 的半软性组合填料。

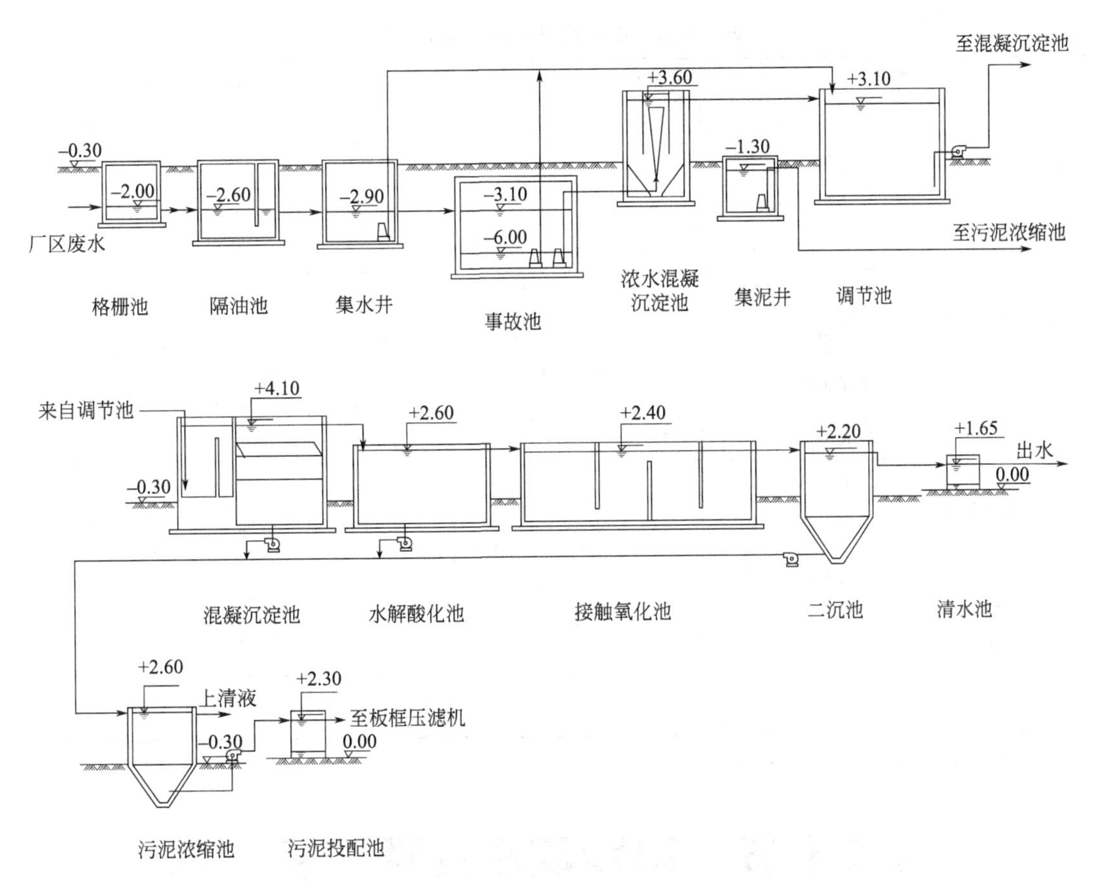

图 4-2-20 洗涤剂废水处理工艺流程

6. 二沉池

采用竖流式沉淀池，两座，每个接触氧化池对应 1 座二沉池，表面负荷 1.5m^3/(m^2·h)。

7. 污泥浓缩池

污泥浓缩池用来储存和浓缩混凝沉淀池及水解酸化池排出来的污泥。停留时间 24h。

8. 污泥脱水设备

选用板框压滤机，1 台。脱水面积 100m^2，滤室容积 1.5m^3。脱水后的污泥含水率 80%，作为工业固体废弃物外运进行无害化处置。

三、运行情况

该废水处理厂于 1998 年建成，1999 年经当地环保局监测验收合格。监测结果见表 4-2-41。

本工程以去除废水中的 LAS 为主要目标，因此在处理工艺上采用了物化和生化的组合工艺。其中混凝沉淀部分可以稳定去除约 60%的 LAS，有效地降低了后续生物处理的负荷，减少了废水处理的能耗。

生物处理部分由两组并列的构筑物组成，在管路设计上使两组构筑物既可以并联运行，也可以串联运行，便于灵活调整。接触氧化池采用沿池长多点进水方式，避免了前端一点进水易出现的供氧不足的现象，并可有效地控制大量泡沫的出现。

表 4-2-41 废水处理监测数据统计结果

类别		pH 值	COD	LAS	石油类	SS
调节池出水	最大值/(mg/L)	7.95	553	196	80.8	67
	最小值/(mg/L)	7.28	380	166	37.6	24
	平均值/(mg/L)	—	432	180	63.3	45
絮凝沉淀池出水	最大值/(mg/L)	8.67	236	96.6	15.8	24
	最小值/(mg/L)	7.74	136	53.8	6.2	16
	平均值/(mg/L)	—	177	71.6	10.1	20
	单元去除率/%	—	43.9～69.3 (58.9)	48.6～67.8 (60.4)	58.0～91.2 (84.0)	—
接触氧化二沉池出水	最大值/(mg/L)	7.85	53	1.01	4.8	24
	最小值/(mg/L)	7.53	45	0.65	2.6	<5
	平均值/(mg/L)	—	48	0.81	3.4	11
	单元去除率/%	—	22.6～43.9 (30.1)	31.9～50.8 (39.2)	4.0～30.3 (10.5)	—
污染物总去除率/%		—	86.4～91.9 (89.0)	99.5～99.6 (99.6)	88.3～96.8 (94.5)	27.1～92.5 (75.4)
出水达标率/%		100	100	100	100	100

注：( ) 内为污染物去除率平均值。

第二十节 印钞废水处理工程实例

一、工程概况

某印钞厂印钞车间每小时排放约 12m^3 擦版废液，废液中含有高浓度的废油墨，同时也含有可回收的热量，以及表面活性剂、碱等有用成分，若直接排放，不仅造成环境污染严重，而且导致经济上的浪费。本工程采用超滤工艺对该废液进行处理回收，回收的超滤清液与新配制的擦版液混合后回供至印钞车间使用，超滤浓液经絮凝沉淀、浓缩脱水后，废水排入厂区综合废水处理厂处理达标后排放或回用，固体油墨废渣作为危险废物外运焚烧，实现无害化。

本工程是擦版液的配制及废水处理工程，于 2003 年底开始设计和施工，于 2004 年 5 月竣工并开始调试，于 2004 年 8 月顺利验收。

该废水处理工程投资约 960 万元，其中设备投资（不含安装）约 450 万元。吨水运行费用 38.17 元。

二、处理工艺

(一) 设计要求

印钞机印钞过程中擦版、清洗模辊形成一定量的含油墨废水，该废水排放量约为 12m^3/h，设计处理能力 15m^3/h。

设计指标上，根据业主的要求，为了尽可能回收废液、减小环境污染、体现经济效益，超滤清液回收率要求大于 80%；为了尽量减小油墨废渣运输和无害化处置费用，超滤浓液浓缩脱水后外运废渣含水率要求小于40%。

(二) 处理工艺

本工程的两个关键工艺参数指标是超滤清液回收率和废渣含水率。指标的限值水平在国内同行业中处于先进水平。为了满足设计指标要求，本工程工艺设计的关键环节主要有两个：一是超滤膜种类及运行方式的确定；二是絮凝沉淀底渣浓缩脱水工艺的选择及相关参数的确定。

超滤膜分为板式膜、卷式膜、管式膜和中空纤维膜等不同种类。其中，板式膜占地面积大、能耗高。卷式膜填充密度较板式膜、管式膜低，设备投资、换膜费用及单位膜面积能耗低，但是由于隔网窄，清洗困难，对预处理要求较高。中空纤维膜主要优点为单位容积内装填的有效膜面积大、占地面积小；缺点为通量低，切割分子量不准确，使用寿命短。管式膜主要优点是能够有效地控制浓差极化，大范围地调节料液的流速，膜生成污垢后清洗相对容易、料液的前处理要求低；其缺点为投资和运行费用高、占地面积大。经综合对比，本项目采用管式膜。

印钞油墨废渣的脱水常用的设备包括板框式脱水机、带式脱水机和离心脱水机等。由于絮凝沉淀底渣黏性偏高，特别是当絮凝效果不理想时，容易堵塞滤布，因此本项目选用卧螺式离心机。设计时在管道与设备布局、设备选型、药剂选择、工艺参数控制等多个环节综合考虑了改善废渣特性、防止堵塞的措施。

(三) 工艺流程

本工程的工艺流程可以分为三个部分：配液工段、超滤工段和絮凝工段，工艺流程见图4-2-21。

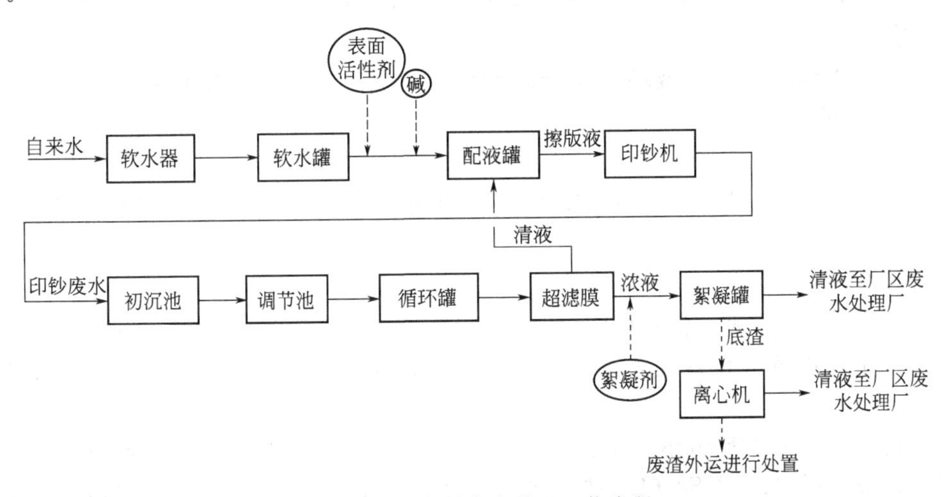

图4-2-21 印钞废水处理工艺流程

(四) 主要设计参数

1. 软水器

全自动软水器，处理能力15m³/h，单阀双罐。

2. 擦版液配制

配液体现优先使用超滤清液的原则，分为两种模式：有超滤清液时超滤清液与新配擦版液按比例混合配制；没有超滤清液时全部采用新配擦版液。

擦版液配制单元包括软水罐、表面活性剂罐、液碱罐、配液罐，加料计量泵，流量、液位、温度、压力等在线监测仪器仪表和信号变送装置，以及配套的管路系统、电气和控制系统等。

软水罐采用不锈钢 SUS304 内外抛光罐，有效容积为 $4m^3$。

表面活性剂罐和碱罐规格相同，采用不锈钢 SUS316L 内外抛光罐，有效容积为 $3m^3$。

配液罐采用不锈钢 SUS316L 双层罐，两层之间为聚氨酯保温层，有效容积为 $4m^3$。

配液罐进液采用板式换热器加热，同时配液罐内设置四组电加热器作为备用，每组电加热器功率 50kW，共 200kW。

3. 供液

供液采用变频恒压供液系统，压力介于 0.28～0.32MPa 之间，最大供液能力 $15m^3/h$。

4. 初沉池

钢筋混凝土结构，内壁做环氧树脂防腐层，1 座。有效水深 4.6m，有效容积 $50m^3$，表面负荷为 $1.22m^3/(m^2 \cdot h)$。

5. 调节池

钢筋混凝土结构，内壁做环氧树脂防腐层，1 座。有效水深 3.8m，有效容积 $70m^3$，停留时间 4.7h。

6. 超滤

超滤膜堆分 2 组设置，每组可以单独运行，也可以同时运行。膜堆运行分超滤、清液清洗和化学清洗 3 个过程。清液清洗频率为每天下班前清洗 1 次，化学清洗频率为每 6～8 个月清洗 1 次，实际清洗频率视具体情况而定。

循环罐，2 台，不锈钢双层罐，两层之间为聚氨酯保温层，单台有效容积 $5m^3$。

清液罐，2 台，不锈钢双层罐，两层之间为聚氨酯保温层，单台有效容积 $4m^3$。

7. 清液池

钢筋混凝土结构，内壁做环氧树脂防腐层，1 座。清液池有效水深 3.8m，有效容积 $35m^3$，停留时间 2.9h。

8. 浓液池

钢筋混凝土结构，内壁做环氧树脂防腐层，1 座。有效水深 3.8m，有效容积 $36m^3$，停留时间 12h。

9. 絮凝系统

包括药剂储备、加药、混合反应、pH 值在线调整、沉淀浓缩等系统，以及配套的管道系统、参数在线检测的仪器仪表系统、电气和控制系统等。絮凝采用序批方式，按周期运行。

絮凝剂罐采用不锈钢 SUS316L 外抛光罐，1 台，内衬橡胶防腐，有效容积 $4m^3$。

絮凝罐采用不锈钢 SUS316L 外抛光罐，1 台，内衬橡胶防腐，有效容积 $8m^3$，罐内设 1 台搅拌机。

渣罐采用不锈钢 SUS316L 外抛光罐，1 台，内衬橡胶防腐，有效容积 $5m^3$，罐内设 1 台搅拌机。

10. 离心脱水系统

选用 1 台卧螺式离心机，型号 UCD205，最大处理量 $3m^3/h$。

三、运行情况

本工程 2004 年 8 月开始正式运行。2005～2008 年重点运行参数的月平均数值见表 4-2-42。

表 4-2-42　2005～2008 年月平均检测数据

序号	表面活性剂含量/%	碱含量/%	擦版液温度/℃	超滤回收率/%	废渣含水率/%
1 月	0.48	0.96	49.3	80.5	32.3
2 月	0.55	0.98	48.5	80.3	36.2
3 月	0.53	1.03	49.6	80.7	35.8
4 月	0.46	1.02	51.1	80.5	34.2
5 月	0.50	1.05	50.7	80.2	35.1
6 月	0.51	0.97	49.2	80.7	33.6
7 月	0.55	0.99	49.9	80.6	34.5
8 月	0.48	1.01	49.7	80.1	36.0
9 月	0.47	1.06	50.8	80.5	33.2
10 月	0.49	1.04	51.3	80.2	35.5
11 月	0.56	0.96	51.9	80.3	31.9
12 月	0.49	0.99	50.6	80.5	36.2
设计目标值	0.50±0.05	1.00±0.05	50.0±2	≥80	≤40

尽量提高超滤回收率是本项目的关键。设计中采用管式超滤膜，超滤回收率在 80%以上，而且化学清洗周期稳定大于 6 个月。此外，采用卧螺式离心机浓缩含油墨的絮凝沉淀物，运行可靠，而且废渣含水率一直保持低于 40%。

进口管式超滤膜造价较高，从经济性的角度，可考虑选用国产中空纤维膜，膜的更换基本不影响系统的设计。

参 考 文 献

[1] 潘涛，田刚．废水处理工程技术手册．北京：化学工业出版社，2010.

第三章 废水的深度处理和回用

第一节 城镇污水深度处理回用工程实例（一）

一、工程概况

某污水处理厂处理规模为3万吨/天，其中市政污水占60%，工业废水占40%。由于进水中含有大量的工业废水，BOD/COD值与BOD/TKN值较低，为使出水达标排放，故本工程拟采用MBR工艺。

该项目于2008年8月进行施工，2009年1月竣工并调试运行，运行至今3年多时间里出水水质一直优于国家一级A排放标准，并荣获2009年世界水协会（IWA）年度水务大奖。

该工程项目总投资9222.67万元，其中固定资产投资9144.82万元。吨水投资3074元，吨水直接运行成本0.74元，吨水经营成本1.10元，处理水水质好且稳定，具有较大的回用价值。

二、处理工艺

（一）设计水质

综合分析污水厂建厂以来的进水水质，同时考虑到邻近湖泊流域的工业、企业污水全面治理的实施过程，确定本项目的设计进、出水水质如表4-3-1所示。

表4-3-1 进、出水水质

项目	进水	出水	项目	进水	出水
COD/(mg/L)	400	≤30	NH_4^+-N/(mg/L)	35	≤5
BOD/(mg/L)	100	≤6	TN/(mg/L)	50	≤15
TP/(mg/L)	5.6	≤0.5	SS/(mg/L)	300	≤10

（二）处理工艺及流程

该工程主体工艺采用的是A^2/O+膜池工艺，工艺流程如图4-3-1所示。

总量为$6.0\times10^4m^3/d$的污水先经过50mm粗格栅，再经过提升泵房后进入10mm阶梯细格栅及旋流沉砂池，然后平均分配至一、二期工程，本项目属于二期工程。一期采用CAST工艺，二期采用MBR工艺。进入二期的污水先经过1mm精细格栅后进入A^2/O池，经过生化处理后进入膜池，出水一部分汇入一期工程出水排放，另一部分进入清水池提升至回用管网。

精细格栅出水采用多点进水，分别进入厌氧池和缺氧池，由于我国市政污水的特点是有机物浓度较低，在脱氮除磷工程项目中普遍面临着碳源不足的局面，常常采用外加碳源解决此问题，本工程主要利用原水直接向缺氧池里提供反硝化所需碳源，从而促进反硝化进程，更好地去除水中的总氮。本项目进厌氧池的水量与缺氧池的水量比为 3：1。缺氧池末端进入厌氧池前端的流量为 1 倍进水量，这样使污泥经反硝化后再回流至厌氧区，减少了回流污泥中硝酸盐和溶解氧含量，保证厌氧系统和缺氧系统正常运行。

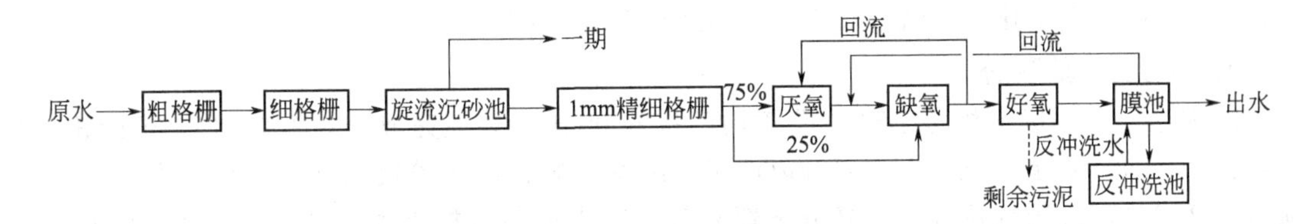

图 4-3-1　城镇污水深度处理回用工艺流程

(三) 主要设计参数

1. 细格栅及旋流沉砂池

细格栅与旋流沉砂池土建已由一期工程完成，设备按 30000t/d 安装，本项目根据实际情况增设两台宽 1000mm、间距 3mm 的阶梯格栅，其中 1 台替换原有的 1 台机械回转式格栅，并增设旋流沉砂装置、提砂泵和砂水分离器 1 套。

2. 膜格栅池

为了保护膜组件，进一步降低进入一体化 MBR 池的悬浮物浓度，设膜格栅池 1 座，平面尺寸 13.5m×4.7m，池内设置两道直径 1800mm、孔径 1mm 的膜格栅，并配有中压、高压冲洗系统各一套。

3. 一体化 MBR 池

1 座，设计规模 3 万吨/天，平面尺寸 66.75m×55.45m，前端为改良式 A^2/O 池，后端为膜池及设备间，集厌氧区、缺氧区、好氧区、膜池、设备间、化学除磷加药区、配电室、控制室于一体。设计参数具体见表 4-3-2。

表 4-3-2　MBR 系统设计参数

项　　目		设计值	项　　目		设计值
设计流量/(m^3/d)		30000	水力停留时间/h	厌氧区	1.2
污泥负荷/[kgBOD/(kgMLSS・d)]		0.038		缺氧区	2.5
容积负荷/[kgCOD/(m^3・d)]		0.089		好氧区	5.3
污泥浓度/(g/L)	厌氧区	6～7	回流比/%	膜池至缺氧区	300
	缺氧区	7～8		缺氧区至厌氧区	100
	好氧区	8～9	膜组件	数量/组	40
污泥龄/d		22.1		平均孔径/μm	0.04
水温/℃		12		材质	PVDF
污泥产率系数		0.5	设计膜通量/[L/(m^2・h)]	最大通量	30
				平均通量	24

4. 清水池及加氯间

根据该地区再生水回用规划，本项目设清水池及加氯间各 1 座，清水池平面尺寸 15.9m×15.9m，池容 1500m^3；加氯间建于清水池上，平面尺寸 16.1m×8.05m，设备规格可根据中水回用规模增设。

5. 鼓风机房及分配电所

根据工艺需要，在一期鼓风机房内增设3台多级低速离心鼓风机，2用1备，用于膜擦洗，单台流量9343m³/h，风压49kPa，功率250kW。同时增设鼓风机房及分配电所1座，平面尺寸分别为26.8m×8.4m和12.6m×12.0m。鼓风机房内设多级低速离心鼓风机3台，2用1备，用于向生化池供氧，单台流量9900m³/h，风压70kPa，功率250kW。

6. 污泥处理系统

贮泥池、污泥脱水机房土建及设备均已按60000t/d规模完成，污泥脱水采用浓缩脱水一体机，二期工程新增污泥量5842kgDS/d，污泥浓缩脱水前需投加药剂，药剂采用聚丙烯酰胺（PAM），选用颗粒或粉末高分子絮凝剂，脱水加药量按干泥量的4‰考虑。脱水前污泥含水率99%，脱水后污泥含水率80%。脱水机运行时间每天8～12h。

三、运行情况

经过3年多的运行，出水水质一直达标稳定，优于《城镇污水处理厂污染物排放标准》（GB 18918—2002）的一级A标准，运行期间进、出水水质见表4-3-3。

表4-3-3 实际运行进、出水水质

项目	5～7月		8～10月		11月～次年1月		2～4月	
	进水	出水	进水	出水	进水	出水	进水	出水
COD/(mg/L)	219.60	13.20	200.10	16.90	240.20	20.30	196.50	12.60
BOD/(mg/L)	73.30	2.10	69.90	1.50	71.60	2.50	76.80	2.20
TP/(mg/L)	4.60	0.12	4.90	0.20	4.60	0.24	5.10	0.22
NH_4^+-N/(mg/L)	15.30	0.20	16.30	0.13	17.20	0.26	18.30	0.33
TN/(mg/L)	45.60	13.80	49.80	9.80	45.20	12.90	46.20	10.60
SS/(mg/L)	296.60	1.80	306.50	1.20	286.50	1.00	290.60	1.20

该工程除了采用多点进水方式可以减少碳源的投加量，节省运行成本外，最大的特点是生物处理的主体工艺采用MBR工艺，实现反应器水力停留时间（HRT）和污泥龄（SRT）的完全分离，使运行控制更加灵活稳定，同时也能节省用地。由于一般膜的平均孔径为0.02～0.40μm，能高效地进行固液分离，出水水质优质稳定，可以完全去除悬浮物，对细菌和病毒也有很好的截留效果，悬浮物和浊度接近于零，出水不需消毒处理，可直接回用。

第二节 城镇污水深度处理回用工程实例（二）

一、工程概况

某再生水厂工程建设规模$1\times10^5m^3/d$，以污水处理厂二级处理出水为水源，处理后排放水质满足景观环境用水水质及城市杂用水水质要求，主要指标达到地表Ⅳ类水体的水质标准。该再生水厂处理的出水主要用于该地区的河湖补水、绿化、市政杂用、工业冷却用水等。

该再生水厂总占地面积4.21hm²。厂区总平面布置是根据厂区地形、厂区周围环境，并结合再生水厂的处理工艺以及进出水位置等条件，将全厂的管理及处理建构筑物合理、有机地联系起来，在保证处理工艺布局合理、生产管理方便、连接管线简洁的基本原则下，综合

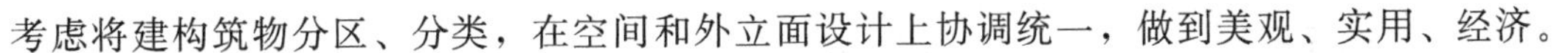

考虑将建构筑物分区、分类，在空间和外立面设计上协调统一，做到美观、实用、经济。

本工程总投资24623万元，分为再生水工程和引水管线工程。再生水工程总投资20597万元，其中工程费用16194万元；引水管线总投资4026万元，其中工程费用2515万元。再生水处理厂全厂定员25人，其中再生水处理厂19人，厂外配水管网6人。

二、处理工艺

（一）设计水质

再生水厂水源为邻近污水处理厂二级出水，再生水厂设计进水水质见表4-3-4。

表4-3-4　再生水厂进水水质　　单位：mg/L

项目		一级B标准	设计进水	项目		一级B标准	设计进水
BOD	≤	20	20	TN	≤	20	30
COD	≤	60	60	NH_4^+-N	≤	8	8
SS	≤	20	20	TP	≤	1.0	1.0

再生水主要用于景观环境用水、城市杂用水和工业用水。由于该地区天然水资源紧缺，目前河道基本没有其他天然补充水源，再生水厂的出水为河道的主要补充水源，再生水厂的出水水质直接影响河道的水体水质。因此再生水厂出水水质的确定主要依据《城市污水再生利用景观环境用水水质》（GB/T 18921—2002）中的娱乐性河道类景观环境用水的水质标准，由于该水质标准无法涵盖所有的污染物控制标准，因此部分指标参考了《地表水环境质量标准》（GB 3838—2002）中Ⅳ类水体的标准，总氮要求参照“集中式生活饮用水地表水源地”的有关标准制定，色度指标参照《城市供水水质标准》。具体见表4-3-5。

表4-3-5　设计出水水质

项目	进水	出水	项目	进水	出水
BOD/(mg/L)	≤20	≤6	TP/(mg/L)	≤1.0	≤0.3
COD/(mg/L)	≤60	≤30	总大肠菌群/(个/L)	—	≤3
SS/(mg/L)	≤20	—	色度/度	—	≤15
TN/(mg/L)	≤30	≤10	浊度/NTU	—	≤5
NH_4^+-N/(mg/L)	≤8	≤1.5			

（二）工艺流程

该处理厂工艺流程见图4-3-2。

污水处理厂出水通过进水管线接入再生水厂提升泵房，按照水质情况投加化学除磷药剂和外加碳源，混合后依次流经反硝化生物滤池和硝化曝气生物滤池，降解水中的硝酸盐氮、氨氮、磷和有机物等，出水经提升后进入V形滤池，过滤水中颗粒、胶体等污染物。由于过滤后出水仍有一定的色度，排入臭氧接触池，进行氧化脱色，出水进入清水池暂时存放。再生水最后通过配水泵加压，经厂外配水管线送至用户。为了防止V形滤池、清水池和长距离输水管内生长细菌及出水达到卫生学指标，在V形滤池、清水池和配水水泵的入口处投加二氧化氯消毒。

（三）主要设计参数

1. 进水闸井

1座，钢筋混凝土结构，外形尺寸3.9m×3.9m×5.6m，进水流量$1\times10^5m^3/d$。进水

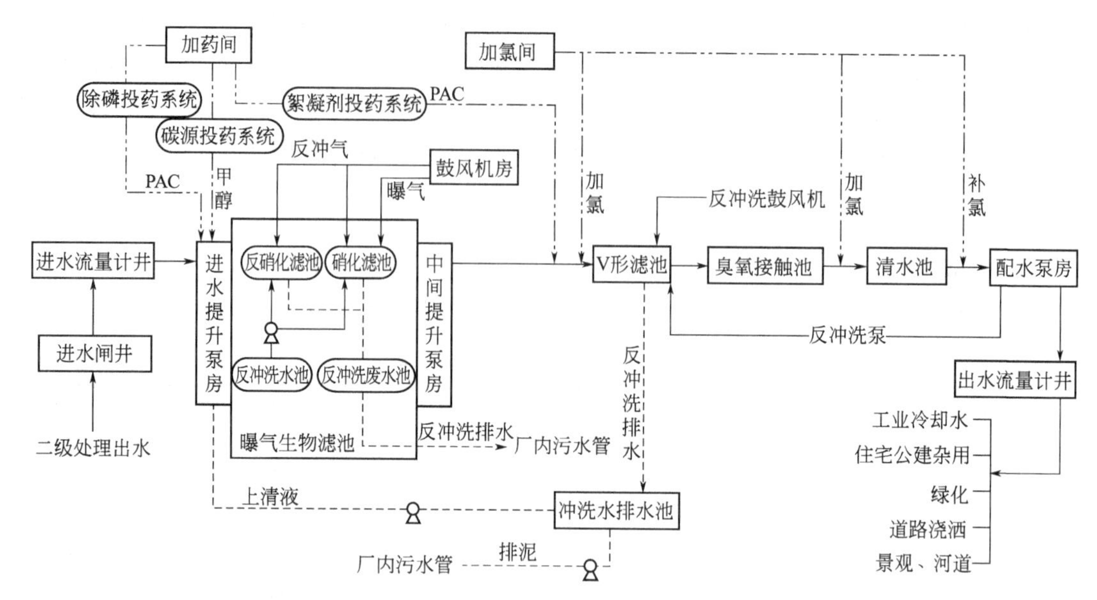

图 4-3-2 城镇污水深度处理回用工艺流程

处设进水闸门，1 个，型号 LPW-V-EGV101，规格 DN1400mm，1.0MPa。

2. 进水流量计井

1 座，钢筋混凝土结构，外形尺寸 4.7m×4.0m×4.6m，进水流量 $1\times10^5 m^3/d$。井内安装 DN1400mm 超声波流量计 1 台。

3. 生物滤池

1 座，钢筋混凝土结构，进水流量 $1\times10^5 m^3/d$。

该项目生物滤池与进水提升泵房、回流泵房、中间提升泵房、反冲洗水泵房、鼓风机房等合建为 1 座建构筑物。

生物滤池分为 20 格，6 格为反硝化滤池（DN 池），14 格为硝化滤池（CN 池）。

单池过滤面积：$77.76m^2$；

设计滤速（不含回流量）：8.9m/h（DN 池），3.8m/h（CN 池）；

强制滤速（不含回流量）：10.7m/h（DN 池），4.1m/h（CN 池）；

过滤水头：3.0m；

曝气充氧气水比：1.56∶1；

空气冲洗强度：$16.7L/(m^2 \cdot s)$；

水冲洗强度：$8.3L/(m^2 \cdot s)$；

滤池采用陶粒滤料，上向流式，气水联合冲洗的形式。

进水提升泵房内设置 5 台潜水泵，4 用 1 备，其中两台变频调节，单台流量 $1448m^3/h$，扬程 10.5m。

回流及中间提升泵房内设置 5 台潜水泵（中间提升泵），4 用 1 备，其中两台变频调节，单台流量 $1448m^3/h$，扬程 7m。

回流及中间提升泵房内设置 4 台潜水泵（回流水泵），单台流量 $1042m^3/h$，扬程 9.0m。

反冲洗水泵房内设置 3 台反冲洗水泵（卧式离心泵），2 用 1 备，全部变频调节，单台流量 $1166m^3/h$，扬程 13～16m。

反冲洗废水池一端设两台潜水泵，滤池反冲洗排水、放空水经水泵提升后排放至厂区污水管。单台流量 $648m^3/h$，扬程 6m。

鼓风机房内设置反冲洗鼓风机及曝气鼓风机。每台反冲洗鼓风机风量35m^3/min，风压80kPa，采用3台三叶罗茨风机，2用1备。曝气鼓风机主要为CN池提供曝气气源，每台鼓风机风量54m^3/min，风压83kPa，采用3台单级离心鼓风机，2用1备。

4. V形滤池

1座，钢筋混凝土结构，进水流量1×$10^5$$m^3$/d，分8池，每池2格，采用双排布置，滤池单格面积63m^2，单格长度9m，单格宽度3.5m，中间设宽度0.8m的排水槽，排水槽下部为进配水、配气渠道，滤池总高度5.4m。

滤床由滤料层和承托层组成。滤料采用单一均质石英砂，滤料层厚度1.2m，石英砂密度不小于2.65t/m^3，有效粒径为d_{10}=1.0mm，K_{80}<1.4。承托层采用砾石承托层，厚度0.3m，有效粒径2～32mm，分6层。

采用气水联合冲洗系统，总冲洗时间14min，每次只冲洗1池，两次冲洗时间间隔均匀。反冲洗采用3台卧式离心泵，2用1备。反冲洗鼓风机总供气量62.4m^3/min，风压52kPa，采用3台三叶罗茨风机，2用1备。

5. 加氯间及次氯酸钠储罐

加氯间1座，砖混结构，外形尺寸10.08m×4.98m×4.50m。

再生水厂加氯系统采用直接投加次氯酸钠溶液，溶液浓度10%，投加点为三点，一点在滤池前，加氯量采用2mg/L；一点在清水池前，加氯量采用6mg/L；一点在配水泵房吸水井，加氯量采用2mg/L。

共设置6台加氯泵，其中3台为清水池加氯，2用1备，流量200L/h，扬程100m，采用变频控制，其余3台加氯泵流量150L/h，扬程100m，其中1台为V形滤池加氯，1台为配水泵房补氯，另外1台备用。

6. PAC加药间

加药间1座，砖混结构，外形尺寸17.0m×13.75m×5.2m。

PAC加药系统设混凝剂储药池3座，单池尺寸3.5m×3.5m×2.4m，有效水深2.0m，有效容积24.5m^3，池中药剂浓度为10%，储药量8天。混凝剂溶药池设3个，2用1备交替使用，单池尺寸2.5m×2.5m×1.6m，总容积10.0m^3，池中药剂浓度为5%，每座溶药池分别安装1台搅拌机和液位计。PAC投加泵采用单缸单头隔膜计量泵，共6台，4用2备，单台流量280L/h，扬程31.02m，变频调节。

PAM的制备采用成套设备，由粉末储存和加料系统、干粉投加系统、溶解水系统、储存搅拌系统和就地控制系统组成。此外，PAM的配制采用自来水，为了避免自来水管道与PAM制备系统的直接连接，特设置PAM制备供水系统，包括储水罐、加压泵及稳压罐等。助凝剂加药泵采用螺杆泵，共3台，2用1备，单台流量400L/h，扬程31.02m，变频调节。

7. 甲醇储罐、加药间

1座，砖混结构，加药间结构净尺寸9.96m×3.96m×4.5m。

甲醇为反硝化生物滤池提供碳源，最大投加浓度53mg/L。甲醇加药间室内安装1台卸甲醇泵、3台加药泵（电动隔膜泵，配防爆电机，全部变频调节，2用1备）。甲醇加药间至甲醇储罐新建加药管沟，加药管沟为砖砌，沟内敷设进、出甲醇储罐的药管。

8. 臭氧接触池及臭氧制备间

1座，臭氧制备间结构尺寸21.48m×8.88m×5.73m，臭氧接触池结构尺寸31.40m×7.35m×8.98m。

臭氧制备间采用液氧作为臭氧发生器的气源，供臭氧发生器产生臭氧，对过滤后出水进行氧化、脱色处理。通过曝气头将臭氧投加至接触池中。臭氧投加量 5mg/L，臭氧产量 16.7kg/h。

臭氧接触池分为两个系列，在每系列进水端设 1 台 1000mm×1000mm 不锈钢板闸，控制运行系列的数量。臭氧投加分为 3 级，每级均布置微气泡曝气系统，3 级的投加比例为 50%、25%和 25%。接触池内设置混凝土隔墙，使水形成折流，以利于臭氧与水的混合和接触，提高臭氧转化率，总停留时间 15min，臭氧接触池有效水深 6m。

9. 清水池

1 座，进水流量 $1\times10^5 m^3/d$，采用矩形钢筋混凝土结构，有效容积 $10428m^3$，约为日供水量的 10%，停留时间 2.4h。

清水池共分两格，每格均设有单独的进出水管、溢流管、通气孔、人孔和液位计等。每格清水池长 51.6m、宽 21.5m、高 5.3m，其中有效水深 4.5m，安全水深 0.5m，超高 0.3m。

10. 配水泵房

1 座，进水流量 $1\times10^5 m^3/d$，采用半地下式，与集水池合建，泵房净尺寸 43.0m×11.95m，深 8.3m。集水池净尺寸 43.0m×4.5m，集水池分为两格，每格均设有进水管和液位计等，两格之间设有联通闸门，集水池进口处设 1400mm×1400mm 手电动板闸。

11. 出水流量计井

1 座，钢筋混凝土结构，外形尺寸 3.9m×4.2m×4.15m，进水流量 $1\times10^5 m^3/d$。在配水泵房后的管道上设置 *DN*1200mm 超声波流量计 1 台，用于对再生水流量进行计量。

三、运行情况

本工程自 2004 年 10 月运行以来，出水水质良好，达到国家规定的标准。近期出水水质见表 4-3-6。

表 4-3-6 近期出水水质情况

日期(年-月-日)	COD/(mg/L)	BOD/(mg/L)	SS/(mg/L)	pH值	色度/度	浊度/NTU	总磷/(mg/L)	氨氮/(mg/L)	总氮/(mg/L)	粪大肠菌群/(个/L)
2011-9-15	27.4	2	—	8.10	15	0.91	0.498	0.923	32.7	—
2011-9-16	26	—	—	8.12	11	0.87	0.468	0.598	31.4	3
2011-9-17	25.8	—	—	7.90	14	1.13	0.325	0.484	31.4	—
2011-9-18	23.2	—	—	7.98	13	1.3	0.304	0.496	30.8	—
2011-9-20	20.9	—	5	8.15	11	0.79	0.318	0.658	27.6	3
2011-9-21	21.5	—	—	8.15	7	0.88	0.361	0.503	30.4	—
2011-9-22	22	2	—	8.02	10	0.84	0.438	0.528	26.9	3
2011-9-23	24.8	—	—	8.03	11	1.25	0.484	0.701	26.3	—
2011-9-24	20.2	—	—	7.98	11	0.98	0.3	0.955	26.6	3
2011-9-25	20	—	—	7.95	11	0.87	0.477	0.648	29	—
2011-9-26	17	—	—	7.77	3	1.04	0.317	0.708	29.2	—
2011-9-27	17.2	—	5	7.84	6	0.76	0.249	0.633	29.6	3

续表

日期(年-月-日)	COD/(mg/L)	BOD/(mg/L)	SS/(mg/L)	pH值	色度/度	浊度/NTU	总磷/(mg/L)	氨氮/(mg/L)	总氮/(mg/L)	粪大肠菌群/(个/L)
2011-9-28	16.9	—	—	7.96	9	1.56	0.366	0.82	31	—
2011-9-29	22	2.07	—	8.02	6	0.94	0.268	0.774	26.2	27
2011-9-30	19.8	—	—	8.04	10	0.86	0.21	0.482	26.4	—
2011-10-1	17.8	—	—	8.09	10	0.9	0.334	0.507	22.8	6
2011-10-2	24.4	—	—	8.12	9	0.63	0.231	0.697	29.2	—
2011-10-3	19.8	—	4	8.08	11	0.43	0.194	0.452	27	—
2011-10-4	16.8	2	—	8.03	11	0.67	0.18	0.633	25.4	57
2011-10-5	15.7	—	—	8.05	9	0.42	0.252	0.542	28.4	—
2011-10-6	18.6	—	—	8.01	9	0.73	0.377	0.803	29.2	66
2011-10-7	14.4	—	—	8.03	8	0.32	0.946	0.638	29.3	—
2011-10-8	16	—	5	8.00	6	0.49	1.08	0.594	27.1	6
2011-10-9	16.8	—	—	8.06	6	0.71	1.08	0.672	24.1	—
2011-10-10	17.2	3	—	8.03	7	1.05	1.06	0.528	29.1	—

本工程是污水处理和再利用的典型案例，其出水作为河湖补水、绿化、市政杂用、工业冷却用水等，减轻污水对环境的污染，促进城市建设和经济建设可持续发展，对于实现污水资源化有着重要的意义。

根据水体及用户的要求，选用安全、有效、成熟可靠的再生水处理工艺。提高自动化管理水平，使管理方便、运行稳定；设置必要的监控仪表，使再生水处理过程在受控条件下进行。

第三节 工业废水深度处理回用工程实例（一）

一、工程概况

某钢铁公司是包括原料、烧结、球团、炼铁、炼钢、轧钢、热电、制氧在内的大型钢铁联合企业。年生产能力已超过400万吨钢，并规划在不久的将来形成年产1000万吨钢以上的生产规模。

该废水处理厂的规模按照满足1000万吨钢产量时排水量的规划要求，设计规模为30000m^3/d，即1250m^3/h。工程于2007年8月竣工，10月投产。

该项目占地约14600m^2，东西方向长180m，南北方向宽约81m。该工程总装机容量1057.25kW，处理吨水电费0.245元，处理吨水药费0.16元，劳动定员15人，处理吨水人工费0.041元，吨水运行成本0.446元。

二、处理工艺

（一）设计水质

综合废水处理厂收集全厂综合排水，排水用户有原料、烧结、球团、炼铁、炼钢、轧钢、热电等车间，排水成分比较复杂，并且水质、水量波动性很大，具体见表4-3-7。

表 4-3-7 排水水量、水质状况

废水来源	排水量/(m^3/h)	SS/(mg/L)	COD/(mg/L)	石油类/(mg/L)	NH_4^+-N/(mg/L)
炼铁	120	50	98	0	0
炼钢	10	48	75	8.5	0
轧钢	12	57	24	9.9	0
电厂	92	50	23	0	0
生活污水	15	150	350	0	5.26
制氧	2	40	5	0	0

处理后出水回用于热轧浊环水系统，因此根据回用水用户对回用水水质提出的要求以及《污水再生利用工程设计规范》(GB 50335—2002)、《工业循环冷却水处理设计规范》(GB 50050—2007)，确定废水处理厂设计回用水质如表 4-3-8 所示。

表 4-3-8 设计回用水水质指标

水质指标	指标数值	水质指标	指标数值
COD/(mg/L)	≤60	石油类/(mg/L)	≤2
BOD/(mg/L)	≤10	pH 值	6.5～9
浊度/NTU	<5	总溶解固体/(mg/L)	≤665
游离余氯/(mg/L)	0.1～0.2		

(二) 处理工艺

本工程进水为典型钢铁企业生产废水，可生化性差，不适宜采用生化方法降解，因此采用物化处理方法。

本工程核心工艺为多流向高效澄清池+V 形滤池。其中多流向高效澄清池单位面积负荷高，出水质量受进水水质水量影响小；机械强化的污泥内循环、外循环可以降低 1/3 的药剂消耗量；排泥浓度直接达到脱水要求，省去了污泥浓缩流程，减少了污泥脱水时间，提高了效率。V 形滤池不仅过滤效果好，滤层使用效率高，而且反冲洗效果明显，减少了冲洗频率及冲洗时间。

(三) 工艺流程

工艺流程如图 4-3-3 所示。

厂区废水汇集后进入处理厂，通过进水总闸板进入预处理系统，经过格栅处理后进入调节池，出水经泵提升后进入多流向高效澄清池。废水经过澄清后可去除大量的 SS、石油类和有机胶体物质，出水进入滤池。滤池出水达到回用水水质标准后，一部分自流入清水池，一部分进入脱盐系统。脱盐水与部分未脱盐水在清水池混合，混合水经消毒后通过回用水泵打入厂区回用水管网。多流向高效澄清池的剩余污泥通过泥浆泵送往储泥池，由污泥泵输送至板框压滤机进行脱水。脱水后的泥饼运到环保部门指定的储泥场。除盐水站的浓盐水通过浓水泵直接排入海中。

(四) 主要设计参数

1. 格栅及调节池

粗格栅栅条间距 20mm，细格栅栅条间距 10mm，调节池设计分两格，水力停留时间 3h，提升泵 3 台，2 用 1 备，单泵流量 625m^3/h，扬程 20m。

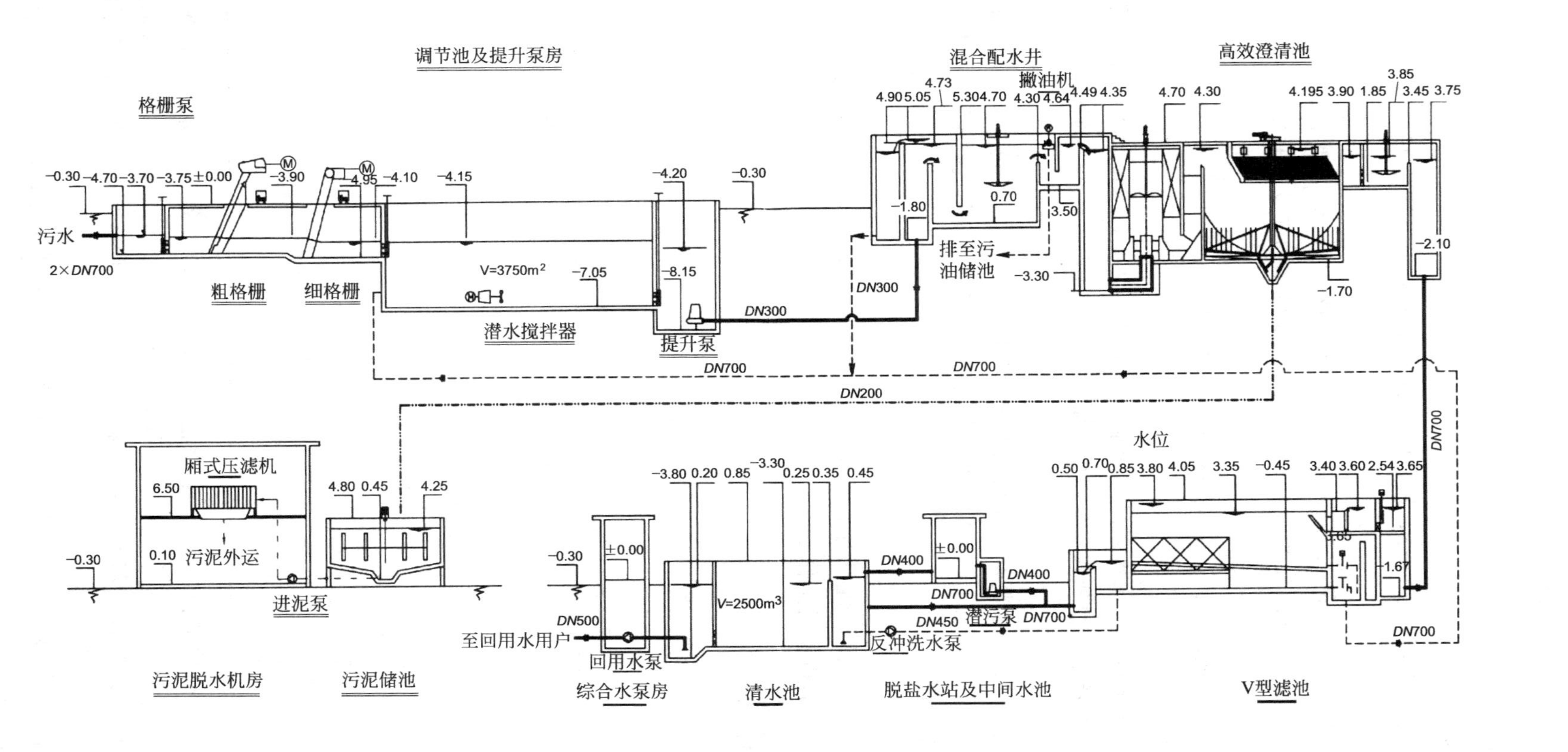

图 4-3-3　污水处理厂工艺流程

2. 配水井

1座，有效容积65m^3。

3. 高效澄清池

1组，分2格。单池总面积100m^2，斜管面积70m^2，斜管上升流速12m/h。

4. V形滤池

3组，分6格，设计处理水量1250m^3/h，单组滤池面积为60m^2，滤料层厚1.5m，正常过滤速度6.8m/h，反洗空气的强度55m^3/(m^2·h)，反洗水的强度15m^3/(m^2·h)。

5. 除盐水站

产水规模420m^3/h，相应的原水量620m^3/h，浓水量200m^3/h。

6. 回用水系统

回用水系统包括清水池、回用水泵房。清水池分两格，总有效容积2500m^3，停留时间2.0h。回用水泵房设计采用3台卧式双吸回用水泵，单泵流量625m^3/h，扬程40～50m。

7. 加药系统

加药系统主要配套设备：混凝剂投加系统1套；石灰配制及投加系统1套，包括石灰的贮存、破碎，石灰浆的制备及投加；pH值调节投加系统1套；絮凝剂投加系统1套；次氯酸钠储存与投加系统1套。

8. 污泥处理

污泥处理系统中设计储泥池两座，单池有效容积75m^3，污泥储存时间24h；两台160m^2厢式压滤机，压滤机每天工作16h。

三、运行情况

项目投运以来，运行正常，出水达到设计指标。项目投运最初3个月的监测数据见表4-3-9。

表4-3-9 投运最初3个月运行监测数据

日期(月.日)	pH值	浊度/NTU	电导率/(μS/cm)	石油类/(mg/L)
10.29	7.6	1.8	2870	1.5
10.30	7.8	0.9	2650	1.2
11.29	8.0	0.5	2350	0.9
11.30	7.8	1.2	2400	1.6
12.29	7.8	1.7	2320	1.4
12.30	8.0	1.1	2600	1.7

本工程采用多流向高效澄清池和V形滤池的组合工艺，节省了占地面积、投资和运行费用，提高了处理效率，保证了出水水质；采用自动化加药系统，根据水量的变化，按比例调节加药量，节省了药剂费用；采用超滤-反渗透膜除盐工艺，保证了回用水水质。

随着此项技术在钢铁行业的广泛应用，吨钢消耗新水指标可以大幅下降，有助于使行业脱离高耗水、高污染的窘境。

第四节　工业废水深度处理回用工程实例（二）

一、工程概况

某石化公司从地表取水作为工业水源，由于地处我国北方缺水地区，公司为了降低水耗，在抓好各项管理措施进行节水的同时，于2002年投资1500万元建设完成了处理规模7200m^3/d的废水回用工程，使公司的吨油消耗新鲜水量由原来的1.6t降到0.95t。

由于废水回用设施无脱盐工序，回用系统运行约6～8个月后，盐浓缩积累导致的结垢和腐蚀问题逐渐显露出来，循环水浓缩倍数不能有效提高，成为制约废水回用的瓶颈。为根本解决这一问题，在原有系统的基础上投资增加了除盐处理工序。除盐系统设计规模7200m^3/d，设计产水水量225m^3/h。

本工程的吨水处理费2.3元，主要包括电费和药剂费用，不包括人工费和设备折旧。

二、处理工艺

（一）设计水质

本工程水源采用废水回用装置出水，根据业主提供的有关资料，设计进水水质以及与其他来源水质的对比如表4-3-10所示。

表4-3-10　设计进水、循环水、地表水的水质情况对比（2004年）

水质项目	设计进水水质	Ⅱ循环水场水质	Ⅲ循环水场水质	地表水水质
pH值	7.26	8.30	8.59	8.21
电导率/(μS/cm)	2200	3700	2180	500
浊度/NTU	2.8	19.0	14.1	1.6
COD/(mg/L)	24.6	83.0	56.2	4.73
石油类/(mg/L)	0.1	0.6	0.3	—
钙离子/(mg/L)	140.9	196.1	168.3	54.1
总碱度(以$CaCO_3$计)/(mg/L)	75.2	127.3	182.7	82.7
硬度/(mg/L)	391.8	658.1	639.0	213.9
氯离子/(mg/L)	571.3	1012.9	471.3	71.4
钾离子/(mg/L)	9	19	18	5.2
浓缩倍数/倍	—	2.4	3.5	—
总铁/(mg/L)	0.1	0.36	0.2	—
总磷(以PO_4^{3-}计)/(mg/L)	—	6.6	7.1	—
总无机磷(以PO_4^{3-}计)/(mg/L)	—	3.4	3.5	—
余氯/(mg/L)	0.07	0.13	0.28	—
硫酸根/(mg/L)	216.3	251.0	224.5	107.7
异养菌总数/(个/mL)	—	1000	100	—
氨氮/(mg/L)	≤10	—	—	—
硫化物/(mg/L)	0.01	—	—	—
腐蚀速率/(mm/a)	—	0.053	0.032	—

（二）工艺流程

本工程采用反渗透工艺进行脱盐，之前用超滤进行预处理，工艺流程见图4-3-4。

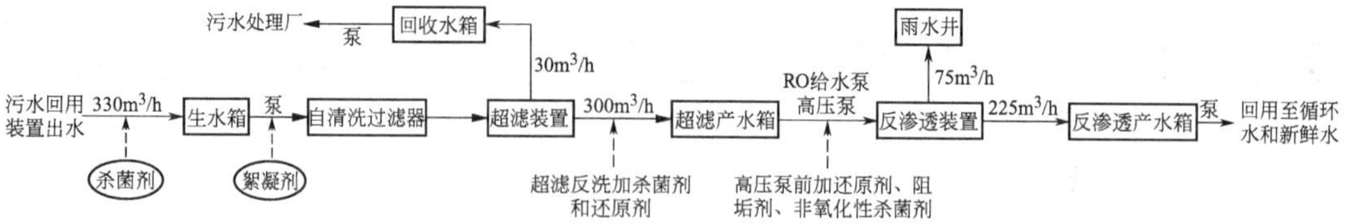

污水处理厂 泵 回收水箱 30m³/h 雨水井 75m³/h 污水回用装置出水 330m³/h 生水箱 泵 自清洗过滤器 超滤装置 300m³/h 超滤产水箱 RO给水泵 高压泵 反渗透装置 225m³/h 反渗透产水箱 泵 回用至循环水和新鲜水 杀菌剂 絮凝剂 超滤反洗加杀菌剂和还原剂 高压泵前加还原剂、阻垢剂、非氧化性杀菌剂

图 4-3-4 工业废水深度处理回用工艺流程

(三) 主要设计参数

1. 氧化剂加药装置

本系统中设置1套氧化剂加药装置，通过投加1～2mg/L的氧化剂NaClO，抑制系统中微生物的生长，以提高和保证超滤的处理效果，同时保证后级设备出水中有足够量的活性氯，减少反渗透系统被污染的可能性。

2. 絮凝剂加药装置

絮凝剂的加入点选择在生水泵进水的母管上，且随后装设静态管道混合器，絮凝剂加药装置主要包括两台机械隔膜计量泵（1用1备）和两台溶液箱，絮凝剂的加药控制采用加药计量泵与进水在线流量计信号联锁的控制方法达到自动调节加药量的目的。

3. 自清洗过滤器

采用ZXSC-L型自清洗过滤器（130m³/h），3台，过滤精度为100μm左右，除去大颗粒杂质和悬浮物，系超滤的预处理工艺。

4. 全自动超滤装置

超滤膜为内压式中空纤维膜，膜丝的材质为聚砜（PS），纤维内径0.9mm，完全不对称（楔型）结构，具有较强的表面抗污染性能。产水、正冲、反洗为自动控制，化学清洗以过膜压差（TMP）值为基准进行。选用V8072-35-PMC型膜堆，3组，由48支10英寸膜管构成。设杀菌剂和还原剂加药各1套，反洗系统（包括反洗泵2台）、清洗系统1套与反渗透组共用。超滤装置主要工艺参数见表4-3-11。

表 4-3-11 超滤的工艺参数

参数名称	参数值	参数名称	参数值
操作方式	单通错流过滤/自动反洗/恒流控制	反洗压力/MPa	一般0.1～0.14
单根组件产水量/(m³/h)	最大6.88(25℃,0.05MPa)	反洗流量/(m³/h)	每只膜13.75
设计压力(TMP)/MPa	≥0.15	反洗频率	每隔30～60min
运行回收率/%	92～99	反洗持续时间/s	30～60(一次)
膜面积/m²	3883.2	清洗方式	化学清洗
膜组件数量/支	48	化学清洗频率	每隔1～3个月
最高膜前压力/MPa	0.31		

5. 阻垢剂加药装置

阻垢剂加入到反渗透系统进水中，以防止反渗透浓水侧产生结垢。该系统配有两台机械隔膜计量泵（1用1备）和两只溶液箱，通过计量泵与进水在线流量计信号联锁的控制方法达到自动调节加药量的目的。

6. 还原剂加药系统

还原剂$NaHSO_3$的作用是还原前级处理工艺中存在的余氯。因为反渗透复合膜对余氯十分敏感，总累积承受力仅为1000mg/(L·h)，所以投加过量的$NaHSO_3$，以防止氧化剂造成膜产水通量衰减。该系统配有4台机械隔膜计量泵（2用2备）和两只溶液箱，通过计量泵与进水在线流量计信号联锁的控制方法达到自动调节加药量的目的。

7. 非氧化性杀菌剂DBNPA加药系统

有两种加药法：间歇加药和连续加药。间歇加药要根据生物污染的严重程度而定，一般配制成含有效成分20%的溶液，加入量为50～170mg/L。当水中生物污染敏感性较低时，按50mg/L，每5d给药一次，每次30min～3h；当水中菌落总数达10^2CFU/mL以上或已知有生物污染时，按170mg/L，每5d给药一次，每次3h。一旦系统生物污染消失，应采用连续加药方式，以上述20%的溶液，连续给药量10～15mg/L，根据细菌含量的波动，则可以增减给药量。DBNPA的主要功能是抑制进水中细菌含量，防止生物污染。

8. 保安过滤器

设3台保安过滤器，直径700mm，流量110m^3/h，材质304不锈钢，滤芯过滤精度<5μm，表面滤速不大于10m^3/(m^2·h)。保安过滤器的结构满足快速更换滤芯的要求，进水管上设排放阀。

9. 高压泵

高压泵的作用是为反渗透本体装置提供足够的进水压力，保证反渗透过程的正常运行，要求提供的进水压力3年后不小于1.3MPa。

10. 反渗透装置

反渗透装置是本系统中的脱盐主体。为了便于调节水量，系统设置3套反渗透装置，每套处理能力75m^3/h，运行时通过后续水箱的液位控制反渗透装置投运的套数。采用TFC8822FR-365型抗污染复合反渗透膜，单根膜脱盐率达99.6%。当设计反渗透装置的回收率为75%时，每套配置84根膜组件，分别安装在14根FRP压力容器内，为一级二段呈9×5排列。

11. 反渗透/超滤化学清洗系统

化学清洗是通过配制一定浓度的特定清洗溶液，将膜表面和内部的污染物质溶解去除，以恢复膜的通量。本系统设置1套共用化学清洗系统，包括两台5μm保安过滤器，两台不锈钢清洗泵，1个清洗水箱及配套仪表、阀门、管道等附件。

12. 反渗透冲洗系统

冲洗的作用是停机后用反渗透产水置换反渗透膜中滞留的浓水，防止浓水侧亚稳态的物质引起结垢，以保护反渗透膜。本系统单独设置1台冲洗水泵，流量100m^3/h，扬程35m。

13. 反渗透产品水箱

反渗透产品水进入150m^3的反渗透水箱，进行储存缓冲，系统设有3台淡水泵，最终出水可作为循环水补充水。

三、运行情况

本工程于2006年初完成工程设计，于2006年10月安装调试完毕并通过验收。本工程运行稳定，出水水质和水量完全达到了设计要求，有效提高了循环水系统的浓缩倍率。运行检测数据（年平均值）见表4-3-12。

利用超滤加反渗透系统对炼油厂达标排放废水进行深度处理回用，是降低炼化企业吨油新鲜水耗量的一种行之有效的处理手段。运行实践证明，本工艺处理效果稳定，出水水质好，脱盐率三年稳定在95.0%以上，且占地少、自动化程度高、管理方便。反渗透浓盐水的处理与利用目前仍是待解决的问题。

表 4-3-12 2006～2008 年平均数据

年份＼项目	超滤产水		反渗透产水		
	电导率/(μS/cm)	SDI	电导率/(μS/cm)	脱盐率/%	COD/(mg/L)
2006 年	1593	1.53	45.8	97.1	2.26
2007 年	2830	1.73	111	96.0	3.22
2008 年	3150	2.06	141	95.5	4.98

第五节 建筑中水回用工程实例

一、工程概况

本中水站位于某高校国际交流中心地下一层，设计处理洗浴废水水量 $10m^3/h$。中水处理站于 2004 年 6 月建成开始调试，2004 年 12 月进入正式运转，处理后出水全部回用冲厕。

该中水站占地面积 $88m^2$。总装机容量 16kW（包括备用电器，运行容量 7kW），最大日耗电量 42kW·h。吨水运行费 0.78 元，其中吨水电费 0.14 元，吨水药剂费 0.01 元，吨水人工费 0.14 元。

二、处理工艺

(一) 设计水质

根据中水原水来源、1987 年颁布的《北京市中水设施建设管理试行办法》制定的中水水质标准，确定本工程进出水水质如表 4-3-13 所示。

表 4-3-13 进出水水质

项目	原水(洗浴废水)	出水	项目	原水(洗浴废水)	出水
pH 值	6.5～9.0	6.5～9.0	COD/(mg/L)	100～150	≤50
SS/(mg/L)	120	≤10	LAS/(mg/L)	5	≤2
BOD/(mg/L)	50～80	≤10	大肠菌群/(个/L)	—	≤3

(二) 处理工艺

本工程采用曝气生物滤池技术，与传统的活性污泥法相比，具有负荷高、占地面积小、能耗低、启动快、投资少、不产生污泥膨胀、出水水质稳定可靠、操作简单等优点。

(三) 工艺流程

工艺流程详见图 4-3-5。

污水经格栅除污机除去大颗粒杂物后，经调节池均衡水量，通过预曝气均衡水质，防止悬浮物沉积及污水腐化发臭，保证后续生物处理设备的正常运行。主体处理设备采用 ZX-Ⅲ型中水设备。经该设备处理后的出水加氯消毒，即可得到合格的中水。

(四) 主要设计参数

1. 格栅、格栅槽

格栅选用 NCA-800 型机械格栅，1 台，栅条间隙 5mm。格栅槽采用钢制结构，尺寸 2.0m×0.5m。

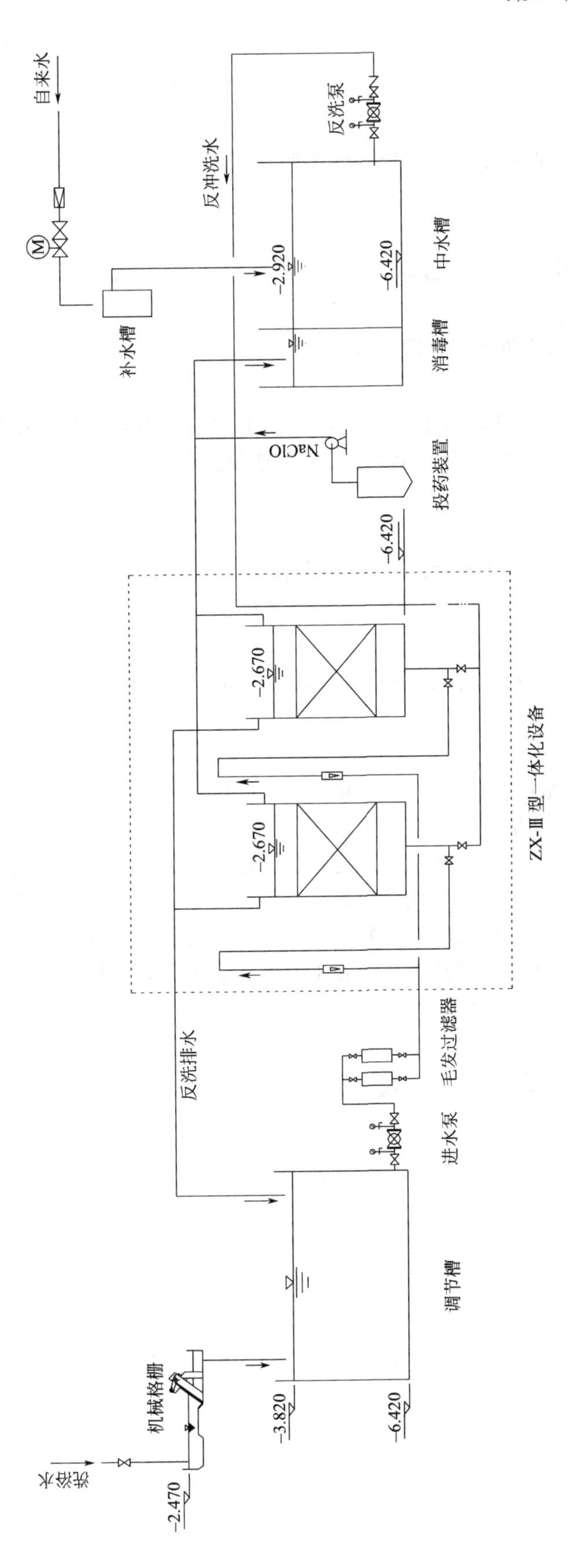

图 4-3-5 建筑中水回用工艺流程

2. 调节池

钢制结构，做玻璃钢防腐，有效容积 $42m^3$，尺寸 3.4m×4.8m×3.0m。

3. 预曝气

调节池预曝气采用鼓风曝气，选用 HC-50S 污水处理回转式风机 1 台，间歇运行，风机性能参数：$Q=1.0m^3/min$，$H=4.5m$，$N=1.5kW$。

4. 进水泵

选用无堵塞管道泵两台（1 用 1 备），参数：$Q=20m^3/h$，$H=15m$，$N=1.5kW$。

5. 毛发过滤器

选用 $\phi400mm$ 快开式毛发过滤器两台，并联运行。

6. 一体化中水处理设备

设备型号 ZX-Ⅲ，处理能力 $10m^3/h$，基于曝气生物滤池工艺。采用鼓风曝气充氧，选用 HC-50S 污水处理回转式风机，两台（1 用 1 备）。反洗泵选用无堵塞管道泵，两台（1 用 1 备）。

7. 消毒

采用市售 NaClO 溶液作消毒剂，接触时间 1h。消毒槽采用钢制，玻璃钢防腐，尺寸 3.6m×0.8m×4.1m。

8. 中水池

钢制结构，玻璃钢防腐，有效容积 $32m^3$，尺寸 3.6m×2.5m×4.1m。

三、运行情况

中水处理站于 2004 年 6 月开始进行调试，2004 年 12 月进入运转阶段，处理后出水全部回用冲厕。经过近五年的运行，系统运转正常，出水水质满足回用水水质标准。

该工程采用定型一体化设备，是小规模建筑中水处理中比较常见的一种模式。其优点是设计简单、安装方便、建设周期短，机电一体化使得处理设施布局紧凑，占地面积小；但是也存在水质水量变化的适应能力差，运行灵活性不好、维修不方便等问题，且一体化设备的性能在很大程度上依赖于研发、制造厂家的技术实力和工程经验。因此，工程实践中是否采用这一模式应当本着因地制宜的原则进行慎重考虑。

参 考 文 献

[1] 潘涛，田刚．废水处理工程技术手册．北京：化学工业出版社，2010.

索　引

A

安全处置 259
安装工程费 1222
氨氮废水 85，93，1374
氨化作用 913，1029，1070
氨态氮 697，931

B

白酒工业废水 335
白酒糟 337，338，339
白泥 47
白水 69
板框式膜组件 527
板框式组件 542
板框压滤机 98，155，260，1043
板式膜 739
半化学浆 63
半软性填料 794
闭路循环 95，99
变频调速控制 1292
标准电极电位 573
表面负荷 72，75，636
表面更新理论 622
表面活性剂 130，243
病原菌 1067

C

财务生存能力分析 1227
财务效益 1225
采气废水 129，138
采油废水 128，130，132，135
仓内堆肥 1051
槽边电解法 254
槽电压 583
槽式脱水法 202
产酸细菌 1067，1073
超导磁分离 447
超低压反渗透膜 527
超滤 24，541
超滤离心 174
沉淀 5，6
沉淀过滤法 132
沉砂 5
沉砂池 5，13，17，314，393
城镇污水 2
澄清池 88，423
充氧量 77，624
臭气 1113
臭气检测仪器 1121
臭氧漂白 61
臭氧消毒 24，598，601
臭氧氧化法 18，79，122，576
初沉池 5，90，236
除油罐 433
穿孔导流槽 459
传质系数 622，790，1168
纯氧曝气 158，620，805
磁分离 445，446
磁过滤 446，447
磁凝聚 203，206，446
磁盘 446
次氯酸钠发生器 602
粗粒化除油罐 435
萃取 24
萃取法 224

D

大孔型树脂 588
带式除油机 437
带式压滤机 193，259，1043
单机调试 1267
单泥系统 915
单体调试 1269
氮肥工业 83
低温等离子体除臭 1193
低压反渗透复合膜 526
地表漫流处理系统 1095

电导率 121
电镀废水 242，1338
电镀污泥 258
电解 24，98，103
电解槽 584
电解质 582
电流密度 520
电流效率 582
电渗析 226，233，516
电渗析器 516
电石乙炔法 102
淀粉黄原酸酯沉淀法 567
动态模拟法 656
豆制品废水 309
堆肥 20，1045
吨酒耗水量 316
多层滤料滤池 501
多尔沉砂池 394
多泥系统 928
多效蒸发器 44

E

恶臭气体 1113
二次沉淀池 6，156，212
二级处理 5，25，74
二氧化氯发生器 603
二氧化氯漂白 60
二噁英 36

F

法拉第定律 582
翻堆式条垛堆肥 1051
反冲洗 15，129，501
反渗透 525
反渗透膜 526，540
反硝化 829
反硝化作用 144，608，680，914
非平衡等离子体除臭 1193
废纸回收 66
沸石 835
蜂窝填料 792
蜂窝转轮吸附器 1148
浮动顶盖 878
浮选 67
浮子撇油器 432
辐流式沉淀池 5，134，196，406
辐流式沉降罐 134
复合床反应器 858，883，886

G

干基 1019
钢铁工业废水 186
高负荷生物滤池 772
高级氧化 74，79，122，1143
高矿化度 137
高炉煤气洗涤水 195，197
高压海水淡化反渗透膜 526
格雷维尔除油器 436
格栅 5，386
隔油池 239，430
工程费用 1222
工程实例 1300
工程验收 1240，1259
工程招标 1248
工业废水 2
工艺调试 1270
工作电流 521
供气量 288，624，632
鼓风曝气 112，158，313，625
固定床 510
固定床吸附器 1147，1150
固定顶盖 878
固定生物膜-活性污泥法 709
固体通量法 637，695
固形物 55
固液分离 5，21，125，215，353
刮渣机 382，484
管式膜 740
管式膜组件 527，542
光氧化法 577
光照 1074
滚筒式中和滤池 556
过滤 18，23
过滤中和法 214，552
过氧化氢漂白 60

H

含氨废水 82，84，142
含铬废水 214，247
含金废水 253
含镍废水 253
含氰废水 82，249

含铜废水 252
含锌废水 252
含银废水 254
含油废水 91，128，238
好氧堆肥 1044，1046
好氧菌 1067
好氧生物处理 24
黑液 36
桁车式刮泥机 404
红液 55
虹吸式滗水器 646
后生动物 1068
化工废水 82
化学沉淀 24，558
化学机械浆 63
化学浆 35
化学清洗药剂 539
化学需氧量 3，34，583
化学氧化 18
环境保护验收 1273
环境影响报告 1210
环境影响评价 1210
黄褐藻 1068
灰分 1020
挥发性固体 269，881，1020
回收羊毛脂 173
回注水 130
回转床吸附器 1148
回转式刮泥机 406
混凝 18，23，465
混凝除油罐 434
混凝剂 6，21，75，90
活性炭 513
活性污泥法 4，6，8
火山岩滤料 833

J

机械澄清 74
机械浆 64
机械搅拌 6，145，177，455
机械搅拌澄清池 424
机械搅拌混合池 472
机械曝气器 177，625，629
机械絮凝池 479
基质浓度 611
极板电路 584
集气罩 880，1130
集中浓缩拉链机 192
集中浓缩浓泥斗 191
集中浓缩真空过滤 192
计算机控制 129
加氯消毒 13，600
间歇式循环延时曝气活性污泥法 4
兼性好氧菌 1067
兼性塘 22，77，1066，1076
碱回收 47
建设期利息 1224
建设投资 1222
桨式搅拌器 455
胶体污染 533
胶体物 69
节能降耗 21
金属还原法 232，577
金属置换法 224
精馏 153
静堆式条垛堆肥 1049
静态动力学法 653
静态分析 1227
酒精工业 345
聚结斜板除油罐 435
聚磷酸盐 964
卷式膜组件 527
均量池 451，461
均质池 450，451

K

苛化 46
颗粒活性炭 900
可变孔（微孔）曝气软管 790
可行性研究 1212
空间雾化法 1181
空气搅拌 145，155，455
空气扩散装置 633
空气压缩机 484
空气氧化法 575
快滤池 209，491
矿山废水 223
框式搅拌器 456

L

蓝绿藻 1068
蓝细菌 1067

冷凝液 44
冷轧废水 213
离心分离 24，85，109，119，173
离心机 443
离心浓缩 1028
离心脱水机 1044
离子交换 92，586
离子交换法 224
离子交换膜 520
离子交换树脂 587
离子交换柱 249，595
离子膜法 101
立式低速表曝机 689
立体波纹填料 792
立项 1202
粒状填料 794
连续床 592
连铸机废水 208
联动调试 1270
炼铁废水 194
炼油废水 139，143，151
链板式刮泥机 404
磷肥生产废水 95
磷回收 1012
磷酸铵镁 980
磷酸平衡 965
磷酸盐沉淀法 567
流动资金 1224
流化床 511
流化床吸附器 1149
硫化物沉淀法 224，563
硫酸废水 99
硫酸亚铁石灰法 578
炉渣 195
卤化物沉淀 566
滤布滤池 497
滤料 4，18，78，151
铝盐除磷 968
绿藻 1068
氯碱工业 101
氯氧化法 574
螺带式搅拌器 457
螺旋式组件 542

M

麻纺工业废水 179
麦糟 323
脉冲澄清池 424
满水试验 1263
慢速渗滤处理系统 1083
毛纺工业废水 171
毛细管膜组件 542
迷宫式斜板沉淀池 408
棉纺工业废水 160
敏感性分析 1227
膜分离 18，24，74，79
膜孔径 732
膜清洗 537
膜生物反应器 4，727
膜通量 732
莫诺德公式 610

N

纳滤 253，525，528
纳滤膜 528
内循环（IC）反应器 898
酿酒工艺 336
凝胶型树脂 588
农药废水 107
浓差极化 542，730
浓缩 354

P

排放标准 1208
喷淋塔 152，1053，1159
喷洒系统 1186
硼氢化钠法 577
啤酒废酵母 320
啤酒工业废水 316
漂白 58
漂白废水 36，62
撇油器 437
平流板式隔油池 430
平流式沉淀池 191，404
平流式沉砂池 392
平流式气浮池 485
平面格栅 386，389
平行板式隔油池 431
普通中和滤池 554
曝气 624
曝气沉砂池 393
曝气池 6，11，114，146

曝气生物滤池 15
曝气塘 1080

Q

气浮 24
气浮除油 436
气浮浓缩 1026
气浮式 72
气密性试验 1264
汽提 92
潜水搅拌器 457
浅层曝气 288，619
浅层曝气活性污泥法 619
浅渗理论 622
强碱性阴离子树脂 587
强酸性阳离子树脂 587
羟基磷酸钙 983
轻质塑料滤料 837
氢氧化物沉淀法 560
倾斜板式隔油池 431
清洁生产 42
清污分流 141，223
清洗液 538
驱动力 732
去除率 18

R

燃烧 45
燃烧除臭 1197
染料工业 115
染整 163
热力干化脱水 1054
热轧废水 210
容积负荷 156
溶解物 69
溶解性总固体 3
溶解氧 9，13，114，613
溶气比 1027
溶气气浮 487
溶气释放器 481
溶药池 471
肉类加工废水 295
肉类加工工业废水 283
乳化液废水 214
弱碱性阴离子树脂 587
弱酸性阳离子树脂 587

S

三相分离器 311，345，807
散流曝气器 790
缫丝 184
缫丝工业废水 183
色度 116
筛板塔 1162
筛分 5，386
筛网 388
上向流滤池 500，501
烧结 189
设备购置费 1222
设计交底 1252
射流曝气 288
射流曝气器 645，690
深度除磷 1008
深度处理 5
深井曝气活性污泥法 619
深水曝气活性污泥法 619
审批 1204
升流膨胀式滤池 554
升流式厌氧污泥床 182，857
生化需氧量 3
生活污水 2
生物除磷工艺 942
生物滴滤法 1172，1173
生物过滤法 1171
生物活性炭 113，166，201
生物活性炭滤池 845
生物接触氧化法 14
生物流化床 800
生物滤池 4，77
生物脱氮 913
生物污染 533
生物洗涤法 1174
生物转盘 77，777
剩余污泥量 936
湿地处理系统 1100
湿基 1019
湿式氧化 22，112，122
石灰-铁盐法 100
石灰混凝除磷 969
石灰中和法 96，188. 223
石油化工废水 152
石油炼制 139

试运行 1267
收集蒸发法 1181
竖流式沉淀池 405
竖流式沉砂池 392
竖流式气浮池 486
双介质阻挡放电 1195
双膜理论 621，622
水淬水 95
水垢 529
水垢控制 531
水解 6
水力停留时间 303，827，884
水力循环澄清池 425
水力循环喷射曝气 289
水平轴曝气转刷 687
水生植物 1068
水通量 545
水质标准 131
水质水量调查 1206
丝光 161
酸化池 868
酸洗废液 215
酸性废水 187

T

塔式生物滤池 773
炭黑废水 88
碳氮比 701，821，1035
碳化法 86
碳酸盐沉淀法 566
陶粒滤料 832
套筒式滗水器 647
天然絮凝剂 466
填料塔 1160
调节池 451
调试 1267
铁盐除磷 969
铁氧体沉淀法 568
停留时间 10，14，51，851
同化作用 914
投加药剂法 200
投资估算 1221
投资项目周期 1202
土地处理 1107
土壤过滤法 1169
湍球塔 1161
脱氮除磷 4，21
脱胶 179
脱墨 67
脱水罐 438
脱盐 524

W

微孔曝气 9，274，304，691
微滤 541
微生物技术 20
卫生填埋 19
文丘里洗涤器 1162
稳定塘 77
涡流沉砂池 393
涡流式混合池 471
涡流式絮凝池 477
涡轮式搅拌器 456
污冷凝液 36
污泥产率 79，560，703
污泥沉降性能 606
污泥处理处置 5
污泥焚烧 19，1059
污泥负荷 156
污泥回流 4，6，177
污泥回流比 611
污泥龄 10，331，611
污泥浓度 606
污泥深度脱水 1054
污泥填埋 1058
污泥资源化 21
污水回用 25
无阀滤池 499
无机盐类混凝剂 465

X

吸附 18，506
吸附等温式 507
吸附法 225
吸附剂 18，509
吸附容量 507
稀释扩散法 1199
洗涤过滤法 1182
洗涤塔 1187
洗井废水 129
洗毛废水 172
系统试运行 1273

下流式固定膜反应器 885
现金流量 1226
线速度 522
项目建议书 1204
项目总投资 1225
消毒 18，24，597
硝化细菌 1067
硝化作用 608，913
小型隔油池 432
斜板（管）沉淀池 407
需氧量 609
序批式活性污泥法 4，7，279
絮凝法 138，240
悬浮澄清池 424
悬浮物 3，69
旋流电解法 255
旋流式反应池 475
旋转式（回转式）滗水装置 646
旋转式布水器 776
选矿废水 219
循环式活性污泥法 4

Y

压力溶气罐 483
压力旋流分离器 441
亚硫酸氢钠法 578
亚硫酸盐法 54
延时曝气 4，8，288
盐析法 241
厌氧-好氧 78，122
厌氧堆肥 1048
厌氧菌 711，1067
厌氧颗粒活性炭膨胀床 896
厌氧滤池 271，857
厌氧膨胀床 896
厌氧生物滤池 883
厌氧塘 22，77，1078
厌氧消化 19
厌氧消化 13，18，19，855
氧的饱和浓度 622
氧化沟 4，8
氧化还原 24
氧化还原法 572
氧化塘 4，1066
氧气漂白 60
液泛气 1164
液膜分离 24
一级处理 5
移动冲洗罩滤 500
移动床 151，497，511
移动床生物膜法 710
移动床吸附器 1149
盈亏平衡分析 1228
油脂废水 299
油脂工业 295
有机负荷 851
有机合成高分子混凝剂 466
有机磷 964
有机物污染 533
有效容积 76，157，808
预备费 1223
预处理 2
原料备料 39
原料替代 163
原生动物 1068
圆盘过滤机 71，72
允许偏差 1261
运行管理 1276

Z

再生 513
再生剂 592
再生液 593
造纸工业 32
招投标 1249
沼气 864
折板式混合池 471
折点加氯 93
折流式反应池 473
真空过滤 48，71，1042
蒸煮 49
正磷酸盐 964
制革工业废水 365
制剂 263
制浆造纸 35
制药废水 262
中和处理 100，143，182，550
中和法 232
中空纤维 528
中空纤维膜 737
钟式沉砂池 394
重力沉降 5，18，404

重力法 239
重力浓缩 1022
重力式旋流分离器 441
煮练 137，161，167
助凝剂 467
转鼓脱水法 202
转炉除尘废水 203
浊度 18，75
紫硫细菌 1067
自动分析仪 934
自然干化 1039
总成本费用 1225
总氮 4，17，284
总固体 3，162
总磷 4，964
总图运输方案 1221
总有机碳 3，512
综合式气浮池 486
组合消化 19
钻井废水 129

其　他

AAD 工艺 1030
A/O 法 144
A^2/O 法 13
A^2/O 工艺 917
AB 工艺 11
AB 活性污泥法 698
Actiflo 工艺 989
ATAD 工艺 1031
BAF 滤料 812，824
Bardenpho 工艺 919
Bentax 高能离子脱臭 1197
BIOCARBONE 型 BAF 813
BioCon 工艺 1015
BIOFOR 型 BAF 817
BIOSTYR 型 BAF 814
Blue Pro 工艺 998
BOD 负荷率 612
CAD 工艺 1030
Cambi-KREPRO 工艺 1014
Carrousel 氧化沟 922
CASS 工艺 7
CNR 工艺 921
CoMag 工艺 989
Cross Flow 平流式湿式洗涤塔 1189
Crystalator 结晶反应器 987
DAT-IAT 工艺 674
DensaDeg 工艺 988
DSFF 反应器 884
EGSB 反应器 897
ICEAS 667
IC 工艺 898
KREPRO 工艺 1014
Kruger 氧化沟 923
MBBR 工艺 711
MBR 工艺 728，729
MLE 工艺 917
MSBR 672
MUCT 工艺 919
OWASA 工艺 945
Phosnix 结晶反应器 988
pH 值 583
PLC 控制 1291
QCID 通风异味控制系统 1188
SBR 工艺 643
Schreiber 工艺 921
Sim-Pre 氧化沟 923
UASB 反应器 857，888
UCT 工艺 917
UNITANK 671
VIP 工艺 917
VPS-005 通风异味控制系统 1187
VPS-015 通风异味控制系统 1188
Wehner-Wiehelm 公式 1077